Thieme

Anatomie des Menschen

Lehrbuch und Atlas

Herausgegeben von H. Leonhardt, B. Tillmann,
G. Töndury und K. Zilles

Band I	Bewegungsapparat
Band II	Innere Organe
Band III	Nervensystem, Sinnesorgane
Band IV	Topographie der Organsysteme, Systematik der peripheren Leitungsbahnen

Georg Thieme Verlag
Stuttgart · New York

Band I

Bewegungsapparat

Herausgegeben und bearbeitet von
B. Tillmann

3., überarbeitete Auflage

756 Abbildungen in 924 Einzeldarstellungen
Neuzeichnungen von Lothar H. Schnellbächer

Georg Thieme Verlag
Stuttgart · New York

Leonhardt, Helmut, Prof. Dr. †
Anatomisches Institut der Universität zu Kiel
Neue Universität, Olshausenstr. 40
2300 Kiel

Töndury, Gian, Prof. Dr., †
ehem. Anatomisches Institut der Universität Zürich
Winterthurer Str. 190
CH-8057 Zürich

Tillmann, Bernhard, Prof. Dr.
Anatomisches Institut der Universität zu Kiel
Olshausenstr. 40
24098 Kiel

Zilles, Karl, Prof. Dr. med.
G. u. O. Vogt Institut für Hirnforschung
Heinrich-Heine-Universität Düsseldorf
Moorenstr. 5
40225 Düsseldorf

Institut für Medizin
Forschungszentrum Jülich GmbH
52425 Jülich

Bibliografische Information der Deutschen Bibliothek

Die Deutsche Bibliothek verzeichnet diese Publikation in der Deutschen Nationalbibliografie; detaillierte bibliografische Daten sind im Internet über http://dnb.ddb.de abrufbar.

1. Auflage 1987
2. Auflage 1998

Rüdigerstraße 14
70469 Stuttgart
Telefon; +49/07 11/89 31-0
Unsere Homepage: http://www.thieme.de

Printed in Germany

Umschlaggestaltung: Thieme Verlagsgruppe
Satz und Druck: Druckhaus Götz GmbH, D-71636 Ludwigsburg
gesetzt auf CCS Textline (Linotronic 630)
Druck: K. Grammlich Pliezhausen

ISBN 3-13-503303-1 1 2 3 4 5 6

Wichtiger Hinweis: Wie jede Wissenschaft ist die Medizin ständigen Entwicklungen unterworfen. Forschung und klinische Erfahrung erweitern unsere Erkenntnisse, insbesondere was Behandlung und medikamentöse Therapie anbelangt. Soweit in diesem Buch eine Dosierung oder eine Applikation erwähnt wird, darf der Leser zwar darauf vertrauen, dass Autoren, Herausgeber und Verlag große Sorgfalt aufgewendet haben, damit diese Angabe **dem Wissensstand bei Fertigstellung des Buches** entspricht.

Für Angaben über Dosierungsanweisungen und Applikationsformen kann vom Verlag jedoch keine Gewähr übernommen werden. **Jeder Benutzer ist angehalten,** durch sorgfältige Prüfung der Beipackzettel der verwendeten Präparate und gegebenenfalls nach Konsultation eines Spezialisten festzustellen, ob die dort gegebene Empfehlung für Dosierungen oder die Beachtung von Kontraindikationen gegenüber der Angabe in diesem Buch abweicht. Eine solche Prüfung ist besonders wichtig bei selten verwendeten Präparaten oder solchen, die neu auf den Markt gebracht worden sind. **Jede Dosierung oder Applikation erfolgt auf eigene Gefahr des Benutzers.** Autoren und Verlag appellieren an jeden Benutzer, ihm etwa auffallende Ungenauigkeiten dem Verlag mitzuteilen.

Geleitwort

„Der Rauber-Kopsch" ist ein Anatomie-Lehrbuch mit einer ungewöhnlich langen Entwicklungsgeschichte. Das Werk ging aus einer deutschen Bearbeitung der 7. Auflage von J. Quains „Elements of Anatomy" als Quain-Hoffmanns „Lehrbuch der Anatomie" hervor. An seiner 3., 1886 erschienenen Auflage beteiligte sich *August Rauber* (9. 3. 1841–6. 2. 1917), Professor der Anatomie in Dorpat. Die 4. Auflage des Quain-Hoffmann hat dann *Rauber* allein herausgegeben, und ab der 5. Auflage hieß das Werk „Lehrbuch der Anatomie des Menschen" von *A. Rauber*. An der 6. Auflage, die erstmals im Georg Thieme Verlag in Leipzig erschien, war *Friedrich Kopsch* (24. 3. 1868–24. 1. 1955) beteiligt, der von der 7. Auflage an als Mitherausgeber zeichnete. *Kopsch* besorgte die folgenden 12 Auflagen des Werkes, dessen 19. Auflage 1955 erschien. Das Werk hat Generationen von Ärzten auf verläßliche Weise in die Grundlagen der Anatomie eingeführt, und es verwundert deshalb nicht, daß nach dem Tode von *Kopsch* eine weitere Auflage unter neuen Herausgebern geplant wurde.

Die Planung dieser 20. Auflage, die zunächst in den Händen von Prof. Dr. Drs. h.c. *W. Bargmann* (27. 1. 1906–20. 6. 1978), Kiel, und Prof. Dr. *G. Töndury* (17. 3. 1906–15. 3. 1985), Zürich, lag und von Herrn Drs. h.c. *Bruno Hauff* wärmstens unterstützt wurde, fiel in eine Zeit des Aufbruchs der anatomischen Wissenschaften. Die Beiträge der Elektronenmikroskopie, dann der Histochemie und schließlich neuerdings der Molekularbiologie waren in allen anatomischen Teilgebieten zu berücksichtigen.

Es mußte, sollten alle Kapitel des Werkes annähernd gleich umfassend am heutigen Stand unserer Kenntnisse ausgerichtet sein, eine entsprechende Strategie in der Anfertigung der Manuskripte verfolgt werden. Sie bestand einerseits darin, daß mit den neu gewonnenen Mitarbeitern, Prof. Dr. *B. Tillmann* (Kiel) und Prof. Dr. *K. Zilles* (Köln) als Mitherausgeber sowie (in alphabetischer Reihenfolge) Prof. Dr. *B. Krisch* (Kiel), Prof. Dr. *St. Kubik* (Zürich), Prof. Dr. *W. Lange* (München) und Prof. Dr. *P. M. Leuenberger* (Genf), als in den von ihnen bearbeiteten Kapiteln besonders sachkundige Autoren alle Teile des Werkes durch laufende Einarbeitung neuer Kenntnisse aus den anatomischen Wissenschaften zeitgemäß und möglichst synchron ihrem Abschluß zugeführt wurden (mehrere Kapitel waren hierbei wiederholt umzuschreiben). Andererseits war der Entschluß des Verlages hilfreich, die drei Bände rasch und gleichzeitig erscheinen zu lassen – ein Vorgehen, das von den Mitarbeitern des Verlages größten Einsatz erforderte. Die Autoren der drei Bände danken ihnen sehr herzlich. Besonders danken sie dem Verleger, Herrn Dr. h.c. *Günther Hauff* für die großzügige Förderung des Werkes, den Herren Dr. *Bremkamp, A. Menge* und *R. Zepf* für ihre vielseitigen leitenden und redaktionellen Hilfen und ihr Verständnis in allen Fragen, Frau *S. Buhl,* die die Redaktion mit großer Sachkunde und Geduld durchführte, sowie stellvertretend für alle mit der Buchherstellung befaßten Mitarbeiter, Herrn *Fleischmann.* Ohne diese Kooperation wäre es nicht möglich gewesen, die drei Bände des Werkes heute annähernd niveaugleich vorzulegen.

Das Werk wendet sich zunächst an die Studierenden der Medizin und Zahnmedizin. Es kann darüber hinaus dem klinisch tätigen Arzt nützlich sein. In den drei Bänden ist die Anatomie in der klassischen Weise der systematischen Anatomie in funktionelle Apparate und Systeme gegliedert. Im Band 1 wird der (passive und aktive) Bewegungsapparat besprochen, der Band 2 behandelt die Eingeweide (den Stoffwechselapparat, bestehend aus Kreislaufsystem, endokrinem System, Atmungssystem und Verdauungssystem sowie den Urogenitalapparat), im Band 3 wird der Kommunikationsapparat (Nervensystem, Sinnesorgane, Haut) dargestellt. Ein weiterer geplanter Band wird die topographischen Aspekte der menschlichen Anatomie und, damit verbunden, die Anatomie der peripheren Leitungsbahnen sowie deren vollständige Systematik enthalten. Dieser ist speziell zur Verwendung im Präparierkurs gedacht.

Für eine besondere Bereicherung des Werkes halten es die Autoren, daß die hervorragenden Abbildungen aus den letzten Auflagen des Rauber/Kopsch übernommen und nach Restaurierung wieder gedruckt werden konnten. Die menschliche Anatomie hat spätestens seit Leonardo da Vinci auch einen auf die Gestalt gerichteten Aspekt, der nur durch die Anschauung der Gestalt selbst, und nicht durch bunte Schemazeichnungen (sie dienen allenfalls der Erläuterung) wiedergegeben werden kann. Diese Funktion erfüllen die übernommenen Abbildungen in unübertrefflicher Weise.

Das Werk widmen die Autoren dem Andenken an Herrn Professor Dr. Drs. h.c. *Wolfgang Bargmann,* dessen Initiativen das Erscheinen der drei Bände in neuer Gestalt entscheidend förderten.

H. Leonhardt, Kiel
im Namen der Herausgeber und Autoren

Vorwort zur 3. Auflage

Erfreulicherweise ist die zweite Auflage des Bandes „Bewegungsapparat" – Rauber/Kopsch bereits nach 4 Jahren vergriffen. Bei der Bearbeitung der Neuauflage habe ich große Hilfe durch Herrn Professor Dr. Dr. U. Welsch, München sowie im Anatomischen Institut Kiel durch Frau Professor Dr. R. Lüllmann-Rauch, Herrn Professor Dr. R. Mentlein und Herrn Dr. Th. Pufe erhalten. Ich bedanke mich auch bei Kolleginnen und Kollegen sowie bei Studierenden, die mich auf Fehler hingewiesen haben.

Mein Dank gilt Herrn Dr. J. Lüthje, Georg Thieme Verlag, der das Erscheinen der 3. Auflage sehr gefördert hat.

Kiel, im Herbst 2002 *B. Tillmann*

Vorwort zur 1. Auflage

Auf kaum einem Gebiet sind theoretische und praktische Medizin heute so eng miteinander verbunden wie im Bereich der Anatomie des Bewegungsapparates. Für Anatomen, die sich wissenschaftlich mit dem Bewegungsapparat befassen, sind Orthopäden und Traumatologen wichtige Diskussionspartner geworden. Dies liegt zum großen Teil in der Entwicklung unseres Faches begründet. Die von so herausragenden Forschern wie *R. Fick, W. Roux* und *H. Straßer* um die Jahrhundertwende begründete funktionelle Anatomie des Bewegungsapparates erlebte nach einer Phase der Stagnation einen Neubeginn durch den Aachener Orthopäden Professor Dr. Drs. h. c. mult. *Friedrich Pauwels.* Seine genialen Ideen haben der Orthopädie und Traumatologie neue therapeutische Wege gewiesen und auch den Boden für die moderne Biomechanik des Bewegungsapparates bereitet. Ich konnte durch meinen Lehrer, Professor Dr. *B. Kummer,* Schüler von *Friedrich Pauwels,* die neuen Erkenntnisse unmittelbar kennenlernen. Die Arbeiten von *F. Pauwels* und *B. Kummer* bilden das Gerüst für die biomechanischen Abhandlungen des vorliegenden Lehrbuchbandes.

Schwerpunkte des Allgemeinen Teiles sind die funktionelle Histologie der Gewebe des Bewegungsapparates und eine Einführung in die Biomechanik. Durch neue Methoden hat die Forschung auf dem Gebiet der Extrazellulärmatrix der Binde- und Stützgewebe eine geradezu stürmische Entwicklung genommen. Allein während der Fertigstellung des Manuskriptes wurden mehrere neue Kollagentypen und Strukturproteine entdeckt. Morphologie und Biochemie sind im Bereich der Bindegewebsforschung untrennbar zusammengerückt.

Der Tradition des Rauber/Kopsch folgend wird im Speziellen Teil die Systematik des Bewegungsapparates einschließlich der wichtigsten Varianten beschrieben. Hierbei konnte auch auf die zuverlässigen und detaillierten Darstellungen früherer Auflagen zurückgegriffen werden. Richtungsweisend für Auswahl und Beschreibung funktioneller Zusammenhänge waren klinische Gesichtspunkte, auch wenn darauf nicht im einzelnen hingewiesen wird.

Die Einarbeitung neuer Forschungsergebnisse in den Lehrbuchtext war nicht allein durch das Studium von Originalarbeiten möglich, sondern erforderte darüber hinaus den persönlichen Rat erfahrener Kollegen. Für Diskussionen und Anregungen sowie für kritische Durchsicht einzelner Kapitel bin ich folgenden Herren (in alphabetischer Reihenfolge) zu großem Dank verpflichtet: Professor Dr. Dr. *H.-K. Albers* (Kiel), Prof. Dr. *G. Arnold* (Düsseldorf), Prof. Dr. *D. Drenckhahn* (Marburg), Prof. Dr. Dr. *F. Härle* (Kiel), Prof. Dr. *H.-G. Hartwig* (Düsseldorf), Priv.-Doz. Dr. *J. Hassenpflug* (Kiel), Prof. Dr. *J. Koebke* (Köln), Prof. Dr. *E. Maier* (Köln), Prof. Dr. *D. Pette* (Konstanz), Priv.-Doz. Dr. Dipl. Ing. *W. Plitz* (München), Prof. Dr. *R. Schenk* (Bern), Prof. Dr. *J. Sievers* (Kiel), Prof. Dr. Dr. *U. Welsch* (München), Prof. Dr. *K. Zilles* (Köln). Mein besonderer Dank gilt in diesem Zusammenhang Frau Prof. Dr. *R. Lüllmann-Rauch* (Kiel), die mich als kompetente Zellbiologin bei der Abfassung der Kapitel Binde- und Stützgewebe sowie Quergestreifte Skelettmuskulatur beraten und auf zahlreiche Probleme aufmerksam gemacht hat. Meine ehemaligen und derzeitigen Mitarbeiter, die Herren Dr. *C. Kock,* Dr. *S. Korn,* Dr. *M. Schünke,* Dr. *P. Tichy* sowie meine ehemaligen Studenten, die Herren cand. med. *S. Debus,* cand. med. *St. Gösele* und cand. med. *W. Hamelmann* haben Text und Abbildungen kritisch studiert und zahlreiche Verbesserungsvorschläge eingebracht. Für die zuverlässige Hilfe bei der Korrektur des Textes und der Druckfahnen schulde ich Frau Dipl. Biologin *G. Schünke* großen Dank. Frau Priv.-Doz. Dr. *B. Lohff,* Kiel, hat mir dankenswerter Weise bei der Auffindung biographischer Daten geholfen.

Ich habe das große Glück, mit einem der erfahrensten Lehrbuchautoren unter einem Institutsdach zu arbeiten. Herr Professor *Leonhardt* stand mir mit Ratschlägen jederzeit zur Seite. Großen Dank schulde ich ihm auch für die uneigennützige Mühe bei der Zusammenstellung des Registers zum Band I.

Auch im neuen Rauber/Kopsch nimmt der Bildteil eine zentrale Stellung ein. Die Abbildungen des vorliegenden Bandes I eignen sich in vollem Umfang als Atlas für die Präparation des Bewegungsapparates. Grundstock der makroskopischen Abbildungen sind die erhaltenen Tafeln früherer Auflagen, die Herr *L. Schnellbächer* größtenteils restauriert hat. Bei einigen Bildern wurde bewußt auf eine Überarbeitung verzichtet, um den ursprünglichen Charakter dieser traditionsreichen Originale nicht zu verändern. Zahlreiche Aquarelle und die meisten schematischen Abbildungen stammen von Herrn L. Schnellbächer, der es meisterhaft verstanden hat, die neuen Bilder in das vorhandene Material einzufügen. Für die fruchtbare und harmonische Zeit der Zusammenarbeit bin ich ihm sehr dankbar. Bei der Neugestaltung von Abbildungen konnten wir auf Präparate der Sammlung des Anatomischen Instituts Kiel zurückgreifen, die Herr

G. Klaws in bestechender Qualität angefertigt hat. Beim Entwerfen von neuen Abbildungen stand mir Herr *R. Clemens* beratend zur Seite; die meisten Vorlagen sowie die Abbildungen 2.**8** und 4.**6** wurden von ihm gezeichnet.

Zahlreiche Kolleginnen und Kollegen haben bereitwillig Originale zur Verfügung gestellt; sie sind namentlich in den Legenden zu den jeweiligen Abbildungen erwähnt. Ein großer Teil der Röntgenbilder im Speziellen Teil wurde uns dankenswerter Weise von Herrn Prof. Dr. *J. Wellauer* (Zürich) überlassen. Bei der Bearbeitung des gesamten Abbildungsmaterials unterstützte mich Frau *R. Worm* mit großer Zuverlässigkeit und Geduld, außerdem fertigte sie aus der Kieler Institutssammlung stammende histologische Abbildungen an. Zu danken habe ich auch Frau *H. Siebke* und Frau *H. Waluk* für ihre sorgfältigen Arbeiten im Fotolabor. Mein besonderer und herzlicher Dank gilt Frau *B. Schierhorn,* sie hat mit großem Engagement und Können das Manuskript geschrieben, das ohne ihren persönlichen Einsatz nicht zum festgelegten Termin fertig geworden wäre.

Schwierigkeiten bereitet häufig die anatomische Nomenklatur. Ich habe mich weitgehend nach den derzeit gültigen Nomina anatomica der 5. Auflage (1983) gerichtet. In der Klinik eingebürgerte Begriffe werden hinter den offiziellen Bezeichnungen in Klammern aufgeführt.

Die Arbeit am vorliegenden Band wurde durch den Tod von Herrn Professor *Töndury* am 15. März 1985 überschattet. Er hat bis zuletzt mit großem Einsatz an der Neuauflage des Rauber/Kopsch gearbeitet. Möge unser Lehrbuch dazu beitragen, das Wirken des Anatomen *Gian Töndury,* der unser Fach noch umfassend überschaute, lebendig zu erhalten.

Kiel
Im Sommer 1987

B. Tillmann

Inhaltsverzeichnis

Allgemeiner Teil

1 Einleitung ... 3
B. Tillmann

2 Binde- und Stützgewebe des Bewegungsapparates ... 13
B. Tillmann

Biomechanik ... 14
Extrazellulärmatrix ... 20
Bindegewebe ... 28
Stützgewebe ... 34
Literatur ... 48

3 Skelettsystem ... 51
B. Tillmann

Knochenlehre ... 52
Form der Knochen ... 52
Blutversorgung des Knochens ... 53
Periost ... 55
Knochenentwicklung ... 57
Wachstums- und Umbauvorgänge ... 70
Knochenbruchheilung ... 75
Funktionelle Anatomie des Knochens ... 79
Gelenklehre ... 91
Gelenkentwicklung ... 91
Synarthrosen ... 94
Diarthrosen ... 96
Gelenkmechanik ... 111
Literatur ... 121

4 Quergestreifte Skelettmuskulatur ... 129
B. Tillmann

Genese des Muskelgewebes ... 130
Histologische Differenzierung der Skelettmuskulatur ... 133
Aufbau der quergestreiften Skelettmuskeln ... 135
Muskelfaser ... 135
Muskelbindegewebe ... 145
Sehnen ... 148
Funktionelle Anatomie ... 163
Literatur ... 168

Spezieller Teil

5 Rumpf ... 175
G. Töndury und B. Tillmann

Rücken ... 178
Wirbelsäule ... 179
Krümmungen der Wirbelsäule ... 181
Wirbel, Vertebrae ... 183
Grundform der Wirbel ... 183
Baumerkmale der Wirbel in den verschiedenen Regionen der Wirbelsäule ... 187
Entwicklung der Wirbelsäule ... 189

Kreuzbein . . . 196
Gelenke und Bänder der Wirbelsäule . . . 203
Zwischenwirbelscheibe, Discus intervertebralis . . . 203
Entwicklung der Zwischenwirbelscheiben . 204
Wirbelbogengelenke, Articulationes zygapophysiales . . . 211
Bewegungssegmente in den einzelnen Regionen der Wirbelsäule . . . 216
Mechanik der Wirbelsäule . . . 229
Schädel-Wirbelsäulen-Übergang und Kopfgelenke . . . 234
Autochthone Rückenmuskeln, M. erector spinae . . . 246
Muskeln des lateralen Traktes . . . 249
Muskeln des medialen Traktes . . . 254
Kurze, tiefe Kopfgelenkmuskeln, Mm. suboccipitales . . . 257
Brustkorb, Thorax . . . 259
Rippen, Costae . . . 265
Brustbein, Sternum . . . 270
Rippengelenke . . . 273
Brustkorbmuskeln, Mm. thoracis . . . 278
Bauchwand . . . 283
Bauchwandmuskeln, Mm. abdominis . . . 283
Seitliche Bauchwandmuskeln . . . 286
Vordere Bauchwandmuskeln . . . 294
Nabel, Umbilicus-Nabelbrüche . . . 298
Leistenkanal . . . 298
Leistenbrüche . . . 301
Hintere Bauchwandmuskeln . . . 303
Zwerchfell, Diaphragma . . . 303
Zwerchfellbrüche . . . 307
Literatur . . . 308

6 Obere Extremität . . . 309

B. Tillmann

Entwicklung der Extremitäten . . . 310
Funktion der oberen Extremität, allgemeine Einleitung . . . 315
Skelett der oberen Extremität . . . 316
Knochen des Schultergürtels . . . 316
Knochen der freien oberen Extremität . . . 320
Schulter . . . 335
Schultergürtelgelenke . . . 338
Mediales Schlüsselbeingelenk, Articulatio sternoclavicularis . . . 338
Laterales Schlüsselbeingelenk, Articulatio acromioclavicularis . . . 339
Schultergelenk, Articulatio humeri . . . 343
Muskeln der Schulter . . . 350
Schultergürtelmuskeln . . . 350
Schultergelenkmuskeln . . . 357
Dorsale Muskeln des Schultergelenks . . . 357
Muskeln der Rotatorenmanschette . . . 362
Ventrale Muskeln des Schultergelenks . . . 372
Freie obere Extremität . . . 374
Oberarm, Brachium . . . 374
Muskeln des Oberarmes . . . 375
Vordere Muskelgruppe . . . 375
Hintere Muskelgruppe . . . 376
Ellenbogen, Cubitus . . . 377
Ellenbogengelenk, Articulatio cubiti . . . 378
Muskeln der Ellenbeuge . . . 389
Unterarm, Antebrachium . . . 390
Muskeln des Unterarmes . . . 393
Muskeln mit Ansatz an der Mittelhand . . . 397
Muskeln mit Ansatz an den Fingern . . . 401
Lange Daumenmuskeln . . . 404
Hand, Manus . . . 405
Handrücken, Dorsum manus . . . 405
Hohlhand, Palma manus . . . 406
Faszien und Sehnenscheiden der Hand . . . 407
Gelenke der Handwurzel und der Mittelhand . . . 414
Finger, Digiti . . . 423
Sehnenscheiden der Finger . . . 424
Fingergelenke, Articulationes digitorum . . 427
Kurze Handmuskeln . . . 431
Muskeln des Kleinfingerballens, Hypothenar . . . 436
Daumen und Daumenballen, Thenar . . . 439
Muskeln des Daumenballens . . . 441
Literatur . . . 442

7 Untere Extremität . . . 445

B. Tillmann

Becken und freie untere Extremität . . . 446
Knöcherne Bestandteile des Beckens . . . 446
Hüftbein, Os coxae . . . 446
Beckenringverbindungen . . . 451
Schambeinfuge, Symphysis pubica . . . 452
Kreuzbein-Darmbeingelenk, Articulatio sacroiliaca . . . 453
Bandhaften des Beckenringes . . . 456
Gliederung des Beckens . . . 458
Skelett der freien unteren Extremität . . . 465
Skelett des Unterschenkels . . . 472
Fußskelett . . . 478
Hüfte, Coxa . . . 493
Hüftgelenk, Articulatio coxae . . . 495
Muskeln der Hüfte . . . 508
Dorsale Hüftgelenkmuskeln . . . 509

Ventrale Hüftgelenkmuskeln einschließlich der Adduktoren des Oberschenkels 521
Freie untere Extremität, Allgemeiner Aufbau und Form – Mechanische und Anatomische Achsen 535
Oberschenkel, Femur 538
Muskeln des Oberschenkels 539
Muskeln der Regio femoris anterior 540
Muskeln der Regio femoris posterior 543
Knie, Genu 546
Kniegelenk, Articulatio genus 547
Unterschenkel, Crus 572
Verbindungen zwischen Tibia und Fibula 575
Muskeln des Unterschenkels 577
Vordere Unterschenkelmuskeln 578
Extensorengruppe 578
Peronäusgruppe 581
Hintere Unterschenkelmuskeln 584
Fuß, Pes 594
Gelenke des Fußes 598
Oberes Sprunggelenk, Articulatio talocruralis. 598
Unteres Sprunggelenk, Articulatio talotarsalis 605
Fersenbein-Würfelbeingelenk, Articulatio calcaneocuboidea 610
Queres Fußwurzelgelenk, Articulatio tarsi transversa, Chopartsches Gelenk 611
Keilbein-Kahnbeingelenk, Articulatio cuneonavicularis 612
Fußwurzel-Mittelfußgelenke, Articulationes tarsometatarseae 613
Zehengelenke, Articulationes metatarsophalangeae und Articulationes interphalangeae pedis 616
Kurze Muskeln des Fußes 626
Muskeln des Dorsum pedis 626
Muskeln der Planta pedis 629
Mechanik des Fußes 639
Gang, Gehakt 645
Literatur 648

8 Hals 653

B. Tillmann

Halsfaszie, Fascia cervicalis 655
Muskeln des Halses 658
Untere Zungenbeinmuskeln 662
Mm. scaleni 665
Prävertebrale Muskeln 670
Literatur 671

9 Kopf 673

B. Tillmann und G. Töndury

Knöcherner Schädel 675
Onto- und Phylogenese des Schädels ... 675
Der Schädel als Ganzes 680
Harte Hirnhaut Dura mater encephali (Pachymeninx) 694
Morphologie der einzelnen Schädelknochen ... 697
Knochen des Hirnschädels 697
Nasenskelett 710
Gesichtsknochen, Ossa faciei 716
Kauapparat 730
Kiefergelenk, Articulatio temporomandibularis 730
Kaumuskeln 738
Kaumuskeln im Gesichtsbereich 738
Obere Zungenbeinmuskeln, Mm. suprahyoidei 745
Gesicht und mimische Muskeln 750
Muskeln des Schädeldaches, M. epicranius 751
Muskeln im Bereich der Lidspalte 754
Muskeln im Bereich der Nase 756
Muskeln im Bereich des Mundes 758
Muskeln im Bereich des äußeren Ohres 763
Literatur 766

Eigennamen in der Anatomie 768

Bildquellennachweis 769

Sachverzeichnis 770

Allgemeiner Teil

Allgemeine Ausdrücke

Achsen des Körpers

vertikale oder longitudinale Achse:	verläuft in Längsrichtung des Körpers
transversale oder horizontale Achse:	verläuft quer durch den Körper
sagittale Achse:	verläuft senkrecht zur vertikalen und transversalen Achse durch die vordere und hintere Körperwand

Ebenen des Körpers

Medianebene:	Symmetrieebene, die den Körper in 2 spiegelbildlich (theoretisch) gleiche Hälften teilt
Sagittalebene:	verläuft parallel zur Medianebene
Frontalebene:	verläuft in Richtung der Stirn und senkrecht zur Sagittalebene
Transversalebene:	alle Querschnittsebenen des Körpers

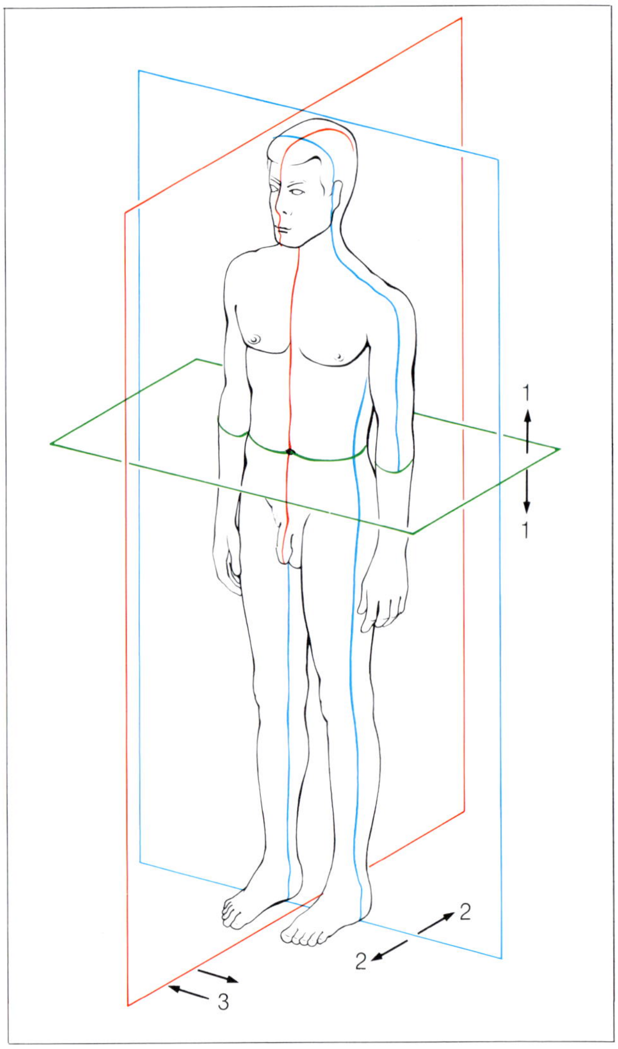

Hauptachsen und -ebenen am menschlichen Körper in der Ansicht von ventral-lateral.
1 longitudinale Achse
2 sagittale Achse
3 transversale Achse
Frontalebene blau
Medianebene rot
Transversalebene grün

Richtungen im Raum

kranial oder superior:	zum Kopfende hin
kaudal oder inferior:	zum Steißende hin
medial:	zur Medianebene hin
lateral:	von der Medianebene weg
median:	innerhalb der Medianebene
zentral:	zum inneren des Körpers hin
peripher:	zur Oberfläche des Körpers hin
proximal (oder basal):	zum Rumpf hin
distal:	zum Ende der Gliedmaße hin
ulnar:	zur Ulna hin
radial:	zum Radius hin
tibial:	zur Tibia hin
fibular:	zur Fibula hin
anterior oder ventral:	nach vorn oder bauchwärts
posterior oder dorsal:	nach hinten oder rückenwärts
volar oder palmar:	zur Hohlhand hin
plantar:	zur Fußsohle hin
dorsal (an den Extremitäten)	zum Handrücken oder zum Fußrücken hin

Bewegungsrichtungen

Extensio:	Streckung des Rumpfes oder der Gliedmaßen
Flexio:	Beugung des Rumpfes oder der Gliedmaßen
Abductio:	Wegführen der Gliedmaßen vom Rumpf in der Frontalebene
Adductio:	Heranführen der Gliedmaßen zum Rumpf in der Frontalebene
Elevatio:	Wegführen der Gliedmaßen vom Rumpf (in allen Richtungen des Raumes)
Rotatio:	Innen- oder Außendrehung der Gliedmaßen um die Längsachse der Gliedmaßen
Circumductio:	Umführbewegung der Gliedmaßen

Abkürzungen

A.	= Arteria	(Aa. = Arteriae)
V.	= Vena	(Vv. = Venae)
M.	= Musculus	(Mm. = Musculi)
N.	= Nervus	(Nn. = Nervi)
Lig.	= Ligamentum	(Ligg. = Ligamenta)
R.	= Ramus	(Rr. = Rami)

1

Einleitung

B. Tillmann

Definition des Normbegriffes
Stellung des Menschen innerhalb der Wirbeltiere
Wirbeltierbauplan
Entwicklung

Definition des Normbegriffes

Ein Lehrbuch der *normalen Anatomie** des Menschen beschreibt *Gestalt* und *Struktur* des gesunden menschlichen Körpers und seiner Organe. Als *Gestalt* bezeichnet man in der Biologie die äußere Form eines Individuums, seiner Glieder und Organe. Die Beschreibung der Gestalt beschränkt sich in der menschlichen Anatomie weitgehend auf den makroskopischen Bereich. Die Beschreibung der *Struktur* umfaßt dagegen den inneren Aufbau oder die Anordnung und das Gefüge von Organen und ihrer Bestandteile im makroskopischen, mikroskopischen, submikroskopischen (ultrastrukturellen) und molekularen Bereich. Der Strukturbegriff geht über die reine *Beschreibung* morphologischer Befunde *(deskriptive Anatomie)* hinaus und bezieht die *Funktion (funktionelle Anatomie)* mit ein.
Die Beschreibung von Normalbefunden verlangt nach einer Definition des *Normbegriffes.* Als Normalbefunde werden solche angesehen, die sich in einem definierten Bereich um den Mittelwert aller Befunde herum anordnen. Registriert man die Häufigkeit aller Befunde in Größenklassen, so erhält man eine *Häufigkeitsverteilung.* Unter bestimmten Umständen sind die Häufigkeiten des Vorkommens von Meßwerten symmetrisch und in definierter Form um den *Mittelwert* angeordnet. Die Größenklasse des Mittelwertes enthält dabei gleichzeitig die größte Häufigkeit von Einzelbefunden. Man spricht dann von einer *Normalverteilung (Gauss-Verteilung).*

In der Biologie findet man streng genommen fast nie Normalverteilungen sondern meist links-schiefe Verteilungen in einem beidseitig begrenzten Bereich, bei denen die häufigste Größenklasse nicht an der Position der mittleren Größenklasse aller registrierten Befunde liegt, sondern zu kleineren Werten hin verschoben ist (z.B. *Poisson-Verteilung*). In erster Annäherung kann jedoch die Verteilung der Mittelwerte bei wiederholter Stichprobennahme als normalverteilt angesehen werden. Einzelwerte gemessener Daten (z.B. Anzahl, Größe, Gewicht) scharen sich um einen gemeinsamen arithmetischen Mittelwert $\overline{X}$; ihre Verteilung ist durch die *Standardabweichung (Streuung)* oder die *Varianz* festgelegt. Durch Berechnung der Normalverteilung ist es möglich, die Lage von Einzelwerten innerhalb der Gauss-Kurve zu ermitteln; ferner kann bestimmt werden, wieviel Prozent der Einzelwerte ober- oder unterhalb eines bestimmten Meßwertes liegen.

Anschaulicher ist die Darstellung von Meßwerten in Form von *Perzentilwerten;* dabei wird die Gesamtheit der Einzelwerte als 100% gesetzt. Der Perzentilwert 50 entspricht dem Durchschnitt. Damit kann angegeben werden, ob ein Meßwert ober- oder unterhalb eines bestimmten Prozentsatzes der Einzelwerte liegt. Als normal werden nach der Perzentilendarstellung die Meßwerte angesehen, die im Bereich zwischen Perzentile 2,5 und Perzentile 97,5 liegen. Der Normalbereich umfaßt danach 95% aller Einzelwerte. Entsprechend der Kurve der Normalverteilung gelten noch als normal die Meßwerte, die $\pm$ 2s vom Mittelwert $\overline{X}$ abweichen.
Nach der Definition von SCHWALBE sind *Varianten* (Variationen), *Anomalien* (Abnormitäten) und *Fehlbildungen* von der Norm abweichende morphologische Bildungen, die während der Embryonal- und Fetalentwicklung entstanden sind. Eine klare Abgrenzung der Begriffe ist nicht immer möglich. Anomalien und Fehlbildungen gehen im Gegensatz zu Varianten stets mit einer *Funktionsstörung* einher. Zwischen Anomalie und Fehlbildung besteht nur ein gradueller Unterschied.
Im Bereich des Bewegungsapparates kommen häufig Formabweichungen vor, die im postnatalen Leben durch äußere oder innere Einflüsse entstehen; sie werden als *Deformationen (Deformitäten)* bezeichnet. Hierzu zählen auch alle Entwicklungsstörungen, die während des Wachstums auftreten (s. S. 70).

Stellung und Entwicklung des Menschen innerhalb der Wirbeltierreihe

Der Mensch zählt zu den *Wirbeltieren (Vertebrata, Craniota),* die einen Unterstamm im Stamm der *Chordaten* bilden. Die Chordaten sind durch die *Chorda dorsalis* (Rückensaite), einen axialen Stützstab, gekennzeichnet, der bei allen Wirbeltieren während der Ontogenese angelegt wird. Die Chorda dorsalis bildet sich bei den höheren Vertebraten größtenteils zurück und wird durch die Wirbelsäule ersetzt (s. S. 189ff.). Nur bei niederen Vertebraten und einigen wirbellosen Chordaten bleibt die Chorda dorsalis zeitlebens als durchgehendes Stützorgan bestehen. Charakteristisch für Chordaten sind weiterhin ein dorsal von der Rükkensaite liegender Nervenstrang und die Anlage von Kiemenbögen und Kiemenspalten während der Embryonalperiode.
Der Mensch gehört innerhalb der *Säugetierklasse (Mammalia)* zur *Ordnung* der *Primaten* („Herrentiere"). Charakteristisch für Primaten ist die progressive Entwicklung von Augen und Endhirn. Der Bau von Eingeweide- und Skelettsystem behält dagegen vielfach ursprüngliche Merkmale der Säugetiere. Zu den rezenten Primaten zählen Halbaffen (Prosimiae) und Affen (Simiae). Die Affen gliedern sich in *Neuwelt-* und *Altweltaffen* (Platyrrhina und Catarrhina). Altweltaffen bilden 2 Gruppen, die *Cercopithecoidea* (z.B. Meerkatzen, Makaken, Paviane) und die *Hominoidea* (Menschenaffen und Mensch). Den *Hominoidea* werden die *Hylobatiden* (Gibbons) und *Hominidae* (Orang-Utan, Gorilla, Schimpanse und Mensch)

---

* Der Begriff *Anatomie* entstammt dem Griechischen und bedeutet Zergliederungskunst (ἀνατέμνειν = aufschneiden). Für die Beschreibung von Gestalt und Struktur vor allem unter vergleichenden und entwicklungsgeschichtlichen Gesichtspunkten wird in der Biologie auch die umfassendere Bezeichnung *Morphologie* angewendet (ἡ μορφή = die Gestalt).
Dem Begriff „normal" haftet im allgemeinen Sprachgebrauch eine Wertigkeit an. Da die Medizin als Teil der Naturwissenschaften jedoch Befunde nicht nach moralischen, ethischen oder anderen ideologischen Maßstäben bewertet, sondern sie quantitativ im Rahmen registrierter Befunde mißt, wird der Beschreibung des „Normalen" die Definition der Statistik zugrunde gelegt.

zugerechnet. Von vermutlich spättertiären Menschenaffen zweigte sich vor ca. 6 Millionen Jahren die Linie ab, die zum Menschen führte, der heute nur durch eine Art, *Homo sapiens,* vertreten ist. Die genaue Stammform der Hominiden ist noch unbekannt. Unter den rezenten Menschenaffen zeigt der Schimpanse besonders viele Übereinstimmungen mit dem Menschen. Aufgrund molekularbiologischer und proteinchemischer Daten wurde berechnet, dass sich die Linien, die zum Menschen und zu den Schimpansen führten, vor ca. 6,5 Millionen Jahren getrennt haben. Die Gesamt-DNA des Menschen unterscheidet sich nur um ca. 1,6 % von der des Schimpansen. Auffallende Unterschiede zwischen Menschenaffen und Mensch betreffen das Skelett der freien unteren Extremität und des Beckens. Die Veränderungen des Extremitätenskeletts des Menschen sind mit dem beginnenden aufrechten Gang verknüpft. Die starke Vergrößerung des Gehirns erfolgt erst später. Ein weiterer Spezialisierungsprozess betrifft das Gebiss (Reduktion des Vordergebisses; Vergrößerung der Kaufläche der Molaren). Die ältesten bekannten Menschenformen sind die bisher nur in Afrika nachgewiesenen *Australopithecinen* (Südafrika, Ostafrika). Ihre Gliederung ist umstritten; es lassen sich mindestens 2 Gruppen unterscheiden: kräftige Formen mit stark entwickelter Kaumuskulatur und Crista sagittalis („Paranthropus", z. B. Australopithecus robustus) und grazilere, weniger spezialisierte Formen („Australopithecus", z. B. Australopithecus africanus). Die ältesten Funde dieser Australopithecinen liegen im Pliozän und sind wahrscheinlich älter als 5 Millionen Jahre.

Aus den Australopithecinen hat sich die *Gattung Homo* entwickelt. Ein lückenloser Nachweis des Überganges steht aber noch aus. Die ältesten „eindeutigen" Homoarten sind *Homo ergaster* und *Homo erectus,* die vor ca. 2 Millionen Jahren auftraten und in Afrika, auf Java und in China gefunden wurden.

Vor gut 500 000 Jahren tauchte in Europa *Homo heidelbergensis* auf (Abb. 1.**1**), aus dem sich vermutlich der *Neandertaler (Homo neanderthalensis)* entwickelte. Neandertaler erschienen in Europa vor ca. 250 000 Jahren und starben erst vor ca. 30 000 Jahren aus. Sie waren an kaltes Klima angepasst und hatten untersetzte muskulöse Körper. Ihre Schädelkapazität betrug 1400 – 1500 cm^3. Ihr Sozialleben war komplex und ihre Werkzeugkultur war hoch entwickelt. Sie wurden vermutlich von H. sapiens verdrängt und ausgerottet.

Erste sichere Vertreter von *Homo sapiens* sind ca. 130 000 Jahre alt und wurden in Nordost-Afrika gefunden. Sie haben sich vermutlich aus Homo heidelbergensis-ähnlichen Formen, die auch *Homo rhodesiensis* genannt werden, entwickelt. Homo rhodesiensis ist ca. 500 000 Jahre alt und wurde in Äthiopien, Sambia und in Südafrika gefunden. Die Analyse der mitochondrialen DNA des heutigen Menschen ergibt ein Alter von ca. 150 000 bis 200 000 Jahren. Homo sapiens breitete sich über die ganze Erde aus und rottete vermutlich andere Menschen, Homo erectus und Homo neanderthalensis, aus. Er erschien vor 100 000 Jahren im vorderen Orient, vor ca. 40 000 Jahren in Europa, vor ca. 65 000 Jahren in China, vor 40 000 – 60 000 Jahren in Australien und vor 15 000 bis 20 000 Jahren in der Neuen Welt.

Wirbeltierbauplan

Der menschliche Körper entspricht in seinem Aufbau dem allgemeinen *Wirbeltierbauplan.* Für den Menschen spezielle Merkmale und charakteristische Baueigentümlichkeiten haben sich im Laufe der *Evolution* entwickelt. Bei Wirbeltieren unterscheidet man drei aufeinander folgende Körperabschnitte: *Kopf (Caput), Rumpf (Truncus)* und *Schwanz (Cauda).* Der Kopf enthält Gehirn, hochentwickelte Sinnesorgane, Mundhöhle sowie Teile des Schlundes. Bei den landlebenden Wirbeltieren *(Tetrapoden)* stellt der *Hals (Collum)* die Verbindung zum Rumpf her. Bei niederen wasserlebenden Vertebraten entspricht dieser Bereich der *Kiemenregion.* Im Rumpfabschnitt kommt es zur Ausbildung einer (sekundären) *Leibeshöhle (Coelom),* die den größten Teil der Eingeweide enthält. Kopf und Schwanz haben keine Zölomhöhle. Die *Leibeshöhle der Säugetiere* wird durch das Zwerchfell in Brust- und Bauchhöhle unterteilt. Im *Brustkorb (Thorax)* lie-

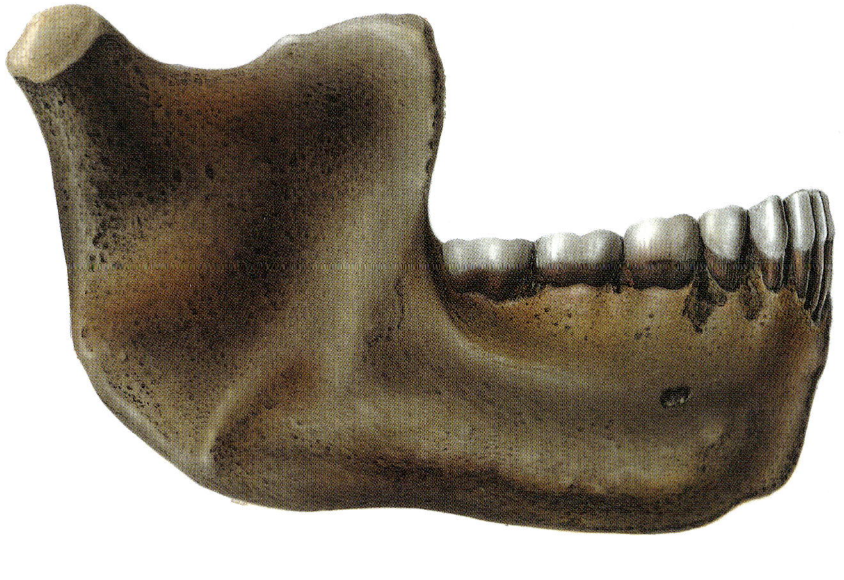

Abb. 1.**1** **Unterkiefer des Homo erectus/heidelbergensis;** gefunden 1907 in Mauer bei Heidelberg. Etwa 5 – 600 000 Jahre alt (ältester Fund eines Europäers). Nach Rauber/Kopsch 1940 und nach einem Gipsabguß der Sammlung des Anatomischen Institutes, Kiel (Original: Geologisch-Paläontologisches Institut der Universität Heidelberg).

gen Herz und Lungen, im *Bauchraum (Abdomen)* der Magen-Darm-Trakt. Bei den Mammalia haben die Brustorgane getrennte seröse Höhlen, eine Perikardhöhle für das Herz und zwei Pleurahöhlen für die Lungen. Im dorsalen Bereich der Rumpfwand liegen außerhalb der Zölomhöhle die Urogenitalorgane und die großen Gefäße. Im Rumpfabschnitt entwickeln sich *Fortbewegungsorgane* in Form von *Flossen* oder *Gliedmaßen.* Den landlebenden Wirbeltieren dienen vorderes und hinteres Extremitätenpaar zur Fortbewegung *(tetrapode Fortbewegung).* Bei *bipeder Lokomotionsweise* auf dem Erdboden übernimmt diese Aufgabe ausschließlich das hintere Extremitätenpaar, während die vorderen Extremitäten bei Vögeln zum Fliegen, beim Menschen zum Greifen und Tasten eingesetzt werden. Der Rumpf endet am After. Die Grenze zwischen Rumpf und *Schwanz* liegt im knöchernen Skelett des Menschen am Übergang von Kreuz- und Steißbein. Bei einer Reihe von Wirbeltieren, in typischer Weise bei Menschenaffen (Pongidae) und beim Menschen, bildet sich der in der frühen Embryonalentwicklung angelegte Schwanz im Laufe der Ontogenese wieder zurück.

Charakteristisch für den Bau des Wirbeltierkörpers sind verschiedene Erscheinungsformen der *Symmetrie.* Der Symmetrie liegt ein systematisches Ordnungsprinzip zugrunde, in dem sich ähnliche oder vergleichbare Strukturen regelmäßig wiederholen. Man unterscheidet drei „Symmetrieoperationen". Von diesen kommen bei Wirbeltieren die *„Translation" (Metamerie)* und die *Spiegelung (bilaterale Symmetrie)* vor. *Radiärsymmetrie,* die man häufig im Pflanzenbereich antrifft, ist Bauprinzip einiger Nichtvertebraten z. B. von Hohltieren und Stachelhäutern. Im Gegensatz zur leblosen Materie (z. B. Kristalle) zeigen Lebewesen eine „vollkommene" Symmetrie nur selten.

Bilaterale Symmetrie (Spiegelung) entsteht aus zwei ähnlichen Elementen. Sie ist bei mehr als 95% aller Tierarten zu finden. Bilaterale Symmetrie ist ein morphologisches Bauprinzip aber kein funktionelles System. Bilateral symmetrisch aufgebaut sind Kopf, Rumpf und Gliedmaßen sowie die großen Sinnesorgane, zentrales und peripheres Nervensystem. Die Spiegelung der einzelnen Anteile ist teilweise jedoch sehr unvollkommen z. B. im Gesicht oder an den Extremitäten.

Metamere Symmetrie entsteht durch Wiederholung gleich oder ähnlich gebauter Strukturelemente (Körperabschnitte) entlang einer Achse („Translation"). Man bezeichnet diese Form der Symmetrie auch als *Segmentierung (segmentale* oder *metamere Gliederung).* Einen segmentalen Aufbau hat die Leibeswand des Wirbeltierrumpfes. Die einzelnen Metamere bestehen primär aus *Muskelsegmenten,* denen sich sekundär die Segmente des Achsenskeletts und der Haut sowie die zugehörigen Gefäße und Nerven zuordnen. Die ursprüngliche Segmentierung läßt sich am Auftreten der *Ursegmente (Somiten),* die während der Ontogenese in kranio-kaudaler Richtung erfolgt, erkennen (s. Kap. Muskulatur, S. 131). Die Organe der Leibeshöhle zeigen keine metamere Gliederung. Die Nieren sind in der Embryonalentwicklung segmental angelegt.

Die *Kiemenregion* wasserlebender Wirbeltiere entspricht definitionsgemäß einer metameren Symmetrieform. In gleicher Weise trifft dies für die während der Ontogenese angelegten Kiemendarmabschnitte der Säugetiere zu. Man bezeichnet die Wiederholung ähnlich gebauter Abschnitte im Kiemendarm als *Branchiometrie.* Ein solcher Abschnitt besteht aus *Kiemenbogen, Kiemenbogenmuskulatur, Kiemenbogennerv* und *Kiemenbogengefäßen.* Die Branchiometrie unterscheidet sich jedoch in ihrer *Entwicklung* prinzipiell von der segmentalen Bauweise der Rumpfwand.

Metamere Bauweise ist nicht auf den makroskopischen Bereich beschränkt, sondern kommt auch in lichtmikroskopischen, ultrastrukturellen und molekularen Dimensionen vor. Metamere Symmetrie zeigen z. B. die Aktin- und Myosinfilamente der quergestreiften Muskulatur oder Kollagenfibrillen (s. Abb. 2.**10,** 4.**4,** 4.**7**).

Entwicklung

Unter dem Begriff *„körperliche Entwicklung"* faßt man die Summe von *Wachstums*vorgängen im Organismus sowie die *Differenzierung* von Organen und Geweben zusammen. Von der Entwicklung geprägt sind die *pränatale Periode* und das *postnatale Leben* bis zum Abschluß des Längenwachstums. Entwicklungsprozesse kann man jedoch, wenn auch in geringerem Ausmaß, während des gesamten Erwachsenenalters beobachten.

Augenscheinlichstes Merkmal bei Entwicklungsvorgängen ist das Phänomen *Wachstum.* Nach der Definition von v. BERTALANFFY sind als Wachstum alle Veränderungen eines lebenden Systems anzusehen, die als *Größenänderung* meßbar sind. Besteht die Änderung in einer Größenzunahme, spricht man von *Positivwachstum.* Eine Größenabnahme wird als *Negativwachstum* bezeichnet. Findet keine Größenänderung statt, so besteht ein *„Nullwachstum".*

Positivwachstum liegt *progressiven Vorgängen* an Organen und Geweben, z. B. der *Hypertrophie* (Vergrößerung der Einzelzelle, s. S. 64), Proliferation (physiologische Zellvermehrung), der *Hyperplasie* (pathologische Zellvermehrung) oder der *Regeneration* (Ersatz von verlorengegangenem Gewebe, s. S. 30) zugrunde. Als *Negativwachstum* sind *regressive Veränderungen* wie z. B. *Atrophie* (sekundäre Rückbildung von Geweben und Zellen, s. S. 71) oder *Involution* (physiologische Organrückbildung, z. B. der Urnierenanlagen in der Embryonalentwicklung, oder des Thymus nach der Pubertät) einzustufen. Der unter physiologischen Bedingungen bei Entwicklungsvorgängen zu beobachtende Zelluntergang („Mauserung") wird als *Apoptose* bezeichnet.

Wachstum ist ein *zeitabhängiger* biologischer Prozeß, der während des gesamten Lebens stattfindet. Die zeitlichen Veränderungen von Wachstumsgrößen können als mathematische *Funktionen* formuliert werden. Trotz der Aufstellung zahlreicher *„Wachstumsmodelle"* gibt es daher keine befriedigende mathematische Lösung, die alle mit dem Wachstum in Zusammenhang stehenden Fragen beantwortet.

Ein – mathematisch und biologisch allerdings unzulängliches – Wachstumsmodell ist z. B. die *Haasesche Regel*, die anhand von Längenmaßen einen Anhalt für das Alter menschlicher Feten zu geben vermag. Danach entspricht die Gesamtlänge des Feten im 3., 4. und 5. Fetalmonat dem Quadrat der Monatszahl, in den Monaten 6–10 dem 5fachen der Monatszahl.

Positivwachstum kann auf Zellvermehrung und Größenzunahme einzelner Zellen sowie auf Vermehrung von Extrazellulärmatrix beruhen (s. S. 64). Wachstumsvorgänge laufen während des Lebens organspezifisch und beim Vergleich verschiedener Organe und Organteile zeitlich unterschiedlich (heterochron) ab.
Man unterscheidet eine *pränatale* und eine *postnatale Entwicklung*. Die pränatale Entwicklung reicht von der Konzeption bis zur Geburt. In ihr grenzt man die ersten 2 Monate als *Embryonalperiode* ab. Die darauf folgende Zeit wird als *Fetalperiode* bezeichnet (s. Lehrbücher der Entwicklungsgeschichte). Die Einteilung der *postnatalen Zeit* in *„Entwicklungsphasen"* ist in der Klinik nicht einheitlich und teilweise umstritten. In der *Pädiatrie* unterscheidet man aus praktischen Bedürfnissen, allerdings auch unter Berücksichtigung charakteristischer funktionell-körperlicher und geistig-psychischer Merkmale, verschiedene *Entwicklungs- und Altersstufen*, die bei der Beurteilung von Einzelindividuen deutlicher hervortreten als bei Querschnittsuntersuchungen von Altersklassen.
Das *Säuglingsalter* reicht von der Geburt bis um Ende des 1. Lebensjahres. Die erste und zweite Lebenswoche wird als *Neugeborenenperiode* abgegrenzt (Abfall des Nabels). Das *Kleinkindalter* oder *Spielalter* erstreckt sich vom Beginn des 2. Lebensjahres bis zum Ende des 6. Lebensjahres; darauf folgt das *Schulalter*, das bis zum Eintritt der *Pubertät* reicht. Die Pubertät oder das Reifungsalter beginnt mit Auftreten der ersten sekundären Geschlechtsmerkmale (Wachstum der Genitalorgane, Auftreten der Schambehaarung, Brustentwicklung beim Mädchen) und erstreckt sich bis zur vollständigen Geschlechtsreife. Das anschließende *Jugendlichenalter* oder die *Adoleszenz* dauert bis zum Abschluß des Körperwachstums (s. S. 68, Abb. 1.**2**).

Zu den meßbaren Größen der körperlichen Entwicklung zählen *Körperlänge* und *-gewicht*. Die Längen/Alters- und Längen/Gewichtsrelationen werden in *Somatogrammen* zusammengefaßt (Abb. 1.**3**). Verbindet man im Somatogramm die Werte für Alter, Länge und Gewicht miteinander, so liegt die Verbindung im „Idealfall" auf einer Linie. Die Somatogrammform eines Kindes ist normalerweise über einen langen Zeitraum konstant. Veränderungen in der Somatogrammform eines Individuums haben daher eine höhere diagnostische Aussage in bezug auf krankhafte Entwicklungsstörungen als geringfügige Abweichungen vom Durchschnittswert.
Die *Wachstumsintensität* ist in den einzelnen Lebensabschnitten unterschiedlich; sie kann durch den relativen Zuwachs jedes Lebensjahres im Vergleich zum vorangegangenen Lebensjahr ermittelt werden:

$$\frac{\text{relativer Zuwachs im Jahre t}}{\text{relativer Zuwachs im Jahre t–1}} \times 100.$$

Zur Aufstellung einer Funktion der Längenwachstumsgeschwindigkeit wird der Längenzuwachs in Zentimeter pro Jahr in der Zeit gemessen (Abb. 1.**4**).
Verfolgt man das Wachstum von der Geburt bis zu seinem Abschluß, so lassen sich Perioden schnellen und langsamen Wachstums registrieren. Die *Wachstumsintensität* ist größtenteils *erblich* festgelegt und unterliegt nur in geringem Grade Umwelteinflüssen (s. S. 10). Am größten ist die *Wachstumsgeschwindigkeit* im 1. Lebensjahr. Der Zuwachs beträgt im 1. Halbjahr etwa 16–17 cm und geht im 2. Halbjahr auf etwa 7–8 cm zurück. Am Ende des 2. Lebensjahres erreicht die Körperlänge etwa 50% der definitiven Länge. Vom 5. Lebensjahr bis zum Beginn der Pubertät beträgt die jährliche Zuwachsrate etwa 5–6 cm pro Jahr. Bis zu diesem Zeitpunkt zeigen Mädchen und Jungen ein ähnliches Wachstumsverhalten. Zur Zeit der Pubertät kommt es zu einem deutlichen *Wachstumsschub*, der bei Jungen stärker ausgeprägt ist als bei Mädchen. Das Maximum des *puberalen Wachstumsschubes* (Reifewachstum) liegt bei Jungen etwa

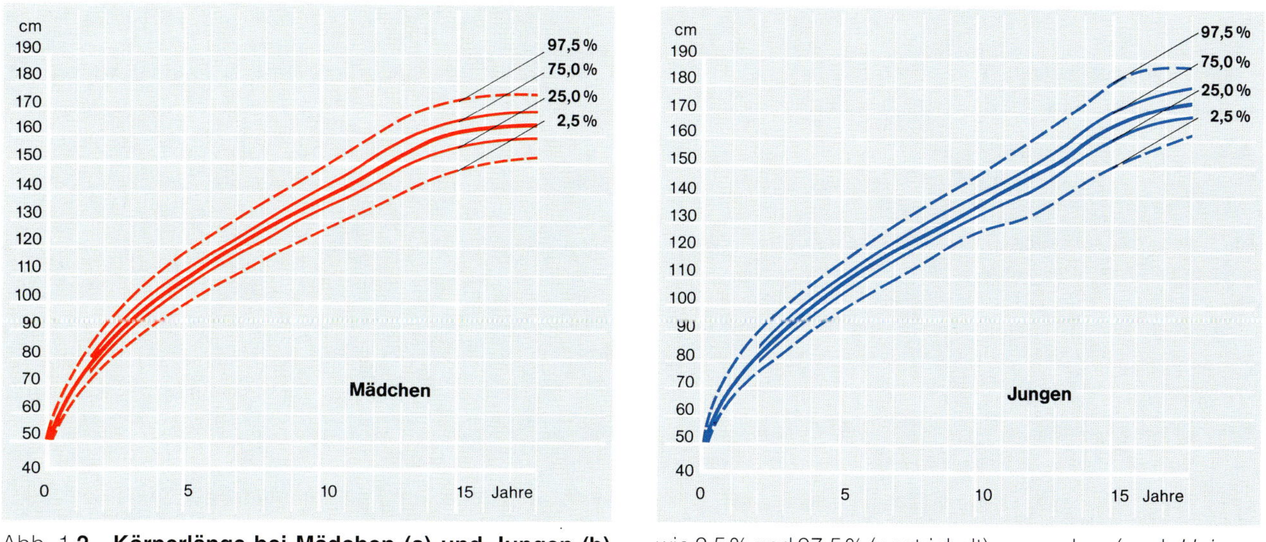

a b

Abb. 1.2 **Körperlänge bei Mädchen (a) und Jungen (b).** Außer den Mittelwerten sind die Perzentile 25 % und 75 % sowie 2,5 % und 97,5 % (gestrichelt) angegeben (nach *Heimendinger*).

Mädchen

Jahre		cm	± 2σ	kg	± 2σ
		177		67,5	
		176		66,8	
		175		66,1	
		174		65,4	
		173		64,7	
		172		64,0	
		171		63,0	
		170		62,0	
		169		61,0	
		168		60,0	
		167		59,0	
19		166	11	58,0	
		165		56,0	
		164		54,5	+19,0
		163		53,5	−13,5
14		162	13	52,5	
		161		50,8	
		160	13	49,2	+19,0
		159		47,6	−13,5
13		158		46,0	
		157		45,1	
		156		44,2	+19,0
		155	14	43,3	−13,0
		154		42,4	
12		153		41,5	
		152		40,9	
		151		40,3	
		150	14	39,4	+16,5
		149		38,5	−11,0
		148		37,5	
11		147		36,6	
		146		35,8	
		145		35,2	
		144		34,6	+15,0
		143	13	34,1	−10,0
		142		33,6	
		141		33,0	
10		140		32,5	
		139		31,7	
		138		31,0	+11,0
		137	13	30,2	− 8,0
		136		29,4	
9		135		28,9	
		134		28,4	
		133		27,9	+10,0
		132	12	27,4	− 7,5
		131		26,8	
8		130		26,3	
		129		26,0	
		128		25,6	
		127	12	25,1	+ 8,0
		126		24,6	− 5,5
		125		24,1	
7		124		23,6	
		123		23,2	
		122		22,8	
		121	12	22,4	+ 5,0
		120		22,0	− 3,5
		119		21,5	
6		118		21,1	
		117		20,9	
		116		20,6	
		115		20,2	
		114	12	19,8	4,0
		113		19,4	
		112		19,0	
5		111		18,6	
		110		18,3	
		109		18,0	
		108		17,7	
		107	10	17,4	3,5
		106		17,1	
		105		16,8	
4		104		16,5	
		103		16,2	
		102		16,0	
		101		15,6	
		100	8	15,2	3,0
		99		14,9	
		98		14,7	
		97		14,5	
3		96		14,3	
		95		14,1	
		94		13,9	
		93	7	13,6	3,0
		92		13,3	
2½		91		13,0	
		90		12,8	
		89		12,6	
		88	7	12,4	2,5
		87		12,2	
2		86		12,1	
23 Monate		85		11,9	
22		84		11,7	
21		83	7	11,5	2,5
20		82		11,3	
18		81		11,2	
17		80		10,9	
16		79		10,7	
15		78	6	10,4	2,5
14		77		10,2	
13		76		10,0	
12		75		9,8	
11		74		9,6	
10		73		9,3	
9		72	5	8,9	1,5
8		70		8,5	
7		68		8,0	
6		66		7,4	
5		64		6,7	
4		62		6,0	
3		60	4	5,4	0,8
2		57		4,8	
1		54		4,1	
0		51		3,4	

Jungen

Jahre		cm	± 2σ	kg	± 2σ
		190		77,0	
		189		76,3	
		188		75,6	
		187		74,9	
		186		74,2	
		185		73,5	
		184		72,8	
		183		72,1	
		182		71,4	
		181		70,7	
		180		70,0	
		179		69,3	
		178		68,6	
19		177	13	67,9	
		176		67,2	
		175		65,0	
		174		63,0	
		173		61,0	
		172		59,0	
		171		57,8	
		170		56,7	
		169		55,6	
		168		54,5	
		167		53,5	
		166		52,5	
		165		51,6	+20,0
		164		50,9	−14,0
14		163	16	50,2	
		162		49,4	
		161		48,5	
		160		47,6	+20,0
		159	16	46,7	−14,0
		158		45,8	
		157		45,0	
13		156		44,2	
		155		43,5	
		154		42,7	
		153	14	42,0	+17,0
		152		41,3	−12,0
		151		40,6	
12		150		39,9	
		149		38,9	
		148		38,0	+15,5
		147	13	37,4	−11,0
		146		36,8	
11		145		36,0	
		144		35,5	
		143		35,0	+11,5
		142	12	34,4	− 8,5
		141		33,9	
10		140		32,4	
		139		31,7	
		138		31,1	+10,5
		137	12	30,5	− 7,5
		136		30,0	
9		135		29,6	
		134		29,1	
		133		28,5	
		132	11	28,0	+ 8,5
		131		27,4	− 6,5
		130		26,9	
8		129		26,4	
		128		25,9	
		127		25,4	+ 7,0
		126	11	25,0	− 5,5
		125		24,5	
7		124		23,9	
		123		23,5	
		122		23,1	
		121	11	22,7	
		120		22,3	± 4,5
		119		21,9	
6		118		21,5	
		117		21,0	
		116		20,6	
		115	11	20,2	4,0
		114		19,8	
		113		19,4	
5		112		19,2	
		111		18,8	
		110		18,4	
		109		18,1	
		108	9	17,8	3,5
		107		17,5	
		106		17,2	
4		105		17,0	
		104		16,7	
		103		16,3	
		102		16,0	
		101		15,7	
		100	8	15,4	3,0
		99		15,1	
		98		14,8	
3		97		14,5	
		96		14,3	
		95	7	14,1	3,0
		94		13,9	
2½		93		13,7	
		92		13,6	
		91		13,4	
		90	7	13,3	2,5
		89		13,1	
2		88		12,9	
23 Monate		87		12,7	
22		86		12,4	
21		85		12,1	
20		84	7	11,9	2,5
19		83		11,7	
18		82		11,6	
17		81		11,4	
16		80		11,2	
15		79	6	11,0	2,5
14		78		10,8	
13		77		10,6	
12		76		10,4	
11		75		10,2	
10		74		9,7	
9		73		9,2	
8		72	5	8,6	1,5
7		70		8,0	
6		68		7,6	
5		66		7,2	
4		63		6,6	
3		60	4	5,8	0,8
2		57		5,0	
1		54		4,1	
0		52		3,5	

Abb. 1.3 **Somatogramm für Mädchen** (links) **und Jungen** (rechts) (nach *Kunze* u. *Murken*).

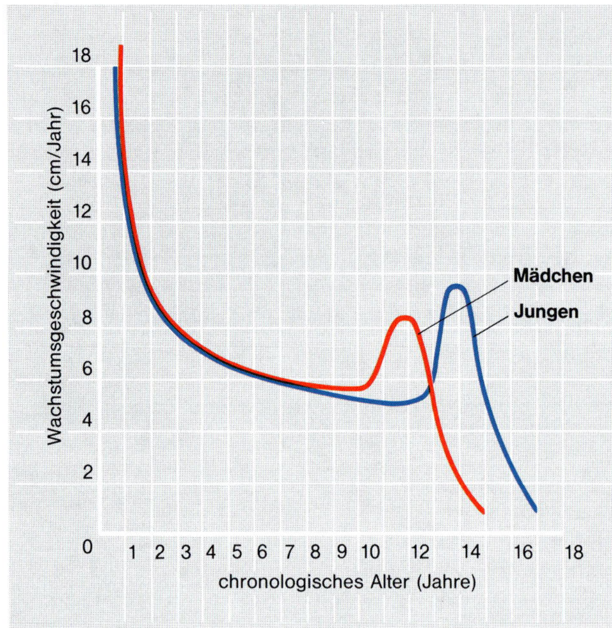

Abb. 1.4 **Wachstumsgeschwindigkeit (Längenzuwachs) in cm/Jahr bei normalem Wachstumsverlauf** von Mädchen und Jungen (nach *Tanner* u. Mitarb.)

um das 13,5. Lebensjahr, bei Mädchen um das 11,5. Lebensjahr. Das Ausmaß der Größenzunahme zeigt starke individuelle Unterschiede. Das Maximum der jährlichen Zuwachsrate z. Zt. der Pubertät beträgt bei Jungen etwa 9–10 cm, bei Mädchen 8–9 cm. Da der Wachstumsschub bei Mädchen etwa 2 Jahre früher einsetzt als bei Jungen, sind Mädchen um das 12. Lebensjahr im allgemeinen größer als gleichaltrige Jungen. Der Beginn des Wachstumsschubes geht dem Eintritt der Geschlechtsreife um etwa 2 Jahre voraus, so daß frühreifende Kinder zunächst größer sind als spätreifende. Dieser Unterschied wird jedoch später in den meisten Fällen ausgeglichen. Das Längenwachstum kommt in Mitteleuropa bei weiblichen Jugendlichen mit 17–18 Jahren, bei männlichen Jugendlichen mit 18–19 Jahren zum Stillstand. Die *mittlere* Körpergröße beträgt beim erwachsenen Mann 177 cm ± 13 cm bei der erwachsenen Frau 167 ± 11 cm (s. Abb. 1.**2**).

Weicht die Körperlänge um ± 20% vom Durchschnittswert ab, bezeichnet man dies als *Hochwuchs (Makrosomie)* oder als *Kleinwuchs (Mikrosomie)*. Liegt die Körperlänge 40% über oder unter dem Durchschnitt spricht man von *Riesenwuchs (Gigantismus)* oder *Zwergwuchs (Nanosomie)*.

Auch das *Körpergewicht* zeigt während der Entwicklung charakteristische altersabhängige Veränderungen. Es unterliegt besonders nach dem 1. Lebensjahr großen individuellen Schwankungen. Reife Neugeborene wiegen in Mitteleuropa durchschnittlich 3000–4000 g. Die Gewichtszunahme beträgt im 1. Lebensjahr etwa 6,8 kg, im 2. Lebensjahr ca. 2,5 kg.

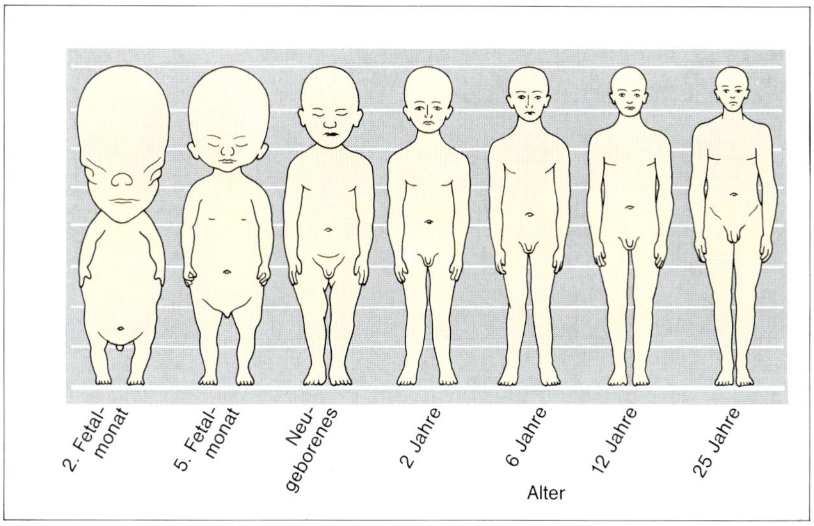

Abb. 1.**5** **Änderung der Gestalt und der Körperproportionen,** Verläufe des Wachstums vom 2. Embryonalmonat bis zum Abschluß des Längenwachstums (nach *Straatz*).

Das Geburtsgewicht wird im Alter von 4–5 Monaten verdoppelt, im Alter von 1–1½ Jahren verdreifacht und im Alter von 4–5 Jahren verfünffacht. Nach Abschluß des Wachstums beträgt das Gewicht normalerweise das 20fache des Geburtsgewichtes (s. Abb. 1.**3**).

Die einzelnen Regionen, Glieder und Organe des Körpers wachsen mit unterschiedlicher Geschwindigkeit. Diese zeitlich unterschiedliche Wachstumsintensität führt zu einem Wandel der *Körperformen* und zu Veränderungen der relativen Größe einzelner Körperabschnitte und Organe im Vergleich zur Gesamtkörpergröße. Derartige *Proportionsänderungen* sind in der pränatalen Periode sowie im Säuglings- und Kleinkindesalter besonders augenscheinlich.

Die *Kopfhöhe* beträgt bei Embryonen am Ende des 2. Monats etwa die Hälfte der Körperlänge, bei Neugeborenen macht die Kopfhöhe etwa ¼, beim 6jährigen Kind ⅙ und beim Erwachsenen ⅛ der gesamten Körperlänge aus. Das stetige „Zurückbleiben" der Kopfgröße und die Beschleunigung des Extremitätenwachstums haben eine Verschiebung der *Körpermitte* nach kaudal zur Folge (Abb. 1.**5**). Die Körpermitte liegt beim Neugeborenen in Nabelhöhe, beim 6jährigen in der Mitte zwischen Nabel und Schambeinfuge, bei der erwachsenen Frau am oberen-, beim erwachsenen Mann am unteren Symphysenrand (Abb. 1.**5**).

Von praktisch-ärztlicher Bedeutung sind einige in der Anthropologie gebräuchliche *Körpermaße* wie z. B. die relative *Sitzhöhe* (Abb. 1.**6**), der *Kopfumfang* (gemessen über der Glabella und der Protuberantia occipitalis externa) sowie der *Brustkorbumfang* (gemessen in mittlerer Atmungsphase bei herabhängenden Armen oberhalb der Mammillen und unterhalb des Angulus inferior scapulae).

Kopf- und *Brustumfang* sind bis zum Ende des 2. Lebensjahres nahezu gleich groß; danach nimmt der Kopfumfang nur noch wenig und stets langsamer zu, während der Brustumfang bis zum Ende des Wachstums beständig wächst. Größe und Zunahme des Kopfumfanges werden in erster Linie durch das Gehirnwachstum bestimmt. Maße des Kopfumfanges können daher zur Beurteilung der Gehirnentwicklung herangezogen werden (Mikrokephalie; Makrokephalie, z. B. bei Hydrokephalus).

Die *Gesichtshöhe* macht beim Neugeborenen ungefähr die Hälfte der Kopfhöhe aus. Sie nimmt im Laufe des Wachstums absolut und relativ zu. An der Entwicklung des Gesichtes hat die Ausbildung des *Gebisses* und die damit verbundene Entwicklung der Alveolarfortsätze der Kiefer wesentlichen Anteil.

Der relative *Brustumfang* nimmt von der Geburt bis zur Pubertät zunächst schnell dann langsamer ab; dies hängt mit der allgemeinen „Streckung" des Körpers bis zum puberalen Wachstumsschub zusammen. Die *Extremitäten* sind beim Neugeborenen relativ kurz. Die Arme sind zunächst länger als die Beine. Später wachsen die Beine rascher als die Arme. Die Beinlänge beträgt am Ende des Wachstums ungefähr die Hälfte der Körperlänge.

Längen- und *Breitenwachstum* werden im wesentlichen durch das *Skelettwachstum* bestimmt. Die Skelettentwicklung (ausführliche Darstellung s. Kap. Knochenentwicklung, S. 57) im Wachstumsalter steht in engem Zusammenhang mit der Gesamtentwicklung des Orga-

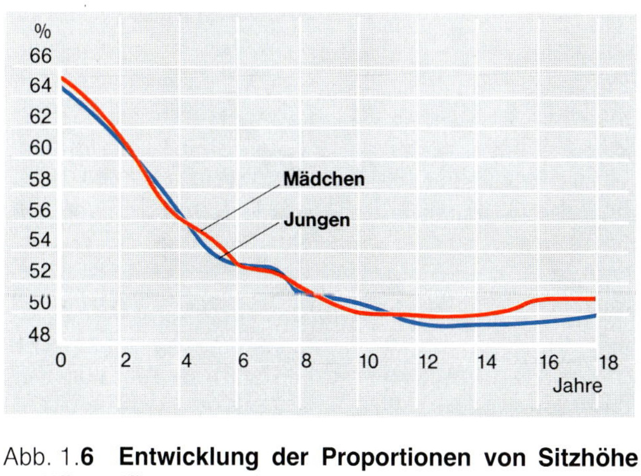

Abb. 1.**6** **Entwicklung der Proportionen von Sitzhöhe zu Körperlänge.** Die Sitzhöhe ist in Prozent der Körperlänge angegeben (nach *Heimendinger*).

nismus. Die klinische und röntgenologische Untersuchung des Skeletts hat bis zum Abschluß des Wachstums große diagnostische Bedeutung für die Beurteilung von *Wachstumsstörungen* und für die *Wachstumsprognose* (s. unten). Mit röntgenologischen Methoden wird das zeitliche Auftreten der *Knochenkerne* in den einzelnen Skelettabschnitten beurteilt (s. Abb. 3.**5**). Die zeitlichen Abläufe der *Osteogenese* (s. S. 68 u. 69) finden normalerweise in einem eng begrenzten Zeitraum statt, so daß anhand des „*Skelettalters*" Rückschlüsse auf die gesamte Entwicklung gezogen werden können. Die *Knochenbildung* beginnt im 2. Embryonalmonat am Schlüsselbein. Das Längen- und Breitenwachstum endet am Beginn des 3. Dezennium mit dem Schluß der Apo- und Epiphysenfugen. Die Untersuchung des Skelettalters wird heute beim Säugling und Kleinkind übereinkunftsgemäß am Röntgenbild der linken Hand durchgeführt. Im Schulkindalter richtet sich die Beurteilung vorwiegend nach *Größe* und *Form* und *Knochenkerne*. Nach Abschluß der Pubertät dient der *Epiphysenschluß* als Kriterium für das Skelettalter. Mädchen sind in der Skelettentwicklung Jungen zeitlich voraus. Der frühere Schluß der Epiphysenfugen, der mit der früher einsetzenden Pubertät der Mädchen zusammenhängt, ist Ursache für die geringere Körpergröße beim weiblichen Geschlecht (s. S. 8). Das Skelettalter dient neben anderen Einflußgrößen wie z. B. augenblicklicher Körpergröße und Alter sowie Größe der Eltern der Vorausbestimmung der endgültigen Körpergröße.

Zur Beurteilung der Entwicklung im Säuglings- und Kleinkindalter wird auch das Wachstum der *Schädelknochen* herangezogen. Der Schluß der bei Neugeborenen noch tastbaren kleinen *Fontanelle* erfolgt in der 6. Woche, derjenige von Lambda- und Pfeilnaht im 5.–6. Lebensmonat. Die große Fontanelle soll mindestens bis zum 9. Lebensmonat, jedoch nicht länger als bis zum Ende des 2. Lebensjahres tastbar sein (Abb. 9.**8**). Sie schließt sich normalerweise mit 18 Monaten.

Als weitere Kriterien für die Beurteilung der Entwicklung dienen u. a. der Status des *Gebisses* sowie die Entwicklung der *inneren Organe* vor allem auch des *lymphatischen Systems* (s. Bd. II).

Die Entwicklung kann zeitlich verzögert *(Retardation)* oder *beschleunigt* (*Akzeleration*, s. oben) sein.

Wachstum und Entwicklung sind von *endogenen* und *exogenen Faktoren* abhängig. Das Längenwachstum unterliegt *genetischen Einflüssen* mehr als das Körpergewicht. Wie Beobachtungen an eineiigen Zwillingen zeigen, ist weniger das Verhalten während des Wachstums als vielmehr die endgültige Körpergröße genetisch festgelegt. Das unterschiedliche Wachstumsverhalten von Mädchen und Jungen (s. S. 8) ist genetisch bedingt. Die geringgradige Verzögerung in der Osteogenese des Skeletts sowie der später einsetzende puberale Wachstumsschub und die damit verbundene Verlängerung der gesamten Wachstumsdauer wird in Genen des Y-Chromosoms vermutet.

Der Einfluß der Erbanlagen auf das Wachstum erfolgt u. a. über Organe, die Wachstums- und Stoffwechselvorgänge regulieren, wie z. B. Hypothalamus, Hypophyse, Schilddrüse, Nebenschilddrüse, Nebennierenrinde und Gonaden (s. Bd. II und Bd. III).

Von den *exogenen* Faktoren, die Wachstum und Entwicklung beeinflussen, haben Qualität und Quantität der mit der *Nahrung* aufgenommenen Baustoffe die größte Bedeutung. Beeinträchtigungen der Entwicklung können auf einem Mangel oder auf einem Überfluß beruhen. In früheren Zeiten zu beobachtende geographische Unterschiede im Wachstumsverhalten lassen sich aufgrund der nach dem 2. Weltkrieg stattgefundenen Bevölkerungsdurchmischung nicht mehr sicher feststellen; auch unterschiedliche Entwicklungsabläufe aufgrund verschiedener „sozialer Schichtung" sind heute nicht mehr aufzuzeigen, da sie im Bereich der normalen Variationsbreite liegen.

Ein seit der Jahrhundertwende zu beobachtendes Wachstum- und Entwicklungsphänomen ist das der sogenannten *säkularen Akzeleration*. Als Akzeleration bezeichnet man die bei allen zivilisierten Völkern auftretende Entwicklungsbeschleunigung. Sie betrifft vor allem das Längenwachstum und das Körpergewicht. Eine Entwicklungsbeschleunigung zeigen auch Gehirn, Zähne, innere Organe und Geschlechtsorgane. Die Entwicklungsbeschleunigung ist in allen Altersstufen sichtbar; so sind z. B. heutige Schulanfänger im Durchschnitt 8 cm größer als ihre Altersgenossen um die Jahrhundertwende. Es ist allerdings nicht nur eine Beschleunigung des Längenwachstums zu beobachten, vielmehr hat auch die absolute Körperendgröße gegenüber früheren Zeiten zugenommen. Geht die körperlich beschleunigte Entwicklung mit der psychischen einher, spricht man von *harmonischer Akzeleration*, im anderen Falle von *disharmonischer Akzeleration*. Als Ursache für die Akzeleration wird die Beseitigung von entwicklungshemmenden Faktoren wie z. B. schlechter Ernährung, Wegfall der Kinderarbeit oder Bekämpfung der Infektionskrankheiten angesehen.

Bei der körperlichen Entwicklung lassen sich während des Kindes- und Jugendlichenalters bereits deutliche Geschlechtsunterschiede beobachten. Nach der Geschlechtsreife tritt der *Sexualdimorphismus* in der Ausprägung der *typischen* männlichen und weiblichen Gestalt des Körpers zutage. Männer sind normalerweise kräftiger entwickelt und größer als Frauen. Muskelrelief und Knochen treten beim männlichen Geschlecht äußerlich stark hervor. Bei der Frau sind die Konturen „weich" und abgerundet. Dies beruht auf der schwächeren Muskulatur und dem grazileren Knochengerüst, vor allem aber auf dem normalerweise stärker entwickelten und gleichmäßiger verteilten subkutanen Fettgewebe.

Der weibliche Kopf ist kleiner als der des Mannes. Er ähnelt in seiner Gesamtform mehr dem des Kindes. Die Stirn ist beim Mann meistens höher und stärker gewölbt als bei der Frau. Das Gesicht der Frau ist zierlicher, ihre Gesichtszüge sind insgesamt weicher, da die Knochen des Gesichtsschädels weniger stark hervortreten als beim Mann. Die Behaarung beschränkt sich beim weiblichen Geschlecht auf die

obere und hintere Fläche sowie auf einen Teil der Seiten des Kopfes, auf Augenbrauen und Wimpern. Beim Mann dagegen erstreckt sich die Behaarung zusätzlich über einen großen Teil des Gesichtes.
Der Hals ist bei der Frau rundlicher als beim Mann. Er hat die Form des Kindes behalten. Beim Mann treten das Muskelrelief sowie der obere Teil des Schildknorpels (Prominentia laryngea, „Adamsapfel") deutlich hervor. Bei der Frau geht der Hals bogenförmig in die Schulterwölbung über.
Beim Mann sind Schultern und Brustkorb breiter als bei der Frau. Das Muskelrelief tritt im männlichen Brust- und Abdominalbereich deutlich hervor. Die vordere Bauchwand erscheint bei der Frau wegen der stärkeren Entwicklung des subkutanen Fettgewebes rundlich. Die Bauchwölbung setzt sich vom Mons pubis durch eine nach oben gerichtete konkave Furche ab. Der Nabel liegt beim Mann in Höhe des Darmbeinkammes, bei der Frau etwas weiter kranial.
Zu den augenfälligsten Unterschieden in der Gestalt von Mann und Frau zählt die Ausformung des Beckens. Beim weiblichen Becken sind die Beckenschaufeln weit nach lateral ausladend. Das männliche Becken ist schmal (s. S. 462).
Die Leistenfurchen sind beim Mann deutlich ausgeprägt. Infolge der breiten Schultern und der schmalen Hüften hat der Rumpf beim Mann eine kegelförmige Kontur.
Auch an den Extremitäten sind beim Mann Muskel- und Knochenrelief deutlicher zu sehen als bei der Frau. Hände und Füße sind bei Frauen normalerweise zierlicher als bei Männern.

Persönlichkeit und *Gestalt* eines jeden Individuums sind einmalig. Jeder Mensch unterliegt einem Wandel seiner körperlichen und geistigen Merkmale während des Lebens. Die Gesamtheit der körperlichen und psychischen Eigenschaften und ihre Wechselbeziehungen werden als *Konstitution* bezeichnet. Grundlagen der Konstitution sollen erblich festgelegt sein.
Aus dem Bedürfnis heraus, bestimmte Merkmale zu „Typen" zu gruppieren, sind verschiedene Ordnungsschemata entwickelt worden. Eine bekannte Klassifikation ist die Typeneinteilung von KRETSCHMER, der nach körperlichen Merkmalen drei Körperbautypen unterscheidet und zwar den *leptosomen*, den *pyknischen* und den *athletischen Typus*. Aus dem Körperbautypus zieht KRETSCHMER Rückschlüsse auf den „Charaktertypus".
Unter den körperlichen Merkmalen prägen vor allem die Entwicklung des Skelettsystems, der Skelettmuskulatur und des Unterhautfettgewebes sowie die Proportionen einzelner Körperabschnitte den jeweiligen Typus.

Kennzeichen des *leptosomen Typus* sind ein insgesamt schlanker und graziler Körperbau. Aufgrund schwach entwickelter Muskeln und Knochen sind die Extremitäten dünn, der Brustkorb flach und das Gesicht schmal. Die Extremform mit ausgesprochen hagerer Gestalt wird als *asthenischer Typus* bezeichnet.
Menschen vom *athletischen Typus* sind mittelgroß bis groß. Knochen und Muskulatur sind gut entwickelt. Das Relief der kräftigen Muskeln an Hals, Brust und Rumpf sowie im Oberarm und Oberschenkelbereich sind charakteristisch für diesen Körperbautypus.
Pyknische Typen sind mittelgroß. Ihr „gedrungener" Körperbau resultiert aus der breiten, „faßförmigen" Form von Brust- und Bauchhöhlen sowie dem reichlichen subkutanen Fettgewebe. Die Extremitäten sind demgegenüber schwach entwickelt. Hände und Füße sind kurz und relativ plump, das Gesicht breit und rundlich.
Den genannten Körperbautypen lassen sich nur etwa 60% der Bevölkerung zuordnen; die restlichen werden als „Mischformen" *(Dysplastiker)* bezeichnet.

Gegen die Typologie werden von seiten der Psychologie erhebliche Einwände erhoben. So wird z. B. angezweifelt, daß selbst dann, wenn sich nach körperlichen Daten eine Typisierung durchführen läßt, diese nicht die gesamte Persönlichkeit des Individuums sondern stets nur einen Ausschnitt erfaßt (s. Lehrbücher der Psychologie).

Literatur

Dentler, P., K. Hauss, N. Neidenbach, H. Stegemann, H. Völkel: Medizinische Psychologie im Grundriß. Mit besonderer Berücksichtigung des Gegenstandskataloges für die Ärztliche Vorprüfung GK1 (1976), 2. Aufl. Verlag für Psychologie, Göttingen 1981
Faller, A.: Die Fachwörter der Anatomie, Histologie und Embryologie, 29. Aufl. Bergmann, München 1978
Haug, H.: Der Einfluß der säkularen Acceleration auf das Hirngewicht des Menschen und dessen Änderung während der Alterung. Gegenbaurs morph. Jb. 130 (1984) 481–500
Heberer, G.: Der Ursprung des Menschen. Fischer, Stuttgart 1969
Henke, W., H. Rothe: Der Ursprung des Menschen. 5. Aufl. Fischer, Stuttgart 1980
Grote, W., C. Simon: IV. Klinische Genetik. In Simon, C.: Klinische Pädiatrie. Lehrbuch der Kinderheilkunde, 4. Aufl. Schattauer, Stuttgart 1983 (pp. 123–163); 5. Aufl. 1986
Kerr, J. F. R., A. H. Wyllie, A. R. Currie: Apoptosis: a basic biological phenomenon with wide-ranging implications in tissue kinetics. Brit. J. Cancer 26 (1972) 239–157
Kummer, B.: Bewegung. In Siewing, R.: Allgemeine Zoologie, 3. Aufl. Fischer, Stuttgart 1980 (pp. 389–467)
Peil, J.: Methodische Aspekte der biomathematischen Beschreibung von Wachstumsvorgängen. Gegenbaurs morph. Jb. 129 (1983) 385–393
Proppe, D.: Staturindex als Maß der Schönheit und Gesundheit. Arch. Derm. Forsch. 244 (1972) 151–156
Remane, A., V. Storch, U. Welsch: Evolution. Tatsachen und Probleme der Abstammungslehre. Deutscher Taschenbuch Verlag, München 1976a
Remane, A., V. Storch, U. Welsch: Systematische Zoologie. Stämme des Tierreichs. Fischer, Stuttgart 1976b
Sager, G.: Zur mathematischen Formulierung des menschlichen Längenwachstums. Mathematical formulation of human height growth. Anat. Anz. 150 (1981) 428–442
Sager, G.: Mathematische Interpretation des Somatogramms von Hellbrügge und Vogt (1961). Anat. Anz. 152 (1982) 263–274
Scharf, J.-H.: Wachstum. Verh. anat. Ges. (Jena) 71 (1977) 20–58
Scharf, J.-H.: Zur Integration der Wachstumsdifferentialgleichung Ludwig v. Bertalanffy's. Gegenbaurs morph. Jb. 129 (1983) 729–781
Schmid, F., L. Halden: Die postfetale Differenzierung und Größenentwicklung der Extremitätenknochenkerne. Fortschr. Röntgenstr. 71 (1949) 975–984
Sitte, P.: Symmetrien bei Organismen. Biol. in uns. Zeit 14 (1984) 161–170
Starck, D.: Embryologie. Ein Lehrbuch auf allgemein biologischer Grundlage, 3. Aufl. Thieme, Stuttgart 1975
Starck, D.: Vergleichende Anatomie der Wirbeltiere auf evolutionsbiologischer Grundlage. Bd. II: Das Skeletsystem. Springer, Berlin 1979
Storch, V., U. Welsch, M. Wink: Evolutionsbiologie, Springer, Berlin Heidelberg 2001
Swoboda, W.: Entwicklung und Wachstum. In Keller, W., A. Wiskott: Lehrbuch der Kinderheilkunde, 5. Aufl. Thieme, Stuttgart 1984

2

Binde- und Stützgewebe des Bewegungsapparates

B. Tillmann

Allgemeine Einleitung
Biomechanik
Extrazellulärmatrix
Bindegewebe
Stützgewebe

Allgemeine Einleitung

Am Bewegungsapparat unterscheidet man einen passiven und einen aktiven Teil. Zum passiven Teil zählen die Binde- und Stützgewebe. Der aktive Teil des Bewegungsapparates besteht aus der quergestreiften Skelettmuskulatur und ihren „Hilfsorganen".

Von den verschiedenen Formen des *Bindegewebes* werden im folgenden nur das am Aufbau der Organe des Bewegungsapparates beteiligte *kollagenfaserige lockere* und *straffe Bindegewebe* sowie das *Fettgewebe* besprochen. Hinsichtlich der übrigen Formen sei auf Lehrbücher der speziellen Histologie verwiesen.

Stützgewebe sind die verschiedenen Formen des Knorpelgewebes *(Hyalinknorpel, Faserknorpel* und *elastischer Knorpel)* sowie *Knochen-* und *Chordagewebe* (Aufbau des Dentins s. Bd. II und Lehrbücher der Histologie).

Binde- und Stützgewebe entwickeln sich aus *embryonalem Bindegewebe,* dem *Mesenchym.* Das embryonale Bindegewebe des Rumpfes entstammt größtenteils dem Sklerotomanteil der *Somiten* (s. S. 189), zum Teil auch der *Neuralleiste.* Das Mesenchym im Kopfbereich leitet sich vom Material der Neuralleiste ab (Mesektoderm). Das Hautbindegewebe differenziert sich aus dem Dermatomanteil der Somitenanlagen (s. Lehrbücher der Entwicklungsgeschichte).

Binde- und Stützgewebe bestehen aus *Zellen* und *Zwischenzellsubstanz,* der *Extrazellulärmatrix* (s. unten). Außer den für die einzelnen Gewebe charakteristischen *ortsständigen* oder fixen *Zellen* kommen im Bindegewebe noch *freie* oder mobile *Zellen* (s. S. 30) vor.

Die ortsständigen *Zellen* produzieren *Extrazellulärmatrix,* die in den verschiedenen Gewebsarten eine für jedes Gewebe charakteristische Zusammensetzung und Organisation *(Struktur)* besitzt. Zwischen Zellen und Extrazellulärmatrix besteht eine *Wechselbeziehung,* über die *Umbauvorgänge* unter physiologischen und pathologischen (z. B. Wundheilung, Knochenbruchheilung) Bedingungen reguliert werden.

Extrazellulärmatrix wird unter Zugrundelegung lichtmikroskopischer Beobachtung in *„geformte Interzellularsubstanz"* oder *Fasern* (kollagene, elastische und retikuläre Fasern) und *„ungeformte Interzellularsubstanz"* oder *„amorphe Grundsubstanz"* („Kittsubstanz") gegliedert. Diese Einteilung erscheint aus biochemischen, morphologischen und funktionellen Gründen nicht mehr gerechtfertigt, da die Molekularstruktur von Bestandteilen der „amorphen Grundsubstanz" biochemisch aufgeklärt ist. Außerdem produzieren auch Zellen, die nicht zu den Binde- und Stützgeweben zählen, wie z. B. glatte Muskelzellen, „Interzellularsubstanz" in Form von Kollagen. Ähnliches gilt für Epithelzellen, die das am Aufbau ihrer Basallamina beteiligte Typ-IV-Kollagen (s. S. 21) bilden.

Binde- und Stützgewebe haben primär *mechanische Funktionen.* Sie dienen der Aufnahme und Übertragung von *Kräften* und beteiligen sich am *Aufbau von Organen* sowie an deren Einbau in die Umgebung. Die *mechanische „Qualität"* der Binde- und Stützgewebe beruht auf *Zusammensetzung, Menge* und *Anordnung* der in der Extrazellulärmatrix enthaltenen Bestandteile.

„Qualität" und *„Quantität"* der Extrazellulärmatrix sind unter physiologischen Bedingungen von Art und Größe der mechanischen Beanspruchung abhängig (s. S. 18). Darüber hinaus haben Bindegewebe als *Speicher* von *Wasser* (z. B. Binde- und Fettgewebe), *energiereicher Substanzen* (z. B. Fettgewebe) und *Mineralien* (z. B. Knochen) Anteil an den Stoffwechselvorgängen des Organismus. Bindegewebe ist am Aufbau aller Organe beteiligt. Es bildet hier die „Transitstrecke" beim Stofftransport zwischen Parenchym und Blutgefäßen. Im Bindegewebe spielen sich Vorgänge der körpereigenen Abwehr ab; außerdem ist es Ort entzündlicher Prozesse (s. Bd. II).

Biomechanik

Funktionelle Anpassung – Kausale Histogenese

Die *Biomechanik* der Binde- und Stützgewebe befaßt sich mit den Wechselbeziehungen zwischen der Struktur (Extrazellulärmatrix) der Gewebe und ihrer mechanischen *Beanspruchung.*

In der Fähigkeit, auf äußere Belastung *aktiv* zu reagieren und sich der Beanspruchung funktionell anzupassen, liegt der grundsätzliche Unterschied zwischen dem *biochemischen Verhalten* der Binde- und Stützgewebe und dem rein passiv mechanischem Verhalten technischer Baumaterialien. Werden im Experiment z. B. an einem Kugelgelenk die Freiheitsgrade über mehrere Monate derart eingeschränkt, daß nur noch Bewegungen um eine Achse möglich sind, wandelt sich das Kugelgelenk in ein Walzengelenk um (s. S. 110). Solche *aktiven Gestaltungsvorgänge* im Gewebe, die durch funktionelle Beanspruchung hervorgerufen werden, hat Roux als *funktionelle Anpassung* bezeichnet.

Roux definierte *funktionelle Anpassung* als „Anpassung an eine Funktion durch Ausübung derselben". In diesem Zusammenhang vertrat er die Auffassung, daß *Zug* die Bildung von Bindegewebe, *Druck* die Entwicklung von Knochen und *Schub* die Differenzierung von Knorpelgewebe induziere. Dieser Hypothese schloß sich auch Benninghoff in seinen Arbeiten über die funktionelle Anatomie des Knorpelgewebes an. Pauwels deckte physikalische Widersprüche in Roux' und Benninghoffs Beweisführung auf und entwikkelte eine neue Theorie zur *Kausalen Histogenese* der aus dem Mesenchym stammenden Binde- und Stützgewebe (Abb. 2.**1**). Während nach der Hypothese von Roux die drei *Qualitäten* der mechanischen Beanspruchung, Druck, Zug und Schub, für die Differenzierung der verschiedenen Binde- und Stützgewebe verantwortlich sind, leitet Pauwels deren Differenzierung aus den Komponenten des *Verformungszustandes,* der *„reinen Gestaltänderung"* und der *„reinen Volumenänderung"* ab (s. unten). Gestaltänderung geht stets mit einer *Dehnung* einher (Abb. 2.**2**); sie wird als *mechanischer Reiz* für die Bildung kollagener Fibrillen angesehen. *Dehnung kann durch Druck-, Zug- oder Schubbelastung hervorgerufen werden* (Abb. 2.**2**). Volumenänderung entsteht durch allseitige, gleich große äußere oder innere Druckkräfte *(hydrostatischer Druck)* (Abb. 2.**3**). Nach der Theorie der Kausalen Histogenese sollen Abschnitte des embryonalen Bindegewebes (s. S. 68) innerhalb der Skelettanlagen durch die Wachstumskräfte allseitig gleich großen Druckspannungen (hydrostatischer Druck) ausgesetzt sein. Hydrostatischer Druck wird als spezifischer *Bildungsreiz für Knorpelgewebe* angesehen. Die Differenzierung von *Knochengewebe* wird nach der Theorie der Kausalen Histogenese nicht durch eine spezifische *Beanspruchungsart* induziert. Knochengewebe entwickelt sich vielmehr unter Einwirkung minimaler Beanspruchung in einem präformierten, ruhigstehenden Gerüst (Bindegewebe, Knorpel oder Knochen s. S. 57). Die Theorie der Kausalen Histogenese von Pauwels steht im Einklang mit Ergebnissen morphologischer Befunde, experimenteller Untersuchungen sowie klinischer Beobachtungen.

Binde- und Stützgewebe sind äußeren und inneren Kräften ausgesetzt, die ihre *Belastung* hervorrufen. Die Stützgewebe Knorpel und Knochen werden im wesentlichen durch die *Schwerkraft* (Last) sowie durch *Muskel-* und *Bandkräfte* belastet (s. S. 79). Stützgewebe verhalten sich unter der Einwirkung von Kräften wie feste Körper und besitzen deren *Festigkeits-* und *Elastizitätseigenschaften.* Das belastete Material widersetzt sich den einwirkenden Kräften. Die Größe des Widerstandes hängt dabei von seinen *Materialeigenschaften* (s. S. 19) ab. Die inneren Kräfte, die ein belastetes Material einer Verformung durch von außen angreifende Kräfte entgegensetzt, werden als *Spannungen* bezeichnet. Bei geringer Verformung eines festen Körpers ist nach dem *Hookeschen Gesetz* die Verformung der einwirkenden Kraft proportional. Der Zusammenhang zwischen Spannung (σ) und Dehnung (ε) ist durch den Elastizitätsmodul (E) gegeben: $E = \frac{\sigma}{\varepsilon}$. Von den auftretenden Spannungen in einem Material hängt dessen *Beanspruchung* ab. Beanspruchung ist demnach die durch Belastung hervorgerufene Folgeerscheinung im Material. Sie wird durch die

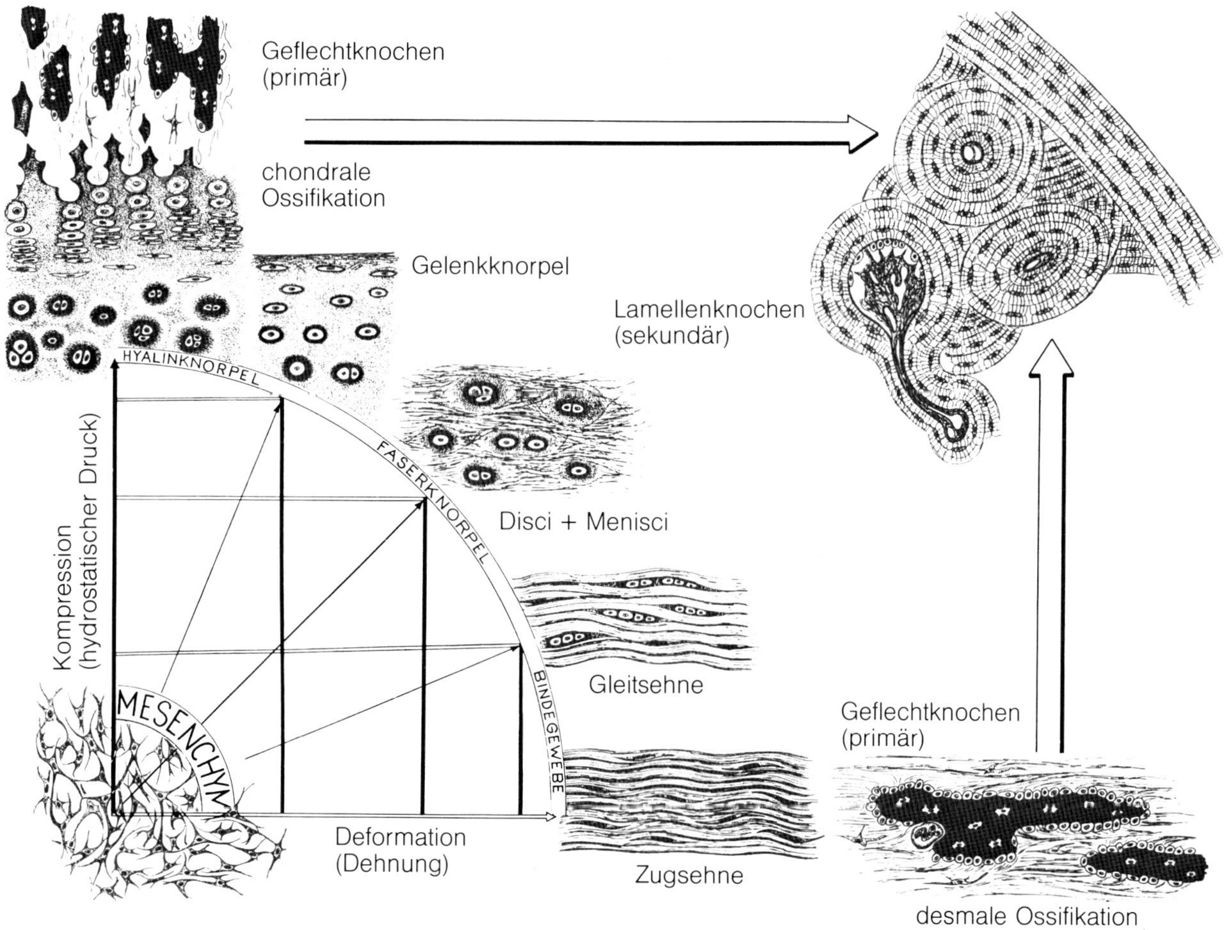

Abb. 2.**1** **Kausale Histogenese der Stützgewebe nach der Theorie von Pauwels** (nach *Kummer*).

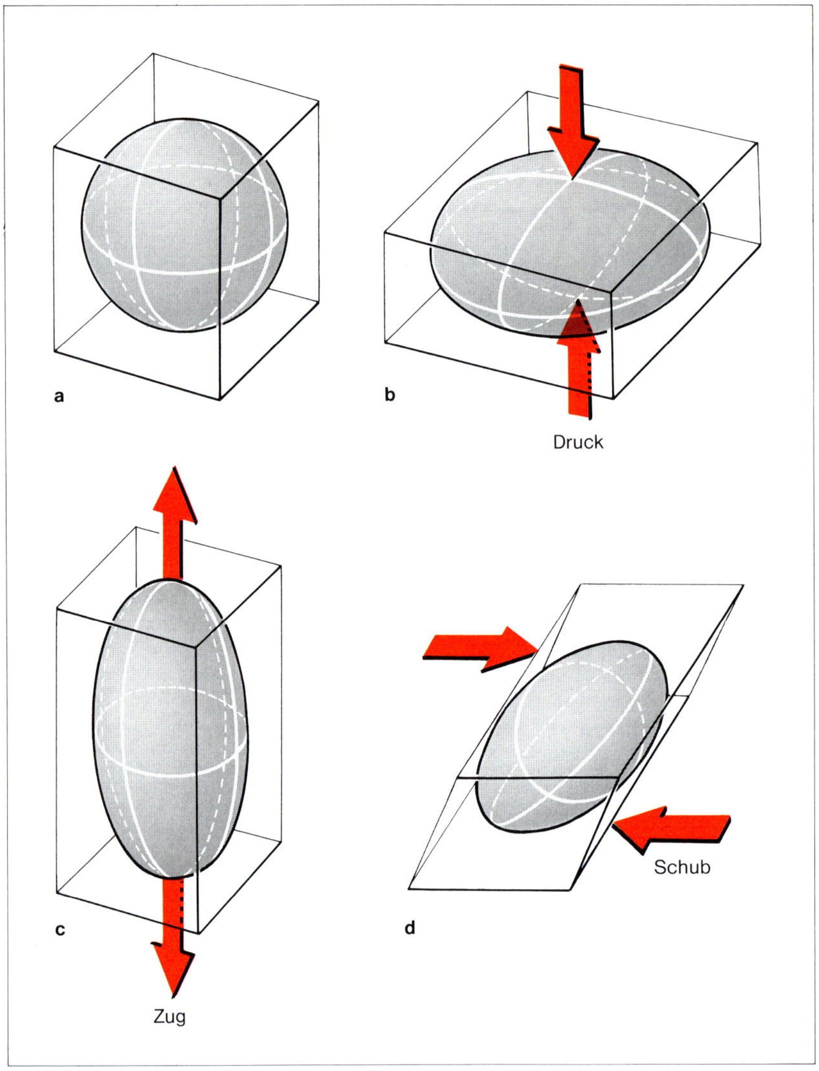

Abb. 2.2 **Verformung eines kugelförmigen, elastischen Elementarteilchens bei unterschiedlicher Richtung der angreifenden äußeren Kräfte.**

a Elementarteilchen im unbelasteten Zustand.

b Bei Kompression durch Druckkräfte wird das Elementarteilchen in Richtung der einwirkenden Kraft komprimiert, senkrecht dazu gedehnt und zu einem Ellipsoid verformt.

c Bei einachsig eingreifenden Zugkräften wird das Elementarteilchen in Zugrichtung gedehnt.

d Bei Schubbelastung wird das Elementarteilchen zu einem Ellipsoid verformt. Die größte Dehnung findet in einem Winkel von 45° zur Richtung der Schubkräfte statt.

Druck-, Zug- und Schubkräfte führen stets zu einer Dehnung des Elementarteilchens, bei der die Achse der größten Dehnung allerdings unterschiedlich ausgerichtet ist.
(nach *Kummer* und *Pauwels*)

Abb. 2.4 **Beanspruchung einer Säule.**

a–c Axiale Druckbeanspruchung mit gleichmäßiger Verteilung der Druckspannungen (D) über dem Säulenquerschnitt. K: „Kern" der Säule.

a Ausgangssituation.

b Bei Verdopplung der Last steigen die Spannungen um den doppelten Betrag an.

c Wird der Säulenquerschnitt um die Hälfte verkleinert, steigen die Spannungen pro Flächeneinheit bei gleicher Belastung wie in der Ausgangssituation **(a)** um den doppelten Betrag.

d Bei exzentrischer Belastung wird die Säule auf Druck und Zug beansprucht. Da die einwirkende Druckkraft die Säule noch im Grenzbereich des „Kernes" schneidet, ergibt sich aus der Summe der Druck- und Zugspannungen (Z) eine reine Druckbeanspruchung.

e Greift die exzentrische Belastung über einen langen Hebelarm (h) an, erfährt die Säule eine hohe Biegebeanspruchung. Die Druckspannungen sind in diesem Fall größer als die Zugspannungen.

f Die Biegebeanspruchung kann durch eine gleich große Gegenkraft (Gegenbiegung) aufgehoben werden. Trotz Verdoppelung der Last ist die Beanspruchung der Säule 5mal kleiner als in **e.**

g Die Biegebeanspruchung läßt sich auch durch eine Zugverspannung aufheben, die die gleiche Größe hat wie die einwirkende Druckkraft (Zuggurtungsprinzip).
(nach *Pauwels*)

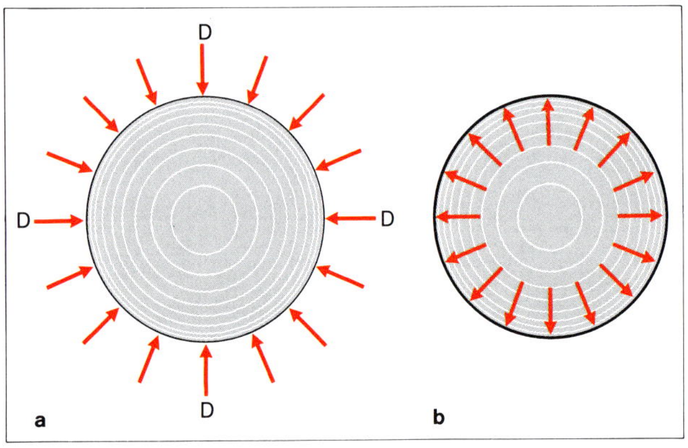

Abb. 2.3 **Hydrostatischer Druck kann durch gleich große äußere (a) und innere (b) Kräfte zustande kommen,** die auf ein Elementarteilchen mit einer zugfesten Hülle einwirken (nach *Pauwels*).

Belastung und durch die Materialeigenschaften des Gewebes bestimmt.
Je nach *Richtung* der angreifenden Kräfte unterscheidet man *Druck-*, *Zug-* und *Schubspannungen.* Durch die drei Belastungsarten Druck, Zug und Schub wird ein Körper in der Weise deformiert, daß er in einer Richtung gestaucht, in anderer Richtung gedehnt wird. *Richtung* und *Angriffspunkt* der einwirkenden Kräfte bestimmen *Art und Größe der Spannungen,* d. h. der Beanspruchung (Abb. 2.**4**).

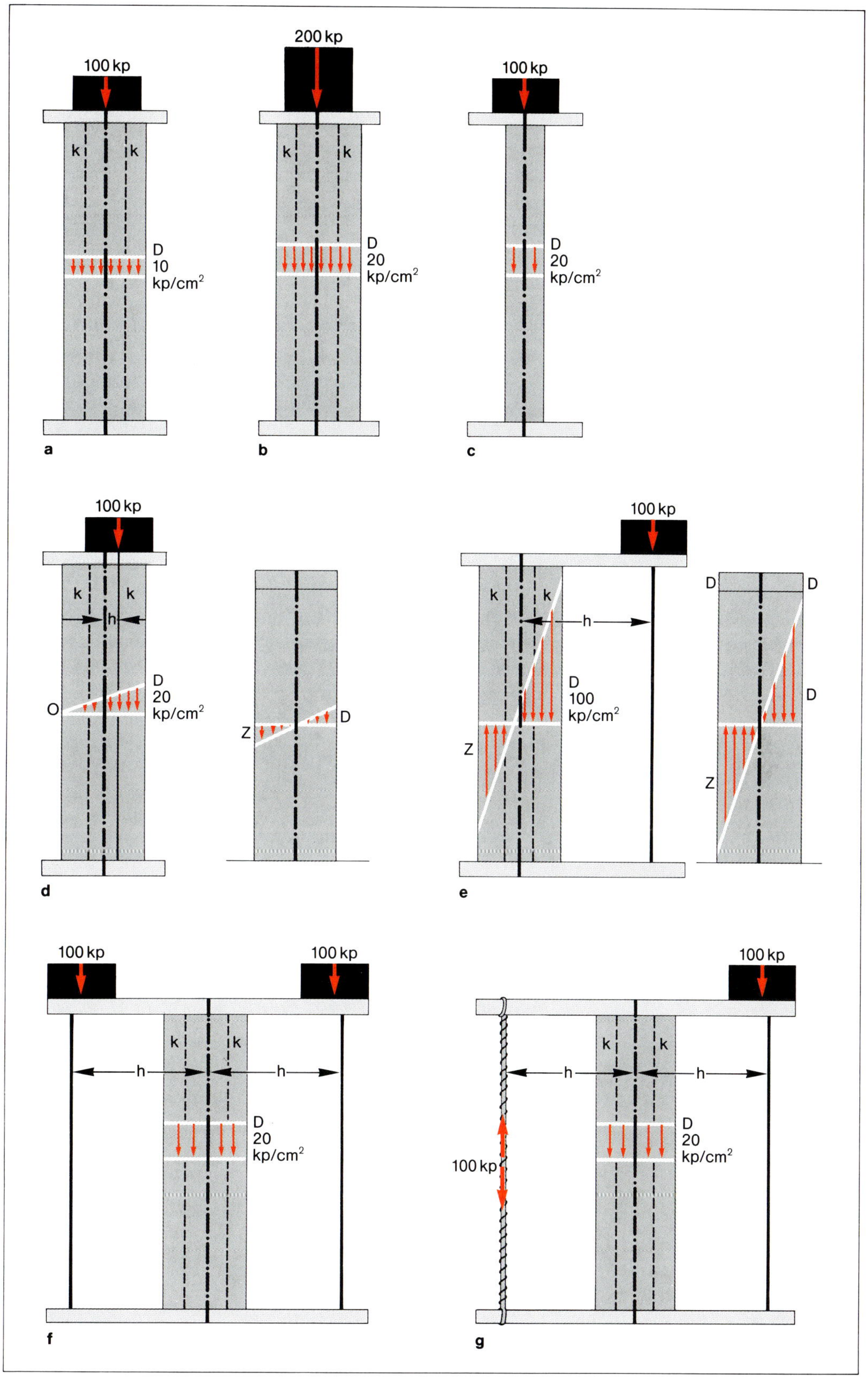

Abb. 2.**4**

Äußere Kräfte können *zentrisch* und *exzentrisch* angreifen. Wirkt eine Kraft zentrisch, so erzeugt sie je nach Richtung reine *Druck-* oder *Zugspannungen*. Ein Körper erfährt eine Druckbeanspruchung, wenn er Kräften ausgesetzt ist, die Druckspannungen in ihm erzeugen (s. Abb. 2.**3** u. 2.**4**). Er wird auf Zug beansprucht, wenn die äußere Belastung in ihm Zugspannungen hervorruft (s. Abb. 2.**2**). Druck- und Zugspannungen werden als *Normalspannungen* bezeichnet und mit dem griechischen Buchstaben σ versehen. Sie stehen stets im rechten Winkel zueinander. In graphischen Darstellungen wird die errechnete Spannungsgröße in Form eines Spannungsdiagramms wiedergegeben (s. Abb. 3.**56** u. 3.**58**).

Die *Größe der Beanspruchung* hängt von der an jedem Ort eines belasteten Materials herrschenden Spannungsgröße ab. Die Spannungsgröße und damit die Beanspruchung ist unter Berücksichtigung der unterschiedlichen Festigkeitseigenschaften von Materialien *1. von der absoluten Größe der einwirkenden Kraft, 2. von der Größe der kraftaufnehmenden Fläche und 3. vom Angriffspunkt der Kraft abhängig.* Bei zentrischem Angriff der Kraft ist die Spannungsverteilung gleichmäßig: Spannungsgröße σ = Kraft pro Flächeneinheit.

Exzentrische Krafteinwirkung führt zu ungleichmäßiger Spannungsverteilung. Die Spannungen steigen in dem Bereich des belasteten Materiales an, der der Wirkungslinie der Last am nächsten liegt und nehmen hier höhere Werte an, als es dem Quotienten Kraft pro Flächeneinheit entspricht (s. Abb. 2.**4**; vgl. Kap. Knochen, S. 80 und Kap. Gelenke, S. 116).

Exzentrisch angreifende *Kräfte* können je nach Richtung ihres Angriffspunktes zu einer *Biege-, Schub-* oder *Torsionsbeanspruchung* führen. Bei Schubbeanspruchung wird ein Material durch die Belastung in zueinander parallelen Flächen abgeschert (s. Abb. 2.**2**). Zu einer *Biegebeanspruchung* kommt es, wenn der Angriffspunkt der Last außerhalb des „Kernes" eines belasteten „Körpers" (z. B. eines Knochens) liegt. Wird Biegebeanspruchung durch Druckkräfte hervorgerufen, so treten auf der Seite der einwirkenden Last Druck-, auf der gegenüberliegenden Seite Zugspannungen auf (s. Abb. 2.**5**). Der „Körper" wird dann auf Druck und Biegung beansprucht. Bei einer durch Zugbelastung erzeugten Biegung erfährt das Material eine Zug- und Biegebeanspruchung. Bei der Biegebeanspruchung sind die Spannungen nicht nur insgesamt hoch, sondern auch ungleichmäßig verteilt (Abb. 2.**4e**); sie sind am Rand des beanspruchten „Körpers" am höchsten. Der Ort, wo weder Druck- noch Zugspannungen herrschen, wird als *neutrale Faser* bezeichnet (Abb. 2.**5**). Die Größe der Biegebeanspruchung ist im wesentlichen vom Angriffspunkt der Last, d. h. vom Abstand zwischen der Wirkungslinie der Kraft und der Achse des beanspruchten „Körpers", abhängig. Die einwirkende Last hat demgegenüber einen geringeren Einfluß auf die Beanspruchungsgröße.

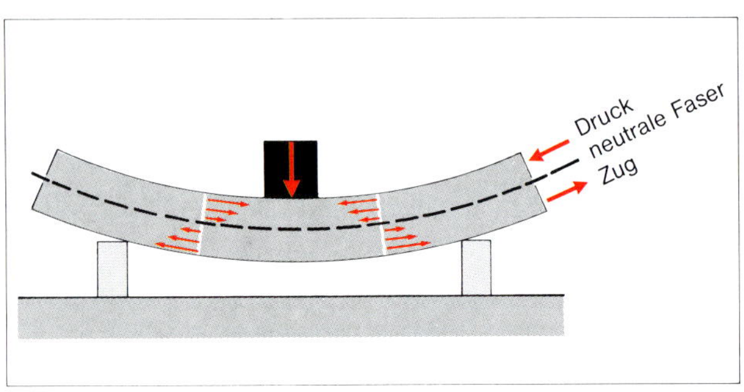

Abb. 2.**5** **Ein durch äußere Druckkraft auf Biegung beanspruchter Stab wird auf der konkaven Seite komprimiert und erfährt hier eine Druckbeanspruchung. Auf der konvexen Seite wird der Stab gedehnt und damit auf Zug beansprucht.** Der Ort, wo weder Druck noch Zugspannungen auftreten, wird als *neutrale Faser* bezeichnet (nach *Harten*).

Biegebeanspruchung kann durch eine *Gegenkraft (Gegenbiegung)* aufgehoben oder erniedrigt werden (Abb. 2.**4f**). Die Ausschaltung oder Herabsetzung der Biegebeanspruchung durch eine gleich große oder kleinere Gegenkraft liegt dem *Zuggurtungsprinzip* zugrunde (Abb. 2.**4g**). Durch die Zuggurtungswirkung von Muskeln und Bändern wird die Biegebeanspruchung der Röhrenknochen in physiologischen Grenzen gehalten (s. Kap. Knochen, S. 84).

Binde- und Stützgewebe können sich innerhalb eines oberen und unteren Grenzbereiches aktiv der herrschenden Beanspruchungsgröße anpassen. Ein Anstieg der Beanspruchung im physiologischen Bereich führt zu einer Materialzunahme *(Aktivitätshypertrophie)*. Eine durch erhöhte Beanspruchung, z. B. sportliches Training, hervorgerufene Aktivitätshypertrophie tritt zwar am augenscheinlichsten an der Skelettmuskulatur zutage, sie ist jedoch auch am „passiven" Anteil des Bewegungsapparates (Knochen, Knorpel und Bandapparat) zu beobachten. Verminderte Beanspruchung hat einen Materialabbau *(Inaktivitätsatrophie)* zur Folge. Eine Inaktivitätsatrophie, die beim Menschen im höheren Lebensalter häufig zu beobachten ist, betrifft vor allem das Knochengewebe (s. S. 72). Binde- und Stützgewebe sind unter physiologischen Bedingungen ständigen *Umbauvorgängen* unterworfen. Sind An- und Abbau von Extrazellulärmatrix gleich groß, befindet sich das Gewebe in einem *„Fließgleichgewicht"*.

Binde- und Stützgewebe passen sich nicht nur durch ihre Materialmenge, sondern auch durch *Anordnung und Ausrichtung ihrer Extrazellulärmatrix* der herrschenden Beanspruchung an. *Kollagenfibrillen* im Binde-, Knorpel- und Knochengewebe verlaufen in Richtung größter Dehnung des Gewebes (s. Abb. 2.**31,** 3.**46,** 4.**17**). Die Trabekel des spongiösen Knochens sind in der Hauptbeanspruchungsrichtung des jeweiligen Skelettelementes angeordnet (s. Abb. 3.**29,** 3.**32,** s. S. 81).

Binde- und Stützgewebe gleichen in ihren Materialeigenschaften in der Natur vorkommenden und künstlichen *hochpolymeren Stoffen.* Sie besitzen zum Teil deren *rheologische Eigenschaften*. Die Rheologie beschreibt das *Verformungs-* und *Fließverhalten* von Materialien unter dem Einfluß äußerer Kräfte in Abhängigkeit von der Zeit. Ein Teilgebiet der Rheologie ist die Theorie der *Viskoelastizität*. Sie ist gleichermaßen für die Festkörperphysik und Materialkunde sowie für die Biologie und Medizin von Bedeutung.

Binde- und Stützgewebe verhalten sich ähnlich wie *feste Körper* in der Mechanik. Als vergleichbare Beispiele sind hochpolymere Kunststoffe und Silikonschläuche zu erwähnen. Wenn sich ein Körper unter der Einwirkung äußerer Kräfte direkt verformt und nach Entlastung sofort wieder seine ursprüngliche Gestalt einnimmt, bezeichnet man ihn als *elastisch* (Abb. 2.**6**). Im Falle einer idealen Elastizität sind Deformationsvorgang, Dauer des Verformungszustandes und Rückgewinnung der ursprünglichen Gestalt unabhängig von Zeit und Geschwindigkeit. Gewebe sind jedoch nicht rein elastisch, sondern in ihnen sind *elastische* mit *viskosen Eigenschaften* verknüpft. Man bezeichnet ihr mechanisches Verhalten daher als *viskoelastisch* (Abb. 2.**7**). Die *Viskosität* (Zähigkeit, Dämpfung) läßt sich im einfachsten Fall als geschwindigkeitsabhängige Verformung eines Körpers beschreiben. Die Deformation eines Körpers mit viskosen Eigenschaften ist nur dann reversibel, wenn äußere Kräfte in entgegengesetzter Richtung zu den ursprünglichen Verformungskräften wirken oder wenn aufgrund zusätzlicher innerer *elastischer Eigenschaften* des Körpers (Viskoelastizität) die ursprüngliche Gestalt wieder eingenommen wird. Da die Viskosität zeit- und geschwindigkeitsabhängig ist, gilt dies auch für Körper, in denen viskose Stoffeigenschaften (z. B. sogenannte *Newtonsche Elemente*) mit elastischen (z. B. sogenannten *Hookeschen Elementen*) zur Viskoelastizität verknüpft sind.

Ein Material (z. B. ein synthetischer hochpolymerer Stoff) oder ein Gewebe (z. B. Faserknorpel) verkörpert viskoelastische Eigenschaften, wenn sich unter der Einwirkung einer äußeren Kraft seine Verformung zeitabhängig einstellt und „viskos weiterkriecht". Eine Bandscheibe z. B. sinkt bei konstanter Belastung zunächst schnell und dann zunehmend langsamer zusammen („Kriechen", „physikalische Retardationserscheinung"). Da die Bandscheiben unter der Belastung zusammengedrückt werden, nimmt die Länge der Wirbelsäule im Laufe des Tages ab (s. S. 207). Durch teilweise Entlastung während der Nachtruhe richten sich die Bandscheiben wieder auf. Der Aufrichtungsvorgang (Wiedergewinnung der ursprünglichen Höhe) vollzieht sich nach schnellem Beginn nachfolgend allmählich langsamer. Die Rückgewinnung der ursprünglichen Gestalt erfordert eine längere Zeitspanne. Man bezeichnet derartige Nachwirkungen nach Aufhören der einwirkenden Kraft als *Hystereseerscheinungen*.

Die wichtigsten rheologischen Eigenschaften der Gewebe (Historheologie) sind u. a. *Relaxation*, *Kraftrückgewinn* (mechanische Erholung), *mechanische Retardationserscheinung* (Kriechen) und *viskoelastische Nachwirkung* (s. Abb. 2.**6**, 4.**25**).

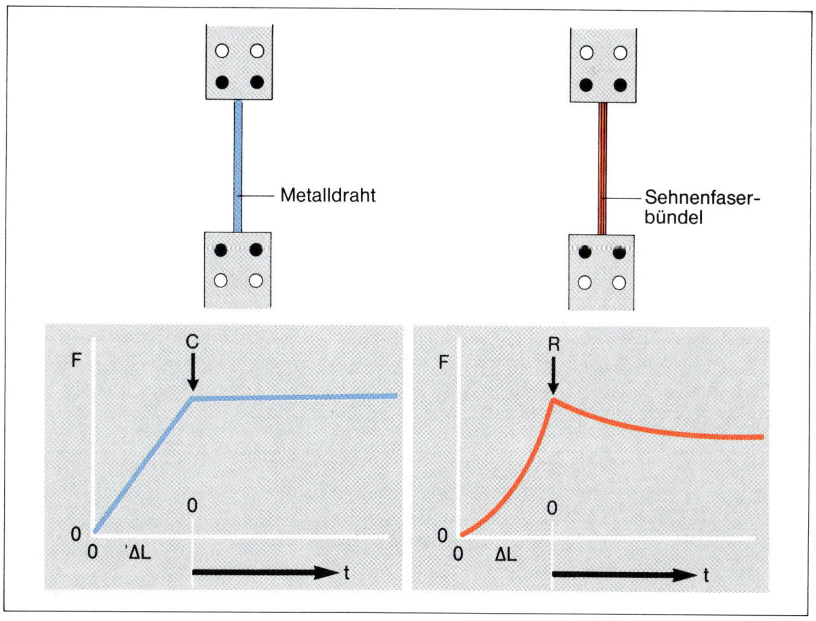

Abb. 2.**6** **Die schematische Darstellung zeigt links das zugmechanische Verhalten eines Metalldrahtes im Vergleich zu einem Sehnenfaserbündel auf der rechten Seite.** Der Metalldraht und das Sehnenfaserbündel befinden sich je in einer Einspannvorrichtung. F = Zugkraft (mechanische Widerstandskraft). Vom Koordinatenursprungspunkt bis zum Zeitpunkt 0 (am Anfang des Pfeiles) steigt unter der mit 1 gekennzeichneten Längenzunahme (Dehnung) die Kraft F. Ein ideal elastischer Draht (linkes Diagramm) zeigt eine der Längenzunahme proportionale (lineare) Kraftvergrößerung (Hookesche Gerade). Wird vom Zeitpunkt 0 an (Anfang des Pfeiles) die Länge konstant gehalten, so bleibt im Idealfall – wie hier dargestellt – vom Punkt C an die Zugkraft konstant. Viele Metalle kommen unterhalb der Elastizitätsgrenze diesen Idealbedingungen sehr nahe. Spannt man (rechte Seite) eine Sehnenfaser S ein und verfährt ähnlich wie bei der Metalldrahtdehnung, so beobachtet man anfangs einen bogenförmigen Kurventeil als Ausdruck dafür, daß unter Dehnung in niedrigen Kraftbereichen die Kraft unverhältnismäßig gering anwächst. An diesen initialen Bogenteil schließt sich mit kontinuierlichem Übergang ein annähernd geradliniger Teil an. Im Zeitpunkt 0 (am Anfang des Pfeiles) wird die Länge konstant gehalten und die Kraft zeitlich (Pfeil, t) mit einem Diagrammschreiber registriert. Vom Punkt R an fällt die Kraft bogenförmig (in Gestalt einer Exponentialfunktion) ab (transienter Vorgang, Übergangsverhalten). Die Kurve nähert sich allmählich einem Gleichgewichtszustand (stationärer Zustand). Der hier abgebildeten Relaxation entspricht unter konstanter Kraft die Retardationserscheinung („Kriechen").
(Originalabbildung, Prof. Dr. *G. Arnold*, Düsseldorf)

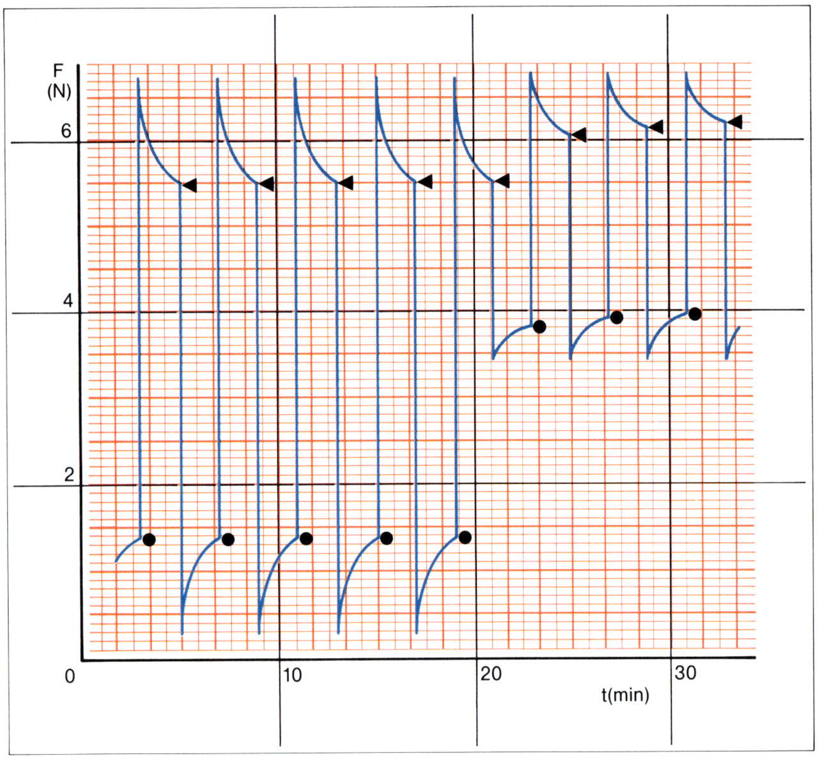

(Originalabbildung, Prof. Dr. *G. Arnold,* Düsseldorf)

Abb. 2.**7** **An einem zylinderförmigen Gewebsstück aus Rippenknorpel vom Schwein erfolgten gleichmäßig wiederholte Druckuntersuchungen mit zwischengeschalteten isometrischen Phasen.** Auf der Abszisse steht die Zeit t in Minuten, auf der Ordinate die Druckkraft F in Newton. In den isometrischen Phasen wird jeweils der Betrag, um den die Zusammendrückung des Knorpels erfolgt, konstant gehalten. Die kleinen Dreiecke stehen an den Relaxationsendpunkten, die Punkte an den Kraftrückgewinnendpunkten. Die Relaxationsendpunkte liegen in der ersten Diagrammhälfte auf identischem Niveau. Die einzelnen Kurvenkomplexe sind reproduzierbar. Das Gewebe befindet sich im viskoelastischen Gleichgewichtszustand, der vorher durch mehrere Beanspruchungen herbeigeführt wurde (mechanische Vorgeschichte). In der zweiten Hälfte wurde das untere Kraftniveau angehoben. Nach einem transienten Vorgang, der z. B. an der systematischen Verschiebung der Relaxationsendpunkte zu erkennen ist, stellt sich ein neuer viskoelastischer Gleichgewichtszustand ein.

Wird Gewebe über seine Elastizitätsgrenze hinaus gedehnt, so beginnt es zu *„fließen“*. Es nimmt nach Entlastung seine Ausgangsform nicht wieder ein (bleibende Dehnung, Dehnungsrückstand, Verlustdehnung); es hat sich *„plastisch“* verformt und zerreißt schließlich (s. Abb. 4.**26**). Materialien, die keine plastische Verformbarkeit zeigen, sondern gleich zerbrechen, bezeichnet man als *„spröde“*.
Die mechanisch-rheologischen Eigenschaften von Binde- und Stützgeweben hängen überwiegend von der Zusammensetzung ihrer Extrazellulärmatrix ab. Von großer Bedeutung sind Menge und Ausrichtung der kollagenen Fibrillen. Einfluß auf das rheologische Verhalten haben außerdem der Gehalt an elastischem Material, an Proteoglykanen und an Wasser.

Extrazellulärmatrix

Kollagen

Kollagen ist in der Extrazellulärmatrix des Organismus neben Wasser am weitesten verbreitet. Es ist ein Glykoprotein, das am Aufbau aller Binde- und Stützgewebe beteiligt ist. Sein prozentualer Anteil am Gesamteiweiß des Organismus beträgt beim Säuger etwa 30%. Kollagen kommt als quergestreifte *Fibrille* in Binde- und Stützgeweben vor. Als Netzwerk beteiligt es sich am Aufbau der Basallamina.

Kollagen ist im frischen, unfixierten Zustand weiß. Kollagenfaserbündel lassen sich im Zupfpräparat mit dem bloßen Auge, einzelne Fasern bei Lupenvergrößerung erkennen (s. Abb. 4.**17**). Die *lichtmikroskopisch* sichtbaren *Kollagenfasern* entstehen durch Zusammenlagerung unterschiedlich vieler Kollagenfibrillen. Der Durchmesser von Kollagenfasern schwankt zwischen 1 und 20 µm. Kollagenfasern in Sehnen sind so lang wie diese selbst. Sie haben im entspannten Zustand einen wellenförmigen Verlauf.
Kollagenfibrillen haben einen Durchmesser zwischen 20 und 150 nm. Sie sind unverzweigt und lassen sich isolieren, wenn man ihre „Kittsubstanz“, Proteoglykane und Glykoproteine der sie umgebenden Extrazellulärmatrix, herauslöst.

Kollagen ist eosinophil und erscheint mikroskopisch im Paraffinschnitt bei Hämotoxylin-Eosin- und van Gieson-Färbung rot, bei Azan-Färbung blau und bei Goldner-Färbung grün. In der Versilberung nehmen Kollagenfibrillen eine braune Farbe an.
Kollagenfibrillen sind optisch anisotrop und zeigen bei longitudinaler Ausrichtung eine *positive Doppelbrechung*. Sie leuchten zwischen den gekreuzten Polarisationsfiltern hell auf. Mit Hilfe polarisationsoptischer Untersuchungen kann ihre Verlaufsrichtung ermittelt werden (s. Abb. 2.**31** u. 3.**44**). Beim Kochen zerfällt Kollagen in eine lösliche gallertige Masse, die bei Kälte erstarrt (κόλλα = Leim; Kollagen = leimbildend). Kollagenfibrillen quellen bei Behandlung mit verdünnter Säure unter Wasseraufnahme; bei Einwirkung von Laugen und starken Säuren lösen sie sich auf.

Zur *Produktion* von Kollagen sind nicht nur Zellabkömmlinge aus dem Mesenchym wie Fibroblasten,

Chondroblasten, Odontoblasten und Osteoblasten, sondern auch glatte Muskelzellen und Myofibroblasten sowie Epithel- und Endothelzellen (Bildung der Basallamina) fähig. Bei der *Kollagenbildung* läßt sich ein *„hierarchisches" Bauprinzip* aufzeigen, an dessen Anfang die intrazelluläre Synthese von *Polypeptidketten* steht. Es folgen dann im „hierarchischen" Aufbau *Kollagenmoleküle, Subfibrillen* und schließlich *Kollagenfibrillen.* Kollagenfibrillen des Typ-I-Kollagens (s. unten) lagern sich zu *Fasern* zusammen.

Bei der *Biosynthese* von Kollagen sind eine *intra-* und eine *extrazelluläre Phase* zu unterscheiden. *Prokollagenmoleküle* werden intrazellulär glycosyliert und hydroxyliert, nachfolgend zu einer Tripelhelix gewunden und in den Extrazellulärraum abgegeben. Hier werden endständige Peptide *(Registerpeptide)* durch *Prokollagenpeptidasen* abgespalten, und es entsteht ein *Kollagenmolekül* oder *Kollagenmonomer (Tropokollagen).* Ein Kollagenmolekül besteht (wie ein Prokollagenmolekül) aus drei links gewundenen *Polypeptidketten* (α-Ketten), die wie ein Tau in Form einer rechts gewundenen *Tripelhelix* umeinander gewunden sind (Abb. 2.**8**). Die Enden des Kollagenmoleküls, die Telopeptide (aus ca. 20 Aminosäuren), haben keine helikale Struktur. Sie sind über intra- und intermolekulare kovalente Bindungen durch *Quervernetzung* an der Bildung und Stabilisierung der Fibrillen beteiligt (s. unten) (Tab. 2.**1**).

Kollagenmoleküle sind 300 nm lang und haben einen Durchmesser von 1,5 nm. Ein Kollagenmolekül besteht aus ca. 1000 *Aminosäuren* (Molekulargewicht etwa 270 000 Dalton). Jede dritte Aminosäure innerhalb der Polypeptidkette ist *Glycin.* Von den dazwischenliegenden Aminosäuren kommen Prolin, Hydroxyprolin und Alanin häufig vor. *Lysin* und *Hydroxylysin* sind für die Quervernetzungen wichtig. Die Tripelhelix wird durch Disulfid- und Wasserstoffbrückenbildungen intramolekular zusammengehalten.

Bei der *Fibrillenbildung* lagern sich die Kollagenmoleküle parallel so aneinander, daß sie jeweils um ¼ ihrer Länge gegenüber dem seitlichen Nachbarmolekül versetzt sind. Diese gestaffelte Anordnung der Moleküle ist Ursache für die *Querstreifung* kollagener Fibrillen (Abb. 2.**9,** 2.**10**) in Perioden von 64 nm (s. unten). Innerhalb der Perioden lassen sich durch Kontrastierung mit Phosphorwolfraumsäure „Bänder" darstellen, die durch versetzt zueinander angeordnete Tropokollagenmoleküle entstehen (Abb. 2.**11**).

Die Entwicklung vom Kollagenmolekül bis zur reifen Kollagenfibrille verläuft über mehrere Zwischenstufen (Abb. 2.**8**). An der *Aggregation* und *Reifung* sind spezifische katalysierende *Enzyme* beteiligt. Der Zusammenhalt zwischen Kollagenmolekülen entsteht durch elektrostatische Anziehung zwischen positiven und

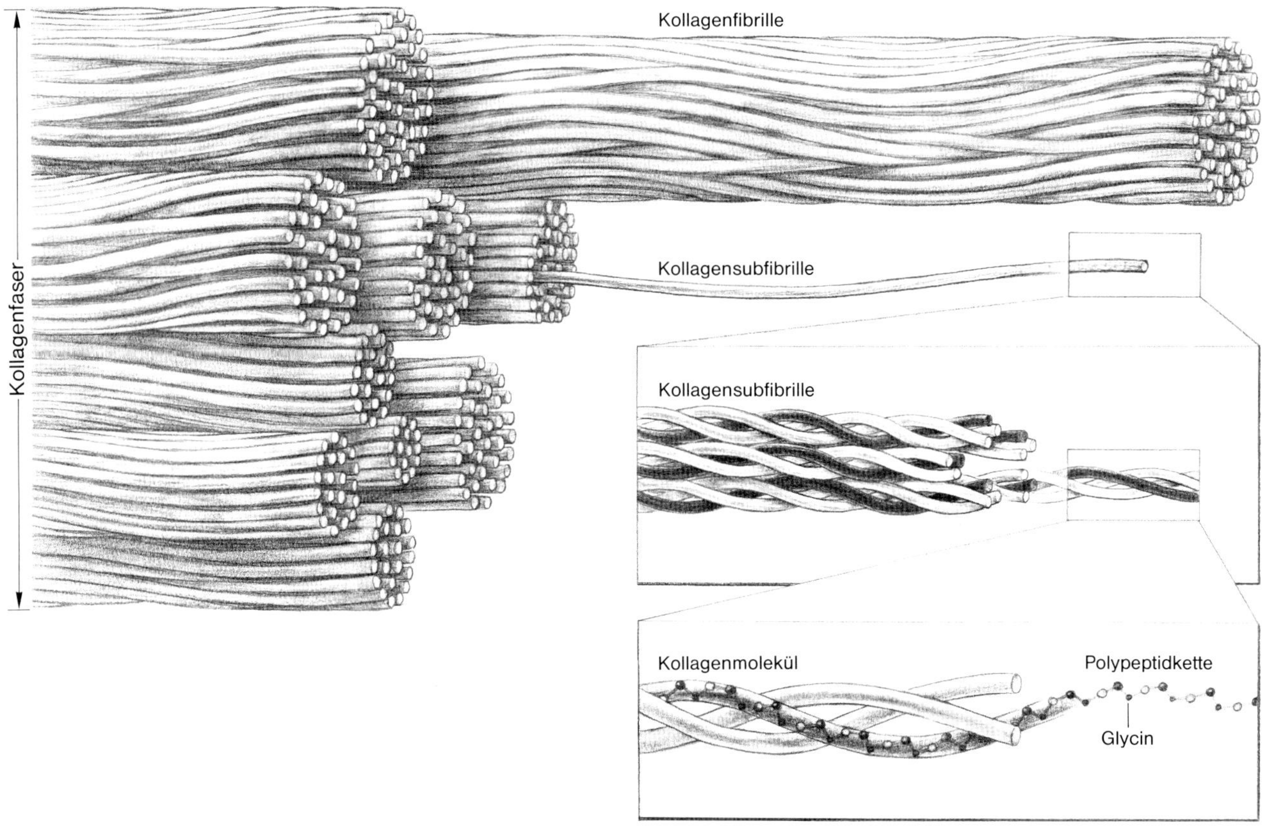

Abb. 2.**8** **Hierarchischer Aufbau des Kollagens.** Im Kollagenmolekül bilden drei Polypeptidketten eine Tripelhelix. Jede dritte Aminosäure in den Polypeptidketten ist Glycin. Aus fünf Kollagenmolekülen entsteht durch Vernetzung und Aneinanderlagerung eine Subfibrille (Protofibrille, „Mikrofibrille"). Subfibrillen lagern sich zu unterschiedlich dicken Fibrillen zusammen. In einigen Geweben schließen sich Fibrillen zu Fasern zusammen.
(nach *Nemetschek; Löffler, Petrides, Weiss* u. *Harper*).

Kollagentyp	Zusammensetzung des Tropokollagenmoleküls	Vorkommen
I 45–180 nm (im Alter werden die Fibrillen dicker)	$[\alpha_1(I)]_2\ \alpha_2\ (I)$ Heterotrimer	Knochen, Dentin, Sehnen, Bänder, Faszien, Haut, Faserknorpel, Sclera
II 10–80 nm	$[\alpha_1(II)]_3$ Homotrimer	Hyalinknorpel, elastischer Knorpel, Faserknorpel, Chorda dorsalis, Nucleus pulposus, Glaskörper, Cornea
III 5–40 nm	$[\alpha_1(III)]_3$ Homotrimer	Haut, Gefäßwände, innere Organe, Endomysium, Endoneurium
IV	$[\alpha_1(IV)]_3$	Basallamina

Tab. 2.**1** Die römischen Ziffern symbolisieren die verschiedenen Varianten der α_1-Peptid-Ketten, die sich bei den einzelnen Kollagentypen in ihrer Aminosäurezusammensetzung geringfügig unterscheiden (nach *Löffler, Petrides Weiss, Harper* u. *Weiss, Greep*) Durchmesserangaben der Kollagentypen nach *Gay* u. *Rhodes* 1986

negativen Ladungsschwerpunkten und durch kovalente Quervernetzungen. Mit der Zahl *kovalenter Bindungen* nehmen die *Dicke der Fibrillen* und ihre Stabilität im Alter zu. An der Quervernetzung beteiligen sich vor allem die Telopeptidanteile der Kollagenmoleküle (s. oben). Durch Aneinanderlagerung und Vernetzung von 5 Kollagenmolekülen entsteht eine *Subfibrille (Protofibrille, „Mikrofibrille")* mit einem Durchmesser von 3,8 nm. Subfibrillen lagern sich zu Fibrillen zusammen, deren Durchmesser je nach Kollagentyp und Organ zwischen 4 und 200 nm beträgt (s. oben).
An der Fibrillenbildung sind außer polaren Bindungen zwischen den Monomeren auch andere Bestandteile der Extrazellulärmatrix, wie z.B. Proteoglykane und Strukturproteine, beteiligt (s. S. 28).
Man kennt heute 19 Kollagentypen, die in fibrilläre und nichtfibrilläre Kollagene unterteilt werden. Ein Kollagentyp kann aus verschiedenen Ketten, welche durch unterschiedliche Gene codiert werden, zusammengesetzt sein (Tab. 2.**1**). Neben 3 Hauptkollagenen I–III (90% aller Körper-Kollagene) werden die Minoritäten-Kollagene IV–XI nur in geringen Mengen im Organismus gefunden. *Typ-I-Kollagen,* das mehr als 80% des Kollagens im Körper ausmacht, kommt in Geweben mit großer Festigkeit *(Haut, Knochen, Dentin, straffem Bindegewebe, Sehnen* und *Faserknorpel)* vor. Seine Fibrillen sind relativ dick. Es wird von Fibroblasten, Osteoblasten, Odontoblasten und Chondroblasten gebildet. Mesenchymale Vorläuferzellen der Stützgewebe bilden zunächst Typ-I-Kollagen. Mit Einsetzen der Knorpeldifferenzierung wird dann Typ-II-Kollagen gebildet.
Die erste fibrilläre Kollagenkomponente ist ein von der Chorda dorsalis gebildetes *Typ-II-Kollagen.* Es kommt später im Nucleus pulposus, im Glaskörper und vor allem im hyalinen und elastischen *Knorpel* vor; hier wird es von Chondrozyten gebildet. Seine Fibrillen sind relativ dünn und legen sich nicht zu Fasern zusammen.

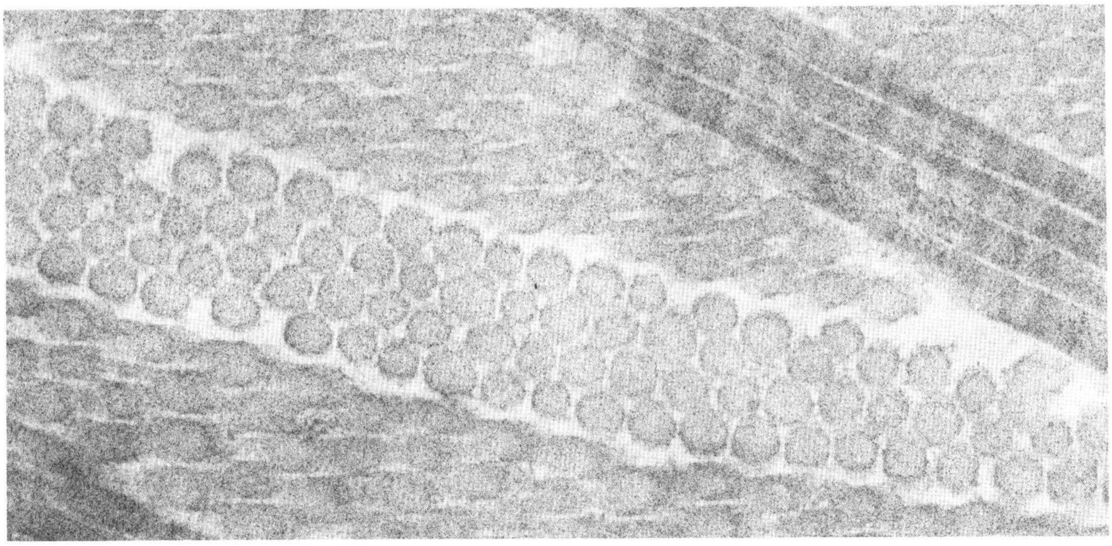

Abb. 2.**9** **Geflechtartige Anordnung der Kollagenfibrillenbündel im Corium der Haut** (Hund). Vergr. 140000fach. (Originalabbildung, Prof. Dr. *K. Gorgas*, Heidelberg)

Abb. 2.10 **Native Kollagenfibrillen mit deutlicher Querstreifung.** Gefrierbruchuntersuchung ohne Fixierung und ohne Kryoprotektion (Vergr. 75000fach). (Originalabbildung, Prof. Dr. *E. Reale*, Hannover).

Typ-III-Kollagen kommt im *Endomysium* und *Endoneurium*, in *Gefäßwänden*, der *Haut* und im Stroma *innerer Organe* vor. Die relativ dünnen Fibrillen mit einem Durchmesser von etwa 30 nm sind locker angeordnet. Typ-III-Kollagen ist, außer im Knochen, stets mit Typ-I-Kollagen vergesellschaftet. Durch den Gehalt von Typ-I- und Typ-III-Kollagen verfügen die Organe damit über Festigkeit und Anpassungsfähigkeit an Formveränderungen (s. unten).

Typ-IV-Kollagen ist in der *Lamina densa* der Basallamina enthalten. Es wird von Epithel- und Endothelzellen gebildet und zeigt ultrastrukturell ein Netzwerk feiner Filamente (s. Lehrbücher der Histologie). Typ-V-Kollagen findet man in kleiner Menge zusammen mit Typ-I- und Typ-II-Kollagen. Typ-VI-Kollagen kommt in den meisten interstitiellen Bindegeweben vor, besitzt nur in einem kleinen Bereich eine Tripelhelixstruktur und verbindet andere Kollagene mit Zellmembranen. Typ-VII-Kollagen verankert die Basalmembran unter Plattenepithelien mit Ankerplaques im Gewebsstroma. Typ-IX-Kollagen ist ein mit Typ-II fibrillenassoziiertes Kollagen, das in den kalcifizierenden Bereichen des Knorpels bei der endochondralen Ossifikation auftritt, ebenso wie das kurzkettige Typ-X-Kollagen.

Die Synthese der verschiedenen Kollagentypen ist *genetisch* festgelegt. Die einzelnen Kollagentypen treten während der Entwicklung gewebsspezifisch und in zeitlich festgelegter Sequenz auf. Möglicherweise haben sie Einfluß auf Entwicklungsabläufe in Geweben und Organen, z. B. Kollagen-Typ-XV und Kollagen-Typ-XVIII. Spaltprodukte aus Typ-XV und Typ-XVIII-Kollagen haben als sog. Endostatine große Bedeutung bei der Regulation der Angiogenese.

Kollagenfibrillen sind *zugfest*. Sie leisten einer Deformation der Gewebe Widerstand und ordnen sich dementsprechend stets in Richtung maximaler *Dehnung*

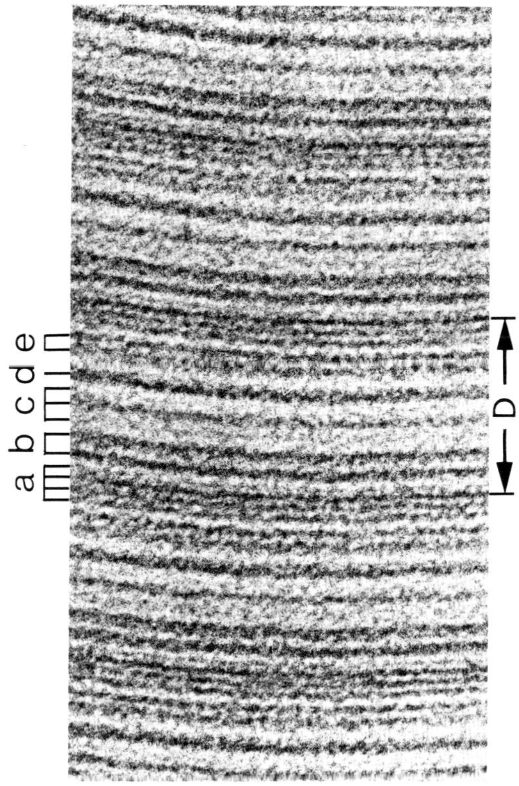

Abb. 2.11 **Kollagenfibrille (Typ-I-Kollagen) aus straffem, kollagenfaserigem Bindegewebe.** Ausschnittsvergrößerung eines mit Phosphorwolframsäure kontrastierten Fibrillenlängsschnittes. Die D-Periode beträgt im nativen Zustand 67 nm; N-Terminus der Moleküle links im Bild, Vergr. 360000fach.
(Originalabbildung, Prof. Dr. *Th. Nemetschek*, Heidelberg)

an. Auf diese Weise nehmen sie bei mechanischer Beanspruchung *Zugspannungen* auf. Angaben über die Zerreißfestigkeit von Kollagenfibrillen sind sehr unterschiedlich. An frischem Sehnenkollagen soll die Reißfestigkeit 50–100 N/mm^2 betragen (s. S. 151). Kollagenfibrillen sind in vitro bis zu 5% ihrer Ausgangslänge im unbelasteten Zustand *dehnbar.* Wird die obere Belastungsgrenze überschritten, beginnt das Material zu *fließen,* sich plastisch zu verformen und schließlich zu *zerreißen* (s. Abb. 4.**26**). Die Zugfestigkeit von Kollagen steigt im Alter offensichtlich aufgrund der Zunahme kovalenter Quervernetzungen an (s. oben).

Verlauf und *Anordnung* von Kollagenfibrillen sind dem Belastungsmodus entsprechend in den einzelnen Binde- und Stützgeweben verschieden. Einen nahezu *parallelen Verlauf* der zu Fasern gebündelten Kollagenfibrillen kann man in Sehnen und einigen Bändern beobachten (s. Abb. 4.**23**). Zu *maschengitterartigen Geflechten* ordnen sich die Fasern in Dura, Sclera und Gaumenschleimhaut. In Faszien und Organkapseln lagern sich Faserbündel in Form von *Scherengittern* übereinander (s. Abb. 4.**17**). Durch die rhombenförmige Anordnung der Fasern können sich Bindegewebshüllen (Faszien und Organkapseln) dem Gestaltwechsel von Organen bei unterschiedlichen Funktionszuständen optimal anpassen. Im Knochen, in der Zwischenwirbelscheibe und in Hohlorganen ziehen die Kollagenfibrillenbündel zumeist in zwei gegensinnig verlaufenden *Spiraltouren* (s. S. 46 u. 204). Im Hyalinknorpel und im Lamellenknochen schließen sich die Kollagenfibrillen nicht zu Fasern zusammen. Die Fibrillen bilden im Knorpel Wickelsysteme um die Chondrozyten (s. Abb. 2.**21**). Im Gelenkknorpel haben sie eine arkadenförmige Anordnung (s. S. 97, Abb. 3.**43**).

Kollagen ist in den Prozeß der *funktionellen Anpassung* der Binde- und Stützgewebe einbezogen. Unter erhöhter Beanspruchung kann man eine Zunahme des Kollagens, z. B. in Sehnen und Bändern, beobachten. Kollagenfibrillen passen sich in ihrer Länge der *langfristig* herrschenden Zugbeanspruchung an. Durch erhöhte Dehnung werden sie länger (vgl. Hypermobilität der Gelenke, S. 112). Bei herabgesetzter Zugbelastung, z. B. durch Ruhigstellung von Gelenken über einige Wochen, werden sie kürzer, und das Bindegewebe in Muskeln, Sehnen und Gelenkkapseln schrumpft (s. S. 112).

Kollagen ist stabil und resistent gegen die Einwirkung unspezifischer *Proteasen.* Der *Abbau* von Kollagen, wie er im Rahmen physiologischer Umbauvorgänge abläuft, z. B. bei der Rückbildung des Uterus nach einer Geburt, wird durch Kollagenasen eingeleitet, die zur Enzymfamilie der Matrix-Metalloproteasen gehören. Sie spalten die Helix des Kollagenmoleküls auf. Der weitere Abbau erfolgt dann durch unspezifische Proteasen. Enzymatische Resistenz und Thermostabilität des Kollagens nehmen im Alter zu.

Kollagen kann als *Antigen* wirken, gegen das spezifische Antikörper produziert werden. Mit Hilfe typenspezifischer Antikörper können immunhistochemisch die unterschiedlichen Kollagentypen im Gewebe lokalisiert werden. *Autoimmunität* (gegen wirtseigene Strukturen gerichtete Immunreaktion) von Kollagen tritt bei pathologischen Veränderungen, z. B. der rheumatoiden Arthritis, auf. Bei dieser Erkrankung werden durch Kollagenmoleküle oder deren Fragmente zelluläre und humorale Immunantworten gegen Kollagen ausgelöst. Im Serum von Patienten mit rheumatoider Arthritis liegt eine Agglutinationsneigung gegen Typ-I-, Typ-II- und Typ-III-Kollagen vor. Die Membrana synovialis der Gelenkkapsel enthält dann Antikörper gegen Typ-II-Kollagen (vgl. Gelenkkapsel, S. 103).

Es gibt *Erkrankungen,* die auf einer fehlerhaften *Kollagenbiosynthese* beruhen. Bei der *Dermatosparaxie,* einer genetisch bedingten Erkrankung bei Kälbern und Schafen mit hochgradig schlaffer und brüchiger Haut, ist die enzymatische Abspaltung des Registerpeptids (s. S. 21) beim Schritt vom Prokollagen zum Kollagenmolekül aufgrund des Fehlens von Prokollagenpeptidase gestört. Ein derartiger Enzymdefekt liegt auch dem *Ehlers-Danlos-Syndrom* vom Typ VII zugrunde, das durch stark dehnbare, dünne Haut, Hypermobilität der Gelenke (s. S. 112) und gestörtes Knochenwachstum gekennzeichnet ist. Enzymatisch bedingte Störungen der Quervernetzung beim Kollagen Typ III liegen dem erblichen Ehlers-Danlos-Syndrom vom Typ V zugrunde. Eine *exogen* bedingte *Störung* der Kollagensynthese ist der sogenannte *Lathyrismus.* Er kommt durch Verzehr von *Lathyrus odoratus,* der Kichererbse, zustande, die einen Hemmstoff für ein zur Quervernetzung notwendiges Enzym enthält. Betroffen sind hierbei *Knochengewebe (Osteolathyrismus),* Haut, Bindegewebe und Gefäße. Beim *Skorbut,* einer Erkrankung, die durch Mangel an Vitamin C (Ascorbinsäure) entsteht, ist die intrazelluläre Biosynthese von Kollagen aufgrund mangelnder Aktivierung der Enzymsysteme durch Ascorbinsäure gestört. Eine Verminderung der Synthese von Kollagen vom Typ I soll der *Osteogenesis imperfecta,* einer erblichen Erkrankung mit erhöhter Knochenbrüchigkeit oder Verbiegung des Skelettsystems, zugrunde liegen.

Als *retikuläre Fasern* werden in der *Lichtmikroskopie* Fasernetze bezeichnet, die bei Imprägnation mit Silbersalzen eine tief schwarze Farbe annehmen *(„argyrophile Gitterfasern“).* Sie kommen in lymphatischen Organen, in Leber, Niere, im Bindegewebe der Muskulatur *(Endomysium)* (Abb. 2.**12**) und des Nervengewebes *(Endoneurium)* sowie im *Fettgewebe* vor. Retikuläre Fasern sind Bestandteil der *Lamina propria* der Schleimhäute und verbinden sich unter dem Epithelzellverband mit der Basallamina zu einer netzartigen Grenzschicht. Sie haben einen mittleren Durchmesser von 50 nm und färben sich bei Azan-Färbung blau, bei Goldner-Färbung blaßgrün an. Bei der PAS-Reaktion nehmen retikuläre Fasern eine kräftige rote Farbe an. Polarisationsoptisch zeigen sie eine schwache Doppelbrechung.

Ultrastrukturell bestehen retikuläre Fasern aus quergestreiften Fibrillen, die in ihrer *Molekularstruktur* dem *Typ-III-Kollagen* gleichen (oder entsprechen). Die Fibrillen sind von einem Mantel Extrazellulärmatrix umgeben, der aus Proteoglykanen und Glykoproteinen besteht. Bei der Imprägnation mit Silbersalzen lagert sich das Präzipitat in der die Fibrillen umhüllenden Extrazellulärmatrix ab. Retikuläre Fasern werden häufig nicht mehr als eigene Fasertypen beschrieben, sondern dem Kollagen zugerechnet. Unterschiede zu den übrigen Kollagenfibrillen bestehen aber z. B. im Färbeverhalten gegenüber Silbersalzen und in der PAS-Reaktion

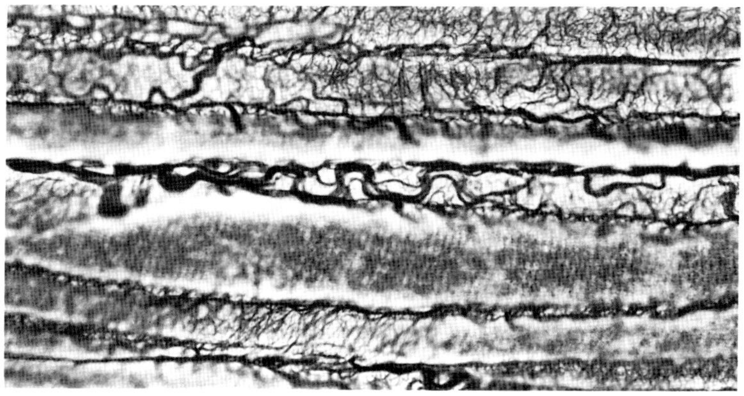

Abb. 2.**12** **Histologischer Längsschnitt durch den Skelettmuskel einer adulten Ratte.** In der Versilberungsmethode nach Gomori kommen die retikulären Fasern im Endomysium an tangential getroffenen Muskelfasern zur Darstellung. Man beachte die Querstreifung der in der Tiefe angeschnittenen Muskelfaser im unteren Bildabschnitt. Vergr. 560fach.

(s. S. 20). (Über das besondere Verhalten der faserbildenden Zellen zu den retikulären Fasern in lymphatischen Organen s. Bd. II.)

Elastische Fasern

Eine weitere Komponente der Extrazellulärmatrix von Binde- und Stützgeweben sind *elastische Fasern.* Sie kommen im lockeren *Bindegewebe,* in *Bändern* und *Sehnen,* im *elastischen Knorpel* (s. Abb. 2.**23**) sowie in der Haut und in zahlreichen inneren Organen (z. B. Lunge) und deren Kapseln vor. In den Gefäßwänden ist elastisches Material in Form von *Platten* und *Lamellen* angeordnet (s. B. II). In Geweben, in denen die Extrazellulärmatrix vorwiegend aus elastischem Material besteht, wie z. B. in den Ligg. flava der Wirbelsäule (Abb. 5.**60**), dem Nackenband von Huftieren oder im elastischen Knorpel, ist das elastische Material aufgrund seiner gelblichen Farbe makroskopisch sichtbar.

Elastische Fasern bilden *Netze* und sind im Gegensatz zu Kollagenfibrillen verzweigt. Lichtmikroskopisch erscheint elastisches Material homogen. Es läßt sich im Paraffinschnitt z. B. durch Resorzin-Fuchsin (schwarz/blau) oder durch Orcein (braun) anfärben. Bei der van Gieson-Färbung wird es durch Pikrinsäure gelb angefärbt. Polarisationsoptisch zeigen elastische Fasern im ungedehnten Zustand keine Doppelbrechung. Bei Dehnung sind sie aufgrund der Ausrichtung ihrer Makromoleküle stark doppelbrechend.

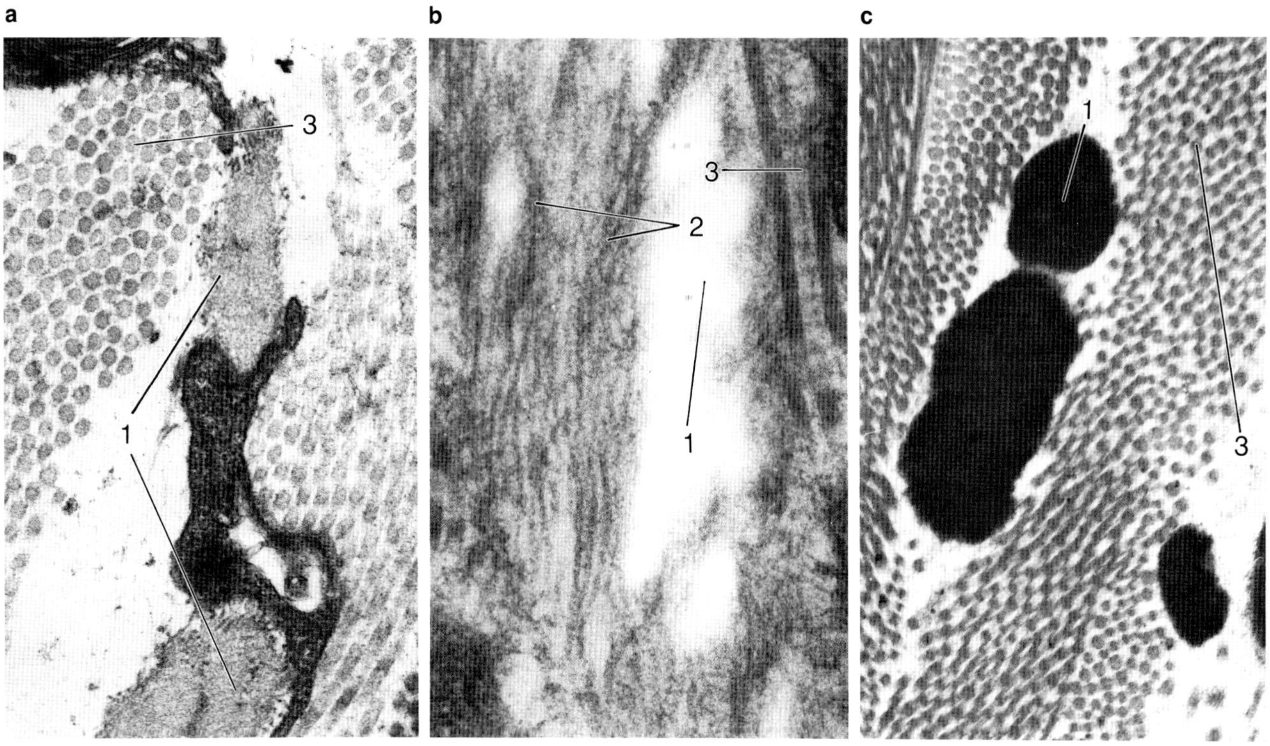

Abb. 2.**13** **Darstellung der Komponenten des elastischen Materials bei unterschiedlicher Präparation.**

a Kontrastierung mit Uranylacetat-Bleicitrat, kontrastreiche Darstellung von Elastin (1), Kollagen (3) (aus dem Glomus caroticum der Maus). Vergr. 50000fach.

b Kontrastierung mit Uranylacetat-Bleicitrat (aus der Zunge der Maus). Vergr. 50000fach. Mikrofibrillen (2) treten deutlich hervor, während Elastin (1) sehr kontrastarm erscheint. Kollagen (3)

c Kontrastierung mit Tannin-Uranylacetat (aus der Trachea der Maus). Vergr. 28500fach. Bei dieser Kontrastierung erscheint Elastin (1) schwarz. Mikrofibrillen kommen hier nicht zur Darstellung. Kollagen (3)

(Originalpräparate, Prof. Dr. *P. Böck,* Wien)

Reife elastische Fasern bestehen aus *zwei Komponenten,* nämlich *Elastin* und *elastischen Mikrofibrillen* (Abb. 2.**13**). Beide Anteile lassen sich histochemisch und ultrastrukturell unterscheiden. Elastin ist ein Eiweißkörper (Strukturprotein), dessen Aminosäuregehalt dem des Kollagens ähnlich ist. Es enthält allerdings wesentlich mehr *Valin* als dieses; außerdem kommen im Elastin *Desmosin* und *Isodesmosin* vor. Desmosin und Isodesmosin sind am Polymerisationsvorgang von Elastin beteiligt, das in einer Vorstufe als *Tropoelastin* sowohl von Fibroblasten als auch von glatten Muskelzellen gebildet werden kann. Aufgrund der hydrophoben Anteile seiner Aminosäuren und der starken Quervernetzung der Moleküle ist Elastin nicht wasserlöslich. Es ist außerdem resistent gegen Säuren und Basen, kann allerdings durch das Pankreasenzym Elastase verdaut werden.

Die *Mikrofibrillen* der elastischen Fasern sind *Glykoproteine.* Sie erscheinen in ihrer Ultrastruktur als unverzweigte tubuläre Filamente mit einer elektronendichten Peripherie und einer hellen Innenzone und sind in der Längsachse der elastischen Fasern orientiert, ihr Durchmesser beträgt 10–11 nm. Das Protein der Mikrofibrillen besteht vorwiegend aus hydrophilen Aminosäuren, die sich in ihrer Zusammensetzung deutlich von der des Elastins unterscheiden; so enthalten Mikrofibrillen besonders viel *Cystin.* Aufgrund ihres hohen Gehaltes an Disulfidbrücken lassen sie sich histochemisch elektiv darstellen. Elastische Mikrofibrillen gelten als „Vorläufer" der elastischen Fasern. Sie stellen bei der *Elastogenese* gewissermaßen das „Gerüst" bereit und bestimmen Verlauf und Richtung der unmittelbar in ihrer Umgebung aggregierenden Tropoelastinmoleküle.

Bei der *Genese* des elastischen Materials kann man je nach Zusammensetzung der beiden Bestandteile (Elastin und elastische Mikrofibrillen) *verschiedene Differenzierungsstufen* unterscheiden: *Oxytalanfasern, Elauninfasern* und *elastische Fasern. Reife elastische Fasern* bestehen vorwiegend aus Elastin, dessen amorph erscheinendes Material peripher von elastischen Mikrofibrillen umsponnen wird (Abb. 2.**13**). *Elauninfasern* stellen die mittlere Differenzierungsstufe während der Elastogenese dar. In ihrem Zentrum liegen Mikrofibrillen, die von einer geringen Menge Elastin umgeben sind. Am Anfang der Entwicklung stehen *Mikrofibrillen,* die mit zunehmender Reifung des elastischen Materials über Elaunin in elastische Fasern übergehen. Als *Oxytalanfasern* bezeichnet man Bündel von elastischen Mikrofibrillen, die sich nicht zu elastischen Fasern differenziert haben. Oxytalanfasern kommen auch noch im höheren Lebensalter vor. Sie werden vor allem an den Stellen im Gewebe beobachtet, die einer *hohen mechanischen Beanspruchung* ausgesetzt sind.

Elastisches Material in den Binde- und Stützgeweben zeigt *rheologisch* typische elastische Eigenschaften (s. S. 19). Elastische Fasern sind um 100 bis 150% ihrer Ausgangslänge im unbelasteten Zustand dehnbar; ihr Elastizitätsmodul ist niedrig. Werden elastische Fasern durch äußere Kräfte gedehnt, speichern sie potentielle Energie, die bei Nachlassen der Kraft in kinetische Energie umgewandelt wird und zur Faserverkürzung führt. Wird elastisches Material über 150% gedehnt, beginnt das Material zu fließen und sich plastisch zu verformen (s. S. 20). Es zerreißt, wenn die Zugbelastung mehr als ca. 300 N/cm² übersteigt. Zerrissene Fasern verkürzen sich und knäueln sich an ihrem Ende auf. Elastische Fasern bilden vielfach mit Kollagenfibrillen eine Funktionsgemeinschaft. Bei Zugebelastung von Bindegewebe, das außer Kollagen auch elastische Fasern enthält (z. B. Sehnen, s. S. 148), wird der Übergang von der Ausgangslage bis zur Dehnung des Gewebes aufgrund des Gehaltes an elastischem Material „weicher".

Mit zunehmender Dehnung elastischer Fasern steigt deren Zugfestigkeit, so daß auch von elastischen Fasern Zugkräfte übertragen werden können. Dies ist z. B. bei *elastischen Sehnen* der glatten Muskulatur oder der quergestreiften mimischen Gesichtsmuskeln der Fall (s. S. 750 und Bd. II).

Elastische Fasern zeigen typische, pathologisch-anatomische *Altersveränderungen,* die u. a. durch die Einwirkung von langwelligem UV-A-Licht ausgelöst werden. Es kommt zu degenerativen Veränderungen in Form von scholligem Zerfall des elastischen Materials und zu Ablagerungen von Calciumsalzen.

Proteoglykane, Strukturproteine

Proteoglykane sind *Makromoleküle,* die am ultrastrukturellen Aufbau und an der Regulierung von Stoffwechselvorgängen in Binde- und Stützgeweben großen Anteil haben. Proteoglykane haben einen kleinen Protein- (5–10%) und einen großen Glykan-(Polysaccharid-)anteil. Die bisher am besten aufgeklärte dreidimensionale Struktur des *Proteoglykanmonomers (Proteoglykanuntereinheit)* im Knorpel wird häufig mit dem Aufbau einer Flaschenbürste verglichen: Das Zentrum des Moleküls (es entspricht dem Drahtgerüst der Bürste) wird von einem *Polypeptidkern* gebildet, an den in Form glykosidischer Bindungen *Glykosaminoglykane* (sie entsprechen den Borsten der Bürste) geknüpft sind (Abb. 2.**14**). Proteoglykane unterscheiden sich voneinander durch den Aufbau ihrer Proteinkerne und durch die daran gebundenen Glykosaminoglykanketten. Die Proteinkerne der Monomere sind an einem Ende über Nebenvalenzen und *Verbindungsproteine* an ein *Hyaluronsäuremolekül* gebunden. Auf diese Weise entsteht ein *Proteoglykanmolekülaggregat (Polymer),* dessen „Rückgrat" die Hyaluronsäure bildet (Abb. 2.**14**). Proteoglykane werden als Monomer von den synthetisierenden Zellen sezerniert. Sie sind elektronenmikroskopisch, bei Anfärbung mit Acridin-Orange, als feine Granula sichtbar (Abb. 2.**15**). Außer Proteoglykanmonomeren geben die Zellen Hyaluronsäure und Verbindungsproteine in den Extrazellulärraum ab; hier erfolgt die Aggregation zum Proteoglykanpolymer. Gehalt und Zusammensetzung der Proteoglykane sind in den Geweben verschieden und u. a. altersabhängig.

Die *Glykanketten* bestehen aus sich wiederholenden Disaccharideinheiten, die sich aus Monosaccharid- und Aminozukkerderivaten zusammensetzen und daher als *Glykosamino-*

glykane (früher Mukopolysaccharide) bezeichnet werden (s. Lehrbücher der Biochemie). Am Aufbau der Proteoglykane sind die Glykosaminoglykane, *Chondroitin-4-Sulfat* (Typ A), *Chondroitin-6-Sulfat* (Typ C), *Dermatansulfat, Keratansulfat* und *Heparansulfat* sowie *Hyaluronsäure* beteiligt (Abb. 2.**14**). Die im Proteoglykanmonomer vorkommenden Glykosaminoglykane (Chondroitinsulfate, Keratansulfat, Dermatansulfat) sind im Extrazellulärraum stets an Eiweiß gebunden. Hyaluronsäure kommt auch frei im Gewebe vor. Die Extrazellulärmatrix im Knorpel enthält sehr viel Chondroitinsulfate und außerdem Keratansulfat. Keratansulfat findet man u. a. auch im Nucleus pulposus der Zwischenwirbelscheibe, im Knochengewebe sowie in der Cornea. Hyaluronsäure ist in embryonalem Bindegewebe und Nabelschnur sowie in Haut, Glaskörper, lockerem Bindegewebe und in der Synovialflüssigkeit enthalten (s. S. 107).

Die meisten Glykosaminoglykane (außer Keratansulfat) sind reich an Uronat und – ausgenommen die Hyaluronsäure – an Sulfatgruppen („saure" Glykosaminoglykane). Ihre negativen Ladungen (Polyanionenstruktur) binden bei physiologischem pH-Wert Kationen, z. B. Calcium, Kalium oder Natrium. Die negativen Ladungen verleihen den Polysaccharidketten ihre *Festigkeit*. Aufgrund des hohen Gehaltes an *Sulfatgruppen* sind Proteoglykane stark *basophil* und haben eine hohe Affinität zu kationischen, „basischen" Farbstoffen. Als „sauerste" Substanzen der Extrazellulärmatrix können die sulfatierten Glykosaminoglykane bei einem pH-Wert von 1 mit der Alzianblaufärbung selektiv dargestellt werden (s. Abb. 2.**20**).

Extrazelluläre Proteoglykane kommen häufig gemeinsam mit Kollagen vor. Proteoglykanmoleküle und Kollagen sind

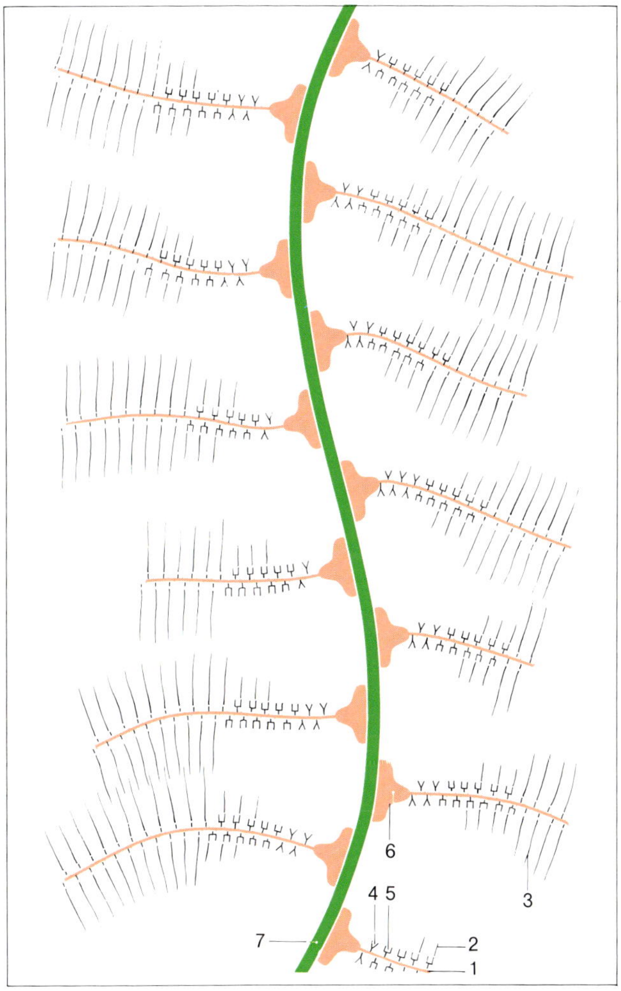

Abb. 2.**14** **Molekularstruktur eines Proteoglykanaggregats (-polymer) im hyalinen Knorpel.** Die Proteoglykanuntereinheiten (-monomere) bestehen aus einem Polypeptidkern (core protein) (1), an den regional unterschiedliche Glykosaminoglykane (Keratansulfat) (2) und Chondroitinsulfat (3) sowie N-gebundene (4) und 0-gebundene (5) Oligosaccharide gebunden sind. Die Proteinkerne der Monomere sind ihrerseits über Verbindungsproteine (link protein) (6) an Hyaluronsäure (7) gebunden.
(nach *Hascall* u. *Hascall*)

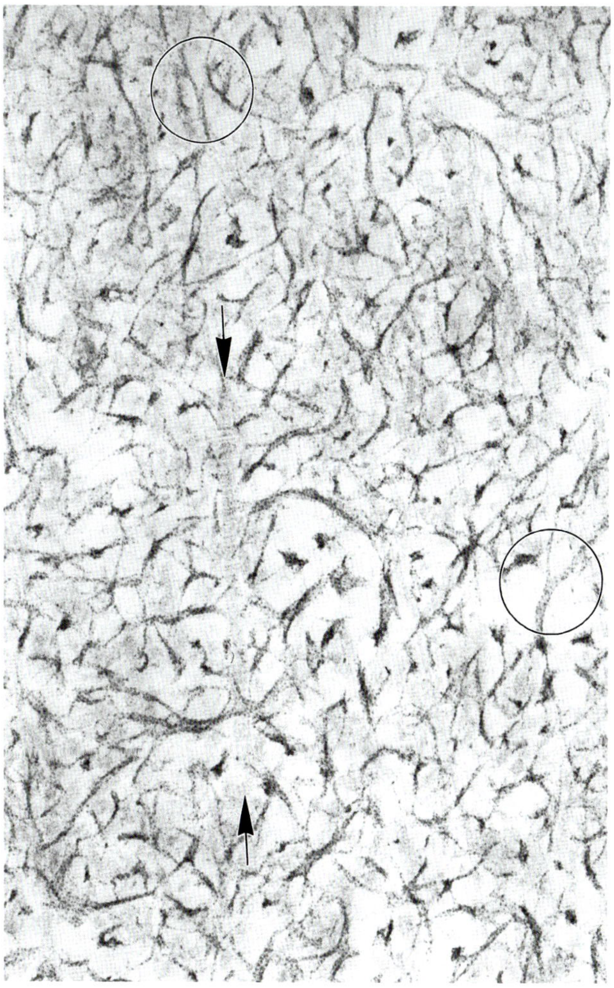

Abb. 2.**15** **Darstellung von Glykosaminoglykanen durch Fixierung mit Acridinorange, Nachfixierung mit Osmiumtetroxid, Dünnschnitt kontrastiert mit Bleizitrat und Uranylacetat** (Rippenknorpel, Mensch, 2. postnataler Tag). Vergr. 54 000fach. In der Extrazellulärmatrix des Knorpels treten nach Fixierung mit kationischen Farbstoffen zarte, kontrastreiche Filamente hervor, die den ausgefällten Proteoglykanen entsprechen. Ihre Struktur ist unregelmäßig netzförmig; Verzweigungen sind durch Kreise gekennzeichnet. Kollagenfibrillen lassen sich bei dieser Präparation nicht deutlich darstellen (die Pfeile weisen auf eine Kollagenfibrille).
(Originalabbildung, Dr. *R. Mallinger* und Prof. Dr. *P. Böck*, Wien)

in der Weise miteinander verknüpft, daß die negativ geladenen Carboxyl- und Sulfatgruppen der Glykosaminoglykane sich elektrostatisch an Kollagen binden. Im Gelenkknorpel findet diese Bindung vorwiegend zwischen Chondroitinsulfat und Kollagenfibrillen vom Typ II statt. Die Interaktion zwischen Proteoglykanen und Kollagenmolekülen soll die Fibrillenbildung und -reifung fördern sowie deren Ausrichtung beeinflussen. Die Verknüpfung von Proteoglykanen und Kollagenfibrillen verleiht den Geweben Elastizität und Festigkeit zugleich. Die Proteoglykanmolekülaggregate sind so in die Extrazellulärmatrix eingegliedert, daß sie bei Einwirkung äußerer Kräfte reversibel verformbar sind. Sie liegen meist nicht in vollständig ausgebreitetem, sondern – einer gespannten Feder vergleichbar – in zusammengepreßtem Zustand im Gewebe.

Molekularstruktur und Interaktion der Proteoglykane mit anderen Makromolekülen bilden die *Grundlage der viskoelastischen Eigenschaften* von Binde- und Stützgeweben. Im Gelenkknorpel z. B. ist die Absorption des Gelenkdruckes (s. S. 115) vom Gehalt an Proteoglykanen abhängig. Verlust an Proteoglykanen bei entzündlichen und degenerativen Gelenkerkrankungen (Arthritis und Arthrose) führt zum Elastizitätsverlust des Knorpels, der weitere Zerstörungen des Knorpel- und Knochengewebes nach sich zieht (s. S. 116).
Durch die dichte Verfilzung der Proteoglykanmoleküle und die Verknüpfung mit anderen Makromolekülen, z. B. Kollagen, ist die Diffusion von gelösten Molekülen im Extrazellulärraum eingeschränkt. Dadurch entsteht eine Art *funktionelle Barriere* im extrazellulären Stofftransport *(„Siebfunktion")*. Die Proteoglykanmoleküle sind damit wesentlich an der *Homöostase* der Binde- und Stützgewebe beteiligt.

An- und Abbau von Proteoglykanen stehen normalerweise in einem Fließgleichgewicht. Der *Umsatz* der einzelnen Bestandteile ist unterschiedlich. Die Halbwertszeit für Hyaluronsäure beträgt 2–4 Tage, für die sulfatierten Glykosaminoglykane 7–10 Tage; sie ist gewebs- und altersabhängig. Die Biosynthese von Glykosaminoglykanen wird durch *Insulin* gefördert, durch *Cortisol* und *Cortison* dagegen gehemmt (Hemmung der Wundheilung). Zum Abbau von Proteoglykanen sind lysosomale Enzyme fähig. Extrazellulär vorkommende Hyaluronidase zerlegt Proteoglykanmoleküle in niedermolekulare Oligo- und Polysaccharide.
Hyaluronidase wird u. a. von Bakterien gebildet. Gewebe enthalten normalerweise eine geringe Menge an Hyaluronidase. Sie findet pharmakologisch wegen ihrer Wirkung als „Ausbreitungsfaktor" bei subkutaner Verabreichung von Medikamenten Anwendung: durch enzymatischen Abbau von Proteoglykanen wird das Gewebe aufgelockert, die Stoffe verteilen sich auf diese Weise über einen größeren Raum und werden schneller resorbiert.
Genetisch bedingte Enzymdefekte führen zu *Abbaustörungen* von Glykosaminoglykanen und zur Speicherung in Zellen verschiedener Gewebe und Organe. Stets betroffen ist bei diesen *Speicherkrankheiten („Mucopolysaccharidosen")* das Skelettsystem, in deren Folge es zu Deformationen (s. S. 70) kommt.

In der Extrazellulärmatrix von Binde- und Stützgeweben sind Glykoproteine enthalten, die zu den *„Strukturproteinen"* zählen. Sie bestehen im Unterschied zu Proteoglykanen vorwiegend aus Proteinen, an die verschiedene Monosaccharide kovalent gebunden sind. Solche *Strukturglykoproteine* sind z. B. *Fibronectin, Chondronectin, Anchorin CII* und *Laminin*. Sie sollen als „Klebeproteine" den Zusammenhalt zwischen Zellen und Strukturen der Extrazellulärmatrix, z. B. zwischen Fibroblasten, Chondrozyten und Kollagenfibrillen, gewährleisten.
Ein wesentlicher Bestandteil der Extrazellulärmatrix ist *Wasser*, das größtenteils von Makromolekülen, besonders zwischen den Glykosaminoglykanketten der Proteoglykane („strukturiertes" Wasser) gebunden wird. Es steht primär im Dienste *metabolischer Vorgänge* und dient wasserlöslichen Stoffen als Vehikel zwischen Zelle und Kapillarbett. Wasser übt außerdem gemeinsam mit Makromolekülen *mechanische Funktionen* aus, z. B. Aufnahme von Druckkräften (s. S. 115). Die Extrazellulärmatrix enthält außerdem *Elektrolyte, organische Säuren, Proteine* und *Hormone*.

Bindegewebe

Embryonales Bindegewebe (Mesenchym)

Die Zellen des *embryonalen Bindegewebes*, des Mesenchyms, haben sternförmige Gestalt. Sie stehen über *Zellkontakte* („gap junctions") an ihren Zytoplasmafortsätzen miteinander in Verbindung und bilden so ein dreidimensionales Maschenwerk. Die Zwischenzellräume werden von flüssiger *Extrazellulärmatrix* ausgefüllt, die viel Hyaluronsäure enthält. Es kommen wenige dünne Fibrillen (Typ-I-Kollagen) vor. Mesenchymzellen haben einen großen Zellkern, dessen Kernmembran zahlreiche Invaginationen aufweist. Der Zellkern ist chromatinarm und hat einen großen Nucleolus. Das Cytoplasma enthält wenige Zellorganellen. Mesenchymzellen zeigen eine hohe *mitotische Aktivität*. Zu Beginn der Organogenese lagern sie sich in dichten Zellverbänden zusammen und bilden *Blasteme*. Die Blastembildung ist bei der Entwicklung der Stützgewebe in den Extremitätenanlagen besonders deutlich zu sehen (Abb. 3.**40 b**, s. S. 91) (Tab. 2.**2**).
Aus Mesenchymzellen differenzieren sich die verschiedenen Zellen der Binde- und Stützgewebe: *Fibroblasten, Myofibroblasten, Chondroblasten, Osteoblasten, Odontoblasten* und *Retikulumzellen* sowie *Fettzellen, Gewebsmakrophagen* und *Mastzellen* (s. Kap. Kausale Histogenese, S. 15). Auch ausdifferenzierte Gewebe enthalten Zellen mit der Potenz mesenchymaler Bindegewebszellen. Diese *„persistierenden" Mesenchymzellen* sind an Umbau- und Reparationsvorgängen der Binde- und Stützgewebe beteiligt (s. S. 30 u. 76).

Tabelle 2.**2** Zusammenfassende Darstellung der Gelenkmorphogenese (nach *O'Rahilly* u. *Gardner* 1978)

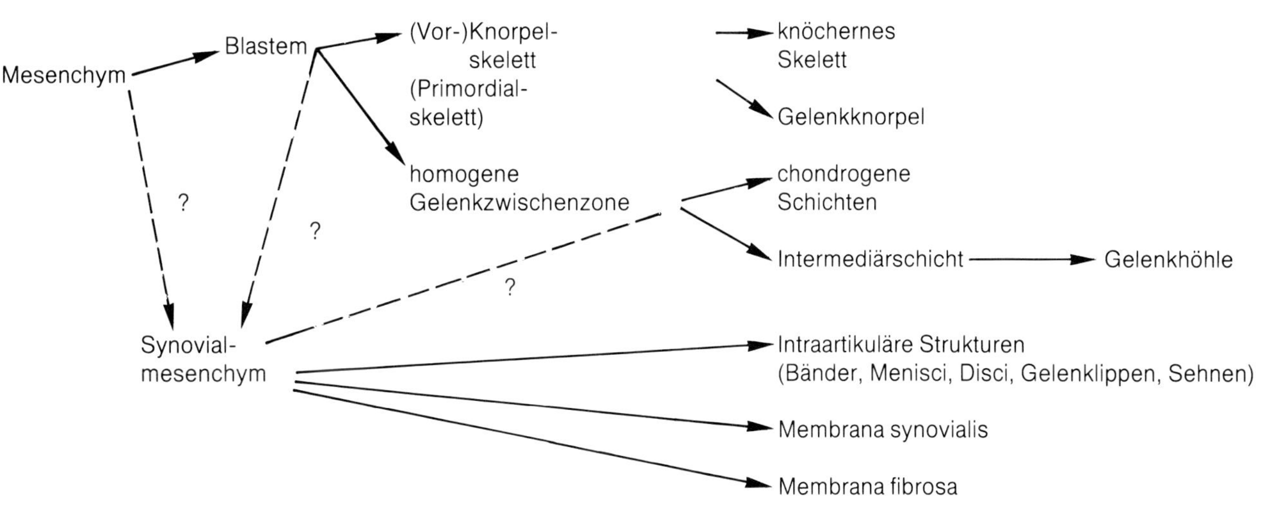

Kollagenfaseriges Bindegewebe

Allgemeine Einleitung: Zellen – Extrazellulärmatrix

Die Organe des Bewegungsapparates enthalten vorwiegend kollagenfaseriges Bindegewebe. Nach Anzahl und Anordnung der Kollagenfaserbündel unterscheidet man *lockeres* (faserarmes) und *straffes* (faserreiches) *kollagenfaseriges Bindegewebe.* Straffes Bindegewebe kommt in geflechtartiger und parallelfaseriger Form vor. Zwischen den Gruppen gibt es fließende *Übergänge* und entsprechende Zwischenformen.

Die *Extrazellulärmatrix* des Bindegewebes wird von ortsständigen Bindegewebszellen, den *Fibroblasten,* gebildet*. Fibroblasten sind spindelförmige Zellen mit langen Zytoplasmafortsätzen. Ihre Form wechselt nach *Funktionszustand* und Vorkommen. Zellkörper und -fortsätze sind im straffen Bindegewebe schlanker als im lockeren Bindegewebe (s. Abb. 2.**16,** 4.**22**). An der Zelloberfläche kommen Mikrovilli vor. Fibroblasten können Zellkontakte ausbilden. Der elliptische Zellkern ist chromatinarm und enthält mehrere Nucleoli. Schlanke Mitochondrien liegen im Zellkörper und in den Zytoplasmafortsätzen. Außer Fetttröpfchen werden Lysosomen und gelegentlich Lipofuszingranula beobachtet. Die Entwicklung des *Golgi-Apparates* und des *rauhen endoplasmatischen Reticulum* ist stark vom Funktionszustand abhängig. In „ruhenden" Zellen sind beide Strukturen mäßig stark entwickelt. Im „aktiven" Zustand, z. B. im wachsenden Gewebe oder bei der Wundheilung (Abb. 2.**17**), dehnt sich der Golgi-Apparat aus. In seiner Umgebung liegen dann zahlreiche sekretorische Vakuolen. Das Cytoplasma ist reich an *freien Ribosomen* und an *rauhem endoplasmatischen Reticulum.* Fibroblasten enthalten wenige Mikrofilamente (Abb. 2.**16**). Sie zeigen unter normalen Bedingungen keine oder nur geringe *Phagozytose.* Bei experimentell erzeugtem Überangebot von Fremdstoffen, z. B. kolloidal gelöster Tusche, wird das Material allerdings außer in Makrophagen auch in Fibroblasten gespeichert.

Fibroblasten wachsen sehr gut in der Gewebekultur; sie bilden hier über Zellkontakte Netzwerke miteinander. Unter experimentell erzeugten Zugspannungen lagern sie sich in der Kultur mit der Längsachse ihres Zellkörpers in der Hauptdehnungsrichtung. Eine entsprechende Ausrichtung zeigen auch die von ihnen produzierten Fibrillen.

Fibroblasten gelten als ausdifferenzierte Zellen, aus denen sich normalerweise keine anderen Zelltypen der Binde- und Stützgewebe mehr entwickeln können. Die Bildung von Knorpelzellen, wie sie bei der Umwandlung von Zug- in Gleitsehnen zu beobachten ist oder die Differenzierung von Osteoblasten bei der Knochenbruchheilung (s. S. 75), dürfte eher auf Aktivierung der im Bindegewebe liegenden mesenchymalen Vorläuferzellen als auf eine echte „Umwandlung" ausgereifter Fibroblasten zurückgehen.

Lockeres Bindegewebe

Lockeres Bindegewebe hat *mechanische Funktionen.* Es fügt Gewebe zu Organen, baut diese in ihre Umgebung ein und ermöglicht ihnen freie Verschieblichkeit bei Volumen- oder Lageveränderung.

* Die Benennung der Bindegewebszellen ist im Schrifttum uneinheitlich. Als Fibroblasten werden unreife Vorstufen der Bindegewebszellen angesehen. Reife Zellen bezeichnet man dann als Fibrozyten. Für einige Autoren ist der Fibroblast die aktive, Grundsubstanz bildende Form der Bindegewebszellen, während der Fibrozyt eine inaktive Stufe darstellt. In diesem Lehrbuch wird nicht zwischen Fibroblasten und Fibrozyten unterschieden, sondern nur die Bezeichnung Fibroblast angewendet. Fibroblasten sind, ihrer ursprünglichen, namensgebenden Funktion zufolge, Zellen, die „Fasern" bilden.

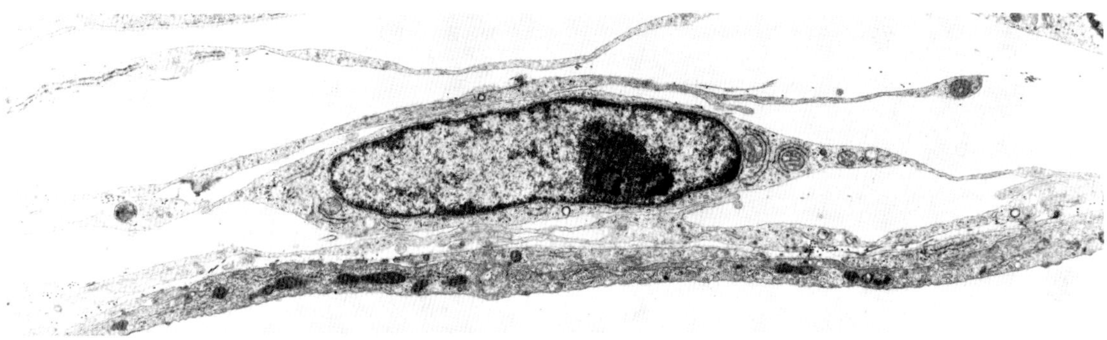

Abb. 2.**16a** **Lockeres Bindegewebe aus der Tunica conjunctiva eines Rattenauges.** Die Fibroblasten liegen mit ihrer größten Achse in Richtung der Kollagenfibrillen. Färbung: Toluidinblau, Vergr. 700fach.
(Kurspräparat des Anatomischen Institutes, Kiel)

Abb. 2.**16b** **Fibroblast in der weichen Hirnhaut einer Ratte.** Vergr. 7200fach.
(Elektronenmikroskopische Aufnahme Frau *R. Sprang*, Kiel)

Lockeres Bindegewebe kommt in der Skelettmuskulatur als *Endo-, Peri-* und *Epimysium* vor (s. Muskelbindegewebe, Abb. 4.**16**). Es ist Bestandteil des subintimalen Gewebes beim areolären Typ der Membrana synovialis (s. Gelenkkapsel, Abb. 3.**48**). Lockeres Bindegewebe beteiligt sich als *Stroma* am Aufbau von parenchymatösen Organen, von Hohlorganen und füllt als *„interstitielles" Bindegewebe* die Räume zwischen diesen aus. Eine dünne Schicht lockeren Bindegewebes bilden die serösen Häute in Brust- und Bauchhöhle, das subseröse Bindegewebe und die Mesenterien (s. Bd. II). Die *Leitungsbahnen* innerhalb und außerhalb von Organen werden meistens von lockerem Bindegewebe begleitet.

Im lockeren Bindegewebe bilden die zu unterschiedlich dicken Bündeln zusammengefügten *Kollagenfibrillen* ein dreidimensionales *Netzwerk.* Sie werden stets von einer unterschiedlichen Menge *elastischen Materials* begleitet. Diese beiden Komponenten der Extrazellulärmatrix verleihen dem lockeren Bindegewebe *Festigkeit und Elastizität.* Das Gewebe kann aufgrund seines hohen Gehaltes an Proteoglykanen große Mengen von *Wasser* binden.

Im lockeren Bindegewebe kommen einzelne oder Gruppen von *Fettzellen* vor. Der Übergang zum Fettgewebe ist fließend (s. S. 33). Zu den ortsständigen Zellen zählen Fibroblasten und Fettzellen. In den Maschen des lockeren Bindegewebes können als „freie Zellen" Pigmentzellen (Melanozyten), Plasmazellen, Monozyten, Lymphozyten, Granulozyten und Mastzellen vorkommen. Diese Zellen stehen zum Teil im Dienste der *Abwehr* des Organismus (s. Bd. II und Lehrbücher der Histologie).

Lockeres Bindegewebe übt eine wichtige Funktion bei der *Wundheilung* aus (Abb. 2.**17**). Die Synthese von Bindegewebe setzt zu Beginn der sogenannten *reparativen Phase* der Wundheilung ein. Die proliferierenden Fibroblasten sollen entweder aus dem angrenzenden Bindegewebe einwachsen oder aus ortsständigen Monozyten im Wundspalt hervorgehen. Bei der *Migration* von Fibroblasten in den Wundspalt fällt *Kollagen* aufgrund chemotaktischer Eigenschaften eine wichtige Funktion zu. Kollagenfibrillen wirken bei der Wundheilung regulatorisch; sie beschleunigen die Heilung. Das Kollagen im *Granulationsgewebe* (junges, gefäßreiches Bindegewebe) ist zunächst Typ-III-Kollagen. Eine Beeinflussung der Wundheilung wird auch *Fibronectin* zugeschrieben. Es kommt im Granulationsgewebe und in geringer Menge auch am Wundrand vor. Fibronectin vermittelt einen Kontakt von Fibroblasten und Kollagen. Es soll ein „Gerüst" für migrierende Zellen im Wundspalt bilden.

Ein wesentlicher Faktor bei der Wundheilung ist die *Kontraktion* des Granulationsgewebes. Diese wird durch *Myofibroblasten* bewerkstelligt (Abb. 2.**17**).

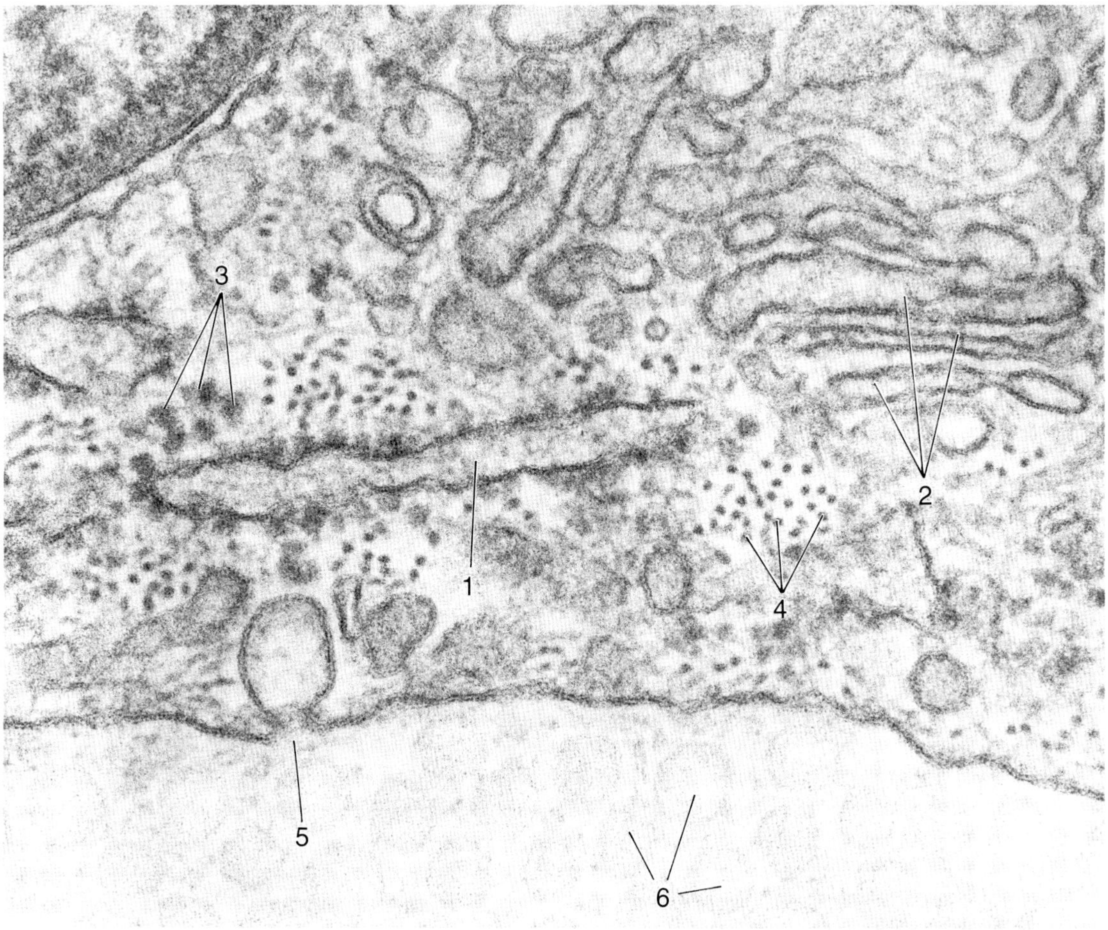

c

Abb. 2.**16c** **Ausschnitt aus dem Perikaryon eines Fibroblasten (Cutis, Schwein).** Die Zisternen des rauhen endoplasmatischen Reticulum (1) und die des Golgi-Apparates (2) enthalten feinfilamentäres Material. Im Cytoplasma kommen neben Polysomen (3) und Filamenten (4) auch zahlreiche Vesikel unterschiedlicher Größe vor, die mit der Plasmamembran fusionieren und ihren Inhalt in den Extrazellulärraum entleeren (5). 6 Querschnitt von Kollagenfibrillen (Vergr. 145 000fach).
(Originalabbildung, Prof. Dr. *K. Gorgas*, Heidelberg)

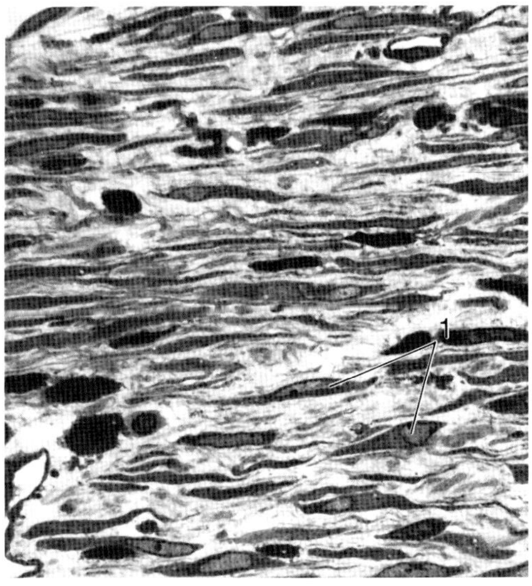

2.**17a**

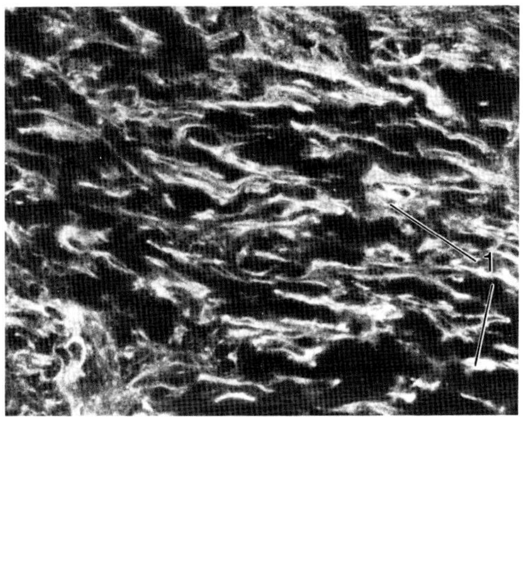

2.**17b**

Abb. 2.**17** **Granulationsgewebe aus der Hautwunde einer Ratte.**

a Die parallel angeordneten, dichtgelagerten Fibroblasten (1) sind spindelförmig und wenig verzweigt. Toluidinblaufärbung, Vergr. 450fach.

b Ein Folgeschnitt wurde mit einem Antikörper gegen Myosin behandelt. Durch den Gehalt an kontraktilen Filamentbündeln (sog. Streßfasern), sind die Fibroblasten (1) des Granulationsgewebes als sog. Myofibroblasten zur Kontraktion befähigt. Dies hat für die Annäherung der Wundränder (Wundkontraktion) große Bedeutung. Vergr. 450fach.
(Originalabbildung, Prof. Dr. *D. Drenckhahn*, Würzburg)

Myofibroblasten nehmen morphologisch und funktionell eine Stellung zwischen Fibroblasten und glatten Muskelzellen ein. Sie sind größer als Fibroblasten und haben einen stark eingefalteten Zellkern. Auffallendster Befund ist ihr Reichtum an Bündeln *intrazytoplasmatischer kontraktiler Filamente* mit einem Durchmesser von 4–8 nm, die in Längsachse der Zellen ausgerichtet sind. Das rauhe endoplasmatische Reticulum ist mäßig stark entwickelt. Teile der Zelloberfläche können mit einem der Basallamina ähnlichen Material bedeckt sein. Myofibroblasten bilden Kollagenfibrillen. Sie sind über „gap junctions" miteinander verbunden. Durch die Anwesenheit von Myofibroblasten wird Granulationsgewebe zu einem *„kontraktilen" Gewebe.*

Myofibroblasten kommen normalerweise auch im *Milz- und Hodenbindegewebe,* in *Gefäßwänden,* im *Uterus* und im *Ovar* vor (s. Bd. II und Lehrbücher der Histologie). Myofibroblasten haben pathophysiologische Bedeutung, z. B. bei *Erkrankungen des Leberbindegewebes* (Leberzirrhose), der Palmaraponeurose (s. Abb. 6.**105**; Dupuytrensche Kontraktur) sowie bei der Entstehung von Narbenstrikturen (Verengung eines Hohlorgans nach narbiger Verheilung einer Verletzung). Im Rahmen der Wundheilung sezernieren Fibroblasten auch Wachstumsfaktoren, wie den Vascular Endothelial Growth Factor (VEGF). VEGF initiiert die für den Heilungsprozeß wichtige Angiogenese.

Straffes Bindegewebe

Straffes Bindegewebe kommt in *geflechtartiger Form im Muskelbindegewebe* (s. S. 144, s. Abb. 4.**17**), im *Periost* und *Perichondrium* (s. Abb. 2.**22,** 3.**3**), in *Sehnenscheiden* (s. S. 158), in Teilen der *Gelenkzwischenscheiben* sowie im Corium der *Haut* (s. Abb. 2.**9**), in der *Dura mater,* der *Sclera* des Auges und in *Organkapseln* vor (s. Bd. II und Bd. III). Die Extrazellulärmatrix besteht größtenteils aus *Kollagenfibrillen,* die, in Bündeln zusammengefaßt, ein „filzartiges" Geflecht bilden. Sie werden von *elastischen Fasern* begleitet. Zusammensetzung und Anordnung der Fibrillen gibt dem Gewebe Festigkeit und ermöglicht gleichzeitig die Anpassung an Gestalt- und Lagewechsel der Organe. Die Bindegewebszellen liegen häufig abgeflacht und lang ausgestreckt zwischen den Fibrillenbündeln. Die Blutversorgung des Bindegewebes ist in den einzelnen Organen unterschiedlich. Die Textur des Gefäßnetzes entspricht weitgehend dem Kollagenfibrillenbündelverlauf (s. Abb. 4.**37**). In der Umgebung der Gefäße liegen undifferenzierte „mesenchymale" Zellen.

Aus *straffem Bindegewebe* mit *paralleler Ausrichtung* der Kollagenfibrillenbündel bestehen *Sehnen, Bänder* und Teile der *Aponeurosen.* Aufbau und Funktion des straffen parallelfaserigen Bindegewebes werden jeweils in den speziellen Kapiteln besprochen (Sehne, s. S. 148; Bänder, s. S. 103). Hauptfunktion dieser Form des straffen Bindegewebes ist die Übertragung von *Zugkräften,* ohne daß es zu einer wesentlichen Verformung der Extrazellulärmatrix kommt (s. S. 19).

Elastisches Bindegewebe

In einigen Bändern, z. B. den Ligg. flava der Wirbelsäule (s. Abb. 5.**60**), besteht die Extrazellulärmatrix vorwiegend aus parallelfaserigen elastischen Fasern. Reich an elastischen Fasern sind auch Teile der *Fascia abdominis externa* (s. Abb. 5.**153**). Ein elastisches Band ist das Nackenband *(Lig. nuchae)* der Huftiere. Aus elastischem Bindegewebe bestehen auch der *Conus elasticus* und das *Lig. vocale* des Kehlkopfes (s. Bd. II). Die sich verzweigenden elastischen Fasern sind vorwiegend longitudinal orientiert und werden von spiralig verlaufenden Kollagenfibrillen umgeben, die das Gewebe vor Überdehnung schützen. Die Befestigung der Bänder am Knochen erfolgt ausschließlich über kollagene Fibrillen; elastisches Material strahlt nicht in den Knochen ein. Zwischen den Bündeln der Extrazellulärmatrix liegen wenige Fibroblasten.

Fettgewebe

Fettgewebe (Abb. 2.**18**) kommt als eigenständiges Gewebe in Form sogenannter *Fettorgane* sowie mit anderen Bindegewebsarten – meistens mit lockerem Bindegewebe – vermischt vor. Der Mensch hat wie die übrigen Säugetiere *weißes* (gelbes) und *braunes Fettgewebe.* Beide Formen unterscheiden sich nicht nur in ihrer Farbe, sondern auch im Verteilungsmuster und im histologischen Aufbau. Fettgewebe entstammt dem Mesenchym. Seine *Vorläuferzellen* differenzieren sich während der Embryonalperiode zunächst zu einem sogenannten Primitivorgan. Bei normalgewichtigen

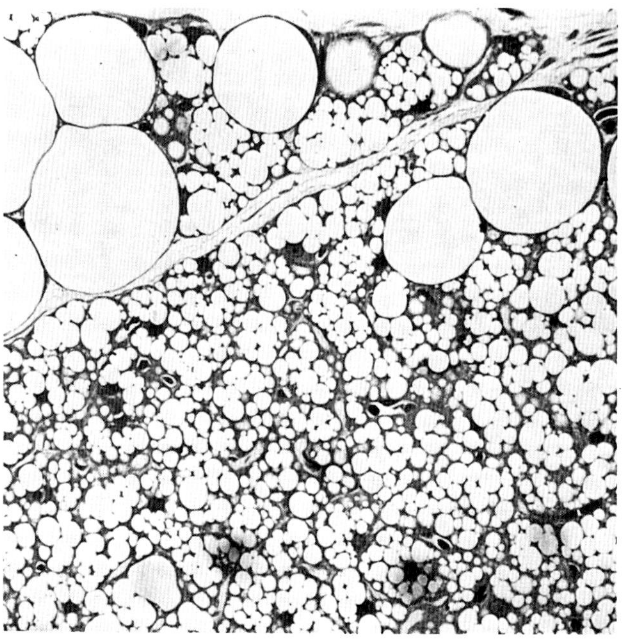

Abb. 2.**18** **Plurivakuoläres (braunes) Fettgewebe mit vereinzelten univakuolären Fettzellen** (obere Bildhälfte) aus der Schulterregion einer erwachsenen Ratte. Man beachte die reichliche Vaskularisierung. Färbung: Toluidinblau, Vergr. 250fach.
(Kurspräparat des Anatomischen Institutes, Kiel)

Erwachsenen macht das Fettgewebe bei Frauen etwa 20%, bei Männern etwa 15% des gesamten Körpergewichtes aus.

Weißes Fettgewebe hat als *Baufett* primär *mechanische Funktionen*. Es dient einigen Organen zur Erhaltung ihrer Lage, so z. B. den Nieren durch die Nierenfettkapsel. Das Fettgewebe der Subcutis dient als Bau- und *Speicherfett*. Seine Verteilung ist regional unterschiedlich sowie alters- und geschlechtsabhängig (s. S. 11). Beim Neugeborenen ist noch die gesamte oberflächliche Körperfaszie von einer Fettgewebsschicht, dem *Panniculus adiposus*, bedeckt. An Handtellern, Fußsohlen und Gesäß übt Fettgewebe eine echte *Polsterfunktion* aus. Es ist an diesen Stellen durch Septen straffen Bindegewebes in „Kammern" unterteilt, die sich bei Druckbelastung nach Art eines Wasserkissens verformen. Die unter der Deformation auftretenden Zugspannungen werden von Kollagenfasern aufgenommen. Die Fettzellen selbst, die von einem Netzwerk retikulärer Fasern (Abb. 2.**19**) umsponnen sind, verformen sich unter Belastung zu Ellipsoiden und nehmen nach Entlastung ihre ursprüngliche sphärische Gestalt wieder an. Baufett kommt auch in der *Gelenkkapsel* beim *adipösen Typ der Membrana synovialis* vor (s. S. 106).

Funktionelle Bedeutung für die Beweglichkeit des Auges hat das Baufett in der Orbita (s. Bd. III). Der *Bichatsche Wangenfettpfropf* unterstützt die mimischen Muskeln sowie die Kaumuskeln beim Saugakt und bei der Kautätigkeit.

Fettgewebe im Bauchraum (Mesenterien, Netz), im Unterhautgewebe oder im lockeren Bindegewebe an verschiedenen anderen Stellen des Organismus dient vorwiegend als *Energiespeicher*. Dieses *Speicherfett* befindet sich in ständigem Umbau. Baufett wird zur Kaloriengewinnung nur im starken Hungerzustand herangezogen. An- und Abbau von Fettgewebe unterliegen hormonellen und nervösen Einflüssen. Während die Lipolyse durch Adrenalin und Noradrenalin sowie im Tierexperiment durch das adrenocorticotrope Hormon (ACTH), Glucocorticoide, Thyreoideastimulierendes Hormon (TSH) und Glucagon stimuliert wird, hemmt Insulin diese und steigert die Lipogenese. Das Fettgewebe ist nicht nur Ziel von Hormonen, sondern es produziert selbst ein Hormon, das Leptin (λεπτος = schlank), welches über Rezeptoren im Hypothalamus die Nahrungsaufnahmen senkt. Im Fettgewebe werden über das Enzym Aromatase Androgene in Oestrogene umgewandelt.

Fettgewebe hat außer *mechanischen* und *kalorischen Funktionen* auch *wärmeregulatorische* Aufgaben. Es ist ein schlechter Wärmeleiter, schützt den Körper gegen Wärmeverlust und ist zudem ein großer *Wasserspeicher*.

Die kugelförmigen *Adipozyten* (Abb. 2.**18**, 2.**19**) des weißen Fettgewebes haben einen Durchmesser zwischen 40 und 120 μm. Sie sind *univakuolär*. Das an Zellorganellen arme Cytoplasma und der Zellkern werden durch den Lipidtropfen an die Zellmembran gedrängt; dadurch erhalten Fettzellen im histologischen Schnitt die typische Siegelringform. Fettzellen haben eine Basallamina und sind von Glykoproteinen umgeben. Ein Netz *retikulärer Fasern*, das jeden Adipozyten umhüllt (Abb. 2.**19**), leistet einer zu starken Verformung unter Belastung Widerstand (s. oben). Die einzelnen Fettzellen werden von Bindegewebe zu traubenförmigen *Läppchen* zusammengeschlossen, die mit bloßem Auge sichtbar sind. Fettgewebe ist reichlich mit Blutgefäßen versorgt, so daß jede Fettzelle Kontakt zum Kapillarnetz hat. Es wird von marklosen Nervenfasern versorgt. Kontakte zwischen Fettzellen und Nervenfasern wurden beim weißen Fettgewebe bisher nicht beobachtet (s. unten). Durch die Beimischung lockeren Bindegewebes kommen im Fettgewebe außer

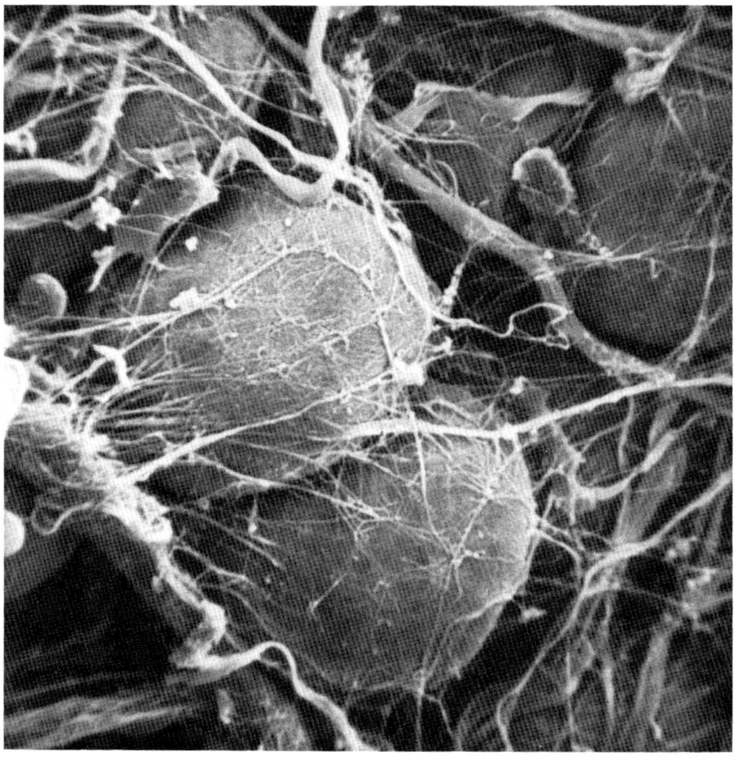

Abb. 2.**19** **Univakuoläre Fettzellen in der subintimalen Schicht der Schultergelenkskapsel einer adulten Ratte.** Die einzelnen Fettzellen sind von retikulären Fasern umgeben. Zwischen den Fettzellen liegen Bündel kollagener Fibrillen.
Rasterelektronenmikroskopische Aufnahme, Vergr. 1200fach

Adipozyten auch *Fibroblasten* und *Makrophagen* vor. Der Übergang zwischen weißem Speicherfett und lockerem Bindegewebe ist häufig fließend (s. S. 30).

Im *braunen Fettgewebe* sind die Zellen *plurivakuolär* (s. Abb. 2.**18**). Die braune Farbe rührt vom hohen Gehalt an *Zytochromen* in den Mitochondrien der Adipozyten her. Braunes Fettgewebe ist während der Embryonal- und Fetalperiode weit verbreitet. Es kommt beim Neugeborenen noch zwischen den Schulterblättern, um den Gefäß-Nerven-Strang im Halsbereich, in der Axilla, im Mediastinum und im Bauchraum in der Umgebung einiger Organe (Niere, Nebenniere, Pankreas) vor. Bereits im ersten Lebensjahr setzt eine starke *Rückbildung* ein. Nach der Pubertät sind Inseln von braunem Fettgewebe nur noch im Mediastinum anzutreffen.

Im braunen Fettgewebe wird durch Verbrennung der Lipide in den Fettzellen Wärme erzeugt, die aufgrund der guten Vaskularisation in den übrigen Organismus geleitet wird. Diese Funktion übt es auch bei einigen Nagetieren als *„Winterschlafdrüse"* beim Erwachen aus dem Winterschlaf aus. Es enthält wenig Bindegewebe, ist aber sehr gut durchblutet und reichlich mit Nerven versorgt. Die Lipolyse wird nervös reguliert. Die Adipozyten der braunen Fettgewebe werden über *noradrenerge Synapsen* des sympathischen Nervensystems innerviert.
(Ausführliche Besprechung der Ultrastruktur und Biochemie der Fettgewebe s. Lehrbücher der Histologie und Biochemie.)
Bei der *Involution* von Organen tritt häufig Fettgewebe als *„Gewebsersatz"* ein, so z. B. im Thymus oder im Knochenmark. Atrophische Skelettmuskulatur bei einigen Muskelerkrankungen kann durch Fettgewebe „ersetzt" werden (s. S. 163, „Pseudohypertrophie" der Muskulatur). Eine extrazelluläre Fettablagerung wird auch in Binde- und Stützgeweben (z. B. Sehnen, Menisken) bei degenerativen Veränderungen oder im Bereich von Gewebsläsionen beobachtet. Zu pathologischen Lipidablagerungen in den Zellen verschiedener Organe (z. B. Leber, Niere) kommt es bei Stoffwechselstörungen unterschiedlicher Ätiologie.

Stützgewebe

Chordagewebe

Der Aufbau der *Chorda dorsalis* (s. Abb. 5.**22** u. 5.**23**) ist bei den einzelnen Gruppen der Chordaten unterschiedlich. Beim Neunauge z. B. besteht Chordagewebe aus großen, rundlichen Zellen, die einen dichtverpackten Verband ohne Extrazellulärmatrix bilden. Bei *Säugerembryonen* stehen die großen, sternförmigen Chordazellen über Zellkontakte (Desmosomen) miteinander in Verbindung. Ihr wasserreiches Cytoplasma enthält neben einigen Mitochondrien wenig rauhes endoplasmatisches Reticulum, jedoch zahlreiche Mikrofilamente. Das von den Chordazellen gebildete Typ-II-Kollagen ist das erste, während der Entwicklung entstandene, Kollagen überhaupt. Die Extrazellulärmatrix enthält außerdem Glykosaminoglykane. In der Peripherie der Chorda liegen undifferenzierte Vorläuferzellen, die *Chordoblasten.* Die Chorda dorsalis wird außen von Bindegewebe *(Chordascheide)* umhüllt.

Knorpelgewebe

Hyaliner Knorpel

Hyaliner Knorpel (Abb. 2.**20,** 2.**21**) hat im frischen, unfixierten Zustand eine weiß-bläuliche Farbe und erscheint auf der Schnittfläche glasartig-opak (ὑάλινον = gläsern). Im nervenfreien ausdifferenzierten Gewebe treten die *Zellen* gegenüber der *Extrazellulärmatrix* massenmäßig zurück, ihr Volumenanteil liegt zwischen 1 und 10%.
Beim Menschen besteht, wie bei anderen Vertebraten, in der frühen Embryonalperiode der größte Teil des Skeletts aus hyalinem Knorpel (*Primordialskelett,* s. S. 62). Nach Abschluß des Wachstums kommt Hyalinknorpel nur noch an den *Gelenkflächen* (s. S. 96), im sternalen Anteil der *Rippen* (Abb. 5.**121**), im *Skelett der Nase* sowie der *mittleren* und *tiefen Luftwege* vor (s. Bd. II). Bei einigen rezenten Wirbeltieren (Knorpelfische) ist das Skelett zeitlebens aus hyalinem Knorpel aufgebaut.
Hyalinknorpel entwickelt sich aus dem Mesenchym (s. S. 28). Im Bereich der Skelettanlage schließen sich die Mesenchymzellen bei gleichzeitiger Abnahme der Extrazellulärmatrix dichter zusammen und bilden ein *Blastem* (Abb. 3.**40**). Nach der 5. Embryonalwoche setzt innerhalb des Blastems die erste *Knorpelbildung* in Form von *„Vorknorpel"* ein. Voraussetzung für die Entwicklung von Knorpelgewebe aus dem undifferenzierten Mesenchym ist die Ausbildung von Zellkontakten (Desmosomen). Die Zellen des Blastems bilden

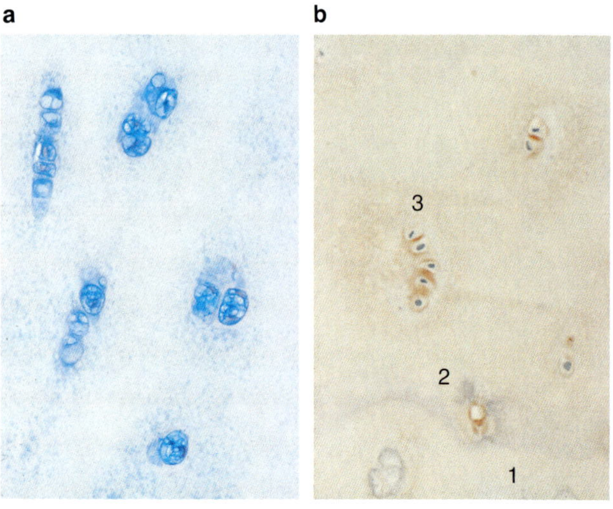

Abb. 2.**20** **Gelenkknorpel (Calcaneus, 53 Jahre alte Frau)**
a Darstellung sulfatierter Glykosaminoglykane in der Radiärzone Alzianblaufärbung (pH 1), × 200
b Immunhistochemische Darstellung von Typ-II-Kollagen Gegenfärbung mit Hämalaun, × 200
1 subchondraler Knochen
2 Zone des mineralisierten Knorpels
3 Radiärzone

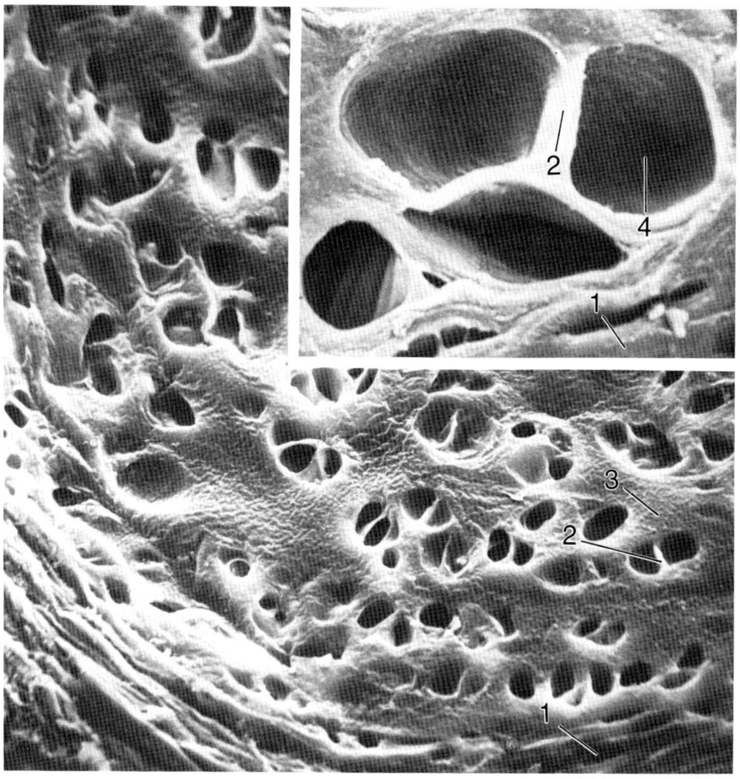

Abb. 2.**21** **Querschnitt durch eine Trachealspange von einem 45jährigen Mann.** Rasterelektronenmikroskopische Aufnahme (Vergr. 280fach; Ausschnitt, Vergr. 2000fach) nach Behandlung des Materials mit Hyaluronidase. Die Knorpelzellen sind bei der Präparation herausgefallen, so daß die „Höhlen" isogener Gruppen zu sehen sind.
1 Perichondrium
2 territoriale Extrazellulärmatrix (interzelluläres Septum)
3 interterritoriale Extrazellulärmatrix
4 Knorpelzellhöhle einer isogenen Gruppe

Extrazellulärmatrix mit dünnen Fibrillen, deren Durchmesser etwa 10 nm beträgt. Die *Vorknorpelzellen* differenzieren sich zu *Chondroblasten* und diese zu *Chondrozyten*. Knorpel zeigt in der pränatalen Entwicklung morphologische Unterschiede zum ausdifferenzierten Gewebe. Im *embryonalen Knorpel* liegen die Zellen dicht gepackt; ihr Volumenanteil ist höher als im ausgereiften Knorpel. Der hyaline Knorpel des Primordialskeletts wird während der Fetalzeit vom Perichondrium aus vaskularisiert. Die Gefäße (Arteriole, Venole und Kapillaren) liegen im Bindegewebe eines Knorpelkanals. Im Erwachsenenalter kommen Blutgefäße im hyalinen Knorpel des Kehlkopfskeletts oder im Rippenknorpel vor. An den Enden einiger Skelettanlagen mit desmaler Osteogenese (s. S. 93) entwickelt sich aus Mesenchym sogenannter *Sekundärknorpel*. Der Sekundärknorpel ist Wachstumszone für die Gelenkkörper, z. B. am Kiefergelenk oder am Sternoklavikulargelenk. Die knorpelig präformierten Skelettanlagen werden von einem *Perichondrium* umhüllt (s. Abb. 3.**10**). Die *Entwicklung* reifer Knorpelzellen ist zunächst auf den zentralen Anteil der Skelettanlagen beschränkt. Innerhalb dieser „Knorpelbildungszentren" teilen sich die Zellen, und es entstehen *isogene Knorpelzellgruppen* (s. unten). Die Knorpelzellen produzieren reichlich Extrazellulärmatrix, so daß die einzelnen isogenen Gruppen auseinanderrücken. Diese Art des Knorpelwachstums wird als *interstitielles* oder intussuszeptionelles *Wachstum* bezeichnet. Es ist hauptsächlich für das Längenwachstum verantwortlich (s. S. 64). Durch Einbeziehung weiterer Mesenchymzellen aus der Umgebung der Skelettanlage wächst diese durch *Apposition* in die Breite.

Nach Ausdifferenzierung des Mesenchyms erfolgt *appositionelles Wachstum* von Seiten undifferenzierter Zellen in der sogenannten *chondrogenen Schicht* des Perichondrium, aus denen sich Chondroblasten und Chondrozyten entwickeln können. Die durch Apposition entstandenen Chondrozyten nehmen ihrerseits wieder am interstitiellen Wachstum teil, indem sie sich mitotisch teilen und isogene Gruppen bilden. Auch nach Abschluß des Wachstums behalten die Zellen der chondrogenen Schicht im Perichondrium die Potenz, Knorpelzellen zu bilden (s. S. 37).

Chondrozyten (s. Abb. 2.**20**, 2.**21**, 3.**42**) liegen im hyalinen Knorpel zumeist in *isogenen Gruppen*. Diese ordnen sich in der Tiefe des Gewebes in Reihen, die senkrecht zum Perichondrium oder zur Oberfläche (Gelenkknorpel) ausgerichtet sind. In der Peripherie liegen die Zellen einzeln, sie sind relativ klein und spindelförmig. In der Tiefe haben Chondrozyten ovoide oder kugelige Form. Dort, wo sich zwei Zellen in einer isogenen Gruppe gegenüberliegen, sind sie abgeflacht und bilden Kugelsegmente. Lichtmikroskopisch erscheint die Zelloberfläche glatt, elektronenmikroskopisch (s. Abb. 3.**12**) kann man kurze Zytoplasmafortsätze erkennen. Die Zellen haben untereinander keinen Kontakt. Der ovale Zellkern besitzt einen oder mehrere Nucleoli. Das Cytoplasma enthält lange, schmale Mitochondrien und wenige Filamente. An paraplasmatischen Einschlüssen kommen Lipidtropfen, Pigmentkörnchen sowie reichlich Glykogengranula vor. Golgi-Apparat und rauhes endoplasmatisches Reticulum sind in Zellen, die Extrazellulärmatrix produzieren, stark entwickelt. Daneben kann man Vakuolen, Sekretgranula und Lysosomen beobachten.

Die *Extrazellulärmatrix* des hyalinen Knorpels wird von Chondroblasten und Chondrozyten produziert. Sie besteht aus *Wasser, Proteoglykanen, Kollagenfibrillen, Glykoproteinen, Lipiden* und *Elektrolyten*. Der *Wasseranteil* kann 70–75% des Gesamtvolumens betragen. Wasser wird von den Makromolekülen – vor allem von den Proteoglykanen – gebunden („strukturiertes" Wasser). *Kollagen* macht etwa die Hälfte des Trockengewichtes der Extrazellulärmatrix aus, und es besteht zu 90–95% aus Typ-II-Kollagen. Der Fibrillendurchmesser variiert stark. Im Gelenkknorpel liegt er zwischen 4 und 200 nm. In den tiefen Schichten des Gelenkknorpels ordnen sich dünnere Fibrillen mit einem Durchmesser zwischen 4–10 nm konzentrisch in der Umgebung der Zellen um die proteoglykanreiche perizelluläre Matrix (s. unten). Da Kollagen den gleichen Brechungsindex besitzt wie die übrigen Bestandteile der umgebenden Matrix, sind die Fibrillen bei üblicher lichtmikroskopischer Untersuchung nicht sichtbar. Wie diese „Maskierung" der Fibrillen zustandekommt, ist nicht vollständig geklärt; möglicherweise spielen der Gehalt an Chondroitinsulfaten und das daran gebundene Wasser eine Rolle. Die Fibrillen zeigen im Polarisationsmikroskop positive Doppelbrechung (s. Abb. 3.**44**) (s. S. 20). Kollagenfibrillen des Knorpels haben eine typische Ausrichtung. Im Gelenkknorpel sind sie arkadenförmig angeordnet (s. Abb. 3.**43**). In den Knorpelspangen der Luftröhre bilden sie ein gestaffeltes Wickelsystem, das zunächst eine Zelle, dann benachbarte Zellen innerhalb einer isogenen Gruppe, schließlich angrenzende Gruppen gleicher und benachbarter Reihen von Knorpelzellen umfaßt (s. Abb. 2.**21**). Peripher strahlen die Fibrillen in das Perichondrium ein.

Die einzelnen *Proteoglykanmonomere* sind im Hyalinknorpel an Hyaluronsäuremoleküle gebunden und bilden auf diese Weise Proteoglykanpolymere (s. S. 26, Abb. 2.**14**). Das wichtigste Proteoglykan des Knorpels, das *Aggrekan*, besteht aus Chondroitinsulfat- und Keratansulfatketten, von denen ca. 100 Monomere mit Hyaluronsäure verbunden sind. Die stark sauren Sulfatgruppen sind für die starke Basophilie der Extrazellulärmatrix verantwortlich. Der Proteoglykangehalt ist in der unmittelbaren Umgebung von Chondrozyten höher als zwischen den einzelnen Zellen und Zellgruppen (s. Abb. 2.**20**); entsprechend färbt sich die Extrazellulärmatrix perizellulär kräftig mit basischen Farbstoffen an. So entstehen dunkle „Höfe" um die Zellgruppen. Die Extrazellulärmatrix dieser Zone wird auch als *„territoriale" Matrix* bezeichnet. Eine Gruppe von Knorpelzellen und die sie umgebende stark basophile territoriale Extrazellulärmatrix faßt man als *Chondron* zusammen. Die Extrazellulärmatrix zwischen den Territorien ist die *„interterritoriale" Matrix*. Sie ist weniger reich an Proteoglykanen und färbt sich entsprechend schwächer mit basophilen Farbstoffen an. Angaben über die Verteilung der Glykosaminoglykane, vor allem von Chondroitinsulfat und Keratansulfat, in der territorialen und interterritorialen Matrix sind im Schrifttum uneinheitlich und zum Teil widersprüchlich. Einige Befunde sprechen dafür, daß Keratansulfat vorzugsweise in den Territorien, Chondroitinsulfat vermehrt in der interterritorialen Matrix vorkommt.

Bei der Fixierung und Einbettung von hyalinem Knorpelgewebe für lichtmikroskopische Untersuchungen entsteht zwischen Zelloberfläche und Extrazellulärmatrix ein artifizieller Spaltraum, der als „Lakune" bezeichnet wird. „Knorpelhöhlen" werden auch sichtbar, wenn Chondrozyten bei der Präparation für rasterelektronenenmikroskopische Untersuchungen aus der Extrazellulärmatrix künstlich herausgelöst werden (Abb. 2.**21**).

Hyalinknorpel enthält das Strukturprotein *Chondronectin;* es soll die Interaktion zwischen Chondrozyten, Typ-II-Kollagen und Proteoglykanen beeinflussen. Die gleiche Funktion wird dem Glykoprotein Anchorin CII zugeschrieben.

Hyaliner Knorpel wird – außer an den Gelenkflächen – von *Perichondrium* (Abb. 2.**21**, 2.**22**, 3.**10**) umgeben. Es besteht aus straffem, geflechtartigen Bindegewebe, in das die Kollagenfibrillen des Knorpels einstrahlen.

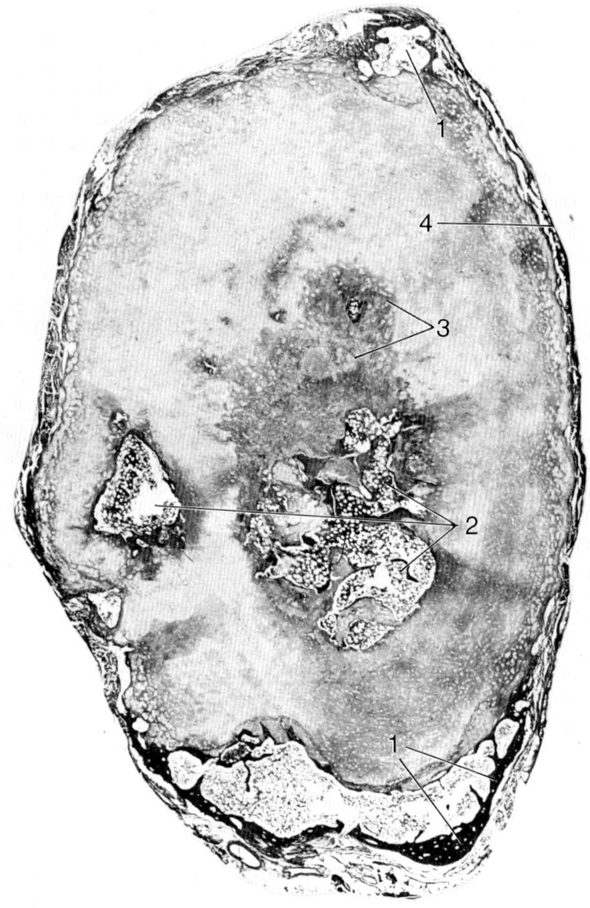

Abb. 2.**22** **Histologischer Querschnitt durch den 5. rechten Rippenknorpel eines 76 Jahre alten Mannes.** Kranial geringe, kaudal ausgeprägte perichondrale Knochenbildung (1). Im Innern endochondrale Osteogenese (2) und Mineralisierung (3) des Knorpelgewebes. 4 Perichondrium. Färbung: Goldner, 12 µm, Vergr. 6fach. (Präparat: Prof. Dr. *J. Koebke*, Köln)

Den Übergang zum Knorpelgewebe bildet die sogenannte *chondrogene Schicht.* Ihre Zellen tragen zum *appositionellen Wachstum* des Knorpels bei (s. S. 35). Von den Zellen der chondrogenen Schicht kann die *Wiederherstellung* von Knorpelgewebe nach Verletzungen ausgehen. Bei *Transplantationen* sind die Zellen dieser Zone für die Neubildung von Knorpelgewebe verantwortlich. Im Gegensatz zum Periost (s. S. 55) bildet das Perichondrium keine abgrenzbare Schicht, sondern geht kontinuierlich in das Knorpelgewebe über. Dort, wo Knorpelgewebe ein Perichondrium hat, wird es aus dessen Gefäßnetz durch Diffusion versorgt. Gelenkknorpel wird über die Synovia und aus den Gefäßen des subchondralen Knochengewebes ernährt (s. S. 107). Die straffe perichondrale Bindegewebshülle verleiht den aus hyalinem Knorpel aufgebauten Skelettelementen große Elastizität (z. B. Trachealspangen, Nasenknorpel). Fehlt das Perichondrium, bricht der Knorpel bei hoher Biegebeanspruchung.

Hyaliner Knorpel zeigt mehrere organspezifische *regressive Veränderungen.* Der Gehalt an Chondroitinsulfaten und Wasser nimmt bereits im mittleren Lebensalter ab. Im Rahmen dieser Veränderungen kommt es zur *„Asbestfaserung"* der Kollagenfibrillen. Diese sind dann lichtmikroskopisch „demaskiert" und werden als grobe Faserbündel sichtbar. Dort, wo die Fasern „körnig" zerfallen, kann es zu Gefäßeinsprossungen von seiten des Perichondriums kommen. Eine altersbedingte Veränderung der Extrazellulärmatrix ist auch die sogenannte albuminoide Entartung, bei der kleine doppelbrechende Eiweißkörper auftreten. Mit zunehmendem Lebensalter sterben vermehrt Knorpelzellen ab.
Auch solche Anteile des Knorpelskeletts, die nicht an einer physiologisch ablaufenden endochondralen Osteogenese teilnehmen, können im Laufe des Lebens *Mineralisation* und *Knochenbildung* zeigen. Mineralisation der Extrazellulärmatrix tritt auch unabhängig von endochondraler Osteogenese auf. So kann man, z. B. im Rippenknorpel (Abb. 2.**22**) und im Knorpelskelett der Atemwege, Ablagerungen von Mineralien und Knochenbildung nebeneinander beobachten. Im hyalinknorpeligen Kehlkopfskelett setzen diese Vorgänge physiologischerweise bei beiden Geschlechtern am Ende der Pubertät ein. Beginn und Art der Knochenbildung zeigen individuelle, geschlechtliche und rassische Unterschiede. Im höheren Lebensalter bestehen die ursprünglich hyalinknorpeligen Skelettelemente des Larynx größtenteils aus Knochen. In den Rippenknorpeln kommt es bei Frauen und Männern zur Mineralisation und Knochenbildung. Mineralisierung und Knochenbildung ursprünglich hyalinknorpeliger Skelettelemente führen zu starkem Elastizitätsverlust, der z. B. an den Rippenknorpeln mit einer Beeinträchtigung der Atemmechanik einhergeht (s. S. 267).

Die *Materialeigenschaften* des Hyalinknorpels sind gemeinsame Funktion aller Bestandteile der Extrazellulärmatrix und, im geringen Ausmaß, auch seiner Zellen. Hyaliner Knorpel leistet einer *Kompression* (z. B. Gelenkdruck) Widerstand. Es treten dabei im Gewebe Druck- und Zugspannungen auf. Seine *Druckfestigkeit* ist wesentlich höher als die *Zugfestigkeit.* Die allseitige Umwicklung der Knorpelzellen und Zellgruppen durch Kollagenfibrillen bestimmt die mechanischen Eigenschaften des Knorpels entscheidend mit. Unter Druckbelastung verhalten sich die Baueinheiten wie „Wasserkissen" oder „Sprungfedern". Die Fibrillen wirken der durch die Deformation herbeigeführten Zugbeanspruchung entgegen. Die Zellen selbst nehmen einen Teil der Druckspannungen auf. Den Hauptanteil an der Druckfestigkeit haben die Proteoglykane und das an sie gebundene Wasser. Der Hyalinknorpel zeigt rheologisch ein *viskoelastisches Verhalten* (s. S. 19, Abb. 2.**7**). Veränderungen der Zusammensetzung und Verlust an Extrazellulärmatrix gehen mit einer Minderung der mechanischen Eigenschaften einher. Am Gelenkknorpel z. B. kommt es zu *degenerativen Zerstörungen (Arthrose),* wenn seine Widerstandsfähigkeit dem Gelenkdruck nicht mehr standhalten kann (s. S. 116).

Wachstum und Erhaltung des hyalinen Knorpelgewebes unterliegen hormonellen Einflüssen. Das Hormon *Somatotropin* (Wachstumshormon) fördert die Zellproliferation und die Sekretion von Extrazellulärmatrix. Seine Wirkung kommt vor allem an den knorpeligen *Wachstumsfugen* zum Tragen (s. S. 62). Die stimulierende Wirkung wird über das Peptid *Somatomedin* (= Insulin-like growth factor-I) vermittelt (s. Bd. II sowie Lehrbücher der Physiologie und Biochemie). Die Hormone der *Schilddrüse* (Thyroxin und Trijodthyronin) wirken synergistisch zum Somatotropin. Sie beeinflussen außerdem die endochondrale Osteogenese. Das männliche Geschlechtshormon *Testosteron* fördert die Eiweißsynthese (anaboler Effekt) und damit das Knorpelwachstum. *Oestrogene* hemmen demgegenüber das Wachstum und beschleunigen den Schluß der knorpeligen Wachstumsfugen. *Cortison* hemmt die Synthese von Chondroitinsulfaten, Kollagen und anderen Makromolekülen.

Im Knorpelmetabolismus spielen *Vitamine* eine wichtige Rolle. *Vitamin C* wird zur Synthese von Kollagen und anderen Proteinen der Extrazellulärmatrix benötigt. *Vitamin D* beeinflußt direkt den Knorpelstoffwechsel und dessen „Reifung" (s. S. 70).

Eine *Regeneration* von Hyalinknorpelgewebe ist auch noch im Erwachsenenalter möglich. An knorpeligen Skelettelementen mit einem Perichondrium geht die Regeneration von Zellen der chondrogenen Schicht aus. Die „Wunde" wird zunächst durch eine bindegewebige Narbe ausgefüllt, die dann entweder vollständig oder teilweise durch Knorpelgewebe ersetzt wird. (Zur Regeneration des Gelenkknorpels s. S. 101.)

Hyaliner Knorpel eignet sich als Gewebe mit niedriger metabolischer Aktivität zur autologen und heterologen *Transplantation.* Im Bereich der Wachstumsfugen werden Knorpelstücke oder isolierte Chondrozyten verwendet.

Faserknorpel

Faserknorpel kommt an verschiedenen Stellen des Bewegungsapparates vor: *Zwischenwirbelscheiben* (Abb. 5.**42**), *Disci* und *Menisci* der Gelenke (Abb. 6.**106**, 7.**100**), *Symphysis pubica* (Abb 7.**6**), *Gleitsehnen* und Gelenkknorpel an *Kiefer-* und *Sternoklaviku-*

largelenken (Abb. 6.**33**). Seine *Extrazellulärmatrix* besteht vorwiegend aus Kollagenfibrillen, deren Bündel einen von der Beanspruchungsrichtung abhängigen Verlauf zeigen (vgl. Zwischenwirbelscheiben, S. 206; Symphysis pubica, S. 452; faserknorpeliger Gelenkknorpel, S. 101). Faserknorpel enthält *Kollagen vom Typ II* und vom *Typ I*. Zwischen den unmaskierten Fibrillenbündeln liegen einzelne, in kleinen isogenen Gruppen oder in Reihen angeordnete ovoide bis kugelige *Chondrozyten*. Die Zelldichte ist relativ niedrig und regional unterschiedlich. Um die Zellen bildet die Extrazellulärmatrix einen schmalen basophilen „Hof" (s. oben). In dieser Zone kommen auch dünne maskierte Fibrillen vor. Faserknorpel nimmt in seinem histologischen Aufbau eine Zwischenstellung ein: An Zwischenwirbelscheiben und Symphysis pubica z. B. gibt es fließende Übergänge einerseits zum hyalinen Knorpel, andererseits zum kollagenfaserigen straffen Bindegewebe. Faserknorpel ist an einigen Stellen gefäßlos (z. B. Zwischenwirbelscheiben). In den Menisken des Kniegelenkes und im Discus des Kiefergelenkes ist das Gewebe kapselnah vaskularisiert.

Elastischer Knorpel

Aus *elastischem Knorpel* bestehen beim Menschen *Kehldeckel, Ohrmuschel* (Abb. 2.**23**), *äußerer Gehörgang* und *Ohrtrompete* sowie die *kleinen Kehlkopfknorpel* (Cartilago corniculata und Cartilago cuneiformis) und die Knorpel in den *kleinen Bronchien*. Elastischer Knorpel ist aufgrund seine hohen Gehaltes an elastischem Material im frischen Zustand gelb. Die elastischen Fasern bilden gemeinsam mit den größtenteils „maskierten" kollagenen Fibrillen ein Wickelsystem um die Knorpelzellen (Abb. 2.**23**), ähnlich wie beim hyalinen Knorpel. Peripher strahlen die Fasern ins *Perichondrium* ein. Das elastische Material bildet stellenweise Membranen. Die Chondrozyten des elastischen Knorpels gleichen in ihrer Struktur denen des hyalinen Knorpels (s. S. 35). Sie liegen größtenteils in isogenen Gruppen oder, dicht unter dem Perichondrium, auch einzeln. Um die Zellen bildet die Extrazellulärmatrix einen „Hof". Der Gehalt an elastischem Material sowie das Perichondrium verleihen den Stützelementen hohe *Elastizität*. Das avaskuläre Gewebe wird vom Perichondrium aus durch Diffusion ernährt. Mineralisation und Knochenbildung treten im elastischen Knorpel nicht auf.

Knochengewebe

Beim Erwachsenen besteht das Skelett zum größten Teil aus Knochengewebe. Beim *Knochengewebe* tritt die Wechselwirkung zwischen den Funktionen eines Stützgewebes sowie der Zusammensetzung und Anordnung seiner Extrazellulärmatrix besonders deutlich zutage. Die Trockensubstanz besteht beim ausdifferenzierten Knochengewebe zu 30–40% aus *organischen* und zu 60–70% aus *anorganischen Bestandteilen*. Knochengewebe übt nicht nur *Stützfunktion* aus, sondern hat als *Speicher von Mineralien* große Bedeutung im Calcium- und Phosphatmetabolismus (s. s. 70). Das Skelett eines Erwachsenen enthält bis zu 1500 g Ca^{2+}. Ausdifferenzierte Knochenzellen *(Osteozyten)* sind von ihrer Extrazellulärmatrix „eingemauert". Knochenbildungszellen *(Osteoblasten)* liegen demgegenüber stets am Rand des Gewebes.

Auf der Querschnittsfläche (Abb. 2.**24**, 2.**25**, 3.**29**) eines Knochens kann man mit bloßem Auge, besser bei Lupenvergrößerung, zwei unterschiedliche *Bauformen* des Gewebes erkennen. In der Außenzone bildet die Matrix eine dichte, einheitliche Rindenschicht. Man bezeichnet das Knochengewebe hier als *Substantia compacta*, kurz als *Kompakta* oder *Kortikalis*. Im Inneren des Knochens ist das Gewebe „schwammartig" aufgelockert; dieses Trabekelwerk aus dünnen Platten und Stäben wird *Substantia spongiosa* oder kurz Spongiosa genannt. Der Übergang zwischen beiden Formen ist fließend (Abb. 2.**24**, 2.**25**). Im mittleren Lebensalter sind ca. 75% des Knochengewebes kompakter und ca. 25% spongiöser Knochen. Die meisten Knochen sind im Innern vollständig von spongiösem Knochen ausgefüllt (s. Abb. 3.**29**), zwischen dessen Trabekeln *rotes* oder *gelbes Knochenmark* liegt

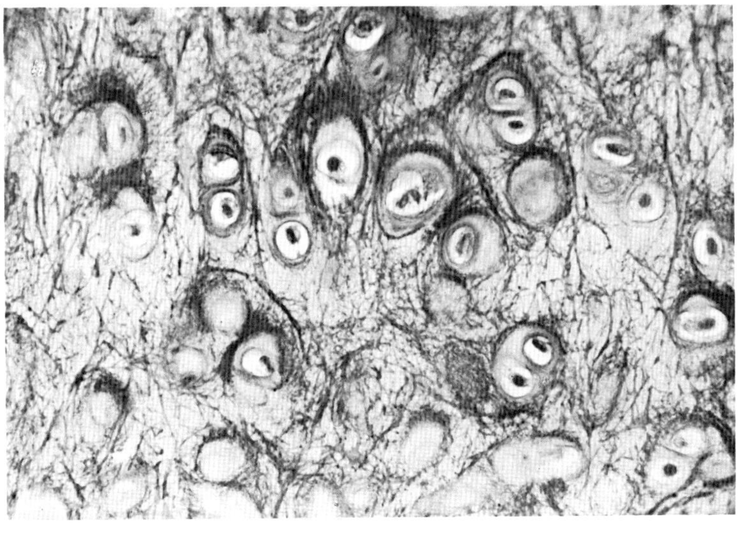

Abb. 2.**23** **Elastischer Knorpel aus der Ohrmuschel eines adulten Schweines.** Bündel von elastischen Fasern umhüllen die isogenen Gruppen der Knorpelzellen. Färbung: Resorcin-Fuchsin-Kernechtrot, 8 µm, Vergr. 350fach. (Kurspräparat des Anatomischen Institutes, Kiel)

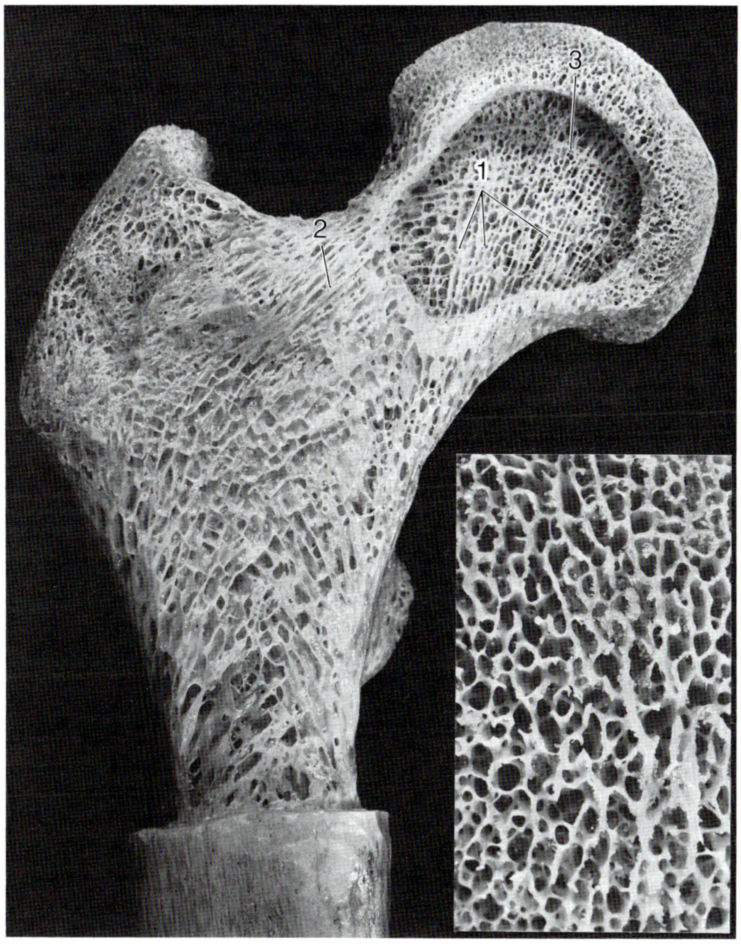

Abb. 2.**24** **Rechtes Femur in der Ansicht von vorn, bei dem die Kortikalis im oberen Bereich soweit abgetragen wurde, daß der spongiöse Kern des proximalen Femurendes sichtbar wird.** Im Übergangsbereich zwischen Femurkopf und Schenkelhals wurde die Spongiosa in der Tiefe freigelegt.
1 Spongiosadrucktrabekel
2 Spongiosazugtrabekel
3 Epiphysenlinie
Am Übergang zur Diaphyse besteht die äußere Spongiosa aus Lamellen. Der Ausschnitt unten rechts zeigt subchondrale Spongiosa aus dem Bereich des Druckbündels im kranialen Bereich des Femurkopfes. Die subchondrale Spongiosa besteht aus unterschiedlich dicken Platten, die sich teilweise zu einer Röhrenspongiosa formieren.
(Präparat der Sammlung des Anatomischen Institutes, Kiel)

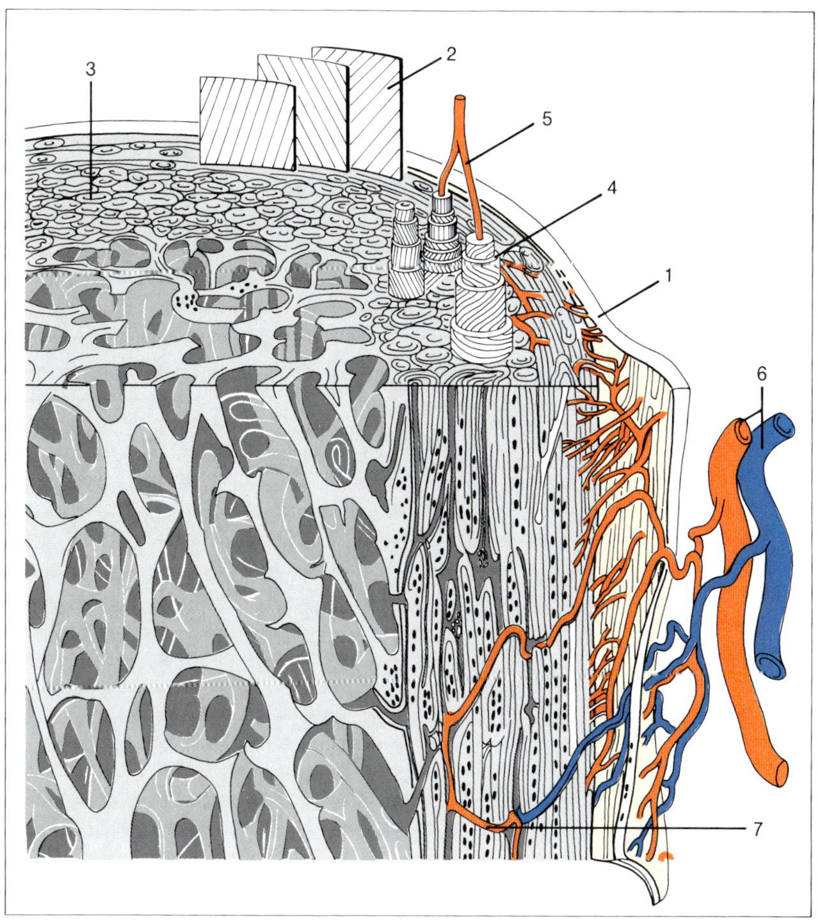

Abb. 2.**25** **Dreidimensionale Darstellung des Lamellenknochenaufbaues.**
1 Periost
2 äußere Generallamelle (Grundlamelle)
3 Querschnitt durch ein Haverssches System
4 Die Lamellen eines Osteons sind nach Art eines Teleskopfernrohres auseinandergezogen. Man beachte den unterschiedlichen Verlauf der Kollagenfibrillen in den einzelnen Lamellen
5 Haverssches Gefäß
6 Vasa nutricia
7 querverlaufendes (Volkmannsches) Gefäß
(nach *Benninghoff*)

(s. S. 53 und Bd. II). Nur das Innere der langen Knochen enthält im Schaftbereich keine Spongiosa (Abb. 3.**28**). Der von Knochengewebe freie Markraum *(Cavum medullare)* ist beim Erwachsenen von Fettmark ausgefüllt.

Das Knochengewebe der Substantia spongiosa wird von einer Lage unterschiedlicher Zellen bedeckt, die man als *Endost* bezeichnet. Die Zellen des Endostes (s. unten) grenzen knochenmarkwärts an ein Netzwerk von Kapillaren. Der größte Teil besteht aus sogenannten *Knochendeckzellen* (s. Abb. 2.**30**). Dieses sind flache, weit ausgedehnte Zellen mit ovoidem Zellkern und wenig Zellorganellen. Sie können in mehreren Schichten übereinanderliegen und durch *Zellkontakte* („gap junctions") miteinander verbunden sein. An einigen Stellen bilden die Knochendeckzellen keine geschlossene Lage, so daß „Lücken" entstehen. Zwischen den Knochendeckzellen und der Grenzschicht des Knochens liegen dünne Kollagenfibrillen und andere Bestandteile der Extrazellulärmatrix (s. S. 46). Die Zellen entsenden feine Fortsätze in die Knochenkanälchen der Matrix. Knochendeckzellen liegen auf der Trabekeloberfläche des sogenannten ruhenden Anteils der Substantia spongiosa. Die Zellen dieser Zone werden auch als ruhende oder *inaktive Osteoblasten* oder als oberflächliche Osteozyten bezeichnet. Die Knochendeckzellen sollen aufgrund ihrer Lage eine wichtige Funktion im Bereich der Barriere zwischen Extrazellulärraum und Knochengewebe haben. Die Calciumkonzentration der Extrazellulärflüssigkeit ist etwa dreimal höher als die des Kompartimentes in der Umgebung der Osteozyten.

Die aktiv in den *Knochenumbau* („remodeling", s. S. 71) einbezogene Oberfläche des spongiösen Knochens soll beim Erwachsenen etwa 5% betragen. An solchen Stellen besteht das Endost aus aktiven Zellen, die zum einen am Knochenanbau *(Osteoblasten)*, zum anderen am Knochenabbau *(Osteoklasten)* beteiligt sind. Die Zusammensetzung der Zellen des Endost ist lokal unterschiedlich und altersabhängig. Die Auskleidung mit Endost ist nicht auf die *Markräume* des spongiösen Knochens beschränkt, sondern schließt auch den Markraum der Röhrenknochen und die *Gefäßkanäle* (Haverssche Kanäle) der Substantia compacta ein.

Außen werden die Knochen von *Periost* (s. Abb. 3.**3**) bedeckt (ausführliche Beschreibung im Kapitel Knochenlehre, S. 55).

Sämtliche *An- und Abbauvorgänge* am ausdifferenzierten Knochen im Erwachsenenalter (Knochenumbau s. S. 70) gehen von Zellen des *Endostes* und des *Periostes* aus.

Ausdifferenzierter Knochen ist histologisch *Lamellenknochen*, der durch Umbauvorgänge aus *Geflechtknochen* entsteht (s. Knochenentwicklung, S. 57). Knochenlamellen sind etwa 3–7 µm breit. Sie werden durch ein schmales Band geringer mineralisierter Extrazellulärmatrix voneinander abgegrenzt. Lichtmikroskopisch lassen sich auf dem Querschnitt durch die Diaphyse eines Röhrenknochens drei verschiedene *Formen des Lamellenbaues* unterscheiden (Abb. 2.**26**). Den größten Teil der Substantia compacta nehmen sogenannte *Haverssche Systeme* oder *Osteone* (Abb. 2.**26**, 2.**27**) ein. Beim Osteonknochen können bis zu 20 Lamellen konzentrisch um ein Gefäß-Nervenbündel angeordnet sein. Die Lamellen erscheinen im Querschnitt kreisförmig oder elliptisch. Bei den meisten Osteonen ist die Anordnung der Lamellen jedoch nicht streng geometrisch (Abb. 2.**26**). Der Durchmesser eines Osteons beträgt im Durchschnitt 250–350 µm. Die Gefäße im Innern werden als *Haverssche Gefäße* (Abb. 2.**25**, 2.**26**, 2.**27**) bezeichnet. Ihr Verlauf bestimmt die Ausrichtung der Osteone. Die Haversschen Gefäße ziehen zwar vorzugsweise in der Knochenlängsachse, weichen jedoch meistens von einer streng longitudinalen Ausrichtung ab und verlaufen spiralig. Haverssche Gefäße zweigen sich U-förmig auf. So entstehen kurze quer- und schrägverlaufende Verbindungen, die man als *Volkmannsche Kanäle* bezeichnet. Sie sind keine eigenständigen Gebilde, sondern Teil des sich aufzweigenden Gefäßnetzes. Der Durchmesser von Haversschen Kanälen schwankt zwischen 20 µm und 50 µm. Ein Haversscher Kanal enthält 1–2 Kapillaren oder *postkapilläre Venolen* sowie mark-

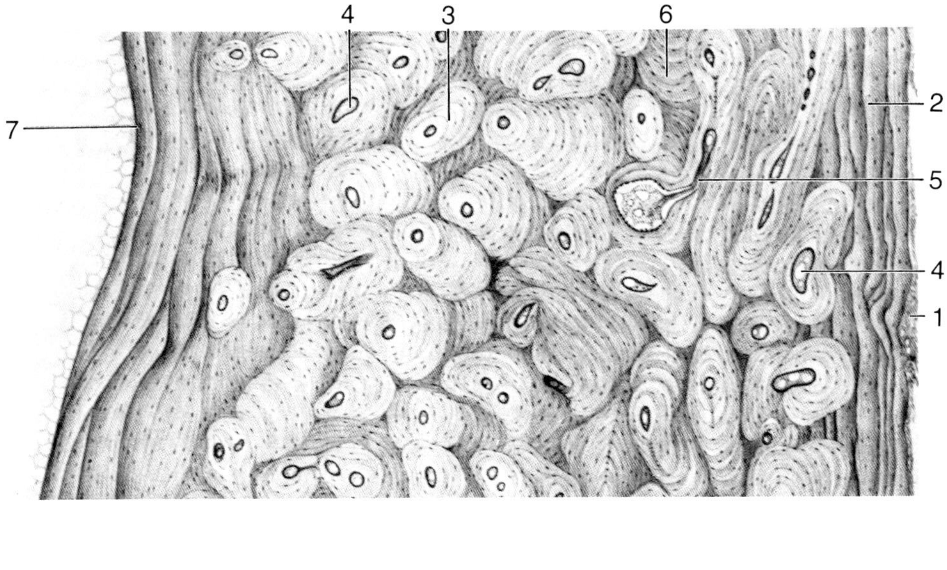

Abb. 2.**26** **Ausschnitt eines Querschnittes durch die Fibula des Menschen** (Gefrierschnitt).
Färbung: Hämytoxylin, Vergr. 50fach.
1 Periostreste
2 äußere Generallamelle
3 Haverssches System
4 Haverssche Gefäße
5 querverlaufendes (Volkmannsches) Gefäß
6 Schaltlamelle
7 innere Generallamelle

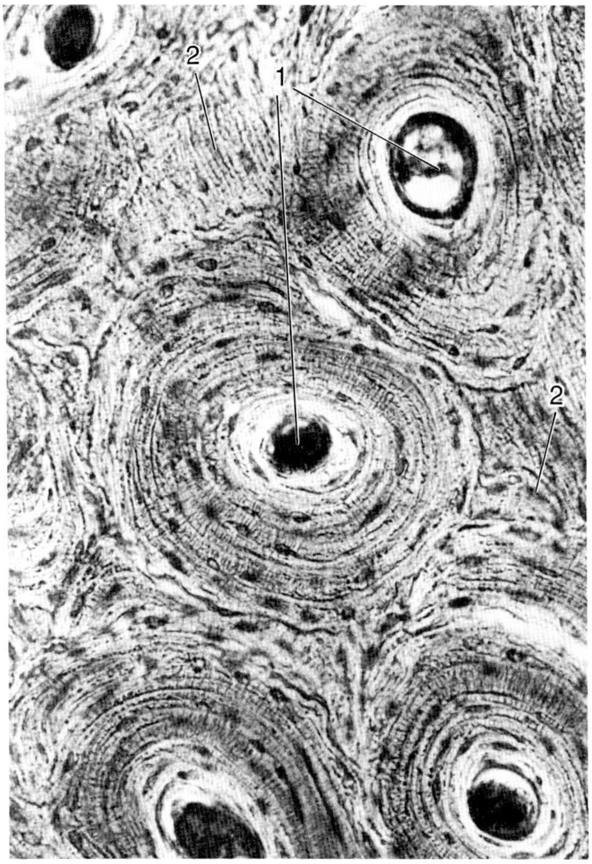

a

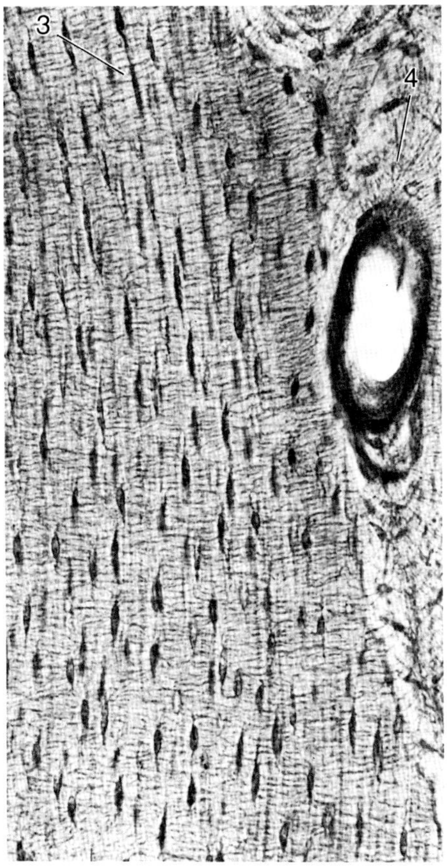

b

Abb. 2.**27a** **Histologischer Querschnitt durch die Tibiakompakta eines Erwachsenen.** Färbung: Schmorl, Vergr. 220fach. Man beachte die unterschiedliche Weite der Haversschen Kanäle (1). Zwischen den Osteonen liegen Schaltlamellen (2).

Abb. 2.**27b** **Längsschnitt durch die Tibiakompakta.** Färbung: Schmorl, Vergr. 220fach. Anschnitt der äußeren Generallamelle (3), Schrägschnitt durch ein Osteon (4). (Kurspräparate des Anatomischen Institutes, Kiel)

lose und markhaltige *Nervenfasern,* die von *Bindegewebe* begleitet werden. In größeren Kanälen kommen auch Arteriolen vor. Die Endothelzellen der Kapillaren sind fenestriert; an ihrer Zellmembran kann man Caveolae beobachten. Die Kapillaren sind von einer Basallamina und Perizyten umgeben. Der Knochenkanal ist von *Endost* ausgekleidet, dessen Zellpopulation vom jeweiligen Aktivitätszustand des Knochens abhängt (s. oben). Das Bindegewebe enthält Kollagenfibrillen mit einem Durchmesser von etwa 60 nm. Die Gesamtzahl der Gefäßkanäle beträgt z. B. im Querschnitt durch die Mitte des Femurschaftes etwa 5000, in der Mitte der Tibia etwa 500.

Das von Knochenlamellen umgebene *Gefäßsystem* bestimmt Verlauf und Form der *Osteone.* Osteone lassen sich entsprechend den Gefäßaufzweigungen in ihrer Längsausdehnung nicht als Baueinheiten abgrenzen. Eine Begrenzung zwischen den Osteonen ist nur im Querschnitt möglich, wo die äußere Lamelle von einer Grenzschicht oder *Kitt-(Zement-)Linie* umgeben wird (s. unten). Anzahl und Verteilung der Osteone sind in den einzelnen Regionen der Knochen verschieden. Größere Osteone liegen meistens marknah, kleinere in der Peripherie.

Die erste Generation der durch Umbau aus *Geflechtknochen* entstandenen Osteone bezeichnet man als *primäre Osteone* (s. Abb. 3.**17**). Werden diese im Rahmen des Knochenumbaues *(Haversscher Umbau)* abgebaut und durch neue Osteone ersetzt, spricht man von *sekundären Osteonen* (s. S. 71). Beim Umbau von reifem Knochengewebe bilden sich stets sekundäre Osteone. Primäre und sekundäre Osteone sind prinzipiell gleich gebaut. Sekundäre Osteone werden allerdings von Kittlinien begrenzt, die sich durch starke Anfärbung abheben. Sie enthalten weniger Kollagen, sind aber stärker mineralisiert als die übrige Extrazellulärmatrix.

Zwischen vollständigen Haversschen Systemen kann man im Querschnitt auch Reste von teilweise abgebauten Osteonen beobachten (Abb. 2.**26,** 2.**27**). Diese Lamellenbruchstücke werden als *interstitielle Lamellen* oder *Schaltlamellen* bezeichnet. In Anlehnung an Gesteinsformationen wird der Lamellenbau des Knochens auch mit dem *Breccienbau,* einem in der Mineralogie gebräuchlichen Terminus, verglichen.

Der äußere, unmittelbar an das Periost anschließende Bereich der Kompakta wird von Lamellen gebildet, die größtenteils kontinuierlich den gesamten Querschnitt umfassen. Man bezeichnet sie als *äußere Generallamellen* (Abb. 2.**26**). An einigen Röhrenknochen wird auch der Markraum von zirkulär verlaufenden Lamellen *(innere Generallamellen)* eingeschlossen. Die inneren Generallamellen (Abb. 2.**26**) ziehen jedoch meistens nicht kontinuierlich um den Markraum.

Spongiöser Knochen besteht aus *Lamellenfragmenten,* die durch Kittlinien verbunden sind. Spongiosatrabekel erreichen eine Dicke von maximal 200 µm. Sie haben *keine eigenen Gefäße,* sondern werden aus dem umgebenden Knochenmark ernährt (s. S. 54). Nur am Übergang zwischen Kompakta und Spongiosa kann man in kräftigen Knochentrabekeln vereinzelt kleine Osteone mit Gefäßen finden.

Im wachsenden und in Umbau befindlichem Knochengewebe kommen neben ausdifferenzierten *Osteozyten* auch *Osteoblasten* und *Osteoklasten* sowie deren Vorläuferzellen vor. Vorläuferzellen der Osteoblasten *(Osteoprogenitorzellen)* liegen als *Stammzellen* und *Praeosteoblasten* in der Kambiumschicht des Periostes sowie im Endost der Mark- und Gefäßräume (s. S. 56). Die Zellen entstammen dem Mesenchym. Sie teilen sich mitotisch und differenzieren sich zu Osteoblasten.

Osteoblasten teilen sich nicht mehr. Sie bilden die Extrazellulärmatrix des Knochens (s. unten) und liegen dort, wo Knochengewebe gebildet wird, in einem epithelähnlichen Verband, in der sogenannten *Osteoblastenfront* (s. Abb. 2.**30**). Zwischen dem 20. und 45. Lebensjahr sind 2–8% der Knochenoberfläche mit Osteoblasten „besetzt". Nach dem 45. Lebensjahr nimmt die Osteoblastenzahl stark ab. Zellform, färberisches Verhalten und Ultrastruktur der Osteoblasten hängen von ihrer Aktivität ab. Aktive Osteoblasten zeigen einen polaren Aufbau. An der dem Knochengewebe zugekehrten Seite werden die am Aufbau der Extrazellulärmatrix beteiligten Substanzen abgegeben. Die gegenüberliegende Seite steht im Dienste der Stoffaufnahme. Synthetisch *aktive Osteoblasten* sind kubisch, ihr großer Zellkern mit deutlichem Nucleolus liegt meistens an dem der Knochenoberfläche abgewandten Teil der Zelle. Ihr Cytoplasma ist stark basophil und enthält reichlich rauhes endoplasmatisches Reticulum und zahlreiche freie Ribosomen sowie längliche Mitochondrien. In der Umgebung des stark entwickelten Golgi-Apparates liegen zahlreiche Vakuolen. Das Cytoplasma enthält außerdem elektronendichte Granula. Zwischen den Zisternen des rauhen

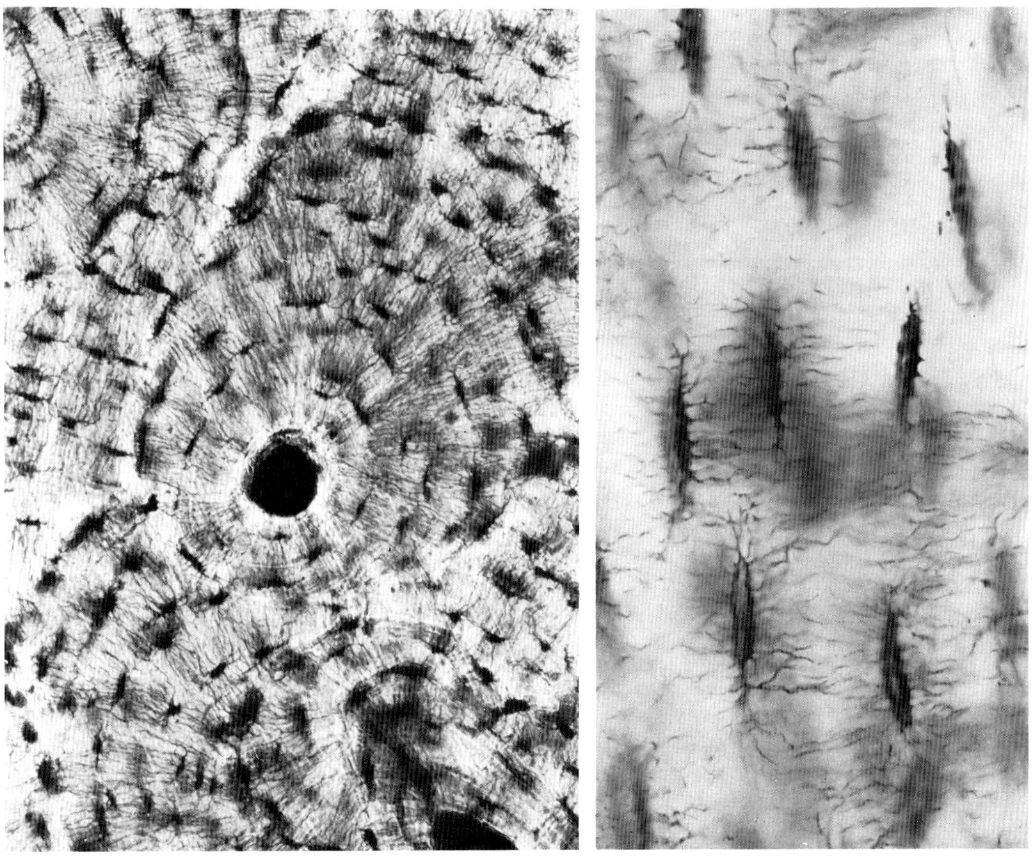

a b

Abb. 2.**28** **Dünnschliffe durch die Kompakta eines Röhrenknochens vom Erwachsenen.**
a Querschliff (Vergr. 220fach),
b Längsschliff (Vergr. 560fach).

Die Zellhöhlen und ihre Ausläufer sowie die Gefäßkanäle heben sich aufgrund der Totalreflexion des Lichtes im Mikroskop schwarz ab. Man beachte die feinen Zytoplasmafortsätze im „Negativbild" rechts und vergleiche damit die rasterelektronenmikroskopische Darstellung in Abb. 2.**29.**
(Kurspräparat des Anatomischen Institutes, Köln)

endoplasmatischen Reticulum liegen Filamente mit einem Durchmesser von 10–15 nm. Die Zellen zeigen beim Nachweis der alkalischen Phosphatase eine stark positive Reaktion. Osteoblasten stehen untereinander und mit den angrenzenden Knochenzellen über Zellkontakte an ihren Zytoplasmafortsätzen in Verbindung (Abb. 2.**29**) (s. unten).

Osteoblasten produzieren praeossales Gewebe, das *Osteoid*. Dieses besteht größtenteils aus *Kollagenfibrillen* sowie aus *Proteoglykanen* und *Glykoproteinen*. Die Menge des von einem Osteoblasten pro Tag gebildeten Osteoids soll etwa das Dreifache (ca. 500 μm^3) seines Zellvolumens betragen. Die von Osteoblasten gebildete Extrazellulärmatrix (Osteoid) ist *mineralisationsfähig* (s. unten). Bei der Synthese von Extrazellulärmatrix werden die Osteoblasten eingebaut und damit zu *Osteozyten*. Dieser Vorgang dauert wenige Tage. Osteozyten stehen am Ende der osteogenetischen Differenzierungsreihe.

Osteozyten (Abb. 2.**28,** 2.**29**) sind spindelförmig und haben lange, schlanke Zellfortsätze, über die sie untereinander und mit Osteoblasten in Verbindung stehen (Abb. 2.**29**). Welche Art von *Zellkontakten* vorkommen, ist nicht restlos geklärt. Es werden desmosomenähnliche Strukturen und „gap junctions“ beschrieben. Die Zellverbindungen sollen regulatorische Funktio-

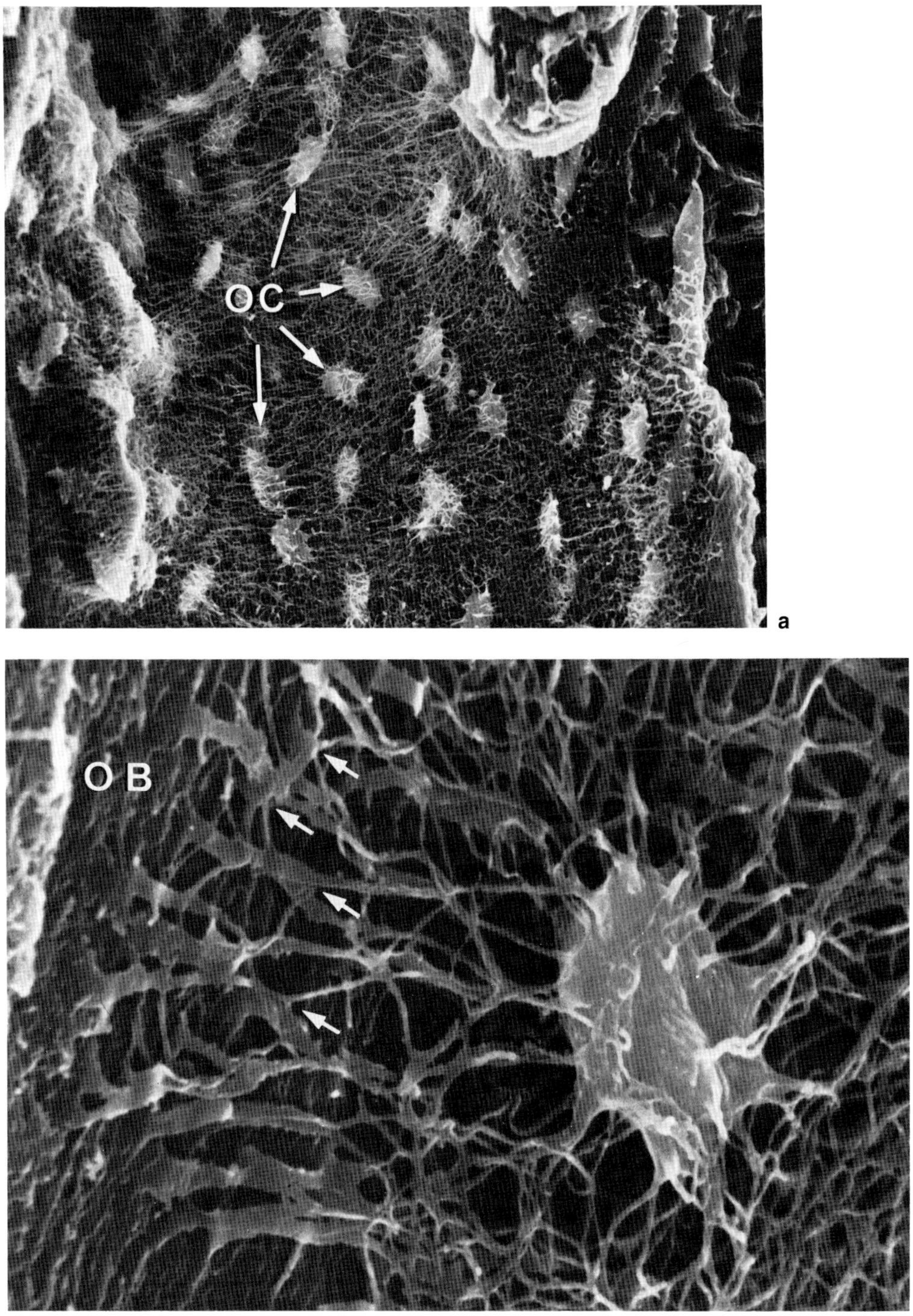

Abb. 2.**29** **Rasterelektronenmikroskopische Darstellung von Osteozyten (OC) nach Auflösen der Extrazellulärmatrix mit HCl-Kollagenase.** Tibia der Ratte.
a Benachbarte Osteozyten stehen über ihre verzweigten Zytoplasmafortsätze miteinander in Kontakt (Vergr. 1200fach).
b Ein junger, randständiger Osteozyt hat über seine Zytoplasmafortsätze Kontakt mit einem Osteoblasten (OB). Man beachte die Verzweigung (Pfeile) der dicken Zytoplasmafortsätze des Osteoblasten (Vergr. 5700fach).
(Originalabbildungen Dr. *S. Ejiri* und Dr. *H. Ozawa*, Niigata)

nen beim Knochenstoffwechsel haben. Die Zellorganellen der Osteozyten sind nicht so stark entwickelt wie bei Osteoblasten. Vor allem in der Tiefe liegende, ältere Osteozyten haben nur wenig rauhes endoplasmatisches Reticulum und einen schwach entwickelten Golgi-Apparat. Die Zytoplasmafortsätze der Osteozyten enthalten Filamente. Osteozyten sind synthetisch aktiv und bilden Extrazellulärmatrix in Form von feinen, perizellulär liegenden Kollagenfibrillen. Sie nehmen außerdem Einfluß auf die Reifung der Kollagenfibrillen des Knochengewebes („intraossale Osteogenese"). Unter dem Einfluß von Parathormon (s. S. 70) sollen sich Osteozyten auch an „lytischen" Prozessen beteiligen („periosteozytäre Osteolyse") und damit in die Homöostase des Mineralhaushaltes eingreifen.

Osteozyten sind in ihrer Extrazellulärmatrix wie in Höhlen oder *Lakunen* eingeschlossen, die sie jedoch nicht vollständig ausfüllen. Zwischen Lakunenwand und Osteozytenoberfläche liegt eine Schicht aus Polysacchariden und geringer mineralisiertem Kollagen. Die Zytoplasmafortsätze ziehen in feinen, von Extrazellulärmatrix ausgesparten Kanälchen *(Canaliculi)*. Lakunen und Canaliculi werden nach Herauslösen der Zellen im Knochenschliff sichtbar und geben ein „Negativbild" von Perikaryen und Zellfortsätzen (Abb. 2.**28**). Die Canaliculi stehen mit dem Haversschen Kanal in Verbindung. Einige Kanälchen kommunizieren mit benachbarten Osteonen. Das *Kanälchensystem* dient dem *Stoffaustausch* zwischen Zellen und Extrazellulärraum und damit der Ernährung der Osteozyten.

Osteozyten liegen an der Grenze zwischen zwei Lamellen (Abb. 2.**28**). Ihre Zahl pro Querschnittsfläche (durchschnittlich 1000 Zellen pro mm^2) nimmt im Laufe des Lebens ab. Osteozyten können über 20 Jahre vital bleiben. Sterben sie ab, geht auch der sie umgebende Knochen zugrunde. Die Lakunen bleiben dann entweder leer oder werden von Mineralien ausgefüllt (Mikropetrosis).

Zellen mit der Fähigkeit zur Resorption von Knochengewebe hat Koelliker als *Osteoklasten* („Knochenzertrümmerer") bezeichnet (Abb. 2.**30**, 3.**6**). Sie zählen morphologisch und funktionell zu den sogenannten beweglichen vielkernigen Riesenzellen. Osteoklasten können einen Durchmesser von etwa 100 µm erreichen und mehr als 50 Zellkerne enthalten. Die Zellen haben engen Kontakt zur Knochenmatrix und bilden *Resorptionshöhlen,* die zum Teil den *Howshipschen Lakunen* entsprechen. Osteoklasten sind im wachsenden Knochen relativ zahlreich, am ausdifferenzierten Gewebe kommen sie als Bestandteil des Endostes nur an Stellen des aktiven Umbaues vor (s. S. 70). Der mit Osteoklasten besetzte Anteil der Knochenoberfläche beträgt weniger als 1%. Ein Osteoklast soll pro Zeiteinheit so viel Knochengewebe abbauen, wie etwa 100 bis 150 Osteoblasten produzieren. Die Strecke, die sich Osteoklasten beim Knochenumbau pro Tag in die Matrix „hineinfressen", wird mit 40–70 µm angegeben (s. Abb. 3.**24**). Im Rahmen des Knochenumbaues wird in die von Osteoklasten eröffneten Resorptionshöhlen durch Osteoblasten neues Knochengewebe eingebaut. Die Zellstruktur der Osteoklasten hängt vom *Funktionszustand* ab. Resorptiv tätige Zellen zeigen eine deutliche Polarität (Abb. 2.**30**). Die der Knochenmatrix abgewandte Plasmamembran ist relativ glatt, während der der Knochenmatrix anliegende Teil im zentralen Bereich lange Zellfortsätze trägt, zwischen denen Extrazellulärmatrix des Knochengewebes liegt. Die Plasmalemmauffaltungen werden von Schenk als *„Plasmalemmkrause"*, im anglo-amerikanischen Schrifttum als *„ruffled border"* bezeichnet. Die Zellfortsätze sind amöboid beweglich. Die Zellmembran ist im Bereich der Plasmalemmkrause dicker als im übrigen Anteil und zeigt hier an ihrer Innenseite feine, elektronendichte, bürstenähnliche Protrusionen. Eine Aktivierung der Osteoklasten kann experimentell durch Gabe von Parathormon herbeigeführt werden und läßt sich durch Calcitonin rückgängig machen.

Im Randbereich der Osteoklasten fehlt die „Plasmalemmkrause"; hier lagert sich das glatte Plasmalemm der Knochenoberfläche sehr dicht an. Die Randzone wird als ektoplasmatische Randleiste bezeichnet. In ihrem Bereich findet keine Knochenresorption statt. Die Zone ist frei von Zellorganellen. Die Funktion der Randleiste besteht darin, die Resorptionszone vom

Abb. 2.**30**

a Epithelähnlicher Osteoblastenverband an einem Trabekel der proximalen Metaphyse einer Rattentibia. Vergr. 2400fach.

b Ausschnitt aus einem Osteoblasten. Vergr. 7500fach.
1 Golgi-Apparat
2 rauhes endoplasmatisches Reticulum
3 Mitochondrien
4 Lysosomen
5 Osteoid mit Kollagenfibrillen
6 mineralisierter Knorpel
Oben rechts ist das Endothel einer Kapillare (7) angeschnitten

c Junger, oberflächennaher Osteozyt aus der Metaphyse einer Rattentibia. Vergr. 6500fach.
1 Mitochondrien
2 rauhes endoplasmatisches Reticulum
3 Lysosom

d Inaktive Knochenbelegzelle aus dem Endost eines menschlichen Beckenkammes (Biopsie). Vergr. 5000fach.

e Osteoklast aus der Metaphyse einer Rattentibia. Vergr. 1500fach.
Das Plasmalemm liegt im Randbereich in Form der „ektoplasmatischen Randleiste" (1) der Knochenmatrix (2) dicht an. Das Cytoplasma ist hier frei von Zellorganellen. Im zentralen Bereich ist eine „Plasmalemmkrause" (3) ausgebildet. Das Cytoplasma enthält reichlich Mitochondrien und Vakuolen.

f Ausschnitt aus der „Plasmalemmkrause" eines resorptiv tätigen Osteoklasten. Vergr. 15 000fach.

(Originalabbildungen von Prof. Dr. *R. Schenk*, Bern)

angrenzenden Gewebe zu isolieren und zur Gewährleistung des sauren Milieus (s. unten) beizutragen (Abb. 2.**30e, f**).

Osteoklasten sind reich an Mitochondrien und haben einen ausgeprägten Golgi-Apparat. In der Nachbarschaft der Plasmalemmkrause liegen Vakuolen, die zum Teil Kristallbruchstücke enthalten. Das rauhe endoplasmatische Reticulum ist gut entwickelt. Das Zytoplasma enthält ferner Aktinfilamente, elektronendichte Granula und Lysosomen. Die Zellkerne liegen größtenteils in dem der Knochenmatrix abgewandten Bereich der Zelle.

Der *Abbau von Knochenmatrix* erfolgt nicht durch mechanische Erosion von seiten der Osteoklasten,

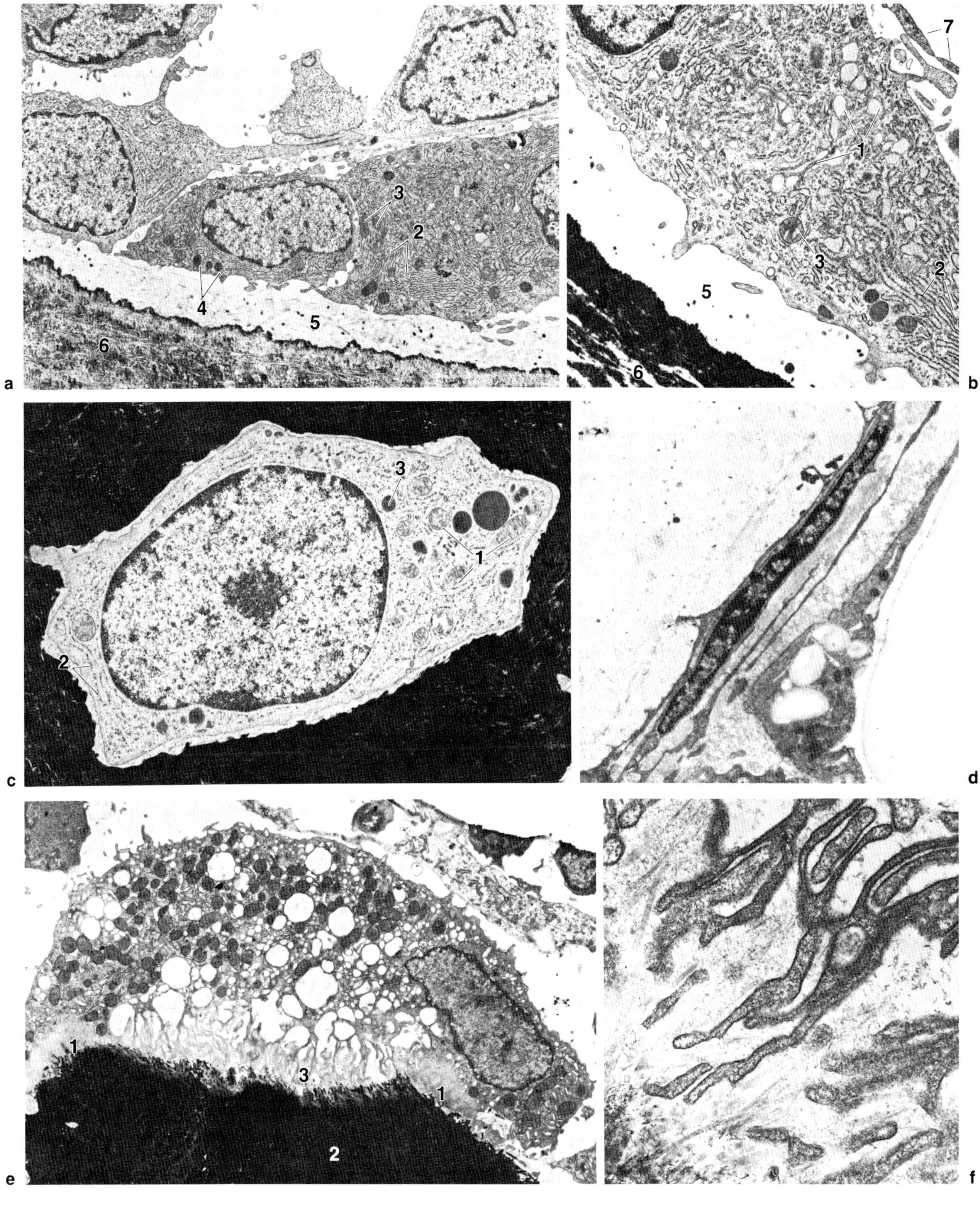

sondern auf enzymatischem Wege durch *lysosomale Proteasen* und Phosphatasen. Die Plasmalemmkrause verfügt über eine Protonenpumpe, die im angrenzenden Extrazellulärraum ein saures Milieu (pH ca. 4,5) schafft, so daß die Mineralien gelöst werden und der optimale pH-Wert für die Enzyme geschaffen wird. Bruchstücke von *Hydroxyapatitkristallen*, die man zwischen den Fortsätzen der Plasmalemmkrause beobachten kann, werden wie die Reste organischer Matrix *phagozytiert* und lysosomal abgebaut. Während Proteoglykane intrazellulär verdaut werden, erfolgt der Abbau von Kollagen bereits extrazellulär.
Osteoklasten entstehen durch Fusion einkerniger Vorläuferzellen, die hämatogenen Ursprunges sind und zur Monozyten-Makrophagen-Familie gehören. Die Differenzierung zu Osteoklasten wird durch direkten Kontakt zu Osteoblasten sowie über diffusible Faktoren (Zytokine, insbesondere M-CSF macrophage colony-stimulating-factor) ausgelöst.

Im Tierexperiment steigt nach Verabreichung von *Parathormon* die Zahl der aktiven Osteoblasten im Gewebe innerhalb von 30 Minuten an, während nach Gabe von *Calcitonin* eine Abnahme zu verzeichnen ist (s. unten). An der Freisetzung von Calcium scheinen nicht nur Osteoklasten, sondern auch andere Zellen, höchstwahrscheinlich Osteozyten (s. oben), beteiligt zu sein.

Die *Extrazellulärmatrix* des ausdifferenzierten Knochens besteht zu $^1/_5$ aus *Wasser*. Das Trockengewicht enthält 30–40% *organische* und 60–70% *anorganische Bestandteile*. Bei der organischen Matrix überwiegt *Kollagen* mit etwa 95%. Der Gehalt an *Proteoglykanen* (1–2%) sowie an *Strukturproteinen* und *Lipiden* ist relativ niedrig. Knochenspezifische Matrixmoleküle sind Osteocalcin, das Hydroxyapatit bindet, Osteonektin, das Kollagen und Hydroxyapatit bindet sowie Osteopontin, das die Zelladhäsion an der Knochensubstanz beeinflußt. An Proteoglykanen kommen Biglycan und Decorin vor. Die Glykosaminoglykane sind größtenteils *Chondroitinsulfate;* es kommen außerdem *Hyaluronsäure* und *Keratansulfat* vor. Aufgrund des geringen Gehaltes an Glykosaminoglykanen ist die Extrazellulärmatrix azidophil.
Knochenkollagen ist *Typ-I-Kollagen* (s. S. 22). Seine Fibrillen haben einen Durchmesser von 50–70 nm und zeigen eine Querstreifungsperiodik von 68 nm. Im Gegensatz zum Geflechtknochen sind die *Kollagenfibrillen* im reifen Lamellenknochen charakteristisch *ausgerichtet*. Sie sollen in Form eines lang ausgezogenen Maschenwerkes oder – nach Meinung einiger Autoren – streng parallel angeordnet sein. Innerhalb einer Lamelle ziehen die Fibrillen in *Spiraltouren* (Abb. 2.**25**). Steigungswinkel und Verlaufssinn der Schraubenwicklungen sind in den einzelnen Lamellen verschieden (Abb. 2.**31**). Die Fibrillen können nahezu in Längsachse des Knochens verlaufen und entsprechend *steil* gewickelt sein. *Flache Wicklungen* kommen durch zirkuläre Orientierung zustande. Außer den beiden Extremformen gibt es Zwischenformen. An einigen Osteonen treten flach und steil gewickelte Lamellen in regelmäßiger Folge auf. Andere Osteone haben vorwiegend steil oder flach gewickelte Lamellen. Bei Untersuchungen im polarisierten Licht leuchten flach gewickelte Lamellen hell auf, steil gewickelte Lamellen bleiben dunkel (Abb. 2.**31**). Die Fibrillen können kontinuierlich in benachbarte Lamellen übergehen. Flach und steil gewickelte Lamellen sowie ihre Zwischenform zeigen im Röhrenknochenquerschnitt ein bestimmtes Verteilungsmuster, das von der funktionellen Beanspruchung abhängig sein soll. Flach gewikkelte Osteone sind druckfest, steil gewickelte Osteone zugfest. Die Lamellen unterscheiden sich jedoch nicht nur durch die Anordnung, sondern auch durch die Menge an Kollagenfibrillen.
Die Kollagenfibrillen sind im „gespannten" Zustand *(Vorspannung)* in die mineralisierte Extrazellulärmatrix eingelagert. Man vergleicht diese Art der Bauweise mit den Stahleinlagen im Spannbeton (weitere Ausführungen s. Kap. Funktionelle Anpassung des Skelettsystems, S. 80).
In die *organische Extrazellulärmatrix* des Knochengewebes sind *Mineralien* eingelagert. Die Mineralisation des Osteoids setzt mit einer zeitlichen Verzögerung von 8–10 Tagen ein. Der nicht mineralisierte Osteoidsaum ist beim ausdifferenzierten Knochen etwa 8–10 µm breit. Die Mineralisationsrate des Osteoids beträgt pro Tag etwa 1 µm. Die *anorganischen Salze* bestehen zu etwa 85% aus Calciumphosphat, zu 6–10% aus Calciumcarbonat, zu 0,7–1,5% aus Magnesiumphosphat sowie aus geringen Mengen an Calciumfluorid, Calciumchlorid und Alkalisalzen. Die Mineralisation des Osteoids erfolgt zunächst in Form von *amorphem Calciumphosphat*. Sein Anteil, der im Kindesalter höher ist als beim Erwachsenen, macht etwa 30–40% der gesamten Mineralien aus. Erst sekundär bilden die anorganischen Salze *Kristalle*, die größtenteils dem *Hydroxyapatit* ähnlich sind. Die Hydroxyapatitkristalle haben eine Länge von etwa 200–1000 A und einen Durchmesser von 15–30 A. Die Kristallnadeln sind in ihrer Längsachse den Kollagenfibrillen in mehreren Schichten angelagert. Beim wachsenden Knochen erfolgt die Kristallisation offensichtlich über sogenannte *Kristallisationskeime*. Als solche stehen Proteine, Lipide, Polysaccharide und schließlich die Kollagenfibrillen selbst zur Verfügung. Bei diesem Vorgang scheint das im Knochen auftretende Protein *Osteocalcin* eine wichtige Rolle zu spielen. Welche Funktion die alkalische Phosphatase bei der Kristallbildung hat, ist nicht restlos geklärt.

Das *Parathormon* der Epithelkörperchen (Glandulae parathyreoideae) steigert die Aufnahme von Calciumionen in die Osteozyten. *Calcitonin* (Thyreocalcitonin), das in den C-Zellen der Schilddrüse gebildet wird, hemmt die Osteoklastentätigkeit und damit die Abgabe von Calcium aus dem Knochen in das Blut. Die Gabe von Calcitonin führt nur bei bestehender Hyperkalzämie zu einer Senkung der Calciumkonzentration im Blut, während bei Normokalzämie kein Effekt zu verzeichnen ist. Die Mineralisierung des Knochengewebes ist an die Gegenwart von *Vitamin-D-Metabolite* gebunden (s. S. 70).

Abb. 2.**31** **Ausschnitt aus der plantomedialen Kompakta eines Diaphysenquerschnittes des rechten Os metatarsale II** (in 40% seiner Länge) eines 68jährigen Mannes.
a Mikroradiogramm, **b** Darstellung im zirkularpolarisierten Licht.
1 Osteon mit schwacher Mineralisation
2 Osteon mit starker Mineralisation
3 Osteon mit abgestufter Mineralisation
4 Zentralkanal (Haversscher Kanal)
5 perforierender Kanal (Volkmannscher Kanal)
6 Zementlinie
7 Resorptionslakunen
8 Appositionszone
9 interosteonäres Gewebe
10 lamellärer Knochen endostal (innere Grund- oder Generallamelle)
11 lamellärer Knochen periostal (äußere Grund- oder Generallamelle)
12 Osteon mit steil verlaufenden Kollagenfasern (die Fasern verlaufen parallel zur Osteon- und Schaftachse)
13 Osteon mit flach verlaufenden Kollagenfasern (die Fasern verlaufen quer zur Osteon- und Schaftachse)
14 Osteon mit steil und flach verlaufenden Kollagenfasern
15 flach verlaufende Kollagenfasern mit interosteonärem Knochen
16 flach verlaufende Kollagenfasern im lamellären Knochen endostal
17 flach und steil verlaufende Kollagenfasern im lamellären Knochen periostal.
(Originalabbildungen Dr. *E. Doden*, Hannover)

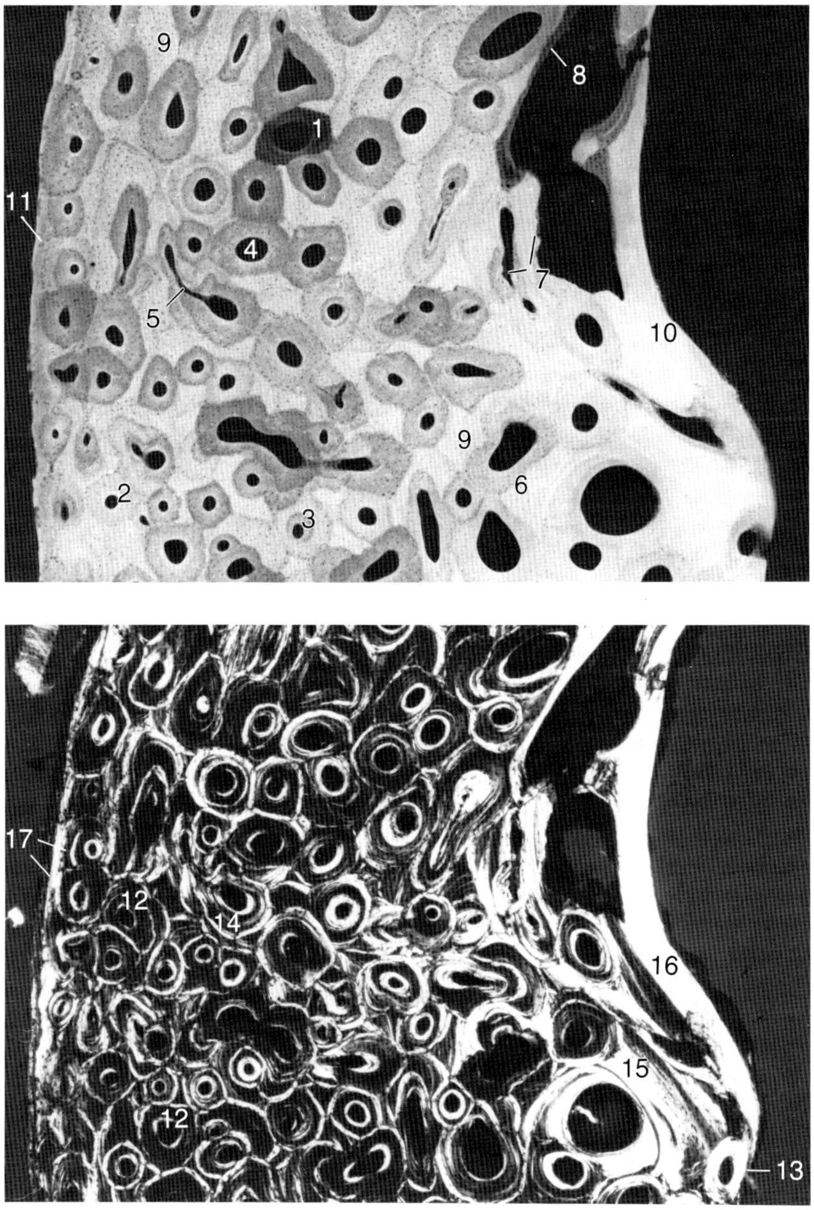

Anstelle von stabilem Calcium und Phosphor können deren *Isotope* in die Kristalle eingebaut werden. Calciumionen sind außerdem durch die Kationen Blei, Strontium und Radium zu ersetzen (s. Untersuchungsmethoden, Knochenszintigraphie, S. 89).

Der *Mineralgehalt* des Knochens nimmt zunächst nach der Geburt ab, steigt im 1. Lebensjahr wieder an und erreicht im mittleren Erwachsenenalter seinen Höchstwert. Der *Wassergehalt* nimmt nach der Geburt zu und fällt im höheren Lebensalter ab. Der Mineralgehalt der Osteone ist unterschiedlich (s. Abb. 2.**31**). Jüngere Osteone sind schwächer mineralisiert als ältere. Innerhalb eines Osteons ist die zentrale Lamelle am stärksten mineralisiert.

Zur histologischen Untersuchung der organischen Matrix muß der Knochen, z. B. durch Säuren oder Chelatbildner, *entkalkt* werden, um schneidbar zu werden. Durch technische Verfeinerung ist es heute möglich, feingewebliche Schnitte auch am unentkalkten Gewebe durchzuführen (s. Abb. 2.**31**, 3.**18**). Die organische Extrazellulärmatrix des Knochengewebes kann durch Ausglühen entfernt werden, so daß nur noch die anorganischen Bestandteile übrig bleiben. Der Skelettkörper ist dann sehr spröde und brüchig. Bei der Herstellung eines „Skelettes" wird ein Teil der organischen Substanzen, mit Ausnahme des Kollagens, durch Fäulnis aufgelöst; man bezeichnet diesen Vorgang als *Mazeration*.

Literatur

Arnold, G.: Mechanische Eigenschaften des hyalinen Knorpels. Verh. anat. Ges. (Jena) 68 (1974) 495–501

Arnold, G., C. Hartung: Methoden und Ergebnisse rheologischer Untersuchungen am hyalinen Knorpel. Z. Orthop. 111 (1973) 153–159

Arnold, G., C. Hartung: Gewebemechanisches Verhalten des hyalinen Knorpels unter zyklischen Deformationen. Z. Anat. Entwickl.-Gesch. 144 (1974) 303–313

Ayad, S., H. Evans, J. B. Weiss, L. Holt: Type VI collagen but not type V collagen is present in cartilage. Collagen rel. Res. 4 (1984) 165–168

Azzarone, B., C. Failly-Crepin, L. Daya-Grosjean, C. Chaponnier, G. Gabbiani: Abnormal behavior of cultured fibroblasts from nodule and nonaffected aponeurosis of Dupuytren's disease. J. cell. Physiol. 117 (1983) 353–361

Bargmann, W.: Zur Systematik der Fettgewebe. Anat. Anz. 129 (1971) 218–224

Bargmann, W.: Histologie und Mikroskopische Anatomie des Menschen, 7. Aufl. Thieme, Stuttgart 1977

Bélanger, L. F.: The skeletal tissues. In Weiss, L., R. O. Greep: Histology. McGraw-Hill, New York 1977 (pp. 205–249)

Bitterman, P. B., St. I. Rennard, St. Adelberg, R. C. Crystal: Role of fibronectin as a growth factor for fibroblasts. J. Cell Biol. 97 (1983) 1925–1932

Böck, P.: Elaunin fibres in the basement membrane of sweat gland secretory coil are rich in disulfide-groups. Experientia (Basel) 35 (1979) 538

Böck, P.: Elastic fiber microfibrils: filaments that anchor the epithelium of the epiglottis. Arch. histol. jap. 46 (1983) 307–314

Böck, P., L. Stockinger: Light and electron microscopic identification of elastic, elaunin and oxytalan fibers in human tracheal and bronchial mucosa. Anat. Embryol. 170 (1984) 145–153

Bonucci, E.: Fine structure of early cartilage calcification. J. Ultrastruct. Res. 20 (1967) 33–50

Cleary, E. G., M. A. Gibson: Elastin-associated microfibrils and microfibrillar proteins. Int. Rev. connect. Tiss. Res. 10 (1983) 97–201

Comper, W. D., T. C. Laurent: Physiological function of connective tissue polysaccharides. Physiol. Rev. 58 (1978) 255–315

Dearden, L. C., E. Bonucci, M. Cuicchio: An investigation of ageing in human costal cartilage. Cell Tiss. Res. 152 (1974) 305–337

Disse, J.: Grundrisse der Gewebelehre. Ein Compendium für Studierende. Enke, Stuttgart 1892

Elves, M. W.: The immunobiology of joints. In Sokoloff, L.: The Joints and Synovial Fluid, vol. I. Academic Press, New York 1978 (pp. 332–393)

Fawcett, D. W.: Die Zelle. Ein Atlas der Ultrastruktur. Urban & Schwarzenberg, München 1969

Folkhard, W., E. Knörzer, E. Mosler, Th. Nemetschek: Packing of molecules in collagen modified with 2-propanol. J. molec. Biol. 177 (1984) 841–844

Gabbiani, G., D. Montandon: Reparative processes in mammalian wound healing: the role of contractile phenomena. Int. Rev. Cytol. 48 (1977) 187–215

Gay, St., R. K. Rhodes: Immunolocalization of genetically distinct collagen types in the pathology of connective tissue. In: Histochemistry in Pathologic Diagnosis. Spicer, S. S. (ed.). M. Dekker, Inc., New York, Basel, 1986, pp. 755–789

Glenister, T. W.: An embryological view of cartilage. J. Anat. (Lond.) 122 (1976) 323–330

Goldberg, B., M. Rabinovitch: Connective tissue. In Weiss, L., R. O. Greep: Histology. McGraw-Hill, New York 1977 (pp. 145–178)

Greiling, H., A. M. Gressner, H. W. Stuhlsatz: Zum Stoffwechsel und zur Pathobiochemie der Proteoglykane. Verh. anat. Ges. (Jena) 75 (1981) 115–124

Hall, B. K.: Cartilage, vol. I–III. Academic Press, New York 1983

Hartmann, F., H. Deicher: Bindegewebe. In Siegenthaler, W.: Klinische Pathophysiologie, 3. Aufl. Thieme, Stuttgart 1976 (pp. 922–966); 5. Aufl. 1982

Hascall, G. K.: Cartilage proteoglycans. comparison of sectioned and spread whole molecules. J. Ultrastruct. Res. 70 (1980) 369–375

Hascall, V. C., G. K. Hascall: Proteoglycans. In Hay, E. D.: Cell Biology of Extracellular Matrix. Plenum Press, New York 1983

Hay, E. D.: Extracellular matrix. J. Cell Biol. 91 (1981) 205–223

Hay, E. D.: Cell Biology of Extracellular Matrix. Plenum Press, New York 1983

Hernandez-Richter, H. J.: Wundheilung und Wundbehandlung. In Vossschulte, K., F. Kümmerle, H.-J. Peiper, S. Weller: Lehrbuch der Chirurgie. 7. Aufl. Thieme, Stuttgart 1982 (pp. 6.1–6.12)

Junqueira, L. C. U., G. S. Montes: Biology of collagen-proteoglycan interaction. Arch. histol. jap. 46 (1983) 589–629

Kempson, G. E.: The mechanical properties of articular cartilage. In Sokoloff, L.: The Joints and Synovial Fluid, vol. II. Academic Press, New York 1980 (pp. 177–235)

Koebke, J., K.-S. Saternus: Verkalkung und Ossifikation des Rippenknorpels. Beitr. gerichtl. Med. 40 (1982) 203–211

Krstić, R. V.: Ultrastruktur der Säugetierzelle. Springer, Berlin 1976

Kuettner, K. E., R. Schleyerbach, V. C. Hascall: Articular Cartilage Biochemistry. Raven Press, New York 1986

Kühn, K., R. W. Glanville: Molecular structure and higher organization of different collagen types. In Viidik, A., J. Vuust: Biology of Collagen. Academic Press, London 1980 (pp. 1–14)

Kühn, K., T. Krieg: Connective Tissue: Biological and Clinical Aspect. In Schattenkirchner, M.: Rheumatology. An Annual Review, vol. 10. Karger, München 1986

Kummer, B.: Handbuch der gesamten Arbeitsmedizin, Bd. I. Urban & Schwarzenberg, München 1961

Kummer, B.: Funktionelle Anpassung und Präadaptation. Zool. Anz. 169 (1962) 50–67

Langneß, U.: Störungen des Kollagenstoffwechsels bei hereditären Bindegewebssyndromen. Habil. Kiel 1972

Leonhardt, H.: Histologie, Zytologie und Mikroanatomie des Menschen, 7. Aufl. Thieme, Stuttgart 1985

Lillie, J. H., D. K. MacCallum, L. J. Scaletta, J. C. Occhino: Collagen structure: evidence for a helical organization of the collagen fibril. J. Ultrastruct. Res. 58 (1977) 134–143

Lindberg, O.: Brown Adipose Tissue. American Elsevier, New York 1970

Löffler, G., P. E. Petrides, L. Weiss, H. A. Harper: Physiologische Chemie. Lehrbuch der medizinischen Biochemie und Pathobiochemie für Studierende der Medizin und Ärzte, 2. Aufl. Springer, Berlin 1979

von der Mark, K.: Localization of collagen types in tissues. Int. Rev. Connect. Tiss. Res. 9 (1981) 265–313

Maximow, A.: B. Bindegewebe und blutbildende Gewebe. I. Das Mesenchym als Quelle der verschiedenen Arten der Bindesubstanzen des Blutes, der blutbildenden Gewebe und des Endothels. In von Möllendorff, W., W. Bargmann, A. Oksche, L. Vollrath: Handbuch der mikroskopischen Anatomie des Menschen, Bd. II/1. Springer, Berlin 1927 (S. 232–549)

Merker, H. J., K. Struwe: Elektronenmikroskopische Untersuchungen zum Problem der Sekretion der bindegewebigen Interzellularsubstanz. Z. Zellforsch. 115 (1971) 212–225

Merker, H. J., K. Grundmann, B. Zimmermann: Die Bedeutung des Zellkontaktes für die Knorpeldifferenzierung in vivo und in vitro. Verh. anat. Ges. (Jena) 75 (1981) 213–214

Merker, H. J., B. Zimmermann, K. Grundmann: Differentiation of isolated blastemal cells from limb buds into chondroblasts. In Richards, R. J., K. T. Rajan: Tissue Culture in Medical Research (II). Pergamon Press, Oxford 1980 (pp. 31–39)

Merklin, R. J.: Growth and distribution of human fetal brown fat. Anat. Rec. 178 (1974) 637–646

Miller, E. J.: The collagen of joints. In Sokoloff, L.: The Joints and Synovial Fluid, vol. I. Academic Press, New York 1978 (pp. 205–236)

Muir, I. H. M.: The chemistry of the ground substance of joint cartilage. In Sokoloff, L.: The Joints and Synovial Fluid, vol. II. Academic Press, New York 1980 (pp. 28–79)

Nemetschek, Th.: Die Hierarchie der Kollagenstruktur. Verh. anat. Ges. (Jena) 75 (1981) 47–60

Nikolov, Sp., G. Chaldakov, M. Gabrovska: Zum tubulären Baumuster der Filamente der elastischen Fasern. Anat. Anz. 156 (1984) 57–64

Pauwels, F.: Die Bedeutung der Bauprinzipien der unteren Extremität für die Beanspruchung des Beinskeletes. Z. Anat. Entwickl.-Gesch. 114 (1950) 525–538

Poole, C. A., M. H. Flint, B. W. Beaumont: Morphological and functional interrelationships of articular cartilage matrices. J. Anat. (Lond.) 138 (1984) 113–138

Repesh, L. A., Th. J. Fitzgerald, L. T. Furcht: Fibronectin involvement in granulation tissue and wound healing in rabbits. J. Histochem. Cytochem. 30 (1982) 351–358

Rhodin, J. A. G.: Histology. A Text and Atlas. University Press, London 1974

Schenk, R. K.: 3. Ultrastruktur des Knochens. Verh. dtsch. Ges. Path. 58 (1974) 72–83

Serafini-Fracassini, A., J. M. Field, J. W. Smith, W. G. S. Stephens: The ultrastructure and mechanics of elastic ligament. J. Ultrastruct. Res. 58 (1977) 244–251

Shimomura, Y., F. Suzuki: Cultured growth cartilage cells. Clin. Orthop. 184 (1984) 93–105

Shoshan, S.: Wound healing. Int. Rev. Connect. Tiss. Res. 9 (1981) 1–19

Teitelbaum, S. L.: Bone resorption by osteoclasts. Science 289 (2000) 1504–1508

Tillmann, B.: Entwicklung der Gelenke. In Doerr, W., G. Seifert: Spezielle pathologische Anatomie, Bd. 18/I. Springer, Berlin 1984a (S. 83–106)

Tillmann, B.: Fehlbildungen, Anomalien und Varianten der Gelenke. In Doerr, W., G. Seifert: Spezielle pathologische Anatomie, Bd. 18/I. Springer, Berlin 1984b (S. 107–132)

Tillmann, B.: Funktionelle Anatomie der Gelenke. In Doerr, W., G. Seifert: Spezielle pathologische Anatomie, Bd. 18/I. Springer, Berlin 1984c (S. 1–81)

Tillmann, B., F. Wustrow: Kehlkopf. Onto- und Phylogenese, Fehlbildungen, Zysten und Fisteln, funktionelle Anatomie, Histologie, Untersuchungsmethoden. In Berendes, J., R. Link, F. Zöllner: Hals-Nasen-Ohren-Heilkunde in Praxis und Klinik, 2. Aufl., Bd. IV/1. Thieme, Stuttgart 1982 (S. 1–1.101)

Vertel, B. M., L. L. Barkman: Immunofluorescence studies of chondroitin sulfate proteoglycan biosynthesis: the use of monoclonal antibodies. Collagen rel. Res. 4 (1984) 1–20

Weinstock, M.: Collagen formation – observations on its intracellular packaging and transport. Z. Zellforsch. 129 (1972) 455–470

Wilsman, N. J., D. C. van Sickle: Cartilage canals, their morphology and distribution. Anat. Rec. 173 (1972) 79–94

Yamada, K. M.: Cell surface interactions with extracellular materials. Ann. Rev. Biochem. 52 (1983) 761–799

Zimmermann, B.: Assembly and disassembly of gap junctions during mesenchymal cell condensation and early chondrogenesis in limb buds of mouse embryos. J. Anat. (Lond.) 138 (1984) 351–363

Zimmermann, B., E. Scharlach, R. Kaatz: Cell contact and surface coat alterations of limb-bud mesenchymal cells during differentiation. J. Embryol. exp. Morph. 72 (1982) 1–18

3

Skelettsystem

B. Tillmann

Knochenlehre
Einleitung
Form der Knochen
Blutversorgung des Knochens
Periost
Knochenentwicklung

Gelenklehre
Einleitung
Gelenkentwicklung
Synarthrosen
Diarthrosen
Gelenkmechanik

Das Skelettsystem wird im folgenden in zwei Abschnitten besprochen: Das erste Kapitel befaßt sich mit Morphologie, Entwicklung und Funktion der *knöchernen Skelettelemente (Knochenlehre, Osteologie)*. Das zweite Kapitel beschreibt Struktur und Funktion der *Gelenke (Arthrologie)*. Die Histologie der Skelettelemente wird im Kapitel Binde- und Stützgewebe besprochen (siehe dazu auch Lehrbücher der Histologie).

Knochenlehre

Einleitung

Das *Skelettsystem* bildet den sogenannten passiven Teil der Organe des Bewegungsapparates. Es wird von *Knorpel-* und *Knochengewebe* sowie im frühen Teil der Embryonalperiode auch von *Chordagewebe* gebildet. Die drei Gewebsarten üben *Stützfunktion* aus. Nach der Definition von VESAL gehört zum Skelett nicht nur das „Knochengerüst" (τὸ σκέλος = das Schienbein, der harte Knochen), sondern auch der „eingetrocknete Bandapparat" (σκελετός = ausgedörrt), d. h. die Gelenke. Die durch Gelenke verbundenen Skelettelemente dienen neben der *Stützfunktion* auch dem sogenannten aktiven Teil des Bewegungsapparates, der Skelettmuskulatur, als Hebel bei der *Fortbewegung* (s. S. 112). Aktiver und passiver Teil des Bewegungsapparates bilden gemeinsam die *Fortbewegungsorgane*. Skelettelemente üben außerdem *Schutzfunktion* für einige Organsysteme aus (Schädelknochen, Wirbelkanal, Thorax).

Das *knöcherne Skelett* besteht aus Knochen unterschiedlicher Form und Struktur. Man unterscheidet ein *Endo-* und ein *Exoskelett*. Das *Endo-* oder *Innenskelett* wird von einem „Weichteilmantel" umgeben. Die Muskeln greifen von außen am Endoskelett an. Zum Endoskelett zählen die Skelettelemente von Stamm, Extremitäten und Kiemenbögen. Ein *Exo-* oder *Hautskelett* („Deckknochen") ist der Hautknochenpanzer ausgestorbener und lebender Wirbeltiere. Bei den meisten Formen hat sich das Exoskelett in der Phylogenese stark zurückgebildet. Ein gut ausgebildetes Exoskelett besitzen unter rezenten Wirbeltieren die Schildkröten in Form von vollständigen dorsalen und ventralen Knochenschalen (Carapax und Plastron), die seitlich miteinander verschmolzen sind. Von den lebenden Säugetieren haben Gürteltiere einen echten Hautknochen, der jedoch eine sekundäre Bildung ist.

Im zoologischen Schrifttum werden die Schalen der Mollusken und der Chitinpanzer der Arthropoden (Krebse, Spinnentiere, Insekten) als Exoskelett bezeichnet; dieses ist jedoch dem Hautknochenskelett der Wirbeltiere nicht homolog.

Die *phylogenetische* und *topographische Einteilung* des Skeletts zeigt Parallelen zur *histogenetischen Differenzierung* des Knochengewebes. Das *Endoskelett* ist in der Ontogenese knorpelig präformiert *(Primordialskelett)*. Bei der Knochenbildung werden die knorpeligen Skelettelemente durch Knochengewebe „ersetzt". Man bezeichnet diese Art der Knochenentstehung als *endochondrale Osteogenese* oder auch als *„Ersatzknochenbildung"*. Das Exoskelett entwickelt sich aus (embryonalem) Bindegewebe. Diese Art der Entstehung von Knochengewebe wird *desmale Osteogenese* genannt. (Ausführliche Besprechung der Knochengewebshistogenese s. S. 57.)

Knochen können auch unabhängig vom eigentlichen Skelett vorkommen. Bei zahlreichen Säugetieren (z. B. Insectivoren, Rodentiern, Carnivoren und den meisten Primaten mit Ausnahme des Menschen) enthält der Penis einen Knochen, das sogenannte *Baculum*. Im Herzen von Huftieren entsteht ein sogenannter *Herzknochen*. *Heterotope Knochenbildung* tritt beim Menschen unter pathologischen Bedingungen, z. B. in Narben *(„Narbenknochen")* oder in der Muskulatur (*„Reitknochen"* in den Adduktoren des Oberschenkels), auf.

Beim erwachsenen Menschen setzt sich das Skelett aus etwa *200 Einzelknochen* zusammen, die über echte oder unechte Gelenke (s. S. 94 u. 96) miteinander in Verbindung stehen. Die Knochen des Erwachsenen sind histologisch – abgesehen von Sehnenansätzen (s. S. 152) und vom Felsenbein – *Lamellenknochen*. Knochen werden außer an den Gelenkflächen und in chondral-apophysären Sehnenansatzzonen von *Periost* umhüllt (s. S. 55). Markräume und Gefäßkanäle im Knocheninnern kleidet das *Endost* aus (s. S. 40).

Form der Knochen

Die *Gestalt* der einzelnen Knochen ist genetisch festgelegt. Ihre *Struktur* hängt jedoch weitgehend von Art und Größe der mechanischen Beanspruchung ab (s. S. 79). Nach der äußeren Form unterscheidet man *lange, kurze, flache* und *unregelmäßige Knochen*.

Lange Knochen, Ossa longa, sind die Knochen der freien Extremität mit Ausnahme der Handwurzel- und Fußwurzelknochen (s. unten). Unabhängig von der absoluten Länge (z. B. Femur, Abb. 7.**17**, oder Metatarsalia, Abb. 7.**49**) unterscheidet man an langen Knochen einen Schaft, die *Diaphyse,* und an den Enden der meisten langen Skelettelemente jeweils eine *Epiphyse.* Lange Knochen mit nur einer Epiphyse sind die Metacarpalia, Metatarsalia und Phalangen sowie die Ulna. Die Epiphysen sind beim wachsenden Skelett entweder noch rein knorpelig, oder sie haben einen Knochenkern. Sie sind durch den *Epiphysenknorpel (Cartilago epiphysialis),* der auch als *Wachstumsplatte(-fuge)* oder *Epiphysenplatte(-fuge)* bezeichnet wird, mit dem Schaft verbunden (s. Abb. 3.**10**, s. Knochenentwicklung, S. 57).

Wenn nach Abschluß des Wachstums die Epiphysenplatte schwindet und durch Knochen ersetzt wird, verschmelzen Dia- und Epiphyse knöchern miteinander (Synostose, s. S. 95). Bei den meisten langen Knochen bleibt die Lage der Wachstumsfuge als feine Linie sichtbar (s. Abb. 2.**24**). Hyaliner Knorpel kommt an den Epiphysen beim Erwachsenen nur noch an den Gelenkflächen vor (s. S. 96). Der an die Epiphysenfuge unmittelbar anschließende Teil der Diaphyse wird als *Metaphyse* (Metaphysis) bezeichnet. Während der Knochenentwicklung entspricht die Metaphyse der Zone des Knorpelwachstums und der Knochengewebsbildung. Der metaphysäre Anteil des Schaftes ist breiter als sein mittlerer Abschnitt. Die Diaphyse besteht aus einer kräftigen *Kompakta,* auf die eine dünne Zone von *Spongiosa* (s. S. 38) folgt. Der größte Teil des Schaftes enthält im Innern kein Knochengewebe. Man bezeichnet diesen, von fettreichem Knochenmark ausgefüllten Raum, als *Markhöhle (Cavum medullare).* Durch Bildung einer Markhöhle werden die langen Knochen zu *Röhrenknochen.* Die Kortikalis ist an den einzelnen Knochen und regional innerhalb eines Knochens unterschiedlich dick. Menge und Verteilung des Knochengewebes im Querschnitt hängen von der lokalen *Beanspruchungsgröße ab* (s. Abb. 3.**27**, 3.**28**). Die Markhöhle endet oberhalb der proximalen und unterhalb der distalen Metaphyse. Die Enden der langen Knochen haben im Gegensatz zur Diaphyse einen relativ dünnen Kortikalismantel. Der Kern von Meta- und Epiphyse besteht vollständig aus *spongiösem Knochen* (s. Abb. 2.**24**). Die Spongiosa ist im subchondralen Knochen und am Übergang zwischen Kompakta und Spongiosa vorzugsweise aus dünnen *Platten* aufgebaut. Stellenweise treffen die Platten so aufeinander, daß kleine Röhrchen entstehen *(„Röhrenspongiosa").* Im Innern der Meta- und Epiphyse verlaufen die Spongiosatrabekel in Form eines *dreidimensionalen* Fachwerkes dünner Stäbchen.

Zu den *kurzen Knochen, Ossa brevia,* zählen die würfelförmigen Hand- und Fußwurzelknochen (s. Abb. 6.**23** u. 7.**34**). Kurze Knochen haben außen eine dünne *Kortikalis,* die an den gelenkigen Verbindungen mit hyalinem Knorpel bedeckt ist. Sie sind im Innern meistens vollständig von *Spongiosatrabekeln* ausgefüllt, die im Randbereich aus Platten, im Zentrum aus dünnen Stäbchen bestehen. Der Markraum zwischen den Trabekeln enthält *rotes Knochenmark.*

Flache Knochen, Ossa plana, sind Rippen, Sternum, Scapula, Os ilium und Knochen der Schädelkalotte (s. Abb. 3.**2**). Sie werden außen von je einer Lage kompakten Knochens begrenzt. Zwischen den Kortikalisschichten liegt spongiöser Knochen. Der Markraum zwischen den dünnen Spongiosaplatten wird von blutbildendem *rotem Knochenmark* ausgefüllt. Im Bereich des Brust- und Darmbeines kann Knochenmark zu diagnostischen Zwecken entnommen werden. An den Knochen des Schädeldaches wird die Spongiosaschicht als *Diploe* bezeichnet (Abb. 3.**2**). An einigen Stellen, z. B. am Schulterblatt (Abb. 3.**7**) oder am Darmbein (Abb. 7.**1**), fehlt die Spongiosa. Der Knochen besteht in solchen Regionen nur aus einer dünnen Kompaktalage, die von einem Rahmen dreischichtigen Knochens eingefaßt wird *(„Rahmenkonstruktion").*

Zu den *unregelmäßigen Knochen* rechnet man Wirbel, Knochen der Schädelbasis und Teile des Os coxae. Sie haben einen ähnlichen Aufbau wie flache und kurze Knochen. Ein Kortikalismantel umhüllt einen Kern spongiösen Knochens (s. Abb. 3.**29**).

Einige Knochen im Schädelbereich (Stirnbein, Siebbein, Keilbein, Oberkiefer Abb. 9.**55**) enthalten luftgefüllte Hohlräume. Man bezeichnet sie als *lufthaltige Knochen, Ossa pneumatica.* Zu den Ossa pneumatica zählen die Nasennebenhöhlen, die während der Kindheit als „Ausstülpungen" des Nasenraumes entstehen; sie haben dementsprechend eine Verbindung zum Cavum nasi und sind mit respiratorischem Epithel ausgekleidet (s. Bd. II). In ähnlicher Weise kommt es auch zur *Pneumatisation des Warzenfortsatzes* im Os temporale. Hier entstehen die *Cellulae mastoidei* durch Vorwachsen von Schleimhaut des Cavum tympani (Abb. 9.**41** und Bd. III).

Sesambeine, Ossa sesamoidea sind in Sehnen eingelagerte Knochen. Das größte Sesambein ist beim Menschen die Kniescheibe (s. Abb. 7.**24**). Sesambeine kommen konstant und variabel in den Sehnen der Zehen- und Fingermuskeln vor (s. Abb. 7.**35** u. 6.**114**). Ihre funktionelle Bedeutung liegt in einer *Verlängerung des virtuellen Hebelarmes* der Sehne und der damit einhergehenden Muskelkraftersparnis (s. S. 165, Abb. 3.**55**).

Außer konstant vorkommenden Knochen *(„kanonische" Knochen)* treten vor allem im Hand- und Fußbereich sowie am Schädeldach als Variante überzählige oder *akzessorische Knochen* auf (s. spezielle Kap., Abb. 7.**51** und Varianten, Anomalien und Fehlbildungen, S. 74). Die klinische Bedeutung überzähliger Knochen liegt in der differentialdiagnostischen Abgrenzung gegenüber Knochenabsprengungen bei Frakturen.

Als *Apophysen* bezeichnet man größere Knochenvorsprünge, an denen Sehnen und Bänder inserieren. Apophysen haben während der Knochenentwicklung eigene Knochenkerne (s. S. 68). Sie kommen in typischer Weise an den langen Knochen (z. B. Trochanter major des Femur, Abb. 7.**18**), aber auch an unregelmäßigen und flachen Knochen (z. B. Crista iliaca, Abb. 7.**1**) vor.

Blutversorgung des Knochens

Knochengewebe zählt zu den gut durchbluteten Organen. Der durchschnittliche Blutverlust beträgt z. B. bei einer geschlossenen Oberschenkelfraktur 1500–2000 ml. Die arterielle Blutversorgung erfolgt zentrifugal von der Markhöhle aus, während die venöse Drainage zentripetal verläuft (Abb. 3.**1**). Die

Kanäle *(Canales nutricii)* der versorgenden Gefäße *(Vasa nutricia)* kann man am mazerierten Knochen deutlich sehen. Große Kanäle lassen sich von ihrer Öffnung auf der Knochenoberfläche (*Foramen nutricium,* Abb. 7.**30**) aus sondieren. Die Diaphyse zahlreicher Knochen wird von einer Arterie versorgt, die im mittleren Abschnitt in die Kortikalis eindringt. An einigen Röhrenknochen tritt jeweils ein Gefäß im oberen und im unteren Schaftdrittel in den Knochen ein. Die Gefäße ziehen ohne Angabe von Ästen in schräger Richtung durch die Kortikalis bis in den Markraum und teilen sich erst hier in auf- und absteigende Gefäßnetze, die mit den Arterien der Metaphyse anastomosieren (Abb. 3.**1**). Im Bereich der Meta- und Epiphyse treten Äste aus Muskel- und Gelenkarterien in den Knochen ein. Die beiden Stromgebiete am Knochenende sind beim wachsenden Skelett durch die Epiphysenplatte getrennt. Nach Abschluß des Wachstums bilden die Gefäße Anastomosen aus. Die Gefäße der Epi- und Metaphyse versorgen beim wachsenden Knochen die Wachstumszone (s. S. 64). In der subchondralen Kortikalis dringen Gefäße vor Abschluß des Wachstums bis in die Zone des mineralisierten Knorpels vor (Abb. 3.**45**). Das Gefäßnetz im Bereich der Epiphysen ist wesentlich dichter als im Schaft. Unterbrechung der Blutzufuhr – z. B. am Femur als Folge einer Schenkelhalsfraktur – geht nicht selten mit dem Untergang des Knochengewebes *(Nekrose)* im Versorgungsgebiet, in diesem Falle des Femurkopfes (Femurkopfnekrose), einher. Gefäßbedingte Nekrosen unterschiedlicher Ätiologie zählen in der Orthopädie zu den häufigen Erkrankungen, vor allem des wachsenden Skeletts. Diaphysäre Gefäße können in den meisten Fällen über Anastomosen aus dem Metaphysenbereich ersetzt werden. An kurzen und unregelmäßigen Knochen treten die Vasa nutricia an mehreren Stellen der nicht von Knorpel bedeckten Flächen in die Kortikalis ein. Die in den Markraum eingedrungenen Arterien versorgen das *Knochenmark* und die gefäßlose *Substantia spongiosa* (ausführliche Beschreibung s. S. 40 und Bd. II). Aus dem Markraum dringt ein zirkulär verlaufendes Netz von Arteriolen durch endostale Kanäle in die Kortikalis und verzweigt sich hier in Form von *Haversschen* und *Volkmannschen Gefäßen* (s. Knochengewebe, S. 38). Die äußere Schicht der Kortikalis steht mit dem Gefäßnetz, der Kambiumschicht des *Periostes* in Verbindung (s. Abb. 3.**4**). Ob auch eine zentripetale Versorgung des Knochens von seiten der Periostgefäße erfolgt, wird unterschiedlich beurteilt. Flache Knochen (z. B. Scapula oder Os ilium) sollen in Zonen mit einschichtiger Kortikalis vom Periost aus ernährt werden. Die Stromgebiete von Endost und Periost anastomosieren miteinander.

Das *Venenblut* fließt aus der Kortikalis in die im Markraum liegenden zentralen Sinus, die ihrerseits in größere Venen einmünden. Die Venen verlassen die

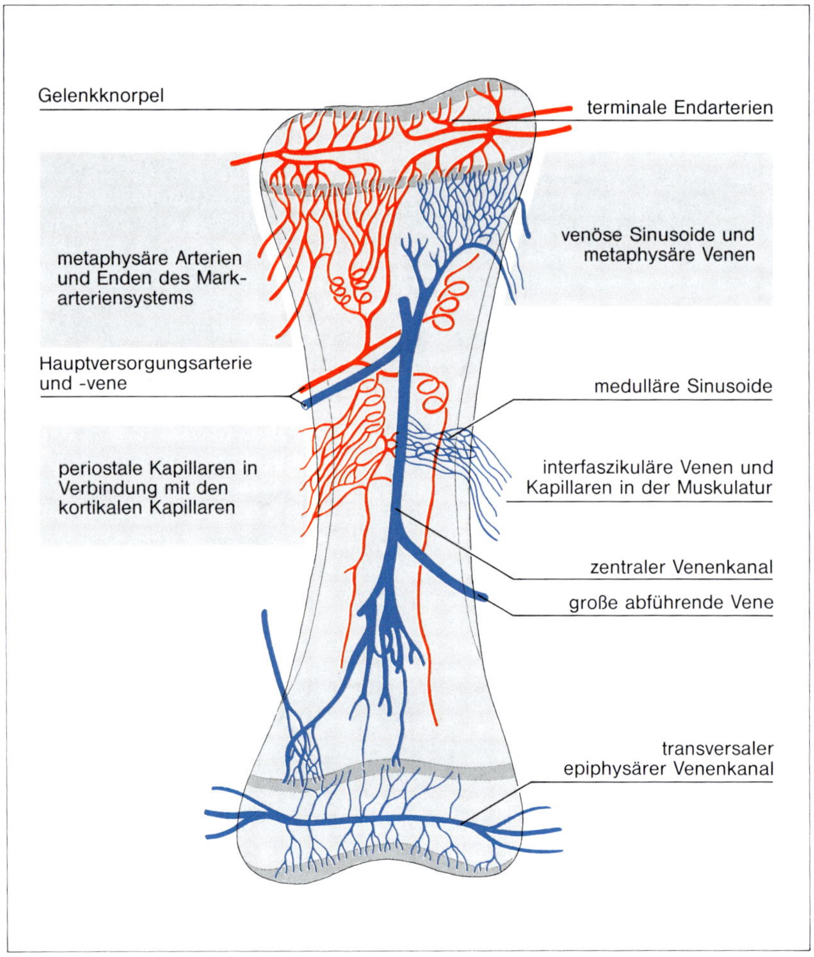

Abb. 3.**1** **Schema der Blutversorgung des Knochens** (nach *Brookes*).

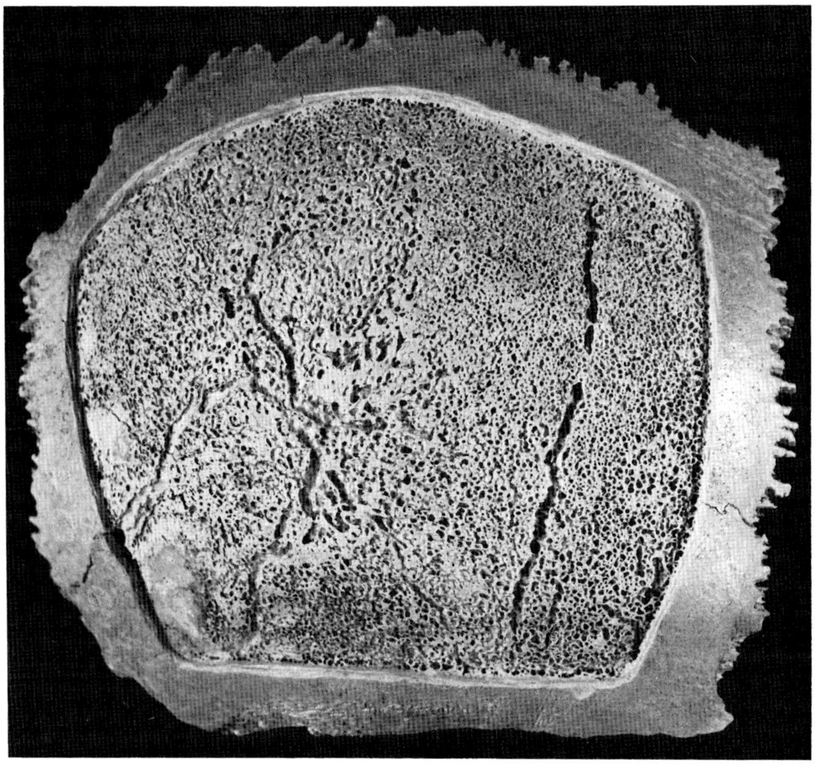

Abb. 3.**2** **Rechtes Os parietale in der Ansicht von lateral kranial.** Die äußere Kortikalis (Lamina externa) wurde größtenteils soweit entfernt, daß die Spongiosa (Diploe) freiliegt. In der Spongiosa sind die Kanäle für die Diploevenen (Canales disploici) freigelegt. Beachte die Zähnelung (Sutura serrata) am Margo frontalis (rechts) und am Margo sagittalis (oben).
(Präparat der Sammlung des Anatomischen Institutes, Kiel)

Markräume entweder gemeinsam mit Arterien durch Gefäßkanäle oder in der Mehrzahl durch eigene Durchtrittsöffnungen.

Die weitlumigen Venen in den Markräumen der flachen Schädelknochen (Diploe) bezeichnet man als *Diploevenen.* Sie verlassen den Knochen als *Vv. emissariae* durch relativ weite Kanäle *(Emissarien)* an vorgegebener Stelle in der Kortikalis der Schädelknochen (Abb. 3.**2** u. 9.**12**).

Knochengewebe hat mit Ausnahme des Periostes *keine Lymphgefäße.* Die Gefäße des Knochens werden von *markarmen und marklosen Nervenfasern* begleitet.

Periost

Knochen werden außer an ihren gelenkbildenden Flächen und im Bereich chondral-apophysärer Sehnenansätze (s. S. 153) von *Knochenhaut, Periost* (s. Abb. 3.**3**), bedeckt. Am Periost kann man beim *wachsenden Knochen drei Schichten* unterscheiden. Außen liegt lockeres Bindegewebe, das die Verbindung zwischen Knochen und angrenzenden Geweben herstellt *(Adventitia).* Die darauf folgende Schicht wird als *Fibroelastika* bezeichnet. Sie enthält geflechtartiges straffes Bindegewebe, dessen Kollagenfasern vorzugs-

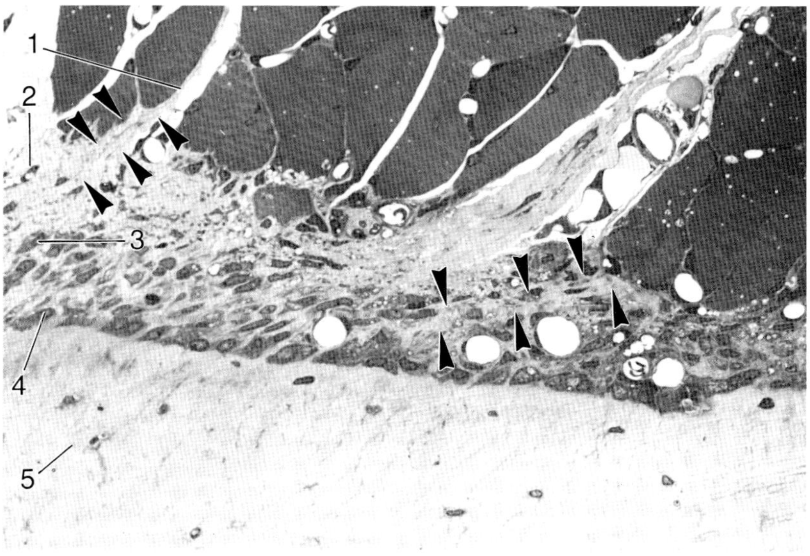

Abb. 3.**3** **Ausschnitt aus einem Rippenquerschnitt mit Periost und angrenzender Interkostalmuskulatur** (15 Wochen alte Ratte).
1 Schräg angeschnittene Skelettmuskelfaser
2 Adventitia des Periostes
3 Fibroelastika
4 Kambiumschicht
5 Substantia compacta der Rippe
Die Pfeile markieren Sehnenfaserbündel, die in das Periost einstrahlen (periostal-diaphysäre Sehnenansätze). Toluidinblau; Vergr. 350fach.
(Präparat Prof. Dr. *R. Lüllmann-Rauch* und Dr. *A. Peters,* Kiel)

weise in Längsachse der Skelettelemente verlaufen. Ein Teil der Faserbündel strahlt in die Kompakta ein *(Sharpeysche Fasern)*. Sie schaffen eine feste Verbindung zwischen Periost und Knochen. Außer Kollagenfasern enthält die mittlere Schicht auch elastische Fasern, die an größeren Flächen in Längsrichtung des Knochens, an Kanten und Vorsprüngen gitterförmig angeordnet sind. Die Zellen der Fibroelastika mit ihren „flügelförmigen" Fortsätzen gleichen Sehnenzellen (s. S. 148). Die unmittelbar dem Knochen anliegende Schicht wird – in Analogie zur Wachstumszone in den Stengeln von Pflanzen – als *Kambiumschicht (Osteoblastenschicht)* bezeichnet. Sie hebt sich beim *wachsenden Knochen* aufgrund ihres Zellreichtums deutlich von der Fibroelastika ab. In der Kambiumschicht lassen sich *drei Zelltypen* unterscheiden. Am Übergang zur Fibroelastika kommen spindelförmige „mesenchymale" *Stammzellen* vor, aus denen sich rundliche *Kambiumzellen, Osteoprogenitorzellen,* differenzieren. Aus Kambiumzellen entstehen spindelförmige *Präosteoblasten,* die meistens einen Zellverband bilden. Osteoprogenitorzellen teilen sich mitotisch; sie gelten als Mutterzellen reifer *Osteoblasten.* Die Zellen der Kambiumschicht sezernieren Glykoproteine und Proteoglykane. Von den Osteoblasten dieser Zone geht das appositionelle Dickenwachstum des Knochens aus (s. unten).

Beim *ausdifferenzierten Knochengewebe* geht die Dreischichtigkeit des Periostes verloren. Die Kambiumschicht ist aufgrund ihrer Zellarmut nicht mehr deutlich abzugrenzen. Die dem Knochen anliegende Zone des Periostes enthält beim Erwachsenen nur noch wenige Zellen, die in ihrer Struktur Präosteoblasten gleichen. Diese *„ruhenden"* oder *„inaktiven" Präosteoblasten* haben die Potenz, sich zu teilen und im Bedarfsfall zu Osteoblasten zu differenzieren und Knochengewebe zu bilden. Die *Knochenbruchheilung* geht teilweise von den Zellen des Periostes aus (s. S. 75).

Die Dicke des Periostschlauches ist unterschiedlich. Sie hängt u. a. von der Wachstumsintensität des Knochens, vom Alter und von der Lokalisation ab. Die Fibroelastika des Periostes verbindet sich an der Knorpel-Knochen-Grenze der Gelenkflächen mit dem Knorpel und mit der Gelenkkapsel (s. S. 104). Am Übergang von knorpeligen und knöchernen Skelettelementen (z. B. an den Rippen) verschmelzen Periost und Perichondrium miteinander. An periostal-diaphysären Sehnenansätzen der Skelettmuskulatur dringen die Kollagenfasern der Sehnen über das Periost in den Knochen ein (s. S. 153).

Im Periost liegen die den Knochen ernährenden Gefäße (Vasa nutricia). An einigen Stellen (z. B. am Femurhals) verlaufen die Gefäße über eine größere Strecke im Periost, bevor sie in die Kortikalis eindringen und das Knochengewebe versorgen. Knochen- und Periostgefäße tragen mit ihrem begleitenden Bindegewebe neben den Sharpeyschen Fasern zur Verankerung des Periostes am Knochen bei.

Das Periost zählt wie der Knochen zu den gut vaskularisierten Geweben. Seine *Gefäße* bilden entsprechend der Schichtung der Knochenhaut drei Lagen (Abb. 3.**4**). In der oberflächlichen Adventitia ziehen größere, meistens von zwei Venen begleitete Arterien, die aus Gefäßen angrenzender Muskeln, Faszien und Sehnen stammen. Die Gefäße bilden kurze Queranastomosen, so daß ein polygonales Maschenwerk wie an anderen Bindegewebsblättern (s. S. 32) entsteht. Die Aufteilung der terminalen Strombahn ist örtlich unterschiedlich. Die Kapillaren können netzförmig oder

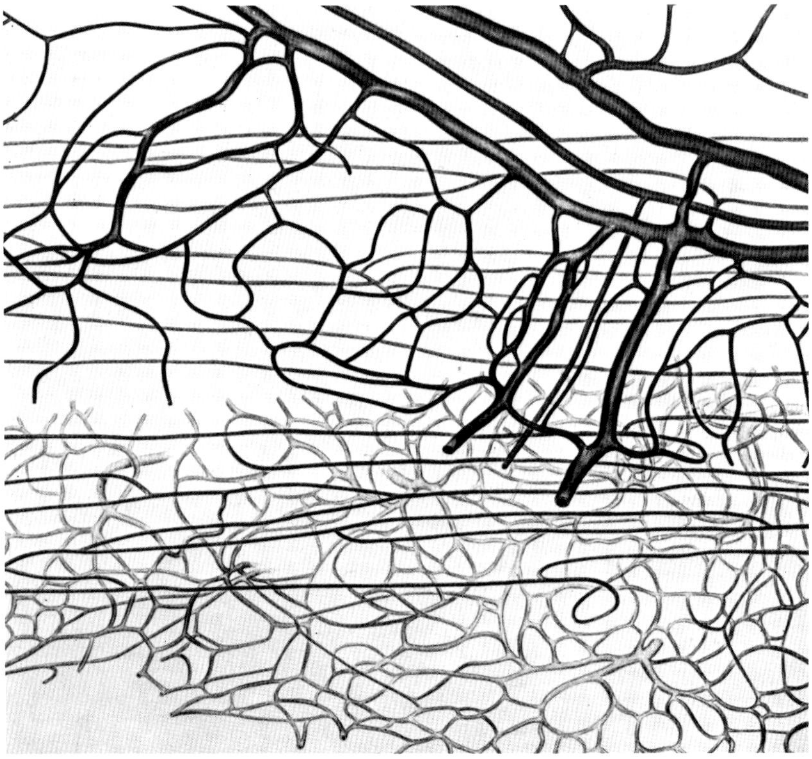

Abb. 3.4 **Halbschematische Darstellung der Gefäßnetze in den drei Schichten des Periostes.** Das oberflächliche Gefäßnetz ist in der oberen Bildhälfte, das am weitesten in der Tiefe gelegene Netz in der unteren Bildhälfte wiedergegeben. Gezeichnet nach Originalpräparaten. Vergr. 200fach. (Originalabbildung Prof. Dr. *F. Hammersen,* München)

unverzweigt angeordnet sein. Die Kapillaren der mittleren Schicht bilden lang ausgezogene Maschen. Sie erhalten ihre Blutzufuhr aus der oberflächlichen Zone. Die Gefäße der dritten Schicht liegen unmittelbar an der Grenze zum Knochengewebe (s. S. 54). Die Kapillaren bilden Netze, die aus Arterien der Kortikalis gespeist werden. Das Venenblut wird ebenfalls in den Knochen drainiert. Die Knochenhaut enthält außerdem ein dichtes *Lymphgefäßnetz*.

Das äußerst schmerzempfindliche Periost wird von markhaltigen und marklosen *Nervenfasern* versorgt. Außer *freien Nervenendigungen* kommen *eingekapselte Endkörperchen* vor. Freie Nervenendigungen werden als *Schmerzrezeptoren* angesehen, während eingekapselte Endkörperchen als *Mechanorezeptoren* über die Beanspruchungsart informieren sollen. In der tiefen Schicht des Periostes wurden peptiderge Nerven nachgewiesen, die eine Immunreaktion mit Substanz P zeigen. Ob das Knochengewebe selbst über Schmerzrezeptoren verfügt, ist umstritten. Das *Endost* soll schmerzempfindlich sein.

Knochenentwicklung*

Einleitung

Knochen entstehen aus *Mesenchym*. Das Mesenchym der präsumptiven Skelettbereiche ist *„organspezifisch"*. Die erste Anlage sämtlicher Skelettelemente erscheint in Form einer *Mesenchymverdichtung* (s. Abb. 3.**40**) (Blastem) (vgl. S. 28). Knochen entwickelt sich stets anstelle eines vorhandenen Binde- oder Stützgewebes. Entsteht Knochengewebe unmittelbar im embryonalen Bindegewebe, bezeichnet man die Knochenbildung als *desmale Osteogenese* („direkte" Knochenbildung, „Deck"-, Beleg- oder Bindegewebsknochenbildung). Der größte Teil der Knochen entwickelt sich nicht direkt aus dem Mesenchym, sondern „auf dem Umweg" über Knorpelgewebe. Hierbei entsteht aus dem Mesenchym zunächst ein *knorpeliges Skelettelement* (Primordialskelett), das in seiner Form dem ausdifferenzierten Knochen gleicht. Das knorpelig vorgebildete „Skelettmodell" wird durch Knochengewebe ersetzt. Diese Art der Knochenbildung wird *endo- oder enchondrale Osteogenese* („indirekte" Knochenbildung, „Ersatzknochenbildung") genannt.

Knochengewebe entsteht bei desmaler und endochondraler Osteogenese, aber auch bei allen während des gesamten Lebens ablaufenden Umbauvorgängen am ausdifferenzierten Lamellenknochen (endostale und periostale Knochenbildung, s. S. 40 u. 70) *prinzipiell in gleicher Weise:* Zunächst bilden *Osteoblasten* organische Extrazellulärmatrix, das *Osteoid*. Osteoid, das zu etwa 95% aus Kollagen vom Typ I und zu etwa 5% aus Proteoglykanen und Glykoproteinen besteht, wird anschließend *mineralisiert*. Knochenbildung geht stets mit einer *Vaskularisation* des bestehenden Gewebes einher („primär angiogenetische Knochenbildung"). Der Anbau von Knochengewebe erfolgt ausschließlich durch *appositionelles Wachstum*. Bei desmaler und endochondraler Osteogenese entsteht zunächst ein *Geflechtknochen,* der ungeordnete Trabekel *(primäre Spongiosa)* bildet, die sich unter dem Einfluß der mechanischen Beanspruchung durch *Umbauvorgänge* in trajektoriell ausgerichtete Spongiosatrabekel umwandeln *(sekundäre Spongiosa)* (s. S. 71). Aus Geflechtknochen entsteht außerdem der kompakte Lamellenknochen der Kortikalis. Die *histologische Struktur* des ausdifferenzierten Knochens unterscheidet sich bei den durch desmale und endochondrale Osteogenese entstandenen Knochen nicht.

* Struktur und Funktion der an der Knochenbildung beteiligten Zellen und die Extrazellulärmatrix werden im Kapitel Knorpel- und Knochengewebe, S. 34ff., besprochen.

Desmale Osteogenese

(Osteogenesis membranacea)

Durch *desmale* (intramembranöse) *Osteogenese* entstehen Knochen der *Schädelkalotte* (Abb. 3.**6**) (Os frontale, Os parietale, Teile des Os temporale und des Os occipitale), des Gesichtes sowie Abschnitte des *Schlüsselbeines* („Bindegewebs- oder Deckknochen" s. oben). Nach dem Modus desmaler Osteogenese entsteht auch die *perichondrale Knochenmanschette* an den knorpelig präformierten langen Skelettelementen (s. S. 62). Die Entwicklung von Bindegewebsknochen geht am Schädel von sogenannten *Ossifikationszentren* (Abb. 3.**5**) aus.

Im Bereich der Skelettanlagen verdichtet sich das *Mesenchym* zunächst zu einer *gefäßreichen Zone,* in der die durch Zellkontakte verbundenen Mesenchymzellen an Größe zunehmen. Die dichte Extrazellulärmatrix hebt sich durch stärkere Eosinophilie vom umgebenden Gewebe ab. Sie enthält ein Netzwerk dünner *Kollagenfibrillenbündel*. Die Mesenchymzellen der Skelettanlage differenzieren sich zu *Osteoblasten,* die präossales Gewebe, das Osteoid (s. oben), bilden. Das Osteoid wird mineralisiert, und es entsteht *Geflechtknochen*. Bei der Differenzierung weiterer Mesenchymzellen zu Osteoblasten und der damit einhergehenden vermehrten Produktion von Extrazellulärmatrix entstehen *primäre Spongiosatrabekel,* die durch Apposition wachsen. Die bei diesem Vorgang in die Extrazellulärmatrix eingeschlossenen Osteoblasten werden dann zu *Osteozyten* (s. S. 43).

Das zwischen den primären Spongiosatrabekeln liegende gefäßreiche Mesenchym wird als *„primäres Knochenmark"* bezeichnet. Aus ihm entwickelt sich blutbildendes *sekundäres Knochenmark* (s. Bd. II). Die Oberfläche primärer Spongiosatrabekel ist zunächst dicht mit Osteoblasten besetzt (Abb. 3.**6**). Den wachsenden Knochen umhüllt Periost, das ebenfalls dem Mesenchym entstammt.

Die *erste Knochenbildung* am gesamten Skelett tritt um die 6. Woche in den durch desmale Osteogenese entstehenden Teilen von *Clavicula* und *Mandibula* auf.

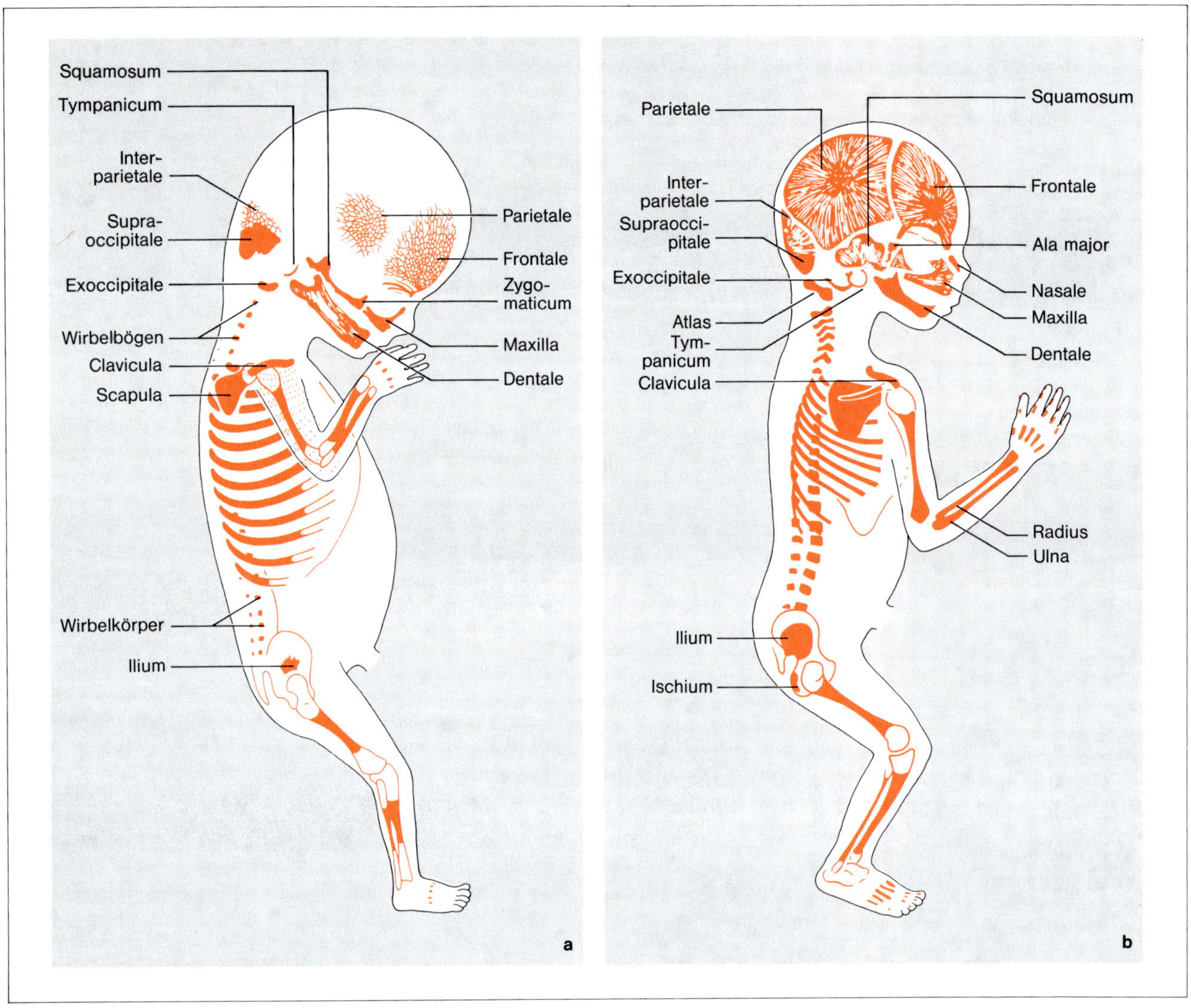

Abb. 3.**5** **Skelettentwicklung menschlicher Feten** gezeichnet nach Aufhellungspräparaten und Anfärbung des Knochen mit Alizarin.

a 55 mm Scheitelsteißlänge.
b 130 mm Scheitelsteißlänge.
Beide Feten wurden auf die gleiche Gesamtlänge gebracht (nach *Starck*).

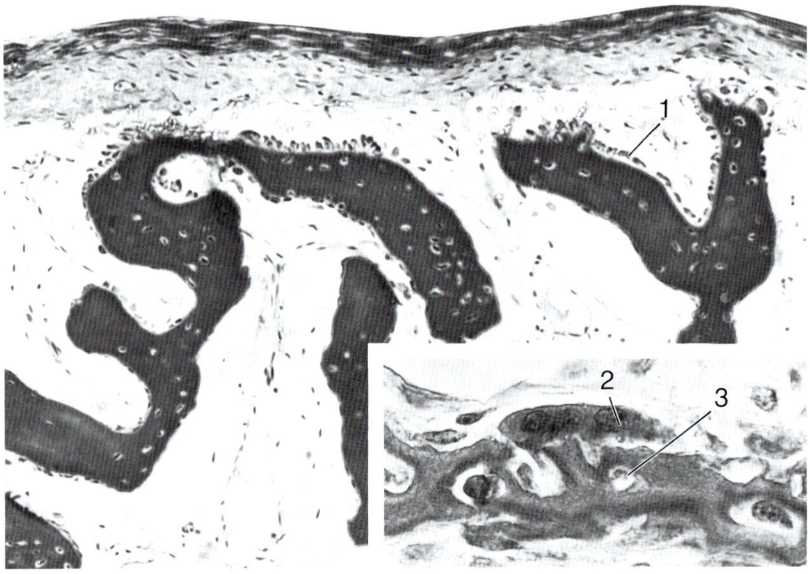

Abb. 3.**6** **Desmale Osteogenese im Bereich des Os parietale bei einem menschlichen Feten.**
Azanfärbung, Vergr. 140fach.
Die Knochenbälkchen sind stellenweise dicht mit Osteoblasten (1) besetzt. Einsatz rechts unten: Goldnerfärbung, Vergr. 560fach; Osteoklast (2) auf einem Knochenbälkchen.
3 Osteozyt
Die Knochenbälkchen sind von einem gefäßreichen, lockeren Bindegewebe umgeben.
(Kurspräparate des Anatomischen Instituts, Kiel)

Die Entwicklung von „Deckknochen" im Schädeldach setzt um die 8. Embryonalwoche ein. An den Anlagen der Ossa frontalia und parietalia hat der Knochen eine von den „Ossifikationszentren" ausgehende charakteristische radiäre Ausrichtung, die am mazerierten Objekt oder im Aufhellungspräparat mit dem bloßen Auge zu erkennen ist (Abb. 3.**5**). Die desmale Osteogenese der Schädelknochen ist zur Zeit der Geburt nicht abgeschlossen. Schädelnähte und Fontanellen (Abb. 3.**7**, 9.**7** u. 9.**8**) sind noch offen. Das *Wachstum* der Skelettelemente des *Schädeldaches* erfolgt durch Knochenbildungszellen im Bindegewebe der *Schädelnähte.* Außerdem kommt es im Rahmen der mit dem Wachstum einhergehenden Formveränderungen des Schädels auch zu *appositionellem Anbau,* meistens auf der konvexen Fläche der Knochen. In diesem Fall wird auf der gegenüberliegenden konkaven Seite Knochengewebe durch Osteoklasten abgebaut. An einigen Nähten zwischen paarig angelegten Knochen, z. B. den Ossa frontalia, schreitet die Osteogenese normalerweise so weit fort, daß beide Anteile etwa am Beginn des 2. Lebensjahres in Form einer *Synostose* (s. S. 95) zu einem Knochen verschmelzen. Die Naht kann als Variante jedoch auch offen bleiben (*Metopismus,* Abb. 9.**13**). Zwischen anderen Knochen, z. B. den Ossa parietalia, bleibt ein schmaler Saum der bindegewebigen Naht erhalten (z. B. Sutura sagittalis, Sutura lambdoidea, Abb. 3.**8** u. 9.**12**). Im höheren Lebensalter werden die *Suturen* allerdings häufig an einigen Stellen knöchern überbrückt. In den bindegewebigen Nähten zwischen den Ossa parietalia und der Okzipitalschuppe können in variabler Zahl und Form eigenständige Ossifikationszentren auftreten, aus denen sich sogenannte *Nahtknochen* entwickeln (Abb. 3.**7**, 3.**8** u. 9.**13**, s. Kap. Schädel, S. 680). Die Knochen der Schädelkalotte bestehen beim Neugeborenen aus einer Schicht. Die typische Dreischichtung (s. Abb. 3.**2** u. 9.**19**) entwickelt sich erst im Laufe der Kindheit.

An den gelenkbildenden Enden der überwiegend durch desmale Knochenbildung entstehenden Clavicula und Mandibula differenziert sich sogenannter *Sekundärknorpel* (s. S. 93). Dieser wird bis auf einen Rest am Ende, der als Gelenkknorpel erhalten bleibt, durch Knochen ersetzt (s. endochondrale Osteogenese) und damit in den Aufbau der Skelettelemente einbezogen. Auch am Schädel verschmelzen desmal und endochondral entstandene Skelettanteile zu „Großknochen". Das Schläfenbein (Os temporale, Abb. 9.**36**–9.**40**) z. B. entsteht aus zwei endochondral und zwei desmal entwickelten Anteilen.

An den knorpelig angelegten langen Skelettelementen beginnt die Osteogenese im mittleren Abschnitt der *Diaphyse* in Form einer desmalen Knochenbildung. Hier differenzieren sich aus *Osteoprogenitorzellen* im Perichondrium des Primordialskelettes *Osteoblasten,* die Osteoid produzieren, das anschließend mineralisiert wird. Es entsteht die *perichondrale Knochenmanschette* (Abb. 3.**9**, 3.**10**). (Auch wenn die perichondrale Knochenbildung nach dem Modus der desmalen Osteogenese verläuft, sollte in diesem Zusammenhang nicht von „Deckknochenbildung" gesprochen werden, da dieser Begriff unter phylogenetischen Gesichtspunkten nur für die Entwicklung der Schädelkalotte zutrifft.) Am Humerus z. B. entsteht die Knochenmanschette in der Mitte, am Femur gegen Ende der *8. Embryonalwoche.* Zunächst wird das knorpelige Skelettelement nur im mittleren Bereich der Diaphyse von einem Ring aus Knochengewebe umschlossen.

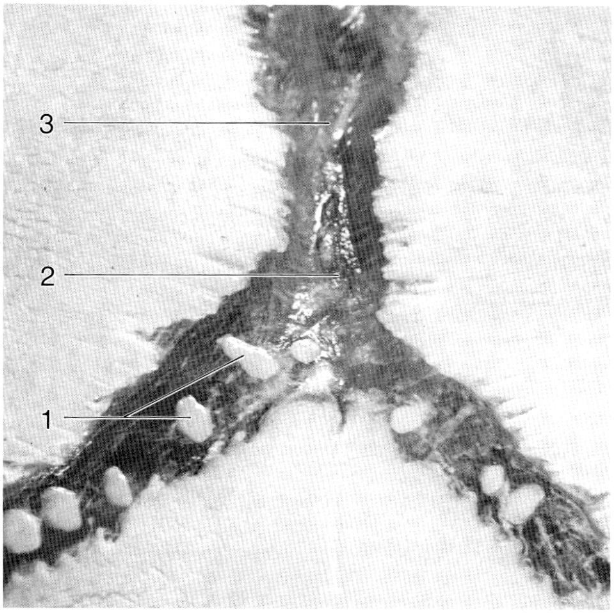

Abb. 3.**7** **Ausschnitt aus dem Hinterhauptsbereich eines Neugeborenenschädels.** Eigenständige Knochenbildungszentren (1) innerhalb der Lambdanaht.
2 Fonticulus posterior (kleine Fontanelle)
3 Sagittalnaht
(Präparat der Sammlung des Anatomischen Institutes, Köln)

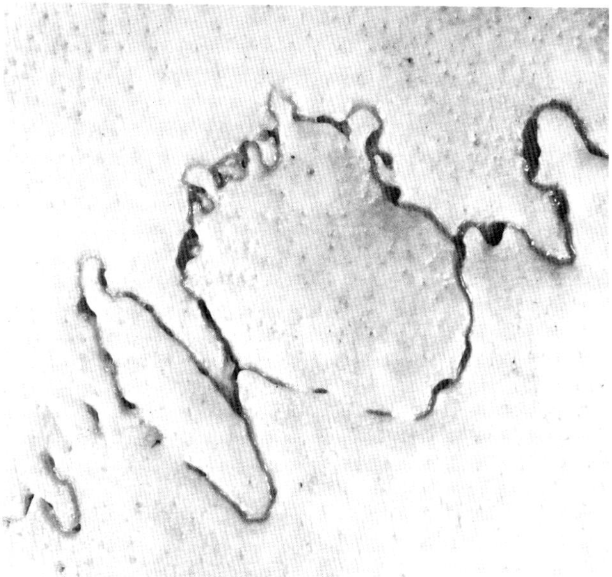

Abb. 3.**8** **Nahtknochen in der Sutura lambdoidea beim Erwachsenen.**

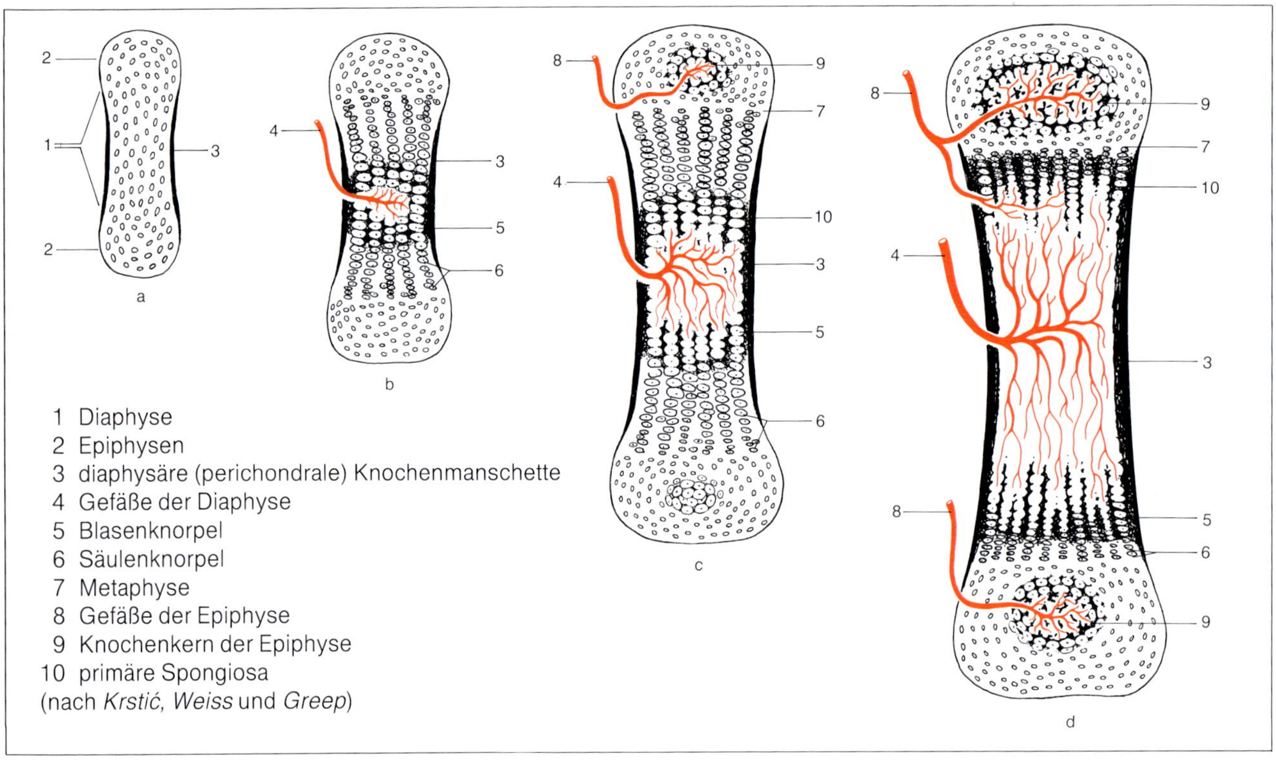

Abb. 3.**9** **Schematische Darstellung der chondralen Osteogenese in einem hyalinknorpelig präformierten langen Skelettelement.**

a Bildung der perichondralen Knochenmanschette

b Entwicklung des diaphysären primären Knochenkernes sowie der proximalen und distalen Wachstumszonen

c Auftreten der epiphysären Knochenkerne

d Fortschreiten des Längenwachstums und deutliche zonale Gliederung an den Wachstumsfugen.

Knochengewebe schwarz

(In der Abbildung ist die von der Knochenbildung unabhängige Vaskularisation des Knorpelskelettes nicht eingezeichnet.)

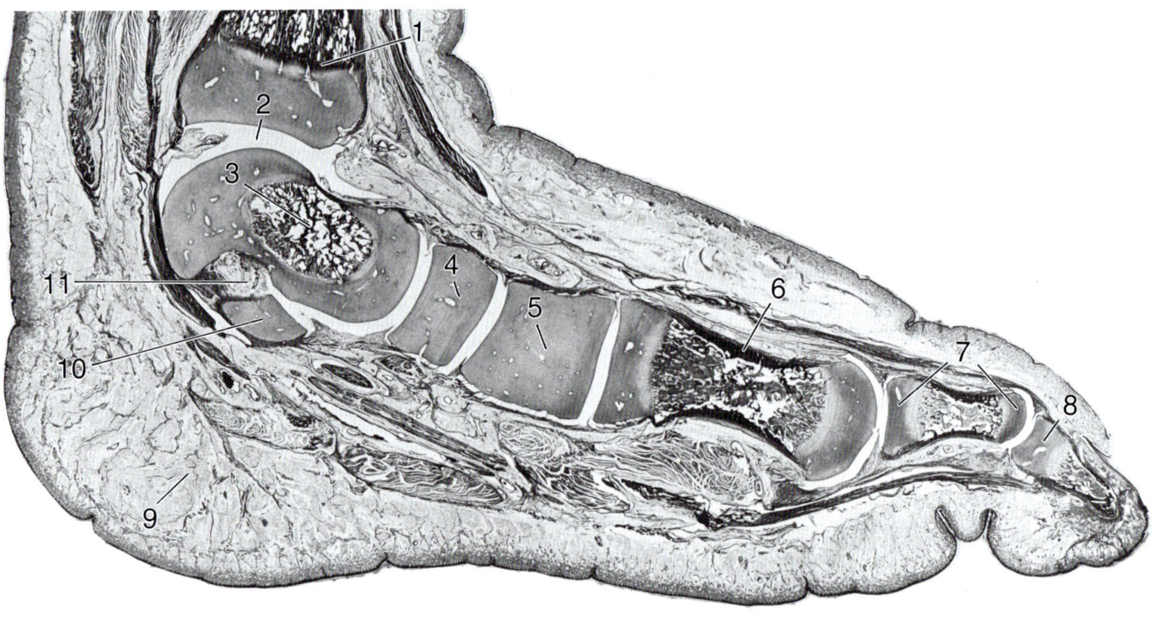

Abb. 3.**10a** **Sagittalschnitt durch den linken Fuß eines Neugeborenen im Bereich des I Strahles;** HE-Färbung; 15 μm. Lupenaufnahme, Vergr. 2fach. Die Knochenentwicklung ist regelrecht. Es lassen sich die verschiedenen Formen der Osteogenese nebeneinander beobachten: Der Talus (3) zeigt eine rein endochondrale Osteogenese; im Metatarsale I (6) und in den Phalangen (7 + 8) kann man perichondrale (periostale) und endochondrale Knochenbildung beobachten. Die knorpelig präformierten Skelettanlagen sind vaskularisiert.

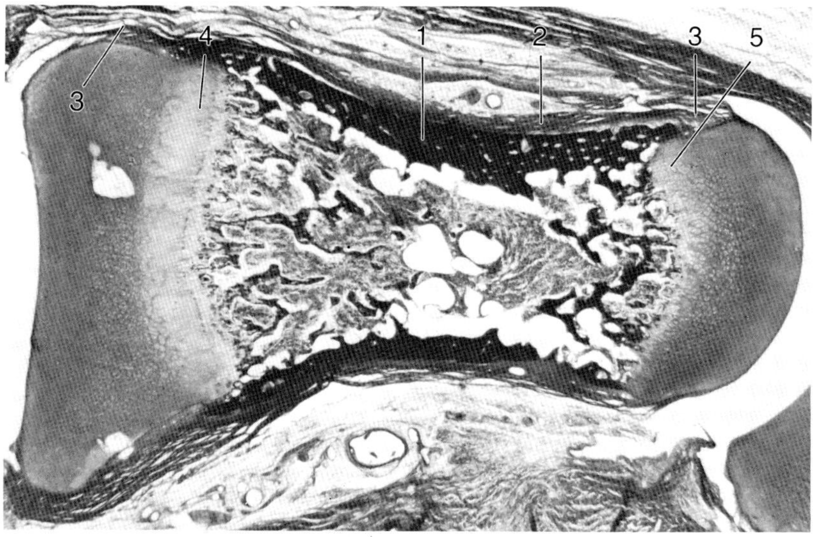

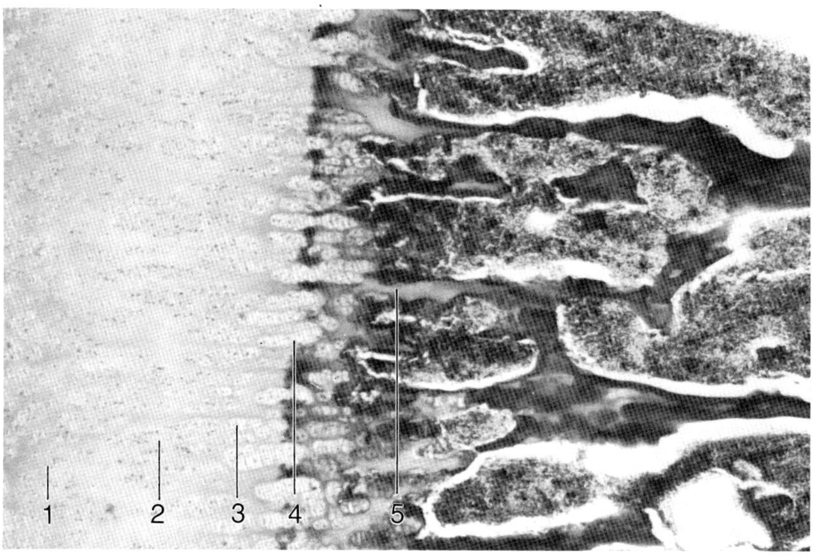

Abb. 3.**10 b** **Ausschnitt aus einem Folgeschnitt von Abb. 3.10 a.**
oben: Längsschnitt durch das Metatarsale I eines Neugeborenen (vgl. Abb. 3.**10 a**). Färbung- Goldner, 15 μm, Vergr. 10fach.
1 perichondrale Knochenmanschette
2 Periost, das proximal und distal kontinuierlich ins Perichondrium (3) übergeht
4 proximale Epiphysenplatte
5 distale Epiphysenplatte
Man beachte die Vaskularisation im Bereich der proximalen Epiphyse.
unten: Ausschnitt aus der proximalen Epiphyse in einem Folgeschnitt des oben gezeigten Objektes. Färbung: HE, 15 μm, Vergr. 45fach.
1 Zone des ruhenden Knorpels
2 Proliferationszone
3 Säulenknorpel
4 Eröffnungszone
5 primäres Spongiosabälkchen, dessen Kern aus hyalinem Knorpel besteht
(Vgl. Abb. 3.**12** u. 3.**13**)

◄ 1 Wachstumsplatte der Tibia. Die distale Tibiaepiphyse ist vaskularisiert. Ihr Knochenkern ist zur Zeit der Geburt noch nicht ausgebildet, sondern erscheint normalerweise erst im 2. Lebensjahr.
2 Art. talocruralis. Beachte die Faltenbildung der Gelenkkapsel.
3 Der Knochenkern des Talus erscheint im 10. Fetalmonat.
4 Primordialskelett des Os naviculare.
5 Primordialskelett des Os cuneiforme mediale.
6 Die perichondrale Knochenmanschette des Os metatorsale I tritt normalerweise am Beginn der Fetalperiode (mens III) auf.
7 Proximale und distale Wachstumsplatte der Großzehengrundphalanx.
8 Die Endphalanx der Großzehe hat nur eine (proximale) Wachstumsplatte.
9 Das Unterhautfettgewebe zeigt die für einen Neugeborenenfuß typische Ausprägung und Verteilung.
10 Anschnitt des Calcaneus.
11 Lig. talocalcaneum interosseum.
(Präparat der Sammlung des Anatomischen Institutes, Kiel)

Später dehnt sich die perichondrale Knochenmanschette nach proximal und nach distal bis in die Region der Epiphysen aus. Mit dem Auftreten von *Geflechtknochen* wird das Perichondrium zum *Periost.* Von ihm geht nun das weitere Dickenwachstum des Knochens (periostale Knochenapposition) aus (s. S. 70).
Mit Beginn der Fetalzeit wird das Primordialskelett vom Perichondrium aus über Knorpelkanäle (s. S. 35) mit Blutgefäßen versorgt. Die Vaskularisierung steht zunächst funktionell im Dienste des wachsenden Knorpelskeletts. Das Einwachsen von Gefäßen in den Knorpel ist außerdem Voraussetzung für die endochondrale Osteogenese (s. S. 62), wobei der Zeitraum zwischen Gefäßeinsprossung und Auftreten eines Knochenkernes in der Epiphyse weit auseinanderliegen kann (am Caput femoris ca. 15 Monate). Die Vaskularisierung des Knorpelskeletts der distalen Mittelfußknochenabschnitte II–V, in denen sich kein epiphysärer Knochenkern entwickelt, ist unabhängig von der Knochenentwicklung. Die Gefäße dienen hier ausschließlich der Ernährung des Knorpels.

Chondrale (kartilaginäre) Osteogenese*

(Osteogenesis cartilaginea)

Der *chondralen Osteogenese* geht die Bildung hyalinknorpeliger Skelettelemente voraus. Das *Knorpel-* oder *Primordialskelett* entwickelt sich aus organspezifischem Mesenchym. Die *Blastembildung* (s. S. 28) setzt in der oberen Extremitätenknospe in der 5., in der unteren Extremitätenanlage in der 6. Embryonalwoche ein (s. Abb. 3.**40**). Die Entwicklung der Skelettelemente schreitet von proximal nach distal fort. Die *Knorpelbildung* in den langen Skelettelementen der oberen Extremitätenanlage erfolgt in der 6. Embryonalwoche (Tab. 3.**1**). Die Skelettelemente des Beckens und des proximalen Femurendes sind in der 8. Woche knorpelig angelegt. Die einzelnen Anteile des Knorpelskeletts gleichen nach der Ausdifferenzierung in ihrer äußeren Form den späteren Knochen (s. Abb. 3.**40**). Sie werden von *Perichondrium* umhüllt.

Art und Ablauf der Knochenbildung sind an den Elementen des *Primordialskeletts* unterschiedlich. Man unterscheidet eine *en-* oder *endochondrale* und eine *perichondrale Knochenbildung* (s. S. 59). An den *Diaphysen* der langen Knochen und an den *Wirbelbögen* kommen *perichondrale* und *endochondrale Osteogenese* vor. *Epiphysen* der langen Knochen, *Hand-* und *Fußwurzelknochen, Wirbelkörper* sowie *Schädelbasis* entstehen durch *endochondrale Knochenbildung*.

An *langen Skelettelementen* sind bei der Osteogenese *drei Entwicklungsschritte* zu unterscheiden, die sich jedoch als Teilvorgänge der Knochenbildung gegenseitig beeinflussen. Am Anfang steht die *perichondrale Osteogenese* (desmale Knochenbildung) mit der Entwicklung einer *perichondralen Knochenmanschette.* Dieser folgt die *endochondrale Osteogenese* in der Diaphyse mit Bildung des *primären Knochenkernes* und den *metaphysären Wachstumszonen* und schließlich die *endochondrale Osteogenese der Epiphysen* mit Entwicklung von *sekundären Knochenkernen.*

Während der Bildung der *perichondralen Knochenmanschette* kommt es im Knorpelgewebe der *Diaphysenmitte* zu charakteristischen Veränderungen, mit denen die *endochondrale Knochenbildung* eingeleitet wird (Abb. 3.**9**): Die Knorpelzellen nehmen erheblich an Größe zu und dehnen sich dabei „auf Kosten" der Extrazellulärmatrix aus. Die interterritorialen Anteile der Extrazellulärmatrix im Bereich der hypertrophierten Zellen werden kurz darauf *mineralisiert.* Nach Beginn der Mineralisierung wächst ein *Gefäß* aus dem Periost durch die Knochenmanschette in die Zone der hypertrophierten Zellen. Die Gefäßeintrittsstelle entspricht dem späteren Foramen nutricium. Mit den Gefäßen dringt *Bindegewebe* in das Innere des Skelettelementes. Aus dem perivaskulären Bindegewebe differenzieren sich *Osteoblasten* und *Blutbildungszellen.* Ferner treten *Chondroklasten* und *Osteoklasten* auf. Chondroklasten bauen einen Teil der mineralisierten

* Unter *chondraler Osteogenese* wird hier die gesamte Knochenbildung an knorpelig präformierten Skelettelementen (Primordialskelett) verstanden, die an langen Skelettelementen in Form einer *desmalen* (Bindegewebsknochen der perichondralen Knochenmanschette) und einer *endochondralen* (Ersatzknochenbildung der Dia- und Epiphyse) *Osteogenese* erfolgt.

Tabelle 3.**1** Zeitlicher Ablauf der Knorpelbildung in den Anlagen der Skelettelemente von Hand und Fuß (nach *O'Rahilly* u. *Gardner* 1976)

	Woche	6			7			8
	Stadium	17	18	19	20	21	22	23
Carpalia			■	■				
Metacarpalia		■	■					
Prox.	Phalanx		■	■				
Med.	Phalanx			■	■			
Dist.	Phalanx				■	■		
Tarsalia			■	■				
Metatarsalia			■	■				
Prox.	Phalanx				■			
Med.	Phalanx					■		
Dist.	Phalanx					■	■	■

Extrazellulärmatrix des Knorpels ab. Außerdem werden die Lakunen der hypertrophierten Zellen eröffnet, wobei die Knorpelzellen selbst schwinden (s. unten). Auf diese Weise entstehen kleine *Höhlen* und *Lakunen*. Man bezeichnet den Bereich des Knorpelabbaues als *„Eröffnungszone“* (Abb. 3.**10**, 3.**11**, 3.**13**). An den Rändern der Lakunen lagern sich den Resten der mineralisierten Extrazellulärmatrix des Knorpels Osteoblasten an, die ossäre Extrazellulärmatrix bilden. So entsteht im Zentrum der Diaphyse ein *primärer Knochenkern* (s. Abb. 3.**9**). Der Raum zwischen den Trabekeln des Geflechtknochens wird als *primärer Markraum* bezeichnet. Die morphologischen Veränderungen am Knorpelgewebe und die Vorgänge des

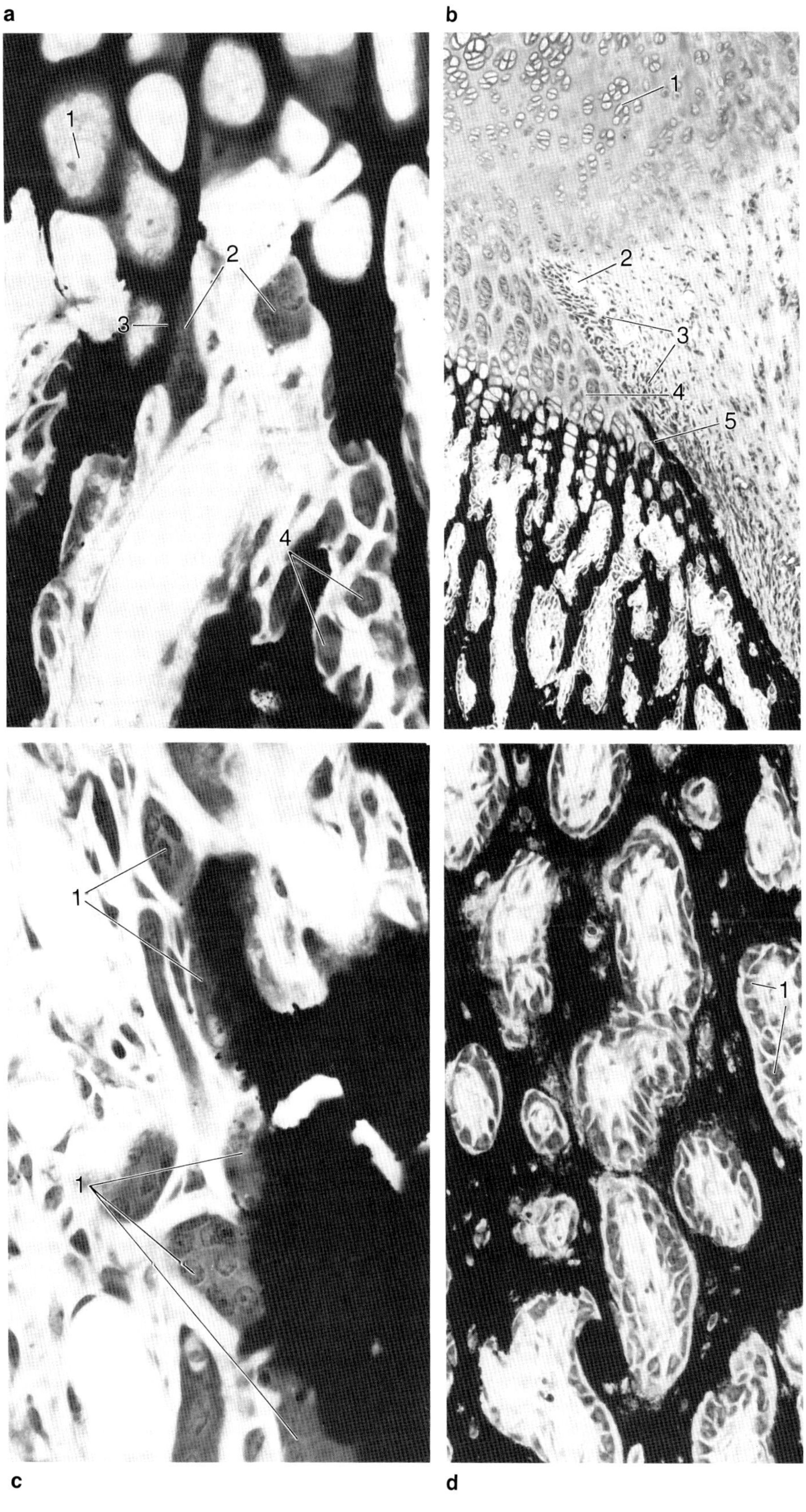

Abb. 3.**11** **Tibia einer Ratte; unentkalkte Schnitte;** Färbung: Kossa-Tetrachrom (McNeal).

a Längsschnitt aus der Eröffnungszone. Man beachte die Chondroklasten (2) an den mineralisierten longitudinalen Septen (3).
1 Knorpelzelle der Eröffnungszone
4 Osteoblasten an Spongiosatrabekeln
Vergr. 560fach.

b Längsschnitt durch die Randzone der Metaphyse.
1 Knorpel der Epiphyse
2 Ranviersche Furche
3 Perichondrium der Epiphysenplatte
4 Säulenknorpel der Epiphysenplatte
5 perichondrale Knochenmanschette
Vergr. 90fach.

c Längsschnitt aus der Randzone der Diaphysenmitte. Auf den Spongiosatrabekeln liegen mehrere Osteoklasten (1). Vergr. 560fach.

d Schrägschnitt aus dem Diaphysenbereich. Die Spongiosatrabekel werden von Knochendeckzellen (1) des Endost bedeckt. Vergr. 350fach.

(Kurspräparat des Anatomischen Institutes, Kiel)

Knorpelabbaues sowie der Knochengewebsbildung gleichen denen an der Wachstumsplatte; sie werden dort ausführlich beschrieben (s. unten).
Mit der Entwicklung eines primären Knochenkernes entsteht gleichzeitig proximal und distal von diesem je eine *Wachstumszone*, die für das Längenwachstum des Skelettelementes verantwortlich ist (s. Abb. 3.**9**).
Mit fortschreitender endochondraler Osteogenese dehnt sich der primäre Markraum nach proximal und nach distal aus. Dabei verlagern sich die Wachstumszonen epiphysenwärts und differenzieren sich zur geordneten Struktur der *Wachstumsplatte* (Wachstumsfuge, Epiphysenknorpel, Epiphysenplatte oder -fuge, s. S. 52 und s. unten). Sie liegt im metaphysären Bereich der Diaphyse (s. Abb. 3.**10**, 3.**14**). Die Knorpel von Wachstumsplatte und Epiphyse gehen kontinuierlich ineinander über. Nach Einsetzen der endochondralen Osteogenese in der Epiphyse liegt die Wachstumsplatte zwischen den knöchernen Anteilen von Epi- und Metaphyse. In der Randzone ist der Knorpel der Epiphysenplatte mit dem Gelenkknorpel verbunden. Der Knorpel der Wachstumsplatte wird manschettenartig vom Perichondrium (Ranvierscher perichondraler Ring) umschlossen, das eine mechanische Haltefunktion ausübt. Darüber hinaus soll vom Perichondrium die Bildung des kompakten Knochens in der Peripherie der Metaphyse ausgehen. Der Knorpel der Epiphysenplatte ist an seiner Peripherie rinnenförmig eingesenkt *(Ranviersche Furche)* (s. Abb. 3.**11 b**).
An der *Wachstumsplatte* lassen sich morphologisch und funktionell verschiedene *Zonen* unterscheiden (Abb. 3.**9**, 3.**10**, 3.**12**): Im epiphysenwärts gerichteten Abschnitt entsteht durch interstitielles *Wachstum* neues Knorpelgewebe. Im metaphysären Teil der Wachstumsplatte finden die für die endochondrale Knochenbildung notwendigen Voraussetzungen der *Mineralisierung* der Extrazellulärmatrix, der *Vaskularisation* und der *Knorpelgewebsresorption* statt. Distal schließt unmittelbar an die Wachstumsplatte die Zone der *Knochengewebsbildung* und des *Knochenumbaues* an. Die Vorgänge der Osteogenese werden im folgenden vorwiegend unter Berücksichtigung der Befunde von Schenk und Hunziker beschrieben.
Den Bereich der Knorpelzellvermehrung innerhalb der Wachstumsfuge bezeichnet man als *Proliferationszone* (Abb. 3.**12**). Die Zellen der Proliferationszone entstammen der Reservezone (*Zone* des sogenannten *ruhenden Knorpels*), die epiphysenwärts von der Proliferationszone liegt. Die Zellen der Reservezone dienen als „Nachschub" für die Proliferationszone. An der mitotischen Teilung nehmen alle Knorpelzellen in der Proliferationszone teil. Die Zellteilungsebene liegt in Längsachse des Skelettelementes. Das vertikal ausgerichtete Septum aus Extrazellulärmatrix zwischen den Tochterzellen verlagert sich nach abgeschlossener Mitose in die Horizontalebene. Das gleichartige Verhalten der Knorpelzellen während der Mitose führt zu einer *säulenartigen* Anordnung der scheibenförmig geschichteten Knorpelzellen *(Säulenknorpel)*. Typischer Säulenknorpel entsteht nur dann, wenn sich die interzelluläre Extrazellulärmatrix nach der Mitose durch Drehung der Zellen zu einem transversalen Septum formiert. Unterbleibt diese Verlagerung, so treten Wachstumsstörungen auf. Die einzelnen Knorpelzellen innerhalb einer Säule werden durch *transversale* (interzelluläre) *Septen territorialer Extrazellulärmatrix* getrennt. Innerhalb der Proliferationszone laufen Reifungsprozesse ab, die diaphysenwärts am ausgeprägtesten sind; daher bezeichnet man den unteren Abschnitt der Proliferationszone auch als Zone der reifen proliferierenden Knorpelzellen (Reifungszone). Charakteristisch für die Reifungszone ist die Abnahme der Mitoseaktivität bei konstanter Produktion von Extrazellulärmatrix. Zwischen den einzelnen Knorpelsäulen bildet die *interterritoriale Extrazellulärmatrix longitudinale* (interkolumnäre) *Septen*. Die Proliferationszone setzt sich zu zwei Drittel aus Extrazellulärmatrix und zu einem Drittel aus Knorpelzellen zusammen. Durch Zellvermehrung und durch Zunahme der territorialen Extrazellulärmatrix in den transversalen Septen trägt die Proliferationszone auch zum *Längenwachstum* der Skelettelemente bei.
Die Zellen im metaphysären Abschnitt der Knorpelsäulen der Proliferationszone (Reifungszone, s. oben) verlieren ihre Teilungsfähigkeit und nehmen erheblich an Größe zu. Man bezeichnet den Abschnitt mit *hypertrophierten Knorpelzellen* als Zone des *Blasenknorpels* (Abb. 3.**12**). Von der Proliferationszone zur Blasenknorpelzone nimmt der Durchmesser der Knorpelzellen in der Vertikalen etwa um das 5fache zu. Das Volumen der Extrazellulärmatrix verdoppelt sich in der Blasenknorpelzone im Vergleich mit der Proliferationszone; sie macht etwa ein Drittel des Gesamtvolumens aus (vgl. oben). Das *Längenwachstum* der langen Skelettelemente beruht damit hauptsächlich auf *Volumenzunahme* der Zellen der *Blasenknorpelzone*. Die hypertrophierten Zellen enthalten zahlreiche Mitochondrien, einen großen Golgi-Apparat und ein gut ausgebildetes rauhes endoplasmatisches Reticulum. Die Zellen sind sehr reich an Glykogen und alkalischer Phosphatase.

Die *Kollagenfibrillen* in der Wachstumsplatte sind innerhalb der interkolumnären Septen vorzugsweise longitudinal, in den interzellulären Septen und in der Zone des ruhenden Knorpels transversal ausgerichtet. Im Perichondrium ziehen die Fibrillen zirkulär und longitudinal.
Die hypertrophierten Knorpelzellen der Blasenknorpelzone bilden außer Typ-II-Kollagen in den longitudinalen Septen auch das für diese Zone typische Typ-X-Kollagen. Typ-X-Kollagen tritt im Knorpel auf, wo es zur Mineralisation der Extrazellulärmatrix kommt. Die Extrazellulärmatrix in der Umgebung der terminalen Knorpelzellen der Eröffnungszone enthält außerdem bereits das für Knochengewebe typische Typ-I-Kollagen.

Die *Vorbereitung der Osteogenese* im mittleren Bereich der Wachstumsplatte verläuft *in 3 Schritten:* Zunächst wird die *interterritoriale Extrazellulärmatrix* in der Zone des Blasenknorpels *mineralisiert*. Danach kommt es zur *Vaskularisation* des Gewebes. In einem letzten Schritt erfolgt der *Abbau* von mineralisierter und nicht mineralisierter Extrazellulärmatrix.
Die *Mineralisierung der Extrazellulärmatrix* in der Zone des Blasenknorpels bleibt auf die *longitudinalen Septen* beschränkt. Die transversalen Septen der terri-

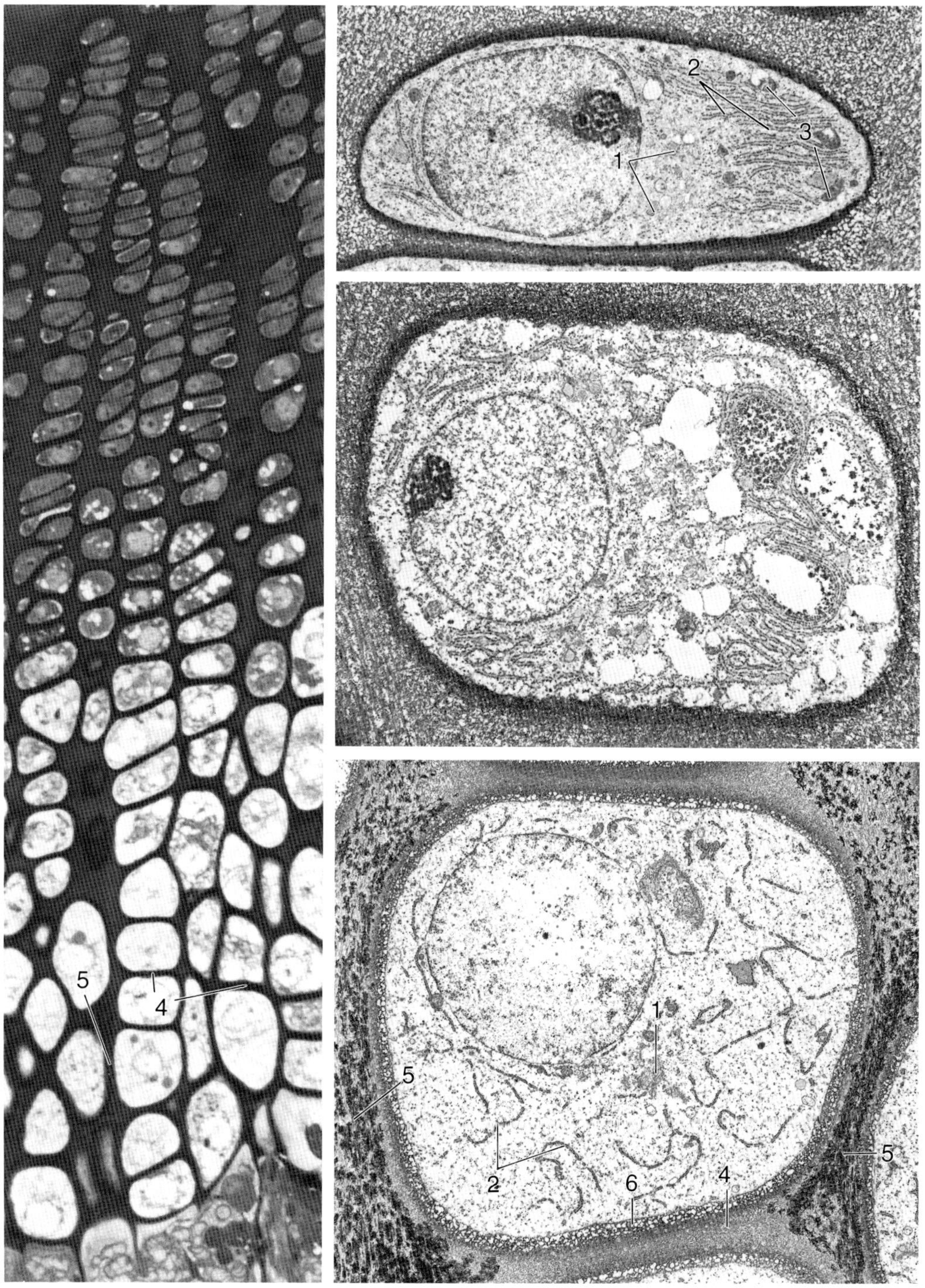

Abb. 3.**12** **Epiphysenknorpel aus der Tibiametaphyse einer Ratte** (Fixierung mit Ruthenium Hexamin Trichlorid, (RHT), nach *Hunziker, Herrmann* und *Schenk*).
Links: lichtmikroskopische Übersicht. Färbung: Toluidinblau, Vergr. 340fach.
Rechts: elektronenmikroskopische Aufnahmen von Knorpelzellen jeweils aus der entsprechenden Zone der lichtmikroskopischen Übersicht links.
Rechts oben: Knorpelzelle aus der Proliferationszone (Vergr. 4600fach).
Rechts Mitte: reifende Knorpelzelle aus dem mittleren Bereich des Säulenknorpels (Vergr. 4600fach).
Rechts unten: hypertrophierte Knorpelzelle (Blasenknorpel) (Vergr. 2590fach).

1 Golgi-Apparat
2 rauhes endoplasmatisches Reticulum
3 Mitochondrien
4 transversales (interzelluläres), *nicht mineralisiertes* Septum der territorialen Extrazellulärmatrix
5 longitudinales, *mineralisiertes* Septum der interterritorialen Extrazellulärmatrix
6 mit RHT dargestellte Proteoglykane, die einen „Mantel" um die Knorpelzellen bilden
(Originalaufnahmen Prof. Dr. *R. Schenk,* Bern)

torialen Extrazellulärmatrix werden hingegen nicht mineralisiert (Abb. 3.**13**). Voraussetzung für die Mineralisierung ist das Vorhandensein sogenannter *Matrixvesikel.* Diese von einer Membran umhüllten Partikel, deren Durchmesser zwischen 50 und 200 nm liegt, haben eine der Chondrozytenmembran ähnliche Enzymausstattung. Matrixvesikel sind in den longitudinalen Septen sehr zahlreich vorhanden. Die ersten Calciumphosphatablagerungen entstehen innerhalb der Matrixvesikel. Ihre Membranen brechen alsbald auf, und die bereits entstandenen Präzipitate dienen dann als Kristallisationskeime für weitere Anlagerung von Mineralsalzen. Im Gegensatz zum Knochengewebe bleiben die Kollagenfibrillen des Knorpels frei von Mineralien. Die *physiologische Bedeutung* der Mineralisierung des Knorpelgewebes liegt nach SCHENK in der Bereitstellung einer „Leitlinie" für die einsprossenden *Gefäße* sowie in deren Schutz vor mechanischen Einwirkungen. Die mineralisierten Septen der Extrazellulärmatrix dienen ferner dem neu gebildeten Knochen als *Gerüst.* Sie bilden den *Kern der primären Spongiosabälkchen* (Abb. 3.**13**).

Bei der Vaskularisation der Eröffnungszone spielt der Vascular Endothelial Growth Factor (VEGF), der von den Blasenknorpelzellen exprimiert wird, eine wichtige Rolle. Durch VEGF wird die Angiogenese ausgelöst, außerdem übt VEGF chemostatischen Einfluß auf das Einwandern von Osteoblasten und Chondroklasten auf.

Die *Blutversorgung* der Wachstumsplatte erfolgt durch Gefäße der Diaphyse und der Metaphyse (s. Abb. 3.**1**, 3.**9**). Die *fenestrierten Kapillaren* dringen in den bereits eröffneten Lakunen bis zur letzten Zelle der Blasenknorpelsäule vor. Durch die Kapillarwand treten *Monozyten* und phagozytieren als Makrophagen die *nicht mineralisierten transversalen Septen* der Extrazellulärmatrix. Welche Bedeutung die letzte Knorpelzelle beim Abbau des transversalen Septums und damit bei

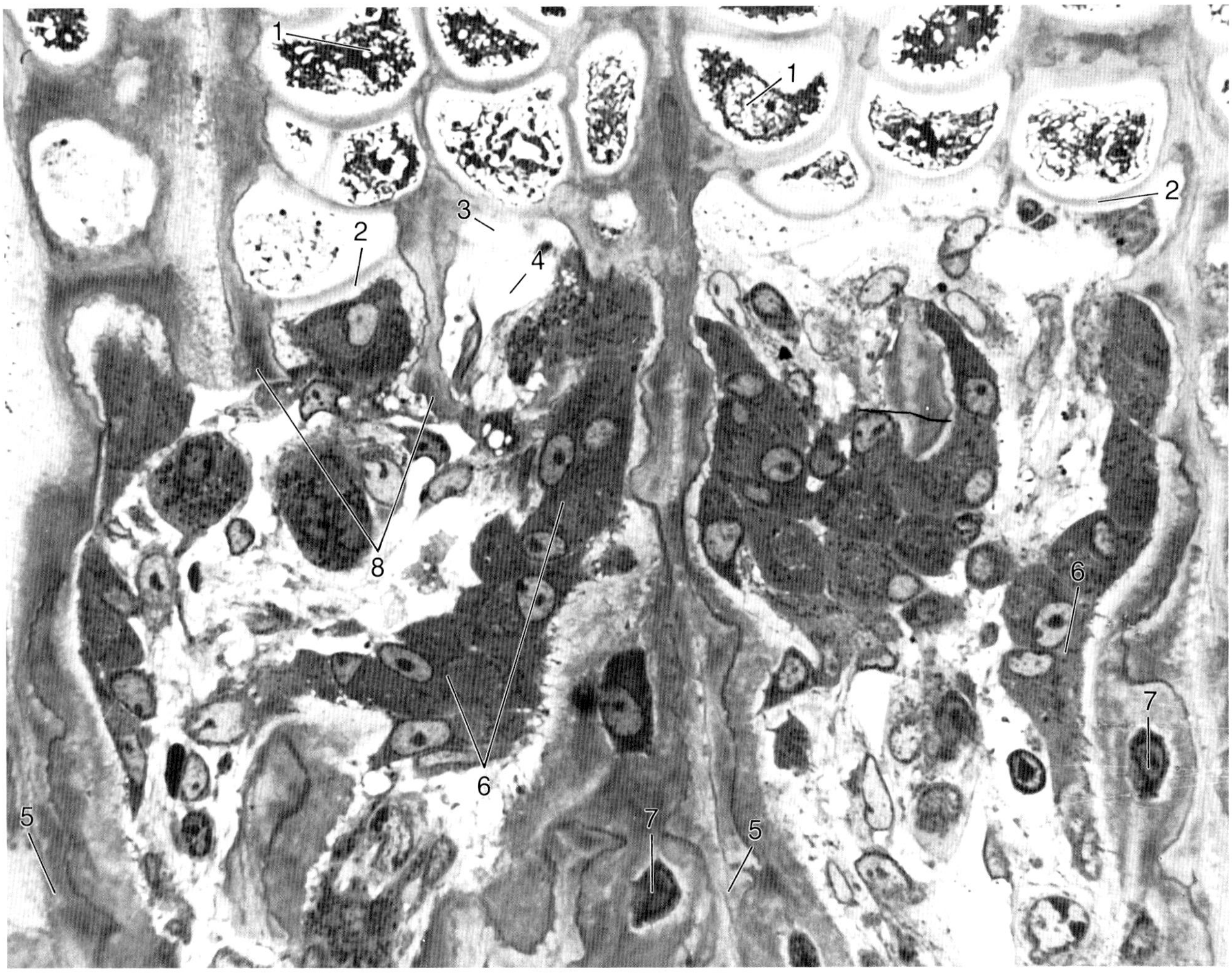

Abb. 3.**13** **Eröffnungszone der proximalen Tibiametaphyse einer 14 Wochen alten Ratte.** Färbung: Toluidinblau.

1 Chondrozyten der Eröffnungszone
2 transversale, nicht mineralisierte Septen unmittelbar vor ihrem Abbau
3 eröffnete Lakune mit Kapillare (4)
5 primäre Spongiosabälkchen, deren Kern aus hyalinem Knorpel (Rest der longitudinalen Septen) besteht
6 Osteoblasten
7 Osteozyten
8 in die primäre Markhöhle hineinragende Enden von abgebauten longitudinalen Septen.

Bei der endochondralen Osteogenese bleibt nur jedes dritte longitudinale Septum der knorpeligen Extrazellulärmatrix (5) zum Anbau von Osteoid erhalten. Vergr. 900fach.
(Originalabbildung Prof. Dr. *R. Lüllmann-Rauch* und Dr. *A. Peters,* Kiel)

der Eröffnung ihrer Lakune hat, ist nicht bekannt. Unklar sind ebenfalls Zeitpunkt und Modus des Verschwindens der terminalen Knorpelzellen (s. oben).

Ein beträchtlicher Teil der *mineralisierten interterritorialen Extrazellulärmatrix* der longitudinalen Septen wird durch mehrkernige Riesenzellen, die *Chondroklasten,* abgebaut. Chondroklasten gleichen morphologisch Osteoklasten und gehören wie diese zum *monozytär-phagozytischen System.* Durch die Chondroklastentätigkeit wird die Anzahl der mineralisierten longitudinalen Septen auf etwa ⅓ reduziert (Abb. 3.**13**). Auf diese Weise wird Raum für den neu zu bildenden Knochen und das Gefäßnetz geschaffen. Die *Eröffnung der Lakunen* und der Abbau von mineralisierter Extrazellulärmatrix an den longitudinalen Septen erfolgt synchron über die gesamte Breite der Epiphysenplatte.

Die *Knochenbildung* beginnt mit der Anlagerung von Osteoblasten auf den Resten der longitudinalen Septen und der Bildung ossärer Extrazellulärmatrix. Die *Osteoblasten* entstammen *Osteoprogenitorzellen* des perivaskulären Gewebes. Die auf diese Weise entstandenen *primären Spongiosatrabekel* haben demnach einen Kern aus mineralisierter Extrazellulärmatrix von hyalinem Knorpelgewebe und eine Schale von Geflechtknochen. Der von gefäßreichem Bindegewebe ausgefüllte Raum zwischen den primären Spongiosatrabekeln wird als *primäre Markhöhle* bezeichnet. Nach Einsetzen der medullären Blutbildung, etwa im 5. Fetalmonat, wandelt sie sich zur sekundären Markhöhle (s. Bd. II). Primäre Spongiosatrabekel werden alsbald abgebaut. An ihre Stelle treten *sekundäre Spongiosatrabekel,* die aus Fragmenten reifen Lamellenknochens bestehen (s. S. 42).

In den knorpelig präformierten *Epiphysen* der langen Skelettelemente entsteht durch *endochondrale Osteogenese* ein *sekundärer Knochenkern.* In einigen Epiphysen, z. B. im Femurkopf, können mehrere Knochenkerne auftreten. Die sekundären Knochenkerne erscheinen in den Epiphysen erst nach der Geburt. Eine Ausnahme macht der distale Epiphysenkern im Femur, dessen Vorhandensein als *Reifezeichen* des Neugeborenen gilt. Die Knochenbildung erfolgt in ähnlicher Weise wie die endochondrale Osteogenese der Diaphyse. Allerdings entsteht in der Epiphyse keine horizontal ausgerichtete Wachstumsplatte. Die Zellsäulen der Proliferations- und Blasenknorpelzellen sind vielmehr radiär um den Knochenkern angeordnet (s. Abb. 3.**9**). In entsprechender Weise richten sich auch die primären Spongiosatrabekel aus. Der Knorpel der Epiphysen wird bis auf den Gelenkknorpel durch Knochen ersetzt (s. Kap. Gelenke, S. 96).

Wenn die Knorpelproliferation in der Wachstumsplatte und in der Epiphyse sistiert, kommt es zur knöchernen Vereinigung von Epi- und Diaphyse. Dieser geht eine Mineralisierung der dünnen Restknorpelplatte voraus, die gemeinsam mit einem schmalen Saum des angrenzenden metaphysären Knochens abgebaut wird. In die Zone dringen Gefäße aus Epi- und Metaphyse, in deren Umgebung dichter Knochen entsteht. Die „Nahtstelle" der synostotischen Verschmelzung von Epi- und Diaphyse ist als *Epiphysenlinie* mit dem bloßen Auge sichtbar (s. Abb. 2.**24**).

Der *Zeitpunkt des Epiphysenfugenschlusses* ist an den einzelnen langen Knochen, aber auch in deren proximalem und distalem Bereich unterschiedlich. Am Humerus z. B. schließt sich die distale Epiphysenplatte um das 16. Lebensjahr. Proximal kommt es erst um

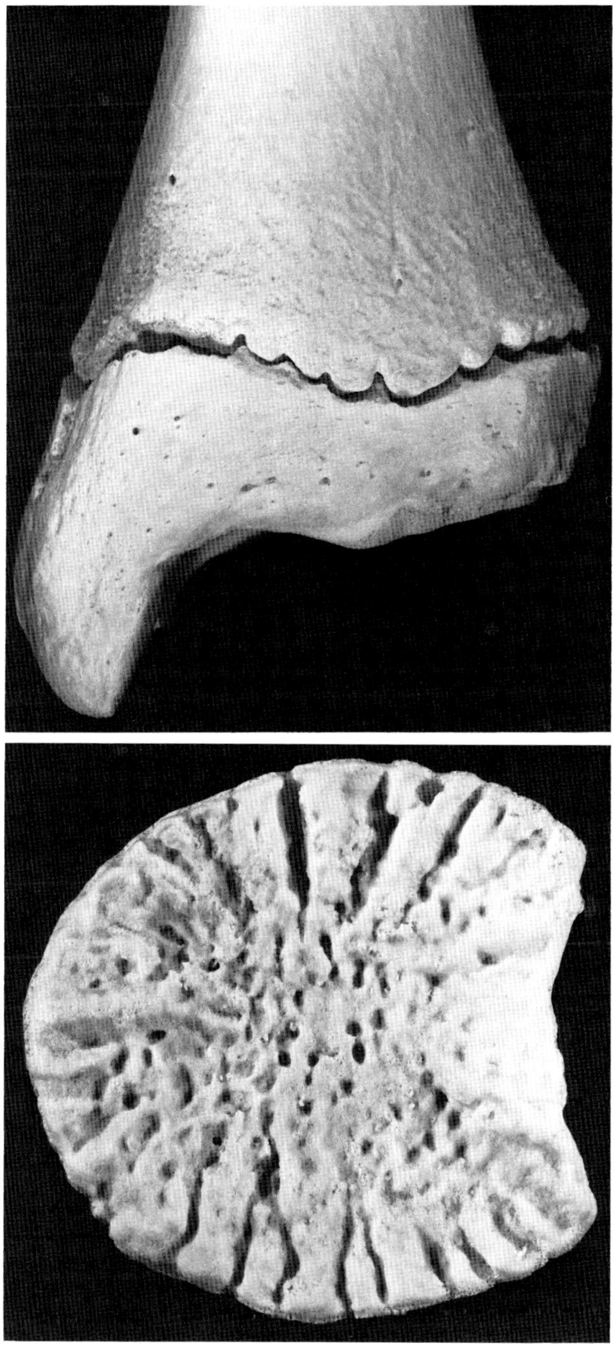

Abb. 3.**14** **Skelett des rechten distalen Tibiaendes von einem 13jährigen Mädchen.**
Oben: Ansicht von vorn. Im Spaltraum zwischen Epiphyse und Metaphyse befand sich der durch die Mazeration aufgelöste Knorpel der Wachstumsfuge. Unten: Ansicht der metaphysären Grenzfläche der Wachstumsplatte. Man beachte die höckerige Oberfläche.

das 20. Lebensjahr zur knöchernen Vereinigung von Epi- und Diaphyse. Am Radius sind die Verhältnisse umgekehrt; hier erfolgt der Schluß der Wachstumsplatte distal später als proximal. Der *Zeitpunkt* des Epiphysenplattenschlusses weist neben *individuellen Schwankungen* deutliche *Geschlechtsunterschiede* auf (s. S. 7 u. Abb. 1.**2** u. 3.**14**).

Störungen der Knorpelproliferation oder Verletzungen des Knorpels gehen mit Wachstumsveränderungen einher (s. S. 70). Frakturen mit Beteiligung der Wachstumsplatte können zum vorzeitigen Schluß der Fuge und zum Wachstumsstillstand führen. Wachstumsstörungen, die durch umschriebene Knochenbrücken in der Epiphysenplatte zustandekommen, lassen sich durch Abtragen des Knochengewebes und anschließende Transplantation von Knorpel erfolgreich behandeln.

Bei *Apophysen* erfolgt die Knochenbildung in ähnlicher Weise wie in der Epiphyse. Die *Knochenkerne* treten allerdings zum Teil erst im 2. Lebensjahrzehnt auf (s. Spezieller Teil). Auch die Verschmelzung mit dem Epiphysenknochen vollzieht sich relativ spät. Am Tuberculum majus des Humerus z. B. kommt sie erst am Beginn des 3. Dezennium zustande. Die Vorgänge gleichen denen an der metaphysären Wachstumsplatte.
Die *Knochenbildung* in kurzen und *unregelmäßigen Skelettelementen* erfolgt allein durch *endochondrale Osteogenese*. Eine perichondrale (desmale) Knochenbildung tritt nur in den Wirbelbögen auf (s. S. 194). Die Histogenese der endochondralen Knochenbildung gleicht der in Epi- und Apophysen der langen Skelettelemente. Die *Knochenkerne* entstehen normalerweise innerhalb eines begrenzten Zeitraumes in einer für die einzelnen Skelettelemente typischen Reihenfolge (s. Tab. 3.**2**). Einige Knochenkerne am Fuß (Talus, Calcaneus, Os cuboideum) sind bereits bei der Geburt vorhanden (s. Abb. 3.**10**). An der Hand dient die röntgenologische Untersuchung der Knochenkerne in den Skelettelementen zur *Alters-* und *Reifebestimmung* (s. S. 10).

Die Osteogenese in den langen Skelettelementen steht, wie Modellversuche von Kummer zeigen, in Einklang mit der *mechanischen Beanspruchung*. In einem auf Biegung beanspruchten Modell eines fetalen Femur liegt im Bereich des Biegungsmaximums ein hydrostatischer (attraktiver singulärer) Punkt (Abb. 3.**15**). Nach der Theorie von Pauwels zur *Kausalen Histogenese* der Stützgewebe (s. S. 15) entwickelt sich in Zonen hydrostatischen Druckes zunächst Blasenknorpel und anschließend Knochengewebe. Die perichondrale Knochenmanschette entsteht im Bereich höchster Dehnung. Die Knochenkerne in Epi- und Apophysen entsprechen in ihrer Lage ebenfalls hydrostatischen Punkten im spannungsoptischen Modell.

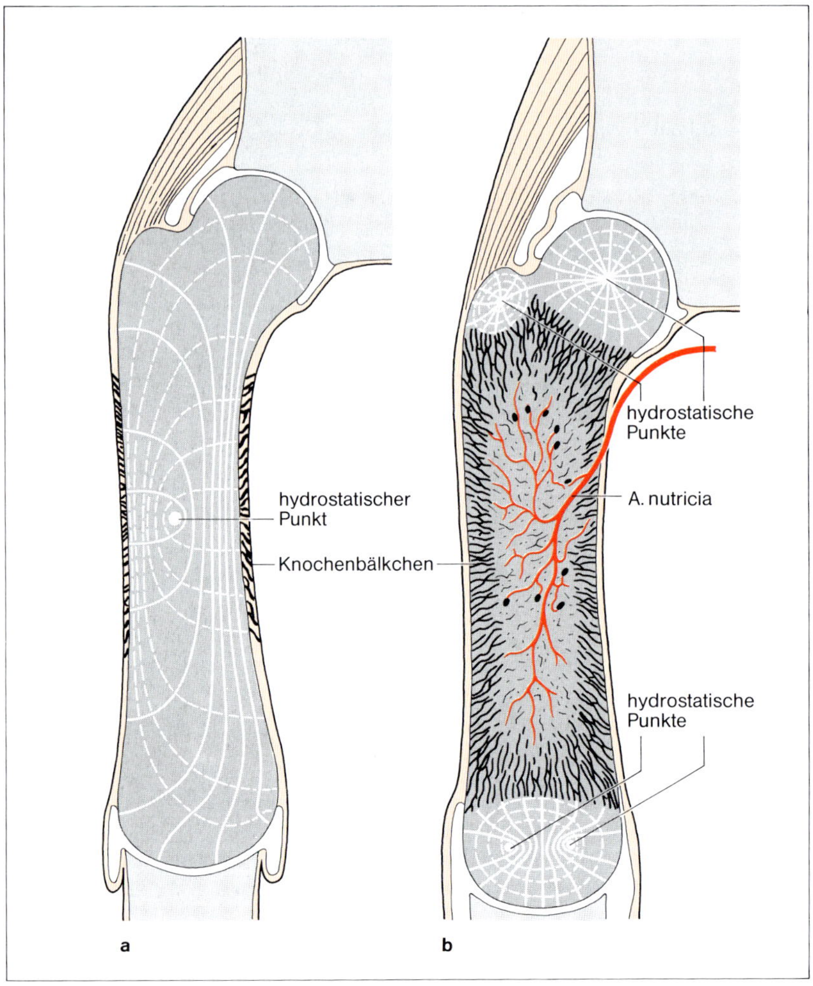

Abb. 3.**15a** **Verlauf der Drucktrajektorien** (durchzogene Linien) **und Zugtrajektorien** (unterbrochene Linien) im Primordialskelett eines Röhrenknochens (schematische Darstellung). In der Diaphysenmitte liegt ein attraktiver singulärer (hydrostatischer) Punkt. In der gleichen Zone entsteht die Anlage der perichondralen Knochenmanschette. (nach Kummer)

Abb. 3.**15b** Schreitet die Osteogenese bis an die Enden des Skelettelementes fort, **ändert sich der Spannungsverlauf in Epi- und Apophysen;** es entstehen hydrostatische Punkte, in deren Bereich es nach der Theorie der Kausalen Histogenese von *Pauwels* zur Bildung endochondraler Knochenkerne kommt. (nach Kummer)

Tabelle 3.**2** Auftreten der zur Bestimmung des Skelettalters wichtigen Knochenkerne in Knie, Fußwurzel, Ellbogen und Handwurzel (aus *D. Vogt* in *Keller-Wiskott,* 1966)

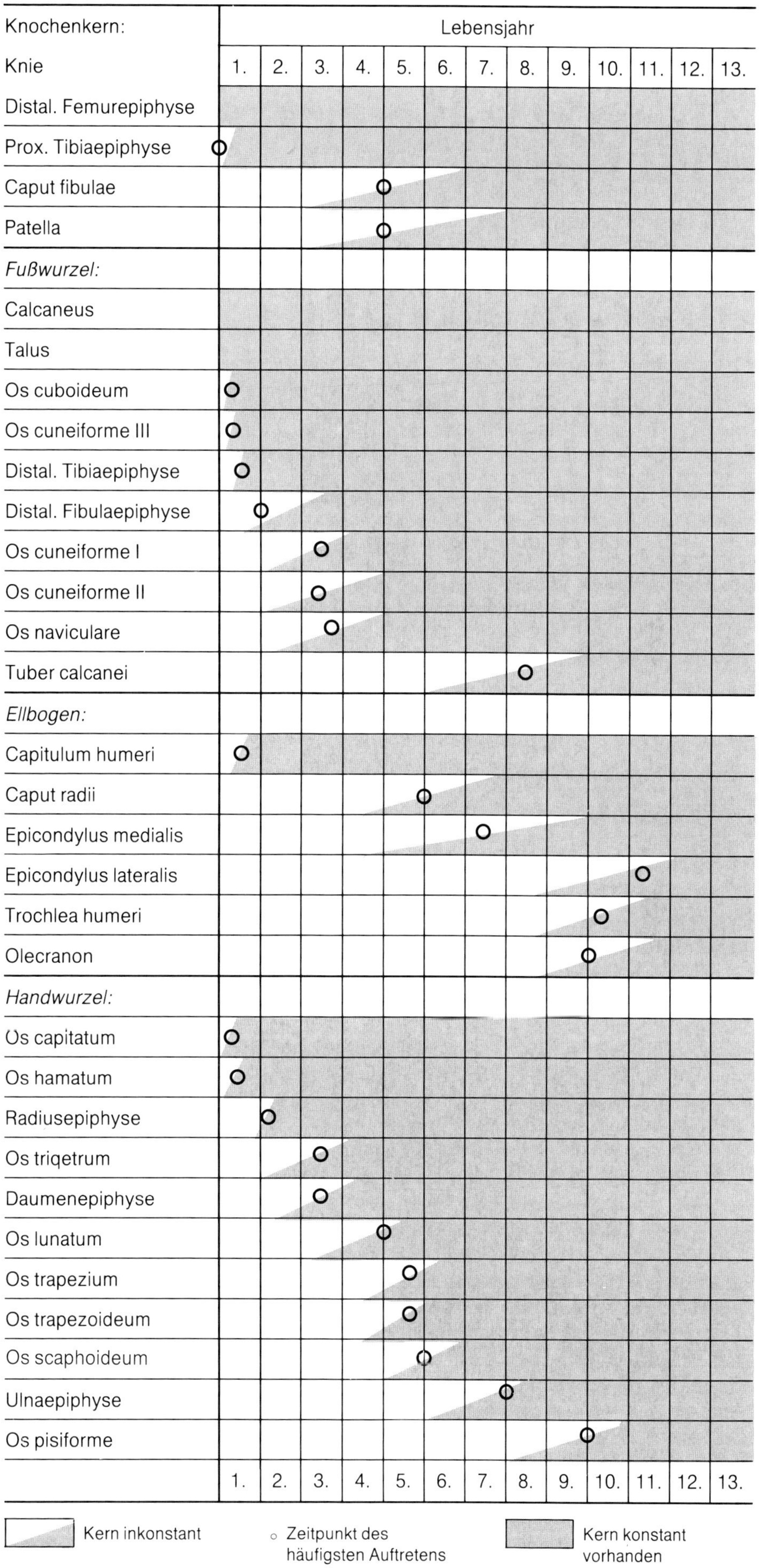

Das endochondrale Wachstum an der Epiphysenplatte unterliegt *mechanischen Einflüssen.* Nach der Pauwelsschen Theorie der Kausalen Histogenese fördert *intermittierende Druckbeanspruchung* im physiologischen Belastungsbereich das Knorpelwachstum. Ist die Belastung der Epiphysenplatte gleich groß, wächst der Knorpel im gesamten Querschnitt gleichmäßig (s. Abb. 3.**37**). Wird durch exzentrische Lage der Resultierenden (s. S. 88) eine Seite der Wachstumsplatte stärker belastet, kommt es hier infolge vermehrten Knorpelwachstums zu einer keilförmigen Verdickung der Wachstumsplatte (s. Abb. 3.**38**) (s. „Funktionelle Anpassung des Knochens durch Längenwachstum", S. 86).

Bei konstantem Dauerdruck, der den physiologischen Belastungsbereich überschreitet, wird das endochondrale Längenwachstum gehemmt. Bei sehr hohem Druck kommt es sogar zum Wachstumsstillstand. Dieses als *„Hueter-Volkmannsche Theorie"* formulierte Wachstumsverhalten macht man sich therapeutisch zunutze; durch eine temporäre Epiphysiodese (Blountsche Klammerung) kann das Wachstum, z. B. bei Beinlängendifferenzen, „gelenkt" werden.

Die Osteogenese wird durch *Hormone* und *Vitamine* beeinflußt (s. Kap. Wachstum sowie Binde- und Stützgewebe; s. außerdem Lehrbücher der Biochemie und Physiologie). *Fördernd* auf die Zellproliferation wirken *Wachstumshormon* und *Schilddrüsenhormone.* Wachstumshormon steigert das Knochenwachstum; es fördert außerdem die Mineralisierung des Osteoids. Einen *hemmenden Einfluß* auf die Zellproliferation und die Bildung von Extrazellulärmatrix haben *Corticosteroide. Parathormon* führt über eine Stimulierung der Osteoklastentätigkeit zur Knochengewebsresorption und damit zur Mobilisierung von Calcium; es steigert außerdem die Calciumrücksorption in den Nierentubuli. Gemeinsam mit *Vitamin-D-Metaboliten* ist es für die Calciumhomöostase verantwortlich. Antagonistisch zum Parathormon wirkt *Calcitonin* (s. S. 47). Unter seinem Einfluß wird amorphes Calcium ins Osteoid eingelagert.

Welchen Einfluß *Sexualhormone* auf die Wachstumsvorgänge an der Epiphysenplatte haben, ist nicht geklärt. Sowohl Östrogene als auch Testosteron sollen eine „Bremsung" des Wachstums bewirken. Am ausdifferenzierten Knochengewebe hemmen Östrogene den Abbau. *Glucocorticoide* haben eine katabole Wirkung. Sie hemmen die Proteinsynthese und führen damit zur Verminderung von Knochengewebe; es kommt zu Kollagenverlust und Demineralisierung des Knochens.

Von großer Bedeutung für die Mineralisierung im Bereich der Wachstumsplatte ist *Vitamin* D_3, das Cholecalciferol (sogenanntes D-Hormon). Die biologisch aktive Form, das *1,25-Dihydroxycholecalciferol,* entsteht enzymatisch in Leber und Niere; es beeinflußt über die Regulierung der Calciumresorption im Darm den Calciumphosphatspiegel im Blut.

Mangel an Vitamin D führt zu *Osteomalazie* („Knochenerweichung"), die beim Kind als *Rachitis* bezeichnet wird. Bei der Osteomalazie werden die Skelettelemente aufgrund ihrer verminderten Festigkeit durch die mechanische Beanspruchung *passiv deformiert* (s. Abb. 3.**33**). Rachitis geht mit mangelhafter oder fehlender Mineralisation der longitudinalen Septen der Extrazellulärmatrix in der Blasenknorpelzone sowie des Osteoids einher. Die Wachstumsplatte ist verdickt und unregelmäßig verformt. Die Enden der Knochen sind aufgetrieben (z. B. sog. rachitischer Rosenkranz am Knorpelknochenübergang der Rippen). Charakteristisch sind neben der fehlenden Mineralisation die breiten primären Spongiosatrabekel, die weit in die Diaphyse hinabreichen. Vitamin-D-Metabolite haben neben einer indirekten Wirkung auf den Calciumgehalt offensichtlich auch direkten Einfluß auf den Stoffwechsel von Osteoblasten und Osteozyten. Rachitis kann infolge mangelnder Sonnenbestrahlung der Haut entstehen, da die *UV-Strahlung* des Sonnenlichtes eine katalysierende Wirkung bei der Bildung von Cholecalciferol hat. Zur Osteomalazie kann es im Erwachsenenalter bei Erkrankungen von Darm, Leber und Nieren kommen.

Vitamin C wird zur Osteoidproduktion benötigt. Ein Überangebot an *Vitamin A* steigert die Resorption von nicht mineralisiertem Knorpel.

Im Bereich der Wachstumszonen können verschiedene Entwicklungsstörungen auftreten. Bei der *Achondrogenie,* einem seltenen autosomal-rezessiven Erbleiden, ist die Differenzierung des Knorpels in der ruhenden Zone der Wachstumsplatte betroffen. Von *Achondroplasie* (Chondrodysplasie) spricht man, wenn der Knorpel der Proliferationszone unterentwickelt bleibt. Das genetisch bedingte Leiden führt zu einem *disproportionierten Zwergwuchs.* Bei der *Chondrodystrophie* ist die Bildung von Säulenknorpel in der Wachstumsplatte stark vermindert, oder sie fehlt vollständig. Da die periostale Knochenbildung und die desmale Entwicklung der Schädelknochen nicht betroffen sind, kommt es zum sog. *chondrodystrophen Zwergwuchs* mit kurzen dicken Extremitätenknochen bei nahezu normalem Stammskelett. Das Schädelskelett ist ebenfalls disproportioniert, da das Wachstum der Schädelbasis (endochondrale Osteogenese) im Gegensatz zu den Knochen des Schädeldaches gestört ist.
Zu den *präpuberalen Wachstumsstörungen* zählt das sog. *Epiphysengleiten* (z. B. Epiphysiolysis capitis femoris). Der Erkrankung liegen *hormonelle Störungen* – vermutlich vermehrte Bildung von Wachstumshormon bei normaler Geschlechtshormonproduktion oder verringerte Wirkung von androgenen Hormonen bei normalem Wachstumshormon – zugrunde, die zu einer Qualitätsminderung des Knorpels in der verbreiterten Wachstumplatte führen. Am Hüftgelenk verschiebt sich infolge mangelhafter Festigkeit des Epiphysenknorpels der Femurkopf bereits unter normaler Belastung nach dorso-kaudal. (Störungen der Kollagensynthese s. S. 24.)

Tabelle 3.**3** Proteine der Knochenmatrix

Von Osteoblasten produzierte Proteine	
Kollagen:	Typ I, Typ III (fetaler Knochen, Kallus), Typ V (periosteozytär)
Zelladhaesionsproteine:	Osteopontin, Fibronektin, Thrombospondin
Kalziumbindende Proteine:	Osteonektin, Sialoproteine
An der Mineralisation beteiligte Proteine:	Osteokalzine
Enzyme:	Kollagenase, alkalische Phosphatase
Wachstumsfaktoren:	IGF-1 (Insulin-like growth factor-1) TGF-β (transforming growth factor-beta), BMPs (bone morphogenetic proteins), PDGF (platelet-derived growth factor)
Zytokine:	Prostaglandine, IL-1 (interleukin-1), IL-6 (interleukin-6)

(Verändert nach: Robbins 1994)

Wachstums- und Umbauvorgänge

Das Wachstum der Skelettelemente erfolgt unter Beibehaltung ihrer äußeren *Form.* An den langen Skelettelementen wächst der *knorpelige Teil* der Epiphysen durch *interstitielles* und *appositionelles Wachstum.* Die interstitielle Zellvermehrung ist im Bereich der Wachstumsplatte für das Längenwachstum verantwortlich. Das Breitenwachstum der Epiphysenplatte soll durch appositionellen Anbau von Knorpelzellen aus dem Perichondrium erfolgen (s. S. 36).
In den knöchernen Abschnitten der langen Skelettelemente ist Wachstum unter *Beibehaltung der Form* nur dann möglich, wenn gleichzeitig ein *Umbau* des Gewebes stattfindet. Der zylindrische Teil der Diaphyse wächst durch periostalen (desmalen) Anbau in die Breite; gleichzeitig erfolgt ein endostaler Abbau. Auf diese Weise werden sowohl das Breitenwachstum der Diaphyse als auch die Dicke der Kortikalis reguliert. Die Metaphyse der langen Knochen ist konisch. Knochenanbau erfolgt hier von der Seite des Endostes, während der zur Erhaltung der konischen Form notwendige Knochenabbau beim Längenwachstum auf der periostalen Seite stattfindet (Abb. 3.**16**).
Während des Wachstums wird der *Geflechtknochen* in *Lamellenknochen* umgewandelt. Die ersten Osteone *(primäre Osteone,* s. S. 41) kann man im 8. Fetalmonat beobachten. Zu einem verstärkten Umbau von *primärem* in *sekundären Osteonknochen* kommt es zwischen dem 7. und 12. Lebensjahr *(„Haversscher Umbau",* Abb. 3.**17**). Auf welche Weise die für den Umbau notwendige Aktivität von Osteoblasten und Osteoklasten sowie deren synchrone Tätigkeit reguliert werden, ist nicht bekannt. Ein vermuteter Zusammenhang zwischen elektrischer Polarisationsrichtung und Skelettwachstum konnte bisher nicht überzeugend nachgewiesen werden.

Die *Dynamik der Umbauvorgänge* wurde zuerst mit Hilfe des roten Farbstoffes aus der *Krappwurzel* (synthetisch: Alizarin), der sich nach Verfütterung in neu gebildetem Knochengewebe ablagert, erforscht. Heute verwendet man zum Studium des Knochenumbaues unterschiedliche *Fluoreszenzfarbstoffe,* mit deren Hilfe vor allem die zeitlichen Vorgänge der Knochenbildung erfaßt werden können. Die *„polychrome Fluoreszenzmarkierung"* nimmt unter den Methoden der experimentellen Osteologie einen wichtigen Platz ein (Abb. 3.**18**).

Knochengewebe befindet sich auch nach Abschluß des Wachstums in ständigem *Umbau* („remodeling"). Der Umbau hat *mechanische* und *metabolische* (Mineralhaushalt) *Bedeutung.* Im mittleren Erwachsenenalter macht die jährliche Umbauquote etwa 10% des gesamten Skeletts aus. In die jährliche Umbaurate sind ca. 3–4% der Kompakta und ca. 25% der Spongiosa einbezogen. Die Resorption von Knochengewebe, die vor allem der Homöostase des Mineralhaushaltes dient, soll auch von den Osteozyten ausgehen (s. S. 44). Großflächige Umbauvorgänge sind Leistungen von Osteoblasten und Osteoklasten des Endostes. Nach KUMMER verhalten sich Knochenan- und -abbau wie ein Reglersystem. Ist die Beanspruchung des Knochens konstant, befinden sich An- und Abbau im Gleichgewicht *(Fließgleichgewicht).* Bei gleicher Beanspruchungsrichtung und -art ändern sich Verteilung der Materialmenge und Ausrichtung der Spongiosatrabekel nicht. Überschreitet die *Beanspruchung* einen *oberen Grenzwert* – über dessen absolute Größe zur Zeit noch keine Angaben vorliegen – wird Knochengewebe *abgebaut.*
Zu einer *Atrophie* von Knochengewebe durch *Minderbeanspruchung* kann es z.B. bei Lähmungen oder nach langer Ruhigstellung im Gipsverband kommen. Eine „physiologische" Abnahme von Knochengewebe *(Osteopenie),* die pro Jahr etwa 1% betragen soll, tritt im hohen Lebensalter auf. Diese *Altersatrophie* wird auch als *senile Osteoporose* bezeichnet (s. Abb. 3.**19**).

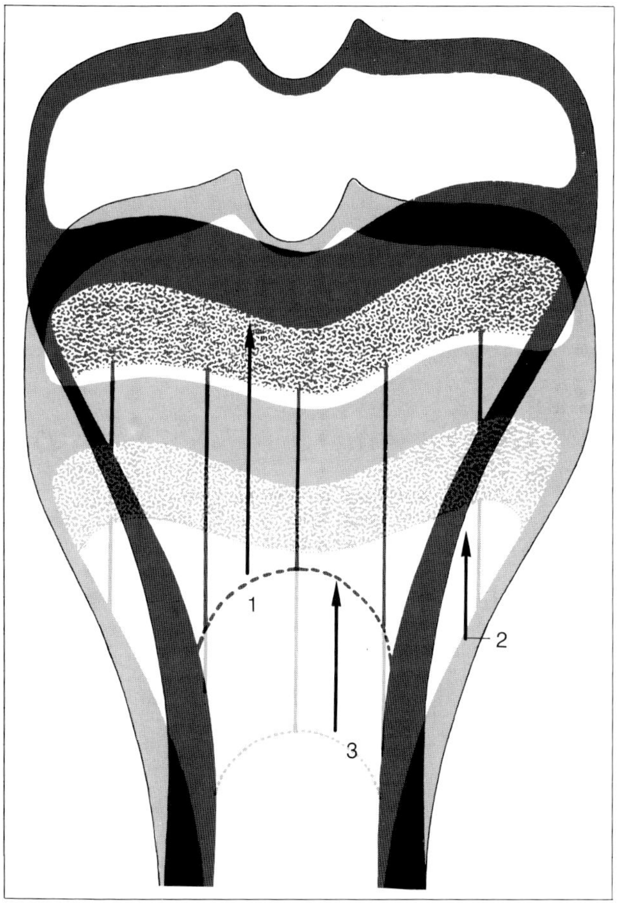

Abb. 3.**16** **Umbauvorgänge während des Längenwachstums im proximalen Abschnitt der Tibia unter Beibehaltung der äußeren Form des Skelettelementes.**
Punktierte Kontur: ursprüngliche Form,
schwarze Kontur: endgültige Form.
An der metaphysären Oberfläche des Epiphysenknorpels (1) kommt es zum Abbau des Knorpels durch Chondroklasten. Die periostale Oberfläche der Kortikalis wird durch Osteoklasten (2) abgebaut. Im metaphysären Bereich findet ebenfalls ein Abbau von Spongiosa statt, der zu einer Erweiterung der Markhöhle (3) führt. Zur gleichen Zeit wird an der endostalen Oberfläche der Kortikalis neuer Knochen angebaut (nach *Schenk*).

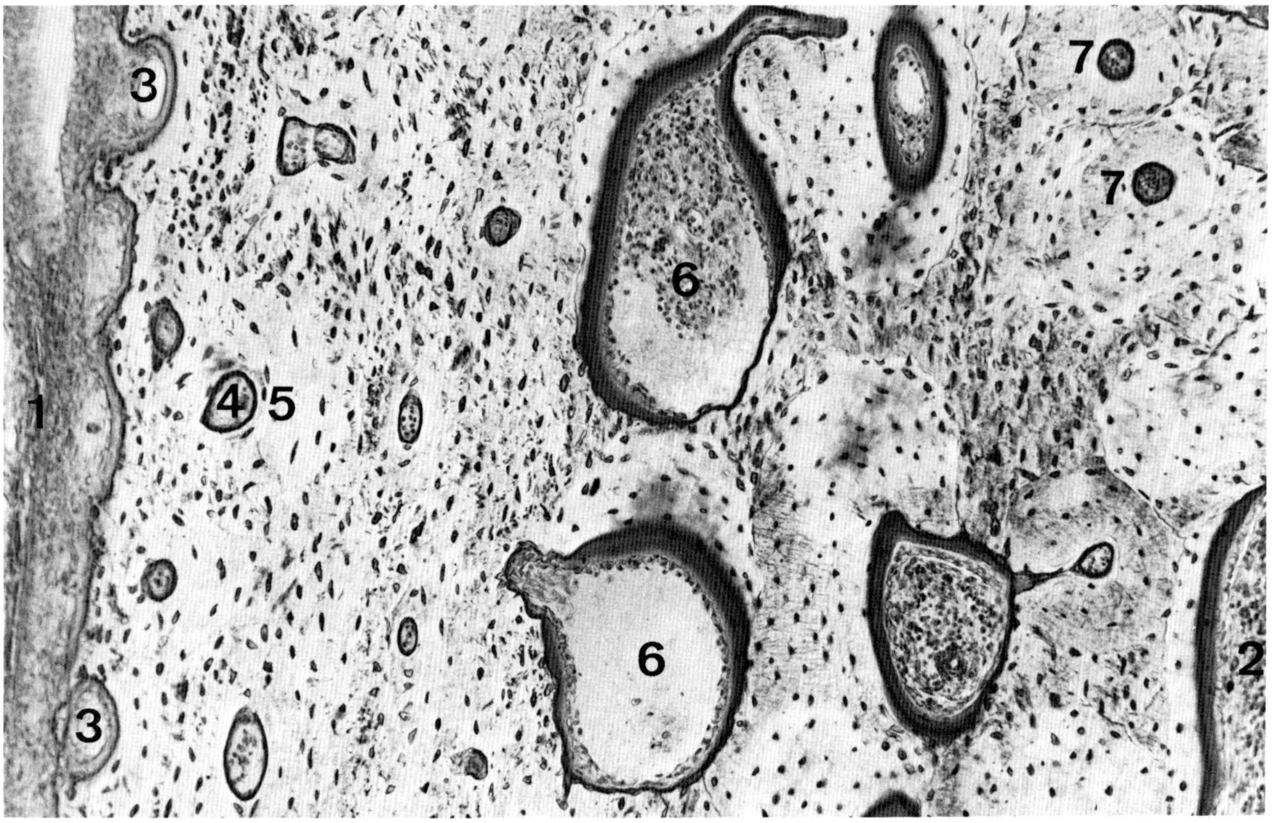

Abb. 3.**17** **Querschnitt durch die Rippenkortikalis eines 8 Jahre alten Jungen.** Nicht entkalktes Material, Färbung mit basischem Fuchsin, Vergr. 75fach (nach *Schenk*).
1 Periost
2 Knochenmarkshöhle
3 primärer Gefäßkanal in der Entstehung
4 Gefäßkanal eines primären Osteons
5 Lamellen eines primären Osteons
6 Resorptionskanal mit beginnender Bildung eines sekundären Osteons
7 sekundäre Osteone

Von der *senilen Osteoporose* ist eine Atrophie von Knochensubstanz abzugrenzen, die im mittleren Lebensalter auftritt *(präsenile Osteoporose)*. Bei dieser Form der Osteoporose kann es infolge des hohen Substanzverlustes zu Formveränderungen der Knochen und zu Frakturen kommen. Die präsenile Osteoporose wird mit den hormonellen Veränderungen im Klimakterium in Verbindung gebracht; allerdings ist die Ätiologie nicht vollständig geklärt. Zu einer Osteoporose kommt es auch beim *Morbus Cushing* (basophiles Adenom des Hypophysenvorderlappens, s. Bd. III) durch übermäßige Produktion von Glucocorticoiden. Eine *sekundäre Osteoporose* entwickelt sich bei einer Langzeittherapie mit *Corticoiden* (s. oben). Bei der Osteoporose zeigt vor allem die Substantia spongiosa eine makroskopisch sichtbare Rarifizierung. Diese ist an den Wirbelkörpern besonders deutlich zu sehen. Die Resttrabekel sind allerdings kräftiger als im Normalfall.

Die altersbedingte *Inaktivitätsatrophie* tritt auch an platten Knochen, z. B. der Scapula und dem Os ilium, zutage, wo die einschichtige Kortikalis im zentralen Bereich häufig äußerst dünn ist. Nicht selten wird das Knochengewebe an dieser Stelle durch straffes Bindegewebe ersetzt. Im konventionellen Röntgenbild ist ein Verlust an Skelettsubstanz erst dann zu erkennen, wenn er mehr als 30% beträgt (s. Methoden, S. 89). Inwieweit bei Unterschreiten des unteren Grenzwertes der Spannungen noch eine „Restmenge" von Knochengewebe verbleibt, ist zur Zeit nicht eindeutig zu beantworten. Auch bei herabgesetzter oder aufgehobener Gravitation (Astronauten) wird ein Abbau von Knochensubstanz beschrieben.

Steigt die Beanspruchung über den mittleren Sollbereich, wird vermehrt Knochengewebe angebaut. Eine derartige *Hypertrophie* des Knochengewebes kann man z. B. bei Leistungssportlern beobachten.

Als „Versuch" der funktionellen Anpassung an erhöhte Beanspruchung infolge einer exzentrischen Lage der Gelenkresultierenden muß auch der im Röntgenbild zunächst als Dichtezunahme sichtbare Anbau von Knochengewebe am lateralen Rand des Acetabulum zu Beginn der Koxarthrose *(Pauwelssches Dreieck)* angesehen werden (s. Abb. 3.**58**). Übersteigen die Spannungen einen oberen Grenzwert, so reagiert das Knochengewebe nicht mehr mit weiterem Anbau, sondern es kommt zur Resorption und Bildung von *Pseudozysten,* die bei fortgeschrittener Arthrose zu beobachten sind.

Als gesteigerten Knochenabbau muß man auch die Vertiefung der Sulci costarum an den Rippen bei erweiterten Interkostalarterien infolge der Bildung von Umgehungskreisläufen bei Aortenisthmusstenose oder im Bereich der Wirbelkörper beim Vorliegen eines Aortenaneurysma ansehen.

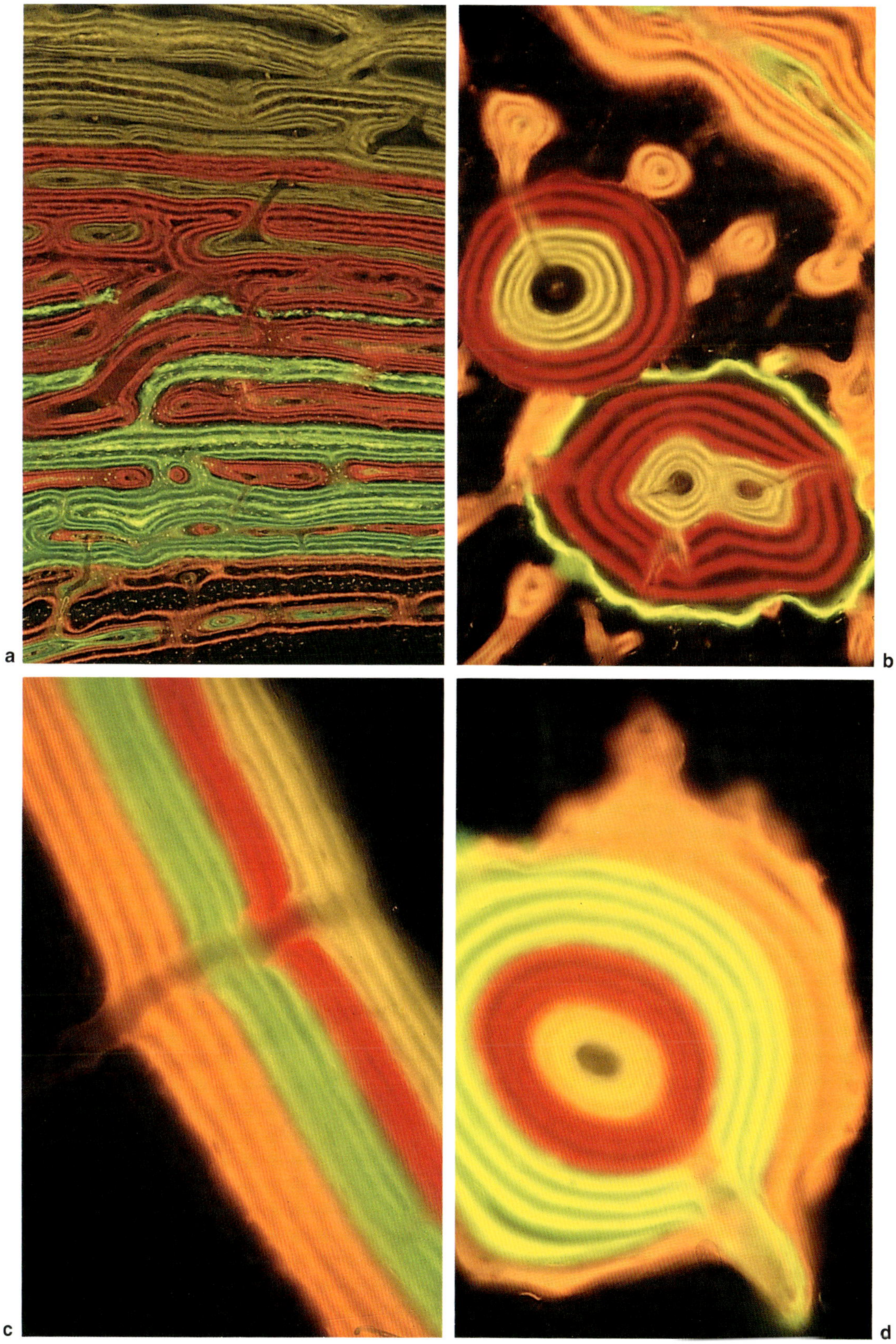

Abb. 3.18 **Polychrome Fluoreszenzmarkierung von Knochengewebe aus der Umbauzone eines durch Plattenosteosynthese fixierten Osteotomiebereiches.**

Markierungsplan:

Xylenolorange 4, 5, 6, 7 Wochen nach Verplattung,
Calceingrün 8, 9, 10, 11 Wochen nach Verplattung,
Alizarinrot 12, 13, 14, 15 Wochen nach Verplattung,
Tetracyclin 16, 17, 18, 19 Wochen nach Verplattung.

Das Material wurde nach 20 Wochen entnommen und histologisch aufgearbeitet (aufgenommen mit dem Zeiss-Auflichtmikroskop unter Blaulichtanregung).

a periostaler Kallus
b Osteonumbau im periostalen Kallus
c endostaler Kallus
d einzelnes Osteon aus endostalem Kallus mit unterschiedlichem Anbau in der Randzone

(Originalabbildungen Dr. *E. Gautier*, Davos)

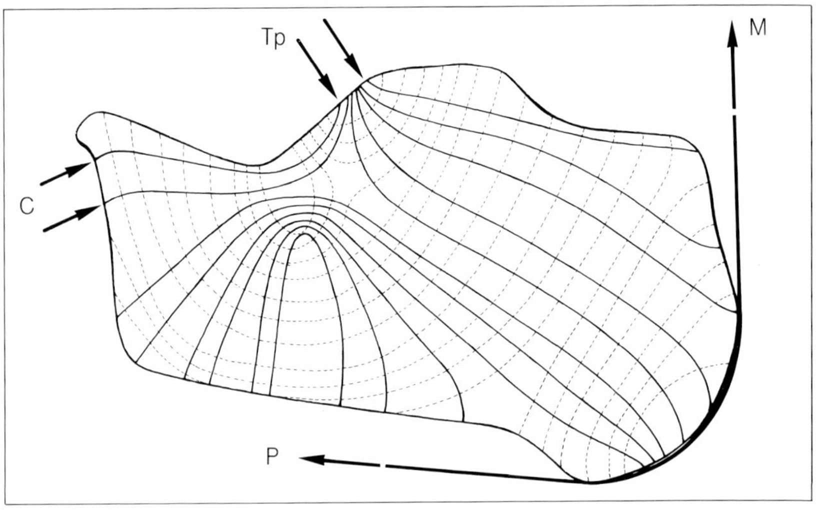

Abb. 3.**19** **Oben: Mediansagittalschnitt durch den rechten Calcaneus.** Aufgrund der starken Atrophie des Knochengewebes (Osteopenie) tritt der Verlauf der Spongiosatrabekel deutlich hervor (vgl. Trajektorienbild). Die Pfeile weisen auf Knochenneubildungen im Sehnenansatzbereich der Achillessehne und der kurzen Fußmuskeln (Fersensporn, s. S. 155).

Unten: Zeichnerische Wiedergabe des Trajektorienverlaufs in einem physiologisch beanspruchten Kunststoffmodell des Calcaneus. Durchzogene Linien: Drucktrajektorien; unterbrochene Linien: Zugtrajektorien.
M Kraft des M. triceps surae
C an der Facies articularis cuboidea übertragene Kraft
Tp an der Facies articularis talaris posterior übertragene Kraft
P Kraft der kurzen Fußmuskeln
Trajektorienverlauf und Ausrichtung der Spongiosatrabekel (oben) stimmen deutlich überein.
(nach *Gierse*)

Varianten, Anomalien, Fehlbildungen

(Definition s. S. 4)

Die Einteilung von *Varianten, Anomalien* und *Fehlbildungen* des Skelettsystems erfolgt unter *morphologischen Gesichtspunkten,* da Ätiologie und Pathogenese weitgehend unbekannt sind. Die *„kritische Periode"* für die Skelettenwicklung liegt zwischen dem 10. Entwicklungstag und der 7. Embryonalwoche. In der Klinik hat sich eine *Klassifikation* nach klinisch-radiologischen Kriterien in Form *teratologischer Reihen* bewährt (ausführliche Darstellungen s. Lehrbücher der Orthopädie, Kinderheilkunde und Pathologie).
Unter *numerischen Gesichtspunkten* lassen sich Varianten, Anomalien und Fehlbildungen in *Rückbildungen („Minusbildungen")* und *Überschußbildungen („Plusbildungen")* unterteilen. *Überzählige Knochen* kommen als häufige *Variante* am Hand- und Fußskelett (z. B. Os trigonum [s. Abb. 7.**51**–7.**53**], Os tibiale, Sesambeine in den Sehnen der Finger- und Zehenmuskeln) sowie an den Knochen des Schädeldaches (Inkabein, Naht- und Schaltknochen, s. Abb. 3.**7**, 3.**8** u. 9.**13**).

Zu den akzessorischen Knochen, die auf *unvollständige Rückbildung* ihrer Anlage während der Ontogenese zurückzuführen sind, zählen *Halsrippen* (s. Abb. 5.**133**). Sie sind unter klinischen Gesichtspunkten als Fehlbildung zu werten, wenn sie zur Kompression des Armgeflechtes oder der A. subclavia führen. Numerische *„Plusfehlbildungen"* sind auch die verschiedenen Formen von *Polydaktylie* mit vollständiger oder partieller Verdoppelung des Daumen- oder Kleinfingerstrahles. An Daumen und Großzehe kommen überzählige Phalangen *(Triphalangie)* vor (s. Abb. 6.**27**). Selten sind schwere Doppelfehlbildungen an Hand *(Diplocheirie)* oder Fuß *(Diplopodie),* die mit Verdopplung der Unterarm- oder Unterschenkelknochen verbunden sein können.

„Minusfehlbildungen" an den Extremitäten, die mit partiellem oder vollständigem Fehlen von Skelettanteilen einhergehen, bezeichnet man als *Dysmelie* (Abb. 3.**20**). Das epidemische *Dysmelie-Syndrom,* das mit Fehlbildungen der Wirbelsäule, des Herzens, des Darmtraktes, der Urogenitalorgane und der Sinnesorgane einhergeht, hatte seine Ursache in einer Schädigung der Frucht durch Thalidomid in der frühen Embryonalperiode *(Thalidomidembryopathie,* sog. Contergan-Kinder). Die schwerste Form der Dysmelie ist die *Amelie,* bei der die gesamte Gliedmaße fehlt. Bei *Peromelie,* die bei Thalidomidembryopathie nicht beobachtet wurde, ist die Extremität nach Art einer Amputation verkürzt. Von *Pho-*

komelie (Robbengliedrigkeit) spricht man, wenn die langen Röhrenknochen der Extremitäten fehlen und die meist fehlgebildeten Hände oder Füße unmittelbar am Schulter- oder Beckengürtel liegen. Am häufigsten unter den Extremitätenfehlbildungen ist die *Ektromelie.* Sie geht mit *Aplasien* oder *Hypoplasien* einer oder mehrerer Röhrenknochen einher (z. B. Femur, Tibia, Radius). Zu den „Minusfehlbildungen" zählt auch die *Oligodaktylie,* bei der meistens die Randstrahlen der Hand rückgebildet sind.

Varianten, Anomalien und *Fehlbildungen* am Skelett werden auch unter dem Gesichtspunkt der *Form* der einzelnen Knochen betrachtet. *Formvarianten* der Knochen sind sehr häufig und haben meistens keine klinische Bedeutung. Auch ausgeprägte Formabweichungen, wie z. B. die *Coxa vara* oder *Coxa valga* des Femur (s. S. 467, s. Abb. 3.**32** u. 7.**20**), sind bei normaler Entwicklung des Hüftgelenks Varianten und keine Anomalien oder Fehlbildungen. Einige Formabweichungen, z. B. ein *Processus supracondylicus* am Humerus (s. Abb. 6.**17**), werden als *„Atavismus"* angesehen. Zahlreiche Abweichungen von der normalen Skelettform sind echte *Hemmungsfehlbildungen.* Zu ihnen zählen die *Spaltbildungen* an *Gaumen, Sternum* und *Wirbelsäule* (Spina bifida) (s. Abb. 5.**41**). Eine Variante ohne klinische Bedeutung ist die relativ häufig zu beobachtende Spaltbildung am hinteren Atlasbogen (s. Abb. 5.**96**).

Eine *Hyperplasie* von Skelettelementen kommt beim angeborenen umschriebenen Riesenwuchs *(Gigantomelie)* z. B. an einzelnen Fingern vor. *Hypoplasien* der Knochen gehen meistens mit starken Formveränderungen und Funktionsstörungen einher (s. Kap. Gelenke, S. 94).

Störungen des Knochenan- und -umbaues (s. S. 70) führen häufig zu *Deformationen* des Skeletts (s. Abb. 3.**33**).

Abb. 3.**20** **Kleinkind mit gesicherter Thalidomidembryopathie** (Conterganaufnahme der Mutter im 1. Trimenon). Typische Radiusaplasie (s. Handstellung) beiderseits, sowie Hypoplasie des linken Oberarmes.
(Originalabbildung Prof. Dr. *H.-R. Wiedemann,* Kiel)

Knochenbruchheilung

Als *Fraktur* bezeichnet man die vollständige oder partielle Kontinuitätsunterbrechung eines Knochens. Frakturen entstehen, wenn die *Festigkeit* (Bruchlast pro Flächeneinheit) des Knochengewebes der einwirkenden *Belastung* nicht standhält. Häufigste Ursache, die zu einem Mißverhältnis zwischen mechanischer Belastung und maximaler Beanspruchbarkeit des Knochengewebes führt, ist äußere Gewalteinwirkung. Man spricht in solchen Fällen von *„traumatischer Fraktur".* Ist die Beanspruchbarkeit des Knochengewebes durch pathologische Veränderungen, wie z. B. Knochentumoren oder Osteoporose (s. S. 71), erniedrigt, kann es bereits unter normalen Belastungsbedingungen zu einer Fraktur kommen. Hierbei handelt es sich um eine *„pathologische Fraktur".* Von einem *Ermüdungsbruch* spricht man, wenn Knochengewebe aufgrund einer „Materialermüdung" infolge lokal begrenzter Überbeanspruchung bricht. Typisches Beispiel für einen *Ermüdungsbruch* ist die sog. *Marschfraktur* der Mittelfußknochen, die durch mangelhafte Zuggurtungswirkung der insuffizient gewordenen plantaren Muskelverspannung zustandekommen kann (vgl. S. 86 u. 166).
Frakturen gehen mit *mechanischen Funktionsstörungen* einher; außerdem werden *Gefäße* des Periostes, der Markräume und der Kortikalis eröffnet. Durch die Blutung entsteht ein *Hämatom* in der Umgebung der Frakturenden. Durch Unterbrechung der Blutzufuhr und durch Thrombosierung von intrakortikalen Gefäßen im Rahmen der Blutstillung kann Knochengewebe absterben. Nekrotisch gewordener Knochen wird durch Osteoklasten abgebaut.

Knochengewebe verfügt über eine hohe *Regenerationsfähigkeit.* Knochenbrüche können unter mechanisch günstigen Bedingungen „spontan" heilen (z. B. bei Tieren in freier Wildbahn). Einer *„spontanen" Knochenbruchheilung* geht stets die Bildung von *Narbengewebe,* dem *Callus* (callus = die Schwiele), voraus. Knochenbruchheilung, die mit Kallusbildung einhergeht, nennt man *sekundäre Frakturheilung* (s. Abb. 3.**21**). Sie tritt bei jeder Frakturbehandlung auf, wenn die Frakturenden nicht völlig ruhig gestellt sind. Dies trifft z. B. für die „Ruhigstellung" im Gipsverband zu. Bei der sekundären Knochenbruchheilung sind die Frakturenden durch einen unterschiedlich weiten Spalt voneinander getrennt. Durch *Resorptionsvorgänge* an den Fragmentenden kommt es zu einer Abrundung der Flächen.

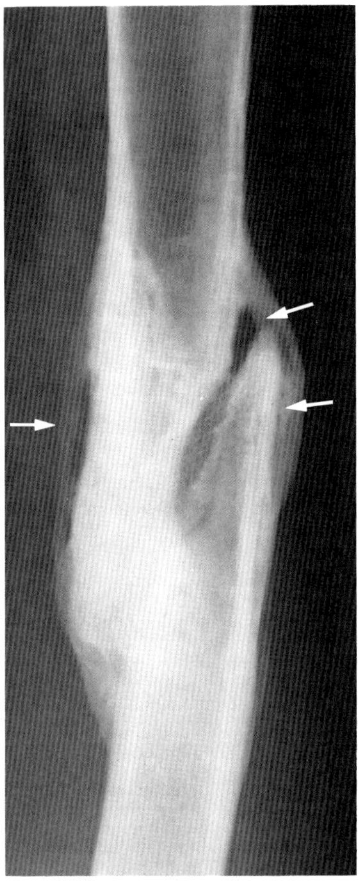

Abb. 3.**21** **Sekundäre Frakturheilung ca. 12 Wochen nach Femurschaftfraktur.** Die Pfeile weisen auf die periostale Kallusbildung.
(Originalabbildung Prof. Dr. *D. Havemann,* Kiel)

Die sekundäre Frakturheilung beginnt mit einer Organisation des *Frakturhämatoms,* wodurch zunächst ein *Granulationsgewebe* (junges, gefäßreiches lockeres Bindegewebe) entsteht. Aus dem Granulationsgewebe wird *straffes Bindegewebe,* in dem sich *Knorpelzellen* differenzieren. Man bezeichnet dieses „Narbengewebe" als *fibrokartilaginären Callus.* Er dient dem regenerierenden Knochengewebe als „Gerüst". Die Knochenneubildung geht von *Osteoprogenitorzellen* des *Periostes* und des *Endostes* aus. Es entsteht zunächst *Geflechtknochen,* den man als *ossären Callus* bezeichnet. Er wird sekundär in Lamellenknochen umgebaut. Die Knochenbildung beginnt subperiostal in Form einer desmalen Osteogenese. Der auf diese Weise entstehende Geflechtknochen verbindet die Frakturenden in der Peripherie wie eine Schale (Abb. 3.**21**). Der ossäre Callus hat zunächst Spindelform. Der fibrokartilaginäre Callus zwischen den Frakturenden (Abb. 3.**22**) wird durch Knochengewebe ersetzt (Ersatzknochenbildung, s. S. 62). Dort, wo der Callus ausschließlich aus Knorpelgewebe besteht, kann man ähnliche Vorgänge wie bei der *endochondralen Osteogenese* (Mineralisierung der Extrazellulärmatrix und einsprossende Gefäße) beobachten. Der Bruch gilt als geheilt, wenn der Bruchspalt vollständig knöchern überbrückt ist. In einer letzten Phase wird der Geflechtknochen in *stabilen Lamellenknochen* umgebaut. Bei guter Adaptation der Frakturenden erhält der Frakturbereich auch seine ursprüngliche anatomische Form wieder. Die *Umbauvorgänge* dauern normalerweise mehrere Monate, bisweilen auch einige Jahre.

Bei der *primären Frakturheilung* (Abb. 3.**23,** 3.**24**) sind die Frakturenden durch Anwendung *äußerer Druckkräfte* so gut adaptiert, daß der Frakturspalt nicht von einer „Narbe" aus bindegewebigem Callus, sondern primär von neu gebildetem Knochengewebe überbrückt wird. Primäre Frakturheilung tritt nicht spontan auf, sondern kann nur durch operative *Fixierung der Frakturfragmente (Osteosynthese)* erreicht werden, wobei die Bruchflächen ausschließlich auf *Druck* beansprucht werden. Die *Dehnung* liegt bei dieser Art der Fixierung im Frakturbereich unter 2%. Bei der primären Knochenbruchheilung geht die Knochenneubildung von den Osteonen der Frakturenden aus, *ohne* daß ein *Narbengewebe* gebildet wird. Es fehlt aber nicht nur die Kallusbildung, sondern auch die Resorption von abgestorbenem Knochengewebe an den Frakturenden (s. oben).

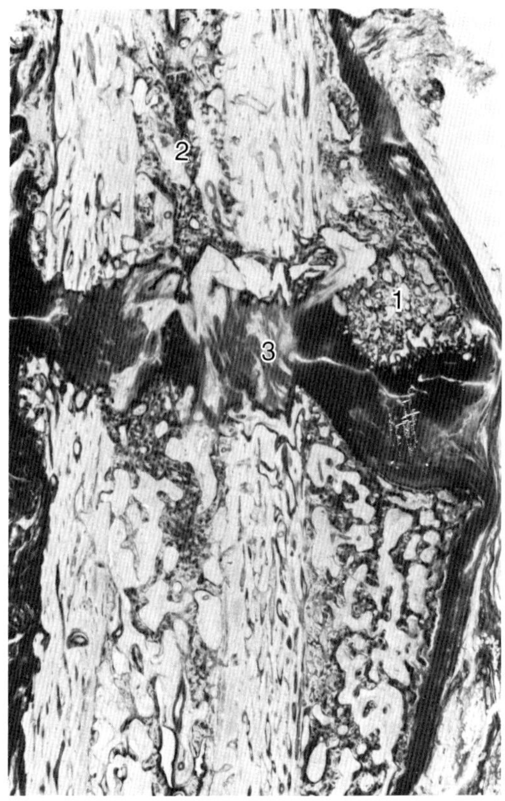

Abb. 3.**22** **Sekundäre spontane Frakturheilung (Radius, Hand, 14 Wochen nach querer Durchtrennung).**
1 periostaler Callus
2 Callus im Markraum
3 interfragmentäres Binde- und Knorpelgewebe
(aus *Schenk, R.:* Morphologie des Knochens und der Knochenbruchheilung. In: Osteosynthese und Endoprothese. Jahrbuch der Schweiz. naturforschenden Gesellschaft. Birkhäuser, Basel 1980)

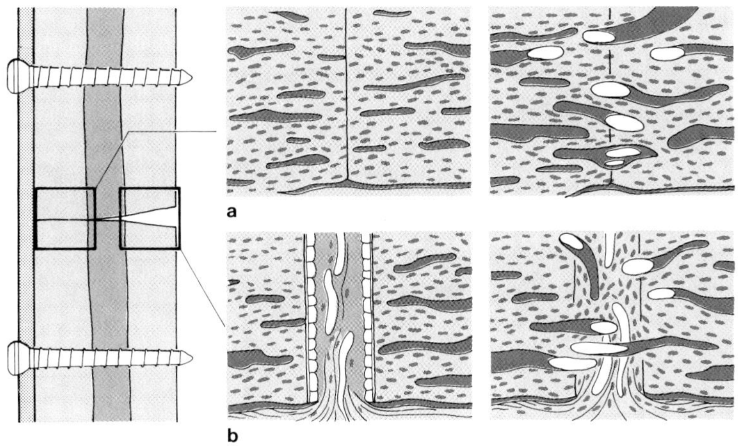

Abb. 3.**23** **Primäre (angiogene) Knochenbruchheilung bei stabiler Osteosynthese** (nach *Willenegger* u. Mitarb.).
a Kontaktheilung
b Spaltheilung

In Abhängigkeit von der Form der Frakturflächen lassen sich bei der Bildung des Knochengewebes *zwei Arten der primären Knochenbruchheilung* unterscheiden, die sog. *Kontaktheilung* und die sog. *Spaltheilung* (Abb. 3.**23**, 3.**24**). Zur Kontaktheilung kommt es, wenn der Abstand zwischen den Frakturflächen 0,5 mm nicht überschreitet. Der Knochenbildung geht zunächst eine hohe *Osteoklastentätigkeit* voraus, durch die das Gewebe an den Frakturenden in Form von senkrecht zum Frakturspalt verlaufenden *Bohrkanälen* in der Weise abgebaut wird, daß diese am Frakturspalt aufeinander treffen. Nach SCHENK wird ein Bohrkanal durch die Osteoklastentätigkeit pro Tag etwa 50–100 μm vorangetrieben. In den Kanälen entsteht sodann Osteonknochen, der den Frakturspalt „bolzenartig" überbrückt. An experimentell erzeugten „Frakturflächen" sind, Untersuchungen von SCHENK zufolge, nach 8 Wochen über 60% der Osteone bereits neu gebildet. Kontaktheilung an der gesamten Frakturfläche kommt nur bei experimentell erzeugter glatter Durchtrennung des Knochens mittels einer sehr dünnen Trennscheibe vor.

In Wirklichkeit sind die *Frakturenden* nicht glatt, sondern *uneben*. Auf diese Weise entstehen selbst bei optimaler Adaptation und Kompression der Frakturflächen zwischen Zonen mit festem Kontakt kleine *Spalträume*. Die Knochenbruchheilung in diesem Bereich bezeichnet man als *Spaltheilung*. Sie läuft in *zwei Phasen* ab. Zunächst dringen Kapillaren der endostalen und periostalen Gefäße in den Spalt. Aus dem perivaskulären Bindegewebe differenzieren sich Osteoblasten, die *lamellären Knochen* bilden. Seine Lamellen sind in Richtung des Frakturspaltes ausgerichtet. In einem zweiten Schritt erfolgt wie bei der Kontaktheilung eine Überbrückung des Frakturspaltes durch intrakortikale Zapfen von Osteonknochen. An einer durch Kompression ruhiggestellten Fraktur kann man stets beide Formen der primären Knochenbruchheilung nebeneinander beobachten.

Voraussetzung für die Knochenbruchheilung ist neben absoluter *Ruhigstellung* zur Ausschaltung der Dehnung und zur Herstellung von engem *Kontakt* zwischen den Frakturenden auch eine ausreichende *Blutversorgung*. Angestrebt wird stets eine möglichst achsengerechte *„anatomische" Reposition* der Frakturenden. Zur Ruhigstellung und Adaptation der Frakturenden eignen sich die verschiedenen operativen Verfahren der *Osteosynthese* (Schrauben, Platten, Drahtschlingen nach dem Zuggurtenprinzip, Abb. 3.**24**, 3.**36**) oder die Marknagelung in unterschiedlicher Weise). Eine „absolute" Ruhigstellung kann durch eine ausschließliche Behandlung mit Gipsverbänden nicht erreicht werden (s. oben).

Nach der von PAUWELS aufgestellten Theorie der *Kausalen Histogenese* gibt es für Knochenbildung keinen „spezifischen Bildungsreiz" in Form einer bestimmten Beanspruchungsform. Knochengewebe kann sich dort bilden, wo Osteoprogenitorzellen in einem präformierten Gerüst – dieses besteht bei der sekundären Knochenbruchheilung aus fibrokartilaginärem Callus, bei der primären Knochenbruchheilung aus dem vorhandenen angrenzenden Knochengewebe – keiner Deformation durch Dehnung ausgesetzt sind. Tritt im Frakturspalt infolge mangelhafter Fixierung der Frakturenden *Schubbeanspruchung* auf, erfolgt keine knöcherne Überbrückung des Frakturspaltes, und der *bindegewebige Callus* bleibt infolge der aus der Schubbeanspruchung resultierenden *Dehnung* erhalten. Man spricht von *verzögerter Heilung*, wenn die knöcherne Konsolidierung nach ca. 20 Wochen nicht zustande kommt. Ist die Knochenbruchheilung nach mehr als 6 Monaten nicht erfolgt, liegt eine *Pseudarthrose* (Falschgelenk) vor. Die Pseudarthrose heilt, wenn die Schubbeanspruchung ausgeschaltet wird und die Frakturenden ausschließlich auf Druck beansprucht werden.

Uber „Behandlungserfolge" der Pseudarthrose sowie über die Beschleunigung der Frakturheilung durch *elektromagnetische Stimulation* sind die Standpunkte im Schrifttum konträr. Experimentellen Untersuchungen verschiedener Arbeitsgruppen zufolge soll das Magnetfeld keine Wirkung auf die Frakturheilung haben. Zum positiven Nachweis der Elektroosteostimulation fehlen bislang objektive Prüfverfahren.

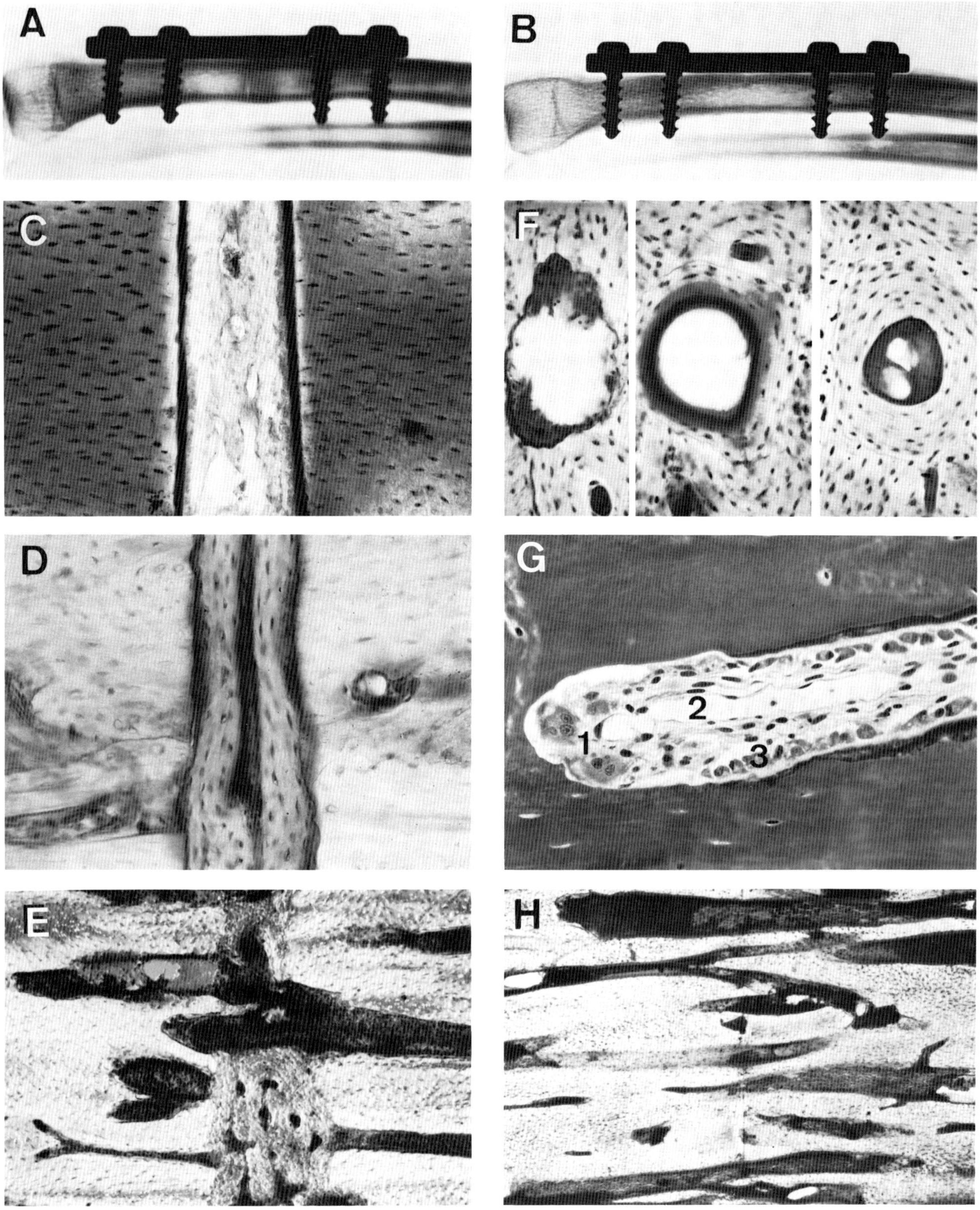

Abb. 3.**24** **Primäre Frakturheilung und Kortikalisumbau im Radius eines Hundes nach Querosteotomie und anschließender Druckplattenosteosynthese.**

A Röntgenbild eine Woche nach der Operation.

B Röntgenbild zehn Wochen nach der Operation. Kallusfreie Primärheilung.

C–H Histologische Befunde aus dem Bereich des Osteotomiespaltes.

C Eine Woche nach der Operation beginnt im stabil fixierten, 0,2 mm breiten Osteotomiespalt die knöcherne Auffüllung (Knochenschliff; basisches Fuchsin; Vergr. 80fach).

D Vier Wochen nach der Operation ist die knöcherne Auffüllung weiter vorangeschritten. (Knochenschliff; basisches Fuchsin; Vergr. 40fach).

E Sechs Wochen nach der Operation setzt die Regeneration von Osteonen ein (Knochenschliff; basisches Fuchsin; Vergr. 40fach).

F Osteonregeneration im Querschnitt; links: Resorptionskanal; beginnende (Mitte) und abgeschlossene (rechts) Bil-

Knochentransplantate

Knochengewebe kann zur Überbrückung knöcherner Defekte (Fehlbildungen, Tumoren, Trümmerfrakturen, Pseudarthrosen) transplantiert werden. Die *Knochenbildung* im *Transplantat* und die Vereinigung mit dem *Transplantatlager* geht von Osteoblasten des eingepflanzten Knochens und eingewanderten Osteoblasten selbst aus. Die *Knochenbildung* wird dabei offensichtlich von Bestandteilen der Extrazellulärmatrix *induziert.* Voraussetzung für eine erfolgreiche Einheilung sind, neben der Transplantation *vitaler Osteoprogenitorzellen* aus Periost und Endost, gute *Vaskularisierungsbedingungen* im *Transplantatlager.* Die Vorgänge bei der Knochenbildung im Transplantat und bei der Vereinigung mit dem Knochen des Transplantatlagers gleichen denen bei der Frakturheilung (s. oben). Das Transplantat bildet zunächst ein Leitgerüst für den neu gebildeten Knochen und wird später im Zuge des Umbaues in Lamellenknochen umgewandelt.

Am besten eignet sich zur Transplantation *autologer* (vom Patienten selbst stammender) *Knochen;* dabei ist die Transplantation von spongiösem Knochen (z. B. aus dem Beckenknochen) aufgrund der besseren Revaskularisationsmöglichkeiten der Einpflanzung kompakten Knochens vorzuziehen. Zur Überbrückung großer Defekte wird auch *homologer* (von anderen Menschen stammender) Knochen verwendet. Hierbei gehen die proliferierenden Osteoblasten zunächst im Rahmen der *Antigen-Antikörper-Reaktion* zugrunde. Die *„osteoinduktive" Wirkung* der Extrazellulärmatrix führt jedoch anschließend durch Aktivierung von Osteoblasten im Transplantatlager des Empfängers zur Knochenneubildung. Dabei wird das Transplantat zunächst abgebaut und durch neuen Knochen ersetzt.
Als *heterologes Transplantat* verwendete man früher den sog. Kieler Span (denaturierter Kälberknochen).

Funktionelle Anatomie des Knochens

Festigkeit

Knochengewebe hat aufgrund der Einlagerung von Mineralsalzen in die Extrazellulärmatrix die größte *Festigkeit* unter den Stützgeweben. Maß für die Festigkeit ist die *Bruchlast* pro Flächeneinheit. Die Festigkeit des Knochens beruht jedoch nicht allein auf dem Gehalt an *Mineralien,* sondern auch auf Menge und Anordnung seiner *kollagenen Fibrillen.* Die Festigkeit ist außerdem von der histologischen Struktur des Knochengewebes *(Strukturfestigkeit)* abhängig. Im Bereich der Kortikalis gehen Zuwachs an Festigkeit und Dichte mit einem Anstieg des prozentualen Anteils an Osteonen einher. Die Haversschen Systeme scheinen im Hinblick auf die Stützfunktion des Knochengewebes das „hochwertigere" Material zu sein. Eine Abnahme der Kompakta im Alter führt zu Festigkeitsverlust und Dichteabnahme. Die *Druckfestigkeit* des Knochengewebes ist größer als die *Zugfestigkeit.* Die Festigkeitseigenschaften für Druck und Zug verhalten sich etwa wie 4 : 3.

In der Literatur mitgeteilte Einzelwerte sind sehr unterschiedlich. Häufig haben solche Daten wenig Aussagekraft, da die Festigkeitsmessungen unter Bedingungen durchgeführt wurden, die der Beanspruchung des Knochens in vivo nicht Rechnung tragen. Für das Femur wird im trockenen, konservierten Zustand eine Druckfestigkeit von etwa 12 kp/mm^2 und eine Zugfestigkeit von etwa 8 kp/mm^2 angegeben.

Der Tatsache, daß die Zugfestigkeit des Knochens geringer ist als die Druckfestigkeit, ist es zuzuschreiben, daß bei einer Gewalteinwirkung mit hoher *dynamischer Belastung* durch *Biegung* oder *Torsion* Frakturen an der auf Zug beanspruchten Seite eher auftreten als auf der Druckseite. Die Festigkeit des Knochengewebes ist bei Frauen niedriger als bei Männern; sie nimmt im Alter bei beiden Geschlechtern ab. Knochengewebe verhält sich wie ein *viskoelastischer Körper* und verfügt über die *rheologischen Eigenschaften* der Relaxation und Erholung (s. S. 19). Im frischen Knochengewebe liegt der *Elastizitätsmodul* zwischen 1700–1900 kp/mm^2.

Belastung

Die *Belastung* des Skelettsystems erfolgt durch *Körpergewicht* (Last, Schwerkraft) sowie durch *Muskel- und Bandkräfte* (Abb. 3.**25** u. Kapitel Gelenke, S. 113). Da Knochen mit wenigen Ausnahmen über Gelenke belastet werden, ist an der Belastung stets ein Kräftepaar mit entgegengesetzten Wirkungsrichtungen beteiligt: Dieses besteht auf der einen Seite aus dem *Vektor des (Teil-)Körpergewichtes,* auf der anderen Seite aus dem *Vektor der Muskel- und Bandkräfte.* Die Belastung erfolgt durch die *Vektorsumme* der beiden entgegengesetzt wirkenden Kräfte; die Vektorsumme bezeichnet man als *Resultierende* (s. Kap. Gelenke, S. 114).
Die *Resultierende* aus beiden Kräften belastet das Gelenk und die zugehörigen Skelettelemente. Unmittelbar in Gelenknähe wird der Knochen durch die resultierende Kraft axial auf *Druck* beansprucht (s. S. 83, Abb. 3.**31**). An langen Knochen verläuft die *Resultierende* diaphysenwärts jedoch zunehmend exzentrischer, so daß es hier zu einer *Druck-* und *Biegebeanspruchung* kommt. Kurze Knochen oder Anteile von unregelmäßigen Knochen, z. B. die Wir-

◀ dung neuer Knochenlamellen (Knochenschliff; basisches Fuchsin; Vergr. 80fach).
G Längsschnitt durch eine Umbauzone.
1 Osteoklasten an der Spitze des „Bohrkopfes"
2 zentrale Blutgefäße
3 aktive Osteoblasten (unentkalkter Mikrotomschnitt 5 µm; Trichrom Goldner; Vergr. 100fach).
H Kontaktheilung bei idealer Reposition und stabiler Fixation. Überbrückung („Verbolzung") des Osteotomiespaltes durch regenerierende Osteone (Knochenschliff; basisches Fuchsin; Vergr. 40fach).
(Originalabbildungen von Prof. Dr. *R. Schenk,* Bern)

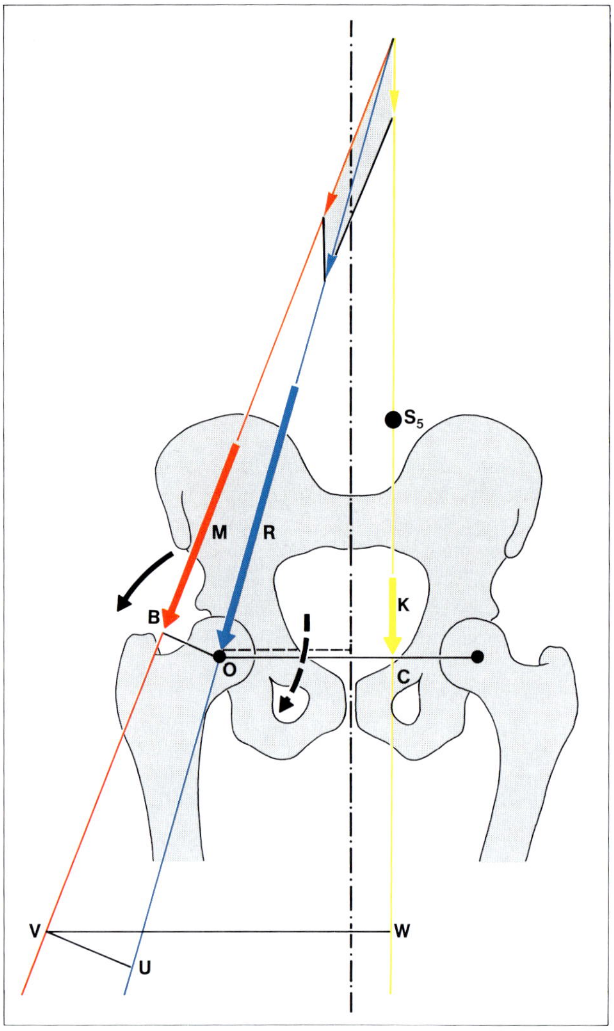

Abb. 3.**25** **Belastung des Hüftgelenks in der Frontalebene während der Standbeinphase.** Die Gelenkresultierende R setzt sich aus den Vektoren der Muskelkraft M (Abduktoren) und der Kraft des Teilkörpergewichtes K zusammen. Das geometrische Additionsverfahren ist im Kräfteparallelogramm wiedergegeben. Die Gelenkresultierende verläuft durch den Drehpunkt des Gelenks (0).
S_5 entspricht die Lage des Teilkörperschwerpunktes.
O–B = Hebelarm der Muskelkraft;
O–C = Hebelarm der Last
(nach *Pauwels*)

belkörper, werden ausschließlich auf Druck beansprucht.

Hat ein Skelettelement über *ein* Gelenk Kontakt mit einem anderen (z. B. Scapula oder Kiefergelenk), wird es aus Gleichgewichtsgründen durch die Resultierende aus wenigstens zwei Kräften belastet. Gehen Knochen *zwei gelenkige Verbindungen* ein (z. B. Femur, Tibia, Humerus), so sind wenigstens drei verschiedene Kräfte notwendig, um *Gleichgewicht* herzustellen, wobei eine Kraft am betreffenden zweigelenkigen Skelettelement selbst angreifen muß (Abb. 3.**26**). Da stets eine Resultierende aus zwei oder mehr Kräften, nicht aber eine Einzelkraft das Knochengewebe belastet, ist die mitunter vertretene Vorstellung von den „gestaltenden Kräften durch Muskelzüge" („varisierende" oder „valgisierende" Muskelkräfte) auf die Form der Knochen mechanisch nicht korrekt.

Funktionelle Anpassung

Einleitung

Knochengewebe paßt sich nach Pauwels der einwirkenden Belastung in zweierlei Weise an: 1. Durch *Menge und Verteilung des Gewebes* und 2. durch *trajektorielle Ausrichtung* der Substantia spongiosa.

Knochen ist nach *„ökonomischem" Bauprinzip* mit größtmöglicher *Materialersparnis* gebaut; dabei wird mit einem Minimum an Material ein Maximum an Festigkeit erzielt. Dieses von Roux postulierte *„Maximum-Minimum-Gesetz"* hat Pauwels in seinen biomechanischen Untersuchungen nachgewiesen. Eine derartige *Leichtbauweise* setzt voraus, daß im gesamten System keine „Schwachstelle" vorhanden ist. Da Knochen primär auf Sicherheit und erst sekundär auf Leichtbau konstruiert ist, muß das Gewebe unter physiologischen Bedingungen der *auftretenden Höchstbeanspruchung* an jeder Stelle standhalten können. Knochengewebe verfügt außerdem, vergleichbar den Materialien in der Bautechnik, über eine *„mehrfache Sicherheit"*. Ein Stützelement, daß in dieser Weise, d. h. ohne „Schwachstelle", gebaut ist, stellt technisch gesehen einen *Körper gleicher Festigkeit* dar. Der Knochen ist in seinem *mechanischen Verhalten* ein Körper gleicher Festigkeit, auch wenn sein *Gewebsaufbau inhomogen* ist. Die „ökonomische" Bauweise wird nicht nur durch Einsparen von Baumaterial, sondern auch durch Kraftersparnis der für Bewegung und Sicherung der Haltung aufzubringenden Muskelkräfte verwirklicht.

Materialmenge

An der *funktionellen Anpassung* des Knochens durch Menge und Verteilung des Gewebes sind sowohl die *Substantia compacta* als auch die *Substantia spongiosa* beteiligt.

Wird ein massives Stützelement auf *Biegung* beansprucht, so treten am Rand hohe Spannungen auf, die zum Kern hin kontinuierlich abfallen und im Innern an einem Punkt den Wert 0 erreichen. Der Ort, wo keine Spannungen auftreten, wird als *neutrale Faser* bezeichnet (s. S. 18). Im Bereich fehlender und niedriger Spannungen kann unter dem Gesichtspunkt der Ökonomie Material „eingespart" werden. In der Technik stellt das *Rohr* die optimale Konstruktion eines auf Biegung beanspruchten Stützelementes dar. Das gleiche Bauprinzip ist nicht nur im Tierreich und beim Menschen, sondern auch bei zahlreichen Pflanzen zu finden. Ist in einem Rohr die Materialmenge gleichmäßig über den Querschnitt verteilt, kann es in allen Richtungen auf Biegung beansprucht werden. Bei den langen Extremitätenknochen des Menschen ändert sich die *Biegungsebene* nur wenig. Der Biegungssinn bleibt in den einzelnen Funktionsphasen relativ gleich.

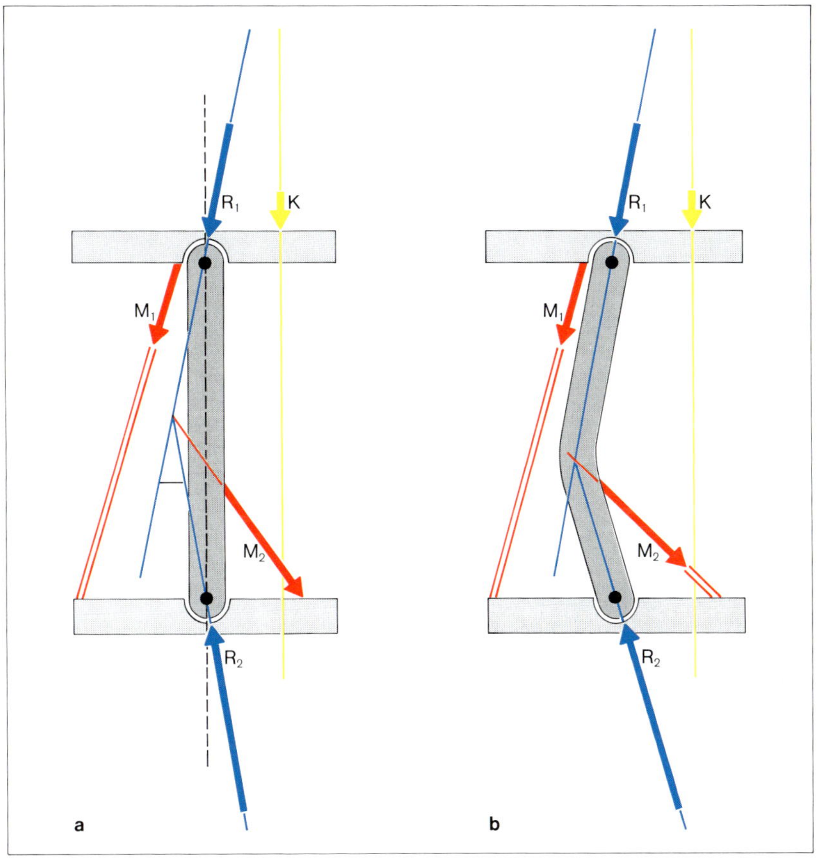

Abb. 3.**26** **Schematische Darstellung der Beanspruchung eines über zwei Gelenke gelagerten Röhrenknochens durch die Muskelkräfte M_1 und M_2 sowie durch die Last K.**
a Bei einem geraden Stab verlaufen die Resultierenden R_1 und R_2 schräg zur Stabachse; es kommt daher zu einer Biegebeanspruchung.
b Bei abgewinkeltem Stab verlaufen die Resultierenden in der Stabachse; der Stab wird axial auf Druck beansprucht.
(nach *Kummer* und *Pauwels*)

Die *Tibia* wird in der Sagittalebene auf Biegung beansprucht (Abb. 3.**27**). Das *Femur* erfährt eine Biegebeanspruchung in der Frontalebene. In den einzelnen Funktionsphasen der Bewegung ändert sich allerdings die *Größe* der Biegebeanspruchung.

Die *Diaphyse* der langen Knochen wird durch die Resultierende auf *Druck und Biegung* beansprucht (s. Abb. 3.**31**). Da bei dieser Art der Beanspruchung die Spannungen auf der Druckseite höher sind als auf der Zugseite (s. S. 18), und da die Größe der Beanspruchung von der größten im Querschnitt auftretenden Spannung abhängt, findet man die größere *Materialmenge* auf der Druckseite (Abb. 3.**28**). Am menschlichen Femur z. B. ist die Kortikalis in der auf Druck beanspruchten medialen Seite des Schaftes deutlich breiter als auf der lateralen Zugseite (s. Abb. 3.**32**). Die Biegefestigkeit des Femurschaftes wird zusätzlich durch eine Verstärkungsleiste in Form der Linea aspera (s. Abb. 7.**18**) erhöht. Die Kortikalis eines Röhrenknochens kann auf Änderungen der lokalen Spannungsgröße an der Druck- und Zugseite unabhängig voneinander reagieren, so daß An- und Abbau von Material auf beiden Seiten eigenständig reguliert werden.

Infolge der durch *exzentrisch* einwirkende äußere Kräfte hervorgerufenen Biegung ist die Beanspruchung in derart belasteten Skelettelementen wesentlich höher als bei rein axialer Belastung. Hohe *Biegebeanspruchung* erfordert eine größere Menge an Knochengewebe. Im Hinblick auf Lokomotion und Sicherung der Haltung ist es jedoch „ökonomisch", wenn Muskeln über einen großen Hebelarm angreifen. Auf diese Weise wird Muskelkraft „eingespart". Die Biegebeanspruchung an den langen Röhrenknochen ist hinsichtlich der *Gesamtfunktion* des Bewegungsapparates somit ein „günstiger Kompromiß".

Ausrichtung der Substantia spongiosa

Die *Substantia spongiosa* des Knochens ist an die herrschende Beanspruchung nicht nur durch *Materialmenge* und *-verteilung,* sondern auch durch die *Ausrichtung* der Spongiosaelemente funktionell angepaßt. Die Spongiosatrabekel richten sich in der Weise aus, daß sie ausschließlich auf Druck oder Zug beansprucht werden. Stützelemente, die in Richtung größter Druck- oder Zugspannungen angeordnet sind, verfügen über eine *trajektorielle Bauweise* (s. Abb. 3.**19,** 3.**29,** 3.**32**). *Trajektorien* zeigen den Verlauf von Druckspannungen *(Kompression)* und Zugspannungen *(Dehnung)* an. In einem trajektoriellen System herrschen ausschließlich Druck- und Zugspannungen; es ist daher biegungsfrei.

In Knochen, die *axial* auf Druck beansprucht werden, wie z. B. Wirbelkörper, sind die Spongiosaelemente wie in einem trajektoriellen Fachwerk angeordnet (Abb. 3.**29**). In Richtung der einwirkenden Druckkraft verlaufen die *„Drucktrabekel"* wie die Kompressionstrajektorien; senkrecht dazu ziehen die *„Zugtrabekel"* in Richtung der Dehnungstrajektorien. Die Substantia spongiosa der langen Knochen wird in Gelenknähe

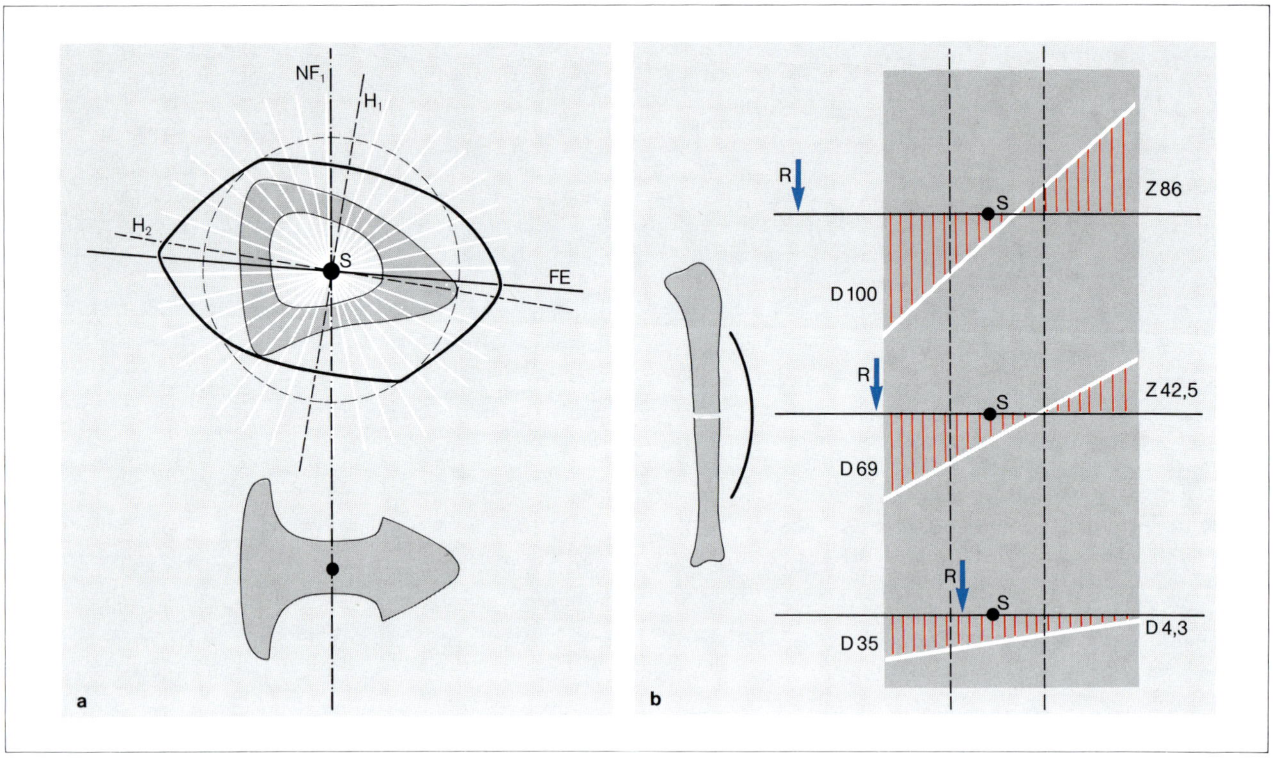

Abb. 3.**27a** **Oben: Darstellung der Festigkeitseigenschaften im mittleren Bereich eines Tibiaquerschnittes** (nach *Pauwels*)

S Schwerpunkt des Querschnittes

H_1 und H_2 Hauptträgheitsachsen

NF_1 Parallele durch den Schwerpunkt zur neutralen Faser

FE Richtung der größten Biegefestigkeit des Querschnittes. Der Abstand der ausgezogenen Kurve vom Schwerpunkt gibt die Größe der Biegefestigkeit des Querschnittes in jeder gemessenen Richtung an.

Unten: Kontraktionsfigur des Querschnittes oben in Richtung der neutralen Faser. Die Kontraktionsfigur zeigt, daß im hinteren auf Druck beanspruchten Teil des Querschnittes wesentlich mehr Material liegt als im vorderen auf Zug beanspruchten Abschnitt (vgl. Abb. 3.**28**).

b Die Tibia wird in der Sagittalebene in der Weise auf Biegung beansprucht, daß im vorderen Teil Zugspannungen (Z), im hinteren Teil Druckspannungen (D) auftreten. Die drei Diagramme (rechts) zeigen die Spannungsverteilung im Querschnitt aus dem mittleren Bereich der Tibia bei unterschiedlicher Lage der resultierenden Druckkraft R. An der hinteren auf Druck beanspruchten Seite des Querschnittes sind die Spannungen stets höher als auf der vorderen auf Zug beanspruchten Seite. S. entspricht dem Schwerpunkt des Querschnittes.

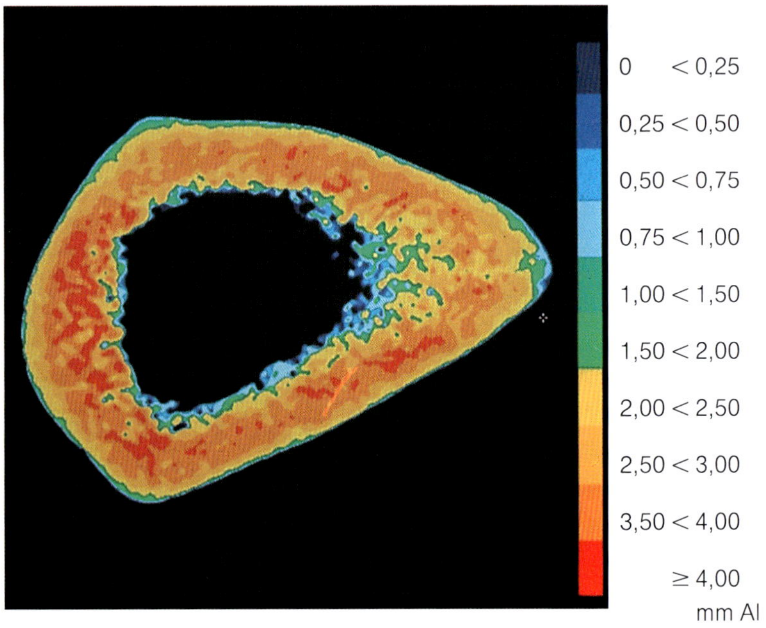

Abb. 3.**28** **Äquidensitenbild vom Röntgenbild eines 2 mm dicken, planparallelen Knochenschnittes aus der Mitte einer linken Tibia.** Die Materialverteilung des Knochens wurde mit dem Fernsehbildanalysator IBAS II (Kontron) von Herrn Dr. Dipl.-Ing. A. Schleicher, Köln, gemessen. Die Skala am rechten Bildrand gibt die Dichtewerte in mm-Aluminium eines Aluminiumäquivalentes wieder. Die höchste Dichte des Knochengewebes im Querschnitt liegt im hinteren auf Druck beanspruchten Bereich (links im Bild) (vgl. Abb. 3.**27**).

Abb. 3.**29a** **Mediansagittalschnitt durch einen Lendenwirbel.** Die Substantia spongiosa ist in Form eines trajektoriellen Fachwerkes ausgerichtet. Der Wirbelkörper wird axial auf Druck beansprucht. Die Anordnung der Druck- und Zugtrabekel entspricht dem Verlauf der Druck- und Zugtrajektorien im spannungsoptischen Modell **(b).**

Abb. 3.**29b** **Zeichnerische Wiedergabe des Spannungstrajektorienverlaufes in einem gleichmäßig auf Druck beanspruchten Kunststoffmodell**
D Druckkräfte.
Die durch Kompression hervorgerufenen Drucktrajektorien sind in durchgezogene Linien, die durch Dehnung hervorgerufenen Zugtrajektorien in unterbrochenen Linien wiedergegeben.
(nach *Kummer*)

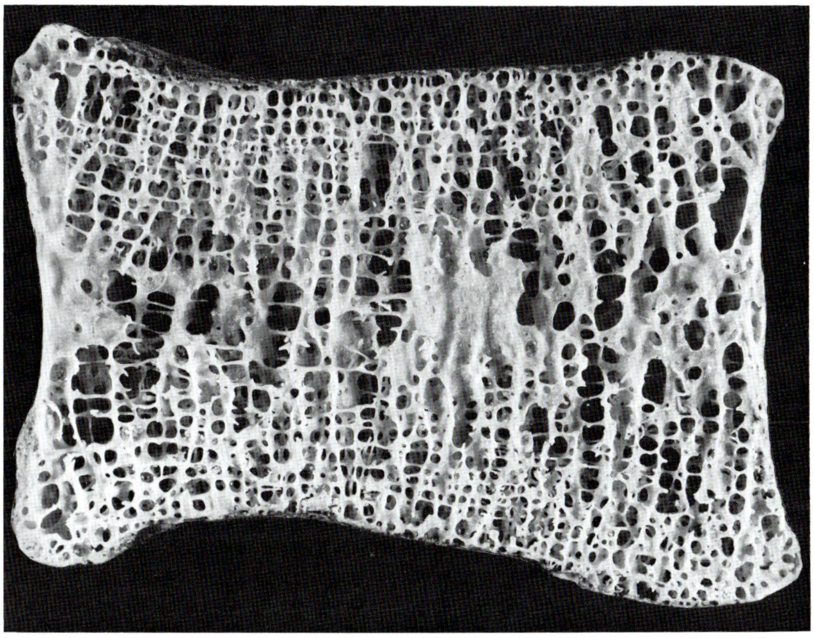

a

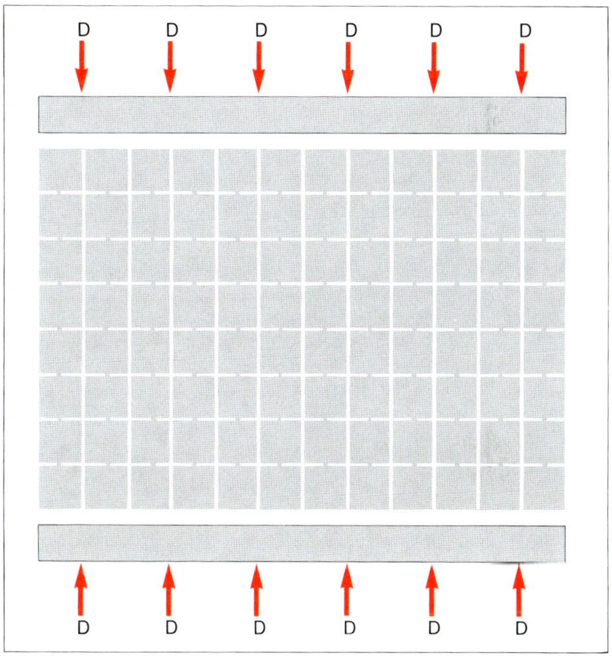

b

ebenfalls axial auf Druck beansprucht. Die Spongiosatrabekel dieser Region ziehen axial in die subchondrale Kortikalis und werden im rechten Winkel von Zugtrabekeln gekreuzt (Abb. 3.**30**, s. Kap. Gelenke, S. 114). Mit zunehmendem Abstand vom Gelenk kommt es auch in den Enden der langen Knochen zu einer Biegebeanspruchung. Der Verlauf der Spongiosatrabekel läßt hier ebenfalls eine trajektorielle Ausrichtung erkennen (Abb. 3.**30,** 3.**32**).

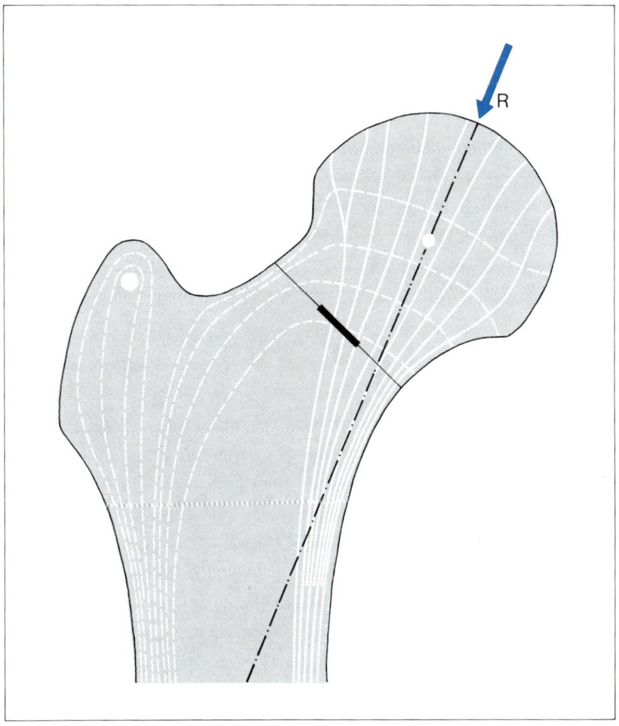

Abb. 3.**30** **Zeichnerische Wiedergabe des Trajektorienverlaufes im proximalen Femurende bei normalem Schenkelhalswinkel und bei normaler Belastung durch die Gelenkresultierende R.** Drucktrajektorien (durchgezogene Linien) und Zugtrajektorien (unterbrochene Linien) kreuzen sich im rechten Winkel. Die Drucktrajektorien treffen senkrecht auf die Gelenkfläche des Femurkopfes. Im Schenkelhals verläuft die Resultierende medial des „Kernes" (schwarze, kräftige Linie) (vgl. Abb. 3.**31**). Der Trajektorienverlauf stimmt mit der Ausrichtung der Substantia spongiosa im Röntgenbild des proximalen Femurendes überein (vgl. Abb. 3.**32**) (nach *Pauwels*).

Die Beziehungen zwischen *Beanspruchungsart* und trajektorieller Bauweise hat PAUWELS am Beispiel des proximalen Femurendes bei unterschiedlichem Schenkelhalswinkel unter Einbeziehung spannungsoptischer Modellversuche dargelegt (ausführliche Beschreibung s. Abb. 3.**30**, 3.**31**, 3.**32**).

Die *trajektorielle Anordnung* der Substantia spongiosa ist Bauprinzip aller Skelettelemente. Ändert sich die Gestalt eines Knochens, z. B. durch Deformierung bei Rachitis (s. S. 70 und Abb. 3.**33**), durch operative Eingriffe (z. B. Umstellungsosteotomie) oder nach Frakturen, läßt sich nach einiger Zeit innerhalb der Spongiosa ein *Umbau* beobachten. Die Trabekel passen sich der neuen Beanspruchung so an, daß sie wieder ausschließlich in Richtung der größten Druck- und Zugspannungen ausgerichtet sind und keinerlei Biegebeanspruchung mehr erfahren („Transformationsgesetz" von WOLFF, biomechanisch nachgewiesen von PAUWELS).

Biegungsfreie Spongiosaelemente sind mit größter Materialersparnis gebaut und entsprechen damit der „ökonomischen Bauweise" des Knochens (s. S. 80). Während bei den *einzelnen Spongiosaelementen* die *Biegung* durch funktionelle Anpassung völlig *ausgeschaltet* wird, bleibt diese am *gesamten Knochen* aus den zuvor erwähnten Gründen der Lokomotion (Verlängerung des virtuellen Hebelarmes der Muskelkraft, s. S. 165) bestehen. Neue Befunde sprechen dafür, daß auch die *Osteone* in der Substantia compacta *funktionell ausgerichtet* sind.

Prinzipien der Beanspruchungserniedrigung

Die *Biegebeanspruchung* wird durch mehrere Bauprinzipien in physiologischen Bereichen gehalten. Eine Biegebeanspruchung läßt sich durch eine gleich große *Gegenkraft* aufheben und in axiale Druckbeanspruchung umwandeln (s. Abb. 2.**4f, g**). Als Gegenkraft können sowohl eine gleich große Last als auch eine Zugkraft *(Zugverspannung)* wirken. *Herabsetzung* der *Biegebeanspruchung* durch Zugverspannung liegt dem *Zuggurtungsprinzip* nach PAUWELS zugrunde, das an den langen Extremitätenknochen verwirklicht ist.

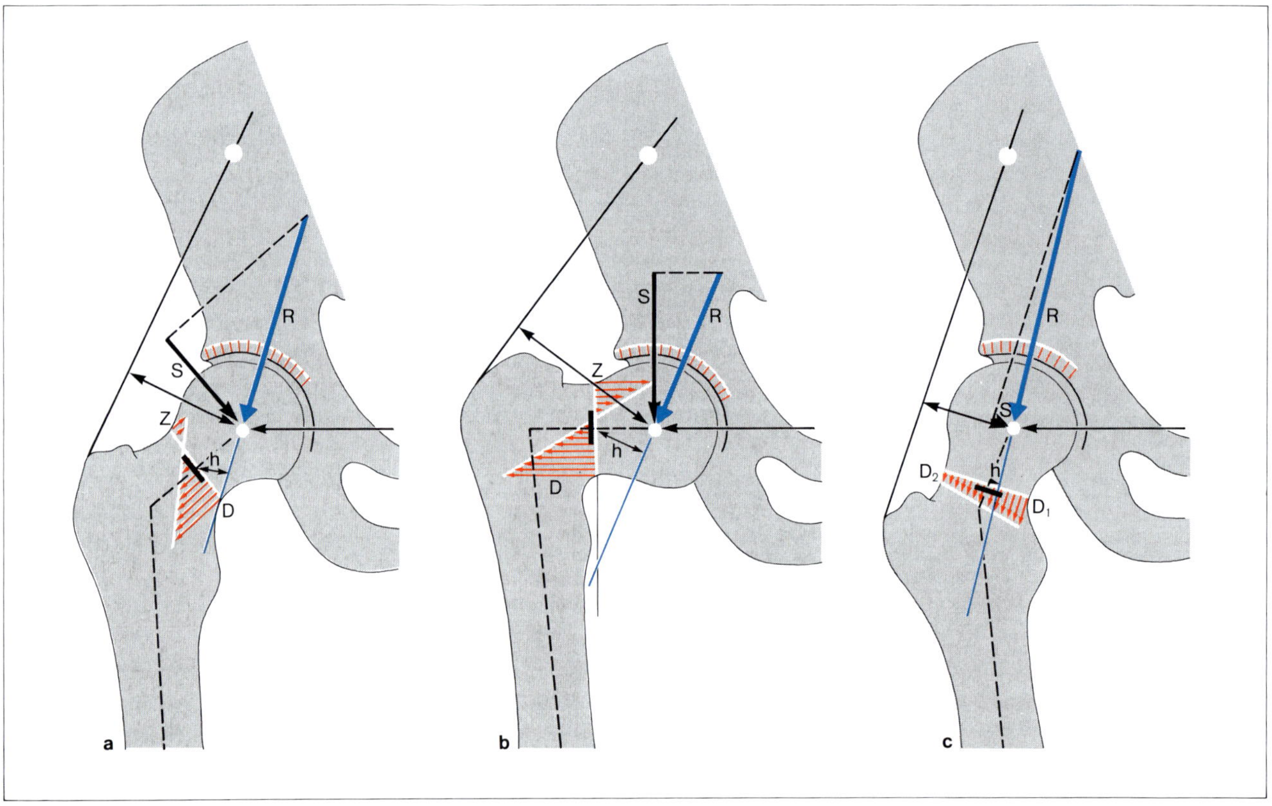

Abb. 3.**31** **Einfluß des Schenkelhalswinkels auf die Beanspruchung des koxalen Femurendes.**
a Normaler Schenkelhalswinkel,
b Coxa vara,
c Coxa valga.
Bei normalem Schenkelhalswinkel wird der Schenkelhals durch die Gelenkresultierende R auf Biegung beansprucht. Wie das Spannungsdiagramm zeigt, sind die Druckspannungen (D) auf der medialen Seite größer als die Zugspannungen (Z) auf der lateralen Seite. Bei der Coxa vara verläuft die Resultierende weit außerhalb des „Kernes" des Schenkelhalses; infolgedessen kommt es hier zu einer hohen Biegebeanspruchung des Knochens (hohe Druck- und Zugspannungen). Bei der Coxa valga liegt die Resultierende innerhalb des „Kernes", so daß der Schenkelhals rein auf Druck beansprucht wird. Die Gelenkresultierende R ist bei der Coxa valga wesentlich größer als bei der Coxa vara und beim normalen Schenkelhalswinkel; folglich erfährt das Hüftgelenk bei der Coxa valga eine hohe Beanspruchung. S: auf den Schenkelhals wirkende Schubkomponente (nach *Pauwels*).

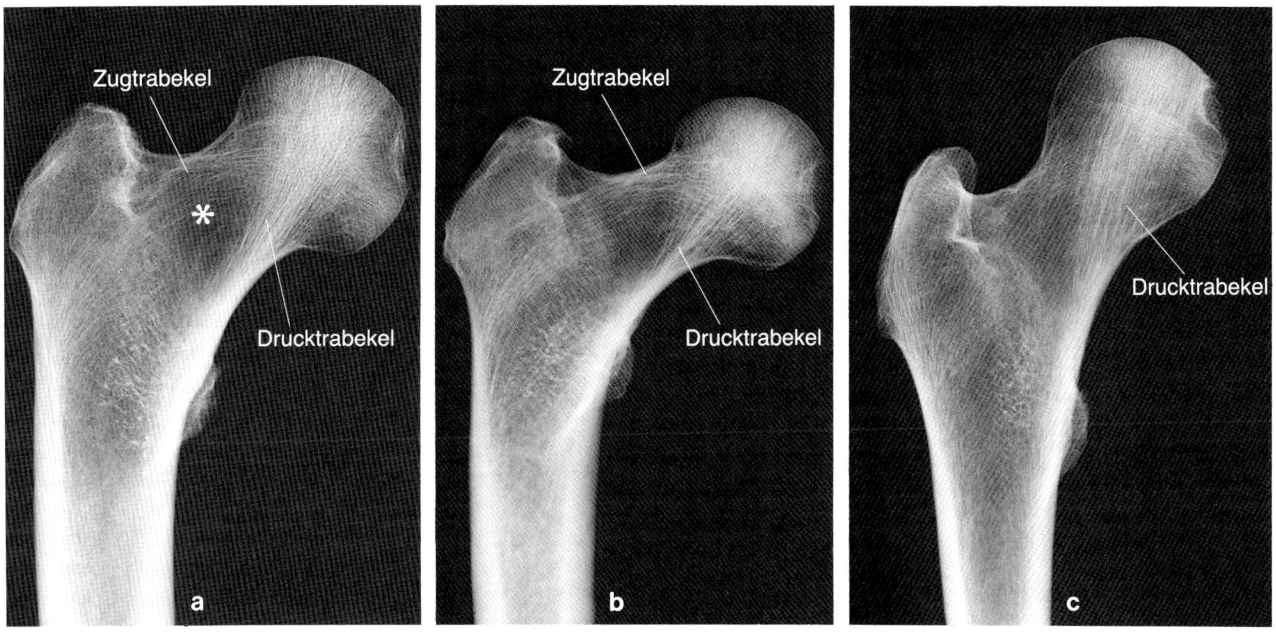

Abb. 3.**32** **Röntgenbilder des proximalen Femurendes im seitlichen Strahlengang.**
a Femur mit normalem Schenkelhalswinkel,
b Coxa vara,
c Coxa valga.
Beim normalen Schenkelhalswinkel wird der Schenkelhals auf Druck und Biegung beansprucht (vgl. Abb. 3.**31 a**). Die Zugtrabekel ziehen auf der lateralen Seite bogenförmig nach kranial und kreuzen im Epiphysenbereich nach medial herüber. Die Drucktrabekel kommen senkrecht von der Gelenkfläche und verlaufen entlang der medialen Kortikalis nach kaudal, wobei sie die Zugtrabekel im rechten Winkel schneiden. Zwischen beiden Trabekelsystemen liegt das Ward-sche-Dreieck (Sternchen).
Bei der Coxa vara **(b)** ist die Biegebeanspruchung größer als beim normalen Schenkelhalswinkel (vgl. Abb. 3.**31 b**). Den vermehrten Zugspannungen entsprechend sind die Zugtrabekel stark ausgebildet.
Bei der Coxa valga **(c)** wird der Schenkelhals rein auf Druck beansprucht (vgl. Abb. 3.**31 c**); folglich findet man im proximalen Bereich des Schenkelhalses ein kräftiges Bündel von Drucktrabekeln.

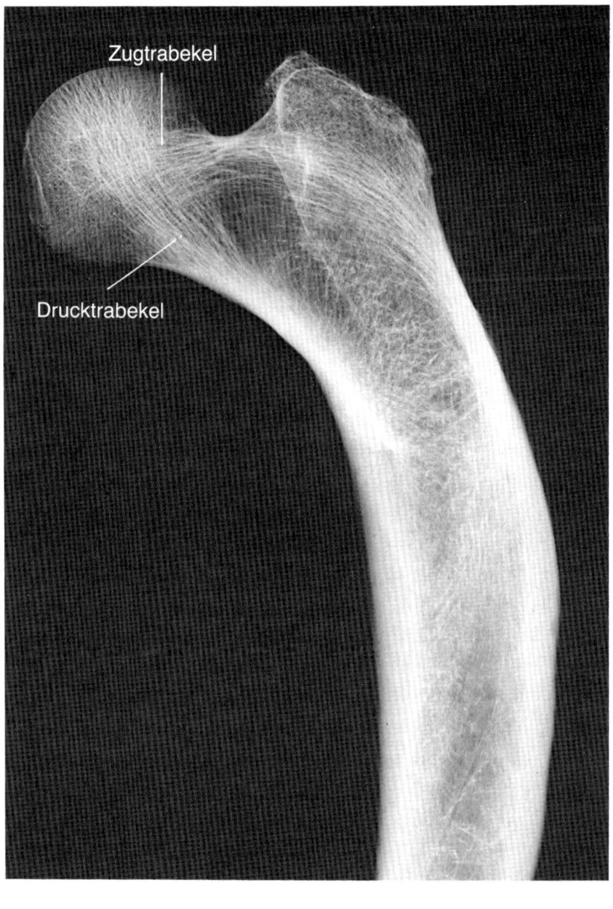

Abb. 3.**33** **Röntgenbild eines stark deformierten proximalen Femurendes (Zustand nach Rachitis).** Der Schenkelhals wird stark auf Biegung beansprucht; infolge der erhöhten Zugspannungen treten die Zugtrabekel deutlich hervor. Beachte die kräftige Kortikalis im lateralen Schaftbereich als Ausdruck der funktionellen Anpassung an die hohe Beanspruchung (Biegebeanspruchung).

Als Zugverspannung dienen *Muskeln, Faszienverstärkungen* und *Bänder*. Durch eine Zuggurtung wird die Biegebeanspruchung zwar nicht ausgeschaltet, jedoch stark herabgesetzt. Am menschlichen *Femur* übernimmt der *Tractus iliotibialis* diese Funktion bei Biegebeanspruchung in der Frontalebene. In der Sagittalebene wirken in der Flexionsstellung die ischiokruralen Muskeln und der M. glutaeus maximus, bei Streckung im Hüftgelenk der M. rectus femoris als Zuggurtung. Die Biegebeanspruchung der *Tibia* in der Sagittalebene wird durch die Wirkung des *M. triceps surae* herabgesetzt. Am *Fuß* haben die an der Plantarseite ziehenden *Muskeln* nicht nur die Funktion, die Fußwölbung zu verspannen (s. S. 640), sondern auch die Beanspruchung der Mittelfußknochen herabzusetzen. Dies geschieht vor allem durch den Einsatz der oberflächlichen kurzen Fußmuskeln und durch die Plantaraponeurose (Abb. 3.**34**). An der *oberen Extremität* wird durch den kombinierten Einsatz von Oberarm- (M. biceps) und Unterarmmuskeln (M. brachioradialis) die Biegebeanspruchung sowohl am Humerus als auch an den Unterarmknochen herabgesetzt (Abb. 3.**35**).

Ist die Zuggurtung der Muskulatur und des Bandapparates infolge Überbeanspruchung oder nach unfallbedingter Durchtrennung nicht wirksam, kann die Biegebeanspruchung so groß werden, daß es zur *„Spontanfraktur"* des Knochens kommt (s. S. 75). Ein bekanntes Beispiel ist die sog. *Marschfraktur* der Mittelfußknochen, die bei Untrainierten nach langen Märschen infolge insuffizienter kurzer Fußmuskeln beobachtet wird. Bei fehlender Zuggurtung verläuft die Resultierende außerhalb der Schaftachse der Metatarsalia (s. Abb. 3.**34**). Der damit verbundenen hohen Biegebeanspruchung können sich die Mittelfußknochen offensichtlich in kurzer Zeit nicht durch Materialumbau anpassen. Neben dieser klassischen „Marschfraktur" kommen *Ermüdungsbrüche* auch am Calcaneus vor, die in ihrem Entstehungsmodus ebenfalls auf eine nicht genügend rasche Anpassung des Knochens an die veränderte Beanspruchung infolge nachlassender Muskelkraft des M. triceps surae zurückgeführt werden.

Das Zuggurtungsprinzip findet auch *therapeutisch* in der Osteosynthese Anwendung (s. S. 77). Durch eine *Drahtgurtung* lassen sich die Knochenfragmente nach einer Fraktur oder nach einer Osteotomie komprimieren und ruhigstellen (s. Abb. 3.**36**).
Die *Schaftkrümmung der Röhrenknochen* (z. B. Femur, Tibia, Humerus und Ulna) bewirkt ebenfalls eine Herabsetzung der Biegebeanspruchung. Aufgrund der *Abknickung der Stützelemente* verläuft die Wirkungslinie der Resultierenden nahe an deren Schaftachse, so daß die Spannungsgröße abnimmt (s. Abb. 3.**26**). Durch die funktionelle Anpassung der äußeren Form wird die Biegebeanspruchung verringert, gleichzeitig können die Skelettmuskeln über einen günstigen Hebelarm einwirken (s. S. 81).
Ein weiteres Bauprinzip zur Herabsetzung der Biegebeanspruchung ist nach Pauwels die *„funktionelle Anpassung des Röhrenknochens durch Längenwachstum"*. Der *Epiphysenknorpel* wird während des Wachstums normalerweise durch die Resultierende gleichmäßig auf Druck beansprucht (s. Abb. 3.**37**). Durch die gleichmäßige Spannungsverteilung im Epiphysenknorpel schreitet das Längenwachstum im gesamten Epiphysenbereich gleichmäßig fort (s. S. 70). Mit Beginn der *bipeden Lebensphase* am Ende des 1. Lebensjahres setzt eine Änderung der Beanspruchung der unteren Extremität ein: Die Aufrichtung führt zu einer Verlagerung der Resultierenden nach medial. Die höhere Beanspruchung des Epiphysenknorpels auf der Innenseite bewirkt stärkeres Längenwachstum und eine keilförmige Umbildung des Epiphysenknorpels. Damit wandelt sich das physiologische *O-Bein des Säuglings* in das physiologische *X-Bein des Kleinkindes* um (s. Abb. 7.**95**). Da durch die X-Bein-Bildung die Wirkungslinie der Last näher an das Kniegelenk heranrückt, trifft die Resultierende aus Körpergewicht und Bandverspannung nun wieder die Mitte des Epiphysenknorpels (s. Abb. 3.**38**). Unter der gleichmäßigen Spannungsverteilung nimmt das X-Bein dann durch Längenwachstum seine „normale" Form an.

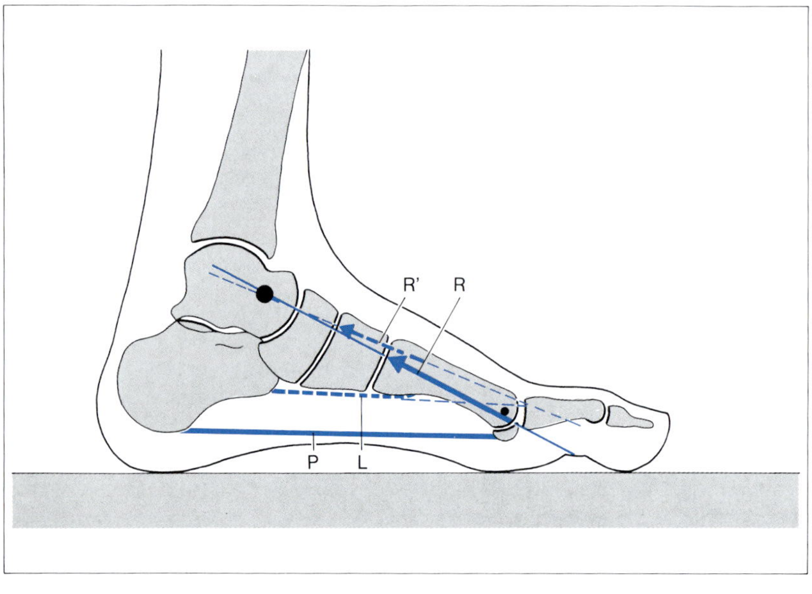

Abb. 3.**34** **Schematische Darstellung der Verspannung der Längswölbung des Fußes durch die Plantaraponeurose** (P). Die beanspruchende Resultierende (R) für den Vorfuß verläuft im Zentrum des Metatarsale. Erfolgt die Verspannung allein durch das Lig. plantare longum (L), verläuft die beanspruchende resultierende Kraft (R') exzentrisch. Die Mittelfußknochen werden dann auf Biegung beansprucht (nach *Kummer*).

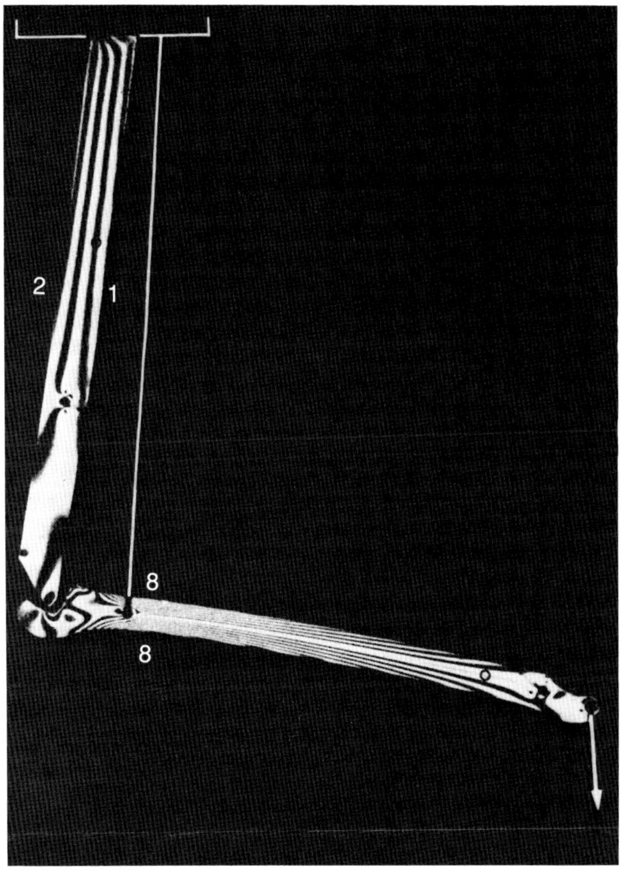

a

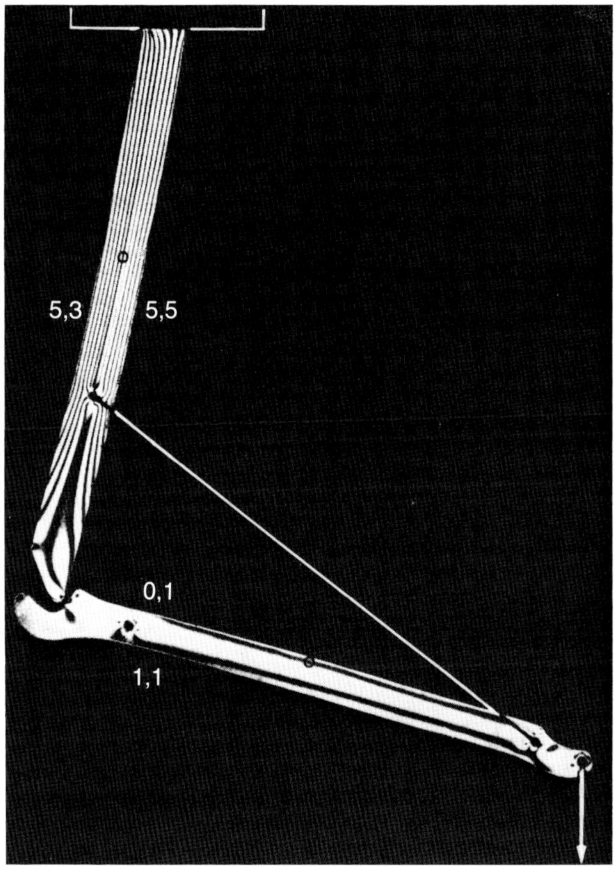

b

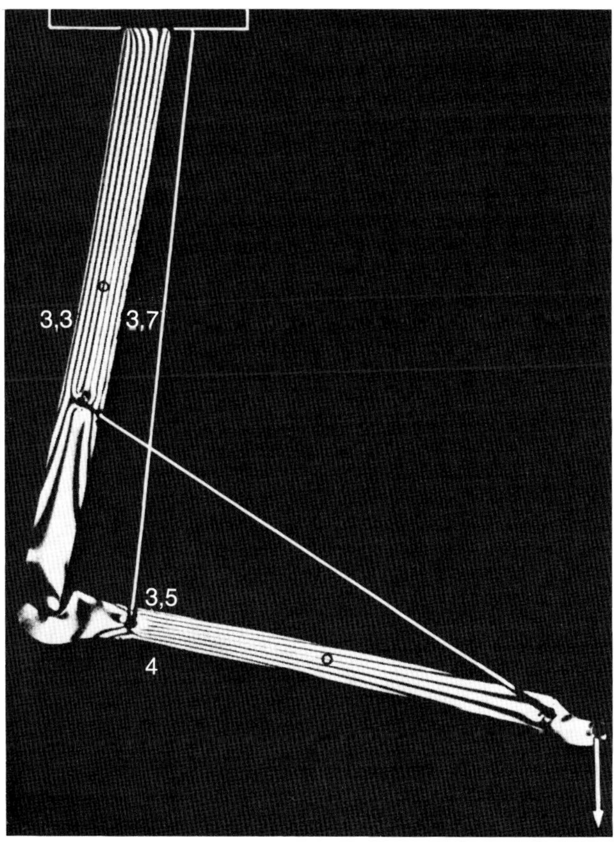

c

Abb. 3.35 **Veranschaulichung der Beanspruchung des Armskelettes im spannungsoptischen Modellversuch.** Die Isochromaten sind hier als schwarze Bänder wiedergegeben. Die Isochromatenordnungszahl ist ein Maß für die Beanspruchungsgröße im Modell.

a Beanspruchung des Ober- und Unterarmskelettmodells durch eine vertikal wirkende Kraft (weißer Pfeil). Als Zuggurtung soll nur ein Oberarmmuskel (M. biceps) zur Verfügung stehen. Unter dieser Versuchsbedingung ist, wie die Höhe der Ordnungszahl der Isochromaten zeigt, die Beanspruchung im Oberarmmodell niedriger als im Unterarmmodell.

b Erfolgt die Zuggurtung ausschließlich durch einen Unterarmmuskel (M. brachioradialis), erfährt das Unterarmmodell eine niedrigere Beanspruchung als das Oberarmmodell.

c Erfolgt die Zuggurtung des Modells durch eine „Doppelbesetzung" aus Oberarm- und Unterarmmuskeln, nimmt die Beanspruchung in beiden Skelettmodellen ab (nach *Pauwels*).

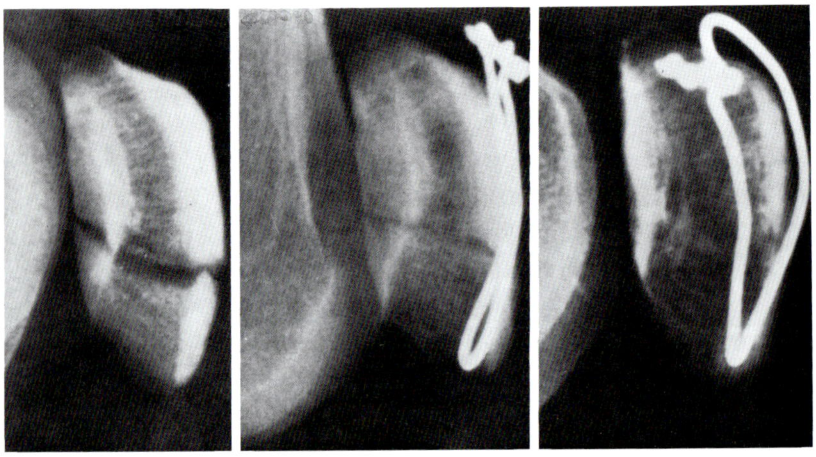

Abb. 3.**36** **Osteosynthese einer Patellaquerfraktur mit einer Draht-Zuggurtung.** Mitte: unmittelbar nach der Osteosynthese; rechts: nach Ausheilung der Fraktur. (Originalabbildungen von Prof. Dr. *H. Tscherne*, Hannover)

Ähnliche Umbauvorgänge lassen sich auch unter pathologischen Bedingungen beobachten: Trifft nach einer Veränderung des metaphysären Schaftanteiles, z. B. bei nicht achsengerecht verheilter Fraktur, die Resultierende nicht mehr senkrecht und zentrisch auf den Epiphysenknorpel, führt dies zu einem keilförmigen Wachstum des Knorpels auf der höher beanspruchten Seite. Durch *ungleichmäßiges Längenwachstum* rückt die Resultierende näher an die Schaftachse heran, und die Biegebeanspruchung nimmt ab. Wird z. B. der Schenkelhals bei offener Epiphysenfuge durch Varisierung verkleinert, kommt es zu ungleichmäßiger Beanspruchung des Epiphysenknorpels mit einer Zunahme der Druckspannungen am medialen Schenkelhalsrand. Dies hat zur Folge, daß sich der Schenkelhals durch stärkeres Längenwachstum auf der medialen Seite so weit aufrichtet, bis der Epiphysenknorpel wieder gleichmäßig auf Druck beansprucht wird.

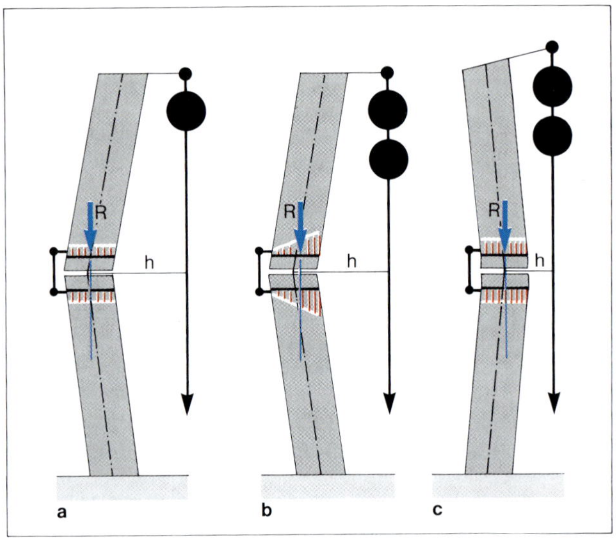

Abb. 3.**38** **Schematische Darstellung der Beanspruchung der Wachstumsplatten im Bereich des Kniegelenks in verschiedenen Wachstumsphasen.** Das Schema links zeigt die Belastung des Säugling-O-Beines. Die Beanspruchung der Epiphysenknorpel des distalen Femurendes und des proximalen Tibiaendes erfolgt auf der lateralen Seite durch Bandverspannungen, auf der medialen Seite durch das Körpergewicht (symbolisiert durch den schwarzen Punkt). Die Resultierende R trifft zentrisch und senkrecht auf die Wachstumsplatten, so daß die Druckspannungen gleichmäßig verteilt sind. Mitte: Belastung des kniegelenknahen Bereiches nach Aufrichtung des Körpers auf die unteren Extremitäten am Ende des ersten Lebensjahres. Durch Zunahme des Lastanteiles (symbolisiert durch die beiden schwarzen Punkte) verlagert sich die Resultierende nach medial; infolgedessen kommt es zu einer ungleichmäßigen Beanspruchung der Epiphysenknorpel. Durch die höhere Beanspruchung im medialen Bereich wächst der Knorpel hier stärker als auf der lateralen Seite; dies führt zu einem verstärkten Längenwachstum im medialen Bereich von Femur und Tibia. Auf diese Weise kommt es zur physiologischen X-Bein-Bildung im Kleinkindesalter.
Rechts: Durch die X-Bein-Bildung rückt der Hebelarm der Last (h) näher an den Drehpunkt des Gelenks. Auf diese Weise verlagert sich die Resultierende aus Körpergewicht und Bandspannung wieder zur Mitte des Epiphysenknorpels und beansprucht diesen nunmehr gleichmäßig auf Druck (vgl. Abb. 7.**95**) (nach *Pauwels*).

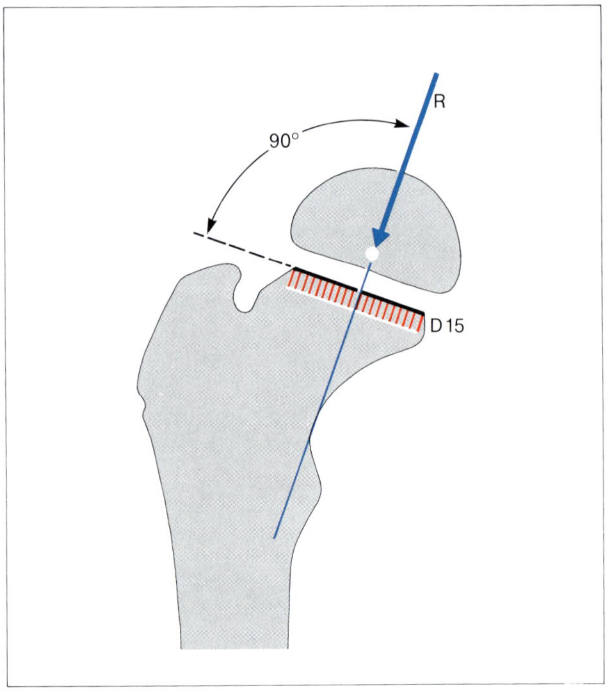

Abb. 3.**37** **Beanspruchung des proximalen Femurendes und des Epiphysenknorpels beim Kind.** Die Gelenkresultierende R trifft zentrisch und senkrecht auf die Epiphysenfuge. Der Knorpel der Wachstumsplatte wird gleichmäßig auf Druck (F) beansprucht (nach *Pauwels*).

Untersuchungsmethoden

Voraussetzung für die *klinische Untersuchung* des Skeletts ist die genaue Kenntnis der *Form* jedes einzelnen Knochens und seiner Lage im Gesamtgefüge. Die topographische Beziehung des Skeletts zu angrenzenden Organen sowie die für klinische Untersuchungen notwendige Kenntnis der *tastbaren Anteile* einzelner Knochen kann nur am anatomischen Präparat erlernt werden. Bei der Beurteilung von Computertomogrammen (s. unten) ist das Studium anatomischer Schnittpräparate hilfreich.

Bei der *klinischen Untersuchung* lassen sich durch *Inspektion Formabweichungen* (Deformitäten, Schwellungen, Dislokationen bei Frakturen) erkennen. An oberflächennahe liegenden Stellen ist das Skelett der *palpatorischen Untersuchung* zugänglich (Druckschmerzhaftigkeit, Schwellung).

Eine Vorrangstellung unter den Untersuchungsmethoden nimmt die *Röntgendiagnostik* ein. Neben konventionellen Röntgenaufnahmen kommen Schichtaufnahmen und Computertomographie ergänzend zur Anwendung. Die Röntgentechnik dient primär der Darstellung morphologischer Befunde. Zur Messung des Mineralgehaltes eignet sich das normale Röntgenbild nicht unmittelbar, da bei visueller Auswertung Verluste erst bei einer Abnahme des Mineralgehaltes von ca. 30% erkennbar werden. Mit der Röntgendensitometrie, bei der gleichzeitig ein definiertes Referenzmaterial mit abgebildet wird und eine photometrische Auswertung der Schwärzung erfolgt, läßt sich der Mineralgehalt jedoch auf ca. 3–5% genau bestimmen (vgl. Abb. 3.**28**, 3.**56**). Darüber hinaus werden auch mit Gamma-Strahlung arbeitende Photonenabsorptionsverfahren zur praktischen Mineralgehaltsbestimmung benutzt. In speziellen Fällen gelangt hierbei auch die Neutronenaktivierungsanalyse zur Anwendung. In jüngster Zeit werden außerdem Ultraschallverfahren eingesetzt.

Aussagen über die *vitale Funktion* des Knochens lassen sich mit Hilfe der *Knochenszintigraphie* machen (Abb. 3.**39**). Die verabreichten osteoaffinen radioaktiven Isotope lagern sich entweder an der Oberfläche der Kristalle ab, oder sie werden in das Kristallgitter eingebaut. Im Bereich erhöhter metabolischer Aktivität kommt es zur vermehrten Ablagerung des verabreichten radioaktiven Isotops. Zur Anwendung gelangen heute vorzugsweise 99^{m}Tc-Phosphat-Komplexe mit einer Halbwertszeit von 6 Stunden. Weitere osteoaffine radioaktive Isotope sind ^{18}F und ^{85}Sr.

Zur *histologischen Untersuchung* von Knochengewebe eignen sich *Biopsien*, die meistens aus dem Beckenkamm entnommen werden. An bioptisch gewonnenem Material lassen sich mit Hilfe der *Mikroradiographie* auch der Knochenumsatz (Anbau und Abbau) sowie die Materialdichte beurteilen.

Zur Beurteilung des *Mineralstoffwechsels* im Knochengewebe kann der *Calcium-* und *Phosphatgehalt* im Blut bestimmt werden. Aussagen über die Aktivität der Osteoblasten sind anhand der *alkalischen Serumphosphatase* möglich. Eine Erhöhung des Fermentes deutet auf gesteigerten Knochenabbau hin. Bei Störungen des Mineralstoffwechsels dienen die Bestimmung von immunreaktivem Parathormon und Calcitonin als empfindliche Meßmethoden. Die *Hydroxyprolinbestimmung* im Urin erlaubt Rückschlüsse auf den Kollagenstoffwechsel.

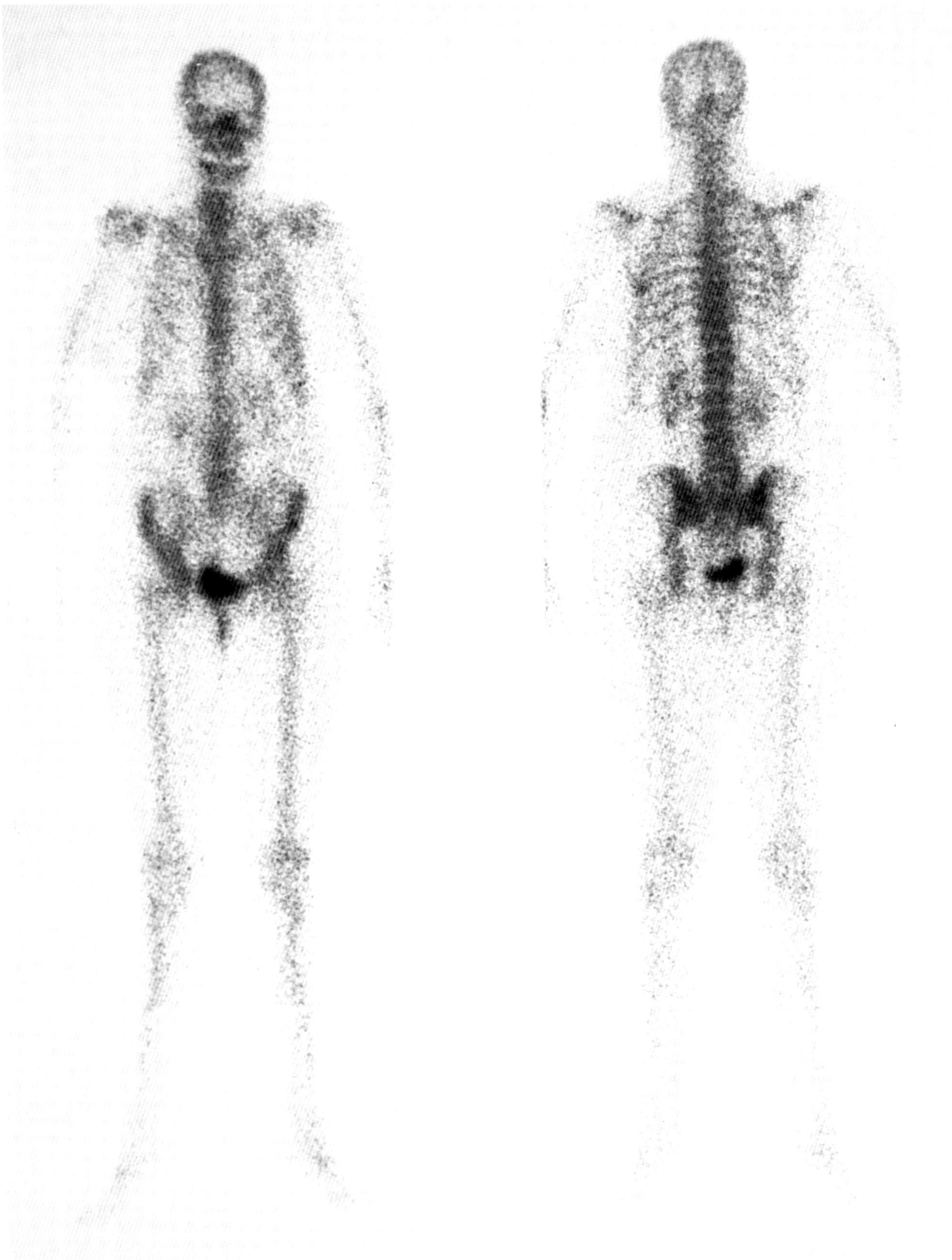

Abb. 3.**39** **Normales Skelettszintigramm mit ^{99m}Tc markiertem Diphosphonat bei einer 40jährigen Frau.** Links in der Ansicht von ventral, rechts in der Ansicht von dorsal. (Originalabbildung aus der Radiologischen Universitätsklinik, Kiel. Ehem. Direktor: Prof. Dr. *H. Gremmel*)

Gelenklehre

Einleitung (Definitionen)

Gelenke sind Verbindungen zwischen knorpeligen und/oder knöchernen Skelettelementen. Sie haben die Funktion, Bewegungen zwischen einzelnen Abschnitten des Rumpfes und der Extremitäten zu ermöglichen und Kräfte zwischen diesen zu übertragen. Je nach Art der Verbindung unterscheidet man „echte" und „unechte" Gelenke. Von „unechten" Gelenken oder *Synarthrosen* spricht man, wenn zwischen den Skelettanteilen ein Füllgewebe aus Binde- und/oder Knorpelgewebe liegt. Synarthrosen werden auch als Juncturen, Haften, Fugen oder Füllgelenke bezeichnet. Besteht die Verbindung aus Bindegewebe, wird das Gelenk *Articulatio fibrosa* genannt. Synarthrosen mit knorpeligem Füllgewebe sind *Articulationes cartilagineae.*

Bei den „echten" Gelenken, *Articulationes synoviales,* sind die Skelettelemente durch einen Spalt voneinander getrennt. Sie werden als *Diarthrosen* bezeichnet. Zu den morphologischen Charakteristika einer Diarthrose zählen außer dem *Gelenkspalt* die von Knorpel bedeckten *Gelenkflächen* (Facies articulares) und eine die *Gelenkhöhle* (Cavitas articularis) abschließende *Gelenkkapsel* (Capsula articularis).

In der manuellen Medizin (Chirotherapie) faßt man als *Arthron* alle Strukturen zusammen, die mit dem Gelenk eine funktionelle Einheit bilden. Das Arthron besteht aus den einzelnen Anteilen eines Gelenkes sowie aus der auf das Gelenk wirkenden Muskulatur und deren Nerven- und Blutversorgung.

Gelenkentwicklung

Gelenke entstehen in der gesamten Wirbeltierreihe auf zweierlei Weise. Die meisten Gelenke entwickeln sich durch Abgliederung innerhalb des Blastems der Skelettanlagen (s. S. 28) *(Abgliederungsgelenk).* Bei einigen Gelenken kommt es durch Aneinanderlagerung von zwei ursprünglich getrennten Skelettanlagen zur Bildung eines Gelenkes *(Anlagerungs- oder Angliederungsgelenk).*

Abgliederungsgelenke

Die Entwicklung der *Abgliederungsgelenke* an den Extremitäten ist aufs engste mit der Entstehung der Extremitätenanlage verknüpft (s. S. 311). Die ersten Gelenkanlagen erscheinen im *Blastem* der Skelettanlage kurze Zeit nach der Differenzierung von Vorknorpel (ca. 6. Embryonalwoche) in Form von Zellverdichtungen (Abb. 3.**40b**). Man bezeichnet diesen homogen erscheinenden, gefäßlosen Bereich als *Gelenkzwischenzone.* Sie entstammt dem Blastem der Skelettanlage. Um den 50. Embryonaltag lockert sich das Gewebe der Zwischenzone im Zentrum auf; damit entsteht eine *dreischichtige Zone.* Diese besteht aus den jeweils den Skelettanlagen aufliegenden, zellreichen *chondrogenen Schichten* und einer mittleren, zellarmen *Intermediärschicht.* Die chondrogenen Schichten dienen als appositionelle Wachstumszonen des Knorpelskeletts (s. S. 36). In der Intermediärschicht entsteht der *Gelenkspalt.* Die Bildung der *Gelenkhöhle* geht mit degenerativen Veränderungen an den Zellen der Intermediärschicht einher. Die ersten Spaltbildungen treten an den großen Extremitätengelenken in der 8. Embryonalwoche (Stadium 23 nach O'Rahilly und Gardner) auf. Die Gelenkhöhle entsteht durch Vereinigung zahlreicher Spalten. Ihre Entwicklung ist bei den meisten Abgliederungsgelenken am Ende des 3. Fetalmonats abgeschlossen. Die *Gelenkkapsel* entwickelt sich aus dem peripheren Bereich der Gelenkzwischenzone, dem sogenannten *blastemalen synovialen Mesenchym.* Sie entstammt wie die *intraartikulären Strukturen* (Disci, Menisci, Ligamenta) dem Blastem der Skelettanlage. Die bandverstärkten Regionen der Kapsel werden bei einigen Gelenken in der Mitte des 2. Embryonalmonats schon vor Auftreten eines Gelenkspaltes als Mesenchymverdichtung am Rand der Zwischenzone sichtbar (Abb. 3.**40c, d**). Mit der Entwicklung der Gelenkhöhle setzt die Bildung von *Synovia* (Gelenkschmiere, s. S. 107) ein. Intraartikuläre Strukturen treten vor der Entwicklung des Gelenkspaltes als Blastemverdichtungen bereits in ihrer typischen Gestalt auf. Auch die Gelenkkörper haben ihre charakteristische Form vor dem Erscheinen der Gelenkhöhle.

Die chondrogenen Schichten schwinden mit dem Auftreten des Gelenkspaltes. Zu dieser Zeit differenziert sich aus Vorknorpel reifer hyaliner Knorpel. Die Entwicklung der Gelenkkörper in der Fetalperiode erfolgt durch *appositionelles* und *interstitielles Wachstum* des Knorpelgewebes.

Synarthrosen entwickeln sich zunächst wie Abgliederungsgelenke. Bei ihnen kommt es jedoch nicht wie bei Diarthrosen zu Spaltbildungen, sondern das Gewebe der Zwischenzone bleibt erhalten und differenziert sich zu Binde- oder Knorpelgewebe.

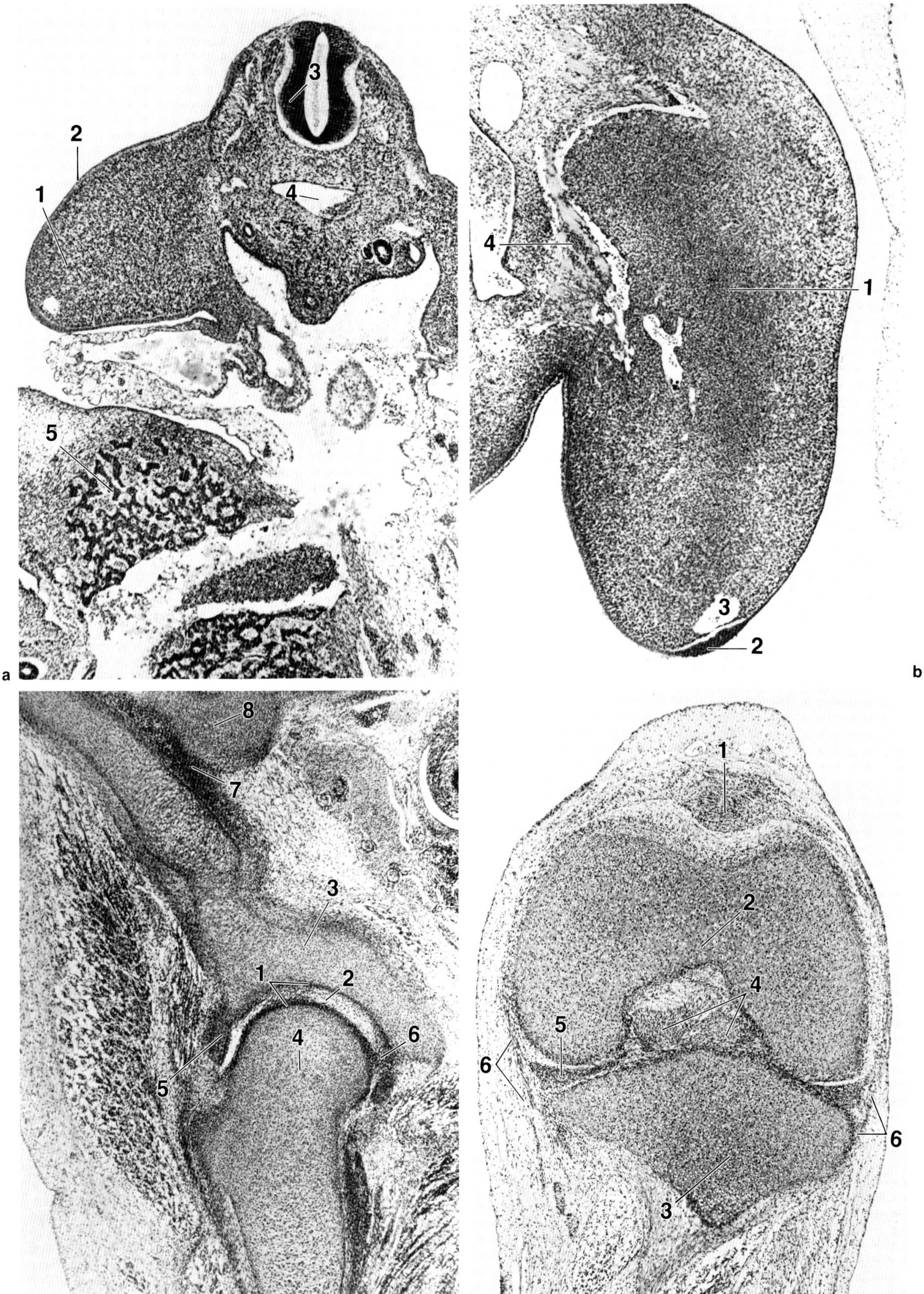
a
1
2
3
4
5
b
1
2
3
4
c
1
2
3
4
5
6
7
8
d
1
2
3
4
5
6

◀ Abb. 3.**40a** **Transversalschnitt durch einen menschlichen Embryo von 6 mm Gesamtlänge.** Die angeschnittene paddelförmige rechte obere Extremitätenanlage besteht aus einem Kern von embryonalem Bindegewebe (1), der von Epithel (2) umschlossen wird.
3 Neuralrohr
4 Anlage der Aorta
5 Leberanlage.
(Homo, 27. 12. 1952, Schnitt (/1/4, 10 μm, Benda/van Gieson/Eosin, Vergr. 170fach).
(Sammlung des Anatomischen Institutes, Köln)

Abb. 3.**40b** **Longitudinalschnitt durch die linke obere Extremitätenanlage eines menschlichen Embryos von 10 mm Gesamtlänge.** Im zentralen Bereich der Armanlage hat sich das Mesenchym zum Blastem (1) entwickelt.
2 ektodermale Randleiste
3 Randvene
4 Anlage des Plexus brachialis
(Homo, 6. 6. 1954, Schnitt 19/4/3, 10 μm, Benda/Eosin, Vergr. 200fach).
(Sammlung des Anatomischen Institutes, Köln)

Abb. 3.**40c** **Querschnitt durch die rechte Beckenregion eines menschlichen Embryos von 30 mm SSL.** Die dreischichtige Gelenkzwischenzone des Hüftgelenks besteht aus den chondrogenen Schichten (1) an den Anlagen von Darmbein (3) und Femur (4) sowie aus der Intermediärschicht (2).
Beachte die unterschiedliche Dichte der Intermediärschicht.
5 Anlage der Gelenkkapsel
6 Anlage des Lig. capitis femoris
7 Anlage des Iliosakralgelenks
8 Anlage des Os sacrum
(Homo Leven III, männlich 24. 9. 1949, Schnitt 13/3/4, 20 μm, Benda/Orange, Vergr. 130fach).
(Sammlung des Anatomischen Institutes, Köln)

Abb. 3.**40d** **Frontalschnitt durch das Kniegelenk eines menschlichen Embryos von 29 mm SSL.** Die Ausbildung der Form der knorpeligen Gelenkkörper ist wie in **c** bereits vor der Entstehung des Gelenkspaltes weitgehend abgeschlossen.
1 Anlage der Patella
2 distaler Abschnitt des Femur
3 proximaler Anteil der Tiba
Die Anlage der Kreuzbänder (4) hebt sich als Gewebsverdichtung deutlich von der umgebenden zellarmen Intermediärschicht ab. Die Anlage der Menisken (5) tritt als keilförmige Gewebsverdichtung innerhalb der Gelenkzwischenzone hervor.
6 Anlage der Gelenkkapsel
(Homo, 13. 3. 1960, Schnitt 4765/B2/3/5, 5 μm, Alzianblau bei pH 2,25/PAS, Vergr. 210fach).
(Sammlung Prof. Dr. *R. Ortmann*, Köln)

Anlagerungsgelenke

Anlagerungsgelenke entstehen in der Ontogenese in der Weise, daß zwei getrennte Skelettanlagen aufeinander zuwachsen. Ihre Gelenkkörper entwickeln sich als sogenannte *Sekundärknorpel* aus dem Mesenchym (s. S. 28). Die Gelenkhöhle bildet sich innerhalb des zwischen ihnen liegenden embryonalen Bindegewebes. Sie erscheint später als bei den Abgliederungsgelenken (am Kiefergelenk in der 12.–13. Embryonalwoche, s. S. 730).

Aus vergleichend anatomischen Untersuchungen ist bekannt, daß dort, wo zwei Skelettelemente miteinander in Kontakt treten, zunächst ein Schleimbeutel entsteht, der sich später zur Gelenkhöhle umbilden kann. Bei Beuteltieren z. B. besteht die Kiefergelenkshöhle zeitlebens aus einem Schleimbeutel.
In Anlagerungsgelenken kommen Gelenkzwischenscheiben vor, die Derivate der Blasteme der gelenkbildenden Skelettelemente sein sollen. Der Discus des Kiefergelenkes (s. Abb. 9.**82**) wird auch als Fortsetzung der Sehne des M. pterygoideus lateralis angesehen.

Auch unter pathologischen Bedingungen können, z. B. bei unbehandelten Gelenkluxationen, nach dem Modus von Anlagerungsgelenken neue Gelenke *(Nearthrosen)* entstehen.

Entstehung der Gelenkformen

Bezüglich der Entstehung der *Gelenkformen* während der Ontogenese vertreten die meisten Autoren heute die Ansicht, daß die charakteristische Form der Gelenkkörper *genetisch* festgelegt ist. Ihre endgültige Gestalt erhalten die Gelenkflächen dann in späteren Entwicklungsstadien unter dem Einfluß *funktioneller Beanspruchung* (u. a. durch Muskelkräfte). Für diese Vorstellung sprechen auch experimentelle Untersuchungen: Werden Muskelanlagen in sehr frühen Stadien paralysiert, so entwickeln sich zwar typische Gelenkkörper und auch vereinzelte Gelenkspalten, die weitere Ausbildung der Gelenkhöhle und der artikulierenden Skelettelemente bleibt jedoch aufgrund fehlender Muskeltätigkeit aus. Es kommt schließlich zu einer Verschmelzung *(Synostose* oder *Fusion)* der Skelettanlagen (s. unten).

Varianten, Anomalien und Fehlbildungen

(Definition s. S. 4)

Gelenkfehlbildungen treten meistens nicht isoliert, sondern in Kombination mit anderen Skelettfehlbildungen auf. Ihre Ätiologie und Pathogenese sind weitgehend unbekannt.
Eine *Agenesie* von Gelenken kommt bei schweren angeborenen Gliedmaßendefekten mit vollständigem Fehlen der Gelenkkörper vor (s. S. 74). Zu den *Gelenkaplasien* zählen *angeborene Synostosen* (s.

Abb. 6.**27**), bei denen der gesamte Gelenkspalt knöchern überbrückt ist. Am häufigsten treten derartige Verschmelzungen *(Fusionen)* im Hand- und Fußbereich, seltener auch am Ellenbogengelenk auf. Bei Synostosen im Bereich des Rückfußes kann man häufig eine Umformung des oberen Sprunggelenks vom Scharnier- in ein Kugelgelenk beobachten.

Die *Ätiologie* der kongenitalen Synostosen wird im Schrifttum unterschiedlich beurteilt. Es werden exogene und endogene Faktoren angeführt. Verschmelzungen der Gelenkkörper lassen sich unter experimentellen Bedingungen nach mechanischen oder pharmakologischen Eingriffen erzeugen, die zur Paralyse der Skelettmuskulatur führen (s. S. 134). Die Pathogenese der Gelenkaplasien beruht auf fehlerhaften Entwicklungsvorgängen im Bereich der Gelenkanlage. Da die Trennung der Skelettelemente unterbleibt, wird die Synostose auch als *„Hemmungsfehlbildung"* angesehen. Die *teratogenetische Determinationsperiode* wird in die Zeit der Differenzierung der Gelenkzwischenzone – etwa in die Mitte des 2. Embryonalmonats – gelegt.

Überzählige Gelenke kommen bei Doppelfehlbildungen vor. Zusätzliche Gelenkfacetten treten häufig im Hand- und Fußbereich aufgrund von Form- und Lageabweichungen konstanter Knochen des Skelettes auf. Die *Form der artikulierenden Flächen* variiert an einigen Gelenken. Neben einer unterschiedlich großen Ausdehnung der mit Gelenkknorpel bedeckten Areale beobachtet man an einigen Gelenkkörpern im Erwachsenenalter vollständige oder unvollständige Unterteilungen der Gelenkflächen, z. B. Calcaneus (s. Abb. 7.**42**), Ulnazange, Condylus occipitalis, Facies lunata (s. Abb. 7.**57**).

Formabweichungen an den artikulierenden Gelenkkörpern können als klinisch unbedeutende Varianten oder als schwerwiegende Fehlbildungen in Form von *Hypoplasien, Dysplasien* und *Stellungsanomalien* vorliegen.

Eine häufige kongenitale Entwicklungsstörung ist die *Dysplasia coxae.* Die Hüftpfanne ist wegen Unterentwicklung des Pfannendaches und des hinteren Pfannenbereiches flach. Das Caput femoris ist ebenfalls hypoplastisch und nicht selten deformiert. Infolge der Dysplasie kommt es zur *Subluxation* oder *Luxation* der Gelenkkörper. Große Formvarianten zeigen auch die Gelenkkörper des Femoropatellargelenks (s. Abb. 7.**25**). Die Dysplasie des Kniescheibengleitlagers steht in ursächlichem Zusammenhang mit Patellaluxationen. Angeborene Verrenkungen treten auch am Femorotibialgelenk, am Schultergelenk und am Ellenbogengelenk auf.

Varianten und Fehlbildungen werden auch an *intraartikulären Strukturen* beobachtet. Die Gelenkzwischenscheiben des Kniegelenks haben in seltenen Fällen die Form eines Discus *(diskoider Meniscus* oder *Scheibenmeniskus).* Scheibenmenisken sind angeborene Varianten, die während der Embryonalperiode entstehen. Die Menisken haben normalerweise zu keinem Zeitpunkt der Embryonalentwicklung eine diskoide Form. Ob *meniskoide Disci,* d. h. unvollständige Gelenkzwischenscheiben, als kongenitale Varianten vorkommen, ist umstritten. Untersuchungen am *Hand-* und *Kiefergelenk* sprechen dafür, daß die Diskontinuität sekundär aufgrund degenerativer Veränderungen entsteht (s. S. 416 u. 732). Der *Discus im Kiefergelenk* kann bei angeborener Fehlform der Gelenkkörper *fehlen.* Das *Lig. capitis femoris* ist gelegentlich sehr schwach entwickelt; es kann auch vollständig fehlen. Angeborenes *Fehlen der Kreuzbänder* kommt bei *kongenitaler Luxation* des Kniegelenkes oder in Verbindung mit anderen Fehlbildungen vor. *Formvarianten der Gelenkhöhle* sind vor allem dort ausgeprägt, wo gelenknahe Schleimbeutel mit der Cavitas articularis in Verbindung treten (z. B. Kniegelenk und Schultergelenk).

Synarthrosen

Articulationes fibrosae

Bei den *Articulationes fibrosae (Bandhaften)* besteht die Verbindung zwischen den Skelettelementen aus Bindegewebe. Man unterscheidet *Syndesmosen, Suturen* und *Gomphosen.*

Zu den *Syndesmosen* zählen die Bandverbindungen zwischen Unterarm- und Unterschenkelknochen: *Membrana interossea antebrachii* (s. Abb. 6.**88**), *Membrana interossea cruris* (s. Abb. 7.**127**) sowie die *Ligg. tibiofibularia* an der Syndesmosis tibiofibularis. Auch die Bandverbindungen der Wirbelsäule werden als Syndesmosen bezeichnet (z. B. *Ligg. supraspinalia, interspinalia* und *flava,* Abb. 5.**62**). Die *Ligg. pterygospinale* und *stylohyoideum* sind ebenfalls Syndesmosen.

Eine weitere Form der Bandhaften bilden die *Schädelnähte,* die *Suturen* (s. Abb. 3.**8** u. 9.**12**), sowie in der Fetalperiode und im Säuglingsalter die *Fontanellen* (s. Abb. 3.**7** u. 9.**7**). Sie sind Reste des noch nicht verknöcherten Desmocranium. Man unterscheidet verschiedene Nahtformen. Bei einer *Sutura serrata* (s. Abb. 3.**2**) sind starke Zacken und Vertiefungen ausgebildet, während bei einer *Sutura plana* die Knochenränder glatt erscheinen. Zwischen Os temporale und Os parietale ist die Naht schuppenförmig (*Sutura squamosa,* Abb. 9.**38**). Senkt sich, wie bei der Verbindung zwischen Vomer und Os sphenoidale, ein Knochenkamm in eine keilförmige Vertiefung des Nachbarknochens, so bezeichnet man diese Einfalzung als *Schindylesis* (s. Abb. 9.**55**). Als *Gomphosis* wird der Aufhängeapparat des Zahnes durch die Fasern des Desmodontes zwischen Zement und Alveolarknochen bezeichnet.

Das Zwischengewebe der Articulationes fibrosae besteht in den meisten Fällen aus *straffem, kollagenfaserigem Bindegewebe* oder selten, wie z. B. bei den Ligg. flava der Wirbelbögen, vorwiegend aus *elastischen Fasern.*

Articulationes cartilagineae

Knorpelhaften, Articulationes cartilagineae, kommen in zwei Formen vor. Besteht die Knorpelhaft aus *Hyalinknorpel,* bezeichnet man sie als *Synchondrose.* Bei *Symphysen* ist das Zwischengewebe größtenteils *Faserknorpel.* Synchondrosen treten an der Schädelbasis zwischen den Knochenanlagen des Chondrocranium (z. B. *Synchondroses sphenooccipitalis, intraoccipitalis, sphenopetrosa* und *petrooccipitalis,* Abb. 9.**9**) sowie zwischen Anteilen des Sternum als *Synchondrosis xiphosternalis* und *Synchondrosis manubriosternalis* (Abb. 5.**121**) auf. Synchondrosen sind auch die Epiphysenfugen der Röhrenknochen (s. Abb. 3.**10**) und die knorpeligen Verbindungen zwischen den knöchernen Anteilen des Beckens (s. S. 450). Zu den Symphysen zählen die *Zwischenwirbelscheiben* (s. S. 203 u. Abb. 5.**62**), und die *Symphysis pubica* (s. Abb. 7.**6**). Symphysen bestehen zum überwiegenden Teil aus Faserknorpel; sie enthalten jedoch auch Hyalinknorpel und straffes Bindegewebe.

Funktion der Synarthrosen

An den meisten Fugen sind *Bewegungen* nur in begrenztem Umfang möglich. Eine Ausnahme bilden die Zwischenwirbelscheiben. Bei vielen Synarthrosen ist die Funktion als *Wachstumszone* bedeutender als die mechanische. Das Bewegungsausmaß hängt von Art und Menge des Füllgewebes ab. An Synarthrosen können theoretisch *Translationsbewegungen* in drei Richtungen des Raumes durchgeführt werden (s. S. 111). Ein weiterer Freiheitsgrad ergibt sich aus einer *Drehbewegung* um eine Achse, die senkrecht zu den angrenzenden Skelettelementen verläuft. Der Zusammenhalt zwischen den Skelettelementen wird bei Synarthrosen primär durch das Zwischengewebe und sekundär durch Muskelkraft und Last bewirkt. Synarthrosen befinden sich in einer stabilen Gleichgewichtslage. Bandhaften werden auf *Zug,* Synchondrosen auf *Druck* beansprucht. Bei Symphysen wechseln die Beanspruchungsarten Druck, Zug und *Schub* (s. S. 17). Ihr Aufbau aus Binde- und Knorpelgewebe ist Zeichen der funktionellen Anpassung an die verschiedenen Beanspruchungsarten.

Synostosen

Ein Teil der Fugen, z. B. die Suturen des Desmocranium oder die Synchondrosen des Chondrocranium sowie die Epiphysenfugen, sind Wachstumszonen für das Skelett (s. S. 64). Wenn Bindegewebe oder Hyalinknorpel bei fortschreitender desmaler oder endochondraler Osteogenese vollständig durch Knochen ersetzt sind, verschmelzen die benachbarten Skelettelemente in Form einer *Synostose* miteinander. Im kaudalen Bereich der Wirbelsäule fusionieren die Sakral- und Kokzygealwirbel sowohl zwischen den Disci intervertebrales als auch im Bereich der echten Gelenke miteinander. Da eine Synostose keine Beweglichkeit zuläßt, ist sie per definitionem nicht mehr zu den Gelenken zu zählen.

Bei entzündlichen Veränderungen und langzeitiger Ruhigstellung eines echten Gelenkes kann es zur *knöchernen Versteifung (Ankylose)* kommen (Abb. 3.**41**). Der knöchernen Überbrückung des Gelenkspaltes geht ein Abbau des Gelenkknorpels voraus, dessen Ursache auf den fehlenden Erhaltungsreiz zurückzuführen ist. Unter therapeutischen Gesichtspunkten durchgeführte Gelenkversteifungen werden als *Arthrodesen* bezeichnet; sie sind wie die Ankylosen den Synostosen zuzurechnen.

Hemiarthrosen – Nearthrosen

In Symphysen kann es durch hohe Schubbeanspruchung zu Spaltbildungen innerhalb des Gewebes kommen. In der Symphysis pubica entwickelt sich beim Erwachsenen normalerweise ein mit Synovia gefüllter Spalt. Man bezeichnet Fugen, in deren Zwischenge-

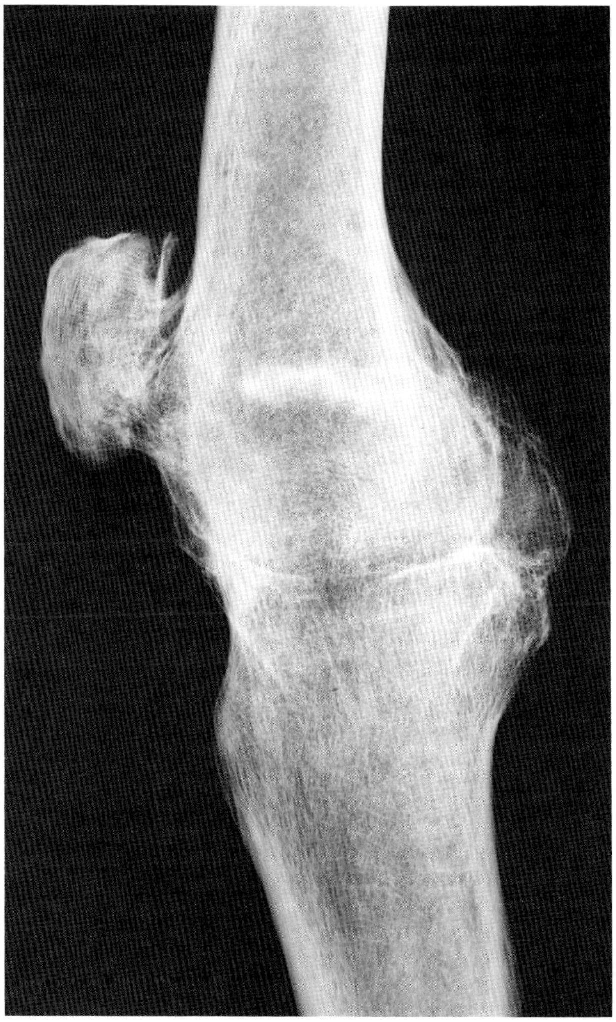

Abb. 3.**41** **Röntgenbild einer vollständigen Ankylose des rechten Kniegelenkes bei einer 83jährigen Frau.** Patella und Patellagleitlager des Femur sowie Femurkondylen und Tibiaplateau sind im Bereich des ehemaligen Gelenkspaltes vollständig knöchern miteinander verbunden. (Sammlungspräparat des Anatomischen Institutes, Kiel)

webe sekundär Spalten entstehen auch als *Hemiarthrosen, Halbgelenke* oder *Schizarthrosen.* An Halbgelenken liegen die Gelenkflächen nicht insgesamt frei, sondern die Skelettelemente stehen am Rand über das Zwischengewebe noch miteinander in Verbindung. Auch die am Ende des ersten Dezennium zu beobachtenden Spaltbildungen im Discus intervertebralis der Halswirbelsäule (s. Abb. 5.**70**) können im Anfangsstadium den Halbgelenken zugerechnet werden (s. S. 216).

Wird nach einer Fraktur die Knochenbruchheilung durch Schubbeanspruchung verhindert (s. S. 77), so entsteht zwischen den Frakturenden eine bindegewebige Überbrückung; diese bezeichnet man als *Falschgelenk* oder *Pseudarthrose.* Pseudarthrosen zählen definitionsgemäß zu den Synarthrosen. Sie entwickeln sich aber nicht nur posttraumatisch, sondern kommen auch als angeborene Fehlbildungen vor. Ist die Schubbeanspruchung im Zwischengewebe sehr groß, können sich Spalträume – vergleichbar denen in der Symphysis pubica oder in den Disci intervertebrales der Halswirbelsäule – bilden. Aus der Pseudarthrose ist eine *Nearthrose* und damit ein echtes Gelenk geworden. Die Ausformung der Gelenkkörper hängt bei Nearthrosen von der mechanischen Beanspruchung ab (s. S. 93).

Diarthrosen

Gelenkfläche (Facies articularis)

Kontaktfläche – kraftaufnehmende Fläche

Als *Gelenkfläche (Facies articularis)* bezeichnet man den von Knorpel *(Cartilago articularis)* bedeckten Teil der miteinander artikulierenden Skelettelemente. Im Hinblick auf die Gelenkmechanik sollte zwischen *Gelenkfläche, Kontaktfläche* und *kraftaufnehmender (tragender) Fläche* unterschieden werden. Normalerweise haben an einem Gelenk nur Teile der Gelenkflächen Kontakt miteinander. Für die Beanspruchung des Gelenkes ist nicht die Kontaktfläche, sondern die jeweils kraftaufnehmende oder tragende Fläche maßgebend. Als kraftaufnehmende Fläche bezeichnet man den Bereich, in dem zwischen Gelenkflächen *Gelenkdruck* (s. S. 114) übertragen wird. Die kraftaufnehmende Fläche kann zwar theoretisch die gleiche Größe haben wie die Kontaktfläche, sie ist jedoch meistens kleiner als diese. Welcher Bereich der Gelenkfläche für die Kraftübertragung in Anspruch genommen wird, hängt von der *Gelenkstellung* und von der *Lage der Gelenkresultierenden* (s. S. 116) ab. Die Größe der kraftaufnehmenden Fläche ändert sich in den einzelnen Stellungen des Gelenkes. Sie hat entscheidenden Einfluß auf die Höhe des Gelenkdruckes.

Gelenkknorpel

Funktion

Gelenkknorpel ist an den meisten Gelenken *hyaliner Knorpel.* Nur wenige Gelenkflächen sind vollständig oder teilweise von *Faserknorpel* bedeckt (Sternoklavikulargelenk, Kiefergelenk). Gelenkknorpel erfüllt dank seiner mechanischen Eigenschaften (s. S. 19) mehrere *Funktionen:* gemeinsam mit der Gelenkschmiere ermöglicht er ein praktisch reibungsfreies *Gleiten* der Gelenkkörper (s. S. 107). Über den Gelenkknorpel werden *Kräfte* zwischen den Skelettelementen übertragen. Durch sein viskoelastisches Verhalten übt der Knorpel eine *„Stoßdämpferfunktion"* für das subchondrale Knochengewebe aus. Das verformbare Knorpelgewebe gleicht geringe Inkongruenzen zwischen den artikulierenden Flächen aus und führt so zu einer guten *Anpassung* der Gelenkkörper. Auf diese Weise wird unter normalen Bedingungen eine gleichmäßige *Spannungsverteilung* an den kraftaufnehmenden Flächen gewährleistet.

Hyaliner Gelenkknorpel

Hyaliner Gelenkknorpel (Abb. 3.**42**) ist weiß-bläulich. Im höheren Lebensalter kann es zu einer leicht gelblichen Verfärbung kommen. Seine Oberfläche erscheint bei Betrachtung mit dem bloßen Auge und bei arthroskopischer Untersuchung (s. Abb. 3.**66**) glatt. Die *Dicke* des Gelenkknorpels variiert zwischen den verschiedenen Gelenken, innerhalb einer Gelenkfläche und individuell. Sie ist von der Größe der *Beanspruchung* abhängig. An kleinen Gelenken, z. B. den Fingergelenken, beträgt sie etwa 1 mm, am Hüftgelenk etwa 2–3 mm. An der Facies articularis patellae erreicht der Gelenkknorpel eine Dicke von 7–8 mm.
Hyaliner Gelenkknorpel ist während der Skelettentwicklung Teil des Chondroskelettes (s. S. 34). Er unterscheidet sich jedoch in seinem Aufbau z. B. durch fehlendes Perichondrium und fehlendes Gefäßnetz vom übrigen Hyalinknorpel der Skelettanlage. Nach Abschluß des Epiphysenwachstums liegt der Gelenkknorpel dem *subchondralen Knochen* auf.
Im *Röntgenbild* hebt sich der Gelenkknorpel durch seine geringere Dichte deutlich vom angrenzenden subchondralen Knochengewebe ab. Die Dicke der miteinander artikulierenden Knorpelschichten entspricht dem röntgenologischen *„Gelenkspalt"*. Die Beurteilung seiner Breite hat große klinische Bedeutung. Eine Verschmälerung des röntgenologischen „Gelenkspaltes" weist häufig auf beginnende *degenerative Gelenkveränderungen (Arthrose)* hin, die mit einer Zerstörung von Knorpelgewebe einhergehen.
Der *Volumenanteil an Chondrozyten* liegt im hyalinen Gelenkknorpel unter 1%. Die oberflächlichen Zonen sind zellreicher als die tiefen Schichten. Die Zellzahl nimmt im Alter ab. Da der Anteil an Chondrozyten unter einer definierten Fläche bei Gelenken mit unterschiedlich dickem Knorpel gleich ist, verhält sich die Zelldichte umgekehrt proportional zur Knorpeldicke.

Form und Struktur der Chondrozyten unterscheiden sich in den Schichten des Knorpels (s. unten).

Die *mechanischen Eigenschaften* des Gelenkknorpels hängen im wesentlichen von seiner Extrazellulärmatrix ab. Die *Viskosität* beruht auf dem Gehalt an *Proteoglykanen* (s. S. 26). Für *Elastizität* und Festigkeit sind die *Kollagenfibrillen* verantwortlich. Unter Belastung wird das Knorpelgewebe komprimiert. Die Kollagenfibrillen leisten der Deformation Widerstand; sie werden dabei gedehnt und ordnen sich in Richtung der größten Zugspannungen an (Abb. 3.**43**, 3.**46**).

Das *Kollagen* der Kollagenfibrillen im gesunden hyalinen Gelenkknorpel ist zum überwiegenden Teil dem *Typ II* zuzuordnen (s. S. 23). Die *Fibrillen* zeigen eine Querstreifung mit einer Periodik von *64 nm*. Angaben über die Größe des *Durchmessers* schwanken. Es werden Werte zwischen *30 und 130 nm* angegeben. In den oberflächlichen Schichten des Knorpels sind die Fibrillen dünner als in der Tiefe. Im Alter und bei degenerativen Veränderungen werden sie dicker. Bei der Arthrose wird perizellulär auch Typ-I-Kollagen beschrieben. Die Ansichten über den *Verlauf* der Kollagenfibrillen im Gelenkknorpel gehen weit auseinander. Er wird als netzförmig, schraubentourartig und arkadenförmig beschrieben. Das von BENNINGHOFF aufgestellte *Arkadenschema* (Abb. 3.**43**) ist durch neue polarisations- (Abb. 3.**44**) und rasterelektronenmikroskopische Befunde weitgehend bestätigt worden. Nach diesem Schema steigen die Fibrillen aus der Tiefe des Gelenkknorpels (Zone des mineralisierten Knorpels, Zone IV s. u.) senkrecht von der Knorpel-Knochen-Grenze oberflächenwärts. Im oberen Drittel biegen sie dann bogenförmig um und verlaufen eine kurze Strecke tangential zur Gelenkoberfläche. Daher wird die oberflächliche Schicht des Gelenkknorpels als Tangentialfaserzone (Zone I, s. unten) bezeichnet. Im Gelenkknorpel kommen auch sehr dünne, nicht quergestreifte Fibrillen vor.

Die *Makromoleküle* der *Extrazellulärmatrix* bestehen vorwiegend aus *Proteoglykanen* sowie aus *Kollagenei-*

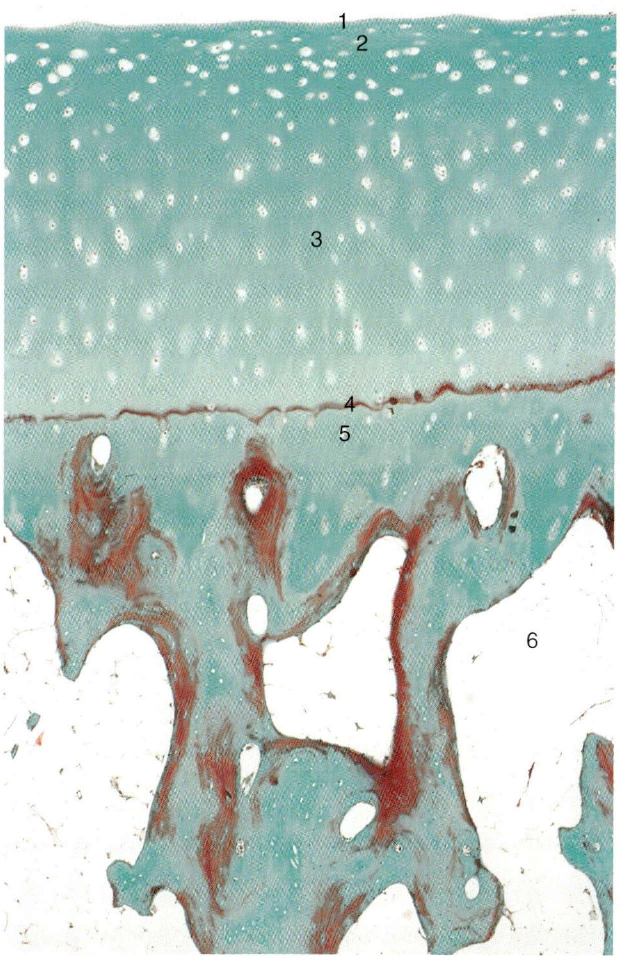

Abb. 3.**42** **Gelenkknorpel (Calcaneus, 53 Jahre alte Frau)**
1 Tangentialzone
2 Übergangszone
3 Radiärzone
4 Grenzlinie („tidemark")
5 Zone des mineralisierten Knorpels
6 subchondraler Knochen

Azanfärbung, × 40

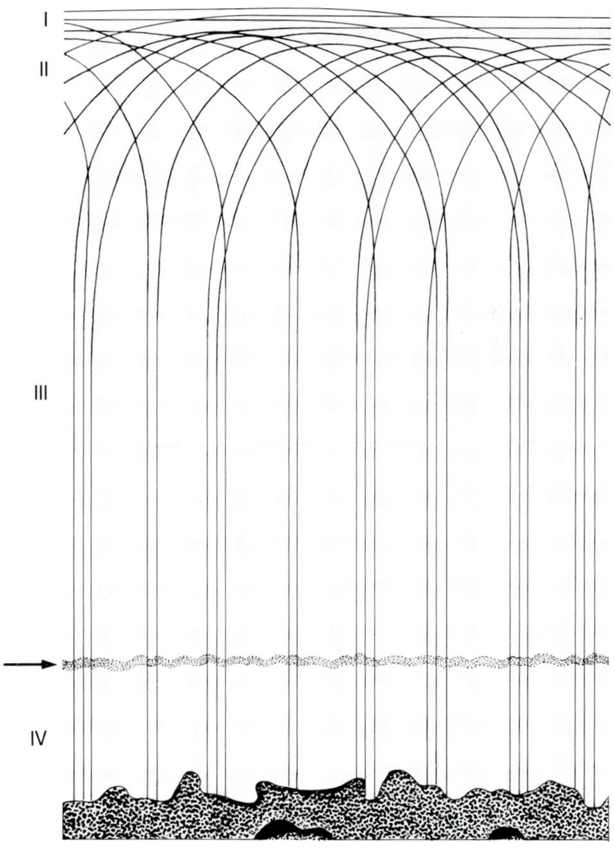

Abb. 3.**43** **Schematische Darstellung des Verlaufes der Kollagenfibrillen im Gelenkknorpel.** Die Kollagenfibrillen ziehen vom subchondralen Knochengewebe (punktiert) senkrecht in die Zone des mineralisierten Knorpels (IV) und weiter in die Radiärzone (III), um dann im Bereich der Übergangszone (II) nach bogenförmigem Verlauf in die Tangentialfaserzone (I) einzumünden. Der Pfeil weist auf die Grenzlinie (nach *Benninghoff*).

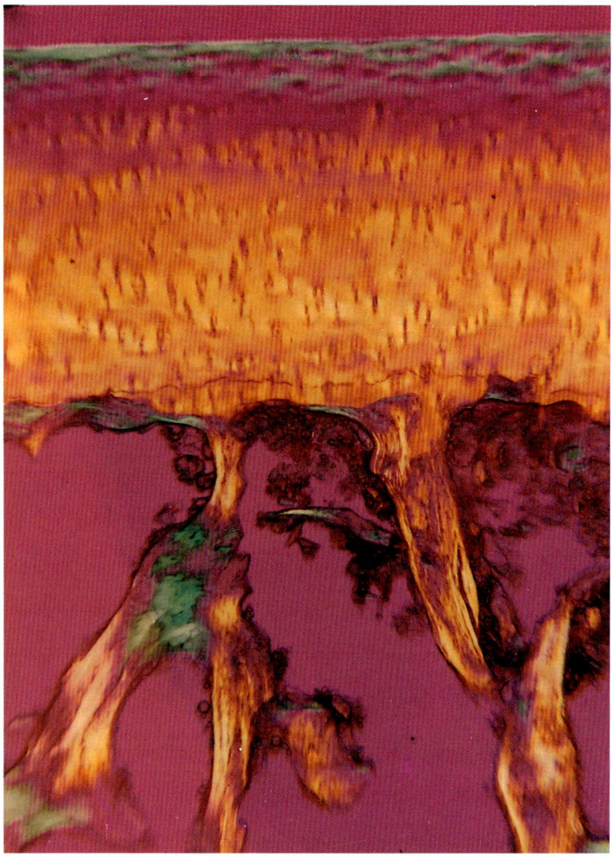

Abb. 3.**44** **Polarisationsoptische Aufnahme von Gelenkknorpel und subchondralem Knochen aus dem Femurkopf einer 72jährigen Frau.** Gelblich aufleuchtende Zonen: vertikal verlaufende Kollagenfibrillen; grünlich aufleuchtende Zonen: horizontal verlaufende Kollagenfibrillen. Vergr. 35fach.
(Originalabbildung Prof. Dr. *R. Ortmann*, Köln)

weiß und anderen *Glykoproteinen*. Die Proteoglykanmoleküle binden Wasser. Vom Wassergehalt hängt die „Steifigkeit" des Knorpelgewebes ab. Die *Glykosaminoglykane* der Proteoglykanmoleküle sind *Chondroitin-4-Sulfat (Typ A)* und *Chondroitin-6-Sulfat (Typ C)* sowie *Keratansulfat*. Ihre Konzentration ist in den einzelnen Zonen und Regionen der Extrazellulärmatrix unterschiedlich. *Hyaluronsäure* und *Chondroitinsulfat* haben große Bedeutung für die *Viskosität* des Gelenkknorpels (s. S. 19). Ein Verlust an Chondroitinsulfat und Veränderungen an den Kollagenfibrillen führen im Alter zur Viskoelastizitätsminderung und zur *Auffaserung* der Gelenkoberfläche *(Fibrillation)*.

Hyaliner Gelenkknorpel wird nach Zellmorphologie, Verlauf der Kollagenfibrillen und Verteilung der interfibrillären Grundsubstanz in *vier Zonen* gegliedert. Von der Basis zur Oberfläche folgen aufeinander: *Zone des mineralisierten Knorpels (Zone IV), Radiärzone (Zone III), Übergangszone (Zone II)* und *Tangentialfaserzone (Zone I)* (Abb. 3.**42**).

Die *Zone des mineralisierten Knorpels (Zone IV)* (Abb. 3.**44**) liegt dem subchondralen Knochengewebe auf. Sie ist im hohen Lebensalter nur etwa halb so dick wie bei Jugendlichen. Die *Knorpel-Knochen-Grenze* ist nicht glatt, sondern beide Gewebe sind durch Fortsätze und entsprechende Einsenkungen fest miteinander verzahnt. Die Kollagenfibrillen des Gelenkknorpels gehen nicht in das subchondrale Knochengewebe über. Eindeutige morphologische Befunde über die Verankerung von Knorpel und subchondralem Knochen liegen bisher nicht vor. In die Extrazellulärmatrix der Zone IV sind *Calciumsalzkristalle* eingelagert. Die Zone ist relativ zellarm. Chondrozyten werden von einem Saum nicht mineralisierter Extrazellulärmatrix umgeben. Man beobachtet abgestorbene Knorpelzellen, die in leeren Lakunen liegen. An der Grenze zur Radiärzone (Zone III) färbt sich die Extrazellulärmatrix bei der HE-Färbung in einem 2–5 μm breiten Band *(Grenzstreifen; „tidemark")* oder in mehreren Bändern kräftiger an als in der Umgebung (Abb. 3.**42,** 3.**45**). Im Grenzstreifen ist der Calciumgehalt höher als im darunter liegenden Knorpel der Zone IV.

In der Zone des mineralisierten Knorpels (Zone IV) kann man bei Kindern und Jugendlichen an der gesamten Knorpelknochengrenze *endochondrale Knochenbildung* beobachten. Hier wächst die Epiphyse (s. S. 67). Nach Abschluß des Wachstums bleibt die mineralisierte Zone Ort der *Knochenum-* und *-neubildung („remodeling")*. Fehlt z. B. bei Ruhigstellung eines Gelenkes oder bei Einschränkung der Beweglichkeit im höheren Lebensalter der Erhaltungsreiz für den Gelenkknorpel (s. S. 101), so schreitet die endochondrale Knochenbildung mit gleichzeitigem Abbau des Gelenkknorpels fort. Die mineralisierte Zone hat aber nicht nur Bedeutung für das *Knochenwachstum*, sondern auch *mechanische Funktionen*. Sie spielt eine Rolle bei der Druckübertragung zwischen dem über ihr liegenden deformierbaren Gelenkknorpel und dem unter ihr liegenden festen Knochengewebe. Außerdem soll sie – vergleichbar den chondral-apophysären Sehnenansatzzonen s. S. 153 – eine Abscherung der Kollagenfibrillen unter der Kompression verhindern. Die Aufgaben des Grenzstreifens am Übergang zur Zone III sind noch nicht geklärt.

Die *Radiärzone* (*Zone III* [s. Abb. 3.**42**]) ist die breiteste Schicht des Gelenkknorpels. Histologisch kommt sie dem allgemeinen Aufbau des Hyalinknorpels am nächsten. In der Radiärzone liegen große rundliche *Knorpelzellen* mit relativ langen Zytoplasmafortsätzen. Die in *isogenen Gruppen* liegenden Zellen sind bei Gelenken mit dickem Knorpelbelag in Säulen angeordnet, die senkrecht zur Oberfläche stehen. Das reichliche *rauhe endoplasmatische Reticulum* spricht für eine hohe Produktion von Extrazellulärmatrix. Die Zellen haben einen ausgeprägten *Golgi-Apparat* und enthalten *Glykogen* (β-Partikel), *Fett* (Triglyceride) und *intermediäre Filamente*. Der Glykogengehalt der Zellen nimmt im Alter zu. Die *Kollagenfibrillen* der Zone III sind vorwiegend senkrecht zur Gelenkfläche ausgerichtet. Sie haben im Vergleich zu den Nachbarzonen den größten Durchmesser.

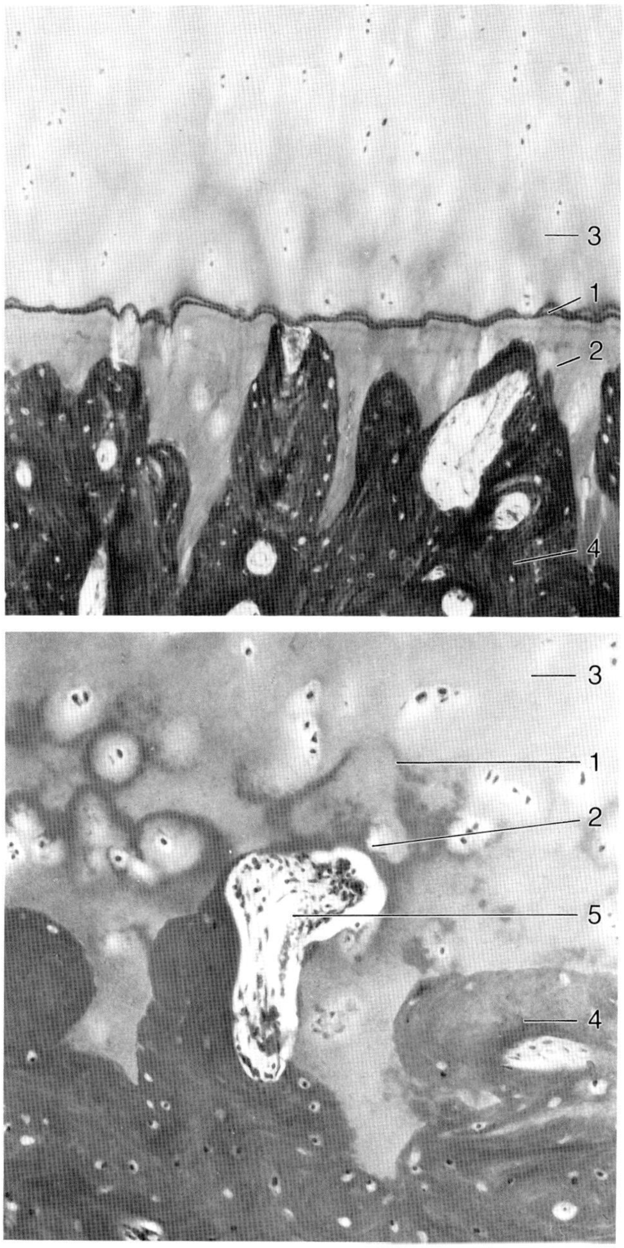

Abb. 3.**45** **Oben: Anschnitt von Gelenkknorpel und subchondralem Knochengewebe aus dem distalen Bereich der Tibia eines Erwachsenen.** Färbung: Goldner, 10 µm, Vergr. 100fach. Die Grenzlinie (1) zwischen mineralisiertem Knorpel (2) und Radiärzone (3) hebt sich deutlich ab.
4 subchondrales Knochengewebe

Unten: Gelenkknorpel und subchondrales Knochengewebe aus der Ulnazange eines 15jährigen Mädchens. Färbung: Goldner, 10 µm, Vergr. 155fach.
Gefäße (5) des subchondralen Knochengewebes (4) dringen in die Zone des mineralisierten Knorpels (2).
1 diskontinuierliche Grenzlinie
3 Radiärzone

Charakteristisch für die *Übergangszone (Zone II)* sind die sich überkreuzenden Kollagenfibrillen im Bereich ihrer Umbiegung (Abb. 3.**43**). Die Kollagenfibrillen gehören z. T. dem Typ-IX-Kollagen an (s. S. 23). Die großen, ovalen Knorpelzellen liegen einzeln oder in isogenen Gruppen. Sie gleichen in ihrer Ultrastruktur weitgehend den Zellen der Zone III.

Die Zellen der *Tangentialfaserzone (Zone I)* unterscheiden sich bereits lichtmikroskopisch deutlich in Form und Ausrichtung von den *Chondrozyten* der tieferen Zonen (Abb. 3.**42**). Sie sind spindelförmig und laufen mit ihrer Längsachse parallel zur Gelenkoberfläche. Die einzeln liegenden Zellen haben kurze Zytoplasmafortsätze und einen oval abgeplatteten Kern. Ihr Gehalt an Zellorganellen ist im Vergleich zu den Chondrozyten der tieferen Zonen niedriger. In der Wachstumsphase stellen die Zellen der Tangentialschicht eine *„Nachschubzone"* dar (chondrogene Schichten, s. S. 91). Der Durchmesser der parallel zur Gelenkoberfläche ziehenden Kollagenfibrillen ist kleiner als in der Radiärzone. Nach polarisations- und rasterelektronenmikroskopischen Befunden weisen die sich spitzwinklig überkreuzenden *Fibrillen* eine *Hauptverlaufsrichtung* auf (Abb. 3.**44,** 3.**46**). Die Verlaufsrichtung der Kollagenfibrillen in der Tangentialfaserzone läßt sich mit Hilfe der *Spaltlinienmethode* makroskopisch sichtbar machen (Abb. 3.**47**). Die Übereinstimmung zwischen Spaltlinienverlauf und Ausrichtung der Kollagenfibrillenbündel in der Tangentialfaserzone wurde rasterelektronenmikroskopisch bestätigt. Die Verlaufsrichtung der Kollagenfibrillen stimmt mit den Dehnungstrajektorien im spannungsoptischen Modell überein. Aus der *trajektoriellen Anordnung* (vgl. S. 81) der Kollagenfibrillen können Rückschlüsse auf die *Beanspruchungsgröße* einzelner Gelenkflächenabschnitte gezogen werden.

Die *Gelenkoberfläche* wird von einer sehr dünnen Schicht eines amorphen, elektronendichten Materials gebildet, das dem Kollagenfibrillennetz der Zone I aufliegt. Diese Oberflächenschicht enthält Filamentfragmente und sehr wenig Proteoglykane. Die zellfreie Oberflächenschicht wurde aufgrund ihres Aufleuchtens im Phasenkontrastmikroskop früher als *„Lamina splendens"* bezeichnet.

Rasterelektronenmikroskopische Untersuchungen haben im Schrifttum zu einer Kontroverse bezüglich der Frage geführt, ob die Gelenkoberfläche glatt sei oder ob physiologischerweise Unebenheiten in Form von Gruben und Buckeln vorkommen. Mit Hilfe verbesserter Präparationstechniken konnte inzwischen der Nachweis einer *glatten Oberfläche* erbracht werden; Unebenheiten werden als Präparationsartefakte angesehen. Die Struktur der Tangentialfaserzone zeigt alters- und funktionsabhängige Veränderungen besonders deutlich. Im höheren Lebensalter kommt es histologisch häufig zur *Demaskierung* der Kollagenfibrillen. Fortschreitender Verlust an interfibrillärer Extrazellulärmatrix führt zur Auffaserung *(„Fibrillation")* der Gelenkoberfläche (Abb. 3.**62**). Die mit einem Elastizi-

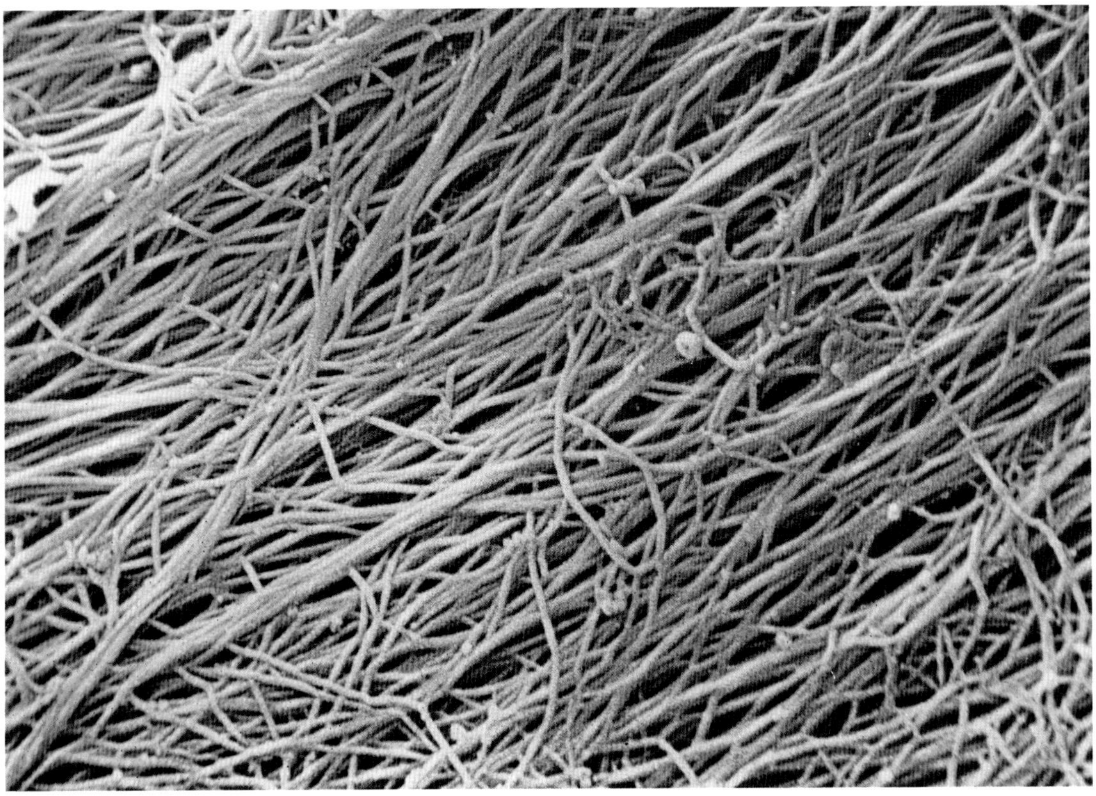

Abb. 3.**46** **Kollagenfibrillen in der Tangentialfaserschicht des Gelenkknorpels der Schulterpfanne einer adulten Ratte.** Nach 7stündiger Einwirkung von Hyaluronidase wird der Verlauf der Kollagenfibrillen deutlich sichtbar: Die sich überkreuzenden Fibrillen sind in einer Hauptverlaufsrichtung angeordnet.
Rasterelektronenmikroskopische Aufnahme, Vergr. 14 000fach.

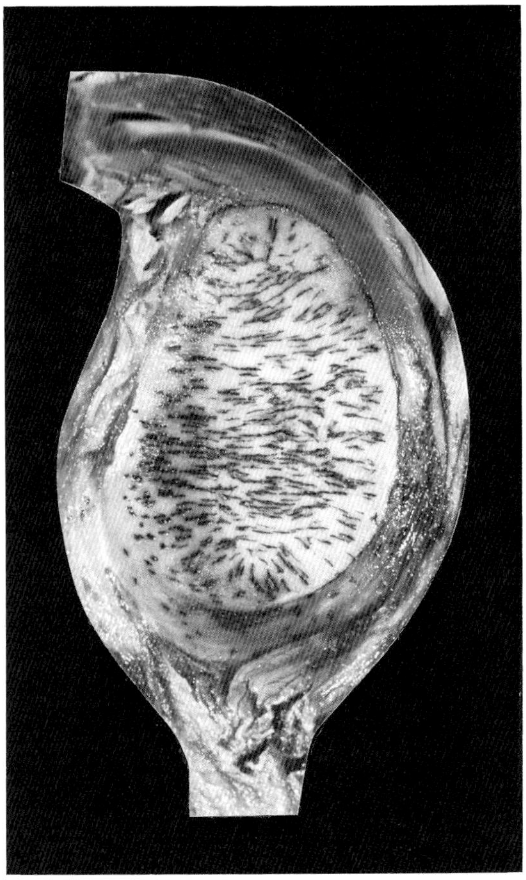

a

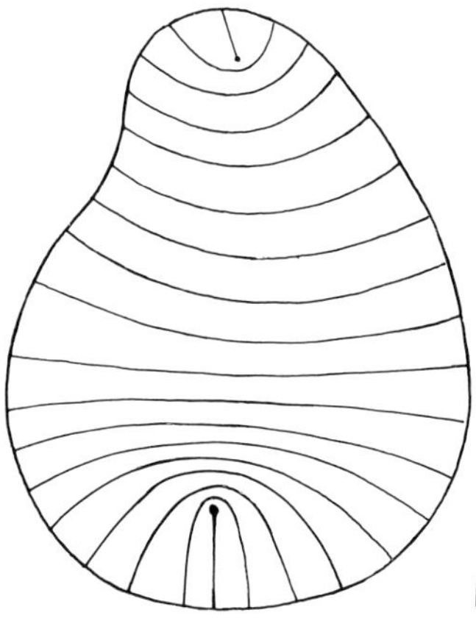

b

Abb. 3.**47a** **Spaltlinienverlauf im Gelenkknorpel einer linken Schulterpfanne.** Im kaudalen und kranialen Bereich der Gelenkfläche liegt jeweils ein attraktiver singulärer Punkt (Ort hoher Beanspruchung).

Abb. 3.**47b** **Verlauf der Dehnungstrajektorien im spannungsoptischen Versuch** bei Kompression eines Schulterpfannenmodelles. Am oberen und unteren Rand der Modellpfanne tritt jeweils ein attraktiver singulärer Punkt auf. (Abb. b nach *Pauwels*) tätsverlust einhergehende Veränderung steht häufig am Beginn der Arthrose (s. S. 116).

An der Peripherie der überknorpelten Gelenkfläche (Knorpelknochengrenze) gehen Tangentialfaserzone und Membrana synovialis der Gelenkkapsel kontinuierlich ineinander über. Man bezeichnet diese Region als *marginale Übergangszone.* Hier liegen die Kollagenfibrillen unmaskiert vor, und die Zellen nehmen die Gestalt von Fibroblasten an.

Faserknorpeliger Gelenkknorpel

Die Gelenkflächen des Kiefergelenks und des Sternoklavikulargelenks sind vollständig oder teilweise von *Faserknorpel* bedeckt (s. Abb. 9.**82**). Am *Kiefergelenk* des Erwachsenen lassen sich wie beim hyalinen Gelenkknorpel vier Zonen unterscheiden (s. S. 97). Der Knorpel ist vor allem in den Zonen mit dickem Knorpelbelag sehr zellreich. Die Chondrozyten liegen vorwiegend einzeln. In den tiefen Schichten kommen auch isogene Zellgruppen vor; hier ist der Aufbau dem hyalinen Gelenkknorpel ähnlich. Die Zellen behalten bis in die oberflächliche Zone hinein ihre ovale Form bei. Die *Kollagenfibrillen* des Faserknorpels gehören entweder ausschließlich dem *Typ-I-* oder gemischt dem *Typ-I- und Typ-II-Kollagen* an. Die Kollagenfaserbündel sind wie beim hyalinen Gelenkknorpel bogenförmig ausgerichtet. Die Tangentialfaserzone ist breiter als beim hyalinen Gelenkknorpel. Sie geht kontinuierlich in das angrenzende Periost über.

Ernährung des Gelenkknorpels

Gelenkknorpel ist ein gefäßfreies Gewebe. Es wird aus verschiedenen Quellen ernährt. Während des Wachstums erfolgt die Ernährung vorwiegend durch die *Synovialflüssigkeit,* zu einem beträchtlichen Teil jedoch auch aus den Gefäßen des *subchondralen Knochengewebes,* die dicht an die mineralisierte Zone heranreichen und teilweise auch in diese eindringen (s. Abb. 3.**44**). Nach Abschluß des Wachstums und mit fortschreitender Mineralisierung der Zone IV geht die Ernährung nahezu vollständig von der Synovialflüssigkeit aus. Nur in Gelenken mit dickem Gelenkknorpel wird die knochennahe Schicht aus den Gefäßen des gelenknahen Knochens versorgt. Am Stoffaustausch der marginalen Übergangszone sind die Gefäße der angrenzenden *Membrana synovialis* der Gelenkkapsel beteiligt. Die Flüssigkeit soll über interfibrilläre Kanalsysteme eindringen. Intermittierende Belastung bei der Bewegung fördert das Eindringen von Substanzen (z. B. Glucose) in den Knorpel („mechanische Stoffkonvektion"). Welche Stoffe aufgenommen werden, hängt von deren Molekülgröße ab. Wird infolge vollständiger Immobilisierung eines Gelenkes der Flüssigkeitsstrom stark vermindert, sterben die Chondrozyten in den tieferen Schichten des Gelenkknorpels ab.

Funktionelle Anpassung, biologisches Verhalten und Regenerationsfähigkeit des Gelenkknorpels

Gelenkknorpel ist wie die übrigen Stützgewebe innerhalb seines physiologischen Belastungsbereiches an die herrschende Beanspruchung (s. S. 115) funktionell angepaßt. *Erhaltungsreiz* für hyalinen Gelenkknorpel ist *Druckbeanspruchung* kombiniert mit *intermittierender Schubbeanspruchung.* Dieser mechanische Vorgang wird im Schrifttum mit *„Durchknetung"* oder *„Walkung"* des Gewebes umschrieben. Die intermittierende Belastung fördert das Eindringen von Substanzen in den Gelenkknorpel (s. oben). Innerhalb des physiologischen Belastungsbereichs steht die Dicke des Knorpels in Beziehung zur Beanspruchungsgröße. Unter erhöhter physiologischer Beanspruchung wird Gelenkknorpel verdickt. Die *Dickenzunahme* beruht allein auf einer Vermehrung der Extrazellullärmatrix, die Zellzahl bleibt dagegen unverändert (s. S. 96). Die *funktionelle Anpassungsfähigkeit* des Gelenkknorpels ist allerdings begrenzt: Überschreitet die Beanspruchungsgröße eine obere Toleranzgrenze, findet keine weitere Volumenzunahme der Extrazellulärmatrix mehr statt; es kommt vielmehr zu degenerativer Zerstörung des Knorpelgewebes (Arthrose s. S. 116). Bei verminderter Beanspruchung wird der Knorpel verdünnt. Liegt die Beanspruchungsgröße unterhalb eines Minimalwertes, setzt vollständiger Knorpelabbau ein. Das Knorpelgewebe wird dann durch Knochen ersetzt.

Neben langfristigen funktionellen Anpassungsvorgängen, die mit einer Zu- oder Abnahme der Knorpelsubstanz einhergehen, zeigt der Gelenkknorpel auch *kurzzeitige Veränderungen* seiner Dicke während der Be- und Entlastung. Durch den einwirkenden Gelenkdruck wird der Knorpel im Bereich der kraftaufnehmenden Fläche dünner, da Wasser („strukturiertes" Wasser, s. S. 28) der Extrazellulärmatrix aus dem Netz der Makromoleküle herausgepreßt und in die Gelenkhöhle verlagert wird. Dieser Vorgang ist reversibel.

Die *Regenerationsfähigkeit* des Gelenkknorpels nach traumatischer oder degenerativer Zerstörung wird unterschiedlich beurteilt.

Tierexperimentelle Untersuchungen zeigen, daß reparative Vorgänge vom Gelenkknorpel selbst ausgehen oder bei tiefen Defekten vom subchondralen Knochen aus erfolgen. Die Regenerationsfähigkeit des Knorpels scheint alters- und belastungsabhängig zu sein. Beim Menschen kann degenerativ zerstörtes Knorpelgewebe auch noch im hohen Lebensalter durch Neubildung eines funktionstüchtigen Gewebes an den Gelenkflächen ersetzt werden, wenn das Gelenk durch eine biomechanisch korrekt durchgeführte Entlastungsoperation behandelt wird. Das nach Umstellungsosteotomien neu entstandene Gewebe an den Gelenkflächen besteht aus Faserknorpel und hyalinem Knorpel.

Subchondrales Knochengewebe

Der *subchondrale Knochen* ist funktionell Bestandteil der Gelenkflächen. Die subchondrale Kompakta unterscheidet sich bei Betrachtung mit dem unbewaffneten Auge aufgrund ihrer glatten Oberfläche vom angrenzenden Knochengewebe. Die Konturen der knöchernen Gelenkflächen lassen sich außerdem anhand einer feinen Leiste, die durch die Gelenkkapselinsertion an der Knorpelknochengrenze hervorgerufen wird, abgrenzen. Die unterschiedlich dicke subchondrale Kompakta gleicht in ihrem histologischen Aufbau der *Substantia compacta* des übrigen Knochengewebes. Sie geht kontinuierlich in spongiösen Knochen über. Die gelenknahe *Spongiosa* besteht größtenteils aus Knochenplatten, die senkrecht zur Gelenkfläche stehen (s. Abb. 2.**24**). In den Randzonen kommt auch Rundmaschen- oder Röhrenspongiosa vor.

Der gelenknahe Knochen zeigt die gleichen *funktionellen Anpassungsvorgänge* wie das übrige knöcherne Skelett (s. S. 80). Die *Menge* des subchondralen Knochengewebes hängt von der lokalen Beanspruchungsgröße, in diesem Fall dem *Gelenkdruck* (s. S. 114), ab. Die Materialmenge läßt sich im Röntgenbild an der Dicke der subchondralen Kompaktaschicht abschätzen (s. Abb. 3.**58**). Sie ist nicht nur ein Hinweis auf die *Größe,* sondern auch auf die *Verteilung* der Druckspannungen im Gelenk. An Gelenken mit hoher Belastung (z. B. Hüft- oder Kniegelenk) ist die Kompakta dicker als an Gelenken mit niedriger Belastung (z. B. Fingergelenke). Eine unterschiedlich dicke subchondrale Kompakta spricht für ungleichmäßige Belastung der Gelenkflächen (s. Abb. 3.**58**) (exzentrische Lage der Gelenkresultierenden s. S. 116). Der gelenknahe Knochen erfährt durch den Gelenkdruck eine reine Druckbeanspruchung. Die *Substantia spongiosa* paßt sich dieser durch *trajektorielle Ausrichtung* ihrer Trabekel an. Senkrecht aus der subchondralen Kompakta entspringen kräftige *Spongiosadruckbündel.* Sie verlaufen in Richtung der axial einwirkenden Druckkräfte (Normalkräfte s. S. 81). Die *Spongiosadruckbälkchen* werden rechtwinklig von feinen *Zugbälkchen* gekreuzt (s. Abb. 2.**24,** 3.**32**).

Intraartikuläre Strukturen

Einige Gelenke enthalten *intraartikuläre Strukturen.* Dazu zählen *Disci, Menisci, Labra articularia* sowie *intraartikuläre Bänder* und *Sehnen.*

Disci articulares sind Scheiben aus *straffem Bindegewebe* und *Faserknorpel,* die peripher mit der Gelenkkapsel verbunden sind. Auf diese Weise wird die Gelenkhöhle in zwei vollständig getrennte Kammern unterteilt *(dithalamische Gelenke).*

Gelenkzwischenscheiben haben *Kiefer-* (s. Abb. 9.**81,** 9.**82**), *Sternoklavikular-* (s. Abb. 6.**33**) und *proximales Handgelenk* (s. Abb. 6.**106**). Disci gleichen Inkongruenzen zwischen den Gelenkkörpern aus und werden physiologischerweise auf Druck beansprucht. Ihr Aufbau zeigt altersabhängige Unterschiede. Der Discus articularis des proximalen Handgelenks besteht bei Neugeborenen und Kindern aus einer gleichmäßig dikken Schicht straffen Bindegewebes. Beim Erwachsenen enthält der zentrale Bereich Knorpelzellen. Im höheren Lebensalter fasert die Oberfläche häufig auf; die Gelenkscheibe wird dünner und perforiert schließlich. Ähnliche Beobachtungen liegen vom Discus articularis des Kiefergelenkes vor. *Diskusperforationen* sind Folge degenerativer Veränderungen, die durch erhöhte mechanische Beanspruchung zustandekommen. Sie lassen sich arthrographisch nachweisen.

Die *Menisci* des *Kniegelenkes* (s. Abb. 7.**100**) sind kreis- oder sichelförmige Scheiben aus *Faserknorpel,* die sich keilförmig zwischen die Gelenkkörper schieben. Sie bedecken die Gelenkflächen nur im Randbereich. Peripher sind sie mit der Gelenkkapsel verbunden. Ihre Oberfläche erscheint bei Betrachtung mit dem bloßen Auge glatt. Im höheren Lebensalter kann es, besonders an der inneren Zirkumferenz, zu Aufrauhungen kommen. Die Kollagenfaserbündel laufen radiär aus der Innenzone aufsteigend in Bögen und sind peripher zirkulär angeordnet (Abb. 7.**101**).

Menisci und Disci werden von *Gefäßen* der Kapsel mit Blut versorgt. Wie weit die Gefäße zentralwärts vordringen, wird unterschiedlich beschrieben. Gefäßfreie Bezirke sollen aus der Synovialflüssigkeit ernährt werden. Durch Traumen entstandene Defekte im kapselnahen Bereich können durch bindegewebige Narben überbrückt werden. Die Menisken des Kniegelenkes sind *„transportable Gelenkflächen"* und nehmen Druckkräfte auf. Sie gleichen die Inkongruenzen zwischen den artikulierenden Gelenkkörpern aus und tragen damit zur Spannungsverteilung bei. Sie haben auch Einfluß auf die Stabilität der Gelenkkörper während des Bewegungsablaufes. Wie klinische Beobachtungen zeigen, treten nach operativer Entfernung der Menisken gehäuft Arthrosen im Kniegelenk auf.

Gelenklippen (Labra articularia) sind keilförmige Umrandungen an *Schulter- (Labrum glenoidale)* und *Hüftpfanne (Labrum acetabulare)* (s. Abb. 6.**64,** 7.**56**), die mit breiter Basis am knöchernen Rand der Gelenkkörper verankert sind. Sie bestehen aus *Faserknorpel.* Die Spitze der Gelenklippen ragt unterschiedlich weit in die Gelenkhöhle. Die der Gelenkhöhle zugewandte Seite geht kontinuierlich in den hyalinen Gelenkknorpel über und wird damit in die artikulierende Fläche einbezogen. Außen sind die Gelenklippen teilweise oder vollständig mit der Gelenkkapsel verwachsen.

Intraartikuläre Bänder (Ligamenta intracapsularia) kommen im *Knie-* und *Hüftgelenk* vor (s. Abb. 7.**60,** 7.**113**). Sie bestehen aus *straffem Bindegewebe* und sind von einer Synovialmembran überzogen. Die Bedeutung der Gelenkinnenbänder ist unterschiedlich. Die *Kreuzbänder* des Kniegelenks haben vorwiegend *mechanische Funktionen.* Sie stabilisieren die artikulierenden Gelenkkörper und haben großen Einfluß auf die *Kinematik* des Gelenks (s. S. 566). Das *Lig. capitis femoris* (Abb. 7.**60**) hat keine mechanische Funktion, sondern trägt als gefäßführendes Band zur

Ernährung des Caput femoris bei. Am Schultergelenk verläuft die *Sehne des langen Bizepskopfes* frei durch die Gelenkhöhle und ist wie die intraartikulären Bänder von Synovialis (s. Abb. 6.**43**) bedeckt.

Gelenkkapsel (Capsula articularis)

Gelenke werden von ihrer Umgebung durch die *Gelenkkapsel (Capsula articularis)* abgeschlossen. Sie gewährleistet die *Homöostase* der Gelenkhöhle. Die Gelenkkapsel besteht aus zwei Schichten, einer äußeren *Membrana fibrosa (Stratum fibrosum)* und einer inneren *Membrana synovialis (Stratum synoviale,* Abb. 3.**48**). Beide Anteile entstammen dem peripheren Teil der Gelenkzwischenzone (blastemales synoviales Mesenchym, s. S. 91).

Membrana fibrosa und Kapsel-Band-Apparat

Morphologie

Die *Membrana fibrosa* bildet die äußere Begrenzung der Cavitas articularis. Sie umhüllt manschettenartig die gelenkbildenden Knochen (s. Abb. 6.**41**). Über die Membrana fibrosa wird das Gelenk in die Umgebung eingefügt. Sie besteht vorwiegend aus straffem *kollagenfaserigem Bindegewebe* und enthält nur wenige elastische Fasern. Die Schichtdicke des fibrösen Anteils variiert innerhalb eines Gelenkes sowie von Gelenk zu Gelenk und individuell. Die *Kollagenfibrillen* gehören dem *Typ-I-Kollagen* an.

An zahlreichen Gelenken wird die Membrana fibrosa außen durch *Bänder (Ligg. capsularia)* verstärkt. Ein Teil der Kollagenfasern der Membrana fibrosa strahlt an den einzelnen Gelenken unterschiedlich weit von der Knorpel-Knochen-Grenze in die Kortikalis der gelenkbildenden Skelettelemente ein. An Kapseln mit kräftiger Bandverstärkung, wie z. B. am Hüftgelenk,

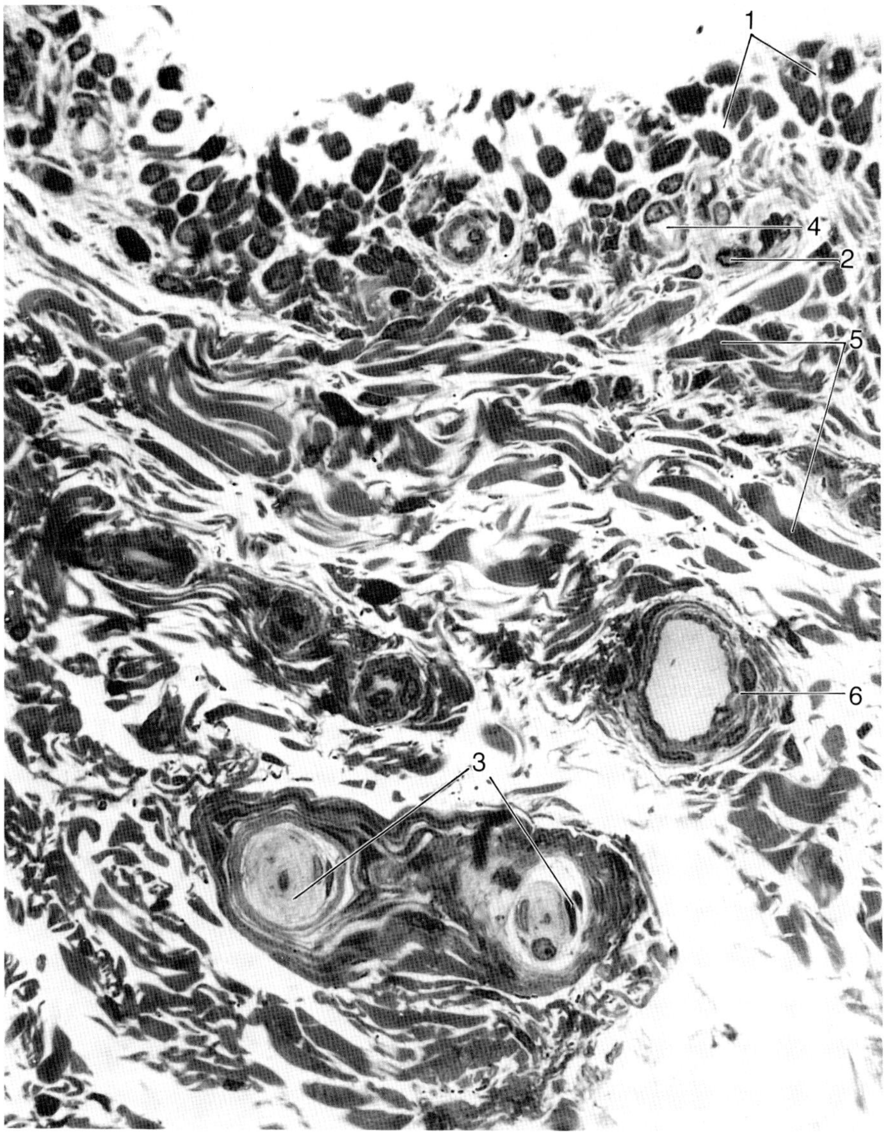

Abb. 3.**48** **Kniegelenkkapsel eines Rhesusaffen.** Färbung: Toluidinblau, 1 µm, Vergr. 425fach.
1 synoviale Intima
2 subintimales Gewebe (areolärer Typ der Membrana synovialis). Im Stratum fibrosum der Gelenkkapsel liegen Pacinische Körperchen (3). Beachte die Kapillaren (4) an der Grenze zwischen Intima und Subintima. Anschnitt von größeren Gefäßen (6) am Übergang zum Stratum fibrosum.
5 Kollagenfibrillen
(Originalabbildung Prof. Dr. *Z. Halata*, Hamburg)

ist die *Insertion am Knochen* als Leiste oder Linie zu sehen (s. Abb. 7.**17**). Der übrige Teil der Membrana fibrosa geht in das angrenzende *Periost* oder *Perichondrium* des Skeletts über.

Funktion

Die Membrana fibrosa erfüllt vorwiegend *mechanische Aufgaben*. Ihre *kapselverstärkenden Bänder* sorgen für *Stabilität* und *Führung* des Gelenkes (s. S. 112). An einigen Scharniergelenken haben die seitlichen kapselverstärkenden Bänder *(Kollateralbänder)* die Form von dreieckigen Platten (s. Abb. 7.**150**). Diese Anordnung bewirkt, daß in jeder Stellung des Gelenkes ein Teil der Kollateralbänder angespannt ist. Kapselverstärkende Bänder sind jedoch nicht nur Führungs-, sondern auch *Hemmungsbänder*. An vielen Gelenken wird die Bewegungsexkursion durch sie eingeschränkt (*Bandhemmung* s. S. 112). Nach elektromyographischen Untersuchungen erfolgt die *Sicherung der Haltung* im Rumpfbereich und an den Extremitäten zu einem großen Teil durch Bandkräfte, während die Muskeln nur wenig aktiv sind. Dies kommt besonders bei der Stabilisierung der Wirbelsäule, des Hüftgelenks (s. S. 500) und bei der Verspannung der Fußwölbungen zum Tragen (s. S. 644).
Kniegelenk sowie Fuß- und Handgelenke besitzen Bänder, die nicht unmittelbar die Membrana fibrosa der Kapsel verstärken *(Ligg. extracapsularia)* (s. Abb. 6.**109**). Sie sind mit ihr meistens durch lockeres Bindegewebe verbunden. Die *extrakapsulären Bänder* haben die gleichen mechanischen Funktionen wie die Ligg. capsularia. Im Schultergelenk strahlen die *Sehnen* einiger Muskeln in die Membrana fibrosa der Gelenkkapsel ein und verbinden sich vor ihrer Insertion am Humerus untrennbar mit ihr (*Rotatorenmanschette*, s. S. 363, Abb. 6.**64**). Bei den meisten gelenknahen Muskeln besteht kein derartig enger Kontakt zwischen Sehne und Gelenkkapsel, sondern beide sind durch lockeres Bindegewebe voneinander getrennt. Es liegt dann keine echte *„Kapselspannertätigkeit"* der Muskeln vor. Sie verhindern allenfalls, daß die Kapsel bei Stellungsänderung eingeklemmt wird.
Die Gelenkkapsel übt im allgemeinen keine *„Tragefunktion"* aus. Ausnahmen bilden das kapselverstärkende Ringband im proximalen Radioulnargelenk (s. Abb. 6.**72**), das Lig. transversum atlantis (s. Abb. 5.**110**) und die Kollateralbänder der Fingergrundgelenke (s. Abb. 6.**119**). Die Einlagerung von Knorpelzellen in die Bänder spricht für eine Übertragung von Druckkräften zwischen Skelett und bandverstärkter Kapsel (s. Kausale Histogenese S. 14).

Unter pathologischen Bedingungen, z. B. bei Gelenkverrenkungen, kann die Gelenkkapsel als tragende Gelenkfläche in Anspruch genommen werden. Auch hier ist eine Umwandlung des straffen Bindegewebes in faserknorpelähnliches Gewebe zu beobachten.
Die Membrana fibrosa dient auch als Leitstruktur der Gefäße zur Versorgung des gelenkbildenden Knochens. Bei Einrissen der Membrana fibrosa wölbt sich das darunterliegende Gewebe, die Membrana synovialis, nach außen vor. Solche Ausstülpungen sind eine Form von „Ganglien" („Überbein"), die vor allem an den Gelenken und Sehnenscheiden im Handbereich vorkommen.

Membrana synovialis

Morphologie

Allgemeiner Aufbau. An die fibröse Außenschicht der Gelenkkapsel schließt sich gelenkhöhlenwärts die dünne *Membrana synovialis* an, deren Deckzellen das Innere der Gelenkhöhle einschließlich der intraartikulären Bänder und Sehnen mit Ausnahme des Gelenkknorpels und der Gelenkzwischenscheiben auskleiden. Man grenzt innerhalb der Membrana synovialis eine innere *synoviale Deckschicht (synoviale Intima, „lining cells")* von einer äußeren *subintimalen* oder *subsynovialen Schicht (Subsynovialis)* ab (Abb. 3.**48**). Die subintimale Schicht stellt die Verbindung zur Membrana fibrosa her.
Bei Betrachtung mit dem bloßen Auge erscheint die Deckzellschicht glatt und glänzend. An einigen Gelenken springen von Fettgewebe unterlagerte *Wülste (Plicae alares)* und *Falten (Plicae synoviales)* gelenkhöhlenwärts vor (s. Abb. 7.**115**). Sie ragen in die durch Inkongruenz der Gelenkkörper bedingten und mit der Gelenkstellung wechselnd großen *Komplementärräume* der Cavitas articularis hinein. Die auch als *meniskoide Falten* bezeichneten Plicae synoviales bestehen aus fett- und gefäßreichem lockerem Bindegewebe. Ihr histologischer Aufbau spricht gegen eine Druckbeanspruchung. Finger- und blattförmige *Synovialzotten (Villi synoviales)* treten vor allem an der Knorpel-Knochen-Grenze auf. Ihre Größe und Anzahl soll im Alter zunehmen. Außer gefäßreichen Zotten werden fingerförmig gestielte, gefäßlose Zotten beschrieben. Durch Falten und Zotten wird die Oberfläche der Gelenkinnenhaut vergrößert.
Die synoviale Deckschicht der Membrana synovialis geht an der Knorpel-Knochen-Grenze kontinuierlich in die Tangentialfaserzone des Knorpels über (*marginale Übergangszone* s. S. 101). Das subintimale Gewebe strahlt in das intrakapsulär liegende Periost des Knochens ein. An Extremitätengelenken mit weiter Gelenkhöhle verläuft die Membrana synovialis zunächst dem Periost anliegend über eine bestimmte Strecke auf dem Knochen (z. B. am Collum femoris [s. Abb. 7.**62**] oder am Collum tali), bevor sie sich der Membrana fibrosa anschließt.
Synoviale Intima. Die *synoviale Intima* besteht aus 1–4 Lagen von *Synovialozyten* (synoviale Deckzellen, „lining cells") (Abb. 3.**49**). Synovialzellen entstammen dem Mesenchym und sind daher als modifizierte *Bindegewebszellen* anzusehen. Sie unterscheiden sich von typischen, aus dem Mesoderm entstandenen Deckzellen in den serösen Häuten der Brust- und Bauchhöhle u. a. dadurch, daß sie keine geschlossene, epithelartige Schicht bilden. Zwischen den Intimazellen treten *Lükken* auf, so daß die nächst tieferen Zellen oder Extrazellulärmatrix die Begrenzung zur Gelenkhöhle bilden und mit der Synovialflüssigkeit in Kontakt treten.

Synovialozyten sind ovoide bis flache Zellen unterschiedlicher Größe mit runden bis ovalen Zellkernen (Abb. 3.**49**). Ihre weit verzweigten Zellausläufer greifen fingerförmig ineinander. Spezielle Zellkontakte fehlen. Ob desmosomenähnliche Verbindungen, wie sie bei einigen Säugern beschrieben werden, beim Menschen auch unter normalen Bedingungen vorkommen, ist umstritten; sie wurden beim Menschen bisher nur bei Erkrankungen der Synovialmembran beobachtet. Eine Basallamina ist nicht ausgebildet. In der synovialen Intima treten zwei Populationen von Synovialozyten auf: makrophagenähnliche Zellen (A-Zellen, M-Zellen) und fibroblastenähliche Zellen (B-Zellen, F-Zellen). Das Vorkommen eines dritten Zelltyps, eine fragliche Übergangsform zwischen A- und B-Zellen (sog. AB-Zellen), hat sich nach neuen Untersuchungen nicht bestätigt.

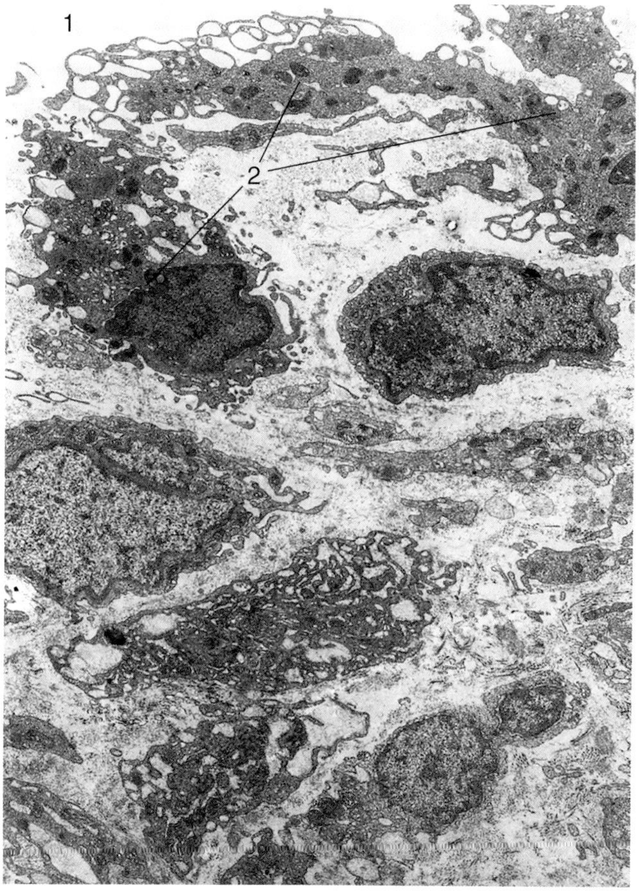

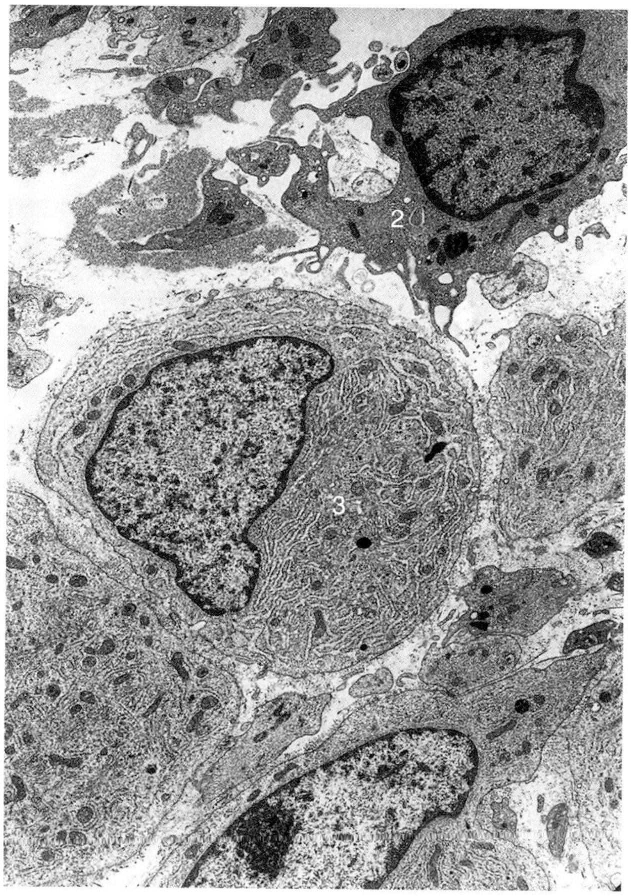

Abb. 3.**49** **Synovialmembran aus dem Kniegelenk eines jungen Mannes.**

a Die Gelenkhöhle (1) wird von einer Lage synovialer Deckzellen ausgekleidet, die gelenkhöhlenwärts vorzugsweise aus A-Zellen (2) besteht. Charakteristisch für A-Zellen sind Zytoplasmafortsätze, Vakuolen und Lysosomen.

b In tieferen Lagen kommen A-Zellen und B-Zellen (3) vor. In B-Zellen sind raues endoplasmatisches Retikulum und Golgiapparat gut entwickelt. Man beachte die fehlenden Zellkontakte und die Kollagenfibrillen in der Extrazellulärmatrix der Interzellulärräume.

× 4700

Präparat: Priv. Doz. Dr. W. Petersen, Klinik für Orthopädie der Christian-Albrechts-Universität.

Aufnahme: S. Seiter, Anatomisches Institut der Christian-Albrechts-Universität

Typ-A-Zellen (Abb. 3.**49**) haben einen stark entwikkelten *Golgi-Apparat,* zahlreiche Mitochondrien, *Vakuolen* und *Vesikel* sowie intrazytoplasmatische Filamente und *Lysosomen* (Autolysosomen und Phagolysosomen). Die Zelloberfläche zeigt viele Fortsätze und Invaginationen der Plasmamembran mit *Mikropinozytosevesikeln.* Typ-A-Zellen werden aufgrund ihrer *phagozytischen Funktion* (s. unten) auch als *M-Zellen,* d. h. makrophagenähnliche Zellen, bezeichnet und dem *mononukleär-phagozytischen System* zugerechnet. Im alten Schrifttum zählt man die Gelenkinnenhaut funktionell zum „retikuloendothelialen System". Typ-A-Zellen sollen aus Blutmonozyten hervorgehen, die aus dem Knochenmark stammen. Synovialozyten mit *Makrophageneigenschaften* tragen an ihrer Zelloberfläche *HLA-DR-Antigen* (s. Lehrbücher der Immunologie) und spielen damit im Immungeschehen als Stimulatoren eine Rolle. Bei rheumatoider Arthritis sind HLA-DR-Antigen tragende Zellen stark vermehrt.

Charakteristisch für *Typ-B-Zellen* ist ihr Reichtum an *rauhem endoplasmatischem Reticulum* (Abb. 3.**49**). Man bezeichnet die Typ-B-Zellen auch als *F-Zellen (fibroblastenähnliche Zellen).* Typ-B-Zellen sind an der Bildung von Kollagenfibrillen und umgebender Matrix beteiligt. Sie enthalten zahlreiche membranbegrenzte elektronendichte Granula. Für ihre *sekretorische Aktivität* spricht ihr hoher Gehalt an Adenosintriphosphatase, ein Enzym, das für die Energiegewinnung bei der Sekretionsleistung von großer Bedeutung ist (s. Lehrbücher der Biochemie).

Beim Erwachsenen kommen überwiegend Typ-A-Zellen vor. In Gelenkkapseln von Feten sollen die Typ-B-Zellen überwiegen. Der Aufbau der synovialen Intima zeigt beim Erwachsenen regional keine Unterschiede.

Die *Extrazellulärmatrix* zwischen den Synovialozyten der Intima erscheint elektronenmikroskopisch als dichtes Material. Sie besteht vorwiegend aus *Proteinen, Proteoglykanen, Elektrolyten* und *Wasser.* Die Extrazellulärmatrix enthält außerdem *Kollagen vom Typ I und Typ III.* Das Kollagenfibrillennetz ist gelenkhöhlenwärts weniger dicht als in der Tiefe.

Subintimales Gewebe. Das Gewebe unter der synovialen Intima besteht aus *lockerem Bindegewebe,* das außer Kollagenfibrillen auch elastische Fasern enthält. Neben *Fibroblasten* und *Fettzellen* kommen *Makrophagen* (Histiozyten) und *Mastzellen* vor. Lymphozyten sind normalerweise nicht, bei rheumatischen Erkrankungen allerdings in großer Zahl vorhanden.

Die regionär unterschiedliche Zusammensetzung des Bindegewebes im subintimalen Gewebe und seine Gefäßversorgung haben zu einer Einteilung der gesamten *Membrana synovialis* in *drei Erscheinungsformen* geführt. Von einer *areolären Membrana synovialis* (Abb. 3.**48**) spricht man, wenn die subintimale Schicht aus lockerem, reichlich vaskularisiertem Bindegewebe aufgebaut ist. Beim *adipösen Typ* enthält sie vorwiegend Fettzellen. Diese Form wurde im Zusammenhang mit den eingangs erwähnten *Plicae alares* und *Plicae synoviales* beschrieben. Eine *fibröse Synovialmembran* besitzt gefäßarmes, kollagenreiches Gewebe unter der Intima. Ein solcher Aufbau liegt dort vor, wo Sehnen und Bänder der Kapsel fest anliegen. Zwischen den drei Formen, die nebeneinander in einem Gelenk vorkommen können, gibt es Übergänge. Ihr Auftreten ist von der örtlichen funktionellen Beanspruchung abhängig.

Blut- und Nervenversorgung

Die Membrana synovialis, vor allem ihr subintimaler Anteil, ist reichlich mit *Blutgefäßen* versorgt. Sie bilden ein von der Membrana fibrosa unabhängiges Gefäßnetz. Die Gefäße betreten und verlassen die Synovialis an der Knorpel-Knochen-Grenze. In der Subintima liegen vor allem Arteriolen und Venolen. Das *Kapillarnetz* der synovialen Intima dringt bis zur inneren Zellschicht vor. Es kommen Kapillaren mit *geschlossenem* und *gefenstertem Endothel* sowie sinusoide Kapillaren vor. Fenestrierte Kapillaren liegen vor allem in der oberflächlichen Schicht der synovialen Intima. Im Erwachsenenalter nimmt die Kapillardichte zu. In Synovialzotten kommen schlingen- und knäuelförmige Kapillaren vor. Die Durchblutungsregulierung ist temperaturabhängig. Die Membrana synovialis enthält auch reichlich *Lymphgefäße.*

Die synoviale Intima ist frei von Nervenendigungen. In der *subintimalen Schicht* kommen *freie Nervenendigungen* und wenige modifizierte *Pacini-Körperchen* vor (Abb. 3.**48**). In der *Membrana fibrosa* werden außer freien Nervenendigungen auch *Pacinische* und *Ruffinische Körperchen* beobachtet. Pacini-Körperchen liegen auch im gelenknahen Bindegewebe. Freie Nervenendigungen sind *Schmerzrezeptoren.* Pacinische Körperchen informieren als *Mechanorezeptoren* über den Spannungszustand im Gelenkbereich am Beginn und am Ende einer Bewegung. Ruffinische Körperchen reagieren auf Spannungsänderungen in der Kapsel sowohl in Ruhe als auch während des gesamten Bewegungsablaufes (s. Bd. III und Lehrbücher der Physiologie).

Regenerationsfähigkeit

Die Synovialozyten der Intima zeigen normalerweise keine Mitosen. Synovialgewebe verfügt jedoch bis ins hohe Alter über eine potentielle hohe *Regenerationsfähigkeit.* Nach einer aus therapeutischen Gründen durchgeführten *Synovektomie* bildet sich in etwa 6 Monaten aus dem angrenzenden Bindegewebe eine neue Gelenkinnenhaut. Bei der Neubildung von Gelenken (s. S. 95) wird der entstandene Gelenkspalt von einer Synovialmembran ausgekleidet: Die *Uncovertebralgelenke* (s. S. 216f) haben eine synoviale Deckzellschicht. Geht eine Pseudarthrose in eine *Nearthrose* über (s. S. 96), wird die Wand des neugebildeten Gelenkes durch eine synoviale Intima von der Cavitas articularis abgegrenzt.

Funktionen der Membrana synovialis

Die Zellen der Membrana synovialis produzieren und absorbieren *Gelenkflüssigkeit.* Sie können außerdem Stoffe aus der Gelenkhöhle durch *Endozytose* aufnehmen. An der Produktion von Synovia sind beide Zelltypen beteiligt. Die Produktion von *Hyaluronsäure* wurde früher den Typ-B-Zellen zugeschrieben. Nach neueren Untersuchungen sollen auch Typ-A-Zellen Hyaluronsäure sezernieren, deren Synthese im Golgi-Komplex und in Vakuolen nachgewiesen wurde. *Hyaluronsäure* liegt *frei* in der Gelenkflüssigkeit vor. Ein Teil ist *an Eiweiß gebunden,* das von den B-Zellen produziert wird. Unter normalen Bedingungen ist die *Aufnahme von Stoffen* aus der Gelenkhöhle vorzugsweise Typ-A-Zellen vorbehalten. Ob unter pathologischen Bedingungen diese Funktion auch von B-Zellen übernommen werden kann, ist umstritten. *Synovialflüssigkeit* wird durch Mikropinozytose in die Zellen eingeschleust. Größere Partikel, z. B. Zelltrümmer abgestoßener Intimazellen oder Erythrozyten und Lipidtropfen, die bei Verletzung der Gelenkkapsel in die Gelenkhöhle kommen, sowie Bakterien werden von den A-Zellen *phagozytiert.* Intraartikulär verabreichte Stoffe wie Eisendextran, Ferritin und kolloidales Eisen oder Gold werden nach *Endozytose* in *Phagolysosomen* gespeichert. In Gelenken von Blutern liegt das aus phagozytierten Erythrozyten aufgenommene Eisen in Form von *Siderosomen* in den Synovialozyten. Auch das bei rheumatischen Erkrankungen therapeutisch verabreichte *Gold* kann in Form von *Aurosomen* in Synovialzellen über viele Jahre nachgewiesen werden. Die synoviale Intima hat nicht den Charakter einer echten Diffusionsbarriere, da ihr spezialisierte Zellkontakte fehlen. Die Gelenkflüssigkeit steht über Spalträume zwischen den Synovialozyten mit tieferen Schichten in Verbindung. Aus diesem Grunde phagozytieren nicht nur die Zellen der Intimadeckschicht, sondern auch tiefer liegenden Synovialozyten sowie freie Makrophagen der Subintima intraartikulär anfallende Stoffe. Es ist nicht geklärt, ob phagozytierende Intimazellen in die tieferen Schichten wandern können. Aufgrund der fehlenden Barriere haben auch Gefäße in der Membrana synovialis, und hier vor allem die gefensterten Kapillaren, beim Stoffaustausch mit der Gelenkhöhle große Bedeutung. Selbst *großmolekulare Stoffe* können durch den Interzellulärraum zu den Gefäßen gelangen und hier durch *Endothelporen* oder mittels *Vakuolen* oder *Mikropinozytose* von den Endothelzellen aufgenommen werden. Einige Substanzen gelangen vorzugsweise in die *Lymphgefäße* der Synovialmembran und werden von hier zu den regionären Lymphknoten transportiert.

Synovia (Gelenkschmiere) – Zusammensetzung und Funktion

Die Gelenkhöhle von Diarthrosen enthält *Synovia (Gelenkschmiere),* eine klare, leicht gelbliche, fadenziehende Flüssigkeit. Mengenangaben für die einzelnen Gelenke schwanken außerordentlich. Für das Kniegelenk werden Normalwerte zwischen 2 und 4 ml angegeben. Synovia ist *Dialysat* des Blutplasmas und *Sekretionsprodukt* der Synovialozyten. Die leicht alkalische Flüssigkeit mit einem pH von 7,4–7,7 enthält wenige *Zellen* (ca. 60 pro µl). Außer abgestoßenen Synovialozyten kommen Monozyten, Lymphozyten und Granulozyten vor. Der *Proteingehalt* liegt zwischen 15–25 g/l. Das Eiweiß entstammt dem Blut und den Typ-B-Zellen. Synovia enthält 66 mg/100 ml *Glucose* für den Energiestoffwechsel der Synovialozyten und der Chondrozyten. Ein wichtiger Bestandteil der Synovia ist die *Hyaluronsäure* (2,5–2,7 g/l), die frei und an Eiweiß gebunden in Form eines Proteoglykanaggregates vorkommt. Hyaluronsäure bindet Wasser. Die Menge an Hyaluronsäure nimmt im höheren Lebensalter ab. Von ihrer Anwesenheit hängt das *biorheologische Verhalten* der Synovia ab. Synovialflüssigkeit hat *viskose* und *elastische Eigenschaften,* die temperatur- und geschwindigkeitsabhängig sind. Durch Erhöhung der Temperatur und durch gesteigerte Bewegung wird die Viskosität herabgesetzt (weitere Zusammensetzung der Synovialflüssigkeit s. Lehrbücher der Biochemie).

Die Synovialflüssigkeit erfüllt drei wichtige Funktionen: Sie *ernährt den Gelenkknorpel* und einen Teil der intraartikulären Strukturen (s. S. 101). Ferner hat sie eine *„Schmierfunktion"* und ermöglicht ein nahezu reibungsloses Gleiten zwischen den von Knorpel bedeckten Gelenkkörpern (Reibungszahl 0,005–0,025). Der Synovia fällt außerdem eine *„Stoßdämpferfunktion"* zu.

Gelenkflächenschmierung (Lubrikation)

Hinsichtlich des Mechanismus der *Gelenkflächenschmierung (Lubrikation)* werden verschiedene, aus der Technik bekannte Möglichkeiten diskutiert. Über die Vorgänge im Gelenk kann zur Zeit kein abschließendes Urteil abgegeben werden. Nach neueren Untersuchungen ist keine der unten beschriebenen Mechanismen allein wirksam. Vielmehr scheinen die einzelnen Lubrikationsarten in Abhängigkeit von Belastungsbedingungen, vor allem von der Belastungsgeschwindigkeit, zu wechseln.

Für den Fall, daß Synovialflüssigkeit als „Schmiermittel" dient, liegt eine *Flüssigkeitsfilmschmierung* vor. Bei der Entstehung des Flüssigkeitsfilmes spielt außer der Elastizität des Knorpels auch der Gehalt der Synovia an Hyaluronsäure (s. oben) eine entscheidende Rolle. Die Gelenkflächen sind vollständig durch einen Synovialfilm voneinander getrennt, der auch bei hoher Belastung den Gelenkspalt nicht verläßt. Er setzt die Reibung stark herab und schützt die Knorpeloberfläche gegen Abrieb. Bei der Flüssigkeitsfilmschmierung ist die *Viskoelastizität* der Synovialflüssigkeit von Bedeutung. Man unterscheidet bei der Flüssigkeitsfilmschmierung eine *hydrodynamische* und eine *elastohydrodynamische Schmierung* sowie eine *Quetschfilmschmierung.* Bei der hydrodynamischen Schmierung stehen die artikulierenden Elemente keilförmig aufeinander, und eine Fläche gleitet in der Weise auf der anderen, daß Flüssigkeit in den Spalt eindringt und einen Schmierdruck aufbaut. Bei der

elastohydrodynamischen Schmierung ist der Vorgang prinzipiell ähnlich; hier werden allerdings die Gleitflächen als elastisch verformbar angesehen, so daß mehr Schmierflüssigkeit im Spalt liegt. Elastohydrodynamische Schmierung soll bei geringer Druckbeanspruchung und gleichzeitigem Gleiten stattfinden. Bei der Quetschfilmschmierung bedarf es keines Gleitens der Gelenkflächen. Unter wechselnder Belastung der Gelenkflächen wird die Flüssigkeit so weit ausgepreßt, wie dies ihre Viskosität zuläßt.
Eine weitere Möglichkeit der Lubrikation ist die *Grenzflächenschmierung,* bei der polar gerichtete, langkettige Moleküle an der Oberfläche der miteinander artikulierenden Flächen aufeinander gleiten. Grenzflächenschmierung soll bei längeren statischen Belastungen wirksam sein.

Gelenkhöhle (Cavitas articularis)

Die *Gelenkhöhle (Cavitas articularis)* ist der spaltförmige Raum zwischen Stratum synoviale der Gelenkkapsel und Gelenkkörpern. Ihre Gestalt ändert sich mit wechselnder Gelenkstellung. Einfluß auf die Form der Gelenkhöhle haben außerdem intraartikuläre Strukturen und meniskoide Falten der Gelenkkapsel. Individuelle Unterschiede treten vor allem an zusammengesetzten Gelenken (s. oben) auf. Zu einer Vergrößerung der Cavitas articularis in Form von *Ausbuchtungen (Recessus)* führt die Verschmelzung gelenknaher *Schleimbeutel* mit der Gelenkhöhle (s. Abb. 7.**115**).

Derartige Recessusbildungen entstehen am Knie- und Schultergelenk bereits während der Fetalperiode (s. S. 94). Im höheren Lebensalter kommen Verbindungen zwischen Cavitas articularis und benachbarten Schleimbeuteln oder zwischen zwei durch einen Discus getrennte Gelenkhöhlen unter pathologischen Bedingungen zustande: Bei Ruptur der Rotatorenmanschette im Schultergelenk (s. S. 346) infolge degenerativer Veränderungen der Supraspinatussehne kommunizieren Schultergelenkhöhle und Bursa subdeltoidea sowie Bursa subacromialis miteinander. Eine Verbindung zwischen den Gelenkhöhlen des proximalen Handgelenks und des distalen Radioulnargelenks resultiert aus der Perforation der Gelenkscheiben (s. S. 102).

In der Gelenkhöhle befindet sich normalerweise nur wenig *Synovialflüssigkeit* (s. S. 107). Bei entzündlichen Veränderungen oder nach Traumen kann die Gelenkhöhle aufgrund der zur Verfügung stehenden *Reserveräume* und der Dehnbarkeit der Gelenkkapsel größere Mengen an *Exsudat* und/oder *Blut* aufnehmen. Die Ausdehnung der Cavitas articularis tritt klinisch als *„Schwellung"* des gesamten Gelenkbereiches zutage. Die dabei auftretenden Schmerzen beruhen u. a. auf der starken Dehnung der Gelenkkapsel. Anatomisch-präparatorisch kann man die Form der Gelenkhöhle durch Injektion, z. B. von Kunststoffen, darstellen. Bei klinischen Untersuchungen liefern *Arthrographie* (s. Abb. 7.**105**) und *Computertomographie* (s. Abb. 3.**63**) die besten Aussagen über ihre Gestalt (s. S. 119).

Gelenkformen und Bewegungsmöglichkeiten

Allgemeine Einleitung

Nach *Anzahl* der in einem Gelenk miteinander artikulierenden Skelettelemente unterscheidet man *einfache* und *zusammengesetzte Gelenke.* Bei einem *einfachen Gelenk (Articulatio simplex)* stehen zwei Gelenkkörper miteinander in Kontakt. Einfache Gelenke sind z. B. das Schulter- und Hüftgelenk (s. Abb. 6.**43** u. 7.**61**). Ein *zusammengesetztes Gelenk (Articulatio composita)* liegt vor, wenn mehr als zwei Skelettelemente gelenkig miteinander verbunden sind. Beispiele für zusammengesetzte Gelenke sind das Ellenbogengelenk (s. Abb. 6.**72**) oder die Sprunggelenke (s. Abb. 7.**149**).
Nach der *Form* der Gelenkkörper lassen sich folgende *„Gelenktypen"* unterscheiden, die für die Gelenkmechanik, besonders für die Kinematik, von Bedeutung sind: *Kugelgelenk (Articulatio sphaeroidea), Walzengelenk (Articulatio cylindroidea), Ellipsoidgelenk (Articulatio ellipsoidea), Sattelgelenk (Articulatio sellaris)* und *ebenes Gelenk (Articulatio plana)* (Abb. 3.**50**). Die Einteilung der Gelenkkörper nach der *Geometrie* ihrer Konturen erfolgt in Anlehnung an Formen von Elementenpaaren („Gelenkkörpern"), die in der Technik bei Werkzeugen und Maschinen verwendet werden. Die *Oberflächenkrümmung* der Gelenkkörper weicht jedoch nach mathematischen Maßstäben von exakten geometrischen Formen, z. B. einer Kugel oder einer Walze, ab. Aus diesem Grunde haben biologische Gelenkkörper auch nicht die exakte Kongruenz von Elementenpaaren einer Maschine. Die Bewegung zwischen den Elementenpaaren an Maschinen vollzieht sich meistens um feststehende Achsen. Gelenken fehlen derartige Bewegungsachsen; dennoch wird bei der Beschreibung von Bewegungsabläufen übereinkunftsgemäß von *Gelenkachsen* gesprochen.
Als *Achse* definiert man am Gelenk den Punkt, der bei einer Bewegung keine Ortsänderung erfährt. Eine konstante Achse kommt bei einer *Drehbewegung* (s. S. 111) nur an Rotationskörpern mit kreisförmiger Oberflächenkrümmung vor. Die meisten Gelenkflächen weichen von einer exakten Kreisform ab. In Gelenken mit unterschiedlichen *Krümmungsradien*

Abb. 3.**50** **Schematische Darstellung der Gelenkformen und ihrer Bewegungsmöglichkeiten.** Schwarze unterbrochene Linien: Gelenkachsen; roter Pfeil: Rotationsbewegung; blauer Pfeil: Translationsbewegung. ▶
a Walzengelenk
b Scharniergelenk
c Rad- oder Zapfengelenk
d Kondylengelenk
e Kugelgelenk
f Eigelenk
g Sattelgelenk
h planes Gelenk
Die Bewegungsmöglichkeiten werden im Text ausführlich erläutert.

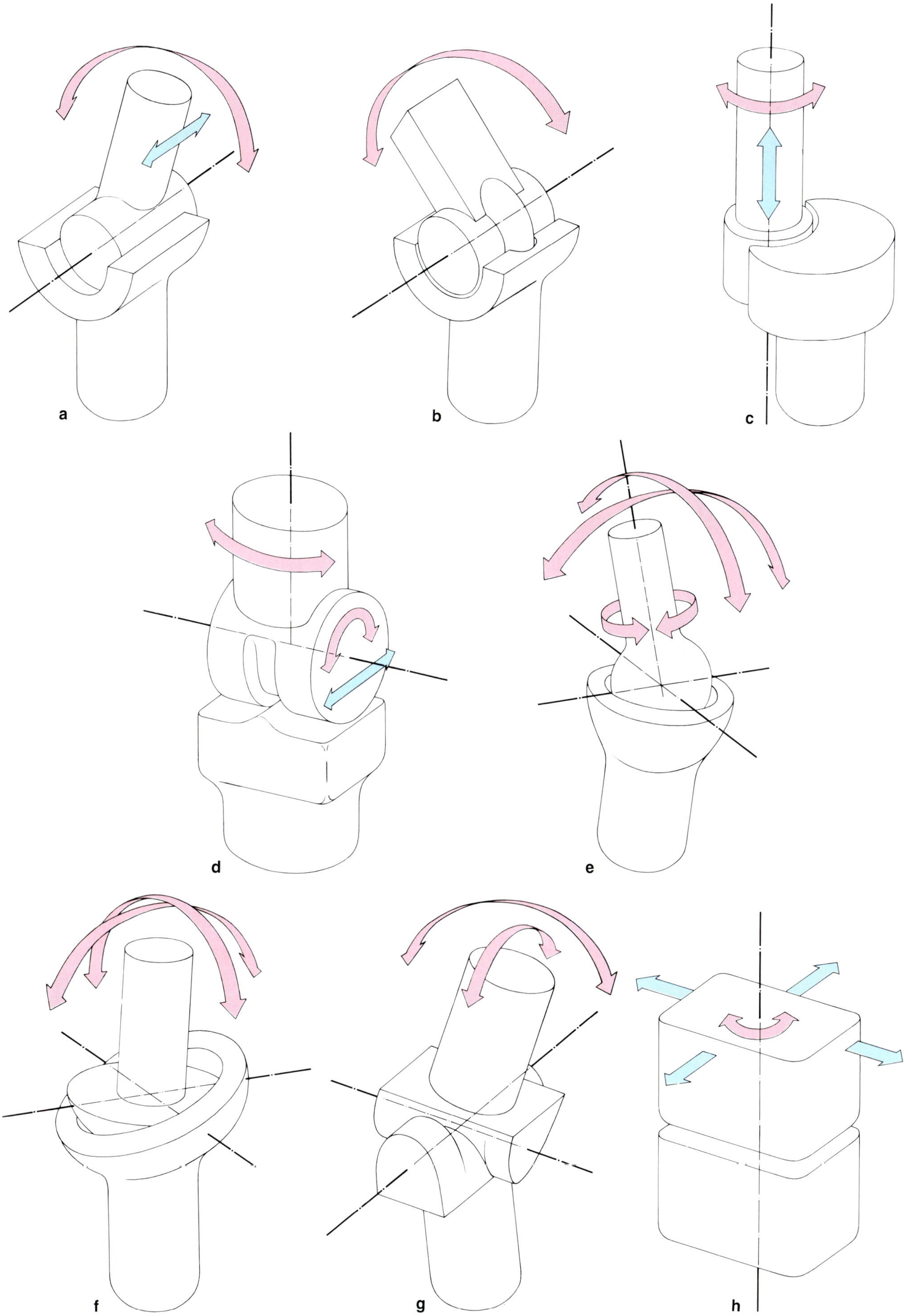
a
b
c
d
e
f
g
h

verschiebt sich die Lage der Gelenkachse mit jeder Stellungsänderung im Gelenk. Man kann für jeden Bewegungsabschnitt eine „augenblickliche" Achse, die *Momentanachse,* festlegen. Die Bestimmung der räumlichen Lage der „augenblicklichen" Achse und ihrer Bahn hat vor allem an Gelenken mit Dreh- und Verschiebebewegungen (Kniegelenk und Kiefergelenk) für die Wiederherstellungschirurgie und im Hinblick auf künstlichen Gelenkersatz große praktische Bedeutung erlangt.

Kugelgelenk (Articulatio sphaeroidea)

Bei *Kugelgelenken (Articulatio sphaeroidea)* (s. Abb. 3.**50e**) artikuliert ein kugelförmiger Gelenkkopf mit einer Gelenkpfanne, die Teil einer entsprechenden Hohlkugel ist. Typische Kugelgelenke sind *Schulter-* und *Hüftgelenk.* Das Hüftgelenk bildet allerdings insofern eine Besonderheit, als die Gelenkpfanne den Gelenkkopf über den „Äquator" hinaus umgreift. Es wird daher auch als *Nußgelenk (Enarthrosis)* bezeichnet. Kugelgelenke sind in allen Richtungen des Raumes um ein *Drehzentrum* beweglich, das im Idealfall im Mittelpunkt der Kugel liegt. Es lassen sich damit unendlich viele Bewegungsachsen konstruieren. Entsprechend der Lage der Muskelgruppen zum Achsenskelett werden die Bewegungen jedoch nach *drei* aufeinander senkrecht stehenden *Hauptbewegungsachsen* festgelegt. Um eine *transversale Achse* erfolgen Beugung *(Flexion)* und Streckung *(Extension)* (s. Abb. 6.**47**). An Schulter- und Hüftgelenk bezeichnet man Beugung und Streckung auch als *Anteversion* und *Retroversion.* Um die *sagittale Achse* erfolgen *Abduktion* (Wegführen der Extremität vom Rumpf) und *Adduktion* (Heranführen der Extremität zum Rumpf) (s. Abb. 6.**48**). Die *dritte Hauptbewegungsachse* verläuft *in Längsrichtung* des zu bewegenden Gliedes. Um diese *Rotationsachse* erfolgen *Innen-* und *Außenrotation** (s. Abb. 6.**49**). Die alltäglichen Gebrauchsbewegungen verlaufen meistens nicht streng um die drei genannten Hauptachsen, sondern um eine *„Kompromißachse".* Aus den verschiedenen Bewegungsmöglichkeiten, z. B. am Schulter- und Hüftgelenk, resultiert bei voller Ausnutzung des Bewegungsspielraumes eine *Umführbewegung (Zirkumduktion),* bei der die Randbewegungen auf einem Kugelmantel liegen. Wenn man davon ausgeht, daß an *Kugelgelenken* ausschließlich Drehbewegungen stattfinden, hat ein Kugelgelenk *drei Grade der Bewegungsfreiheit***. Für das Schultergelenk werden jedoch auch Verschiebebewegungen diskutiert, so daß weitere Freiheitsgrade aus der Translation hinzukommen (s. oben).

* Innen- und Außenrotation dürfen nicht mit der Bewegungsform einer Drehbewegung verwechselt werden (s. oben).

** Definition der Bewegungsformen und der Freiheitsgrade s. oben.

Walzengelenk (Articulatio cylindroidea)

Bei *Walzengelenken (Articulatio cylindroidea)* (s. Abb. 3.**50a**) hat ein Gelenkteil die Form einer Walze. Die zugehörige Gelenkfläche ist ein entsprechender Hohlzylinder. Walzengelenke kommen beim Menschen in zwei verschiedenen Formen vor, als *Scharniergelenk (Ginglymus)* und als *Rad-* oder *Zapfengelenk (Articulatio trochoidea).* Bei Scharniergelenken (s. Abb. 3.**50b**) hat die Walze eine rinnenförmige Vertiefung, in die eine keilförmige Führungsrinne des Hohlzylinders hineingreift. Aus diesem Grund haben Scharniergelenke nur einen Grad der Bewegungsfreiheit. Es sind *Drehbewegungen* um eine Achse senkrecht zur Längsachse der artikulierenden Gelenkkörper möglich. Der zweite Grad der Freiheit, die Translation in Richtung der Längsachse der Gelenkkörper, kann aufgrund der ineinandergreifenden Gelenkflächen nicht wirksam werden. Gelenke mit einer derartigen Form der Gelenkkörper verfügen über gute *Knochenführung* (s. S. 112). Ein typisches Scharniergelenk ist die *Articulatio humeroulnaris* (s. Abb. 6.**75**). Rad- oder Zapfengelenke (Abb. 3.**50c**) entsprechen in ihrer Form dem allgemeinen Aufbau des Walzengelenkes mehr als das Scharniergelenk. Es artikuliert ein walzenförmiges Skelettelement mit dem entsprechenden Teil eines Hohlzylinders und einem *ringförmigen Band.* Radgelenke sind die *Articulatio atlantoaxialis mediana* (s. Abb. 5.**110**) und das *proximale Radioulnargelenk* (s. Abb. 6.**73**). In Radgelenken sind *Drehbewegungen* um eine Achse möglich, die in Längsrichtung des walzenförmigen Skelettelementes verlaufen.

Ellipsoidgelenk (Articulatio ellipsoidea)

Ellipsoid- oder *Eigelenke (Articulatio ellipsoidea)* (Abb. 3.**50f**) bestehen aus einem ovoiden Gelenkkörper, der in zwei zueinander senkrecht stehenden Ebenen konvex gekrümmt ist. Die Gelenkpfanne ist entsprechend konkav gestaltet. Das *proximale Handgelenk* hat die Form eines Ellipsoidgelenkes (s. Abb. 6.**106**). Es sind Bewegungen um *zwei Hauptachsen* möglich, die senkrecht aufeinander stehen. Am Handgelenk werden um die kürzere dorso-palmare Achse *Radial-* und *Ulnarabduktion,* um die längere radioulnare Achse Palmarflexion und *Dorsalextension* ausgeführt (s. Abb. 6.**112** u. 6.**113**).

Kondylengelenk (Articulatio bicondylaris)

Eine den Ei- und Walzengelenken ähnliche Form haben *Kondylengelenke (Articulatio bicondylaris,* Abb. 3.**50d**). Charakteristisch für Kondylengelenke sind die in zwei Richtungen des Raumes konvex gekrümmten Gelenkrollen (Kondylen), die getrennt voneinander mit entsprechenden konkaven Gelenkflächen artikulieren. Typische Kondylengelenke sind das *Femorotibialgelenk* (s. Abb. 7.**111**) und das *Kiefergelenk* (s. Abb. 9.**79** u. 9.**80**). Es sind *Drehbewegungen* um zwei Achsen sowie *Translationen* und außerdem *Abrollbewegungen* möglich. Geometrisch kann man die Kontur der Kniegelenkskondylen in der Sagittalebene aus einer unendlich großen Anzahl unterschiedlich großer Kreisbogenausschnitte zusammensetzen. Die Mittelpunkte der *Krümmungsradien* liegen auf einer Kurve, die als *Evolute* bezeichnet wird (s. Abb. 7.**22**); sie ist nicht identisch mit dem Drehzentrum des Gelenkes. Die Randkurve der Gelenkoberfläche heißt *Evolvente.* Die Form der Femurkondylen wird mathematisch auch als Doppelkreis, Ellipse, geometrische und logarithmische Spirale sowie als Kardioide beschrieben.

Sattelgelenk (Articulatio sellaris)

Ein *Sattelgelenk (Articulatio sellaris)* (Abb. 3.**50g**) ist die *Articulatio carpometacarpea* des Daumens (s. Abb. 3.**61**, 6.**106**). Die gelenkbildenden Skelettelemente (Os trapezium und Os metacarpale I) haben eine konvexe und eine konkave Krümmung, die vice versa miteinander artikulieren. Bewegungen in einem Sattelgelenk sind bei vollständigem Gelenkflächenschluß um *zwei Hauptbewegungsachsen* möglich, die senkrecht zueinander stehen, sich jedoch nicht schneiden. Um die beiden Hauptbewegungsachsen können *Flexion* und *Extension* sowie *Ab- und Adduktion* durchgeführt werden (s. Abb. 6.**131**). Bei der *Oppositionsbewegung* im Daumensattelgelenk führt das Os metacarpale I eine *Rotation* um seine Längsachse aus. Dabei wird der *Flächenkontakt* zwischen den artikulierenden Skelettelementen weitgehend *aufgehoben.* In der Endphase der Opposition haben die Gelenkflächen nur punktförmigen Kontakt (s. S. 117, Abb. 3.**61**).

Ebenes Gelenk (Articulatio plana)

Von *ebenen Gelenken (Articulatio plana)* (s. Abb. 3.**50h**) spricht man bei flachen artikulierenden Skelettelementen. Dazu zählen *Wirbelgelenke* (s. Abb. 5.**67** u. 5.**73**) sowie *Intermetakarpal-* und *Intermetatarsalgelenke* (s. Abb. 6.**23** u. 7.**34**). Man kann ebene Gelenkflächen auch als Rotationskörper mit unendlich großem Radius ansehen. Es sind *Translations-* und *Drehbewegungen* möglich.

Amphiarthrose

Diarthrosen, deren Beweglichkeit durch die Form ihrer Gelenkkörper und durch kräftige Bandverstärkungen stark eingeschränkt ist, werden als *straffe Gelenke (Amphiarthrosen)* bezeichnet. Zu den Amphiarthrosen zählen die *Iliosakralgelenke* (s. Abb. 7.**7**), die *Interkarpal-* und *Karpometakarpalgelenke* (s. Abb. 6.**106**) sowie einige *Tarsal-* und *Tarsometatarsalgelenke* (s. Abb. 7.**154**). Die straffen Gelenke im Hand- und Fußbereich ermöglichen eine elastische Verformbarkeit zwischen den Skelettelementen; diese hat vor allem für die Belastung der Fußwölbungen Bedeutung.

Gelenkmechanik

Kinematik

Bewegungsformen

Die *Kinematik* beschreibt die *Formen des Bewegungszustandes.* Nach der Geometrie der Bewegungen unterscheidet man eine *Translation** (Verschiebebewegung) und eine *Rotation*** (Drehbewegung). Bei einer Translation machen alle Punkte eines Körpers die gleiche Bewegung. Bleibt bei einer Bewegung ein Punkt des Körpers in Ruhe, so führt er eine Rotation aus. Durch diesen Punkt verläuft bei der Rotationsbewegung die Achse (s. oben). Alle übrigen Körperpunkte bewegen sich bei der Rotation auf einer Kreisbahn. Für Drehbewegungen gelten die Gesetze der Umfangsgeschwindigkeit und -beschleunigung sowie der Winkelgeschwindigkeit und -beschleunigung (s. Lehrbücher der Physik).

Verschiebe- und *Drehbewegungen* können in den drei Ebenen des Raumes durchgeführt werden. Der frei im Raum bewegliche Körper hat somit maximal *6 Grade der Freiheit.* An Gelenken mit Rotationsbewegungen entsprechen die Drehachsen dem Freiheitsgrad. Ein Scharniergelenk hat demnach einen Freiheitsgrad, ein ideales Kugelgelenk drei Freiheitsgrade. Auch für Translationsbewegungen lassen sich theoretisch drei Freiheitsgrade angeben; diese werden allerdings nicht voll ausgenutzt. Gelenke mit *einem Freiheitsgrad* sind das *Humeroulnargelenk,* die *Radioulnargelenke* und das *Atlantoaxialgelenk. Zwei Grade der Freiheit* haben das *Humeroradialgelenk* und die *Handgelenke. Hüft-* und *Schultergelenk* besitzen *drei Freiheitsgrade.*

Eine Bewegungsform, die sich aus Translation und Rotation zusammensetzt, ist die *Abrollbewegung.* Bei der Abrollbewegung wandert die *momentane Drehachse* des Gelenkes. Abrollbewegungen kommen in typischer Weise an *Kondylengelenken,* z. B. am Kniegelenk, s. Abb. 7.**121**, vor. Sie treten hier nicht isoliert, sondern mit Translations- und Rotationsbewegungen auf.

---

* In zahlreichen Lehrbüchern wird der Begriff Translation der Gleitbewegung gleichgesetzt. Da die Gelenkflächen jedoch auch bei der Drehbewegung aufeinander gleiten, wird in diesem Beitrag von Translation als Verschiebebewegung gesprochen.

** Die Form des Bewegungszustandes der Rotation ist nicht identisch mit den Bewegungsabläufen der Innen- und Außenrotation, die an Kugelgelenken vorkommen (s. oben).

Kinematische Ketten

Die Gliedmaßen und ihre einzelnen Abschnitte sind über Gelenke in Form *kinematischer Ketten* miteinander verbunden. Man unterscheidet *offene* und *geschlossene kinematische Ketten*. Die oberen Extremitäten bilden offene kinematische Ketten. Die unteren Extremitäten sind geschlossene kinematische Ketten, wenn beide Füße mit dem Boden verbunden sind. Eine geschlossene kinematische Kette bilden auch die artikulierenden Skelettelemente des Kniegelenkes und die Kreuzbänder (s. Abb. 7.**121**). In geschlossenen kinematischen Ketten ist die Bewegungsbahn festgelegt, die Bewegungen sind *zwangsläufig*.

Gelenkführung, -hemmung

Das *Bewegungsausmaß* hängt von der Form der Gelenkkörper und von der Anordnung der über das Gelenk hinwegziehenden Muskeln ab. Einen Einfluß haben ferner Verlauf und Stärke des Kapselbandapparates sowie intraartikuläre Strukturen und die umgebenden Weichteile. Die Größe des Bewegungsumfanges zeigt alters- und geschlechtsabhängige Unterschiede. Sie ist bei Kindern und Jugendlichen sowie bei Frauen größer als bei Männern. Im Alter kommt es zu einer *Einschränkung* des Bewegungsumfanges. Durch „Training" in Form einer Dehnung des Kapselbandapparates sowie der Muskulatur und der Sehnen kann die Beweglichkeit erheblich gesteigert werden. Überschreitet diese den normalen Bereich, so spricht man von *Hypermobilität. Überbeweglichkeit (Hypermobilität)* der Gelenke, wie sie bei sogenannten Schlangenmenschen sowie Turnerinnen und Turnern oder Ballettänzerinnen und -tänzern zu beobachten ist, beruht vorwiegend auf einer durch Training erworbenen *erhöhten Dehnbarkeit* der Gewebe. Hypermobilität kommt aber auch *konstitutionell* als Normvariante vor. Davon sind Überbeweglichkeiten aufgrund pathologischer Veränderungen im Bereich des Bindegewebes (Marfan-Syndrom) und der Gelenke abzugrenzen. Einer Überbeweglichkeit liegt primär kein Krankheitswert zugrunde. Antrainierte Hypermobilität kann jedoch zu Funktionsstörungen führen, wenn sie nicht muskulär kompensiert wird.

Gelenkkörper, Muskeln, Bänder und Weichteile begrenzen das Ausmaß der Bewegung. Man unterscheidet entsprechend *Knochen-, Muskel-, Band-* und *Weichteil-(Massen-)hemmung. Knochenhemmung* kommt z. B. am Ellenbogengelenk und am oberen Sprunggelenk vor. Durch knöchernen Kontakt der Olekranonspitze mit der Fossa olecrani wird die Streckung im Ellenbogengelenk begrenzt. Der knöcherne Anschlag der Talusrolle gegen die Malleolengabel schränkt die Dorsalextension im oberen Sprunggelenk ein. Die *Skelettmuskeln* selbst tragen durch *aktive* und *passive Insuffizienz* (s. S. 166) zur Begrenzung der Bewegungen bei. An den meisten Gelenken wird das Bewegungsausmaß durch *Bänder* bestimmt. So beruht z. B. die geringe Extensionsmöglichkeit im Hüftgelenk vorwiegend auf der Bandhemmung durch das Lig. iliofemorale. Auch an Gelenken mit Kollateralbändern (z. B. Kniegelenk, oberes Sprunggelenk, Handgelenke) werden die Maximalbewegungen zu einem großen Teil vom Bandapparat festgelegt. *Weichteilhemmung* kann durch Hypertrophie der Skelettmuskulatur oder durch übermäßige Zunahme subkutanen Fettgewebes zustande kommen. Bei stark entwickelter Armmuskulatur (trainierte Sportler, „bodybuilding") wird die Bewegung im Ellenbogengelenk vor allem durch die Massenhemmung des M. biceps brachii begrenzt. Zu den augenscheinlichsten Bewegungseinschränkungen bei Fettleibigen zählen die behinderte Beugung im Hüftgelenk und im Rumpfbereich. Zu einer starken Einschränkung des Bewegungsumfanges führen auch *Schrumpfungen* im Bereich des *Kapselbandapparates* nach langzeitiger Ruhigstellung von Gelenken und *Narbenbildungen* im Muskel- und Bindegewebe nach operativen Eingriffen, Traumen oder Verbrennungen.

Kinetik

Gelenke als Hebel

Gelenke verhalten sich mechanisch wie *Hebel* und bilden gemeinsam mit den bewegenden Kräften *„Maschinen"*, mit deren Hilfe *mechanische Arbeit* geleistet wird (s. S. 164). Die Skelettelemente dienen den angreifenden Kräften – den Muskel- und Bandkräften auf der einen Seite sowie der Last (Körpergewicht) auf der anderen Seite – als *Hebelarme*. Am menschlichen Skelett greifen die Muskelkräfte und die Last meistens über *einarmige Hebel* an. Schulter-, Ellenbogen- und Kniegelenk sind einarmige Hebel (Abb. 3.**51**). Das Hüftgelenk ist ein *zweiarmiger Hebel* (Abb. 3.**52**). Der Fuß wird unterschiedlich als ein- oder zweiarmiger Hebel angesehen. Die *Kraft* an einem Hebelarm hängt außer von der absoluten Größe der einwirkenden Kraft auch von der Länge des *effektiven (physikalischen oder virtuellen) Hebelarmes* ab (s. Abb. 4.**40,** 4.**41**). Der effektive Hebelarm ist der kleinste, d. h. der senkrechte Abstand zwischen der Wirkungslinie der Kraft und dem Drehpunkt des Hebels. Jede Kraft, die an einem Hebel angreift, erzeugt ein *Drehmoment (Drehkraft)*. Das Drehmoment ist das Produkt aus der Kraft und dem effektiven Hebelarm. Nach den Hebelgesetzen herrscht an einem Hebel *Gleichgewicht* (s. Abb. 3.**54**), wenn die entgegengesetzt angreifenden Drehmomente (am Gelenk sind dies das Drehmoment der Muskeln und Bandkräfte auf der einen Seite und das Drehmoment der Last auf der anderen Seite) die gleiche Größe haben, d. h. wenn ihre Momentensumme gleich Null ist. Das Drehmoment stellt eine gerichtete Größe, also einen *Vektor* dar. Zur *Berechnung der Momentensumme* ist daher mittels des geometrischen Additionsverfahrens die *Vektorsumme (Resultierende)* (s. Abb. 3.**25**) aus den Drehmomenten zu bilden (s. S. 79).

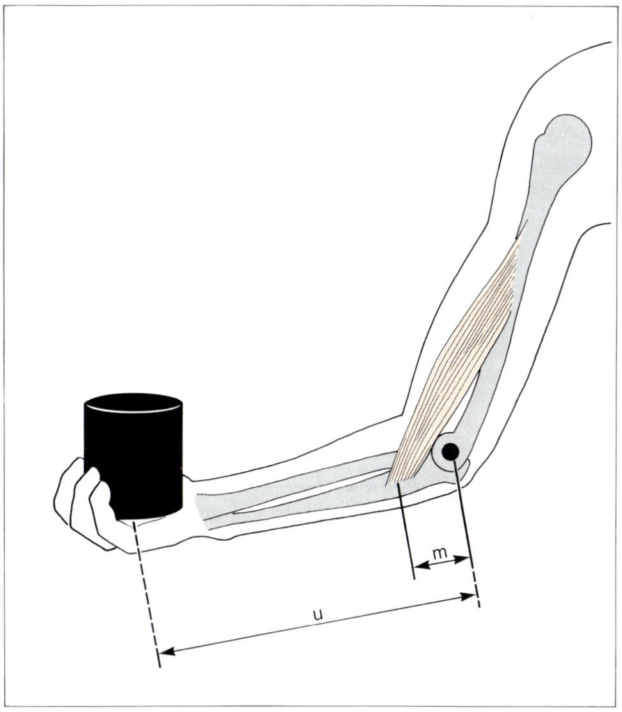

Abb. 3.**51** **Schematische Darstellung des Ellenbogengelenks als einarmiger Hebel.** Die Last (Gewicht des Unterarmes) und die Muskelkraft (hier symbolisiert durch den M. brachialis) greifen auf einer Seite des Hebels an.
u Lastarm
m Kraftarm
(nach *Harten*)

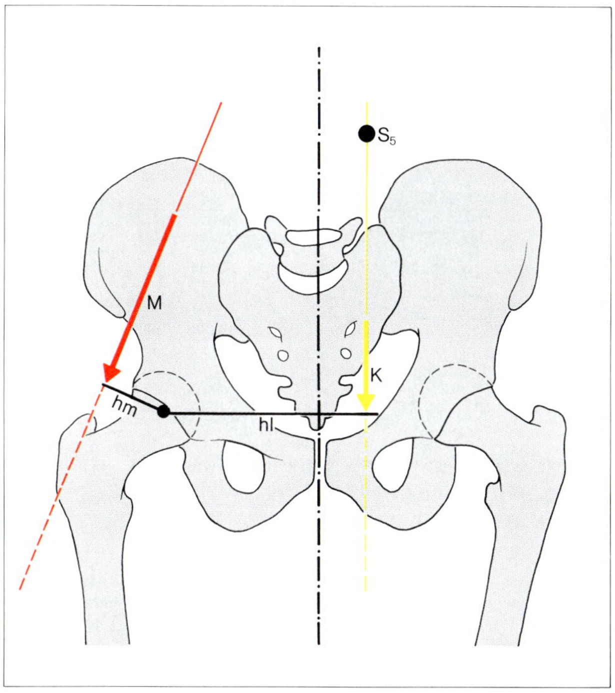

Abb. 3.**52** **Virtuelle Hebelarme der Muskelkraft M und des Teilkörpergewichtes K bei Belastung des Hüftgelenks** in der Frontalebene während der Standbeinphase. Der virtuelle Hebelarm der Last (hl) ist etwa dreimal so groß wie der der Muskelkraft (hm).
S_5 Lage des Teilkörperschwerpunktes in der Standbeinphase
(nach *Pauwels*)

Gelenkbelastung

Gelenke zeigen in mechanischer Hinsicht zwar viele Gemeinsamkeiten mit Maschinen, in einigen Punkten, so z. B. in der Kongruenz ihrer Gelenkkörper oder durch Fehlen feststehender Achsen, weichen sie jedoch voneinander ab. Ein wesentlicher Unterschied zwischen Maschinen und Gelenkkörpern besteht auch im Zusammenhalt ihrer *Elementenpaare.* Die Elementenpaare von Maschinen sind sogenannte Umschlußpaare, die sich so weit umgreifen, daß ihr Zusammenhalt gesichert ist (z. B. Türangel, Scharniere). Eine derartige *Paarschlüssigkeit* kommt im Tierreich an Gelenken Wirbelloser vor. Bei Wirbeltieren ist dies eine Ausnahme. Die Kiefergelenke einiger Raubtiere (Dachs und Marder) lassen sich in ihrer Form mit paarschlüssigen Gelenken vergleichen (Abb. 3.**53**). Die Gelenke der Wirbeltiere werden durch die am Skelett angreifenden Kräfte zusammengehalten und geführt; sie sind daher *kraftschlüssig.*
Am *Kraftschluß der Diarthrosen* beteiligen sich Luftdruck, Zug von Muskeln, Bändern und Weichteilen sowie Körpergewicht (Last) in unterschiedlichem Ausmaß. Der *Weichteilmantel* aus Haut und Unterhautfettgewebe spielt als Kraft eine untergeordnete Rolle. Die Wirkung des *Luftdrucks* wird vor allem im älteren Schrifttum überschätzt. Am Hüftgelenk soll seine

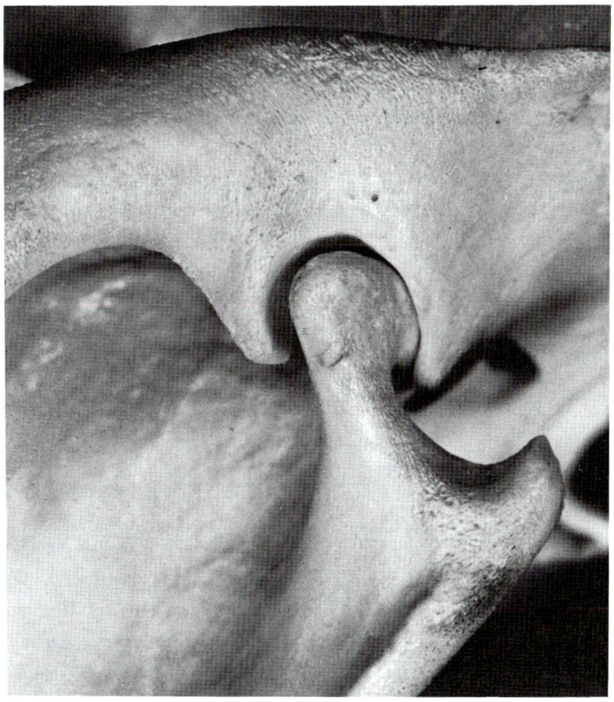

Abb. 3.**53** **Linkes Kiefergelenk von einem Dachs** (M. meles) Der Condylus mandibulae wird „paarschlüssig" von der Kiefergelenkspfanne umgriffen.
(Präparat der Sammlung des Anatomischen Institutes, Kiel)

Abb. 3.**54** **Ein Körper befindet sich in Ruhe, d. h. im Gleichgewicht, wenn alle auf ihn einwirkenden Kräfte durch Gegenkräfte aufgehoben (neutralisiert) werden.**
a Stabiles Gleichgewicht. Im stabilen Gleichgewicht befindet sich ein Körper nur dann, wenn er mit wenigstens drei Unterstützungspunkten dem Boden aufliegt und wenn sein Schwerpunktslot (s) in die Unterstützungsfläche fällt.
b Labiles Gleichgewicht. Das Schwerpunktslot liegt genau über den Unterstützungspunkten.
c Es besteht kein Gleichgewicht mehr, da das Schwerpunktslot außerhalb der Unterstützungsfläche liegt.
(nach *Tillmann* 1981)

Kraft 100–150 N betragen. Die größte Bedeutung für den Zusammenhalt der Gelenkkörper haben die *Muskel- und Bandkräfte* sowie die *Schwerkraft (Körpergewicht, Last)*. Die genannten Kräfte sind Vektoren mit entgegengesetzter Wirkungsrichtung und entsprechend entgegengesetztem Drehmoment. Die *Gelenkbelastung* erfolgt nach Pauwels bei der überwiegenden Zahl der Diarthrosen durch die *Vektorsumme aus Muskel-Band-Kraft und Schwerkraft* (s. Abb. 3.**25**). Diese resultierende Kraft wird als *Gelenkresultierende R* bezeichnet. Die Gelenkresultierende drückt die Gelenkkörper gegeneinander und bewirkt den *Kraftschluß* der Gelenke. Sie erzeugt den *Gelenkdruck,* der im Gelenkknorpel und im subchondralen Knochengewebe *Druckspannungen* hervorruft. Von der *Größe der Druckspannungen* hängt die *Größe der Gelenkbeanspruchung* ab (s. unten, Abb. 3.**56**).

Einige Gelenke unterscheiden sich hinsichtlich der an der Gelenkbelastung beteiligten Kräfte vom oben aufgezeigten Modus. Das Kiefergelenk z. B. wird durch eine Gelenkresultierende belastet, die sich aus der Muskelkraft der Kieferschließer und dem Kaudruck zusammensetzt. Die Belastung des Femoropatellargelenks erfolgt über vertikale und horizontale Zugverspannungen durch die angreifenden Muskel- und Bandkräfte (Abb. 3.**55** u. 7.**120**); auch hier ist das Gewicht des Skelettelementes selbst für die Berechnung der Kräfte zu vernachlässigen.

Die Gelenkresultierende R verläuft aus Gleichgewichtsgründen stets durch den *momentanen Drehpunkt* des Gelenkes (s. Abb. 3.**31**); sie ändert bei der Bewegung im Gelenk ihre *Größe, Richtung* und *Lage* (s. unten).
Bei kurzer Einwirkungszeit und geringer Änderung der Kräfte erfahren Gelenke eine „quasistatische“

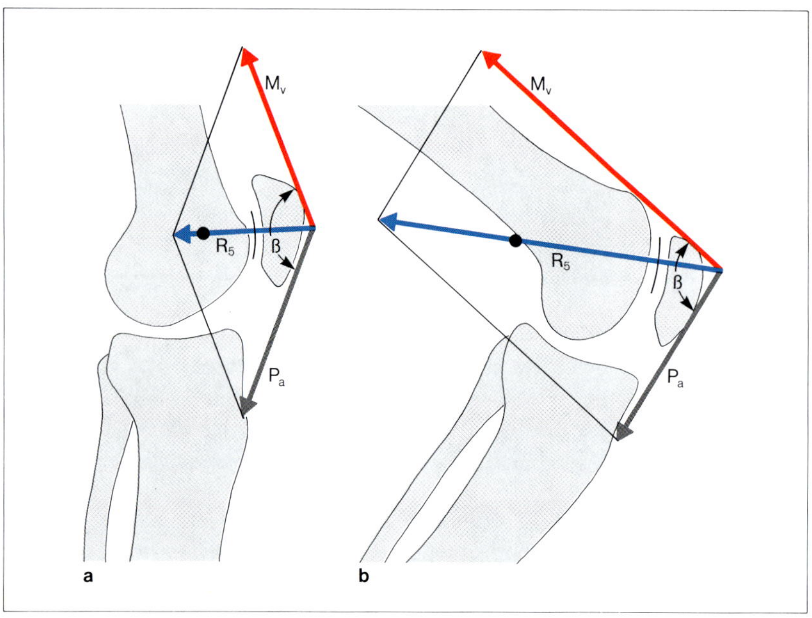

Abb. 3.**55** **Belastung des Femoropatellargelenkes** in der Vertikalen durch die Resultierende R_5, die sich aus der Kraft des M. quadriceps (Mv) und der Kraft des Ligamentum patellae (Pa) zusammensetzt. Die Resultierende R_5 ist in Beugestellung wesentlich größer als bei gestrecktem Knie.
(nach *Maquet*)

Belastung. Normale, alltägliche Bewegungen können als Abfolge statischer Zustände angesehen werden. Dynamische Zustände mit entsprechenden Trägheitsmomenten liegen erst bei kraftvollen, schnellen Bewegungen, z. B. bei sportlicher Betätigung, vor. In diesem Fall gelten die Newtonschen Axiome (Trägheits- und Beharrungsgesetz, dynamisches Grundgesetz; s. Lehrbücher der Physik).

Gelenkbeanspruchung

Allgemeine Faktoren

Die *Größe der Druckspannungen (Gelenkbeanspruchung)* hängt von der einwirkenden *Kraft* (Größe der Gelenkresultierenden) (s. Abb. 3.**31**) und der Größe der *kraftaufnehmenden Fläche* ab (s. Abb. 2.**4**). Die Spannungsgröße wird außerdem vom *Angriffspunkt*

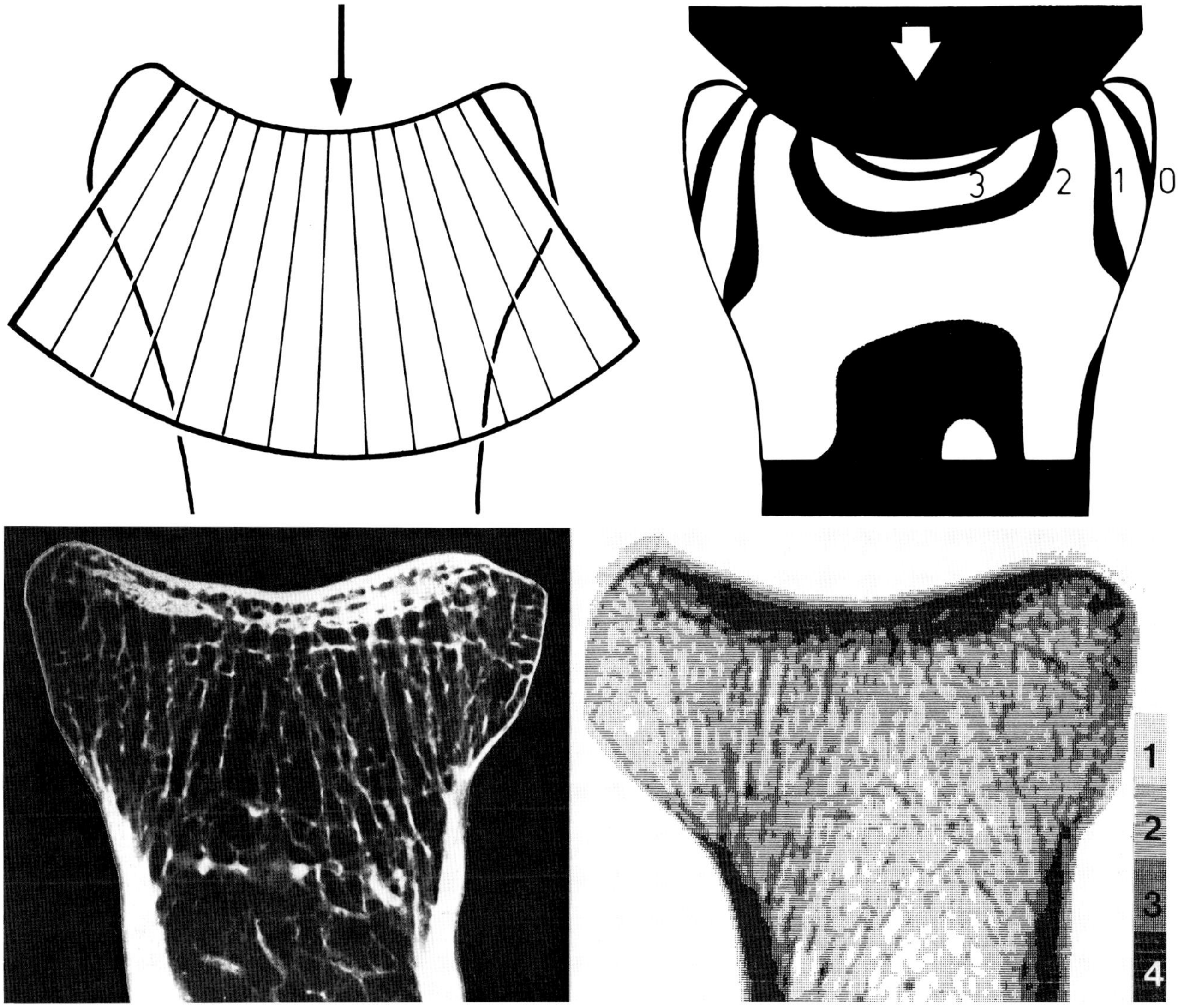

Abb. 3.**56** **Beanspruchung der Fovea capitis radii.** *Links oben:* Spannungsdiagramm (nach *Pauwels*). Die Spannungen fallen im Randbereich geringfügig ab. *Rechts oben:* Isochromaten im spannungsoptischen Versuch an einem ebenen Humeroradialgelenkmodell aus Kunststoff. Die Isochromaten erscheinen in der Wiedergabe als schwarze Bänder und sind mit Ordnungszahlen versehen. Die Ordnungszahl der Isochromaten ist ein relatives Maß für die Beanspruchungsgröße im belasteten Modell. Die höchste Beanspruchung liegt im mittleren Bereich (Ordnungszahl 3). Zum Rand hin nimmt die Spannung ab. Vergleiche die Lage der Isochromate mit der Ordnungszahl 0 mit dem spannungsfreien Bereich im Spannungsdiagramm links. *Links unten:* Röntgenbild eines 1 mm dicken planparallelen Knochenschliffes durch das proximale Ende des Radiusköpfchens. Die Spongiosatrabekel des gelenknahen Knochens strahlen senkrecht in die subchondrale Kortikalis ein. Die Spongiosadrucktrabekel werden rechtwinklig von Spongiosazugtrabekeln gekreuzt. *Rechts unten:* Äquidensiten vom Röntgenbild eines 3 mm dicken, planparallelen Knochenschnittes durch den mittleren Bereich eines proximalen Radiusabschnittes. Die Dichtestufen sind in der Skala am rechten unteren Bildrand in mm/Aluminium angegeben.
1: 0,15 < 0,4; 2: 0,4 < 0,8; 3: 0,8 < 1,25; 4: ≧ 12,5 mm (Aluminium). Die Zonen höchster Dichte liegen im mittleren Abschnitt, die Zonen niedriger Dichte in den Randbereichen (vgl. das Spannungsdiagramm links oben und die Verteilung der Isochromaten rechts oben).
(aus *Tillmann, B.:* In *Doerr/Seifert:* Spezielle pathologische Anatomie, Bd. 18/1. Springer, Berlin 1984)

der Gelenkresultierenden innerhalb der kraftaufnehmenden Fläche beeinflußt (s. Abb. 3.**58**). Die Gelenkbeanspruchung wird damit 1. von der beanspruchenden *Gesamtkraft* (Größe der Gelenkresultierenden), 2. von der Größe der *kraftaufnehmenden Gelenkfläche* und 3. von der *Verteilung der Spannungen* innerhalb der kraftaufnehmenden Fläche bestimmt. Bei bekannter Größe und Wirkungsrichtung der Muskelkräfte sowie des (Teil-)Körpergewichtes kann theoretisch an jedem Gelenk die Gelenkresultierende berechnet und geometrisch bestimmt werden.

Bei Belastung des Hüftgelenks in der Frontalebene (s. Abb. 3.**25**) z. B. beträgt die Maximalspannung bei einem Körpergewicht von 70 kg und bei einem Schenkelhalswinkel von 130 Grad etwa 35 kg/cm².

Größe der Gelenkresultierenden

Die Größe der Gelenkresultierenden ist in den einzelnen Stellungen eines Gelenkes unterschiedlich. Am Femoropatellargelenk z. B. ist die Gelenkresultierende in Beugestellung größer als in Streckstellung (s. Abb. 3.**55**). Auch die Form der Skelettelemente, z. B. der Schenkelhalswinkel, beeinflußt die Größe der Gelenkresultierenden: bei der Coxa valga ist sie größer als bei Coxa vara (Abb. 3.**31**).

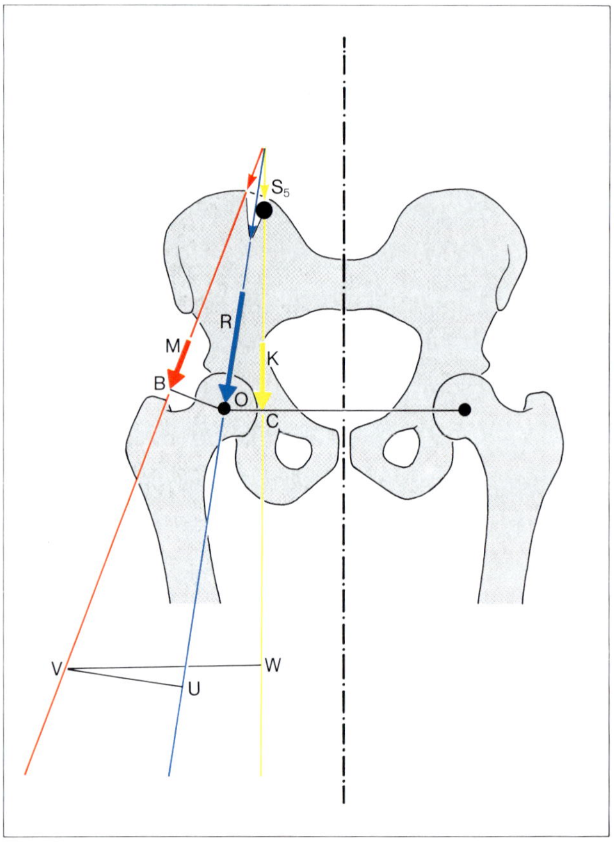

Abb. 3.**57** **Belastung des Hüftgelenkes in der Standbeinphase beim seitlichen Hüfthinken** (sogenanntes Duchenne-Hinken). Durch Verlagerung des Teilkörperschwerpunktes S_5 auf das Standbein verkürzt sich der virtuelle Hebelarm der Last K; dadurch kommt es zu einer Verkleinerung der Gelenkresultierenden R und einer Entlastung des Gelenkes (übrige Bezeichnungen s. Abb. 3.**25**) (nach *Pauwels*)

Zu einer Verkleinerung der Gelenkresultierenden und damit zu einer Erniedrigung der Gelenkbeanspruchung führt seitliches Hüfthinken. Die Entlastung des Hüftgelenks kommt dadurch zustande, daß durch Herüberneigen des Oberkörpers auf das (erkrankte) Standbein der Teilschwerpunkt (S_5) näher an das Drehzentrum des Hüftgelenks heranrückt. Dadurch verkürzt sich der Hebelarm der Last, und die Gelenkresultierende wird im Vergleich zum normalen Gang kleiner (Abb. 3.**57**). In vergleichbarer Weise führt auch die Stockstütze zur Entlastung des Hüftgelenks. Durch die Übertragung eines Teiles der Last auf den Stock wird das Drehmoment der Last verringert.

Richtungsänderung der Gelenkresultierenden

Bewegungen im Gelenk gehen mit *Richtungsänderungen* der *Resultierenden* einher. Die resultierende Kraft „durchwandert" dabei die artikulierenden Gelenkflächen. Die Größe der Richtungsänderung bei einer Bewegungsexkursion ist an zwei miteinander artikulierenden Gelenkkörpern nicht gleich. Im Schulter- und Hüftgelenk z. B. ist die Richtungsänderung am Kopf größer als an der Pfanne. Das Ausmaß der Richtungsänderung hat Einfluß auf die Form der Gelenkflächen: Eine Einschränkung der Richtungsänderung der Resultierenden führt zu einer Verkleinerung der Gelenkfläche, da der Gelenkknorpel dort schwindet, wo der Erhaltungsreiz fehlt (s. S. 101).

Lage der Gelenkresultierenden

Die *Lage der Gelenkresultierenden* innerhalb der Gelenkflächen ist für die Pathomechanik von großer Bedeutung. Normalerweise liegt die Gelenkresultierende *zentrisch* innerhalb der Gelenkfläche, so daß die Spannungen gleichmäßig über die tragende Fläche verteilt sind (s. Abb. 3.**31,** 3.**56,** 3.**58a**). Bei *exzentrischer* Lage ist die Spannungsverteilung ungleichmäßig (Abb. 3.**58b**). Die Spannungen steigen in dem Bereich der kraftaufnehmenden Fläche an, der der Last am nächsten liegt. Sie sind dort höher als es dem Quotienten Kraft/Fläche entspricht (s. Abb. 2.**4**). Liegt der Spannungsanstieg noch innerhalb des *Toleranzbereiches* (s. S. 101), hat dies zunächst keine negativen Folgen für Gelenkknorpel und Knochen. Übersteigen die Spannungen jedoch die obere Toleranzgrenze, führt dies zu *degenerativen Veränderungen* an Knorpel und Knochen. Es kommt zur Arthrose, wenn die physiologische Widerstandsfähigkeit der am Gelenk beteiligten Stützgewebe den einwirkenden Spannungen nicht standhalten kann.

Kraftaufnehmende (tragende) Fläche

Neben der Gelenkresultierenden ist die *kraftaufnehmende Fläche (Tragfläche,* s. S. 96, Abb. 3.**59**) der zweite Faktor, der die Größe der Gelenkbeanspruchung direkt beeinflußt. Größe und Position der kraftaufnehmenden Fläche ändern sich in den Gelenkstellungen (Abb. 3.**55,** 3.**60**). Am Hüftgelenk liegt die

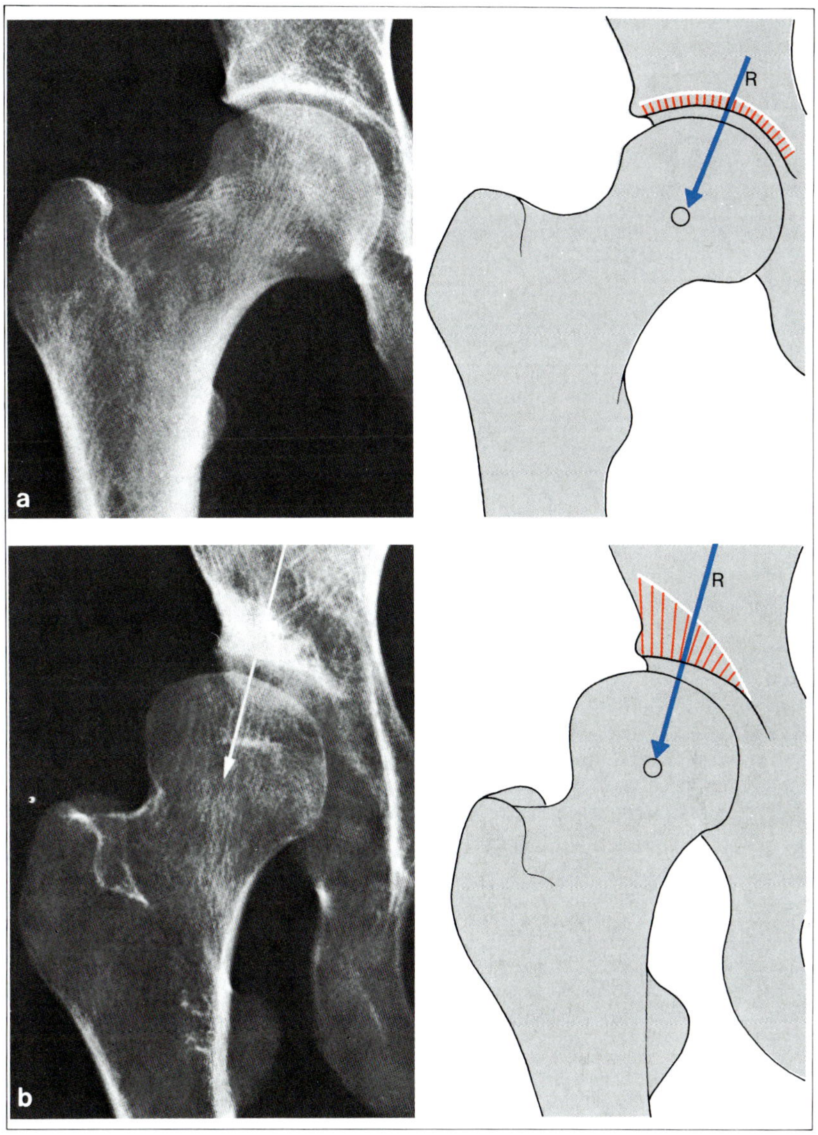

Abb. 3.**58a** **Röntgenbild eines normalen rechten Hüftgelenks im antero-posterioren Strahlengang.** Gleichmäßige Verteilung des subchondralen Knochengewebes im Bereich des Pfannendaches. Beachte ferner die gleichmäßige Breite des röntgenologischen „Gelenkspaltes"; er entspricht der Dicke des Gelenkknorpels von Kopf und Pfanne. Rechts: Spannungsdiagramm eines normal belasteten Hüftgelenks durch die Resultierende R. Bei zentrischer Lage der Resultierenden sind die Spannungen gleichmäßig verteilt. Vergleiche die Verteilung des subchondralen Knochengewebes im Pfannendach des Röntgenbildes unten.

Abb. 3.**58b** **Röntgenbild eines rechten Hüftgelenks im antero-posterioren Strahlengang.** Dreieckige Verdichtung des subchondralen Knochengewebes im Pfannendach (Pauwelssches Dreieck) bei exzentrischer Lage der Gelenkresultierenden R (weißer Pfeil). Rechts: Spannungsdiagramm bei exzentrischer Lage der Hüftgelenksresultierenden R mit ungleichmäßiger Spannungsverteilung im Acetabulum. Die Druckspannungen steigen am äußeren Pfannenrand an und fallen zur Fossa acetabuli hin ab. Vergleiche das Spannungsdiagramm mit der Form der Knochenverdichtung im Röntgenbild links. (Röntgenbilder: Originalabbildungen Prof. Dr. Drs. h. c. *F. Pauwels,* Aachen; Spannungsdiagramme nach *Pauwels*)

Größe der Tragfläche zwischen 11 und 25 cm^2. Die miteinander artikulierenden Gelenkflächen sind nicht immer kongruent. Geringe Abweichungen kann der Gelenkknorpel durch sein viskoelastisches Verhalten ausgleichen. Stärkere *Inkongruenzen,* die Folge von angeborenen Fehlbildungen, von Traumen oder degenerativen Veränderungen sein können, führen zu starker Reduzierung der kraftaufnehmenden Fläche und damit zu beträchtlicher *Erhöhung des Gelenkdrucks.*

An einigen Gelenken wird bei bestimmten Bewegungen der *Gelenkflächenschluß* zwischen den artikulierenden Gelenkkörpern physiologischerweise aufgehoben. Am *Daumensattelgelenk* z. B. geht bei der Oppositionsbewegung der Flächenschluß der Gelenkkörper weitgehend verloren, so daß nur Teile der Sattelschenkel miteinander Kontakt haben (Abb. 3.**61**). Die kraftaufnehmende Fläche ist in dieser Position sehr klein, die Gelenkbeanspruchung entsprechend hoch. Demzufolge kann man degenerative Gelenkveränderungen am Daumensattelgelenk in diesen Abschnitten des Gelenkes zuerst beobachten (Abb. 3.**62**).

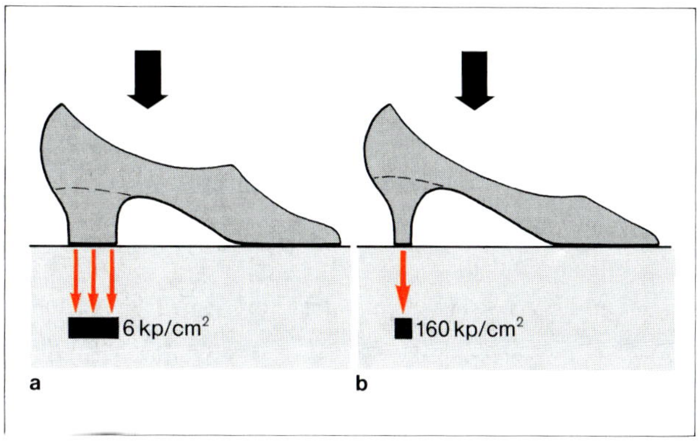

Abb. 3.**59** **Abhängigkeit der Beanspruchungsgröße von der kraftaufnehmenden (tragenden) Fläche,** demonstriert am Block- und Pfennigabsatz eines Damenschuhs. Der Bodendruck, und damit die Beanspruchung des Fußbodens, ist bei gleicher Belastung (Gewicht) beim Pfennigabsatz um ein Vielfaches größer als beim Blockabsatz (nach *Pauwels*).

Die Reduzierung des Gelenkdrucks durch Vergrößerung der kraftaufnehmenden Fläche liegt dem therapeutischen Prinzip der gelenknahen Osteotomien nach Pauwels bei degenerativen Veränderungen am Gelenk zugrunde. Am Hüftgelenk z. B. kann bei Inkongruenz der Gelenkflächen eine Erniedrigung des Gelenkdrucks durch Vergrößerung der kraftaufnehmenden Fläche entweder durch varisierende Adduktionsosteotomie (Pauwels I) oder durch valgisierende Abduktionsosteotomie (Pauwels II) erreicht werden.

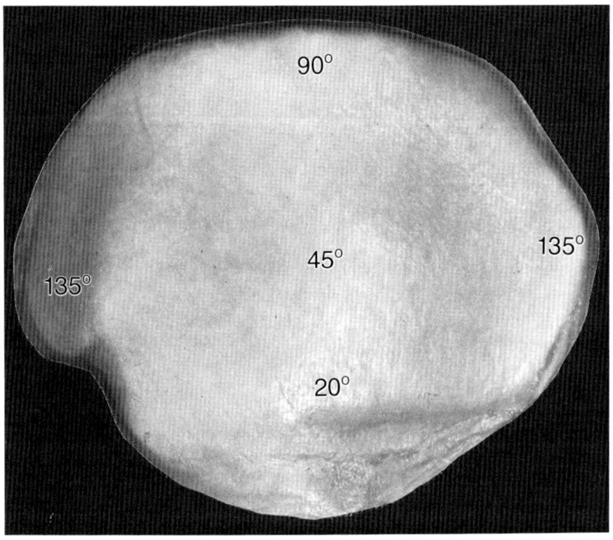

Abb. 3.**60** **In die Gelenkfläche einer rechten Patella sind die kraftaufnehmenden Flächen, die bei verschiedenen Beugegraden im Kniegelenk eingenommen werden, eingetragen.** Beachte die deutlich abgesetzte mediale Facette (Odd-Facette) am linken Bildrand.
(nach Angaben von *Goddfellow, Hungerford* u.*Zindel* sowie *Maquet*)

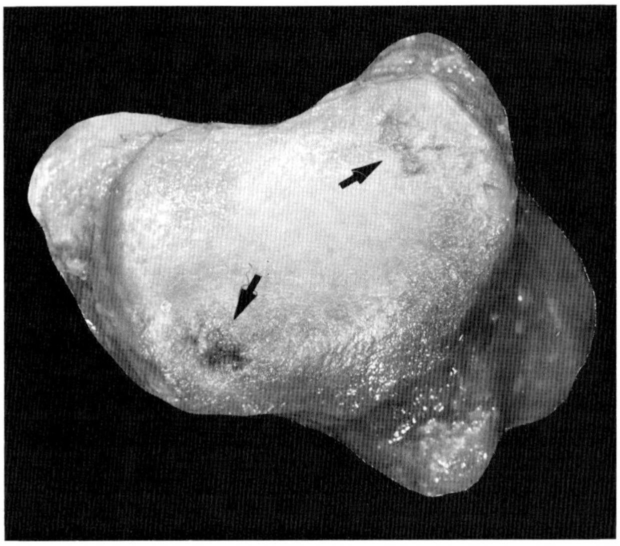

Abb. 3.**62** **Rechtes Os trapezium, Sattelgelenkfläche für das Os metacarpale I.** Die Pfeile weisen auf Knorpeldefekte an den Sattelschenkeln; diese Zonen werden bei der Oppositionsbewegung als kraftaufnehmende Fläche in Anspruch genommen (vgl. Abb. 3.**61**).
(Präparat Prof. Dr. *J. Koebke*, Köln)

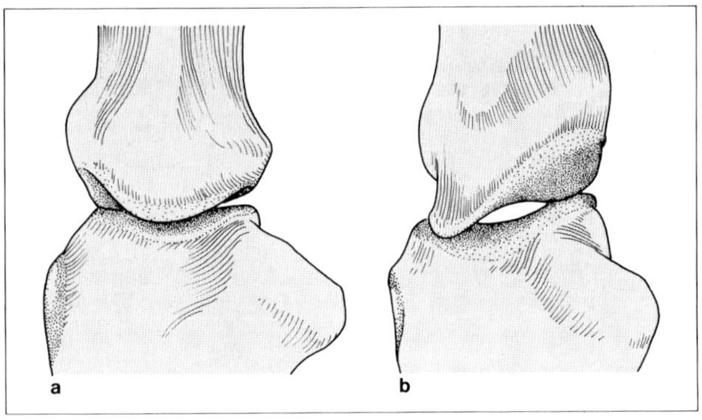

Abb. 3.**61** **Skelettelemente eines rechten Daumensattelgelenks** (Os metacarpale oben, Os trapezium unten im Bild). a: Kongruenz der artikulierenden Skelettelemente mit großem Flächenkontakt. Diese Stellung nehmen die Gelenkkörper in Flexion und Extension sowie in Ab- und Adduktion ein.
b: Bei der Oppositionsbewegung ist der Flächenkontakt in Folge der Rotation der Gelenkkörper weitgehend aufgehoben. Die kraftaufnehmenden Flächen sind in dieser Stellung sehr klein (vgl. Abb. 3.**62**) (nach *Koebke*)

Untersuchungsmethoden

Das *anatomische Gelenkstudium* beginnt mit der Untersuchung von Form und Ausdehnung der artikulierenden Körper und Flächen am Skelett. Bevor die Gelenkkapsel dargestellt wird, sind die über das Gelenk hinwegziehenden Muskeln mit ihren Sehnen und Schleimbeuteln zu präparieren. Sie werden dann so weit entfernt, bis der bindegewebige Anteil der Gelenkkapsel und ihre kapselverstärkenden Bänder freiliegen. Die Gelenkkapsel wird dann – an den einzelnen Gelenken unterschiedlich weit – bis auf ihren bandverstärkten Anteil entfernt, um die artikulierenden Flächen und gegebenenfalls Binnenstrukturen inspizieren zu können.

Am Anfang *klinischer Untersuchungen* der Gelenke steht die *Inspektion*. Sie gibt Auskunft über Kontur und Lage des Gelenks. An den Extremitäten ist stets ein Seitenvergleich vorzunehmen. Durch *Palpation* können Teile der Gelenkkörper und Knochenpunkte in der Umgebung aufgesucht werden. An einigen Gelenken lassen sich Teile der Gelenkkapsel und kapselverstärkende Bänder tasten. Die Palpation erlaubt ferner Aussagen über eine eventuelle Vermehrung des Gelenkhöhleninhaltes (Gelenkerguß) und über den Zustand umgebender Weichteile einschließlich Muskulatur und Sehnen.

Dann erfolgt die *Messung der aktiven und passiven Gelenkbeweglichkeit*. Sie wird mit Hilfe eines Winkelmessers aus der *Neutral-0-Stellung* des Gelenks durchgeführt. Die Neutral-0-Stellung bezieht sich auf die „anatomische Normalstellung“: aufrechter Stand mit nach vorn gerichtetem Blick, herabhängende Arme in Semipronationsstellung und geschlossene, parallel gehaltene Füße. Voraussetzung für reproduzierbare Messungen sind wieder auffindbare Bezugspunkte, z. B. tastbare Knochenvorsprünge und die Kenntnis der Gliedmaßenlängsachse. Die *Stabilität* der Gelenke wird durch passive Bewegungen geprüft. Auf diese Weise kann der Zustand des Bandapparates beurteilt werden.

Eine zentrale diagnostische Stellung nehmen *röntgenologische Untersuchungsmethoden* ein. Dazu zählen, neben Übersichtsaufnahmen in verschiedenen Ebenen, Röntgenschichtaufnahmen einschließlich der Computertomographie (Abb. 3.**63**). Zur Diagnostik, z. B. von Bandverletzungen, sind meistens „gehaltene“ Röntgenaufnahmen notwendig. Die *Xeroradiographie* (Abb. 3.**64**) eignet sich besonders gut zur Darstellung gelenknaher Weichteile; sie gibt gleichzeitig die Struktur des gelenknahen Knochens deutlich wieder. Die Gelenkhöhle und ihre Binnenstrukturen (Menisci, Disci und Bänder) können mit Hilfe der *Arthrographie* beurteilt werden, bei der Kontrastmittel in das Cavum articulare gegeben wird (s. Abb. 7.**105**).

Als diagnostische Methode ohne Strahlenbelastung bewährt sich die *Sonographie* (Ultraschalluntersuchung), mit der man die Entwicklung von Gelenken (Hüftgelenksreifung) im Säuglings- und Kindesalter beurteilen kann (Abb. 3.**65**). Auch die Magnetische Resonanz-Tomographie (MRT) eignet sich zur Diagnostik im Gelenkbereich (s. Abb. 5.**86**).

Eine Untersuchungsmethode von hohem diagnostischem Wert ist die *Arthroskopie;* es können Gelenkknorpel, intraartikuläre Strukturen und Synovialis der Gelenkkapsel inspiziert werden (Abb. 3.**66**). Bei der arthroskopischen Untersuchung ist es gleichzeitig möglich, Gewebeproben *für histologische Untersuchungen* zu entnehmen. An *Gelenkpunktaten* läßt sich die *Synovialflüssigkeit* (s. S. 107) analysieren.

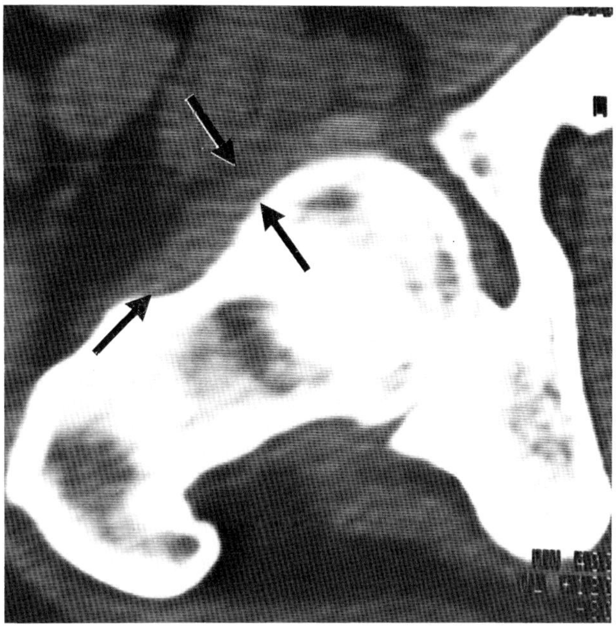

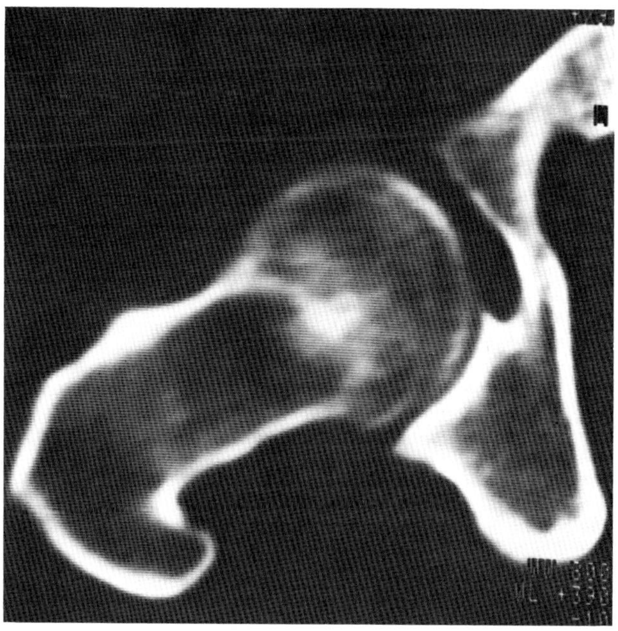

Abb. 3.**63** **Computertomogramme eines normalen linken Hüftgelenks von einem 60jährigen Mann.** Im sogenannten Weichteilfenster (links) wird die Gelenkkapsel deutlich sichtbar (Pfeile). Im sogenannten Knochenfenster (rechts) kann man die Skelettelemente von Femurkopf und Hüftgelenkpfanne im Transversalschnitt erkennen. (Originalabbildung Prof. Dr. *W. Dihlmann*, Hamburg)

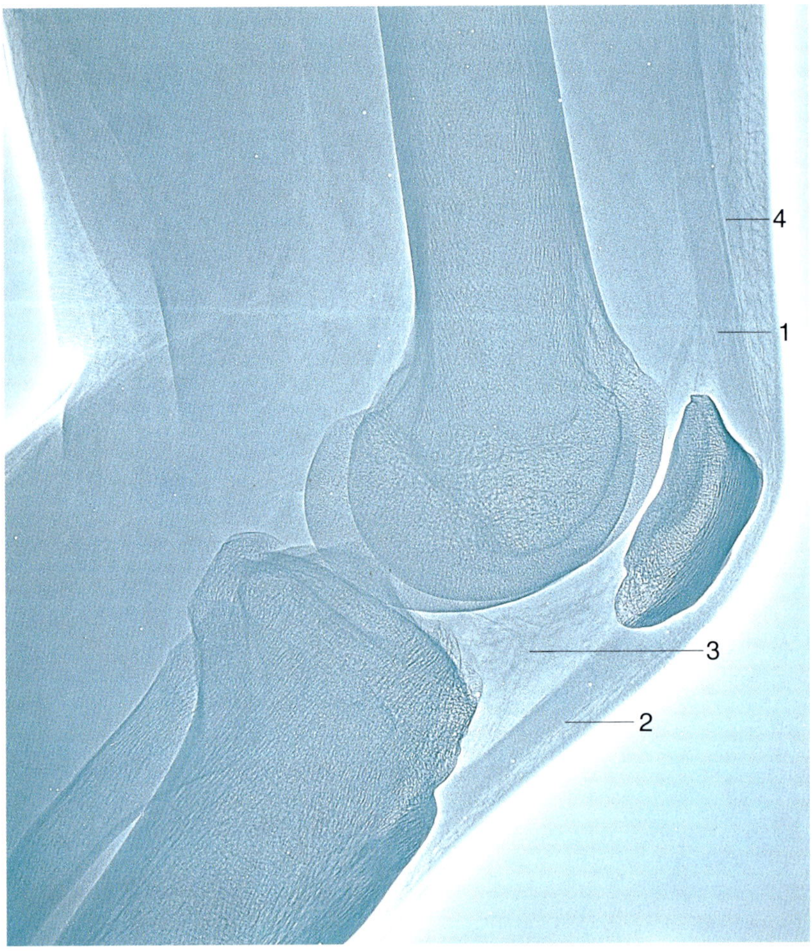

Abb. 3.64 **Xeroradiogramm eines rechten Kniegelenks von einem 17jährigen Mann, seitlicher Strahlengang.** In der Aufnahme kommen die Weichteile in der Umgebung des Kniegelenks deutlich zur Darstellung.

1 Sehne des M. quadriceps
2 Lig. patellae
3 Corpus adiposum infrapatellare (Hoffascher Fettkörper)
4 Unterhautfettgewebe

Im Bereich des Tibiaplateaus und in der Patella ist der Verlauf der Spongiosatrabekel deutlich zu erkennen.
(Originalabbildung Prof. Dr. *P. G. Schneider*, Köln)

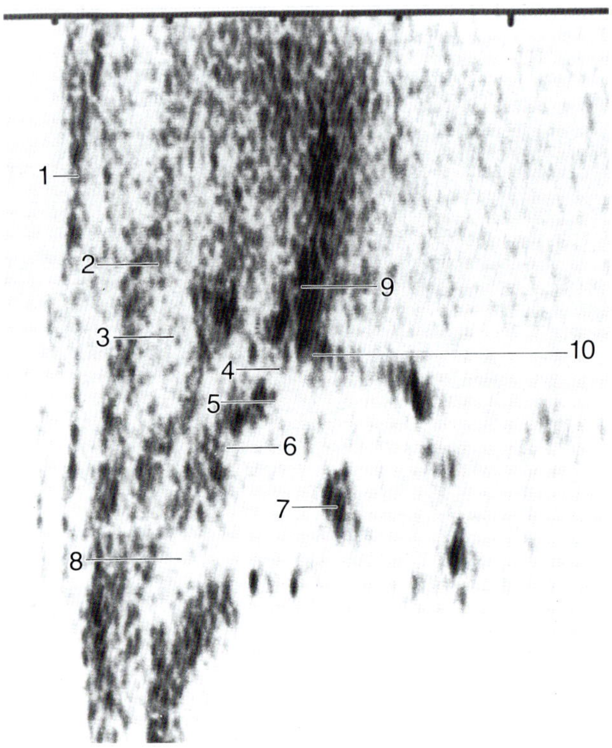

Abb. 3.65 **Sonographische Darstellung eines normalen Hüftgelenks bei einem 4 Monate alten Säugling.**

1 Haut und Subcutis
2 Tractus iliotibialis
3 M. glutaeus medius
4 knorpelig angelegtes Pfannendach
5 Labrum acetabulare
6 Gelenkkapsel
7 Femurkopfkern
8 Trochanter major
9 Os ilium
10 knöcherner Pfannenerker

(Originalabbildung Dr. *P. Schuler*, Prof. Dr. *K. Rossak*, Karlsruhe)

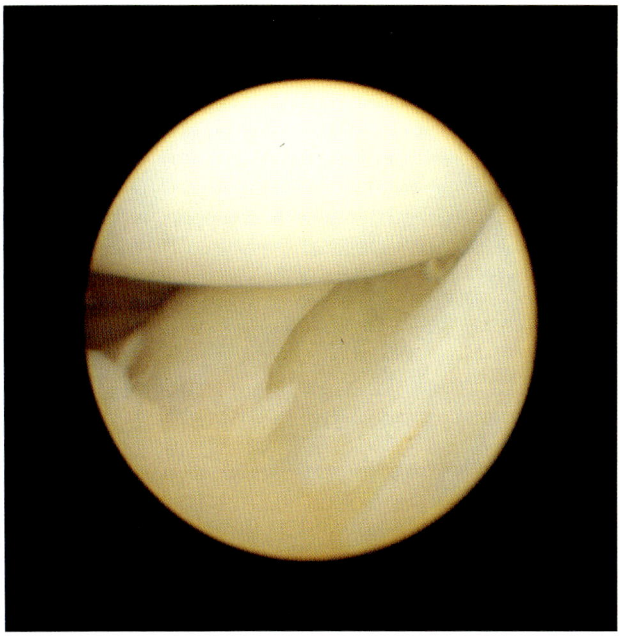

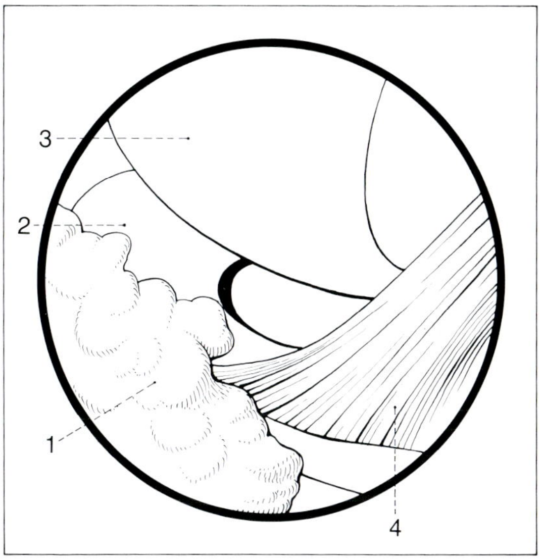

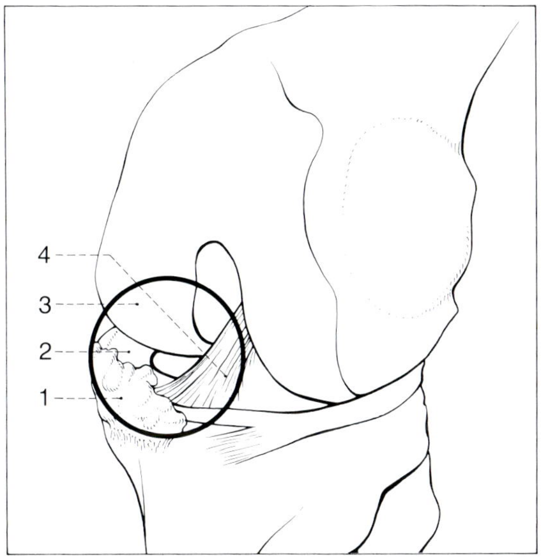

Abb. 3.**66** **Arthroskopische Aufnahme aus einem linken Kniegelenk. Die Skizze rechts zeigt den Ausschnitt an.**
1 Corpus adiposum infrapatellare (Hoffascher Fettkörper)
2 Innenmeniskus mit kleinem zungenförmigen Riß im vorderen Anteil
3 Condylus medialis femoris
4 vorderes Kreuzband
(Originalabbildung Prof. Dr. *W. Blauth,* Kiel)

Literatur

Abe, K., T. Kanno, G. B. Schneider: Surface structures and osteoclasts of mouse parietal bones: a light and scanning electron microscopic study. Arch. histol. jap. 46 (1983) 663–676

Adler, C.-P.: Knochenkrankheiten. Diagnostik makroskopischer, histologischer und radiologischer Strukturveränderungen des Skeletts. Thieme, Stuttgart 1983

Albu, I., R. Georgia, J. Vincze, E. Steica, T. Giurgiu, V. Por: Untersuchungen über den Durchmesser der Haversschen Kanäle in der Diaphysenkompakta menschlicher Röhrenknochen. Anat. Anz. 138 (1975) 105–116

Altmann, K.: Zur kausalen Histogenese des Knorpels. W. Roux's Theorie und die experimentelle Wirklichkeit. Ergebn. Anat. Entwickl.-Gesch. 37 (1964) 1–166

Amprino, R., G. Ambrosi: Experimental analysis of the chick embryo limb bud growth. Arch. Biol. (Liège) 84 (1973) 35–86

Amtmann, E.: Allgemeine Gelenklehre. In Benninghoff, A., K. Goertler, H. Ferner, J. Staubesand: Lehrbuch der Anatomie des Menschen, 13. Aufl., Bd. I. Urban & Schwarzenberg, München 1980; 14. Aufl. 1985

Amtmann, E., H. P. Schmitt: Über die Verteilung der Corticalisdichte im menschlichen Femurschaft und ihre Bedeutung für die Bestimmung der Knochenfestigkeit. Z. Anat. Entwickl.-Gesch. 127 (1968) 25–41

Amtmann, E., C. Tiemann: Mikroradiographische, polarisationsoptische und biomechanische Untersuchungen zur postnatalen Entwicklung der gröberen Struktur der menschlichen Femurkortikalis. Verh. anat. Ges. (Jena) 75 (1981) 265–267

Andersen, H.: Development, morphology and histochemistry of the early synovial tissue in human foetuses. Acta anat. (Basel) 58 (1964) 90–115

Andersen, H., F. Bro-Rasmussen: Histochemical studies on the histogenesis of the joints in human fetuses with special reference to the development of the joint cavities in the hand and foot. Amer. J. Anat 108 (1961) 111–122

Arnold, G., R. Quakulinski: Relaxation und Erholung menschlicher Mittelfußknochen bei mechanischer Beanspruchung. Arch. orthop. Unfall-Chir. 73 (1972) 19–24
Arnold, G., A. M. Gressner, F. Groß, H. Clahsen, C. Moll, H. Fessel: Gewebsmechanische Untersuchungen an Probestücken aus hyalinem Knorpel bei Druckbelastungen unter Berücksichtigung der Rheologie. Wien. klin. Wschr. 90 (1978) 97–101
Arnold, J., M. Kahn, D. Fallon, St. L. Teitelbaum: Structure-function relationships in bone: an examination of events at the cellular level. In Peck, W. A.: Bone and Mineral Research, Annual 2. Elsevier – North Holland-Excerpta Medica, Amsterdam 1984 (pp. 125–174)
Arsenault, A. L., F. P. Ottensmeyer: Visualization of early intramembranous ossification by electron microscopic and spectroscopic imaging. J. Cell Biol. 98 (1984) 911–921
Aspen, R. M., D. W. L. Hukins: Collagen organization in articular cartilage, determined by X-ray diffraction, and its relationship to tissue function. Proc. roy. Soc. B. 212 (1981) 299–304
Athenstaedt, H.: Permament electric polarization and pyroelectric behaviour of the vertebrate skeleton. Z. Zellforsch. 93 (1969) 484–504
Barbos, M. P., P. Bianco, A. Ascenzi: Distribution of Osteonic and interstitial components in the human femoral shaft with reference to structure, calcification and mechanical properties. Acta anat. (Basel) 115 (1983) 178–186
Bardeen, C. R.: Studies of the development of the human skeleton. Amer. J. Anat. 4 (1905) 265–302
Barland, P., A. B. Navikoff, D. Hamerman: Electron microscopy of the human synovial membrane. J. Cell Biol. 14 (1962) 207
Bar-Shavit, Z., St. L. Teitelbaum, P. Reitsma, A. Hall, L. E. Pegg, J. Trial, A. J. Kahn: Induction of monocytic differentiation and bone resorption by 1,25-dihydroxyvitamin D_3. Proc. nat. Acad. Sci (Wash.) 80 (1983) 5907–5911
Bassett, C. A. L., S. N. M. Mitchell, S. R. Gaston: Therapie nichtgeheilter Frakturen und erfolgloser Arthrodesen mit pulsierenden elektromagnetischen Feldern. J. Amer. med. Ass. 8 (1982) 425–431
Baume, L. J.: Ontogenesis of the human temporomandibular joints: 1. Development of the condyles. J. dent. Res. 41 (1962) 1327–1339
Baume, L. J., J. Holz: Ontogenesis of the human temporomandibular joints: 2. Development of the temporal component. J. dent. Res. 49 (1970) 864–875
Benninghoff, A.: Form und Bau der Gelenkknorpel in ihren Beziehungen zur Funktion. Erste Mitteilung: Die modellierenden und formerhaltenden Faktoren des Knorpelreliefs. Z. Anat. Entwickl.-Gesch. 76 (1925a) 43–63
Benninghoff, A.: Form und Bau der Gelenkknorpel in ihren Beziehungen zur Funktion. Zweiter Teil: Der Aufbau des Gelenkknorpels in seinen Beziehungen zur Funktion. Z. Zellforsch. 2 (1925b) 783–862
Blaine, E. S.: Congenital radioulnar synostosis, with report of a case. Amer. J. Surg. 8 (1930) 429–434
Blau, S., R. Janis, D. Hamerman, J. Sandson: Cellular origin of hyaluronateprotein in the human synovial membrane. Science 150 (1965) 353
Blauth, W.: Der kongenitale Femurdefekt. Z. Orthop. 103, Suppl. (1967)
Blauth, W., M. Blauth: Zur Theorie und Praxis der angeborenen Unterschenkelpseudarthrosen. Z. Orthop. 119 (1981) 36–53
Blauth, W., W. R. Hepp: Die angeborenen Fehlbildungen an den unteren Gliedmaßen. In Zenker, R., F. Deucher, W. Schink: Chirurgie der Gegenwart, Bd. V. Urban & Schwarzenberg, München 1978 (S. 2–50)
Blümlein, H., J. McDaniel, W. J. Ziegler, S. M. Perren: Die Beeinflussung der Pseudarthrosenheilung durch magnetische Wechselfelder in vivo. Langenbecks Arch. Chir., Suppl. (1976) 281–285
Blümlein, H., U. Schneider, B. A. Rahn, S. M. Perren: Die Wirkung sogenannter elektrodynamischer Potentiale an experimentellen reaktiven Pseudarthrosen im Tierversuch. Helv. chir. Acta 45 (1978) 129–132
Bordier, Ph. J.: Histologische Aspekte des Knochenumbaus. Triangel (De.) 12 (1974) 85–102
Bose, K.: Congenital diastasis of the inferior tibiofibular joint. J. Bone Jt. Surg. 58 A (1976) 886–887
Braus, H.: Angeborene Gelenkveränderungen, bedingt durch künstliche Beeinflussung des Anlagematerials. Ein experimenteller Beitrag zur Entwicklungsgeschichte der Gelenke und ihrer Abnormitäten (congenitale Luxation). Arch. Entwickl.-Mech. Org. 30 (1910) 359–495
Braus, H., C. Elze: Anatomie des Menschen. Ein Lehrbuch für Studierende und Ärzte, 3. Aufl., Bd. I. Springer, Berlin 1954
Brennwald, J., S. M. Perren: In-vivo-Messung der belastungsabhängigen Knochendehnung. Helv. chir. Acta 41 (1974) 455–457
Brookes, M.: The vascular architecture of tubular bone in the rat. Anat. Rec. 132 (1958) 25–47
Broom, N. D., C. A. Poole: A functional-morphological study of the tidemark region of articular cartilage maintained in a non-viable physiological condition. J. Anat. (Lond.) 135 (1982) 65–82
Buddecke, E.: Pathobiochemie. Ein Lehrbuch für Studierende und Ärzte, 2. Aufl. de Gruyter, Berlin 1983
Bugnion, E.: Le Méchanisme du Genou. Recueil inaugural de l'Université de Lausanne, 1892
Bullough, P., J. Goodfellow: The significance of the fine structure of articular cartilage. J. Bone Jt. Surg. 50 B (1968) 852–857
Carr, I.: Macrophages in connective tissues. The granuloma macrophage. In Carr. I., W. T. Daems: The Reticuloendothelial System. A Comprehensive Treatise, vol. 1. Plenum Press, New York 1980
Carstens, C., B. Tillmann: Untersuchungen zur Morphologie einer pelvitrochanteren Nearthrose bei hoher Hüftluxation. Z. Orthop. 121 (1983) 240–243
Chambers, T. J.: Osteoblast release osteoclasts from calcitonin-induced quiescence. J. Cell Sci. 57 (1982) 247–260
Chapchal, G.: Untersuchung des Haltungs- und Bewegungssystems. In Witt, A. N., H. Rettig, K. F. Schlegel, M. Hackenbroch, W. Hupfauer: Orthopädie in Praxis und Klinik, 2. Aufl., Bd. II. Thieme, Stuttgart 1981 (S. 2.1–2.30)
Clarke, I. C.: Articular cartilage: a review and scanning electron microscope study. I. The interterritorial fibrillar architecture. J. Bone Jt. Surg. 53 B (1971a) 732–750
Clarke, I. C.: Surface characteristics of human articular cartilage – a scanning electron microscope study. J. Anat. (Lond.) 108 (1971b) 23–30
Clarke, I. C.: Articular cartilage: a review and scanning electron microscope study. II. The territorial fibrillar architecture. J. Anat. (Lond.) 118 (1974) 261–280
Cotta, H.: Orthopädie: ein kurzgefaßtes Lehrbuch. 4. Aufl. 1984. Thieme, Stuttgart 1978
Cotta, H., W. Puhl: Oberflächenbetrachtungen des Gelenkknorpels. Arch. orthop. Unfall-Chir. 68 (1970) 152–164
Dambacher, M. A., J. A. Fischer: Zur Differentialdiagnose der Osteoporose. Z. Orthop. 117 (1979) 239–246
Date, K.: Scanning electron microscope studies on the synovial membrane. Arch. histol. jap. 42 (1979) 517–531
Debrunner, H. U.: Orthopädisches Diagnostikum. 4. Aufl. Thieme, Stuttgart 1982
Dickason, J. M., W. Del Pizzo, M. E. Blazina, J. M. Fox, M. J. Friedman, St. J. Synder: A series of ten discoid medial menisci. Clin. Orthop. 168 (1982) 75–79
Dihlmann, W.: Gelenke, Wirbelverbindungen. Klinische Radiologie, 2. Aufl. Thieme, Stuttgart 1982
Dowson, A. U., A. F. Cooke, D. Gvozdanovic: Lubrication of joints. In Dowson, D., V. Wright: An Introduction to the Biomechanics of Joints and Joint Replacement. Mechanical Engineering Publications, London 1981 (pp. 120–145)
Drachman, D. B., L. Sokoloff: The role of movement in embryonic joint development. Develop. Biol. 14 (1966) 401–420
Draenert, Y., K. Draenert: Freeze-drying of articular cartilage. Scanning 2 (1979) 57–71
Dreher, R.: Origin of synovial type a cells during inflammation an experimental approach. Immunobiol. 161 (1982) 232–245
Duke, O., G. S. Panayi, G. Janossy, L. W. Poulter: An immunohistological analysis of lymphocyte subpopulations and their microenvironment in the synovial membranes of patients with rheumatoid arthritis using monoclonal antibodies. Clin. exp. Immunol. 49 (1982) 22–30

Edwards, J. C. W.: The origin of type A synovial lining cells. Immunobiol. 161 (1982) 227–231
Ejiri, S.: The preosteoclast and its cytodifferentiation into the osteoclast: ultrastructural and histochemical studies of rat fetal parietal bone. Arch. histol. jap. 46 (1983) 533–557
Ejiri, S., H. Ozawa: Scanning electron microscopic observations of rat tibia using the HCl-collagenase method. Arch. histol. jap. 45 (1982) 399–404
Ekholm, R., E. Ingelmark: Functional thickness variations of human articular cartilage. Acta Soc. Med. upsalien. 57 (1952) 39–59
Endler, F.: Einführung in die Biomechanik und Biotechnik des Bewegungsapparates. In Witt, A. N., H. Rettig, K. F. Schlegel, M. Hackenbroch, W. Hupfauer: Orthopädie in Praxis und Klinik, Bd. I. Thieme, Stuttgart 1980 (S. 2.1–2.301)
Evans, F. G.: Mechanical Properties of Bone. Thomas, Springfield/Ill. 1973
Fick, R.: Anatomie der Gelenke. In von Bardeleben, K.: Handbuch der Anatomie des Menschen, Bd. II, Abt. 1, 1. Tl. Fischer, Jena 1904
Fick, R.: Allgemeine Gelenk- und Muskelmechanik. In von Bardeleben, K.: Handbuch der Anatomie des Menschen, Bd. II, Abt. 1, 2. Tl. Fischer, Jena 1910
Fick, R.: Spezielle Gelenk- und Muskelmechanik. In von Bardeleben, K.: Handbuch der Anatomie des Menschen, Bd. II, Abt. 1, 3. Tl. Fischer, Jena 1911
Freeman, M. A. R., G. Meachim: Ageing, degeneration and remodelling of articular cartilage. In Freeman, M. A. R.: Adult Articular Cartilage. Pitman, London 1973 (pp. 287–329)
Furstman, L.: Embryology. In Sarnat, B. G., D. M. Lasin: Temporomandibular Joint. A Biological Basis for Clinical Practice. Thomas, Springfield/Ill. 1972
Gardner, E.: Pathways to the cerebral cortex for nerve impulses from joints. Acta anat. (Basel) 56 (1969) 203–216
Gardner, E., D. J. Gray: Prenatal development of the human hip joint. Amer. J. Anat. 87 (1950) 163–211
Gardner, E., R. O'Rahilly: The early development of the knee joint in staged human embryos. J. Anat. (Lond.) 102 (1968) 289–299
Gardner, E., R. O'Rahilly: Neural crest, limb development, and thalidomide embryopathy. Lancet 1976/I, 635–637
Gerber, H., J. Cordey, S. M. Perren: Der Einfluß von Magnetfeldern auf Wachstum und Regeneration in der Organkultur. Langenbecks Arch. Chir., Suppl. (1976) (S. 286–291)
Gerber, H.-P., T. H. Vu, A. M. Ryan, Z. Werb, J. Kowalski, N. Ferrara: VEGF couples hypertrophic cartilage remodeling, ossification and angiogenesis during endochondral bone formation. Nature Medicine, Vol 5, 6 (1999) 623–628
Gerneck, I.: Über die Innervation der Synovialmembran beim Menschen Z. ges. Anat. (I) 97 (1932) 34–534
Ghadially, F. N.: Fine Structure of Synovial Joints. Butterworths, London 1983
Ghadially, F. N., S. Roy: Ultrastructure of rabbit synovial membrane. Ann. rheum. Dis. 25 (1966) 318
Ghadially, F. N., S. Roy: Phagocytosis by synovial cells. Nature (Lond.) 213 (1967) 1041
Ghadially, F. N., J. A. Ghadially, A. F. Oryschak: The surface of dog articular cartilage: A scanning electron microscope study. J. Ant. at. (Lond.) 123 (1977) 527–536
Ghadially, F. N., J.-M. A. Lalonde, C. E. Dick: A mechanism of formation of desmosome-like structures between synovial intimal cells. Experientia (Basel) 34 (1978) 1212–1213
Graabaek, P. M.: Fine structure of the lysosomes in the two types of synoviocytes of normal rat synovial membrane. Cell Tiss. Res. 239 (1985) 293–298
Green, W. T., G. N. Martin, E. D. Eanes, L. Sokoloff: Microradiographic study of the calcified layer of articular cartilage. Arch. Path. 90 (1970) 151–158
Grönblad, M., P. Liesl, O. Korkala, E. Karaharju, J. Polak: Innervation of human bone periosteum by peptidergic nerves. Anat. Rec. 209 (1984) 297–299
Grosser, O., R. Ortmann: Grundriß der Entwicklungsgeschichte des Menschen, 7. Aufl. Springer, Berlin 1970
Haage, H.: Arthrographie des Handgelenks. In: Diethelm, L., O. Olsson, F. Strnad, H. Vieten, A. Zuppinger: Handbuch der medizinischen Radiologie, Bd. IV/2. Springer, Berlin 1973 (S. 353–398)
Haas, H. G.: Calciumhormone, Skelett und Mineralstoffwechsel. In Siegenthaler, W.: Klinische Pathophysiologie, 4. Aufl. Thieme, Stuttgart 1979 (S. 335–359); 5. Aufl. 1982
Hackenbroch, M. H., H.-J. Refior, M. Jäger: Osteogenese und Knochenwachstum. Möglichkeiten der Beeinflussung in Experiment und Klinik. Ergebnisse praxisbezogener Grundlagenforschung 4. Münchner Symposium für experimentelle Orthopädie. Thieme, Stuttgart 1982
Haines, W.: The development of joints. J. Anat. (Lond.) 81 (1947) 3–55
Halata, Z.: The ultrastructure of the sensory nerve endings in the articular capsule of the knee joint of the domestic cat (Ruffini corpuscles and Pacinian corpuscles). J. Anat. (Lond.) 124 (1977) 717–729
Halata, Z., H.-P. Groth: Innervation of the synovial membrane of the cats joint capsule. Cell Tiss. Res. 169 (1976) 415
Halata, Z., B. L. Munger: The ultrastructure of ruffini and herbst corpuscles in the articular capsule of domestic pigeon. Anat. Rec. 198 (1980) 681–692
Hamerman, D., J. Ruskin: Histologic studies on human synovial membrane. I. Metachromatic staining and the effects streptococcal hyaluronidase. Arthr. and Rheum. 2 (1959) 546
Hammersen, F.: Anordnung und Musterbildung der terminalen Strombahnen des Periostes. In Draenert, K., A. Rütt: Histomorphologie des Bewegungsapparates, Bd. 1. Art and Science München 1981 (S. 53–63)
Hartung, C., G. Arnold, F. Gross: Biomechanik des hyalinen Knorpels unter Druckschwellbeanspruchungen. Acta anat. (Basel) 91 (1975) 583–893
Hasty, K. A., G. N. Smith jr., A. H. Kang: Histochemical identification of sulfation position in chondroitin sulfate in various cartilages. J. Histochem. Cytochem. 31 (1983) 1367–1374
Hedlund, Th., A. Hulth, O. Johnell: Early effects of parathormone and calcitonin on the number of osteoclasts and on serum-calcium in rats. Acta orthop. scand. 54 (1983) 802–804
Henßge, J. K.: Fuß und Fußgelenke. In Diethelm, L., O. Olsson, F. Strnad, H. Vieten, A. Zuppinger: Handbuch der medizinischen Radiologie, Bd. IV/2. Springer, Berlin 1968 (S. 546–638)
Hepp, W. R.: Zur Bestimmung der Dysplasie des Femoro-Patellargelenkes. Z. Orthop. 120 (1982) 259–267
Heřt, J.: Growth of the epiphyseal plate in circumference. Acta anat. (Basel) 82 (1972) 420–436
Hesse, I.: Die Ultrastruktur von Gelenkoberflächen und ihre funktionelle Bedeutung. Verh. anat. Ges. (Jena) 75 (1981) 195–207
Hesse, W., A. Reichelt: Zur reaktiven Potenz des Gelenkknorpels. Verh. anat. Ges. (Jena) 75 (1981) 209–211
Hinsenkamp, M., F. Burny: Electromagnetic stimulation of bone growth and repair. An interdisciplinary study. Acta orthop. scand. 53 (1982) Suppl. 196
Hultkrantz, W.: Über die Spaltrichtungen der Gelenkknorpel. Verh. anat. Ges. (Jena) 12 Vers. (1898) 248–256
Hunziker, E. B., W. Herrmann, R. K. Schenk: Improved cartilage fixation by ruthenium-hexamine trichloride (RHT). A periquisite for morphometry in growth cartilage. J. Ultrastruct. Res. 81 (1982) 1–12
Hunziker, E. B., W. Herrmann, R. K. Schenk, M. Mueller, H. Moor: Cartilage ultrastructure after high pressure freezing, freeze substitution, and low temperature embedding. I. Chondrocyte ultrastructure-implications for the theories of mineralization and vascular invasion. J. Cell Biol. 98 (1984) 267–276
Hur, H. B., A. Ornoy: Ultrastructural studies of initial stages of mineralization of long bones and vertebrae in human fetuses. Acta anat. (Basel) 119 (1984) 33–39
Huson, A.: La chaine cinématique fermée (importance de cette conception pour la mécanique articulaire). Bull. Ass. Anat. 57 (1973) No 159
Huson, A.: Perspectives in human joint kinematics. In: Huiskes, R., D. Van Campen, J. De Wijn: Biomechanics: Principles and Applications. Nijhoff, The Hague 1982 (pp. 31–45)
Imhäuser, G.: Kugelförmige Knöchelgelenke bei angeborenen Fußwurzelsynostosen. Z. Orthop. 108 (1971) 247–258
Ingelmark, E., E. Ekholm: A study on variations in the thickness of articular cartilage in association with rest and periodical load. Acta Soc. Med. upsalien. 53 (1948) 61–74

Jaffe, H. L.: Metabolic, Degenerative, and Inflammatory Diseases of Bones and Joints. Urban & Schwarzenberg, München 1972
Jaworski, Z. F. G., C. Hooper: Study of cell kinetics within evolving secondary Haversian system. J. Anat. (Lond.) 131 (1980) 91–102
Jowsey, J.: Die mikroradiographische Beurteilung der Knochenstruktur. Triangel (De.) 12 (1974) 93–110
Katz, L.: The relationship between elastic properties and microstructure of bovine cortical bone. J. Biomech. 17 (1984) 231–240
Kelikian, H.: Congenital Deformities of the Hand and Forearm. Saunders, Philadelphia 1974
Kenney, M. C., E. Carlson: Ultrastructural identification of collagen and glycosaminoglycans in notochordal extracellular matrix in vivo and in vitro. Anat. Rec. 190 (1978) 827–850
Key, J. A.: The reformation of synovial membrane in the knees of rabbits after synovectomy. J. Bone Jt. Surg. 7 (1925) 793
Keyl, W.: Szintigraphie der Knochen und Gelenke. In Witt, A. N., H. Rettig, K. F. Schlegel, M. Hackenbroch, W. Hupfauer: Orthopädie in Praxis und Klinik, 2. Aufl., Bd. II. Thieme, Stuttgart 1981 (S. 4.63–4.90)
Klareskog, L., U. Forsum, D. Kabelitz, L. Plöen, Chr. Sundström, K. Nilsson, A. Wigren, H. Wigzell: Immune functions of human synovial cells. Phenotypic and T cell regulatory properties of macrophage-like cells that express HLA-DR. Arthr. and Rheum. 25 (1982) 488–501
Klein, G.: Untersuchungsgang und Methoden der Synoviaanalyse für die Praxis. In Thumb, N., G. Kellner, G. Klein, H. Zeidler: Synovialflüssigkeit und synoviales Milieu. Thieme, Stuttgart 1979 (S. 33–143)
Knese, K.-H.: Zell- und Faserstruktur des Knochengewebes. Acta anat. (Basel) 53 (1963) 369–394
Knese, K.-H.: Cytologische Aspekte der Knochenbildung. Internist (Berl.) 7/11 (1966) 581–590
Knese, K.-H.: Osteoklasten, Chondroklasten, Mineraloklasten, Kollagenoklasten. Acta anat. (Basel) 83 (1972) 275–288
Knese, K.-H.: Stützgewebe und Skelettsystem. In von Möllendorff, W., W. Bargmann, A. Oksche, L. Vollrath: Handbuch der mikroskopischen Anatomie des Menschen, Bd. II/5. Springer, Berlin 1979
Knese, K.-H.: Entwicklungsgeschichte, Anatomie, Histologie. Kuhlencordt, F., H. Bartelheimer: Klinische Osteologie, Tl. A (Handbuch der inneren Medizin, Bd. VI/1) Springer, Berlin 1980a (S. 3–42)
Knese, K.-H.: Die Frühentwicklung des Gelenkknorpels. IV. Mitteilung: Der metamorphosierende Knorpel. Gegenbaurs morph. Jb. 126 (1980b) 723–734
Knese, K.-H., A.-M. Knoop: Chondrogenese und Osteogenese. Elektronenmikroskopische und lichtmikroskopische Untersuchungen. Z. Zellforsch. 55 (1961) 413–468
Koebke, J.: A Biomechanical and Morphological Analysis of Human Hand Joints. Springer, Berlin 1983
Koebke, J., K.-S. Saternus: Verkalkung und Ossifikation des Rippenknorpels. In Holczabek, W.: Beiträge zur gerichtlichen Medizin, Bd. XL. Deuticke, Wien 1982 (S. 203–211)
Koebke, J., W. Thomas: Biomechanische Untersuchungen zur Ätiologie der Daumensattelgelenksarthrose. Z. Orthop. 117 (1979) 181–184
Koelliker, A.: Handbuch der Gewebelehre des Menschen, 6. Aufl., Bd. I. Engelmann, Leipzig 1889
Köhler, A., E. A. Zimmer: Grenzen des Normalen und Anfänge des Pathologischen im Röntgenbilde des Skeletts, 12. Aufl. Thieme, Stuttgart 1982
Koltze, H.: Studie zur äußeren Form der Osteone. Z. Anat. Entwickl.-Gesch. 115 (1951) 584–596
Krakovits, G.: Die Elastizität der Gelenksknorpel. Anat. Anz. 124 (1969) 113–119
Kummer, B.: Bauprinzipien des Säugerskeletes. Thieme, Stuttgart 1959
Kummer, B.: Grundlagen der Biomechanik des menschlichen Stütz- und Bewegungsapparates. Biomech. Orthop. Traum. SICOT-Kongreß 1963, Bd. II. Wiener medizinische Akademie, Wien 1965 (S. D-65–88)
Kummer, B.: Photoelastic studies on the functional structure of bone. Folia Biotheoret. 6 (1966) 31–40
Kummer, B.: Biomechanics of bone: Mechanical properties, functional structure, functional adaptation. In Fung, Y. C., N. Perrone, M. Anliker: Biomechanics: Its Foundations and Objectives 237 bis 271. Prentice-Hall International, Englewood Cliffs/N. J. 1972
Kummer, B.: Funtional structure of the femur, related to age. Folia anat. iugoslav. 4 (1975) 185–1982
Kummer, B.: Biomechanics of the mammalian skeleton. Problems of static stress. Fortschr. Zool. 24 (1977) 57–73
Kummer, B.: Form und Funktion. In Witt, A. N., H. Rettig, K. F. Schlegel, M. Hackenbroch, W. Hupfauer: Orthopädie in Praxis und Klinik, Bd. I. Thieme, Stuttgart 1980 (S. 1–48)
Kummer, B.: Pathophysiologie der Frakturheilung im Kindesalter. In Eichler, J., U. Weber: Frakturen im Kindesalter. Thieme, Stuttgart 1982 (S. 1–6)
Küpper, W.: Experimentelle Ergebnisse zur funktionellen Anpassung der Unterarmknochen des Beagle-Hundes. Zbl.-Vet. Med. A, 26 (1979) 201–211
Kuschinsky, G., H. Lüllmann: Kurzes Lehrbuch der Pharmakologie und Toxikologie, 11. Aufl. Thieme, Stuttgart 1987
Lane, J. M., V. J. Vigorita: Osteoporosis. J. Bone Jt. Surg. 65 A (1983) 274–278
Lane, L. B., P. G. Bullough: Age-related changes in the thickness of the calcified zone and the number of tidemarks in adult human articular cartilage. J. Bone Jt. Surg. 62 B (1980) 372–375
Lang, J.: Die Gelenkinnenhaut, ihre Aufbau- und Abbauvorgänge. Morph. Jb. 98 (1957) 387–482
Lentner, C.: Geigy Scientific Tables, vol. I. Units of Measurement, Body Fluids, Composition of the Body, Nutrition. Ciba, (Basel) 1981
Lenz, W.: Genetische Defekte von Ulna und Fibula. In Spranger, J., M. E. Tolksdorf: Klinische Genetik in der Pädiatrie. Thieme, Stuttgart 1980 (S. 59–62)
Linck, G., A. Porte: B-cells of the synovial membrane. I. A. comparative ultrastructural study in some mammals. Cell Tiss. Res. 187 (1978a) 251–261
Linck, G., A. Porte: B-Cells of the synovial membrane. II. Differentiation during development of the synovial cavity in the mouse. Cell Tiss. Res. 195 (1978b) 251–265
Loutit, J. F., N. W. Nisbet: The origin of osteoclasts. Immunobiol. 161 (1982) 193–203
Lubosch, B.: Bau und Entstehung der Wirbeltiergelenke. Eine morphologische und histogenetische Untersuchung. Fischer, Jena 1910
Luk, S. C., C. Nopajaroonsri, G. T. Simon: The ultrastructure of endosteum: a topographic study in young adult rabbits. J. Ultrastruct. Res. 46 (1974) 165–183
von Luschka, H.: Die Halbgelenke des menschlichen Körpers. Reimer, Berlin 1858
McBride, W. G., P. A. Stokes, P. H. Vardy: The influence of nerve supply in limb development. In Merker, H. J., H. Nau, D. Neubert: Teratology of the Limbs. de Gruyter, Berlin 1980 (pp. 223–234)
Mac Conaill, M. A.: The movements of bones and joints. IV. The mechanical structure of articulating cartilage. J. Bone Jt. Surg. 33 B (1951) 251
MacConaill, M. A., J. V. Basmajian: Muscles and Movements, a Basis for Human Kinesiology. Williams & Wilkins, Baltimore 1969
McCredie, J.: Segmental embryonic peripheral neuropathy. Pediat. Radiol. 3 (1975) 162–168
McCredie, J.: Thalidomide and the neural crest – assessment of a hypothesis. In Hetzel, B. S., R. M. Smith: Fetal Brain Disorders – Recent Approaches to the Problem of Mental Deficiency. Elsevier-North-Holland-Biomedical Press, Amsterdam 1981 (pp. 413–462)
McCutchen, C. W.: Lubrication of joints. In Sokoloff, L.: The Joints and Synovial Fluid, vol. I. Academic Press, New York 1978 (pp. 438–485)
Maher, W. P.: Are lymph vessels present in bone? Anat. Rec. 205 (1983) 121A
Maquet, P. G. J.: Biomechanics of the Knee. Springer, Berlin 1976
Maquet, P. G. J.: Biomechanics of the Hip. Springer, Berlin 1985

Maroudas, A.: Physico-chemical properties of articular cartilage. In Freeman, M. A. R.: Adult Articular Cartilage. Pitman, London 1973 (pp. 131–170)
Maroudas, A., P. Bullough, S. A. V. Swanson, M. A. R. Freeman: The permeability of articular cartilage. J. Bone Jt. Surg. 50 B (1968) 166–177
Mau, H.: Spezifizierung der korrespondierenden Wachstums-Gesetze von Hueter-Volkmann und Pauwels (Wachstumsdeformitäten) und ihre Beziehung zu den Belastungsdeformitäten. Z. Orthop. 122 (1984) 293–298
Meachim, G., R. Allibone: Topographical variation in the calcified zone of upper femoral articular cartilage. J. Anat. (Lond.) 139 (1984) 341–352
Meachim, G., C. Roberts: Repair of the joint surface from subarticular tissue in the rabbit knee. J. Anat. (Lond.) 109 (1971) 317–327
Meeder, P. J., S. Weller: Knochenverletzungen. In Vossschule, K., F. Kümmerle, H.-J. Peiper, S. Weller: Lehrbuch der Chirurgie, 7. Aufl. Thieme, Stuttgart 1982 (S. 26.34–26.55)
Menschik, A.: Mechanik des Kniegelenkes. Z. Orthop. 112 (1974) 481–495
Merz, W. A., R. K. Schenk: A quantitative histological study on bone formation in human cancellous bone. Acta anat. (Basel) 76 (1970) 1–15
Miller, S. C.: Osteoclast cell-surface changes during the egg-laying cycle in japanese quail. J. Cell Biol. 75 (1977) 104–118
Miller, S. C., B. M. Bowman, J. M. Smith, W. S. S. Jee: Characterization of endosteal bone-lining cells from fatty marrow bone sites in adult beagles. Anat. Rec. 198 (1980) 163–173
Miller, S. C., B. P. Halloran, H. F. DeLuca, W. S. S. Jee: Studies on the role of vitamin D in early skeletal development, mineralization, and growth in rats. Calcif. Tissue Int. 35 (1983) 455–460
Millington, P. F., M. A. Mital, J. C. Clarke: Articular cartilage – recent studies. Chemeca 70 (1971) 74–87
Mital, M. A., P. F. Millington: Surface characteristics of articular cartilage. Micron 2 (1971) 236–249
Mitchell, N., M. Shepard: Healing of articular cartilage in intra-articular fractures in rabbits. J. Bone Jt. Surg. 62 A (1980) 628–634
Mitrovic, D.: Development of the articular cavity in paralyzed chick embryos and in chick embryo limb buds cultured on chorioallantoic membranes. Acta anat. (Basel) 113 (1982) 313–324
Mitrovic, D., M. Quintero, A. Stankovic, A. Ryckewaert: Cell density of adult human femoral condylar articular cartilage. Lab. Invest. 49 (1983) 309–316
Molitor, J.: Untersuchungen über die Beanspruchung des Kiefergelenkes. Z. Anat. Entwickl.-Gesch. 128 (1969) 109–140
Møller Graabek, P.: Ultrastructural evidence for two distinct types of synoviocytes in rat synovial membrane. J. Ultrastruct. Res. 78 (1982) 321–339
Müller, W.: Das Knie. Form, Funktion und ligamentäre Wiederherstellungschirurgie. Springer, Berlin 1982
Mundy, G.: Editorial monocyte-macrophage system and bone resorption. Lab. Invest. 49 (1983) 119–121
Murray, P. D. F., D. B. Drachman: The role of movement in the development of joints and the related structures: the head and neck in the chick embryo. J. Embryol. exp. Morph. 22 (1969) 449–471
O'Rahilly, R., E. Gardner: The timing and sequence of events in the development of the limbs in the human embryo. Anat. Embryol. 148 (1975) 1–23
O'Rahilly, R., E. Gardner: The embryology of bone and joints. In Ackerman, L. V., H. J. Spjut, M. R. Abell: Bones and Joints. Williams & Wilkins, Baltimore 1976 (pp. 1–15)
O'Rahilly, R., E. Gardner: The embryology of movable joints. In Sokoloff, L.: The Joints and Synovial Fluid, vol. I. Academic Press, New York 1978 (pp. 49–103)
Ortmann, R.: Use of polarized light for quantitative determination of the adjustment of the tangential fibres in articular cartilage. Anat. Embryol. 148 (1975) 109–120
Ortmann, R.: Über die Plattenstruktur der subartikulären Knochenspongiosa beim Menschen. Verh. Anat. Ges. (Jena) 72 (1978) 455–466
Pauwels, F.: Grundriß einer Biomechanik der Frakturheilung. Verh. dtsch. orthop. Ges., 34. Z. Orthop. 72, Suppl. (1941) 62–108
Pauwels, F.: Beitrag zur Klärung der Beanspruchung des Beckens, insbesondere der Beckenfugen. Z. Anat. Entwickl.-Gesch. 114 (1948) 167–180
Pauwels, F.: Die Bedeutung der Muskelkräfte für die Regelung der Beanspruchung des Röhrenknochens während der Bewegung der Glieder. Z. Anat. Entwickl.-Gesch. 115 (1950) 327–351
Pauwels, F.: Kritische Überprüfung der Rouxschen Abhandlung: Beschreibung und Erläuterung einer knöchernen Kniegelenksankylose. Z. Anat. Entwickl.-Gesch. 117 (1954a), 528–552
Pauwels, F.: Die statische Bedeutung der Linea aspera. Z. Anat. Entwickl.-Gesch. 117 (1954b) 497–503
Pauwels, F.: Über die Verteilung der Spongiosadichte im coxalen Femurende und ihre Bedeutung für die Lehre vom funktionellen Bau des Knochens. Morph. Jb. 95 (1955) 35–54
Pauwels, F.: Die Struktur der Tangentialfaserschicht des Gelenkknorpels der Schulterpfanne als Beispiel für ein verkörpertes Spannungsfeld. IX. Beitrag zur funktionellen Anatomie und kausalen Morphologie des Stützapparates. Z. Anat. Entwickl.-Gesch. 121 (1959) 188–240
Pauwels, F.: Eine neue Theorie über den Einfluß mechanischer Reize auf die Differenzierung der Stützgewebe. X. Beitrag zur funktionellen Anatomie und kausalen Morphologie des Stützapparates. Z. Anat. Entwickl.-Gesch. 121 (1960) 478–515
Pauwels, F.: Die Druckverteilung im Ellenbogengelenk, nebst grundsätzlichen Bemerkungen über den Gelenkdruck. XI. Beitrag zur funktionellen Anatomie und kausalen Morphologie des Stützapparates. Z. Anat. Entwickl.-Gesch. 123 (1962) 643–667
Pauwels, F.: Beitrag zur funktionellen Anpassung der Corticalis der Röhrenknochen. Untersuchung an drei rachitisch deformierten Femora. Z. Anat. Entwickl.-Gesch. 127 (1968) 121–137
Pauwels, F.: Atlas zur Biomechanik der gesunden und kranken Hüfte. Springer, Berlin 1973a
Pauwels, F.: Kurzer Überblick über die mechanische Beanspruchung des Knochens und ihre Bedeutung für die funktionelle Anpassung. Z. Orthop. 111 (1973b) 681–705
Pauwels, F.: Über die gestaltende Wirkung der funktionellen Anpassung des Knochens. Anat. Anz. 139 (1976) 213–220
Pauwels, F., B. Kummer: Eine vereinfachte Methode zur Darstellung von Spannungstrajektorien, gleichzeitig ein Modellversuch für die Ausrichtung und Dichteverteilung der Spongiosa in den Gelenkenden der Röhrenknochen. Z. Anat. Entwickl.-Gesch. 119 (1956) 223–234
Peacock, M., A. Horsman, D. H. Marshall, J. E. Aaron, R. M. Francis, P. L. Selby: Senile und postmenopausal osteoporosis. Horm. Res. 20 (1984) 74–81
Perren, S. M.: Biomechanik der Frakturheilung. Orthopäde 3 (1974) 135–139
Perren, S. M., A. Boitzy: Cellular differentiation and bone biomechanics during the consolidation of a fracture. Anat. Clin. 1 (1978) 13–28
Perren, S. M., B. Rahn, J. Cordey: Mechanik und Biologie der Frakturheilung. In Schuchardt, K., B. Spiessl: Fortschritte der Kiefer- und Gesichtschirurgie, Bd. XIX. Thieme, Stuttgart 1975 (S. 33–37)
Peters, R.: Die histologische Struktur der Kompakta des Femurschaftes und ihre Beziehung zu Dichte und Festigkeit. Eine quantitativ histologische Untersuchung. Diss. Köln 1975
Petersen, D., H. Walter: Die Mißbildungen der Arme bei der epidemischen Dysmelie (Thalidomidembryopathie); Der diastrophische Zwergwuchs. Thieme, Stuttgart 1970 (S. 1–28)
Pfitzner, W.: Beiträge zur Kenntnis des menschlichen Extremitätenskelets. VI. Variationen im Aufbau des Handskelets. In Schwalbe, G.: Morphologische Arbeiten, Bd. IV. Fischer, Jena 1895 (S. 347–570)
Pfitzner, W.: Beiträge zur Kenntnis des menschlichen Extremitätenskelets. VII. Die Variationen im Aufbau des Fußskelets. In Schwalbe, G.: Morphologische Arbeiten, Bd. VI. Fischer, Jena 1896 (pp. 245–527)
Plenk jr., H.: Mikromorphologie und Funktion des Knochengewebes. Verh. anat. Ges. (Jena) 72 (1978) 65–73

Pliess, G.: Bewegungsapparat. In Doerr, W.: Organpathologie, Bd. III. Thieme, Stuttgart 1974 (S. 8–154)
Poulter, L. W., O. Duke, S. Hobbs, G. Janossy, G. Panayi: Histochemical discrimination of HLA-DR positive cell populations in the normal and arthritic synovial lining. Clin. exp. Immunol. 48 (1982) 381–388
Puhl, W.: Die Mikromorphologie gesunder Gelenkknorpeloberflächen. Z. Orthop. 112 (1974) 262–272
Puhl, W., H. O. Dustmann, U. Quosdorf: Tierexperimentelle Untersuchungen zur Regeneration des Gelenkknorpels. Arch. orthop. Anfall-Chir. 74 (1973) 352–365
Puig-Rosado, A.: Articular chondrogenesis. An experimental study in immature rabbits. J. Bone Jt. Surg. 63 B (1981) 619–622
Putti, V.: Die Anatomie der angeborenen Hüftverrenkung. Enke, Stuttgart 1937
Rahn, B. A.: Polychrome Sequenzmarkierung des Knochens. Nova Acta Leopoldina N. F. 44 (1976) 249–255
Rahn, B. A.: Knochenheilung unter Osteosynthesebedingungen. Dtsch. zahnärztl. Z. 38 (1983) 294–297
Rahn, B. A., S. M. Perren: Calcein blue as a fluorescent label in bone. Experientia (Basel) 26 (1970) 519
Rahn, B. A., S. M. Perren: Xylenol orange, a fluorochrome useful in polychrome sequential labeling of calcifying tissues. Stain Technol. 46 (1971) 125–129
Rahn, B. A., S. M. Perren: Alizarinkomplexon – Fluorochrom zur Markierung von Knochen- und Dentinanbau. Experientia (Basel) 28 (1972) 180
Rahn, B. A., F. C. Bacellar, L. Trapp: Methode zur Fluoreszenz-Morphometrie des Knochenanbaus. Akt. Traumatol. 10 (1980) 109–115
Rajan, K. T., H. J. Merker, M. Wilkins: Observations on human digits „in vitro“ and its possible role in evaluating teratogens. In Merker, H. J., H. Nau, D. Neubert: Teratology of the Limbs. de Gruyter, Berlin 1980 (pp. 307–324)
Rasmussen, H., P. Bordier: The Physiological and Cellular Basis of Metabolic Bone Disease. Williams & Wilkins, Baltimore 1974
Redler, I., V. C. Mow, M. L. Zimny, J. Mansell: The ultrastructure and biomechanical significance of the tidemark of articular cartilage. Clin. Orthop. 112 (1975) 357–362
Ries, W. L.: Osteogenic periosteum esterase activity: A comparative morphology and cytochemical study of bone cells in situ on rat proximal tibiae and in smears. J. Histochem. Cytochem. 32 (1984) 55–62
Robbins, St. L.: Pathologic Basis of Disease. 5th edition. W. B. Saunders, Philadelphia, London, Toronto, Montreal, Sydney, Tokyo 1994
Rodríguez, J. I., E. Delgado, R. Paniagua: Changes in young rat radius following excision of the perichondrial ring. Calcif. Tiss. Int. 37 (1985) 677–683
Roux, W.: Gesammelte Abhandlungen über Entwicklungsmechanik der Organismen, Bd. I. u. II. Engelmann, Leipzig 1895
Roux, W.: Anpassungslehre, Histomechanik und Histochemie. Berichtigungen zu R. Thomas gleichnamigen Aufsatz. Virch. Arch. path. Anat. 209 (1912) 168–209
Roy, S., F. N. Ghadially: Ultrastructure of synovial membrane in human haemarthrosis. J. Bone Jt. Surg. 49 A (1967a) 1636
Roy, S., F. N. Ghadially: Synthesis of hyaluronic acid synovial cells. J. Path. Bact. 93 (1967b) 555
Rubak, J. M., M. Poussa, V. Titsilä: Chondrogenesis in repair of articular cartilage defects by free periosteal grafts in rabbits. Acta orthop. scand. 53 (1982) 181–186
Saito, S.: Die Verlaufsrichtung der Osteonzüge in der Diaphyse des menschlichen Femur. Anat. Anz. 155 (1984) 297–301
Salter, R. B., D. F. Simmonds, B. W. Malcolm, E. J. Rumble, D. Macmichael, N. D. Clements: The biological effect of continuous passive motion on the healing of full-thickness defects in articular cartilage. J. Bone Jt. Surg. 62 A (1980) 1232–1251
Schaffer, J.: Die Stützgewebe. V. Das Knorpelgewebe. In von Möllendorff, W.: Handbuch der mikroskopischen Anatomie des Menschen, Bd. II/2. Springer, Berlin 1930 (S. 210–390)
Schenk, R. K.: 3. Ultrastruktur des Knochens. Verh. dtsch. Ges. Path. 58 (1974) 72–83
Schenk, R. K.: Histologie der primären Knochenheilung. In Schuchardt, K., B. Spiessl: Fortschritte der Kiefer- und Gesichtschirurgie, Bd. XIX. Thieme, Stuttgart 1975 (S. 8–12)
Schenk, R. K.: Basic histomorphology and physiology of skeletal growth. In Weber, B. G., Ch. Brunner, F. Freuler: Die Frakturenbehandlung bei Kindern und Jugendlichen. Springer, Berlin 1978
Schenk, R. K.: Morphologie des Knochens und der Knochenbruchheilung. In: Osteosynthese und Endoprothese, Jahrbuch der Schweiz. Naturforschenden Gesellschaft 1980/2. Birkhäuser, Basel 1980
Schenk, R. K., D. Spiro, J. Wiener: Cartilage resorption in the tibial epiphyseal plate of growing rats. J. Cell Biol. 34 (1967) 275
Schlegel, K. F.: Die angeborene Hüftluxation. In Hohmann, G., M. Hackenbroch, K. Lindemann: Handbuch der Orthopädie, Bd. IV/I. Thieme, Stuttgart 1961 (S. 69–189)
Schmitt, H. P.: Über die Beziehungen zwischen Dichte und Festigkeit des Knochens am Beispiel des menschlichen Femur. Z. Anat. Entwickl.-Gesch. 127 (1968) 1–24
Schuler, P., K. Rossak: Sonographische Verlaufskontrollen von Hüftreifungsstörungen. Z. Orthop. 112 (1984) 136–141
Schulin, K.: Über die Entwicklung und weitere Ausbildung der Gelenke des menschlichen Körpers. Arch. Anat. Physiol. (Anat. Abt.) 1879, 240–274
Schurz, J.: Biorheologie. Probleme und Ergebnisse in der Medizin. Naturwissenschaften 70 (1983) 502–608
Schwalbe, E.: Allgemeine Mißbildungslehre (Teratologie). In Schwalbe, E.: Die Morphologie der Mißbildungen des Menschen und der Tiere, Tl. I. Fischer, Jena 1906
Schwalbe, E.: Die Morphologie der Mißbildungen des Menschen und der Tiere, Tl. III. Die 19. Lfg. 1. Abt., 7. Kap., 2. Hälfte. VEB Fischer, Jena 1958
Schweiberer, L., R. Brenneisen, L. T. Dambe, F. Eitel, L. Zwank: Derzeitiger Stand der auto-, hetero- und homoplastischen Knochentransplantation. In Cotta, H., A. K. Martini: Implantate und Transplantate in der Plastischen und Wiederherstellungschirurgie. Springer, Berlin 1981 (S. 115–127)
Severson, A. R.: Differentiation of mononuclear cells into multinucleated osteoclast-like cells. Exp. Cell Biol. 51 (1983) 267–274
Shannon, S. L., R. C. Graham jr.: Protein uptake by synovial cells. I. Ultrastructural study of the fate of intraarticularly injected peroxidases. J. Histochem. Cytochem. 19 (1971) 29–42
Sick, H., J. G. Koritké: La vascularisation des ménisques de l'articulation du genou. Z. Anat. Entwickl.-Gesch. 129 (1969) 359–379
Sissons, H. A.: Bones. In Symmers, W. St. C.: Systemic Pathology, 2nd ed., vol. V. Churchill-Livingsstone, Edinburgh 1979 (pp. 2384–2489)
Speer, D. P.: Collagenous architecture of the growth plate and perichondrial ossification groove. J. Bone Jt. Surg. 64 A (1982) 399–407
Stanka, P.: Occurence of cell junctions and microfilaments in osteoblasts. Cell Tiss. Res. 159 (1975) 413–422
Stanka, P., G. Barsten: Experimental study on the haematogenous origin of multinucleate osteoclasts in the rat. Cell Tiss. Res. 233 (1983) 125–132
Starck, D.: Embryologie, 3. Aufl. Thieme, Stuttgart 1975
Starck, D.: Vergleichende Anatomie der Wirbeltiere auf evolutionsbiologischer Grundlage, Bd. II. Springer, Berlin 1979
Steinbrück, K., H. W. Springorum: Kontorsionisten und Wettkampfgymnasten – erworbene Hypermobilität. Z. Orthop. 118 (1980) 751–760
Steinhardt, G.: Untersuchungen über die Beanspruchung der Kiefergelenke und ihre geweblichen Folgen. Dtsch. Zahnheilk. 91 (1934) 9–78
Stockwell, R. A.: The interrelationship of cell density and cartilage thickness in mammalian articular cartilage. J. Anat. (Lond.) 109 (1971) 411–421
Straßer, H.: Lehrbuch der Muskel- und Gelenkmechanik, Bd. I–III. Springer, Berlin 1908, 1913, 1917
Takagi, M., R. T. Parmley, Y. Toda, F. R. Denys: Extracellular and intracellular digestion of complex carbohydrates by osteoclasts. Lab. Invest. 46 (1982) 288

Thesingh, C. W., E. H. Burger: The role of mesenchyme in embryonic long bones as early deposition site for osteoclast progenitor cells. Develop. Biol. 95 (1983) 429–438

Thijn, C. J. P.: Arthrography of the knee joint. Springer, Berlin 1979

Tillmann, B.: Die Beanspruchung des menschlichen Hüftgelenkes. III. Die Form der Facies lunata. Z. Anat. Entwickl.-Gesch. 128 (1969) 329–349

Tillmann, B.: Die Beanspruchung des menschlichen Ellenbogengelenks. I. Funktionelle Morphologie der Gelenkflächen. Z. Anat. Entwickl.-Gesch. 134 (1971) 328–342

Tillmann, B.: Zur funktionellen Morphologie der Gelenkentwicklung. Orthop. Prax. 12 (1974) 691–697

Tillmann, B.: A Contribution to the Functional Morphology of Articular Surfaces. Thieme, Stuttgart 1978a

Tillmann, B.: Funktionelle Morphologie und Beanspruchung der Gelenke. Verh. anat. Ges. 72 (1978b) 47–63

Tillmann, B.: Entwicklung und funktionelle Anatomie des Ellenbogengelenkes. Z. Orthop. 116 (1978c) 392–400

Tillmann, B.: Pathomechanics of articular surfaces. In Gastpar, H.: Biology of the Articular Cartilage in Health and Disease. Schattauer, Stuttgart 1980 (pp. 155–171)

Tillmann, B.: In: Doerr, W., G. Seifert: Spezielle pathologische Anatomie, Bd. 18/I. Springer, Berlin 1984 (S. 1–132)

Tillmann, B., H. Claassen: Struktur und Funktion der Wachstumsplatte. Z. Orthop. 134 (1996) 396–399

Tillmann, B., H. Konermann: Zur „Tragfunktion" der Gelenkkapsel bei der Hüftluxation – Funktionelle und morphologische Untersuchungen. Orthop. Prax. 4 (1979) 288–294

Tillmann, B., R. Lorenz: The stress at the human atlantooccipital joint. I. The development of the occipital condyle. Anat. Embryol. 153 (1978) 269–277

Tillmann, B., M. Blauth, A. Schleicher: Zugverspannungen der Patella. In Jäger, M., M. H. Hackenbroch, H. J. Refior: Kapselbandläsionen des Kniegelenkes. 3. Münchner Symposium für experimentelle Orthopädie. Thieme, Stuttgart 1981 (S. 68–71)

Tolo, V. T.: Congenital absence of the menisci and cruciate ligaments of the knee. J. Bone Jt. Surg. 63 A (1981) 1022–1024

Tornier, A.: Das Entstehen der Gelenkformen. Verh. anat. Ges. (Jena) 8 (1894) 95–102

Trias, A.: Effect of persistent pressure on the articular cartilage. An experimental study. J. Bone Jt. Surg. 43 B (1961) 376–386

Trias, A., A. Fery: Cortical circulation of long bones. J. Bone Jt. Surg. 61 A (1979) 1052–1059

Trotter, M., B. B. Hixon: Sequential changes in weight, density, and percentage ash weight of human skeletons from an early fetal period through old age. Anat. Rec. 179 (1974) 1–18

Unsworth, A.: Die Grenzfläche Knorpel – Gelenkflüssigkeit und die Typen von Gelenkschmierung bei verschiedenen Drucken und Geschwindigkeiten. In Hartmann, F., Ch. Hartung, H. Zeidler: Biopolymere und Biomechanik von Bindegewebssystemen. Springer, Berlin 1974 (S. 376–427)

Varma, R., R. S. Varma: Mucopolysaccharides – Glycosaminoglycans – of Body Fluids in Health and Disease. de Gruyter, Berlin 1973

Vinz, H.: Untersuchungen über die Dichte, den Wasser- und den Mineralgehalt des kompakten menschlichen Knochengewebes in Abhängigkeit vom Alter. Morph. Jb. 115 (1970) 273–283

Wagner, H.-J.: Die Kollagenfaserarchitektur der Menisken des menschlichen Kniegelenkes. Mit besonderer Beachtung des medialen Meniskus und seiner Verbindung mit dem medialen Bandapparat. Z. mikr.-anat. Forsch. 90 (1976) 302–324

Wassilev, W.: Elektronenmikroskopischer Nachweis der Adenosintriphosphatase in der Synovialmembran der Ratte. Histochemie 37 (1973) 113–117

Wassilev, W.: Funktionelle Struktur der Synovialmembran. Verh. anat. Ges. (Jena) 75 (1981) 221–234

Watanabe, M., S. Takeda, H. Ikeuchi: Atlas of Arthroscopy. Springer, Berlin 1979

Weh, L., U. Rehder, G. Eggers-Stroeder: Viskoelastizität und Zellvolumendichte des Patellaknorpels. Z. Orthop. 121 (1983) 550–554

Well, U. H.: Schultergelenk und Oberarm, Ellenbogengelenk. In Witt. A. N., H. Rettig, K. F. Schlegel, M. Hackenbroch, W. Hupfauer: Orthopädie in Praxis und Klinik, Bd. VI/2. Thieme, Stuttgart 1982 (S. 3.1–4.29, 5.1–5.20)

Werner, H.: Die Dicke der menschlichen Gelenkknorpel. Diss., Berlin 1897

Whiteside, L. A.: Anatomy of blood circulation. In Abramson, D. I., P. B. Dobrin: Blood Vessels and Lymphatics in Organ System. Academic Press, New York 1984 (pp. 674–681)

Whitson, S. W., W. Harrison, M. K. Dunlap, D. E. Bowers jr., L. W. Fisher, P. G. Robey, J. D. Termine: Fetal bovine bone cells synthesize bone-spezific matrix proteins. J. Cell Biol. 99 (1984) 607–614

Wiberg, G.: Roentgenographic and anatomic studies on the femoropatellar joint. With special reference to chondromalacia patellae. Acta orthop. Scand. 12 (1941) 319–410

Wilhelm, G.: Probleme des Kalzium- und Knochenstoffwechsels. Dtsch. Ärztebl. 38 (1974) 2713–2720

Willenegger, H., S. M. Perren, R. Schenk: Primäre und sekundäre Knochenbruchheilung. Chirurg 42 (1971) 241–252

Wolf, E., J. Kache, G. Mayer, Th. Schubert, J. Kleditzsch, W. Beer, J. Hellinger: Untersuchungen über die Reifungsgeschwindigkeit von Osteonen. Z. Orthop. 120 (1982) 650–656

Wright, V., D. Dowson, J. Kerr: The structure of joints. Int. Rev. connect. Tiss. Res. 6 (1974) 105–125

Yamamoto, K.: Zur polarisationsoptischen Untersuchung der Knochenlamellensysteme des Menschen. Arch. histol. jap. 32 (1970) 115–143

Zambonin Zallone, A., A. Teti, M. V. Primavera: Monocytes from circulating blood fuse in vitro with purified osteoclasts in primary culture. J. Cell Sci. 66 (1984) 335–342

Zambrano, N. Z., G. S. Montes, K. M. Shigihara, E. M. Sanchez, L. C. U. Junqueira: Collagen arrangement in cartilages. Acta anat. (Basel) 113 (1982) 26–38

Ziegler, R., U. Deutsche, F. Raue: Calcitonin in human pathophysiology. Horm. Res. 10 (1984) 65–73

Zilles, K., C.-M. Becker, A. Schleicher: Nicotinic ACh receptor blockade and spontaneous nerve cell death in various brain regions. Bibl. anat. (Basel) 23 (1982) 40–55

4

Quergestreifte Skelettmuskulatur

B. Tillmann

Einleitung
Genese des Muskelgewebes
Histologische Differenzierung der Skelettmuskulatur
Aufbau der quergestreiften Skelettmuskulatur
Funktionelle Anatomie

Einleitung

Bei vielzelligen Organismen *(Metazoen)* wird Bewegung von spezialisierten Zellen, den *Muskelzellen (-fasern)* ausgeführt. Diese können aufgrund ihres Gehaltes an kontraktilen Proteinen, dem *Aktomyosin*, auf einen chemischen oder elektrischen Reiz hin kontrahieren und wieder erschlaffen. Muskelgewebe arbeitet nach dem mechanischen Prinzip der „Maschine". Dabei wird chemische Energie in *Arbeit* (mechanische Energie) und in *Wärme* umgewandelt.
Nach morphologischem Erscheinungsbild sowie nach physiologischem und pharmakologischem Verhalten unterscheidet man *glattes* und *quergestreiftes Muskelgewebe.*

Glattes Muskelgewebe ist Bestandteil der Wand der Eingeweide und der Blutgefäße. Es kommt ferner an den Muskeln im Innern des Auges sowie an Haaren und Drüsen vor. Die spindelförmigen glatten Muskelzellen werden vom *autonomen* (vegetativen) *Nervensystem* innerviert. Man bezeichnet das glatte Muskelgewebe auch als „unwillkürliche Muskulatur".

Quergestreiftes Muskelgewebe kommt im *Herzmuskel* und in der Wand der herznahen Gefäße vor. Den größten Teil des quergestreiften Muskelgewebes machen die ca. 300 Muskeln des Bewegungsapparates *(Skelettmuskeln)* aus. Dazu gehören ferner die Muskeln des Gesichts, der Zunge, des Schlundes, des oberen Ösophagusabschnittes, des Kehlkopfes, des Beckenbodens, des Mittelohres sowie die äußeren Augenmuskeln und die äußere Schließmuskulatur des Enddarmes. Die Skelettmuskulatur wird von Nerven des *animalen Nervensystems* innerviert und als „willkürliche Muskulatur" bezeichnet.

Genese des Muskelgewebes

Glattes Muskelgewebe

Die *Genese* des Muskelgewebes ist unterschiedlich. Embryonales Bindegewebe verfügt an den meisten Stellen des Organismus über die Fähigkeit, *glatte Mus-*

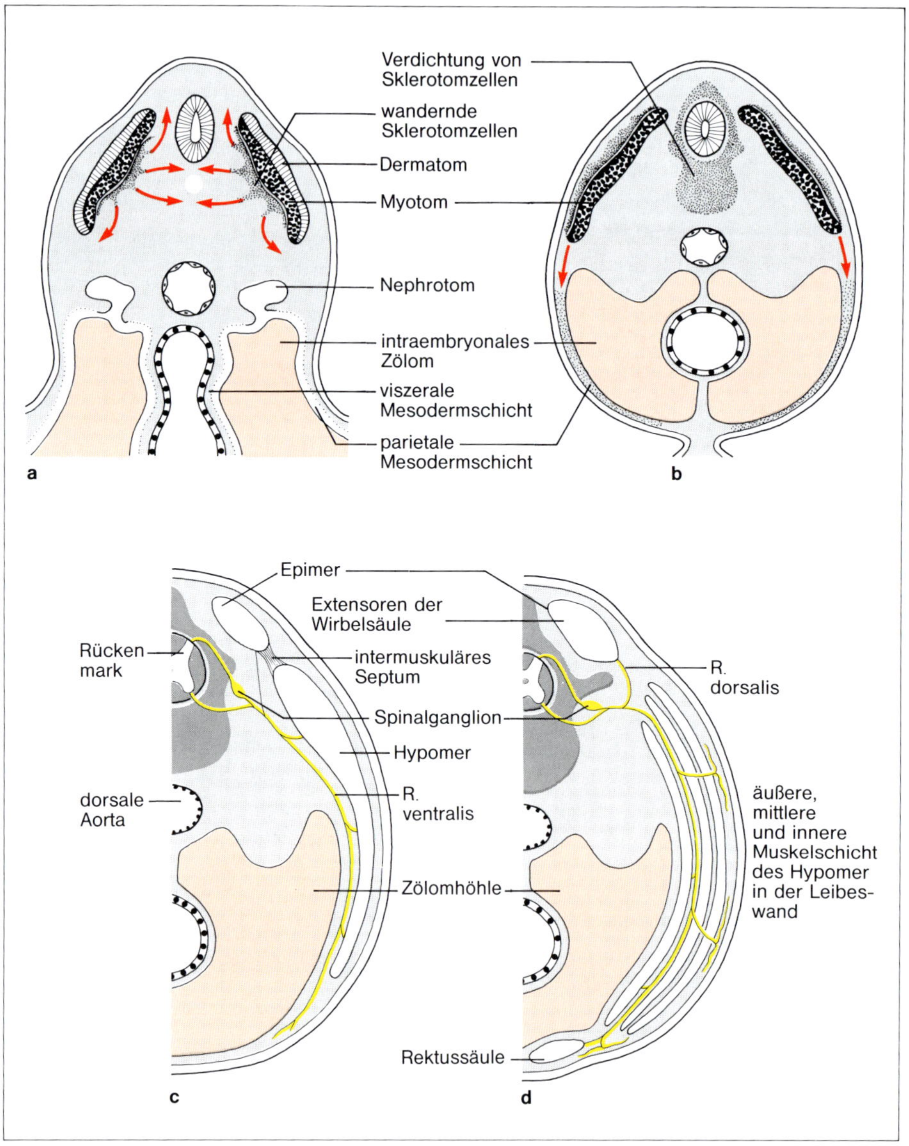

Abb. 4.**1 a Querschnitt durch einen 4 Wochen alten Embryo.** Aus den Somiten wandern die Sklerotomzellen nach medial aus. Myotom und Dermatom bilden noch eine zusammenhängende Schicht.

b Myotomzellen wandern nach ventral in die Wand der Zölomhöhle.

c Querschnitt durch den Thoraxbereich eines 5 Wochen alten Embryo. Die Muskulatur der Leibeswand gliedert sich in einen epaxonischen (Epimer) und einem hypaxonischen (Hypomer) Anteil, die durch ein intermuskuläres Septum (Myoseptum horizontale) getrennt werden.

d Die Muskelanlagen des Epimer haben sich zur autochthonen (genuinen) Rückenmuskulatur, die Anlagen des Hypomer (Bauchfortsatz) zur Muskulatur der ventralen Leibeswand entwickelt. Epaxonische Muskeln werden vom R. dorsalis, hypaxonische Muskeln vom R. ventralis des Spinalnerven innerviert.
(nach *Langman*)

kelzellen zu bilden. Die glatte Muskulatur des Darmtraktes entstammt dem nicht segmentierten Mesenchym der Splanchnopleura (s. Abb. 4.**1**). Sie stellt damit ontogenetisch einen Teil der *„viszeralen Muskulatur“* dar. Die glatte Muskulatur der inneren Augenmuskeln sowie die Muskulatur der Hautdrüsen (Myoepithelien) sind ektodermaler Herkunft.

Quergestreiftes Muskelgewebe

Quergestreiftes Muskelgewebe kommt aus verschiedenen Quellen. Die Skelettmuskulatur an Rumpf und Extremitäten entwickelt sich aus den Somiten der Leibeswand (Abb. 4.**1**, 5.**18**, 5.**21**) und wird daher als *„somatische Muskulatur“* bezeichnet. Sie ist ursprünglich *segmentiert.* Die quergestreifte Muskulatur des Kauapparates, des Gesichts, des Larynx und des Pharynx sowie einige Schultergürtelmuskeln (M. trapezius, M. sternocleidomastoideus) entstammen dem Mesenchym der Kiemen- oder Viszeralbögen (Abb. 4.**2**). Sie werden aufgrund ihrer Genese auch als *„viszerale Muskeln“* bezeichnet. Die Mesenchymzellen der Kiemenbögen sind ihrerseits Abkömmlinge der *Neuralleiste („mesektodermales“ Gewebe).*
Im histologischen Aufbau sowie physiologischen und pharmakologischen Verhalten unterscheidet sich diese, aus Kiemenbogenmaterial abstammende quergestreifte Muskulatur jedoch nicht von den aus den Somiten hervorgehenden Rumpf- und Extremitätenmuskeln.

Sowohl für die aus den Somiten stammenden Rumpf- und Extremitätenmuskeln als auch für die aus dem Kiemenbogenmesenchym hervorgegangenen Muskeln gilt, daß sich Aussagen über ihre *embryonale Herkunft* stets anhand der *Innervation* machen lassen.
Es treten einerseits Muskeln, die ihrer Herkunft nach „vizerale Muskeln“ sind, in den Dienst des Bewegungsapparates, wie z. B. der M. trapezius und der M. sternocleidomastoideus (Abb. 4.**2**), andererseits übernehmen ursprünglich aus Somiten stammende Muskeln, wie die Zungenmuskulatur, Funktionen im Verdauungstrakt. Diese im anatomisch-embryologischen Schrifttum nach genetischen und topographischen Gesichtspunkten vorgenommene Gliederung in *„somatische“* und *„viszerale“ Muskulatur* geht teilweise nicht konform mit den entsprechenden Begriffen, wie sie in der Physiologie und in der Pharmakologie zur Anwendung kommen. Hier werden als *„somatisch“* (somatomotorisch) Muskeln bezeichnet, die vom *animalen Nervensystem* innerviert werden. Zur *„viszeralen“* (viszeromotorischen) Muskulatur wird nur das vom *autonomen* (vegetativen) *Nervensystem* versorgte Muskelgewebe gerechnet.

Die Abstammung der quergestreiften äußeren Augenmuskeln ist nicht geklärt. Sie entstehen höchstwahrscheinlich aus Mesenchym des vorderen Kopfbereiches (Prächordalplatte), das keine Beziehung zu Somiten und Kiemenbögen hat. Die quergestreifte Herzmuskulatur leitet sich vom Mesoderm der Splanchnopleura ab.

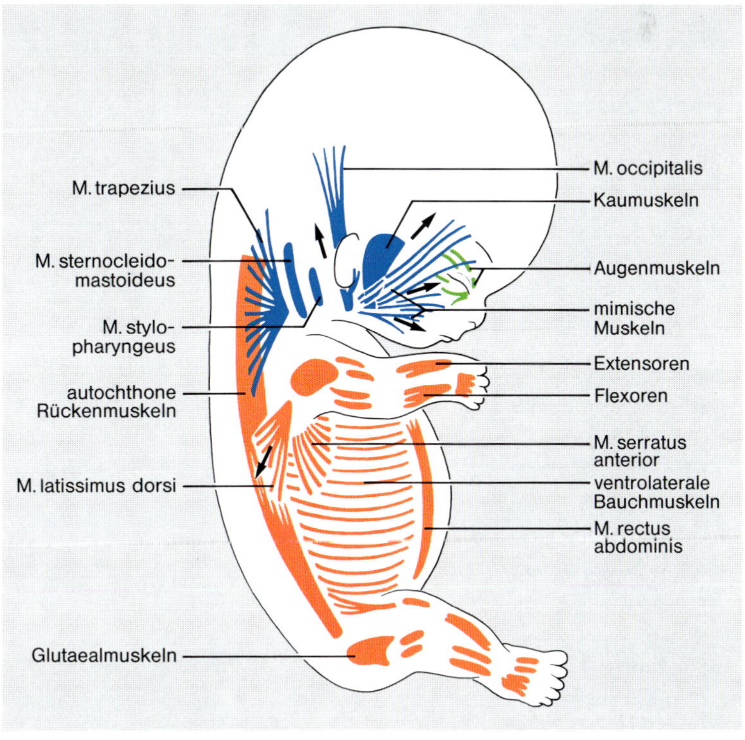

Abb. 4.**2** **Schematische Darstellung der wichtigsten Muskelgruppen beim menschlichen Embryo.**
Aus den Somiten der Leibeswand abstammende „somatische“ Muskulatur (rot) sowie äußere Augenmuskulatur (grün). Aus dem Mesenchym der Kiemenbogenanlagen hervorgegangene „viszerale“ (branchiale) Muskulatur (blau).
(nach *Boyd, Hamilton, Mossman*)

Entwicklung der Rumpf- und Extremitätenmuskeln

Rumpfmuskeln

Die *Muskeln des Rumpfes* entstehen aus den *Myotomen* der Somiten (Abb. 4.**1**, 5.**18**) und sind damit *metamer* angelegt. In der Mitte des 2. Embryonalmonats kann man innerhalb der Muskelanlagen eine deutliche Gliederung in einen *dorsalen Anteil (Epimer)* und einen *ventralen Anteil (Hypomer)* unterscheiden (Tab. 4.**1**). Zwischen beiden liegt das *Myoseptum horizontale*. Bei Fischen bleibt die unmittelbar aus den Myotomen hervorgegangene Ordnung der Axialmuskulatur zeitlebens erhalten. Die segmentale Gliederung liegt in Form einzelner *Myomere* vor, die durch Bindegewebssepten, die Myocommata *(Myoseptum transversale)*, getrennt sind. Dieser ursprünglichen Myotomgliederung entspricht auch die Aufzweigung des *Spinalnerven* in einen R. dorsalis und einen R. ventralis. Die Rr. dorsales innervieren die sich vom Epimer entwickelnden autochthonen Rückenmuskeln

Tabelle 4.**1** Übersicht über Herkunft und Gliederung der Muskeln des Rumpfes und der Extremitäten (nach *Starck*)

	Herkunft	Innervation
I. *Branchiogene Muskeln*		
Mm. trapezius und sternocleidomastoideus	„viszeral"	N. accessorius und Plexus cervicalis
II. *Dorsale Muskeln*		
M. erector spinae (autochthone Rückenmuskeln)	somatisch Myotome (Epimer)	Rr. dorsales nn. spinalium
III. *Ventrale Muskeln*		
a) *Ventrolaterale Rumpfmuskeln*	somatisch Bauchfortsätze der Myotome (Hypomer)	Rr. ventrales nn. spinalium
Mm. infrahyoidei, M. longus colli, Mm. scaleni		
Diaphragma		
Mm. intercostales, subcostales, transversus thoracis		
Mm. obliqui externus und internus abdominis, M. transverus abdominis, M. rectus abdominis, M. pyramidalis		
M. quadratus lumborum		
Mm. levatores costarum (entstammen zum Teil auch dem Epimer der Myotome)		
b) *Muskeln der oberen Gliedmaße*	somatisch	Plexus brachialis
Flexoren, Extensoren		
Thorakohumerale Muskeln (Mm. pectorales major, minor, subclavius)		
Spinohumerale Muskeln (Mm. latissimus dorsi, teres major, levator scapulae, rhomboideus, serratus anterior)		
Spinokostale Muskeln (Mm. serrati posteriores)		
c) *Muskeln der unteren Gliedmaße*	somatisch	Plexus lumbosacralis
Extensoren (einschließlich Mm. glutaei) Flexoren Adduktoren (Oberschenkel) Innere Hüftmuskeln (M. iliopsoas, M. pectineus)		

(s. S. 246, Abb. 4.**1**). Die Rr. ventrales versorgen die aus dem Hypomer hervorgehenden ventrolateralen Rumpfmuskeln (Bauchwandmuskulatur, Thoraxmuskulatur, s. Abb. 4.**2**) sowie die Extremitätenmuskeln. Während die aus dem dorsalen Anteil des Myotom (Epimer) stammenden *echten* (genuinen, *autochthonen*) *Rückenmuskeln* ihre ursprüngliche Lage nahe dem Achsenskelett zeitlebens beibehalten, kommt es in der Regel im Bereich des Hypomer zu einer Verlagerung des Anlagematerials nach ventrolateral *(Bauchfortsätze)*. Die beiden Muskelgruppen werden entsprechend ihrer Lage zum Achsenskelett auch als *epaxonische* und *hypaxonische Muskeln* bezeichnet. Die Grenze zwischen beiden liegt beim Menschen seitlich der Processus transversi der Wirbel. Dem ursprünglichen Myoseptum horizontale entspricht der Bandapparat in diesem Bereich sowie das Bindegewebe am Ort des Zusammenflusses von Fascia lumbodorsalis und Ursprungssehnen der Bauchmuskeln (Abb. 4.**1**, 5.**113**).
Die ursprüngliche *segmentale (metamere) Anordnung* der Rumpfmuskulatur geht in der weiteren Entwicklung größtenteils verloren. Durch Verschmelzen mehrerer Myotome entstehen neue, zumeist größere Muskelindividuen. Man bezeichnet diesen Vorgang als *Polymerisation*. Muskeln, die auf diese Weise entstehen, werden aus mehreren „Rückenmarkssegmenten" *(plurisegmentale Innervation)* innerviert. Die während der Embryogenese abgelaufene Verschmelzung läßt sich bei den Bauchmuskeln an ihrer erhaltengebliebenen segmentalen Innervation rückschließend ablesen.

Bei der *Entstehung neuer Muskelindividuen* kann Material aus verschiedenen Quellen miteinander verschmelzen. Ein Teil der Mm. levatores costarum (s. Abb. 5.**116**) z. B. ist offensichtlich aus ventralen und dorsalen Myotomanteilen entstanden, wie die Innervation aus Rr. ventrales und Rr. dorsales der Spinalnerven zeigt. Der M. trapezius (Abb. 3.**52**) geht entsprechend der Doppelinnervation aus dem Plexus cervicalis und dem N. accessorius auf Mesenchym der ventralen Anteile der Zervikalmyotome und der kaudalen Kiemenbögen zurück. In der Stammesgeschichte ist zu beobachten, daß die metamere Gliederung der Rumpfmuskulatur, wie sie Fische zeitlebens haben, mit dem Übergang vom Wasser- zum Landleben größtenteils verlorengeht. Die mit der Änderung der *Lokomotionsweise* verbundene Umgestaltung der Extremitäten (s. S. 311) führt in der Wirbeltierreihe zur Ausbildung unterschiedlicher *polymerer Muskelindividuen*. Die segmentale Anordnung der Muskulatur bleibt lediglich bei einigen autochthonen Rückenmuskeln (Mm. rotatores breves, Mm. interspinales, Mm. intertransversarii, s. Abb. 5.**118**) und bei der ventralen Rumpfmuskulatur im Thoraxbereich (Mm. intercostales, s. Abb. 5.**147**) erhalten.

Extremitätenmuskeln

Die Innervation durch Rr. ventrales der Spinalnerven zeigt, daß die *Extremitätenmuskeln* Derivate ventraler Muskelanlagen sind. Ihre genaue Herkunft ist umstritten. Nach älterer Anschauung soll das Bildungsmaterial nicht unmittelbar aus den Somiten stammen, sondern aus dem Mesenchym der Somatopleura (Abb. 4.**1**), das die Extremitätenleiste liefert. Experimentellen Untersuchungen zufolge läßt sich die Extremitätenmuskulatur jedoch aus den *Ursegmenten* herleiten. Die *myogenen Stammzellen* wandern allerdings sehr früh aus dem ventrolateralen Anteil der Somiten in die prospektive Extremitätenanlage und ordnen sich hier in Form von *ventralen* und *dorsalen Zellgruppen*. Aus dem Mesenchym der *Somatopleura* selbst differenzieren sich lediglich *Sehnen*, Faszien und das übrige Bindegewebe der Extremitätenmuskeln. Die charakteristische *Gestalt* der einzelnen Muskelindividuen wird nicht von den myogenen Zellen selbst bestimmt; auch die Nerven haben keinen Einfluß auf die Formbildung. Dagegen wird dem *ortsständigen Bindegewebe* einprägender Einfluß zugeschrieben. Am Beginn der 8. Embryonalwoche lassen sich einzelne Extremitätenmuskelanlagen deutlich voneinander abgrenzen.
An der oberen Extremität kommt es im Laufe der Entwicklung zu einer sekundären Verlagerung von Extremitätenmuskulatur auf den Rumpf. Diese Muskeln bedecken ventral als thorakohumerale Muskeln (M. subclavius, Mm. pectorales, Abb. 5.**156**) und dorsal als spinohumerale Muskeln (M. latissimus dorsi, Mm. rhomboidei, M. serratus anterior, Abb. 5.**114**) teilweise die echten Rückenmuskeln und ventrolateralen Rumpfmuskeln. Diese Verlagerung der Extremitätenmuskulatur auf den Stamm dient der Aufhängung des Schultergürtels und fördert die freie Beweglichkeit der oberen Extremität. An der unteren Extremität fehlt ein vergleichbares Übergreifen von Extremitätenmuskeln auf das Rumpfskelett.

Histologische Differenzierung der Skelettmuskulatur

Muskelfasern

Die *quergestreifte Skelettmuskulatur* entstammt dem Mesenchym der *Myotome* und der *Kiemenbögen* (s. oben). Die mesenchymalen Muskelvorläuferzellen sind spindelförmig und zeigen eine hohe mitotische Aktivität. Aus ihnen differenzieren sich etwa in der 5. Embryonalwoche *Myoblasten*. Die terminal differenzierten Myoblasten sind *postmitotische, mononukleäre Zellen*, die zur *Fusion* fähig sind und *kontraktile Proteine* produzieren. Die etwa 400 µm langen, spindelförmigen Zellen lagern sich unter dem Einfluß von M-Cadherin aneinander, verschmelzen miteinander und bilden zylinderförmige *Myotuben* (fetale Muskelfasern). Myotuben sind dementsprechend mehrkernige *Synzytien*. Nach der Verschmelzung bilden die Myotuben zunächst im zentralen Bereich Myofibrillen. Mit zunehmender Produktion an kontraktilen Proteinen werden die Zellkerne aus dem Zentrum in die Peripherie gedrängt. Aus Myotuben differenzieren sich *quergestreifte Muskelfasern*. Ihre Entwicklung ist bei den meisten Skelettmuskeln des Menschen zu Beginn des zweiten Trimenon abgeschlossen. Nunmehr findet lediglich noch ein Dicken- und Längenwachstum statt.
Die *Länge der Muskelfasern* wird vorwiegend durch

die Anzahl der miteinander verschmelzenden Myoblasten bestimmt. Diese Art des *Längenwachstums* reicht bis in das postnatale Leben. Nach Abschluß der Fusion ist eine weitere Längenzunahme mit Bildung neuer Sarkomere (s. unten) durch Verschmelzung von *Satellitenzellen* (s. unten) mit Muskelfasern möglich. Die Anzahl der Sarkomere soll von der Größe der passiven Dehnung des Gewebes, nicht jedoch von der nervösen Kontrolle abhängig sein. Myofibrillenvermehrung führt zur Vergrößerung des Faserquerschnitts.
Satellitenzellen (Abb. 4.**3**) sind aus embryonalen Myoblasten hervorgegangene einkernige Zellen, die zwischen Plasmalemm und Basallamina von Muskelfasern liegen. Sie werden als persistierende Myoblasten aufgefaßt und stehen als „Stamm- und Reservezellen" im Dienste des *Längen-* und *Dickenwachstums* (s. oben) sowie der *Regeneration* (s. S. 163) von Muskelgewebe.

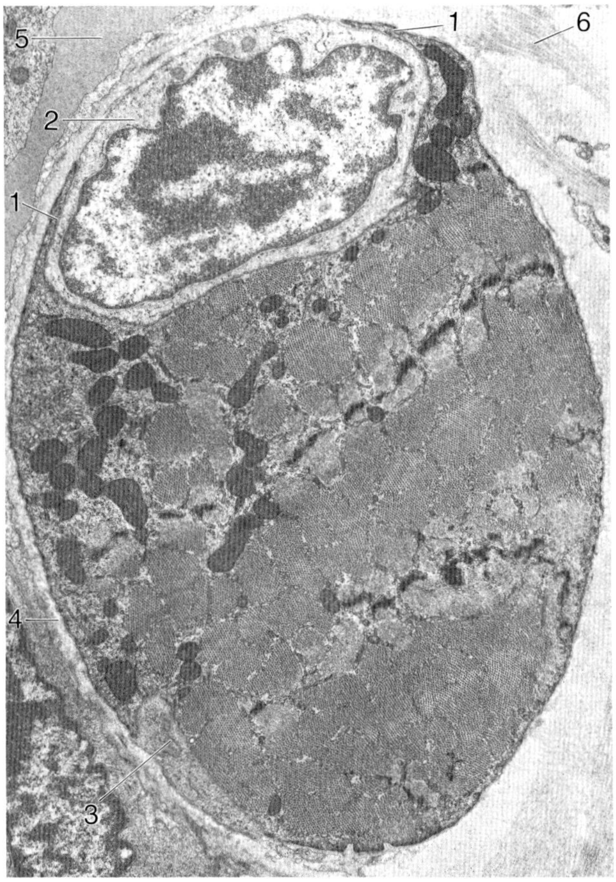

Abb. 4.**3** **Quergetroffene Skelettmuskulatur,** die mit feinen Zytoplasmaausläufern (1) das Perikaryon einer Satellitenzelle umfaßt (2) (Zungenmuskulatur, Meerschweinchen).
3 Anschnitt des Zytoplasmafortsatzes einer weiteren Satellitenzelle. Muskelfaser und Satellitenzellen werden von einer gemeinsamen Basallamina (4) umschlossen
5 Lymphkapillare
6 Kollagenfibrillen
Vergr. 6500fach
(Originalaufnahme Prof. Dr. *K. Gorgas*, Heidelberg)

Sehnen und Muskelbindegewebe

Sehnen und Muskelbindegewebe entstehen aus dem ortsständigen Mesenchym (s. S. 133). Das Blastem der Sehnen entwickelt sich zunächst unabhängig von der Muskulatur. Die weitere Entwicklung und Erhaltung des Sehnengewebes bedarf jedoch der Verbindung mit der Muskulatur. Die Muskelsehnenverbindung kommt während der frühen Fetalperiode zustande.

Entwicklung der Innervation

Dem Ablauf der *Histogenese* läßt sich die *Entwicklung der Innervation* der quergestreiften Skelettmuskulatur zur Seite stellen. Myoblasten sind noch nicht innerviert; sie haben jedoch an ihrer Membran besondere Proteine, die als Bindungsstellen des später aus der Nervenendigung freigesetzten *Neurotransmitters Acetylcholin* gelten *(Acetylcholin-Rezeptoren)*. Die Membran der Myotuben enthält besonders viele Acetylcholin-Rezeptoren, die an verschiedenen Stellen der Zellmembran in dichten Gruppen gepackt zusammenliegen. Sie werden aufgrund ihres histochemischen (autoradiographischen) Verhaltens als „hot spots" bezeichnet. Die Axone der Motoneurone erreichen mit ihren Wachstumskegeln das Muskelgewebe auf der Differenzierungsstufe der Myotuben. Ein Myotubus ist Ziel mehrerer Motoneurone und zahlreicher Axonverzweigungen eines Motoneurons (s. S. 160). In diesem Stadium beginnt die Innervation. Mit ihr geht eine *Rückbildung* und *Konzentration* der *Acetylcholin-Rezeptoren* an der Membran einher, so daß schließlich in jedem Myotubus nur noch ein Areal mit dicht gelagerten Acetylcholin-Rezeptoren erhalten bleibt. Dies ist der Ort des endgültigen *neuromuskulären Kontaktes (motorische Endplatte)*. Alle anderen zuvor entstandenen Verbindungen werden wieder abgebaut. Parallel zur Reduktion von neuromuskulären Kontakten findet ein *„spontaner Zelltod"* von Motoneuronen im Rückenmark und im Hirnstamm statt. Nach Abschluß dieser neuromuskulären Rückbildungsvorgänge ist die reife Muskelfaser entstanden.
Die Differenzierung des Muskelgewebes ist vom Einfluß der Innervation abhängig. Während Myotuben noch ohne Nervenversorgung aus Myoblasten hervorgehen können, bedarf es beim Differenzierungsschritt vom Myotubus zur reifen Muskelfaser der vollständigen Innervation. Auch zur Erhaltung von Muskelfasern ist die Innervation unerläßlich. Eine denervierte Muskelfaser degeneriert; es sei denn, es erfolgt eine Elektrostimulation des Muskels (s. S. 168).

Varianten, Anomalien und Fehlbildungen

Definition s. S. 4

Muskelvarianten sind häufig. Für ihre Klassifizierung eignen sich am besten morphologische Kriterien, da über die Genese wenig bekannt ist. Ein Muskel kann vollständig fehlen oder verdoppelt vorkommen. Selten treten neue Muskelindividuen auf. Vermehrung und Verminderung von Ursprüngen und Ansätzen sind häufig zu beobachten. Stark variieren auch der Verlauf und die Insertionsorte von Ursprungs- und Ansatzsehnen sowie die Verteilung von Muskel- und Sehnengewebe. Klinische Bedeutung haben vor allem variierende Verbindungen zwischen benachbarten Muskeln, Sehnen und Organen.

Zur *Anomalie* und *Fehlbildung* werden Muskelvarianten, wenn sie klinische Symptome hervorrufen. Diese erscheinen meistens in Form von *Gefäß-* und *Nervenkompressionen.* Häufig vorkommende Varianten werden in den einzelnen Kapiteln der Speziellen Anatomie besprochen.

Aufbau der quergestreiften Skelettmuskeln

Dem Inhalt des vorliegenden Bandes entsprechend werden im folgenden ausschließlich Morphologie und Funktion der Skelettmuskulatur einschließlich der aus den Viszeralbögen stammenden Muskeln des Bewegungsapparates und ihrer Hilfseinrichtungen besprochen. Eine Darstellung der eingangs erwähnten glatten Muskulatur und der Herzmuskulatur erfolgt in speziellen Kapiteln der Bände II und III dieses Lehrbuchs sowie in Lehrbüchern der Histologie.

Muskelfaser

Allgemeiner Aufbau und Muskelfaser „hüllen"

Skelettmuskeln bestehen aus *Muskelfasern.* Die Muskelfaser ist die kleinste selbständige *Baueinheit* der quergestreiften Skelettmuskulatur. Muskelfasern enthalten mehrere hundert Zellkerne, die dicht unter dem Plasmalemm liegen (Abb. 4.**4**). Die *Dicke* der Skelettmuskelfaser schwankt zwischen 40 und 100 µm. Ihre *Länge* reicht von wenigen Millimetern bis zu etwa 30 cm. Dicke und Länge der Muskelfasern sind in den einzelnen Muskelindividuen, aber auch innerhalb eines Muskels unterschiedlich. Die Dicke der Muskelfasern ist bei den einzelnen Muskelfasertypen (s. unten) unterschiedlich; sie hängt auch vom Ernährungszustand und von der funktionellen Beanspruchung ab. Die Muskelfaser wird vom *Plasmalemm* umschlossen. Diesem liegt außen eine *Basallamina* (Lamina externa) an, die ihrerseits von einem feinen Netzwerk aus *Retikulinfasern* umgeben ist (s. Abb. 2.**12**).

Die Nomenklatur hinsichtlich dieser die Muskelfaser umhüllenden Strukturen ist im anatomischen und im pathologisch-anatomischen Schrifttum uneinheitlich. In elektronenmikroskopischen Beschreibungen wird das Plasmalemm der Muskelfaser auch als *Sarkolemm* bezeichnet. Dieser Ausdruck wurde in der rein lichtmikroskopischen Ära der Histologie aber für die eine Muskelfaser umhüllenden Strukturen (Basallamina und Gitterfasernetz) einschließlich ihrer Zellmembran verwandt.

Kontraktile Elemente

Morphologie

Das *Sarkoplasma* der Muskelfasern enthält die *kontraktilen Elemente,* die *Myofibrillen,* die lichtmikroskopisch am besten im Querschnitt zu erkennen sind (Abb. 4.**4**). Sie haben einen Durchmesser von 0,5–1 µm. Im Längsschnitt kann man lichtmikroskopisch einen periodisch wechselnden *hellen I- (isotrop)* und einen dunklen *A-Streifen (anisotrop)* unterscheiden (Abb. 4.**4**, 4.**5**). Dieses Querstreifungsphänomen hat der niederländische Forscher A. v. LEEUWENHOEK bereits im Jahre 1685 beschrieben. Es beruht auf der regelmäßigen Anordnung der beiden unterschiedlich dicken Filamentsysteme im Sarkomer (s. unten). Im polarisierten Licht leuchtet der doppelbrechende A-Streifen auf, während der einfachbrechende I-Streifen dunkel bleibt. Jede Myofibrille besteht aus *Myofilamenten.* Bei elektronenmikroskopischer Untersuchung (Abb. 4.**6**, 4.**7**) heben sich die dickeren Myosinfilamente von den dünneren Aktinfilamenten ab. *Aktin* und *Myosin* bilden das *Aktomyosinsystem.* Aktinfilamente, deren Durchmesser etwa 5–8 nm beträgt, sind an ihren Enden durch das Protein α-Actinin jeweils in einer *Z-Scheibe* verankert. Der Abschnitt zwischen zwei Z-Scheiben wird als *Sarkomer* bezeichnet. Ein Sarkomer ist je nach Kontraktionszustand 2–3 µm lang. Aktinfilamente, die bereits im relaxierten Zustand die Myosinfilamente ein Stück weit überlappen, gleiten bei der Kontraktion an den Myosinfilamenten entlang (s. unten); dabei nähern sich die Z-Scheiben einander, und das Sarkomer wird kürzer (Abb. 4.**10**, 4.**11**). Im Bereich der Z-Scheibe werden die Myofibrillen von dem muskelspezifischen Intermediärfilament *Desmin* umsponnen, das die Myofibrillen untereinander und mit dem Sarkolemm verbindet. Auf diese Weise wird eine Verschiebung der Myofibrillen untereinander verhindert. Der Bereich zweier benachbarter Sarkomere, der allein aus Aktinfilamenten besteht, wird als *I-Bande* bezeichnet. Zwischen zwei I-Banden liegt die *A-Bande,* die Myosin- und Aktinfilamente enthält. Die Aktinfilamente ragen in den mittleren Bereich der A-Bande nicht hinein; diese Zone hebt sich als helle *H-Bande (Hensensche-Zone)* ab (Abb. 4.**9**). Die H-Bande enthält ausschließlich Myosinfilamente, deren Durchmesser etwa 12–14 nm beträgt. Über *Quervernetzungen* verschiedener Proteine zwischen den Myosinfilamenten kommt in der Mitte der A-Bande die dichte *M-Zone (M-Linie) (Mesophragma)* zustande. Auf diese Weise entsteht im Sarkomerquerschnitt ein hexagonales Muster (Abb. 4.**8**).

Außer Myosin und Aktin enthält die quergestreifte Muskelfaser als sog. Begleitproteine die *Troponine T, I* und *C* sowie *Tropomyosin,* die an der Regulation der Aktin-Myosin-Wechselwirkung beteiligt sind. Zwischen der Z-Scheibe und der M-Linie ist das Protein *Titin* lokalisiert. Titin ist für die Muskelelastizität verantwortlich, es verhindert als „elastische Feder" eine Überdehnung des Muskelgewebes. Nebulinfilamente ziehen in Begleitung der Aktinfilamente und regulieren deren Länge.

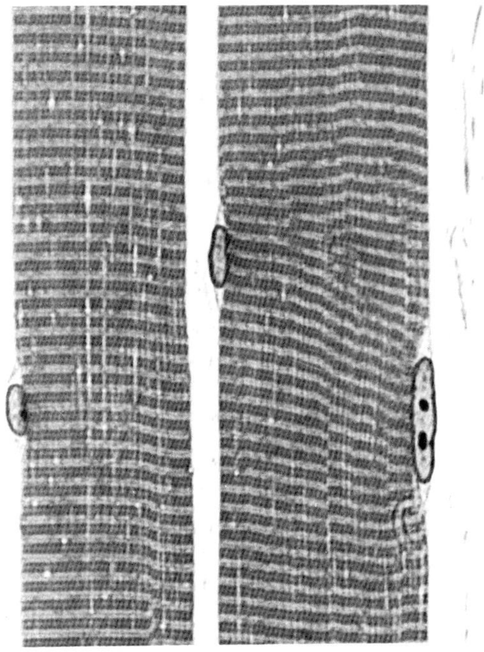

a

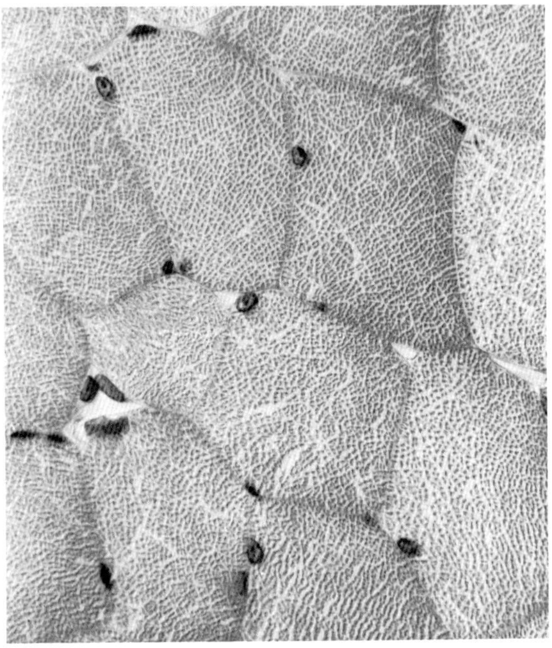

b

Abb. 4.**4a** **Längsschnitt durch zwei Skelettmuskelfasern einer Ratte.** Beachte die Querstreifung und die randständige Lage der Zellkerne. Färbung: Toluidinblau, Vergr. 560fach.

Abb. 4.**4b** **Querschnitte quergestreifter Muskelfasern des Menschen.** Haematoxylin-Eosin-Färbung, Vergr. 560fach. Die Zellkerne liegen randständig unter dem Sarkolemm (vgl. **a**). Die Myofibrillen erscheinen als kleine Pünktchen und zeigen eine deutliche Cohnheimsche Felderung. Zwischen einigen Muskelfasern sind Capillaren angeschnitten.
(Kurspräparate des Anatomischen Institutes, Kiel)

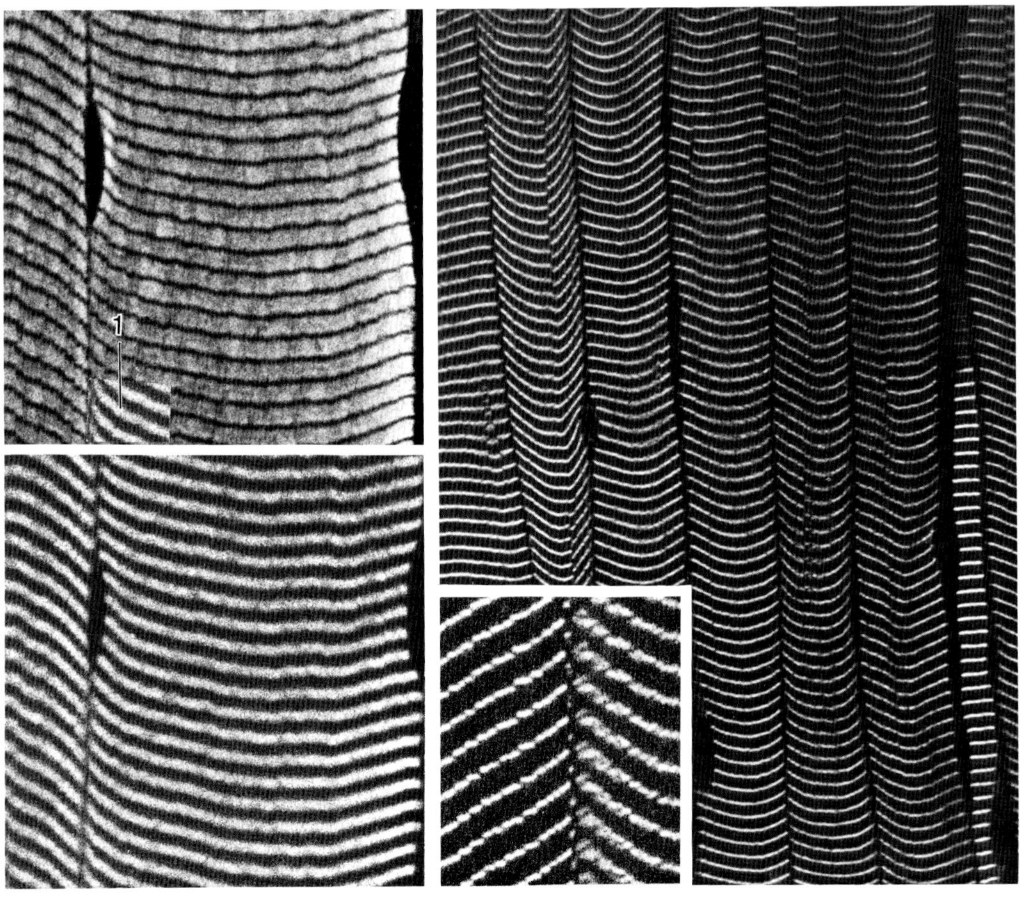

a

b

c

Muskelkontraktion, Muskelerschlaffung

Bei der *Muskelkontraktion* werden die *Aktinfilamente* zwischen die *Myosinfilamente* gezogen *(Gleitfilamenttheorie)* (Abb. 4.**10**). Dieser Vorgang erfolgt in den beiden Hälften eines Sarkomers gegensinnig, so daß sich beide Z-Scheiben dem Zentrum nähern. Bei der *Dehnung* gleiten die Aktinfilamente in Richtung der Sarkomerenden; dabei wird die Distanz zwischen den Z-Scheiben vergrößert. Die Länge der Aktin- und Myosinfilamente in einem Sarkomer bleibt sowohl bei Kontraktion als auch bei Dehnung gleich. Im histologischen Präparat ist daher die A-Bande stets gleich groß, während die I- und H-Banden in Abhängigkeit vom Kontraktions- oder Erschlaffungszustand bei der Fixation unterschiedlich breit erscheinen (Abb. 4.**10**, 4.**11**). Die Verkürzung der Muskelfaser kommt durch die Summe der Verkürzungen aller Sarkomere in einer Faser zustande.

Zum Ablauf des *Gleitmechanismus* wurden in den letzten Jahren verschiedene Hypothesen aufgestellt. Zur Klärung des Vorganges haben vor allem Untersuchungen über die Molekularstruktur des Aktin- und Myosinkomplexes beigetragen (s. Lehrbücher der Biochemie, Physiologie und Histologie). Nach einer allgemein anerkannten Vorstellung bilden die „Köpfe" der Myosinmoleküle Querbrücken zu Kontaktstellen am benachbarten Aktinfilament aus. Durch rasch wechselndes Anhaften und Lösen dieser Querbrückenkontakte zwischen *Myosinköpfen* und *Aktinfilamenten* sowie zyklischen Konformationsänderungen des Myosinkopfes kommt eine Art Ruderbewegung zustande, bei der die Aktinfilamente zur Sarkomermitte „gezogen" werden (Abb. 4.**12**). Man kann sich den Vorgang am Beispiel eines von Hand betriebenen Transportes von Kabeln oder Tauen vorstellen, wobei die Mannschaft durch synchron wechselndes Anfassen und Loslassen die Beförderung des Taues bewirkt.

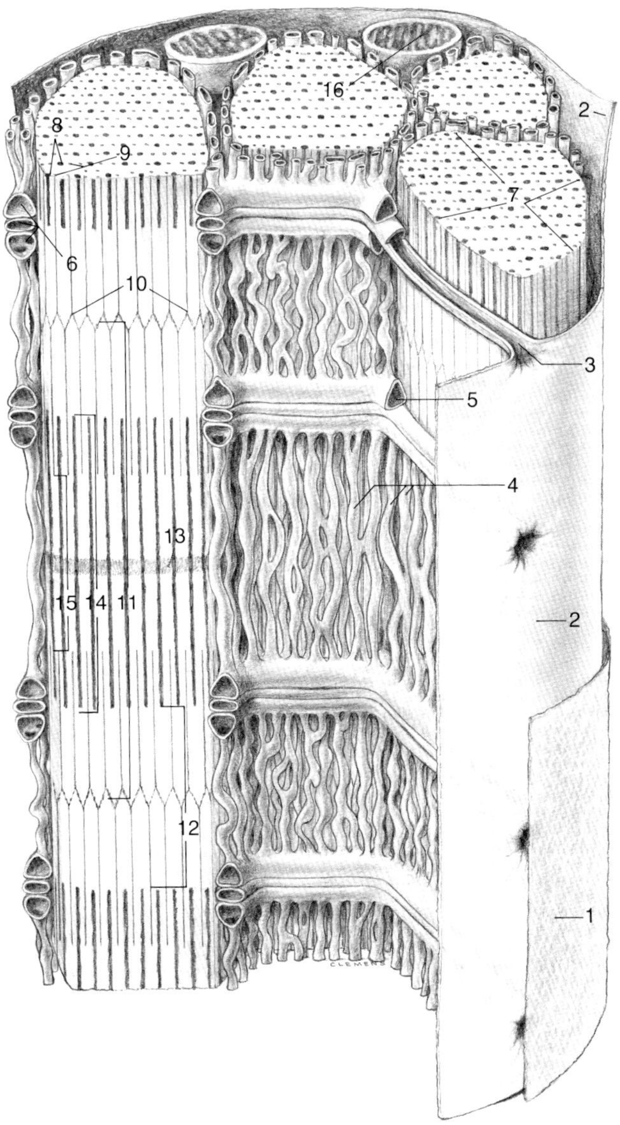

◀ Abb. 4.**5a** **Lokalisation von Aktin** (Vergr. 1000fach), **b Lokalisation von Myosin** (Vergr. 1000fach) **im M. psoas major eines Kaninchens.**
In **a** und **b** sind zwei Antikörper, mit unterschiedlichen Fluoreszenzfarbstoffen markiert, auf demselben Gewebsschnitt lokalisiert worden. In dem kleinen Areal (1) in **a** wurde das Myosinfluoreszenzbild auf das Aktinfluoreszenzbild gelegt, um zu zeigen, daß Myosin in den A-Banden lokalisiert ist, die von Antiaktin ausgespart sind.
c Lokalisation von α-Aktinin im M. psoas major eines Kaninchens (Vergr. 750fach). Durch das Markerprotein α-Aktinin stellt sich das Z-Streifenmuster deutlich dar. Im Einsatz links unten (aus dem M. lumbricalis einer Ratte, Vergr. 1500fach) werden die Z-Scheiben individueller Myofibrillen bei starker Vergrößerung sichtbar.
(Originalabbildung Prof. Dr. *D. Drenckhahn*, Würzburg)

Abb. 4.**6** **Schematische Darstellung der quergestreiften Muskelfasern bei einem Säuger.**
1 Basallamina (Lamina externa)
2 Plasmalemm
3 transversaler Tubulus
4 sarkoplasmatisches Reticulum, longitudinaler Anteil
5 terminale Zisterne des sarkoplasmatischen Reticulum
6 Triade
7 Myofibrille
8 Myosinfilament
9 Aktinfilament
10 Z-Scheibe
11 Sarkomer
12 I-Bande
13 M-Zone
14 A-Bande
15 H-Bande
16 Mitochondrien
(Nach *Bloom* u. *Fawcett* und *Leonhardt* sowie nach elektronenmikroskopischen Befunden von Frau Prof. Dr. *R. Lüllmann-Rauch*, Kiel, Zeichnung *R. Clemens*, Kiel)

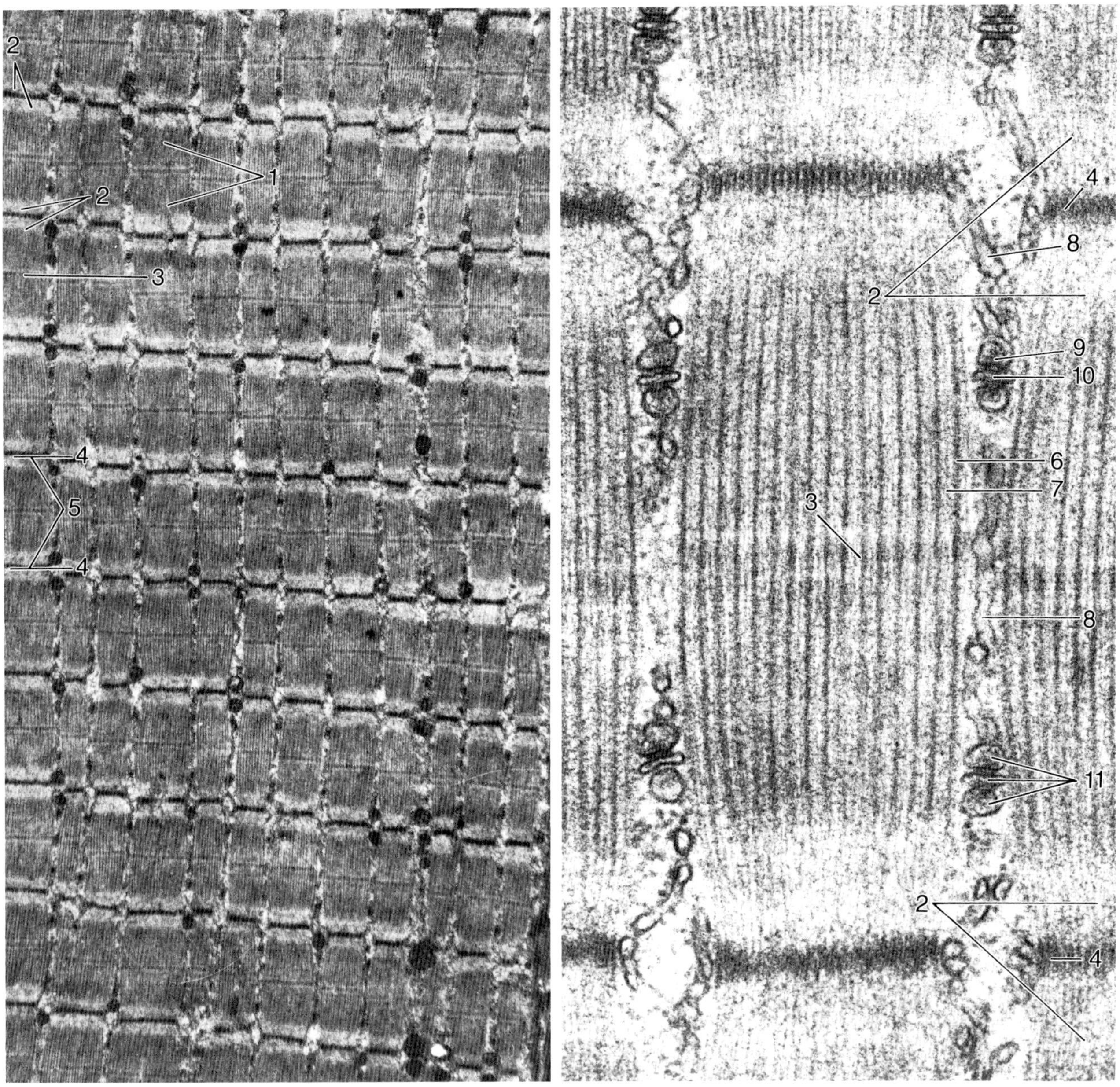

Abb. 4.**7** **Skelettmuskel einer Ratte im Längsschnitt**
a Vergr. 11 500fach, **b** Vergr. 65 500fach.
1 A-Bande
2 I-Bande
3 M-Zone
4 Z-Scheibe
5 Sarkomer
6 Myosinfilament
7 Aktinfilament
8 sarkoplasmatisches Reticulum, longitudinaler Anteil
9 terminale Zisterne des sarkoplasmatischen Reticulum
10 transversaler Tubulus
11 Triade
(Originalabbildung Prof Dr. *R. Lüllmann-Rauch*, Kiel)

Die beschriebenen Vorgänge bei der Muskelkontraktion bedürfen als *Energiequelle* des *Adenosintriphosphats* (ATP) und der Anwesenheit von Ca^{2+} (s. Lehrbücher der Biochemie und Physiologie). Das Lösen der Myosinköpfe vom Aktin ist an die Gegenwart von ATP gebunden. Es erfüllt gewissermaßen eine *„Weichmacherfunktion"*. Nach dem Lösungsvorgang wird ATP hydrolytisch in ADP und Phosphat gespalten, wobei Myosin als ATP-ase wirkt. Die Spaltprodukte ADP und Phosphat bleiben zunächst am Myosinkopf gebunden und werden mit hoher Geschwindigkeit erst abgegeben, wenn die Myosinköpfe wieder mit dem Aktinfilament in Verbindung treten. Bei der Abgabe von ADP und Phosphat knicken die Myosinköpfe um ca. 45° um („Kontraktionsbewegung") (Abb. 4.**12**); sie können dann erst erneut ATP aufnehmen (Einleitung eines neuen Querbrückenzyklus). Die durch ATP-Spaltung gewonnene *Energie* wird zu etwa einem Drittel für die erneute Querbrückenbildung, d. h. für die Muskelkontraktion, genutzt. Zwei Drittel der Energie werden in Wärme umgewandelt. Ist ATP vorhanden, aber das Anhaften der Myosinköpfe an das Aktinfilament wegen Abwesenheit freier Ca^{2+}-Ionen unterbunden, so *erschlafft* der Muskel. Wird im toten Muskel kein ATP mehr bereitgestellt, so haften die Querbrücken permanent. Es kommt zur *Totenstarre*, die sich erst löst, wenn das Gewebe in Autolyse übergegangen ist.

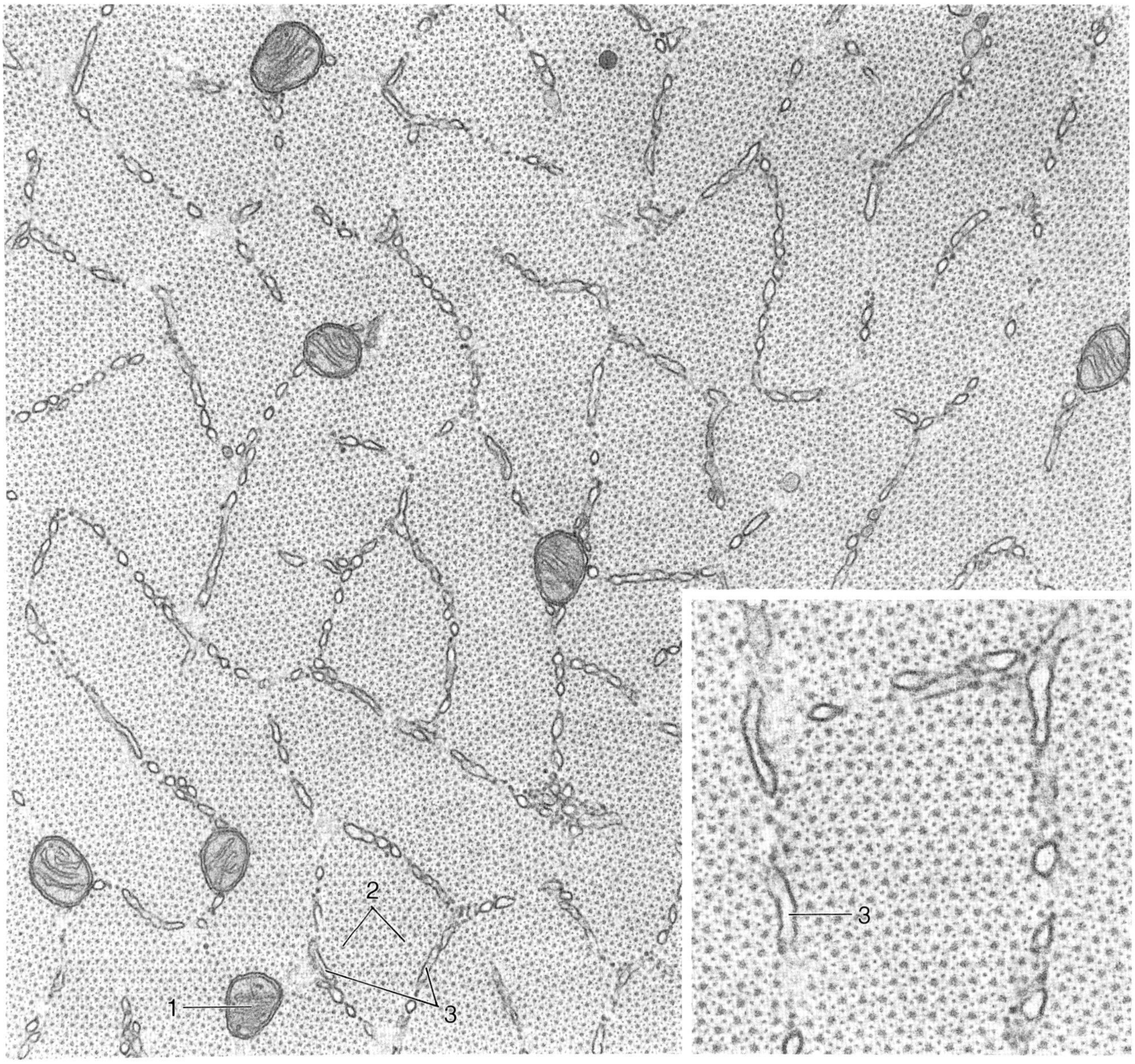

Abb. 4.8 **Querschnitt aus der Skelettmuskelfaser des M. orbicularis oculi der Maus im Bereich der A-Bande.** In der Übersicht (Vergr. 43 000fach) sind einige Mitochondrien (1) angeschnitten. Die einzelnen Myofibrillen (2) werden von den longitudinalen Schläuchen des sarkoplasmatischen Reticulum (3) begrenzt. Im Ausschnitt rechts unten (Vergr. 86 000fach) erkennt man, daß jedes dicke Myosinfilament von jeweils 6 dünnen Aktinfilamenten in streng hexagonaler Anordnung umgeben ist.
(Originalaufnahme Prof. Dr. *K. Gorgas*, Heidelberg)

T-Tubuli und sarkoplasmatisches Reticulum (L-System)

Skelettmuskelfasern sind von zwei verschiedenen Hohlraumsystemen durchzogen, die in ihrer Anordnung in morphologischer Beziehung zum Aktomyosinkomplex stehen (Abb. 4.**6**–4.**8**). Man unterscheidet ein querverlaufendes (transversales) *T-System* und ein längsverlaufendes (longitudinales) *L-System.* Die querverlaufenden *T-Tubuli* mit einem Durchmesser von ca. 50 nm liegen in Höhe des Übergangsbereiches zwischen A-Banden und I-Banden. Es handelt sich um schlauchförmige Einstülpungen des Plasmalemm. Die T-Tubuli stehen folglich mit dem *Extrazellulärraum* in Verbindung. Sie bilden als netzförmig zwischen die Myofibrillen dringende Schläuche das „T-System". Dieses dient der raschen Ausbreitung des *Aktionspotentials* von der Zelloberfläche in die Tiefe der Muskelfaser und ermöglicht damit eine gleichzeitige Kontraktion aller Myofibrillen in einer Muskelfaser.

Das *L-System* aus longitudinal verlaufenden Schläuchen ist Bestandteil des *sarkoplasmatischen Reticulum* (SR) und hat damit keine Verbindung zum Extrazellulärraum (Abb. 4.**6**, 4.**13**). Die longitudinal angeordne-

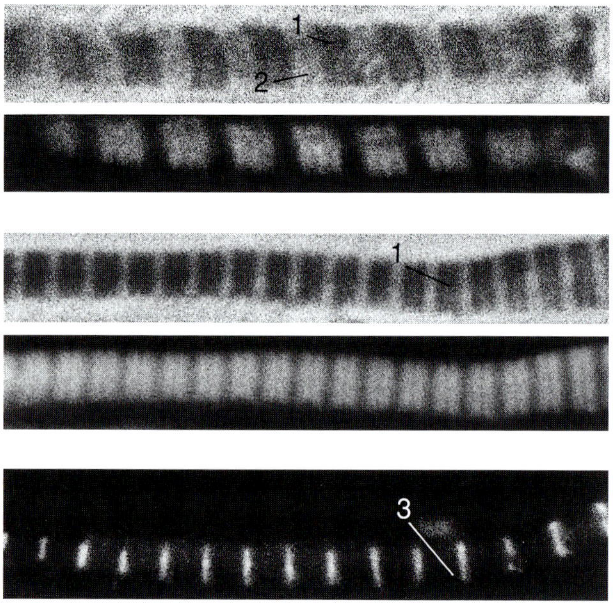

Abb. 4.**9a** Unten: Immunhistochemische Lokalisation von Aktin in einer isolierten Myofibrille des M. masseter einer Ratte.
Oben: Phasenkontrastbild derselben Myofibrille.
1 A-Bande (dunkle Zone)
2 I-Bande (helle Zone)
Aktin ist in den I-Banden und in der Überlappungszone mit den A-Banden lokalisiert (Vergr. 2900fach).
b Immunhistochemische Lokalisation von Myosin in der isolierten Myofibrille des M. masseter einer Ratte. In der oberen Bildhälfte das dazugehörige Phasenkontrastbild derselben Myofibrille.
1 A-Bande
Myosin ist nur in den A-Banden nachweisbar (Vergr. 1800fach).
c Immunhistochemische Lokalisation von Z-Streifen-Protein α-Aktinin (Vergr. 1800fach).
3 Z-Streifen
(Originalabbildungen Prof. Dr. *D. Drenckhahn*, Würzburg)

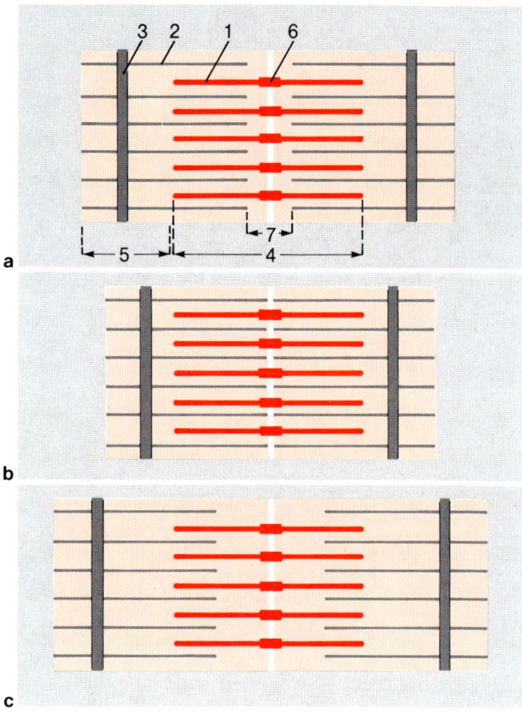

Abb. 4.**10a** **Schematische Darstellung der kontraktilen Elemente einer quergestreiften Muskelfaser im erschlafften Zustand.**
1 Myosinfilament
2 Aktinfilament
3 Z-Streifen
4 A-Bande
5 I-Bande
6 M-Zone
7 H-Zone
b Bei der Muskelkontraktion gleiten die Aktinfilamente zwischen den Myosinfilamenten in Richtung auf die M-Zone. Die Z-Scheiben nähern sich einander, und das Sarkomer wird kürzer. Die Länge der A-Bande bleibt bei der Muskelverkürzung konstant.
c Bei Dehnung der Muskelfaser gleiten die Aktinfilamente nach peripher, und die Z-Scheiben entfernen sich von einander. Die I-Bande wird größer, während die A-Bande ihre konstante Länge beibehält.
(nach *Weiss* u. *Greep*)

ten Schläuche gehen jeweils im Niveau der A-Bande in ein ringförmig um die Myofibrillen ziehendes Schlauchsystem, die terminalen Zisternen, über, wobei jeweils zwei terminale Zisternen einen T-Tubulus flankieren. Man bezeichnet diese Kontaktstelle zwischen T-System und SR als *Triade* (Abb. 4.**6**, 4.**7**).

Zu jedem Sarkomer gehören dementsprechend zwei Triaden. Sie bilden die morphologische Grundlage für die Übersetzung des *elektrischen Ereignisses (Aktionspotential)* in das *mechanische Ereignis* der *Kontraktion (elektromechanische Kopplung)*. Die Zisternen des SR spielen bei *Ca^{2+}-Verschiebungen* während des Kontraktionsablaufes eine Rolle.

Nach der Ausbreitung des Aktionspotentials auf dem Plasmalemm kommt es zur Freisetzung von Ca^{2+} aus den Zisternen des SR in das *Cytosol* hinein. Das freigesetzte Ca^{2+} schafft die Voraussetzung für das Anhaften der Myosinköpfe am Aktinfilamentsystem. Zur Beendigung der Kontraktion wird mittels einer ATP verbrauchenden „*Calciumpumpe*" Ca^{2+} in die Schläuche des SR zurücktransportiert. Dadurch wird die Ca-Ionen-Konzentration im Cytosol so niedrig ($<10^{-7}$M), daß sich die Bindung zwischen Aktin und Myosin löst. Es kommt zur Muskelerschlaffung.

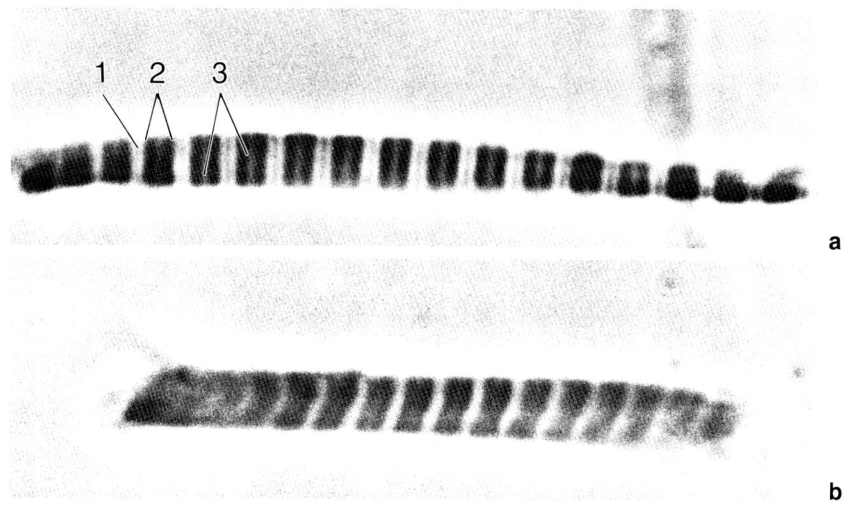

Abb. 4.**11** **Identische Myofibrillenbündel aus dem M. masseter einer Ratte** bei Betrachtung im Phasenkontrastmikroskop (Vergr. 2250fach).
a Myofibrillenbündel relaxiert,
b Myofibrillenbündel kontrahiert.
Die Kontraktion wurde durch 1 mM ATP, 3 mM Mg^{2+}, 1 μm Ca^{2+} ausgelöst.
1 I-Bande
2 A-Bande
3 H-Zone
Die Breite der A-Banden bleibt bei der Kontraktion konstant, während die der I-Banden sich verkürzt. Durch das Vorgleiten der Aktinfilamente verschwindet die H-Zone. Das Myofibrillenbündel hat sich beim Einströmen der Kontraktionslösung etwas ausgedehnt (scheinbare Verdickung der rechten Hälfte). (Originalabbildungen Prof. Dr. *D. Drenckhahn* (Würzburg) und stud. med. *J. Wagner*, Marburg)

Mitochondrien

Muskelfasern enthalten je nach „Muskelfasertyp" (s. S. 142) unterschiedlich viele *Mitochondrien* (Sarkosomen) (Abb. 4.**6**, 4.**8**). Sie liegen zwischen den Myofibrillen oder dicht gelagert unter dem Plasmalemm. Die interfibrillären Mitochondrien ordnen sich zirkulär im Bereich der I-Banden eines Sarkomers an. Im Längsschnitt erscheinen sie paarig jeweils neben der Z-Scheibe. Sie können jedoch auch in kontinuierlichen Reihen zwischen Myofibrillen liegen.

Paraplasmatische Bestandteile

In Muskelfasern kommt *Glykogen* vor (β-Partikel), das entweder verteilt in der Faserperipherie zwischen den Myofibrillen oder konzentriert in Kernnähe sowie in Höhe der I-Banden gestapelt liegt. Der *Lipidgehalt* (größtenteils Triacylglycerine) ist bei den einzelnen Muskelfasertypen unterschiedlich (s. S. 142). Die Lipidtröpfchen bilden meist Aggregate in der Umgebung von Mitochondrien. Glykogen und Lipide dienen als Reserve für die zur Muskelkontraktion notwendige Energie.

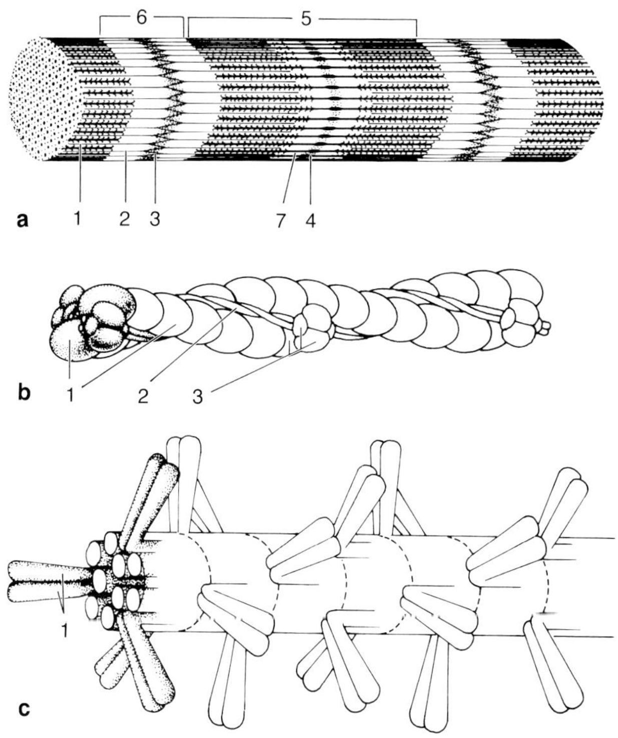

Abb. 4.**12a** **Schematische Darstellung einer Myofibrille.**
1 Myosinfilamente
2 Aktinfilamente
3 Z-Scheibe
4 M-Zone
5 A-Bande
6 I-Bande
7 H-Bande

b Schematische Darstellung eines Aktinfilaments. Ein Aktinfilament (sog. dünnes Filament) besteht aus eiförmigen Aktinmonomeren (1), helikal gewundene Fäden des Tropomyosin (2) und dem Troponinkomplex (3).
c Schematische Darstellung eines Myosinfilaments (sog. dickes Filament). Myosin besteht aus Myosinmolekülen an deren Enden sich paarige Myosinköpfe befinden (1).
(nach *U. Gröschel-Stewart* und *D. Drenckhahn* 1982)

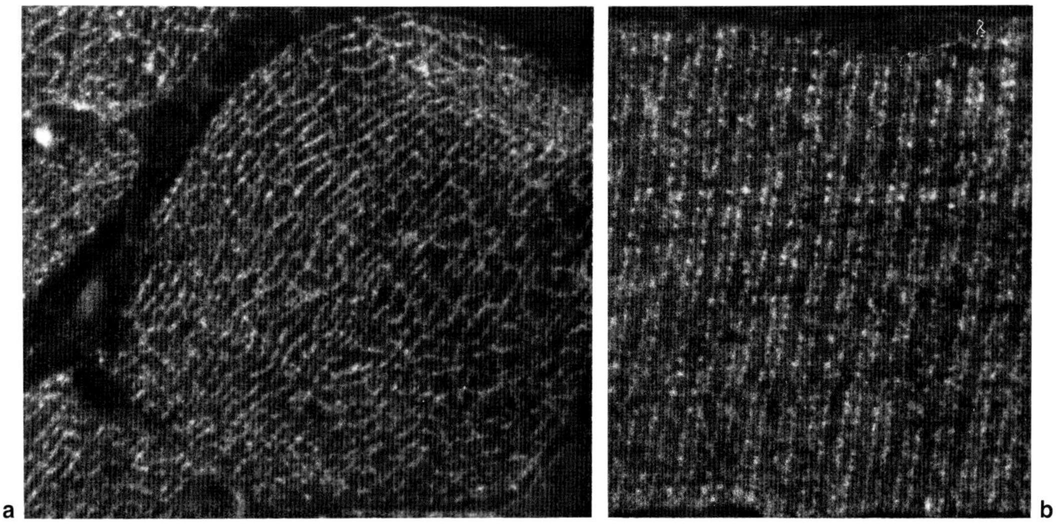

Abb. 4.**13** **Darstellung des sarkoplasmatischen Reticulum in Längs- und Querschnitten durch den M. psoas major eines Kaninchens.**
a Longitudinales System, **b** terminale Zisternen.
Das sarkoplasmatische Reticulum wurde mit einem Antikörper gegen die Calcium-Membran-ATPase dargestellt. Das Enzym transportiert Calciumionen gegen ein Konzentrationsgefälle unter ATP-Verbrauch in das sarkoplasmatische Reticulum. Die terminalen Zisternen reagieren mit Antikörpern gegen das Protein Calsequestrin, das Calciumionen bindet und in den terminalen Zisternen konzentriert (Vergr. 1600fach).
(Originalabbildung Prof. Dr. *D. Drenckhahn*, Würzburg)

Muskelfasertypen

Nach morphologischen sowie physiologischen und pharmakologischen Kriterien unterscheidet man verschiedene *Muskelfasertypen* (Abb. 4.**14**). Die überwiegende Zahl der Muskelfasern sind beim Warmblüter phasische Zuckungsfasern (twitch fibres). Zuckungsfasern zeigen eine schnelle Kontraktion; sie gehorchen dabei der „Alles-oder-Nichts-Regel"; sie werden fokal über motorische Endplatten innerviert (terminaisons en plaque). Das Aktionspotential breitet sich in Form einer fortgeleiteten Erregung über die gesamte Muskelfaser aus.

Tonische Fasern kommen nur an wenigen Stellen vor, z. B. im M. tensor tympani, in den äußeren Augenmuskeln, im oberen Ösophagusabschnitt sowie in Modifikation auch in den Muskelspindeln (s. Band II und Band III). Tonische Muskelfasern reagieren auf eine Erregung mit einer langsamen Kontraktur. Sie haben eine *multiple Innervation* in Form zahlreicher *traubenförmiger Endigungen (terminaisons en grappe)*. Bei tonischen Fasern ist eine fortgeleitete Erregung aufgrund besonderer Membraneigenschaften nicht möglich (s. Lehrbücher der Physiologie).

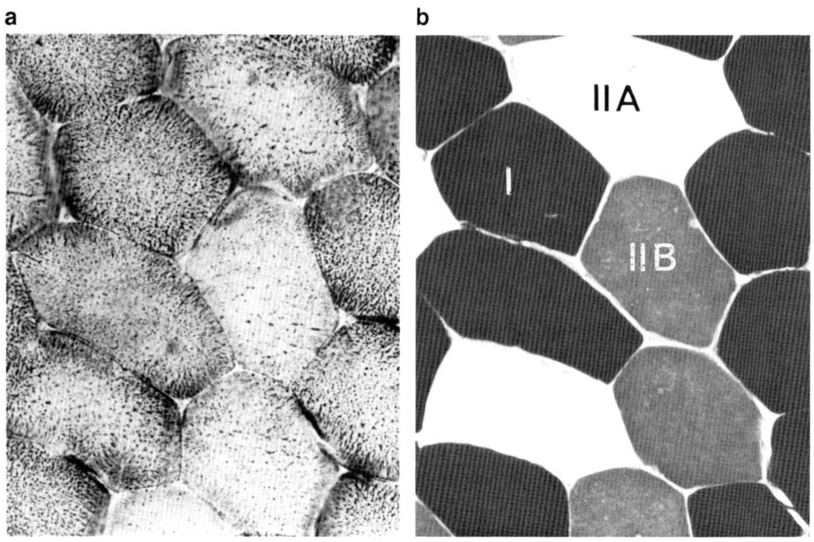

Abb. 4.**14** **Querschnitte durch den M. vastus lateralis des Menschen.**
a Anfärbung der mitochondrialen Succinatdehydrogenase.
b Identifizierung der Fasertypen I, II-A und II-B über die Reaktion der myofibrillären Aktomyosin-ATPase. Die im Schnitt erkennbaren II-A und II-B Fasern unterscheiden sich von den Typ-I-Fasern durch ihre geringere Aktivität an Succinatdehydrogenase (Vergr. 240fach).
(Originalabbildungen Prof. Dr. *D. Pette*, Konstanz)

Bei den Skelettmuskeln des Menschen lassen sich *zwei Haupttypen von Zuckungsfasern*, Typ-I-Fasern und Typ-II-Fasern, unterscheiden.
Als *Typ-I-Fasern* werden *langsame Zuckungsfasern (slow twitch fibres)* bezeichnet. Ihren metabolischen Eigenschaften zufolge zählen sie zu den oxydativ arbeitenden *sogenannten roten Fasern*.
Typ-I-Fasern (Abb. 4.**14**, 4.**15**) haben einen Durchmesser von ca. 50 µm. Ihre rote Farbe beruht auf dem hohen Gehalt an *Myoglobin*. Die Z-Scheiben sind relativ dick. Reichlich vorhandene Mitochondrien liegen vorzugsweise in Gruppen unter dem Plasmalemm, aber auch in Reihen gemeinsam mit Fettpartikeln zwischen den Myofibrillen. Die an *Neutralfett* reichen Fasern lassen sich mit der Sudanschwarzfärbung gut zur Darstellung bringen. In ihrer enzymatischen Ausstattung zeigen langsame Muskelfasern relativ hohe Gehalte von mitochondrialen Enyzmen der Substrat-Oxydation (z. B. Citrat-Zyklus, Fettsäureoxydation, Atmungskette). Es überwiegen *oxydative Stoffwechselvorgänge*. Dagegen sind die glykogenolytischen und glykolytischen Enzymaktivitäten deutlich niedriger als in schnellen Muskelfasern. Die hohe mitochondriale Enzymaktivität kommt im histochemischen Nachweis von Succinatdehydrogenase (Abb. 4.**14**) zum Ausdruck. Die mit relativ langsamer Kontraktionsgeschwindigkeit arbeitenden „roten" Muskelfasern sind mehr zu *Dauerleistungen* fähig, wie sie z. B. für Haltefunktionen benötigt werden.
Typ-II-Fasern sind schnelle Zuckungsfasern (fast twitch fibres), die aufgrund ihrer metabolischen Eigenschaften als sogenannte weiße Fasern bezeichnet werden. *Schnelle Muskelfasern (Typ-II-Fasern)* (Abb. 4.**14**) haben einen Durchmesser von 80–100 µm. Ihr sarkoplasmatisches Reticulum ist stark entwikelt. Die Z-Scheiben sind relativ dünn. Sie enthalten weniger Mitochondrien und Lipide und Glykogen als langsame Muskelfasern. Schnelle Muskelfasern haben im Vergleich mit langsamen Muskelfasern eine höhere Aktivität an Myosin- und Aktomyosin-ATPase. Ein Teil der schnellen Muskelfasern gewinnt seine Energie vornehmlich durch *anaerobe Stoffwechselvorgänge (schnelle glykolytische Fasern)*. Hierbei dient Glykogen als Energiequelle. Daneben gibt es schnelle „rote" Muskelfasern, die vorwiegend *oxydative Stoffwechselvorgänge* zeigen *(schnelle oxydative Fasern)*. Die mit hoher Kontraktionsgeschwindigkeit arbeitenden schnellen Muskelfasern dienen dem Einsatz *zeitlich begrenzter Leistungen*. Schnelle „weiße" Muskelfasern ermüden rascher als schnelle „rote" und langsame „rote" Muskelfasern. In schnellen Muskelfasern kommt eine Kraftzunahme durch Anstieg der Impulsfrequenz zustande.

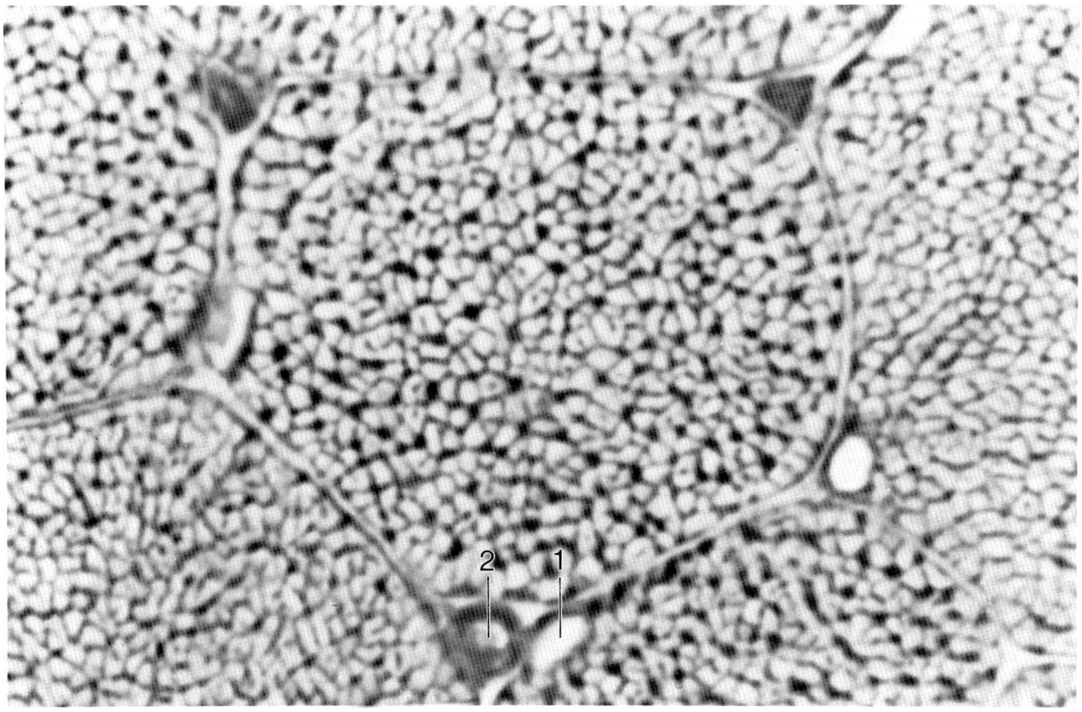

Abb. 4.**15** **Lichtmikroskopische Aufnahme einer mitochondrienreichen, „roten" Muskelfaser aus dem M. adductor magnus eines Kaninchens.** Der Schnitt wurde in einem histochemischen Medium für die Lokalisation einer Dehydrogenase mit Nitro-blue Tetrazolium unter Zusatz eines Elektronen-Carriers (Phenazin Methosulfat) inkubiert. Die Mitochondrien kommen als dunkle Pünktchen zur Darstellung. Außerdem sieht man ein feines Netzwerk, das dem sarkoplasmatischen Reticulum der Muskelfaser entspricht. Die unter dem Plasmalemm liegenden Kerne zeigen kein Reaktionsprodukt (1). Die Kapillaren zwischen den Muskelfasern sind deutlich angefärbt (2) (Vergr. 2200fach). (Originalaufnahme Prof. Dr. *H. D. Fahimi*, Heidelberg)

Der *Anteil* schneller und langsamer Muskelfasertypen ist beim Menschen von Muskel zu Muskel, aber auch individuell verschieden. Die prozentuale Verteilung der beiden Haupttypen scheint genetisch festgelegt zu sein (s. unten). Im Gegensatz zu anderen Säugern, wie z.B. bei Ratte, Meerschweinchen oder Kaninchen, kommen Muskeln mit überwiegend nur einem Muskelfasertyp beim Menschen nicht vor. Eine systematische Verteilung der Muskelfasertypen soll nicht vorliegen. Morphologische, histochemische und biochemische Untersuchungen anhand von Muskelbiopsien zeigen, daß Athleten, die Sportarten mit zeitlich begrenzter und schneller Muskelarbeit betreiben, prozentual mehr schnelle „weiße" Zuckungsfasern haben, während bei Sportlern mit Dauerleistungen mehr langsame „rote" Zuckungsfasern vorhanden sind. Bei experimentell induzierter Frequenzänderung der neuronalen Aktivität oder bei experimenteller Uminnervierung kommt es zur Umwandlung von Typ-II- in Typ-I-Fasern und vice versa. Durch „Muskeltraining" soll auch beim Menschen ein Übergang von Typ-II- in Typ-I-Fasern induziert werden; außerdem wird innerhalb der schnellen Muskelfasertypen eine Transformation von Typ-II-B- in Typ-II-A-Fasern beschrieben. Bei langandauernder Inaktivität werden Typ-II- in Typ-I-Fasern umgebildet.

Muskelbindegewebe

Zum *Muskelindividuum* gefügt werden die einzelnen Muskelfasern erst im Verein mit dem sie umhüllenden *gefäß-* und *nervenführenden Bindegewebe* (Abb. 4.**16**, 4.**19**). Dieses ist wesentlicher Bestandteil des Muskelgewebes und bildet mit den Muskelfasern eine *funktionelle Einheit.* Es ermöglicht die freie *Verschieblichkeit* der Muskelfasern bei Kontraktion und Erschlaffung und vermindert durch Herabsetzen der Reibung einen Kraftverlust. Jeder Muskel wird durch Bindegewebe in

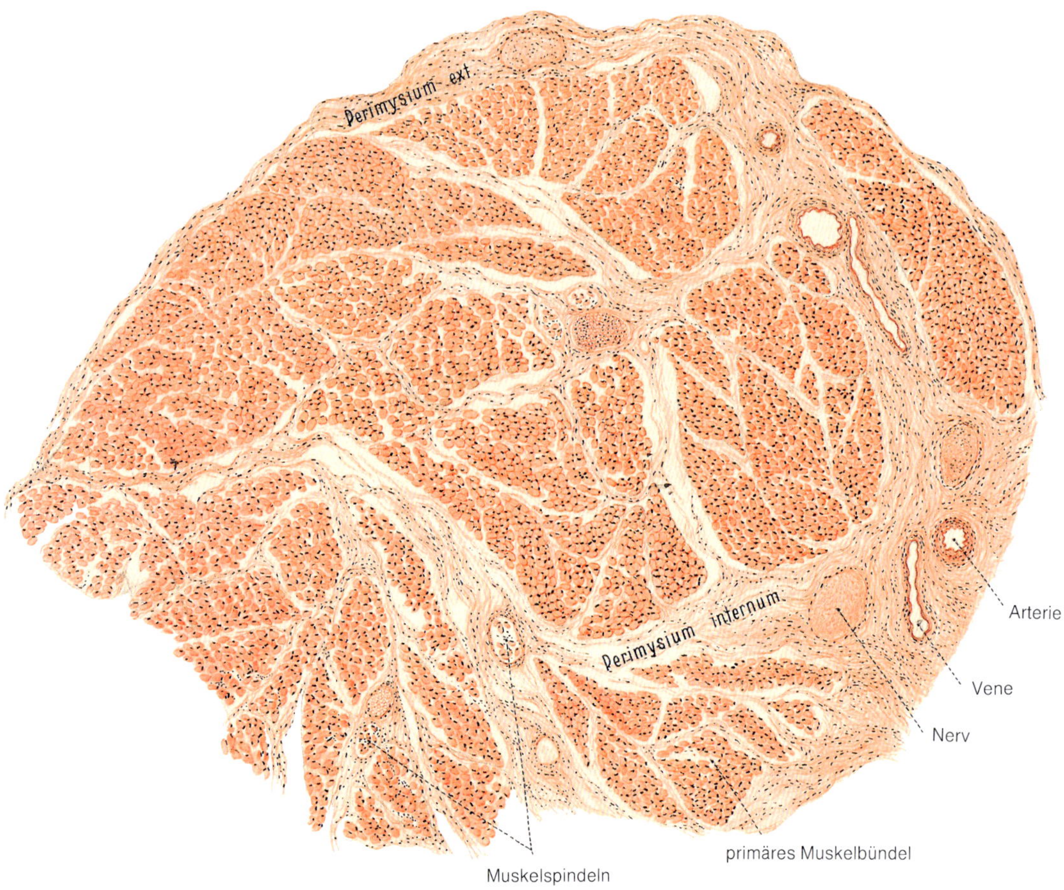

Abb. 4.**16** **Ausschnitt aus dem histologischen Querschnitt durch einen M. lumbricalis manus des Menschen.**

seine Umgebung eingebaut. Das Muskelbindegewebe ist nach Art eines *Schachtelsystems* angeordnet, das von der einzelnen Muskelfaseroberfläche bis zur allgemeinen äußeren Körperfaszie reicht. Es schließt die Muskelfasern zu unterschiedlich großen Baueinheiten zusammen. Der Bestandteil an Kollagen- und Retikulinfasern sowie an elastischem Material ist in den Bindegewebshüllen der einzelnen Baueinheiten verschieden.

Der Raum zwischen den Muskelfasern wird von zartem Bindegewebe, dem *Endomysium* (s. Abb. 2.**12**), ausgefüllt. Er hat als unmittelbar auf die Basallamina folgender Extrazellulärraum eine wichtige Funktion im *Stoffaustausch* zwischen den Muskelfasern und den im Endomysium liegenden *Kapillaren.* Über das Endomysium treten außerdem die *Nervenfasern* an die Muskelfaseroberfläche heran. Mehrere Muskelfasern werden von einer Bindegewebshülle, dem *Perimysium internum,* zu einem *Primärbündel* zusammengefaßt (s. Abb. 4.**16**). Das Primärbündel ist die kleinste *Funktionseinheit (kinematische Einheit)* der Skelettmuskeln. Sie wird als *Myon* bezeichnet. Durch den Zusammenschluß mehrerer Primärbündel entsteht ein *Sekundärbündel.* Die makroskopisch als *„Fleischfasern"* sichtbaren Sekundärbündel werden vom *Perimysium externum* umhüllt. Die Sekundärbündel sind unterschiedlich dick. In Muskeln, die zu fein abgestuften Bewegungen fähig sind (z. B. die kurzen Fingermuskeln), sind sie dünner als in Muskeln mit großer Kraftentfaltung (z. B. M. glutaeus maximus, M. deltoideus).
Skelettmuskeln werden an ihrer Oberfläche von einer *Faszie* (Abb. 4.**19**) umhüllt, die sie gegenüber der Umgebung abgrenzt. Ein solcher Faszienmantel fehlt den mimischen Muskeln des Gesichtes und dem M. sphincter ani externus. Faszien bestehen aus unterschiedlich dickem *straffem kollagenfaserigem Bindegewebe* (s. S. 29). Die Kollagenfibrillen sind in Faserbündeln zusammengefaßt und verlaufen in Form eines Scherengitters (Abb. 4.**17**, 4.**18**). Diese netzartige Anordnung der Kollagenfaserbündel ermöglicht die Anpassung der Faszie an die jeweils mit dem Kontraktionszustand wechselnde Form des Muskels. Für die freie Verschieblichkeit des im Fasziensack eingeschlossenen Muskels sorgt eine Schicht lockeren Bindegewebes zwischen Faszie und Muskeloberfläche, das *Epimysium* (Abb. 4.**19**). Das Epimysium als Träger der großen Blut- und Lymphgefäße sowie der Nerven dringt auch zwischen die Sekundärbündel.

Faszien, die einzelne Muskelindividuen umhüllen, werden als *Einzelfaszien* bezeichnet. Sie kommen in typischer Weise an den Muskeln der Extremitäten vor (z. B. M. sartorius, Abb. 7.**87**). Im Bereich der Extremitäten werden – meist funktionell einheitliche – Gruppen von Muskeln von einer *Gruppenfaszie* zusammengefaßt (z. B. Beuge- und Streckmuskeln am Oberarm Abb. 4.**19**). Dort, wo zwei Gruppenfaszien aneinander stoßen, entsteht ein *Septum intermusculare,* das in der Tiefe am Knochen befestigt ist (Abb. 4.**19**, 7.**85**). Faszien, Septa intermuscularia und Knochen bilden *osteofibröse Kanäle,* in denen Muskeln, Nerven und Gefäße liegen (Abb. 4.**20**). An den Extremitäten verlaufen die großen Leitungsbahnen größten-

Abb. 4.**17** **Scherengitterartiger Verlauf der Kollagenfibrillenbündel in der Fascia lata des Menschen.** Das Material wurde zur Darstellung des Faserverlaufes künstlich aufgelockert, Lupenaufnahme (vgl. Abb. 4.**18**)

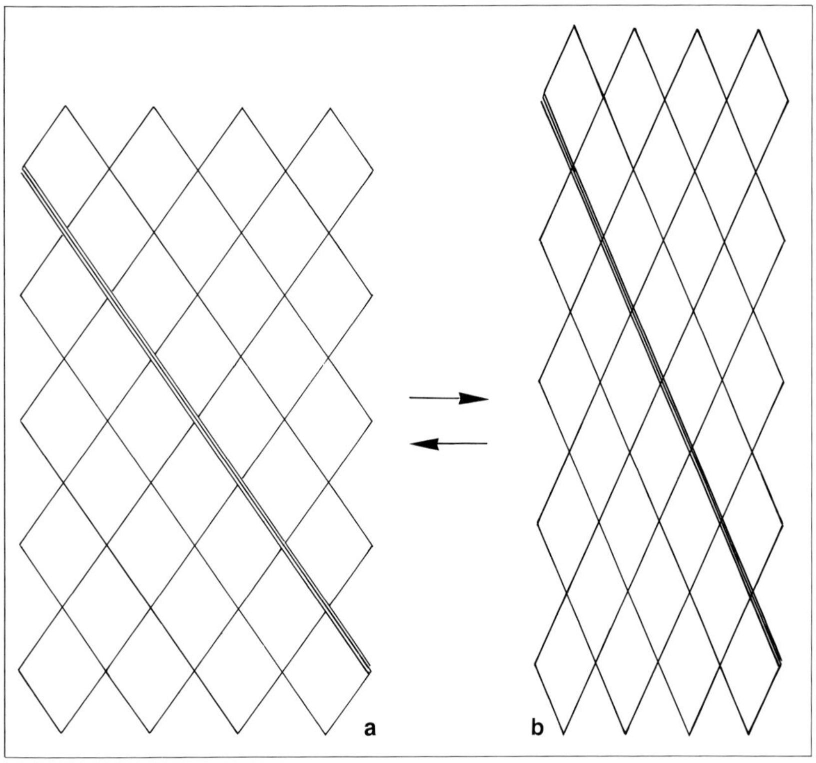

Abb. 4.**18** **Schematische Darstellung des scherengitterartigen Verlaufs der Kollagenfasern im entspannten (a) und im gedehnten (b) Zustand.** Die Länge der Kollagenfaserbündel bleibt bei der Verformung konstant (s. kräftig hervorgehobene Linie).

teils entlang der Septa intermuscularia. Die gesamte Muskeloberfläche des Rumpfes, der Extremitäten und des Kopfes – mit Ausnahme einiger Regionen des Gesichtes – wird von der allgemeinen äußeren Körperfaszie *(Fascia superficialis)* bedeckt.
Zahlreichen Muskeln dienen Faszien und Septa intermuscularia als Ursprungszonen. An diesen Stellen ist das Bindegewebe *aponeurotisch* verdickt (s. Abb. 5.**114**, 7.**74**). *Faszienverstärkungen* kommen im Übergangsbereich zwischen Unterschenkel und Fuß sowie zwischen Unterarm und Hand in Form von *Retinacula* vor. Ein Retinaculum bildet die äußere bindegewebige Begrenzung von Führungsrinnen für die zum Fuß und zur Hand ziehenden Sehnen (s. Abb. 6.**118**, 7.**169**). Retinacula verhindern, daß eine Sehne bei unterschiedlicher Wirkungsrichtung von Sehnen- und Muskelkraft (s. S. 152, Fiederungswinkel) aus ihrer Verlaufsrichtung abgelenkt wird. Die Retinacula bilden die äußere Abgrenzung eines osteofibrösen Kanals, in dem die von *Sehnenscheiden* (s. S. 158) umhüllten Sehnen normalerweise frei gleiten können.

Nimmt der Inhalt der osteofibrösen Kanäle aufgrund pathologischer Veränderungen an Sehnen, Sehnenscheiden oder am darunterliegenden Knochen zu, können die unnachgiebigen Faszienverstärkungen zur Kompression der Sehnen beitragen. Derartige *„Sehnenengpaßsyndrome"* treten vor allem am Retinaculum extensorum des Unterarmes (s. Abb. 6.**100**), jedoch auch im Karpalkanal (s. Abb. 6.**101**) und an den Retinacula im Fußbereich auf (s. Abb. 7.**130**).

Die laterale Faszienverstärkung innerhalb der Fascia lata, der *Tractus iliotibialis* (s. Abb. 7.**73**), wirkt funktionell als *Zuggurtung* und setzt die *Biegebeanspruchung* des Femur in der Frontalebene herab (s. S. 86).

Das Muskelgewebe innerhalb der Faszienhülle übt Druck auf das umgebende straffe Bindegewebe aus, so daß diese stets unter Spannung steht. Wird die Faszie operativ oder bei einem Unfall eröffnet, quillt das Muskelgewebe in Form einer „Muskelhernie" hervor. Nach stumpfen Traumen kann es aus verletzten Muskelgefäßen in die Loge der unverletzt gebliebenen Faszienhülle (Einzelfaszie oder Gruppenfaszie) bluten. Da Faszien nur begrenzt dehnbar sind, kommt es innerhalb des geschlossenen Raumes infolge eines erhöhten Gewebsdruckes zu einer Verminderung der Durchblutung, die zu Störungen der neuromuskulären Funktion *(„Kompartmentsyndrom")* führt. Innerhalb von Faszienlogen können sich *entzündliche Prozesse* ungehemmt ausbreiten. Die Faszien grenzen diese jedoch von der Umgebung ab. Für das schichtweise *operative Vorgehen* im Bereich der Bauchwand oder des Halses haben die Faszien und das zwischen ihnen liegende lockere Bindegewebe auch große orientierende Bedeutung. Beim operativen Wundverschluß werden dicke Faszien durch eigene Nähte *(Fasziennaht)* wieder miteinander vereinigt.

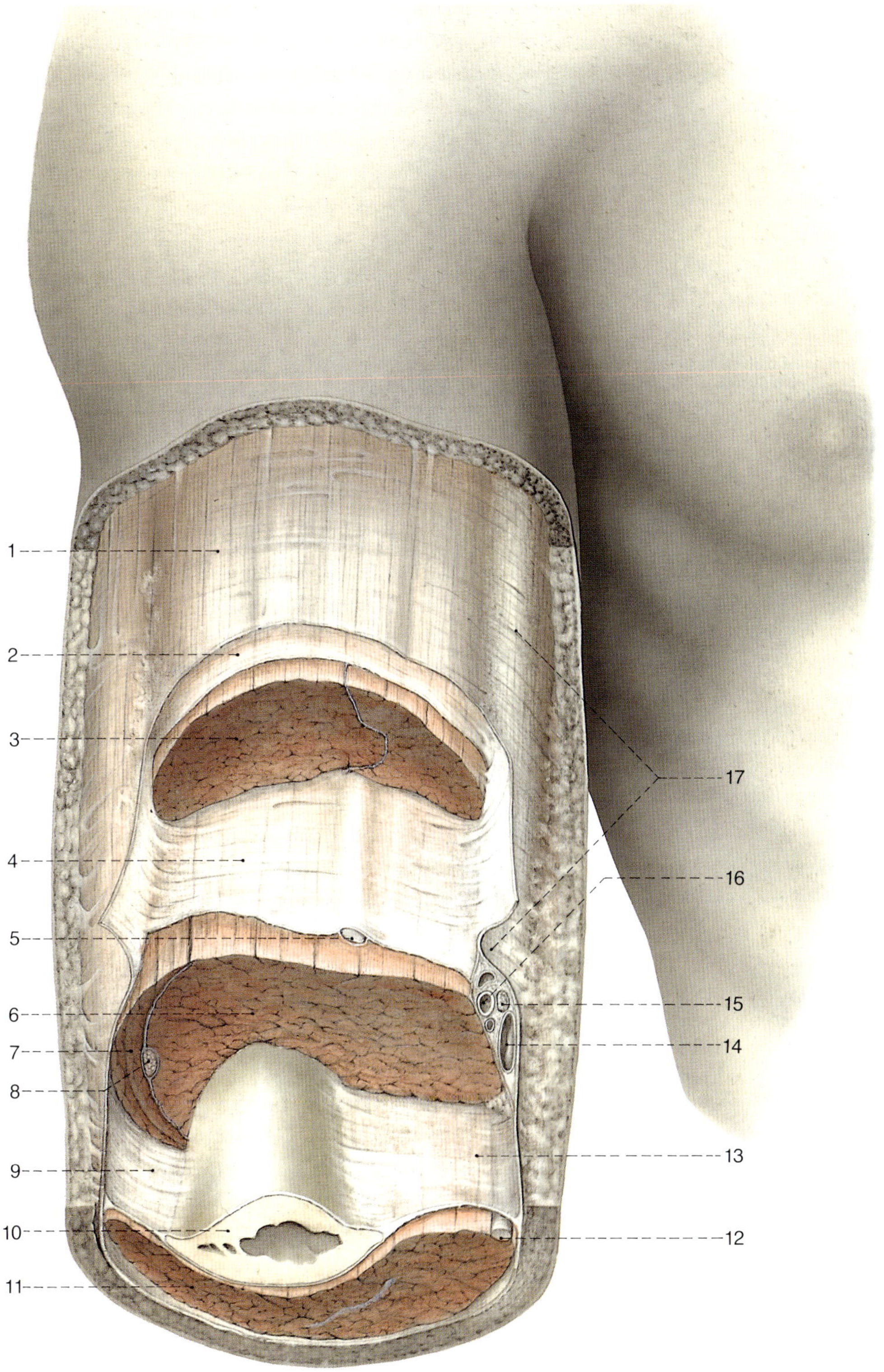

Abb. 4.**19** **Darstellung der Faszien sowie der Septa intermuscularia an einem rechten Oberarm.** Die Flexoren wurden stufenweise abpräpariert. Ansicht von vorn.

1 Fascia brachii
2 Faszie des M. biceps brachii
3 M. biceps brachii
4 Faszie der Mm. brachialis und biceps brachii
5 N. musculocutaneus
6 M. brachialis
7 M. brachioradialis
8 N. radialis
9 Septum intermusculare laterale
10 Humerus
11 M. triceps brachii
12 N. ulnaris
13 Septum intermusculare mediale
14 V. basilica
15 N. medianus
16 A. brachialis
17 Sulcus bicipitalis medialis

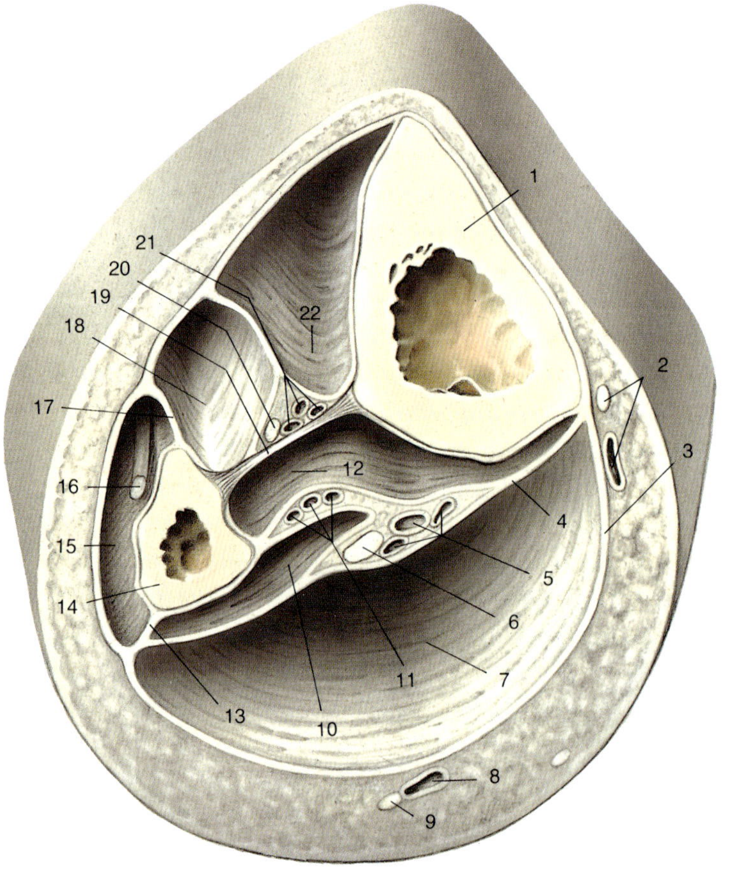

Abb. 4.**20** **Querschnitt im oberen Drittel eines rechten Unterschenkels.** Zur Darstellung der osteofibrösen Logen wurden nur die Faszien der Muskeln und der Muskelgruppen belassen. Ansicht von distal.
1 Tibia
2 N. saphenus und V. saphena magna
3 Fascia cruris (Lamina superficialis)
4 Fascia cruris (Lamina profunda)
5 Vasa tibialia posteriora
6 N. tibialis
7 Loge des M. triceps surae
8 V. saphena parva
9 N. suralis
10 Loge des M. flexor hallucis longus
11 Vasa fibularia (peronaea)
12 Loge der Mm. flexor digitorum longus und tibialis post.
13 Septum intermusculare cruris post.
14 Fibula
15 Loge der Mm. peronaei
16 N. fibularis (peronaeus) superficialis
17 Septum intermusculare cruris ant.
18 Loge des M. extensor digitorum longus
19 Membrana interossea cruris
20 N. fibularis (peronaeus) profundus
21 Vasa tibialia anteriora
22 Loge des M. tibialis ant.

Sehnen

Makroskopie

Die Verbindung zwischen Skelett und Muskulatur erfolgt über *Sehnen*. Sie übertragen bei der Muskelkontraktion die Kraft vom Muskel auf das Skelett und bei Einwirkung der Schwerkraft vom Skelett auf den Muskel. Ihre *Form* ist an den einzelnen Muskeln unterschiedlich. Einige Muskeln haben sehr kurze Sehnen, die makroskopisch kaum sichtbar sind, wie z. B. an Teilen des M. pectoralis major, des M. deltoideus oder der Glutealmuskulatur (s. Abb. 6.**60**, 7.**74**). Man spricht in diesem Fall von einem *fleischigen Ursprung* oder *Ansatz* der Muskeln. Die Sehnen der Hand- und Fußmuskeln sind demgegenüber sehr *lang* und schmal (s. Abb. 6.**118**, 7.**130**). Insbesondere die Finger sind frei von Muskulatur, so daß Greif- und Tastfunktionen ohne „störende Muskelmasse" durchgeführt werden können. Die Muskeln im Bereich der Rumpfwand bilden flächenhafte Sehnen, die man als *Aponeurosen* bezeichnet (s. Abb. 5.**155**).

Histologischer Aufbau

Sehnen zeigen histologisch den Aufbau von straffem kollagenfaserigem Bindegewebe. Ihre Extrazellulärmatrix besteht vorwiegend aus *Kollagenfibrillen* sowie aus wenig *elastischem Material* und *Proteoglykanen*, deren Moleküle parallel zur Längsachse der Kollagenfibrillen liegen (Abb. 4.**22**, 4.**23**). Nach immunhistochemischen Untersuchungen und nach der chemischen Charkterisierung läßt sich das *Sehnenkollagen* dem *Typ I* zuordnen. In kurzen Sehnen sind die Kollagenfibrillen parallel ausgerichtet. In Aponeurosen ist die Verlaufsrichtung ähnlich wie in Faszien: Die Kollagenfaserbündel überkreuzen sich scherengitterartig. In langen Sehnen ist das zugfeste Material zwar vorwiegend in Zugrichtung der Sehne angeordnet, die Fibrillenbündel laufen jedoch in Schraubentouren unterschiedlicher Steigungswinkel. Diese Verlaufsform und der Gehalt an elastischem Material verleiht der Sehne eine *begrenzte Dehnbarkeit*. Bei einsetzender Muskelkontraktion werden die Sehnenfasern zunächst gestreckt. Dies führt zu einer gedämpften, *weichen Kraftübertragung* zwischen Sehne und Muskel.

Bei den Zellen des Sehnengewebes *(Tenozyten)* handelt es sich um modifizierte Bindegewebszellen. Sie legen sich den Kollagenfibrillen in der Weise an, daß ihre Zytoplasmafortsätze „flügelförmig" in die Räume zwischen den Faserbündeln ragen *(„Flügelzellen")* (Abb. 4.**21**, 4.**22**). Die Tenozyten stehen über dünne Zytoplasmafortsätze miteinander in Verbindung. Sehnenbildungszellen *(Tenoblasten)* und Tenozyten enthalten Aktin- und Myosinfilamente. Die *kontraktilen Filamente* sollen funktionell für eine gedämpfte Kraftübertragung von Bedeutung sein (s. oben).

Die Fibrillen einer Sehne werden durch lockeres *Bindegewebe* zu *Bündeln* zusammengefaßt, das wie bei der Skelettmuskulatur nach Art eines Schachtelsystems

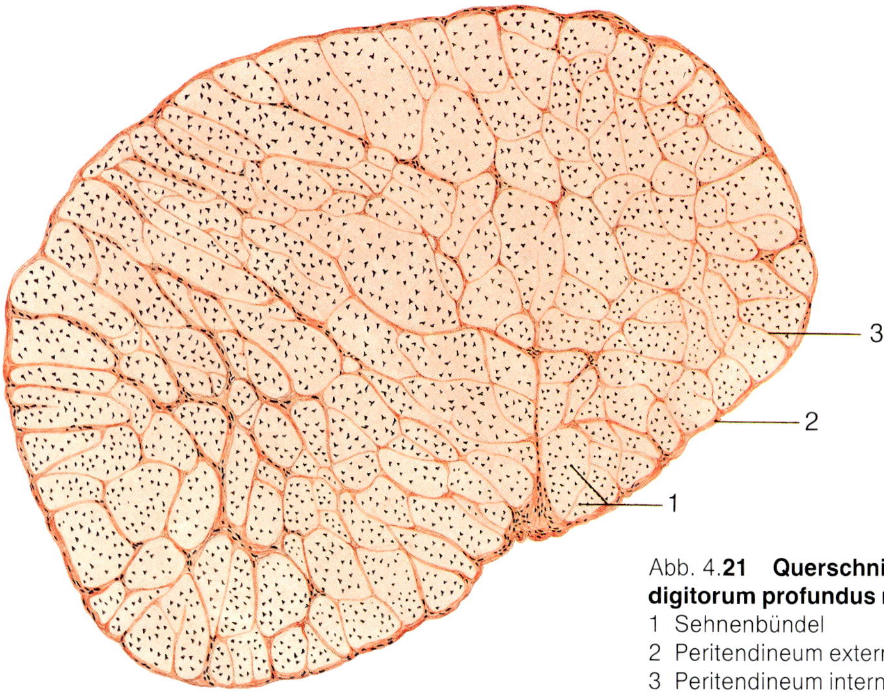

Abb. 4.**21** **Querschnitt durch die Sehne des M. flexor digitorum profundus manus des Menschen.**
1 Sehnenbündel
2 Peritendineum externum
3 Peritendineum internum

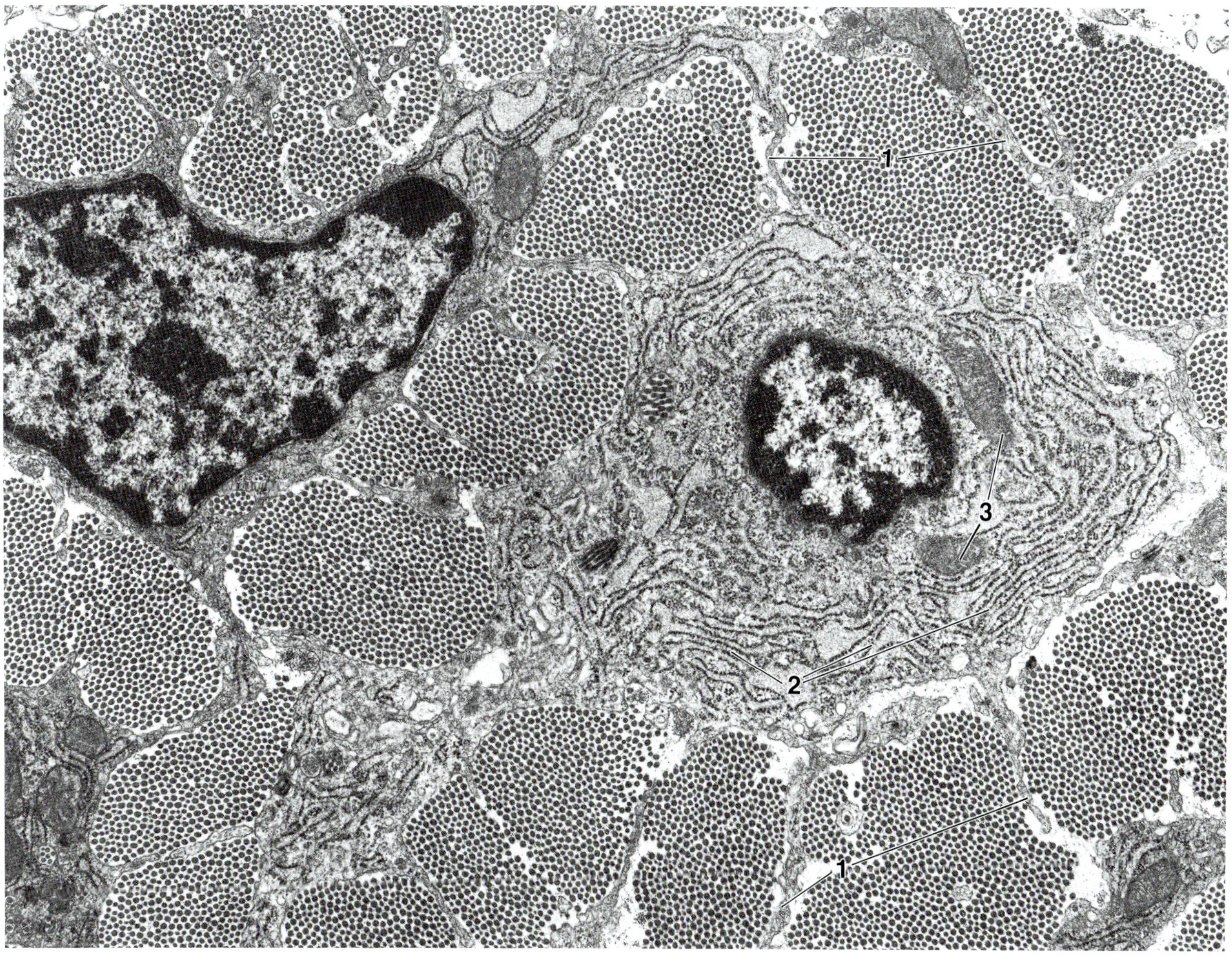

Abb. 4.**22** **Querschnitt durch die Sehne des M. flexor digitorum longus der Maus.** Die Tenozyten ragen mit ihren feinen Zytoplasmaausläufern (1) zwischen Bündel kollagener Fibrillen. Die Sehnenzellen enthalten reichlich rauhes endoplasmatisches Reticulum (2).
3 Mitochondrien
(Vergr. 12 500fach).
(Originalabbildung Dr. *H. Michna*, Lübeck)

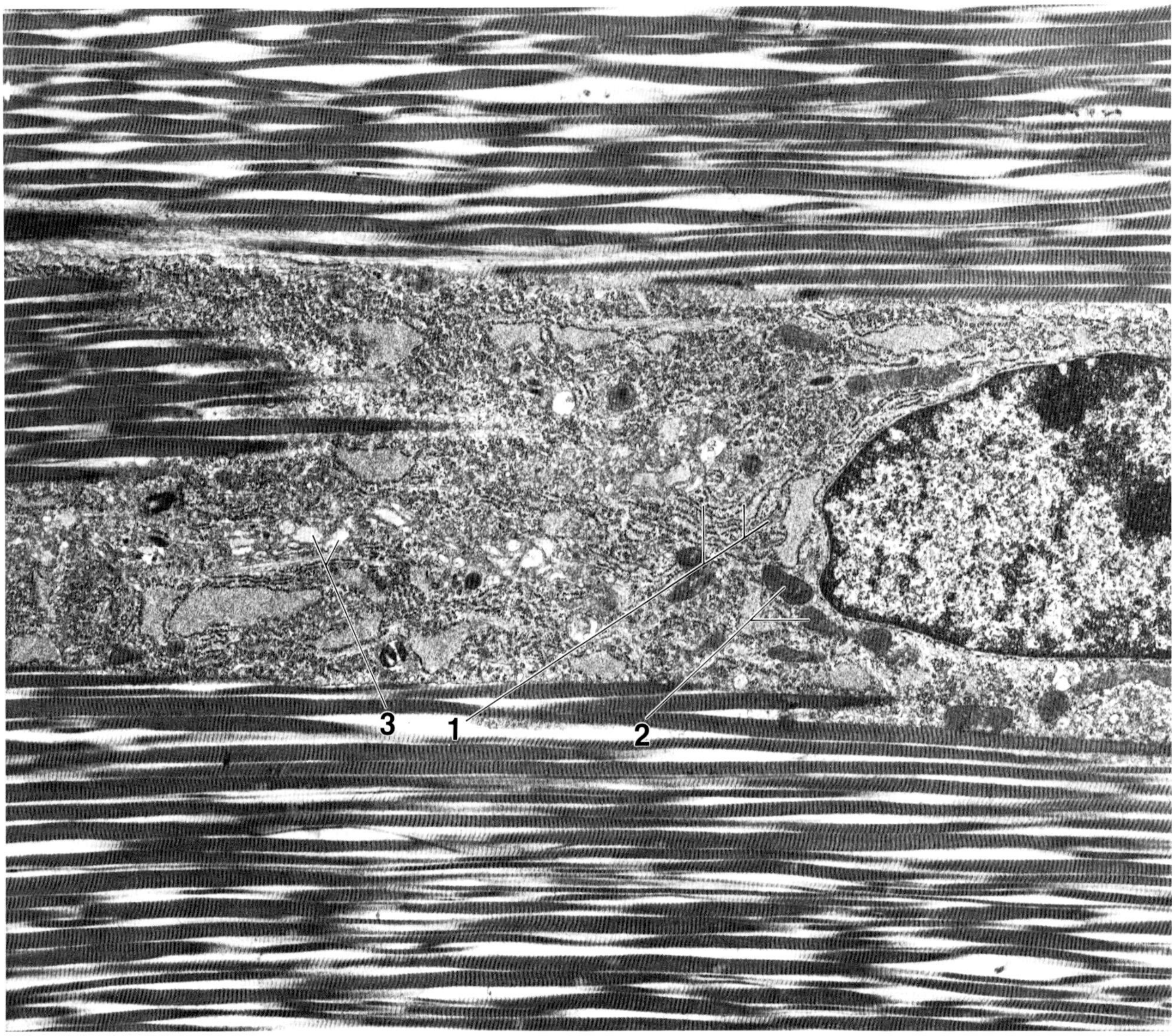

Abb. 4.**23** **Längsschnitt durch die Sehne des M. flexor digitorum longus der Maus.** Zwischen Kollagenfibrillenbündeln Anschnitt eines Tenozyten im Bereich des Perikaryon. Das Cytoplasma enthält reichlich rauhes endoplasmatisches Reticulum (1), Mitochondrien (2) sowie einen ausgedehnten Golgi-Apparat (3). (Vergr. 17 800fach). (Originalabbildung Dr. *H. Michna*, Lübeck)

angeordnet ist. Auch bei der Sehne dringen über das *Bindegewebe Blutgefäße* und *Nerven* in das Innere des Organs. Außen wird die Sehne vom *Peritendineum externum (Epitenon)* umschlossen (Abb. 4.**21**). Größere *(Sekundärbündel)* und kleinere Sehnenfaserbündel *(Primärbündel)* umscheidet das *Peritendineum internum.* Im Bereich des Muskel-Sehnen-Überganges liegen im Peritendineum internum die *Sehnenspindeln* (s. S. 161 und Band III).

Das Peritendineum geht kontinuierlich in das Perimysium über. Zwischen Peritendineum externum und Faszie liegt ein als *Paratendineum (Paratenon)* bezeichnetes Gewebe. Es besteht aus einem *vielblättrigen,* zumeist reichlich vaskularisierten *Gleitgewebe.* An langen Sehnen kommen mehrere, von Flüssigkeit ausgefüllte Gleitschichten vor, die untereinander durch *gefäßführende Bindegewebsstränge* verbunden sind. In Bereichen, wo der Abstand zwischen Sehne und Faszienhülle groß ist, kann Fettgewebe zwischen den Bindegewebslamellen eingelagert sein. Das Gleitgewebe fehlt im Bereich der Sehnenansatzzonen. Es geht kontinuierlich in das Epimysium der Muskulatur über. Dort, wo Sehnenscheiden ausgebildet sind (s. unten), endet es an deren Beginn. Über das Sehnengleitgewebe dringen *Gefäße* an die Sehne heran. Es enthält außerdem *sensible Lamellenkörperchen.* Durch *Herabsetzung der Reibung* vermindert das Gleitgewebe einen Kraftverlust der Muskulatur.

Zugsehnen – Gleitsehnen

Einen histologischen Aufbau in der oben geschilderten Weise haben *Zugsehnen,* deren Wirkungsrichtung mit der *Hauptlinie* des Muskels (s. Abb. 4.**24**) übereinstimmt. Bei zahlreichen Muskeln weicht die Zugrich-

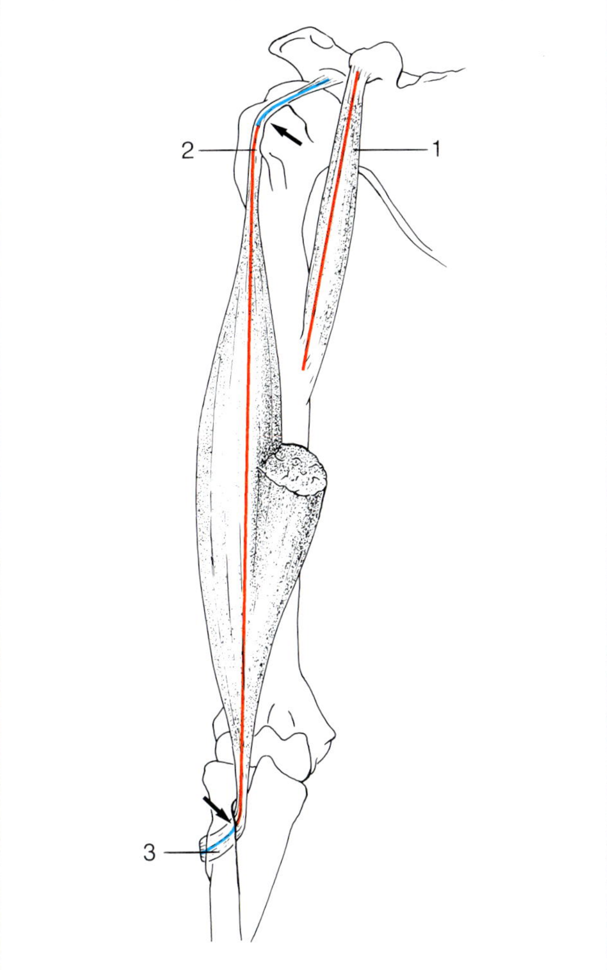

Abb. 4.**24** **Schematische Darstellung von Zug- und Gleitsehne.** Beim M. coracobrachialis (1) liegen Ursprungs- und Ansatzsehne auf der Hauptlinie (rot) des Muskels. Die Ursprungssehne des Caput longum des M. biceps brachii (2) und die Ansatzsehne des M. biceps brachii (3) in Pronationsstellung sind Gleitsehnen. Das Hypomochlion im oberen Bereich des Sulcus intertubercularis und das Hypomochlion an der Tuberositas radii sind durch Pfeile markiert. Die wirksame Endstrecke der Sehnen (blau) weicht von der Hauptlinie des Muskels (rot) ab.

tung der Sehne jedoch von der des Muskels deutlich ab (z. B. M. obturatorius internus [Abb. 7.**80**], M. tibialis posterior [Abb.7.**130**, M. peroneus longus [Abb. 7.**175**], M. supraspinatus [Abb. 6.**44**], M. biceps brachii [Abb. 6.**66**]). Solche Sehnen bezeichnet man als *Gleitsehnen.* Die Ablenkung der Verlaufsrichtung der Endsehne erfolgt in den meisten Fällen durch ein Skelettelement oder durch ein Retinaculum. Das *Widerlager,* um das die Sehne herumzieht, nennt man *Hypomochlion* (Abb. 4.**24**). Dort, wo die Gleitsehne dem Widerlager anliegt, sind *Knorpelzellen* in das Sehnengewebe eingelagert. Die Faserknorpelzone in Gleitsehnen ist avaskulär. An einigen Gleitsehnen, z. B. M. supraspinatus und M. biceps brachii, scheint ein Zusammenhang zwischen der avaskulären Faserknorpelzone und degenerativen Sehnenveränderungen sowie Sehnenrupturen zu bestehen.

Der Gehalt an Glykosaminoglykanen ist hier höher als in den angrenzenden Abschnitten. Die Kollagenfibrillen haben in diesem Bereich eine engere Periodizität und einen geringeren Durchmesser als in typischen Zugsehnen. Der faserknorpelige Aufbau der Sehne im Bereich des Widerlagers ist Zeichen einer *funktionellen Anpassung* an die andersartige Beanspruchung in dieser Region: Die Sehne erfährt in der Kontaktzone eine Druck- und Schubbeanspruchung (s. „Kausale Histogenese" S. 15). Gleitsehnen verlaufen im Bereich des Widerlagers in Sehnenscheiden.

Altersabhängige Veränderungen

Sehnengewebe unterliegt im Laufe des Lebens einem quantitativen und qualitativen *Strukturwandel.* Mit zunehmendem Alter kommt es zu einer relativen Vermehrung der Extrazellulärmatrix gegenüber den Sehnenzellen. Im Alter steigt der Gehalt an Kollagenfibrillen, deren Durchmesser im Gegensatz zu Sehnen von Kindern und Jugendlichen sehr variabel ist. Es kommt ferner zu einer Abnahme von elastischen Fasern, die zum Teil eine Involution in Form von Ablagerungen eines dichten, granulären Materials zeigen. Der Gehalt an Proteoglykanen und Wasser wird im hohen Lebensalter geringer. Außerdem nimmt die Kapillardichte ab. Dieser Strukturwandel des Sehnengewebes geht mit Veränderungen im mechanischen Verhalten einher.

Mechanisches Verhalten der Sehnen

Sehnen sind aufgrund ihres Gehaltes an kollagenen Fibrillen *zugfest.* Unter experimentellen Bedingungen zerreißt eine große Sehne (Abb. 4.**26**), wie z. B. die Achillessehne oder die Quadrizepssehne, bei einer Zugbelastung von etwa 1000 kp (maximale Höchstlast oder Reißkraft). Die maximale Reißkraft hängt von der Querschnittsgröße der Sehne und von der Verformungsgeschwindigkeit (s. unten) ab. Die Reißkraft liegt bei Männern höher als bei Frauen. Die Zugfestigkeit von Sehnen wird zwischen 50–100 N/mm^2 angegeben. Aus klinischen und morphologischen Untersuchungen ist zu schließen, daß die Zugbelastung unter physiologischen Bedingungen nicht so hoch werden kann, daß eine gesunde Sehne zerreißt. Sehnenrisse sollen nur bei „vorgeschädigtem" Gewebe auftreten. Bei hoher Zugbelastung beobachtet man aber Knochenausrisse der Sehnenansatzzonen (s. S. 152). Aufgrund der Zusammensetzung der Extrazellulärmatrix ist Sehnengewebe bei Kindern elastischer als bei Erwachsenen. Sehnen von Erwachsenen haben eine höhere Zugfestigkeit als die von Kindern, erst im hohen Lebensalter nimmt die Zugfestigkeit wieder ab (s. oben). Sehnen besitzen die *rheologischen Eigenschaften* der *Viskoelastizität* und *Relaxation* (Abb. 4.**25**). Bei elastischen Verformungen werden die durch die äußere Krafteinwirkung hervorgerufenen Gestaltänderungen dann rückgängig gemacht, wenn die äußere Kraft nicht mehr einwirkt. Ein solches Verhalten zeigt die Sehne nur bei einer Dehnung bis zu 2%. Geht die Dehnung über 4% hinaus, kommt es zu plastischen Formveränderungen des Materials. Das *viskoelastische Verhalten* (s. S. 19) wirkt bei der Kraftübertragung zwischen Muskel und Skelett „dämpfend" (s. Sehnenansatzzone).

Die *Relaxation* der Sehne führt zu einem Spannungsabfall im Sehnengewebe. Der Spannungsabfall wird ständig durch Nachregulierung der Muskelspannung kompensiert. Dieser Vorgang erfolgt über die Muskelspindeln und wird nervös über Dehnungsrezeptoren und Motoneurone gesteuert (s. Bd. III). Eine weitere rheologische Qualität ist die *Erholungseigenschaft.* Sie besteht darin, daß sich die Sehne zwischen Dehnung und Entdehnung in Form einer mechanischen Spannungszunahme „erholen" kann. Dieser *Kraft- und Spannungsrückgewinn* erfolgt unabhängig von einer Spannungszunahme durch die Muskelkontraktion. Derartige Erholungseigenschaften haben auch Aponeurosen und Bänder. Durch die biologischen Erholungseigenschaften von straffem Bindegewebe wird eine Erschlaffung des Materials unter mechanischer Beanspruchung verhindert.

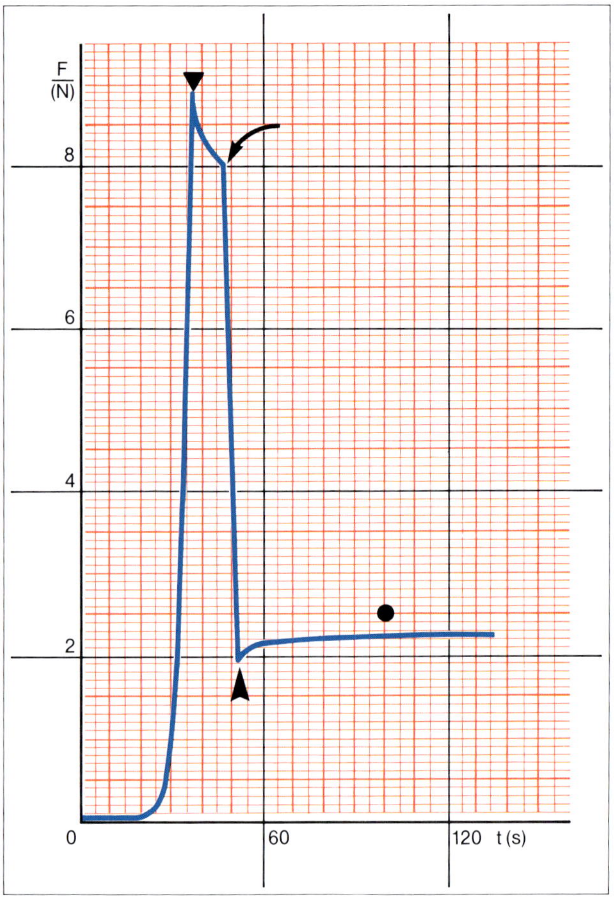

Abb. 4.**25** **Unter gleichmäßiger Dehnung eines Sehnenfaserbündels (M. extensor digitorum longus pedis von einem 21jährigen jungen Mann) vergrößert sich die Kraft (Zugkraft) zunächst bogenförmig.** Der Bogenteil geht dann kontinuierlich in einen fast geraden Bereich über. Eine Unterbrechung des Dehnungsvorganges (markiert durch den breiten Pfeilkopf) unter Konstanthaltung der Länge (isometrische Bedingung) führt zur Kraftrelaxation (Spannungsrelaxation). Nach einer Relaxationsdauer von 10 Sekunden erfolgt eine Teilentdehnung. Ihr Beginn ist durch den gebogenen Pfeil markiert. Nach der Teilentdehnung wird die Länge wieder konstant gehalten. Im Sehnenfaserbündel erfolgt ein zeitabhängiger mechanischer Erholungsvorgang (Kraft- oder Spannungsrückgewinn). Der willkürlich gewählte Kraftrückgewinnanfangspunkt ist mit einem spitzen Pfeil markiert. Die Kraftrückgewinnkurve ist mit einem schwarzen Punkt gekennzeichnet. Auf der Abszisse ist die Zeit T in Sekunden, auf der Ordinate die Kraft in Newton angegeben.
(Originalabbildung Prof. Dr. *G. Arnold,* Düsseldorf)

Muskel-Sehnen-Übergang

Zwischen den kontraktilen Elementen der Muskelfasern und den Sehnenfasern gibt es keinen kontinuierlichen Übergang. Die *Kraftübertragung zwischen Muskel und Sehne* erfolgt vielmehr zwischen Plasmalemm, Basallamina und den die Muskelfaser umhüllenden Mikrofibrillen einerseits und den Mikrofibrillen der Sehne andererseits. Bei der Vermittlung zwischen Extrazellulärmatrix (Endomysium) und dem Cytoskelett der Muskelfaser spielt das Protein *Dystrophin* eine wichtige Rolle. Ort der Kraftübertragung ist jedoch nicht der gesamte Sarkolemmschlauch, sondern ein Bereich am Muskelfaserende, wo sich das Sarkolemm fingerförmig vorgestülpt und der Extrazellulärraum in die Sehne eingestülpt ist (Abb. 4.**27**). Die Invaginationen bewirken eine starke Oberflächenvergrößerung an der *myotendinalen Verbindung.* Im Bereich der Ausstülpungen wird die dicke Basallamina von *Mikrofibrillen,* die dem Plasmalemm der Muskelfaser außen anliegen, durchsetzt. Die Mikrofibrillen durchflechten sich ihrerseits wieder mit Mikrofibrillen der Sehne, die in die Invaginationen hineinragen. Auf diese Weise entsteht ein Faserfilz, der die feste Verankerung zwischen Muskel- und Sehnengewebe bewirkt. An der Innenseite des Plasmalemm inserieren an umschriebener Stelle die Aktinfilamente in Form eines fokalen Kontaktes.

Muskelfaser und zugehörige Sehne verlaufen nicht geradlinig. Auch liegen die Muskel-Sehnen-Übergänge innerhalb eines Muskels nicht alle in einer Ebene; sie sind vielmehr gegeneinander in gestaffelter Weise versetzt. Die voneinander abweichenden Verlaufsrichtungen zwischen Muskelfasern und Sehnenfasern sind bei Primärbündeln mit der Lupe, bei Sekundärbündeln mit dem unbewaffneten Auge zu sehen (s. Abb. 4.**32**). Man bezeichnet den Winkel, den die Verlaufsrichtungen von Sehnenfasern und Muskelfaserbündeln miteinander bilden, als *Fiederungswinkel* (s. Abb. 4.**38**). Die Größe des Fiederungswinkels an einem Muskel ist nicht konstant, sondern ändert sich bei der Kontraktion (s. Abb. 4.**39**).

Sehnenansatzzone

Hinter den Beschreibungen der systematischen Anatomie von Muskelursprüngen und -ansätzen an *Facies, Lineae, Cristae, Tuberositates, Tubercula* verbergen sich hinsichtlich des histologischen Aufbaues der *Sehnenansatzzone* unterschiedlich *„Ansatzstrukturen"*, die ein Gewebe eigener Art darstellen.

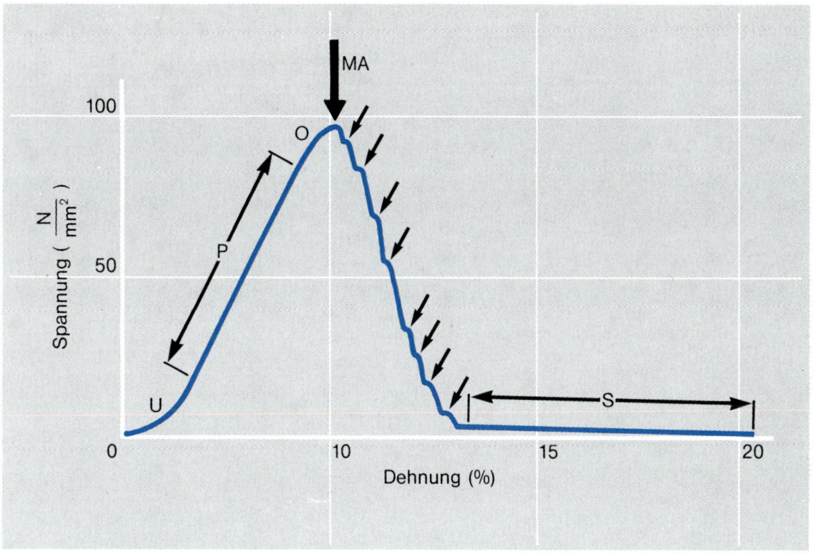

Abb. 4.**26** **Schematische Darstellung eines Zerreißdiagramms von einer Sehne.** Auf der Abszisse steht die Dehnung in Prozent, auf der Ordinate ist die Spannung in Newton/mm^2 eingetragen. Nach einem bogenförmigen Anfangsteil U folgt ein weitgehend geradliniger Teil P, an dem sich ein oberer Bogenteil O anschließt. Die Höchstkraft, die erforderlich ist, um eine Sehne zu zerreißen, wird als Reißkraft (Maximalkraft oder Höchstlast) bezeichnet. Die maximale Spannung ist im Diagramm mit MA gekennzeichnet. Bei maximaler Spannung beträgt die Dehnung etwa 10%. Der Zerreißvorgang läuft unregelmäßig und stufenförmig (Pfeile) ab. Elastische Netze, Adhäsionskräfte und zum Teil auch Blutgefäße verursachen das lange, mit S markierte Endstück im Zerreißvorgang. (Originalabbildung Prof. Dr. *G. Arnold*, Düsseldorf)

Am Extremitätenskelett sind die Sehnenansätze in den Abschnitten des Knochens, die durch desmale Osteogenese entstehen (Diaphyse, s. S. 68), anders aufgebaut als in Zonen mit endochondraler Knochenbildung (Apophyse, s. S. 68). Die Ansatzzonen der Diaphyse haben ein Periost, das im Bereich der Apophyse fehlt. Man unterteilt die Sehnen- und Bandansätze am Extremitätenskelett entsprechend in *periostal-diaphysäre* und *chondral-apophysäre*. Da ein solcher Zusammenhang zwischen der Art der Osteogenese und der Struktur der Sehnenansatzzonen nicht am gesamten Skelett besteht, unterscheidet man allgemeingültig Sehnenansätze mit Periost-, Knochen- und Knorpeleinstrahlung. Die *periostalen Ansatzzonen* können *flächenhaft* oder *zirkumskript* sein. Bei zirkumskripten Insertionen (z. B. M. lattisimus dorsi, M. pectoralis major [Abb. 6.**63**]) lassen sich im Ansatzbereich bereits mit dem bloßen Auge Aufzweigungen der Faserbündel in Form eines *„Sehnenfächers"* erkennen. Durch diese Konstruktion werden „Kerbwirkungen" im Bereich des Sehnenansatzbereiches ausgeschaltet (s. unten). Bei den flächenhaften Sehnen im Schaftbereich dringen die Kollagenfibrillen der Sehne tangential oder in schrägen Winkeln in das Periost ein und verlaufen über eine unterschiedlich weite Strecke im äußeren Teil des Periostschlauches, bevor sie die Kambiumschicht durchbrechen und in den Knochen einstrahlen (s. Abb. 3.**3**). An den umschriebenen Insertionsstellen, wie z. B. an der Linea aspera oder der Tuberositas deltoidea, entsteht eine besondere *„Ansatzstruktur"*, die funktionell und auch morphologisch einem Periost entspricht (Abb. 4.**29**). Die Kollagenfibrillen der kurzen Sehnen (fleischiger Ursprung oder Ansatz) verlieren im Sehnenansatzbereich ihre parallelfaserige Anordnung, fächern sich auf und durchflechten sich mit elastischen Fasern des Periostes, wobei sie unter verschiedenen Winkeln in den Knochen einstrahlen. Dort, wo im Ansatzbereich ein Periost vorhanden ist, spaltet sich dieses in eine tiefe, dem Knochen aufliegende Schicht und eine oberflächliche Lage. Der oberflächliche Anteil geht kontinuierlich in das Peritendineum externum über.

In Sehnenansätzen mit Knocheneinstrahlung ziehen die Kollagenfaserbündel der Sehne direkt in den Knochen; ein Periost fehlt in diesem Bereich. Sehnenansätze mit Knocheneinstrahlung kommen z. B. an den Kaumuskeln vor.

Sehnenansatzzonen mit Knorpeleinstrahlung unterscheiden sich von den periostal-diaphysären nicht nur durch das Fehlen eines Periostes, sondern auch durch ihren Aufbau unmittelbar am *Sehnen-Knochen-Übergang* (Abb. 4.**28**). Zwischen Sehne und Knochen liegt ein Gewebe, das in seinem Aufbau *Faserknorpel* gleicht. Die Schicht der Ansatzzone, die unmittelbar dem Knochen aufliegt, ist außerdem *mineralisiert*. Die Knorpelzellen der Ansatzzone werden scherengitterartig von Kollagenfaserbündeln umhüllt, bevor diese in den Knochen einstrahlen. Die im Knochen verankerten Kollagenfibrillen werden auch als *Sharpeysche Fasern* bezeichnet.

Die verschieden aufgebauten Ansatzstrukturen haben prinzipiell die gleiche *funktionelle Bedeutung*. Die Zugfestigkeit von Sehne und Knochen ist war annähernd gleich groß, der *Elastizitätsmodul* beider Gewebe unterscheidet sich jedoch um etwa eine Zehnerpotenz. Die mechanische Bedeutung der Ansatzstruktur besteht darin, die unterschiedlichen Elastizitätsmodule von Sehne und Knochen durch eine *„Dehnungsdämpfung* oder -bremsung" auszugleichen. Im flächenhaft periostalen Ansatzbereich erfolgt dieser Ausgleich durch die elastischen Fasern des Periostes. Bei zirkumskripten Ansätzen übernimmt das fibroelastische Gewebe diese Aufgabe. In den chondral-apophysären Zonen wirkt der Faserknorpel als „Elastizitätsbremse".

Bei der Kraftübertragung zwischen Muskel und Sehne kommt es zur *Längsdehnung* der Sehnenfasern in Richtung der Zugkräfte. Die Längsdehnung eines Materials geht stets mit einer *Querkürzung* senkrecht zur Zugrichtung einher. Die Querkürzung wird in chondral-apophysären Ansatzzonen durch Knorpelzellen eingeschränkt. Die verminderte Querkürzung ihrerseits bewirkt eine Herabsetzung der Längsdehnung des Sehnengewebes (Abb. 4.**30**).

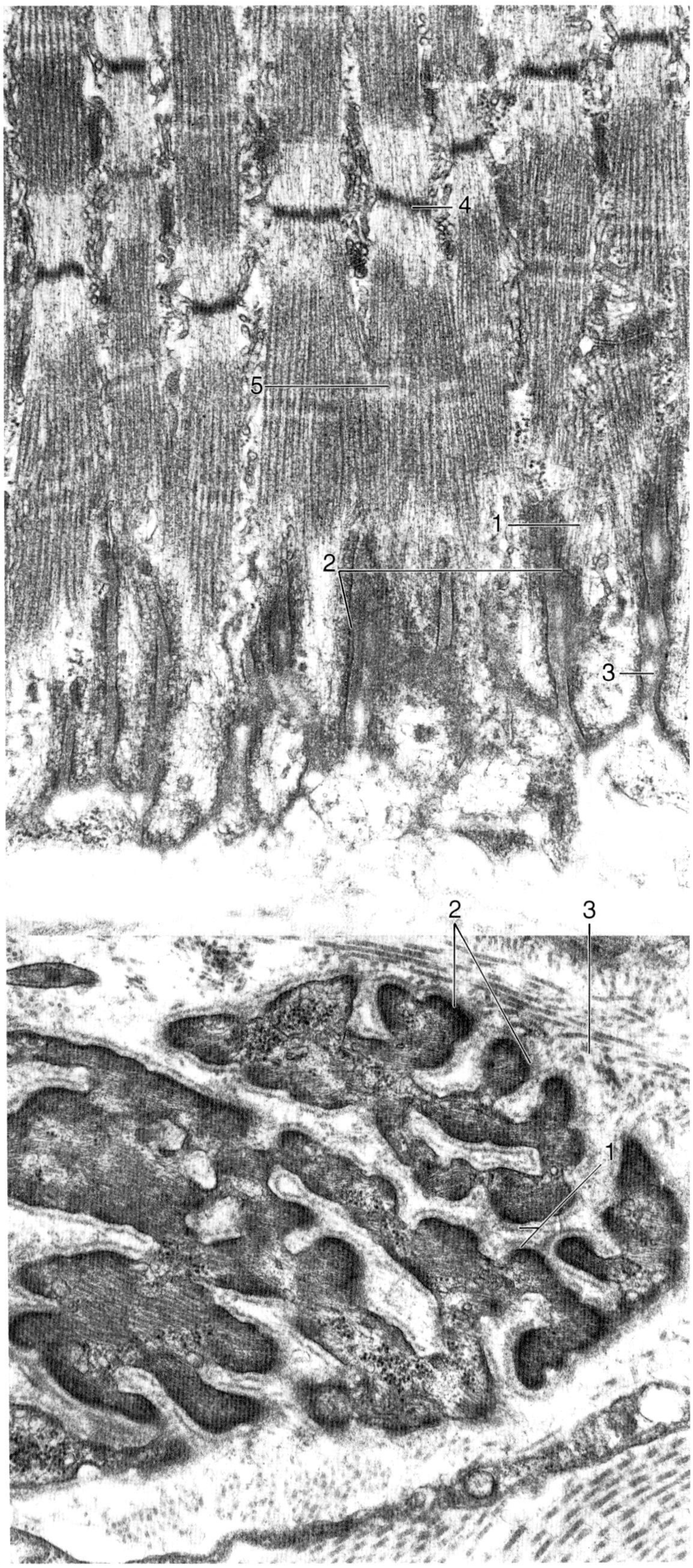

Abb. 4.**27**

Abb. 4.**27 a** **Längsschnitt durch den Muskelsehnenübergang quergestreifter Skelettmuskelfasern im Larynx der Maus.** Die Aktinfilamente (1) der letzten I-Bande inserieren an Hemidesmosomen (2) des Plasmalemm im Bereich der fingerförmigen Vorstülpung am Muskelfaserende.
3 Extrazellulärraum
4 letzte Z-Scheibe
5 letzte M-Zone am Muskelfaserende
(Vergr. 28 500fach)

Abb. 4.**27 b** Querschnitt durch ein Muskelfaserende in der Zungenmuskulatur eines Meerschweinchens.
1 Basallamina
2 Hemidesmosomen
3 Kollagenfibrillen
(Vergr. 25 000fach)
(Originalabbildungen Prof. Dr. *P. Böck,* Wien)

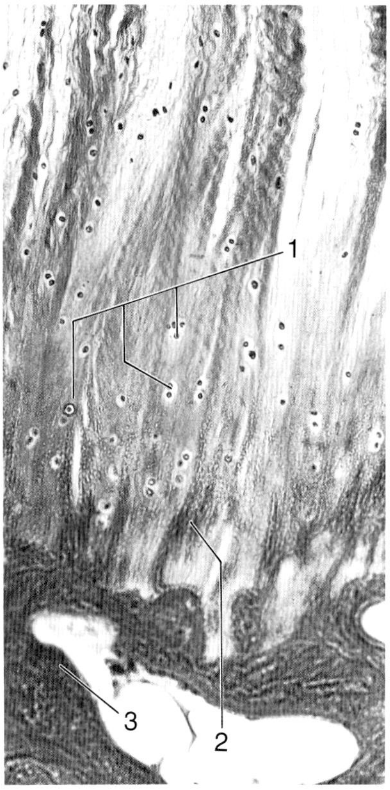

Abb. 4.**28** **Chondral-apophysärer Sehnenansatzbereich am Olecranon der Ulna eines Erwachsenen.** Färbung: Goldner, 10 μm, Vergr. 140fach.
Zwischen den Kollagenfaserbündeln der Sehne liegen Knorpelzellen (1). Am Sehnenknochenübergang (2) ist das Sehnengewebe mineralisiert.
3 Knochengewebe

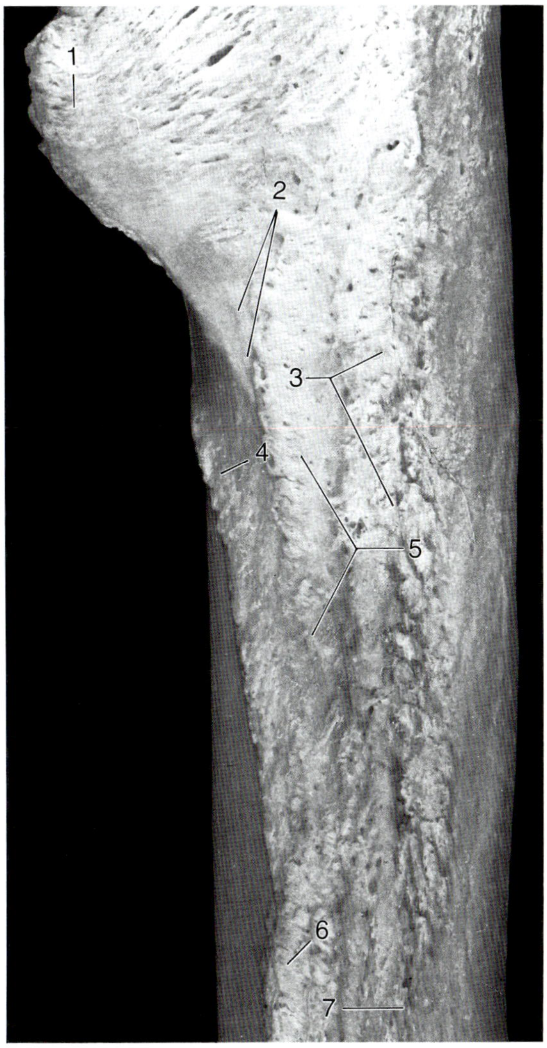

Abb. 4.**29** **Teilansicht eines rechten Femur in der Ansicht von hinten mit ausgeprägter Bildung von Einstrahlungsknochen** im Insertionsbereich der Mm. glutaeus maximus (3), pectineus (2), vastus medialis (4), adductor brevis und minimus (5).
1 Trochanter minor
Beachte das breite Labium mediale (6) und laterale (7) lineae asperae

Über diese *mechanische Funktion* hinaus hat die Ansatzzone auch eine Bedeutung für das *Wachstum von Sehne und Knochen.* Von hier aus erfolgt sowohl das *Längenwachstum der Sehne* als auch die *Knochenneubildung im Insertionsbereich.* Der Faserknorpelbereich in chondral-apophysären Ansatzzonen ist gefäßfrei. An zirkumskripten Sehnenansatzzonen entsteht ein sogenannter *Einstrahlungsknochen* (z. B. Tuberositas deltoidea, s. Abb. 6.**12**, Tuberositas glutaea, s. Abb. 7.**18**). An chondral-apophysären Ansätzen hat das Knorpelgewebe praktisch die Funktion einer *„Wachstumsfuge“.* Im Gegensatz zur echten Epiphysenfuge bleiben hier jedoch nach Sistieren des appositionellen Knochenwachstums die Knorpelzellen als mechanisch wichtiger Bestandteil der Ansatzzone zeitlebens erhalten.

Als *pathologisch* zu bewerten sind Knochenneubildungen im Bereich von Sehnen, die auf einer *abnormen Knochenbildung* beruhen (z. B. an der Sehne des M. quadriceps im Bereich der Kniescheibe, Abb. 4.**31**, an den kurzen Fußmuskelsehnen oder an der Achillessehne am Calcaneus in Form von *Fersenspornen,* s. Abb. 3.**19**). Auch hier „verknöchert“ nicht die Sehne selbst, sondern das Gewebe der Ansatzzone zwischen Sehne und Knochen. *Erkrankungen* im *Sehnenansatzbereich* kommen vorwiegend an chondral-apophysären, weniger häufig an periostal-diaphysären Ansätzen vor. Sehne, Faserknorpel und Knochen bilden im Bereich der chondral-apophysären Ansatzzone eine funktionelle Einheit. Pathologische Veränderungen in diesem Bereich führen somit stets zu einer *Tendo-Chondro-Osteopathie.*

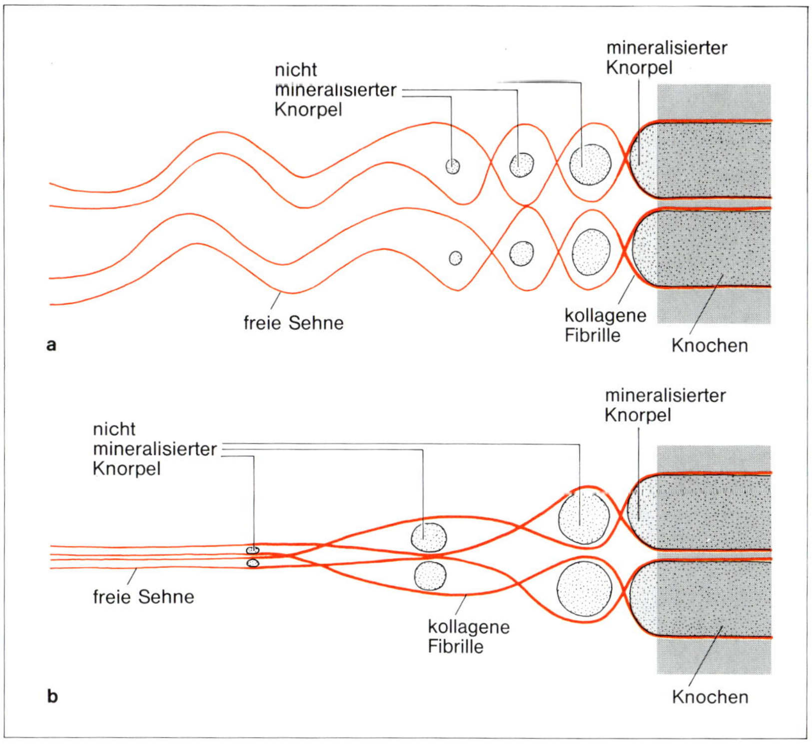

Abb. 4.**30** **Schematische Darstellung eines chondral-apophysären Sehnenansatzes. a** Sehne im entspannten Zustand. Durch die Einlagerung von Knorpelzellen zwischen den Kollagenfaserbündeln kommt es bei Längsdehnung der Sehne **(b)** zu einer verminderten Querkürzung senkrecht zur Zugrichtung. Dadurch wird die Längsdehnung des Sehnengewebes im Sinne einer „Dehnungsdämpfung“ herabgesetzt (nach *Becker* u. *Krahl*).

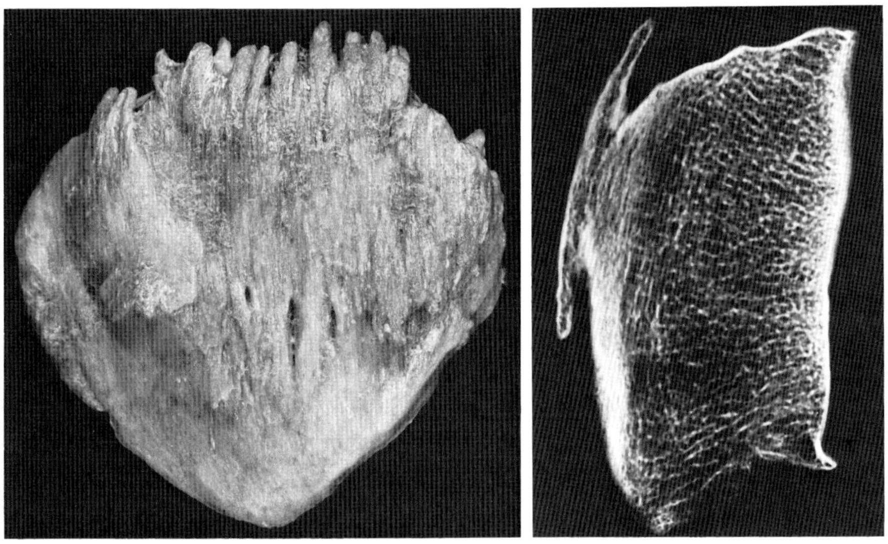

a b

Abb. 4.**31 a** **Linke Patella eines Erwachsenen in der Ansicht von vorn.** Starke Knochenbildung im Bereich der Ansatzsehne des M. quadriceps an der Basis patellae.

Abb. 4.**31 b** **Röntgenbild eines 2 mm dicken, planparallelen Sägeschnittes durch die Mitte einer linken Patella** mit ausgeprägter Knochenbildung im Sehnenansatzbereich des M. quadriceps.

Muskeltypen

Der *Ursprungsteil* eines Muskels wird als *Caput,* der *Mittelteil* als *Venter* und der *Ansatzbereich* als *Cauda* bezeichnet. Die meisten Extremitätenmuskeln haben nur einen Muskelkopf. Es kommen auch *zwei-, drei-* und *mehrköpfige Muskeln* vor (M. biceps brachii, Abb. 6.**62**, M. biceps femoris, Abb. 7.**75** u. 7.**76**, M. triceps, Abb. 6.**63**, M. quadriceps, Abb. 7.**87**). Einige Muskeln im Bereich des Halses, wie die Mm. omohyoideus und digastricus (s. Abb. 8.**6**), sowie im Bereich der vorderen Rumpfwand (M. rectus abdominis, Abb. 5.**158**) werden durch eine oder mehrere *Zwischensehnen (Intersectiones tendineae)* in *zwei und mehr Bäuche* unterteilt.

Nach der *Form der Muskeln* und nach ihrer Beziehung zur Sehne werden weitere *Muskeltypen* unterschieden (Abb. 4.**32**). Bei einem *M. fusiformis* geht der spindelförmige Muskelbauch beiderseits in seine Sehnen über (z. B. M. extensor carpi radialis brevis, Abb. 6.**93**). Die Muskelfasern eines *einfach gefiederten Muskels (M. unipennatus)* inserieren jeweils an einer Seite der Ursprungs- und Ansatzsehne (z. B. M. semimembranosus, Abb. 7.**76**, M. tibialis posterior, Abb. 7.**135**). Beim *doppelt gefiederten Muskel (M. bipennatus,* z. B. M. rectus femoris, Abb. 7.**88**) entspringen die Muskelfasern von einer gabel- oder blattförmigen Ursprungssehne und ziehen an zwei Seiten zur Ansatzsehne (Abb. 4.**32**). Beim sogenannten *parallelfaserigen Muskel* ist der Fiederungswinkel so klein, daß er mit bloßem Auge nicht wahrgenommen werden kann (z. B. M. rectus abdominis, Abb. 5.**158**, M. sartorius, Abb. 7.**87**). Bei Muskeln, deren Faserverlauf nicht ohne weiteres ersichtlich ist, spricht man von *komplex gefiederten Muskeln* (z. B. M. deltoideus, Abb. 6.**60**). Annähernd *ringförmig* verlaufen die Muskelfasern an Körperöffnungen (M. orbicularis oculi, M. orbicularis oris, Abb. 9.**97**, M. sphincter ani externus). Eine *bogenförmige* Verlaufsform haben die Muskelfaserbündel des Zwerchfells (s. Abb. 5.**171**).

Nach der *Lage der Sehnenanheftungsstellen am Skelett* unterscheidet man an jedem Muskel *Ursprung (Origo)* und *Ansatz (Insertio).* Diese Unterscheidung hat nur deskriptive Bedeutung. An den Extremitäten wird das proximale Ende des Muskels im allgemeinen als Ursprung, das distale als Ansatz bezeichnet. Der Ursprung der Halsmuskeln ist in den meisten Fällen rumpfnahe festgelegt. Ursprung und Ansatz eines Muskels sind nicht identisch mit *Punctum fixum* und *Punctum mobile* (s. S. 163). An den Extremitäten stimmen zwar bei den meisten Bewegungsabläufen Punctum fixum und Muskelursprung überein. Dies ist jedoch nicht zwangsläufig der Fall, da Punctum fixum und Punctum mobile in Abhängigkeit von der durchzuführenden Bewegung wechseln.

Die meisten *mimischen Muskeln* haben ihren Ursprung am Schädelskelett. Ihre Ansatzsehnen strahlen in das Unterhautfettgewebe und das Corium ein. Die mimischen Muskeln bilden als *„Hautmuskeln"* mit der Haut eine funktionelle Einheit. Ihre Sehnen enthalten vorwiegend elastisches Material.

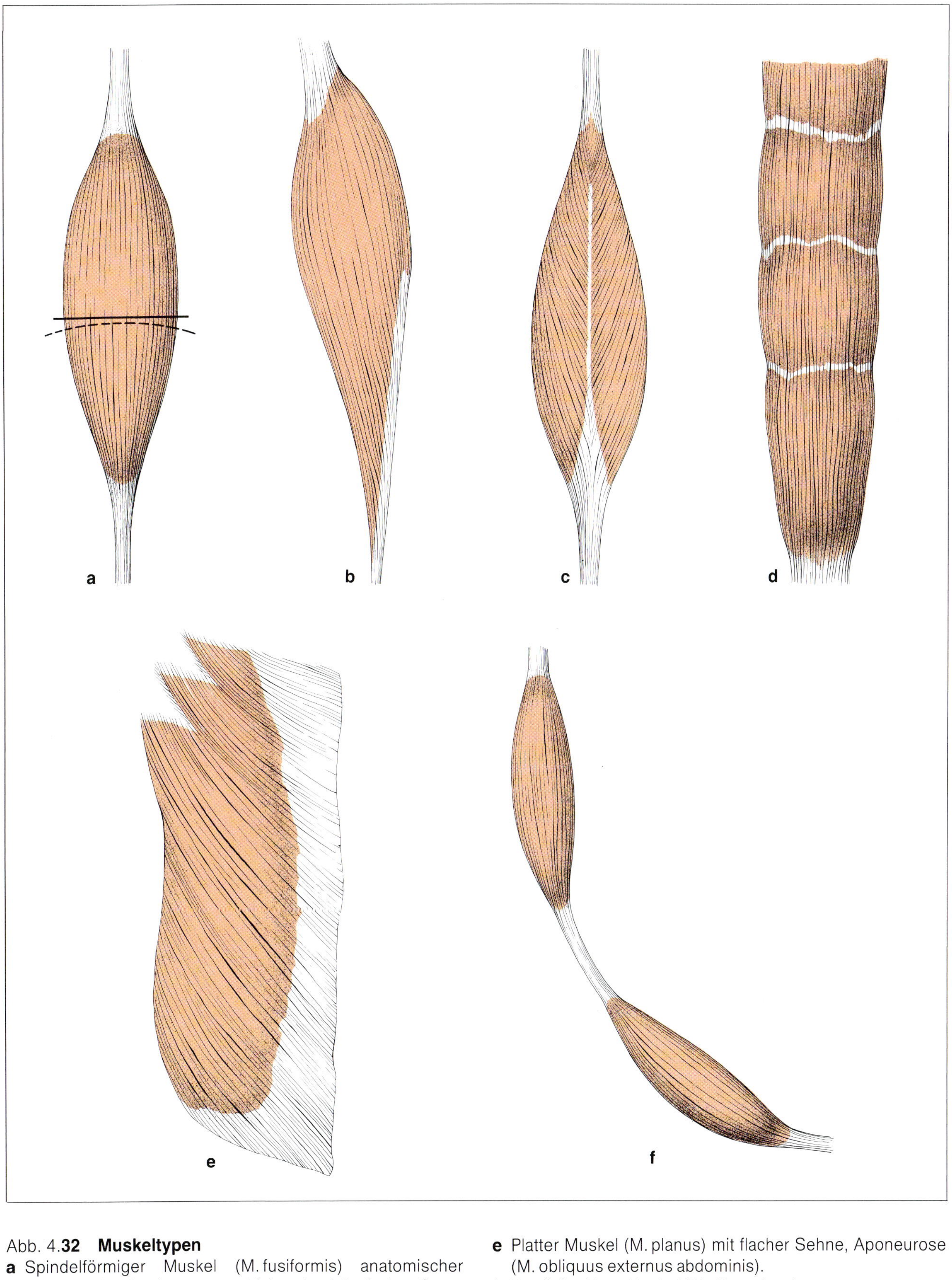

Abb. 4.**32** **Muskeltypen**

a Spindelförmiger Muskel (M. fusiformis) anatomischer Querschnitt: durchgezogene Linie; physiologischer Querschnitt: unterbrochene Linie.

b Einfach gefiederter Muskel (M. unipennatus).

c Doppelseitig gefiederter Muskel (M. bipennatus).

d Sog. parallelfaseriger Muskel; mehrere Muskelbäuche und Zwischensehnen (M. rectus abdominis)

e Platter Muskel (M. planus) mit flacher Sehne, Aponeurose (M. obliquus externus abdominis).

f Zweibäuchiger Muskel (M. digastricus).

(Weitere Muskelformen s. spezieller Teil.
Ringförmiger Muskel, Abb. 9.**97**,
Zweiköpfiger Muskel, Abb. 6.**62**,
Komplex gefiederter Muskel, Abb. 6.**60**)

„Hilfsorgane" der Muskeln und Sehnen

Faszien und Sehnengleitgewebe

s. S. 145, 150

Zu den sogenannten *Hilfsorganen* von Muskeln und Sehnen zählen *Faszien* und *Sehnengleitgewebe,* deren Aufbau bei der Beschreibung des Muskel- und Sehnengleitgewebes besprochen wird. Hilfsorgane der Sehnen und Muskeln sind auch *Sehnenscheiden* und *Schleimbeutel.* Alle Strukturen gemeinsam erfüllen die Funktion, den Muskel in die Umgebung einzubauen, einen Ausgleich zwischen den eng beisammenliegenden verschiedenen Geweben bei der Bewegung herbeizuführen und die *Reibung* bei der Muskelaktion so herabzusetzen, daß die *Kraftminderung* auf ein Minimum reduziert wird.

Sehnenscheide

Sehnenscheiden (Vaginae tendinum) (Abb. 4.**33**) sind osteofibröse Führungskanäle, die dort auftreten, wo Sehnen aus ihrer Verlaufsrichtung abgelenkt werden, oder wo diese unmittelbar dem Knochen anliegen. Sie kommen an den *langen Sehnen* von Hand und Fingern (Abb. 6.**116**, 6.**117**) sowie von Fuß und Zehen (Abb. 7.**164**–7.**166**) vor. Sehnenscheiden haben einen Wandaufbau wie Schleimbeutel und Gelenkkapseln (s. S. 103) und bestehen aus einem äußeren *Stratum fibrosum* und aus einem inneren *Stratum synoviale.* Das Stratum fibrosum setzt sich aus straffem kollagenfaserigem Bindegewebe zusammen, das tunnelartig über die Sehne hinwegzieht und seitlich am Knochen verankert ist. Stärke und Ausrichtung des straffen Bindengewebes sind unterschiedlich. Im Bereich der Finger- und Zehensehnenscheiden kommen ringförmige *(Partes anulares)* und kreuzförmige *(Partes cruciformes) Verstärkungszüge* vor (Abb. 6.**101**). Auch die *Retinacula* (s. Abb. 6.**100**) sind Verstärkungszüge des Stratum fibrosum. Das *Stratum synoviale* ist ein geschlossener, doppelwandiger Schlauch. Das äußere Blatt *(Pars parietalis)* liegt dem Stratum fibrosum und dem Gewebe zwischen Knochen und Sehnenscheide an. Das innere Blatt *(Pars visceralis)* ist über das Peritendineum externum mit der Sehne verbunden. Der Spaltraum zwischen beiden Blättern *(Cavitas synovialis)* wird von *Synovia* ausgefüllt (s. Abb. 4.**33**). An einigen Stellen bildet das Stratum synoviale *Falten und Zotten,* die zur Vergrößerung der sezernierenden und resorbierenden Oberfläche beitragen. Das viszerale Blatt des Stratum synoviale kann im Bereich der Auflagerung am Knochen über ein *Mesotendineum* mit dem parietalen Blatt verbunden sein. Über das Mesotendineum treten Nerven und Gefäße an die Sehne heran. An den Finger- und Zehensehnenscheiden ist das Mesotendineum auf schmale Brücken reduziert *(Vincula tendinum)* (s. Abb. 6.**127**). Das Mesotendineum kann auch vollständig fehlen, so daß die beiden Blätter des Stratum synoviale lediglich an den Enden des Sehnenscheidensackes ineinander übergehen. Hier, an den sogenannten *Sehnenscheidenpforten,* befindet sich eine Verschiebeschicht, die bei der Sehnenverlagerung infolge der Muskelkontraktion eine Invagination der Sehnenscheidenwand zuläßt.

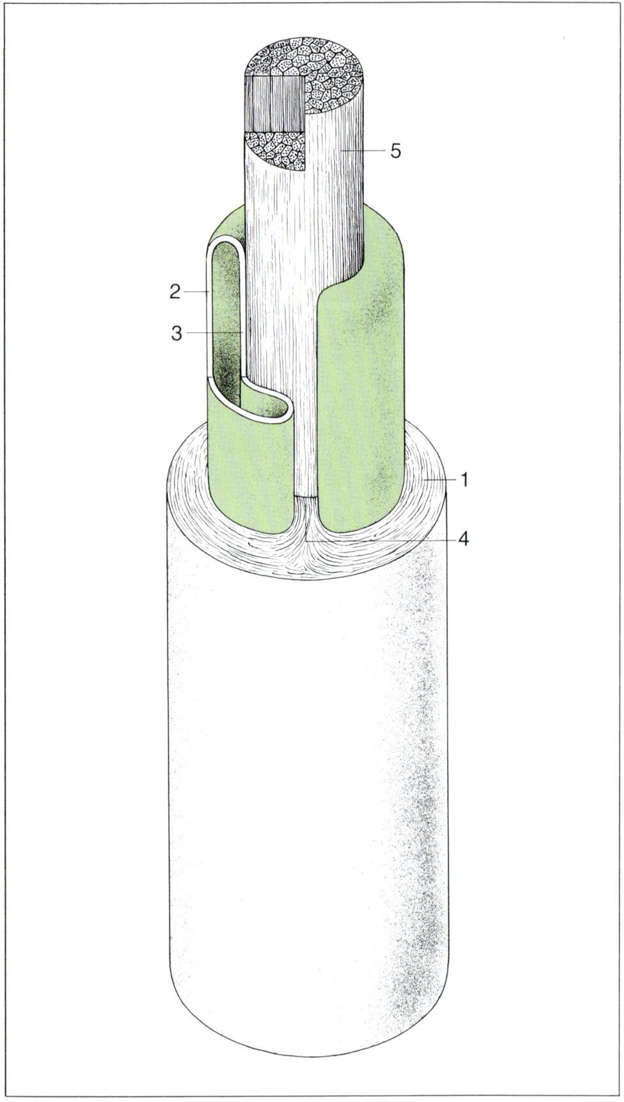

Abb. 4.**33** **Schematische Darstellung von Sehne und Sehnenscheide.**
1 Stratum fibrosum
2 äußeres Blatt
(Pars parietalis des Stratum synoviale)
3 inneres Blatt
(Pars visceralis des Stratum synoviale)
4 Mesotendineum
5 Sehne

Schleimbeutel

Schleimbeutel (Bursae synoviales) sind von Synovia (s. S. 107) ausgefüllte Säckchen unterschiedlicher Größe, die aus einem äußeren *Stratum fibrosum* und aus einem inneren *Stratum synoviale* bestehen.

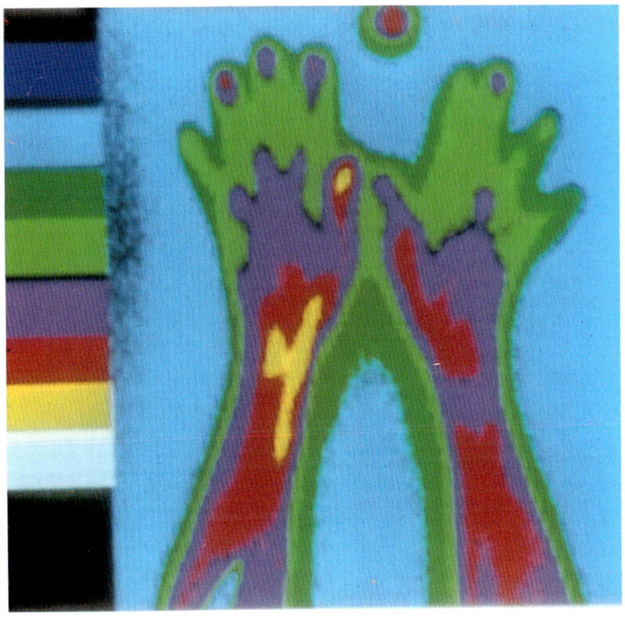

Abb. 4.**34** **Infrarotthermogramm bei einer Patientin mit rheumatoider Arthritis.** Zwischen den Farben der Skala links im Bild liegt eine Temperaturdifferenz von jeweils 2°C. Eine Synovitis der Sehnenscheide des M. extensor pollicis longus der rechten Hand (links im Bild) führt zu einer Temperaturerhöhung um 2°C (markiert durch den gelben Farbton) gegenüber der nicht entzündlich veränderten linken Hand (rechts im Bild). Der deutliche Temperaturabfall zu den Akren der Hände entspricht der Norm; er ist auf den hohen Wärmeverlust durch die große Oberfläche der Fingerhaut zurückzuführen.
(Originalabbildung Dr. *H. Konermann* und Prof. Dr. *E. Koob*, Essen)

Schleimbeutel treten vor allem in Gelenknähe auf. Sie liegen hier zwischen Subcutis und dem tiefer liegenden Bindegewebe (*Bursa subcutanea*), zwischen Faszie und Sehne (*Bursa subfascialis*) sowie zwischen Bändern (*Bursa interligamentosa*) (s. Abb. 6.**66**). Am häufigsten treten Schleimbeutel zwischen Sehnen und Knochen im Ursprungs- und Ansatzbereich von Muskeln auf (*Bursa subtendinea*). Sie dienen der *Verschieblichkeit* zwischen den verschiedenen Strukturen und bewirken eine *Druckverteilung* im Gewebe. Gelenknahe Schleimbeutel können miteinander verschmelzen oder mit der *Gelenkhöhle kommunizieren*. Regelmäßig kommen Verbindungen zwischen Gelenkhöhle und Schleimbeuteln im Bereich des Kniegelenkes (z. B. Bursa suprapatellaris, s. Abb. 7.**115**) und am Schultergelenk (z. B. Bursa subtendinea m. subscapularis, s. Abb. 6.**64**) vor. Die Schleimbeutel werden dann zu Ausstülpungen *(Recessus)* der Gelenkhöhle. Im Bereich der Schulter haben Schleimbeutel (Bursa subdeltoidea und Bursa subacromialis) für die freie Beweglichkeit eine solche Bedeutung, daß sie zum „Nebengelenk" werden (s. S. 336).
Zu den Hilfsorganen der Sehnen und Muskeln zählen auch die *Sesambeine (Ossa sesamoidea)* (s. S. 53).

Gefäß- und Nervenversorgung der Skelettmuskeln und ihrer „Hilfsorgane"

Gefäßversorgung

An den Extremitätenmuskeln liegt die Ein- und Austrittspforte *(Hilus)* für *Gefäße* und *Nerven* zumeist entweder in der Mitte oder im Ursprungsbereich. Die Muskeln des Rumpfes, aber auch einige Extremitätenmuskeln werden von mehreren Gefäßen und Nerven versorgt. Solche Muskeln sind von Durchblutungsstörungen seltener betroffen als Muskeln mit nur einer Eintrittspforte.
Die gemeinsam im Epi- und Perimysium ziehenden *Arterien* und *Venen* sind vorwiegend in Längsrichtung der Muskelfaserbündel angeordnet. *Arteriolen* und *Venolen* ziehen dagegen getrennt und meist senkrecht zur Muskelfaserrichtung. Die geschlängelten *Kapillaren* verlaufen dann wieder in Zugrichtung der Muskelfasern (Abb. 4.**35**, 4.**36**). Sie liegen im *Endomysium* dem Sarkolemm dicht an und bilden über Querverbindungen ein Netzwerk um jede Muskelfaser. Die Dichte der Kapillaren variiert in den einzelnen Muskeln. Die abführenden Muskelvenen haben Klappen. Die Lymphe des Muskels sammelt sich in *Lymphgefäßen* des Peri- und Epimysium. Die großen Lymphgefäße schließen sich den Venen an.
Verglichen mit der Muskulatur ist die Gefäßdichte im *Sehnengewebe* gering. Sehnen von Kindern und Jugendlichen sind reichlicher vaskularisiert als die von Erwachsenen. Die Gefäßdichte nimmt vom 3. Dezennium an merklich ab. Die Blutversorgung erfolgt vorwiegend über das Paratendineum, zum kleineren Teil von seiten der Muskulatur am Muskel-Sehnen-Übergang. Inwieweit die vom Knochen des Insertionsbereiches einsprossenden Gefäße normalen Befunden entsprechen, ist umstritten. Vom Paratendineum ziehen die Gefäße zum Peritendineum externum. Größere Gefäße laufen hier auf der reibungsgeschützten Seite in Längsrichtung der Sehne und dringen ins Innere zum Peritendineum internum. Sehnen mit sehr kleinem Durchmesser sollen völlig gefäßfrei sein. Wo Sehnen Druck ausgesetzt sind, fehlen die Gefäße im Peritendineum externum. Bei Gleitsehnen wird das Faser-Knorpel-Gewebe im Bereich des Widerlagers von der Synovia in der umhüllenden Sehnenscheide ernährt.

Pathologische Veränderungen im Sehnengewebe, die zur Ruptur der Sehne führen können, werden u. a. auf Durchblutungsstörungen zurückgeführt. Ob es an einigen Sehnen, wie z. B. an der Achillessehne oberhalb ihres Ansatzes am Fersenbein, bereits unter normalen Bedingungen eine Zone relativer Minderdurchblutung gibt, wird diskutiert.

Das *Stratum fibrosum* der *Sehnenscheiden* hat ein unterschiedlich dichtes Gefäßnetz. Zonen mit dickerem und strafferem Bindegewebe sind spärlicher mit Gefäßen versorgt als dünnwandige Abschnitte. Eine Ausnahme bildet ein dichtes Kapillarnetz an der

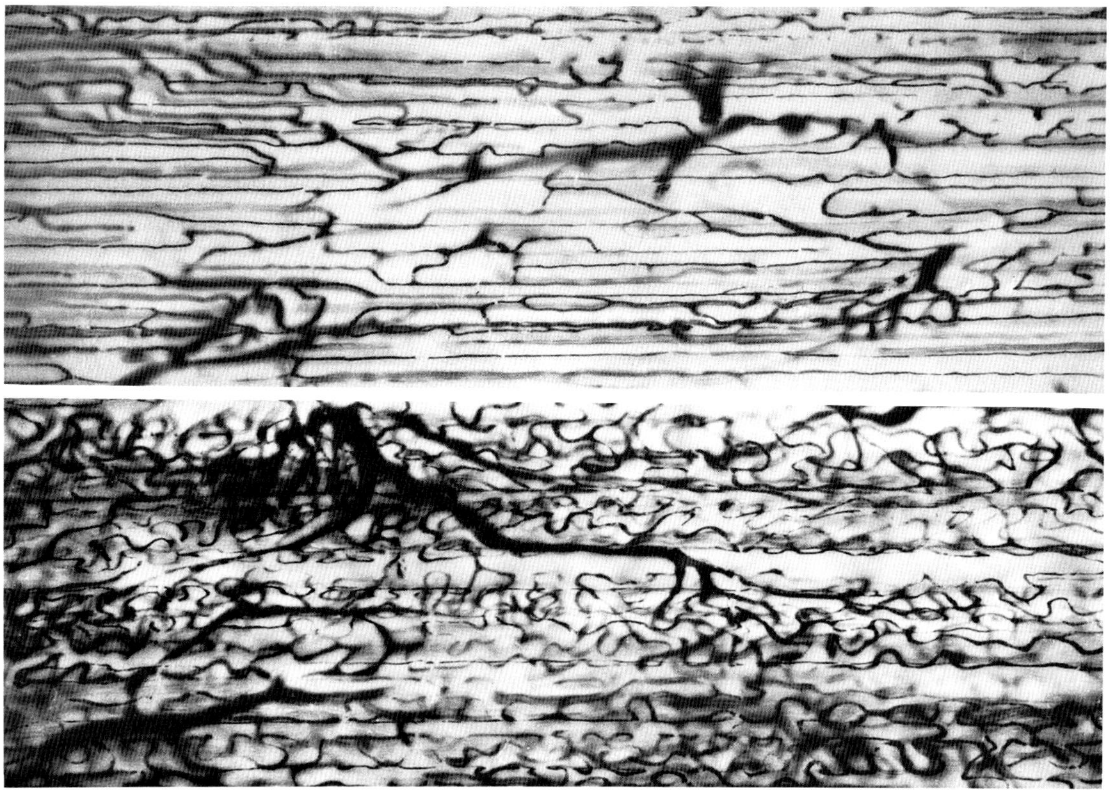

Abb. 4.**35** **Gefäßdarstellung im M. tibialis anterior der japanischen Tanzmaus durch Tusche-Gelatine-Perfusion** (Gefrierschnitt ca. 50 µm, Vergr. 215fach).
Oben: Normales Kontrolltier. Die Kapillaren verlaufen in Richtung der Muskelfasern (in der Abbildung quer); sie entspringen aus Arteriolen, die quer zur Muskelfaserrichtung ziehen.
Das Injektionspräparat (unten) stammt von einem Tier, das 2 Wochen lang einem Höhentraining (3000 m) ausgesetzt war. Die Kapillardichte hat im Vergleich mit dem Kontrollmuskel (oben) erheblich zugenommen. Die Kapillaren verlaufen stark geschlängelt und bilden vermehrt Querverbindungen. (Originalabbildung Prof. Dr. *H. J. Appell*, Köln)

Außenseite der Ringbänder (Pars anularis). Das Verschiebegewebe im Bereich der *Sehnenscheidenpforten* ist stark vaskularisiert. Das *Stratum synoviale* hat in dünnwandigen Abschnitten ein dichtes Kapillarnetz aus Schlingen- und Knäuelkapillaren. Gefäßarm sind dagegen die Zonen erhöhter Druckeinwirkung, z. B. die Bereiche unter Retinacula, Partes anulares und Partes cruciformes. Das Gefäßnetz des Stratum synoviales gleicht dem der Gelenkinnenhaut. Innerhalb der Sehnenscheiden kommen vaskularisierte *Synovialzotten* vor (s. S. 104). Das *Mesotendineum* dient nicht nur als Gefäßstraße, sondern besitzt ein eigenes Kapillarnetz. Die Sehnenscheidenkapillaren stehen im Dienste der Produktion und Resorption von Synovia.
Faszien werden aus Gefäßen der Haut und des subfaszialen Bindegewebes (Epimysium) mit Blut versorgt. Die Anordnung der Gefäße richtet sich nach Textur und Stärke der Faszie. Es kommen polygonale Netze und longitudinal ausgerichtete Gefäße vor, die durch Querbrücken miteinander verbunden sind (Abb. 4.**37**). Die Gefäße liegen epi- und subfaszial sowie in starken Faszien, z. B. in der Fascia lata, intrafaszial. Die Übergänge zwischen Faszie und Periost sowie die Muskelinsertionsstellen haben besondere Gefäßbildungen in Form von ampullenartigen Erweiterungen der Venolen und des venösen Schenkels der Kapillaren.

Nervenversorgung

Skelettmuskeln werden von einem oder mehreren *Nerven* innerviert. Die Innervationsweise hängt mit der Entwicklung der Muskulatur und des Nervensystems zusammen (s. S. 134 und Band III). Die Eintrittsstelle des Nerven im Muskel wird als *Punctum nervosum* bezeichnet. Hier kann der Muskel elektrisch stimuliert werden (s. S. 168). Die den Skelettmuskel versorgenden Nerven sind stets gemischt. Sie führen – von wenigen Ausnahmen abgesehen, z. B. N. facialis, N. hypoglossus – motorische und sensible Fasern. Bei den *motorischen Fasern* unterscheidet man dicke, stark myelinisierte *α-Fasern* und dünne, schwach myelinisierte *γ-Fasern*. Die α-Fasern sind Axone der *motorischen Vorderhornzellen* des *Rückenmarkes* oder der *motorischen Kerngebiete* der *Hirnnerven*. Der Nerv teilt sich bei seinem Verlauf im Bindegewebe bis in einzelne Axone auf. Jedes Axon verzweigt sich dann seinerseits und tritt über das Endomysium an eine unterschiedlich große Zahl von Muskelfasern heran.

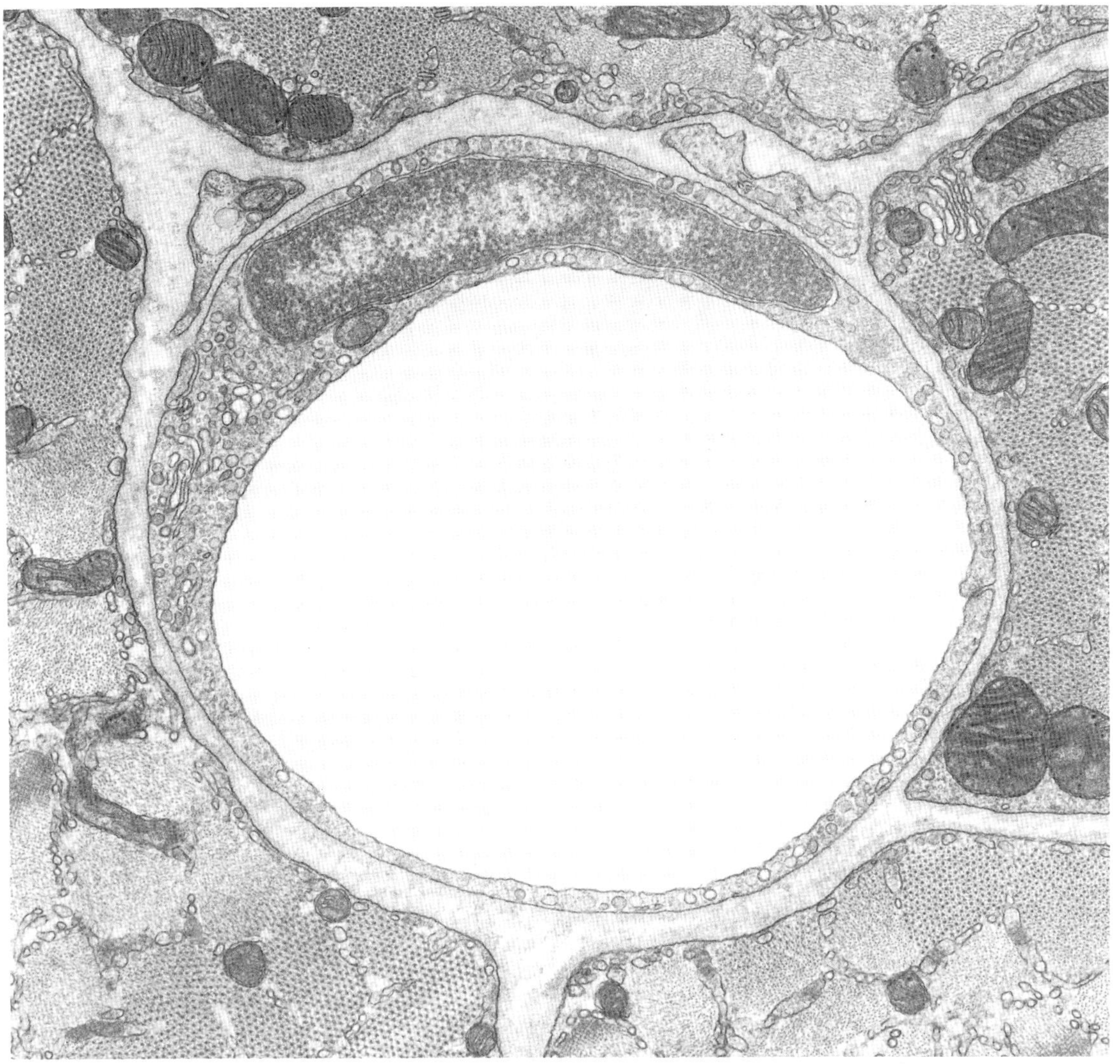

Abb. 4.**36** **Elektronenmikroskopische Aufnahme einer Kapillare** zwischen vier Skelettmuskelfasern des M. orbicularis oculi der Maus. Im geschlossenen Endothel fallen die zahlreichen Vesikel auf (Vergr. 37 500fach).
(Originalabbildung Prof. Dr. *K. Gorgas*, Heidelberg)

Die verzweigten Axone endigen dann an *motorischen Endplatten* auf den Muskelfaseroberflächen. Das Motoneuron, das Axon und seine Aufzweigungen sowie alle von diesem Neuron versorgten Muskelfasern bilden eine *motorische (neuromuskuläre) Einheit*. Die *Größe* der motorischen Einheiten, d. h. die Zahl der von einem Motoneuron innervierten Muskelfasern, variiert stark. In Muskeln, die präzise Bewegungen ausführen, ist sie klein (z. B. Muskeln der Finger [10–20], des Auges, des Larynx). Muskeln mit großer Kraftentfaltung haben große motorische Einheiten (z. B. Muskeln im Bereich des Hüftgelenkes oder des Schultergelenkes). Hier kann ein Motoneuron viele tausend Muskelfasern innervieren. Außerdem verzweigen sich die Axone bei Muskeln mit großer Kraftentfaltung meistens über den gesamten Muskel. Die Muskelfasern innerhalb einer motorischen Einheit gehören demselben Fasertyp an. Die motorischen Endplatten liegen meistens auf gleicher Höhe in der Mitte des Muskels. Bei sehr langen Muskeln, wie z. B. beim M. sartorius oder M. gracilis, sollen zwei Regionen mit motorischen Endigungen vorkommen. (Bau und Funktion der motorischen Endplatte werden im Band III und in Lehrbüchern der Physiologie beschrieben.)

Die dünnen *γ-Fasern* ziehen zu den „intrafusalen Muskelfasern" der *Muskelspindeln* (Abb. 4.**16** u. Bd. III). Die sensorischen Fasern kommen von Propriozeptoren, zu denen die Muskel- und Sehnenspindeln sowie Rezeptoren in Faszien und Gelenkkapseln *(Golgi-Mazzoni-Körperchen)* zählen. Sie sind Rezeptoren der Tiefensensibilität, die über den Spannungszustand von Muskel, Sehne und umgebendem Bindegewebe informieren. Die in den Muskelspindeln liegenden *„intrafusalen Muskelfasern"* regulieren über den gemeinsamen Reflexbogen mit den sensiblen Spindelorganen die Muskelfaserlänge. Ferner enthalten die Nerven nicht myelinisierte Efferenzen des *autonomen Nervensystems* zur Innervation der glatten Muskelzellen in den Gefäßwänden der Skelettmuskulatur.

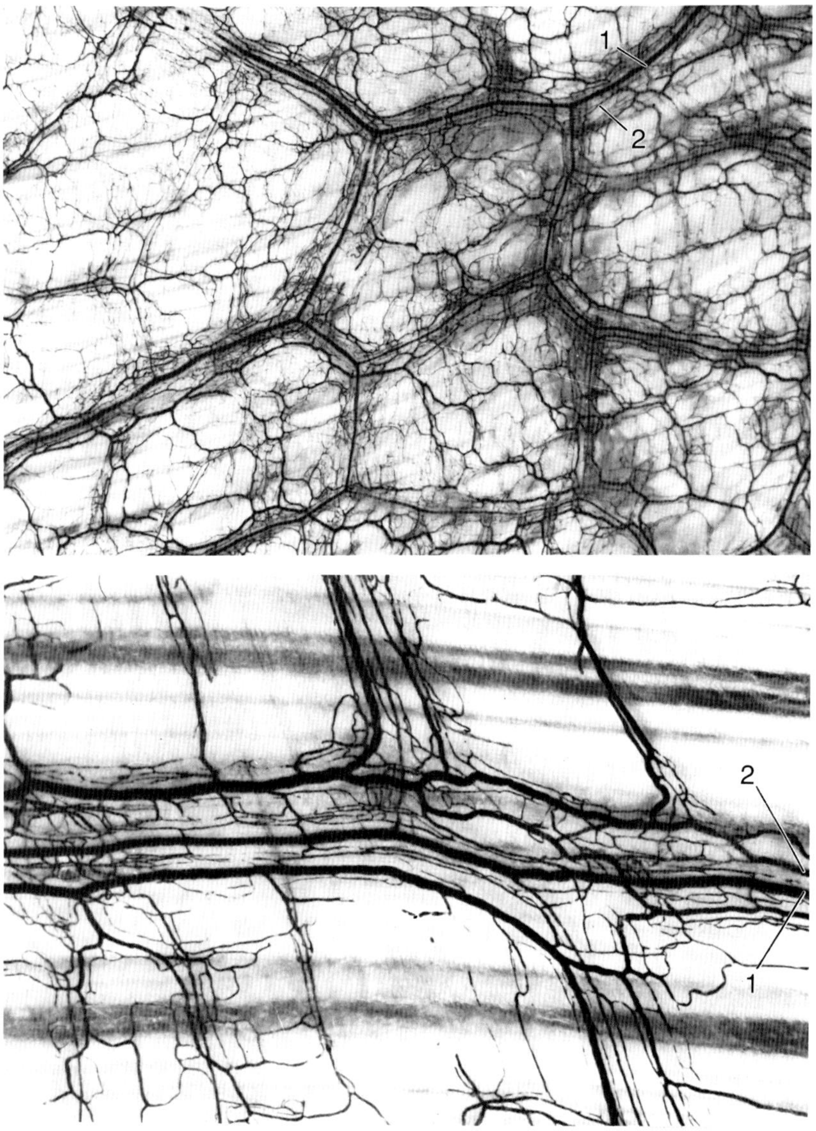

Abb. 4.**37** **Fasziengefäße mit Scriptol injiziert** (65 Jahre, männlich).
Oben: Regio genu anterior (Vergr. 8fach). Beachte die polygonale Anordnung der Gefäßnetze und die Bildung von Querbrücken.
Unten: Regio poplitea (Vergr. 25fach).
1 Arterie
2 Vene
(Originalabbildungen Dr. *K. Schäfer* und Prof. Dr. *J. Lang*, Würzburg)

Funktionelle Anpassungsvorgänge der Skelettmuskulatur (Hypertrophie – Atrophie)

Bei starker funktioneller Beanspruchung von Muskeln kann man eine *Hypertrophie* in Form einer Volumenzunahme beobachten. Der zu registrierende Kraftgewinn und die höhere Ausdauer „trainierter" Muskeln beruht, von der trainingsbedingten Anpassung der Herz-Kreislauf-Organe abgesehen, auf einer Querschnittsvergrößerung der einzelnen Muskelfasern. Die Faserverdickung ist Folge einer *Vermehrung des Sarkoplasma,* vor allem der Myofibrillen. Sie geht mit einer Proliferation von *Satellitenzellen* (Abb. 4.**3**) einher, die mit der zugehörigen Muskelfaser verschmelzen. Durch „Training" der Skelettmuskulatur kommt es auch in sog. weißen Muskelfasern zu einer Mitochondrienvermehrung. Der Anteil an schnellen oxydativen Fasern (Typ II A) steigt prozentual an. Damit verschiebt sich der Energiestoffwechsel zugunsten *aerober Energiegewinnung.* Muskelhypertrophie geht mit einer *Steigerung der Vaskularisation* einher (Abb. 4.**35**). Unter dem Einfluß des *Wachstumshormons (Somatotropin)* nimmt die Muskelmasse, nicht jedoch die Kontraktionskraft zu. Die Wirkungsweise des Somatotropins auf die Skelettmuskulatur ist nicht geklärt. Zu einer Hypertrophie der Skelettmuskulatur kommt es auch bei Verabreichung des männlichen Geschlechtshormons *Testosteron* und von ihm chemisch abgeleiteter Medikamente *(Anabolika).* Wie der vermehrte Einbau von Proteinen hierbei zustandekommt („anaboler Effekt"), ist nicht bekannt. Auch Sehnengewebe kann bei vermehrter funktioneller Beanspruchung vor allem bei Jugendlichen hypertrophieren.

Sinkt die Muskelaktivität unter das normale Maß (z. B. Bettruhe oder ruhigstellende Verbände), führt dies zu einer *Atrophie* (Inaktivitätsatrophie) des Muskelgewebes. Von der Inaktivitätsatrophie sind vor allem die Typ-I- und Typ-II-A-Fasern betroffen (s. S. 142). Eine vollständige Atrophie ist zumeist Folge einer *Unterbrechung der Innervation* (Durch-

trennung eines peripheren Nerven oder Zerstörung des Motoneurons). Bei neurogener Muskelatrophie nimmt das Muskelgewicht sehr schnell ab; der Muskel wird dünner und weicher. Durch vermehrte Einlagerung von *Lipofuscin* bekommt er eine bräunliche Farbe. Es kann zu einem vollständigen Schwund der Fasern kommen, so daß nur die „leeren Sarkolemmschläuche" (Basallamina und Endomysium) übrig bleiben. In atrophischen Muskeln wird vermehrt Bindegewebe eingelagert. Bei einigen Muskelerkrankungen kann durch den starken Einbau von Binde- und Fettgewebe anstelle der untergegangenen Muskelfasern makroskopisch das Bild einer „Hypertrophie" entstehen. Man bezeichnet diesen Zustand als *Pseudohypertrophie*.
Eine Verkürzung des Muskelgewebes bei längerer Gelenkruhigstellung beruht vor allem auf einer Schrumpfung des Muskelbindegewebes. Eine Muskelatrophie kann bei Lähmungen durch Elektrotherapie verzögert werden.

Regeneration der quergestreiften Skelettmuskulatur und der Sehnen

Zerstörte Skelettmuskelfasern können *regenerieren*, wenn ihre *Basallamina unversehrt* bleibt. Voraussetzung ist ferner eine ausreichende Blut- und Nervenversorgung. Die Regeneration geht vom Muskelgewebe selbst aus und kann nur stattfinden, wenn *vitale Muskelfasern* und/oder *Satellitenzellen* erhalten bleiben.
Eine Regeneration von Skelettmuskelgewebe wird nach degenerativen Veränderungen der Skelettmuskelfasern bei einigen Formen der Muskeldystrophie, nach toxischer Zerstörung durch Pharmaka (einige Lokalanästhetika oder Antimalariamittel) oder durch Bakteriengifte (Typhus) und Schlangengifte beobachtet. Die Reste untergegangener Muskelfasern werden zunächst von *Makrophagen*, die durch die Basallamina dringen, phagozytiert. Bei kleinen Defekten sollen von den Muskelfaserenden Fortsätze in den zerstörten Bereich sprossen und miteinander verschmelzen *(kontinuierliche Regeneration)*. Sind größere Teile oder, wie bei einigen Muskelerkrankungen, die Muskelfasern insgesamt zerstört, so erfolgt die Regeneration durch Satellitenzellen, die sich mitotisch teilen und miteinander fusionieren *(diskontinuierliche Regeneration)*. Bei der Neubildung von Muskelfasern durch Satellitenzellen kann im histologischen Präparat eine „Längsspaltung" von Fasern vorgetäuscht werden.
Wird die Muskelfaser einschließlich ihrer Basallamina zerstört, so findet keine Regeneration statt. Der Defekt wird durch eine *bindegewebige Narbe* geschlossen. Eine solche Situation liegt bei jeder operativen Durchtrennung oder unfallbedingten Zerstörung von Muskelgewebe vor.
Sehnengewebe heilt nach Durchtrennung unter Bildung einer *bindegewebigen Narbe*. Die an der Regeneration beteiligten Zellen entstammen dem Peritendineum. Zunächst wird das nekrotische Material von *Makrophagen* phagozytiert, sodann wandern *Fibroblasten* in den Defekt. Die neugebildeten *Kollagenfibrillen* sind anfangs noch irregulär angeordnet. Sie richten sich später in der Längsachse der Sehne aus. Nach tierexperimentellen Untersuchungen gleicht das Regenerat in seinem Aufbau fetalem und jugendlichem Sehnengewebe. Es erreicht nicht die Struktur einer normalen adulten Sehne.

Funktionelle Anatomie

Muskelmechanik

Hubkraft

Die *Hubkraft* eines Muskels hängt von der Masse der kontraktilen Elemente ab. Als Maß für die Muskelkraft wird daher der *physiologische Querschnitt* des Muskels angesehen. Darunter versteht man die Querschnittsfläche aller Muskelfasern in einem Muskelindividuum. Definitionsgemäß schneidet der physiologische Querschnitt jede Muskelfaser senkrecht zur Längsachse. Die Kraft, die ein Muskel pro Querschnittsfläche entwickelt, wird mit 4–5 kp pro cm^2 angegeben. Die Kraftgröße an den einzelnen Muskeln ist jedoch unterschiedlich. Für die Kraftübertragung ist nicht die absolute Muskelkraft, sondern die *absolute Sehnenkraft* verantwortlich (Abb. 4.**38**). Die Sehnenkraft eines Muskels ist aufgrund des *Fiederungswinkels* stets geringer als die Muskelkraft (s. unten). Sie nimmt mit zunehmendem Fiederungswinkel ab und läßt sich bei bekanntem Fiederungswinkel und bekannter Muskelkraft wie folgt berechnen: $K_s = K_m \cdot \cos\alpha$ (K_s = Sehnenkraft, K_m = Muskelkraft, α = Fiederungswinkel). Die Hubkraft eines Muskels hängt damit vom Fiederungswinkel und vom physiologischen Querschnitt des Muskels ab.
Muskelfasern können sich theoretisch bei der Kontraktion um maximal 50% ihrer Ausgangslänge verkürzen. Tatsächlich liegt die Verkürzung jedoch bei 25–30% (s. Abb. 4.**11**). Durch *Vordehnung* eines Muskels kann die Verkürzungsstrecke bei der Kontraktion gesteigert werden.

Hubhöhe

Der Weg, den der bewegte Teil des Skeletts, das *Punctum mobile*, bei der Kontraktion zurücklegt, wird als *Hubhöhe* bezeichnet (Abb. 4.**39**). Die Hubhöhe hängt von der Ausgangslänge der Muskelfasern und vom Fiederungswinkel ab. Beim sogenannten parallelfaserigen Muskel sind Hubhöhe und Strecke der Faserverkürzungen nahezu identisch. Beim gefiederten Muskel ist die Hubhöhe stets größer als die Strecke der Faserverkürzung. Der Muskel arbeitet demnach mit *„Weggewinn"* (s. unten).

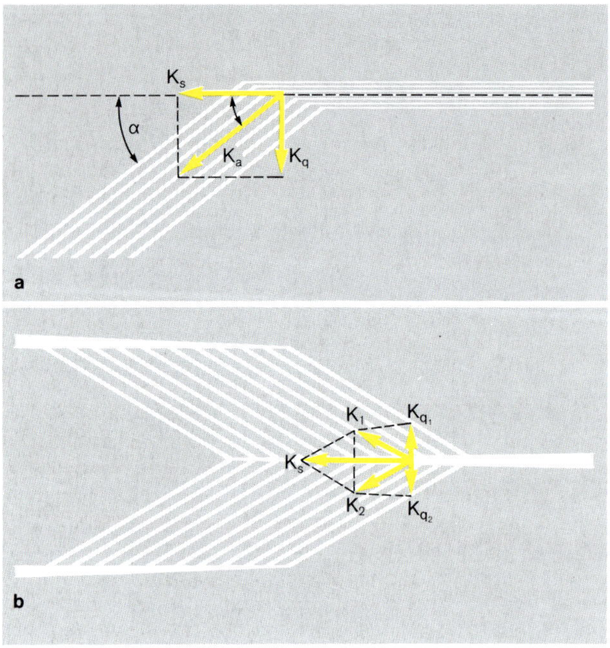

Abb. 4.**38 Beziehung zwischen absoluter Muskelkraft (K_a) und Sehnenkraft (K_s).**

a Bei einem einfach gefiederten Muskel mit einem Fiederungswinkel α entsteht aufgrund unterschiedlicher Richtungen von Sehnenkraft und Muskelkraft bei entsprechender Zerlegung der Kräfte im Kräfteparallelogramm eine Querkomponente (K_q); diese hat die Tendenz, die Sehne senkrecht zu ihrer Verlaufsrichtung abzulenken. (Die Ablenkung wird in praxi durch Sehnenscheïden und Retinacula verhindert.)

b Bei einem doppelt gefiederten Muskel entsteht bei Zerlegung der Kräfte aus Muskelkraft (K_1 und K_2) und Sehnenkraft (K_s) auf jeder Seite eine Querkomponente (K_{q1} und K_{q2}). Bei gleichem Fiederungswinkel und bei gleich großer Sehnenkraft heben sich die beiden Querkomponenten auf.

(nach *Kummer*)

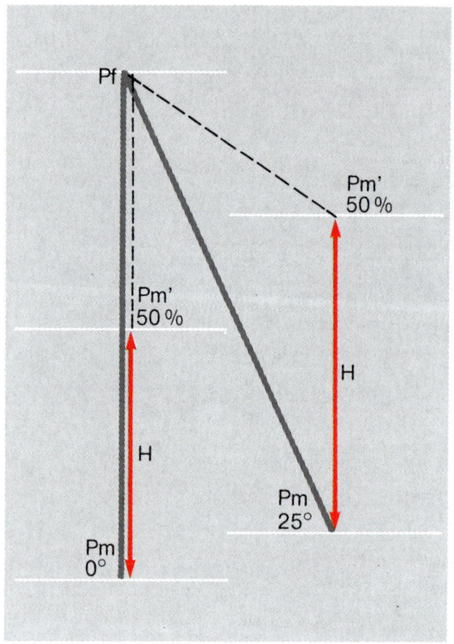

Abb. 4.**39 Schematische Darstellung der Beziehung zwischen absoluter Verkürzungsstrecke** (hier mit 50% angegeben) **und Hubhöhe (H)** bei einem sogenannten parallelfaserigen und bei einem gefiederten Muskel (Fiederungswinkel 25°).

Pf Punctum fixum

Pm Punctum mobile der Ausgangsstellung

Pm′ Punctum mobile nach erfolgter Kontraktion.

Beim sogenannten parallelfaserigen Muskel sind absolute Verkürzungsstrecke (gestrichelte Linie) und Hubhöhe gleich groß. Beim gefiederten Muskel ist die Hubhöhe größer als die absolute Verkürzungsstrecke. Der Muskel arbeitet hier mit Weggewinn.

(nach *Tillmann*)

Die Hubhöhe H läßt sich berechnen, wenn folgende Größen bekannt sind: 1. die Ausgangslänge der Muskelfasern (L_1) und der Fiederungswinkel α_1 der Muskelfasern vor der Kontraktion, 2. die Länge der Muskelfasern (L_2) und der Fiederungswinkel α_2 nach der Kontraktion.

$H = L_1 \cdot \cos \alpha_1 - L_2 \cdot \cos \alpha_2$.

Die Muskelfasern in einem Muskel sind meistens unterschiedlich lang. Eine annähernd gleiche Hubhöhe aller Muskelfasern wird dadurch erzielt, daß die Fasern einen unterschiedlich großen Fiederungswinkel haben. Bei relativ kurzen Fasern ist der Fiederungswinkel größer als bei längeren Muskelfasern. Bei der Muskelkontraktion wird mit Zunahme des Fiederungswinkels der Abstand zwischen den Muskelfasern größer. Diese sogenannte *mechanische Selbststeuerung* des Muskels kann jedoch nicht verhindern, daß die Gefäße bei der Muskelkontraktion komprimiert werden (s. Lehrbücher der Physiologie).

Arbeit – Drehmoment

Die *mechanische Arbeit* eines Muskels ist das Produkt aus Sehnenkraft und Hubhöhe. Zur Beurteilung der *Leistung* ist außerdem noch die *Zeit,* in der die Arbeit vollbracht wird, zu berücksichtigen. Die Muskelleistung setzt sich danach aus dem Produkt von Sehnenkraft und Hubhöhe pro Zeiteinheit zusammen.

Durch die Abweichung zwischen Muskelfaserverlauf und Sehnenverlauf im Fiederungswinkel entsteht bei einfach gefiederten Muskeln eine Querkomponente, durch welche die Sehne senkrecht zu ihrer Verlaufsrichtung abgelenkt wird. Eine Ablenkung wird durch Sehnenscheiden und Retinacula an den Sehnenfächern verhindert. Beim doppelt gefiederten Muskel heben sich die Querkomponenten beider Seiten gegenseitig auf (Abb. 4.**38b**).

Die Richtung des Muskelzuges wird durch die *wirksame Endstrecke* der Sehne bestimmt (s. Abb. 4.**24**). Liegen Ansatz und Ursprung des Muskels *(Hauptlinie)* auf einer Geraden, dann hat die wirksame Endstrecke dieselbe Verlaufsrichtung wie die Zugrichtung des Muskels. Häufig weichen Zugrichtung des Muskels und Verlauf der Sehne erheblich voneinander ab. Die Endsehne wird dann vor ihrer Insertion durch ein Skelettelement (*Hypomochlion,* s. S. 151) in ihrer Verlaufsrichtung abgelenkt. Die wirksame Endstrecke einer solchen *Gleitsehne* reicht vom Hypomochlion bis zur Insertion am Skelett (z. B. M. obturatorius int., Abb. 7.**80**, Mm. peronei, Abb. 7.**175**).

Ein Muskel kann an einem Gelenk nur dann wirksam werden, wenn er dort ein *Drehmoment* (s. S. 112) entwickelt. Das Drehmoment des Muskels ist das Produkt aus absoluter Sehnenkraft und *virtuellem Hebelarm* (Abb. 4.**40**). Den virtuellen Hebelarm bestimmt man, indem man die Senkrechte von der wirksamen Endstrecke auf den augenblicklichen Drehpunkt des Gelenkes fällt (Abb. 4.**41**). Das Muskelmoment M_m läßt sich folgendermaßen berechnen:

$M_m = h_m \cdot K_s$ (h_m = virtueller Hebelarm des Muskels, K_s = Sehnenkraft). Entsprechend gilt für das Lastmoment $M_l = h_l \cdot L$ (h_l = virtueller Hebelarm der Last, L = Größe der Last). Der virtuelle Hebelarm wird mit zunehmender Beugung größer und erreicht seinen höchsten Wert, wenn die wirksame Endstrecke der Sehne senkrecht auf das zu bewegende Skelettelement trifft. Wenn einerseits mit zunehmender Beugung die Muskelkraft und damit auch die Sehnenkraft des Muskels abnimmt, andererseits aber der virtuelle Hebelarm größer wird, so kann theoretisch das Drehmoment des Muskels konstant bleiben (Abb. 4.**41**). Aus der Ableitung geht ferner hervor, daß bei großem virtuellem Hebelarm das Drehmoment mit geringerer Muskel- oder Sehnenkraft erreicht werden kann. Darin liegt die funktionelle Bedeutung von *Sesambeinen* (s. Abb. 3.**55**). Durch die Einlagerung eines Sesambeins in die Sehne wird der virtuelle Hebelarm vergrößert und damit Muskelkraft eingespart (Kraftgewinn, s. unten).

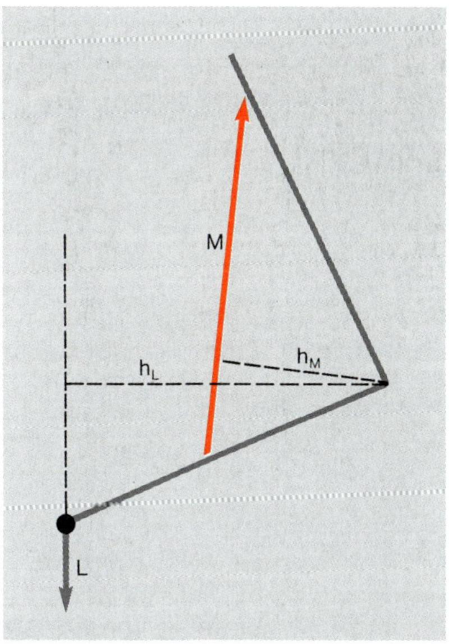

Abb. 4.**40** **Virtueller Hebelarm (hL) der Last (L) und virtueller Hebelarm (hM) der Muskelkraft (M)** an einem einarmigen Hebel (z. B. am Ellenbogengelenk).

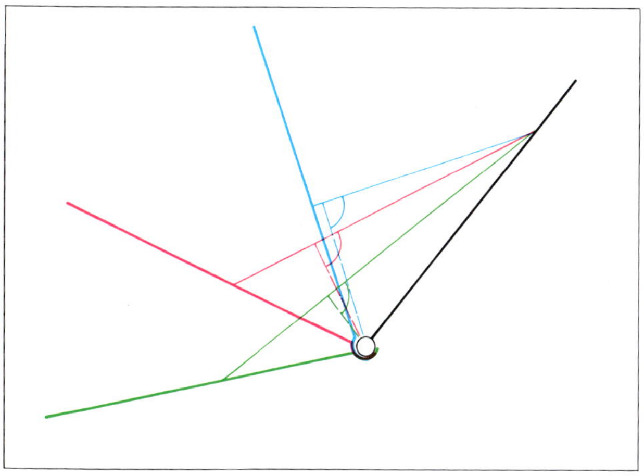

Abb. 4.**41** **Schematische Darstellung, wie sich die Größe des virtuellen Hebelarmes der Muskelkraft** (am Beispiel des M. brachialis) **mit der Stellung im Gelenk ändert.** Der virtuelle Hebelarm erreicht seinen höchsten Wert, wenn die wirksame Endstrecke der Sehne senkrecht auf das zu bewegende Skelettelement (in diesem Fall die Unterarmknochen) trifft (blaue Farbe).
(nach *Tillmann*)

Muskeln, deren Punctum mobile von der Gelenkachse entfernt liegt, werden im englischen Schrifttum als *„shunt-muscles"* (z. B. M. brachioradialis) bezeichnet. Diesen werden die *„spurt-muscles"* (z. B. M. biceps brachii) gegenübergestellt, deren Punctum mobile nahe am Drehpunkt des Gelenkes liegt. Die Vorstellung, daß „spurt-muscles" ausschließlich schnelle und kräftige Bewegungen durchführen, während die „shunt-muscles" nur für die Stabilisierung der Gelenke verantwortlich seien, trifft in dieser Ausschließlichkeit nicht zu. So beteiligen sich z. B. die erwähnten Muskeln des Ellenbogengelenkes (M. biceps und M. brachioradialis) in gleicher Weise an der Belastung des Gelenkes. Beide Muskeln sind außerdem Beuger im Ellenbogengelenk bei allerdings verschiedener Ausgangsstellung. Das Verhältnis der Kräfte von Lastarm zu Kraftarm hängt davon ab, wo die Sehne eines Muskels am Skelett inseriert. Nach der „goldenen Regel der Mechanik" arbeitet der Muskel entweder mit einem *Kraft-* oder mit einem *Weggewinn.*

Halte- und Verspannungsfunktion

Wenn bei der Muskelkontraktion das *Kraftmoment des Muskels* größer ist als das der Last, kommt eine *Bewegung* im Gelenk zustande. Bei einer Muskelerschlaffung kann Bewegung durch das größere *Moment der Last* ausgelöst werden. Außer der Funktion der Bewegung dienen die Skelettmuskeln jedoch auch der *Sicherung der Haltung* des gesamten Körpers oder einzelner Abschnitte. Im Idealfall befinden sich bei Haltearbeit die Gelenke in Ruhe, d. h., es herrscht Gleichgewicht zwischen den am Gelenk wirksam werdenden Kräften, dem Moment der Muskeln auf der einen Seite und dem Lastmoment auf der anderen Seite: $M \cdot h_m = L \cdot h_l$ (M = Muskelkraft; h_m = virtueller Hebelarm des Muskels; L = Größe der Last; h_l = virtueller Hebelarm der Last, Abb. 4.**40**). Die Tragfähigkeit eines

Gliedes der Extremität hängt nicht allein vom Drehmoment der Muskulatur, sondern vom Verhältnis des Drehmoments der Muskulatur zum Drehmoment der Last ab.
Die *Halte-* und *Verspannungsfunktion* der Skelettmuskulatur soll an einigen Beispielen erläutert werden. Die *Wirbelsäule* ist nach einem *Bogen-Sehnen-Prinzip* konstruiert (s. S. 182). Für den Bereich der Brustwirbelsäule fällt den Bauchmuskeln die Funktion der Zugverspannung zu. Die Lordose der Hals- und der Lendenwirbelsäule wird nach der *umgekehrten Bogen-Sehnen-Konstruktion* durch die autochthonen Rückenmuskeln verspannt. An der *Verspannung der Fußwölbungen* sind neben Bändern auch Muskeln beteiligt (s. Abb. 7.**183**). Eine Abflachung der Quer- und Längswölbung des Fußes kann ausschließlich durch plantare Verspannungen, d. h. durch Muskeln die unter dem Fuß ziehen, verhindert werden.

Ihre Wirkungsgröße ist dabei vom Verlauf und von der Lage an der Planta pedis abhängig. Da die meisten Sehnen der Fußmuskeln schräg unter dem Fuß verlaufen, kann ihre wirksame Endstrecke in eine Längs- und eine Querkomponente zerlegt werden, so daß sie auf die Erhaltung der Längs- und der Querwölbung wirken (Abb. 7.**186** u. 7.**187**).

Von einer *Haltefunktion* spricht man auch dann, wenn Muskelkräfte einer anderen bewegenden Kraft (Muskel- oder Schwerkraft) entgegenwirken. So üben z. B. die autochthonen Rückenmuskeln eine Haltefunktion aus, wenn der Rumpf durch die Schwerkraft nach vorn geneigt wird.
Haltefunktionen haben auch Muskeln, die in Form von Muskelschlingen an einem Skelettelement befestigt sind, z. B. die supra- und infrahyalen Muskeln oder die Muskeln des Schultergürtels.

Zuggurtung

Muskelkräfte haben einen Einfluß auf die *Beanspruchung des Skelettes* und der *Gelenke.* Röhrenknochen werden normalerweise auf *Biegung* beansprucht (s. S. 81). Die Muskelkräfte wirken in diesem Fall als Gegenkraft und setzen damit die Biegebeanspruchung herab. Dieses *Zuggurtungsprinzip* (s. Abb. 3.**35**) hat Pauwels für die Röhrenknochen der oberen und unteren Extremität beschrieben. Als Zugverspannung dienen außer Muskeln auch Faszienverstärkungen wie der Tractus iliotibialis (s. Abb. 7.**77**). Durch die Zuggurtung wird die Biegebeanspruchung zwar nicht ausgeschaltet, aber stark herabgesetzt. An der oberen Extremität setzen die Oberarm- und Unterarmmuskeln nicht nur die Biegebeanspruchung der Skelettelemente, sondern auch die Beanspruchung im Ellenbogengelenk herab (s. Abb. 3.**35**). Die Doppelbesetzung der Muskulatur bewirkt eine gleichmäßige Spannungsverteilung im Gelenk.

Aktive/Passive Insuffizienz

Muskeln, die über ein Gelenk hinwegziehen, werden als *eingelenkige,* Muskeln, die über mehrere Gelenke hinwegziehen, als *mehrgelenkige Muskeln* bezeichnet. Zwei- und mehrgelenkige Muskeln geraten nicht in „Konflikt“, an den Gelenken, die sie überbrücken, gleichzeitig wirken zu müssen, da sie aufgrund zentralnervöser Steuerungen stets nur an einer Funktion beteiligt sind. Mehrgelenkige Muskeln können bei maximaler Kontraktion nicht alle Gelenke, auf die sie wirken, in ihre Endstellung bringen. Man spricht in diesem Fall von *aktiver Insuffizienz* dieser Muskeln. Die ischiokruralen Muskeln z. B. sind nicht in der Lage, bei extremer Streckung im Hüftgelenk gleichzeitig im Kniegelenk maximal zu beugen. Die Begrenzung der Dehnbarkeit von mehrgelenkigen Muskeln ermöglicht es häufig nicht, Gelenke, über die sie hinwegziehen, in ihre Endstellung zu bringen. Diese *unzureichende Dehnbarkeit* der Muskeln wird als *passive Insuffizienz* bezeichnet. Bei stark gebeugten Handgelenken ist es nicht möglich, gleichzeitig die Finger maximal zu beugen. Dies wird durch die passive Insuffizienz der Fingerextensoren verhindert.

Funktionelle Gruppen

Die Skelettmuskeln werden hinsichtlich ihrer Tätigkeit funktionellen Gruppen zugeordnet: als *Agonisten* bezeichnet man Muskeln, die eine gewünschte Bewegung ausführen. Bei einer Beugung sind dies die Flexoren. An einer Bewegung beteiligen sich stets mehrere Muskeln. Sie unterscheiden sich allerdings hinsichtlich ihrer Intensität und Effektivität. Man unterscheidet demzufolge bei den Agonisten nach quantitativen Gesichtspunkten zwei Muskelgruppen: zum einen Muskeln, die die gewünschte Bewegung „primär“ ausführen, die sogenannten *Hauptbewegungsmuskeln* (im Englischen: prime movers), zum anderen Muskeln, die den Bewegungsablauf unterstützen oder die erst bei erhöhter Belastung aktiv werden. Dies sind die sogenannten *Unterstützungsmuskeln* (im Englischen: assistant movers). Bei der Abduktion im Schultergelenk z. B. sind der M. deltoideus und der M. supraspinatus die Hauptbewegungsmuskeln, während das Caput longum des M. biceps brachii als Unterstützungsmuskel wirkt.
Der Begriff *Synergist* wird im Schrifttum unterschiedlich angewandt. Einige Autoren bezeichnen als Synergisten Muskeln, die gemeinsam eine gewünschte Bewegung durchführen (s. oben). Unter Zugrundelegung dieser Definition wird allerdings zwischen den Begriffen Agonist und Synergist nicht streng unterschieden. Im älteren Schrifttum werden – der ursprünglichen Bedeutung des Wortes entsprechend – als Synergisten Muskeln bezeichnet, die an einer Bewegung „mitarbeiten“. Bei der Beugung in den Fingergelenken sind die Mm. flexores digitorum die Agonisten. Als Synergisten beteiligen sich daran jedoch auch die Extensoren, da sie die Handgelenke

stabilisieren und deren gleichzeitige Flexion durch die Fingerbeuger verhindern. Sie verstärken außerdem die Leistung der Flexoren, indem sie diese durch die Streckung der Handgelenke vordehnen. Muskel- und Schwerkraft verhalten sich häufig synergistisch. So wird eine Streckung im Ellenbogengelenk gemeinsam durch die Tätigkeit des M. triceps und durch das Gewicht des Unterarmes bewirkt. Die Muskeln des Schultergürtels wirken bei Bewegungen im Schultergelenk auf zweierlei Weise synergistisch: Sie fixieren zum einen die Scapula in der Weise, daß die an der Bewegung beteiligten Schultergelenkmuskeln an den Skelettelementen des Schultergürtels ein Punctum fixum finden, zum anderen verhindern sie eine zu starke Mitbewegung der Skelettelemente des Schultergürtels.
Als *Antagonisten* hat man früher Muskeln bezeichnet, die eine gegenläufige Bewegung ausführen. Ein Beugemuskel ist bei Streckbewegung Antagonist des Streckmuskels. Bei einer Bewegung arbeiten jedoch agonistisch und antagonistisch wirkende Kräfte nicht gegeneinander, sondern miteinander. Während sich die Muskeln, die die Bewegung durchführen, kontrahieren, läßt die Spannung in den Antagonisten nach. Dadurch kommt es zu einem „weichen" Ablauf der Bewegungen. Ist das Zusammenspiel zwischen Agonisten und Antagonisten bei neurologischen Ausfallserscheinungen gestört, werden die Bewegungen (z. B. Beugung und Streckung oder Pro- und Supination) ruckartig (Zahnradphänomen).
Bewegung oder Stabilisierung an einem Gelenk beruht nicht auf der Aktion einzelner Muskeln, sondern kommt stets durch die *Funktionsgemeinschaft* aus mehreren Muskeln zustande. Ein Muskel kann an einem Gelenk mehrere Funktionen ausüben; so z. B. wirkt der M. biceps brachii am Ellenbogengelenk als Beuger und als Supinator. Die beiden Funktionen werden jedoch aufgrund zentralnervöser Steuerung nicht gleichzeitig durchgeführt. Die *Anteile* eines Muskels haben je nach Lage zu den Achsen des Gelenkes, über das sie hinwegziehen, verschiedene, zum Teil gegensätzliche Wirkungen. Am M. glutaeus medius z. B. können die vorderen Fasern im Hüftgelenk beugen und innenrotieren, der hintere Abschnitt unterstützt dagegen die Streckung und Außenrotation. An einigen Gelenken (z. B. am Hüft- und Schultergelenk) kann sich die ursprüngliche Muskelfunktion aus der Neutral-0-Stellung bei Änderung der Gelenkstellung umkehren. Der M. adductor longus z. B. unterstützt im Hüftgelenk bis zu einer Flexion von ca. 50° die Beugung, wird das Hüftgelenk über 70° hinaus gebeugt, so kehrt sich die Funktion um, und der Muskel wirkt als Strecker. Die unterschiedlichen Funktionen werden durch die vom Zentralnervensystem gesteuerte Innervation ermöglicht.
Die an einem Bewegungsablauf beteiligten Muskeln werden auch als *„Muskelketten"* zusammengefaßt. Sie ziehen über alle an einer Bewegung beteiligten Gelenke hinweg. Als *Muskelschlinge* bezeichnet man Muskeln mit antagonistischer Funktion, die am selben Skelettelement oder in einer gemeinsamen Aponeurose inserieren. Muskelschlingen bilden z. B. die supra- und infrahyalen Muskeln (s. Abb. 8.**6**), die Muskeln des Schultergürtels (s. Abb. 6.**56**) oder der M. obliquus abdominis ext. einer Seite mit dem M. obliquus abdominis int. der Gegenseite (s. Abb. 5.**160**). Im Hinblick auf die Gesamtfunktion ist die Tätigkeit der Muskeln in einer Muskelschlinge jedoch sowohl bei der Ausführung einer Bewegung als auch bei der Stabilisierung des Skelettelementes (z. B. des Zungenbeines oder des Schulterblattes) als synergistisch anzusehen (s. oben). Vielfach wird zwischen den Begriffen „Muskelschlinge" und „Muskelkette" nicht streng unterschieden.
Während ein gewünschtes Bewegungsmuster an einem Gelenk *„willkürlich"* zu steuern ist, unterliegen die Aktionen von Muskeln, die eine Bewegung aufgrund des erlernten komplexen Innervationsmusters unterstützen vielfach nicht dem Willen. Wird z. B. der Daumen gestreckt, so kontrahieren sich Handbeuger und Strecker auch auf der ulnaren Seite und verhindern dadurch eine Deviation der Hand nach radial. Diese *Mitwirkung* der Mm. flexor und extensor carpi ulnaris kann nicht unterdrückt werden. Versucht z. B. ein Patient bei Lähmung der Daumenextensoren den Daumen zu strecken, so gelingt dies aufgrund der Parese nicht; allerdings kontrahieren sich die nicht gelähmten ulnaren Handgelenkmuskeln und bewirken dann eine Deviation der Hand nach ulnar.

Untersuchungsmethoden

Die Freilegung von Muskeln, Sehnen und deren Hilfseinrichtungen sowie der versorgenden Blutgefäße und Nerven an der Leiche schafft die Voraussetzung für zahlreiche klinische Untersuchungen der Skelettmuskulatur. Die *Präparation* vermittelt eine räumliche Vorstellung über Form und Verlauf eines Muskels und über seine topographische Beziehung zur Umgebung. Aus der Lokalisation von Sehnenursprung und -ansatz am Skelett sowie deren räumlicher Lage zu den Gelenkachsen können die Funktionen jedes Muskels theoretisch abgeleitet werden. Vor Einführung der Elektrodiagnostik war die anatomische Präparation die wichtigste Methode, um Aufschluß über Muskelfunktionen zu erhalten. Vor allem die *Elektromyographie* (s. unten) hat aber gezeigt, daß auf präparatorischer Basis erhobene Befunde zur Muskelfunktion unzureichend sind, da sie keine Aussagen über die Aktivitäten eines Muskels oder von Muskelgruppen bei *komplexen Bewegungsabläufen* erlauben.
Inspektion und *Palpation* stehen bei der *klinischen Muskelfunktionsprüfung* am Anfang der Untersuchung. Sie setzen genaue Kenntnisse von Form, Lage und Konsistenz der oberflächlichen Muskeln voraus. Das Relief der Körperoberfläche wird bei nicht zu stark entwickeltem Unterhautfettgewebe im wesentlichen durch die Muskeln bestimmt. Die Konturen treten bei Männern im allgemeinen deutlicher hervor als bei Frauen und Kindern. Eine Beschreibung der Ober-

flächenanatomie erfolgt in den Kapiteln der speziellen Anatomie. Durch Betrachten, noch besser durch Betasten, läßt sich beurteilen, ob ein Muskel normal, atrophisch oder hypertrophisch ist. Die Konsistenz kann nur durch Palpation beurteilt werden. Sie gibt Auskunft über den *Tonus,* d. h. den Spannungszustand bei passiver Dehnung ohne aktive willkürliche oder unwillkürliche Innervation. Auch Muskelverhärtungen oder Muskelrisse lassen sich durch Betasten diagnostizieren.

Der *Funktionszustand* von Muskeln kann durch Bewertung der *Muskelkraft* unter verschiedenen Bedingungen geprüft werden, so z. B., ob die normale Kraft auch nach längerer Tätigkeit erhalten bleibt und ob Bewegungen gegen die Eigenschwere des zu bewegenden Körperteiles oder gegen Widerstand möglich sind. Solche Untersuchungen der *Motilität* dienen dazu, Lähmungen sicher zu diagnostizieren und ihren Schweregrad zu bestimmen. Die Diagnose einer Lähmung ist erst möglich, wenn mehr als ein Drittel der Muskelfasern denerviert ist. Außer den oben erwähnten *aktiven Funktionsprüfungen* werden bei jeder Untersuchung auch *passive Funktionsprüfungen,* d. h. die Prüfung der *Reflexe,* durchgeführt (s. dazu Lehrbücher der Physiologie und Neurologie sowie Bd. III).

Als segmentale Kennmuskeln bezeichnet man Muskeln, die vorwiegend aus einem Rückenmarkssegment innerviert werden (z. B. M. tibialis anterior). Ihr Funktionsausfall läßt Rückschlüsse auf die Lokalisation einer Rückenmarksschädigung zu.

Als morphologisch-diagnostisches Mittel zur Beurteilung myogener Schäden steht auch die *Muskelbiopsie* zur Verfügung. Sie gibt keine genaue Auskunft über die Verteilung der Muskelfasertypen, da an einigen Muskeln die Faserverteilung nicht systematisch ist (s. S. 144).

Die *elektrische Reizdiagnostik,* wie sie von Duchenne vor über hundert Jahren durchgeführt wurde, ermöglichte erstmals, Funktionen oberflächlich liegender Muskeln sichtbar zu machen. Trotz der bereits vom Autor selbst vorgebrachten kritischen Interpretation der Befunde hat die Methode Aufschluß über die isolierte Funktion einzelner Muskeln gebracht.

Für klinische Zwecke wird die elektrische Reizdiagnostik als *indirekte Reizung* über den Nerven am *Punctum nervosum* oder als *direkte Reizung* über den Muskel durchgeführt (s. Lehrbücher der Physiologie, Neurologie und Orthopädie).

Bei der *elektromyographischen Untersuchung* (Abb. 4.**42**) wird die Frequenz der Muskelaktionspotentiale extrazellulär mit Hilfe von Elektroden abgeleitet und registriert. Zur Registrierung dienen je nach gewünschter Aussage Einzelelektroden, Multielektroden oder Oberflächenelektroden. Die Oberflächenableitung eignet sich nur für orientierende Beurteilungen von Muskelaktivitäten während bestimmter Bewegungsabläufe. Sie gibt keine Auskunft über die Frequenz von Muskelfasereinzelpotentialen. Mit *Nadelelektroden* werden die Aktionspotentiale der zu einer *motorischen Einheit* gehörenden Muskelfasern, die sich nahezu synchron entladen, abgeleitet. Die Ableitung erfolgt in Ruhe, bei schwacher Willkürbewegung und bei voller Kraftentfaltung des Muskels. Im völlig entspannten Muskel, z. B. im tiefen Schlaf, lassen sich keine Aktionspotentiale ableiten. Mit steigender Willkürinnervation werden mehr motorische Vorderhornzellen aktiviert; außerdem nimmt die Entladungsfrequenz der einzelnen motorischen Einheiten zu. Die mit der erhöhten Kraftentfaltung einhergehende vermehrte *„Rekrutierung" motorischer Einheiten* und die Zunahme der Entladungsfrequenzen wirkt sich auf das Innervationsmuster aus. Mit zunehmender Innervation entsteht aus dem *Einzelentladungsmuster* ein *Übergangsmuster* und schließlich bei weiterer Steigerung ein *Interferenzmuster,* bei dem einzelne Aktionspotentiale nicht mehr abgegrenzt werden können (Abb. 4.**42**). Die Elektromyographie dient in der Klinik der differentialdiagnostischen Abklärung verschiedener *Muskelerkrankungen* (Myopathien). Sie erlaubt auch die quantitative Beurteilung von Schädigungen

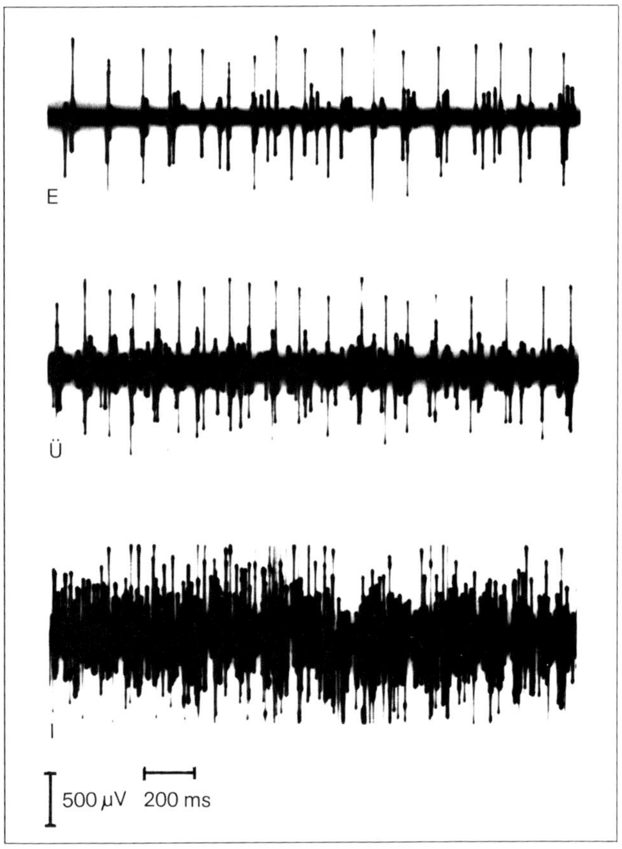

Abb. 4.**42** **Elektromyogramm eines Muskels von einem Gesunden.**
E Leichte Willkürinnervation führt zu einem Einzelentladungsmuster.
Ü Bei zunehmender Anspannung kommt es durch Rekrutierung weiterer motorischer Einheiten und durch die Zunahme der Entladungsfrequenz zu einem Übergangsmuster und schließlich zu einem Interferenzmuster (I), in dem einzelne Aktionspotentiale nicht mehr unterschieden werden können.
(aus Scheid, Thieme 1980)

und regenerativen Vorgängen. In der funktionellen Anatomie des Bewegungsapparates ermöglicht ihr Einsatz eine *Analyse* von einzelnen und komplexen *Muskelaktivitäten* bei Bewegungsabläufen und bei Haltearbeit. Zur Beurteilung der Muskelfunktion müssen mechanische Ableitungen, die sich aus der Lage des Muskels zur Gelenkachse ergeben, und elektromyographische Befunde gemeinsam herangezogen werden.

Literatur

Altmann, K.: Zur Frage der Bauart und der mechanischen Beanspruchung mikroskopischer Muskelsehnen. Z. Anat. Entwickl.-Gesch. 124 (1963) 57–69

Appell, H.-J.: Variability in microvascular pattern dependent upon muscle fiber composition. Progr. appl. Microcirc. 5 (1984) 15–29

Ayer-Le Lievre, C., J. Fontaine-Perus: The neural crest: its relations with APUD and paraneuron concepts. Arch. histol. jap. 45 (1982) 409–427

Bargmann, W.: Histologie und Mikroskopische Anatomie des Menschen, 7. Aufl. Thieme, Stuttgart 1977

Basmajian, J. V.: Spurt and shunt muscles: an electromyographic confirmation. J. Anat. (Lond.) 93 (1959) 551–553

Basmajian, J. V.: Electromyography – dynamic gross anatomy: a review. Amer. J. Anat. 159 (1980) 245–260

Becker, W., H. Krahl: Die Tendopathien. Thieme, Stuttgart 1978

Bennett, M. R.: Development of neuromuscular synpases. Physiol. Rev. 63 (1983) 915–1048

Biermann, H.: Die Knochenbildung im Bereich periostaler-diaphysärer Sehnen- und Bandansätze. Z. Zellforsch. 46 (1957) 635–671

Bischoff, R.: Tissue culture studies on the origin of myogenic cells during muscle regeneration in the rat. In Mauro, A.: Muscle Regeneration. Raven Press, New York 1979 (pp. 13–29)

Bloom, W., D. W. Fawcett: A Textbook of Histology. Saunders, Philadelphia, 1975

Bourne, G. H.: The Structure and Function of Muscle. Academic Press, New York 1980

Campion, D. R.: The muscle satellite: a review. Int. Rev. Cytol. 87 (1984) 225–251

Carlson, B. M.: The regeneration of skeletal muscle – a review. Amer. J. Anat. 137 (1973) 119–149

Christ, B., M. Jacob, H. J. Jacob: On the origin and development of the ventrolateral abdominal muscles in the avian embryo. Anat. Embryol. 166 (1983) 87–101

Crawford, G. N. C.: The growth of striated muscle immobilized in extension. J. Anat. (Lond.) 114 (1973) 165–183

Dolgo-Saburoff, B.: Über Ursprung und Insertion der Skelettmuskeln. Anat. Anz. 68 (1929/30) 80–87

Drenckhahn, D., R. Lüllmann-Rauch: Experimental myopathy induced by amphiphilic cationic compounds including several psychotropic drugs. Neuroscience 4 (1979) 549–562

Duchenne de Boulogue, G.-B.: Mécanisme de la physionomie humaine ou analyse électro-physiologique de l'expression des passions. Baillière, Paris 1876

Echtemyer, V., H.-J. Oestern: Kompartment-Syndrom. Ätiologie, Pathophysiologie, Lokalisation, Diagnostik, Therapie. Unfallheilkunde 162 (1983) 75–96

Eisenberg, B. R., J. M. C. Brown, St. Salmons: Restoration of fast muscle characteristics following cessation of chronic stimulation. The ultrastructure of slow-to-fast transformation. Cell Tiss. Res. 238 (1984) 221–230

Eisler, P.: Die Muskeln des Stammes. In von Bardeleben, K.: Handbuch der Anatomie des Menschen, Bd. 2, Abt. 2, 1. Tl. Fischer, Jena 1912

Engel, W. K.: The essentiality of histo- and cytochemical studies of skeletal muscle in the investigation of neuromuscular disease. Neurology (Minneap.) 12 (1962) 778–794

Engel, W. K.: Muscle fiber regeneration in human neuromuscular disease. In Mauro, A.: Muscle Regeneration. Raven Press, New York 1979 (pp. 285–296)

Fick, A.: Über das Wesen der Muskelarbeit. In Virchow, R., Fr. von Holtzendorff: Sammlung gemeinverständlicher wissenschaftlicher Vorträge, XII. Serie, Heft 273. Habel, Berlin 1877

Fick, R.: Allgemeine Gelenk- und Muskelmechanik. In von Bardeleben, K.: Handbuch der Anatomie des Menschen, Bd. II, Abt. 1, 2. Tl. Fischer, Jena 1910

Fick, R.: Spezielle Gelenk- und Muskelmechanik. In von Bardeleben, K.: Handbuch der Anatomie des Menschen, Bd. II, Abt. 1, 3. Tl. Fischer, Jena 1911

Fischman, D. A.: Development of striated muscle. In Bourne, G. H.: The Structure and Function of Muscle, vol. I. Academic Press, New York 1972 (pp. 75–148)

Forssmann, W. G.: Muskelgewebe. In Benninghoff, A., K. Goerttler, H. Ferner, J. Staubesand: Lehrbuch der Anatomie des Menschen, 13. Aufl., Bd. I. Urban & Schwarzenberg, München 1980; 14. Aufl. 1985

Frick, H., H. Leonhardt, D. Starck: Allgemeine Anatomie. Spezielle Anatomie I, 2. Aufl. Thieme, Stuttgart 1980

Gauthier, G. F.: Muscular tissue. In Weiss, L., R. O. Greep: Histology, 4. Aufl. McGraw-Hill, New York 1977

Gelber, D., D. H. Moore, H. Ruska: Observations of the myotendon junction in mammalian skeletal muscle. Z. Zellforsch. 52 (1960) 396–400

Goldspink, G. G.: Postembryonic growth and differentiation of striated muscle. In Bourne, G. H.: The Structure and Function of Muscle, vol. I. Academic Press, New York 1972 (pp. 179–232)

Gray, H.: Gray's Anatomy. (Eds. P. L. Williams, R. Warwick.) Churchill-Livingstone, Edinburgh 1980

Green, H. J., H. Reichmann, D. Pette: Inter- and intraspecies comparisons of fibre type distribution and of succinate dehydrogenase activity in type I, IIA and IIB fibres of mammalian diaphragms. Histochemistry 81 (1984) 67–73

Hamilton, W. J., J. D. Boyd, H. W. Mossman: Human Embryology, 4. Aufl. Williams & Wilkins, Baltimore 1972

Hammersen, F.: Das Gefäßmuster der Skeletmuskulatur. In Delius, L., E. Witzleb: Probleme der Haut- und Muskeldurchblutung, Springer, Berlin 1964 (S. 11–26)

Hammersen, F.: The terminal vascular bed in skeletal muscle with special regard to the problem of shunts. In Crone, C., N. A. Lassen: Capillary Permeability. (Alfred Benzon Symp. Series, vol. II) Munksgaard, Kopenhagen 1970 (pp. 351–365)

Hanak, H., P. Böck: Die Feinstruktur der Muskel-Sehnenverbindung von Skelett- und Herzmuskeln. J. Ultrastruct. Res. 36 (1971) 68–85

Hems, T., B. Tillmann: Tendon entheses of the human masticatory muscles. Anat. Embryol. 202 (2000) 201–208

Holtzer, H., J. W. Sanger, H. Ishikawa: Effects of colcimid and cytochalasin on myogenesis. J. gen. Physiol. 57 (1971) 245

Howald, H.: Morphologische und funktionelle Veränderungen der Muskelfasern durch Training. Schweiz. Z. Sportmed. 31 (1984) 5–14

Hudgson, P., E. J. Field: Regeneration of muscle. In Bourne, G. H.: The Structure and Function of Muscle, vol. II. Academic Press, New York 1973 (pp. 312–363)

Huxley, H. E.: The mechanism of muscular contraction. Science 164 (1969) 1356–1366

Huxley, H. E.: Molecular basis of contraction in cross-striated muscles. In Bourne, G. H.: The Structure and Function of Muscle, vol. I. Academic Press, New York 1972 (pp. 301–387)

Ippolito, E., P. G. Natali, F. Postacchini, L. Accinni, C. De Martino: Morphological, immunochemical, and biochemical study of rabbit achilles tendon at various ages. J. Bone Jt. Surg. 62 A (1980) 583–597

Jacob, M., B. Christ, H. J. Jacob: The migration of myogenic cells from the somites into the leg region of avian embryos. Anat. Embryol. 157 (1979) 291–309

Jipp, P.: Die Sehnenstruktur an punktförmigen Muskelansätzen. Morph. Jb. 101 (1960) 236–262

Jirmanová, I., S. Thesleff: Ultrastructural study of experimental muscle degeneration and regeneration in the adult rat. Z. Zellforsch. 131 (1972) 77–97

Jolesz, F., F. A. Sreter: Development, innervation, and activity-pattern induced changes in skeletal muscle. Ann. Rev. Physiol. 43 (1981) 531–552

Kleinau, W., H.-H. Loetzke: Blutgefäßversorgung von Sehnenscheiden und Epitenon an den Sehnen der Peronaeusgruppe und der langen tiefen Beuger beim Menschen. Gegenbaurs morph. Jb. 112 (1968) 565–593

Knese, K.-H., H. Biermann: Die Knochenbildung an Sehnen- und Bandansätzen im Bereich ursprünglich chondraler Apophysen. Z. Zellforsch. 49 (1958) 142–187

Kolkmann, F. W.: Skelettmuskulatur. In Doerr, W.: Organpathologie, Bd. III. Thieme, Stuttgart 1974

Konermann, E., E. Koob: Thermographie. In Witt, A. N., H. Rettig, K. F. Schlegel, M. Hackenbroch, W. Hupfauer: Orthopädie in Praxis und Klinik. 2. Aufl. Bd. II. Thieme, Stuttgart 1981

Kummer, B.: Neue Untersuchungen zur Biomechanik der Extremitätenmuskeln. Verh. dtsch. orthop. Ges. 54 (1967) 48–61

Kummer, B.: Form und Funktion. In Witt, A. N., H. Rettig, K. F. Schlegel, M. Hackenbroch, W. Hupfauer: Orthopädie in Praxis und Klinik, 2. Aufl., Bd. I. Thieme, Stuttgart 1980

Kuschinsky, G., H. Lüllmann: Kurzes Lehrbuch der Pharmakologie und Toxikologie, 9. Aufl. Thieme, Stuttgart 1981; 11. Aufl. 1987

Lang, J.: Über das Gleitgewebe der Sehnen, Muskeln, Fascien und Gefäße. Z. Anat. Entwickl.-Gesch. 122 (1960) 197–231

Lang, J.: Über die Blutgefäße der Sehnenscheiden. Acta anat. (Basel) 54 (1963) 273–309

Langenberg, W., S. Jüschke: Morphologie und Innervation der Mm. levatores costarum und ihre Beziehung zu den Mm. intertransversarii laterales lumborum. Untersuchungen an Mensch und Känguruh. Z. Anat. Entwickl.-Gesch. 130 (1970) 255–264

Leonhardt, H.: Histologie, Zytologie und Mikroanatomie des Menschen, 7. Aufl. Thieme, Stuttgart 1985

Löffler, G., P. E. Petrides: Biochemie und Pathobiochemie, 5. Aufl. Springer, Berlin Heidelberg New York 1997

Luginbuhl, A. J., G. A. Dudley, R. S. Staron: Fiber type changes in rat skeletal muscle after intense interval training. Histochemistry 81 (1984) 55–58

Luthiger, U.: Die Differenzierung der menschlichen Extremitätenmuskeln in Relation zu den Embryonalstadien. Z. Anat. Entwickl.-Gesch. 145 (1974) 243–260

McBride, W. G., P. A. Stokes, P. H. Vardy: The influence of nerve supply in limb development. In Merker, H. J., H. Nau, D. Neubert: Teratology of the Limbs. de Gruyter, Berlin 1980 (pp. 223–234)

MacConaill, M. A., J. V. Basmajian: Muscles and Movements a Basis for Human Kinesiology. Williams & Wilkins, Baltimore 1969

Manolagas, S. C.: Birth and Death of Bone Cells: Basic Regulatory Mechanisms and Implications for the Pathogenesis and Treatment of Osteoporosis. Endocrine Reviews, Vol 21, 2 (2000) 115–137

von der Mark, K.: Localization of collagen types in tissues. Int. Rev. connect. Tiss. Res. 9 (1981) 265–324

Merrilees, M. J., M. H. Flint: Ultrastructural study of tension and pressure zones in a rabbit flexor tendon. Amer. J. Anat. 157 (1980) 87–106

Michna, H.: Morphometric analysis of loading-induced changes in collagen-fibril populations in young tendons. Cell Tiss. Res. 236 (1983) 465–470

Muir, A. R., A. H. M. Kanji, D. B. Allbrook: The structure of the satellite cells in skeletal muscle. J. Anat. (Lond.) 99 (1965) 435–444

Neumann, E.: Über den Heilungsprocess nach Muskelverletzungen. Arch. mikr. Anat. 4 (1868) 323–333

Noden, D. M.: The embryonic origins of avian cephalic and cervical muscles and associated connective tissue. Amer. J. Anat. 168 (1983) 257–276

Nygaard, E., J. Sanchez: Intramuscular variation of fiber types in the brachial biceps and the lateral muscles of elderly men: how representative is a small biopsy sample? Anat. Rec. 203 (1982) 451–459

O'Rahilly, R., E. Gardner: The timing and sequence of events in the development of the limbs in the human embryo. Anat. Embryol. 148 (1975) 1–23

Petersen, H.: VIII. Die Verbindung des Knochengewebes mit anderen Geweben im knöchernen Skeletstück. In von Möllendorff, W.: Handbuch der mikroskopischen Anatomie des Menschen, Bd. II/2. Springer, Berlin 1930 (S. 587–619)

Petrides, P. E., G. Löffler: Muskelgewebe. In Löffler, G., P. E. Petrides, L. Weiss, H. A. Harper: Physiologische Chemie. Lehrbuch der medizinischen Biochemie und Pathobiochemie, 2. Aufl. Springer, Berlin 1979 (S. 780–794)

Pette, D.: Activity-induced fast to slow transitions in mammalian muscle. Med. Sci. Sports Exerc. 16/6 (1984) 517–528

Ploetz, E.: Funktioneller Bau und funktionelle Anpassung der Gleitsehnen. Z. Orthop. 67 (1938) 212–234

Pollack, G. H.: The cross-bridge theory. Physiol. Rev. 63 (1983) 1049–1113

Postacchini, F., L. Accinni, P. G. Natali, E. Ippolito, C. DeMartino: Regeneration of rabbit calcaneal tendon. A morphological and immunochemical study. Cell Tiss. Res. 195 (1978) 81–97

Rau, E.: Gefäßversorgung der Sehnen. Anat. Hefte 50 (1914) 677–693

Reger, J. F., A. S. Chraig: Studies on the fine structure of muscle fibers and associated satellite cells in hypertrophic human deltoid muscle. Anat. Rec. 162 (1968) 453–500

Reichmann, H., D. Pette: A comparative macrophotometric study of succinate dehydrogenase activity levels in type I, IIA and IIB fibres of mammalian and human muscles. Histochemistry 7/4 (1982) 27–41

Rowe, R. W. D.: Morphology of perimysial and endomysial connective tissue in skeletal muscle. Tissue Cell 13 (1981) 681–690

Ruegg, J. C.: Muskel. In Schmidt, R. F., G. Thews: Physiologie des Menschen, 20. Aufl. Springer, Berlin 1980

Scelsi, R., S. Lotta, G. Lommi, P. Poggi, C. Marchetti: Hemiplegic atrophy. Morphological findings in the anterior tibial muscle of patients with cerebral vascular accidents. Acta neuropath. (Berl.) 62 (1984) 324–331

Schäfer, K.: Untersuchungen zur Angioarchitektur der Fascie (untere Extremität). Z. Anat. Entwickl.-Gesch. 139 (1972) 21–54

Scheid, W.: Lehrbuch der Neurologie, 5. Aufl. Thieme, Stuttgart 1983

Schmalbruch, H.: Die quergestreiften Muskelfasern des Menschen. Ergebn. Anat. Entwickl.-Gesch. 43 (1970) 7–75

Schmalbruch, H.: The morphology of regeneration of skeletal muscles in the rat. Tissue Cell 8 (1976) 673–692

Schmalbruch, H.: Skeletal muscle. In von Möllendorff, W., W. Bargmann, A. Oksche, L. Vollrath: Handbuch der mikroskopischen Anatomie des Menschen, Bd. II/6. Springer, Berlin 1985

Schneider, P. G.: Xeroradiographie und Weichteiltraumatologie. Therapiewoche 30 (1980) 3194–3202

Snow, M. H.: Myogenic cell formation in regenerating rat skeletal muscle injured by mincing. Anat. Rec. 188 (1977) 181–218

Snow, M. H.: Origin of regenerating myoblasts in mammalian skeletal muscle. In Mauro, A.: Muscle Regeneration. Raven Press, New York 1979 (pp. 91–100)

Squire, J. M.: Molecular mechanisms in muscular contraction. Trends Neurosci. 6 (1983) 409–413

Starck, D.: Embryologie, 3. Aufl. Thieme, Stuttgart 1975

Stern jr., J. T.: Investigations concerning the theory of ‚spurt' and ‚shunt' muscles. J. Biomech. 4 (1971) 437–453

Stoboy, H.: Die Elektromyographie und ihre Anwendbarkeit zur Beurteilung von Muskelkontraktionen und Bewegungsabläufen. In Witt, A. N., H. Rettig, K. F. Schlegel, M. Hackenbroch, W. Hupfauer: Orthopädie in Praxis und Klinik, 2. Aufl. Bd. I. Thieme, Stuttgart 1980 (S. 6.1–6.16)

Straßer, H.: Lehrbuch der Muskel- und Gelenkmechanik, Bd. I. Springer, Berlin 1908

Stringer, J. M., R. A. Kainer, A. T. Tu: Ultrastructural studies of myonecrosis induced by cobra venom in mice. Toxicol. appl. Pharmacol. 18 (1971) 442–450

Thom, H., B. Neundörfer: Elektrodiagnostik. In Witt, A. N., H. Rettig, K. F. Schlegel, M. Hackenbroch, W. Hupfauer: Orthopädie in Praxis und Klinik, 2. Aufl., Bd. II. Thieme, Stuttgart 1981 (S. 6.1–6.33)

Thorstensson, A.: Muscle strength, fibre types and enzyme activities in man. Acta physiol. scand. 443 (1976) 1–45

Tillmann, B.: Funktionelle Anatomie des Bewegungsapparates. In Cotta, H., W. Heipertz, A. Hüter-Becker, G. Rompe: Krankengymnastik, Bd. IV. Thieme, Stuttgart 1981 (S. 1–70)

Tillmann, B., W. Thomas: Anatomie typischer Sehnenansätze, -ursprünge und Engpässe. Orthop. Prax. 12 (1982) 910–917

Tittel, K.: Beschreibende und funktionelle Anatomie des Menschen, 8. Aufl. Fischer, Stuttgart 1978

Trendafilov, B., M. Tanuschev: Studium der mitochondrialen Parameter in den Skelettmuskeln von Athleten (Sprintern) mit Hilfe eines mathematischen Modells. Verh. anat. Ges. (Jena) 76 (1982) 139–140

Vidal, B. de C., M. L. S. Mello: Proteoglycan arrangement in tendon collagen bundles. Cell. molec. Biol. 30 (1984) 195–204

5

Rumpf

G. Töndury und B. Tillmann

Rücken
Wirbelsäule
Wirbel
Entwicklung der freien Wirbelsäule
Gelenke und Bänder der Wirbelsäule
Zwischenwirbelscheibe
Wirbelbogengelenke
Bewegungssegmente
Mechanik
Schädel-Wirbelsäulen-Übergang und Kopfgelenke
Autochthone Rückenmuskeln
Muskeln des lateralen Traktes
Muskeln des medialen Traktes
Kurze, tiefe Kopfgelenkmuskeln

Brustkorb
Rippen
Brustbein
Rippengelenke
Mechanik
Brustkorbmuskeln

Bauchwand
Bauchwandmuskeln
Funktion der Bauchwandmuskeln
Schwachstellen im Bereich der Bauchwand
Nabel – Nabelbrüche
Leistenkanal – Leistenbrüche
Zwerchfell, Diaphragma

Einleitung

Der aufrechte Gang hat im Laufe der Stammesgeschichte die Gestalt des menschlichen Körpers im Ganzen wie in seinen einzelnen Teilen geprägt (Abb. 5.**1**). Die ausschließliche Nutzung der unteren Extremitäten als Träger- und Fortbewegungsorgane des Körpers befreit die Arme von diesen Funktionen. Die oberen Extremitäten werden beim Menschen zu einem wichtigen „Werkzeug" und dienen der Greif- und Tastfunktion. Parallel zu dieser Entwicklung läuft die für den Menschen typische Entfaltung der beiden Großhirnhemisphären und die dadurch bedingte Ausformung des Schädels. Der *Rumpf, Truncus,* erhebt sich senkrecht über den unteren Gliedmaßen und wird zum Träger des Kopfes und der oberen Gliedmaßen. Mit der *Aufrichtung* des Rumpfes werden die für den Menschen typischen Krümmungen der Wirbelsäule und die Verbreiterung der Hüftbeine ausgebildet, die sich mit dem Kreuzbein zum fest in die Rumpfwand eingefügten Beckenring verbinden (Abb. 5.**2**).

Im *Rumpf* liegt das von der *Wirbelsäule* gebildete Achsenskelett exzentrisch im dorsalen Bereich (Abb. 5.**2**). Die von den Wirbelkörpern dorsal abgehenden *Neuralspangen* (Wirbelbögen) umschließen den Neuralraum mit dem Rückenmark und den ein- und austretenden Nervenwurzeln sowie deren Hüllen. Die *Viszeralspangen* (Rippen) verlaufen nach ventral und sind Wandbestandteil des Viszeralraumes, der *Brust-, Bauch-* und *Beckenhöhle* umfaßt. Während der Neuralraum von den Neuralspangen fast vollkommen abgeschlossen ist, wird ein großer Teil der Wand des Viszeralraumes infolge Rückbildungsvorgängen an den Rippen nur von Weichteilen gebildet.

Der Rumpf besteht aus Brust, *Thorax,* und Bauch, *Abdomen.* Der untere Anteil des Rumpfes, der von Teilen der Leibeswand und den unteren Extremitäten aufgebaut wird, kann als Becken, *Pelvis,* abgegrenzt werden. Den dorsalen Abschnitt des Rumpfes und des Halses bezeichnet man als Rücken, *Dorsum.*

In den folgenden Kapiteln werden Rücken, Brust und Bauch besprochen. Das Becken wird im Kapitel „Untere Extremität" behandelt.

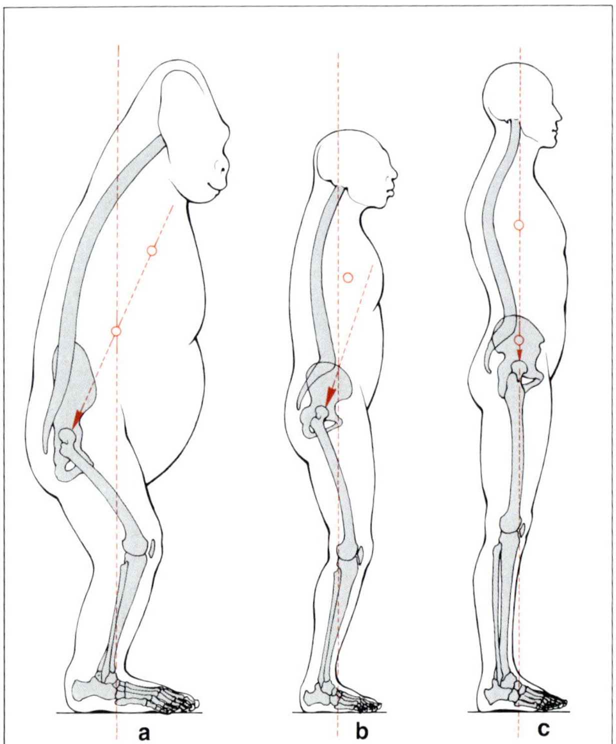

Abb. 5.**1 a–c** **Lage des Gesamtschwerpunktes und des suprapelvinen Schwerpunktes.**
a Beim Gorilla, **b** beim Neandertaler, **c** beim rezenten Menschen
(nach *Morton* 1964)

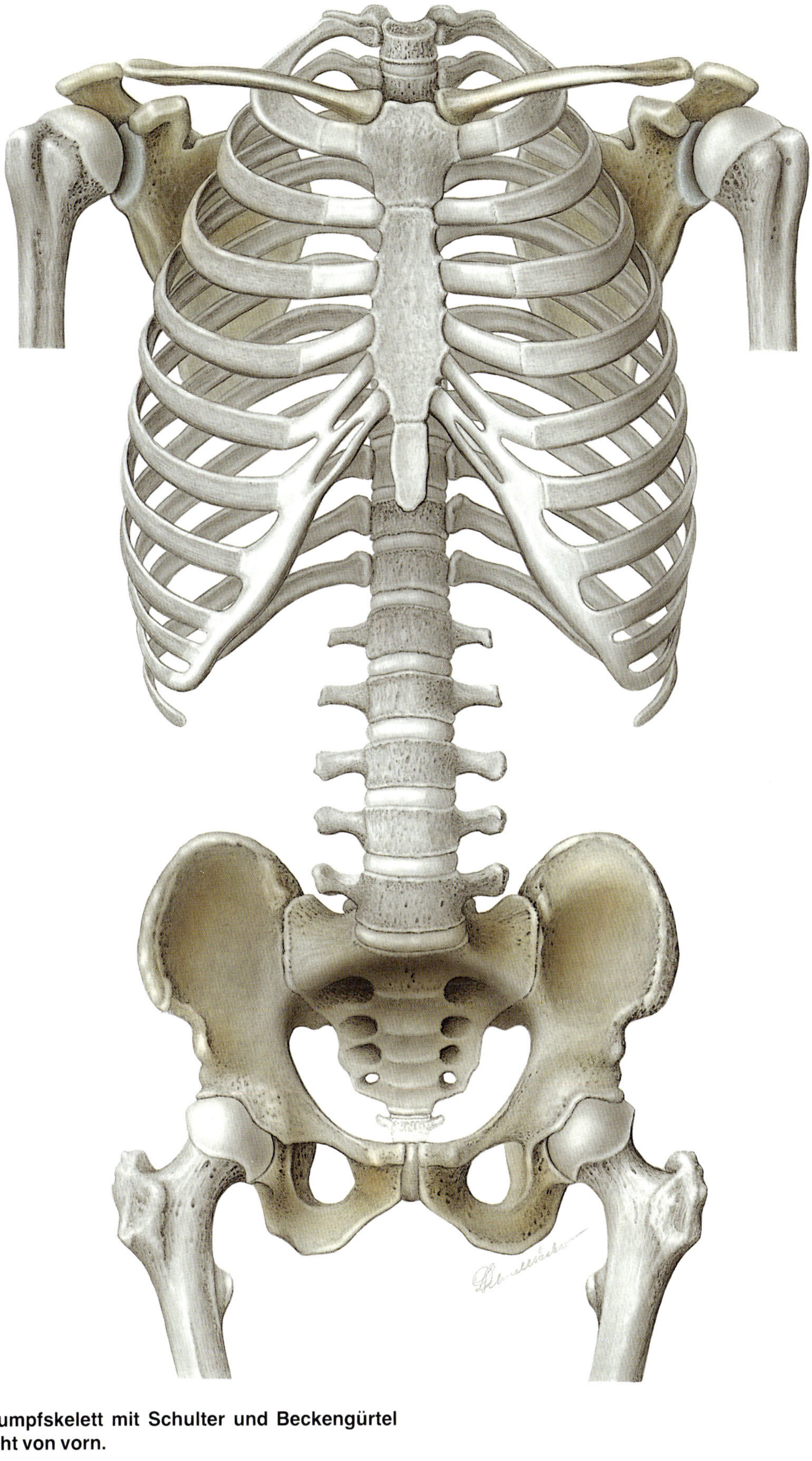

Abb. 5.**2** **Rumpfskelett mit Schulter und Beckengürtel in der Ansicht von vorn.**

Rücken

Allgemeiner Aufbau und Oberflächenrelief

Der *Rücken* erstreckt sich vom Hinterhaupt (Linea nuchae superior) bis zum Kreuzbein. Das Zentrum der Rückengegend nimmt der Bereich der Wirbelsäule, *Regio vertebralis,* ein, die kaudal mit der Sakralgegend, *Regio sacralis,* endet. Im kranialen Abschnitt rechnet man die topographisch zum Hals zählende Nackengegend, *Regio cervicalis posterior* (Regio nuchae, s. S. 654), unter funktionellen und klinischen Gesichtspunkten zum Rücken. Die seitlich von der Regio vertebralis liegenden Gegenden um das Schulterblatt, *Regio scapularis* und *Regio infrascapularis,* sowie die Lendengegend, *Regio lumbalis,* gehören topographisch zum Rücken. Der Rücken geht seitlich kontinuierlich in die vorderen Rumpfpartien über; als topographische Grenze gilt die hintere Axillarlinie, die nach kranial bis zum Acromion verlängert wird. Die seitliche kraniale Grenze bildet der Vorderrand des M. trapezius. Kaudal endet die seitliche Rückenregion (Regio lumbalis) am Darmbeinkamm.

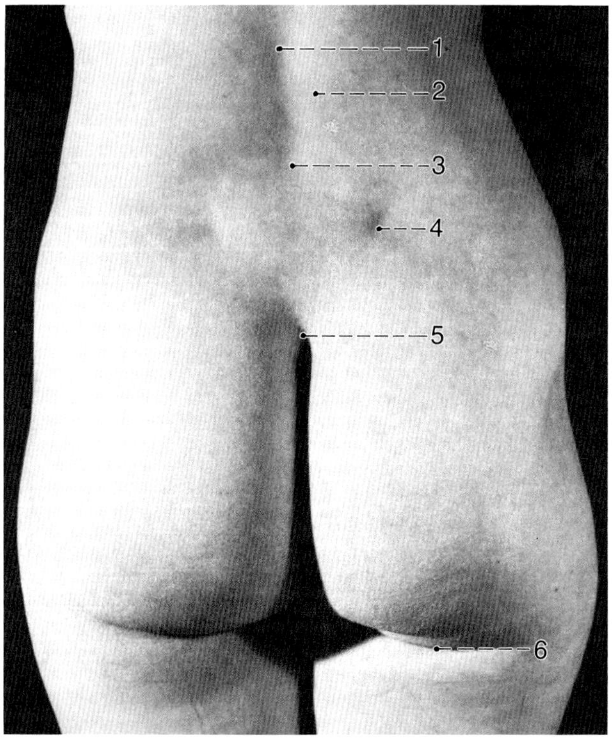

Abb. 5.**3** **Dorsale Rumpfwand, Gesäßregion, Michaelis-Raute bei einem Mädchen.**
1 Rückenfurche
2 M. erector spinae
3 Processus spinosus des 5. Lendenwirbels
4 Spina iliaca posterior superior
5 Beginn der Crena ani
6 Glutäalfalte

Das *Oberflächenrelief* des mittleren Rückenabschnitts wird durch die Rückenfurche und die sie begrenzenden muskulären Längswülste geprägt. Die Rückenfurche beginnt im Bereich des 7. Halswirbels und endet am Kreuzbein. Die Dornfortsätze der Wirbel können vom 6. Halswirbel an palpiert werden. Im kranialen Abschnitt der Halswirbelsäule werden die Processus spinosi von Muskeln und Bändern derart überlagert, daß sie nicht abgrenzbar sind. Besonders deutlich tastbar ist der Processus spinosus des 7. Halswirbels *(Vertebra prominens).* Er dient als markanter, tastbarer Knochenpunkt zur Orientierung bei der klinischen Untersuchung und bildet die Grenze zwischen Regio nuchae und Regio vertebralis. Die Dornfortsätze der Brustwirbelsäule sind palpatorisch nicht eindeutig abgrenzbar, da sie sich dachziegelartig überlagern. Klinische Bedeutung für die lumbale Liquorentnahme (s. Bd. III) hat die Lage des Processus spinosus des 4. Lendenwirbels. Er liegt auf der Verbindungslinie der höchsten Stelle der Darmbeinkämme.
Die beiden Wülste zu beiden Seiten der *Rückenfurche* werden durch die autochthonen Rückenmuskeln hervorgerufen. Die autochthonen Rückenmuskeln werden im unteren Abschnitt vom M. latissimus dorsi und vom M. serratus posterior inferior sowie im mittleren und oberen Bereich von den Mm. trapezius, rhomboideus und serratus posterior superior überlagert (s. Abb. 5.**114,** 6.**52**). Das Oberflächenrelief des mittleren Rückenabschnitts wird wesentlich durch die Muskeln des Schultergürtels mitgeprägt (s. S. 350). Bei muskelstarken, schlanken Individuen sind die Konturen der muskulären Anteile und des zentralen Sehnenspiegels des M. trapezius erkennbar (s. Abb. 6.**32**).
Die seitlichen muskulären Längswülste enden am Übergang zur Sakralregion. Hier enthält die Subkutis normalerweise relativ wenig Fettgewebe. Durch die feste Verankerung der Haut am Dornfortsatz des 5. Lendenwirbels sowie an den Spinae iliacae posteriores superiores entsteht bei der Frau die *Michaelis-Raute* (Abb. 5.**3**). Beim Mann bilden die beiden oberen hinteren Darmbeinstachel und der Beginn der Crena ani das *Sakraldreieck* (s. Abb. 7.**55**). (Michaelis-Raute und Sakraldreieck s. S. 460.)

Wirbelsäule

Einleitung

Die Wirbelsäule, *Columna vertebralis* (Abb. 5.**5**), bildet das Achsenskelett des Rumpfes. Die freie Wirbelsäule (s. unten) ist ein gegliederter, beweglicher Stab, der aus den *knöchernen Wirbeln sowie den sie verbindenden Zwischenwirbelscheiben* und *Bändern* besteht. Unter dem Einfluß der zunehmenden Belastung werden Wirbelkörper und Zwischenwirbelscheiben von kranial nach kaudal breiter und höher, die Bänder kräftiger.

Die Wirbelsäule setzt sich beim Menschen normalerweise aus 24 Wirbeln zusammen, die beweglich miteinander verbunden sind. Man bezeichnet diese, oberhalb des Kreuzbeins liegenden Wirbel als *freie* oder *präsakrale Wirbel.* Beim Menschen besteht die freie Wirbelsäule aus 7 Halswirbeln, *Vertebrae cervicales* (s. Abb. 5.**65**–5.**67**), 12 Brustwirbeln, *Vertebrae thoracales* (s. Abb. 5.**73**) und aus 5 Lendenwirbeln, *Vertebrae lumbales* (s. Abb. 5.**74**). Der 1. und 2. Halswirbel, *Atlas* und *Axis,* (s. Abb. 5.**94**–5.**98**), unterscheiden sich in ihrer Form und Funktion von übrigen freien Wirbeln. Sie bilden mit dem Hinterhaupt die Kopfgelenke (s. S. 234). Der 5. Lendenwirbel artikuliert mit dem Kreuzbein, *Os sacrum* (s. Abb. 5.**32**–5.**36**). Das Kreuzbein besteht beim Erwachsenen normalerweise aus 5 synostotisch miteinander verschmolzenen Wirbeln. Die Grenze zwischen freier Wirbelsäule und Kreuzbein variiert (Abb. 5.**4**). In 92–95% findet man 24 präsakrale Wirbel. In 5–8% der Fälle ist entweder der 1. Sakralwirbel in die Lendenwirbelsäule *(Lumbalisation)* oder der 5. Lendenwirbel in das Os sacrum *(Sakralisation)* einbezogen (s. S. 199). Die Sakralisation ist häufig nur einseitig. An das Kreuzbein schließt sich kaudal das aus Wirbelrudimenten bestehende Steißbein, *Os coccygis,* (s. Abb. 5.**42**), an.

Die Zahl der Halswirbel ist bei den verschiedenen Säugetieren sehr konstant, während die Anzahl der Brust- und Lendenwirbel starke Unterschiede aufweist (s. Tab. 5.**1**).

Die Verminderung der präsakralen Wirbel hat zu einer Reduktion der Rippen geführt. Der menschliche Thorax besteht normalerweise aus 12 Rippenpaaren. Beim Embryo werden 13–14 Rippenpaare angelegt, von denen das 13. und 14. im Laufe der frühen Ontogenese zurückgebildet werden. Sie können ausnahmsweise erhalten bleiben. Die Tendenz einer fortschreitenden Rippenreduktion kommt in den starken Schwankungen der Länge der 12. Rippe zum Ausdruck.

Die *Länge der freien Wirbelsäule* beträgt, den Krümmungen folgend, beim Erwachsenen durchschnittlich 55–63 cm, das entspricht etwa 35% der Körperlänge. Es entfallen 11–14 cm auf den Halsteil, 27–30 cm auf den Brustteil und 17–19 cm auf den Lendenteil.

Die *Höhe der Wirbelsäule,* d. h. die kürzeste Entfernung zwischen Dens axis und Steißbeinspitze, beträgt beim *Mann* 60–70 cm, bei der *Frau* 66–69 cm. Die Höhe der Wirbelsäule macht etwa zwei Fünftel der gesamten Körperlänge aus.

Bei Feten, Säuglingen und Kleinkindern ist die Wirbelsäule im Vergleich zur Gesamtlänge relativ lang. Sie bleibt später im Wachstum gegenüber den Extremitäten zurück (Abb. 1.**5**). Erst zur Zeit der Pubertät gleicht sich der Unterschied aus. Bei alten Menschen nimmt die Länge der Wirbelsäule ab. Die Verkürzung kann vom 50. bis zum 90. Jahr 7 cm betragen. Ursachen der Längenabnahme sind die Verstärkungen der Krümmungen und die Höhenabnahme der Zwischenwirbelscheiben.

Die *Unterschiede der Wirbelsäulenlänge im Stehen und Liegen* betragen 1,5–3 cm. Der reversible Körperlän-

Tabelle 5.**1** Übersicht über die Wirbelzahlen verschiedener Säuger

	Fleisch-fresser	Schwein	Wieder-käuer	Pferd	Mensch
Hals	7	7	7	7	7
Brust	13 (14)	14–15	13	18	12
Lende	7	6 (7)	6 (7)	6 (7)	5
	27–28	28–30	26–27	31–32	24

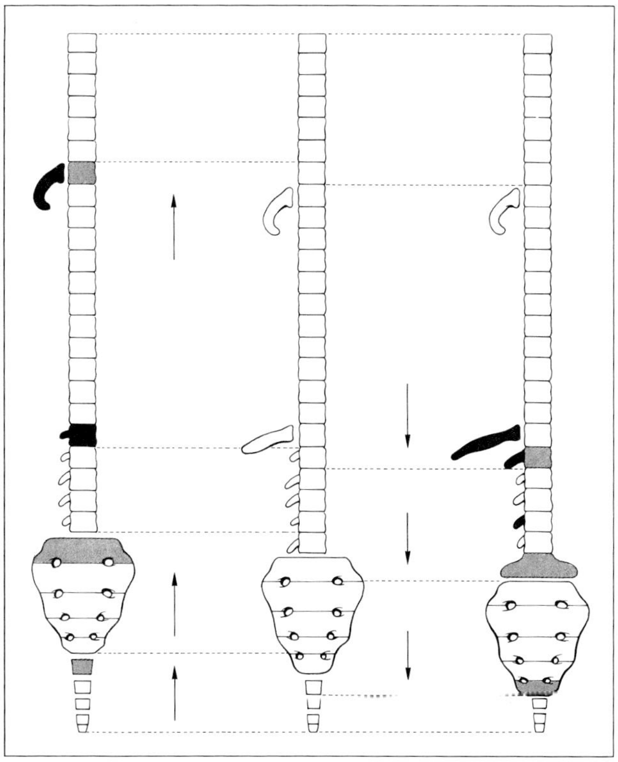

Abb. 5.**4** **Schema einer normalen Wirbelsäule** (Mitte); links: Kranialvariationen, rechts: Kaudalvariationen; variierende Rippen und variierende Processus laterales schwarz; variierende Wirbelkörper grau. Die Pfeile geben die Richtung an, in der sich die Regionengrenzen der Wirbelsäule verschieben (nach *Schinz, Baensch, Friedl, Uehlinger*)

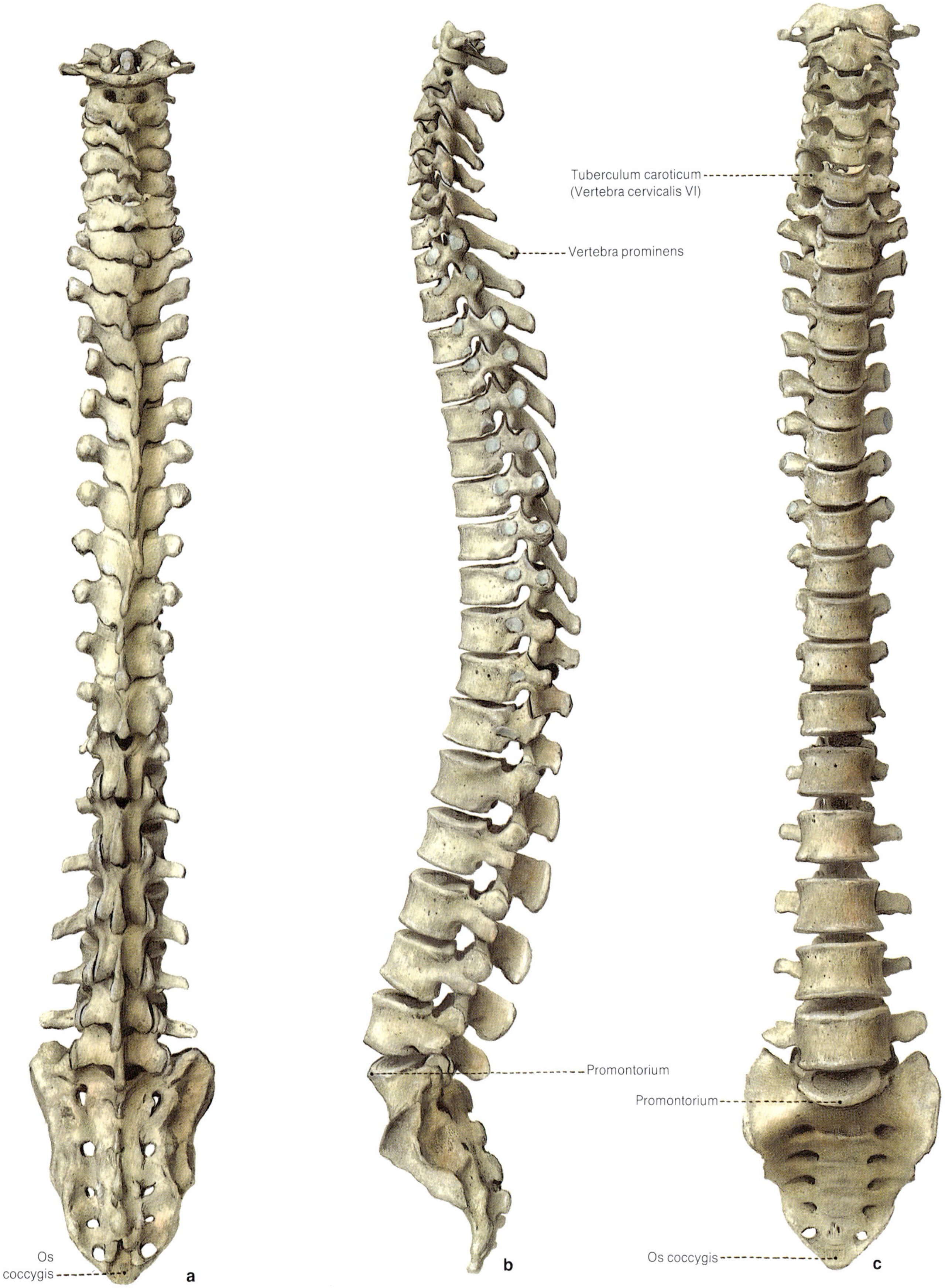

Abb. 5.**5a–c** **Wirbelsäule.**
a In der Ansicht von hinten,
b in der Ansicht von links seitlich,
c in der Ansicht von vorn.

genverlust im Laufe eines Tages mit 1,1% der Ausgangsgröße kommt durch den belastungsbedingten Flüssigkeitsverlust der Zwischenwirbelscheiben zustande (s. S. 207).

Krümmungen der Wirbelsäule

Die Wirbelsäule des Erwachsenen ist bei aufrechter Körperhaltung in der Sagittalebene doppelt S-förmig gekrümmt (s. Abb. 5.**5**, 5.**6**). Die ventral konvexen Krümmungsabschnitte bezeichnet man als *Lordosen,* die dorsal konvexen als *Kyphosen*. Man unterscheidet (s. Abb. 1. **132**):

- eine Halslordose (vom 1. bis 6. Halswirbel),
- eine Brustkyphose (vom 6. Hals- bis zum 9. Brustwirbel),
- eine Lendenlordose (vom 9. Brust- bis zum 5. Lendenwirbel) und
- eine Sakralkyphose (im Sakral- und Steißbeinbereich).

Am Übergang zwischen freier Wirbelsäule und Kreuzbein ist die Wirbelsäule stark abgeknickt. Der Discus intervertebralis zwischen 5. Lendenwirbel und Os sacrum ragt im Bereich der Abknickung am weitesten in den Beckeneingangsraum vor und wird daher als *Promontorium* bezeichnet (s. Abb. 7.**12**). Das Promontorium ist ein wichtiger Orientierungspunkt für die Beckenmessung (s. S. 459). Die keilförmige präsakrale Zwischenwirbelscheibe bestimmt Form und Höhe des *Lumbosakralwinkels* (Neigungswinkel zwischen den Achsen des 5. Lenden- und des 1. Kreuzbeinwirbels, s. S. 223).

Beim *Neugeborenen* sind die Krümmungen der Wirbelsäule zwar vorhanden, jedoch wenig ausgeprägt (Abb. 5.**7**). Das Promontorium ist noch flach und die Lendenlordose ist erst angedeutet. Die Halswirbelsäule ist noch gerade. Am deutlichsten ist die kyphotische Krümmung der Brustwirbelsäule entwickelt.

Die charakteristische Form der Wirbelsäule des Neugeborenen ist durch die pränatale Haltung im Uterus bedingt. Die Raumenge erlaubt dem Feten eine kyphotische Krümmung der Brustwirbelsäule, jedoch keine lordotische Streckung von Hals- und Lendenwirbelsäule.

Mit dem Versuch, frei zu sitzen oder zu stehen, prägen sich beim Säugling und Kleinkind die Krümmungen zu dauernden, nicht mehr ganz ausgleichbaren Biegungen des Achsenskeletts aus (s. Abb. 5.**7**). Die Konsolidierung der Brust- und Halskrümmung setzt am Ende des 1. Lebenshalbjahres ein. Um diese Zeit neigt sich der Rumpf des sitzenden Kindes nach vorn. Lenden- und Brustwirbelsäule bilden einen flachen, gleichmäßigen Bogen, der nach vorn konkav ist. Die Lordosierung der Halswirbelsäule entsteht, wenn die Nackenmuskeln in der Lage sind, den Kopf zu heben und in dieser Stellung zu halten. Die Lendenlordose wird zur Dauerform, wenn die Beine in den Hüftgelenken durchgestreckt werden. Wegen der passiven Insuffizienz der Beugemuskeln bringt jede Streckung der Hüftgelenke zunächst eine Beckenneigung mit sich. Diese führt zu einer ausgleichenden Aufrichtung der Lendenwirbelsäule.

Häufig ist eine leichte, noch als normal zu betrachtende *Krümmung* der Brustwirbelsäule in der *Frontalebene, Skoliose,* nach rechts zu beobachten. Sie ist am ausgeprägtesten im Bereiche des 3.–5. Brustwirbels. Ihr entsprechen ausgleichende, entgegengesetzte Krümmungen an der Hals- und Lendenwirbelsäule. Seltener ist das spiegelbildliche Verhalten mit einer Krümmung der Brustwirbelsäule nach links.

Die Wirbelsäule des Menschen wird vielfach mit einem biegsamen, elastisch gefederten S-förmigen Stab verglichen. Diese Vorstellung stimmt in vielerlei Hinsicht nicht mit den mechanischen Verhältnissen überein. Die *Statik* des Achsenskeletts der Wirbeltiere entspricht in seinem Bauprinzip einer *Bogen-Sehnen-Konstruktion* (s. Abb. 5.**8**). Im Rumpfbereich stellt die kyphotisch gekrümmte Brustwirbelsäule den Bogen

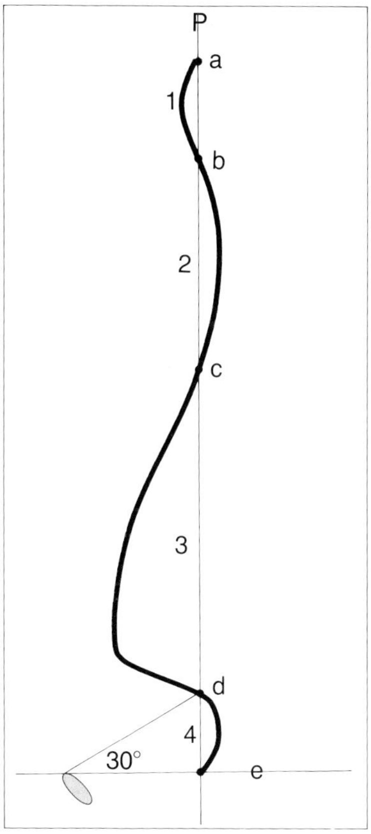

Abb. 5.**6** **Schema der Wirbelsäulenkrümmungen beim Menschen.**
1 Halslordose
2 Brustkyphose
3 Lendenlordose
4 Kreuzbein-, Steißbeinkyphose
Das Schwerpunktslot P schneidet bei aufrechter Haltung das Tuberculum anterius atlantis (a), den 6. Halswirbel (b), den 9. Brustwirbel (c), den 3. Kreuzbeinwirbel (d) und die Spitze des Steißbeins (e). Die Verbindungslinie des Oberrandes der Symphyse und des 3. Kreuzbeinwirbels ist gegenüber der Horizontalen um 30° geneigt.

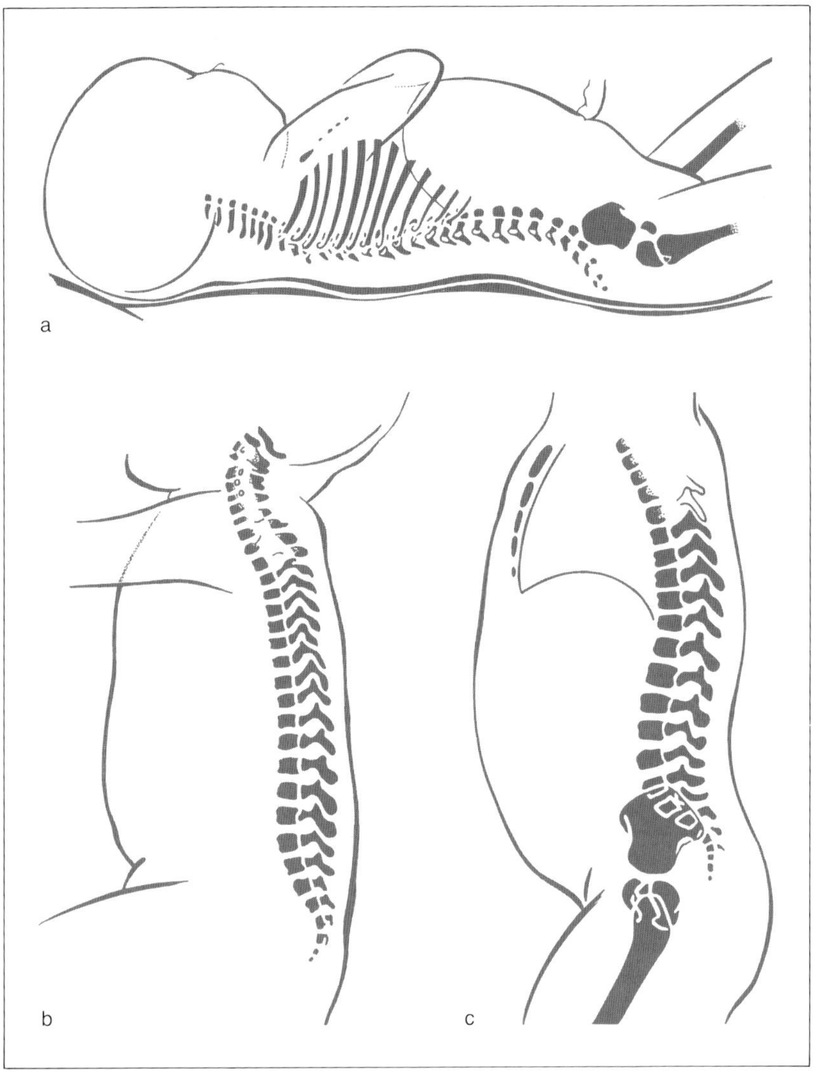

Abb. 5.7 a **Pausenzeichnung nach dem Röntgenbild eines 6 Tage alten Säuglings in horizontaler Rückenlage.** Horizontale Stellung der Rippen.

Abb. 5.7 b **Pausenbild vom Röntgenbild eines 9 Monate alten sitzenden Mädchens.**

Abb. 5.7 c **Wirbelsäulenkrümmungen eines 1½ Jahre alten Knaben bei aufrechtem Stand** (nach *Hasselwander* 1927)

dar. Die verspannende Sehne bilden die schrägen und geraden Muskeln der Bauchwand (s. S. 295). An der Hals- und Lendenwirbelsäule liegt eine *umgekehrte Bogen-Sehnen-Konstruktion* vor. Die Verspannung der lordotisch gekrümmten Abschnitte erfolgt durch die dorsal liegenden Rückenmuskeln und Bänder.

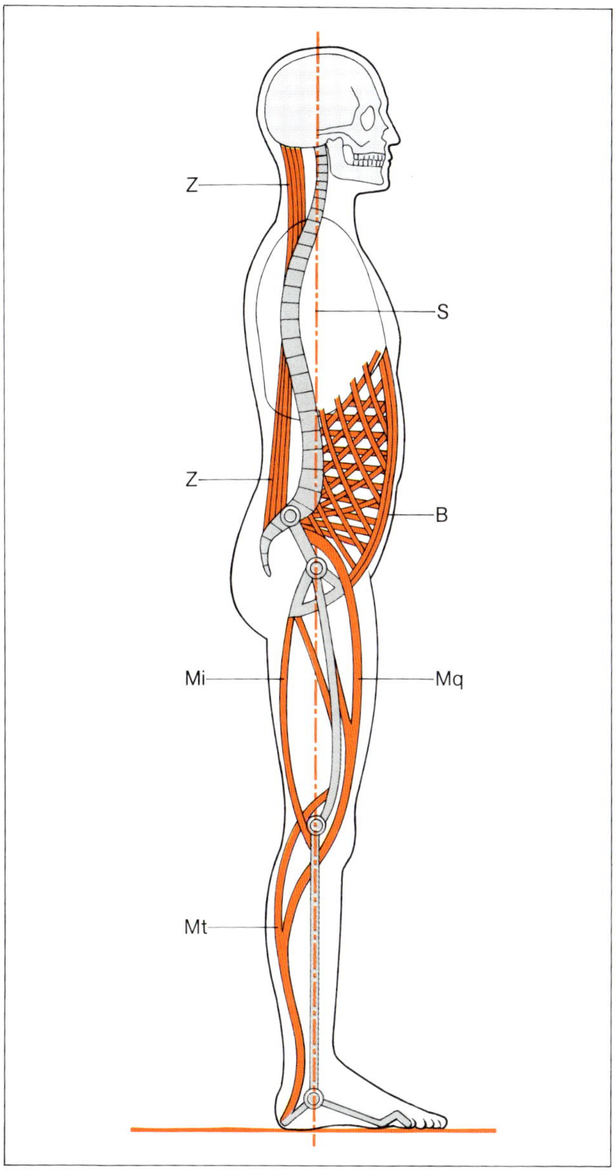

Abb. 5.**8** **Muskuläre Zuggurtungen beim aufrecht stehenden Menschen** (nach *Kummer*).
Z dorsale Zuggurtung durch die autochthonen Rückenmuskeln (umgekehrte Bogen-Sehnen-Konstruktion)
B Zuggurtung durch die Muskeln der Bauchwand (Bogen-Sehnen-Konstruktion)
Mi ischiokrurale Muskeln
Mq M. quadriceps femoris
Mt M. triceps surae
S Schwerpunktlot

Wirbel, Vertebrae

Grundform der Wirbel

Jeder Wirbel besteht – mit Ausnahme des Atlas – aus einem ventral liegenden Körper, *Corpus vertebrae,* und aus einem dorsalen Bogen, *Arcus vertebrae.* Wirbelkörper und Wirbelbogen umschließen das Wirbelloch, *Foramen vertebrale.* Wirbelkörper und Wirbelbögen mit ihren Fortsätzen (s. unten) weisen in den einzelnen Regionen der Wirbelsäule charakteristische Merkmale auf (s. Abb. 5.**9**–5.**16**).
Am Wirbelkörper unterscheidet man eine kraniale und eine kaudale Fläche. Beide tragen am nicht mazerierten Wirbel eine hyalinknorpelige Abschlußplatte *(Lamina cartilaginosa corporis vertebrae)* und laufen am Rand in die bogenförmige knöcherne *Randleiste* aus.

Der *Wirbelbogen* besteht aus zwei nahezu symmetrischen Hälften, die dorsal in der Medianebene miteinander verwachsen sind und in den Dornfortsatz, *Processus spinosus,* übergehen. Am Wirbelbogen unterscheidet man einen vorderen Abschnitt, Pediculus arcus vertebrae (vertebralis) und einen hinteren Abschnitt, Lamina arcus vertebrae (vertebralis). Der *Pediculus arcus vertebrae* hat auf jeder Seite einen oberen und einen unteren Gelenkfortsatz, *Processus articularis superior* und *Processus articularis inferior.* Von den beiden bogenförmigen Einschnitten im Bereich des Pediculus ist der untere, *Incisura vertebralis inferior,* tiefer als der obere, *Incisura vertebralis superior.* Durch die Aufeinanderlagerung benachbarter Wirbel entsteht ein kurzer Kanal, *Foramen intervertebrale (Canalis intervertebralis),* der den Wirbelkanal,

Canalis vertebralis, mit der *Regio perivertebralis* verbindet. Der Wirbelkanal wird von der Gesamtheit der Foramina vertebralia gebildet. Jeder Pediculus hat einen seitlichen Fortsatz, *Processus transversus*, der im Brustbereich kräftig entwickelt ist. In der Hals- und Lendenregion sind die Querfortsätze rudimentär ausgebildet.

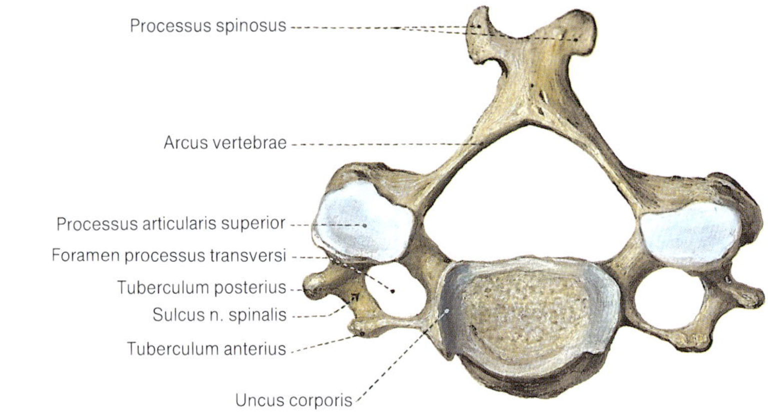

Abb. 5.**9** **4. Halswirbel in der Ansicht von kranial.**

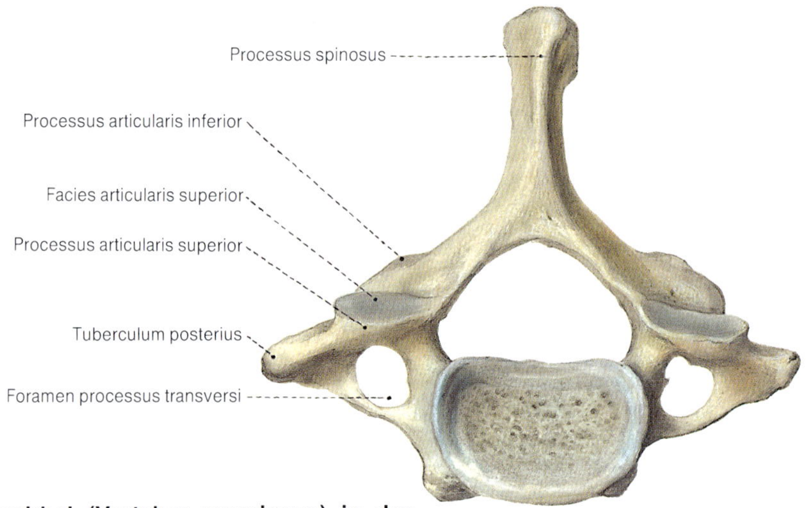

Abb. 5.**10** **7. Halswirbel (Vertebra prominens) in der Ansicht von kranial.**

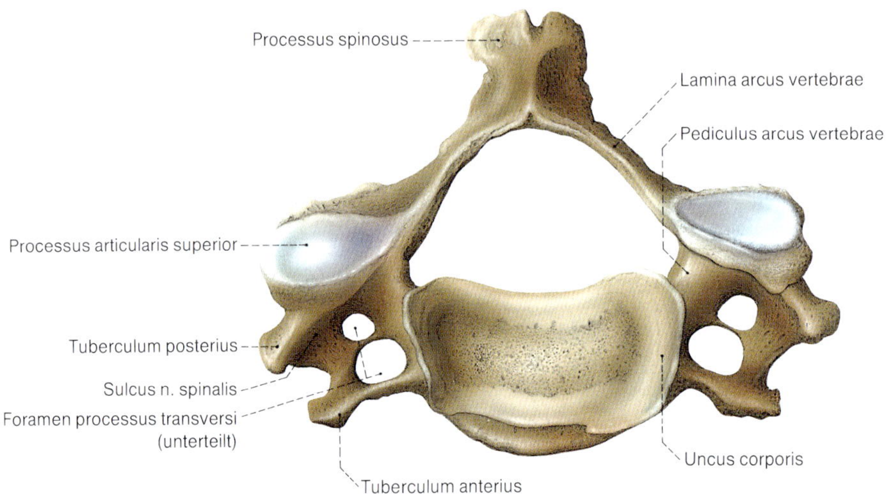

Abb. 5.**11** **5. Halswirbel in der Ansicht von kranial, Unterteilung des Foramen processus transversi.**

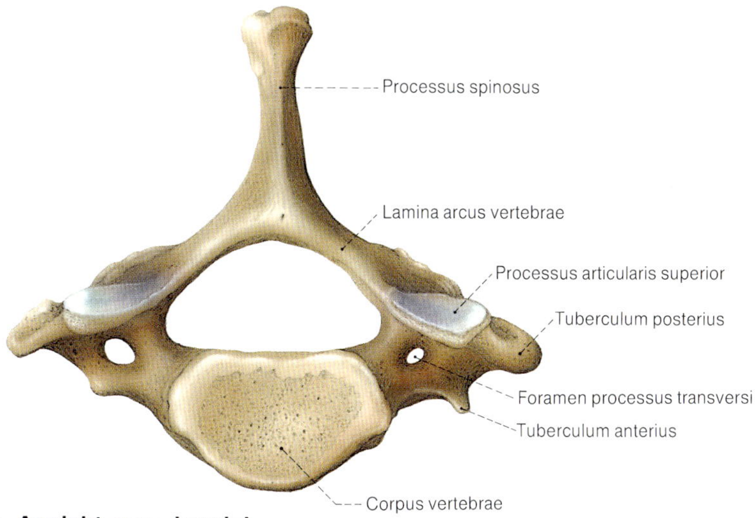

Abb. 5.**12** **7. Halswirbel in der Ansicht von kranial, unterschiedliche Weite des Foramen processus transversi.**

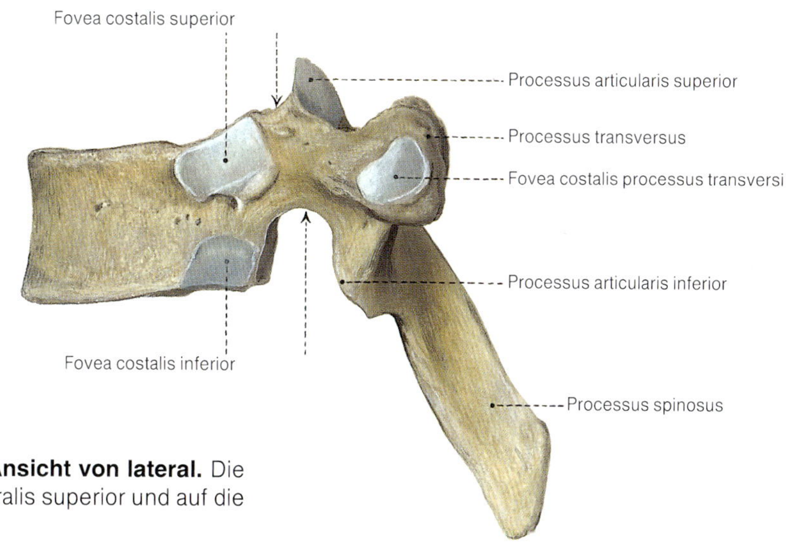

Abb. 5.**13** **7. Brustwirbel in der Ansicht von lateral.** Die Pfeile weisen auf die Incisura vertebralis superior und auf die Incisura vertebralis inferior.

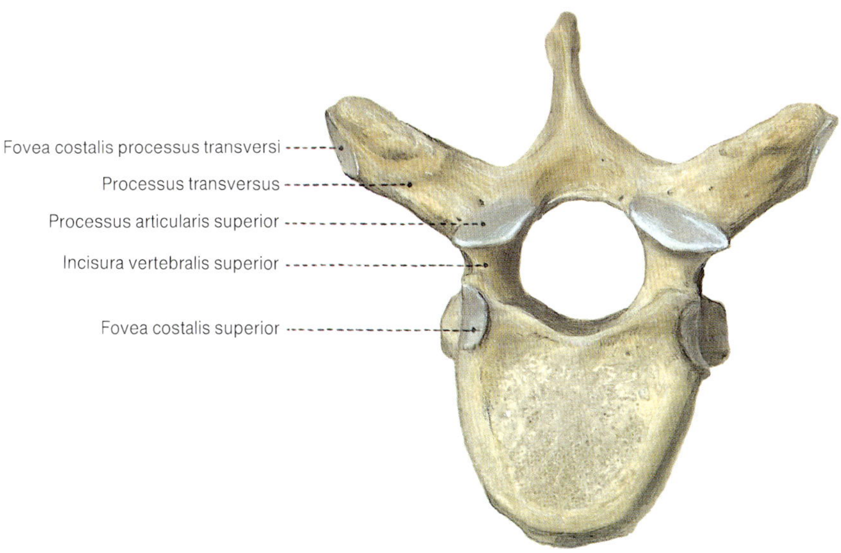

Abb. 5.**14** **7. Brustwirbel in der Ansicht von kranial.**

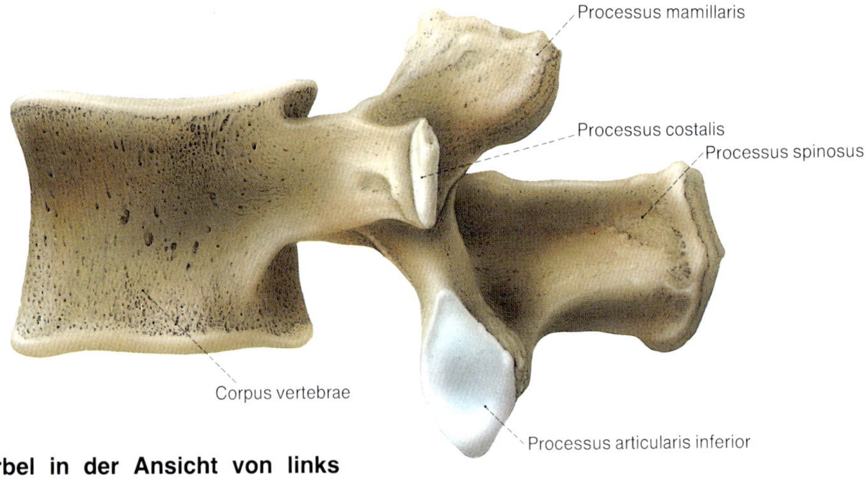

Abb. 5.**15** **2. Lendenwirbel in der Ansicht von links lateral.**

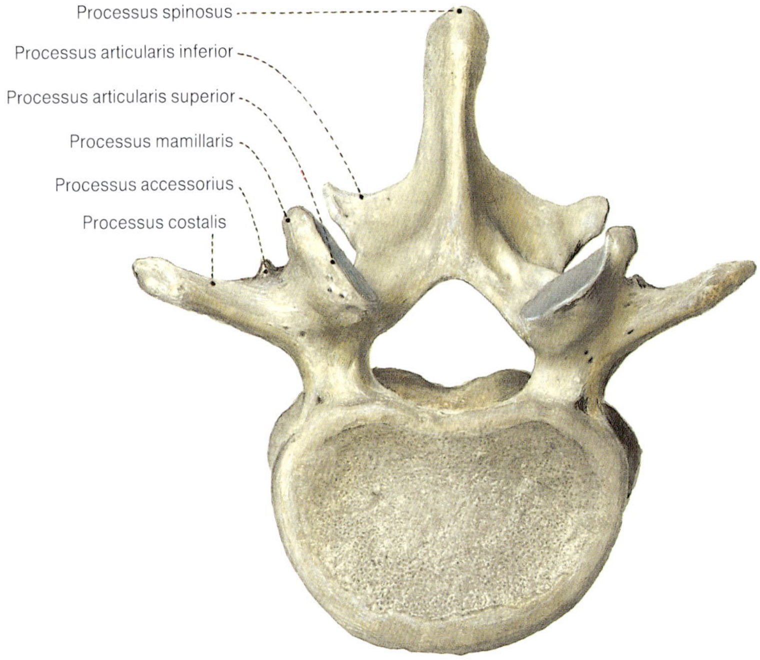

Abb. 5.**16** **3. Lendenwirbel in der Ansicht von kranial.**

Baumerkmale der Wirbel in den verschiedenen Regionen der Wirbelsäule

An der Wirbelsäule unterscheidet man vier Regionen, deren Wirbel durch besondere Merkmale gekennzeichnet sind, so daß häufig schon ein Teil des Wirbels genügt, um seine regionale Zugehörigkeit zu bestimmen.

Halswirbel, Vertebrae cervicales*

Gestalt

Allen Halswirbeln (s. Abb. 5.**9**–5.**12**) gemeinsam ist der Besitz eines Querfortsatzes, *Processus transversus,* der aus einer ventralen und aus einer dorsalen Spange besteht, die ein Loch, *Foramen processus transversi,* für die A. vertebralis sowie für die sie begleitenden Venen umschließen. Die ventrale Spange ist das Rippenrudiment der Halsregion (Abb. 5.**17**). Sie endet mit dem *Tuberculum anterius.* Die dorsale Spange entspricht dem eigentlichen Querfortsatz, der in das *Tuberculum posterius* ausläuft. Das Foramen processus transversi kann durch eine Knochenspange zweigeteilt sein (s. Abb. 5.**11**). Durch das kleinere dorsale Foramen processus transversi accessorium verläuft eine Vene in Begleitung eines Astes des N. vertebralis. Die kraniale Fläche des Querfortsatzes hat vom 3. Halswirbel an eine tiefe und breite Rinne, *Sulcus n. spinalis,* durch die der jeweilige, die A. vertebralis dorsal kreuzende Zervikalnerv verläuft (s. Abb. 5.**66**). Die Gelenkfortsätze, *Processus articulares superior* und *inferior,* sind breit und flach. Ihre planen Gelenkflächen neigen sich um etwa 45° gegen die Horizontale (s. Abb. 5.**9**, 5.**10**). Die Facies articulares superiores sind nach hinten oben, die Facies articulares inferiores nach vorne unten gerichtet (s. Abb. 5.**67**).
Das Schlußstück, *Lamina arcus vertebrae,* des Wirbelbogens ist lang und entsprechend den Gelenkflächen geneigt. Die Dornfortsätze der Halswirbel sind kurz und leicht nach unten gerichtet. Sie nehmen von oben nach unten an Länge zu und sind gabelförmig in zwei, meist ungleich große Höcker geteilt. Die Höcker sind am 6. Halswirbel sehr kurz, am 7. Halswirbel fehlen sie entweder ganz, oder sie sind nur andeutungsweise vorhanden. Der Dornfortsatz des 7. Halswirbels übertrifft die anderen an Länge und Stärke, er liegt fast horizontal und kann leicht getastet werden, *Vertebra prominens* (s. S. 178 u. Abb. 5. **12**).
Das Tuberculum anterius des 6. Halswirbels wölbt sich häufig höckerartig vor, *Tuberculum caroticum.* Das Tuberculum caroticum ist bei den meisten Säugern viel ausgeprägter als beim Menschen. Das Tuberculum anterius des 7. Halswirbels ist normalerweise klein (s. Abb. 5.**65**).
Die würfelförmigen *Halswirbelkörper* sind relativ klein. Sie haben sattelförmig gekrümmte Endflächen. Die kranialen Flächen der Wirbelkörper gehen seitlich in schaufelförmige Erhebungen, *Unci corporis* (Processus uncovertebrales, Processus uncinati), über. Unci corporis fehlen an den Unterflächen der Wirbelkörper. Sie stehen bei den oberen Wirbeln steiler als bei den unteren (s. Abb. 5.**65**). Die Unci corporis sind entwicklungsgeschichtlich Teile der Wirbelbögen, die erst gegen das 10. Lebensjahr mit dem Wirbelkörper verschmelzen (s. Abb. 5.**69**).

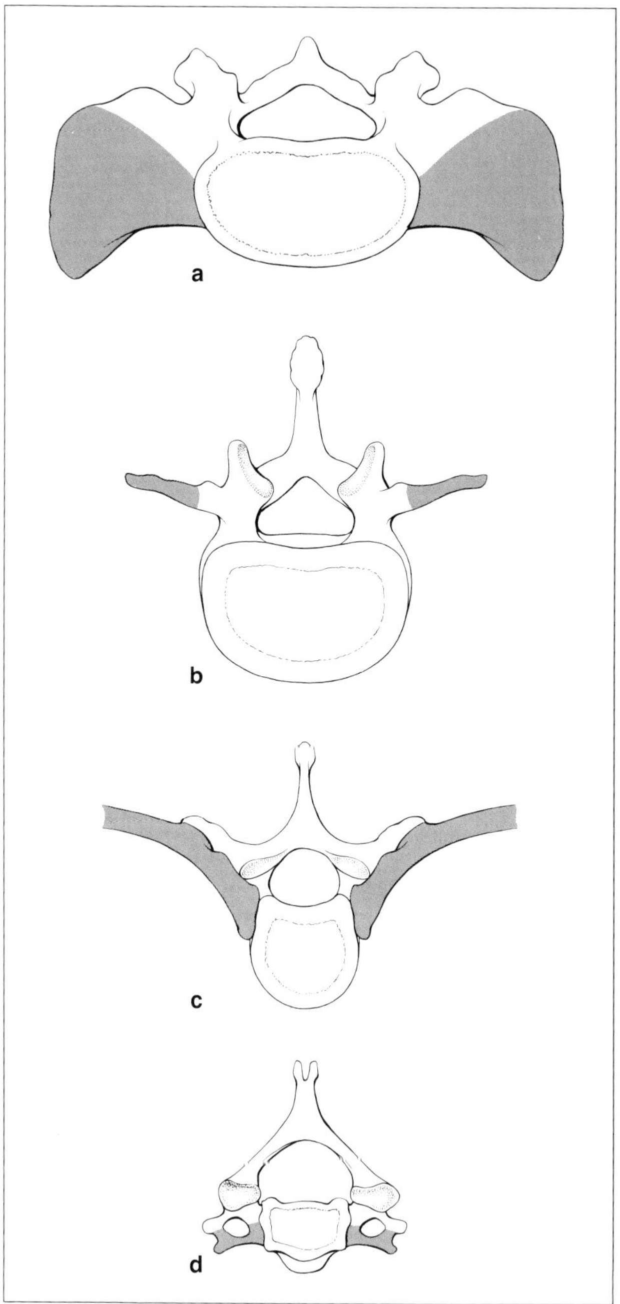

Abb. 5.**17 a–d** **Rippen und Rippenrudimente** (dunkel).
a Kreuzbein **b** Lendenwirbel **c** Brustwirbel **d** Halswirbel

* Besprechung von Atlas und Axis s. S. 234 ff.

Brustwirbel, Vertebrae thoracicae

Gestalt

Die *Brustwirbelkörper* sind ventral etwas niedriger als dorsal (s. Abb. 5.**13**). Sie haben abgerundete, dreiseitige, herzförmige Endflächen (s. Abb. 5.**14**). Die Höhe der Brustwirbelkörper nimmt vom 1. bis zum 12. allmählich zu (s. Abb. 5.**73**). Der sagittale Durchmesser, der an den mittleren Brustwirbeln nahezu gleich groß ist wie der quere, wird kaudalwärts größer. Die Körper der kaudalen Brustwirbel nehmen an Breite zu und gleichen in ihrer querovalen Form den Lendenwirbelkörpern.
Die Wirbelkörper des 1.–9. Brustwirbels haben auf jeder Seite zwei Gelenkflächen für die Gelenkflächen am Rippenkopf (s. S. 273). Eine Gelenkfläche liegt am oberen, hinteren Rand, *Fovea costalis superior,* die andere am unteren, hinteren Rand des Wirbelkörpers, *Fovea costalis inferior.* Die Foveae costales zweier Nachbarwirbel bilden gemeinsam mit der zugehörigen Zwischenwirbelscheibe die Gelenkpfanne für das Caput costae (s. Abb. 5.**148**).
Der 1. Brustwirbel hat eine Gelenkpfanne am oberen und eine halbe Gelenkgrube am unteren Rand. Die beiden letzten Brustwirbel haben normalerweise auf jeder Seite nur eine Gelenkgrube zur Artikulation mit der entsprechenden Rippe. Am 12. Brustwirbel liegt die Fovea costalis im mittleren, hinteren Abschnitt des Wirbelkörpers. Am 10. Brustwirbel ist nur eine halbe Gelenkfläche ausgebildet (s. Abb. 5.**73**).
Die Gelenkflächen der *Gelenkfortsätze* liegen nahezu frontal. Die kranialen Gelenkflächen weisen nach dorsal, die unteren nach ventral. Die *Querfortsätze* sind nach lateral und nach dorsal gerichtet. Sie nehmen bis zum 7. oder 8. Brustwirbel etwas an Länge zu. Unterhalb des 8. Brustwirbels werden sie wieder kürzer. Die Processus transversi tragen an der ventralen Fläche ihres freien Endes eine kleine Gelenkfläche, *Fovea costalis processus transversi,* zur Anlagerung der Tubercula costarum. Am Querfortsatz des 11. und 12. Brustwirbels fehlen die Gelenkgruben. Die Schlußstücke der Wirbelkörper sind kürzer und höher als bei den Halswirbeln. Ihre Ränder weisen zackenförmige Fortsätze auf. Die *Dornfortsätze* der Brustwirbel sind sehr lang und schräg nach kaudal gerichtet, sie enden mit einer kleinen Auftreibung. Das *Foramen vertebrale* ist nahezu rund und kleiner als an der Hals- und Lendenwirbelsäule.

Lendenwirbel, Vertebrae lumbales

Gestalt

An den Körpern der Lendenwirbel ist der quere Durchmesser größer als der sagittale (s. Abb.5.**16**). Die nierenförmige Querschnittsfläche der Lendenwirbelkörper resultiert aus der konkaven Einziehung ihres dorsalen Abschnitts. Die Wirbelkörper sind vorn höher als hinten; das gilt besonders für den Körper des 5. Lendenwirbels (s. Abb. 5.**74**).
Die *Gelenkfortsätze* sind dick und kräftig. Die *Processus articulares superiores* haben einen nach dorsokaudal gerichteten, kleinen Höcker, *Processus mamillaris.* Die Gelenkflächen der Lendenwirbel sind abgewinkelt. Ihr größter Anteil ist sagittal ausgerichtet. Im ventralen Bereich biegen die Gelenkflächen in die Frontalebene ein. Die sagittale Gelenkfacette des oberen Gelenkfortsatzes ist leicht konkav und nach medial gerichtet; die zugehörige Gelenkfacette am kaudalen Gelenkfortsatz des nächst höheren Wirbels hat eine konvexe Krümmung und ist nach lateral gerichtet. Die oberen Gelenkfortsätze stehen weiter auseinander als die unteren.
Große funktionelle Bedeutung hat der *5. Lendenwirbel.* Er vermittelt gemeinsam mit der letzten Zwischenwirbelscheibe den Übergang zum Os sacrum (lumbosakrale Übergangsregion). Die Gelenke zwischen 5. Lendenwirbel und 1. Sakralwirbel stehen mehr frontal. Die halbmondförmigen Gelenkflächen der unteren Gelenkfortsätze des 5. Lendenwirbels sind nach medial und leicht nach dorsal gerichtet. Sie gestatten einen vermehrten Bewegungsausschlag, erhöhen aber die Gefahr des Abrutschens des 5. Lendenwirbels auf der schief nach vorn geneigten Fläche des 1. Sakralwirbels (s. S. 222 und Abb. 5.**5**). Der 5. Lendenwirbelkörper ist keilförmig und vorn höher als hinten. Seine kaudale Fläche und die kraniale Fläche des 1. Sakralwirbels sind nach vorn geneigt und bilden mit der Horizontalen einen Winkel von etwa 35°.
Der nach lateral weisende Querfortsatz, *Processus costalis,* ist lang und platt. Der Processus costalis entspricht dem Rippenrudiment der Lendenwirbel (s. unten). An der Basis des Processus costalis entspringt ein kleiner, spitzer Fortsatz, *Processus accessorius.* Der Querfortsatz des 5. Lendenwirbels ist normalerweise kürzer und dicker als an den übrigen Lendenwirbeln, er ist meistens nach kranial gerichtet.
Die Lendenwirbel haben keine freien Rippen. Ihre Rippenrudimente sind in den Querfortsätzen enthalten. Die Querfortsätze der Lendenwirbel sind aus der Verschmelzung eines großen Rippenrudiments, *Processus costalis,* mit der Anlage eines kleinen Querfortsatzes, *Processus accessorius,* entstanden (s. Abb. 5.**17**). Das kostale Element der einzelnen Lendenwirbel ist unterschiedlich stark entwickelt. Unterbleibt die Verschmelzung des Rippenrudiments mit dem Querfortsatz, so entsteht eine *Lendenrippe,* die am 1. Lendenwirbel sehr groß sein kann.

Entwicklung der (freien) Wirbelsäule

Einleitung

Bei der Entwicklung der Wirbelsäule lassen sich drei Stadien unterscheiden: Auf das am Beginn stehende *mesenchymale Stadium* folgt im 2. Embryonalmonat die *Knorpelbildung*. Im 3. Fetalmonat setzt die *Osteogenese* ein.

Das Anlagematerial der Wirbel stammt aus dem mittleren Keimblatt, das sich im Bereich des embryonalen Rückens in Segmente *(Ursegmente), Somiten* gliedert (s. S. 6). Beim menschlichen Embryo entstehen insgesamt 42–43 Somiten, von denen die ersten fünf in der Anlage des Hinterhauptes aufgenommen werden (s. S. 234, 675 und Abb. 5.**100**). Die fünf am weitesten kaudal liegenden Somiten bilden sich mit der Schwanzanlage zurück. Die erhaltenen 32–33 Somiten liefern die Wirbelsäulenblasteme. Im Querschnitt hat ein Somit die Form eines kleinen dreiseitigen Bläschens. Aufeinanderfolgende Somiten werden durch Intersegmentspalten, die Somiten der rechten und linken Seite durch Nervenrohr und Chorda dorsalis voneinander getrennt (Abb. 5.**18**).

Jeder Somit besteht aus einer lateralen und aus einer medialen Lamelle. Beide Lamellen gehen an den Kanten ineinander über. Die laterale Lamelle liefert die bindegewebigen Elemente der Haut (*Dermatom*). Die Zellen der Somitenkanten wachsen zu parallel der Chorda ausgerichteten Myoblasten aus, die sich aneinanderlegen und die *Myotome* (s. S. 132) bilden (Abb. 5.**19**). Die mediale Lamelle, das *Sklerotom,* löst sich frühzeitig auf, die frei werdenden Zellen breiten sich in den von einer Matrix gefüllten Spaltraum um Nervenrohr und Chorda aus und bilden eine *nicht segmentierte* Mesenchymansammlung, in der die ursprünglichen Segmentgrenzen seitlich durch die Intersegmentalgefäße und an der Basis durch die noch epithelialen Dermatomyotome markiert sind (5.**20**). Dieses Blastem besteht aus einer dichten paraxialen (lateralen) und einer lockereren axialen (medialen) Zone. Im Mesenchym der paraxialen Zone erscheinen bei Embryonen von 5–6 mm SSL feine Spalten, welche die als Sklerotome bezeichneten, imaginären Segmente in eine kraniale und in eine kaudale Hälfte unterteilen (Abb. 5.**21**). Diese als *Sklerotomfissuren* bezeichneten Spalten liegen in der Mitte zwischen zwei Intersegmentalgefäßen. Sie greifen nicht auf die axiale Zone über und erreichen *nie* die Chorda dorsalis. Die Sklerotomfissuren verschwinden rasch wieder spurlos. Das Mesenchym in der kaudalen Hälfte verdichtet sich, während das Mesenchym der kranialen Hälfte von den ventro-lateral vorwachsenden Nervenfasern aus den Spinalganglien auseinandergedrängt wird und das gut vaskularisierte perinervale Bindegewebe liefert. Die kaudalen Hälften liefern das Anlagematerial der Wirbelbögen und ihrer Fortsätze. Die Wirbelbögen sind keine Aussprossungen der Wirbelkörper, sondern entwickeln sich ortsständig. Ihre Verbindung mit den Wirbelkörperanlagen erfolgt sekundär. Die Differenzierung des nicht segmentierten, lockeren axialen Mesenchyms beginnt mit zeitlicher Verzögerung. Mesenchymzellen ordnen sich um die Chorda und bilden die ihr unmittelbar anliegende, nicht segmentierte Perichordalröhre. Erste Anzeichen einer *Gliederung* des Wirbelkörperblastems lassen die Anlagen der Processus mediales der paraxialen Verdichtungszone erkennen (Abb. 5.**22**). Aus dem zwischen diesen liegenden lockeren Mesenchym entstehen die Wirbelkörper. In Höhe der Sklerotomfissuren erscheinen die Anlagen der Zwischenwirbelscheiben.

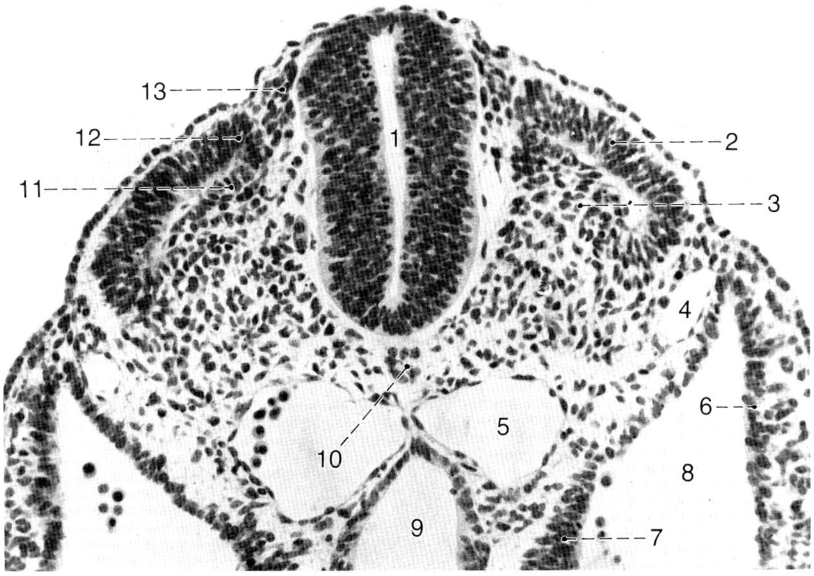

Abb. 5.**18** **Querschnitt durch den Rumpf eines Embryo von 2,5 mm SSL.**
1 Neuralrohr
2 Dermatom
3 in Auflösung begriffenes Sklerotom
4 V. cardinalis posterior
5 noch paarige Aorta dorsalis
6 Somatopleura
7 Splanchnopleura
8 Zölom
9 Darm
10 Chorda dorsalis
11 Myotom
12 dorsale Ursegmentkante
13 Zellen der Neuralleiste in Auswanderung

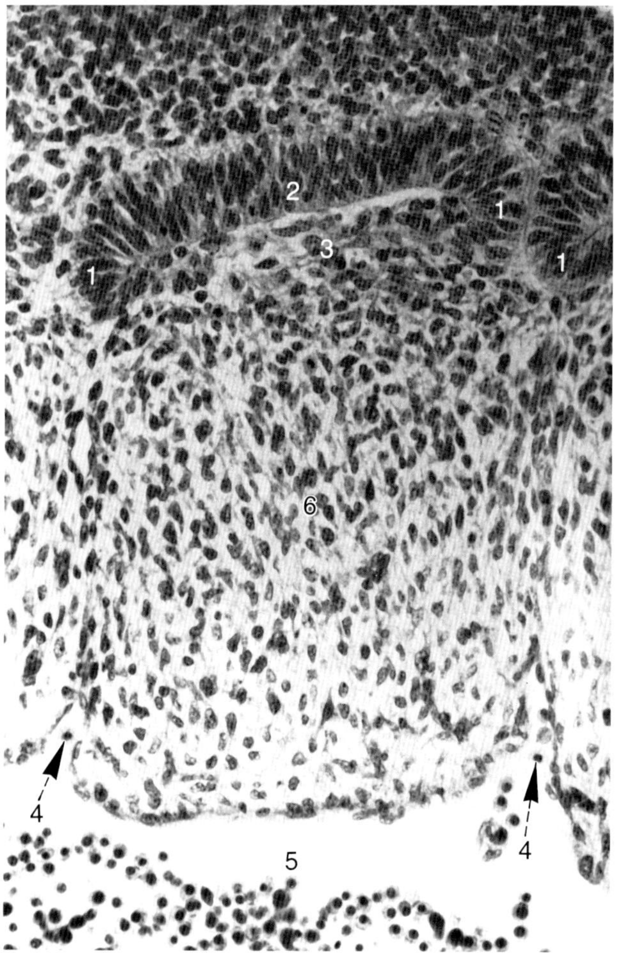

19

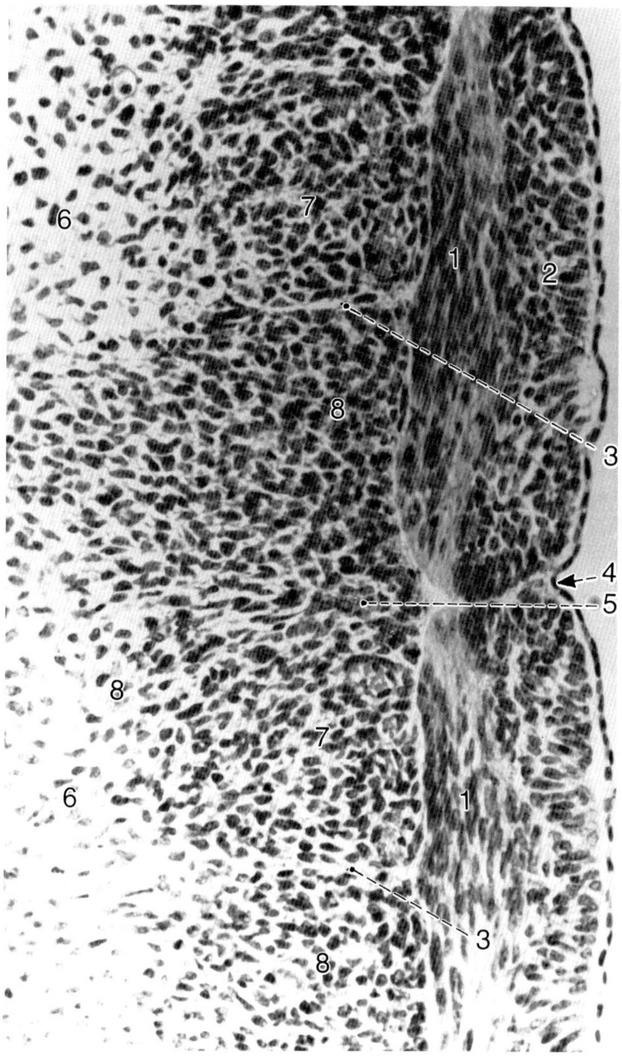

21

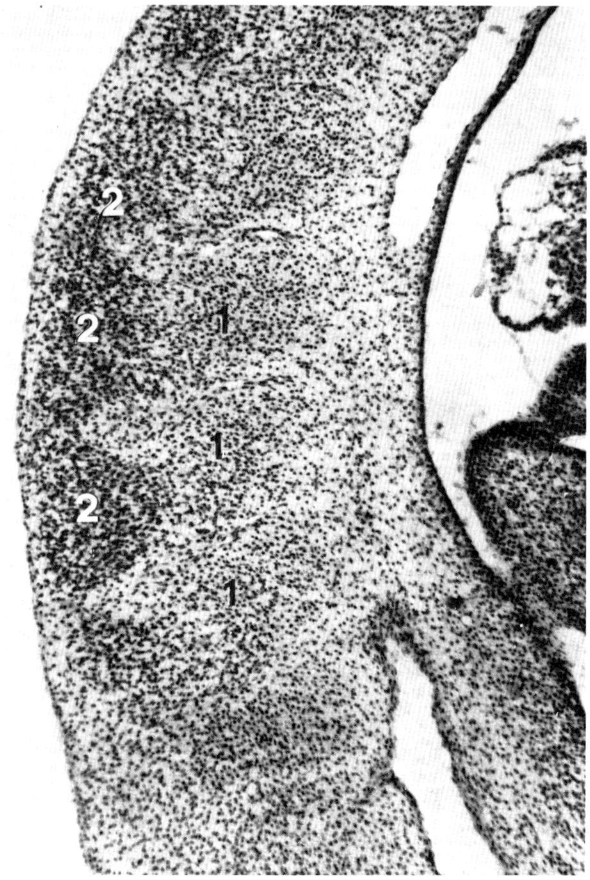

20

Abb. 5.**19** **Frontalschnitt durch die Rumpfanlage eines menschlichen Embryo von 5 mm SSL** (Ausschnitt).
1 Ursegmentkanten
2 Dermatom
3 in Bildung begriffenes Myotom
4 Vv. intersegmentales
5 V. cardinalis posterior
6 imaginäres Segment „Sklerotom" aus Mesenchymzellen

Abb. 5.**20** **Parasagittalschnitt durch die Rückenregion eines Embryo von 4,5 mm SSL.** Spinalganglienanlagen in Form eines zellreichen, dorsal zusammenhängenden, ventral girlandenartigen Bandes, das sich deutlich von den Sklerotomen abhebt.
1 Sklerotome
2 Spinalganglienanlagen

Abb. 5.**21** **Ausschnitt aus einem Frontalschnitt durch die hintere Rumpfanlage eines Embryo von 5,5 mm SSL.**
1 Myotom
2 in Auflösung begriffenes Dermatom
3 Sklerotomfissur
4 Intersegmentalspalte
5 Anschnitt einer A. intersegmentalis
6 axiales Mesenchym
7 kranialer Sklerotomanteil
8 kaudaler Sklerotomanteil

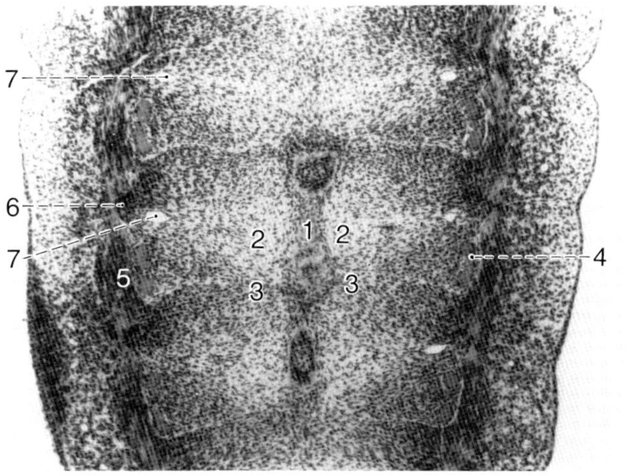

Abb. 5.**22** **Frontalschnitt durch die hintere Rumpfregion eines Embryo von 9 mm SSL mit in voller Differenzierung begriffenem axialen Mesenchym.** Man beachte die Ansätze der Myotome an den sich bildenden Wirbelbögen.
1 Chorda und Perichordalröhre
2 Wirbelkörperanlage
3 Anlage einer Zwischenwirbelscheibe
4 Nervenfaserbündel
5 Myotom
6 Wirbelbogenanlage
7 Vasa intersegmentalia

Mesenchymbildung

Im *mesenchymalen Stadium* ist die Wirbelsäule in Wirbel- und Zwischenwirbelscheibenanlagen gegliedert. Sie wird in ihrer gesamten Länge von der Chorda dorsalis durchsetzt. Die *Chorda dorsalis* ist ein elastischer, biegsamer Stab, der aus wasserreichen, druckelastischen Zellen besteht, die von einer unnachgiebigen, dünnen Scheide zusammengehalten werden (s. S. 34). Die auf die Wirbelsäulenanlage wirkenden Kräfte werden von der Chorda aufgenommen; damit wird vor allem eine Kompression der weichen Wirbel blasteme verhindert. Die Wirbelkörper heben sich dank ihres lockeren Baues deutlich von den dichten Anlagen der Zwischenwirbelscheiben ab (Abb. 5.**23**). Entsprechend der Herkunft des Wirbelsäulenblastems aus den paarigen Somiten ist auch die mesenchymale Anlage der Wirbelkörper paarig (Abb. 5.**24**). Sie wird durch ein aus der Perichordalröhre hervorgehendes Septum (*Perichordalseptum*) getrennt.

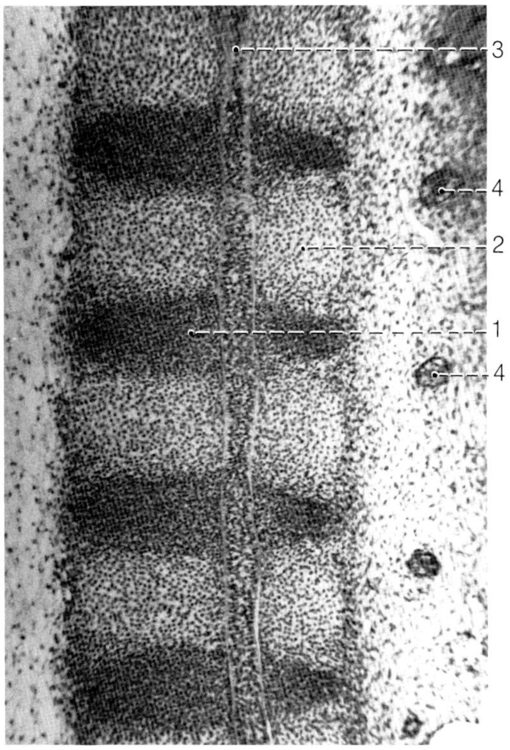

Abb. 5.**23** **Mesenchymale Wirbelsäule bei einem Embryo von 12 mm SSL.** Sagittalschnitt. Man beachte die dichten Anlagen der Zwischenwirbelscheiben (1) und die zellärmeren, vorknorpeligen Anlagen der Wirbelkörper (2). Die Chorda dorsalis (3) durchläuft die gesamte Anlage in leicht ventraler Lage.
4 Intersegmentalgefäße

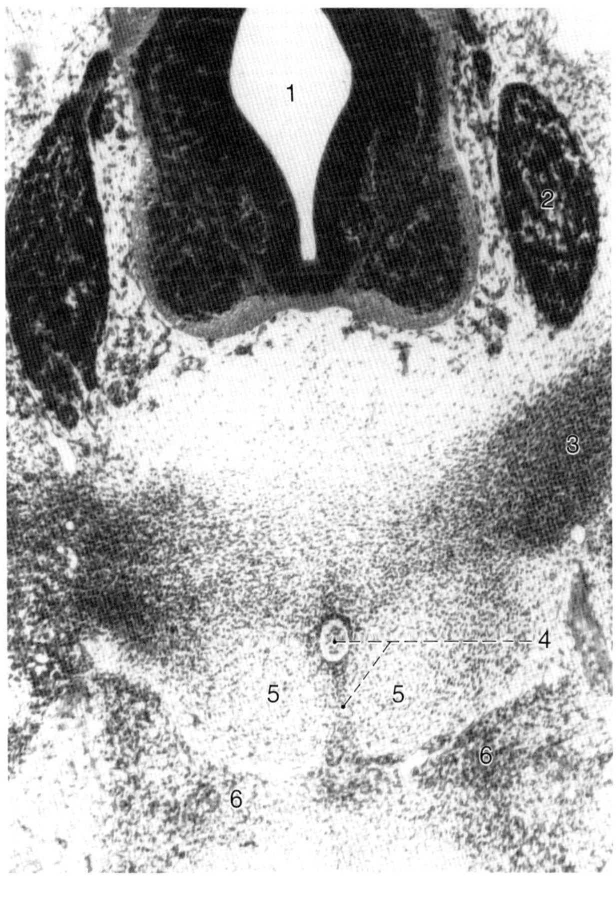

Abb. 5.**24** **Schrägschnitt durch die Anlage der Wirbelsäule und des Rückenmarks bei einem Embryo von 12 mm SSL.** Man beachte die Chorda und das Perichordalseptum. Die Wirbelkörperanlagen zeichnen sich durch ihren lockeren, vorknorpeligen Bau aus, während die Anlagen der Wirbelbögen sehr zelldicht sind.
1 Rückenmark
2 Spinalganglion
3 Anlage des Wirbelbogens
4 Chorda dorsalis und Perichordalseptum
5 Wirbelkörperanlage
6 Anlage der Zwischenwirbelscheibe

Knorpelbildung

Der Ersatz des Mesenchyms durch *Knorpel* geht in den Wirbelkörpern von einem zentralen, in den Wirbelbögen von je einem exzentrischen Kern in den Pediculi arcuum vertebrarum aus und ist mit einer Gliederung der Chorda dorsalis verbunden. Unter dem konzentrischen Wachstumsdruck der sich vergrößernden Zentren aus Knorpelgewebe werden die Chordazellen in die Anlagen der Zwischenwirbelscheiben gepreßt, wo sie die Chordasegmente bilden (Abb. 5.**25**).

Dieser Gliederung geht die Auflösung der Chordascheide im Bereich der Zwischenwirbelscheiben voraus. Die Chordasegmente liegen im Zentrum der Zwischenwirbelscheiben, sind spindelförmig, werden durch Zellzufluß aus den benachbarten Wirbelkörpern rasch größer und dehnen sich aus. In den Wirbelkörpern bleibt die gequollene, zellfreie Chordascheide noch lange Zeit nachweisbar. In dieser Phase dienen die Chordasegmente in den Zwischenwirbelscheiben sowie die aus blasigen Knorpelzellen aufgebauten Knorpelkerne in den Wirbelkörpern als druckelastische Polster, die einer Kompression der Wirbelkörper und der Zwischenwirbelscheiben entgegenwirken.

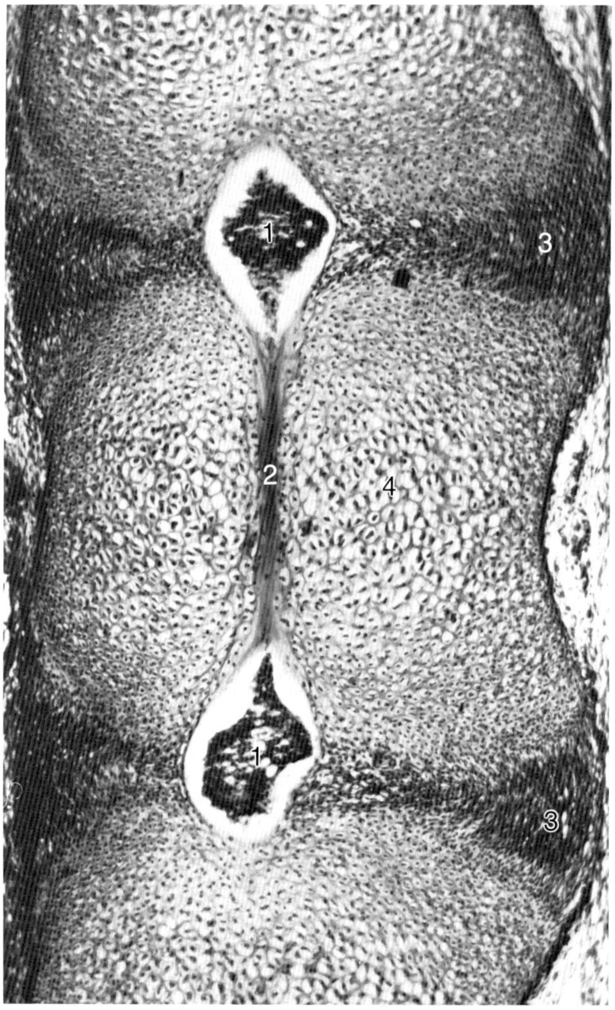

Abb. 5.**25 Ausschnitt aus der Wirbelsäulenanlage eines Embryo von 40 mm SSL. Chordasegmente** und **Chordascheidenstrang,** der den Blasenknorpelkern in leicht exzentrischer Lage durchsetzt.
1 Chordasegment
2 Chordascheidenstrang
3 Zwischenwirbelscheibe (Außenzone)
4 Blasenknorpelkern

Knochenbildung

Die *Osteogenese* beginnt in der Wirbelsäule bei Feten von 6 cm SSL. Sie setzt in den Wirbelkörpern der unteren Brustregion ein und schreitet von da aus nach kranial und nach kaudal fort. Die Knochenbildung der *Wirbelbögen* ist zuerst in der oberen Halswirbelsäule nachweisbar. Sie dehnt sich allmählich nach kaudal aus. Für die Knochenbildung in den *Wirbelbögen* lassen sich keine, den Wirbelkörpern vergleichbare Gesetzmäßigkeiten aufweisen. Die ersten Knochenkerne sollen in den Bögen der unteren Hals- und oberen Brustwirbel erscheinen, rasch gefolgt von denen der oberen Halswirbelsäule. Zuletzt erscheinen die Knochenkerne in der Lenden- und Sakralregion. Bei Feten von 12 cm SSL enthält jeder Wirbel drei Knochenbildungszentren, einen zentralen Wirbelkörperkern und je einen spangenförmigen Kern in den vorderen Teilen der Wirbelbögen.

In den Wirbelkörpern wird die Knochenbildung mit der Mineralisierung der im Zentrum liegenden Extrazellulärmatrix des Knorpelgewebes eingeleitet. Die Zone ist allseitig von wachsendem Knorpel mantelartig umgeben und erreicht an keiner Stelle die Oberfläche. Blutgefäße dringen vom Wirbelkanal, aber auch von ventral her in den Wirbelkörper ein (Abb. 5.**26**). Der Abbau des mineralisierten Knorpels erfolgt von der Peripherie aus. Gleichzeitig entstehen die ersten Knochenbälkchen und der primäre Markraum (s. S. 62). Bei Feten von 10 cm SSL ist die Osteogenese zwischen dem 4. Hals- und dem 4. Sakralwirbel in vollem Gang. Im Zentrum des Wirbelkörpers bleibt, umgeben von einem kleinen Rest großblasigen, mineralisierten Knorpels, die gequollene Chordascheide noch lange Zeit nachweisbar. Reste des mineralisierten Knorpels liegen im primären Markraum, der durch Knochen-Knorpel-Bälkchen in kleine, von einem zellreichen Markgewebe gefüllte Kammern unterteilt wird. An den Knochenkern schließt sich eine typisch gebaute Wachstumszone an, die nur dort, wo der Knochenkern bis unter das Perichondrium reicht, fehlt.

Die *Form der Knochenkerne* variiert vor allem in den unteren Brust- und den Lendenwirbelkörpern. Sie hängt vom Verhalten der in den Wirbelkörper einwachsenden Blutgefäße ab: Erreichen diese die mineralisierten Knorpelzone von allen Seiten, dann wird der Knorpel gleichmäßig abgebaut, und es entsteht ein einheitlicher zentraler Markraum mit einem Knochenkern und mit einem zentralen mineralisierten Knorpelrest (Abb. 5.**26**). Bleiben die dorsalen und ventralen Gefäße getrennt, so unterbleibt die Bildung eines ein-

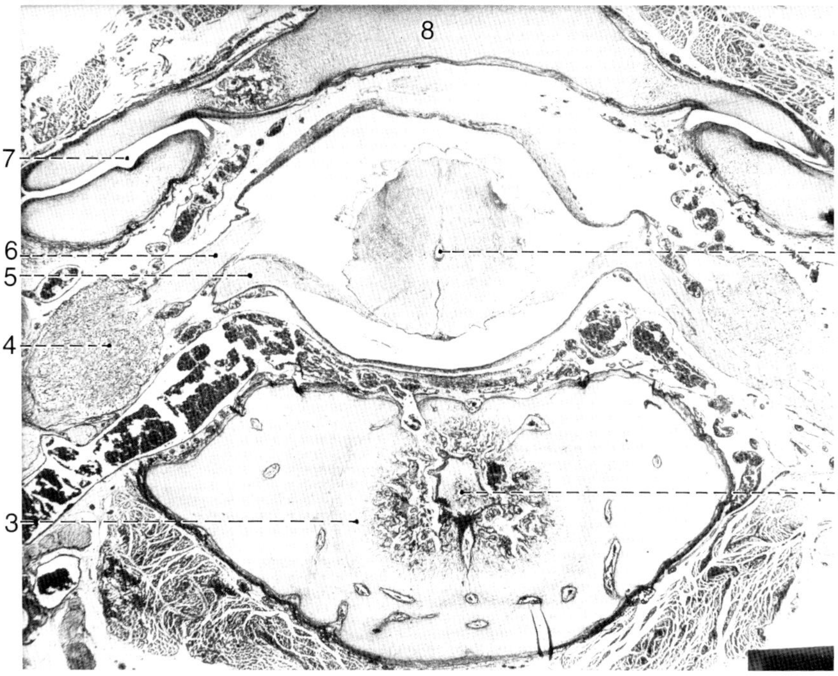

Abb. 5.**26** **Halswirbelkörper eines Feten von 12 cm SSL mit Knochenkern,** der einen Rest des Kalkknorpelkernes einschließt. Man beachte die periphere Wachstumszone.
1 Rückenmark
2 Kalkknorpelrest
3 Wachstumszone
4 Spinalganglion
5 Radix ventralis
6 Radix dorsalis
7 Wirbelbogengelenk
8 Lamina arcus vertebrae

heitlichen Markraumes. Es bilden sich zwei separate Knochenkerne, die durch einen mineralisierten Knorpelzapfen miteinander verbunden sind (Abb. 5.**27**). Sie verschmelzen erst im Laufe der weiteren Entwicklung miteinander. Im axialen Röntgenbild haben die Knochenkerne Sanduhrform. Das Auftreten von zwei selbständigen Knochenkernen wird vorgetäuscht. Asymmetrische, sichelförmige Kerne entstehen dann, wenn dorsaler und ventraler Markraum nur auf einer Seite miteinander kommunizieren.

Beim Neugeborenen ist der gesamte Wirbelkörper mit Ausnahme der kranialen und knorpeligen Abschlußplatten verknöchert.

Die Knochenkerne erreichen die dorsale und ventrale Oberfläche, deren dünne Corticalis durch desmale Osteogenese entsteht. Die Knorpelplatten bilden die Grenze zum Zwischenwirbelraum und bewirken das Höhenwachstum der Wirbelkörper. Sie trennen die Wirbelkörperspongiosa vom Bandscheibenareal und sichern die Integrität der Zwischenwirbelscheiben, indem sie die Gefäßareale von Wirbelkörper und Zwischenwirbelscheibe voneinander trennen. Die Knorpelplatten bleiben über das Wachstumsalter hinaus erhalten, sie spielen bei der Aufnahme und Verteilung von Druckkräften eine wichtige Rolle.

Die *Blutversorgung* der Markhöhle erfolgt fast ausschließlich von der dorsalen Gefäßbucht aus. In den Knorpelplatten lassen sich Randgefäße und axiale Gefäße unterscheiden. Die *Randgefäße* dringen von außen unmittelbar in die Knorpelplatten ein und durchlaufen sie in schräger Richtung, während die *axialen* Gefäße aus der Markhöhle kommen. Normalerweise dringen weder Randgefäße noch axiale Gefäße in die Zwischenwirbelscheiben ein. Die Zwischenwirbelscheiben haben eine eigenständige Gefäßversorgung.

Die langen Wirbelkörper der Vierfüßler besitzen – mit Ausnahme der anthropoiden Affen – echte, diskusartige *Epiphysenplatten* vergleichbar denen der Röhrenknochen. Beim Menschen haben die Knorpelplatten am oberen und unteren Ende der Wirbelkörper an ihrer der Spongiosa zugekehrten Seite jeweils eine typisch gebaute Wachstumszone (Abb. 5.**28**), die um das 20. Lebensjahr verschwindet. Bei älteren Kindern sind die Knorpelplatten zentral dünn, in der Peripherie werden sie zunehmend dicker. Sie umfassen den Knochenkern ringförmig und setzen sich stufenförmig auf die Vorderfläche des Wirbelkörpers fort. Dieser verdickte Rand wird als die *knorpelige Randleiste* bezeichnet. Sie ist zellreicher als die nach innen folgenden Anteile der Knorpelplatte und auffallend unregelmäßig gebaut. In den Randleisten entwickeln sich kleine Knochenbildungszentren, die nach und nach miteinander verschmelzen und die *knöcherne Randleiste* bilden,

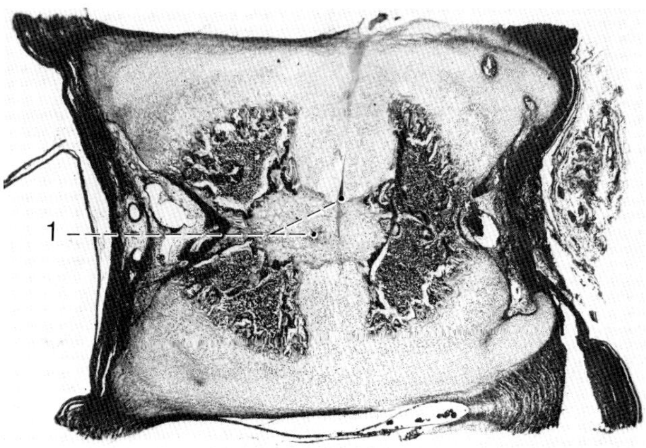

Abb. 5.**27** **Sagittalschnitt durch den 2. Lendenwirbelkörper eines Feten von 12 cm SSL.** Sanduhrförmiger Knochenkern. Der Kalkknorpelrest wird vom Chordascheidenstrang durchsetzt (1).

die zunächst durch eine Knorpelschicht vom Wirbelkörper getrennt bleibt. Die Verschmelzung der einzelnen Knochenbildungszentren und die Bildung eines geschlossenen knöchernen Ringes ist um das 12. Lebensjahr beendet. Vom 14.–15. Lebensjahr an beginnt die Verschmelzung der knöchernen Randleiste mit dem Wirbelkörper. Sie ist in der Mitte des 3. Dezennium abgeschlossen.

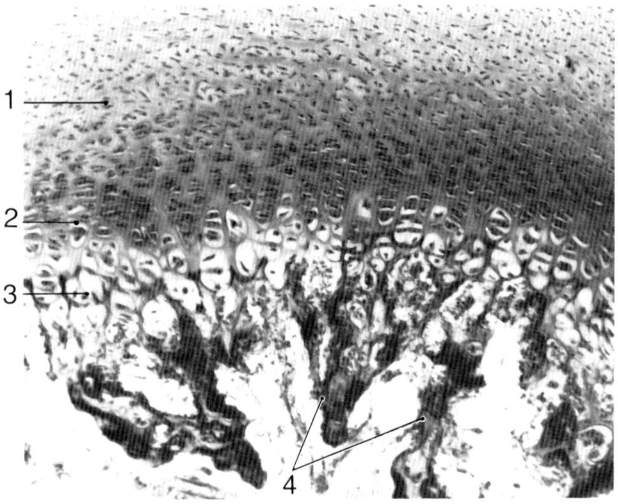

Abb. 5.**28** **Wachstumszone im Bereich der Knorpelplatte bei einem Feten von 12 cm SSL.**
1 ruhender Knorpel
2 Säulenknorpel
3 Blasenknorpel
4 Knochen-Knorpel-Bälkchen, die in den primären Markraum hineinragen.

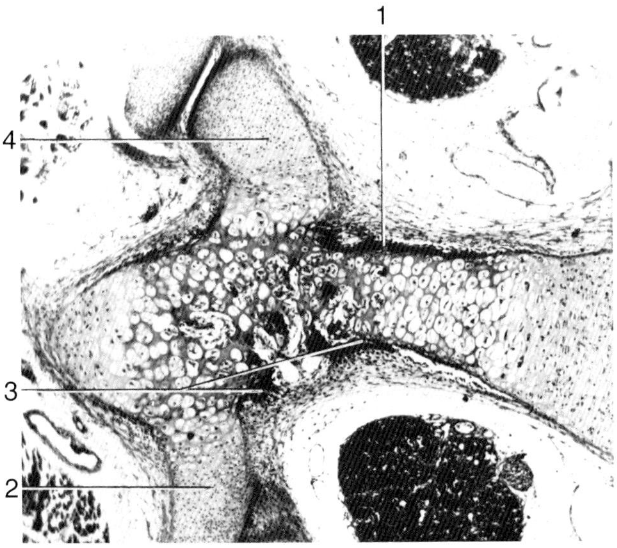

Abb. 5.**29** **Wirbelbogenverknöcherung, Sagittalschnitt.** Die Wurzel des Wirbelbogens ist von perichondralem Knochen umgeben. Man beachte auch die Wirbelbogengelenke und die Zwischenwirbellöcher.
1 perichondraler Knochen
2 Processus articularis inferior
3 perichondraler Knochen von Blutgefäßen durchbrochen
4 Processus articularis superior

Die *Epiphyse* der Wirbelkörper besteht beim Menschen aus einem Ring (Abb. 5.**30,** 5.**31**), der oberhalb des kranialen und unterhalb des kaudalen Randes des Knochenkerns entsteht. Die Knochenbildung beginnt am vorderen Rand und schreitet allmählich nach dorsal fort. Die *knöchernen* ringförmigen *Randleisten* spielen eine wichtige Rolle für die Verankerung der Randleistenlamellen der Zwischenwirbelscheiben (s. Abb. 5.**45**). Sie haben jedoch *keine* Bedeutung für das Höhenwachstum der Wirbelkörper. Beim Menschen kann man die Randleiste als rudimentäre Epiphyse der Wirbelkörper ansehen, der eine starke Wachstumspotenz fehlt.

Im *Wirbelbogenbereich* liegen die Knorpelkerne während der Knorpelbildungsphase in exzentrischer Lage. Sie reichen wirbelkanalwärts bis unter das Perichondrium, das entlang der Berührungsstelle kräftig und kapillarreich ist. In der folgenden Entwicklungsstufe mineralisiert der Knorpelkern. Die Osteogenese beginnt, wenn die mineralisierte Knorpelzone das Perichondrium an der Innenfläche des Wirbelbogens erreicht. Entlang dieser Berührungsfläche treten zwischen Perichondrium und mineralisiertem Knorpel Osteoblasten auf und bilden einen Saum von Osteoid, das später mineralisiert und als perichondraler Knochen der knorpeligen Wirbelbogenanlage direkt anliegt (Abb. 5.**29**). In der darauf folgenden Phase wachsen Blutgefäße in den Knorpel, eröffnen die Knorpelhöhlen und leiten die endochrondrale Osteogenese ein.

Der unterschiedliche Modus in der Knorpelbildung von Wirbelkörper und Wirbelbogen wird verständlich, wenn man sich vergegenwärtigt, daß die Kontinuität des Skeletts in jeder Phase seiner Entwicklung gesichert sein muß. Erst wenn das Gefüge durch seine Knochenspange, die den ganzen Wirbelbogen klammerartig umfaßt, gesichert ist, kann der Knorpel ohne Gefährdung der Stabilität von innen heraus abgebaut und durch Knochen ersetzt werden.

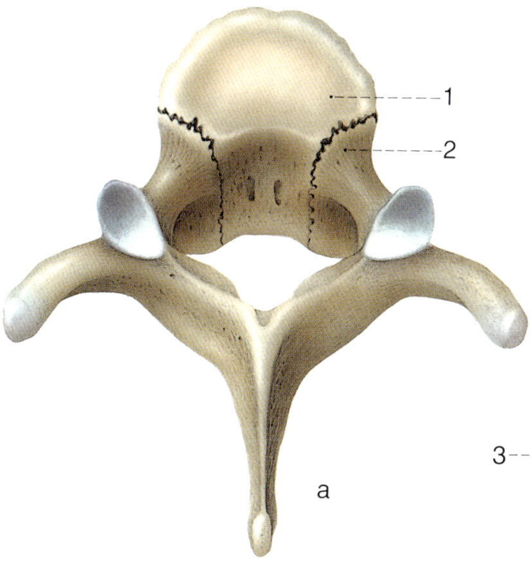

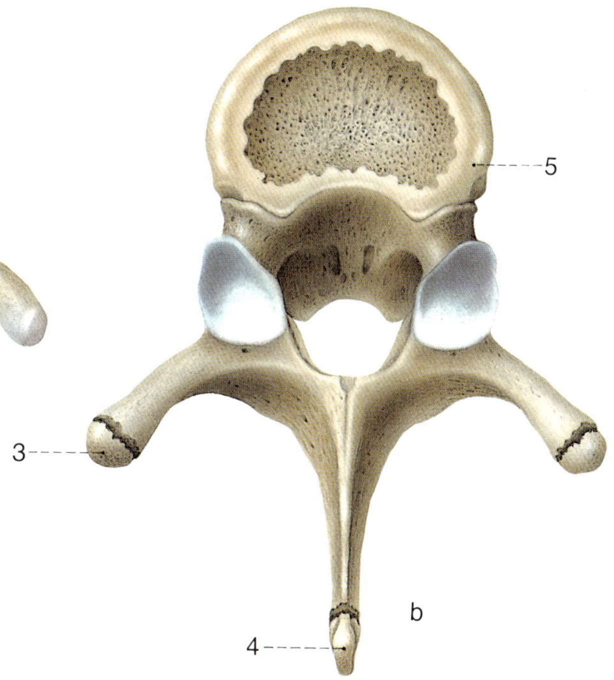

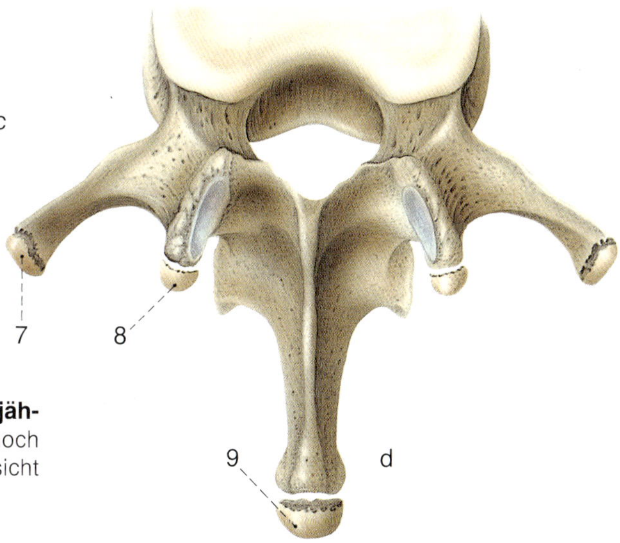

Abb. 5.**30a** **Knochenbildung im Brustwirbel eines 2jährigen Kindes.** Anlagen von Körper (1) und Bogen (2) noch getrennt. Enden der Bogenanlage noch knorpelig. Ansicht von dorsal-kranial.

Abb. 5.**30b** **Brustwirbel eines 16jährigen.** Apophysen an Querfortsätzen (3) und Dornfortsatz (4). Ringförmige, verknöcherte Epiphysenplatte (Randleiste) (5). Ansicht von dorsal-kranial.

Abb. 5.**30c** **Lendenwirbelkörper,** Epiphysenplatten (6) Ansicht von ventral.

Abb. 5.**30d** **Bogen eines Lendenwirbels bei einem 16jährigen.** Apophysen an Processus costales (7), Processus mamillares (8) und Processus spinosus (9)
(nach *Rauber/Kopsch*)

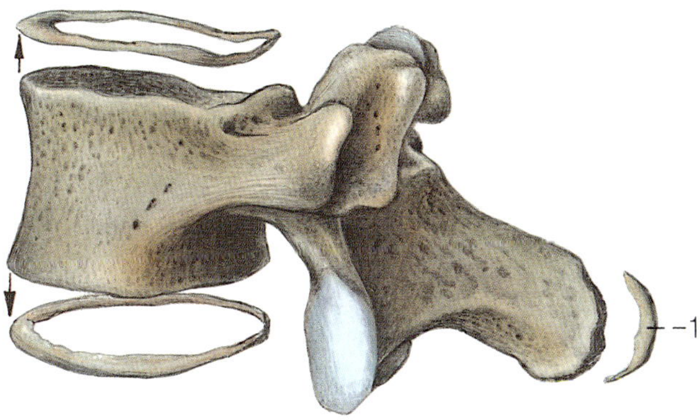

Abb. 5.**31** **Ringförmige Epiphysen an einem Lendenwirbel in der Ansicht von links lateral.** Apophyse am Processus spinosus (1).

Kreuzbein, Os sacrum

Gestalt

Das Kreuzbein, *Os sacrum* (Abb. 5.**32**–5.**36**), läßt sich in fünf, ursprünglich selbständige Wirbel gliedern, die durch Zwischenwirbelscheiben, Gelenke und Bänder verbunden sind und nach der Geburt zu einem Knochen verschmelzen (s. unten).

Das *Os sacrum des Erwachsenen* hat dreieckige, schaufelförmige Gestalt. Es ist kranial breit und dick, kaudal schmal und dünn. Seine Vorderfläche, *Facies pelvina* (Abb. 5.**32**), ist in sagittaler und transversaler Richtung konkav gekrümmt. Der tiefste Punkt der Krümmung liegt in Höhe des 3. Sakralwirbels; dort kann der Knochen abgewinkelt sein. Entsprechend den Vereinigungsstellen der fünf Sakralwirbel zeigt die Facies pelvina vier quere Linien, *Lineae transversae,* die seitlich auf die *Foramina sacralia anteriora* (pelvica) treffen.

Die *Facies dorsalis ossis sacri* (Abb. 5.**33**) zeigt eine Reihe längsverlaufender Leisten. Die *Crista sacralis mediana* entsteht durch Verschmelzung der Dornfortsätze. Die beiden *Cristae sacrales intermediae* entsprechen den miteinander verschmolzenen Gelenkfortsätzen. Sie gehen in die zwei an der Kreuzbeinbasis aufragenden Processus articulares superiores über und bilden zusammen mit den Processus articulares des 5. Lendenwirbels die präsakralen Wirbelbogengelenke. Der rudimentäre Gelenkfortsatz des 5. Sakralwirbels ragt hornartig nach unten, *Cornu sacrale.* Von den beiden Cornua sacralia und dem letzten oder vorletzten Dornfortsatz wird der *Hiatus sacralis* begrenzt, der den Zugang zum *Canalis sacralis* (Abb. 5.**36**) bildet. Seitlich von der Crista sacralis intermedia liegen die *Foramina sacralia posteriora.* Lateral von diesen folgen die *Cristae sacrales laterales,* die den dorsalen Rändern der verschmolzenen Processus accessorii entsprechen.

Als *Pars lateralis ossis sacri* (Abb. 5.**34**) wird das Gebiet seitlich der Foramina sacralia bezeichnet. Sie entsteht aus der Verschmelzung der Processus transversi und der sakralen Rippenrudimente. An den Seitenflächen der Pars lateralis liegt die Gelenkfläche für das Darmbein, *Facies auricularis* (s. S. 453). Die Facies auricularis dehnt sich beim Erwachsenen vom 1. bis zur Mitte des 3. Sakralwirbels aus. Beim Kind beteili-

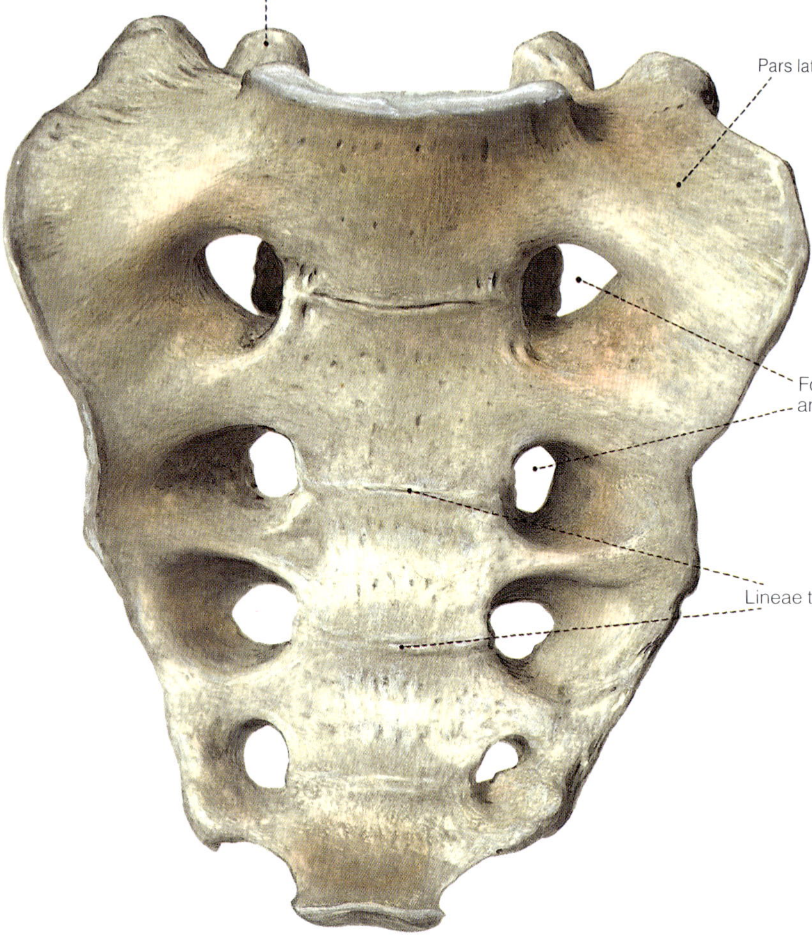

Abb. 5.**32** **Kreuzbein (männlich) in der Ansicht von ventral.**

gen sich nur der 1. und 2. Sakralwirbel am Aufbau der Gelenkfläche. Dorsal von der Facies auricularis liegt die *Tuberositas sacralis,* die dem Ansatz der mächtigen Beckenbänder dient.
Die *Basis ossis sacri* (Abb. 5.**35**) ist über die präsakrale Zwischenwirbelscheibe mit der kaudalen Fläche des 5. Lendenwirbelkörpers verbunden. Zwischen der kaudalen Spitze des Kreuzbeins, *Apex sacri,* und dem Steißbein liegt eine Bandscheibe.
Das *Os sacrum* ist bei Frauen im Verhältnis zu seiner Länge breiter als bei Männern; es ist zugleich kürzer und weniger stark gekrümmt. Das *männliche* Kreuzbein ist länger, schmaler und stärker gekrümmt als das weibliche.

Entwicklung und Umbildung

Am einzelnen Sakralwirbel werden wie an den übrigen Wirbeln Körper, Bogen mit Quer- und Gelenkfortsätzen und Rippen unterschieden (s. Abb. 5.**40**). Durch Verschmelzung der Rippenrudimente und der Processus transversi bilden sich die *Partes laterales ossis sacri.* Die *Crista sacralis lateralis* an der Dorsalseite des Kreuzbeins läßt noch die Processus accessorii als prominente Spitzen erkennen (s. Abb. 5.**33**). Sie entsteht aus der Verschmelzung der drei oberen Sakralrippen, die von eigenen Knochenkernen aus verknöchern. Als Folge dieser Verschmelzung werden die *Foramina intervertebralia sacralia* zu geschlossenen Kanälen, die sich über die Foramina sacralia nach außen öffnen. Durch die *Foramina sacralia dorsalia* treten die Rr. dorsales, durch die *Foramina sacralia pelvina* (ventralia) die Rr. ventrales der Sakralnerven aus. Die Processus spinosi bilden die *Crista sacralis mediana.* Da die Verschmelzung der Processus spinosi des 5. und meistens auch des 4. Sakralwirbels unterbleibt, entsteht der *Hiatus sacralis,* durch den der Canalis sacralis nach außen mündet.
Die Verschmelzung der Sakralwirbel zum Os sacrum beginnt im 15. Lebensjahr und schreitet in kraniokaudaler Richtung fort. Zuerst verwachsen die Bögen und Rippenfortsätze, dann die Dornfortsätze und schließlich die Wirbelkörper. Der Prozeß ist zwischen dem 25. und 35. Lebensjahr abgeschlossen.

An den Zwischenwirbelscheiben des Os sacrum kommt es zu charakteristischen Rückbildungsvorgängen. Beim Feten werden die Zwischenwirbelscheiben von kranial nach kaudal

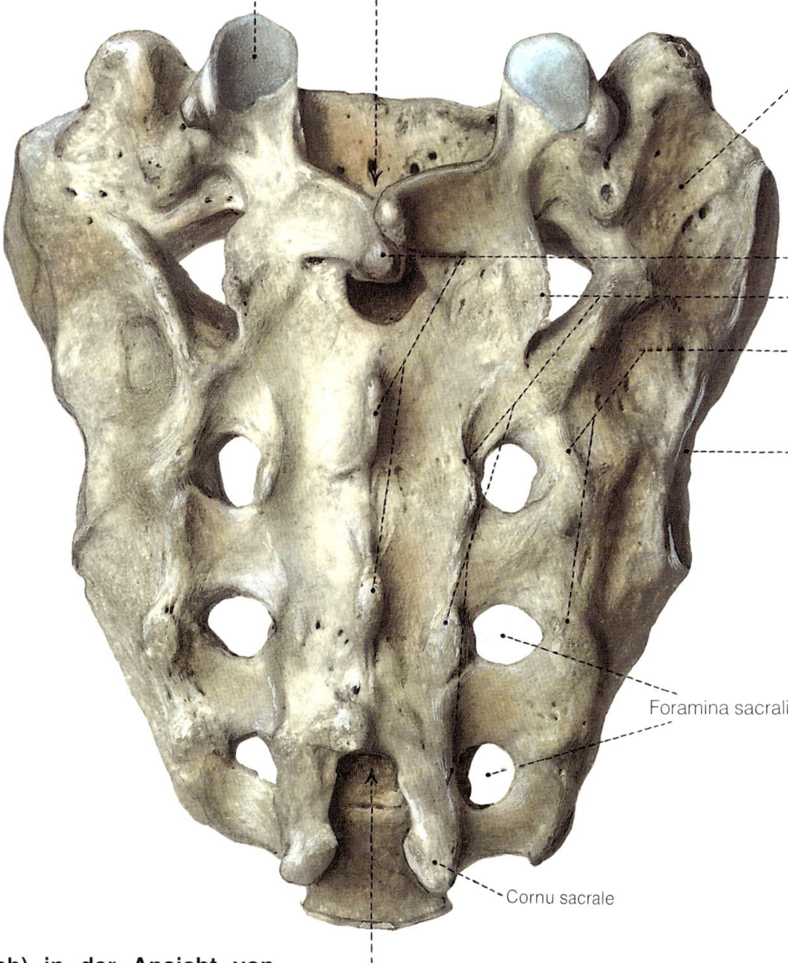

b. 5.**33** **Kreuzbein (männlich) in der Ansicht von rsal.**

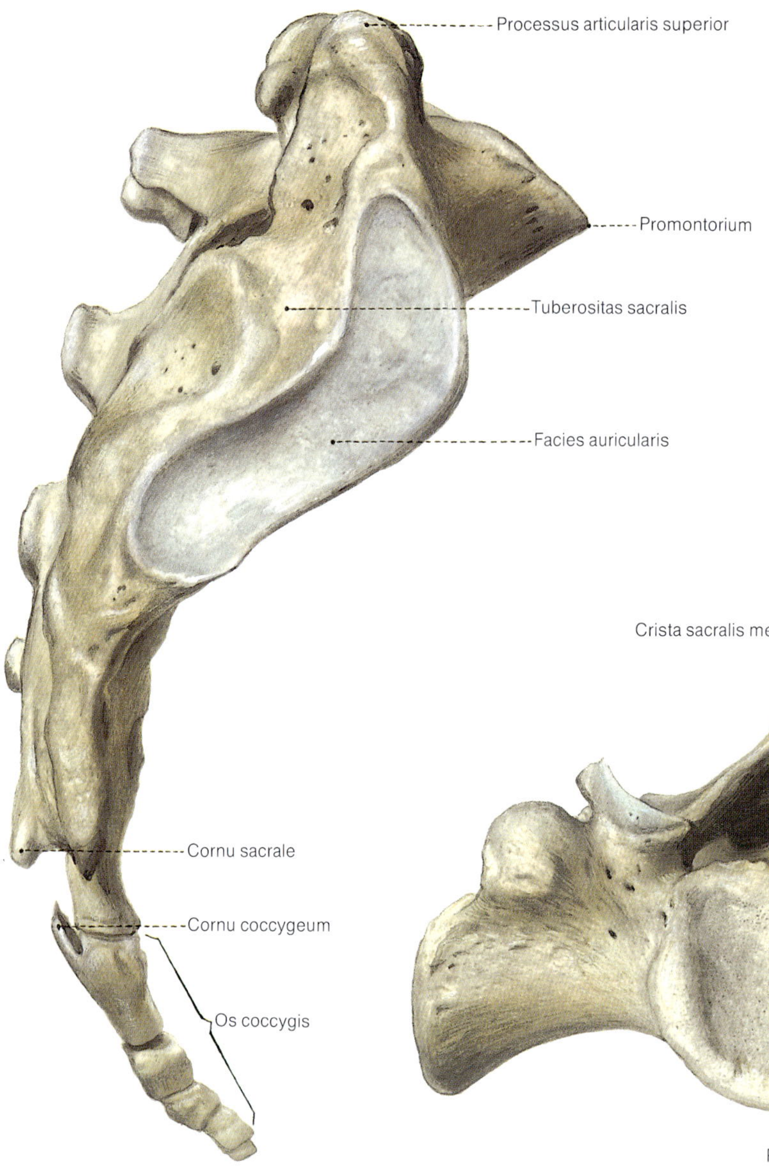

Abb. 5.**34** **Kreuz- und Steißbein in der Ansicht von rechts lateral.**

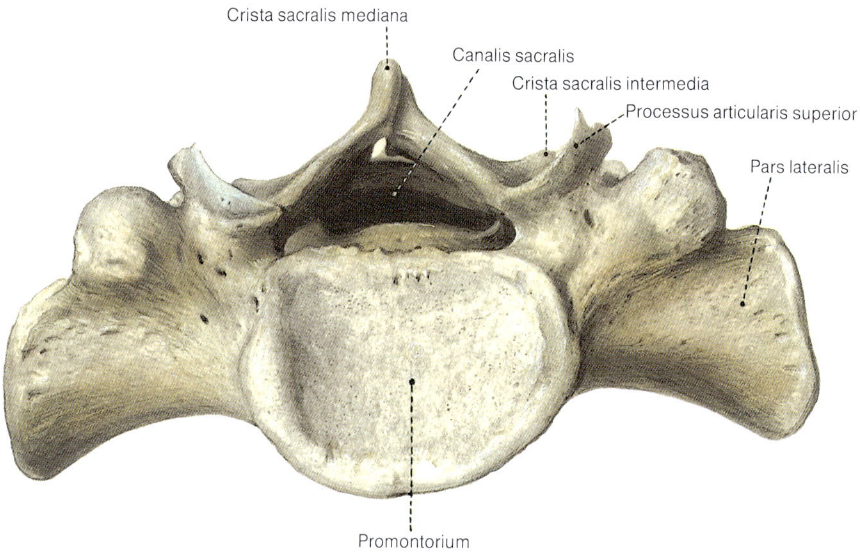

Abb. 5.**35** **Kreuzbein (männlich) in der Ansicht von kranial.**

schmaler (Abb. 5.**37**). Die beiden präsakralen Zwischenwirbelscheiben haben einen Anulus fibrosus mit breiter Außenzone, der einen Gallertkern einschließt. Die Faserringe der kaudal folgenden Zwischenwirbelscheiben werden zunehmend schmaler. Ihre Innenzone ist hyalinknorpelig und ihre Gallertkerne werden kleiner. Die Gallertkerne der kaudalen Zwischenwirbelscheiben verharren im Stadium der Chordasegmente (s. S. 204). Sie sind rundlich und häufig trichterförmig gegen die benachbarten Wirbelkörper ausgezogen. Bereits in der Fetalzeit bestehen deutliche Unterschiede in der geweblichen Differenzierung der Zwischenwirbelscheiben zwischen Os sacrum und freier Wirbelsäule. Beim Neugeborenen kann nur noch die 1. sakrale Zwischenwirbelscheibe mit den präsakralen Zwischenwirbelscheiben verglichen werden, da die Faserringe in den kaudalen Bandscheiben nur noch angedeutet sind (Abb. 5.**38**).

Die Wirbelbögen sind beim Neugeborenen mit Ausnahme der dorsalen Teile verknöchert. Die noch knorpeligen Gelenkfortsätze bilden im oberen Kreuzbeinabschnitt echte Gelenke, während sie im kaudalen Teil durch straffes Bindegewebe, häufig ohne Zwischenschaltung eines Gelenkspalts, miteinander verbunden sind.

Die physiologische Knochenbildung in den Zwischenwirbelscheiben des Os sacrum beginnt im 15.–16. Lebensjahr. Zuerst verknöchern die beiden mittleren, dann folgt die Verknöcherung der 4. und zuletzt die der 1. Zwischenwirbelscheibe. Der Prozeß dauert bis in das 4. Lebensjahrzehnt.

Ausgang der Knorpelbildung (Abb. 5.**39**) sind die Wirbelkörperepiphysen, die als rundliche oder dreieckige Bildungen im Randleistenknorpel auftreten und mit Abschluß des Wachstums die knöcherne Randleiste bilden. Durch Verschmelzen benachbarter Epiphysen kommt es zur ersten knöchernen Überbrückung der Zwischenwirbelscheiben und damit zur Einleitung der physiologischen Blockwirbelbildung. Der Prozeß beginnt normalerweise lateral und dehnt sich auf die Dorsal- und Ventralseite des Os sacrum aus. Fehlen die Randleistenepiphysen, wie dies für die unteren Kreuzbeinwirbel häufig zutrifft, erfolgt die Knochenbildung

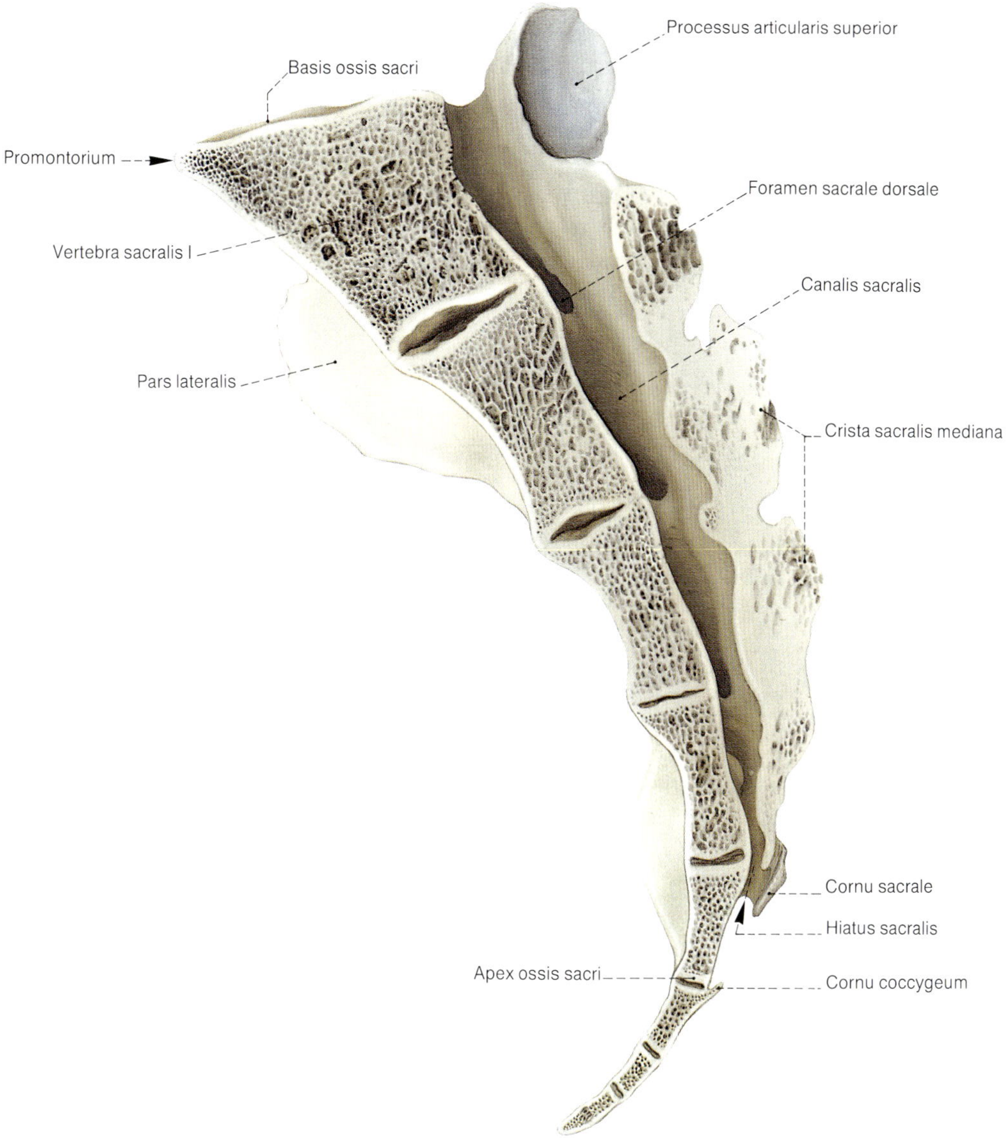

Abb. 5.**36** **Median-Sagittalschnitt durch Kreuz- und Steißbein, rechte Hälfte in der Ansicht von links lateral.** Canalis sacralis, Hiatus sacralis.

über desmale Osteogenese. Auf der ventralen Seite kommen beide Arten der Knochenbildung vor. Sie dauern auch nach Herstellung der knöchernen Kontinuität an, so daß sich schließlich die ventralen Brücken aus einer dicken Compacta aufbauen. Dorsal findet man nur eine dünne Schicht lamellären Knochens. Die unterschiedliche Knochenbildung steht möglicherweise mit dem Beanspruchungsmodus des Kreuzbeins im Zusammenhang.

Die Knorpelplatten bleiben in ihren zentralen Teilen längere Zeit unverändert, während sie in der Nähe der Randleisten und der Knochenbrücken mineralisieren. Im 3. Jahrzehnt treten auch im Zentrum regressive Veränderungen auf. Das Gewebe des Anulus fibrosus wird in der Umgebung der knöchernen Brücken durch Knochen ersetzt, in den unteren Zwischenwirbelscheiben bleibt die Innenzone hyalinknorpelig, der Nucleus pulposus fehlt.

Der Ersatz des Gewebes der Zwischenwirbelscheiben durch Knochen kann als Folge fehlender Schubbeanspruchung angesehen werden, die als Erhaltungsreiz für das Bandscheibengewebe gilt. Die am stärksten beanspruchte 1. sakrale Zwischenwirbelscheibe behält ihren ursprünglichen Aufbau am längsten bei.

Die Verschmelzung der *Wirbelbögen* und der *Processus costales* ist zwischen dem 15. und 25. Lebensjahr abgeschlossen. Die Knochenbildung erfolgt durch endochondrale und desmale Osteogenese.

Varianten

Am Os sacrum kann man starke individuelle Formunterschiede beobachten. Die Anzahl der Sakralwirbel variiert (s. Abb. 5.**4**). Fünf Wirbel findet man in etwa 50% der Fälle. In etwa einem Drittel der Fälle ist die Anzahl der Sakralwirbel auf sechs erhöht. Die *Vermehrung* der Sakralwirbel kann auf einer Sakralisation des 5. Lendenwirbels (s. S. 179, 223) oder auf der Einbeziehung des kranialen Steißbeinabschnitts in das Os sacrum beruhen. Vergleichsweise selten ist eine

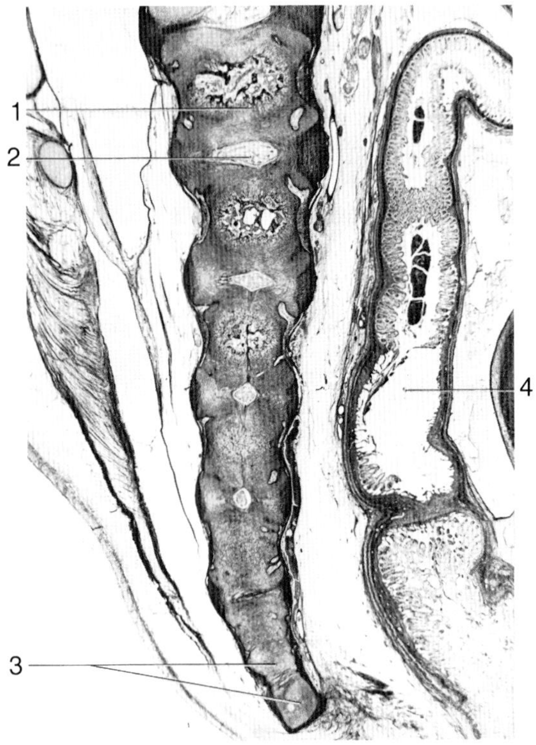

Abb. 5.**37** **Sagittalschnitt durch die Anlage des Os sacrum eines Feten von 13,5 cm SSL.** Die Chordasegmente (2) werden von kranial nach kaudal zunehmend kleiner und fehlen in der Anlage des Os coccygis (3).
1 Körper des 5. Lendenwirbels
4 Darmrohr

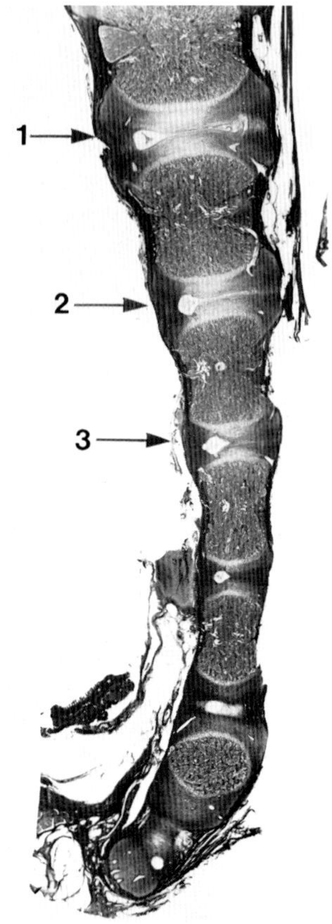

Abb. 5.**38** **Sagittalschnitt durch das Os sacrum eines Neugeborenen.** Die Pfeile weisen auf die Zwischenwirbelscheiben, die von kranial nach kaudal schmaler werden und nur einen rudimentären Gallertkern enthalten.
1 präsakrale Zwischenwirbelscheibe
2 Zwischenwirbelscheibe S_1/S_2
3 Zwischenwirbelscheibe S_2/S_3

Verminderung der Sakralwirbel. Asymmetrien des Os sacrum beruhen auf einseitigem Fehlen der 1. Sakralrippe oder auf einseitigem Auftreten einer starken Rippe am 5. Lendenwirbel an Stelle des gewöhnlichen Rippenrudimentes. Die beiden kranialen Gelenkflächen liegen in solchen Fällen in unterschiedlicher Höhe und beeinflussen dadurch die Form des Beckens.
(Besprechung der Varianten im lumbosakralen Übergangsbereich, Lumbalisation und Sakralisation, s. S. 223.)
Der *Hiatus sacralis* zeigt relativ häufig Varianten (Abb. 5.**41**). In der überwiegenden Zahl der Fälle liegt die Öffnung des Sakralkanales unterhalb des 4. Sakralwirbels. Der Hiatus sacralis kann sich erweitern und zu einer dorsalen Spalte werden, die sich bis zum 3. oder 2. Sakralwirbel nach kranial ausdehnt. Im Extremfall fehlt die Crista sacralis mediana vollständig, und der Kanal bleibt in ganzer Ausdehnung offen. Man bezeichnet die Spaltbildung als *Spina bifida* (Abb. 5.**41e**) (s. S. 223). Der Kreuzbeinkanal wird in solchen Fällen dorsal durch Bänder verschlossen. Unterbleibt die Verschmelzung der Processus spinosi der Sakralwirbel untereinander, so ist die Crista sacralis mediana durch Lükken unterbrochen. Ein isolierter Wirbelbogen bleibt häufig am 1. Sakralwirbel erhalten (Abb. 5.**41c**).

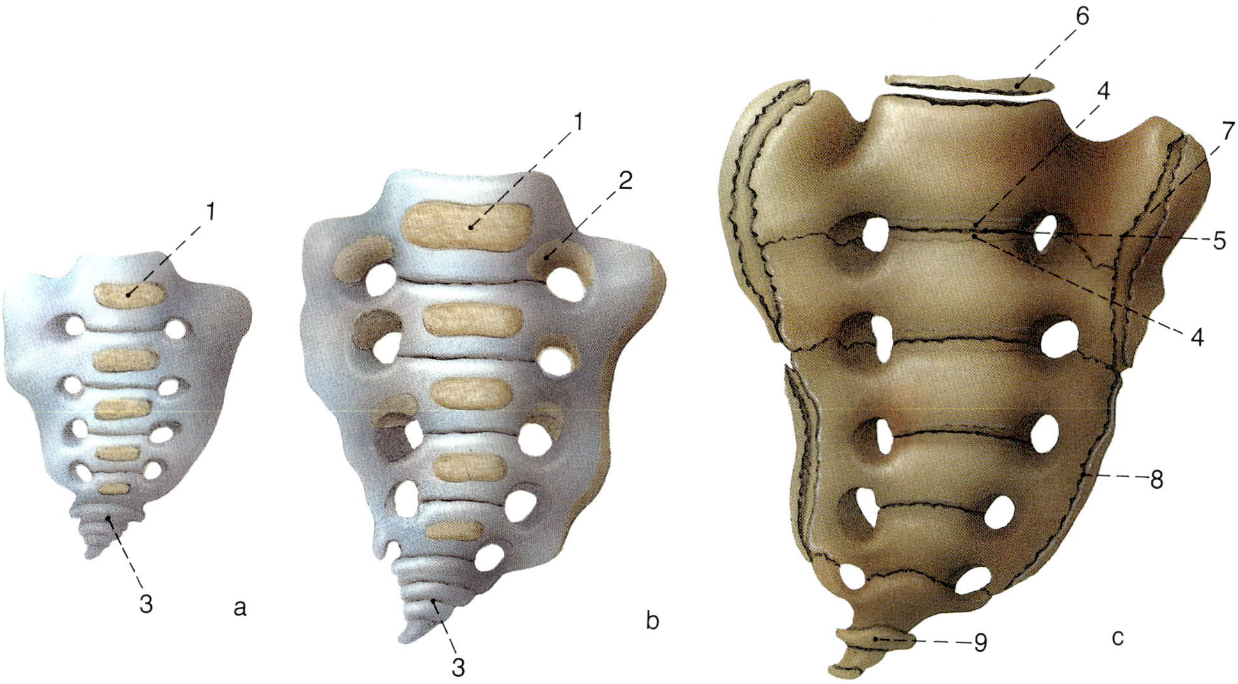

Abb. 5.**39 a–c** **Knochenbildung im Kreuzbein.**
a 6 Monate alter Fet,
b Neugeborenes.
1 Knochenkern in der Wirbelkörperanlage
2 Knochenkern in der Anlage der Pars lateralis um das Foramen sacrale pelvinum (ventrale)
3 Anlage des Os coccygis
c Kreuzbein und Steißbein bei einem 15jährigen. Die Wirbelkörper sind noch nicht vollständig miteinander verschmolzen. An den Lineae transversae (4) verschmelzen die Randleisten mit den Resten der Zwischenwirbelscheiben (5).
6 Epiphysenplatte des 1. Kreuzbeinwirbelkörpers
7 kranialer Knochenkern der Pars lateralis
8 kaudaler Knochenkern der Pars lateralis
9 Anlage des Os coccygis
(nach *Rauber/Kopsch*)

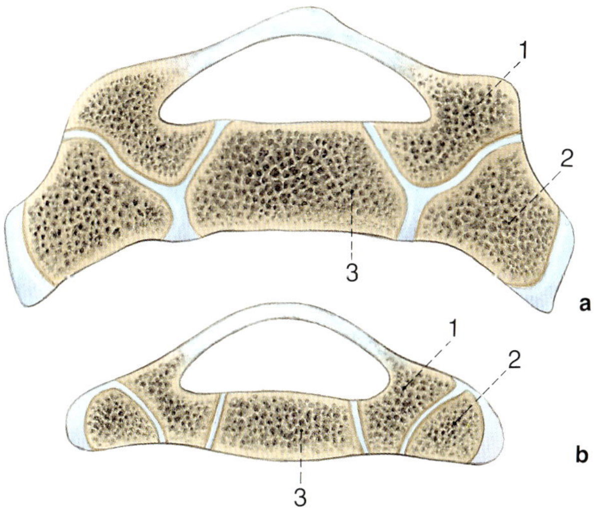

Abb. 5.**40 a** u. **b** **Querschnitt durch den 1. (a) und durch den 3. (b) Sakralwirbel eines 1jährigen Kindes.** Ein Sakralwirbel hat fünf Knochenanlagen:
1 Knochenkern in der Wirbelbogenanlage
2 Knochenkern in der Rippenanlage
3 Knochenkern in der Wirbelkörperanlage
(nach *Rauber/Kopsch*, dort nach *Gegenbaur*)

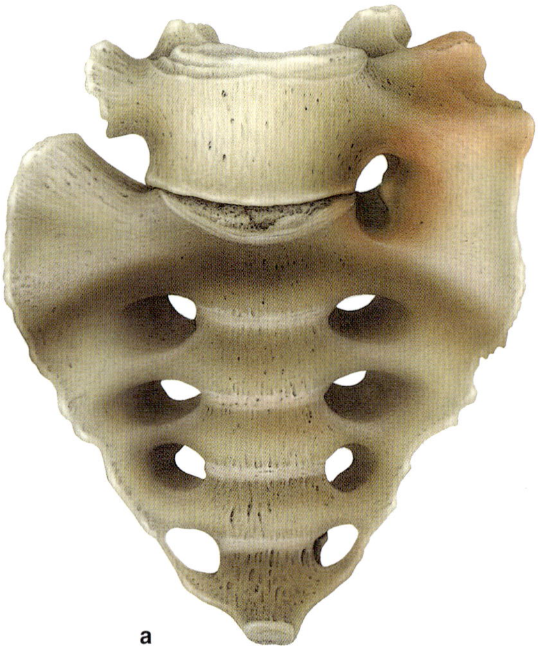

a

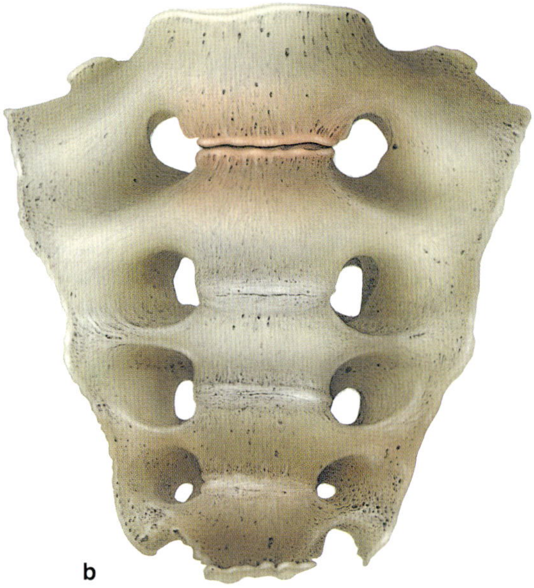

b

Abb. 5.**41** **a Sakralisation des 5. Lendenwirbels auf der linken Seite. Ansicht von ventral.**
b Fehlende Verschmelzung der Körper des 1. und 2. Sakralwirbels. Ansicht von ventral.
c Fehlende Verschmelzung des Bogens zwischen 1. und 2. Sakralwirbel. Ansicht von dorsal.
d Unvollständige Verschmelzung der Processus spinosi, weiter Hiatus sacralis. Ansicht von dorsal.
e Offener Sakralkanal, Spina bifida. Ansicht von dorsal.
Präparate der Sammlung des Anatomischen Institutes, Kiel

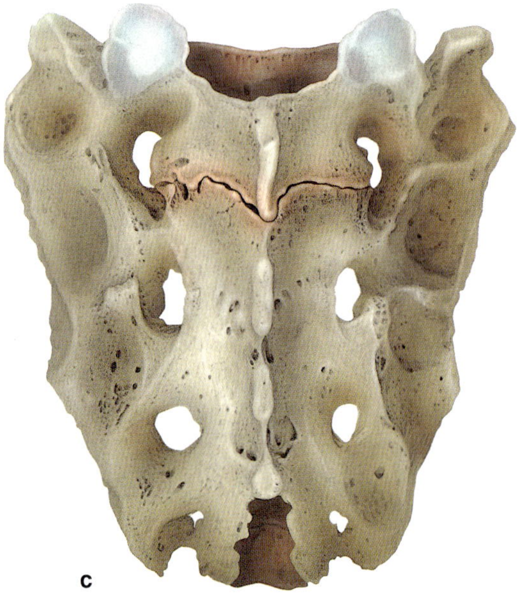

c

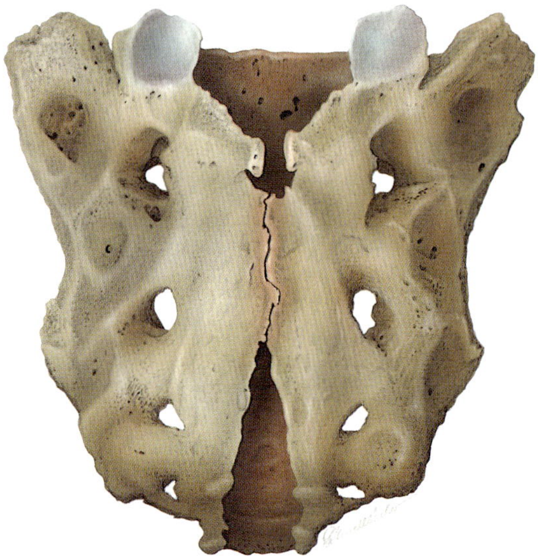

d

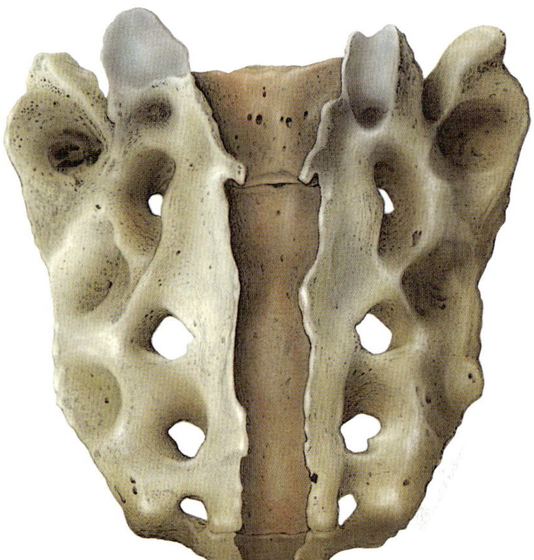

e

Steißbein, Os coccygis

Gestalt

Das Steißbein, *Os coccygis* (Abb. 5.**42**), besteht aus 3–6 Wirbelrudimenten. Lediglich der 1. Steißbeinwirbel läßt noch typische Bauelemente eines Wirbels erkennen. Er besitzt kleine obere Gelenkfortsätze, *Cornua coccygea,* und kurze Querfortsätze. Der 1. Steißbeinwirbel steht mit dem Apex ossis sacri entweder durch ein echtes Gelenk, *Articulatio sacrococcygea,* oder durch einen Knorpelhaft, Synchondrosis sacrococcygea, in Verbindung. Die Gelenkverbindung ermöglicht eine passive Bewegung des Steißbeins nach vorn und nach hinten. Beim Durchtritt des kindlichen Kopfes unter der Geburt weicht das Steißbein nach dorsal aus (s. S. 461).

Das Os coccygis entwickelt sich mit dem Os sacrum aus einem gemeinsamen Blastem (s. Abb. 5.**39**). Menschliche Embryonen von 4–12 mm SSL haben noch einen segmentierten *Schwanz.* Der Schwanz bildet sich im Lauf des 2. Embryonalmonats bis auf seine Basis zurück. Die starke Variabilität des Steißbeins findet ihre Erklärung in den großen Schwankungen dieses Rückbildungsvorganges.

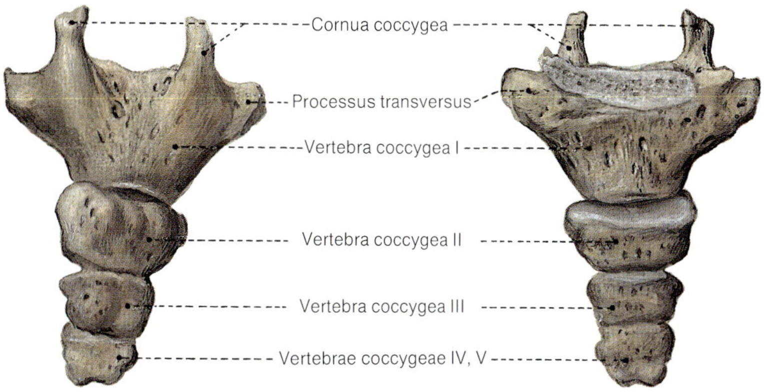

Abb. 5.**42a** **Steißbein in der Ansicht von dorsal.**

Abb. 5.**42b** **Steißbein in der Ansicht von ventral.**

Gelenke und Bänder der Wirbelsäule

Die Wirbelsäule ist aus *Bewegungssegmenten* zusammengesetzt, die über Diarthrosen und Synarthrosen miteinander verbunden sind. Nach JUNGHANNS ist ein Bewegungssegment eine funktionelle und morphologische Einheit. Es setzt sich aus den Knochen zweier benachbarter Wirbel mit der sie verbindenen Zwischenwirbelscheibe, den Wirbelbogengelenken, dem Bandapparat und aus den Muskeln im entsprechenden Bereich zusammen. Zum Bewegungssegment wird außerdem, vor allem unter klinischen Gesichtspunkten, der Inhalt des Wirbelkanals und der Zwischenwirbellöcher gerechnet. Unter statischen Bedingungen herrscht an jedem Bewegungssegment Gleichgewicht zwischen den antagonistisch wirkenden Kräften (Körpergewicht und Muskel-Band-Kraft). Im Hinblick auf die Kinematik gliedert man die Wirbelsäule auch in Bewegungsregionen (s. S. 230).

Innerhalb eines Bewegungssegmentes nimmt die Zwischenwirbelscheibe eine zentrale Stellung ein. Die Strukturen des Discus intervertebralis bilden gemeinsam mit den hyalinen Knorpelplatten und den angrenzenden subchondralen Wirbelkörperdeckplatten sowie mit dem Bandapparat eine Funktionsgemeinschaft.

Zwischenwirbelscheibe (Bandscheibe), Discus intervertebralis

Die Zwischenwirbelscheiben (Bandscheiben), *Disci intervertebrales,* sind integrierender Bestandteil des Bewegungssegmentes, und sie haben in diesem Zusammenhang großen Einfluß auf die Beanspruchung und Beweglichkeit der Wirbelsäule. Die Zwischenwirbelscheiben machen etwa ein Viertel der Länge des präsakralen Teiles der Wirbelsäule aus.

Die *Zwischenwirbelscheibe* besteht aus dem Faserring, *Anulus fibrosus,* und dem Gallertkern, *Nucleus pulposus* (Abb. 5.**43**, 5.**44**). Die hyalinen Knorpelplatten *(Laminae cartilagineae corporis vertebrarum)* müssen funktionell zu den Zwischenwirbelscheiben gerechnet werden, obwohl sie, entwicklungsgeschichtlich betrachtet, Teile der ursprünglich knorpeligen Wirbelkörper sind. Zwischenwirbelscheiben und Knorpelplatten bilden funktionell und unter pathologisch-anatomischen Gesichtspunkten eine Einheit.

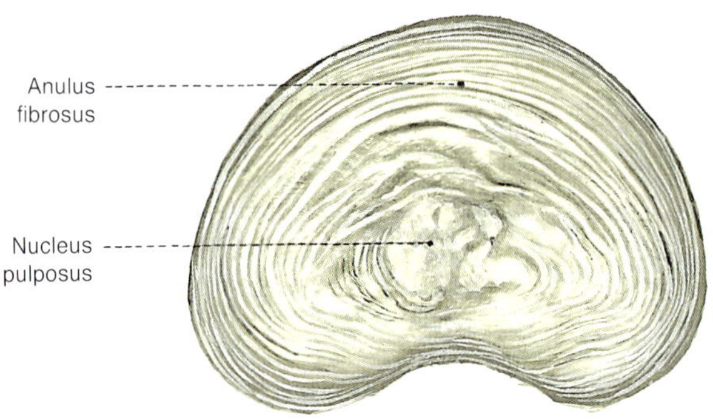

Abb. 5.**43** **Zwischenwirbelscheibe in der Ansicht von kranial.**

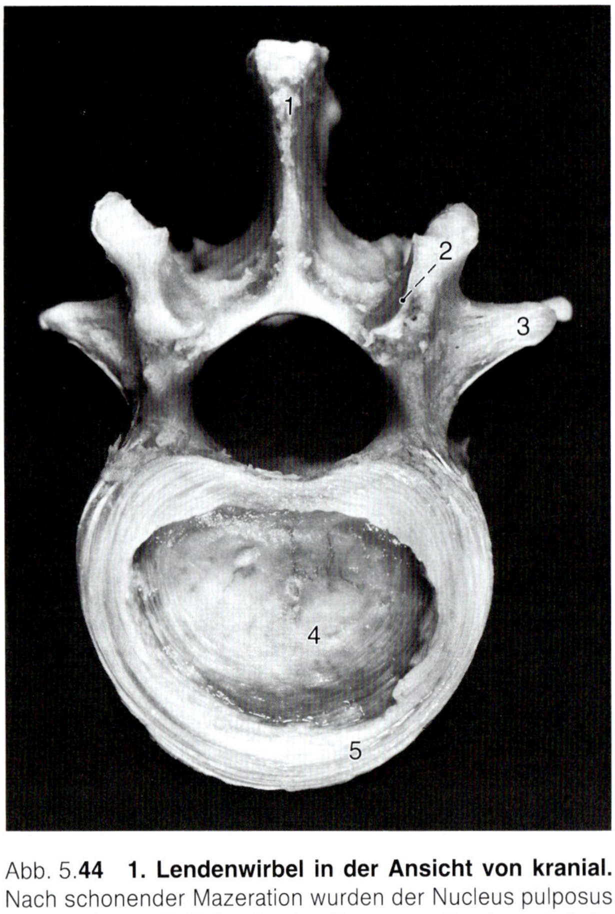

Abb. 5.**44** **1. Lendenwirbel in der Ansicht von kranial.** Nach schonender Mazeration wurden der Nucleus pulposus und der innere Teil des Anulus fibrosus entfernt, so daß die hyalinknorpelige Deckplatte frei liegt. Im äußeren Teil des Anulus fibrosus wird der lamelläre Aufbau sichtbar.

1 Processus spinosus
2 Processus articularis superior
3 Processus costalis
4 hyalinknorpelige Deckplatte
5 Anulus fibrosus

Entwicklung der Zwischenwirbelscheiben

Die Wirbelsäule eines menschlichen Embryo von 12 mm SSL ist bereits in Wirbel und Zwischenwirbelscheiben gegliedert (s. Abb. 5.**23**). Die in diesem Stadium planparallelen Zwischenwirbelscheiben bestehen aus dicht gelagerten Mesenchymzellen, während sich die locker gebauten Wirbelkörper bereits im Vorknorpelstadium befinden. Die Wirbelsäule wird in ihrer gesamten Länge von der Chorda dorsalis durchzogen, die aus bläschenförmigen Zellen und einer unelastischen Scheide besteht. Im Laufe der Knorpelbildung entstehen in den Wirbelkörpern runde, großzellige zentrale Knorpelkerne. Unter deren Wachstumsdruck nehmen die Zwischenwirbelscheiben mehr und mehr die Form bikonkaver Scheiben an, die ventral etwas höher sind als dorsal. Gleichzeitig kommt es zu einer Gliederung der Chorda dorsalis. Die Chordascheide löst sich im Bereich der Zwischenwirbelscheiben auf, und die Chordazellen gelangen aus den Wirbelkörpern in die Zwischenwirbelscheiben (s. Abb. 5.**25**). So entsteht an der Chorda ein zellfreier vertebraler, und ein zellreicher intervertebraler Abschnitt, die als *Chordascheidenstrang* und als *Chordasegment* bezeichnet werden (Abb. 5.**47**). Die Gliederung der Chorda beginnt bei Embryonen von 15 mm SSL und ist bei Feten von 50 mm SSL abgeschlossen. An den Zwischenwirbelscheiben lassen sich jetzt drei verschieden gebaute Abschnitte unterscheiden: Das aus blasigen Zellen aufgebaute Chordasegment und die Anlage des Anulus fibrosus, die aus einer Innen- und einer Außenzone besteht (Abb. 5.**47**).

In der *Außenzone* bilden sich bereits sehr früh (Embryonen von 20 mm SSL) die ersten kurzen und dünnen Fibrillen, die in der Längsachse verlaufen. Die Außenzone besteht aus zwiebelschalenartig geschachtelten Lamellen, die mit ihren Rändern in die benachbarten Lamellen ausstrahlen.

Die *Innenzone* (Abb. 5.**47**) verknorpelt. Der Knorpel unterscheidet sich in seinem Aufbau vom benachbarten Wirbelkörperknorpel. Er stellt eine zapfenartige kontinuierliche Verbindung zwischen benachbarten Wirbelkörpern her.

In der Weiterentwicklung werden die Fasern der Außenzone kräftiger, länger und größer. Sie liegen außerdem dichter beisammen. Ihre Zusammenfassung zu Lamellen wird dadurch besonders deutlich, daß Kern- und Faseranordnung in der einzelnen Lamelle einheitlich und gegensinnig zur Nachbarlamelle ausgerichtet sind. Die Fasern der Außenzone sind in der kranialen und kaudalen Knorpelplatte der angrenzenden Wirbelkörper verankert.

Die Innenzone verliert mit zunehmender Differenzierung die Struktur eines hyalinen Knorpels und läßt schließlich zwei Teile erkennen: In den äußeren Lagen wiederholt sich die Struktur der Außenzone. Die Lamellen sind aber breiter und verlaufen bogenförmig von Wirbelkörper zu Wirbelkörper. Die Struktur des inneren Abschnitts ist uncharakteristisch, sie hat gallertige Beschaffenheit.

Im Inneren der Zwischenwirbelscheiben liegen, leicht exzentrisch, die *Chordasegmente* (Abb. 5.**47**), deren Zellen zunächst dicht beieinander liegen. Durch Auflockerung der Struktur entstehen kleinere und größere Höhlen, die miteinander kommunizieren und den kompakten Bau der Chordasegmente sprengen (Abb. 5.**48**). Die Chordazellen bilden ein lockeres Netzwerk, das sogenannte *Chordaretikulum*.

Die Chordasegmente dehnen sich im Verlaufe der Weiterentwicklung nach dorsal aus und erhalten die Form von zentral liegenden Scheiben mit exzentrischer, etwas ventral durchziehender Achse. Durch die ständige Zunahme der Matrix ändert sich ihre Struktur. Unter fortschreitender Einschmelzung des umgebenden Gewebes entstehen geräumige Höhlen, in denen Überreste des Chordaretikulum eingeschlossen sind. Das Chordaretikulum wird schließlich bis auf einzelne Reste auseinandergerissen. Funktionell betrachtet sind die Chorda und später die Chordasegmente im Bereiche der Zwischenwirbelscheiben die *Platzhalter* der Gallertkerne. Dies sei besonders im Hinblick auf Darstellungen betont, die die Gallertkerne direkt aus der Chorda ableiten. Zellen, die in den Gallertkernen der fertigen Zwischenwirbelscheiben eingeschlossen sind, haben den Charakter von Fibroblasten.

Die erste Differenzierung gerichteter Fasern in der Außenzone der Zwischenwirbelscheiben fällt mit der Ausbildung der Chordasegmente zusammen. Ihre Weiterentwicklung zum eigentlichen Gallertkern geht mit intensiven Ausbauvorgängen am Anulus fibrosus einher. Die Fasern werden kräftiger und länger und liegen dicht beisammen. Die Lamellenstruktur tritt deutlicher hervor, und der hyaline

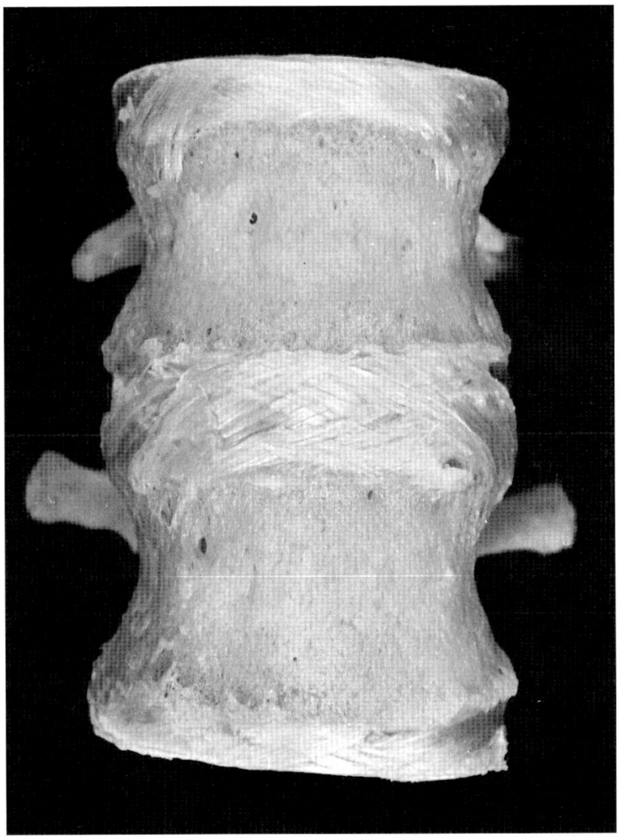

Abb. 5.**45** **1. und 2. Lendenwirbel in der Ansicht von ventral.** Die Faserbündel im äußeren Bereich des Anulus fibrosus überkreuzen sich und inserieren im Randleistenbereich.

Abb. 5.**46a** **Ausschnitt aus der Außenzone einer Zwischenwirbelscheibe des Lendenbereichs bei einem Neugeborenen.** Lamellenstruktur, keilförmiger Verlauf der Kollagenfaserbündel, Faseraustausch zwischen den einzelnen Lamellen.

Abb. 5.**46b** **Ausschnitt aus der Innenzone des Anulus fibrosus.** Die Lamellen sind breiter und lockerer gefügt als im äußeren Teil.

Knorpel der Innenzone wandelt sich in *Faserknorpel* um. Damit gewinnen die Zwischenwirbelscheiben alle Merkmale, die für spätere Stadien charakteristisch sind und ihre Funktion gewährleisten. Ihre gewebliche Differenzierung und die Umbildung der Chordasegmente stehen in ursächlichem Zusammenhang. Die Chordazellen haben als wasserreiche Zellen Eigenschaften von druckelastischen Kugeln. Unter ihrem Einfluß beginnt die erste Differenzierung von Fasern in den Zwischenwirbelscheiben. Durch die Umbildung der Chordasegmente in immer breiter werdende Gallertkerne wird die innere Spannung, unter der Wirbelkörper

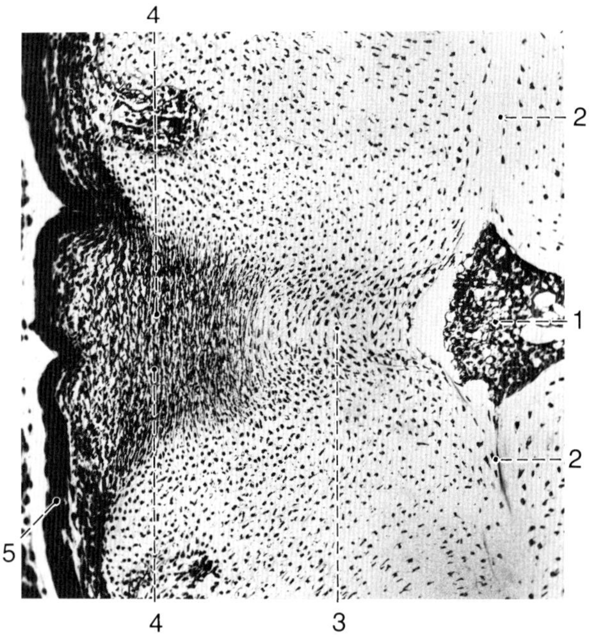

Abb. 5.**47** **Sagittalschnitt durch die Zwischenwirbelscheibe eines Feten von 70 mm SSL.**
1 Chordasegment
2 Rest der Chordascheide
3 Innenzone der Anlage des Anulus fibrosus
4 Außenzone der Anlage des Anulus fibrosus
5 Anlage des Lig. longitudinale anterius

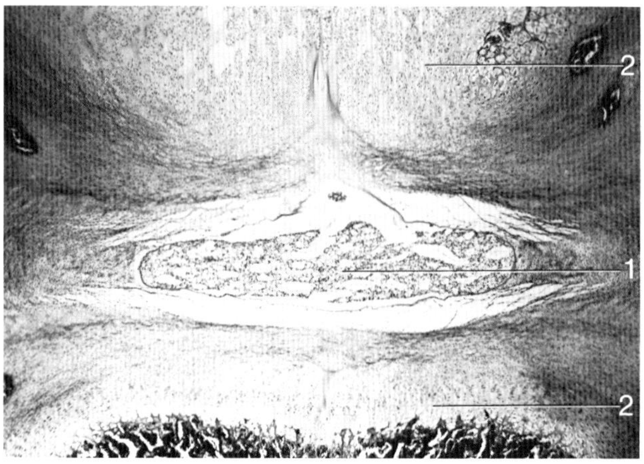

Abb. 5.**48** **Entwicklung des Nucleus pulposus.**
1 Chordaretikulum
2 angrenzende Wirbelkörper
Frontalschnitt

und Zwischenwirbelscheiben stehen, größer. Unter dem Einfluß der Sprengkraft der Chordasegmente und später der Gallertkerne vollzieht sich die Differenzierung des fibrösen Gewebes der Faserringe.

Der Aufbau der *Zwischenwirbelscheibe* soll der Übersichtlichkeit halber auch beim Neugeborenen besprochen werden, da hier die einzelnen Strukturen noch besser zu differenzieren sind als beim Erwachsenen (s. unten). Der aus einer gallertigen Grundmasse und aus Resten des Chordaretikulum bestehende *Gallertkern* liegt in einer diskusartigen Höhle, die sich dorsal weiter ausdehnt als ventral und im Sagittalschnitt Birnenform mit nach dorsal gerichtetem stumpfen Pol hat. Oben und unten grenzt er direkt an die Knorpelplatten, die häufig noch eine trichterförmige Einziehung an der ursprünglichen Übergangsstelle in die Chordascheide erkennen lassen.

Die Lamellen des Anulus fibrosus laufen mit ihren Rändern keilförmig aus und gehen ineinander über. Sie bestehen aus regelmäßigen, parallelen Fasern, die in flachen Schraubenwindungen von Wirbelkörper zu Wirbelkörper ziehen. In benachbarten Lamellen verlaufen die Fasern stets in gegensinnigen Spiraltouren (5.**46**). Die peripheren Lamellen sind besonders ventral kräftig und scharf begrenzt. Sie sind faserreich und zellarm. Die anschließende Zone besteht aus breiten, weniger scharf begrenzten Schichten (Abb. 5.**46b**) mit relativ lockeren Fasern.

In der Innenzone sind die Faserschichten breiter und weniger scharf begrenzt. Ihre Struktur wird zunehmend lockerer und zellreicher, so daß der lamelläre Bau vollständig schwindet. An seine Stelle treten lockere Fasern, die von reichlich Extrazellulärmatrix umgeben sind. Die Zellen haben den Charakter von Knorpelzellen, die meistens Zellgruppen bilden. Der Übergang zwischen Innen- und Außenzone liegt weiter peripher als bei Feten, eine scharfe Grenze gibt es jedoch nicht.

Aufbau und Mechanik

Beim *Erwachsenen* zeigt die Zwischenwirbelscheibe normalerweise den oben beschriebenen Aufbau (Abb. 5.**43**). Die *äußere Zone* des *Anulus fibrosus* besteht aus Lamellen straffen Bindegewebes. Die *Innenzone* gleicht einem faserknorpeligen Gewebe und geht ohne scharfe Grenze in den *Nucleus pulposus* über.

Die Faserstrukturen in der *Extrazellulärmatrix* der Bindegewebslamellen des Anulus fibrosus bestehen zu etwa 90% aus Kollagenfasern und zu etwa 10% aus elastischen Fasern. Die Kollagenfasern sind aus *Typ-I-* und aus *Typ-II-Kollagen* zusammengesetzt, wobei Typ-I-Kollagen vorwiegend in der Außenzone und Typ-II-Kollagen in der Innenzone am Übergang zum Nucleus pulposus vorkommt. Die *Glykosaminoglykane* im Anulus fibrosus enthalten größtenteils Keratansulfat.

Die Fasern sind innerhalb der einzelnen Lamellen in gegensinnig verlaufenden Schraubentouren ausgerichtet. Die sich überkreuzenden Fasersysteme in der Außenzone verbinden die Randleisten zweier benachbarter Wirbel miteinander (s. Abb. 5.**45**). Diese Fasern sind pathomechanisch für die Entstehung degenerativer Veränderungen an den Wirbelkörpern

(Spondylosis deformans) von Bedeutung. Die Beziehung der Fasern des Anulus fibrosus zu den hyalinknorpeligen Deckplatten wird im Abschnitt „Entwicklung" beschrieben.

Durch die *Anordnung* der Fasern in den Lamellen des Anulus fibrosus werden vor allem *Schubkräfte* aufgenommen. Weiterhin bewirkt diese Art der Faserarchitektur, daß die vom Nucleus pulposus übertragenen Kräfte sowohl bei zentrischer und exzentrischer Richtung der Kraftwirkungslinie (Abb. 5.**49**) als auch bei wechselnder Höhe der Zwischenwirbelscheibe aufgenommen werden können.

Der *Nucleus pulposus* enthält zum überwiegenden Teil *Typ-II-Kollagen*. Im Alter nimmt der Kollagengehalt zu. Im jugendlichen und mittleren Lebensalter bestehen die *Glykosaminoglykane* zu gleichen Anteilen aus Chondroitin-6-sulfat und Keratansulfat. Dieses physiologische Glykosaminoglykangemisch wird im Alter durch Dermatansulfat ersetzt.

Aufgrund des hohen Gehaltes an Glykosaminoglykanen hat der Nucleus pulposus die Fähigkeit, reichlich *Wasser* zu binden. Er erfüllt damit mechanisch die Funktion einer „hydraulischen Presse" oder eines „Wasserkissens" (s. unten). Wird die Bandscheibe zentrisch belastet, überträgt sich der Druck von seiten des Nucleus pulposus gleichmäßig auf die angrenzenden Strukturen des Anulus fibrosus und der Knorpeldeckplatten. Bei einseitiger Belastung weicht der Nucleus pulposus zur weniger stark belasteten Seite der Bandscheibe aus (Abb. 5.**49**).

Nimmt die Widerstandsfähigkeit der den Nucleus pulposus umgebenden Strukturen (Anulus fibrosus und knorpelige Wirbelkörperdeckplatten) ab, so weicht das Gewebe des Gallertkerns unter Belastung zwangsläufig in Richtung der Schwachstellen aus (Schmorlsche Knötchen bei Morbus Scheuermann, Abb. 5.**50**, Bandscheibenvorfall, s. Abb. 5.**51**).

An der Zwischenwirbelscheibe kann man infolge druckabhängiger *Flüssigkeitsverschiebungen* reversible *Höhenänderungen* beobachten. Die Körperlänge nimmt im Laufe eines Tages um etwa 1,1% der Ausgangslänge ab, wobei die Differenz mit zunehmendem Alter geringer wird. Die Höhenzunahme des Discus intervertebralis bei Entlastung beruht auf einer Flüssigkeitsaufnahme des Gewebes. Das Eindringen von Flüssigkeit in den Discus intervertebralis hat jedoch nicht nur mechanische, sondern auch ernährungsphysiologische Bedeutung.

Eine *Bandscheibenerniedrigung* führt zu einem *Stabilitätsverlust* im Bewegungssegment. Normalerweise hat dieser funktionell solange keine Bedeutung, wie die autochthonen Rückenmuskeln die Insuffizienz der passiven Verspannungsstrukturen kompensieren kön-

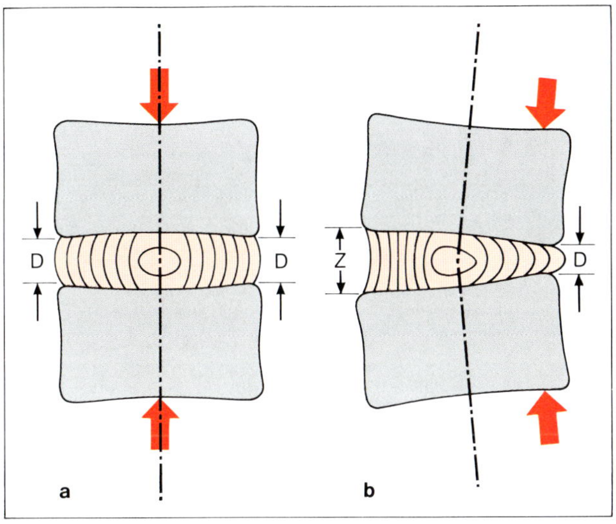

Abb. 5.**49a** u. **b** **Belastung der Bandscheibe.**
a Zentrische Einwirkung der Druckkräfte,
b exzentrische Einwirkung der Druckkräfte. Bei exzentrischer Belastung verlagert sich der Nucleus pulposus zur entlasteten Seite. Der Anulus fibrosus wird hier auf Zug beansprucht.

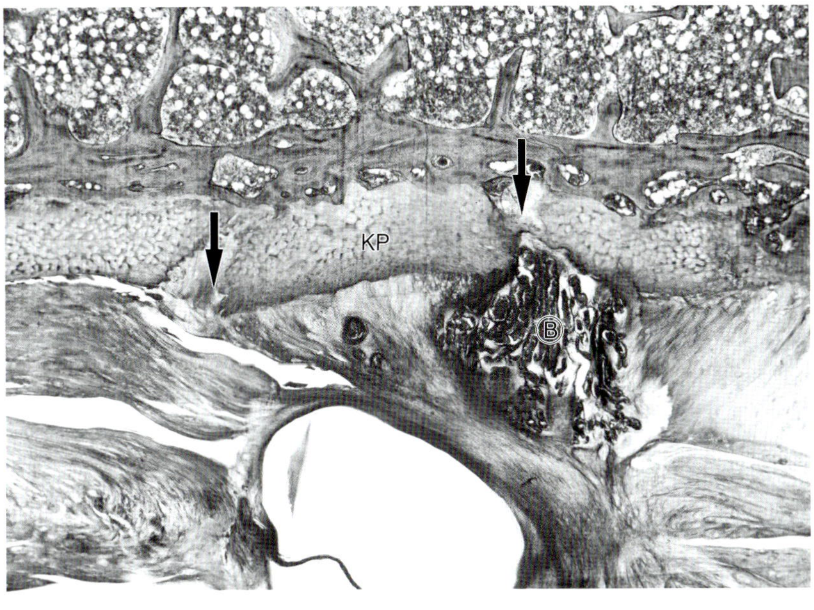

Abb. 5.**50** **Einbrüche** (Pfeile) **innerhalb der knorpeligen Deckplatten** (KP). Aus dem Bereich der Wirbelkörper dringen Blutgefäße und Bindegewebe (B) in die Zwischenwirbelscheibe ein.

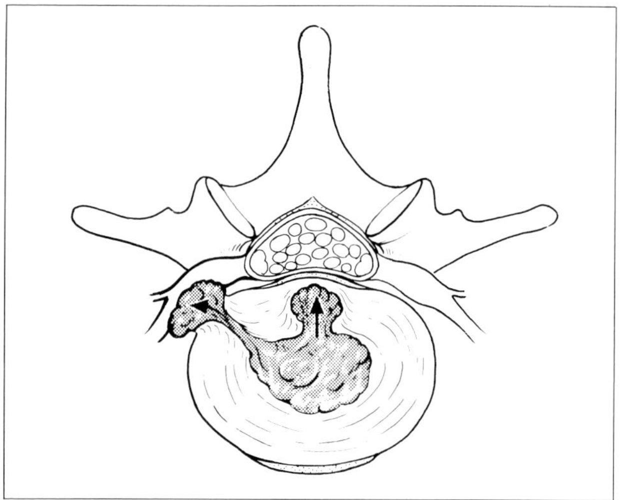

Abb. 5.**51 Schematische Darstellung verschiedener Ausprägung und Lokalisation des Bandscheibenvorfalls.** Protrusion des Nucleus pulposus nach dorsal, Vorfall des Nucleus pulposus nach lateral-dorsal (nach *Cotta*).

nen. Ist ein Ausgleich der Stabilität durch die Muskulatur nicht zu erreichen, kann ein Bandscheibenschaden die Folge sein.

Im höheren Alter kommt es zu *regressiven Veränderungen* am Gewebe der Zwischenwirbelscheiben, die mit einer Abnahme des Wassergehaltes und mit einer Verringerung des Wasseraufnahmevermögens einhergehen. Die Vorgänge beruhen auf qualitativen und quantitativen Veränderungen der Extrazellulärmatrix, wobei der Kollagengehalt zunimmt und die Zusammensetzung der Glykosaminoglykane sich ändert (s. oben).

Die Anordnung der *Blutgefäße* im Bereich der Zwischenwirbelscheibe steht im engen Zusammenhang mit der Entwicklung degenerativer Veränderungen. Bis zum Ende des zweiten Dezennium kann man Blutgefäße im Anulus fibrosus nachweisen. Mit zunehmendem Alter nimmt der vaskularisierte Bereich der Zwischenwirbelscheibe ab. Im hohen Alter ist ausschließlich das Bindegewebe in der Umgebung der Zwischenwirbelscheiben mit Blutgefäßen versorgt. Die Blutgefäße werden von Lymphgefäßen begleitet. In den knorpeligen Deckplatten werden Blutgefäße bis zum 7. Lebensjahr beobachtet, die jedoch nicht in die Bandscheibe vordringen. Der Nucleus pulposus ist zu keinem Zeitpunkt vaskularisiert. Die Gefäße der subchondralen Markräume der Wirbelkörper treten in dem von den knöchernen Randleisten eingeschlossenen Bereich nahe an den Knorpel heran. Im Alter mineralisiert der Knorpel, und es kann zu Knochenneubildungen im Bereich der Knorpelplatten kommen. Die Ernährung der Zwischenwirbelscheiben erfolgt über Diffusion und Konvektion (s. S. 207).

Die Rückbildung der Blutgefäße ist der erste Schritt der Alternsveränderungen der Zwischenwirbelscheiben. Es kommt allmählich zur Dehydrierung und als Folge davon zur Abnahme des Quellungsdruckes im Nucleus pulposus. Dieser verliert seinen gallertigen Charakter und schrumpft.

Gleichzeitig kommt es zur Einlagerung von Knorpelzellnestern und Kalksalzen. Infolge der allgemeinen Schrumpfung löst sich der Gallertkern vom anliegenden Gewebe. Die Strukturwandlungen scheinen unabhängig von der Funktion aufzutreten. Sie bewirken einen zunehmenden Elastizitätsverlust der Wirbelsäule. Infolge Schrumpfung der Gallertkerne wird die Intervertebralregion schmaler. Stöße können folglich nicht mehr weich aufgefangen werden, und das unelastische Gewebe der Faserringe reißt ein. Es entstehen radiäre Risse, die nach und nach zu Spalten zusammenfließen. Es kommt zur Sequesterbildung und Nekrose der herausgebrochenen Teile. Die Knorpelplatten verändern sich nachfolgend unter dem Einfluß der chronischen Überbelastung. Es kommt zu vermehrter Einlagerung von Mineralien. Die Knorpelplatten werden spröde und brüchig. Schließlich entstehen Einbrüche und Risse, die Blutgefäßen und Bindegewebe aus der Wirbelkörperspongiosa Zutritt in die Zwischenwirbelscheiben verschaffen (s. Abb. 5.**50**). Auf diese Weise können auch Teile des Gallertkerns in den Wirbelkörper einbrechen (sogenannte *Schmorl*sche Knötchen). Die aus der Spongiosa der Wirbelkörper eingedrungenen Blutgefäße breiten sich in den Resten der Zwischenwirbelscheibe aus. Sie verdrängen das Bandscheibengewebe und ersetzen es durch lockeres Narbengewebe.

Blutgefäße können in Begleitung von Bindegewebe, aber auch durch die Einrisse in den Randleistenlamellen aus den Zwischenwirbelkanälen in die Zwischenwirbelscheiben einwachsen. Die nachfolgenden Umbauvorgänge führen meistens zu einer knöchernen Ankylose.

Wirbelkörperbänder

Die Wirbelkörper sind auf ihrer ventralen und dorsalen Seite durch Bänder verbunden (Abb. 5.**52**). Vorderes Längsband, *Lig. longitudinale anterius*, und hinteres Längsband, *Lig. longitudinale posterius*, bilden mit der Zwischenwirbelscheibe innerhalb des Bewegungssegmentes eine Funktionsgemeinschaft.

Das *Lig. longitudinale anterius* (Abb. 5.**52**–5.**54**) liegt an der Vorderfläche der Wirbelkörper und erstreckt sich vom Tuberculum anterius atlantis bis zum 1. Kreuzbeinwirbel. Es wird kaudal breiter und kräftiger. Das vordere Längsband besteht aus oberflächlichen und aus tiefen Faserzügen. Die tiefen Fasern verbinden zwei benachbarte Wirbel miteinander. Die oberflächlichen Fasern ziehen über vier bis fünf Wirbel hinweg. Die Kollagenfasern des vorderen Längsbandes sind fest im Knochen verankert. Sie inserieren am oberen und unteren Rand des Wirbelkörpers in unmittelbarer Nachbarschaft des Randleistenanulus. Über die Zwischenwirbelscheiben zieht das Lig. longitudinale anterius hinweg, ohne eine feste Verbindung mit ihnen einzugehen. Ausläufer des Lig. longitudinale anterius dehnen sich auf den seitlichen Bereich der Wirbelkörper aus (Abb. 5.**54**). Die lateralen, kurzen Faserbündel verbinden entweder die Körper zweier benachbarter Wirbel miteinander, oder sie ziehen von der Wirbelkörpermitte nach kranial oder kaudal zum jeweiligen Randleistenbereich.

Das *Lig. longitudinale posterius* (Abb. 5.**52**–5.**55**) liegt an der Hinterfläche der Wirbelkörper. Das hintere Längsband ist schmaler und schwächer als das vordere Längsband. Das Lig. longitudinale posterius erstreckt sich vom Körper des Os occipitale bis in den Sakral-

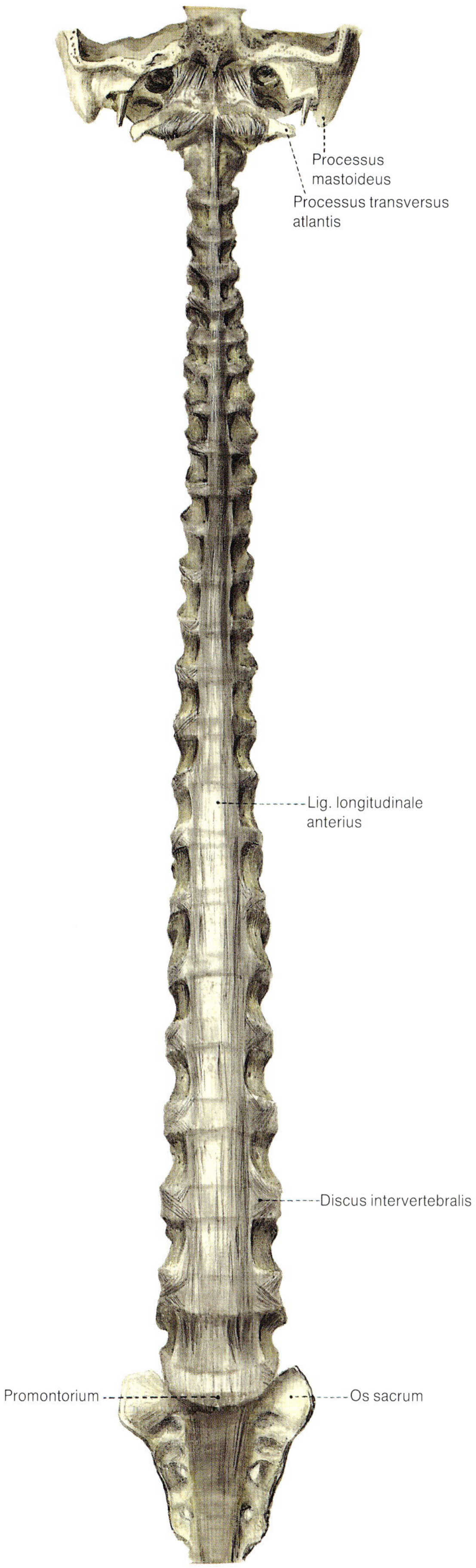

Abb. 5.**52a** **Vorderes Längsband.**

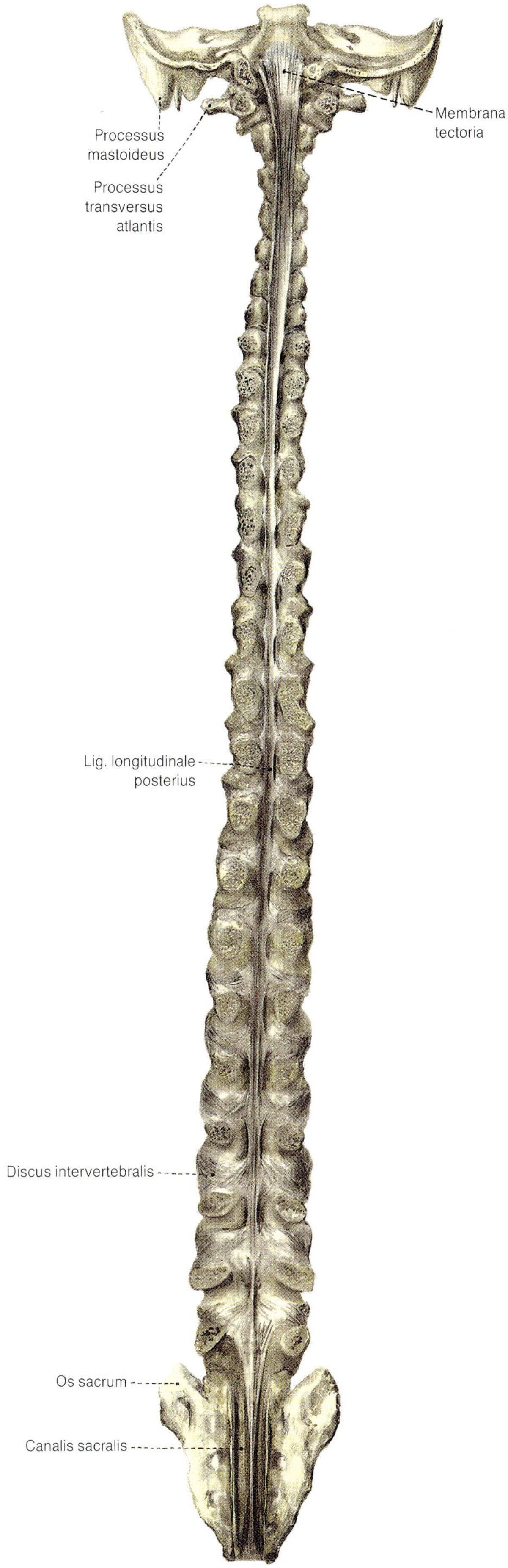

Abb. 5.**52b** **hinteres Längsband.** Wirbelbögen abgetragen.

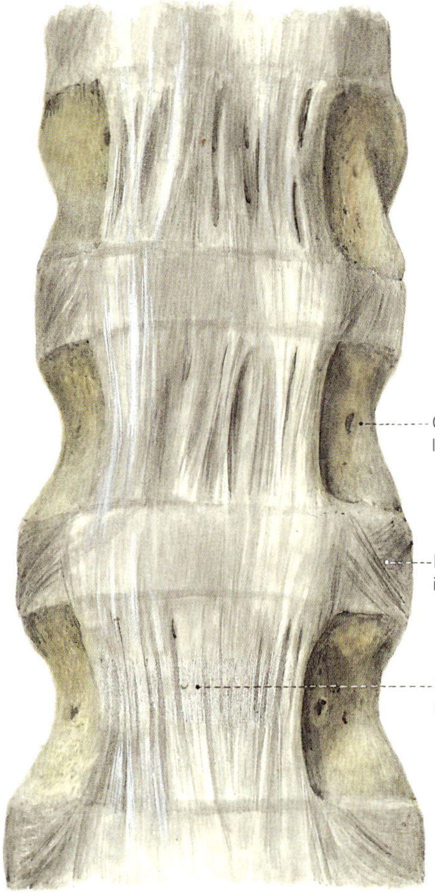

Abb. 5.**53** **Vorderes Längsband im Bereich der Lendenwirbelsäule.**

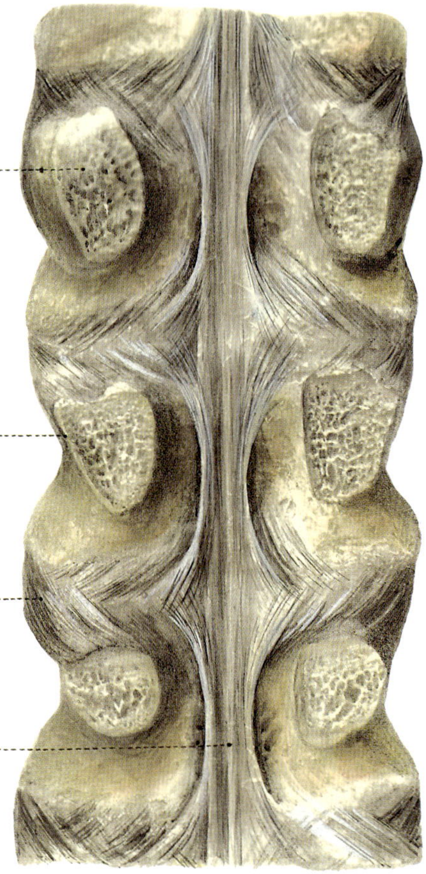

Abb. 5.**55** **Hinteres Längsband im Übergangsbereich zwischen Brust- und Lendenwirbelsäule.** Wurzeln der Wirbelbögen durchtrennt.

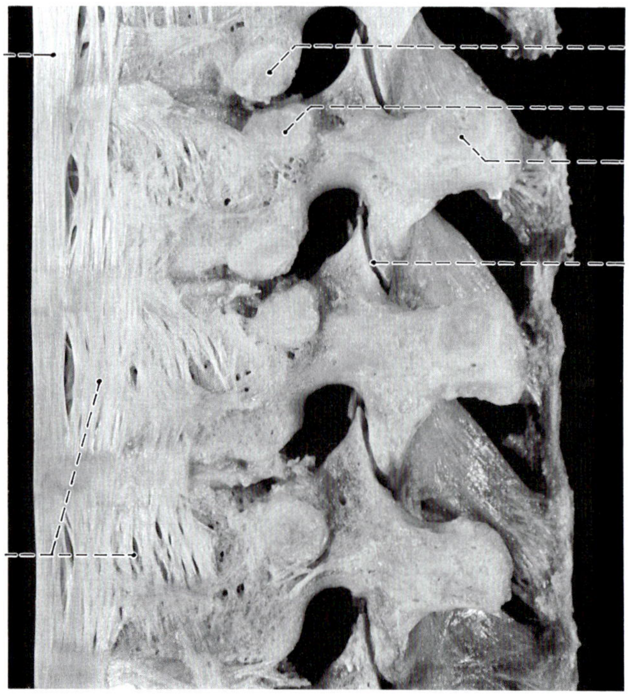

Abb. 5.**54** **Brustwirbelsäule in der Ansicht von links lateral.** Im ventro-lateralen Bereich der Wirbelkörper kommen kurze Faserzüge des Lig. longitudinale anterius vor, die teilweise am Randleistenanulus der Zwischenwirbelscheibe und im benachbarten Knochen inserieren. Ein Teil der Fasern überbrückt die Zwischenwirbelscheibenregion und inseriert am Körper des benachbarten kranialen oder kaudalen Wirbels.

kanal des Kreuzbeins. Es ist kranial breiter als kaudal. Im Halsbereich ist das Band gleichmäßig breit. An der Brust- und Lendenwirbelsäule bedeckt das Lig. longitudinale posterius nur einen schmalen Bereich der Wirbelkörper, über den Zwischenwirbelscheiben dehnt es sich zipfelförmig nach lateral aus. Das Band bekommt damit in den unteren Regionen der Wirbelsäule eine rhombenförmige Gestalt. Das Lig. longitudinale posterius ist an den Rändern der Wirbelkörper und an der Zwischenwirbelscheibe befestigt. Im mittleren Abschnitt der Wirbelkörper fehlt eine Verankerung am Knochen, der Spalt zwischen Knochen und Band wird von Venengeflechten eingenommen. Trotz der Anheftung des hinteren Längsbandes am *Anulus fibrosus* der Zwischenwirbelscheiben bleibt ein großer Teil der Zwischenwirbelscheibe im seitlichen Bereich ohne Bandverstärkung.

Verbindungen im Wirbelbogenbereich s. S. 213ff.

Wirbelbogengelenke, Articulationes zygapophysiales

Aufbau

Entwicklung, Form und Stellung der artikulierenden Anteile

Die *Wirbelbogengelenke* (kleine Wirbelgelenke) werden von den Gelenkfortsätzen der Wirbelbögen gebildet. Ihre Gelenkfacetten haben in den verschiedenen Wirbelsäulenregionen voneinander abweichende Stellungen (s. unten) (Abb. 5.**57**). Die Wirbelbogengelenke zählen morphologisch zu den echten Gelenken. Sie entstehen nach dem Modus der Anlagerungsgelenke (s. S. 93), und ihre Entwicklung ist eng mit der Bildung der Wirbelbögen verknüpft.

Die knorpeligen Anlagen der Wirbelbögen werden durch die *Membranae interdorsales* miteinander verbunden. In diese wachsen um die Mitte des 2. Embryonalmonats die wulstartigen Anlagen der Gelenkfortsätze. Die Gelenkfortsatzanlagen nähern sich einander und treten bei Embryonen von 30 mm SSL in Kontakt, wobei die Processus articulares inferiores des oberen die Processus articulares superiores des kaudal folgenden Wirbelbogens dorsal überlagern. Das zwischen den beiden Fortsätzen liegende dichte Mesenchym schwindet, und es entsteht ein Gelenkspalt. Aus dem peripheren Teil des embryonalen Bindegewebes entwickelt sich die Gelenkkapsel (Abb. 5.**56**). Die Processus articulares haben plane bis leicht gekrümmte Gelenkflächen, die in der gesamten Wirbelsäule zunächst die gleiche Form und Stellung haben. Sie liegen in einer Flucht, sind frontal gestellt und bilden mit der Horizontalen einen nach dorsal abfallenden Neigungswinkel von etwa 45°. Gegen Ende der Fetalzeit wird der Winkel größer und erreicht während des 1. Lebensjahres die Werte des Erwachsenen. Die Gelenkfortsätze wachsen durch endochondrale Osteogenese an ihren Basen in die Länge. Vor der Geburt sind alle Gelenkflächen annähernd dachziegelartig übereinandergelagert und frontal gestellt. Erst beim Kleinkind nehmen sie allmählich die für den Erwachsenen typische Stellung ein.

Die Stellungsänderung ist im Bereich der *Lendenwirbelsäule* am ausgeprägtesten; hier wachsen die Gelenkfortsätze an ihren lateralen Rändern stärker als an ihren medialen. Mit etwa 18 Monaten ist die Situation des Ewachsenen erreicht: Die Gelenkflächen weisen ihre typische zylindrische Oberflächenkrümmung auf, und sie sind von ihrer ursprünglichen Frontalstellung in die Sagittalstellung gelangt (Abb. 5.**57**, 5.**74**). Die konvexen Facetten der unteren Gelenkfortsätze greifen in die entsprechenden Höhlungen der oberen Gelenkfortsätze des nächst tieferen Wirbels. Die Gelenke zwischen 1. und 2. Lendenwirbel sind am stärksten in der Sagittalebene orientiert. Die Gelenke zwischen 5. Lendenwirbel und 1. Sakralwirbel sind wieder mehr frontal gestellt.
Neben den häufig vorkommenden *Asymmetrien* in der Gelenkstellung zwischen beiden Seiten ist auch die *Variabilität* der *Gelenkflächenform,* die in sich gekrümmt oder abgewinkelt sein kann, vor allem in den Lumbosakralgelenken, sehr groß (s. Abb. 5.**41**).

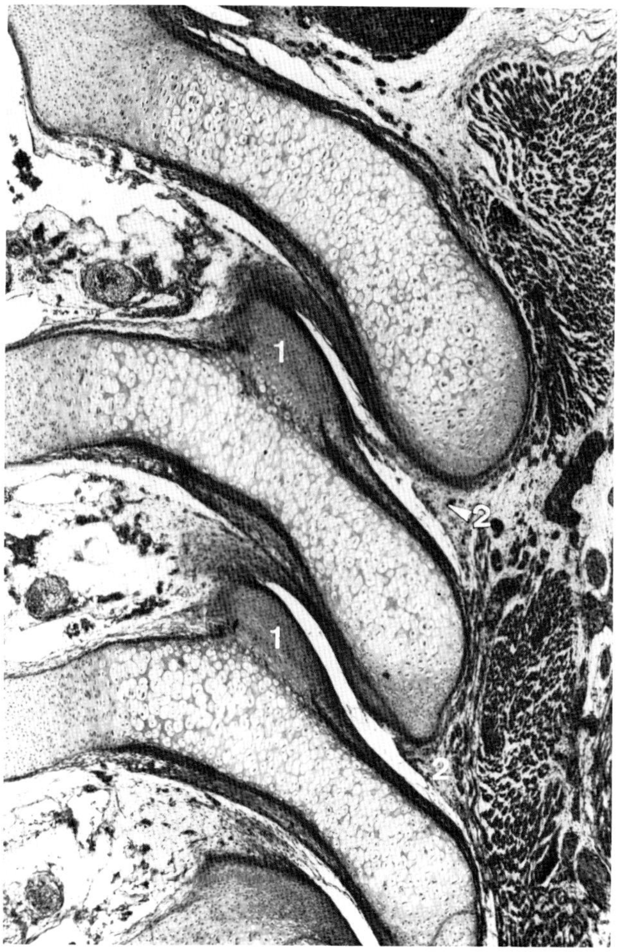

Abb. 5.**56** **Längsschnitt durch die Anlagen der Wirbelbogengelenke der mittleren Halswirbelsäule eines Feten von 75 mm SSL.**
1 Anlage des Processus articularis superior
2 gefäßhaltige Falten der Membrana synovialis

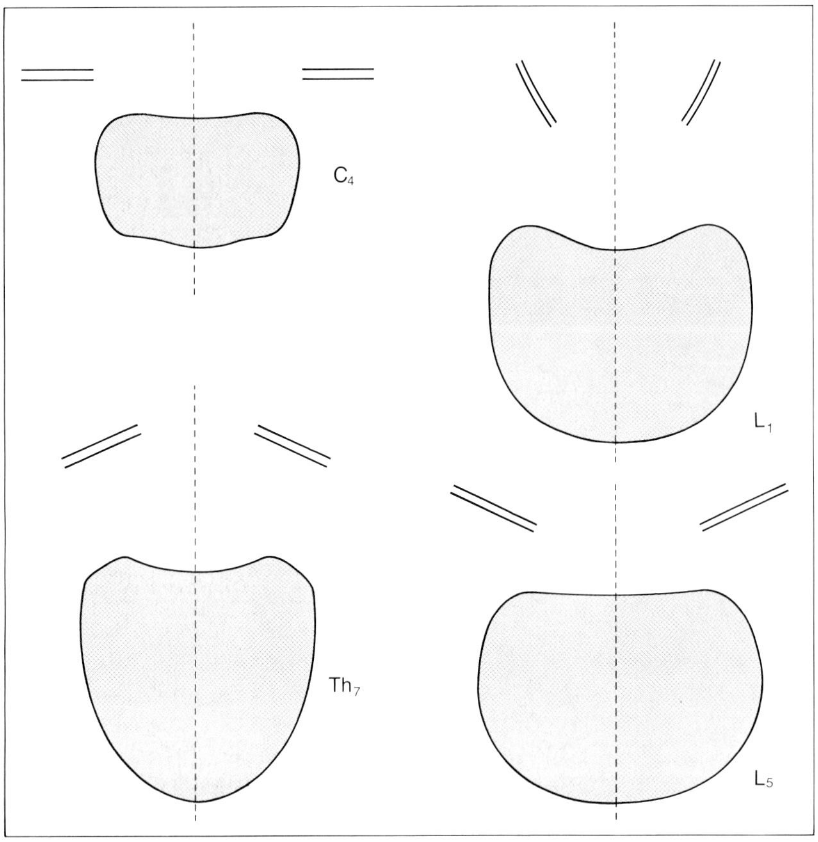

Abb. 5.**57** **Stellung der Gelenkflächen der Wirbelbogengelenke in den verschiedenen Regionen der Wirbelsäule.**

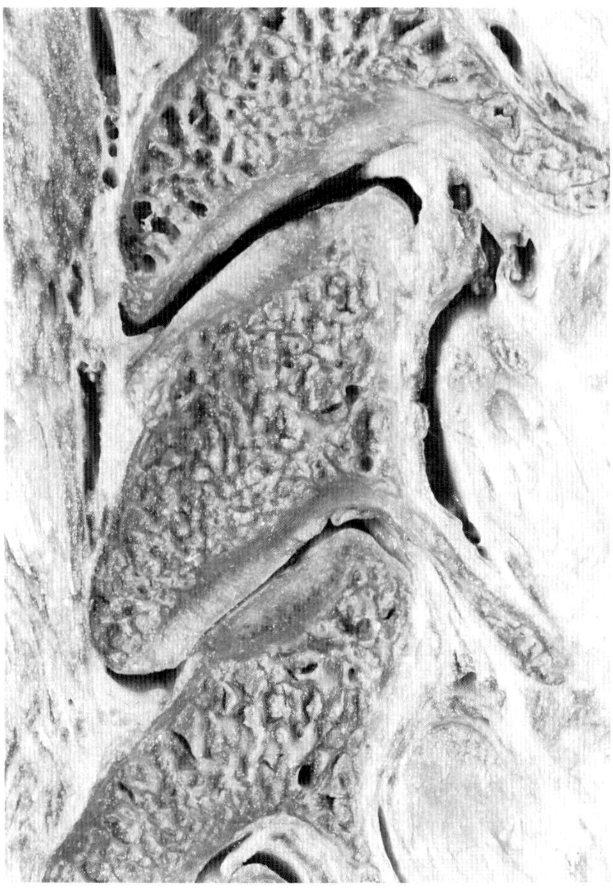

Abb. 5.**58** **Sagittalschnitt durch die Halswirbelsäule eines Erwachsenen.** Anschnitt der Wirbelbogengelenke. Von der Gelenkkapsel ragen Synovialfalten in den Gelenkspalt.

In der *Halswirbelsäule* ändert sich die Stellung der Gelenkflächen nur geringgradig. Die Gelenkflächen sind beim Erwachsenen (s. Abb. 5.**9**–5.**12,** 5.**67**) rund bis oval, nach hinten-oben gerichtet und um 45° geneigt. Die Neigung gegen die Längsachse der Wirbel beträgt beim 3. Halswirbel je 50°, beim 7. Halswirbel kranial 37° und kaudal 23°. Die überknorpelten Flächen der oberen Gelenkfortsätze können als auf dem Mantel eines sehr flachen Kegels liegend aufgefaßt werden, wobei die Oberflächenkrümmung im Einzelfall mehr konvex oder leicht konkav sein kann (Abb. 5.**58**).

Im Bereich der *Brustwirbelsäule* beginnt die Änderung der Form und Stellung der Gelenkflächen in den kranialen Segmenten bereits bei Feten von 90 mm SSL. Sie schreitet nach kranio-kaudal fort und ist bei Feten von 24 cm SSL abgeschlossen. Die Gelenkflächen stehen wie beim Erwachsenen steil (s. Abb. 5.**73**), teilweise nahezu senkrecht. Sie sind gegeneinander abgewinkelt und liegen in einer Kreislinie mit Zentrum in der Wirbelkörpermitte (Abb. 5.**57**).

Morphologisch sind die Übergänge der Gelenkformen von einer Region in die andere fließend.

Gelenkkapsel und Bänder

Die *Kapseln* der Wirbelbogengelenke entspringen an den Rändern der Processus articulares (Abb. 5.**58**, 5.**61**, 5.**63**). Der Membrana fibrosa sind elastische Fasern beigemengt, die die Kapsel zu einem elastischen Band machen. Die Gelenkkapsel ist häufig mit dem Lig. flavum (s. unten) fest verwachsen. Sie entspringt fächerförmig vom gegenüberliegenden Wirbelbogen. Die elastischen Kapselabschnitte ziehen von der Basis des kranialen zum freien Ende des kaudalen Gelenkfortsatzes. Die Bewegungen erfolgen gegen den elastischen Widerstand der Gelenkkapsel. Die elastischen Kräfte wirken damit stabilisierend auf die Wirbelsäule.

Im *Halsteil* (s. Abb. 5.**63**, 5.**107**) sind die Gelenkkapseln schlaff und weit. Wegen der Inkongruenz der Gelenkflächen klaffen die Gelenkspalten vor allem ventral. In die Spalträume ragen sichelförmige Synovialfalten, die ventral und dorsal breiter sind als lateral und medial (Abb. 5.**58**). Die Falten bestehen aus gefäßreichem, lockerem Bindegewebe, das in der Zusammensetzung seiner Extrazellulärmatrix individuell variiert. Die Falten können regional auch aus straffem Bindegewebe bestehen (Abb. 5.**59**). Die Basis der Synovialfalten ist über die Gelenkkapsel lateral mit dem M. multifidus, medial mit dem perineuralen Gewebe im Bereich des Foramen intervertebrale und medio-dorsal mit dem Lig. flavum verbunden.

Die *Brustwirbelgelenke* haben straffe Gelenkkapseln, von denen medial keilförmige Falten in die Gelenkhöhle hineinragen können. Die Gelenkkapseln haben enge Beziehung zu den Mm. rotatores. Im *Lendenteil* (Abb. 5.**61**) sind die Kapseln straff und kräftig. Synovialfalten ragen von kranio-medial in die Gelenkhöhle. Die Form der Plicae synoviales variiert an den Lendenwirbelgelenken sehr stark. Die Falten sind gefäß- und fettreich. Sie stehen mit der Gelenkkapsel und dem periartikulären Gewebe in Verbindung. Auch im Lendenbereich ist der M. multifidus mit den Gelenkkapseln der Wirbelbogengelenke verbunden.

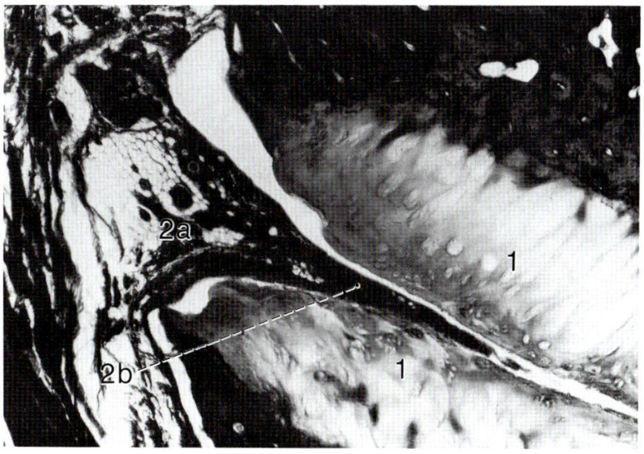

Abb. 5.**59** **Schnitt durch ein Halswirbelbogengelenk vom Erwachsenen** (Ausschnitt).
1 Gelenkknorpel
2 meniskoide Synovialfalte, bestehend aus einer fett- und gefäßreichen Außenzone (2a) und einer bindegewebigen Innenzone (2b).

Die Funktion der „meniskoiden" Synovialfalten ist weitgehend unbekannt. Die Plicae synoviales gleichen die Inkongruenz der artikulierenden Flächen in den Wirbelgelenken aus. Aus ihrem histologischen Aufbau kann jedoch geschlossen werden, daß sie keinen Gelenkdruck aufnehmen.

Wirbelbogenbänder

Die *Ligg. flava* (Abb. 5.**60**) sind segmental zwischen den Wirbelbögen ausgespannt. Sie bestehen größten-

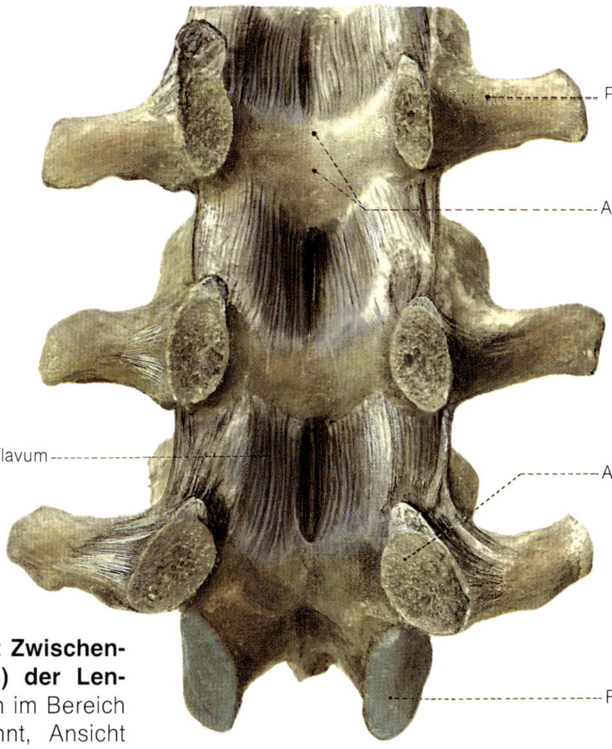

Abb. 5.**60** **Wirbelbögen mit Zwischenbogenbändern (Ligg. flava) der Lendenwirbelsäule.** Wirbelbögen im Bereich der Bogenwurzeln durchtrennt, Ansicht von ventral.

Abb. 5.**61** **Bandapparat der Lendenwirbelsäule in der Ansicht von links seitlich.**

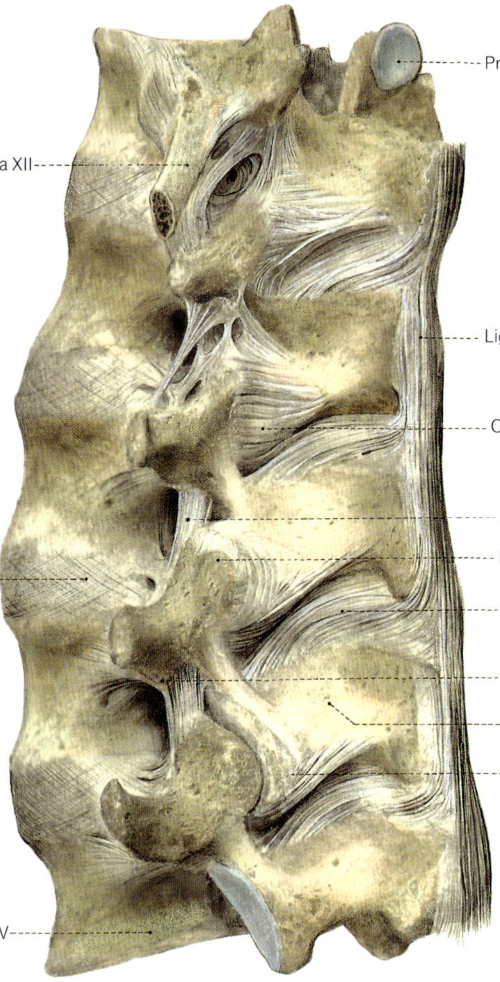

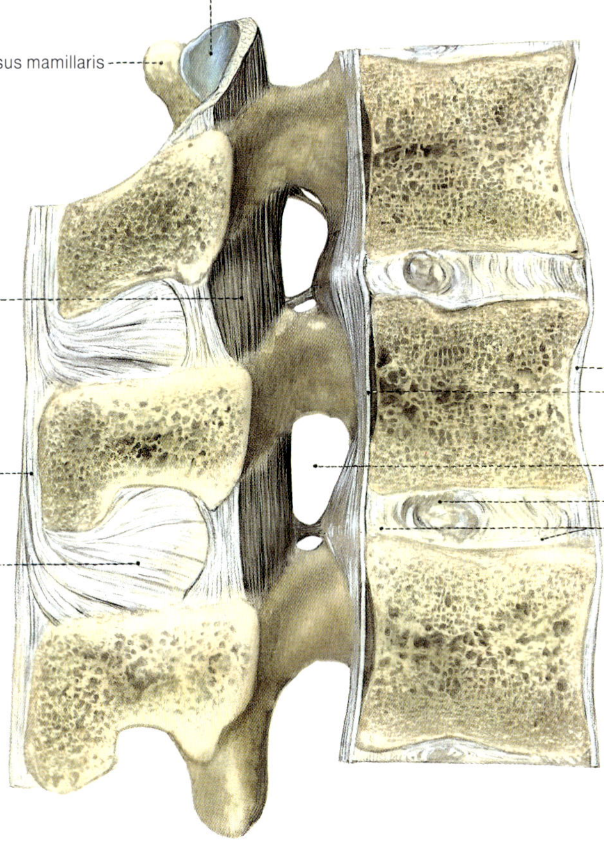

Abb. 5.**62** **Median-Sagittalschnitt durch die drei oberen Lendenwirbel mit Bandapparat und Zwischenwirbelscheiben, Ansicht der linken Hälfte von medial.**

teils aus elastischen Fasern, die ihnen die gelbe Farbe verleihen. Gemeinsam mit den Kapseln der Wirbelbogengelenke schließen sie den Wirbelkanal bis auf die Foramina intervertebralia vollständig ab (Abb. 5.**62**). Ihr mittlerer Teil ist am dicksten. Lateral reichen sie an der Halswirbelsäule bis zu den Gelenkfortsätzen. In der Brust- und Lendenwirbelsäule gehen sie in die Gelenkkapseln über. Die Ligg. flava stehen bei aufrechter Haltung unter Spannung. Sie wirken gemeinsam mit den autochthonen Rückenmuskeln der nach ventral gerichteten Kraft der Rumpflast entgegen und unterstützen die Aufrichtung der nach vorn gebeugten Wirbelsäule.

Die *Ligg. interspinalia* (Abb. 5.**62**, 5.**63**) spannen sich zwischen je zwei Dornfortsätzen aus. Als *Ligg. intertransversaria* bezeichnet man die Bänder zwischen den Querfortsätzen. Die Spitzen der Dornfortsätze sind durch kräftige, vertikal verlaufende Bandzüge, *Ligg. supraspinalia* (s. Abb. 5.**144**), miteinander verbunden. Das Band erstreckt sich vom 7. Halswirbel bis zum Os sacrum. Am Halsteil tritt an seine Stelle das *Lig. nuchae* (Abb. 5.**63**), ein beim Menschen dünnes, die Muskelgruppen beider Seite trennendes Septum, das aus elastischen Fasern besteht und sich vom Processus spinosus des 7. Halswirbels bis zur Protuberantia occipitalis externa erstreckt.

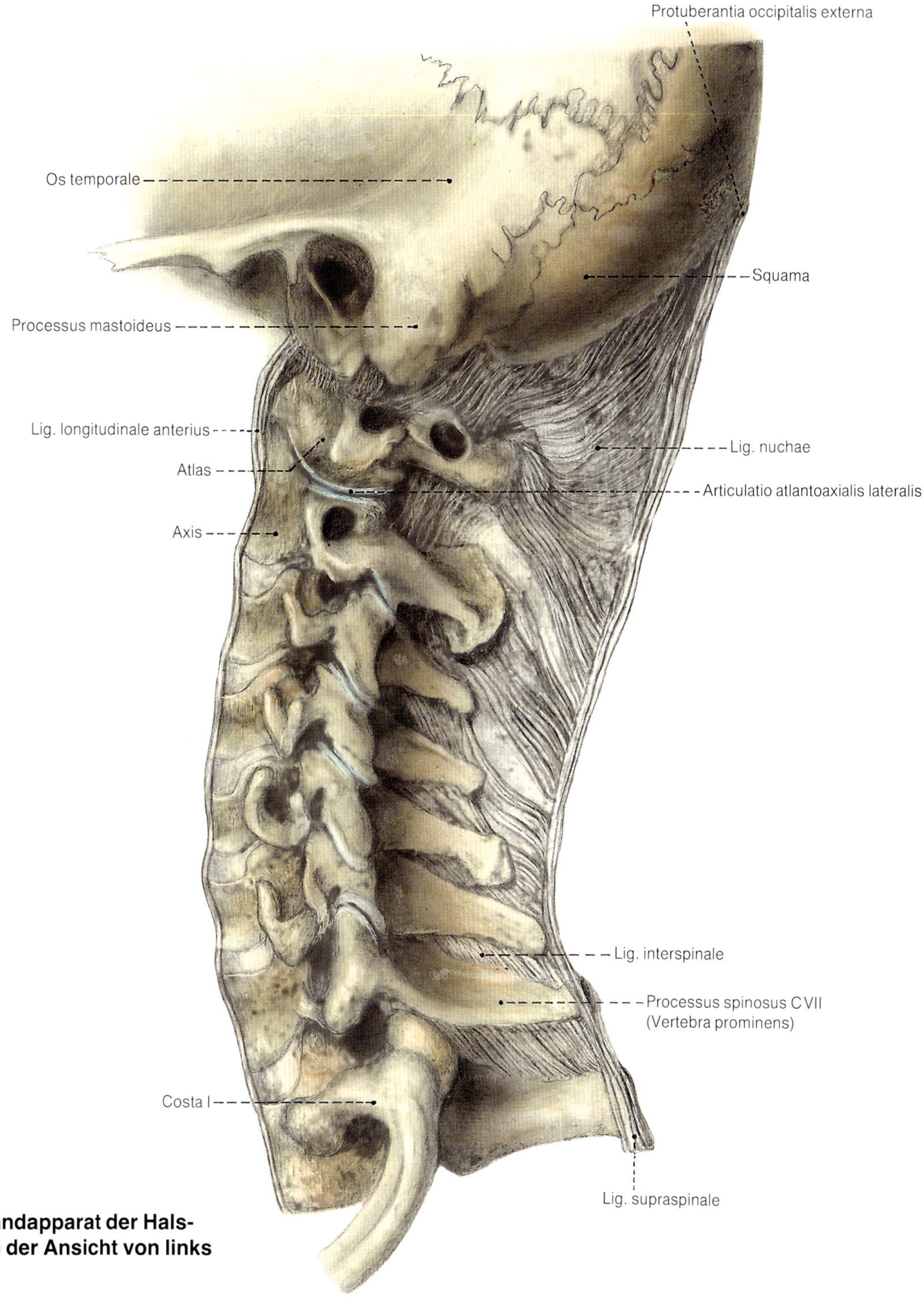

Abb. 5.**63** **Bandapparat der Halswirbelsäule in der Ansicht von links lateral.**

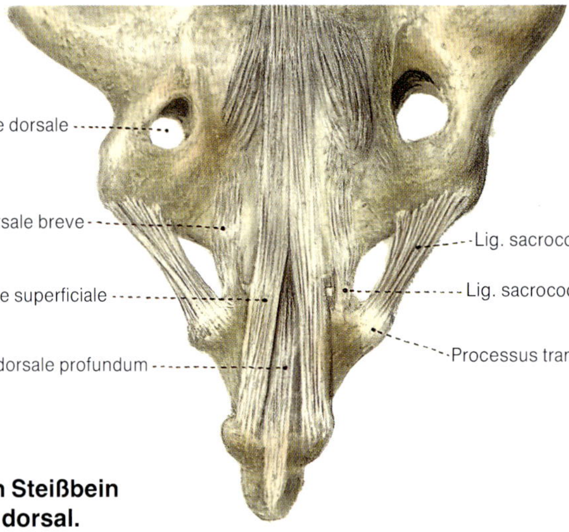

Abb. 5.**64** **Bandapparat zwischen Steißbein und Kreuzbein in der Ansicht von dorsal.**

Bewegungssegmente in den einzelnen Regionen der Wirbelsäule

Halswirbelsäule

An der *Halswirbelsäule* werden morphologisch und funktionell drei Abschnitte unterschieden:

1) Der 1. Abschnitt besteht aus Atlas und Axis. Die beiden oberen Halswirbel haben sich zu Drehwirbeln spezialisiert. Sie weichen in ihrer Gestalt vom Bauplan der übrigen Wirbel ab und bilden miteinander sowie mit dem Schädel die Kopfgelenke.
2) Die mittlere Halswirbelsäule setzt sich aus den Segmenten C_3 bis C_6 zusammen. Sie kann als morphologisch und funktionell einheitlicher Abschnitt angesehen werden.
3) Der 7. Halswirbel bildet das Übergangssegment zur Brustwirbelsäule.

Im folgenden wird der mittlere Abschnitt der Halswirbelsäule mit dem 7. Halswirbel besprochen (Kopfgelenke, s. S. 234).

Die Halswirbel C_3 bis C_6 sind durch einen breiten Wirbelbogen mit kurzem, an der Spitze zweigeteiltem Dornfortsatz, die Processus transversi durch ein weites, gelegentlich ein- oder beidseitig geteiltes Foramen processus transversi gekennzeichnet (s. Abb. 5.**9**–5.**11**). Die Gelenkflächen sind breitflächig und flach, die Unci corporis steil gestellt. Ihnen entsprechen abgerundete Seitenkanten an der Unterfläche des kranial folgenden Wirbels. Im Gegensatz dazu sind die Unci corporis des 7. Halswirbels kurz und die Foramina processus transversi eng (s. Abb. 5.**12**). Die Gelenkflächen nähern sich in Form und Stellung den Gelenkflächen der Brustwirbelsäule. Der lange Processus spinosus des 7. Halswirbels ist der erste sicht- und deutlich tastbare Dornfortsatz der Halswirbelsäule (Vertebra prominens). Die Foramina intervertebralia werden von kranial nach kaudal schmaler und entsprechend der Verbreiterung der Unci corporis in der Mitte sanduhrförmig eingedellt (Abb. 5.**66**).

Zwischenwirbelscheiben – Unkovertebralgelenke

Die Zwischenwirbelscheiben der Halswirbelsäule sind schmal und haben beim Erwachsenen ohne Ausnahme seitliche Spalten, die mehr oder weniger tief in den Anulus fibrosus eindringen (Abb. 5.**70**–5.**72**). Sie sind lateral scharf, medial unscharf begrenzt. Die Spalten können die gesamte Zwischenwirbelscheibe durchsetzen und sie in zwei Hälften zerlegen.

Diese Spalten wurden erstmals 1858 vom Anatomen Luschka beschrieben und als Hemiarthroses laterales der Halswirbelsäule bezeichnet. Luschka sah darin primäre Einrichtungen, die die Beweglichkeit der Halswirbelsäule begünstigen. Trolard (1893) führte die Bezeichnung „Unkovertebralgelenke" ein.

Bei Neugeborenen und Kleinkindern (Abb. 5.**68**) erscheinen die Zwischenwirbelscheiben als schmale Gebilde, die einen linsenförmigen Gallertkern und einen sehr regelmäßig gebauten Faserring besitzen. Die oberflächlichen Lamellen verlaufen beinahe gestreckt von Wirbelkörper zu Wirbelkörper. Spalt- oder Gelenkbildungen sind zu diesem Zeitpunkt nicht vorhanden (Abb. 5.**68**). Zwischen den Unci corporis sind nur wenige Fasern zu erkennen, die stellenweise von Blutgefäßen unterbrochen sind.

Im Laufe der Kindheit beginnen sich die Unci corporis, die beim Neugeborenen noch sehr flach stehen, aufzurichten (Abb. 5.**69**). Die Zwischenwirbelscheiben dehnen sich nach lateral aus. Am Ende des 1. Dezennium werden erstmals Spalten in den oberen Zwischenwirbelscheiben beobachtet (Abb. 5.**70**). Bei den seitlichen Spalten handelt es sich um sekundäre *Rißbildungen* in ansonsten normalen Zwischenwirbelscheiben. Im Gegensatz zu anderen Wirbelsäulenregionen, in denen Risse nur in alternden Zwischen-

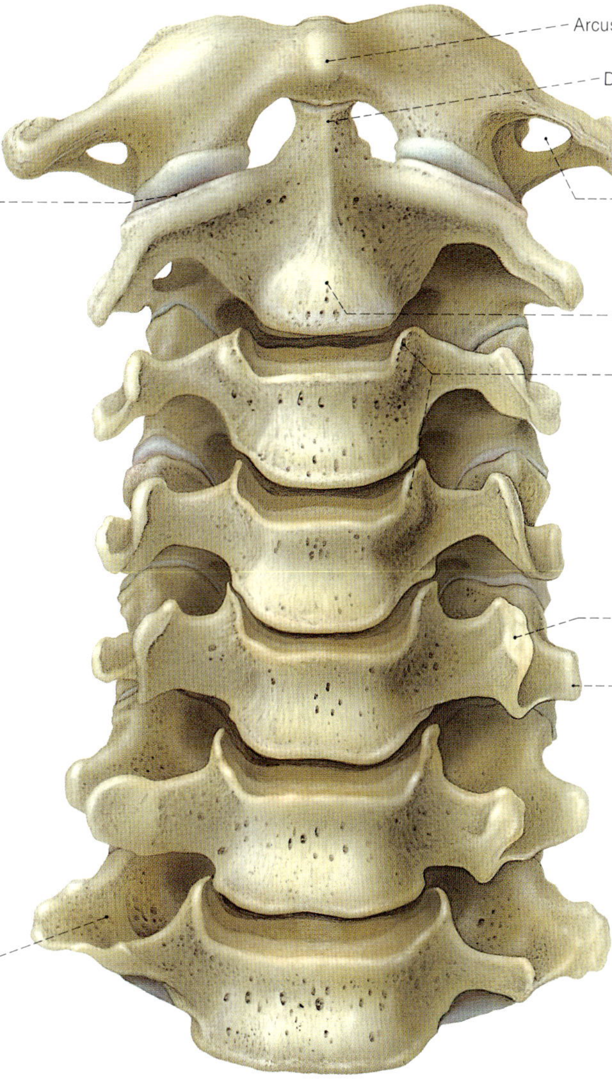

Abb. 5.**65** **Halswirbelsäule in der Ansicht von ventral.**

wirbelscheiben oder in unmittelbarer Nähe ihrer Verankerung in den knöchernen Randleisten und in den Knorpelplatten beobachtet werden, halten die Risse im Halsbereich genau die Bandscheibenmitte ein (Abb. 5.**72**). Sie treten immer in gesundem Gewebe auf.

Die durchgerissenen Lamellen des Anulus fibrosus werden im Bereich der Spalten nach außen verlagert. Dadurch erhalten die Unci corporis und ihre Gegenpole einen aus übereinandergeschichteten Bindegewebslamellen bestehenden Belag. Die Lamellenenden legen sich dicht aneinander, und die einander zugekehrten Flächen werden schließlich vollkommen glatt, so daß die Spalten ein gelenkähnliches Aussehen erhalten (Abb. 5.**71**). Durch seitliche Anlagerung von Bindegewebe entsteht eine Art Gelenkkapsel, die den Spalt nach außen abschließt. In der Kapsel findet man häufig fett- und blutgefäßhaltige Synovialfalten. Zwischen Unkovertebralspalten und echten Gelenken besteht ein grundsätzlicher Unterschied. Die Unkovertebralspalten sind Rißbildungen in ursprünglich intakten Zwischenwirbelscheiben. Die Einrisse haben die Tendenz, weiter in das Zentrum des Bandscheibengewebes vorzudringen, so daß schließlich durchgehende transversale Spalten entstehen, die die Zwischenwirbelscheiben in zwei etwa gleich dicke Hälften trennen. Der Prozeß, der beim 9- bis 10jährigen beginnt, kommt nicht zum Stillstand, sondern schreitet weiter fort und findet seinen Abschluß erst dann, wenn die Zwischenwirbelscheiben durch quere Spalten halbiert sind (Abb. 5.**72**).

Über den *Mechanismus der Rißbildung* ist wenig bekannt. Nach der Geburt entsteht die Halslordose, mit ihr ändert sich die Belastungsform der Halswirbelsäule. Der Krümmungsradius der Lordose, und damit der am stärksten belastete Abschnitt der Halswirbelsäule, liegt in Höhe des 3. bis 5. Halswirbels. Die Orte größter Beweglichkeit sind oberes und unteres Ende der Halswirbelsäule. Die seitlichen Einrisse treten zuerst in den am meisten belasteten oberen Zwischenwirbelscheiben auf. Die bewegungsmechanischen Besonderheiten der Wirbelbogengelenke dürften ebenfalls zur Rißbildung beitragen. Die Zwischenwirbelscheiben sind bei Rotationen und besonders beim Neigen des Halses starken Scherkräften ausgesetzt. Die Folge ist eine Auflockerung ihres Gefüges, die schließlich zum Riß führt.

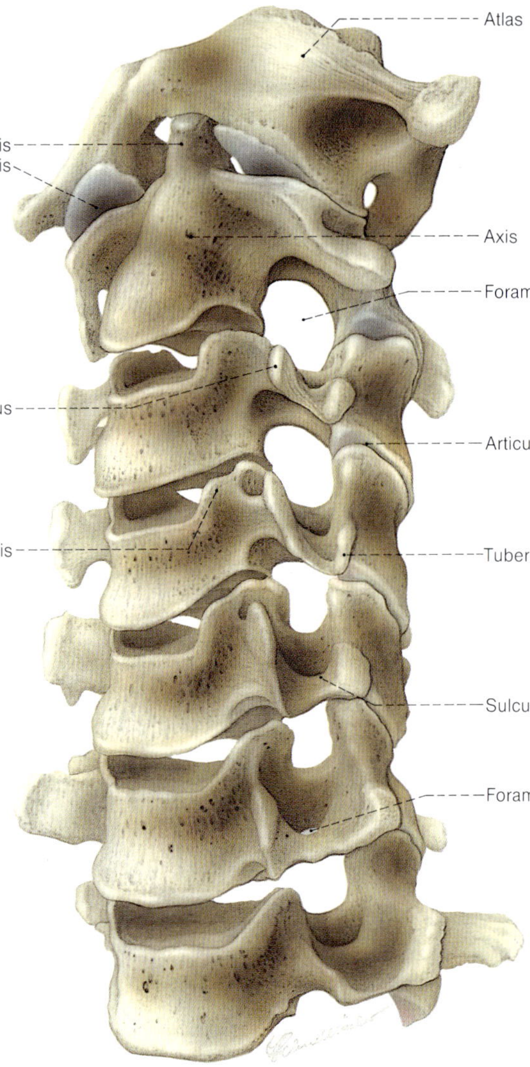

Abb. 5.**66** **Halswirbelsäule in der Ansicht von ventrallateral.**

Die Bildung von Rissen, die den Discus intervertebralis quer durchtrennen, führt zu einer Lockerung der Bewegungssegmente, die dann vorwiegend durch die Längsbänder und durch die Bänder im Bereich der Wirbelbögen stabilisiert werden. Die durchgehende Spalte schafft eine Kommunikation zwischen Gallertkernhöhle und paravertebralem Gewebe. Es kommt zu Veränderungen am Nucleus pulposus, der sich unter Belastung in die Peripherie verlagert und dabei die Spinalnervenwurzeln oder die A. vertebralis komprimieren kann.

Die Spaltbildungen treten in der beschriebenen charakteristischen Form im Bereich des 3., 4. und 5. Halswirbels auf. Im unteren Abschnitt der Halswirbelsäule sind die Vorgänge zwar prinzipiell ähnlich, sie unterscheiden sich jedoch morphologisch in einigen Punkten und im Hinblick auf pathologische Veränderungen in dieser Zone.
Die *Entstehung* der Unkovertebralgelenke und der vollständigen Spaltbildung im Bereich der Disci intervertebrales hat Auswirkungen auf die *Kinematik* der Halswirbelsäule. Die Rotationsbewegung ist leicht eingeschränkt, während Flexion und Extension meistens unverändert bleiben. Das Bewegungsausmaß für die Beugung und Streckung kann allerdings auch zunehmen.

Die *Unci corporis* haben enge topographische Beziehung zum Foramen intervertebrale und zur A. vertebralis. Im Bereich der Unkovertebralgelenke treten degenerative Veränderungen auf, wie sie in vergleichbarer Weise auch an den übrigen Diarthrosen zu beobachten sind.

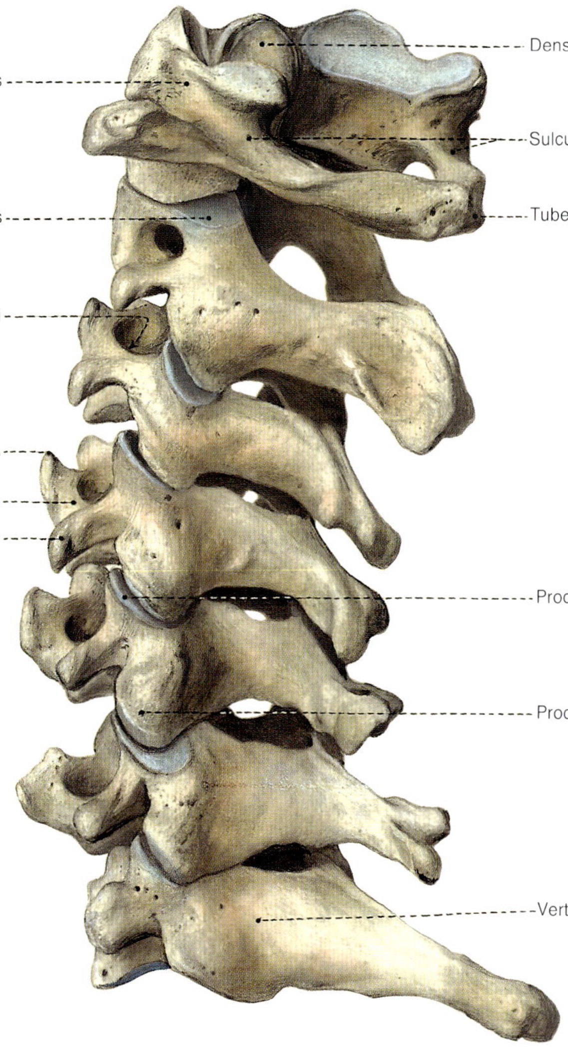

Abb. 5.**67** **Halswirbelsäule in der Ansicht von dorsal-lateral.**

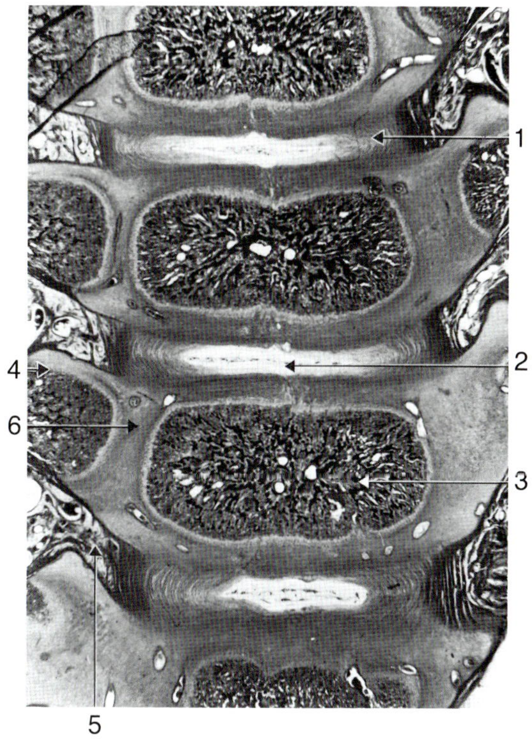

Abb. 5.**68** **Frontalschnitt durch die Halswirbelsäule eines Neugeborenen.** Die Zwischenwirbelscheiben reichen bis zur Knorpelfuge zwischen Wirbelkörper und Wirbelbogen.

1 Anulus fibrosus
2 Nucleus pulposus
3 Wirbelkörper
4 Uncus corporis
5 Bindegewebe und Blutgefäße oberhalb der Unci corporis
6 Knorpelfuge zwischen Wirbelkörper und Wirbelbogen

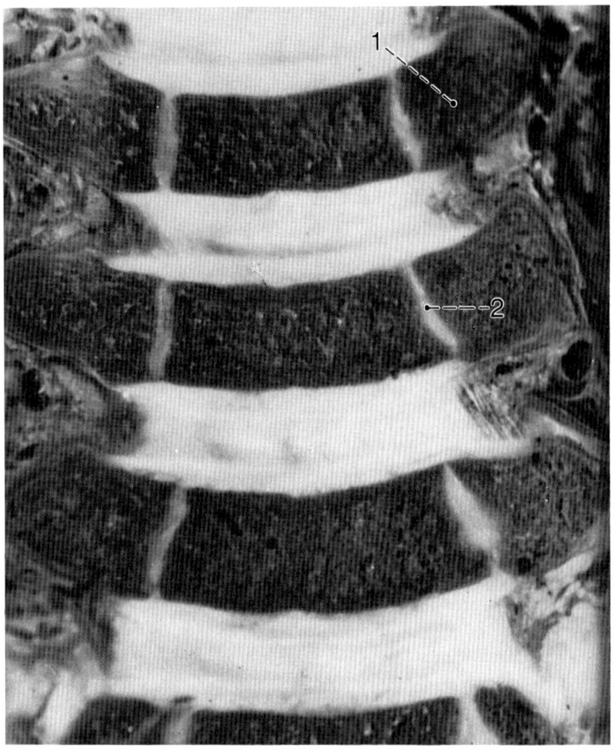

Abb. 5.**69** **Frontalschnitt durch die Halswirbelsäule eines 7jährigen Kindes.** Man beachte die flache Stellung der Unci corporis (1) und die Wachstumsfuge (2) zwischen Wirbelkörper und Wirbelbogen. Keine Unkovertebralspalten.

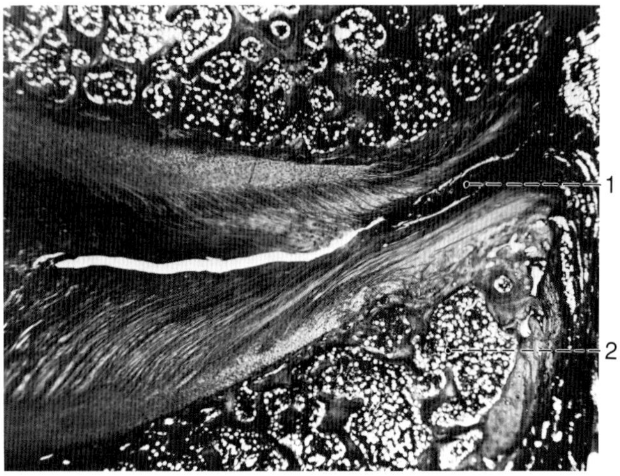

Abb. 5.**71** **Zwischenwirbelscheibe aus dem Halsbereich eines 29jährigen.** In den Unkovertebralspalt ragt eine meniskoide Falte (1).
2 Uncus corporis

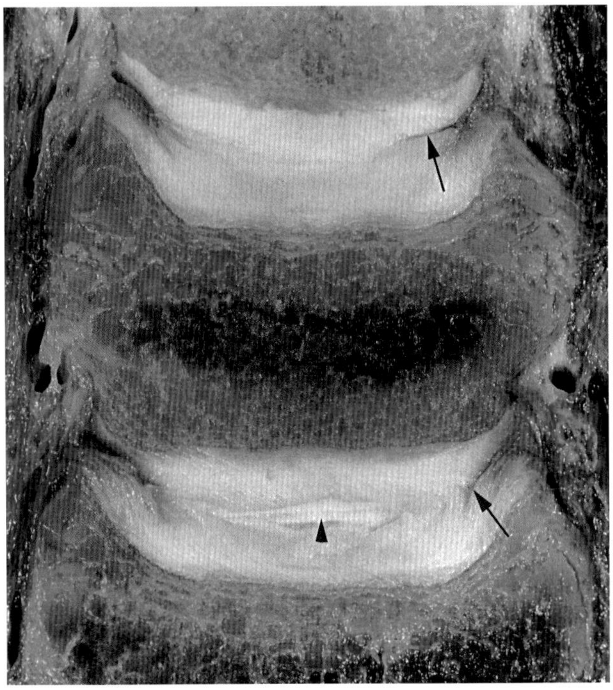

Abb. 5.**70** **Frontalschnitt durch die Halswirbelsäule eines 12jährigen Mädchens im Bereich des 3.–5. Wirbelkörpers.** Die Pfeile weisen auf die Gelenkspalten der Unkovertebralgelenke, der Pfeilkopf auf den Nucleus pulposus.

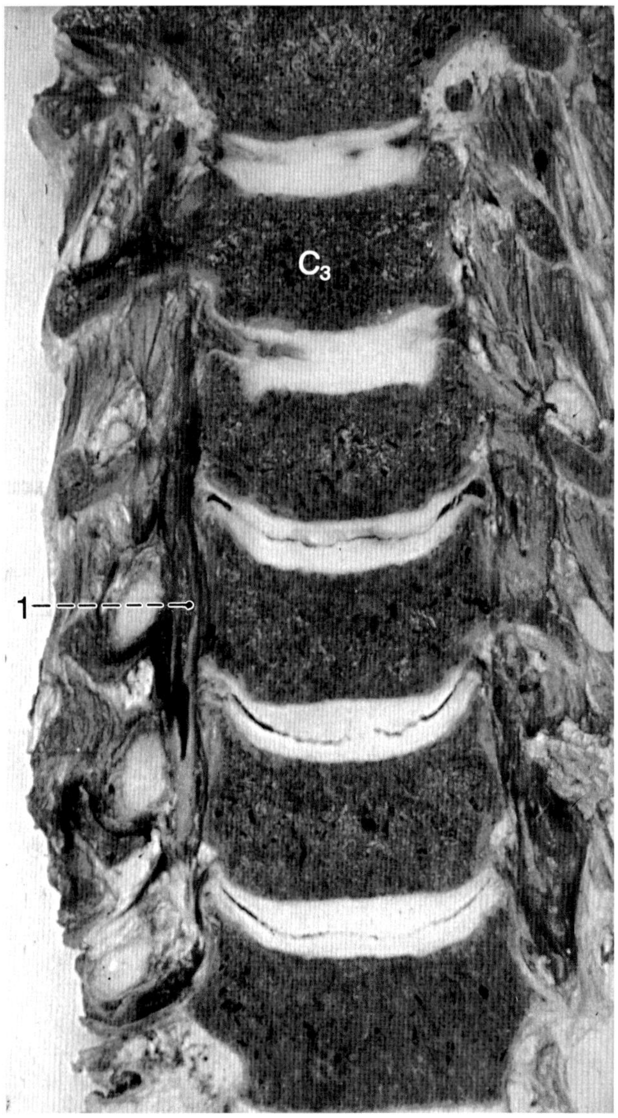

Abb. 5.**72** **Frontalschnitt durch die Halswirbelsäule eines 33jährigen.** Die Zwischenwirbelscheiben C_4/C_5, C_5/C_6, C_6/C_7 sind durch quere Spalten in der Mitte halbiert; die beiden oberen Zwischenwirbelscheiben sind höher und weisen nur seitliche Spalten auf. Die A. vertebralis (1) zieht an den Unci corporis vorbei nach kranial.

Brustwirbelsäule

(Gestalt der Brustwirbel und der Wirbelbogengelenke, s. S. 188 und Abb. 5.**13**, 5.**14**, 5.**73**.)
Verglichen mit der Halswirbelsäule ist die Beweglichkeit der Brustwirbelsäule bedeutend geringer, was vor allem auf das Verhalten der Zwischenwirbelscheiben zurückzuführen ist. Die Beweglichkeit in den einzelnen Bewegungssegmenten hängt von dem Verhältnis der Höhe der Zwischenwirbelscheiben zu ihrem Durchmesser ab. Die Zwischenwirbelscheiben sind zwar in der Halswirbelsäule bedeutend kleiner, aber relativ höher als in der Brustregion. Auch Rippen und Sternum schränken die Bewegungen in der Brustwirbelsäule ein (s. S. 230).

Lendenwirbelsäule

Die *Lendenwirbelsäule* (Abb. 5.**5**, 5.**74**) zeichnet sich durch ihre lordotische Krümmung und die Abknikkung am Übergang in das Sakrum aus. Sie ragt ventral tief in die Bauchhöhle hinein. Bei mageren Individuen läßt sie sich durch die Bauchdecken hindurch tasten. Wirbelkörper und Zwischenwirbelscheiben zeigen eine starke Höhen- und Breitenentwicklung. Auf etwa 19 cm Länge kommen nur 4 Unterbrechungen durch Zwischenwirbelscheiben. Die Disci intervertebrales sind hoch, sie haben jedoch einen großen Querschnitt, so daß die Beweglichkeit der Lendenwirbelsäule im Vergleich mit der der Halswirbelsäule geringer ist.
Die *Wirbelbogengelenke* der Lendenwirbelsäule haben in Höhe des 1. Lendenwirbels vertikal gestellte Gelenkflächen mit nur geringer Neigung zur Medianebene. Vom 2. Lendenwirbel an abwärts gewinnen die Gelenkspaltebenen eine langsam zunehmende Neuorientierung. Die Gelenkflächen des 5. Lendenwirbels sind der Frontalebene angenähert und verlaufen von vorne-oben nach hinten-unten (s. Abb. 5.**15**).

Röntgenologische Untersuchungen haben ergeben, daß die Gelenkspalteinstellung sehr variabel ist und besonders in den unteren drei Segmenten grobe Asymmetrien zwischen rechter und linker Seite bestehen können. Diese entstehen im Verlauf des spätfetalen und postnatalen Wachstums und der damit verbundenen Umstellung der Gelenkfortsätze. Diese sind vor der Geburt annähernd dachziegelartig übereinandergelagert und frontal gestellt. Sie nehmen erst beim Kleinkind die für den Erwachsenen typische Stellung ein (s. S. 211).
Eine Symmetrie der Gelenkfortsätze beider Seiten besteht beim Erwachsenen selten. Die Variabilität der Lumbosakralgelenke L_5/S_1 ist ebenfalls sehr groß. Asymmetrien an den Gelenkflächen beider Seiten werden in etwas mehr als einem Drittel der Fälle gefunden.

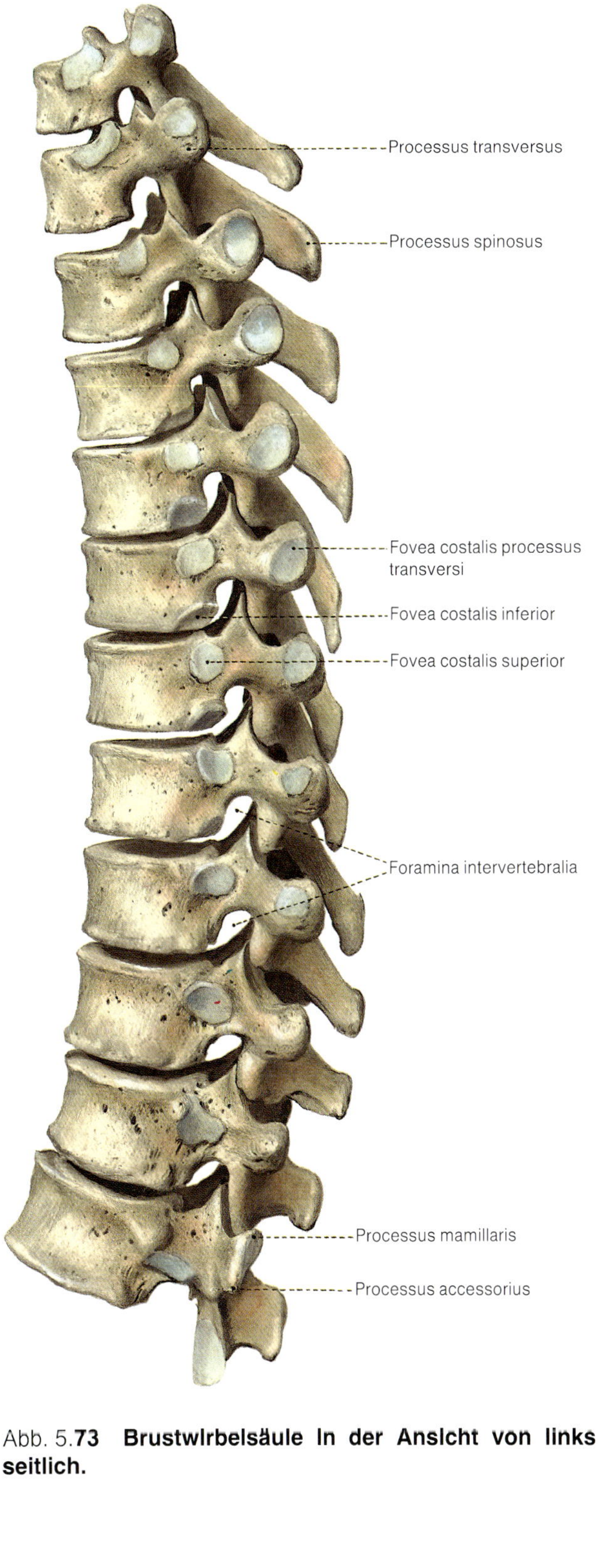

Abb. 5.**73** **Brustwirbelsäule in der Ansicht von links seitlich.**

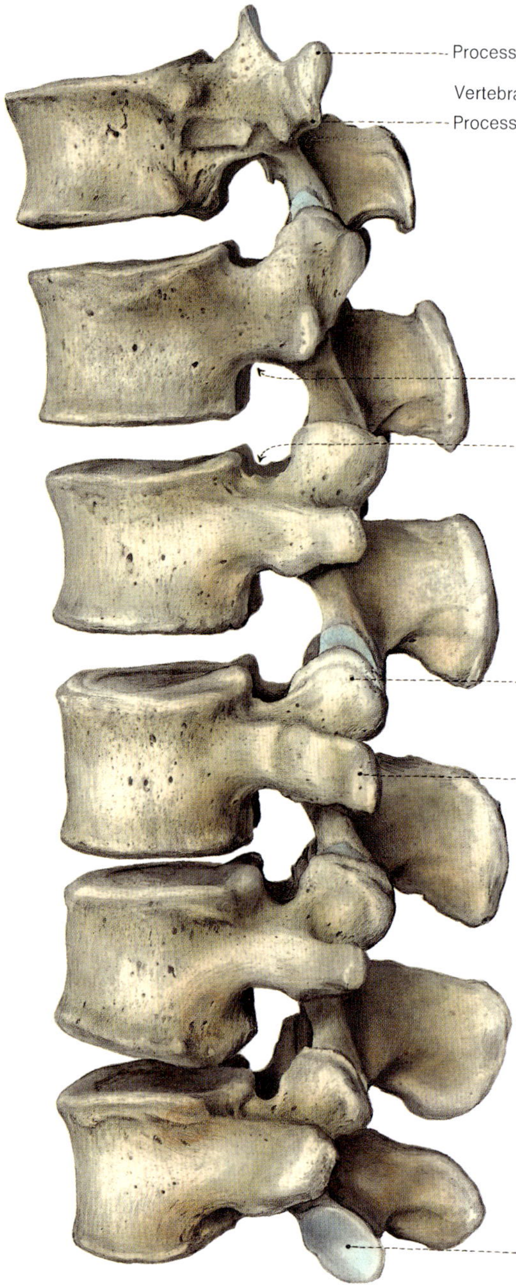

Abb. 5.**74** **Lendenwirbelsäule und 12. Brustwirbel in der Ansicht von links seitlich.**

Lenden-Kreuzbein-Übergang

Der Lenden-Kreuzbein-Übergang hat große klinische Bedeutung. Hier treten beim aufrecht stehenden Menschen starke Schubkräfte auf. Das von der Zwischenwirbelscheibe zwischen dem 5. Lendenwirbel und dem Os sacrum gebildete *Promontorium* springt gegen die Cavitas pelvis vor und engt die Beckeneingangsebene in verschieden hohem Grade ein (s. S. 460 und Abb. 5.**5**, 7.**12**). Die Gelenkfortsätze zwischen 5. Lendenwirbel und 1. Sakralwirbel stehen nahezu frontal, die Gelenkflächen sind halbmondförmig, leicht gewölbt oder flach. Die größere Schlaffheit ihrer Gelenkkapseln läßt einen vermehrten Bewegungsumfang zu, erhöht aber die Gefahr des Abrutschens des 5. Lendenwirbels, der ohnehin ungünstig der schief nach vorn-unten geneigten Fläche des 1. Sakralwirbels aufliegt.

Der 5. *Lendenwirbelkörper* ist keilförmig. Er ist vorn höher als hinten. Seine kaudale und die kraniale Fläche des 1. Sakralwirbels sind nach vorn geneigt und bilden mit der Horizontalebene einen Winkel von etwa 35°. Die präsakrale Zwischenwirbelscheibe hat ebenfalls Keilform. Sie ist beim Erwachsenen vorn etwa 7 mm höher als hinten und stellt die unverschiebliche Verbindung zwischen den beiden Endflächen der Wirbelkörper her. Sie bestimmt die Form des *Lumbosakralwinkels,* der bei Feten noch fehlt und der sich erst nach der Geburt ausbildet. Er erreicht seine endgültige Größe am Ende des 2. Lebensjahres. Als Lumbosakralwinkel bezeichnet man den Winkel, den die Längsachsen des 5. Lendenwirbelkörpers und des 1. Sakralwirbelkörpers miteinander bilden. Er beträgt durchschnittlich 143° und schwankt zwischen 123° und 164°. Er hat bei älteren Menschen mit Veränderungen an der Wirbelsäule ungefähr die gleiche Größe wie beim Jugendlichen. Der Winkel, den die Vorderflächen von L_5 und S_1 miteinander bilden *(Winkel des Promontorium)*, schwankt zwischen 112° und 156°; er beträgt im Mittel 129°.

Der 5. Lendenwirbel liegt an einer entwicklungsgeschichtlich „unruhigen" Stelle des Körpers und zeigt häufig Angleichungsformen an den 1. Sakralwirbel (s. S. 179 und Abb. 5.**5**). In 5–8% der Fälle beobachtet man die Einbeziehung des 1. Kreuzbeinwirbels in die Lendenwirbelsäule *(Lumbalisation)*, die dann abnorm lang ist und 6 Wirbel zählt. Eine Verschmelzung des 5. Lendenwirbels mit dem Kreuzbein bezeichnet man als *Sakralisation*. Die Sakralisation von L_5 weist alle möglichen Übergangsformen auf. Häufig ist sie nur einseitig (s. Abb. 5.**41a**). Bei asymmetrischer Verschmelzung des Processus costarius von L_5 mit dem Kreuzbein zeigt die Lendenwirbelsäule meistens eine Skoliose. Das Foramen intervertebrale wird zu einem engen Kanal umgewandelt, in dem der 5. Lendennerv eingeklemmt werden kann. Das Bild einer unilateralen Sakralisation von L_5 kann durch einen abnorm langen Processus costarius, der mit der Crista iliaca gelenkig verbunden ist, vorgetäuscht werden. Auch in diesem Fall liegt der Nerv in einem engen Kanal.

Unter den *Varianten* im dorsalen Bereich sind Knochenbildungsstörungen des Wirbelbogens von L_5 zu erwähnen, die mit einem mangelhaften oder fehlenden Verschluß des Bogens *(Spina bifida occulta)* einhergehen (s. Abb. 5.**41**). Außerdem kommen Spaltbildungen im Zwischengelenkstück vor, die ein- oder doppelseitig auftreten können und schon bei 2jährigen nachgewiesen werden. Die interartikulären Spalten teilen den Wirbel in eine vordere und in eine hintere Hälfte, die nur durch Bindegewebe miteinander verbunden sind. Sie stellen die Ursache für ein Wirbelgleiten dar, bei dem das hintere Stück (untere Gelenkflächen, dorsaler Teil des Wirbelbogens) in Kontinuität mit der Wirbelsäule bleibt, während das vordere Stück (Wirbelkörper samt Wurzeln des Wirbelbogens, Processus costales und obere Gelenkfortsätze) unter dem Einfluß der Schubbelastung allmählich nach vorn gleitet. Die schon normalerweise mangelhaft gesicherte Lage des 5. Lendenwirbelkörpers auf der schrägen Ebene des Os sacrum begünstigt diesen Gleitprozeß nach vorn. Die interartikuläre Spaltbildung wird als *Spondylolyse*, der Gleitprozeß nach vorn als *Spondylolisthesis* bezeichnet.

Zum *Bandapparat* der Lendenwirbelsäule (s. Abb. 5.**61**) gehören neben den Längsbändern die Ligg. flava, intertransversaria und interspinalia sowie die *Ligg. iliolumbalia* (s. Abb. 7.**8**, 7.**9**). Da die Processus costarii von L_5 tiefer stehen als die Cristae iliacae, bilden die Ligg. iliolumbalia einen Aufhängeapparat und wirken Abscherkräften entgegen, die bei Belastung der Wirbelsäule den 5. Lendenwirbel nach vorn zu drängen drohen. Die gleiche Funktion hat der M. erector spinae, der in der Lendengegend besonders kräftig ist.

Röntgenanatomie der Wirbelsäule

Die Wirbelsäule ist tief in die Weichteile eingebettet und entzieht sich weitgehend der palpatorischen Untersuchung. Röntgenaufnahmen nehmen bei der Untersuchung der Wirbelsäule eine zentrale Stellung ein. Die beiden Hauptprojektionen der Wirbelsäule im Röntgenbild sind die seitliche (laterale) oder Profilaufnahme (Hauptstrahl in der Frontalebene) und die Sagittal- oder a.-p.-Aufnahme (Hauptstrahl in der Sagittalebene). Hinzu kommen Halbschrägaufnahmen zur Darstellung der Zwischenwirbellöcher in der Halswirbelsäule und der Wirbelbogengelenke in der Brust- und Lendenwirbelsäule (s. Abb. 5.**75**–5.**83**).

Die *Wirbelkörper* erscheinen in der a.-p. Aufnahme symmetrisch, haben eine gleichmäßig dichte und eine scharf begrenzte Corticalis sowie eine lockere Spongiosa (s. Abb. 5.**80**, 5.**82**). In der lateralen Ansicht sind die Wirbelkörper mehr oder weniger rechteckig. Ober- und Unterflächen verlaufen parallel zueinander und lassen die Randleisten erkennen (s. Abb. 5.**81**), die im Röntgenbild als dichte Struktur erscheinen (s. Abb. 5.**88**). Auf halbschrägen Bildern kommen sie als flache Ellipsen oder Ovale zur Darstellung. Die hintere Wirbelkörperfläche erscheint etwas eingedellt und hat die Form eines dorsal konkaven, flachen Bogens.

Form und Größe der Wirbelkörper ist in den einzelnen Regionen der Wirbelsäule unterschiedlich. Die kleinen Halswirbelkörper haben an ihrer kranial-lateralen Fläche hakenförmige Erhebungen, *Unci corporis*, die im oberen Halsbereich steiler aufragen als im unteren Abschnitt (s. Abb. 5.**75**).

Die Wurzeln der *Wirbelbögen* sind nur in a.-p.-Aufnahmen zu sehen. Sie erscheinen orthograd als längsovale, scharf begrenzte Ellipsen. Sie liegen symmetrisch, etwas lateral von der Mittellinie. Die Bogenwurzeln spielen in der Diagnostik eine große Rolle. Aus dem seitlichen Abstand zweier Bogenwurzeln kann auf die Weite des Spinalkanals geschlossen werden. Die Distanz wechselt in den verschiedenen Regionen der Wirbelsäule stark. Sie ist in der mittleren Halsregion am größten (32 mm), nimmt thorakal bis auf 20 mm ab und erreicht in der unteren Lendenwirbelsäule nochmals ein Maximum von über 32 mm (s. Abb. 5.**84**).

Die *Processus articulares* sind am besten in lateralen Aufnahmen oder in Schrägaufnahmen zu überschauen. Die Gelenkflächen können nur dann beurteilt werden, wenn die Strahlen genau parallel zu ihnen laufen. Man sieht die schräg von vorn-oben nach hinten-unten gerichteten Gelenkspalten. In der Hals- und Lendenwirbelsäule sind die Gelenkflächen so gestellt,

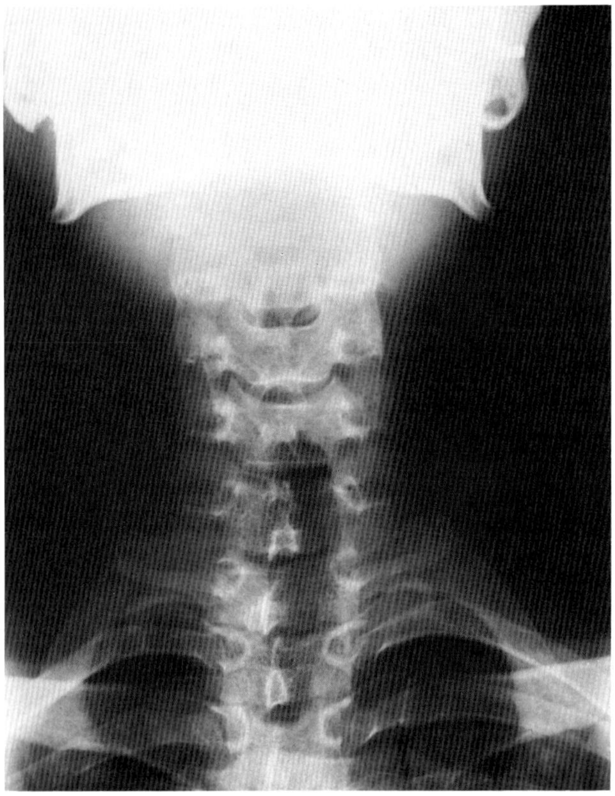

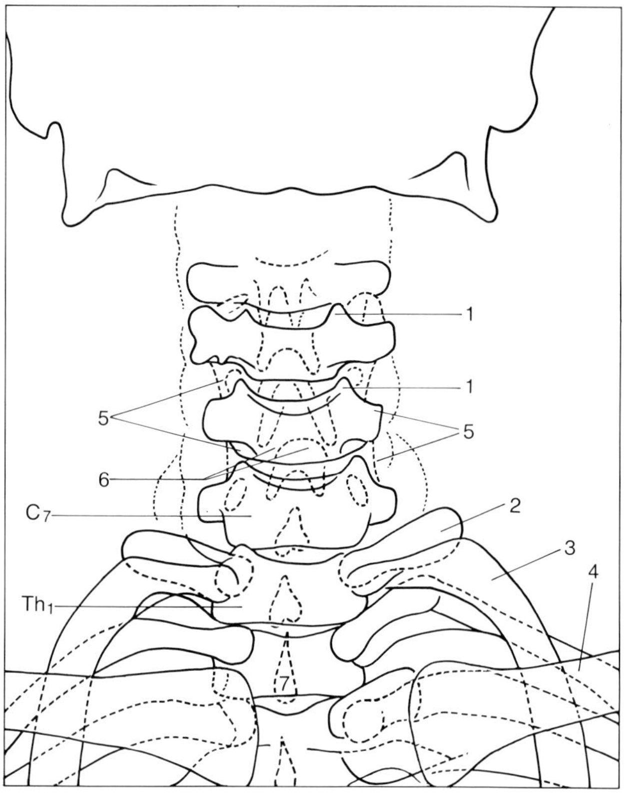

Abb. 5.**75** **Röntgenaufnahme der Halswirbelsäule und der oberen Brustwirbelsäule eines 23jährigen Mannes im antero-posterioren Strahlengang.** Unci corporis im Bereich der oberen Halswirbelsäule.

1 Uncus corporis
2 Processus transversus des 1. Brustwirbels
3 Costa I
4 Clavicula
5 A. vertebralis
6 gespaltener Dornfortsatz von C_4
7 Dornfortsatz von Th_2

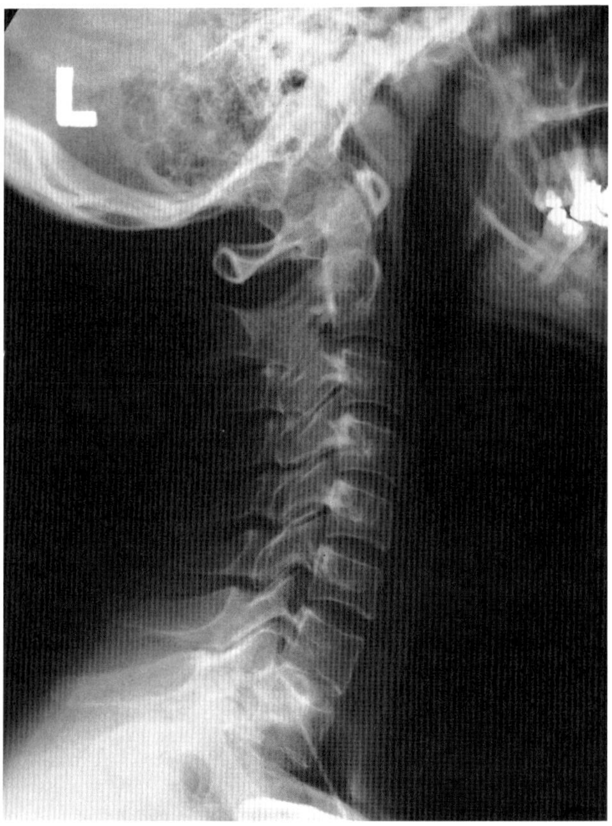

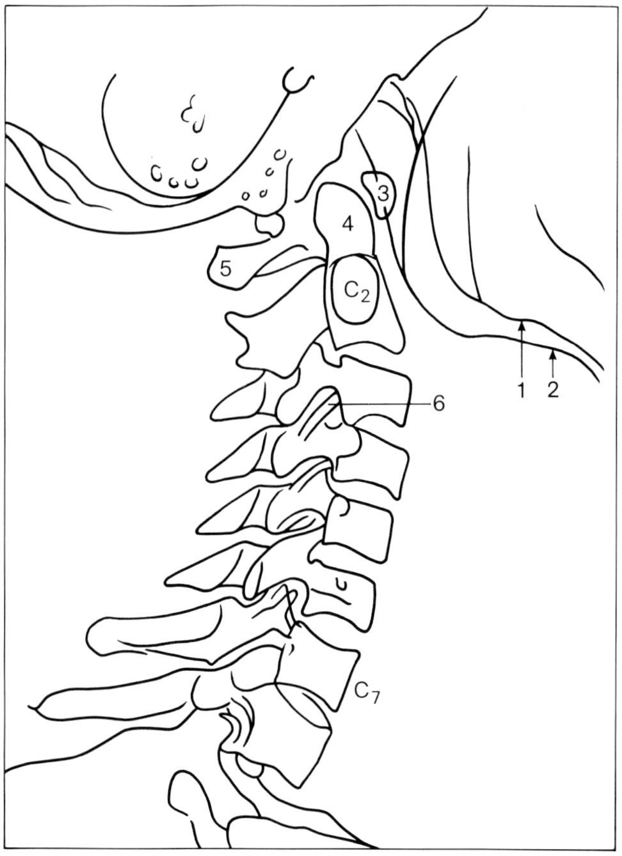

Abb. 5.**76** **Röntgenaufnahme der Halswirbelsäule eines 23jährigen Mannes im seitlichen Strahlengang.**

Pfeile 1 und 2 weisen auf den Unterkieferrand, der halbschräg getroffen ist. 3 vorderer Atlasbogen 4 Dens axis 5 hinterer Atlasbogen 6 „Gelenkspalt" zwischen C_3 und C_4

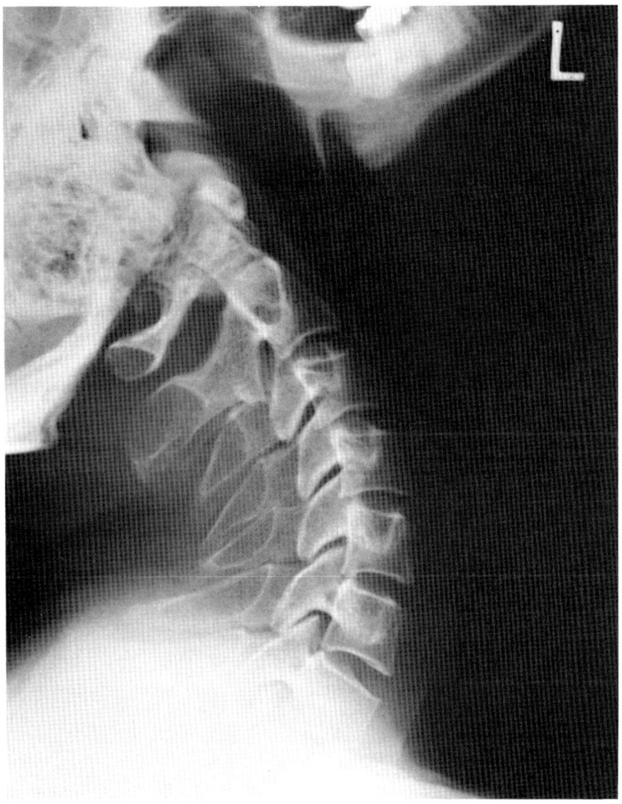

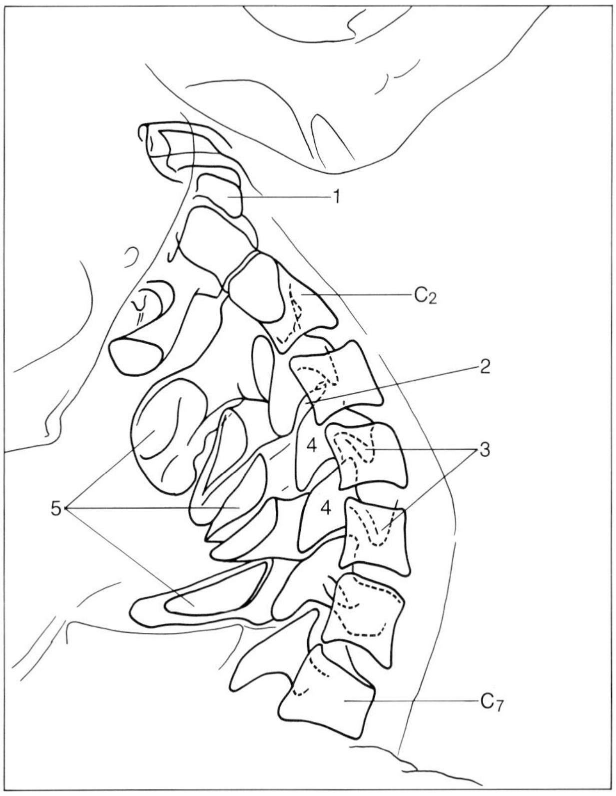

Abb. 5.**77** **Halswirbelsäule in Dorsalextension eines 23jährigen Mannes im seitlichen Strahlengang.** Man beachte die Stellungsänderung der Dornfortsätze.

1 vorderer Atlasbogen 2 „Gelenkspalt" 3 orthograd getroffene Querfortsätze 4 Gelenkfortsätze 5 Processus spinosi 6 Cellulae mastoideae

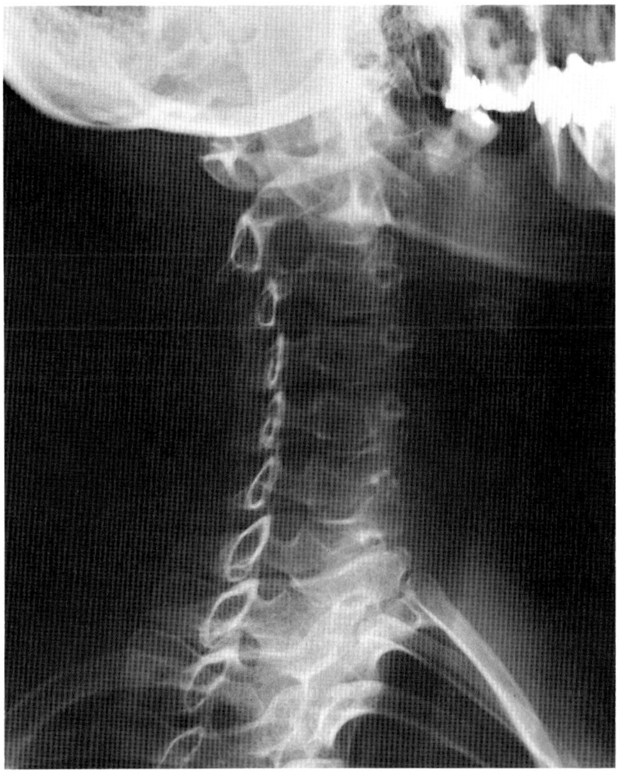

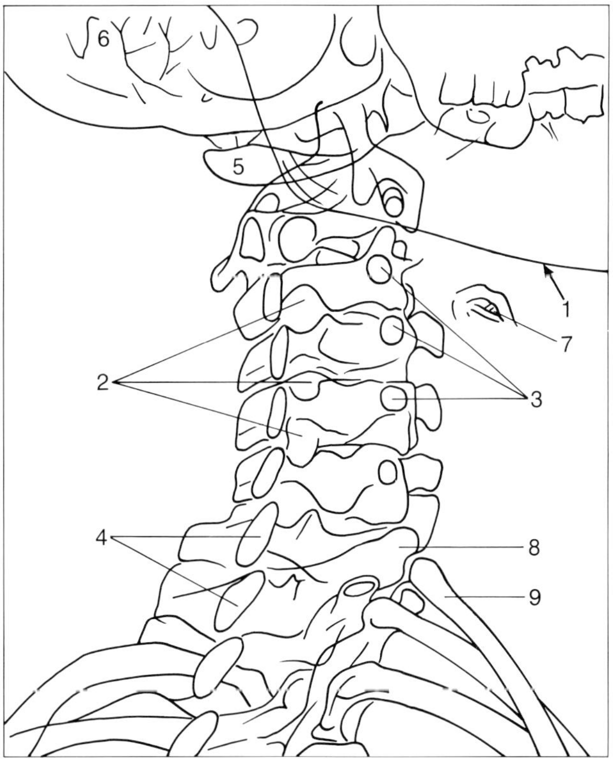

Abb. 5.**78** **Röntgenbild der Halswirbelsäule eines 23jährigen Mannes, halbschräge Aufnahme.** Darstellung der Foramina intervertebralia und der Gelenkfortsätze.

Pfeil 1 weist auf den Unterkieferrand, der halbschräg getroffen ist. 2 Foramina intervertebralia 3 orthograd getroffene Querfortsätze 4 Gelenkfortsätze 5 Atlasbogen 6 Cellulae mastoideae 7 Zungenbein 8 Processus transversus 9 Costa I

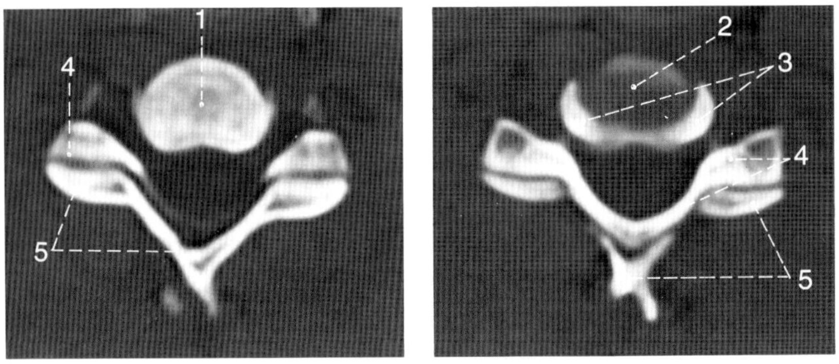

Abb. 5.**79a** u. **b** **Computertomogramme des 6. und 7. Halswirbels bei einem gesunden Erwachsenen.** Die Untersuchungsebenen verlaufen parallel zur Grundplatte des 6. Halswirbelkörpers (1), die in **a** zur Darstellung kommt. In **b** wird eine Ebene 4 mm weiter kaudal von **a** erfaßt. Im ventralen Bereich kommt der Zwischenwirbelraum zwischen 6. und 7. Halswirbel (2) zur Darstellung.
(Fortsetzung der Legende rechte Seite)

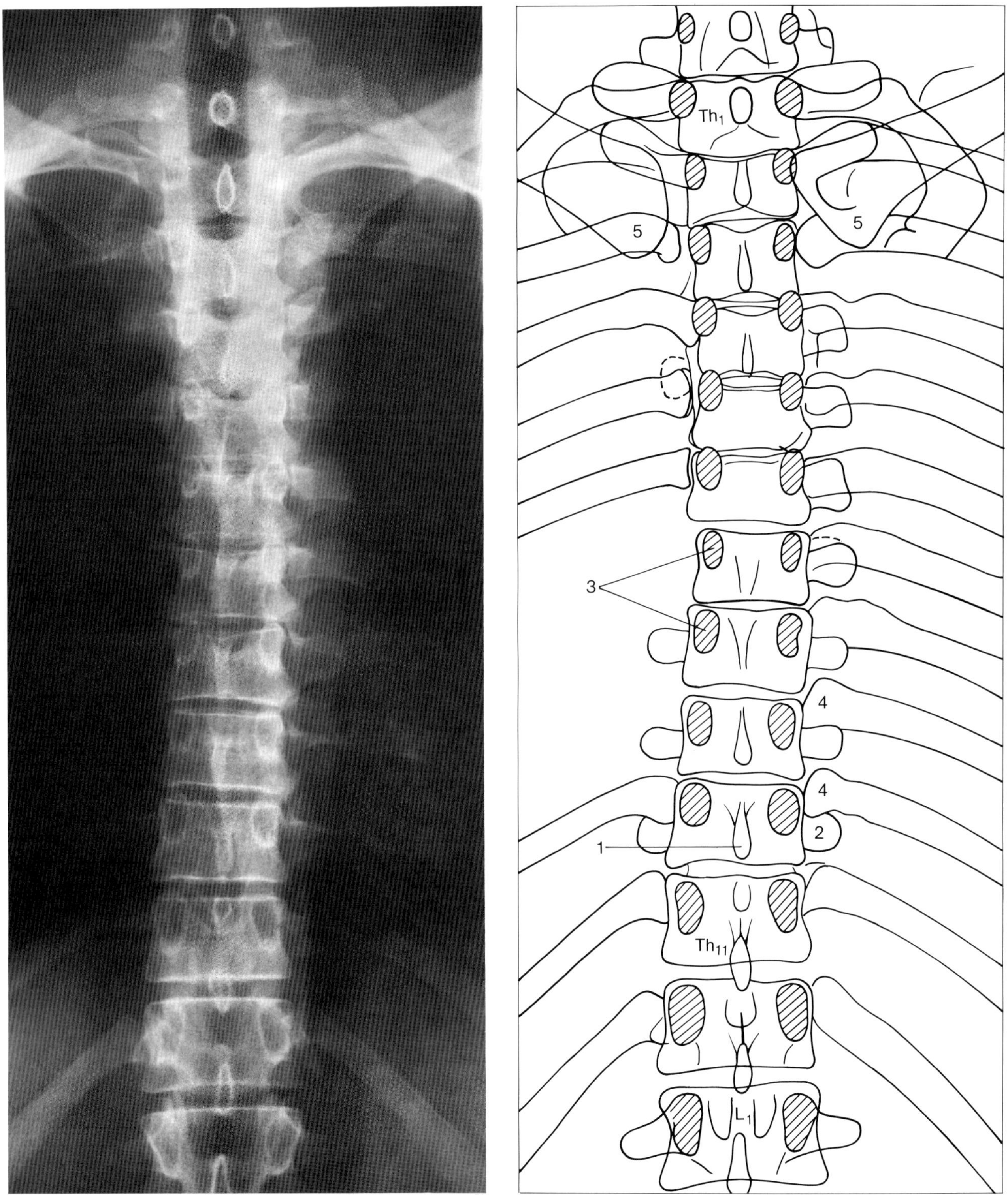

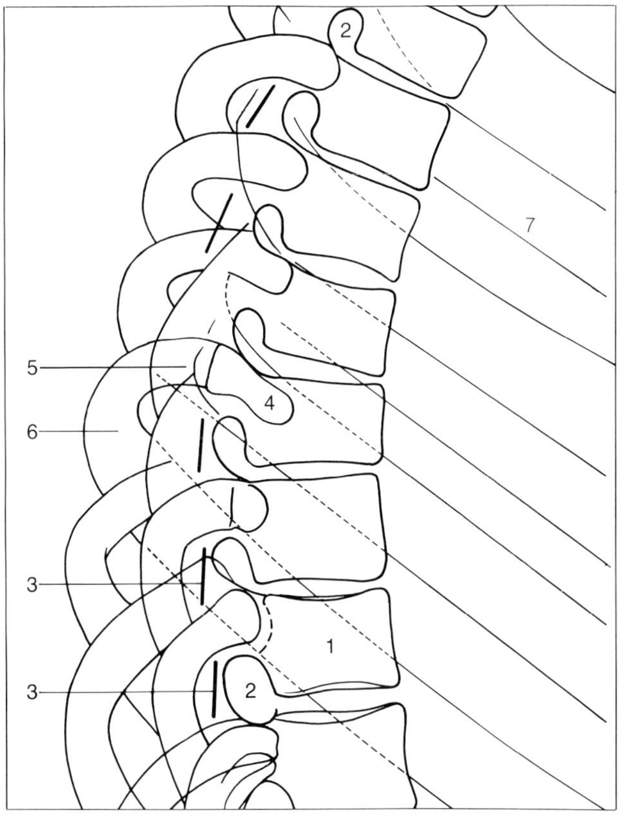

1 Wirbelkörper mit dichten knöchernen Randleisten
2 Foramina intervertebralia 3 Gelenkfortsätze
4 Caput 5 Tuberculum 6 Angulus 7 Corpus } costae

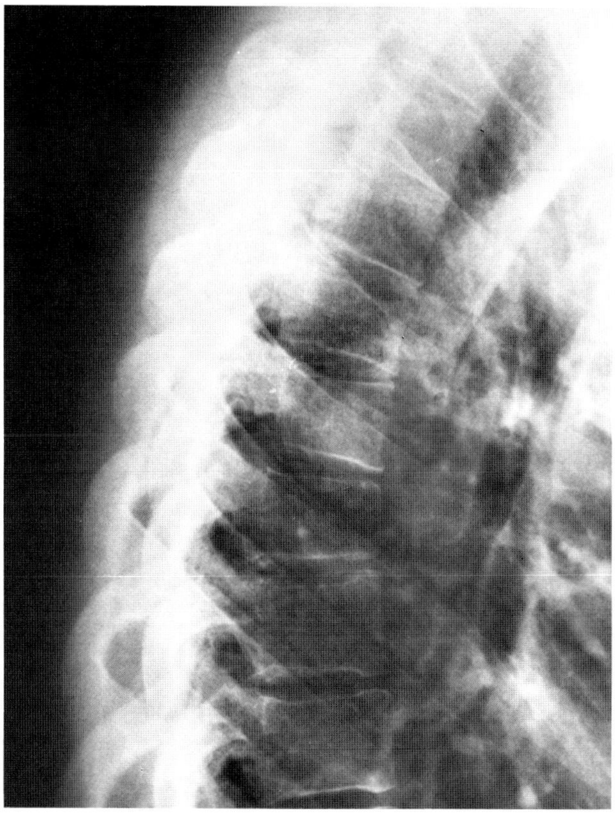

Abb. 5.**81** **Röntgenbild der Brustwirbelsäule einer 19jährigen Frau im seitlichen Strahlengang.** Kyphose und die Überlagerung von Rippen und Wirbelbögen.

Abb. 5.**82** **Röntgenbild der Lendenwirbelsäule eines 24jährigen Mannes im antero-posterioren Strahlengang.**
1 Processus spinosus 2 Processus costalis 3 Wurzel des Wirbelbogens, orthograd getroffen (schraffiert) 4 Processus articularis inferior 5 Processus articularis superior 6 Costa XI 7 Pars lateralis ossis sacri 8 Articulatio sacroiliaca

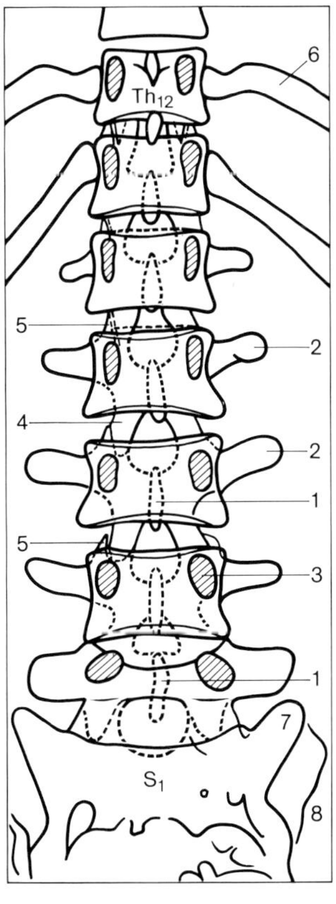

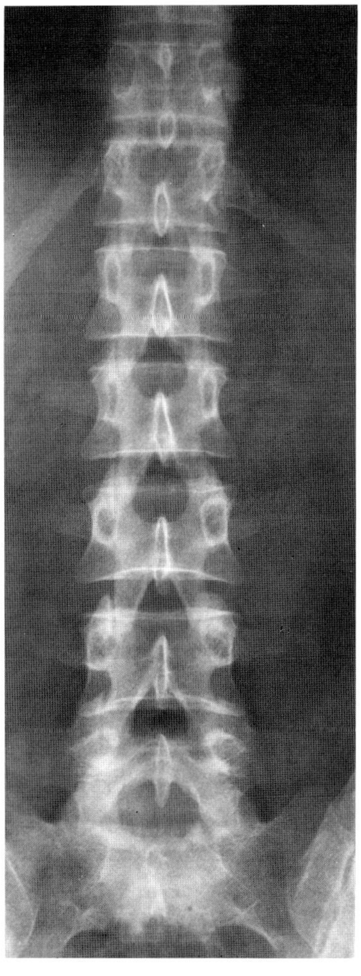

(Fortsetzung der Legende von Abb. 5.**79**)
Lateral davon erscheinen die Unci corporis des 7. Halswirbels (3); vom 7. Halswirbel sind außerdem die oberen Gelenkfortsätze und der Arcus angeschnitten (4). Dorsal von diesen erscheint der kaudale Anteil des Processus spinosus und der Gelenkfortsatz des 6. Halswirbels (5). Wirbelbogen und Gelenkfortsätze des 6. Halswirbels sind in **a** ebenfalls deutlich zu sehen (Originalabbildung Dr. *Pudenz,* Hamburg)

◀ Abb. 5.**80** **Röntgenbild der Brustwirbelsäule einer 19jährigen Frau im antero-posterioren Strahlengang.**
1 Processus spinosus, orthograd getroffen 2 Processus transversus 3 Wurzel des Wirbelbogens, orthograd getroffen (schraffiert) 4 Caput costae 5 Clavicula. Knöcherne Randleisten geben einen dichten Schatten an Ober- und Unterfläche der Wirbelkörper.

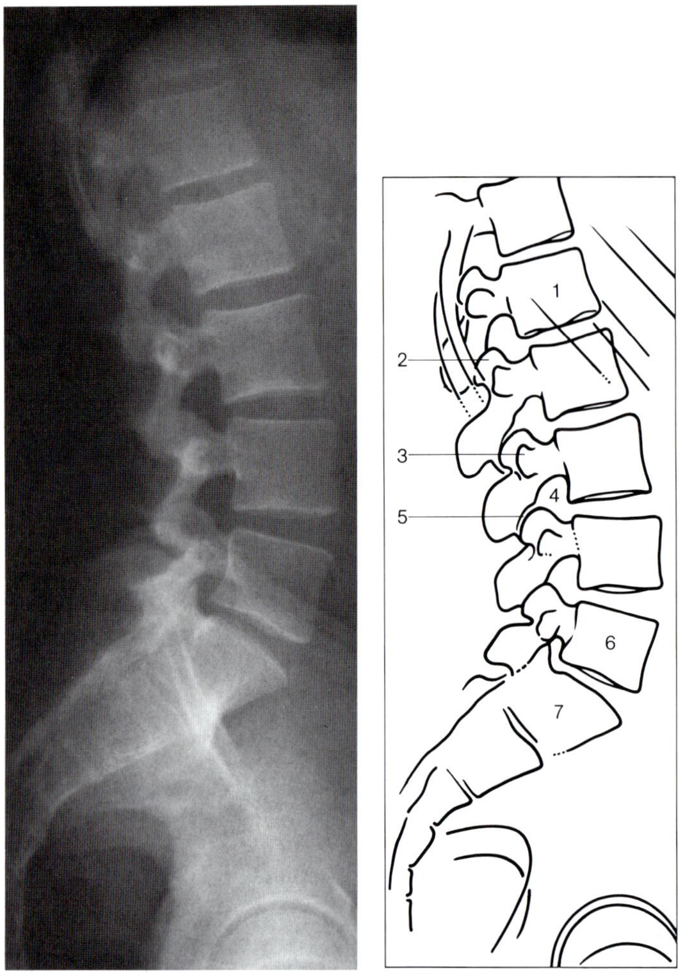

Abb. 5.**83** **Röntgenbild der Lendenwirbelsäule im seitlichen Strahlengang. Lumbosakrale Übergangsregion.**
1 1. Lendenwirbel
2 Processus articularis superior
3 Processus costalis
4 Foramen intervertebrale
5 Wirbelbogengelenk
6 5. Lendenwirbel
7 Os sacrum

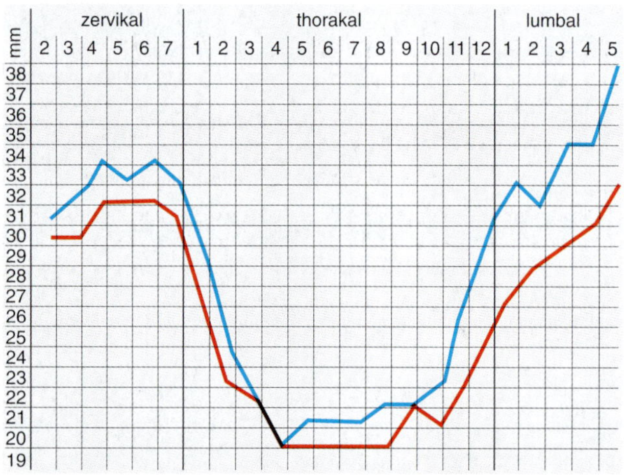

Abb. 5.**84** **Bogenwurzelabstand** (es wurde die kürzeste Entfernung zwischen den medialen Seiten der Bogenwurzeln gemessen). Rote Linie: durchschnittlicher Maximalabstand; blaue Linie: größter Maximalabstand (nach *Elsberg* u. *Dyke*).

daß sie bei den gewöhnlichen Aufnahmetechniken nicht zu sehen sind. In Halbschrägaufnahmen kommen die Gelenkfortsätze und Gelenkspalten zur Darstellung, dabei wird auch die sogenannte Interartikularportion des Wirbelbogens sichtbar (Abb. 5.**76**, 5.**81**). Lachapèle und Wellauer lesen aus der Schrägaufnahme der Wirbelsäule das Bild eines Hundes heraus (Abb. 5.**85**): Die Schnauze des Hundes entspricht dem Querfortsatz, seine Ohren dem oberen, die Vorderfüße dem unteren Gelenkfortsatz, der Hals dem Interartikularsegment, sein Körper dem Wirbelbogen. Die hintere Partie des Hundes stellt den Wirbelbogen und die Gelenkfortsätze der gegenüberliegenden Seite dar.

Die *Processus spinosi* kommen in a.-p. Aufnahmen gut zur Darstellung. Sie sind in der Halsregion gespalten, in der Brustregion schmal und lang und in den Lendenregion breit und horizontal gestellt. Auch die *Processus transversi* der Brustwirbel und die *Processus costales* der Lendenwirbel sind in a.-p. Aufnahmen zu beurteilen, während sie in lateralen Aufnahmen orthograd getroffen werden.

Die *Zwischenwirbelscheiben* sind in gewöhnlichen Röntgenbildern nicht zu erkennen. Aus der Distanz zweier aufeinanderfolgender Wirbelkörper kann auf ihre Höhe geschlossen werden. Die durchschnittliche Höhe der Zwischenwirbelschei-

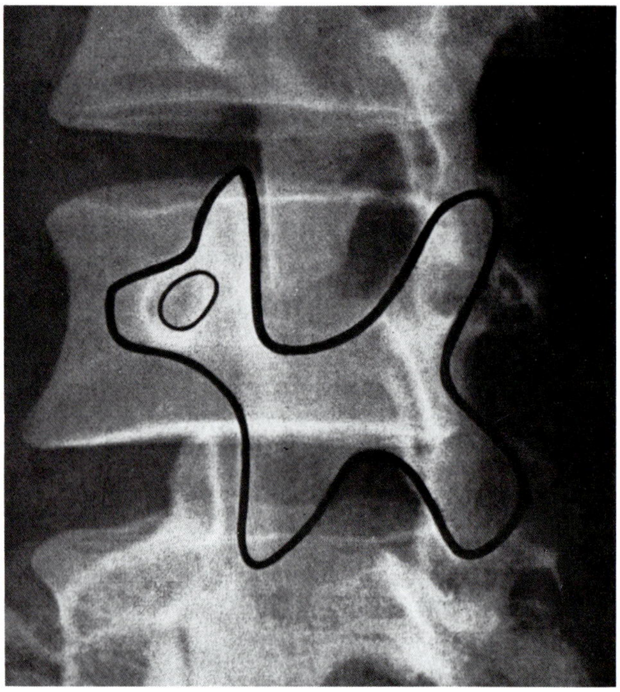

Abb. 5.**85** **Halbschräge Aufnahme der Lendenwirbelsäule,** vgl. Text. Die Form eines Hundes ist mit Fettstift eingezeichnet (nach *Wellauer* 1961).

ben beträgt in der Hals- und oberen Brustregion 4–5 mm, in der unteren Brustwirbelsäule 6–8 mm und in der Lendenregion 10–12 mm. Durch Injektion eines Kontrastmittels in die Gallertkernhöhle gelingt ihre Darstellung (Diskographie).
Zur Diagnostik von Bandscheibenschäden, die mit einer Protrusion oder mit einem Prolaps von Bandscheibengewebe einhergehen und zur Einengung des Wirbelkanals oder des Zwischenwirbelloches führen, eignen sich Computertomographie (s. Abb. 5.**79**) und Magnetische Resonanz-Tomographie (Abb. 5.**86**).

Mechanik der Wirbelsäule

Die *Kraftübertragung* in einem *Bewegungssegment* erfolgt über die Wirbelkörper und die Zwischenwirbelscheiben sowie über die Wirbelbogengelenke. Wirbelkörper und Gelenkflächen der Wirbelbogengelenke bilden eine Art Dreipunktlagerung.
Die *Wirbelbogengelenke* innerhalb eines Bewegungssegmentes sind zwangsläufig kombinierte Gelenke. Sie dienen jedoch nicht allein der Aufnahme von Druckkräften, sondern sie haben neben den *kinetischen* auch wichtige *kinematische Funktionen* bei der Steuerung der Bewegung in den einzelnen Bewegungsregionen der Wirbelsäule. Kinetik (Statik) und Kinematik der Wirbelbogengelenke hängt von der räumlichen Stellung der Gelenkflächen zur Richtung der beanspruchenden Kraft ab (s. unten).
Die *Belastung* eines Bewegungssegmentes erfolgt durch eine Resultierende, die sich aus der Vektorsumme des Teilkörpergewichtes und den Gleichgewicht herstellenden Muskel- und Bandkräften zusammensetzt. Die Größe der *regionalen Beanspruchung* der Wirbelsäule hängt nicht nur von der absoluten Größe der resultierenden Kraft, sondern auch von der Stellung der Wirbelkörper und der Gelenkflächen der Wirbelbogengelenke in den einzelnen Regionen ab (s. Abb. 5.**5**). Die schräg von dorso-lateral nach ventrokaudal verlaufende *Resultierende R* läßt sich in eine *Längskraft L* und in eine *Schubkraft S* zerlegen (Abb. 5.**87**). Durch die Längskraft L werden die Wirbelkörper über den Discus intervertebralis axial auf Druck beansprucht. Die nach ventral gerichtete Schubkraft S wird von den Zwischenwirbelscheiben und den Wirbelbogengelenken aufgenommen. Da an zwei miteinander artikulierenden Gelenkflächen Druckkräfte nur dann übertragen werden können, wenn diese senkrecht auf die Gelenkfläche treffen, ist die Schubkraft S in eine axial auf die Gelenkflächen gerichtete *Normalkraft* S_n und in eine *Tangentialkraft* S_t zu zerlegen. Durch die Normalkraft S_n werden die Gelenkflächen der Wirbelbogengelenke auf Druck beansprucht. Eine Verschiebung der Wirbel durch die Tangentialkraft S_t wird durch den Bandapparat, die Gelenkkapseln und durch die autochthonen Rückenmuskeln verhindert.
Über den Discus intervertebralis werden die *Wirbelkörper* axial auf Druck beansprucht. Der inkompressible *Nucleus pulposus* wird unter der Einwirkung des Druckes verformt und bewirkt nach Art einer hydraulischen Presse eine gleichmäßige Spannungsverteilung in den *knorpeligen Deckplatten* und im darunter liegenden Knochen der Wirbelkörper. Durch die Ausdehnung des Nucleus pulposus in der Horizontalebene wird ein Druck auf den *Anulus fibrosus* ausgeübt,

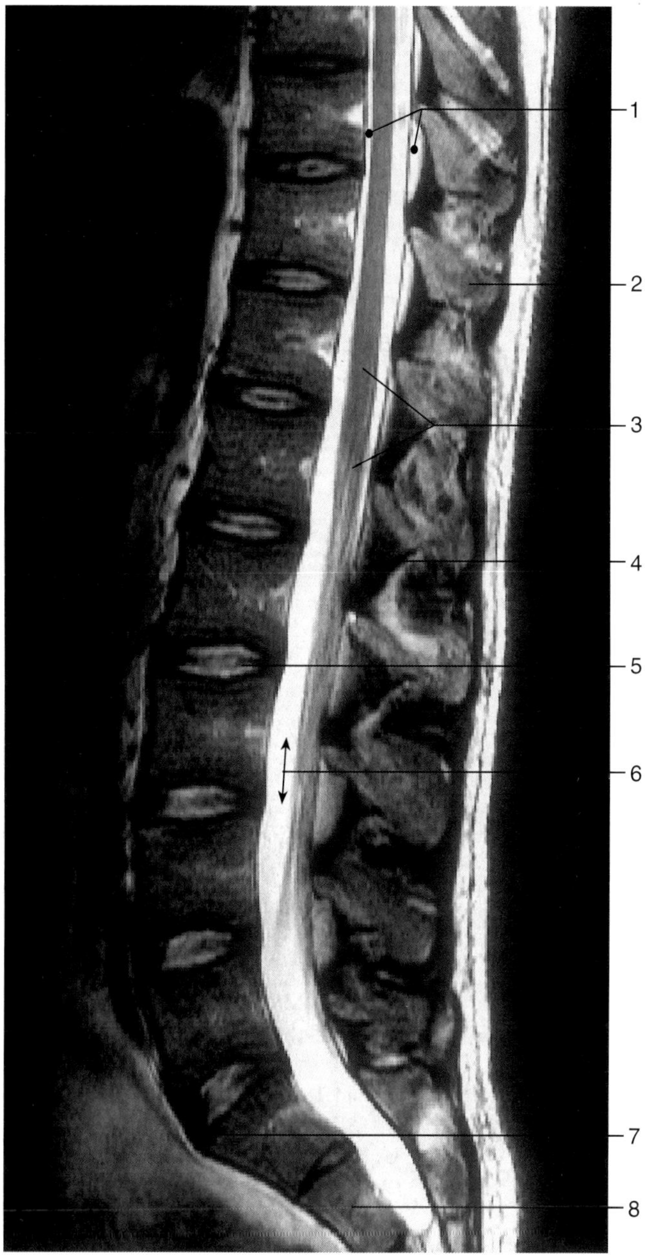

Abb. 5.**86** **Magnet Resonanz Tomographie (MRT) der Brust- und Lendenwirbelsäule eine jungen Mannes.**
Sagittaler Schnitt
T2 gewichtet
Aufnahme: Klinik für Diagnostische Radiologie der Christian-Albrechts-Universität,
Direktor: Prof. Dr. med. Martin Heller

wodurch die Bindegewebslamellen unter Zugspannung geraten (s. Abb. 5.**49**). Der *Knochen* der Wirbelkörper ist normalerweise an Art und Größe der Beanspruchung funktionell angepaßt. Die Spongiosatrabekel sind in Form eines trajektoriellen Fachwerks ausgerichtet (s. Abb. 3.**29**). Die *Materialverteilung* des Knochengewebes verhält sich proportional zur Beanspruchungsgröße. Der Knochen unterhalb der knorpeligen Deckplatten weist eine gleichmäßige Dichte auf (Abb. 5.**88**). Die Materialzunahme an den knöchernen Randleisten hängt mit der hohen Beanspruchung dieser Region bei der Aufnahme von Querdehnungen zusammen.

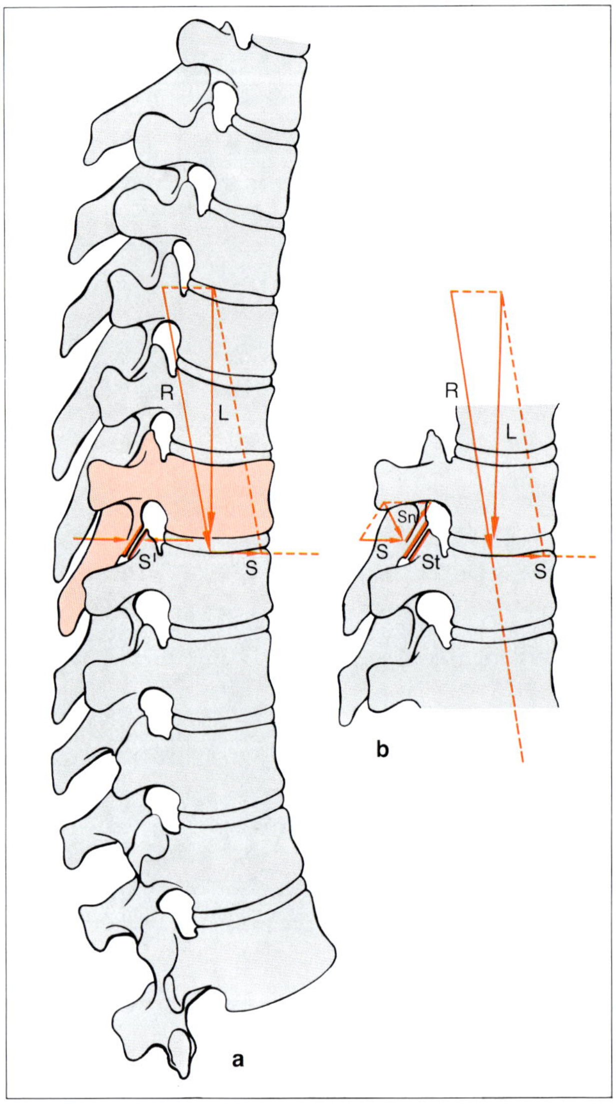

Abb. 5.**87a** **Belastung der Brustwirbelsäule im Bereich des 7. und 8. Brustwirbels** (hellrot abgehoben). Die resultierende Kraft R trifft schräg auf die obere Deckplatte des 8. Brustwirbels. Die Resultierende R kann in eine Längskraft L und in eine Schubkraft S zerlegt werden. Durch die Längskraft L wird der Wirbelkörper axial auf Druck beansprucht. Die Schubkraft S ist nach ventral gerichtet, sie wird durch eine Gegenkraft S′ im Gleichgewicht gehalten. Eine Verschiebung des Wirbels wird durch die Wirbelbogengelenke verhindert. Die Kräfte S und S′ halten sich im Gleichgewicht.

Abb. 5.**87b** **Die Schubkraft S trifft schräg auf die Gelenkflächen der Wirbelbogengelenke.** S kann in eine Normalkraft S_n und in eine Tangentialkraft S_t zerlegt werden. Die Belastung der Wirbelbogengelenke zwischen 7. und 8. Brustwirbel erfolgt durch die Normalkraft S_n, die senkrecht auf die Gelenkflächen trifft.
(nach *Kummer* 1981)

Die nach ventral gerichtete *Schubkomponente S* ist am Übergang von der *Lendenwirbelsäule* zum *Kreuzbein* besonders groß. Die Schubkraft wird normalerweise durch eine Gegenkraft im Gleichgewicht gehalten. Die Kräfte führen zu einer hohen Beanspruchung des Wirbelbogens im lumbosakralen Übergangsbereich.

Processus spinosi und Processus transversi werden auf Biegung beansprucht.

Die freie *Beweglichkeit* des präsakralen Abschnittes der Wirbelsäule ist nicht die Leistung einzelner Gelenke, sondern resultiert aus der Summe von Einzelbewegungen in mehreren Bewegungssegmenten. Das *Bewegungsausmaß* ist in den einzelnen Abschnitten der Wirbelsäule unterschiedlich. Es ist an der Leiche größer als beim Lebenden und individuell außerordentlich variabel.

Bewegungen der Wirbelsäule sind in allen Richtungen des Raumes möglich. Man unterscheidet folgende *Hauptbewegungen:*

1. Beugung, *Ventralflexion,* und Streckung, *Dorsalextension* (Dorsalflexion), in der Sagittalebene (Vorneigen und Rückneigen);
2. Seitneigung in der Frontalebene, *Lateralflexion;*
3. *Rotation* (Torsion) um eine vertikale Achse.

Aus aufrechter Haltung – Neutral-0-Stellung – kann die gesamte Wirbelsäule nach vorn gebeugt werden (s. Abb. 5.**91**). Im Bereich der Hals- und Lendenwirbelsäule sind auch isolierte Beugebewegungen nach ventral möglich (Abb. 5.**89**). Das Bewegungsausmaß schwankt individuell. Es hängt von der Dehnbarkeit der Muskeln und Bänder sowie vom Körperbau ab. Der Rücken wird beim Vorneigen rund und die Brustkyphose verstärkt sich. Hals- und Lendenlordose gleichen sich bis zur Geraden aus. Bei leichter Vorneigung des Rumpfes bleibt die Rückenrinne in der Lendenregion bestehen, da die Mm. erectores spinae vorspringen. Mit zunehmender Ventralflexion werden die Muskelwülste flacher. Die Processus spinosi der Lendenwirbelsäule treten bei maximaler Vorbeugung deutlich hervor.

Die *Ventralflexion* wird durch die *Muskeln* der Bauchwand (s. S. 283), den M. psoas sowie am Hals durch die prävertebralen und infrahyalen Muskeln ausgelöst. Die wichtigste Kraftkomponente für die Beugung des Rumpfes ist das Körpergewicht *(Schwerkraft).* Das Schwerpunktslot des Körpers liegt vor der Wirbelsäule (s. Abb. 5.**121**). Muskelkräfte in stärkerem Ausmaß werden nur bei einer Rumpfbeugung gegen Widerstand benötigt. Eine hohe Aktivität kann man bei der Ventralflexion des Rumpfes in den Rückenmuskeln verzeichnen, die den nach ventral gerichteten Kräften entgegenwirken und den Rumpf bei der Beugung stabilisieren. Die Ventralflexion wird durch die dorsalen

Abb. 5.**88** **Äquidensiten vom Röntgenbild eines 2 mm dicken, planparallelen Median-Sagittalschnittes durch einen Brustwirbelkörper.** An den Wirbelkörperdeckplatten ist das Knochengewebe dichter als im mittleren Bereich. Die Corticalis der kranialen und kaudalen knöchernen Deckplatten zieht als gleichmäßiges Band hoher Dichte über die gesamte Schnittfläche. An den knöchernen Randleisten liegt Knochengewebe hoher Dichte. Die Farbwerte des Äquidensitenbildes entsprechen der angegebenen Strahlenabsorption des Aluminiumäquivalentes.
Die Messung erfolgte mit dem Fernsehbildanalysator IBAS II durch Herrn Dipl.-Ing. Dr. *A. Schleicher*, Köln.

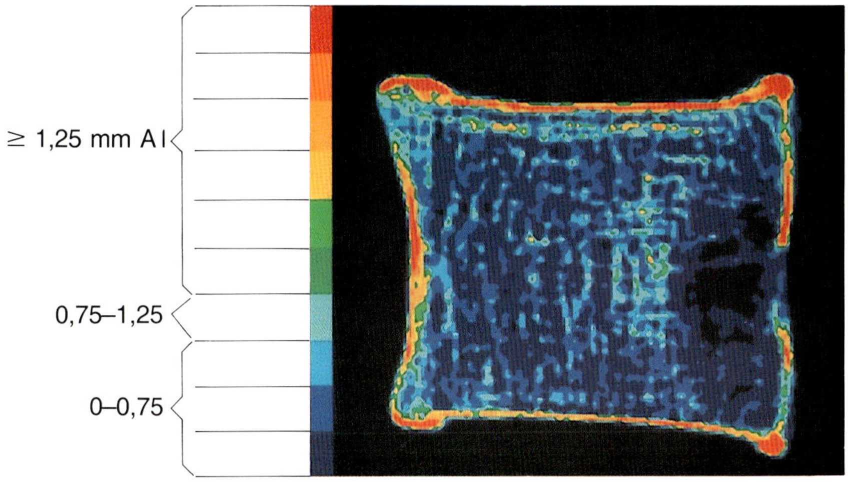

Bänder (Ligg. flava, Ligg. interspinalia) sowie durch die autochthonen Rückenmuskeln begrenzt.

Zur Messung des *Bewegungsumfanges* bedient man sich festgelegter Markierungspunkte (Schobersches Zeichen). Für die Bewegung der Lendenwirbelsäule wird eine Markierung auf den Dornfortsatz des 1. Sakralwirbels und eine zweite 10 cm weiter kranial gesetzt. Bei maximaler Ventralflexion soll sich die Distanz zwischen den beiden Markierungspunkten auf etwa 15 cm vergrößern. An der Brustwirbelsäule liegt eine Markierung am Dornfortsatz des 7. Brustwirbels und eine zweite Markierung 30 cm weiter kaudal. Hier soll der Abstand zwischen den Markierungen bei Vorbeugen des Rumpfes normalerweise bis zu 8 cm zunehmen.

An der *Dorsalextension* der Wirbelsäule sind vor allem der lumbosakrale und der thorakolumbale Übergangsbereich sowie die Halswirbelsäule beteiligt. Bei der Rückneigung des Rumpfes vertiefen sich Hals- und Lendenlordose. Die Brustkyphose flacht sich ab, sie verschwindet jedoch nicht ganz. Das *Bewegungsausmaß* beträgt, ausgehend von aufrechter Körperhaltung, etwa 30° (Abb. 5.**91**). Die Dorsalextension kann in einzelnen Abschnitten der Wirbelsäule isoliert durchgeführt werden. Die Dorsalextension der Lendenwirbelsäule läßt sich mit einer Ventralflexion im Brust- und Halsbereich kombinieren. Die Rückneigung der Wirbelsäule wird durch die Gelenkkapseln der Wirbelbogengelenke, die Anuli fibrosi der Zwischenwirbelscheiben sowie durch das Lig. longitudinale anterius begrenzt. Im Bereich der Brustwirbelsäule schränken die Processus spinosi und die Rippen die Dorsalextension ein. Die Rückneigung des Rumpfes erfolgt durch die Rückenmuskeln sowie, nach Dorsalverlagerung des Körperschwerpunktes, durch das Rumpfgewicht. Die seitlichen und vorderen Bauchwandmuskeln stabilisieren den Rumpf.

Die *Seitwärtsneigung* ist in der Hals- und Lendenwirbelsäule am ausgiebigsten möglich. Sie beträgt im Halsbereich etwa 30° (Abb. 5.**90**) (im Bereich der Brustwirbelsäule nach Entfernung der Rippen etwa 100°) und im Bereich der Lendenwirbelsäule etwa 35° auf jeder Seite. Bei Seitneigung des gesamten Rumpfes bildet die Wirbelsäule einen gleichmäßig gekrümmten Bogen (Abb. 5.**92**). Die Distanz zwischen Beckenkamm und Rippenbogen verringert sich auf der gebeugten Seite und führt zu einer Stauchung der Bauchwand. Auf der Gegenseite vergrößert sich der Abstand zwischen Brustkorb und Becken, und es kommt zu einer Dehnung der Weichteile. Die Seitneigung des Rumpfes erfolgt durch die Mm. iliocostalis, quadratus lumborum, obliquus externus abdominis und obliquus internus abdominis der gleichen Seite. Die entsprechenden Muskeln der kontralateralen Seite stabilisieren den Rumpf bei der Lateralflexion der Wirbelsäule.

Die *Rotationsfähigkeit* der Wirbelsäule ist in den einzelnen Regionen und individuell verschieden (Abb. 5.**93**). Sie läßt sich in den meisten Fällen nicht seitengleich ausführen. Die vertikale *Rotationsachse* verläuft dorsal vom Mittelpunkt des Wirbelkörpers durch den

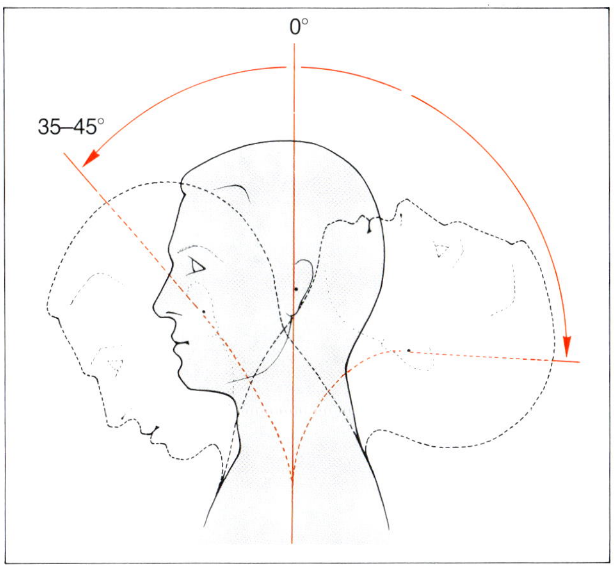

Abb. 5.**89** **Ventralflexion und Dorsalextension in Kopfgelenken und Halswirbelsäule.**

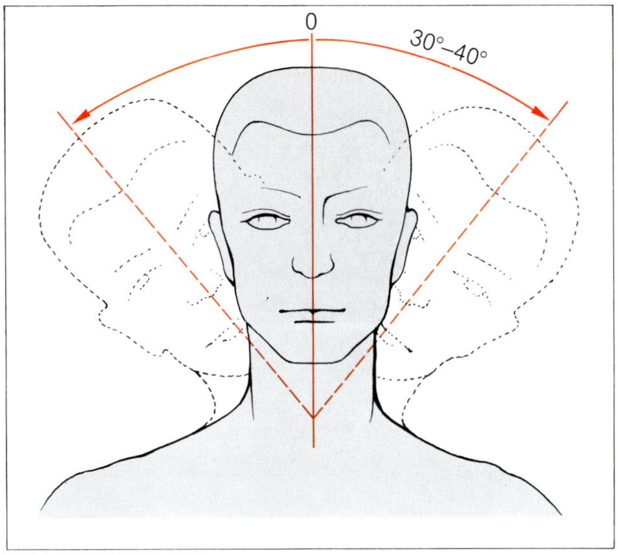

Nucleus pulposus. Das Ausmaß der Rotation beträgt im Halswirbelsäulenbereich etwa 45°, im Brustwirbelsäulenbereich etwa 40° und im Lendenwirbelsäulenbereich etwa 5° auf jeder Seite. Die Rotation im Bereich der Halswirbelsäule ist aufgrund der Neigungswinkel der Gelenkflächen zwangsläufig mit einer Lateralflexion kombiniert. Bei feststehenden Füßen kann der gesamte Körper aus der Neutral-0-Stellung unter Ausnutzung des gesamten Bewegungsausmaßes der Wirbelsäule einschließlich der Kopfgelenke sowie der

Abb. 5.**90** **Seitneigung in Kopfgelenken und Halswirbelsäule.**

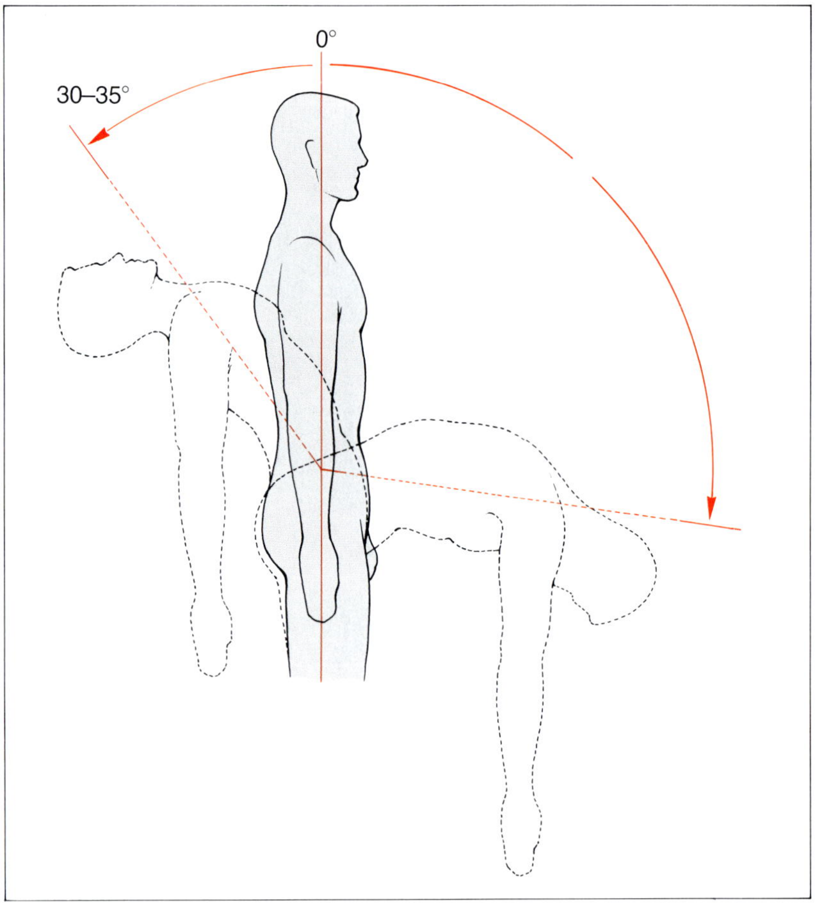

Abb. 5.**91** **Ventralflexion und Dorsalextension der gesamten Wirbelsäule** (nach *Debrunner*).

Gelenke der unteren Extremitäten auf jeder Seite bis zu 180° nach hinten gedreht werden. Bei dieser Drehbewegung entfallen etwa 70° der Bewegungsexkursion auf die Gelenke der unteren Extremitäten.
An der Rotation der Wirbelsäule beteiligen sich mehrere Systeme der autochthonen Rückenmuskeln (transversospinales System, spinotransversales System und sakrospinales System) sowie die Muskelschlinge der schrägen Bauchwandmuskeln (s. S. 295).

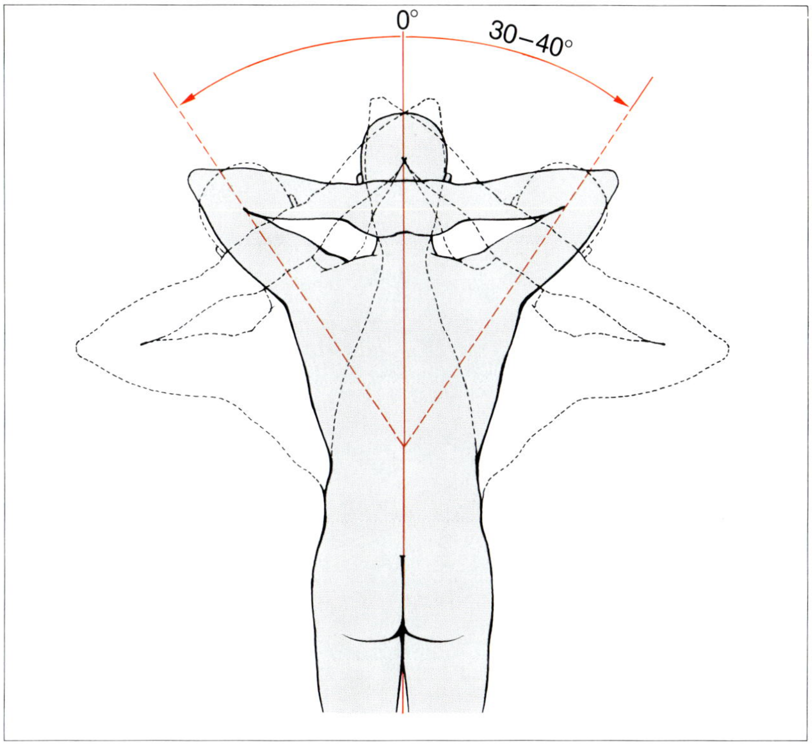

Abb. 5.**92** **Seitneigung der gesamten Wirbelsäule** (nach *Debrunner*).

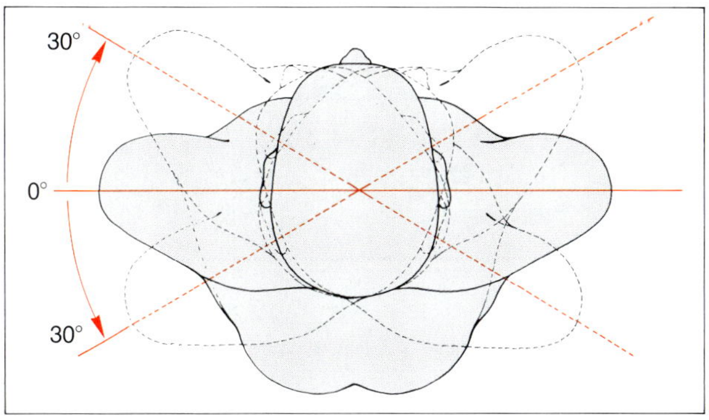

Abb. 5.**93** **Rotation des Rumpfes im Stehen** (nach *Debrunner*).

Schädel-Wirbelsäulen-Übergang und Kopfgelenke

Das Interesse für den Schädel-Wirbelsäulen-Übergang geht bis auf das erste Viertel des 19. Jahrhunderts zurück. Naturphilosophen, wie OKEN (1807), G. SAINT-HILAIRE (1818), GOETHE (1820) und CARUS (1828) vertraten die Ansicht, daß der Schädel aus einer Reihe von Knochenringen aufgebaut sei, von denen jeder einem Wirbel entspreche. Diese Wirbeltheorie des Schädels wurde von namhaften Embryologen der damaligen Zeit bedenkenlos akzeptiert. Erst C. VOGT machte (1842) auf die Zusammensetzung des Schädels aus einem chordalen und einem prächordalen Teil aufmerksam und unterstrich, daß nur der chordale Teil seiner Herkunft nach als Wirbelschädel bezeichnet werden könne. REMAK (1850), BALFOUR (1876), GEGENBAUR (1888) u. a. haben dann auf Grund embryologischer Untersuchungen gezeigt, daß das Anlagematerial der postotischen Teile der Schädelbasis aus gut nachweisbaren, gegliederten Primordien, den Okzipitalsomiten (s. Abb. 5.**100**), stammt.

Atlas und Axis

Gestalt

Die beiden oberen Halswirbel, *Atlas* und *Axis* (Epistropheus), haben sich zu Drehwirbeln entwickelt. Der *Atlas* hat keinen Wirbelkörper (Abb. 5.**94**–5.**96**). Seine lateralen Teile, *Massae laterales,* sind durch den *Arcus anterior* und durch den *Arcus posterior* miteinander verbunden und tragen die oberen Gelenkgruben, *Foveae articulares*. Die Foveae *articulares superiores* (Okzipitalpfannen) verlaufen mit ihrer langen Achse nach medial-ventral. Sie haben normalerweise ovale Form. Sie sind von dorsal nach ventral konkav gekrümmt und gegen die Medianebene sowie nach kaudal geneigt. Die Gelenkflächen sind in etwa einem Drittel der Fälle zweigeteilt (Abb. 5.**96a**). Die *Foveae articulares inferiores* sind nahezu kreisförmig und flach oder wenig konkav gewölbt (Abb. 5.**95**). Die Gelenkflächen weisen nach unten-medial und etwas nach dorsal. An der medialen Fläche jeder Massa lateralis liegt ein kleiner, rundlicher Höcker mit einer rauhen

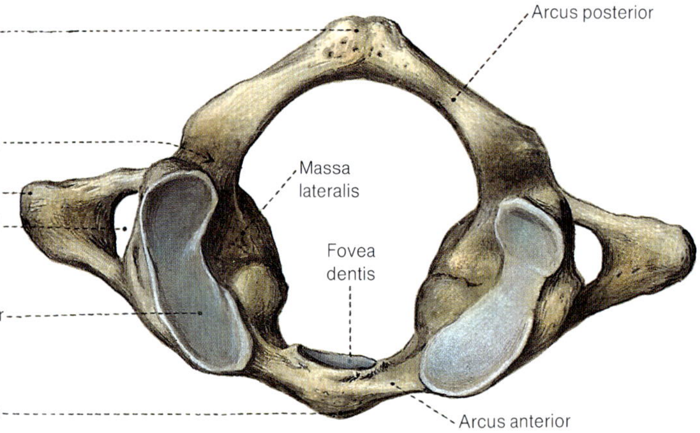

Abb. 5.**94** **Atlas in der Ansicht von kranial.**

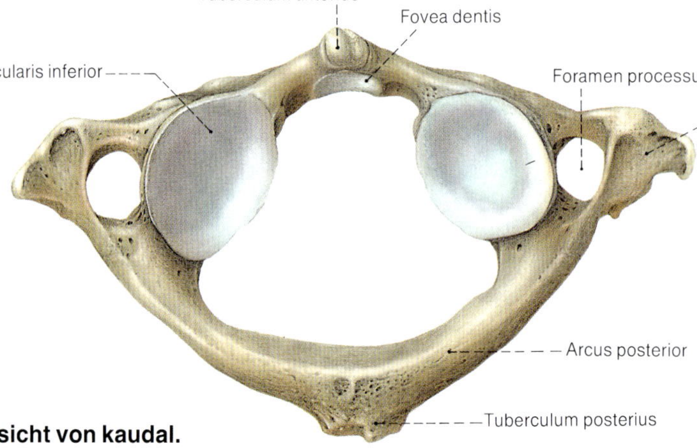

Abb. 5.**95** **Atlas in der Ansicht von kaudal.**

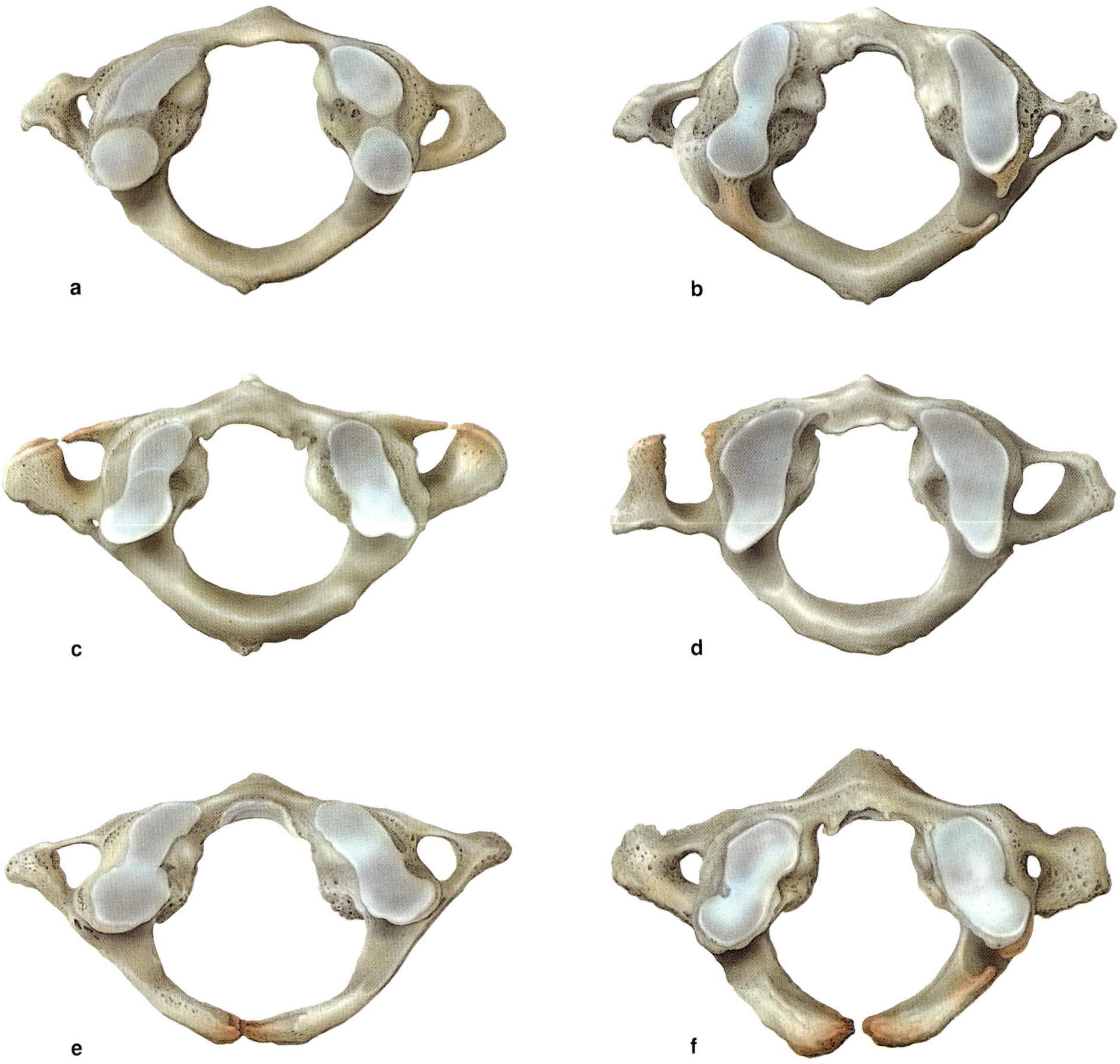

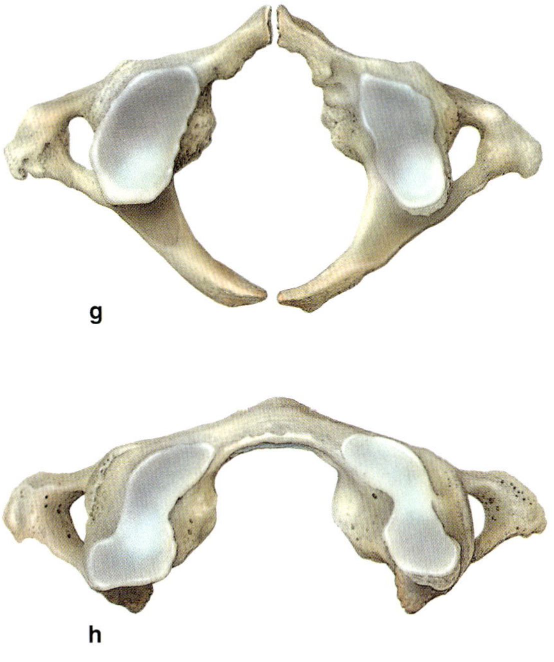

Abb. 5.**96a–h** **Varianten des Atlas in der Ansicht von kranial.**

a Unterteilte Fovea articularis superior.

b Unvollständige Überbrückung des Sulcus arteriae vertebralis, rechts; vollständige Überbrückung des Sulcus arteriae vertebralis links mit Ausbildung eines Canalis arteriae vertebralis (Pontikulusbildung).

c Spaltbildung am vorderen Rand des Foramen processus transversi.

d Offenes Foramen processus transversi auf der linken Seite.

e u. **f** Spaltbildungen im Bereich des Arcus posterior.

g Spaltbildung im vorderen und hinteren Atlasbogen.

h Fehlender Arcus posterior.

(Präparate der Sammlung des Anatomischen Institutes, Kiel)

Vertiefung für die Anheftung des Lig. transversum atlantis. Am hinteren Ende der Massae laterales entspringt der *Arcus posterior,* der den Atlasring dorsal schließt. Am Ende des hinteren Atlasbogens ragt ein individuell unterschiedlich großer Höcker, *Tuberculum posterius,* nach dorsal, der dem Rudiment eines Dornfortsatzes entspricht. Auf der kranialen Fläche des Arcus liegt in der Nähe der Massa lateralis eine Furche, *Sulcus arteriae vertebralis,* die durch eine überbrückende Knochenspange in einen Kanal, *Canalis arteriae vertebralis,* umgewandelt sein kann (Abb. 5.**96b**). Seitlich der Massa lateralis liegt der Querfortsatz, *Processus transversus,* der das *Foramen processus transversi* umschließt.

Das charakteristische Merkmal des *Axis* (Abb. 5.**97**, 5.**98**) ist sein zahnförmiger, zylindrischer oder konischer Fortsatz, *Dens axis,* der dem Wirbelkörper aufsitzt. Der Dens axis endet mit stumpfer Spitze, *Apex axis.* Auf der Vorderfläche des Dens axis liegt eine ovale Gelenkfläche, *Facies articularis anterior,* für die Fovea dentis des Atlas. Die Gelenkfläche auf der Rückseite des Zahnes, *Facies articularis posterior,* steht mit dem Lig. transversum atlantis in Kontakt. Über den Axiskörper verläuft ventral eine vertikale Leiste, neben der zwei seichte Gruben liegen. Die Gelenkflächen *(Facies articulares superiores)* der *Processus articulares superiores* axis sind konvex und nach dorso-lateral geneigt. Gelenkfortsätze und Gelenkflächen, *Facies articulares inferiores,* an der Unterseite entsprechen denen der folgenden Halswirbel. Das Schlußstück des Wirbelbogens bildet ein kräftiger Dornfortsatz, *Processus spinosus,* der häufig am Ende in zwei Zacken gespalten ist. Der kurze Querfortsatz, *Processus transversus,* ist nach lateral-kaudal gerichtet. Das *Foramen processus transversi* durchsetzt ihn in schräger Richtung von innen-kaudal nach außen-kranial.

Entwicklung, Varianten – Fehlbildungen

Atlas und Axis unterscheiden sich in ihrer Knochenentwicklung von den übrigen Wirbeln (Abb. 5.**101**–5.**103**). Wirbelkörper und Zahn des *Axis* verknöchern je von einem eigenen Kern aus. Der Kern des Dens axis wird in seiner Mitte von der Chorda dorsalis durchbohrt (Abb. 5.**99**). Auch nach Rückbildung der Chorda bleibt der Kern im mittleren Bereich leicht eingedellt. Er reicht bis unter das Perichondrium, wo sich eine dünne perichondrale Knochenspange bildet. Die beiden gegen die Densspitze und gegen die Basis gerichteten Flächen haben je eine typische Wachstumszone. Im Apex dentis tritt ein weiterer Knochenkern *(Ossiculum terminale)* auf, der normalerweise mit dem Dens axis synostotisch verschmilzt (s. unten) (s. Abb. 5.**102**).

Die Knochenbildung des *Atlas* beginnt im Bereich der Massae laterales, die nach Art der Wirbelbögen verknöchern. Im vorderen und hinteren Atlasbogen setzt die Osteogenese erst relativ spät ein, sie wird wie an den Wirbelbögen mit der Entstehung einer perichon-

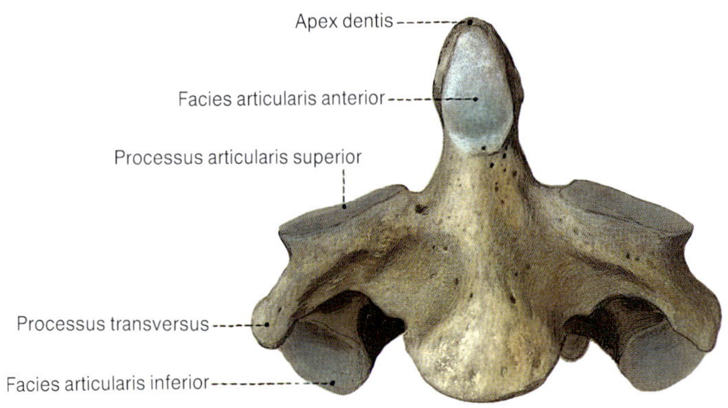

Abb. 5.**97** **Axis in der Ansicht von ventral.**

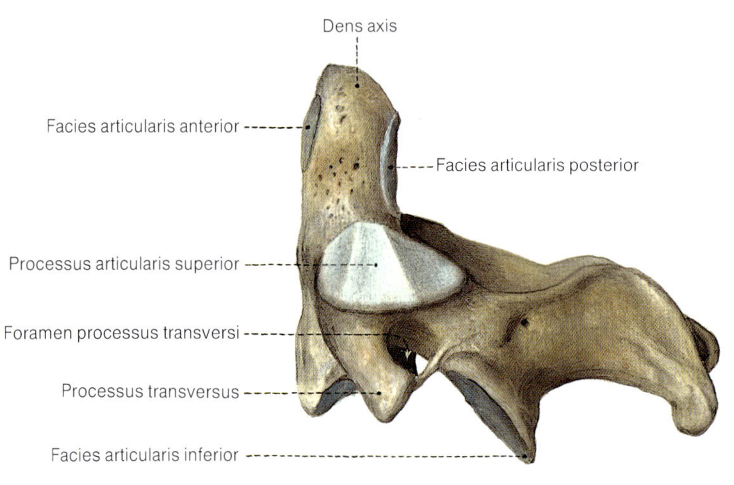

Abb. 5.**98** **Axis in der Ansicht von links lateral.**

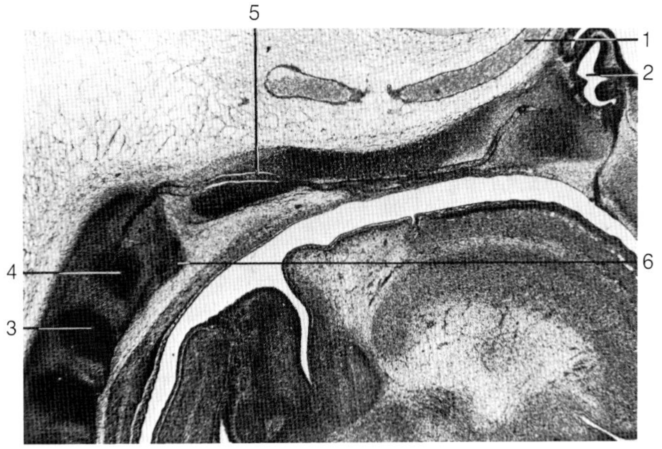

Abb. 5.**99** **Sagittalschnitt durch die Anlage der Schädelbasis eines Embryo von 16 mm SSL.** Man beachte die Chorda dorsalis, die, aus der Spitze des Dens axis kommend, zuerst eine kurze Strecke weit auf der zerebralen Seite der Basalplatte verläuft, dann diese in schräger Richtung durchsetzt, um an der pharyngealen Basisfläche entlang nach vorn zu ziehen. Dicht hinter dem Dorsum sellae tritt sie wieder von ventral in die Basis ein.

1 A. basilaris
2 Anlage der Adenohypophyse
3 Corpus axis
4 Dens axis
5 Chorda dorsalis
6 Arcus anterior atlantis

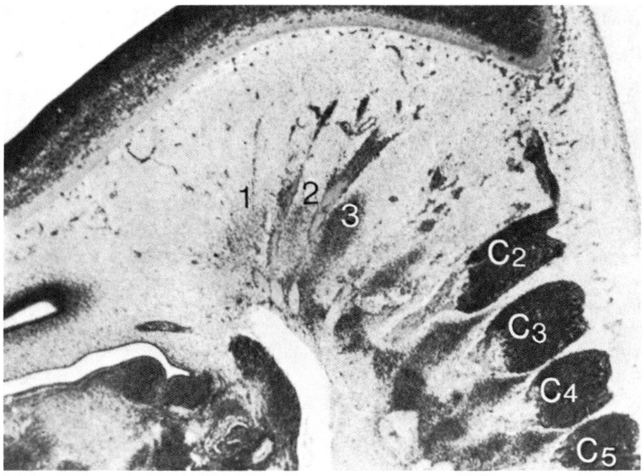

Abb. 5.**100** **Parasagittalschnitt durch die Anlage der Schädelbasis und die Zervikalganglien 2–5 eines Embryo von 7 mm SSL.** Okzipitalsomiten entsprechen den Wirbelbogenanlagen im Halsbereich. Zwischen den Okzipitalsomiten I und II sowie II und III sind zwei Wurzeln des N. hypoglossus angeschnitten.

1–3 Okzipitalsomiten
C_2–C_5 Zervikalganglien

dralen Knochenspange eingeleitet. Gegen Ende des 3., spätestens bis zum Ende des 4. Lebensjahres ist der hintere Bogen normalerweise geschlossen. Bei 80% der Neugeborenen ist der vordere Atlasbogen röntgenologisch noch nicht sichtbar. Seine Verknöcherung ist uneinheitlich. Sie kann von einem mittleren, unpaaren Knochenkern im Tuberculum anterius ausgehen. Gelegentlich bilden sich zwei oder mehrere paramedian gelegene Kerne. Die Osteogenese kann aber auch im Bereich von den Massae laterales beginnen. Sie findet zwischen dem 7. und 10. Lebensjahr ihren Abschluß.

Der normalen Ausbildung des Lig. apicis dentis kommt eine große *entwicklungsmechanische* Bedeutung für die Ausbildung der Okzipitozervikalregion zu. Darauf weisen teratologische Studien an einer Mutante der Hausmaus hin, bei der sich die Chorda nach anfänglich normaler Entwicklung später zurückbildet und schließlich verschwindet. Der Dens axis ist bei diesen Mäusen kürzer als bei normalen Tieren und der vordere Atlasbogen verlagert sich nach dorsal, wodurch es schließlich zur *Densluxation* kommt. Eine Densluxation ist nur möglich, wenn die axiale Verankerung des Dens axis infolge frühzeitiger Rückbildung der Chorda fehlt. Nur eine aus blasigen Zellen und aus einer unnachgiebigen Chordascheide aufgebaute Chorda kann ihre Funktion erfüllen. Fehlt die Chorda, so genügt der Zug der Nackenmuskulatur, um Schädelbasis und Atlas nach dorsal zu beugen und die Situation der Densluxation herbeizuführen.

Der *Atlas* zeigt nicht selten Varianten und Fehlbildungen, unter denen *Defektbildungen* am häufigsten sind. Außer einem unvollständigen Verschluß des Foramen processus transversi (Abb. 5.**96c, d**) werden Spaltbil-

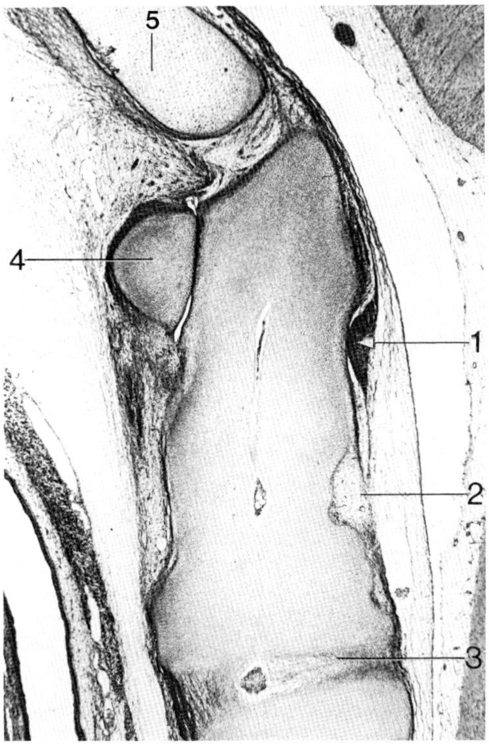

Abb. 5.**101** **Sagittalschnitt durch Axis und Basioccipitale eines Feten von 8 cm SSL.**

1 Lig. transversum atlantis
2 Grenze zwischen Dens und Corpus axis
3 Zwischenwirbelscheibe zwischen Axis und 3. Halswirbel
4 Arcus anterior atlantis
5 Basioccipitale

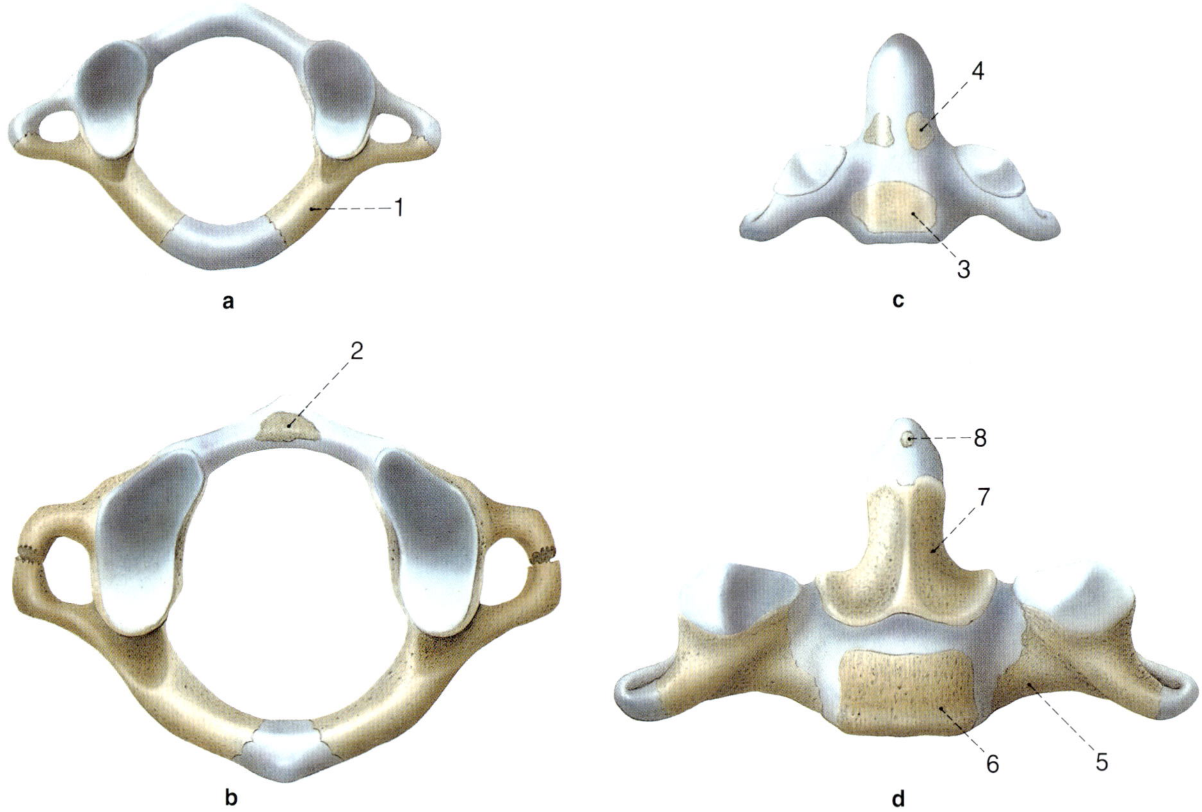

Abb. 5.**102a** **Knochenbildung im Atlas eines Feten im 10. Schwangerschaftsmonat.** Knochenbildung in den vorderen Abschnitten des Arcus posterior (1), Ansicht von kranial.

Abb. 5.**102b** **Knochenbildung im Atlas eines 1jährigen Kindes.** Knochenkern im vorderen Atlasbogen (2), Ansicht von kranial.

Abb. 5.**102c** **Knochenbildung im Axis eines Feten.** Knochenkern im Körper (3), Knochenkerne in der Basis des Dens axis (4), Ansicht von ventral.

Abb. 5.**102d** **Knochenbildung im Axis eines Neugeborenen.** Knochenkerne im Bogen (5) und Körper (6), Knochenbildung im Dens axis (7) weit fortgeschritten. Ossiculum terminale (Variante) in der Densspitze (8), Ansicht von ventral.
(nach *Rauber/Kopsch*)

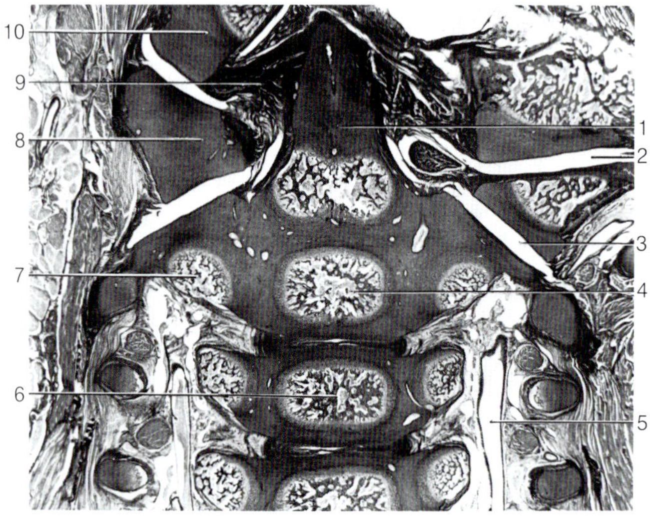

Abb. 5.**103** **Frontalschnitt durch Axis, Atlas und Okziput eines Feten von 20 cm SSL.** Man beachte die zentralen Knochenkerne im Dens und im Corpus axis sowie die exzentrische Lage der Knochenkerne im Wirbelbogen des Axis und in der Massa lateralis atlantis.

1 Dens axis
2 Articulatio atlantooccipitalis
3 Articulatio atlantoaxialis lateralis
4 zentraler Knochenkern im Corpus axis
5 A. vertebralis
6 3. Halswirbel
7 exzentrischer Knochenkern im Wirbelbogen des Axis
8 Massa lateralis atlantis
9 Lig. alare
10 Condylus occipitalis

dungen unterschiedlichen Ausmaßes im Bereich des Arcus posterior (Abb. 5.**96e–h**) und selten im vorderen Atlasbogen (Abb. 5.**96g**) beobachtet. Die Ausbildung eines Canalis arteriae vertebralis (Pontikulusbildung) (Abb. 5.**96b**) ist als Überbleibsel der Segmentierung anzusehen. Ein Processus paracondylicus kann mit dem Querfortsatz des Atlas artikulieren (Abb. 5.**105**).

Zu den kranio-vertebralen *Entwicklungsstörungen* gehört auch die Verschiebung der kranio-vertebralen Grenze. In diesem Zusammenhang kann es zur Manifestation eines *Okzipitalwirbels* oder zur *Atlasassimilation* kommen. Bei der *Atlasassimilation* (Abb. 5.**106**) verschmilzt der gesamte Atlas oder ein Atlasabschnitt knöchern mit dem Os occipitale. Im Vergleich zur Sakralisation des 5. Lendenwirbels ist die Atlasassimilation wesentlich seltener, sie soll in 0,1–0,4% der Fälle auftreten.

Bei der asymmetrischen Atlantookzipitalsynostose kann es durch die dem Atlas aufgezwungene Drehung zum angeborenen Schiefhals kommen. Die asymmetrische Atlasassimilation wird fast immer von einer Verkleinerung und Verformung des Foramen magnum begleitet, in deren Folge es häufig zu neurologischen Störungen kommt.

Von der Atlasassimilation sind Varianten abzugrenzen, die ihre Ursache in einer *Manifestation des Okzipitalwirbels* (Abb. 5.**104**) haben, oder die als *Residuen der Segmentierung* anzusehen sind. Zu ihnen zählen u. a. *Processus paracondylicus* (s. Abb. 5.**105**), *Condylus tertius* (Abb. 5.**104**), *Ossiculum terminale* (Abb. 5.**102d**), *Pontikulusbildung* am Atlas (Canalis arteriae vertebralis s. Abb. 5.**96**) oder die *Unterteilung* des *Canalis hypoglossalis*. Der *Condylus tertius* liegt am Vorderrand des Foramen occipitale magnum und artikuliert mit dem Atlas oder mit der Spitze des Dens axis (Abb. 5.**104**). Der zwischen Condylus occipitalis und Processus mastoideus auftretende *Processus paracondylicus* (s. Abb. 5.**105**) (Processus paramastoideus) kann mit dem Processus transversus des Atlas eine gelenkige Verbindung eingehen. Das *Ossiculum terminale* (Bergmannsches Knöchelchen) liegt als freier Knochen auf dem Dens axis. Es wird als Körper des Proatlas angesehen. Ein Ossiculum terminale entsteht, wenn der Knochenkern im Apex dentis (Abb. 5.**102d**) (s. oben) nicht mit der übrigen Anlage des Axiszahnes knöchern verschmilzt. Das Ossiculum terminale kann mit dem Os occipitale in Kontakt treten.

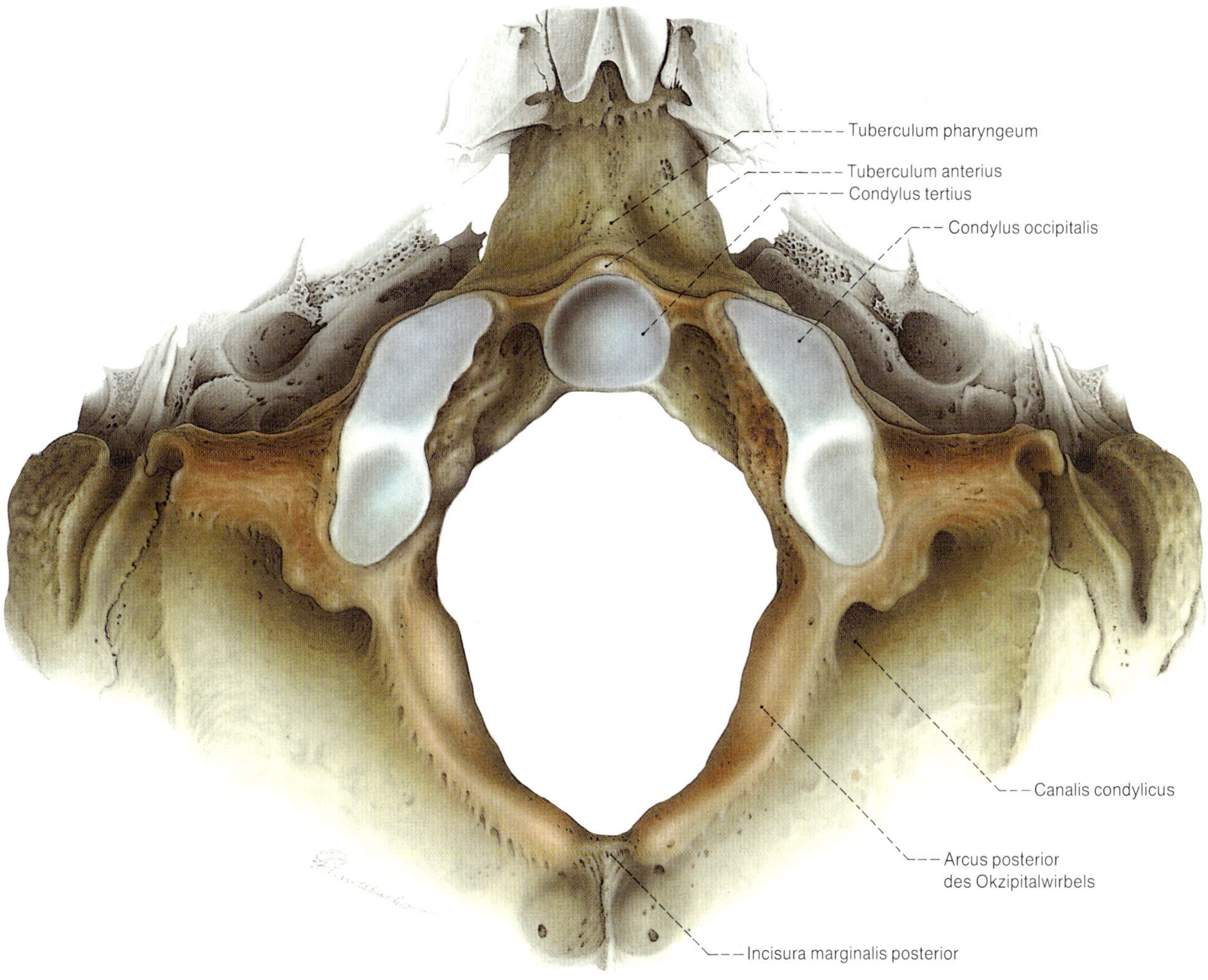

Abb. 5.**104** **Manifestation eines Okzipitalwirbels. Ausbildung eines Condylus tertius** (nach *Rauber/Kopsch*, dort nach *Kollmann*).

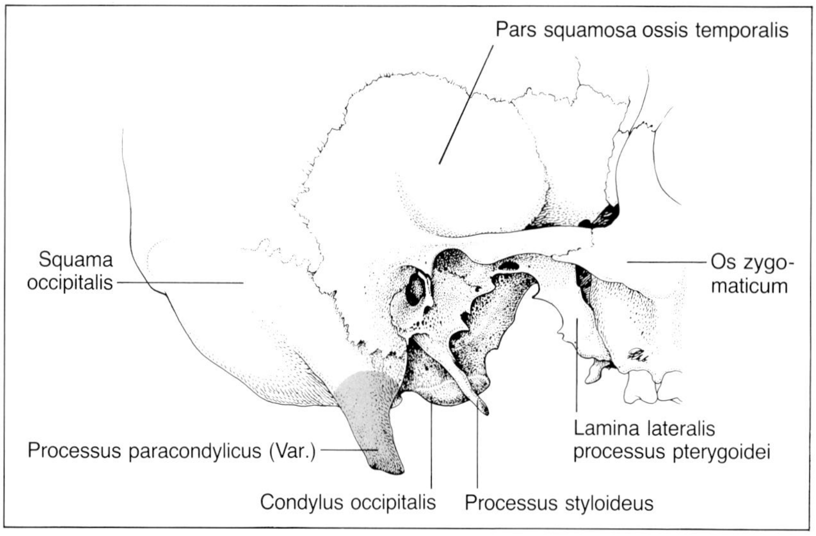

Abb. 5.**105** **Schädel mit Ausbildung eines Processus paracondylicus.** Ansicht von rechts lateral. (Präparat der Sammlung des Anatomischen Institutes, Kiel).

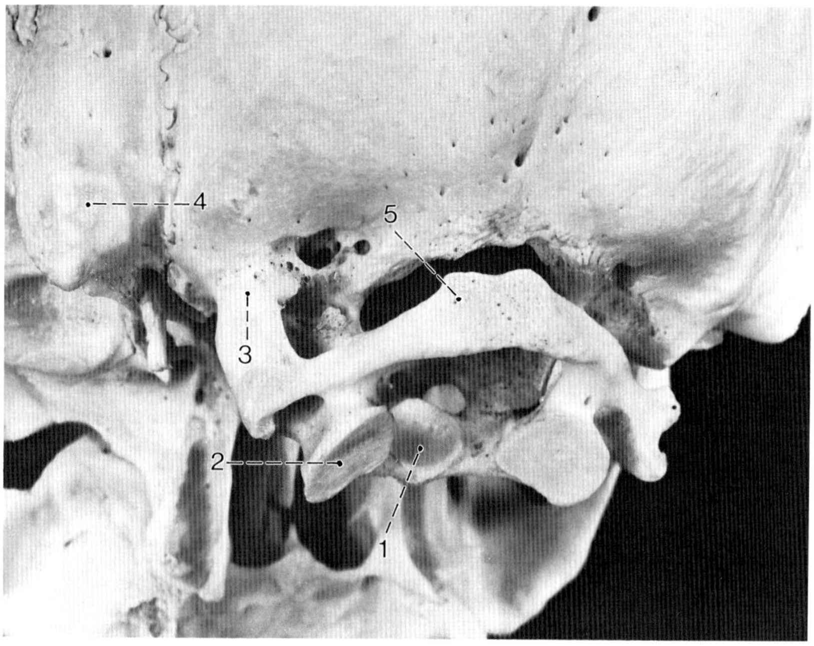

Abb. 5.**106** **Atlasassimilation.**
1 Fovea dentis
2 Fovea articularis inferior
3 Synostose zwischen Processus transversus atlantis und Os occipitale
4 Processus mastoideus
5 Arcus posterior atlantis
(Präparat der Sammlung des Anatomischen Institutes, Kiel).

Kopfgelenke

Die Gelenkflächen von *Hinterhaupt, Atlas* und *Axis* bilden gemeinsam die *Kopfgelenke*. Man unterscheidet die paarigen *Articulationes atlantooccipitales* und die *Articulationes atlantoaxiales laterales* sowie die unpaare *Articulatio atlantoaxialis mediana*. Die sechs anatomisch getrennten Gelenke sind mechanisch kombinierte Gelenke und bilden in ihrer Kinematik eine Funktionsgemeinschaft.

Oberes Kopfgelenk, Articulatio atlantooccipitalis

Aufbau

Artikulierende Anteile

Das obere Kopfgelenk, *Articulatio atlantooccipitalis,* wird von den beiden *Condyli occipitales* und den *Foveae articulares superiores atlantis* gebildet.
Die *Condyli occipitales* (s. Abb. 9.**17**, 9.**18**) liegen an der vorderen und seitlichen Umrandung des Foramen magnum. Sie konvergieren mit ihren Längsachsen nach vorn. Jeder Condylus trägt eine schuhsohlenförmige, bikonvexe Gelenkfläche. Die Oberflächenkrümmung beider Gelenkflächen ergibt einen quergestell-

ten, eiförmigen Gelenkkörper. Beim Neugeborenen und Kleinkind werden die beiden Hinterhauptskondylen durch die Synchondrosis intraoccipitalis anterior in einen kleinen vorderen und in einen größeren hinteren Abschnitt unterteilt (s. Abb. 9.**4**). Die Synchondrose verknöchert im 7. Lebensjahr. Sie hat keine Beziehung zu einem knorpelfreien Streifen, der in etwa 5% der Fälle die Gelenkfläche ein- oder beidseitig unterteilt (s. Abb. 9.**31**). Die Krümmung der beiden Kondylen weist Unterschiede auf. Gelegentlich kann man sehr kleine, viereckige, flache Gelenkfacetten beobachten. Häufig sind linker und rechter Kondylus ungleich hoch. Der rechte Kondylus ist meistens flacher und größer als der linke.

Die oberen Gelenkgruben des Atlas, *Foveae articulares superiores atlantis* sind meistens oval (s. Abb. 5.**94**, 5.**96**). Die Längsachse der Gelenkflächen verläuft schräg aufsteigend von dorsal-lateral nach ventral-medial. Im mittleren Bereich ist der Gelenkflächenrand medial und lateral häufig eingezogen. In etwa einem Drittel der Fälle sind die Gelenkflächen ein- oder beidseitig durch einen knorpelfreien Streifen vollständig unterteilt (s. Abb. 5.**96a**). Die Oberflächenkrümmung der bikonkaven Gelenkgruben gleicht geometrisch einem ellipsoiden Rotationskörper mit transversal verlaufender Längsachse oder einer Kugeloberfläche. Der laterale Rand der Gelenkfläche überragt meistens den medialen. Als Abweichungen von der charakteristischen ovalen Form kommen Gelenkflächen mit kurzem Längs- und breitem Querdurchmesser vor; bei ihnen ist die artikulierende Fläche nahezu plan. Die Form der Gelenkgruben kann auf der rechten und linken Seite voneinander abweichen.

Gelenkkapsel

Die Gelenkkapsel der *Articulatio atlantooccipitalis* entspringt an der Knorpel-Knochen-Grenze. Die Kapsel ist relativ weit. Sie wird im seitlichen Abschnitt durch ein Band, *Lig. atlantooccipitale laterale,* verstärkt.

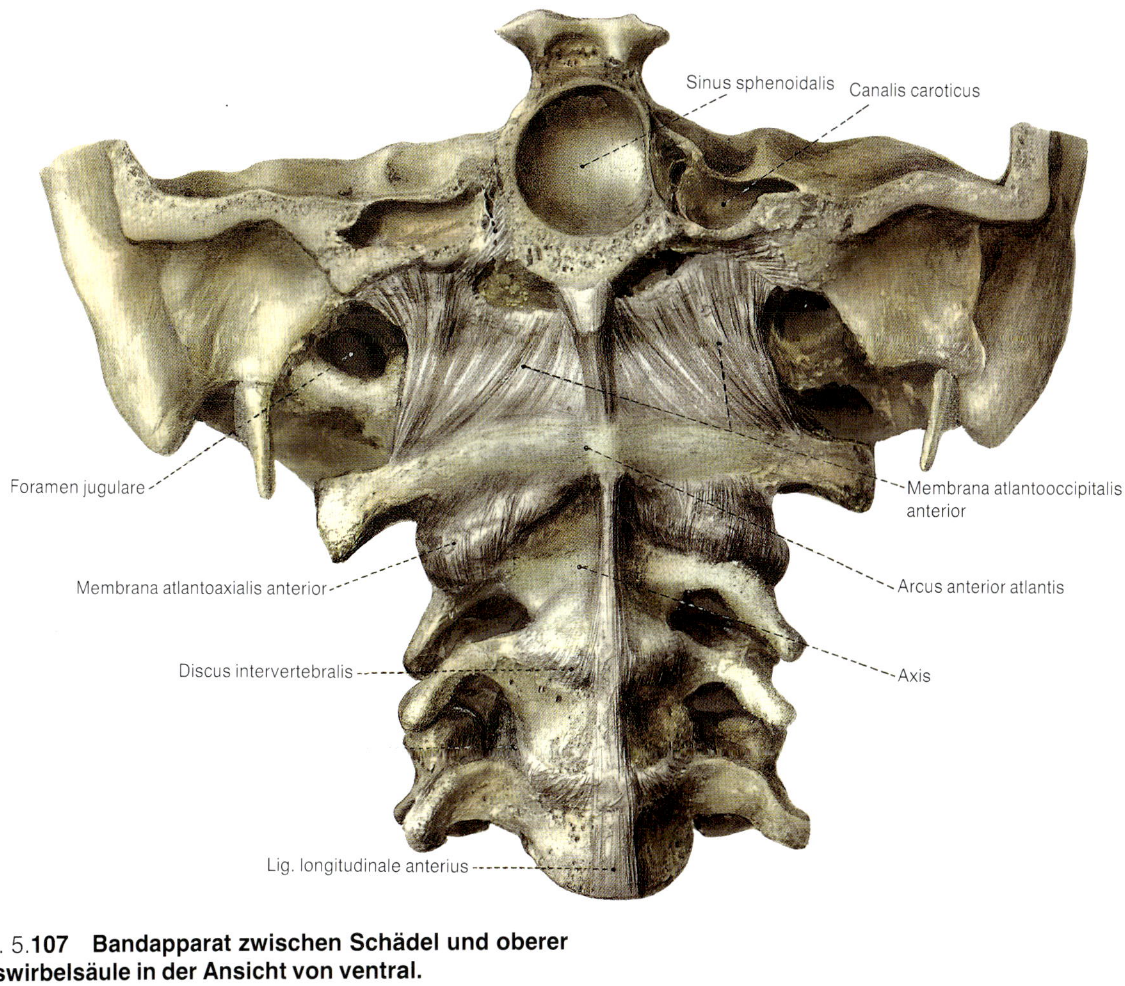

Abb. 5.**107** **Bandapparat zwischen Schädel und oberer Halswirbelsäule in der Ansicht von ventral.**

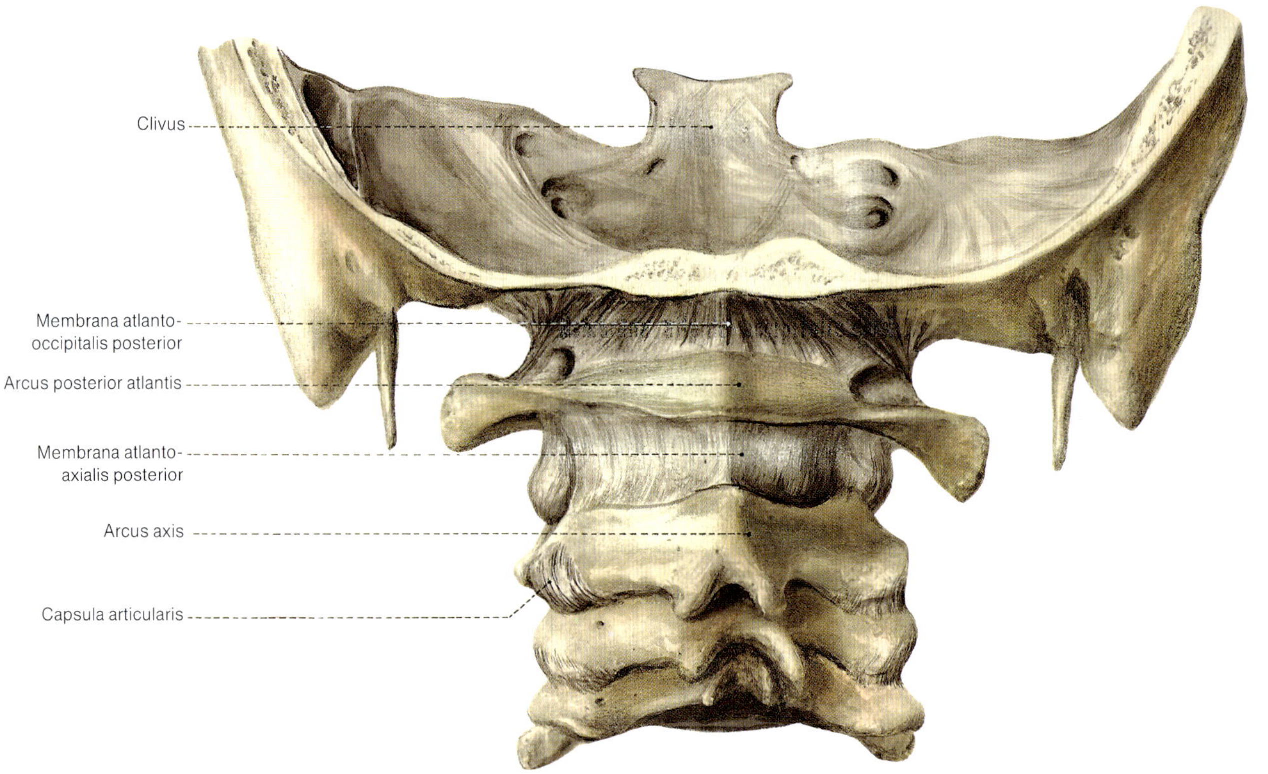

Abb. 5.**108** **Bandapparat zwischen Schädel und oberer Halswirbelsäule in der Ansicht von dorsal.**

Untere Kopfgelenke, Articulationes atlantoaxiales

Atlas und *Axis* sind an vier Stellen gelenkig miteinander verbunden. Man unterscheidet die *Articulatio atlantoaxialis mediana* und die *Articulationes atlantoaxiales laterales.*

Articulatio atlantoaxialis mediana

Aufbau

Artikulierende Anteile

Die *Articulatio atlantoaxialis mediana* (Abb. 5.**109**) wird vom Dens axis, von der Fovea dentis des Atlas und vom Lig. transversum atlantis gebildet. Das mittlere Atlantoaxialgelenk besteht aus einer vorderen und aus einer hinteren Abteilung. Der Dens axis hat eine ventrale und eine dorsale Gelenkfläche (s. Abb. 5.**99**). Die vordere bikonvexe Gelenkfläche, *Facies articularis anterior,* artikuliert mit der *Fovea dentis* des Arcus anterior atlantis (s. Abb. 5.**94**, 5.**97**). Die Gelenkfacette hat einen elliptischen Umriß mit vertikal stehender Längsachse. Die querovale Fovea dentis hat eine leichte bikonkave Krümmung. Die hintere Gelenkfläche des Dens axis, *Facies articularis posterior,* ist sattelförmig. Sie steht mit dem *Lig. transversum atlantis* in Kontakt (Abb. 5.**110**). Die Knorpelbedeckung über der Facies articularis posterior des Dens axis ist meistens sehr dünn. Dort, wo das Lig. transversum atlantis mit dem Dens axis in Kontakt tritt, sind Knorpelzellen in das Band eingelagert. Das Lig. transversum atlantis entspringt an der medialen Fläche der Massae laterales atlantis. Es unterteilt das vom Atlasring umsäumte Wirbelloch in einen kleinen vorderen Abschnitt zur Aufnahme des Dens axis und in einen größeren hinteren Teil, in dem das Rückenmark mit seinen Häuten enthalten ist.

Gelenkkapsel und Gelenkhöhle

Die *Gelenkkapsel* des vorderen Abschnitts der *Articulatio atlantoaxialis mediana* ist zart und schlaff. Sie wird teilweise durch Bänder verstärkt (s. unten). Die weite *Gelenkhöhle* ragt mit ihren Aussackungen über die Gelenkfläche des Atlas hinaus und reicht seitwärts bis dicht an die benachbarten Gelenke. Die Gelenkhöhlen der mittleren und seitlichen Atlantoaxialgelenke können miteinander in Verbindung stehen. Das Gelenk zwischen Rückfläche des Dens axis und Lig. transversum atlantis hat normalerweise eine abgeschlossene Gelenkhöhle *(Bursa atlantodentalis),* die gelegentlich mit dem vorderen Teil der Articulatio atlantoaxialis mediana kommuniziert.

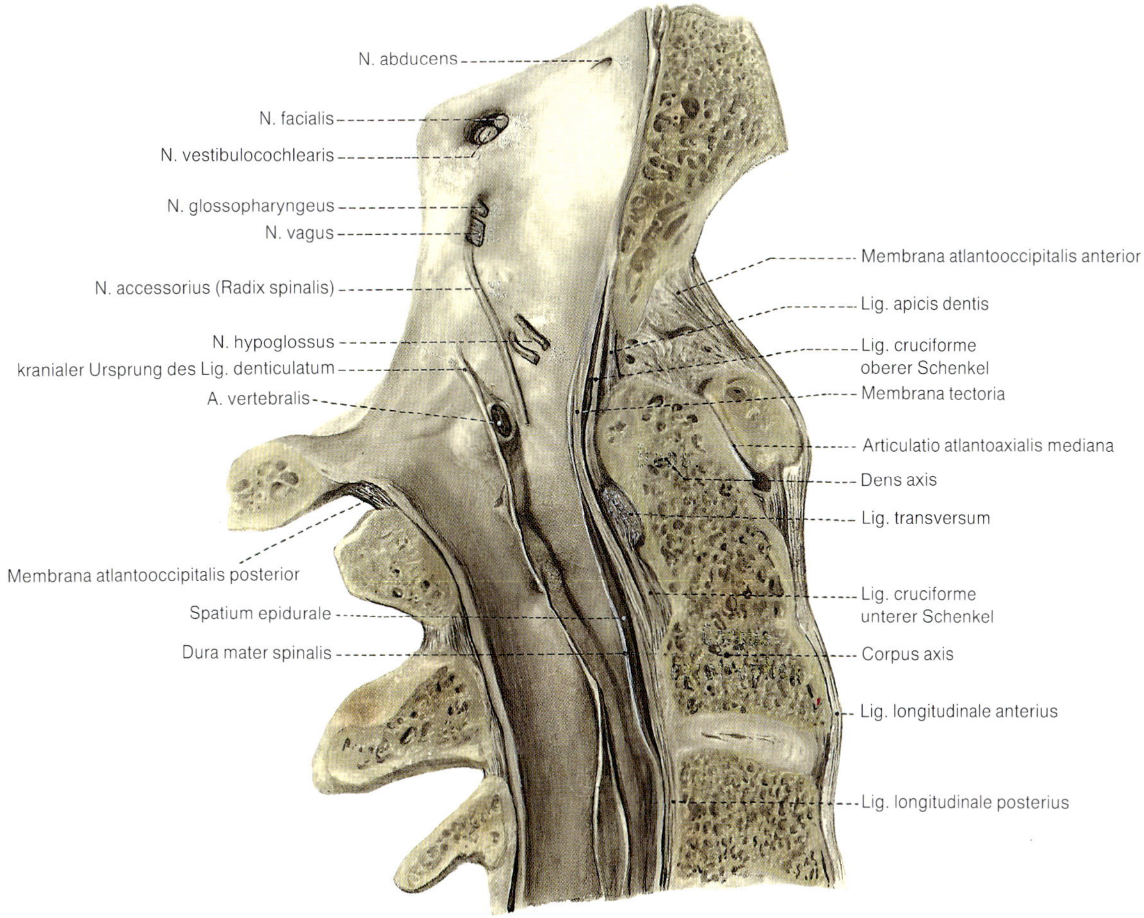

Abb. 5.**109 Median-Sagittalschnitt durch die zerviko-okzipitale Übergangsregion. Kopfgelenke und Bandapparat.**

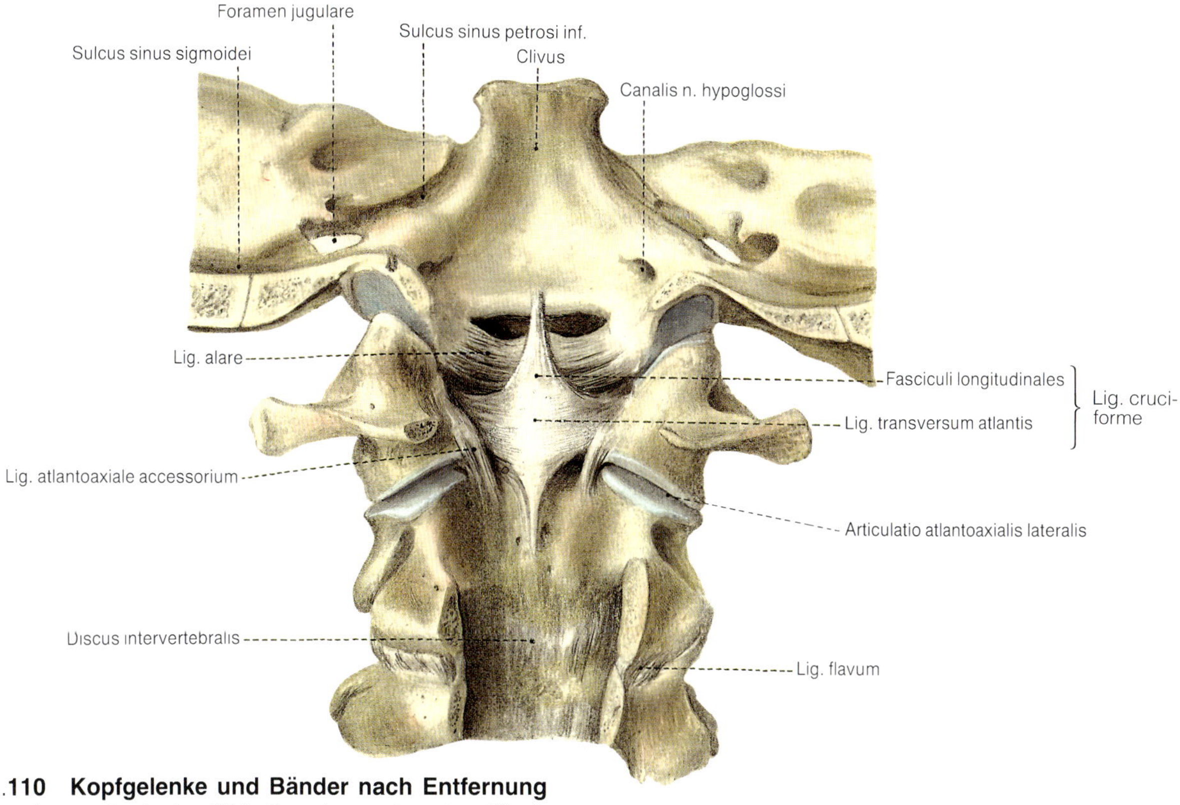

Abb. 5.**110 Kopfgelenke und Bänder nach Entfernung der Membrana tectoria.** Wirbelkanal von dorsal eröffnet. Ansicht von dorsal.

Articulatio atlantoaxialis lateralis

Aufbau

Artikulierende Anteile

In der paarigen *Articulatio atlantoaxialis lateralis* stehen die oberen Gelenkflächen des Axis mit den unteren Gelenkflächen des Atlas in Kontakt (s. Abb. 5.**110**). Die *Fovea articularis inferior* des Atlas ist in der Sagittalebene leicht konvex gekrümmt. Die oberen Gelenkflächen des Axis weisen ebenfalls eine sagittale Krümmung auf. Bei erhaltenem Gelenkknorpel lassen sich an der *Facies articularis superior* des Axis meistens drei *Facetten* deutlich abgrenzen (s. Abb. 5.**98**). Die mittlere Gelenkfacette bildet ein keilförmiges, in der Horizontalebene liegendes Plateau, von dem eine vordere Facette nach ventral-kaudal und eine hintere Facette nach dorsal-kaudal abfallen. In Neutral-0-Stellung des Kopfes hat nur das mittlere Plateau der Facies articularis superior des Axis flächigen Kontakt mit dem Atlas. Aufgrund der Inkongruenz der artikulierenden Flächen klafft der Gelenkspalt in dieser Stellung im dorsalen und ventralen Bereich (s. Abb. 5.**66**, 5.**67**).

Gelenkkapsel und Gelenkhöhle

Die *Gelenkkapsel* der seitlichen Atlantoaxialgelenke ist weit und schlaff (s. Abb. 5.**107**, 5.**108**). Sie wird im medialen hinteren Bereich durch Ausläufer der Membrana tectoria (Lig. atlantoaxiale accessorium, Lig. collaterale atlantoaxiale mediale) verstärkt. Im vorderen und hinteren Teil der Kapsel entspringen kräftige Synovialfalten, die in den Gelenkspalt hineinragen (s. oben). Die Recessus der Gelenkhöhlen können mit dem mittleren Atlantoaxialgelenk in Verbindung treten.

Bandapparat der Kopfgelenke

Der *Bandapparat* im Bereich der Kopfgelenke ist aus Bändern unterschiedlicher Verlaufsrichtung und Lage zusammengesetzt. Am weitesten peripher liegen zwei membranartige Strukturen, *Membrana atlantooccipitalis anterior* und *Membrana atlantooccipitalis posterior,* die Hinterhaupt und Atlas miteinander verbinden (s. Abb. 5.**107**–5.**109**). Die Membrana atlantooccipitalis anterior entspricht dem verbreiterten kranialen Abschnitt des Lig. longitudinale anterius. Die Membrana atlantooccipitalis posterior kann als Ausläufer des Lig. flavum angesehen werden. Die Membranae atlantooccipitales anterior und posterior verlaufen vom oberen Rand des Arcus anterior und des Arcus posterior atlantis zur Unterfläche des Okziput und zum hinteren Rand des Foramen magnum. Die hintere Membran ist dünner als die vordere. Die Membrana atlantooccipitalis posterior wird lateral knapp oberhalb ihres Ursprungs von A. vertebralis, Venenplexus und vom N. suboccipitalis durchbrochen. Sie verschließt die große Lücke in der Wand des Wirbelkanals zwischen Atlas und Os occipitale.

Wird der Wirbelkanal durch Abtragung der Wirbelbögen von hinten eröffnet und sein Inhalt ausgeräumt, so stößt man auf die *Membrana tectoria,* die als breiter, kräftiger Faserzug das *Lig. cruciforme atlantis* bedeckt (s. Abb. 5.**109**). Sie zieht vom Clivus zum Körper des Axis und kann als kraniale Fortsetzung des Lig. longitudinale posterius betrachtet werden.
Das *Lig. cruciforme atlantis* (s. Abb. 5.**110**) besteht aus einem starken queren Schenkel, *Lig. transversum atlantis,* und aus einem schwächeren longitudinalen Teil, *Fasciculi longitudinales.* Das Lig. transversum atlantis entspringt an der Innenseite der Massae laterales von einem Knochenvorsprung. Das Querband ist nach dorsal vorgewölbt, es verbreitert sich im mittleren Abschnitt und besteht dort, wo es dem Dens axis anliegt, aus Faserknorpel. Die Fasciculi longitudinales sind am Rand des Foramen magnum und am Axiskörper fixiert.
Die paarigen *Ligg. alaria* (s. Abb. 5.**110**) ziehen als starke Bänder vom oberen Teil des Dens axis nach kranio-lateral und setzen am medialen Rand der Condyli occipitales sowie am Rand des Foramen magnum an. Sie sind wichtige Führungs- und Hemmungsbänder bei Kopfbewegungen (s. unten). Das *Lig. apicis dentis* erstreckt sich vom oberen Ende des Dens axis zur Mitte des ventralen Randes des Foramen magnum. In ihm verlief ursprünglich die Chorda dorsalis zum Schädel (Abb. 5.**101**). Reste der Chorda dorsalis können erhalten bleiben und Ausgangsort eines Tumors werden.

Mechanik der Kopfgelenke

Oberes – *Articulatio atlantooccipitalis* – und unteres Kopfgelenk – *Articulatio atlantoaxialis* – gehören funktionell zusammen. Sie erlauben insgesamt eine Beweglichkeit des Kopfes wie in einem Kugelgelenk. Durch die Unterteilung in sechs isolierte, durch Kapseln abgeschlossene Gelenkkammern wird die Beweglichkeit im Bereich der Kopfgelenke zugunsten einer Präzision der Bewegungen eingeschränkt.
Die paarige *Articulatio atlantooccipitalis* ist ein Ellipsoidgelenk. Es sind aus der Neutral-0-Stellung zwei Bewegungen möglich: *Nickbewegungen* und *Seitneigungen.* Nickbewegungen nach vorne und nach hinten erfolgen in der Sagittalebene um eine transversale Achse, die dicht hinter dem äußeren Gehörgang quer durch die vorderen Ränder der beiden Processus mastoidei verläuft. *Nickbewegungen* (Abb. 5.**112**) in der Sagittalebene müssen von den komplexeren Beuge- und Streckbewegungen (s. Abb. 5.**89**) des Kopfes unterschieden werden. Einfache Nickbewegungen nach vorne und nach hinten findet bei festgestellter Halswirbelsäule zwischen Okziput und Atlas statt. Bei einer Nickbewegung nach ventral erfährt allein der Kopf eine Lageveränderung; dabei nähert sich das Kinn dem Kehlkopf. Die Distanz zwischen Hinterhaupt und hinterem Atlasbogen wird größer.

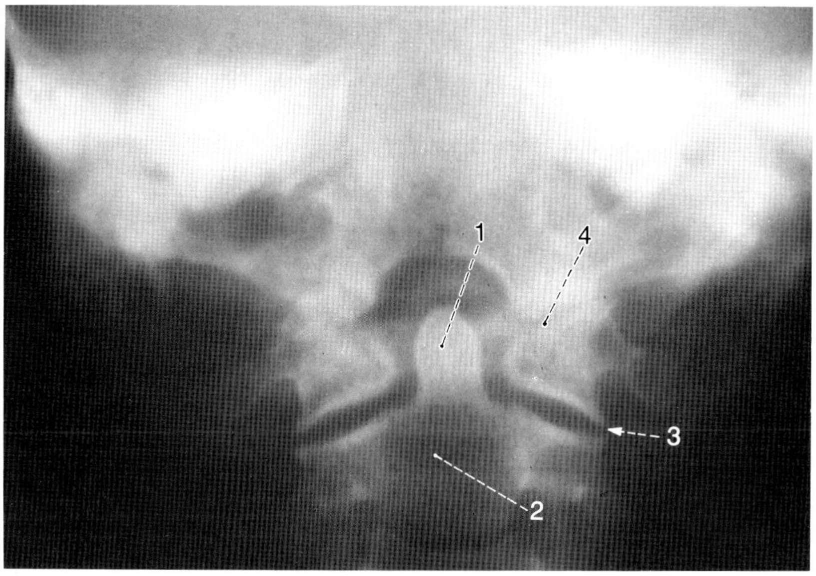

Abb. 5.**111** **Röntgenbild der Kopfgelenke, antero-posteriorer Strahlengang.**
1 Dens axis
2 Corpus axis
3 Articulatio atlantoaxialis lateralis
4 Articulatio atlantooccipitalis

Vor- und Rückneigen des Kopfes im oberen Kopfgelenk sind um insgesamt 20°–35° möglich.
An den komplexen *Beuge-* und *Streckbewegungen* des Kopfes ist die gesamte Halswirbelsäule mitbeteiligt. Bei der Ventralflexion des Kopfes wandert der Blick aus der Neutral-0-Stellung fußbodenwärts. Die Beugung des Kopfes geht mit einer ruckartigen *Kippbewegung* des *Atlas* in der Horizontalebene einher. Die Distanz zwischen Hinterhauptschuppe und Arcus posterior des Atlas wird dadurch kleiner. Beuge- und Streckbewegungen von Kopf und Halswirbelsäule sind um insgesamt 70°–90° möglich.

Die Kippbewegung des Atlas führt zwangsläufig zu einer Lageveränderung zwischen Arcus anterior des Atlas und Dens axis. Bei Anteflexion des Kopfes bewegt sich der vordere Atlasbogen nach kaudal, bei Retroflexion nach kranial. Bei Kindern kann der Arcus anterior atlantis bei Rückbeugung des Kopfes so weit nach oben gleiten, daß zwei Drittel des Bogens über dem Niveau der Densspitze liegen. Die Distanz zwischen Atlas und Dens axis erreicht dann Werte bis zu 5 mm, während sie beim Erwachsenen normalerweise 1–2 mm groß ist.

Außer den Nickbewegungen in der Sagittalebene sind auch geringe *Seitneigungen* des Kopfes in der Frontalebene um eine dorso-ventrale Achse von 10°–15° im oberen Kopfgelenk möglich. Dabei kommt es zu einer *Lateralverschiebung* des Atlas in Richtung der Neigung und zu einer *Zwangsrotation* um den Dens axis zur kontralateralen Seite. Die zwangsläufige Rotation wird durch die Anspannung der Ligg. alaria ausgelöst. Die Drehbewegungen im Atlantookzitalgelenk werden durch die Ausbildung flacher Gelenkflächen begünstigt. Das gemeinsame *Drehzentrum* liegt innerhalb des Wirbelkanals im Bereich des Hirnstammes.
In Neutral-0-Stellung ist der Kopf so ausbalanciert, daß sich Muskel- und Bandkräfte sowie die Kraft des Kopfgewichtes im Gleichgewicht befinden. Erschlafft die Muskulatur, so fällt der Kopf nach vorn, da der Schwerpunkt des Kopfes vor der Beuge- und Streckachse liegt. Beim Säugling liegt der Schwerpunkt des Kopfes dorsal von der Beuge- und Streckachse, deshalb kippt der Kopf nach hinten.
Im unteren Kopfgelenk, *Articulatio atlantoaxialis,* sind Drehbewegungen sowie Beugung und Streckung möglich. *Drehbewegungen* erfolgen in der Articulatio atlantoaxialis mediana um eine vertikale, durch den Dens axis verlaufende Achse. Das mittlere Atlantoaxialgelenk entspricht mechanisch einem Zapfengelenk (s. S. 111). Atlas und Hinterhaupt bilden bei der Rotation eine funktionelle Einheit. Das Ausmaß der Drehbewegung variiert zwischen 34°–55° Gesamtrotation. Bei maximaler Drehung sind die gesamte Hals- und die obere Brustwirbelsäule bis zum 4. Brustwirbel

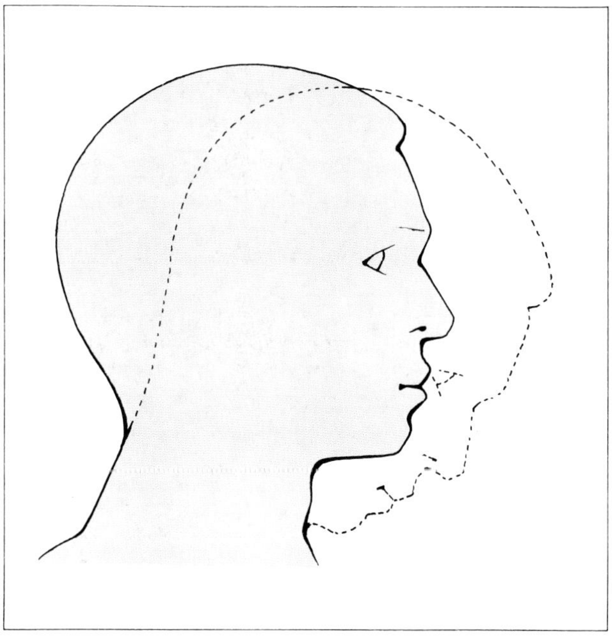

Abb. 5.**112** **Nickbewegung des Kopfes nach ventral im oberen Kopfgelenk.**

an der Rotation beteiligt. In den seitlichen Atlantoaxialgelenken läuft die Rotation in Form einer *Schraubenbewegung* ab. Der schraubenförmige Bewegungsablauf ist durch die Oberflächenkrümmung der seitlichen Gelenkflächen bedingt. In Neutral-0-Stellung berühren sich Fovea articularis inferior des Atlas und Facies articularis superior des Axis nur partiell im mittleren Bereich (s. Abb. 5.**67**). Wird der Kopf nach rechts gedreht, so gleitet der vordere Abschnitt der rechten Gelenkfläche des Atlas auf die nach hinten abfallende Facette der rechten Axisgelenkfläche. Auf der linken Seite verlagert sich der hintere Teil der Atlasgelenkfläche auf die nach vorn abfallende Facette der oberen Axisgelenkfläche. Bei der Drehung nach links findet eine gegenläufige, analoge Verlagerung der Gelenkkörper statt. Bei maximaler Drehung ist die Beanspruchung der Gelenkflächen auf der der Rotation gleichsinnigen Seite sehr hoch, und die Gegenseite ist entlastet.

Im unteren Kopfgelenk sind auch *Flexions-* und *Extensionsbewegungen* möglich. Dabei macht die Fovea articularis inferior des Atlas eine Rotation und Translation auf den oberen Axisgelenkflächen. Das Bewegungsausmaß hängt stark von der Verschieblichkeit und von der Verformbarkeit des Lig. transversum atlantis ab.

Die Bewegungen in den Kopfgelenken werden durch den *Bandapparat* geführt und gehemmt. Bei Nickbewegungen nach vorn sind die Membrana atlantooccipitalis posterior, das Lig. flavum, die Membrana tectoria sowie das Lig. cruciatum angespannt. Die Rückneigung des Kopfes wird durch die Membrana atlantooccipitalis anterior und das Lig. longitudinale anterius gehemmt. Die Ligg. alaria sind wichtige Führungsbänder, sie bewirken die Zwangsrotation des Atlas im oberen Kopfgelenk (s. oben). Die Ligg. alaria begrenzen die Drehbewegungen in den Kopfgelenken.

Autochthone Rückenmuskeln, M. erector spinae

Einleitung

Die dem Achsenskelett dorsal unmittelbar aufliegenden Muskeln werden als *autochthone* (genuine, epaxonische, s. S. 133) *Rückenmuskeln* bezeichnet. Sie entstammen direkt dem dorsalen Anteil der Myotome und werden von *dorsalen Ästen* der *Spinalnerven* innerviert. Die autochthonen Rückenmuskeln bestehen aus kurzen, größtenteils unisegmentalen Muskeln, sowie aus langen, plurisegmentalen Muskelindividuen.

Die autochthonen Rückenmuskeln werden in ihrer Gesamtheit als *M. erector spinae* bezeichnet, den man in einen *medialen* und in einen *lateralen Trakt* unterteilt (Abb. 5.**113**). Diese Gliederung erfolgt einerseits nach der *Lage* seiner Muskelindividuen, andererseits nach der Aufteilung des dorsalen Spinalnervenastes in einen *R. medialis* und in einen *R. lateralis*. Der mediale Trakt der autochthonen Rückenmuskeln wird vom R. medialis, der laterale Trakt vom R. lateralis des R. dorsalis nervi spinalis innerviert.

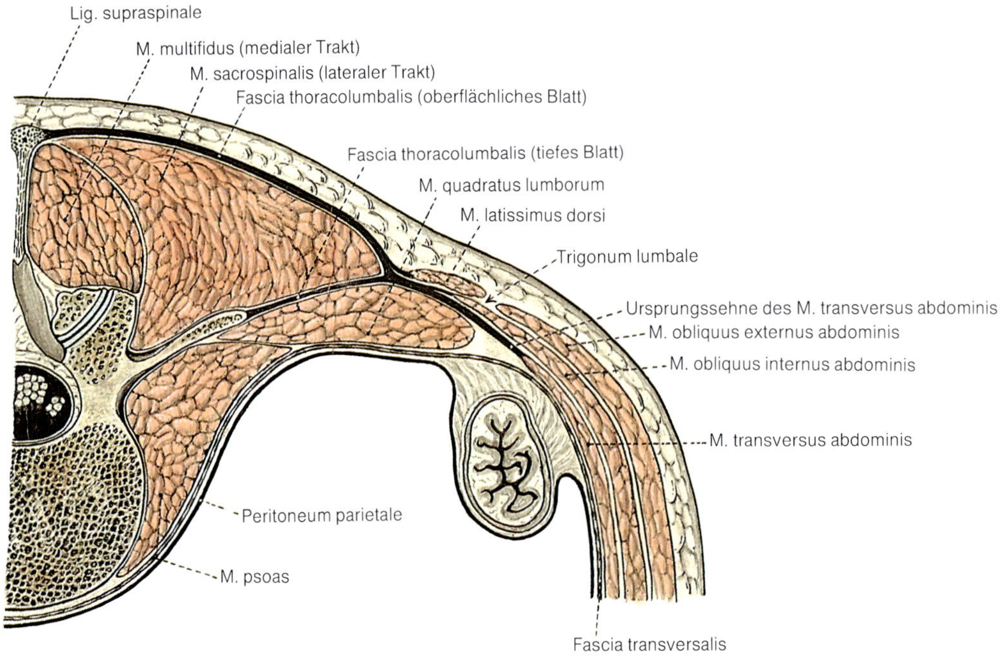

Abb. 5.**113** **Querschnitt durch den Rumpf in Höhe des 3. Lendenwirbels.** Medialer und lateraler Trakt der autochthonen Rückenmuskeln, Fascia thoracolumbalis, Muskeln der hinteren und seitlichen Bauchwand.

Der *laterale Trakt* des M. erector spinae liegt oberflächlich und erstreckt sich vom Becken bis zum Hinterhaupt. Er setzt sich größtenteils aus langen Muskeln zusammen, die durch Verschmelzung zahlreicher Myotome entstanden sind. Sein Querschnitt nimmt entsprechend seiner funktionellen Beanspruchung von kranial nach kaudal zu. Am lateralen Trakt unterscheidet man ein *intertransversales System,* ein *sakrospinales System* und ein *spinotransversales System.*
Der *mediale Trakt* des M. erector spinae liegt in der Tiefe und wird vom lateralen Trakt bedeckt. Er besteht aus kurzen und langen Muskelindividuen, die man in ein *spinales* und in ein *transversospinales System* gliedert. Der mediale Trakt ist im Bereich der Lenden- und Halswirbelsäule besonders kräftig ausgebildet (s. umgekehrte Bogen-Sehnen-Konstruktion, S. 182).
Der M. erector spinae steht im Dienste der *Bewegung* und der *Stabilisierung* des Achsenskeletts. Er bildet mit den Muskeln der ventralen Rumpfwand eine funktionelle Einheit (s. S. 295).
Der M. erector spinae wird von Muskeln des Schultergürtels (M. trapezius, M. levator scapulae, Mm. rhomboidei) und der freien oberen Extremität (M. latissimus dorsi) sowie von ventralen Rumpfmuskeln (Mm. serrati posteriores) überlagert (s. Abb. 6.**52**). Alle in der Rückenregion liegenden Muskeln prägen das *Oberflächenrelief* des Rückens (s. S. 178). Im Bereich der Lendenwirbelsäule bildet der laterale Trakt des M. erector spinae zu beiden Seiten der medianen Rückenfurche einen länglichen Wulst, der sich bis in den unteren Thoraxabschnitt nach kranial verfolgen läßt. Die Form der Längswülste wechselt mit den Stellungsänderungen der Lendenwirbelsäule. Im mittleren dorsalen Rumpfbereich tragen die autochthonen Rückenmuskeln wenig zum Oberflächenrelief des Rückens bei, da sie hier von anderen Muskeln überlagert werden. Am Hals lassen sich Teile des lateralen Traktes, vor allem bei mageren, älteren Menschen, neben dem M. trapezius abgrenzen.

Fascia thoracolumbalis

Der M. erector spinae liegt in einem *osteofibrösen Kanal,* der von Wirbelbögen, Dornfortsätzen und Rippenfortsätzen sowie von der *Fascia thoracolumbalis* gebildet wird (Abb. 5.**113**). Die Fascia thoracolumbalis besteht aus einem *oberflächlichen* und aus einem *tiefen Blatt.* Die beiden Blätter vereinigen sich am lateralen Rand des M. erector spinae und treten zu den ventralen Rumpfmuskeln in Beziehung.
Das *oberflächliche Blatt* der Fascia thoracolumbalis ist medial an den Dornfortsätzen der Brust-, Lenden- und Kreuzbeinwirbel verankert. Lateral entspringt es von der Crista iliaca und hängt in der Lendengegend mit dem tiefen Blatt zusammen. Im kaudalen Abschnitt hat das oberflächliche Blatt der Fascia thoracolumbalis sehnigen Charakter (s. Abb. 5.**114**). Es dient den Mm. latissimus dorsi und serratus posterior inferior als Ursprung. Kranialwärts wird das oberflächliche Faszienblatt dünner. Im Halsbereich bezeichnet man es als *Fascia nuchae.* Die Fascia nuchae liegt unter den Mm. trapezius und rhomboideus und bedeckt die autochthonen Rückenmuskeln im Nackenbereich. Die Faszie endet kranial an der Linea nuchae superior. Am Rand des M. trapezius geht die Fascia nuchae in das oberflächliche Blatt der Fascia colli über. Im mittleren Bereich verbindet sie sich mit dem *Lig. nuchae.*
Das *tiefe Blatt* der Fascia thoracolumbalis spannt sich zwischen den kaudalen Rippen, den Processus costarii der Lendenwirbel sowie der Crista iliaca aus. Es grenzt den M. quadratus lumborum vom M. erector spinae ab. Am tiefen Blatt der Fascia thoracolumbalis entspringen Teile der autochthonen Rückenmuskeln sowie die Mm. obliquus internus und transversus abdominis.

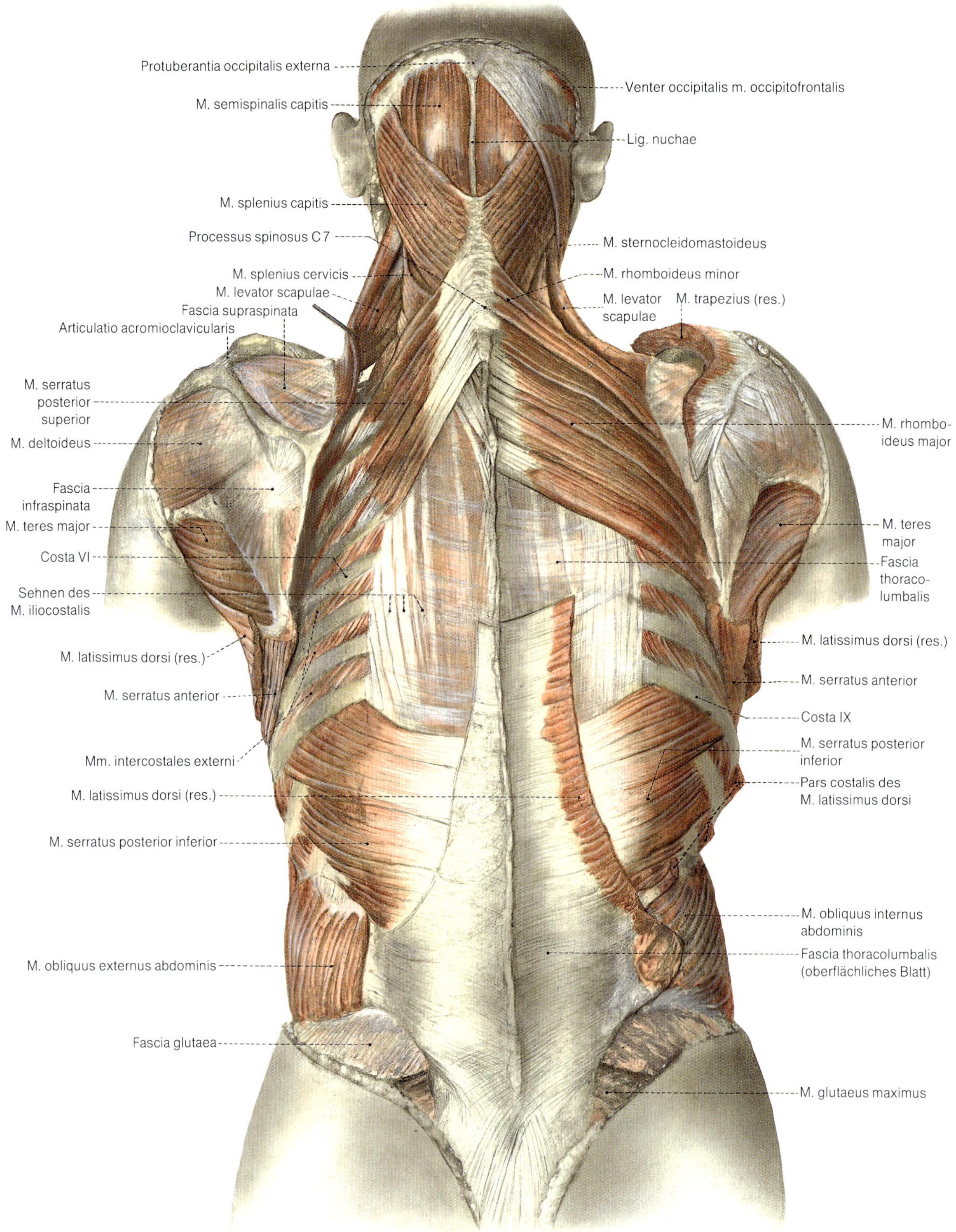

Abb. 5.**114** **Rückenmuskeln, M. trapezius vollständig entfernt, M. latissimus dorsi teilweise entfernt, Fascia thoracolumbalis.**

Muskeln des lateralen Traktes

Sakrospinales System

Das *sakrospinale System (M. sacrospinalis)* (Abb. 5.**115**, 5.**116**) ist der kräftigste Teil des M. erector spinae. Seine Muskeln haben sich von der Wirbelsäule auf Becken sowie Rippen ausgedehnt und bilden in ihrem Ursprungsbereich an der Fascia thoracolumbalis eine kräftige Aponeurose *(Aponeurosis lumbodorsalis)*. Das sakrospinale System wird in zwei Muskeln, *M. longissimus* und *M. iliocostalis* gegliedert. Im Lendenbereich bedeckt der M. iliocostalis größtenteils den M. longissimus. In der Brustregion liegt der M. iliocostalis lateral neben dem M. longissimus. Der M. longissimus zieht bis zum Schädel, der M. iliocostalis endet im Halsbereich.

M. iliocostalis

Gestalt und Lage

Am *M. iliocostalis* (Abb. 5.**115**, 5.**116**) unterscheidet man drei Abschnitte: *M. iliocostalis lumborum, M. iliocostalis thoracis, M. iliocostalis cervicis.* Die Muskelfaserbündel verlaufen von medial-kaudal nach lateral-kranial. Der kräftigste Teil ist der *M. iliocostalis lumborum.* Er entspringt am Labium externum des Darmbeinkammes und am äußeren Blatt der Fascia thoracolumbalis, mit dem er eine kräftige Aponeurose bildet. Der lumbale Teil des M. iliocostalis inseriert mit sechs bis sieben Zacken an den Anguli costarum der 6.–12. Rippe, am tiefen Blatt der Fascia thoracolumbalis sowie an den Processus costarii der oberen Lendenwirbel.

Der *M. iliocostalis thoracis* kommt vom medialen Teil des Oberrandes der 7.–12. Rippe und inseriert mit langen Sehnen an den Anguli costarum der oberen sechs Rippen. Der *M. iliocostalis cervicis* entspringt an den Rippen 3 bis 7 und setzt mit drei oder vier Zacken an den Processus transversi des (3.) 4.–6. Halswirbels an.

Funktion und Innervation

Der *M. iliocostalis* streckt die Wirbelsäule. Aufgrund seiner seitlichen Lage beteiligt er sich auf der ipsilateralen Seite an der Seitneigung und Rotation des Rumpfes.

Die Innervation des M. iliocostalis erfolgt durch laterale Äste der Rr. dorsales der Spinalnerven aus den Segmenten C_8–L_1.

M. longissimus

Gestalt und Lage

Der *M. longissimus* (s. Abb. 5.**115**, 5.**116**, 5.**118**) erstreckt sich vom Os sacrum bis zum Hinterhaupt. Der Muskel liegt medial vom M. iliocostalis. Er bedeckt vor allem im Brustbereich die Muskeln des medialen Traktes. Er ist im kaudalen Abschnitt kräftig und wird kranial zunehmend dünner und sehniger. Der M. longissimus wird entsprechend seiner Lage in drei Abschnitte gegliedert. *Der M. longissimus thoracis* ist der kräftigste und längste Anteil. Er entspringt mit der gemeinsamen Ursprungssehne des M. iliocostalis am Os sacrum, den Dornfortsätzen der Lendenwirbel, den Querfortsätzen der unteren Brustwirbel sowie am dorsalen Teil der Crista iliaca. Der Brustteil des Muskels inseriert mit medialen Zacken an den Processus accessorii der Lendenwirbel sowie an allen Querfortsätzen der Brustwirbel. Laterale Ansatzzakken ziehen zu den Querfortsätzen der Lendenwirbel, zum tiefen Blatt der Fascia thoracolumbalis und zu den unteren Rändern der 2.–12. Rippe medial des Angulus costarum. Der *M. longissimus cervicis* entspringt normalerweise an den Querfortsätzen der vier bis sechs oberen Brustwirbel. Der Halsabschnitt des M. longissimus inseriert an den Querfortsätzen des 2.–5. Halswirbels. Der *M. longissimus capitis* ist meistens mit dem M. longissimus cervicis verwachsen. Er liegt zwischen dem M. longissimus cervicis und dem M. semispinalis capitis. Der Kopfteil des M. longissimus entspringt an den Querfortsätzen der drei oberen Brustwirbel sowie an den Quer- und Gelenkfortsätzen der drei bis vier unteren Halswirbel und inseriert am hinteren Rand des Processus mastoideus neben dem M. splenius capitis (s. Abb. 9.**105**).

Varianten

Der *M. longissimus capitis* kann fehlen. Er besitzt häufig eine oder zwei Zwischensehnen. Die Zahl seiner Ursprungszacken ist nicht selten vermindert oder vermehrt. Der Ursprung des M. longissimus cervicis kann bis zum 5. Halswirbel nach kranial oder bis zum 11. Brustwirbel nach kaudal reichen. Gelegentlich kommen auch nur drei Ursprungszakken vor. Ausnahmsweise erstreckt sich der Ansatz bis zum Processus mastoideus oder zum Querfortsatz des Atlas. Der M. longissimus cervicis hat enge Verbindungen zum Brustteil und Kopfteil des Muskels.

Funktion und Innervation

Der *M. longissimus* wirkt mit dem M. iliocostalis bei der Dorsalextension der Wirbelsäule. Er kann die Seitneigung des Rumpfes unterstützen und beteiligt sich an der Rotation der Halswirbelsäule und des Kopfes zur ipsilateralen Seite.

Der *M. longissimus* wird aus lateralen Ästen der Rr. dorsales der Spinalnerven aus den Segmenten C_1–L_5 innerviert.

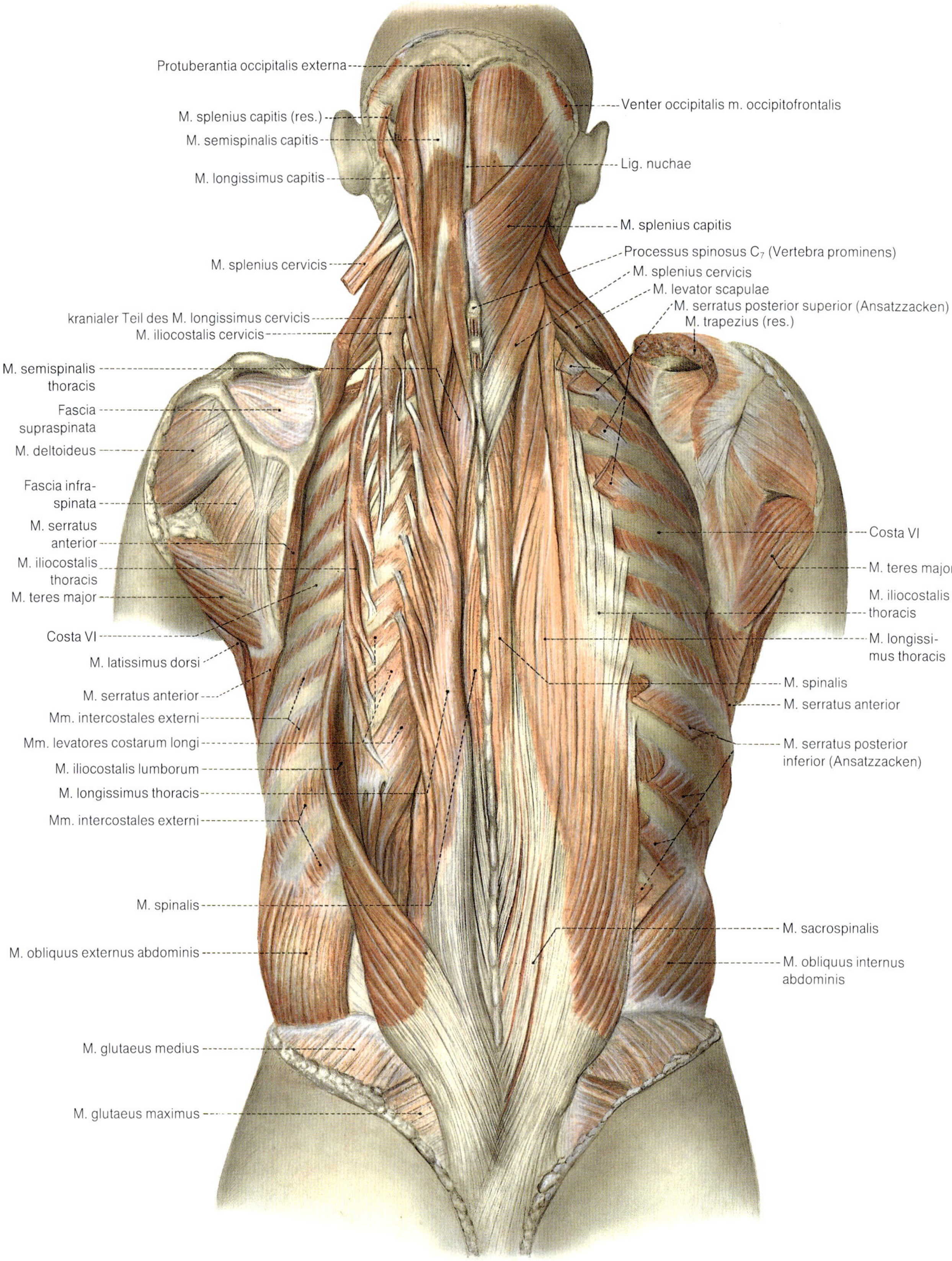

Abb. 5.**115** **Autochthone Rückenmuskeln, M. sacrospinalis,** rechts: in natürlicher Lage, links: Trennung in M. iliocostalis und M. longissimus.

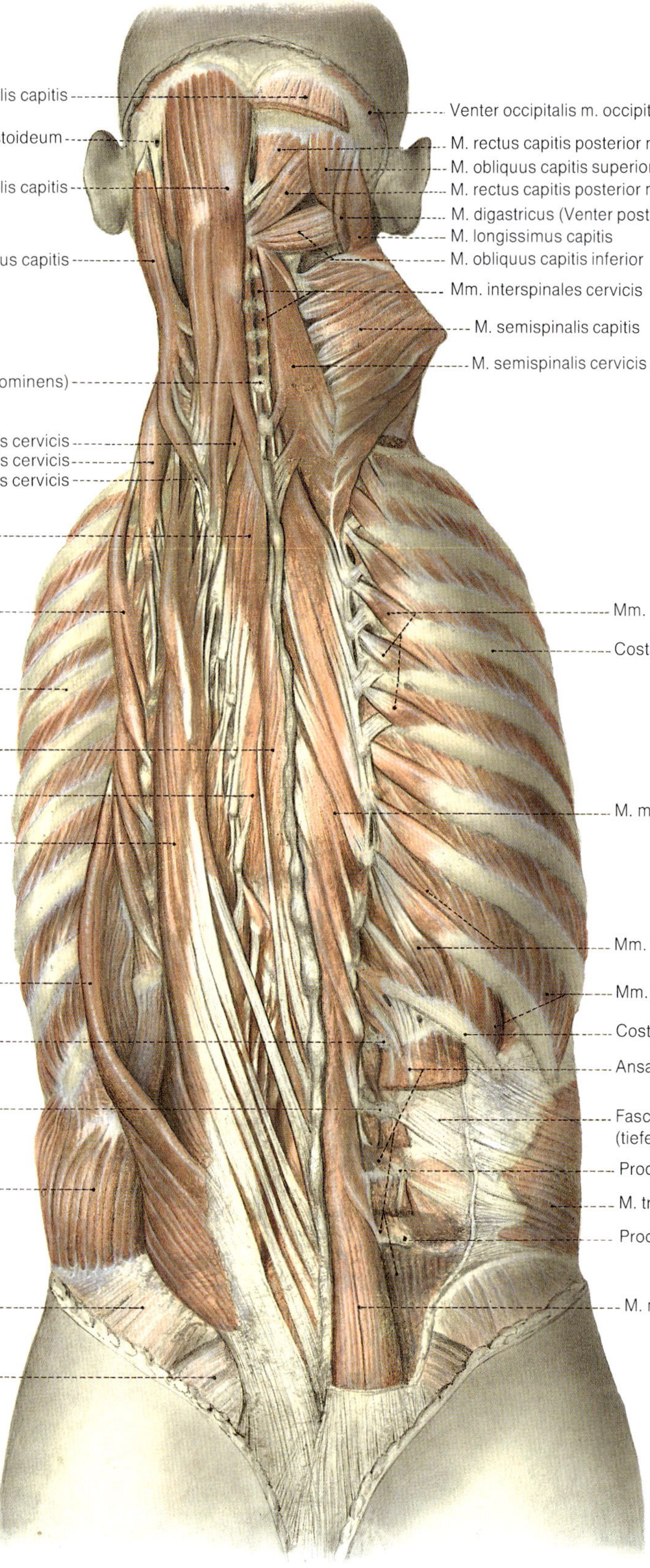

Abb. 5.**116** **Autochthone Rückenmuskeln,** links: Zerlegung des lateralen Traktes, rechts: medialer Trakt, tiefe Nackenmuskeln.

Spinotransversales System

Zum *spinotransversalen System* gehört der *M. splenius* (s. Abb. 5.**114**, 5.**115**). Entsprechend seinem Vorkommen im Kopf-Hals-Bereich unterscheidet man einen *M. splenius cervicis* und einen *M. splenius capitis*. Die beiden Muskeln lassen sich jedoch in den meisten Fällen nicht deutlich voneinander abgrenzen. Die Mm. splenii beider Seiten bilden breite Muskelplatten, die V-förmig von der Mediane schräg nach lateral-kranial verlaufen. Sie werden partiell von den Mm. trapezius, rhomboideus, sternocleidomastoideus und serratus posterior superior bedeckt und überlagern ihrerseits die tiefen Nackenmuskeln.

M. splenius

Gestalt und Lage

Der *M. splenius cervicis* entspringt an den Dornfortsätzen des 3.–5. (6.) Brustwirbels. Er inseriert mit zwei oder drei Zacken an den hinteren Höckern der Processus transversi des 1. und 2. Halswirbels.
Der *M. splenius capitis* hat seinen Ursprung an den Processus spinosi zwischen 3. Halswirbel und 3. Brustwirbel. Er setzt am hinteren Rand des Processus mastoideus und an der lateralen Hälfte der Linea nuchae an (Abb. 9.**105**). Im Ansatzbereich wird der Muskel vom M. sternocleidomastoideus bedeckt.

Varianten

Der *M. splenius* kann fehlen. In einigen Fällen sind Kopf- und Halsteil des Muskels vollständig voneinander getrennt. Über dem M. splenius und dem Ursprung des M. serratus posterior superior kommt nicht selten ein schmaler Muskel vor, der von den Dornfortsätzen am Übergang zwischen Hals- und Brustwirbelsäule entspringt und am Processus transversus des Atlas inseriert, *M. splenius accessorius*.

Funktion und Innervation

Die *Mm. splenii* sind an allen Bewegungen der Halswirbelsäule und der Kopfgelenke beteiligt. Bei einseitiger Kontraktion dreht und neigt der M. splenius Kopf und Halswirbelsäule zur ipsilateralen Seite. Wirken die Muskeln beider Seiten gemeinsam, unterstützen sie die Dorsalextension des Kopfes und der Halswirbelsäule.
Die Mm. splenii haben große funktionelle Bedeutung für die *Stabilisierung* im Bereich der Halswirbelsäule und der Kopfgelenke. Die Muskeln sind ein wichtiger Bestandteil der „Sehne“ in der umgekehrten Bogen-Sehnen-Konstruktion dieser Region (s. S. 182).
Der *M. splenius* wird aus lateralen Ästen der Rr. dorsales der Spinalnerven aus den Segmenten C_1–C_6 innerviert.

Intertransversales System

Mm. intertransversarii

Gestalt und Lage

Die *Mm. intertransversarii* (s. Abb. 5.**117**) verlaufen zwischen benachbarten Querfortsätzen der Wirbel. Die *Mm. intertransversarii lumborum* und die *Pars medialis* der *Mm. intertransversarii posteriores cervicis* sind die einzigen unisegmentalen Muskeln im lateralen Trakt des M. erector spinae.
Die *Mm. intertransversarii posteriores cervicis* zerfallen in eine *Pars lateralis* und in eine *Pars medialis*. Nur der mediale Teil gehört zur autochthonen Rückenmuskulatur und wird vom R. dorsalis des Spinalnerven innerviert. Die Pars lateralis (Mm. intertransversarii anteriores) gehört zur ventralen Rumpfmuskulatur und entspricht den Interkostalmuskeln. Die Mm. intertransversarii posteriores cervicis verlaufen zwischen den Tubercula posteriora der Querfortsätze des 2.–7. Halswirbels.
Im Lendenbereich kann man bei den Mm. intertransversarii ebenfalls in jedem Segment zwei Muskelanteile abgrenzen. Die *Mm. intertransversarii mediales lumborum* gehören zum lateralen Trakt der autochthonen Rückenmuskeln. Die vier Muskeln verbinden die Processus mamillares und Processus accessorii der Lendenwirbel miteinander. Die breiteren *Mm. intertransversarii laterales lumborum* verlaufen zwischen den Querfortsätzen der Lendenwirbel. Sie entstammen dem Blastem der autochthonen Rückenmuskeln und der ventrolateralen Rumpfmuskulatur.
Im Thorakalbereich fehlen Mm. intertransversarii normalerweise. Ihre medialen Äquivalente sind meistens dünne Sehnenstreifen, die zwischen den Querfortsätzen der Brustwirbel ziehen.

Funktion und Innervation

Die *Mm. intertransversarii* haben vor allem stabilisierende Funktion. Sie können außerdem die Seitneigung und Dorsalextension der Hals- und Lendenwirbelsäule unterstützen.
Die medialen Anteile der *Mm. intertransversarii posteriores cervicis* werden von den Rr. dorsales, die lateralen Anteile von Rr. ventrales der Spinalnerven der entsprechenden Segmente innerviert.
Die *Mm. intertransversarii mediales lumborum* versorgt der R. dorsalis des jeweiligen Spinalnerven. Die *Mm. intertransversarii laterales lumborum* erhalten ihre Innervation vorwiegend vom R. dorsalis, aber auch vom R. ventralis der Spinalnerven.

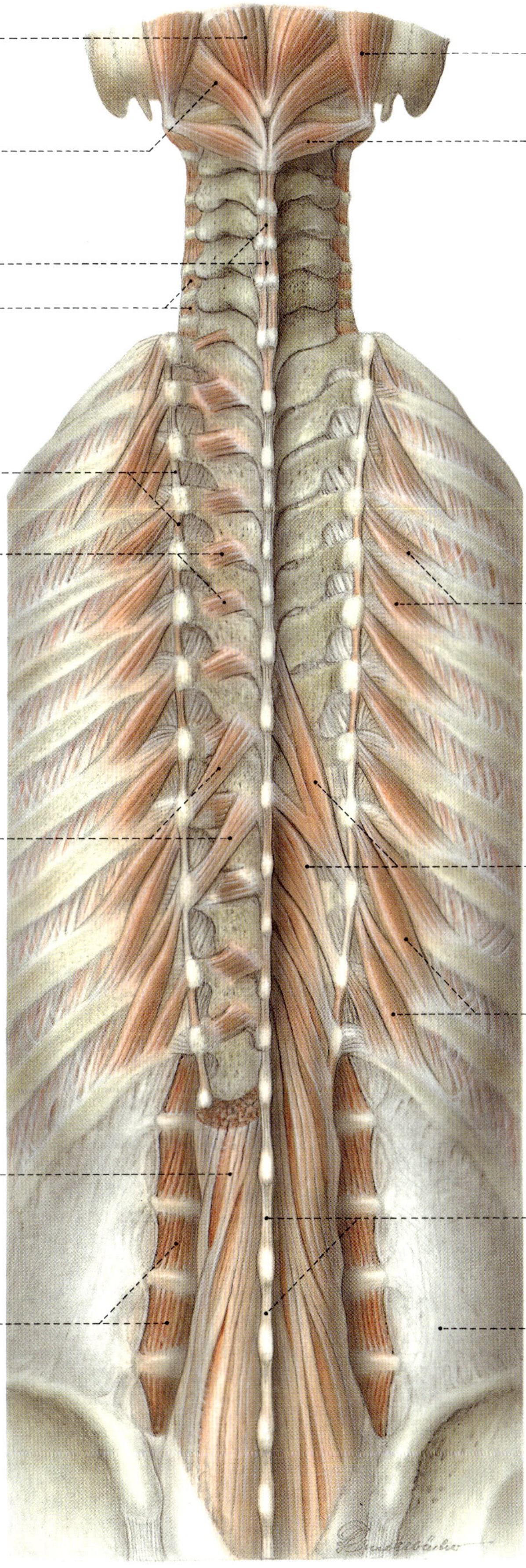

Abb. 5.**117** **Autochthone Rückenmuskeln; medialer Trakt, M. multifidus, Mm. rotatores; tiefe Nackenmuskeln, Mm. levatores costarum** (nach *Rauber/Kopsch*, dort nach einem Präparat von *H. Virchow*).

Mm. levatores costarum

Gestalt und Lage

Die Zuordnung der *Mm. levatores costarum* (Abb. 5.**116**, 5.**117**) ist nicht einheitlich, da sich die Angaben über ihre *Innervation* widersprechen. Die Muskeln werden sowohl zum lateralen Trakt der autochthonen Rückenmuskeln als auch zu den ventralen Rumpfmuskeln gerechnet. Wie die *Doppelinnervation* aus *Rr. dorsales* und aus *Rr. ventrales* im unteren Thoraxabschnitt zeigt, entstammen die Muskeln in dieser Region dem Blastem der autochthonen Rückenmuskeln und der ventralen Rumpfmuskeln. Die Mm. levatores costarum haben enge Beziehung zu den Mm. intertransversarii laterales lumborum.
Man unterscheidet *Mm. levatores costarum breves* und *Mm. levatores costarum longi*. Die Mm. levatores costarum breves kommen im gesamten Brustbereich vor (Abb. 5.**117**). Sie entspringen an der Spitze der Querfortsätze des 7. Halswirbels und des 1. bis 11. Brustwirbels. Sie ziehen fächerförmig nach lateral-kaudal und inserieren lateral vom Angulus costae an der Außenfläche der nächsttieferen Rippe. Die Mm. levatores costarum longi sind sehr variabel ausgebildet. Im oberen und unteren Thorakalbereich kommen sie relativ regelmäßig vor, im mittleren Abschnitt fehlen sie nicht selten. Die Muskeln verlaufen vom Querfortsatz steil nach kaudal-lateral zur jeweils übernächsten Rippe. Lateral stehen sie mit dem Mm. intercostales externi in Verbindung.

Funktion und Innervation

Die Funktion der *Mm. levatores costarum* als Rippenheber soll unerheblich sein. Die Muskeln beteiligen sich an der Streckung sowie an der ipsilateralen Seitwärtsneigung und an der kontralateralen Drehung der Wirbelsäule.
Die *Mm. levatores costarum* werden vorwiegend von Rr. laterales der dorsalen Spinalnervenäste innerviert. Regional erhalten sie außerdem eine zusätzliche Nervenversorgung aus dem R. ventralis.

Muskeln des medialen Traktes

Spinales System

Das *spinale System* besteht aus den segmentalen *Mm. interspinales* und dem über mehrere Segmente ziehenden *M. spinalis*. Die Muskeln des spinalen Systems sind an den Processus spinosi der Wirbel befestigt. Sie zählen zum sogenannten Geradsystem des medialen Traktes.

Mm. interspinales

Gestalt und Lage

Die *Mm. interspinales* (Abb. 5.**117**, 5.**118**) sind paarige kleine Muskeln, die zwei benachbarte Dornfortsätze miteinander verbinden. Sie kommen im gesamten Bereich der Halswirbelsäule, *Mm. interspinales cervicis,* und Lendenwirbelsäule, *Mm. interspinales lumborum,* sowie in Teilen der Brustwirbelsäule (1.–3. Brustwirbel, 11.–12. Brustwirbel), *Mm. interspinales thoracis,* vor. An der Halswirbelsäule lassen sich die paarigen Muskeln rechts und links vom Lig. nuchae deutlich abgrenzen, da die Spitze des Dornfortsatzes der Halswirbel gegabelt ist (Abb. 5.**118**). An der Lendenwirbelsäule liegen die Muskeln seitlich neben den Ligg. interspinalia. Die Muskeln können im Brustbereich vollständig fehlen. Manchmal kommen Reste der Muskulatur am Kreuzbein vor.

Funktion und Innervation

Die *Mm. interspinales* tragen zur Stabilisierung der Wirbelsäule in den einzelnen Bewegungssegmenten (Feineinstellung) bei und unterstützen die Dorsalextension.
Sie werden von medialen Ästen der Rr. dorsales nervi spinalium der zugehörigen Segmente innerviert.

M. spinalis

Gestalt und Lage

Der *M. spinalis* (s. Abb. 5.**115**, 5.**116**) liegt medial vom M. longissimus. Er wird in *M. spinalis capitis, M. spinalis cervicis* und *M. spinalis thoracis* gegliedert. Der Kopfteil des Muskels ist inkonstant. Ist der *M. spinalis capitis* ausgebildet, so entspringt der dünne Muskel an den Dornfortsätzen der oberen Brust- und der unteren Halswirbel. Seine Fasern schließen sich dem M. semispinalis capitis an und inserieren an der Protuberantia occipitalis externa. Der *M. spinalis cer-*

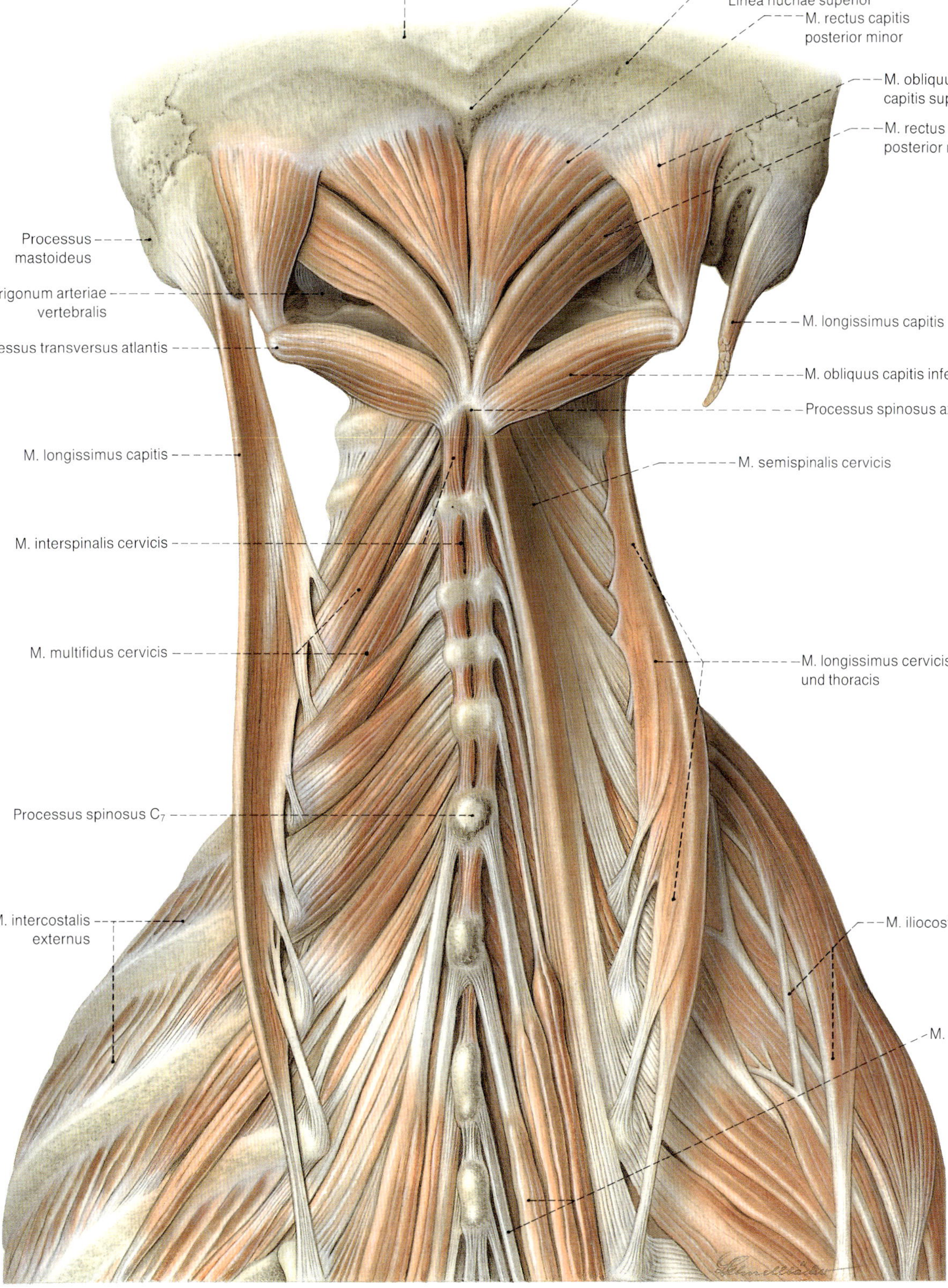

Abb. 5.**118** **Autochthone Rückenmuskeln, tiefe Nackenmuskeln** (nach *Rauber/Kopsch*).

vicis kommt von den Dornfortsätzen der zwei oberen Brustwirbel und der drei unteren Halswirbel. Er setzt an den Processus spinosi des 2.–4. Halswirbels an. Im Brustbereich ist der M. spinalis am kräftigsten. Der *M. spinalis thoracis* hat seinen Ursprung an den Dornfortsätzen der unteren Brustwirbel und des 1.–3. (2.) Lendenwirbels. Er inseriert an den Processus spinosi des 2.–8. Brustwirbels. Der Muskel hat feste Verbindungen mit den Ursprungszacken des M. longissimus.

Funktion und Innervation

Der *M. spinalis* ist an der Dorsalextension der Wirbelsäule beteiligt. Bei einseitiger Innervation kann der Muskel die Seitneigung zur ipsilateralen Seite unterstützen.
Der *M. spinalis* wird von Rr. mediales der dorsalen Spinalnervenäste (C_2–Th_{10} oder bis L_1) innerviert.

Transversospinales System

Das *transversospinale System* des medialen Traktes besteht aus Muskeln unterschiedlicher Länge, die vom Processus transversus eines Wirbels nach kranialmedial zum Dornfortsatz eines höheren Wirbels ziehen. Die Muskeln bilden ein nach ihrer Länge gestaffeltes Verspannungssystem, in dem die kurzen Muskelindividuen am weitesten in der Tiefe und die langen Muskeln oberflächlich liegen. Man unterscheidet innerhalb dieses sogenannten *Schrägsystems* des medialen Traktes verschiedene Muskelgruppen: *Mm. rotatores, M. multifidus, M. semispinalis.*

Mm. rotatores

Gestalt und Lage

Die *Mm. rotatores* (s. Abb. 5.**117**) sind die kürzesten Muskeln des transversospinalen Systems und bilden dessen tiefste Schicht. Man unterscheidet *Mm. rotatores breves,* die von einem Wirbel zum nächst höheren Wirbel ziehen und *Mm. rotatores longi,* die einen Wirbel überspringen. Die Mm. rotatores kommen in der gesamten Brustwirbelsäule, *Mm. rotatores thoracis,* sowie variabel an der Hals- und Lendenwirbelsäule vor, *Mm. rotatores cervicis* und *Mm. rotatores lumborum.*
Die *Mm. rotatores breves* sind unisegmentale Muskeln. Sie entspringen am kranialen dorsalen Abschnitt des Querfortsatzes und inserieren an der Außenfläche der Bogenbasis des nächsthöheren Wirbels. Die *Mm. rotatores longi* bedecken die kurzen Rotatoren, sie verlaufen vom Processus transversus zum Processus spinosus des übernächsten kranialen Wirbels. Die Mm. rotatores haben enge Beziehung zur Gelenkkapsel der Wirbelbogengelenke (s. S. 213).

Funktion und Innervation

Die *Mm. rotatores* können aufgrund ihrer nahezu horizontalen Verlaufsrichtung die Rotation zur kontralateralen Seite unterstützen. Sie regulieren die Feineinstellung der Wirbelbogengelenke in den einzelnen Bewegungssegmenten und tragen außerdem zur Stabilisierung bei.
Die Muskeln werden von den medialen Ästen der Rr. dorsales der Spinalnerven in den entsprechenden Segmenten versorgt.

M. multifidus

Gestalt und Lage

Als *M. multifidus* (s. Abb. 5.**116**–5.**118**) bezeichnet man den Teil des transversospinalen Systems, der über zwei bis vier Wirbel hinwegzieht. Der Muskel erstreckt sich vom Kreuzbein bis zum Dornfortsatz des Axis. Es lassen sich kurze und lange Faserzüge abgrenzen. Die kurzen Muskeln *(M. multifidus brevis)* überspringen zwei Wirbel, die langen Muskeln *(M. multifidus longus)* drei und vier Wirbel.
Der M. multifidus ist im *sakrolumbalen Bereich* am kräftigsten entwickelt. Er entspringt hier von den Processus mamillares der Lendenwirbel, von der Facies dorsalis des Os sacrum bis zum Foramen sacrale dorsale IV, von der Tuberositas sacralis, von der Crista iliaca sowie von der Ursprungssehne des M. longissimus. Die Muskeln beider Seiten bilden in der Ansicht von dorsal ein spitzwinkliges Dreieck, das die gesamte Tiefe der Lendenlordose ausfüllt.
An der *Brustwirbelsäule* entspringen die Muskeln an den Querfortsätzen sämtlicher Brustwirbel. Im *Halsbereich* liegt der Ursprung an den Gelenkfortsätzen des 4.–7. Halswirbels.
Der M. multifidus inseriert mit seinen kurzen Muskeln an der Basis höher liegender Dornfortsätze. Die Ansatzzone der langen Muskeln dehnt sich bis zur Spitze des Dornfortsatzes aus.

Funktion und Innervation

Der *M. multifidus* streckt die Wirbelsäule und unterstützt bei einseitiger Aktivität die ipsilaterale Seitneigung. Der Muskel ist ein wichtiger Bestandteil des Verspannungssystems der Wirbelsäule. Vor allem sein kräftiger sakrolumbaler Teil trägt zur Stabilisierung dieses Abschnittes der Wirbelsäule bei (umgekehrte Bogen-Sehnen-Konstruktion, s. S. 182).
Der *M. multifidus* wird durch Rr. mediales der dorsalen Spinalnervenäste der Segmente C_3–S_3 innerviert.

M. semispinalis

Gestalt und Lage

Der *M. semispinalis* (s. Abb. 5.**115**–5.**118**) besteht aus Muskeln, die über fünf oder mehr Wirbel hinwegziehen. Er liegt im transversospinalen System am weitesten oberflächlich. Man unterscheidet einen Brustteil, *M. semispinalis thoracis,* einen Halsteil, *M. semispinalis cervicis* sowie einen Kopfteil, *M. semispinalis capitis* (M. transversus spinalis capitis). Im Lendenbereich kommt der Muskel nur in Ausnahmefällen vor.
Der M. semispinalis liegt dem lateralen Teil des M. multifidus auf. Er wird im Brustbereich von den Mm. longissimus und spinalis sowie im Hals- und Kopfbereich teilweise vom M. splenius überlagert. Die Sehnen des thorakalen Teils entspringen an den Querfortsätzen der Brustwirbel 6 bis 12 sowie am Processus mamillaris des 1. Lendenwirbels. Der *M. semispinalis thoracis* inseriert an den Dornfortsätzen der fünf oberen Brustwirbel und der zwei unteren Halswirbel. Der *M. semispinalis cervicis* kommt von den Processus transversi der fünf bis sechs oberen Brustwirbel und setzt an den Processus spinosi des 2.–5. (6.) Halswirbels an. Der Halsteil des M. semispinalis ist mit dem M. splenius capitis fest verwachsen und überdeckt diesen teilweise. Er bildet eine kräftige Muskelplatte, die von den Querfortsätzen der oberen (drei bis sieben) Brustwirbel sowie der unteren vier bis fünf Halswirbel entspringt. Seine breitflächige Ansatzzone liegt zwischen Linea nuchae superior und Linea nuchae inferior des Os occipitale. Der Muskel enthält meistens eine oder seltener zwei Zwischensehnen.

Funktion und Innervation

Der *M. semispinalis* ist bei beidseitiger Kontraktion ein kräftiger *Strecker* in der oberen Brustwirbelsäule sowie in der Halswirbelsäule und in den Kopfgelenken. Bei einseitiger Aktivität kann er die Halswirbelsäule und den Kopf zur ipsilateralen Seite neigen und/oder zur kontralateralen Seite drehen. Kopf- und Halsteil des Muskels bilden ein kräftiges *Verspannungssystem* für die Halswirbelsäule und den kraniovertebralen Übergang. Der M. semispinalis capitis ist wesentlich an der Stabilisierung des Kopfes in den Kopfgelenken beteiligt.
M. semispinalis thoracis und *M. semispinalis cervicis* werden von Rr. mediales der dorsalen Äste der Spinalnerven (C_3–Th_6) innerviert. Der *M. semispinalis capitis* ist aus dem Blastem des medialen und des lateralen Traktes entstanden. Er erhält seine Innervation sowohl von Rr. mediales als auch von Rr. laterales der dorsalen Spinalnervenäste der Segmente C_1–C_6 (C_7).

Kurze, tiefe Kopfgelenkmuskeln, Mm. suboccipitales

Zwischen Axis, Atlas und Hinterhaupt verlaufen in der Tiefe kurze, paarige Muskeln, die teilweise zur autochthonen Rückenmuskulatur und teilweise zur ventro-lateralen Muskulatur gehören. Die dorsal der Kopfgelenke liegenden Anteile der autochthonen Rückenmuskeln bezeichnet man als *tiefe, kurze Nakkenmuskeln* (s. Abb. 5.**118**). Zu ihnen zählen *M. rectus capitis posterior major, M. rectus capitis posterior minor, M. obliquus capitis superior* und *M. obliquus capitis inferior.* Die *ventrale Gruppe* besteht aus den *Mm. rectus capitis lateralis* und *rectus capitis anterior.*

Kurze Nackenmuskeln

Gestalt, Lage und Innervation

M. rectus capitis posterior major

Der *M. rectus capitis posterior major* (s. Abb. 5.**118**) entspringt am Dornfortsatz des Axis, zieht schräg nach kranial-lateral und inseriert im mittleren Drittel der Linea nuchae inferior (s. Abb. 9.**105**). Der Muskel wird vom medialen Ast des R. dorsalis des 1. Spinalnerven innerviert.

M. rectus capitis posterior minor

Der *M. rectus capitis posterior minor* (s. Abb. 5.**118**) entspricht einem M. interspinalis. Er entspringt vom Tuberculum posterius atlantis und inseriert am inneren Drittel der Linea nuchae inferior (s. Abb. 9.**105**). Der Muskel wird vom medialen Ast des R. dorsalis des 1. Spinalnerven innerviert.

M. obliquus capitis superior

Der *M. obliquus capitis superior* (s. Abb. 5.**118**) entspricht dem am weitesten kranial liegenden M. intertransversarius posterior. Der Muskel hat seinen Ursprung an der hinteren Spange des Processus transversus atlantis, zieht schräg nach kranial-medial und inseriert am Os occipitale oberhalb der Ansatzzone des M. rectus capitis posterior major (s. Abb. 9.**105**). Er gehört zum lateralen Trakt und wird vom R. lateralis des 1. dorsalen Spinalnervenästes innerviert.

M. obliquus capitis inferior

Der *M. obliquus capitis inferior* (s. Abb. 5.**118**) entspringt am Dornfortsatz des Axis und inseriert an der hinteren Spange des Processus transversus atlantis.

Der Muskel begrenzt gemeinsam mit den Mm. obliquus capitis superior und rectus capitis posterior major das *Trigonum arteriae vertebralis,* in dessen Tiefe die A. vertebralis auf dem hinteren Atlasbogen verläuft. Der M. obliquus capitis inferior wird vom medialen Ast des 2. (1.) dorsalen Spinalnervenastes innerviert.

Funktion

Die *kurzen, tiefen Nackenmuskeln* sind für die präzisen Bewegungen in den Kopfgelenken sowie für die Feineinstellung des Kopfes in den Atlantookzipitalgelenken verantwortlich. Die Kontraktion aller kurzen Nackenmuskeln führt zu einer *Dorsalextension* in den Kopfgelenken. Bei einseitiger Aktivität unterstützen die Mm. rectus capitis posterior minor und major sowie der M. obliquus capitis inferior die *Drehung* des Kopfes zur *ipsilateralen Seite.* Die kraftvolle Drehung des Kopfes wird von den Mm. longissimus capitis und splenius capitis der gleichen Seite ausgeführt. Der M. obliquus capitis superior ist an der, hauptsächlich vom M. sternocleidomastoideus und vom M. trapezius ausgeführten, Drehbewegung des Kopfes zur *kontralateralen Seite* beteiligt.

Ventrale Gruppe der kurzen Kopfgelenkmuskeln

M. rectus capitis lateralis

Gestalt und Lage

Der *M. rectus capitis lateralis* entspricht einem M. intertransversarius cervicis anterior (s. Abb. 8.**9**). Er entspringt an der vorderen Spange des Processus transversus atlantis, verläuft gerade nach kranial und inseriert lateral vom Condylus occipitalis am Processus jugularis des Hinterhauptbeins. Der Knochen im Ansatzbereich kann als *Processus paramastoideus* vorragen.
M. rectus capitis anterior wird im Kap. „Hals" beschrieben (s. S. 670 und Abb. 8.**9**).

Funktion und Innervation

Der *M. rectus capitis lateralis* kann die Seitneigung des Kopfes zur gleichen Seite unterstützen. Der *M. rectus capitis anterior* bewirkt bei beidseitiger Aktivität die Nickbewegung im oberen Kopfgelenk.
Die *Mm. recti capitis lateralis* und *anterior* werden aus dem R. ventralis des 1. Zervikalnerven innerviert.

Brustkorb, Thorax

Brust- und *Bauchwand* umschließen die großen von Serosa ausgekleideten Körperhöhlen. Sie stimmen in ihrem Bauplan weitgehend überein: Muskeln, Nerven und Gefäße sind in gleicher Weise angeordnet. Charakteristisch für die Brustwand sind Rippen, die normalerweise in der Bauchwand fehlen. Die Muskeln der Bauchwand greifen teilweise auf den Thorax über. Die Form des Thorax wird vom Schultergürtel und seinen Muskeln mitgeprägt. Der Bauch ist deutlich vom Bekkengürtel abgegrenzt, und die Muskeln der unteren Extremität greifen nicht wie am Schultergürtel auf die vordere Bauchwand über. Brust- und Bauchhöhle werden durch das *Zwerchfell,* das mit seinen beiden Kuppeln tief in die Brusthöhle hineinreicht, getrennt.

Die *Grenzen* der Brust bilden die obere und die untere Thoraxapertur. An der unteren Brustapertur sind die begrenzenden Ränder der Rippen deutlich tastbar. Die obere Brustapertur wird vom Schlüsselbein überlagert. Ihre dorsale Grenze kann über die Lage des sicht- und tastbaren Dornfortsatzes des 7. Halswirbels (Vertebra prominens) bestimmt werden.

Der *Brustkorb* des Menschen ist, verglichen mit dem schmalen, kielförmigen Brustkorb zahlreicher Quadrupeden, breit und kurz. Diese Verkürzung bei

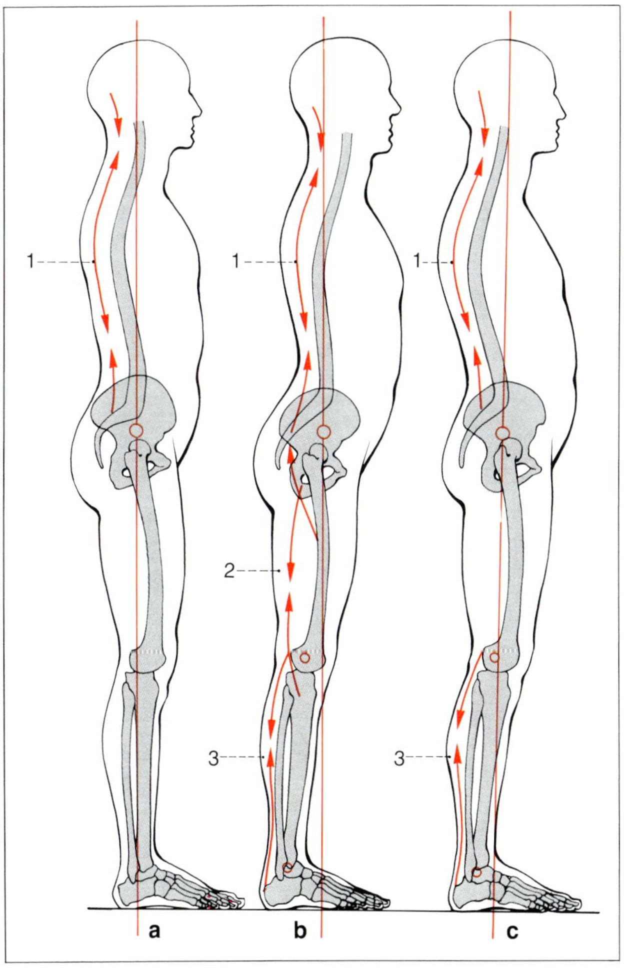

Abb. 5.**119a–c** **Zugverspannungen der Muskeln im aufrechten Stand.**
a Normalhaltung,
b sogenannte straffe Haltung,
c sogenannte lässige Haltung
(nach *Frick, Leonhardt, Starck,* dort nach *Kummer*)
1 autochthone Rückenmuskeln
2 ischiokrurale Muskeln
3 M. triceps surae
Man beachte die Verlagerung des Schwerpunktlotes bei den verschiedenen Körperhaltungen (vgl. Abb. 5.**120**).

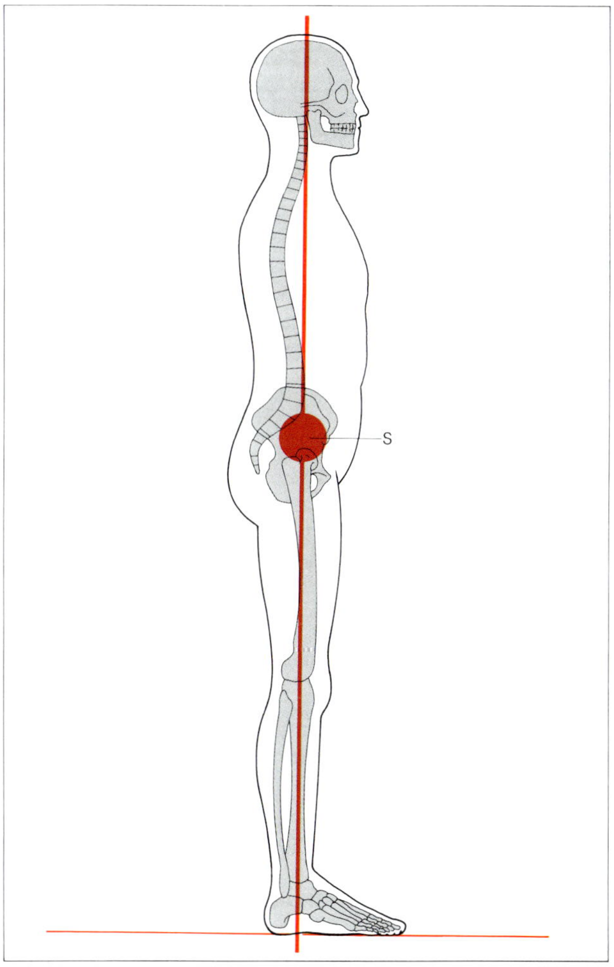

Abb. 5.**120** **Lage des Gesamtkörperschwerpunktes (S) vor dem Promontorium.** Das Schwerpunktlot fällt in die Unterstützungsfläche der Füße.

gleichzeitiger Zunahme der Breite bewirkt eine Verlagerung des Körperschwerpunktes nach dorsal (s. Abb. 5.**119,** 5.**120**). Damit wird eine größere Stabilität erreicht, da sich die Wirbelsäule beinahe senkrecht über der Unterstützungsfläche (s. S. 640, Abb. 7.**178**) befindet. Die Breitenentwicklung geht mit einer stärkeren Ausladung der beiden Thoraxhälften nach hinten einher, gleichzeitig ragt die Brustwirbelsäule nach ventral in die Brusthöhle vor.

Die Rippen haben beim Menschen einen langen, schräg nach hinten-lateral gerichteten Hals, der unter Bildung eines stumpfen Winkels in den Rippenkörper übergeht. Auf diese Weise entstehen seitlich von der Wirbelsäule zwei Rinnen, *Sulci pulmonales.* Sie werden entsprechend der Kegelform des Brustkorbs von oben nach unten breiter und nehmen große Teile des Lungenunterlappens auf. Die Innenseite des Thorax wird von der Pleura parietalis ausgekleidet. Die Pleura bildet auf beiden Seiten einen luftdicht geschlossenen Sack zur Aufnahme der beiden *Lungen.* Zwischen den Pleurasäcken liegt das *Mediastinum* (Mittelfellraum), das hinten von der Brustwirbelsäule, vorne vom Brustbein und unten vom Zwerchfell begrenzt wird (Organe des Mediastinum, s. Bd. II).

Aufbau und Gestalt

Am Aufbau des *Brustkorbs* (Thorax) (Abb. 5.**121**, 5.**122**) sind die zwölf *Brustwirbel* mit den sie verbindenden Zwischenwirbelscheiben und Bändern, die zwölf *Rippenpaare* mit ihren knorpeligen und knöchernen Anteilen, das *Sternum* sowie der Bandapparat beteiligt. Die Thoraxhöhle, *Cavum thoracis,* hat die Gestalt eines abgestutzten, in sagittaler Richtung abgeplatteten Kegels, an dem eine ventrale und eine dorsale Wand, zwei Seitenwände sowie eine obere und eine untere Öffnung, *Aperturae thoracis superior* und *inferior*, unterschieden werden. Die *ventrale* Wand wird vom Sternum und von den Rippenknorpeln, die längere *dorsale* Wand von der Brustwirbelsäule mit den dorsalen bis zum Rippenwinkel reichenden Teilen der Rippen begrenzt. Die *Seitenwände* werden von den Corpora costarum gebildet. Die Rippen bestehen in ihrem knöchernen Teil aus symmetrischen, von oben nach unten verlaufenden schraubenförmigen Spangen. Die knorpeligen und knöchernen Anteile jedes Rippenpaares unterscheiden sich in ihrer Form und in ihrem Verlauf. Die hinteren Teile der Rippen ziehen nach dorso-lateral und sind nur wenig nach unten geneigt. Erst vom Angulus costae an wird die Neigung stärker. Die Rippenkörper sind fächerförmig angeordnet, indem sie nach ventral divergieren.

Die Zwischenrippenräume, *Spatia intercostalia,* sind im kranialen und im kaudalen Abschnitt des Thorax kurz und breit; ventral sind sie breiter als dorsal. Ihre größte Breite haben sie an der Knochen-Knorpel-Grenze. Die fünf kranialen Zwischenrippenräume reichen vorn bis an den Rand des Brustbeins. Die Interkostalräume 6–9 werden ventral von den Knorpelverbindungen benachbarter Rippen begrenzt. Der 10. und 11. Interkostalraum steht mit der Bauchwand in Verbindung.

Die Interkostalräume sind von Membranae und Mm. intercostales ausgefüllt (s. Abb. 5.**14**). Die Interkostalmuskeln sorgen für die Anspannung der Verschlußmembranen in jeder Phase der Atmung; sie sind gleichzeitig Atemmuskeln.

Die enge *Apertura thoracis superior* ist queroval. Sie wird vom Körper des 1. Brustwirbels, vom 1. Rippenpaar sowie vom Manubrium sterni begrenzt und liegt in einer nach ventral geneigten Ebene, an die sich das Planum sternale anschließt. Ein durch die Incisura jugularis sterni gelegter Querschnitt trifft auf den 3. Brustwirbel.

Die *Apertura thoracis inferior* ist bedeutend weiter als die obere Apertur. Sie hat einen größeren Transversal- als Sagittaldurchmesser. Die untere Thoraxapertur wird ventral vom Processus xiphoideus sterni und den *Arcus costales* begrenzt. Von der Spitze der 10. zur Spitze der 11. und 12. Rippe ist der Bogen offen und folgt dann dem unteren Rand des 12. Rippenpaares zur Wirbelsäule. Die beiden Arcus costales umschließen einen weiten Winkel, *Angulus infrasternalis* (epigastrischer Winkel), in den der Schwertfortsatz des Brustbeins hineinragt.

Die Form des Thorax weist neben individuellen auch starke alters- und geschlechtsspezifische Unterschiede auf (Abb. 5.**123**–5.**126**). Der weibliche Thorax ist nicht nur absolut, sondern auch relativ, d. h. in bezug auf die Rumpflänge, schmaler als der männliche, dies gilt auch für die Thoraxhöhe.

Die Gestalt des Thorax zeigt vor und nach der Geburt charakteristische Unterschiede. Bei menschlichen *Feten* ist die obere Apertur stark geneigt und das Sternum steht im spitzen Winkel zur Wirbelsäule. Die unteren Rippen sind leicht angehoben. Daraus resultiert eine glocken- oder birnenförmige Gesamtform des Thorax, die darauf beruht, daß die noch luftleeren Lungen klein und unentfaltet sind. Der Brustkorb ist bis in Höhe der 4. Rippe eng. Der untere Teil wird durch die voluminöse Leber auseinandergespreizt. Mit der Entfaltung der Lungen bei der Geburt beginnt eine Umwandlung der Thoraxform: Die kranialen Rippen werden so weit gehoben, daß die obere Apertur fast im rechten Winkel zur Wirbelsäule steht und der gesamte Thorax „Inspirationsstellung" einnimmt. Die kostale Atmung spielt deshalb beim Säugling noch eine untergeordnete Rolle (Abb. 5.**123** u. 5.**124**).

Im Laufe des 2. Lebensjahres ändert sich die Thoraxform abermals. Rippen und Brustbein senken sich, der Brustkorb wird länger und schlanker, er nähert sich mehr der „Exspirationsform". Diese Umwandlung steht mit Wachstumsvorgängen im Zusammenhang, außerdem hat die aufrechte Haltung einen Einfluß auf die Gestalt des Brustkorbs. Der Brustkorb des Kindes ist nach den ersten Streckungsvorgängen durch seine schlanke Form gekennzeichnet (Abb. 5.**125**, 5.**126**).

An der Änderung der Gesamtform des Thorax sind alle Bauelemente beteiligt. Die starke Umbiegung des

Rippenbogens und die Senkung der Rippen sind auf das starke Knorpelwachstum zurückzuführen. Außerdem hat die in diesem Alter einsetzende kyphotische Krümmung der Brustwirbelsäule einen Einfluß auf die Thoraxgestalt. Bei Kindern im Alter von drei Jahren gleichen die Atembewegungen bereits denen des Erwachsenen.

Die Form des Thorax ist im Senium durch eine starke Krümmung der Brustwirbelsäule, durch eine Senkung der Rippen und der damit einhergehenden Abflachung der vorderen Thoraxwand gekennzeichnet. Der Angulus infrasternalis wird kleiner, und der Umfang der Apertura inferior nimmt ab.

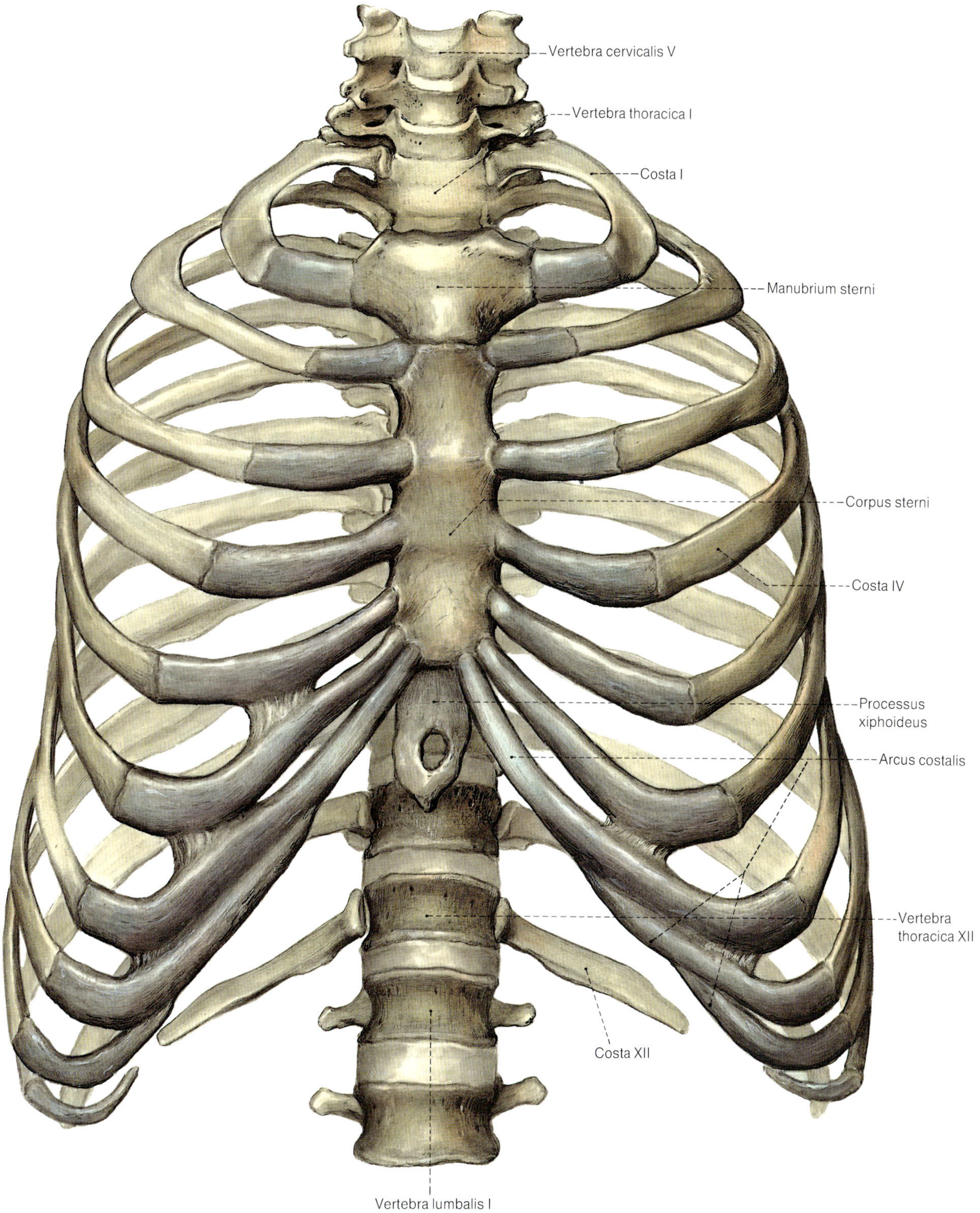

Abb. 5.**121** **Brustkorb in der Ansicht von ventral.**

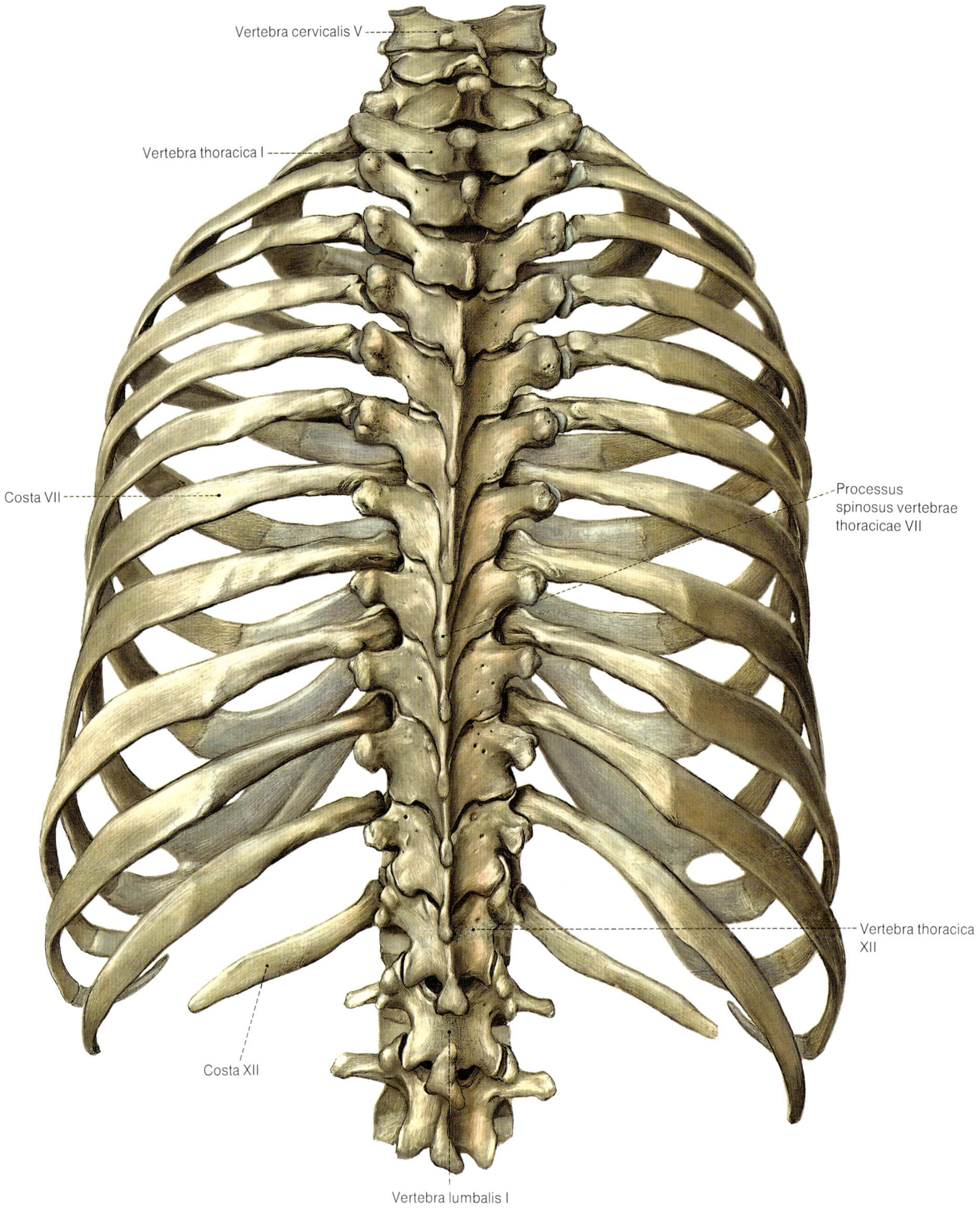

Abb. 5.**122** **Brustkorb in der Ansicht von dorsal.**

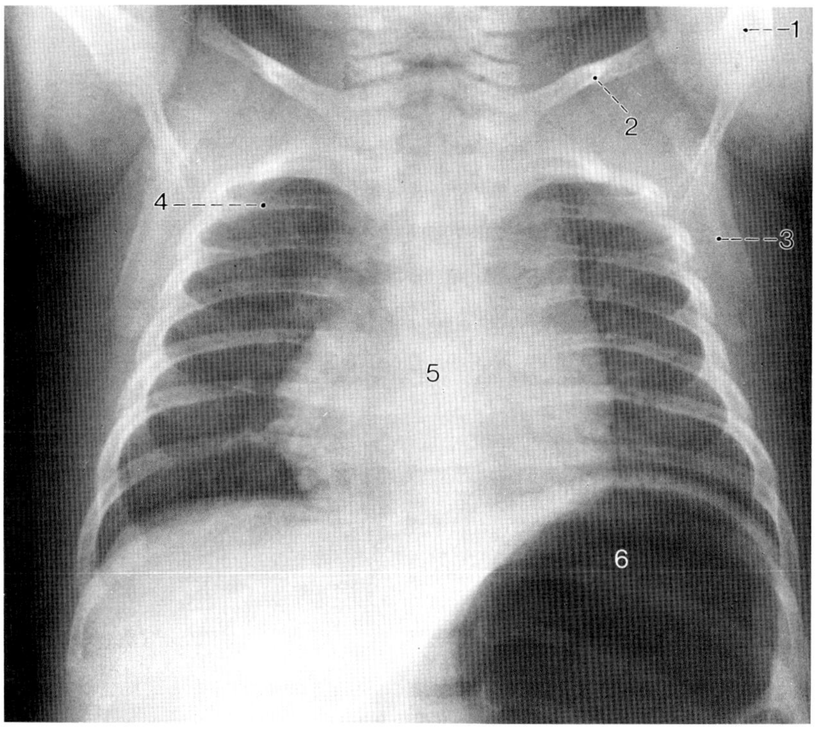

Abb. 5.**123 Röntgenbild des Thorax eines 5 Wochen und 4 Tage alten Säuglings, antero-posteriorer Strahlengang.** Man beachte die Horizontalstellung der Rippen und die dadurch bedingte Kürze des Thorax.
1 Humerus
2 Clavicula
3 Scapula
4 Costa III
5 Mittelschatten
6 Magenblase

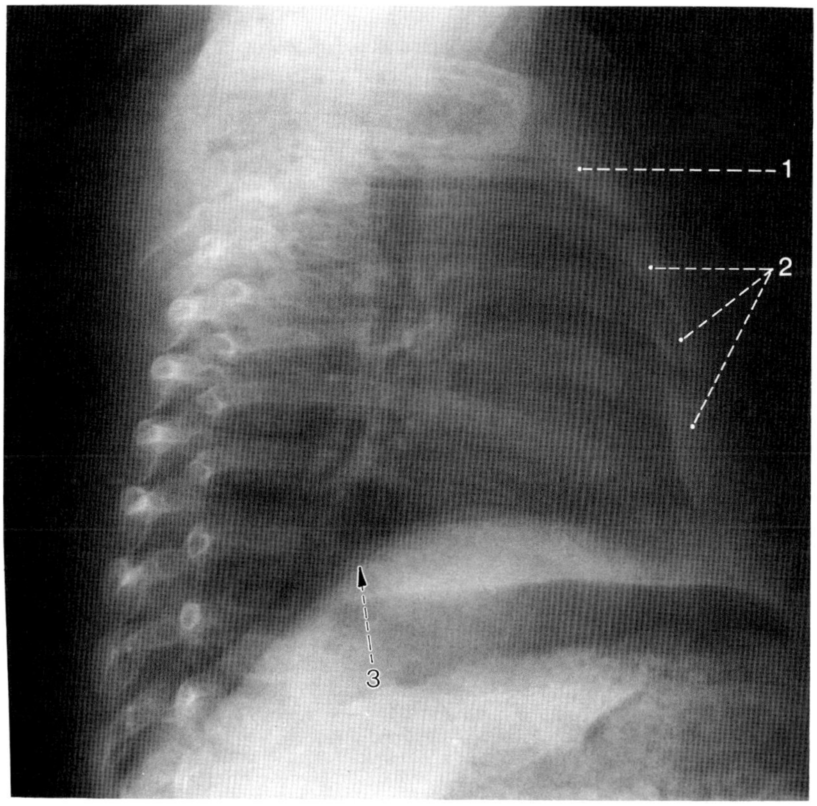

Abb. 5.**124 Seitliche Thoraxaufnahme eines 5 Monate und 24 Tage alten Säuglings.** Horizontalstellung der Rippen.
1 Manubrium sterni
2 Knochenkerne im Corpus sterni
3 Zwerchfellkuppel

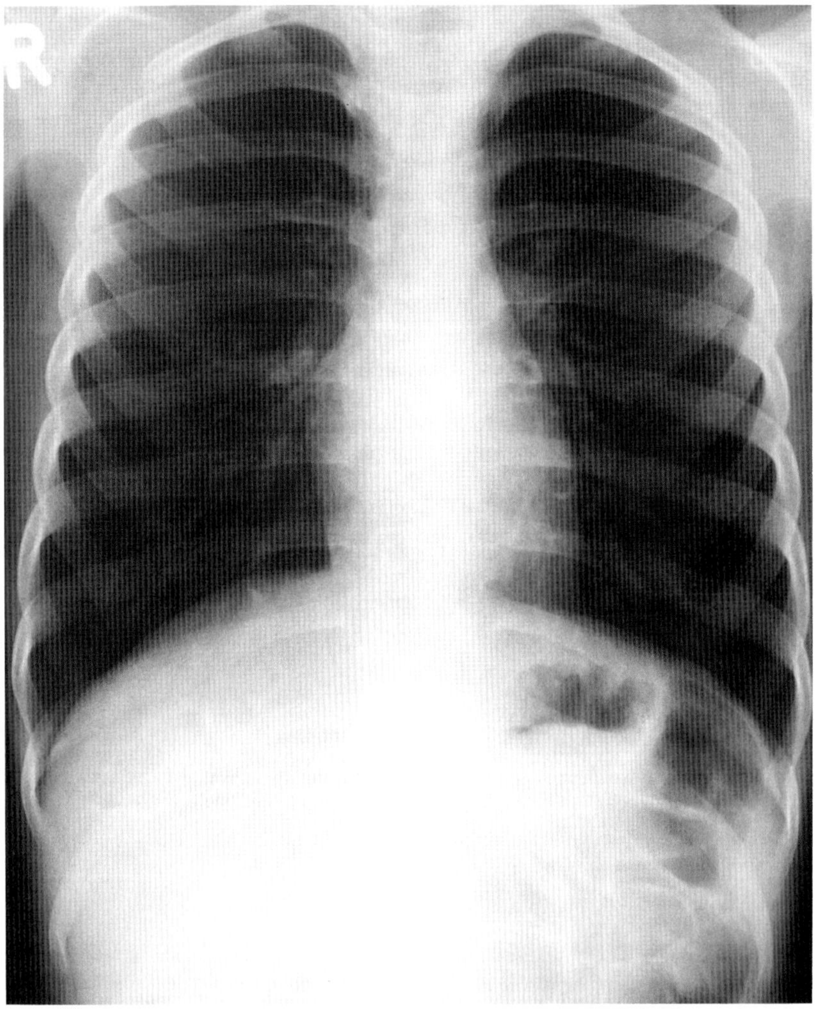

Abb. 5.**125** **Röntgenbild des Thorax eines 7jährigen Kindes im anteroposterioren Strahlengang.** Im Vergleich mit dem Säugling (Abb. 5.**123** und 5.**124**) hat sich die Thoraxform geändert. Die Rippen sind gesenkt. Der Thorax gewinnt dadurch einen größeren Längendurchmesser und ist in seiner Form der des Erwachsenen ähnlich.

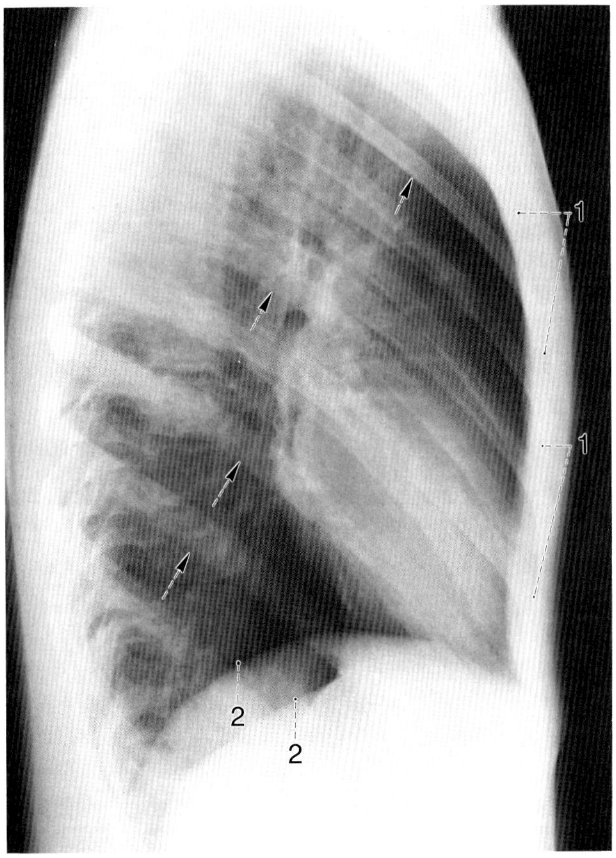

Abb. 5.**126** **Seitliche Thoraxaufnahme eines 8½jährigen Kindes.**
1 Sternum mit Knochenkernen
2 Zwerchfellkonturen
Die Pfeile weisen auf die Corpora costarum.

Rippen, Costae

Gestalt

Am Bau des Brustkorbs sind normalerweise zwölf Rippenpaare beteiligt, die im Gegensatz zu den unbeweglichen Rippenrudimenten der Hals- und Lendenregion frei beweglich sind. Die ersten sieben Rippenpaare erreichen in der Regel das Brustbein und bilden zusammen mit den Brustwirbeln die vorn und hinten geschlossenen Rippenringe (s. Abb. 5.**121**). Diese Rippen werden als *Costae verae* bezeichnet. Die unteren fünf Rippenpaare sind die *Costae spuriae*. Von ihnen beteiligen sich das 8., 9. (und 10.) Paar am Aufbau des Rippenbogens, indem sich ihre Knorpel aneinander lagern. Die Knorpel der 11. und 12. Rippe hingegen enden frei zwischen den Muskeln der vorderen Bauchwand (s. Abb. 5.**122**). Häufig hat auch die 10. Rippe keine Verbindung zum Rippenbogen. Die freien Rippen werden als *Costae fluctuantes* bezeichnet.

Jede Rippe besteht aus einem knöchernen und aus einem knorpeligen Teil, *Os costale* (costae) und *Cartilago costalis*. Das Os costale hat die Form einer Spange, an der *Caput, Collum* und *Corpus costae* unterschieden werden (Abb. 5.**127**, 5.**128**).

Am Ende des Rippenkopfes, *Caput costae,* liegt eine Gelenkfläche, *Facies articularis capitis costae,* die mit Ausnahme an der 1., 11. und 12. Rippe durch die *Crista capitis costae* in zwei Facetten geteilt ist. Die obere, kleinere Gelenkfacette ist für die Anlagerung an der Fovea costalis inferior des nächsthöheren Wirbels bestimmt. Die untere, größere Gelenkfacette artikuliert mit der Fovea costalis des gleichnamigen Wirbelkörpers. Die Köpfe der 1., 11. und 12. Rippe (Abb. 5.**129**, 5.**130**) haben eine zusammenhängende Gelenkfläche und stehen nur mit dem zugehörigen Brustwirbel in gelenkiger Verbindung.

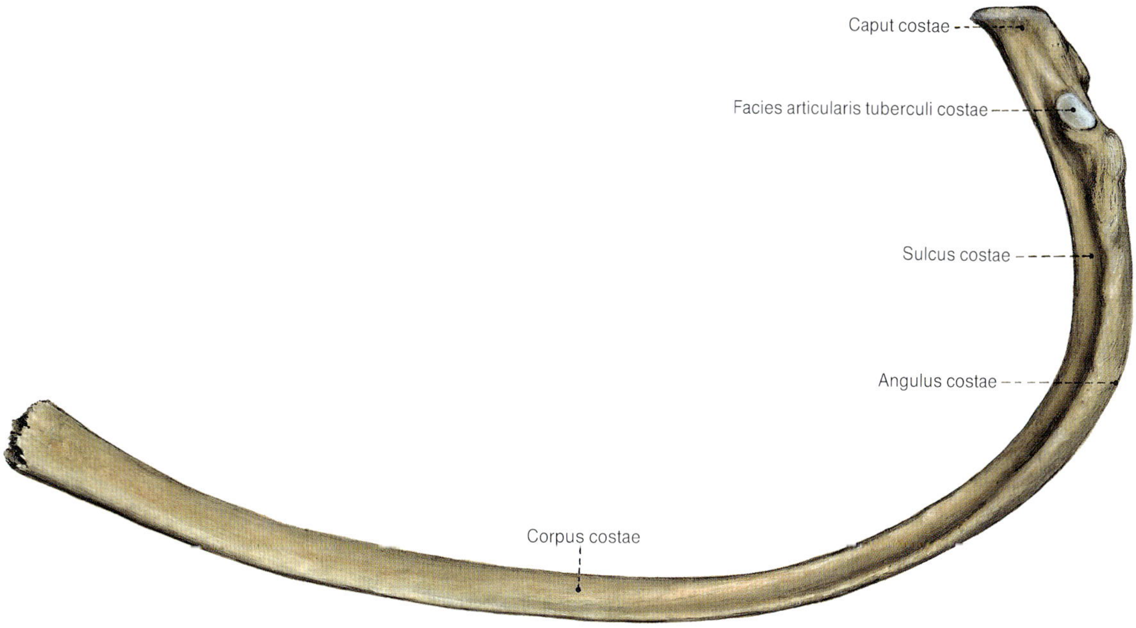

Abb. 5.**127** **7. rechte Rippe in der Ansicht von kaudal.**

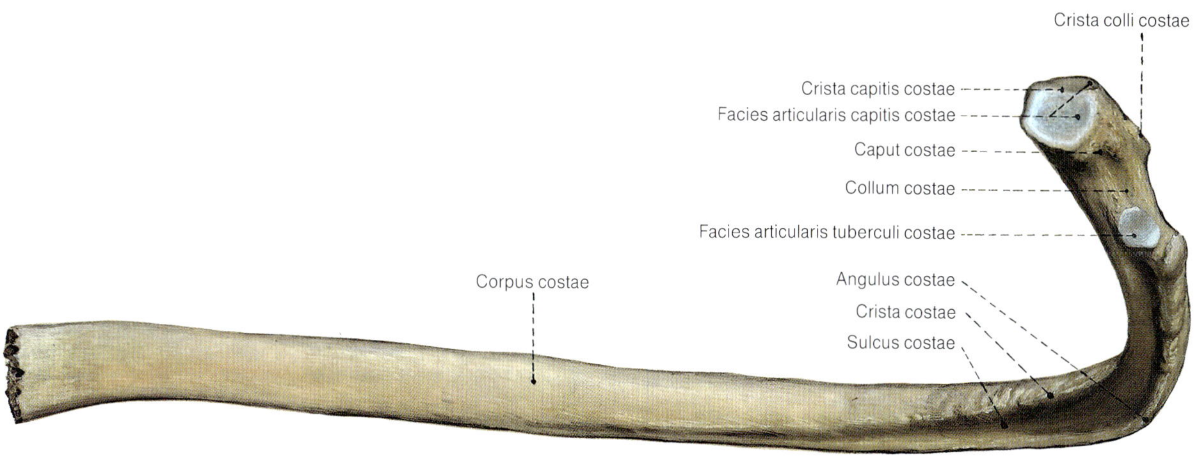

Abb. 5.**128** **7. rechte Rippe in der Ansicht von innen.**

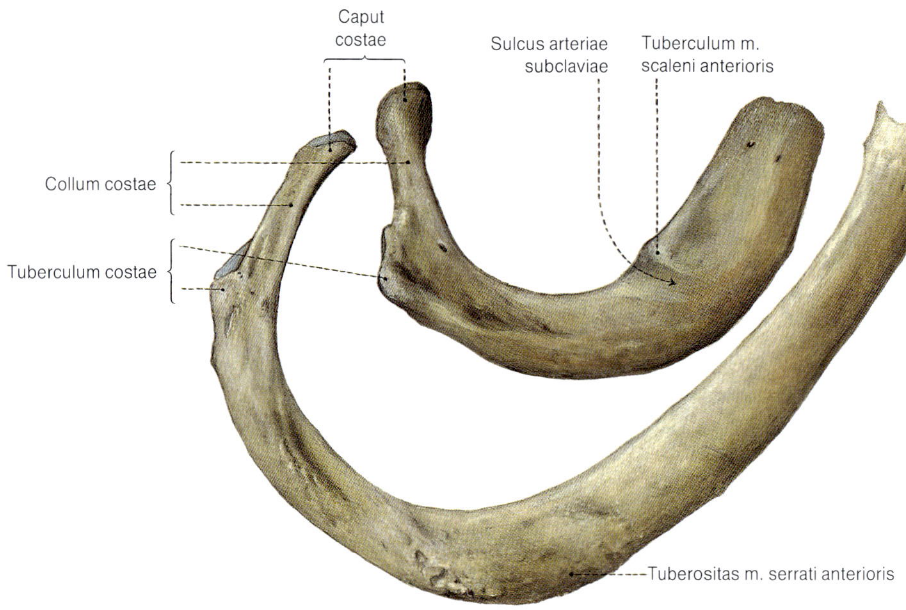

Abb. 5.**129** Oben: **1. rechte Rippe in der Ansicht von kranial.**
Unten: **2. rechte Rippe in der Ansicht von kranial.**

Abb. 5.**130** **11.** (unten) **und 12.** (oben) **rechte Rippen in der Ansicht von kaudal.**

Das *Collum costae* reicht vom Caput bis zum Tuberculum costae und zeigt an den acht unteren Rippen eine nach hinten und oben gerichtete Leiste, *Crista colli costae*. Das *Tuberculum costae* hat eine Gelenkfläche, *Facies articularis tuberculi costae,* die mit der Fovea costalis transversalis des zugehörigen Wirbelbogens artikuliert.

Das *Corpus costae* ändert lateral vom Tuberculum costae seine Verlaufsrichtung. Unter Bildung des *Angulus costae* biegt es nach vorn um. Die Rippenwinkel entfernen sich von oben nach unten immer mehr von der Wirbelsäule. Auf diese Weise entsteht zu beiden Seiten der Wirbelsäule eine Längsrinne, *Sulcus pulmonis*. Der Sulcus ist oben schmal, er wird nach unten zu breiter und erweitert das Cavum thoracis beträchtlich zur Aufnahme des hinteren Teiles der Lunge. Das Corpus costae hat zwei Flächen, die kranial stumpf und kaudal scharfrandig ineinander übergehen. An der Innenseite des unteren Randes befindet sich eine flache Furche, *Sulcus costae,* in deren Schutz die Interkostalnerven und -gefäße verlaufen (s. Abb. 5.**128**).

Rippenknorpel, Cartilago costalis, fehlen an keiner Rippe. Sie sind an den oberen drei Rippen kurz und setzten die Richtung der Rippenknochen zum Brustbein fort (s. Abb. 5.**121**). Von der 4. Rippe an werden die Rippenknorpel länger und biegen nach medialdorsal um. Der Scheitel des von der Rippe beschriebenen Bogens liegt im Knorpel, der zum Brustbein aufsteigende Schenkel ist um so länger, je weiter kaudal die Rippe liegt. Den längsten Knorpel hat die 7. Rippe. Die Knorpel der Costae spuriae werden kaudalwärts kürzer.

Das laterale Ende der Rippenknorpel ist in eine Vertiefung der Rippenknochen eingefügt und fest darin verankert. Das Verhalten des medialen Endes ist unterschiedlich. Der Knorpel der 1. Rippe ist regelmäßig in Form einer Knorpelhaft mit dem Sternum verbunden. Manchmal bilden auch die Knorpel der 6. und 7. Rippe Synchondrosen mit dem Brustbein. Zwischen dem 2.–5. Rippenknorpel und dem Corpus sterni bestehen regelmäßig echte Gelenkverbindungen (s. Abb. 5.**144**). Der stark ausgebogene Knorpel der 7. Rippe bildet zusammen mit den daran anschließenden Knorpeln der 8., 9. und 10. Rippe den Rippenbogen, *Arcus costalis*.

Beim Erwachsenen kommt es im 1. Rippenknorpel und in geringem Ausmaß auch in den übrigen Knorpeln zur Ablagerung von Mineralien und zur Knochenbildung (Abb. 5.**131**). Beim männlichen Geschlecht beginnt die Knochenbildung zwischen dem 18. bis 20. Lebensjahr im sternalen und im kostalen Abschnitt der Knorpel. Im Knorpel der 1. Rippe kann es bei Mann und Frau in der Nähe der Knorpel-Knochen-Grenze zu Spaltbildungen und zur Entwicklung echter Gelenke kommen. Die Gelenkflächen haben einen faserknorpeligen Belag.

Die Rippen werden von der 1. bis zur 7. oder 8. Rippe länger, von der 8. oder 9. zur 12. wieder kürzer. Die 12. Rippe ist etwas länger, manchmal aber auch kürzer als die 1. Rippe.

Die *1. Rippe* (s. Abb. 5.**129**) ist kürzer, breiter und stärker gekrümmt als alle anderen Rippen. Ihre beiden Flächen sind nach kranial und kaudal, ihre Ränder nach innen und außen gerichtet. Das Caput trägt eine einfache, leistenlose Gelenkfläche, der Hals ist rund und schlank. Die erste Rippe steht nur mit dem Körper und dem Querfortsatz des 1. Brustwirbels in Gelenkverbindung. Ihre kraniale Fläche hat zwei seichte, durch ein Höckerchen, *Tuberculum m. scaleni anterioris,* getrennte, glatte Vertiefungen. Die dorsale Furche, *Sulcus arteriae subclaviae,* nimmt die A. subclavia, die ventro-mediale, *Sulcus venae subclaviae,* die V. subclavia auf. Das zwischen den beiden Furchen liegende *Tuberculum m. scaleni anterioris* dient der Sehne des M. scalenus anterior als Ansatz. An der Rauhigkeit dorsal des Sulcus arteriae subclaviae inseriert der M. scalenus medius. Die 2. Rippe (s. Abb. 5.**129**) ist länger als die 1. Rippe. An ihrer Außenfläche ruft der Ursprung des M. serratus anterior die *Tuberositas m. serrati anterioris* hervor.

Der 11. und 12. Rippe (s. Abb. 5.**130**) fehlen Furchen, Tuberculum und Crista capitis. Sie haben nur eine Gelenkfläche. Der Angulus costae ist an der 11. Rippe nur angedeutet, an der 12. Rippe fehlt er gänzlich.

Die Rippen sind unregelmäßig gekrümmte Spangen, deren Innenfläche dem Cavum thoracis zugekehrt ist. Die *Flächenkrümmung* verursacht die seitliche Wölbung des Thorax. Sie tritt hinten stärker hervor als vorn und ist im Bereich des Angulus costae am ausgeprägtesten. Sie nimmt von der 2. Rippe an nach kranio-kaudal ab, da der Umfang des Thorax und damit der Krümmungsradius nach unten zunimmt. Dabei beschreibt die Flächenkrümmung eine Spirallinie. Durch die *Kantenkrümmung* wird das ventrale Rippenende gegenüber dem vertebralen gesenkt und steht bis zu zwei Wirbelhöhen tiefer. Die Kantenkrümmung ist an der 1. Rippe besonders ausgeprägt, sie nimmt nach unten ab. Jede Rippe ist um ihre Längsachse torquiert. Diese *Rippentorsion* hat zur Folge, daß die Außenflächen der Rippen am vertebralen Ende etwas nach kaudal, am ventralen Ende leicht nach kranial gerichtet sind.

Varianten

Die 10. Rippe endet in 70% frei. Interkartilaginäre Verbindungen kommen am häufigsten im 6. und 7. Interkostalraum vor und sind fast immer auf beiden Seiten vorhanden. Die Variante wird bei beiden Geschlechtern in gleicher Häufigkeit beobachtet. Acht Costae verae sind in 10%, sieben in 77%, sechs in 0,6% vorhanden. Zwölf Rippen werden in 94%, dreizehn Rippen in 1,6%, elf Rippen in 3,6% gefunden. Vermehrte Rippenzahl scheint bei Männern häufiger vorzukommen als bei Frauen. Die 12. Rippe ist sehr variabel.

In Fortsetzung der Knorpel der 10., 11. (am häufigsten) oder der 12. Rippe können im M. obliquus internus abdominis Intersectiones tendineae vorkommen, die manchmal kleine Knorpelstäbe enthalten. Seltener werden knöcherne Rippen gefunden, die in ihrem ventralen Teil stark verbreitert oder gespalten sind (Gabelrippe) (Abb. 5.**131**, 5.**132**). *Gabel-* und/ oder *Fensterrippen* treten am häufigsten an der 4. Rippe auf. Gelegentlich können zwei oder mehr Rippen eine Strecke weit an ihren Rändern verschmelzen.

Der im 5. Fetalmonat noch selbständige Processus costarius des 7. Halswirbels kann sich ein- oder beidseitig zu einer längeren oder kürzeren Rippe, *Halsrippe*, weiterentwickeln, die mit dem Wirbel gelenkig verbunden oder fest verwachsen sein kann. Vollständig ausgebildete Halsrippen enden an der 1. Rippe oder am Manubrium sterni (Abb. 5.**133**). In solchen Fällen verlaufen die Vasa subclavia und der Plexus brachialis über die Halsrippe hinweg, und es kann bei Retroversion und Außenrotation des Armes zur *Kompression* des Plexus brachialis und der A. subclavia kommen.

Entwicklung

Die Rippen entstehen als selbständige Anlagen, unabhängig von den Wirbeln im Stadium der Blastembildung des Skeletts. Im Hals-, Lenden- und Sakralbereich verschmelzen sie frühzeitig mit den Wirbeln und bilden einen Teil derselben (s. Abb. 5.**17**). Man unterscheidet echte und rudimentäre Rippenanlagen. Die ventralen Enden der echten Rippen verschmelzen bereits im Blastenstadium zur Bildung der Sternalleiste, die aus den Rippenenden selbst entsteht und auch von den Rippen aus verknorpelt (s. Abb. 5.**136**). An der Bildung des Manubrium sterni ist außer den Sternalleisten noch das interklavikuläre Blastem beteiligt. Seine seitlichen Teile gehen aus den kranialen Enden der Sternalleisten hervor. Diese verschmelzen von kranial nach kaudal.

Die Knochenbildung in den Rippen beginnt Ende des 2. Embryonalmonats in der Gegend des späteren Angulus costae und im mittleren Abschnitt der Rippen. Die Osteogenese schreitet sternalwärts fort. Der ventrale Abschnitt der Rippenanlage bleibt zunächst knorpelig.

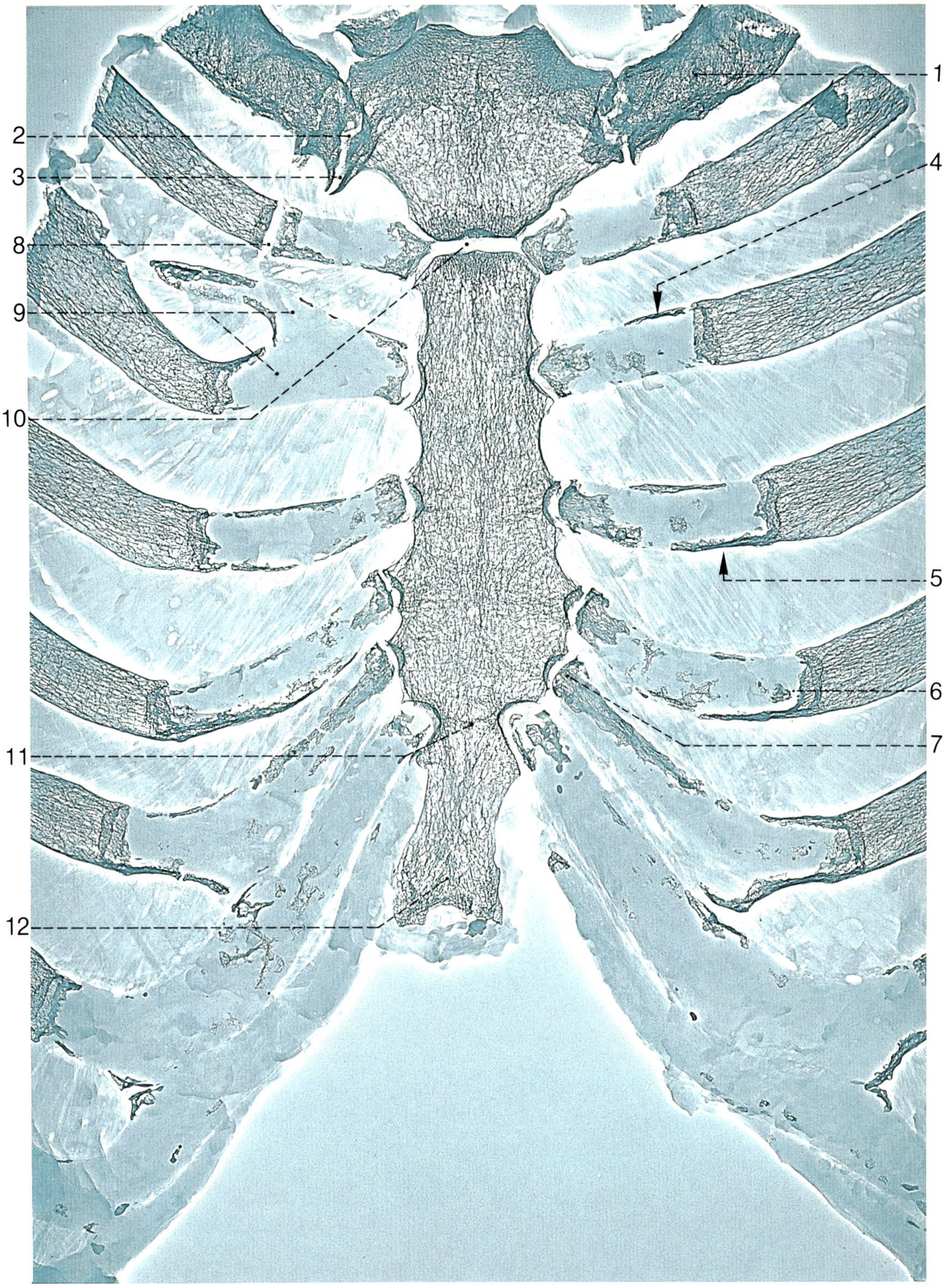

Abb. 5.**131 Xeroradiographie des Brustbein-Rippenpräparates eines 71 Jahre alten Mannes im anteroposterioren Strahlengang.** Der Knorpel der 1. Rippe (1) ist beiderseits vollständig durch Knochengewebe ersetzt. Am Übergang zum Manubrium sterni sind Gelenkspalten (2) entstanden, die kaudal von knöchernen Randzacken (3) flankiert werden. Die übrigen Rippenknorpel zeigen nur eine mäßige Knochenbildung. Die Osteogenese erfolgt manschettenartig an der Ober- (4) und Unterkante (5) der Knorpel sowie zentral (6); außerdem entsteht spongiöser Knochen in den sternalen Enden (7) der Knorpel. Die 2. Rippe rechts ist in Höhe des Knochen-Knorpel-Übergangs gebrochen (8). Die 3. Rippe rechts ist gegabelt (9). Die Verbindung zwischen Manubrium und Corpus sterni (10) liegt als Synchondrose vor, während die ehemalige Synchondrosis xiphosternalis (11) vollständig durch Knochengewebe ersetzt ist. Der große Processus xiphoideus (12) ist leicht gegabelt. In den Zwischenrippenräumen kommen die Interkostalmuskeln zur Darstellung.
(Präparat Prof. Dr. *Saternus*, Berlin und Prof. Dr. *Koebke*, Köln)

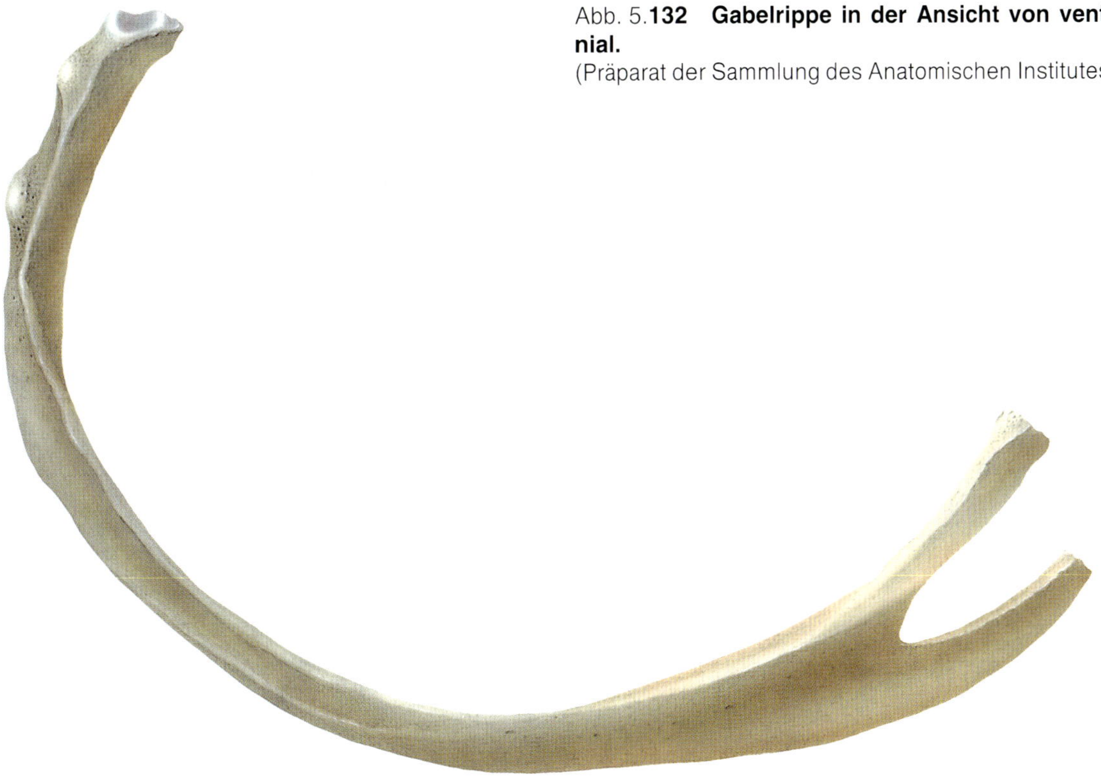

Abb. 5.**132** **Gabelrippe in der Ansicht von ventral-kranial.**
(Präparat der Sammlung des Anatomischen Institutes, Kiel).

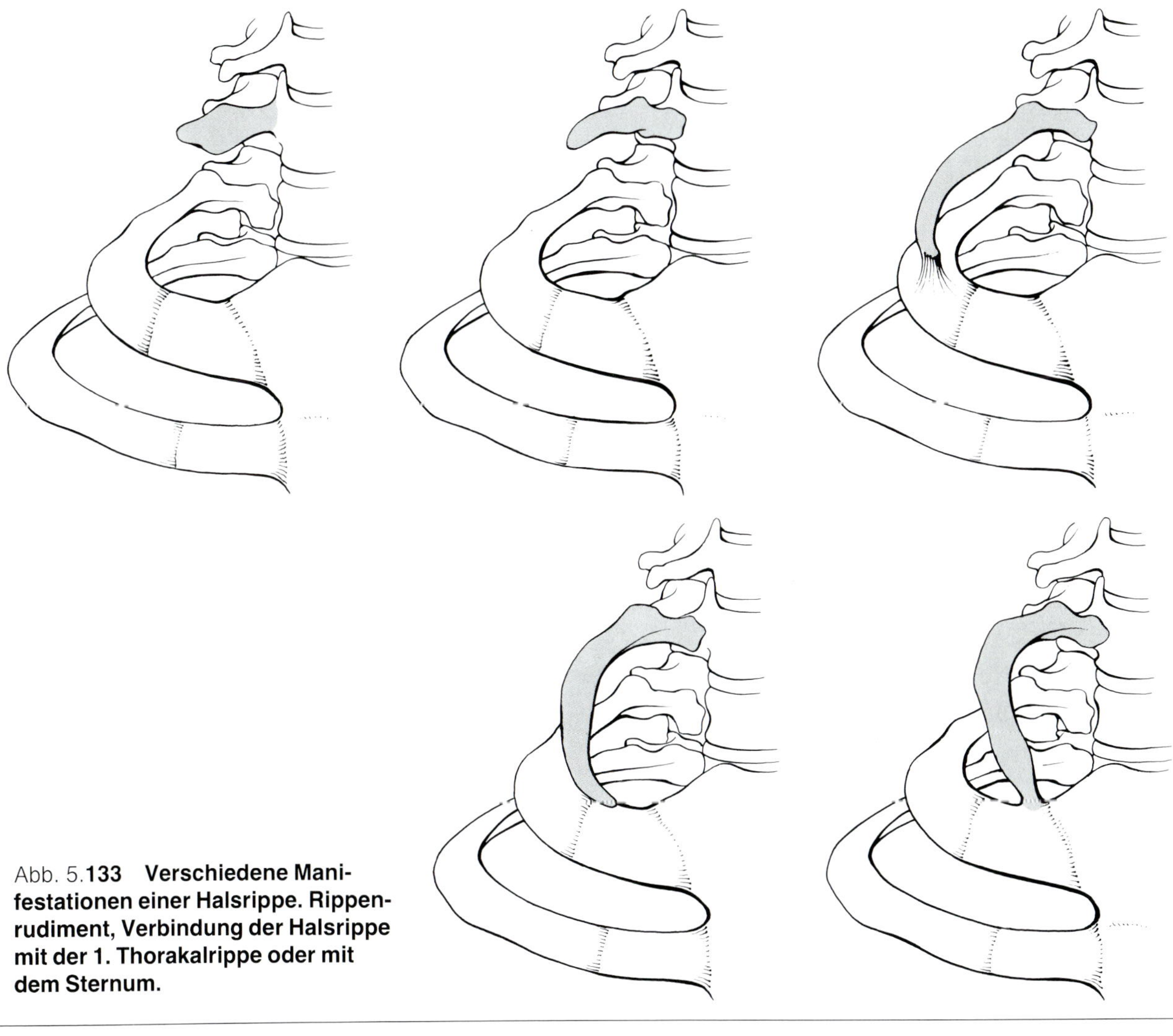

Abb. 5.**133** **Verschiedene Manifestationen einer Halsrippe. Rippenrudiment, Verbindung der Halsrippe mit der 1. Thorakalrippe oder mit dem Sternum.**

Brustbein, Sternum

Gestalt

Das *Brustbein, Sternum* (Abb. 5.**134**, 5.**135**, 5.**138**), ist ein in sagittaler Richtung abgeplatteter nach vorn konvex gekrümmter Knochen. Das Sternum besteht aus dem „Griff", *Manubrium sterni,* dem Körper, *Corpus sterni,* und dem Schwertfortsatz, *Processus xiphoideus.* Der Processus xiphoideus ist normalerweise bis zur Zeit der Pubertät vollständig, im späteren Alter noch teilweise knorpelig. Die drei Anteile sind miteinander kontinuierlich in Form einer Synchondrose und/oder Synostose verbunden. Das Corpus ist gegen das Manubrium in einem nach hinten offenen, stumpfen Winkel abgeknickt *Angulus sterni (sternalis, Ludovici).*

Das *Manubrium sterni* hat am kranialen Rand eine Einziehung, *Incisura jugularis.* Seitlich von der Incisura jugularis liegen die *Incisurae claviculares* zur Verbindung mit den Claviculae. Im kranialen Abschnitt des Seitenrandes artikuliert die 1. Rippe in der *Incisura costalis prima* mit dem Manubrium sterni. Die Gelenkfläche für die 2. Rippe, *Incisura costalis secunda,* folgt am Übergang zwischen Manubrium und Corpus sterni.

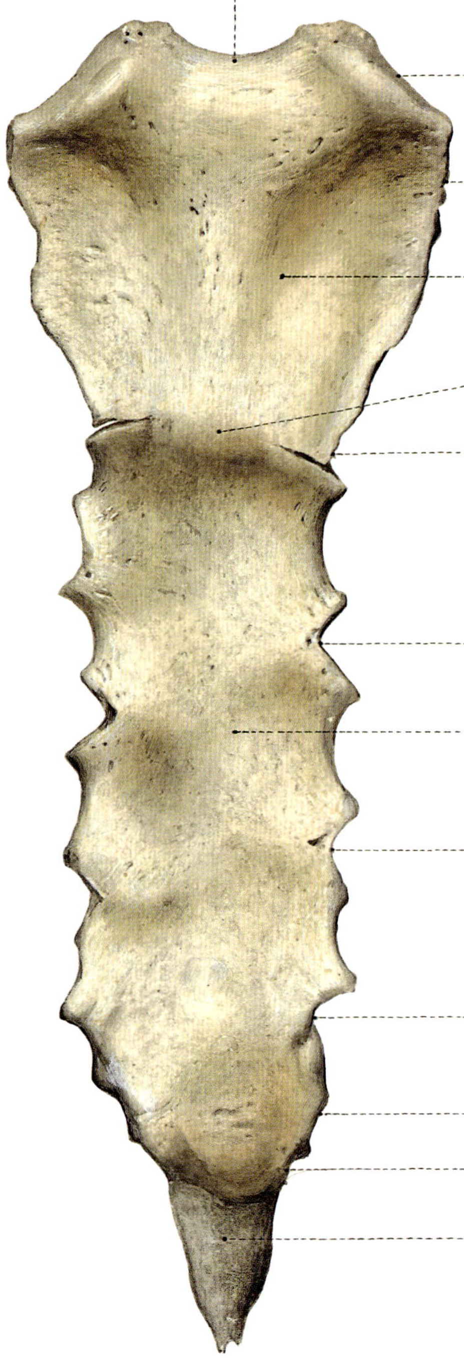

Abb. 5.**134** **Brustbein in der Ansicht von ventral.**

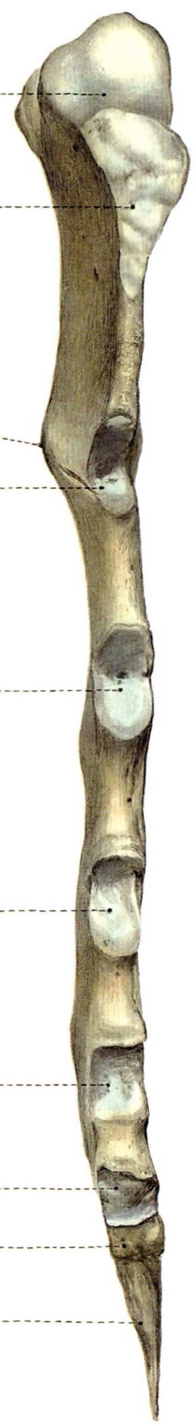

Abb. 5.**135** **Brustbein in der Ansicht von links lateral.**

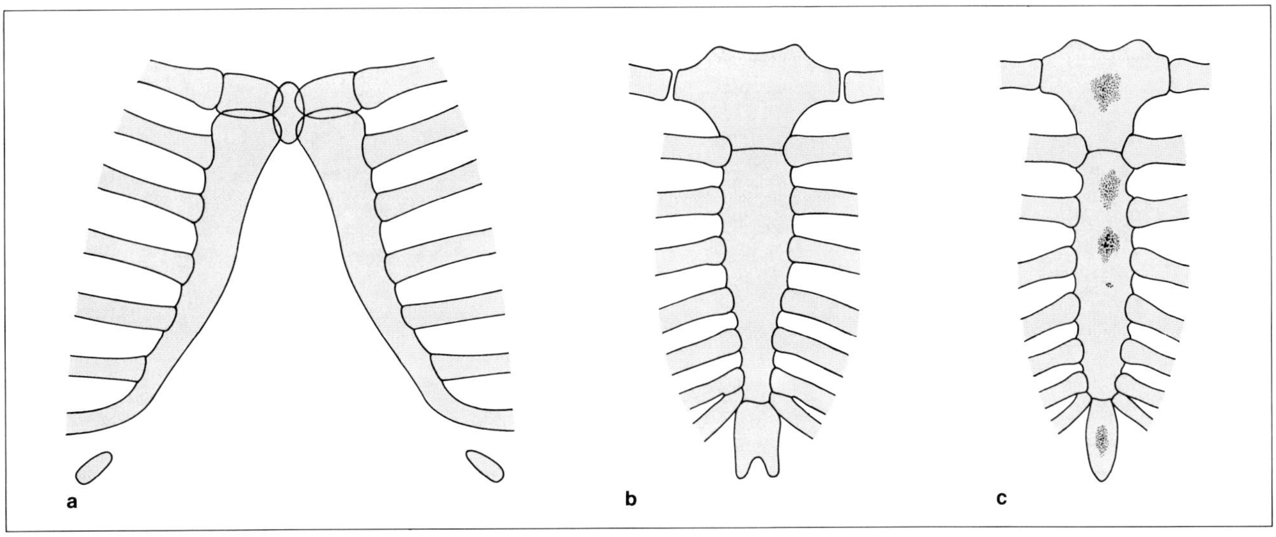

Abb. 5.**136a–c Entwicklung und Knochenbildung im Bereich des Brustbeins.**
a Ventrales Ende der Rippenpaare 1–7 mit Sternalleisten bei einem 3 cm langen Feten.
b Knorpelige Anlage des Brustbeins im 5. Fetalmonat.
c Brustbein beim Neugeborenen. Knochenkerne im Manubrium und Corpus sterni sowie im Processus xiphoideus.
(Größe der Objekte einander angeglichen)

Die dorsale Fläche des *Corpus sterni* ist glatt. An seinen Seitenrändern liegen normalerweise sechs Gruben, *Incisurae costales,* für die Verbindung mit dem 2.–7. Rippenknorpel (s. Abb. 5.**144**). Die für den 6. und 7. Knorpel bestimmten Facetten liegen dicht beieinander, so daß die 7. Grube unmittelbar an den Schwertfortsatz grenzt. Der Knorpel der 7. Rippe lagert sich dabei gewöhnlich etwas vor den Schwertfortsatz.
Die Gestalt des *Processus xiphoideus* ist sehr variabel (Abb. 5.**138**). Er gleicht normalerweise einem dünnen Spachtel. Häufig ist er gabelförmig gespalten oder von einem Loch durchbohrt. Der Schwertfortsatz kann nach ventral oder nach dorsal gebogen sein. Im höheren Alter geht er mit dem Corpus sterni eine knöcherne Verbindung ein (s. Abb. 5.**131**).

Varianten

Dem kranialen Rand des Manubrium sterni können zwei kleine isolierte Knochen, *Ossa suprasternalia (Episternum)* (Abb. 5.**137**) aufliegen. Auch am Processus xiphoideus kommen akzessorische Knorpelstückchen vor. Die Gestalt des Sternum variiert in Länge und Breite.
Das Sternum kann teilweise oder in seiner gesamten Länge gespalten sein (Abb. 5.**138**). Die Längsspaltung, *Fissura sterni congenita,* ist ein kongenitaler Defekt, der auf mangelhafte *(partielle Spalten)* oder vollständig ausgebliebene Verschmelzung der Sternalleisten *(totale Spalten)* zurückzuführen ist.
Die Ansätze der Rippenknorpel am Sternum zeigen zahlreiche Asymmetrien. In der Mehrzahl der Fälle inserieren die linken Knorpel weiter kaudal als die rechten (55%). Manchmal haben die Rippenknorpel nicht in Inzisuren, sondern in Vorsprüngen *(Processus costales)* Kontakt mit dem Brustbein.

Entwicklung

Das Sternum entwickelt sich aus den paarigen *Sternalleisten* (Abb. 5.**136**), die bereits im Stadium der Blastembildung aus der Verschmelzung der ventralen Enden der 1.–7. Rippe entstehen. Die Sternalleisten entwickeln sich aus den Rippenenden und haben dementsprechend kein eigenes Blastem. Nur an der Bildung des Manubrium sterni ist außer den Sternalleisten auch das interklavikuläre Blastem beteiligt. Als interklavikuläres Blastem bezeichnet man eine Mesenchymverdichtung, die mit den Anlagen der Claviculae zusammenhängt. Die lateralen Teile des Manubrium gehen aus den Sternalleisten hervor, die mit dem interklavikulären Blastem zusammenfließen. Das Cor-

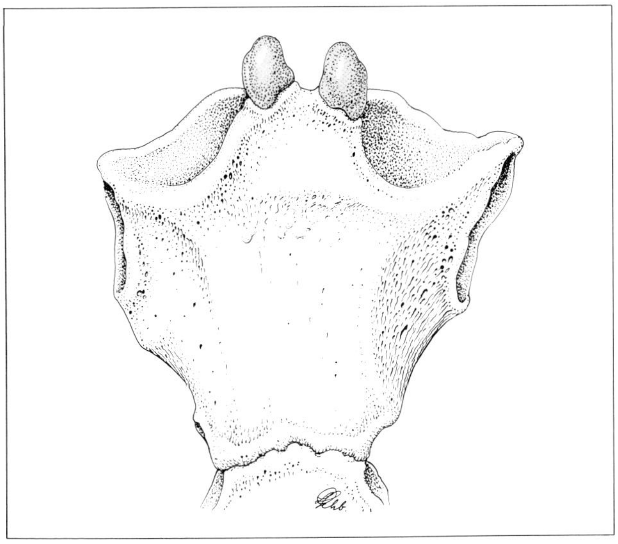

Abb. 5.**137 Manubrium sterni mit Ossa suprasternalia in der Ansicht von hinten.**

pus sterni entsteht durch die Verschmelzung beider Sternalleisten, die von kranial nach kaudal fortschreitet.

Die Knochenbildung im Sternum beginnt zwischen dem 4. und 6. Fetalmonat. Sie wird mit dem Auftreten eines Knochenkerns im Manubrium sterni eingeleitet. Im Corpus sterni erscheint eine wechselnde Zahl (4–13), häufig paarweise in drei bis vier Querlinien stehender Kerne. Ein Kern tritt im Processus xiphoideus auf. Beim Neugeborenen sind die einzelnen Knochenkerne des Corpus sterni zu drei bis vier Anteilen verschmolzen. Einen Hinweis auf den Verknöcherungsmodus geben die drei an seiner Vorderfläche häufig sichtbaren Querleisten.

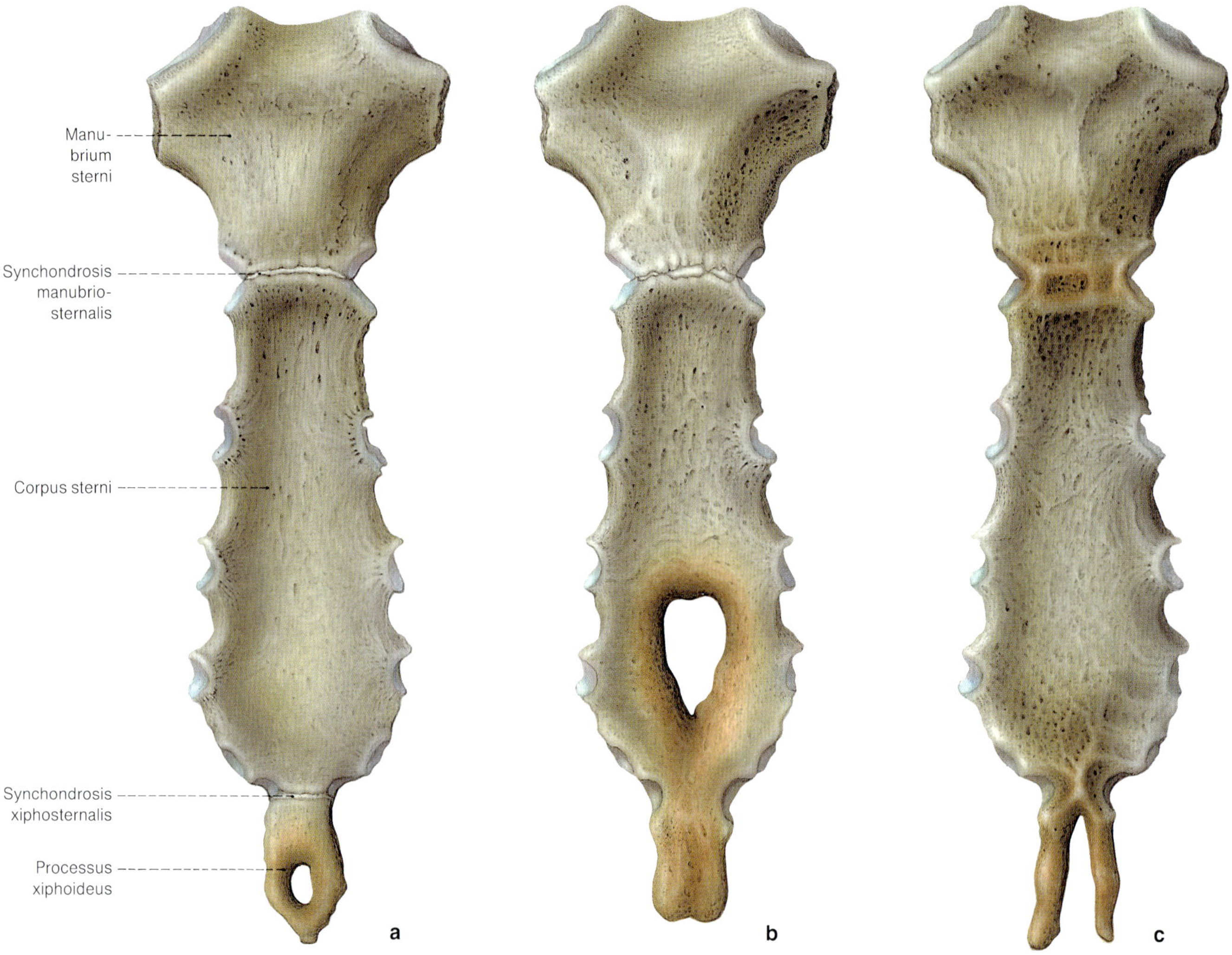

Abb. 5.**138a–c** **Varianten des Brustbeins.**
a Spalte im Bereich des Processus xiphoideus.
b Partielle Spalte im Bereich des Corpus sterni (Fissura sterni congenita), Corpus sterni und Processus xiphoideus knöchern miteinander verschmolzen.
c Gabelung des Processus xiphoideus, knöcherne Verbindung zwischen Manubrium und Corpus sterni sowie zwischen Corpus sterni und Processus xiphoideus.
(Präparate der Sammlung des Anatomischen Institutes, Kiel).

Rippengelenke

Die Rippen artikulieren mit der Wirbelsäule in Form von echten Gelenken, *Articulationes costovertebrales*. Ihre Gelenkverbindungen mit dem Sternum, *Articulationes sternocostales*, sind entweder Diarthrosen oder Synarthrosen (Synchondrosen). Hinzu kommen außerdem Verbindungen zwischen den Rippenknorpeln der 6.–9. Rippe, *Articulationes interchondrales*. Alle Gelenkverbindungen bilden eine funktionelle Einheit, ihre Bewegungsexkursionen stehen im Dienste der Atmung.

Rippen-Wirbel-Gelenke, Articulationes costovertebrales

Jede Rippe hat zwei gelenkige Verbindungen mit dem zugehörigen Wirbel. Die beiden Gelenke, *Articulatio capitis costae* und *Articulatio costotransversaria*, sind morphologisch vollständig voneinander getrennt, gelenkmechanisch bilden sie eine Einheit (Abb. 5.**140**).

Rippenkopfgelenk, Articulatio capitis costae

Aufbau

Artikulierende Anteile

Die Gelenkflächen der Gelenkverbindung des Rippenkopfes mit dem Wirbelkörper sind die *Fovea costalis* des Wirbelkörpers und die *Facies articularis capitis costae*. Mit Ausnahme an der 1. Rippe sowie an der 11. und 12. Rippe sind die Gelenke zweikammerig. Die Köpfe der 2.–10. Rippe haben zwei überknorpelte Gelenkfacetten, die durch die Crista capitis costae voneinander getrennt sind. Die obere, kleinere Gelenkfacette artikuliert mit der Fovea costalis inferior des nächsthöheren Wirbels, die untere Gelenkfacette steht mit der kranialen Fovea costalis des gleichnamigen Wirbelkörpers in Verbindung.

Gelenkkapsel und Bänder

An den *Articulationes capitum costarum* II–X sind zwei Gelenkhöhlen ausgebildet, die von einer zarten Kapsel umschlossen werden (Abb. 5.**141**–5.**143**). Zwischen den beiden Gelenken liegt das *Lig. capitis costae intraarticulare*, das von der Crista capitis costae entspringt und in die Außenzone des Anulus fibrosus der Zwischenwirbelscheibe einstrahlt (Abb. 5.**139**, 5.**148**). Die Außenfläche der Gelenkkapsel wird vom *Lig. capitis costae radiatum* verstärkt.

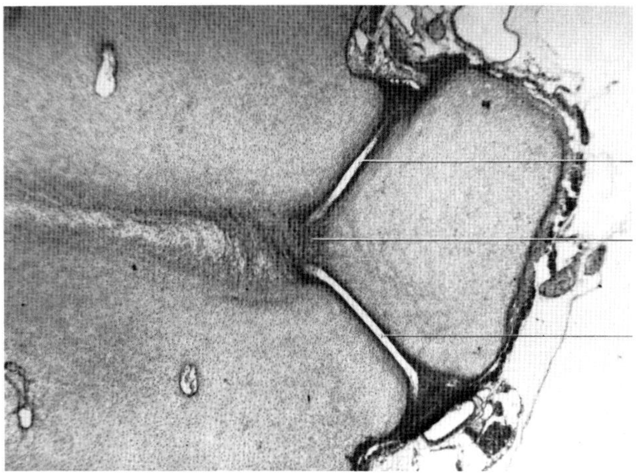

Abb. 5.**139** **Histologischer Frontalschnitt durch die Articulatio capitis costae zwischen 3. und 4. Brustwirbelkörper bei einem Feten von 12 cm SSL.**
1 obere Gelenkhöhle
2 Lig. capitis costae intraarticulare
3 untere Gelenkhöhle

Rippenhöckergelenk, Articulatio costotransversaria

Aufbau

Artikulierende Anteile

Bei den ersten zehn Rippenpaaren artikulieren die Höcker zwischen Collum und Caput costae mit dem Querfortsatz der entsprechenden Brustwirbel. Den Gelenkkopf bildet die *Facies articularis tuberculi costae*, die Pfanne die *Fovea costalis processus transversi* am Wirbelquerfortsatz.

Gelenkkapsel und Bänder

Die Gelenkkapsel wird dorsal durch das querverlaufende *Lig. costotransversarium laterale* (Abb. 5.**143**) verstärkt, das von der Spitze des Querfortsatzes zum Tuberculum costae der Rippe des gleichen Segmentes zieht. Im ventralen Abschnitt wird die Gelenkkapsel durch das *Lig. costotransversarium* (Abb. 5.**141**) verstärkt, das zwischen Rippenhals und Querfortsatz verläuft.
Das *Lig. costotransversarium superius* verbindet den Rippenhals mit dem Querfortsatz des nächsthöheren Wirbels. Als *Lig. lumbocostale* bezeichnet man ein Band, das den Processus costalis des 1. Lendenwirbels mit der 12. Rippe verbindet.

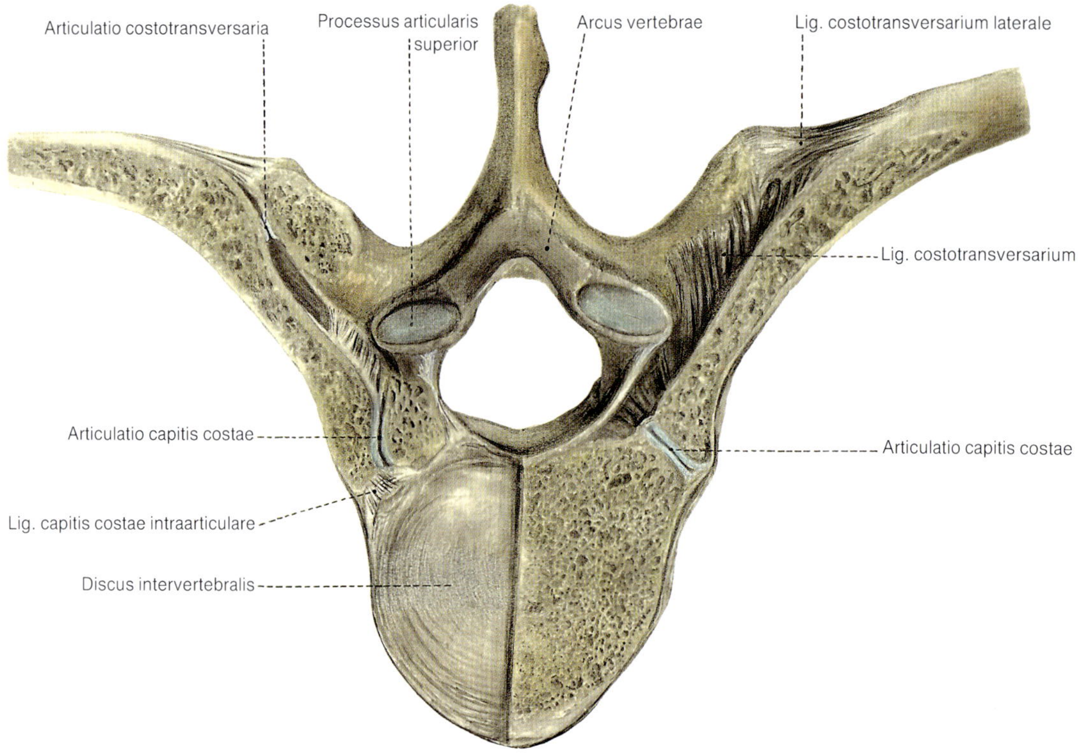

Abb. 5.**140** **Gelenkverbindungen der 8. Rippe mit dem 7. und 8. Brustwirbel in der Ansicht von oben.**

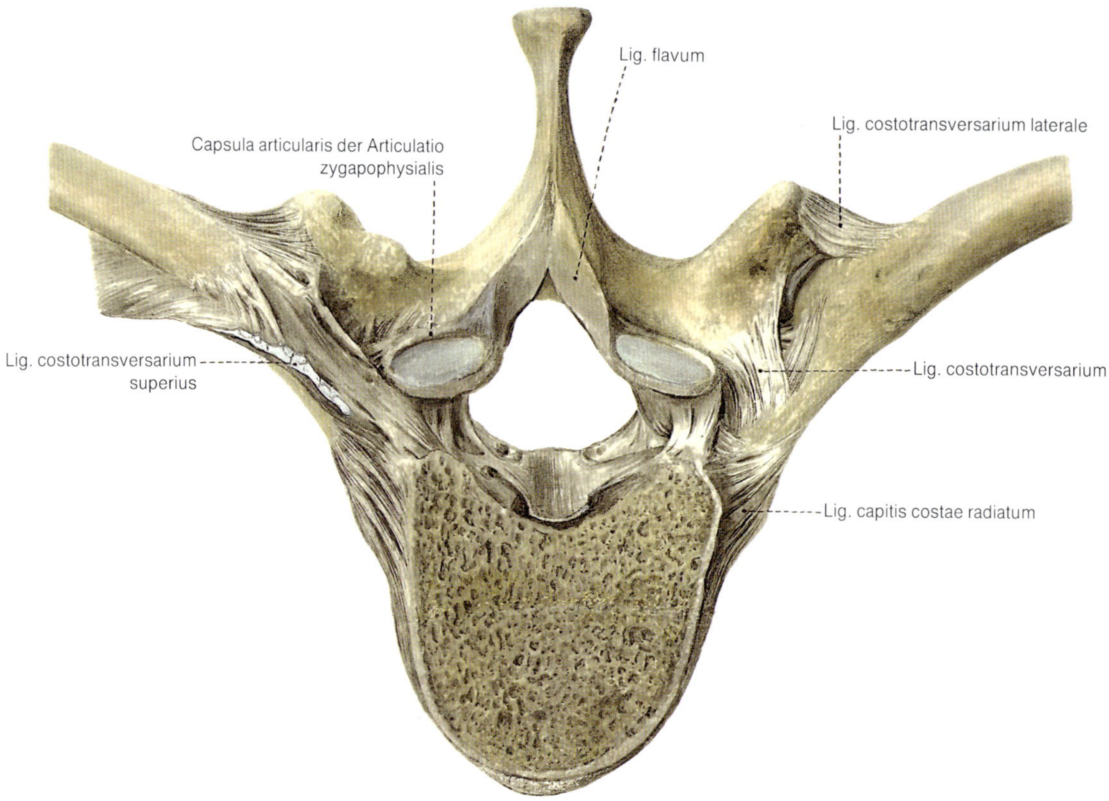

Abb. 5.141 Gelenkverbindungen der 9. Rippe mit dem 8. und 9. Brustwirbel in der Ansicht von oben.

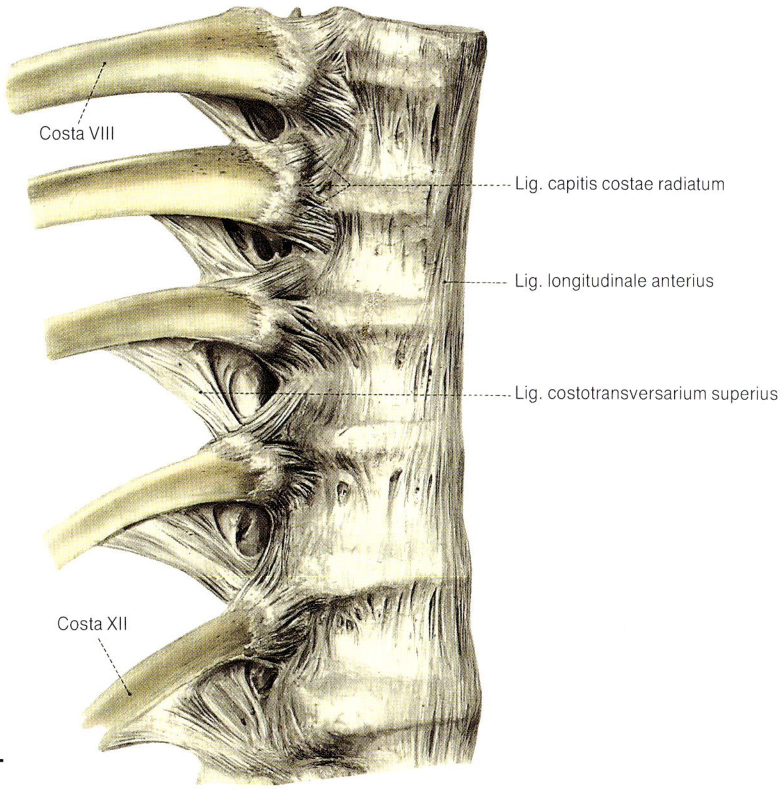

Abb. 5.**142** **Bandapparat der Rippenwirbelgelenke im unteren Thorakalbereich, Ansicht von rechts lateral.**

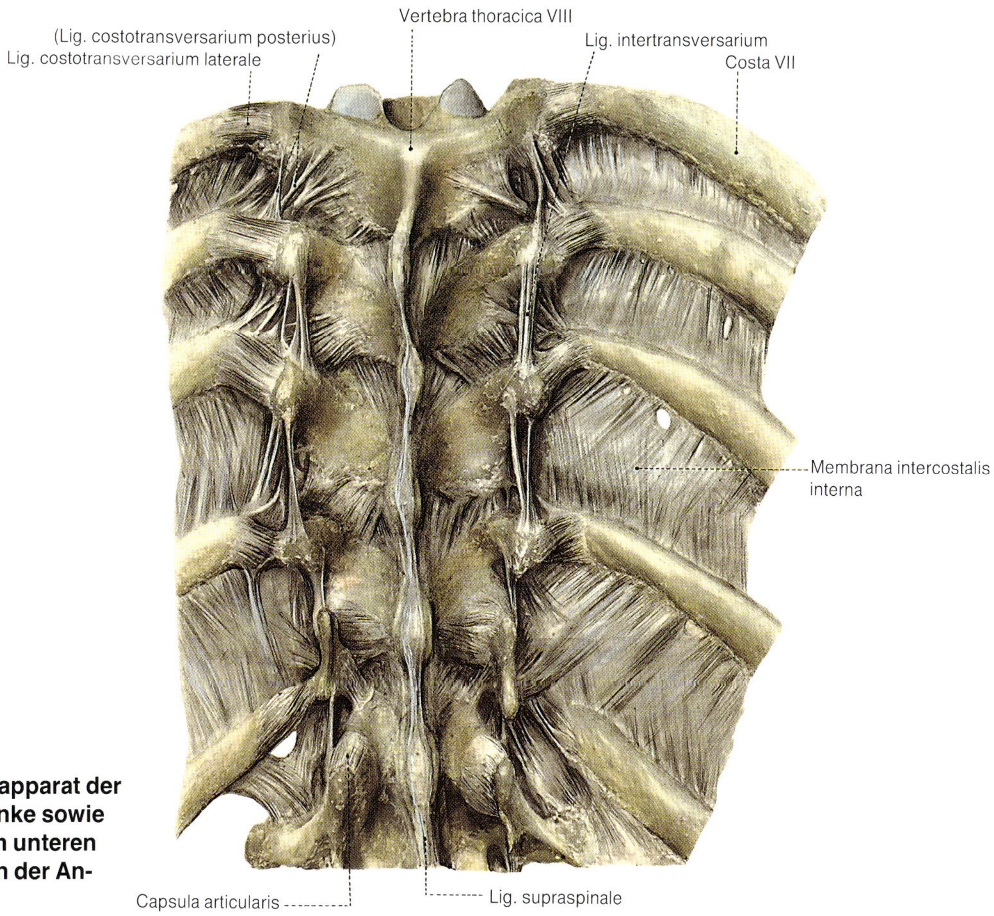

Abb. 5.**143** **Bandapparat der Rippenwirbelgelenke sowie der Wirbelsäule im unteren Thorakalbereich in der Ansicht von dorsal.**

Brustbein-Rippen-Gelenke, Articulationes sternocostales

Aufbau

Artikulierende Anteile

Die Verbindungen zwischen Brustbein und Rippen sind teils Synchondrosen, teils echte Gelenke (Abb. 5.**144**). Sie werden von den *Incisurae costales sterni* und den vorderen Enden der Rippenknorpel gebildet. Ein Gelenkspalt ist meistens nur im Bereich der 2.–5. Rippe ausgebildet. Die Gelenkhöhle kann durch eine faserknorpelige Platte, das *Lig. sternocostale intraarticulare* zweigeteilt sein. Eine derartige Unterteilung der Gelenkhöhle kommt am 2. Sternokostalgelenk nahezu konstant, am 3. Sternokostalgelenk in einem Fünftel der Fälle und am 4. Sternokostalgelenk in einem Zehntel der Fälle vor.

Die 1., 6. und 7. Rippe sind unter Bildung von Synchondrosen unmittelbar mit dem Brustbein verbunden.

Gelenkkapsel und Bänder

Die Gelenkkapseln der Sternokostalgelenke bilden das Periost des Sternum und das Perichondrium der Rippenknorpel, die im Bereich der Gelenkverbindun-

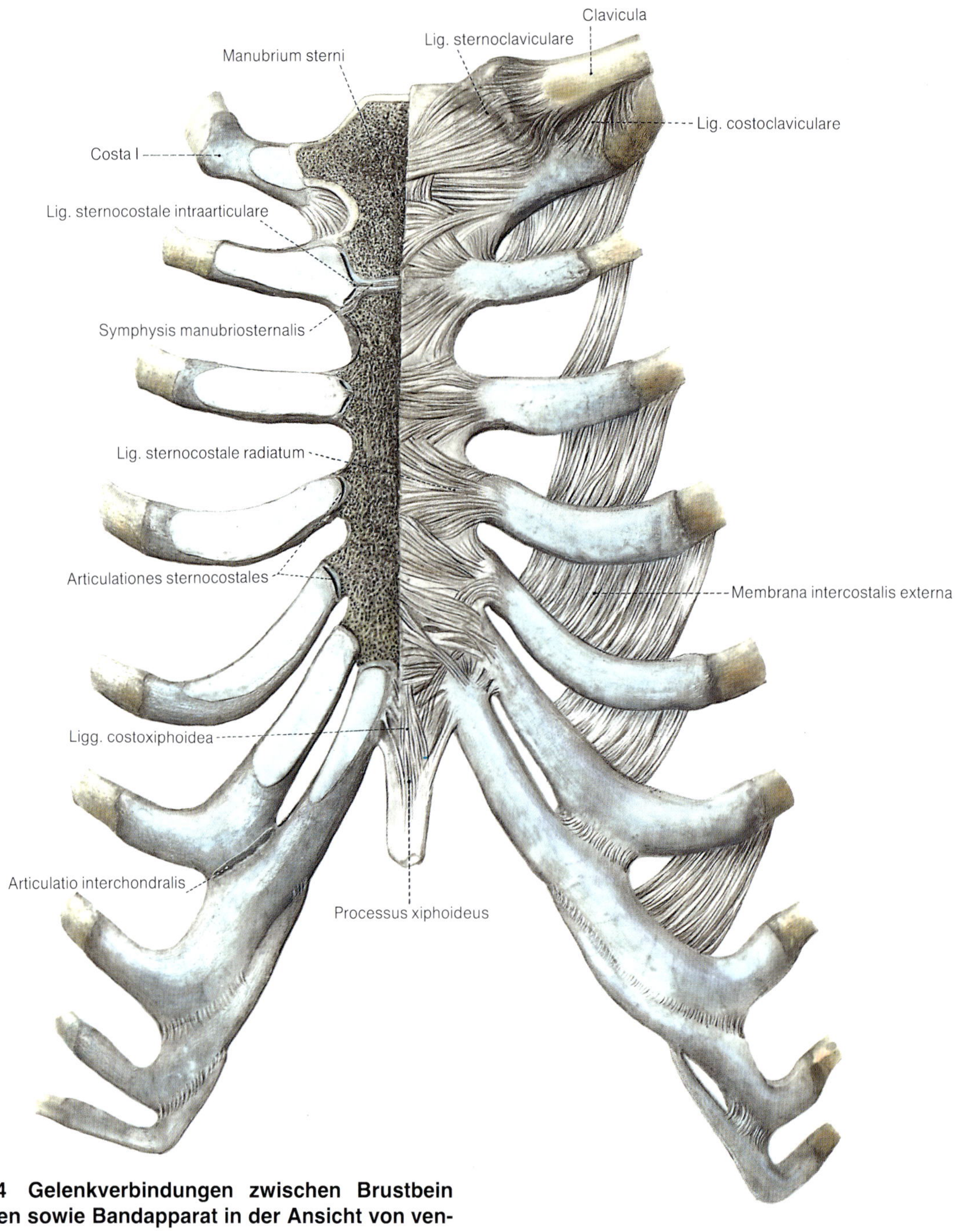

Abb. 5.**144** **Gelenkverbindungen zwischen Brustbein und Rippen sowie Bandapparat in der Ansicht von ventral.**

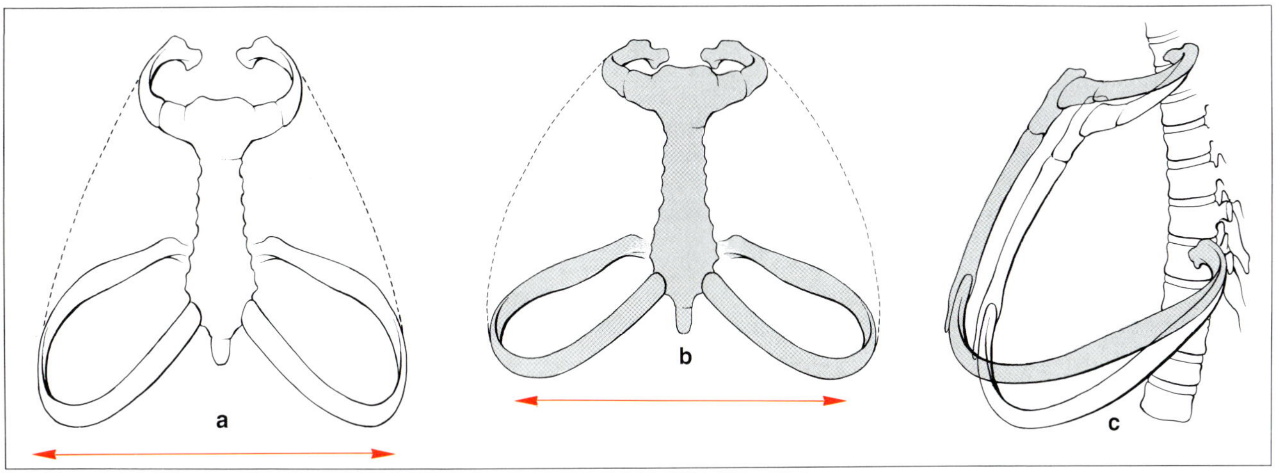

Abb. 5.**145 a–c Bewegungsexkursionen des Thorax bei der Atmung.**
a Exspiration,
b Inspiration,
c in der Ansicht von lateral, inspiratorische Stellung (dunkel) (nach *Mollier*).

gen ineinander übergehen. Die Gelenkkapseln werden durch die *Ligg. sternocostalia radiata* (Abb. 5.**144**, 5.**148**) verstärkt. Die Ligg. sternocostalia radiata ziehen von den Rippenknorpeln auf die ventrale Fläche des Brustbeins, wo sie sich auf dem Periost membranartig ausbreiten und durchflechten. Sie bilden die *Membrana sterni* (externa). Die Rückfläche des Sternum wird ebenfalls von einer geflechtartigen Membran bedeckt (Membrana sterni interna).

Vom Knorpel der 6. und 7. Rippe verlaufen Bandzüge, *Ligg. costoxiphoidea,* zum Schwertfortsatz.

Verbindungen zwischen den Rippenknorpeln

Als *Articulationes interchondrales* (Abb. 5.**144**) bezeichnet man Verbindungen zwischen dem 5. oder 6.–9. Rippenknorpel. Die Articulationes interchondrales können Gelenkspalten aufweisen, deren Gelenkkapseln vom Perichondrium gebildet werden.

Mechanik des Brustkorbs

Der Brustkorb besteht, abgesehen von Teilen seiner Hinterwand (Wirbelsäule) und von seiner Vorderwand (Sternum) aus dünnen Knochenspangen. Trotz seiner Leichtigkeit und der Veränderlichkeit seiner Gestalt ist er sehr fest und widerstandsfähig. Er gewährt den Organen der Brusthöhle weitgehenden Schutz. Seine große Widerstandsfähigkeit beruht auf der Elastizität der Rippen. Jeder Rippenring kann mit einer gespannten Feder verglichen werden, deren Spannung durch die Interkostalmuskeln noch erhöht wird. Besonders widerstandsfähig ist die vordere Brustwand. Stöße gegen die vordere Brustwand werden zunächst vom Sternum aufgefangen und dann auf die mit ihm verbundenen Rippen übertragen. Brüche der Vorderwand sind deshalb selten. Die Hinterwand ist fester, aber weniger verformbar als die Vorderwand. Am meisten gefährdet gegenüber Gewalteinwirkungen sind die Seitenwände, weil hier Stöße einzelne Rippen treffen können.

Die *Bewegungen* der Rippen dienen der Atmung und führen zu rhythmischer Erweiterung und Verengung des Brustkorbes (Abb. 5.**145**). Die Erweiterung des Thorax beim Anheben der Rippen *(Inspirationsbewegung)* beruht auf dem vom 3. Lebensjahr an typischen bogenförmigen Verlauf der Rippen (vgl. S. 260). Beim Neugeborenen mit seinen nahezu horizontal ausgerichteten Rippen ist die Erweiterung des Thorax bei der Inspirationsbewegung nur gering. Die Analyse des Bewegungsmechanismus ist kompliziert, da es sich nicht um Bewegungen einzelner Gelenke handelt, sondern um die Summation von Bewegungen in den Articulationes capitum costarum, costotransversariae, sternocostales und interchondrales; hinzu kommt noch die Biegsamkeit der Rippenknorpel.

Die Articulationes capitum costarum und costotransversariae sind morphologisch selbständige Gelenke mit eigener Kapsel und eigenem Bandapparat. Funktionell bilden die beiden Gelenke aber eine Einheit, indem die Rippen derart mit der Wirbelsäule verbunden sind, daß nur eine Drehbewegung möglich ist. Die Rippenhebung und -senkung erfolgt durch die Drehung der Rippen um die Längsachse des Rippenhalses, die nach dorso-lateral gerichtet ist (Abb. 5.**146**). Durch den straff gebauten Bandapparat wird der Bewegungsausschlag stark eingeschränkt. Die einzelnen Rippen können mit einem Schreibhebel verglichen werden, der die Exkursionen auf eine Trommel schreibt: den kleinen Ausschlägen am vertebralen Ende entsprechen große Ausschläge am sternalen Rippenende. Besondere Bedeutung für die Formveränderungen bei Atembewegungen muß der Lage der Drehachsen beigemessen werden. Die Querfortsätze der Brustwirbel sind schräg nach hinten und lateral gerichtet, die gleiche Richtung haben die Halsachsen der Rippen. Von oben nach unten verfolgt, nimmt die

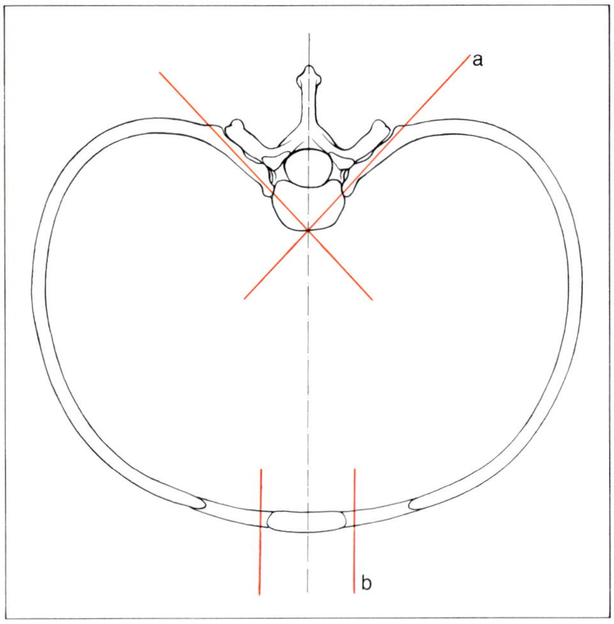

Abb. 5.**146** **Bewegungsachsen der Rippengelenke.**
a Die Bewegungsachse der Rippenwirbelgelenke verläuft in Richtung des Collum costae von lateral-dorsal nach medial-ventral.
b Die Bewegungsachse im Rippen-Brustbein-Gelenk verläuft sagittal.

Abweichung von der queren Richtung nach unten zu. Nach FICK beträgt die Abweichung an der 1. Rippe 16°, an der 2. 35° und an den folgenden 40°–50°. Die Achsen der beiden in einem Rippenring vereinigten Rippen konvergieren nach vorn.
Bei Drehbewegungen um die Halsachse kommt es zu einer Änderung der Stellung der Rippenflächen, indem die der Haut zugewendete Außenfläche der vorderen Rippenteile bei Hebung nach oben, bei Senkung nach unten gekehrt wird. Die Stellungsänderung der Rippen wird durch die große Elastizität der Rippenringe ermöglicht. Die Knorpel der mittleren und unteren Rippen sind stark abgeknickt. Bei inspiratorischer Hebung der Rippen nimmt der Knorpelwinkel und der Winkel zwischen Rippen und Brustbein (s. Abb. 5.**145**) zu. Je größer die Seitwärtsbewegung der Rippenknochen ist, um so länger muß das knorpelige Zwischenstück sein. Bei den oberen Rippen mit weniger schräg verlaufenden Achsen sind auch die Rippenknorpel kürzer und weniger stark geknickt. Bei Rippenhebung kommt es auch zu einer Drehung der Knorpel und zu einer Verdrehung gegen das Brustbein. Die Bewegungsachsen an den Articulationes sternocostales verlaufen sagittal (Abb. 5.**146**).
Die Rippenbewegungen bei der Atmung sind die Summe von Rotationen in den Articulationes costovertebrales und sternocostales sowie von elastischen Verformungen der knöchernen und knorpeligen Anteile der Rippen. Die fortschreitende Mineralisation und Knochenbildung innerhalb der Rippenknorpel im Alter geht daher mit einer Bewegungseinschränkung im Thorax einher.

Röntgenanatomie des Brustkorbes

Am aufschlußreichsten ist das Röntgenbild des Thorax im antero-posterioren Strahlengang (s. Abb. 5.**125**). Die Lungen erscheinen in Form zweier heller spitzbogenartiger Felder, die durch den Mittelschatten voneinander getrennt sind. Die Rippen lassen sich in ihrem ganzen Verlauf von hinten nach vorn verfolgen. Da die Rippenknorpel Weichteilschatten geben, werden sie mit der übrigen Weichteilbedeckung durchstrahlt. Aus diesem Grunde scheinen die Rippen im Röntgenbild vorn frei zu enden. Erst im Alter, wenn der Rippenknorpel mineralisiert und verknöchert, wird er röntgenologisch sichtbar (s. S. 267 und Abb. 5.**131**). Die hinteren Rippenabschnitte sind dicker als die vorderen und deshalb deutlicher zu sehen. Das Sternum ist im a.-p.-Bild nicht zu beurteilen.
Das seitliche Thoraxbild (s. Abb. 5.**81**) zeigt, daß die Brustwirbelkörper in das Lungenfeld vorspringen, während der Thoraxraum die Wirbelsäule nach hinten überragt. Auch Sternum und Zwerchfellkontur werden sichtbar.

Brustkorbmuskeln, Mm. thoracis

Zur autochthonen Muskulatur des Brustkorbs zählen alle von Rr. ventrales der Spinalnerven innervierten Muskeln. *Brustkorbmuskeln im engeren Sinn* sind die *Mm. intercostales,* die *Mm. subcostales* und der *M. transversus thoracis.* Nach ihrer Herkunft gehören auch die *Mm. serrati posteriores* zu den autochthonen Brustkorbmuskeln, die sich während der Ontogenese nach dorsal über die autochthonen Rückenmuskeln verlagert haben. Auch der Teil der Mm. levatores costarum, der seine Innervation aus den Rr. ventrales der Spinalnerven erhält, entstammt den ventralen Myotomanteilen (s. S. 254).

Mm. intercostales

Gestalt und Lage

Die Zwischenrippenmuskeln, Mm. intercostales, gehören zur autochthonen Brustkorbmuskulatur, die den ventralen Fortsätzen der Myotome entstammt und die ihre ursprüngliche metamere Gliederung beibehalten haben. Nach Verlauf und Lage der Muskeln innerhalb der Zwischenrippenräume unterscheidet man Mm. intercostales externi, Mm. intercostales interni und Mm. intercostales intimi (Abb. 5.**149**).

Die *Mm. intercostales externi* (Abb. 5.**147**, 5.**148**) erstrecken sich von den Tubercula costarum bis in den Übergangsbereich der knorpeligen und knöchernen Rippenanteile. Die Fortsetzung der Muskeln zwischen den Rippenknorpeln bilden Sehnenplatten, *Membrana intercostalis externa*. Sie entspringen an der Crista costae und verlaufen absteigend von hinten-oben nach vorn-unten zur nächsttieferen Rippe. Die *Mm. intercostalis interni* (Abb. 5.**148**) reichen vom Angulus costae bis zum Sternum. Sie entspringen an den oberen Rändern der Rippeninnenfläche, ziehen schräg nach kranial-ventral und inserieren an der nächsthöheren Rippe innen vom Sulcus costae. Vom Angulus costae an sind sie durch Sehnenfasern ersetzt, *Membrana intercostalis interna*. Die *Mm. intercostales intimi* sind eine Abspaltung der Mm. intercostales interni und bilden mit diesen zusammen einen Kanal, der die Interkostalnerven und -gefäße einschließt (Abb. 5.**149**). Als *Mm. intercartilaginei* werden die zwischen den Rippenknorpeln verlaufenden Anteile der Mm. intercostales interni bezeichnet.
(Funktion, s. unten.)

Innervation

Die Mm. intercostales werden von den Nn. intercostales I–XI innerviert.

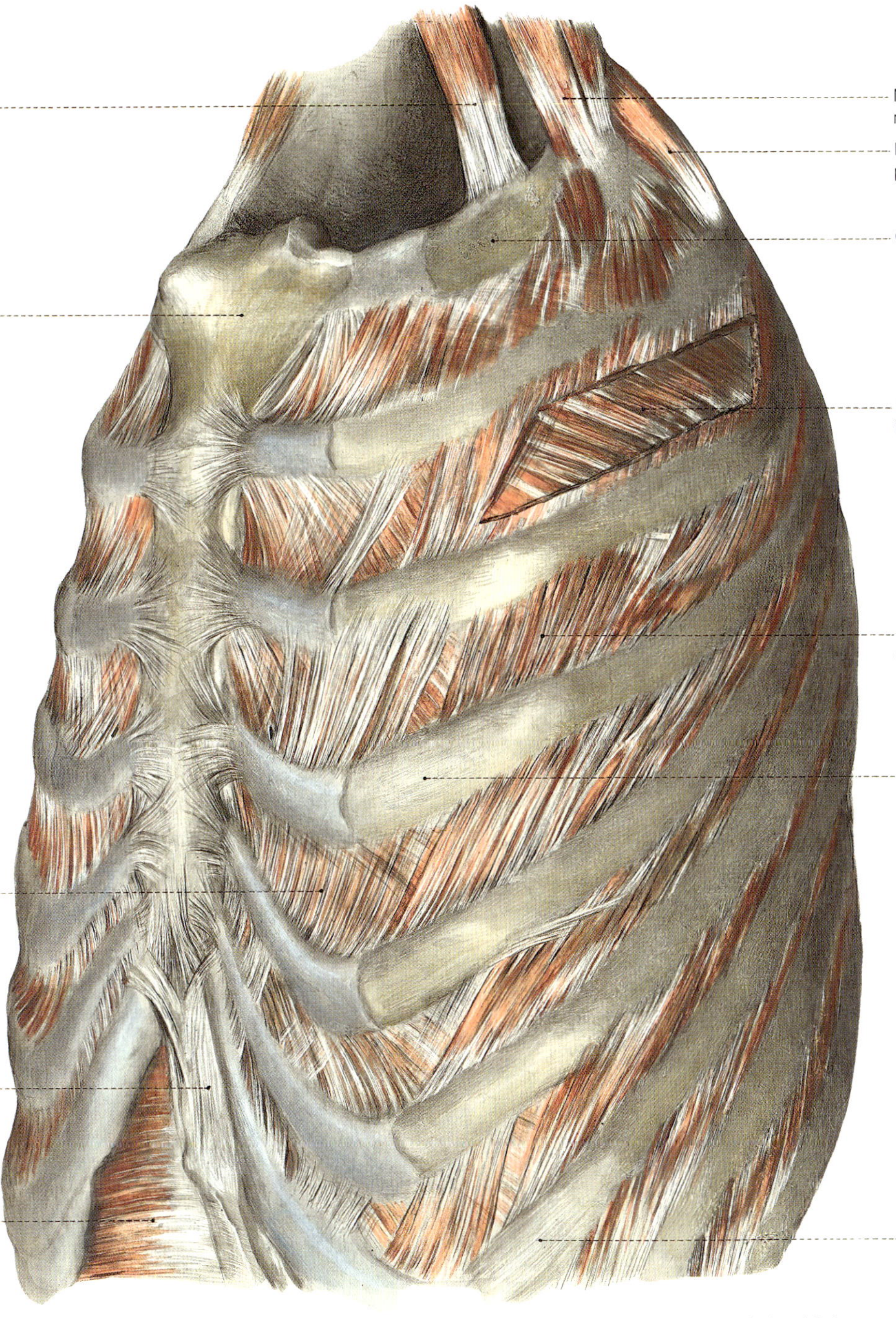

Abb. 5.**147** **Muskeln des Brustkorbs in der Ansicht von ventral-lateral.** M. intercostalis externus im 2. Interkostalraum teilweise entfernt, so daß der M. intercostalis internus sichtbar wird.

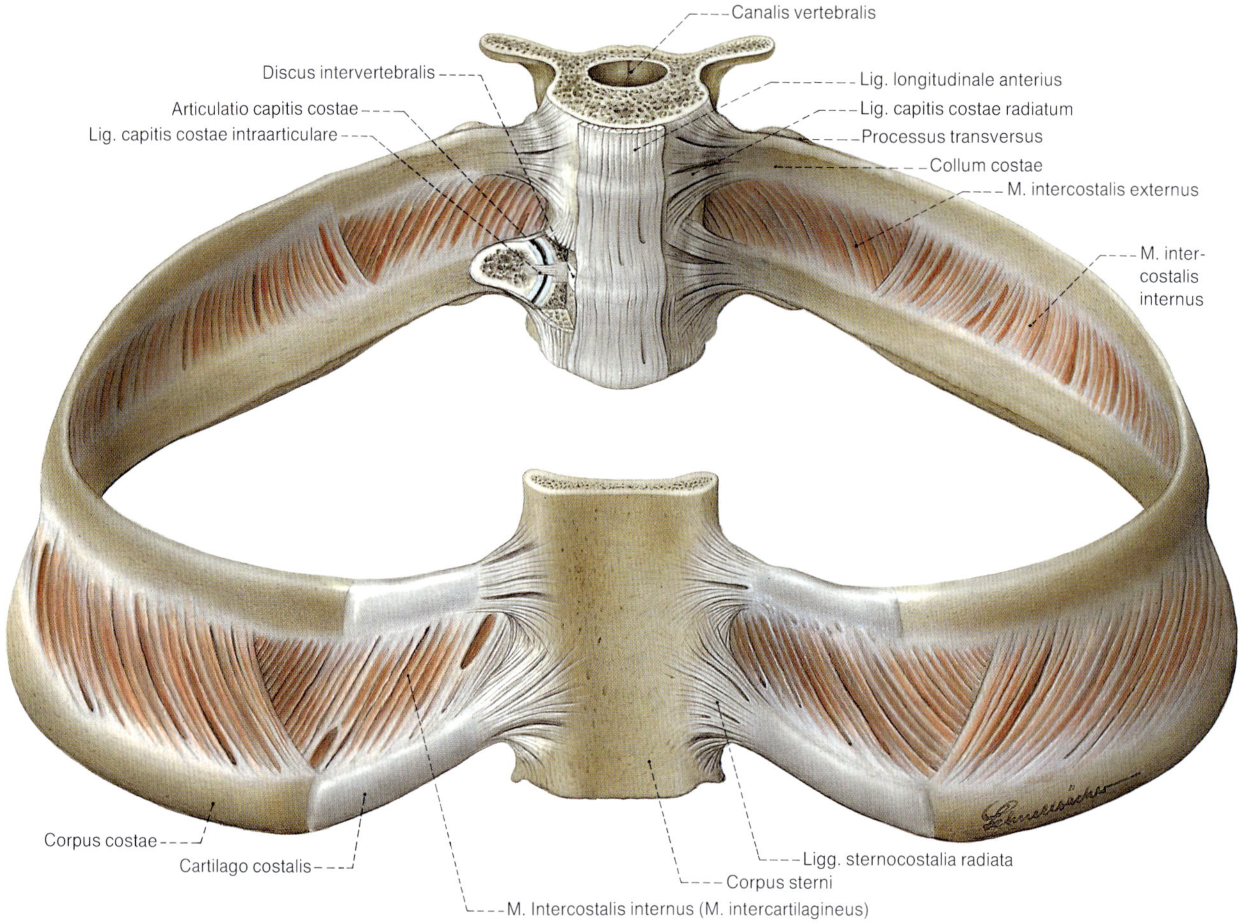

Abb. 5.**148** **Zwischenrippenraum aus dem mittleren Thoraxbereich in der Ansicht von ventral-kranial.**

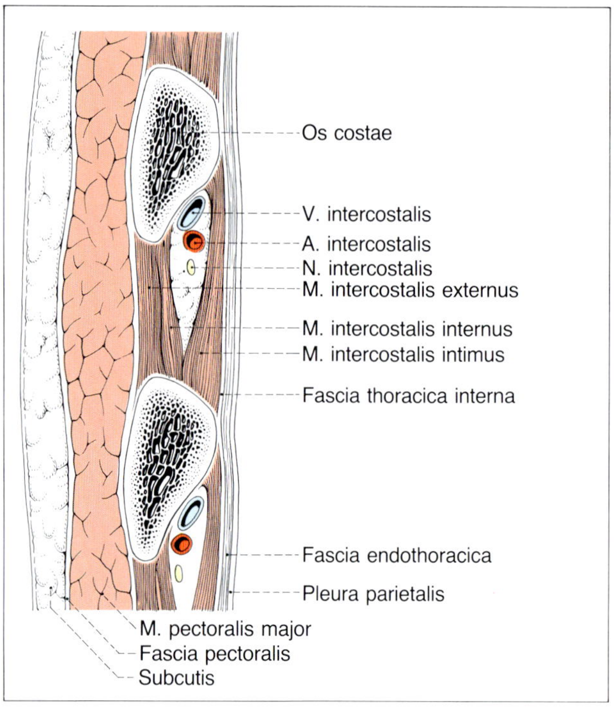

Abb. 5.**149** **Querschnitt durch einen Interkostalraum im Bereich der hinteren Axillarlinie** (nach *Töndury* 1965).

Mm. subcostales

Gestalt und Lage

Die Mm. intercostales interni greifen in ihrem hinteren Teil häufig über die Zwischenrippenräume hinaus und überspringen eine bis zwei Rippen. Auf diese Weise kommt es zur Verbindung von Mm. intercostales interni benachbarter Zwischenrippenräume und zur Bildung von zusammenhängenden Muskelplatten, *Mm. subcostales* (Abb. 5.**151**). Die Mm. subcostales können vollständig fehlen. In manchen Fällen kann es aber zur Bildung langer Muskeln kommen, die von der 3. bis 12. Rippe reichen.
(Funktion, s. unten.)

Innervation

Die Mm. subcostales erhalten ihre Innervation aus den Interkostalnerven IV–XI.

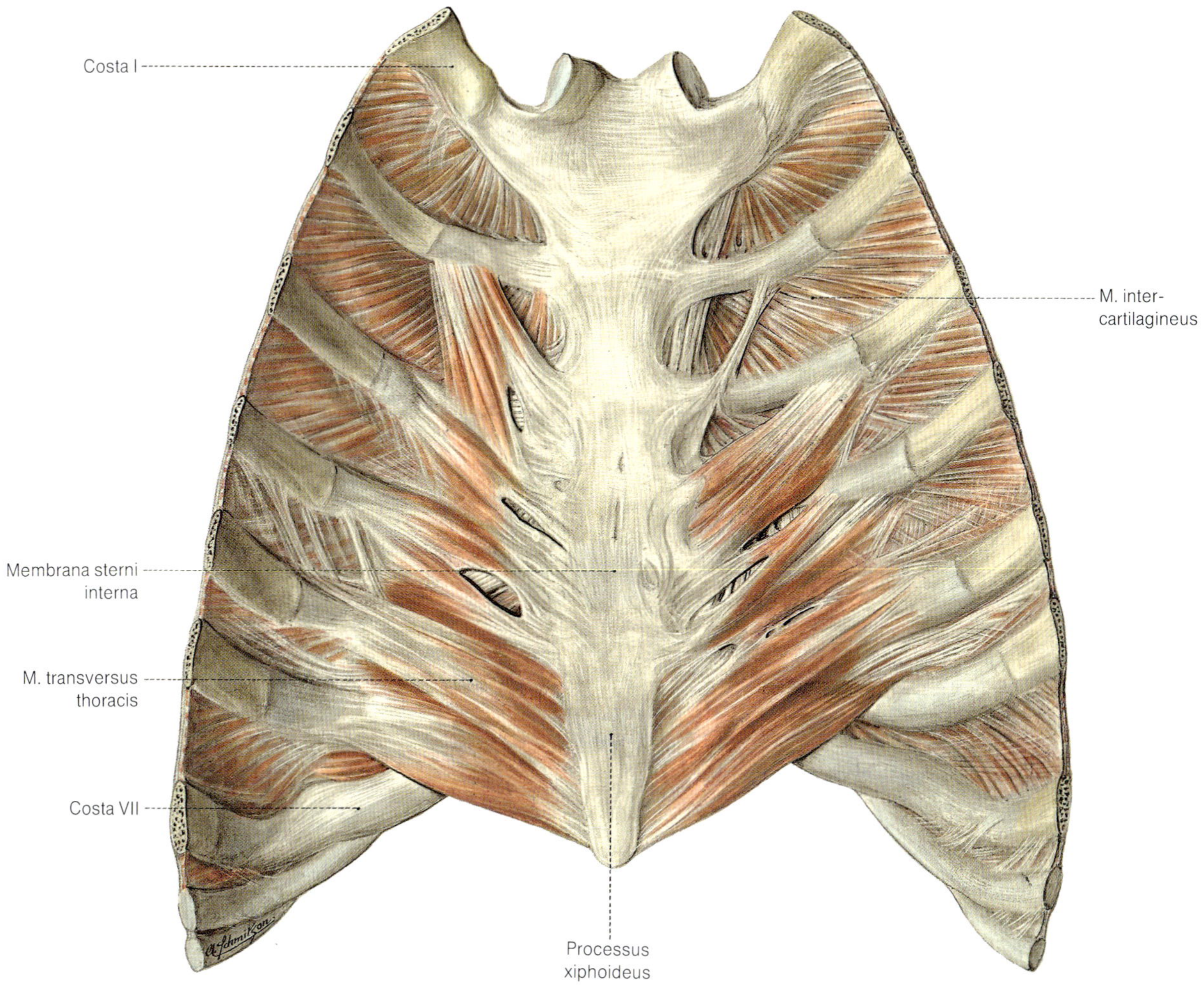

Abb. 5.**150** **Muskeln der vorderen Brustwand in der Ansicht von dorsal, M. transversus thoracis.**

M. transversus thoracis

Gestalt und Lage

Der *M. transversus thoracis* (Abb. 5.**150**) entspringt mit einzelnen Zacken an der Innenseite der Rippenknorpel der 2.–6. Rippe und setzt am Seitenrand des Sternum und am Processus xiphoideus an. Die oberen Muskelbündel verlaufen schräg abwärts, die unteren in querer Richtung. Sie finden ihre Fortsetzung im M. transversus abdominis. Häufig ist der obere Teil des Muskels ein- oder beidseitig sehnig.
(Funktion, s. unten.)

Innervation

Der M. transversus thoracis wird aus den Nn. intercostales II–VI innerviert.

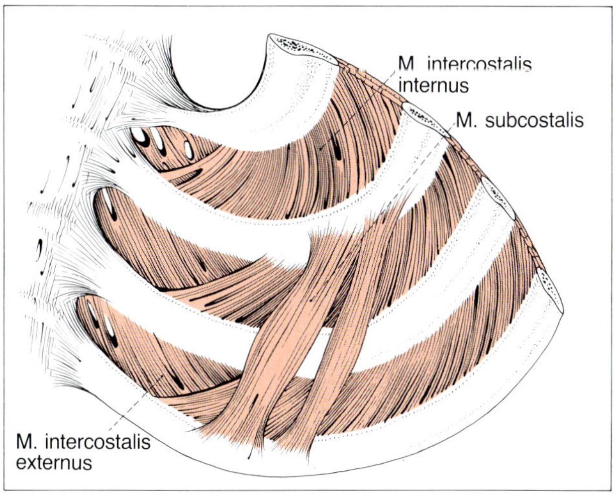

Abb. 5.**151** **Muskeln auf der Innenseite der hinteren Brustwand in der Ansicht von kaudal-ventral, M. subcostalis.**

Funktion der Brustkorbmuskeln

Die Mm. intercostales verspannen die Interkostalmembranen. Die Weite der Zwischenrippenräume schwankt mit der Atmung. Sie ist außerdem von der Haltung des Rumpfes abhängig. Die Interkostalräume erweitern sich während des Inspirium und verengern sich im Exspirium. Bei Bewegungen des Rumpfes werden sie auf der gebeugten Seite enger, auf der gestreckten Seite weiter. Die Interkostalmuskeln bewirken aufgrund ihres schrägen Verlaufes und der Überkreuzung ihrer Fasern, daß die Interkostalmembranen in jeder Phase der Atmung und bei jeder Haltung des Rumpfes angespannt bleiben.
Die aktive Funktion der Mm. intercostales interni und externi bei der Atmung ist nicht vollständig geklärt. Nach einer Modellvorstellung sollen die Mm. intercostales externi und die Mm. intercartilaginei als Rippenheber und die Mm. intercostales interni als Rippensenker wirken. Die Mm. subcostales unterstützen die Mm. intercostales interni in ihrer Funktion; der M. transversus thoracis wirkt ebenfalls exspiratorisch. Elektromyographische Untersuchungen zeigen, daß die Mm. intercostales bei ruhiger Atmung nur in geringem Grade aktiv sind. Sie unterscheiden sich darin von den Mm. scaleni, die eine rhythmische Zu- und Abnahme ihrer Aktivität zeigen (s. S. 668). Allerdings sollen bei ruhiger Atmung nur die oberen Interkostalmuskeln beteiligt sein; erst bei tiefer Inspiration werden auch die Muskeln der unteren Zwischenrippenräume in die Funktion einbezogen.

M. serratus posterior superior

Gestalt und Lage

Die *Mm. serrati posteriores superiores* (s. Abb. 5.**114**) sind flache, dünne Muskelplatten, deren breite Ursprungsaponeurose von den Dornfortsätzen des 6. und 7. Halswirbels sowie von den beiden ersten Brustwirbeln kommt. Die Muskeln ziehen V-förmig nach lateral-kaudal und inserieren normalerweise mit vier Ansatzzacken zwischen den Anguli costarum der 2.–5. Rippe. Der Muskelansatz liegt medial vom M. iliocostalis.

Varianten

Der *M. serratus posterior superior* kann vollständig fehlen; an seiner Stelle findet man dann eine Sehnenplatte. Nicht selten sind seine Ursprungszacken vermehrt oder vermindert.

Funktion und Innervation

Die *Mm. serrati posteriores superiores* können die oberen Rippen anheben und die Inspiration unterstützen. Die Muskeln erhalten ihre *Innervation* aus den Interkostalnerven I–IV; der 8. Zervikalnerv kann sich an der Innervation beteiligen.

M. serratus posterior inferior

Gestalt und Lage

Der *M. serratus posterior inferior* (s. Abb. 5.**114**) entspringt vom oberflächlichen Blatt der Fascia thoracolumbalis zwischen dem 11. Brustwirbel und dem 2. Lendenwirbel. Die Ursprungsaponeurose verläuft nach lateral-kranial und geht im Bereich der Skapularlinie in meistens vier platte Muskelbäuche über, die sich teilweise überlappen. Der Muskel inseriert mit vier Zacken an den Rippen 9–12.

Varianten

Der *M. serratus posterior inferior* kann fehlen und durch eine Aponeurose ersetzt sein. Die Anzahl der Insertionszacken variiert stark.

Funktion und Innervation

Die *Mm. serrati posteriores inferiores* unterstützen die *Inspiration*. Die Muskeln stabilisieren die untere Thoraxapertur und wirken dem Zug des Diaphragma entgegen. Sie verschaffen damit der Pars costalis des Zwerchfells ein Punctum fixum bei dessen Kontraktion (s. S. 306). Außerdem bewirken die Mm. serrati posteriores inferiores eine aktive Erweiterung des unteren hinteren Thoraxabschnittes.
Die Mm. serrati posteriores inferiores erhalten ihre *Innervation* aus den Interkostalnerven IX–XII.

Bauchwand

Allgemeiner Aufbau und Oberflächenrelief

Als Bauch, *Abdomen,* wird der zwischen Brust und Becken liegende Rumpfabschnitt bezeichnet. Er wird oben vom Rippenbogen, unten von der Crista iliaca, vom Sulcus inguinalis und vom Sulcus pubis begrenzt.
Die *Bauchwand* (Leibeswand) erstreckt sich zwischen dem elastischen, verformbaren Brustkorb und dem starren Beckenring. Sie erreicht in ihren mittleren Partien das tiefe Blatt der Fascia thoracolumbalis und durch dessen Vermittlung die Lendenwirbelsäule. Die Bauchwand besteht aus Muskeln, Sehnen und Faszien. Sie ist weich und elastisch und daher in der Lage, sich an Veränderungen des Bauchhöhleninhaltes anzupassen. Durch Kontraktion ihrer Muskulatur kann die Bauchwand einen Druck auf die Bauchorgane ausüben (Bauchpresse, s. S. 296).
Die Bauchmuskeln wirken bei der Ausatmung und bei Bewegungen der Wirbelsäule mit (s. S. 295).
Das *Oberflächenrelief* der vorderen Bauchwand (s. Abb. 6.**31**) wird von verschiedenen Faktoren geprägt: von der Form des Rumpfskeletts, der Entwicklung des subkutanen Fettpolsters, der Beschaffenheit der Muskulatur sowie von Lage und Haltung des Rumpfes und der Baucheingeweide. Bei normaler Entwicklung des Weichteilmantels sind obere und untere Begrenzungslinie deutlich zu erkennen. Zwischen Rippenbogen und Crista iliaca wölbt sich der vom M. obliquus externus abdominis gebildete „Weichenwulst" vor. Der Nabel liegt ungefähr in Bauchwandmitte. Der Sulcus medianus abdominis markiert die Linea alba, er ist unterhalb des Nabels verstrichen. Die beiden Mm. recti abdominis bilden individuell unterschiedlich breite Längsbänder, die lateral von der Linea semilunaris begrenzt werden. Bei muskelkräftigen, mageren Individuen sind auch die Intersectiones tendineae als Querfurchen zu erkennen.

Form und Gestalt der Bauchwand zeigen *alters-* und *geschlechtsabhängige Unterschiede.* Beim Kleinkind hat der *Bauch* ovale Form, sein Umfang nimmt von oben nach unten ab. Der Oberbauch ist aufgetrieben, der Nabel liegt unterhalb der Körpermitte (Abb. 1.**5**). In Kontrast zur Länge des Abdomens steht die Kürze des Thorax mit Horizontalstellung der Rippen sowie dem breiten, infrasternalen Winkel. Diese Verhältnisse ändern sich mit zunehmendem Wachstum der Bauchorgane und des knöchernen Rahmens, in dem die Bauchwand eingefügt ist. Die Größenzunahme des Beckens und die Senkung der Rippen haben die Umformung des Abdomens vom kindlichen zum erwachsenen Typus zur Folge. Beim *Mann* hat der Bauch die Form eines dorso-ventral abgeplatteten Zylinders. Der Unterbauch tritt gegenüber dem Oberbauch zurück und eine Taille ist nur wenig ausgebildet. Sie veschwindet im Alter häufig ganz. Bei der *Frau* bleibt die Taille auch im Alter erhalten; dies ist auf die starke seitliche Größenzunahme der Beckenschaufeln und das damit einhergehende Wachstum des Unterbauches zurückzuführen. Die Form der weiblichen Bauchwand weicht stark von der des Mannes ab. Bei der Frau ist die vordere Bauchwand relativ länger und stärker gewölbt. Das Muskelrelief tritt nicht so deutlich hervor, so daß die Formen weicher sind als beim Mann. Durch Schwangerschaften und Geburten, die eine starke Dehnung der Bauchwand verursachen, und durch die postklimakterische Fettansammlung im Bereich der unteren Rumpfhälfte nehmen diese Besonderheiten noch zu. Nachlassen der Muskelspannung, Rektusdiastase (s. S. 295), abnorm starke Ausbildung sowie Insuffizienz des Aufhängeapparates der Eingeweide und Schwangerschaften begünstigen eine Erschlaffung der Bauchwand (sogenannter Hängebauch).

Bauchwandmuskeln, Mm. abdominis

Die *Muskeln* der Bauchwand werden nach ihrer Lage in *vordere* (gerade), *seitliche* (schräge) sowie *hintere* (tiefe) Muskeln gegliedert. Die Muskeln der Bauchwand entstammen wie die Interkostalmuskeln den Bauchfortsätzen der Myotome. Sie vereinigen sich bereits im frühen Entwicklungsstadium zu zusammenhängenden Muskelplatten.
Die *Herkunft* der Muskeln kann aufgrund ihrer Innervation auch noch nach Abschluß der Entwicklung bestimmt werden. Die Bauchwandmuskeln werden als Muskeln ventraler Abstammung von den Rr. ventrales der Spinalnerven innerviert. Sie beziehen ihre Äste aus Interkostalnerven (Th_5–Th_{12}) und leiten sich dementsprechend vom Material thorakaler Segmente ab. Nur die Mm. obliquus internus und transversus abdominis erhalten zusätzlich noch je einen Ast aus dem 1. (und 2.) Lumbalnerven. Der M. quadratus lumborum wird als Muskel der hinteren Bauchwand vom N. subcostalis (Th_{12}) und von Ästen aus dem Plexus lumbalis (L_1–L_3) versorgt.
Über den *Bau der Bauchwand* orientieren am besten Querschnitte in verschiedener Höhe (s. Abb. 5.**159**).

Haut und subkutanes Fettgewebe sind verschieblich und außerordentlich dehnbar. Lediglich über der Crista iliaca und im Bereich der Linea alba ist die Subcutis fest und unverschieblich an ihrer Unterlage verankert. Die *Fascia abdominis superficialis* trennt das Unterhautgewebe von den Muskeln. Die oberflächliche Bauchfaszie hängt hinten mit dem Faszienüberzug des M. latissimus dorsi zusammen. Die innere Bauchfaszie, *Fascia transversalis* (Fascia abdominis interna), bildet die innere Schicht der Bauchwand. Sie überzieht den M. transversus abdominis an seiner Innenseite und dehnt sich bis auf die hintere Bauchwand und auf das Zwerchfell aus. Sie ist mit dem darunterliegenden Bauchfell locker verbunden und garantiert die freie Verschieblichkeit der Muskeln gegenüber dem Peritoneum parietale.

Die mittlere Schicht der Bauchwand besteht aus Muskeln und deren Sehnen. Lateral liegen die Muskeln in drei Schichten übereinander, die nach vorn in Aponeurosen übergehen. Die Aponeurosen der seitlichen Bauchmuskeln bilden die *Rektusscheide,* die den M. rectus abdominis einschließt, der als Längszug rechts und links von der Mittellinie die Gesamtkonstruktion ergänzt.

Die Muskeln der Bauchwand und ihre Sehnen (Aponeurosen) bilden eine funktionelle Einheit. Als elastischer, anpassungsfähiger Schlauch wirkt der Muskel-Sehnen-Mantel der vorderen Bauchwand durch seinen Tonus dem Druck der Eingeweide in der Weise entgegen, daß sich der Druck der Eingeweide und der Gegendruck der Bauchwand einander das Gleichgewicht halten. Unter normalen Bedingungen besteht im Inneren der Bauchhöhle kein positiver Druck. Bei gemeinsamer Kontraktion aller Muskeln wird der Bauchraum verkleinert und ein Druck auf die Bauch- und Beckeneingeweide ausgeübt (s. S. 296).

Faszien der Bauchwand

Die *Fascia abdominis superficialis* überzieht als oberflächliche Körperfaszie die gesamte vordere Bauchwand. Sie setzt sich kranial in die *Fascia pectoralis* fort und wird kaudal vom Nabel, besonders im Bereich der *Linea alba,* durch die Einlagerung von elastischen Fasern verstärkt. Im unteren Abschnitt der Linea alba geht die oberflächliche Bauchfaszie in ein elastisches Band, *Lig. fundiforme penis,* über, das sich in einen linken und in einen rechten Schenkel teilt (Abb. 5.**153**). Das Lig. fundiforme penis umfaßt das *Corpus cavernosum penis* und strahlt in das *Scrotum* aus. Am Anulus inguinalis superficialis geht die Fascia abdominis superficialis auf den Samenstrang über und begleitet diesen als *Fascia spermatica externa* in die Tiefe des Scrotum. In Höhe der Symphyse setzt sie sich auf den Penis fort, *Fascia penis.* An der Linea alba und im Bereich des Sulcus inguinalis ist die oberflächliche Bauchfaszie fest mit der Bauchaponeurose verwachsen. Am *Anulus inguinalis superficialis* (s. S. 298) werden die beiden Schenkel der Aponeurose des M. obliquus externus abdominis durch Faserbündel der oberflächlichen Bauchfaszie, *Fibrae intercrurales,* miteinander verbunden (Abb. 5.**153**).

Als *Fascia transversalis* (Fascia abdominis interna) (s. Abb. 5.**159**) bezeichnet man die innere Bauchfaszie. Sie bedeckt die innere Fläche des M. transversus abdominis, die hintere Wand der Rektusscheide sowie den M. quadratus lumborum. Die Faszienverstärkung im inneren Bereich der Nabelgegend bezeichnet man als *Fascia umbilicalis.* Unterhalb der Linea arcuata (semicircularis, *Douglasi*) wird die Hinterfläche des M. rectus abdominis nur von Fascia transversalis und Bauchfell bedeckt (Abb. 5.**154**) (s. Rektusscheide, S. 294). Als dünne Bindegewebsmembran bedeckt sie einen großen Teil der abdominalen Seite des Zwerchfells, *Fascia diaphragmatica.* Am medialen Rand des M. quadratus lumborum hängt die Fascia transversalis mit der Faszie des M. psoas major zusammen. Kaudal ist sie mit der Crista iliaca, der Fascia iliaca und mit dem Leistenband verbunden (über die Beziehungen der Faszie zur Leistengegend s. S. 299).

Die *Fascia transversalis* ist mit dem *Peritoneum parietale* über Bindegewebe, *Tela subserosa,* verbunden. Das subseröse Bindegewebe ist an den einzelnen Stellen der Bauchwand unterschiedlich stark entwickelt. Im oberen vorderen Bereich der Bauchwand bildet die Tela subserosa eine dünne, unverschiebliche Bindegewebsschicht zwischen Bauchfell und innerer Bauchfaszie. Unterhalb des Nabels sowie im hinteren Abschnitt der Bauchwand besteht die Tela subserosa aus einem mächtigen Bindegewebslager (s. Bd. II).

Inneres Relief der vorderen Bauchwand

Auf der *Rückseite* der *vorderen Bauchwand* heben sich drei, von Bauchfell bedeckte *Falten* ab, die von kaudal nach kranial zum *Nabel* verlaufen (Abb. 5.**154**). Die paarigen *Plicae umbilicales mediales* kommen vom Grund der Harnblase und ziehen konvergierend zum Nabel. Sie werden von den *Ligg. umbilicalia medialia,* den obliterierten *Aa. umbilicales,* aufgeworfen. Eine unpaare, mediane Falte, *Plica umbilicalis mediana,* enthält das *Lig. umbilicale medianum,* den obliterierten *Urachusgang.* Die Plica umbilicalis mediana ist beim Erwachsenen häufig nicht so deutlich zu sehen wie die seitlichen Bauchfellfalten. Lateral von den Plicae umbilicales mediales verlaufen im kaudalen Abschnitt der Bauchwand zwei vertikale Falten, *Plicae umbilicales laterales (Plicae epigastricae),* die allerdings keine Verbindung zum Nabel haben. Die beiden Falten kommen durch die *Vasa epigastrica inferiora* zustande (s. Abb. 5.**166**). Von kranial zieht das *Lig. teres hepatis,* die obliterierte *Nabelvene,* am freien Rand des *Lig. falciforme hepatis* zum Nabel (s. Bd. II). An der Basis der Rückseite der vorderen Rumpfwand liegen zwischen den Bauchfellfalten *Gruben,* die zur Bruchpforte für Hernien werden können (Abb. 5.**154**). Oberhalb der Blase entstehen zwischen *Plica umbilicalis mediana* und *Plicae umbilicales mediales* die paarigen *Fossae supravesicales.* Die Gruben lateral der Plicae umbilicales mediales bezeichnet man als

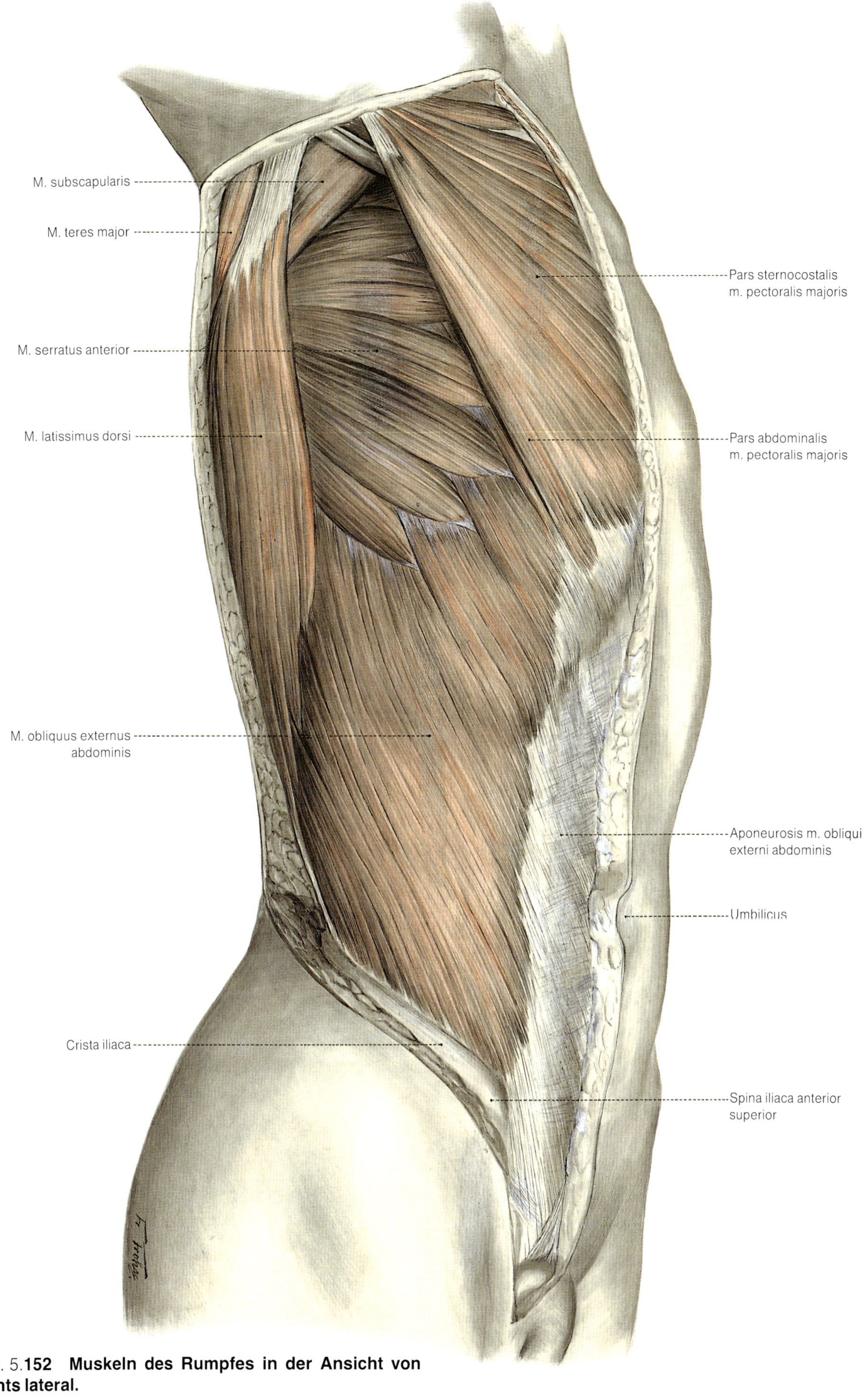

Abb. 5.**152 Muskeln des Rumpfes in der Ansicht von rechts lateral.**

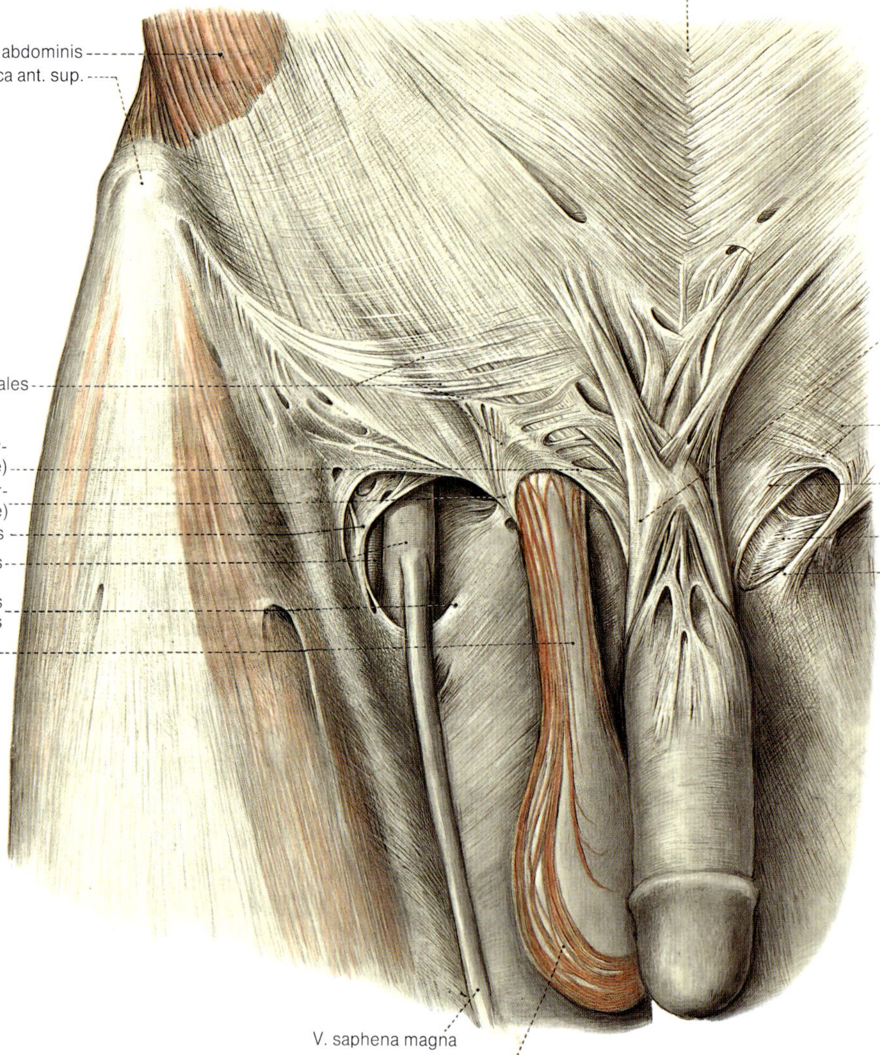

Abb. 5.**153** **Leistenregion und kranialer Abschnitt der Oberschenkelvorderfläche (Trigonum femorale) beim Mann,** Aponeurosen und Faszien, Funiculus spermaticus links entfernt, Leistenkanal, Hiatus saphenus.

Fossae inguinales mediales. In ihrem Bereich hat die vordere Bauchwand eine Schwachstelle (s. S. 297). Die mediale Leistengrube projiziert sich in sagittaler Richtung auf den äußeren Leistenring, *Anulus inguinalis superficialis.* Die laterale Grenze der Fossa inguinalis medialis bildet die *Plica umbilicalis lateralis* (epigastrica) mit den auf dem *Lig. interfoveolare* (s. S. 300) verlaufenden Vasa epigastrica inferiora. Lateral von der Plica umbilicalis lateralis folgt die *Fossa inguinalis lateralis,* in deren Bereich der innere Leistenring, *Anulus inguinalis profundus,* liegt.

Seitliche (schräge) Bauchwandmuskeln

M. obliquus externus abdominis

Gestalt und Lage

Der *M. obliquus externus abdominis* (Abb. 5.**152**, 5.**155**) enspringt mit acht Zacken an der Außenfläche der 5. bis 12. Rippe. Die Ursprünge zwischen der 5. bis 9. Rippe alternieren mit den Rippenursprüngen des M. serratus anterior *(Gerdysche Linie).* Unterhalb der 9. Rippe grenzen die Ursprünge des M. obliquus externus abdominis und des M. latissimus dorsi aneinander. Bezogen auf die Muskelansätze unterscheidet man *zwei Abschnitte.* Die von den drei kaudalen Rippen kommenden Faserbündel ziehen fast senkrecht zum

Labium externum (s. Abb. 7.**82**) der Crista iliaca, wo sie mit kurzen Sehnen ansetzen. Der ventral folgende Anteil geht in eine breite *Aponeurose* über, die sich vom Thorax bis zum Becken erstreckt. Muskel- und Sehnenfasern nehmen einen von oben-außen nach unten-innen gerichteten schrägen Verlauf. Der Übergang der Muskelfasern in die Aponeurose liegt auf einer Linie, die von der Knochen-Knorpel-Grenze der 6. Rippe parallel dem lateralen Rand des M. rectus abdominis, bis etwa 2–3 cm oberhalb der Spina iliaca anterior superior nach unten verläuft. Hier biegt der Muskel-Sehnen-Übergang scharf nach außen um, wodurch bei muskelkräftigen Individuen ein sichtbarer Weichteilwulst entsteht (sogenannte Muskelecke). Der M. obliquus externus abdominis ist im gesamten unteren medialen Abschnitt aponeurotisch. Der kaudale Rand der Aponeurose des M. obliquus externus abdominis bildet gemeinsam mit der Fascia lata das *Leistenband, Lig. inguinale* (Pouparti) (s. Abb. 5.**165**). Am Aufbau des Leistenbandes beteiligen sich lateral auch die Sehnen der Mm. obliquus abdominis internus und transversus abdominis. Der kaudale Teil der Aponeurose, der sich zwischen Darmbein und Schambein ausspannt, ist nur künstlich von der Fascia lata abgrenzbar. Das Lig. inguinale ist zwischen Spina iliaca anterior superior und Tuberculum pubicum ausgespannt. Es überbrückt die Incisura iliopubica des Hüftbeins. Ein Teil seiner Fasern tritt als kleine, bei aufrechter Körperhaltung horizontal gelagerte Sehnenplatte von dreieckiger Form zum medialen Ende des Pecten ossis pubis und zur Fascia pectinea. Man bezeichnet diesen Teil als *Lig. lacunare* (Gimbernati), dessen freier lateraler Rand scharf und leicht konkav ist. Den auf das Pecten ossis pubis ziehenden Teil des Lig. lacunare bezeichnet man als *Lig. pectineale* (s. Abb. 5.**165**).

Praktisch wichtig sind die Beziehungen der Aponeurose des M. obliquus externus abdominis zum Leistenkanal (s. Abb. 5.**153**, 5.**165**). Zwischen den zum Tuberculum pubicum und den zur ventralen Fläche der Symphyse ziehenden Fasern bleibt eine Lücke ausgespart, die den *äußeren Leistenring, Anulus inguinalis superficialis,* bildet. Die mediale Begrenzung des Ringes wird als *Crus mediale,* die laterale als *Crus laterale* bezeichnet. Zwischen den Insertionen beider Schenkel liegt eine rinnenförmige Sehnenfaserplatte, *Lig. reflexum* (Collesi) (s. Abb. 5.**165**). Das Lig. reflexum wird zum größten Teil von Fasern des Crus laterale aufgebaut, die sich dem Leistenband anlagern und von hier nach medial-dorsal umbiegen. Das Lig. reflexum bildet den Boden des Leistenkanals (s. S. 298). Die beiden Crura werden kranial von den Fibrae intercrurales der oberflächlichen Bauchfaszie überbrückt.

Aus dem Anulus inguinalis superficialis tritt beim Mann der Samenstrang, bei der Frau das Lig. teres uteri (Beschreibung des Leistenkanals s. S. 298).

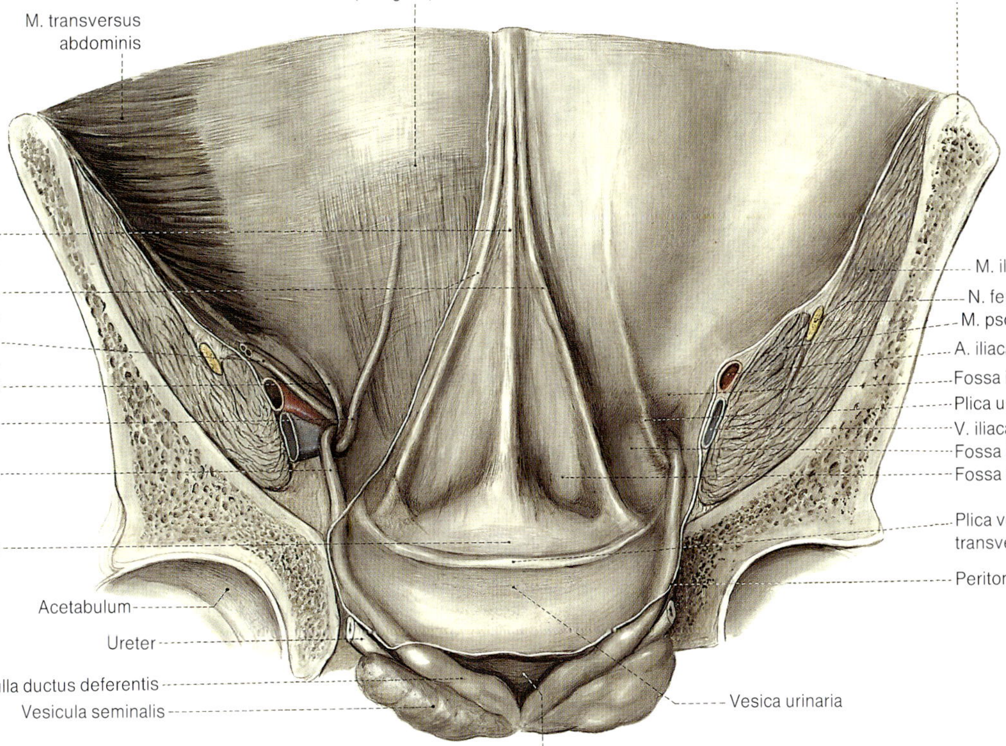

Abb. 5.**154** **Falten und Gruben im kaudalen Bereich der inneren vorderen Bauchwand beim Mann.**

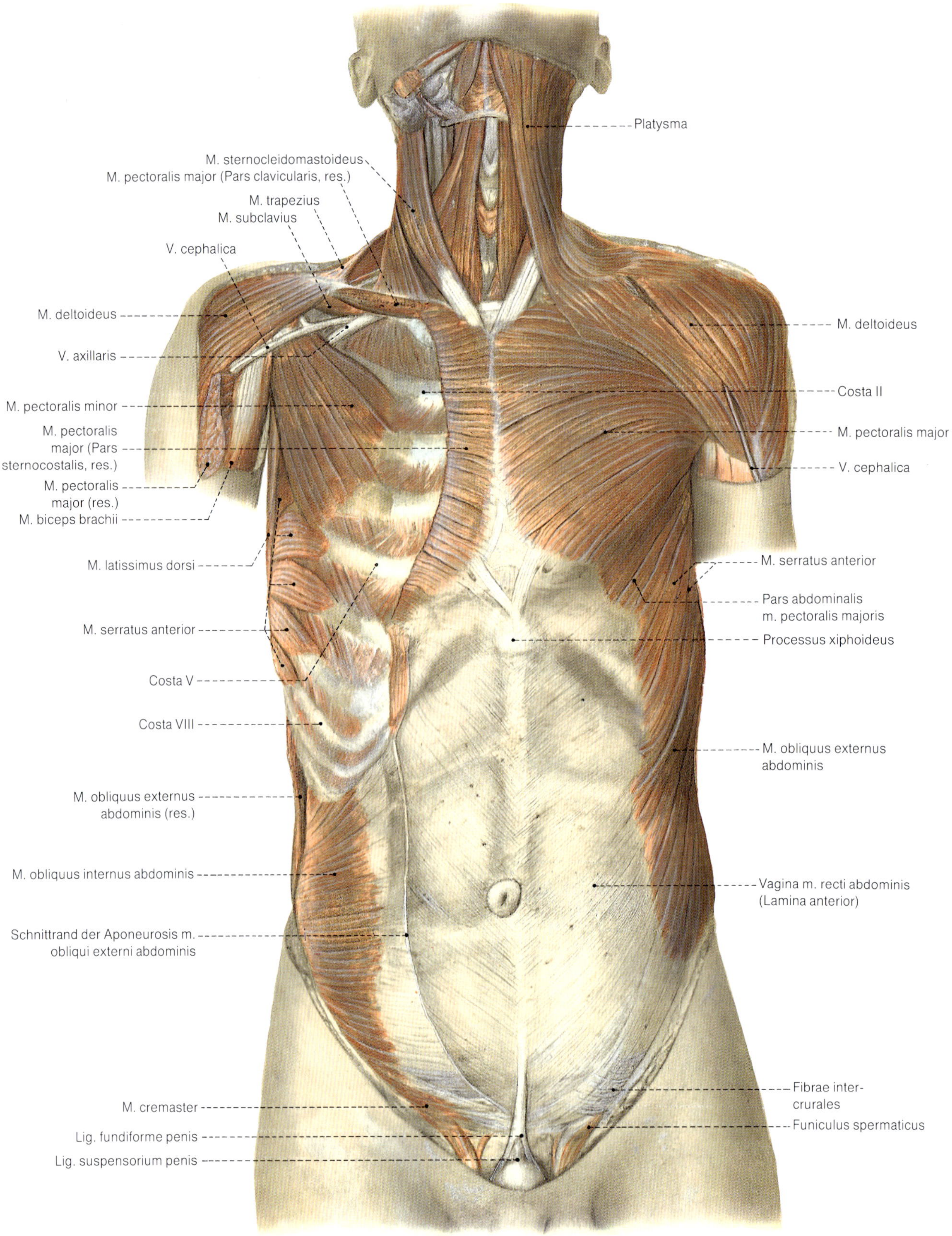

Abb. 5.**155** **Muskeln des Stammes in der Ansicht von ventral,** M. pectoralis major und M. obliquus externus abdominis auf der rechten Seite entfernt.

Varianten

Varianten des *M. obliquus externus abdominis* sind selten. Der Muskel kann rudimentär ausgebildet sein. Eine Verdopplung des Muskels wird beschrieben. Die Zahl der Ursprungszacken kann sieben betragen und auf neun ansteigen; die letzte geht dann von der Fascia thoracolumbalis und dem Querfortsatz des 1. Lendenwirbels aus. Variable tiefe Zacken kommen von den ventralen Enden der Costae spuriae. Eine Intersectio tendinea in Fortsetzung der 6. Rippe und in unmittelbarer Beziehung zu einer entsprechenden Intersectio des M. rectus abdominis wird gelegentlich beobachtet. Verbindungen mit den Mm. latissimus dorsi, serratus anterior und intercostales externi kommen vor.

Innervation

Der *M. obliquus externus abdominis* wird von den *Interkostalnerven* V–XII sowie gelegentlich auch vom 1. Lumbalnerven innerviert (Th_5–Th_{12}, L_1) (Funktion, s. unten).

M. obliquus internus abdominis

Gestalt und Lage

Der *M. obliquus internus abdominis* (Abb. 5.**155**, 5.**156**) wird nahezu vollständig vom M. obliquus externus abdominis bedeckt. Der M. obliquus internus abdominis entspringt an der Linea intermedia der Crista iliaca (s. Abb. 7.**83**), am oberflächlichen Blatt der Fascia thoracolumbalis und mit einer kräftigen Sehne an der Spina iliaca anterior superior. Seine Fasern nehmen einen fächerförmigen Verlauf. Die dorsalen Anteile ziehen schräg aufsteigend zum unteren Rand der letzten drei Rippen, wo sie mit den Mm. intercostales interni unmittelbar zusammenhängen. Die weiter ventral vom Darmbeinkamm entspringenden Muskelfaserbündel behalten ihre schräge Verlaufsrichtung nach kranial noch bei. Der von der Spina iliaca anterior superior kommende Teil verläuft horizontal, die vom lateralen Abschnitt des Leistenbandes entspringenden Fasern ziehen schräg nach medial-kaudal (Abb. 5.**156**). Der untere Rand des Muskels überlagert den Samenstrang und entläßt Fasern, die als *M. cremaster* mit dem Samenstrang weiterziehen (s. Abb. 5.**155**).
Am M. obliquus internus abdominis lassen sich nach dem Muskelansatz zwei Abschnitte unterscheiden. Der kräftige *dorsale Teil* entspringt und inseriert am Knochen (s. oben), der *ventrale Teil* ist durch Vermittlung seiner *Aponeurose* mit der *Linea alba* verbunden. Die Aponeurose spaltet sich in zwei Lamellen, die den *M. rectus abdominis* umfassen (s. Abb. 5.**159**). Die *vordere Lamelle* verwächst in ganzer Länge mit der Aponeurose des M. obliquus externus abdominis und verstärkt die ventrale Wand der *Rektusscheide*. Die *hintere Lamelle* endet etwa 5 cm unterhalb des Nabels mit einer queren oder nach kaudal konkaven Linie, die als *Linea arcuata* (Linea semicircularis, Douglasi) bezeichnet wird (s. Abb. 5.**158**, 5.**166**). Die beiden Lamellen treten am medialen Rand des M. rectus abdominis wieder miteinander in Verbindung, wo sie sich in der Linea alba mit der Aponeurose des M. obliquus internus abdominis durchflechten.

Varianten

Die Rippenansätze des *M. obliquus internus abdominis* können bis auf zwei vermindert oder bis auf vier vermehrt sein. Intersectiones tendineae in der Verlängerung der letzten Rippen kommen häufig vor, sie enthalten manchmal kleine Knorpelspangen.

Innervation

Der *M. obliquus internus abdominis* wird aus den *Interkostalnerven* VIII–XII sowie aus den *Nn. iliohypogastricus, ilioinguinalis* und *genitofemoralis* versorgt (Th_8–$L_{1\,(2)}$). Der *M. cremaster* wird vom R. genitalis des N. genitofemoralis innerviert (Funktion s. unten).

M. transversus abdominis

Gestalt und Lage

Der *M. transversus abdominis* (Abb. 5.**157**, 5.**158**), wird von den Mm. obliquus internus und externus abdominis bedeckt. Der Muskel entspringt mit sechs Zacken an der Innenfläche der Knorpel der 7. bis 12. Rippe, am tiefen Blatt der Fascia thoracolumbalis, am Labium internum der Crista iliaca (s. Abb. 7.**83**), an der Spina iliaca anterior superior sowie vom lateralen Teil des Lig. inguinale. Seine Muskelfaserbündel verlaufen transversal und gehen in einer nach median konkaven Linie *(Linea semilunaris,* Spigeli) in die Aponeurose über. Diese ist oberhalb der Linea arcuata an der Bildung des *hinteren Blattes* der *Rektusscheide* beteiligt, indem sie mit der Aponeurose des M. obliquus internus abdominis verschmilzt (Abb. 5.**159**). Unterhalb der Linea arcuata verbindet sie sich mit dem vorderen Blatt der Rektusscheide. Der vom lateralen Abschnitt des Leistenbandes entspringende Teil des M. transversus abdominis läßt sich kaum vom darüberliegenden, gleichsinnig verlaufenden M. obliquus internus abdominis trennen (M. complexus). Die kaudalen Anteile beider Muskeln ziehen vom Leistenband bogenförmig nach medial zum Schambein (s. Abb. 5.**158**). Den Teil der Fasern der Aponeurose des M. transversus abdominis, der in einem nach lateral konkaven Bogen nach kaudal zieht und seitlich vom Ansatz des M. rectus abdominis am Os pubis inseriert, bezeichnet man als *Falx inguinalis* (s. Abb. 5.**166**). Die Lücke zwischen dem freien Rand der Mm. obliquus internus abdominis und transversus abdominis sowie dem Leistenband wird von der Fascia transversalis, vom Peritoneum und von der Aponeurose des M. obliquus externus abdominis überlagert (s. S. 297).

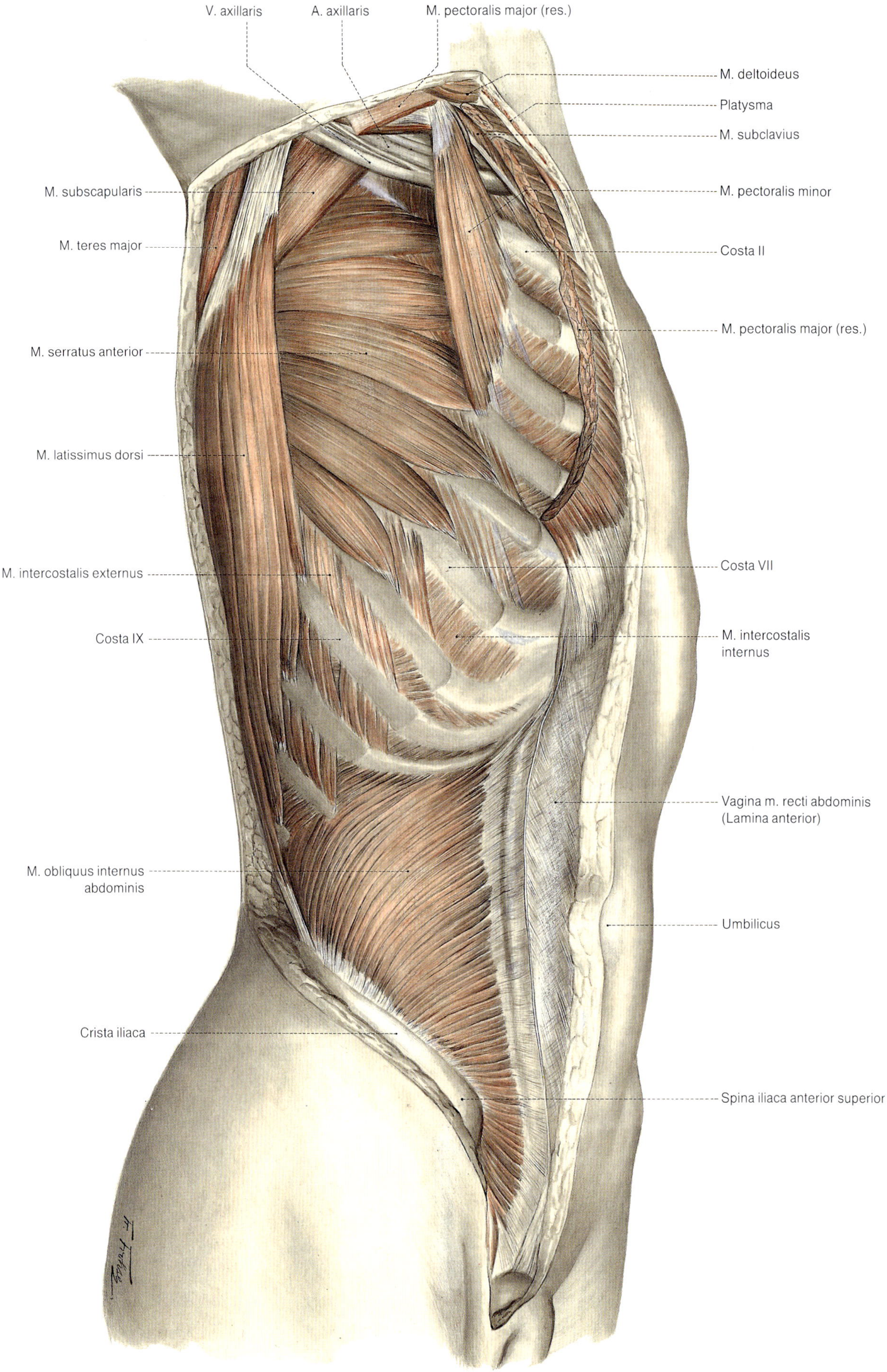

Abb. 5.**156** **Muskeln des Stammes in der Ansicht von rechts lateral,** M. pectoralis major und M. obliquus externus abdominis entfernt.

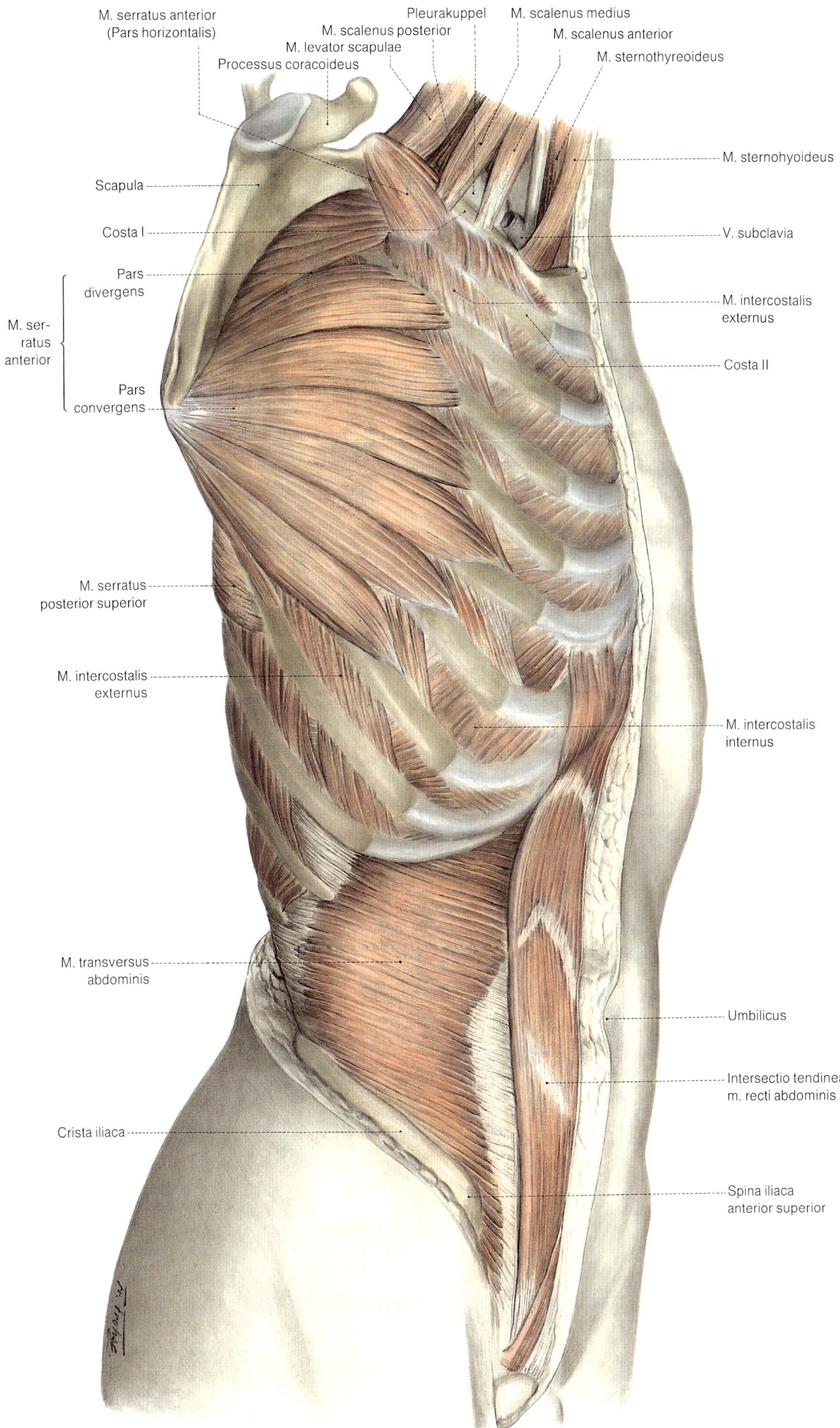

Abb. 5.**157** **Muskeln des Rumpfes in der Ansicht von rechts lateral,** Mm. pectoralis major und minor sowie Mm. obliquus externus und internus abdominis entfernt.

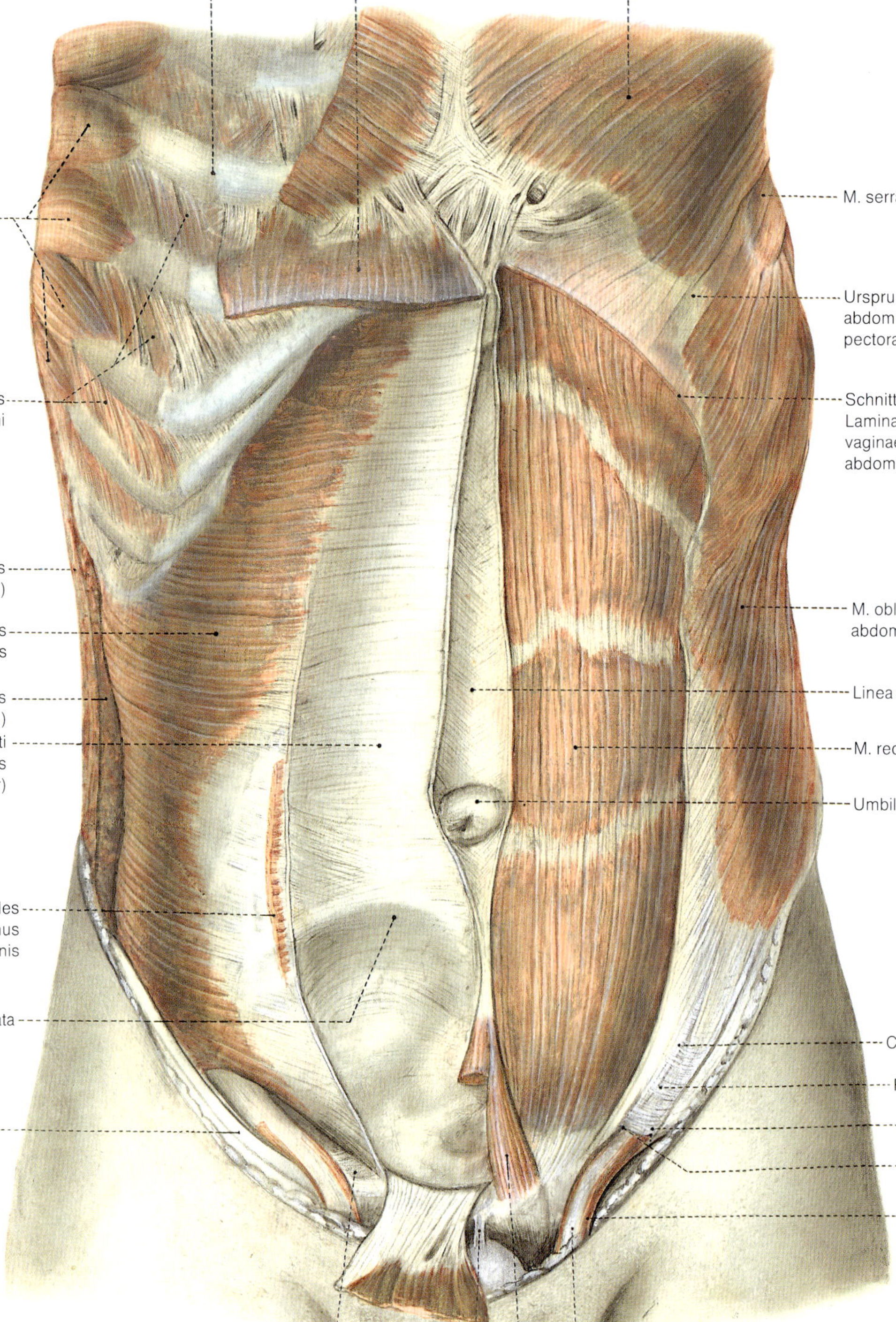

Abb. 5.**158** **Muskeln der Bauchwand in der Ansicht von ventral.** Freilegung des M. rectus abdominis auf der linken Seite, Mm. rectus abdominis sowie obliquus externus und internus abdominis auf der rechten Seite entfernt, hinteres Blatt der Rektusscheide.

Varianten

Der *M. transversus abdominis* kann vollständig fehlen. Oft entspringt er nur an den fünf unteren Rippen. Sehnige Intersectiones sowie Verbindungen mit den Mm. obliquus internus abdominis, intercostales interni, transversus thoracis und dem Diaphragma werden beschrieben.

Innervation

Der *M. transversus abdominis* wird von den *Interkostalnerven* V–XII sowie vom *N. iliohypogastricus, N. ilioinguinalis* und vom *N. genitofemoralis* innerviert (Th_5–$L_{1\,(2)}$) (Funktion s. unten).

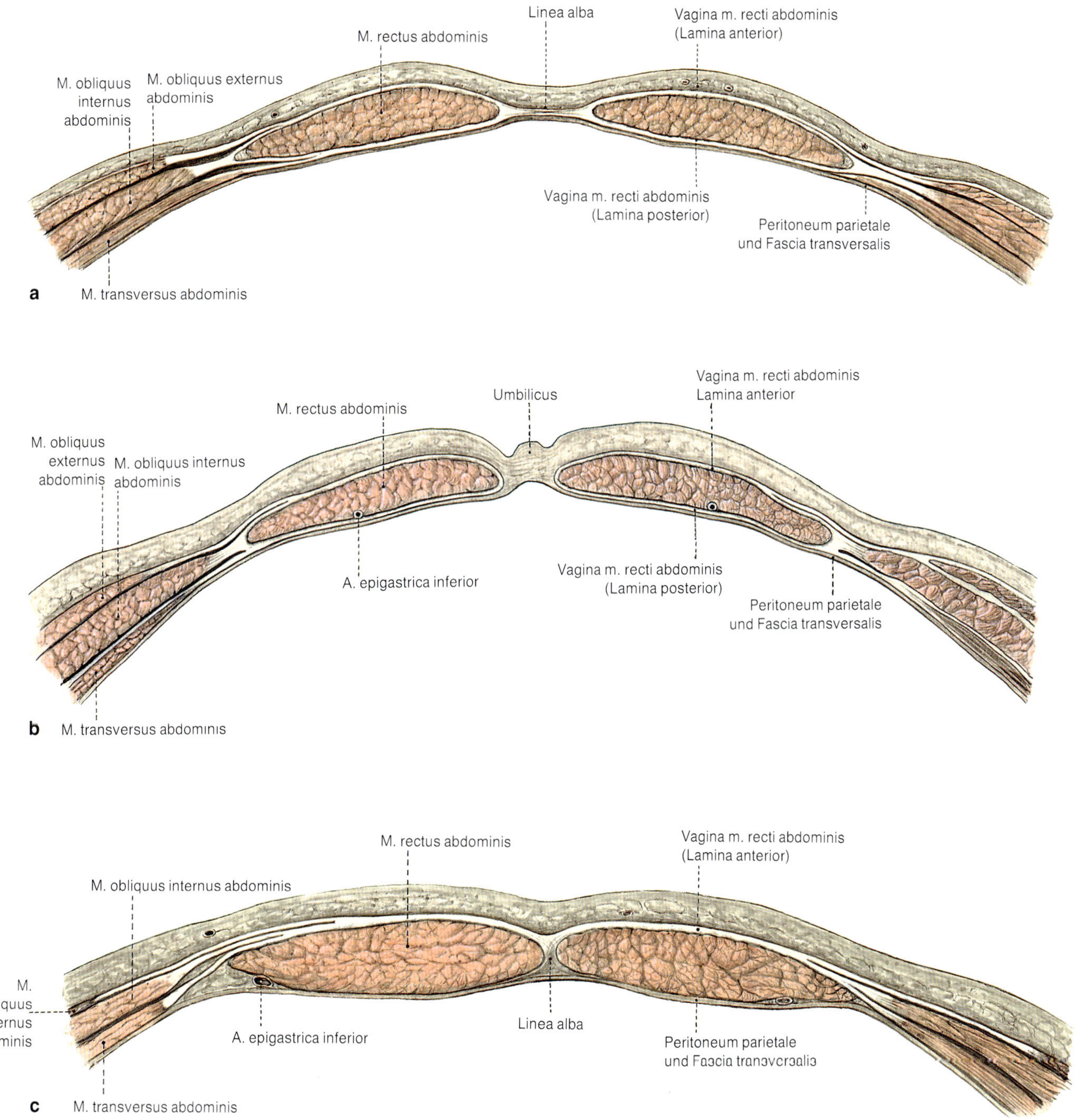

Abb. 5.**159a–c** **Querschnitte durch die vordere Bauchwand. Rektusscheide**
a oberhalb des Nabels,
b in Nabelhöhe,
c unterhalb der Linea arcuata.

Man beachte die unterschiedliche Beteiligung der Aponeurosen der seitlichen Bauchwandmuskeln am Aufbau der Rektusscheide.

Linea alba

Die seitlichen Muskeln der Bauchwand gehen in breite *Aponeurosen* über, die in der Mittellinie unter Bildung eines sehnigen Streifens, *Linea alba,* zusammentreffen (s. Abb. 5.**155**, 5.**158**). Die Linea alba erstreckt sich vom Processus xiphoideus bis zur Schambeinfuge. Sie ist oberhalb des Nabels 10–25 mm und in der Nabelgegend 14–18 mm breit. Symphysenwärts wird sie zu einem schmalen, hohen sehnigen Streifen, der, verstärkt durch das *Adminiculum lineae albae,* breitflächig am oberen Rand der Symphyse inseriert (s. Abb. 5.**166**). Die sehr feste und widerstandsfähige Linea alba entsteht aus der Durchkreuzung der Aponeurosen der seitlichen Bauchwandmuskeln (s. Abb. 5.**159**). Die Fasern der Aponeurose des M. obliquus externus abdominis sind makroskopisch zu sehen. Die Sehnenfaserbündel senken sich im Bereich der Linea alba in die Tiefe und kreuzen zur Gegenseite. Im Nabelbereich weist die Linea alba eine kreisförmige Öffnung auf, *Anulus umbilicalis,* die durch zirkuläre Fasern verstärkt wird (Anulus umbilicalis und Verhalten der Faszien s. S. 298 und Abb. 5.**159**).

Vordere (gerade) Bauchwandmuskeln

M. rectus abdominis

Gestalt und Lage

Der *M. rectus abdominis* (s. Abb. 5.**158**) verläuft als flacher, bandförmiger Muskel seitlich der Linea alba und verbindet Thorax und Becken miteinander. Er entspringt mit drei Zacken an den Knorpeln der 5.–7. Rippe, am Processus xiphoideus und an den Ligg. costoxiphoidea. Im unteren Viertel wird der Muskel zunehmend schmaler. Er inseriert mit kurzer, starker Endsehne am oberen Rand des Schambeins (s. Abb. 7.**82**) zwischen Schambeinfuge und Tuberculum pubicum.

Innerhalb des M. rectus abdominis liegen drei bis vier Schaltsehnen, *Intersectiones tendineae,* die ihn oberflächlich oder über den gesamten Querschnitt in vier bis fünf Segmente unterteilen. Zwei Intersectiones liegen normalerweise oberhalb und eine in Höhe des Nabels. Eine vierte, inkonstante Zwischensehne kommt unterhalb des Nabels vor. Von den Ansatzsehnen der Mm. recti abdominis kreuzt ein kleiner Teil über die Mittellinie hinweg; diese Fasern schließen sich Sehnenbündeln aus der Linea alba an und beteiligen sich am Aufbau des *Lig. suspensorium penis* (s. Abb. 5.**155**, 5.**158**) bzw. des *Lig. suspensorium clitoridis.*

Varianten

Der *M. rectus abdominis* kann vollständig fehlen. Die Breite des Muskels variiert. Seine Ursprünge reichen gelegentlich bis zur 4., 3. oder 2. Rippe, sehr selten bis zum Schlüsselbein nach kranial. Akzessorische Ursprünge am Sternum sowie an der Linea alba werden beobachtet. Der gerade Bauchmuskel kann mit dem M. pectoralis minor durch ein dünnes Muskelfaserbündel oder durch einen sehnigen Streifen in Verbindung stehen. Die Intersectiones tendineae variieren nach Zahl, Lage, Verlauf und Länge. Als *M. rectus lateralis abdominis* bezeichnet man einen sehr selten vorkommenden Muskel, der von den kaudalen Rippen zur Crista iliaca zwischen den Mm. obliqui abdominis verläuft.

Innervation

Der *M. rectus abdominis* wird aus den *Interkostalnerven* V–XII (Th_5–Th_{12}) innerviert (Funktion s. unten).

M. pyramidalis

Gestalt und Lage

Der *M. pyramidalis* (s. Abb. 5.**158**) ist ein kleiner, dreieckiger Muskel, der am Schambein ventral von der Ansatzstelle des M. rectus abdominis entspringt. Der Muskel verläuft innerhalb der Aponeurosen der schrägen Bauchmuskeln oder hinter dem vorderen Blatt der Rektusscheide neben der Linea alba, zieht nach kranial und inseriert an der Linea alba.

Varianten

Die Angaben über das *Fehlen* des *M. pyramidalis* schwanken zwischen 10% und 25% der Fälle. Die Unterschiede in seiner Breite und Länge sind erheblich. Selten ist der Muskel doppelt, sehr selten hat er eine Intersectio tendinea.

Innervation

Der *M. pyramidalis* wird vom 12. *Interkostalnerven* sowie variabel aus Ästen des *N. iliohypogastricus, ilioinguinalis* und *genitofemoralis* innerviert (Th_{12}–$L_{1\,(2)}$).

Rektusscheide

Der *M. rectus* abdominis liegt in der *Rektusscheide, Vagina m. recti abdominis,* die von den Aponeurosen der seitlichen Bauchmuskeln und von den Faszien der Bauchwand gebildet wird (s. Abb. 5.**158**, 5.**159**). Die Muskelloge besteht aus einem vorderen, *Lamina anterior,* und aus einem hinteren Blatt, *Lamina posterior.*
Die *Lamina anterior* bedeckt die Vorderfläche des M. rectus abdominis. Sie wird oberhalb der *Linea arcuata* von der Aponeurose des M. obliquus externus abdo-

minis und vom ventralen Blatt der Aponeurose des M. obliquus internus abdominis gebildet. Unterhalb der Linea arcuata beteiligen sich auch das dorsale Blatt der Internusaponeurose sowie die Aponeurose des M. transversus abdominis am Aufbau der Lamina anterior. Im kranialen Bereich ist das vordere Blatt der Rektusscheide häufig sehr dünn (s. Abb. 5.**155**). In Höhe der 5.–7. Rippe besteht sie meistens nur noch aus der oberflächlichen Bauchwandfaszie.

Die *Lamina posterior* der Rektusscheide setzt sich in den oberen zwei Dritteln aus dem dorsalen Blatt der Internusaponeurose, der Aponeurose des M. transversus abdominis sowie aus der Fascia transversalis (s. Abb. 5.**158**, 5.**159**) zusammen. Etwa 4–6 cm unterhalb des Nabels endet das dorsale Blatt der Internusaponeurose sowie die mit ihr verwachsene Transverusaponeurose unter Bildung der nach kaudal konkaven *Linea arcuata* (Linea semicircularis, Douglasi) (s. Abb. 5.**166**) und schließt sich der Lamina anterior der Rektusscheide an (s. oben). Die Übergangszone *(Area arcuata)* an der Hinterwand der Rektusscheide läßt sich am Präparat deutlich palpieren. Unterhalb der Linea arcuata besteht die hintere Wand der Rektusscheide damit nur noch aus Fascia transversalis und Peritoneum.

Der *M. rectus abdominis* ist an seinem medialen Rand und im Bereich der Intersectiones tendineae fest mit dem vorderen Blatt der Rektusscheide verwachsen. Die Rückfläche des Muskels kann auf der Lamina posterior der Rektusscheide frei gleiten. Entzündliche Prozesse oder Blutungen bleiben auf der Vorderseite des M. rectus abdominis auf das Gebiet zwischen zwei Intersectiones tendineae beschränkt, auf der Hinterseite des Muskels können sie sich ungehindert ausdehnen.

Die Mm. recti abdominis sind beim Erwachsenen oberhalb des Nabels durch die Linea alba voneinander getrennt, unterhalb des Nabels nähern sich die Muskelbäuche bis auf wenige Millimeter. Beim Neugeborenen liegen die Mm. recti physiologischerweise relativ weit auseinander. Von dieser sogenannten physiologischen Rektusdiastase des Neugeborenen muß die erworbene *Rektusdiastase* des Erwachsenen abgegrenzt werden, da diese pathologisch zu bewerten ist. Die Rektusdiastase kann von der Symphyse bis zum Schwertfortsatz reichen. Die erworbene Rektusdiastase beruht auf einer Insuffizienz der seitlichen schrägen Bauchwandmuskeln und ihrer Aponeurosen. Sie wird relativ häufig bei Frauen nach mehreren Schwangerschaften beobachtet und kann mit Hernien im Bereich der Linea alba und der Nabelgegend vergesellschaftet sein (s. S. 297).

Funktion der Muskeln der seitlichen und vorderen Bauchwand

Die *Muskeln* der Leibeswand und ihre *Aponeurosen* bilden eine Funktionsgemeinschaft. Die Aponeurosen der rechten und linken Seite durchflechten sich im Bereich der Mediane und kreuzen unter Bildung der *Linea alba* zur Gegenseite. Auf diese Weise entstehen funktionell *Muskelschlingen* (s. S. 167), in welche die Linea alba eingeschaltet ist. Nach dem Verlauf der Muskel- und Sehnenfasern lassen sich mehrere Verspannungssysteme (Abb. 5.**160**–5.**162**) unterscheiden.

Die *Mm. transversi abdominis* und ihre Aponeurosen bilden, dem transversalen Verlauf ihrer Fasern entsprechend, eine *horizontale Muskelschlinge* („Quergurtung"). Die querverlaufenden Fasern des M. transversus abdominis können als elastisch wirksame „Bauchbinde" angesehen werden. Durch den Tonus des queren Bauchmuskels entsteht eine taillenförmige Einschnürung des Abdomen oberhalb der Beckenkämme. Entsprechend der Fixierung der Muskelfasern am Skelett kann man drei Abschnitte am M. transversus abdominis unterscheiden (s. Abb. 5.**158**). Der obere Teil, der aus kurzen Fasern besteht, ist zwischen den beiden Rippenbögen ausgespannt. Der mittlere Teil hat über die Fascia thoracolumbalis Verbindung zur Lendenwirbelsäule. Der kaudale Abschnitt ist an den Darmbeinkämmen verankert, er ist mit dem M. obliquus internus abdominis verwachsen. Beim aufrecht stehenden Menschen übernehmen die beiden Muskeln im unteren Abschnitt der Bauchdecken die Hauptbelastung von seiten der Baucheingeweide.

Die *Mm. obliqui externi abdominis* sind mit den *Mm. obliqui interni abdominis* der kontralateralen Seite über die Aponeurosen der Rektusscheide nach Art einer *schräg verlaufenden Muskelschlinge* („Schräggur-

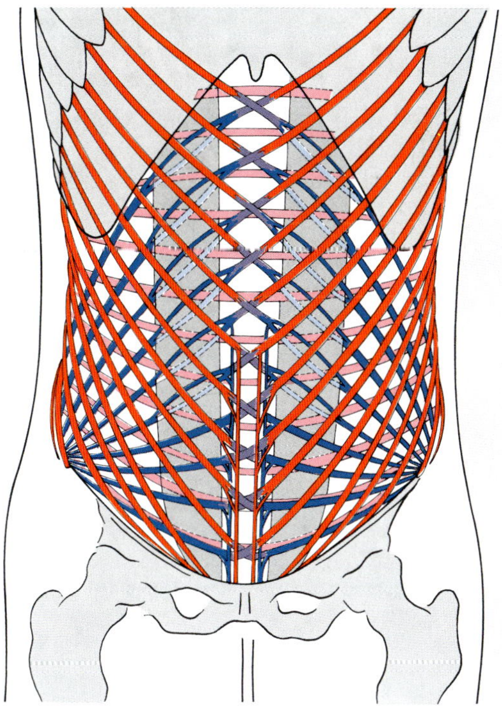

Abb. 5.**160** **Verspannungssysteme von Muskeln und Aponeurosen im Bereich der Bauchwand,**
M. obliquus externus abdominis rot,
M. obliquus internus abdominis blau,
M. transversus abdominis violett.

tung") miteinander verbunden (Abb. 5.**161**). Die schrägen Muskelschlingen ziehen vom Thorax nach medial-kaudal, schließen die Linea alba als zentrale Zwischensehne ein und setzen ihre Verlaufsrichtung auf der Gegenseite fort, wo sie am Beckenkamm fixiert sind. Über die schrägen Muskelschlingen werden die Bauchdecken verspannt, außerdem sind sie an der Drehbewegung des Rumpfes beteiligt (s. unten). Das Training der Muskeln innerhalb der schrägen Muskelschlingen bildet die Grundlage bei der Behandlung zahlreicher Erkrankungen des Bewegungsapparates im Rumpfbereich (z. B. Rektusdiastase, Erkrankungen im Bereich der Wirbelsäule).

Die aktive *Verspannung* der Bauchwand in *vertikaler Richtung* erfolgt über die *Mm. recti abdominis*. Durch die Einschaltung der Intersectiones tendineae und deren Anheftung am vorderen Blatt der Rektusscheide sind die einzelnen Abschnitte der geraden Bauchmuskeln bis zu einem gewissen Grade funktionell selbständig. Am Aufbau des vertikalen Verspannungssystems beteiligen sich außerdem die Aponeurosen der *Rektusscheide* mit der *Linea alba*. Unterhalb des Nabels verläuft ein Teil der Sehnenfasern der *Externusaponeurose* ungekreuzt steil nach kaudal und inseriert am Os pubis der gleichen Seite (Abb. 5.**162**). Die funktionelle Bedeutung der vertikal ausgerichteten Strukturen der Leibeswand liegt in der Verspannung der vorderen Bauchwand sowie in der Bildung der „Sehne" innerhalb der *Bogen-Sehnen-Konstruktion* der Brustwirbelsäule (s. S. 182 und unten).

Die *Muskeln* der *Bauchwand* und ihre *Aponeurosen* erfüllen mehrere *Funktionen:* Als Bestandteil der Leibeswand beeinflussen sie durch ihren Tonus die *Spannung* der *Bauchdecken* und wirken dem Druck der Eingeweide entgegen. Bei gleichzeitiger Kontraktion der seitlichen Bauchmuskeln und des Diaphragma wird ein Druck auf die Eingeweide und auf die Muskeln des Beckenbodens ausgeübt. Durch diese *„Bauchpresse"* werden die Muskeln des Diaphragma pelvis und des Diaphragma urogenitale (s. Bd. II) passiv gedehnt. Der durch die „Bauchpresse" erzeugte hohe intraabdominale Druck unterstützt die Entleerung des Enddarms und der Harnblase. Die Wirkung der „Bauchpresse" auf die Muskeln des Beckenbodens hat beim Geburtsakt für die Erweiterung des Geburtskanals große praktische Bedeutung. Von den seitlichen schrägen Bauchmuskeln hat der M. transversus abdominis die beste Wirkung auf die „Bauchpresse".

Die seitlichen schrägen Bauchmuskeln bilden gemeinsam mit den Mm. recti abdominis die „Sehne" innerhalb der *Bogen-Sehnen-Konstruktion* bei der Belastung der Brustwirbelsäule.

Die Muskeln der Bauchwand zählen zur Gruppe der *Atemmuskeln*. Sie unterstützen aktiv die *Exspiration*

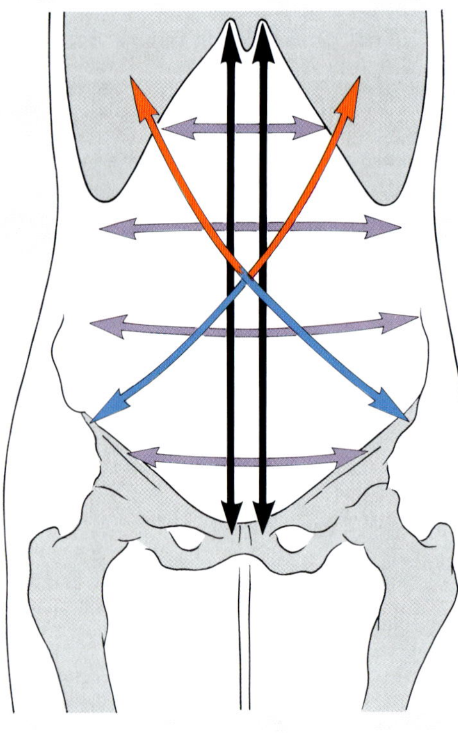

Abb. 5.**161** **Verspannung der Bauchwand durch Muskelschlingen.** Horizontale Muskelschlinge (Quergurtung) durch die Mm. transversi abdominis (violett), schräg verlaufende Muskelschlinge (Schräggurtung) durch den M. obliquus externus abdominis einer Seite (rot) mit dem M. obliquus internus abdominis der Gegenseite (blau), vertikale Verspannung durch die Mm. recti abdominis (schwarz).

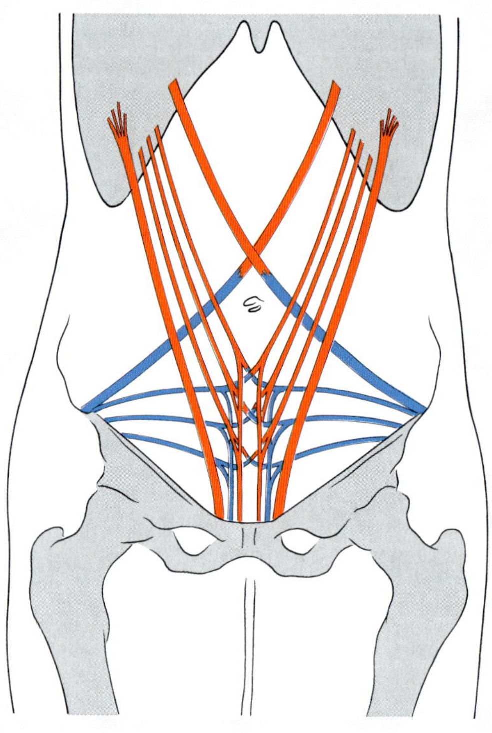

Abb. 5.**162** **An der vertikalen Verspannung der Bauchwand beteiligen sich unterhalb des Nabels ungekreuzte Anteile der Aponeurose des M. obliquus externus abdominis (rot),** schräg verlaufende Muskelschlinge vgl. Abb. 5.**161**.

auf zweierlei Weise: Die am unteren Thoraxbereich angehefteten schrägen und geraden Bauchmuskeln senken die Rippen, wenn ihr Punctum fixum am Becken liegt. Bei Kontraktion der seitlichen schrägen Bauchmuskeln weicht das Zwerchfell infolge der Verkleinerung des horizontalen Durchmessers des Bauchraumes unter dem Druck der Eingeweide nach kranial (s. S. 277 und Abb. 5.**172**, 5.**173**).

Die seitlichen und vorderen Bauchmuskeln beteiligen sich aktiv an den *Bewegungen* des *Rumpfes*. Die *Ventralflexion* der *Wirbelsäule* kann durch die Mm. recti abdominis und die seitlichen Bauchmuskeln eingeleitet werden. Da der Schwerpunkt des Körpers bei normaler Haltung vor der Wirbelsäule liegt (s. Abb. 5.**120**), ist für die weitere Ausführung der Vorbeugebewegung des Rumpfes keine Muskelkraft von seiten der Bauchmuskeln erforderlich. Bei *Ventralflexion gegen Widerstand* sind primär die Mm. recti abdominis aktiv, sie werden in dieser Funktion von den Mm. obliqui abdominis unterstützt. In liegender Haltung können die vorderen und seitlichen Bauchmuskeln das Becken nach ventral anheben, wenn das Punctum fixum der Muskeln am Thorax liegt.

An der *Seitwärtsneigung* des Rumpfes beteiligen sich die Mm. obliqui externus und internus abdominis der gleichen Seite sowie der M. quadratus lumborum (s. S. 303) und der laterale Trakt der autochthonen Rückenmuskeln (s. S. 249).

Die *Drehung* des Rumpfes wird von den am Aufbau der schrägen Muskelschlingen beteiligten lateralen Bauchmuskeln ausgeführt. Bei einer Drehung des Rumpfes nach links sind der M. obliquus internus abdominis der linken Seite und der M. obliquus externus abdominis der rechten Seite aktiv (bei einer Drehung nach rechts vice versa). Die Drehung wird von den autochthonen Rückenmuskeln unterstützt.

Schwachstellen im Bereich der Bauchwand

Die Bauchwand wird größtenteils durch Muskeln stabilisiert, die den Abschluß der Bauchhöhle nach außen sichern. An einigen Stellen fehlt die muskuläre Grundlage, und die Bauchwand wird hier nur von Aponeurosen und Faszien gebildet. Diese Stellen bilden Schwachstellen („Loci minoris resistentiae"), die gelegentlich dem intraabdominalen Druck nicht standhalten. Sie werden dann zu Durchtrittspforten für Hernien. Unter einer *äußeren Hernie* versteht man den Austritt von Baucheingeweiden aus der Leibeshöhle in einen von Bauchfell ausgekleideten *Bruchsack*. Der Bruchsack besteht aus den sackartig vorgestülpten Anteilen der Bauchwand. Die Durchtrittsstelle der Hernie wird als *Bruchpforte* bezeichnet. Als Ursache für den ungenügenden Verschluß der betreffenden Bauchwandstelle kommen Überdehnung, Narbenbildung, Insuffizienz des Bindegewebes sowie Schwäche und Lähmung der Muskulatur in Frage. Zu den für Hernienbildung prädisponierten Stellen der Bauchwand gehören die *Linea alba*, der *Nabel*, der *Leistenkanal* und der *Schenkelkanal*.

Die *Linea alba* ist oberhalb des Nabels normalerweise 1–2,5 cm breit (s. S. 294). Infolge stärkeren Auseinanderweichens der beiden Mm. recti abdominis kann sie die Form eines breiten, sehnigen Bandes annehmen, das jeder Muskelsicherung entbehrt. Dehnung der Bauchwand infolge mehrmaliger Schwangerschaften, aber auch postoperative Narben in diesem Gebiet können die Struktur derart schwächen, daß die Aponeurose zwischen den beiden Mm. recti sackartig vorgetrieben wird. Es entsteht schließlich ein großer Bruchsack, der außen von den stark verdünnten Fasern der Aponeurose überzogen ist. Man spricht von einer *Hernia epigastrica,* die sich in schweren Fällen zu einem ventralen Bauchwandbruch erweitern kann (Abb. 5.**163**, 5.**164**).

Bei ca. 5% der Bevölkerung kommen sehr kleine, asymptomatische epigastrische Hernien vor, die sich knopfartig durch eine Lücke in der Linea alba in die Subkutanschicht vordrängen. Unter Wirkung des intraabdominellen Druckes kann sich die kleine Bruchpforte erweitern, und es bildet sich ein echter Bruchsack, der Teile des Omentum majus aufnehmen kann. Unterhalb des Nabels kommen Hernien im Bereich der Linea alba relativ selten vor (Rektusdiastase, s. S. 295).

Ein Bruch, der sich kaudal der Linea arcuata und medial der Linea semilunaris (s. S. 289 und Abb. 5.**158**) vorwölbt, wird als *Spieghelsche Hernie* (Hernia Spigeli) bezeichnet.

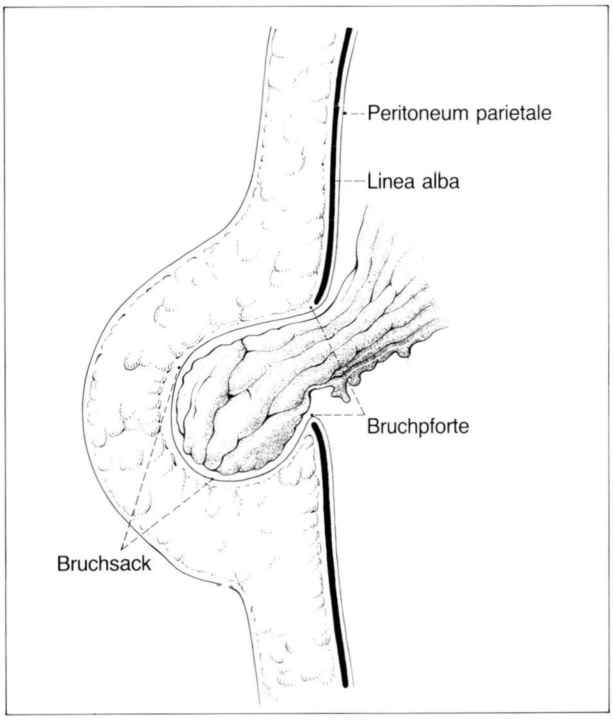

Abb. 5.**163** **Hernia epigastrica.** Die Bruchpforte liegt im Bereich der Linea alba. Der Bruchinhalt besteht aus Omentum majus.

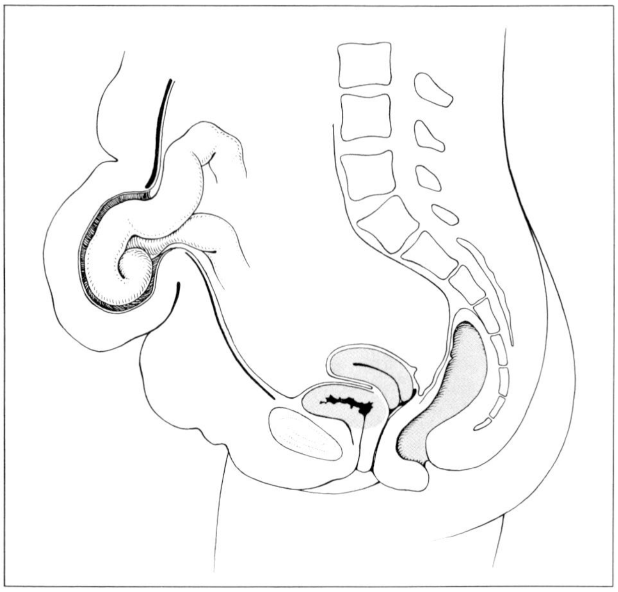

Abb. 5.**164** **Ventraler Bauchwandbruch mit Verlagerung einer Darmschlinge in den Bruchsack.**

Nabel, Umbilicus – Nabelbrüche

Beim *Erwachsenen* besteht die Bauchwand im Bereich des *Nabels* nur aus äußerer *Haut* und der mit ihr verwachsenen *Nabelpapille,* die über die *Fascia umbilicalis* mit dem Peritoneum verbunden ist (s. Abb. 5.**159**). Da im Verwachsungsbereich von Haut und Nabelpapille das subkutane Bindegewebe fehlt, sinkt die Bauchhaut hier zur *Nabelgrube* ein. Die Bindegewebsfasern der Linea alba verlaufen in der Umgebung des Nabels ringförmig und bilden den *Nabelring, Anulus umbilicalis.*

Beim *Neugeborenen* sind die beiden *Aa. umbilicales,* die über eine kräftige Adventitia verfügen, mit der Bauchwand und mit dem unteren Teil des Nabelringes verwachsen. Sie tragen gemeinsam mit dem *Lig. umbilicale medianum* zur Verstärkung des unteren Abschnitts der Nabelpforte bei.

Nach der Geburt wuchern Adventitia und eingeschlossene Arterienreste, durch Verwachsung mit dem Nabelring und der Haut wird ein fester Verschluß des Nabels erreicht. Im kranialen Bereich bleibt die Verbindung zwischen Nabelring und V. umbilicalis nur lose. Die Nabelvene hat keine stark ausgebildete Adventitia, außerdem ist sie nicht am oberen Umfang des Nabelringes, sondern an den beiden Arterien befestigt. Die V. umbilicalis verläuft in einer leicht vertieften Rinne zur Leber. Über diese Rinne spannt sich die Fascia umbilicalis, die oben und unten mit einem konkaven scharfen Rand endet und den Nabelring überdeckt. Der Anulus umbilicalis ist eine rundliche Öffnung von Bleistiftdicke, die von den Nabelgefäßen ausgefüllt ist und nach der Geburt außen durch die Schichten der Haut, innen durch das Bauchfell und die Fascia umbilicalis abgeschlossen ist. Der Nabel bleibt in den ersten Lebensjahren eine schwache Stelle der Bauchwand.

Eine *Nabelhernie, Hernia umbilicalis,* kann in verschiedenen Lebensaltern auftreten. Die *Bruchpforte* ist stets der *Nabelring, Anulus umbilicalis.* Beim *Neugeborenen* kommen verschiedene Formen von Nabelhernien vor. Eine Form des erworbenen Nabelbruchs, *Hernia umbilicalis acquisita,* tritt so früh auf, daß die Nabelpapille noch nicht ausgebildet ist. Der Bruchsack innerhalb der noch nicht geschlossenen Nabelwunde besteht daher nur aus Peritoneum und einer dünnen Bindegewebsschicht, eine Hautbedeckung fehlt. Beim Säugling soll ein erhöhter intraabdomineller Druck (z. B. durch zu starkes, anhaltendes Schreien) die narbige Verfestigung des Nabelringes verhindern, in deren Folge es zu einer Nabelhernie kommt. Der Bruchsack ist in diesem Fall von Haut bedeckt. Die Nabelhernien des *Erwachsenen* sind ebenfalls *erworbene Hernien.* Sie treten vor allem bei Frauen auf, wenn der Anulus umbilicalis durch zahlreiche Schwangerschaften unphysiologischerweise überdehnt wurde.
Eine Sonderform der Nabelhernie ist der sogenannte *Nabelschnurbruch* des Neugeborenen. Man bezeichnet diese angeborene Hernie als *Hernia umbilicalis congenita* oder als *Omphalozele.* Die Hernia umbilicalis congenita beruht auf einer Hemmungsfehlbildung, bei der sich der physiologische Nabelbruch nicht zurückgebildet hat. Der Bruchsack setzt sich aus Peritoneum, Whartonscher Sulze und Amnion zusammen. Bei der angeborenen Nabelhernie besteht die Gefahr einer Bauchfellentzündung.

Leistenkanal

Ein *Leistenkanal, Canalis inguinalis,* im strengen Sinne des Wortes existiert nicht. Er kann nur präparatorisch dargestellt werden, indem man seinen Inhalt, beim Mann den Samenstrang, bei der Frau das Lig. teres uteri, entfernt (s. Abb. 5.**153,** 5.**165**). Damit werden aber auch die Hüllen, die mit der Kanalwand zusammenhängen, und der Verschluß seiner Öffnungen ausgeräumt. Der *Canalis inguinalis* ist somit ein Kunstprodukt. Er durchsetzt die vordere Bauchwand in schräger Richtung.

Seine innere Pforte, *Anulus inguinalis profundus* (Abb. 5.**166**), wird sichtbar, wenn man Peritoneum und Fascia transversalis von der hinteren Bauchwand entfernt. Der Anulus inguinalis profundus ist ein ovaler Schlitz mit einem medialen und mit einem lateralen Rand. Der mediale Rand wird von einer sichelförmigen Bindegewebsplatte, *Lig. interfoveolare,* begrenzt. Das Lig. interfoveolare ist eine bindegewebige Verstärkung der Fascia transversalis; es ist oben am M. transversus abdominis, unten am Lig. inguinale befestigt. Auf dem Lig. interfoveolare können vom M. transversus abdominis stammende Muskelfaserbündel, *M. interfoveolaris,* verlaufen, die in das Lig. reflexum einstrahlen. Am inneren Leistenring senkt sich die Fascia transversalis trichterförmig in den Leistenkanal und umhüllt als *Fascia spermatica interna* den Samenstrang. Das Peritoneum parietale ist im Bereich des Anulus inguinalis profundus leicht eingedellt.

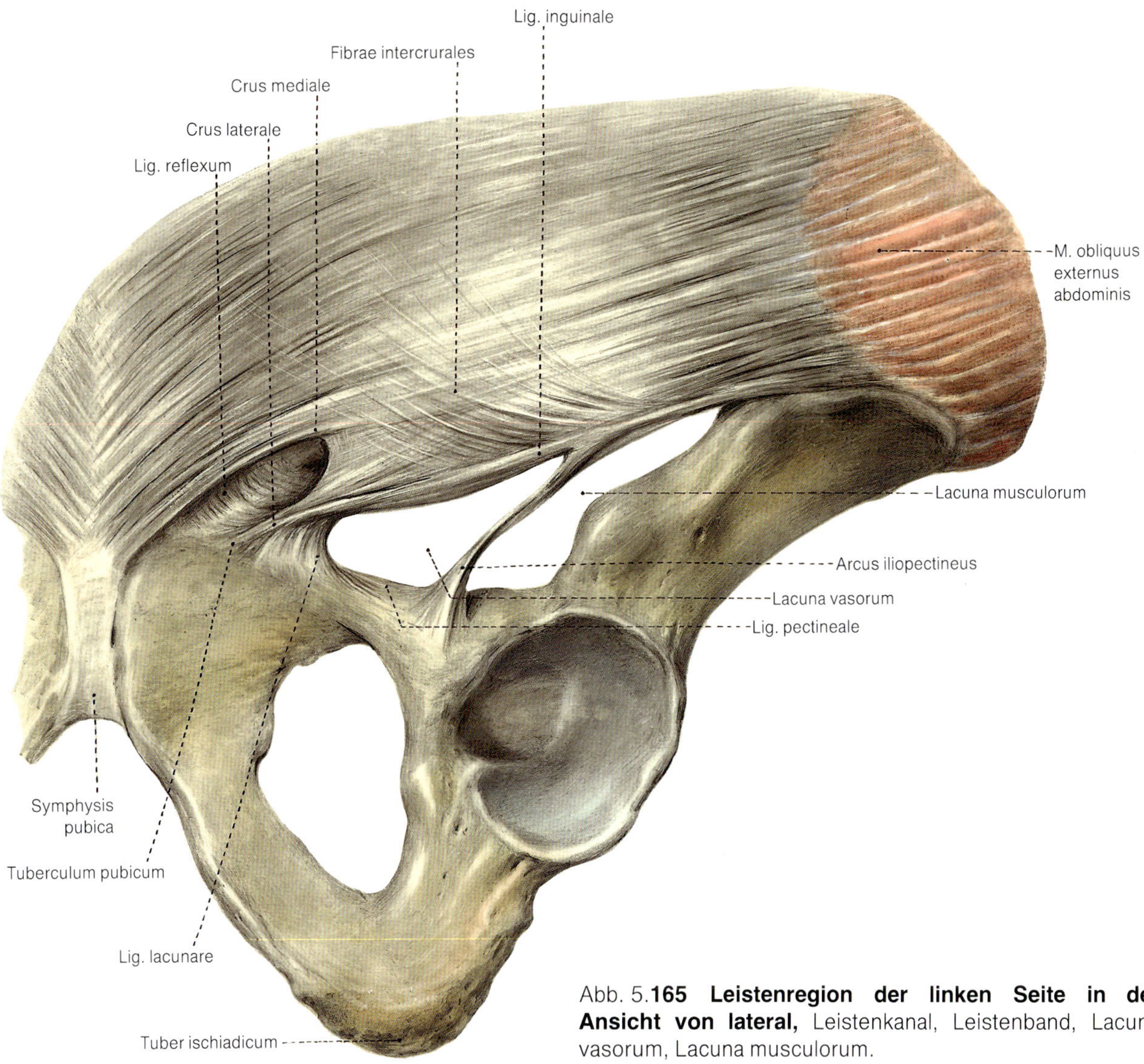

Abb. 5.**165** **Leistenregion der linken Seite in der Ansicht von lateral,** Leistenkanal, Leistenband, Lacuna vasorum, Lacuna musculorum.

Die äußere Pforte des Leistenkanals, *Anulus inguinalis superficialis* (Abb. 5.**165**), wird vom Crus mediale und vom Crus laterale der Aponeurose des M. obliquus externus abdominis gebildet (s. S. 287). Der Abstand zwischen äußerem und innerem Leistenring, d. h. die Länge des Leistenkanals, beträgt 4–5 cm. Der Längsdurchmesser des äußeren Leistenringes ist unterschiedlich und schwankt beim Mann zwischen 1,5–3 cm; bei der Frau beträgt er etwa 1 cm.

Der *Leistenkanal* ist in dorso-ventraler Richtung abgeflacht. Am Canalis inguinalis kann man vier Wände unterscheiden: jeweils eine breite ventrale und eine dorsale Hauptwand sowie zwei schmale, oben und unten liegende Wände. Der Samenstrang verläuft nicht parallel zur Achse des Kanals, sondern schräg, so daß er im Bereich des Anulus inguinalis superficialis der unteren, im Bereich des Anulus inguinalis profundus der oberen Wand näher anliegt.

Die *vordere* Wand des Leistenkanals wird von der Aponeurose des M. obliquus externus abdominis und den nach außen anschließenden Schichten der Bauchdecke, Fascia abdominis superficialis, Subcutis und Cutis, gebildet. Die vordere Wand des Leistenkanals ist im Vergleich zur dünnen hinteren Wand fest und widerstandsfähig.

Die *hintere Wand* des Leistenkanals besteht, abgesehen vom Peritoneum und vom subperitonealen Bindegewebe, nur aus Fascia transversalis und Lig. interfoveolare. Die Falx inguinalis kann sich, bei kräftiger Ausbildung, am Aufbau des medialen Wandabschnittes beteiligen. Der Aufbau der hinteren Bauchwand und der dorsalen Wand des Leistenkanals wird nach Entfernung des Bauchfells und der Fascia transversalis von innen sichtbar (Abb. 5.**166**). Das hintere Blatt der Rektusscheide endet mit der Linea arcuata. Unterhalb dieser Linie dringt die Aponeurose des M. transversus abdominis auf die Vorderseite des M. rectus abdominis, sie endet kaudal mit dem Lig. interfoveolare, das durch Vermittlung des Lig. lacunare einen Ansatz am Pecten ossis pubis gewinnt.

Das *Lig. interfoveolare* (Abb. 5.**166**) trennt den Anulus inguinalis profundus von der Fossa inguinalis medialis. Diese Grenze wird durch die auf dem Ligament nabelwärts verlaufenden Vasa epigastrica inferiora (s. S. 284 und Abb. 5.**154**) markiert. Die *Vasa epigastrica inferiora* bilden eine praktisch wichtige Grenzmarke zwischen Fossa inguinalis medialis und Anulus inguinalis profundus. Der innere Leistenring liegt lateral von den Vasa epigastrica inferior. Als *Falx inguinalis* (Tendo conjunctivus) wird ein dreieckiger Faszienstreifen bezeichnet, der sich medial von der Rektusscheide und von der Rektussehne sowie lateral-kranial von der Transversusaponeurose abspaltet. Die Falx inguinalis hat einen sichelförmigen Rand, sie ist an ihrer Basis breit mit dem Lig. inguinale verwachsen und inseriert über das Lig. pectineale am Pecten ossis pubis.

Die Schwachstelle im muskelfreien Bereich auf der dorsalen Fläche der vorderen Bauchwand ist der nur von Fascia transversalis gebildete Abschnitt zwischen lateralem Rand der Falx inguinalis und medialem Rand des Lig. interfoveolare. Hier entstehen die direkten Leistenhernien (s. unten). Die Schwachstelle projiziert sich in die Fossa inguinalis medialis.

Der *Boden* des Leistenkanals wird vom unteren Rand der Aponeurose des M. obliquus externus abdominis gebildet, der sich hier am Aufbau des Lig. inguinale beteiligt. Der Wandabschnitt ist im Anfangsteil sehr schmal. Er verbreitert sich gegen den äußeren Leistenring und wird zu einer vom Crus laterale gebildeten Rinne, *Lig. reflexum* (s. Abb. 5.**165**) (s. S. 287), in der der Samenstrang liegt.

Das *Dach* des Leistenkanals wird vom unteren freien Rand des M. obliquus internus und des, hier meistens mit ihm verwachsenen, M. transversus abdominis gebildet (s. Abb. 5.**158**). Die obere Begrenzung des Canalis inguinalis ist im Bereich des inneren Leistenringes muskulös.

Durch den Leistenkanal zieht beim Mann der *Samenstrang, Funiculus spermaticus* (Abb. 5.**167**), bei der Frau das *Lig. teres uteri.* Der Samenstrang besteht bei seinem Eintritt in den inneren Leistenring aus dem Ductus deferens, den Vasa deferentia und testicularia sowie dem Plexus pampiniformis. Dazu kommen noch Lymphgefäße und der Rest des Processus vaginalis peritonei. Diese Gebilde *(Inhalt des Samenstranges)* sind umscheidet von einer Fortsetzung der Fascia transversalis, *Fascia spermatica interna (Tunica vaginalis communis).* Ihr legen sich der *M. cremaster* sowie der R. genitalis des *N. genitofemoralis* an. Nach Austritt aus dem äußeren Leistenring wird der M. cremaster von der *Fascia spermatica externa,* einer Fortsetzung der Fascia abdominis superficialis bedeckt.

Der Samenstrang löst sich beim Durchtritt durch den inneren Leistenring auf: Der Ductus deferens zieht zum kleinen Becken, die Vasa testicularia verlaufen zur Lendengegend (s. Band II) (Abb. 5.**166**).

Leistenbrüche

Leistenbrüche zählen mit den Nabelbrüchen zu den häufigsten Bruchformen. Man unterscheidet direkte und indirekte, angeborene und erworbene Leistenhernien.

Eine angeborene Leistenhernie, *Hernia inguinalis congenita,* ist immer eine indirekte Hernie (s. Abb.

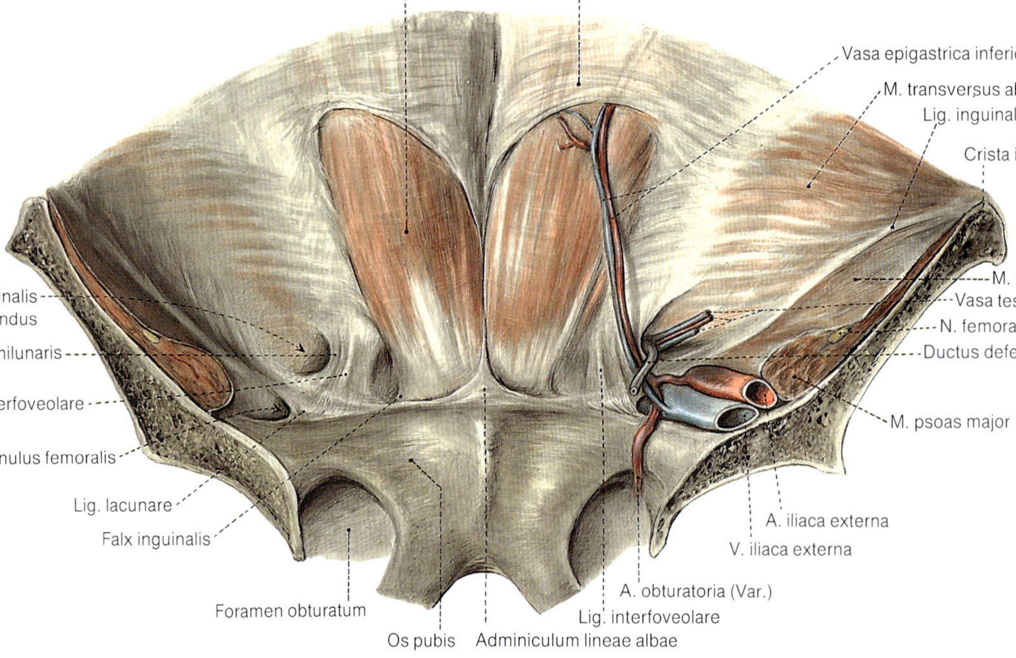

Abb. 5.**166** **Kaudaler Teil der vorderen Bauchwand in der Ansicht von dorsal.** Innerer Leistenring, Lig. interfoveolare, Eingang in den Canalis femoralis.

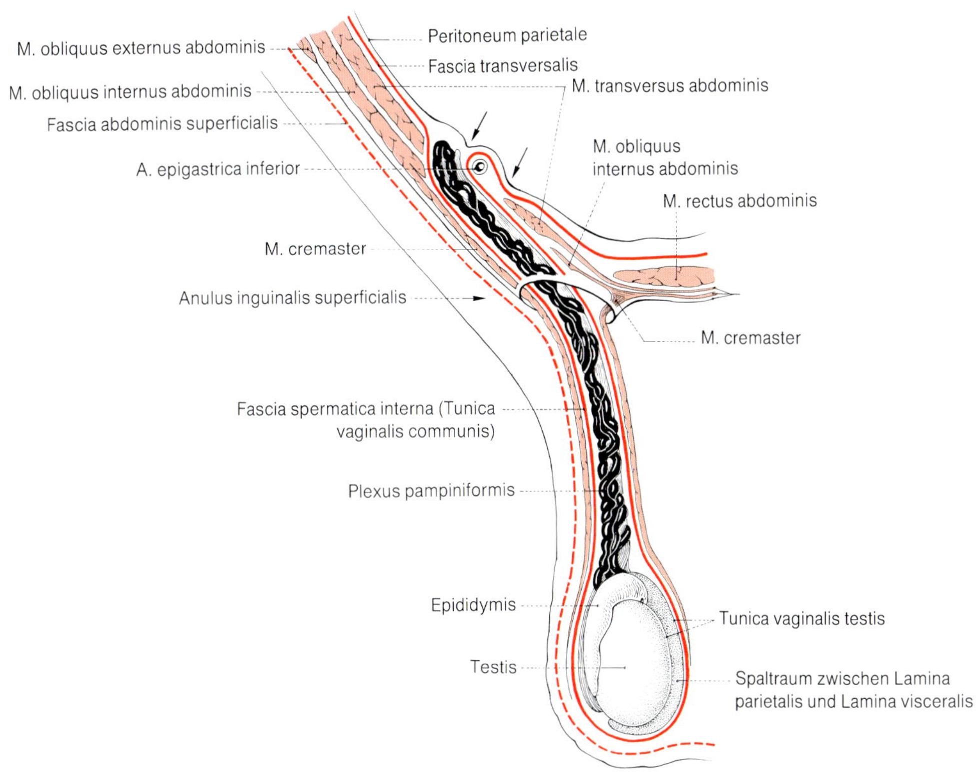

Abb. 5.**167** **Schematische Darstellung des Leistenkanals und seines Inhaltes.** Die Pfeile weisen auf die Fossa inguinalis lateralis und auf die Fossa inguinalis medialis.

5.**168**). Sie entsteht schon bald nach der Geburt als Folge der nicht erfolgten Verödung des *Processus vaginalis peritonei,* einer Vorstülpung des Bauchfells, die den Weg für die Verlagerung des Hodens in das Scrotum bahnt. Bauchhöhleninhalt wird in eine bereits bestehende und unter dem Einfluß der Bauchpresse erweiterte Peritonealtasche verlagert. Ein besonderer Bruchsack fehlt also.

Die *Hernia inguinalis indirecta* (s. Abb. 5.**169**) des Erwachsenen ist eine erworbene Leistenhernie. Der aus Peritoneum parietale bestehende Bruchsack wird durch den Leistenkanal vorgestülpt (sogenannte Kanalhernie) und dringt entlang dem Samenstrang skrotalwärts. Indirekte Leistenhernien können sehr groß werden und bis tief in das Scrotum hinunterreichen (Skrotalhernie). Bruchpforte ist der Anulus inguinalis profundus im Bereich der Fossa inguinalis lateralis. Die Hernia inguinalis indirecta tritt unter allen Hernienformen am häufigsten auf (etwa 55% aller Hernien), sie wird überwiegend beim Mann beobachtet.

Die *Hernia inguinalis directa* (s. Abb. 5.**170**) ist ein erworbener Leistenbruch. Die Bruchpforte liegt in dem Abschnitt der Fossa inguinalis medialis (s. Abb. 5.**166**), wo die dorsale Fläche der vorderen Bauchwand zwischen Falx inguinalis und Lig. interfoveolare eine schwache Stelle bildet (s. oben). Der Bruchsack ist bei der direkten Leistenhernie zweischichtig und besteht aus Bauchfell und Fascia transversalis.

Direkte und indirekte Leistenhernien dringen durch den Anulus inguinalis superficialis an die Oberfläche und lassen sich topographisch aufgrund ihrer Beziehungen zu den Vasa epigastrica inferiora unterscheiden. Die Vasa epigastrica verlaufen auf dem Lig. interfoveolare nach kranial. Die Bruchpforte der Hernia inguinalis directa liegt medial, die Bruchpforte der Hernia inguinalis indirecta lateral von der durch die Vasa epigastrica aufgeworfenen Bauchfellfalte, Plica umbilicalis lateralis (s. Abb. 5.**154**) (Plica epigastrica, s. S. 284).

Schenkelbruch, Femoralhernie

Als 3. Bruchform treten in der Inguinalgegend *Femoralhernien* auf. Bruchpforte ist der *Anulus femoralis* in der *Lacuna vasorum,* wo das *Septum femorale* unter

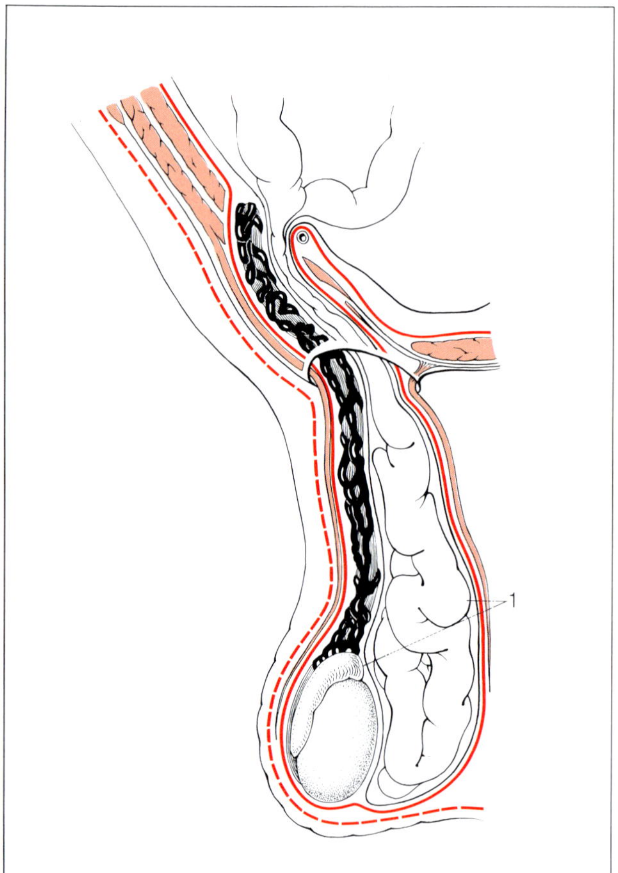

168

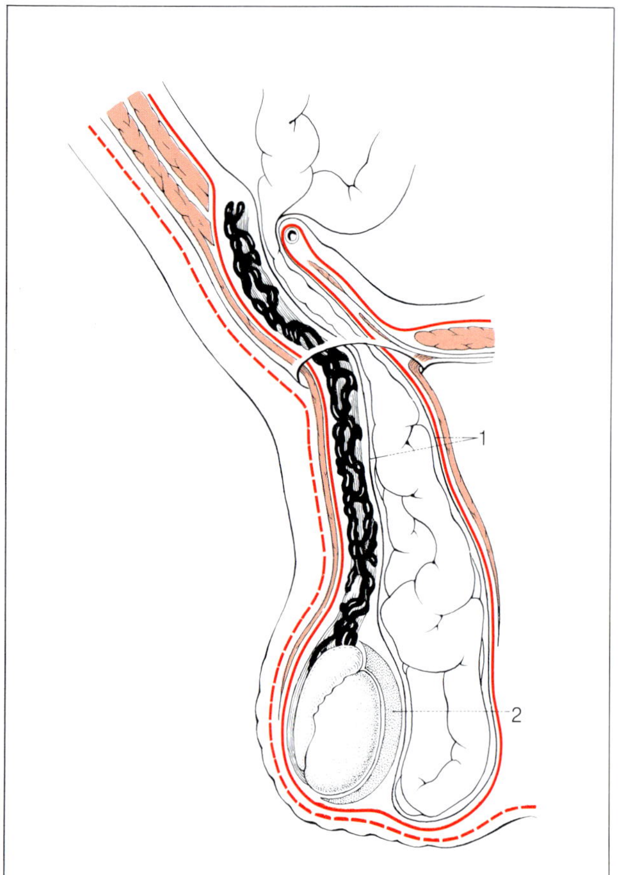

169

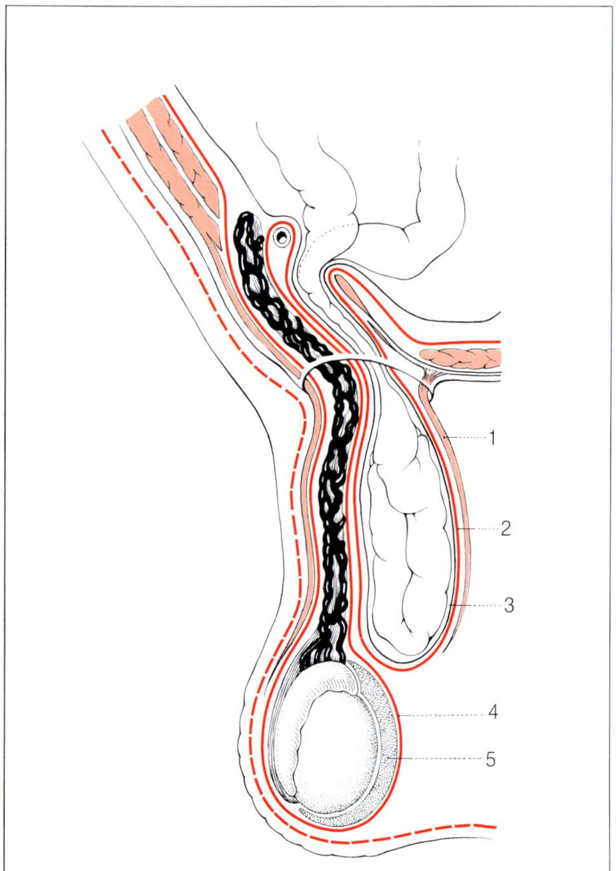

170

dem Leistenband hindurch nach kaudal in das Trigonum femorale verlagert wird. Der Bruchsack kann sich im Bereich des Hiatus saphenus nach außen vorwölben. Schenkelhernien treten bei Frauen häufiger auf als bei Männern. Wegen der engen Bruchpforte besteht die Gefahr einer Einklemmung (Inkarzeration).

Abb. 5.**168** **Hernia inguinalis congenita.** Die Darmschlingen haben sich durch den offen gebliebenen Processus vaginalis peritonei (1) in das Scrotum verlagert.

Abb. 5.**169** **Hernia inguinalis indirecta.** Die Bruchpforte liegt im Bereich der Fossa inguinalis lateralis am Anulus inguinalis profundus. Der vom Peritoneum parietale (1) umschlossene Bruchinhalt senkt sich in das Scrotum. Spaltraum zwischen Lamina parietalis und Lamina visceralis der Hodenhüllen (2).

Abb. 5.**170** **Hernia inguinalis directa.** Die Bruchpforte liegt im Bereich der Fossa inguinalis medialis, medial von der Plica epigastrica; sie hat keine Beziehung zum Leistenkanal. Der Bruchsack besteht aus Peritoneum parietale und Fascia transversalis.

1 M. cremaster
2 Fascia transversalis
3 Peritoneum parietale
4 Fascia spermatica interna
5 Spaltraum zwischen Lamina parietalis und Lamina visceralis der Tunica vaginalis testis

Hintere (tiefe) Bauchwandmuskeln

Die *hintere Bauchwand* wird im mittleren Abschnitt von der Lendenwirbelsäule begrenzt, die mit nach ventral konvexer Krümmung in die Bauchhöhle hineinragt. Seitlich schließen sich beiderseits der *M. psoas major* und der *M. quadratus lumborum* an, auf die das tiefe Blatt der Fascia thoracolumbalis mit den Ursprüngen des M. transversus abdominis folgt (s. Abb. 5.**113**). Die beiden Muskeln bilden den Boden der *Fossae lumbales,* die sich als tiefe Nischen seitlich der Wirbelsäule von der 12. Rippe bis zur Crista iliaca und zum Lig. iliolumbale erstrecken. (M. psoas major, s. Kap. „Untere Extremität", S. 510.)

M. quadratus lumborum

Gestalt und Lage

Der *M. quadratus lumborum* Abb. 5.**113**, 5.**171**) ist ein platter, länglicher Muskel, der neben der Wirbelsäule auf dem hinteren Blatt der Fascia thoracolumbalis liegt und sich zwischen der 12. Rippe und der Crista iliaca ausspannt. Er besteht aus zwei Teilen, die in wechselnder Weise miteinander verwachsen sind. Der dorsale Teil entspringt an der Crista iliaca sowie am Lig. iliolumbale (s. Abb. 7.**8**, 7.**9**), er inseriert an den Processus costarii des 1.–3. (4.) Lendenwirbels und an der 12. Rippe. Der ventrale Teil geht von den Processus costarii der (2.)3.–5. Lendenwirbel aus und erreicht schräg aufsteigend die 12. Rippe. Die Fasern beider Muskelanteile überschneiden sich spitzwinklig.
Die Faszie, die den M. quadratus lumborum auf seiner Vorderfläche überzieht, ist die Fortsetzung der Fascia transversalis (s. Abb. 5.**113**) (s. S. 284). In Höhe des 1. oder 2. Lendenwirbels verstärkt sie sich zu einem Sehnenbogen, der zur Spitze der 12. Rippe ausgespannt ist und den Ursprüngen des Crus laterale diaphragmatis dient *(Lig. arcuatum laterale,* s. S. 284). Die Faszie des M. quadratus lumborum geht medial in die Psoasfaszie über.

Varianten

Die Zahl der Ursprungszacken des M. quadratus lumborum kann vermehrt oder vermindert sein. Der ventrale Teil des Muskels erreicht manchmal den 12. Brustwirbel.

Funktion und Innervation

Der *M. quadratus lumborum* unterstützt die schrägen Bauchmuskeln bei Seitneigung des Rumpfes. Der Muskel kann die 12. Rippe nach unten ziehen. Bei isometrischer Kontraktion stabilisiert er die 12. Rippe und verschafft dem Crus laterale des Zwerchfells ein Punctum fixum für die Inspirationsbewegung.

Der *M. quadratus lumborum* wird vom *N. subcostalis* und von Ästen des *Plexus lumbalis* innerviert (Th_{12}–L_3).

Trigonum lumbale (Petiti)

Die *Crista iliaca,* der dorsale Rand des *M. obliquus externus abdominis* und der laterale Rand des *M. latissimus dorsi* begrenzen einen dreieckigen Spaltraum, den man als *Trigonum lumbale* (Petiti) bezeichnet (s. Abb. 6.**52**). Die Basis des Dreiecks wird von der Crista iliaca gebildet, die Spitze ist nach kranial gerichtet. Das Lumbaldreieck ist von lockerem Bindegewebe ausgefüllt. Den Boden des Trigonum lumbale bildet der M. obliquus internus abdominis, unter dem die Ursprungsaponeurose des M. transversus abdominis liegt.
Die *Größe* des Trigonum lumbale ist individuell unterschiedlich. Das Lumbaldreieck fehlt, wenn der M. latissimus dorsi mit seinem Ursprung so weit nach lateral reicht, daß er den M. obliquus externus abdominis überdeckt. Zu einer Verkleinerung oder zu einem Verschwinden des Trigoum lumbale kommt es auch dann, wenn sich der M. obliquus externus abdominis sehr weit nach medial ausdehnt.

Das Trigonum lumbale ist eine schwache Stelle am Übergang zwischen Bauchwand und Rückenregion. Die Bauchwand wird hier nur vom M. obliquus internus abdominis und von der Ursprungsaponeurose des M. transversus abdominis mit der Fascia transversalis gebildet. Das Trigonum lumbale kann zur Bruchpforte für eine relativ selten auftretende sogenannte untere *Lumbalhernie* (Petitsche Hernie) werden.

Obere Lumbalhernien (Grynfeltsche Hernie) treten im sog. Trigonum lumbale fibrosum (Trigonum costolumboabdominale – Grynfeltsches oder Luschkasches Dreieck) auf. Das Trigonum lumbale fibrosum wird kranial von der 12. Rippe, medial vom M. errector spinae und lateral vom M. obliquus internus abdominis begrenzt (vgl. Abb. 5.**116**).

Zwerchfell, Diaphragma

Gestalt und Lage

Die Bauchhöhle wird brustwärts vom Zwerchfell, *Diaphragma,* abgeschlossen (Abb. 5.**171**). Es bildet den Boden der Brusthöhle und das Dach der Bauchhöhle. Das Zwerchfell besteht aus dem *Centrum tendineum* und der *Pars muscularis.* Das Centrum tendineum dient als zentrale Sehne dem Ansatz aller Fasern der Pars muscularis. Nach den Muskelursprüngen unterscheidet man drei Teile, Pars sternalis, Pars costalis und Pars lumbalis.
Die *Pars sternalis* entspringt an der Innenfläche des Processus xiphoideus sterni. Die *Pars costalis* hat ihren Ursprung an der Innenseite der Knorpel der 7.–12. Rippe, alternierend mit Zacken des M. transversus

abdominis. Die *Pars lumbalis* liegt beiderseits der Lendenwirbelsäule und zerfällt in zwei Teile, *Crus dextrum* und *Crus sinistrum,* die am Durchtritt der Aorta aus dem Thorax in das Abdomen deutlich voneinander getrennt sind, *Hiatus aorticus.* Nach dem Verhalten der Faserursprünge können am rechten und linken Zwerchfellschenkel der Pars lumbalis jeweils drei Teile (Schenkel) unterschieden werden: Crus mediale, Crus intermedium und Crus laterale. Das *Crus mediale* entspringt am Lig. longitudinale anterius und an den Körpern des 1.–3. oder 4. Lendenwirbels. Die Ursprünge reichen beim rechten Zwerchfellschenkel normalerweise weiter nach kaudal als beim Crus sinistrum. Das *Crus intermedium* ist sehr schmal, es kommt seitlich vom 2. Lendenwirbelkörper. Die Muskelfasern des *Crus laterale* haben ihren Ursprung an einem Sehnenbogen, der die Mm. psoas major und quadratus lumborum überspannt (Abb. 5.**171**). Das *Lig. arcuatum mediale* (Psoasarkade, Arcus lumbocostalis medialis) zieht von der Seitenfläche des 2. Lendenwirbelkörpers zur Spitze des Processus costarius von $L_{1(2)}$. Das *Lig. arcuatum laterale* (Quadratusarkade, Arcus lumbocostalis lateralis) erstreckt sich von der Spitze des Processus costarius von $L_{1(2)}$ bis zur

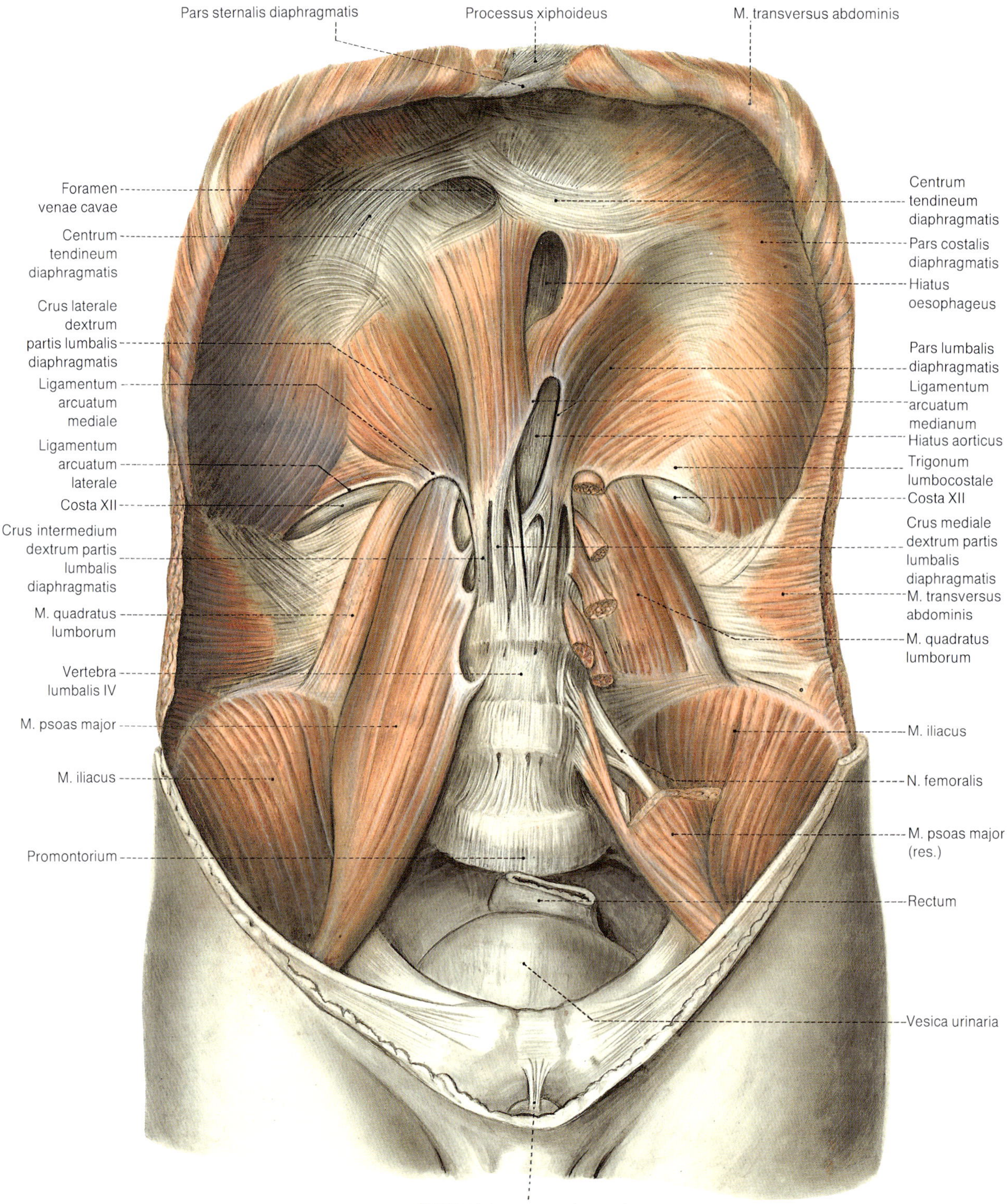

Abb. 5.**171** **Zwerchfell und Muskeln der hinteren Bauchwand in der Ansicht von ventral-kaudal.**

Spitze der 12. Rippe. Die beiden Sehnenbögen sind umschriebene Faszienverstärkungen der Mm. psoas major und quadratus lumborum.

Das Verhalten der beiden *Crura medialia,* die durch ihre engen Beziehungen zur Lendenwirbelsäule, zur Aorta und zum Oesophagus gekennzeichnet sind, ist von praktisch-klinischer Bedeutung. Die beiden Schenkel steigen zunächst senkrecht nach kranial, verlaufen dann bogenförmig nach medial und treffen sich etwas links von der Mittellinie in Höhe des 12. Brust- oder des 1. Lendenwirbels zur Bildung des sehnig umrahmten *Hiatus aorticus,* durch welchen die Aorta in Begleitung des Ductus thoracicus hindurchtritt.

Das *Crus mediale dextrum* hat drei Muskelfaserbündel, die vom sehnigen Rand des Hiatus aorticus, *Lig. arcuatum medianum,* entspringen, ein nach rechts verlaufendes, ein mittleres, gerade aufsteigendes sowie ein mediales, nach links herüberkreuzendes Bündel. Die Fasern des medialen Bündels entspringen teilweise dorsal und sind deshalb von vorn nicht ohne weiteres zu sehen. Der mittlere, gerade aufsteigende und der mediale, nach links verlaufende Muskelzug begrenzen als Hiatusschlinge den *Hiatus oesophageus.*

Das *Crus mediale sinistrum* ist meistens schwächer ausgebildet als das Crus mediale dextrum, es beteiligt sich nur selten an der Begrenzung des Hiatus oesophageus.

Das *Centrum tendineum* hat, der Querschnittsform des Thorax entsprechend, seine größte Ausdehnung in der Transversalebene. Sein vorderer Rand ragt im mittleren Abschnitt bogenförmig vor, so daß die Form eines Kleeblattes entsteht. Auf dem ventralen Teil ruht das Herz mit dem Herzbeutel. An der Grenze zwischen ventralem und dorsalem Teil liegt das *Foramen venae cavae* für den Durchtritt der unteren Hohlvene.

Zwischen *Pars sternalis* und *Pars costalis* besteht ein individuell unterschiedlich großer Spalt, *Trigonum sternocostale* (Larreysche Spalte), der von Bindegewebe ausgefüllt ist. Die Lücke zwischen *Pars costalis* und *Pars lumbalis* bezeichnet man als *Trigonum lumbocostale* (Bochdaleksches Dreieck). Das Trigonum lumbocostale wird von einer bindegewebigen Membran und wenigen Muskelfasern überbrückt. Larreysche Spalte und Bochdaleksches Dreieck sind Schwachstellen im Bereich des Zwerchfells, an denen sich *Hernien* entwickeln können (s. unten).

Die Muskulatur des Diaphragma wird auf beiden Seiten von einer bindegewebigen Membran bedeckt, die viele elastische Fasern enthält. Es wird außerdem brustwärts von der Pleura diaphragmatica und vom Perikard sowie bauchhöhlenwärts vom Peritoneum parietale überzogen. Die bei der Atmung besonders stark bewegten seitlichen Teile des Zwerchfells haben auf beiden Seiten eine zusammenhängende Serosabekleidung, so daß die freie Verschieblichkeit gegenüber den Nachbarorganen und damit die Entfaltbarkeit der Recessus pleurales gewährleistet wird. Das Diaphragma ragt gewölbeartig tief in den Brustraum hinein (Abb. 5.**172**). Die von den unteren Rippen entspringenden Teile der Pars costalis liegen der Brustwand eng an, sie bleiben jedoch von ihr durch den von Pleura parietalis ausgekleideten Recessus costodiaphragmaticus getrennt. Im Bereich des Centrum tendineum fehlt der Serosaüberzug. Die Sehnenplatte ist bauchwärts mit der Leber, brustwärts mit dem Perikard verwachsen (s. Bd. II).

Die beiden Zwerchfellkuppeln sind über eine leicht nach links geneigte Vertiefung, den *Herzsattel,* miteinander verbunden. Sie haben einen größeren transversalen als sagittalen Durchmesser und sind vorn höher als hinten.

Ihre höchsten Punkte projizieren sich bei der *Leiche* rechts ventral auf den 4. Interkostalraum oder auf den unteren Rand des 4. Rippenknorpels, dorsal auf das Caput costae IX. Auf der linken Seite ist der Zwerchfellstand ventral um die Höhe eines Zwischenrippenraumes niedriger. Dabei handelt es sich um eine Extremstellung, die dadurch zustande kommt, daß sich das Diaphragma nach Erlöschen des Muskeltonus und nach Einsetzen der Totenstarre vollkommen der Retraktionskraft der Lunge fügt. Zugleich wird es unter dem Druck der Eingeweide maximal nach kranial gewölbt.

Beim *Lebenden* ändern sich Lage und Form des Zwerchfells mit der Atmung, der Haltung und Stellung des Körpers und der Füllung der Eingeweide (Abb. 5.**172**). Im aufrechten Stand projiziert sich der höchste Punkt der Zwerchfellkuppeln bei maximaler Exspiration rechts auf den Oberrand der 4. Rippe; auf der

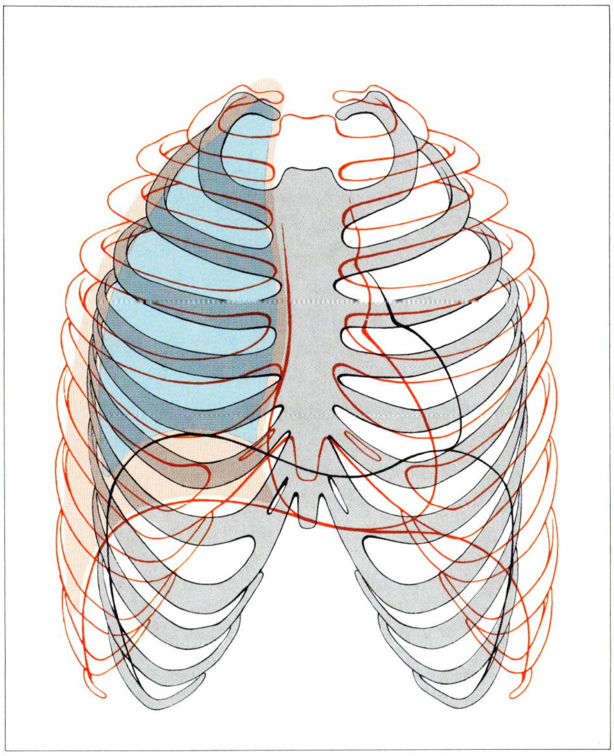

Abb. 5.**172** **Thorax und Zwerchfell bei tiefer Ausatmung** (grau) **und bei tiefer Einatmung** (rot). Man beachte die Erweiterung des Thorax in vertikaler und horizontaler Richtung sowie die Erweiterung des Recessus costodiaphragmaticus und die Verlagerung des Herzens. Pleura parietalis bei Inspiration: rosa, bei Exspiration: blau.

linken Seite liegt die Zwerchfellkuppel etwa um die Breite eines halben bis eines Zwischenrippenraumes tiefer. Bei maximaler Einatmung steht die rechte Zwerchfellkuppel etwa in Höhe der 6. Rippe im Bereich der Knochen-Knorpel-Grenze. Auf der linken Seite steht die Zwerchfellkuppel um etwa die Breite eines Interkostalraumes tiefer. Bezogen auf die Wirbelsäule projiziert sich die rechte Zwerchfellkuppel in Exspirationsstellung in Höhe des 8., in Inspirationsstellung in Höhe des 11. Brustwirbels. Auf der linken Seite steht die Zwerchfellkuppel um die Breite eines halben Wirbelkörpers tiefer. Röntgenologisch hat das Zwerchfell keinen eigenen Schatten, sondern bildet zusammen mit der Leber und der Milz den Leber-Milz-Schatten, der sich im Bereich des Herzens verliert.

Durch Einführung geringer Luftmengen in die Bauchhöhle (Pneumoperitoneum) werden die beiden Zwerchfellkuppeln von den darunterliegenden Organen abgehoben und können damit sichtbar werden.

Röntgenologisch beschreibt die Zwerchfellwölbung eine bogenförmige Linie, die parasternal die 6. Rippe, axillär den 7. Interkostalraum, in der Skapularlinie die 10. Rippe und paravertebral den Processus spinosus von $Th_{10/11}$ schneidet.

Form und Stellung des Zwerchfells werden durch aktive und passive Kräfte beeinflußt. Aktiv bewirkt die Kontraktion der Zwerchfellmuskulatur eine Abflachung der Zwerchfellkuppeln. Die Muskelkraft wirkt den passiven Kräften entgegen, die das Zwerchfell vorzuwölben versuchen. Unter den außerhalb des Zwerchfells wirkenden Faktoren steht an erster Stelle die Retraktionskraft der Lungen. Ihr Ausfall bedeutet Verlust des thorakalen Sogs, in deren Folge sich das Zwerchfell abflacht. (Bei der geöffneten Leiche verliert es seine Wölbung.) Die gleiche Wirkungsrichtung haben der Füllungsdruck der Baucheingeweide und die Bauchpresse. In entgegengesetzter Richtung wirkt die Last der Baucheingeweide. Die zwischen Brust- und Bauchhöhle bestehende Druckdifferenz verhindert, daß sich das Zwerchfell senkt. Lähmung des Zwerchfells beim Lebenden, Tonusverlust nach dem Tode, Zunahme des Füllungsdruckes der Baucheingeweide (Meteorismus, Gravidität) treiben das Zwerchfell nach kranial. Außerdem beeinflussen auch die Thoraxform sowie Stellung und Haltung des Körpers den Zwerchfellstand. Das Diaphragma wird in Bauchlage nach kranial verlagert. Es steht in Rückenlage höher als im aufrechten Stand.

Innervation

Das Zwerchfell wird von den *Nn. phrenici,* Ästen des Plexus cervicalis ($C_{3-4\,(5)}$), innerviert. Aus der Innervation wird ersichtlich, daß sein Bildungsmaterial den Bauchfortsätzen des 3. und 4. Halsmyotoms entstammt. Das Diaphragma entsteht im Gebiet der späteren Halsregion, es macht zusammen mit dem Herzen und anderen Eingeweiden einen Descensus durch, der am Verlauf der Nn. phrenici erkennbar bleibt.

Funktion des Diaphragma – Atemmechanik

Die Lungen sind derart in das Cavum thoracis eingebaut, daß sie jeder Änderung der Form des Brustkorbes folgen (s. Bd. II). Entscheidend für die Lungenventilation sind die respiratorischen Bewegungen des Thorax und die damit verbundenen Änderungen seines Volumens. Bei der *Inspiration* wird der Binnenraum des Thorax größer (s. Abb. 5.**145**, 5.**172**): Durch Hebung der Rippen und des Brustbeins nimmt der Durchmesser des Thorax in querer und sagittaler, durch Senkung des Zwerchfells in Längsrichtung zu. Eine Erweiterung des Thorax ist nur durch Muskelkraft möglich, da die Schwerkraft und die elastische Spannung des Brustkorbs und der Lunge überwunden werden müssen. Der Widerstand im Bereich des Thorax wird mit zunehmender Hebung der Rippen größer. *Exspiratorisch* wird die Thoraxkapazität verkleinert. Dazu reichen bei ruhiger Atmung die elastischen Kräfte der Lungen aus. Sobald die hebende Muskelkraft kleiner wird als die senkende Kraft des Thorax, beginnt die Senkung des Brustkorbs; dies setzt voraus, daß die in die Lungen aufgenommene Luft durch die Stimmritze über Nase oder Mund entweichen kann. Muskelkräfte werden bei der Exspiration nur dann benötigt, wenn die aus der Lunge entweichende Luft größere Widerstände zu überwinden hat, oder wenn die Ausatmung sehr schnell und tief erfolgen soll.

Bei ruhiger Atmung wirken die Mm. intercostales externi, die Mm. intercartilaginei der oberen Zwischenrippenräume und vor allem die Mm. scaleni als Rippenheber (Inspiratoren). Mm. intercostales interni, Mm. subcostales und Mm. transversi thoracis beteiligen sich an der Senkung der Rippen (Exspiratoren) (s. S. 282). Diese Muskeln werden als *obligate* den sogenannten *auxiliären Atemmuskeln* gegenübergestellt. Als auxiliäre Atemmuskeln bezeichnet man Muskeln, die bei forcierter Atmung eingesetzt werden, dabei kommen alle Muskeln in Frage, die am Thorax angreifen. Eine Hebung der Rippen wird z. B. durch die Mm. serrati anteriores, pectorales majores und pectorales minores unterstützt. An der Rippensenkung sind vornehmlich die Bauchmuskeln beteiligt.

Man bezeichnet die Atmung, bei der das Thoraxvolumen primär durch Rippenbewegungen verändert wird, als *Rippenatmung* und stellt sie der *Bauchatmung* gegenüber, bei der der Brustraum vor allem durch Verstellen seines Bodens erweitert oder verkleinert wird. Bei der Bauchatmung wirken Zwerchfell und Bauchmuskeln zusammen.

Kontrahieren sich die unteren Zacken der *Pars costalis diaphragmatis,* so werden die beiden Zwerchfellkuppeln abgeflacht; das Centrum tendineum tritt tiefer, und die Recessus costodiaphragmatici entfalten sich, wenn die Baucheingeweide nach unten ausweichen und wenn die unteren Rippen durch Muskelkräfte fixiert werden. Wie Beobachtungen am Lebenden zeigen, geben die Bauchmuskeln nach. Der Bauch wird bei starker Zwerchfellsenkung vorgetrieben. Die Größe des Bauchraums bleibt damit gleich, es ändert sich nur die Form. Die kaudalen Rippen werden von den Mm. quadratus lumborum und serratus posterior inferior stabilisiert und verschaffen der Pars costalis des Zwerchfells damit ein Punctum fixum. Das Centrum tendineum erfährt absolute Höhenverschiebungen von etwa 4 cm, relative von etwa 8 cm und mehr (s. Abb. 5.**171**). Die Seitenteile des Diaphragma flachen sich stark ab. Dadurch wird der Brustraum erheblich verlängert, und die basalen Teile der Lungen verlagern sich in die Recessus costodiaphragmatici (s. Bd. II). Das Zwerchfell trägt durch sein Tiefertreten während der Inspirationsphase nicht nur zur Vergrößerung des vertikalen Thoraxdurchmessers bei, sondern es kommt gleichzeitig zu einer Erweiterung der unteren Thoraxapertur in sagittaler und transversaler Richtung. In diesem Fall dient das Centrum tendineum als Punctum fixum, so daß Pars costalis sowie Pars sternalis die unteren Rippen und das Sternum aktiv anheben können.

Im Exspirium drängen die Bauchmuskeln, besonders die Mm. transversi abdominis das Zwerchfell nach oben. Die Regulierung des Druckes und die Geschwindigkeit der ausströmenden Atemluft wird vor allem vom Zwerchfell besorgt.

Der Antagonismus zwischen den bei der Einatmung und bei der Ausatmung wirksamen Kräften wird als sogenannte *Atemstütze* bezeichnet. Sie ist der Regulator für die ausströmende Atemluft. Die Atemstütze hat bei der Phonation oder beim Spielen eines Blasinstrumentes großen Einfluß auf die Tonqualität.

Rippenatmung und Bauchatmung kommen normalerweise nebeneinander vor. Die Inspiration geht mit Rippenhebung und Zwerchfellsenkung einher. Der Säugling mit seinem faßförmigen Thorax und den horizontal gestellten Rippen zeigt vorwiegend eine Bauchatmung. Auch bei älteren Menschen überwiegt infolge des Elastizitätsverlustes des Thorax die Bauchatmung.

Nach elektromyographischen Untersuchungen setzt bei ruhiger Atmung die Tätigkeit des Diaphragma vor derjenigen der Interkostalmuskeln ein. Seine stärkste Aktivität erreicht das Zwerchfell kurz vor oder am Ende der Inspiration. Das Zwerchfell behält seine elektrische Aktivität auch am Beginn der Ausatmungsphase (Atemstütze, s. oben). Die Aktivität des Zwerchfells verhält sich während der Atmung synchron zum wechselnden intraabdominalen und intrathorakalen Druck.

Zwerchfellbrüche

Unter einem *Zwerchfellbruch* versteht man die Verlagerung von Baucheingeweiden durch eine schwache oder defekte Stelle im Diaphragma in die Brusthöhle. Nach ihrer Entstehung unterscheidet man *Herniae diaphragmaticae spuriae* und *Herniae diaphragmaticae verae.*

Herniae diaphragmaticae spuriae sind *angeboren.* Brust- und Bauchhöhle kommunizieren über eine Lücke im Zwerchfell frei miteinander. Eine Hernia diaphragmatica spuria tritt meistens einseitig auf. Sie kommt auf der linken Seite häufiger vor als auf der rechten Seite. Relativ selten sind doppelseitige Zwerchfelldefekte. Meistens ist der Bereich des *Trigonum lumbocostale* betroffen, der Defekt kann sich jedoch über das Bochdaleksche Dreieck ausdehnen, so daß eine weit klaffende Verbindung zwischen Brust- und Bauchhöhle besteht. Am Rand der Lücke gehen Pleura parietalis und Peritoneum parietale kontinuierlich ineinander über. Bei den Herniae diaphragmaticae spuriae *fehlt* ein *Bruchsack.* Die in die Brusthöhle verlagerten Bauchorgane verdrängen Herz und Lungen. Die Verlagerung und Kompression der Brustorgane führt an den Lungen zu Wachstumsstörungen.

Herniae diaphragmaticae verae sind seltener als Herniae diaphragmaticae spuriae. Die *echten Zwerchfellhernien* haben einen *Bruchsack,* sie können *angeboren* oder *erworben* sein. Unter den Herniae diaphragmaticae verae sind *Hiatushernien* besonders häufig. Bruchpforte ist der *Hiatus oesophageus.* Der Oesophagus ist im Hiatus oesophageus über die *Membrana phrenicooesophagea* (Laimersche Membran), die sich aus der das Zwerchfell bedeckenden Fascia transversalis sowie der Fascia phrenicopleuralis zusammensetzt, mit dem Diaphragma verbunden. Die Membrana phrenicooesophagea strahlt nach kranial und kaudal in die Wand des Oesophagus ein und bewirkt dessen lückenlose Verankerung innerhalb des Hiatus oesophageus (vgl. Bd. II).

Über die Pathogenese der Hiatushernien ist wenig bekannt. Im höheren Lebensalter kann eine Lockerung der Bindegewebsverankerung zwischen Oesophagus und Zwerchfell zu einer Hernie führen. Auf Grund der anatomischen Verhältnisse werden drei Formen unterschieden: paraösophageale Hernien sowie Gleithernien und gemischte Hernien.

Bei einer *paraösophagealen Hernie* tritt ein unterschiedlich großer Teil des Magens und evtl. auch anderer Bauchorgane neben dem Oesophagus durch den erweiterten Hiatus oesophageus in das hintere Mediastinum. Der Hiatus oesophageus ist weit, der Bruchsack groß und dünnwandig.

Bei einer *Gleithernie* (axiale Hiatushernie) sind die Pars abdominalis der Speiseröhre und die Cardia des Magens in die Brusthöhle verlagert. Der Hiatus oesophageus ist nur wenig erweitert. Die Gleithernien machen etwa 85% aller Hiatushernien aus.

Von *gemischten Hiatushernien* spricht man, wenn gleichzeitig mit der Verlagerung der Pars abdominalis des Oesophagus und der Cardia auch andere Teile des Magens durch den Hiatus oesophageus in die Brusthöhle eintreten.

Literatur

Ashley, G. T.: Typing of the human sternum – an analysis of the ossification pattern in 520 sterna in the development stages. J. Anat. (Lond.) 87 (1953) 439–440

Braus, H., C. Elze: Anatomie des Menschen, 3. Aufl., Bd. I. Springer, Berlin 1954

Brocher, J. E. W.: Die Occipito-Cervical-Gegend. Thieme, Stuttgart 1955

Brocher, J. E. W.: Die Wirbelverschiebung in der Lendengegend, 2. Aufl. Thieme, Stuttgart 1956

Campbell, E. J. M.: The Respiratory Muscles and the Mechanics of the Breathing. Lloyd-Luke, London 1958

Chandler, S. B.: Studies on the inguinal region. The anatomy of the inguinal (Hesselbach) triangle. Ann. Surg. 124 (1955) 423–426

Cyron, B. M., W. C. Hutton: The tensile strength of the capsular ligaments of the apophyseal joints. J. Anat. (Lond.) 132 (1981) 145–150

Dihlmann, W.: Gelenke – Wirbelverbindungen: Klinische Radiologie. 2. neubearb. Aufl. Thieme, Stuttgart 1982

Ecklin, U.: Die Altersveränderungen der Halswirbelsäule. Springer, Berlin 1960

Fruchard, H.: Anatomie chirurgicale des hernies de l'aine. Doin, Paris 1956

Hafferl, A.: Lehrbuch der topographischen Anatomie, 3. Aufl. Springer, Berlin 1969

Hasselwander, A.: Über die Gestalt des Zwerchfells und die Lage des Herzens. Z. Anat. Entwickl.-Gesch. 114 (1949) 375–398

Hayek, H.: Über die Querfortsätze und Rippenrudimente in den Hals- und Lendensegmenten. Gegenbaurs morph. Jb. 60 (1928) 371–416

Jones, D. S., R. J. Beargie, J. E. Pauly: An electromyographic study of some muscles of costal respiration in man. Anat. Rec. 117 (1963) 17–24

Junghanns, H.: Die funktionelle Pathologie der Zwischenwirbelscheibe als Grundlage für klinische Betrachtungen. Langenbecks Arch. klin. Chir. 267 (1951) 393–417

Junghanns, H.: Die gesunde und die kranke Wirbelsäule in Röntgenbild und Klinik. Thieme, Stuttgart 1968

Koebke, J.: Morphological and functional studies on the odontoid process of the human axis. Anat. Embryol. 155 (1979) 197–208

Koebke, J., H. Brade: Morphological and functional studies on the lateral joints of the first and second vertebrae in man. Anat. Embryol. 164 (1982) 265–275

Koepke, G. M., E. M. Smith, A. J. Murphy, D. G. Dickinson: Sequence of action of the diaphragm and intercostal muscles during respiration. Arch. phys. Med. 39 (1958) 426–430

Köller, W., S. Mühlhaus, F. Hartmann: Das Langzeitverformungsverfahren von menschlichen Zwischenwirbelscheiben – Einfluß der Erholung, der Flüssigkeitsverschiebungen und des Alters. In Hackenbroch, M. H., H. J. Refior, M. Jäger: Biomechanik der Wirbelsäule. Thieme, Stuttgart 1983 (S. 13–18)

Krogdahl, T. O., O. Torgersen: Uncovertebralgelenk und Arthrosis deformans uncovertebralis. Acta radiol. (Stockh.) 21 (1940) 231–262

Kummer, B.: Biomechanik der Wirbelgelenke. In Meinecke, F.-W.: Die Wirbelbogengelenke. Hippokrates, Stuttgart 1981 (S. 29–34)

Kummer, B.: Morphologie und Biomechanik der Halswirbelsäule. Z. Orthop. 119 (1981) 554–558

Kummer, B.: Welchen Beitrag leisten die Wirbelbogengelenke zur Tragfunktion der Wirbelsäule? In Hackenbroch, M. H., H. J. Refior, M. Jäger: Biomechanik der Wirbelsäule. Thieme, Stuttgart 1983 (S. 19–24)

Langenberg, W.: Morphologie, physiologischer Querschnitt und Kraft des M. erector spinae im Lumbalbereich des Menschen. Z. Anat. Entwickl.-Gesch. 132 (1970) 158–190

Langenberg, W., S. Jüschke: Morphologie und Innervation der Mm. levatores costarum und ihre Beziehung zu den Mm. intertransversarii laterales lumborum. Untersuchungen an Mensch und Känguruh. Z. Anat. Entwickl.-Gesch. 130 (1970) 255–264

von Lanz, T., W. Wachsmuth: Praktische Anatomie. Fortgeführt und herausgegeben von J. Lang, W. Wachsmuth, 1. Bd., 1. Teil, Kopf, Teil B, Gehirn und Augenschädel. Springer, Berlin 1979

Liechti, A.: Die Röntgendiagnostik der Wirbelsäule, 2. Aufl. Springer, Wien 1948

Lüdinghausen, M.: Spaltbildungen der Wirbelkörper (sogenannte Rhachischisis anterior). Verh. anat. Ges. (Jena) 77 (1983) 311–316

Ludwig, K. S.: Die Frühentwicklung des Dens epistrophei und seiner Bänder beim Menschen. Gegenbaurs morph. Jb. 93 (1953) 98–112

Ludwig, K. S.: Die Frühentwicklung des Atlas und der Occipitalwirbel beim Menschen. Acta anat. (Basel) 30 (1957) 444–461

Luschka, H.: Die Halbgelenke des menschlichen Körpers. Reiner, Berlin 1958

Maroudas, A., R. A. Stockwell, A. Nachemson, J. Urban: Factors involved in the nutrition of the human lumbar intervertebral disc: cellularity and diffusion of glucose in vitro. J. Anat. (Lond.) 120 (1975) 113–130

Mikawa, Y., H. Hamagami, J. Shikata, T. Yamamuro: Elastin in the human intervertebral disk. A histological and biochemical study comparing it with elastin in the human yellow ligament. Arch. Orthop. Trauma Surg. 105 (1986) 343–349

Mollier, S.: Die Konstruktion der vorderen weichen Bauchwand des menschlichen Körpers. Z., Anat. Entwickl.-Gesch. 93 (1930) 621–644

Münchinger, R.: Die auf die Wirbelsäule wirkenden mechanischen Kräfte. In Belart, W.: Die Funktionsstörungen der Wirbelsäule. Huber, Bern 1964

Penning, L., G. Töndury: Entstehung, Bau und Funktion der meniskoiden Strukturen in den Halswirbelgelenken. Z. Orthop. 98 (1963) 1–14

Penning, L.: Functional Pathology of the Cervical Spine. Excerpta Medica Foundation, Amsterdam 1968

Platzer, W.: Bewegungsapparat, Bd. I. In Kahle, W., H. Leonhardt, W. Platzer: Taschenatlas der Anatomie. Thieme, Stuttgart 1975

Putz, R.: Funktionelle Anatomie der Wirbelgelenke. In Doerr, W., H. Leonhardt: Normale und Pathologische Anatomie, Bd. 43. Thieme, Stuttgart 1981

Rudert, M., B. Tillmann: Lymph and blood supply of the human intervertebral disc. Cadaver study of correlations to discitis. Acta Orthop. Scand. 64 (1993) 37–40

Ruge, G.: Ein Rest des Haut-Rumpf-Muskels in der Achselgegend des Menschen. – „Achselbogen". Gegenbaurs morph. Jb. 41 (1910) 519–538

Scheid, W.: Lehrbuch der Neurologie, 5. Aufl. Thieme, Stuttgart 1983

Schlüter, K.: Form und Struktur des normalen und pathologisch veränderten Wirbels. In Junghanns, H.: Die Wirbelsäule in Forschung und Praxis, Bd. 30. Hippokrates, Stuttgart 1965

Schmidt, H.: Über die Besonderheiten des cranio-cervicalen Überganges und seiner knöchernen Dysplasien. Radiologie 18 (1978) 49–51

Schmorl, G., H. Junghanns: Die gesunde und die kranke Wirbelsäule in Röntgenbild und Klinik, 5. Aufl. Thieme, Stuttgart 1968

Stahl, Ch.: Experimentelle Untersuchung zur Beweglichkeit der Halsbandscheiben. Orthop. Prax. 3 (1982) 211–218

Stahl, Ch., F. Huth: Morphologischer Nachweis synovialer Spalträume in der Uncovertebral-Region zervikaler Bandscheiben. Z. Orthop. 118 (1980) 721–728

Starck, D.: Embryologie, 2. Aufl. Thieme, Stuttgart 1965; 3, Aufl. 1975

Sullivan, W. E., M. Miles: The lumbar segment of the vertebral column. Anat. Rec. 133 (1959) 139–169

Taylor, J. R., L. T. Twomey: Sexual dimorphism in human vertebral body shape. J. Anat. (Lond.) 138 (1984) 281–286

Tillmann, B.: Funktionelle Anatomie der Gelenke. In Doerr, W., G. Seifert: Spezielle pathologische Anatomie, Bd. 18/1. Springer, Berlin 1984 (S. 1–81)

Tillmann, B., R. Lorenz: The stress at the human atlanto-occipital joint. 1. The development of the occipital condyle. Anat. Embryol. 153 (1977) 269–277

Töndury, G.: Gibt es Uncovertebralgelenke? Z. Anat. Entwickl.-Gesch. 112 (1943) 448–459

Töndury, G.: Entwicklungsgeschichte und Fehlbildungen der Wirbelsäule. Hippokrates, Stuttgart 1958

Töndury, G.: Anatomie und Entwicklungsgeschichte des Schädel-Wirbelsäulenüberganges. 44. Tagung der Deutschen Röntgengesellschaft 1963. In: Verh. der Deutschen Röntgen-Gesellschaft, Schriftleitung R. Glauner. Thieme, Stuttgart, 1964, pp. 45–53

6

Obere Extremität

B. Tillmann

Entwicklung der Extremitäten

Funktion der oberen Extremität

Skelett der oberen Extremität
Knochen des Schultergürtels
Knochen der freien oberen Extremität

Schulter
Schultergürtelgelenke
  Mediales Schlüsselbeingelenk
  Laterales Schlüsselbeingelenk
Schultergelenk
Muskeln der Schulter
  Schultergürtelmuskeln
  Schultergelenkmuskeln

Freie obere Extremität
Oberarm
  Muskeln des Oberarmes
Ellenbogen
  Ellenbogengelenk
  Muskeln der Ellenbeuge
Unterarm
  Muskeln des Unterarmes
Hand
Handgelenke
  Muskeln der Hand
  Finger
  Daumen
    Daumengelenke
    Muskeln des Daumens

Entwicklung der Extremitäten*

Phylogenese

Skelettelemente der paarigen Tetrapodenextremität

Am Skelett der pentadaktylen (fünfstrahligen) Tetrapodenextremität der Landwirbeltiere unterscheidet man zwei Abschnitte, den *Gürtel* und die *freie Extremität.* Die paarigen Skelettelemente des Schulter- und Beckengürtels bestehen aus einem dorsalen und aus einem ventralen Anteil, an deren Grenze die Gelenkpfanne für Schulter- und Hüftgelenk liegt. Zum *Schultergürtel* gehören die dorsal am Rumpf durch Muskelschlingen befestigte *Scapula* und die ventral mit dem Brustbein gelenkig verbundene *Clavicula.* Der dorsale Teil des Beckengürtels (Darmbein, Os ilium) artikuliert mit dem Kreuzbein, Os sacrum, in einem straffen Gelenk. Von den ventralen Teilen (Sitzbein, Os ischii, und Schambein, Os pubis) sind die Schambeine beider Seiten in der Schambeinfuge (Symphysis pubica) gelenkig miteinander verbunden. So entsteht ein in sich geschlossener, stabiler Ring (Beckenring, s. S. 451). Die Skelettelemente des Beckengürtels und der Scapula sind knorpelig angelegt, während die Clavicula mit Ausnahme ihrer gelenkigen Enden, die sich aus sog. Sekundärknorpel entwickeln, durch desmale Osteogenese entsteht (s. S. 57).

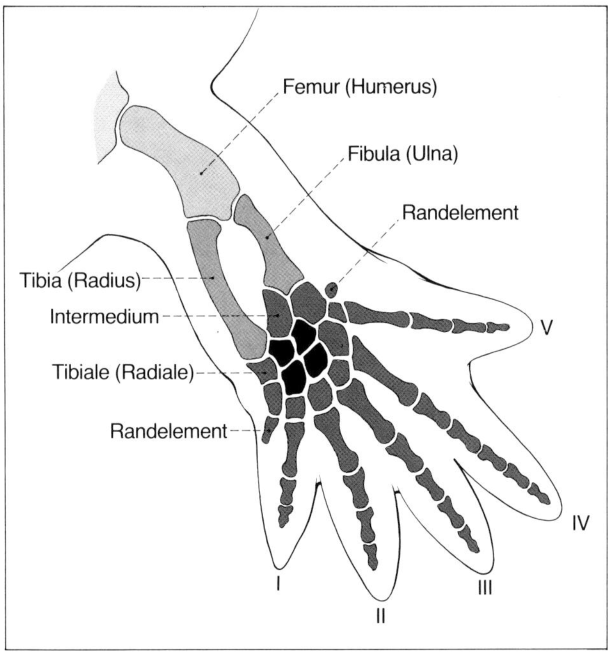

Abb. 6.**1** **Bauplan der Tetrapodenextremität** (nach *Steiner*). I–V ursprüngliche Strahlen des fünfstrahligen Autopodium. Schwarz: 4 Centralia

Die *freie Extremität* der Landwirbeltiere besteht aus drei Hauptabschnitten: dem *Stylopodium* mit einem Skelettelement (*Humerus* an der vorderen und *Femur* an der hinteren Extremität), dem *Zeugopodium* mit zwei Skelettelementen (*Radius* und *Ulna* an der vorderen sowie *Tibia* und *Fibula* an der hinteren Extremität) und dem *Autopodium* (Hand und Fuß). Am Autopodium unterscheidet man das *Basipodium,* das die Hand mit dem Unterarm oder den Fuß mit dem Unterschenkel verbindet. Darauf folgt das *Metapodium* mit den Metacarpalia oder Metatarsalia. Am weitesten distal liegt das *Acropodium* mit den Phalangen der Finger und Zehen.

Hand- und Fußskelett leiten sich vom fünfstrahligen *Autopodium* der Tetrapodenextremität ab. Das Autopodium der niederen Tetrapoden (Abb. 6.**1**) liegt an den vorderen und hinteren Extremitäten in gleicher Ebene wie das Zeugopodium und ist mit diesem über vier Skelettelemente des Basipodium (Ulnare oder Fibulare, Radiale oder Tibiale, Intermedium und Pisiforme) verbunden. Diese bilden die proximale Reihe der Hand- und Fußwurzelelemente. Die distale Reihe, an die sich die Knochen des Metapodium anschließen, wird von den distalen Carpalia (Tarsalia) I–V gebildet. Zwischen beiden liegen vier Centralia.

Die ursprünglichen Elemente des *Basipodium* lassen sich in ihren Anlagen auch beim *Säugerembryo* nachweisen. Hier besteht jedoch die Tendenz zur *Reduktion* ihrer Zahl oder zur Fusion einzelner Elemente. So wird an der Vorderextremität ein echtes Radiale als freies Skelettelement nicht mehr beobachtet, da es vermutlich in das distale Ende des Radius aufgenommen wurde. Von den *Centralia* bleiben nur bei wenigen Formen mehr als ein oder zwei Skelettelemente erhalten. Die beiden Centralia radialia verschmelzen zum *Os scaphoideum;* das *Os lunatum* entspricht dem Intermedium, das *Os triquetrum* dem Ulnare. Die Carpalia distalia I–IV bleiben erhalten und liefern die *Ossa hamatum (IV), capitatum (III), trapezoideum (II) und trapezium (I).* Das Carpale V wird in das Os hamatum aufgenommen. Bei Säugern tritt ein *Os pisiforme* auf der ulnaren Seite hinzu. Charakteristisch ist die primäre Abduktionsstellung des Daumens. Numerische Varianten an den Handwurzelknochen (s. S. 327) werden als atavistischer Zustand gedeutet.

Das *Metapodium* besteht aus den fünf *Metacarpalia (Metatarsalia).* In Fortsetzung des radialen (tibialen) Strahls kommen der Praepollex (Praehallux) hinzu. Ein weiterer Strahl jenseits des fünften Fingerstrahls, der Postminimus, ist nur angedeutet.

---

* Da die Entwicklung beim vorderen (oberen) und hinteren (unteren) Extremitätenpaar gleichartig verläuft, soll sie einleitend bei der oberen Extremität besprochen werden.

Stellungs- und Lageveränderungen

Die Extremitäten erfahren im Laufe der Stammesgeschichte Lageveränderungen zum Körper, die mit *Knickungen* und *Drehungen* ihrer Skelettelemente verbunden sind. Vorder- und Hinterextremitäten stehen bei *niederen Tetrapoden* (z. B. Reptilien) in Spreizstellung. Humerus und Femur liegen horizontal. Radius und Ulna sowie Tibia und Fibula sind im Ellenbogen- und Kniegelenk rechtwinklig abgeknickt. Hand und Fuß sind nach lateral-vorn gerichtet und liegen mit der volaren und plantaren Fläche dem Boden auf (Abb. 6.**2a**). Die Achsen verlaufen in allen Gelenken parallel zur Wirbelsäule. Die Gelenke erlauben ein Anheben und Senken des dem Boden aufliegenden Körpers oder langsame Kriechbewegungen. Phasen derartiger Bewegungen kann man auch beim menschlichen Säugling beobachten. Schnelle Fortbewegungen sind bei Amphibien durch Springen oder bei Reptilien durch Schlängelbewegungen des Rumpfes möglich.
Beim *Säuger* ändern sich Stellung und Lage der einzelnen Abschnitte der freien Extremität. Die freien Extremitäten stehen in sagittaler Richtung unter dem Rumpf. Das Kniegelenk ist nach vorn, das Ellenbogengelenk nach hinten geknickt. Mit dieser *spiegelbildlichen Knickung* geht am vorderen Extremitätenpaar zwangsläufig eine Drehung der Unterarmknochen einher (Abb. 6.**2b**). Erst, wenn der Radius die Ulna in *Pronationsstellung* überkreuzt, kann die Volarseite mit nach vorn ausgerichteten Fingerspitzen als Unterstützungsfläche dienen. Am Unterschenkel bedarf es keiner Pronation des Zeugopodium, da der Oberschenkel nach vorn gedreht wird. Alle Gelenkachsen liegen nunmehr transversal zum Rumpf und erlauben eine optimale Fortbewegung. Diese Lage der Skelettelemente in den einzelnen Abschnitten der freien Extremitäten bleibt im Prinzip bis zum Menschen erhalten.
Die *bipede Fortbewegung* ist beim Menschen mit einem Funktionswandel der *oberen Extremitäten* verbunden, die zu *Greif-* und *Tastorganen* werden (s. S. 315). Mit der bipeden Lokomotionsweise und der aufrechten Haltung gehen eine Umstellung und Verlagerung der Scapula von lateral nach dorsal auf die frontal gestellte Rückfläche des Thorax (s. Abb. 6.**5**) und eine Anteversion des Humerus (s. S. 322) einher. Bei menschlichen Feten liegt das Tuberculum majus humeri am Beginn des zweiten Trimenon noch ventral, beim Erwachsenen dagegen lateral. Die Cavitas glenoidalis scapulae ist beim Neugeborenen nach ventral, beim Erwachsenen nach lateral gerichtet. Die *Stellungs-* und *Lageveränderungen* an der oberen Extremität mit der *Anteversion des Humerus* sowie der Möglichkeit zur *Pro- und Supination* sind notwendige Voraussetzungen für Greifbewegungen unter Blickkontrolle. Durch die Verlagerung der Scapulae nach dorsal werden außerdem die Bewegungsexkursionen nach lateral und hinten erweitert.

Ontogenese

Frühentwicklung und Bildung der äußeren Form

Die *Extremitätenanlagen* erscheinen beim Menschen in der vierten Embryonalwoche als paddelförmige Ausstülpungen an der unsegmentierten, ventro-lateralen Leibeswand im Bereich der *Wolffschen* Extremitäten-

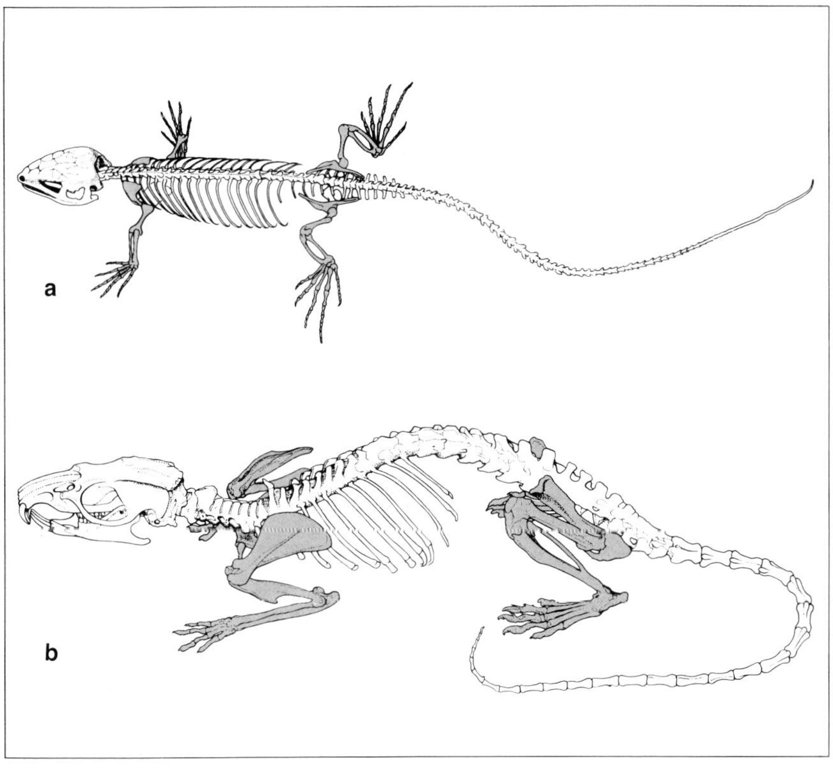

Abb. 6.**2a** **Skelett einer Eidechse, Lacerta viridis.** Vorder- und Hinterextremitäten stehen in Spreizstellung. Humerus und Femur liegen horizontal. Die Skelettelemente des Zeugopodium sind im Knie- und Ellenbogengelenk rechtwinklig abgeknickt. Die Füße sind nach vorn-lateral ausgerichtet.

Abb. 6.**2b** **Skelett einer Ratte, Rattus norvegicus.** Die Extremitäten stehen sagittal zum Achsenskelett. Ellenbogen- und Kniegelenk sind spiegelbildlich geknickt. Die Füße sind nach vorn gerichtet.

leiste (Abb. 6.**3**). Die Knospen der oberen Extremität entstehen bei Embryonen von 3–5 mm Länge um den 26. Entwicklungstag (Stadium 12). Ihre Anlagen liegen in Höhe des Herzwulstes und reichen vom 4. Halssegment bis zum 1. Brustsegment; sie gehen kaudal ohne scharfe Grenze in die *Wolffsche Leiste* über, die als transitorische Bildung schon während der Embryonalperiode wieder verschwindet. Die Anlagen der unteren Extremität werden um den 28. Entwicklungstag (Stadium 13) sichtbar. Sie liegen kaudal vom Ansatz des Nabelstranges in Höhe der Lenden- und Kreuzbeinsomiten. In frühen Entwicklungsphasen gehen alle Differenzierungsvorgänge an den oberen Extremitäten denen an den unteren Extremitäten um wenige Tage voraus; dies zeigt sich auch in der Bildung der äußeren Form. Zu einer Zeit, in der die Anlagen der oberen Extremitäten bereits eine Gliederung in *Oberarm, Unterarm* und *Handplatte* erkennen lassen, sind die Anlagen der unteren Extremitäten noch einheitliche Knospen (Abb. 6.**3**).

Die Extremitätenknospen bestehen in der Frühentwicklung aus einem einheitlichen Mesenchymkern, der von einer ektodermalen Epithelschicht umhüllt wird (s. Abb. 3.**40**). Das Epithel ist im ventro-lateralen Bereich mehrschichtig. Am distalen Ende der Knospen entsteht zwischen dem 32. und 41. Entwicklungstag (Stadium 14–17) eine kappenartige Verdickung, die sogenannte *apikale Randkappe* (Randleiste). Das Wachstum der Extremitätenanlage erfolgt durch Proliferation der Mesenchymzellen an der Knospenspitze. Wird die apikale Randkappe experimentell entfernt, sistiert das Wachstum der Extremität, und es entstehen Defekte, deren Schweregrad vom Entwicklungsstand der Knospe zum Zeitpunkt des Eingriffes abhängt. Aus diesen Beobachtungen wird geschlossen, daß die apikale Randkappe für Wachstum und Differenzierung der Gliedmaßen unentbehrlich ist. Es soll ein komplexes Wechselspiel zwischen dem embryonalen Bindegewebe der Knospe und seinem apikalen Epithel bestehen, in dessen Verlauf die Bildung der Randkappe induziert wird, die nun ihrerseits mitogen auf das Mesenchym zurückwirkt. Die *Interaktion* von *Mesoderm* und *ektodermalem Epithel* soll sowohl die Proliferation und Migration der dem Mesoderm entstammenden embryonalen Bindegewebszellen als auch die Blastembildung und die Knorpeldifferenzierung (s. S. 57) beeinflussen. Die Bedeutung der Randkappe für die Extremitätenentwicklung ist im Schrifttum allerdings umstritten. Bezüglich der widersprüchlichen Diskussionen sei auf die Originalliteratur im Quellenverzeichnis verwiesen.

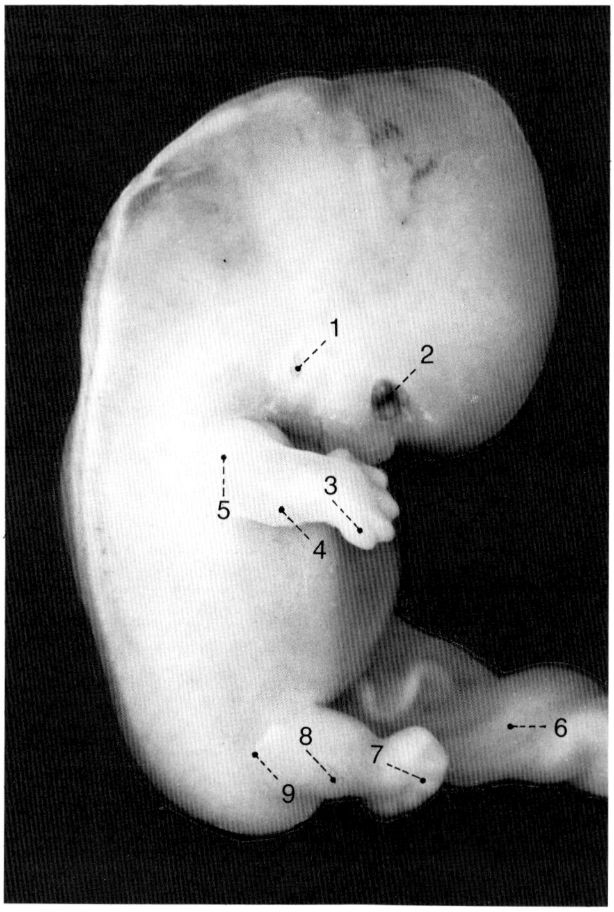

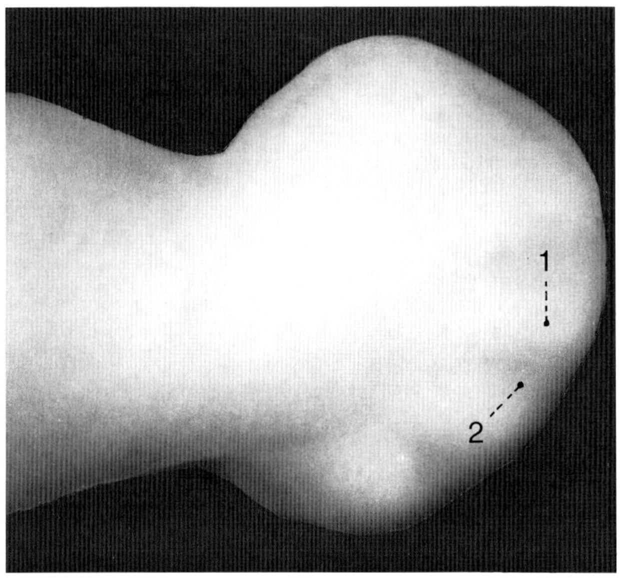

Abb. 6.**3** **8 Wochen alter menschlicher Embryo.**
a Gesamtansicht von rechts seitlich. Die oberen Extremitäten gehen in ihrer Entwicklung den unteren Extremitäten geringgradig voraus (Vergr. 10fach).
1 Aurikularhöcker
2 Auge
3 Handplatte
4 Ellenbogenregion
5 Schulterregion
6 Nabelschnur
7 Fußplatte
8 Kniegelenksregion
9 Hüftgelenksregion

b Rechte Fußplatte und angrenzender Teil des distalen Unterschenkels. Die Zehenstrahlen (1) sind noch durch Interdigitalmembranen (2) verbunden (Vergr. 45fach).
(Präparat Dr. *F. Schneider-Affeld*, Neumünster)

Die *Armknospen* wachsen nach ventro-kaudal auf den Leberwulst zu. Ihre Enden werden flach und verbreitern sich um den 33. Entwicklungstag zur Handplatte (s. Abb. 6.**3**). Die *Beinknospen* wachsen nach ventral und bilden um den 37. Entwicklungstag Fußplatten. Innerhalb der *Hand-* und *Fußplatten* erscheinen die Finger- und Zehenstrahlen als dicke, durch Interdigitalmembranen verbundene Stränge (s. Abb. 6.**3b**). Die Interdigitalmembranen bilden sich an der Hand in der 7. Embryonalwoche zurück, so daß die Finger nunmehr voneinander getrennt werden. Am Fuß erfolgt die Trennung einige Tage später.

Im Verlauf des weiteren Wachstums ändern die Gliedmaßen ihre Lage zum Rumpf. Mit der Entwicklung von Ellen- und Kniebeuge biegen die distalen Abschnitte nach ventral um; dabei kommt es zu einer *spiegelbildlichen Knickung* im Ellenbogen- und Kniegelenk, wobei die Beugeseite an der oberen Extremität nach kranial, an der unteren Extremität nach kaudal gerichtet ist (s. S. 311). Der Unterarm steht in Semipronationsstellung. Die Füße sind so weit nach plantar-medial gerichtet, daß sich die Fußsohlen berühren. Zehen und Finger sind gespreizt.

Entwicklung des Extremitätenskeletts

Die Bildung der äußeren Gliedmaßenform verläuft parallel zu Entwicklungen im Inneren der Extremitätenanlage, die vor allem die Differenzierung des *Skeletts* (s. S. 57), der Gelenke (s. S. 91) und der *Muskulatur* (s. S. 133) sowie der *Leitungsbahnen* betreffen.

Zwischen dem 33. und 37. Entwicklungstag verdichtet sich das Mesenchym im Zentrum der Extremitätenknospen zum *Blastem* (s. S. 28, Abb. 3.**40b**), der Anlage der Skelettelemente. In der 5. Embryonalwoche entwickelt sich innerhalb des Blastems *Vorknorpel* (Abb. 3.**40c**). Die Vorknorpelbildung beginnt an der freien Extremität in den Anlagen der proximalen Skelettelemente und schreitet nach distal fort (zeitliche Reihenfolge s. Tab. 3.**1**). Der Vorknorpel differenziert sich zum *Hyalinknorpel* des *Primordialskelettes* (Abb. 6.**4**). Die knorpelig präformierten Skelettelemente (z. B. Humerus und Femur) lassen bereits um den 40. Embryonaltag ihre charakteristische Form erkennen (s. Abb. 3.**40**).

Die erste *Knochenbildung* in den Skelettelementen der Extremitäten setzt am Ende der 6. Embryonalwoche in der bindegewebigen Anlage der Clavicula ein (s. S. 332). Im Laufe der 8. Embryonalwoche beginnt die Osteogenese an den Diaphysen von Humerus, Radius und Ulna sowie von Femur und Tibia. An der Skapulaanlage kommt es in der 9. Fetalwoche zur Knochenentwicklung. Um diese Zeit wird im Beckengürtel der erste *Knochenkern* in der Anlage des Os ilium beobachtet. Die Knochenkerne in den Epiphysen der langen Skelettelemente sowie in der Hand- und Fußwurzel treten mit Ausnahme der distalen Femurepiphyse (Reifezeichen s. S. 10) sowie von Talus, Calcaneus und Os cuboideum erst nach der Geburt auf (s. Abb. 6.**28**, 6.**45**).

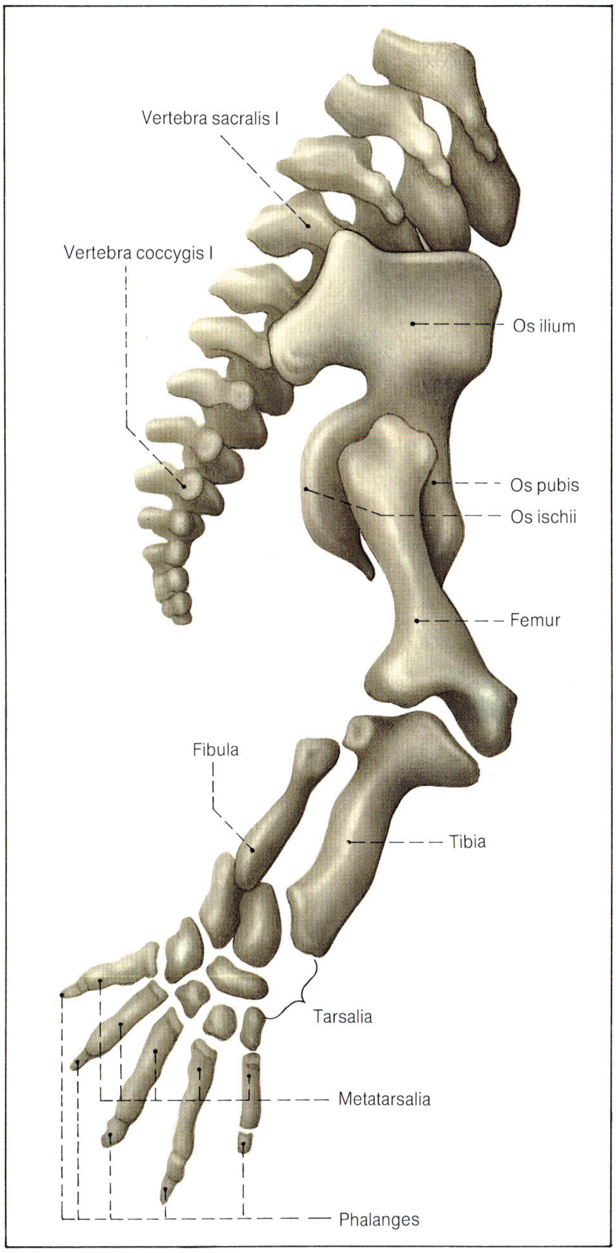

Abb. 6.**4** **Anlage des Primordialskelettes** im kaudalen Bereich der Wirbelsäule und der unteren Extremität bei einem 20 mm großen menschlichen Embryo (nach *Bardeen*).

Entwicklung der Gliedmaßenmuskulatur

Die Anlagen der *Extremitätenmuskeln* entstammen ventralen Anteilen der *Ursegmente*. Die myogenen Stammzellen wandern sehr früh in die Extremitätenanlagen und lagern sich hier in ventralen und dorsalen Zellgruppen um die Skelettanlage (s. S. 133). Die Extremitätenmuskeln entwickeln sich zunächst nicht als Muskelindividuen, sondern gliedern sich autonom in Form einer *dorsal* vom Skelett liegenden *Extensoren-* und einer *ventral* liegenden *Flexorengruppe* (s. Abb. 4.**2**). Die Muskeln des Armes werden von Rr. ventrales der *Spinalnerven* der Segmente $C_{(4)5-8}$

und Th_1 (Plexus brachialis) innerviert. Die Stämme des *Plexus brachialis* teilen sich entsprechend der Muskelgliederung in ventrale und dorsale Äste. Die ventralen Äste (Rr. flexorum) innervieren die Derivate der Flexorengruppe, die dorsalen Äste (Rr. extensorum) die Derivate der Extensorengruppe.

Die aus den beiden Muskelgruppen stammenden Muskeln werden als *autochthone Arm-* und *Beinmuskeln* zusammengefaßt. Am Ende des zweiten Embryonalmonats sind einzelne Muskelindividuen abgrenzbar. Sie setzen am Skelett der freien Extremität an und ziehen über Schulter- (Hüft-), Ellenbogen- (Knie-), Hand- (Fuß-) und Finger-(Zehen-)gelenke hinweg.

An der *oberen Extremität* gewinnen während der Ontogenese Teile der Muskulatur Anschluß an die dorsale und ventrale Leibeswand. Diese Muskeln werden als *zonale Muskeln* bezeichnet. Zu den *ventralen zonalen Muskeln* gehören die von den ventralen Ästen des Plexus brachialis (Nn. pectorales) innervierten Mm. pectoralis major und minor sowie der M. subclavius. *Dorsale zonale Muskeln* sind z. B. der M. latissimus dorsi sowie die Mm. rhomboidei und levator scapulae. Zum Schultergürtel treten außerdem noch *kraniale* (branchiogene) *Muskeln* (M. trapezius und M. sternocleidomastoideus) in Beziehung, die vom N. accessorius (XI) und vom Plexus cervicalis innerviert werden (s. Abb. 4.**2**).

Die vom Rumpf zum Schultergürtel und zum Humerus sowie vom Schultergürtel zum Humerus ziehenden Muskeln verleihen dem Arm die freie Beweglichkeit. An der *unteren Extremität* fehlen entsprechende Muskelverbindungen zwischen Rumpf und Beckengürtel sowie – abgesehen vom M. psoas – zwischen Rumpf und Femur. Die Muskulatur der freien unteren Extremität entspricht den autochthonen Armmuskeln. Die feste Verbindung der Schambeine mit dem Sacrum und die Vereinigung der beiden Schambeine in der Schambeinfuge schließen den Beckengürtel zu einem stabilen Ring und machen die Ausbildung von zonalen Muskeln überflüssig.

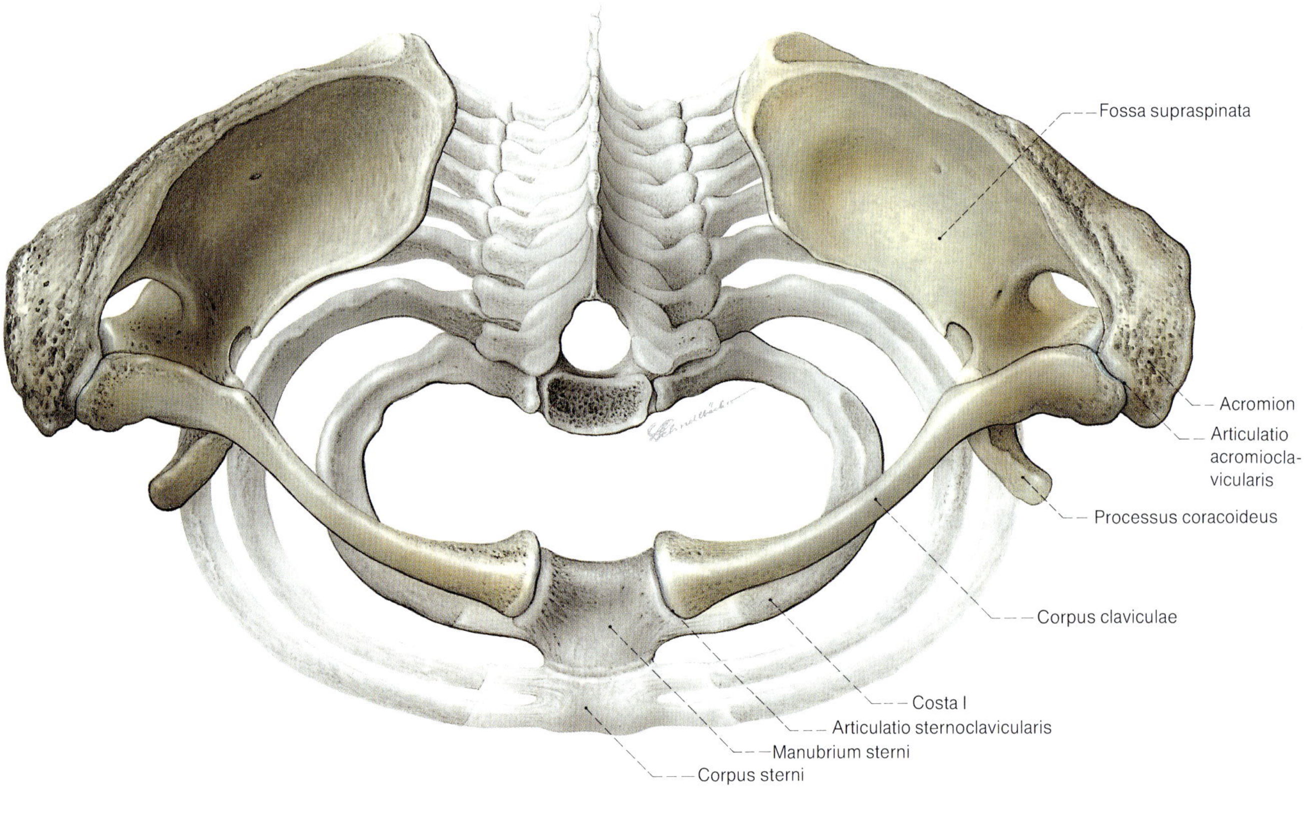

Abb. 6.**5** **Skelettelemente des Schultergürtels** in ihrer Lage zum Rumpfskelett, Ansicht von kranial.

Funktion der oberen Extremität, allgemeine Einleitung

Beim Menschen steht das *obere Extremitätenpaar* – sieht man einmal von der zeitlich begrenzten quadrupeden Fortbewegung im ersten Lebensjahr ab – im Dienste des *Greifens* und *Tastens*. Ausführendes Organ beider Tätigkeiten ist zwar die Hand, es beteiligt sich daran jedoch die gesamte freie Extremität, einschließlich des Schultergürtels.

Die Beweglichkeit im Bereich der *Schulter* schafft den für die alltäglichen Gebrauchsbewegungen erforderlichen „Verkehrsraum". Die ausgiebige Beweglichkeit des Schultergelenks selbst erfährt durch Mitbewegungen im Schultergürtel eine starke Erweiterung; nur durch das Zusammenwirken von *Schultergelenk* und *Schultergürtelgelenken* kann der Arm über die Horizontale erhoben werden (s. S. 336).

Das *Ellenbogengelenk* als Verbindung zwischen Ober- und Unterarm ist in den gesamten Funktionskomplex der oberen Extremität so eingegliedert, daß die Kraftentfaltung des Armes für die Gebrauchsbewegungen durch die Beugung im Ellenbogengelenk mechanisch günstig beeinflußt wird. Die gelenkigen Verbindungen zwischen den Unterarmknochen ermöglichen die Umwendbewegungen (Pro- und Supination) der Hand, die mit den meisten Bewegungen zwangsläufig verbunden sind.

Bewegungen der Hand gegenüber dem Unterarm erfolgen in den *Handgelenken*, die gemeinsam mit den Radioulnargelenken die gewünschte Einstellung der Hand für verschiedene Grifformen (s. S. 424) schaffen. Außerdem sind ihre Funktionen aufs engste mit denen der Finger verbunden. Kraftvolles Greifen (Faustschluß) ist z. B. nur möglich, wenn die Hand in den Handgelenken nach dorsal gestreckt wird.

Ausführende Organe der *Greif-* und *Tastfunktion* der Hand sind *Finger* und *Daumen*. Die beiden Hauptfunktionen machen die menschliche Hand zu einem wichtigen „Werkzeug". Man unterscheidet je nach Einsatz der Finger und des Daumens unterschiedliche *Grifformen* (s. Abb. 6.**115**). Beim Greifen führt der Daumen meistens eine Oppositionsbewegung (s. Abb. 6.**133**) durch. Die Opponierbarkeit des Daumens (im Gelenk zwischen Os trapezium und Os metacarpale I) nimmt an der Hand eine Schlüsselstellung ein. Die Funktionen der Finger und des Daumens bei den verschiedenen Grifformen zählen zu den am höchsten differenzierten im Bereich des Bewegungsapparates. Dies beruht u. a. darauf, daß die Finger selbst frei sind von „störender" Muskelmasse. Zu den Fingern ziehen ausschließlich die Sehnen der am Unterarm und in der Mittelhand liegenden Muskeln. Die präzise Funktion der Finger beruht zum Teil auch auf den relativ kleinen *motorischen Einheiten* der *intrinsischen Muskeln* (z. B. Mm. lumbricales) der Hand (s. Lehrbücher der Physiologie). Für die Fingermuskeln stellt der primäre motorische Cortex *(Gyrus praecentralis)* einen relativ großen Rindenbereich für die Steuerung der zugehörigen *Motoneurone* des Rückenmarkes zur Verfügung (s. Bd. III).

Als *Tastorgan* der Hand dienen vorwiegend die *Fingerbeeren* der Endglieder. Sie bilden Tastballen nach Art von Druckkammern (s. S. 408). Im Haut- und Unterhautgewebe liegen zahlreiche sensible Nervenendkörperchen (vgl. Bd. III).

Neugeborene nehmen in erster Linie über die taktile Gnosis der Hand Kontakt mit der Umwelt auf. Eine bei Berührung der Handinnenfläche ausgeführte Greifbewegung erfolgt reflektorisch. Dieser *Handgreifreflex* des menschlichen Neugeborenen erinnert an das Festklammern neugeborener Primaten im Haarkleid der Mutter.

Die Tastfunktion der Finger ermöglicht es, die Form von Gegenständen bei entsprechender Übung dreidimensional zu erfassen. Auf einer ausgeprägten *stereognostischen Fähigkeit* beruht z. B. das „Lesen" sogenannter Blindenschrift. Die funktionelle Bedeutung der Hand als Tastorgan kommt in ihrer umfangreichen Repräsentation im primären somatosensorischen Cortex des *Gyrus postcentralis* sowie in den kaudal folgenden Rindengebieten mit der Funktion des taktil induzierten Vorstellungsvermögens zum Ausdruck (vgl. Bd. III).

Die oberen Extremitäten sind ausführende Organe zahlreicher künstlerischer Tätigkeiten, z. B. Malen oder Spielen eines Musikinstrumentes. Einem großen Teil der *Ausdrucksbewegungen* des Menschen liegen Bewegungen der oberen Extremitäten und hier vor allem der Hände zugrunde (z. B. Beifallspenden, Winken, Falten der Hände). Die Gebärde der Arme und Hände soll dem gesprochenen und gesungenen Wort zusätzlich Ausdruck verleihen.

Skelett der oberen Extremität

Knochen des Schultergürtels

Der *Schultergürtel* besteht aus *Schlüsselbein, Clavicula,* und *Schulterblatt, Scapula,* die über das *Akromioklavikulargelenk* miteinander verbunden sind. Die Clavicula steht außerdem mit dem *Brustbein, Sternum,* in gelenkiger Verbindung. Die Scapula wird durch Muskelschlingen beweglich am Thorax geführt.

Schlüsselbein, Clavicula

Gestalt

Die Clavicula (Abb. 6.**6**) ist S-förmig gebogen und hat beim Erwachsenen eine Länge von 12–15 cm. Es bestehen individuelle Formunterschiede. Bei Frauen und muskelschwachen Männern ist die Clavicula graziler und weniger stark gekrümmt als bei muskelkräftigen Individuen. Das dem Brustbein zugewandte Ende, *Extremitas sternalis claviculae,* ist dick, der dem Acromion zugekehrte Teil, *Extremitas acromialis,* platt und breit. Die *Facies articularis sternalis* hat eine dreieckige Kontur, die Gelenkfläche selbst ist sattelförmig. Die *Facies articularis acromialis* ist oval und vertikal gestellt. An der unteren Fläche des Schlüsselbeins ist eine Furche für den Ansatz des M. subclavius; medial liegen die *Impressio ligamenti costoclavicularis* und lateral das *Tuberculum conoideum* für den Ansatz des Lig. coracoclaviculare.

Als Fehlbildung kommt die tief stehende Clavicula vor; dabei ist der Raum zwischen Schlüsselbein und erster Rippe häufig so eingeengt, daß es zu Druckschäden der Leitungsbahnen (A. subclavia und Plexus brachialis) kommt (sog. kostoklavikuläres Syndrom).

Oberflächenrelief und tastbare Anteile

Die *Clavicula* liegt unmittelbar unter der Haut (s. Abb. 6.**30**). Ihr kranialer Teil ist nahezu in ganzer Ausdehnung sichtbar und, soweit er nicht von Muskeln überlagert wird, tastbar.

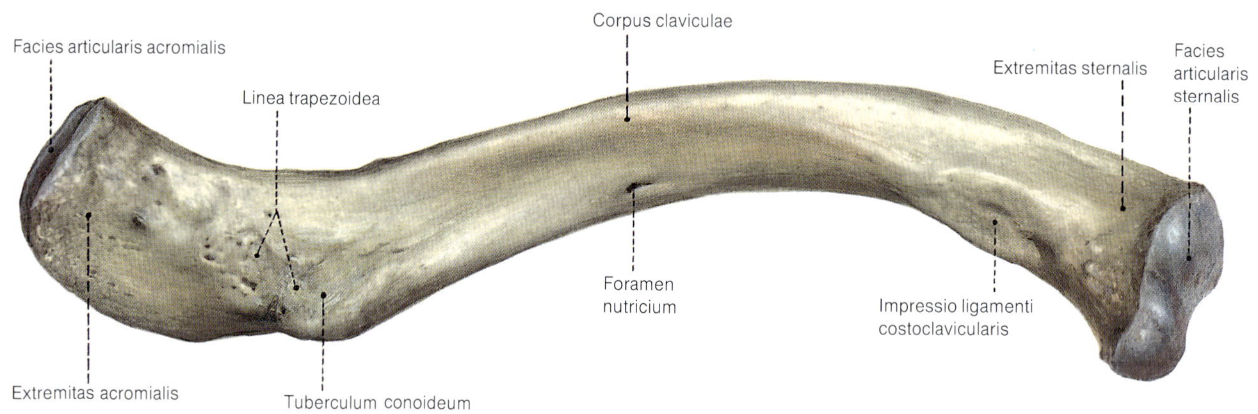

Abb. 6.**6a** **Rechtes Schlüsselbein in der Ansicht von kaudal.**

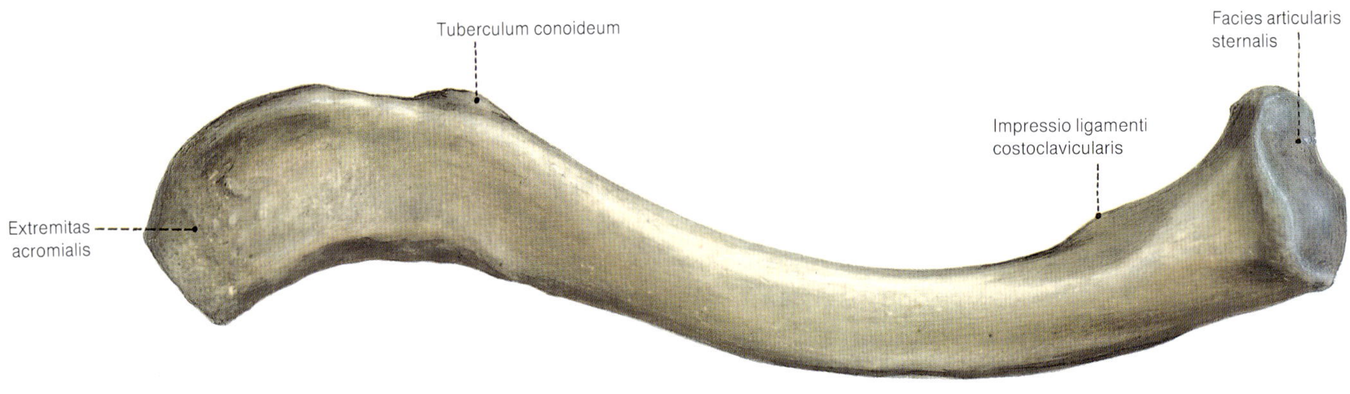

Abb. 6.**6b** **Rechtes Schlüsselbein in der Ansicht von kranial.**

Schulterblatt, Scapula

Gestalt

Die *Scapula* (Abb. 6.**7**, 6.**8**, 6.**9**) ist ein platter, dreieckiger Knochen, an dem drei Ränder, *Margo medialis* (vertebralis), *Margo lateralis* (axillaris) und *Margo superior* sowie drei Winkel, *Angulus inferior, Angulus lateralis* und *Angulus superior* unterschieden werden. Die konkave Facies costalis dient dem M. subscapularis als Ursprungsfläche *(Fossa subscapularis)*. Die *Facies dorsalis* wird durch die *Spina scapulae* in die *Fossa supraspinata* und die *Fossa infraspinata* unterteilt. In der Fossa supraspinata liegt der M. supraspinatus, in der Fossa infraspinata der M. infraspinatus. Die Spina scapulae beginnt am Margo medialis mit einem dreieckigen Feld, wird lateral höher und endet mit dem platten, kräftigen *Acromion* (Abb. 6.**8**), welches das Schultergelenk hinten und oben überlagert. Die Form des Acromion ist variabel; man unterscheidet einen flachen, gewölbten und hakenförmigen Typ. Die *Facies articularis clavicularis (acromii)* für die gelenkige Verbindung mit der Clavicula liegt nahe dem lateralen Ende des oberen Skapularandes.

Der *Angulus lateralis scapulae* (Abb. 6.**9**) trägt die Gelenkpfanne für den Humeruskopf, die *Cavitas glenoidalis.* Die leicht konkave Schultergelenkspfanne hat eine birnenförmige Kontur. Sie endet mit ihrem oberen Teil am *Tuberculum supraglenoidale* (Ursprung des Caput longum m. bicipitis brachii). Unterhalb der Gelenkpfanne liegt das *Tuberculum infraglenoidale,* an dem ein Teil der Sehne des Caput longum m. tricipitis brachii entspringt. Der medial anschließende Teil wird als *Collum scapulae* bezeichnet. Im mittleren Bereich der Gelenkpfanne wölbt sich der subchondrale Knochen häufig etwas vor *(Tuberculum glenoidale)*.

Der Rabenschnabelfortsatz, *Processus coracoideus,* entspringt im kranialen Bereich des Skapulahalses. Er biegt nahezu rechtwinklig nach ventral-lateral um und endet abgerundet. Er dient dem Ansatz und Ursprung von Muskeln und Bändern. *Acromion* und *Processus coracoideus* bilden zusammen mit dem die beiden

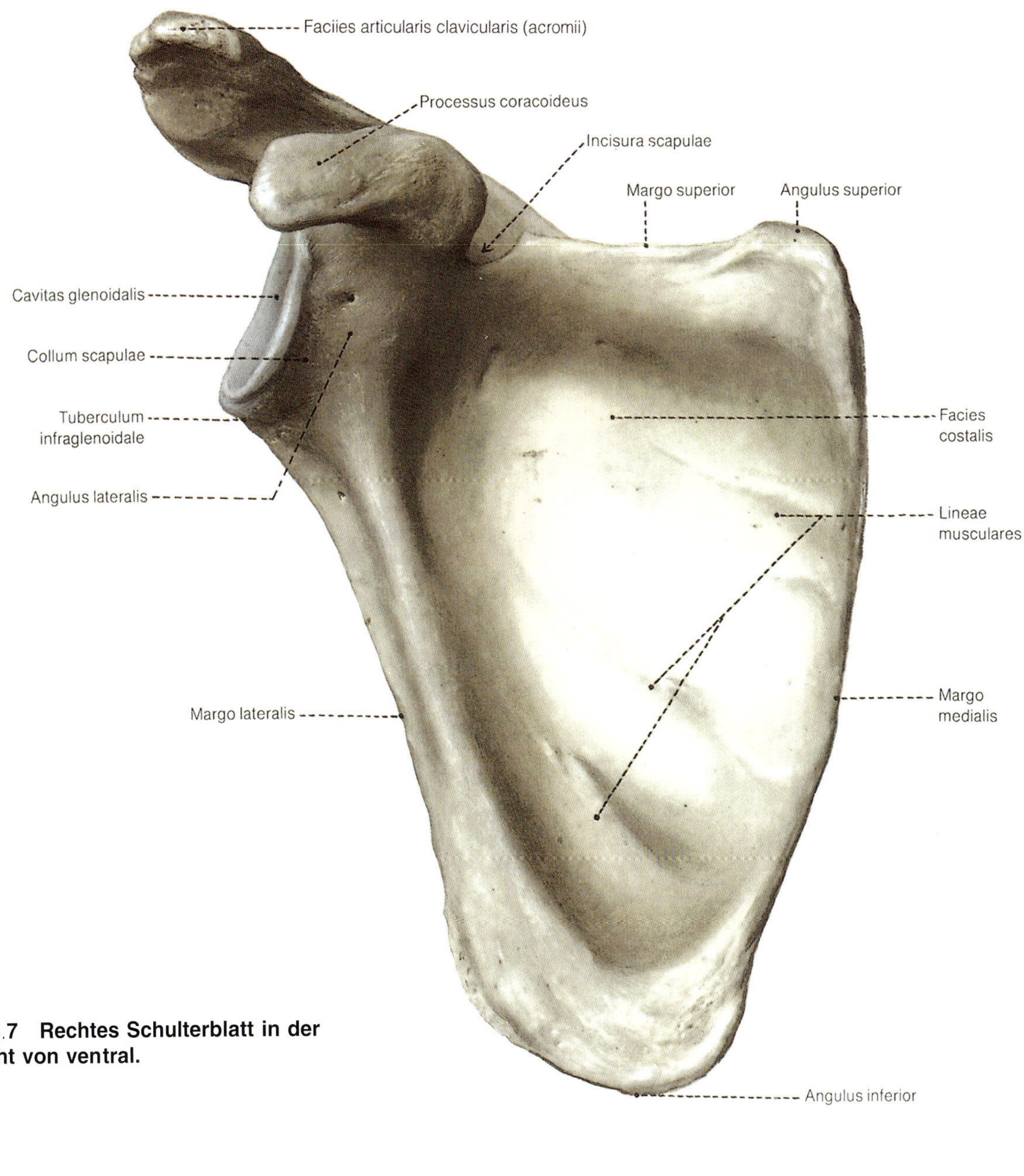

Abb. 6.**7** **Rechtes Schulterblatt in der Ansicht von ventral.**

Knochenanteile verbindenden *Lig. coracoacromiale* das Schulterdach, *Fornix humeri* (s. Abb. 6.**65**). Das Band ist häufig in zwei oder seltener in mehrere Anteile gespalten (s. Abb. 6.**34**).

Der *Margo superior scapulae* (Abb. 6.**7**) hat an der Basis des Processus coracoideus einen Einschnitt, *Incisura scapulae,* der durch das *Lig. transversum scapulae superius* zu einem osteofibrösen Kanal geschlossen wird (s. Abb. 6.**41**). Die Weite des Kanals ist von der Form der Inzisur abhängig. Diese variiert zwischen extrem tiefen und sehr flachen Einschnitten (Abb. 6.**10**). Das sie überbrückende Band kann teilweise oder vollständig verknöchern (Abb. 6.**11**). Durch eine sehr breite Knochenbrücke wird der vom N. suprascapularis durchlaufende Kanal gelegentlich so stark eingeengt, daß es vor allem bei Adduktion, Außenrotation und Anteversion des Armes zu einer Kompression und Schädigung des Nerven kommt. Als *Lig. transversum scapulae inferius* (Lig. spinoglenoidale) bezeichnet man ein Band, das von der Basis der Spina scapulae in horizontaler Richtung über das Collum scapulae zum Angulus lateralis zieht. Das Band überbrückt den N. suprascapularis (s. Abb. 6.**34**).

Der *Margo medialis scapulae* ist meistens konvex, er kann aber auch gerade oder konkav sein. Der Rand dient den Mm. serratus anterior und rhomboidei als Ansatz.

Oberflächenrelief und tastbare Anteile

Die Umrisse der Scapula sind bei mageren Menschen gut zu sehen. Bei muskelkräftigen Individuen hingegen treten bei frei herabhängendem Arm nur die Spina scapulae und das Acromion deutlich unter der Haut hervor. Bei Bewegungen des Armes werden die einzelnen Anteile besser sichtbar. Für die klinische Untersuchung sind die Bestimmung der Lage des Angulus inferior, der Spina scapulae und des Acromion von Bedeutung (s. Abb. 6.**32**).

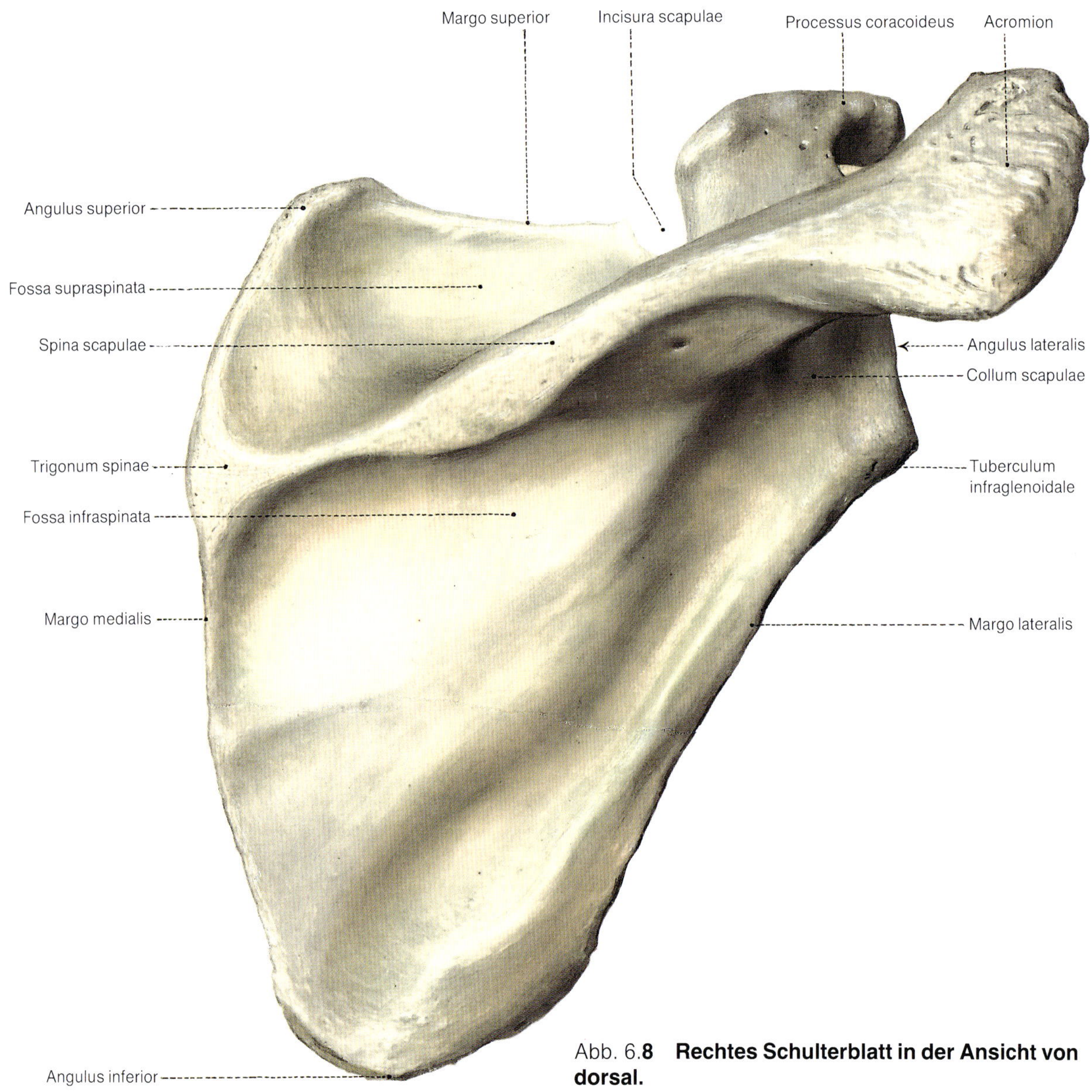

Abb. 6.**8** **Rechtes Schulterblatt in der Ansicht von dorsal.**

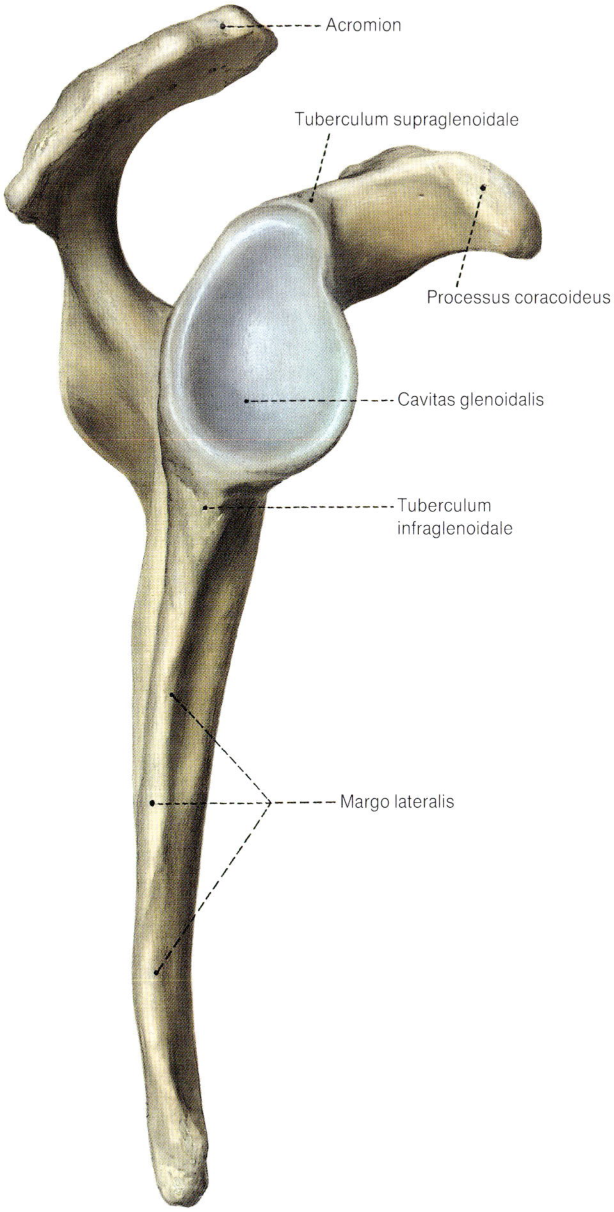

Abb. 6.9 **Rechtes Schulterblatt in der Ansicht von lateral.**

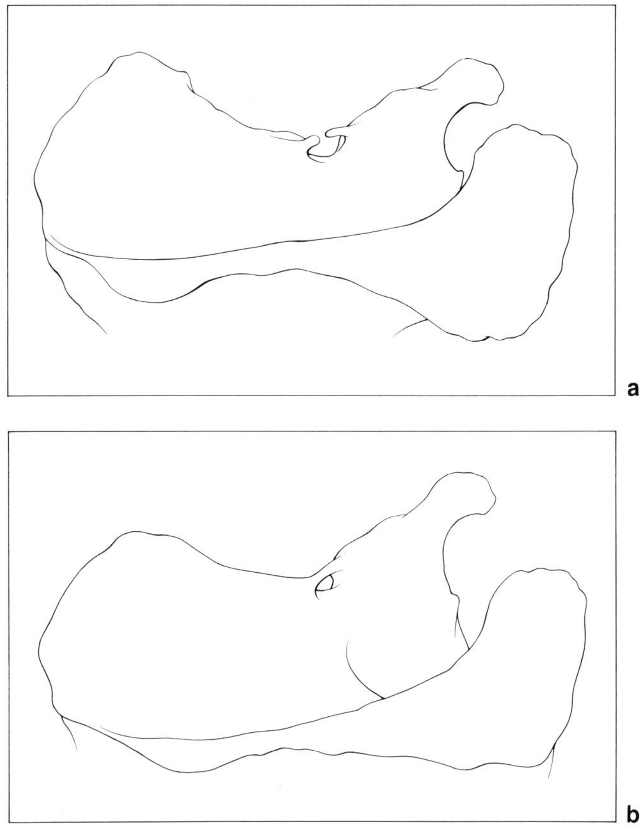

Abb. 6.11 **Rechte Schulterblätter in der Ansicht von dorsal-kranial.**

a Unvollständige knöcherne Überbrückung der Incisura scapulae

b Vollständige knöcherne Überbrückung der Incisura scapulae.

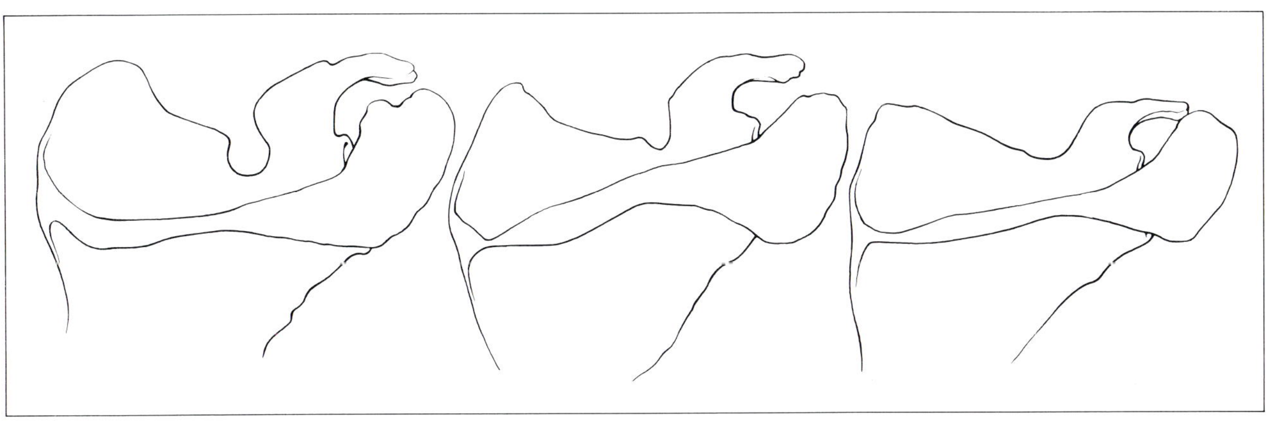

Abb. 6.10 **Rechte Schulterblätter in der Ansicht von dorsal-kranial;** unterschiedliche Ausbildung des Margo superior und der Incisura scapulae; links extrem tiefe, rechts extrem flache Incisura scapulae.

Knochen der freien oberen Extremität

Oberarmknochen, Humerus

Gestalt

Wie an den meisten langen Röhrenknochen unterscheidet man auch am *Humerus* (Abb. 6.**12,** 6.**13**) eine proximale und eine distale Epiphyse sowie eine Diaphyse. Die proximale Epiphyse wird vom kugelförmigen *Caput humeri* (Abb. 6.**14**) gebildet, das durch das ringförmige Collum anatomicum von der Diaphyse getrennt ist. Humeruskopf und Cavitas glenoidalis scapulae sind die knöchernen Anteile des Schultergelenks.
Die Diaphyse trägt an ihrem proximalen Ende zwei selbständig verknöchernde Apophysen, *Tuberculum majus* und *Tuberculum minus,* die durch den *Sulcus intertubercularis* voneinander getrennt sind. Beide Höcker gehen distal jeweils in eine Knochenleiste, die Crista tuberculi majoris und die Crista tuberculi minoris, über (Abb. 6.**12**). Der distal auf die Tubercula folgende Schaftanteil wird als *Collum chirurgicum* bezeichnet, da proximale Frakturen des Humerus häufig in dieser Region auftreten. Das Tuberculum majus dient den Mm. supraspinatus, infraspinatus und teres minor als Ansatz. Am Tuberculum minus inseriert der M. subscapularis (s. Abb. 6.**69** u. 6.**70**).

Das *Corpus humeri* ist proximal nahezu zylindrisch, distal dreiseitig. In der Mitte befindet sich auf der lateralen Seite eine große Rauhigkeit, *Tuberositas deltoidea,* die durch den Ansatz des M. deltoideus hervorgerufen wird. Medial-distal von der Tuberositas deltoidea liegt zwischen den Ursprungsfeldern des medialen und lateralen Trizepskopfes (Abb. 6.**70**) eine Rinne, *Sulcus nervi radialis;* in ihr verläuft der N. radialis von kranial-medial nach distal-lateral zur Ellenbeuge (s. Abb. 6.**61**). Der Humerusschaft endet distal mit einem medialen *(Margo medialis)* und einem lateralen Rand *(Margo lateralis).* Am Übergang zu den Epikondylen laufen die Humerusränder in Form von scharfen Kanten, *Cristae supracondylares medialis und lateralis,* aus.
Das distale Ende des Humerus, *Condylus humeri,* hat zwei Gelenkkörper, medial die *Trochlea* und lateral das *Capitulum humeri* (Abb. 6.**12,** 6.**13,** 6.**16**), die durch eine Führungsnute, *Sulcus capitulotrochlearis,* miteinander in Verbindung stehen. Seitlich vom Capitulum humeri liegt der *Epicondylus lateralis,* an dem ein Teil der Extensoren des Unterarmes entspringt (s. Abb. 6.**70**). Medial von der Trochlea humeri endet der Condylus humeri mit dem weit vorspringenden *Epicondylus medialis.* Auf der Rückseite des Epicondylus medialis ist manchmal eine flache Rinne zu erkennen, *Sulcus n. ulnaris,* in der der N. ulnaris verläuft. Das Capitulum humeri hat gelenkigen Kontakt mit dem Caput radii. Die Trochlea humeri wird zangenartig vom proximalen Ende der Ulna umfaßt. Auf der Rückseite des distalen Humerusendes liegt proximal der Trochlea humeri eine Grube, *Fossa olecrani,* in die sich das Olecranon bei Streckstellung des Ellenbogengelenks hineinsenkt. Volar sind zwei Gruben ausgebildet, oberhalb der Trochlea humeri die *Fossa coronoidea* und oberhalb des Capitulum humeri die *Fossa radialis.* Die Gruben dienen der Aufnahme des Processus coronoideus und des Radiuskopfes bei maximaler Beugung im Ellenbogengelenk.
In seltenen Fällen findet man proximal des Epicondylus medialis einen knöchernen Fortsatz, *Processus supracondylaris* (Abb. 6.**17**), von dem ein Band zum Epicondylus medialis zieht (Struthersches Ligament). Der knöcherne Fortsatz wird als atavistische Bildung angesehen; ihm entspricht der bei einigen Vertebraten vorkommende Canalis supracondylaris. In dem osteofibrösen Kanal zwischen Processus supracondylaris, Strutherschem Band und Humerus verlaufen der N. medianus und die A. brachialis. Das Band dient dem M. pronator teres als Ursprung. Bei Ausbildung eines Processus supracondylaris kann es zu Druckschäden des N. medianus und des N. ulnaris kommen.
Proximales und distales Humerusende sind im Schaftbereich gegeneinander „verdreht" (Retroversion des proximalen Humerusendes). Beim Erwachsenen bildet eine durch die Epikondylen verlaufende transversale Achse mit einer Projektionslinie, die das Tuberculum majus und die Mitte des Humeruskopfes miteinander verbindet, einen Winkel von durchschnittlich 16° (Abb. 6.**15**). Dieser sogenannte Torsionswinkel des Humerus beträgt beim menschlichen Feten zu Beginn des 3. Fetalmonats etwa 90°, beim Neugeborenen etwa 60° (s. S. 311).

Oberflächenrelief und tastbare Anteile

Der Humerusschaft wird allseits von Muskeln umschlossen (s. Abb. 6.**60**). Er kann auf der ulnaren und radialen Seite zwischen der Beuger- und Streckergruppe entlang der Sulci bicipitalis medialis und lateralis abgetastet werden. Am distalen Ende des Humerus sind der Epicondylus medialis in voller Ausdehnung und der Epicondylus lateralis teilweise zu palpieren. Der vorspringende Epicondylus medialis ist deutlich sichtbar.

Abb. 6.**12** **Rechter Oberarmknochen in der Ansicht von vorn.**

Abb. 6.**13** **Rechter Oberarmknochen in der Ansicht von hinten.**

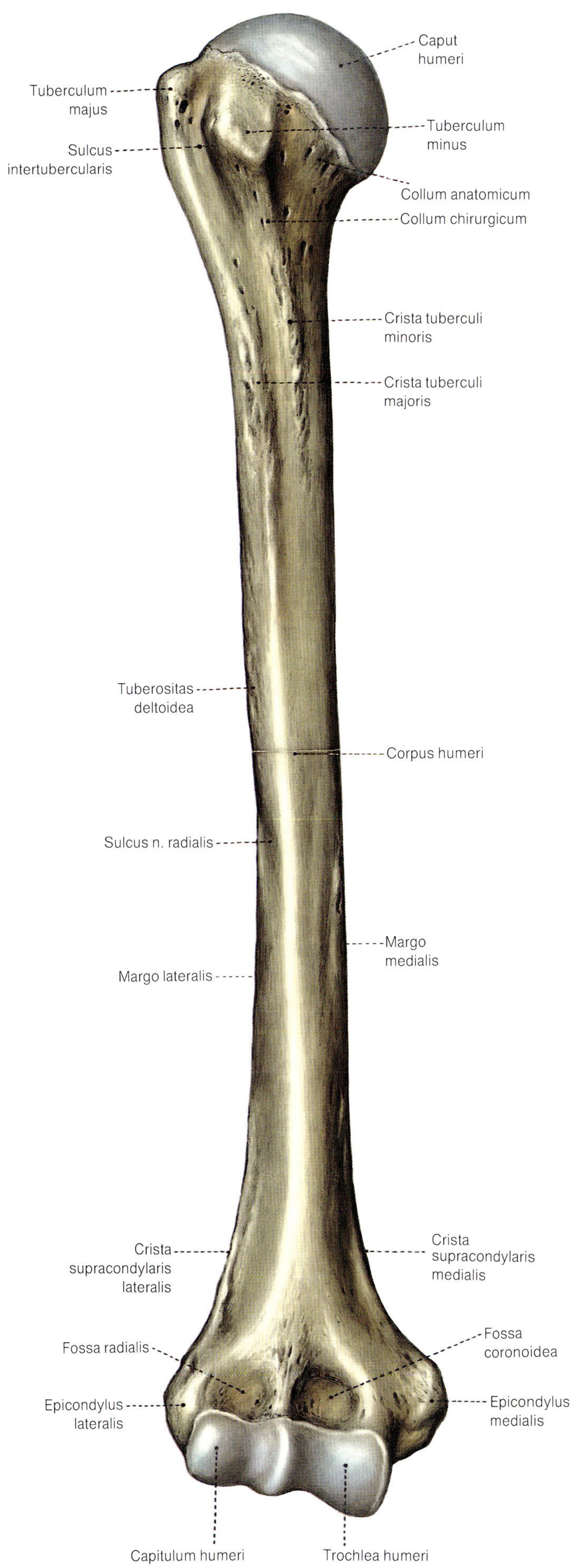
Caput humeri
Tuberculum majus
Tuberculum minus
Sulcus intertubercularis
Collum anatomicum
Collum chirurgicum
Crista tuberculi minoris
Crista tuberculi majoris
Tuberositas deltoidea
Corpus humeri
Sulcus n. radialis
Margo medialis
Margo lateralis
Crista supracondylaris lateralis
Crista supracondylaris medialis
Fossa radialis
Fossa coronoidea
Epicondylus lateralis
Epicondylus medialis
Capitulum humeri
Trochlea humeri

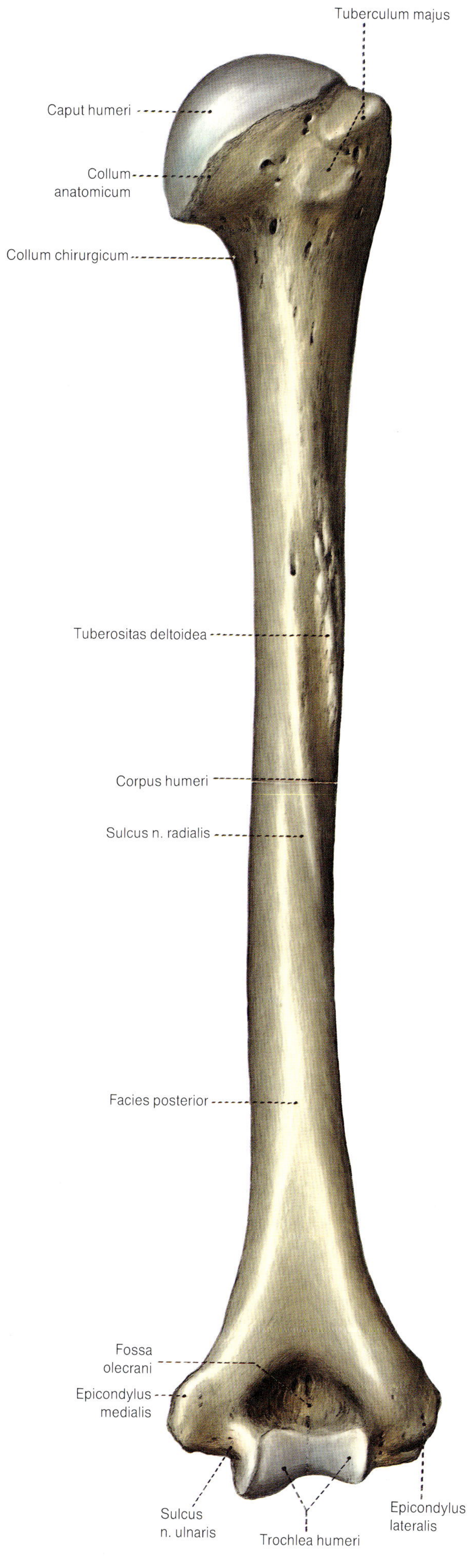
Tuberculum majus
Caput humeri
Collum anatomicum
Collum chirurgicum
Tuberositas deltoidea
Corpus humeri
Sulcus n. radialis
Facies posterior
Fossa olecrani
Epicondylus medialis
Sulcus n. ulnaris
Trochlea humeri
Epicondylus lateralis

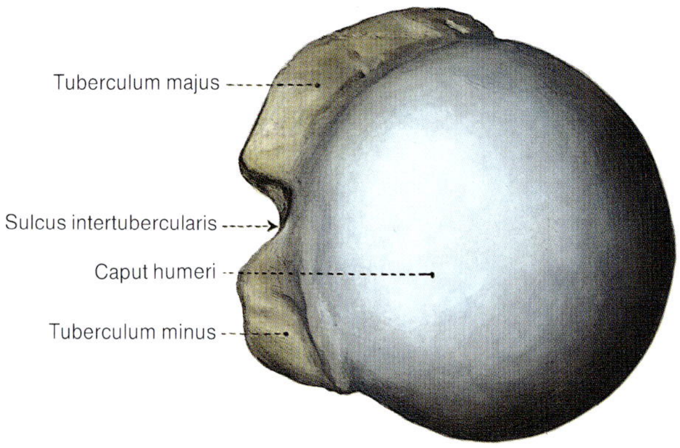

Abb. 6.**14** **Rechter Oberarmkopf in der Ansicht von kranial.**

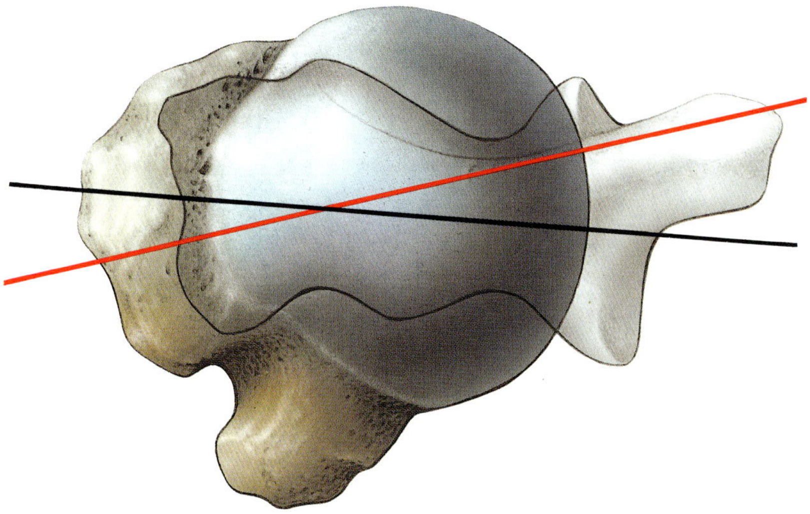

Abb. 6.**15** **Torsion des Oberarmknochens** (rechte Seite) **beim Erwachsenen (Retroversion des proximalen Humerusendes).** Proximales und distales Humerusende wurden in eine Ebene projiziert.
Humeruskopfachse rot
Ellenbogenachse schwarz

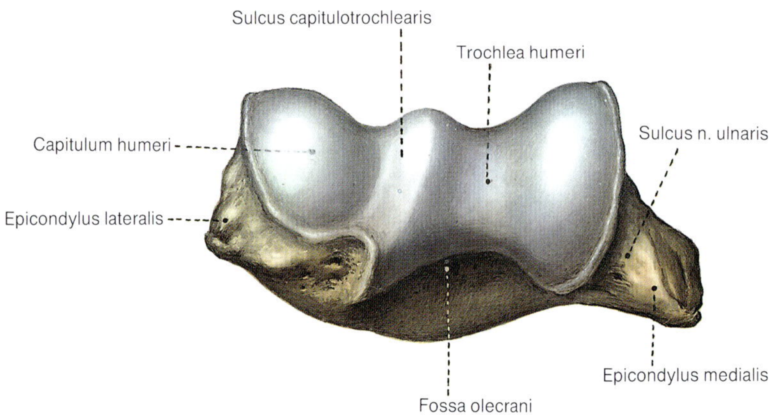

Abb. 6.**16** **Distales Ende eines rechten Oberarmknochens in der Ansicht von distal-hinten.**

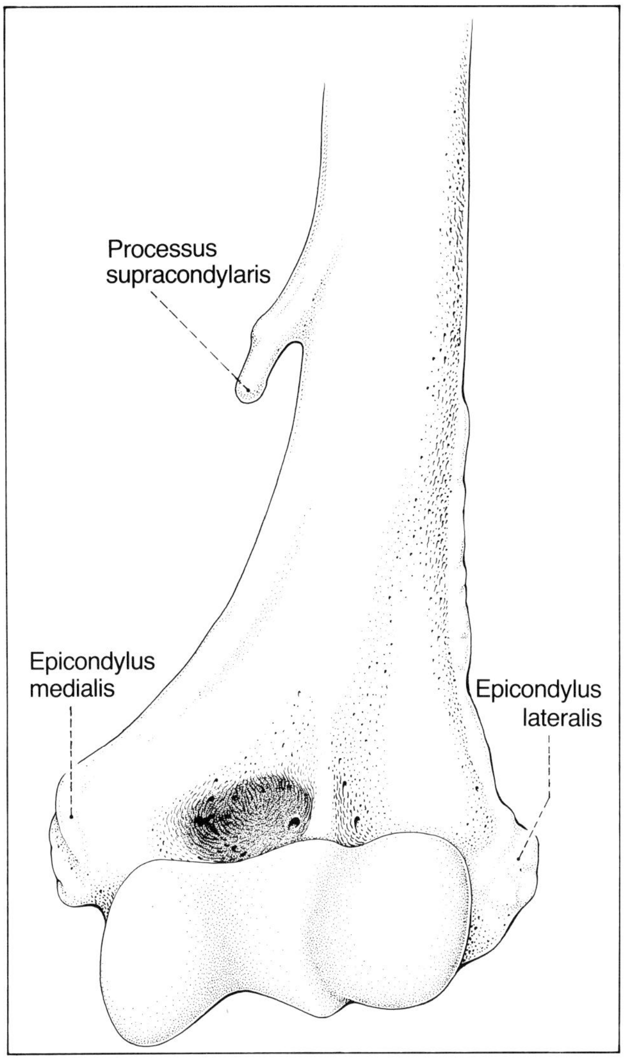

Abb. 6.**17** **Distaler Teil eines linken Oberarmknochens in der Ansicht von vorn.** Ausbildung eines **Processus supracondylaris.**

Speiche, Radius

Gestalt

Der *Radius* (Abb. 6.**18,** 6.**19,** 6.**20**) hat eine proximale und eine distale Epiphyse, die über den Radiusschaft miteinander verbunden sind. Seine Form entspricht aufgrund von Abknickungen im proximalen und mittleren Abschnitt einer Kurbel (s. unten). Das proximale Ende, *Caput radii,* bildet die Gelenkpfanne *(Fovea articularis)* für das Capitulum humeri. Auf dem Radiuskopf läßt sich beim Erwachsenen eine weitere Gelenkfacette *(Lunula obliqua)* abgrenzen, die sich ulnar sichelförmig um die Fovea articularis legt (Abb. 6.**21**). Die Lunula obliqua artikuliert mit dem Sulcus capitulotrochlearis humeri. Seitlich am Caput radii liegt die Drehfläche, *Circumferentia articularis,* für die Bewegungen zwischen Radius, Incisura radialis ulnae und Lig. anulare radii. Den Übergang zwischen Radiuskopf und -schaft bildet das schlanke *Collum radii.* Der Radiushals verläuft schräg von proximal-lateral nach distal-medial. Das *Corpus radii* ist proximal rundlich und weiter distal dreikantig. Im mittleren Bereich sind dementsprechend drei Flächen *(Facies anterior, Facies posterior* und *Facies lateralis)* ausgebildet. Vorder- und Hinterfläche des Radiusschaftes stoßen ulnar in Form des scharfkantigen Margo interosseus aneinander, an dem die Membrana interossea antebrachii inseriert (s. Abb. 6.**88**). Radial sind die Übergänge zwischen den Flächen abgerundet. Im proximalen Teil der Diaphyse wölbt sich medial unterhalb des Collum radii die *Tuberositas radii* vor, die dem M. biceps brachii als Ansatz dient. Der Radiusschaft ist im mittleren Abschnitt abgewinkelt. Der proximale Teil verläuft von proximal-medial nach distal-lateral; das untere Schaftende ist von proximal-lateral nach distal-medial ausgerichtet.

Das breite distale Radiusende ist unregelmäßig vierkantig. Auf seiner Dorsalseite liegen mehrere Rinnen, in denen die Extensorensehnen verlaufen. Besonders ausgeprägt sind die Sulci für die Sehnen des M. extensor pollicis longus und des M. extensor carpi radialis brevis, die durch eine tastbare Knochenleiste, *Tuberculum dorsale (Tuberculum Listeri)* getrennt sind (Abb. 6.**20,** 6.**22,** 6.**94**). Das Tuberculum dorsale dient der langen Daumenstreckersehne als Widerlager. Das distale Radiusende hat zwei Gelenkflächen. Die ulnar liegende konkave *Incisura ulnaris* bildet mit der Circumferentia articularis des Caput ulnae das distale Radioulnargelenk. Die *Facies articularis carpea* besteht aus zwei Anteilen. Die dreieckige Gelenkfacette auf der radialen Seite hat gelenkigen Kontakt mit dem Os scaphoideum, die viereckige ulnare Facette steht mit dem radialen Teil des Os lunatum in Verbindung. Lateral ragt der *Processus styloideus radii* nach distal vor (Abb. 6.**22**).

Oberflächenrelief und tastbare Anteile

Der Radius ist nur im unteren Drittel tastbar. Der *Processus styloideus* liegt zum Teil direkt unter der Haut, zum Teil wird er von den Sehnen der Extensoren überlagert.

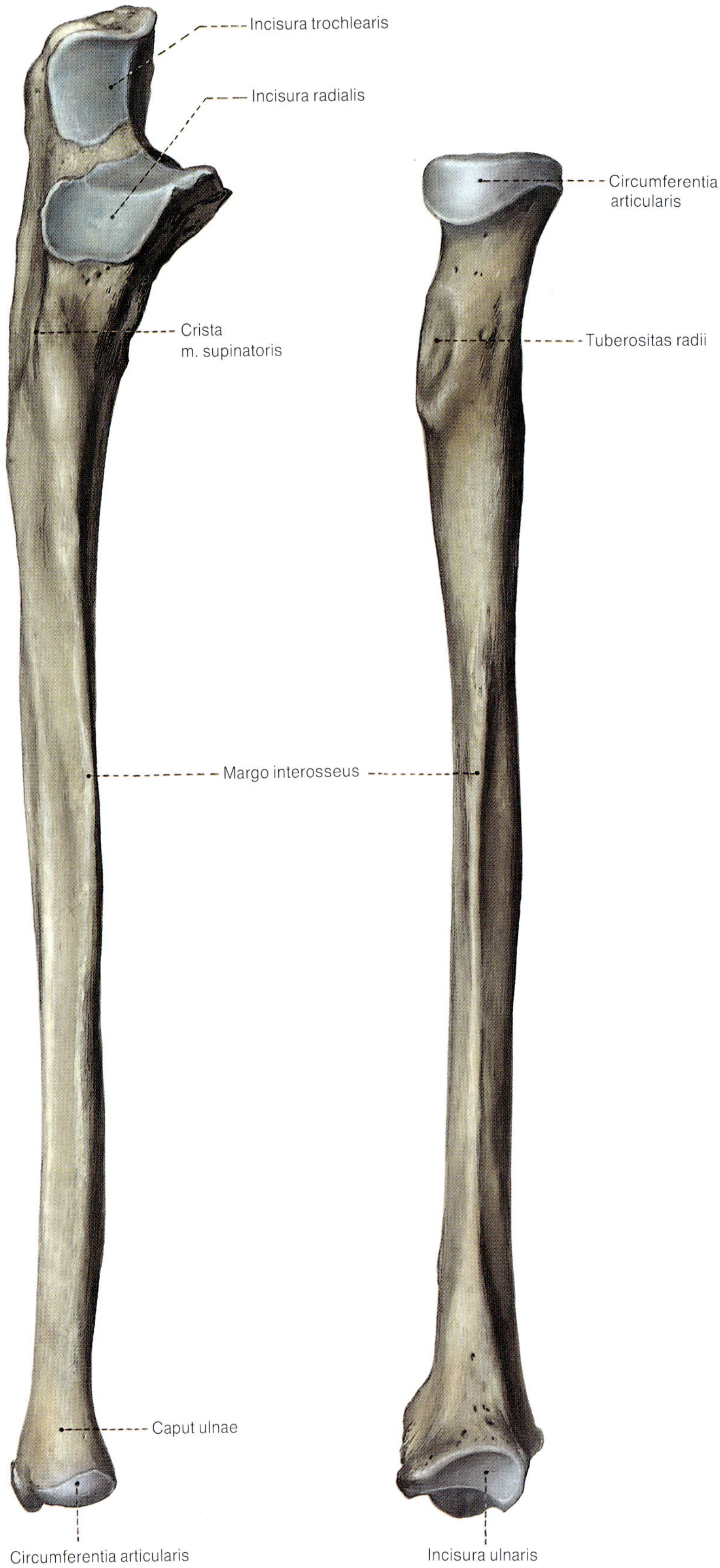

Abb. 6.**18** **Rechte Elle** (links) **in der Ansicht von lateral und rechte Speiche** (rechts) **in der Ansicht von medial.**

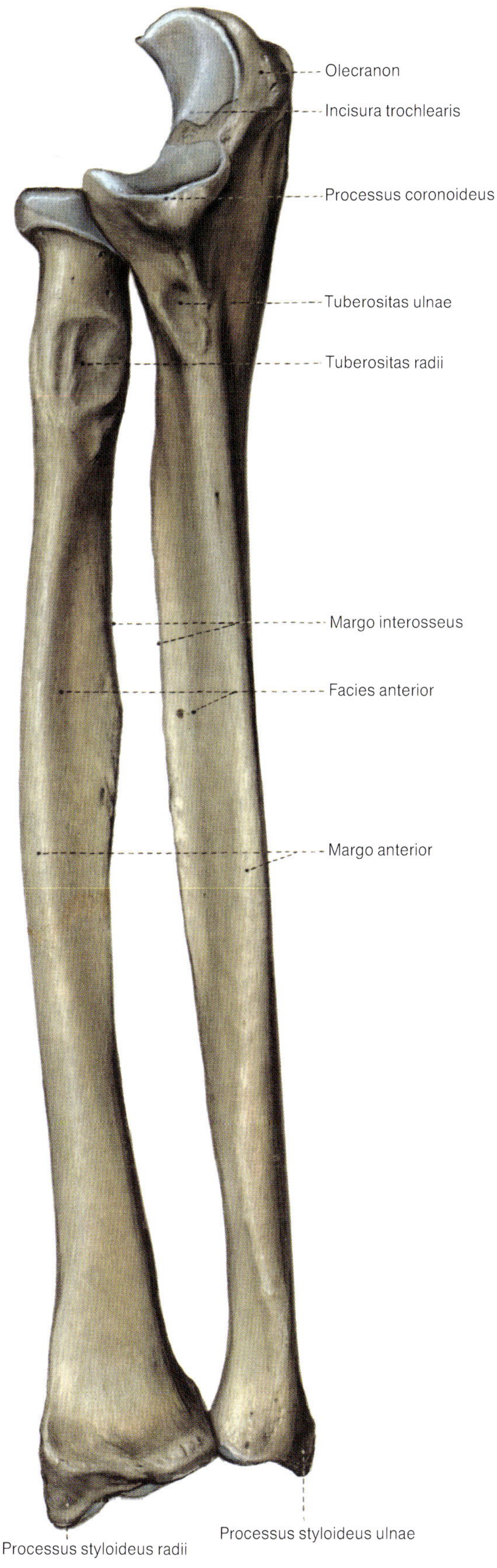

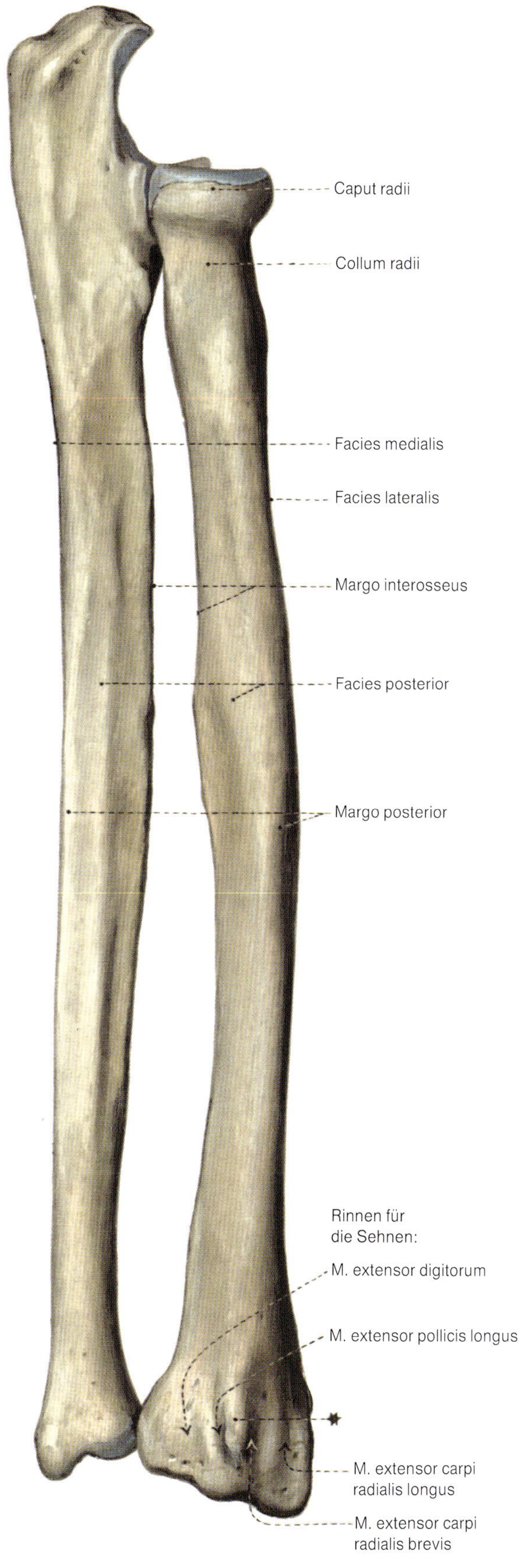

Abb. 6.**19** **Elle und Speiche der rechten Seite in Gelenkkontakt in der Ansicht von vorn.**

Abb. 6.**20** **Elle und Speiche der rechten Seite in Gelenkkontakt in der Ansicht von hinten.**
* Tuberculum dorsale (Tuberculum Listeri)

Abb. 6.**21** **Proximaler Abschnitt von Elle und Speiche der rechten Seite in Gelenkkontakt in der Ansicht von vorn.**

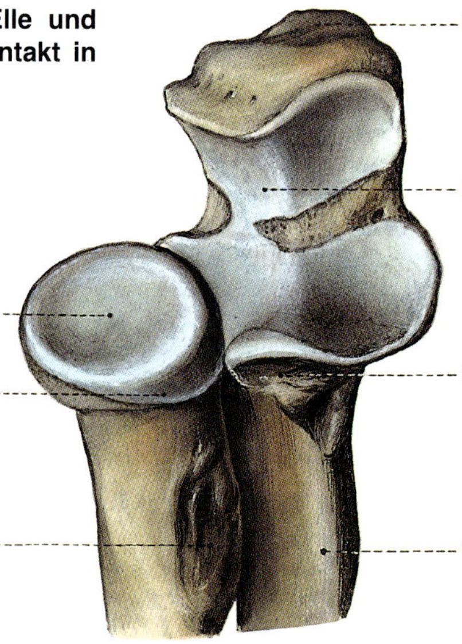

Elle, Ulna

Gestalt

Die *Ulna* (Abb. 6.**18**, 6.**19**, 6.**20**, 6.**21**) hat an ihrem proximalen Ende zwei Gelenkflächen, die *Incisura trochlearis* und die *Incisura radialis ulnae*. Die nach volar gerichtete Incisura trochlearis umgreift zangenartig die Trochlea humeri, wobei sie sich mit ihrer median-sagittal verlaufenden Führungsleiste in die entsprechende Einkehlung an der Oberarmrolle senkt. Im mittleren Bereich der Incisura trochlearis ulnae ragt am mazerierten Skelett oft ein 2–3 mm breiter Knochenkamm vor, der sich deutlich vom angrenzenden subchondralen Knochen abhebt; er entspricht der knorpelfreien Zone in der Mitte der Ulnazange.

Die *Incisura radialis ulnae* artikuliert mit der Circumferentia articularis radii. Die sagittal ausgerichtete, leicht konkave Gelenkfläche hat rhombenförmige Kontur (vgl. S. 381). Der kraniale Knochenvorsprung der Ulnazange, das *Olecranon*, dient dem M. triceps brachii als Ansatz. Das Olecranon ist eine Apophyse, in der zwischen dem 10. und 12. Lebensjahr ein oder mehrere Knochenkerne auftreten (s. unten). Die Ulna hat proximal keinen Epiphysenkern. Das *Längenwachstum* erfolgt vorwiegend über die distale Wachstumsfuge (s. unten). Palmar-distal endet die Ulnazange mit dem *Processus coronoideus*. Unterhalb des Processus coronoideus liegt die *Tuberositas ulnae*, die Ansatzzone des M. brachialis. Das *Corpus ulnae* hat wie der Radius einen *Margo interosseus*, einen *Margo posterior* und einen *Margo anterior* sowie drei Flächen. Auf der *Facies posterior* verläuft die *Crista m. supinatoris* vom Rand der Incisura radialis ulnae nach distal. Das distale Ende der Ulna wird vom Ulnakopf, *Caput ulnae*, gebildet, das dorsal mit dem *Processus styloideus* endet. Die lateral-vorn liegende *Circumferentia articularis* steht mit der Incisura ulnaris des Radius in gelenkigem Kontakt (Abb. 6.**22**).

Oberflächenrelief und tastbare Anteile

Der *Margo medialis ulnae* liegt vom Olecranon bis zum Processus styloideus tastbar unter der Haut. *Processus styloideus* und *Caput ulnae* rufen eine deutlich sichtbare Vorwölbung am medialen Ende des Unterarmes hervor.

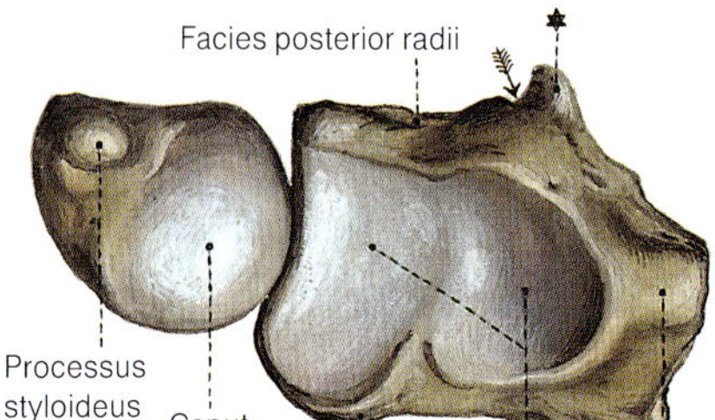

Abb. 6.**22** **Distales Ende von Elle und Speiche der rechten Seite in Gelenkkontakt in der Ansicht von distal.**

* Tuberculum dorsale (Tuberculum Listeri)
Pfeil: Rinne für die Sehne des M. extensor pollicis longus

Knochen der Hand

An der Hand unterscheidet man die Handwurzel, *Carpus,* die aus zwei Reihen würfelförmiger Knochen besteht, die Mittelhand, *Metacarpus,* mit fünf kleinen Röhrenknochen sowie die Finger, *Digiti,* mit den Phalangen (Abb. 6.**23**, 6.**24**).

Handwurzelknochen, Ossa carpi

Gestalt

Die Handwurzelknochen, *Ossa carpi (carpalia),* (Abb. 6.**23,** 6.**24,** 6.**25,** 6.**26**) bilden zwei Reihen, die im distalen Handgelenk (Articulatio mediocarpea) miteinander artikulieren. Die Knochen jeder Reihe sind in Form von straffen Gelenken miteinander verbunden. In der *proximalen Reihe* liegen, von radial nach ulnar, das *Os scaphoideum* (naviculare), das *Os lunatum* und das *Os triquetrum* mit dem *Os pisiforme. Die distale Reihe* besteht aus *Os trapezium* (multangulum majus), *Os trapezoideum* (multangulum minus), *Os capitatum* und *Os hamatum.*

An jedem der acht Handwurzelknochen unterscheidet man sechs Flächen, eine proximale und eine distale, eine dorsale und eine palmare sowie eine radiale und eine ulnare (Abb. 6.**25,** 6.**26**). Von den Handwurzelknochen bilden die proximalen Flächen der *Ossa lunatum und scaphoideum* sowie ein Teil des *Os triquetrum* einen ovoiden *Gelenkkopf,* der im proximalen Handgelenk mit der Facies articularis carpea radii und mit dem Discus articularis (s. S. 393, 415) artikuliert (s. Abb. 6.**106**, 6.**108**). Das *Os pisiforme* ist als Sesambein in die Sehne des M. flexor carpi ulnaris eingelagert; es steht mit der palmaren Fläche des Os triquetrum in gelenkiger Verbindung. Distal verlaufen die Gelenkfacetten der oberen Handwurzelreihe wellenförmig. Den seitlich vom *Os scaphoideum* und *Os triquetrum* gebildeten konvexen Gelenkflächen liegen radial die *Ossa trapezium und trapezoideum* und ulnar das *Os capitatum* an. In die zentrale Konkavität schieben sich das *Caput ossis capitati* und das proximale Ende des *Os hamatum* (s. Abb. 6.**106**).

Die dorsalen Flächen der Ossa carpi proximalia sind konvex, die volaren konkav. Seitlich sind zwei benachbarte Knochen jeweils im proximalen Bereich durch Bänder fest miteinander verbunden, distal artikulieren sie über kleine Gelenkfacetten miteinander (s. Abb. 6.**106,** 6.**108**).

Die vier Knochen der distalen Reihe bilden mit ihren proximalen Flächen gemeinsam eine umgekehrte Wellenfläche (s. Abb. 6.**106**), deren Konkavität im Bereich der Ossa trapezium und trapezoideum und deren Konvexität über den Ossa capitatum und hamatum liegt. Die distalen Flächen grenzen an die Basen der Ossa metacarpi. Die Gelenkfacetten zwischen den Knochen der distalen Handwurzelreihe sind variabel ausgebildet.

Sämtliche Handwurzelknochen zeigen im gelenkigen Verband eine *Wölbung* mit nach dorsal ausgerichteter Konvexität und nach palmar gerichteter Konkavität. Dadurch entsteht palmar der *Sulcus carpi,* der radial und ulnar jeweils von einer knöchernen Erhebung begrenzt wird: Die *Eminentia carpi ulnaris* bilden der *Hamulus ossis hamati* und das *Os pisiforme* (s. Abb. 6.**24**). Die *Eminentia carpi radialis* wird durch die *Tubercula ossis trapezii* und *ossis scaphoidei* hervorgerufen (*Canalis carpi,* s. S. 412).

Varianten

Varianten kommen an den Ossa carpi seltener vor als an den Fußwurzelknochen (s. S. 491). Es werden Verschmelzungen (Abb. 6.**27**) (*Coalitio, angeborene Synostose,* s. S. 74), z. B. zwischen Os lunatum und Os triquetrum, beobachtet. Häufiger sind Vermehrungen der kanonischen Knochen, die durch „Teilung“, z. B. des Os trapezoideum oder des Os capitatum, entstehen.

Oberflächenrelief und tastbare Anteile

Auf der Volarseite der Hand sind die knöchernen Ränder des *Sulcus carpi* tastbar. An der Basis des Daumenballens kann das *Os trapezium* palpiert werden. Das *Tuberculum ossis scaphoidei* springt bei Radialabduktion der Hand deutlich hervor. Auf der ulnaren Seite ist die Wölbung des *Os pisiforme* zu erkennen. Von dorsal lassen sich das *Os scaphoideum* in der Tabatière und weiter distal davon das *Os trapezium* gut palpieren.

Mittelhandknochen, Ossa metacarpi

Gestalt

Die fünf Mittelhandknochen, *Ossa metacarpi (metacarpalia),* (Abb. 6.**23,** 6.**24**) sind Röhrenknochen, an denen von proximal nach distal drei Abschnitte unterschieden werden: *Basis, Corpus* und *Caput.* Das Os metacarpale II ist der längste, das Os metacarpale I der kürzeste und kräftigste Mittelhandknochen. Da die Metacarpalia fingerwärts auseinanderweichen, ist die Mittelhand proximal schmaler als distal. Die Wölbung des Carpus setzt sich auf den Mittelhandbereich fort (s. oben).

Die Basen der Mittelhandknochen stehen proximal mit der distalen Reihe der Handwurzelknochen und seitlich zum Teil untereinander in gelenkiger Verbindung. Die Form der *Basis* und die Ausdehnung der Gelenkflächen ist an den einzelnen Metacarpalia verschieden; außerdem gibt es individuelle Varianten. Charakteristisch für die Basis des *Os metacarpale III* ist

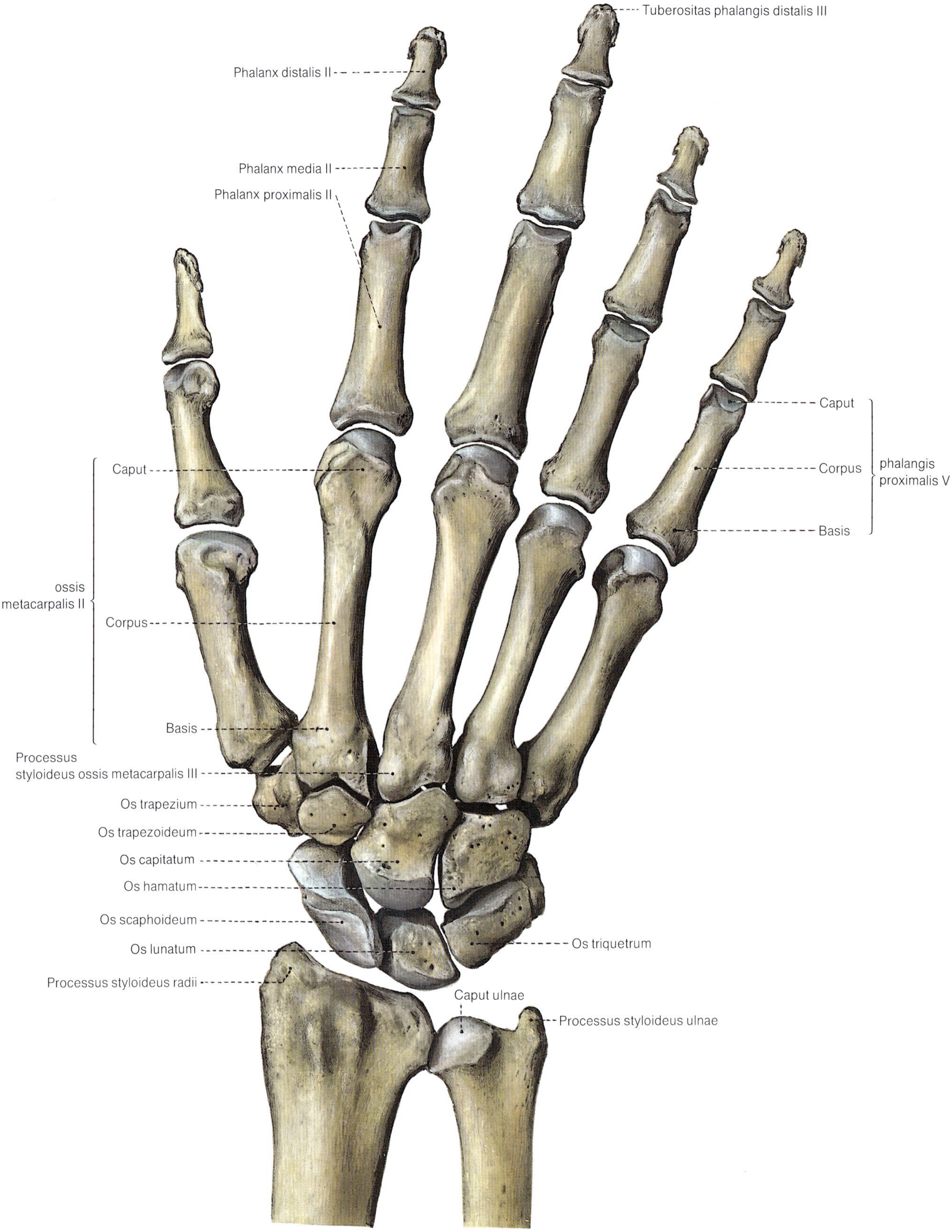

Abb. 6.**23 Knochen der rechten Hand mit den distalen Abschnitten von Elle und Speiche in der Ansicht von dorsal.**

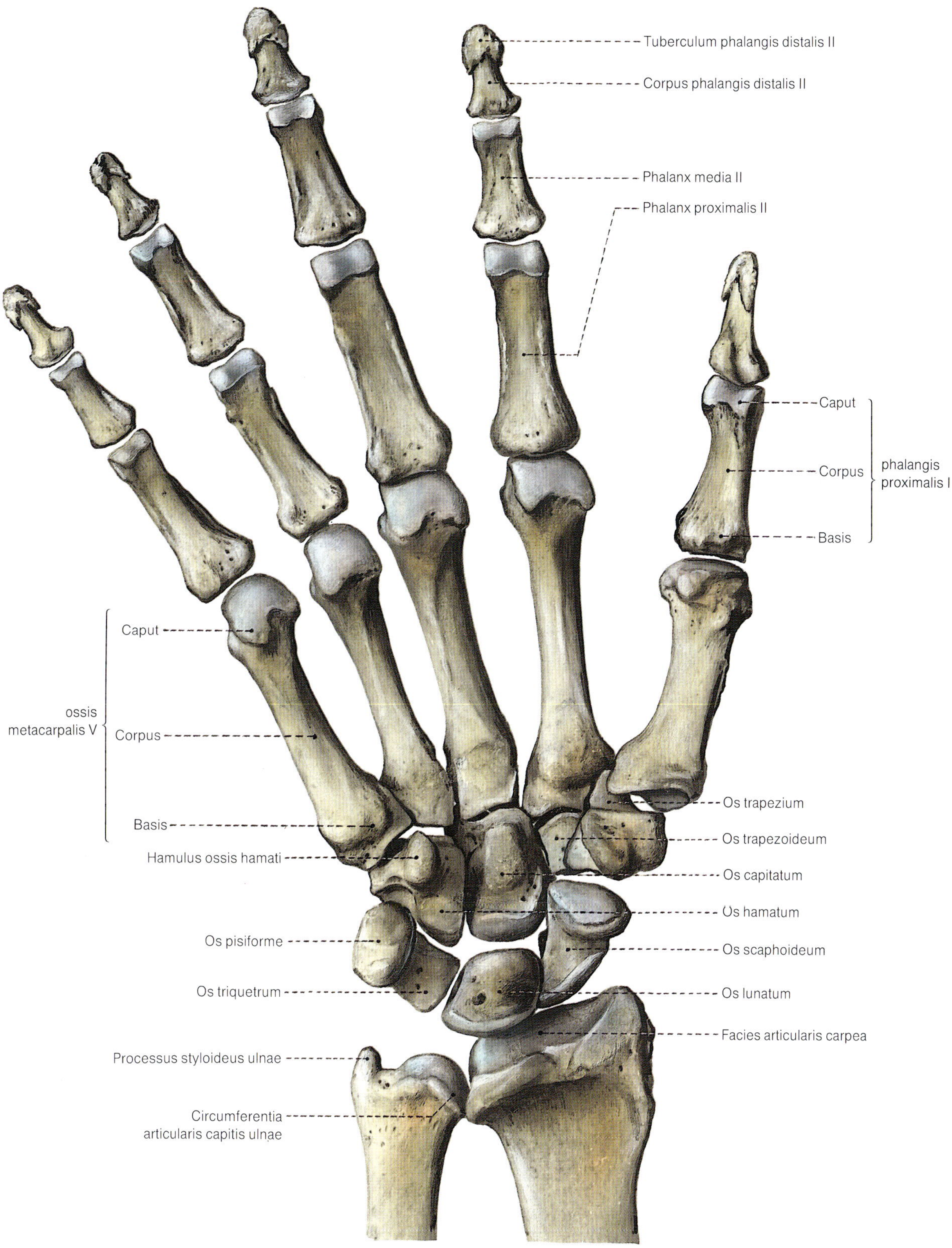

Abb. 6.**24** **Knochen der rechten Hand mit den distalen Abschnitten von Elle und Speiche in der Ansicht von palmar.**

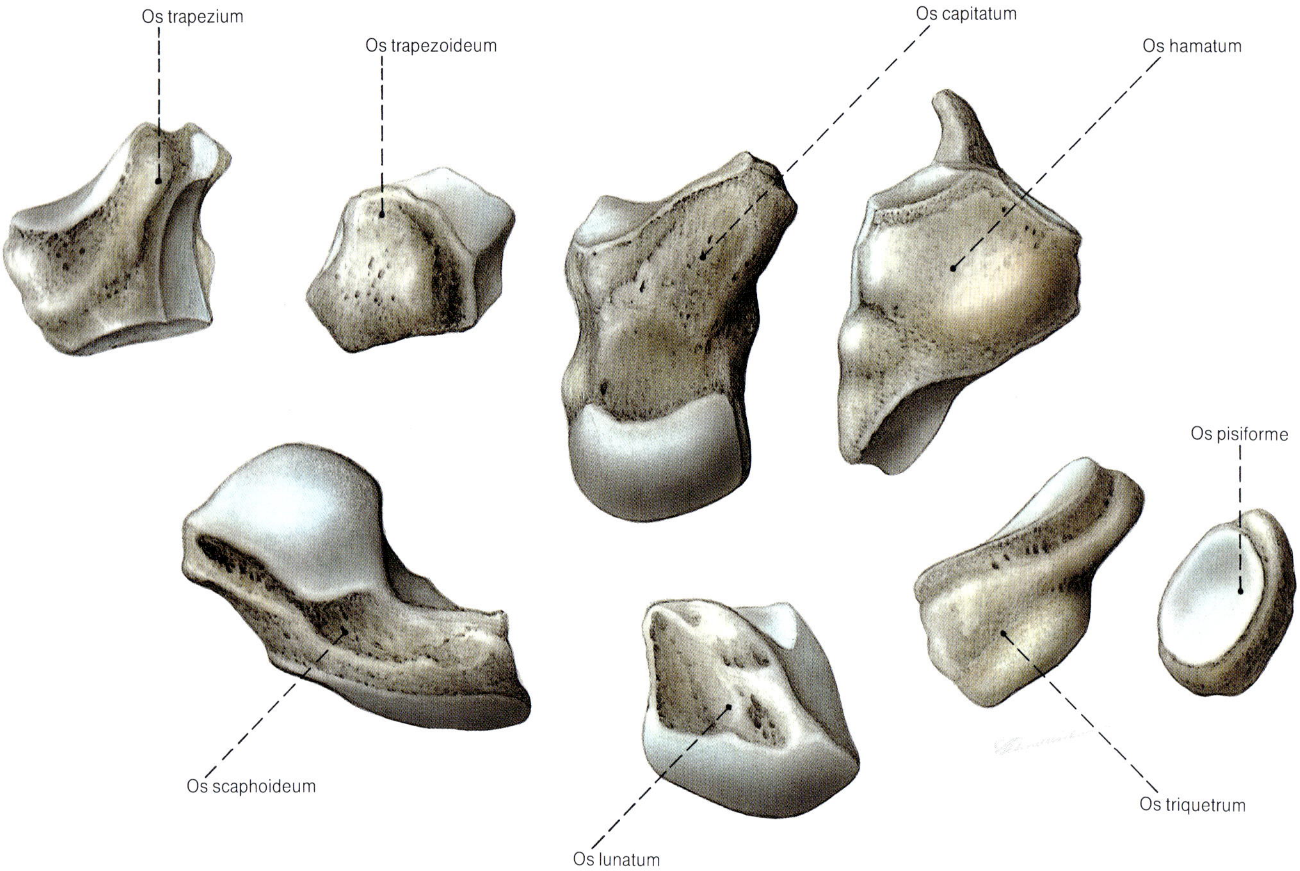

Abb. 6.**25** **Handwurzelknochen der rechten Hand in der Ansicht von dorsal.**

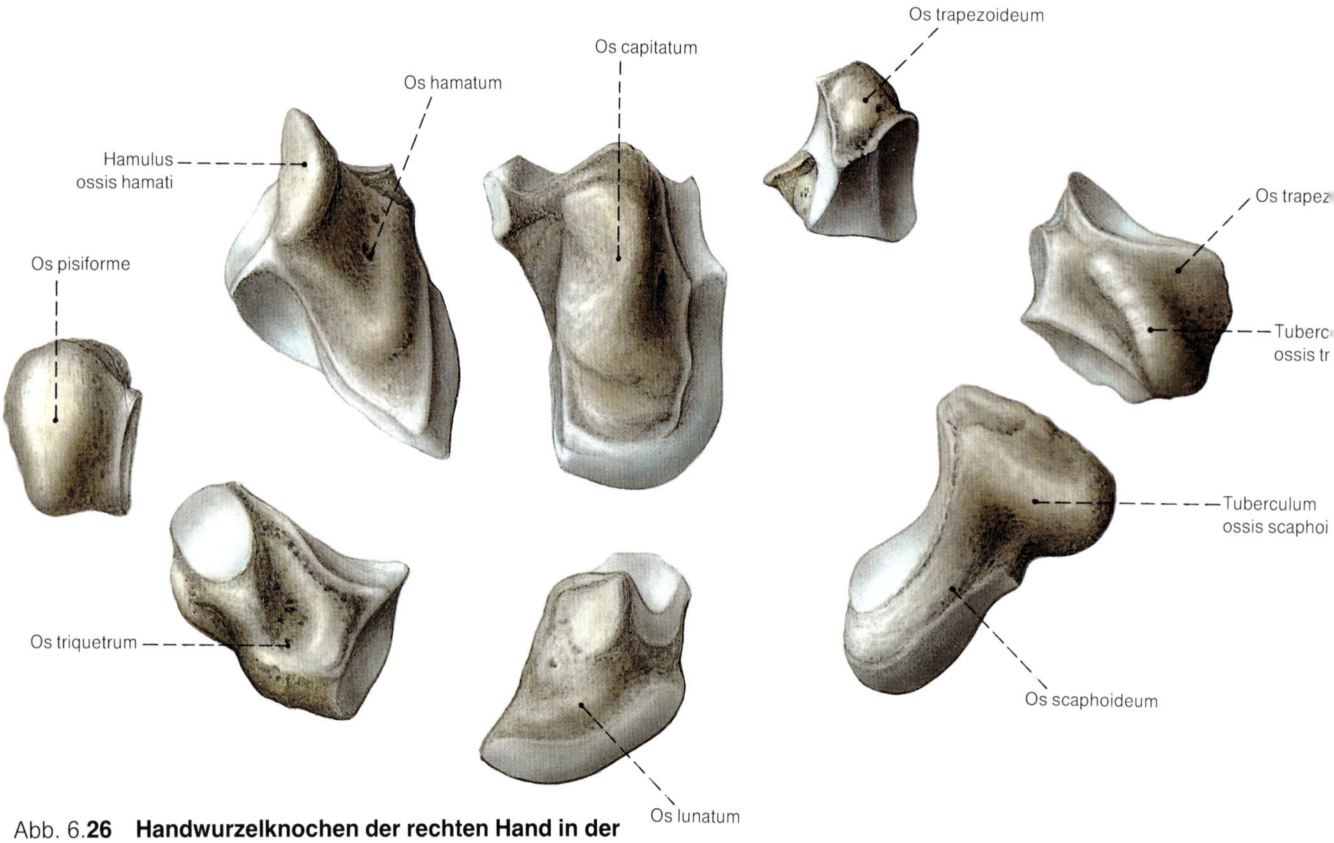

Abb. 6.**26** **Handwurzelknochen der rechten Hand in der Ansicht von volar.**

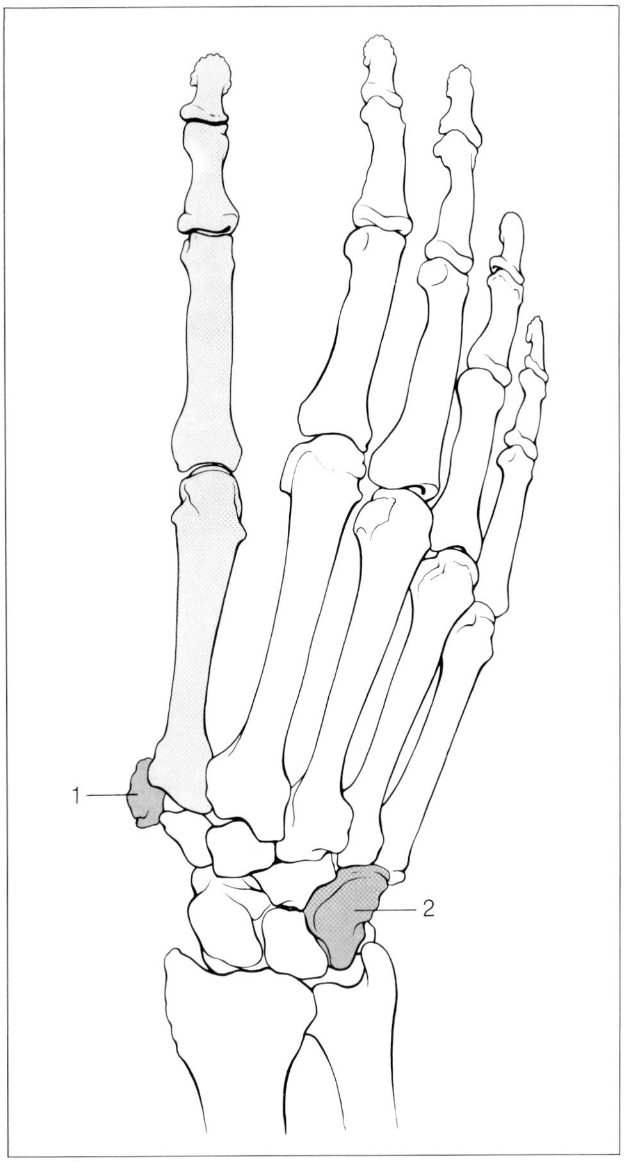

Abb. 6.**27** **Skelett der rechten Hand einer erwachsenen Frau in der Ansicht von dorsal.** Triphalanger Daumen, überzähliger Knochen am Os metacarpale I (1) und Verschmelzung von Os triquetrum und Os hamatum (2).
(Präparat der Sammlung des Anatomischen Institutes, Kiel)

der radial-dorsal liegende *Processus styloideus,* an dem der M. extensor carpi radialis brevis inseriert (Abb. 6.**23**, 6.**93**, 6.**129**). Der fünfte Mittelhandknochen hat basal-dorsal-ulnar einen Knochenhöcker. Die Basis des Os metacarpale II ist sehr breit; die karpale Gelenkfacette hat eine tiefe Konkavität.

An ihrer Basis (s. Abb. 6.**106**) artikulieren das *Os metacarpale V* mit dem Os hamatum, das *Os metacarpale IV* mit den Ossa hamatum und capitatum, das *Os metacarpale III* mit dem Os capitatum und das *Os metacarpale II* mit den Ossa capitatum und trapezoideum. Seitlich stehen die Basen der Ossa metacarpalia III und IV an ihrer radialen und ulnaren Fläche untereinander sowie mit den benachbarten Ossa metacarpalia II und V in Verbindung. Das Os metacarpale V hat radial eine Gelenkfacette für das Os metacarpale IV. Der zweite Mittelhandknochen artikuliert an seiner ulnaren Seite mit dem Os metacarpale III und radial mit dem Os trapezium.

Die *Körper* der Mittelhandknochen haben einen dreieckigen Querschnitt. Sie sind palmarwärts in Schaftrichtung leicht konkav gebogen. Die *Mittelhandknochenköpfe* sind kugelförmig. Sie artikulieren mit den Basen der Fingergrundphalangen in den Fingergrundgelenken, *Articulationes metacarpophalangeae.* Die Gelenkflächen dehnen sich palmar weiter aus als dorsal; sie sind palmar außerdem breiter als dorsal. An den Seiten der Metakarpalköpfe liegt eine kleine Grube, in der die Kollateralbänder inserieren (s. S. 428).

Das *Os metacarpale I* nimmt eine Sonderstellung ein; seine sattelförmige Gelenkfacette an der Basis bildet mit der entsprechenden Sattelfläche am Os trapezium die bewegliche *Articulatio carpometacarpea pollicis* (s. S. 440). Das Os metacarpale I hat ulnar keine gelenkige Verbindung mit dem zweiten Mittelhandknochen.

Oberflächenrelief und tastbare Anteile

Die Mittelhandknochen können vom Handrücken aus in ganzer Ausdehnung palpiert werden. Bei Beugung der Finger im Grundgelenk zeichnet sich die Kontur der Metakarpalköpfe dorsal deutlich ab. Auf der Volarseite der Hand ist nur der distale Abschnitt der Mittelhandknochen zu tasten.

Fingerknochen, Ossa digitorum manus

Gestalt

Die Knochen der Fingerglieder, *Phalanges manus,* (Abb. 6.**23,** 6.**24**) sind kleine Röhrenknochen, an denen sich, wie an den Ossa metacarpi, *Basis, Corpus* und *Caput* unterscheiden lassen. Der *Daumen* hat eine *Grund-* und eine *Endphalanx.* Die *dreigliedrigen Finger* II–V besitzen jeweils drei Phalangen *(Phalanges proximalis, media und distalis).* Die Größe der Phalangen nimmt von proximal nach distal ab. Die *Phalanx proximalis* hat eine palmarwärts gerichtete Krümmung, ihre Dorsalseite ist glatt. Auf der Palmarseite zeigen die Grundphalangen eine Längs- und Querwölbung, die durch seitliche Randleisten verstärkt wird. An der Basis liegt proximal die querovale Gelenkpfanne für den Metakarpalkopf. Die rinnenförmige Gelenkfacette des Grundphalanxkopfes *(Trochlea)* artikuliert mit der konvexen Führungsleiste an der Basis der Mittelphalanx. Im seitlichen Schaftbereich der *Phalanx media* treten auf der Palmarseite, wie an der Grundphalanx, Knochenkämme vor. Die Trochlea des Mittelphalanxkopfes artikuliert mit der konvexen Gelenkfacette an der Endphalanxbasis. Der Kopf der *Phalanx distalis* ist flach; seitlich und palmar bildet der Knochen eine pilzförmige Rauhigkeit, *Tuberositas phalangis distalis,* in der die Bindegewebszüge der Fingerkuppen verankert sind.

Oberflächenrelief und tastbare Anteile

Die Konturen der Fingerknochen sind mit Ausnahme der Endphalanxköpfe allseits gut zu palpieren (vgl. Hand, S. 406).

Entwicklung des Armskeletts

Alle Knochen des Armskeletts werden, mit Ausnahme des mittleren Teiles der Clavicula (s. S. 57), knorpelig angelegt. Der Beginn der Knochenbildung zeigt individuelle und geschlechtsspezifische Unterschiede (Abb. 6.**28**). Die Knochenbildung beginnt am *Schlüsselbein* in der 6.–7. Embryonalwoche. Die perichondrale Osteogenese an den *Diaphysen* von *Humerus, Radius* und *Ulna* erfolgt gegen Ende des 2. Embryonalmonats. Der Knochenkern in der *proximalen Humerusepiphyse* erscheint am Ende des 1. Lebensjahres. Die *distale Epiphyse* verknöchert von mehreren Knochenkernen aus, die zwischen dem 2. und 12. Lebensjahr auftreten. Da die proximale Epiphyse erst zwischen dem 20. und 25. Lebensjahr mit dem Schaft verschmilzt, trägt sie mehr zum Längenwachstum des Humerus bei als die distale Epiphyse, die sich schon im 16.–18. Lebensjahr mit der Diaphyse vereinigt. *Apophysäre Knochenfortsätze,* wie die Tubercula majus und minus des Humerus verknöchern im 2.–4., die Epikondylen im Ellenbogenbereich zwischen dem 5. und 14. Lebensjahr. In den Apophysen des *Schulterblattes* setzt die Knochenbildung zwischen dem 10. und 21. Lebensjahr ein. Der Knochenkern der *distalen Radiusepiphyse* erscheint zwischen dem 1. und 2. Lebensjahr. In der *proximalen Epiphyse* setzt die endochondrale Osteogenese zwischen dem 5. und 7. Lebensjahr ein. Da sich die distale Epiphysenfuge (21.–25. Lebensjahr) später schließt als die proximale (14.–17. Lebensjahr), findet das Längenwachstum vornehmlich distal statt. Die *Ulna* hat keine proximale Epiphyse. Das *Olecranon* ist eine *Apophyse,* in der zwischen dem 8. und 12. Lebensjahr meistens zwei Knochenkerne auftreten. Der proximale Abschnitt der Ulna wächst vorwiegend von der Diaphyse aus. In der *distalen Epiphyse* tritt der Knochenkern zwischen dem 5. und 8. Lebensjahr auf. Da die Vereinigung mit dem Schaft erst am Beginn des dritten Dezennium einsetzt, wächst die Ulna wie der Radius vorwiegend distal in die Länge. Die *Processus styloidei* von Radius und Ulna entstehen über eigene Knochenkerne zwischen dem 7. und 12. Lebensjahr.

Der erste Knochenkern im *Handwurzelskelett* (Abb. 6.**29**) tritt normalerweise im Os capitatum auf. Als letztes verknöchert das Os pisiforme am Ende des ersten Dezennium. An den Diaphysen der *Mittelhandknochen* setzt die Knochenbildung um die 9. Fetalwoche, an den *Phalangen* der Finger gegen Ende des 3. Fetalmonats ein. Die *Metacarpalia II–V* haben nur eine *distale Epiphyse,* deren Knochenkern im 2.–3. Lebensjahr erscheint. Die *Epiphyse* des *Os metacarpale I* liegt *proximal;* ihr Knochenkern tritt meistens im 3. Lebensjahr auf. Die *Phalangen* haben jeweils nur eine *proximale Epiphyse* (Abb. 6.**29**). Der Beginn der Osteogenese in den Epiphysen der Phalangen erstreckt sich über das 1.–3. Lebensjahr.

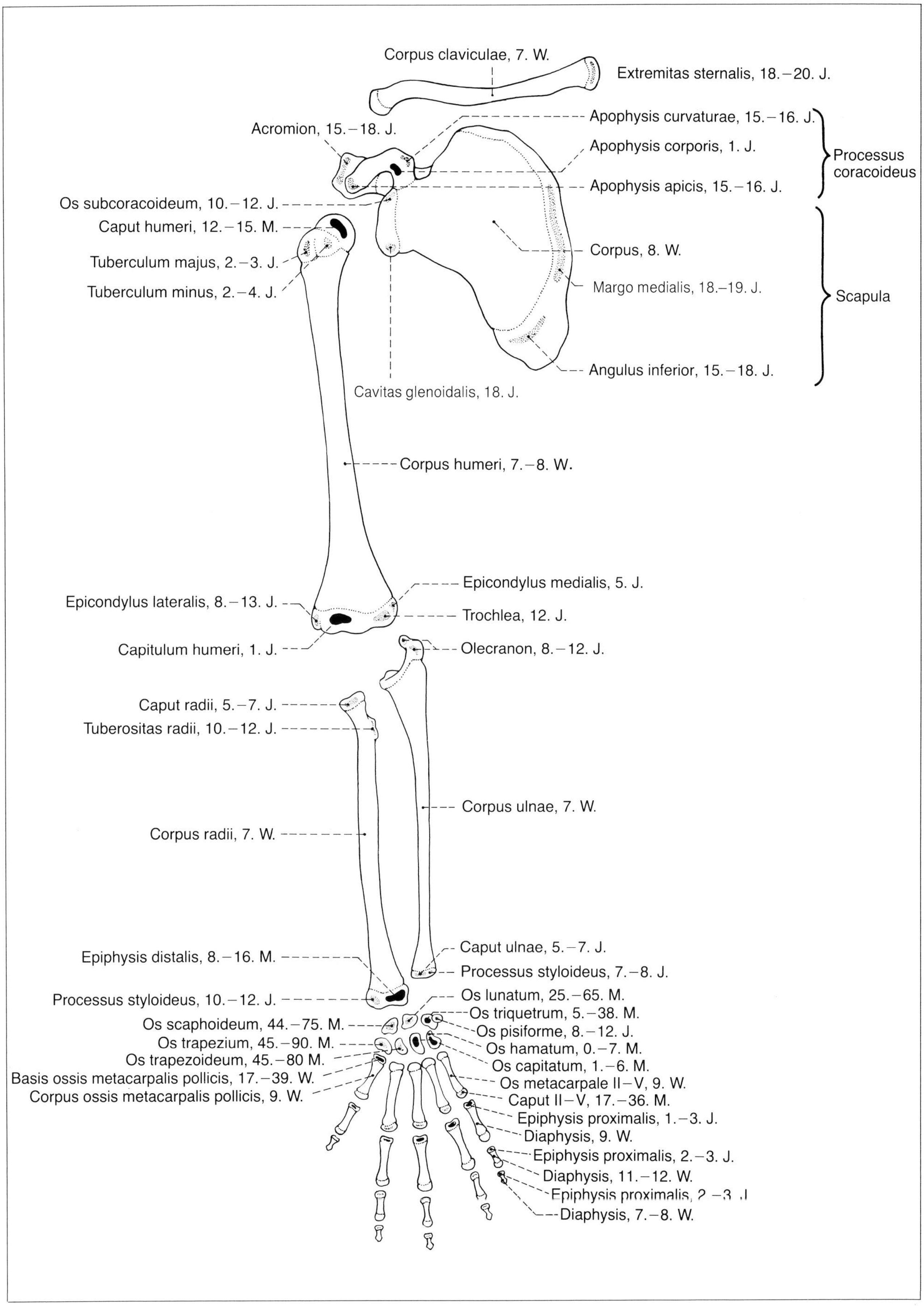

Abb. 6.**28** **Knochenkerne des Armskeletts; Zeitpunkt ihres Auftretens** (nach *v. Lanz-Wachsmuth*).

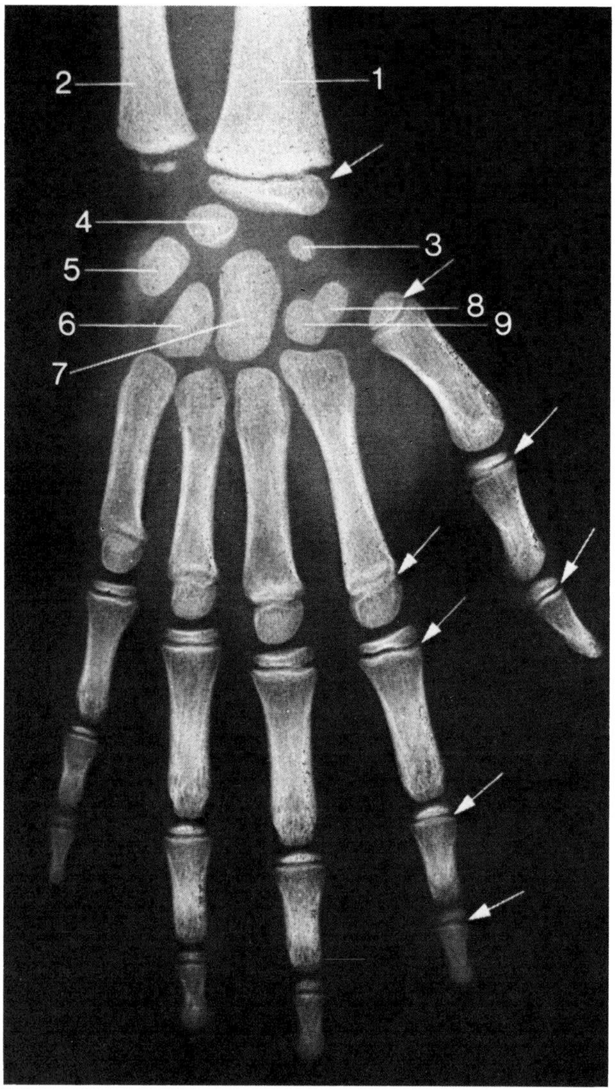

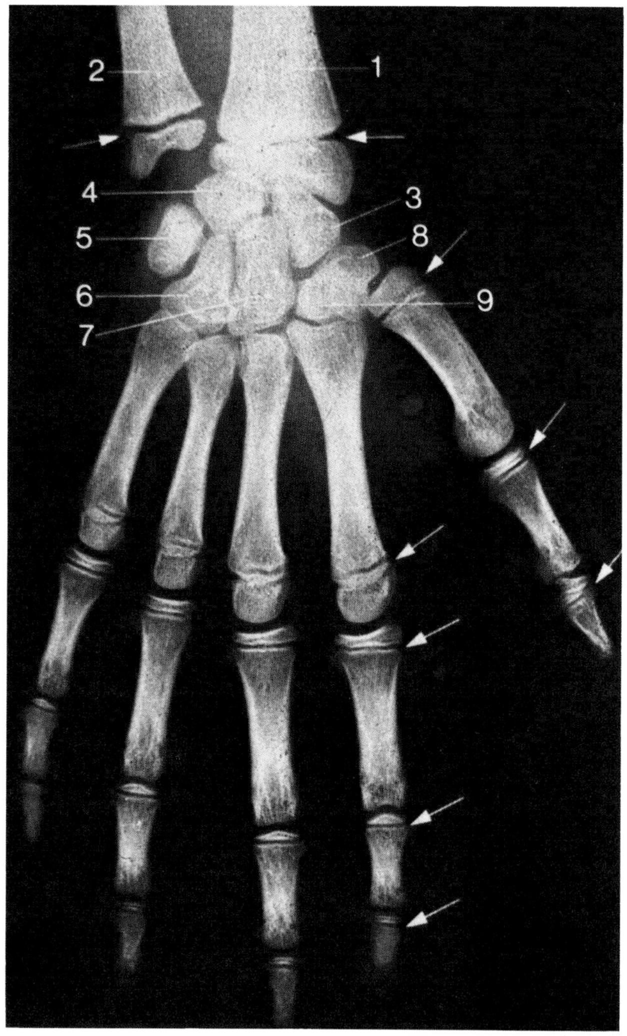

Abb. 6.**29a** **Röntgenbild der rechten Hand und der distalen Enden von Elle und Speiche eines 7jährigen Kindes im dorso-palmaren Strahlengang.** Man beachte den eben erst angelegten Knochenkern in der distalen Epiphyse der Ulna. Von den Handwurzelknochen hat das Os scaphoideum den kleinsten Knochenkern. Die Knochenbildung des Os capitatum ist am weitesten fortgeschritten. Die knorpeligen Epiphysenfugen von Radius, Mittelhandknochen und Fingerphalangen sind durch Pfeile gekennzeichnet. Im Gegensatz zu den Ossa metacarpalia II–V, die eine distale Epiphysenfuge besitzen, hat das Os metacarpale I eine proximale Epiphysenfuge. Die Epiphysenfugen der Phalangen liegen an allen Fingern im proximalen Abschnitt.

1 Radius
2 Ulna
3 Os scaphoideum
4 Os lunatum
5 Os triquetrum
6 Os hamatum
7 Os capitatum
8 Os trapezium
9 Os trapezoideum

Abb. 6.**29b** **Röntgenbild der rechten Hand und der distalen Enden von Elle und Speiche eines 10jährigen Kindes im dorso-palmaren Strahlengang.** Im Vergleich mit dem 7jährigen Kind ist die Knochenbildung vorangeschritten (Bezeichnungen wie in Abb. 6.**29a**).

Schulter

Allgemeiner Aufbau und Oberflächenrelief der Schulter

Die Form der Schulter wird durch das Skelett und die Muskulatur geprägt (Abb. 6.**30**, 6.**31**, 6.**32**). Das *Schlüsselbein* ist fast in seiner gesamten Länge sichtbar. Es bildet die Grenze zwischen Hals- und Brustregion. Oberhalb des mittleren Drittels der Clavicula liegt die *Fossa supraclavicularis major* (Abb. 6.**30**), die medial vom lateralen Rand des *M. sternocleidomastoideus* und lateral vom *M. trapezius* begrenzt wird. Als *Fossa supraclavicularis minor* bezeichnet man die Grube zwischen den beiden Ursprüngen des M. sternocleidomastoideus (Abb. 8.**4**). Unterhalb des Schlüsselbeins ist lateral die *Fossa infraclavicularis, Mohrenheimsche Grube,* sichtbar. Sie hat die Form eines Dreiecks, dessen Basis die Clavicula und deren Seiten die Ränder der *Mm. pectoralis major und deltoideus* bilden. Die Spitze der Grube geht in eine Rinne zwischen M. pectoralis major und M. deltoideus, den *Sulcus deltoideopectoralis,* über, in der die, häufig durch die Haut sichtbare, V. cephalica verläuft. Die Mohren-

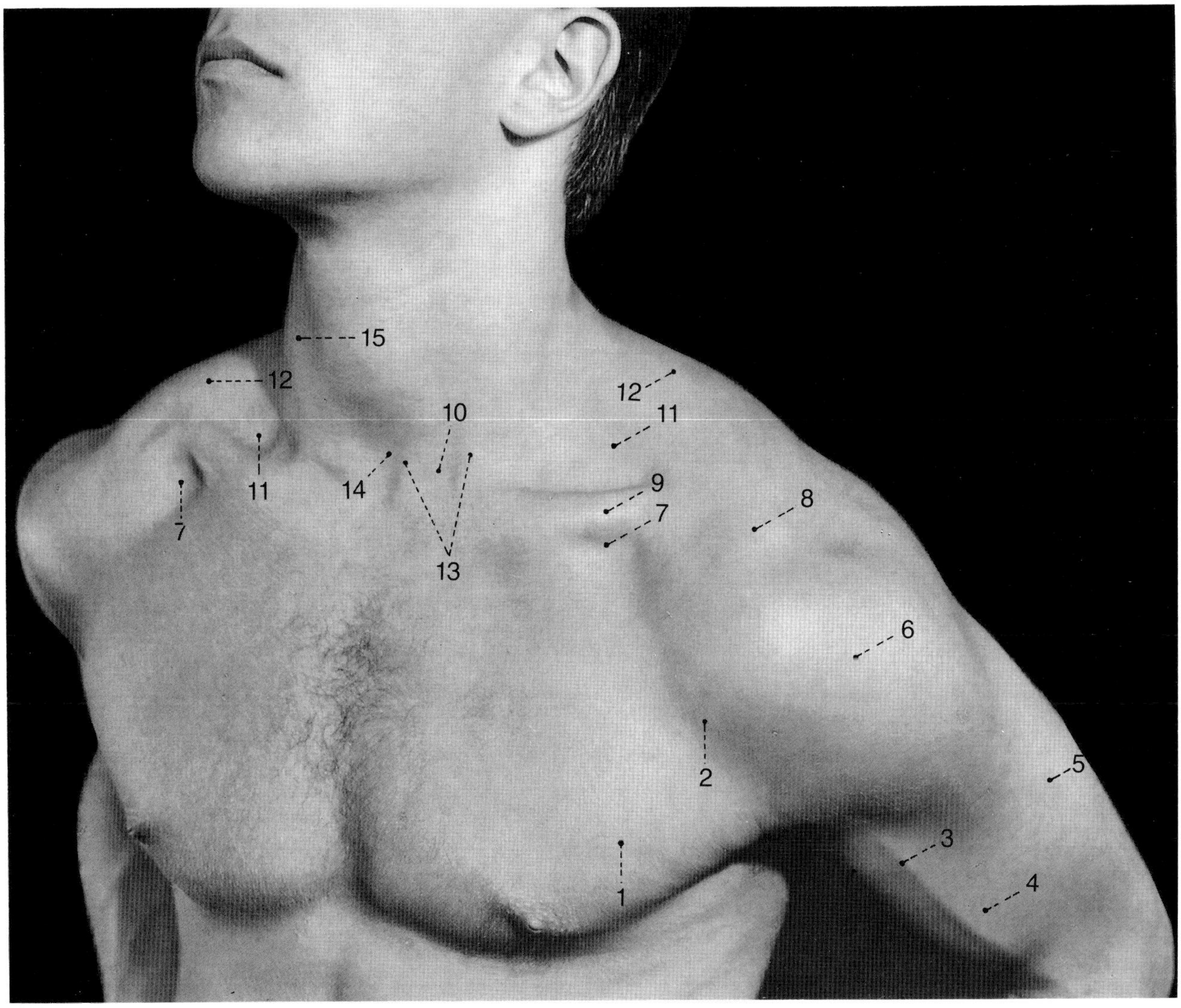

Abb. 6.**30** **Hals-, Schulter- und Brustregion bei einem jungen Mann in der Ansicht von vorn-seitlich.**
1 M. pectoralis major
2 Sulcus deltoideopectoralis
3 V. cephalica
4 M. biceps brachii
5 M. triceps brachii
6 M. deltoideus
7 Fossa infraclavicularis (Mohrenheimsche Grube)
8 Acromion
9 Clavicula
10 Fossa supraclavicularis minor
11 Fossa supraclavicularis major
12 M. trapezius
13 Caput sternale und Caput claviculare des M. sternocleidomastoideus
14 Fossa jugularis (Drosselgrube)
15 M. sternocleidomastoideus

heimsche Grube ist bei herabhängendem Arm flach, in Abduktionsstellung wird sie tiefer. Die Achselhöhle *(Fossa axillaris)* wird von den beiden Achselfalten begrenzt, die vorn vom *M. pectoralis major* und hinten vom *M. latissimus dorsi* gebildet werden (Abb. 6.**31**). Die *Schulterwölbung* entsteht durch *Acromion, Tuberculum majus humeri* und *M. deltoideus*. Der M. deltoideus ist wesentlich an der Reliefbildung der Schulter beteiligt. Seine Ursprünge an der Spina scapulae, am Acromion und am lateralen Drittel der Clavicula ziehen V-förmig zum Humerus und überkreuzen auf der Vorderseite den *Bizepswulst* sowie auf der Rückseite den *M. triceps brachii*. Die drei Anteile des *M. trapezius* lassen sich am Rücken abgrenzen (Abb. 6.**32**). Eine rautenförmige Eindellung der Haut entspricht dem Sehnenspiegel der beidseitigen *Partes horizontales* und dem lateralen Rand der *Pars ascendens*, die in eine dünne, dreieckige Sehne übergeht. Über ihr springt der abgerundete Rand der Pars horizontalis vor. Die *Mm. infraspinatus, teres major und latissimus dorsi* sind ebenfalls an der Reliefbildung der Schulter beteiligt.

Bewegungsmöglichkeiten im Schulterbereich

An den Bewegungen im Schulterbereich sind neben dem Schultergelenk, *Articulatio humeri*, die Schultergürtelgelenke, *Articulationes acromioclavicularis und sternoclavicularis*, sowie als Bandhaften das *Lig. costoclaviculare* und das *Lig. coracoclaviculare* beteiligt. Große Bedeutung für die freie Beweglichkeit kommt dem aus Schleimbeuteln *(Bursa subacromialis* und *Bursa subdeltoidea)* bestehenden Gleitlager zwischen Schulterdach und Rotatorenmanschette (s. S. 362) zu. Funktionell bilden die Schleimbeutel hier ein *„Nebengelenk"* („subakromiales Nebengelenk"), mit dessen Hilfe der Arm über die Horizontale *eleviert** werden

* Anders als im anatomischen Schrifttum wird in der Klinik der Begriff *„Elevation"* für alle Bewegungen angewendet, bei denen der Arm – unabhängig vom Ausmaß der Bewegung – vom Rumpf wegbewegt wird. Wir schließen uns dieser klinischen Definition an. Der Arm kann in der Frontalebene (Abduktion und Adduktion) und in der Sagittalebene (Anteversion und Retroversion) eleviert werden.

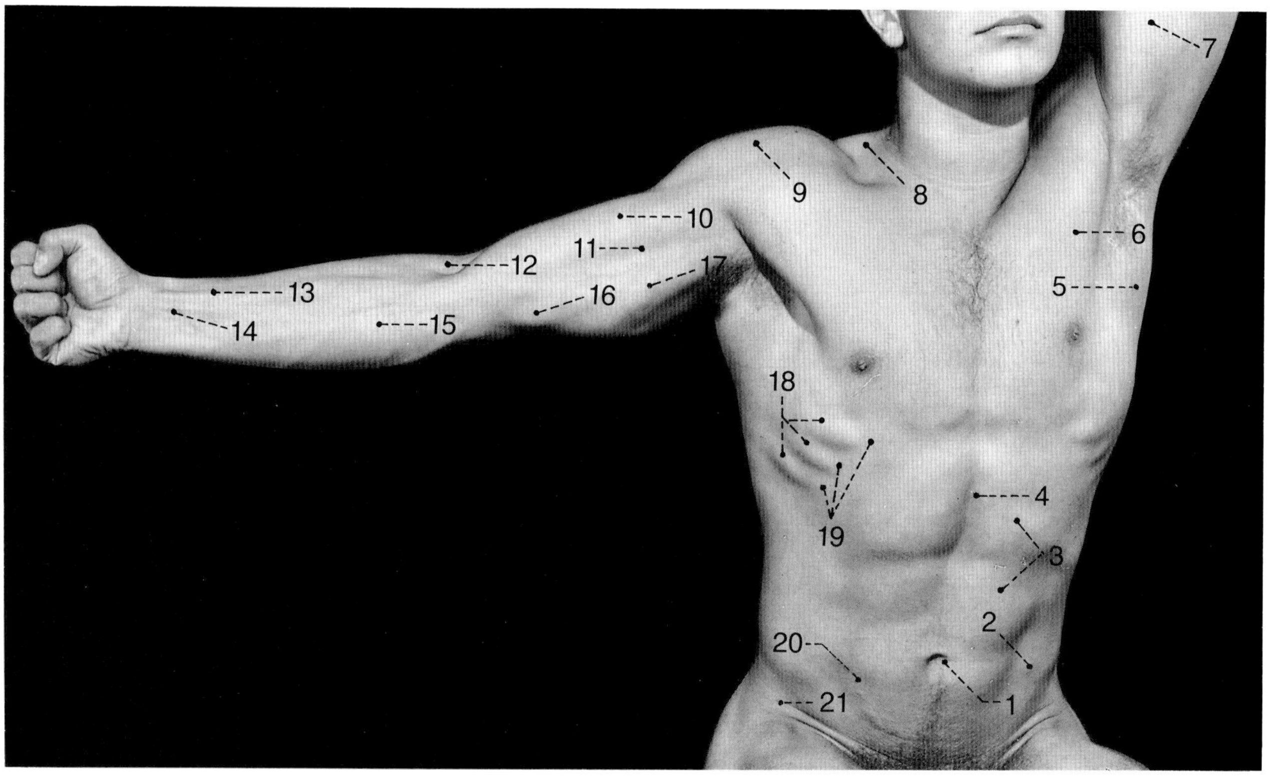

Abb. 6.**31** **Ventrale Rumpfwand, linke Achselhöhle und rechter Arm eines jungen Mannes in der Ansicht von vorn.**

1 Umbilicus
2 Muskelecke des M. obliquus externus abdominis
3 M. rectus abdominis
4 Linea alba
5 M. latissimus dorsi
6 M. pectoralis major
7 M. biceps brachii
8 M. trapezius
9 M. deltoideus
10 M. biceps brachii
11 Sulcus bicipitalis medialis
12 Extensoren am Unterarm
13 Sehne des M. flexor carpi radialis
14 Sehne des M. palmaris longus
15 Beuger am Unterarm
16 Caput mediale m. tricipitis brachii
17 Caput longum m. tricipitis brachii
18 M. serratus anterior (Pars convergens)
19 Gerdysche Linie
20 McBurneyscher Punkt
21 Spina iliaca anterior superior

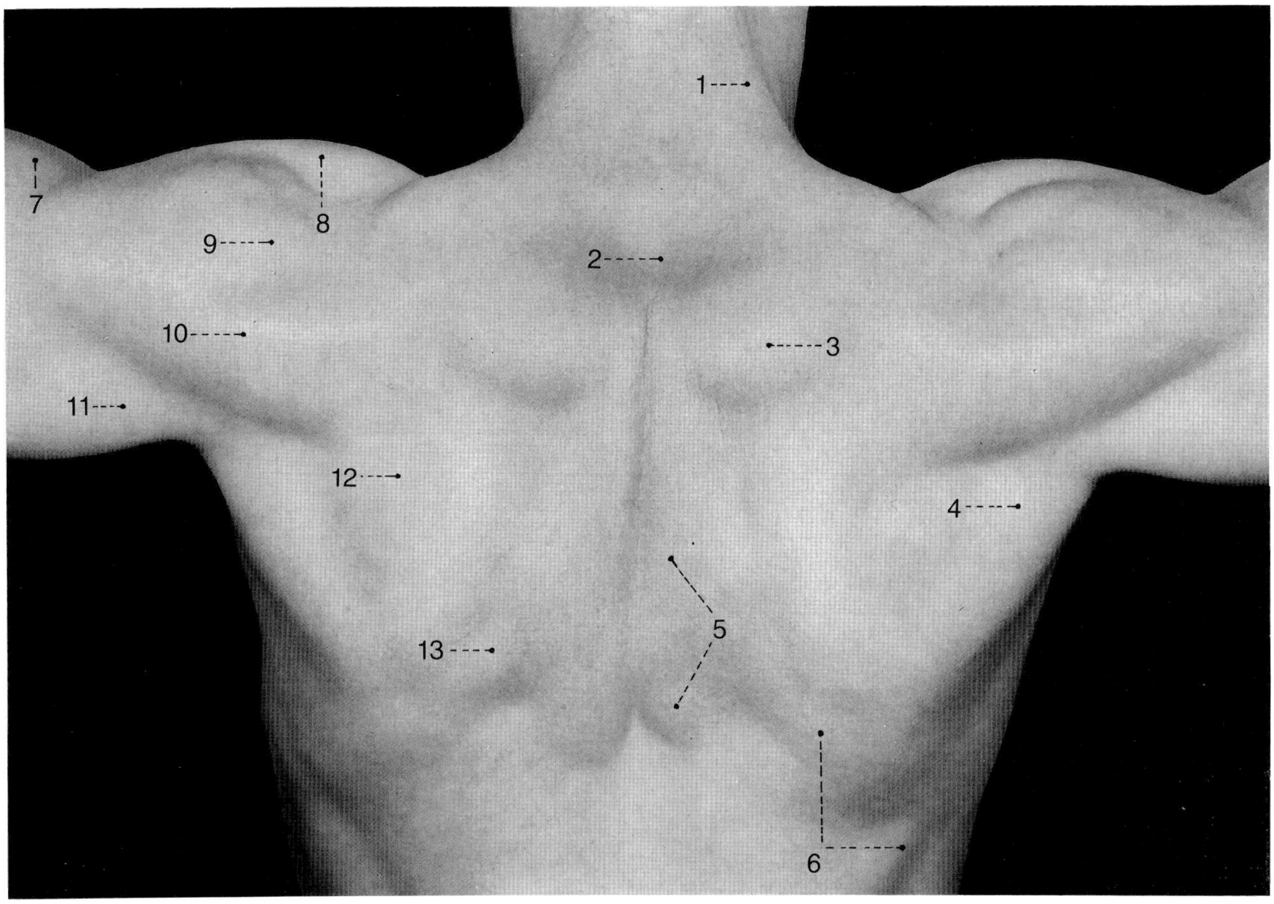

Abb. 6.**32** **Schultern, Nacken und Rücken eines jungen Mannes in der Ansicht von hinten.** Arme abduziert.
1 Pars descendens m. trapezii
2 Sehnenspiegel des M. trapezius
3 Pars transversa m. trapezii
4 M. teres major
5 Pars ascendens m. trapezii (Asymmetrie der aufsteigenden Anteile auf der rechten und linken Körperseite)
6 M. latissimus dorsi
7 M. biceps brachii
8 Pars clavicularis m. deltoidei
9 Pars acromialis m. deltoidei
10 Pars spinalis m. deltoidei
11 Caput longum m. tricipitis brachii
12 M. infraspinatus
13 M. rhomboideus
(Foto stud. med. *Hartmut Küttner*)

kann (s. S. 340). Eine Verödung der Schleimbeutel führt folglich zu einer starken Bewegungseinschränkung im Schulterbereich. Schließlich ist die freie Verschieblichkeit des in den Muskelschlingen der Schultergürtelmuskulatur „aufgehängten" Schulterblattes Voraussetzung für die Bewegungen im Schulterbereich; sie wird durch das lockere Bindegewebe zwischen den Mm. subscapularis und serratus anterior gewährleistet *(„Schulterblatt-Thorax-Gelenk")*. Alle diese Einrichtungen bilden eine *funktionelle Einheit*. Beim normalen Bewegungsablauf sind weder im Schultergelenk noch im Schultergürtel eigenständige Bewegungen möglich. So kommt es bei der Elevation des Armes im Schultergelenk bereits in der Initialphase zu Mitbewegungen im Schultergürtel. Bei Abduktion des Armes von 150° entfallen etwa 90° auf die Bewegungen im Schultergelenk und 60° auf die Bewegungen im Schultergürtel. An der Bewegung im Schultergürtel sind Sternoklavikular- und Akromioklavikulargelenk in gleichem Maße beteiligt.

Schultergürtelgelenke

Mediales Schlüsselbeingelenk, Articulatio sternoclavicularis

Aufbau

Artikulierende Anteile

Der Schultergürtel steht mit dem Rumpfskelett über die *Art. sternoclavicularis* (Abb. 6.**33**) in gelenkiger Verbindung. Die beiden sattelförmigen Gelenkflächen in der *Incisura clavicularis sterni* (Abb. 5.**134**) und an der *Extremitas sternalis claviculae* (Abb. 6.**61**) sind leicht inkongruent und von individuell unterschiedlicher Form. Die *Facies articularis sternalis claviculae* ist wesentlich größer als die Incisura clavicularis sterni. Beide Gelenkflächen sind von *Faserknorpel* bedeckt, der in der sternalen Gelenkfläche gleichmäßig dick ist. An der Facies articularis sternalis claviculae ist der Knorpel medial oben dicker als lateral unten.

Gelenkkapsel und Bänder

Die Gelenkkapsel ist weit, dickwandig und fest; sie wird von den *Ligg. sternoclavicularia ant. und post.* verstärkt. Von den Verstärkungsbändern (Abb. 5.**144**) ziehen die Ligg. sternoclavicularia von der Extremitas sternalis zum Manubrium sterni. Die Unterfläche der Clavicula ist mit dem Knorpel der ersten Rippe über das *Lig. costoclaviculare* verbunden.

Gelenkhöhle

Innerhalb der Gelenkhöhle liegt ein faserknorpeliger *Discus articularis* (Abb. 6.**33**), der ringsum mit der Kapsel verwachsen ist und die Gelenkhöhle vollständig oder unvollständig unterteilt (s. oben). Er gleicht die Inkongruenzen der artikulierenden Gelenkflächen aus. Der Discus hat die Form einer konvex-konkaven Platte, die am oberen dorsalen Rand eine Stärke von 3–5 mm erreicht. In dieser Region kann die gesamte Dicke der Knorpelschichten mehr als 1 cm betragen; dieses hat für die Beweglichkeit des Gelenkes sowie für die Kraftübertragung und die Funktion des gesamten Armes große Bedeutung (s. unten).

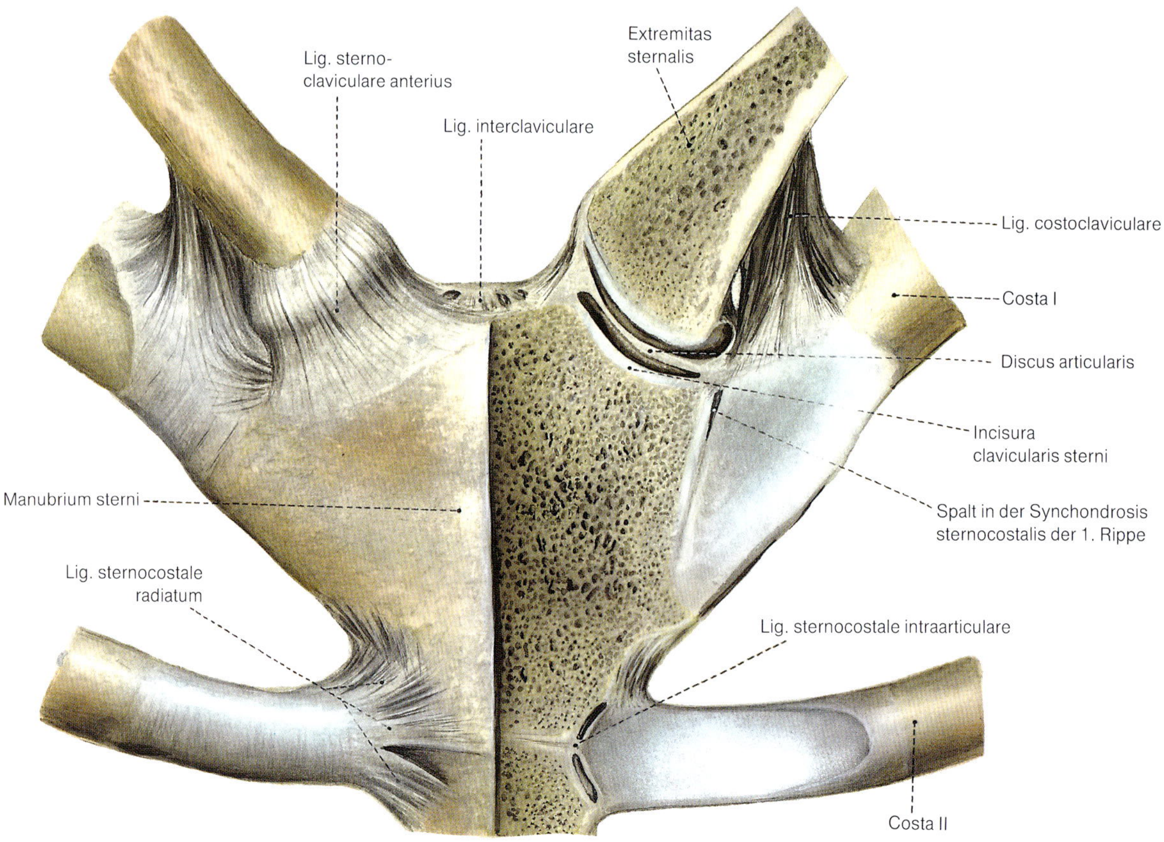

Abb. 6.**33** **Mediale Schlüsselbeingelenke und Sternokostalgelenke in der Ansicht von ventral.** Rechte Seite: Kapsel-Band-Apparat. Linke Seite: Flachschnitt durch die Gelenke.

Mechanik

Das Sternoklavikulargelenk ist ein *Sattelgelenk,* das *Bewegungen* des Schlüsselbeines in der *Horizontal-* und *Frontalebene* zuläßt. Um eine nahezu *vertikale Achse* kann das akromiale Ende des Schlüsselbeines in der Horizontalebene um etwa 10 cm nach ventral und um ca. 3 cm nach dorsal geführt werden (Abb. 6.**37**). Die Vorwärtsbewegung der Clavicula wird durch das Lig. costoclaviculare und durch das Lig. sternoclaviculare posterius gehemmt. Die Rückwärtsführung wird durch die Ligg. sternoclaviculare anterius und costoclaviculare begrenzt. Die *zweite Hauptbewegungsachse* verläuft leicht schräg von lateral-vorn nach medial-hinten und ermöglicht ein Anheben und Senken der Clavicula (Abb. 6.**36**). Das akromiale Ende der Clavicula kann um etwa 10 cm nach kranial angehoben werden. Die Bewegung wird durch die Anspannung des M. subclavius und des Lig. costoclaviculare begrenzt. Wird die Clavicula maximal nach unten geführt, kommt es zum knöchernen Kontakt mit der ersten Rippe und zu einer Anspannung des Lig. interclaviculare. Die weite Gelenkkapsel sowie der dicke Faserknorpelbelag auf den Gelenkflächen und der Discus articularis (s. oben) ermöglichen der Clavicula in einem *3. Freiheitsgrad* eine leichte *Rotation* von ca. 30° um ihre Längsachse. Eine Außenrotation der Clavicula kann man bei allen Elevationsbewegungen im Schulterbereich beobachten.

Laterales Schlüsselbeingelenk, Articulatio acromioclavicularis

Aufbau

Artikulierende Anteile

Die Articulatio acromioclavicularis (sog. Schultereckgelenk) wird von der planen oder geringgradig gewölbten *Facies articularis acromialis claviculae* (Abb. 6.**6**) und von der elliptischen, leicht konkaven *Facies articularis clavicularis (acromii)* (Abb. 6.**7**) gebildet. Die Gelenkfläche der Clavicula ist nach lateral-hinten, die des Acromion nach medial-vorn gerichtet.

Gelenkkapsel und Bänder

Die weite Gelenkkapsel ist vorn dicker als hinten; sie wird oben durch das *Lig. acromioclaviculare* (Abb. 6.**34**) und durch die Sehnen des M. deltoideus und des M. trapezius verstärkt. Die Bandverbindung zwischen Clavicula und Scapula, das *Lig. coracoclaviculare,* besteht aus einem vorderen Teil, dem *Lig. trapezoideum,* und aus einem hinteren Teil, dem *Lig. conoideum* (Abb. 6.**35**). Zwischen beiden Bändern liegt meistens ein Schleimbeutel, *Bursa ligamenti coracoclavicularis* (Abb. 6.**66**).

Gelenkhöhle

Im Innern der Gelenkhöhle findet man einen in Form und Bau variablen Discus articularis. Nur selten wird die Gelenkhöhle in völlig getrennte Kammern unterteilt. Meistens ist die Gelenkzwischenscheibe unvollständig (Abb. 6.**44**); sie kann auch fehlen.

Mechanik

Das Akromioklavikulargelenk ist seiner Form nach ein *planes Gelenk,* das *translatorische Bewegungen* nach ventral und dorsal sowie nach kranial und kaudal zuläßt (Abb. 6.**36,** 6.**37,** 6.**38**). Bewegungen der Clavicula nach vorn werden durch das Lig. conoideum, Bewegungen nach hinten durch das Lig. trapezoideum begrenzt. Gemeinsam mit dem Sternoklavikulargelenk erlaubt das Schultereckgelenk eine *Rotation* der Clavicula in der Transversalen. Um eine vertikale Achse kann die Scapula in der Weise im Akromioklavikulargelenk gedreht werden, daß ihr medialer Rand vom Rumpf abgekippt wird *(sog. Flügelbewegung).*

Zusammenwirken von Schultergürtelgelenken und Gleitlagern

An allen Bewegungen des Schultergürtels sind die *mechanisch* miteinander *gekoppelten Articulationes acromioclavicularis und sternoclavicularis* gemeinsam beteiligt. Isolierte Bewegungen eines Gelenkes kommen normalerweise nicht vor. Die *Grenzbewegungen* beider Gelenke liegen auf einem Kegelmantel. Die Scapula wird bei allen Bewegungen der Clavicula mitgenommen; sie gleitet dabei im lockeren Bindegewebe zwischen M. serratus anterior und M. subscapularis *(„Schulterblatt-Thorax-Gelenk",* s. S. 347, Abb. 6.**46**). Beim *Heben* und *Senken* der Schulter verschiebt sich die Scapula parallel zur Wirbelsäule in der Vertikalen nach kranial und kaudal (Abb. 6.**36**, 6.**38**). *Vor-* und *Zurücknehmen* der Schulter sind mit einer ventrolateralen und dorsomedialen Verschiebung des Schulterblattes verbunden (Abb. 6.**37**, 6.**38**). Auch bei diesen Bewegungen liegt der Margo medialis scapulae nahezu parallel zur Wirbelsäule. Bei der *Elevation* des Armes macht das Schulterblatt eine *Drehbewegung* um eine sagittale Achse, deren „Drehpunkt" mit zunehmender Elevation von der Skapulamitte zum Angulus lateralis wandert. Bei der Rotation der Scapula schwenkt der Angulus inferior scapulae um etwa 60° nach lateral, gleichzeitig wird der Angulus lateralis mit der Cavitas glenoidalis schräg nach oben-außen gedreht (Abb. 6.**39**, 6.**40**). Diese, durch die Drehbewe-

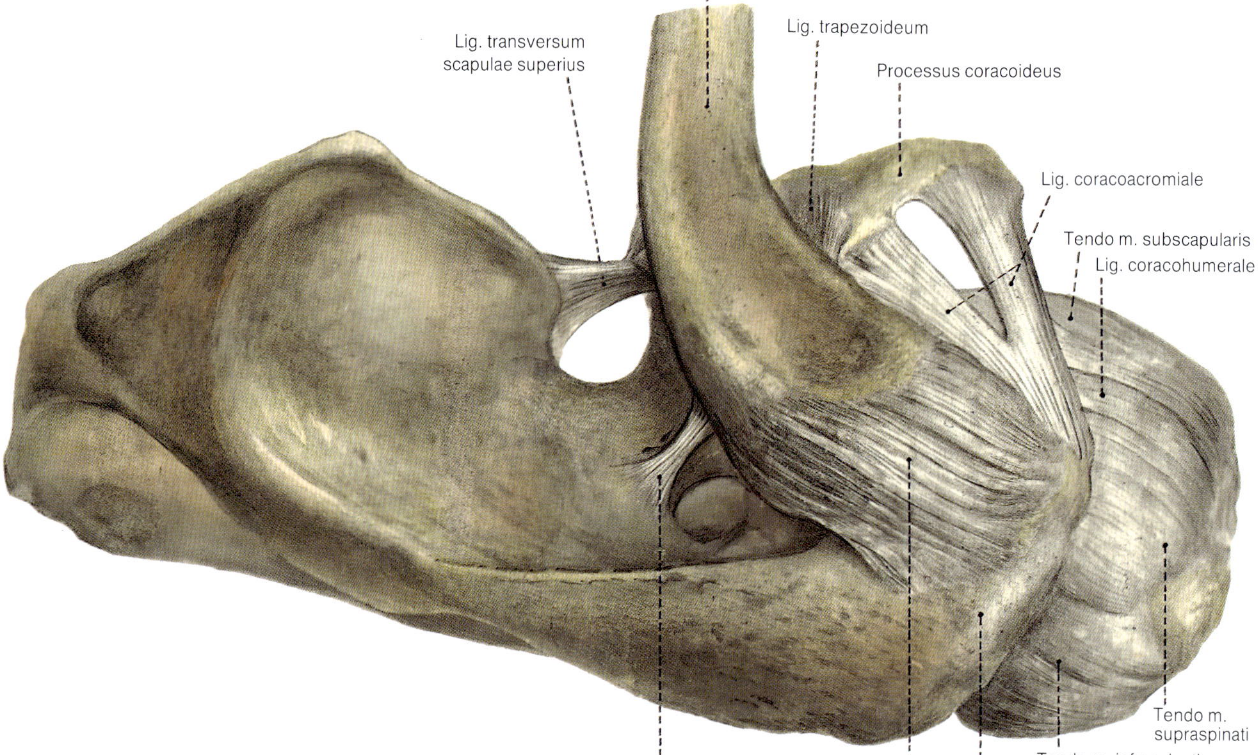

Abb. 6.**34** **Kapsel-Band-Apparat der rechten Schulter in der Ansicht von kranial.** Laterales Schlüsselbeingelenk (Schultereckgelenk), Schulterdach, Sehnen der Rotatorenmanschette.

gung der Scapula erreichte *Stellungsänderung der Schultergelenkpfanne,* ist Voraussetzung für die Elevation des Armes über die Horizontale (s. S. 337).

Große Bedeutung für die freie Beweglichkeit der Schulter hat das *„subakromiale Nebengelenk"*. Es besteht aus den *Bursae subacromialis und subdeltoidea* (Abb. 6.**44,** 6.**64,** 6.**66**). Die Bursa subacromialis liegt im *Spatium subacromiale,* einem osteofibrösen Raum zwischen *Fornix* und *Caput humeri* (Abb. 6.**65**). Die Bursa subacromialis grenzt kranial an Acromion, Akromioklavikulargelenk sowie Lig. coracoacromiale. Kaudal liegt sie auf dem M. supraspinatus und seiner Ansatzsehne (s. S. 362). Die Bursa subdeltoidea dehnt sich zwischen Humeruskopf, M. deltoideus und den Ansatzsehnen der Mm. infraspinatus und supraspinatus aus (Abb. 6.**66**). Bursa subdeltoidea und Bursa subacromialis, die häufig miteinander verschmolzen sind, bilden im „subakromialen Nebengelenk" die „Gelenkhöhle"; in ihr gleiten bei Elevation des Armes über die Horizontale der von der Supraspinatussehne bedeckte proximale Teil des Humeruskopfes sowie das Tuberculum majus humeri unter dem Schulterdach in die Fossa supraspinata. Im „subakromialen Nebengelenk" werden normalerweise keine Druckkräfte zwischen Schulterdach und dem von den Sehnen der Rotatorenmanschette bedeckten Caput humeri übertragen.

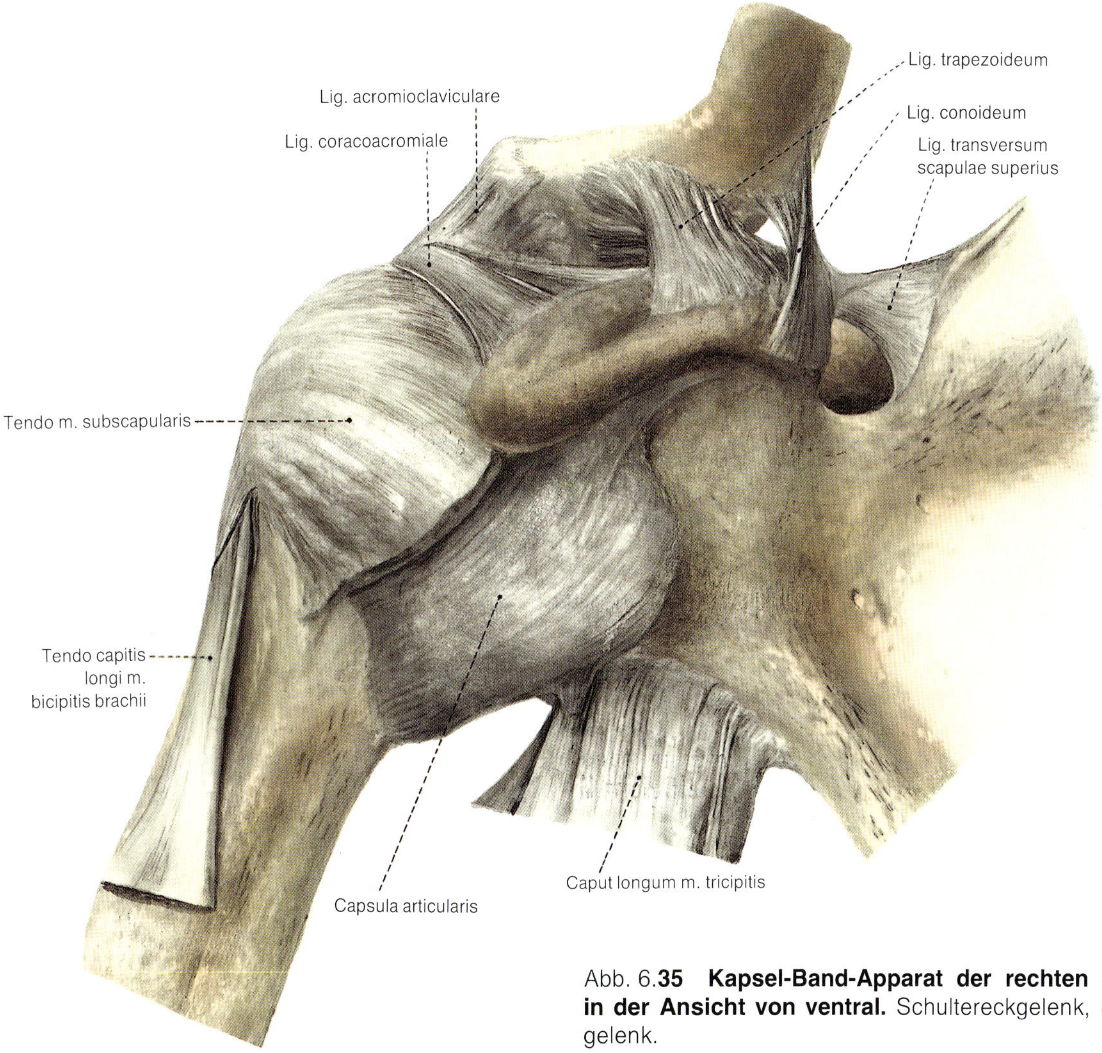

Abb. 6.**35** **Kapsel-Band-Apparat der rechten Schulter in der Ansicht von ventral.** Schultereckgelenk, Schultergelenk.

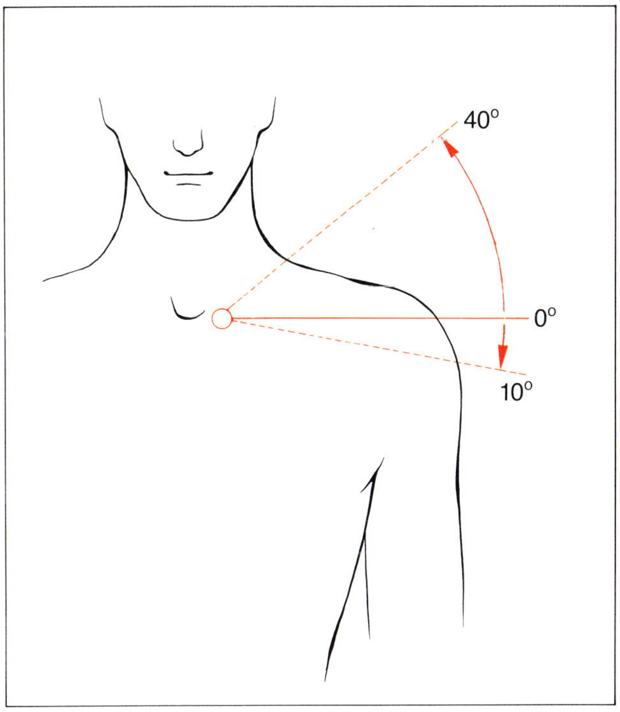

Abb. 6.**36** **Anheben und Senken des Schultergürtels (Clavicula) in der Frontalebene** (nach *Debrunner*).

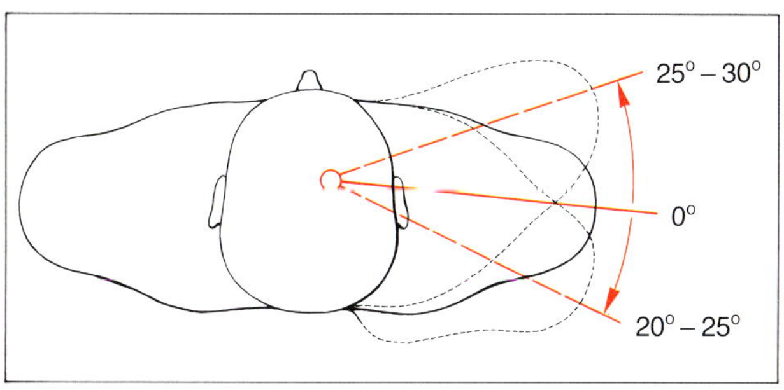

Abb. 6.**37** **Vor- und Rückführen der Schulter in der Transversalebene** (nach *Debrunner*).

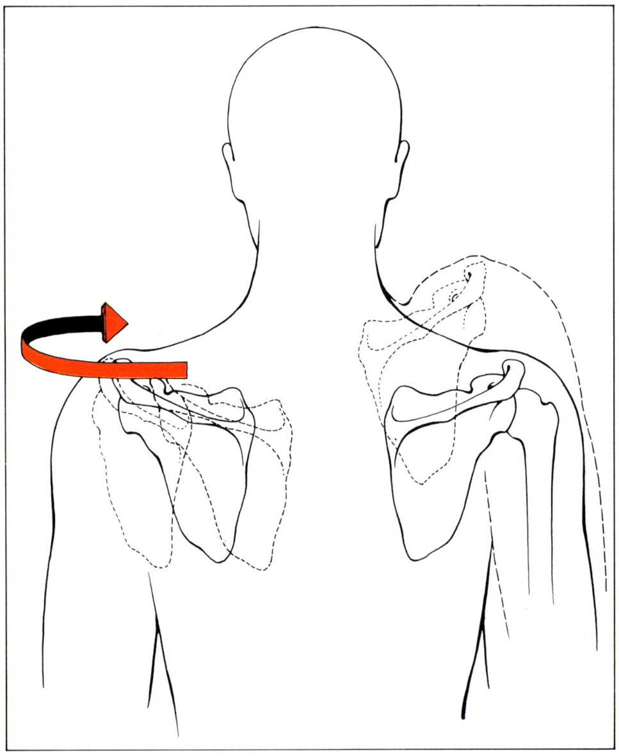

Abb. 6.**38** **Rechts:** Beim Heben der Schulter gleitet das Schulterblatt auf dem Thorax parallel zur Wirbelsäule.
Links: Wird die Schulter nach vorn geführt, gleitet das Schulterblatt auf dem Thorax von medial nach lateral (nach *Debrunner*).

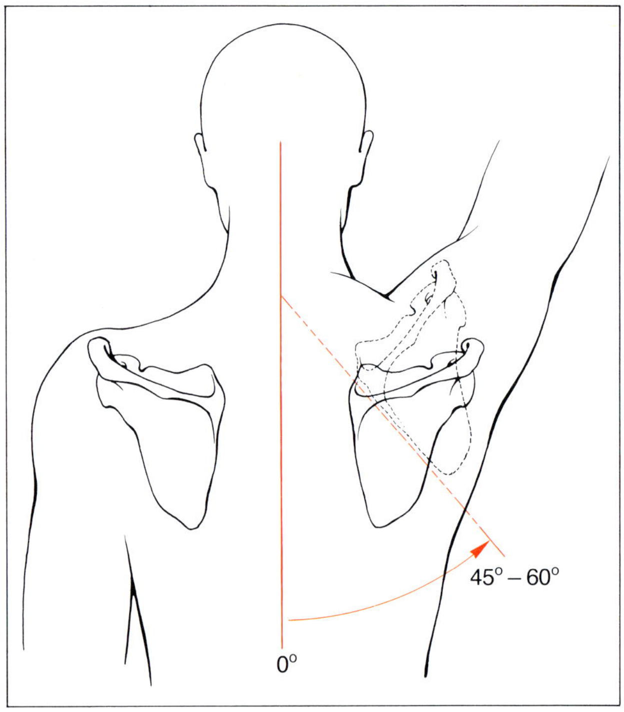

Abb. 6.**39** **Bei maximaler Elevation des Armes in der Frontalebene (Abduktion) macht das Schulterblatt gegenüber der Vertikalen eine Rotation von etwa 60°** (nach *Debrunner*).

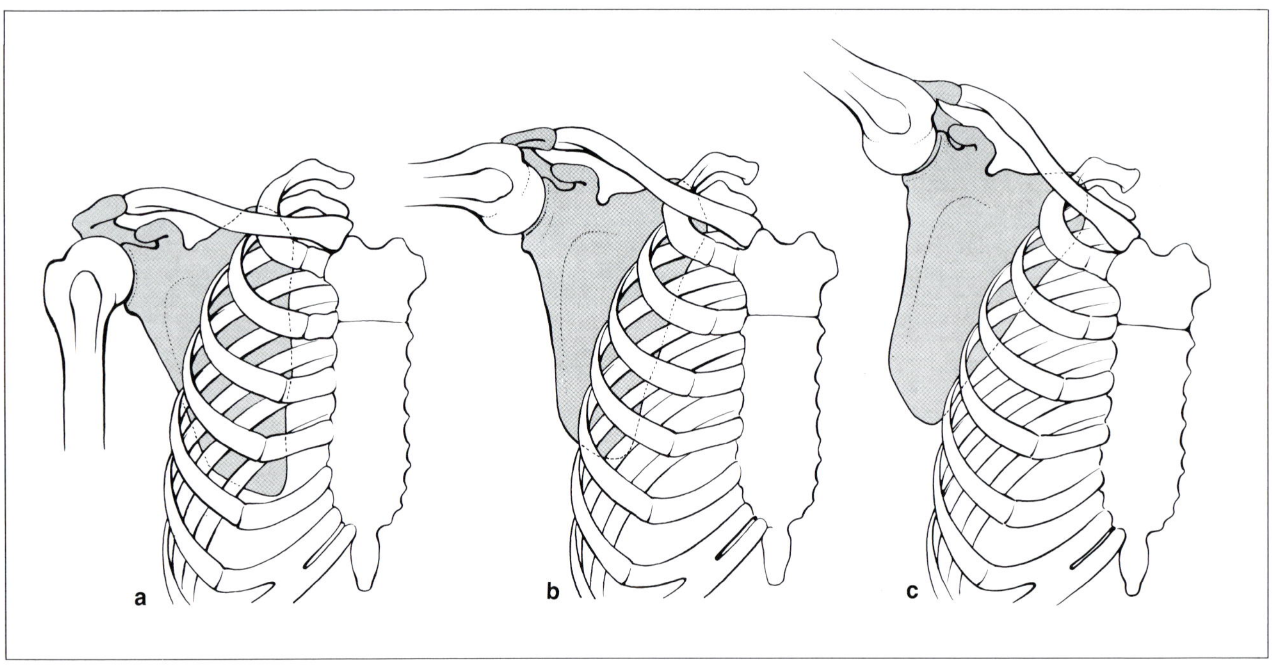

Abb. 6.**40** **Knöcherne Anteile des Schultergelenks und der Schultergürtelgelenke in ihrer Lagebeziehung zum Thoraxskelett in der Ansicht von ventral.**
a Neutral-0-Stellung; der Margo medialis der Scapula verläuft parallel zum Sternalrand.
b Bei Abduktion des Armes verlagert sich der Angulus inferior scapulae nach lateral.
c Eine Elevation des Armes über die Horizontale ist nur möglich, wenn der Angulus lateralis mit der Cavitas glenoidalis durch die Rotation der Scapula nach kranial-lateral gerichtet ist. Der Angulus inferior scapulae hat sich weit nach lateral verlagert (vgl. Abb. 6.**39**).

Schultergelenk, Articulatio humeri

Die freie obere Extremität beginnt im Schultergelenk. Seine große Eigenbeweglichkeit wird zusätzlich durch die bewegliche Gelenkpfanne am Schulterblatt in der Weise gesteigert, daß der Arm über die Horizontale erhoben werden kann (s. oben).

Aufbau

Artikulierende Anteile

Die artikulierenden Skelettelemente des Schultergelenks sind *Caput humeri* (s. Abb. 6.**14**) und *Cavitas glenoidalis scapulae* mit dem *Labrum glenoidale* (s. Abb. 6.**9**, 6.**42**, 6.**54**). Da das Schultergelenk von einem Muskelmantel umschlossen wird, ist es einer palpatorischen Untersuchung nicht zugänglich.

Die flache Gelenkpfanne, *Cavitas glenoidalis,* liegt am Angulus lateralis scapulae (s. Abb. 6.**9**); sie hat eine birnenförmige Kontur und entspricht in ihrem Krümmungsradius weitgehend dem des Caput humeri. Der Pfannenknorpel ist im zentralen Bereich dünner als in der Peripherie (s. Abb. 6.**44**). Am knöchernen Rand der Cavitas glenoidalis ist das dreieckige *Labrum glenoidale* (Limbus) (s. Abb. 6.**43**) befestigt, das zum größten Teil aus straffem Bindegewebe mit zirkulär verlaufenden Kollagenfaserbündeln besteht. Gelenkhöhlenwärts und im Verankerungsbereich am Rand der Cavitas glenoidalis kommt Faserknorpel vor. Die Gelenklippe ist an ihrer Basis 4–6 mm breit und etwa 4 mm hoch. Im ventralen Bereich ragt die Gelenklippe frei in die Gelenkhöhle, da hier die Gelenkkapsel nicht an der Spitze des Labrum entspringt (s. unten, Abb. 6.**64**). Kranial-ventral wird das Labrum glenoidale am Übergang zur *Bursa subtendinea m. subscapularis* flach. Vom Labrum glenoidale können sich *meniskoide Falten* auf die Gelenkfläche legen. Kranial strahlt die Sehne des *Caput longum m. bicipitis brachii,* die am Tuberculum supraglenoidale entspringt, in die Gelenklippe ein (Abb. 6.**42**). Kaudal ist die Basis des Labrum mit der Sehne des *Caput longum m. tricipitis brachii* verbunden (Abb. 6.**41**, 6.**64**). Das Labrum glenoidale wird im peripheren Bereich von Blutgefäßen versorgt.

Die Gelenkfläche des *Caput humeri* (Abb. 6.**14**) entspricht dem Ausschnitt einer Kugeloberfläche mit einem Radius von etwa 2,5 cm. Der Gelenkknorpel ist im zentralen Bereich dicker als in der Randzone

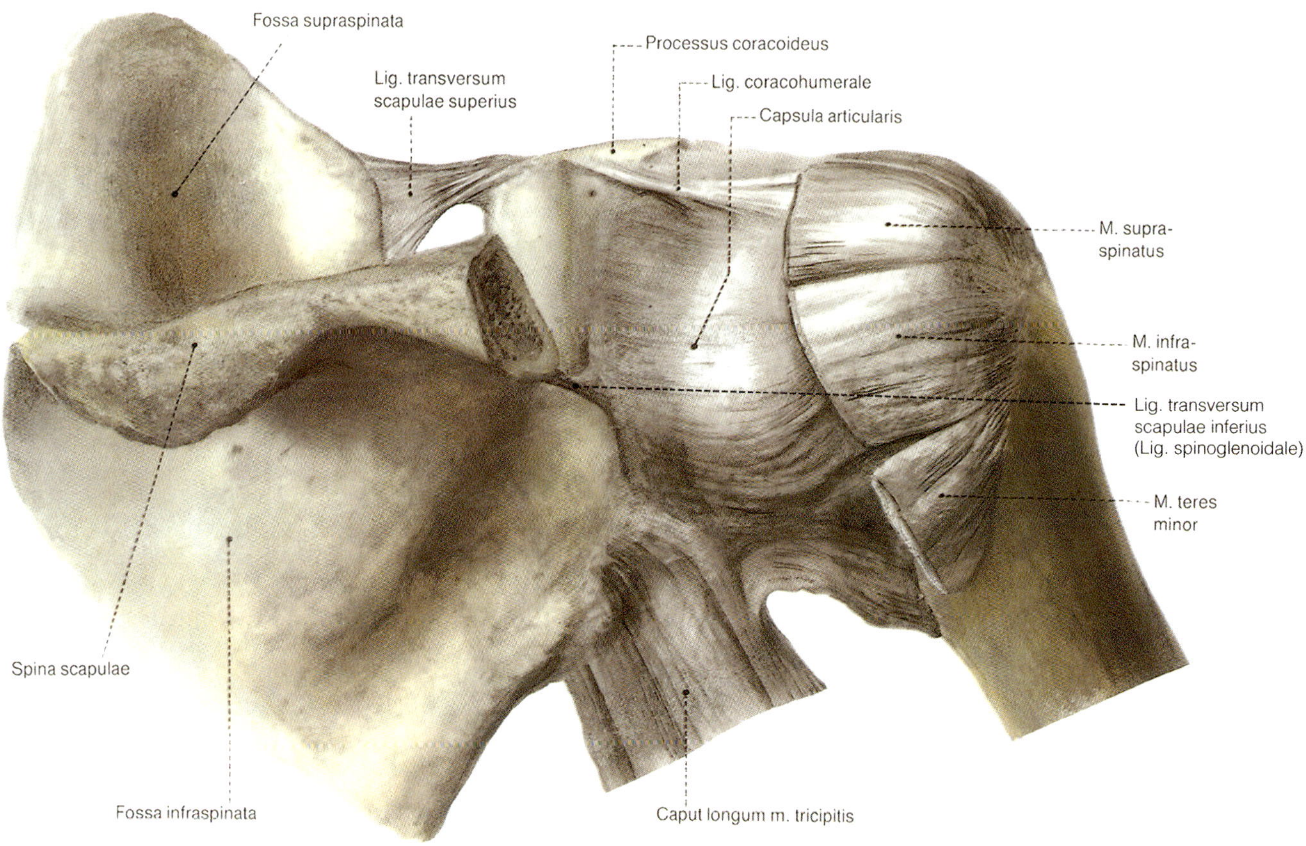

Abb. 6.**41** **Kapsel-Band-Apparat der rechten Schulter in der Ansicht von dorsal.** Acromion und lateraler Teil der Spina scapulae wurden entfernt.
Schultergelenk, Rotatorenmanschette.

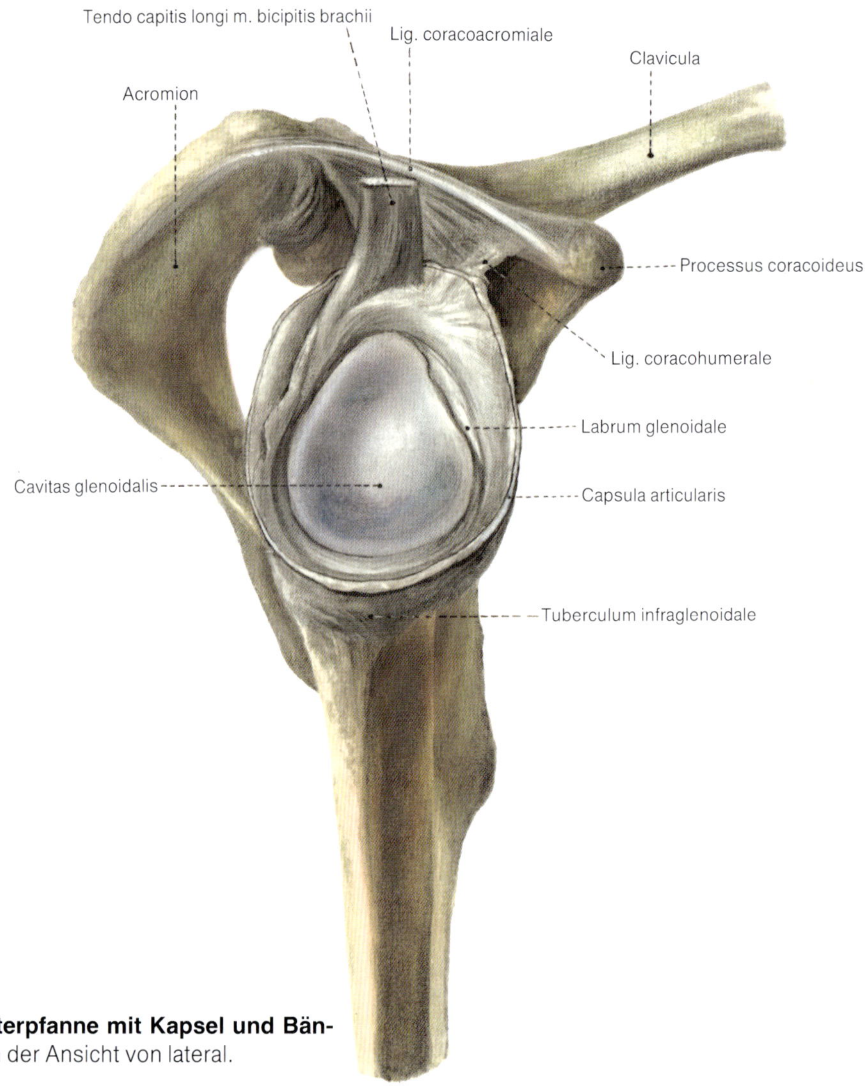

Abb. 6.**42** **Rechte Schulterpfanne mit Kapsel und Bändern** sowie Schulterdach in der Ansicht von lateral.

(Abb. 6.**43**). Die artikulierende Fläche des Caput humeri ist etwa drei- bis viermal größer als die der Cavitas glenoidalis. Im Bogenmaß beträgt die Ausdehnung der Gelenkflächen in der Frontalebene beim Humeruskopf etwa 140°, bei der Gelenkpfanne 80°. In der Horizontalebene wird für das Caput humeri ein Mittelwert von 134°, für die Cavitas glenoidalis von 57° angegeben.

Gelenkkapsel und Bänder

Die *Schultergelenkkapsel* (Abb. 6.**35**, 6.**41**, 6.**43**) ist sehr weit und im hinteren, nicht von Bändern verstärkten Bereich dünn. Von der Gelenkkapsel ragen vor allem im ventralen Bereich nicht selten Falten in die Gelenkhöhle. Ihr *Stratum synoviale* entspringt größtenteils an der Spitze der Gelenklippe. Das *Stratum fibrosum* ist mit der Außenfläche des *Labrum glenoidale* fest verbunden und strahlt an dessen Basis in den Knochen des Skapulahalses ein. Auf der Vorderseite des Gelenkes entspringt die Kapsel in einer 2–3 cm breiten Zone von der Basis der Gelenklippe. Von hier verläuft sie zunächst auf dem Collum scapulae, um dann auf die Innenfläche der Subskapularissehne umzuschlagen. Auf diese Weise entsteht zwischen der Außenfläche des Labrum glenoidale, dem Skapulahals und der Sehne des M. subscapularis ein *Recessus* der Gelenkhöhle (Abb. 6.**64**). Auch im Ursprungsbereich des *Caput longum m. bicipitis brachii* dehnt sich die Gelenkkapsel über das Labrum glenoidale hinweg bis an die Basis des Processus coracoideus aus, so daß der Muskelursprung in die Gelenkhöhle einbezogen wird (Abb. 6.**43**). Die Ursprungssehne des langen Trizepskopfes am Tuberculum infraglenoidale liegt extrakapsulär. Am Humerus entspringt die Kapsel am Collum anatomicum, überbrückt die im Sulcus intertubercularis liegende lange Bizepssehne und überschreitet medial die Epiphysenlinie (Abb. 6.**35**). Die Gelenkkapsel ist an Stellen, an denen sie von Muskeln und Sehnen überlagert wird, dünn. Der breite, muskelfreie Teil zwischen den Mm. subscapularis und teres minor wird als *Recessus axillaris* (s. Abb. 6.**43**, 6.**44**) bezeichnet. Bei herabhängendem Arm legt sich die Kapsel hier in Falten. An dieser Stelle liegen ihr der N. axillaris und die Vasa circumflexa humeri posteriora eng an. Als *Ligg. glenohumeralia* bezeichnet man drei Verstärkungszüge auf der Vorderseite der Gelenkkapsel (*Ligg. glenohumeralia superius, mediale und inferi-*

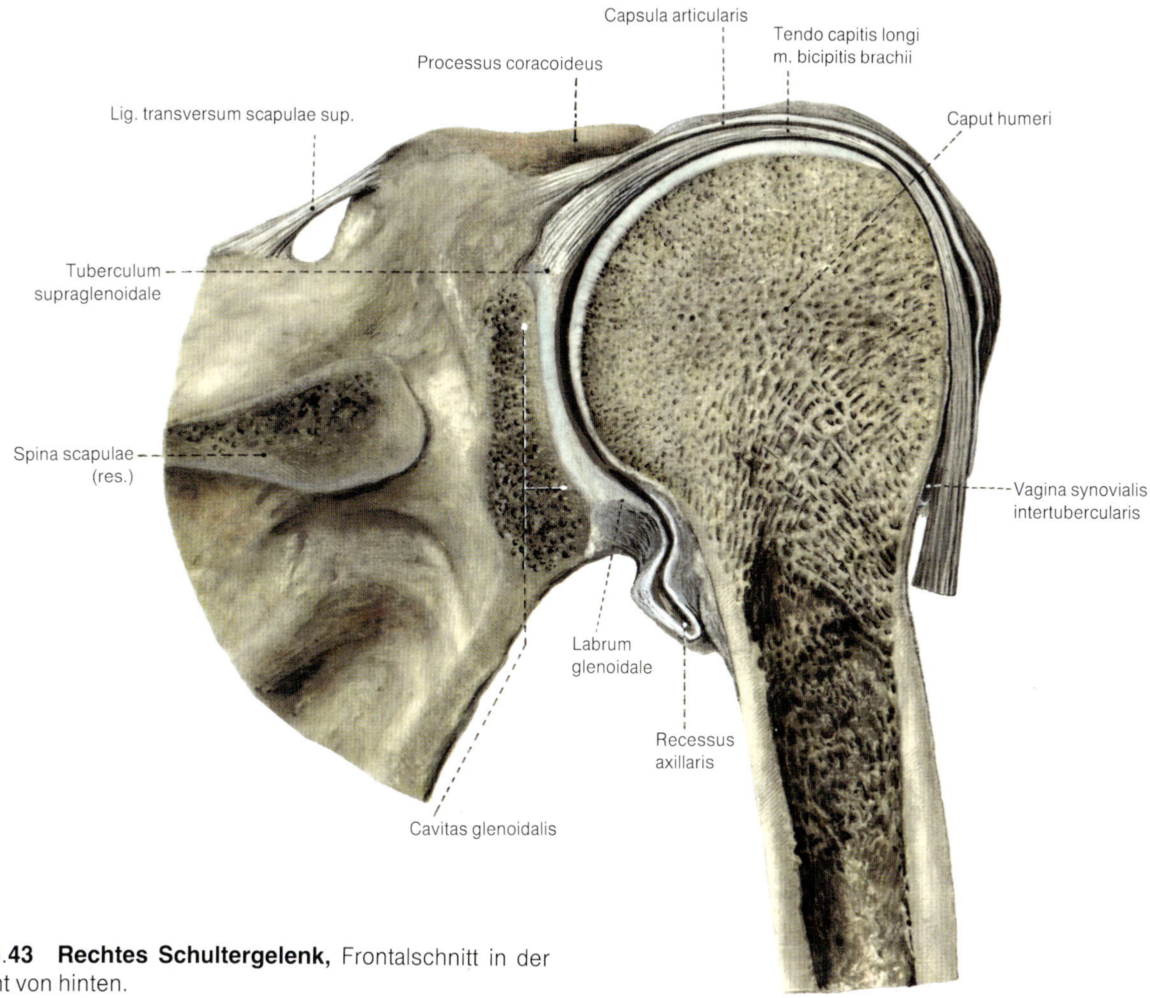

Abb. 6.**43** **Rechtes Schultergelenk,** Frontalschnitt in der Ansicht von hinten.

us). Zwischen oberem und mittlerem Band liegt die Kommunikation (Foramen Weitbrecht) zwischen der Gelenkhöhle und der Bursa subtendinea m. subscapularis. Bei kräftig ausgebildetem *Lig. glenohumerale mediale* kann dessen kranialer Rand in die Bursa subtendinea m. subscapularis hineinragen (s. Abb. 6.**64**). Die Glenohumeralbänder sind bei älteren Menschen oft nur sehr schwach entwickelt und lassen sich präparatorisch nicht deutlich darstellen. Ein weiteres Verstärkungsband der Kapsel ist das *Lig. coracohumerale* (s. Abb. 6.**41**, 6.**43**). Es entspringt an der Basis und am lateralen Rand des *Processus coracoideus* sowie variabel am Lig. coracoacromiale; es zieht über den proximalen Teil des *Sulcus intertubercularis* und setzt an den *Tubercula majus und minus* an. Das Lig. coracohumerale verstärkt die Kapsel im sog. Rotatorintervall zwischen der Sehneneinstrahlung des M. supraspinatus und des M. subscapularis (s. Abb. 6.**65**). Das Band ist bei alten Menschen oft nur schwach entwickelt; es kann auch fehlen. Glenohumeralbänder und Lig. coracohumerale sind bei Innenrotation und Anteversion des Schultergelenks entspannt. Das Lig. coracohumerale hemmt die Außenrotation. Oberhalb des Lig. coracohumerale entspringt am Rabenschnabelfortsatz ein weiteres, variabel ausgebildetes Band, das kranial in das Labrum glenoidale und in die Kapsel einstrahlt. Dieses, als *Lig. coracoglenoidale* bezeichnete Band wird als Rest der ursprünglich vom Humerus kommenden Ansatzsehne des M. pectoralis minor angesehen (s. S. 354).

Gelenkhöhle

Das *Cavum articulare* des Schultergelenks ist weit (Recessus axillaris, Recessus hinter der Subskapularissehne s. oben) und aufgrund seiner Verbindungen mit benachbarten Schleimbeuteln verzweigt. Die sich an der Wurzel des Processus coracoideus über den kranialen Rand der Sehne des M. subscapularis stülpende *Bursa subtendinea m. subscapularis* (s. Abb. 6.**66**) hat stets über das Foramen Weitbrecht Verbindung mit der Gelenkhöhle. Auch die *Bursa subcoracoidea* kommuniziert häufig über die Bursa subtendinea m. subscapularis mit der Gelenkhöhle. Beide Schleimbeutel bilden damit einen weiten Recessus des Cavum articulare (s. Abb. 6.**64**). Die *Vagina synovialis intertubercularis,* die die lange Bizepssehne während ihres Verlaufes im Sulcus intertubercularis umscheidet, geht in das Cavum articulare über (s. Abb. 6.**43**, 6.**66**). Die Sehnenscheide ist 2–5 cm lang und reicht bis zum distalen Ende des Sulcus intertubercularis, wo sie auf die Sehne übergeht.

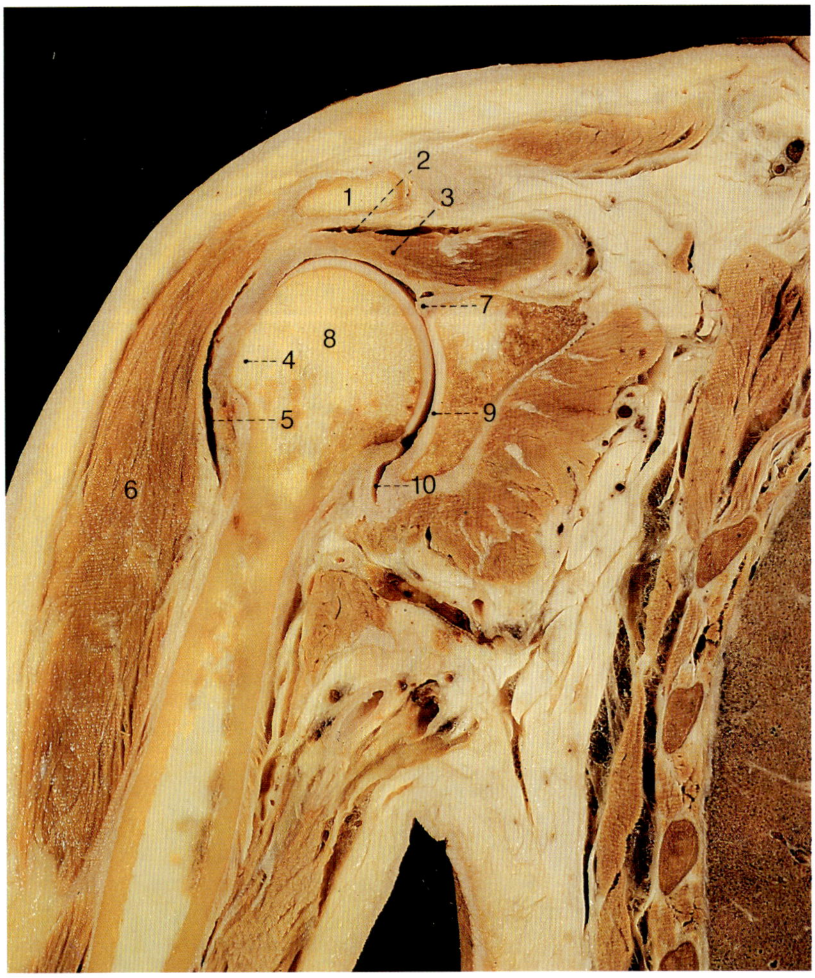

Abb. 6.**44** **Frontalschnitt durch das rechte Schultergelenk eines erwachsenen Mannes.** Die Sehne des M. supraspinatus (3) zieht zwischen Schulterdach (1) und Humeruskopf (8) zum Tuberculum majus (4). Die Schleimbeutel (2, 5) des subakromialen Gleitlagers sind angeschnitten.
1 Acromion
2 Bursa subacromialis
3 Sehne des M. supraspinatus
4 Tuberculum majus
5 Bursa subdeltoidea
6 M. deltoideus
7 Labrum glenoidale
8 Caput humeri
9 Knorpel der Cavitas glenoidalis
10 Recessus axillaris
(Präparat der Sammlung des Anatomischen Institutes, Kiel)

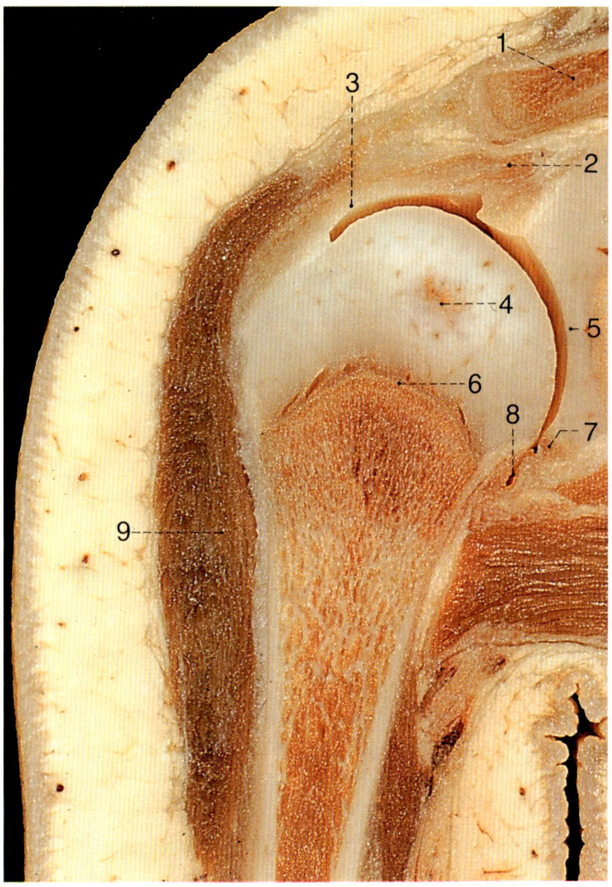

Andere, normalerweise nicht mit der Gelenkhöhle in Verbindung stehende Schleimbeutel in der Umgebung des Schultergelenks sind die *Bursa subacromialis* und die *Bursa subdeltoidea* (s. Abb. 6.**44,** 6.**66**). Die *Bursa subacromialis* dehnt sich in variabler Größe zwischen Acromion, Akromioklavikulargelenk, Lig. coracoacromiale und M. deltoideus einerseits sowie Gelenkkapsel und Sehnen der Mm. supraspinatus und infraspinatus andererseits aus. Mit ihrer Hilfe gleitet die Sehne des M. supraspinatus bei Elevationsbewegungen unter dem Schulterdach. Die *Bursa subdeltoidea* liegt zwischen M. deltoideus und Humeruskopf. Der Schleimbeutel überlagert mit seiner Unterseite die Sehnen der Mm. infraspinatus und supraspinatus sowie das Periost des Humerus. Bursa subacromialis und Bursa subdeltoidea sind meistens miteinander verbun-

Abb. 6.**45** **Frontalschnitt durch die rechte Schulter eines Säuglings.**
1 Clavicula
2 Sehne des M. supraspinatus
3 Gelenkkapsel
4 Knochenkern im Caput humeri
5 Cavitas glenoidalis scapulae
6 proximale Epiphysenplatte
7 Labrum glenoidale
8 Recessus axillaris
9 M. deltoideus

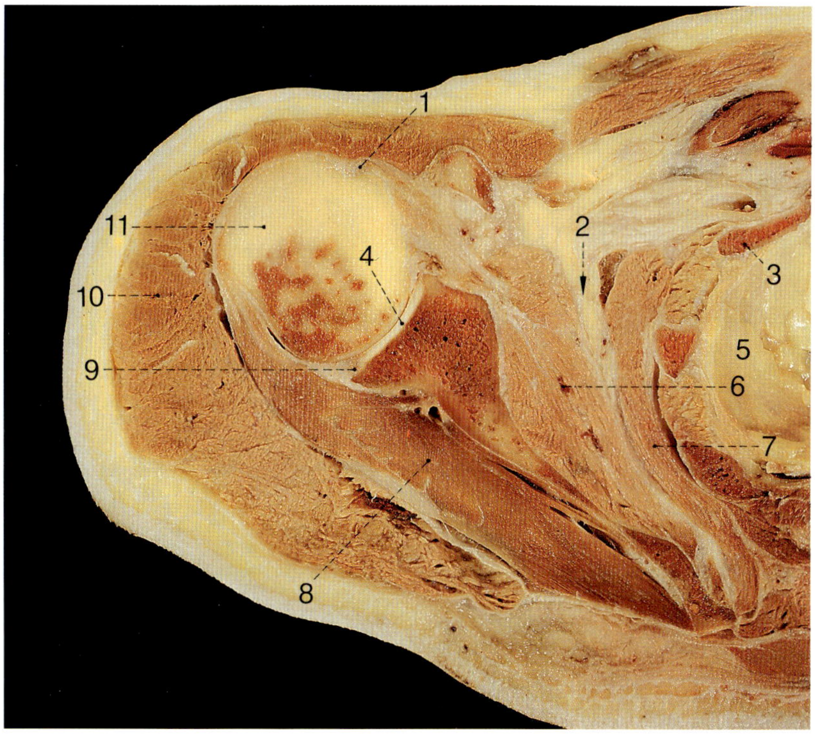

Abb. 6.**46** **Horizontalschnitt durch das linke Schultergelenk eines Erwachsenen.**
1 Sehne des Caput longum m. bicipitis
2 Lockeres Bindegewebe zwischen den Mm. subscapularis (6) und serratus anterior (7); sog. Schulterblatt-Thorax-Gelenk
3 Costa
4 Cavitas glenoidalis scapulae
5 Pleurakuppel
6 M. subscapularis
7 M. serratus anterior
8 M. infraspinatus
9 Labrum glenoidale
10 M. deltoideus
11 Caput humeri
(Präparat der Sammlung des Anatomischen Institutes, Kiel)

den. Verbindungen der Bursa subacromialis und der Bursa subdeltoidea mit der Schultergelenkhöhle kommen nur unter pathologischen Bedingungen, z. B. nach Einrissen der Supraspinatussehne, vor.

Röntgenanatomie der Schulter

Röntgenbilder der Schultergegend (Abb. 6.**51**) orientieren über *Schulter-* und *Akromioklavikulargelenk* sowie über den proximalen Teil des Humerus. Am *Humerus* sind die beiden *Tubercula* und der *Sulcus intertubercularis* zu erkennen. Ein Drittel des *Caput humeri* steht in Kontakt mit der *Cavitas glenoidalis*. Der *Processus coracoideus* hat je nach Strahlengang runde oder ovale Form. Von der Scapula sind außerdem *Acromion* und *Collum scapulae* zu sehen. Der röntgenologische Gelenkspalt der Articulatio acromioclavicularis erscheint im oberen Teil entsprechend den an dieser Stelle besonders dicken Faserknorpelschichten sehr breit.

Mechanik

Dem Schultergelenk fehlt aufgrund der Größenunterschiede von Kopf und Pfanne (s. oben) eine knöcherne Führung. Das Gelenk wird vorwiegend muskulär, zum geringeren Teil auch durch Bänder gesichert. An der *Muskelführung* beteiligen sich vor allem die Muskeln der *Rotatorenmanschette* (s. unten) und der *M. deltoideus*. Bedingt durch die fehlende Knochenführung kommt es am Schultergelenk relativ häufig zu Luxationen entweder nach vorn oder nach vorn-unten. Die *Belastung* des Schultergelenkes erfolgt durch eine Resultierende (s. S. 113), die sich aus der Vektorsumme aller über das Gelenk hinwegziehenden Muskeln und dem Armgewicht ergibt. Durch die Resultierende wird das Schultergelenk gleichmäßig auf Druck beansprucht.

Das Schultergelenk ist ein *Kugelgelenk*, in dem Bewegungen um drei Achsen möglich sind. Um eine *transversale Achse* erfolgen Vor- und Rückheben *(Ante- und Retroversion)* des Armes (Abb. 6.**47**). Um eine *sagittale Achse* wird der Arm *abduziert* und *adduziert* (Abb. 6.**48**), um eine *vertikale Achse* nach *innen* und nach *außen gedreht* (Abb. 6.**49**).

Die Bewegungen im Schultergelenk lassen sich in *Vertikal-*, *Horizontal-* und *Rotationsbewegungen* unterteilen. Bei *Vertikalbewegungen* wird der Arm aus der Neutral-0-Stellung in verschiedenen Richtungen des Raumes eleviert (Abb. 6.**47**, 6.**48**). *Horizontalbewegungen* führen den um 90° seitlich abduzierten Arm nach vorn und nach hinten (Abb. 6.**50**). *Rotationsbewegungen* (Abb. 6.**49**) sind in allen Positionen des Armes möglich; ihr Ausmaß ist jedoch in den einzelnen Stellungen unterschiedlich groß (s. unten).

Anteversion des Armes ist aus der Neutral-0-Stellung heraus theoretisch im Schultergelenk allein bis etwa zur Horizontalen möglich. In Funktionsgemeinschaft mit dem Schultergürtel kann der Arm um 150°–170° nach ventral eleviert werden. Eine Elevation bis 180° ist erst durch eine Dorsalextension der Wirbelsäule zu erreichen. Das Ausmaß der maximalen *Retroversion* beträgt 40°–50° (Abb. 6.**47**).

Eine *Abduktion* des Armes aus der Neutral-0-Stellung ist bis zu 150° durch gemeinsame Bewegungen im Schultergelenk und im Schultergürtel möglich. Eine darüber hinausgehende Elevation in der Frontalebene

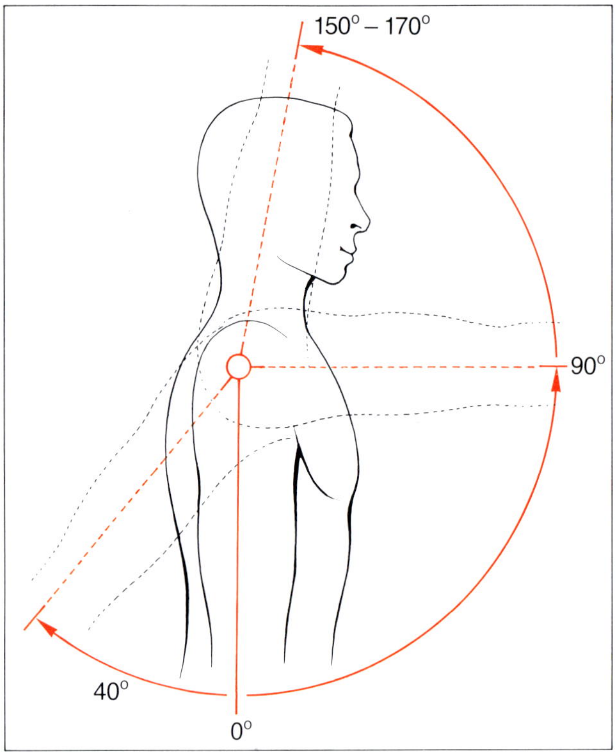

Abb. 6.**47** **Anteversion und Retroversion des Armes im Schultergelenk.** Anteversion ist im Schultergelenk allein bis zur Horizontalen, unter zu Hilfenahme des Schultergürtels bis zu 170° möglich (nach *Debrunner*).

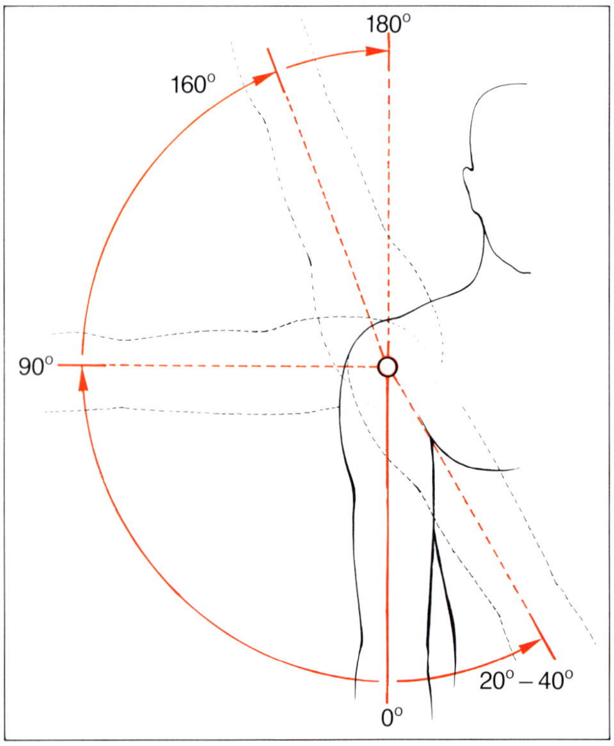

Abb. 6.**48** **Ab- und Adduktion des Armes im Schultergelenk.** Im Schultergelenk allein ist eine Abduktion bis zu etwa 90° möglich. Eine Elevation in der Frontalebene über die Horizontale hinaus kann nur bei gleichzeitiger Drehung des Schulterblattes erfolgen. Ein Erheben des Armes bis zur Vertikalen ist nur bei gleichzeitiger Außenrotation im Schultergelenk möglich (nach *Debrunner*).

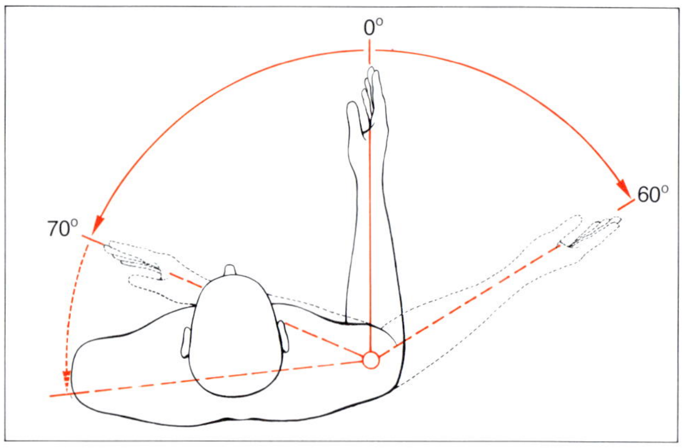

Abb. 6.**49** **Innen- und Außenrotation im Schultergelenk bei herabhängendem Oberarm und gebeugtem Ellenbogengelenk.** Das Ausmaß der Innenrotation ist abhängig von der Weichteilhemmung (nach *Debrunner*).

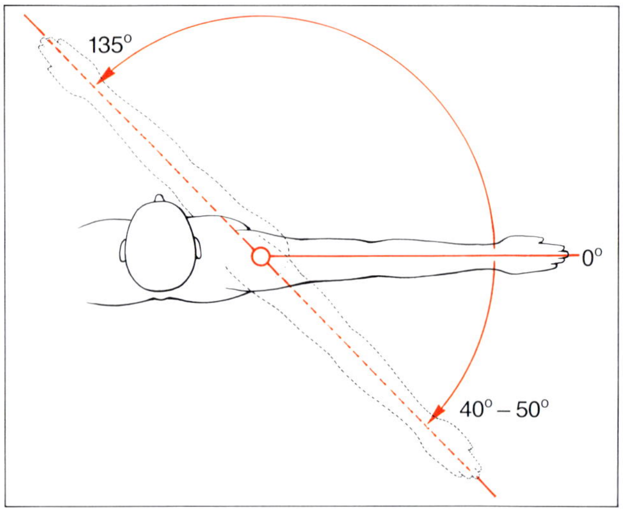

Abb. 6.**50** **Anteversion und Retroversion des Armes im Schultergelenk in der Horizontalebene** (nach *Debrunner*).

bis zu 180° ist nur bei gleichzeitiger Außenrotation des Humerus und mit Hilfe einer Neigung der Wirbelsäule zur kontralateralen Seite zu erreichen. Bei fixiertem Schultergürtel ist eine Abduktion im Schultergelenk allein maximal bis zu 90° möglich. Wird der Arm aus der Neutral-0-Stellung in der Frontalebene um 180° eleviert und anschließend nach vorn herabgeführt und in seine Ausgangsstellung zurückgebracht, so hat er zwangsläufig eine Außenrotation durchgeführt. Aus der Neutral-0-Stellung kann der Arm wegen der Körperhemmung nicht adduziert werden. Erst eine leichte Anteversion erlaubt eine *Adduktion* von etwa 45°. Der retrovertierte Arm läßt sich nur um wenige Grade adduzieren (Abb. 6.**48**). Aus der Neutral-0-Stellung und bei Beugung im Ellenbogengelenk um 90° kann der Arm im Schultergelenk bis zu 60° nach außen und bis 30° nach innen rotiert werden (Abb. 6.**49**). Bei herabhängendem, retrovertiertem Arm ist eine *Innenrotation* bis zu 110° möglich. Das Herumführen des Armes, die *Zirkumduktion,* ist eine Kombination aus verschiedenen Einzelbewegungen. Bei maximaler Ausnutzung der Bewegungsfreiheit liegt die Bewegungsbahn des zirkumduzierten Armes auf einem Kegelmantel.

Periartikuläre Bindegewebsstrukturen des Schulterbereiches

Die periartikulären Bindegewebsstrukturen im Schulterbereich haben große klinische Bedeutung. Die *Faszien* der in der Tiefe zwischen Scapula und Humerus ziehenden Muskeln vereinigen sich zu einer kräftigen Bindegewebsplatte, *Fascia subdeltoidea*, die die Rotatorenmanschette und das obere Humerusende vollständig umhüllt. Sie setzt sich kranial in die *Fascia supraspinata* (Abb. 6.**58**) fort, in die das *Lig. coracoacromiale* eingewoben ist (Abb. 6.**35**). Dorsal ist die Faszie am Rand des Acromion sowie an der Spina scapulae und ventral am unteren Rand des Processus coracoideus angewachsen. Distal verbindet sie sich unmittelbar oberhalb der Tuberositas deltoidea mit dem Periost des Collum chirurgicum. Die Fascia subdeltoidea umhüllt sowie als periartikuläres Bindegewebe den gesamten Muskel-Sehnenapparat des Schultergelenks. Sie hat kranial im Lig. coracoacromiale einen kräftigen Verstärkungszug, der Teil des Schulterdaches ist.

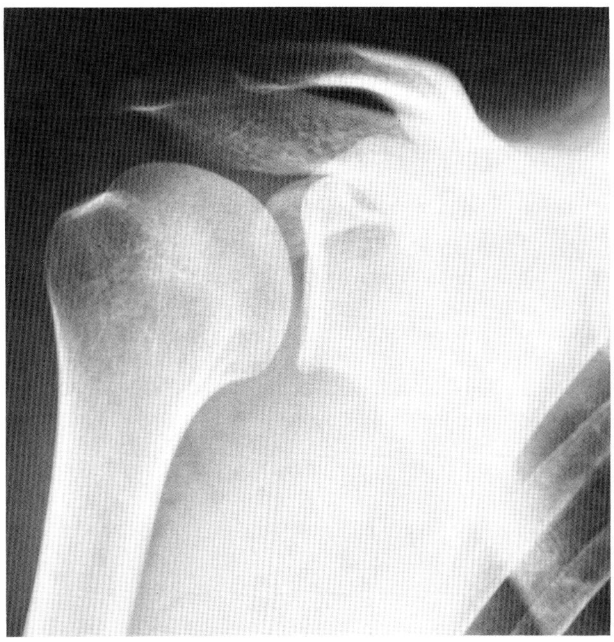

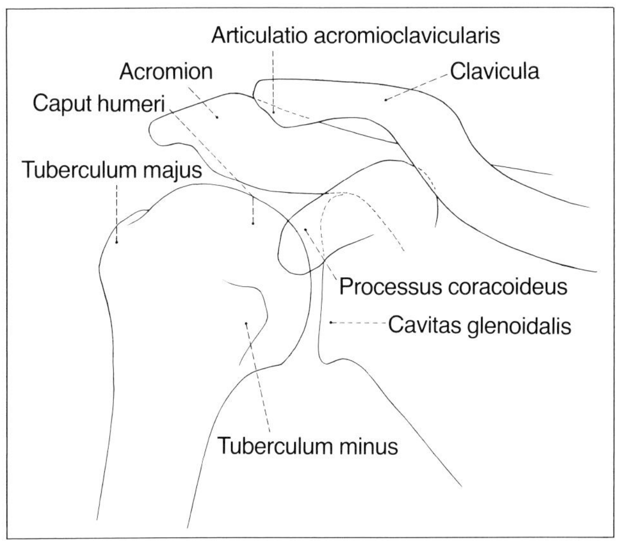

Abb. 6.**51a** **Röntgenbild der Schulter im antero-posterioren Strahlengang.**

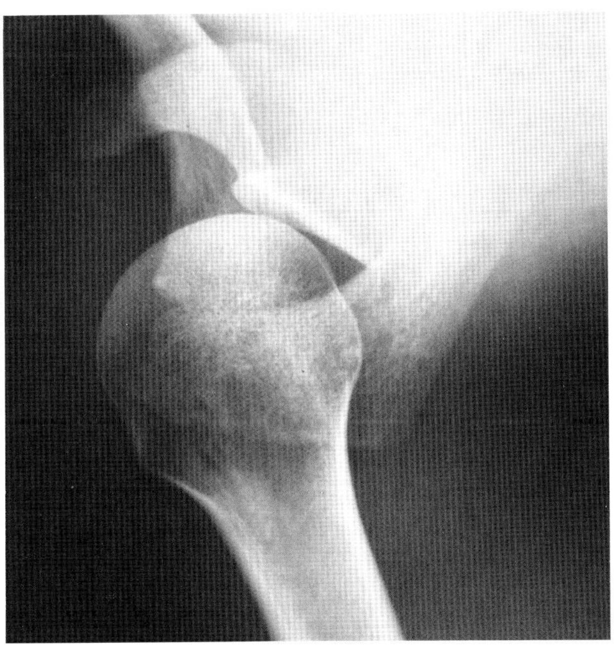

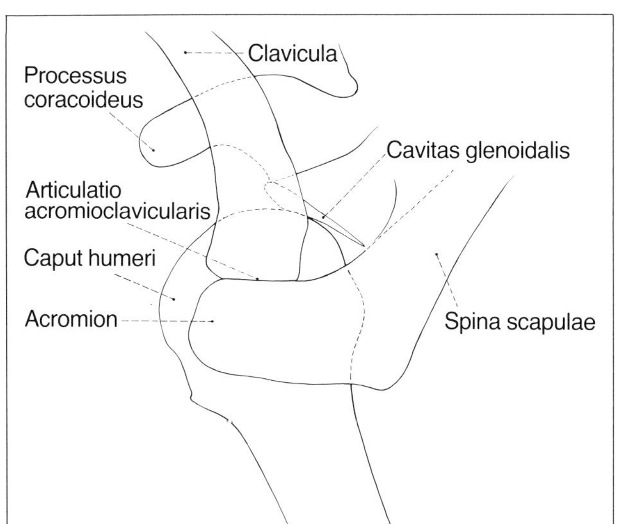

Abb. 6.**51b** **Röntgenbild der Schulter im axialen Strahlengang.**

Muskeln der Schulter

In der entwicklungsgeschichtlichen Einleitung zum Kapitel „Extremitäten“ werden die Schultermuskeln nach *genetischen* Gesichtspunkten eingeteilt (vgl. S. 313, Tab. 6.**1**) und in drei Gruppen zusammengefaßt.

1. Eigentliche oder autochthone Armmuskeln – *Mm. brachiales* –, die an der Scapula entspringen und am Humerus ansetzen,
2. eingewanderte Rumpfmuskeln – *Mm. thoracales* –, die am Schultergürtel inserieren (thorakofugale Muskeln) und
3. eingewanderte Kopf- oder gemischte Kopf-Rumpf-Muskeln – *Mm. craniales* –, die an der Scapula und/oder an der Clavicula ansetzen.

Diese genetische Einteilung ist *funktionell* unbefriedigend. Aus diesem Grunde werden im folgenden bei der Beschreibung des aktiven Bewegungsapparates der Schulter *Schultergürtelmuskeln* und *Schultergelenkmuskeln* unterschieden. Beide Muskelgruppen wirken stets gemeinsam und bilden mit den gelenkigen Verbindungen im Schulterbereich eine funktionelle Einheit. Beim normalen Bewegungsablauf sind weder im Schultergelenk noch in den Schultergürtelgelenken eigenständige Bewegungen möglich.

Schultergürtelmuskeln

Zu den *Schultergürtelmuskeln* (Tab. 6.**2**) werden alle an den *Muskelschlingen* des Schultergürtels beteiligten Muskeln gezählt. Dorsal liegt der im kranialen Abschnitt des Rückens die oberflächliche Schicht bildende *M. trapezius*, dessen Ursprünge von der Linea nuchae superior bis zum 11. oder 12. Brustwirbeldorn reichen. Er bedeckt die *Mm. levator scapulae, rhomboidei minor und major* sowie den *M. serratus anterior*. Ventral liegen die *Mm. subclavius und pectoralis minor*. Die *Mm. omohyoideus und sternocleidomastoideus* werden zusammen mit den Halsmuskeln (s. S. 661, 662) besprochen.

Tabelle 6.**2** Schultergürtelmuskeln

M. trapezius
M. levator scapulae
Mm. rhomboidei major und minor
M. serratus anterior
M. subclavius
M. pectoralis minor
M. sternocleidomastoideus
M. omohyoideus

Tabelle 6.**1** Schultermuskeln (Insertion am Schultergürtel und am Humerus)

I. *Autochthone Armmuskeln* (Mm. brachiales) Insertion am Humerus	
A. *Dorsale Gruppe* (Mm. brachiales dorsales)	
M. supraspinatus M. infraspinatus	(N. suprascapularis, C_4–C_5)
M. teres minor M. deltoideus	(N. axillaris, C_5–C_6)
M. subscapularis	(N. subscapularis, C_5–C_6)
M. teres major	(N. subscapularis, C_5–C_6 oder N. thoracodorsalis, C_6–C_8)
M. latissimus dorsi	(N. thoracodorsalis, C_6–C_8)
B. *Ventrale Gruppe* (Mm. brachiales ventrales)	
M. coracobrachialis	(N. musculocutaneus, C_5–C_7)
M. pectoralis minor M. pectoralis major	(Nn. thoracales anteriores, C_5–Th_1)
II. *Eingewanderte Rumpfmuskeln* (Mm. thoracales) Insertion am Schultergürtel	
A. *Dorsale Gruppe*	
M. rhomboideus M. levator scapulae	(N. dorsalis scapulae, C_4–C_5)
M. serratus anterior	(N. thoracicus longus, C_5–C_7)
B. *Ventrale Gruppe*	
M. subclavius	(N. subclavius, C_5–C_6)
M. omohyoideus	(Ansa cervicalis profunda, C_1–C_3)
III. *Kopfmuskeln*/gemischte Kopf-Rumpf-Muskeln (Mm. craniales-craniothoracales)	
M. trapezius	(N. accessorius und Plexus cervicalis, C_2–C_4)
M. sternocleidomastoideus	(N. accessorius und Plexus cervicalis, C_1–C_2)

M. trapezius

Gestalt und Lage

Der *M. trapezius* (Abb. 6.**52**) liegt direkt unter der Haut und prägt das Relief von Nacken und Rücken (s. Abb. 6.**32**). Er entspringt an der Protuberantia occipitalis externa, der Linea nuchae superior, am Nakkenband, an den Dornfortsätzen des 1.–11. (12.) Brustwirbels und am Lig. supraspinale. Im Gebiet der letzten Hals- und des 1. Brustwirbels hat er einen großen Sehnenspiegel in Gestalt einer Raute. Er wendet sich mit absteigenden, queren und aufsteigenden Muskelfaserbündeln zum Schultergürtel und setzt am lateralen Drittel der Clavicula, am Acromion und an der Spina scapulae an. Nach dem Verlauf seiner Fasern werden *drei Teile* unterschieden, die auch unterschiedliche Funktionen haben:

Die *Pars descendens* besteht aus absteigenden Fasern, deren Ursprünge bis zum 6. Halswirbel hinunterreichen. Sie umgreift spiralig die darunter liegenden Nakkenmuskeln und inseriert an der Clavicula, läßt aber ihr akromiales Ende frei (s. Abb. 6.**53**).

Die *Pars transversa* entspringt vom Sehnenspiegel zwischen den Dornfortsätzen des 7. Hals- bis 3. Brustwirbels. Ihre Fasern verlaufen quer zum akromialen Ende der Clavicula und zum Acromion (s. Abb. 6.**54**). Die Pars transversa des Muskels ist am dicksten und springt bei Kontraktion wulstförmig vor (s. Abb. 6.**32**).

Die *Pars ascendens* reicht vom 3. bis zum 11. oder 12. Brustwirbel, ihr unteres Ende ist meistens sehnig. Beim Rechtshänder entspringt die Sehne auf der rechten Seite weiter kaudal als auf der linken Seite. Die Muskelfasern steigen steil auf und inserieren mit einer dreieckigen Sehne am oberen Rand der Spina scapulae.

Varianten

Der M. trapezius zeigt häufig Varianten. Geringe Asymmetrien des linken und des rechten Muskels kommen konstant vor (s. oben). Eine Zweiteilung des Muskels in Höhe seiner zentralen Aponeurose wird beschrieben. Selten fehlt die Pars descendens. Überzählige Muskelfaserbündel treten zuweilen am ventralen Rand des kranialen Abschnitts auf und können sich der Pars clavicularis des M. sternocleidomastoideus anschließen (vgl. S. 661); diese Bündel kommen meistens von den Querfortsätzen der ersten Halswirbel, am häufigsten vom Atlas. Es fehlt dann das seitliche Halsdreieck.

Funktion und Innervation

Der M. trapezius ist an mehreren Muskelschlingen beteiligt (s. S. 355), die für die Bewegung und Haltung des Schulterblattes große Bedeutung haben. Bei Lähmungen des Muskels sinkt die Scapula nach vornunten und steht vom Thorax ab *(Scapula alata)*. Sämtliche Bewegungen im Bereich der Schulter sind gestört. Bei der Bewegungsanalyse ist zwischen der Wirkung des gesamten Muskels und der einzelner Teile zu unterscheiden. Die *Pars descendens* allein zieht die Scapula schräg aufwärts und dreht sie nach außen. Sie wirkt in gleicher Weise wie der untere Teil des M. serratus anterior. Die Pfanne des Schultergelenks wird dadurch nach außen-oben und ein wenig nach hinten gerichtet. Aus dieser Stellung wird die *Elevation des Armes* über die Horizontale möglich. Die *Pars ascendens* zieht die Scapula nach kaudalmedial. Sie unterstützt ebenfalls die *rotatorische Wirkung* der Pars descendens und des M. serratus anterior bei der Elevation des Armes über die Horizontale (s. S. 351, Abb. 6.**56**). Die *Pars transversa* verlagert das Schulterblatt nach medial. Bei fixiertem Schultergürtel und doppelseitiger Wirkung beugen die kranialen Fasern den Kopf nach dorsal, bei einseitiger Wirkung drehen sie ihn zur kontralateralen Seite.

Der M. trapezius wird vom *R. externus* des *N. accessorius* und von Ästen des *Plexus cervicalis* (C_2–C_4) innerviert. Die Innervation des Muskels weist darauf hin, daß es sich nicht um einen rein kranialen, sondern um einen kranio-thorakalen Muskel handelt.

M. rhomboideus

Gestalt und Lage

Der *M. rhomboideus* (s. Abb. 5.**114**) wird bis auf einen kleinen Teil im Bereich des Angulus inferior scapulae vom M. trapezius bedeckt. Seine Fasern entspringen an den Dornfortsätzen des 6. und 7. Halswirbels sowie der oberen vier Brustwirbel und inserieren am Margo medialis scapulae. Die in Form einer rhombenförmigen Muskelplatte angeordneten Fasern verlaufen in parallelen Bündeln von kranial-medial nach kaudallateral. Der M. rhomboideus zerfällt meistens in einen kleinen kranialen *(M. rhomboideus minor)* und einen großen kaudalen Teil *(M. rhomboideus major)*.

Varianten

Der Ursprung des M. rhomboideus minor kann bis in die Höhe des 4. Halswirbels, in seltenen Fällen bis zum Okziput hinaufreichen. Auch eine Verminderung der Ursprünge kommt vor.

Funktion und Innervation

Der M. rhomboideus bildet mit dem M. serratus anterior eine *Muskelschlinge* (s. unten) (Abb. 6.**56**). Er zieht die Scapula nach medial-kranial und dreht so die Cavitas glenoidalis der Scapula des über die Horizontale eleviertes Armes in die Neutral-0-Stellung zurück. An der *Rückführung des Armes* aus der Elevation beteiligen sich von den Schultergürtelmuskeln außerdem der M. levator scapulae sowie der obere Teil des M. serratus anterior (s. S. 355).

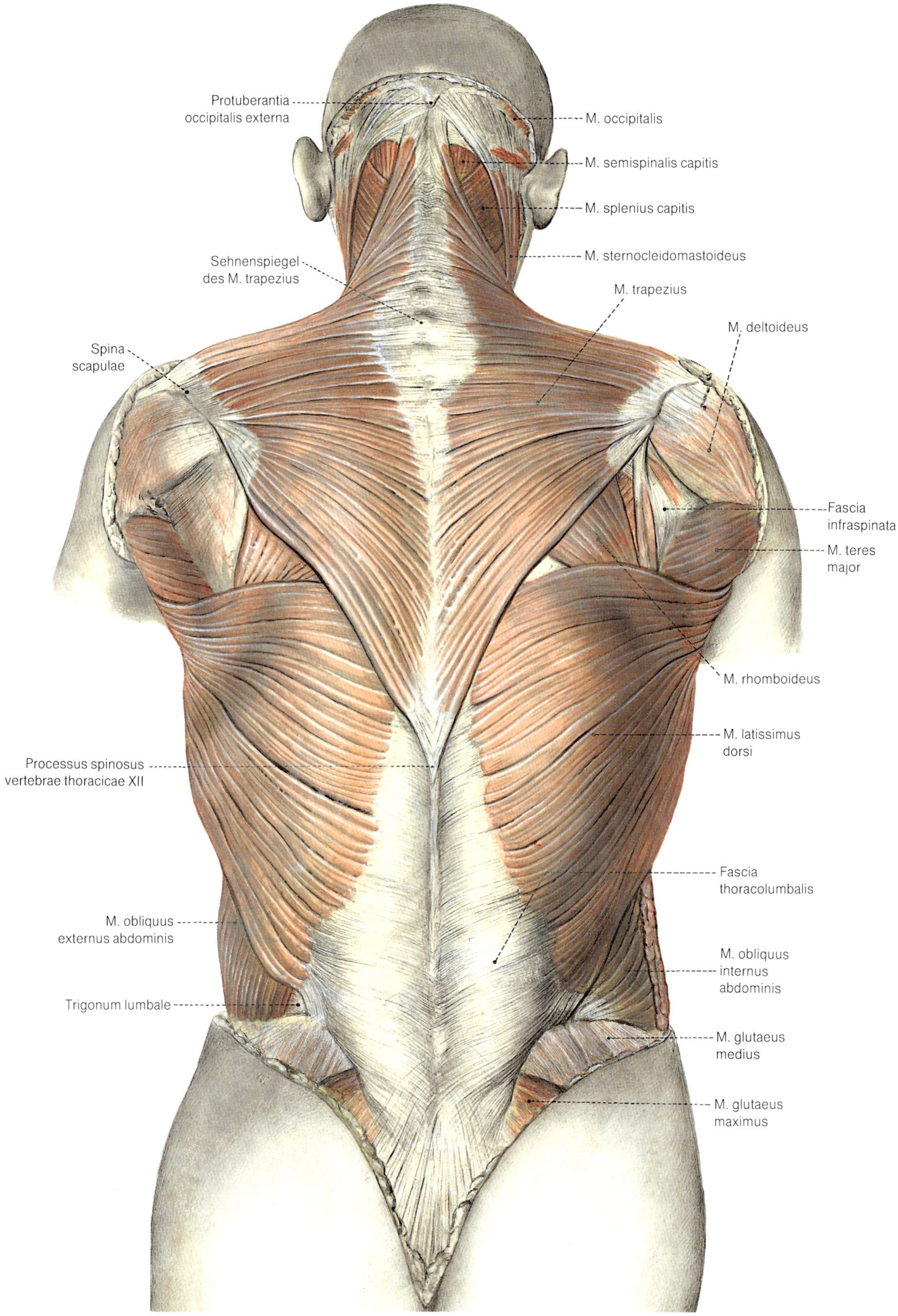

Abb. 6.**52 Schultergürtel- und Schultergelenksmuskeln in der Ansicht von dorsal.**

Der M. rhomboideus wird vom *N. dorsalis scapulae* (C_4–C_5), einem Ast der Pars supraclavicularis des Plexus brachialis, innerviert.

M. serratus anterior

Gestalt und Lage

Der *M. serratus anterior* (s. Abb. 5.**156**, 5.**157**) liegt als fächerförmige Muskelplatte zwischen der seitlichen Thoraxwand und dem Schulterblatt (s. Abb. 6.**46**). Er entspringt mit neun Zacken von der 1. bis 9. Rippe sowie von einem Sehnenbogen zwischen 1. und 2. Rippe. Der Muskel inseriert am Margo medialis scapulae sowie mit kräftigen Anteilen am Angulus superior und am Angulus inferior scapulae (s. Abb. 6.**54**).
Nach dem Verlauf seiner Muskelfasern lassen sich *drei Teile* abgrenzen, die sich auch in ihrer Funktion unterscheiden (s. unten). Der *obere Teil* entspringt an der 1. und 2. Rippe und an einem zwischen diesen ausgespannten Sehnenbogen. Der wulstige Muskelbauch besteht aus parallel verlaufenden Fasern, die am Angulus superior scapulae ansetzen. Der *mittlere Teil* ist breit und dünn, seine Fasern verlaufen divergierend *(Pars divergens)* zum Margo medialis scapulae. Der *untere Teil* hat einen sägeblattförmigen Ursprungsrand, der bis zur 9. Rippe reicht. Seine Fasern konvergieren gegen den Angulus inferior scapulae *(Pars convergens)*. Die Ursprünge liegen zwischen den Zacken des M. obliquus externus abdominis *(Gerdysche Linie)* (s. Abb. 6.**31**).
Der M. serratus anterior begrenzt die mediale Wand der *Axilla*. Mit Ausnahme der drei bis vier unteren Zacken, die beim Erheben des Armes über die Horizontale deutlich zu sehen sind, wird er von den Mm. pectoralis major, latissimus dorsi, teres major und subscapularis bedeckt.

Varianten

Die Anzahl der Ursprungszacken des M. serratus ant. kann vermehrt oder vermindert sein. Im mittleren Bereich fehlen die Muskelfasern nicht selten; an ihre Stelle tritt eine Schicht von straffem Bindegewebe.

Funktion und Innervation

Der M. serratus anterior bildet mit dem M. rhomboideus eine *Muskelschlinge* (s. Abb. 6.**56**). Beide Muskeln fixieren gemeinsam mit dem M. trapezius die Scapula in der Transversalebene und ziehen deren medialen Rand an die Brustwand. Bei *Lähmung* des M. serratus anterior steht der Margo medialis flügelartig vom Rumpf ab *(Scapula alata)*. Bei Kontraktion des gesamten Muskels wird die Scapula nach lateral gezogen. Der kräftige, vom Angulus inferior entspringende untere Teil ist gemeinsam mit der Pars descendens und Pars ascendens des M. trapezius an der *Drehung der Scapula* bei der Elevation des Armes über die Horizontale beteiligt. Durch den Zug der *Pars inferior* wird der untere Schulterblattwinkel nach lateral-ventral gezogen und gleichzeitig die Gelenkpfanne schräg nach oben gerichtet (s. S. 342). Die Scapula dreht sich dabei bis zu 60°. Bei Lähmung des M. serratus anterior ist die Elevation des Armes über die Horizontale stark beeinträchtigt oder unmöglich.
Der *obere Teil* des M. serratus anterior wirkt antagonistisch zum unteren. Die Pars superior ist an der *Rückführung des Armes* aus der Elevation beteiligt (s. Abb. 6.**56**). Sie kann außerdem das Schulterblatt gemeinsam mit dem M. levator scapulae anheben.
Bei fixiertem Schulterblatt wirkt der M. serratus anterior als *Rippenheber* inspiratorisch.
Seine *Innervation* erhält der M. serratus anterior aus der Pars supraclavicularis des Plexus brachialis. Er wird vom *N. thoracicus longus* (C_5–C_7) versorgt, der in der mittleren Axillarlinie auf dem M. serratus anterior verläuft.

M. levator scapulae

Gestalt und Lage

Der *M. levator scapulae* (Abb. 5.**114**, 5.**115**, 6.**63**) entspringt mit vier Bündeln an den Tubercula posteriora der Querfortsätze des 1.–4. Halswirbels und zieht steil absteigend zum Angulus superior scapulae sowie mit kurzen Sehnenfasern zum Margo medialis scapulae in Höhe der Fossa supraspinata (s. Abb. 6.**55**). Das vom Atlas kommende Bündel ist am kräftigsten; es ist bei muskelkräftigen Individuen im seitlichen Halsdreieck zu sehen. Der übrige Teil des Muskels wird vom M. trapezius bedeckt.

Varianten

Selten ist der M. levator scapulae nicht angelegt. Seine kaudalen Ursprungszacken können fehlen. Verbindungen mit dem M. trapezius kommen gelegentlich vor. Der Ansatz kann sich auf die Spina scapulae ausdehnen.

Funktion und Innervation

Der M. levator scapulae bildet mit der Pars ascendens des M. trapezius eine *vertikale Muskelschlinge*. Er beteiligt sich an der *Rückführung der Scapula* des elevierten Armes in die Neutral-0-Stellung.
Der M. levator scapulae wird, wie der M. rhomboideus, vom *N. dorsalis scapulae* und direkten Ästen des Plexus cervicalis (C_3–C_5) innerviert.

M. subclavius

Gestalt und Lage

Der *M. subclavius* (Abb. 8.**6**, 6.**66**) kommt mit kräftiger Ursprungssehne von der kranialen Fläche der ersten Rippe in der Gegend der Knorpel-Knochen-Grenze, wendet sich lateral zur kaudalen Fläche der Clavicula und inseriert hier unter fächerförmiger Ausbreitung bis in den Bereich des Tuberculum conoideum (Abb. 6.**53**). Er ist von einer derben Faszie bedeckt, die gemeinsam mit der Clavicula eine osteofibröse Loge für den Muskel bildet.

Varianten

Der Muskel kann fehlen oder durch ein Band ersetzt sein. In seltenen Fällen ist der M. subclavius verdoppelt, oder er entspringt an der 1. und 2. Rippe. Seine Ansatzstelle kann variieren.

Funktion und Innervation

Der M. subclavius zieht das Schlüsselbein nach kaudal-ventral und drückt dabei die Extremitas sternalis gegen das Sternum. Der Muskel spannt die *Fascia clavipectoralis* und bewirkt damit ein Offenhalten der Lichtung der unter der Clavicula hindurchziehenden V. subclavia (s. S. 355).
Der M. subclavius wird vom *N. subclavius* (C_5, C_6), einem Ast der Pars supraclavicularis des Plexus brachialis, innerviert.

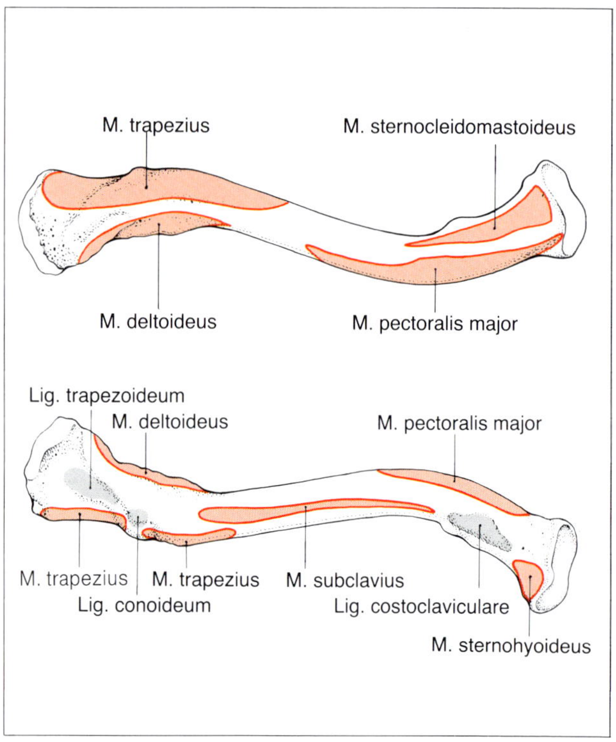

Abb. 6.**53** **Rechtes Schlüsselbein, Muskelursprünge und -ansätze;** oben: kraniale Fläche, unten: kaudale Fläche.

M. pectoralis minor

Gestalt und Lage

Der *M. pectoralis minor* (s. Abb. 5.**155**, 5.**156**) entwickelt sich aus der gleichen Anlage wie der M. pectoralis major, er gehört funktionell jedoch zu den Schultergürtelmuskeln. Der Muskel entspringt vom ventralen Ende des knöchernen Anteils der 3.–5. Rippe und inseriert am Processus coracoideus (Abb. 6.**54**). Sein Ansatz ist mit dem Ursprung des M. coracobrachialis und des Caput breve m. bicipitis verbunden.

Varianten

Der M. pectoralis minor kann fehlen oder verdoppelt sein. Die Zahl seiner Ursprünge variiert. Seine Ansatzsehne kann über den Processus coracoideus hinwegziehen und die Kapsel des Schultergelenks, das Lig. coracohumerale oder das Tuberculum majus erreichen (*Lig. coracoglenoidale,* s. S. 345). Verbindungen mit den Mm. pectoralis major und subclavius werden beschrieben.

Funktion und Innervation

Der M. pectoralis minor *senkt* die *Scapula* und dreht diese in der Weise, daß der Angulus inferior nach dorsal-medial wandert. Er wirkt antagonistisch zur Pars descendens und Pars ascendens des M. trapezius sowie zur Pars inferior des M. serratus anterior. Bei festgestelltem Schultergürtel hilft er die Rippen heben.

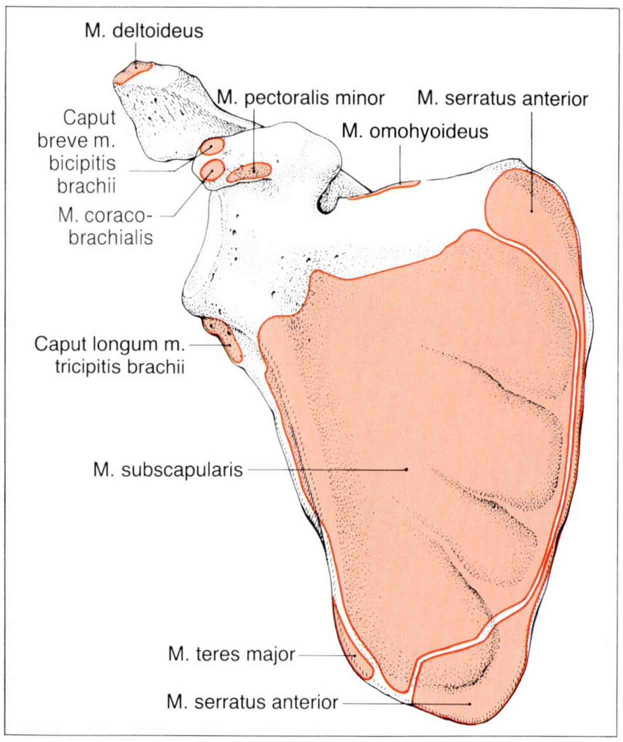

Abb. 6.**54** **Rechtes Schulterblatt. Muskelursprünge und -ansätze in der Ansicht von ventral.**

Der M. pectoralis minor wird von Ästen der Pars infraclavicularis des Plexus brachialis, den *Nn. pectorales mediales* (C_8, Th_1) *und laterales* (C_5–C_7), innerviert.
Die Besprechung des *M. sternocleidomastoideus* und des *M. omohyoideus* erfolgt auf S. 661ff.

Fascia clavipectoralis

Klinische Bedeutung haben die Faszienverhältnisse im Bereich des *M. pectoralis minor* und des *M. subclavius*. Beide Muskeln werden von der *Fascia clavipectoralis* bedeckt, die kranial am Processus coracoideus und an der Clavicula befestigt ist. Die Faszie überbrückt die zwischen M. pectoralis minor und M. subclavius liegende Lücke, das *Spatium clavipectorale*, durch das man in die Achselhöhle gelangen kann. Die Fascia clavipectoralis steht aufgrund des Tonus der von ihr umscheideten Muskeln stets unter Spannung. Hinter der Fascia clavipectoralis verläuft die *V. subclavia*, die mit der Faszie verwachsen ist; dadurch überträgt sich die Faszienspannung auf die Venenwand, so daß deren Lumen stets offen ist.

Zusammenwirken der Schultergürtelmuskeln

Die Schultergürtelmuskeln inserieren mit Ausnahme des M. subclavius, des M. sternocleidomastoideus und der Pars descendens des M. trapezius an der *Scapula*. Allen Bewegungen des Schulterblattes folgt die *Clavicula* und umgekehrt (Tab. 6.**3**).
Es gibt keine allgemein gültige „*Ruhelage*" der Scapula. Sie wird von der Haltung des Körpers, vom Tonus der an ihr angreifenden Muskeln sowie von der Form des Thorax beeinflußt. Bei frei herabhängendem Arm bilden Scapula und Clavicula miteinander einen individuell unterschiedlich großen Winkel. In Neutral-0-Stellung steht die Clavicula horizontal, die Scapula mit ihrem medialen Rand in Höhe der Anguli costarum und parallel zur Wirbelsäule. Geringe Abweichungen nach medial oder lateral kommen vor. Zur Beurteilung der Stellung der Scapula und ihrer Bewegungsexkursionen wird die Lage des Akromioklavikulargelenkes sowie die der Spina und die des Angulus inferior scapulae bestimmt. Die genannten Knochenpunkte lassen sich leicht tasten.
Die *Bewegungen der Scapula* hängen von der Form der Brustwand ab, deren Krümmung die *Gleitbahn* bestimmt (sog. *Schulterblatt-Thorax-Gelenk*, s. Abb. 6.**46**). Die Scapula kann sich nur wenig von der Thoraxwand nach außen entfernen. Der M. latissimus dorsi, der meistens über den Angulus inferior scapulae hinwegläuft, preßt sie, unterstützt von den Muskelschlingen des Schultergürtels sowie von der Spannung der Haut, an die Brustwand.

Tabelle 6.**3** An den Bewegungen der Scapula beteiligte Muskelgruppen

Verschiebung der Scapula nach kaudal: Pars ascendens m. trapezii, Pars inferior m. serrati anterioris, M. pectoralis minor
Verschiebung der Scapula nach kranial: Pars descendens m. trapezii, Mm. levator scapulae und rhomboideus, Pars superior m. serrati anterioris
Verschiebung der Scapula nach ventral: oberer und mittlerer Teil des M. serratus anterior, M. pectoralis minor
Verschiebung der Scapula nach dorsal: Pars transversa m. trapezii, M. rhomboideus
Drehungen der Scapula nach ventral-lateral (Elevation des Armes): Pars inferior m. serrati anterioris, Partes descendens und ascendens m. trapezii
Drehung der Scapula nach dorsal-medial (Rückführung des elevierten Armes): Mm. rhomboidei, pectoralis minor, levator scapulae und Pars superior m.serrati anterioris

Muskelschlingen des Schultergürtels

Von den am Schultergürtel inserierenden Muskeln bilden jeweils antagonistisch wirkende Muskeln oder Muskelgruppen *Schlingen*, in denen das Schulterblatt „aufgehängt" ist. Durch koordinierte Kontraktion der Agonisten und Erschlaffung der Antagonisten innerhalb einer Muskelschlinge werden die Bewegungen der Scapula im sog. *Schulterblatt-Thorax-Gelenk* geführt. Sind die Kräfte der antagonistisch wirkenden Muskeln innerhalb einer Schlinge gleich groß, wird die Scapula in einer bestimmten Stellung fixiert. Ein Ungleichgewicht der Muskelkräfte, z. B. bei Lähmung eines Teiles der Muskelschlinge, führt zu einer Stellungsanomalie der Scapula (z. B. Scapula alata bei Lähmung des M. serratus anterior oder des M. trapezius, s. S. 353, 354).
Nach ihrem Verlauf werden folgende Muskelschlingen unterschieden:
Die *Serratus-Rhomboideus-Schlinge* verläuft von kranial-dorsal nach ventral-kaudal. Sie besteht aus den Mm. rhomboidei und der Pars inferior m. serrati anterioris (Abb. 6.**56**).
Vertikal ausgerichtet ist die *Levator-Trapezius-Schlinge*, an der sich der M. levator scapulae und die Pars ascendens des M. trapezius beteiligen.
Die *Trapezius-Serratus-Schlinge* wirkt in der Horizontalen; sie setzt sich aus der Pars transversa des M. trapezius und der Pars media m. serrati anterioris zusammen.
Die *Trapezius-Pektoralis-Schlinge* verläuft schräg von hinten oben nach vorn unten. Sie besteht aus dem M. pectoralis minor und der Pars descendens m. trapezii.

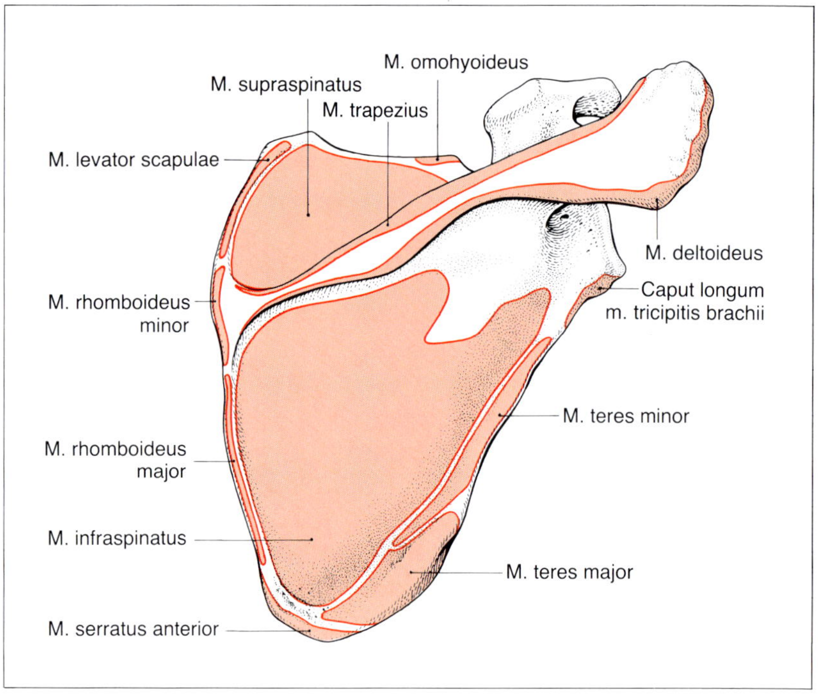

Abb. 6.**55** **Rechtes Schulterblatt, Muskelursprünge und -ansätze in der Ansicht von dorsal.**

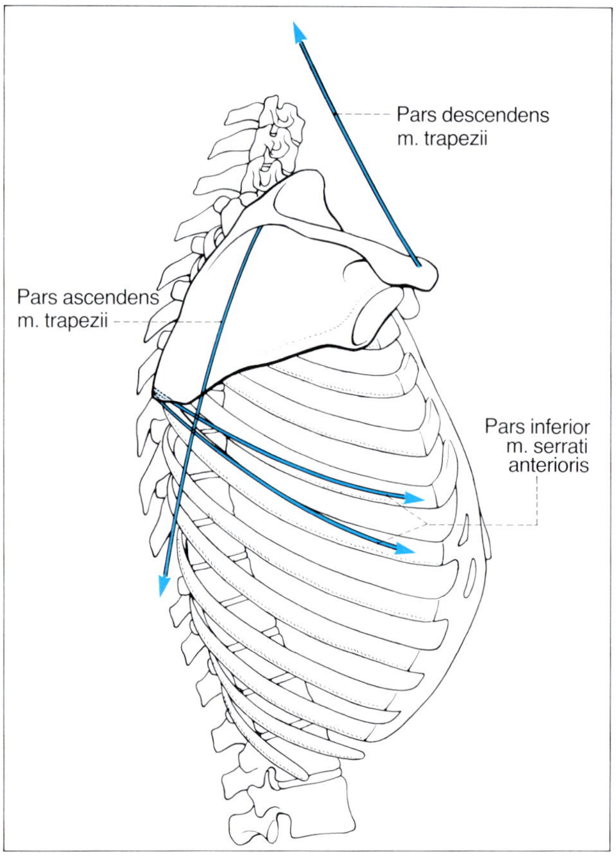

Abb. 6.**56a** Wirkungsrichtung der Schultergürtelmuskeln, die an der Drehung der Scapula nach ventral-lateral (Elevation des Armes über die Horizontale) beteiligt sind.

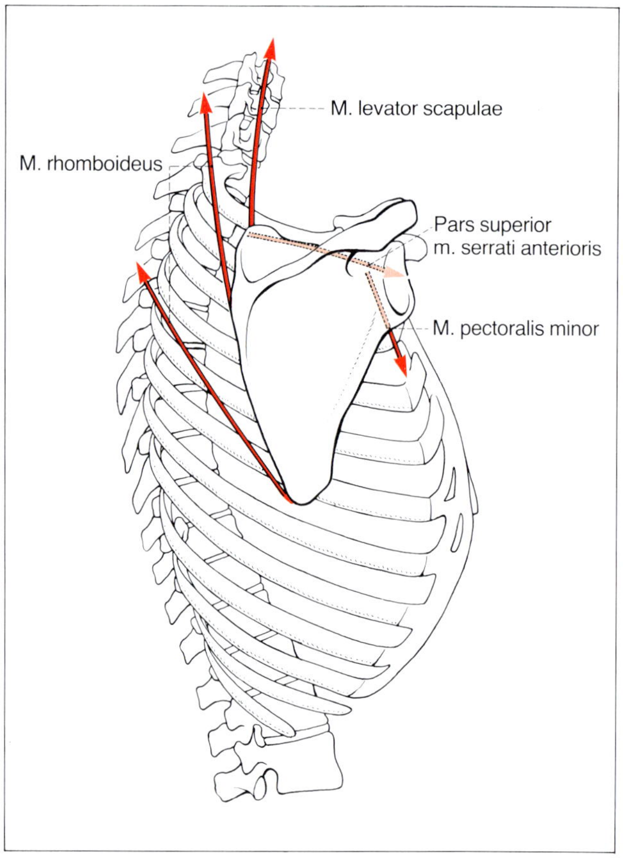

Abb. 6.**56b** Wirkungsrichtung der Schultergürtelmuskeln, die an der Drehung der Scapula nach dorsal-medial (Rückführen des elevierten Armes) beteiligt sind.

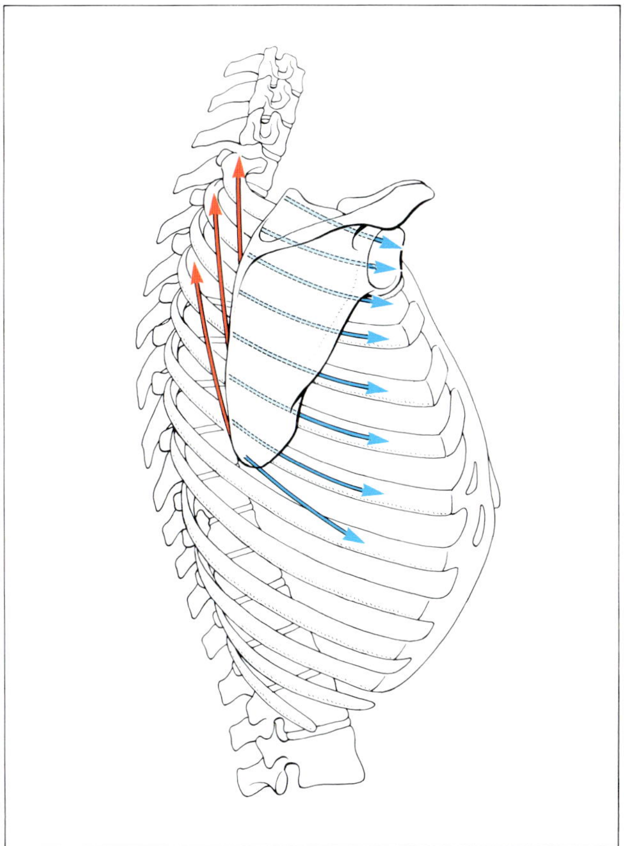

Abb. 6.**56c** Muskelschlinge zwischen M. serratus anterior (blau) und M. rhomboideus (rot).

Schultergelenkmuskeln

Die *Schultergelenkmuskeln* haben ihren Ansatz am Humerus; sie lassen sich in eine *dorsale* und in eine *ventrale Gruppe* gliedern. *Muskeln der dorsalen Gruppe* inserieren entweder am Tuberculum majus oder am Tuberculum minus sowie an der Crista tuberculi minoris. Ihren Ansatz am Tuberculum majus haben die *Mm. supraspinatus, infraspinatus und teres minor.* Am Tuberculum minus inseriert der größte Teil des *M. subscapularis.* Zur Crista tuberculi minoris ziehen die *Mm. latissimus dorsi und teres major.* Zur *ventralen Gruppe* gehören Muskeln, die ihren Ansatz an der Crista tuberculi majoris und am Humerusschaft haben. Der zur ventralen Gruppe gehörende *M. pectoralis major* sowie der dorsal liegende M. latissimus dorsi haben ihren Ursprung auf den Rumpf ausgedehnt und werden als *thorakopetale Muskeln* bezeichnet. Der *M. pectoralis minor,* der aus der gleichen Anlage hervorgeht wie der M. pectoralis major, ist funktionell ein Schultergürtelmuskel (s. S. 354).

Dorsale Muskeln des Schultergelenks

Zur *dorsalen Muskelgruppe* gehören außer den *Mm. supraspinatus, infraspinatus, subscapularis, teres major, teres minor und latissimus dorsi* auch der *M. deltoideus,* der an der Außenseite des Humerus, knapp über dessen Mitte, ansetzt. Die Mm. supraspinatus, infraspinatus, teres minor und subscapularis strahlen mit ihren Ansatzsehnen in die Schultergelenkkapsel ein und werden als Muskeln der *Rotatorenmanschette* bezeichnet (Tab. 6.**4**).

Tabelle 6.**4** Muskeln der Rotatorenmanschette

M. supraspinatus
M. infraspinatus
M. teres minor
M. subscapularis

M. deltoideus

Gestalt und Lage

Der *M. deltoideus* (Abb. 6.**59,** 6.**60**) liegt unmittelbar unter der Haut und hat großen Anteil an der Reliefbildung der Schulter (s. Abb. 6.**30,** 6.**32**). Der Muskel entspringt an der Pars acromialis claviculae, am Acromion sowie an der Spina scapulae und inseriert an der Tuberositas deltoidea humeri (Abb. 6.**53,** 6.**54,** 6.**55,** 6.**69**). Nach seinem Faserverlauf werden drei Teile, *Pars acromialis, Pars spinalis* und *Pars clavicularis,* unterschieden, deren Funktionen von der Lage zur Bewegungsachse des Schultergelenks und von der Stellung des Humerus abhangen.

Die *Pars acromialis* ist der kräftigste Abschnitt des Muskels. Die Fasern verlaufen gerade absteigend zum Humerus. Durch zahlreiche sehnige Septen werden sie in viele Einzelbündel mit relativ kurzen Fasern aufgeteilt.

Die *Pars spinalis* besteht aus schräg absteigenden Fasern, die sich hinter die Fasern der Pars acromialis schieben und am lateralen Rand der Tuberositas deltoidea ansetzen. Die vom Schlüsselbein entspringende *Pars clavicularis* zieht mit ihren Ansatzfasern unter die Pars acromialis und setzt gemeinsam mit der Pars spinalis an der Tuberositas deltoidea an.

Varianten

Der M. deltoideus ist nicht selten mit benachbarten Muskeln verwachsen; seine Pars acromialis kann fehlen.

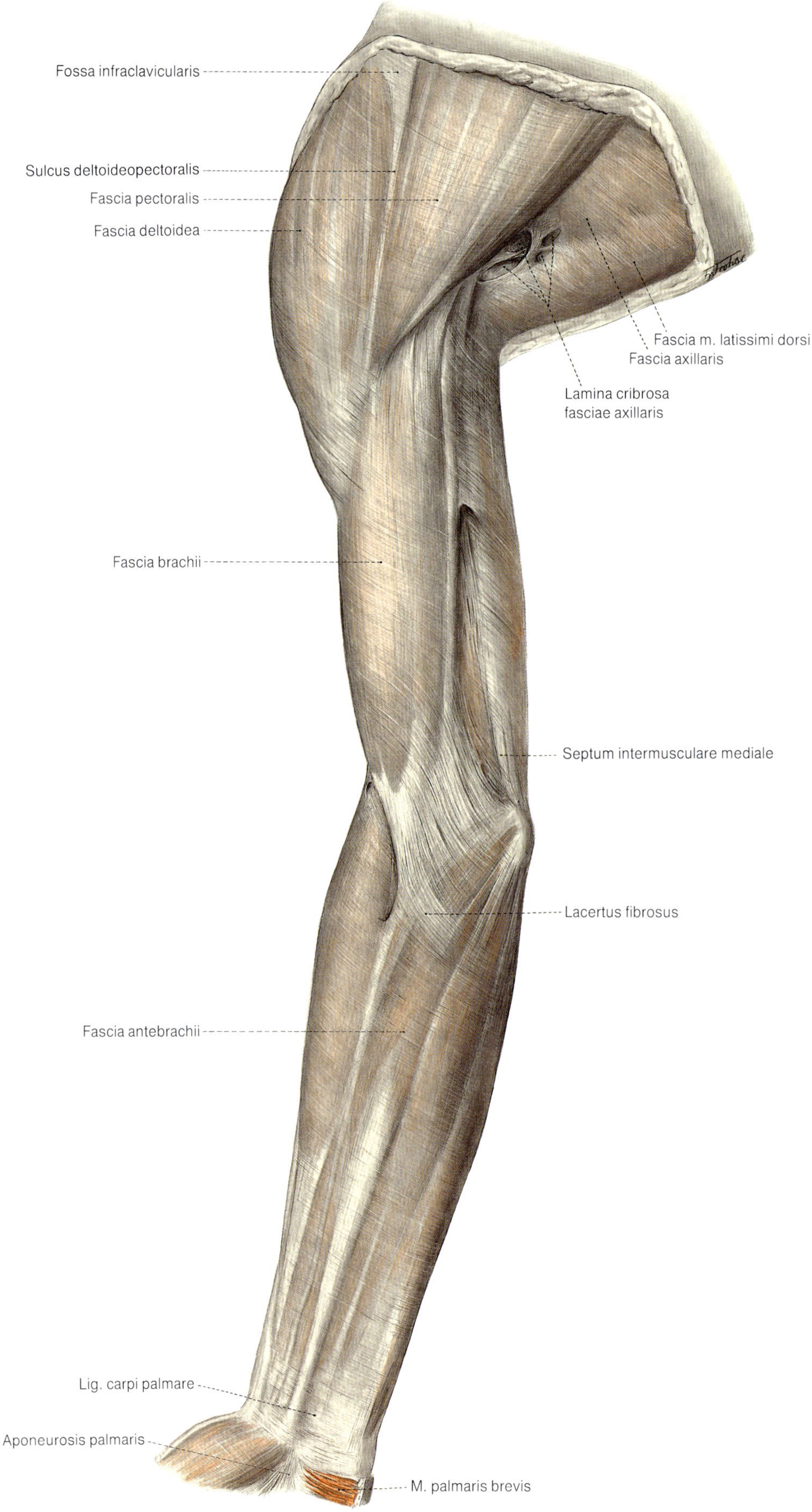

Abb. 6.**57** **Oberflächliche Faszie am rechten Arm in der Ansicht von vorn.**

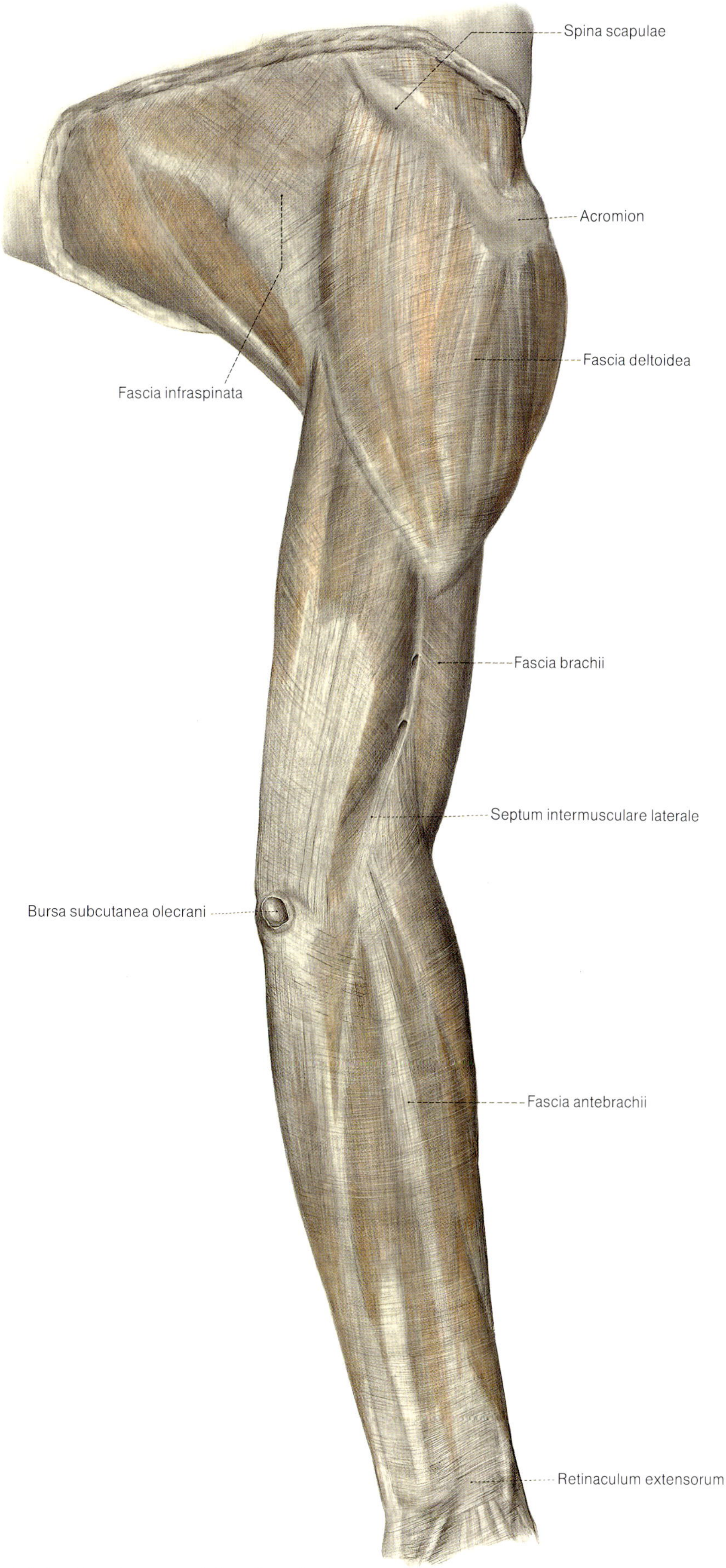

Abb. 6.**58** **Oberflächliche Faszie am rechten Arm in der Ansicht von hinten.**

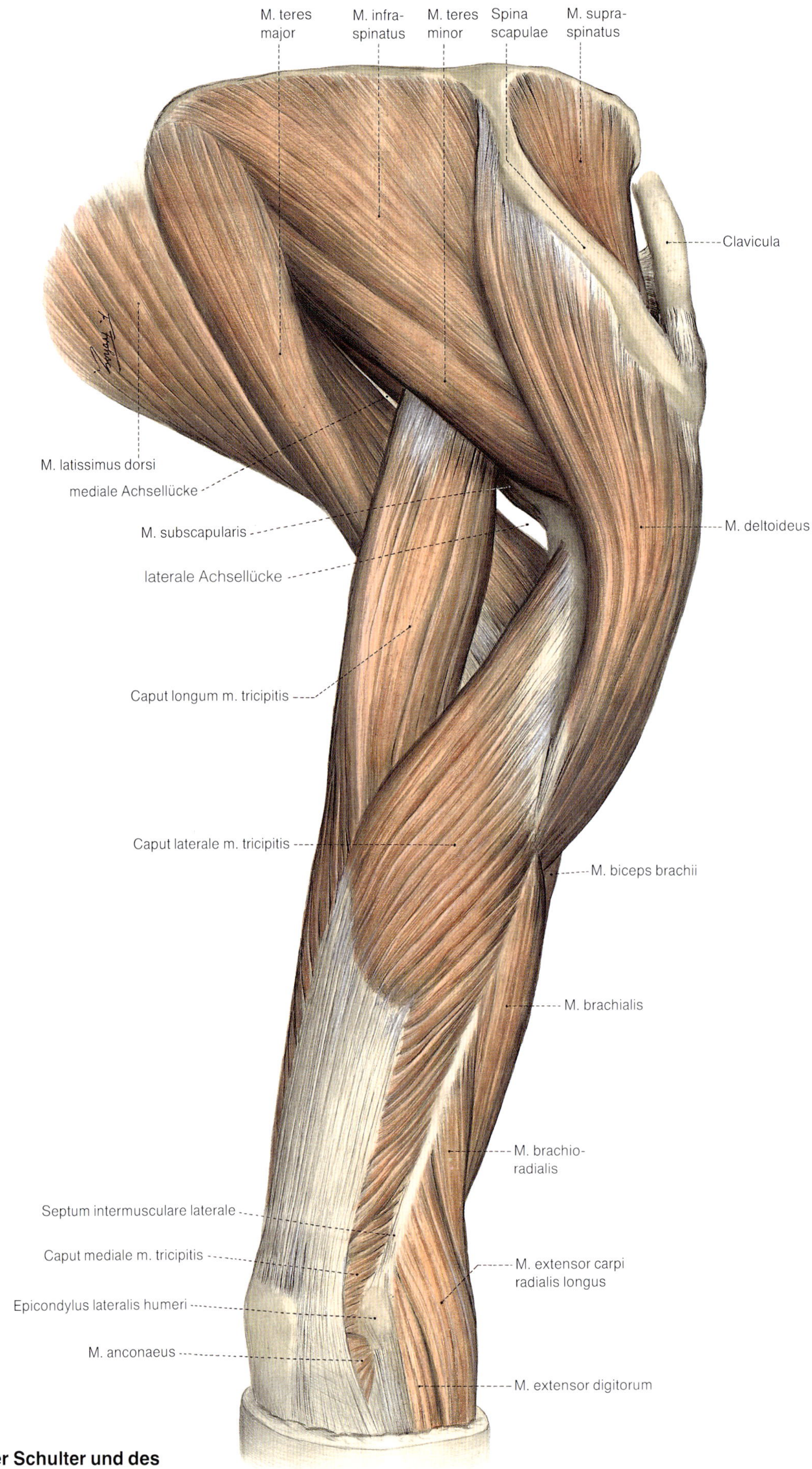

Abb. 6.**59** **Muskeln der Schulter und des abduzierten Oberarmes der rechten Seite in der Ansicht von hinten.**

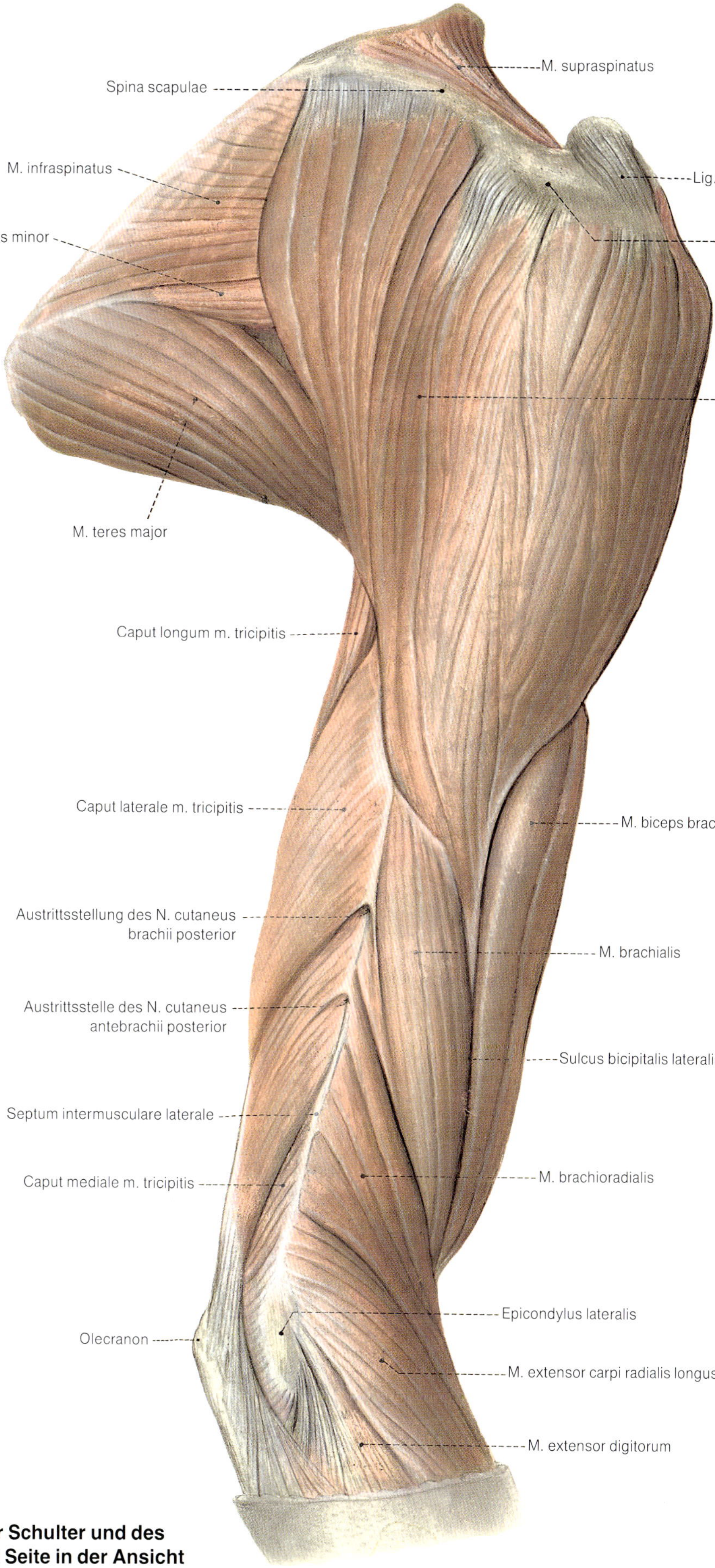

Abb. 6.**60** **Muskeln der Schulter und des Oberarmes der rechten Seite in der Ansicht von hinten-lateral.**

Funktion und Innervation

Der M. deltoideus ist ein typisches Beispiel für einen morphologisch einheitlichen Muskel, der sich funktionell aus verschiedenen, teilweise antagonistisch wirkenden Abschnitten zusammensetzt. Die *Pars acromialis* trägt zusammen mit dem M. supraspinatus die Last des Armes, abduziert ihn und sichert jede neu eingenommene Lage bei der Elevation. Die *Pars spinalis* dreht den Arm nach außen. Bei herabhängendem Arm wirkt der größte Teil der Pars spinalis adduktorisch. Wird der Arm von der *Pars acromialis* abduziert, so verlagern sich die seitlich liegenden Fasern so weit über die sagittale Achse nach lateral, daß sie nunmehr die Abduktion unterstützen (Umkehrung der Muskelfunktion, s. S. 167).
Die *Pars clavicularis* rollt den Arm nach innen. Aus der Neutral-0-Stellung wirkt sie gemeinsam mit dem M. pectoralis major als Adduktor. Bei abduziertem Arm unterstützt der gesamte klavikuläre Teil die weitere Abduktion (vgl. oben, Pars spinalis).
Bei *Kontraktion des gesamten Muskels* heben sich die drehenden Komponenten der beiden seitenständigen Abschnitte auf, und der Muskel *abduziert* den Arm mit großer Kraft bis zur Horizontalen.
Der M. deltoideus wird vom *N. axillaris* innerviert (C_5–C_6). *Lähmungen* des M. deltoideus sind von großer Tragweite für die Führung des Schultergelenks. Ferner ist die Abduktion stark eingeschränkt, die nur teilweise durch den M. supraspinatus und die Muskeln des Schultergürtels kompensiert werden kann.
Der M. deltoideus gilt als Kennmuskel für das Rükkenmarksegment C_5.

Muskeln der Rotatorenmanschette

Die *Muskeln der Rotatorenmanschette** entspringen an der Scapula und setzen am Humerus an. Ihre Fasern strahlen in die Gelenkkapsel und gehen im Ansatzbereich eine untrennbare Verbindung mit ihr ein. Bei Bewegungen im Schultergelenk werden auf diese Weise Faltenbildungen und damit Einklemmungen der Kapsel vermieden. Zur Rotatorenmanschette gehören die am Tuberculum majus ansetzenden *Mm. supraspinatus, infraspinatus und teres minor* und der größtenteils am Tuberculum minus inserierende *M. subscapularis* (Abb. 6.**41**, 6.**44**, 6.**46**, 6.**61**, 6.**62**). Die Muskeln sind an allen Bewegungen des Schultergelenks beteiligt und tragen wesentlich zu seiner Führung bei (s. S. 346).
Vor ihrer Insertion am Humerus passieren die kranialen Sehnenabschnitte des M. subscapularis und des M. infraspinatus sowie die gesamte Supraspinatussehne den *osteofibrösen Kanal* zwischen *Fornix* und *Caput humeri.* In diesem subakromialen Raum *(Spatium subacromiale),* der dorsal weiter ist als ventral, verläuft vorn die *Subskapularissehne,* im mittleren Abschnitt die *Supraspinatussehne* und dorsal die *Infraspinatussehne* (Abb. 6.**64**, 6.**65**). Die Höhe des subacromialen Raumes hängt u. a. von der Form des Acromion ab. Für ein reibungs*freies Gleiten* der Sehnen im Spatium subacromiale sorgen die *Bursa subacromialis* und die *Bursa subdeltoidea.* Die beiden Schleimbeutel bilden die „Gelenkhöhle" im *„subakromialen Nebengelenk"* (s. Abb. 6.**44**, 6.**64**, 6.**65**, 6.**66**).

* Der Begriff „Rotatorenmanschette" hat sich im klinischen Sprachgebrauch so fest eingebürgert, daß er hier ebenfalls verwendet werden soll.

M. supraspinatus

Gestalt und Lage

Der *M. supraspinatus* (s. Abb. 6.**61**) entspringt als dreieckiger, versteckt liegender Muskel an den Wänden der Fossa supraspinata (s. Abb. 5.**55**) und an der kräftigen Faszie, die mit dem Margo superior und dem oberen Rand des Angulus superior sowie mit der Spina scapulae verwachsen ist. Bevor die Sehne am Tuberculum majus inseriert, passiert sie den mittleren Abschnitt des *osteofibrösen Kanals* zwischen Schulterdach und Humeruskopf (s. Abb. 6.**65**). Bei seitlicher Elevation von 60–120° hat der Sehnenansatzbereich Kontakt mit dem Fornix humeri. Wird der Arm über 120° eleviert, gleitet das Tuberculum majus am medialen (hinteren) Rand des *Lig. coracoacromiale* vorbei in die Fossa supraspinata. Patienten mit einer Schädigung der Supraspinatussehne geben Schmerzen während der Passage der Absatzzone unter dem Fornix humeri bei Abduktion des Armes zwischen 60–120° an (sog. schmerzhafter Bogen).
Die mit der Gelenkkapsel verwachsene Ansatzsehne inseriert im oberen Feld des Tuberculum majus und in einem Drittel der Fälle auch am Tuberculum minus humeri (Abb. 6.**69**). Die Ansatzsehne des M. supraspinatus ist eine Gleitsehne, sie besteht in der dem Humeruskopf anliegenden Zone aus Faserknorpel. Der Faserknorpelbereich ist avaskulär (s. Abb. 6.**69**). Zwischen Sehne und Fornix humeri liegt die *Bursa subacromialis* (s. Abb. 6.**44**, 6.**64**, 6.**66**).

Funktion und Innervation

Der M. supraspinatus und der M. deltoideus sind in gleicher Weise an der *Abduktion des Armes* im Schultergelenk beteiligt, sie unterscheiden sich nur quantitativ. Der M. supraspinatus kann aber wegen des ungünstigeren Hebelarmes den M. deltoideus bei Lähmungen nicht vollständig ersetzen. Elektromyographische Untersuchungen zeigen, daß der M. supraspinatus die Dislokation des Humerus nach unten verhindert. Bei ruhig herabhängendem Arm sind seine Fasern stark tonisiert; die Gelenkkapsel ist angespannt.
Der M. supraspinatus wird durch Fasern des *N. suprascapularis* (C_4–C_6), eines Astes der Pars supraclavicularis des Plexus brachialis, innerviert.

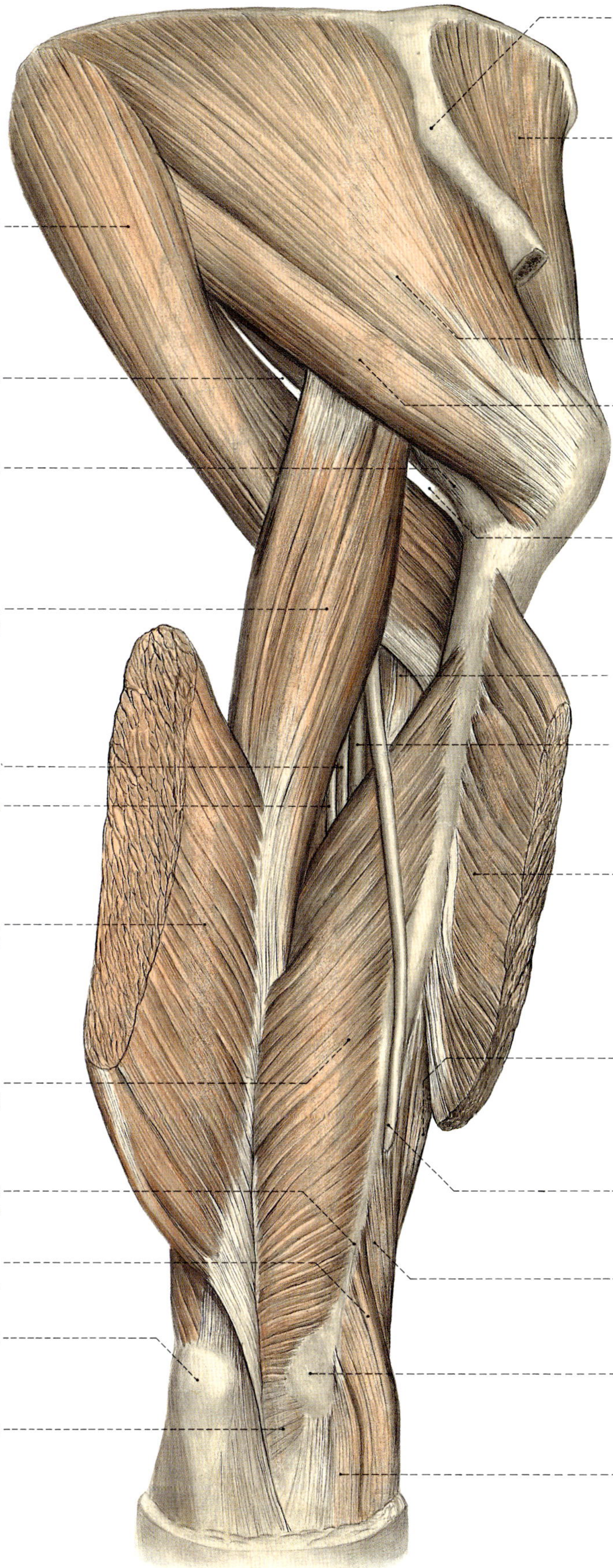

Abb. 6.**61** **Muskeln der Schulter und des abduzierten Oberarmes der rechten Seite in der Ansicht von hinten.** M. deltoideus entfernt; lateraler Kopf des M. triceps brachii durchtrennt und aufgeklappt.

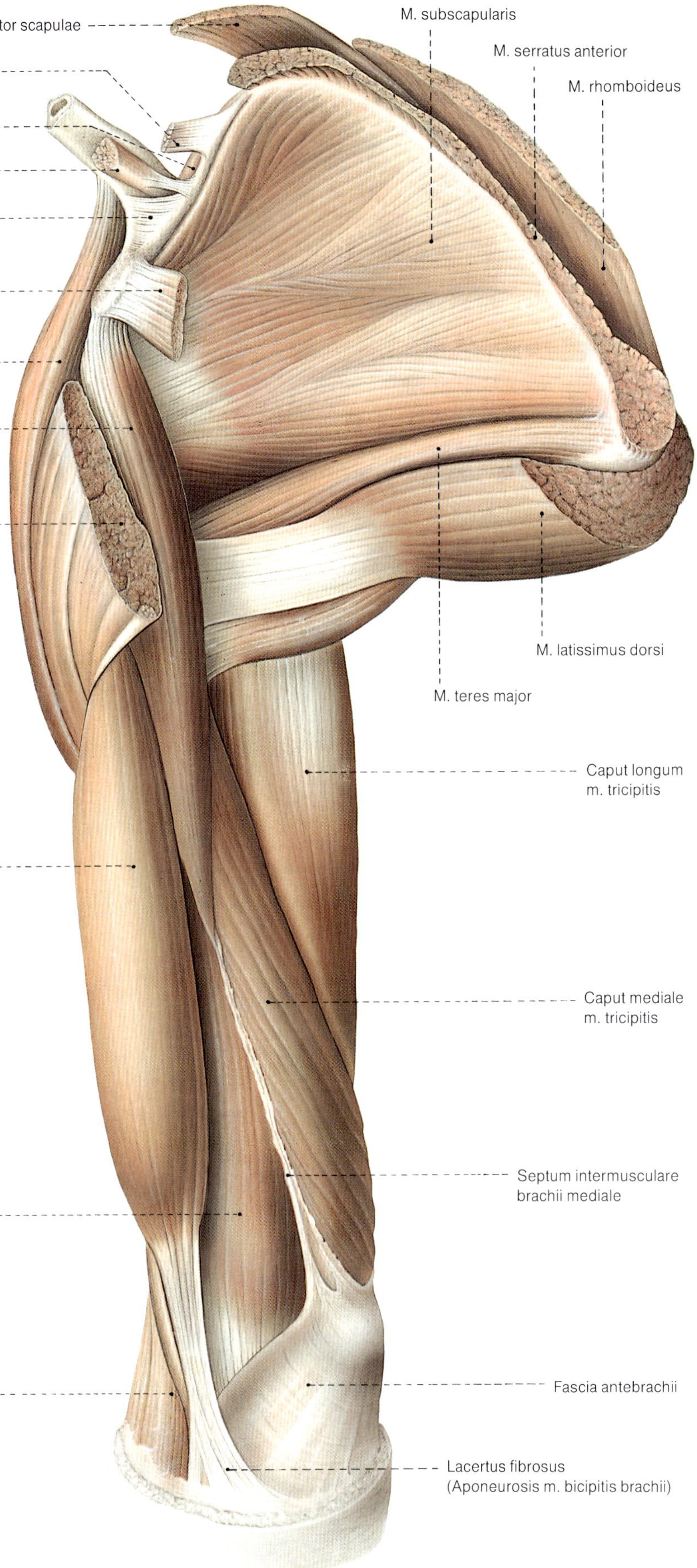

Abb. 6.**62 Muskeln der Schulter und des Oberarmes der rechten Seite in der Ansicht von vorn.**

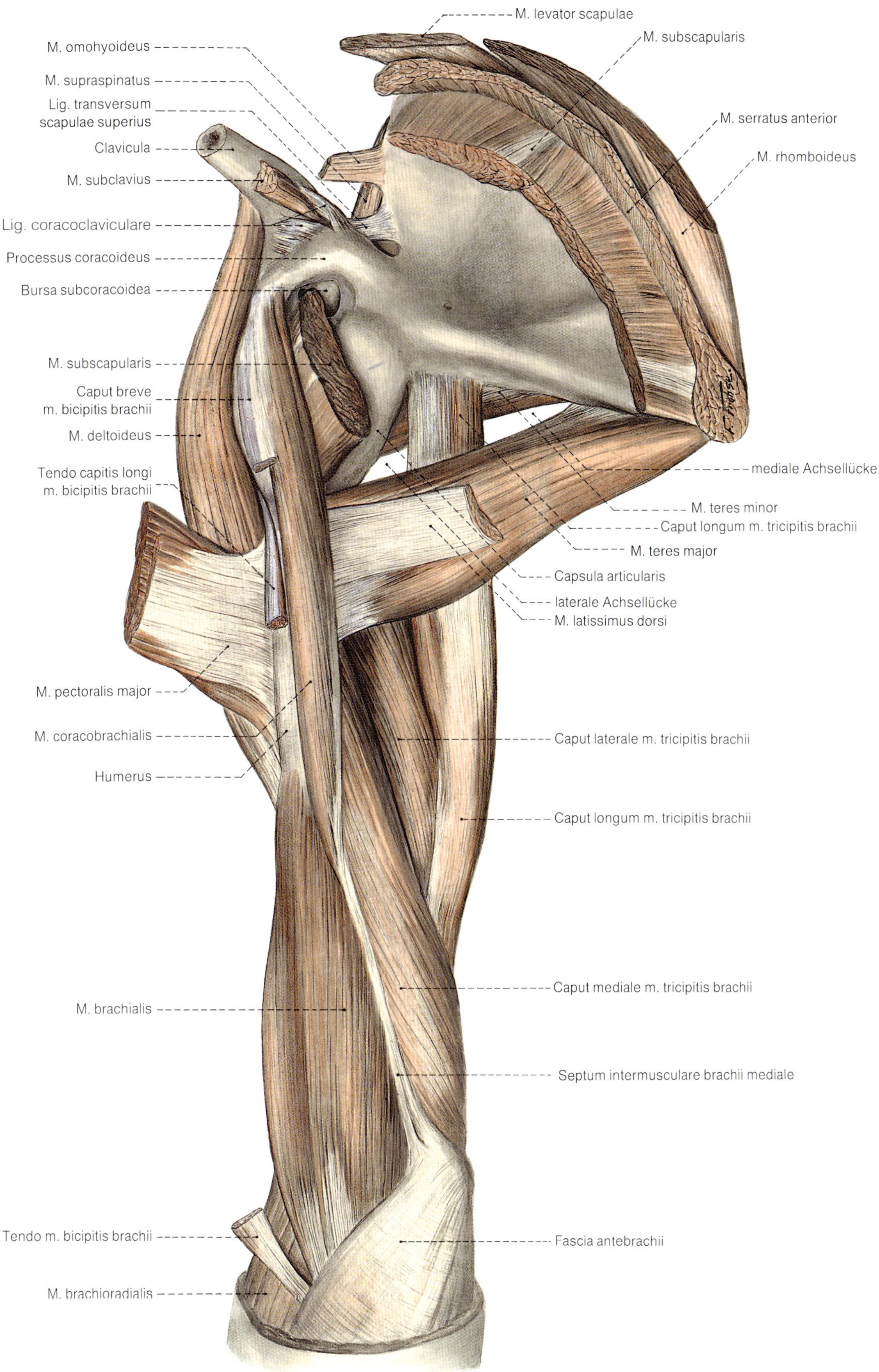

Abb. 6.**63** **Muskeln der Schulter und des abduzierten Oberarmes der rechten Seite in der Ansicht von vorn.** M. subscapularis teilweise entfernt. Darstellung der Achsellücken.

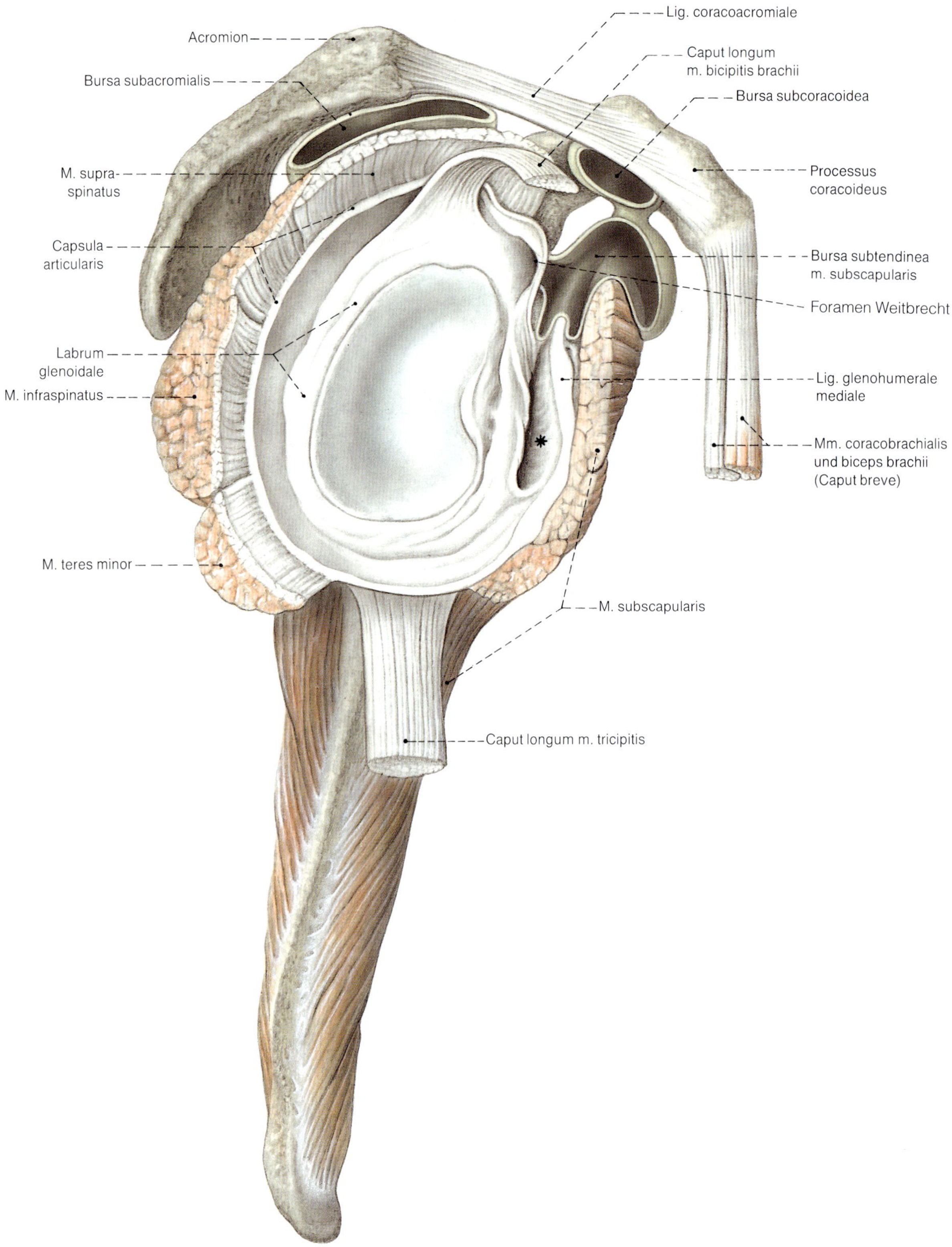

Abb. 6.**64** **Rechtes Schulterblatt in der Ansicht von lateral.** Die am Aufbau der Rotatorenmanschette beteiligten Muskeln und Sehnen wurden kreisförmig durchtrennt. Man beachte die Bursa subacromialis zwischen Schulterdach und M. supraspinatus. Die Bursa subtendinea m. subscapularis liegt dem oberen Rand der Subskapularissehne kappenförmig auf. Die Bursa subtendinea m. subscapularis steht über das Foramen Weitbrecht mit der Gelenkhöhle und mit der Bursa subcoracoidea in Verbindung. Zwischen dem freien Rand des Labrum glenoidale und der Gelenkkapsel entsteht ein Recessus*.
(Nach Präparaten der Sammlung des Anatomischen Institutes, Kiel)

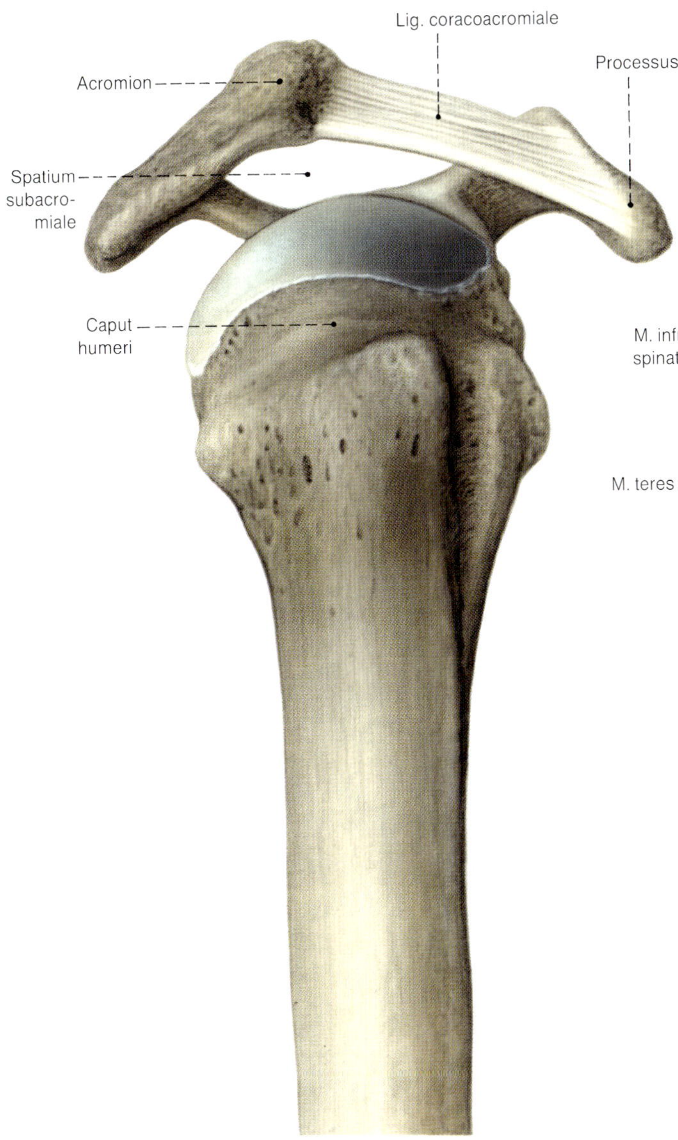

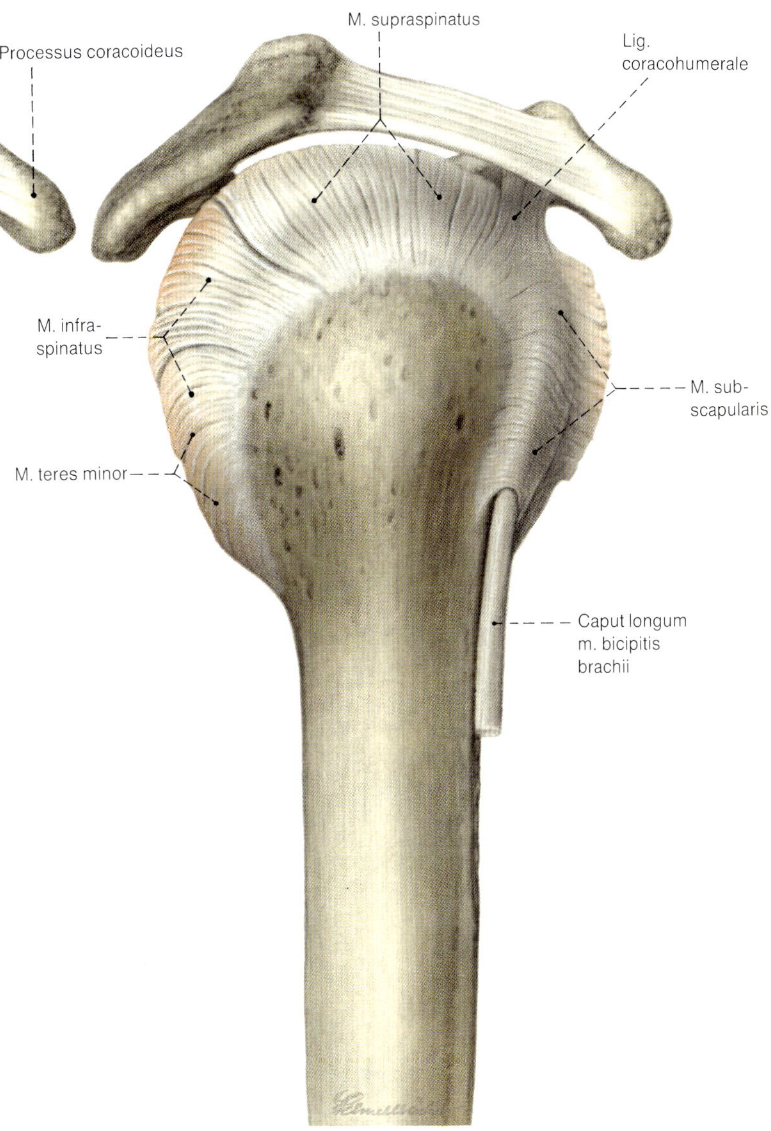

Abb. 6.**65a** **Schulterdach** (Fornix humeri) **und proximales Humerusende** der rechten Seite in der Ansicht von lateral.

Abb. 6.**65b** **Lage und Verlauf der Muskeln der Rotatorenmanschette** unter dem Schulterdach.
(Nach Präparaten des Anatomischen Institutes, Kiel)

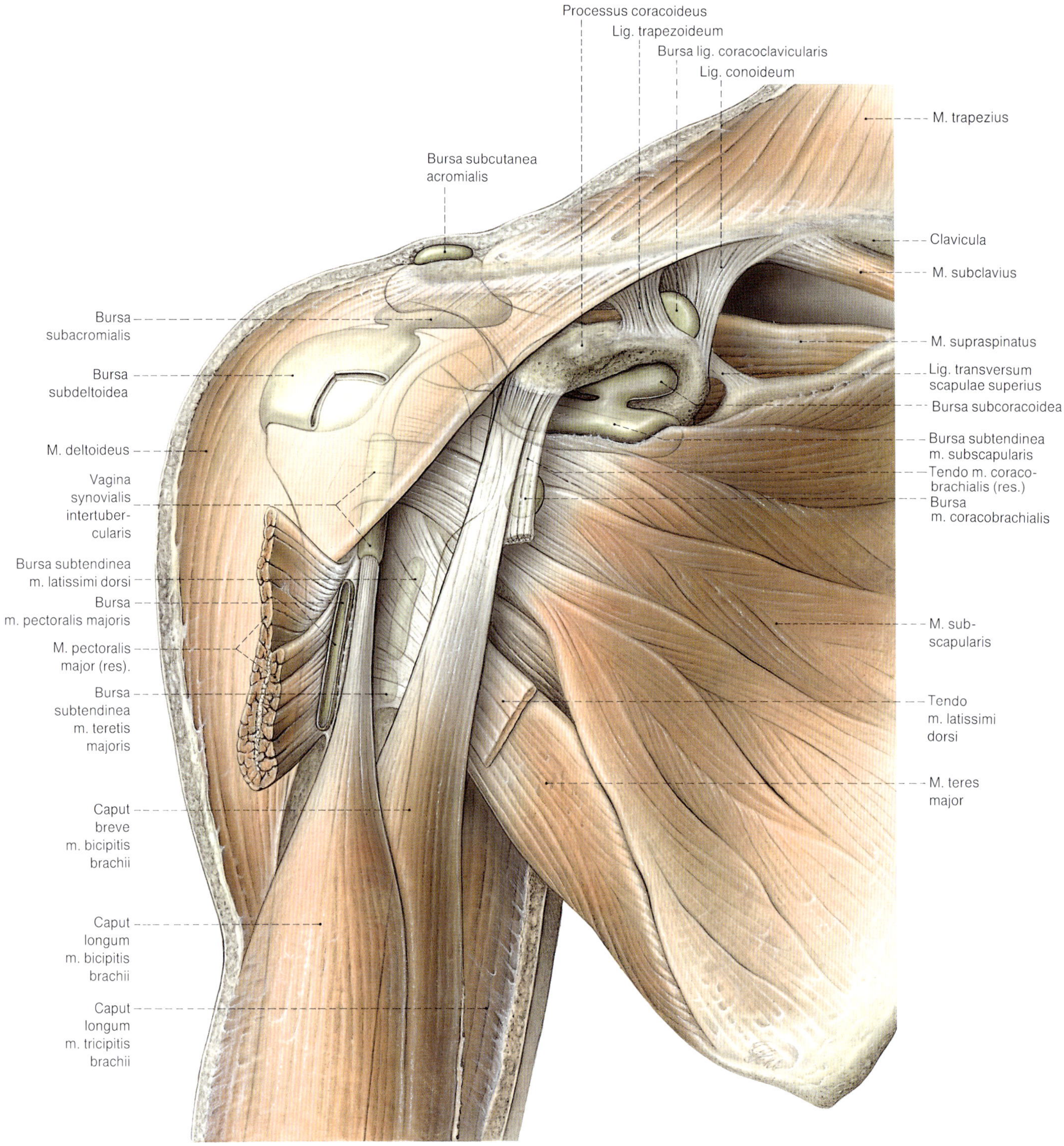

Abb. 6.**66** **Rechte Schulter in der Ansicht von ventral mit Darstellung der Schleimbeutel im Schulterbereich** (teilweise transparent wiedergegeben). (Nach Präparaten des Anatomischen Institutes, Kiel und *v. Lanz-Wachsmuth*).

M. infraspinatus

Gestalt und Lage

Das Ursprungsfeld des *M. infraspinatus* (s. Abb. 6.**55,** 6.**61**) nimmt den größten Teil der Fossa infraspinata ein. Ausgespart bleibt der Bereich des Collum scapulae, in dem der N. suprascapularis und die Vasa suprascapularia aus der Fossa supraspinata in die Fossa infraspinata eintreten. Mit dem M. teres minor, der am Margo lateralis scapulae entspringt, wird der M. infraspinatus gemeinsam von der derben *Fascia infraspinata* umschlossen. Die Faszie ist an der Spina scapulae und am Margo lateralis scapulae fixiert und macht die Fossa infraspinata zur geschlossenen *osteofibrösen Loge* (s. Abb. 6.**58**).
Der M. infraspinatus ist kräftiger als der M. supraspinatus. Sein kaudaler Teil ist häufig mit dem M. teres minor verwachsen oder durch Bindegewebssepten von ihm getrennt. Die Sehnen der beiden Muskeln setzen an der Kapsel und am mittleren und unteren Feld des Tuberculum majus humeri an (Abb. 6.**70**). Im Ansatzbereich liegt ein Schleimbeutel. Der obere Rand der Infraspinatussehne gleitet unter dem Acromion entlang; an dieser Stelle kann es zu Druckschäden der Sehne kommen (s. Abb. 6.**64,** 6.**65**).

Funktion und Innervation

Der *obere Teil* des M. infraspinatus beteiligt sich an der *Abduktion* des Armes. Der *untere Teil* unterstützt gemeinsam mit dem M. teres minor die *Adduktion*. Die *außenrotatorische Wirkung* beider Muskeln ist bei innenrotiertem Arm besonders groß.
Der M. infraspinatus erhält, wie der M. supraspinatus, Fasern aus dem *N. suprascapularis* (C_4–C_6).

M. teres minor

Gestalt und Lage

Der *M. teres minor* (s. Abb. 6.**61**) entspringt dorsal im mittleren Abschnitt des Margo lateralis scapulae. Der Muskel ist meistens mit dem unteren Teil des M. infraspinatus fest verwachsen. Die Insertion des M. teres minor liegt am Tuberculum majus humeri distal vom Ansatz des M. infraspinatus (Abb. 6.**70**).
(Funktion des Muskels s. oben, M. infraspinatus)

Innervation

Der M. teres minor wird vom *N. axillaris* innerviert (C_5–C_6).

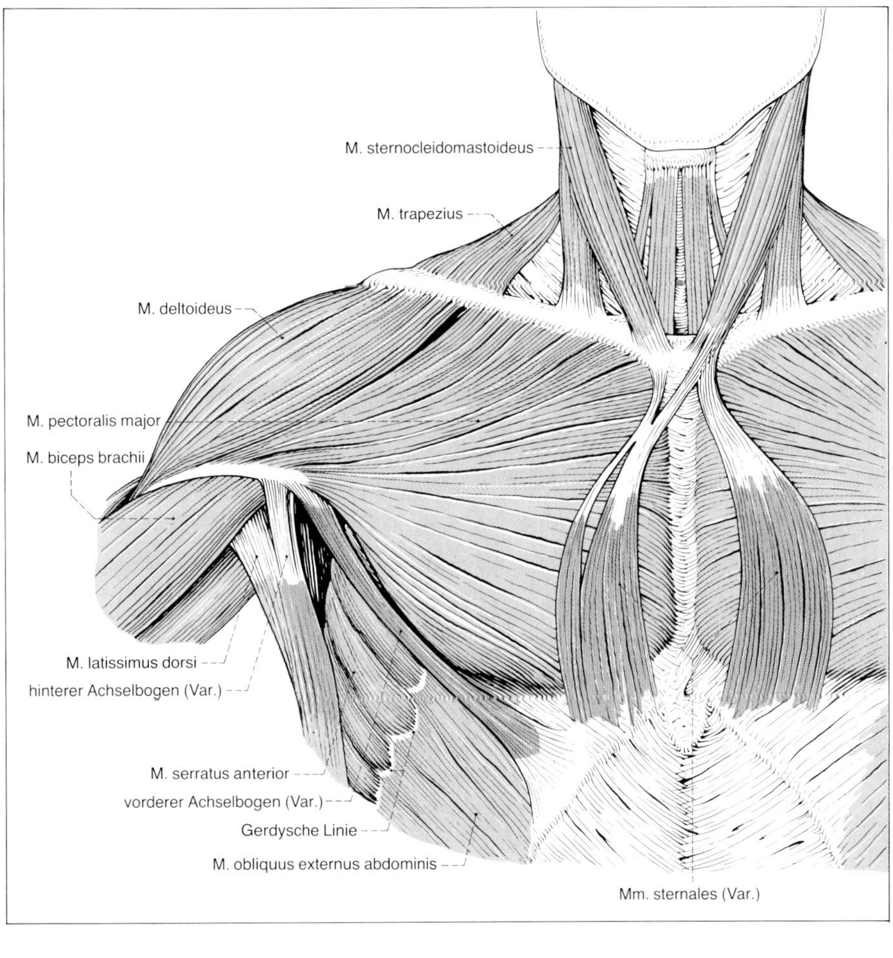

Abb. 6.**67** **Muskeln der Schulter- und Brustregion.**
Varianten: M. sternalis, vorderer und hinterer Achselbogen.

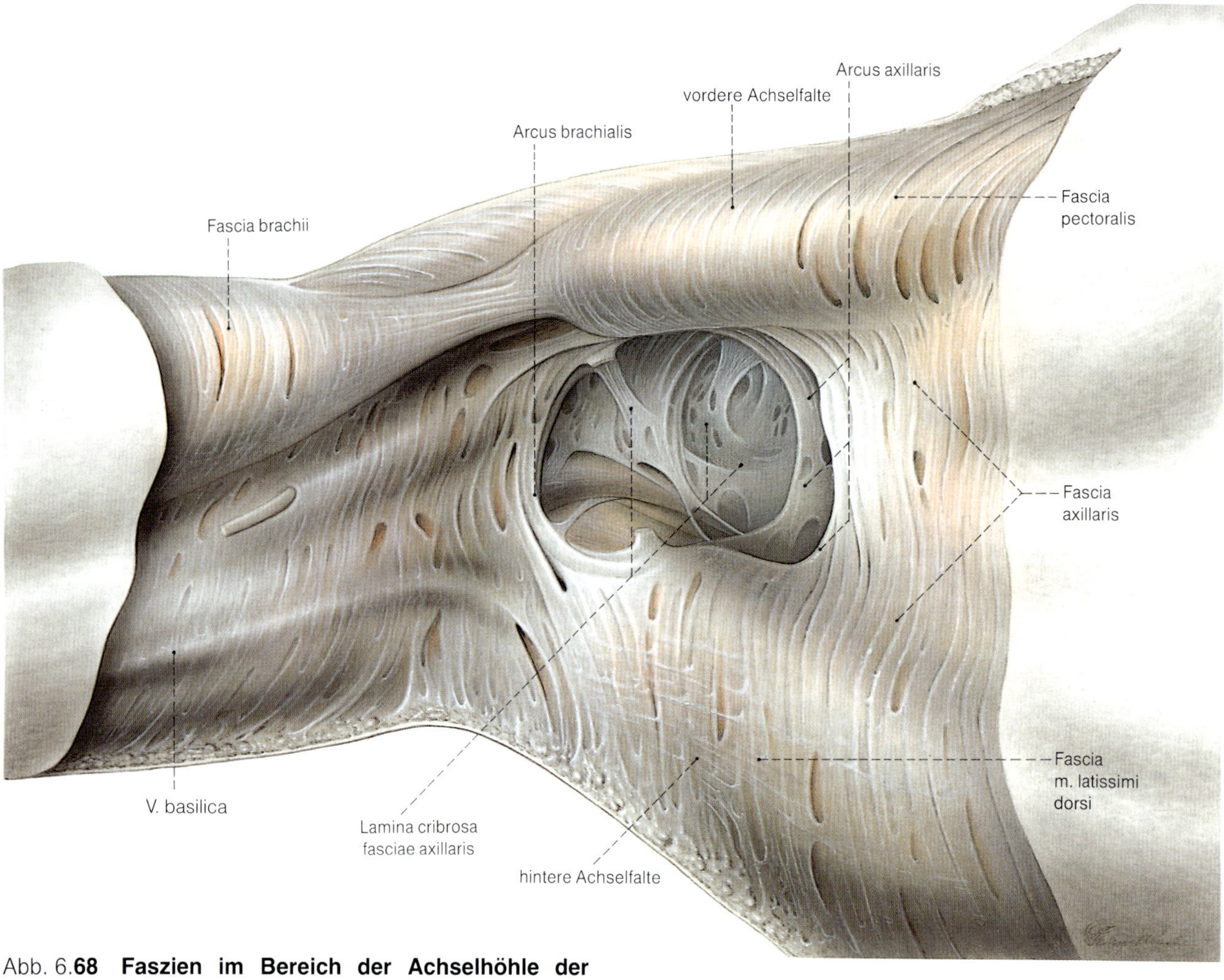

Abb. 6.**68** **Faszien im Bereich der Achselhöhle der rechten Seite.**

M. subscapularis

Gestalt und Lage

Der *M. subscapularis* (s. Abb. 6.**62**) ist ein kräftiger, platter, dreieckiger Muskel, der an den Lineae musculares der Fossa subscapularis entspringt (s. Abb. 6.**54**). Der fehlende Muskelursprung am Collum scapulae soll die Luxation des Humeruskopfes nach vorn begünstigen (Rezessusbildung, s. S. 344). Der Muskel wird von einer kräftigen *Faszie* bedeckt, die fest an den Rändern der Scapula verankert ist. So entsteht eine osteofibröse Loge, die nur im Bereich des Skapulahalses die breite Ansatzsehne durchtreten läßt. Die Sehne des M. subscapularis ist mit der *Gelenkkapsel* verwachsen und inseriert größtenteils am Tuberculum minus (Abb. 6.**69**) und am proximalen Teil der Crista tuberculi minoris. Distal zieht ein Teil der Sehne über den Sulcus intertubercularis hinweg und inseriert an der Crista tuberculi majoris (s. Abb. 6.**65**). Die im Ansatzbereich der Sehne befindliche *Bursa subtendinea m. subscapularis* umscheidet den Oberrand der Sehne, die frei in die Bursa hineinragt (s. Abb. 6.**64**). Der Schleimbeutel kommuniziert regelmäßig über das Foramen Weitbrecht mit der Gelenkhöhle und meistens auch mit der Bursa subcoracoidea (s. S. 345).

Funktion und Innervation

Der M. subscapularis ist ein kräftiger *Innenrotator*. Bei Lähmung des Muskels ist der Arm nach außen rotiert. Der kraniale Teil des M. subscapularis unterstützt die *Abduktion*. Den elevierten Arm kann der Muskel adduzieren.
Der M. subscapularis wird vom *N. subscapularis* (C_5–C_6) innerviert.

M. teres major

Gestalt und Lage

Der *M. teres major* (s. Abb. 6.**61,** 6.**62**) ist eine Abspaltung des M. subscapularis. Er hat außerdem enge genetische Beziehungen zum M. latissimus dorsi, der aus der gleichen Anlage wie die beiden genannten Muskeln entsteht. Der längliche Muskel entspringt am Angulus inferior scapulae (s. Abb. 6.**54**) und wendet sich vor dem Caput longum m. tricipitis nach lateral, wo er in eine platte, breite Endsehne übergeht, die hinter jener des M. latissimus dorsi an der Crista tuberculi minoris inseriert (s. Abb. 6.**69**). Zwischen Sehne und Knochen sowie zwischen den Sehnen des M. teres major und des M. latissimus dorsi liegt je ein Schleimbeutel (s. Abb. 6.**66**). Die Ursprungsstelle des M. teres major wird dorsal größtenteils vom M. latissimus dorsi überlagert. Wird der untere Teil des M. subscapularis entfernt, so sieht man einen dreieckigen Spaltraum, der oben vom Margo lateralis scapulae und vom M. teres minor, lateral von der Schultergelenkkapsel sowie vom Collum chirurgicum humeri und unten vom M. teres major begrenzt wird. Durch dieses Dreieck zieht die Sehne des langen Trizepskopfes und unterteilt es in die *laterale* und *mediale Achsellücke* (s. Abb. 6.**61**, 6.**63**). Die Achsellücken sind Gefäß- und Nervenstraßen der Schulter- und Oberarmregion.

Funktion und Innervation

Der M. teres major ist wie der M. latissimus dorsi *Innenrotator, Adduktor* und *Extensor* des Armes im Schultergelenk. Es ist unklar, ob er sich an diesen Funktionen erst bei Bewegungen gegen Widerstand beteiligt. Bei festgestelltem Arm kann er den Angulus inferior scapulae zum Humerus ziehen; dadurch wird der M. deltoideus vorgedehnt und leistungsfähiger.

Der M. teres major wird vom N. subscapularis (C_5–C_6) oder von einem Ast des *N. thoracodorsalis* (C_6–C_7) versorgt, der auch den M. latissimus dorsi innerviert.

M. latissimus dorsi

Gestalt und Lage

Der *M. latissimus dorsi* (s. Abb. 6.**52**) bedeckt als dünne, breite Muskelplatte den gesamten unteren Teil des Rückens. Nach seinen Ursprüngen können vier Abschnitte unterschieden werden: Eine nicht konstant vorhandene kleine *Pars scapularis* hat ihren Ursprung an der Spitze des Angulus inferior scapulae. Die breite *Pars vertebralis* gewinnt über die Fascia thoracolumba-

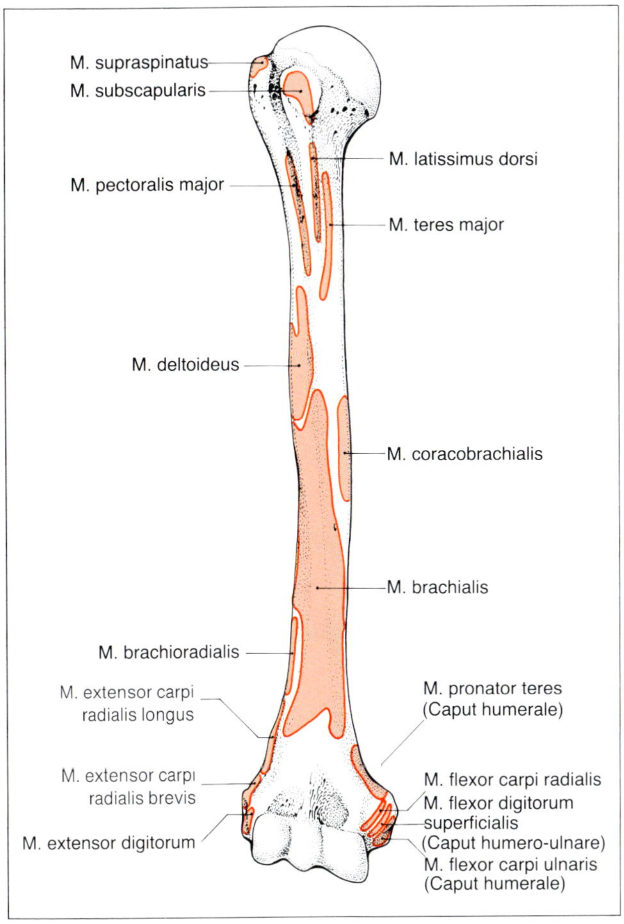

Abb. 6.**69** **Muskelursprünge und -ansätze am rechten Oberarmknochen in der Ansicht von vorn.**

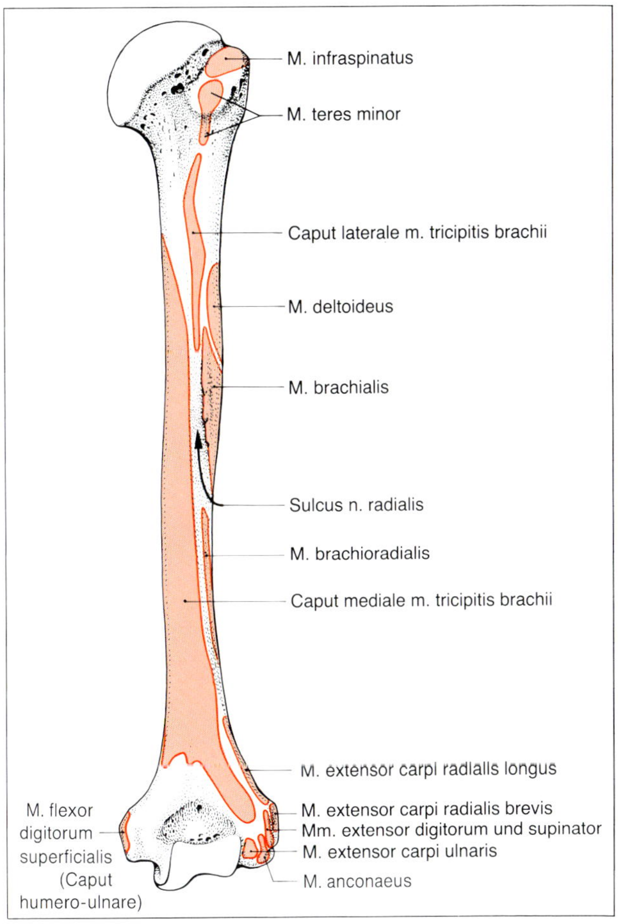

Abb. 6.**70** **Muskelursprünge und -ansätze am rechten Oberarmknochen in der Ansicht von hinten.**

lis Anschluß an die untere Hälfte der Brustwirbelsäule, die Lendenwirbelsäule und das Os sacrum (s. Abb. 5.**114**). Die *Pars iliaca* kommt vom hinteren Drittel der Crista iliaca des Darmbeines. Die *Pars costalis* entspringt an den kaudalen Rippen.
Die kranialen Bündel des Muskels laufen in horizontaler Richtung. Die kaudal folgenden Anteile ziehen um so schräger nach kranial, je weiter kaudal sie entspringen (s. Abb. 6.**52**). Den steilsten Verlauf nehmen die lateralen, von den Rippen entspringenden Muskelfasern. Der über den Angulus inferior der Scapula ziehende Teil des Muskels ist durch seine Faszie mit der *Faszia infraspinata* verbunden. Die Ursprünge an den Rippen alternieren mit den unteren Zacken des M. obliquus externus abdominis. Der M. latissimus dorsi inseriert an der Crista tuberculi minoris (Abb. 6.**69**). An seiner Ansatzstelle liegt ein Schleimbeutel (Abb. 6.**66**) (s. oben). Der M. latissimus dorsi bildet die *hintere Achselfalte* (s. Abb. 6.**31**).

Varianten

In 7–8% der Fälle kommt ein variabler sehniger oder muskulöser Strang vor, der vom lateralen Rand des Muskels ausgeht, die Achselhöhle überbrückt und meistens an der dorsalen Fläche der Sehne des M. pectoralis major, an der Oberarmfaszie oder am Processus coracoideus ansetzt. Die Variante wird als *hinterer Achselbogen* bezeichnet (s. Abb. 6.**68**). Der aberrierende Muskel-Sehnen-Strang kann zur Kompression von Nerven und Gefäßen im Bereich der Axilla führen.

Funktion und Innervation

Der M. latissimus dorsi ist *Adduktor* und *Innenrotator* im Schultergelenk. Der Muskel bewirkt ferner eine kräftige *Retroversion* des Armes. Gemeinsam mit dem M. pectoralis major und Muskeln des Schultergürtels (Mm. rhomboidei, levator scapulae und Pars superior m. serrati anterioris) führt er den über die Horizontale elevierten Arm kraftvoll nach unten. Liegt das Punctum fixum des M. latissimus dorsi am Humerus, sind die Muskeln beider Seiten in der Lage, den *Rumpf anzuheben* (z. B. Klimmzug). Aufgrund dieser Bewegungsmöglichkeiten wird der M. latissimus dorsi für Querschnittsgelähmte zu einem funktionell sehr wichtigen Muskel (z. B. beim Anheben im Rollstuhl). Bei fixiertem Humerus können die von den Rippen entspringenden kaudalen Anteile außerdem die *Inspirationsbewegung* des Thorax unterstützen. Am Hustenvorgang ist der Muskel insofern beteiligt, als er durch Fixierung der Rippen der Pars costalis des Zwerchfells ein Punctum fixum bietet.
Der M. latissimus dorsi wird vom *N. thoracodorsalis* innerviert (C_6–C_8).

Ventrale Muskeln des Schultergelenks

Zur *ventralen Muskelgruppe* gehören die *Mm. coracobrachialis und pectoralis major* sowie der M. pectoralis minor, der sich aus dem gleichen Blastem entwickelt wie der M. pectoralis major, aber wegen seines Ansatzes am Processus coracoideus funktionell zu den Schultergürtelmuskeln zählt (s. S. 354).

M. coracobrachialis

Gestalt und Lage

Der *M. coracobrachialis* (s. Abb. 6.**63**) entspringt gemeinsam mit dem Caput breve m. bicipitis am Processus coracoideus scapulae und inseriert in der Mitte des Oberarmes distal von der Crista tuberculi minoris und medial von der Ursprungsstelle des M. brachialis (s. Abb. 6.**54,** 6.**69**). An seiner medialen Seite beginnt der *Sulcus bicipitalis medialis* (s. Abb. 6.**31**), in dem die A. brachialis in Begleitung ihrer Vene und des N. medianus verläuft. Der obere Teil des Muskels wird vom N. musculocutaneus durchbohrt.

Varianten

In seltenen Fällen kommen zwei oder drei Mm. coracobrachiales vor. Als *M. coracobrachialis brevis* (M. coracobrachialis minor oder secundus) bezeichnet man selbständige Muskelfaserbündel, die von der Basis des Processus coracoideus entspringen und ihren Ansatz an der Schultergelenkkapsel oder am Collum chirurgicum des Humerus haben. Ein *M. coracobrachialis longus*, der am Septum intermusculare mediale ansetzt, überbrückt die im Sulcus bicipitalis medialis liegenden Leitungsbahnen.

Funktion und Innervation

Der M. coracobrachialis beteiligt sich an der *Elevation* des Armes nach vorn-seitlich. Er ist außerdem ein wichtiger „Haltemuskel", der ein Abgleiten des Humerus nach kaudal verhindert.
Der M. coracobrachialis wird vom *N. musculocutaneus* (C_6–C_7) innerviert.

M. pectoralis major

Gestalt und Lage

Der *M. pectoralis major* (s. Abb. 5.**152,** 5.**155**) bedeckt den größten Teil der Vorderfläche des Thorax und besteht nach Ursprung und Faserrichtung aus *drei Teilen:* Die *Pars clavicularis* entspringt an der medialen Hälfte der Clavicula. Ihre Fasern verlaufen schräg absteigend zum Humerus. Der laterale Rand bildet mit dem M. deltoideus den *Sulcus deltoideopectoralis* (s. Abb.

6.**30**, 6.**57**), in dem die V. cephalica verläuft. Normalerweise verbreitert sich der Sulcus unterhalb der Clavicula zum *Trigonum clavipectorale (Fossa infraclavicularis, Mohrenheimsche Grube,* s. S. 335). Die *Pars sternocostalis* kommt fächerförmig von der Außenseite des Sternum und von den ersten fünf bis sechs Rippenknorpeln. Sie ist deutlich von der Pars clavicularis getrennt. Die Fasern der *Pars abdominalis* entspringen als schlankes, von der Pars sternocostalis nicht getrenntes Bündel am vorderen Blatt der Rektusscheide. Die Fasern aller drei Teile konvergieren lateral und setzen mit einer breiten, im Querschnitt hufeisenförmig gestalteten Sehne (s. Abb. 6.**66**), die auf der Hinterfläche des Muskels entsteht, an der Crista tuberculi majoris an (s. Abb. 6.**70**). Die Sehnenfaserbündel im Ansatzbereich überkreuzen sich derart, daß die Anteile der Pars clavicularis vorn und unten, die der Partes sternocostalis und abdominalis hinten und oben inserieren. Dadurch entsteht eine von lockerem Bindegewebe ausgefüllte, nach kranial offene Sehnentasche. Der untere Rand des Muskels bildet die vordere Achselfalte (s. Abb. 6.**31**).

Varianten

Der M. pectoralis major zeigt viele Varianten. Selten fehlt der Muskel ganz oder teilweise. Es werden Verdoppelungen durch Teilung in eine oberflächliche und eine tiefe Schicht, Verbindungen mit dem M. pectoralis major der Gegenseite sowie den Mm. deltoideus, rectus abdominis, biceps brachii, latissimus dorsi und pectoralis minor beschrieben. Die Pars sternocostalis entspringt manchmal nur an den ersten vier Rippen, doch kann ihr Ursprung auch bis zur 7., 8. oder 9. Rippe reichen und auf die Rektusscheide übergreifen. Einige Faserzüge der Sehne gelangen regelmäßig zur Fascia brachii, andere zum Sulcus intertubercularis und zur Schultergelenkkapsel. Bei starker Ausbildung der Muskeln beider Seiten gehen ihre medialen Ränder am Sternum unmittelbar ineinander über. Der M. pectoralis major kann mit dem M. deltoideus so dicht zusammenhängen, daß kein Sulcus deltoideopectoralis und keine Fossa infraclavicularis ausgebildet sind. Fehlt die Pars clavicularis, ist die Fossa infraclavicularis sehr breit. Zwischen beiden Extremen findet man zahlreiche Übergänge. Die Pars abdominalis kann selbständig sein. Hierzu rechnet man auch Muskelbündel, die vom lateralen Rand des Muskels, von den Knorpeln der letzten Rippen oder von den Aponeurosen der Bauchmuskeln entspringen und am Sulcus bicipitalis medialis, an der Fascia brachii oder am Epicondylus medialis humeri enden.

Bei ca. 5% aller Europäer wird ein *M. sternalis* (s. Abb. 6.**67**) beobachtet, der ein- oder doppelseitig auf der Faszie des M. pectoralis major, parallel zum Rand des Sternum nach kaudal und kranial verläuft. Er hängt oft mit dem M. sternocleidomastoideus zusammen. Der M. sternalis wird als Rest eines Hautmuskels *(Panniculus carnosus)* angesehen, der bei fast allen Säugern ausgebildet ist und zur Bewegung der Rumpfhaut dient. Beim Menschen ist diese Hautmuskulatur normalerweise rückgebildet. Als Rest des Panniculus carnosus wird beim Menschen außer dem M. sternalis auch der *muskuläre Achselbogen* angesehen, der vom Rand des M. pectoralis major zum M. latissimus dorsi, zur Rumpfwand oder zur Oberarmfaszie ziehen kann. Auch der *vordere Achselbogen* (s. Abb. 6.**68**) führt gelegentlich zur Kompression der Leitungsbahnen im Bereich der Achselhöhle (s. S. 372).

Funktion und Innervation

Der M. pectoralis major hat mehrere Funktionen. Bei Kontraktion aller Anteile wird der Arm *adduziert* und *innenrotiert.* Gemeinsam mit dem M. latissimus dorsi (s. oben) kann er den elevierten Arm mit großer Kraft nach unten senken. Der M. pectoralis major beteiligt sich außerdem an der *Anteversion* des Armes. Er führt den geringgradig antevertierten, herabhängenden oder den bis zur Horizontalen elevierten Arm nach medial zur Gegenseite (Abb. 6.**48**). Liegt das Punctum fixum des großen Brustmuskels am Humerus, kann er den *Schultergürtel* nach vorn ziehen. Der Margo medialis scapulae wird dabei etwas von der Thoraxwand abgehoben; die Clavicula bewegt sich geringgradig nach kranial. Bei fixiertem Humerus und Schultergürtel wirkt die Pars sternocostalis als Rippenheber *inspiratorisch.* Die rippenhebende Wirkung des Muskels kann bei künstlicher Atmung genutzt werden: Indem die Arme abduziert werden, ziehen die passiv gedehnten Fasern Claviculae und Rippen nach oben.
Der M. pectoralis major wird von ventralen Ästen des Plexus brachialis, den *Nn. pectorales mediales* (C_8–Th_1) *und laterales* (C_5–C_7), innerviert (M. pectoralis minor s. S. 354).

Faszien im vorderen Schulterbereich und Fascia axillaris

Der M. pectoralis major wird von der *Fascia pectoralis* bedeckt, die kranial mit der Clavicula und medial mit dem Sternum zusammenhängt (s. Abb. 6.**57**). Lateralkranial dringt sie in den *Sulcus deltoideopectoralis* ein und verschmilzt in der Tiefe mit der *Fascia clavipectoralis.* Im Bereich der Achselhöhle verbindet sich die Fascia pectoralis mit der Faszie des M. latissimus dorsi. Dieses, die Axilla überbrückende Bindegewebe wird als *Fascia axillaris* bezeichnet (s. Abb. 6.**68**). Sie geht dorsal in die *Rückenfaszie,* kaudal in die Fascia *abdominis superficialis* und armwärts in die *Fascia brachii* über. Kaudal ist zwischen den Mm. pectoralis major und latissimus dorsi ein kräftiger, bogenförmiger Faserzug, der *Arcus axillaris,* entwickelt. Ein weiterer Verstärkungszug der Fascia axillaris liegt an der oberen lateralen Grenze der Fossa axillaris; er wird als *Arcus brachialis* bezeichnet. Das zwischen beiden Bögen befindliche Feld wird von einem siebartig durchbrochenen, sehr lockeren Abschnitt der Achselfaszie eingenommen *(Lamina cribrosa),* dessen Lükken von Fettgewebe ausgefüllt sind und dem Durchtritt von Blut-, Lymphgefäßen und Nerven dienen. Mit der Fascia pectoralis ist die Brustdrüse über lockeres Bindegewebe frei verschieblich verbunden (s. Bd. II).

Freie obere Extremität

Oberarm, Brachium

Begrenzung

Die *Regiones brachii* umfassen nicht den gesamten Humerus, sondern nur seinen mittleren Teil. Das obere Drittel wird zusammen mit dem Caput humeri der Schulter, der distale Abschnitt wird der Ellenbeuge zugerechnet. Proximal liegt die Grenze am unteren Rand der beiden Achselfalten, distal in Höhe der Epikondylen.

Oberflächenrelief

Der Oberarm ist bei Frauen und Kindern zylindrisch, bei Männern mit stark entwickelter Muskulatur lateral vorn und medial hinten abgeflacht. Auf der Vorderseite des Oberarmes, *Regio brachii ant.*, hebt sich der Muskelbauch des *M. biceps brachii* deutlich ab, der seitlich von den Sulci bicipitales begrenzt wird (s. Abb. 6.**31**). Der *Sulcus bicipitalis lateralis* beginnt unterhalb des Ansatzes des M. deltoideus; er ist flacher als der *Sulcus bicipitalis medialis,* der, aus der Tiefe der Axilla kommend, weiter nach distal verläuft. Im Sulcus bicipitalis medialis ziehen Gefäße und Nerven zum Unterarm. Beide Sulci laufen der Form des M. biceps entsprechend konvergierend in der Ellenbeuge aus. Das *Caput breve m. bicipitis brachii* und der *M. coracobrachialis* treten an der Pektoralisfalte aus der Axilla in die Oberarmregion ein. Distal wird der größtenteils vom M. biceps brachii verdeckte Wulst des *M. brachialis* sichtbar. Lateral von ihm erscheint die Kontur des *M. brachioradialis.* Auf der Rückseite des Oberarmes, *Regio brachii post.*, sind bei gestrecktem Arm das *Caput longum* und das *Caput laterale m. tricipitis brachii* zu sehen.

Faszien und Muskellogen

Unter der Haut und dem subkutanen Bindegewebe liegt die *Fascia brachii* (s. Abb. 4.**19,** 6.**57,** 6.**58**). Sie umhüllt den gesamten Oberarm und trennt die subkutane von der subfaszialen Schicht. Hautvenen, Hautnerven und Lymphgefäße durchsetzen die Faszie in schräger Richtung. So entstehen schräg verlaufende Kanäle, durch welche unter normalen Verhältnissen ein Flüssigkeitsaustausch zwischen *Spatium subcutaneum* und *Spatium subfasciale* ungehindert stattfinden kann. Bei entzündlichen Prozessen kommt es je nach Lokalisation der Entzündung subkutan oder subfaszial zu einem Druckanstieg, durch welchen die trichterförmigen Öffnungen in der Faszie verschlossen werden. Dies erklärt die klinische Beobachtung, daß ein entzündlicher Prozeß äußerst selten von einem Raum auf den anderen übergreift. Eine subfasziale Eiterung z. B. breitet sich zwischen Muskel und Faszie aus, bricht aber nicht gegen die Haut durch. Die Faszie ist an den Seiten und auf der Hinterfläche des Oberarmes kräftiger als auf der Vorderfläche. Distal geht sie im Bereich der Ellenbeuge in die *Fascia antebrachii,* proximal in die *Fascia axillaris* über.
Die *Oberarmmuskeln* (Tab. 6.**5**) ordnen sich in *zwei Gruppen* als *Beuger* und *Strecker* um den Humerus-

Tabelle 6.**5** Armmuskeln und lange Handmuskeln: Insertionen am Unterarm und an der Hand

A. *Oberarmmuskeln*

a) *Vordere (ventrale) Gruppe*
- M. brachialis (N. musculocutaneus, C_5–C_6)
- M. biceps brachii (N. musculocutaneus, C_5–C_6)

b) *Hintere (dorsale) Gruppe*
- M. triceps (N. radialis, C_6–C_8)
- M. anconaeus (N. radialis, C_7–C_8)

B. *Vorderarmmuskeln*

a) *Tiefe Gruppe der ventralen Vorderarmmuskeln*
- M. pronator quadratus (N. medianus, C_7–Th_1)
- M. flexor digitorum profundus (N. medianus u. N. ulnaris, C_7–Th_1)
- M. flexor pollicis longus (N. medianus, C_7–Th_1)

b) *Oberflächliche Gruppe der ventralen Muskeln am Vorderarm*
- M. flexor digitorum superficialis (N. medianus, C_7–Th_1)
- M. pronator teres (N. medianus, C_6–C_7)
- M. flexor carpi radialis (N. medianus, C_6–C_8)
- M. palmaris longus (N. medianus, C_7–Th_1)
- M. flexor carpi ulnaris (N. ulnaris, C_7–Th_1)

c) *Tiefe Gruppe der dorsalen Muskeln am Vorderarm*
- M. supinator (N. radialis, C_5–C_6)
- M. abductor pollicis longus (N. radialis, C_6–C_8)
- M. extensor pollicis brevis (N. radialis, C_6–Th_1)
- M. extensor pollicis longus (N. radialis, C_7–C_8)
- M. extensor indicis (N. radialis, C_7–C_8)

d) *Ulnare Gruppe der oberfächlichen Schicht der dorsalen Vorderarmmuskeln*
- M. extensor digitorum (N. radialis, C_6–C_8)
- M. extensor digiti minimi (N. radialis, C_7–C_8)
- M. extensor carpi ulnaris (N. radialis, C_7–C_8)

e) *Radiale Gruppe der oberflächlichen Schicht der dorsalen Vorderarmmuskeln*
- M. extensor carpi radialis brevis (N. radialis, C_6–C_7)
- M. extensor carpi radialis longus (N. radialis, C_5–C_7)
- M. brachioradialis (N. radialis, C_5–C_6)

schaft. Die Fascia brachii senkt sich zwischen beiden Gruppen in die Tiefe, wo sie mit dem Periost des Humerusschaftes verwachsen ist und medial sowie lateral je ein Septum intermusculare bildet (s. Abb. 4.**19**). Das *Septum intermusculare brachii mediale* (s. Abb. 6.**62**) ist eine kräftige, straffe Bindegewebsplatte, die durch Verschmelzen der Trizeps- sowie Bizeps- und Brachialisfaszien entsteht. Vor dem Septum verlaufen die Vasa brachialia mit dem N. medianus und teilweise mit dem N. ulnaris. Kurz oberhalb des Epicondylus medialis durchbricht der N. ulnaris das Septum intermusculare brachii mediale und gelangt auf die Rückseite des Ellenbogens, wo er im Sulcus nervi ulnaris um den Epicondylus medialis zieht. Proximal reicht das Septum bis zur Ansatzstelle des M. coracobrachialis am Humerus, distal erreicht es den Epicondylus medialis. Das *Septum intermusculare brachii laterale* (s. Abb. 4.**19**, 6.**60**, 6.**61**) ist nicht so kräftig wie das Septum intermusculare brachii mediale. Das laterale Septum zieht von der Tuberositas deltoidea bis hinunter zum Epicondylus lateralis. Es entsteht dort, wo die Faszien der auf der Vorder- und Rückseite des Oberarmes liegenden Muskelgruppen miteinander verschmelzen. Von der Vorderseite des Septum entspringen Fasern des M. brachialis und des M. brachioradialis, von seiner Rückseite Fasern des Caput laterale und des Caput mediale m. tricipitis. Der N. radialis durchbohrt das Septum und kann bei der Passage komprimiert werden.
Die beiden Septa intermuscularia brachii bilden gemeinsam mit der übrigen Oberarmfaszie zwei *Muskellogen*, in denen die Flexoren und Extensoren voneinander getrennt liegen (s. Abb. 4.**19**).

Muskeln des Oberarmes

Die *vordere Muskelgruppe* wird von den *Mm. coracobrachialis, biceps brachii und brachialis* gebildet (s. Abb. 6.**62**). Sie ist äußerlich sichtbar durch die Sulci bicipitales von der hinteren Gruppe abgegrenzt, die aus den drei Köpfen des M. triceps brachii besteht (s. Abb. 6.**31**).

Vordere Muskelgruppe

M. coracobrachialis

Der *M. coracobrachialis* (s. Abb. 6.**62**) gehört funktionell zu den Schultergelenkmuskeln und wird dort auf S. 372 besprochen.

M. brachialis

Gestalt und Lage

Der Ursprung des M. brachialis (s. Abb. 6.**62**, 6.**63**) grenzt medial in einem stumpfen Winkel an den Ansatz des M. coracobrachialis. Der laterale Ursprungsteil des M. brachialis umgreift die Tuberositas deltoidea, die Ansatzzone des M. deltoideus (s. Abb. 6.**69**). Außerdem entspringt der Muskel breit an der Vorderfläche der distalen Hälfte des Humerus, der Kapsel des Ellenbogengelenks und an den Septa intermuscularia brachii. Er inseriert mit einer breiten Sehne an der Tuberositas ulnae (s. Abb. 6.**91**, 6.**95**). Gemeinsam mit dem M. brachioradialis bildet er den sog. *Radialistunnel;* in diesem verläuft der N. radialis, nachdem er durch das Septum intermusculare brachii laterale auf die Beugeseite des Armes getreten ist.

Varianten

In seltenen Fällen ist der M. brachialis in zwei Bündel gespalten. Teile der Ansatzfasern können in die Weichteile des Vorderarmes ziehen.

Funktion und Innervation

Der M. brachialis ist ein kräftiger *Beuger* im Ellenbogengelenk; er kann diese Funktion aus allen Stellungen des Gelenks heraus wahrnehmen. Der Muskel spannt die Kapsel und verhindert deren Einklemmung bei der Beugung.
Der M. brachialis wird größtenteils vom *N. musculocutaneus* (C_5–C_7) innerviert. Seine lateralen Anteile erhalten auch regelmäßig Fasern aus dem *N. radialis.*

M. biceps brachii

Gestalt und Lage

Der *M. biceps brachii* (s. Abb. 6.**62**, 6.**63**) ist ein spindelförmiger Muskel, der über das Schultergelenk und über das Ellenbogengelenk hinwegzieht. Seine beiden Köpfe entspringen an der Scapula. Die gemeinsame Endsehne inseriert am Radius. Das Caput longum kommt vom Tuberculum supraglenoidale scapulae sowie vom hinteren und variabel vom vorderen Teil des Labrum glenoidale (s. S. 343) und zieht, von einer Synovialmembran bedeckt, durch das Schultergelenk zum Sulcus intertubercularis humeri (s. Abb. 6.**42**, 6.**43**, 6.**64**). Sulcus intertubercularis und die ihn überbrückenden Bindegewebsstrukturen, das Lig. transversum humeri und die zum Tuberculum majus ziehenden Sehnenansatzteile des M. subscapularis, bilden einen osteofibrösen Kanal, in dem die Ursprungssehne des langen Bizepskopfes als Gleitsehne geführt wird. Umgeben von der *Vagina synovialis intertubercularis* verläßt die Sehne den Recessus der Gelenkhöhle (s. S. 345) am distalen Ende des Sulcus und geht in den Muskelbauch über (s. Abb. 6.**66**). Das Caput breve entspringt gemeinsam mit dem M. coracobrachialis am Processus coracoideus scapulae (s. Abb. 6.**54**). Im Ursprungsbereich sind die Sehnen beider Muskeln miteinander verwachsen; erst weiter distal verlaufen die Muskelbäuche getrennt voneinander. Caput longum und Caput breve m. bicipitis vereinigen sich etwa in Höhe der Tuberositas deltoidea zu einem gemeinsamen Muskelbauch, der mit kräftiger Endsehne an der Tuberositas radii inseriert (s. Abb. 6.**72**, 6.**78**, 6.**88**, 6.**91**, 6.**95**). Regelmäßig findet man hier einen Schleimbeutel. Die Ansatzsehne des M. biceps brachii hat die Struktur einer Gleitsehne (s. S. 151). An der ulnaren Seite der Sehne spalten sich Fasern ab, die als *Lacertus fibrosus* (Aponeurosis m. bicipitis brachii) in die Fascia cubiti einstrahlen (s. Abb. 6.**89**).

Varianten

Am M. biceps werden relativ häufig Varianten beobachtet: In seltenen Fällen fehlt sein kurzer oder sein langer Kopf. Eine Vermehrung oder Verdoppelung der Köpfe kommt relativ häufig vor. Ein dritter Kopf entspringt meistens vom Humerus, seltener von der Scapula. Es werden auch vier oder fünf Muskelköpfe beschrieben. Variabel sind auch die Ursprungsorte. Die Sehne des Caput breve kommt manchmal vom Lig. coracoacromiale. Der lange Bizepskopf kann im Sulcus intertubercuralis, am Tuberculum minus oder majus sowie an der Gelenkkapsel und an der Sehne des M. pectoralis major entspringen.

Funktion und Innervation

Der M. biceps brachii ist ein *zweigelenkiger Muskel*. Die Funktion des M. biceps brachii im Schultergelenk wird unterschiedlich bewertet. Der M. biceps brachii soll an der Beugung im Schultergelenk bis 90°, an der Abduktion und an der Außenrotation beteiligt sein. Einige Autoren sprechen dem M. biceps brachii eine Beteiligung an den Schultergelenkbewegungen ab. Der lange Bizepskopf unterstützt die Stabilisierung des Humerus im Schultergelenk während der Beugung im Ellenbogengelenk. Am *Ellenbogengelenk* ist der M. biceps in Supinationsstellung des Unterarmes ein kräftiger *Beuger*. Als *Supinator* wirkt er am besten bei gebeugtem Arm. In Extensionsstellung kann er den M. supinator bei Supination gegen Widerstand unterstützen.
Der M. biceps wird von Ästen des *N. musculocutaneus* innerviert, der Fasern aus den Segmenten C_5-C_7 führt. Normalerweise legt sich der Nerv zuerst medial dem M. coracobrachialis an, den er nach Abgabe eines Astes durchbohrt, um sich dann zwischen M. biceps und M. brachialis auszubreiten und in mehrere Äste zu verzweigen.

Zusammenwirken der vorderen Muskelgruppe am Ellenbogengelenk

Nach elektromyographischen Untersuchungen ergänzen sich die Mm. biceps brachii, brachialis und brachioradialis (Besprechung des M. brachioradialis, S. 389) in ihrer Wirkung am Ellenbogengelenk. An einer langsamen Beugung des supinierten Unterarmes sind alle drei Muskeln beteiligt. Der *M. biceps* ist an langsamen Beugebewegungen in supinierter Unterarmstellung immer aktiv, bei der Beugung in Pronationsstellung spielt er hingegen nur eine untergeordnete Rolle. Seine supinatorische Wirkung kommt vor allem dann zum Tragen, wenn ein größerer Widerstand zu überwinden ist.
Der *M. brachialis* ist der „Flexor par excellence" des Ellenbogengelenks, da er aus jeder Stellung des Unterarmes beugt. Eine Prüfung der Kraft des M. brachialis wird in Pronationsstellung vorgenommen, da in dieser Stellung weder der M. biceps noch der M. brachioradialis als Beuger aktiv sind.
Die Oberarm- und Unterarmmuskeln (Mm. biceps und brachioradialis) wirken als *Zuggurtung* und setzen die Biegebeanspruchung der Oberarm- und Unterarmknochen herab (s. Abb. 3.**35**). Durch den kombinierten Einsatz der Mm. biceps, brachialis und brachioradialis bei der Flexion im *Ellenbogengelenk* wird außerdem verhindert, daß es zu Spannungsspitzen im Gelenk kommt. Während der Beugebewegung werden alle an der Artikulation beteiligten Skelettelemente gleichmäßig auf Druck beansprucht.

Hintere Muskelgruppe

M. triceps brachii

Gestalt und Lage

Der *M. triceps brachii* (s. Abb. 6.**59**, 6.**61**) besteht aus dem zweigelenkigen *Caput longum*, das am Tuberculum infraglenoidale und dem daran anschließenden Teil des Margo lateralis scapulae entspringt, und den beiden eingelenkigen Köpfen, *Caput mediale* und *Caput laterale*. Das *Caput mediale* entspringt distal vom Sulcus nervi radialis an der hinteren Fläche des Humerus und am Septum intermusculare brachii mediale. Der Ursprung des *Caput laterale* liegt proximal vom Sulcus n. radialis und dehnt sich bis zum Collum chirurgicum nach proximal aus (s. Abb. 6.**70**). Der laterale Kopf bedeckt den größten Teil des Caput mediale. Die drei Köpfe vereinigen sich zu einer gemeinsamen Endsehne, die am Olecranon der Ulna inseriert (s. Abb. 6.**75**, 6.**96**). Zwischen Trizepssehne und Olecranon liegt die *Bursa subtendinea m. tricipitis brachii*. Gelegentlich kommt auch ein Schleimbeutel, *Bursa intratendinea olecrani*, innerhalb der Ansatzsehne vor.
Caput mediale und Caput laterale bilden zusammen mit dem *Sulcus n. radialis* des Humerusschaftes einen osteofibrösen Kanal, in dem der N. radialis und die Vasa profunda brachii verlaufen (s. Abb. 6.**61**).

Varianten

Gelegentlich ist der M. triceps vierköpfig. Der vierte Kopf kann am Margo lateralis scapulae, am Processus coracoideus, an der Schultergelenkkapsel oder am Humerus entspringen. Außerdem werden Verbindungen des M. triceps mit benachbarten Muskeln beschrieben.

Funktion und Innervation

Der M. triceps ist der einzige *Streckmuskel* des Ellenbogengelenks. Sein *Caput longum* ist *zweigelenkig* und kann die Adduktion und Retroversion des Armes im Schultergelenk unterstützen. Nach elektromyographischen Untersuchungen ist das *Caput mediale* der Hauptstrecker des Ellenbogengelenks; es wird als „Arbeitspferd" der Strecker bezeichnet, während *Caput laterale* und *Caput longum* als auxiliäre Muskeln erst bei Streckung gegen Widerstand aktiv werden.

Der M. triceps wird vom *N. radialis* innerviert, der seine Muskeläste abgibt, bevor der Nerv den Sulcus n. radialis erreicht. Bei Radialislähmungen infolge von Humerusschaftsbrüchen oder Druckschädigungen des Nerven im Sulkusbereich bleibt der M. triceps in den meisten Fällen verschont. Das Caput longum enthält Äste aus C_6–C_8 und Th_1, das Caput mediale aus C_7 und das Caput laterale aus (C_6), C_7, (C_8).

Ellenbogen, Cubitus

Oberflächenrelief und allgemeiner Aufbau

Zum Ellenbogen, *Cubitus*, gehören das distale Ende des Oberarmes und das proximale Drittel des Unterarmes. Hier liegen die Ansätze der Oberarmmuskeln und die Ursprünge der Unterarm- und Handmuskeln. Drei Muskewülste sind sicht- und tastbar (s. Abb. 6.**31**, 6.**88**): Lateral wölben sich die *Mm. brachioradialis, extensores carpi radialis longus und brevis* vor. Der mediale Wulst wird von den oberflächlichen, am Epicondylus medialis entspringenden *Mm. pronator teres, flexor digitorum superficialis, flexores carpi radialis und carpi ulnaris* hervorgerufen. Zwischen den beiden seitlichen Wülsten liegt die Ellenbeuge, *Fossa cubiti*. In ihr verlaufen Hautvenen, die sich in Richtung der Sulci bicipitales nach proximal verfolgen lassen. In der Tiefe der Fossa cubiti ist der von den Oberarmbeugern gebildete mittlere Wulst zu tasten. Er wird durch die Ansatzsehne des *M. biceps brachii* hervorgerufen, die in Beugestellung des Ellenbogengelenks deutlich vorspringt.

An der Streckseite der Ellbenbogenregion, die als *Regio cubiti posterior (olecrani)* bezeichnet wird, sind in Beugestellung das Olecranon und die Sehne des *M. triceps brachii* sichtbar- und tastbar. Das Olecranon liegt unmittelbar unter der Haut; zwischen seinem Periost und der Subcutis kommt regelmäßig ein Schleimbeutel, *Bursa subcutanea olecrani* (s. Abb. 6.**58**, 6.**80**), vor. Die Haut über dem Olecranon ist faltenreich und stark verhornt. Medial und lateral des Olecranon senkt sich die Haut rinnenförmig ein. Die Rinnen verstreichen bei starker Fetteinlagerung in der Haut, aber auch bei Ergüssen im Ellenbogengelenk. In der Tiefe der medialen Rinne ist der N. ulnaris, in der Mitte zwischen Epicondylus lateralis und Olecranon das Caput radii tastbar.

Zur Beurteilung von knöchernen Verletzungen in dieser Region ist die Lage der vorspringenden *Knochenpunkte* zueinander von großer praktischer Bedeutung (Abb. 6.**71**). In Streckstellung liegt das Olecranon auf einer die beiden Epikondylen verbindenden Geraden. Bei Beugung wandert das Olecranon aus dieser Stellung heraus und bildet bei rechtwinklig gebeugtem Arm die Spitze eines gleichschenkligen Dreiecks. Seine Basis wird durch eine die beiden Epikondylenspitzen verbindende Linie gebildet.

Die *Fascia cubiti* ist die Fortsetzung der Fascia brachii. Nerven und Gefäße durchsetzen sie in senkrechter Richtung, so daß eine Schutzwirkung, wie sie die trichterförmigen Kanäle in der Oberarmfaszie bilden, fehlt. So ist ein Übergreifen von Entzündungen zwischen subkutanem und subfaszialem Raum leichter möglich als am Oberarm. Die Faszie dringt zwischen Unterarmbeugern und radialer Muskelgruppe in die Tiefe. Sie ist an beiden Epikondylen des Humerus

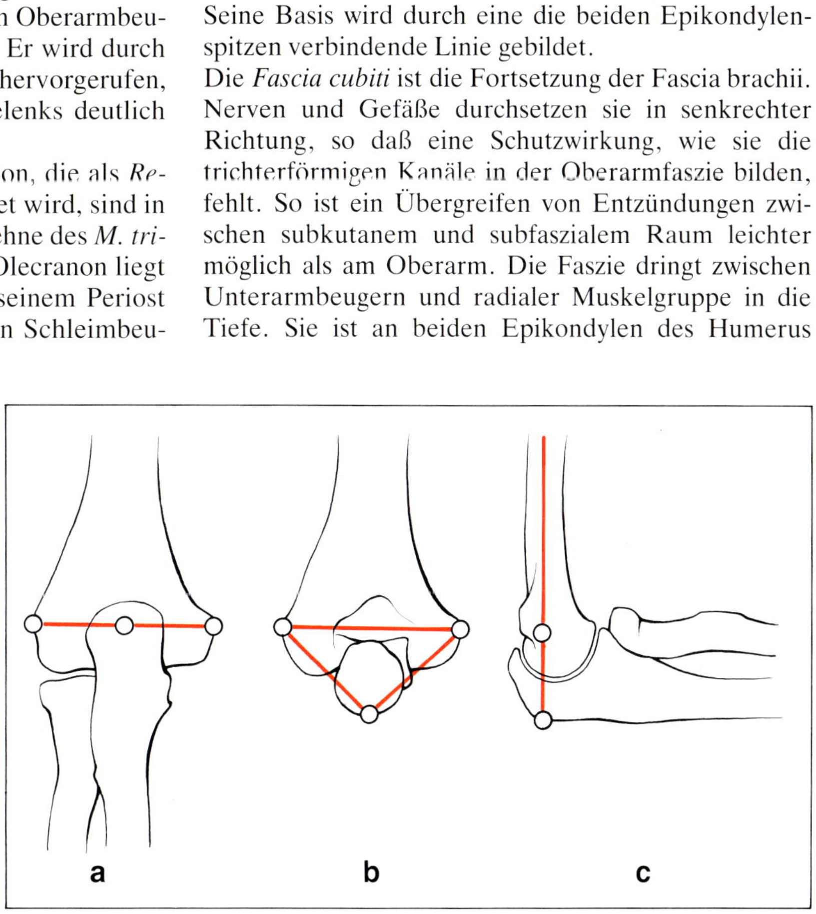

Abb. 6.**71** **Skelettelemente eines linken Ellenbogengelenkes in der Ansicht von hinten.**
a In Streckstellung liegen Olecranon, Epicondylus medialis und Epicondylus lateralis auf einer Geraden.
b In Beugestellung bilden die drei Knochenpunkte ein gleichschenkliges Dreieck, dessen Basis auf der Verbindungslinie zwischen den beiden Epikondylen liegt.
c Ansicht von medial. Bei rechtwinkliger Beugung liegen Epicondylus medialis und Olecranon auf einer Geraden (nach *v. Lanz-Wachsmuth*).

fixiert. Dies gilt auch für die Fascia olecrani, die außerdem am Olecranon und an der Ulna verankert ist. Außer der Bursa sucutanea olecrani (s. oben) kommen auch Schleimbeutel zwischen dem Periost der Epikondylen und der Haut vor.

Ellenbogengelenk, Articulatio cubiti

Aufbau

Artikulierende Anteile

Im Ellenbogengelenk artikulieren Humerus, Radius und Ulna miteinander. Die *Articulatio cubiti* ist ein zusammengesetztes Gelenk, in dem die *Articulationes humero-ulnaris, humeroradialis* und *radio-ulnaris proximalis* von einer gemeinsamen Gelenkkapsel umschlossen sind (s. Abb. 6.**76**). Artikulierende Flächen sind *Trochlea und Capitulum humeri, Incisura trochlearis* und *radialis ulnae* sowie *Fovea und Circumferentia articularis radii* (s. Abb. 6.**12,** 6.**13,** 6.**16,** 6.**18,** 6.**72**).

Humeroulnargelenk, Articulatio humero-ulnaris

Die *Articulatio humero-ulnaris* (s. Abb. 6.**72,** 6.**75,** 6.**80**) wird von der *Trochlea humeri* und der *Incisura trochlearis ulnae* gebildet. Die *Trochlea humeri* (s. Abb. 6.**12,** 6.**13**) hat die Form einer Sanduhr oder

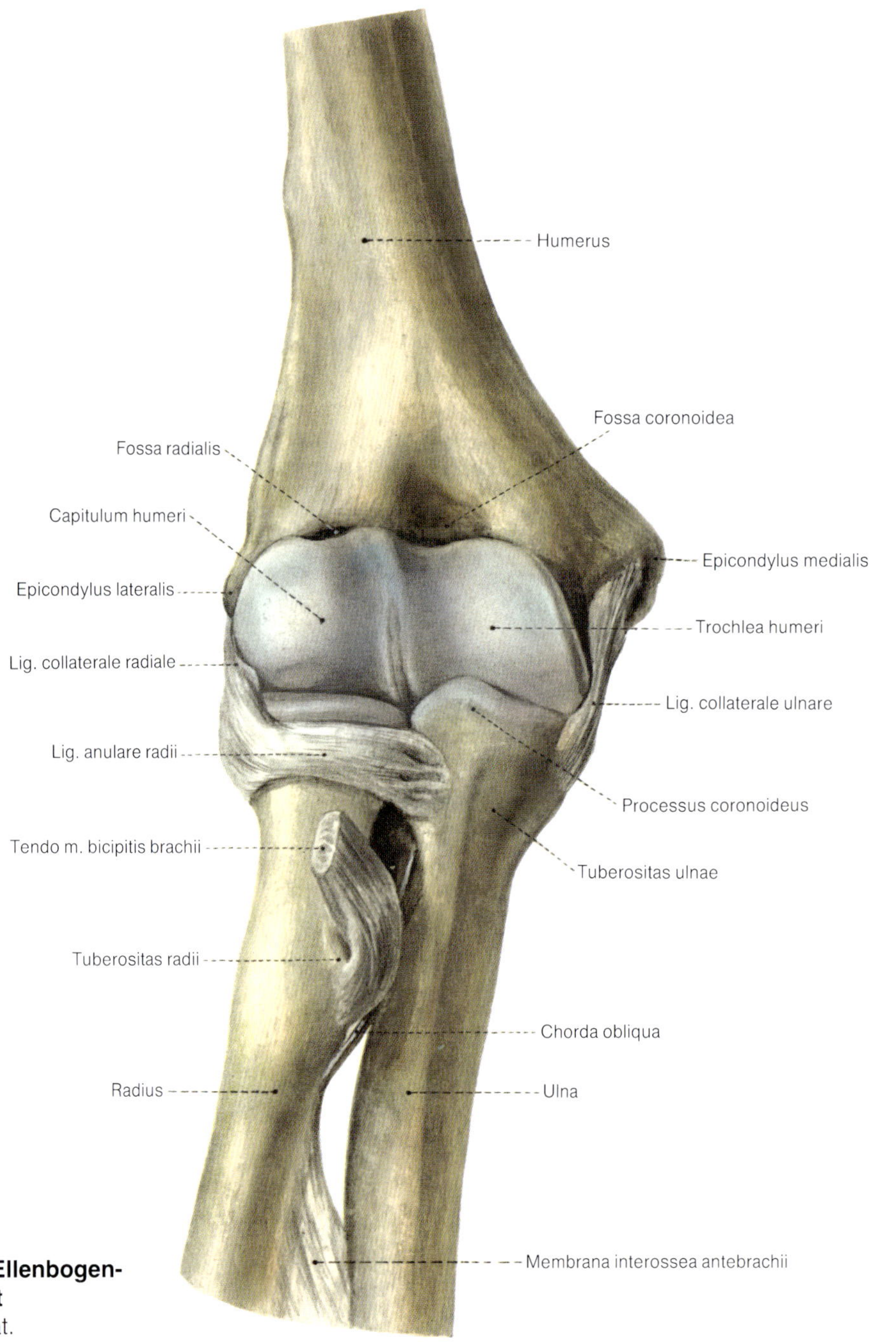

Abb. 6.**72** **Rechtes Ellenbogengelenk in der Ansicht von vorn,** Bandapparat.

eines Doppelkegels. Die beiden Kegel haben die gleiche Achse, die in querer Richtung unterhalb der Epikondylen verläuft. Der radiale Kegel ist kürzer als der ulnare; er setzt sich durch einen abfallenden Rand und eine tiefe Rinne, *Sulcus capitulotrochlearis* (s. Abb. 6.**16**), gegen das Capitulum humeri ab. Die rinnenförmige Vertiefung der Rolle ist nicht genau kreisförmig, sondern bildet den Teil einer Schraubenwindung, deren Höhe individuell verschieden ist. In den meisten Fällen verläuft die Rinne auf der Ventralseite vertikal und auf der Rückseite schräg nach unten-außen. Der Knorpelüberzug der Trochlea humeri reicht vorn auf der ulnaren Seite höher hinauf als auf der radialen Seite. Auf der Rückseite dehnt sich die Gelenkfläche radial weiter nach proximal aus als ulnar. Über dem Sulcus capitulotrochlearis ist häufig eine rinnenförmige Vertiefung zu beobachten (s. Abb. 6.**72**). Die Gelenkoberfläche besteht hier aus faserknorpelähnlichem Gewebe.

Die *Incisura trochlearis ulnae* (s. Abb. 6.**18,** 6.**74,** 6.**75,** 6.**80**) umfaßt zangenartig die *Trochlea humeri;* dabei senkt sich ihre Führungsleiste in die rinnenförmige

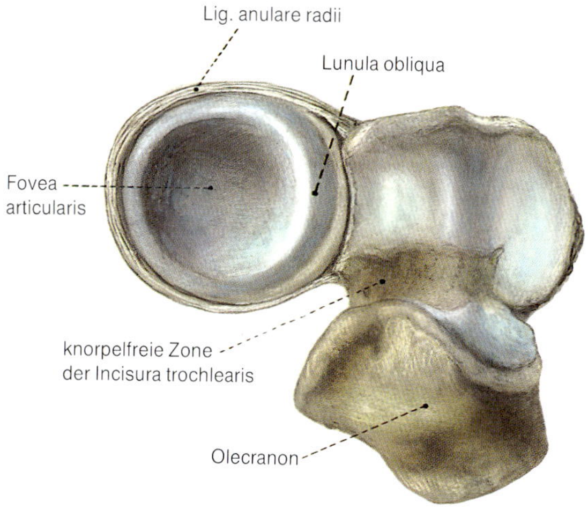

Ab. 6.**73** **Proximale Gelenkflächen von Elle und Speiche der linken Seite in der Ansicht von proximal.**

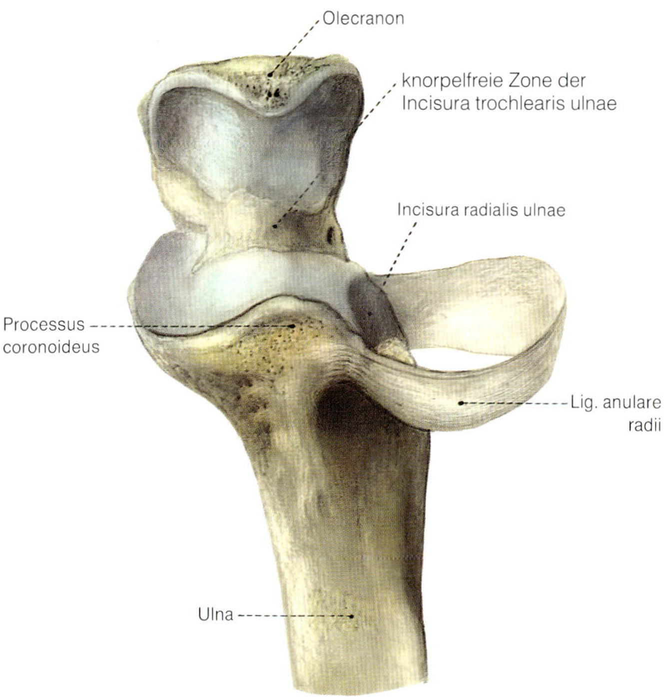

Abb. 6.**74** **Proximaler Abschnitt einer linken Elle mit Ringband in der Ansicht von vorn.**

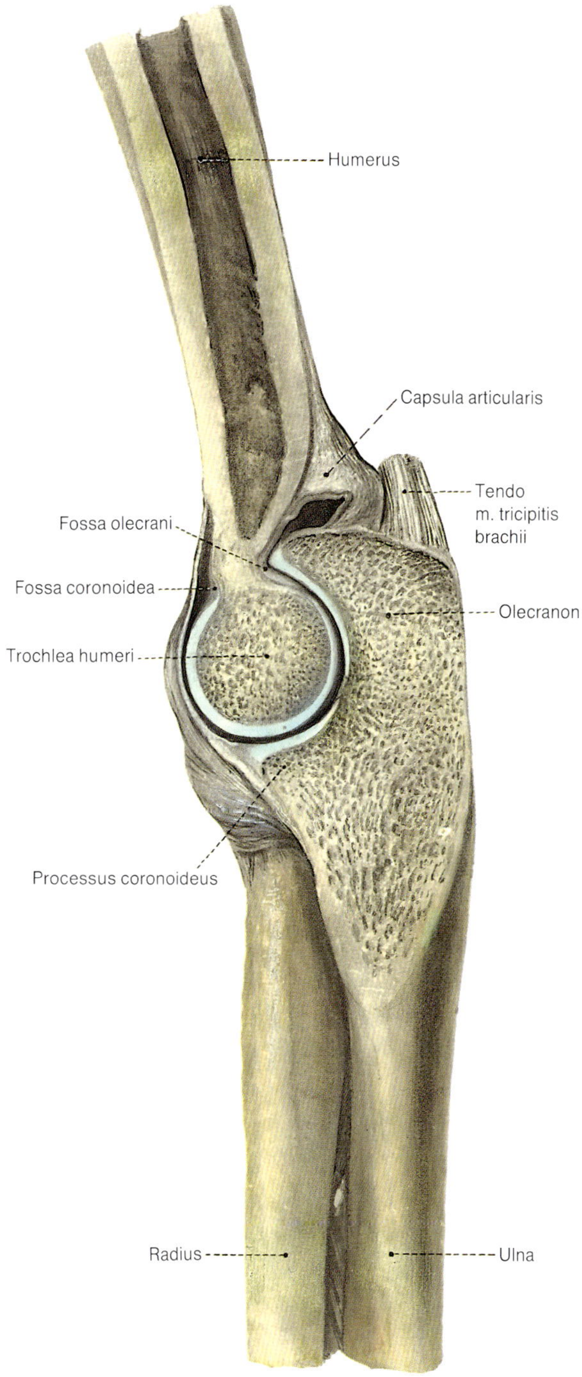

Abb. 6.**75** **Längsschnitt durch ein rechtes Humeroulnargelenk.**

Einkehlung der Oberarmrolle. Zu beiden Seiten des longitudinal verlaufenden Firstes ist die Gelenkfläche leicht konkav. Die Krümmung der Incisura trochlearis ulnae entspricht in der Sagittalebene Kreisausschnitten. Die Gelenkfläche ist bei Kindern zusammenhängend, bei zwei Drittel aller Erwachsenen vollständig, bei einem Drittel unvollständig getrennt. Eine zusammenhängende Gelenkfläche kommt beim Erwachsenen nur in Ausnahmefällen vor. Im knorpelfreien Bereich ragt der Knochen kammartig gegen die Gelenkhöhle vor; er ist hier von Synovialis bedeckt.

Humeroradialgelenk, Articulatio humeroradialis

Im *Humeroradialgelenk* (s. Abb. 6.**72**) artikulieren *Capitulum humeri* und *Fovea articularis radii* miteinander. Das *Capitulum humeri* (s. Abb. 6.**12**, 6.**80**) gleicht einem Kugelausschnitt mit allerdings unterschiedlichen Krümmungsradien. Die *Fovea articularis radii* (s. Abb. 6.**73**, 6.**80**) ist eine ovale, flache Grube, deren Gelenkknorpel im Zentrum dünner ist als an den Rändern. Die Gelenkfläche geht ulnar in die sichelförmige *Lunula obliqua* über. Das Humeroradialgelenk ist seiner Form nach ein *Kugelgelenk;* es besitzt jedoch nicht dessen Freiheitsgrade, da der Radius über das *Lig. anulare radii* (s. Abb. 6.**72**, 6.**73**, 6.**74**) an die Ulna gefesselt ist (s. S. 385).
Zwischen Articulatio humeroradialis und Articulatio humero-ulnaris liegt ein sog. *Übergangsgelenk,* das vom *Sulcus capitulotrochlearis* und der *Lunula obliqua* des Radiuskopfes gebildet wird (s. Abb. 6.**81**).

Proximales Radioulnargelenk, Articulatio radio-ulnaris proximalis

Das *proximale Radioulnargelenk* (s. Abb. 6.**19**, 6.**20**, 6.**21**) ist ein Radgelenk. In ihm artikulieren die *Circumferentia articularis radii,* die *Incisura radialis ulnae* (s. Abb. 6.**18**) und das *Lig. anulare radii* (s. Abb. 6.**74**) miteinander.
Die Gelenkfläche der *Incisura radialis ulnae* (s. Abb. 6.**18**) kann entweder rhombenförmig oder dreieckig gestaltet sein. Sie ist leicht konkav und entspricht dem Ausschnitt eines Hohlzylinders mit einem Durchmesser von 12–15 mm. Der Knorpel ist in der Mitte der Gelenkfläche dicker als in den Randzonen.
Auch die Gelenkfläche der *Circumferentia articularis radii* (s. Abb. 6.**18**) kommt in zwei Hauptformen vor, zwischen denen es – wie bei der Incisura radialis ulnae – variable Übergänge gibt. Die Circumferentia articularis radii ist dort, wo sie mit der Incisura radialis ulnae artikuliert entweder distal zipfelförmig ausgezogen oder rhombenförmig. Das Caput radii hat in Höhe der Circumferentia articularis radii im Querschnitt elliptoide Gestalt. Da der Krümmungsradius der Incisura radialis ulnae größer ist als die *Krümmungsradien* der Zirkumferenz des Radius, kann zwischen den Gelenkkörpern stets nur partieller Kontakt bestehen. Am größten ist die *Kontaktfläche* zwischen beiden Gelenkflächen in Mittelstellung des Gelenks.
Das *Lig. anulare radii* (s. Abb. 6.**72**, 6.**73**, 6.**74**) ist ein kräftiges, ca. 1 cm breites Band, das am volaren und dorsalen Rand der Incisura radialis ulnae angeheftet ist. Das Ringband umgibt etwa ⅘ des Radiuskopfes. Der Form des Caput radii entsprechend verjüngt sich das Band nach distal trichterförmig. Es geht an seinem Ober- und Unterrand kontinuierlich in die *Gelenkkapsel* über (s. Abb. 6.**76**). In dem der Incisura radialis ulnae gegenüberliegenden Abschnitt des Lig. anulare radii werden *Druckkräfte* zwischen Ringband und Circumferentia articularis radii übertragen. Hier sind im gelenknahen Bereich Knorpelzellen eingelagert, und das Band gleicht in seinem histologischem Aufbau einer *Gleitsehne* (s. S. 151). Im vorderen und hinteren Abschnitt ist das Band gelenkhöhlenwärts als Teil der Gelenkkapsel von Synovialozyten ausgekleidet (fibröser Typ der Synovialmembran, s. S. 106).

Gelenkkapsel und Bänder

Die drei in der *Articulatio cubiti* vereinigten Gelenke werden von einer gemeinsamen *Kapsel* umhüllt. Sie ist vorn und hinten weit und dünn; seitlich wird sie durch *Kollateralbänder* verstärkt. Maximale Beugung spannt die hinteren, maximale Streckung die vorderen Abschnitte des seitlichen Kapselbandapparates an. Die Kapsel entspringt *volar* (Abb. 6.**76**) proximal der Fossae coronoidea und radialis. Sie läßt die beiden Epikondylen frei, indem sie dem ulnaren Rand der Rolle sowie dem radialen, dorsalen Knorpelrand des Capitulum humeri folgt. Die Kapsel setzt *dorsal* (Abb. 6.**77**) in der Mitte der Fossa olecrani an. An der Ulna folgt der Ansatz ebenfalls dem Knorpelrand; er entfernt sich aber am Olecranon und am Processus coronoideus etwas weiter von der Knorpel-Knochen-Grenze. Am Radius zieht die Kapsel vom Unterrand des Lig. anulare radii noch etwa 1 cm nach distal und inseriert am Collum radii (Abb. 6.**79**). Die Kapsel ist hier sehr zart und bildet eine Ausstülpung, *Recessus sacciformis,* die bei den Umwendbewegungen des Unterarmes als Reservefalte dient.
Große funktionelle Bedeutung haben die *Verstärkungsbänder* der Gelenkkapsel. Auf der *Volarseite* ziehen Verstärkungszüge in gerader, querer und schräger Richtung (Abb. 6.**76**). Sehr kräftig ist ein schräger Zug, der von der Gegend des Epicondylus medialis zum Lig. anulare zieht. Auf der *Dorsalseite* gibt es ebenfalls längsverlaufende Verstärkungszüge (Abb. 6.**77**). Über die Wirkung des M. brachialis und des M. anconaeus als „Kapselspanner“ s. S. 375, 390.
Seitlich wird die Gelenkkapsel durch *Kollateralbänder* verstärkt. Das *Lig. collaterale ulnare* (Abb. 6.**78**) entspringt am Epicondylus medialis. Seine Fasern strah-

len fächerförmig nach distal in Richtung auf die Ulna, wo sie mit einem hinteren Teil am Olecranon und mit einem vorderen, besonders kräftigen Teil an der Basis des Processus coronoideus ansetzen. Ein mittlerer, schwächerer Abschnitt, der sog. *Coopersche Streifen,* besteht aus quer verlaufenden Fasern, die den vorderen und hinteren Teil des Kollateralbandes verbinden. Das *Lig. collaterale radiale* (Abb. 6.**79**) kommt von der dorsalen und volaren Fläche des Epicondylus lateralis und teilt sich in zwei auseinanderweichende Schenkel, die in Höhe des Caput radii zum volaren und dorsalen Rand der Incisura radialis ulnae ziehen. Sie sind mit dem Lig. anulare radii sowie mit den Ursprungssehnen der oberflächlichen Extensoren des Unterarmes verwachsen. Am Radius selbst inseriert das radiale Kollateralband nicht. Aufgrund des *fächerförmigen Verlaufes* der Kollateralbänder ist in jeder Stellung des Gelenks ein Teil angespannt.

Vom Unterrand der Incisura radialis ulnae entspringt gelegentlich ein schwaches Band, das medial an der Knorpel-Knochen-Grenze der Circumferentia articularis radii inseriert. Die Funktion dieses inkonstanten, als *Lig. quadratum* bezeichneten Bandes ist unbedeutend.

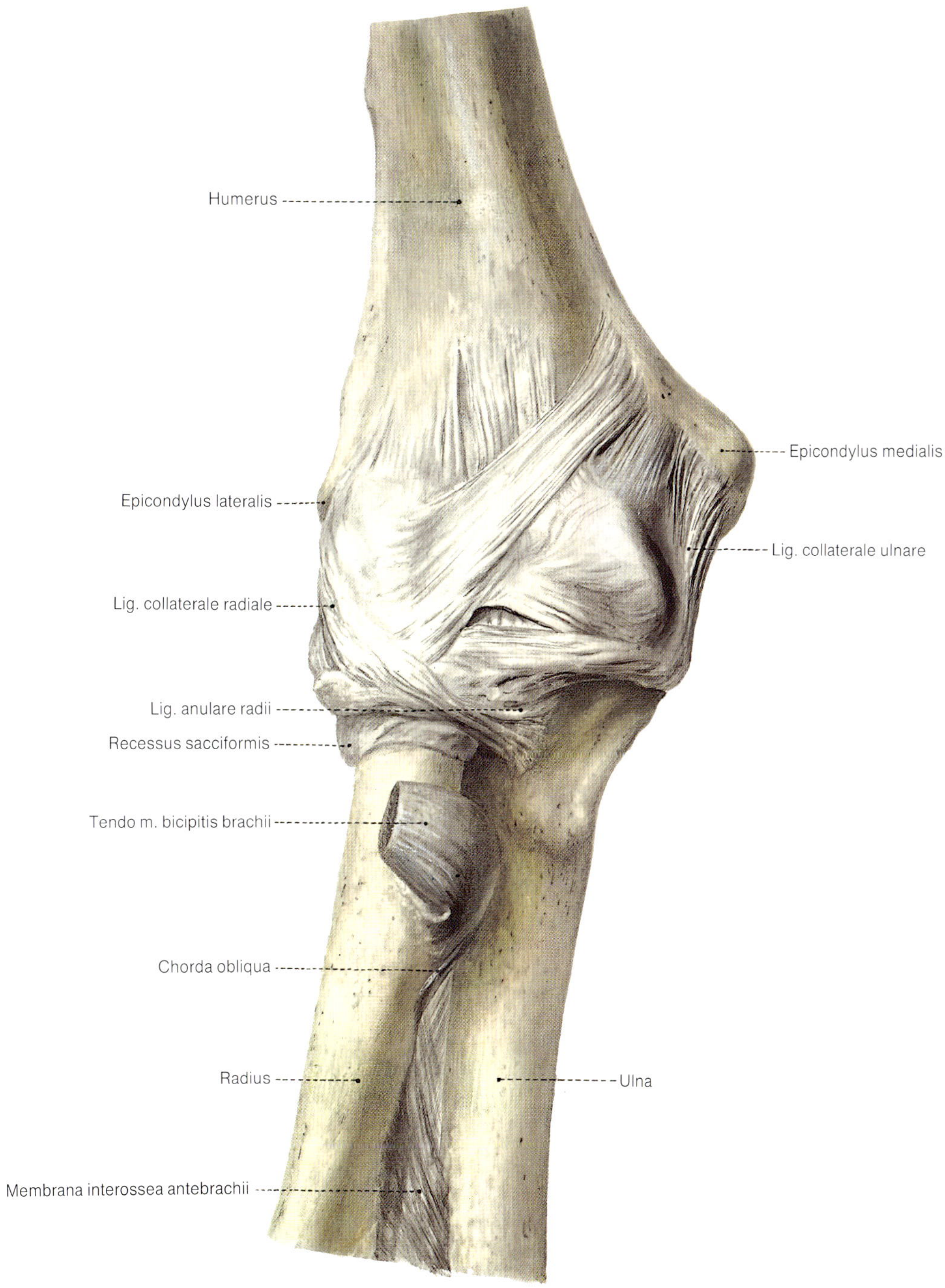

Abb. 6.**76** **Rechtes Ellenbogengelenk in der Ansicht von vorn.** Kapsel-Band-Apparat.

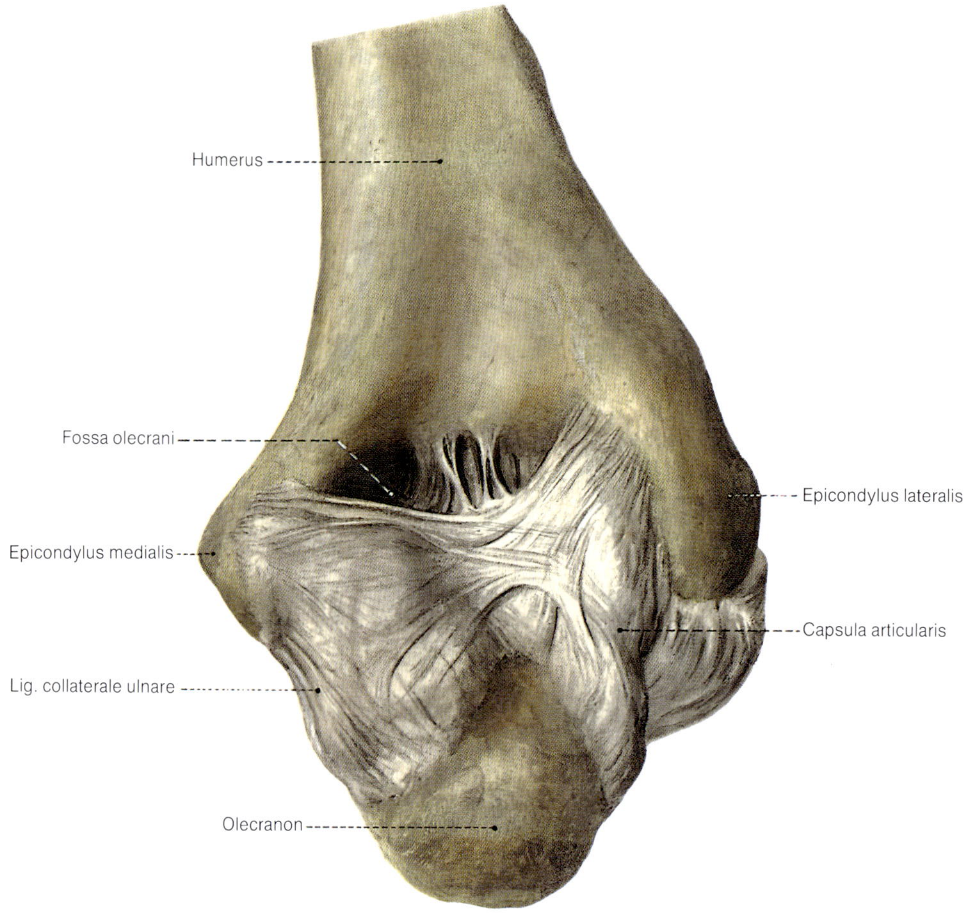

Abb. 6.**77** **Rechtes Ellenbogengelenk in Beugestellung in der Ansicht von hinten.** Kapsel-Band-Apparat.

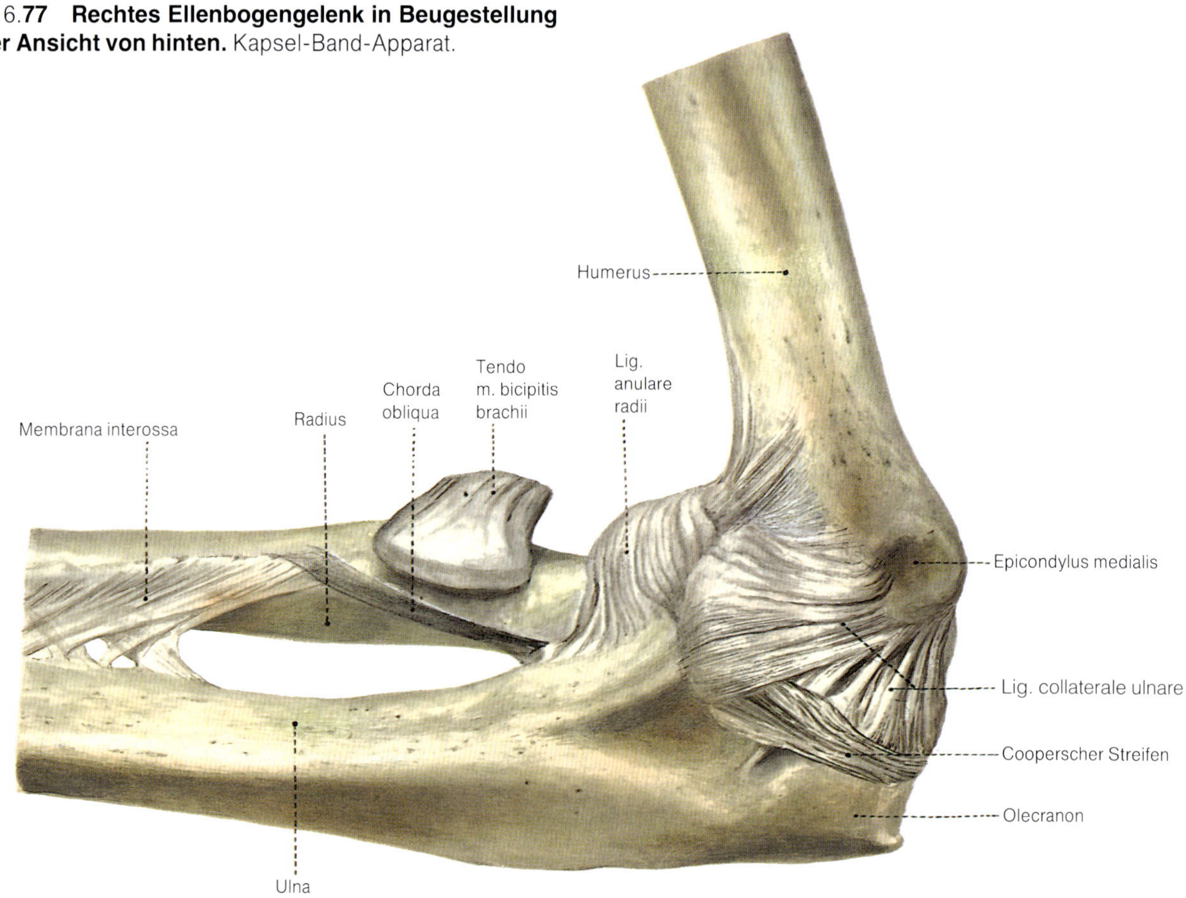

Abb. 6.**78** **Rechtes Ellenbogengelenk in der Ansicht von medial.** Kapsel-Band-Apparat.

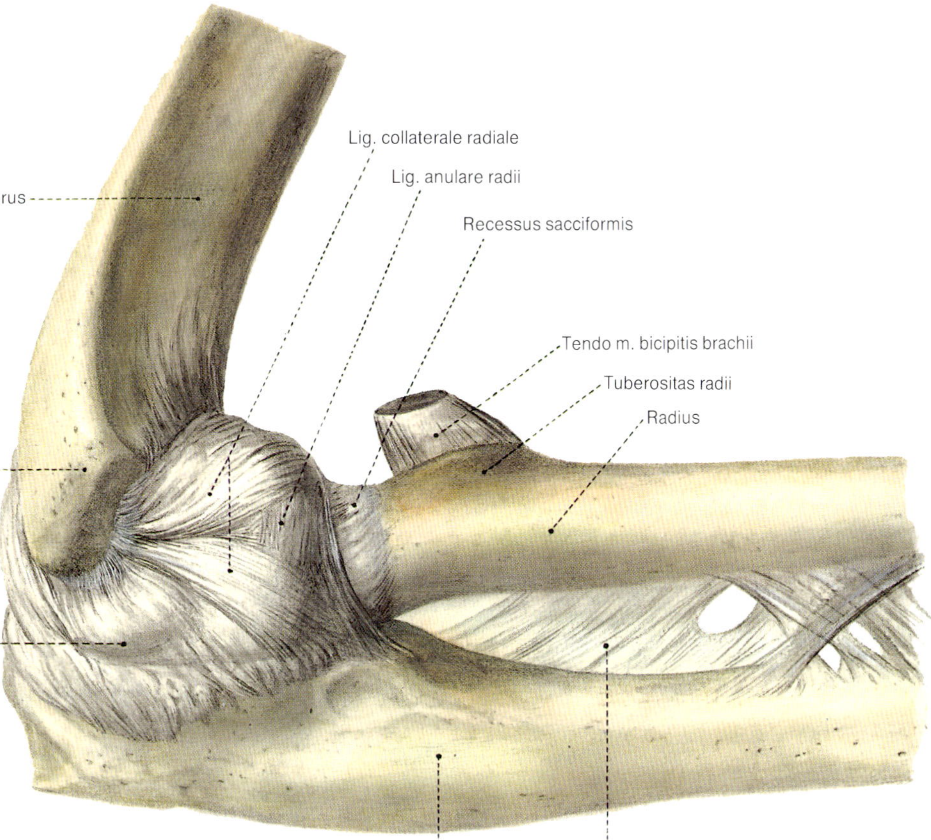

Abb. 6.**79** **Rechtes Ellenbogengelenk in der Ansicht von lateral.** Kapsel-Band-Apparat.

Gelenkhöhle

Als *Articulatio composita* mit drei artikulierenden Skelettelementen hat das Ellenbogengelenk eine weit verzweigte Gelenkhöhle (Abb. 6.**80,** 6.**81**). Die nicht überknorpelten intrakapsulären Gelenkabschnitte, wie Fossa olecrani, Fossa coronoidea und Collum radii, sind von Membrana synovialis überzogen. In der Tiefe der Gruben wird die Synovialschicht von lockerem, fettreichem Bindegewebe unterpolstert. Die Gelenkkapsel bildet in diesen Zonen *Synovialzotten* aus. Die fettreichen Falten der Gelenkkapsel schieben sich in Komplementärräume zwischen den Gelenkkörpern. Große *Synovialfalten* kommen an den Rändern der Ulnazange im Bereich der knorpelfreien Zonen sowie zwischen Capitulum humeri und Caput radii vor (Abb. 6.**80**).

Röntgenanatomie der Ellenbogenregion

Dorso-palmare Röntgenaufnahmen des Ellenbogens (Abb. 6.**82a**) vermitteln eine gute Übersicht über die an der *Articulatio cubiti* beteiligten Skelettelemente. Bei *dorso-palmarem* Strahlengang lassen sich die *Articulationes humero-ulnaris* und *humeroradialis* beurteilen. Beide *Epikondylen* sowie *Capitulum und Trochlea humeri* sind deutlich erkennbar. Die *Fossa olecrani* und die *Fossa coronoidea* projizieren sich übereinander; der dichtere Schatten an dieser Stelle rührt vom Olecranon her. Durch die Kontur der *Ulna* ist der Gelenkspalt der *Articulatio humero-ulnaris* sichtbar. Auf den medialen Rand der Ulna projiziert sich der *Processus coronoideus*. Der „Gelenkspalt" des *Humeroradialgelenkes* ist vollständig zu sehen, da er nicht von Knochen überlagert wird.

Im *seitlichen Strahlengang* (Abb. 6.**82b**) projizieren sich in Beugestellung des Gelenks sowie bei leicht pronierter Hand die beiden *Epikondylen* übereinander. Die *Crista supracondylaris,* die zum Epicondylus lateralis zieht, hebt sich deutlich ab. Der *Processus coronoideus ulnae* projiziert sich teilweise auf das *Caput radii.* Die „Gelenkspalten" von *Humeroradial-* und *Humeroulnargelenk* sind in seitlichen Aufnahmen ebenfalls zu überschauen.

Mechanik

Die *Articulatio humero-ulnaris* ist ein reines *Scharniergelenk.* Seine gute *knöcherne Führung* beruht auf der zangenartigen Umfassung der Humerusrolle durch die Incisura trochlearis ulnae; dabei verläuft die Führungs-

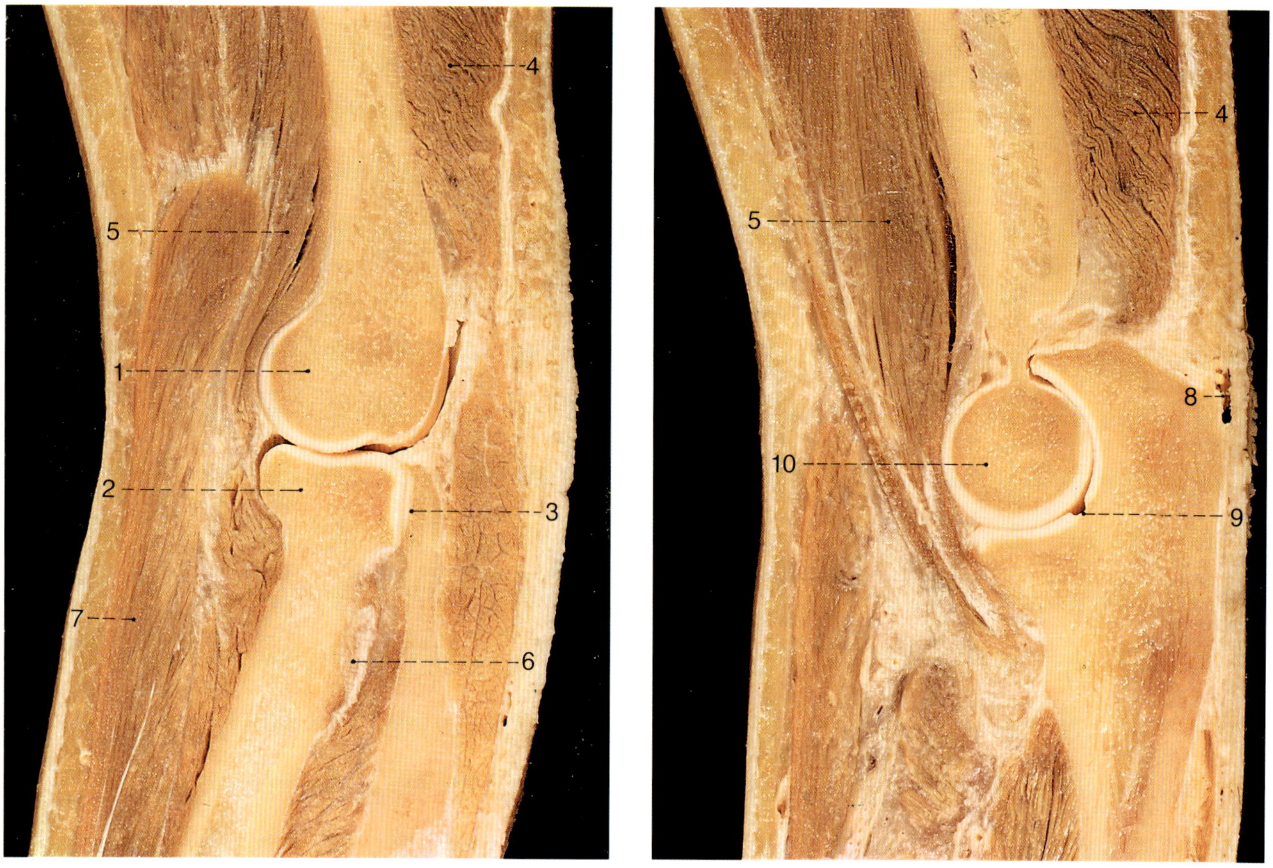

Abb. 6.**80** **Sagittalschnitte durch das linke Ellenbogengelenk eines Mannes.**
Links: Anschnitte des Humeroradialgelenks und des proximalen Radioulnargelenks.
Rechts: Anschnitt des Humeroulnargelenks.

1 Capitulum humeri
2 Caput radii
3 Articulatio radio-ulnaris proximalis
4 M. triceps brachii
5 M. brachialis
6 Ansatzsehne des M. biceps brachii
7 M. brachioradialis
8 Bursa subcutanea olecrani
9 knorpelfreie Zone in der Incisura trochlearis ulnae
10 Trochlea humeri

(Präparate der Sammlung des Anatomischen Institutes, Kiel)

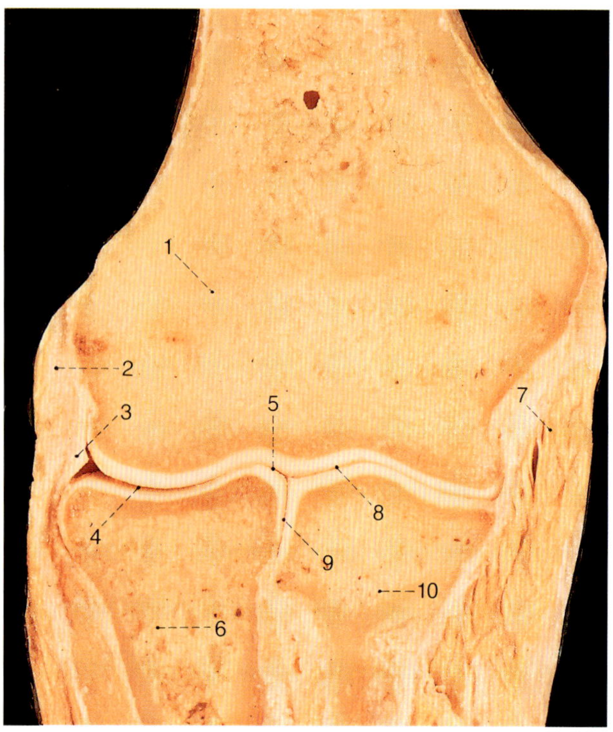

Abb. 6.**81** **Frontalschnitt durch das rechte Ellenbogengelenk eines Erwachsenen.**

1 Humerus
2 Ursprung der Extensoren
3 Capsula articularis
4 Articulatio humeroradialis
5 Gelenkverbindung zwischen Lunula obliqua radii und Sulcus capitulotrochlearis humeri
6 Radius
7 Ursprung der Flexoren
8 Articulatio humero-ulnaris
9 Articulatio radio-ulnaris proximalis
10 Ulna

(Präparat der Sammlung des Anatomischen Institutes, Kiel)

leiste der Ulna in der Rinne der Trochlea. Das *Humeroradialgelenk* wird in die Bewegungen des Humeroulnargelenks zwangsläufig einbezogen, da der Radius über das *Lig. anulare radii* und das radiale Seitenband an die Ulna gefesselt ist. *Beugung* und *Streckung* im Ellenbogengelenk erfolgen somit gemeinsam in den Articulationes humero-ulnaris und humeroradialis. Die „Bewegungsachse" verläuft transversal etwas unterhalb der Epikondylen durch Trochlea und Capitulum humeri. Beide Gelenke verfügen über eine kräftige *Bandführung* durch die *Kollateralbänder*. Aufgrund des dreieckigen Verlaufes ist in jeder Stellung des Gelenks ein Teil der Ligg. collateralia gespannt.

Beugung im Ellenbogengelenk ist aus der Neutral-0-Stellung heraus bis maximal 150° möglich; sie kann aber bereits vorher durch die Weichteile des Ober- und Unterarmes gehemmt werden. Eine *Extension* über die Neutral-0-Stellung hinaus ist beim Erwachsenen in den meisten Fällen nicht möglich. Individuell, vor allem bei Frauen und Kindern, kann der Arm im Ellenbogengelenk um etwa 15° gestreckt werden. In der Endstellung stemmt sich dann die Spitze des Olecranon gegen den Knochen der Fossa olecrani (Knochenhemmung, s. S. 112).

An der *Flexion* im Ellenbogengelenk (Tab. 6.**6**) beteiligen sich die *Mm. brachialis, biceps und brachioradia-*

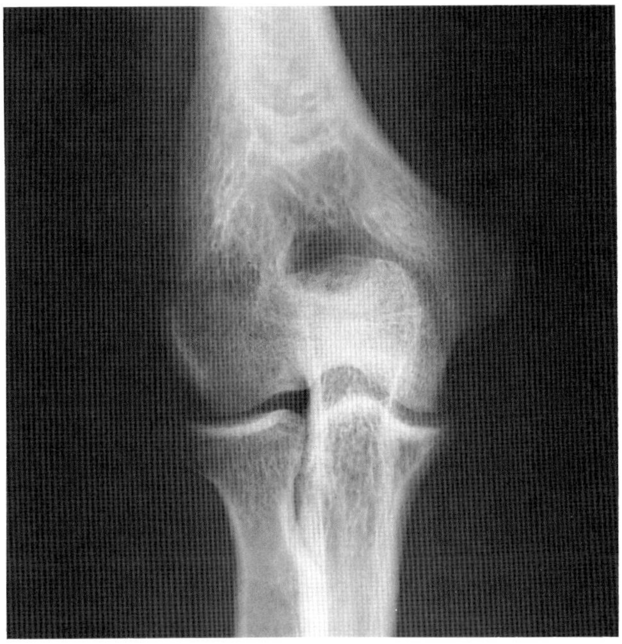

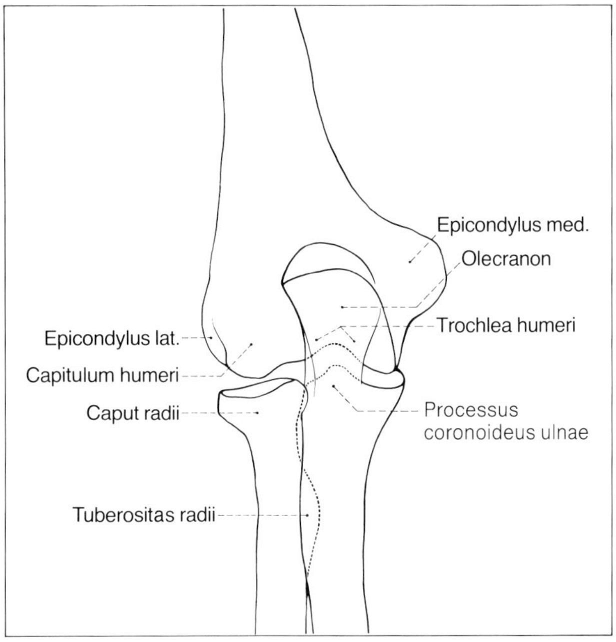

Abb. 6.**82a** Röntgenaufnahme eines rechten Ellenbogengelenks in Streckstellung im anteroposterioren Strahlengang.

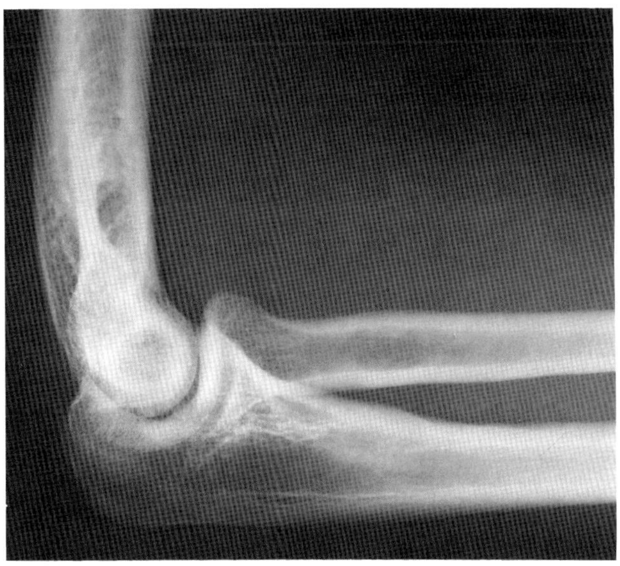

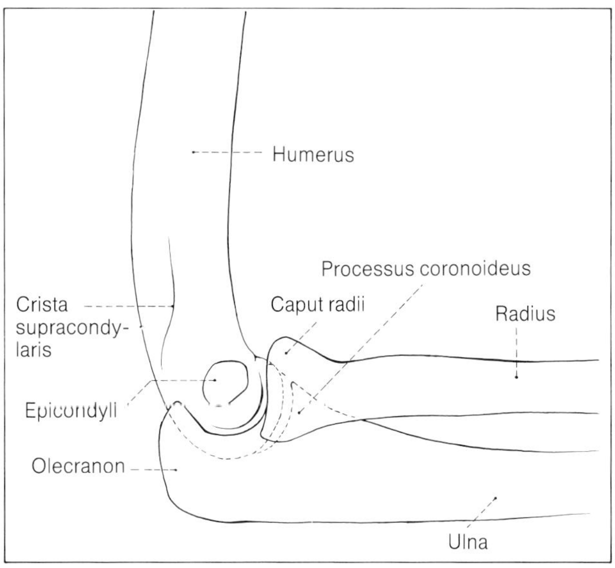

Abb. 6.**82b** Röntgenbild eines rechten Ellenbogengelenks im seitlichen Strahlengang.

Tabelle 6.**6** Flexion im Ellenbogengelenk

M. brachialis (aus allen Stellungen)
M. brachioradialis (aus Semipronationsstellung)
M. biceps brachii (aus Supinationsstellung)

lis sowie in geringem Maß der *M. pronator teres* und bei angebeugtem Arm der M. extensor carpi radialis longus (ausführliche Beschreibung der Muskelfunktionen bei der Besprechung der einzelnen Muskeln). *Extension* des gebeugten Armes im Ellenbogengelenk erfolgt aktiv durch den *M. triceps brachii* und passiv durch die *Schwerkraft.*

Die *Kraft* der Beuger ist etwa um ein Drittel größer als die der Strecker. Bei *Lähmung* der auf das Ellenbogengelenk wirkenden Muskeln ist ein Ausfall der Beuger von größerer Tragweite als ein Ausfall der Streckmuskeln, da die Extension auch durch die Schwerkraft ausgeführt werden kann.

Drehbewegungen zwischen Radius und Ulna erfolgen primär im *proximalen* und *distalen Radioulnargelenk* (s. Abb. 6.**19,** 6.**20**). Da sich dabei der Radius um die Ulna dreht, sind auch das Humeroradialgelenk sowie die gelenkige Verbindung zwischen Sulcus capitulotrochlearis humeri und Lunula obliqua radii an der Drehbewegung beteiligt. Die Bewegungsachse (Abb. 6.**84**) verläuft vom Zentrum des Capitulum humeri durch die Mitte der Fovea capitis radii schräg nach distal und schneidet den Processus styloideus ulnae. Im Ellenbogenbereich gleitet die Circumferentia articularis radii in der Incisura radialis ulnae und die Fovea capitis radii macht eine Rotation auf dem *Capitulum humeri.* Im *distalen Radioulnargelenk* (s. S. 392) wandert das distale Radiusende mit seiner Incisura ulnaris in der Weise über die Circumferentia articularis des Caput ulnae, daß die Rückseite des distalen Speichenendes nach volar gewendet wird. Die Ansatzstelle des M. biceps brachii, die Tuberositas

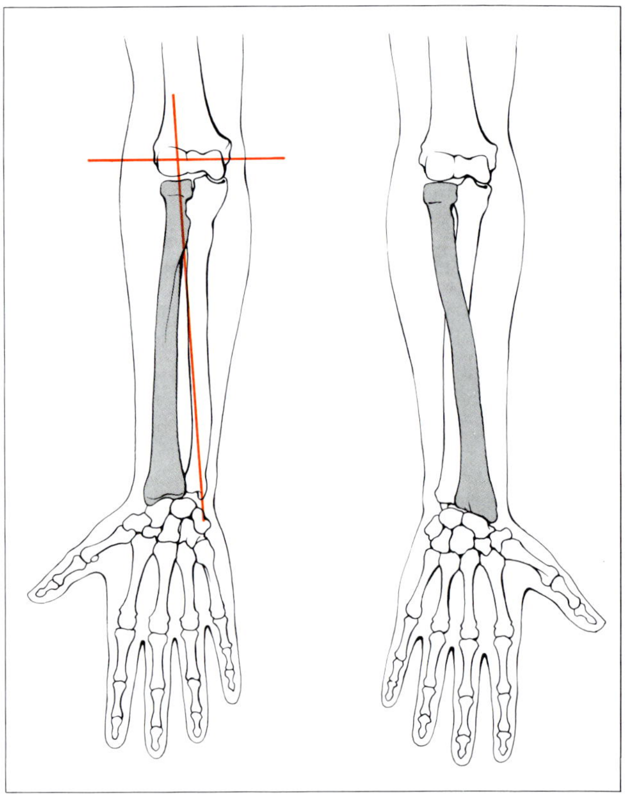

Abb. 6.**84** Links: **Supinationsstellung,** rechts: **Pronationsstellung der Unterarmknochen.** Die Bewegungsachse für Pro- und Supination verläuft vom Capitulum humeri schräg nach distal durch den Processus styloideus der Ulna; die Flexions- und Extensionsachse im Ellenbogengelenk verläuft quer durch die Epikondylen.

radii, verlagert sich bei der Einwärtsdrehung von volar nach ulnar-dorsal. Der Radius überkreuzt dann die Ulna (*Pronationsstellung,* Abb. 6.**84,** s. unten). Bei der *Pronationsbewegung* erfährt der Radiuskopf eine Kippung nach radial-distal um etwa 5°. Wird die Drehbewegung zurückgeführt, liegen Elle und Speiche parallel (*Supinationsstellung,* Abb. 6.**84,** s. unten). Die Drehbewegung zwischen Radius und Ulna kann aus jeder Stellung des Unterarmes heraus erfolgen.

Bei den Drehbewegungen des Unterarmes wird zwangsläufig die Hand mitgeführt. Die daraus resultierenden *Umwendbewegungen der Hand* bezeichnet man als *Pro- und Supination* (Abb. 6.**84**). Am frei herabhängenden Arm wird die Hand bei der *Supination* (Rückwendung) mit dem Handrücken nach hinten gewendet; Ulna und Radius stehen parallel zu einander. Bei der *Pronation* (Vorwärtswendung) gelangt der Handrücken durch die Drehung des Radius nach vorn; der Radius überkreuzt dann die Ulna (s. oben). In Mittelstellung oder *Semipronationsstellung* ist der Daumen nach vorn gerichtet; die Handinnenfläche zeigt nach medial. Die untere Hälfte des Radius liegt dann volar vor dem distalen Ulnaende. Diese Stellung entspricht der Neutral-0-Stellung des Armes. Sie wird vom frei herabhängenden Arm gewissermaßen als „Ruhelage" eingenommen, wenn bei entspannter Muskulatur nur die Schwerkraft einwirkt.

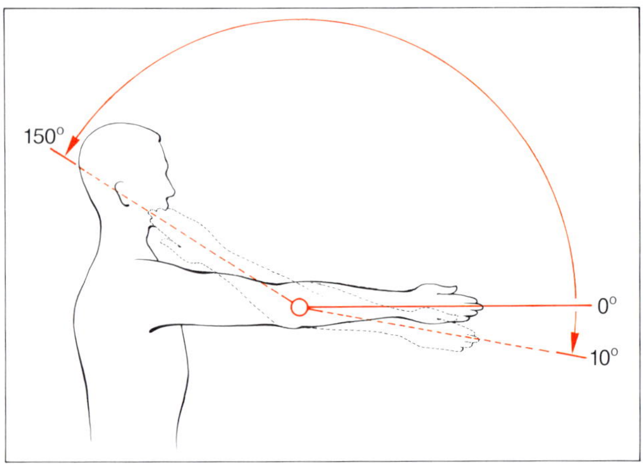

Abb. 6.**83** **Beugung und Streckung im Ellenbogengelenk.** Eine Streckung aus Neutral-0-Stellung ist selten über 10° möglich. Die Beugung wird durch die Weichteile gehemmt (nach *Debrunner*).

Die *Umwendbewegungen* der Hand betragen von der maximalen Pronation bis zur maximalen Supination 160°–180°. Aus der Neutral-0-Stellung kann der Unterarm jeweils um 80°–90° proniert und supiniert werden (Abb. 6.**85**). Bei den Umwendbewegungen der Hand kommt es zu *Mitbewegungen im Schultergelenk*. Die Supination geht mit einer Adduktion, die Pronation mit einer Abduktion einher.

In *Mittel- und Pronationsstellung* der Hand ist der *Radius* unmittelbar einer *hohen Beanspruchung* ausgesetzt, während die Ulna in dieser Stellung nur gering beansprucht wird. Beim Sturz auf die in Pronations- und Dorsalextensionsstellung ausgestreckte Hand kommt es daher häufig zur Radiusfraktur im distalen Bereich. In *Supinationsstellung* übernimmt auch die *Ulna* einen Teil der Last. Demzufolge ist auch der *Discus articularis* bei der Kraftübertragung von der Hand auf den Unterarm in Supinationsstellung einer *Druckbelastung* ausgesetzt.

Die *Pronationsbewegung* (Tab. 6.**7**) wird von den *Mm. pronator quadratus und pronator teres* ausgeführt (Abb. 6.**86**). Elektromyographischen Untersuchungen zufolge sollen die Mm. brachioradialis, flexor carpi radialis und extensor carpi ulnaris nur eine unwesentliche pronatorische Wirkung haben.

Die *Supinationsbewegung* erfolgt durch die *Mm. supinator und biceps brachii* (Abb. 6.**62,** 6.**86**).

Tabelle 6.**7**

Pronatoren:
M. pronator quadratus
M. pronator teres (M. brachioradialis, M. flexor carpi radialis, M. extensor carpi ulnaris)
Supinatoren:
M. supinator
M. biceps brachii

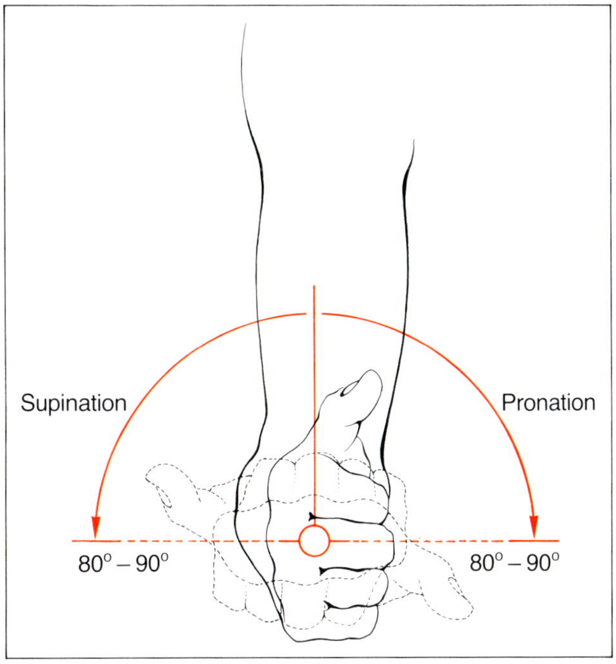

Abb. 6.**85** **Ausmaß der Pronation und Supination des Unterarmes.** Gemessen aus Neutral-0-Stellung des im Ellenbogengelenk rechtwinklig gebeugten Armes.

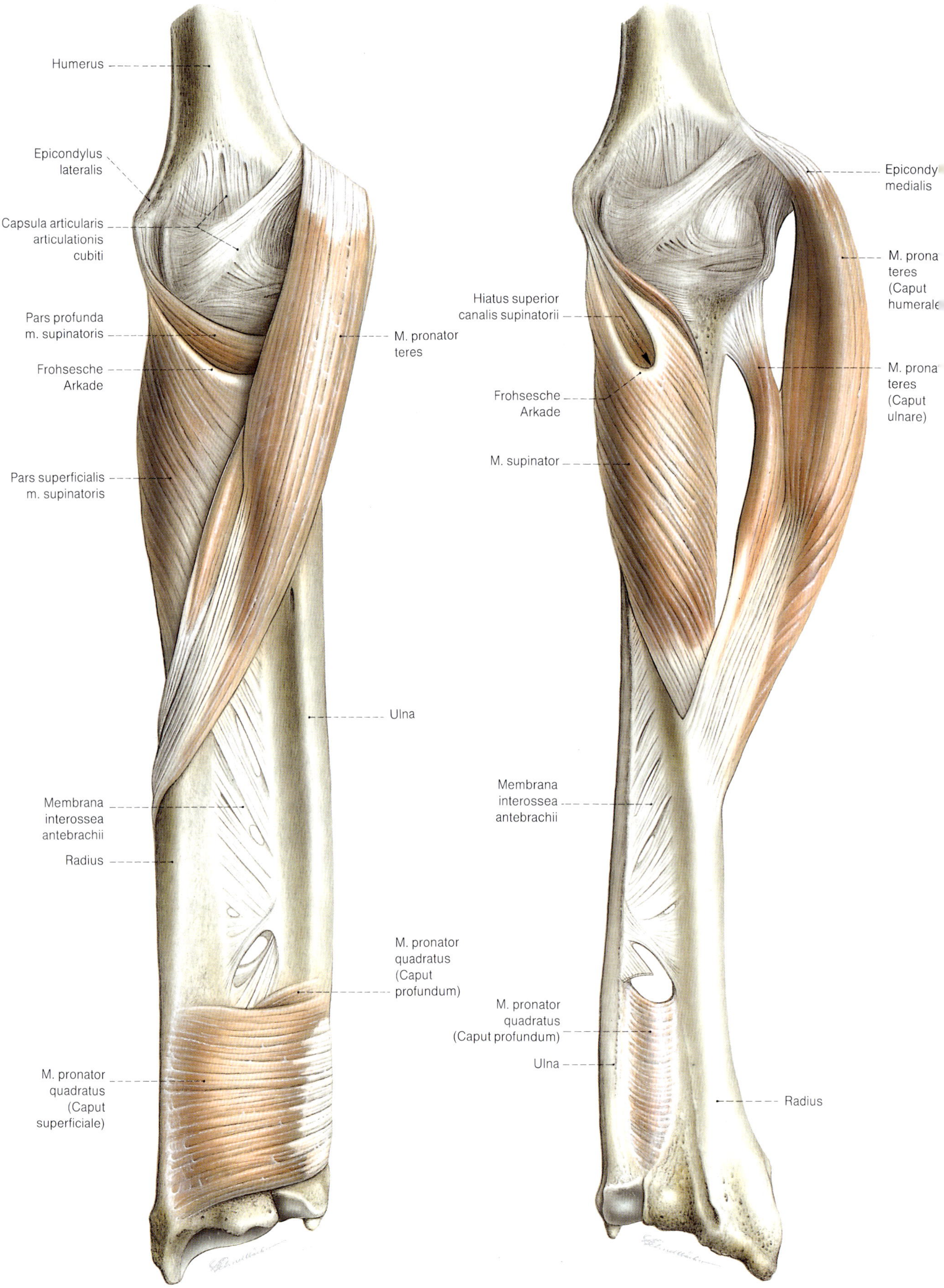

Abb. 6.**86** **M. supinator, Mm. pronator teres und pronator quadratus mit Radius, Ulna und Membrana interossea antebrachii in Supinationsstellung** (links) **und Pronationsstellung** (rechts). Die Köpfe des M. pronator teres sind in Pronationsstellung auseinandergezogen.
(nach *Frohse* u. *Fränkel* sowie Präparaten der Sammlung des Anatomischen Institutes, Kiel)

Muskeln der Ellenbeuge

Von den Muskeln, die von den beiden Epikondylen entspringen und die beim Lebenden die gut sichtbaren Randwülste der *Ellenbeuge* bilden (s. Abb. 6.**31**, 6.**87**), gehören nur die *Mm. pronator teres und brachioradialis* und der in der Tiefe versteckte *M. supinator* zur Regio cubiti. Der *M. anconaeus* liegt in der Regio olecrani. Alle übrigen Muskeln verlaufen zur Hand oder zu den Fingern und werden in den Kapiteln S. 393 besprochen.

M. brachioradialis

Gestalt und Lage

Der *M. brachioradialis* (s. Abb. 6.**90**) entspringt an der radialen Kante im unteren Drittel des Humerus (s. Abb. 6.**69**) sowie am Septum intermusculare laterale und inseriert mit langer Sehne am lateralen Rand des Radius, proximal vom Processus styloideus (s. Abb. 6.**95**). Durch eine tiefe Rinne *(Radialistunnel),* in welcher der N. radialis verläuft, wird er vom M. brachialis getrennt.

Varianten

Das Fehlen des M. brachioradialis wird bei Radiusaplasie beschrieben. Verdoppelungen sind sehr selten. Häufiger kommen zwei Sehnen vor, die neben- oder übereinander inserieren. Sein Ursprung kann bis zum Ansatz des M. deltoideus hinaufreichen. Der Ansatz dehnt sich zuweilen auf die Ossa metacarpale II, scapoideum und trapezium aus. Verbindungen mit der Fascia antebrachii und benachbarten Muskeln werden beschrieben.

Funktion und Innervation

Funktionell gehört der eingelenkige M. brachioradialis zu den *Beugern* im Ellenbogengelenk (vgl. zusammenfassende Darstellung, S. 386). Seine beugende Kraft entfaltet er mit besonderer Wirkung in Semipronationsstellung des Armes. Der Muskel unterstützt aus maximaler Pronation heraus die Supination bis zur Mittelstellung. Aus maximaler Supinationsstellung kann er bis zur Mittelstellung pronieren. Der Muskel übt eine *Zuggurtungswirkung* auf die Unterarmknochen aus (s. S. 86).
Der M. brachioradialis wird von einem oder mehreren Ästen des *N. radialis* innerviert, die noch oberhalb der Ellenbeuge abgegeben werden (C_5-C_6).

M. pronator teres

Gestalt und Lage

Der *M. pronator teres* (s. Abb. 6.**86,** 6.**90**) entspringt am Epicondylus medialis humeri (s. Abb. 6.**69**) und am Septum intermusculare brachii mediale. Diese beiden Ursprünge bilden das *Caput humerale.* Das *Caput ulnare* kommt vom Processus coronoideus der Ulna (s. Abb. 6.**95**). Zwischen den beiden Köpfen des M. pronator teres verläuft normalerweise der N. medianus im sog. *Pronatorkanal.* Der Pronatorkanal kann für den N. medianus zum Engpaß werden. Gelegentlich zieht der Nerv auch in der Tiefe hinter beiden Köpfen oder durch einen der beiden Köpfe. Die Muskelfasern verlaufen schräg absteigend nach radial und setzen an der dorsalen und radialen Fläche des Radius, distal vom Ansatz des M. supinator, an (s. Abb. 6.**95**). In Supinationsstellung windet sich die Ansatzsehne um den Radiusschaft nach dorsal.

Varianten

Nicht selten ist das Caput ulnare rudimentär, oder es fehlt. Die beiden Köpfe können auch selbständig sein. Ein dritter Kopf entspringt mitunter am Septum intermusculare brachii mediale oder am Processus supracondylaris (s. S. 320, Abb. 6.**17**). Verbindungen mit den Mm. brachialis, palmaris longus und flexor digitorum superficialis werden beschrieben.

Funktion und Innervation

Der M. pronator teres ist *Pronator* sowie *Beuger* im Ellenbogengelenk. Er soll die pronatorische Tätigkeit des M. pronator quadratus (s. unten) vor allem bei schnellen Umwendbewegungen und bei Pronation gegen Widerstand unterstützen.
Der M. pronator teres wird vom *N. medianus* innerviert (C_6), der kurz vor seinem Eintritt in den Pronatorkanal zwei bis drei Äste an den Muskel abgibt.

M. supinator

Gestalt und Lage

Der M. supinator (s. Abb. 6.**86**, 6.**90**–6.**93**) umschließt mantelartig das proximale Drittel des Radius. Er entspringt am Epicondylus lateralis humeri, am Lig. collateale laterale sowie an der Crista m. supinatoris ulnae und am Lig. anulare radii. Seine Insertion am Radius liegt auf einer Linie, die sich von der Tuberositas radii bis zum Ansatz des M. pronator teres erstreckt (s. Abb. 6.**95**, 6.**96**). Der M. supinator besteht aus einem *oberflächlichen* und einem *tiefen Anteil.* Der oberflächliche Teil ist gegenüber dem tiefen Teil nach distal versetzt. Den proximalen freien Rand der oberflächlichen Portion bildet eine häufig scharfrandige

Sehne, die sog. *Frohsesche Arkade.* Hinter dieser dringt der R. profundus des N. radialis in den sog. *Supinatorkanal,* der vom oberflächlichen und tiefen Teil des Muskels gebildet wird. Bei seinem Eintritt in den Supinatorkanal kann der R. profundus n. radialis durch die Frohsesche Arkade komprimiert werden (Supinatorkompressionssyndrom). Der Nerv verläßt den Kanal am distalen Ende des Muskels.

Varianten

Es werden überzählige Muskelbündel beschrieben, die am Epicondylus medialis humeri, an der Dorsalfläche der Ulna distal von der Incisura trochlearis oder am Processus coronoideus ulnae entspringen.

Funktion und Innervation

Der M. supinator wirkt als *Supinator* in Beuge- und Streckstellung des Unterarmes. Er wird bei Supination gegen Widerstand vom M. biceps brachii unterstützt (s. S. 376), wobei der M. supinator die Bewegung einleitet. Der M. supinator kann den Unterarm in Supinationsstellung fixieren.
Der M. supinator wird von Ästen des *N. radialis* innerviert, die vor Eintritt in den Supinatorkanal abgegeben werden. Die Fasern stammen aus den Segmenten C_5 und C_6.

M. anconaeus

Gestalt und Lage

Der kleine *M. anconaeus* (s. Abb. 6.**61**, 6.**92**) kann als vierter Kopf des M. triceps brachii angesehen werden; er schließt sich unmittelbar an dessen Caput mediale an. Der Muskel ist dreieckig und zieht vom Epicondylus lateralis sowie von der Kapsel des Ellenbogengelenks zur radialen Fläche des Olecranon.

Funktion und Innervation

Er unterstützt die *Streckung* im Ellenbogengelenk und spannt die Gelenkkapsel.
Die Innervation erfolgt durch einen Ast des *N. radialis* (C_7–C_8).

M. epitrochleoanconaeus

Als *M. epitrochleoanconaeus* wird ein inkonstanter, kleiner Muskel bezeichnet, der vom Epicondylus medialis zum Olecranon zieht und vom *N. ulnaris* innerviert wird. Er kann klinische Bedeutung erlangen, wenn er den hinter dem Epicondylus medialis verlaufenden N. ulnaris komprimiert.

Unterarm, Antebrachium

Oberflächenrelief und allgemeiner Aufbau

Der Unterarm schließt sich ohne feste Grenze an die Regio cubiti an und reicht bis zu den Processus styloidei radii und ulnae. Bei Streckung und Beugung der Hand treten an der volaren und dorsalen Seite Querfalten auf, die die Grenze des Unterarmes gegenüber der Hand deutlich markieren (s. Abb. 6.**31**, 6.**99**).
Oberarm- und Unterarmachse bilden in gestreckter und supinierter Stellung normalerweise einen nach außen offenen Winkel miteinander, der bei Männern etwa 170°, bei Frauen etwa 160° beträgt. Man bezeichnet diese Stellung als *Cubitus valgus.* Bei Kindern liegen Oberarm- und Unterarmachse auf einer Geraden *(Cubitus rectus).*
Die Form des Unterarmes wird durch das Skelett, vorwiegend aber durch die Muskeln bestimmt. Der Unterarm ist proximal breiter als distal. Im proximalen Teil ist er ulnar-volar abgeplattet, distal hat er zylindrische Form. Das Oberflächenrelief des Unterarmes wird durch die Anordnung der Muskeln entscheidend beeinflußt. Man unterscheidet *volare* und *dorsale Muskeln,* die, soweit sie oberflächlich liegen, am Epicondylus medialis und am Epicondylus lateralis entspringen. Die zur Mittelhand verlaufenden Muskeln des Handgelenks sind *randständig* und verleihen der oberen Hälfte des Unterarmes ihr charakteristisches Aussehen.
Bei der Beurteilung des Oberflächenreliefs ist die Stellung des Unterarmes (Pronations- oder Supinationsstellung) zu berücksichtigen. Vor allem die radialen Muskeln ändern ihre Lage bei den Drehbewegungen.
Am supinierten Unterarm wird in der *Ansicht von volar* das Profil des radialen Unterarmrandes im proximalen Bereich durch die Bäuche der *Mm. extensor carpi radialis longus und brachioradialis* gebildet (Abb. 6.**31**, 6.**87**). Ulnar entsteht distal des sichtbaren *Epicondylus medialis* eine Wölbung durch die hier entspringenden *Flexoren.* Im mittleren, volaren Bereich hebt sich manchmal der Bauch des *M. flexor carpi radialis* ab, dessen Endsehne bei Anspannung des Muskels distal-radial deutlich vorspringt. Lateral von der Sehne des M. flexor carpi radialis ist der Puls der *A. radialis* zu tasten. Bei leichter Beugung in Hand- und Fingergelenken springen distal im mittleren Abschnitt die *Flexorensehnen der Finger* vor. Volar von diesen hebt sich – falls ausgebildet – die Sehne des

M. palmaris longus strangförmig ab. Am ulnaren Rand des Unterarmes wird distal die Sehne des *M. flexor carpi ulnaris* sichtbar. Die Sehnen der beschriebenen Muskeln können in der distalen Hälfte des Unterarmes auch palpiert werden.
Auf der *Rückseite des Unterarmes* (Abb. 6.**87**) ist die nur von Faszie und Haut bedeckte Facies posterior ulnae in ihrer gesamten Länge tastbar. Medial von der Ulna zeichnet sich der Muskelbauch des *M. flexor carpi ulnaris* ab (s. oben). Im radialen Abschnitt wird das Profil des Unterarmes durch die Muskelbäuche der Extensoren geprägt. Lateral von der Ulna wölbt sich der *M. extensor carpi ulnaris* vor, der durch eine Furche vom *M. extensor digitorum* getrennt ist. Die radiale Kontur bilden die *Mm. extensores carpi radialis longus und brevis*.
Durch Radius, Ulna und Membrana interossea wird der Unterarm in eine *Regio antebrachii anterior* und in eine *Regio antebrachii posterior* gegliedert.

Unterarmfaszie, Fascia antebrachii, und Muskellogen

Die *Fascia antebrachii* ist (s. Abb. 6.**57**, 6.**58**) die Fortsetzung der Fascia cubiti. Proximal verwächst sie fest und unlösbar mit den darunterliegenden Muskelursprüngen und der *Fascia posterior ulnae*. Distal verstärkt sie das Stratum fibrosum der dorsalen und volaren Sehnenscheiden in Form von *Retinacula* (s. S. 146). Das *Retinaculum extensorum* (s. Abb. 6.**92**, 6.**93**, 6.**100**) ist ulnar an den Ossa pisiforme und triquetrum, am Lig. collaterale carpi ulnare sowie am Processus styloideus ulnae und radial am vorderen Rand des Radius angeheftet. Von seiner Unterfläche gehen vertikal gestellte Septen nach volar, die auf der Rückfläche der Ulna und des Radius an den Rändern von Knochenrinnen ansetzen und zusammen mit diesen *osteofibröse Kanäle* für die Streckersehnen bilden (s. Abb. 6.**92**, 6.**93**).
Das *Retinaculum flexorum* (Abb. 6.**101**) *(Lig. carpi transversum)* macht den *Sulcus carpi* zu einem Kanal *(Karpalkanal* oder *Karpaltunnel)*, in dem die Flexorensehnen und der N. medianus verlaufen. Das Retinaculum flexorum erstreckt sich vom Os pisiforme und vom Hamulus ossis hamati zum Tuberculum ossis scaphoidei und zum Tuberculum ossis trapezii (s. S. 411, Abb. 6.**102**, 6.**103**, 6.**104**).
Auf beiden Seiten ist die Faszie direkt oder durch Vermittlung von Muskeln mit dem Skelett verbunden. Ulnar werden Beuger und Strecker in ganzer Ausdehnung durch die Ellenkante getrennt. Zusammen mit den beiden Unterarmknochen und der *Membrana interossea*, die eine durchlaufende Trennwand zwischen Beugern und Streckern bilden, entstehen, wie am Oberarm, zwei *Faszienlogen*, in denen die *volaren* und die *dorsalen Muskeln* eingeschlossen sind. Lateral wird die *Extensorenloge* durch die radialen Muskeln, die sich auf den Radius verlagern, ausgeweitet (s. S. 393).

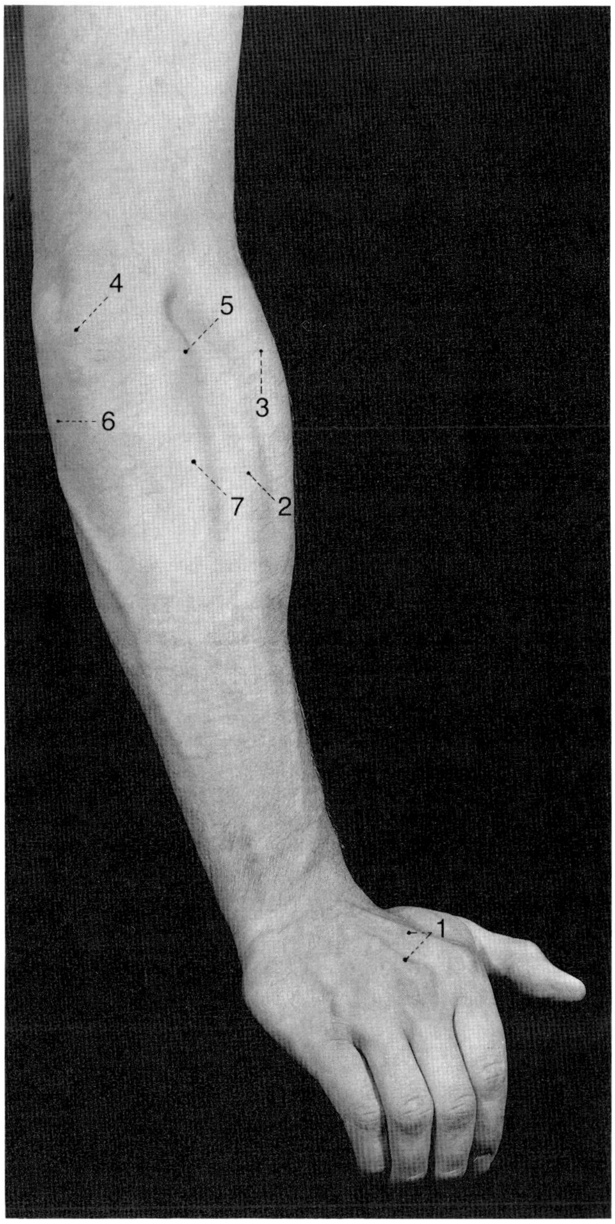

Abb. 6.87 **Dorsalseite des Unterarmes und des Handrückens bei einem jungen Mann.**
1 Sehne des M. extensor digitorum
2 M. extensor digitorum communis
3 M. extensor carpi radialis longus (und brevis)
4 Olecranon
5 Epicondylus lateralis
6 Mm. flexores
7 M. extensor carpi ulnaris

Der Einbau der Muskeln in die Faszienlogen erfolgt in einer *oberflächlichen* und einer *tiefen Schicht*, die volar deutlicher voneinander geschieden sind als dorsal. In der Nähe der Muskelursprünge dringen aponeurotisch verstärkte Faszienblätter zwischen die Muskelbäuche in die Tiefe. Sie führen zu einer Unterteilung der beiden Faszienräume und dienen einzelnen Beugern und Streckern als Ursprung. Distal findet man in zunehmender Menge lockeres Bindegewebe zwischen den beiden Muskelschichten, das auf der Volarseite stärker entwickelt ist als auf der Dorsalseite des Unterarmes; in ihm können sich Blutungen und Entzündungen ausbreiten.

Verbindungen zwischen Radius und Ulna

Außer durch die in das Ellenbogengelenk einbezogene *Articulatio radio-ulnaris proximalis* sind Radius und Ulna distal durch die *Articulatio radio-ulnaris distalis* sowie zwischen beiden Gelenken durch die *Membrana interossea* antebrachii miteinander verbunden (Abb. 6.**88**). Als einziger, ausschließlich zwischen Radius und Ulna ziehender Muskel wirkt der M. pronator quadratus auf die Articulationes radio-ulnaris proximalis und distalis (Abb. 6.**86**).

Distales Radioulnargelenk, Articulatio radio-ulnaris

Das *distale Radioulnargelenk* (Abb. 6.**88**) gehört morphologisch nicht zur Articulatio cubiti, wohl aber funktionell. Proximales und distales Radioulnargelenk ermöglichen die Drehbewegungen des Radius um die Ulna (s. S. 386). Die Articulatio radioulnaris distalis ist wie das proximale Radioulnargelenk ein *Radgelenk.* Gelenkflächen des distalen Radioulnargelenks sind die *Circumferentia articularis ulnae* und die *Incisura ulnaris radii* (s. Abb. 6.**18,** 6.**106**).
Die halbmondförmige *Incisura ulnaris radii* entspricht in ihrer Oberflächenkrümmung einem Zylinderausschnitt. Die *Circumferentia articularis ulnae* nimmt etwa den halben Umfang des Caput ulnae ein. Sie ist in der Mitte etwa 1 cm breit und wird volar und dorsal schmaler. Distal geht sie in die halbkreisförmige Gelenkfläche am unteren Ulnaende über. Die Gelenkhöhle wird handwärts vom *Discus articularis* des proximalen Handgelenkes *(Discus ulnocarpalis,* s. Abb. 6.**106**) begrenzt. Die Gelenkscheibe zieht vom distalen Rand der Incisura ulnaris radii zur Ulna, wo sie an der Spitze und an der radialen Seite des Processus styloideus sowie in einer Grube an dessen Basis befestigt ist. Der *Discus ulnocarpalis* ist wesentlich an der *Führung* des distalen Radioulnargelenks beteiligt. Die *Gelenkkapsel* des distalen Radioulnargelenks ist schlaff und weit. Sie setzt an den Rändern der Gelenkflächen sowie am Discus articularis an und hat proximal eine weite, sackartige Ausstülpung, *Recessus sacciformis,* die als Reservefalte für die *Umwendbewegungen* dient (s. proximales Radioulnargelenk, S. 380).

Zwischenknochenmembran, Membrana interossea antebrachii

Die *Membrana interossea antebrachii* (s. Abb. 6.**88**) beginnt distal vom Ansatz der Sehne des M. biceps brachii am Radius und reicht bis zum distalen Radioulnargelenk. Der proximale Teil des *Spatium interosseum* und ein schmaler Spalt am distalen Ende der Ulna bleiben frei. Die Membrana interossea ist *dreischichtig.* Von einer mittleren, kräftigen Bindegewebs-

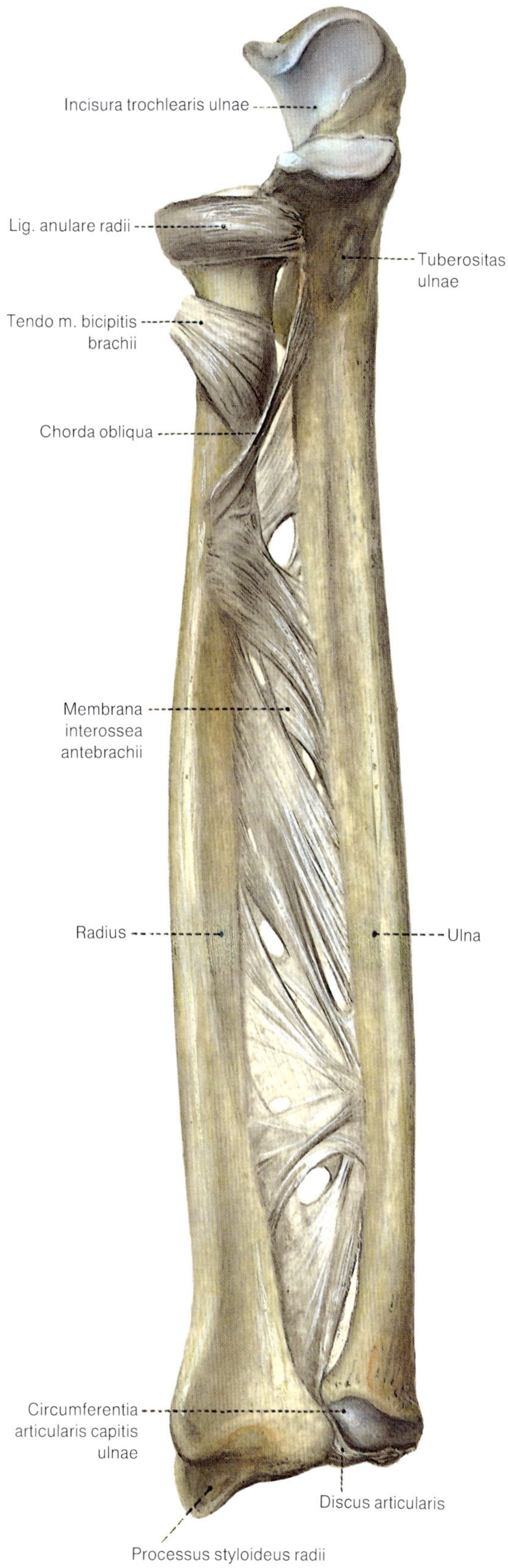

Abb. 6.**88** **Rechte Unterarmknochen und ihre Verbindungen in der Ansicht von vorn.**

platte, der palmar und dorsal eine Schicht lockeren Bindegewebes aufliegt, entspringen die Strecker und Beuger. Die mittlere Schicht entspricht einer flächenhaften Sehne mit derben Bindegewebszügen, die größtenteils vom Radius schräg distal absteigend die Ulna erreichen. Größere Lücken für den Durchtritt von Gefäßen und Nerven findet man im proximalen und im distalen Teil der Membran. Als *Chorda obliqua* bezeichnet man einen platten, bandartigen Streifen, der vom distalen Teil der Tuberositas ulnae zum Radius zieht. Der *Faserverlauf* der Membrana interossea ist durch die Zugrichtung der an ihr entspringenden Muskeln bedingt.
Die *Membrana interossea* dient der *Führung* und *Sicherung* des proximalen und des *distalen Radioulnargelenks.* Bei der Kraftübertragung zwischen Oberarm und Hand spielt sie nur eine geringe Rolle. Im Bindegewebe der Zwischenknochenmembran liegen zahlreiche Mechanorezeptoren (s. Bd. III).

M. pronator quadratus

Gestalt und Lage

Der *M. pronator quadratus* (s. Abb. 6.**86,** 6.**94**) verbindet volar die distalen Abschnitte von Radius und Ulna miteinander. Bedeckt von den Hand- und Fingerbeugern liegt die viereckige Muskelplatte in der Tiefe auf der *Membrana interossea antebrachii.* Der Muskel hat normalerweise einen oberflächlichen und einen tiefen Kopf. Der *oberflächliche Kopf* besitzt annähernd Dreiecksform; sein an der Ulna liegender Ursprung ist schmaler als der Ansatz am Radius. Er bedeckt den *tiefen Kopf,* der in Form und Größe variiert. Die Fasern des tiefen Kopfes ziehen von der Ulna schräg nach radial-distal, während die proximalen und mittleren Fasern des oberflächlichen Kopfes entgegengesetzt verlaufen. Seine handgelenksnahen Faserbündel sind transversal orientiert. Die beiden Köpfe sind durch eine dünne, lockere Bindegewebslage getrennt, in der die den Muskel versorgenden Äste des N. interosseus antebrachii anterior in Begleitung von Blutgefäßen verlaufen.

Varianten

Der M. pronator quadratus ist sehr variabel. Er kommt dreiköpfig vor. In seltenen Fällen fehlt er, oder er ist sehr schmal. Der Muskel kann auch stark verbreitert sein und sich proximalwärts bis zum Ansatzbereich des M. pronator teres ausdehnen. Gelegentlich strahlen Muskelfasern in die Muskulatur des Daumenballens ein.

Funktion und Innervation

Der oberflächliche Kopf des M. pronator quadratus, dessen Fasern schräg zur Drehachse des Vorderarmes verlaufen, ist ein kräftiger *Pronator.* Der tiefe Kopf erfüllt die Funktion eines *Kapselspanners,* da einige seiner Fasern regelmäßig in die Kapsel des distalen Radioulnargelenks einstrahlen. Durch die Insertion der tiefen Muskelfasern an der Membrana interossea erfährt die *Gelenkführung* von Radius und Ulna eine zusätzliche Sicherung.
Der M. pronator quadratus wird durch den *N. interosseus palmaris* des *N. medianus* (C_6–Th_1) versorgt.

Muskeln des Unterarmes

Allgemeine Übersicht

Die *Muskeln* des Unterarmes (s. Tab. 6.**5**, S. 374) bilden *zwei Gruppen,* eine *volare* und eine *dorsale,* die sich ihrerseits wieder in eine *oberflächliche* und eine *tiefe Schicht* gliedern lassen (s. S. 391). Nach ihren Insertionen unterscheidet man Muskeln, die am Radius ansetzen und als *Pronatoren* oder *Supinatoren* wirken. Zu diesen gehören der *M. brachioradialis* und die *Mm. pronator teres, pronator quadratus und supinator.* Die *Mm. flexores und extensores carpi radiales und ulnares* inserieren am Metacarpus. Sie sind aufgrund ihrer randständigen Lage am Unterarm außer Beugern und Streckern auch Radial- und Ulnarabduktoren der Hand. Die *Beuger* und *Strecker der Finger* ziehen vor ihrer Insertion an den Phalangen über die Handgelenke. Die *langen Daumenmuskeln* dienen der freien Beweglichkeit des Daumens. Sie inserieren am Os metacarpale I und an den beiden Phalangen des Daumens.
Volar bilden der *M. flexor digitorum profundus* und der *M. flexor pollicis longus* sowie distal der *M. pronator quadratus* die *tiefe Schicht.* Sie liegen versteckt unter dem *M. flexor digitorum superficialis,* der selbst wiederum von den *Mm. pronator teres, flexor carpi radialis, palmaris longus und flexor carpi ulnaris* bedeckt wird (Abb. 6.**89,** 6.**90,** 6.**91**).
Die *radiale Muskelgruppe* wird von den *Mm. extensores carpi radiales longus und brevis* und dem darüber liegenden *M. brachioradialis* gebildet (s. Abb. 6.**92**).
Von den *dorsalen Muskeln* gehören in der Reihenfolge von proximal nach distal die *Mm. supinator, abductor pollicis longus, extensor pollicis brevis, extensor pollicis longus und extensor indicis* zur *tiefen Schicht* (s. Abb. 6.**93**). Die *oberflächlichen Extensoren* kommen vom Epicondylus lateralis humeri (s. Abb. 6.**70**), wo sie zum Teil mit einer gemeinsamen Sehne entspringen. Es sind dies, von radial nach ulnar, die *Mm. extensor digitorum, extensor digiti minimi und extensor carpi ulnaris.*
Die oberflächlichen Muskeln gehen normalerweise in der Mitte, die tiefen Muskeln im distalen Drittel des Unterarmes in ihre Ansatzsehne über.
Die am Radius ansetzenden Unterarmmuskeln, Mm. brachioradialis, pronator teres und supinator, werden auf S. 389 besprochen.

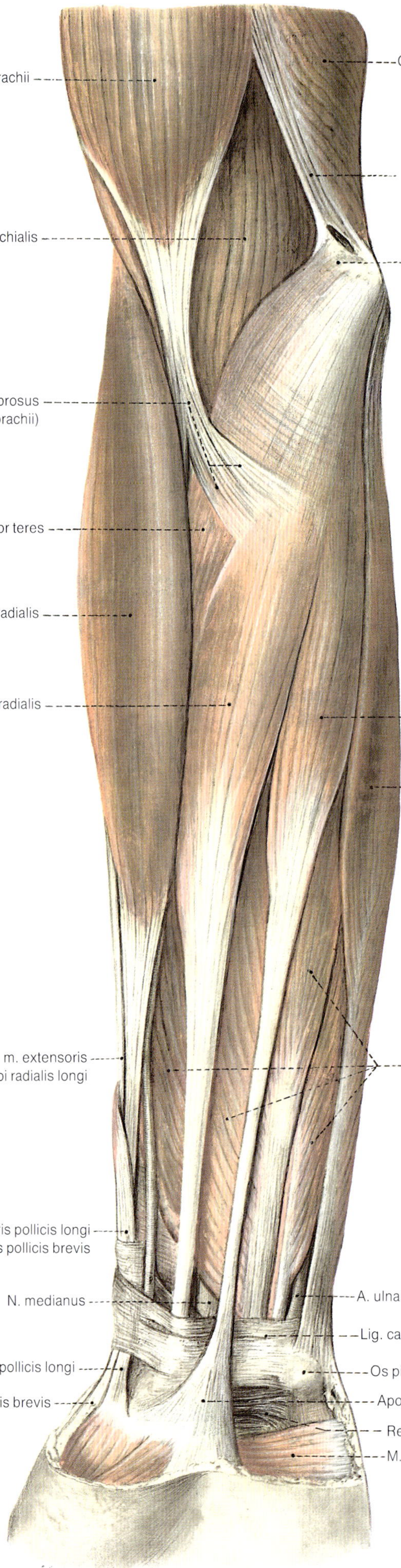

Abb. 6.**89** **Muskeln am rechten Unterarm in der Ansicht von volar.**

Abb. 6.**90** **Muskeln am rechten Unterarm in der Ansicht von volar-medial.** Nach Entfernung der Mm. biceps brachii, brachialis, flexor carpi radialis und palmaris longus wird der M. flexor digitorum superficialis sichtbar. Mm. flexor carpi ulnaris, brachioradialis, extensor carpi radialis longus und brevis zur Seite verlagert.

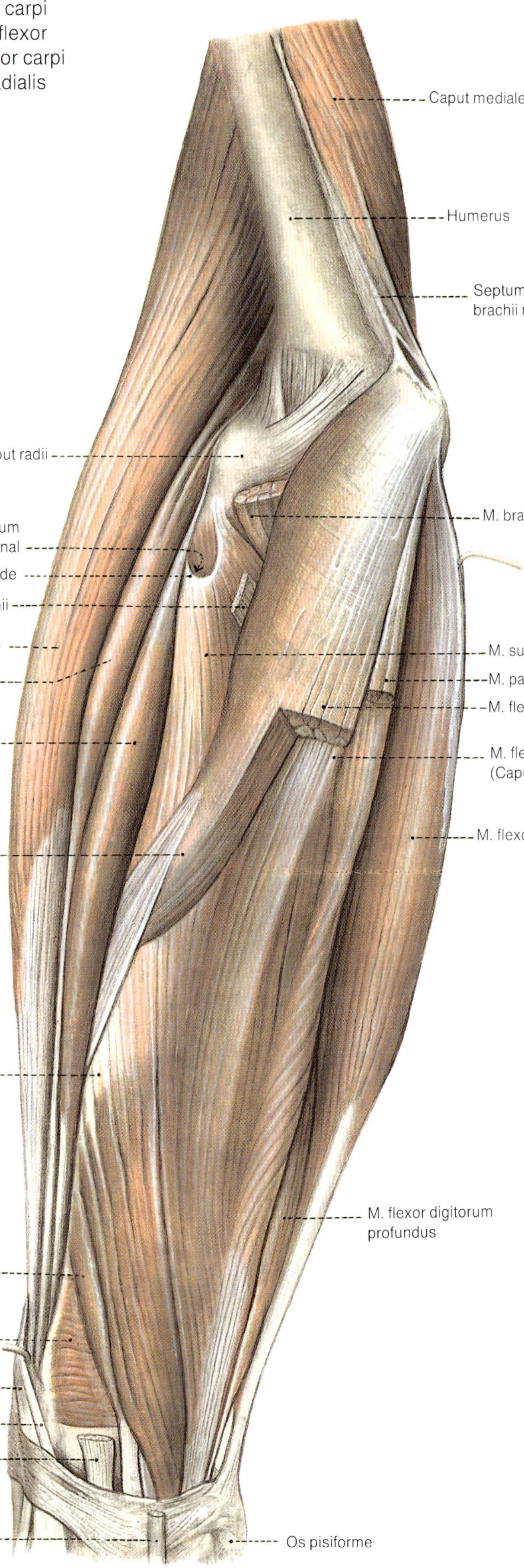

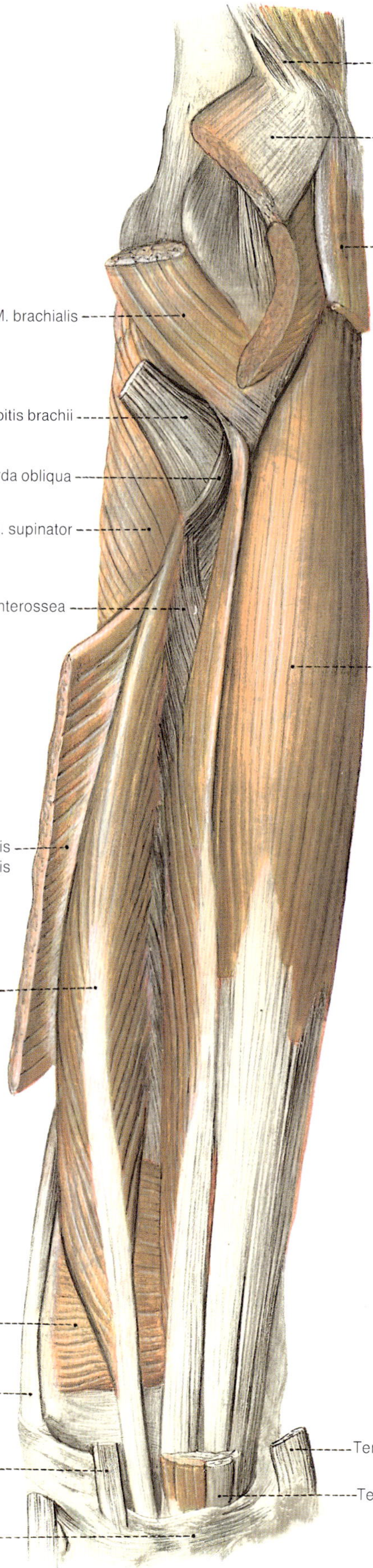

Abb. 6.**91** **Muskeln am rechten Unterarm in der Ansicht von vorn.** Tiefe Beuger.

Muskeln mit Ansatz an der Mittelhand

M. flexor carpi radialis

Gestalt und Lage

Der *M. flexor carpi radialis* (s. Abb. 6.**89**) liegt oberflächlich; er entspringt am Epicondylus medialis humeri, an der Fascia antebrachii und an Bindegewebssepten in der Tiefe (s. Abb. 6.**69**). Der Muskel geht in der Mitte des Unterarmes in seine Ansatzsehne über, die radial auf der Volarseite des Unterarmes, vor allem bei gebeugter Hand, deutlich zu sehen ist (s. Abb. 6.**31**). Medial von ihr kommt der N. medianus aus der Tiefe, lateral liegt die A. radialis mit ihren Begleitvenen. Die Sehne verläuft, von einer dünnen Sehnenscheide eingeschlossen, gesondert in den *Karpalkanal* (s. Abb. 6.**101**, 6.**102**, 6.**103**) und liegt hier in einer Rinne des Os trapezium. Durch ein Band wird diese Knochenrinne zu einem Kanal verschlossen. Die Sehne inseriert an der Basis des Os metacarpale II (s. Abb. 6.**130**).

Varianten

Varianten betreffen hauptsächlich den Ansatz des Muskels. Die Sehne kann vollständig oder teilweise am Os trapezium ansetzen. Außerdem kommen Ansätze an den Ossa metacarpalia III und IV sowie am Os scaphoideum vor. Im Ursprungsbereich werden Verbindungen mit Nachbarmuskeln sowie akzessorische Ursprünge am Radius und am Processus coronoideus ulnae beobachtet.
(Funktion, s. unten)

Innervation

Der Muskel wird durch einen Ast des *N. medianus* (C_5–C_7) innerviert.

M. flexor carpi ulnaris

Gestalt und Lage

Der *M. flexor carpi ulnaris* (s. Abb. 6.**89**) entspringt mit einem Kopf *(Caput humerale)* am Epicondylus medialis humeri (s. Abb. 6.**69**) und an der Fascia antebrachii. Sein zweiter Kopf, *Caput ulnare* (s. Abb. 6.**95**), kommt mit einer breiten Ursprungssehne von der dorsalen Fläche des Olecranon und vom Margo posterior ulnae. Zwischen den Ursprungsköpfen und dem sie überbrückenden Bindegewebe verläuft der *N. ulnaris* im sog. *Kubitaltunnel.* Der Nerv zieht vom Sulcus n. ulnaris des Epicondylus medialis humeri unter dem humeralen Ursprung des Muskels hindurch nach volar und verläuft bis zum Übergang in die Hand an der Dorsalseite des Muskels. Innerhalb des Kubitaltunnels kann der N. ulnaris durch Druck geschädigt werden. Der Muskelbauch des M. flexor carpi ulnaris bedeckt den M. flexor digitorum profundus und vom mittleren Drittel des Unterarmes ab die darauf verlaufenden Vasa ulnaria. Die Ansatzsehne bleibt außerhalb des Karpalkanals. Kurz vor seinem Ansatz am Hamulus ossis hamati und am Os metacarpale V (s. Abb. 6.**105**, 6.**110**, 6.**130**) ist das Os pisiforme als Sesambein in die Ansatzsehne eingelagert; hierdurch verlängert sich ihr virtueller Hebelarm (s. S. 165). Die vom Os pisiforme ausgehenden Sehnenendstücke sind die Ligg. pisohamatum und pisometacarpeum (s. Abb. 6.**110**).

Varianten

Die Sehne des M. flexor carpi ulnaris entsendet zuweilen Fasern in die Fascia antebrachii oder in die Aponeurosis palmaris. Sie kann auch über das Os pisiforme direkt zum Os metacarpale V gelangen. Selten wird ein M. flexor carpi ulnaris brevis beobachtet.
(Funktion, s. unten)

Innervation

Der M. flexor carpi ulnaris wird von zwei Ästen des *N. ulnaris,* die im Kubitaltunnel in den Muskel eindringen, innerviert (C_7–Th_1).

Funktion der Mm. flexores carpi

Die *Mm. flexores carpi radialis und ulnaris beugen* die Hand in den *Handgelenken* nach palmar. Bei einseitiger Kontraktion führt der M. flexor carpi radialis gemeinsam mit den radialen Handstreckern die *Hand nach radial.* Der M. flexor carpi ulnaris bewirkt mit dem ulnaren Handstrecker eine *Ulnarabduktion* der Hand. Die beugende Wirkung der Mm. flexores carpi radialis und ulnaris auf das Ellenbogengelenk ist schwach.

M. extensor carpi ulnaris

Gestalt und Lage

Der *M. extensor carpi ulnaris* (Abb. 6.**92**) liegt von den Streckmuskeln am weitesten medial. Er entspringt am Epicondylus lateralis humeri, an der Fascia antebrachii und an der Facies dorsalis ulnae. Sein Ursprung am Epicondylus (s. Abb. 6.**70**) liegt zwischen den Ursprüngen des M. anconaeus und des M. extensor digitorum. Zwischen den Mm. extensor und flexor carpi ulnaris, deren Ursprünge sich an der Ulna gegenüberliegen, bleibt die Rückseite der Ulna frei von Muskelursprüngen. Der längliche Muskelbauch des M. extensor carpi ulnaris geht in der Mitte des Unterarmes in seine Ansatzsehne über, die im sechsten Sehnenfach unter dem Retinaculum extensorum zur Basis ossis metacarpalis V zieht (s. Abb. 6.**94**, 6.**96**, 6.**118**, 6.**130**).

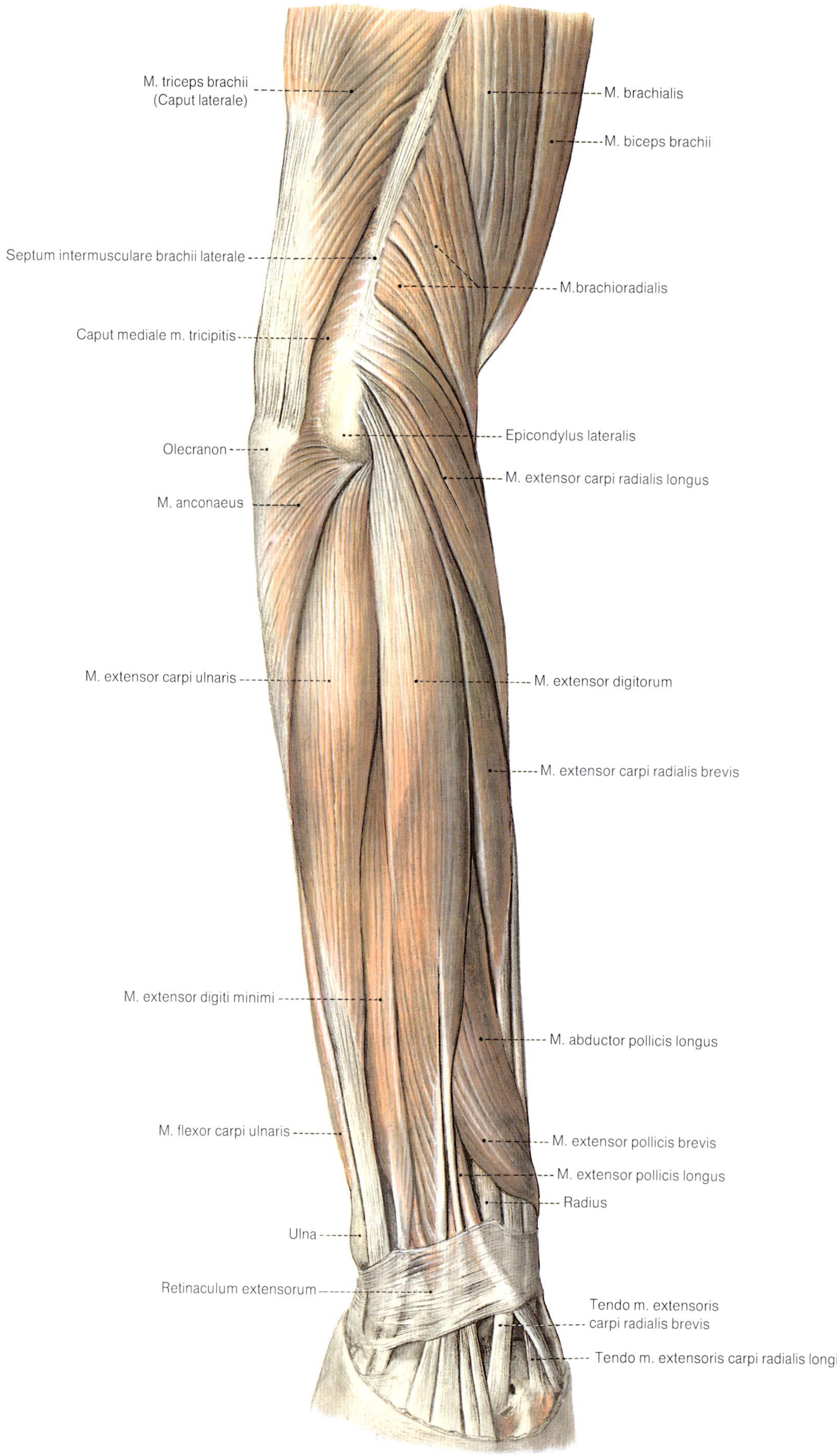

Abb. 6.**92** **Muskeln am rechten Unterarm in der Ansicht von hinten.**

Funktion und Innervation

Der Muskel ist an der *Extension* der Hand nach dorsal nur wenig beteiligt, er wirkt aber mit großer Kraft bei der *Ulnarabduktion*. Dabei wird er vom M. flexor carpi ulnaris unterstützt.
Der M. extensor carpi ulnaris wird aus dem *N. radialis* (C_7–C_8) innerviert.

Mm. extensores carpi radialis longus und brevis

Gestalt und Lage

Der *M. extensor carpi radialis longus* (Abb. 6.**92**, 6.**93**) entspringt, vom M. brachioradialis bedeckt, an der lateralen Kante des Humerus (s. Abb. 6.**69**) und am Septum intermusculare brachii laterale. Seine Sehne zieht unter dem Retinaculum extensorum mit der Ansatzsehne des darunter liegenden M. extensor carpi radialis brevis durch ein gemeinsames Fach (2. Sehnenfach) (s. Abb. 6.**96**, 6.**94**, 6.**118**, 6.**130**) zur Basis ossis metacarpalis II. Die Sehne des kurzen Handstreckers setzt an der Basis des Os metacarpale III an.
Der Ursprungsbereich des *M. extensor carpi radialis brevis* (s. Abb. 6.**93**) liegt, bedeckt vom langen Handstrecker, dicht neben dem M. extensor digitorum (s. Abb. 6.**69**). Der kurze Handstrecker entspringt am Epicondylus lateralis, am Lig. anulare radii und von einem Sehnenblatt, das zwischen seinem Ursprung und dem Ursprung des M. extensor digitorum liegt. Seine flache Ursprungssehne zieht volar weit nach medial und überlagert größtenteils den M. supinator sowie den R. profundus n. radialis, noch bevor dieser in den M. supinator eintritt. Die Ursprungssehne des M. extensor carpi radialis brevis ist häufig von degenerativen *Überlastungsschäden* betroffen (Epicondylosis humeri, sog. Tennisellenbogen; s. Sehnenansatzzone, S. 152).

Varianten

Die beiden Strecker werden unter vergleichend anatomischer und entwicklungsgeschichtlicher Sicht als ein Muskel betrachtet. Dies erklärt, daß ihre Muskelbäuche nicht selten miteinander verschmolzen sind. Zuweilen kommt ein überzähliger Ansatz am Os metacarpale III, selten am Os metacarpale IV vor.

Funktion und Innervation

Beide Muskeln *strecken* gemeinsam mit dem M. extensor carpi ulnaris die Hand. Bei alleiniger Wirkung sind sie *Radialabduktoren*. Da der M. extensor carpi radialis brevis in der Nähe der Handmitte inseriert, kann er die ulnarabduzierte Hand in die Mittelstellung bringen. Beim *Faustschluß* arbeiten die Handextensoren synergistisch mit den Fingerbeugern: Sie stabilisieren die Handgelenke in Dorsalextension und bewirken gleichzeitig eine Vordehnung der Flexoren (s. S. 167). Bei Lähmung der Extensoren sind kraftvolle Greifbewegungen (Faustschluß) der Hand nicht möglich.
Innerviert werden die Mm. extensores carpi radialis longus und brevis von Rr. musculares aus dem *N. radialis* (C_6–C_7).

Zusammenfassung der Funktionen

Dorsalextension und *Palmarflexion*, *Radial-* und *Ulnarabduktion* der Hand sind Funktionen der radialen und ulnaren Beuger und Strecker. Die Mm. flexor und extensor carpi ulnaris kontrahieren sich synergistisch bei der Streckung des Daumens. Die Strecker erfüllen eine wichtige Funktion bei den *Greifbewegungen* der Hand (s. oben).

M. palmaris longus

Gestalt und Lage

Der *M. palmaris longus* (s. Abb. 6.**89**) entspringt am Epicondylus medialis humeri. Sein kleiner Muskelbauch liegt zwischen den Mm. flexor carpi radialis und flexor carpi ulnaris. Er geht weit proximal in eine dünne, lange Sehne über, die oberflächlich vom M. flexor digitorum superficialis zur Palma manus zieht und bei gebeugter Hand unter der Haut strangartig vorspringt. Die Ansatzsehne strahlt in die Palmaraponeurose ein und kann sie anspannen (s. Abb. 6.**105**). Die starke Variabilität des M. palmaris longus ist von klinischer Bedeutung, da seine Sehne als Transplantat verwendet wird.

Varianten

Der M. palmaris longus kann fehlen (ca. 22%), mit seiner Sehne in die Fascia antebrachii einstrahlen oder an der Faszie entspringen. Gelegentlich ist er von seinem Ursprung bis zu seinem Ansatz sehnig oder muskulös. Er wird mit sehnigem Ursprung und breitem, muskulösem Ansatz an der Palmaraponeurose oder mit mittelständigem Muskelbauch beschrieben. Gelegentlich werden zwei oder drei selbständige Muskeln mit variablem Ursprung und Ansatz beobachtet. Akzessorische, von der Sehne des M. palmaris longus entspringende Muskelbündel können über die *Guyonloge* hinweg zum Hypothenar ziehen (s. Abb. 6.**124**).

Innervation

Der M. palmaris longus wird von einem Ast aus dem *N. medianus* (C_8–Th_1) innerviert.

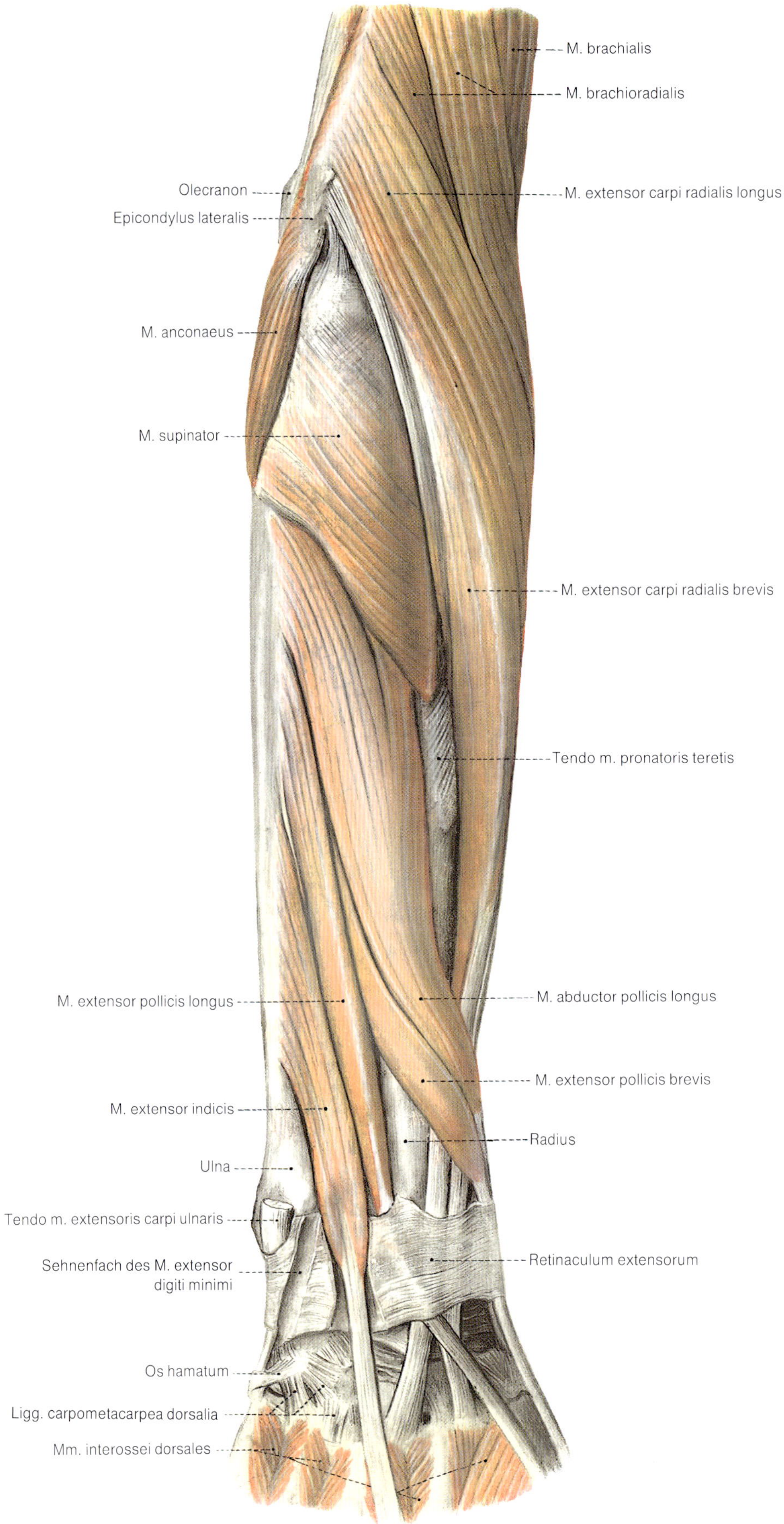

Abb. 6.**93 Muskeln am rechten Unterarm in der Ansicht von hinten.** Tiefe Strecker.

1 Ulna
2 M. extensor carpi ulnaris
3 M. extensor digiti minimi
4 Retinaculum extensorum
5 M. extensor digitorum communis
6 M. extensor pollicis longus
7 Tuberculum dorsale (Listeri)
8 M. extensor carpi radialis brevis
9 M. extensor carpi radialis longus
10 Radius
11 M. extensor pollicis brevis
12 M. abductor pollicis longus
13 M. pronator quadratus
14 M. flexor pollicis longus
15 M. flexor carpi radialis
16 N. medianus
17 M. palmaris longus
18 M. flexor digitorum superficialis
19 Fascia antebrachii
20 M. flexor digitorum profundus
21 M. flexor carpi ulnaris
22 N. ulnaris
(*U. Kruse* fecit)

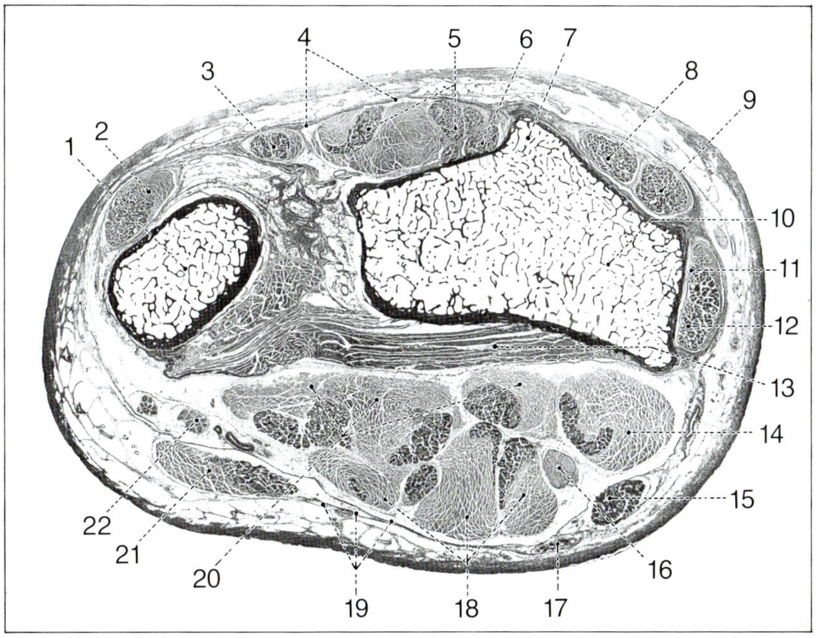

Abb. 6.**94** **Querschnitt durch den rechten Unterarm eines Erwachsenen im Bereich des Retinaculum extensorum** (10 µm, Azan-Färbung).

Muskeln mit Ansatz an den Fingern

M. flexor digitorum superficialis

Gestalt und Lage

Der *M. flexor digitorum superficialis* (s. Abb. 6.**89**, 6.**90**) hat drei Ursprünge. Sein *Caput humerale* kommt vom Epicondylus medialis humeri (s. Abb. 6.**69**), sein *Caput ulnare* vom Processus coronoideus ulnae. Distal der Tuberositas radii entspringt sein *Caput radiale* (Abb. 6.**95**). Zwischen den Köpfen, die an Humerus und Ulna entspringen (Caput humero-ulnare) und dem Caput radiale verläuft der N. medianus. Im proximalen Teil des Unterarmes wird der M. flexor digitorum superficialis von den Mm. pronator teres, flexor carpi radialis und palmaris longus überlagert. Im distalen Teil tritt er zwischen den Mm. flexores carpi radialis und carpi ulnaris an die Oberfläche. Auf dem M. flexor digitorum superficialis läuft die Sehne des M. palmaris longus. Seine vier Ansatzsehnen ziehen durch den Canalis carpi (s. Abb. 6.**116**), in dem die Sehnen für den dritten und vierten Finger weiter volar liegen als die Sehnen des zweiten und fünften Fingers (s. Abb. 6.**103**). Bevor die Sehnen ihren Ansatz an den Basen der Mittelphalangen des zweiten bis fünften Fingers erreichen, spaltet sich jede Sehne in Höhe der Grundphalanx in zwei platte Schenkel. Es entsteht ein Schlitz *(M. perforatus)*, durch den jeweils eine Sehne des M. flexor digitorum profundus *(M. perforans)* hindurchzieht (s. Abb. 6.**102**, 6.**116**). Distal der Durchtrittsstelle der Sehne des M. flexor digitorum profundus vereinigen sich die beiden Schenkel wieder unter teilweiser Kreuzung der Sehnenbündel *(Chiasma tendinum)* und setzen an den Basen der Mittelphalangen an (s. Abb. 6.**130**).

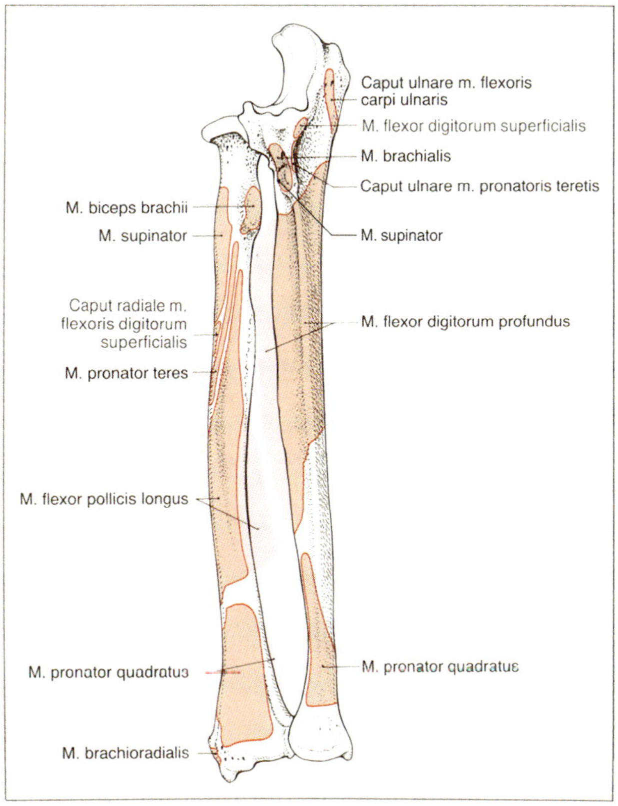

Abb. 6.95 **Muskelursprünge und -ansätze an Elle, Speiche und Membrana interossea antebrachii in der Ansicht von vorn-medial.**

Varianten

Die Stärke des Caput radiale ist sehr variabel, es kann in seltenen Fällen auch fehlen. Der Bauch für den Zeigefinger ist oft selbständig. Gelegentlich trifft dies für alle vier Anteile zu. In solchen Fällen kann ein Muskelbauch bis in den Karpalkanal hineinreichen und hier zur Kompression des N. medianus führen *(Karpaltunnelsyndrom* s. S. 411). Die Sehne für den fünften Finger fehlt gelegentlich. Verbindungen mit Nachbarmuskeln kommen häufig vor. Sendet der Muskel eine Sehne zur Palmaraponeurose, kann der M. palmaris longus fehlen.

Funktion und Innervation

Der M. flexor digitorum superficialis zieht mit seinem Caput humerale über das Ellenbogengelenk; seine Endsehne überkreuzt die Handgelenke sowie die Grund- und Mittelgelenke des zweiten bis fünften Fingers. Seine beugende Wirkung auf das Ellenbogengelenk ist nur gering. Er unterstützt die *Flexion* in den *Handgelenken* und beugt mit großer Kraft die *Mittel-* und *Grundphalangen* der Finger.
Der M. flexor digitorum superficialis wird vom *N. medianus,* seltener auch von einem Ast des N. ulnaris, innerviert (C_7–C_8).

M. flexor digitorum profundus

Gestalt und Lage

Der *M. flexor digitorum profundus* (s. Abb. 6.**91**) gehört zur tiefen Muskelschicht. Er entspringt an der Vorderfläche der oberen Hälfte der Ulna sowie an der Membrana interossea (s. Abb. 6.**95**). Der M. flexor digitorum profundus zieht auf der ulnaren Seite des Unterarmes nach distal. Sein Muskelbauch geht am Übergang vom oberen zum mittleren Drittel des Unterarmes in vier Ansatzsehnen über. Die Ansatzsehnen durchlaufen den *Karpalkanal,* wo sie von den Sehnen des oberflächlichen Fingerbeugers bedeckt werden (Abb. 6.**103,** 6.**116**). Am weitesten dorsal liegt die Sehne für den vierten Finger. Im Bereich der Grundphalanx durchstoßen die Sehnen des M. flexor digitorum profundus *(M. perforans)* die Sehnenschlitze des M. flexor digitorum superficialis (s. oben) und inserieren an den Basen der Endphalangen des zweiten bis fünften Fingers (s. Abb. 6.**130**). Im Bereich der Hohlhand entspringen normalerweise radial von den vier Sehnen des tiefen Fingerbeugers die Mm. lumbricales (s. S. 431, Abb. 6.**116,** 6.**124,** 6.**125**).

Varianten

Als Variante findet man gelegentlich vier selbständige Muskelbäuche des M. flexor digitorum profundus. Auch ein Übergreifen seiner Ursprünge auf den Radius wird beobachtet. Überzählige Sehnen kommen vor, wenn Sehnen des M. flexor digitorum superficialis fehlen. Verbindungen mit benachbarten Muskeln sind häufig.

Funktion und Innervation

Der M. flexor digitorum profundus *beugt* die *Finger* vor allem in den Endgelenken sowie in den Mittel- und Grundgelenken. Er wirkt außerdem als *Flexor* an den *Handgelenken.* An der *Ulnarabduktion* der Hand beteiligt sich der Muskel, wenn die Hand bereits geringgradig nach ulnar abduziert ist. Der M. flexor digitorum profundus wird wegen seiner relativ kurzen Muskelfasern früher insuffizient als der M. flexor digitorum superficialis.
An der Innervation des M. flexor digitorum profundus sind die *Nn. medianus und ulnaris* beteiligt. Der Muskelbauch für den zweiten Finger wird ausschließlich aus dem N. medianus, der für den fünften Finger ausschließlich aus dem N. ulnaris versorgt. Den dritten und vierten Finger versorgen die Nn. medianus und ulnaris über Kollateralen gemeinsam (C_6–C_8, Th_1).

M. extensor digitorum

Gestalt und Lage

Der *M. extensor digitorum* (s. Abb. 6.**92**) hat seine Ursprünge am Epicondylus lateralis humeri (s. Abb. 6.**70**), an der angrenzenden Sehnenplatte des M. extensor carpi radialis brevis, am Lig. collaterale radiale und am Lig. anulare radii sowie an der Fascia antebrachii. Der Muskel liegt in der Mitte des Unterarmes. Seine vier Ansatzsehnen verlaufen gemeinsam durch das vierte Sehnenfach unter dem Retinaculum extensorum (s. Abb. 6.**94,** 6.**96,** 6.**100,** 6.**118**), weichen distal auseinander und bilden über den Fingern II–V die Dorsalaponeurose. Proximal der Fingermittelgelenke spaltet sich die Dorsalaponeurose in einen radialen und in einen ulnaren Zipfel auf (s. Abb. 6.**126**). Die beiden Sehnenanteile vereinigen sich distal wieder zu einer Sehnenplatte, die in die Gelenkkapsel des Fingerendgelenks einstrahlt und an der Basis der Phalanx distalis inseriert. Von jeder Ansatzsehne entspringt im mittleren Bereich ein tiefer Faserzug, der an der Basis der Grund- und Mittelphalanx verankert ist. Diese Sehnenanteile verstärken die Gelenkkapseln der Mittel- und Grundgelenke auf dem Fingerrücken. Im Bereich der Fingergrundgelenke sind die Extensorensehnen über kräftige, transversal verlaufende Faserzüge mit den *Ligg. metacarpea transversa* verbunden. Durch diese seitlichen Zügel werden die Strecksehnen in ihrer Lage gehalten. Vor den Köpfen der Mittelhandknochen sind die Streckersehnen durch schrägverlaufende Sehnenfaserzüge, *Connexus intertendinei,* (Juncturae tendineae) miteinander verbunden (s. Abb. 6.**100,** 6.**118**). Durch die Connexus wird die Sehne des 4. Fingers mit der des 5. und 3., die des 3.

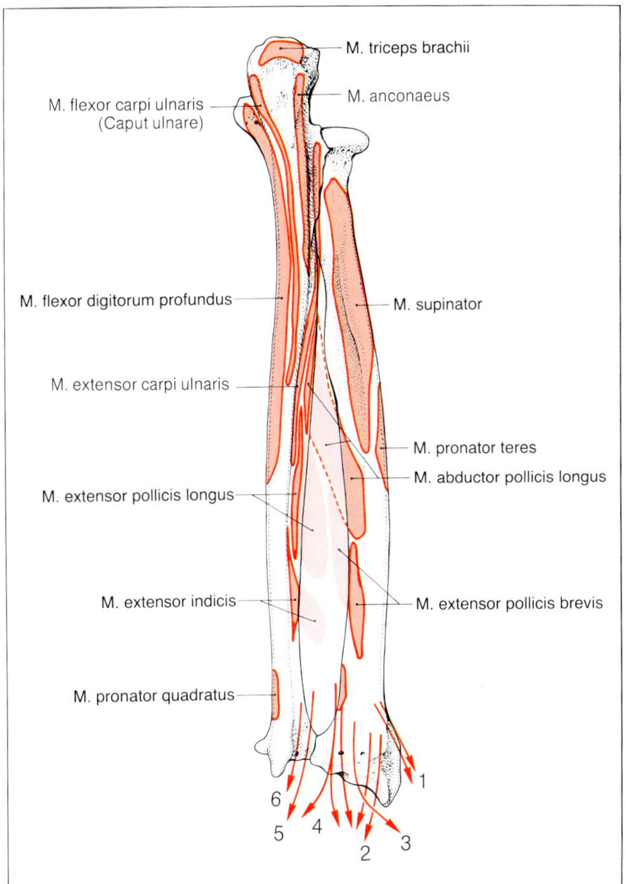

Abb. 6.**96** **Muskelursprünge und -ansätze an Elle, Speiche und Membrana interossea antebrachii in der Ansicht von hinten.**

1 Sehne der Mm. abductor pollicis longus und extensor pollicis brevis
2 Sehnen der Mm. extensores carpi radialis longus und brevis
3 Sehne des M. extensor pollicis longus
4 Sehnen des M. extensor digitorum
5 Sehne des M. extensor digiti minimi
6 Sehne des M. extensor carpi ulnaris

mit der des 4. und 2. Fingers verbunden. Die Connexus intertendinei schränken die Selbständigkeit der einzelnen Finger bei der Streckung erheblich ein.

Varianten

Die Sehne zum 5. Finger kann fehlen. Einen Ersatz bildet in diesem Fall ein von der Streckersehne des 4. Fingers abzweigendes Sehnenfaserbündel. Als Variante kommen auch überzählige Streckersehnen zum Daumen vor. Eine Teilung des Muskels in vier gesonderte Bäuche wird beschrieben.

Funktion und Innervation

Der M. extensor digitorum wirkt auf Hand- und Fingergelenke. Er ist vor allem *Strecker* in den *Fingergrundgelenken*, wobei er diese Tätigkeit aus jeder Stellung der Hand ausführen kann. Die Mittel- und Endphalangen können demgegenüber nur bei flektierten, nicht aber bei extendierten Handgelenken gestreckt werden. Gemeinsam mit den Mm. extensores digiti minimi und indicis bewirkt der M. extensor digitorum außer der Streckung gleichzeitig auch eine *Spreizung der Finger*. An den *Handgelenken* unterstützt der M. extensor digitorum die *Dorsalextension* und *Ulnarabduktion* (s. S. 423).
Der M. extensor digitorum wird von einem Ast des *R. profundus n. radialis* (C_6–C_8) innerviert.

M. extensor digiti minimi

Gestalt und Lage

Der schlanke Muskelbauch des *M. extensor digiti minimi* (s. Abb. 6.**92**) ist mit dem M. extensor digitorum verwachsen. Die Endsehne zieht allein durch das 5. Sehnenfach unter dem Retinaculum extensorum; hier spaltet sie sich in zwei Anteile, die zur Dorsalaponeurose des Kleinfingers ziehen (s. Abb. 6.**118**).

Varianten

Der M. extensor digiti minimi kann fehlen und durch ein Bündel des M. extensor digitorum oder des M. extensor carpi ulnaris ersetzt werden. Gelegentlich spaltet sich seine Sehne nicht auf. Von den aufgespaltenen Sehnenzipfeln kann der radiale Teil in die Dorsalaponeurose des 4. Fingers einstrahlen. Bei etwa 5% aller Fälle kommt ein akzessorischer Kleinfingerstrecker vor.

Funktion und Innervation

Der M. extensor digiti minimi unterstützt die Funktionen des M. extensor digitorum. Er *streckt* und *abduziert* den kleinen *Finger;* außerdem beteiligt er sich an der *Dorsalextension* und *Ulnarabduktion* der *Hand*.
Der M. extensor digiti minimi wird durch einen Ast des *R. interosseus dorsalis n. radialis* innerviert (C_7–C_8).

M. extensor indicis

Gestalt und Lage

Der *M. extensor indicis* (s. Abb. 6.**93**) gehört zur tiefen Schicht der dorsalen Unterarmmuskeln. Er entspringt an der dorsalen Fläche der Ulna und der Membrana interossea, distal von der Sehne des M. extensor pollicis longus (s. Abb. 6.**96**). Seine Sehne verläuft gemeinsam mit der Sehne des M. extensor digitorum durch das 4. Sehnenfach des Retinaculum extensorum, wo sie mit dessen Zeigefingersehne verschmilzt (s. Abb. 6.**118**).

Varianten

Selten fehlt der Muskel; er kann auch verdoppelt sein. Hat er zwei Endsehnen, so können sie beide zum Zeigefinger oder zum 3. und zum 4. Finger ziehen.

Funktion und Innervation

Der M. extensor indicis ermöglicht die *isolierte Streckung* des *Zeigefingers;* er unterstützt außerdem die Dorsalextension in den Handgelenken.
Der M. extensor indicis wird vom R. interosseus dorsalis, einem Ast des *R. profundus n. radialis,* innerviert (C_7–C_8).

Lange Daumenmuskeln

Der *Daumen* nimmt eine Sonderstellung unter den Fingern ein (s. S. 439). Seine Muskulatur ist weitgehend unabhängig von der der übrigen Finger. Man unterscheidet die am Unterarm entspringenden *langen* und die im Daumenballen *(Thenar)* liegenden *kurzen Daumenmuskeln.*

M. flexor pollicis longus

Gestalt und Lage

Der *lange Daumenbeuger* (s. Abb. 6.**91**) ist nur beim Menschen und bei höheren Säugetieren vollständig vom M. flexor digitorum profundus getrennt. Zwischen beiden Muskeln entsteht eine Rinne, in der die Vasa interossea und der R. interosseus anterior n. mediani verlaufen. Der *M. flexor pollicis longus* entspringt an der Vorderfläche des Radius distal vom Ansatz des M. supinator und dem angrenzenden Teil der Membrana interossea (s. Abb. 6.**95**). Proximal wird er teilweise vom Caput radiale des M. flexor digitorum superficialis bedeckt. Die Sehne verläuft in einer eigenen Sehnenscheide durch den *Canalis carpi* und gelangt zwischen oberflächlichem und tiefem Kopf des M. flexor pollicis brevis zur Endphalanx des Daumens (s. Abb. 6.**101,** 6.**103,** 6.**130**).

Varianten

Der M. flexor pollicis longus fehlt sehr selten. Sein Ursprung kann sich bis zur Tuberositas radii ausdehnen oder auf das proximale Viertel des Radius beschränkt sein. Verbindungen mit benachbarten Muskeln werden beobachtet. Bei etwa 40% der Fälle kommen Ursprungsbündel vom Epicondylus medialis humeri oder vom Processus coronoideus ulnae.

Funktion und Innervation

Der M. flexor pollicis longus *beugt Grund-* und *Endglied* des Daumens. In den *Handgelenken* unterstützt er die *radiale Abduktion.*
Der Muskel wird von einem Ast des *N. interosseus anterior n. mediani* (C_6–C_8) innerviert.

M. abductor pollicis longus

Gestalt und Lage

Der *M. abductor pollicis longus* (s. Abb. 6.**93**) gehört zusammen mit den beiden Daumenstreckern zur tiefen Schicht der dorsalen Muskeln. Er setzt an der Basis des Os metacarpale I und gelegentlich am Os trapezium an (s. Abb. 6.**130**). Seine Ursprünge liegen an der dorsalen Fläche der Ulna, der Membrana interossea und an der dorsalen Fläche des Radius (s. Abb. 6.**96**); sie schließen an den unteren Rand des M. supinator an. Die Sehnen des M. abductor pollicis longus und des M. extensor pollicis brevis können gemeinsam oder getrennt durch das 1. Sehnenfach in einer Rinne des Radius unter dem Retinaculum extensorum ziehen. Diese Loge ist nicht selten eingeengt (Tendovaginitis stenosans de Quervain) (s. Abb. 6.**94,** 6.**118**).

Funktion und Innervation

Die Sehne des M. abductor pollicis longus liegt so weit volar, daß der Muskel zum *Beuger* in den *Handgelenken* wird. Infolge seiner randständigen Lage unterstützt er die *radiale Abduktion* der Hand. Der M. abductor pollicis longus hat Bedeutung für die *Oppositionsbewegung* (s. S. 439), da er den Daumen im Sattelgelenk abduziert und streckt.
Der M. abductor pollicis longus wird von einem Ast des *R. profundus n. radialis* (C_7–C_8) innerviert.

M. extensor pollicis brevis

Gestalt und Lage

Der *kurze Daumenstrecker* entspringt (s. Abb. 6.**93**) distal vom M. abductor pollicis longus an der Ulna, ferner von der Membrana interossea und von der Rückseite des Radius (s. Abb. 6.**96**). Der Muskel läuft zwischen den Mm. abductor pollicis longus und extensor pollicis longus auf der Membrana interossea und überkreuzt gemeinsam mit dem M. abductor pollicis longus die Sehnen der Mm. extensores carpi radiales longus und brevis. Dann zieht er durch das 1. Sehnenfach und inseriert an der Basis der Grundphalanx des Daumens (s. Abb. 6.**94,** 6.**118,** 6.**129**).

Varianten

Oft ist der M. extensor pollicis brevis vollständig mit dem M. abductor pollicis longus verwachsen. Muskelbauch oder Ansatzsehne können verdoppelt sein.

Funktion und Innervation

Der M. extensor pollicis brevis *streckt* den *Daumen* im Metakarpophalangealgelenk und unterstützt außerdem die *radiale Abduktion* der Hand.
Er wird von einem Ast des *R. profundus n. radialis* (C_6–C_7) innerviert.

M. extensor pollicis longus

Gestalt und Lage

Der *lange Daumenstrecker* (s. Abb. 6.**93**) entspringt an der Membrana interossea sowie an der Rückfläche der Ulna und zieht mit seiner Sehne durch das 3. Sehnenfach unter dem Retinaculum extensorum (s. Abb. 6.**96**). Die Ansatzsehne kreuzt am Handrücken in schräger Richtung die Sehnen der Mm. extensores carpi radialis longus und brevis (s. oben), verschmilzt mit der Sehne des M. extensor pollicis brevis und setzt an der Endphalanx des Daumens an (s. Abb. 6.**118**, 6.**129**). Unter dem Retinaculum extensorum gleitet die Sehne in einer knöchernen Rinne auf der Rückseite des Radius (s. Abb. 6.**20**, 6.**94**). Bevor sich die Sehne zum Daumen wendet, legt sie sich dem *Tuberculum dorsale* des Radius *(Tuberculum Listeri)* an, das ihr als Hypomochlion dient. An dieser Stelle kann es zu Druckschäden der Sehne kommen. Die Sehne tritt gelegentlich auch proximal von den übrigen Streckersehnen aus dem Retinaculum hervor. Sie bildet die mediale Grenze der *„Tabatière"*, einer Grube am Übergang zur Hand, an deren lateralem Rand die Sehnen der Mm. abductor pollicis longus und extensor pollicis brevis verlaufen (s. Abb. 6.**98**). In der Tiefe der „Tabatière" ist der Puls der A. radialis tastbar.

Funktion und Innervation

Der M. extensor pollicis longus *streckt* das *Endglied* des *Daumens*. Da seine wirksame Endstrecke am Tuberculum dorsale radii beginnt, wirkt er außerdem als *Adduktor des Daumens*. Der Muskel wird damit zum Antagonisten der beiden im ersten Sehnenfach verlaufenden Mm. abductor pollicis longus und extensor pollicis brevis. In den *Handgelenken* unterstützt der M. extensor pollicis longus die *Dorsalextension* und die *radiale Abduktion*.
Der M. extensor pollicis longus wird aus einem Ast des *R. profundus n. radialis* (C_6–C_7) innerviert.

Hand, Manus

Allgemeiner Aufbau

Die Hand besteht aus der *Handwurzel, Carpus*, der *Mittelhand, Metacarpus*, und den *Fingern, Digiti*. Diese, auf der Anordnung der Skelettelemente beruhende Einteilung ist an der „Weichteilhand" nicht anwendbar. Am *Handrücken, Dorsum manus*, bilden Handwurzel und Mittelhand eine Einheit, an der *Hohlhand, Palma manus*, hingegen nicht. Die Palma manus umfaßt außer der Mittelhand nur einen Teil der Handwurzel, und zwar bis zum Gelenkspalt der Articulatio mediocarpea (s. S. 418). (Die Beschreibung der Skelettelemente und der Gelenke der Hand erfolgt auf S. 327.)
Die *Form* der Hand ist individuell (Alter, Geschlecht, Rasse) unterschiedlich. Zwischen der „fein geformten", schmalen Hand mit schlanken Fingern und Nägeln sowie der kurzen, „plumpen" Hand mit kurzen Fingern und breiten Nägeln gibt es fließende Übergänge. Die Form der Hand kann durch einseitige Inanspruchnahme bei der Arbeit beeinflußt werden.
Das *Knochengerüst* liegt im Bereich der Handwurzel und der Hand dorsal und ist von hier aus der Untersuchung und operativen Eingriffen leichter zugänglich als von der Volarseite. Infolge der *Wölbung* der Handwurzel, die sich weiter auf Mittelhand und Finger erstreckt, ist auch der Handrücken konvex gewölbt. Handwurzel, Mittelhand und Finger des 2.–5. Strahles bilden miteinander das *Längsbogensystem* der Hand.

Handrücken, Dorsum manus

Zum *Handrücken* gehören *Handwurzel* und *Mittelhand*. Er reicht von der *Articulatio radiocarpea* bis zu den *Grundphalangen* der Finger. Durch die dünne Haut des Dorsum manus schimmert das aus kräftigen Venen bestehende *Rete venosum dorsale manus* (s. Abb. 6.**87**, 6.**97**), das bei herabhängendem Arm oder bei Rückstauung besonders deutlich hervortritt. Die Mittelhandknochen und die darüber hinweglaufenden *Streckersehnen* rufen distal divergierende Längswülste hervor, zwischen denen die Haut einge-

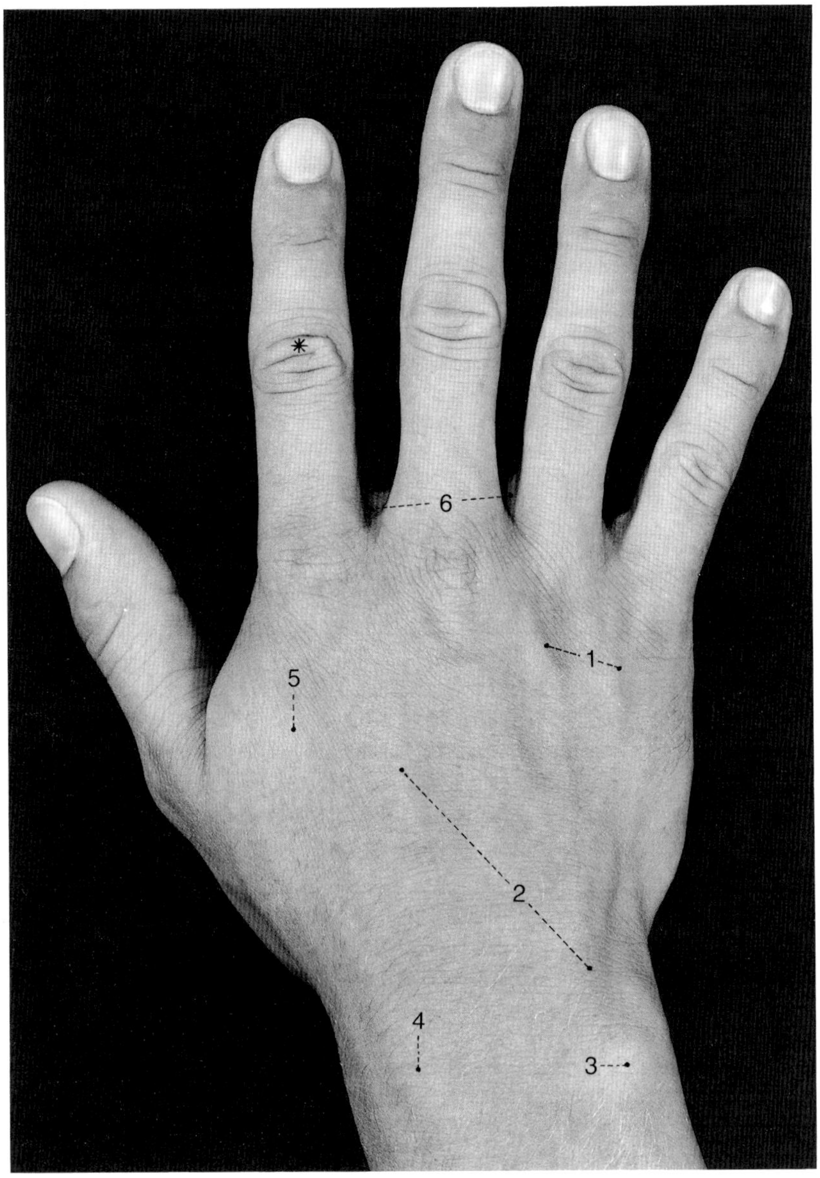

Abb. 6.**97** **Rechter Handrücken und distaler Teil des Unterarmes eines jungen Mannes.**
Durch die Haut schimmert das subkutane Venengeflecht, Rete venosum dorsale manus (1).
2 Sehne des M. extensor digitorum
3 Ulnakopf
4 Radius
5 M. interosseus dorsalis I
6 Plicae interdigitales
* Lage des Gelenkspalts der Articulatio interphalangea

sunken ist; dieses wird in Streckstellung der Finger besonders deutlich (Abb. 6.**98**). In den Rinnen liegen die *Mm. interossei dorsales,* von denen sich der zwischen Daumen und Zeigefinger liegende *M. interosseus dorsalis I* bei Adduktion des Daumens stark vorwölbt. Über der Handwurzel laufen die *Sehnen des M. extensor digitorum* zusammen und verschwinden unter dem *Retinaculum extensorum* (s. S. 402). Bei abduziertem Daumen springt die Sehne des *M. extensor pollicis longus* vor und die Haut sinkt zur *Fovea radialis („Tabatière")* ein (s. Abb. 6.**93,** 6.**98**). Die „Tabatière" wird radial von den Sehnen der *Mm. abductor pollicis longus und extensor pollicis brevis* begrenzt. Im Boden der Grube sind der *Processus styloideus radii* und das *Os scaphoideum* sowie der Puls der *A. radialis* tastbar. Auf der ulnaren Seite lassen sich am Übergang zum Handrücken das *Caput ulnae* (Abb. 6.**97**) und der *Griffelfortsatz* palpieren.

Hohlhand, Palma manus

Das Relief der *Hohlhand, Palma manus* (Abb. 6.**99**), ist vielgestaltiger als das des Handrückens. Die proximale Grenze der Hohlhand wird vom *Sulcus carpalis distalis (Rascetta)* gebildet (s. unten, Abb. 6.**99**) und entspricht, auf die Handgelenke bezogen, dem Gelenkspalt der *Articulatio mediocarpea.* Aus praktischen Gründen wird aber auch der proximale Teil der Handwurzel in diesen Bereich einbezogen. Distal reicht die Hohlhand bis zu den *Interdigitalfalten* und Beugefalten über den Grundphalangen der Finger.
Bei Beugung der Handgelenke entstehen drei Stauchungsfurchen der Haut, von denen die distale Furche *(Rascetta)* auch bei Schwellungen oder starkem Panniculus adiposus bestehen bleibt. Die mittlere Furche *(Restricta)* verbindet die Spitzen der Processus styloidei radii und ulnae miteinander. Eine dritte, schwächer ausgebildete proximale Furche kann in Höhe der distalen Epiphysenfugen der Unterarmknochen lie-

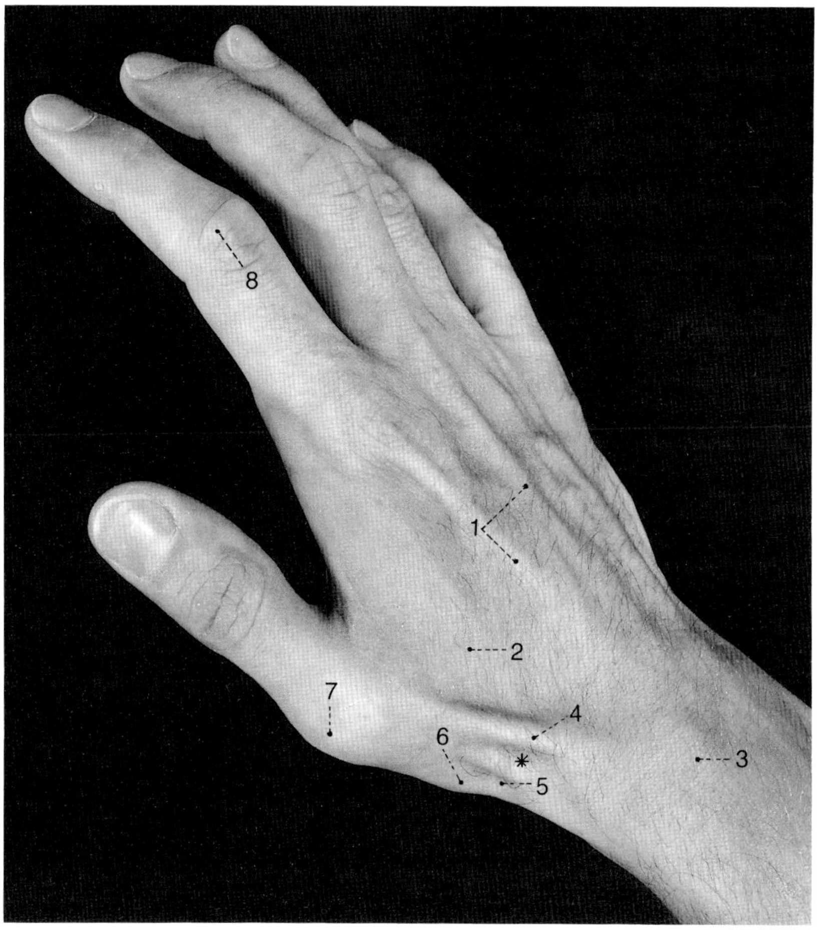

Abb. 6.**98** **Handrücken eines jungen Mannes in der Ansicht von lateral.**
1 Ansatzsehnen des M. extensor digitorum
2 M. interosseus dorsalis I
3 Radius
4 Sehne des M. extensor pollicis longus
Am lateralen Rand der „Tabatière" (*) verläuft die Sehne des M. extensor pollicis brevis (5) getrennt von der Sehne des M. abductor pollicis longus (6)
7 Lage des Daumengrundgelenks
8 Lage des Gelenkspalts der Articulatio interphalangea indicis

gen. Im Bereich der Hohlhand begrenzen die Wülste des Daumenballens, *Thenar,* und des Kleinfingerballens, *Hypothenar,* den zwischen ihnen befindlichen flachen *Handteller.* Fingerwärts werden Daumen- und Kleinfingerballen flacher, so daß der Handteller die Form eines Dreiecks annimmt, dessen Spitze proximalwärts gerichtet ist. Die stark verhornte Haut des Handtellers läßt sich von der darunter liegenden Faszie (*Palmaraponeurose,* s. unten) nicht abheben. Zur eigentlichen Hohlhand wird der Handteller bei leicht gebeugten Fingern und adduziertem Daumen (s. Abb. 6.**99**). Dabei staucht sich die Haut an den Fingerwurzeln in dicken Querfalten. Auf diese Weise entstehen *Greifpolster,* die für das Fassen von Gegenständen wichtig sind. Werden die Finger gestreckt und adduziert, so sinkt die Haut über den Zipfeln der Palmaraponeurose ein. Zwischen den Einsenkungen wölben sich die sogenannten *Handballen (Monticuli)* vor, die bei Menschen mit ausgeprägter manueller Tätigkeit stark verhornt sein können (Schwielenbildung). Die Handballen sind Rudimente der beim Embryo noch deutlich ausgebildeten Tastballen. Die Hautfurchen der Hohlhand werden beim Faustschluß zu tiefen Rillen. Sie verstreichen auch bei starken Schwellungen nicht. Wird die Haut durch Spreizen der maximal gestreckten Finger stark angespannt, zeigen sie eine Rotfärbung. Die sogenannte *Linea vitalis* begrenzt den Daumenballen; ihr Verlauf entspricht dem Ursprung des *M. adductor pollicis.* Neben der Linea vitalis verläuft in der Handmitte die sogenannte *Linea stomachica.* Sie schneidet die sogenannte *Linea cephalica,* die vom Hypothenar kommt und schräg nach distal zum Zeigefinger zieht. Die sogenannte *Linea mensalis* beginnt zwischen Zeige- und Mittelfinger und verläuft in Höhe der Grundgelenke des Mittel-, Ring- und Kleinfingers zum Rand der Hand.

Faszien und Sehnenscheiden der Hand

Faszien des Dorsum manus

Die *Fascia dorsalis manus* bedeckt den Handrücken. Sie besteht aus einer oberflächlichen und aus einer tiefen Schicht (s. Abb. 6.**94**). Die *Lamina superficialis* ist die direkte Fortsetzung der Fascia antebrachii. Sie steht radial und ulnar mit der Lamina superficialis der Fascia palmaris in Verbindung. Im Mittelhandbereich ist die Faszie zart. Über der Handwurzel nimmt sie eine bandartige Struktur an und bildet gemeinsam mit dem distalen Teil der Fascia antebrachii das *Retinaculum extensorum* (s. Abb. 6.**118**) (s. unten). Das Retinaculum extensorum verstärkt das Stratum fibrosum der Sehnenscheiden, in denen die Streckersehnen

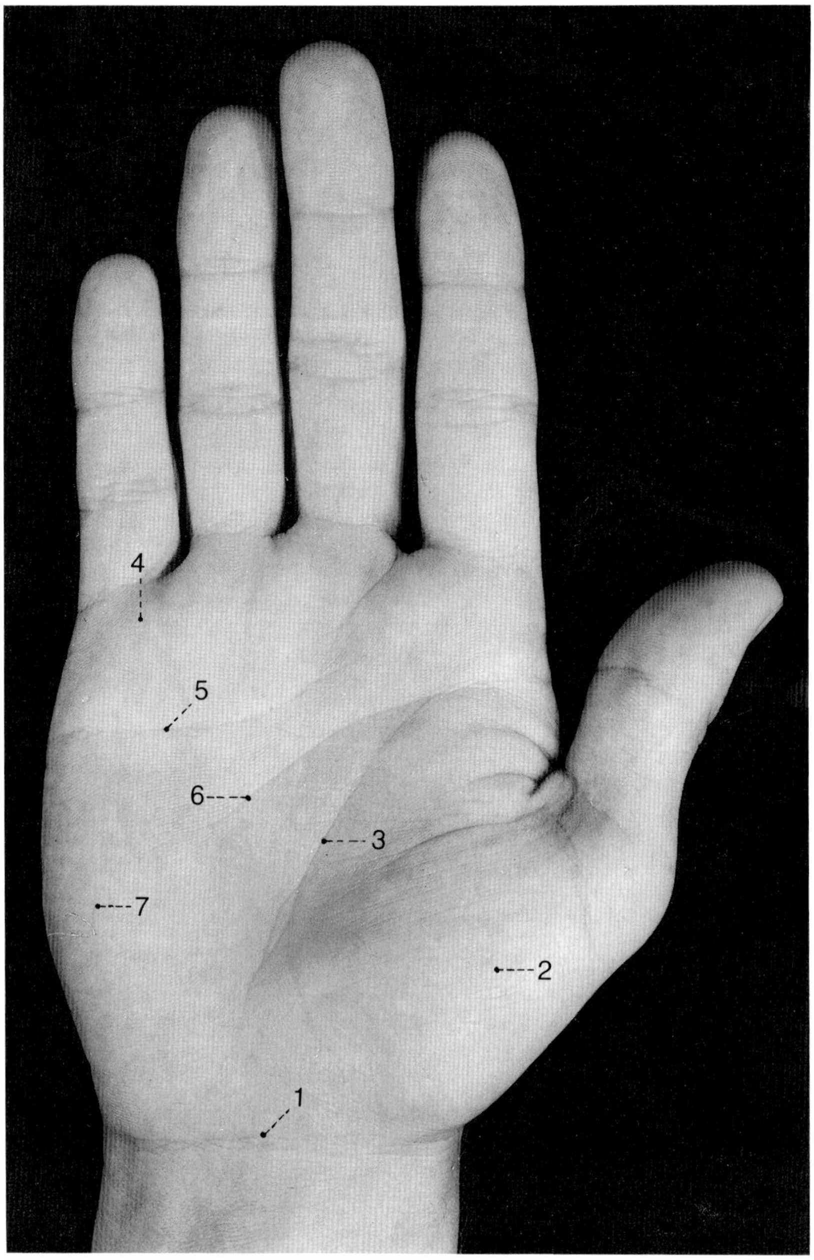

Abb. 6.**99** **Rechte Hohlhand eines jungen Mannes.**
1 Rascetta
2 Thenar
3 Linea vitalis
4 Monticulus
5 Linea mensalis
6 Linea cephalica
7 Hypothenar

durch osteofibröse Kanäle (Sehnenfächer, s. unten) über den Handrücken zu den Fingern und zum Daumen ziehen.

Die *Lamina profunda fasciae dorsalis manus* bedeckt die Dorsalfläche der Mm. interossei dorsales und der Mittelhandknochen.

Auf dem Handrücken liegen mehrere subkutane Schleimbeutel, die *Bursae subcutaneae metacarpophalangeae dorsales und intermetacarpophalangeae* (Abb. 6.**100**).

Sehnenscheiden des Handrückens

Die unter dem *Retinaculum extensorum* in osteofibrösen Kanälen verlaufenden Sehnen des Handrückens werden von *Sehnenscheiden* umschlossen, die etwa einen halben Zentimeter proximal des Retinaculum extensorum beginnen und unterschiedlich weit nach distal reichen (Abb. 6.**100**). Am längsten sind die Sehnenscheiden der Mm. extensor digiti minimi und extensor pollicis brevis; sie dehnen sich bis in den distalen Bereich der Mittelhandknochen aus. Im *1. Sehnenfach* werden die Sehnen der *Mm. abductor follicis longus und extensor pollicis brevis* normalerweise von einer gemeinsamen Sehnenscheide umhüllt, sie können jedoch auch in getrennten Sehnenscheiden verlaufen. Die Sehnen der *Mm. extensores carpi radialis longus und brevis* im 2. *Sehnenfach* haben proximal eine gemeinsame Sehnenscheide, die sich distal V-förmig aufzweigt. Die Sehne des langen Daumenstreckers tritt in das *3. Sehnenfach* ein und überkreuzt die Sehnen der Mm. extensor carpi radialis longus und extensor carpi radialis brevis. An der Überkreuzungsstelle können die Sehnenscheiden miteinander kommunizieren. Im *4. Sehnenscheidenfach* liegen in einem großen ge-

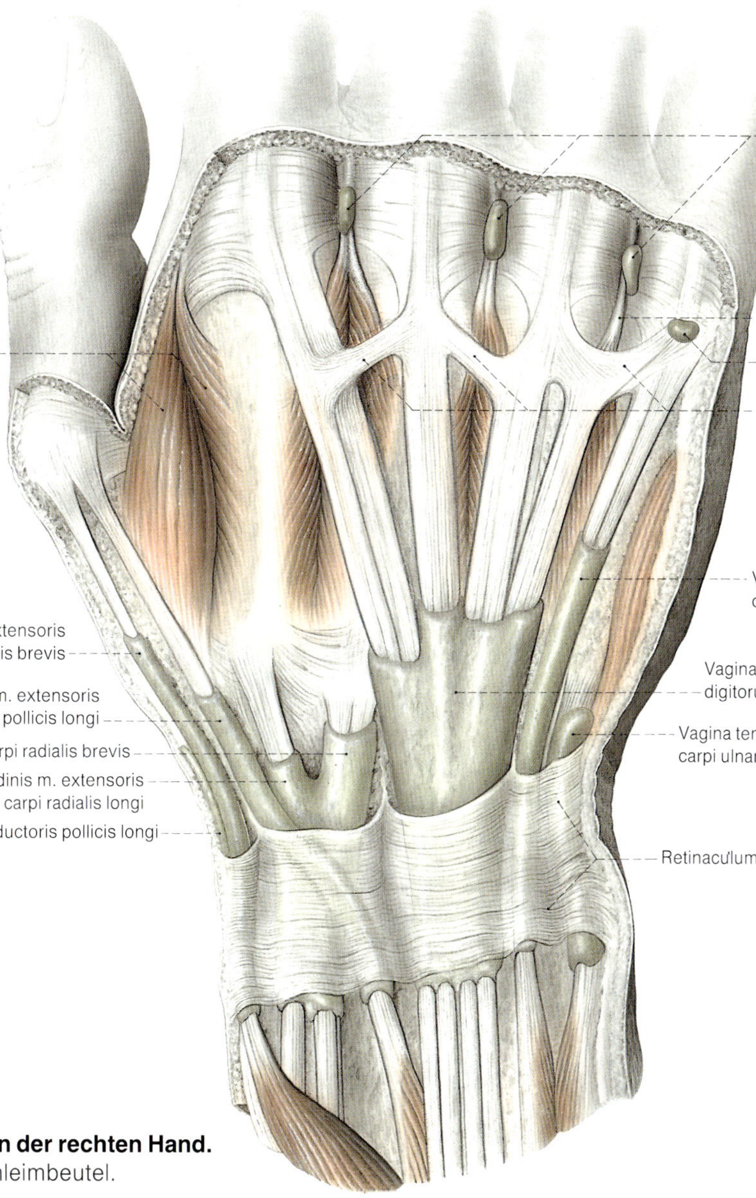

Abb. 6.**100** **Handrücken der rechten Hand.** Sehnenscheiden und Schleimbeutel.

meinsamen Sehnenscheidensack die Sehnen der *Mm. extensor digitorum und extensor indicis.* Ulnar ragt die Sehnenscheide weiter auf den Mittelhandbereich als radial. Im *5. Sehnenfach* läuft die Sehnenscheide des *M. extensor digiti minimi.* Die Sehnenscheide des *M. extensor carpi ulnaris* im *6. Sehnenscheidenfach* endet an der Basis des Os metacarpale V. Die Sehnenscheiden des Handrückens können unter pathologischen Bedingungen mit der Gelenkhöhle des proximalen Handgelenks kommunizieren.

Faszien der Palma manus

Die *Faszien der Hohlhand* bilden *drei Logen* für die Muskeln der Hand und der Finger. Thenar und Hypothenar haben eigene kräftige Faszien, die an den Mittelhandknochen befestigt sind und osteofibröse Logen für die Muskeln des Daumenballens und des Kleinfingerballens bilden. Zwischen diesen beiden Logen verlaufen in einem mittleren Fach die Sehnen der langen Fingerbeuger, die Mm. lumbricales sowie die Gefäße und Nerven. *Thenar* und *Hypothenar* sind proximal durch ihre Faszie abgeschlossen, während der das *Mittelfach* bildende Karpalkanal (s. unten) proximal mit der Regio antebrachii und distal mit den Fingern in Verbindung steht (Abb. 6.**101**). Im Bereich des *Thenar* ist die Faszie an der radialen Seite des Os metacarpale I angeheftet. Sie überzieht den M. abductor pollicis brevis sowie den M. flexor pollicis brevis und spannt sich über den M. adductor pollicis bis zur ulnaren Kante des Os metacarpale III aus. Das *Fach des Daumenballens* greift damit keilförmig zwischen die tiefe und oberflächliche Schicht des Hohlhandkanals hinein und wird durch die tiefe Hohlhandfaszie von den Mm. interossei getrennt.

Die *drei Faszienräume der Hand* sind, mit Ausnahme der Ein- und Austrittsstellen von Gefäßen und Nerven, gegeneinander abgeschlossen. Sie bilden Kammern, in denen der auf die Hand übertragende Druck gleichmäßig verteilt wird, so daß örtliche Schädigungen von Muskeln, Nerven und Gefäßen normalerweise vermieden werden. Als *Druckpolster* dient ferner das subkutane Bindegewebe (sogenannte Handballen s. oben).

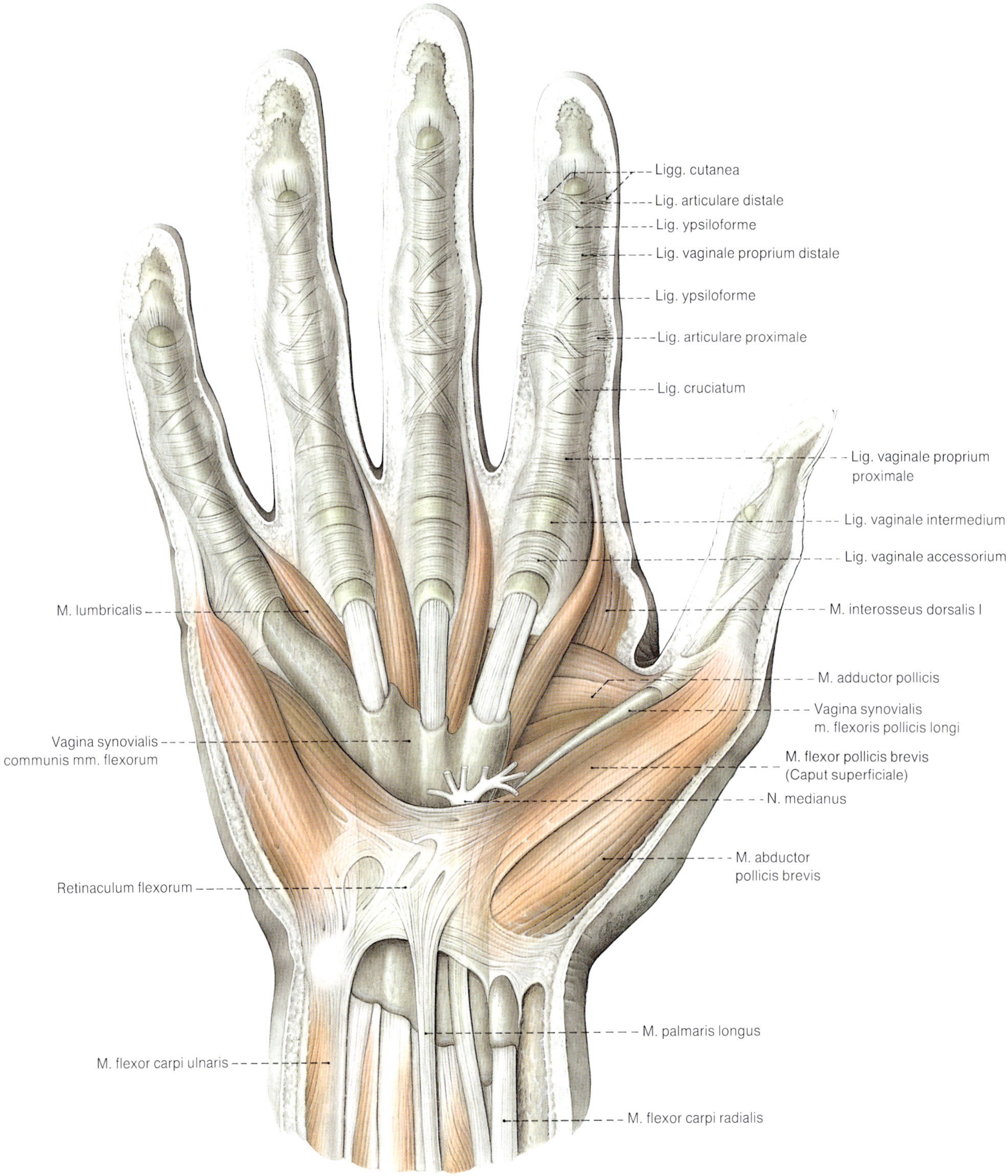

Abb. 6.**101** **Palmarseite der rechten Hand.**
Sehnenscheiden des Karpalkanals und der Finger.

Karpalkanal

Zwischen den beiden *Eminentiae carpales* liegt der *Sulcus carpi* (s. S. 327, Abb. 6.**24**), der von einem 2–3 cm breiten, kräftigen Band, dem *Retinaculum flexorum (Lig. carpi transversum)*, überbrückt wird (Abb. 6.**102,** 6.**104**). Das Retinaculum flexorum ist an den Eminentiae carpi ulnaris und radialis verankert. Auf diese Weise entsteht der osteofibröse *Canalis carpi (Karpalkanal, Karpaltunnel)*, den die Sehnen der *Mm. flexor pollicis longus, flexores digitorum superficialis und profundus* sowie der *N. medianus* durchlaufen (Abb. 6.**103**). In den Karpalkanal zieht außerdem die Sehne des *M. flexor carpi radialis*. Das Retinaculum dient den Sehnen als Führungsband. Eine Verengung des Karpalkanals kann zur Kompression des N. medianus und der Sehnen führen. Druckschäden des N. medianus im Canalis carpi zählen zu den häufigsten peripheren Nervenläsionen.

Volar vom Retinaculum flexorum gelangt die *Sehne des M. palmaris longus* zur Hohlhand. Sie strahlt in die *Palmaraponeurose* ein und hat über diese eine Verbindung zum Retinaculum flexorum. Die Sehne des M. flexor carpi ulnaris liegt außerhalb des Karpalkanals (Abb. 6.**101**).

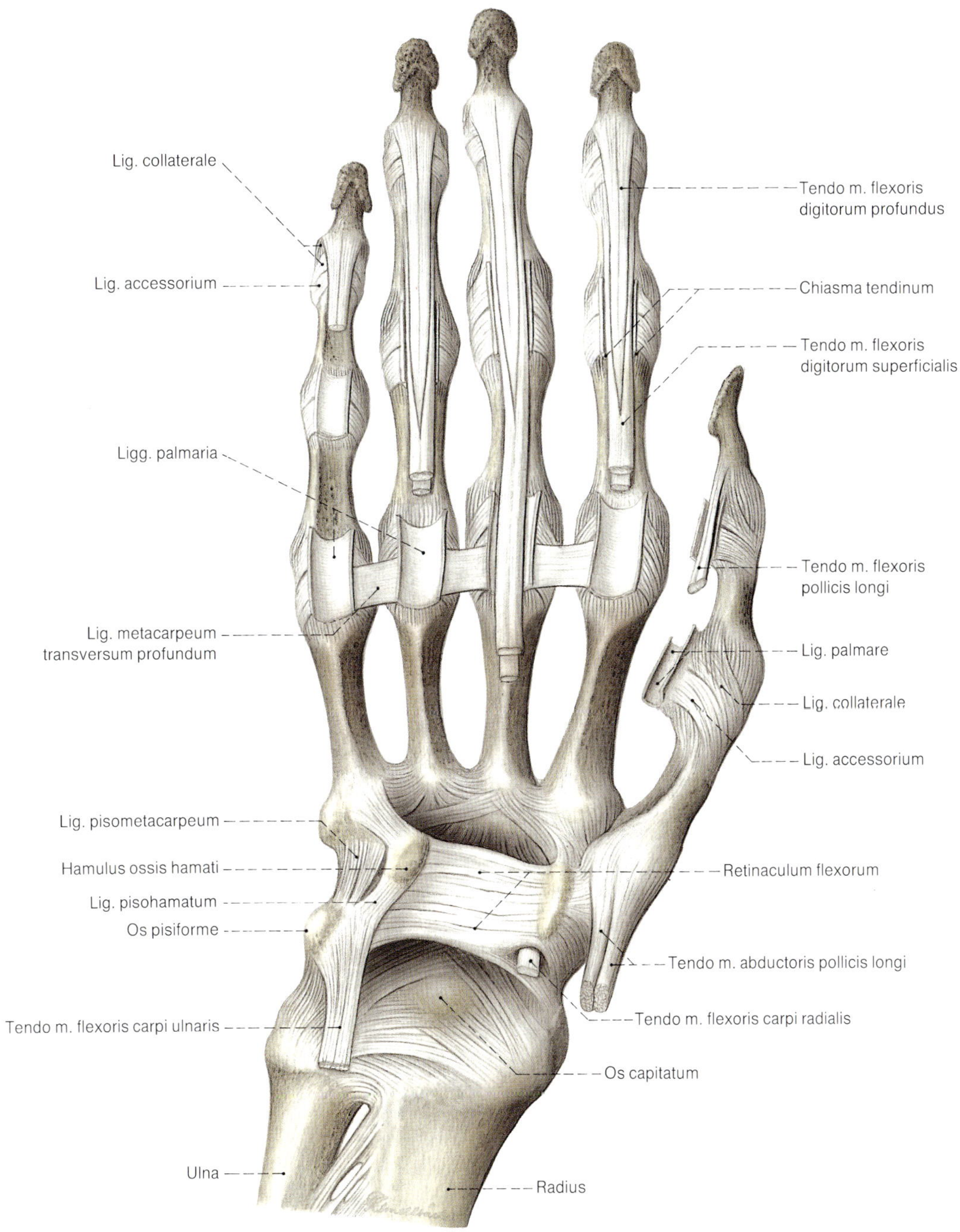

Abb. 6.**102** **Kapsel-Band-Apparat der rechten Hand.**
Karpalkanal, Ligg. palmaria, Flexorensehnen.

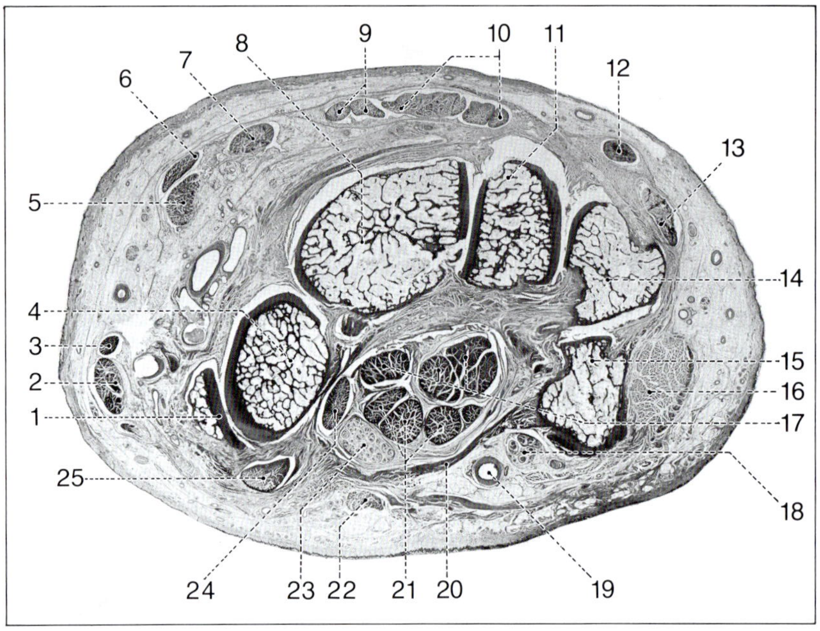

1 Os trapezium
2 M. abductor pollicis longus
3 M. extensor pollicis brevis
4 Os scaphoideum
5 M. extensor carpi radialis longus
6 M. extensor pollicis longus
7 M. extensor carpi radialis brevis
8 Os capitatum
9 M. extensor indicis
10 M. extensor digitorum communis
11 Os hamatum
12 M. extensor digiti V.
13 M. extensor carpi ulnaris
14 Os triquetrum
15 Os pisiforme
16 M. abductor digiti V.
17 M. flexor digitorum profundus
18 N. ulnaris
19 A. ulnaris
20 Retinaculum flexorum (Lig. carpi transversum)
21 M. flexor digitorum superficialis
22 M. palmaris longus
23 N. medianus
24 M. flexor pollicis longus
25 M. flexor carpi radialis
(R. Schemionek fecit)

Abb. 6.**103** **Querschnitt durch die rechte Hand eines erwachsenen Mannes im Bereich des Canalis carpi** (20 µm, Färbung HE).

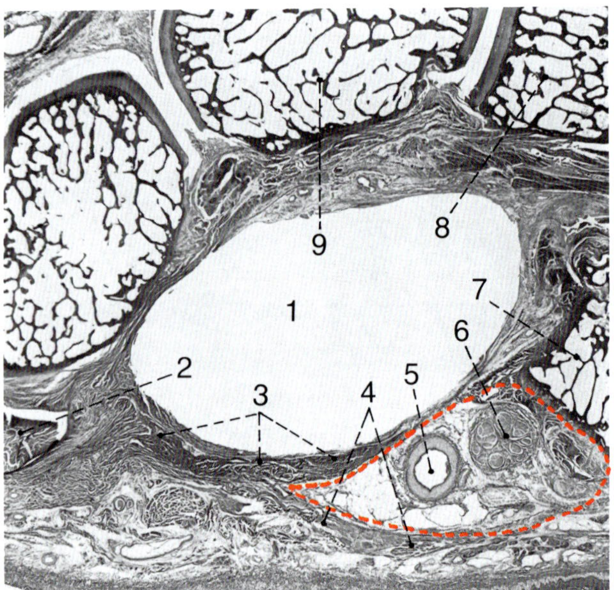

Abb. 6.**104** **Ausschnitt aus einem Querschnitt durch die rechte Hand eines erwachsenen Mannes** (20 µm, Färbung HE). Der Inhalt des Canalis carpi (1) wurde bis auf die Sehne des M. flexor carpi radialis (2) entfernt. Das den Karpalkanal überspannende Retinaculum flexorum (Lig. carpi transversum) (3) bildet den Boden der Guyonloge (Abgrenzung durch rote Punktierung markiert). Palmar wird die Guyonloge vom Lig. carpi palmare (4) und medial vom Os pisiforme (7) begrenzt.

5 A. ulnaris
6 N. ulnaris
7 Os pisiforme
8 Os hamatum
9 Os capitatum

Guyonloge

Der N. ulnaris und die Vasa ulnaria verlaufen außerhalb des Karpalkanals durch den *distalen Ulnaristunnel,* die *„Loge de Guyon"* (Abb. 6.**104**). Die *Guyonloge* wird dorsal vom *Retinaculum flexorum* und von den *Ligg. pisohamatum und pisometacarpeum* begrenzt. Das palmare Dach bilden das oberflächliche Blatt der *Palmarfaszie (Lig. carpi palmare)* sowie der *M. palmaris brevis.* An der medialen Begrenzung beteiligen sich die Sehne des *M. flexor carpi ulnaris,* das *Os pisiforme* und weiter distal der *M. abductor digiti minimi.* Die laterale Wand des Kanals wird vom *Retinaculum flexorum* und distal außerdem vom *Hamalus ossis hamati* aufgebaut. Die Guyonloge kann zum *Engpaß* für die hindurchziehenden Leitungsbahnen werden.

Palmaraponeurose, Aponeurosis palmaris

Die *Palmaraponeurose* (Abb. 6.**105**) *(Dupuytrensche Faszie)* ist eine sehnige, außerordentlich derbe Bindegewebsplatte, die das Mittelfach der Hohlhand gegen das Stratum subcutaneum abschließt. In die Palmaraponeurose strahlen die Sehne des *M. palmaris longus* und vom Hypothenar der *M. palmaris brevis* ein. Die Palmaraponeurose besteht aus einem kräftigen mittleren und zwei schwächeren seitlichen Anteilen. Die seitlichen Stränge gehören zu den Faszien des Thenar und des Hypothenar. Der *mittlere Strang* bildet die eigentliche Palmaraponeurose. Sie hat die Gestalt eines Fächers und schützt die Weichteile der Hohlhand gegen äußere Druckeinwirkung. Der mittlere Teil der Aponeurose besteht aus einer *oberflächlichen Schicht* von longitudinal verlaufenden Fasern, in die auch die Sehne des M. palmaris longus einstrahlt. Eine tiefe Lage von quer verlaufenden Faserzügen *(Fasciculi transversi)* liegt im mittleren Bereich der Hohlhand. Die Längsfaserschicht läuft in Form von fünf terminalen Bändern *(Fasciculi longitudinales)* aus. Das 1. Band strahlt in die Faszie und in die Haut des Thenar, die übrigen vier Bänder ziehen bis in die Gegend der Capita ossium metacarpalium II–V und inserieren teils in der Fingerhaut, teils gabelförmig aufgespalten und die Sehnen der Flexoren umgreifend am Bandapparat der Metacarpalköpfe. Im Bereich der interdigitalen Hautfalten sind nochmals Querfaserzüge, die *Ligg. metacarpea transversa superficialia,* ausgebildet. Die Palmaraponeurose ist durch zahlreiche Kollagenfaserbündel so fest mit Subcutis und Cutis verbunden, daß

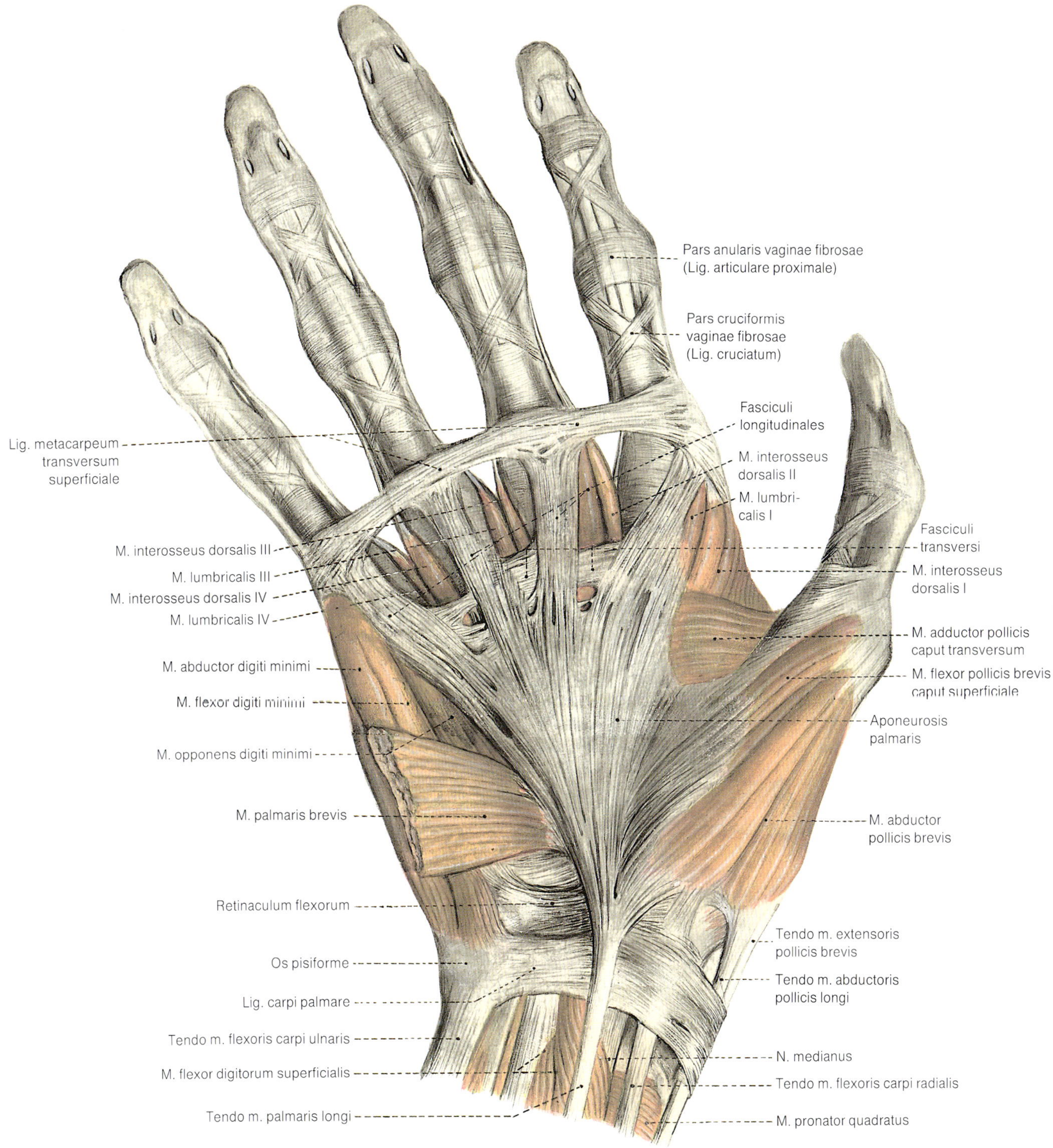

Abb. 6.**105** **Muskeln der Palmarseite der rechten Hand mit erhaltener Palmaraponeurose.**

diese nicht von der Sehnenplatte abgehoben werden können (s. oben).

Krankhafte Schrumpfung der Palmaraponeurose *(Dupuytrensche Kontraktur)* führt zu einer Beugestellung der Finger in den Grund- und Mittelgelenken.

Sehnenscheiden der langen Fingermuskeln im Canalis carpi

Die Sehnen der *Mm. flexores digitorum profundus und superficialis* gelangen gemeinsam mit der Sehne des *M. flexor pollicis longus* in den *Canalis carpi.* Sie werden im Karpalkanal von Sehnenscheiden umschlossen, die das Retinaculum flexorum proximal geringgradig überragen (s. Abb. 6.**101**). Distal ziehen die Sehnenscheiden des Daumens und des Kleinfingers normalerweise kontinuierlich aus dem Karpalkanal bis zum Endgelenk. Die *karpalen Sehnenscheiden* des 2. bis 4. Fingers reichen außerhalb des Canalis carpi bis etwa in die Hohlhandmitte. In ihrem *sehnenscheidenfreien Teil* entspringen die *Mm. lumbricales* (s. S. 431).
Die karpalen Sehnenscheiden bilden normalerweise drei getrennte Sehnenscheidensäcke (s. Abb. 6.**117**). In einer großen *Vagina synovialis communis* liegen die Sehnen der oberflächlichen und tiefen Fingerbeuger (s. Abb. 6.**101,** 6.**103**). Die acht Sehnen sind durch lockeres Bindegewebe verschieblich miteinander verbunden. Über Mesotendinea werden die Sehnen mit Blut versorgt (s. S. 160). Radial liegt die Sehne des langen Daumenbeugers in einer eigenen Sehnenscheide *(Vagina tendinis m. flexoris pollicis longi).* Auch die Sehne des *M. flexor carpi radialis,* die vor ihrer Insertion am Os metacarpale II eine kurze Strecke im Karpalkanal verläuft, hat hier eine eigene Sehnenscheide *(Vagina tendinis synovialis m. flexoris carpi radialis)* (s. Abb. 6.**102,** 6.**103**).
(Die Besprechung der digitalen Sehnenscheide erfolgt im Kap. Finger, S. 424.)
Pränatal sind alle *digitalen Sehnenscheiden* von denen des Karpalkanals getrennt. Auch beim Neugeborenen haben die karpalen und digitalen Sehnenscheiden normalerweise noch keine Verbindung. Im Kindesalter verschmilzt die digitale Sehnenscheide des M. flexor pollicis longus normalerweise mit der Sehnenscheide im Karpalkanal. Auch die Sehnenscheide des Kleinfingers vereinigt sich in etwa 80% der Fälle sekundär mit dem gemeinsamen Sehnenscheidensack der Fingerbeuger im Karpalkanal. Diese Entwicklung erklärt das häufige Vorkommen von Varianten an den volaren Sehnenscheiden der Hand (s. Abb. 6.**117**).

Aufgrund der anatomischen Gegebenheiten bleiben Entzündungen an den digitalen Sehnenscheiden des 2.–4. Fingers normalerweise auf die betroffenen Finger lokalisiert. Erkrankt hingegen die Sehnenscheide des Kleinfingers, kann sich die Entzündung in den Karpalkanal ausbreiten und hier auf die Sehnenscheiden der übrigen Fingerbeuger, einschließlich des M. flexor pollicis longus, übergreifen. Auf diese Weise entsteht eine V-förmige Phlegmone, die auch von einer Entzündung der Sehnenscheide des langen Daumenbeugers ausgehen kann.

Gelenke der Handwurzel und der Mittelhand

Die für die Beweglichkeit der Hand erforderlichen Gelenkverbindungen liegen im Bereich der Handwurzel und der Finger. Die proximale Reihe der Handwurzelknochen bildet mit dem Radius und dem Discus articularis (Discus ulnocarpalis) das *proximale Handgelenk, Art. radiocarpea.* Im *distalen Handgelenk, Art. mediocarpea,* artikulieren die proximale und die distale Reihe der Handwurzelknochen miteinander. In den beiden Gelenken wird die Hand gegen den Unterarm nach palmar flektiert und nach dorsal extendiert sowie nach radial und nach ulnar abduziert.
Die *Interkarpal-* und *Karpometakarpalgelenke* sind Amphiarthrosen und verfügen als Einzelgelenk jeweils nur über eine geringe Beweglichkeit. Aus der Summe der Einzelbewegungen resultiert jedoch eine Verformung der Hand, die wesentlich zur *Greiffunktion* beiträgt.

Proximales Handgelenk, Articulatio radiocarpea

Aufbau

Artikulierende Anteile

Die *Articulatio radiocarpea* (Abb. 6.**106,** 6.**108**) ist nach der Form ihrer Gelenkflächen ein *Ei-* oder *Ellipsoidgelenk* (s. S. 110). Die *Gelenkpfanne* wird vom distalen Ende des Radius *(Facies articularis carpea)* und vom *Discus articularis* (*Discus ulnocarpalis,* s. distales Radioulnargelenk, s. Abb. 6.**22,** 6.**88,** 6.**107**) gebildet. Der *Gelenkkopf* besteht aus der proximalen Reihe der durch Bänder miteinander verbundenen Handwurzelknochen, den *Ossa scaphoideum, lunatum und triquetrum* (s. Abb. 6.**23,** 6.**24**). An der *Facies articularis carpea* des Radius kann man zwei, durch einen First getrennte Facetten unterscheiden (Abb. 6.**107**). Die radiale dreieckige Gelenkfacette artikuliert mit dem Os scaphoideum, die ulnare viereckige Gelenkfacette hat Kontakt mit dem radialen Teil des Os lunatum. Die Kontur der Skelettelemente der Art. radiocarpea entspricht in radio-ulnarer und dorso-palmarer Richtung einem Kreisbogenausschnitt.
Der *Discus articularis* steht mit dem Os lunatum und dem Os triquetrum in Kontakt. Über den Discus werden *Druckkräfte* zwischen Ulnakopf und Handwurzel übertragen. Der von der proximalen Handwurzelreihe

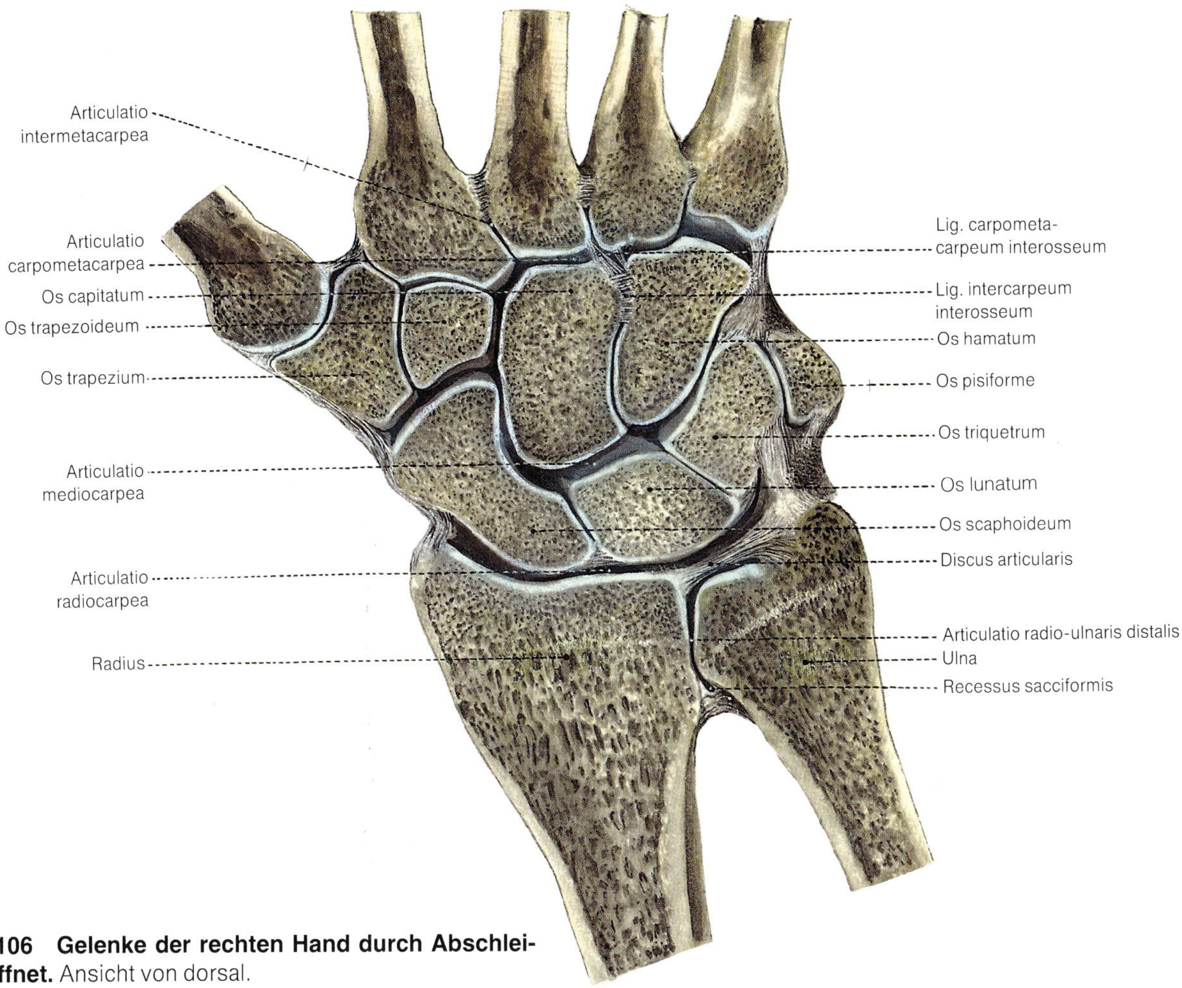

Abb. 6.**106** **Gelenke der rechten Hand durch Abschleifen eröffnet.** Ansicht von dorsal.

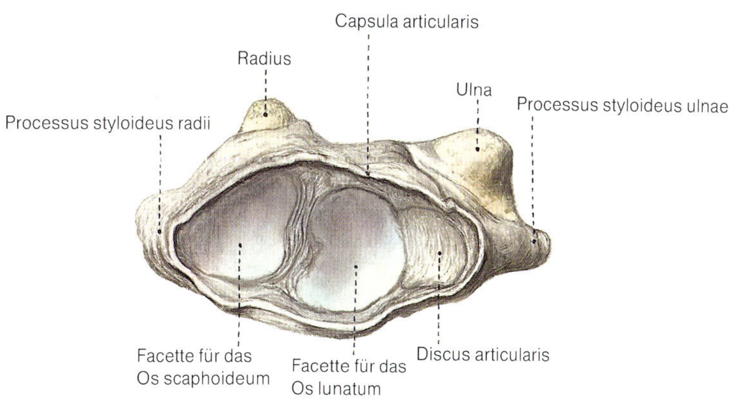

Abb. 6.**107** **Gelenkpfanne eines linken proximalen Handgelenks mit den Gelenkfacetten der Facies articularis carpea und mit dem Discus articularis** (Discus ulnocarpalis) in der Ansicht von distal.

gebildete Gelenkkopf ist größer als die Gelenkpfanne. Die Kontur des *Os lunatum* ist in dorso-palmarer Richtung kreisbogenförmig, in radio-ulnarer Richtung ist die Gelenkfläche leicht abgewinkelt. Das *Os scaphoideum* hat in beiden Hauptbewegungsebenen eine spiralige Oberflächenkontur. Die Gelenkpfanne des proximalen Handgelenks ist in der *Frontalebene (palmare Ebene)* gegenüber der transversalen Ebene um 15 20° geneigt. In Mittelstellung der Hand kommt es daher durch die Wirkungsrichtung der angreifenden Muskelkräfte zu einer Verschiebung des Carpus nach ulnar. Die Verlagerung der Handwurzel nach ulnar wird normalerweise durch die vom Radius zum Os triquetrum ziehenden Bänder verhindert (s. unten). Befindet sich die Hand in ulnarer Abduktion von etwa 20°, so treffen die Muskelkräfte senkrecht auf die

Gelenkfläche; damit herrscht in der Frontalebene Gleichgewicht am proximalen Handgelenk. Eine leichte *Ulnarabduktion* der Hand, die normalerweise reflektorisch eingenommen wird, entspricht somit der „Funktionsstellung" der Hand.
Auch in der *Sagittalebene (Longitudinalebene)* ist die Radiuspfanne des proximalen Handgelenks gegenüber der Transversalebene um ca. 15% nach palmar-proximal geneigt.

Der Verlagerung des Carpus nach palmar wirkt das *Lig. radiocarpeum dorsale* und hier vor allem der zum Os lunatum ziehende Anteil entgegen. Einer Verschiebung der Handwurzelknochen bei dorsaler Extension der Hand widersetzen sich die palmaren Bänder. Durch ihre Anspannung wird das Os lunatum zwangsläufig nach proximal-dorsal in die Gelenkpfanne gepreßt.

Gelenkkapsel und Gelenkhöhle

Die *Gelenkkapsel* (Abb. 6.**109,** 6.**110**) ist weit und dünn; sie entspringt dicht an der Knorpel-Knochen-Grenze der artikulierenden Skelettelemente und am *Discus articularis.* Im Kindesalter ist die Gelenkzwischenscheibe noch annähernd gleich dick. Im höheren Lebensalter wird der Discus im Zentrum dünner. Nicht selten kommt es zu einer Perforation, wodurch eine Verbindung zwischen den Gelenkhöhlen der Articulatio radiocarpea und der Articulatio radio-ulnaris distalis entsteht. Die *Gelenkhöhle* des *proximalen Handgelenks* hat radial und ulnar einen *Recessus* (s. Abb. 6.**106**). Gelegentlich besteht auch eine Kommunikation mit dem Erbsenbeingelenk.

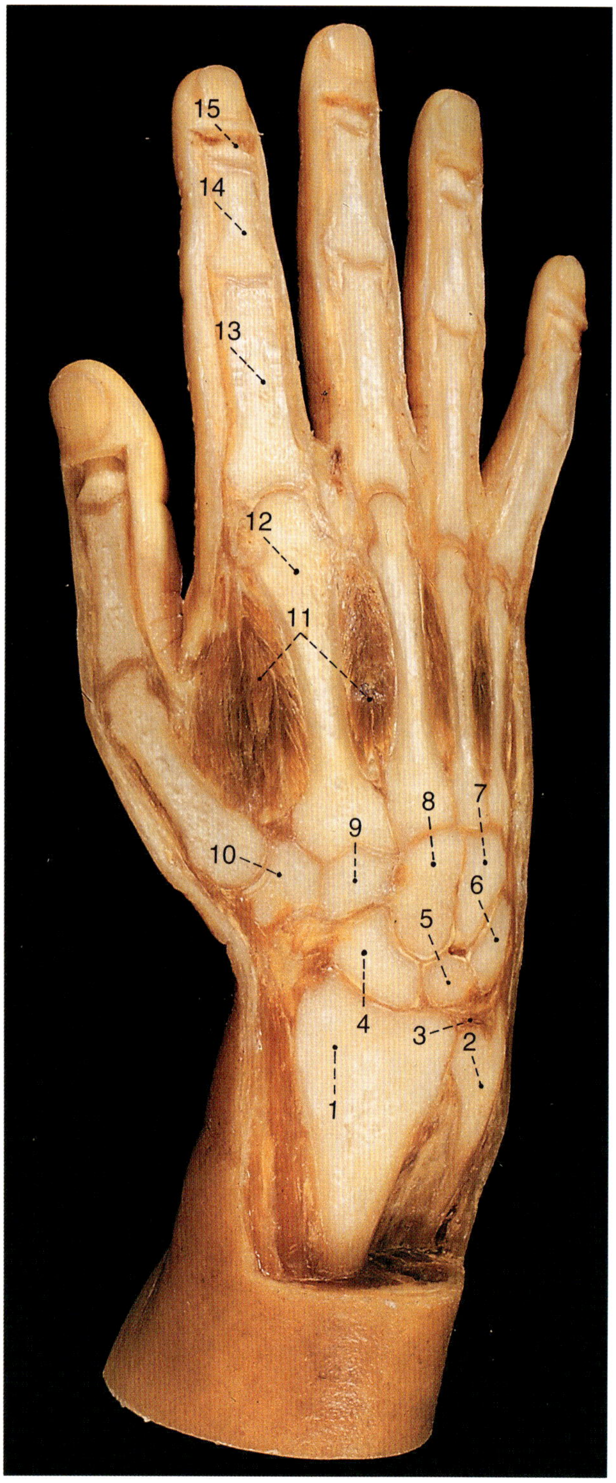

Abb. 6.**108** **Paraffinschliffpräparat der rechten Hand eines erwachsenen Mannes mit Freilegung der Gelenke in der Ansicht von dorsal.**
1 Radius
2 Ulna
3 Discus articularis des proximalen Handgelenks (Discus ulnocarpalis)
4 Os scaphoideum
5 Os lunatum
6 Os triquetrum
7 Os hamatum
8 Os capitatum
9 Os trapezoideum
10 Os trapezium
11 Mm. interossei
12 Os metacarpale II
13 Phalanx proximalis II
14 Phalanx media II
15 Phalanx distalis II
(Präparat der Sammlung der Anatomischen Institutes, Kiel)

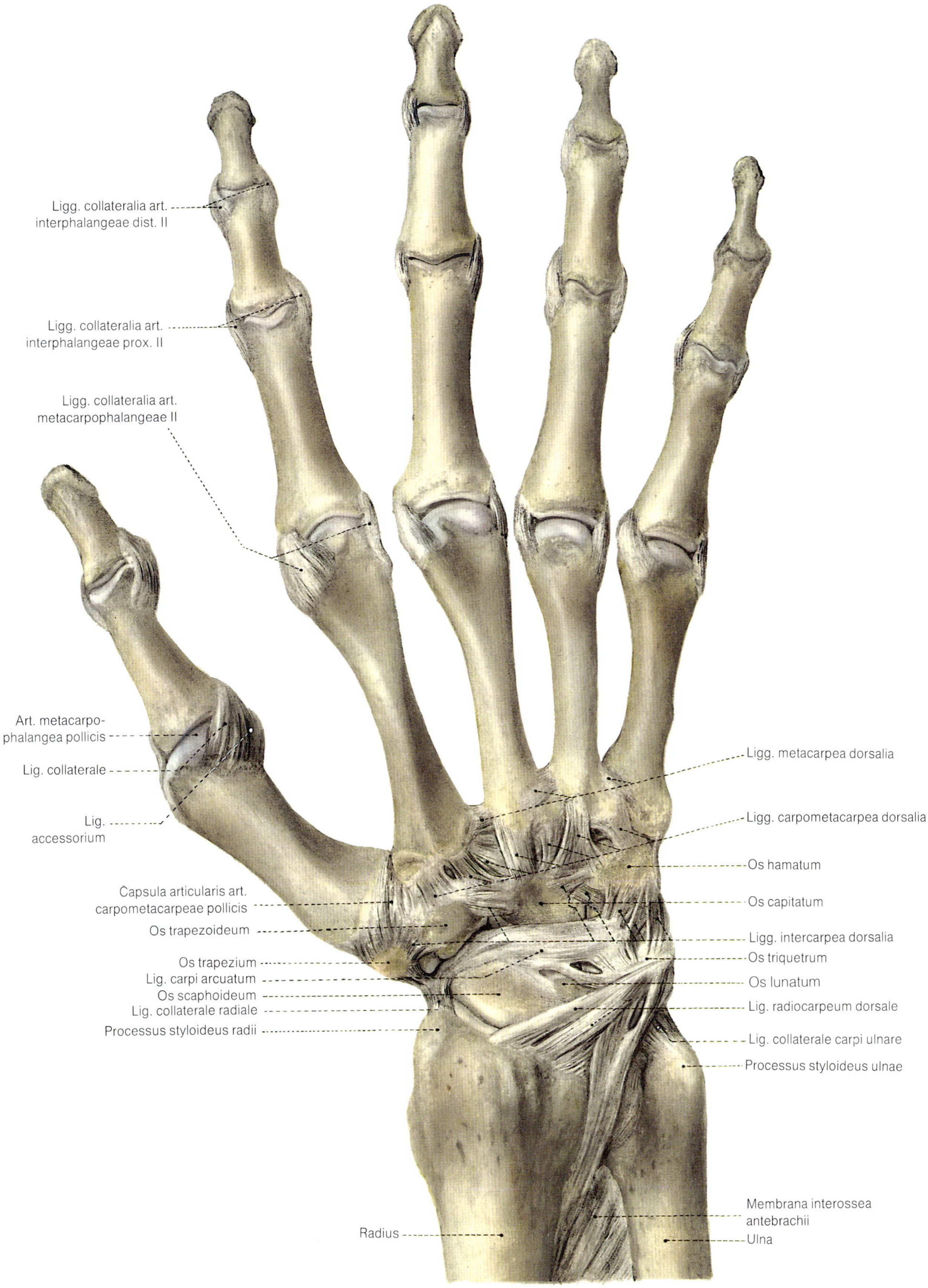

Abb. 6.**109 Rechte Hand, Kapsel-Band-Apparat in der Ansicht von dorsal.**

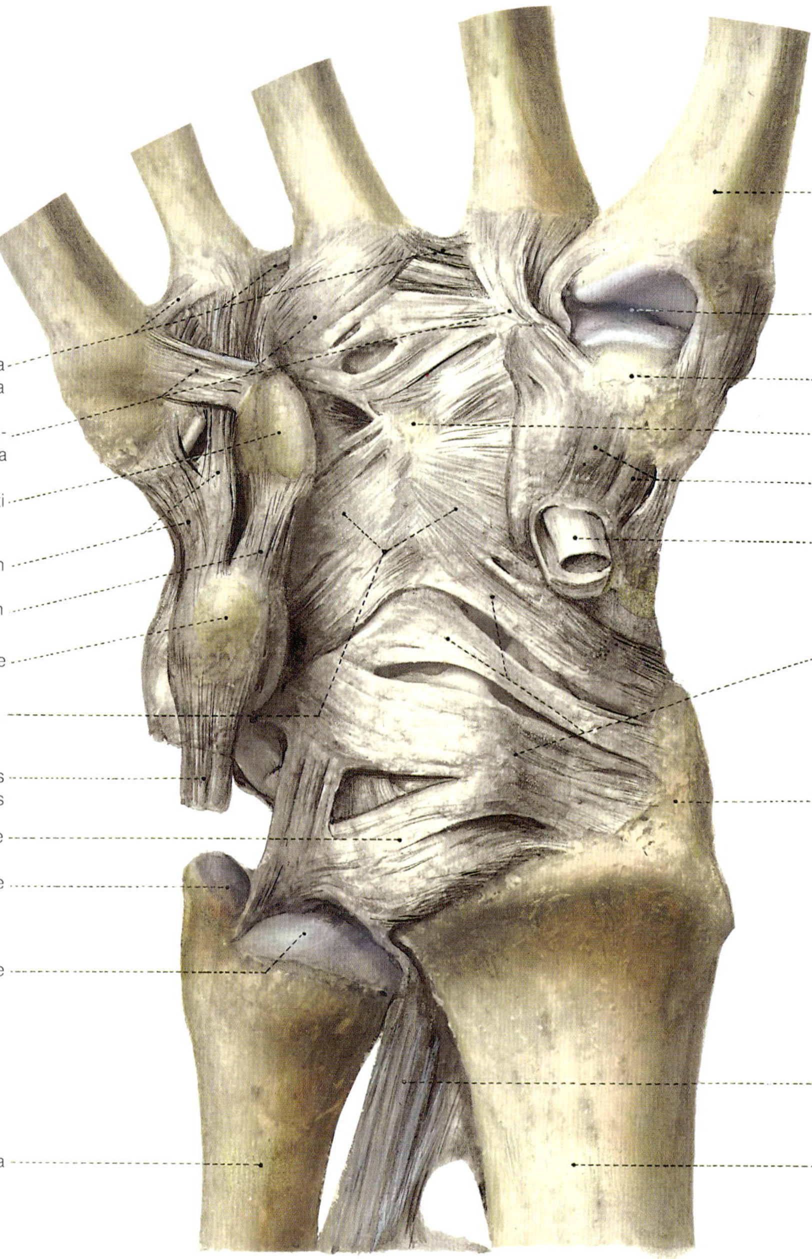

Abb. 6.**110** **Rechte Hand, Kapsel-Band-Apparat in der Ansicht von palmar.**

Distales Handgelenk, Articulatio mediocarpea

Aufbau

Artikulierende Anteile

Die artikulierenden Skelettelemente des *distalen Handgelenks* sind die durch die *Ligg. intercarpea interossea* (s. S. 420) miteinander verbundenen *proximalen* und *distalen Handwurzelknochen* (s. Abb. 6.**23**, 6.**25**, 6.**26**). Die Gelenkfläche der proximalen Reihe verläuft in querer Richtung wellenförmig (s. Abb. 6.**106**). Sie ist im radialen Teil konvex, im mittleren Teil konkav und im ulnaren Teil wiederum konvex. Die Gelenkfläche der distalen Reihe zeigt entgegengesetzte Krümmungen. Der konvexen Fläche des Os scaphoideum stehen das Os trapezium und das Os trapezoideum mit einer konkaven Wölbung gegenüber. In die tiefe, vom Os scaphoideum, Os lunatum und Os triquetrum gebildete Pfanne ragt in proximaler Richtung der aus den Ossa capitatum und hamatum gebildete Gelenkkopf hinein. Die vier *Knochen der distalen Reihe* liegen mit glatten Flächen fest aneinander und sind im Bereich ihrer distalen Seitenflächen durch kräftige Bänder in Form von *Amphiarthrosen* miteinander verbunden. Proximale und distale Handwurzelknochen bilden im distalen Handgelenk ein *„verzahntes Scharniergelenk"*.

Gelenkkapsel und Gelenkhöhle

Die *Gelenkkapsel* ist palmar straff und dorsal schlaff (s. Abb. 6.**109**, 6.**110**). Die *Gelenkhöhle* ist weit verzweigt, da sich ihre Aussackungen zwischen die proximalen und distalen Handwurzelknochen einsenken (s. Abb. 6.**106**). Es bestehen ferner *Verbindungen* mit der Gelenkhöhle des *Karpometakarpalgelenks*, in den meisten Fällen zwischen Os trapezium und Os trapezoideum oder zwischen Os trapezoideum und Os capitatum.

Bandapparat der Handgelenke

Die beiden Handgelenke haben einen gemeinsamen *Bandapparat* (s. Abb. 6.**109**, 6.**110**). Die Bänder überziehen die Handwurzel von allen Seiten in Form einer zusammenhängenden, straffen Membran, die nur wenige Teile des Skeletts unbedeckt läßt. Die Bänder *verstärken* die Gelenkkapsel; außerdem *führen* und begrenzen sie die Bewegungen im proximalen und distalen Handgelenk. Eine weitere Aufgabe des Bandapparates besteht darin, die Handwurzelknochen untereinander sowie im Gefüge mit dem Unterarm zu *stabilisieren*. Nach ihrer Anordnung unterscheidet man vier Gruppen:

1. Bänder zwischen Unterarm- und Handwurzelknochen,
2. Bänder zwischen den Handwurzelknochen,
3. Bänder zwischen Handwurzel- und Mittelhandknochen,
4. Bänder zwischen den Basen der Mittelhandknochen.

1. *Bänder zwischen Unterarm und Carpus.* Die Bänder entspringen vorwiegend am Radius, dem Träger der Hand. Das *Lig. radiocarpeum dorsale* zieht vom Radius schräg nach distal-ulnar zur Dorsalfläche des Os triquetrum sowie mit tiefen Fasern zum Os lunatum (s. Abb. 6.**109**). Das *Lig. radiocarpeum palmare* ist bedeutend kräftiger als das dorsale Band (Abb. 6.**110**). Es entspringt am Processus styloideus radii sowie am distalen Rand der Speiche und besteht aus mehreren Teilen. Ein querer Faserzug inseriert am Os lunatum, ein schräg gerichteter am Os capitatum. Vom Radius zieht dorsal und palmar ein kräftiger Bandzug zum Os triquetrum. Die *Ligg. radiotriquetrum palmare und dorsale* haben große Bedeutung für die Stabilität der Handwurzel (s. unten). Das schwächere *Lig. ulnocarpeum palmare* entspringt an der Basis des Processus styloideus ulnae sowie am palmaren Rand des Discus articularis und zieht zu den Ossa triquetrum und lunatum (Abb. 6.**110**).

Zu den Bändern zwischen Unterarm- und Handwurzelknochen zählen auch die beiden *Kollateralbänder* des proximalen Handgelenks (s. Abb. 6.**106**, 6.**109**, 6.**110**). Das *Lig. collaterale carpi radiale* ist kurz und kräftig. Es spannt sich zwischen Griffelfortsatz des Radius und Os scaphoideum aus. Sein hinterer Anteil kommt von der Spitze des Processus styloideus und inseriert lateral am Skaphoid. Ein zweiter kräftiger Bandzug verläuft zwischen der palmaren Seite des Griffelfortsatzes und dem Tuberculum ossis scaphoidei. Das *Lig. collaterale carpi ulnare* ist länger als das radiale Kollateralband. Es zieht mit zwei Zügen vom Processus styloideus ulnae, wo es auch mit dem Discus articularis in Verbindung steht, mit einem dorsalen Teil zum Os triquetrum und mit einem volaren Teil zum Os pisiforme.

Die Bänder zwischen Unterarm und Handwurzel *hemmen* die *Randbewegungen* der Hand. Entsprechend der kräftigen Ausbildung der radialen Bänder wird die Radialabduktion stärker eingeschränkt als die Ulnarabduktion. Die Bänder begrenzen außerdem die Beugung im proximalen Handgelenk und schränken die Dorsalextension ein.

2. *Bänder innerhalb der Handwurzel.* Innerhalb des Carpus unterscheidet man *Binnenbänder*, die in der Tiefe die Handwurzelknochen seitlich miteinander verbinden, sowie Flächenbänder, die membranartig auf der palmaren und dorsalen Seite liegen. Zur ersten Gruppe zählen die *Ligg. intercarpea interossea* (s. Abb. 6.**106**). Sie verbinden als kräftige Zwischenbänder die *proximalen Handwurzelknochen* zu einer Einheit, lassen jedoch eine leichte Verschiebung und Kippung der Knochen zu. Die Bandverbindungen liegen im proximalen Bereich der Knochen. Mechanisch wichtig ist vor allem das *Lig. scapholunatum.* Bei den distalen Ossa carpalia findet man regelmäßig ein Band zwischen Os capitatum und Os hamatum, das sich häufig bis zu den Basen der Ossa metacarpalia III und IV ausdehnt. Os capitatum und Os trapezoideum können ebenfalls durch ein Band miteinander verbunden sein. Die kurzen *Ligg. metacarpea interossea* verbinden die Basen sämtlicher Mittelhandknochen einschließlich des Metacarpale I miteinander (s. Abb. 6.**126**).

Die membranartig ausgebreiteten *Flächenbänder* hüllen zusammen mit den Ligg. radio- und ulnocarpea die beiden Handgelenke allseitig ein und verstärken ihre Gelenkkapseln. Von den *Ligg. intercarpea palmaria* bilden die vom Os capitatum in allen Richtungen ausstrahlenden Faserzüge zusammen das *Lig. carpi radiatum* (Abb. 6.**110**). Außerdem kommen tiefer liegende, kurze Faserbündel vor, die mit Ausnahme des Os capitatum je zwei Handwurzelknochen miteinander verbinden. Die dorsalen Verstärkungsbänder, *Ligg. intercarpea dorsalia,* sind schwächer als die palmaren und auf der radialen Seite kräftiger als ulnar (s. Abb. 6.**109**). Vom Os triquetrum ziehen starke Faserzüge zum Os lunatum. Ein querverlaufendes Band, *Lig. carpi arcuatum* (s. Abb. 6.**109**), spannt sich von einer dorsalen Leiste am Os scaphoideum bis zum Os triquetrum aus. Es zieht quer über den vom Os capitatum und Os lunatum gebildeten Gelenkkopf hinweg. Abspaltungen des Bandes sind am Os lunatum und am Lig. collaterale radiale verankert. Das Band begrenzt die Palmarflexion. Von ihm ziehen außerdem Bündel zu den Knochen der distalen Handwurzelreihe. Die distale Handwurzelreihe wird dorsal ebenfalls von einem flächenhaften Band überbrückt, das

vom Os triquetrum schräg nach ulnar zum Os trapezoideum und zum Os trapezium zieht.
Da die Bänder dorsal schwächer sind als palmar, ist die Bewegungsexkursion der Hand nach palmar größer als nach dorsal. Die Bänder *hemmen* außer der *Extensions-* und *Flexionsbewegung* auch die *radiale* und *ulnare Abduktion.* Sie werden in dieser Funktion durch die Ligg. pisohamatum und pisometacarpeum (s. unten), das Retinaculum flexorum und das Retinaculum extensorum unterstützt.
3. *Bänder zwischen Handwurzel- und Mittelhandknochen.* Die Bänder zwischen distaler Handwurzelreihe und Mittelhandknochen sind kurz und straff. Als *Ligg. carpometacarpea palmaria, dorsalia und interossea* verbinden sie, abgesehen vom Daumenstrahl, die distalen Handwurzelknochen mit den Basen der Mittelhandknochen so fest miteinander, daß die Articulationes carpometacarpeae II–V funktionell Amphiarthrosen werden (s. Abb. 6.**109,** 6.**110,** 6.**126**).
4. *Bänder zwischen den Ossa metacarpalia.* Die *Ligg. metacarpea dorsalia, palmaria und interossea* verbinden die Basen der Mittelhandknochen der dreigliedrigen Finger zu einem unbeweglichen, jedoch elastisch verformbaren Komplex (s. Abb. 6.**109,** 6.**110,** 6.**126**). (Beschreibung des Lig. metacarpeum dorsale I, s. S. 439.)

Articulatio ossis pisiformis

Aufbau

Os pisiforme und *Os triquetrum* sind gelenkig miteinander verbunden (s. Abb. 6.**24,** 6.**106**). Das Os pisiforme bildet die ovale Gelenkpfanne, das Os triquetrum den eiförmigen Gelenkkopf (s. Abb. 6.**26**). Die weite und dünne Gelenkkapsel ermöglicht dem als Sesambein in die Sehne des M. flexor carpi ulnaris eingelagerten Os pisiforme (s. Abb. 6.**110**) große Bewegungsfreiheit. Die *Gelenkhöhle* des Erbsenbeingelenks kann mit dem proximalen Handgelenk in Verbindung stehen (s. S. 416). Distal wird das Erbsenbein durch die Endaufzweigungen der Ansatzsehne des *M. flexor carpi ulnaris* am Os hamatum *(Lig. pisohamatum),* am Os metacarpale V *(Lig. pisometacarpeum)* sowie am Os capitatum befestigt.

Articulationes carpometacarpeae

Aufbau

Artikulierende Anteile

Die *distale Handwurzelknochenreihe* und die *Basen der Mittelhandknochen* der vier dreigliedrigen Finger bilden *straffe Gelenke* miteinander, deren Festigkeit durch kurze und kräftige Bänder (s. oben) und durch die Verzahnung der Basis des zweiten Mittelhandknochens hervorgerufen wird (s. Abb. 6.**106,** 6.**108**). Die *Amphiarthrosen* erlauben elastische Verformungen zwischen Handwurzel und Mittelhand.

Gelenkkapsel und Gelenkhöhle

Die *Gelenkkapsel* ist an den Ossa metacarpalia II und III straff, am Os metacarpale IV relativ locker und am Os metacarpale V sehr weit. Die *Gelenkspalten* der Karpometakarpalgelenke sind radial eng, sie werden ulnar weiter und kommunizieren mit der Gelenkhöhle des Mediokarpalgelenks (Verstärkungsbänder s. oben, Abb. 6.**109,** 6.**110**).

Articulationes intermetacarpeae

Aufbau

Die aneinanderstoßenden seitlichen Flächen der Basen der Mittelhandknochen II–V bilden normalerweise drei Gelenke, *Articulationes intermetacarpeae* (s. Abb. 6.**106**), deren Kapseln und Gelenkspalten mit denen der Articulationes carpometacarpeae zusammenhängen. Über die Gelenkspalten ziehen quer verlaufende dorsale und palmare Bänder *(Ligg. metacarpea dorsalia und palmaria)* (s. Abb. 6.**109,** 6.**110,** 6.**126**). Zwischen den artikulierenden Flächen liegen distal die *Ligg. metacarpea interossea.* Die festen Bandverbindungen machen auch diese Gelenke zu *Amphiarthrosen.*

Mechanik der Handgelenke

Proximales und distales Handgelenk sind morphologisch selbständige Gelenke, funktionell bilden beide jedoch eine Einheit. Das *proximale Handgelenk* ist ein *Ellipsoidgelenk,* das Bewegungen um *zwei Hauptachsen* zuläßt (s. Abb. 3.**50**). Das *distale Handgelenk* entspricht morphologisch einem *„verzahnten Scharniergelenk“* (s. S. 418), funktionell besitzt es jedoch mindestens *zwei Freiheitsgrade.*
Aus der Neutral-0-Stellung kann die Hand um eine transversale Achse nach palmar flektiert und nach dorsal extendiert werden (Abb. 6.**112**). Um eine dorso-palmare Achse läßt sich die Hand nach radial und nach ulnar abduzieren (Abb. 6.**113**). Die quere Achse verläuft im proximalen Gelenk durch das Os lunatum, im distalen Gelenk durch die Mitte des Os capitatum.
Palmarflexion und *Dorsalextension* werden als Flächenbewegungen bezeichnet. Aus der Neutral-0-Stellung ist eine Dorsalextension normalerweise von 35–60°, maximal bis zu 80° und eine Palmarflexion von 50–60°, maximal bis zu 85° möglich (Abb. 6.**112**). Bei Maximalbewegungen ist die Beugung im proximalen Handgelenk größer als im distalen; umgekehrt ist die Streckung im distalen Gelenk größer als im proximalen. Bei geringen Bewegungsexkursionen werden Beugung und Streckung zu etwa gleichen Teilen im proxi-

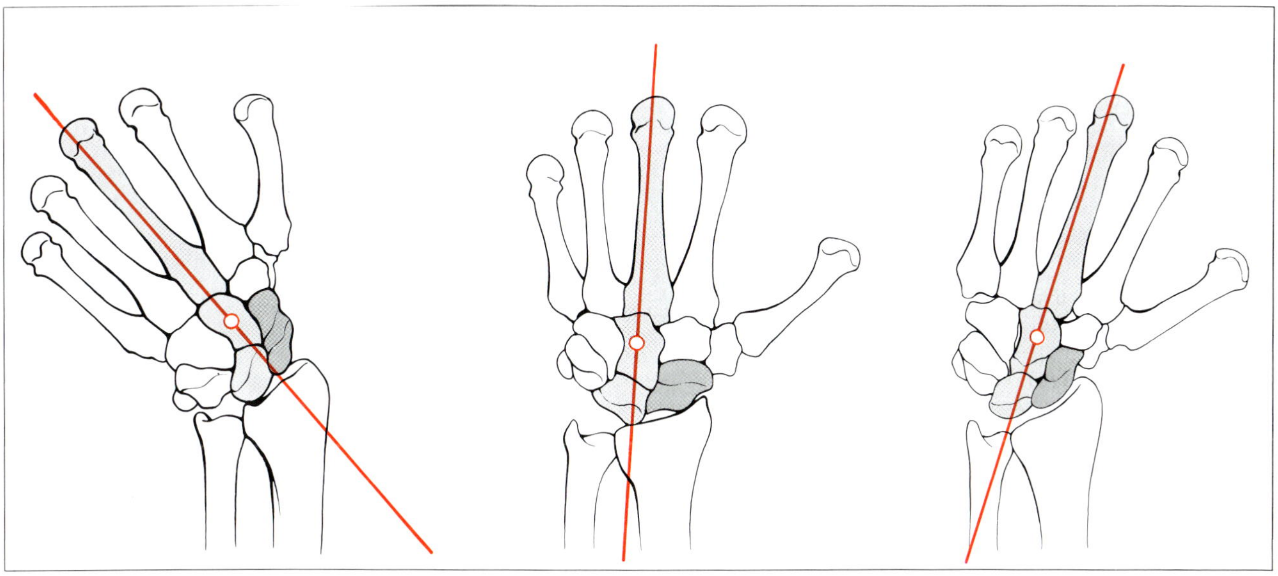

Abb. 6.**111** **Ulnarabduktion** (links) **und Radialabduktion** (rechts) **aus der Neutral-0-Stellung** (Mitte). Das Zentrum der Bewegung läuft durch die Ossa lunatum, capitatum und metacarpale III (sogenannte Lunatumsäule). Man beachte die Verlagerung und Kippung von Os lunatum und Os scaphoideum.

malen und distalen Handgelenk ausgeführt. Die insgesamt größere Bewegungsmöglichkeit nach palmar beruht darauf, daß der Bandapparat auf der Dorsalseite der Hand relativ schlaff ist; außerdem ist die Gelenkpfanne des Radius leicht nach palmar gerichtet. Die Dorsalextension wird durch die kräftigen Bänder auf der Palmarseite und durch die Fingerbeuger stärker gehemmt als die Palmarflexion.

Bei der Beugung und Streckung *kippen* die *Handwurzelreihen* um eine Transversalachse aus ihrer Normalstellung heraus. Bei Dorsalextension erfährt die proximale Reihe eine Drehung um etwa 35°, während die distale Reihe bis zu 50° weiter gedreht werden kann. Bei Palmarflexion verhalten sich die beiden Gelenke umgekehrt: die Drehung der proximalen Reihe gegen den Unterarm beträgt 45–50°, die der distalen Reihe etwa 30–35°.

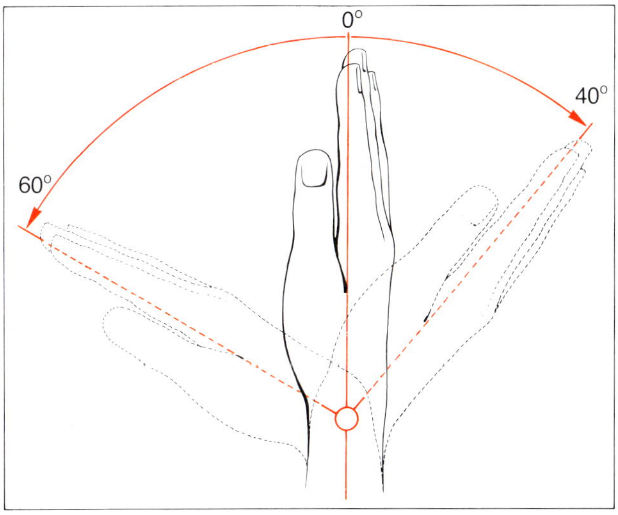

Abb. 6.**112** **Palmarflexion und Dorsalextension der Hand** (nach *Debrunner*).

Die Hand kann aus der Neutral-0-Stellung etwa 25–30° nach *radial* und 30–40° nach *ulnar abduziert* werden (Abb. 6.**113**). Die *Randbewegungen* der Radial- und Ulnarabduktion beruhen auf *drei Bewegungskomponenten:* im proximalen und distalen Handgelenk findet eine Translationsbewegung um eine dorso-palmare Achse statt, die proximale Karpalreihe verschiebt sich um eine transversale Achse, außerdem kommt es zu einer minimalen Rotation der Handwurzelknochen um eine longitudinale Achse (Abb. 6.**111**).

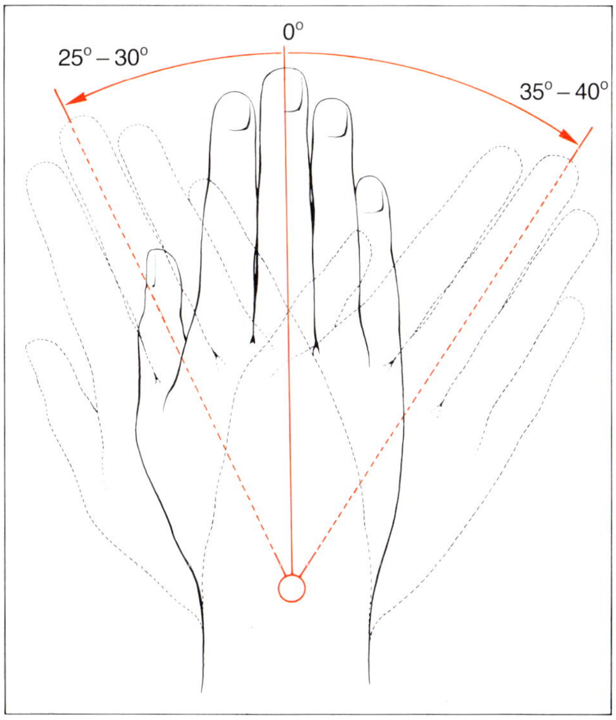

Abb. 6.**113** **Radialabduktion und Ulnarabduktion der Hand** (nach *Debrunner*).

Bei der *Radialabduktion* gleitet die proximale Karpalreihe nach ulnar, bei der *Ulnarabduktion* nach radial (Abb. 6.**111**). Die *Bewegungsachse* läuft dorso-palmar durch den Kopf des Os capitatum. Die distalen Handwurzelknochen machen eine gegenläufige Bewegung. Die proximalen Carpalia weichen bei der Radialabduktion gleichzeitig nach palmar, bei der Ulnarabduktion nach dorsal aus, während die distalen Knochen die umgekehrte Bewegung gegen die proximale Handwurzelreihe vollziehen. Dabei kommt es zu *Kippbewegungen,* durch die der notwendige Spielraum für die Randbewegungen freigegeben wird. Das Os trapezium wird durch den Zug der Radialabduktoren nach proximal-radial gezogen; dadurch zwingt es den radialen Teil des Os scaphoideum auszuweichen. Da am Kahnbein keine Muskeln ansetzen, kann es unter dem Druck des Nachbarknochens nach proximal und palmar kippen. Die Kippbewegung des Kahnbeins ist bei Radialabduktion im Röntgenbild und an der Vorwölbung der Haut im Bereich der Rascetta sowie an der Vertiefung der Fossa radialis („Tabatière") deutlich zu erkennen. Bei der Ulnarabduktion wird die Fossa radialis flach, da sie von dem nach dorsal getretenen Kahnbein ausgefüllt wird. In dieser Stellung liegt das Os triquetrum dem Discus articularis fest an. Die *rotatorische Komponente* besteht bei der Radialabduktion in einer minimalen Pronationsbewegung, bei der Ulnarabduktion in einer geringen Supinationsbewegung der Handwurzelknochen.

Die Summe der Hauptbewegungen in den Handgelenken ist eine *Kreiselung (Zirkumduktion).* Bei maximaler Ausnutzung des Bewegungsspielraums umfährt eine durch den Mittelfinger gelegte Achse einen Kegelmantel (sogenannter *Zirkumduktionskegel*).

Neben der klassischen *Gliederung des Carpus* in die *zwei transversal angeordneten Handwurzelreihen* wird in der Klinik aus kinematischen Gründen eine *longitudinale Einteilung* vorgenommen. Die Handwurzel gliedert sich danach in *drei Knochen-Gelenk-Säulen:* die *ulnare Triquetrumsäule,* die *mittlere Lunatumsäule* und die *radiale Skaphoidsäule.* Die Triquetrumsäule hat die wichtige mechanische Aufgabe, die Lunatum- und Skaphoidsäule, z. B. bei einer Druckbelastung der Hand in der Frontalebene, zu stabilisieren und eine Luxation nach ulnar zu verhindern (s. oben). Die Verspannung des Os triquetrum erfolgt dabei durch die Ligg. radiotriquetrum palmare und dorsale.

Röntgenanatomie der Hand

Im dorso-palmaren Strahlengang sind alle Knochen der Hand gut darstellbar (Abb. 6.**114**). Da sich die Skelettelemente teilweise übereinander projizieren, zeichnen sich die Gelenkspalten nicht überall scharf ab. Im radio-ulnaren Strahlengang überlagern sich die Knochen der Handwurzel und die Metacarpalia II–V. Am besten lassen sich Os metacarpale I, Os trapezium und Os scaphoideum überblicken.

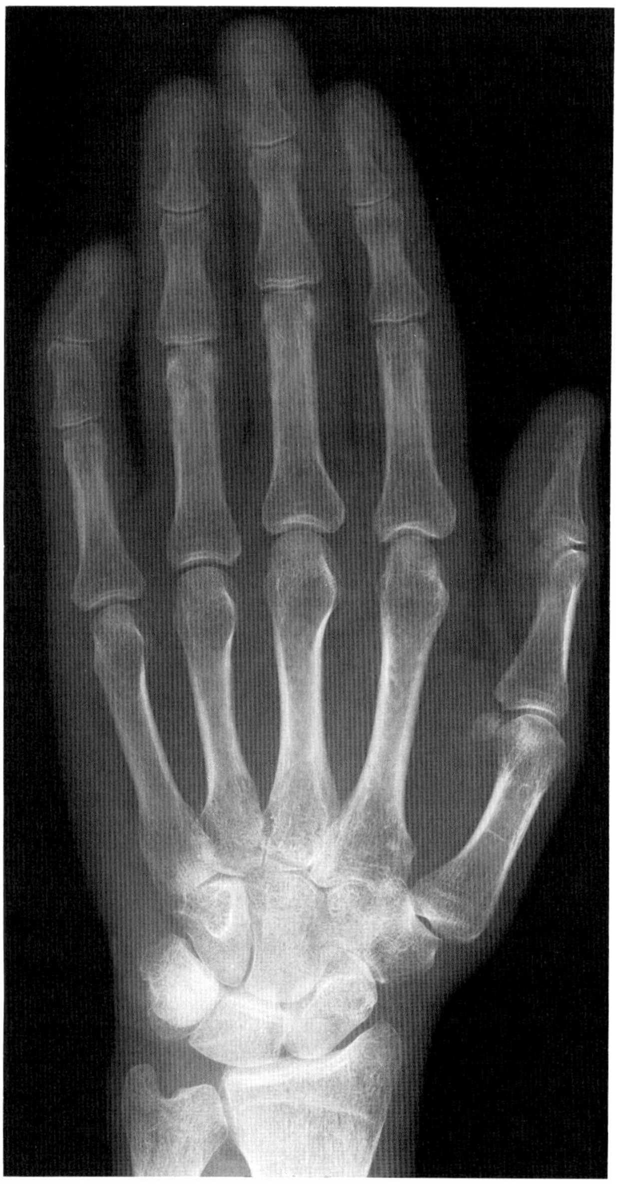

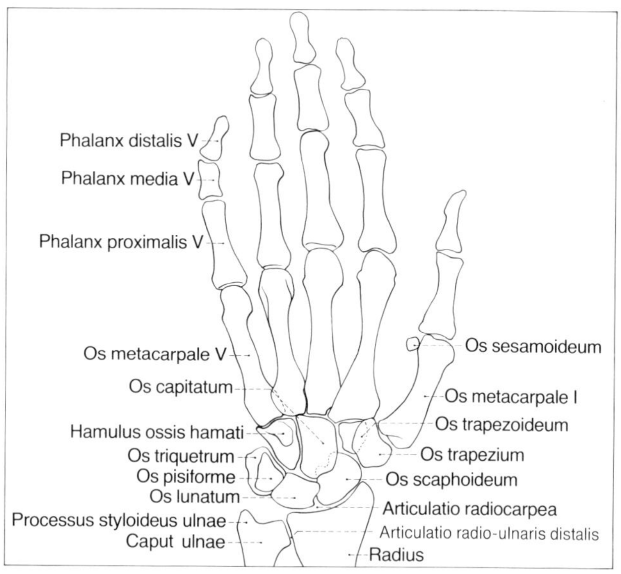

Abb. 6.**114** **Röntgenbild einer rechten Hand im dorsopalmaren Strahlengang.**

Zusammenfassende Darstellung der Handgelenkmuskelfunktionen

(Tab. 6.**8**)

Die auf die Handgelenke wirkenden Muskeln werden im Kap. Muskeln des Unterarmes, S. 393, systematisch besprochen. Die Handgelenkmuskeln inserieren an den Mittelhandknochen. Sie liegen am Unterarm randständig und werden dadurch zu *Radial-* und *Ulnarabduktoren*. Die radialen und ulnaren Handmuskeln beteiligen sich außerdem an der *Beugung* und *Streckung* der Handgelenke. Auf die Handgelenke wirken ferner die Fingerbeuger und Fingerstrecker sowie die langen Daumenmuskeln.

Nach ihrer *Kraftentfaltung* gestaffelt sind an der *Palmarflexion* der Hand die *Mm. flexores digitorum superficialis und profundus,* die *Mm. flexores carpi ulnaris, carpi radialis, pollicis longus und M. abductor pollicis longus* beteiligt. Die beiden Fingerbeuger übertreffen in ihrer Wirksamkeit die beiden Handbeuger um mehr als das Anderthalbfache. Sie können allerdings nur dann auf die Handgelenke wirken, wenn nicht gleichzeitig in den Fingergelenken gebeugt wird. *Dorsalextension* führen die *Mm. extensores digitorum, Mm. extensores carpi radialis longus und brevis* sowie *M. extensor carpi ulnaris* aus. Die Bewegung wird von den *Mm. extensor indicis und extensor pollicis longus* unterstützt.

Ulnarabduktoren in den Handgelenken sind die *Mm. extensor und flexor carpi ulnaris* sowie die *Mm. extensor digitorum und extensor digiti minimi.* Als *Radialabduktoren* wirken die *Mm. extensores carpi radialis longus und brevis, abductor pollicis longus,* sowie die *Mm. extensores pollicis longus und indicis* und der *M. flexor carpi radialis.* Die Leistung des M. extensor carpi radialis longus ist so groß wie die der übrigen Radialabduktoren. Die Ulnar- und Radialabduktoren sind in ihrer Leistung wesentlich schwächer als die Palmarflektoren und Dorsalextensoren der Hand.

Tabelle 6.**8** Handgelenkmuskelfunktionen

Flexion der Hand:
M. flexor digitorum superficialis
M. flexor digitorum profundus
M. flexor carpi ulnaris
M. flexor carpi radialis
M. flexor pollicis longus
M. abductor pollicis longus
Extension der Hand:
M. extensor digitorum
Mm. extensores carpi radialis longus und brevis
M. extensor carpi ulnaris
M. extensor indicis
M. extensor digiti minimi
M. extensor pollicis longus
Radialabduktion der Hand:
M. flexor carpi radialis
Mm. extensores carpi radialis longus und brevis
M. flexor pollicis longus
M. abductor pollicis longus
M. extensor pollicis brevis
M. extensor pollicis longus
Ulnarabduktion der Hand:
M. flexor carpi ulnaris
M. extensor carpi ulnaris
M. flexor digitorum profundus
M. extensor digitorum
M. extensor digiti minimi

Finger, Digiti

Durch die Funktion der Finger wird die Hand zum vielseitigen Greiforgan (s. unten und S. 315). Die *Finger II–V* sind *dreigliedrig* und haben jeweils ein *Grund-, Mittel-* und *Endglied.* Der *zweigliedrige Daumen* besitzt ein *Grund-* und ein *Endglied.* Die dreigliedrigen Finger können einzeln oder gemeinsam agieren. Sie liegen in einer Reihe, sind verschieden lang und mit Ausnahme des Mittelfingers in der Palmarebene leicht gekrümmt. Der *Daumen* nimmt in bezug auf seine Lage und seine Funktion eine *Sonderstellung* ein. Im Gegensatz zu den übrigen Fingern ist beim Daumen das Gelenk zwischen Carpus und Metacarpus keine Amphiarthrose, sondern ein frei bewegliches Sattelgelenk mit drei Freiheitsgraden (s. S. 439). Die *Articulatio carpometacarpea pollicis* ermöglicht dem Daumen vor allem die *Oppositionsbewegung,* die Grundlage der meisten *Greifbewegungen* der Hand ist.

Die große funktionelle Bedeutung des Daumens und seiner Opponierbarkeit kommt in der Begutachtungspraxis zum Ausdruck. Der Rentensatz beträgt bei Verlust des gesamten Daumens der rechten Hand (Arbeitshand) oder bei Versteifung der Articulatio carpometacarpea pollicis 20%, bei Verlust des Daumens der linken Hand 15–20%, bei Verlust des Zeigefingers 10%, bei Verlust des Mittel- oder Ringfingers 5% und bei dem des kleinen Fingers 10%. Der Verlust sämtlicher Finger entspricht etwa dem Verlust der gesamten Hand (45–50%).

Grifformen der Hand

Je nach Beteiligung der einzelnen Finger und der Handflächen werden mehrere *Grifformen* unterschieden. Der *Fein-* oder *Spitzgriff* dient dem Erfassen und Halten kleiner Gegenstände (Abb. 6.**115**). Er ist ein *bidigitaler Griff,* bei dem sich die Kuppen des Daumens und des Zeigefingers berühren. Beim sogenann-

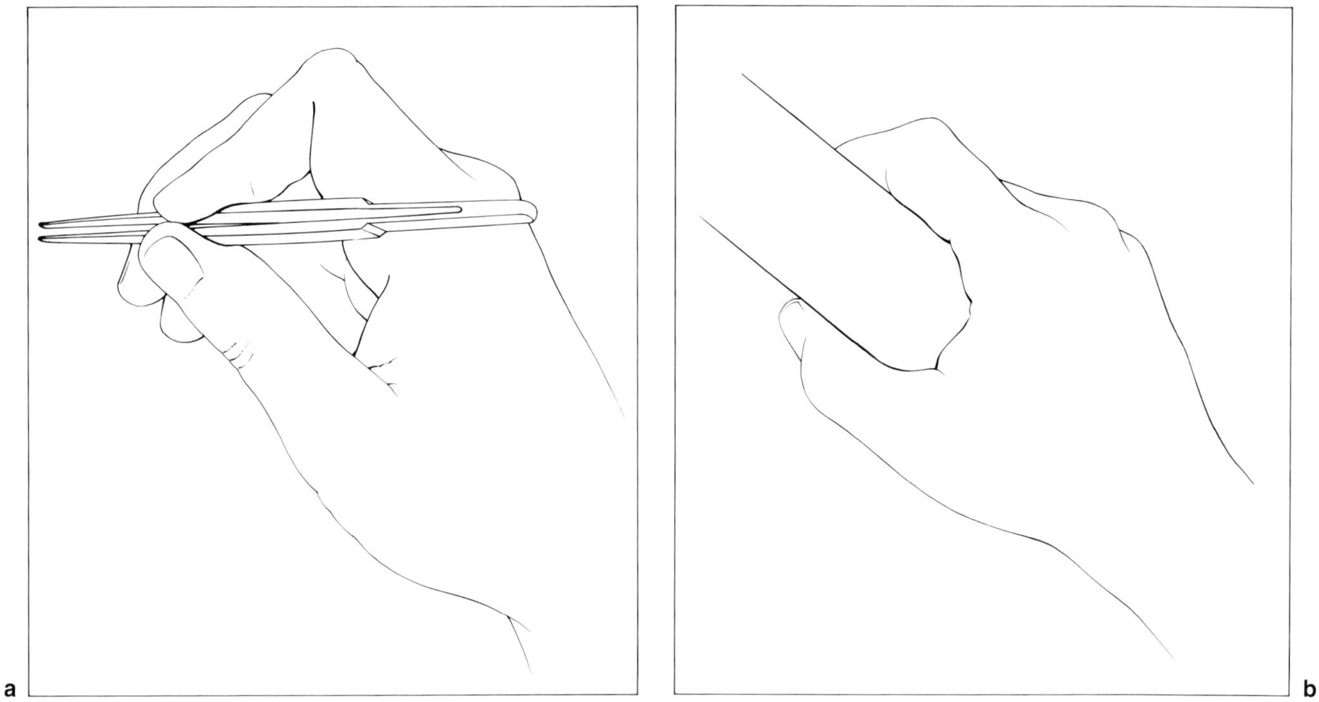

Abb. 6.**115a** Spitzgriff, **b** Grobgriff.

ten *Schlüsselgriff* wird die Kuppe des Daumens der radialen Seite des Zeige- oder Mittelfingers angelegt. Eine weitere bidigitale Grifform ist das *interdigitale Greifen* und Halten von Gegenständen (z. B. der Zigarette). Eine typische *tridigitale Grifform* ist der *Schreibgriff,* bei dem außer den Kuppen des Daumens und des Zeigefingers auch die radiale Seite des Mittelfingerendgliedes als Abstützung dient. Der *tridigitale Fingerbeerengriff* ist eine häufig angewandte Gebrauchsbewegung, z. B. beim Greifen von Nahrung mit der Hand. Den *Grob-* oder *Breitgriff* (Abb. 6.**115**) führen die Finger gemeinsam mit der Handinnenfläche aus. Er wird je nach Form und Größe des zu greifenden Gegenstandes ohne oder unter Zuhilfenahme des Daumens ausgeführt *(tetradigitaler* oder *pentadigitaler Kraftgriff).* Die einzelnen Kraftgrifformen finden z. B. bei der Bedienung verschiedener Werkzeuge Anwendung.

Die Finger lassen sich palmar von der Hohlhand abgrenzen. Dorsal ist die Grenze unscharf. Als Grenze gilt hier eine Verbindungslinie, die die Scheitel der Fingerzwischenfalten miteinander verbindet.

Die Haut der *Fingerbeugeseiten* ist, wie an der Handinnenfläche, der Greiffunktion der Hand angepaßt und entsprechend kräftig entwickelt. Als Tastorgan der Hand dienen die *Fingerkuppen,* in deren Subcutis und Cutis verschiedene Nervenendkörperchen und freie Nervenendigungen in großer Zahl vorkommen (s. Bd. III). Auf dem *Fingerrücken* ist die Haut relativ dünn. Das lockere Unterhautgewebe ist frei verschieblich. Hier kann sich, wie auf dem Handrücken, bei krankhaften Veränderungen vermehrt Flüssigkeit ansammeln (Ödembildung) (weitere Beschreibung s. Hand, S. 405).

Sehnenscheiden der Finger

Jeder Finger hat *palmar* eine kräftige *Sehnenscheide, Vagina synovialis digitorum manus,* die die Sehnen der *Mm. flexores digitorum superficialis und profundus* umschließt (s. Abb. 6.**101,** 6.**117**). Gemeinsam mit dem Skelett bilden die Sehnenscheiden osteofibröse Kanäle, die über den Fingergelenken durch die faserknorpeligen *Ligg. palmaria* (s. S. 427) verstärkt sind (s. Abb. 6.**102,** 6.**120,** 6.**121**). Innerhalb der Sehnenscheiden durchbohren die Sehnen des M. flexor digitorum profundus *(M. perforans)* die Sehnen des M. flexor digitorum superficialis *(M. perforatus)* (s. S. 401). Die Kreuzung der beiden Sehnen wird als *Chiasma tendinum* bezeichnet (s. Abb. 6.**102,** 6.**116**).

Die *Sehnenscheide* des *Daumens* geht normalerweise kontinuierlich in die karpalen Sehnenscheiden über (Abb. 6.**117**). Die digitale *Sehnenscheide* des *Kleinfingers* kommuniziert in etwa 80% der Fälle mit den Sehnenscheiden des Canalis carpi. Die *digitalen Sehnenscheiden* des *2.–4. Fingers* beginnen im Bereich der Hohlhand etwa 10–20 mm proximal der Fingergrundgelenke. Das distale Ende der Sehnenscheiden variiert; es liegt meistens etwas distal der Fingerendgelenke. Die Sehnenscheiden können jedoch auch bis zum Ansatz der tiefen Beugersehnen reichen.

Das *Stratum fibrosum* der Sehnenscheiden wird durch konstant vorkommende *ringförmige Bänder (Partes anulares vaginae fibrosae)* verstärkt. Die Ringbänder sind seitlich an den Fingerknochen und den *Ligg. palmaria* verankert und bilden gemeinsam mit diesen osteofibröse Kanäle, die den Fingersehnen als Gleitröhren dienen. Ringbänder kommen über den Fingergelenken sowie im mittleren Bereich der Phalangen

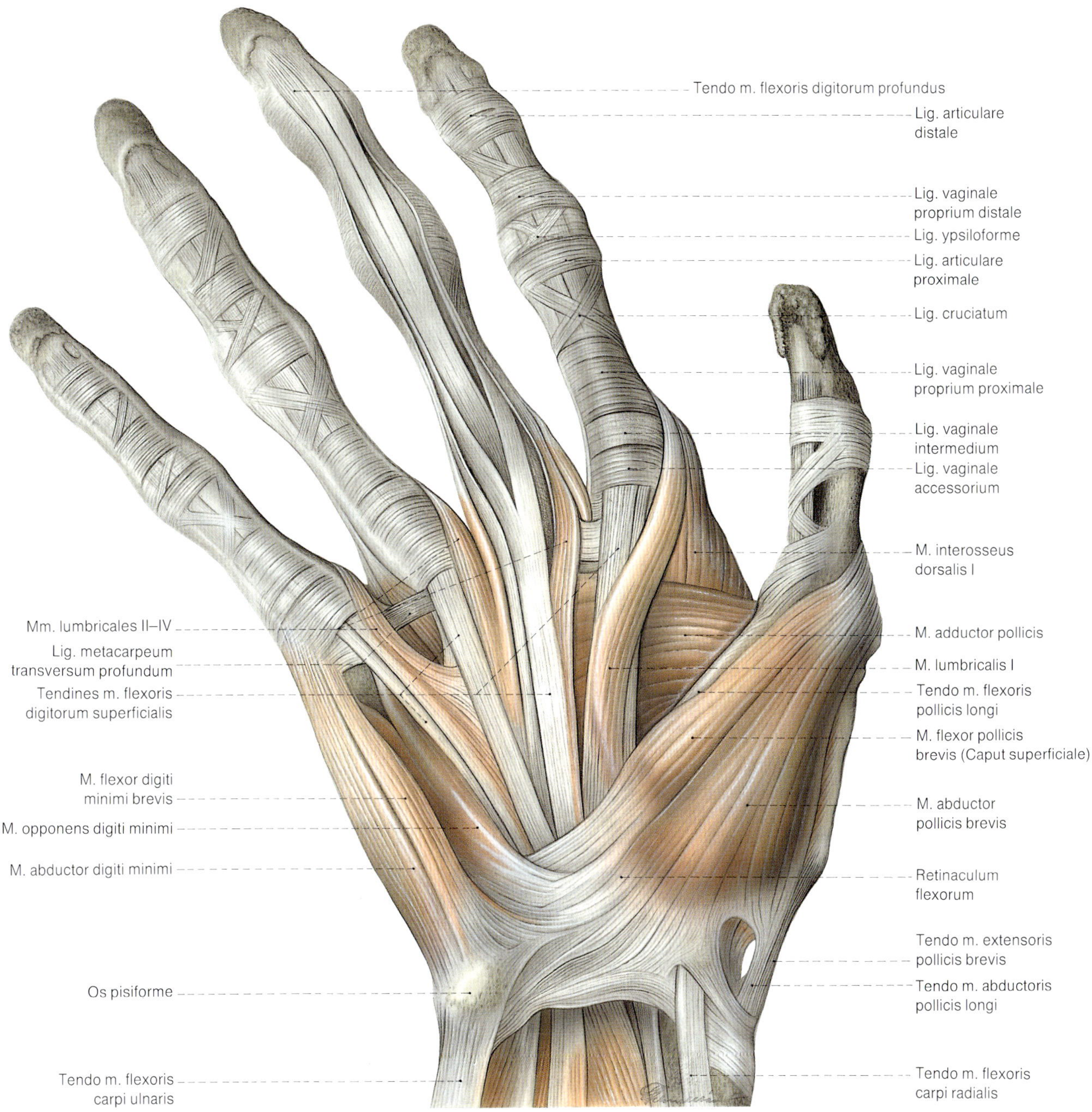

Abb. 6.**116** **Muskeln der Palmarseite der rechten Hand, oberflächliche Schicht,** Palmaraponeurose entfernt. Karpalkanal, Sehnenscheiden.

vor (Abb. 6.**101,** 6.**116**). Das *1. Ringband* (A 1) liegt über den Fingergrundgelenken; es besteht aus zwei Anteilen *(Lig. vaginale accessorium* und *Lig. vaginale intermedium).* Das Band ist seitlich am Lig. palmare befestigt. Das hierauf folgende *2. Ringband* (A 2, *Lig. vaginale proprium proximale*) verstärkt die Sehnenscheide im Schaftbereich der Grundphalanx. Es ist das kräftigste Ringband; seine Länge beträgt am Daumen etwa 7 mm, am Mittelfinger etwa 19 mm. Der distale palmare Abschnitt enthält *Faserknorpel.* Über dem proximalen Interphalangealgelenk liegt das *3. Ringband* (A 3, *Lig. articulare proximale*). Es ist seitlich an der Faserknorpelplatte und an der Gelenkkapsel verankert. Die Sehnenscheidenverstärkung im Schaftbereich der Mittelphalanx bildet das *4. Ringband* (A 4, *Lig. vaginale proprium distale*). Die Ringbänder über den Mittelphalangen sind an den Fingern II–V etwa 6–7 mm lang. Ein schwaches Ringband kommt jeweils über den Endgelenken der Finger vor (A 5, *Lig. articulare distale*).

Außer den konstanten Ringbändern kommen inkonstante, schräg verlaufende Verstärkungen der Fingersehnenscheiden vor (s. Abb. 6.**101**). Die Bandzüge verlaufen nur selten streng kreuzförmig *(Partes cruciformes vaginae fibrosae),* sondern häufig als einfacher Schrägzug *(Lig. obliquum)* oder als Y-förmiges Band

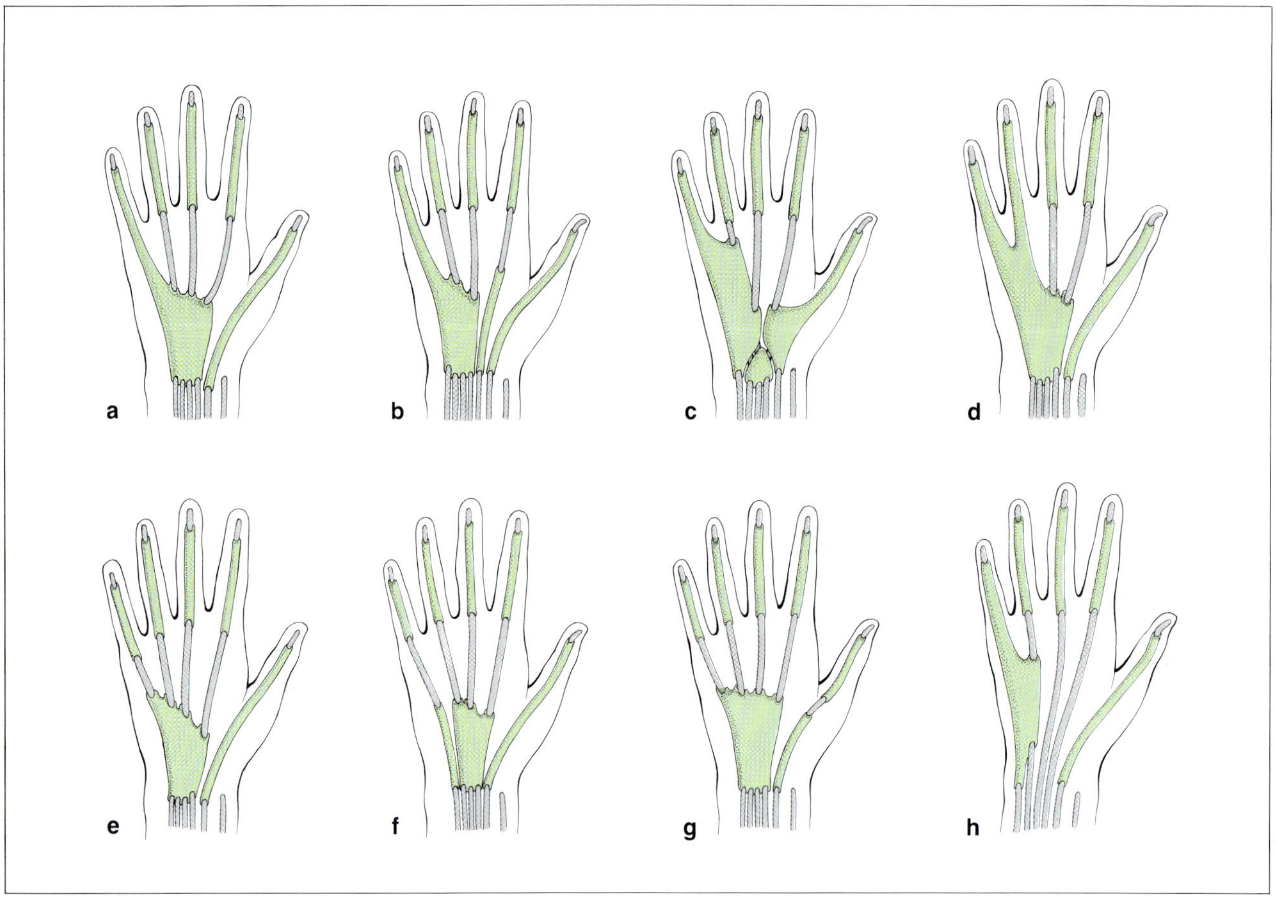

Abb. 6.**117** **Verhalten der palmaren Sehnenscheiden der Hand.**
a Häufigste Form
b Die gemeinsame Fingerbeugensehnenscheide im Bereich des Canalis carpi ist geteilt.
c Die Sehnenscheide des M. flexor pollicis longus greift auf die Sehnen des Zeigefingers über.
d Die Flexorensehnenscheide des Canalis carpi greift auf den Ringfinger über.
e Die Kleinfingersehnenscheide hat keine Verbindung zum Canalis carpi.
f Die Kleinfingerbeugesehne hat im Karpalkanal eine eigene Sehnenscheide.
g Die Verbindung der Fingersehnenscheiden mit den Sehnenscheiden des Canalis carpi fehlt sowohl am Daumen als auch am Kleinfinger.
h Unvollständige Entwicklung der Sehnenscheiden im Karpalkanal für den zweiten, dritten und vierten Finger.
(nach *v. Lanz-Wachsmuth*)

(Lig. ypsiloforme). Derartige Verstärkungsbänder lassen sich zwischen dem 2. und 3. sowie zwischen dem 4. und 5. Ringband darstellen (C_1–C_3). Schräg verlaufende Bandzüge liegen außerdem auch über dem 3., 4. und 5. Ringband. Im Bereich des proximalen Interphalangealgelenks bilden *longitudinale Faserzüge* die seitliche Begrenzung der Partes cruciformes. Diese Bandzüge wirken als *„Streckbremse"* in den Fingermittelgelenken (s. S. 431).

Die Sehnenscheiden sind im Bereich des 3., 4. und 5. Ringbandes über transversale seitliche Faserzüge, die vom Stratum fibrosum in das Bindegewebe der Subcutis und Cutis einstrahlen, fest mit der Haut der Finger verbunden (sogenannte *Hautbänder nach Cleland*) (s. Abb. 6.**101**).

Die Lücken zwischen den Ringbändern und die schrägverlaufenden Faserzüge des Stratum fibrosum schaffen die mechanische Voraussetzung für die Beugefähigkeit der Finger. Die kräftigen Ligg. anularia im Schaftbereich *führen* die *Sehnen* und verhindern deren Abweichen bei der Flexion nach palmar in Form eines „Bogensehneneffektes".

Das *Stratum synoviale* der Fingersehnenscheiden zeigt den typischen Aufbau mit einem *äußeren* und *inneren Blatt* (s. S. 158). An drei Stellen jeder Sehnenscheide ist ein *Mesotendineum* ausgebildet; über dieses, als *Vincula tendinum* bezeichnete Sehnengekröse erfolgt die Gefäß- und Nervenversorgung (s. Abb. 6.**127**). Am proximalen Ende der Sehnenscheide liegt ein kurzes Mesotendineum *(Vinculum breve),* über das Blutgefäße zur tiefen Fingerbeugersehne dringen. Auf der gegenüberliegenden palmaren Seite erreichen Gefäße aus der *Sehnenscheidenpforte* die Sehne des Flexor digitorum superficialis. Ein relativ breites Mesotendineum spannt sich über dem Fingermittelgelenk aus. Sein Vinculum breve hat Verbindung zu den aufgespaltenen Zügen der oberflächlichen Fingerbeugersehne. Als *Vinculum longum* strahlt ein weiterer Teil zur Sehne des M. flexor digitorum profundus. Ein 3. Mesotendineum verbindet am distalen Ende der Sehnenscheide über eine kurze Umschlagfalte (Vinculum breve) die Sehne des M. flexor digitorum profundus mit dem distalen Schaftbereich der Mittelphalanx. In unmittelbarer Nähe der Vincula tendinum ist die *Blutversorgung* der Sehne gut, im mittleren Areal zwischen zwei Vincula ist die Gefäßdichte sehr niedrig (sogenannte *avaskuläre Zone)*. (Weitere Beschreibung des Aufbaues der Sehnenscheiden sowie der Gefäß- und Nervenversorgung s. S. 159.)

Das Gebiet der Fingersehnenscheiden gilt in der Handchirurgie heute nicht mehr so streng als „Niemandsland" wie in früheren Jahren, da inzwischen mit Hilfe verfeinerter mikrochirurgischer Techniken auch primäre Sehnennähte nach Verletzungen durchgeführt werden können.

Dorsalaponeurose der Finger

Am Aufbau der *Dorsalaponeurose* der Finger beteiligen sich die Sehnen der *Mm. extensores digitorum* (s. S. 402), *lumbricales und interossei* (Abb. 6.**118**, 6.**126**).
Die Sehnen des *M. extensor digitorum* ziehen mit einem *mittleren Faserzug* bis zur Basis der Mittelphalanx. Zwei *seitliche Züge* inserieren an der Basis der Endphalanx (s. Abb. 6.**126**). Den seitlichen Zügen legen sich die Sehnen der *Mm. lumbricales und interossei* an. Sie verschmelzen mit ihnen und bekommen somit ihre Insertion an der Basis der Fingerendphalanx. Ein Teil der Fasern bildet hier auf dem Fingerrücken eine dreieckige *Bindegewebsplatte* (s. Abb. 6.**121**). Von lateralen Zügen gehen Fasern zur Gelenkkapsel der Fingermittelgelenke. Von den Endsehnen der Mm. interossei strahlen kräftige Bündel in transversaler Richtung auf die Dorsalfläche der Grundphalanx. Diese aponeurotisch verbreiterten Interosseussehnenanteile der ulnaren und radialen Seite bilden über den Grundgelenken den sogenannten *Interosseuszügel,* der die Gelenkkapsel der Fingergrundgelenke verstärkt (s. Abb. 6.**118,** 6.**127**).
Die Dorsalaponeurose wird mit dem Periost der Phalangen durch lockeres Bindegewebe verbunden; mit den dünnen Gelenkkapseln der Finger ist sie fest verwachsen.

Fingergelenke, Articulationes digitorum

Die Basen der dreigliedrigen Finger II–V sind in den Grundgelenken, *Articulationes metacarpophalangeae,* mit den Capita der Mittelhandknochen verbunden. In den Mittel- und Endgelenken, *Articulationes interphalangeae manus,* artikulieren die als Trochleae ausgebildeten Phalanxköpfe der Grund- und Mittelphalangen mit den Basen der Mittel- und Endphalangen.

Articulatio metacarpophalangea

Aufbau

Artikulierende Anteile

An der Bildung der vier *Fingergrundgelenke* beteiligen sich die *Capita ossium metacarpalium* und die *Bases phalangium proximalium* (s. Abb. 6.**23,** 6.**24,** 6.**120,** 6.**121**).
Der Gelenkkopf wird vom *Caput ossis metacarpalis* gebildet. Er ist kugelig, an der radialen sowie an der ulnaren Seite abgeplattet und palmar weniger stark gewölbt als dorsal. Im Bogenmaß beträgt die Gelenkfläche in dorsopalmarer Richtung etwa 180°.
Die *Capita ossium metacarpalium II–V* sind verschieden groß. Palmar läuft die Gelenkfläche in zwei kondylenähnlichen, radial und ulnar liegenden Zipfeln aus. Diese sind an den Ossa metacarpalia III und IV nahezu gleich groß. Am Zeige- und Kleinfinger sind die Gelenkflächen palmar asymmetrisch. Am Zeigefinger ist der radiale, am Kleinfinger der ulnare Kondylus größer als der Condylus der kontralateralen Seite. Die Gelenkfläche dehnt sich distal und palmar auf die ulnare und radiale Seite des Kopfes aus. Diese Befunde stehen mit den besonderen Lagebeziehungen der Muskeln zu den Mittelhandknochen im Bereich der Grundgelenke in funktioneller Beziehung: Am Zeigefinger verlaufen radial der M. interosseus dorsalis I und der M. lumbricalis I, am 5. Finger ulnar die Mm. abductor und flexor digiti minimi brevis über den stark ausgeprägten *Condylus* wie über ein *Hypomochlion.* Der daraus resultierende lange virtuelle Hebelarm der Muskeln erhöht die Abduktionsfähigkeit des Zeigefingers und des kleinen Fingers bei der Abspreizung (s. unten). An den Grundgelenken des 2. und 5. Fingers wird häufig ein radiales, bzw. ulnares *Sesambein* für den M. lumbricalis I, bzw. für den M. abductor digiti minimi gefunden.
Die bikonkave *Gelenkpfanne* an der *Basis der Grundphalanx* hat ihren größten Durchmesser in radio-ulnarer Richtung. Der größte Flächenkontakt zwischen Kopf und Pfanne besteht in Beugestellung der Finger. In Streckstellung überragt die Gelenkpfanne seitlich den Metakarpalkopf.

Gelenkkapsel und Bänder

Die *Gelenkkapsel* ist weit und dorsal relativ schlaff. Seitlich wird sie durch die *Ligg. collateralia* verstärkt, die die Hauptbewegung des Gelenks führen (Abb. 6.**119**). Sie entspringen im Bereich seitlich und dorsal liegender Gruben und Höcker an den Capita ossium metacarpalium II–V und ziehen von dorsal-proximal in schräger Richtung nach palmar-distal, wo sie an Höckern seitlich am Pfannenrand der Grundphalangen und am *Lig. palmare* ansetzen. Das radiale Seitenband ist meistens stärker als das ulnare. Die Kollateralbänder sind sowohl in Streck- als auch in Beugestellung gespannt. Sie liegen den Metakarpalköpfen seitlich

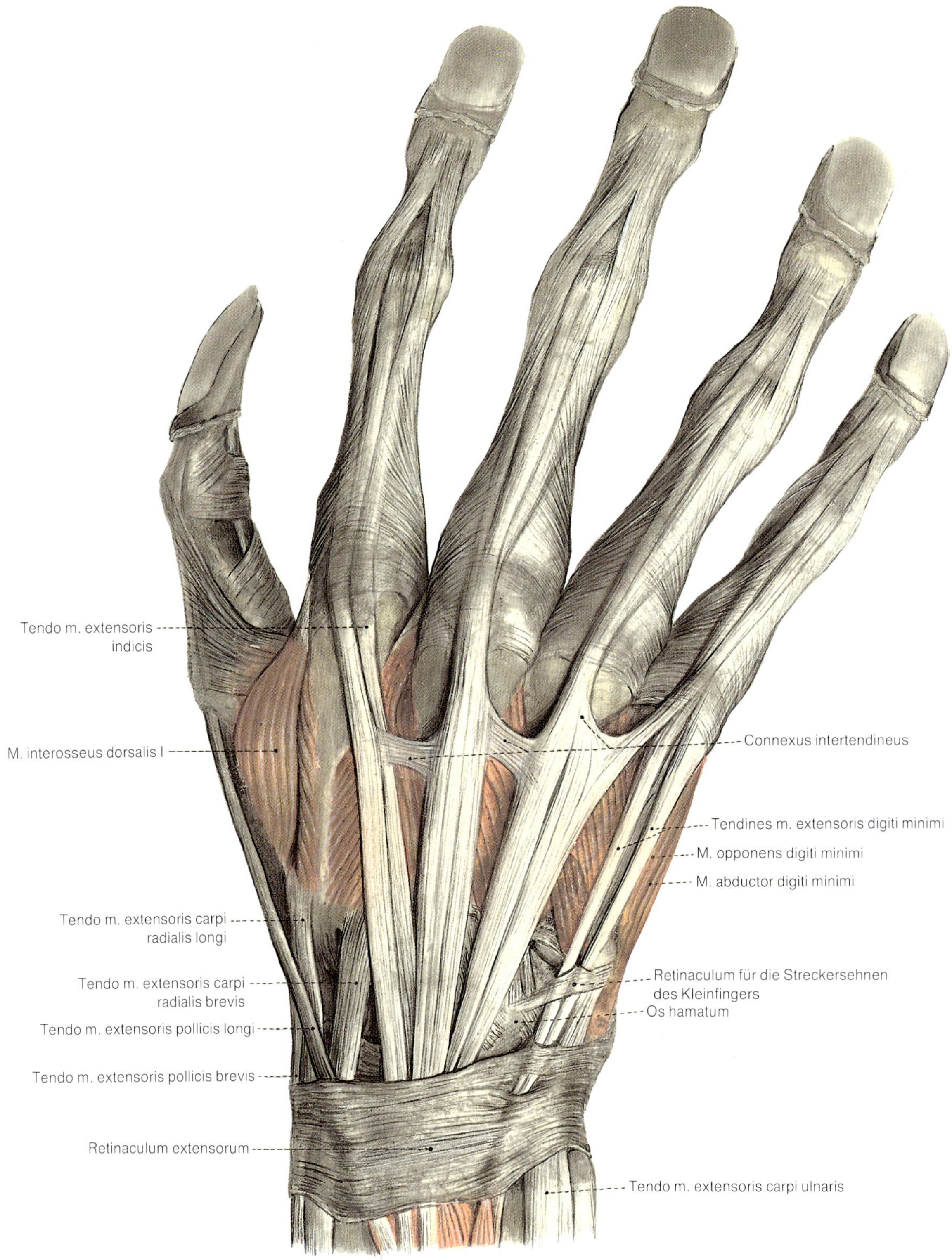

Abb. 6.**118** **Muskeln, Dorsalaponeurose und Führungsbänder am rechten Handrücken.**

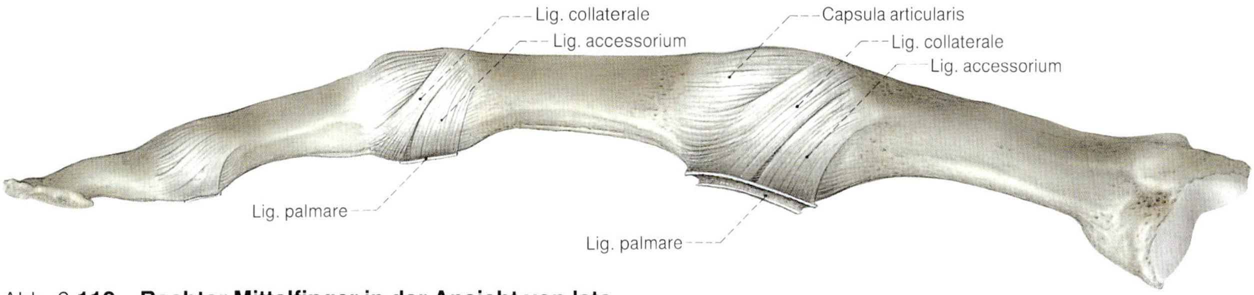

Abb. 6.**119** **Rechter Mittelfinger in der Ansicht von lateral,** Kapsel-Band-Apparat.

fest an. Die Ausdehnung der Gelenkfläche auf den seitlichen Bereich der Metakarpalköpfe und die Knorpelbildung im gelenknahen Bereich der Kollateralbänder spricht für eine Druckübertragung zwischen den bandverstärkten Anteilen der Gelenkkapsel und den seitlichen Gelenkfacetten an den ulnaren und radialen Kondylen.

Als *Ligg. collateralia accessoria* werden schräg von proximal nach distal-palmar ziehende Faserbündel bezeichnet, die an den Rändern der Faserknorpelplatten ansetzen (Abb. 6.**119**).

Auf der *Palmarseite* wird die Gelenkkapsel durch bogenförmig ziehende Fasern verstärkt, die volar-proximal von den Kollateralbändern entspringen; diese *Ligg. palmaria* bilden gleichzeitig den *Boden der Fingersehnenscheiden* (Abb. 6.**102,** 6.**119**). Die volare Seite der Gelenkkapsel wird außerdem durch eine *Faserknorpelplatte* von ca. 1 cm Länge und Breite verstärkt, die am palmaren Rand der Gelenkpfanne entspringt und diese entsprechend erweitert (Abb. 6.**120,** 6.**121**). In die palmaren Bänder ist an Zeige- und Kleinfinger häufig ein Sesambein eingelagert (s. oben). Die Faserknorpelplatten sind in Höhe der Mittelhandköpfe II–V durch kräftige querverlaufende Bänder, die *Ligg. metacarpea transversa profunda,* miteinander verbunden (s. Abb. 6.**102**, 6.**116**). Die Ligg. metacarpea transversa profunda haben Verbindungen zu den Mm. interossei und zu den Extensorensehnen. Dorsal von ihnen liegen die Mm. interossei, palmar die Mm. lumbricales sowie die palmaren Gefäße und Nerven der Finger. Die Bänder wirken einer Spreizung der Finger entgegen. Von den bandverstärkten Kapselanteilen ragen *meniskoide Falten* in die Gelenkhöhle (Abb. 6.**120,** 6.**121**).

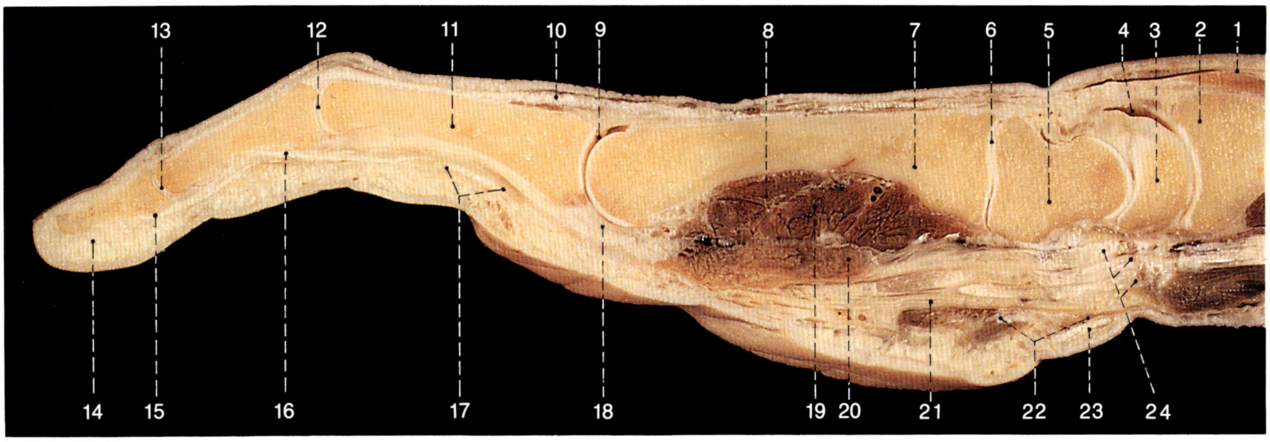

Abb. 6.**120** **Medianer Längsschnitt durch die rechte Hand eines erwachsenen Mannes im Bereich des Mittelfingers.**

1 M. extensor digitorum
2 Radius
3 Os lunatum
4 Gelenkhöhle der Articulatio radiocarpea
5 Os capitatum
6 Articulatio carpometacarpea
7 Os metacarpi III
8 M. interosseus palmaris
9 Articulatio metacarpophalangea III
10 Aponeurosis dorsalis
11 Phalanx proximalis
12 Articulatio interphalangea proximalis
13 Articulatio interphalangea distalis
14 Fingerbeere
15 Sehne des M. flexor digitorum profundus
16 Sehne des M. flexor digitorum superficialis
17 Pars anularis (Lig. vaginale proprium I, A2) der eröffneten Sehnenscheide
18 Lig. palmare
19 M. adductor pollicis
20 M. lumbricalis
21 N. medianus
22 Retinaculum flexorum (Lig. carpi transversum)
23 Aponeurosis palmaris
24 Sehnen der tiefen und oberflächlichen Fingerbeuger im Canalis carpi

(Präparat der Sammlung des Anatomischen Institutes, Kiel)

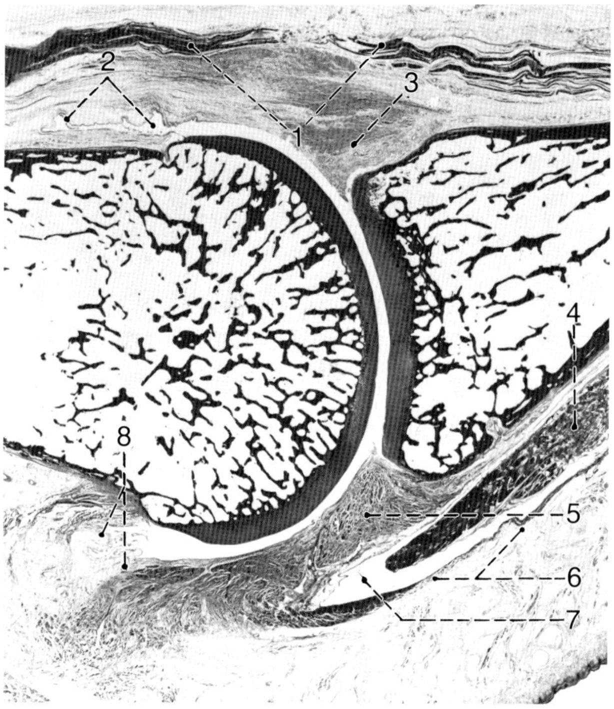

Abb. 6.**121** **Medianer Längsschnitt durch das Grundgelenk des rechten Zeigefingers bei einem erwachsenen Mann.** Färbung: Goldner; 10 μ; Vergr. 3fach.
Die Fibrocartilago palmaris (5) entspringt an der Basis des Os metacarpi II und geht distal in die Gelenkkapsel über. Von der palmaren Faserknorpelplatte (5) ragt eine meniskoide Falte in die Gelenkhöhle. Man beachte den weiten Recessus der Gelenkhöhle (2) auf der Dorsalseite des Metacarpale II. Von der dorsalen Faserknorpelplatte (3) ragt ebenfalls eine meniskoide Falte in die Gelenkhöhle.
1 Aponeurosis dorsalis
2 Recessus der Gelenkhöhle
3 dorsale Faserknorpelplatte
4 Sehne des M. flexor digitorum profundus
5 palmare Faserknorpelplatte
6 Pars parietalis des Stratum synoviale und Stratum fibrosum der Sehnenscheide
7 Cavitas synovialis der Sehnenscheide
8 Capsula articularis
(*R. Worm* fecit)

Mechanik

Die *Fingergrundgelenke* sind morphologisch Kugelgelenke. Funktionell sind jedoch nur Bewegungen um *zwei Achsen*, eine transversale und eine dorso-palmare Achse, möglich. Der 3. Freiheitsgrad, die Rotation, wird durch die Kollateralbänder eingeschränkt. Die Finger können im Grundgelenk aus der Neutral-0-Stellung um 90° *gebeugt* werden. Die aktive *Streckung* ist individuell und an den einzelnen Fingern unterschiedlich. Sie kann 30–40° erreichen (Abb. 6.**122**). Am weitesten läßt sich der Zeigefinger strecken. Im gestreckten oder leicht gebeugten Zustand können die Finger um eine dorso-palmare Achse gespreizt werden *(Abduktion)*. Bei starker Beugung behindert der Verlauf der Kollateralbänder die Spreizbewegung. Die Spreizachse läuft in dorso-palmarer Richtung durch den Mittelfinger. Gemessen wird die Distanz zwischen den Fingerkuppen der abduzierten Finger. Das Ausmaß der Spreizbewegung ist am kleinen Finger und am Zeigefinger größer als am 4. Finger. Der Zeigefinger kann bis zu 40° vom Mittelfinger abgespreizt werden. Aus der Spreizstellung werden die Finger durch *Adduktion* in Richtung auf den feststehenden Mittelfinger wieder geschlossen. Durch die Kombination von Flexion und Extension sowie Ab- und Adduktion können die Finger eine *Zirkumduktion* ausführen. Am ausgiebigsten ist dazu der Zeigefinger in der Lage.

Eine aktive Rotation ist in den Fingergrundgelenken nicht möglich (s. oben). *Passiv* können die Finger aufgrund der Dehnbarkeit der Bänder geringgradig *rotiert* werden. Zu einer *zwangsläufigen Rotation* kommt es als Begleitbewegung der Hauptbewegungen. Diese beruht auf der Asymmetrie der metakarpalen Gelenkköpfe und der unterschiedlichen Spannung und Länge der Kollateralbänder. Der *Zeigefinger* führt, z. B. bei der Flexion, eine auf den Mittelfinger bezogene *pronatorische Innenrotation,* der *Kleinfinger* eine *Supinationsbewegung* aus.

Die Fingergrundgelenke nehmen funktionell an der Hand eine *Schlüsselstellung* ein. Sie bestimmen die Lage der Finger im Raum. Beim *Greifakt* werden sie als letzte in die Flexionsbewegung der Finger einbezogen, beim Öffnen der gebeugten Hand werden sie als erste gestreckt.

Articulationes interphalangeae

Aufbau

Artikulierende Anteile

Die *Articulationes interphalangeae* sind Scharniergelenke, deren artikulierende Flächen von den gekehlten Rollen der *Capita phalangium* und den mit einer kleinen Leiste versehenen *Basen* der nächstfolgenden *Phalangen* gebildet werden (s. Abb. 6.**23,** 6.**24**). Morphologisch verhalten sich die Gelenke an den einzelnen Fingern ähnlich. Wie an den Fingergrundgelenken werden die artikulierenden Flächen an den Basen der Mittel- und Endphalangen durch eine derbe *Faserknorpelplatte* vergrößert (s. Abb. 6.**120**).

Gelenkkapsel und Bänder

Die dünne und weite *Gelenkkapsel* ist dorsal mit der Dorsalaponeurose verbunden. Palmar wird die Kapsel durch die *Fibrocartilago palmaris* verstärkt, die den Boden der Sehnenscheiden bildet. Seitlich liegen der Gelenkkapsel die *Ligg. collateralia* auf. An den Kollateralbändern der proximalen Interphalangealgelenke lassen sich, wie an den Grundgelenken (s. oben), *zwei*

Faserzüge abgrenzen (s. Abb. 6.**119**). Die Kollateralbänder sind in extremer Beuge- und Streckstellung der Finger maximal angespannt, in Mittelstellung relativ entspannt. Als *Führungsbänder* bei der Beugung und Streckung lassen sie seitliche Bewegungen nicht zu.

Mechanik

Die Interphalangealgelenke sind *Scharniergelenke* mit einem Freiheitsgrad, die eine aktive Flexion erlauben; dabei nimmt die Beugefähigkeit vom 2. bis zum 5. Finger zu. In den distalen Interphalangealgelenken ist die Beugung am Kleinfinger mit etwa 90° am größten. Eine *aktive Streckung* ist in den proximalen Interphalangealgelenken gar nicht, in den *Fingerendgelenken* individuell unterschiedlich bis zu 5° möglich. *Passiv* läßt sich die *Extension* weiterführen. Die Streckung wird im proximalen Interphalangealgelenk durch die seitlich von den Partes cruciformes vaginae tendinum laufenden longitudinalen Bandzüge *(„check ligaments")* in Form einer *„Streckbremse"* verhindert (s. S. 426). Im proximalen Interphalangealgelenk ist eine passive Seitwärtsbewegung möglich. Von der Kapsel der Interphalangealgelenke ragen *meniskoide Falten* in die Gelenkhöhle (Abb. 6.**120**).

Kurze Handmuskeln

Die kurzen Handmuskeln bilden die sogenannten *intrinsischen Muskeln.* Zu ihnen gehören die *Mm. lumbricales* und die *Mm. interossei palmares* und *dorsales.*

Tabelle 6.**9** Kurze Handmuskeln (rein ventrale Handmuskeln)

A. *Innere und äußere Muskeln des Handtellers*	
	Mm. lumbricales (N. medianus und N. ulnaris, C_8–Th_1)
	Mm. interossei palmares (N. ulnaris, C_8–Th_1)
	Mm. interossei dorsales (N. ulnaris, C_8–Th_1)
B. *Muskeln des Hypothenar:*	
	M. opponeus digiti minimi (N. ulnaris, C_8–Th_1)
	M. flexor digiti minimi (N. ulnaris, C_8–Th_1)
	M. abductor digiti minimi (N. ulnaris, C_8–Th_1)
	M. palmaris brevis (N. ulnaris, C_8–Th_1)
C. *Muskeln des Thenar:*	
	M. adductor pollicis (N. ulnaris, C_8–Th_1)
	M. opponens pollicis (N. medianus, C_6–C_8)
	M. flexor pollicis brevis (N. medianus – Caput superficiale, N. ulnaris – Caput profundum, C_6–C_8)
	M. abductor pollicis brevis (N. medianus, C_7–C_8)

Segmentangaben nach *Scheid* 1983

Mm. lumbricales

Gestalt und Lage

Die *Mm. lumbricales* (Abb. 6.**123**) entspringen als kleine, rundliche Muskeln am radialen Rand der vier Sehnen des M. flexor digitorum profundus in deren sehnenscheidenfreiem Bereich. Sie ziehen mit ihren Endsehnen zum radialen Rand des zweiten bis fünften

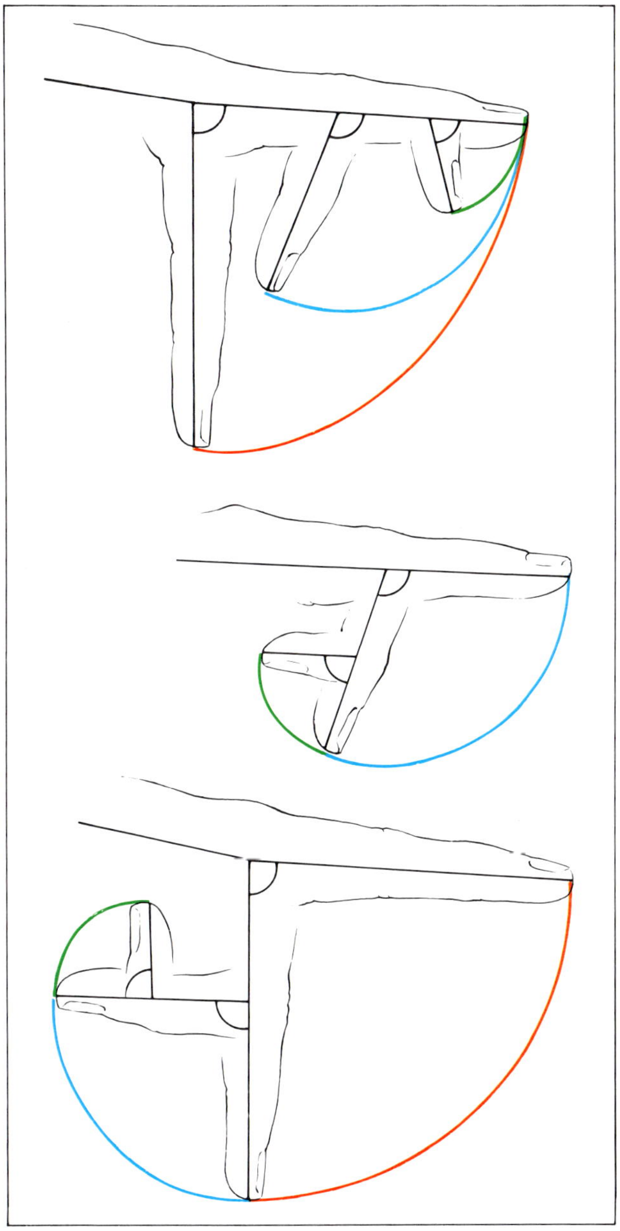

Abb. 6.**122** **Oben:** Bewegungsausmaß der Finger bei Beugung im Grund-, Mittel- und Endgelenk.
Mitte: Bewegungsbahn bei Beugung in Mittel- (blau) und Endgelenk (grün) (s. unten).
Unten: Die Bewegungsbahn bei Beugung der drei Fingergelenke liegt annähernd auf einer Spirale (s. Mitte). Etwa ⅔ des gesamten Bewegungsausmaßes kommen durch die Beugung im Grundgelenk (rot) zustande.
(nach *Littler*)

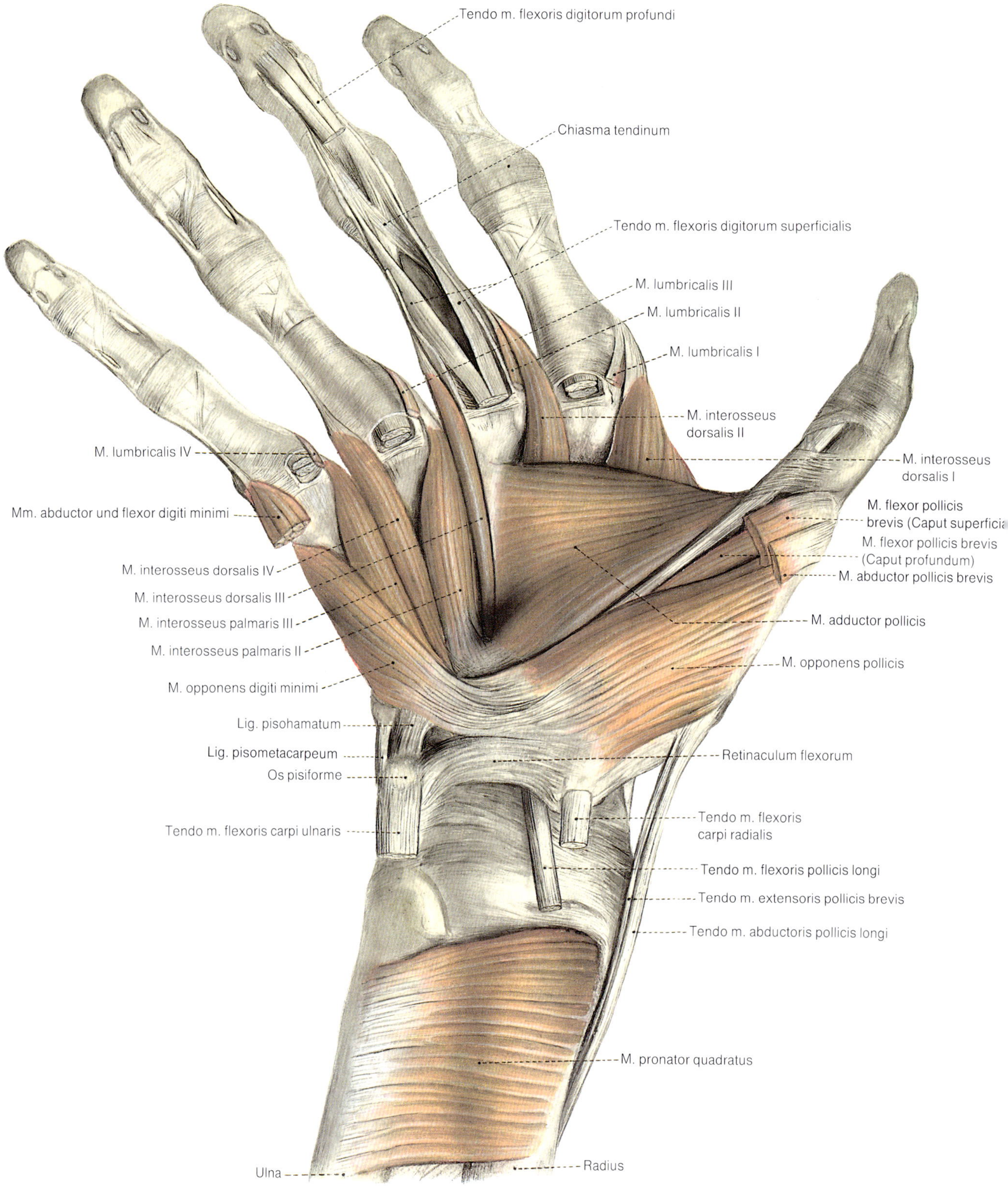

Abb. 6.**123 Muskeln der rechten Hand in der Ansicht von palmar, mittlere Schicht.**

Fingers, wo sie am lateralen Zipfel der Dorsalaponeurose inserieren (s. Abb. 6.**127**). Die Mm. lumbricales II, III und IV entspringen häufig zweiköpfig an den einander zugekehrten Sehnenrändern des M. flexor digitorum profundus (s. unten). Von den vier Mm. lumbricales ist der erste der kräftigste.

Varianten

Als Variante kann der M. lumbricalis I bereits am Unterarm von der Sehne des M. flexor digitorum superficialis entspringen und bei der Passage durch den *Karpalkanal* eine Kompression des N. medianus verursachen. Einzelne Mm. lumbricales können fehlen oder von den Sehnen des M. flexor digitorum superficialis entspringen. Ihre Insertion ist ebenfalls variabel. Es werden zwei Haupttypen unterschieden: 1. Sämtliche Mm. lumbricales gehen auf der Radialseite ihres Fingers in die Dorsalaponeurose über (39%). 2. Von den vier Muskeln inserieren der I., II. und der IV. an der Radialseite des II., III. und V. Fingers. Der M. lumbricalis III ist gespalten und geht mit einer Sehne zum ulnaren Rand des III. und mit einer zweiten Sehne zum radialen Rand des IV. Fingers (ca. 35%). Auch die Zahl der Mm. lumbricales variiert. Ein zusätzlicher Muskel entspringt gelegentlich vom proximalen Teil des M. flexor pollicis longus. Der M. lumbricalis II kann fehlen oder verdoppelt sein.

Funktion und Innervation

Die Mm. lumbricales *beugen* in den *Fingergrundgelenken,* wobei sie als *„Startmuskeln"* gelten. Sie unterstützen die Mm. interossei bei der *Streckung* in den *Interphalangealgelenken* unabhängig von der Stellung der Grundgelenke (s. Abb. 6.**128**). Die Lage ihres Ursprungs ändert sich mit der Bewegung; dadurch wird eine frühzeitige Insuffizienz der Muskeln vermieden. Die Mm. lumbricales I und II werden vom *N. medianus,* die Mm. lumbricales III und IV vom *N. ulnaris* innerviert (C_8–Th_1).

Mm. interossei

Gestalt und Lage

In der Tiefe der Hohlhand werden die Spatia interossea von den *Mm. interossei* ausgefüllt, die sich anatomisch und funktionell in drei *Mm. interossei palmares*

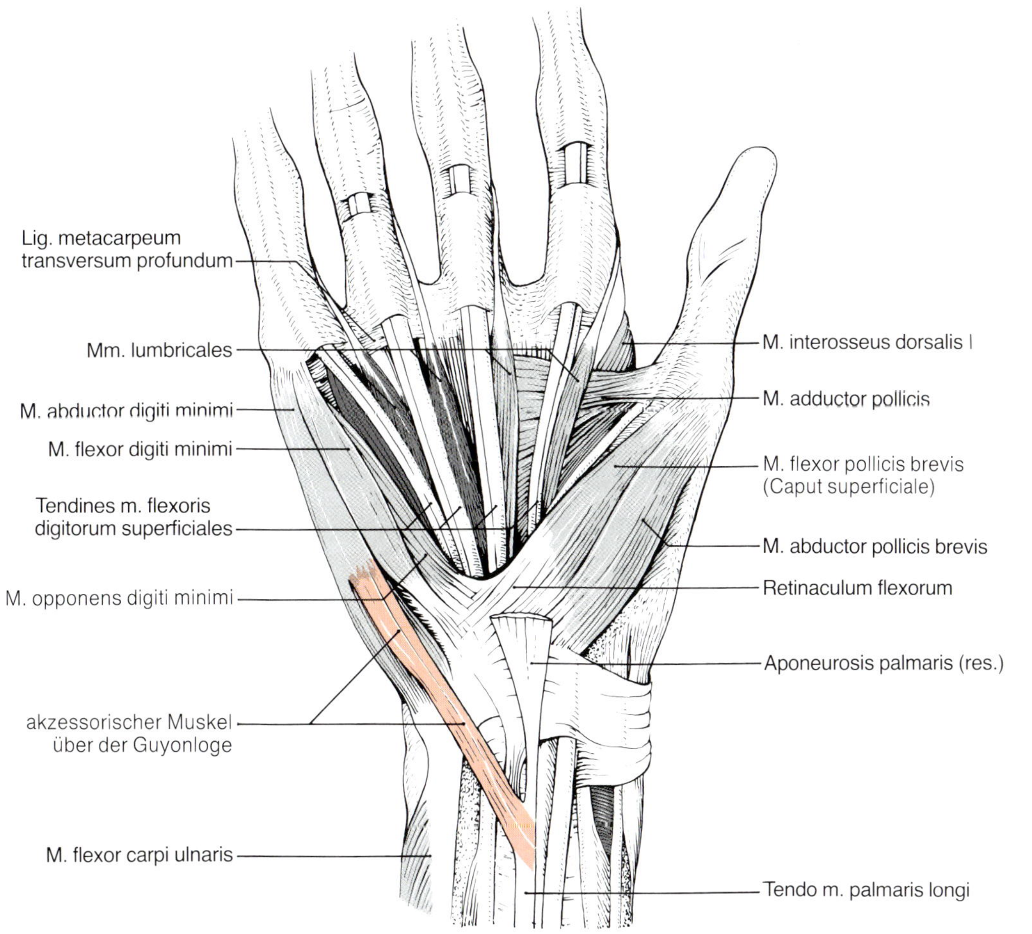

Abb. 6.**124** **Muskeln der rechten Hand in der Ansicht von palmar.** Von der Sehne des M. palmaris longus zieht ein akzessorischer Muskel über die Guyonloge in den Hypothenar.
(Präparat der Sammlung des Anatomischen Institutes, Kiel)

und vier *Mm. interossei dorsales* gliedern (Abb. 6.**125**, 6.**130**). Die *Mm. interossei palmares* liegen unmittelbar unter der tiefen Hohlhandfaszie und entspringen am Os metacarpale; ihr Ansatz liegt am zugehörigen Finger: Der *M. interosseus palmaris I* kommt von der Ulnarseite des Os metacarpale II und strahlt in den ulnaren Zipfel der Dorsalaponeurose des Zeigefingers ein. Der *M. interosseus palmaris II* entspringt an der radialen Fläche des Os metacarpale IV, der *M. interosseus palmaris III* von der radialen Fläche des Os metacarpale V. Die Mm. interossei palmares II und III inserieren am radialen Zipfel der *Dorsalaponeurose* des Ring- und des Kleinfingers (s. Abb. 6.**130**).

Die Sehnen der Mm. interossei palmares strahlen fächerartig auseinander und ziehen proximal in transversaler Richtung auf die Dorsalfläche der Grundphalanxbasis. Die von ulnar und radial kommenden Ansatzfasern breiten sich auf dem Fingerrücken aponeurotisch als sogenannte *Interosseuszügel* aus (Abb. 6.**126**). Unter der Sehnenplatte liegt ein *Schleimbeutel*. Die distalen, weit stärkeren Fasern bilden den Rand der Streckaponeurose. Sie ziehen schräg nach distal zur Kapsel des Mittelgelenks und setzen durch deren Vermittlung an der Basis der Mittelphalanx an. Tiefe Fasern gehen auf den Rücken der Mittelphalanx über und erreichen die Endphalanx (s. Abb. 6.**127**).

Die *vier Mm. interossei dorsales* entspringen zweiköpfig von den einander zugekehrten Seitenflächen zweier Mittelhandknochen (s. Abb. 6.**126**). Die *Mm. interossei dorsales I* und *II* ziehen von radial in die Dorsalaponeurose des Zeige- und Mittelfingers, die *Mm. interossei dorsales III* und *IV* inserieren am ulnaren Rand des Mittel- und Ringfingers. Das Verhalten ihrer Endsehnen zur Dorsalaponeurose ist wie bei den Mm. interossei palmares (s. Abb. 6.**129**).

Funktion und Innervation

Funktionell gruppieren sich die Mm. interossei mit ihren Ansätzen um eine *dorso-palmare Achse*, die durch den Mittelfinger verläuft. Der Mittelfinger wird dabei durch die Mm. interossei dorsales II und III stabilisiert. Die Ansätze der Mm. interossei dorsales konvergieren zur Achse, die Ansätze der Mm. interossei palmares divergieren von der Achse. Die *Mm. interos-*

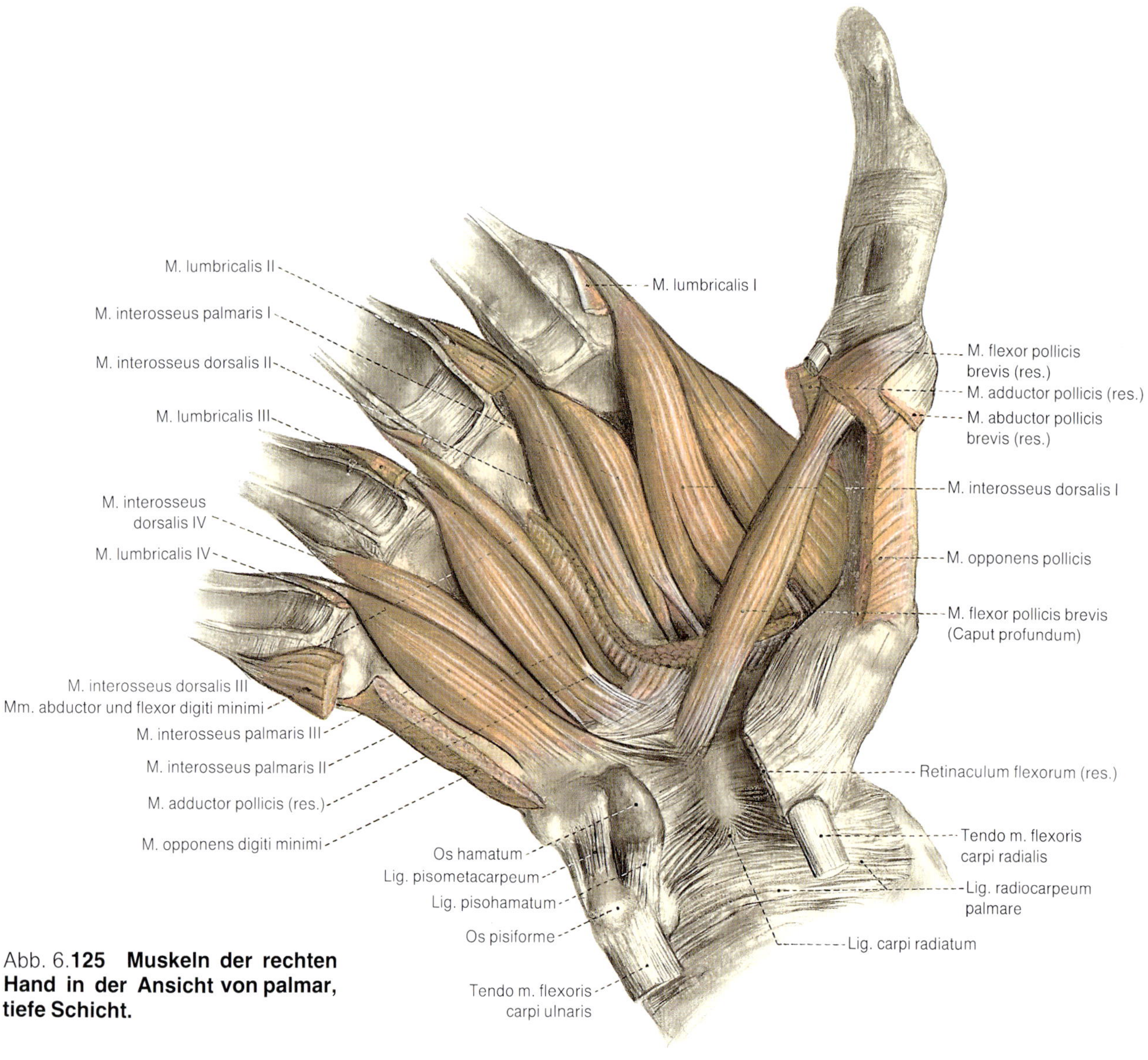

Abb. 6.125 **Muskeln der rechten Hand in der Ansicht von palmar, tiefe Schicht.**

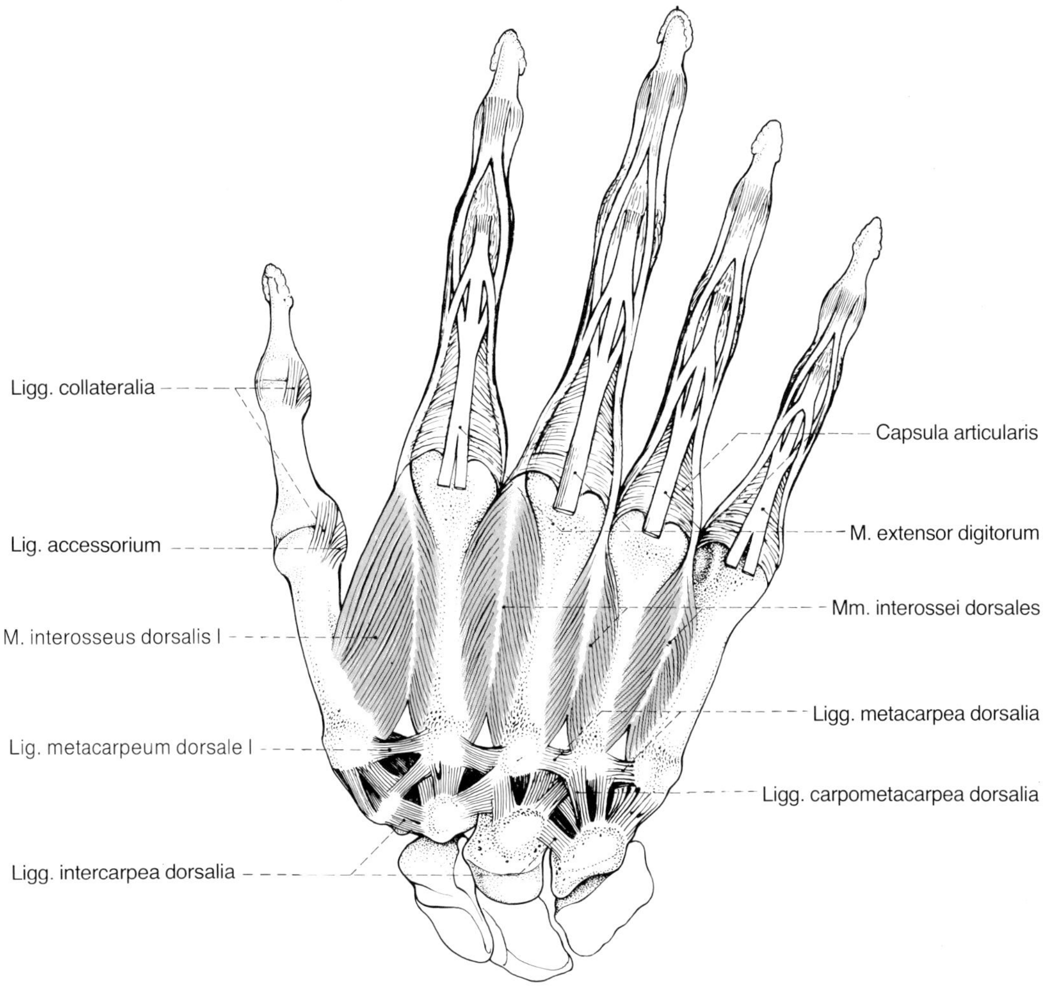

Abb. 6.**126 Rechte Hand in der Ansicht von dorsal.**
Mm. interossei dorsales, Dorsalaponeurose.
Die Sehnen des M. extensor digitorum strahlen mit einem tiefen Anteil in die Gelenkkapsel des Grundgelenks (hier nicht sichtbar). Über der Grundphalanx teilen sie sich in einen mittleren und zwei seitliche Anteile. Das mittlere Bündel inseriert an der Basis der Mittelphalangen. Die seitlichen Sehnenanteile vereinigen sich über dem Endgelenk und inserieren an den Basen der Endphalangen. Die Sehnen der Mm. interossei strahlen sowohl in den mittleren als auch in die seitlichen Zügel der Extensorensehnen. Man beachte das Lig. metacarpeum dorsale I als „Schlüsselband" des Daumensattelgelenks.

sei palmares sind *Adduktoren;* sie führen den Zeige-, Ring- und Kleinfinger zum Mittelfinger. Die *Mm. interossei dorsales* sind *Abduktoren.* Gemeinsam mit dem M. abductor pollicis brevis (s. unten) und dem M. abductor digiti minimi (s. unten) spreizen sie die Finger. Wirken Mm. interossei palmares und dorsales gemeinsam, *beugen* sie die *Grundphalangen* und *strekken* gleichzeitig die *Mittel-* und *Endphalangen.* Diese Funktion führen sie mit den Mm. lumbricales aus (s. oben) (Abb. 6.**128**). Mit zunehmender Beugung im Grundgelenk wird die Streckwirkung der Mm. interossei in den Mittel- und Endgelenken der Finger schwächer.
Die Mm. interossei werden von Ästen des *Ramus profundus n. ulnaris* innerviert (C_8–Th_1).

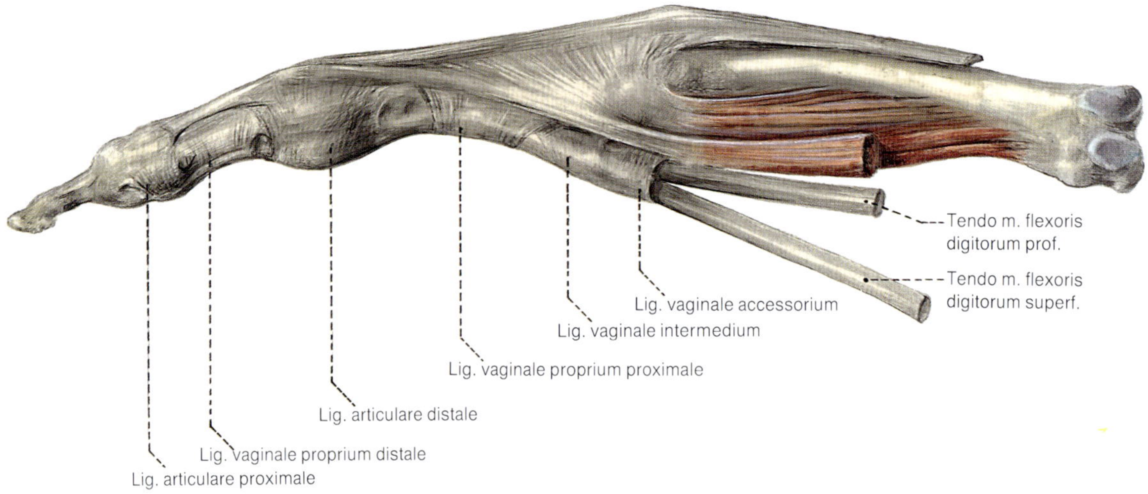

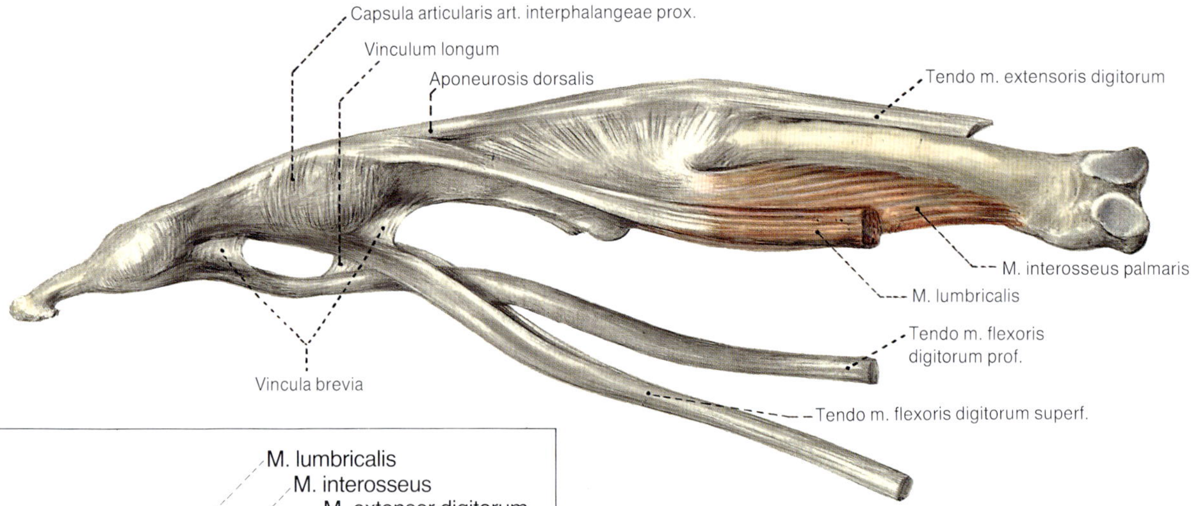

Abb. 6.**127** **Mittelhandknochen und Phalangen des Ringfingers der rechten Hand in der Ansicht von radial.** Muskeln, Sehnen, Sehnenscheiden, Gelenkkapseln.

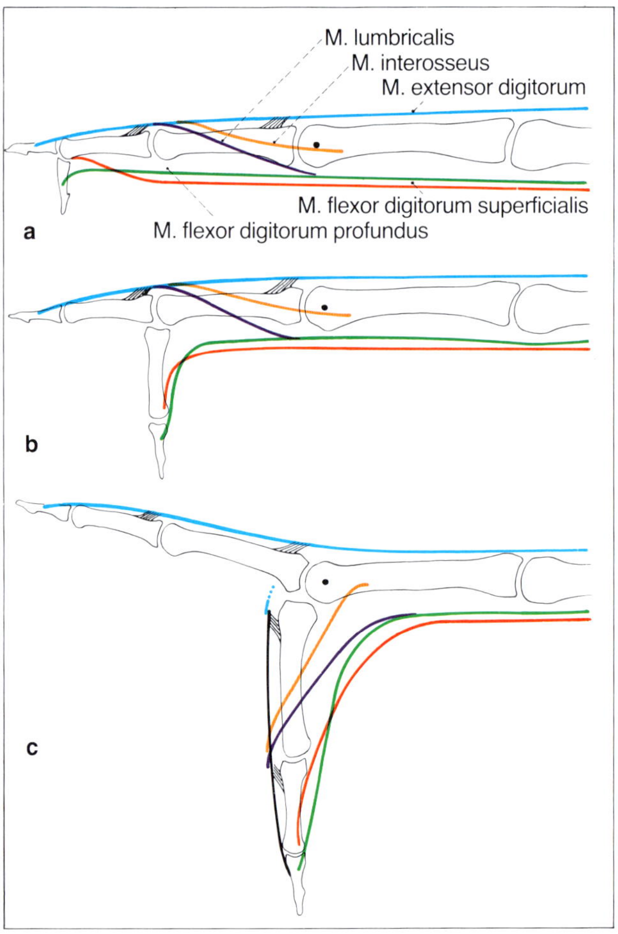

Abb. 6.**128** **Verlauf und Wirkung der Fingermuskeln** (schematische Darstellung).

a Beugung im Endgelenk durch den M. flexor digitorum profundus. Streckung des End- und Mittelgelenks durch die Mm. interossei und lumbricales sowie den M. extensor digitorum.

b Beugung im Mittelgelenk durch den M. flexor digitorum superficialis und durch den M. flexor digitorum profundus.

c Beugung im Grundgelenk durch die Mm. interossei und lumbricales sowie durch die Mm. flexores digitorum. Streckung durch den M. extensor digitorum.

Kurze Muskeln des Kleinfingers

Der *Kleinfingerballen, Hypothenar,* besteht aus drei Muskeln, die dem Kleinfinger eine gewisse Selbständigkeit verleihen.

M. abductor digiti minimi

Gestalt und Lage

Der *M. abductor digiti minimi* (s. Abb. 6.**101,** 6.**105**) liegt unmittelbar unter der Haut und ruft vorwiegend den Wulst des Kleinfingerballens hervor. Er entspringt von der Sehne des M. flexor carpi ulnaris, dem Os pisiforme, dem Lig. pisohamatum sowie dem Retinaculum flexorum und inseriert am ulnaren Rand der Basis der Grundphalanx des Kleinfingers (Abb. 6.**129**).

Varianten

Der Muskel kann fehlen oder mit dem M. flexor digiti minimi verschmolzen sein. Überzählige Muskelbäuche, die gelegentlich vom Unterarm kommen, können den Ramus profundus n. ulnaris komprimieren.

Funktion

Der Muskel *abduziert* den gestreckten Kleinfinger und *beugt* bei gemeinsamer Wirkung mit dem M. interosseus palmaris III im *Kleinfingergrundgelenk* und *streckt* im *Mittel-* und *Endgelenk.*
(Innervation, s. unten)

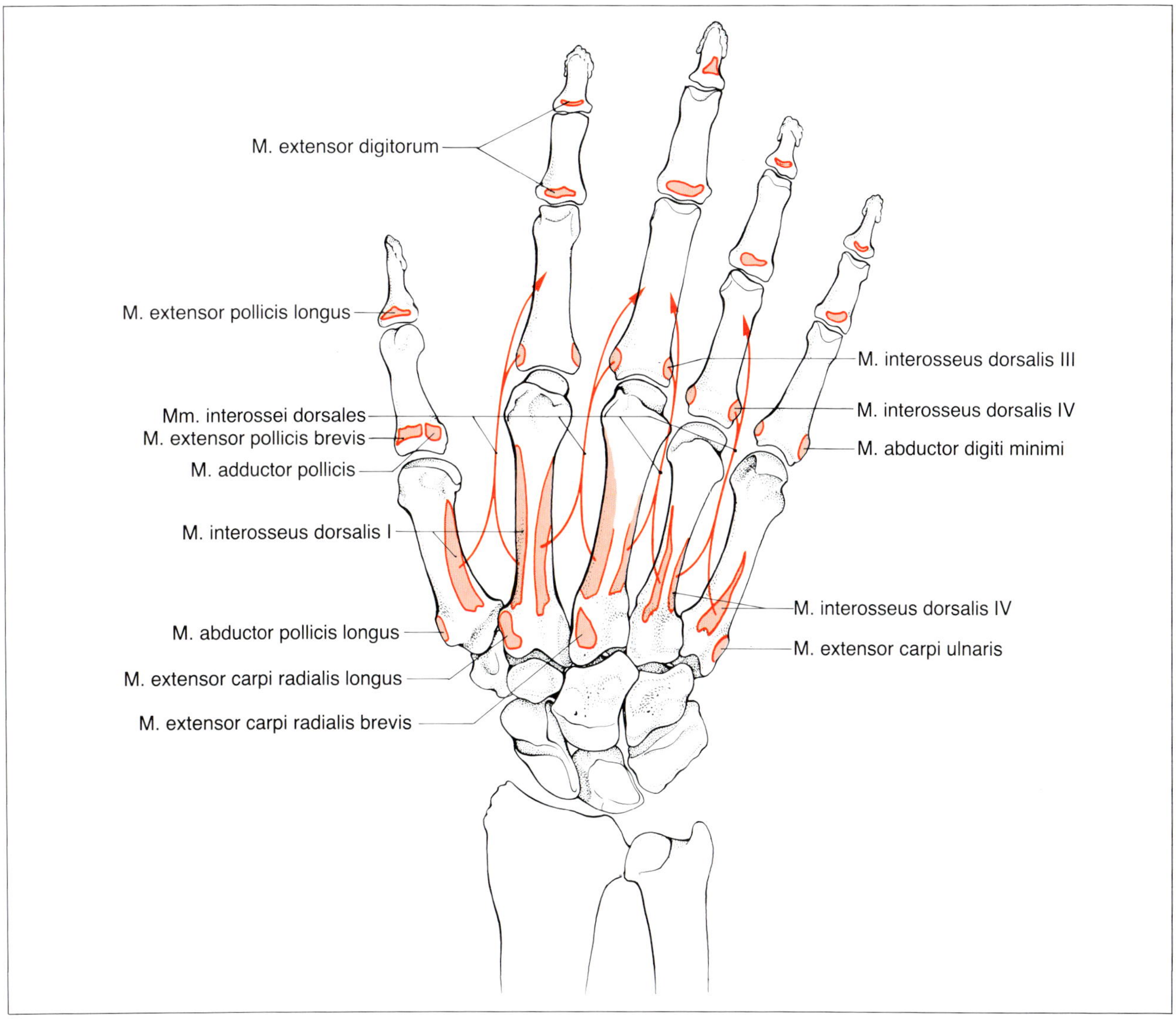

Abb. 6.**129** **Muskelursprünge und -ansätze an den Knochen der rechten Hand. Dorsalseite.**

M. opponens digiti minimi

Gestalt und Lage

Der *M. opponens digiti minimi* wird vom M. flexor digiti minimi brevis bedeckt. Er entspringt am Hamulus ossis hamati sowie am Retinaculum flexorum und setzt am ulnaren Rand des Os metacarpale V an (s. Abb. 6.**123**, 6.**129**, 6.**130**).

Funktion

Der Muskel *dreht* den Kleinfinger im Karpometakarpalgelenk um die Längsachse des Mittelhandknochens in eine Supinationsstellung *(Oppositionsstellung)*. (Innervation, s. unten)

M. flexor digiti minimi brevis

Gestalt und Lage

Der *M. flexor digiti minimi brevis* grenzt radial an den M. abductor digiti minimi, von dem er in seinem Ursprungsbereich nur schwer zu trennen ist. Der kurze Kleinfingerbeuger kommt vom Hamulus ossis hamati und vom Retinaculum flexorum. Er zieht schräg nach distal-ulnar und inseriert an der Basis der Grundphalanx (s. Abb. 6.**101**, 6.**124**, 6.**129**, 6.**130**).

Funktion

Der M. flexor digiti minimi brevis *beugt* den Kleinfinger im *Grundgelenk*.
(Innervation, s. unten)

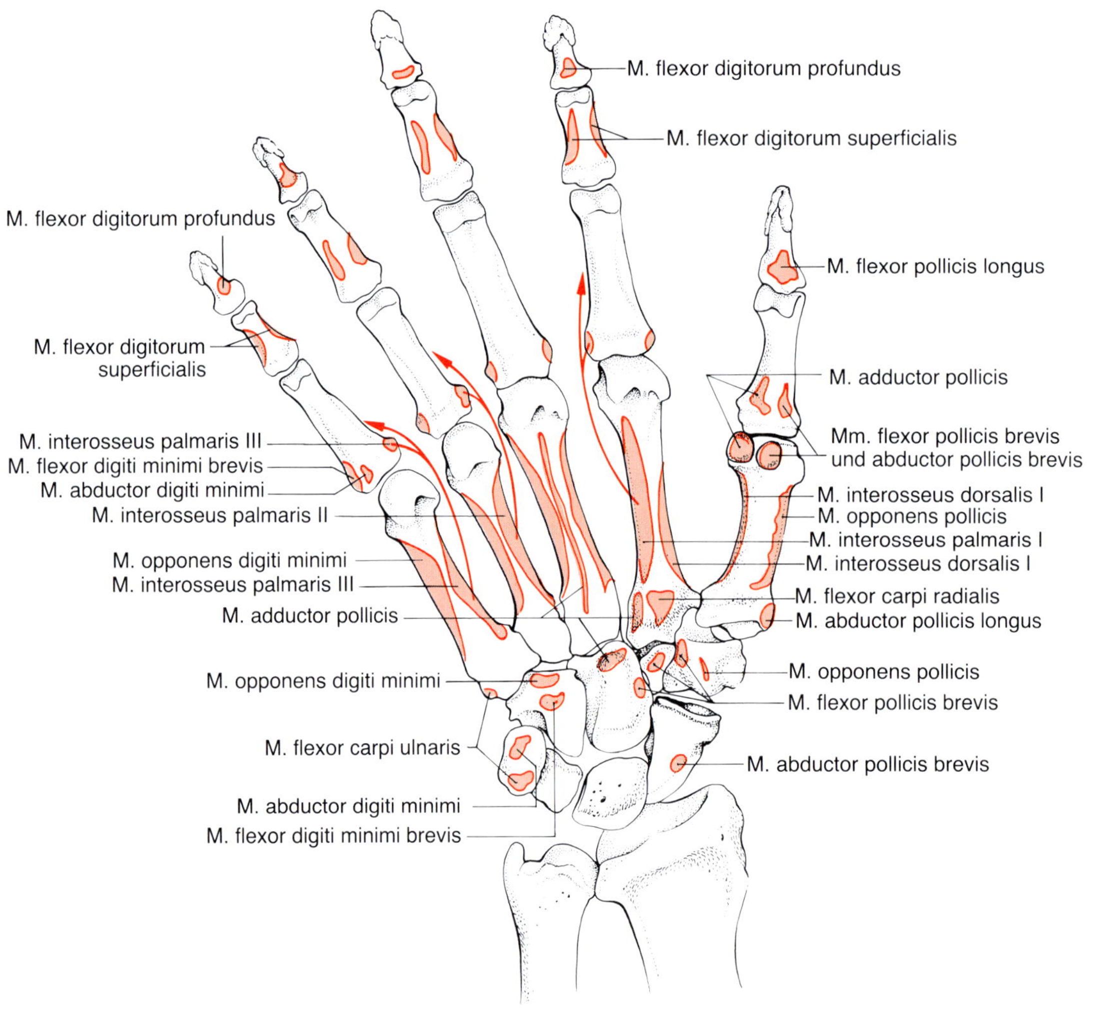

Abb. 6.**130** **Muskelursprünge und -ansätze an den Knochen der rechten Hand. Palmarseite.**

M. palmaris brevis

Gestalt und Lage

Der *M. palmaris brevis* (s. Abb. 6.**105**) ist ein Hautmuskel, der am ulnaren Rand der Palmaraponeurose entspringt und in die Haut des Hypothenar einstrahlt. Er zieht palmar-distal über die *Guyonloge,* in deren fettreichem, lockerem Bindegewebe die Vasa ulnaria und der N. ulnaris liegen (s. S. 412). Der Muskel soll eine Schutzfunktion für die Leitungsbahnen haben.

Innervation der Kleinfingermuskeln

Der M. palmaris brevis wird vom *R. superficialis n. ulnaris* innerviert. Die übrigen kurzen Kleinfingermuskeln versorgt der *R. profundus n. ulnaris* (C_8–Th_1).

Zusammenfassende Darstellung der Funktion der Fingermuskeln

Bewegung und Stellung der Finger sind vom Zusammenwirken der an ihnen ansetzenden Muskelgruppen abhängig. Man unterscheidet funktionell drei Muskelsehnenzügel: die *longitudinalen Streck-* und *Beugezügel* sowie den schrägen *Interosseus-Lumbrikaliszügel.* Wird das Kräftegleichgewicht innerhalb des Systems (z. B. durch Verletzungen oder Entzündungen) gestört, kommt es zu *Stellungsanomalien* und *Bewegungseinschränkungen* der Finger (z. B. bei Dupuytrenscher Kontraktur oder rheumatischen Erkrankungen).
Die *Bewegungen* der Finger werden von verschiedenen Faktoren beeinflußt, so z. B. von Mitbewegungen und Haltung der Nachbarfinger sowie von der Stellung der Hand in den Handgelenken. Die Connexus intertendinei am Dorsum manus schränken die Streckung der Finger ein. Die in den „Schwimmhäuten" liegenden Ligg. metacarpea transversa superficialia hemmen eine maximale Beugung der Finger. Der Zeigefinger ist relativ frei beweglich, da seine Strecksehne nur ulnar durch einen Connexus intertendineus und ein Lig. metacarpeum transversum superficiale mit dem Mittelfinger verbunden ist. Er hat außerdem einen zusätzlichen Streckmuskel, *M. extensor indicis.* Der Ringfinger hingegen, dessen Strecksehne auf beiden Seiten durch einen Connexus intertendineus fixiert ist, verfügt nur über eine geringe isolierte Streckfähigkeit.
Der *M. extensor digitorum* kann theoretisch alle drei Fingergelenke strecken. Am stärksten ist seine Wirkung auf das *Grundgelenk,* besonders in Beugestellung der beiden Interphalangealgelenke. Diese Haltung nehmen die Finger bei Lähmung des R. profundus n. ulnaris ein, die einen Ausfall der Mm. interossei zur Folge hat. *Mittel-* und *Endgelenke* der Finger werden vorwiegend von den *Mm. interossei und lumbricales* gestreckt, die ihre Wirkung durch Vermittlung der Dorsalaponeurose ausüben. Von den langen Flexoren wirkt der *M. flexor digitorum superficialis* unmittelbar, der *M. flexor digitorum profundus* nur indirekt durch Vermittlung der Digitalsehnenscheide auf das *Mittelgelenk.* Das *Endgelenk* wird vom *M. flexor digitorum profundus* allein gebeugt. Die Beugung im *Fingergrundgelenk* ist vorwiegend Funktion der *kurzen Handmuskeln.* Die Mm. lumbricales wirken dabei als *„Startmuskeln".* Die langen Flexoren unterstützen die Flexion.
Spreizen *(Abduktion)* und Aneinanderlegen *(Adduktion)* der Finger sind Funktionen der kurzen Handmuskeln (s. S. 435).

Daumen, Pollex

Der Daumen nimmt unter den Fingern eine *Sonderstellung* ein, da er in seinen Bewegungen weitgehend unabhängig von den übrigen Fingern ist. Durch die freie Beweglichkeit im 1. Karpometakarpalgelenk kann der Daumen den übrigen Fingern gegenübergestellt werden; diese *Oppositionsbewegung* des Daumens ist Voraussetzung für differenzierte *Greifbewegungen* (s. S. 423).

Daumengelenke, Articulationes pollicis Articulatio carpometacarpea pollicis

Aufbau

Artikulierende Anteile

Artikulierende Skelettelemente des *Daumensattelgelenks* sind das *Os trapezium* und die *Basis des Os metacarpale I* (Abb. 6.**23**, 6.**24**, 6.**106**). Die sattelförmigen Gelenkflächen stehen in der Weise miteinander in Kontakt, daß die konvexe Seite der einen in die konkave der anderen hineinpaßt und umgekehrt. Die Gelenkfläche des Os trapezium ist dorso-palmar konvex und radio-ulnar konkav. Umgekehrt verhalten sich die Krümmungen an der Basis des Os metacarpale I.

Gelenkkapsel und Bänder

Die Gelenkkapsel des Daumensattelgelenks ist weit. An den Stellen, wo der Gelenkkapsel keine Sehnen anliegen, wird sie dorsal und palmar durch Bänder verstärkt, die zwischen Os trapezium und Os metacarpale I ziehen *(Ligg. trapezio-metacarpalia palmare und dorsale)* (s. Abb. 6.**109**, 6.**110**).
Zur Kapsel der Articulatio carpometacarpea pollicis zieht ferner das *Lig. metacarpeum dorsale I* (s. Abb. 6.**126**), das von der radialen Seite der Basis des Os metacarpale II entspringt und sich in zwei

Schenkel aufteilt, die in die ulnare und palmare Kapselwand einstrahlen. Dem Band wird eine „*Schlüsselstellung*“ am Daumensattelgelenk zugesprochen. Seine funktionelle Bedeutung besteht in einer Sicherung und passiven *Führung* der Bewegungen. In Neutral-0-Stellung des Gelenks ist das Band locker. Bei Extension, Flexion und besonders bei Rotation ist jeweils ein Schenkel angespannt. Die Oppositionsbewegung wird durch seinen dorsalen Anteil gezügelt. In der Abduktionsstellung ist das gesamte Band gestrafft. Das Lig. metacarpeum dorsale I verhindert eine Verschiebung des Os metacarpale I nach radial.

Mechanik

Im Daumensattelgelenk können *Flexion* und *Extension, Abduktion* und *Adduktion* sowie *Rotation* ausgeführt werden (Abb. 6.**132**). Die Ab- und Adduktionsachse verläuft dorso-palmar, die Flexions- und Extensionsachse quer durch die Sattelschenkel des Os trapezium (Abb. 6.**131**). Bei Flexion und Extension sowie bei Ab- und Adduktion besteht zwischen den Gelenkkörpern ein inniger Gelenkflächenkontakt. Das Daumensattelgelenk läßt mit einem 3. Freiheitsgrad eine *Rotationsbewegung* zu; diese ist nur unter Aufhebung des kongruenten Gelenkflächenschlusses möglich. Bei der Rotation gleiten die Sattelschenkel des Os metacarpale I auf die Sattelschenkel des Os trapezium (s. Abb. 3.**61**). In der Endstellung ist die kraftaufnehmende Fläche sehr klein und die Beanspruchung des Gelenks in diesem Areal sehr hoch (s. S. 118). Die Rotation des Daumens ist zwangsläufig mit anderen Bewegungen gekoppelt (s. unten).

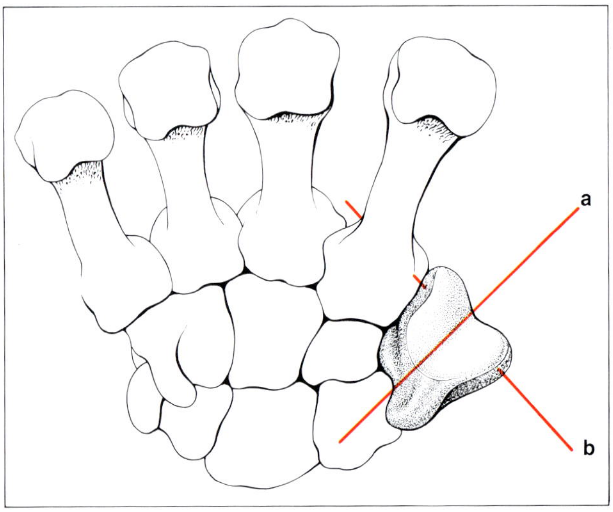

Abb. 6.**131** **Achsen für die Hauptbewegungen des Daumensattelgelenks.**
a Ab- und Adduktionsachse,
b Extensions- und Flexionsachse.
(nach *Koebke*)

Die Rotationsmöglichkeit im Daumensattelgelenk ist Voraussetzung für die *Opponierbarkeit* des Daumens. Bei der Opposition wird der Daumen in der Weise nach ulnar geführt, daß am Ende der Bewegung die Kuppe des Daumenendgliedes die Kuppe des Kleinfingers berührt (Abb. 6.**132**). (Die Definitionen der Oppositionsbewegung weichen im anatomischen und im klinischen Schrifttum voneinander ab.) Die *Oppositionsbewegung* wird durch eine Extension und Abduktion des Daumens eingeleitet; anschließend macht der Daumen eine Kombinationsbewegung, die sich aus Flexion, Adduktion und Innenrotation zusammensetzt. In endständiger Opposition hat das *Os metacarpale I* eine *Drehung* von etwa 30° im Sinne einer Pronation (Einwärtsdrehung) gemacht. Das Zurückführen des opponierten Daumens wird als *Reduktion* bezeichnet.

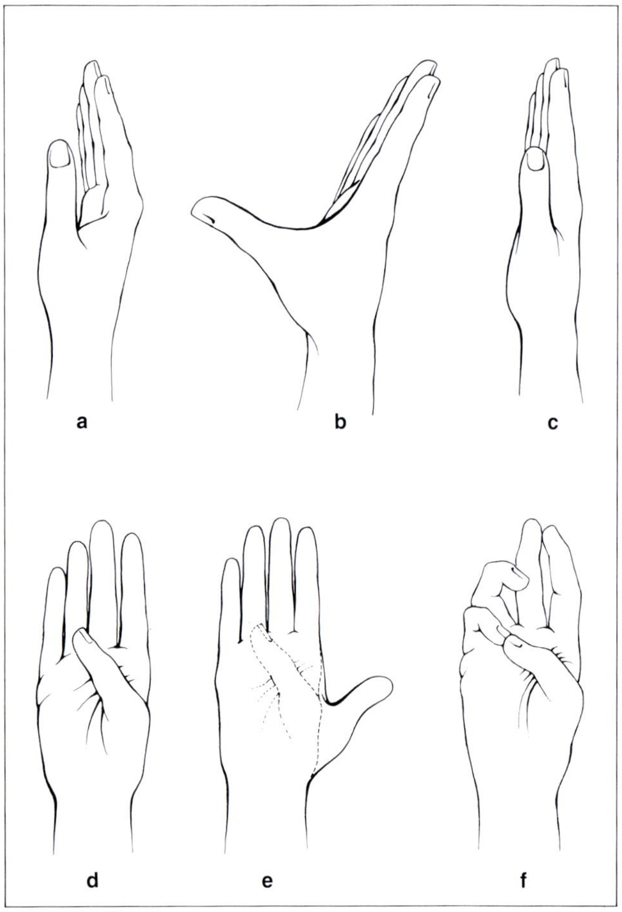

Abb. 6.**132** **Bewegungen des Daumens im Daumensattelgelenk.**
a Neutral-0-Stellung, **b** Abduktion, **c** Adduktion, **d** Flexion, **e** Extension, **f** Opposition. In der Oppositionsendstellung hat der Daumen im Daumensattelgelenk eine kombinierte Bewegung aus Flexion, Adduktion und Rotation ausgeführt. Außerdem kommt es zu einer leichten Beugung im Daumengrund- und Endgelenk sowie zu einer leichten radialen Abduktion und Rotation (Pronation) im Daumengrundgelenk. (nach *Debrunner*).

Articulatio metacarpophalangea pollicis

Aufbau und Mechanik

Das *Daumengrundgelenk, Articulatio metacarpophalangea pollicis* (s. Abb. 6.**23**, 6.**24**), unterscheidet sich morphologisch und funktionell von den Grundgelenken der übrigen Finger. Es wird aufgrund seiner Gelenkflächenkonturen als *Kondylen-* oder als *Eigelenk* beschrieben. Es sind *zwei Hauptbewegungen, Flexion* und *Extension,* sowie *Seitwärtsbewegungen* möglich. Außerdem soll im Daumengrundgelenk, unabhängig von der Opposition des Daumens, eine *aktive Rotation* möglich sein. Greifen und Halten eines Gegenstandes mit der Palmarseite des Daumens sind erst möglich, wenn im Grundgelenk gebeugt, seitwärts gekippt und leicht einwärts gedreht wird. Die *Gelenkkapsel* des Daumengrundgelenks ist sehr weit, so daß dorsal und palmar Recessus entstehen. Die Kapsel wird dorsal durch die Sehnen der Mm. extensores pollicis longus und brevis verstärkt. Seitlich ziehen *Kollateralbänder* (s. Abb. 6.**109**), von denen das ulnare kürzer ist als das radiale. Die Bänder sind in Beugestellung des Gelenks maximal gespannt. Von der palmaren Seite der Grundphalanxbasis ziehen *Faserknorpelplatten* nach proximal, in die ein ulnares und ein radiales *Sesambein* eingelagert sind (Abb. 6.**133**). Von den Sesambeinen ziehen sich überkreuzende und longitudinal verlaufende Verstärkungszüge zur Basis der Grundphalanx; sie gehören teilweise zu den Ansatzfaserbündeln der Sehnen der Mm. flexor pollicis brevis et adductor pollicis (s. unten), in die die Sesambeine eingelagert sind.

Articulatio interphalangea pollicis

Aufbau und Mechanik

Das *Interphalangealgelenk* des Daumens ist, wie bei den übrigen Fingern, ein *Scharniergelenk*. Die aktive Beugung beträgt 75–80°, aktive *Streckung* ist um 5–10° möglich. Das Gelenk kann, individuell unterschiedlich, passiv aber auch aktiv weit überstreckt werden. Aufgrund der Asymmetrie der Gelenkrollen führt die distale Phalanx bei der Beugung gleichzeitig eine leichte pronatorische *Rotation* von 5–10° aus. Die Bewegungen werden durch die *Kollateralbänder* (s. Abb. 6.**109**) geführt.

Kurze Daumenmuskeln

M. abductor pollicis brevis

Gestalt und Lage

Der *M. abductor pollicis brevis* (s. Abb. 6.**105**, 6.**116**) liegt direkt unter der Haut des Thenar, dessen Wölbung er im wesentlichen hervorruft. Der Muskel entspringt am Tuberculum ossis scaphoidei sowie am Retinaculum flexorum und setzt über das radiale Sesambein an der Grundphalanx des Daumens an (Abb. 6.**130**, 6.**133**).

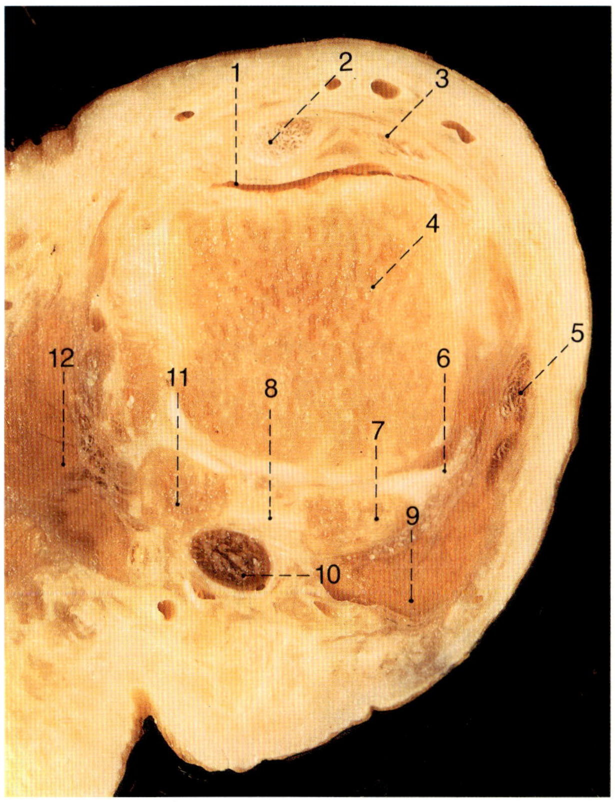

Abb. 6.**133** **Querschnitt durch den rechten Daumen eines Mannes im Bereich des Metakarpalkopfes.**

1 Gelenkhöhle der Articulatio metacarpophalangea pollicis
2 Sehne des M. extensor pollicis longus
3 Sehne des M. extensor pollicis brevis
4 Caput ossis metacarpi I
5 Sehne des M. abductor pollicis brevis
6 Gelenkkapsel
7 Radiales Sesambein
8 Querband zwischen den Sesambeinen
9 M. flexor pollicis brevis, Caput superficiale
10 Sehne des M. flexor pollicis longus
11 Ulnares Sesambein, man beachte die gelenkige Verbindung mit dem Metakarpalkopf
12 M. adductor pollicis

Funktion und Innervation

Er *abduziert* den Daumen und unterstützt damit die Wirkung des M. abductor pollicis longus.
Der Muskel wird vom *N. medianus* (C_6–C_7) innerviert.

M. opponens pollicis

Gestalt und Lage

Der *M. opponens pollicis* (s. Abb. 6.**123**) wird größtenteils vom M. abductor pollicis brevis überlagert, mit dem er gemeinsame Ursprünge am Tuberculum ossis trapezii und am Retinaculum flexorum hat. Er setzt am gesamten radialen Rand des Os metacarpale I an, wobei er auf die Dorsalfläche des Knochens übergreift (Abb. 6.**129**, 6.**130**).

Funktion und Innervation

Der M. opponens pollicis kann den 1. Mittelhandknochen bei der *Opposition* um seine Längsachse drehen; außerdem beugt und adduziert er den Daumen.
Der Muskel wird vom *N. medianus* (C_6–C_7) innerviert.

M. flexor pollicis brevis

Gestalt und Lage

Der M. flexor pollicis brevis (s. Abb. 6.**101,** 6.**105,** 6.**123,** 6.**125**) ist zweiköpfig. Sein *Caput superficiale* entspringt am Retinaculum flexorum, sein *Caput profundum* am Os trapezium, am Os capitatum, am Os trapezoideum und an der Basis des Os metacarpale I. Der Muskel inseriert am radialen Sesambein und an der Grundphalanx. Zwischen beiden Köpfen verläuft die Sehne des M. flexor pollicis longus (s. Abb. 6.**123**).

Funktion und Innervation

Der M. flexor pollicis brevis *beugt* im *Daumensattelgelenk* sowie im *Grundgelenk* und *adduziert* das Os metacarpale I mit seinem *tiefen Kopf.* Sein *oberflächlicher Kopf* kann die *Abduktion* unterstützen. Der gesamte Muskel ist an der *Oppositionsbewegung* beteiligt.
Der *oberflächliche Kopf* des Muskels wird vom *N. medianus,* der *tiefe Kopf* vom *R. profundus n. ulnaris* innerviert (C_7–Th_1).

M. adductor pollicis

Gestalt und Lage

Der *M. adductor pollicis* (s. Abb. 6.**123**) ist der kräftigste Muskel des Daumenballens. Er liegt in der Tiefe direkt den Mm. interossei der beiden ersten Interkarpalräume auf und wird von der *Thenarfaszie* (s. S. 409) eingeschlossen. Er hat *zwei Köpfe,* zwischen denen der Arcus palmaris profundus und der R. profundus n. ulnaris verlaufen. Sein *Caput transversum* entspringt an der Diaphyse des Os metacarpale III, sein *Caput obliquum* an der Basis der Ossa metacarpalia II und III, am Os capitatum und am Lig. carpi radiatum. Der M. adductor pollicis inseriert über das ulnare Sesambein der Articulatio metacarpophalangea pollicis an der Basis der Grundphalanx und an der Gelenkkapsel (s. Abb. 6.**129,** 6.**130**).

Funktion und Innervation

Der Muskel *adduziert* den Daumen und unterstützt die *Opposition;* außerdem wirkt er auf das Grundgelenk des Daumens als *Beuger.*
Der M. adductor pollicis wird vom *R. profundus n. ulnaris* innerviert (C_8–Th_1).

Literatur

Bardeen, C. H. R.: Die Entwicklung des Skeletts und des Bindegewebes. In Keibel, F., F. P. Mall: Handbuch der Entwicklungsgeschichte des Menschen. Hirzel, Leipzig 1910 (S. 296–456)

Bartz, B., B. Tillmann, A. Schleicher: Stress in the human elbow joint. II. Proximal radio-ulnar joint. Anat. Embryol. 169 (1984) 309–318

Basmajian, J. V.: The surgical anatomy and function of the arm-trunk mechanism. Surg. Clin. N. Amer. 43 (1963) 1471–1482

Basmajian, J. V.: Electromyography – Dynamic gross anatomy: A review. Amer. J. Anat. 159 (1980) 245–260

Basmajian, J. V., W. R. Griffin jr.: Function of anconeus muscle, an electromyografic study. J. Bone Jt. Surg. 54 A (1972) 1712–1714

Bateman, J. E.: The Shoulder and Neck, 2nd ed. Saunders, Philadelphia 1978

Bojsen-Møller, F., L. Schmidt: The palmar aponeurosis and the central spaces of the hand. J. Anat. 117 (1974) 55–68

Brade, A., J. Koebke: Probleme der veralteten distalen Radiusfrakturen. Orthop. Prax. 9 (1979) 727–729

Broome, H. L., J. V. Basmajian: The function of the teres major muscle: An electromyographic study. Anat. Rec. 170 (1971) 309–310

Bunnell, S.: Opposition of the thumb. J. Bone Jt. Surg. 20 (1938) 1072

Bunnell, S.: Surgery of the Hand, 3. Aufl. Lippincott, Philadelphia 1956

Debrunner, H. U.: Orthopädisches Diagnostikum, 3. Aufl. Thieme, Stuttgart 1978, 4. Aufl. 1982

de Duca, C. J., W. J. Forrest: Force analysis of individual muscles acting simultaneously on the shoulder joint during isometric abduction. J. Biomech. 6 (1973) 385–393

Delattre, J. F., A. Ducasse, J. B. Flamant, C. Kénési: The mechanical role of the digital fibrous sheath: Application to reconstructive surgery of the flexor tendons. Anat. Clin. 5 (1983) 187–197

Dihlmann, W.: Gelenke, Wirbelverbindungen. Klin. Radiologie, 2. Aufl. Thieme, Stuttgart 1982

Doody, S., J. C. Waterland: Shoulder movements during abduction in the scapular plane. Arch. phys. Med. 51 (1970) 595–604

Fisher, D. M., S. Elliott, T. D. V. Cooke, W. J. Forrest: Descriptive anatomy of fibrocartilaginous menisci in the finger joints of the hand. J. orthop. Res. 3 (1985) 484–491

Freedman, L., R. R. Munro: Abduction of the arm in the scapular plane: Scapular and glenohumeral movements. J. Bone Jt. Surg. 48 A (1966) 1503–1510

Gross, M. S., R. H. Gelberman: The anatomy of the distal ulnar tunnel. Clin. Orthop. 196 (1985) 238–247

Inman, V. T., M. Saunders, L. C. Abbott: Observations on the function of the shoulder joint. J. Bone Jt. Surg. 26 (1944) 1–29

Jonsson, B., B. M. Olofsson, L. Ch. Steffner: Function of the teres major, Latissimus dorsi und Pectoralis major muscles. Acta morph. neerl.-scand. 9 (1971/72) 275–280

Kapandji, I. A.: Funktionelle Anatomie der Gelenke. Schematisierte u. kommentierte Zeichn. zur menschl. Biomechanik, Bd. I. Enke, Stuttgart 1984

Kaplan, E. B., M. Spinner: Important muscular variations of the hand and forearm. In Spinner, M.: Kaplans's Functional and Surgical Anatomy of the Hand, 3. Aufl. Lippincott, Philadelphia 1984 (pp. 335–349)

Kauer, J. M. G.: The mechanism of the carpal joint. Clin. Orthop. 202 (1986) 16–26

Kessel, L., M. Watson: The painful arc syndrome. J. Bone Jt. Surg. 59 B (1977) 166–172

von Keyserlingk, D., U. Schramm: Über zusätzliche Sehnen im Karpaltunnel des Menschen. Anat. Anz. 156 (1984) 285–292

Knese, K. H.: Die Bewegungen auf einer Führungsfläche als Grundlage der Gelenkbewegungen, dargestellt am Schultergelenk. Gelenkstudien I. Z. Anat. Entwickl.-Gesch. 115 (1950a) 115–161

Knese, K. H.: Kinematik der Gliedbewegungen, dargestellt an Hüft- und Ellenbogengelenk. Gelenkstudien II. Z. Anat. Entwickl.-Gesch. 115 (1950b) 162–223

Knott, Chr., H.-M. Schmidt: Die bindegewebigen Verstärkungseinrichtungen der digitalen Sehnenscheiden an der menschlichen Hand. Gegenbaurs morph. Jb. 132 (1986) 1–28

Koebke, J.: Anatomische Befunde an Händen mit triphalangem Daumen. Handchirurgie 12 (1980) 219–233

Koebke, J.: A biomechanical and morphological analysis of human hand joints. Adv. Anat. Embryol. Cell Biol. 80 (1983) 1–85

Koebke, J., A. Brade: Radiusfrakturen und Membrana interossea. Biomechanische Untersuchungen. Z. Orthop. 118 (1980a) 615

Koebke, J., A. Brade: Zur Läsion des Discus articularis des Handgelenkes. Z. Orthop. 118 (1980b) 616

Koebke, J., E. Stümpel: Untersuchungen zu einer Funktionsanalyse der Metacarpophalangealgelenke II-V der menschlichen Hand. Verh. anat. Ges. (Jena) 75 (1981) 275–276

Koebke, J., W. Thomas: Biomechanische Untersuchungen zur Ätiologie der Daumensattelgelenkarthrose. Z. Orthop. 117 (1979a) 988–994

Koebke, J., W. Thomas: Funktionell-morphologische Untersuchungen zur Daumensattelgelenkarthrose. Verh. anat. Ges. (Jena) 73 (1979b) 181–184

Koebke, J., F. Tischendorf: Die Hand, eine funktionelle und biomechanische Analyse. Phys. Ther. 5 (1984) 242–251; 540–545

Koebke, J., W. Thomas, H. J. Winter: Das Ligamentum metacarpeum dorsale I und die Arthrose des Daumensattelgelenkes. Morph. Med. 2 (1982) 1–8

Koebke, J., W. Thomas, H. J. Winter: Zur Bedeutung des Knochenspornes an der Basis des zweiten Mittelhandknochens für die Pathogenese der Daumensattelgelenkarthrose. Z. Orthop. 121 (1983) 108–112

Koebke, J., J. Werner, H. Piening: Der Musculus pronator quadratus – eine morphologische und funktionelle Analyse. Anat. Anz. 157 (1984) 311–318

Kurrat, H. J., W. Oberländer: Die Knorpeldickenverteilung im proximalen Anteil des Ellenbogengelenkes und ihre Beziehung zur Lage degenerativer Knorpelveränderungen. Verh. anat. Ges. (Jena) 73 (1979) 885–889

Landsmeer, J. M. F.: Atlas of Anatomy of the Hand. Churchill-Livingstone, Edinburgh 1976

Lang, J., E. Bender: Über die Musculi pectorales. Gegenbaurs morph. Jb. 129 (1983) 307–323

Martin, F. B.: The annular ligament of the superior radio-ulnar joint. J. Anat. 91 (1957) 584

Pauly, J. E., J. L. Rushing, L. E. Scheving: An electromyographic study of some muscles crossing the elbow joint. Anat. Rec. 159 (1967) 47–54

Pfuhl, W.: Das subacromiale Nebengelenk des Schultergelenkes. Gegenbaurs morph. Jb. 73 (1933) 300–346

Polster, J.: Biomechanik der Schulter. Orthop. Prax. 11 (1975) 286–290

Schmidt, H.-M., F. Geißler: Die Artikulationsflächen des proximalen Handgelenkes beim Menschen. Z. Morph. Anthrop. 74 (1983) 145–172

Tichy, P., B. Tillmann, A. Schleicher: Funktionelle Beanspruchung des Fornix humeri. In Refior, H. J., W. Plitz, M. Jäger, M. H. Hackenbroch: Biomechanik der gesunden und kranken Schulter. Thieme, Stuttgart 1985 (S. 88–92)

Tillmann, B.: Die Beanspruchung des Ellenbogengelenkes. I. Funktionelle Morphologie der Gelenkflächen. Z. Anat. Entwickl.-Gesch. 134 (1971) 328–342

Tillmann, B.: Entwicklung und funktionelle Anatomie des Ellenbogengelenkes. Z. Orthop. 116 (1978) 392–400

Tillmann, B.: Morphologie und funktionelle Anatomie der Nervenbahnen im Schultergürtel- und Armbereich. Z. Orthop. 117 (1979) 536–541

Tillmann, B.: Biomechanik des Schultergelenkes und der periartikulären Gewebe. In: Periartikuläre Schultererkrankungen. ML Verlag, Uelzen 1984 (S. 11–18)

Tillmann, B.: Fehlbildungen, Anomalien und Varianten der Gelenke. In Doerr, W., G. Seifert: Spezielle pathologische Anatomie, Bd. 18/I. Springer, Berlin 1984 (S. 107–132)

Tillmann, B.: Gelenkentwicklung. In Doerr, W., G. Seifert: Spezielle pathologische Anatomie, Bd. 18/I. Springer, Berlin 1984 (S. 83–106)

Tillmann, B., W. Thomas: Anatomie typischer Sehnenansätze, -ursprünge und Engpässe. Orthop. Prax. 18 (1982) 910–917

Tillmann, B., Tichy, P.: Funktionelle Anatomie der Schulter. Unfallchirurgie 89 (1986) 389–397

Travill, A. A.: Electromyographic study of the extensor apparatus of the forearm. Anat. Rec. 144 (1962) 373–376

Tubiana, R.: The Hand, vol. I. Saunders, Philadelphia 1981

Vossschulte, K., F. Kümmerle, H.-J. Peiper, S. Weller: Lehrbuch der Chirurgie, 7. Aufl. Thieme, Stuttgart 1982.

Werner, J.: Makroskopische und mikroskopische Untersuchungen zur Biomechanik der Membrana interossea antebrachii des Menschen. Diss. Kiel 1987

Werner, J. A., J. Koebke: The function of the antebrachial interosseous membrane. Anat. Embryol. 176 (1987) 127–131

Wree, A.: Kompression des Nervus radialis durch einen Musculus coracobrachialis minor. Eine anatomische Studie. Anat. Anz. 153 (1983) 459–464

Zilles, K.: Hand und Gehirn. Anat. Anz. (im Druck)

Zrubecky, G.: Die Hand. Das Tastorgan des Menschen. Z. Orthopädie 93, Suppl. (1960)

7

Untere Extremität

B. Tillmann

Funktion der unteren Extremität
Becken und Skelett der freien unteren Extremität
Knochen des Beckens
Beckenringverbindungen
Beckenraum
Knochen der freien unteren Extremität

Hüfte
Hüftgelenk
Muskeln der Hüfte
Freie untere Extremität
Oberschenkel
Muskeln des Oberschenkels

Knie
Kniegelenk
Unterschenkel
Verbindungen zwischen Tibia und Fibula
Muskeln des Unterschenkels

Fuß
Gelenke des Fußes
Kurze Muskeln des Fußes
Mechanik des Fußes
Gang

Funktion der unteren Extremität, allgemeine Einleitung

Die unteren Extremitäten sind beim Menschen ausschließlich *Stütz-* und *Fortbewegungsorgane.* Sie bestehen wie das obere Extremitätenpaar aus einem *Gürtelteil* und dem Abschnitt der *freien Extremität* mit *Stylo-, Zeugo-* und *Autopodium* (s. S. 310). Bestandteile des Gürtels sind die *Hüftbeine, Ossa coxae.* Sie bilden mit einem Teil des Achsenskeletts, dem *Kreuzbein, Os sacrum,* den knöchernen *Beckenring.* Die Hüftbeine sind ventral in Form einer Synarthrose, der *Symphysis pubica,* miteinander verbunden (s. S. 452). Dorsal gehen die Ossa coxae mit dem Os sacrum echte Gelenkverbindungen ein. Die beiden *Kreuzbein-Darmbein-Gelenke, Articulationes sacroiliacae,* sind straffe Gelenke (Amphiarthrosen, s. S. 453).

Iliosakralgelenke und Symphysis pubica verbinden die knöchernen Anteile des Beckens zu einem stabilen *Ring* und erlauben nur eine geringe Beweglichkeit. Im Stand und beim Gehen wird die Last von Kopf, oberen Extremitäten und Rumpf in den Iliosakralgelenken über den Beckenring auf die Hüftgelenke und von hier auf den freien Teil der unteren Extremitäten übertragen. Im Sitzen nehmen die Sitzbeinhöcker, *Tubera ischiadica,* die Last auf. Entsprechend der fehlenden Eigenbeweglichkeit des Beckenringes gibt es an der unteren Extremität keine, der oberen Extremität vergleichbaren, Gürtelmuskeln (s. S. 350). Die der Lokomotion dienenden Bewegungen finden an der unteren Extremität zwischen Extremitätengürtel und freier Extremität im *Hüftgelenk, Articulatio coxae,* statt. Die am Hüftgelenk wirkenden Muskeln entspringen – ausgenommen der M. psoas – am Beckenring und ziehen zum Skelett der freien Extremität.

Die Bewegungen zwischen Ober- und Unterschenkel erfüllen ebenfalls vornehmlich Fortbewegungsaufgaben. Beugung und Streckung im *Kniegelenk* sind zentraler Bestandteil des Bewegungsablaufs beim Gehen (s. S. 645).

Die Skelettelemente des Unterschenkels, *Tibia* und *Fibula,* sind an der unteren Extremität durch straffe Gelenke und Bandhaften fest miteinander verbunden. Über das kräftige Schienbein wird die Teilkörperlast auf den Fuß übertragen. Umwendbewegungen, wie sie zwischen den Skelettelementen des Zeugopodium der oberen Extremität im Rahmen der Greifbewegungen erforderlich sind, fehlen zwischen den Unterschenkelknochen.

Tibia und Fibula sind mit dem *Fuß* über das obere Sprunggelenk verbunden, dessen freie Beweglichkeit zusammen mit den übrigen Fußgelenken die Abrollbewegungen des Fußes beim Gehen ermöglicht. Die Fußspitzen sind nach vorn gerichtet, so daß der Fuß in Blickrichtung abrollen kann (s. S. 594). Ein Teil der Fußknochen ist in Form von straffen Gelenken miteinander verbunden. Diese Art der Verbindung sowie die Anordnung der Skelettelemente in Form einer Längs- und Querwölbung entspricht der Funktion der unteren Extremität als Stütz- und Fortbewegungsorgan.

Becken und Skelett der freien unteren Extremität

Knochen des Beckens

Das knöcherne Becken besteht aus den beiden *Hüftbeinen, Ossa coxae,* und dem *Kreuzbein, Os sacrum.* Das *Os sacrum* wird im Zusammenhang mit der Wirbelsäule (s. S. 196ff.) besprochen.

Hüftbein, Os coxae

Gestalt

Am *Os coxae* (Abb. 7.**1**–7.**4**) unterscheidet man *Darmbein, Os ilium, Sitzbein, Os ischii,* und *Schambein, Os pubis.* Die drei knöchernen Anteile verschmelzen im 2. Dezennium im Bereich der *Hüftpfanne, Acetabulum,* in Form einer Synostose miteinander und bilden als Großknochen das Hüftbein.

Das *Acetabulum* bildet die halbkugelförmige Pfanne des Hüftgelenks. Sein knöcherner Rand, *Limbus acetabuli**, ist zwischen Schambein und Sitzbein durch einen tiefen Einschnitt, die *Incisura acetabuli,* unterbrochen. Nur ein peripherer Teil des Acetabulum ist von Knorpel bedeckt. Die Gelenkfläche hat die Form eines Halbmondes, *Facies lunata.* Der Pfannenboden, *Fossa acetabuli,* liegt unter dem Niveau der Facies lunata. Die Fossa acetabuli ist von einem gefäßreichen Fettgewebspolster *(Pulvinar acetabuli)* ausgefüllt (s. Abb. 7.**56**).

---

* Im klinischen Sprachgebrauch wird als „Limbus" der faserknorpelige Rand, *Labrum acetabulare,* bezeichnet.

In der Unfallchirurgie unterteilt man das Acetabulum entsprechend dem Auftreten von Frakturen in Pfannendachbereich sowie vorderen und hinteren „Pfeiler". Die „Pfeiler" der Hüftpfanne setzen sich vorn in den Ramus superior ossis pubis und hinten in das Corpus und in den Ramus ossis ischii fort (s. unten).

Unterhalb des Acetabulum umrahmen Anteile des Schambeins und des Sitzbeins das *Foramen obturatum*. Das Foramen obturatum wird am nicht mazerierten Knochen von einer dünnen Membran straffen Bindegewebes, *Membrana obturatoria*, bis auf den *Canalis obturatorius* verschlossen (s. Abb. 7.**56**, 7.**63**).

Darmbein, Os ilium

Gestalt

Das *Os ilium* (Abb. 7.**1**, 7.**3**) besteht aus zwei Anteilen, dem *Darmbeinkörper, Corpus ossis ilii,* und der *Darmbeinschaufel, Ala ossis ilii.* Der Darmbeinkörper bildet das Dach der Hüftgelenkpfanne. Zwischen Acetabulumrand, *Limbus acetabuli,* und dem anschließenden kranialen Korpusbereich liegt eine rinnenförmige Vertiefung, *Sulcus supraacetabularis.* Die glatte Innenfläche der platten Darmbeinschaufel hat in

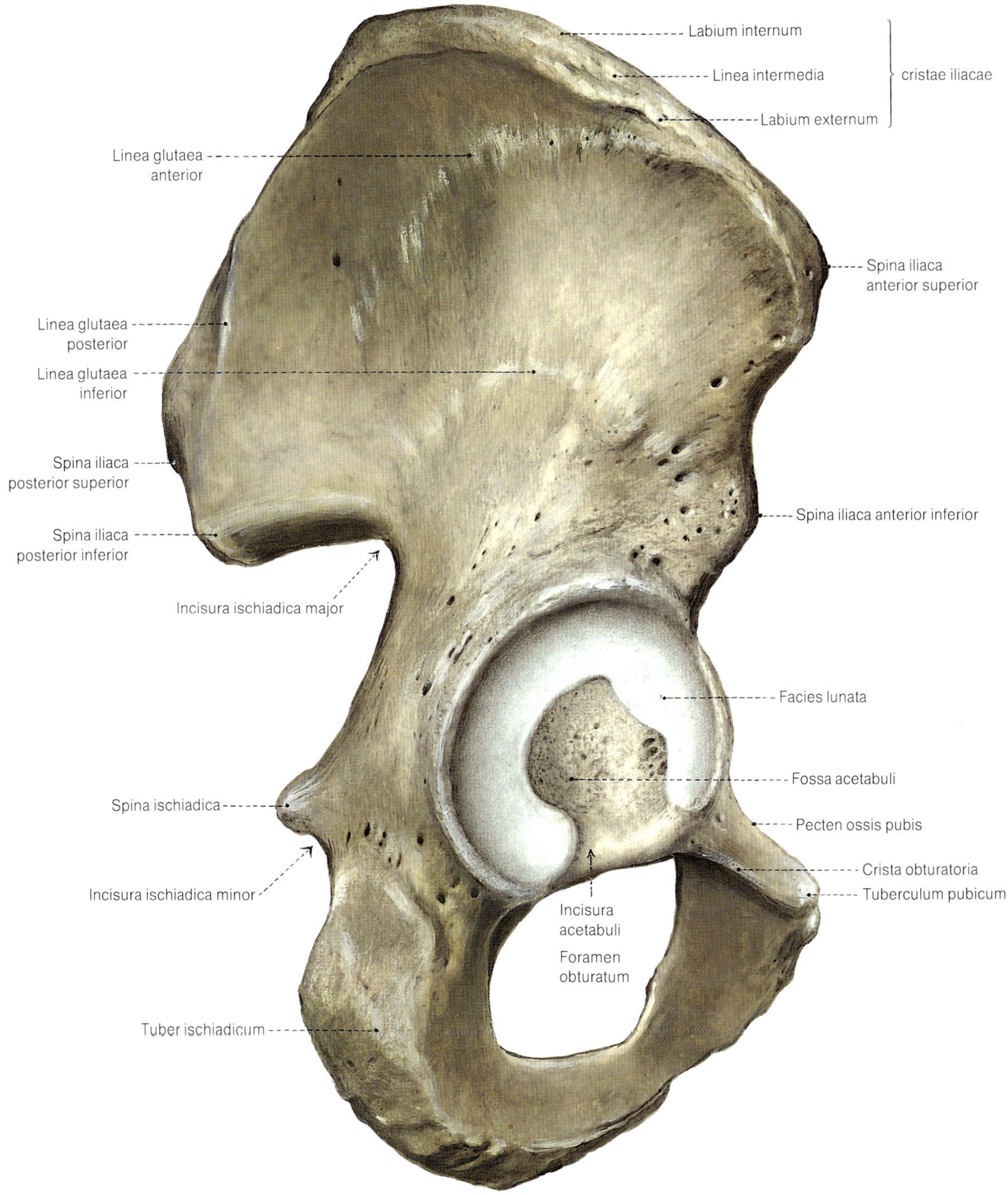

Abb. 7.**1** **Rechtes Hüftbein in der Ansicht von lateral.**

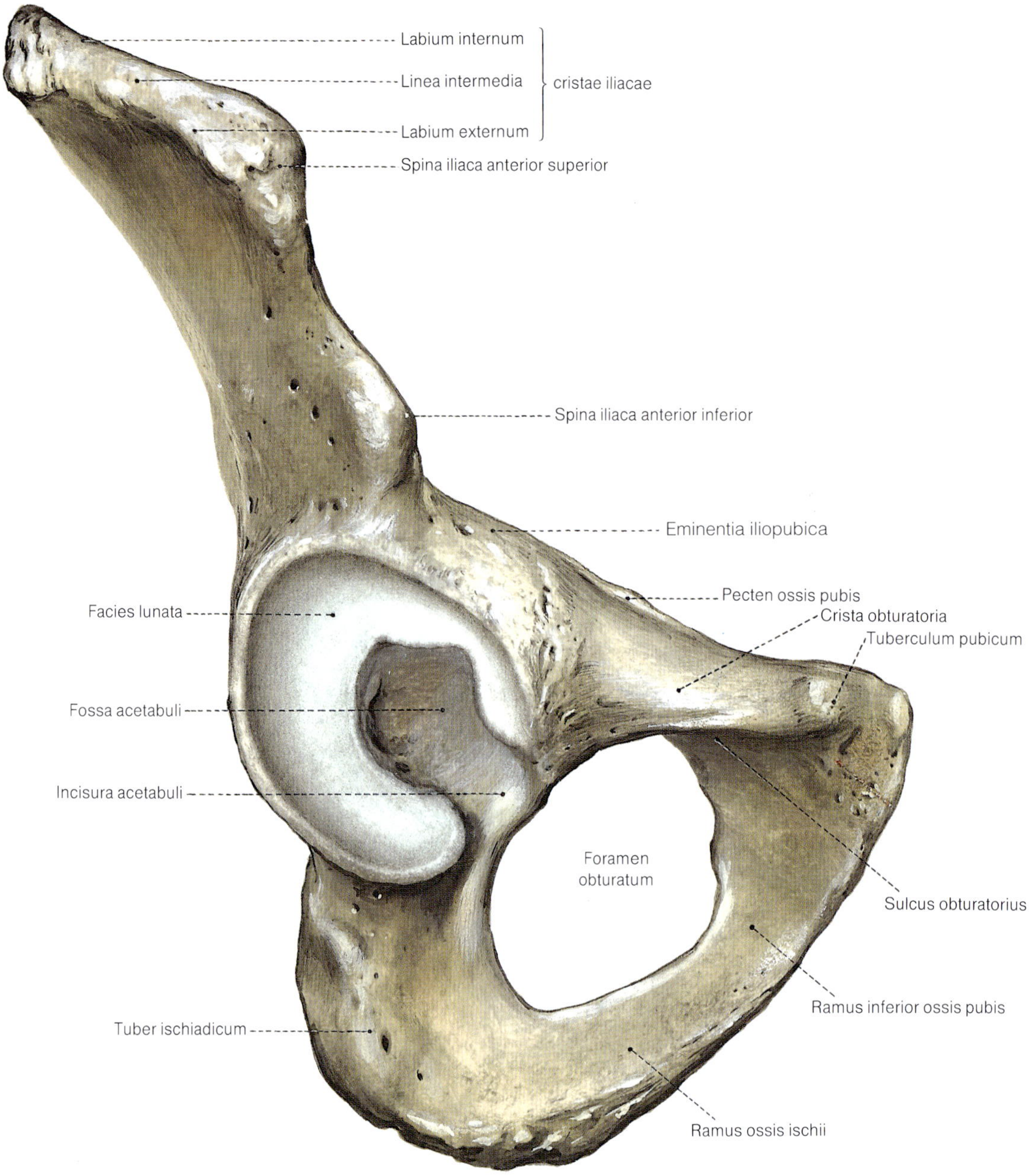

Abb. 7.**2** **Rechtes Hüftbein in der Ansicht von vorn.**

ihrem vorderen Abschnitt eine muldenförmige Vertiefung, *Fossa iliaca,* in der der M. iliacus entspringt (s. Abb. 7.**83**). Im Zentrum der Fossa iliaca kann der Knochen bei muskelschwachen Individuen bis auf eine dünne Lamelle abgebaut sein. Selten fehlt der Knochen vollständig, so daß die Darmbeinschaufel hier nur aus einer Membran straffen Bindegewebes besteht. Den dorsalen inneren Teil der Ala ossis ilii bezeichnet man als *Facies sacropelvina.* Auf diesem, dem Os sacrum zugewandten Teil der Darmbeinschaufel, liegt im unteren Bereich die Gelenkfläche, *Facies auricularis,* für das Iliosakralgelenk. Kranial-dorsal schließt sich die *Tuberositas iliaca* an, die durch die Insertion der kräftigen Ligg. sacroiliaca hervorgerufen wird. Die Grenze zwischen Corpus und Ala ossis ilii ist eine knochenförmige Leiste, *Linea arcuata,* die gleichzeitig ein Teil der Grenze zwischen großem und kleinem Becken, *Linea terminalis* (s. Abb. 7.**16**), ist. Die Außenfläche der Darmbeinschaufel bildet die *Facies glutaea.* An ihr heben sich, bedingt durch die Ursprünge der Glutäalmuskeln, drei Knochenleisten ab (s. Abb. 7.**82**). Oberhalb des Acetabulum liegt die horizontal verlaufende *Linea glutaea inferior.* Im mittleren Bereich der Darmbeinschaufel zieht mit nach ventral offenem Bogen die *Linea glutaea anterior.* Die *Linea glutaea posterior* erscheint im hinteren Drittel der Darmbeinschaufel als vertikale Knochenleiste.

Den kranialen Rand der Darmbeinschaufel bildet ein breiter Knochenkamm, *Crista iliaca.* Auf der Crista iliaca erkennt man drei feine knöcherne Leisten: Das *Labium externum* dient dem M. latissimus dorsi als Ursprung und dem M. obliquus externus abdominis als

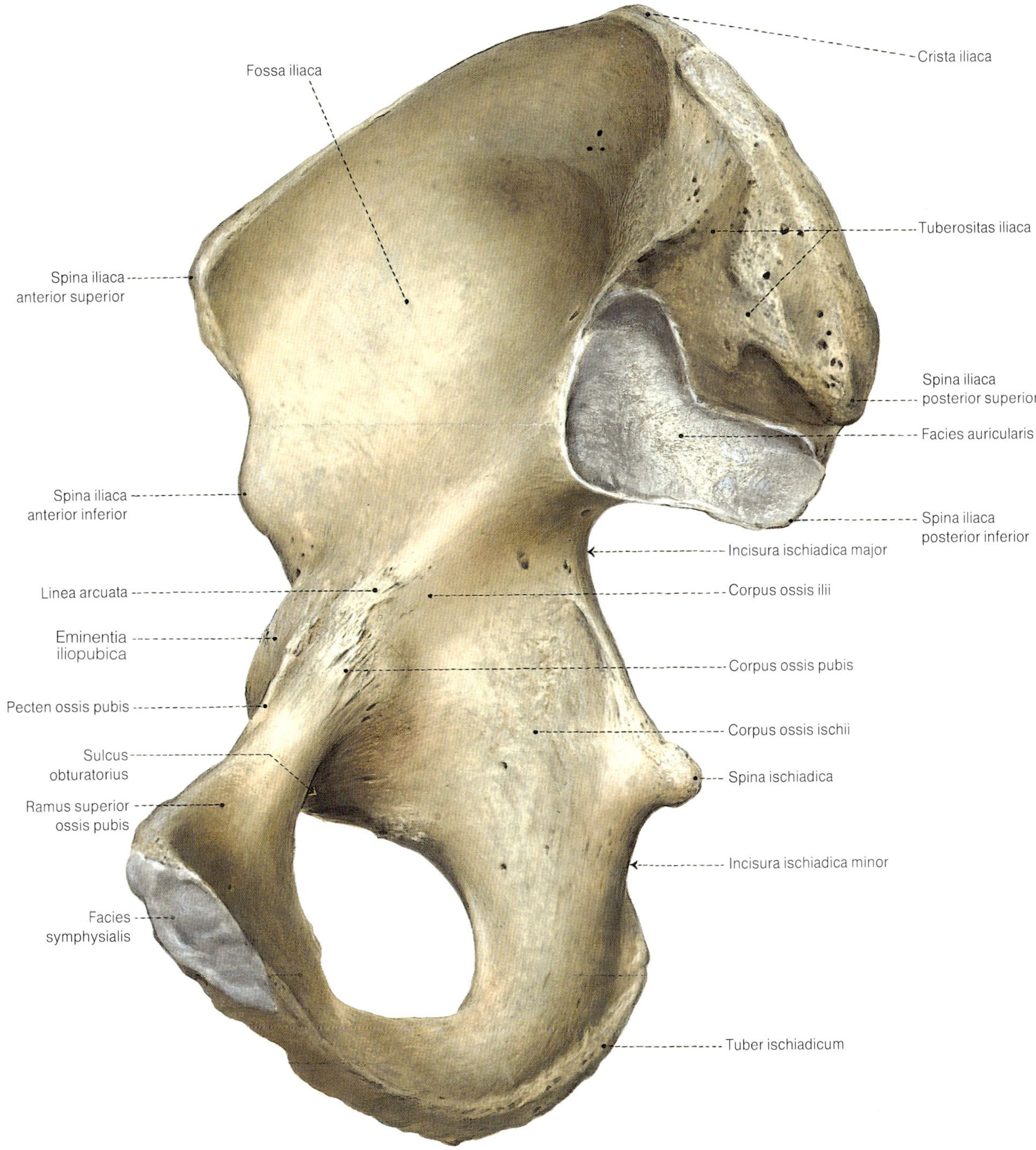

Abb. 7.**3** **Rechtes Hüftbein in der Ansicht von medial.**

Ansatz. An der *Linea intermedia* entspringt der M. obliquus internus abdominis und am *Labium internum* der untere Teil des M. transversus abdominis (s. Abb. 7.**83**). Ventral endet die Crista iliaca mit der *Spina iliaca anterior superior.* Darmbeinkamm und oberer Darmbeinstachel sind gut tastbar. Unterhalb der Spina iliaca anterior superior liegt die *Spina iliaca anterior inferior.* Die am hinteren Rand des Darmbeins liegenden Stacheln werden als *Spinae iliacae posteriores superior* und *inferior* bezeichnet. Die Spina iliaca posterior inferior bildet die kraniale Begrenzung der *Incisura ischiadica major,* die kaudal an der *Spina ischiadica* endet. Die tiefste Stelle der Inzisur liegt an der Grenze zwischen Darmbeinschaufel und Darmbeinkörper.

Aus der Crista iliaca werden zu diagnostischen Zwecken Knochenbiopsien entnommen. Teile der Darmbeinschaufel dienen außerdem als autologe Knochentransplantate.

Sitzbein, Os ischii

Gestalt

Am *Sitzbein* (s. Abb. 7.**1** – 7.**4**) unterscheidet man *Corpus* und *Ramus ossis ischii.* Der Sitzbeinkörper grenzt im Acetabulum an das Os ilium und an das Os pubis. Er bildet etwa zwei Fünftel der Hüftgelenkpfanne. Vom Sitzbeinkörper ragt nach dorsal der *Sitzbeinstachel, Spina ischiadica,* der die tiefe *Incisura ischiadica major* von der kleinen, flachen *Incisura ischiadica minor* trennt. Der Ramus ossis ischii schließt den dorso-kaudalen Bereich des *Foramen obturatum* ein. Der Scheitel der Konvexität des Sitzbeinastes verbreitert sich zum *Sitzbeinhöcker, Tuber ischiadicum.* Das Tuber ischiadicum dient den ischiokruralen Muskeln und dem M. adductor magnus als Ursprungsfläche (s. Abb. 7.**82**, 7.**83**). Am Sitzbeinhöcker ist außerdem das *Lig. sacrotuberale* verankert. Die Tubera ischiadica übernehmen im Sitzen die Körperlast.

Schambein, Os pubis

Gestalt

Der *Schambeinkörper, Corpus ossis pubis,* (s. Abb. 7.**1**–7.**4**) bildet den vorderen Bereich des *Acetabulum.* Das Corpus ossis pubis geht an der *Eminentia iliopubica* nach ventral in den *Ramus superior ossis pubis* über, der mit dem *Ramus inferior ossis pubis* den kranioventralen Teil des *Foramen obturatum* umgrenzt. An der Vereinigungsstelle der beiden Schambeinäste liegt medianwärts die *Facies symphysialis.* Der kraniale Rand des Ramus superior ossis pubis hebt sich als Knochenkamm, *Pecten ossis pubis,* ab. Er endet vorn am *Tuberculum pubicum* und geht dorsal in die *Linea arcuata ossis ilii* über. Vom Tuberculum pubicum zieht über den Unterrand des oberen Schambeinastes eine weitere Knochenleiste, *Crista obturatoria,* nach dorsal-lateral zum vorderen Rand der Incisura acetabuli. Unterhalb der Crista obturatoria liegt eine Rinne, *Sulcus obturatorius,* welche die obere Begrenzung des *Canalis obturatorius* bildet, durch den die Vasa obturatoria und der N. obturatorius ziehen (s. unten). Der Sulcus wird vorn vom *Tuberculum obturatorium anterius* und hinten vom *Tuberculum obturatorium posterius* begrenzt. Der Ramus inferior ossis pubis ist kürzer und dünner als der obere Schambeinast. Der untere Schambeinast vereinigt sich an der unteren Zirkumferenz des Foramen obturatum mit dem Ramus ossis ischii. Beim wachsenden Skelett sind Ramus inferior ossis pubis und Ramus ossis ischii über eine Knorpelfuge miteinander verbunden (Abb. 7.**4**).
Die unteren Schambeinäste bilden gemeinsam mit der Symphysis pubica den *Schambeinbogen, Arcus pubis.* Beim weiblichen Geschlecht beträgt der Winkel zwischen den unteren Schambeinästen 90–100°. Beim Mann stoßen die beiden Rami inferiores ossis pubis an der Symphyse mit einem Winkel von etwa 70°, *Angulus subpubicus,* zusammen (s. Abb. 7.**16**).

Gefäßkanäle des Os coxae

Gefäßkanäle (s. Abb. 7.**1,** 7.**3**) am Os coxae liegen im Bereich der Crista iliaca und in der Umgebung des Acetabulum. Besonders zahlreich sind die *Foramina nutricia* oberhalb des Tuber ischiadicum und im Pfannendach sowie in der Fossa acetabuli. Große, auf der Innen- und Außenfläche der Ala ossis ilii beschriebene „Foramina nutricia" dienen Venen (Kanalvenen, *Emissarien*) als Ein- und Austrittspforte.

Entwicklung des Os coxae

Die *Anlagen* der *Ossa ilium, ischii und pubis* sind am Ende der 7. Embryonalwoche (Stadium 19) knorpelig präformiert. Der Knochenkern in der Anlage des Os ilium erscheint am Beginn des 3. Fetalmonats. Die Osteogenese beginnt im Os ischii im 4.–5., im Os pubis im 5.–6. Fetalmonat. Die knöchernen Anteile des Os coxae sind durch eine *Y-förmige Knorpelfuge* im Bereich des Acetabulum miteinander verbunden (Abb. 7.**4,** 7.**5**). Von den knöchernen Anteilen entfallen jeweils zwei Fünftel auf Os ischii und Os ilium. Das Os pubis beteiligt sich mit einem Fünftel am Aufbau der knöchernen Hüftgelenkpfanne. Der Knorpel der Y-Fuge ist die *Hauptwachstumszone* des Acetabulum. Der Zeitpunkt der synostotischen Verschmelzung unterliegt großen Schwankungen, sie erfolgt normalerweise zwischen dem 14.–16. Lebensjahr. Ihr geht die Bildung eines oder mehrerer sogenannter *Schaltkno-*

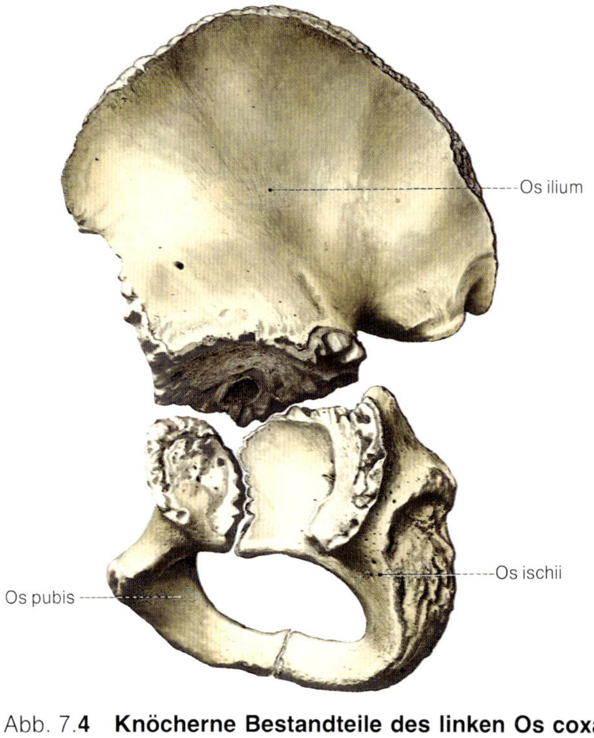

Abb. 7.4 **Knöcherne Bestandteile des linken Os coxae bei einem Kind in der Ansicht von lateral.**

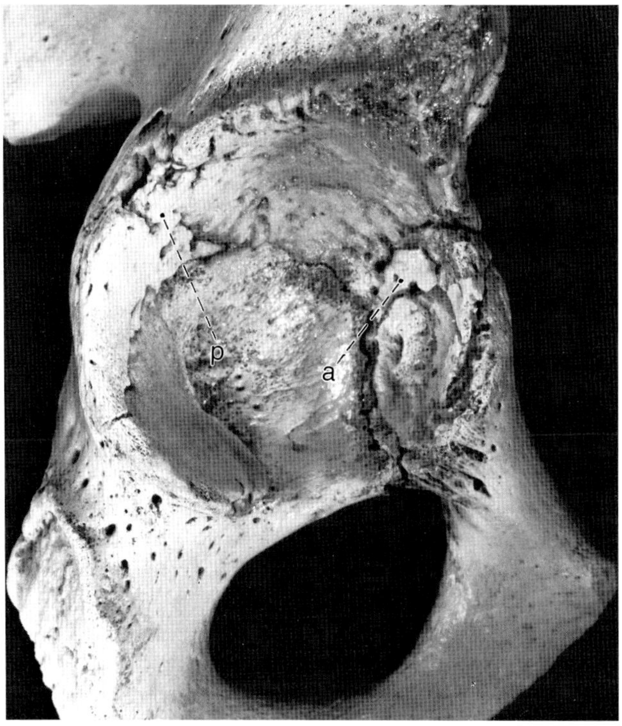

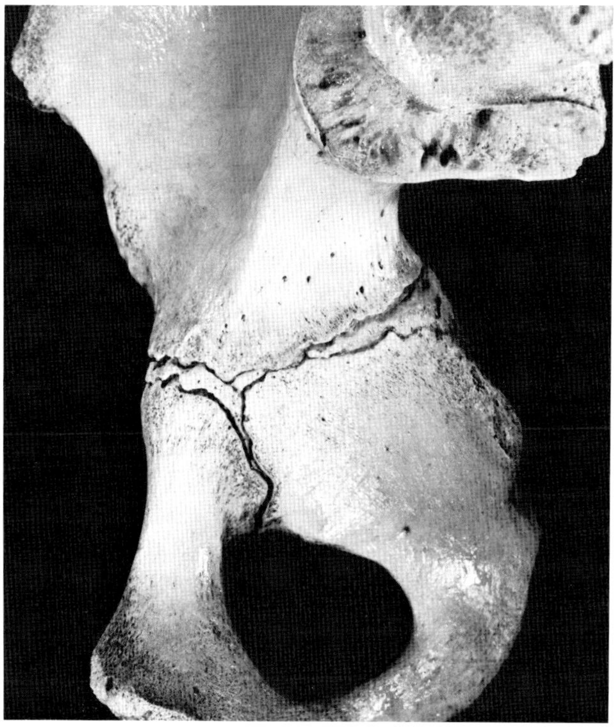

Abb. 7.**5** **Rechtes Os coxae eines Kindes in der Ansicht von lateral (links) und in der Ansicht von medial (rechts).** Innerhalb der noch nicht geschlossenen Y-Fuge liegen Schaltknochen.

p Os acetabuli posterius
a Os acetabuli anterius
In der Ansicht von medial erkennt man die Ausdehnung der Schaltknochen innerhalb der Y-Fuge.

chen voraus, die zwischen dem 9.–12. Lebensjahr als eigenständige Knochenbildungszentren in der Y-Fuge auftreten (Abb. 7.**5**). Meistens entstehen zwei große Schaltknochen, ein *Os acetabuli posterius* und ein *Os acetabuli anterius.* Am Ende des 2. Dezennium haben sich alle Anteile zum Os coxae vereinigt. Die Nahtstellen an der Y-Fuge innerhalb des Acetabulum sind beim Erwachsenen normalerweise nicht mehr sichtbar. Die Persistenz eines Os acetabuli ist selten; sie muß differentialdiagnostisch von einer Fraktur abgegrenzt werden.

Die *Crista iliaca* ist eine *Epiphyse,* in der die Knochenbildung zwischen dem 13. und 15. Lebensjahr einsetzt. Scham- und Sitzbeinhöcker sowie vordere und hintere Darmbeinstachel sind *Apophysen,* deren Knochenkerne um die Mitte des 2. Dezennium erscheinen. Die knöcherne Verschmelzung der Apophysen sowie der Darmbeinkammepiphyse mit dem übrigen Teil des Beckens erfolgt erst zu Beginn des 3. Dezenniums. Die als Muskelursprung dienenden Apo- und Epiphysen können beim wachsenden Skelett infolge erhöhter Beanspruchung oder durch Traumen im Bereich der Knorpelfuge abgelöst werden.

Beckenringverbindungen

Innerhalb des *Beckengürtels* liegt als Bandverbindung die *Membrana obturatoria.* Ventral stehen die beiden Hüftbeine in der *Symphysis pubica* miteinander in Verbindung. Dorsal kommen zwischen den Ossa coxae und dem Rumpfskelett echte Gelenkverbindungen, *Articulationes sacroiliacae,* und Bandhaften vor.

Membrana obturatoria

Die *Membrana obturatoria* (s. Abb. 7.**56,** 7.**63,** 7.**81**) verschließt als bindegewebiger Anteil des Beckengürtels das *Foramen obturatum* bis auf eine Lücke, die gemeinsam mit dem Sulcus obturatorius den *Canalis obturatorius* (s. Abb. 7.**79**) umrahmt. Die Membrana obturatoria besteht aus straffem Bindegewebe, das an einigen Stellen durch schräg verlaufende Faserzüge verstärkt wird. Medial gehen die Faserverstärkungen auf der Außenfläche in das Periost des unteren Schambeinastes über. Lateral-kranial verankern sie sich an der Innenfläche des Knochens. Zwischen den Verstärkungszügen treten von lockerem, fettreichem Bindegewebe ausgefüllte Lücken auf, die Gefäßen und Nerven als Durchtrittsstellen dienen. Von der Membrana obturatoria und vom knöchernen Rand des Foramen obturatum entspringen M. obturatorius internus und M. obturatorius externus (s. Abb. 7.**82,** 7.**83**).

Canalis obturatorius

Der *Canalis obturatorius* (s. Abb. 7.**3**, 7.**79**) ist ein 2–3 cm langer und etwa 1 cm breiter Kanal, der schräg von kranial-lateral nach kaudal-medial verläuft. In ihm ziehen die Vasa obturatoria und der N. obturatorius. Mit den Leitungsbahnen senkt sich ein vom seitlichen parazystischen Beckenbindegewebe ausgehender Zapfen aus fettreichem, lockerem Bindegewebe in den Kanal (*Corpus adiposum obturatorium*). Der Obturatoriuskanal kann zur Bruchpforte werden (*Hernia obturatoria*). In seltenen Fällen stülpt sich ein Teil der seitlichen Blasenwand in den Kanal.

Schambeinfuge, Symphysis pubica

Aufbau

Die *Schambeinfuge, Symphysis pubica* (Abb. 7.**6**), verbindet in Form einer Knorpelhaft (s. S. 95) die beiden Ossa pubis miteinander. Die flachen, ovalen knöchernen Gelenkflächen sind von einer Schicht hyalinen Knorpels bedeckt, die mit zunehmendem Alter dünner wird. Der größte Teil der die beiden Schambeine verbindenden Gelenkzwischenscheibe, *Discus interpubicus*, besteht aus Faserknorpel. Der Faserknorpel dehnt sich kranial auf den oberen Schambeinrand bis zum Tuberculum pubicum aus. Bereits im Kindesalter kommt es im zentralen Bereich der Symphyse zu Spaltbildungen. Das vertikal verlaufende *Cavum articulare (Spatium symphyseos)* enthält Synovia. Die Spalträume entsprechen in ihrer Entstehungsweise denen der übrigen Hemiarthrosen (s. S. 95). Das Perichondrium des Symphysenknorpels geht kontinuierlich in das Periost der Schambeine über. Auf der Ventralseite wird das Perichondrium durch Sehnenanteile der Bauchmuskeln sowie des M. gracilis und des M. adductor longus verstärkt. Der Schambeinfugenknorpel ist ventral und kranial breiter als dorsal und kaudal. Der Discus interpubicus ist bei Frauen niedriger und breiter als bei Männern (s. Abb. 7.**16**).

Die Schambeine sind im Bereich der Symphysis pubica auch durch Bänder miteinander verbunden. Das *Lig. pubicum superius* verläuft zwischen den Tubercula pubica auf den oberen Schambeinrändern und ist fest mit dem Discus interpubicus verwachsen. Das *Lig. arcuatum pubis* überbrückt als etwa 1 cm hohe Bandplatte bogenförmig die unteren Schambeinäste. Es rundet den Schambogen ab.

Mechanik

Die Symphysis pubica wird beim *Stand* auf *beiden Beinen* auf *Zug* und *Druck* beansprucht. Die Druckspannungen im kranialen Abschnitt der Schambeinfuge leiten sich aus einer Biegebeanspruchung des Beckenringes ab (Abb. 7.**11**). Beim *Stand auf einem Bein* treten hohe *Schubkräfte* im Discus interpubicus auf. Es kommt außerdem zu einer *Druck-* und *Biegebeanspruchung*. Dies führt zu Zugspannungen im kranialen und zu Druckspannungen im kaudalen Teil der Symphyse. Die Schambeinfuge ist an die drei Beanspruchungsarten durch die Struktur der unterschiedli-

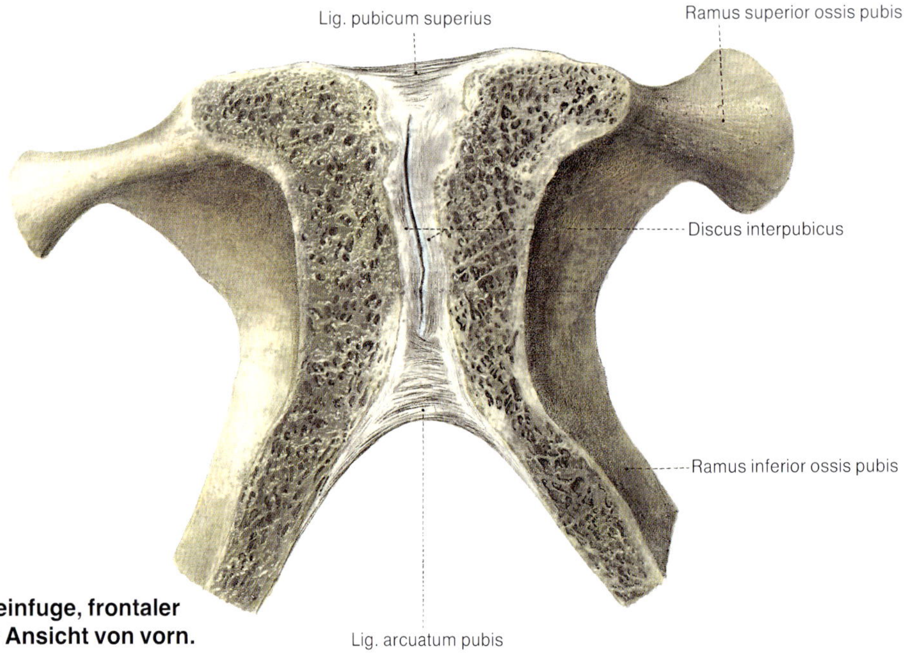

Abb. 7.**6** **Schambeinfuge, frontaler Sägeschnitt, in der Ansicht von vorn.**

chen Binde- und Stützgewebe und durch die Ausrichtung der Kollagenfasern funktionell angepaßt. Das Knorpelgewebe in der Fuge nimmt die Druckspannungen auf. Die in schrägen Schraubenwindungen ziehenden Kollagenfaserbündel im Faserknorpel dienen der Aufnahme von Schubspannungen, die horizontal verlaufenden Kollagenfaserbündel im Lig. pubicum superius der Aufnahme von Zugspannungen (s. S. 14).
Normalerweise sind an der Symphysis pubica *Translationsbewegungen* in der Vertikalen bis zu 2 mm und *Rotationsbewegungen* bis zu 3° möglich.
Während der *Schwangerschaft* kommt es unter dem Einfluß erhöhter Ausschüttung von *Relaxin*, eines im Uterus und im Ovar gebildeten Hormons, zur Auflokkerung der Knorpel- und Bandhaften der Symphysis pubica, wobei die Breite der Symphysis pubica von ca. 4 mm auf ca. 6,5 mm zunimmt. Hierdurch wird der Beckenring weiter und beweglicher. Bildet sich die Symphysenlockerung nach der Entbindung nicht zurück, führt die Instabilität des Beckenringes zu erheblichen Störungen beim Gehen.

Kreuzbein-Darmbeingelenk, Articulatio sacroiliaca

Aufbau

Artikulierende Anteile

Die Kreuzbein-Darmbeingelenke (Iliosakralgelenke), Articulationes sacroiliacae, sind *Amphiarthrosen* (Abb. 7.**7**). Artikulierende Gelenkflächen sind die *Facies auricularis ossis ilii* (s. Abb. 7.**3**) und die *Facies auricularis ossis sacri* (s. Abb. 5.**34**). Im Kindesalter liegt die Facies auricularis ossis sacri im Bereich der Pars lateralis des 1. und 2. Kreuzbeinwirbels, beim Erwachsenen dehnt sich die Gelenkfläche in den meisten Fällen bis auf den kranialen Abschnitt des 3. Kreuzbeinwirbels aus. Die Gelenkflächenkonturen am Kreuz- und Darmbein sind nahezu identisch. Bei Kindern werden die artikulierenden Gelenkflächen normalerweise bis auf einen schmalen ventralen Knorpelsteg in zwei Facetten unterteilt. Form und Größe der Gelenkflächen zeigen beim Erwachsenen individuelle Unterschiede. Bei Individuen mit ausgedehnten Wirbelsäulenkrümmungen in der Sagittalebene ist die Facies auricularis stark abgewinkelt. Eine birnenförmige, vertikal ausgerichtete Gelenkfläche beobachtet man bei geringgradig ausgeprägten Wirbelsäulenkrümmungen mit entsprechend steil gestelltem Kreuzbein.
Die Oberfläche der Facies auricularis des Kreuzbeins ist im mittleren Teil leicht eingekerbt. In die Einkehlung senkt sich ein entsprechender First auf der Gelenkfläche des Os ilium. Der subchondrale Knochen beider Gelenkflächen ist insgesamt rauh, er zeigt an einigen Stellen zackenartige Erhebungen und Einsenkungen. Der *Gelenkknorpel* ist über der Facies auricularis ossis sacri etwa doppelt so dick wie über der Darmbeingelenkfläche. Er besteht größtenteils aus hyalinem Knorpel mit einer breiten Tangentialfaserschicht. Mit zunehmendem Alter treten stellenweise unmaskierte Kollagenfaserbündel auf, in denen Nester von Chondrozyten liegen, die an die Clusterbildung bei degenerativen Gelenkerkrankungen erinnern.
Im höheren Lebensalter regelmäßig zu beobachtende pathologische Veränderungen im Gelenkknorpel betreffen fast nur die Facies auricularis des Darmbeins.

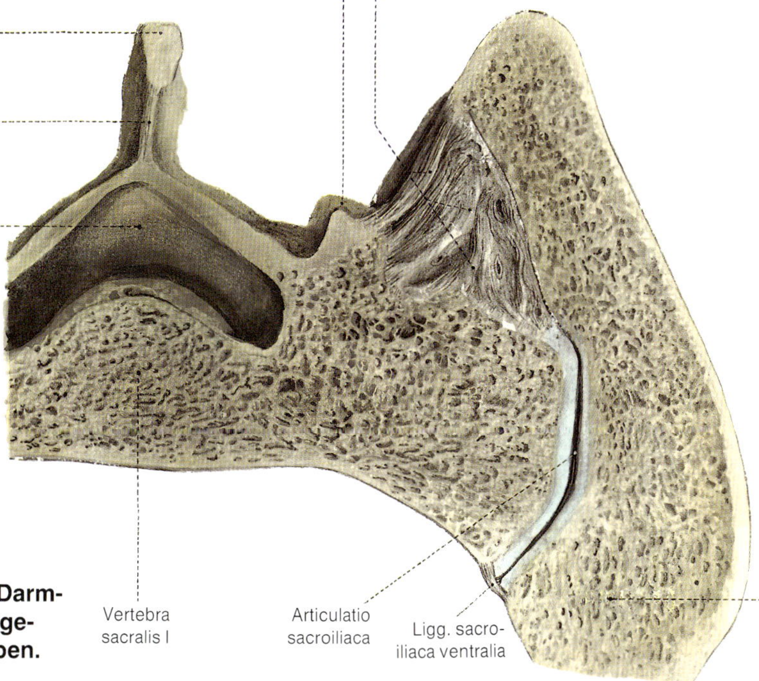

Abb. 7.**7** **Linkes Kreuzbein-Darmbeingelenk, transversaler Sägeschnitt, in der Ansicht von oben.**

Gelenkkapsel und Bänder

Die straffe Gelenkkapsel wird ventral und dorsal durch die *Ligg. sacroiliaca* verstärkt (s. Abb. 7.**8**, 7.**9**). Die kräftigen Sakroiliakalbänder machen die Articulationes sacroiliaca zum straffen Gelenk (*Amphiarthrose*. Einfluß auf die *Kinematik* der Gelenke haben ferner die *Ligg. iliolumbalia, sacrospinalia* und *sacrotuberalia.*

Die *Ligg. sacroiliaca ventralia* verstärken in Form eines kaudalen und eines kranialen Bandzuges die Gelenkkapsel auf der Beckeninnenseite. Die ventralen Bänder sind wesentlich schwächer entwickelt als der dorsale Bandapparat. Innerhalb der *Ligg. sacroiliaca dorsalia* lassen sich kurze und lange Bandzüge abgrenzen. Die langen dorsalen Bänder entspringen von der Crista sacralis lateralis des 3. und 4. Kreuzbeinwirbels und verlaufen steil aufsteigend nach kranial zur Spina iliaca posterior superior. Sie bedecken größtenteils die kurzen Bandzüge. Die Bänder stehen lateral mit der kranialen Ausstrahlung des *Lig. sacrotuberale* und medial mit der *Fascia thoracolumbalis* in Verbindung. Als *Ligg. sacroiliaca dorsalia brevia* werden größtenteils in der Tiefe liegende Bänder bezeichnet, die an den Cristae sacrales lateralis und intermedia entspringen und zwischen Spina iliaca posterior superior und Spina iliaca posterior inferior ansetzen. Diese Faserzüge überlagern teilweise die Foramina sacralia dorsalia. Die *Ligg. sacroiliaca interossea* füllen den Raum zwischen Tuberositas iliaca und Tuberositas sacralis aus. Die Bänder bestehen größtenteils aus quer verlau-

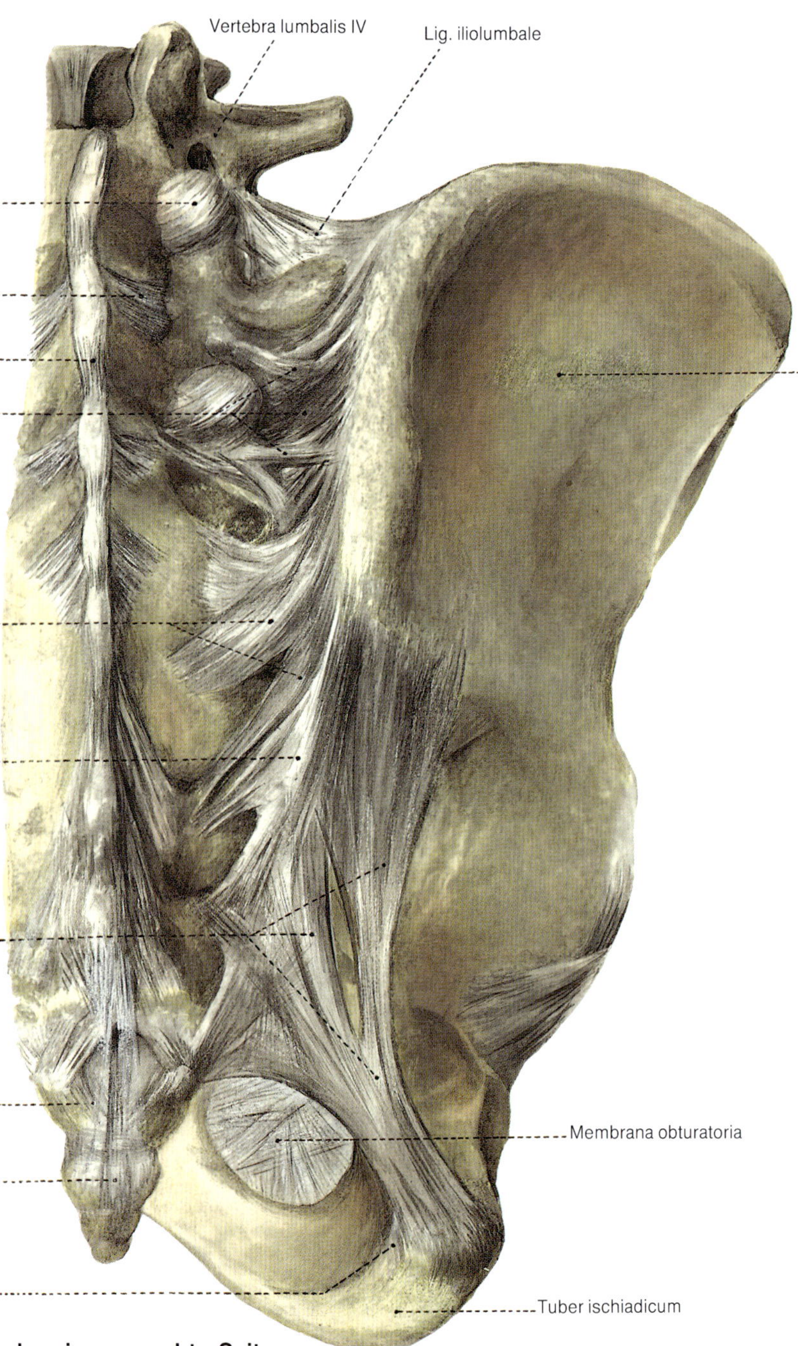

Abb. 7.**8** **Bandapparat des Beckenringes, rechte Seite in der Ansicht von hinten.**

fenden Faserbündeln, zwischen denen lockeres Bindegewebe eingelagert ist. Innerhalb der Ligg. sacroiliaca ventralia kommt es nicht selten, vor allem im kranialen Bereich, zu Knochenbildungen. Eine Ankylosierung der Iliosakralgelenke kann auch von den Ligg. sacroiliaca interossea oder durch eine knöcherne Überbrükkung des Gelenkspaltes selbst zustande kommen.
Kranial schließt an die Ligg. sacroiliaca das *Lig. iliolumbale* (Abb. 7.**9**) an. Das Band entspringt am Processus costalis des 5. Lendenwirbels und zieht sich V-förmig aufteilend mit einem Schenkel zur Crista iliaca. Ein zweiter Bandzug verläuft parallel zum Gelenkspalt des Iliosakralgelenks bogenförmig nach ventral zur Basis des Kreuzbeins, wo es in die Ligg. sacroiliaca ventralia einstrahlt. Eine häufig zu beobachtende dünne Bandplatte zwischen dem 4. Lendenwirbelquerfortsatz und dem Darmbeinkamm ist nicht mehr dem Lig. iliolumbale zuzurechnen, sondern ist ein Teil der Fascia thoracolumbalis.

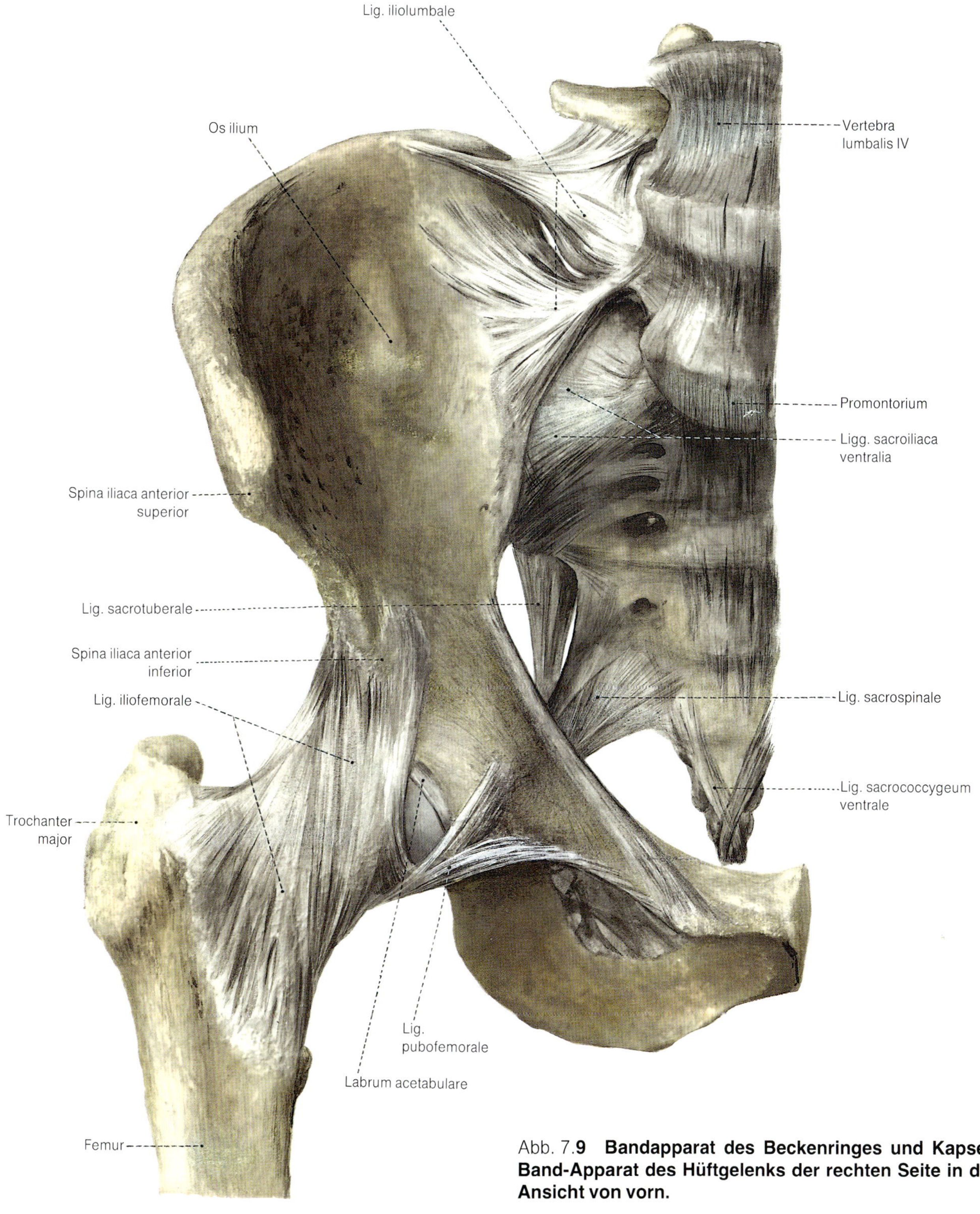

Abb. 7.**9** **Bandapparat des Beckenringes und Kapsel-Band-Apparat des Hüftgelenks der rechten Seite in der Ansicht von vorn.**

Dorsale Bandhaften des Beckenringes

Von den Bändern innerhalb des Beckenringes, die ebenfalls großen Einfluß auf die Kinematik der Iliosakralgelenke und auf die Stabilität des gesamten Bekkenringes haben, ist das *Lig. sacrotuberale* (s. Abb. 7.**8**, 7.**64**, 7.**80**) das kräftigste. Das sanduhrförmige Band entspringt breitflächig am seitlichen Rand des Kreuzbeins. Kaudal dehnt sich sein Ursprung bis zum 2. Steißbeinwirbel aus. Kranial verbindet sich das Lig. sacrotuberale mit den Ligg. sacroilica dorsalia, so daß sein Ursprung häufig über den hinteren Darmbeinstachel hinaus bis auf die Crista iliaca reicht. Das Band zieht sich leicht verjüngend nach kaudal-lateral und verbreitert sich vor seiner Insertion am Sitzbein fächerförmig. Seine Faserbündel überkreuzen sich in der Weise, daß die vom Steißbein und von den unteren Kreuzbeinwirbeln entspringenden Fasern am weitesten kranial und dorsal über dem Sitzbeinhöcker inserieren. Die im kranialen Teil des Kreuzbeins befestigten Fasern verlaufen bedeckt von den übrigen Fasern und inserieren weiter distal am Tuber und Ramus ossis ischii. Auf diese Weise entstehen zwei sich teilweise überlagernde bindegewebige Platten, deren Spalten von lockerem Bindegewebe ausgefüllt sind. Vom medialen-kaudalen Teil des Bandes setzt sich ein sichelförmiger Zug als *Processus falciformis* zum Sitzbeinast fort, er ist Teil der Faszie des M. obturatorius internus. Im kranialen-lateralen Bereich wird das Lig. sacrotuberale regelmäßig von Gefäßen durchbohrt. Kaudal kann gelegentlich in Höhe des Foramen ischiadicum minus (s. unten) der N. cutaneus femoris posterior durch die Bindegewebsplatten hindurchziehen. Das Lig. sacrotuberale wird tastbar, wenn man den Unterrand des an ihm entspringenden M. glutaeus maximus nach kranial schiebt.

Ventral vom Lig. sacrotuberale und in der Ansicht von dorsal größtenteils von ihm bedeckt liegt das *Lig. sacrospinale* (s. Abb. 7.**9**, 7.**64**). Es ist kürzer und schwächer als das Lig. sacrotuberale. Das Lig. sacrospinale entspringt an der lateralen Innenfläche des Kreuzbeins und an der Basis des Steißbeins. Es inseriert an der Spina ischiadica. Auch am Lig. sacrospinale lassen sich zwei leicht gegeneinander versetzte Bindegewebsplatten abgrenzen. Dort, wo sich Lig. sacrospinale und Lig. sacrotuberale überkreuzen, sind die Bänder miteinander verwachsen. Beckenhöhlenwärts liegt auf dem Lig. sacrospinale der *M. coccygeus* (s. Abb. 7.**79** u. Bd. II).

Lig. sacrospinale und *Lig. sacrotuberale* begrenzen kranial gemeinsam mit der *Incisura ischiadica major* das *Foramen ischiadicum majus* (s. Abb. 7.**64**). Das Foramen ischiadicum majus durchzieht der *M. piriformis* und unterteilt es in Foramen suprapiriforme und in Foramen infrapiriforme (s. Abb. 7.**76**, 7.**79**). Durch die beiden Spalträume verlassen Gefäße und Nerven das Becken und treten in die Regio glutaea ein. Kaudal bilden die Ligg. sacrotuberale und sacrospinale mit der *Incisura ischiadica minor* das dreieckige *Foramen ischiadicum minus,* durch das der N. pudendus und die Vasa pudenda aus der Glutäalregion in die Dammregion eintreten (s. Abb. 7.**64**, 7.**79**). Durch das Foramen ischiadicum minus verläßt die Ansatzsehne des *M. obturatorius internus* das Becken; dabei dient ihr die Incisura ischiadica minor als Widerlager (s. Abb. 7.**65**, 7.**78**, 7.**79**, 7.**80**).

Mechanik

Die Iliosakralgelenke verfügen als *straffe Gelenke* nur über eine geringe Beweglichkeit, deren Ausmaß auch individuell verschieden ist. In Gelenken mit stark abgewinkelten Facies auriculares und mit horizontal ausgerichtetem Os sacrum sollen die Bewegungsexkursionen größer sein als bei Gelenken mit langgestreckten Gelenkflächen und vertikal stehendem Kreuzbein (s. oben). Die Bewegungen in den Iliosakralgelenken beeinflussen die *Weite des Beckenringes* und haben damit große praktische Bedeutung für den Geburtsvorgang.

Die *Kinematik* der Iliosakralgelenke wird unterschiedlich beschrieben. Es sollen sowohl geringgradige *Rotations-* als auch *Translationsbewegungen* möglich sein. Bei Rotation wird die Lage der transversalen Achse entweder im Bereich der Anheftungsstellen der Ligg. sacroiliaca interossea oder im Zentrum der Facies auriculares angenommen. Bei der *Drehung nach vorn* verlagert sich das Promontorium nach kaudal-ventral, Kreuzbeinspitze und Steißbein wandern nach kranial-dorsal. Dabei wird die Conjugata des Beckeneingangsraumes kleiner, die Conjugata des Beckenausgangs größer (s. S. 460). Gleichzeitig kommt es zu einer Annäherung der Darmbeinschaufeln. Die Drehbewegung nach vorn wird durch die Ligg. sacrotuberalia und sacrospinalia sowie die Ligg. sacroiliaca ventralia gehemmt. Bei der *Drehung* des Kreuzbeins *nach hinten* vergrößert sich die Conjugata des Beckeneingangs, die Conjugata des Beckenausgangs wird dagegen kleiner. Die „Bremsung" der Dorsaldrehung soll durch die tiefen dorsalen Bänder erfolgen. Die Kippung des Kreuzbeins nach dorsal ist für den *Geburtsakt* von großer Bedeutung; die dabei erzielte Erweiterung des sagittalen Beckeneingangraumes soll 3–13 mm betragen. Bei einer reinen *Translation* verlagert sich das Kreuzbein in der Sagittalebene nach ventral.

Die *Bänder* des Beckenringes hemmen die Randbewegungen in den Iliosakralgelenken in dem Maße, daß diese funktionell zu Amphiarthrosen werden. Die *Ligg. sacroiliaca dorsalia* und *interossea* sowie die *Ligg. iliolumbalia* haben darüber hinaus die Funktion, das Kreuzbein im Beckenring im *aufrechten Stand* zu verankern. Im *Sitzen* wird das Kreuzbein wie der Schlußstein eines romanischen Bogens zwischen den Darmbeinen fest eingekeilt. Eine derartige Fixierung fehlt beim aufrechten Stand. In dieser Position entspricht das Becken nicht einer Gewölbekonstruktion, sondern einem Ring. Am knöchernen Becken fällt das Kreuzbein bei normaler, dem aufrechten Stand entsprechender Lage, vor allem bei Objekten mit stark abgewinkelter Facies auricularis, bereits durch sein Eigengewicht aus dem Beckenring heraus. In vivo erfolgt die *Stabilisierung* zwischen Ossa coxae und Os sacrum zum geschlossenen *Beckenring* durch den dorsalen Bandapparat, der ein Abgleiten des Kreuzbeins nach kaudal-ventral verhindert. Ob bei der Stabilisierung auch die „Verzahnung" der Gelenkkörper durch die Höcker und Gruben ihrer Gelenkflächen eine Rolle spielt, wird unterschiedlich beurteilt.

Im aufrechten Stand ist aufgrund der nahezu sagittalen Stellung der Gelenkflächen in den Iliosakralgelenken eine direkte Aufnahme von Druckkräften durch die vertikale Kraft der Rumpflast nicht möglich. Die Rumpflast wird zunächst von den Bändern aufgenommen, durch deren *Zugverspannung* erfolgt dann die Krafteinleitung zur Erzeugung des *Gelenkdrucks* in den Iliosakralgelenken. Durch die Zugwirkung des dorsalen Bandapparates kommt es zu einer *Biegebeanspruchung* im gelenknahen Knochen auf der Darmbeinseite.

Das Becken entspricht mechanisch einer *Ringkonstruktion* (Abb. 7.**11**). Eine Gewölbekonstruktion trifft allenfalls für bestimmte Situationen der Beanspruchung, z. B. beim Sitzen, zu (s. oben). Die Beschreibung von „Pfeilern" innerhalb des Beckenringes wird den mechanischen Gegebenheiten nicht gerecht (s. S. 446).

Unter Berücksichtigung der Beanspruchung der Iliosakralgelenke, der Symphysis pubica sowie des Acetabulum lassen sich innerhalb des Beckenringes verschiedene Züge von *Spongiosatrabekeln* erkennen (Abb. 7.**10**).

Von den Iliosakralgelenken zieht ein Bündel von Spongiosatrabekeln in Richtung des Pfannendachs, ein weiterer Zug verläuft entlang der Incisurae ischiadicae major und minor in das Tuber ossis ischii. Vom Hinterhorn der Facies lunata verlaufen Spongiosatrabekel nach kaudal in das Corpus ossis ischii. Aus dem Pfannendach strahlen Spongiosatrabekel V-förmig nach kranial in den Darmbeinkörper. Vom Vorderhorn der Facies lunata verläuft ein Bündel von Spongiosatrabekeln nach ventral im Ramus superior ossis pubis zur Facies symphysialis. Nach dorsal ziehen Bälkchen in Richtung der Linea arcuata.

Voraussetzungen für die *Übertragung der Rumpflast* auf die freie untere Extremität ist Stabilität im gesamten Beckenring; dies erfordert Gleichgewicht zwischen den auf die Iliosakralgelenke und auf die Symphysis pubica wirkenden Kräften (s. S. 112).

Bei *Beckenringfrakturen* mit Durchtrennung der Schambein- und Sitzbeinäste sowie unfallbedingter Sprengung von Symphyse und Iliosakralgelenken ist die Tragfähigkeit des Beckens aufgehoben. Der Verletzte kann nicht stehen und gehen (schwangerschaftsbedingte *Symphysenlockerung* s. S. 453).

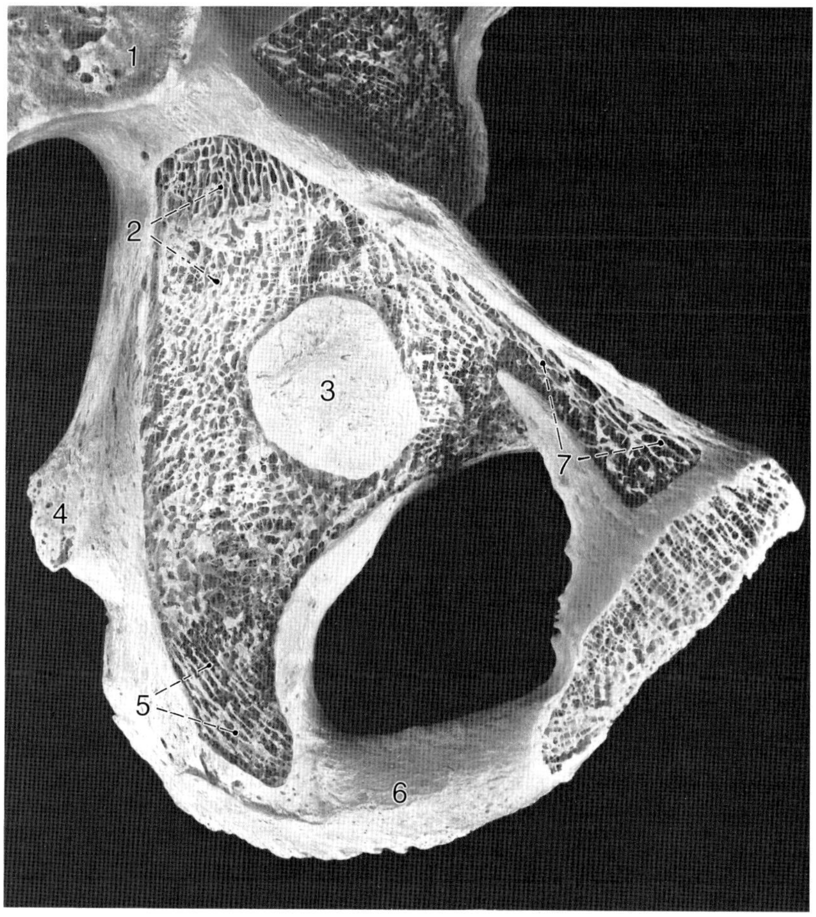

Abb. 7.**10** **Distaler Teil eines linken Os coxae in der Ansicht von medial, bei dem die Spongiosa durch Abtragen der Kortikalis freigelegt wurde.**
Von der Facies auricularis (1) ziehen Spongiosadrucktrabekel (2) nach kaudal in den Bereich des Pfannendachs.
3: kompakter Knochen der Fossa acetabuli,
4: Spina ischiadica.
Aus dem Corpus ossis ischii kommen Spongiosazugtrabekel und setzen sich bogenförmig (5) in Richtung des Ramus ossis ischii (6) fort. Im Ramus superior ossis pubis verlaufen Spongiosazugtrabekel (7), die im Vorderhorn der Facies lunata entspringen.
(Präparat der Sammlung des Anatomischen Institutes, Kiel, *Klaws* fecit.)

Bei *Osteomalazie* im Kindesalter (*Rachitis,* s. S. 70) können die Knochen des Beckenringes den einwirkenden Kräften nicht standhalten. Durch den im Hüftgelenk auf das Acetabulum übertragenen Gelenkdruck kommt es zur Verformung der Seitenwände des Beckens. Es entsteht ein verengtes, *rachitisches Becken* (s. unten).

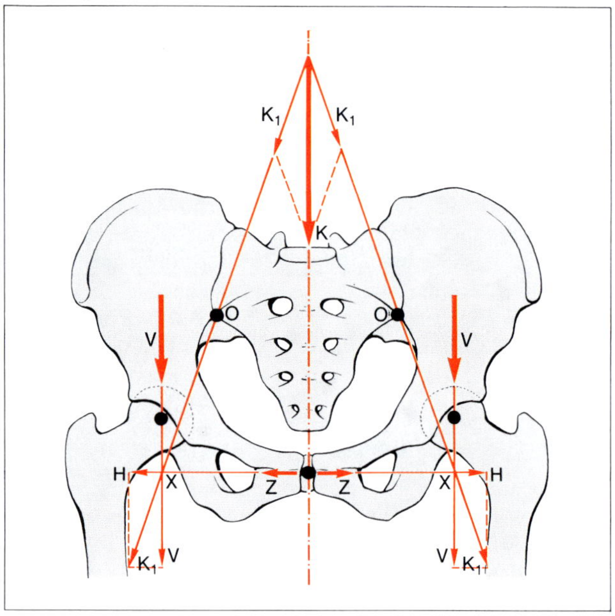

a

Abb. 7.**11 a** **Zerlegung der Kräfte bei Belastung des Beckens durch die Last K des Teilkörpergewichtes bei symmetrischem Stand auf beiden Beinen.** Die Teilkräfte K_1 stoßen durch die Druckzentren 0 der Iliosakralgelenke. Jede Teilkraft K_1 läßt sich in eine Vertikalkomponente V und eine Horizontalkomponente H zerlegen, die sich im Punkt X schneiden. Durch die Horizontalkräfte H wird die Symphyse auf Zug (Z) beansprucht.

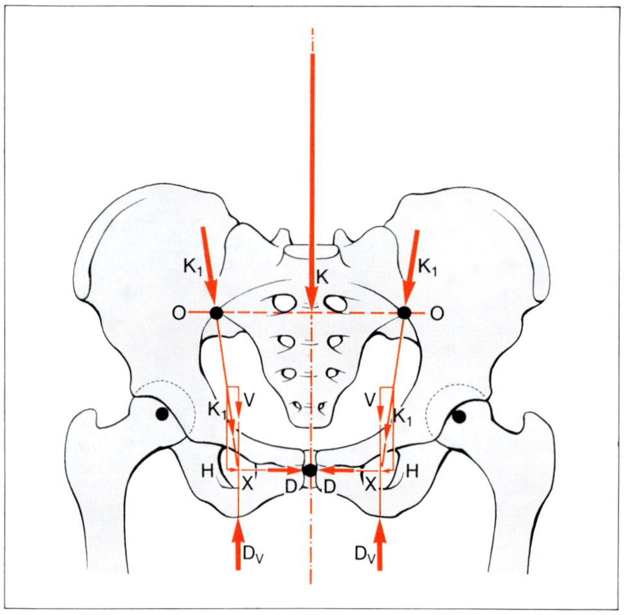

b

Abb. 7.**11 b** **Kräftezerlegung bei Belastung des Beckens im Sitzen.** Die Last K des Teilkörpergewichtes zerfällt in die Teilkräfte K_1, die durch das Druckzentrum 0 der Iliosakralgelenke ziehen. Jede Teilkraft K_1 läßt sich in eine Vertikalkomponente V und in eine Horizontalkomponente H zerlegen. Die Vertikalkomponente V wird am Tuber ischiadicum durch den Widerstand des Auflagedruckes Dv aufgenommen. Die Horizontalkomponente H bewirkt an der Symphyse eine Druckbeanspruchung.
X Schnittpunkt der Kraftkomponenten.
(Umzeichnet nach *Pauwels* 1965).

Beckenraum

Das Becken wird unter klinischen und topographischen Gesichtspunkten in das *große Becken, Pelvis major,* und in das *kleine Becken, Pelvis minor,* unterteilt. Die Grenze, *Linea terminalis,* zwischen beiden Anteilen beginnt dorsal am Promontorium und erstreckt sich entlang den Lineae arcuatae der Darmbeine über die Schambeinkämme bis zum oberen Rand der Symphyse (s. Abb. 7.**16**).
Die knöchernen Wände des großen Beckens bilden seitlich die Darmbeinschaufeln und dorsal das Kreuzbein. Das kleine Becken besitzt ebenfalls keine geschlossene knöcherne Wand. Knochen und Bänder (s. oben) bilden gemeinsam einen sich nach kaudal verengenden Kanal *(Canalis pelvis).* Der *Eingang* zum kleinen Becken, *Apertura pelvis superior,* die *Beckenhöhle (Cavum pelvis)* und der *Beckenausgang, Apertura pelvis inferior,* haben als *Geburtskanal* große praktische Bedeutung.

Beckenneigung

Bei aufrechter Haltung bildet die von der Linea terminalis begrenzte *Beckeneingangsebene* mit der Horizontalen einen Winkel von 50–60° (*Beckenneigung, Inclinatio pelvis,* Abb. 7.**12**). Der *Beckenneigungswinkel* ist u. a. von der Haltung des Individuums und von der Form der Wirbelsäule abhängig. Bei Frauen ist der Beckenneigungswinkel normalerweise größer als bei Männern. Aufgrund der Beckenneigung ist die Innenfläche der Symphyse nach kranial-hinten, die Facies pelvina des Os sacrum nach kaudal-vorn gerichtet. Spina iliaca anterior superior und Tuberculum pubicum liegen nahezu in der gleichen Frontalebene. Die *Beckenausgangsebene* (s. S. 461) bildet mit der Horizontalen einen Winkel von ca. 15°.

Abb. 7.**12** **Rechte Hälfte des knöchernen Beckens in der Ansicht von medial.** Der Beckenneigungswinkel beträgt 60°. Beckenmaße, Beckenführungslinie.

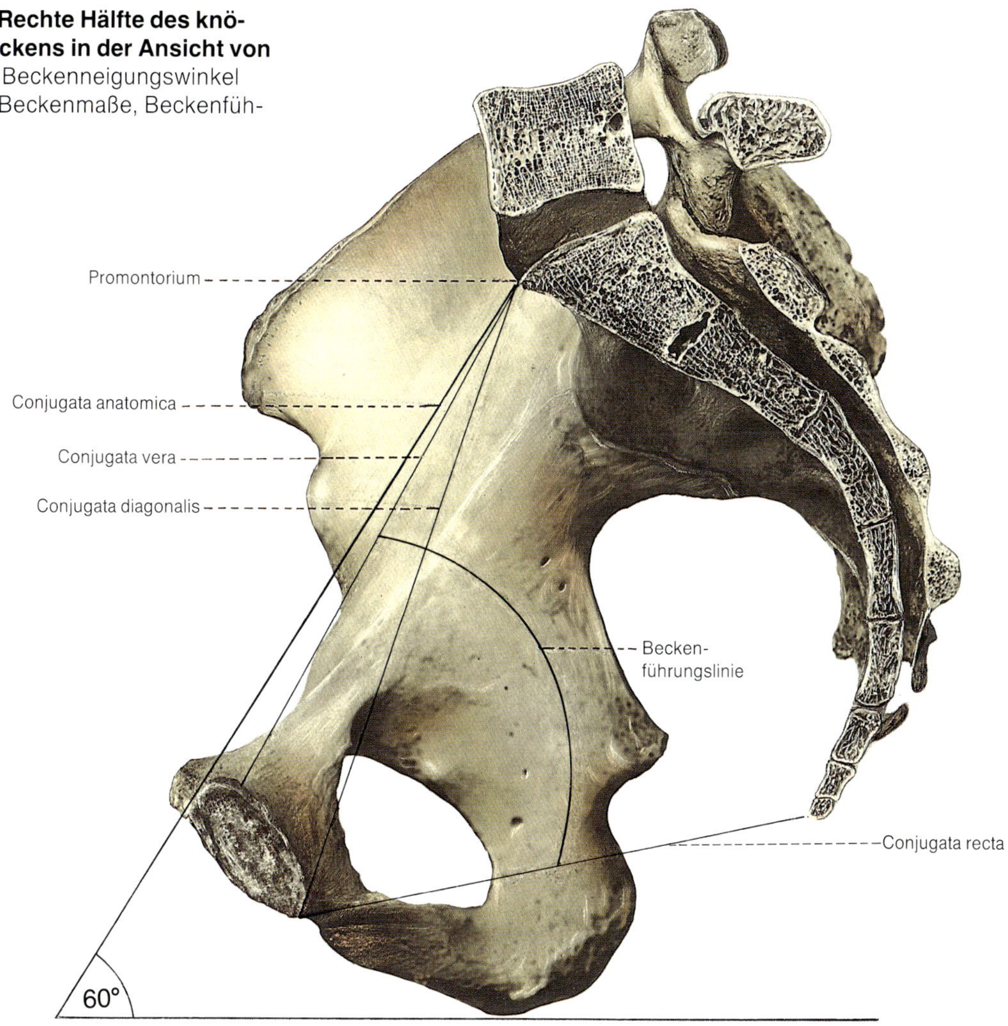

Äußere Beckenmaße

Die *äußeren Beckenmaße* (Abb. 7.**13**) sind indirekte Meßwerte, aus denen sich Rückschlüsse auf *Größe* und *Form* des kleinen Beckens ziehen lassen. Bei der Beurteilung der Form des kleinen Beckens sind weniger absolute Werte als vielmehr Unterschiede zwischen den einzelnen Maßen von Bedeutung. Die äußeren Beckenmaße sind nicht nur von Form und Stärke des knöchernen Skeletts, sondern auch von der Entwicklung der Weichteile abhängig. Die Aussagekraft der äußeren Beckenmaße ist vor allem bei fettleibigen Frauen eingeschränkt. Mit Hilfe neuer Techniken, z. B. der Ultraschalluntersuchung, lassen sich die inneren Beckenmaße heute zuverlässig bestimmen. Mit dem Beckenzirkel können folgende Maße bestimmt werden (Abb. 7.**13a**):

1. *Distantia spinarum.* Als Distantia spinarum bezeichnet man den Abstand zwischen beiden Spinae iliacae anteriores superiores. Sie beträgt normalerweise 25–26 cm.

2. *Distantia cristarum.* Die Distantia cristarum ist mit 28–29 cm der weiteste Abstand auf den Cristae iliacae in der Frontalebene.

3. *Distantia trochanterica.* Als Distantia trochanterica wird der Abstand der am weitesten voneinander entfernten Stellen auf den großen Rollhügeln bezeichnet. Die Distantia trochanterica gehört streng genommen nicht zu den Beckenmaßen, sie läßt jedoch Rückschlüsse auf die Form des Beckens zu. Der Abstand zwischen beiden Trochanteren mißt normalerweise 31–32 cm.

Der Unterschied zwischen den drei Quermaßen beträgt normalerweise jeweils 3 cm. Liegt die Differenz unter 2 cm, oder ist sie gar aufgehoben, so liegt der Verdacht eines platten, verengten Beckens nahe.

4. *Conjugata externa* (Abb. 7.**13**). Die Conjugata externa ist der Abstand zwischen dem oberen Symphysenrand und der kranialen Begrenzung der *Michaelis-Raute* (Spitze des Processus spinosus des 5. Lendenwirbels, s. unten). Sie beträgt durchschnittlich 20 cm. Aus der Länge der Conjugata externa läßt sich das Maß für die *Conjugata vera* (obstetrica) (s. unten) abschätzen. Normalerweise ist die Conjugata vera (obstetrica) 9 cm kürzer als die Conjugata externa.

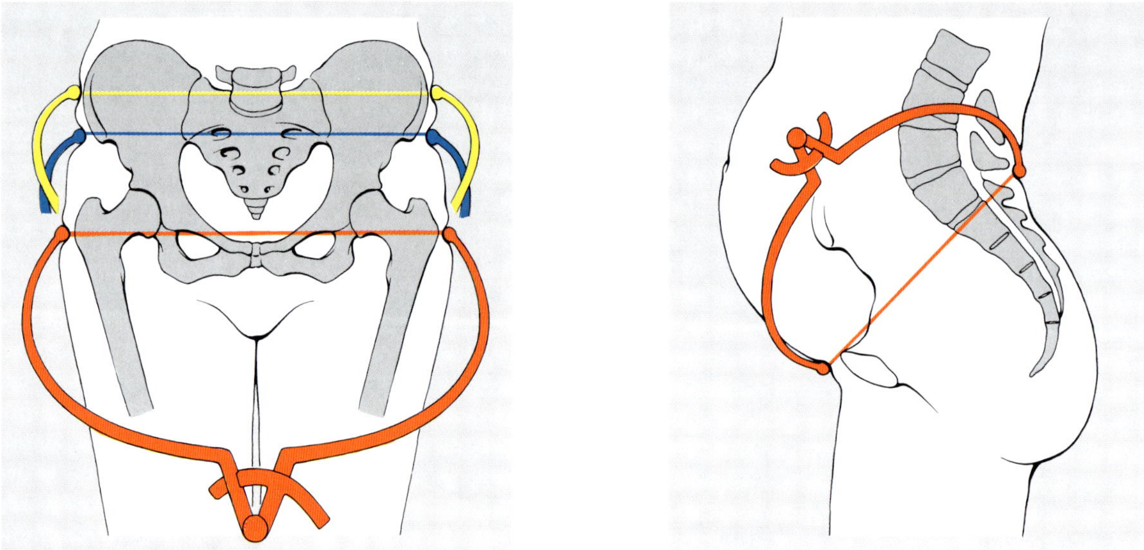

Abb. 7.**13a** u. **b** **Äußere Beckenmaße bei der Frau.**
a Distantia cristarum (gelb), Distantia spinarum (blau), Distantia trochanterica (rot).
b Conjugata (Diameter) externa (Distanz zwischen oberem Symphysenrand und Processus spinosus des 5. Lendenwirbels).

Michaelis-Raute

Die *Michaelis-Raute („Venusraute")* (s. Abb. 5.**3**) gestattet eine zuverlässige Orientierung über Form und Größe des kleinen Beckens. Sie hat die Form eines gleichschenkligen Trapezes und wird durch die leichte Einsenkung der Haut über dem *Processus spinosus des 5. Lendenwirbels,* die Grübchen über der rechten und linken *Spina iliaca posterior superior* sowie durch das *obere Ende der Crena ani* begrenzt. Abweichungen von der normalen Rautenform lassen auf morphologische Veränderungen im kleinen Bekken schließen. Eine Abnahme des queren Durchmessers der Raute, sogenannte Spindelform, spricht für ein allgemein verengtes Becken. Eine Abflachung des oberen Dreiecks, sogenannte Drachenform, wird beim rachitisch verformten Becken beobachtet. Asymmetrie und Schrägstellung der Raute geben Hinweise auf entsprechende Veränderungen des knöchernen Bekkens und der Wirbelsäule.
Beim *Mann* ist normalerweise keine Lendenraute, sondern ein *Sakraldreieck* ausgebildet (s. Abb. 7.**55**). Die Basis des spitzwinkligen Dreiecks liegt auf der Verbindungslinie zwischen den Grübchen über den Spinae iliacae posteriores superiores, die Spitze am Beginn der Rima ani.

Innere Beckenmaße

Die *inneren Beckenmaße* geben Auskunft über *Form* und *Größe* der knöchernen Begrenzung des *kleinen Beckens.* Knochen und Weichteile des kleinen Bekkens bilden gemeinsam den *Geburtskanal* (Geburtsweg). Die mechanischen Vorgänge beim Durchtritt des Kindes durch den Geburtskanal werden weitgehend vom knöchernen Anteil des kleinen Beckens bestimmt.

In der Geburtshilfe wird das kleine Becken in drei, von kranial nach kaudal aufeinanderfolgende Räume unterteilt. Den oberen Raum, *Beckeneingangsraum,* begrenzen zwei parallele Ebenen (Abb. 7.**14**). Die obere Ebene geht durch die Tubercula pubica und das Promontorium, die untere Ebene durch die Linea terminalis. Der Beckeneingangsraum ist die engste Stelle innerhalb des Geburtskanals, er ist *queroval.* Sein kleinster Durchmesser, die *Conjugata vera (obstetrica),* ist der Abstand zwischen Promontorium und dem am weitesten in die Beckenhöhle vorspringenden Teil der Symphysenhinterfläche (s. Abb. 7.**12**). Sie mißt normalerweise 11 cm. Die Conjugata vera (obstetrica) kann nicht direkt gemessen, sondern aus der Conjugata externa oder der sogenannten *Conjugata diagonalis* abgeschätzt werden. Als Conjugata diagonalis bezeichnet der Geburtshelfer die Verbindung zwischen Promontorium und Unterrand der Symphyse, sie beträgt normalerweise 12,5–13 cm. Die Conjugata vera (obstetrica) ist 1,5–2 cm kürzer als die Conjugata diagonalis. Im Bereich des Beckeneingangsraumes ist der *quere Durchmesser, Diameter transversa,* am größten (Abb. 7.**14**). Er wird durch die weiteste Distanz zwischen beiden Lineae terminales bestimmt und mißt etwa 13 cm. Die Geburtshelfer unterscheiden innerhalb des Beckeneingangsraumes zwei *schräge Durchmesser, Diameter obliqua I und II,* die etwa 12 cm lang sind. Die schrägen Durchmesser verbinden jeweils den Gelenkspalt eines Iliosakralgelenks am Schnittpunkt der Linea terminalis mit der Eminentia iliopectinea der Gegenseite. Der *erste*

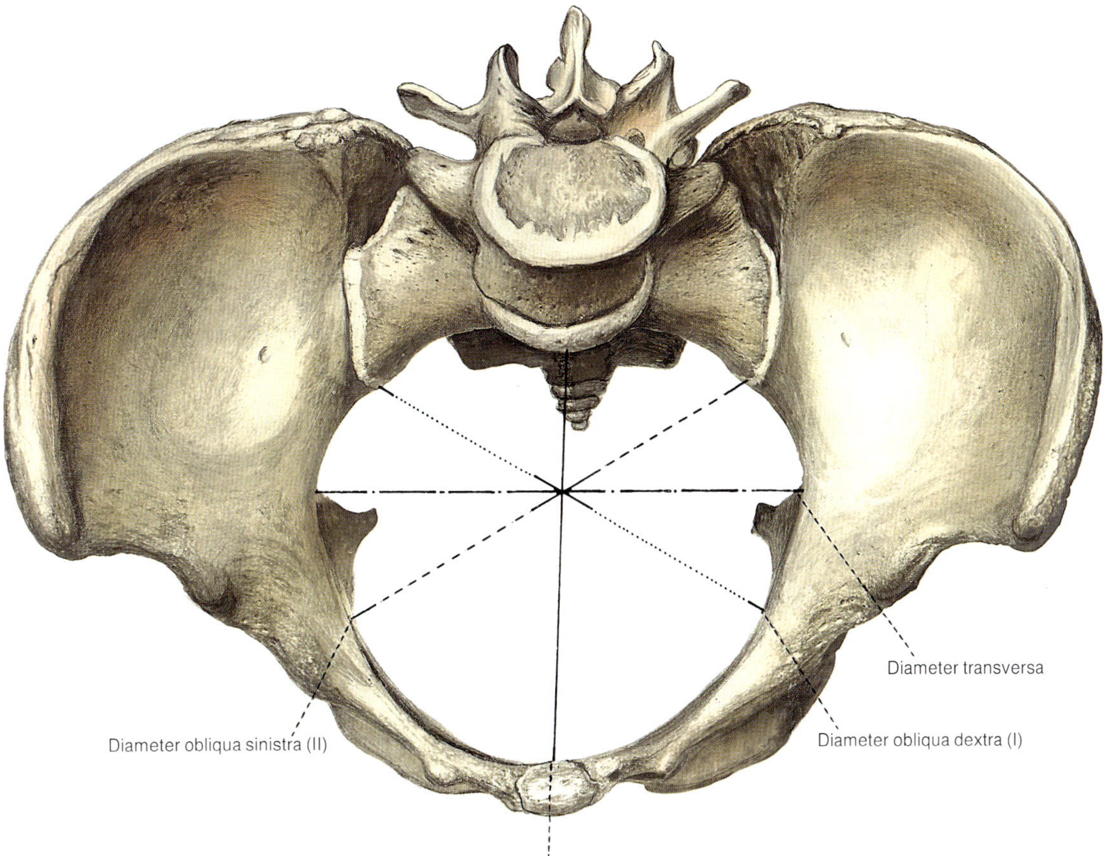

Abb. 7.**14** **Maße des Beckeneingangsraumes.**

(rechte) schräge Durchmesser verläuft von links vorn nach rechts hinten, der *zweite (linke) schräge Durchmesser* von rechts vorn nach links hinten.

Der mittlere Raum des kleinen Beckens ist die *Bekkenhöhle* (Abb. 7.**12**). Sie nimmt den größten Teil des knöchernen kleinen Beckens ein. In der Beckenhöhle unterscheidet man die *Beckenmitte* oder *-weite* und die *Beckenenge*. Als Beckenmitte (Beckenweite) bezeichnet man eine Ebene, die dorsal durch die tiefste Stelle der Kreuzbeinhöhlung und lateral durch den Boden der Acetabula verläuft. Sie ist nahezu rund und ihr Durchmesser beträgt etwa 12 cm. Als Beckenenge wird die Ebene definiert, die vorn vom unteren Symphysenrand und hinten von der Spitze des Os sacrum und den beiden Spinae ischiadicae begrenzt wird. Der *gerade Durchmesser* beträgt hier 11 cm, der *quere Durchmesser* etwa 10,5 cm. Der quere Durchmesser entspricht dem Abstand zwischen den beiden Spinae ischiadicae (*Interspinalebene*). Die Sitzbeinstachel sind tastbar. Sie dienen unter der Geburt als Orientierung zur Höhenlokalisation des führenden kindlichen Teiles in der Beckenhöhle.

Die Beckenhöhle geht unmittelbar in den *Beckenausgangsraum* über (Abb. 7.**15**). Er besteht aus zwei nahezu senkrecht aufeinander stehenden Ebenen, die Dreiecksform haben. Das vordere Dreieck wird von der Verbindungslinie der beiden Tubera ischiadica, dem Schambeinbogen und dem Scheitel des Schambeins gebildet. Das hintere Dreieck hat die gleiche Basis, nämlich die Verbindungslinie der beiden Sitzbeinhöcker, seitlich wird es von den Ligg. sacrotuberalia und hinten von der Steißbeinspitze begrenzt. Der *gerade Durchmesser*, die *Conjugata des Beckenausganges*, mißt etwa 9 cm. Sie kann aufgrund der Beweglichkeit des Steißbeins um 2 cm verlängert werden. Der quere *Durchmesser des Beckenausgangsraumes*, die Verbindung zwischen den beiden Tubera ischiadica, betragt 11 cm.

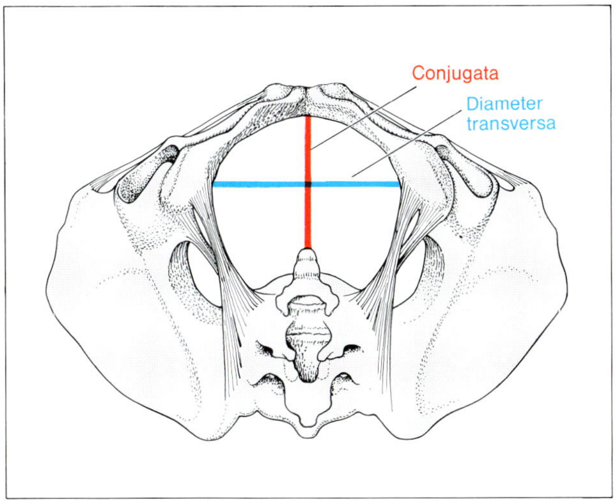

Abb. 7.**15** **Maße des Beckenausgangsraumes.**

Wachstum des Beckens

Das *Wachstum* des Beckens wird stark von der Wirkung der Geschlechtshormone beeinflußt. Die Entwicklung der einzelnen knöchernen Bestandteile verläuft zeitlich unterschiedlich. Es bestehen enge Beziehungen zwischen den Proportionen der Becken- und der allgemeinen Körpergröße.
Im trichterförmigen Becken des *Neugeborenen* ist der Schambeinwinkel eng, die Tubera ischiadica liegen nahe beisammen. Die Pfanneneingangsebene steht steil. Die Konkavität des schmalen Os sacrum ist kaum angedeutet und das Promontorium ragt nur wenig in die Beckenhöhle vor. Die Articulationes sacroiliacae stehen nahezu sagittal. Die Darmbeinschaufeln sind steiler ausgerichtet als beim Erwachsenen. Deutliche *Geschlechtsunterschiede* lassen sich beim Neugeborenen an einzelnen Teilen des Beckens erkennen. Beckenhöhle und Beckenausgang sind bei Mädchen breiter als bei Jungen. Der Schambeinwinkel ist bei Mädchen größer als bei Jungen (s. unten).
Mit dem starken Wachstumsschub im 1. Lebensjahr verschwinden diese Unterschiede. Ein deutlicher *Geschlechtsdimorphismus* in der Beckenform läßt sich erst wieder um das 10. Lebensjahr erkennen, der bis zum Abschluß der *Pubertät* zunehmend deutlicher wird. Das männliche Becken behält im wesentlichen seine puerilen Merkmale bei; es kommt nach der Pubertät nur noch zu einer Größenzunahme. Bei Mädchen wandelt sich während des puberalen Wachstumsschubes die kindliche Beckenform und nimmt schließlich die typisch weiblichen Beckenmerkmale der erwachsenen Frau an (s. unten).

Geschlechtsmerkmale des Beckens

Das *männliche Becken* ist insgesamt massiver als das *weibliche* (Abb. 7.**16**). Die Knochenkämme, Linien und Höcker sind deutlicher ausgeprägt als beim weiblichen Becken. Die *Durchmesser* des kleinen Beckens sind beim Mann durchschnittlich kleiner als bei der Frau. Die *Beckeneingangsebene* ist beim weiblichen Becken queroval, beim männlichen kleiner und hinten durch das stärker vorspringende Promontorium eingeengt (sogenannte Kartenherzform). Bei der Frau ist die *Beckenhöhle* kurz und der *Beckenausgang* breit. Der Winkel zwischen den unteren Schambeinästen ist beim weiblichen Becken weiter als beim männlichen. Der *Arcus pubis* beträgt beim weiblichen Geschlecht 90°–100°. Der *Angulus subpubicus* hat beim Mann eine Größe von etwa 70° (s. S. 450). Im männlichen Becken ist der *Beckenkanal* lang und trichterförmig und der Beckenausgang deutlich enger als der Beckeneingang. Das *Os sacrum* ist bei Frauen im kranialen Abschnitt flach und in Höhe des 3. bis 4. Sakralwirbels abgeknickt; es unterscheidet sich darin deutlich vom gleichmäßig gekrümmten Kreuzbein des Mannes. Das Kreuzbein hat beim Mann eine breite Basis und schmale Partes laterales, bei der Frau sind diese Verhältnisse umgekehrt. Die *Incisura ischiadica major* ist am männlichen Becken eng und hakenförmig gebogen, beim weiblichen Becken breit und abgerundet. Das *Foramen obturatum* des weiblichen Beckens ist queroval, das des männlichen Beckens nahezu rund.

Von der *typischen weiblichen Beckenform* gibt es zahlreiche *Abweichungen*, die unter geburtsmechanischen Gesichtspunkten zu *vier Typen* zusammengefaßt werden: Von einer *gynäkoiden Beckenform* spricht man, wenn der Beckeneingang queroval bis rund ist. Das Kreuzbein ist beckenhöhlenwärts gleichmäßig konkav und der Schambogen weit und abgerundet. Der *androide Beckentyp* gleicht dem männlichen Becken. Beim *anthropoiden Becken* ist der Beckeneingang wie bei den Menschenaffen längsoval. Der Schambeinbogen ist spitz, Spina ischiadica und Tuber ischiadicum liegen parallel zueinander. Für die *platypeloide Beckenform* ist ein großer querovaler Beckeneingang charakteristisch. Das Kreuzbein ist nur wenig gekrümmt und der Beckenausgangsraum breit.

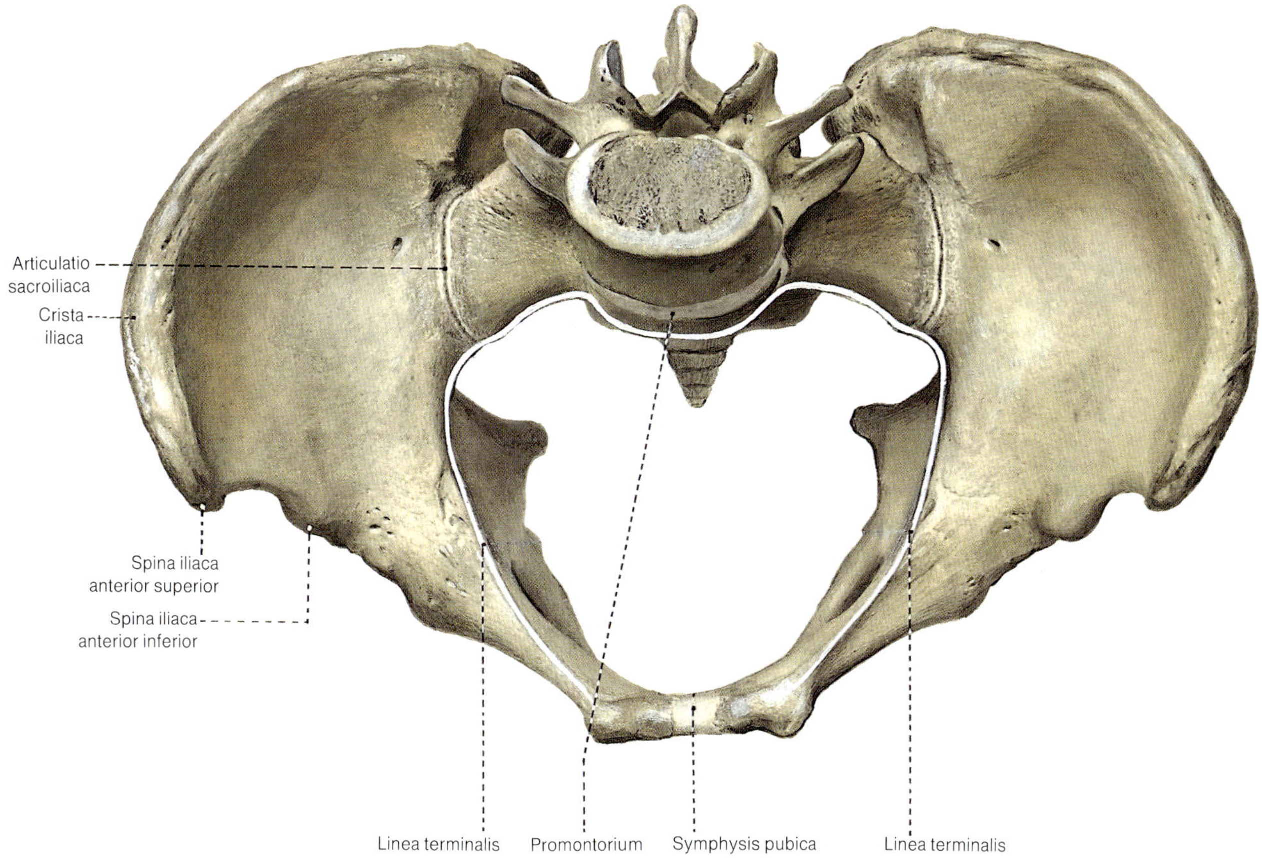

Abb. 7.**16 a–d Vergleich der Beckenformen von Frau und Mann.**
a Männliches Becken in der Ansicht von oben.

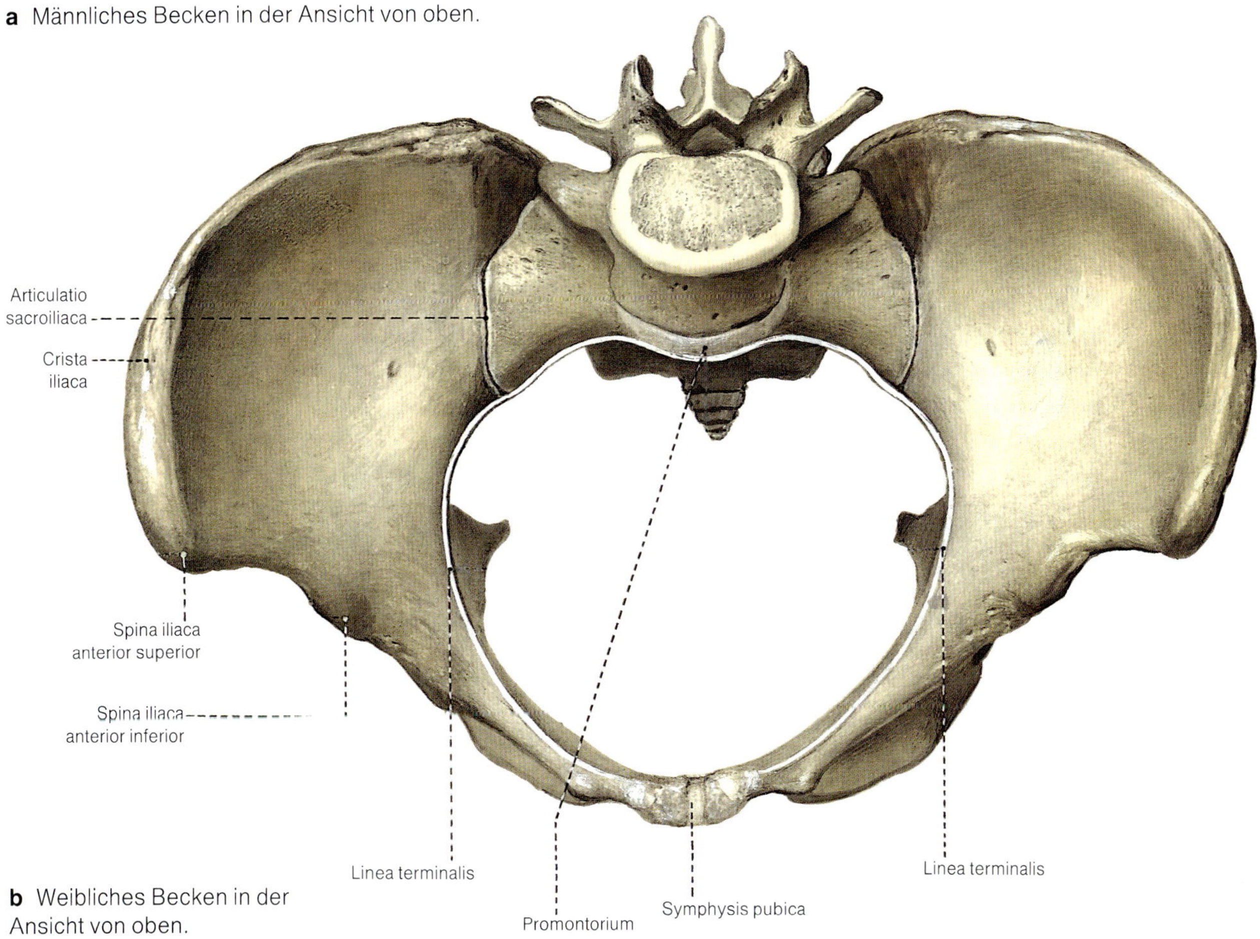

b Weibliches Becken in der Ansicht von oben.

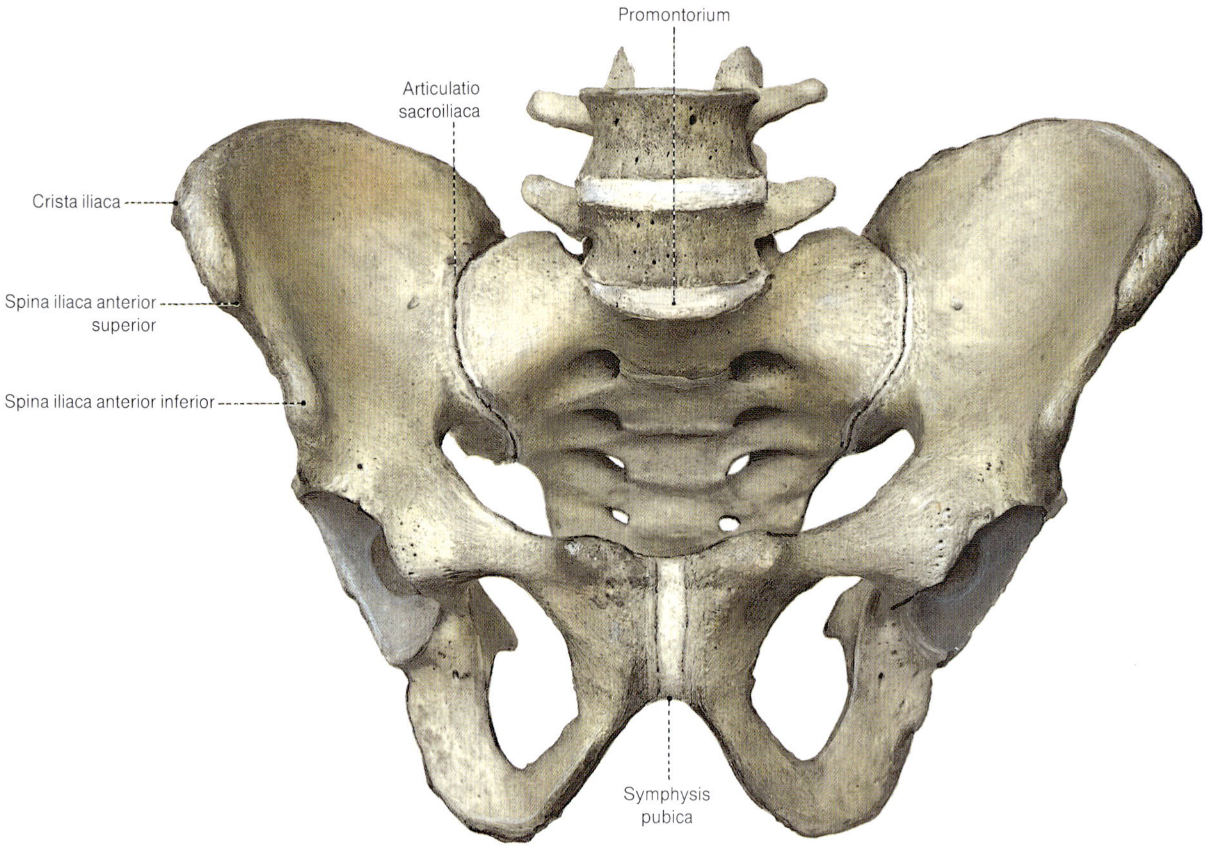

c Männliches Becken in der Ansicht von vorn.

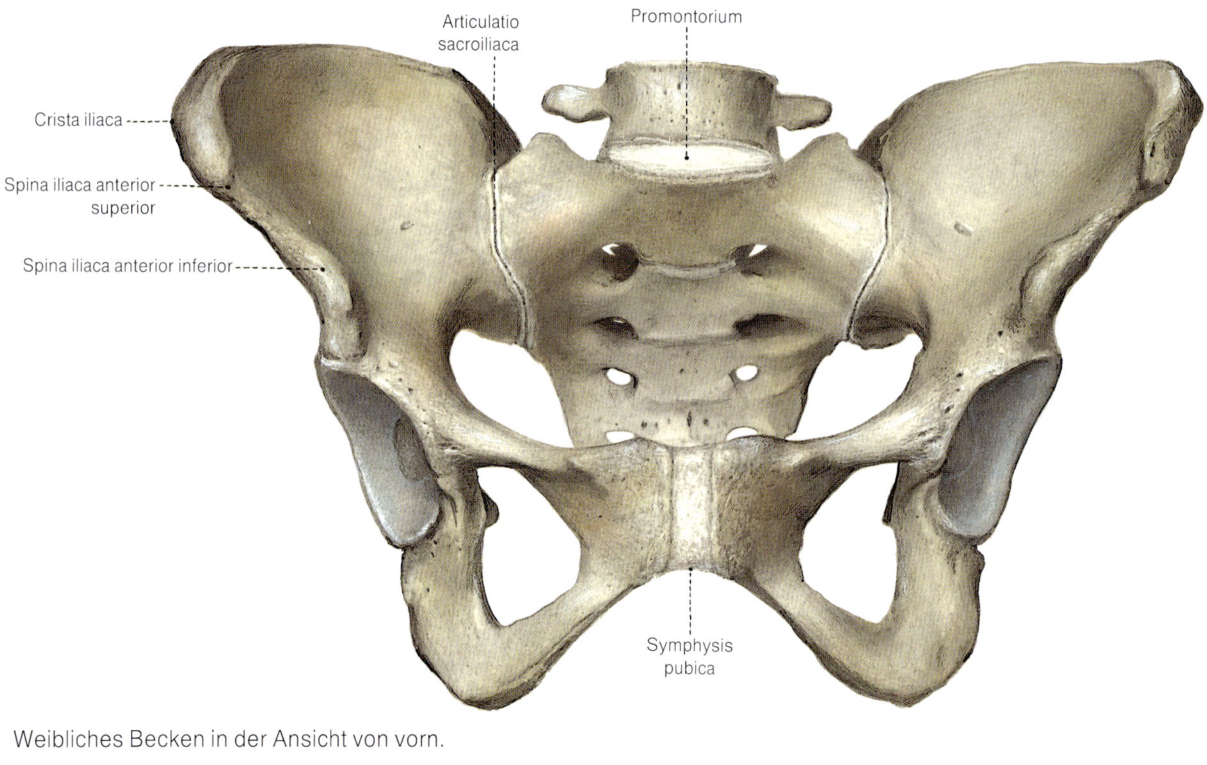

d Weibliches Becken in der Ansicht von vorn.

Knochen der freien unteren Extremität

Oberschenkelknochen, Os femoris

Gestalt und Beanspruchung

Der *Oberschenkelknochen, Os femoris (Femur),* ist der längste und kräftigste Knochen des menschlichen Skeletts (Abb. 7.**17**–7.**19**). Er hat wesentlichen Anteil an der Körpergröße eines Individuums. Das Femur besitzt als typischer langer Röhrenknochen zwei *Epiphysen* und eine *Diaphyse.* In der deskriptiven Anatomie unterscheidet man am Femur von proximal nach distal folgende Abschnitte: *Femurkopf**, *Caput ossis femoris, Oberschenkelhals, Collum ossis femoris,* und *Femurschaft, Corpus ossis femoris,* sowie die mediale und laterale *Kniegelenkwalze, Condylus medialis* und *Condylus lateralis.* Das Caput ossis femoris entspricht der proximalen Epiphyse. Zur Diaphyse gehören Collum und Corpus ossis femoris. Die distale Epiphyse besteht aus den beiden Condyli und Epicondyli femoris.

Das *Caput ossis femoris* gleicht geometrisch einem Kugelabschnitt, der, individuell unterschiedlich, zwei Drittel einer Kugel beträgt. Es bildet mit dem *Acetabulum* des Os coxae die artikulierenden Skelettelemente des *Hüftgelenks, Articulatio coxae.* Der Femurkopf wird bis auf die im medialen Bereich liegende *Fovea capitis femoris* von Gelenkknorpel bedeckt. Die Fovea capitis femoris ist eine Grube, in der das *Lig. capitis femoris* (s. Abb. 7.**60**) angeheftet ist. Der Femurkopf geht an der Knorpel-Knochen-Grenze – ihr entspricht die Lage der Epiphysenfuge beim wachsenden Skelett – in den Halsabschnitt der Diaphyse über.

Der *Oberschenkelhals* hat im mittleren Abschnitt eine leichte sanduhrförmige Einziehung. Distal geht er an der *Linea* und *Crista intertrochanterica* breitbasig in den Schaftbereich der Diaphyse über. An der Linea intertrochanterica setzt die Membrana fibrosa der Hüftgelenkkapsel an. Die an der Grenze zwischen Femurhals und -schaft liegenden *Rollhügel* sind *Apophysen* mit eigenen Knochenkernen (s. unten). Der große Rollhügel, *Trochanter major,* dient u. a. den kleinen Glutäalmuskeln als Ansatz und ist nach lateral konvex und medial konkav gekrümmt. Medial von seiner Basis liegt eine Grube, *Fossa trochanterica,* in der die Mm. gemelli und der M. obturatorius internus inserieren (s. Abb. 7.**84**). Der kleine Rollhügel, *Trochanter minor,* liegt medial am Ende der Crista intertrochanterica. An ihm setzt der M. iliopsoas an.

* Der häufig verwendete Ausdruck „Hüftkopf" ist anatomisch nicht korrekt.

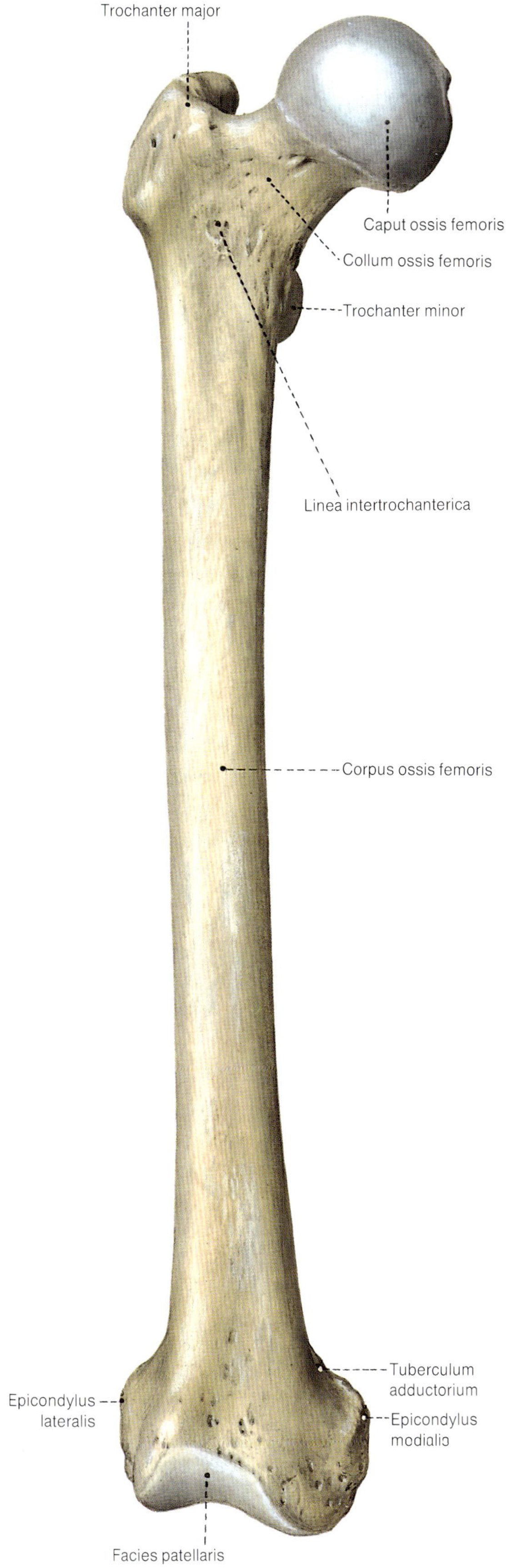

Abb. 7.17 **Rechter Oberschenkelknochen in der Ansicht von vorn.**

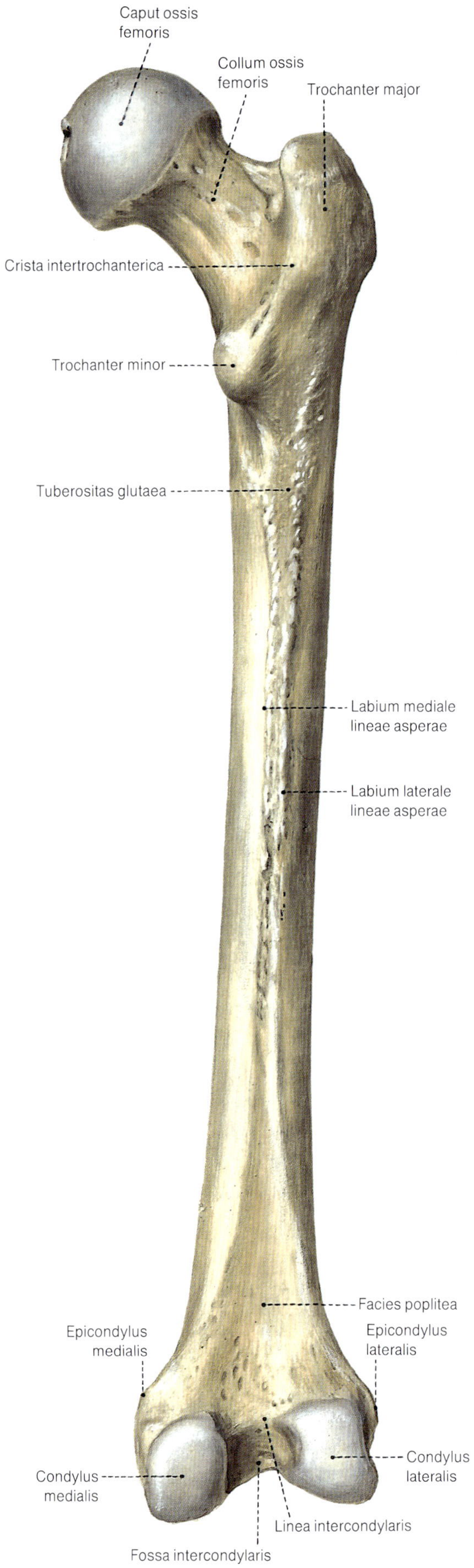

Abb. 7.**18** **Rechter Oberschenkelknochen in der Ansicht von hinten.**

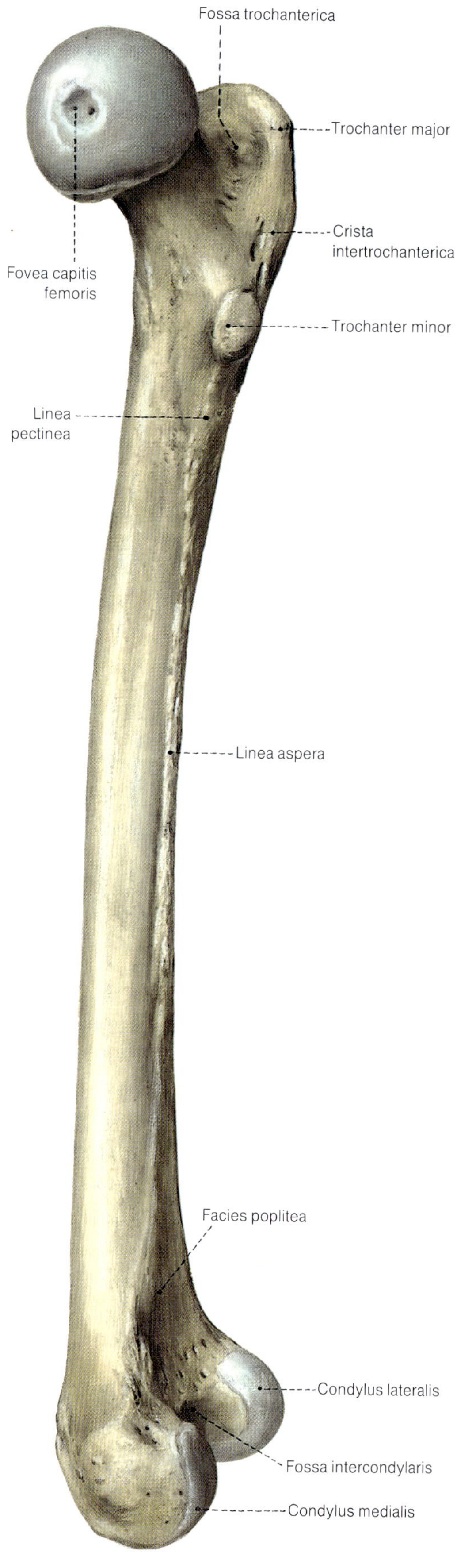

Abb. 7.**19** **Rechter Oberschenkelknochen in der Ansicht von medial.**

Oberschenkelhals und -schaft gehen unter Bildung eines Winkels ineinander über. Dieser *Schenkelhalsschaftwinkel* wird kurz als *Schenkelhalswinkel* bezeichnet. Die in der Klinik vielfach angewendeten Bezeichnungen „Collodiaphysenwinkel“ und “CCD-Winkel“ (Centrum-Collum-Diaphysenwinkel) sind insofern unkorrekt, als auch das Collum ossis femoris zur Diaphyse gehört. Der Schenkelhalswinkel wird am Röntgenbild durch Ermittlung der Achsen des Schenkelhalses und des Schaftes gemessen (s. Abb. 7.**20**, 3.**31**, 3.**32**). Er beträgt normalerweise beim Erwachsenen etwa 125°. Nimmt der Schenkelhalswinkel Werte an, die unter 120° liegen, so bezeichnet man diesen kleinen Schenkelhalswinkel als *Coxa vara.* Übersteigt der Schenkelhalswinkel eine Größe von 135°, so liegt ein steiler Schenkelhals, *Coxa valga,* vor. Die Winkelangaben zur Abgrenzung einer Coxa vara und einer Coxa valga vom normalen Schenkelhalswinkel weichen im Schrifttum voneinander ab.

Der Schenkelhalswinkel macht während des Lebens bei beiden Geschlechtern annähernd gleiche *Größenveränderungen* durch, die nicht auf „passiver Verformung“ des Skeletts, sondern auf einem durch die veränderte Beanspruchung bedingten, physiologischen Knochenumbau beruhen (s. S. 88). Der Schenkelhalswinkel hat zum Zeitpunkt der Geburt eine Größe von etwa 135°, nimmt bis zum Ende des 2. Lebensjahres kontinuierlich zu und erreicht einen Maximalwert von etwa 150°. Vom 3. Lebensjahr an wird der Schenkelhalswinkel kleiner. Am Ende des Wachstums hat er den für das Erwachsenenalter typischen Normalwert von etwa 125°. Im hohen Lebensalter wird nicht selten eine Abnahme des Schenkelhalswinkels beobachtet. Bleibt die physiologische *Coxa valga* des Kleinkindes bis ins Erwachsenenalter bestehen, so hat dies nicht a priori Krankheitswert, sondern ist als Variante anzusehen. Zu degenerativen Veränderungen im Hüftgelenk kommt es nur dann, wenn aufgrund des steil stehenden Femurhalses der Femurkopf nicht hinreichend von der Hüftpfanne überdacht wird (z. B. bei Subluxation und Pfannendysplasie). Eine *angeborene Coxa vara* (*Coxa vara congenita*) ist pathologisch und beruht auf einer Insuffizienz der Stützgewebe des Schenkelhalses.

Der *Schenkelhalswinkel* hat großen Einfluß auf die Beanspruchung des Collum ossis femoris. Der Schenkelhals wird physiologischerweise auf Druck und Biegung beansprucht (s. S. 84). Bei der *Coxa vara* nimmt die Biegebeanspruchung, und damit die Beanspruchung insgesamt, zu, da in Folge der starken Schenkelhalsneigung die belastende resultierende Kraft weit außerhalb des Kerns des Schenkelhalses verläuft (s. Abb. 3.**31**). Entsprechend der erhöhten Zugspannungen auf der lateralen Seite des Collum ossis femoris nehmen die Zugtrabekel stark zu (s. unten, Abb. 3.**32**).

Bei der *Coxa valga* verläuft die resultierende Kraft innerhalb des Kerns des Schenkelhalses (Abb. 3.**31**), so daß dieser nur eine Druckbeanspruchung erfährt. Die Beanspruchung des Collum ossis femoris ist demzufolge bei der Coxa valga niedriger als bei der Coxa vara und beim normalen Schenkelhalswinkel.

Die *trajektorielle Ausrichtung der Spongiosatrabekel* ist im Schenkelhals und im Femurkopf besonders anschaulich in Röntgenbildern und auf Sägeschnitten zu sehen (s. Abb. 2.**24**, 3.**32**). Beim *physiologischen Schenkelhalswinkel* und bei der *Coxa vara* kann man einen für Biegebeanspruchung typischen Spongiosatrabekelverlauf beobachten: Aus dem kranialen Bereich des Femurkopfes entspringen *Spongiosadrucktrabekel,* die nach kaudal in die Kortikalis auf der medialen Seite des Schenkelhalses (*Adamscher Bogen*) einstrahlen. Sie werden proximal von *Zugtrabekeln*

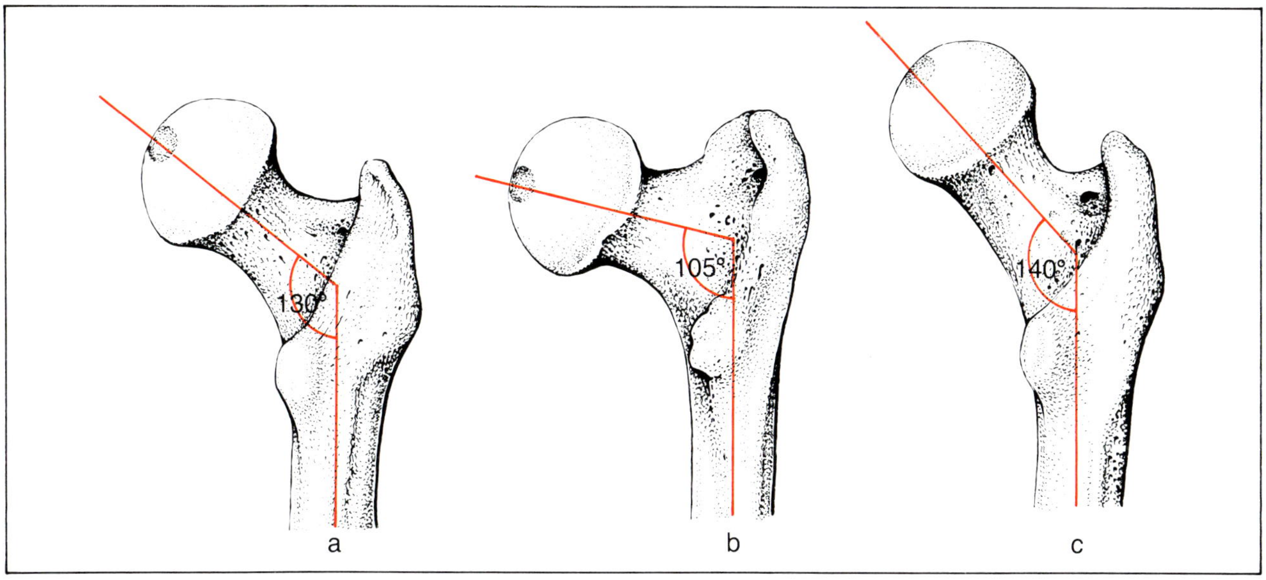

Abb. 7.**20** **Proximaler Teil rechter Oberschenkelknochen mit unterschiedlichem Schenkelhalswinkel in der Ansicht von hinten.**

a Normaler Schenkelhalswinkel.
b Coxa vara.
c Coxa valga.

rechtwinklig gekreuzt, die aus dem unteren Bereich des Femurkopfes kommen und bogenförmig nach kranial ziehen, wo sie zunächst im lateralen Abschnitt des Schenkelhalses verlaufen und weiter kaudal in die laterale Kortikalis des Schaftes einmünden. Die Zugtrabekel werden distal nochmals von Trabekeln gekreuzt, die aus dem Trochanter major kommen und parallel zur Linea intertrochanterica zum Trochanter minor ziehen. Das im *Röntgenbild* zwischen den drei Trabekelsystemen durch seine geringe Dichte hervortretende Dreieck wird als *Wardsches Dreieck* bezeichnet (s. Abb. 3.**32**).

Bei der auf Druck beanspruchten *Coxa valga* treten ausschließlich *Drucktrabekel* im Schenkelhals auf, die für Biegebeanspruchung charakteristischen Bögen von Zugtrabekeln fehlen (s. Abb. 3.**32**). Entsprechend der hohen Druckbeanspruchung auf der medialen Seite des Schenkelhalses bei der Coxa vara ist die Kortikalis hier stärker ausgebildet als beim physiologischen Schenkelhalswinkel und bei der Coxa valga (s. Abb. 3.**32**).

Der *Femurschaft, Corpus ossis femoris,* ist Teil der *Diaphyse.* Er ist in der Sagittalebene leicht nach vorn gebogen. Seine konvexe Vorderfläche ist glatt. Auf der konkaven Hinterseite springt eine longitudinale Leiste, *Linea aspera,* vor, an der sich zwei Knochenkämme, *Labium mediale* und *Labium laterale,* abgrenzen lassen (s. Abb. 7.**18**). An ihnen entspringt der größte Teil der Oberschenkelmuskeln (s. Abb. 7.**92**). Das Labium laterale geht kranial in die *Tuberositas glutaea,* die Insertionsstelle des M. glutaeus maximus, über. Häufig ist der Einstrahlungsknochen (s. S. 153, Abb. 4.**29**) hier sehr stark entwickelt; man bezeichnet die Ansatzzone dann auch als *Trochanter tertius.* Das Labium mediale der Linea aspera setzt sich über die mediale Seite des Oberschenkels in die *Linea intertrochanterica* fort. Von der Basis des Trochanter minor zieht eine weitere Knochenleiste, *Linea pectinea,* nach kaudal in das Labium mediale der Linea aspera. Die Linea pectinea dient dem M. pectineus als Ansatz.
Der Umfang des Femurschaftes nimmt in der Frontalebene zur Oberschenkelknochenmitte hin geringgradig ab; allerdings ragt in diesem Bereich die *Linea aspera* am weitesten nach hinten vor. Die Linea aspera dient nicht nur den Oberschenkelmuskeln als Ursprung, sondern hat darüber hinaus noch eine wichtige *statische Funktion.* Sie erhöht die Tragfähigkeit des Femurschaftes, indem sie seinen Querschnittsdurchmesser an der Stelle der höchsten Spannungen verbreitet (s. S. 81). Die Linea aspera liegt nicht, wie vielfach angenommen wird, in der Biegungsebene, sondern ist gegen diese derart verschoben, daß die Querschnittsmasse in der Hauptbeanspruchungsebene zunimmt.

Im auf Druck und Biegung beanspruchten medialen Bereich des Schaft-Halswinkels ist die Kortikalis besonders dick (sog. Tragleiste); von hier setzt sich eine frontale Platte kompakten Knochens nach lateral als sog. Merkelscher Schenkelsporn oder Schenkelkamm in das Schaftinnere fort.

Im distalen Drittel des Oberschenkelknochens weichen Labium mediale und Labium laterale V-förmig auseinander und enden in der Gegend der Epikondylen. Das zwischen ihnen liegende dreieckige Feld wird als *Facies poplitea (Planum popliteum)* bezeichnet (s. Abb. 7.**18**). Die Basis des Dreiecks bildet eine die Kondylen verbindende Leiste, *Linea intercondylaris.* Der distale Teil der Facies poplitea ist besonders reich an Gefäßkanälen (s. unten).
Die *anatomische Achse* (Mittellinie) des Corpus ossis femoris verläuft nicht vertikal, sondern schräg von lateral-kranial nach medial-kaudal (s. Abb. 7.**94**). Für die Beanspruchung des Femurschaftes ist jedoch nicht die anatomische Schaftachse, sondern die *mechanische Achse* (Traglinie oder Hauptlinie) maßgebend. Die mechanische Achse ist die vertikale Verbindungslinie zwischen dem Femurkopfzentrum und der Femurkondylenmitte (s. Abb. 7.**94**). Die anatomische Achse ist gegenüber der Traglinie normalerweise um $5°-7°$ nach außen oben geneigt (s. S. 535).
Der *Femurschaft* wird in der Sagittal- und Frontalebene auf *Druck* und *Biegung* beansprucht. Als *Zuggurtung* zur Herabsetzung der Biegebeanspruchung (s. S. 84) dienen Oberschenkelmuskeln und Tractus iliotibialis. Der Femurschaft ist durch die Verteilung des Knochenmaterials im Querschnitt an die herrschende Beanspruchung angepaßt (Bedeutung der Linea aspera s. oben).
Distal verbreitert sich der Oberschenkelknochen zu den „Femurknorren", den *Condyli* und *Epicondyli medialis* und *lateralis* (s. Abb. 7.**17**–7.**19, **7.**21**). Der mediale Epikondylus ist kräftiger als der laterale. Oberhalb des Epicondylus medialis liegt ein Höcker, *Tuberculum adductorium,* an dem der oberflächliche Teil des M. adductor magnus inseriert. An den Epikondylen sind die Kollateralbänder des Kniegelenks befestigt. Auf der Rückseite des Femur liegt zwischen den Kondylen eine tiefe Grube, *Fossa intercondylaris.* Der von Gelenkknorpel bedeckte Teil der Condyli ossis femoris artikuliert im Kniegelenk mit der Tibia und mit den Menisken. Auf der Vorderseite gehen die Gelenkflächen der Kondylen kranial kontinuierlich in die *Facies patellaris* über, die das Gleitlager für die Patella bildet. Am Übergang zwischen Facies patellaris und den beiden Kondylengelenkflächen kann man medial und lateral am subchondralen Knochen, noch deutlicher bei erhaltenem Gelenkknorpel, jeweils eine Kante *(Linea condylopatellaris, Linea terminalis),* erkennen.

Hält man den Femurschaft – unphysiologischerweise – vertikal, so reicht der mediale Kondylus weiter nach distal als der laterale. Durch den größeren medialen Kondylus wird die physiologische abgewinkelte Stellung des Femurschaftes in der Weise ausgeglichen, daß beide Kondylen auf einer horizontalen Ebene liegen. Der Winkel, den die Kondylenebene mit der anatomischen Schaftachse bildet, beträgt $8-10°$. Der Condylus lateralis ist in der Sagittalebene 1–2 cm kürzer als der mediale Kondylus. Die Oberflächen beider Kondylen sind in der Sagittal- und Frontalebene konvex gekrümmt (bikonvexe Gelenkflächen, s. S. 110). In der Sagittalebene entspricht die *Oberflächenkontur der Kondylen* einer Randkurve unterschiedlicher Krümmungsradien. Die *Krümmungsmittelpunkte* aller Gelenkflächenteilstrecken liegen auf einer Kurve, die man als *Evolute* bezeichnet. Diese ist nicht identisch mit der Lage des momentanen Drehzentrums im Kniegelenk (s. S. 570). Die Randkurve der Gelenkoberfläche wird als *Evolente* bezeichnet. Die Krümmungsradien der Kondylenrandkurve sind im hinteren Abschnitt kleiner

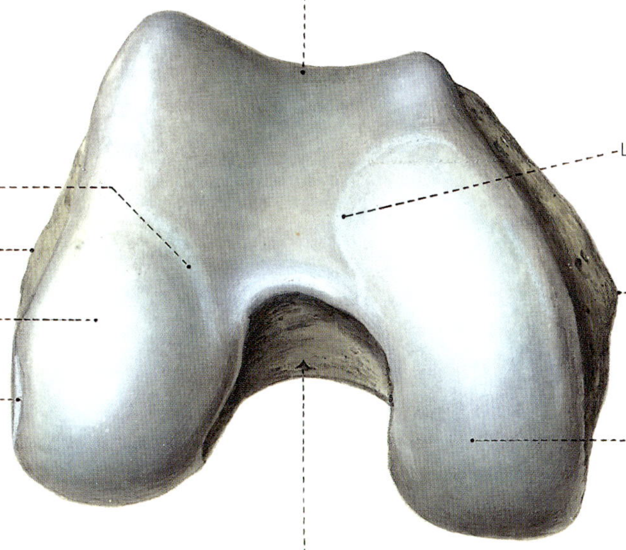

Abb. 7.**21** **Distaler Teil eines rechten Oberschenkelknochens in der Ansicht von unten.**

als vorne (Abb. 7.**22**). Mathematisch lassen sich die Gelenkflächenkrümmungen verschiedenen Funktionen anpassen, z. B. Doppelkreisen, Ellipsen oder Spiralen.

Die *Facies patellaris* (Abb. 7.**21**) hebt sich gegenüber den Gelenkflächen der Kondylen medial und lateral durch eine Leiste *(Linea condylopatellaris, Linea terminalis)* ab (s. oben). Die rollenförmige Gelenkfläche (*Trochlea*) bildet das Gleitlager für die Kniescheibe, *Patella*. An der Trochlea unterscheidet man eine *mediale* und eine *laterale Kondylenwange* (Abb. 7.**25**). Die laterale Gelenkfläche dehnt sich weiter nach kranial aus als die mediale. Nur selten kommt eine „ideale" Trochlea mit symmetrisch ausgebildeter medialer und lateraler Wange vor (sogenannte Euplasie). In den meisten Fällen ist die laterale Kondylenwange breiter und deutlich höher als die mediale; die Rinne der Trochlea ist dann nach medial verlagert (sogenannte mediale Hypoplasie). Von diesen Normalformen gibt es fließende Übergänge zu abnormen Ausbildungen des Patellagleitlagers, die wegen der Entstehung degenerativer Veränderungen am Femoropatellargelenk große klinische Bedeutung haben.

Meistens kommt es bei derartigen Abnormitäten zu einer Abflachung der Trochlea, wobei die mediale Kondylenwange stärker betroffen ist als die laterale. In Extremfällen ist keine Gelenkrolle mehr ausgebildet; die Facies patellaris kann dann sogar konvex gekrümmt sein (schwere Dysplasie). Die Form des Patellagleitlagers läßt sich anhand von tangentialen Röntgenaufnahmen bei einer Beugung im Kniegelenk von 60° beurteilen (s. Abb. 7.**25**).

Die transversale Achse durch die Condyli femoris bildet mit der Schenkelhalsachse, auf eine horizontale Ebene projiziert, beim Erwachsenen einen Winkel von etwa 12°. Dieser Winkel wird als *Anteversionswinkel* bezeichnet (Abb. 7.**23**). (Die vielfach verwendete Bezeichnung „Antetorsionswinkel" ist unter biomechanischen Gesichtspunkten nicht korrekt.) Die Anteversion des Femur nimmt von der 2. Hälfte der Fetalperiode an beständig zu und erreicht im 2. Lebensjahr mit einem Anteversionswinkel von ca. 35° ihren Höhepunkt. Danach wird der Winkel kleiner und nimmt am Ende des 2. Dezennium den für den Erwachsenen typischen Wert von 12° ein.

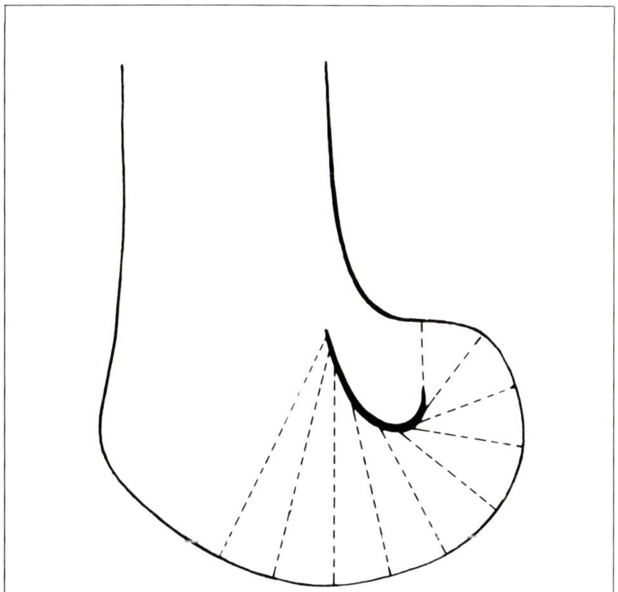

Abb. 7.**22** **Umriß eines Femurkondylus in Seitenansicht.** Die Krümmungsmittelpunkte (punktierte Linien) des Kondylenumrisses liegen auf einer Kurve (Evolute) (nach *Fick* 1910).

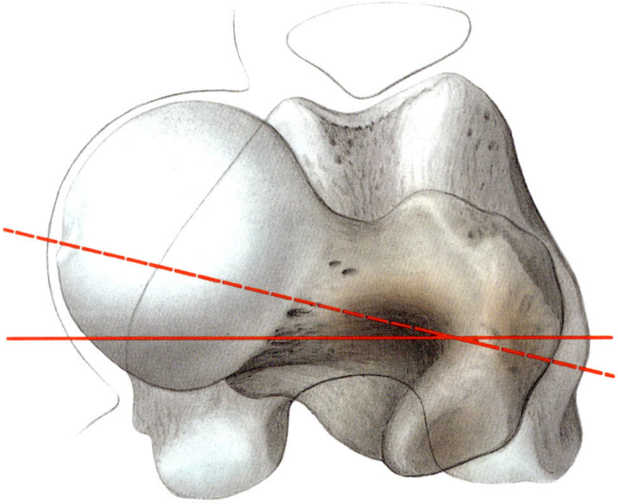

Abb. 7.**23** **Der proximale Teil des Femur ist beim Erwachsenen gegenüber dem distalen Teil um etwa 12° nach vorn gedreht, Anteversion (sogenannte Antetorsion) des Femurhalses.**
unterbrochene Linie: Femurhalsachse
durchgehende Linie: transversale Kondylenachse

Blutversorgung

Der *Blutversorgung* des Femur dienende Gefäßkanäle liegen im proximalen Bereich in der *Fovea capitis femoris* und am *Collum ossis femoris*. Die auf dem Schenkelhals laufenden Gefäße versorgen Femurkopf und -hals. Ein Zerreißen der Gefäße, z.B. bei einer Schenkelhalsfraktur, führt oft zu Ernährungsstörungen im Femurkopf und als Folge davon zum Absterben des Knochengewebes (Femurkopfnekrose). Am Femurschaft kann man im mittleren Abschnitt innerhalb der Linea aspera meistens zwei *Foramina nutricia* beobachten, die von distal nach proximal in die Kortikalis eindringen. Das distale Femurende hat Gefäßkanäle oberhalb der Linea intercondylaris im Bereich der Facies poplitea, in der Fossa intercondylaris, entlang der Knorpel-Knochen-Grenze der Condyli femoris sowie oberhalb der Facies patellaris.

Entwicklung

Die *Knochenbildung* (s. Abb. 7.**54**) in der Anlage des Femur beginnt im Bereich der *Diaphyse* zwischen der 7. und 8. Lebenswoche. Der *distale Epiphysenkern* erscheint am Ende der Fetalzeit. Sein Vorhandensein bei der Geburt wird als *Reifezeichen* bewertet. Die Knochenbildung in der *proximalen Epiphyse* beginnt in der 2. Hälfte des 1. Lebensjahres. Im Bereich der proximalen Epiphysenplatte kann es während des puberalen Wachstumsschubes infolge einer Auflockerung des Knorpelgewebes zu einer Dislokation zwischen Femurkopf und Schenkelhals kommen (juvenile Epiphysenlösung, *Epiphysiolysis capitis femoris*). Der Knochenkern im *Trochanter major* erscheint nach dem 3. Lebensjahr. Im *Trochanter minor* beginnt die Knochenbildung erst um das 12. Lebensjahr. Der *Schluß* der *proximalen Epiphysenfugen* und der *Apophysenfugen* erfolgt zwischen dem 16. und 20. Lebensjahr. Die *distale Epiphysenfuge* schließt sich erst um das 20. Lebensjahr. Das Femur wächst also distal stärker als proximal; dieses ist auch am Verlauf der Foramina nutricia zu erkennen, die von distal nach proximal in den Schaft hineinziehen.

Oberflächenrelief und tastbare Anteile

Für die klinische Untersuchung wichtige *tastbare Knochenpunkte* sind der *Trochanter major* (Distantia trochanterica, s. S. 459) und die beiden *Epikondylen*. Die *Condyli femoris* lassen sich vor allem bei gebeugtem Knie abtasten. Der Femurschaft ist an keiner Stelle sicht- oder tastbar, da er allseitig von einem starken Muskelmantel umgeben ist.

Kniescheibe, Patella

Gestalt und Beanspruchung

Die *Kniescheibe, Patella,* ist das größte Sesambein des menschlichen Skeletts (Abb. 7.**24**). Der dreieckige Knochen ist in die Ansatzsehne des M. quadriceps femoris eingelagert (s. Abb. 7.**111,** 7.**115**). Die *Quadrizepssehne* setzt zunächst an der breiten proximalen *Basis der Patella* an und zieht distal von der *Spitze, Apex patellae,* als bandartige Fortsetzung, *Lig. patellae,* zur Tuberositas tibiae. Der vordere Teil der Ansatzsehne verläuft kontinuierlich über die Facies anterior patellae zur Tibia (s. S. 540). Der Knochen der konvexen Vorderfläche, *Facies anterior patellae,* ist aufgerauht. Er enthält zahlreiche Gefäßöffnungen und weist im Basis- und Spitzenbereich oft vertikal verlaufende *Leisten* auf, die sich nicht selten über den oberen und unteren Patellapol hinweg in Form von *Knochenzapfen* in den Sehnenbereich fortsetzen (s. Abb. 4.**31**). Es handelt sich dabei um Knochenneubildungen innerhalb der Sehnenansatzzone.
An den *Seitenflächen* der Kniescheibe inserieren Teile der Mm. vasti medialis und lateralis (s. Abb. 7.**107**). Lateral zieht regelmäßig ein Teil des Tractus iliotibialis als Retinaculum patellae horizontale zum Seitenrand der Kniescheibe. Medial kommt ein horizontales Retinaculum nur etwa in einem Drittel der Fälle vor. Von den Seiten der Patella gehen außerdem kapselverstärkende Bandzüge aus (s. S. 554).

Die *Rückfläche* der Patella, *Facies articularis patellae,* (Abb. 7.**24**) artikuliert mit der *Facies patellaris* des Femur. Die beiden Gelenkflächen bilden das *Femoropatellargelenk,* das zum Kniegelenk, *Articulatio genus,* gehört. Am subchondralen Knochen der Facies articularis patellae hebt sich etwas medial von der Mitte ein *vertikaler First* ab, der die Gelenkfläche in eine kleinere, flache oder konvexe *mediale Facette* und in eine etwas größere, leicht konkave *laterale Facette* unterteilt. Die Gelenkoberflächen der medialen und lateralen Facetten bilden in der Horizontalebene miteinander einen Winkel, den sogenannten *Patellaöff-*

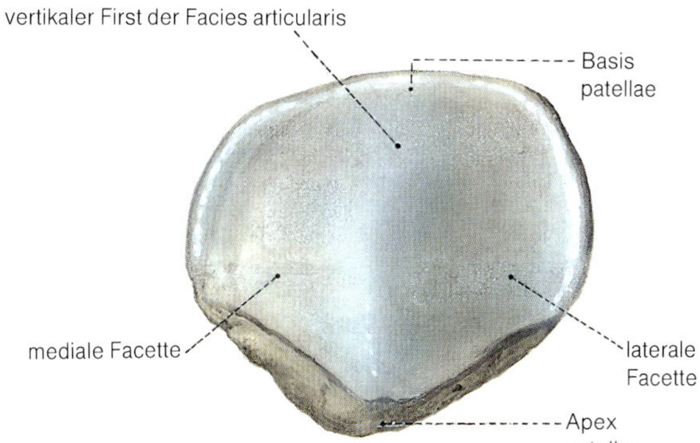

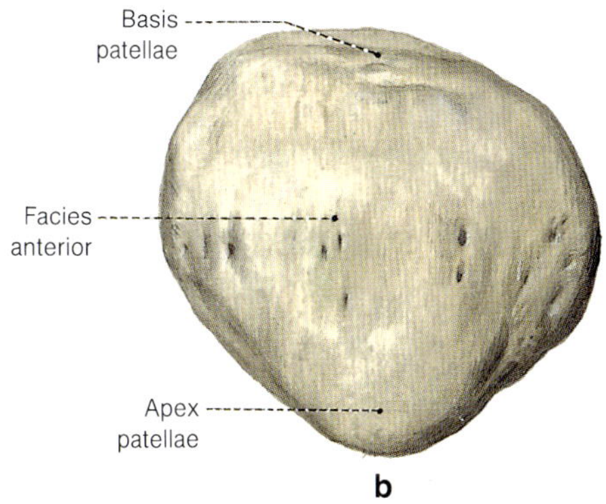

Abb. 7.**24** **Rechte Kniescheibe:**
a in der Ansicht von hinten,
b in der Ansicht von vorn.

nungswinkel, der normalerweise 120°–140° beträgt. Der Öffnungswinkel läßt sich an tangentialen Röntgenaufnahmen (Défilé-Aufnahmen) des Kniegelenks bestimmen (Abb. 7.**25**). Bei erhaltener Gelenkknorpelbedeckung ist außer dem regelmäßig vorkommenden vertikalen First häufig auch eine *horizontale Leiste* ausgebildet, so daß weitere Gelenkfacetten entstehen. Nicht selten ist eine Abknickung des dreieckigen Endes der medialen Facette aus der Frontalebene in die Sagittalebene zu beobachten. Dieses sagittal ausgerichtete Randsegment der Facies articularis patellae wird als sogenannte Odd-Facette bezeichnet (s. Abb. 3.**60,** 7.**99**). Die Odd-Facette ist auch an knöchernen Gelenkflächen und in tangentialen Röntgenaufnahmen (Abb. 7.**25** u. 7.**26**) zu erkennen. Der Gelenkknorpel der Facies articularis patellae ist sehr dick. Er kann im mittleren Bereich eine Dicke von etwa 6 mm erreichen.

Die *Belastung der Patella* erfolgt durch die an der Basis und am Apex sowie am medialen und lateralen Seitenrand inserierenden Sehnen und Bänder. Durch diese *vertikalen* und *horizontalen Zugverspannungen* wird die Patella gegen das Gleitlager am Femur gedrückt (s. Femoropatellargelenk, S. 566). Die *Beanspruchung* des *Knochens* ist dabei von der *Form der Kniescheibe* abhängig. Kurze und dicke Kniescheiben mit einem sagittalen Durchmesser von ca. 2 cm erfahren im gelenknahen Bereich eine ausschließliche *Druckbeanspruchung* (s. Abb. 4.**31**). Lange und dünne Kniescheiben mit einem sagittalen Durchmesser von 1–1,5 cm werden demgegenüber auf *Druck* und *Biegung* beansprucht. Bei solchen Objekten findet man nicht selten eine vertikal ausgerichtete konkave Einbuchtung des subchondralen Knochens im mittleren Bereich der Patella (*Haglund-Delle,* Abb. 7.**26**).

Varianten – Fehlbildungen

Die Ausbildung der *medialen* und *lateralen Gelenkfacetten* ist sehr variabel. In seltenen Fällen sind beide Facetten gleich groß. Meistens ist die mediale Facette kleiner als die laterale. Von diesen als normal anzusehenden *Asymmetrien* gibt es fließende Übergänge zu pathologischen Formen (*Dysplasien*), die mit einer starken Reduzierung der medialen Gelenkfacette einhergehen (sogenannte Kieselsteinform oder sogenannte Jägerhutform der Patella, Abb. 7.**25 e**). Der Patellaöffnungswinkel wird mit zunehmender Reduzierung der medialen Gelenkfacette kleiner. Die Verkleinerung der kraftaufnehmenden Fläche führt zu einer Erhöhung des Gelenkdrucks im Femoropatellargelenk (s. S. 116).

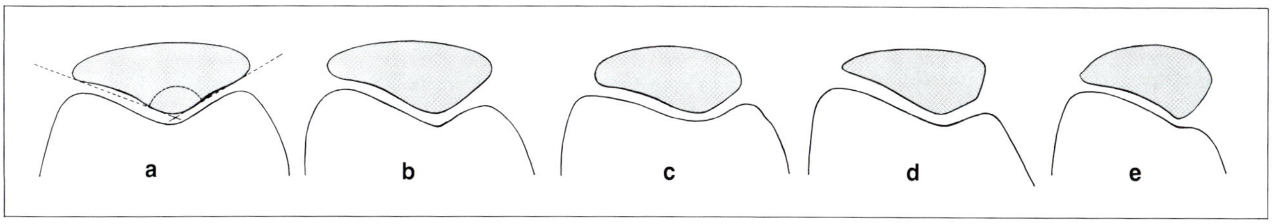

Abb. 7.**25 a–e** **Klassifikation der Patellaform.**
Umzeichnung von tangentialen Röntgenaufnahmen (Défilé-Aufnahmen) rechter Femoropatellargelenke. Zunehmende Verkleinerung der medialen Kniescheibenfacette.
a Typ I nach Wiberg: mediale und laterale Facette annähernd gleich groß („Euplasie"). Normaler Patellaöffnungswinkel von 130°.
b Typ II nach Wiberg: mediale Facette etwas kleiner als laterale Facette (häufigste Kniescheibenform).
c Typ III nach Wiberg: deutliche Verkleinerung der medialen Facette („mediale Hypoplasie").
d „Mediale Hypoplasie" mit sagittaler Abknickung des medialen Randsegmentes (sogenannte Odd-Facette, vgl. Abb. 7.**26**).
e „Dysplasie" der Kniescheibe mit starker Verkleinerung der medialen Facette, sogenannte Jägerhutform.
Man beachte auch die zunehmende Verkleinerung und Abflachung der medialen Kondylenwange am Patellagleitlager. In **e** ist der Sulcus condylaris nur noch angedeutet.
Nach Originalaufnahmen von Priv.-Doz. Dr. *R. Hepp* sowie Abbildungen von *Wiberg* und *Baumgartl.*

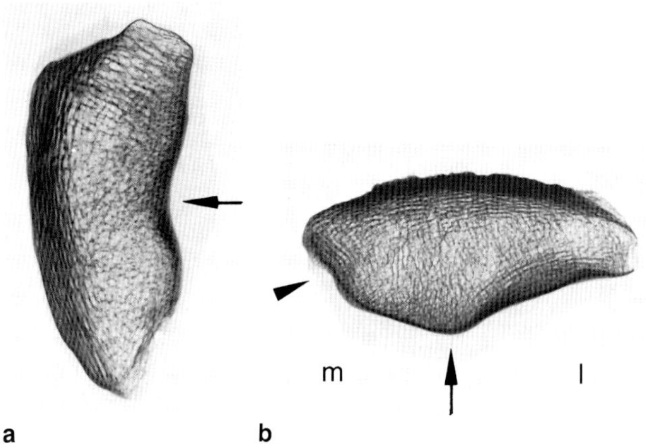

Abb. 7.**26a** **Röntgenbild eines 3 mm dicken Sagittalschnittes durch den mittleren Bereich einer rechten Kniescheibe vom Erwachsenen.** Der Pfeil weist auf die Haglund-Delle im mittleren Bereich. Man beachte die longitudinal verlaufenden Spongiosatrabekel an der Außenfläche.

Abb. 7.**26b** **Röntgenbild eines 3 mm dicken Horizontalschnittes durch den mittleren Bereich einer rechten Kniescheibe vom Erwachsenen.** Zwischen lateraler (l) und medialer (m) Facette erhebt sich ein sagittaler First (Pfeil). Das Randsegment der medialen Facette ist in sagittaler Richtung abgewinkelt, sogenannte Odd-Facette (Pfeilkopf). Der Gelenkknorpel hebt sich im Röntgenbild als grauer Streifen ab und erreicht über der Haglund-Delle eine Dicke von 6 mm.

Außer partiellen *Dysplasien* und *Hypoplasien* kann die Patella insgesamt symmetrisch verkleinert (*Patella parva*) oder vergrößert (*Patella magna*) sein. Selten fehlt die Kniescheibe insgesamt (*Patellaaplasie*).

Entwicklung

Die *Osteogenese* in der knorpelig präformierten Kniescheibe beginnt im 3.–4. Lebensjahr an mehreren Stellen (s. Abb. 7.**54**). Die *Knochenkerne* verschmelzen normalerweise zwischen dem 15.–20. Lebensjahr miteinander. Bleibt die synostotische Vereinigung aus, so kommt es zur *Patella bipartita* oder *multiplicata* (Abb. 7.**27**). Die einzelnen knöchernen Anteile sind in solchen Fällen durch Knorpel miteinander verbunden. Die Synchondrose kann am lateralen oder seltener am medialen Seitenpol sowie am Apex patellae liegen. Die Patella bipartita zählt zu den häufigsten Varianten an der Kniescheibe.

Knochen des Unterschenkels

Die Skelettelemente des Unterschenkels (Zeugopodium) sind *Schienbein, Tibia,* und *Wadenbein, Fibula* (Abb. 7.**28,** 7.**29**). Beide Knochen zählen zu den langen Röhrenknochen und haben entsprechend je eine proximale und eine distale Epiphyse sowie eine Diaphyse. Tibia und Fibula sind proximal über eine Diarthrose, *Articulatio tibiofibularis* (s. S. 575), im Schaftbereich und am distalen Ende in Form einer Synarthrose durch die *Membrana interossea cruris* und durch die *Syndesmosis tibiofibularis* miteinander verbunden.

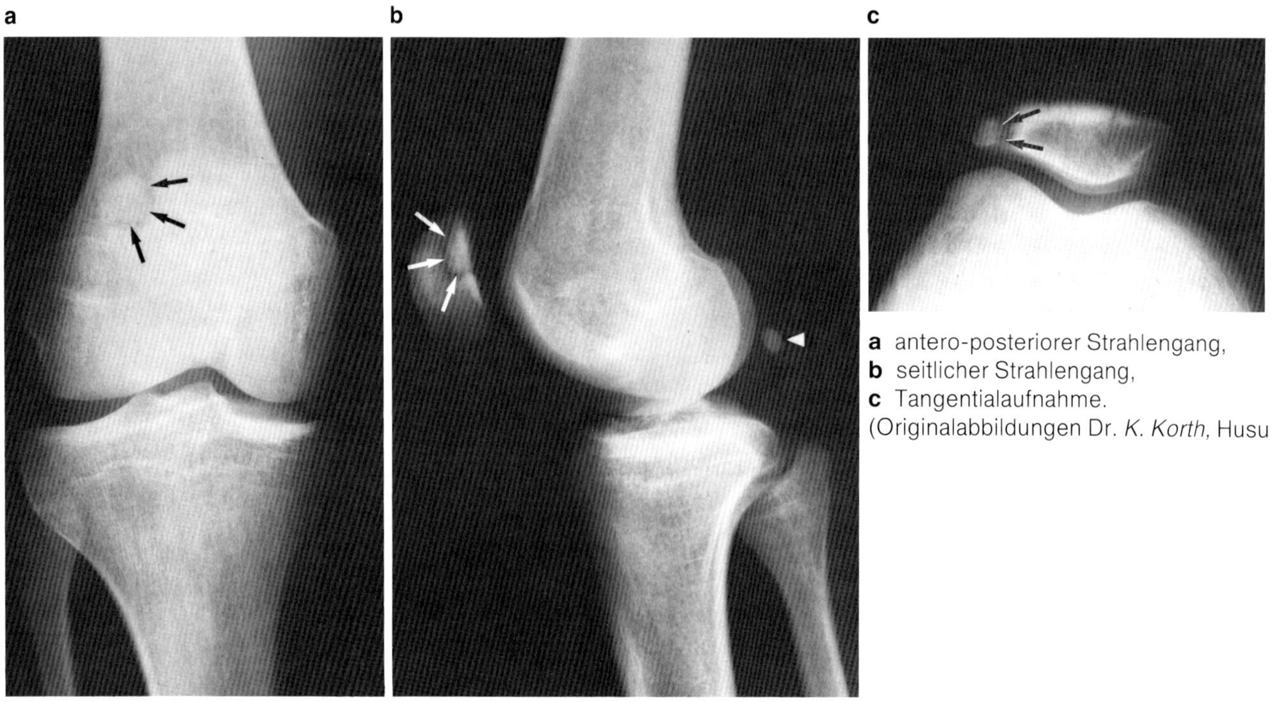

a antero-posteriorer Strahlengang,
b seitlicher Strahlengang,
c Tangentialaufnahme.
(Originalabbildungen Dr. *K. Korth,* Husum)

Abb. 7.**27a–c** **Röntgenbilder des rechten Kniegelenks von einem Achtzehnjährigen mit Patella bipartita an typischer Stelle (durch Pfeile markiert) sowie einer Fabella (Pfeilkopf).**

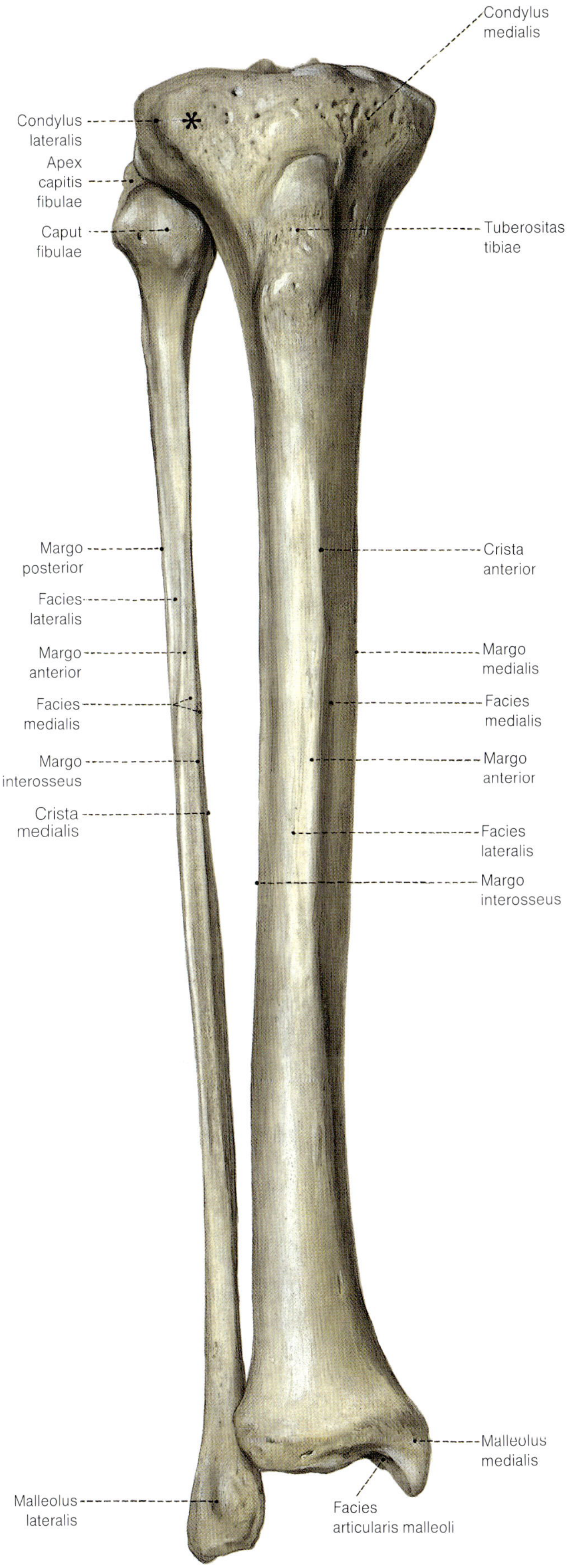

Abb. 7.**28** **Schienbein und Wadenbein der rechten Seite in der Ansicht von vorn.**
*: Tuberculum tractus iliotibialis (Tuberculum Gerdyi)

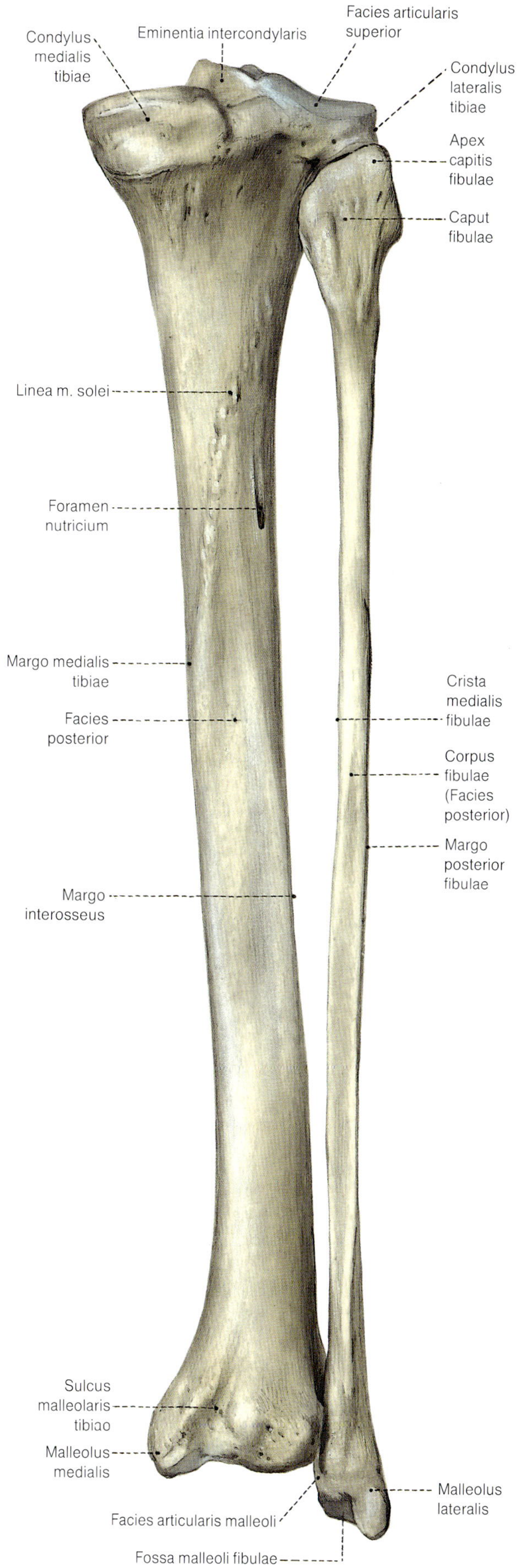

Abb. 7.**29** **Schienbein und Wadenbein der rechten Seite in der Ansicht von hinten.**

Die *Tibia* liegt im vorderen Bereich des Unterschenkels, wo ihr proximales und distales Ende sowie ihre mediale Fläche des Schaftes tastbar sind. Das Schienbein ist wesentlich kräftiger als das Wadenbein. Die *Fibula* liegt im seitlichen hinteren Bereich des Unterschenkels; ihr Schaft ist vollständig von Muskeln umgeben. Tastbar sind bei der Fibula nur der Fibulakopf und der distale Teil *(Malleolus lateralis)*.
Die *Tibia* steht proximal mit dem *Femur* und distal mit dem Sprungbein, *Talus,* in gelenkiger Verbindung. Die *Fibula* hat keinen Kontakt mit dem Femur. Die Kraftübertragung vom Oberschenkel auf den Unterschenkel erfolgt im *Kniegelenk* nur zwischen Femur und Tibia. Die Fibula ist mit ihrem distalen Ende, *Malleolus lateralis,* zwar am Aufbau der Sprunggelenkgabel, *Malleolengabel,* beteiligt, aufgrund der sagittalen Stellung der Gelenkfacetten von Fibula und Sprungbein kann das Wadenbein jedoch keine Last aufnehmen und im oberen Sprunggelenk auf den *Fuß* übertragen. Somit sind die Schienbeine als eigentliche *„Stützpfeiler"* des Unterschenkels allein an der Aufnahme der Teilkörperlast im Kniegelenk und an deren Übertragung auf den Fuß beteiligt. Die Fibula dient Muskeln des Fußes als Ursprungsort. Ihr distales Ende ist als Bestandteil der Malleolengabel an der knöchernen Führung des oberen Sprunggelenks beteiligt.

Bei zahlreichen Säugetieren verschmelzen Tibia und Fibula teilweise knöchern miteinander. Bei einigen Formen (Equiden) sind Teile der Fibula stark zurückgebildet.

Schienbein, Tibia

Gestalt und Beanspruchung

Am *Schienbein, Tibia* (Abb. 7.**30**), unterscheidet man drei Abschnitte: den *Tibiakopf (proximale Epiphyse),* den *Schaft, Corpus tibiae,* und den distalen *Knöchelbereich (distale Epiphyse).* Der *Tibiakopf* besteht aus den beiden breiten „Gelenkknorren", *Condylus medialis* und *Condylus lateralis,* die proximal das *Tibiakopfplateau* bilden, das die Gelenkflächen für die Femurkondylen, *Facies articularis superior,* trägt (Abb. 7.**31**). Die beiden Gelenkfacetten auf dem Tibiakopfplateau sind im mittleren Bereich durch eine knorpelfreie Zone, *Eminentia intercondylaris,* getrennt, die vorn in die *Area intercondylaris anterior* und hinten in die *Area intercondylaris posterior* übergeht. An dem der Eminentia intercondylaris zugewandten Rand der medialen und lateralen Gelenkfacette erhebt sich jeweils ein Knochenvorsprung, *Tuberculum intercondylare mediale und laterale.* Das knorpelfreie Feld zwischen den Gelenkflächen dient den Menisken und den Kreuzbändern zur Insertion.
Die beiden Gelenkfacetten der *Facies articularis superior tibiae* haben ovale Form. Der sagittale Durchmesser der Gelenkfläche ist lateral kleiner als medial. Die Facies articularis superior ist medial konkav. Auf der

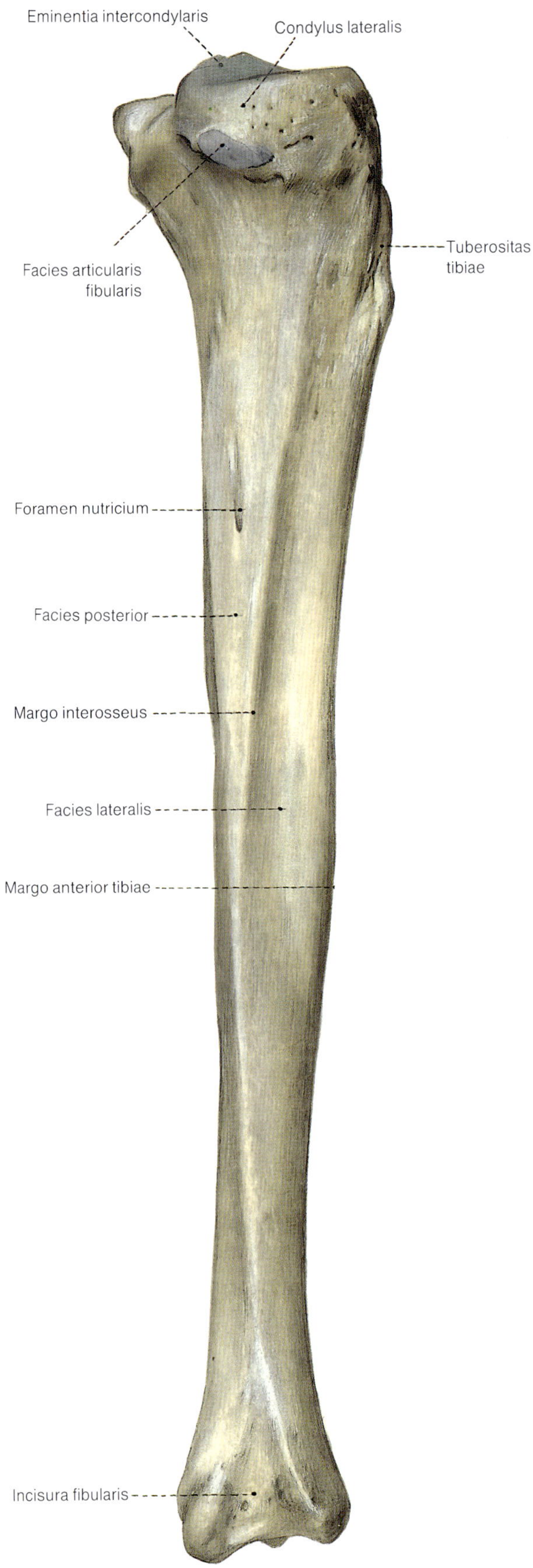

Abb. 7.**30** **Rechtes Schienbein in der Ansicht von lateral.**

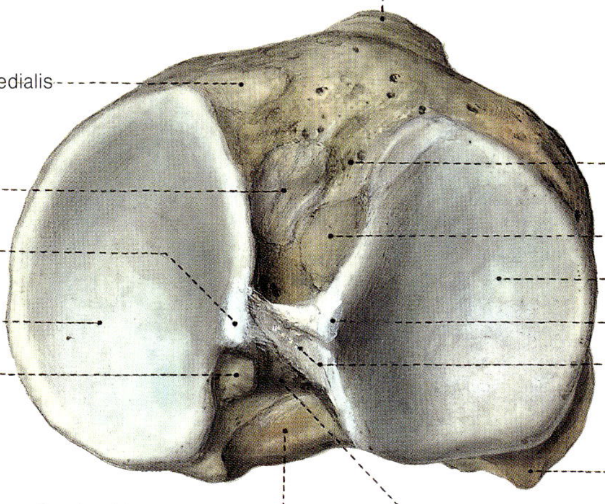

Abb. 7.**31** **Proximales Ende eines rechten Schienbeins in der Ansicht von oben.**

lateralen Seite ist die Gelenkfläche im mittleren Bereich nahezu plan, im vorderen und hinteren Anteil fällt sie mit einem konvexen Bogen ab. Der Gelenkknorpel der beiden Facetten ist im zentralen, der Eminentia intercondylaris zugewandten Bereich dikker als in den peripheren, von den Menisken bedeckten Arealen (s. S. 548).
Auf der Vorderseite des Condylus lateralis liegt ein Knochenhöcker (*Tuberculum tractus iliotibialis, Tuberculum Gerdy)*, an dem ein Teil des Tractus iliotibialis inseriert. Am hinteren seitlichen Abhang des Condylus lateralis artikuliert die Tibia in der *Facies articularis fibularis* mit der Fibula (Abb. 7.**30**). Die rundliche, leicht konvexe Gelenkfläche ist nach hinten-unten geneigt. Am Übergang zum Tibiaschaft liegt auf der Vorderfläche des Schienbeins die *Tuberositas tibiae.* Sie gehört hinsichtlich ihrer Knochenentwicklung zur proximalen Epiphyse (s. unten). Die Tuberositas tibiae dient dem Lig. patellae und den Sehnen des Pes anserinus superficialis (s. Abb. 7.**131**) als Ansatz. Auf der Tuberositas tibiae ruht in knieender Haltung die Körperlast. Der Knochen oberhalb der Tuberositas tibiae enthält zahlreiche Gefäßkanäle.
Der *Tibiaschaft, Corpus tibiae* (Abb. 7.**28**–7.**30**), hat im Querschnitt dreieckige Form; entsprechend unterscheidet man drei Flächen und drei Kanten. Der *Margo anterior* beginnt an der Tuberositas tibiae. Die in der Frontalebene leicht S-förmig verlaufende Vorderkante ist deutlich tastbar. Sie wird im unteren Drittel allmählich flacher und läuft auf der Vorderfläche des Knöchels aus. Der scharfkantige *Margo interosseus* weist nach lateral. Er beginnt unterhalb der Facies articularis fibularis und endet im vorderen Bereich der *Incisura fibularis.* Am Margo interosseus ist die *Membrana interossea cruris* angeheftet. Der *Margo medialis* ist abgerundet und insgesamt tastbar. Von der Innenkante des Schienbeins zieht schräg durch das obere Drittel der *Facies posterior tibiae* von medial-distal nach lateral-proximal die *Linea m. solei,* Ansatzzone des M. soleus. Die konkave *Facies medialis* der Tibia liegt unmittelbar unter der Haut und kann hier vollständig abgetastet werden. *Facies lateralis* und *Facies posterior* sind von Muskeln derart bedeckt, daß sie nicht palpabel sind. Die laterale Fläche hat im proximalen Abschnitt eine vertikal verlaufende Rinne. Die hintere Fläche ist im distalen Bereich plan, proximal wird sie von der *Linea m. solei* durchkreuzt. Bei starker Ausbildung der Knochenleiste des M. soleus bekommt der Tibiaschaft im proximalen Bereich eine viereckige Querschnittform. An der Grenze zwischen oberem und mittlerem Drittel der Facies posterior liegt neben der lateralen Schienbeinkante ein großes, für die Ernährung des Tibiaschaftes wichtiges *Foramen nutricium* (Abb. 7.**30**).
Im distalen Abschnitt wird die Tibia breiter. Die *Knöchelgegend* erreicht jedoch nicht das Ausmaß des Tibiakopfes. In Verlängerung der inneren Schaftfläche ragt medial der *innere Knöchel, Malleolus medialis,* nach distal und medial vor. Auf der Innenseite des Malleolus medialis liegt eine dreieckige, leicht konkav gewölbte Gelenkfläche, *Facies articularis malleoli,* (Abb. 7.**32**), die mit der medialen Seitenfläche des Talus artikuliert. Die Gelenkfläche des inneren Knöchels geht proximal in die horizontal verlaufende untere Tibiagelenkfläche, *Facies articularis inferior,* über, die mit der Talusrolle in gelenkiger Verbindung steht. Die viereckige Gelenkfläche der Facies articularis inferior tibiae (Rollendach) wölbt sich im mittleren Bereich geringgradig vor. Der sagittal verlaufende First ist bei erhaltener Gelenkknorpelbedeckung deutlicher zu sehen als am mazerierten Knochen. Das Profil der konkav gewölbten Facies articularis inferior tibiae entspricht in der Sagittalebene geometrisch Ausschnitten aus Kreisbögen. Die Gelenkfläche des Malleolus medialis ist gegenüber der nahezu horizontal ausgerichteten Facies articularis inferior tibiae um etwa 60° geneigt (s. Articulatio talocruralis, S. 598; Abb. 7.**28,** 7. **149**).

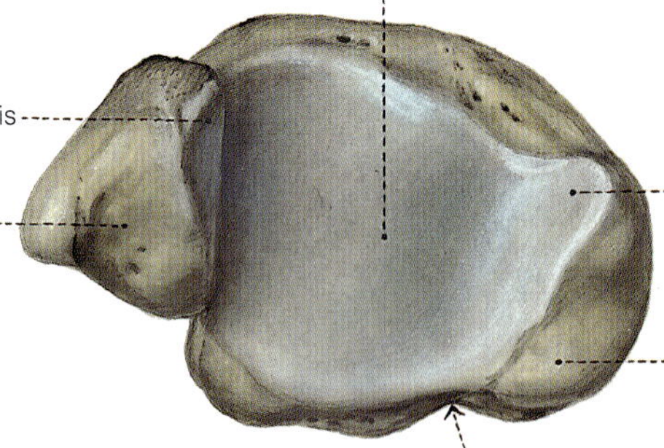

Abb. 7.**32** **Distale Teile von Schienbein und Wadenbein der rechten Seite (Malleolengabel) in der Ansicht von plantar.**

Auf der *Rückfläche* des distalen Tibiaendes liegt medial eine tiefe Gleitrinne, *Sulcus malleolaris* (s. Abb. 7.**29**), für die Sehnen der Mm. tibialis posterior und flexor digitorum longus, lateral kann eine Furche für die Sehne des M. flexor hallucis longus ausgebildet sein. Die Außenseite des distalen Tibiaendes ist in der Sagittalebene konkav gekrümmt. In dieser, als *Incisura fibularis* (s. Abb. 7.**30**) bezeichneten Krümmung hat die Fibula innerhalb der *Syndesmosis tibiofibularis* Kontakt mit der Tibia.

Die Tibia liegt im Gefüge des Skeletts der unteren Extremität innerhalb der Traglinie (s. Abb. 7.**94**). Die *proximale Tibiaepiphyse* zeigt beim Erwachsenen eine leichte *Retroversion* (Abb. 7.**33**). Der Winkel, den die Gelenkflächen des Tibiakopfplateaus mit der Horizontalen bilden, beträgt beim Erwachsenen normalerweise 3°–7°. Eine starke Retroversion der Tibiagelenkflächen bis zu 40° kann man bei menschlichen Feten sowie bei Menschenaffen beobachten. Der Retroversionswinkel wird von der 2. Hälfte des 1. Lebensjahres an zunehmend kleiner. Die starke Rückwärtsneigung des Tibiaplateaus bei menschlichen Feten wird mit der haltungsbedingten Beugung der Kniegelenke in utero in Verbindung gebracht. Der Retroversionswinkel kann beim Erwachsenen noch 20°–25° betragen.

Der größte transversale Durchmesser des distalen Tibiaendes ist gegenüber dem proximalen Ende nach außen gedreht. Der Winkel, den die größten Querdurchmesser beider Schienbeinenden miteinander bilden, beträgt beim Erwachsenen normalerweise etwa 23°. Aufgrund dieser sogenannten *Torsion der Tibia* sind die Fußspitzen bei frontaler Stellung des proximalen Tibiaendes nach außen gerichtet. Die Auswärts-

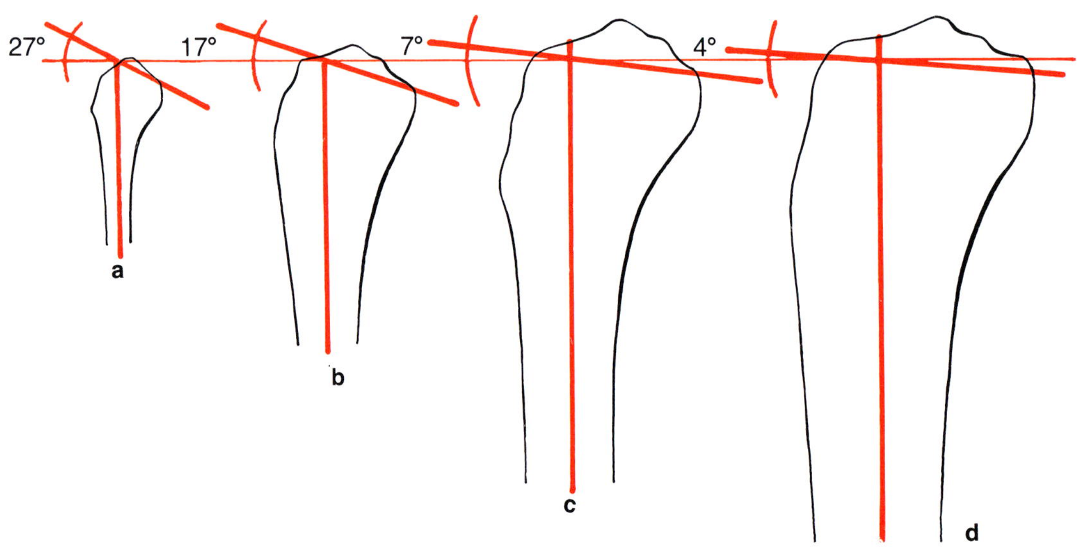

Abb. 7.**33** **Entwicklung der Form des Schienbeinkopfes.** Die Neigung der proximalen Schienbeinfläche (Retroversion) gegenüber der Horizontalen nimmt bis zum Erwachsenenalter ab.

a Neugeborenes,
b dreijähriges Kind,
c zehnjähriges Kind,
d Erwachsener.
(nach *von Lanz-Wachsmuth* 1972)

stellung der Füße erhöht die Standfestigkeit beim bipeden, aufrechten Stand. Die sogenannte Torsion der Tibia entwickelt sich erst postnatal im Laufe des 1. Lebensjahres. Bei menschlichen Feten und bei Menschenaffen ist das distale Tibiaende nach innen gedreht.
Der *Tibiaschaft* wird in der Sagittalebene in der Weise auf *Biegung* beansprucht, daß im Bereich der Vorderkante Zugspannungen, im Bereich der Facies posterior Druckspannungen herrschen (s. Abb. 3.**27**). Das Corpus tibiae paßt sich an die *Biegebeanspruchung* durch die Verteilung des Knochengewebes im Querschnitt an: Bei Massenkontraktion des Tibiaquerschnittes in der Sagittalebene liegt auf der hinteren Druckseite mehr Material als auf der vorderen Zugseite (s. S. 80, Abb. 3.**27,** 3.**28**). Die mittleren Bereiche der Facies medialis und der Facies lateralis erfahren nur eine niedrige Beanspruchung; entsprechend liegt in diesen Arealen relativ wenig Knochenmaterial im Querschnitt.

Die Tibia eignet sich aufgrund ihrer oberflächlichen Lage zur Materialentnahme für Knochentransplantate. Um die *Biegefestigkeit* des Schienbeins in der sagittalen Hauptbeanspruchungsebene nicht zu gefährden, werden Knochentransplantate nicht aus dem auf Zug beanspruchten Margo anterior, sondern möglichst aus dem proximalen Bereich oder aus der weniger stark beanspruchten Facies medialis entnommen, um Spontanfrakturen zu vermeiden.

Entwicklung

Die perichondrale Knochenbildung in der *Tibiadiaphyse* beginnt in der 7.–8. Embryonalwoche (s. Abb. 7.**54**). In der *proximalen Epiphyse* erscheint der für beide Kondylen gemeinsame Knochenkern am Ende des 10. Fetalmonats. Das Vorhandensein des proximalen Tibiaepiphysenkerns zählt wie die Entwicklung des distalen Epiphysenkerns im Femur zu den Reifezeichen des menschlichen Neugeborenen. Der Knochen der *Tuberositas tibiae* entwickelt sich aus einem eigenständigen Kern, der um das 12. Lebensjahr im distalen Bereich der proximalen Epiphyse auftritt. Die Anlage der Tuberositas tibiae verlagert sich während des Wachstums nach distal in den Schaftbereich. Der Knochenkern der *distalen Epiphyse* tritt im 2. Lebensjahr auf. Der *Epiphysenschluß* erfolgt distal zwischen dem 17. und 19. und proximal zwischen dem 19. und 21. Lebensjahr. Die Tuberositas tibiae verschmilzt um das 14. Lebensjahr mit dem Tibiaschaft.

Oberflächenrelief und tastbare Anteile

Ein großer Teil des Schienbeins ist einer palpatorischen Untersuchung zugänglich. Proximal sind die *Vorder-* und *Seitenflächen der Kondylen,* die *Tuberositas tibiae* sowie das *Tuberculum Gerdyi* tastbar. Am Tibiaschaft können die gesamte *Facies medialis* sowie die *Innen-* und *Vorderkante* palpiert werden. Die Konturen von Tuberositas tibiae und Facies medialis heben sich unter der Haut deutlich ab. Aufgrund seiner oberflächlichen Lage ist der *Malleolus medialis* sicht- und tastbar.

Wadenbein, Fibula

Gestalt

Die *Fibula* (s. Abb. 7.**28,** 7.**29**) liegt im lateralen hinteren Teil des Unterschenkels und hat etwa die gleiche Länge wie das Schienbein, ihr Querschnitt ist jedoch wesentlich kleiner als derjenige der Tibia. Die Fibula ist gegenüber der Tibia nach distal versetzt, so daß der laterale Knöchel den medialen überragt. Das proximale Fibulaende bezeichnet man als *Wadenbeinkopf, Caput fibulae.* Das Caput fibulae entspricht der proximalen Epiphyse. An der medialen Seite des Kopfes liegt die dreieckige, konkave Gelenkfläche, *Facies articularis capitis fibulae,* die mit der *Facies articularis fibularis* der Tibia artikuliert (*Articulatio tibiofibularis,* s. S. 575). Die Gelenkfläche ist nach kranial und medial-vorn gerichtet. Der Wadenbeinkopf endet kranial in Form einer Spitze, *Apex capitis fibulae.* An der Spitze des Wadenbeinkopfes inserieren das Lig. collaterale fibulare des Kniegelenks, der M. biceps femoris und ein Teil des Tractus iliotibialis. Den Übergang vom Fibulakopf zum *Schaft, Corpus fibulae,* bildet der sich konisch verjüngende *Fibulahals, Collum fibulae.* Collum und Corpus fibulae gehören zur Diaphyse. Der Fibulaschaft hat im Querschnitt die Form eines unregelmäßigen Vierecks. Man unterscheidet drei Fibulaflächen, *Facies medialis, lateralis* und *posterior,* drei Kanten, *Margines anterior, interosseus* und *posterior* sowie die Crista medialis. Die *Facies lateralis* ist nach vorn-seitlich gerichtet. Sie ist nur im distalen Bereich tastbar, der übrige Teil dient den Wadenmuskeln als Ursprungsfläche. Die seitliche Fläche der Fibula setzt sich von der Facies medialis fibulae deutlich durch den Margo anterior ab. Die *mediale Fibulafläche* ist der Tibia zugekehrt, sie ist sehr schmal und reicht von der Wadenbeinvorderkante bis zum Margo interosseus, der Anheftungsstelle der *Membrana interossea cruris.* Die *Facies posterior* erstreckt sich vom Margo interosseus bis zum Margo posterior. Die Hinterfläche des Wadenbeins wird durch eine Knochenleiste, *Crista medialis,* unterteilt. Zwischen Margo interosseus und Crista medialis liegt das Ursprungsfeld des M. tibialis posterior. Zwischen Crista medialis und Margo posterior entspringt der M. flexor hallucis longus. Im mittleren Bereich der Facies posterior zieht auf der zwischen Crista medialis und Margo interosseus liegenden Fläche ein Foramen nutricium in proximaler Richtung in die Kortikalis des Schaftes.

Im älteren Schrifttum wird der zwischen Margo anterior und Crista medialis liegende Teil der Fibula als Facies medialis bezeichnet. Die mediale Fläche wird dann durch die Membrana interossea in einen vorderen und hinteren Abschnitt unterteilt. Die Hinterfläche der Fibula reicht nach dieser Bezeichnung von der Crista medialis bis zum Margo posterior.

Oberhalb der lateralen Knöchelgelenkfläche ist die Kortikalis des Schaftes in einem kleinen, leicht konvex gekrümmten dreieckigen Feld glatt. Dieser Bereich liegt der Incisura fibularis tibiae in der *Syndesmosis tibiofibularis* an (s. S. 576).
Das distale Ende des Wadenbeins ist der *äußere Knöchel, Malleolus lateralis,* der weiter nach distal reicht als der Innenknöchel (s. oben). Die auf der Innenseite des Malleolus lateralis liegende Gelenkfläche, *Facies articularis malleoli lateralis* (s. Abb. 7.**29,** 7.**32**), artikuliert mit der Facies articularis malleolaris lateralis des Talus. Die Gelenkfläche hat die Form eines Dreiecks, dessen Basis nach proximal und dessen Spitze nach distal gerichtet ist. Der proximale Teil der Gelenkfläche ist plan und sagittal ausgerichtet. Im distalen Drittel knickt die Gelenkfläche nach lateral ab, wodurch ein sagittaler First innerhalb der Gelenkfläche entsteht (Abb. 7.**149**). Hinter der distalen Spitze der Facies articularis malleolaris lateralis liegt eine tiefe Grube, *Fossa malleoli lateralis,* in der das Lig. talofibulare posterius inseriert. An der Rückfläche des Malleolus lateralis ist eine vertikal verlaufende Furche *(Sulcus tendinorum musculorum peronaeorum)* ausgebildet, in der die Sehnen der Mm. peronaei longus und brevis verlaufen (s. Abb. 7.**137**). Dort, wo die Sehnen um die Spitze des Außenknöchels herumziehen, ist der als *Hypomochlion* dienende Knochen von Knorpel bedeckt; der mazerierte Knochen ist an dieser Stelle entsprechend glatt. Der Malleolus lateralis fibulae bildet mit dem distalen Tibiaende die *Malleolengabel,* die mit der Talusrolle im oberen Sprunggelenk artikuliert (s. S. 598).

Entwicklung

Die Osteogenese in der Fibula beginnt im *Diaphysenbereich* während der 8. Embryonalwoche (s. Abb. 7.**54**). Der Knochenkern der *distalen Epiphyse* erscheint im 2. Lebensjahr, in der *proximalen Epiphyse* tritt der Knochenkern zwischen dem 4. und 6. Lebensjahr auf. Die knöcherne Verbindung der Epiphysen mit der Diaphyse erfolgt zwischen dem 17. und 19. Lebensjahr.

Oberflächenrelief und tastbare Anteile

Die Fibula ist größtenteils von Muskeln bedeckt. Der palpatorischen Untersuchung zugänglich sind die seitlichen Anteile des *Fibulakopfes* und *-halses* sowie des *proximalen Schaftes.* Distal sind die Außenfläche des *Malleolus lateralis* und ein Teil der *Facies lateralis* des Schaftes sicht- und tastbar.

Knochen des Fußes

Das *Fußskelett* (Abb. 7.**34,** 7.**35**) wird, wie das Skelett der Hand (s. S. 327), in drei Abschnitte gegliedert. Den proximalen Teil bilden die sieben *Fußwurzelknochen, Ossa tarsalia (tarsi).* Im mittleren Bereich liegen die fünf *Mittelfußknochen, Ossa metatarsalia (metatarsi),* denen sich distal die fünf *Zehen, Digiti,* mit ihren Skelettelementen, *Phalanges,* anschließen.

Im anatomischen Schrifttum wird der Bereich der Fußwurzelknochen als Fußwurzel, *Tarsus,* der Abschnitt der Ossa metatarsalia als Mittelfuß, *Metatarsus,* und die Zehenregion als Vorfuß, *Antetarsus,* bezeichnet. Diese Gliederung deckt sich nicht mit der aus praktischen Gründen in der Klinik vorgenommenen Einteilung des Fußes (s. S. 594).

Die Knochen des Fußskeletts werden in einen *medialen* und in einen *lateralen Strahl* unterteilt (Abb. 7.**36**). Zum *medialen (tibialen) Strahl* gehören das *Sprungbein, Talus,* das *Kahnbein, Os naviculare,* die drei *Keilbeine, Ossa cuneiformia,* sowie die *Mittelfußknochen I–III, Ossa metatarsi,* und die entsprechenden *Zehen I–III, Digiti.* Den *lateralen (fibularen) Strahl* bilden das *Fersenbein, Calcaneus,* das *Würfelbein, Os cuboideum* sowie die *Ossa metatarsalia* und die *Digiti IV und V.* Die beiden Fußstrahlen liegen distal nebeneinander. Im proximalen Bereich überlagert der mediale Strahl den lateralen. Auf diese Weise entstehen *Längs-* und *Querwölbung des Fußes* (s. unten und S. 642).

Fußwurzelknochen, Ossa tarsalia

Die sieben *Fußwurzelknochen, Ossa tarsalia (tarsi),* sind ihrer hohen Beanspruchung entsprechend kräftig gebaut. Sie zählen zu den kurzen Knochen (s. S. 53) und bestehen aus einem Spongiosakern, der von einer unterschiedlich dicken Kortikalis umgeben ist. Die Spongiosatrabekel der einzelnen Knochen lassen eine trajektorielle Struktur erkennen (s. Abb. 3.**19**).
Eine den Skelettelementen der Handwurzel vergleichbare Anordnung der Ossa tarsalia kann man am Fuß nur im *distalen Abschnitt* des Tarsus beobachten; hier liegen die *Ossa cuneiformia mediale, intermedium und laterale* sowie das *Os cuboideum* in einer *Reihe* nebeneinander und artikulieren in der *Lisfrancschen Gelenklinie* mit den Basen der Mittelfußknochen. Der *proximale Abschnitt* des Tarsus besteht im Gegensatz zur Handwurzel nur aus zwei Skelettelementen, *Talus* und *Calcaneus,* die jedoch nicht nebeneinander, sondern *übereinander liegen.* Gelenkigen Kontakt mit den Knochen des Unterschenkels hat nur der auf dem Calcaneus ruhende Talus. Zwischen proximalem und distalem Abschnitt der Fußwurzelknochen liegt das *Os naviculare.* Es entspricht seiner Herkunft nach dem *Os centrale* innerhalb der ursprünglichen Anlage des *Autopodium* der Wirbeltiere (s. Abb. 6.**1**) (s. S. 310).

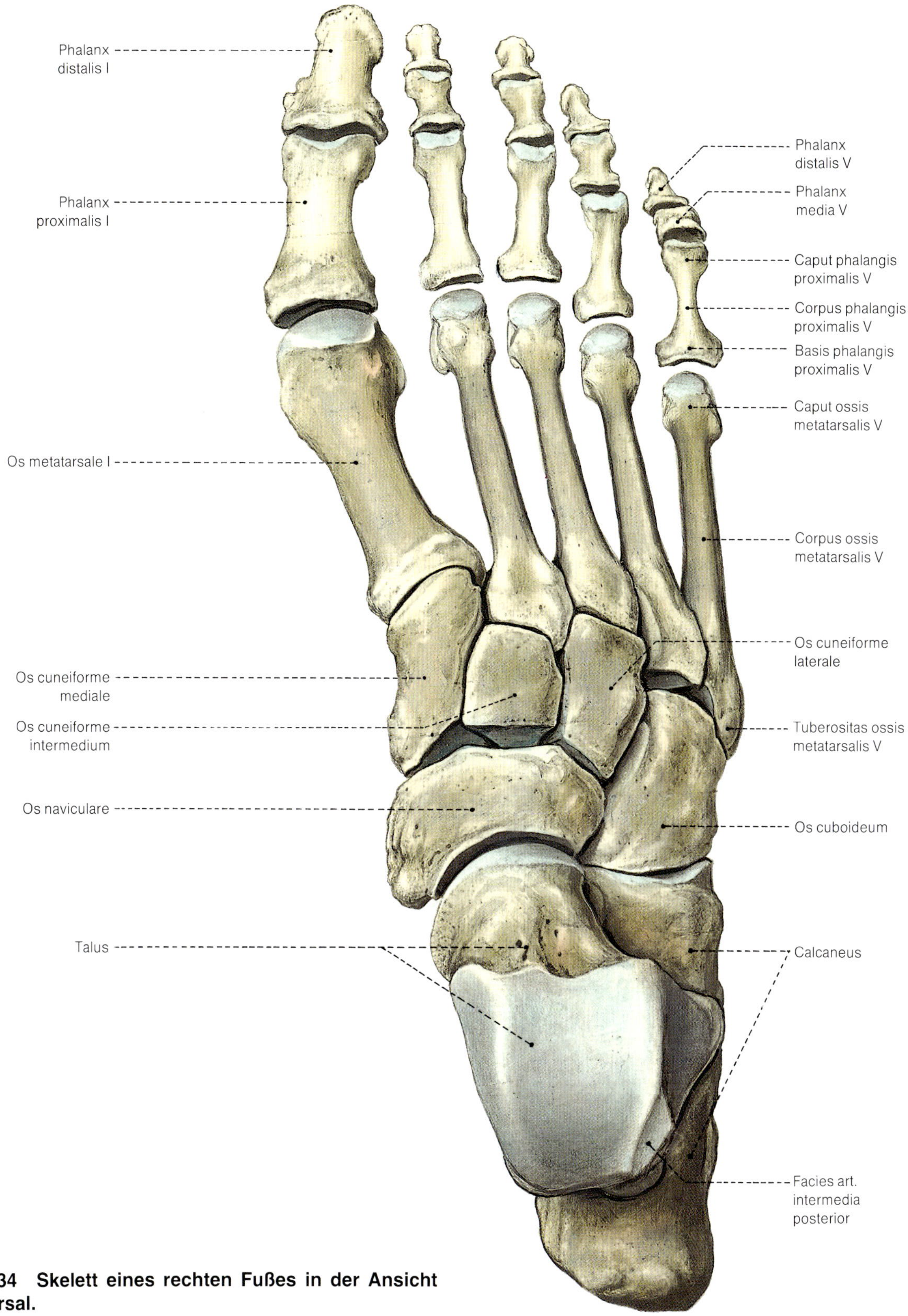

Abb. 7.**34** **Skelett eines rechten Fußes in der Ansicht von dorsal.**

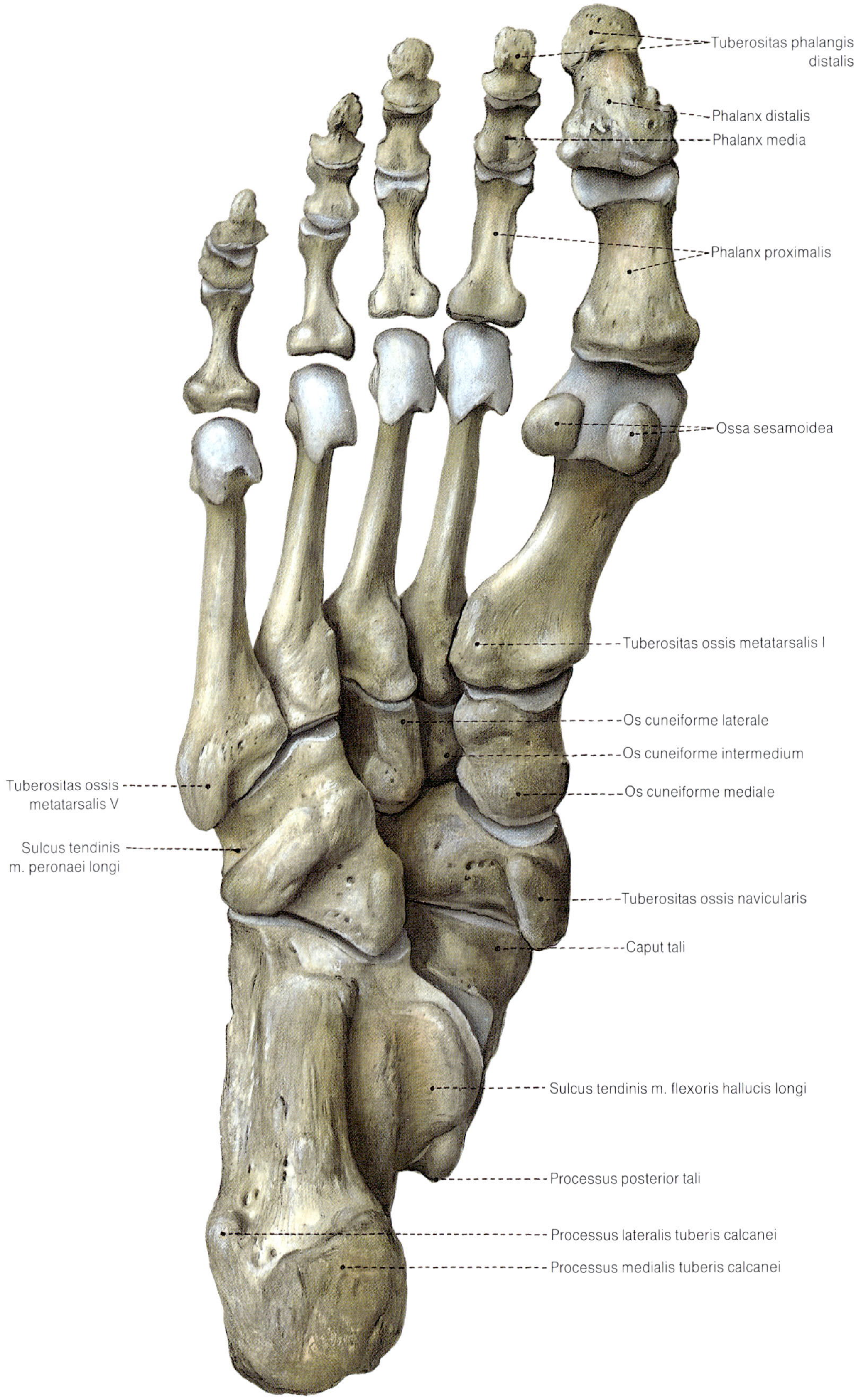

Abb. 7.**35** **Skelett eines rechten Fußes in der Ansicht von plantar.**

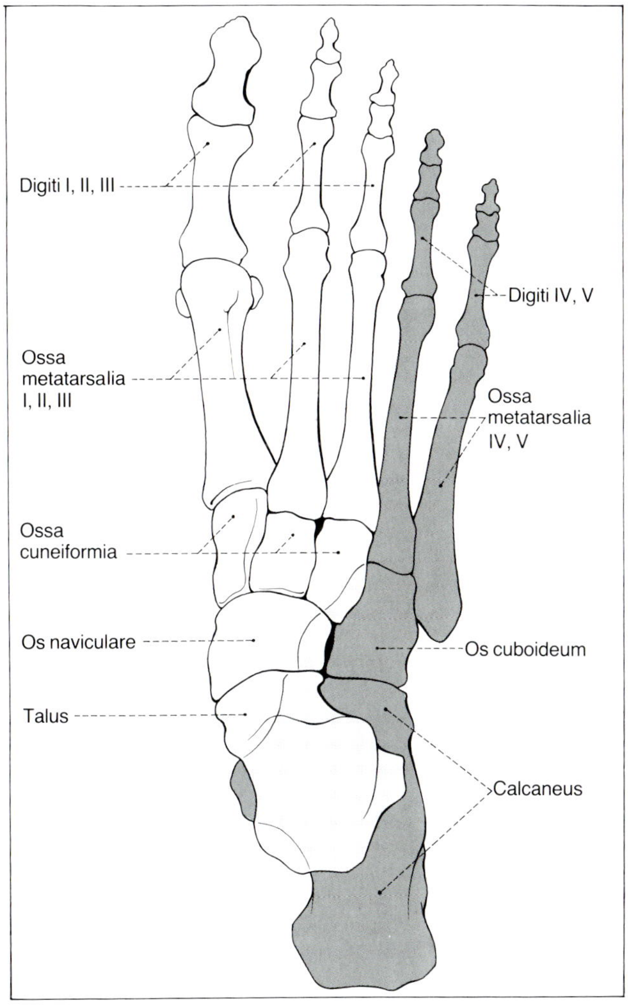

Abb. 7.**36** **Rechtes Fußskelett in der Ansicht von oben.** Tibialer (medialer) Strahl hell; fibularer (lateraler) Strahl dunkel. Überlagerung des Calcaneus durch den Talus.

Sprungbein, Talus

Gestalt

Über den *Talus* (Abb. 7.**37**, 7.**38**) wird im *oberen Sprunggelenk* die Last des Körpers auf den Vor- und Rückfuß übertragen. Das Sprungbein bildet damit den „Schlußstein" der Fußwölbung. Der mit seiner Längsachse nach vorn-medial ausgerichtete Talus steht im oberen Sprunggelenk mit Tibia und Fibula in Verbindung. Er hat im *unteren Sprunggelenk* Kontakt mit dem Os naviculare und dem Calcaneus sowie mit dem Pfannenband, Lig. calcaneonaviculare plantare.

Man unterscheidet am Sprungbein von proximal nach distal *Corpus, Collum* und *Caput tali.* Der *Taluskopf* artikuliert in der *Facies articularis navicularis* mit dem *Os naviculare* und dem Pfannenband. Die ellipsenförmige Gelenkfläche ist beim Erwachsenen mit ihrer Längsachse von lateral-dorsal nach medial-plantar ausgerichtet (sogenannte Torsion des Talushalses). Die Gelenkfläche des Taluskopfes entspricht geometrisch einem Kugelausschnitt. Den Übergang zwischen Taluskopf und -körper bildet dorsal und seitlich der sich leicht konisch verjüngende, knorpelfreie *Talushals.* Plantar geht die Gelenkfläche des Taluskopfes kontinuierlich in zwei durch eine transversale Leiste voneinander abgesetzte bikonvexe Gelenkfacetten, *Facies articulares calcanea media* und *anterior* über. Die beiden Gelenkflächen artikulieren, als Teil des unteren Sprunggelenks, mit der *Facies articularis talaris anterior* und der *Facies articularis talaris media* des *Calcaneus.* Selten sind die beiden Gelenkflächen durch eine knorpelfreie Zone vollständig voneinander getrennt (s. Calcaneus, S. 484). Der Talushals endet plantar am hinteren Rand der Facies articularis calcanea media, die distal den *Sulcus tali* (s. unten) begrenzt.

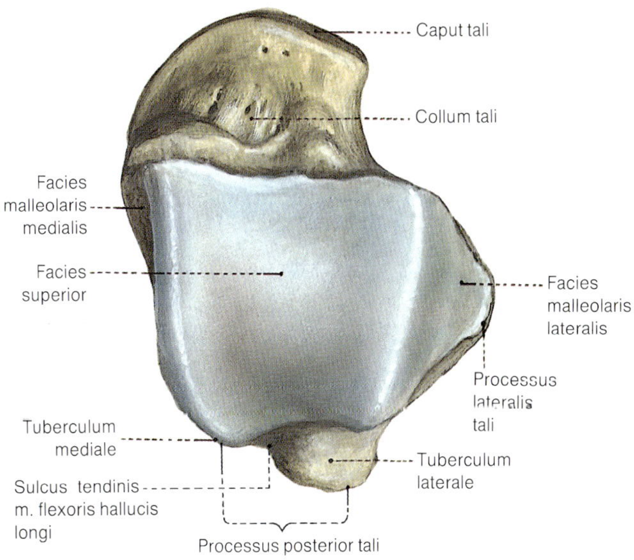

Abb. 7.**37** **Rechtes Sprungbein in der Ansicht von oben.**

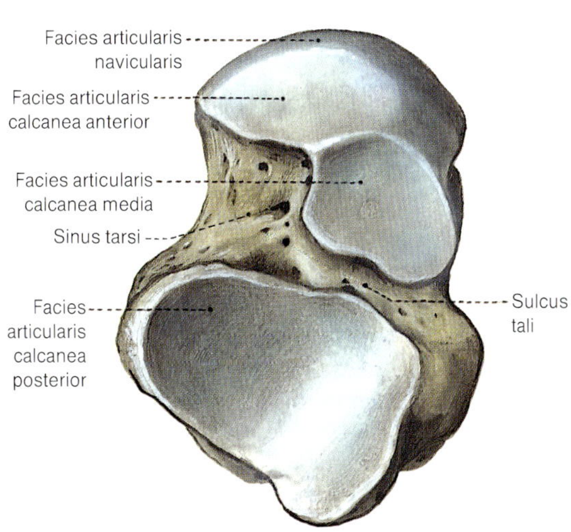

Abb. 7.**38** **Rechtes Sprungbein in der Ansicht von plantar.**

Am *Corpus tali* liegen dorsal und seitlich die Gelenkflächen der Gelenkrolle, *Trochlea tali,* die mit der Malleolengabel im oberen Sprunggelenk artikuliert. Die *Talusrolle* ist vorn breiter als hinten und hat drei Gelenkflächen: *Facies superior, Facies malleolaris medialis* und *Facies malleolaris lateralis.*

Die *Facies superior* der Trochlea tali (Rollenmantel) ist bikonvex gekrümmt. Das Krümmungsprofil entspricht in der Sagittalebene einer Spirale. Im mittleren Bereich hat die Gelenkfläche eine von proximal nach distal ziehende rinnenförmige Vertiefung, die seitlich von einer medialen und einer lateralen Facette flankiert wird. Die Rinne verläuft nicht genau in der Sagittalen, sondern leicht schräg von hinten-medial nach vorn-lateral. Die Ausrichtung entspricht damit der durch die sogenannte Torsion des distalen Tibiaendes bedingten Auswärtsstellung der Füße (s. S. 477). In den meisten Fällen überragt der mediale Rand der Facies superior tali die laterale Kante. Gelegentlich steht der laterale Rand höher. Die *Facies superior* artikuliert mit der *Facies articularis inferior tibiae.*

Die beiden seitlichen Gelenkflächen der Trochlea tali werden als Rollenwangen bezeichnet. Die *Facies articularis malleolaris medialis* hat „Tropfenform". Die Gelenkfläche ist vorn abgerundet und läuft hinten spitz zu. Die mit dem medialen Knöchel in Kontakt stehende Gelenkfläche ist nahezu plan und bildet mit der Horizontalen einen Winkel von etwa 60° (s. S. 476).

Die *Facies articularis malleolaris lateralis* ist größer als die mediale Gelenkfacette. Sie hat die Form eines mit der Spitze nach plantar weisenden Dreiecks. Die Basis der Gelenkfläche ist in der Sagittalen ausgerichtet, während die Spitze im unteren Drittel in die Horizontalebene umbiegt. Die Gelenkfläche dehnt sich distal auf den seitlichen Fortsatz des Talus, *Processus lateralis,* aus.

Bei erhaltener Gelenkknorpelbedeckung hebt sich im hinteren Bereich der Facies superior trochleae tali am Übergang zur Facies malleolaris lateralis häufig eine dreieckige Facette (Facies articularis intermedia posterior, sogenannte *Fawcettsche Schrägkante,* Abb. 7.**34**) ab, die bei starker Plantarflexion mit der Unterseite des *Lig. tibiofibulare posterius* in Kontakt tritt. Hinten endet das Corpus tali mit einem Fortsatz, *Processus posterior.* Er wird durch eine rinnenförmige Vertiefung, in der die Sehne des M. flexor hallucis longus zieht, *Sulcus tendinis m. flexoris hallucis longi,* in einen kleineren medialen und einen größeren lateralen Hökker, *Tuberculum mediale* und *Tuberculum laterale,* unterteilt. In einem Drittel der Fälle kommt im vorderen lateralen Abschnitt der Talusrolle eine weitere dreieckige Gelenkfacette *(Facies articularis intermedia anterior)* vor, die mit dem *Lig. tibiofibulare anterius* Kontakt hat.

An der *Unterfläche* des Taluskörpers liegt die *Facies articularis calcanea posterior,* die in der hinteren Kammer des unteren Sprunggelenks mit der *Facies articularis talaris posterior* des *Calcaneus* artikuliert. Die elliptische Gelenkfläche ist konkav gewölbt. Ihre Oberflächenkrümmung entspricht geometrisch einem Zylindermantelausschnitt. Die Gelenkfläche verläuft mit ihrer langen Achse schräg von hinten-medial nach vorn-lateral.

Facies articularis calcanea posterior und Facies articularis calcanea media werden durch eine schräg von medial-hinten nach lateral-vorn ziehende tiefe Rinne, *Sulcus tali,* voneinander getrennt (s. Abb. 7.**38**). Im Boden des Sulcus tali liegen zahlreiche Gefäßöffnungen für die Blutversorgung des Sprungbeins. Der Sulcus tali bildet gemeinsam mit dem *Sulcus calcanei* einen Knochenkanal, *Canalis tarsi,* der lateral in den *Sinus tarsi* mündet. Im Sulcus tali ist ein Teil des *Lig. talocalcaneum interosseum* (s. S. 607) verankert. Da am Talus keine Muskeln ansetzen, erhält er seine *Blutversorgung* über die an ihm inserierenden Bänder, vor allem über das Lig. talocalcaneum interosseum.

Entwicklung

Die endochondrale Osteogenese beginnt im Talus im 7.–8. Fetalmonat (s. Abb. 7.**54**). Sie geht von einem oder von zwei Knochenkernen aus. Das Tuberculum laterale am Processus posterior kann sich aus einem eigenen apophysären Knochenkern entwickeln. Kommt die Verschmelzung mit dem übrigen Teil des Corpus tali nicht zustande, so bleibt die Apophyse als selbständiges Skelettelement, *Os trigonum,* bestehen, welches in ca. 6% der Fälle beobachtet wird (s. Abb. 7.**51**, 7.**52**).

Fersenbein, Calcaneus

Gestalt

Der *Calcaneus* (Abb. 7.**39**–7.**42**) ist der größte Knochen des Fußes. Seine Längsachse ist von medial-hinten nach vorn-lateral ausgerichtet. Das Fersenbein steht an seiner dorsalen Fläche mit dem Talus und distal mit dem Würfelbein in gelenkigem Kontakt. Das proximale Drittel des Calcaneus ragt als Fersenhöcker, *Tuber calcanei,* frei nach hinten. Das Tuber calcanei bildet die knöcherne Grundlage der Ferse (Hacke). Auf der Rückseite des Tuber calcanei inseriert im unteren Teil die *Achillessehne, Tendo calcaneus.* Der Knochen ist im Insertionsbereich der Achillessehne deutlich aufgerauht. Durch Knochenbildung im Sehnenansatzbereich kann hier ein hinterer *oberer Fersensporn* entstehen (s. Abb. 3.**19**). Im oberen Bereich ist der Knochen des Tuber calcanei glatt; hier liegt zwischen Fersenhöcker und Achillessehne die *Bursa tendinis calcanei.*

An der *Unterseite* hat der Calcaneus im hinteren Abschnitt zwei Knochenvorsprünge, *Processus medialis* und *lateralis tuberis calcanei.* An den Processus entspringt ein Teil der kurzen Fußmuskeln und des

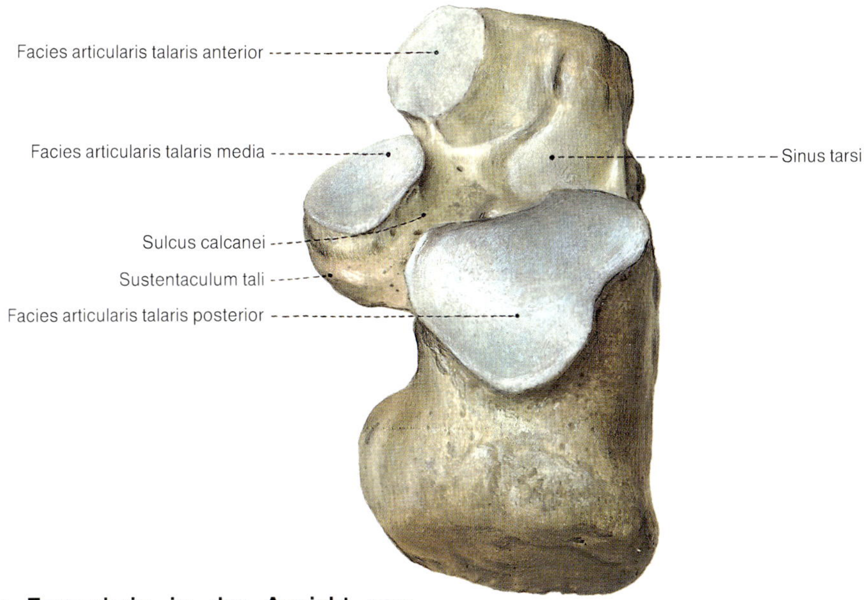

Abb. 7.**39** **Rechtes Fersenbein in der Ansicht von oben.**

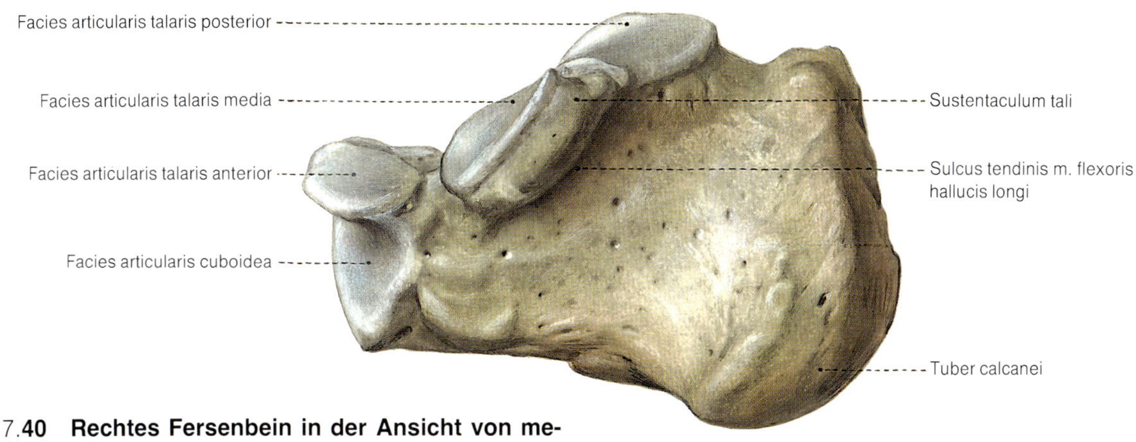

Abb. 7.**40** **Rechtes Fersenbein in der Ansicht von medial.**

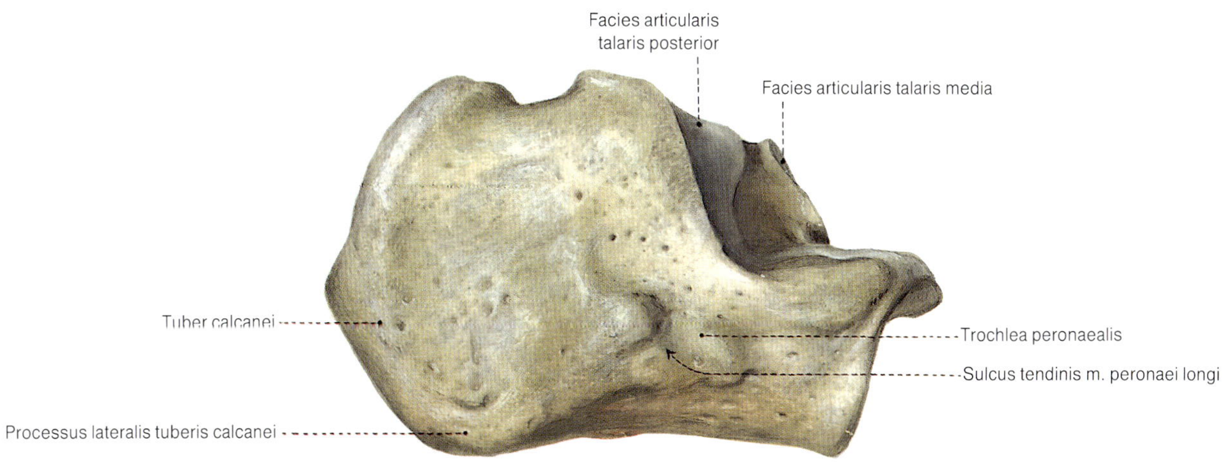

Abb. 7.**41** **Rechtes Fersenbein in der Ansicht von lateral.**

plantaren Bandapparates (s. Abb. 7.**176**). Die Höcker dienen außerdem als knöcherne Auflagepunkte im Bereich des Rückfußes. Bei etwa 20% der Erwachsenen findet man am *Processus medialis* des Tuber calcanei eine nach vorn gerichtete knöcherne Ausziehung (s. Abb. 3.**19**). Dieser *untere Fersensporn* entsteht durch Knochenbildung im Insertionsbereich der Sehnen der *Mm. flexor digitorum brevis* und *abductor hallucis* sowie der *Plantaraponeurose* (s. S. 155). Der untere Fersensporn kann beim Aufsetzen der Ferse Beschwerden verursachen. Im vorderen Bereich der Plantarseite des Calcaneus kommt ein weiterer Hökker, *Tuberculum calcanei*, vor, an dem das Lig. calcaneocuboideum plantare entspringt.

Die *Vorderfläche* des Calcaneus bildet die *Facies articularis cuboidea*. Die sattelförmige Gelenkfläche artikuliert in der *Articulatio tarsi transversa (Chopartsches Gelenk)* mit dem Os cuboideum.

Auf der *lateralen Fläche* (Abb. 7.**41**) des Calcaneus hebt sich im mittleren Bereich ein Knochenhöcker, *Trochlea peronaealis*, ab, um den die Sehne des M. peronaeus longus in einer Rinne, *Sulcus tendinis m. peronaei longi*, gleitet.

Die konkave *Innenfläche* des Fersenbeins ist glatt (s. Abb. 7.**40**). Sie wird im vorderen oberen Abschnitt von einem balkonartigen Vorsprung, *Sustentaculum tali*, überdacht, der nach medial vorragt. Unter dem Sustentaculum tali zieht die Sehne des M. flexor hallucis longus im *Sulcus tendinis m. flexoris hallucis longi*.

Das Sustentaculum tali trägt oben die *Facies articularis talaris media*. Die Gelenkfläche fällt nach vorn steil ab und geht meistens kontinuierlich in die kleinere *Facies articularis talaris anterior* über. Die beiden auf der *Oberseite* des Calcaneus (s. Abb. 7.**39**) liegenden Gelenkflächen entsprechen geometrisch dem Ausschnitt eines Hohlzylinders. Sie artikulieren mit den entsprechenden Gelenkflächen des Talus (*Facies articularis calcanea anterior* und *media*, s. oben) in der vorderen Kammer des unteren Sprunggelenks. Am Übergang zwischen Facies articularis talaris anterior und media ist die Gelenkfläche meistens schmaler als im übrigen Bereich, häufig sind Facies articularis talaris media und anterior vollständig voneinander getrennt. In seltenen Fällen fehlt die Facies articularis talaris anterior (Abb. 7.**42**). Am hinteren Rand der Facies articularis talaris media verläuft eine tiefe Rinne, *Sulcus calcanei*, schräg von medial-hinten nach lateral-vorn. Hinter dem Sulcus calcanei liegt die größte der drei Gelenkflächen auf der Fersenbeinoberseite, die *Facies articularis talaris posterior* artikuliert in der *Articulatio subtalaris* mit der *Facies articularis calcanea posterior* des *Talus* (s. oben). Die ovale Gelenkfläche ist mit ihrer Längsachse von medial-hinten nach lateral-vorn ausgerichtet. Ihre Oberflächenkrümmung variiert, sie entspricht häufig einer sattelförmigen Fläche.

Bei normaler Stellung des Fußes weicht eine von kranial nach kaudal durch die Mitte des Tuber calcanei

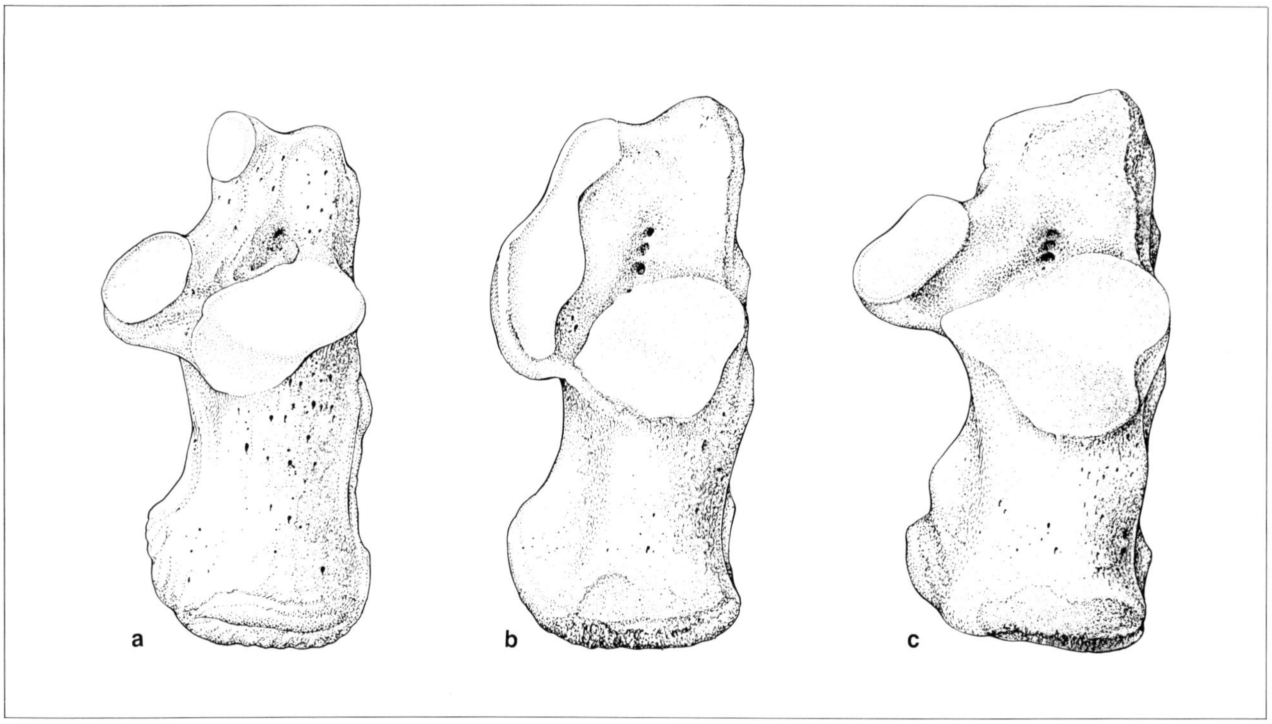

Abb. 7.**42a–c** **Rechte Fersenbeine in der Ansicht von oben mit unterschiedlicher Ausbildung der mittleren und vorderen Gelenkfläche für den Talus.**
a Facies articularis talaris anterior und Facies articularis talaris media sind durch eine breite knorpelfreie Zone voneinander getrennt.
b Facies articularis talaris anterior und Facies articularis talaris media bilden eine zusammenhängende Gelenkfläche.
c Die Facies articularis talaris anterior ist nicht angelegt.

gezogene Linie von der vertikal verlaufenden Traglinie der unteren Extremität (s. S. 535) nach außen ab. Der Calcaneus befindet sich beim Erwachsenen normalerweise in einer leichten *Pronationsstellung* (sogenannte *Torsion des Calcaneus*). Große *Foramina nutricia* liegen hinter der Facies articularis talaris posterior, im Sulcus calcanei, auf der medialen Seitenfläche sowie auf der Unterfläche im Bereich der Processus tuberis calcanei.

Entwicklung

Die Knochenbildung im Calcaneus setzt zwischen dem 5. und 6. Fetalmonat ein (s. Abb. 7.**54**). Im *Tuber calcanei* erscheint zwischen dem 9. und 11. Lebensjahr ein eigener *apophysärer Knochenkern*, der nach dem 14. Lebensjahr normalerweise mit dem übrigen Teil des Calcaneus verschmilzt. Als Formvariante kann sich die Apophyse des Tuber calcanei während der Entwicklung stark vorwölben und unter dem Schuhdruck Schmerzen hervorrufen (sogenannte *Haglundsche Exostose*).

Kahnbein, Os naviculare

Gestalt

Das *Kahnbein* (Abb. 7.**43**) liegt im medialen Fußstrahl zwischen dem Caput tali und den drei Keilbeinen (s. Abb. 7.**34**). Die dem Caput tali zugewandte *proximale Gelenkfläche* ist oval, ihre Oberflächenkrümmung entspricht einem Hohlkugelausschnitt. Die *Articulatio talonavicularis* gehört zum vorderen Abschnitt des unteren Sprunggelenks. Auf der *distalen Fläche* liegen die Gelenkfacetten für die Ossa cuneiformia. Die drei *Gelenkfacetten* lassen sich durch vertikal verlaufende Leisten deutlich voneinander abgrenzen. Die *mediale Gelenkfacette* ist am größten. Sie ist keilförmig und hat im mittleren Bereich einen vertikal verlaufenden First, der sich in eine entsprechende V-förmige Vertiefung des *Os cuneiforme mediale* senkt. Die dreieckige *mittlere Gelenkfacette* ist flach. Sie artikuliert mit dem *Os cuneiforme intermedium*. Die *laterale Gelenkfacette* ist nach plantar-lateral gerichtet. Ihre leicht konkave Oberfläche steht mit dem *Os cuneiforme laterale* in gelenkiger Verbindung. Lateral-plantar kommt meistens eine kleine Gelenkfacette für das Os cuboideum vor.

Am medialen Rand des Kahnbeins ragt die *Tuberositas ossis navicularis* nach plantar vor. An der Unterseite der Tuberositas inseriert ein Teil der Endsehne des M. tibialis posterior. Die Tuberositas ossis navicularis ist am medialen Fußrand zu tasten. Die Unterfläche des Kahnbeins weist starke Rauhigkeiten auf, die durch die Insertion der hier ansetzenden Bänder bedingt ist.

Entwicklung

Die Knochenbildung im Os naviculare setzt im 4. Lebensjahr ein (s. Abb. 7.**54**). Verknöchert die Tuberositas ossis navicularis über einen eigenen Knochenkern und bleibt später die knöcherne Verschmelzung mit dem übrigen Teil des Os naviculare aus, so bezeichnet man den akzessorischen Knochen als *Os tibiale externum*. Es ist über eine Synchondrose mit dem Kahnbein verbunden und kommt bei ca. 10% aller Erwachsenen vor (s. Abb. 7.**51**, 7.**52**). Der Knochen liegt plantar im Lig. calcaneonaviculare eingebettet. Ein Os tibiale externum kann Beschwerden verursachen.

Keilbeine, Ossa cuneiformia

Gestalt

Die *Ossa cuneiformia mediale, intermedium und laterale* verdanken ihre Benennung der den drei Knochen gemeinsamen keilförmigen Gestalt (Abb. 7.**44**–7.**46**). Die Keilbeine unterscheiden sich in ihrer Größe und in ihrer Lage im Gefüge des Fußskeletts. Die *Basis* des medialen Keilbeins liegt plantar, die der Ossa cuneiformia intermedium und laterale fußrückenwärts. Diese Anordnung der Keilbeine trägt wesentlich zum Aufbau der *Querwölbung* des Fußes bei (s. Abb. 7.**168**). Proximal liegen die mit dem Os naviculare

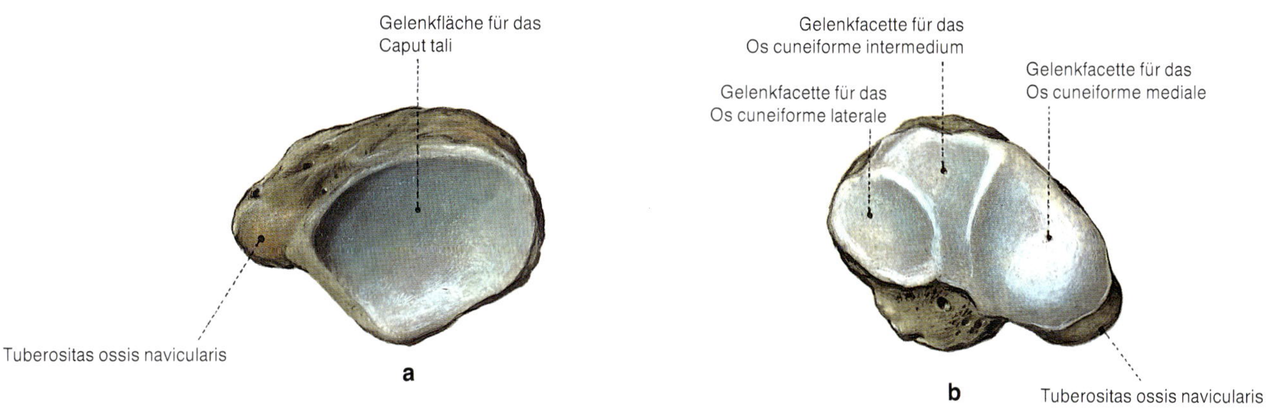

Abb. 7.**43a** u. **b** **Rechtes Kahnbein.**
a in der Ansicht von proximal, **b** in der Ansicht von distal.

artikulierenden Gelenkflächen nahezu auf einer Geraden. Distal stehen die Keilbeine mit den Basen der Ossa metatarsalia I–III in gelenkiger Verbindung (*Articulationes tarsometatarseae,* s. S. 613). Die Ossa cuneiformia mediale und laterale überragen das mittlere Keilbein. In der Lücke zwischen medialem und lateralem Keilbein liegt die Basis des Os metatarsale II. Die Gelenkspalten der Articulationes tarsometatarseae (*Lisfrancsche Gelenklinie*) liegen somit nicht in einer Ebene, sondern die Gelenklinie ist im Bereich des 2. Strahles nach proximal versetzt (s. Abb. 7.**34**, 7.**159**). Seitlich stehen die Keilbeine untereinander und das Os cuneiforme laterale mit dem Os cuboideum in gelenkiger Verbindung. Die Ossa cuneiformia mediale und laterale artikulieren seitlich außerdem mit der Basis des Os metatarsale II.

Das *Os cuneiforme mediale* (Abb. 7.**44**) ist das größte der drei Keilbeine. Es ist mit seiner Basis nach plantar, mit seiner *Spitze* nach dorsal ausgerichtet. Die konkave *proximale Gelenkfläche* artikuliert mit dem *Os naviculare.* Die halbmondförmige *distale Gelenkfläche* ist größer als die proximale. Ihre Oberflächenkrümmung entspricht einer Spirale. Die Gelenkfläche kann im mittleren Bereich vollständig oder partiell unterteilt sein. Normalerweise liegt die Gelenkfläche in der Transversalebene. Als Variante kann die laterale Seite des Os cuneiforme länger sein als die mediale; dies führt zu einer Schrägstellung der Gelenkfläche im

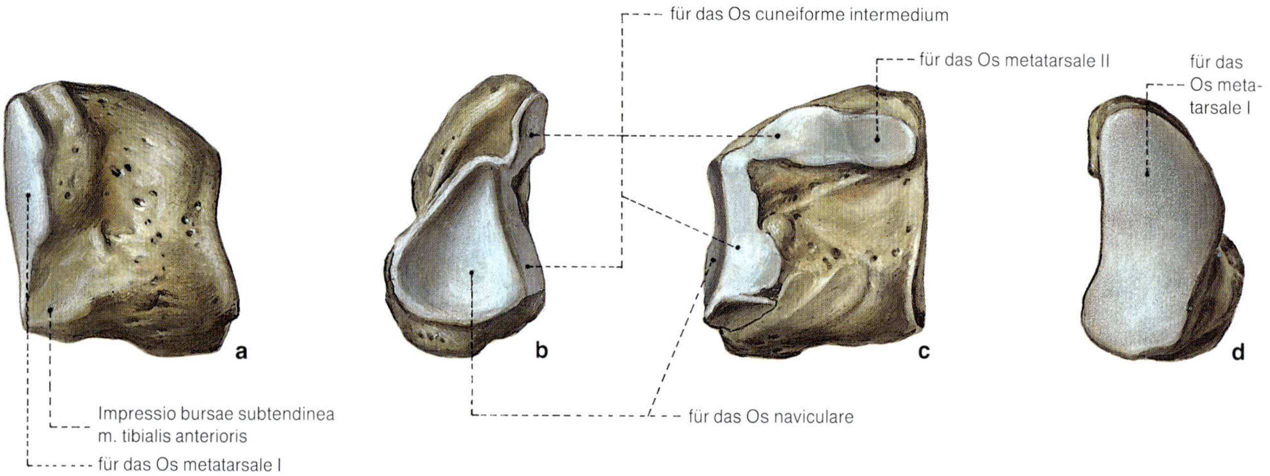

Abb. 7.**44 a–d** **Rechtes mediales Keilbein mit Gelenkflächen für die angrenzenden Knochen.**

a in der Ansicht von medial, **b** in der Ansicht von proximal, **c** in der Ansicht von lateral, **d** in der Ansicht von distal.

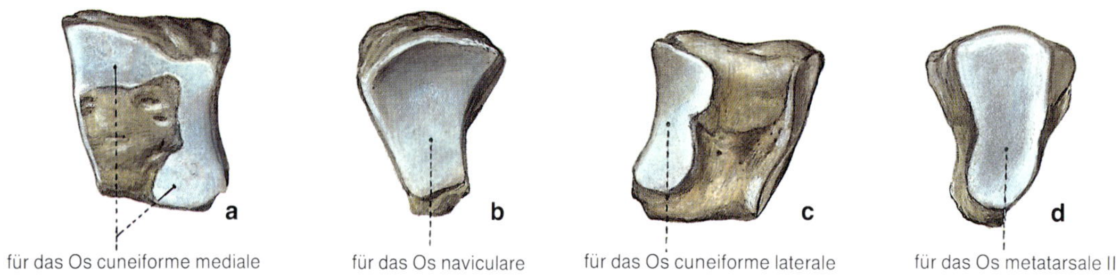

Abb. 7.**45** **Rechtes mittleres Keilbein mit Gelenkflächen für die angrenzenden Knochen.**

a in der Ansicht von medial, **b** in der Ansicht von proximal, **c** in der Ansicht von lateral, **d** in der Ansicht von distal.

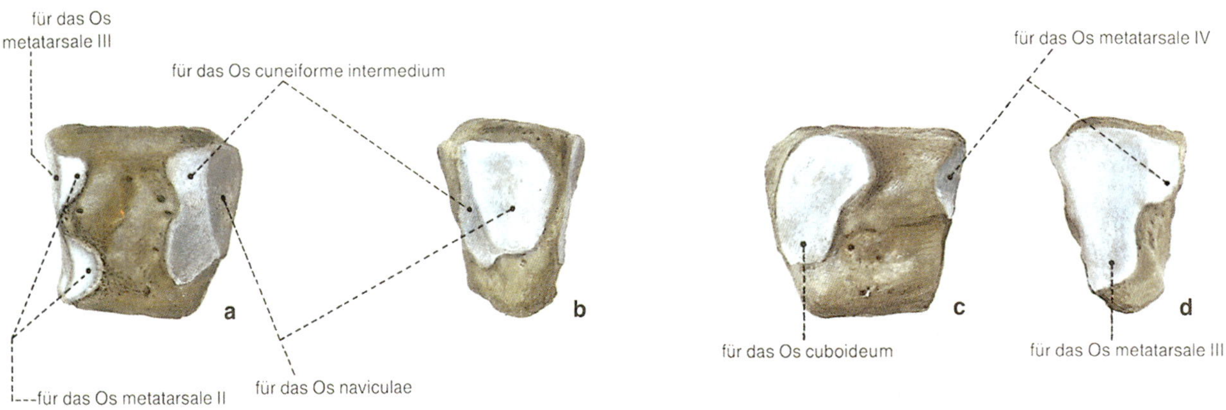

Abb. 7.**46** **Rechtes laterales Keilbein mit Gelenkflächen für die angrenzenden Knochen.**

a in der Ansicht von medial, **b** in der Ansicht von proximal, **c** in der Ansicht von lateral, **d** in der Ansicht von distal.

Tarsometatarsalgelenk I und zu einer Abknickung des Os metatarsale I nach innen. Eine derartige Varusstellung des ersten Mittelfußknochens wird beim Hallux valgus (s. S. 615) beobachtet.

Die *laterale Seite* des medialen Keilbeins hat im oberen hinteren Rand eine sichelförmige Gelenkfläche. Ihr hinterer Abschnitt steht mit dem *Os cuneiforme intermedium* in Verbindung. Vorne artikuliert die Seitenfläche mit der Gelenkfacette am medialen Rand der *Basis des Os metatarsale II.* Der nicht von Knorpel bedeckte Teil der lateralen Fläche des Os cuneiforme mediale ist an den Insertionsstellen des Lig. intercuneiforme interosseum und des Lig. cuneometatarseum (*Lisfrancsches Band,* s. S. 615) aufgerauht. Hier liegen außerdem *Foramina nutricia.* Am tastbaren medialen Rand des Os cuneiforme mediale verläuft im unteren Bereich eine nach distal gerichtete Rinne, in der die Sehne des M. tibialis anterior zieht. Der im Bereich des Widerlagers von Knorpel bedeckte Knochen ist glatt.

Das *Os cuneiforme intermedium* (Abb. 7.**45**) ist das kleinste der drei Keilbeine. Seine *Basis* liegt am Fußrücken, seine *Spitze* an der Planta pedis. *Proximal* artikuliert das mittlere Keilbein mit dem *Os naviculare.* Die dreieckige, leicht konkave Gelenkfläche liegt der mittleren Facette der distalen Kahnbeingelenkfläche an. Die *distale Gelenkfläche* des Os cuneiforme intermedium ist mit der *Basis des Os metatarsale II* verbunden. Die *mediale Seitenfläche* hat am oberen hinteren Rand eine Gelenkfläche für das mediale Keilbein (s. oben). Die Gelenkfacette für das laterale Keilbein liegt ebenfalls im hinteren oberen Bereich der *lateralen Seitenfläche.* Dort, wo an den Seitenflächen die Zwischenknochenbänder inserieren, ist der Knochen stark aufgerauht.

Das *Os cuneiforme laterale* (Abb. 7.**46**) artikuliert *vorn* mit der *Basis des Os metatarsale III* und *hinten* mit der lateralen Facette der distalen Gelenkfläche des *Os naviculare.* An der *medialen Seitenfläche* liegt im hinteren oberen Abschnitt die Gelenkfläche für das *Os cuneiforme intermedium.* Am vorderen medialen Seitenrand artikuliert die *Basis des Os metatarsale II* mit dem lateralen Keilbein. Die Gelenkfläche kann sehr klein sein oder fehlen. Über eine große, runde Gelenkfläche auf der *lateralen Fläche* steht das laterale Keilbein mit dem *Os cuboideum* in Verbindung. Am vorderen Seitenrand treten variable Facetten für die Basis des Os metatarsale IV oder für den vorderen Bereich des Os cuboideum auf.

Entwicklung

Der Knochenkern im Os cuneiforme laterale erscheint im 1. Lebensjahr. Im Os cuneiforme intermedium setzt die Knochenbildung im 4., im Os cuneiforme mediale im 3. Lebensjahr ein (s. Abb. 7.**54**).

Würfelbein, Os cuboideum

Gestalt

Das *Os cuboideum* (Abb. 7.**47**) liegt im lateralen Fußstrahl. Es ist lateral kürzer als medial. Das Os cuboideum hat *proximal* eine sattelförmige Gelenkfläche für den *Calcaneus* (s. oben) und *distal* zwei konvex gekrümmte Gelenkfacetten für die Basen der *Ossa metatarsalia IV und V.* Die laterale Gelenkfacette für die Basis des Os metatarsale V ist größer als die mediale.

Die *mediale Seite* des Würfelbeins hat hinten-oben eine ovale Gelenkfläche für das *Os cuneiforme laterale.* Unterhalb der Gelenkfacette liegt ein großes Foramen nutricium. Der Knochen der medialen Seite ist im übrigen Bereich stark aufgerauht; hier inseriert das kräftige Lig. cuneocuboideum interosseum (s. S. 612). Als Variante kann an der hinteren medialen Kante eine Gelenkfacette für das Os naviculare ausgebildet sein.

An der *Außenfläche* des Os cuboideum beginnt eine Rinne für die Sehne des M. peronaeus longus, *Sulcus tendinis m. peronaei longi,* die sich an der Plantarseite nach medial-vorn fortsetzt. Proximal von der Rinne wölbt sich der Knochen nach lateral-plantar als *Tuberositas ossis cuboidea* vor. Die Tuberositas ossis cuboidea dient der langen Peronäussehne als Widerlager. Der Knochen hat dort, wo die Sehne über ihn hinweggleitet, eine Knorpelbedeckung. Am mazerierten Skelett ist die Corticalis an dieser Stelle glatt (Abb. 7.**47**).

Entwicklung

Der Knochenkern des Würfelbeines erscheint im 10. Fetalmonat. Sein Vorhandensein wird als Reifezeichen des Neugeborenen bewertet (Abb. 7.**54**).

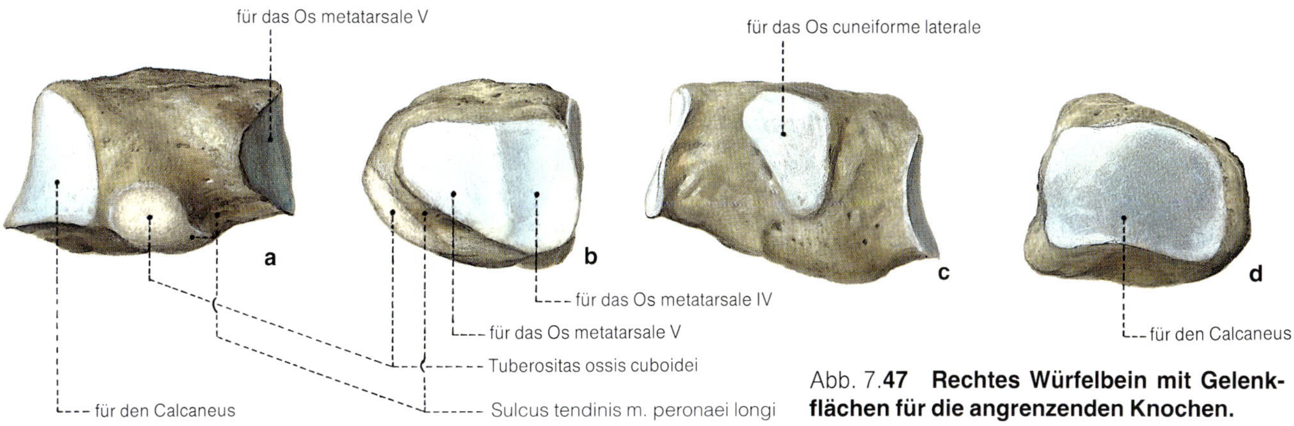

Abb. 7.**47** **Rechtes Würfelbein mit Gelenkflächen für die angrenzenden Knochen.**

a in der Ansicht von lateral, **b** in der Ansicht von distal, **c** in der Ansicht von medial, **d** in der Ansicht von proximal.

Mittelfußknochen, Ossa metatarsalia

Gestalt und Beanspruchung

Die fünf *Mittelfußknochen,* Ossa metatarsalia (metatarsi), (Abb. 7.**34,** 7.**48,** 7.**49**), sind Röhrenknochen, an denen man drei Abschnitte, *Basis, Corpus* und *Caput,* unterscheidet. Die Knochen haben im Schaftbereich auf der Plantarseite eine konkave Wölbung, die beim Os metatarsale I am deutlichsten ausgeprägt ist. Das Os metatarsale I ist der stärkste und kräftigste Mittelfußknochen. Am längsten ist das Os metatarsale II. Seiner hohen Beanspruchung entsprechend ist auch der 5. Mittelfußknochen im Vergleich mit den Ossa metatarsalia II–IV kräftig gebaut.

Die *Basen* der Ossa metatarsalia sind mit Ausnahme des Os metatarsale V keilförmig gestaltet. Ihre Basis weist nach dorsal, ihre Spitze nach plantar. Die *proximalen Gelenkflächen* artikulieren mit den *Ossa cuneiformia* und dem *Os cuboideum* (s. oben). Über *seitliche Gelenkflächen* stehen die Mittelfußknochen II–V untereinander in Verbindung *(Articulationes intermetatarseae)* (Abb. 7.**49**). Die Ossa metatarsalia I und II haben normalerweise seitlich keine gelenkige Verbindung.

Der 2. Mittelfußknochen steht an seiner Basis seitlich auch mit den ihn einkeilenden Ossa cuneiformia mediale und laterale in Kontakt. Die Basis des *Os metatarsale I* (Abb. 7.**48**) hat plantar-lateral einen großen Höcker, *Tuberositas ossis metatarsalis I,* der dem M. peronaeus longus als Ansatz dient. An der Basis des *Os metatarsale V* liegt lateral ebenfalls ein Knochenvorsprung, *Tuberositas ossis metatarsalis V,* an dem der M. peronaeus brevis inseriert. Die Tuberositas ossis metatarsalis V ist am seitlichen Fußrand tastbar.

Der *Schaft der Mittelfußknochen* hat eine dreieckige Querschnittsform. Am Os metatarsale I liegt die Basis des Dreiecks plantar, an den übrigen Mittelfußknochen ist sie nach dorsal-medial verlagert. Diese sogenannte *Torsion* der Mittelfußknochen kommt durch die unterschiedliche Lage und Ausrichtung der Mittelfußbasen und -köpfe zustande. Am ausgeprägtesten ist die sogenannte Torsion am Os metatarsale I. Der proximale Teil des 1. Mittelfußknochens ist nach innen, der distale Teil nach außen verdreht. Die Schäfte der Mittelfußknochen werden auf *Biegung* beansprucht. Wie die Materialverteilung im Querschnitt zeigt, liegt die Hauptbeanspruchungsebene am Os metatarsale I in der Sagittalen. Bei den Ossa metatarsalia II–IV verläuft die *Hauptbeanspruchungsebene* von medial-dorsal nach lateral-plantar.

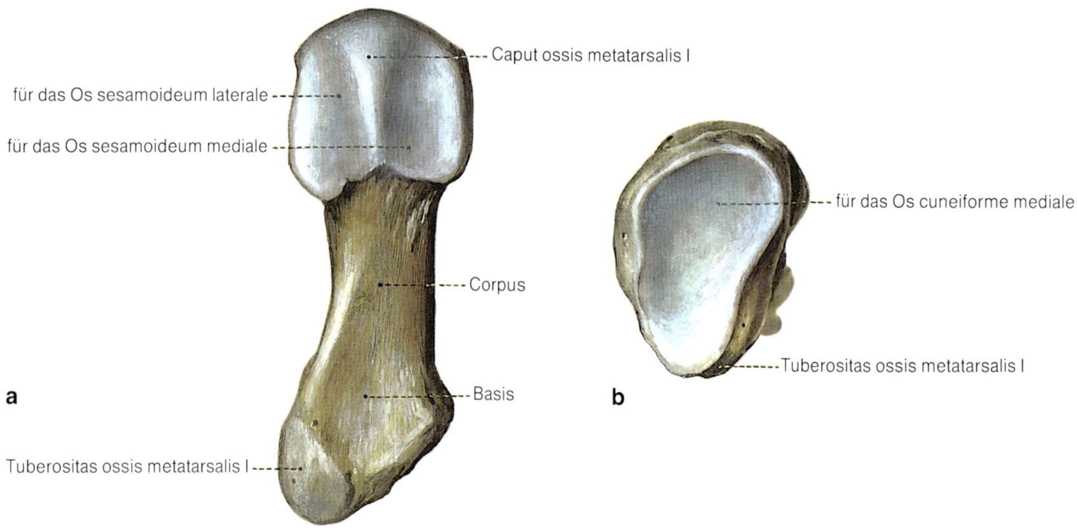

Abb. 7.**48** **Erster rechter Mittelfußknochen mit Gelenkflächen für die angrenzenden Knochen.**
a in der Ansicht von plantar,
b in der Ansicht von proximal.

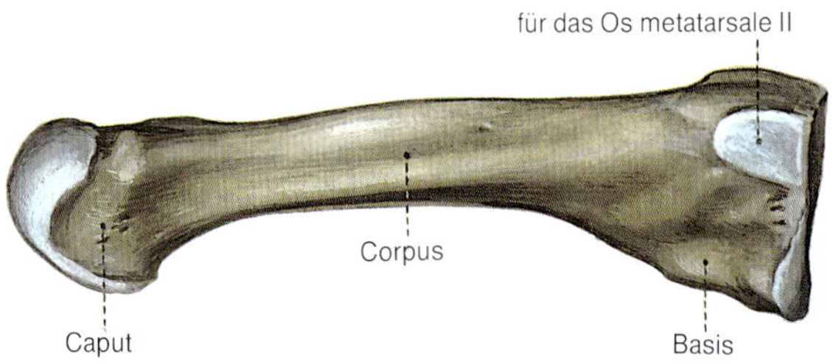

Abb. 7.**49a** **Dritter rechter Mittelfußknochen mit Gelenkflächen für die angrenzenden Knochen in der Ansicht von medial.**

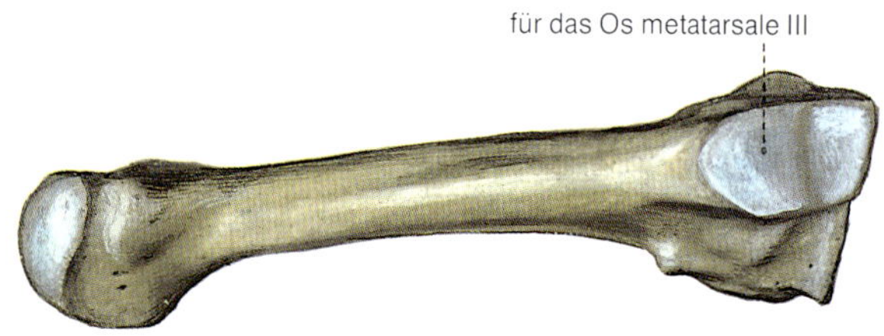

Abb. 7.**49b** **Vierter rechter Mittelfußknochen mit Gelenkflächen für die angrenzenden Knochen in der Ansicht von medial.**

Die *Köpfe der Ossa metatarsalia* bilden mit den Gelenkflächen der Grundphalanxbasen die *Zehengrundgelenke, Articulationes metatarsophalangeae.* Die Form der Gelenkkörper und der Gelenkflächen ist an den Köpfen der Ossa metatarsalia II–V ähnlich. Aufgrund ihrer seitlichen Abplattung haben die Köpfe Walzenform. Ihre Gelenkoberfläche ist sagittal und transversal konvex gekrümmt. Die Gelenkflächen dehnen sich plantar weiter aus als dorsal. Sie enden plantar in Form von zwei Zipfeln, von denen der laterale meistens weiter nach proximal reicht als der mediale. Im seitlichen oberen Bereich liegen am Übergang zwischen Schaft und Kopf deutlich vorspringende Knochenhöcker, an denen der Bandapparat inseriert.
Das *Caput ossis metatarsalis I* (Abb. 7.**48**) unterscheidet sich von den übrigen Metatarsalköpfen. Die breite Gelenkfläche hat im dorsalen Bereich ovoide Gestalt. Sie läuft plantar in zwei *rollenförmige Rinnen* aus, die durch einen sagittalen Knochenfirst voneinander getrennt sind. In den Rinnen gleiten das *mediale* und das *laterale Sesambein* (s. unten) der Großzehe, *Hallux.*
Die *Ossa sesamoidea* (s. Abb. 7.**35**) im Bereich des Großzehengrundgelenks sind *konstante Sesambeine.* Die halbkugelförmigen Knochen sind in die Sehnen der Großzehe und den Kapsel-Band-Apparat des Großzehengrundgelenks eingelagert (s. Abb. 7.**177**). Am medialen Sesambein inserieren der M. abductor hallucis und das Caput mediale des M. flexor hallucis brevis. Am lateralen Sesambein setzen das Caput laterale des M. flexor hallucis brevis und der M. adductor hallucis mit seinen beiden Köpfen an (s. Abb. 7.**176**). Zwischen beiden Sesambeinen verläuft die Sehne des M. flexor hallucis longus. Jedes Sesambein hat dorsal eine keilförmige Gelenkfläche, die mit dem rinnenförmigen Gleitlager an der plantaren Seite des Caput ossis metatarsalis I artikuliert (s. Abb. 7.**177**).
Inkonstant kommen *Sesambeine* auch auf der Plantarseite über den Metatarsalköpfen der übrigen Mittelfußknochen vor (s. Abb. 7.**52d**). Am häufigsten (ca. 10–13%) ist ein laterales Sesambein am Os metatarsale V. Am 2. Mittelfußkopf findet man ein mediales Sesambein bei ca. 4–5%, lateral bei weniger als 2% der Fälle. Sehr selten werden mediale Sesambeine am 3., 4. und 5. Mittelfußkopf beobachtet.

Entwicklung

Die Knochenentwicklung in den Ossa metatarsalia (Abb. 7.**54**) setzt am Beginn des 3. Fetalmonats mit der Bildung einer perichondralen Knochenmanschette im *Diaphysenbereich* ein. Die *Epiphysenkerne* in den Köpfen der Ossa metatarsalia II–V treten zwischen dem 3. und 4. Lebensjahr auf. Die knöcherne Verschmelzung mit dem Schaft erfolgt vom 14. Lebensjahr an und ist mit etwa 18 Jahren abgeschlossen. Die Ossa metatarsalia II–V haben an ihrer Basis keinen Epiphysenkern. Ihr Längenwachstum erfolgt damit vorwiegend im distalen Abschnitt.
Am *Os metatarsale I* tritt zwischen dem 3. und 4. Lebensjahr ein *basaler Epiphysenkern* auf. Normalerweise fehlt eine Epiphyse im Kopfbereich. Gelegentlich kann man als Variante jedoch eine distale Epiphysenfuge beobachten.

Zehenknochen, Ossa digitorum pedis

Phalanges

Gestalt

Der knöcherne Aufbau der Zehen (s. Abb. 7.**34,** 7.**35**) hat viele Gemeinsamkeiten mit dem der Finger (s. S. 332).
Skelettelemente der *Zehen II–V* sind die drei gelenkig miteinander verbundenen Phalangen: *Phalanx proximalis* (Grundglied), *Phalanx media* (Mittelglied) und *Phalanx distalis* (Endglied). Die *Großzehe, Hallux,* besteht wie der Daumen aus zwei Phalangen, *Phalanx distalis* und *Phalanx proximalis.* Die *Kleinzehe, Digitus minimus,* kann ebenfalls als *Variante* nur *zwei Phalangen* haben, da ihr Mittel- und Endglied häufig zu einem Skelettelement miteinander verschmelzen.
Die *Phalangen* sind kleine Röhrenknochen. Man unterscheidet an jeder Phalanx: *Basis, Corpus* und *Caput phalangis.* Die Phalangen der Großzehe sind am kräftigsten. Die Skelettelemente der 4. und 5. Zehe sind im Vergleich mit der 2. und 3. Zehe schwach ausgebildet. Die Mittelphalangen der Zehen III–V sind sehr kurz.
Die *Länge* der Zehen *variiert.* Nach der Lage der Zehenspitzen am 1. und 2. Strahl unterscheidet man verschiedene *Fußformen.* Häufig ist die 2. Zehe, vor allem beim Kind, länger als die Großzehe. Man bezeichnet diese Form als *„griechische Fußform"* (Abb. 7.**50**). Von einer *„ägyptischen Fußform"* spricht man, wenn die 2. Zehe kürzer ist als die Großzehe. Die Zehenspitzen liegen bei der „ägyptischen Fußform" auf einer von distal-medial nach proximal-lateral abfallenden Linie. Zwischen diesen beiden Fußformen gibt es verschiedene Übergänge (intermediäre Typen). Die Länge der Zehen soll Einfluß auf die Entstehung verschiedener pathologischer Deformitäten der Zehen haben.
Die *Basen* der *Grundphalangen* artikulieren im *Zehengrundgelenk* mit den Köpfen der Ossa metatarsalia (s. oben). An der *Großzehengrundphalanx* ist der Durchmesser der bikonkaven, ovoiden Gelenkpfanne in der Transversalen größer als in der Vertikalen. Die geringgradig konkav gewölbten Gelenkpfannen der *Phalanges proximales II–V* haben einen herzförmigen Umriß. An den Basen der Phalanges proximales II–V liegen plantar auf der medialen und lateralen Seite Knochenhöcker, an denen die Kollateralbänder und die Mm. interossei inserieren.

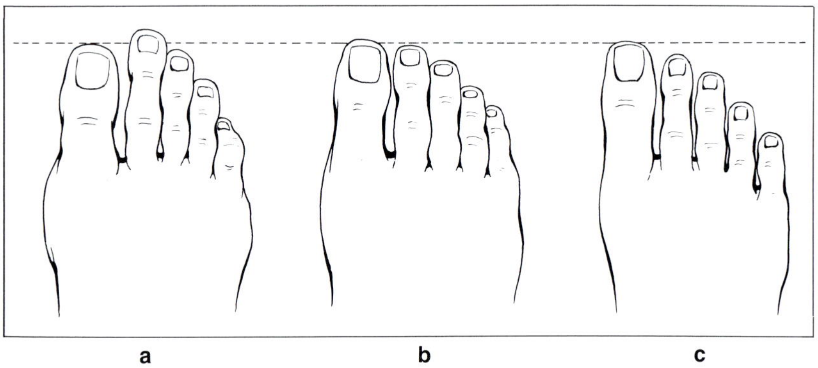

Abb. 7.**50a–c Varianten der Vorfußform, bedingt durch die unterschiedliche Länge der Zehen.**
a sogenannte griechische Fußform.
b rechteckige Fußform,
c sogenannte ägyptische Fußform.
(nach *Debrunner* 1978, dort nach *Lelievre*)

Die Gelenkflächen zwischen Grund- und Mittelphalanx sowie zwischen Mittel- und Endphalanx sind von ähnlicher Gestalt. Die rollenförmigen Gelenkflächen der *Köpfe* haben im mittleren Bereich eine Führungsrinne, in die sich die keilförmig vorspringende Gelenkfläche an den *Basen* der Mittel- und Endphalangen hineinsenkt.
Die *Köpfe* der *Phalanges distales* verbreitern sich pilzförmig. Plantar ist der Knochen des distalen Endes im Verankerungsbereich des Bindegewebes der Zehenkuppen stark aufgerauht, *Tuberositas phalangis distalis.*

Entwicklung

Die Knochenbildung an den Zehen (Abb. 7.**54**) setzt in den *Diaphysen* der *Grundphalanx* zwischen dem 3. und 6. Fetalmonat, in den *Diaphysen* der *Mittelphalangen* zwischen dem 6. und 10. Fetalmonat und in den *Endphalangen* um die 9. Fetalwoche ein. Alle Phalangen haben nur eine, in der Basis auftretende Epiphyse, deren Knochenkerne zwischen dem 2. und 5. Lebensjahr erscheinen. Die Vereinigung der Epiphysen mit dem Schaft erfolgt zwischen dem 15. und 20. Lebensjahr.

Oberflächenrelief und tastbare Anteile

Am *Tarsus* ist das *Tuber calcanei* sicht- und tastbar. Die lateralen Seiten von Fersenbein und Würfelbein können größtenteils palpiert werden. Auf der Innenseite des Rückfußes lassen sich das *Sustentaculum tali* des Calcaneus und die *Tuberositas ossis navicularis* palpatorisch abgrenzen. Keilbeine, Würfelbein, Mittelfußknochen sowie Grund- und Mittelphalanx der Zehen sind einer palpatorischen Untersuchung am besten vom Fußrücken aus zugänglich. Als markanter Knochenpunkt am lateralen Fußrand orientiert die *Tuberositas ossis metatarsalis V* über die Lage der *Lisfrancschen Gelenklinie.*

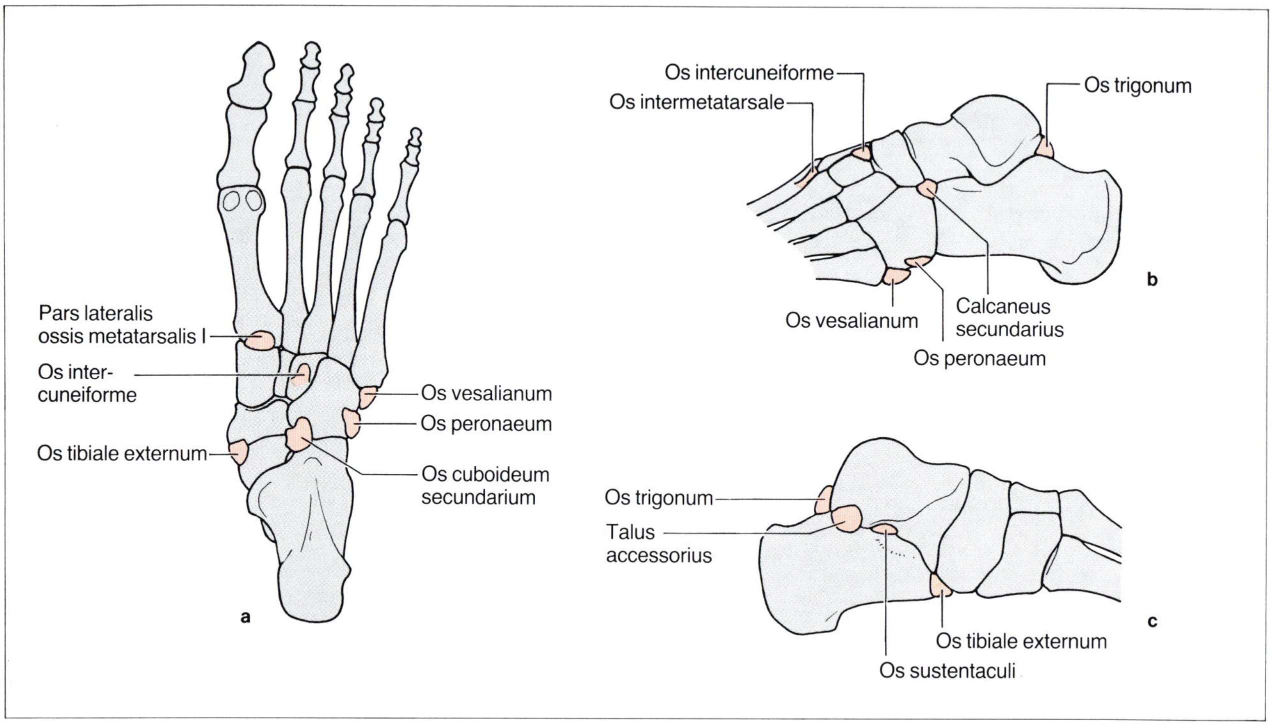

Abb. 7.**51 a–c Lage überzähliger Fußwurzelknochen an einem rechten Fuß.**
a in der Ansicht von plantar,
b in der Ansicht von medial,
c in der Ansicht von lateral.
(nach *von Lanz-Wachsmuth* 1972)

Akzessorische Knochen, Ossa accessoria

Am Fußskelett kommen neben den *kanonischen Skelettelementen akzessorische Knochen* vor, deren praktische Bedeutung in der röntgenologischen Abgrenzung gegenüber frakturbedingten Absprengungen an den kanonischen Knochen liegt (Abb. 7.**51,** 7.**52**). Einige akzessorische Knochen (z. B. das Os tibiale externum) können Beschwerden verursachen.

Phylogenetisch und *ontogenetisch* sind die *akzessorischen Skelettelemente* des Fußes schwerer zu deuten als

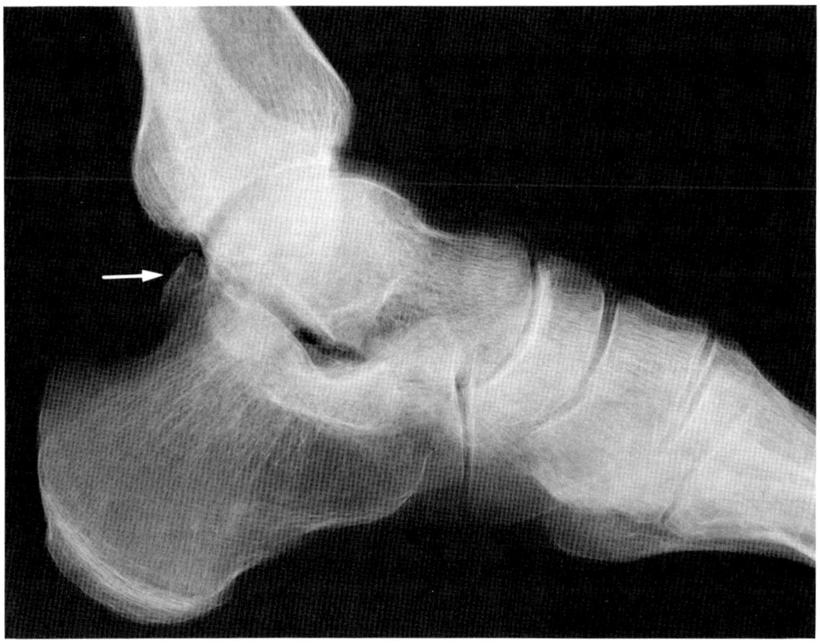

a

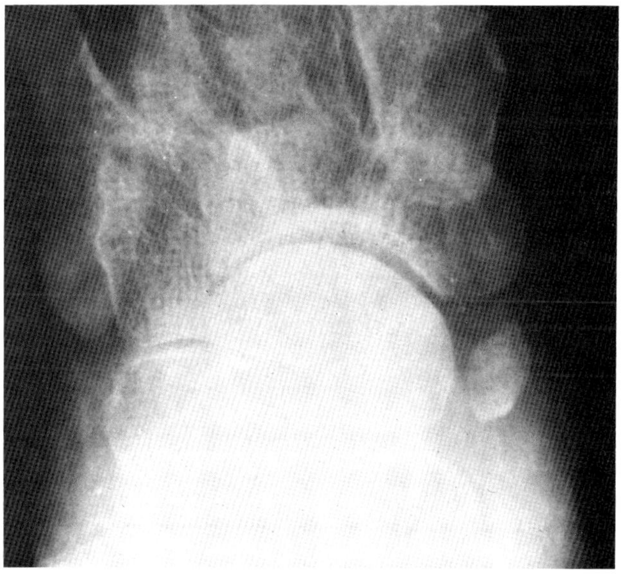

b

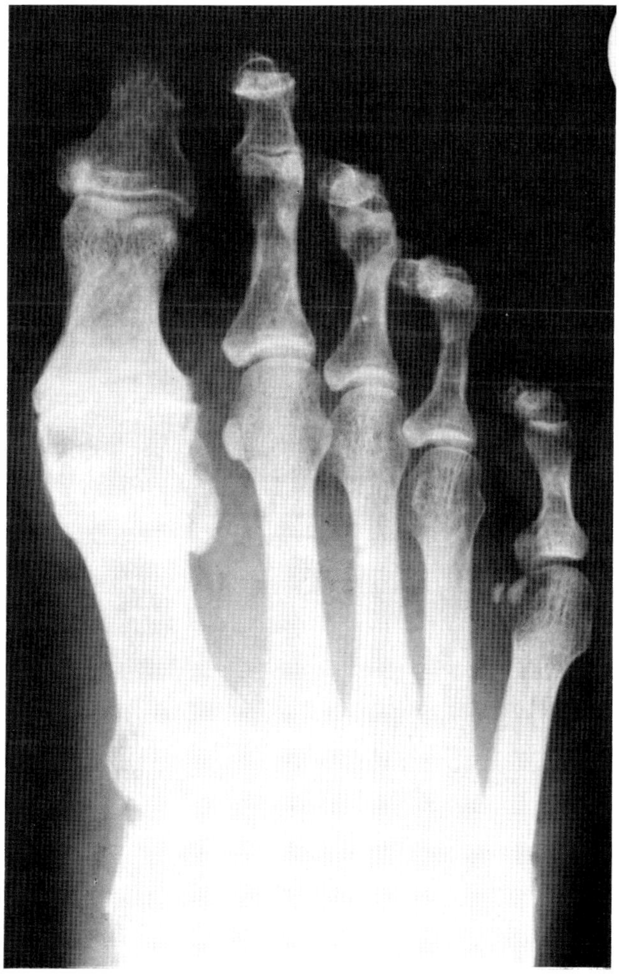

c

Abb. 7.**52a** **Os trigonum** (Pfeil), Fußpräparat der linken Seite, Röntgenaufnahme im seitlichen Strahlengang.

Abb. 7.**52b** **Os tibiale externum,** linker Fuß, Röntgenaufnahme im dorso-plantaren Strahlengang (Originalabbildung Priv.-Doz. Dr. *H. Konermann,* Orthopädische Universitätsklinik Essen, Direktor: Prof. Dr. *K.-F. Schlegel*).

Abb. 7.**52c** **Akzessorische Sesambeine an der 2. und 5. Zehe.** Rechter Fuß, Röntgenaufnahme im dorso-plantaren Strahlengang (Originalabbildung Priv.-Doz. Dr. *H. Konermann,* Orthopädische Universitätsklinik Essen, Direktor: Prof. Dr. *K.-F. Schlegel*).

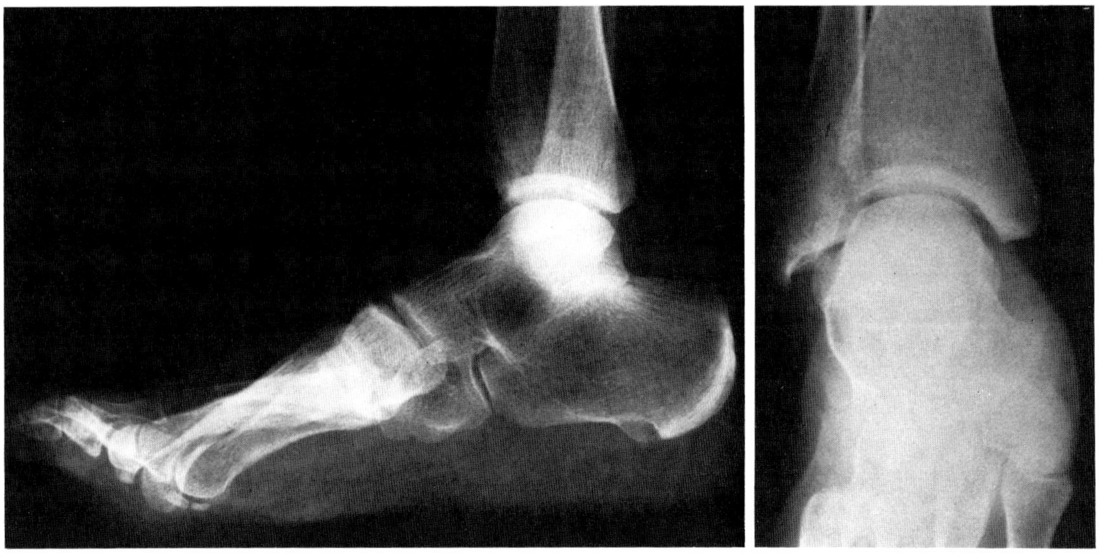

a b

Abb. 7.**53a** u. **b** Synostose zwischen Talus, Calcaneus und Os naviculare bei einer 42jährigen Frau. Das obere Sprunggelenk hat die Form eines Kugelgelenkes. Röntgenaufnahmen a im seitlichen Strahlengang, b im antero-posterioren Strahlengang (aus *Steinhäuser* 1985).

am Handskelett. Von den akzessorischen Knochen des Tarsus wird ein Teil selbständig knorpelig angelegt und von den benachbarten Knochen assimiliert. Kommt die synostotische Verschmelzung solcher *inkonstant* auftretender *Apophysen* mit den kanonischen Knochen nicht zustande, so bleibt das Skelettelement als eigenständiger Knochen erhalten. Seine Verbindung mit den kanonischen Fußwurzelknochen kann als *Synchondrose* oder in Form eines *echten Gelenkes* erfolgen. Zu den derart entstehenden akzessorischen Knochen zählen das Os trigonum (Abb. 7.**52**) sowie das Os tibiale externum (s. S. 485). Außerdem kommen am Tarsus ein *Os sustentaculi* (ca. 1,5%), ein *Calcaneus secundarius* (ca. 4,5%), ein *Os peronaeum* (ca. 10%), ein *Os cuboideum secundarium* (ca. 1%) sowie sehr selten ein *Os intercuneiforme* vor. Zwischen den Basen der Ossa metatarsalia I und II wird bei etwa 9% der Fälle ein *Os intermetatarsale* beobachtet. Die Variabilität der Ossa sesamoidea wird bei den Mittelfußknochen beschrieben (s. oben). Eine Übersicht über akzessorische Knochen am Fuß gibt die Abb. 7.**51**. (Verschmelzungen von Fußwurzelknochen, angeborene Ankylose oder Fusion, s. S. 93, Gelenkfehlbildungen, Abb. 7.**53**.)

Hüfte, Coxa

Allgemeiner Aufbau und Oberflächenrelief

Die *Gesäßregion, Regio glutaea,* beginnt kranial an der *Crista iliaca* und reicht lateral bis zu einer vertikalen Linie durch die *Spina iliaca anterior superior* und medial bis zur *Dammgegend*. Distal setzt sich die Glutäalregion deutlich von der Regio femoris posterior durch die horizontal verlaufende Gesäßfurche, *Sulcus glutaeus*, (Abb. 7.**55**), ab.

Die *knöcherne Grundlage* der Glutäalregion bilden *Facies glutaea ossis ilii, Corpus* und *Tuber ossis ischii* sowie *Trochanter major* und *Crista intertrochanterica femoris*. Die *Weichteile* bestehen aus den *Glutäalmus-*

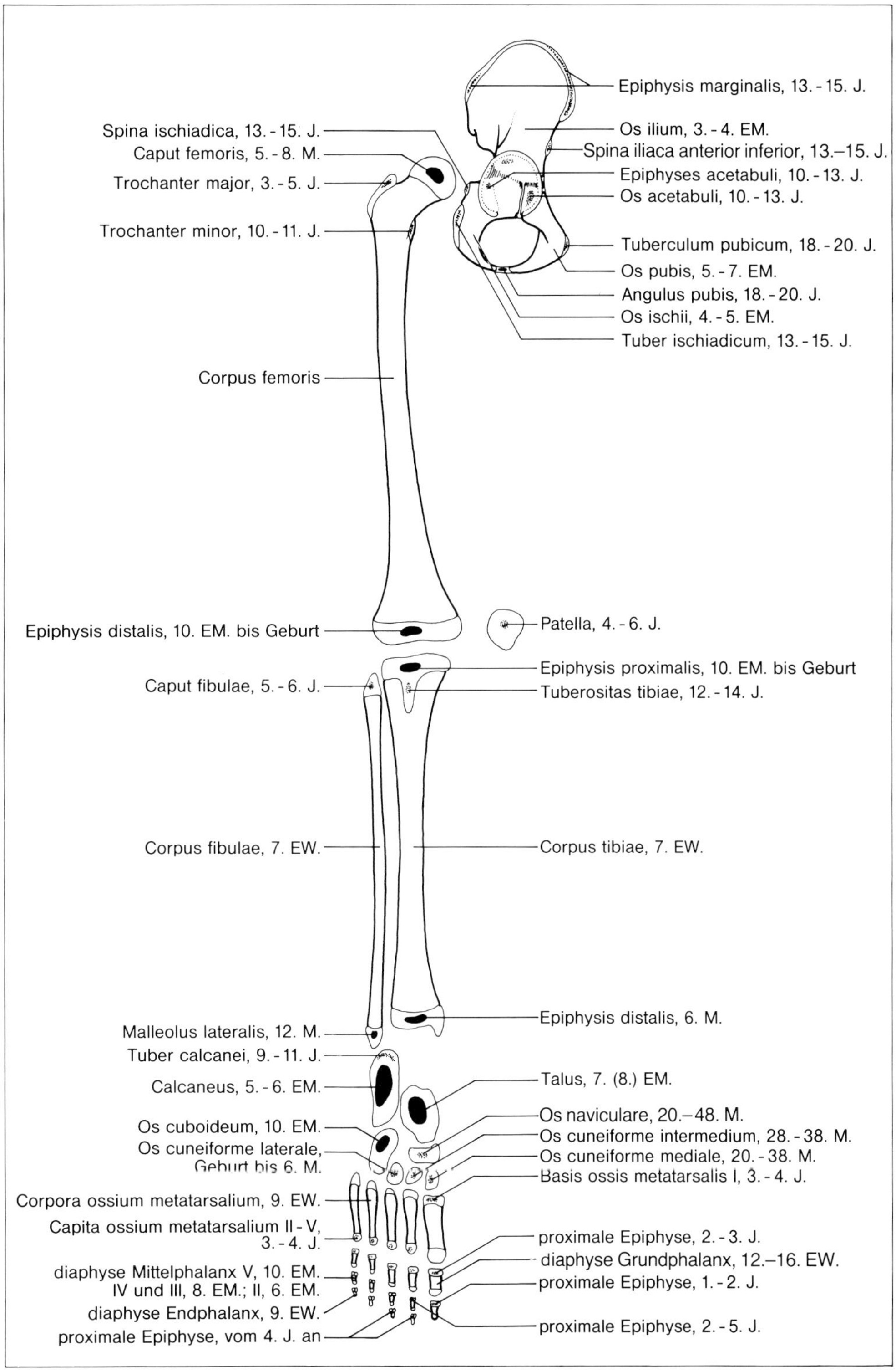

Abb. 7.**54** **Knochenkerne des Beinskeletts, Zeltpunkt ihres Auftretens.**
EW Embryonale Woche
EM Embryonaler Monat
M Lebensmonat
J Jahr
(nach *von Lanz-Wachsmuth* 1972)

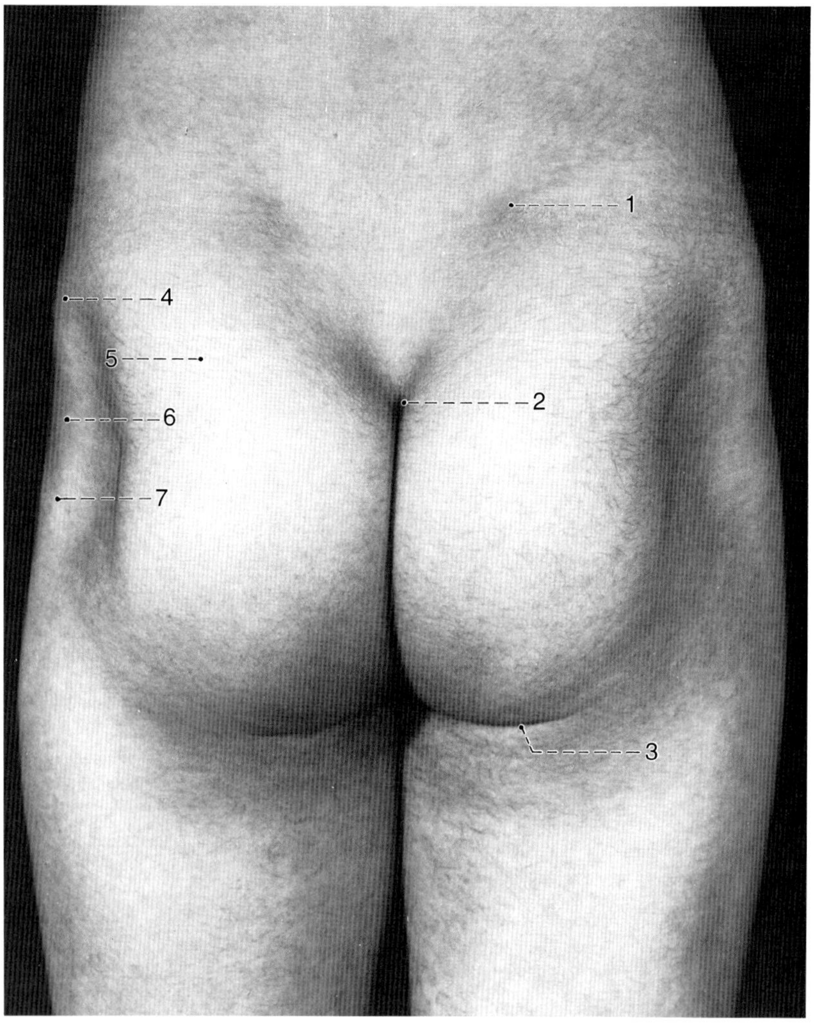

Abb. 7.**55 Lumbalregion, Gesäßregion und Oberschenkelrückseite bei einem jungen Mann.** Das Sakraldreieck wird durch die Grübchen über der rechten und linken Spina iliaca posterior superior (1) sowie durch den Beginn der Analfurche (2) gebildet. Die Grenze zwischen Regio glutaea und Regio femoris posterior liegt im Bereich der Gesäßfurche (3).
4 Crista iliaca
5 M. glutaeus medius
6 M. tensor fasciae latae
7 Trochanter major

keln und ihren Leitungsbahnen sowie dem subkutanen Gewebe.
Die *Glutäalmuskeln* bilden den Hauptanteil der Gesäßregion. Die für den Menschen charakteristische Ausbildung und Form eines Gesäßes (*Gesäßbacken, Nates* oder *Clunes)* hängt mit der starken Entwicklung des *M. glutaeus maximus* (s. unten) und der typischen Verteilung des subkutanen Fettgewebes zusammen.
Die *Oberflächenkontur* des Gesäßes ist von der Ausgangsstellung des Hüftgelenks abhängig. Bei gestrecktem Hüftgelenk wird die Gesäßwölbung in Folge der Kontraktion des *M. glutaeus maximus* im medialen kaudalen Bereich besonders deutlich (Abb. 7.**55**). Seitlich kann man etwa handbreit neben der Crista intertrochanterica eine deutliche Einsenkung der Haut erkennen. Die Grube entspricht dem kranialen Ansatzsehnenbereich des M. glutaeus maximus. Im gestreckten Zustand setzt sich das Gesäß durch die Glutäalfalten vom Oberschenkel ab. Der *Sulcus glutaeus* fällt nicht mit dem unteren Rand des M. glutaeus maximus zusammen, sondern entspricht einem verstärkten Faszienzug, dem sogenannten Sitzhalfter, der sich in Höhe des Tuber ischiadicum und des Trochanter minor quer über die Oberschenkelrückseite erstreckt. Die Hautfalten über dem Sulcus glutaeus sind Reservefalten, die bei Beugung im Hüftgelenk verstreichen.
Die *Glutäalfalten* haben, vor allem im Seitenvergleich, diagnostische Bedeutung bei *Erkrankungen der Hüftregion.* Bei Lähmung des M. glutaeus maximus verstreicht der Sulcus glutaeus weitgehend. Die Glutäalfalten geben auch einen Anhalt über die *Lage des Femur.* Bei einseitiger angeborener Hüftgelenkluxation z. B. besteht eine deutliche *Asymmetrie* zwischen den Glutäalfalten der betroffenen kranken und der gesunden Seite. Die Glutäalfalten sind auf der luxierten Seite nach kranial verschoben.
(Tastbare Anteile der Glutäalregion s. Becken, S. 459.)

Hüftgelenk, Articulatio coxae

Aufbau

Artikulierende Anteile

Die der Fortbewegung dienenden Bewegungen zwischen Stamm und unteren Extremitäten finden in den Hüftgelenken statt. Beim Gehen unterscheidet man *Stand-* und *Schwungphasen.* Rechtes und linkes Bein dienen abwechselnd als *Standbein* und als *Schwungbein* (s. S. 645).

Im *Hüftgelenk, Articulatio coxae,* treten die *Hüftpfanne, Acetabulum* (Beschreibung des Acetabulum, S. 446), und der *Femurkopf, Caput ossis femoris* (Beschreibung des Femur, S. 465), miteinander in gelenkigen Kontakt (s. Abb. 7.**61,** 7.**65**). Gelenkfläche im Acetabulum ist die C-förmige *Facies lunata,* die im Bereich des Pfannendachs am breitesten ist. Die Facies lunata endet ventral mit einem spitzen *Vorderhorn.* Das *Hinterhorn* ist immer abgerundet (Abb. 7.**1,** 7.**2,** 7.**56**). Der äußere knöcherne Rand der Gelenkfläche, *Limbus acetabuli**, weicht in der Projektion der Pfannenrandfläche nur wenig von einem Kreisausschnitt ab. Der innere, die Fossa acetabuli begrenzende Rand der Facies lunata, hat normalerweise eine viereckige Form, wobei die „Ecken" leicht abgerundet

* Im klinischen Sprachgebrauch wird das Labrum acetabulare als „Limbus" bezeichnet.

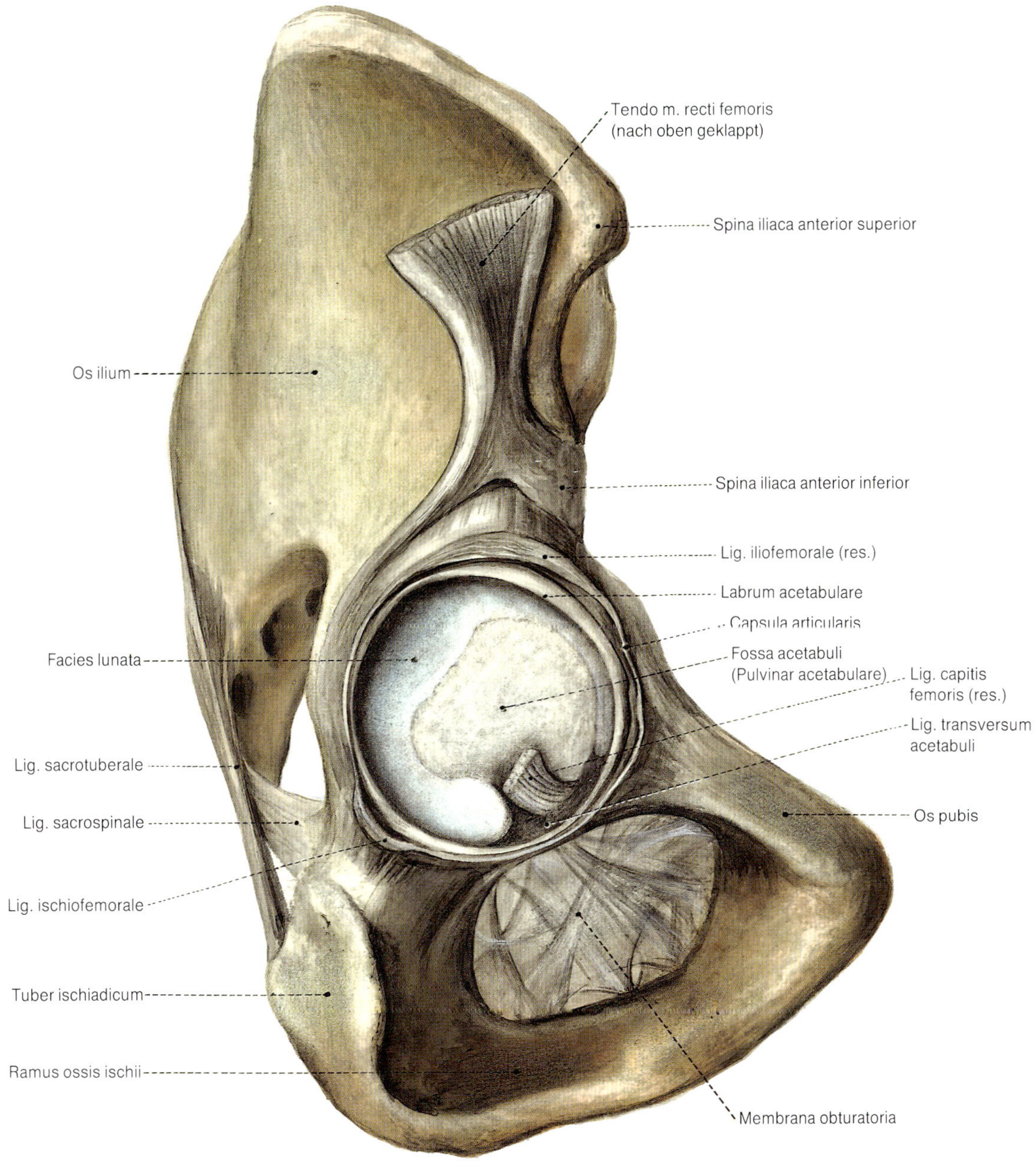

Abb. 7.**56** **Rechte Hüftgelenkpfanne in der Ansicht von lateral.**

sind. Der innere Rand der Gelenkfläche ist jedoch nicht immer glatt begrenzt, sondern relativ häufig durch tiefe, *knorpelfreie Inzisuren* unterbrochen. Die Einschnürungen liegen meistens im Bereich des Pfannendachs (Abb. 7.**57 a**) sowie am Übergang zum Hinter- und Vorderhorn. Selten kommt es zu einer *vollständigen Unterteilung* der Facies lunata in der Pfannenmitte oder zu einer Abtrennung des Vorder- oder Hinterhorns von der übrigen Gelenkfläche (Abb. 7.**57 b**).
Der *Gelenkknorpel* in der Facies lunata ist im mittleren Abschnitt dicker als am Vorder- und Hinterhorn. Die im lateralen vorderen Bereich des Pfannendachs gemessenen Maximalwerte von 2,5–3,5 mm sind Ausdruck der hohen Beanspruchung dieser Region. Die von Knorpel bedeckte Gelenkfläche der Hüftpfanne entspricht geometrisch einem Hohlkugelausschnitt (s. unten).
Der innere Rand der Facies lunata begrenzt die zur Hüftpfanne gehörende *Fossa acetabuli* (s. Abb. 7.**56**). Sie liegt tiefer als die Gelenkfläche und wird von lockerem, fettreichen Bindegewebe ausgefüllt. Das Bindegewebspolster der Fossa acetabuli *(Pulvinar acetabulare)* ist von Synovialis bedeckt und liegt auf gleicher Höhe wie die Gelenkfläche. Zwischen Vorder- und Hinterhorn der Facies lunata wird der Limbus acetabuli durch die *Incisura acetabuli* unterbrochen, die den Eingang zur Fossa acetabuli bildet. Die Incisura acetabuli überbrückt ein ca. 1 cm breites Band, *Lig. transversum acetabuli* (s. Abb. 7.**60**), das an den Enden des Vorder- und Hinterhorns im Knochen verankert ist. Durch den Spaltraum zwischen Lig. transversum acetabuli und Boden der Incisura acetabuli ziehen Gefäße in das Bindegewebe der Fossa acetabuli.

Das gesamte Acetabulum wird außen von einer *Gelenklippe, Labrum acetabulare,* umgeben die im Bereich der Facies lunata am Limbus acetabuli und über der Incisura acetabuli am Lig. transversum acetabuli befestigt ist. Das Labrum acetabulare hat einen dreischichtigen Aufbau. Auf ein äußeres dünnes Netzwerk von Kollagenfibrillen mit einem Durchmesser von 30 nm folgt eine Lage lamellenförmig angeordneter Kollagenfibrillenbündel; der darauf folgende zentrale Hauptanteil der Gelenklippe besteht aus straffem Bindegewebe mit zirkulär ausgerichteten Kollagenfasern. Faserknorpel kommt ausschließlich in der dem Femurkopf zugewandten Fläche vor. Der äußere Bereich der Gelenklippe ist vaskularisiert. Die dreieckige Gelenklippe ist an der Basis 0,5–1 cm breit und ragt mit ihrer Spitze größtenteils frei in die Gelenkhöhle (Abb. 7.**56**, 7.**61**). Die *Hüftgelenkkapsel* setzt außen an der Basis des Labrum acetabulare an. Im Arthrogramm entsteht dadurch zwischen Kapsel und Gelenklippe der ringförmige *Recessus supraarticularis (Recessus perilimbicus).* An der Innenseite geht die Gelenklippe kontinuierlich in die Gelenkfläche der Facies lunata, im Bereich der Incisura acetabuli in das Lig. transversum acetabuli über. Das Labrum acetabulare gleicht die Unebenheiten am knöchernen Rand der Hüftpfanne weitgehend aus. Es ist Teil der artikulierenden Gelenkfläche und greift über den „Aequator" des Femurkopfes hinweg (s. unten). Das Hüftgelenk wird dadurch zu einem „Nußgelenk" (*Enarthrosis,* s. S. 110) und verfügt über eine gute Führung von seiten seiner Gelenkkörper. Aufgrund der Verformbarkeit des Faserknorpels werden die Bewegungsexkursionen durch die Gelenklippe nur wenig eingeschränkt.
Die *Pfanneneingangsebene* – ihr entspricht der knöcherne oder knorpelige Pfannenrand und das Lig.

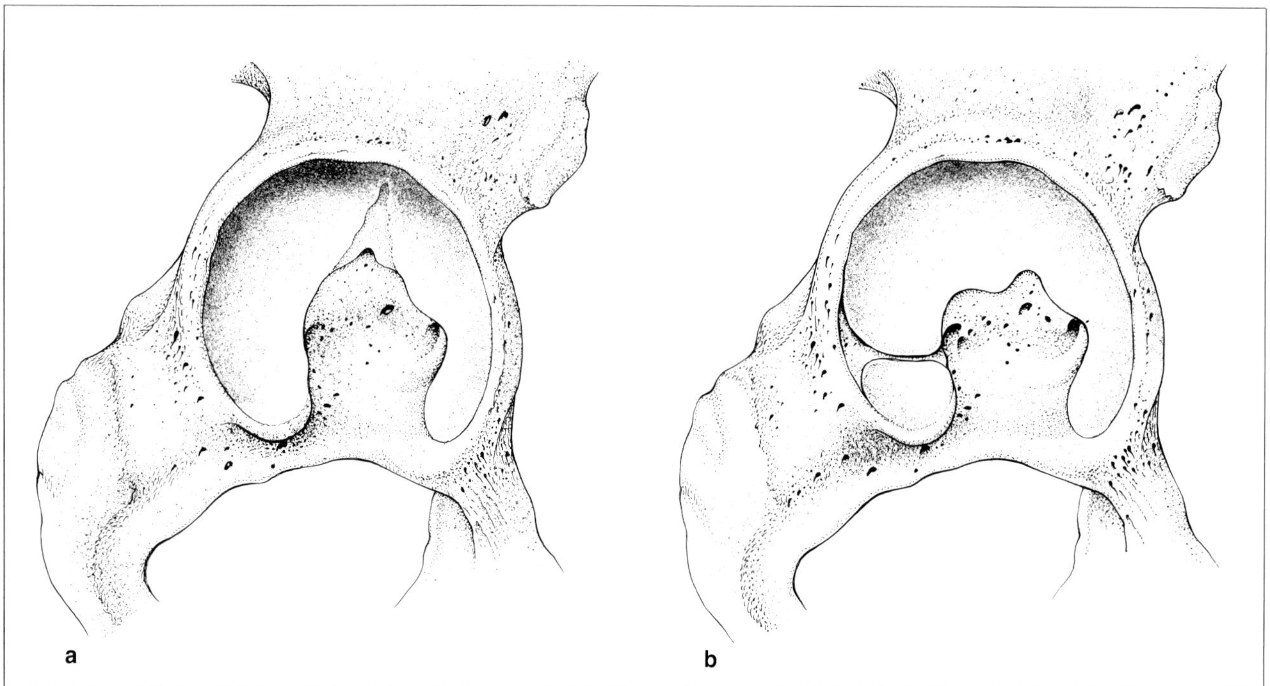

Abb. 7.**57** **Varianten der Facies lunata bei rechten Hüftpfannen. a** Tiefe Inzisur im Bereich des Pfannendachs, die Gelenkfläche ist etwa zur Hälfte unterteilt. **b** Vollständige Abtrennung des Hinterhorns vom übrigen Teil der Gelenkfläche.

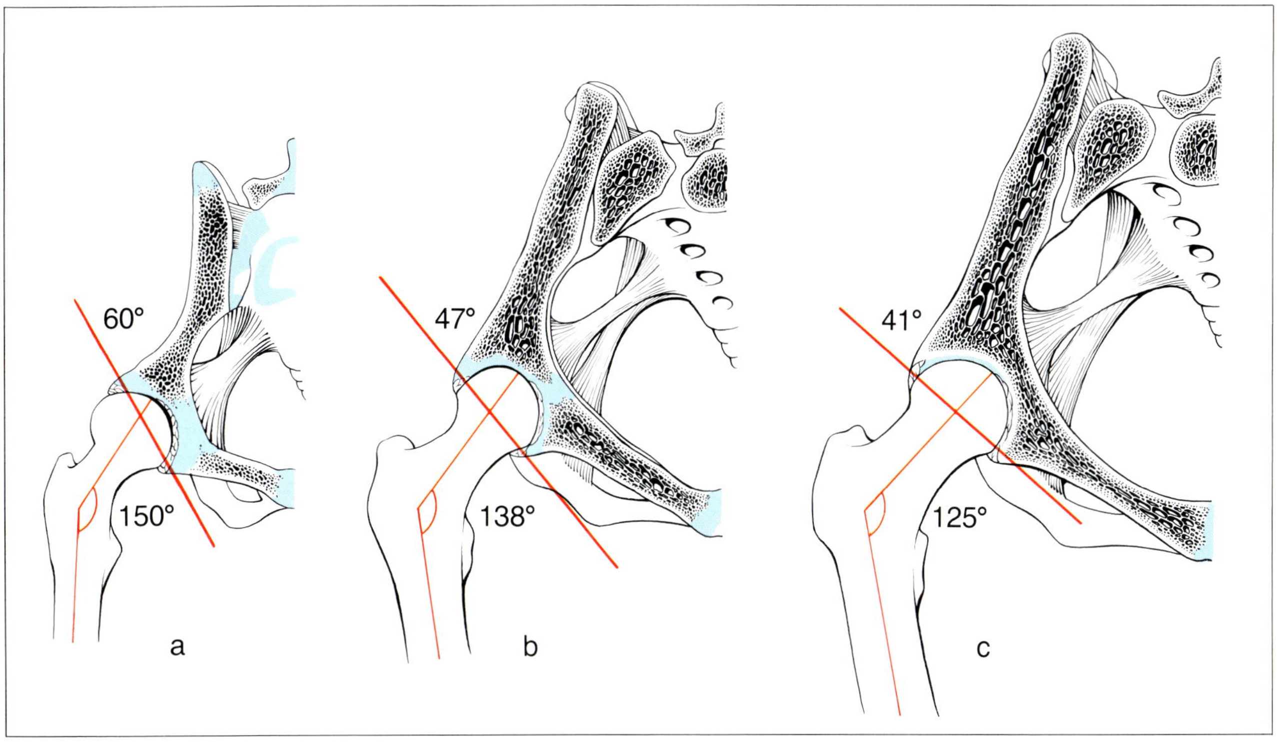

Abb. 7.**58 a–c** **Neigung der Pfanneneingangsebene bezogen auf die Horizontalebene und Größe des Schenkelhalswinkels.**
a beim Neugeborenen,
b beim Zehnjährigen,
c beim Erwachsenen.
(nach *von Lanz-Wachsmuth* 1972)

transversum acetabuli – ist nach ventral-kaudal-lateral gerichtet. Im Frontalschnitt durch die Mitte des Hüftgelenks bildet die Verbindungslinie zwischen oberem und unterem Pfannenrand mit der Sagittalebene einen in den einzelnen Lebensabschnitten unterschiedlich großen Winkel. Der *Pfannenneigungswinkel* beträgt beim Neugeborenen etwa 30° und beim Erwachsenen etwa 42°. Von der Größe des Neigungswinkels hängt die *Überdachung des Femurkopfes* durch die Hüftpfanne ab (s. AC-Winkel und CE-Winkel, S. 504, Abb. 7.**58**).

Das *Caput ossis femoris* ist bis auf die *Fovea capitis femoris* von Gelenkknorpel bedeckt (s. Abb. 7.**19**). Die artikulierende Gelenkfläche entspricht geometrisch einem Kugelabschnitt, dessen Krümmungsradius im Durchschnitt bei Frauen 2,4 cm und bei Männern 2,6 cm beträgt. Der Gelenkknorpel ist oberhalb der Fovea capitis femoris mit Maximalwerten um 4 mm am dicksten. Dieser Bereich entspricht der Zone, in der die Spongiosadruckbündel (s. S. 468, Abb. 2.**24**) in die subchondrale Kortikalis einstrahlen. Die Knorpeldicke nimmt zum lateralen Gelenkrand sowie nach kaudal-vorn und kaudal-hinten ab.

In der medialen unteren Zone ist der Knorpel meistens sehr dünn. Die Knorpelbedeckung kann hier sogar vollständig fehlen, so daß die Gelenkfläche des Femurkopfes einer „Facies lunata" gleicht (Abb. 7.**59**). Der Schwund des Gelenkknorpels im medialen kaudalen Kopfbereich ist auf die fehlende Beanspruchung dieser Region infolge einer Bewegungseinschränkung (Richtungsänderung der resultierenden Kraft, s. S. 116) anzusehen.

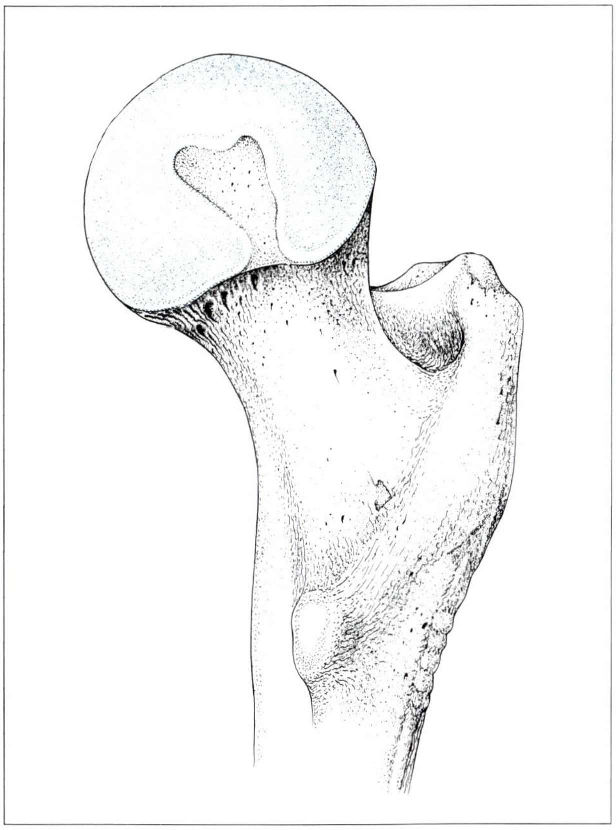

Abb. 7.**59** **Rechtes proximales Femurende in der Ansicht von medial-hinten.**
Im medialen unteren Bereich des Femurkopfes fehlt der Gelenkknorpel.

Caput ossis femoris und Acetabulum sind durch ein intraartikuläres Band, *Lig. capitis femoris (Lig. teres)* miteinander verbunden (Abb. 7.**60,** 7.**61**). Das abgeplattete oder dreieckige Band ist 3–3,5 cm lang und etwa 10 mm breit. Es entspringt in der Fovea capitis femoris und inseriert mit einem vorderen Zipfel unterhalb des Vorderhorns und mit einem hinteren Zipfel unterhalb des Hinterhorns der Facies lunata an den Rändern der Incisura acetabuli. Ein mittlerer Bandzug strahlt in das Lig. transversum acetabuli ein. Das von einer Synovialmembran umschlossene Band liegt in allen Stellungen des Hüftgelenks dem lockeren Bindegewebe der Fossa acetabuli an. Das Lig. capitis femoris hat keine mechanische Funktion etwa im Sinne einer Bewegungshemmung. Es dient als *gefäßführendes Band* der Ernährung des Femurkopfes. Entgegen vielfach geäußerter Ansicht spielen die im Lig. capitis femoris ziehenden Gefäße (Rr. acetabulares aus der A. obturatoria und A. circumflexa femoris medialis) bis ins hohe Alter eine Rolle bei der Ernährung des Femurkopfes.

Das Lig. capitis femoris kann sehr schwach entwickelt sein und in seltenen Fällen auch fehlen. Eine *„meso-artige“ Ausbildung* des Bandes, wie sie z. B. beim Gürteltier oder beim Tapir vorkommt, ist beim Menschen äußerst selten.

Gelenkkapsel, Bänder und Gelenkhöhle

Die *Gelenkkapsel* des Hüftgelenks (Abb. 7.**63,** 7.**64**) ist dick und fest. Die *Membrana fibrosa* entspringt am knöchernen Rand des Acetabulum und im Bereich der Incisura acetabuli am Lig. transversum acetabuli sowie an der äußeren Basis des Labrum acetabulare. Am Femur inseriert die Membrana fibrosa auf der Vorderseite an der Linea intertrochanterica. Auf der Rückseite ist die Kapsel an der Grenze zwischen mittlerem und lateralem Drittel des Schenkelhalses befestigt, so daß die Crista intertrochanterica sowie die beiden

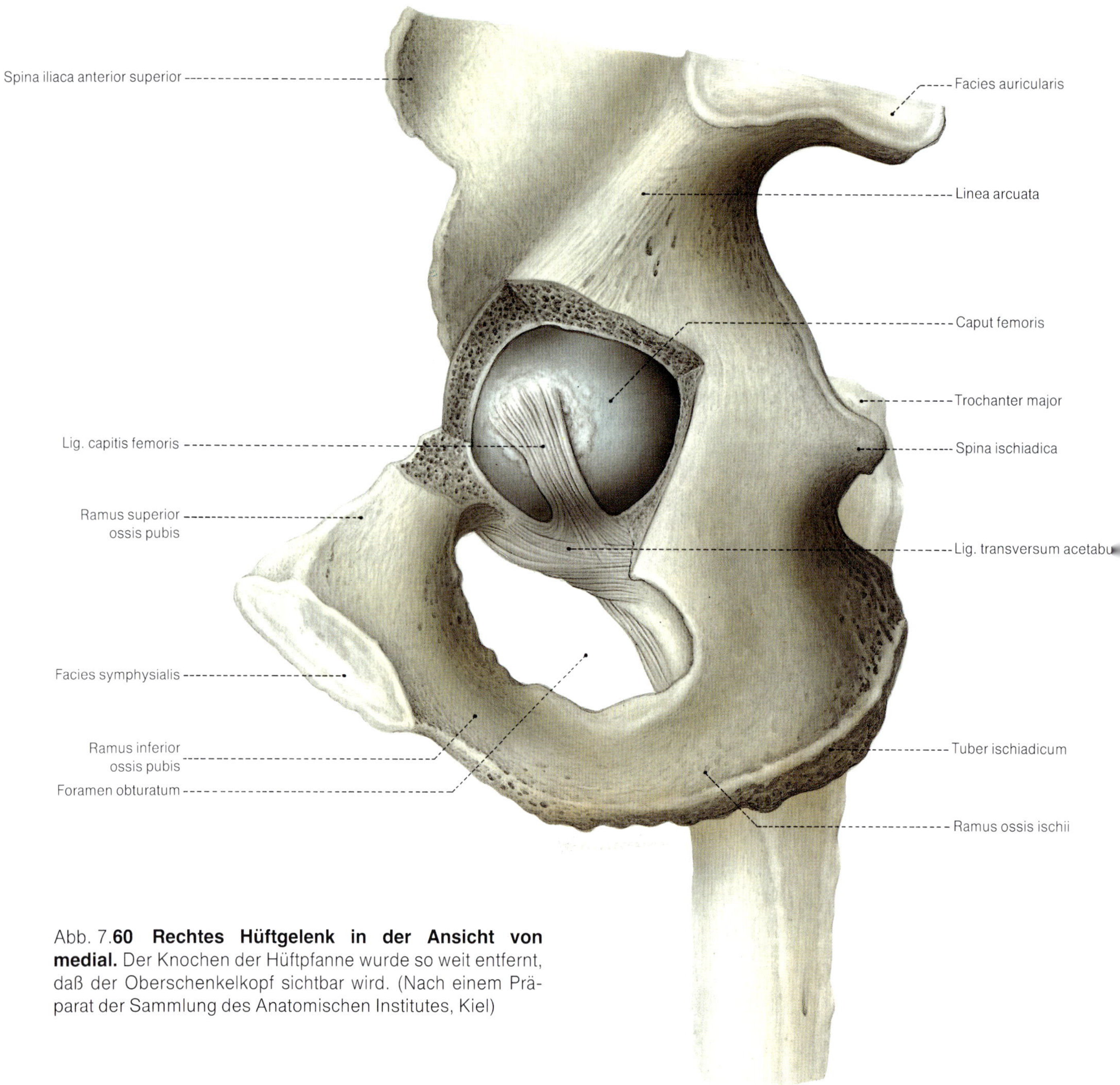

Abb. 7.**60** **Rechtes Hüftgelenk in der Ansicht von medial.** Der Knochen der Hüftpfanne wurde so weit entfernt, daß der Oberschenkelkopf sichtbar wird. (Nach einem Präparat der Sammlung des Anatomischen Institutes, Kiel)

Trochanteren und die Fossa trochanterica extrakapsulär liegen.

Die *Membrana synovialis* der Gelenkkapsel entspringt größtenteils an der Basis des Labrum acetabulare, so daß der Rand der Gelenklippe frei in die Gelenkhöhle hineinragt (s. Abb. 7.**56**). Nur im Bereich des Lig. transversum acetabuli kommt die Synovialmembran meistens von der Spitze der Gelenklippe. Die Membrana synovialis verläuft vom Rand des Acetabulum zunächst mit der fibrösen Kapsel nach kaudal. Sie ist mit ihr durch wenig straffes subintimales Bindegewebe verbunden. Dort, wo der fibröse Teil der Gelenkkapsel am Schenkelhals fixiert ist, schlägt die Membrana synovialis im Innern der Gelenkhöhle auf den Schenkelhals um und zieht auf seiner Oberfläche nach kranial bis zur Knorpel-Knochen-Grenze des Caput ossis femoris. Die Synovialmembran ist mit dem Knochen des Schenkelhalses durch lockeres, gefäßreiches Bindegewebe verbunden. An drei Stellen kommt es regelmäßig zur Bildung von *Synovialmembranfalten („Frenula capsulae")* (Abb. 7.**62**). Eine *vordere Falte* entspringt in Höhe der Linea intertrochanterica und endet etwa 1 cm unterhalb der Knorpel-Knochen-Grenze. Häufig fehlt zwischen ihren Insertionsstellen die Verbindung zum Schenkelhals; die Synovialmembran zieht dann wie ein Sehnenbogen frei durch die Gelenkhöhle. Eine *mediale Synovialmembranfalte* erstreckt sich in Form einer breiten Bindegewebsplatte von der synovialen Umschlagstelle oberhalb des Trochanter minor nach kranial zur Knorpel-Knochen-Grenze *(Frenulum Amantini, Plica pectineofovealis)* und bildet eine nach vorn offene Tasche. Anstelle einer Falte können auch hier von Synovialis bedeckte freie Bindegewebsstränge ausgebildet sein. *Lateral* entspringt eine *Falte* in Höhe der Fossa trochanterica und inseriert 1–1½ cm unterhalb der Knorpel-Knochen-Grenze am Collum femoris. Innerhalb der Synovialmembranfalten ziehen die der Ernährung des Femurkopfes und -halses dienenden größeren *Gefäße* aus den Vasa circumflexa femoris. Sie dringen kurz unterhalb der Knorpel-Knochen-Grenze in den Knochen ein.

Entsprechend den Anheftungsstellen der Membrana synovialis haben das Lig. capitis femoris, die proximale Epiphysenplatte sowie die gesamte Vorderseite des Collum femoris und die medialen zwei Drittel der Hinterseite des Schenkelhalses eine *intraartikuläre*

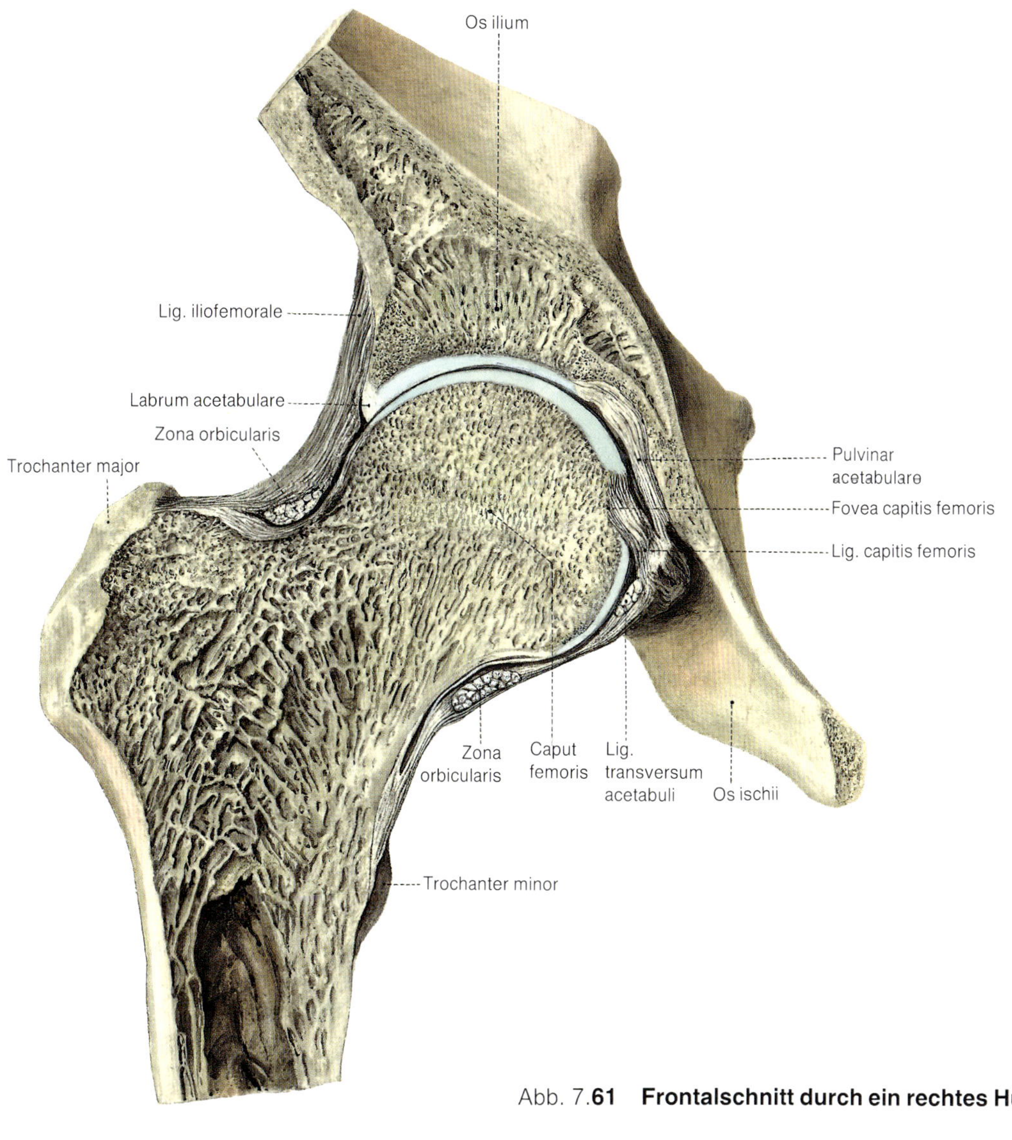

Abb. 7.**61** **Frontalschnitt durch ein rechtes Hüftgelenk.**

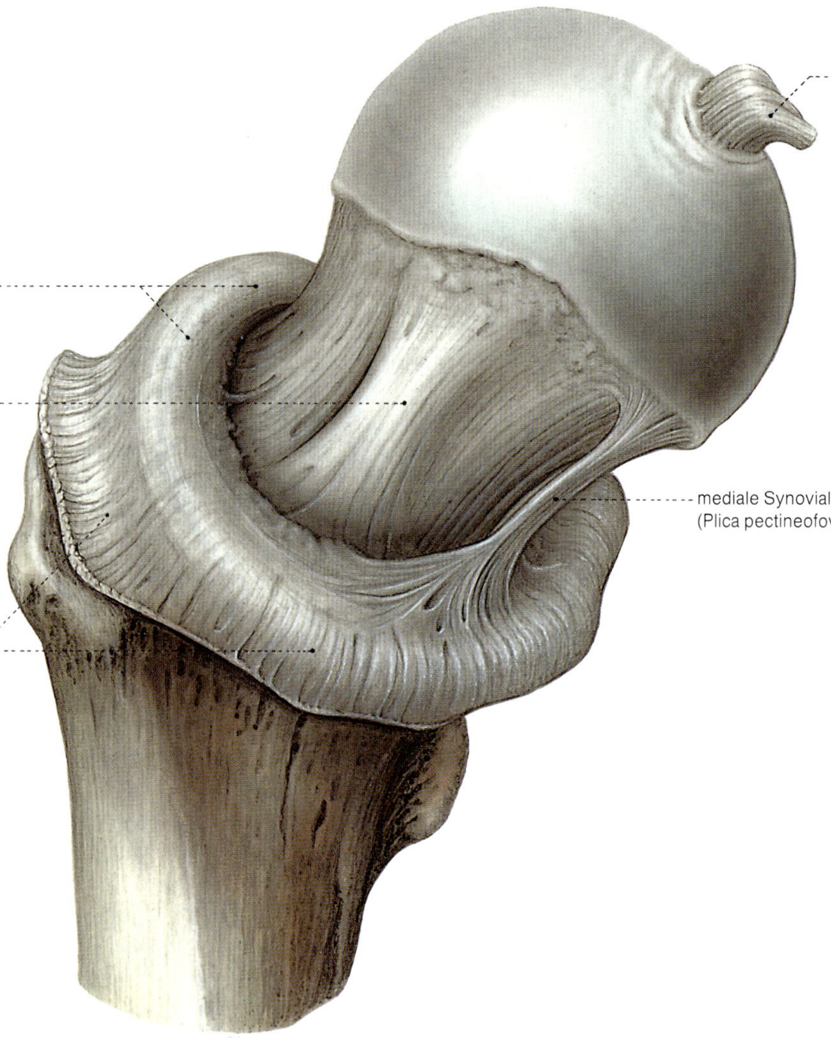

Abb. 7.**62** **Rechtes Femur in der Ansicht von vorn.** Hüftgelenkkapsel durchtrennt und nach unten umgeschlagen. Synovialmembranfalten, Zona orbicularis. (Nach Präparaten der Sammlung des Anatomischen Institutes, Kiel)

Lage. Das laterale Drittel des Collum femoris liegt auf der Rückseite extraartikulär.

Die *Membrana fibrosa* der Hüftgelenkkapsel wird durch drei *Bänder, Ligg. iliofemorale, ischiofemorale* und *pubofemorale,* verstärkt. Das *Lig. iliofemorale (Bertinisches Band)* (Abb. 7.**9,** 7.**63**) ist das kräftigste Band des menschlichen Körpers, seine Zugfestigkeit wird auf 350 kg geschätzt. Das Band verstärkt die Kapsel auf der Vorderseite des Hüftgelenks. Es entspringt an der Spina iliaca anterior inferior und zieht von dort fächerförmig in leichter Schraubenwindung zur Linea intertrochanterica. Im Lig. iliofemorale lassen sich zwei besonders kräftige Bandzüge abgrenzen, die in Form eines umgekehrten V vom unteren Darmbeinstachel nach lateral *(Pars lateralis)* und nach medial *(Pars medialis)* ziehen. In dem dreieckigen Feld zwischen den beiden Bandzügen ist die Kapselverstärkung deutlich schwächer. Der mediale Teil zieht nahezu vertikal nach distal zu einer knöchernen Vorwölbung am Ende der Liniea intertrochanterica. Die Pars lateralis des Lig. iliofemorale ist mit einer Dicke von 8–10 mm kräftiger als die Pars medialis, sie verläuft mehr transversal und inseriert an einem Höker am kranialen Ende der Linea intertrochanterica. Kranial ist die Pars lateralis des Lig. iliofemorale mit dem vom Pfannendach kommenden Sehnenursprung des *M. rectus femoris* verwachsen (s. Abb. 7.**56**). Von der Sehne des M. glutaeus minimus zieht häufig ein Teil rückläufig in das Lig. iliofemorale hinein.

Das Lig. iliofemorale erfüllt wichtige *statische Funktionen* am Hüftgelenk: Bei einer Retroversion des Bekkens im Hüftgelenk von ca. 12° spannt sich das Band im aufrechten Stand an und verhindert ein Abkippen des Beckens nach dorsal ohne den Einsatz von Muskelkraft. Das Band hemmt vor allem mit seinem medialen Teil eine Streckung des Beines im Hüftgelenk über 10°–12° hinaus. Bei gebeugtem Oberschenkel ist das Band entspannt. Aus diesem Grund kann das Becken im Sitzen weiter retrovertiert werden als im Stehen. Die *Hemmung* der übrigen *Randbewegungen* ist in beiden Teilen des Lig. iliofemorale unterschiedlich. Die Pars lateralis hemmt die Adduktion und gibt die Abduktion frei. Aus dieser Funktion heraus kann der seitliche Bandanteil eine wichtige statische Funktion bei der *Stabilisierung des Standbeines* in der Frontalebene übernehmen und gemeinsam

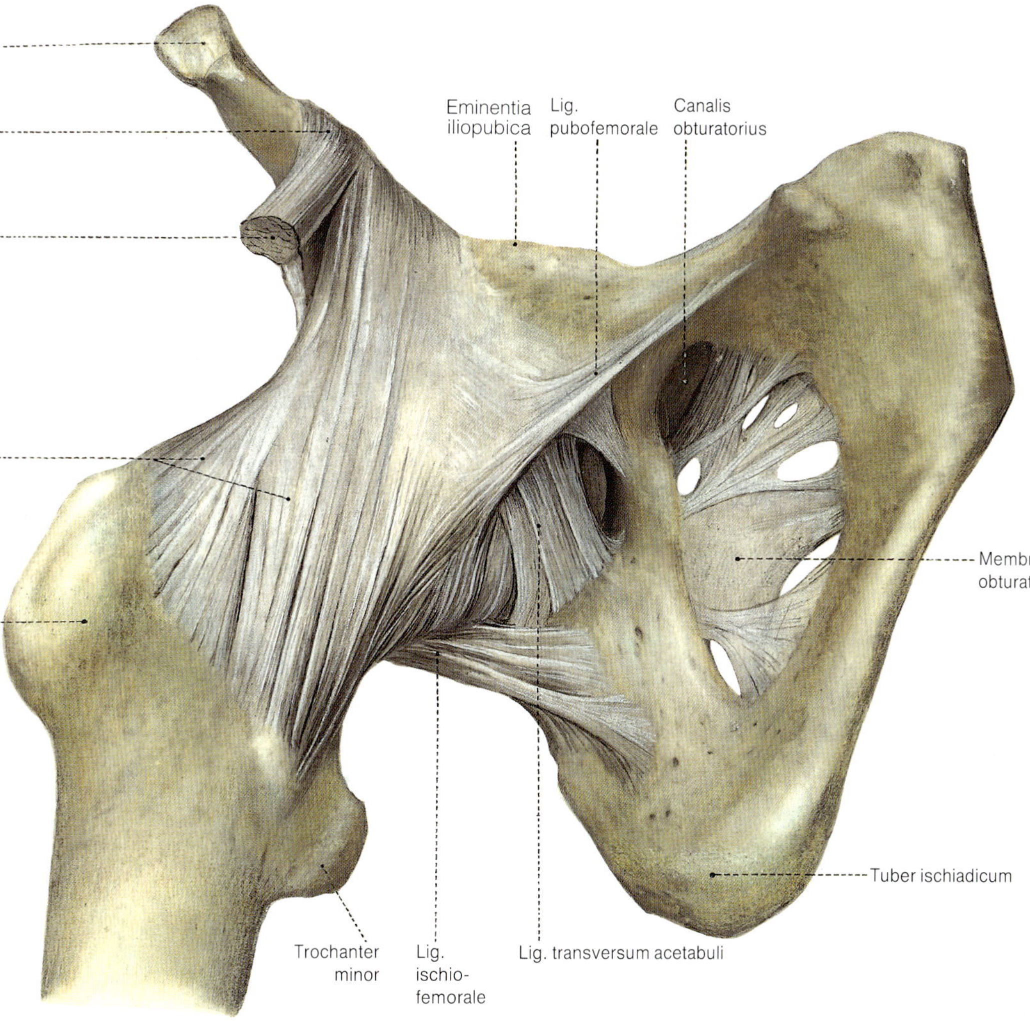

Abb. 7.**63** **Kapsel-Band-Apparat des Hüftgelenks der rechten Seite in der Ansicht von vorn.**

mit den kleinen Glutäalmuskeln ein Abkippen des Beckens zur Schwungbeinseite verhindern (s. S. 518). Die horizontal verlaufenden kranialen Züge der Pars lateralis werden bei Außenrotation stark angespannt. Die Innenrotation wird durch den medialen Teil des Lig. iliofemorale leicht gehemmt.

Das *Lig. pubofemorale* (Abb. 7.**63**) entspringt mit mehreren Zügen vom oberen Schambeinast, der Crista obturatoria und von der Membrana obturatoria. Ein Teil des Bandes strahlt über das Lig. iliofemorale in die Kapsel ein (*Lig. pubocapsulare*) und bildet mit dem Lig. ischiofemorale die *Zona orbicularis* (s. unten). Distale Faserzüge des Bandes inserieren medial vom Lig. iliofemorale am Ende der Linea intertrochanterica. Das Lig. pubofemorale ist das schwächste der drei Hüftgelenkbänder. Es *hemmt* die *Extension, Abduktion* und *Außenrotation* im Hüftgelenk. In dem dreieckigen Feld zwischen Lig. iliofemorale und Lig. pubofemorale fehlt eine Bandverstärkung der Kapsel. Über die Schwachstelle zieht die *Sehne* des *M. iliopsoas.* Zwischen deren Rückfläche und der Kapsel liegt ein großer Schleimbeutel, *Bursa iliopectinea* (s. Abb. 7.**81**), der bei ca. 10–15% der Fälle mit der Gelenkhöhle des Hüftgelenks kommuniziert.

Das *Lig. ischiofemorale* (Abb. 7.**64**) liegt hinten. Es entspringt breitflächig am hinteren kaudalen Pfannenrand und läuft in einer Schraubentour nach lateral-kranial, wo seine Fasern zum Teil in die Pars lateralis des Lig. iliofemorale und zum Teil in den Knochen der Fossa trochanterica einstrahlen. In die Tiefe der Kapsel ziehende Faserzüge beteiligen sich an der Bildung der *Zona orbicularis.* Parallel zum distalen Rand des Bandes verläuft die Sehne des *M. obturatorius externus* in einer rinnenförmigen Vertiefung der Kapsel. Unterhalb der Obturatoriussehne wölbt sich die dünne Gelenkkapsel mit einer Aussackung (*Recessus*) in Richtung des Trochanter minor vor. Das Lig. ischiofemorale *hemmt* die *Innenrotation, Extension* und *Abduktion* im Hüftgelenk.

Im äußeren Teil der bandverstärkten Hüftgelenkkapsel ziehen die Kollagenfaserbündel vorzugsweise geradlinig zwischen ihren Anheftungsstellen am Knochen. In der mittleren Schicht nehmen sie einen schrägen oder bogenförmigen Verlauf an. In der Tiefe der Kapsel bilden zirkulär verlaufende Faserzüge ein etwa

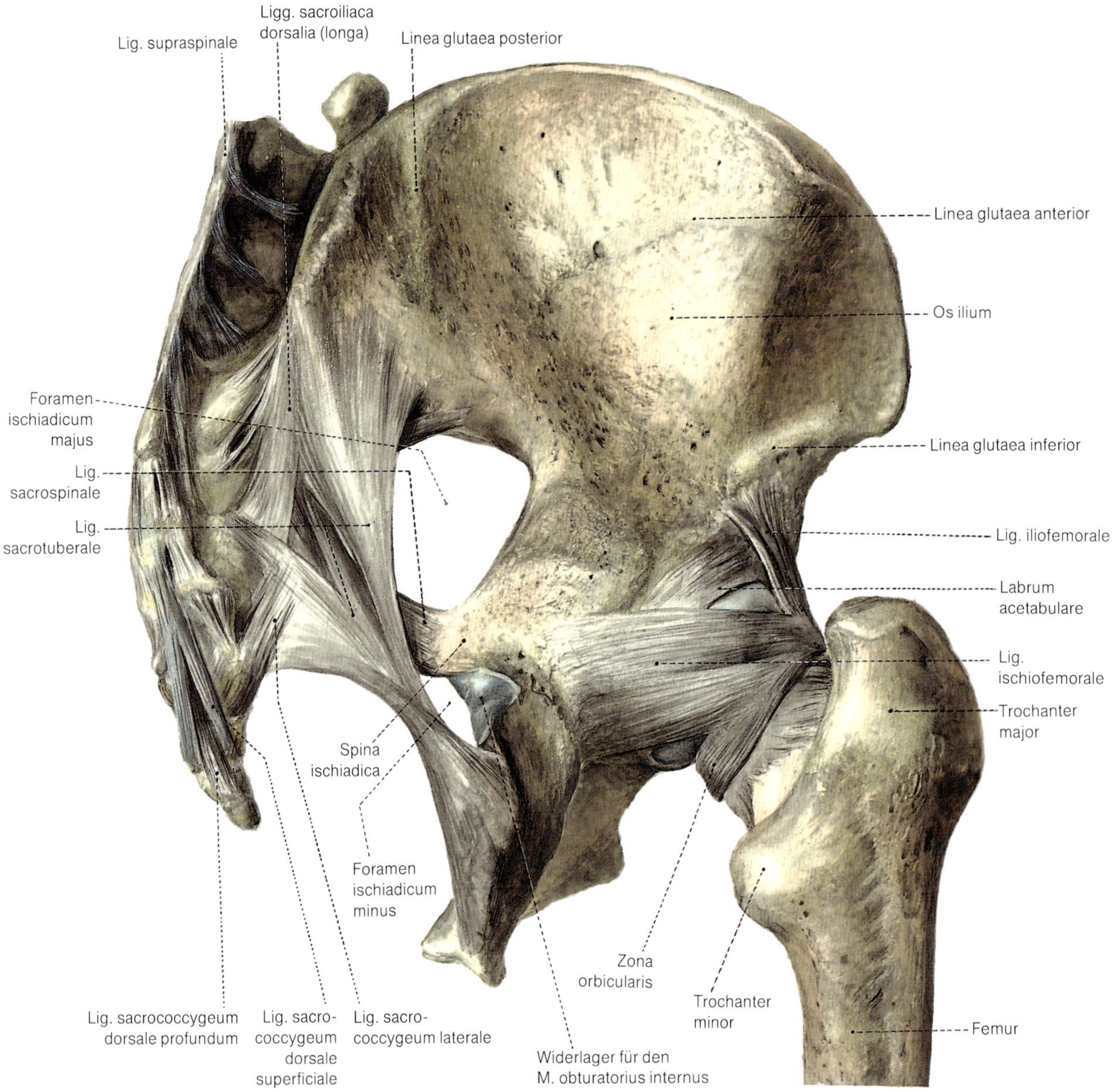

Abb. 7.**64** **Bandapparat des Beckenringes und Kapsel-Band-Apparat des Hüftgelenks der rechten Seite in der Ansicht von hinten.**

0,5–1 cm breites Ringband, *Zona orbicularis* (Abb. 7.**61,** 7.**62**), das den Femurhals an seiner schmalsten Stelle wie ein Knopfloch umgibt. Die Zona orbicularis wölbt sich gelenkhöhlenwärts leicht vor. An ihrem Aufbau sind vorwiegend das Lig. ischiofemorale (Lig. ischiocapsulare) und das Lig. pubofemorale (Lig. pubocapsulare) beteiligt. Das Ringband hat keine direkte Verbindung zum Knochen.

Die *Lücken* zwischen den Verstärkungsbändern der Gelenkkapsel sind *Schwachstellen* in bezug auf die Stabilität des Hüftgelenks. Sie sind zugleich Prädilektionsstellen, an denen der Femurkopf bei einer traumatischen *Hüftgelenkluxation* nach außen treten kann. Derartige dünne Kapselstellen liegen

1. zwischen Lig. iliofemorale und Lig. pubofemorale,
2. zwischen Lig. iliofemorale und Lig. ischiofemorale sowie
3. zwischen Lig. ischiofemorale und Lig. pubofemorale.

Mit Ausnahme der Beugung werden alle Bewegungsexkursionen im Hüftgelenk durch den Bandapparat gehemmt (s. oben). Relativ *entspannt* ist die *Gelenkkapsel* bei *Beugung, leichter Abduktion* und *Außenrotation.* Diese Stellung wird vom Patienten reflektorisch, z. B. bei einer Entzündung im Hüftgelenk (Koxitis), eingenommen, um den Dehnungsschmerz in der Kapsel zu vermindern.

Blutversorgung des Hüftgelenks

Die *Blutversorgung* des Hüftgelenks ist von großer praktischer Bedeutung. An der Versorgung des *Acetabulum* beteiligen sich die *Aa. glutaea superior, pudenda interna, glutaea inferior, obturatoria* und *iliolumbalis.* Der Bereich des *Pfannendachs* wird außen durch den R. supraacetabularis aus der

A. glutaea superior und auf der Beckeninnenseite aus der A. iliolumbalis versorgt. Das *Hinterhorn* der Facies lunata erhält seine Blutversorgung aus der A. pudenda interna und der A. glutaea inferior. Äste der A. iliolumbalis ziehen bis in den Bereich des Vorderhorns. Ein großer Teil der Gefäße, die das Acetabulum versorgen, tritt über die *Fossa acetabuli* in den Knochen ein. Diese, als *Rr. acetabulares* bezeichneten Gefäße entstammen der *A. obturatoria.* Sie ziehen zunächst im *Pulvinar acetabuli* und dringen am inneren Rand der Facies lunata in den Knochen.

Collum und *Caput femoris* werden aus den *Aa. obturatoria, glutaea inferior, circumflexae femoris medialis* und *lateralis* versorgt. Aus der A. obturatoria zieht ein R. acetabularis im *Lig. capitis femoris,* der sich an der Versorgung des *Femurkopfes* beteiligt. Die Aa. circumflexae femoris medialis und lateralis bilden einen Gefäßkranz um den *Schenkelhals,* der dem distalen Teil der Gelenkkapsel aufliegt. Von den Aa. circumflexae treten Rr. nutricii durch die Gelenkkapsel hindurch und verlaufen auf dem Synovialgewebe sowie in den *Synovialmembranfalten* (s. oben) des Schenkelhalses nach kranial und dringen unterhalb der Korpel-Knochen-Grenze in den Knochen ein. Sie beteiligen sich an der Ernährung von Collum und Caput ossis femoris. Zerreißen die auf dem Schenkelhals verlaufenden Gefäße, z. B. bei einer Schenkelhalsfraktur, so kann es zur Nekrose des Knochengewebes im Femurkopf (*Femurkopfnekrose*) kommen.

Die *Innervation* der Hüftgelenkkapsel erfolgt auf der Vorderseite durch Äste der *Nn. femoralis* und *obturatorius,* auf der Rückseite durch *Rr. articulares,* die aus Muskelästen des *Plexus sacralis* für den M. quadratus femoris stammen.

Tastbare Knochenpunkte zur klinischen Untersuchung des Hüftgelenks

Das Hüftgelenk ist allseitig von Muskeln in der Weise umschlossen, daß eine *Palpation* seiner artikulierenden Skelettelemente nicht möglich ist. Aussagen über seine *Lage* können bei der klinischen Untersuchung nur *indirekt* über tastbare Knochenpunkte der Umgebung (z. B. *Spina iliaca anterior superior, Trochanter major, Tuber ischiadicum*) gemacht werden. Lageveränderungen zwischen Femurkopf und Hüftpfanne (*Hüftgelenkluxation*) oder zwischen Schenkelhals und Caput femoris (*Schenkelhalsfraktur, Epiphysiolysis capitis femoris*) gehen immer mit einer *Verlagerung* der tastbaren *Trochanterspitze* einher.

Die *Roser-Nélatonsche Linie* verbindet die *Spina iliaca anterior superior* mit dem *Tuber ischiadicum.* Bei leichter Beugestellung im Hüftgelenk liegt die Trochanterspitze mit dem oberen Darmbeinstachel und dem Sitzbeinhöcker auf einer Linie.

Als *Shoemakersche* Linie bezeichnet man die Verbindung zwischen *Trochanterspitze* und *Spina iliaca anterior superior,* deren Verlängerung nach ventral-kranial die Körpermittellinie etwas kranial des Nabels schneidet. Bei Hochstand des Trochanter major verläuft die Linie zwischen Nabel und Symphyse.

Das *Bryantsche Dreieck* ist ein rechtwinklig-gleichschenkliges Dreieck, dessen Hypotenuse von der Verbindungsstelle zwischen *Trochanterspitze* und *Spina iliaca anterior superior* gebildet wird.

Röntgenanatomie des Beckens und des Hüftgelenks

Bei einer *Beckenübersichtsaufnahme* im antero-posterioren Strahlengang lassen sich sowohl *Knochen* und *Gelenke des Beckenringes* als auch die *Hüftgelenke* beurteilen (Abb. 7.**66**). Die knorpeligen Anteile der *Iliosakralgelenke* und der *Symphysis pubica* erscheinen weniger dicht als der angrenzende Knochen. Die vorderen und hinteren *Darmbeinstachel* treten in der Projektion deutlich hervor. Die Beckenübersichtsaufnahme gibt auch Auskunft über Form und Größe des großen und kleinen Beckens.

Bei der Beurteilung von Erkrankungen des Hüftgelenks nehmen in der Röntgentechnik verschiedene Projektionen, vor allem im *Kindesalter* (angeborene Hüftgelenkverrenkung, Pfannendysplasie), unter den Untersuchungsmethoden eine zentrale Stellung ein. Außer Aufnahmen im antero-posterioren Strahlengang kommen weitere Einstellungen, z. B. die *Aufnahme* bei *seitlicher Abspreizung* des Beines nach *Lauenstein* (Abb. 7.**67**) oder die *axiale Aufnahme* nach *Rippstein* und *Müller,* letztere zur Bestimmung des Anteversionswinkels, zur Anwendung (ausführliche Angaben s. Lehrbücher der Radiologie und Orthopädie).

Bei der röntgenologischen Darstellung des *Hüftgelenks* steht die Beurteilung der Form von *Gelenkpfanne* und *Femurkopf* im Vordergrund. Ferner soll das Röntgenbild Auskunft über die Stellung der artikulierenden Skelettelemente geben.

Am *Acetabulum* heben sich der *Pfannendacherker* und die medial anschließende *subchondrale Kompakta der Facies lunata* des Pfannendachs deutlich durch ihre starke Dichte vom angrenzenden Knochen ab. Eine bandförmige subchondrale Kompakta im Pfannendach („sourcil“) spricht für eine gleichmäßige Beanspruchung des Hüftgelenks (s. Abb. 3.**58**). Medial von der Fossa acetabuli kommt die projektionsbedingte *Köhlersche Tränenfigur* (s. Abb. 7.**68**) zur Darstellung. Sie liegt am Übergang zweier Linien, die durch tangentiales Auftreffen von Röntgenstrahlen auf den medialen Teil des Pfannendachs und den lateralen Anteil des kleinen Beckens gebildet werden. Deutlicher als das *Vorderhorn* projiziert sich das *Hinterhorn* der Facies lunata in den Femurkopf. Der Gelenkknorpel von Facies lunata und Femurkopf ist strahlendurchlässiger als der angrenzende Knochen und läßt unterhalb des Pfannendachs den röntgenologischen *„Gelenkspalt“* hervortreten. Seine gleichmäßige Breite spricht, wie die Verteilung des subchondralen Knochengewebes, für eine zentrische und damit gleichmäßige Belastung des Hüftgelenks. Die Kontur des *Femurkopfes* ist normalerweise kugelförmig. Die *Fovea capitis femoris* liegt der Fossa acetabuli gegenüber.

Die Beckenübersichtsaufnahme erlaubt auch eine Beurteilung der knöchernen Anteile des proximalen Diaphysenabschnittes sowie eine Messung des *Schenkelhalswinkels.* Von großer praktischer Bedeutung ist beim *Kind* die Beurteilung der Lage des Femurkopfes zur angrenzenden Metaphyse im Bereich der Wachstumsfuge (Abb. 7.**68**). Die Lagebeziehung zwischen *Caput ossis femoris, Collum ossis femoris* und *Acetabulum* läßt sich durch zwei *bogenförmige Linien* bestimmen: Unter normalen Verhältnissen verläuft eine nicht unterbrochene bogenförmige, mit ihrer Konkavität medial und abwärts gerichtete Linie vom oberen Rand des Foramen obturatum zum unteren Rand des Collum ossis femoris und zum inneren Rand des Femurschaftes (*Shenton-Ménard-Linie*) (Abb. 7.**69**). Eine weitere bogenförmige Linie zieht vom vorderen und teilweise unteren Rand des Corpus ossis ilii zum oberen Rand des Collum ossis femoris (*Calvesche Linie*). Ihre Konkavität ist nach lateral gerichtet. Bei abnormen Gelenkstellungen sind diese beiden Linien unterbrochen.

Ein Maß für die *Überdachung* und damit für die Größe der *Tragfläche* des Femurkopfes durch das Acetabulum ist beim Kind der sogenannte *Acetabulum-* oder *Pfannenwinkel* (*AC-Winkel*, nach *Hilgenreiner*) (Abb. 7.**69**). Er läßt sich röntgenologisch bestimmen, indem man die am weitesten nach kaudal vorragenden knöchernen Anteile der Darmbeinknochen an der Y-Fuge miteinander verbindet und auf jeder Seite von diesem Punkt aus nach lateral eine Gerade zur knöchernen Ecke des Pfannendachs zieht. Der eingeschlossene Winkel soll beim Säugling etwa 30°, beim einjährigen Kind etwa 25° und beim Fünfzehnjährigen unter 10° betragen.

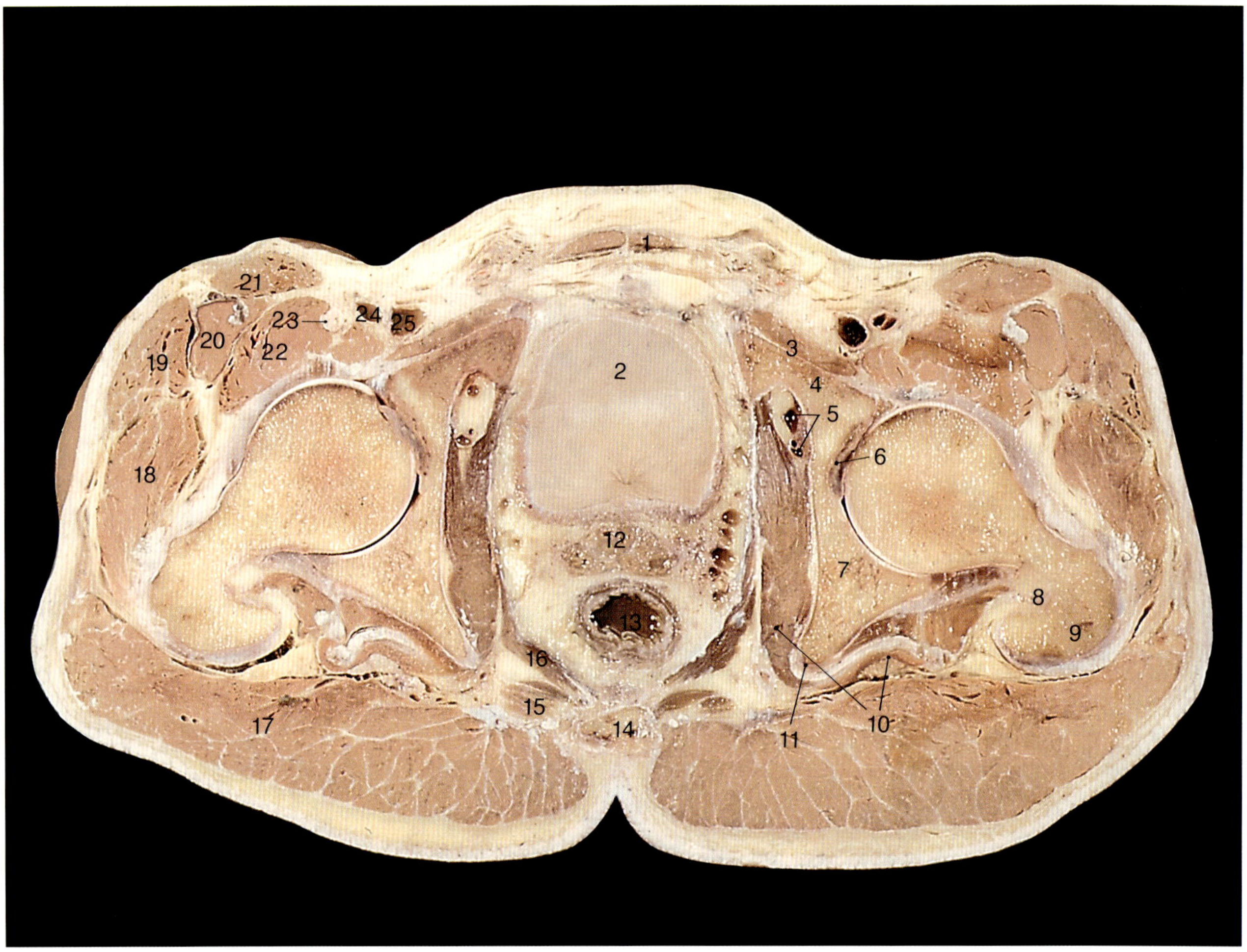

Abb. 7.**65** **Querschnitt durch das Becken eines erwachsenen Mannes in Höhe der Hüftgelenke.**
1 M. rectus abdominis
2 Vesica urinaria
3 M. pectineus
4 Os pubis
5 Canalis pudendalis (Alcockscher Kanal)
6 Lig. capitis femoris
7 Acetabulum
8 Fossa trochanterica
9 Trochanter major
10 M. obturatorius internus
11 Incisura ischiadica minor
12 Vesiculae seminales
13 Rectum
14 Os coccygis
15 M. coccygis
16 M. levator ani
17 M. glutaeus maximus
18 M. glutaeus medius
19 M. tensor fasciae latae
20 M. rectus femoris
21 M. sartorius
22 M. iliopsoas
23 N. femoralis
24 A. femoralis
25 V. femoralis
(Präparat der Sammlung des Anatomischen Institutes, Köln)

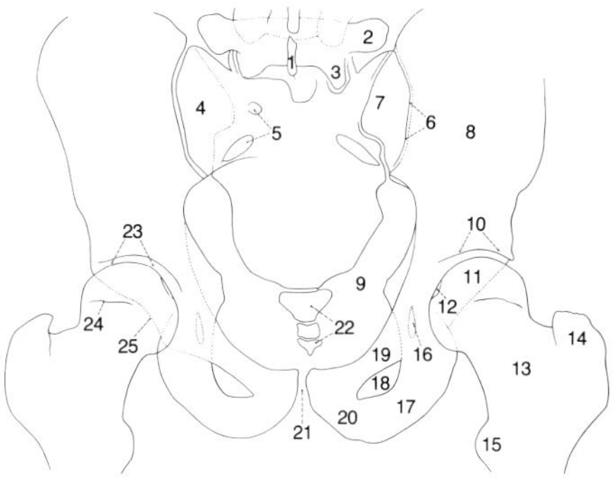

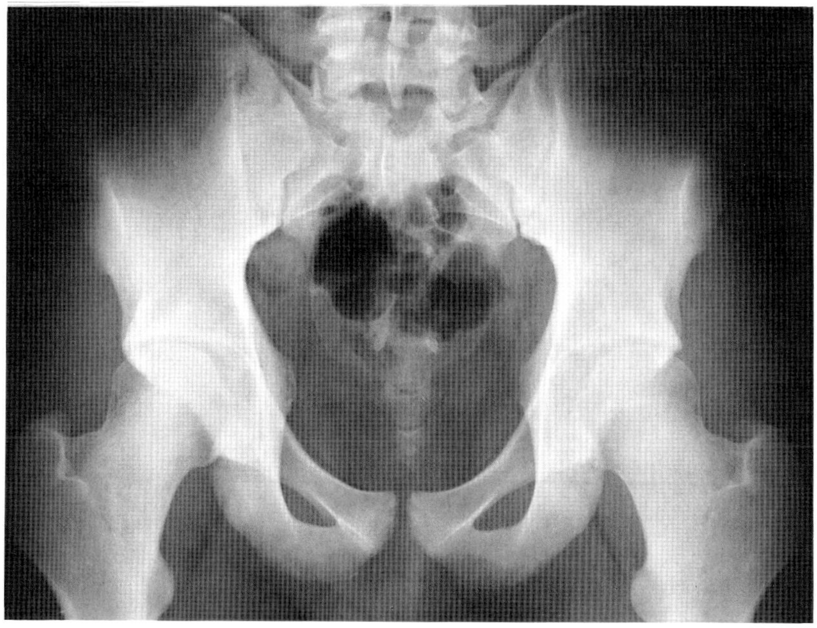

Abb. 7.**66** **Röntgenübersichtsaufnahme des Beckens und der Hüftgelenke bei einem Mann im anteroposterioren Strahlengang.**

1 Processus spinosus LV
2 Processus transversus LV
3 Processus articularis inferior LV
4 Spina iliaca posterior superior
5 Foramina sacralia pelvina
6 Articulatio sacroiliaca
7 Pars lateralis ossis sacri
8 Ala ossis ilii
9 Spina ischiadica
10 Pfannendach
11 Caput ossis femoris
12 Fovea capitis femoris
13 Collum ossis femoris
14 Trochanter major
15 Trochanter minor
16 Köhlersche Tränenfigur
17 Tuber ischiadicum
18 Foramen obturatum
19 Ramus superior ossis pubis
20 Ramus inferior ossis pubis
21 Symphysis pubica
22 Os coccygis
23 „Gelenkspalt"
24 Epiphysenlinie
25 Hinterrand des Acetabulum

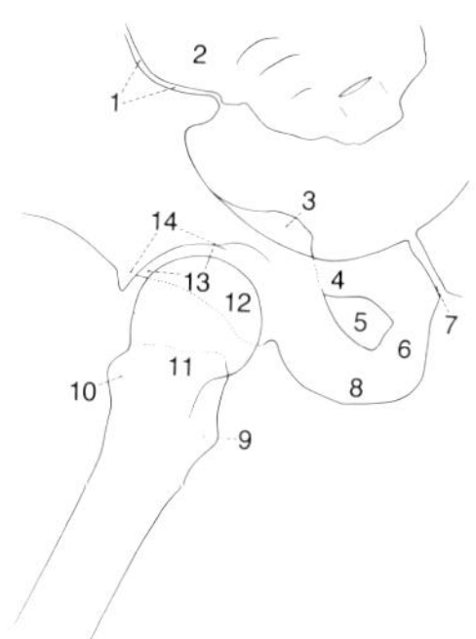

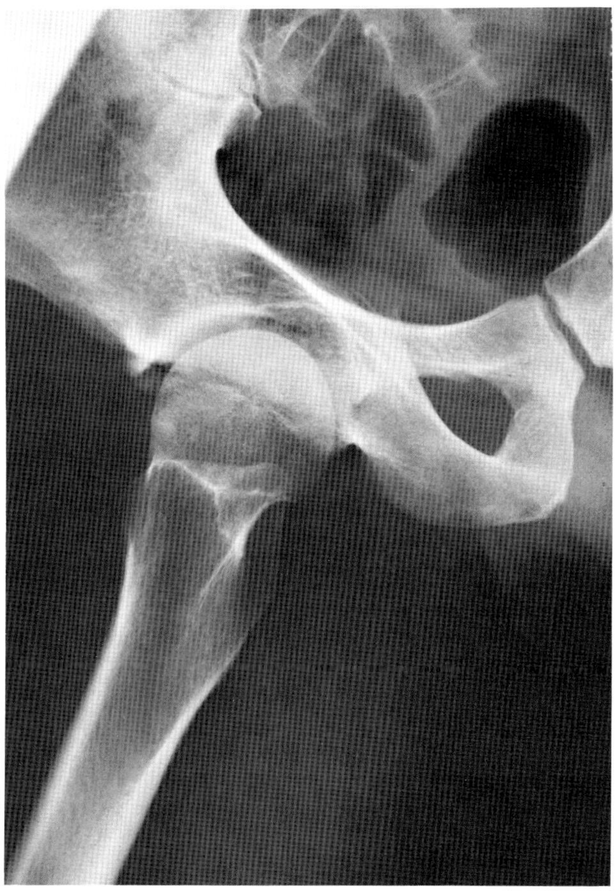

Abb. 7.**67** **Röntgenbild des rechten Hüftgelenks bei einem Mann in seitlicher Abspreizung (Technik nach Lauenstein).**

1 Articulatio sacroiliaca
2 Os sacrum
3 Spina ischiadica
4 Ramus superior ossis pubis
5 Foramen obturatum
6 Ramus inferior ossis pubis
7 Symphysis pubica
8 Tuber ischiadicum
9 Trochanter minor
10 Trochanter major
11 Collum ossis femoris
12 Caput ossis femoris
13 „Gelenkspalt"
14 Acetabulum

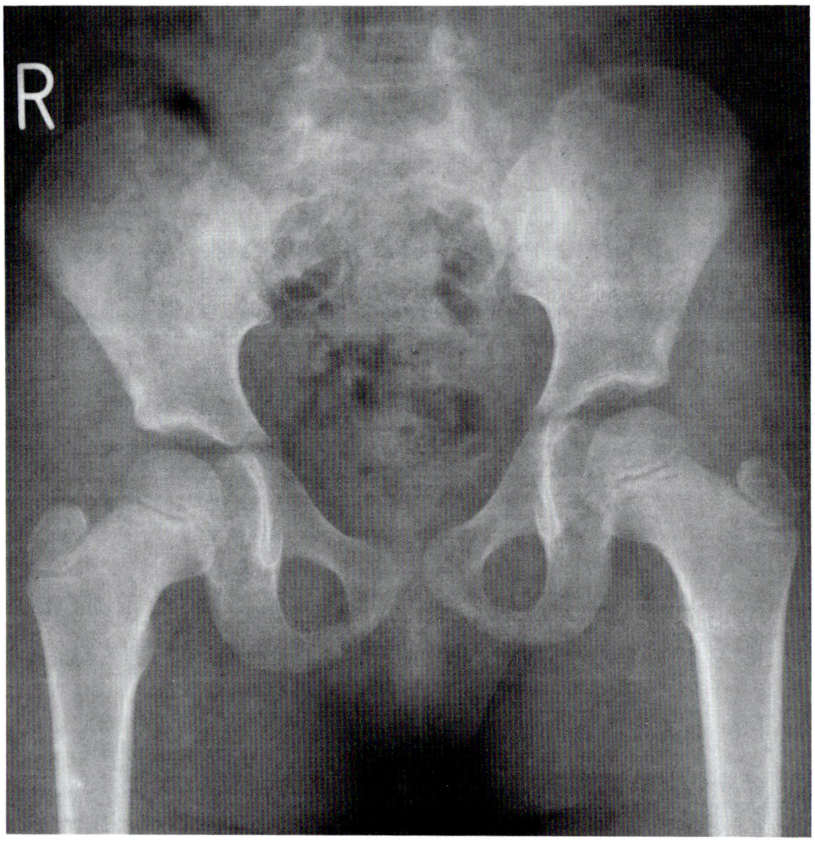

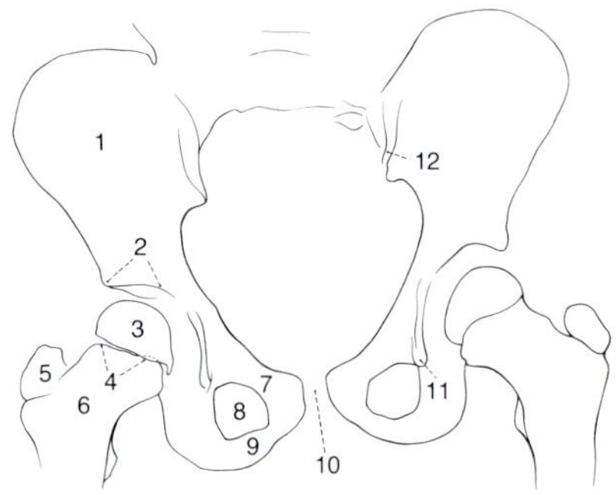

Abb. 7.**68** **Röntgenaufnahme des Beckens und der Hüftgelenke bei einem siebenjährigen Kind im antero-posterioren Strahlengang.**

1 Os ilium
2 Pfannendach
3 Caput ossis femoris
4 proximale Epiphysenfuge
5 Trochanter major
6 Collum ossis femoris
7 Ramus superior ossis pubis
8 Foramen obturatum
9 Ramus inferior ossis pubis
10 Symphysis pubica
11 Köhlersche Tränenfigur
12 Articulatio sacroiliaca

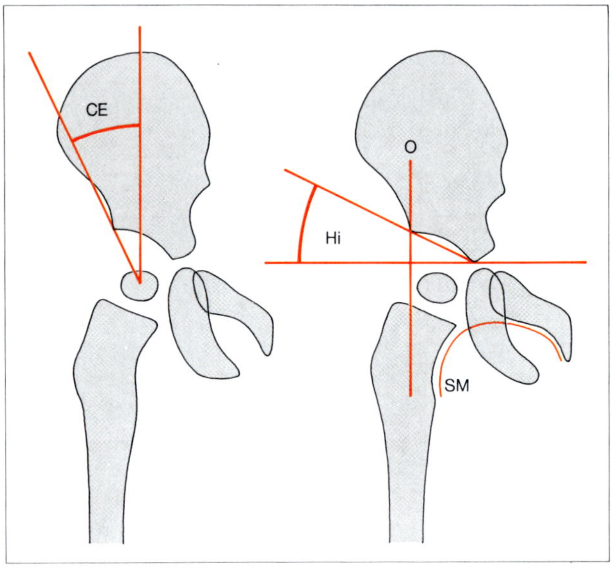

Abb. 7.**69** **Umrißzeichnungen des Beckens und des proximalen Femurendes der rechten Seite von Röntgenbildern im antero-posterioren Strahlengang beim Neugeborenen.**

CE Centrum-Ecken-Winkel (nach Wiberg)
Hi Pfannendachwinkel (nach Hilgenreiner)
O Ombrédanne-Senkrechte
SM Shenton-Ménard-Linie
(nach *Dihlmann* 1982)

Ein weiteres Maß für die *Größe der Tragfläche* und für die Stellung des Femurkopfes ist der sogenannte *Centrum-Ecken-Winkel* („center-end of the roof"-Winkel, *CE-Winkel* nach *Wiberg*). Er kann erst dann röntgenologisch bestimmt werden, wenn der Knochenkern im Femurkopf sichtbar wird. Der CE-Winkel wird von einer durch den Femurkopfmittelpunkt ziehenden vertikalen Linie und einer vom Kopfzentrum zur Pfannendachdecke gezogenen Linie gebildet (Abb. 7.**69**). Im 1. und 2. Lebensjahr ist ein CE-Winkel unter 10° als pathologisch zu bewerten. Vom 3. bis zum 14. Lebensjahr soll ein Winkel von 15° nicht unterschritten werden. Von der Mitte des 2. Dezennium an wird als unterer Grenzwert ein CE-Winkel von 20° angegeben. Er beträgt normalerweise beim Erwachsenen etwa 30°. Bei der Hüftgelenkdiagnostik nehmen heute *Computertomographie* (s. Abb. 3.**63**) und *Ultraschalluntersuchung* (s. Abb. 3.**65**) eine wichtige Stellung ein.

Mechanik

Das *Hüftgelenk* ist ein *Kugelgelenk*. Entsprechend der Lage der Muskeln werden übereinkunftsgemäß aus der Neutral-0-Stellung *drei Hauptbewegungsachsen* unterschieden. Alle Achsen laufen durch den Drehpunkt des Hüftgelenks, der im Zentrum des Femurkopfes liegt. Es lassen sich sowohl *Bewegungen der freien Extremität gegenüber dem Becken* als auch *Bewegungen des Beckens gegenüber der freien Extremität* durchführen.

Liegt das *Punctum fixum am Beckenring,* so unterscheidet man aus der Neutral-0-Stellung folgende Bewegungsmöglichkeiten der freien Extremität:

1. Um eine *transversale Achse* werden *Anteversion* (*Flexion, Beugung*) und *Retroversion* (*Extension, Streckung*) ausgeführt (Abb. 7.**70**). Anteversion führen die vor der Achse liegenden Muskeln aus. Die hinter der Achse liegenden Muskeln bewirken eine Retroversion. Beugung und Streckung im Hüftgelenk sind für die *Lokomotion* wichtige Bewegungen. Bei gebeugtem Knie ist eine *Anteversion* von 130°–140° möglich. Bei gestrecktem Knie wird die Beugung aufgrund der Insuffizienz der ischiokruralen Muskeln erheblich eingeschränkt. Das Ausmaß der Anteversion nimmt außerdem in Ab- und Adduktionsstellung des Hüftgelenks ab. Passiv läßt sich das Bein im Hüftgelenk über die aktive Insuffizienz der an der Beugung beteiligten Muskeln hinaus bis zur Weichteilhemmung beugen. Das Bein kann beim gestreckten Knie im Hüftgelenk maximal 15° gestreckt werden. Der *Extensionsumfang* von 10°–15° läßt sich bis zu 45° erweitern, wenn gleichzeitig abduziert wird. Die Extension wird vorwiegend durch die kapselverstärkenden Bänder des Hüftgelenks gehemmt, die auf diese Weise die Stabilisierung des Beckens in der Sagittalebene übernehmen (s. S. 500). Scheinbar größere Extensionsbewegungen (z.B. beim Gehen) werden durch eine Beugung auf der Standbeinseite sowie durch eine verstärkte Lordosierung der Lendenwirbelsäule vorgetäuscht.
2. Die *Ab- und Adduktionsachse* verläuft *sagittal.* Muskeln, die medial der Achse liegen, adduzieren, Muskeln, die lateral der Achse liegen, abduzieren das Bein im Hüftgelenk. In Streckstellung des Beines ist eine Abduktion bis zu 50°, eine Adduktion bis zu 30° möglich (Abb. 7.**71**). Bei rechtwinkliger Beugung im Hüftgelenk kann das Bein bis zu 80° abduziert werden. Beim Säugling ist eine Prüfung der Abduktion (Diagnostik der angeborenen Hüftgelenkverrenkung) nur bei gebeugtem Hüftgelenk möglich.
3. Die Achse für *Innen- und Außenrotation* (Innen- und Außenkreiselung) entspricht der Traglinie des Femur (s. Abb. 7.**94**). Sie verläuft vom Mittelpunkt des Femurkopfes in vertikaler Richtung durch die Fossa intercondylaris. Muskeln, die vor der vertikalen Achse liegen, bewirken aus der Neutral-0-Stellung heraus eine Innenrotation; die Außenrotatoren verlaufen hinter der Rotationsachse. In Streckstellung des Hüftgelenks (in Bauchlage) läßt sich eine Innenrotation von 30°–40° und eine Außenrotation von 40°–50° durchführen. Bei gebeugtem Hüftgelenk (in Rückenlage oder im Sitzen) beträgt die Innenrotation 40°–50°, die Außenrotation maximal 45° (Abb. 7.**72**).

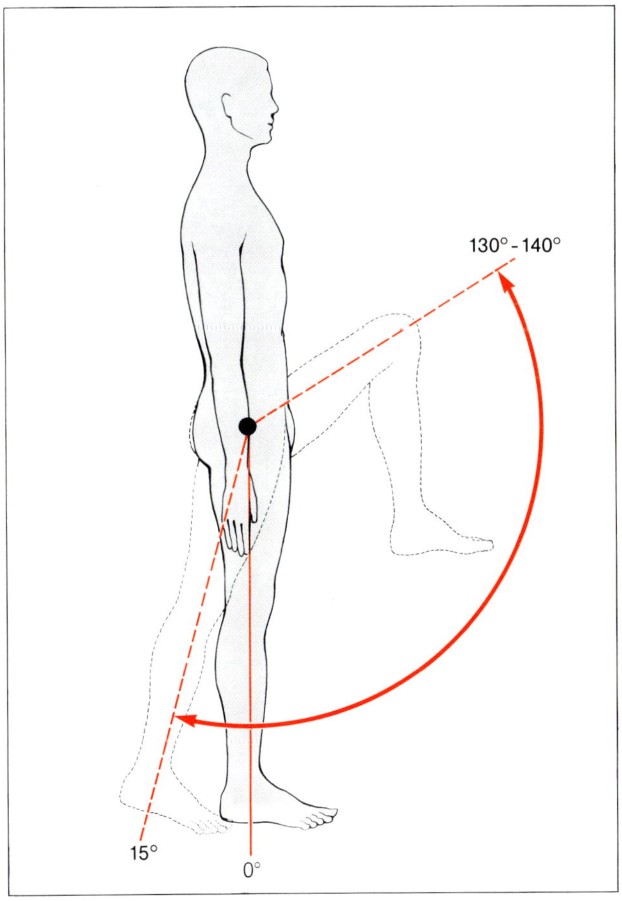

Abb. 7.**70** **Flexion und Extension im Hüftgelenk in Rückenlage oder Seitenlage** (nach *Debrunner* 1978).

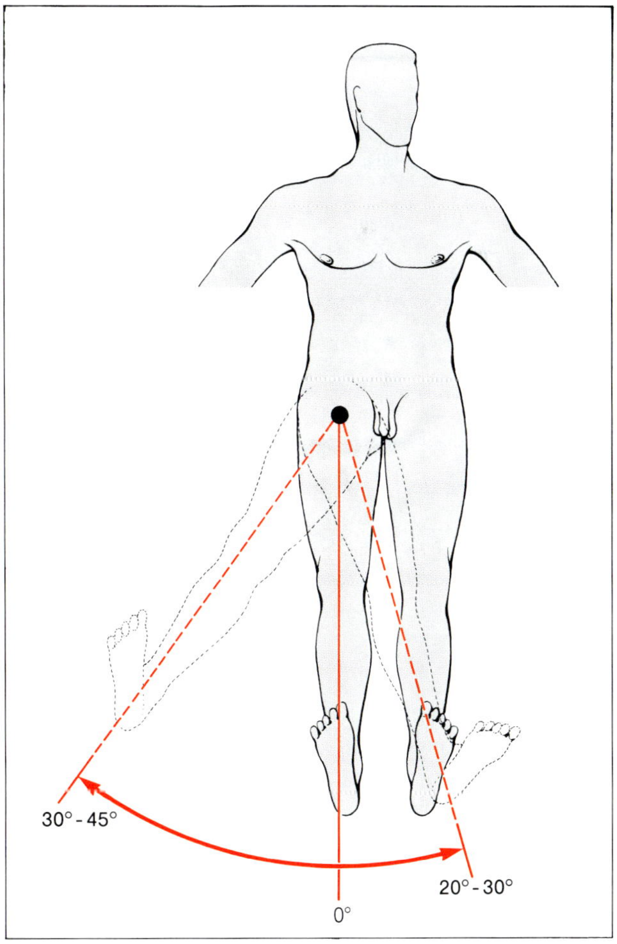

Abb. 7.**71** **Ab- und Adduktion im Hüftgelenk in Streckstellung** (nach *Debrunner* 1978).

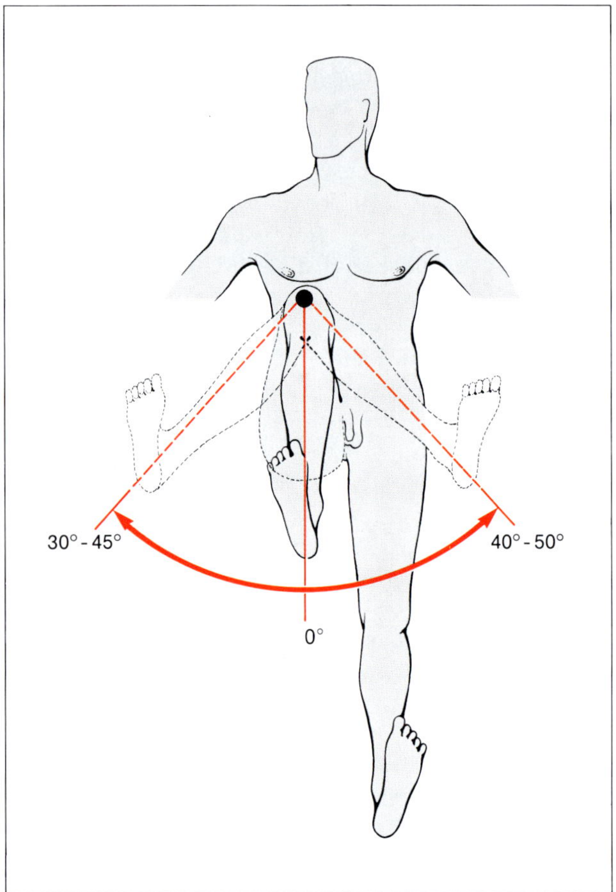

Abb. 7.**72** **Innen- und Außenrotation im Hüftgelenk in Rückenlage bei rechtwinklig gebeugtem Hüft- und Kniegelenk** (nach *Debrunner* 1978).

Liegt das *Punctum fixum an der freien Extremität,* so kann das Becken im bipeden Stand nach ventral und geringgradig nach dorsal geneigt werden (*Anteversion* und *Retroversion des Beckens*). Eine *Beckenneigung* nach vorn führt zu einer Entspannung der Hüftgelenkkapsel (s. S. 502). Die Anteversion des Beckens geht meistens mit einer verstärkten *Lordosierung* der *Lendenwirbelsäule* einher. Beim Stand auf einem Bein sind *Seitwärtsneigungen* des Beckens (*Lateroversion*) nach innen und außen sowie leichte *Drehbewegungen* nach vorn und hinten möglich.

Bei den „Gebrauchsbewegungen" im Hüftgelenk werden nur selten Bewegungen um *eine* Achse in der oben beschriebenen Weise durchgeführt. Meistens handelt es sich um eine *Kombination* aus den drei genannten Hauptbewegungsmöglichkeiten. Es lassen sich folglich unendlich viele momentane Drehachsen angeben (s. S. 111).

Ein Herumführen des Beines unter Ausnutzung des gesamten Bewegungsspielraumes im Hüftgelenk wird als *Zirkumduktion* bezeichnet. Die Randbewegungen bei der Zirkumduktion liegen annähernd auf einer Ellipse, deren langer Durchmesser in der Vertikalen verläuft.

Die artikulierenden Skelettelemente des Hüftgelenks sind geometrisch ideale Elementenpaare eines *Kugelgelenks* (s. S. 110). Geringe Abweichungen der knöchernen Gelenkfläche von einer Kugel- oder Hohlkugelform werden normalerweise durch den Gelenkknorpel ausgeglichen, so daß eine gleichmäßige Spannungsverteilung im Gelenk gewährleistet ist. Die kraftaufnehmende *Tragfläche* ist an beiden Gelenkflächen des Hüftgelenks stets kleiner als die Kontaktfläche. Die Tragfläche ist in der Hüftpfanne im Pfannendach, am Femurkopf im kranialen Bereich am größten. Diese Region wird an beiden Gelenkkörpern bei aufrechter Körperhaltung am meisten in Anspruch genommen. An die hohe Beanspruchung dieser Zonen sind Hüftpfannendach und Femurkopf durch den relativ dicken Gelenkknorpel und die vergleichsweise hohe Materialmenge des subchrondralen Knochengewebes funktionell angepaßt (s. S. 115). Aus dem kranialen Femurkopfbereich entspringen außerdem kräftige Spongiosadrucktrabekel (s. Abb. 2.**24,** 3.**58a**).

Muskeln der Hüfte

Die *Muskeln der unteren Extremität* entstammen den *ventralen Myotomanteilen* der *Somiten* L_2–L_5 sowie S_1–S_3 (s. S. 132). Die in der Frühentwicklung innerhalb der Extremitätenknospen zu beobachtende Anordnung der Muskelanlagen in eine *ventrale* und in eine *dorsale Gruppe* bleibt im Prinzip bis zur voll ausgebildeten Extremität erhalten. Im Oberschenkelbereich liegen infolge der Umstellung der unteren Extremität (s. S. 311) die ursprünglich dorsalen Muskelanlagen als *Extensoren* auf der Vorderseite und die ursprünglich ventralen Muskelanlagen als *Beuger* auf der Rückseite des Oberschenkels*. Zwischen diese beiden *autochthonen Muskelgruppen* hat sich an der Oberschenkelinnenseite eine weitere Muskelgruppe, die der *Adduktoren,* eingeschoben (Tab. 7.**1**).

* Diese *genetische Einteilung* hat sich im klinischen Sprachgebrauch nicht durchgesetzt. Dort wird mit „dorsal" die Rückseite, mit „ventral" die Vorderseite des Ober- und Unterschenkels bezeichnet. Lediglich am Fuß wird der Fußrücken übereinstimmend als Dorsum pedis bezeichnet. Um Verwechslungen zu vermeiden, sollte an der unteren Extremität besser nur von *Vorder-* und *Rückseite* gesprochen werden.

Tabelle 7.**1** Hüft- und Gesäßmuskeln. Insertion am Femur (Ausnahme: M. gracilis) (nach *Braus-Elze* 1954).

A. *Vordere Gruppe der dorsalen Hüftmuskeln*
(ursprüngliche Insertion am Trochanter minor)

M. psoas major	
M. psoas minor	(Äste des Plexus lumbalis und des
M. iliacus	N. femoralis Th_{12}–L_3)
M. pectineus (s. unten)	

B. *Hintere Gruppe der dorsalen Hüftmuskeln*
(ursprüngliche Insertion am Trochanter major)

M. piriformis (Äste des Plexus sacralis L_5–S_2)
M. glutaeus minimus (N. glutaeus superior L_4–S_1)
M. glutaeus medius (N. glutaeus superior L_4–S_1)
M. tensor fasciae latae (N. glutaeus superior L_4–L_5)
M. glutaeus maximus (N. glutaeus inferior L_4–S_2)

C. *Ventrale Muskeln der Hüfte* und Adduktoren des Oberschenkels

M. obturatorius internus und Mm. gemelli (Äste des Plexus sacralis, N. glutaeus inferior, N. pudendus L_5–$S_{2,3}$)
M. quadratus femoris (N. ischiadicus, N. glutaeus inferior L_5–S_2)
M. obturatorius externus (N. obturatorius L_3–L_4)
M. adductor magnus und M. adductor minimus (N. obturatorius L_2–L_5)
M. adductor brevis (N. obturatorius L_2–L_4)
M. adductor longus (N. obturatorius L_2–L_4)
M. pectineus (N. femoralis, N. obturatorius L_3)
M. gracilis (N. obturatorius L_2–L_4)

In der *Hüftregion* ist eine Unterscheidung in dorsale und ventrale Muskeln nicht ohne weiteres möglich. Eine Zuordnung kann hier nur über die *Innervation* und über die ursprüngliche Lage der Muskeln zum Skelett gegeben werden. Muskeln, die am Darmbein entspringen, gehören zur *dorsalen Gruppe,* Muskeln mit Ursprung am Scham- und Sitzbein sind der *ventralen Muskelgruppe* zuzurechnen. Aufgrund ihres Ursprunges am Scham- und Sitzbein zählen damit auch die Adduktoren zur ventralen Muskelgruppe.
Den Hüftmuskeln fallen drei *Funktionen* zu:

1. Liegt das Punctum fixum am Beckenring, so *bewegen* sie die *freie Extremität* in den drei Richtungen des Raumes und tragen damit wesentlich zur Hauptfunktion der unteren Extremität, der *Fortbewegung,* bei.
2. Liegt das Punctum fixum am Skelett der unteren Extremität, so können die Hüftmuskeln das Becken gegenüber der freien Extremität bewegen (s. oben). Derartige *Neigungen des Beckens* werden z. B. im Liegen, beim Sitzen oder im Stehen sowie beim Aufrichten des Körpers, z. B. aus der Hocke oder aus sitzender Stellung, ausgeführt.
3. Schließlich üben die Hüftmuskeln eine *stabilisierende Funktion* zwischen Beckenring und freier Extremität im bipeden und einbeinigen *Stand* aus. Die *Stabilisierung des Standbeins* ist Voraussetzung für den normalen Bewegungsablauf beim Gehen (s. S. 645). Beuger und Strecker stabilisieren das Hüftgelenk in der Sagittalebene, Ab- und Adduktoren in der Frontalebene.

Die Beschreibung der einzelnen *Muskelfunktionen* geht primär von der *Neutral-O-Stellung* des Hüftgelenks aus. Bei zahlreichen Hüftmuskeln kommt es während eines Bewegungsablaufes zu einer *Umkehrung der Muskelfunktionen.* Diese Umkehrung beruht darauf, daß sich mit der bewegungsbedingten Änderung der Gelenkstellung die wirksame Endstrecke des betreffenden Muskels zur momentanen Drehachse verlagert (ausführliche Besprechung s. einzelne Muskeln des Hüftgelenks).

Dorsale Hüftmuskeln

Die vom *Darmbein* kommenden *dorsalen Hüftmuskeln* entspringen auf der Innen- und Außenseite der *Ala ossis ilii.* Man unterscheidet entsprechend eine *vordere* und eine *hintere Muskelgruppe.* Zur vorderen Gruppe gehören Muskeln, die aus der Fossa iliaca in die Leistengegend ziehen und am Trochanter minor ansetzen. Die hintere Muskelgruppe hat ihren Ursprung an der Facies glutaea der Darmbeinschaufel und setzt im Bereich des Trochanter major an (s. Tab. 7.**1**).

Vordere Muskelgruppe

Zur *vorderen Gruppe* der dorsalen Hüftmuskeln zählen die *Mm. iliacus, psoas major* und *psoas minor.* M. iliacus und M. psoas major bilden gemeinsam den *M. iliopsoas.*

M. iliopsoas

M. iliacus

Gestalt und Lage

Der *M. iliacus* (s. Abb. 7.**78,** 7.**87**) besteht aus einem intrapelvinen und aus einem extrapelvinen Teil. Der *intrapelvine Teil* entspringt in der gesamten Fossa iliaca bis zur Linea terminalis und an der *Spina iliaca anterior inferior.* Der *extrapelvine Teil* beginnt an der *Lacuna musculorum* und hat Verbindung zur Vorderfläche der Hüftgelenkkapsel. Der M. iliacus inseriert gemeinsam mit dem M. psoas major am Trochanter minor. Seine von der Spina iliaca anterior inferior kommenden lateralen Fasern inserieren distal vom Trochanter minor und dehnen sich bis zum Labium mediale der Linea aspera aus.
(Funktion und Innervation, s unten.)

M. psoas major

Gestalt und Lage

Der *M. psoas major* ist der einzige Hüftmuskel, dessen Ursprung nicht am Beckenring, sondern am Achsenskelett liegt. Nach seinen Ursprüngen unterscheidet man eine *oberflächliche und eine tiefe Schicht.* Die oberflächliche Schicht entspringt mit sehnigen Arkaden an den Seitenflächen des 12. Brustwirbels und den ersten vier Lendenwirbeln sowie den zugehörigen Zwischenwirbelscheiben. Die *tiefe Schicht* hat ihren Ursprung an den Processus costarii der Lendenwirbel. Zwischen beiden Schichten, die sich nur künstlich trennen lassen, liegt der *Plexus lumbalis.* Die Muskelbündel vereinigen sich zu einer platten, an der Hinterfläche des Muskels liegenden Sehne, die gemeinsam mit dem M. iliacus am Trochanter minor inseriert. Der mediale Teil des Muskels kann die Linea terminalis überragen und in den Beckeneingangsraum hineinreichen. Die nebeneinander laufenden Ansatzsehnen des M. iliacus und des M. psoas major lassen sich nicht voneinander trennen. Zwischen der Rückseite der Psoassehne und dem Corpus ossis pubis sowie der Hüftgelenkkapsel liegt ein großer Schleimbeutel, *Bursa iliopectinea* (s. Abb. 7.**81,** 7.**88**), der in 10–15% der Fälle im Bereich des Caput femoris mit der Hüftgelenkhöhle kommuniziert. Dehnt sich der Schleimbeutel nach lateral unter die Iliakussehne aus, so wird er durch ein bindegewebiges Septum in zwei Kammern unterteilt. Die Bursa iliopectinea reicht nicht selten bis kurz oberhalb des Trochanter minor nach distal. Unmittelbar im Ansatzbereich liegt außen zwischen Trochanter minor und Ansatzsehne des M. iliopsoas ein weiterer Schleimbeutel, die *Bursa subtendinea iliaca* (s. Abb. 7.**81**). Die Bursa subtendinea steht gelegentlich mit der Bursa iliopectinea in Verbindung. (Funktion und Innervation, s. unten.)

M. psoas minor

Gestalt und Lage

Der *M. psoas minor* ist inkonstant. Sein Ursprung liegt auf der Vorderfläche des 12. Brust- und des 1. Lendenwirbels. Er geht mit seinem spindelförmigen Muskelbauch in Höhe des 2. Lendenwirbels in eine schmale, lange Endsehne über, die in der Fascia iliaca inseriert. Über die Faszie ist die Endsehne an der Eminentia iliopubica befestigt und am Aufbau des *Arcus iliopectineus* (s. Abb. 5.**165**) beteiligt.

Varianten

Der *M. iliopsoas* zeigt häufig Varianten: Der Ursprung des M. psoas major greift manchmal auf den Kopf der 12. Rippe, das Lig. iliolumbale oder auf die Ligg. sacroiliaca ventralia über. Die Ursprungszacke am 5. Lendenwirbel fehlt häufig. Verbindungen mit dem Zwerchfell werden beobachtet. Ein selbständiges Muskelbündel, *M. psoas accessorius,* entspringt an den Querfortsätzen und liegt an der lateralen Seite des M. psoas major, von dem es durch den *N. femoralis* getrennt ist. Der M. iliacus entspringt zuweilen am Lig. iliolumbale sowie an den Ligg. sacroiliaca ventralia, der Linea terminalis oder dem Os sacrum. Der von der Spina iliaca anterior inferior kommende Anteil kann selbständig werden, *M. iliacus minor.* Der *M. psoas minor* fehlt etwa in mehr als der Hälfte der Fälle. Er kann auch verdoppelt sein. Sein Ansatz variiert stark. Am häufigsten inseriert er über den Arcus iliopectineus an der Eminentia iliopubica. Zuweilen setzt er an der Linea intertrochanterica oder am Trochanter minor an.

Faszien

Die *Mm. psoas major* und *minor* werden in ihrem Ursprungsbereich oberhalb des Darmbeinkanals von einer eigenen *Faszie* umhüllt (Abb. 7.**78**). Die Psoasfaszie ist Teil der *Fascia lumbalis* (s. S. 247) und hat kranial Verbindung mit der Faszie des Zwerchfells (*Arcus lumbocostalis medialis,* sogenannter innerer *Hallerscher Bogen*). Beim Eintritt des M. psoas in das große Becken greift die Faszie lateral auf den M. iliacus über. Diese, nunmehr den gesamten M. iliopsoas umhüllende Faszie bezeichnet man als *Fascia iliaca.* Die Fascia iliaca geht am Darmbeinkamm in die *Fascia transversalis* (s. S. 284) über. Im kleinen Becken steht sie mit den Faszien des Beckenraumes in Verbindung. Dort, wo der M. iliopsoas das Becken verläßt, ist seine Faszie kranial-lateral über das *Leistenband* mit der Aponeurose des M. obliquus externus abdominis verwachsen (s. Abb. 5.**153**). Die Fascia iliaca umhüllt den M. iliopsoas bis zu seiner Insertion am Trochanter minor. Der extrapelvine Teil wird auch als *Fascia iliopsoica* bezeichnet.

Die Faszie des M. iliopsoas bildet eine geschlossene, trichterförmige *Loge,* die vom Zwerchfell und von der Darmbeinschaufel bis zum Trochanter minor reicht. Innerhalb des Fasziensackes können sich entzündliche Prozesse, z. B. von den Wirbeln, entlang des M. psoas durch die *Lacuna musculorum* bis in die *Fossa iliopectinea* ausbreiten (sogenannte *Psoas-* oder *Senkungsabszesse*).

Als *Arcus iliopectineus* (s. Abb. 5.**165**) wird ein Teil der Fascia iliaca bezeichnet, der sich zwischen der Eminentia iliopubica und dem *Lig. inguinale* ausspannt. Er trennt die *Lacuna vasorum* von der *Lacuna musculorum.*

Funktion und Innervation

Der *M. psoas major* wirkt auf die Lendenwirbelsäule und gemeinsam mit dem M. iliacus auf das Hüftgelenk. Der große physiologische Querschnitt des M. iliopsoas macht den Muskel zum kräftigsten *Beuger* im *Hüftgelenk.* Er ist vor allem für die Anteversion des Schwungbeins beim Gehen verantwortlich. Aufgrund

seiner großen Hubhöhe beteiligt sich der M. psoas major gemeinsam mit dem M. rectus femoris sowie dem M. tensor fasciae latae an der ausgiebigen, kraftvollen Beugung beim schnellen Laufen (Sprinten). Bei *Lähmung* des M. iliopsoas ist das Gehen stark beeinträchtigt.
Die Wirkung des M. iliopsoas als Rotator im Hüftgelenk ist umstritten. Nach elektromyographischen Untersuchungen soll er als *Außenrotator* wirken.
Liegt das Punctum fixum am Femur, so wirkt der M. *psoas major* bei beidseitiger Kontraktion als *Beuger* an der *Lendenwirbelsäule.* Zu einer Seitwärtsbewegung des Rumpfes kommt es durch einseitige Kontraktion des ipsilateralen Muskels. Der M. iliopsoas unterstützt das *Aufrichten des Rumpfes* aus der Rückenlage; dabei kippt er gemeinsam mit den übrigen Hüftgelenkbeugern das Becken im Hüftgelenk nach ventral. Der M. psoas major beteiligt sich außerdem an der vorwiegend vom M. rectus abdominis durchgeführten Beugung (Aufrichtung) der Wirbelsäule.
Die drei Anteile des M. iliopsoas werden gemeinsam aus dem Plexus lumbalis und aus dem *N. femoralis* innerviert (Th_{12}–$L_{3(4)}$).

Hintere Muskelgruppe (Glutäalmuskeln)

Zur *hinteren Gruppe* der *dorsalen Hüftmuskeln* gehören die *Glutäalmuskeln.* Sie entspringen an der Außenfläche der Darmbeinschaufel, Facies glutaea (s. Abb. 7.**82**), und setzen ursprünglich am Trochanter major an. Die Glutäalmuskeln liegen in *drei Schichten* und ziehen dorsal und zum Teil lateral über das Hüftgelenk hinweg. Die oberflächliche Schicht wird vom *M. glutaeus maximus,* die mittlere Schicht von den *Mm. glutaeus medius* und *tensor fasciae latae* gebildet. In der tiefen Schicht liegen die *Mm. glutaeus minimus* und *piriformis.*

M. glutaeus maximus

Gestalt und Lage

Der *M. glutaeus maximus* (Abb. 7.**74**) ist eine kräftige viereckige Muskelplatte, deren grobe Faserbündel schräg von kranial-medial nach lateral-kaudal ziehen. Er entspringt mit einem oberflächlichen Teil an der Faszienverstärkung über dem M. glutaeus medius, der Facies glutaea des Darmbeins hinter der Linea glutaea posterior, an der aponeurotisch verstärkten Fascia thoracolumbalis, am Seitenrand des Kreuz- und Steißbeins sowie mit tiefen Fasern am Lig. sacrotuberale (Abb. 7.**82**). Die *Pars sacroiliaca* und die *Pars coccygea* des Muskels werden getrennt angelegt. Die beiden Teile verschmelzen in der Fetalzeit miteinander. Der Muskel geht im lateralen Drittel der Glutäalregion in seine Ansatzsehne über, deren kranialer Teil über den Trochanter major hinwegzieht und in die Fascia lata einstrahlt. Der untere Teil des Muskels inseriert an der Tuberositas glutaea (s. Abb. 7.**18,** 7.**92**). Bei muskelkräftigen Individuen hebt sich der Einstrahlungsknochen im Ansatzbereich als sogenannter Trochanter tertius ab (s. Abb. 4.**29**). Über das Septum intermusculare laterale kann sich der distale Ansatz bis zur Linea aspera erstrecken. Zwischen Trochanter major und der Ansatzsehne des M. glutaeus maximus liegt ein großer Schleimbeutel, *Bursa trochanterica m. glutaei maximi* (Abb. 7.**75**). Über dem Trochanter major kann ein subfaszialer und/oder subkutaner Schleimbeutel (*Bursa trochanterica subfascialis, Bursa trochanterica subcutanea*) vorkommen.
Bei gestrecktem Hüftgelenk wird das *Tuber ischiadicum* vollkommen vom M. glutaeus maximus bedeckt. In Beugestellung, z. B. im Sitzen, verlagert sich der Unterrand des M. glutaeus maximus so weit nach kranial, daß das Tuber ischiadicum freiliegt. Zwischen Tuber ischiadicum und M. glutaeus maximus liegt die *Bursa ischiadica m. glutaei maximi.*

Varianten

Der *M. glutaeus maximus* kann aus zwei übereinanderliegenden getrennten Schichten bestehen. Sein Ursprung am Lig. sacrotuberale, am Os sacrum oder Os coccygis fehlt gelegentlich.

Funktion und Innervation

Der *M. glutaeus maximus* hat im Hüftgelenk vorwiegend *Streckfunktion.* Aufgrund seines großen physiologischen Querschnitts und seiner großen motorischen Einheiten kann er diese Funktion kraftvoll und schnell ausführen. Der große Gesäßmuskel ist damit an allen Streckbewegungen im Hüftgelenk beteiligt, die mit einer *Aufrichtung des Körpers* einhergehen: z. B. Aufrichten aus der Hocke, Aufrichten des nach vorn geneigten Rumpfes oder Aufstehen aus sitzender Position. Bei diesen Bewegungen liegt das Punctum fixum des Muskels am Femur. Bei der zur Fortbewegung notwendigen Streckung des Oberschenkels beteiligt sich der M. glutaeus maximus nicht beim Gehen auf ebenen Boden, wohl aber beim Aufwärtsgehen, Treppensteigen, Klettern oder beim schnellen Laufen und Springen.
Der M. glutaeus maximus hat als Strecker eine wichtige Funktion bei der *Stabilisierung* des Hüftgelenks in der *Sagittalebene.* Er wird dabei jedoch erst dann aktiv, wenn sich die Lage des Schwerpunktes bei Einnahme sogenannter strammer Haltung nach ventral vor das Hüftgelenk verlagert (s. Abb. 5.**119**). In entspannter, sogenannter lässiger Haltung sind die Mm. glutaei maximi entspannt.
Der M. glutaeus maximus beteiligt sich an der *Außenrotation* im Hüftgelenk. Seine *kranialen Fasern* unterstützen die *Abduktion,* die nach elektromyographischen Untersuchungen jedoch erst bei einer Beugung des Oberschenkels von etwa 90° und bei einer

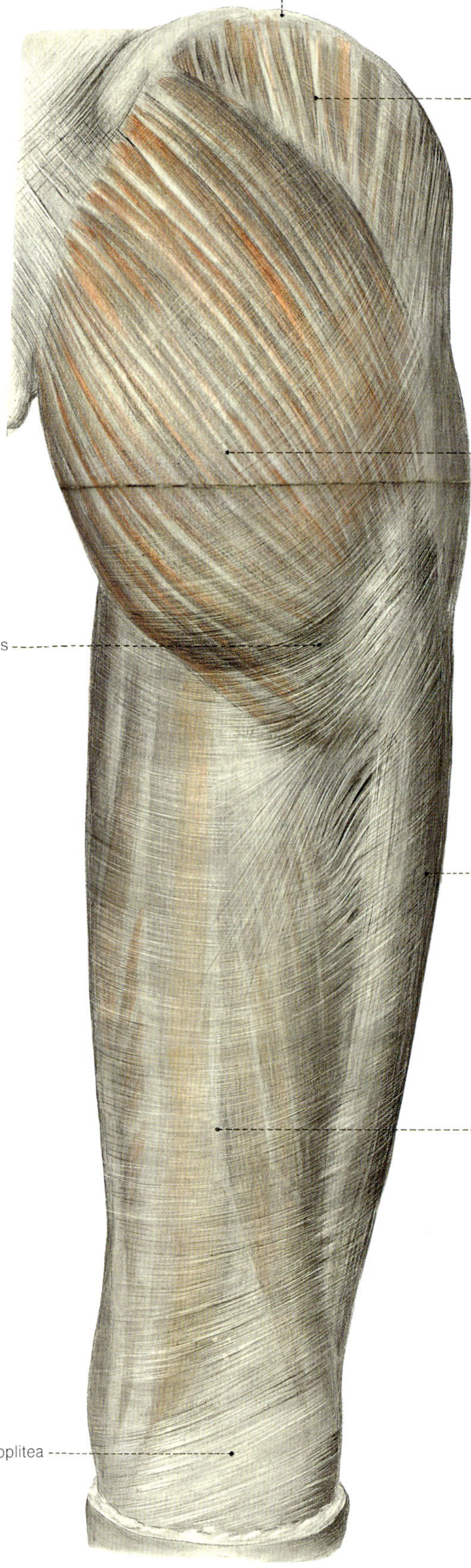

Abb. 7.**73** **Faszien der Gesäßregion und des Oberschenkels der rechten Seite in der Ansicht von hinten.**

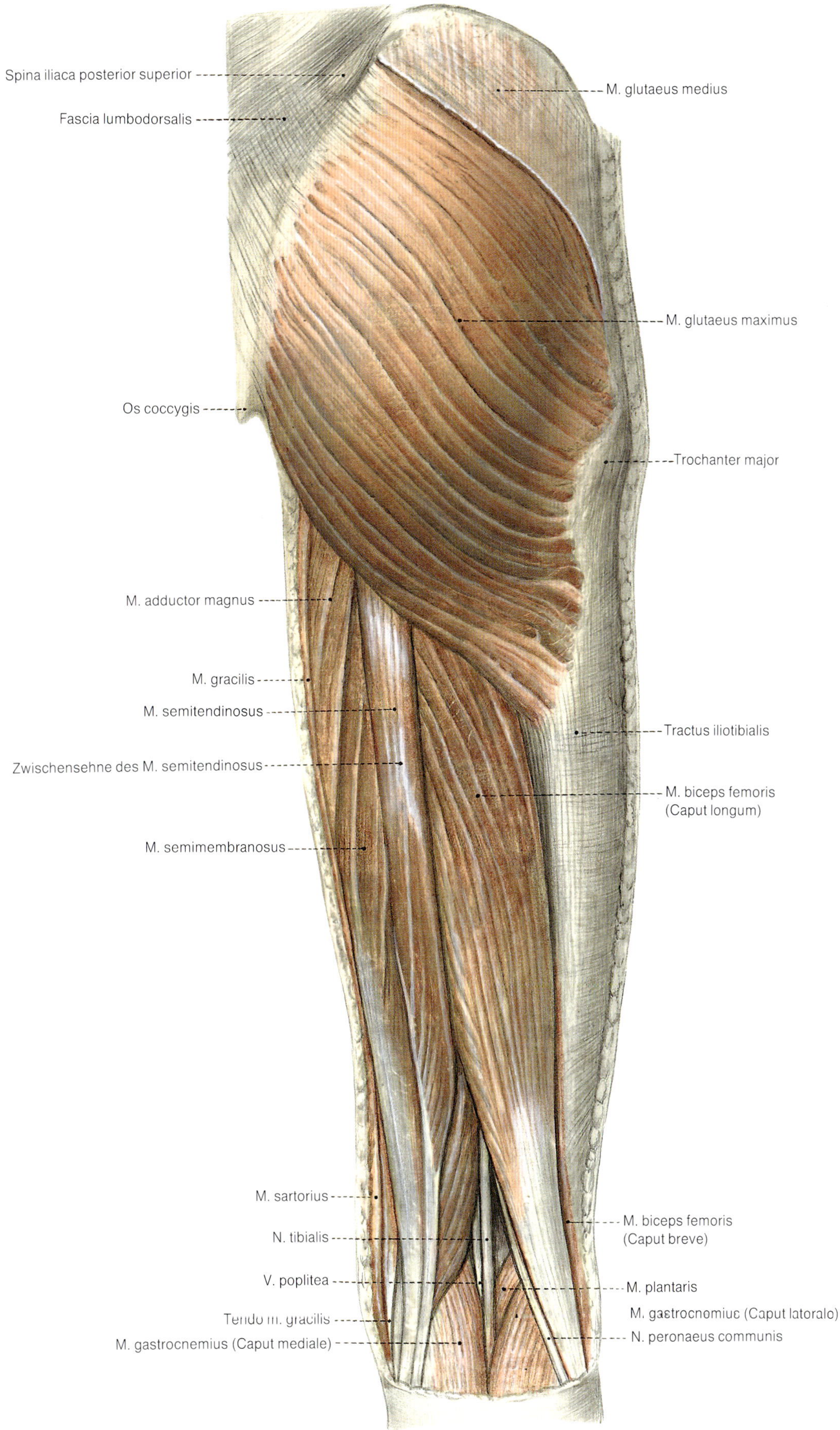

Abb. 7.**74 Oberflächliche Muskeln der Gesäßregion und des Oberschenkels der rechten Seite in der Ansicht von hinten.**

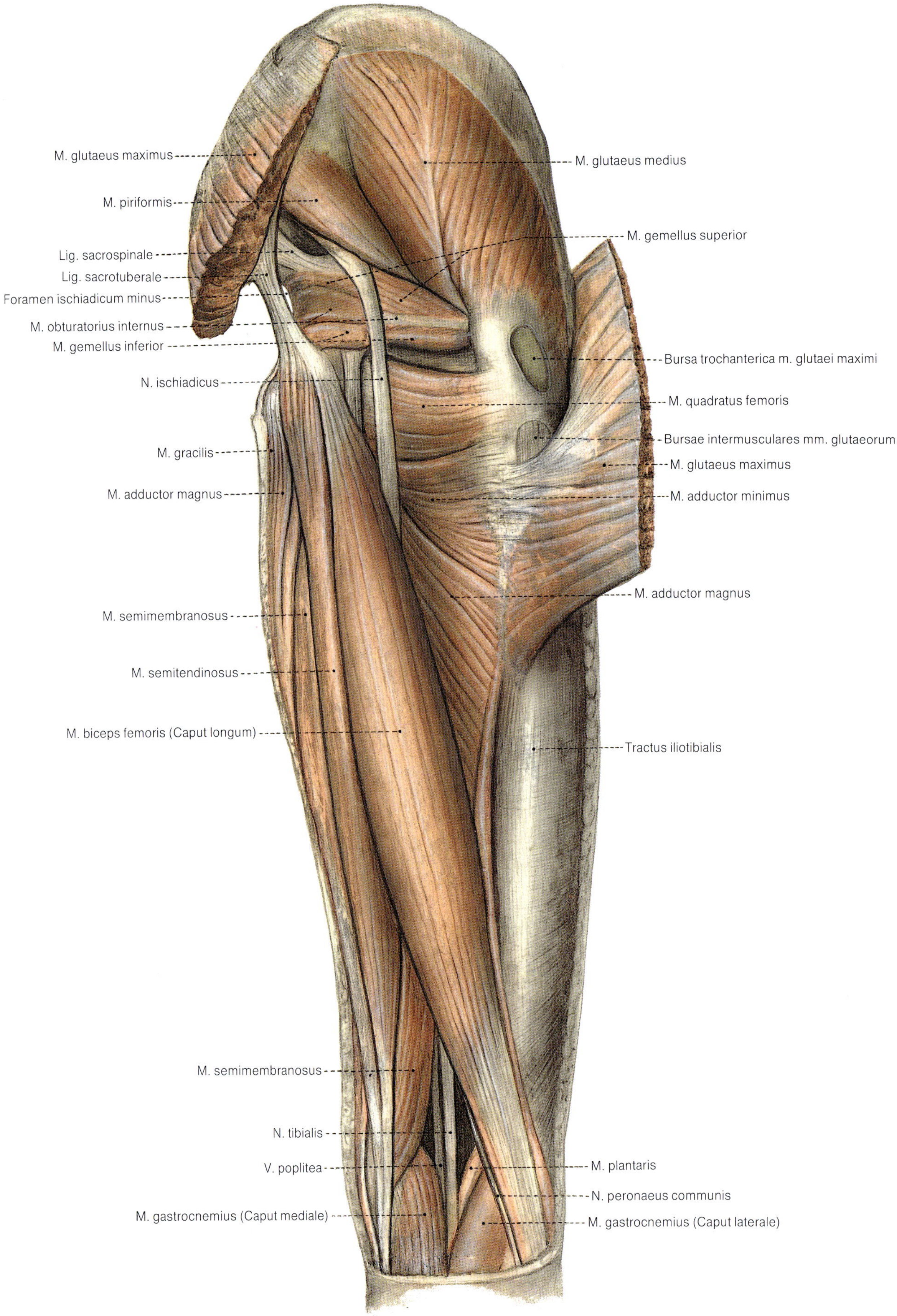

Abb. 7.**75 Mittlere und tiefe Schicht der Gesäßmuskeln nach Entfernung des M. glutaeus maximus. Muskeln des Oberschenkels. Rechte Seite, in der Ansicht von hinten.**

Abspreizung gegen starken Widerstand in Kraft tritt. Der Muskel kann auf diese Weise die kleinen Glutäalmuskeln bei der *Stabilisierung* des Beckens in der *Frontalebene* während der Standbeinphase unterstützen. Diese Funktion kommt allerdings erst dann zum Tragen, wenn sich das Teilschwerpunktlot des Körpers sehr weit zur Schwungbeinseite verlagert (s. unten). Der *untere Teil* des M. glutaeus maximus wirkt *adduktorisch.*

Der M. glutaeus maximus wird durch den *N. glutaeus inferior* (L_4–$S_{1(2)}$) innerviert. An der Blutversorgung beteiligen sich die Vasa glutaea inferiora und superiora.

Isolierte *Lähmungen* des M. glutaeus maximus sind sehr selten. Das Gehen auf ebenen Boden ist durch die Lähmung nicht beeinträchtigt, da die Streckung des Oberschenkels in dieser Situation von den ischiokruralen Muskeln ausgeführt wird. Erschwert sind Treppensteigen, Gehen auf Ansteigungen oder das Ausführen des Zehenstandes sowie das Verharren in sogenannter strammer Haltung.

M. tensor fasciae latae

Gestalt und Lage

Der *M. tensor fasciae latae* (Ab. 7.**77**) hat sich in der Ontogenese vom M. glutaeus medius abgespalten. Er wird wie dieser aus dem *N. glutaeus superior* innerviert. Der M. tensor fasciae latae entspringt seitlich an der Spina iliaca anterior superior und verläuft vor dem Trochanter major in vertikaler Richtung nach distal. Er inseriert am Übergang zwischen oberem und mittlerem Drittel des Oberschenkels im *Tractus iliotibialis* (s. S. 538) und der Fascia lata (s. unten). Der Hinterrand des M. tensor fasciae latae hat enge Beziehung zum M. glutaeus medius. Sein Ursprungsbereich wird vom M. sartorius überlagert.

Varianten

Der M. tensor fasciae latae kann fehlen oder in zwei oder drei Muskelbündel aufgeteilt sein.

Funktion und Innervation

Der M. tensor fasciae latae ist *Beuger, Abduktor* und *Innenrotator* im Hüftgelenk (s. unten).

Er wird vom *N. glutaeus superior* (L_4–L_5) innerviert.

M. glutaeus medius

Gestalt und Lage

Der *M. glutaeus medius* (Abb. 7.**75**, 7.**77**) liegt als dreieckiger, kräftiger Muskel an der Außenseite des Darmbeins. Er entspringt an der Ala ossis ilii zwischen den Lineae glutaeae anterior und posterior sowie am Labium externum cristae iliacae und an der ihn teilweise bedeckenden Faszie (s. Abb. 7.**82**). Der Muskel inseriert mit kurzer und kräftiger Sehne an der seitlichen Außenfläche des Trochanter major (s. Abb. 7.**84**). Die schraubentourartig verlaufenden vorderen Muskelfaserbündel überkreuzen im Ansatzbereich die Fasern des hinteren Muskelabschnitts. Im hinteren Drittel wird der M. glutaeus medius vom M. glutaeus maximus bedeckt; hier ist die Faszie zart. Im vorderen, oberhalb des M. glutaeus maximus liegenden Bereich wird die Faszie zur kräftigen Aponeurose (Abb. 7.**74**) (s. unten).

Zwischen der Sehne des M. glutaeus medius und dem Trochanter major liegt die *Bursa trochanterica m. glutaei medii superficialis* (s. Abb. 7.**81**). Zwischen den Sehnen der Mm. piriformis und glutaeus medius ist die *Bursa trochanterica m. glutaei medii profunda* eingelagert. Der M. glutaeus medius ist häufigster *Ort* für die *intramuskuläre Injektion.*

Varianten

Gelegentlich besteht der M. glutaeus medius, wie der M. glutaeus maximus, aus zwei getrennten Muskelschichten. Der vordere Rand ist häufig mit dem M. glutaeus minimus, der hintere Rand mit dem M. piriformis fest verwachsen. An beiden Rändern können selbständige Muskelfaserbündel vorkommen.

(Funktion und Innervation s. unten.)

M. glutaeus minimus

Gestalt und Lage

Der *M. glutaeus minimus* (Abb. 7.**76**) bildet die tiefe Schicht der Glutäalmuskeln. Er wird vollständig vom M. glutaeus medius bedeckt. Sein Ursprung liegt an der Facies glutaea der Darmbeinschaufel zwischen den Lineae glutaeae anterior und inferior (s. Abb. 7.**82**). Ein Teil seiner äußeren Fasern entspringt an der ihn bedeckenden Faszie. Die Muskelfasern ziehen konvergierend nach lateral und gehen im mittleren Bereich des Muskels in die Ansatzsehne über, die am ventralen Rand des Trochanter major ansetzt. Zwischen der Spitze des Trochanter major und der Sehne des M. glutaeus minimus liegt die *Bursa trochanterica m. glutaei minimi.*

Varianten

Der M. glutaeus minimus besteht zuweilen aus einem ventralen und aus einem dorsalen Teil. Die ventralen Muskelfaserbündel bilden in seltenen Fällen einen selbständigen Muskel, *M. glutaeus quartus.* Der M. glutaeus minimus ist häufig mit dem M. piriformis und dem M. glutaeus medius verwachsen.

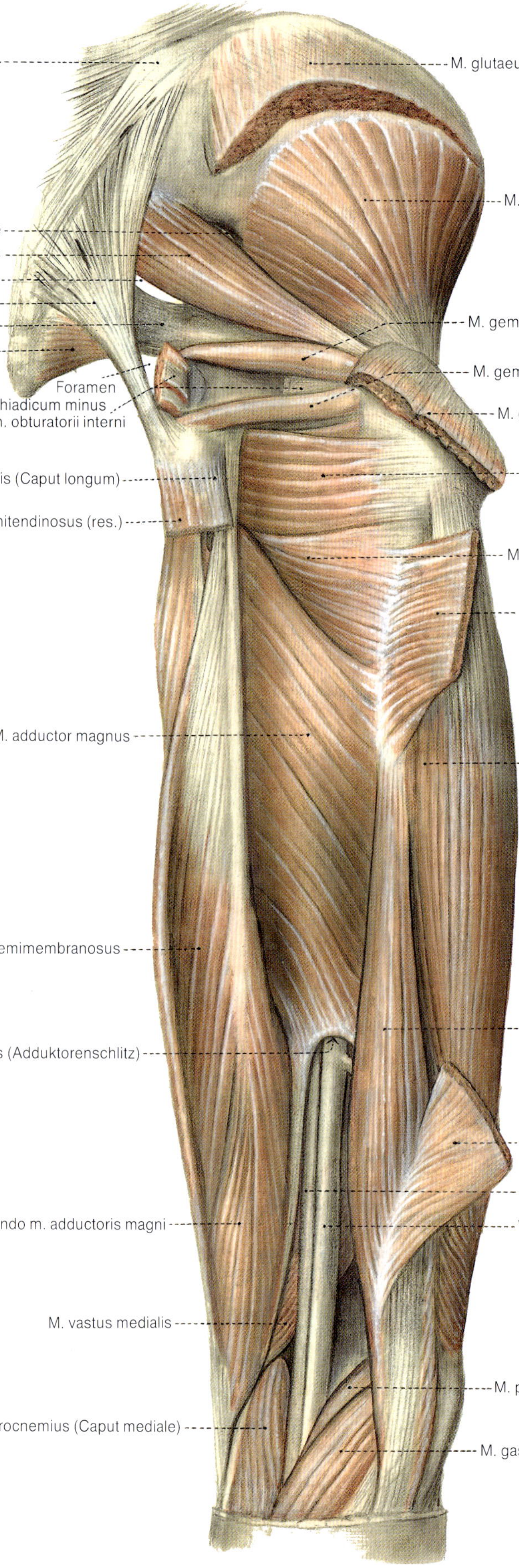

Abb. 7.**76** **Tiefe Gesäßmuskeln nach Entfernung des M. glutaeus maximus und des M. glutaeus medius. Tiefe Muskeln des Oberschenkels nach Durchtrennung des langen Bizepskopfes und des M. semitendinosus.** Rechte Seite, in der Ansicht von hinten.

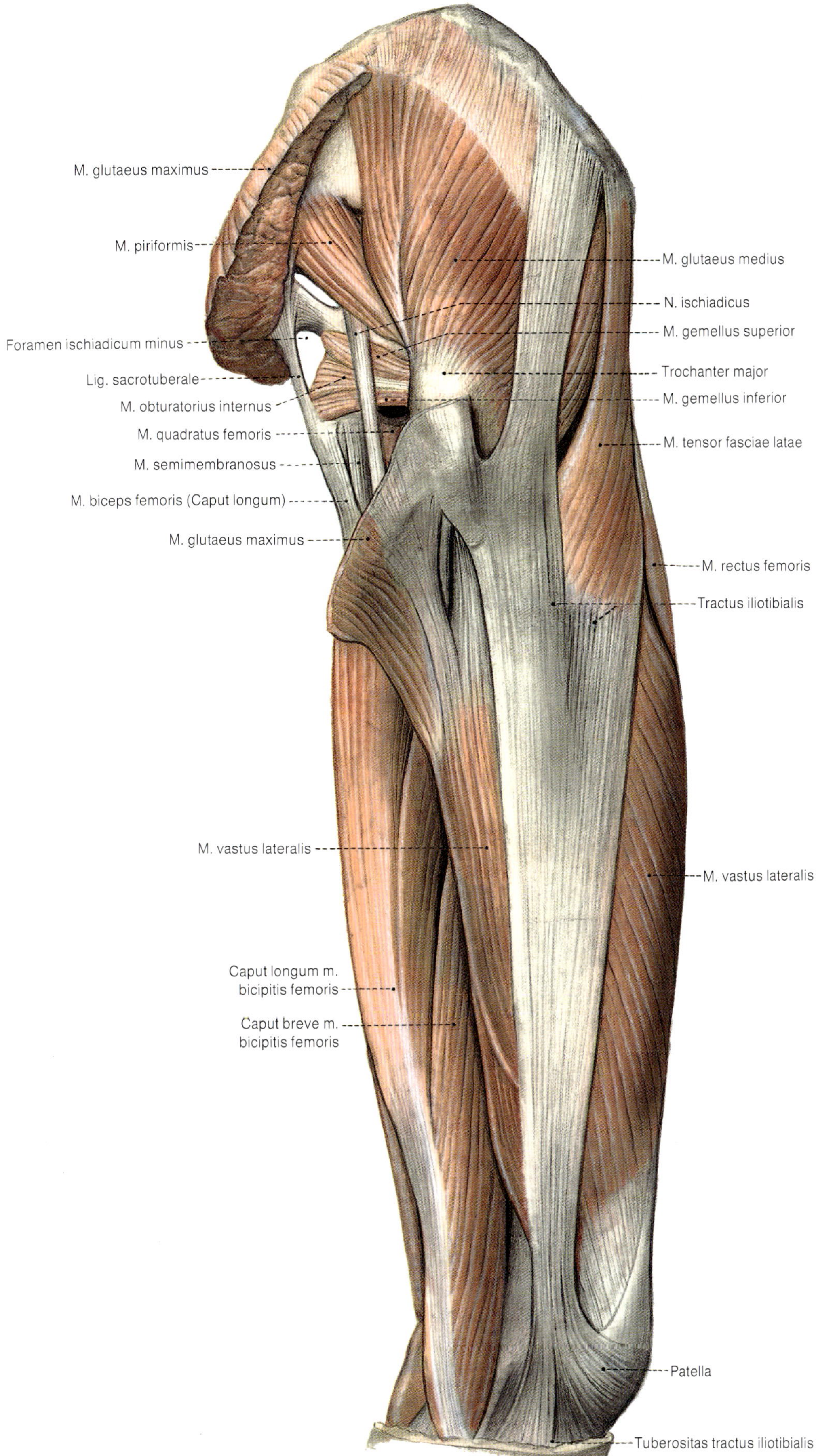

Abb. 7.**77** **Mittlere und tiefe Gesäßmuskeln nach Durchtrennung des M. glutaeus maximus. Oberschenkelmuskeln, Tractus iliotibialis.** Rechte Seite, in der Ansicht von lateral.

Funktion und Innervation der Mm. glutaei medius und minimus

Die *Mm. glutaei medius* und *minimus* haben aufgrund ihres Verlaufes und ihrer Lage zu den Hüftgelenkachsen gleiche Funktionen. Sie werden daher als *kleine Gesäßmuskeln* (kleine Glutäen) dem großen Gesäßmuskel gegenübergestellt. Da die kleinen Gesäßmuskeln lateral von der sagittalen Achse des Hüftgelenks liegen, sind sie primär *Abduktoren.* Aufgrund seines großen physiologischen Querschnitts und seines langen virtuellen Hebelarms hat der M. glutaeus medius gegenüber dem M. glutaeus minimus stets das größere Kraftmoment. Aus der Abduktionswirkung der kleinen Glutäalmuskeln läßt sich ihre Hauptfunktion, die *Stabilisierung des Beckens* in der *Frontalebene,* ableiten. Die Mm. glutaei medius und minimus fixieren das Becken der *Standbeinseite* beim einbeinigen Stand oder beim Gehen und verhindern damit ein Abkippen zur Schwungbeinseite. Außer der Stabilisierung bewirken sie auf der Standbeinseite auch eine geringgradige *Neigung des Beckens* nach lateral.

Der *vordere Teil* der kleinen Glutäalmuskeln beteiligt sich gemeinsam mit dem M. tensor fasciae latae an *Beugung* und *Innenrotation* im Hüftgelenk. Die *hinteren Fasern* unterstützen die *Außenrotation* und *Streckung.*

Die Mm. glutaei medius und minimus werden vom *N. glutaeus superior* (L_4–S_1) innerviert.

Ein *Ausfall* oder eine *Schwächung* der kleinen Glutäen durch Schädigung des N. glutaeus superior oder in Folge von *Fehlstellungen* im Bereich des proximalen Femurendes (Hüftgelenkluxation, Schenkelhalsbruch, Epiphysenlösung) geht mit starken *Funktionsstörungen* im Hüftgelenk, vor allem beim Gehen, einher. Bei einseitigem Ausfall kippt das Becken in Folge mangelhafter Stabilisierung auf der Standbeinseite zur Schwungbeinseite ab (*positives Trendelenburgsches Zeichen*). Sind die kleinen Glutäalmuskeln beider Seiten betroffen, kommt es zu einem *watschelartigen Gang.* Lähmungen des N. glutaeus superior gehen außerdem mit einer Behinderung der Innenrotation am Hüftgelenk einher.

M. piriformis

Gestalt und Lage

Zur hinteren Gruppe der dorsalen Hüftgelenkmuskeln zählt auch der *M. piriformis* (Abb. 7.**75,** 7.**78,** 7.**79,** 7.**80**), der seinen anfänglich außerhalb des Beckens

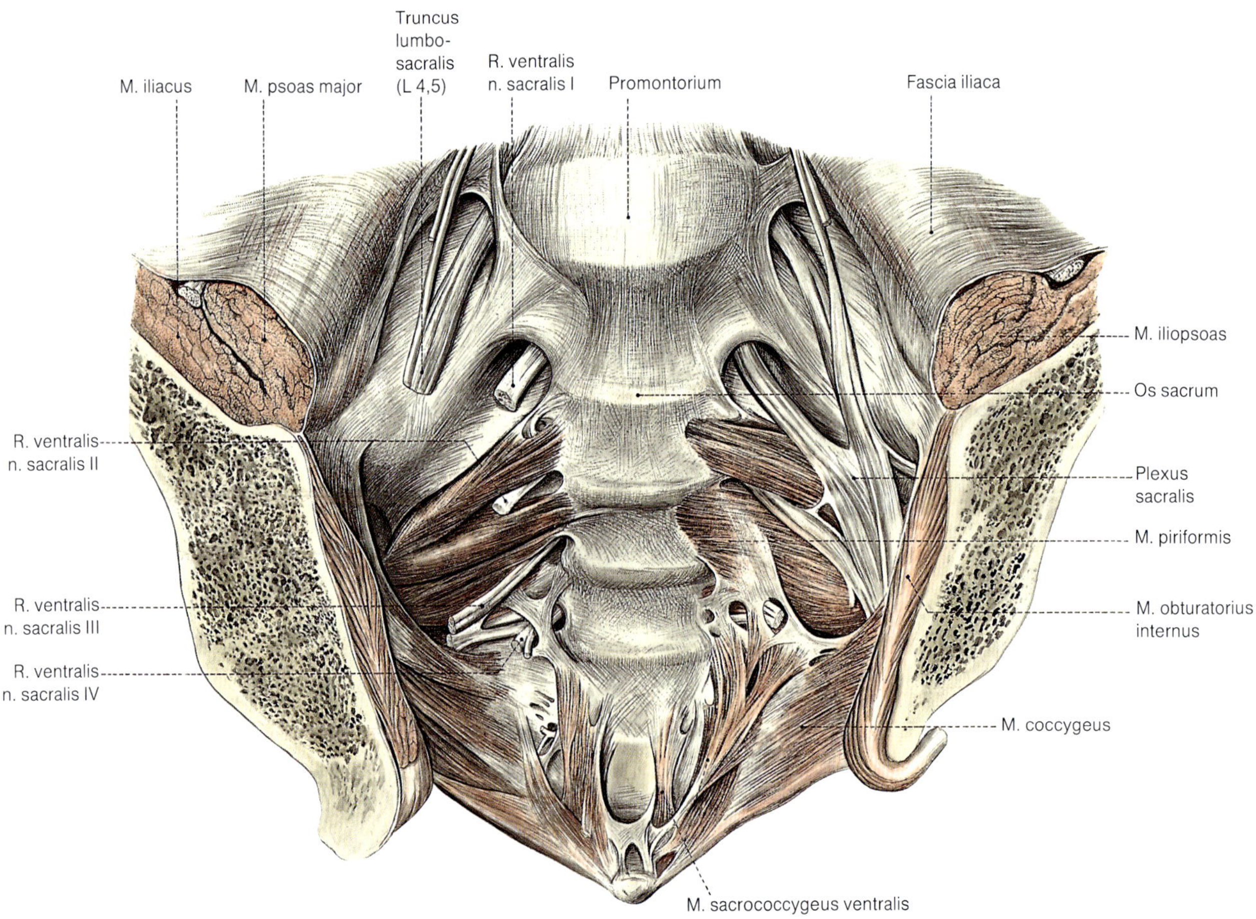

Abb. 7.**78** **Frontalschnitt durch das Becken.** Muskeln der seitlichen und hinteren Beckenwand in der Ansicht von vorn.

liegenden Muskelursprung in der frühen Embryonalperiode durch die Incisura ischiadica major auf die Vorderfläche des Kreuzbeines verlagert (vgl. M. obturatorius internus, S. 521). Der Muskel entspringt an der Facies pelvina des Os sacrum an den Rändern der Foramina sacralia pelvina II–IV sowie an den Rändern des Foramen ischiadicum majus, zieht nahezu horizontal durch die tiefe Glutäalregion und inseriert an der Spitze des Trochanter major (s. Abb. 7.**84**). Zwischen seiner Sehne und dem Knochen liegt ein kleiner Schleimbeutel. Er wird beckenhöhlenwärts von der Fascia pelvis parietalis bedeckt (s. Bd. II).

Der M. piriformis hat eine wichtige *topographische Bedeutung,* er unterteilt das *Foramen ischiadicum majus* in die *Foramina suprapiriforme* und *infrapiriforme* (s. Abb. 7.**76,** 7.**79**). Durch das Foramen suprapiriforme gelangen die *Vasa glutaea superiora* zusammen mit dem *N. glutaeus superior* aus dem Becken in die Gesäßregion, wo die Glutäalgefäße die kleinen Glutäen und den kranialen Teil des M. glutaeus maximus versorgen. Die *Vasa glutaea inferiora* und die *Vasa pudenda interna* treten gemeinsam mit dem *N. ischiadicus,* dem *N. glutaeus inferior* und dem *N. pudendus* durch das Foramen infrapiriforme in die Glutäalregion. Die Vasa glutaea inferiora versorgen hier den größten Teil des M. glutaeus maximus. N. pudendus und Vasa pudenda verlassen die Glutäalregion und ziehen durch den medialen Abschnitt des *Foramen ischiadicum minus* zur Dammgegend.

In etwa 15% der Fälle tritt der N. peronaeus communis getrennt vom N. tibialis zwischen *oberflächlicher* und *tiefer Schicht* des M. piriformis in die Glutäalregion ein, während der N. tibialis an regelrechter Stelle aus dem Foramen infrapiriforme kommt. Bei dieser sogenannten *hohen Tei-*

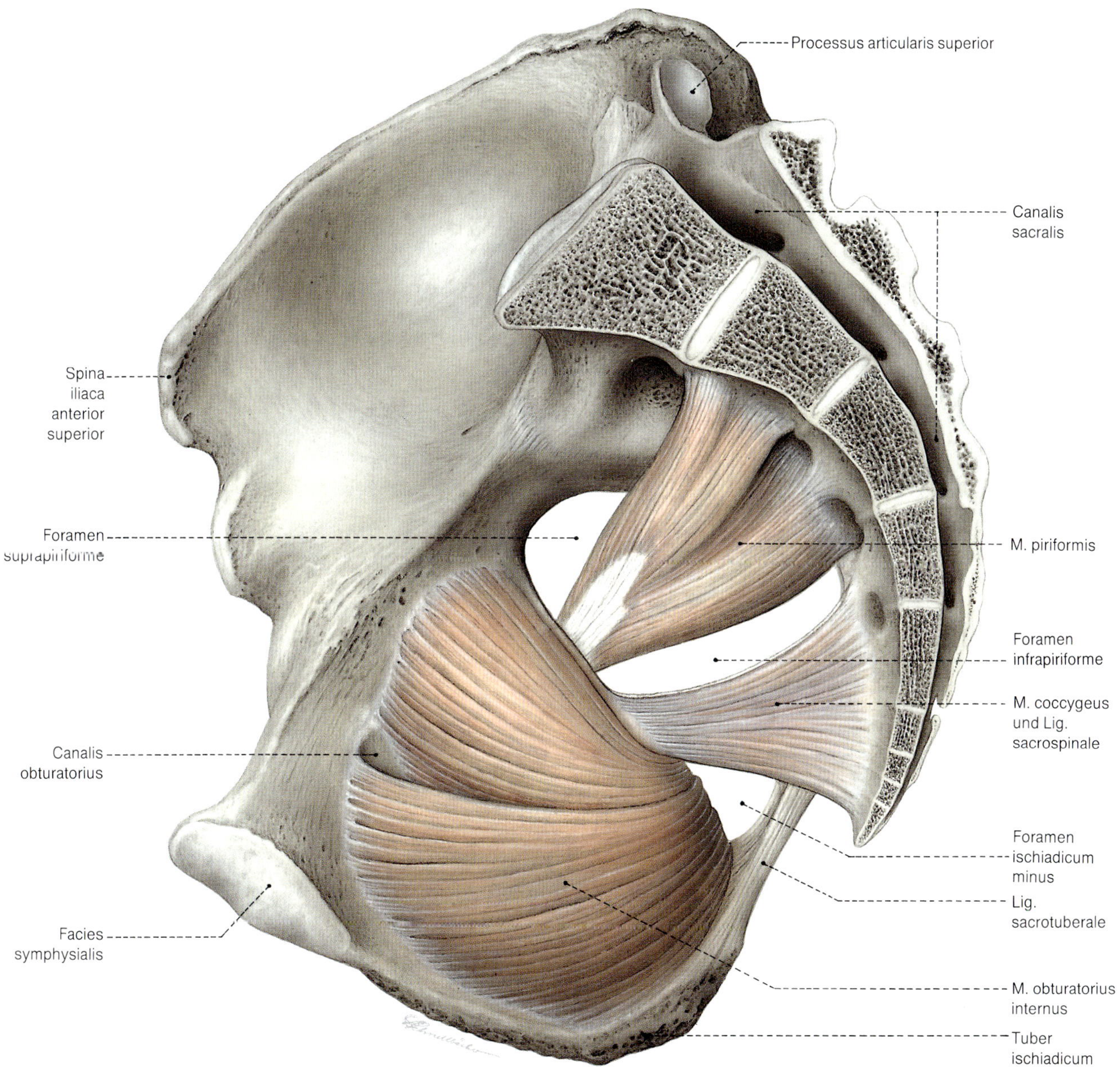

Abb. 7.**79** **Rechte Beckenhälfte in der Ansicht von medial.** Muskeln der seitlichen und hinteren Beckenwand.

lung des N. ischiadicus ziehen häufig auch die Nn. cutaneus femoris posterior und glutaeus inferior teilweise oder vollständig durch den M. piriformis.
Foramen supra- und *infrapiriforme* können zum *Engpaß* für die hindurchziehenden Nerven werden. Bei hoher Teilung des N. ischiadicus ist eine Kompression des N. peronaeus communis im Bereich des M. piriformis möglich.

Varianten

Der M. piriformis kann vollständig fehlen. Zuweilen ist er in zwei oder drei Bäuche geteilt. Bei hoher Teilung des N. ischiadicus läßt sich eine oberflächliche und eine tiefe Schicht abgrenzen, zwischen denen der N. peronaeus austritt. Der M. piriformis ist häufig mit den kleinen Glutäen, dem M. gemellus superior oder dem M. obturatorius internus verwachsen. Sein Ursprung kann bis zum 1. oder 5. Sakralwirbel sowie bis zum Os coccygis reichen. Die Muskelursprünge am Os sacrum können auch vermindert sein.

Funktion und Innervation

Aus der Neutral-0-Stellung heraus wirkt der *M. piriformis* als *Außenrotator* und *Abduktor*, außerdem unterstützt er die *Retroversion* des Oberschenkels.
Der M. piriformis wird aus Ästen des *Plexus sacralis* (L_5–S_2) innerviert.

Faszien der Glutäalregion

Die Regio glutaea wird von der *Fascia glutaea* (s. Abb. 7.**73**), einem Teil der *Fascia lata*, bedeckt. Die Fascia glutaea kommt von der Crista iliaca. Dort, wo sie dem M. glutaeus medius aufliegt, bildet sie eine aponeurotische Sehnenplatte. Lateral umscheidet die Faszie den M. tensor fasciae latae. Die Fascia glutaea ist hinten mit der Crista iliaca und mit dem Os sacrum verwachsen. Über dem M. glutaeus maximus ist die Faszie relativ dünn. Von ihr gehen septenartige Fortsätze tief zwischen die groben Muskelfaserbündel, wodurch der M. glutaeus maximus eine starke Kammerung erfährt.
Der über dem *M. glutaeus medius* liegende Teil der Fascia glutaea bildet gemeinsam mit dem Periost des Os ilium einen Sack, in dem der Muskel eingeschlossen ist. Unter dem M. glutaeus maximus liegt lockeres, fettreiches Bindegewebe *(Stratum subglutaeale)* in dem die Nerven und Gefäße der Gesäßregion verlaufen. Auch zwischen M. glutaeus medius und M. glutaeus minimus werden die Leitungsbahnen von lockerem Bindegewebe begleitet. Der *M. glutaeus minimus* ist von einer eigenen *Faszie* umhüllt. Das Stratum subglutaeale steht über die Foramina supra- und infrapiriformis mit dem Bindegewebe des *Retroperitonealraumes* und des Beckens in Verbindung.

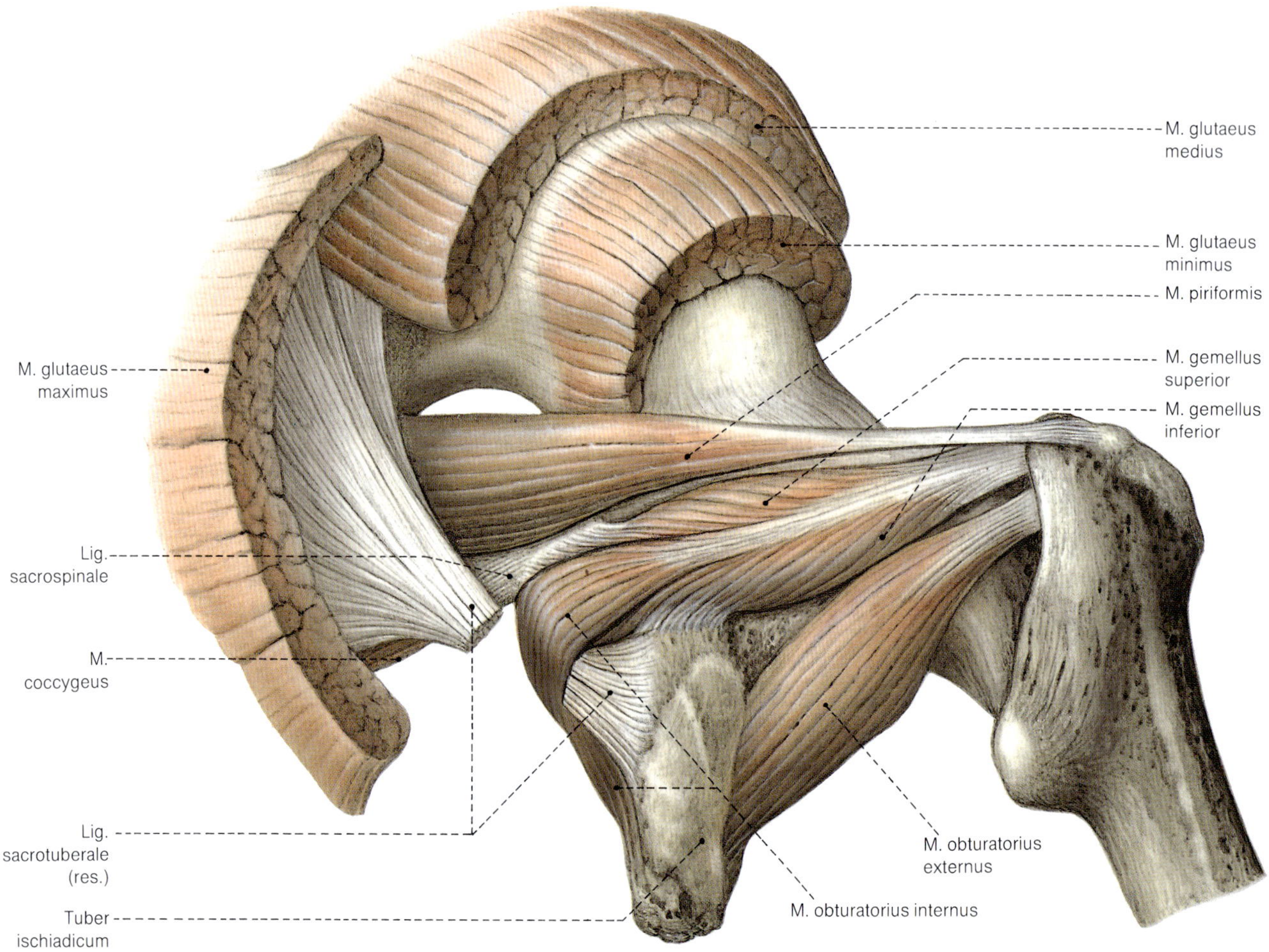

Abb. 7.**80** **Rechte Gesäßgegend in der Ansicht von hinten. Glutäalmuskeln und Lig. sacrotuberale durchtrennt.** Verlauf des M. obturatorius internus und des M. obturatorius externus.

Ventrale Hüftmuskeln einschließlich der Adduktoren des Oberschenkels

Die ventralen Hüftmuskeln haben ihre Ursprünge am Schambein, am Sitzbein und an der Membrana obturatoria (s. Tab. 7.**1** u. S. 509).

M. obturatorius internus und Mm. gemelli

Gestalt und Lage

Die Anlage des *M. obturatorius internus* (s. Abb. 7.**78**, 7.**79**, 7.**80**) liegt wie beim M. piriformis ursprünglich außerhalb des Beckens. In der frühen Embryonalentwicklung verlagert sich ein Teil der Muskelanlage auf die Innenwand des Beckenkanals, wo der Muskel an der Membrana obturatoria und an ihrem knöchernen Rahmen kaudal der Linea terminalis entspringt (Abb. 7.**83**). Der Bereich des Sulcus obturatorius wird als Sehnenursprung ausgespart. Die sehnige Umrandung bildet mit dem knöchernen Sulcus den *Canalis obturatorius* (s. S. 452). Die Ansatzsehne des M. obturatorius verläßt das Becken durch das *Foramen ischiadicum minus.* Sie gleitet über die Incisura ischiadica minor hinweg und zieht in spitzem Winkel zur Fossa trochanterica (Abb. 7.**65**, 7.**80**, 7.**84**). Die *Incisura ischiadica minor,* die der Sehne als *Hypomochlion* dient, hat eine dünne Knorpelbedeckung (s. Abb. 7.**64**). Zwischen Sehne und Knochen liegt außerdem ein Schleimbeutel, *Bursa ischiadica m. obturatorii interni.*

Die Innenfläche des M. obturatorius internus wird von einer kräftigen Faszie, *Fascia obturatoria,* überzogen. Sie ist die Fortsetzung der *Fascia iliaca* und gehört zur *Fascia pelvis parietalis* (s. Abb. 7.**78** und Bd. II). An der Grenze zwischen oberem und mittlerem Drittel entspringt an der Fascia obturatoria der *M. levator ani* (s. Abb. 7.**65**). Seine bogenförmige Ursprungssehne hebt sich als Arcus tendineus deutlich ab. Der M. levator ani unterteilt als Diaphragma pelvis das kleine Becken in einen oberen Teil, den *Beckenkanal,* und in einen unteren Teil, die *Fossa ischioanalis (-rectalis)* (s. Bd. II).

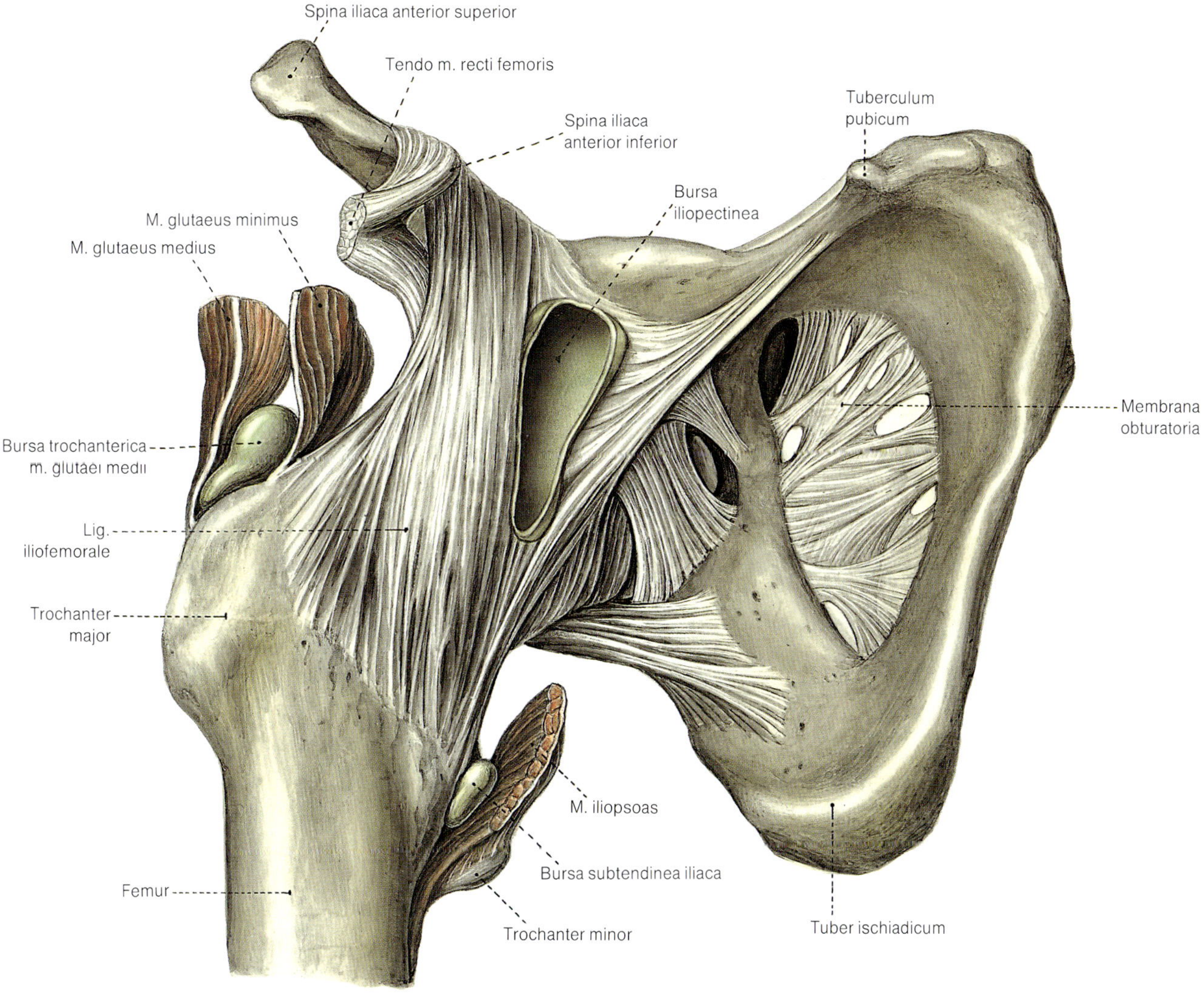

Abb. 7.**81** **Kapsel-Band-Apparat und Schleimbeutel eines rechten Hüftgelenks in der Ansicht von vorn.**

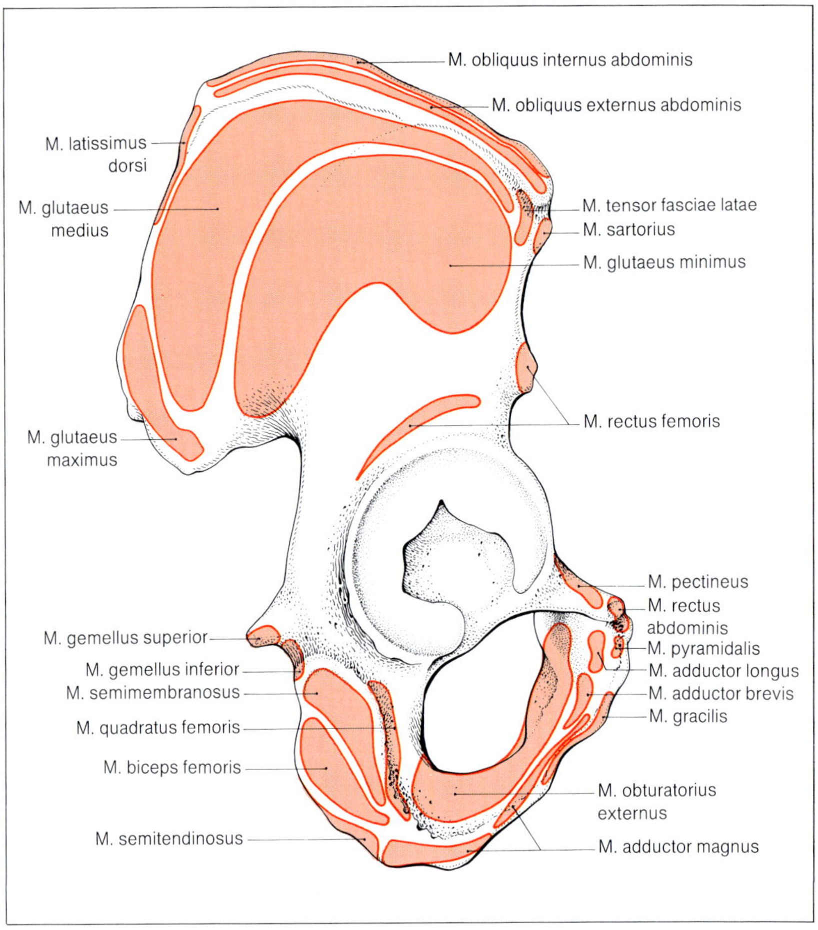

Abb. 7.**82** **Muskelursprünge und -ansätze am rechten Hüftknochen in der Ansicht von lateral.**

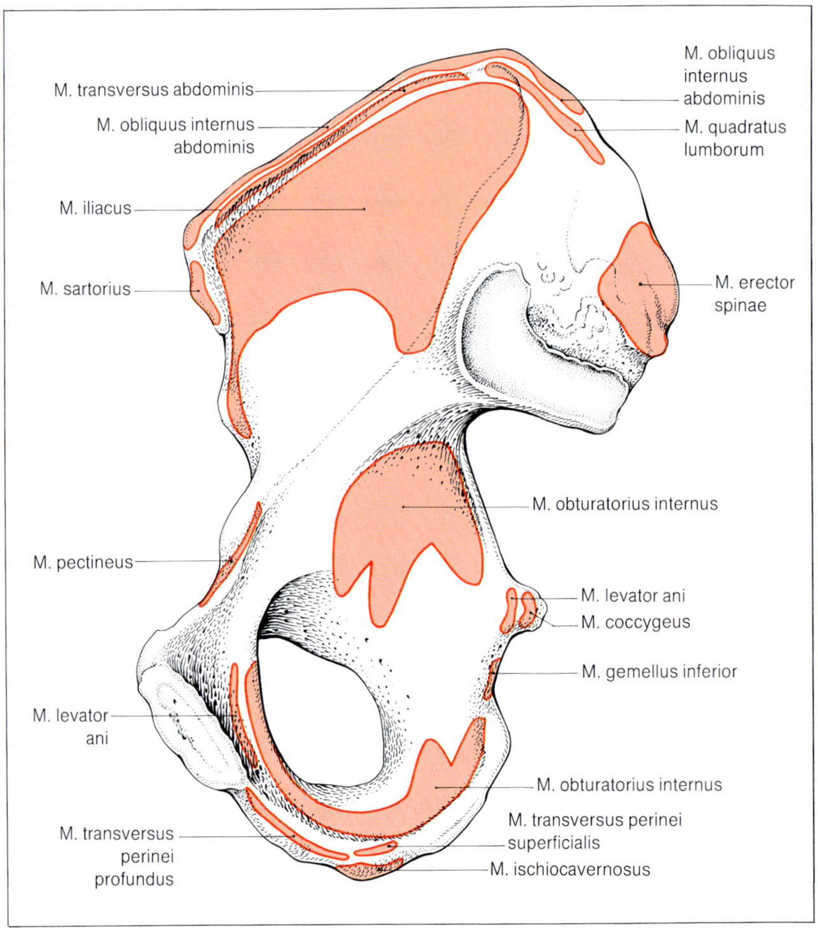

Abb. 7.**83** **Muskelursprünge und -ansätze am rechten Hüftknochen in der Ansicht von medial.**

Unterhalb des Arcus tendineus begrenzt der M. obturatorius internus mit seiner Faszie die laterale Wand der Fossa ischiorectalis. Im unteren Drittel des M. obturatorius internus verlaufen in einer *Faszienduplikatur, Canalis pudendalis, (Alcockscher Kanal)* der *N. pudendus* und die *Vasa pudenda* (s. Abb. 7.**65**).
Die *Mm. gemelli* (Abb. 7.**76**, 7.**80**) bilden den ursprünglich tiefen Teil der Anlage des M. obturatorius, der nicht ins Becken verlagert wurde, sondern seine ursprüngliche extrapelvine Lage beibehalten hat. Der *M. gemellus superior* entspringt an der Spina ischiadica, der *M. gemellus inferior* am Tuber ischiadicum (Abb. 7.**82**). Die Sehnen beider Muskeln strahlen in die Sehne des M. obturatorius internus ein und inserieren gemeinsam mit ihr in der Fossa trochanterica (Abb. 7.**84**).

Varianten

M. obturatorius internus und Mm. gemelli zeigen zahlreiche Varianten. Am M. obturatorius internus kommen überzählige Muskelfaserbündel vor, die von benachbarten Knochen und Bändern entspringen. Der von der Membrana obturatoria kommende Teil kann vollständig oder teilweise von dem am Knochen ansetzenden Teil getrennt verlaufen. Nicht selten fehlt der M. gemellus superior, oder er ist zweigeteilt. Der Muskel kann zusammen mit dem M. piriformis an der Hüftgelenkkapsel inserieren. Auch der M. gemellus inferior fehlt gelegentlich. Selten sind beide Mm. gemelli nicht angelegt.

Funktion und Innervation

Aus der Neutral-0-Stellung unterstützen der M. obturatorius internus und die Mm. gemelli die *Außenrotation*, die *Adduktion* und *Retroversion* im Hüftgelenk. Bei gebeugtem Oberschenkel, z. B. in sitzender Stellung, können die Muskeln auch abduktorisch wirken (Umkehrung der Muskelfunktion, s. S. 534).
Die *Innervation* der Muskeln variiert. Sie werden meistens direkt aus Ästen des *Plexus sacralis* oder vom *N. glutaeus inferior*, gelegentlich auch vom *N. pudendus* versorgt (L_5–$S_{2(3)}$). Die Nerven treten an die Unterfläche der Muskeln heran, während alle übrigen aus dem Foramen infrapiriforme kommenden Leitungsbahnen über die Muskeln hinwegziehen.

M. quadratus femoris

Gestalt und Lage

Der *M. quadratus femoris* (s. Abb. 7.**76**) grenzt als platter, viereckiger Muskel an den M. gemellus inferior, mit dem er gelegentlich verwachsen ist. Er entspringt am Tuber ischiadicum (Abb. 7.**82**) und inseriert am distalen Teil des Trochanter major und an der angrenzenden Crista intertrochanterica (Abb. 7.**84**).

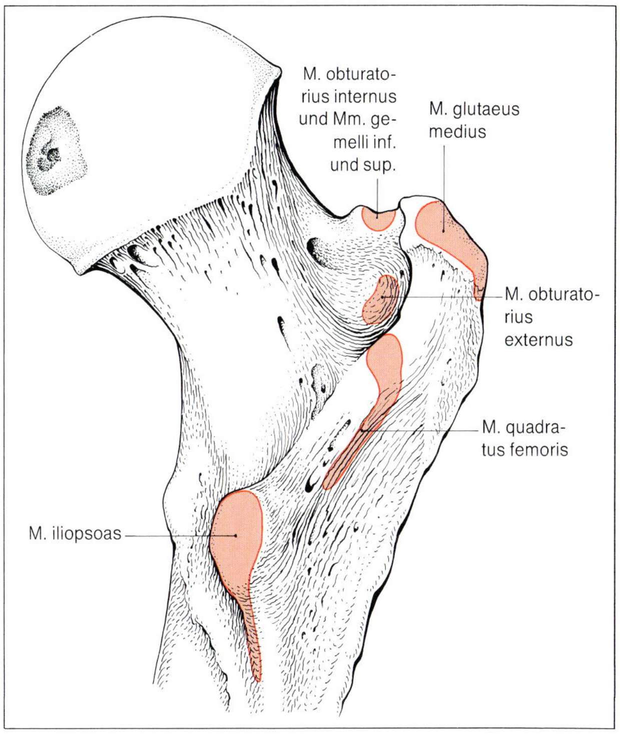

Abb. 7.84 **Muskelansätze am rechten Oberschenkelknochen in der Ansicht von hinten.**

Im medialen Drittel wird der M. quadratus femoris vom N. ischiadicus überkreuzt.

Funktion und Innervation

Der M. quadratus femoris ist ein kräftiger *Außenrotator* im Hüftgelenk. Er wird in dieser Funktion von den Mm. piriformis, obturatorius internus und gemelli unterstützt. Man bezeichnet diese, in der tiefsten Schicht der Gesäßregion liegenden Muskeln auch als tiefe Außenroller des Oberschenkels.
Der M. quadratus femoris wird vom *N. glutaeus inferior* sowie zusätzlich aus Ästen des tibialen Anteils des *N. ischiadicus* innerviert (L_5–S_2).

M. obturatorius externus

Gestalt und Lage

Der *M. obturatorius externus* (s. Abb. 7.**80**, 7.**90**) gehört nach seiner Innervation durch den N. obturatorius bereits zu den Adduktoren. Der Muskel entspringt von der Außenfläche des Ramus ossis ischii, des Ramus inferior ossis pubis sowie von der Membrana obturatoria (Abb. 7.**82**). Seine Endsehne zieht auf der Rückseite des Schenkelhalses, wo sie sich der Hüftgelenkkapsel eng anlegt. An dieser Stelle ist häufig ein Schleimbeutel ausgebildet. Der Muskel inseriert in der Fossa trochanterica (Abb. 7.**84**).

Der M. obturatorius externus wird vollständig von den angrenzenden Hüftgelenkmuskeln bedeckt. Nicht selten ist er in zwei Teile gespalten, durch die der N. obturatorius und die Vasa obturatoria ziehen.

Funktion und Innervation

Der M. obturatorius externus ist ein schwacher *Adduktor*. Er unterstützt die *Außenrotation* im Hüftgelenk. Die Innervation erfolgt durch den *N. obturatorius* (L_3–L_4).

Adduktoren des Oberschenkels

Zur Gruppe der *Adduktoren* zählen die *Mm. adductores longus, brevis* und *magnus,* der *M. gracilis* sowie der *M. pectineus.* Der M. gracilis zieht als zweigelenkiger Muskel über Hüft- und Kniegelenk hinweg. Alle übrigen Muskeln der Gruppe sind eingelenkig. Die Adduktoren liegen an der medialen Seite des Os femoris zwischen Flexoren und Extensoren des Oberschenkels. Ihre Muskelbäuche rufen die Wölbung an der Innenseite des Oberschenkels hervor. Die Adduktorengruppe entspringt am Os pubis und am Os ischii und inseriert fächerförmig entlang des Femurschaftes bis zum Epicondylus medialis. Die Adduktoren verfügen insgesamt über einen großen physiologischen Querschnitt. Sie wirken nicht nur als *Adduktoren,* sondern teilweise auch als *Flexoren* und als *Extensoren* (s. unten). Aus ihrer Lage zur transversalen und sagittalen Achse des Hüftgelenks gewinnen sie ihre funktionelle Bedeutung vor allem in einer Unterstützung der *Stabilisierung des Beckens* in der *Frontal-* und *Sagittalebene* beim ein- und beidbeinigen Stand sowie beim Gehen.

Sämtliche Adduktoren werden vom *N. obturatorius,* einem Ast aus dem Plexus lumbalis (L_2–L_4), innerviert, der sich nach dem Austritt aus dem Canalis obturatorius in einen *R. anterior* und in einen *R. posterior* teilt. Der M. pectineus wird außerdem vom *N. femoralis,* der M. adductor magnus vom Tibialisanteil des *N. ischiadicus* versorgt.

Die arterielle *Blutzufuhr* erfolgt im kranialen Bereich aus der A. obturatoria und der A. circumflexa femoris medialis. Der Hauptanteil der Muskelmasse wird vorn durch Rr. musculares der A. femoralis und hinten durch Aa. perforantes der A. femoralis profunda versorgt.

M. pectineus

Gestalt und Lage

Die Anlage des *M. pectineus* (s. Abb. 7.**88**) entstammt, wie seine Innervation aus dem N. femoralis zeigt, ursprünglich dem Blastem des M. iliopsoas (s. S. 509). Nur sein individuell unterschiedlich großer, vom R. anterior des N. obturatorius innervierter Teil gehört anlagemäßig zur Gruppe der übrigen Adduktoren. Der Muskel entspringt an der Eminentia iliopubica, am Pecten ossis pubis und am Tuberculum pubicum (s. Abb. 7.**82**). Seine Muskelfaserbündel ziehen konvergierend hinter dem Trochanter minor nach distal und inserieren an der Linea pectinea und im proximalen Bereich der Linea aspera (s. Abb. 7.**92**). Zwischen Knochen und Ansatzsehne liegt ein kleiner Schleimbeutel. Der Muskel wird von der *Fascia pectinea,* einem Teil der Fascia iliaca, bedeckt. Der extrapelvine Teil des M. iliopsoas und der M. pectineus bilden eine V-förmige Grube, *Fossa iliopectinea,* in der die Vasa femoralia ziehen (s. Abb. 7.**87**). Der M. pectineus bedeckt größtenteils den M. obturatorius externus.

Varianten

Der M. pectineus kann in seltenen Fällen fehlen. Gelegentlich besteht er aus zwei übereinanderliegenden getrennten Schichten. Teile des Muskels können an der Hüftgelenkkapsel entspringen und am Trochanter minor inserieren.

Funktion und Innervation

Der M. pectineus ist *Beuger* und *Adduktor* im Hüftgelenk; außerdem unterstützt er die *Außenrotation* des Oberschenkels.

Der Muskel wird aus dem *N. femoralis* und selten *zusätzlich* aus dem R. anterior des *N. obturatorius* innerviert.

M. gracilis

Gestalt und Lage

Der *M. gracilis* (s. Abb. 7.**88**) liegt am weitesten medial und begrenzt die Kontur der Oberschenkelinnenseite. Der Muskel entspringt mit breiter Sehne am Ramus inferior ossis pubis, unmittelbar unterhalb der Symphyse (s. Abb. 7.**82**). Der Ursprung des Muskels dehnt sich auf die ventrale Seite der Symphyse aus. Seine Ursprungssehne ist bei leichter Abduktion sicht- und tastbar. Die Muskelfaserbündel des platten Muskels verlaufen in vertikaler Richtung nach distal und gehen im unteren Drittel des Oberschenkels in ihre Endsehne über, die gemeinsam mit dem M. sartorius und dem M. semitendinosus hinter dem Condylus medialis femoris verläuft und dann als *Pes anserinus superficialis* (s. unten) an der Tuberositas tibiae und an der Fascia cruris inseriert (s. Abb. 7.**131**). Die Ansatzsehne des M. gracilis verläuft an der Innenseite des Kniegelenks zwischen M. sartorius und M. semitendinosus (s. Abb. 7.**136**). Zwischen Tuberositas tibiae und den Endsehnen des Pes anserinus liegt die *Bursa anserina.*

Funktion und Innervation

Der *M. gracilis* ist ein *zweigelenkiger Muskel.* Aus der Neutral-0-Stellung wirkt er bei gestrecktem Knie als *Adduktor.* Außerdem unterstützt er die *Beugung im Hüftgelenk* bis zu etwa 40°. Am *Kniegelenk* wirkt er als *Beuger* und *Innenrotator.*
Die Innervation erfolgt durch den *R. anterior* des *N. obturatorius* (L_2–L_4).

M. adductor longus

Gestalt und Lage

Der *M. adductor longus* (s. Abb. 7.**88**) liegt zwischen M. pectineus und M. gracilis und bedeckt gemeinsam mit dem M. pectineus den M. adductor brevis und einen Teil des M. adductor magnus. Der Muskel entspringt am Corpus ossis pubis unterhalb des Tuberculum pubicum und an der Ventralseite der Symphysis pubica (s. Abb. 7.**82**). Sein Muskelbauch zieht divergierend nach distal-lateral und inseriert im mittleren Drittel des Labium mediale lineae asperae (Abb. 7.**92**). Ein Teil seiner Ansatzsehne strahlt in die *Membrana vastoadductoria* ein und begrenzt den Eingang (*Hiatus tendineus*) des *Canalis adductorius,* der zwischen M. vastus medialis und M. adductor magnus liegt (s. S. 532).
Der *M. adductor longus* begrenzt gemeinsam mit dem *M. sartorius* und dem *Lig. inguinale* das *Trigonum femorale* (*Scarpae*), dessen Boden von der *Fossa iliopectinea* (s. oben) gebildet wird.

Varianten

Durchtretende Gefäße können den Muskel gelegentlich in zwei Teile spalten.

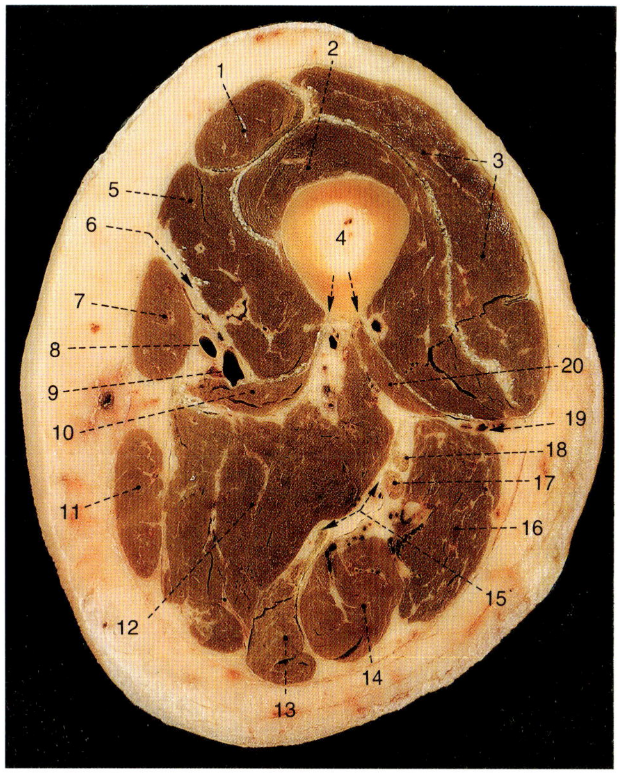

Abb. 7.**85** **Querschnitt durch den rechten Oberschenkel** (Übergang zwischen mittlerem und distalem Drittel). Aufgrund reichlicher Fetteinlagerung sind die einzelnen Muskeln und die Septa intermuscularia zwischen den Muskelgruppen deutlich zu erkennen.
1 M. rectus femoris
2 M. vastus intermedius
3 M. vastus lateralis
4 Cavum medullare des Os femoris
5 M. vastus medialis
6 Septum intermusculare femoris mediale
7 M. sartorius
8 A. femoralis
9 V. femoralis
10 M. adductor longus
11 M. gracilis
12 M. adductor magnus
13 M. semimembranosus
14 M. semitendinosus
15 Septum intermusculare femoris posterius
16 Caput longum m. bicipitis femoris
17 N. tibialis
18 N. peronaeus communis
19 Septum intermusculare femoris laterale
20 Caput breve m. bicipitis femoris
Die Pfeile weisen auf Labium mediale (links) und Labium laterale (rechts) der Linea aspera.

Funktion und Innervation

Der M. adductor longus ist *Adduktor* im Hüftgelenk, außerdem unterstützt er die *Beugung.* Nach elektromyographischen Untersuchungen soll er bei der *Innenrotation,* jedoch nicht bei der Außenrotation im Hüftgelenk aktiv sein (Stabilisierung des Beckens, s. unten).

Der Muskel wird aus dem *R. anterior* des *N. obturatorius* innerviert (L_2–L_4).

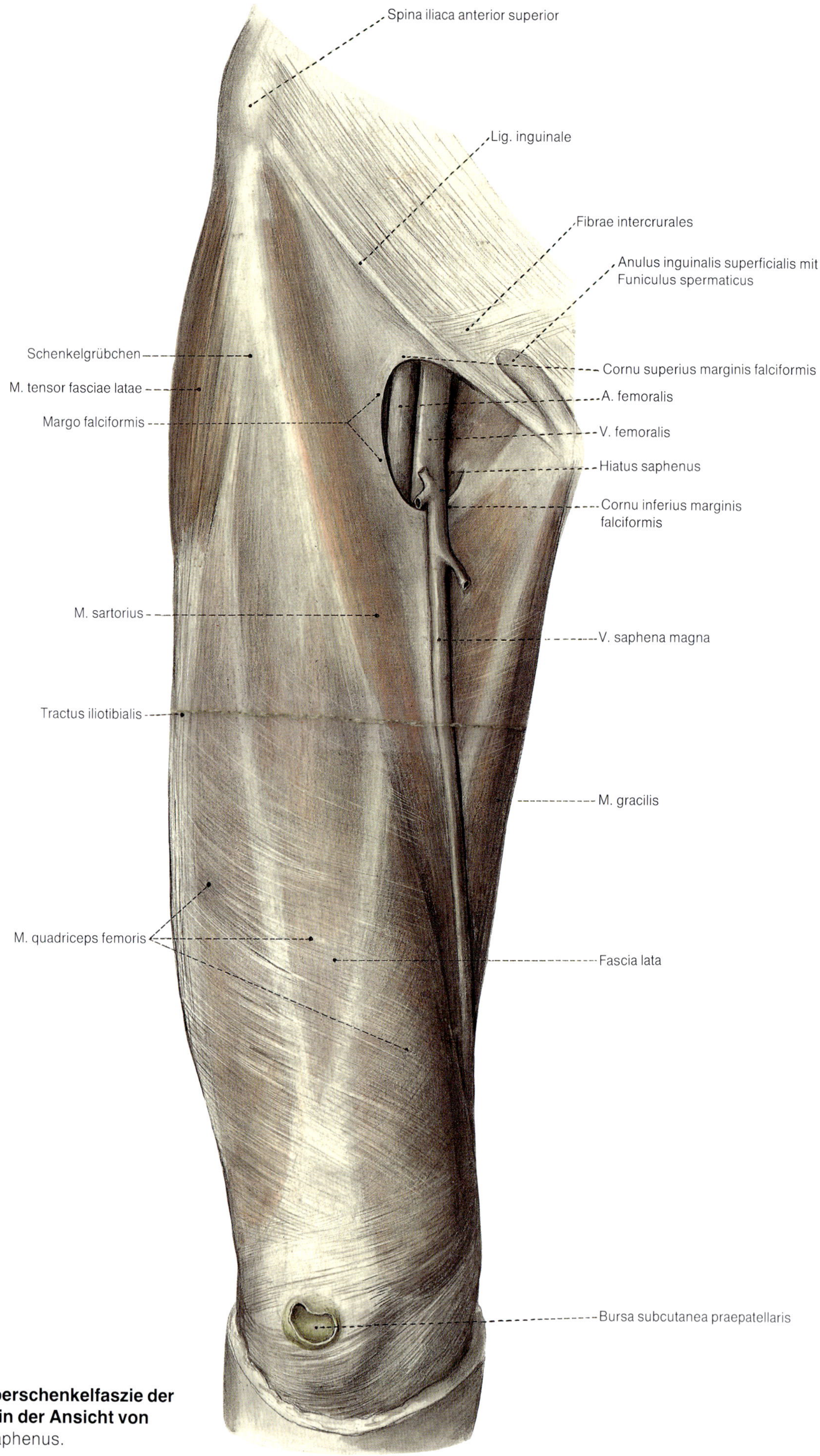

Abb. 7.**86** **Oberschenkelfaszie der rechten Seite in der Ansicht von vorn.** Hiatus saphenus.

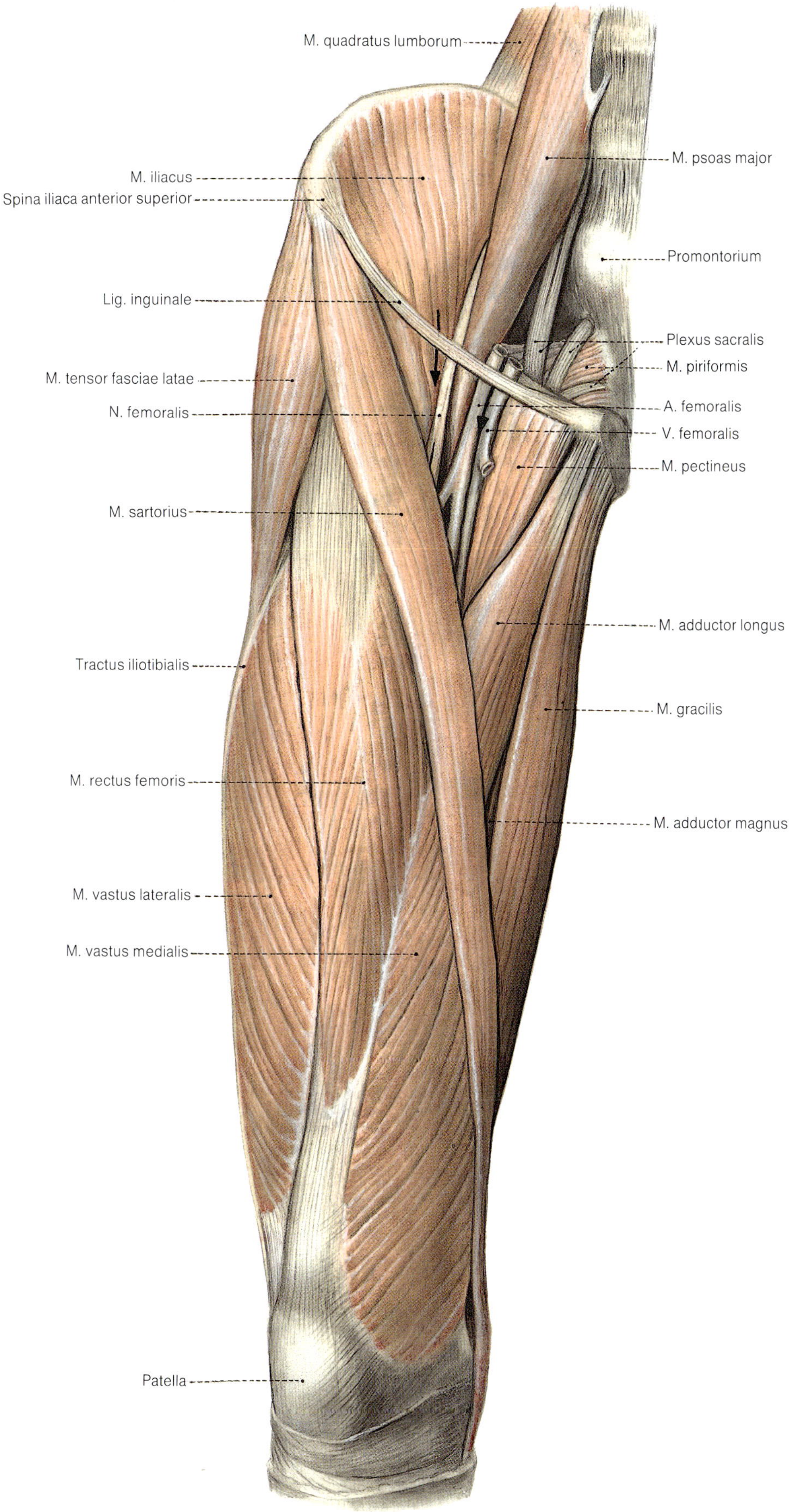

Abb. 7.**87** **Muskeln der Hüfte und des Oberschenkels der rechten Seite in der Ansicht von vorn.**

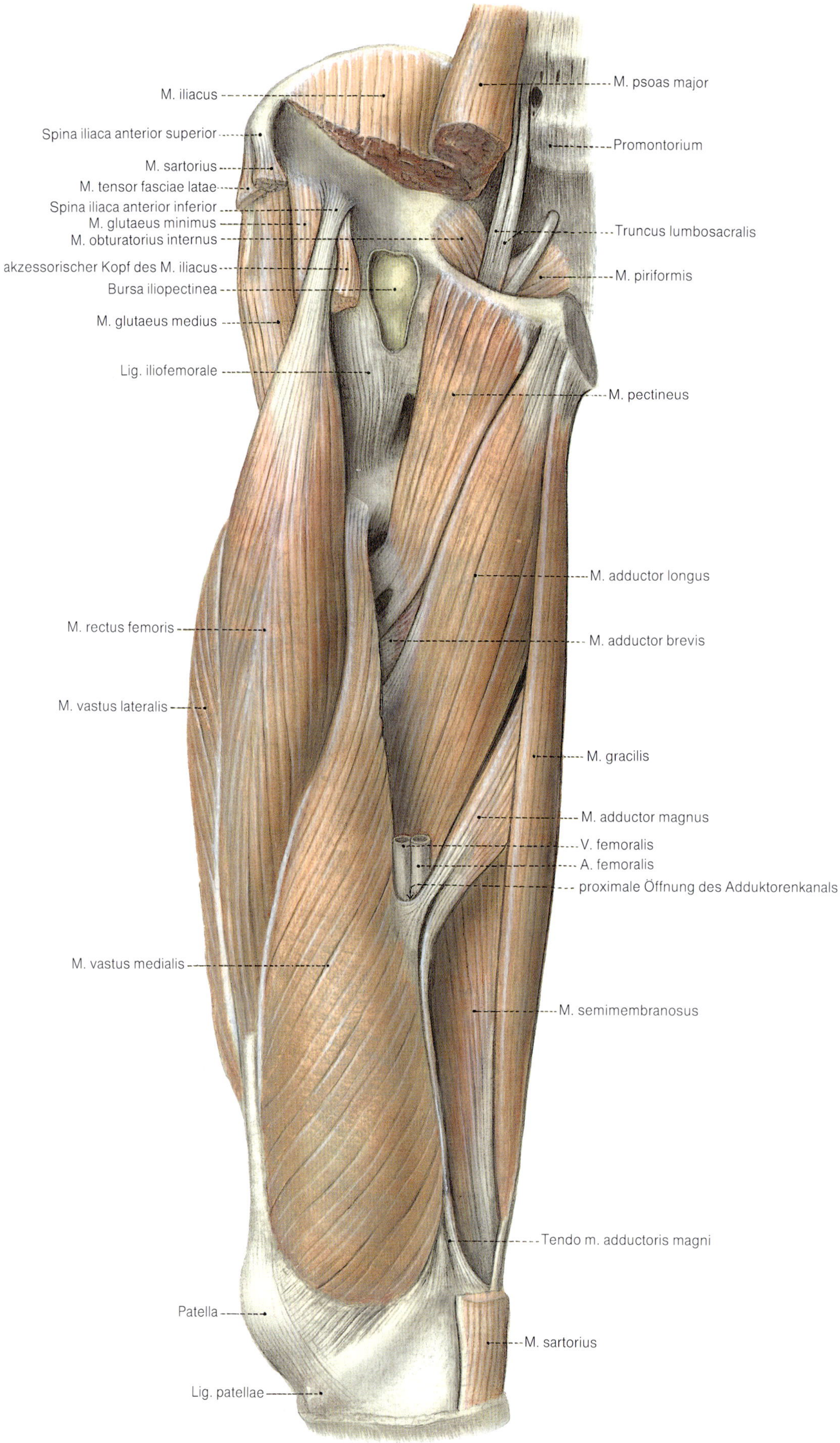

Abb. 7.**88** **Muskeln der Hüfte und des Oberschenkels der rechten Seite in der Ansicht von vorn.** Distaler Teil des M. iliopsoas und des M. tensor fasciae latae sowie des M. sartorius entfernt.

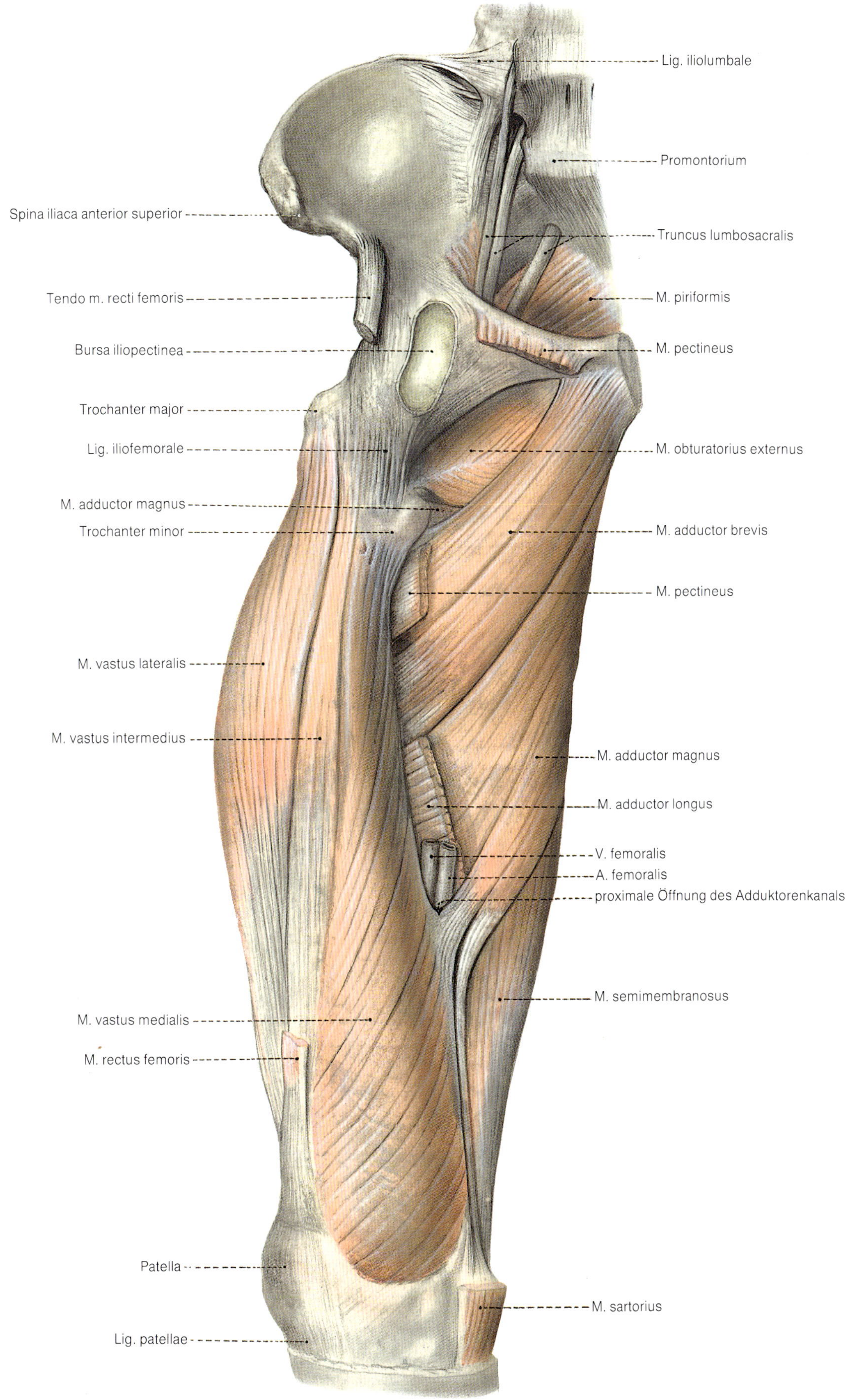

Abb. 7.**89** **Muskeln des rechten Oberschenkels in der Ansicht von vorn-medial.** M. iliopsoas, M. sartorius, M. tensor fasciae latae, M. glutaeus medius und M. rectus femoris entfernt. Freilegung der Mm. vasti und der Adduktoren.

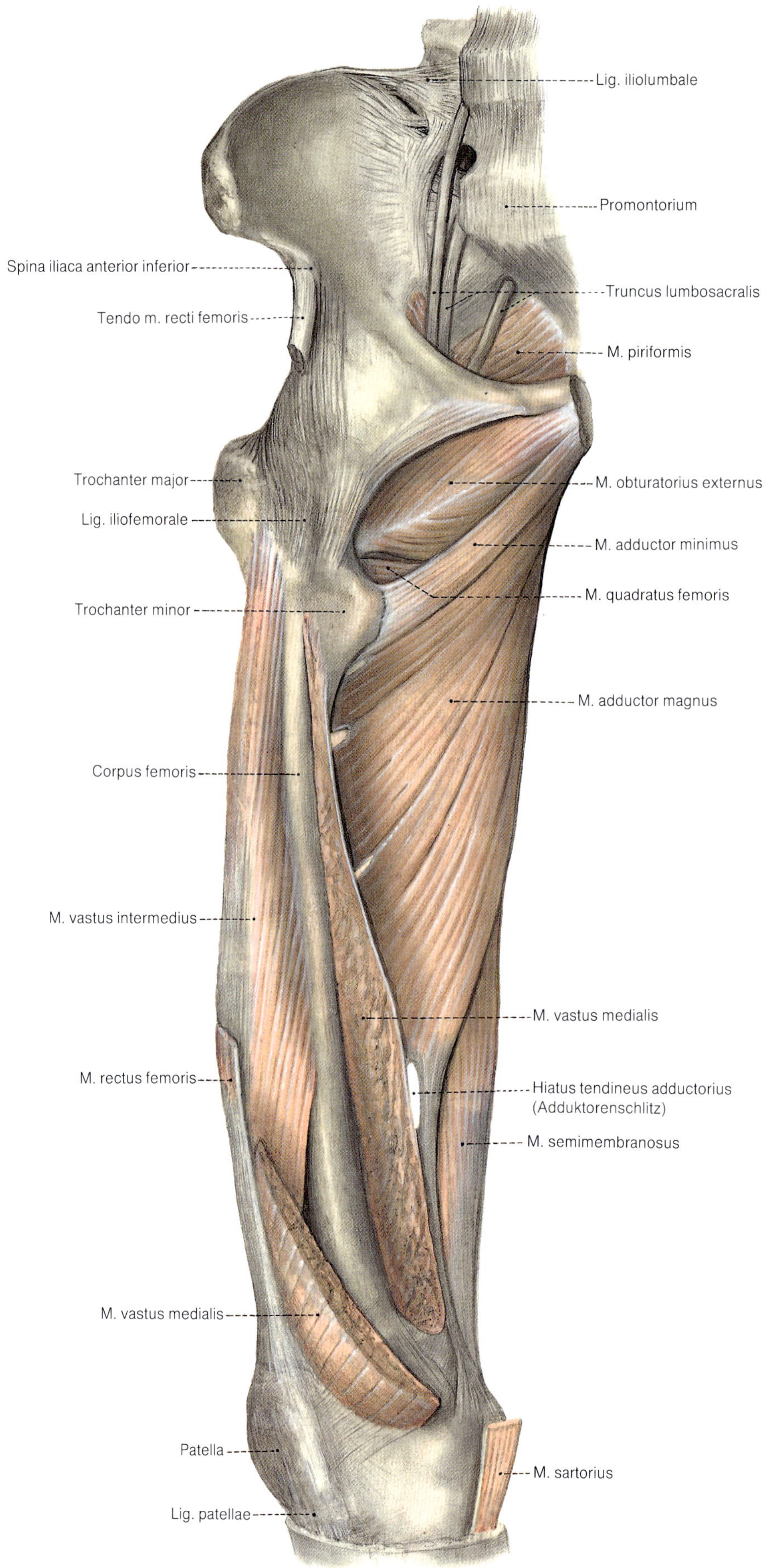

Abb. 7.**90** **Muskeln des rechten Oberschenkels in der Ansicht von vorn-medial.** Freilegung des M. adductor magnus und des M. adductor minimus sowie des M. vastus intermedius.

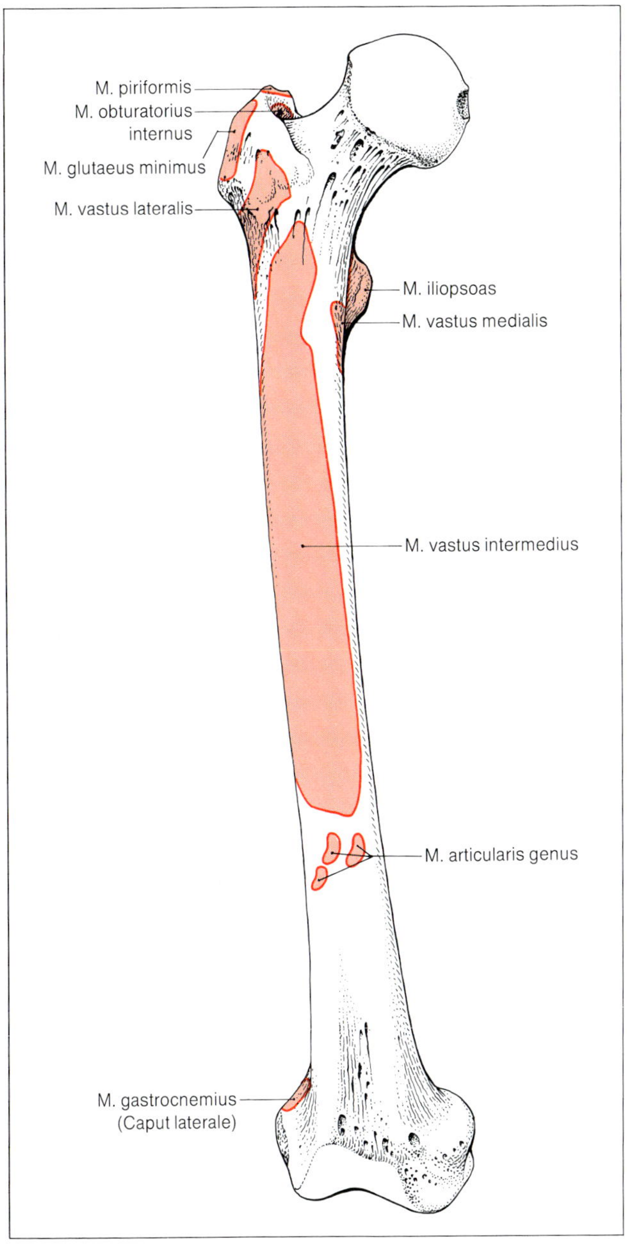

Abb. 7.**91** **Muskelursprünge und -ansätze am rechten Oberschenkelknochen in der Ansicht von vorn.**

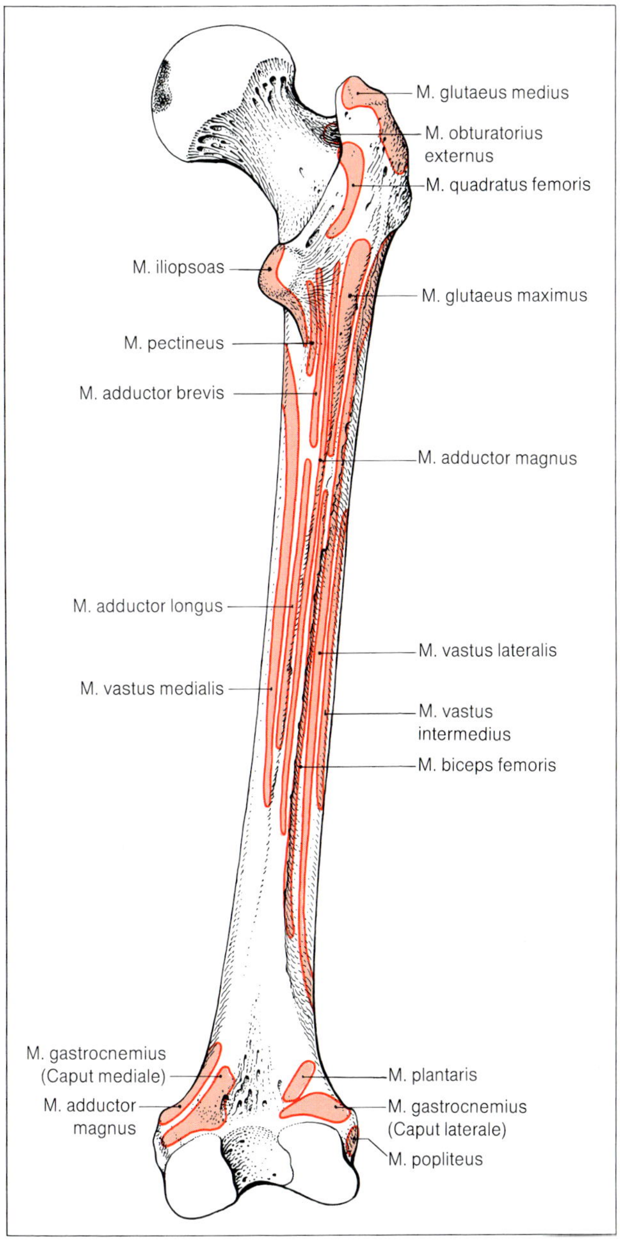

Abb. 7.**92** **Muskelursprünge und -ansätze am rechten Oberschenkelknochen in der Ansicht von hinten.**

M. adductor brevis

Gestalt und Lage

Der *M. adductor brevis* (s. Abb. 7.**89**) bildet mit dem M. adductor magnus die tiefe Schicht der Adduktoren. Der M. adductor brevis wird vom M. pectineus und vom M. adductor longus bedeckt. Er entspringt zwischen M. obturatorius externus und M. gracilis am Ramus inferior ossis pubis und setzt proximal vom M. adductor longus am Labium mediale der Linea aspera an (s. Abb. 7.**82,** 7.**92**).

Der M. adductor brevis hat die gleichen *Funktionen* und die gleiche Innervation wie der M. adductor longus (s. oben).

M. adductor magnus

Gestalt und Lage

Der *M. adductor magnus* (s. Abb. 7.**76,** 7.**90**) gehört zu den kräftigsten Muskeln des Menschen. Er wird vorn von den Mm. quadriceps femoris, adductores brevis, longus und sartorius, medial vom M. gracilis und hinten von den Mm. glutaeus maximus, semimembranosus, semitendinosus und biceps femoris bedeckt. Er hat nur im oberen Drittel des Oberschenkels zwischen den Mm. gracilis, semimembranosus und semitendinosus eine oberflächliche Lage. Der M. adductor magnus entspringt an der Vorderfläche des Ramus inferior ossis pubis, am Ramus ossis ischii und am

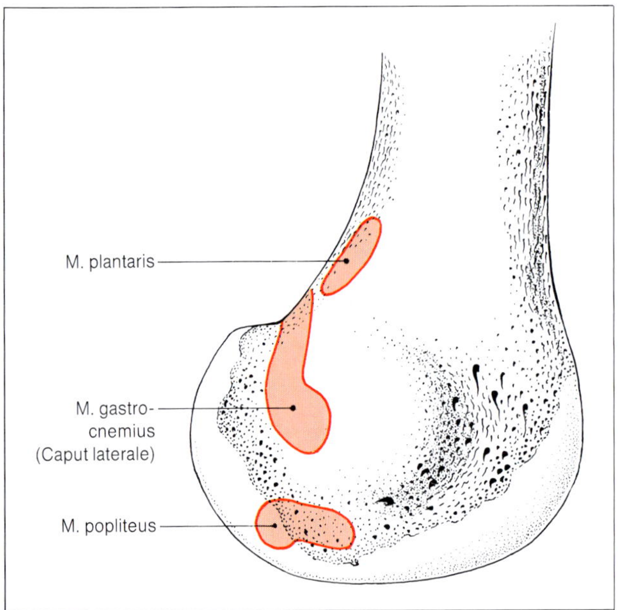

Abb. 7.**93** **Muskelursprünge an einem rechten Oberschenkelkondylus in der Ansicht von lateral.**

Tuber ischiadicum (s. Abb. 7.**82**). Der Muskel besteht aus einem *oberflächlichen* und aus einem *tiefen Anteil*, die zwar miteinander verwachsen sind, jedoch in verschiedener Weise am Femur ansetzen. Der in der Tiefe liegende Anteil entspringt am Ramus inferior ossis pubis und am Ramus ossis ischii. Diese *tiefen Muskelfaserbündel* ziehen fächerförmig nach lateral-distal und inserieren am Labium mediale der Linea aspera (s. Abb. 7.**92**). Der *oberflächliche Anteil* des Muskels hat seinen Ursprung am Tuber ischiadicum und am angrenzenden Ramus ossis ischii. Seine Fasern inserieren zum kleineren Teil am distalen Ende des Labium mediale der Linea aspera und zum größeren Teil am Tuberculum adductorium des Epicondylus medialis femoris. Zwischen der vertikal zum Epicondylus medialis femoris ziehenden Sehne, dem Femurschaft und den zum Labium mediale der Linea aspera ziehenden Sehnenfasern entsteht eine schlitzförmige Öffnung, *Hiatus tendineus (adductorius)* (s. Abb. 7.**76**). Sie bildet die distale Mündung des *Canalis adductorius,* durch den die *Vasa femoralia* auf die Rückseite des Oberschenkels gelangen. Proximal des Hiatus tendineus (adductorius) liegen im Bereich der Ansatzsehne kleine Schlitze für den Durchtritt der Aa. perforantes aus der A. profunda femoris.

Varianten

Der M. adductor magnus kann mit dem M. semimembranosus zusammenhängen. Der vom Tuber ischiadicum entspringende und zum Epicondylus medialis ziehende äußere Teil des Muskels ist gelegentlich teilweise oder vollständig vom tiefen, zum Labium mediale der Linea aspera ziehenden Teil getrennt.

Funktion und Innervation

Nach elektromyographischen Untersuchungen beteiligt sich der *M. adductor magnus* an der aktiven *Adduktion* des Beines nur bei Bewegungen gegen Widerstand. Der hintere Teil des Muskels unterstützt die *Streckung* im Hüftgelenk. Er soll nach elektromyographischen Untersuchungen außerdem an der *Innenrotation* im Hüftgelenk, nicht jedoch an der Außenrotation beteiligt sein.
Der M. adductor magnus hat eine *Doppelinnervation:* Der am Labium mediale lineae asperae inserierende Teil wird vom *R. posterior* des *N. obturatorius* (L_3–L_4), der zum Tuberculum adductorium des Epicondylus medialis ziehende äußere Anteil des Muskels wird von der *Pars tibialis* des *N. ischiadicus* (L_4–L_5) innerviert.

M. adductor minimus

Gestalt und Lage

Die am weitesten kranial liegenden Fasern des M. adductor magnus sind häufig vom übrigen Teil des Muskels abgespalten. Sie werden als *M. adductor minimus* bezeichnet (s. Abb. 7.**90**). Seine horizontal verlaufenden kranialen Muskelfasern, *Pars minima m. adductoris minimi,* entspringen am Ramus inferior ossis pubis und ziehen zum Labium mediale der Linea aspera.

Varianten

Die Ursprünge und Ansätze des M. adductor minimus variieren. Der Ursprung kann sich bis zum Tuber ischiadicum ausdehnen. Der Ansatz reicht manchmal bis ins untere Drittel des Labium mediale der Linea aspera.

Funktion und Innervation

Der M. adductor minimus unterstützt *Adduktion, Außenrotation* und *Beugung* im Hüftgelenk. Er wird vom R. posterior des *N. obturatorius* innerviert.

Zusammenwirken der Adduktoren

Hauptfunktion des M. adductor magnus sowie der Mm. adductores longus und brevis ist die *Stabilisierung des Beckens* im Stand und bei der Fortbewegung. Der M. adductor magnus ist mit den übrigen Streckmuskeln an der *Balance* des Beckens beim ein- und beidbeinigen Stand in der *Sagittalebene* beteiligt. Da das Schwerpunktslot bei aufrechter Haltung *vor* dem Hüftgelenk liegt, verhindern die Muskeln ein Nachvornkippen des Beckens. Bei gebeugtem Hüft- und Kniegelenk (Hockstellung) obliegt die Stabilisierung des Hüftgelenks in der Sagittalen allein dem M. adductor magnus.

Bei der *Stabilisierung des Beckens* in der *Frontalebene* wirken die Adduktoren während der Standbeinphase gemeinsam mit dem auf dem Standbein lastenden Teilkörpergewicht (s. S. 113). Gleichgewicht herrscht in dieser Belastungsebene während der *Standbeinphase,* wenn die Muskelkräfte der Abduktoren die gleiche Größe haben wie die Summe aus der Kraft des Teilkörpergewichts und der Muskelkraft der Adduktoren. Beim Stand auf einem Bein wirken die Adduktoren einem Abkippen des Beckens nach lateral entgegen. Beim Stand auf glatten Untergrund (z. B. auf Eis) verhindern die Adduktoren ein Abspreizen der Beine nach lateral.

Adduktorenkanal

Der *Adduktorenkanal* (Abb. 7.**88**) wird lateral vom *M. vastus medialis,* medial vom *M. adductor magnus* und kranial vom *M. adductor longus* begrenzt. Diese Muskelrinne schließt die *Membrana vastoadductoria,* die den M. vastus medialis, den M. adductor magnus und den distalen Abschnitt des M. adductor longus als Zwischensehne miteinander verbindet, zu einem Kanal. Der Eingang des Adduktorenkanals wird vom *M. sartorius* bedeckt (Abb. 7.**87**). Im Canalis adductorius verlaufen die *A. und V. femoralis* auf die Rückseite des Oberschenkels und gelangen durch den Adduktorenschlitz, *Hiatus tendineus (adductorius,* s. oben) (Abb. 7.**76**) in die Fossa poplitea.

Zusammenfassende Darstellung der Bewegungen der freien Extremität im Hüftgelenk (Tab. 7.2–7.7)

Kräftigster Beuger im Hüftgelenk ist der *M. iliopsoas.* Gemeinsam mit dem *M. rectus femoris* bewirkt er die Anteversion des Schwungbeins beim Gehen. Starke Flexion des Oberschenkels, wie sie z. B. beim schnellen Laufen (Sprinten) erforderlich ist, unterstützen die *Mm. tensor fasciae latae* und *sartorius* sowie die vorderen Teile der *kleinen Glutäen.* Aus der Streck- und Neutral-0-Stellung heraus können die *Mm. gracilis, pectineus, adductores longus* und *brevis* sowie die vorderen tiefen Teile des *M. adductor magnus* bis zu einer Flexion von etwa 50° als Beuger wirken. Geht die Beugung über diesen Wert hinaus, so kehrt sich ihre Muskelfunktion aufgrund der veränderten Lage zur transversalen Achse um, und die Muskeln wirken nun als Strecker (Tab. 7.**2**).

Hauptstrecker im Hüftgelenk sind der *M. glutaeus maximus* und die zweigelenkigen *ischiokruralen Muskeln* (s. S. 543). Die Streckung des Beines in der *Schwungbeinphase des Ganges* erfolgt durch die ischiokruralen Muskeln, vor allem durch den M. semimembranosus. Die Streckwirkung der ischiokruralen Muskeln auf das Hüftgelenk wird durch eine Extension im Kniegelenk gesteigert. Unterstützt wird die Retroversion der freien Extremität im Hüftgelenk durch die hinteren Abschnitte der *kleinen Glutäen,* die *Mm. obturatorius externus, internus, piriformis, gemelli* und *quadratus femoris* sowie durch den oberflächlichen Teil des *M. adductor magnus.*

Beuger und *Strecker* im Hüftgelenk üben eine wichtige Funktion bei der *Stabilisierung des Beckens* in der *Sagittalebene* aus. Eine Verlagerung des Beckens nach vorn wird durch die Strecker, vor allem durch den M. glutaeus maximus, verhindert. Einer Retroversion des Beckens wirken die Beugemuskeln entgegen. Die Hauptaufgabe fällt hier jedoch dem *Lig. iliofemorale* zu (Tab. 7.**3**).

Vergleichbar dem M. deltoideus am Schultergelenk liegen auch die an der *Abduktionsbewegung* des Hüftgelenkes beteiligten Muskeln in einer „deltaförmigen“

Tabelle 7.**2** Flexion im Hüftgelenk

M. iliopsoas
M. rectus femoris
M. tensor fasciae latae
M. glutaeus medius, vorderer Teil
M. sartorius
Unterstützung der Beugung bis 50°:
M. gracilis
M. pectineus
M. adductor longus
M. adductor brevis
M. adductor magnus, tiefer Teil

Tabelle 7.**3** Streckung im Hüftgelenk

M. glutaeus maximus
M. semimembranosus
M. semitendinosus
M. biceps femoris
M. glutaeus medius, hinterer Teil
M. piriformis
Mm. obturatorii und gemelli
M. quadratus femoris
M. adductor magnus, oberflächlicher Teil

Tabelle 7.**4** Abduktion im Hüftgelenk

M. glutaeus medius
M. glutaeus minimus
M. piriformis
M. tensor fasciae latae
M. glutaeus maximus, kranialer Teil
(M. sartorius, M. rectus femoris)

Tabelle 7.**5** Adduktion im Hüftgelenk

M. adductor longus
M. adductor brevis
M. adductor magnus
M. pectineus
M. gracilis
M. glutaeus maximus, kaudaler Teil
M. quadratus femoris
Mm. obturatorii und gemelli

Anordnung um das Hüftgelenk. Den vorderen Schenkel des Dreiecks bildet der *M. tensor fasciae latae,* den hinteren Schenkel der kraniale Teil des *M. glutaeus maximus.* Den mittleren Abschnitt füllen die *Mm. glutaei medius* und *minimus* sowie der *M. piriformis* aus, die den größten Effekt auf die Abduktionsleistung haben. Bei isolierter Kontraktion der kleinen Glutäen resultiert eine reine Abduktionsbewegung im Hüftgelenk. Erfolgt die Abduktion durch den M. tensor fasciae latae und die vorderen Anteile der kleinen Glutäen, so werden außer einer Abduktion gleichzeitig eine Beugung und eine Innenrotation im Hüftgelenk ausgeführt. Kommt die Abduktion durch Kontraktion der kranialen Fasern des M. glutaeus maximus und der hinteren Anteile der kleinen Glutäen zustande, wird mit der Abduktion zugleich extendiert und außenrotiert. Die Abduktion im Hüftgelenk wird durch die *Mm. sartorius* und *rectus femoris* unterstützt (Tab. 7.**4**).

Adduktorisch wirksam ist primär die medial der sagittalen Achse liegende Gruppe der Adduktoren: *Mm. adductores brevis, longus* und *magnus* sowie die *Mm. pectineus* und *gracilis.* Nach elektromyographischen Befunden ist nur der M. adductor longus an der freien Adduktionsbewegung beteiligt, während der M. adductor magnus erst bei einer Adduktion gegen Widerstand aktiv wird. Die Adduktion wird außerdem vom unteren Teil des *M. glutaeus maximus,* den *Mm. quadratus femoris, obturatorius internus, gemelli* und *obturatorius externus* sowie von den *Mm. semitendinosus* und *semimembranosus* und vom *Caput longum* des *M. biceps* unterstützt. Ab- und *Adduktoren stabilisieren das Becken* im ein- und beidbeinigen Stand in der *Frontalebene* (Tab. 7.**5**).

Das Hüftgelenk verfügt über zahlreiche Außenrotatoren, die die Kraft der Innenrotatoren um das Zweifache übertreffen. Als Außenroller wirken der *M. glutaeus maximus,* der *hintere Teil* der *kleinen Glutäen* sowie die *Mm. obturatorius internus* und *externus, piriformis, quadratus femoris* und *pectineus,* ferner der *M. sartorius,* das *Caput longum* des *M. biceps femoris,* der *M. rectus femoris* sowie aus der Neutral-0-Stellung der *M. iliopsoas* (Tab. 7.**6**).

Die wichtigsten Innenrotatoren des Hüftgelenks sind der *M. tensor fasciae latae,* die vorderen Fasern des M. glutaeus medius sowie fast der gesamte *M. glutaeus minimus.* Die Innenrotation wird vom *M. adductor longus* und von dem am Epicondylus medialis femoris inserierenden Teil des *M. adductor magnus* unterstützt. Bei gebeugtem Oberschenkel rollt auch der *M. gracilis* nach innen (Tab. 7.**7**).

Zur *Umkehrung der Muskelfunktion* kommt es bei starker Innenrotation des Beines. In dieser Stellung kann ein Teil der eigentlichen Außenrotatoren zu Innenrotatoren werden, z. B. der M. obturatorius externus und der M. pectineus.

Tabelle 7.**6** Außenrotation im Hüftgelenk

M. glutaeus maximus
Mm. glutaeus medius und minimus, hinterer Teil
M. piriformis
M. quadratus femoris
Mm. obturatorii und gemelli
M. pectineus
M. sartorius
(M. biceps, Caput longum, M. iliopsoas, M. rectus femoris)

Tabelle 7.**7** Innenrotation im Hüftgelenk

M. tensor fasciae latae
M. glutaeus minimus
M. glutaeus medius, vorderer Teil
M. adductor magnus
M. adductor longus
(M. gracilis)

Freie untere Extremität

Form und Achsen des Beines

An der *freien unteren Extremität* unterscheidet man unter Berücksichtigung funktioneller und topographisch-klinischer Gesichtspunkte *drei Abschnitte: Oberschenkel, Unterschenkel* und *Fuß*.

Die *Form des Beines* hängt von der Entwicklung der Muskulatur und des Unterhautfettgewebes sowie von Form und Stellung der Skelettelemente ab. Die Beschreibung der Oberflächenanatomie der einzelnen Bereiche erfolgt jeweils in den entsprechenden Kapiteln.

Bei den meisten Menschen sind die Beine unterschiedlich lang, das rechte Bein ist kürzer als das linke. Oft besteht eine sogenannte gekreuzte Asymmetrie, wobei das längere linke Bein mit einem längeren rechten Arm kombiniert ist (und umgekehrt). Während kleine Differenzen (bis zu 1 cm) klinisch unbedeutend sind, können stärkere Längenunterschiede zu Fehlhaltungen im Bereich der Wirbelsäule führen.

Beim *Erwachsenen* liegen die drei großen Gelenke der unteren Extremität (*Hüft-, Knie-* und oberes *Sprunggelenk*) normalerweise auf einer *Geraden* (*Mikulicz-Linie,* s. unten) (Abb. 7.**94**). Bei solchen „geraden" Beinen berühren sich im aufrechten Stand bei geschlossenen und nach vorn gerichteten Füßen die medialen Femurkondylen und die Innenknöchel. Von dieser „normalen" Beinform des Erwachsenen gibt es fließende Übergänge zu pathologischen Achsenfehlstellungen (s. unten).

Bei *Kindern* und *Jugendlichen* weicht die Beinform erheblich von der des Erwachsenen ab (Abb. 7.**95**). Ihre endgültige Form erhalten die unteren Extremitäten am Ende des 2. Dezennium. Beim *Neugeborenen* beträgt die Beinlänge etwa ein Drittel der Körperlänge. Der Oberschenkel ist länger als der Unterschenkel. Mit den im Rahmen der *Form-* und *Stellungsänderungen* der Beine einhergehenden Wachstumsvorgängen verschieben sich auch die Körperproportionen (s. S. 6). Die Länge der Beine nimmt relativ stärker zu als die des Rumpfes, so daß die Körpermitte vom Nabel nach kaudal rückt und schließlich beim Erwachsenen den oberen Symphysenrand erreicht (s. Abb. 1.**5**).

Die *mechanische Längsachse* oder *Traglinie* des Beines ist die vertikale Verbindung zwischen Femurkopfzentrum und Mitte der Malleolengabel (Abb. 7.**94**). Sie entspricht der bei der klinischen Untersuchung zu bestimmenden *Mikulicz-Linie,* die von der Mitte des Leistenbandes bis zur Mitte des Sprungbeins verläuft.

Während beim *Tibiaschaft* anatomische und mechanische Achse übereinstimmen, weicht die *Schaftachse des Femur* deutlich von der Traglinie ab (s. S. 468). Die Schaftachsen von Femur und Tibia bilden im Kniegelenk in der Frontalebene normalerweise einen nach außen offenen Winkel von etwa 175° (*frontaler Kniewinkel, Femorotibialwinkel*). Der *Neigungswinkel der Femurschaftachse* beträgt gegenüber einer durch den Kniegelenkspalt gelegten Horizontalen (*Kniebasislinie*) 81°–82°. Mit der Traglinie bildet sie einen Winkel von etwa 87°. Bei normalem frontalen Femorotibialwinkel von 175° schneidet die Traglinie des Beines die Kondylen von Femur und Tibia im zentralen Bereich des Kniegelenks, die Mikulicz-Linie verläuft entsprechend durch die Patellamitte. Weicht die Traglinie um mehr als 10 mm von der Kondylenmitte ab, ist dies als pathologisch zu bewerten (s. unten).

Liegt der Winkel zwischen Femur- und Tibiaschaft deutlich unter 175°, so bezeichnet man diese Stellung als *Genu valgum* oder *X-Bein* (Abb. 7.**94b**). Beim Genu valgum liegt die Traglinie lateral des Kniegelenks. Die Patella ist medial der Mikulicz-Linie zu tasten. Bei starker X-Bein-Stellung berühren sich die unteren Extremitäten im aufrechten Stand nur im Kniegelenkbereich.

Bilden die Ober- und Unterschenkel einen nach außen konvexen Bogen, so bezeichnet man diese Stellung von Femur und Tibia als *Genu varum* oder *O-Bein-Stellung* (Abb. 7.**94c**). Die Traglinie verläuft beim Genu varum medial vom Kniegelenk.

Die *Beinachsen* von *Kindern* und *Jugendlichen* weichen physiologischerweise von der des Erwachsenen ab. Der frontale Femorotibialwinkel ändert sich vom Säuglingsalter an bis zum Abschluß des Längenwachstums. Neugeborene und *Säuglinge* haben ein *Genu varum,* das mit einer Beugung und Abduktion im Hüftgelenk und einer Beugung im Kniegelenk sowie mit einer Dorsalextension und Supination des Fußes einhergeht (Abb. 7.**95**). Im Laufe des 2. Lebensjahres wird das Bein des Kleinkindes zunehmend gerader. Zwischen dem 2.–4. Lebensjahr erreicht der frontale Femorotibialwinkel des Kleinkindes die Winkelgröße des Erwachsenen (sogenannte *Geradbeinphase*). Häufig entwickelt sich aus dem geraden Bein des Kleinkindes am Ende des Spielalters ein *Genu valgum.* Die *Rückbildung der X-Bein-Stellung* erfolgt am Beginn des Schulalters (Abb. 7.**95**).

Der *Formwandel* des Beines im Kindesalter ist *mechanisch* bedingt. Mit der Aufrichtung auf die unteren Extremitäten und mit der bipeden Fortbewegung kommt es infolge der veränderten Lage der Kniegelenkresultierenden (s. S. 88, Abb. 3.**38**) zu einer Beanspruchungsänderung an den Wachstumsfugen von Femur- und Tibiakondylen. Die Umwandlung des Genu varum über das gerade Bein in das Genu valgum des Kleinkindes beruht auf einem *unterschiedlichen Längenwachstum der Epiphysenknorpel* im medialen und lateralen Bereich (ausführliche Darstellung in der Legende zu Abb. 3.**38**).

Beim *Erwachsenen* zählen ein ausgeprägtes *Genu valgum* und *Genu varum* zu den sogenannten *Achsenfehlern* des Stützapparates. Beide Deformitäten können zu Veränderungen am Kapselbandapparat des Kniege-

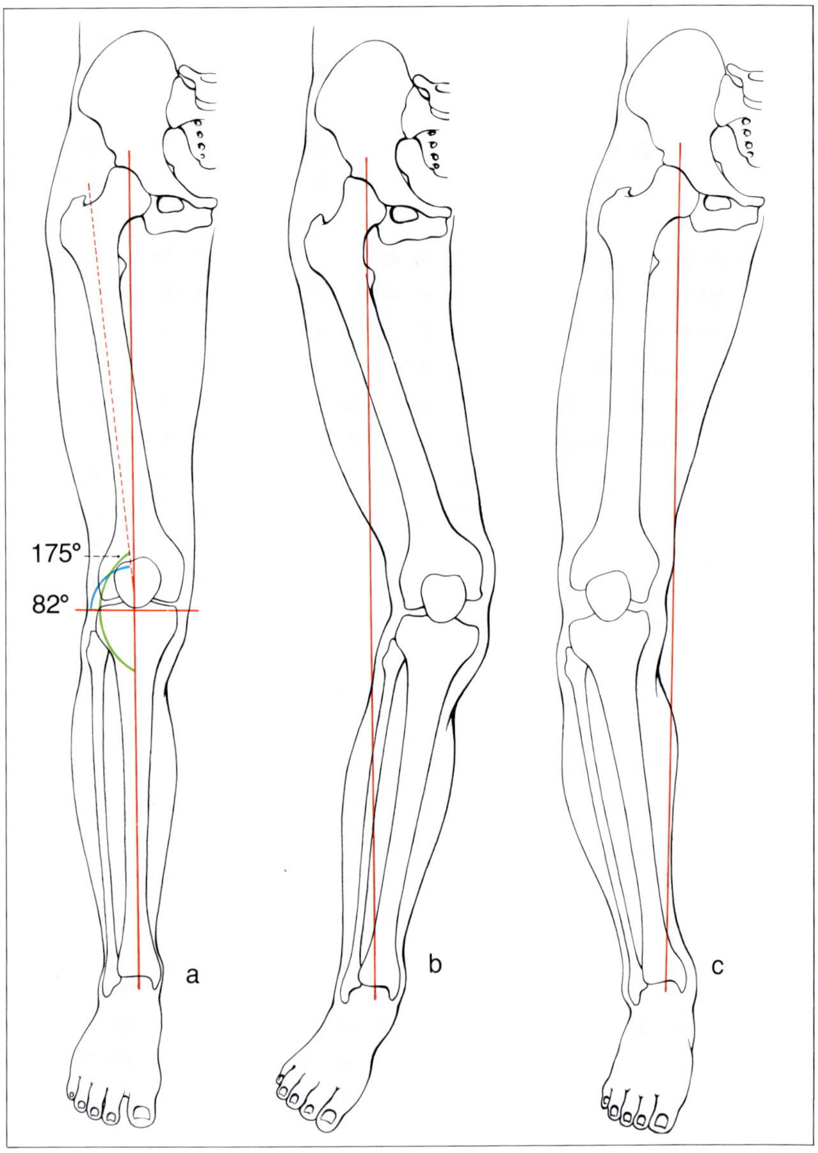

Abb. 7.**94 a** **Normale Achsenverhältnisse an der unteren Extremität beim Erwachsenen.** Die durchgezogene Linie entspricht der mechanischen Achse oder Traglinie (Mikulicz-Linie), sie verläuft durch die Zentren von Hüft-, Knie- und oberem Sprunggelenk. Die Schaftachse des Femur (unterbrochene Linie) weicht um etwa 6° von der Traglinie nach lateral ab. Am Unterschenkel stimmen mechanische Achse und Schaftachse der Tibia überein. Die Schaftachse des Oberschenkelknochens bildet mit der Horizontalen einen Winkel von 82° (blau). Die Schaftachsen von Oberschenkelknochen und Schienbein bilden miteinander einen Winkel von 175° (Femorotibialwinkel, gelb).
Als Achsenfehlstellungen kommen beim Erwachsenen Genu valgum **(b)** und Genu varum **(c)** vor.

Abb. 7.**94 b** **Beim Genu valgum liegt das Kniegelenk medial von der Traglinie.** Oberschenkelknochen und Schienbein sind im Kniegelenk X-förmig gegeneinander abgewinkelt.

Abb. 7.**94 c** **Beim Genu varum liegt das Kniegelenk lateral von der Traglinie.** Oberschenkelknochen und Schienbein sind im Kniegelenk nach außen abgewinkelt.

lenks und infolge einer *Fehlbelastung* zu degenerativen Veränderungen am Knorpel- und Knochengewebe führen. Beim Genu varum wird der mediale Kondylus stärker belastet. Die X-Bein-Stellung führt zu einer vermehrten Belastung des lateralen Kondylus und begünstigt die Luxation der Patella nach lateral.

Abb. 7.**95 b** **Umwandlung des X-Beines zum gestreckten Bein im Kleinkindalter.** Man beachte die physiologische Knickfußstellung und leichte Abflachung der Fußwölbung. Links: 2 Jahre und 10 Monate alt, Mitte: 4 Jahre und 10 Monate alt, rechts: 6 Jahre und 3 Monate alt (vgl. Abb. 3.**38**). (Originalabbildungen Professor Dr. *E. Maier*, Köln)

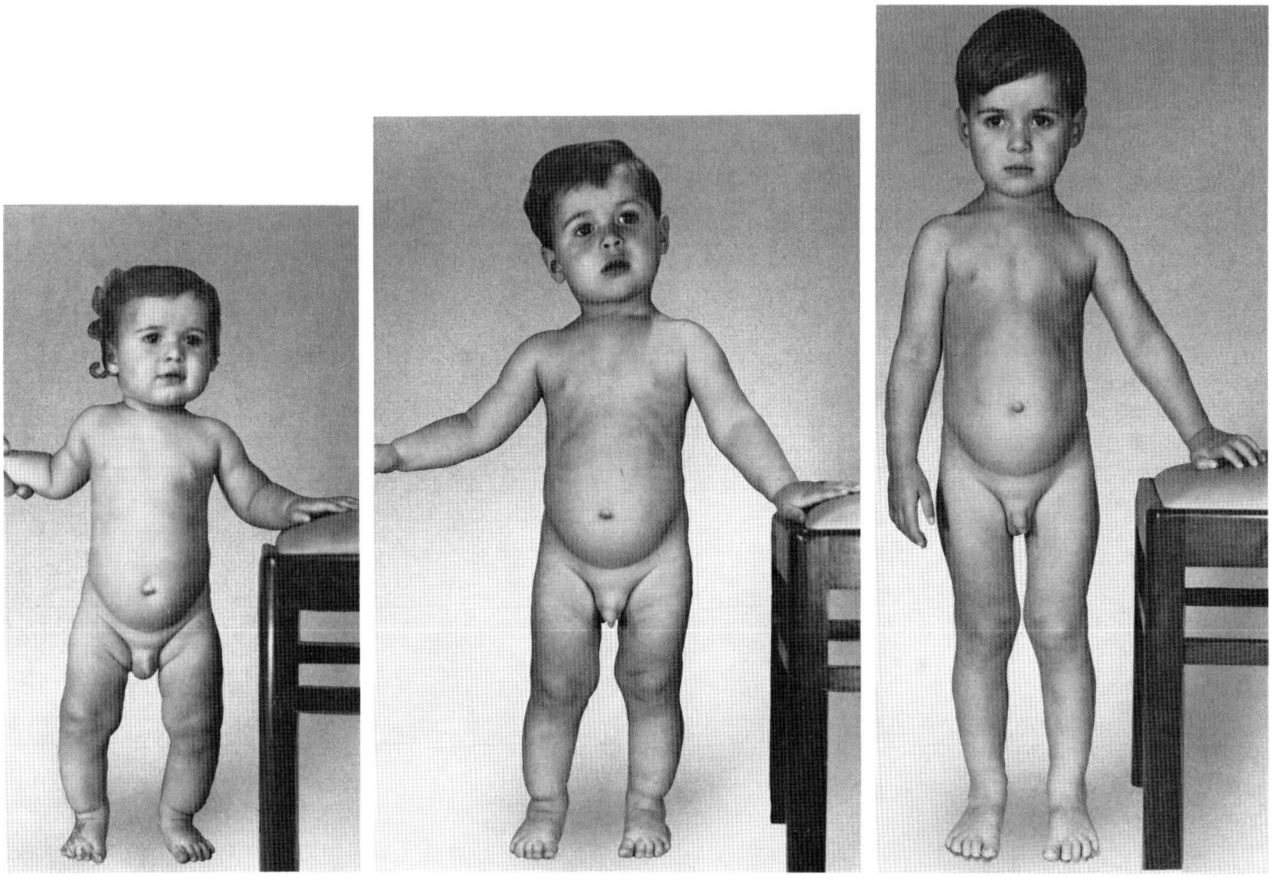

a

Abb. 7.**95a** **Gestaltwandel der unteren Extremität.** Links: O-Bein-Stellung des Säuglings (9 Monate alt), Mitte: sogenannte Geradbeinstellung (1½ Jahre alt), rechts: X-Bein-Stellung (3 Jahre alt).

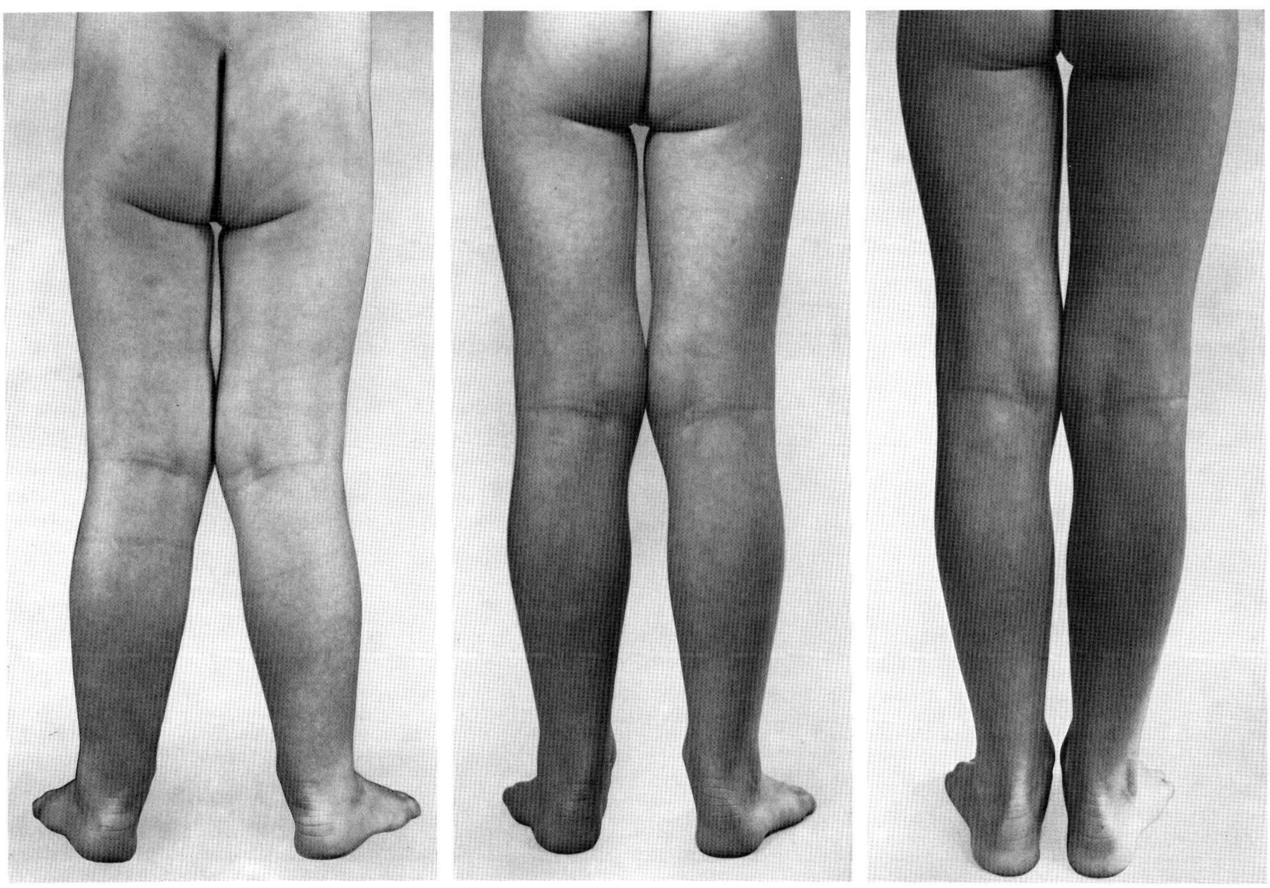

b

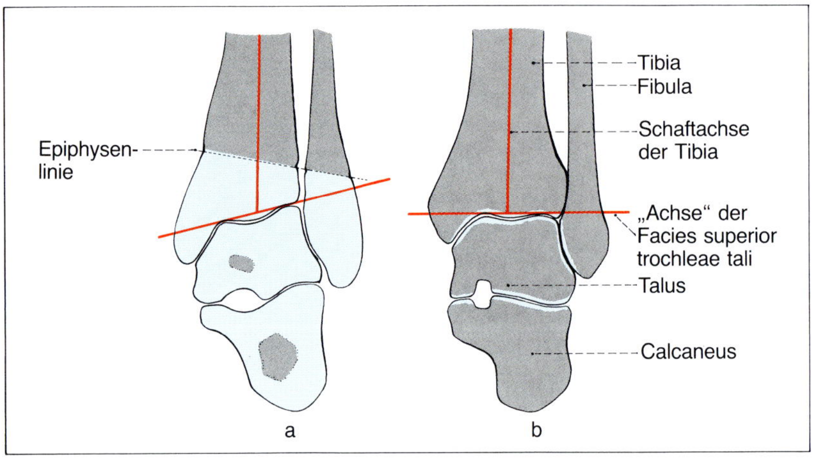

Abb. 7.**96a** u. **b** **Frontalschnitte durch die Sprunggelenkregion eines Neugeborenen (a) und eines Erwachsenen (b).** Beide Objekte wurden auf die gleiche Größe gebracht. Beim Neugeborenen ist die Gelenkfläche der Facies superior trochleae tali gegenüber der Traglinie der Tibia nach medial geneigt. Die distale Epiphysenfuge der Tibia (punktiert) zeigt eine Neigung nach lateral. Beim Erwachsenen trifft die Traglinie der Tibia senkrecht auf die nunmehr horizontal ausgerichtete Facies superior trochleae tali
(nach *von Lanz-Wachsmuth* 1972)

Oberschenkel, Femur

Allgemeiner Aufbau und Oberflächenrelief

Der *Oberschenkel* wird vorn durch die Leistenbeuge von der ventralen Rumpfwand abgegrenzt, auf der Rückseite bildet der Sulcus glutaeus die Grenze zur Gesäßregion. Topographisch unterscheidet man eine vordere Region, *Regio femoris (femoralis) anterior,* und eine hintere Region, *Regio femoris (femoralis) posterior.* Der Oberschenkel hat die Form eines sich nach distal verjüngenden Konus, er geht distal ohne scharfe Grenze in die Kniegelenkregion über.

Bei kräftiger Entwicklung der Muskulatur sind auf der Vorderseite des Oberschenkels die von der Spina iliaca anterior superior entspringenden *Mm. sartorius* und *tensor fasciae latae* zu sehen. Zwischen beiden Muskelursprüngen liegt eine schmale, dreieckige Grube (*Schenkelgrübchen*), in der die Sehne des M. rectus femoris zu tasten ist. Der mediale Rand des spiralig um den Oberschenkel ziehenden *M. sartorius* bildet die laterale Begrenzung des *Trigonum femorale* (*Scarpae*), in das die zur Hüftregion zählenden Adduktoren hineinragen. Distal wird das Oberschenkelrelief vom *M. quadriceps femoris* geformt. Im mittleren Bereich wölbt sich der Muskelbauch des *M. rectus femoris* vor. Der Muskelsehnenübergang ist oberhalb der Patella durch eine deutlich ausgeprägte Einsenkung zu erkennen. Medial und lateral liegen die Muskelbäuche der Mm. vastus medialis und lateralis. Ihre Muskelsehnenübergänge prägen das distale Relief der vorderen Oberschenkelregion: Der *M. vastus lateralis* geht etwa 5–6 cm oberhalb der Patella in die Quadrizepssehne über. Der Muskel-Sehnen-Übergang des *M. vastus medialis* liegt in Höhe des oberen Patellapoles. Aufgrund der in diesem Bereich relativ dünnen Fascia lata wölbt sich der Muskel als *Suprapatellarwulst,* vor allem bei gestrecktem Kniegelenk, deutlich vor (s. Abb. 7.**97**).

Die durch den *Sulcus glutaeus* bedingte Grenze zwischen *Regio glutaea* und *Regio femoris posterior* ist bei gestrecktem Hüftgelenk deutlich zu erkennen (s. Abb. 7.**55**). Die Grenze verschwindet bei gebeugtem Hüftgelenk (s. S. 494). Der proximale Bereich der Oberschenkelrückseite hat eine rundliche Kontur. Die Muskelbäuche der *ischiokruralen Muskulatur* heben sich nur bei muskelstarken Individuen in Streckstellung des Hüftgelenks ab. Im distalen Bereich weichen die ischiokruralen Muskeln auseinander und begrenzen den oberen Teil der Kniekehle, *Fossa poplitea.*

Oberschenkelfaszie, Fascia lata, Muskellogen und Tractus iliotibialis

Die Muskulatur des Oberschenkels wird von der *Fascia lata,* einem Teil der allgemeinen Oberflächenfaszie des Körpers, bedeckt. Proximal entspringt die Faszie auf der *Oberschenkelvorderseite* am Lig. inguinale (s. Abb. 7.**86**), auf der *Rückseite des Oberschenkels* am Darmbeinkamm (s. Abb. 7.**73**). Der die Gesäßregion bedeckende Teil der Fascia lata wird als *Fascia glutaea* bezeichnet (s. S. 520). Distal geht die Fascia lata in die oberflächliche Unterschenkelfaszie, *Fascia cruris,* über. Die Fascia lata ist in den einzelnen Regionen des Oberschenkels unterschiedlich dick. Auf der lateralen Seite wird sie unter dem Einfluß der in sie einstrahlenden Sehnen der Mm. glutaeus maximus und tensor fasciae latae zum vertikal verlaufenden *Tractus iliotibialis* (s. Abb. 7.**77**) verstärkt. Horizontale Verstärkungszüge liegen als sogenannte *Sitzhalfter* auf der Rückseite des Oberschenkels am Übergang zwischen Regio glutaea und Regio femoris posterior. Sie rufen den Sulcus glutaeus hervor. Oberhalb und vor dem Kniegelenk ist die Fascia lata in Form von kräftigen, horizontal verlaufenden Faserzügen verstärkt, die wie ein Gurt um die Patella ziehen. Auf der medialen Seite des Oberschenkels ist die Fascia lata relativ dünn.

Von der Oberschenkelfaszie senken sich Bindegewebsblätter in die Tiefe zwischen die einzelnen Muskelgruppen (s. Abb. 7.**85**). Diese *Zwischenmuskelblätter, Septa intermuscularia,* sind an der Linea aspera des Femur angeheftet. Außerdem werden einzelne Muskeln von Abspaltungen der Faszie umschlossen. Eigene *Faszienlogen* haben die Mm. sartorius, gracilis und tensor fasciae latae.

Als kräftige Bindegewebsplatte liegt das *Septum intermusculare femoris laterale* zwischen M. vastus lateralis und Caput breve m. bicipitis femoris (s. Abb. 7.**85**). Die laterale Zwischenmuskelmembran ist in der Tiefe am Labium laterale der Linea aspera verankert. Medial bildet das *Septum intermusculare femoris mediale* die Scheidewand zwischen den Mm. vastus medialis und adductor magnus. Es inseriert am Labium mediale der Linea aspera. Als geschlossene, feste Bindegewebsplatte besteht das mediale Zwischenmuskelseptum nur im distalen Teil des Oberschenkels. Proximal ist das Bindegewebe, in dem die großen Leitungsbahnen verlaufen, relativ locker. Durch die beiden Septa intermuscularia femoris entstehen zwei *Faszienlogen.* Die vordere Kammer umschließt die *Extensoren,* die hintere die *Flexoren* und die *Adduktoren.* Zwischen den Flexoren (ischiokruralen Muskeln) und den Adduktoren liegt eine Schicht lockeren Bindegewebes, in der der N. ischiadicus verläuft. Diese Bindegewebsschicht (früher als *Septum intermusculare posterius* bezeichnet) geht proximal in das *Stratum subglutaeale* (s. S. 520) und distal in das Bindegewebe der *Fossa poplitea* über. Damit steht die Loge der Flexoren proximal im Bereich des Foramen ischiadicum majus über das Foramen infrapiriforme mit dem Bindegewebsraum des kleinen Beckens in Verbindung. Die *Adduktorenkammer* ist über den *Canalis obturatorius* ebenfalls mit dem Beckenbindegewebe verbunden.

Im *Trigonum femorale,* dicht unterhalb des Leistenbandes, ist die Fascia lata an der Durchtrittsstelle der großen epifaszialen Venen durchlöchert. Man bezeichnet die große, hauptsächlich von der *V. saphena magna* hervorgerufene Öffnung in der Faszie als *Hiatus saphenus* (s. Abb. 5.**153,** 7.**86**). Der Hiatus saphenus hat lateral einen sich nach medial öffnenden sichelförmigen, scharfen Rand, *Margo falciformis,* der sich nach oben und nach unten bogenförmig fortsetzt, *Cornu superius* und *Cornu inferius* des Margo falciformis. Der Hiatus saphenus wird von einer lockeren, siebartig durchbrochenen Bindegewebsplatte, *Fascia cribrosa,* verschlossen.

Als *Tractus iliotibialis* (*Maissiatscher Streifen*) bezeichnet man den lateralen Teil der aponeurotisch verstärkten Fascia lata (s. Abb. 7.**77**). Der Tractus iliotibialis zieht als 8–10 cm breite Bindegewebsplatte von der Crista iliaca und der Spina iliaca anterior superior über den Trochanter major in vertikaler Richtung nach distal. Oberhalb des Trochanter major spaltet er sich in zwei Blätter, die den *M. tensor fasciae* latae teilweise einhüllen. Das *oberflächliche Blatt* ist am Darmbein fixiert, das *tiefe Blatt* hat Verbindung zur Hüftgelenkkapsel. Außer dem M. tensor fasciae latae inseriert auch der kraniale Teil des *M. glutaeus maximus* direkt am Tractus iliotibialis. Der kaudale, an der Tuberositas glutaea inserierende Abschnitt des M. glutaeus maximus hat ebenfalls Verbindung zum Tractus iliotibialis: Im Ansatzbereich durchflechten sich Aponeurose des M. glutaeus maximus und Tractus in der Weise, daß auch der Tractus iliotibialis eine knöcherne Anheftung am Femur gewinnt. Dieses ist Voraussetzung für seine *Zuggurtungswirkung* am Oberschenkelknochen (s. unten).

Am Oberschenkel liegt der Tractus iliotibialis dem *M. vastus lateralis* fest an. Auf der Oberschenkelrückseite geht der Maissiatsche Streifen in das *Septum intermusculare laterale* über und inseriert am *Tuberculum tractus iliotibialis* des *Condylus lateralis tibiae* (*Tuberculum Gerdyi,* s. Abb. 7.**131**). Von der Insertion am Tibiakondylus schwenkt ein kräftiger Bandzug aus der Tiefe des Tractus iliotibialis in horizontaler Richtung nach medial *(Retinaculum patellae transversale)* (s. Abb. 7.**107**) und inseriert am lateralen Rand der Kniescheibe. Dieser Bandzug ist wesentlich an der *horizontalen Zugverspannung* der Kniescheibe im Femoropatellargelenk beteiligt (s. S. 566). Teile des Tractus iliotibialis inserieren außerdem am Fibulakopf.

Am Beispiel des *Tractus iliotibialis* hat PAUWELS erstmals die *Zuggurtungswirkung* von Bandstrukturen und Muskeln zur Herabsetzung der Biegebeanspruchung von langen Röhrenknochen unter Einbeziehung spannungsoptischer Modellversuche nachgewiesen. Die Wirkung des Tractus iliotibialis als Zuggurtung ist um so effektiver, je mehr seiner Fasern über die Sehne des M. glutaeus maximus an der Tuberositas glutaea fixiert sind (s. oben). In der *Standbeinphase* nimmt die *Traktusspannung* durch die Kontraktion der *kleinen Glutäalmuskeln* in dem Augenblick zu, wenn das Femur des Standbeins das Körpergewicht aufnimmt, da die Mm. glutaei medius und minimus in dieser Phase das Standbein in der Frontalebene stabilisieren. Die Traktuswirkung wird außerdem durch die Anspannung des *M. vastus lateralis* erhöht: Durch die kontraktionsbedingte Querschnittsvergrößerung des Muskels entfernt sich der Tractus iliotibialis vom Femurschaft. Mit der dadurch erzielten Verlängerung des Hebelarms kann er die Gegenbiegung mit größerer Kraft bewirken (s. S. 84).

Durch die über den Tractus iliotibialis vermittelte Muskelkraft der Mm. tensor fasciae latae und glutaeus maximus wird das *Femorotibialgelenk* in der *Frontalebene belastet* (s. Abb. 7.**118**).

Muskeln des Oberschenkels

Wie am Oberarm so lassen sich auch am *Oberschenkel* nach Innervation und ursprünglicher Lage zum Skelett eine *Extensoren-* und eine *Flexorengruppe* unterscheiden. Zur *Extensorengruppe* zählen die *dorsalen Hüftmuskeln* an der Innen- und Außenseite der Beckenschaufel. Die dorsale Muskelgruppe der Extensoren liegt infolge der Stellungsänderung des Femur (s. S. 311) auf der *Vorderseite des Oberschenkels.* Die *Flexorengruppe* des Oberschenkels, die den *ventralen,* am Scham- und Sitzbein entspringenden *Hüftmuskeln* entspricht, hat ihre Lage auf der *Rückseite des Femur.* Die Extensorengruppe ist kräftiger als die Flexorengruppe. Die Muskeln haben große funktionelle Bedeutung für die *Stabilisierung* des *Kniegelenks* im Stehen. Zu den vom *N. femoralis* innervierten *Extensoren* gehören die vier Anteile des *M. quadriceps femoris* und der *M. sartorius.* Die *Flexorengruppe* besteht aus den *Mm. semitendinosus, semimembranosus* und *M. biceps femoris.* Sie bilden die *ischiokrurale Muskelgruppe.* Von den Flexoren werden das Caput longum m. bicipitis und die Mm. semitendinosus und semimembranosus vom Tibialisanteil, das Caput breve m. bicipitis femoris vom Peronaeusanteil des *N. ischiadicus* innerviert (Tab. 7.**8**).
Zwischen Extensoren und Flexoren des Oberschenkels hat sich auf der medialen Seite die *Gruppe der Adduktoren* geschoben. Die Adduktoren gehören funktionell zur Hüfte (s. S. 524).

Tabelle 7.**8** Muskeln des Oberschenkels

A. *Vordere Muskeln des Oberschenkels*	
(Extensoren, *dorsale* Muskeln)	
M. quadriceps femoris (N. femoralis, L_2–L_4)	
M. rectus femoris	L_2–L_4
M. vastus medialis	L_2–L_4
M. vastus intermedius	
M. vastus lateralis	
(M. articularis genus,	L_3–L_4)
M. sartorius (N. femoralis, L_2–L_3)	
B. *Hintere Muskeln des Oberschenkels*	
(Flexoren, *ventrale* Muskeln)	
M. biceps femoris	Caput longum (N. tibialis, S_1–S_2)
	Caput breve (N. peronaeus, L_5–S_1)
M. semimembranosus (N. tibialis, L_5–S_2)	
M. semitendinosus (N. tibialis, L_5–S_2)	
M. popliteus (N. tibialis, L_4–$S_{1\,(2)}$)	

Muskeln der Regio femoris (femoralis) anterior (Extensorengruppe)

M. sartorius

Gestalt und Lage

Der oberflächlich liegende *M. sartorius* (s. Abb. 7.**87**) hat eine eigene *Faszienscheide* (*Vagina m. sartorii,* s. oben). Der M. sartorius zählt zu den sogenannten parallelfaserigen Muskeln. Er besitzt die längsten Muskelfasern im Bereich der quergestreiften Skelettmuskulatur. Der Muskel entspringt an der Spina iliaca anterior superior (s. Abb. 7.**82,** 7.**83**) und zieht spiralig um die Vorderfläche des Oberschenkels nach distalmedial, wo er hinter dem Condylus femoris bogenförmig nach vorn verläuft und an der Tuberositas tibiae inseriert (s. Abb. 7.**131**). Seine Ansatzsehne bildet den kranialen oberflächlichen Teil des *Pes anserinus superficialis,* der sich aus den Sehnen der Mm. sartorius, gracilis und semitendinosus zusammensetzt (s. Abb. 7.**136**). Teilweise strahlen die Sehnen des Pes anserinus superficialis in die Kniegelenkkapsel und in die Fascia cruris ein. Zwischen den Ansatzsehnen der Mm. gracilis und semitendinosus sowie des M. sartorius liegt ein Schleimbeutel, *Bursa subtendinea m. sartorii.* Als *Bursa anserina* bezeichnet man den Schleimbeutel zwischen den Sehnen des Pes anserinus superficialis und dem Lig. collaterale tibiale. Die Bursa anserina kann mit der Bursa subtendinea m. sartorii kommunizieren.
Im *mittleren Bereich* des Oberschenkels überkreuzt der M. sartorius den Ursprungsbereich des M. vastus medialis, den Ansatz des M. adductor longus sowie die Membrana vastoadductoria. Er bedeckt den *Eingang zum Adduktorenkanal* und verstärkt dessen vordere Wand.
Der *M. sartorius* begrenzt topographisch den *lateralen Schenkel* des *Trigonum femorale* (*Scarpae*). Die *Basis* des Schenkeldreiecks wird von der Leistenbeuge (*Lig. inguinale*), der *mediale Schenkel* vom *M. adductor longus* gebildet. In älteren Lehrbüchern der Anatomie wird dieses Schenkeldreieck als *Trigonum femorale mediale* bezeichnet und einem *Trigonum femorale laterale* gegenübergestellt, das von den Mm. sartorius und tensor fasciae latae, vom Tractus iliotibialis sowie von der Patella begrenzt wird.

Varianten

Die Breite des Muskels variiert individuell. Bei muskelkräftigen Männern wird der Muskel bis etwa 10 cm breit. Der M. sartorius kann vollständig fehlen oder verdoppelt sein. Selten findet man im mittleren Bereich eine kleine Zwischensehne.

Funktion und Innervation

Der *M. sartorius* ist *zweigelenkig*. Seine Hauptfunktion ist die *Flexion* im *Hüftgelenk*, außerdem unterstützt er die *Außenrotation* und *Abduktion* des Oberschenkels. Die Ansatzsehne des M. sartorius verläuft hinter der transversalen Achse des Kniegelenks. Der Muskel unterstützt die *Beugung* im *Kniegelenk*. Gemeinsam mit den Mm. semitendinosus und semimembranosus bewirkt er außerdem eine *Innenrotation* der Tibia im Kniegelenk.
Der M. sartorius wird vom *N. femoralis* (L_2–L_3) innerviert, dessen Äste im oberen Drittel in den Muskel eintreten.

M. quadriceps femoris

Den größten Teil der Regio femoris anterior nimmt der *M. quadriceps femoris* ein, der das Os femoris mantelartig umfaßt (s. Abb. 7.**85,** 7.**87,** 7.**88**). Der Muskel besteht aus vier Köpfen, *M. rectus femoris, M. vastus lateralis, M. vastus intermedius* und *M. vastus medialis*. Der *M. rectus femoris* zieht als *zweigelenkiger Muskel* über Hüft- und Kniegelenk. Die *eingelenkigen Mm. vasti* wirken nur auf das Kniegelenk. Der M. rectus femoris liegt im mittleren Bereich des Oberschenkels, eingebettet zwischen den Mm. vasti lateralis und medialis, auf dem M. vastus intermedius, sein Muskelbauch läßt sich seitlich von den angrenzenden Muskeln isolieren. Die Mm. vasti sind größtenteils fest miteinander verwachsen. Der M. quadriceps femoris hat eine gemeinsame *Ansatzsehne,* in die die *Patella* als Sesambein eingelagert ist. Der größte Teil der Endsehne zieht zur Basis und zu den Seitenrändern der Patella. Ein Teil der Ansatzfasern zieht kontinuierlich über die Facies anterior patellae. Als Fortsetzung der Endsehne verläuft das *Lig. patellae* von der Spitze der Kniescheibe zur Tuberositas tibiae. Quadrizepsehne und Lig. patellae bilden in Streckstellung nach lateral einen Winkel von etwa 160°. In Flexionsstellung liegen beide Anteile infolge der Verlagerung der Patella nach lateral auf einer Geraden. Die seitlichen Anteile der Ansatzsehne laufen als *Retinaculum patellae (longitudinale) mediale* und als *Retinaculum patellae (longitudinale) laterale* seitlich an der Kniescheibe vorbei und setzen am Condylus medialis und am Condylus lateralis der Tibia an (s. Abb. 7.**106**). Die Retinacula patellae verstärken, wie das Lig. patellae, die Kniegelenkkapsel und bilden außerdem den sogenannten Reservestreckapparat des Kniegelenks.

M. rectus femoris

Gestalt und Lage

Der *M. rectus femoris* hat eine zweizipflige Ursprungssehne am Os ilium. Eine vertikal ziehende runde Sehne kommt von der Spina iliaca anterior inferior, der zweite kräftige Ursprungsteil entspringt breitflächig am Knochen des Pfannendachs sowie an der Gelenkkapsel (s. Abb. 7.**56,** 7.**82**). Der Ursprungsbereich wird von den Mm. tensor fasciae latae und sartorius überlagert. Der lanzettförmige Muskelbauch zählt zu den doppelt gefiederten Muskeln (s. S. 156). Der Muskel geht etwa 8–10 cm oberhalb der Kniescheibe in seine Endsehne über, die größtenteils an der Basis patellae inseriert. Seitlich schließen sich einige Sehnenfasern dem medialen und lateralen Retinaculum patellae an (s. Abb. 7.**106**). Die Ansatzsehne des M. rectus femoris reicht auf der Rückseite des Muskels weit nach proximal. Sie gleitet hier auf der aponeurotisch verbreiterten Ursprungssehne des M. vastus intermedius (s. Abb. 7.**89**).

M. vastus medialis

Gestalt und Lage

Der *M. vastus medialis* (s. Abb. 7.**88,** 7.**89**) entspringt vom distalen Teil der Linea intertrochanterica, vom Labium mediale lineae asperae femoris sowie vom Septum intermusculare femoris mediale (s. Abb. 7.**92**). Der Muskelbauch umhüllt schalenförmig einen Teil des Femurschaftes und den M. vastus intermedius, mit dem er medial fest verwachsen ist. Über die *Membrana vastoadductoria* hat der Muskelbauch medial Verbindungen zu den Adduktoren (s. *Adduktorenkanal,* (S. 532). Die von proximal kommenden Muskelfaserbündel ziehen spiralig nach vorn-distal. Der Muskelbauch des M. vastus medialis, der distal bis in Höhe der Kniescheibe herunterreicht, wölbt sich bei gestrecktem Knie als *Suprapatellarwulst* (s. Abb. 7.**97**) vor. Seine Ansatzsehne zieht zur Basis und zum medialen Seitenrand der Patella sowie als Teil des Retinaculum patellae (longitudinale) mediale zum Condylus medialis tibiae (s. Abb. 7.**106**).
Die unteren, nahezu horizontal verlaufenden Fasern des M. vastus medialis wirken über ihre am Seitenrand der Patella inserierenden Sehnen auf die horizontale Zugverspannung der Patella (s. S. 566).

M. vastus lateralis

Gestalt und Lage

Der *M. vastus lateralis* (s. Abb. 7.**77,** 7.**87,** 7.**89**) kommt von der lateralen Fläche des Trochanter major, von der Linea intertrochanterica, vom Labium laterale der Linea aspera sowie vom Septum intermusculare femoris laterale (s. Abb. 7.**92**). Der größte Teil des Muskels liegt im hinteren seitlichen Bereich des Oberschenkels, wo er einen Teil des Femurschaftes umgreift (s. Abb. 7.**85**). Lateral liegt der M. vastus lateralis dem *Tractus iliotibialis* eng an (Verstärkung der Zuggurtung s. S. 539). Die Oberfläche des M. vastus lateralis wird zu einem großen Teil von einer kräftigen Aponeurose bedeckt, an der zahlreiche seiner Muskelfasern ihren Ursprung haben. Die proximal entspringenden Muskelfasern gehen etwa 5–6 cm oberhalb der Kniescheibe in ihre Endsehne über, die an der Basis patellae und über das Retinaculum patellae (longitudinale) laterale am Condylus tibiae ansetzt. Teile der Sehne können oberhalb der Patella bogenförmig nach medial ziehen und sich hier den Ansatzfasern des M. vastus medialis anschließen (s. Abb. 7.**107**). Distal reicht der Ursprung des M. vastus lateralis bis in Höhe der Kniescheibe. Dieser Teil des Muskels wird vom Tractus iliotibialis vollständig bedeckt. Die Fasern entspringen teilweise an der Innenfläche des Tractus iliotibialis und verlaufen horizontal mit kurzen Sehnen zum lateralen Seitenrand der Kniescheibe. Die distalen Fasern des M. vastus lateralis sind wichtiger Bestandteil der horizontalen Zugverspannung der Patella (s. S. 566).

M. vastus intermedius

Gestalt und Lage

Der *M. vastus intermedius* (s. Abb. 7.**89,** 7.**90**) entspringt an der vorderen und lateralen Fläche des Femurschaftes. Sein Ursprung kann proximal bis zur Linea intertrochanterica reichen (s. Abb. 7.**91**). Seitlich wird der Muskel von den Mm. vasti medialis und lateralis eingehüllt. In der Oberschenkelmitte geht er in seine breite Endsehne über, die an der Basis patellae inseriert. Der M. vastus intermedius bildet den Boden einer seitlich von den Mm. vasti medialis und lateralis begrenzten Rinne, in der der M. rectus femoris liegt.

Ein Teil der distal entspringenden Fasern des M. vastus intermedius inseriert an der Spitze der *Bursa* (*Recessus*) *suprapatellaris.* Diese Muskelfasern werden als *M. articularis genus* (s. Abb. 7.**115,** 7.**129**) bezeichnet. Der M. articularis genus verhindert, daß die Gelenkkapsel im Bereich des Recessus bei Streckung des Kniegelenks eingeklemmt wird.

Varianten

Der vom Oberrand des Acetabulum kommende Ursprungsteil des M. rectus femoris kann fehlen. Die von der Spina iliaca anterior inferior entspringende Sehne ist manchmal geteilt. Die Ansatzsehne des M. rectus femoris läuft zuweilen in einem von den Mm. vasti gebildeten Kanal. Die Mm. vasti medialis und lateralis bestehen gelegentlich aus zwei Schichten. Vom M. vastus lateralis spaltet sich nicht selten ein fünfter Muskelkopf ab. Variable Verschmelzungen zwischen den Mm. vasti lateralis und intermedius kommen vor. Die Fasern des M. vastus medialis können bis zur Tuberositas tibiae reichen. Stärke und Verlauf des M. articularis genus variieren stark. Selten fehlt der gesamte Muskel.

Funktion und Innervation

Der *M. quadriceps* ist der *Extensor des Kniegelenks.* Die Streckung des Kniegelenks aus der Beugestellung heraus ist Bestandteil des Bewegungsablaufes beim Gehen; dabei werden sowohl Standbein als auch Schwungbein im Kniegelenk gestreckt (s. Gang, S. 645). Das Erheben aus sitzender oder aus hockender Stellung macht eine Streckung im Kniegelenk erforderlich. Die Wirkung des zweigelenkigen *M. rectus femoris* als *Kniestrecker* wird verstärkt, wenn das Hüftgelenk gleichzeitig gestreckt ist. Durch die in die Quadrizepssehne als Sesambein eingelagerte *Kniescheibe* wird das Drehmoment des M. quadriceps aufgrund der Verlängerung des *virtuellen Hebelarmes* seiner Endsehne beträchtlich vergrößert (s. S. 165 und Abb. 3.**55,** 7.**111**). Der *M. vastus medialis* unterstützt die *Innenrotation,* der *M. vastus lateralis* beteiligt sich an der *Außenrotation der Tibia* im Kniegelenk.

Der *M. quadriceps stabilisiert* das *Kniegelenk* im Stehen in der *Sagittalebene* und in der *Horizontalebene* (*Rotationsstabilität* s. S. 570). Fällt diese Wirkung bei *Lähmung* des Muskels aus, so wird das Kniegelenk infolge eines Kräfteungleichgewichtes durch die Teilkörperlast und durch den Zug der ischiokruralen Muskeln nach hinten durchgebogen. Es entsteht ein *Genu recurvatum,* das mit einer Fehlbelastung des Kniegelenks einhergeht. Über die an der Kniescheibe ansetzenden Anteile der Quadrizepssehne wird das *Femoropatellargelenk* über eine *vertikale* und über eine *horizontale Zugverspannung* belastet (s. Abb. 7.**120**). Großen Einfluß auf die Führung der Patella in ihrem Gleitlager haben vor allem die Mm. vasti (s. S. 566).

Der *M. rectus femoris* wirkt am *Hüftgelenk* als *Beuger.* Er nimmt diese Funktion am besten bei gestrecktem Kniegelenk wahr, da seine Muskelfasern in dieser Stellung vorgedehnt sind. Der M. rectus femoris unterstützt außerdem die *Abduktion* im Hüftgelenk.

Die *Mm. vasti* üben eine Zuggurtungswirkung auf den Femurschaft aus und setzen dessen Biegebeanspruchung in der Sagittalebene herab.

Den *M. quadriceps* innerviert der *N. femoralis.* Die Mm. vasti medialis und intermedius werden von einem gemeinsamen Ast versorgt (L_2–L_4). Der M. rectus femoris (L_2–L_4) und der M. vastus lateralis (L_3–L_4) haben jeweils einen eigenen Nervenast. Durch Beklopfen der Quadrizepssehne (Lig. patellae) läßt sich der *Patellarsehnenreflex* (Eigenreflex) auslösen (s. Bd. III und Lehrbücher der Physiologie). Der M. quadriceps femoris ist Kennmuskel für das Rückenmarkssegment L_4.

Eine *Lähmung* des M. quadriceps hat weitreichende Folgen. Außer der oben erwähnten mangelnden Stabilisierung des Kniegelenks beim Stehen beeinträchtigt die fehlende Streckmöglichkeit nicht nur Bewegungen,

wie z. B. Treppensteigen und Aufrichten aus sitzender Haltung, sondern auch das Gehen zu ebener Erde.
Der M. quadriceps erhält seine *Blutzufuhr* aus der A. circumflexa femoris lateralis sowie aus den Rr. perforantes der A. profunda femoris.

Schleimbeutel

Hinter der gemeinsamen Endsehne des M. quadriceps liegt proximal von der Patella die *Bursa (Recessus) suprapatellaris,* die in den meisten Fällen mit der Gelenkhöhle kommuniziert (s. Abb. 7.**103**, 7.**115**). Normalerweise gewinnt die Bursa suprapatellaris im 4.–5. Fetalmonat Anschluß an die Gelenkhöhle des Kniegelenks und wird damit zum Recessus der Gelenkhöhle. Größe und Form der Bursa suprapatellaris variieren. Morphologisch lassen sich drei Typen unterscheiden. In ca. einem Fünftel der Fälle kann man im lateralen Abschnitt der Bursa suprapatellaris ein vertikales Septum beobachten, das den Schleimbeutel vollständig oder unvollständig in einen kleinen lateralen und in einen großen medialen Abschnitt unterteilt. In ca. 80% der Fälle fehlt die Septierung. Selten bleibt die Vereinigung aus, so daß die Bursa suprapatellaris in ihrer ursprünglichen Anlage als isolierter Schleimbeutel vorliegt. Dorsal liegt zwischen Lig. patellae und Tibia die *Bursa infrapatellaris profunda* (s. Abb. 7.**103**, 7.**111**, 7.**113**). Sie kommuniziert selten mit der Kniegelenkhöhle. Vor der Kniescheibe gewährleistet die *Bursa subcutanea praepatellaris* (s. Abb. 7.**115**) ein reibungsloses Gleiten der Haut über der Patella. Die *Bursa subfascialis praepatellaris* liegt zwischen der Fascia lata und dem über die Facies anterior patellae hinwegziehenden Quadrizepssehnenanteil. Eine *Bursa subtendinea praepatellaris* kommt im proximalen Bereich der Patella zwischen Quadrizepssehne und Knochen vor. Zwischen der Haut und der Tuberositas tibiae befindet sich die *Bursa subcutanea tuberositatis tibiae* und etwas weiter proximal zwischen Haut und Lig. patellae die *Bursa subcutanea infrapatellaris* (s. Abb. 7.**103**).

Muskeln der Regio femoris (femoralis) posterior (Flexorengruppe)

Zu den Muskeln der *hinteren Oberschenkelregion* gehören die *Mm. semimembranosus, semitendinosus* und *biceps femoris.* Aufgrund ihrer ursprünglichen Lage und ihrer Innervation sind sie *ventrale Oberschenkelmuskeln* (s. S. 539). Die *Mm. semimembranosus* und *semitendinosus* sowie das *Caput longum m. bicipitis femoris* werden wegen ihres Verlaufes als *ischiokrurale Muskeln* bezeichnet. Die ischiokruralen Muskeln sind *zweigelenkig;* sie beugen im Kniegelenk und strecken im Hüftgelenk.

Die regionale Zuordnung des *M. popliteus* ist uneinheitlich. Der Muskel wird hier bei den Oberschenkelmuskeln besprochen, obwohl er genetisch zu ihnen keine Beziehung hat. Der M. popliteus zieht bei Nichtsäugern und niederen Säugern noch nicht über das Kniegelenk hinweg. Erst bei höheren Säugern verlagert sich sein Ursprung von der Fibula auf das Femur.

M. semimembranosus

Gestalt und Lage

Der *M. semimembranosus* (s. Abb. 7.**74,** 7.**76**) verdankt seinen Namen seiner Gestalt: Er besteht etwa zur Hälfte aus einer aponeurotischen Sehne. Der Muskel liegt zwischen M. adductor magnus und M. semitendinosus und bildet den medialen Rand des oberen Teils der *Fossa poplitea.*
Der *M. semimembranosus* entspringt mit schmaler, kräftiger Sehne am Tuber ischiadicum (s. Abb. 7.**82**). Er hat im Gegensatz zum M. semitendinosus und zum Caput longum m. bicipitis normalerweise keinen Ursprung am Lig. sacrotuberale. Unterhalb des Sitzbeinhöckers verbreitert sich seine Ursprungssehne zu einer Sehnenplatte, deren distales Ende bis ins untere Drittel des Oberschenkels reichen kann. Die Ursprungsaponeurose bildet eine Rinne, in der das Caput longum m. bicipitis femoris und der Kopf des M. semitendinosus liegen. Die Muskelfasern entspringen am Übergang vom oberen zum mittleren Drittel des Oberschenkels auf einer von proximal-lateral nach distal-medial ziehenden Linie und verlaufen in parallelfaseriger Anordnung nach medial-distal (s. Abb. 7.**76**). Der Muskel zählt zu den einfach gefiederten Muskeln. Seine *Ansatzsehne* beginnt im mittleren Bereich des Oberschenkels und teilt sich in Höhe des Kniegelenks in *drei Zipfel,* die als *Pes anserinus profundus* (s. Abb. 7.**110,** 7.**133**) bezeichnet werden. Der mediale Sehnenstrang zieht bogenförmig in horizontaler Richtung nach vorn und inseriert, bedeckt vom Lig. collaterale tibiale genus, an der Seitenfläche des Condylus medialis tibiae. Der mittlere Teil setzt die Verlaufsrichtung der ungeteilten Ansatzsehne fort und inseriert auf der Rückseite des Condylus medialis tibiae. Ein Teil seiner Sehnenfasern geht in die Faszie des M. popliteus über. Der laterale Sehnenzipfel strahlt als *Lig. popliteum obliquum* in die hintere Wand der Kniegelenkkapsel ein und bildet hier ein schräg von distal-medial nach proximal-lateral ziehendes *Verstärkungsband.* Die Ansatzsehne des M. semimembranosus und ihre Aufzweigungen haben große funktionelle Bedeutung für die Stabilisierung des Kniegelenks im *postero-medialen Bereich* (sogenannte *Semimembranosusecke,* s. Kniegelenk, S. 569).
Dicht oberhalb der Aufteilung der Ansatzsehne liegt zwischen ihr und dem oberen Rand des Condylus medialis tibiae ein Schleimbeutel, *Bursa m. semimem-*

branosi (s. Abb. 7.**112**). Über den Schleimbeutel zieht auch der *mediale Kopf* des *M. gastrocnemius*. Die Ausbildung der *Bursa m. semimembranosi* ist sehr variabel. Es kommen eigenständige Schleimbeutel unter dem medialen und unter dem lateralen Zipfel der Endsehne vor. Die Bursa m. semimembranosi kann mit dem Schleimbeutel des medialen Gastroknemiuskopfes in Verbindung stehen (*Bursa gastrocnemiosemimembranosa*) und über sie mit der Kniegelenkhöhle kommunzieren. Es wird außerdem eine direkte Verbindung der Bursa m. semimembranosi mit der Kniegelenkhöhle unterhalb des Meniscus medialis beobachtet.

Bursa m. semimembranosi oder Bursa gastrocnemiosemimembranosa können sich zystisch erweitern. Derartige *Popliteazysten* (*Arthrozele* oder *Baker-Zyste*) sind schmerzhaft und führen mitunter zu einer Instabilität des Kniegelenks.

Varianten

Der *M. semimembranosus* fehlt gelegentlich. In seltenen Fällen ist der gesamte Muskel verdoppelt. Das Verhältnis zwischen Muskelfleisch und Sehne ist sehr variabel. Der Muskel kann überwiegend aus Muskelfasern oder aus Sehne bestehen. Sein Ursprung erstreckt sich in seltenen Fällen auf das Lig. sacrotuberale. Das Lig. popliteum obliquum ist nicht immer vorhanden. Selten setzt sich die Ansatzsehne über einen Muskel fort, der in die Fascia cruris einstrahlt, *M. tensor fasciae cruris*.

(Funktion und Innervation, s. unten.)

M. semitendinosus

Gestalt und Lage

Der *M. semitendinosus* (s. Abb. 7.**75**) entspringt unterhalb des Lig. sacrotuberale neben dem Caput longum m. bicipitis femoris am Tuber ischiadicum. Ein Drittel seiner Ursprungsfasern kommt vom Lig. sacrotuberale (s. Abb. 7.**82**). Ein Teil seiner Fasern bildet mit dem *langen Bizepskopf* eine gemeinsame Ursprungssehne (*Caput commune*). Die Ursprungssehnen des M. semitendinosus und des langen Bizepskopfes werden vom M. glutaeus maximus bedeckt. Der M. semitendinosus geht unmittelbar distal des Tuber ischiadicum in einen schlanken Muskelbauch über, der in der Oberschenkelmitte eine schräg von proximal-medial nach distal-lateral ziehende Zwischensehne (*Inscriptio* oder *Intersectio tendinea*) aufweist. Der Muskel liegt in einer von Ursprungssehne und Muskelbauch des M. semimembranosus gebildeten Rinne. Etwa in der Mitte des Oberschenkels beginnt seine schlanke, runde Endsehne, die bogenförmig hinter dem Kniegelenk nach vorn-medial zieht und gemeinsam mit den Mm. gracilis und sartorius als *Pes anserinus superficialis* an der Tuberositas tibiae ansetzt (s. Abb. 7.**131**, 7.**136**). Die Ansatzsehne des M. semitendinosus bildet den hinteren distalen und tiefsten Anteil des Pes anserinus superficialis. Ein Teil der Endsehne strahlt in die Fascia cruris ein. Zwischen den Sehnen des Pes anserinus superficialis und dem Lig. collaterale tibiale genus liegt die *Bursa anserina*, die in seltenen Fällen mit der Bursa m. gastrocnemii kommuniziert.

Varianten

Die Ursprungssehne des M. semitendinosus kann vollständig von der des M. biceps getrennt sein. Es kommen überzählige Muskelbündel vor, die Verbindungen mit benachbarten Muskeln haben. Die sehnige Inscription kann unvollständig sein. Selten werden zwei Zwischensehnen beobachtet.

(Funktion und Innervation, s. unten.)

M. biceps femoris

Gestalt und Lage

Der zweiköpfige *M. biceps femoris* (s. Abb. 7.**75**, 7.**76**) entspringt mit seinem *Caput longum* gemeinsam mit dem M. semitendinosus (*Caput commune* s. oben) an der Hinterfläche des Tuber ischiadicum sowie am Lig. sacrotuberale (s. Abb. 7.**82**). Das *Caput breve* hat seinen Ursprung im mittleren Drittel des Labium laterale lineae asperae gegenüber dem Ansatz des M. adductor magnus und am Septum intermusculare femoris laterale (s. Abb. 7.**92**).
Der Muskelanteil des Caput longum verläuft proximal neben dem M. semitendinosus und bedeckt mit ihm den Ursprungsbereich des M. semimembranosus. Der M. biceps femoris ist lateral vom M. vastus lateralis durch das Septum intermusculare femoris laterale getrennt. In der Tiefe liegt das Caput breve neben dem M. adductor magnus. Die beiden Bizepsköpfe vereinigen sich im distalen Bereich des Oberschenkels und ziehen mit einer *gemeinsamen Endsehne* nach lateral, wo der größte Teil hinter dem Lig. collaterale fibulare am Caput fibulae inseriert (s. Abb. 7.**109**, 7.**130**, 7.**137**). Einige Sehnenfasern ziehen horizontal nach vorn zum Condylus lateralis tibiae. Ein Teil strahlt in die Fascia cruris ein. Der Ansatzbereich des Muskels begrenzt den lateralen proximalen Teil der *Fossa poplitea*.
Zwischen Lig. collaterale fibulare und der Ansatzsehne liegt die *Bursa subtendinea m. bicipitis femoris inferior* (s. Abb. 7.**112**). Der sehnenscheidenartige Schleimbeutel ist etwa 2 cm lang. Als Bursa m. bicipitis femoris superior bezeichnet man den Schleimbeutel zwischen den Ursprungssehnen des Caput longum m. bicipitis femoris und des M. semimembranosus.

Varianten

Der M. biceps femoris zeigt zahlreiche Varianten. Gelegentlich fehlt sein Caput breve. Die beiden Köpfe können selbständig sein und mit eigenen Sehnen am Caput fibulae ansetzen. Manchmal geht die Ansatzsehne in einen *M. tensor fasciae cruris* (s. S. 543) über. An beiden Köpfen werden überzählige Muskelfaserbündel beobachtet, die mit anderen Muskeln, z. B. den Mm. glutaeus maximus, adductor magnus, vastus lateralis, gastrocnemius, in Verbindung stehen.

Funktion und Innervation der ischiokruralen Muskeln

Die *Mm. semimembranosus* und *semitendinosus* sowie das *Caput longum m. bicipitis femoris* wirken auf *Hüft-* und *Kniegelenk*. Von den ischiokruralen Muskeln ist der M. semimembranosus aufgrund seines großen physiologischen Querschnitts am kräftigsten. Seine Hubhöhe ist jedoch wegen seiner kurzen Muskelfasern klein, so daß der Muskel relativ schnell aktiv insuffizient wird (s. unten). Gemeinsam mit dem M. glutaeus maximus *strecken* die ischiokruralen Muskeln das Bein im *Hüftgelenk*. Die Streckung des Beines in der Schwungphase des Ganges erfolgt vorwiegend durch die ischiokruralen Muskeln. Sie beteiligen sich außerdem an der *Stabilisierung des Beckens* in der *Sagittalebene* (s. Hüftgelenk, S. 507).
Am *Kniegelenk* sind die ischiokruralen Muskeln *Beuger*. Sie werden in dieser Funktion vom M. gastrocnemius (s. S. 584) und vom M. popliteus (s. unten) unterstützt. Ihre Kraft als Kniegelenkbeuger wird durch eine Flexion im Hüftgelenk und der damit einhergehenden Vordehnung der ischiokruralen Muskeln gesteigert. Bei gestrecktem Hüftgelenk können die ischiokruralen Muskeln den Unterschenkel aufgrund aktiver Insuffizienz (s. oben und S. 166) nicht maximal beugen. Bei gestrecktem Knie verhindern die ischiokruralen Muskeln eine vollständige Beugung im Hüftgelenk (passive Insuffizienz).
Bei leicht gebeugtem Unterschenkel wirken die *Mm. semimembranosus* und *semitendinosus* als Innenroller, der *M. biceps femoris* als *Außenroller* der *Tibia* im Kniegelenk.
Die *Mm. semimenbranosus* und *semitendinosus* erhalten ihre Innervation vom *Tibialisanteil* des *N. ischiadicus* (L_5–S_2). Die Nervenäste treten oberhalb und unterhalb der sehnigen Inskription in den Muskel ein. Das *Caput longum* des *M. biceps* wird aus dem *Tibialisanteil* des *N. ischiadicus* (S_1–S_2) und das *Caput breve* aus dem *Peronäusanteil* des *N. ischiadicus* (L_5–S_1) innerviert. Die ischiokruralen Muskeln erhalten ihre *Blutversorgung* aus der A. circumflexa femoris medialis, den Rr. perforantes der A. profunda femoris sowie aus der A. poplitea.

M. popliteus

Gestalt und Lage

Der *M. popliteus* (s. Abb. 7.**135**) zieht wie das Caput breve m. bicipitis femoris nur über das Kniegelenk. Er liegt in der Tiefe der Kniekehle und wird von den Leitungsbahnen der Fossa poplitea sowie von den Mm. gastrocnemius und plantaris bedeckt. Der Muskel entspringt mit einer *V-förmigen Ursprungssehne*, deren kräftiger *lateraler Teil* vom Condylus lateralis femoris kommt (s. Abb. 7.**92,** 7.**93**). Dieser Teil der Sehne zieht, eingebettet in die Kniegelenkkapsel, in einer Rinne an der Außenfläche des Femurkondylus medial unter dem Lig. collaterale fibulare hindurch nach distal (s. Abb. 7.**110**). In Höhe des Tibiaplateaus vereinigt sich der laterale Sehnenanteil mit dem vom Hinterhorn des lateralen Meniskus, *Lig. meniscofemorale posterius,* sowie mit dem vom *Lig. popliteum arcuatum* kommenden *medialen hinteren Sehnenzipfel.* Über eine Abspaltung des Lig. popliteum arcuatum (*Retinaculum ligamenti arcuati*) gewinnt der Muskel in den meisten Fällen einen Ursprung am Caput fibulae. Dort, wo die gemeinsame Ursprungssehne über den Condylus lateralis tibiae hinwegzieht, liegt ein Schleimbeutel, der normalerweise mit der Kniegelenkhöhle in Verbindung steht, *Recessus subpopliteus* (*Bursa subpoplitea*; Abb. 7.**112**). In der Ursprungssehne des M. popliteus kann in seltenen Fällen ein *Sesambein* vorkommen. Die Muskelfasern ziehen von proximal-lateral nach distal-medial und inserieren an der Facies posterior tibiae oberhalb des Ursprungs des M. soleus (*Linea m. solei;* Abb. 7. **137**).
Der M. popliteus grenzt lateral-distal an das Lig. capitis fibulae. Der *Recessus subpopliteus* kann Anschluß an die *Articulatio tibiofibularis* gewinnen, so daß eine *Verbindung zwischen Kniegelenk* und *Articulatio tibiofibularis* entsteht (s. S. 562).

Varianten

Der M. popliteus kann fehlen oder einen akzessorischen Kopf haben, der zusammen mit dem M. plantaris am Condylus lateralis femoris oder am Sesambein (Fabella) im fibularen Kopf des M. gastrocnemius entspringt.

Funktion und Innervation

Der *M. popliteus rotiert* die *Tibia* im Kniegelenk *nach innen.* Inwieweit der Muskel an der Flexion des Kniegelenks beteiligt ist, wird unterschiedlich beurteilt. Er soll den *lateralen Meniskus* bei der Beugung nach hinten-lateral ziehen.
Hauptaufgabe des M. popliteus ist die *Stabilisierung* des *Kniegelenks* im *postero-lateralen Bereich* (sogenannte *Popliteusecke,* s. S. 569). Er wirkt synergistisch zum hinteren Kreuzband.
Der M. popliteus wird vom *N. tibialis* innerviert (L_5–$S_{1\,(2)}$).

Knie, Genu

Allgemeiner Aufbau und Oberflächenrelief

Das Knie bildet den Übergang zwischen Ober- und Unterschenkel. Es wird in eine vordere Region, *Regio genus anterior* (Abb. 7.**97**), und eine hintere Region, *Regio genus posterior,* gegliedert. Die proximale Grenze verläuft auf einer Transversallinie etwas oberhalb der Patellabasis. Distal reichen die Knieregionen bis in Höhe der Tuberositas tibiae.
Das markante Relief der Knieregionen kommt durch die oberflächliche Lage von Muskeln, Sehnen und Knochen sowie durch die charakteristische Verteilung des Unterhautfettgewebes zustande. Im Zentrum liegt das *Kniegelenk, Articulatio genus,* mit seinen beiden Anteilen, *Articulationes tibiofemoralis* und *femoropatellaris.* Zum Knie gehört außerdem die *Articulatio tibiofibularis,* die jedoch aus funktionellen Gründen im Kapitel „Unterschenkel" besprochen wird.
Die Konturen der *Regio genus anterior* sind am besten bei gestrecktem Kniegelenk zu erkennen. Eine deutliche Vorwölbung ruft die *Kniescheibe* hervor, deren Vorderfläche sich bei Streck- und mittlerer Beugestellung von der Umgebung abhebt. Die Facies anterior patellae ist insgesamt tastbar. Oberhalb der Basis patellae entsteht im Ansatzbereich der *Quadrizepssehne* eine flache Einsenkung. In die vordere Knieregion ragt medial-kranial der distale Teil des *M. vastus medialis* hinein, dessen Muskelbauch sich als *Suprapatellarwulst* vorwölbt (Abb. 7.**97,** s. S. 541). Seitlich von der Kniescheibe treten medial und lateral bei gestrecktem Knie Gruben auf, in deren Tiefe die *Condyli femoris* und weiter distal die *Condyli tibiae* tastbar sind. Die Einsenkungen der Haut oberhalb und seitlich der Patella verstreichen in Beugestellung des Kniegelenks. Im Spalt zwischen Femur- und Tibiakondylen ist die *Meniskusbasis* tastbar. Von der Patellaspitze aus läßt sich das *Lig. patellae* bis zur Tuberositas tibiae verfolgen. Das Band wölbt sich bei maximaler Extension des Kniegelenks strangartig vor. Lateral-proximal der Tuberositas tibiae kann man das *Tuberculum Gerdyi* palpieren (s. S. 539). Im lateralen Teil der vorderen Knieregion ist das *Lig. collaterale fibulare* proximal des Caput fibulae als derber Strang abgrenzbar. Den Übergang zur hinteren Knieregion bilden medial die Vorwölbungen der *Mm. semimembranosus* und *semitendinosus* und lateral der *M. biceps femoris.*
Die Regio genus anterior wird von der Fascia lata (s. Abb. 7.**86**) bedeckt, deren lateraler Verstärkungszug als *Tractus iliotibialis* im Kniebereich endet. Vor der Kniescheibe verlaufen die Faserzüge der Faszie horizontal und umschlingen die Patella wie ein Gurt.
Die *Regio genus posterior* umfaßt die Kniekehle, *Fossa poplitea* (s. Abb. 7.**97b,** 7.**123**), deren rautenförmige Begrenzung am deutlichsten bei gebeugtem Knie hervortritt. In Flexionsstellung ist die Haut im Zentrum zu einer Grube eingesunken. Die Fossa poplitea wird allseits von Muskeln umrahmt. Die kraniale Begrenzung bilden medial die *Mm. semimembranosus und semitendinosus* und lateral der *M. biceps femoris.* In mittlerer Beugestellung des Kniegelenks hebt sich die Ansatzsehne des M. semitendinosus als deutlich sichtbarer Strang ab. Sie kann in dieser Stellung auch am besten palpatorisch von den übrigen Sehnen des *Pes anserinus superficialis* abgegrenzt werden. Die Ansatzsehne des M. biceps femoris läßt sich vom Muskel-Sehnen-Übergang am Oberschenkel bis zum *Caput fibulae* verfolgen, dessen Konturen in Beugestellung des Kniegelenks gut zu palpieren sind. Hinter dem Fibulakopf liegt der *N. peronaeus communis* unmittelbar unter der Faszie. Bei gestrecktem Knie wird die Kontur der ischiokruralen Muskeln flach. Die distale Begrenzung der Fossa poplitea bildet der *M. gastrocnemius,* dessen Köpfe nur bei Individuen mit wenig subkutanem Fettgewebe und kräftiger Muskulatur getrennt hervortreten. In Streckstellung erscheint oberhalb der Wölbung des M. gastrocnemius ein weiterer Wulst, der durch Verlagerung des subkutanen Fettgewebes zustande kommt (s. Abb. 7.**123**).
Die Kniekehle ist eine *Gefäß-Nerven-Straße* zwischen Ober- und Unterschenkel. In der Fossa poplitea verlaufen die aus dem *Hiatus adductorius* des Adduktorenkanals ein- und austretenden Gefäße mit dem von der Oberschenkelrückseite kommenden *N. ischiadicus,* der sich normalerweise im oberen Abschnitt der Kniekehle in die Nn. tibialis und peronaeus communis teilt. Das Gefäß-Nerven-Bündel aus *A.* und *V. poplitea* sowie *N. tibialis* ist in der Fossa poplitea als Strang tastbar. Der Puls der A. poplitea kann nur bei mageren Personen palpiert werden. Über den Strukturen der Kniekehle liegt die *Fascia poplitea,* die proximal in die Fascia lata und distal in die Fascia cruris übergeht. Der unter der Fascia poplitea liegende *Bindegewebsraum der Kniekehle* setzt sich distal unter dem Arcus tendineus m. solei (s. S. 587) kontinuierlich in das Bindegewebslager zwischen oberflächlicher und tiefer Flexorengruppe des Unterschenkels fort. Nach proximal besteht entlang des N. ischiadicus eine Verbindung in die Flexorenloge auf der Oberschenkelrückseite. Über den Hiatus adductorius und den Adduktorenkanal erhält die Fossa poplitea Anschluß an das Bindegewebe auf der Vorderseite des Oberschenkels.

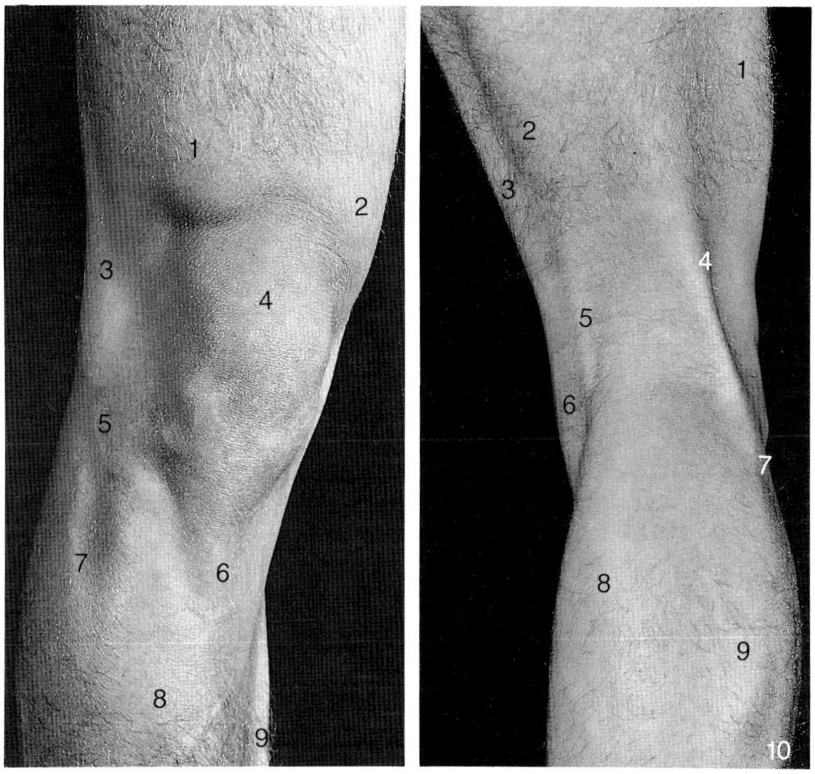

a b

Abb. 7.**97a** **Rechte Knieregion und angrenzende Oberschenkel- und Unterschenkelregionen bei einem jungen Mann in der Ansicht von vorn.**
1 M. vastus lateralis
2 M. vastus medialis (Suprapatellarwulst)
3 M. biceps femoris
4 Patella
5 Caput fibulae
6 Tuberositas tibiae
7 Mm. peronaei
8 Extensoren des Unterschenkels
9 Flexoren des Unterschenkels

Abb. 7.**97b** **Rechte Kniekehle und angrenzende Oberschenkel- und Unterschenkelregionen in der Ansicht von hinten.**
1 M. vastus lateralis
2 M. semimembranosus
3 M. gracilis
4 M. biceps femoris
5 M. semitendinosus
6 M. sartorius
7 Caput fibulae
8 Caput mediale m. gastrocnemii
9 Caput laterale m. gastrocnemii
10 M. soleus

Kniegelenk, Articulatio genus

Aufbau

Artikulierende Anteile

Das *Kniegelenk, Articulatio genus,* ist ein zusammengesetztes Gelenk, in dem *Femur, Tibia* und *Patella* sowie die *Menisken* in zwei Gelenkanteilen, *Articulatio femorotibialis* und *Articulatio femoropatellaris,* miteinander artikulieren.
Im *Femorotibialgelenk, Articulatio femorotibialis,* (Abb. 7.**98**) artikulieren die *Condyli femoris* und die Gelenkfacetten der *Facies articularis superior tibiae* miteinander. Form der Gelenkkörper und Ausdehnung der artikulierenden Gelenkflächen werden bei der Besprechung von Femur und Tibia ausführlich beschrieben (s. Abb. 7.**18,** 7.**21,** 7.**31**) Nach der Form der artikulierenden Skelettelemente ist das Femorotibialgelenk eine *Articulatio bicondylaris* (s. S. 110). Zwischen den bikonvexen Femurkondylen und den leicht konkaven Gelenkfacetten des Tibiaplateaus besteht eine deutliche *Inkongruenz.* Diese Ungleichheit wird durch die beiden *Menisken* (s. unten) ausgeglichen, die sich keilförmig in den peripheren Spalt zwischen Femur und Tibia schieben. Aufgrund der Einlagerung der Menisken läßt sich das Femorotibialgelenk in ein *„Meniskotibialgelenk"* und in ein *„Meniskofemoralgelenk"* unterteilen.
Im *Femoropatellargelenk, Articulatio femoropatellaris* (s. Abb. 7.**21,** 7.**24,** 7.**98**), artikuliert die *Facies patellaris ossis femoris* mit der *Facies articularis patellae.* Die variabel ausgebildeten Gelenkflächen des Patellagleitlagers und der Kniescheibe werden auf S. 469 und 471 und in Abb. 7.**25,** 7.**26** beschrieben.

Menisci

Die keilförmigen *Menisken* (Abb. 7.**100**) sind femurwärts der Kontur der Condyli femoris entsprechend konkav, ihre dem Tibiaplateau aufliegende Seite ist plan. Die Menisken sind an ihren Enden (*Vorder-* und *Hinterhorn*) über kurze, kräftige Bänder aus straffem Bindegewebe im Knochen der *Area intercondylaris* verankert.
Der *Meniscus medialis* hat Sichelform, sein Vorderhorn ist im vorderen medialen Abschnitt der *Area intercondylaris anterior,* sein Hinterhorn im hinteren Bereich der *Area intercondylaris posterior* befestigt. Die Breite des medialen Meniskus beträgt normalerweise im hinteren Bereich 14 mm und im vorderen Drittel etwa 6 mm.
Der *laterale Meniskus* entspricht in seiner Form einem Kreissektor. Sein Radius ist kleiner als der des medialen Meniskus. Die Ansatzzonen des Vorder- und Hinterhornes liegen beim lateralen Meniskus im Bereich der *Eminentia intercondylaris tibiae* nahe beieinander.

Die Vorderhörner beider Menisken sind durch ein variabel ausgebildetes Band, *Lig. transversum genus,* miteinander verbunden. An ihrer Basis, die vorn etwa 3 mm und hinten etwa 5 mm breit ist, sind die Menisken mit der *Gelenkkapsel* verwachsen. Im Bereich des Recessus subpopliteus (s. S. 563) fehlt die Verbindung zwischen Gelenkkapsel und Meniscus lateralis, dessen Basis frei in den Recessus hineinragt. Über die Gelenkkapsel dringen Blutgefäße und Nervenfasern bis in das mittlere Drittel der Menisken vor. Die *Blutversorgung* erfolgt außerdem über Gefäße, die im Verankerungsbereich der Vorder- und Hinterhörner aus dem Knochen in die Menisken eintreten. Der zentrale dünne Anteil der Menisken soll gefäßfrei sein und durch die Synovia ernährt werden. Im Bindegewebe der Vorder- und Hinterhörner liegen zahlreiche *sensible Nervenendigungen.*

Der *mediale Meniskus* ist über die Gelenkkapsel mit

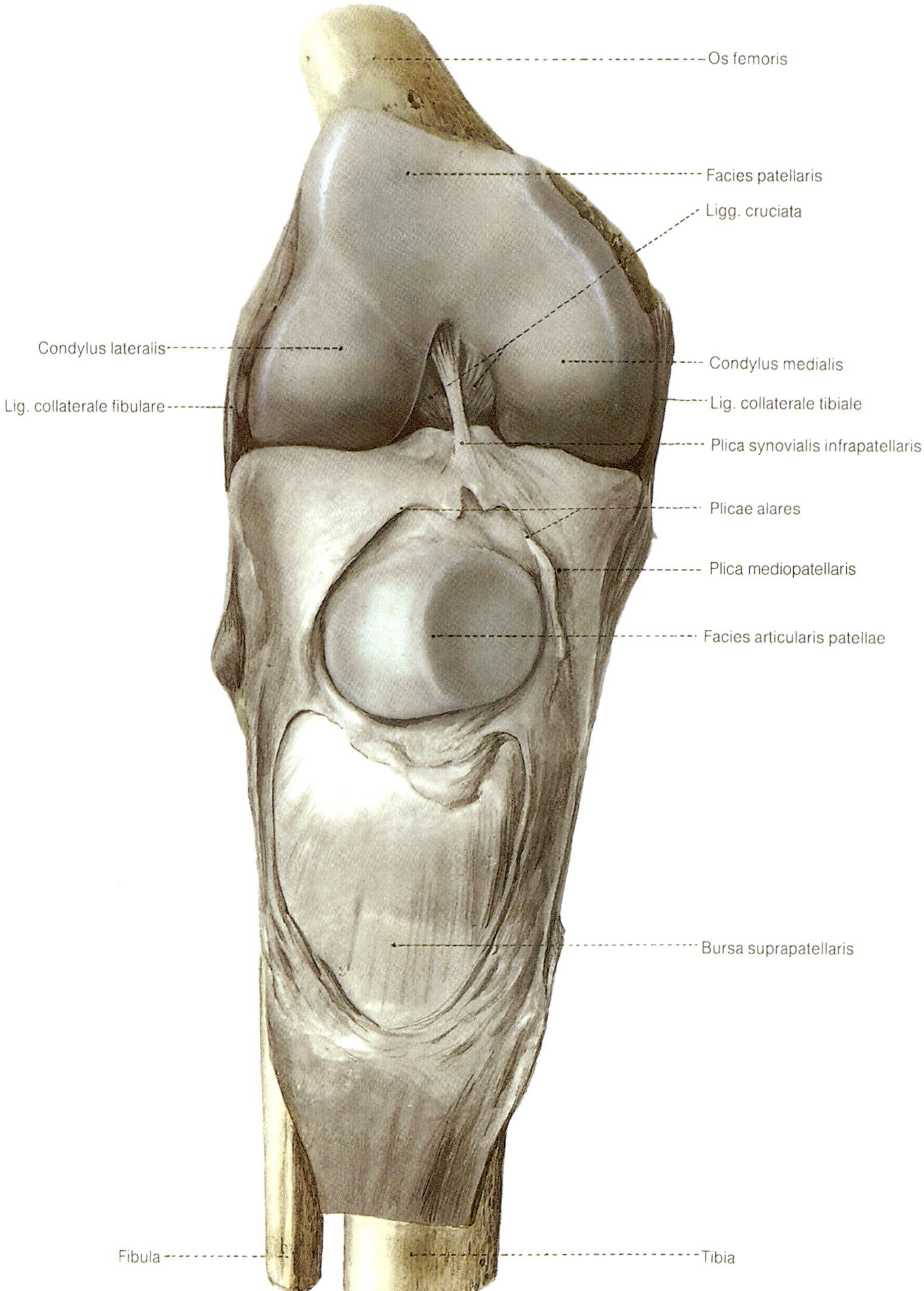

Abb. 7.**98** **Rechtes Kniegelenk nach Entfernung der Gelenkkapsel in der Ansicht von vorn.** Patella mit Quadrizepssehne und Lig. patellae nach unten geklappt.

Abb. 7.**99** **Querschnitt durch das rechte Kniegelenk einer Frau in leichter Beugestellung. Femoropatellargelenk mit horizontaler Zugverspannung.**

1 laterale Facette der Facies articularis patellae
2 sagittales Randsegment (Odd-Facette) der medialen Facette der Facies articularis patellae
3 Fascia lata
4 Retinaculum patellae transversale mediale
5 Plica synovialis infrapatellaris
6 Plica alaris
7 Retinaculum patellae transversale laterale
8 laterale Kondylenwange der Facies patellaris ossis femoris
9 mediale Kondylenwange der Facies patellaris ossis femoris
10 Epicondylus medialis
11 Lig. cruciatum posterius
12 Lig. collaterale fibulare
13 Condylus lateralis
14 M. popliteus
15 Caput laterale m. gastrocnemii
16 Caput mediale m. gastrocnemii
17 Condylus medialis
18 Capsula articularis
19 Lig. collaterale tibiale

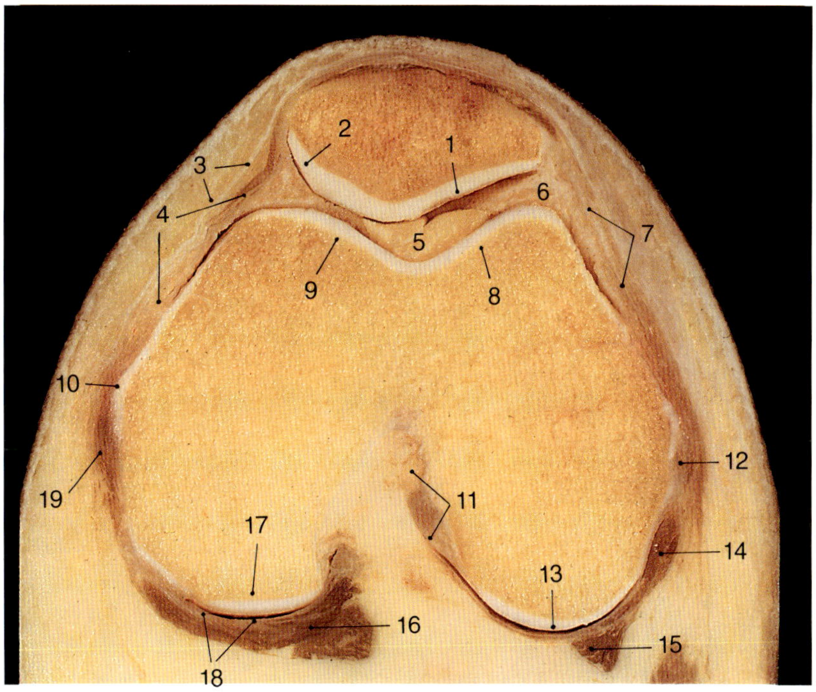

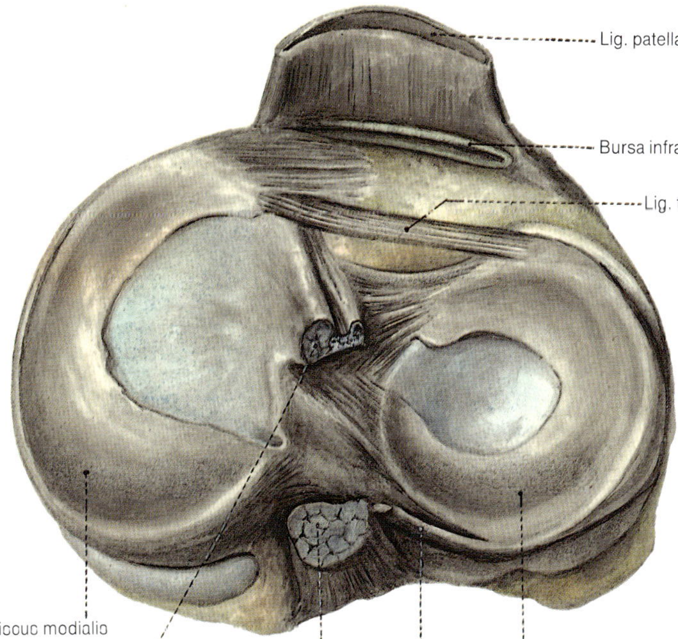

Abb. 7.**100** **Rechtes Kniegelenk in der Ansicht von oben.** Proximale Gelenkflächen des rechten Schienbeins mit den Menisken. Kreuzbänder durchtrennt.

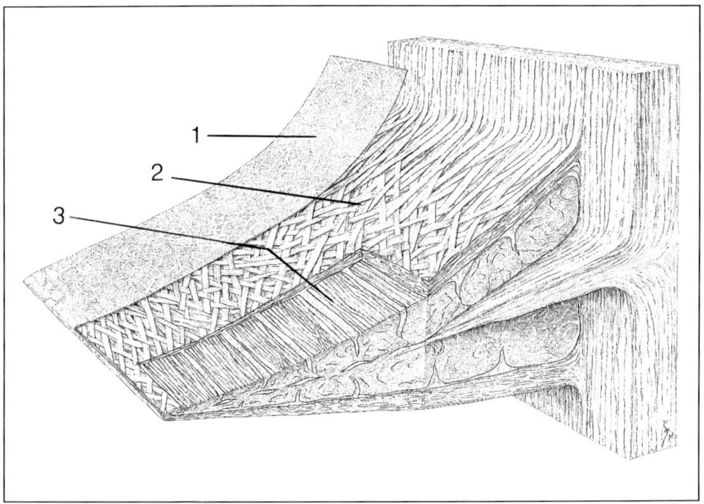

Abb. 7.**101** **Am Meniskusquerschnitt lassen sich drei Schichten voneinander abgrenzen.**
1 Die Meniskusoberfläche wird auf der tibialen und auf der femoralen Seite von einem Geflecht dünner Fibrillen bedeckt.
2 Unter dem oberflächlichen Netzwerk liegt an der tibialen und femoralen Oberfläche eine Schicht lamellenartiger Fasersysteme. Im Bereich der Basis sind die parallel verlaufenden Kollagenfibrillenbündel radiär ausgerichtet; im inneren Abschnitt überkreuzen sich die Faserlamellen unter verschiedenen Winkeln.
3 Im zentralen Hauptanteil der Menisken sind die Kollagenfibrillenbündel in allen Bereichen zirkulär ausgerichtet. An der Meniskusbasis dringt lockeres Bindegewebe von der Gelenkkapsel zwischen die zirkulär verlaufenden Fibrillenbündel (nach rasterelektronenmikroskopischen Befunden von Petersen und Tillmann).

dem tiefen hinteren Anteil des *Lig. collaterale tibiale,* dem sogenannten *Lig. collaterale tibiale posterius,* verwachsen (s. unten). Der hintere Teil des *Meniscus lateralis* kann durch ein variabel ausgebildetes Band mit dem vorderen Kreuzband in Verbindung stehen, *Lig. meniscofemorale anterius.* Regelmäßig zieht ein kräftiges Band vom Hinterrand des lateralen Meniskus zur fibularen Seite des Condylus medialis ossis femoris. Das Band legt sich als *Lig. meniscofemorale posterius* (Roberti) der antero-medialen Portion des hinteren Kreuzbandes an. Das Hinterhorn des lateralen Meniskus ist teilweise über die Gelenkkapsel mit der Ursprungssehne des *M. popliteus* verbunden. Im Bereich des Recessus subpopliteus fehlt die Verbindung zwischen Meniskusbasis und Gelenkkapsel.

Die Menisken stehen über Verstärkungsbänder der Gelenkkapsel mit der Patella in Verbindung. Diese *meniskopatellaren Bänder* (s. Abb. 7.**107**) spielen funktionell bei der Vorverlagerung der Menisken auf dem Tibiaplateau eine Rolle.

Die Menisken bestehen an ihrer Basis aus straffem Bindegewebe. Die von den artikulierenden Flächen eingeschlossene zentrale Zone enthält straffes Bindegewebe und Faserknorpel. Im Bereich der artikulierenden Flächen kommt ausschließlich Faserknorpel vor. Sie werden durch den im Femorotibialgelenk auftretenden Gelenkdruck viskoelastisch verformt. Die *Kollagenfasern,* die von wenigen elastischen Fasern begleitet werden, sind innerhalb der Menisken in Richtung größter Dehnung angeordnet (Abb. 7.**101**). Die Kollagenfibrillen im Meniskus liegen in drei Schichten. Der Hauptanteil der Kollagenfibrillenbündel ist zirkulär ausgerichtet (Abb. 7.**101**). In den Zonen ihrer Verankerung im Knochen werden die Meniskushörner, bedingt durch die Lageveränderung bei der Bewegung, auf Zug beansprucht. Die Insertion der Menisken erfolgt an den Vorder- und Hinterhörnern nach Art chondral-apophysärer Sehnenansätze (vgl. S. 153), deren Faserknorpelzone avaskulär ist. Beim Erwachsenen sind die Menisken im Bereich der Basis mit Blut- und Lymphgefäßen sowie mit freien Nervenendigungen versorgt.

Die Menisken können funktionell als *„transportable Gelenkflächen"* angesehen werden. Sie übernehmen etwa ein Drittel der im Kniegelenk übertragenen Last und tragen wesentlich zur *Verteilung des Gelenkdrukes* und damit zur gleichmäßigen Beanspruchung des Femorotibialgelenks bei. Die Menisken sind außerdem für die *Stabilisierung* des Kniegelenks von großer Bedeutung, indem sie sich, vor allem in den Endstellungen, wie Keile zwischen Femurkondylen und Tibiaplateau schieben *(Hemmschuhwirkung).* Sie werden dabei vom Bandapparat in ihrer jeweiligen Position gehalten (s. unten). *Großflächiger Kontakt* zwischen Menisken und Femurkondylen besteht nur in *Streckstellung* des Kniegelenks. Bei *gebeugtem* und *rotiertem Knie* ist der *Kontakt* stets nur *partiell.*

Die Menisken *verschieben* sich bei allen Bewegungen des Kniegelenks auf dem Tibiaplateau (Abb. 7.**102**). Der *laterale Meniskus* ist aufgrund der eng beieinanderliegenden Verankerungen seines Vorder- und Hinterhornes beweglicher als der *mediale Meniskus,* dessen Fixpunkte am Knochen weiter voneinander entfernt sind. Der laterale Meniskus hat keine Verbindung zum lateralen Kollateralband, außerdem fehlt ihm über dem Recessus subpopliteus die Verankerung an der Gelenkkapsel. Der mediale Meniskus ist demgegenüber im seitlichen hinteren Bereich über die Kapsel mit einem Teil des tibialen Kollateralbandes (Lig. collaterale tibiale posterius) verbunden.

Die Menisken verlagern sich bei *Beugung* im Kniegelenk nach hinten und bei *Streckung* nach vorn. Bei *Innenrotation* schiebt sich der mediale Meniskus nach vorn und der laterale Meniskus nach hinten. Bei *Außenrotation* gleitet der mediale Meniskus nach hinten und der laterale Meniskus nach vorn (s. Abb. 7.**102**). Die Verlagerung der Menisken erfolgt sowohl passiv als auch aktiv. Bei Flexion werden die Menisken medial durch den M. semimembranosus und lateral durch den M. popliteus nach hinten gezogen. Bei der Streckung üben die meniskopatellaren Bänder einen Zug auf die Menisken aus.

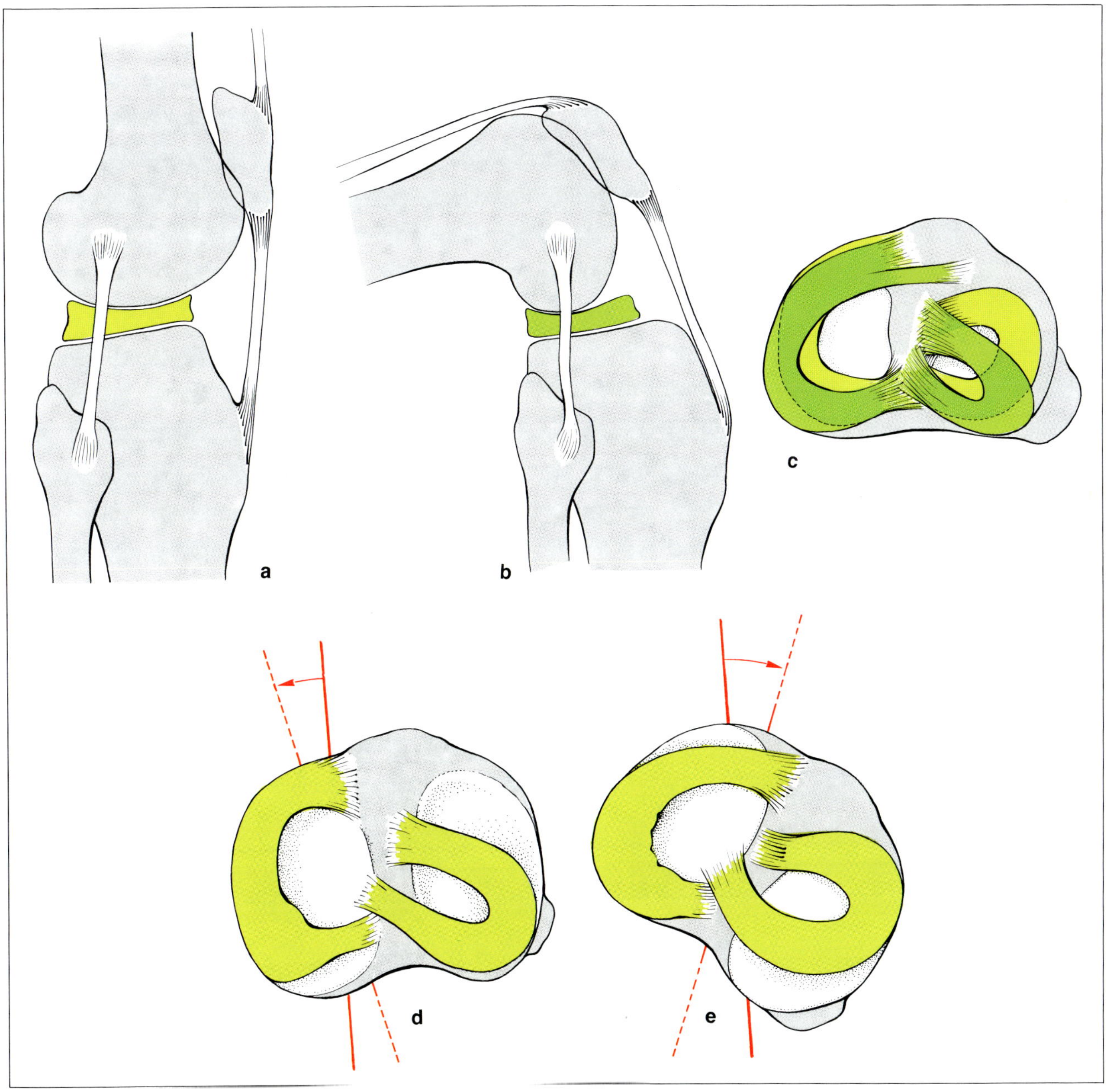

Abb. 7.**102a–e Lageveränderung der Menisken bei Bewegungen in einem rechten Kniegelenk. a und b Ansicht von lateral, c, d und e Ansicht von oben.**

a In Streckstellung liegen den Menisken im vorderen Bereich der proximalen Gelenkflächen des Schienbeins (vgl. **c**). Das Lig. collaterale fibulare ist angespannt.

b In Beugestellung verlagern sich die Menisken nach hinten. Das Lig. collaterale fibulare ist relativ locker.

c In der Ansicht von proximal wird die Verlagerung der Menisken auf dem Tibiaplateau deutlich sichtbar:
hellgrün: Lage der Menisken in Streckstellung (vgl. **a**), dunkelgrün: Lage der Menisken in Beugestellung (vgl. **b**).

d Verlagerung der Menisken bei Innenrotation. Der laterale Meniskus verschiebt sich nach hinten, der mediale nach vorn.

e Verlagerung der Menisken bei Außenrotation. Der mediale Meniskus verschiebt sich nach hinten, der laterale nach vorn.

Man beachte die Dehnung der Vorder- und Hinterhörner im Verankerungsbereich
(nach *von Lanz-Wachsmuth* 1972 und *Müller* 1982)

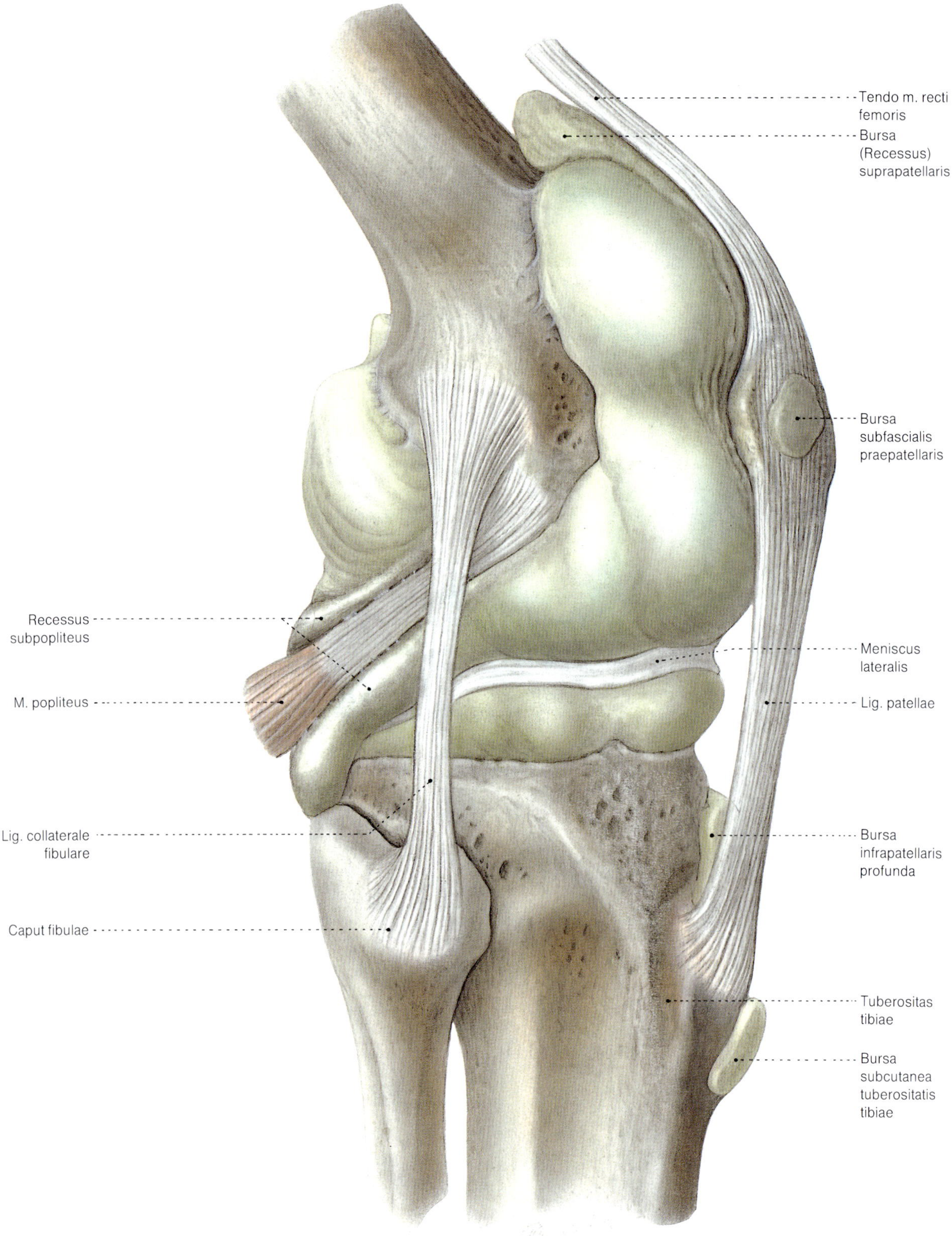

Abb. 7.**103 Ausdehnung der Kniegelenkkapsel (Membrana synovialis) der rechten Seite und gelenknahe Schleimbeutel in der Ansicht von lateral-vorn.**

An den Menisken treten nicht selten als Folge degenerativer Veränderungen oder im Zusammenhang mit Unfallereignissen *Verletzungen* auf. Ein Meniskus kann zwischen Femur und Tibia eingeklemmt und verletzt werden, wenn bei fixiertem Fuß das gebeugte Knie schnell und kräftig gestreckt und nach außen rotiert wird, wobei die Gleitbewegungen der Menisken denen der knöchernen Skelettelemente zeitlich nicht folgen können. Der mit dem Lig. collaterale tibiale posterius verbundene mediale Meniskus ist häufiger betroffen als der laterale. Die *freie Verschieblichkeit* des medialen Meniskus wird außerdem durch seine weit auseinanderliegenden Verankerungsstellen im Knochen eingeschränkt (s. oben). Das *Verletzungsmuster* steht in funktionellem Zusammenhang mit der Ausrichtung der kollagenen Fasern (s. Abb. 7.**101**). Läsionen im inneren Bereich verlaufen häufig quer, Risse in der mittleren und äußeren Zone in Längsrichtung des Meniskus (sogenannter Korbhenkelriß).

Zerstörung und operative Entfernung der Menisken können infolge erhöhter Beanspruchung der Gelenkflächen zur *Arthrose* führen.

Form und *Größe* der Menisken *variieren*. Die Gelenkzwischenscheiben des Kniegelenks können als *diskoide Menisken* (*Scheibenmeniskus, Meniscus disciformis*) vorkommen. Diese Variante wird isoliert und in Kombination mit anderen Fehlbildungen des Skeletts beobachtet. Ein Scheibenmeniskus tritt lateral häufiger auf als medial. Scheibenmenisken kommen nicht durch die Persistenz von Gewebe im Bereich der Gelenkzwischenzone zustande, sondern sind während der Embryonalperiode entstandene Anomalien.

Gelenkkapsel

Die *Kniegelenkkapsel* (Abb. 7.**103**) spannt sich zwischen *Condyli tibiae* und *Condyli ossis femoris* aus. Vorne, seitlich und hinten sind die *Menisken* in die Kapsel eingelagert. Man unterscheidet somit einen *meniskotibialen* und einen *meniskofemoralen* Teil der Gelenkkapsel. Im vorderen Bereich des Kniegelenks ist die *Kniescheibe* in die Kapsel eingelassen.

Die *Membrana synovialis* (Abb. 7.**104**) entspringt an den Condyli tibiae vorn, lateral und medial an der Knorpel-Knochen-Grenze der Gelenkfacetten des Tibiaplateaus. Im Bereich der Area intercondylaris posterior verläuft die Insertion der Membrana synovialis entlang der inneren Begrenzung der medialen und lateralen Gelenkfacetten nach vorn und bogenförmig um die Area intercondylaris anterior, so daß die *Kreuzbänder* außerhalb der Gelenkhöhle liegen (s. unten). Die Membrana synovialis zieht vom Tibiakopf zunächst zum Unterrand der Menisken. Sie setzt sich vom Meniskusoberrand nach proximal fort und inseriert an den Femurkondylen. Gelegentlich ist die Gelenkkapsel nicht direkt am proximalen und distalen Rand der Meniskusbasis verankert, sondern etwas weiter zentral. Auf diese Weise entstehen am Ober- und Unterrand der Menisken *Recessus*, die im Arthrogramm sichtbar werden (Abb. 7.**105**). Von den inneren Rändern der Gelenkfacette des Tibiaplateaus zieht die Gelenkinnenhaut ohne Unterbrechung zur Fossa intercondylaris ossis femoris, wo sie an der Innenseite der Femurkondylen inseriert. Im hinteren und seitlichen Abschnitt der Femurkondylen liegt die Anheftung der Membrana synovialis nahe der Knorpel-Kno-

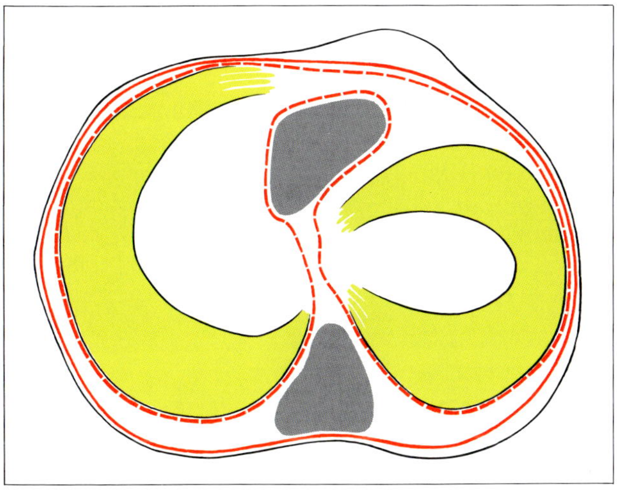

Abb. 7.**104** **Proximale Gelenkfläche des rechten Schienbeins mit Menisken und Verankerung der Kreuzbänder.** Verlauf der Membrana fibrosa (durchgezogene Linie) und der Membrana synovialis (unterbrochene Linie) der Kniegelenkkapsel.

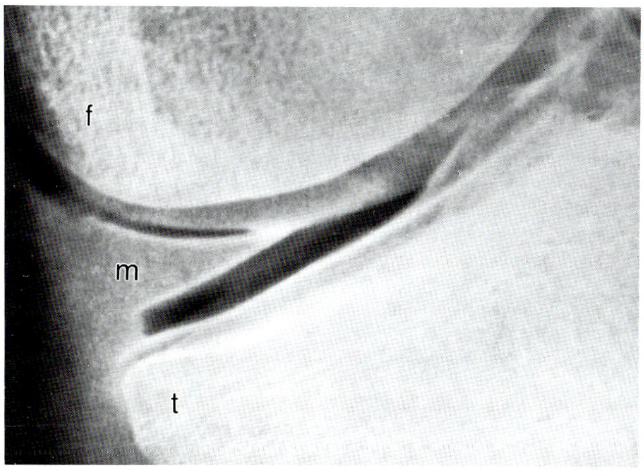

a

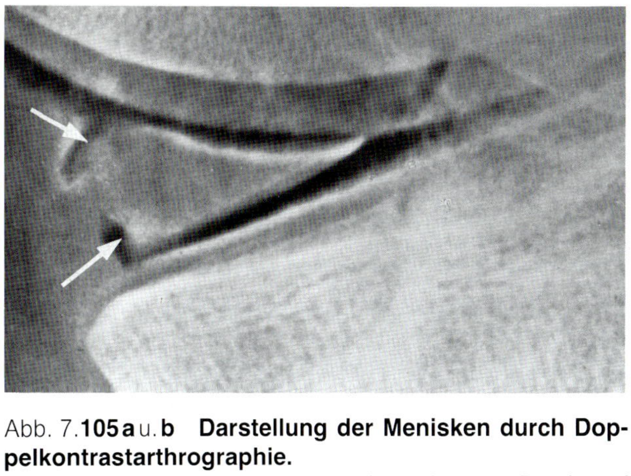

b

Abb. 7.**105a** u. **b** **Darstellung der Menisken durch Doppelkontrastarthrographie.**

a Normaler medialer Meniskus im mittleren Bereich. f Femur, m Meniscus, t Tibia

b Medialer Meniskus mit Recessusbildungen am oberen und unteren Rand der Basis (Pfeile).

(Originalabbildungen von Prof. Dr. *C. J. P. Thijn*, Groningen) chen-Grenze. Auf der Vorderseite des Kniegelenks verläuft die Synovialmembran von der Knorpel-Knochen-Grenze der Facies patellaris zunächst auf dem Femur nach proximal. Zwischen Synovialmembran und Knochen liegt eine Schicht fettreichen, stark vaskularisierten Bindegewebes. Proximal geht die Membrana synovialis der Gelenkhöhle kontinuierlich in die der *Bursa* (*Recessus*) *suprapatellaris* über (s. Abb. 7.**115**), von deren Kuppel sie an der Rückseite der Quadrizepssehne nach distal zum Oberrand der Patella zieht. Unterhalb und seitlich der Kniescheibe verläuft die Synovialmembran von der Knorpel-Knochen-Grenze über das *Corpus adiposum infrapatellare* zur Area intercondylaris anterior und zum Oberrand des medialen und lateralen Meniskus.

Die *Membrana fibrosa* der Kniegelenkkapsel ist am proximalen Tibiaende etwa 1 cm unterhalb des Gelenkflächenrandes im Knochen verankert. Mit dem

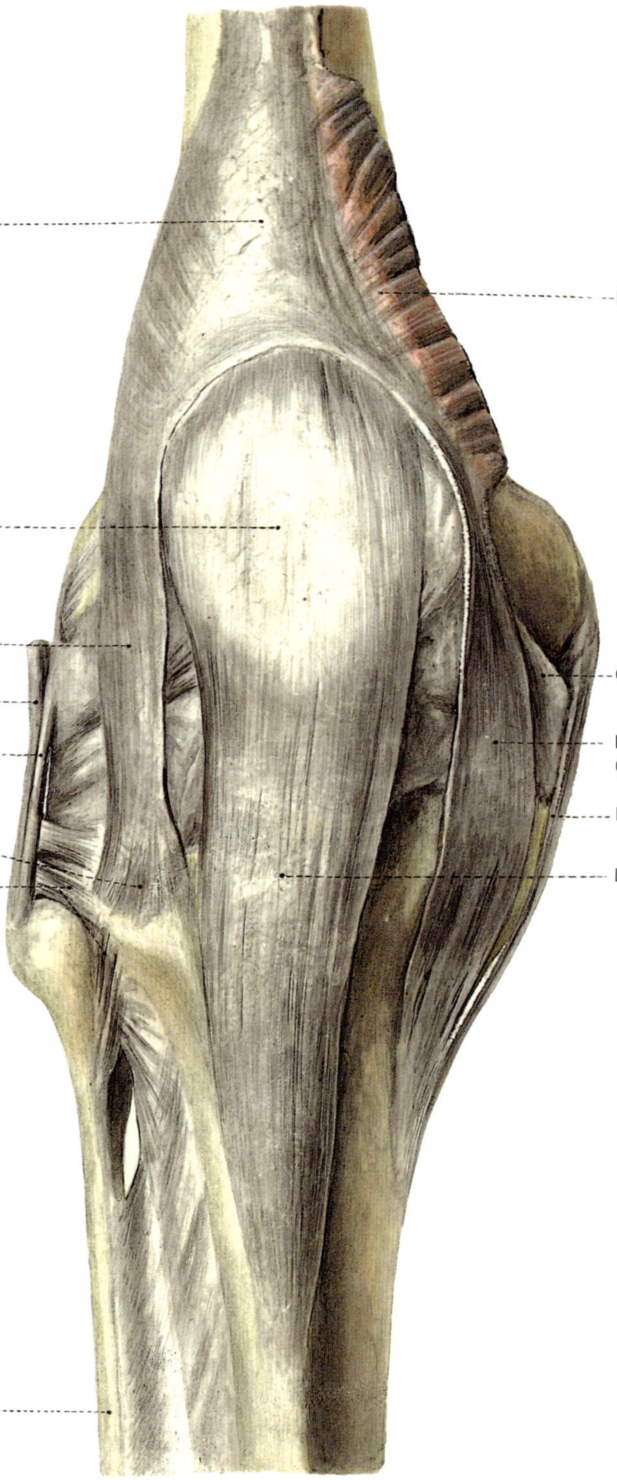

Abb. 7.**106** **Kapsel-Band-Apparat eines rechten Kniegelenks in der Ansicht von vorn.**

fibrösen Teil der Gelenkkapsel ist die Basis der Menisken fest verwachsen. Auf der Rückseite des Kniegelenks zieht die Membrana fibrosa in den seitlichen Arealen vom proximalen Rand der Menisken zu den Femurkondylen und im mittleren Bereich unmittelbar vom Hinterrand des Tibiakopfes zur Linea intercondylaris des Femur. Im Gegensatz zur Membrana synovialis verläuft der fibröse Teil der Gelenkkapsel nicht nach medial-vorn in die Fossa intercondylaris, sondern überbrückt diese. Die Membrana fibrosa ist im Bereich der Kniekehle straff und fest. Durch die Hinterwand dringen Blutgefäße in das Kniegelenk ein und versorgen die Kreuzbänder sowie über die Fossa intercondylaris auch die Femurkondylen. Seitlich inseriert die Membrana fibrosa am Femur unterhalb der Epikondylen. Auf der Vorderseite läßt sich der bindegewebige Anteil der Kapsel von den Kapselverstärkungen der Quadrizepssehne nicht eindeutig abgrenzen (s. unten). Die Kniegelenkkapsel wird, abgesehen von den Zonen unmittelbar medial und lateral des Lig. patellae, allseits durch Bänder und Sehnen verstärkt.

Bandapparat

Auf der *Vorderseite* bildet der *M. quadriceps* mit seinen Ansatzsehnen den Hauptanteil des *Verstärkungssystems,* das oberhalb der Patella von der Sehne des *M. rectus femoris* sowie von den Ansatzsehnen der *Mm. vasti* gestellt wird (Abb. 7.**106**). Über der Basis patellae kreuzen häufig Sehnenfasern des M. vastus lateralis nach medial zur Ansatzsehne des M. vastus medialis (s. Abb. 7.**107**). Seitlich der Kniescheibe wird die Kapsel von den Sehnen der Mm. vastus medialis und lateralis verstärkt, die teilweise an der Patella ansetzen. Der periphere Teil der Sehnen zieht direkt als *Retinacula patellae (longitudinalia)* nach distal und inseriert am medialen und lateralen Tibiakondylus. Die Retinacula patellae (longitudinalia) verstärken die Kapsel im unteren seitlichen Abschnitt der Vorderseite des Kniegelenks. Sie gelten funktionell außerdem als „Reservestreckapparat". Die Retinacula sind, vor allem bei älteren Menschen, oft nur schwach ausgebildet. Einen kräftigen Verstärkungszug unterhalb der Patella bildet das *Lig. patellae.* Zwischen Lig. patellae und Retinacula patellae (longitudinalia) hat die Kapsel keine Bandverstärkung. Hier wird das *Corpus adiposum infrapatellare* (s. unten) nur von einer dünnen Bindegewebsschicht bedeckt.

Die Kniegelenkkapsel verfügt in ihrem vorderen und seitlichen Bereich, außer über die, von den Sehnen des M. quadriceps stammenden oberflächlichen Verstärkungszüge über weitere, in der Tiefe liegende Bandstrukturen. In einer mittleren Schicht liegen die transversalen *Retinacula* (Abb. 7.**107**). Das laterale transversale *Retinaculum* ist regelmäßig vorhanden. Es entspringt am seitlichen Rand der Patella und strahlt in horizontalem Verlauf in die tiefe Schicht des *Tractus iliotibialis* ein. Eine Verbindung zum Epicondylus lateralis besteht nicht. *Medial* kommt ein transversales Retinaculum in etwa einem Drittel der Fälle vor. Das Band zieht vom medialen Rand der Patella zum Epicondylus medialis ossis femoris.

Weitere Verstärkungsbänder liegen in der Tiefe unmittelbar auf der Gelenkkapsel. Sie ziehen vom Seitenrand der Patella schräg nach distal-hinten zu den Menisken und variabel zu den Condyli ossis femoris und tibiae. Diese *meniskopatellaren Bänder* lassen sich in etwa zwei Drittel der Fälle darstellen (Abb. 7.**107**).

Alle Bänder und Sehnen auf der Vorderseite des Kniegelenks tragen zur horizontalen und vertikalen *Zugverspannung* der Patella bei, durch die das *Femoropatellargelenk* belastet wird (s. Abb. 7.**120**).

Der *seitliche Bandapparat* des Kniegelenks besteht aus den beiden *Kollateralbändern*, Ligg. collateralia tibiale* und *fibulare,* die auf *Führung* und *Stabilität* des Kniegelenks großen Einfluß haben. Das *Lig. collaterale tibiale* (*Innenband*) (Abb. 7.**108**) entspringt am Epicondylus medialis ossis femoris unterhalb des Tuberculum adductorium und zieht breitflächig schräg nach distal-vorn, wo es 7–8 cm unterhalb des Tibiaplateaus an der Facies medialis tibiae inseriert. Die Insertionsstelle liegt am Femur oberhalb und hinter der Kurve der Krümmungsmittelpunkte (Evolute, s. S. 469). An der Tibia erfolgt der Ansatz unmittelbar hinter der Einstrahlung der Sehnen des Pes anserinus superficialis auf einer schräg von proximal-vorn nach distal-hinten abfallenden Linie. Am medialen Kollateralband werden ein vorderer und ein hinterer Anteil unterschieden. Der vordere Abschnitt des Bandes besteht vorwiegend aus parallel verlaufenden Faserbündeln, die keine feste Verbindung zur Gelenkkapsel haben, sondern durch lockeres Bindegewebe oder einen kleinen Schleimbeutel von ihr getrennt sind. Der hintere Abschnitt des Innenbandes wird als Lig. collaterale tibiale posterius bezeichnet. Am Lig. collaterale tibiale posterius lassen sich ein oberflächlicher und ein tiefer Anteil abgrenzen. Die oberflächlichen Fasern sind, wie der vordere Abschnitt des medialen Kollateralbandes, zwischen Femur und Tibia ausgespannt. Der tiefe Teil des Lig. collaterale tibiale posterius besteht aus schräg vom Femur zum Meniskus ziehenden Fasern (meniskofemorale Fasern) sowie aus einem zweiten Bandzug, der den Meniskus mit der Tibia verbindet (meniskotibiale Fasern, *Lig. coronarium*). Das Lig. collaterale tibiale posterius wird im hinteren unteren Bereich von der Ansatzsehne des M. semimembranosus überkreuzt. Es trägt aufgrund seiner Verbindung zur Gelenkkapsel und zum medialen Meniskus gemeinsam mit dem M. semimembranosus wesentlich zur Stabilisierung im postero-medialen Bereich des Kniegelenks bei (s. unten).

Das *Lig. collaterale fibulare* (*Außenband*) (Abb. 7.**109**) entspringt am Epicondylus lateralis ossis femoris und zieht von hier schräg nach distal-hinten zur

---

* Im anatomischen Schrifttum bezeichnet man die Kollateralbänder als Außenbänder des Kniegelenks. In der *Klinik* spricht man beim *Lig. collaterale tibiale* vom *Innenband* und beim *Lig. collaterale fibulare* vom *Außenband.*

Seiten- und Vorderfläche des Caput fibulae. Es hat keine feste Verbindung mit der Gelenkkapsel. Zwischen dem runden Lig. collaterale fibulare und der Kniegelenkkapsel liegt lockeres Bindegewebe und gelegentlich ein kleiner Schleimbeutel. Zwischen Außenband und lateraler Kondylenfläche verläuft, eingebettet in die Kapsel, die Ursprungssehne des *M. popliteus* (s. S. 545).

Räumlich gesehen überkreuzen sich fibulares und tibiales Kollateralband bei seitlicher Betrachtung unter einem spitzen Winkel (s. S. 570, Abb. 7.**121**). Die *Kollateralbänder* bilden funktionell mit den

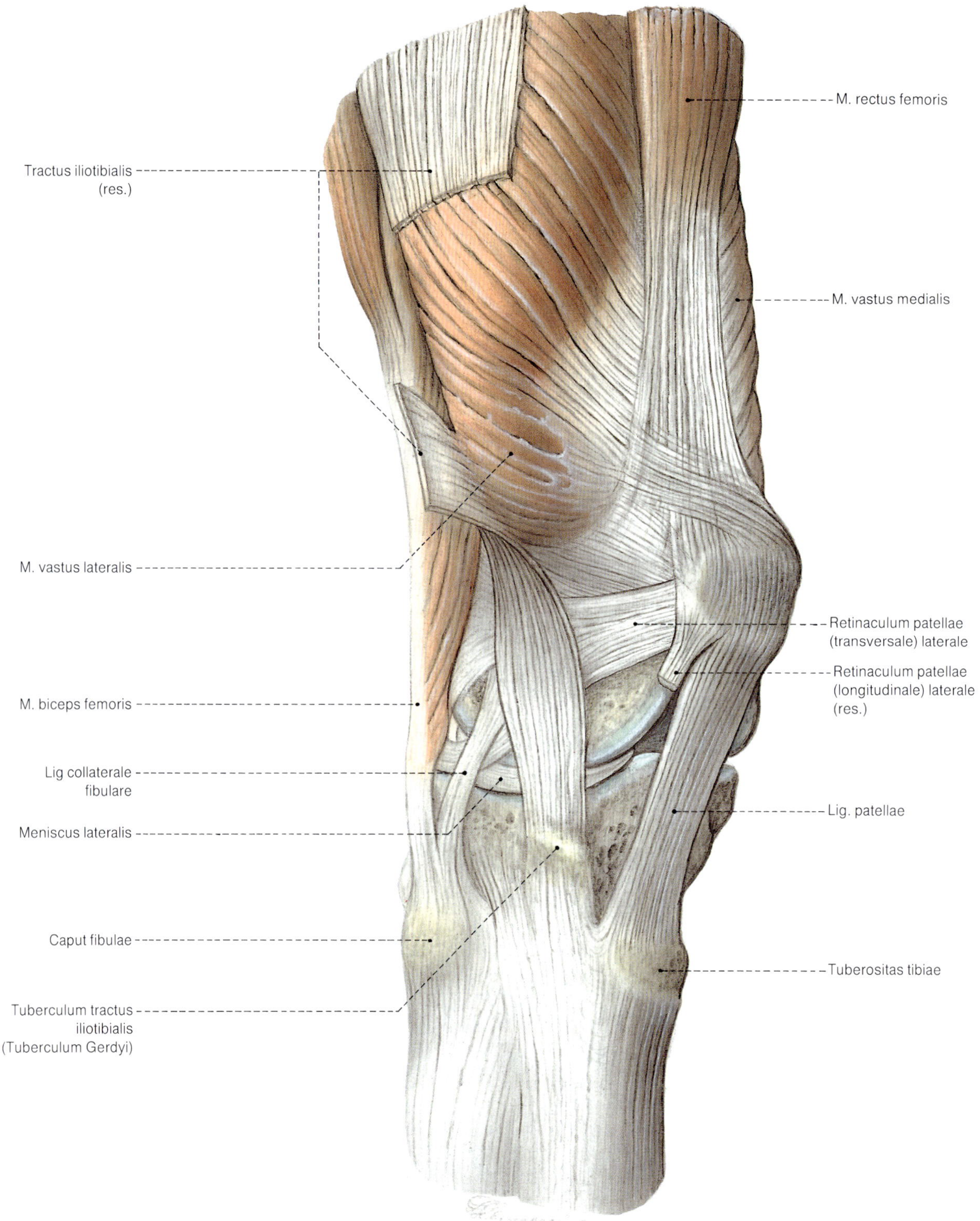

Abb. 7.**107a** **Vertikale Zugverspannung der Patella durch die Sehne des M. quadriceps und durch das Lig. patellae.** Horizontale Zugverspannung auf der lateralen Seite durch das von der Innenseite des Tractus iliotibialis entspringende Retinaculum patellae transversale laterale.

Kreuzbändern eine *kinematische Einheit*. Sie *stabilisieren* das Kniegelenk in der *Frontalebene* und sind in Streckstellung (nach erfolgter Schlußrotation, s. S. 569) maximal angespannt. Verletzungen des seitlichen Kapselbandapparates gehen mit einer Instabilität im Gelenk einher. Bei Lockerung oder Durchtrennung eines Kollateralbandes läßt sich das Kniegelenk in leichter Beugestellung auf der betroffenen Seite „aufklappen".

Im Bereich der *Kniekehle* wird die Kniegelenkkapsel an mehreren Stellen durch die *Sehnen* der hier verlaufenden Muskeln *verstärkt* (Abb. 7. **110**). Proximal über

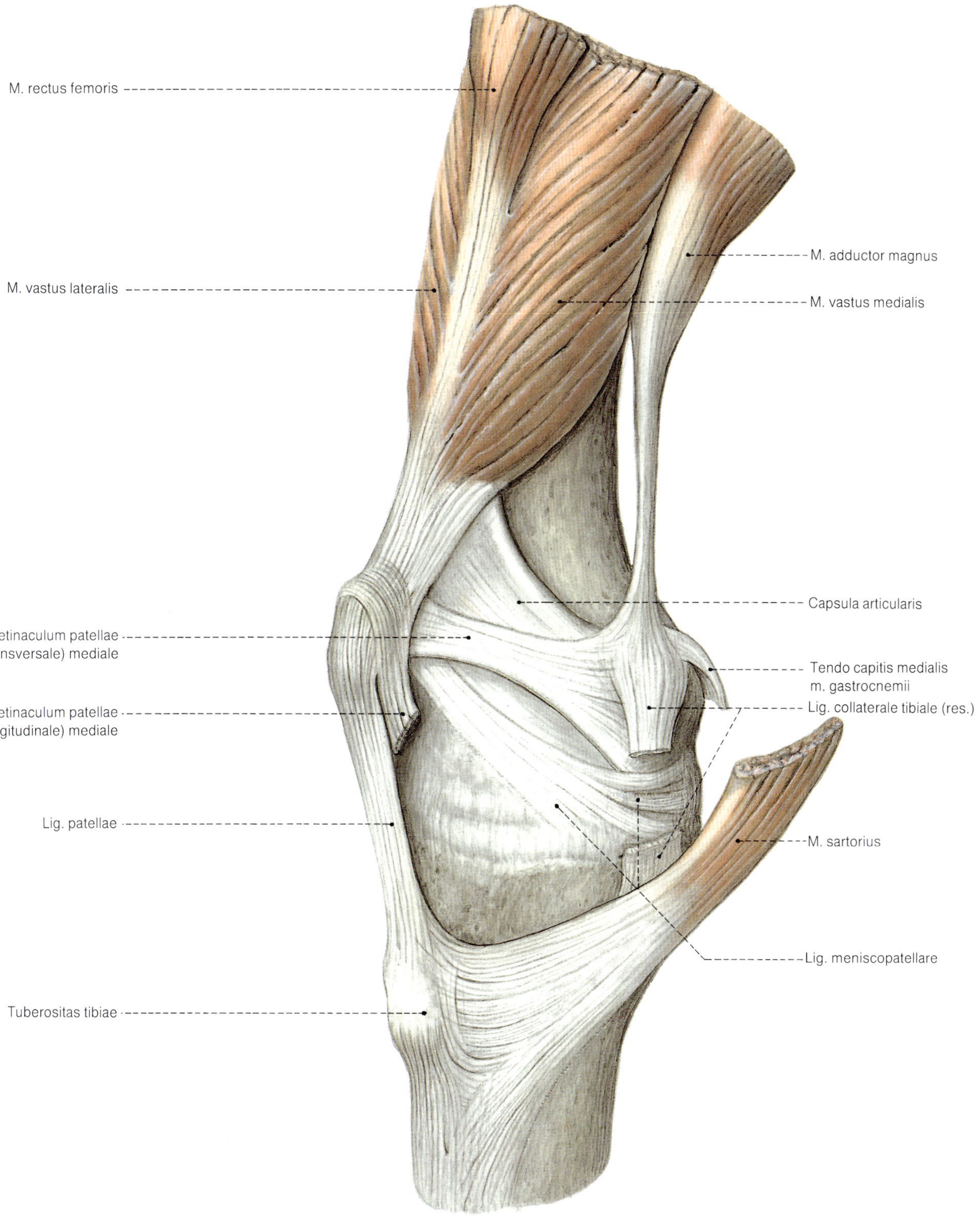

Abb. 7.**107b** **Kapsel-Band-Apparat eines Kniegelenks in der Ansicht von medial.** Lig. collaterale tibiale durchtrennt, horizontale Zugverspannung durch das Retinaculum patellae transversale mediale und durch das Lig. meniscopatellare mediale.

den Femurkondylen sind die *Ursprungssehnen* der beiden *Gastroknemiusköpfe* mit der Kapsel fest verwachsen (s. Abb. 7.**133**). Sehnen und Gelenkkapsel liegen kappenartig (sogenannte *Polkappen*) den Femurkondylen auf und tragen zur Stabilisierung in der Sagittalebene bei.

Der *postero-mediale Bereich* wird vom *M. semimembranosus* verstärkt (*sogenannte Semimembranosusecke* s. Abb. 7.**134**). Der laterale Zipfel der Ansatzsehne des M. semimembranosus strahlt als *Lig. popliteum obliquum* nach lateral-proximal in die Kniegelenkkapsel ein; es bildet den Hauptanteil der Kapselverstärkung in der Kniekehle. Das Lig. popliteum obliquum ist über den medialen Bogen des Lig. popliteum arcuatum mit der Ursprungssehne des M. popliteus verbunden.

Die *postero-laterale Verstärkung* der Gelenkkapsel erfolgt durch den *M. popliteus,* dessen Ursprungssehne innerhalb der Gelenkkapsel liegt (*sogenannte Popliteusecke,* s. Abb. 7.**135**). Die Hinterwand der

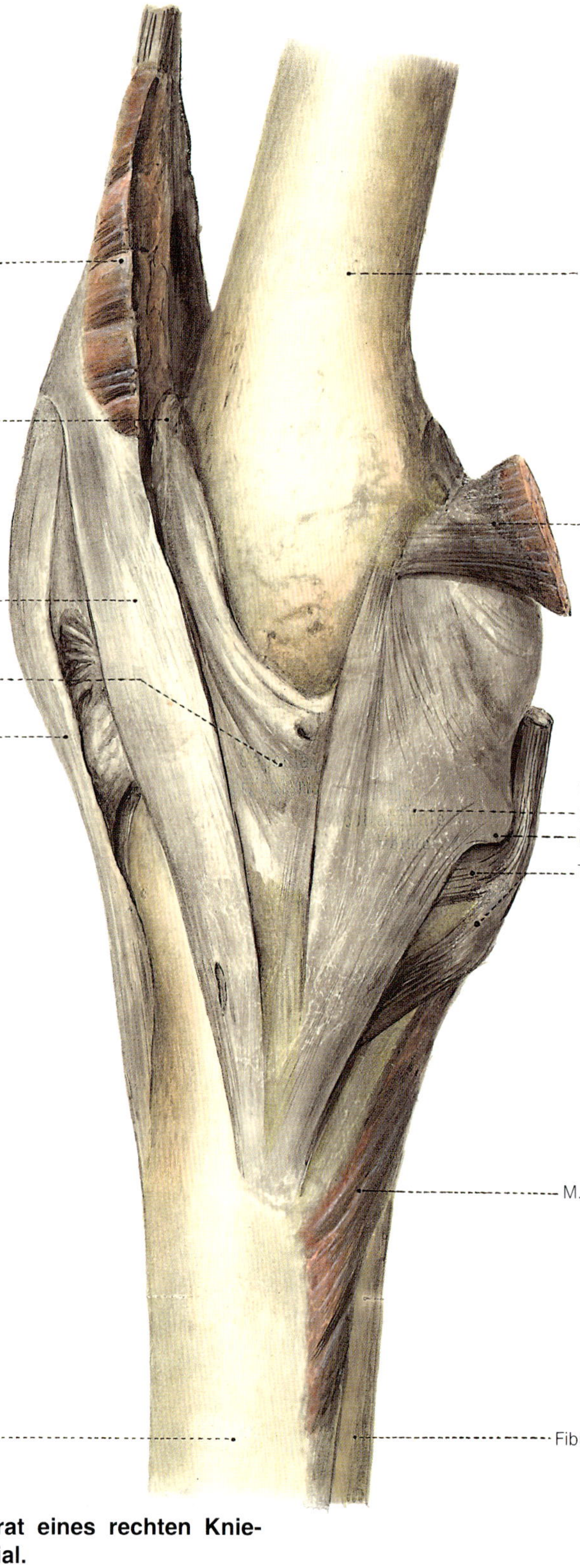

Abb. 7.**108** **Kapsel-Band-Apparat eines rechten Kniegelenks in der Ansicht von medial.**

Kapsel wird im lateralen Bereich außerdem vom *Lig. arcuatum* verstärkt (s. Abb. 7.**110**). Das Lig. popliteum arcuatum besteht aus einem medialen und einem lateralen Bogen, die beide mit der Ursprungssehne des M. popliteus verwachsen sind. Der mediale (obere) Bogen des Bandes ist zwischen Lig. popliteum obliquum und Popliteussehne, der laterale (untere) Bogen zwischen Popliteussehne und Fibulakopf ausgespannt. Auf diese Weise entsteht eine kreuzförmige Struktur aus Popliteussehne und den Bögen des Lig. popliteum arcuatum (Abb. 7.**112**). Seitlich vom Lig. popliteum arcuatum kann man gelegentlich Faserzüge beobachten, die sich aus dem lateralen Bogen des Bandes abspalten und nach proximal zur Ursprungssehne des lateralen Gastroknemiuskopfes ziehen (Retinaculum ligamenti arcuati oder Lig. collaterale – externum – breve). Beim Vorliegen einer Fabella entspricht das kurze seitliche Band dem Lig. fabellofibulare. Als Retinaculum ligamenti arcuati wird auch der laterale Bogen des Lig. arcuatum bezeichnet.

Die gesamte *Kniegelenkkapsel* ist in leichter *Beugestellung* relativ *entspannt*. Patienten mit einem Kniegelenkerguß nehmen daher zur Herabsetzung des Dehnungsschmerzes reflektorisch diese Haltung ein. Kollateral- und Kreuzbänder zeigen zwischen 20° und 60° Kniebeugung relativ niedrige Spannungen.

Gelenkhöhle

Die *Kniegelenkhöhle* ist groß und aufgrund der *Kommunikation* mit mehreren *gelenknahen Schleimbeuteln* weit verzweigt (s. Abb. 7.**115**). Außer den *Menisken* ragen variabel ausgebildete *Falten* der Gelenkkapsel in die Gelenkhöhle. Große paarige Falten, *Plicae alares,* entspringen regelmäßig an den seitlichen Rändern der Patella und des *Corpus adiposum infrapatellare (Hof-*

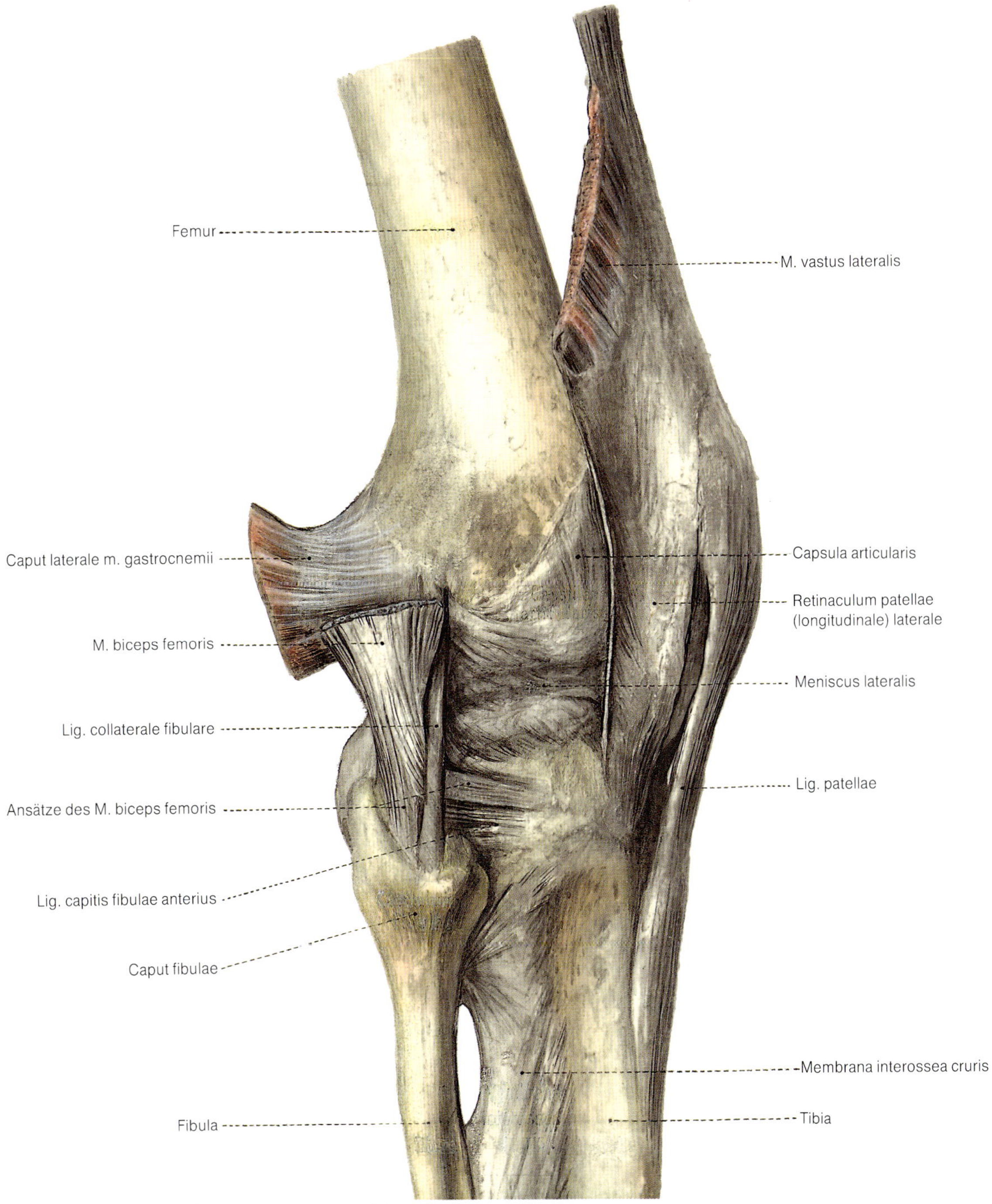

Abb. 7.**109** **Kapsel-Band-Apparat eines rechten Kniegelenks in der Ansicht von lateral.**

fascher Fettkörper, Abb. 7. **98,** 7.**111,** 7.**115**). Falten des Hoffaschen Fettkörpers ragen häufig auch im mittleren Bereich unterhalb der Patellaspitze in die Gelenkhöhle. Das Corpus adiposum infrapatellare ist ein pyramidenförmiger Fettkörper, dessen Basis dem Lig. patellae aufliegt. Die distale Grenze bildet die Area intercondylaris anterior des Tibiaplateaus. Das *Lig. transversum genus* wird meistens vollständig vom Hoffaschen Fettkörper überdeckt. Proximal reicht das Corpus adiposum infrapatellare bis zur Knorpel-Knochen-Grenze des distalen Kniescheibenrandes. Hier entspringt ein derber, bindegewebiger Strang, der zunächst innerhalb der Synovialmembran des Hoffaschen Fettkörpers nach distal verläuft und dann im mittleren Bereich als Falte, *Plica synovialis infrapatellaris,* frei durch die Gelenkhöhle zur Wölbung der Fossa intercondylaris herüberzieht (s. Abb. 7.**98**, 7.**115**). Die Falte ist mit der Synovialmembran auf der

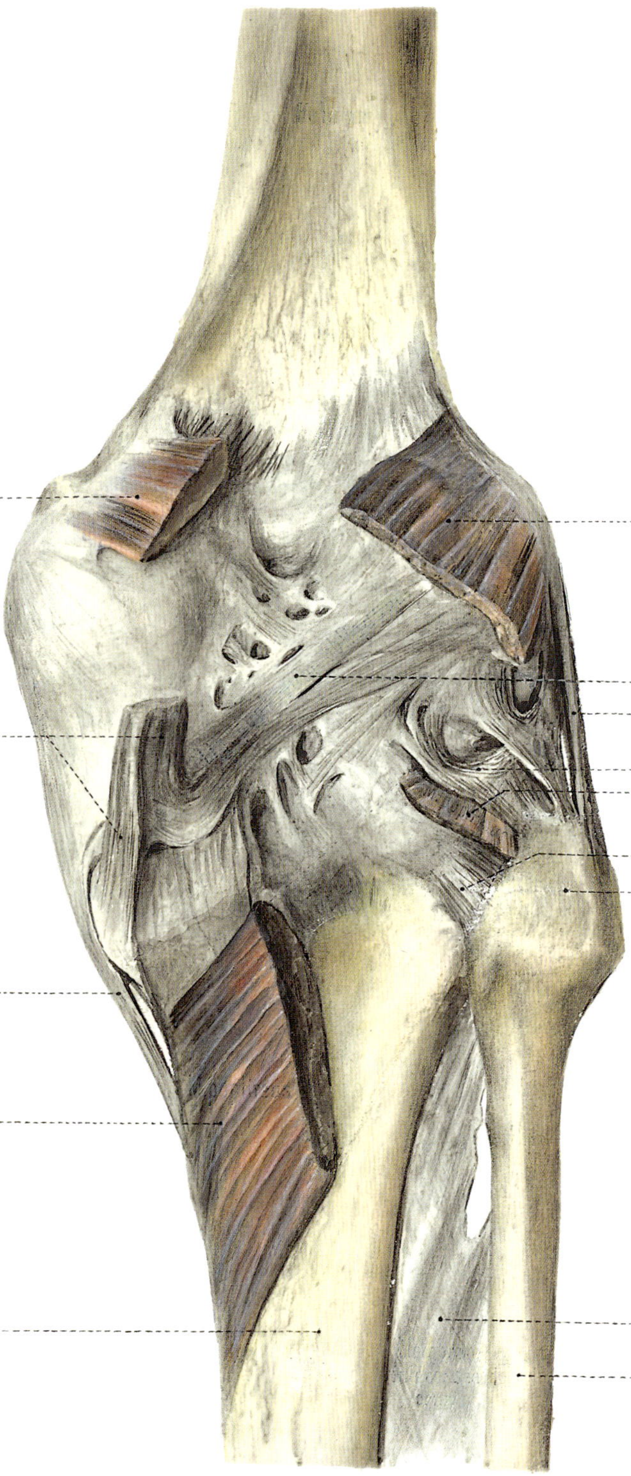

Abb. 7.**110** **Kapsel-Band-Apparat eines rechten Kniegelenks in der Ansicht von hinten.**

Vorderseite der Kreuzbänder verwachsen. Die Plica synovialis infrapatellaris wird als Rest eines während der Embryonalperiode ausgebildeten vollständigen Septums im vorderen Abschnitt der Kniegelenkhöhle angesehen.

Oberhalb der Patella liegt am Übergang zwischen Kniegelenkhöhle und Bursa suprapatellaris die *Plica synovialis suprapatellaris*. Sie bildet den Rest der ursprünglich vollständigen Wand zwischen Gelenkhöhle und Schleimbeutel (s. S. 543). Unterhalb der Plica synovialis suprapatellaris kommt gelegentlich in der seitlichen Kapselwand eine horizontale Falte, *Plica synovialis mediopatellaris*, vor.

Von den *Schleimbeuteln* im Bereich des M. quadriceps kommuniziert die *Bursa suprapatellaris* normalerweise mit der Gelenkhöhle (*Recessus suprapatellaris* s. Abb. 7.**111**, 7.**115**). Verklebungen innerhalb des Recessus nach Entzündungen führen zu einer Bewegungseinschränkung im Kniegelenk. Die *Bursa infrapatellaris profunda* (Abb. 7. **103**, 7.**113**, 7.**115**) steht nur selten mit dem Cavum articulare in Verbindung. Der Schleimbeutel unter der Ursprungssehne des M. popliteus hat stets Verbindung mit der Gelenkhöhle und bildet den *Recessus subpopliteus* (s. Abb. 7.**112**). Über den Recessus subpopliteus können die Gelenkhöhlen des *Kniegelenks* und des *Tibiofibulargelenks* miteinander *kommunzieren* (s. S. 545). Die *Bursa subtendinea m. gastrocnemii medialis* zwischen Condylus medialis ossis femoris und Ursprungssehne des medialen Gastrocnemiuskopfes (Abb. 7.**112**) kommuniziert meistens mit der Gelenkhöhle. Häufig steht der Schleimbeutel auch mit der *Bursa m. semimembranosi* in Verbindung (*Bursa gastrocnemiosemimembranosa*, s. S. 543). Die Schleimbeutel unter der Ansatzsehne des *M. semimembranosus* und ihre Verbindung zur Kniegelenkhöhle variieren. (Die weitere Beschreibung der Schleimbeutel in der Umgebung des Kniegelenks erfolgt bei der Besprechung der einzelnen Muskeln und S. 543.)

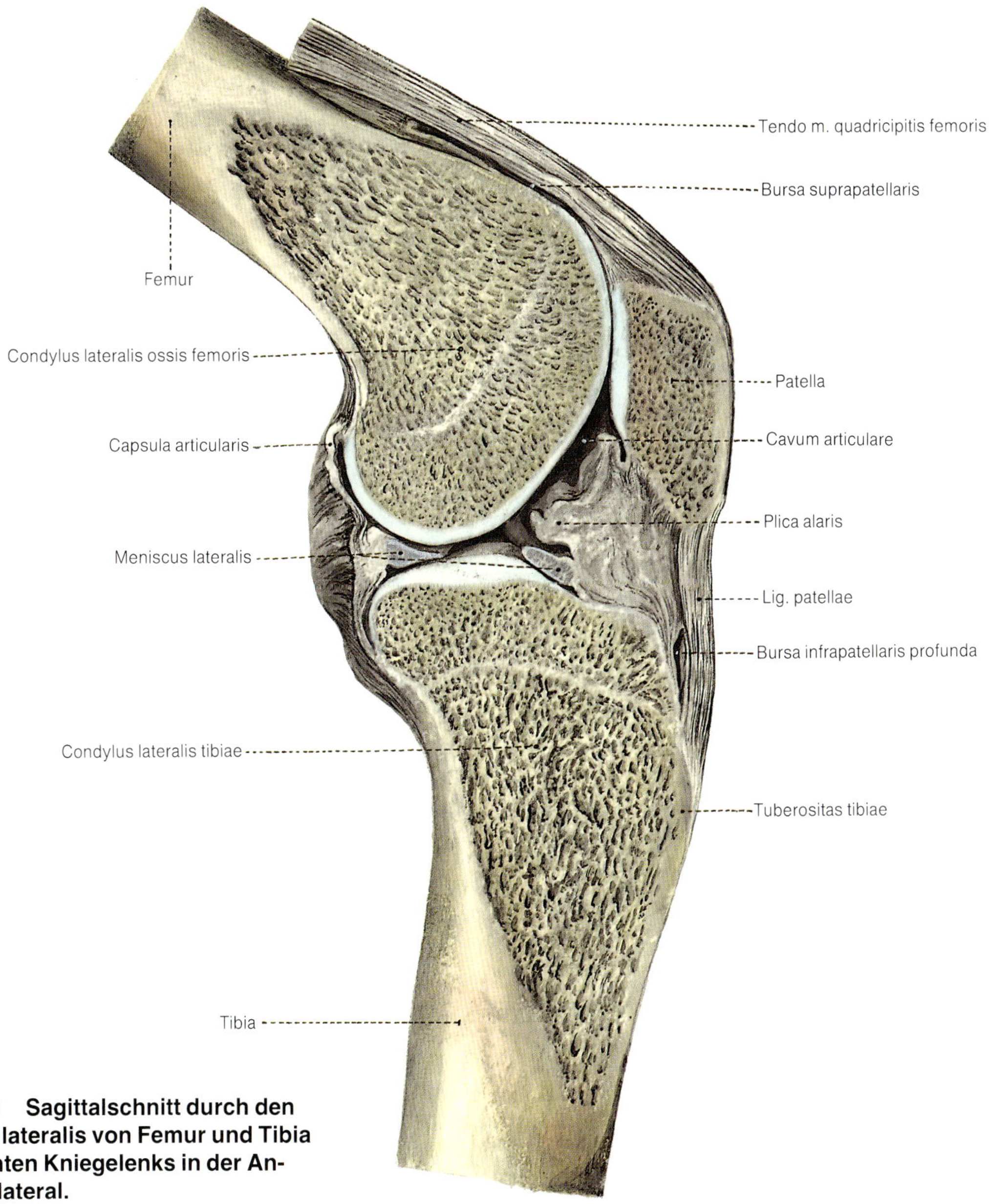

Abb. 7.**111** **Sagittalschnitt durch den Condylus lateralis von Femur und Tibia eines rechten Kniegelenks in der Ansicht von lateral.**

Kreuzbänder, Ligg. cruciata

Die beiden *Kreuzbänder, Ligg. cruciata,* (Abb. 7.**113**, 7.**114**) des Kniegelenkes werden als Binnenbänder bezeichnet, obwohl sie sich außerhalb der Gelenkhöhle befinden (s. unten). Sie sind zwischen den Areae intercondylares anterior und posterior tibiae sowie der Fossa intercondylaris ossis femoris ausgespannt. Die Kreuzbänder inserieren nach Art chondral-apophysärer Sehnenansätze (s. S. 153) im Knochen; die Faserknorpelzone ist avaskulär. Faserknorpel kommt im vorderen Kreuzband auch dort vor, wo das Band bei starker Beugung dem vorderen Rand der Fossa intercondylaris anliegt. Das *vordere Kreuzband* zieht vom hinteren Bereich der tibialen Innenfläche des Condylus lateralis ossis femoris nach distal-medial-vorn und inseriert in der Area intercondylaris tibiae anterior. Einige Faserbündel strahlen gelegentlich als *Lig. meniscofemorale anterius* in das Hinterhorn des *Meniscus lateralis* ein. Seine vorderen Faseranteile (antero-mediales Bündel) verbinden sich mit dem Vorderhorn des

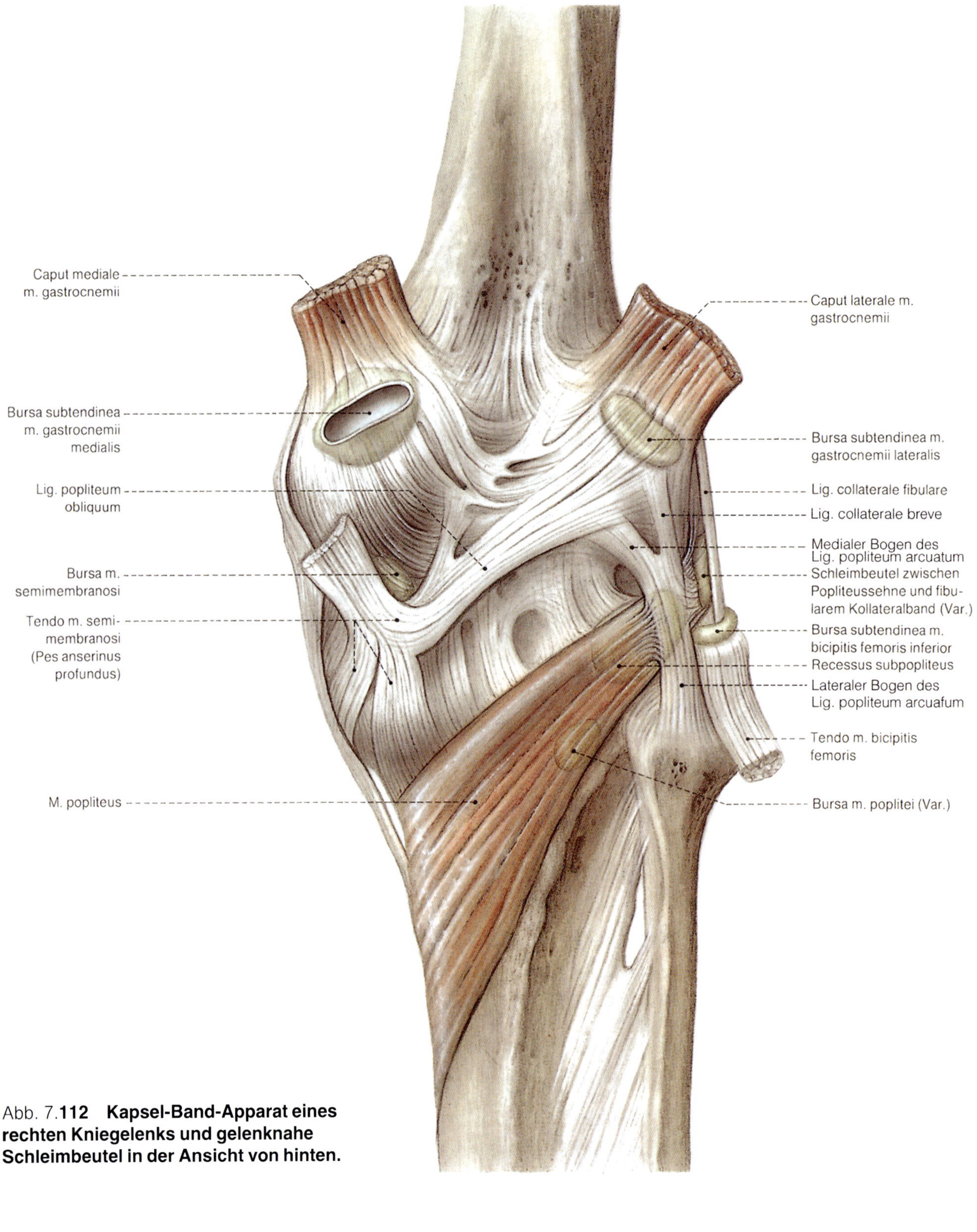

Abb. 7.**112** **Kapsel-Band-Apparat eines rechten Kniegelenks und gelenknahe Schleimbeutel in der Ansicht von hinten.**

Meniscus medialis. Das vordere Kreuzband ist in sich torquiert. Es lassen sich verschiedene Faserbündel *(anteromediales, postero-laterales* und *intermediäres Bündel)* von unterschiedlicher Stärke und Länge unterscheiden.

Das *Lig. cruciatum posterius* ist kräftiger als das vordere Kreuzband. Es entspringt fächerförmig an der fibularen Innenfläche des Condylus medialis ossis femoris und verläuft schräg nach distal-hinten-lateral, wo es in den Knochen der Area intercondylaris tibiae posterior und der Tibiahinterkante einstrahlt. Am hinteren Kreuzband lassen sich *zwei Hauptzüge,* ein *antero-mediales* und ein *postero-laterales Bündel,* abgrenzen. Hinter dem antero-medialen Teil verläuft ein dritter Bandzug, *Lig. meniscofemorale posterius* (Roberti), nach distal zum Hinterhorn des Meniscus lateralis. Ein weiteres vorderes Bündel ist inkonstant. Im hinteren Kreuzband kommt im mittleren Drittel im zentralen Bereich ein Areal von Faserknorpel vor. Die Faserknorpelzonen innerhalb des vorderen und hinteren Kreuzbandes sind avaskulär. Im Verankerungsbereich an Femur und Tibia enthalten die Kreuzbänder zahlreiche Mechanorezeptoren (s. Bd. III). Die Propriozeption in den Kreuzbändern hat

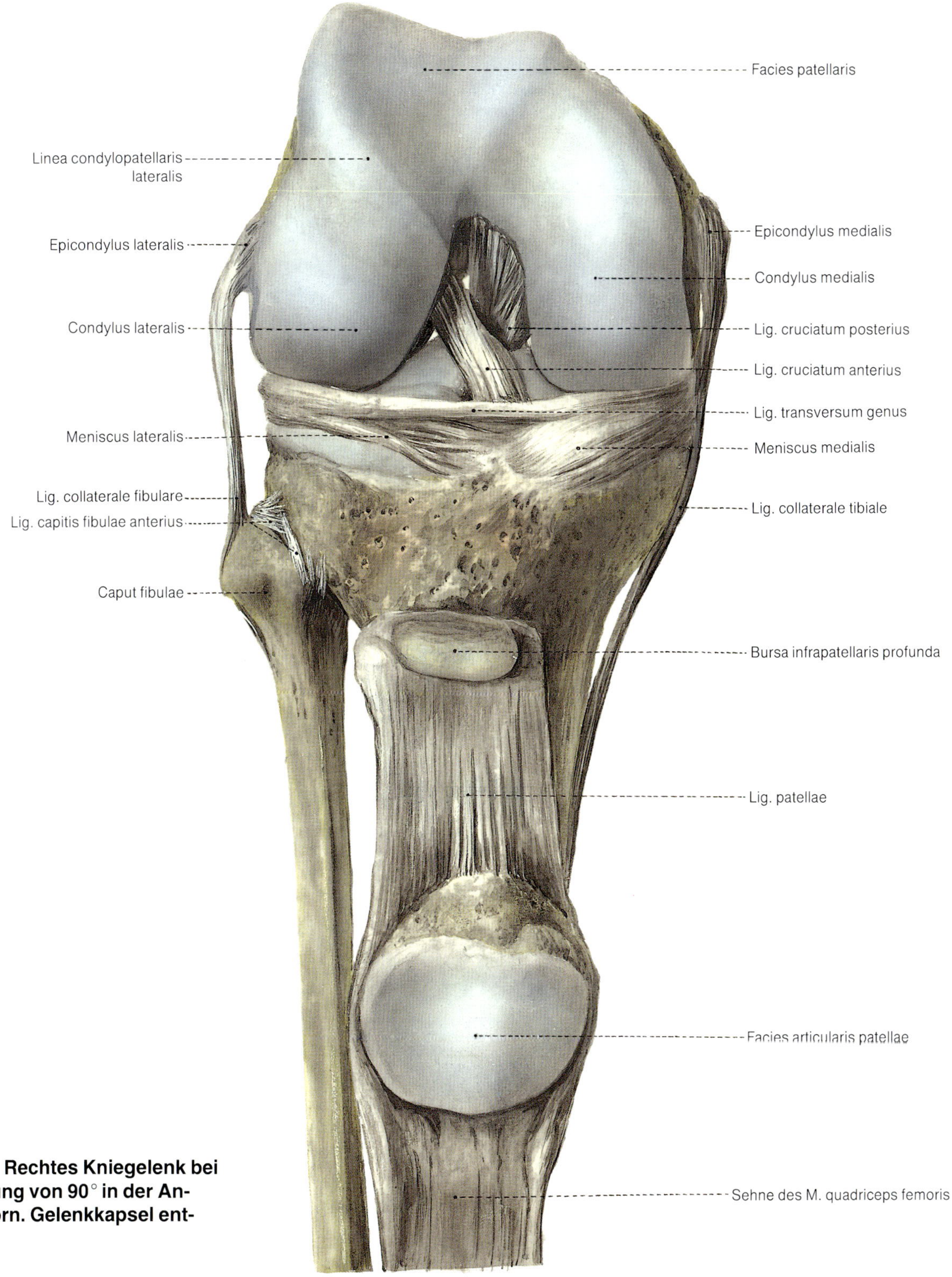

Abb. 7.**113 Rechtes Kniegelenk bei einer Beugung von 90° in der Ansicht von vorn. Gelenkkapsel entfernt.**

für die Kinematik des Kniegelenks große mechanische Bedeutung.

Die Beschreibung der *Lage der Kreuzbänder zur Gelenkhöhle* und zur Gelenkkapsel ist teilweise irreführend und widersprüchlich. Die Kreuzbänder sind im vorderen Bereich und seitlich von der Membrana synovialis der Gelenkkapsel bedeckt (Verlauf der Membrana synovialis am Tibiakopf s. S. 552, Abb. 7.**104**). Über der Kniekehle fehlt eine Umhüllung durch die Synovialmembran. Die Kreuzbänder werden hier von der Membrana fibrosa der Kniegelenkkapsel der Fossa poplitea bedeckt. Da die Gelenkhöhle definitionsgemäß von der Synovialmembran begrenzt wird, liegen die Kreuzbänder zwar, streng genommen, außerhalb der Gelenkhöhle aber innerhalb der fibrösen Gelenkkapsel. Unter praktisch-klinischen Gesichtspunkten ist daher die Beschreibung einer „extrakapsulären Lage" irreführend, da die Kreuzbänder bei operativen Eingriffen nur dann zu erreichen sind, wenn der kräftige Teil der Gelenkkapsel, die Membrana fibrosa, durchtrennt wird.

Die Ligg. cruciata entwickeln sich ortsständig aus dem Synovialmesenchym zwischen Femur- und Tibiaanlage. Die *Kreuzbandanlagen* heben sich am Ende der Embryonalpe-

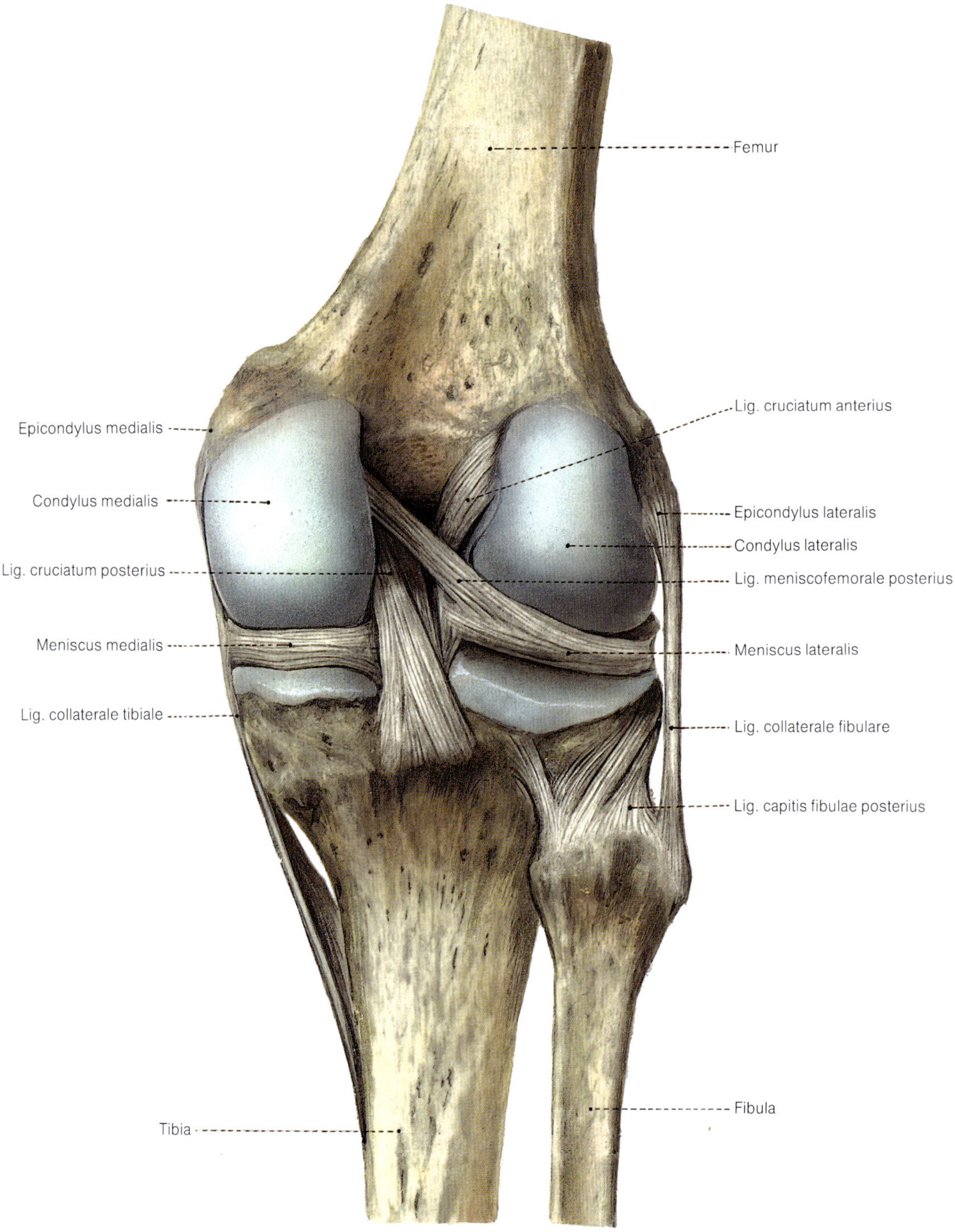

Abb. 7.**114** **Rechtes Kniegelenk in Streckstellung. Gelenkkapsel entfernt, Ansicht von hinten.**

riode deutlich vom umgebenden lockeren Gewebe der Gelenkzwischenzone ab (s. Abb. 3.**40d**). *Angeborenes Fehlen* der Kreuzbänder kommt selten isoliert, gelegentlich in Kombination mit anderen Fehlbildungen am Kniegelenk vor.

Die *Hauptfunktion* der Kreuzbänder besteht darin, Femur und Tibia im Kniegelenk in der *Sagittalebene* so zu *stabilisieren,* daß beide Knochen normalerweise nicht gegeneinander verschoben werden können. Bei Insuffizienz oder Verletzung der Kreuzbänder läßt sich die Tibia in der Sagittalebene gegenüber dem Femur verschieben (sogenanntes *Schubladenphänomen*). Kann die Tibia schon in leichter Beugestellung *(Lachman-Test)* nach vorn verlagert werden, so spricht der Befund für die Verletzung des vorderen Kreuzbandes. Bei einer Insuffizienz des hinteren Kreuzbandes ist bei gebeugtem Knie eine Verschiebung der Tibia gegenüber dem Femur nach hinten möglich (sogenannte *hintere Schublade*). Ein schwach positiver Ausfall der Schubladenphänomene kann jedoch auch nach Verletzungen im hinteren medialen und hinteren lateralen Teil des Kapsel-Band-Apparates zustande kommen. Die Kreuzbänder wirken auch in der Frontal- und Horizontalebene stabilisierend im Kniegelenk.

Der *Verlauf* der beiden Kreuzbänder wechselt in Abhängigkeit von der Stellung des Kniegelenks. Bei gebeugtem Kniegelenk nimmt das Lig. cruciatum anterius eine horizontale Verlaufsrichtung ein, während sich die Lage des hinteren Kreuzbandes gegenüber der Extensionsstellung nur wenig verändert.

Das *vordere Kreuzband* unterstützt mit seinem *postero-lateralen Anteil* die *Stabilisierung* des Kniegelenks in *Streckstellung.* Seine Synergisten sind der M. vastus medialis und der M. semimembranosus. Der *antero-mediale Anteil* des vorderen Kreuzbandes ist in *Beugestellung* des Kniegelenkes angespannt. Bei mitt-

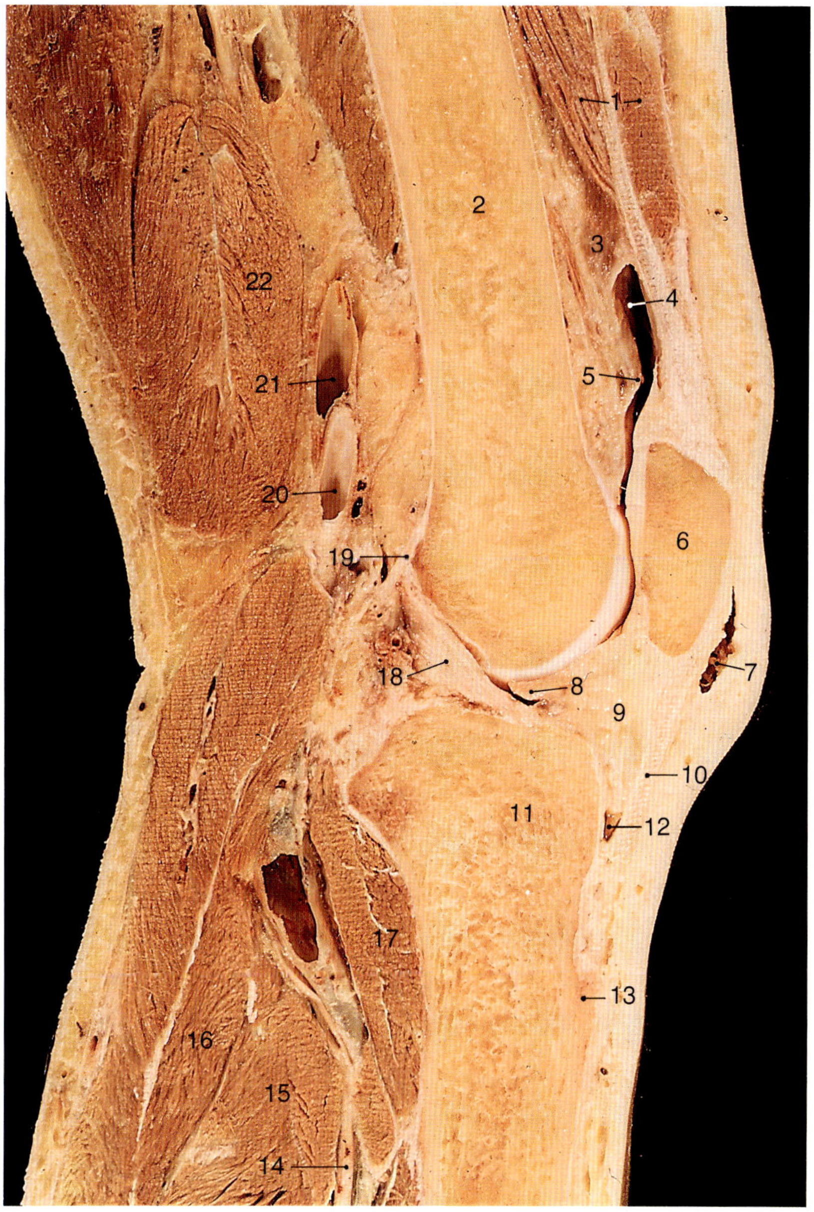

Abb. 7.**115 Sagittalschnitt durch die mittlere Region des linken Kniegelenks bei einem erwachsenen Mann.**
1 M. quadriceps
2 Femur
3 M. articularis genus
4 Bursa suprapatellaris
5 Plica synovialis suprapatellaris
6 Patella
7 Bursa subcutanea praepatellaris
8 Plica synovialis infrapatellaris
9 Corpus adiposum infrapatellare (Hoffascher Fettkörper)
10 Lig. patellae
11 Tibia
12 Bursa infrapatellaris profunda
13 Tuberositas tibiae
14 Fascia cruris, tiefes Blatt
15 M. soleus
16 M. gastrocnemius
17 M. popliteus
18 Lig. cruciatum anterius
19 Capsula articularis
20 A. poplitea
21 V. poplitea
22 M. semimembranosus
(Präparat der Sammlung des Anatomischen Institutes, Kiel)

lerer Beugestellung sind beide Abschnitte des Bandes locker. Das vordere Kreuzband ist bei *Außenrotation entspannt* und bei *Innenrotation angespannt.*

Das *hintere Kreuzband* gilt als *Hauptstabilisator des Kniegelenks.* Bei gebeutem Knie ist der größte Teil seiner Fasern angespannt, in Streckstellung dagegen nur ein Teil. Das hintere Kreuzband trägt damit maßgeblich zur Stabilisierung des Kniegelenks in *Beugestellung* bei. Synergistisch zum hinteren Kreuzband wirkt der *M. popliteus.* Die unterschiedliche Länge und Anordnung der Faserbündel in den Kreuzbändern sorgt dafür, daß, abgesehen von maximaler Außenrotation (s. S. 569), in jeder Stellung des Kniegelenks ein Teil der Bänder angespannt ist.

Die Kreuzbänder üben gemeinsam mit den Kollateralbändern eine wichtige *kinematische Funktion* am Kniegelenk aus (s. unten).

Röntgenanatomie

Bei Standardröntgenaufnahmen in drei Ebenen (Abb. 7.**116**, 7.**117**) lassen sich die artikulierenden Skelettelemente des *Kniegelenks* und des *Tibiofibulargelenks* zur Darstellung bringen, außerdem können die *Achsenverhältnisse* (Tibia-Femur-Achse) beurteilt werden. Röntgenaufnahmen im *antero-posterioren Strahlengang* bei gestrecktem Kniegelenk erlauben eine Abgrenzung der vorderen Konturen der Condyli ossis femoris, des distalen Randes der Trochlea sowie des Tibiakopfes mit den beiden Gelenkfacetten und den Strukturen der Eminentia intercondylaris. Die Grenzen von Diaphyse und Epiphyse treten sowohl im distalen Femurende als auch im Caput tibiae als Zonen starker Mineralisierung in Form der „Epiphysenlinien“ hervor. In das Profil des distalen Femurendes projizieren sich die Umrisse seiner hinteren Kondylenabschnitte und die Kniescheibe. Proximal des Condylus medialis wölbt sich das Tuberculum adductorium vor. Der röntgenologische „Gelenkspalt“ im Femorotibialgelenk ist aufgrund der Knorpeldicke von Tibia und Femur sowie der seitlich eingelagerten Menisken breit. Das Caput fibulae wird in seinem medialen proximalen Abschnitt vom lateralen Tibiakondylus überlagert. Die Kontur des Wadenbeinkopfes mit dem Apex capitis fibulae sowie der Wadenbeinhals sind im antero-posterioren Strahlengang gut abgrenzbar.

Im *seitlichen Strahlengang* kommt auch das *Femoropatellargelenk* zur Darstellung. Die Femurkondylen, die Wangen des Gleitlagers und die Gelenkfacetten des Tibiaplateaus überlagern sich größtenteils. Der vordere Rand des Condylus medialis überragt den lateralen Kondylus ein wenig. Innerhalb der Kondylen erscheint häufig eine ovale Aufhellungszone, sogenannter Ludloffscher Fleck. Der proximale Teil der Eminentia intercondylaris tibiae ragt in die Fossa intercondylaris. In seitlichen Aufnahmen ist auch das *Tibiofibulargelenk* zu sehen. Die *Form des Patellagleitlagers* und der *Facies articularis patellae* ist an Hand von *axialen Röntgenaufnahmen* (Défilé-Aufnahmen) zu beurteilen (s. S. 471 u. Abb. 7.**25**, 7.**27**, 7.**117**).

Mechanik

Femorotibial- und *Femoropatellargelenk* bilden nicht nur morphologisch, sondern auch funktionell weitgehend eine Einheit. Die *Bewegungen* in beiden Gelenkanteilen sind *kinematisch* miteinander *gekoppelt.* Die *Belastung* beider Gelenke erfolgt jedoch durch unterschiedliche Kräfte.

Das *Femorotibialgelenk* wird beim Stand auf einem Bein durch eine Gelenkresultierende belastet, die sich aus der Vektorsumme des Körpergewichts, vermindert um das Gewicht von Unterschenkel und Fuß des Standbeins, und der zur Erhaltung des Gleichgewichts notwendigen Kraft des M. tensor fasciae latae sowie des Tractus iliotibialis zusammensetzen (s. Abb. 7.**118**). Die *Belastung* des *Tibiaplateaus* beträgt beim Stand auf einem Bein etwa das Doppelte des Körpergewichts. Beim *Gehen* treten zusätzlich *dynamische Kräfte* auf, die in bestimmten Gangphasen das Sechsfache des Körpergewichts erreichen können. Beim zweibeinigen Stand lasten auf jedem Femorotibialgelenk etwa 43% des Körpergewichts. Normalerweise wird jedes Femorotibialgelenk zentrisch durch die Gelenkresultierende belastet, so daß beide Facetten des Tibiaplateaus und die Femurkondylen eine gleich große Belastung erfahren. Da die *Menisken* als *„transportable Gelenkflächen“* etwa ein Drittel der im Kniegelenk übertragenen Last aufnehmen, wird der subchondrale Knochen in der medialen und lateralen Facette des Tibiaplateaus im peripheren, von Menisken bedeckten Teil weniger stark beansprucht als im zentralen Bereich. Die Dichte des subchondralen Knochengewebes ist entsprechend zentral größer als peripher.

Die *Belastung des Femoropatellargelenks* erfolgt durch *vertikale* und *horizontale Zugkräfte* (Abb. 7.**120**). Alle an der Kniescheibe angreifenden Muskeln und Bänder führen die Patella in ihrem Gleitlager am Femur und bewirken zugleich den *Gelenkdruck.* An der *vertikalen Zugverspannung* beteiligen sich der *M. quadriceps* und seine Endsehnen, das *Lig. patellae* und die *Retinacula patellae* longitudinalia (s. Abb. 7.**106**). Die Belastung durch die in der Vertikalen wirkenden Kräfte ist in Beugestellung größer als in Streckstellung (s. Abb. 3.**55**). Die Strukturen der *horizontalen Zugverspannung* (s. Abb. 7.**107**) sind variabel ausgebildet. Als aktive Kräfte wirken die an den Seitenrändern der Patella inserierenden Anteile des *M. vastus medialis* und des *M. vastus lateralis.* Die *passiven horizontalen Verspannungsstrukturen* liegen in drei Schichten. Außen umschlingt die *Schenkelfaszie* die Patella wie ein Gurt. In der mittleren Schicht übernimmt das *Retinaculum patellae transversale laterale* eine mechanisch wichtige Verspannungsfunktion, auf der medialen Seite fehlt ein transversales Retinaculum in den

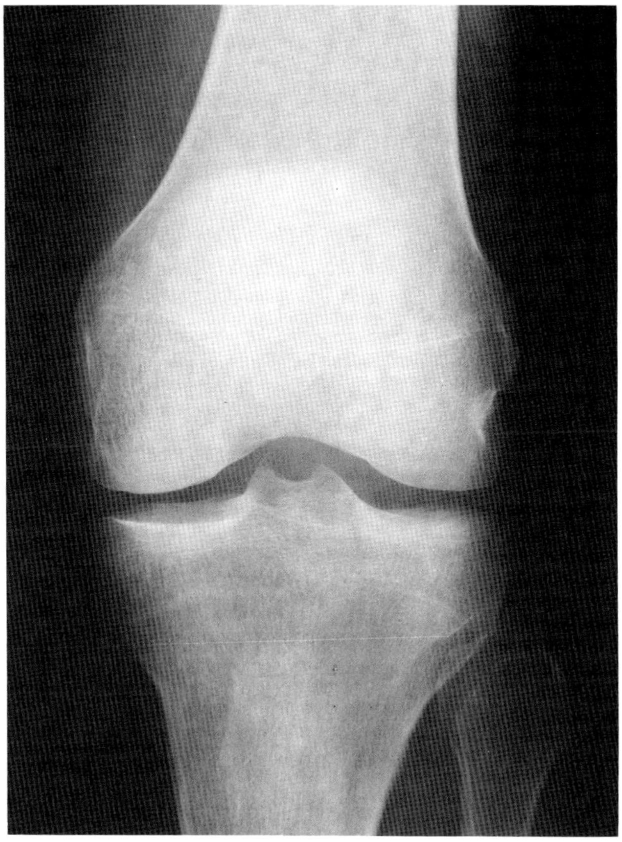

a

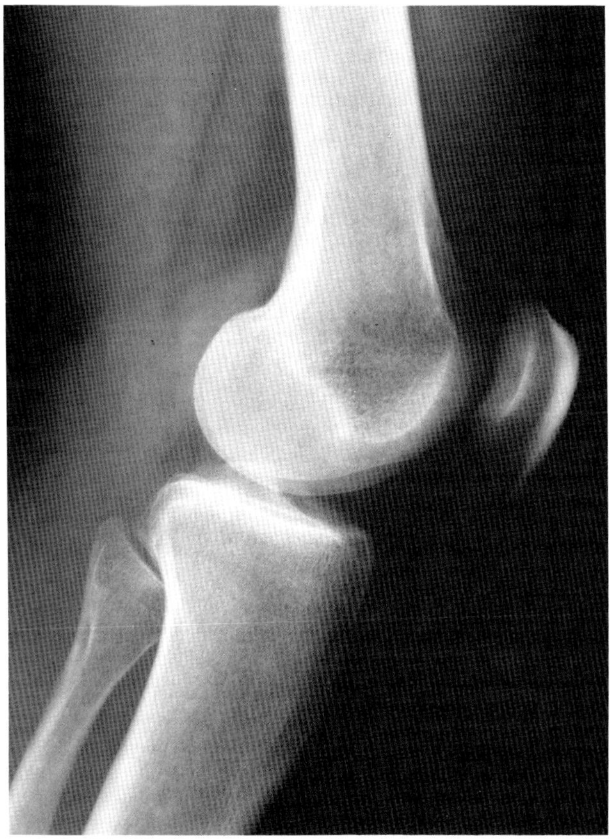

b

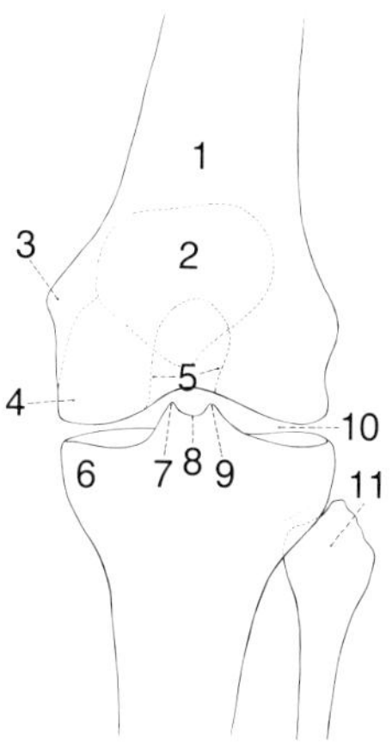

Abb. 7.**116 a** u. **b** **Röntgenbilder von rechten Kniegelenken.**
a Antero-posteriorer Strahlengang (44jähriger Mann)
b Seitlicher Strahlengang (30jährige Frau)
1 Femur
2 Patella
3 Epicondylus medialis ossis femoris
4 Condylus medialis ossis femoris
5 Fossa intercondylaris
6 Condylus medialis tibiae
7 Tuberculum intercondylare mediale
8 Eminentia intercondylaris
9 Tuberculum intercondylare mediale
10 „Gelenkspalt“
11 Caput fibulae
12 Tuberositas tibiae

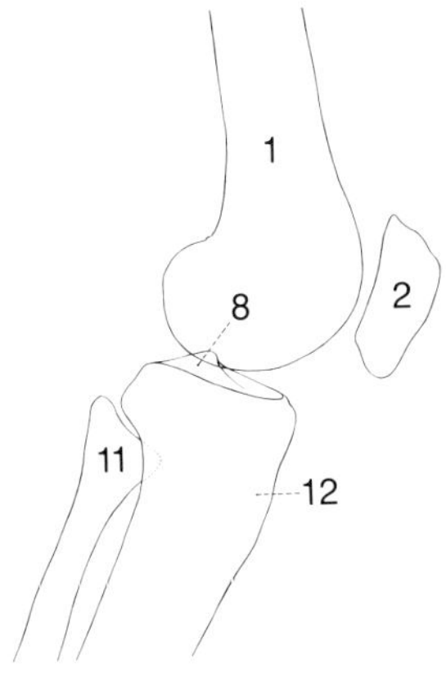

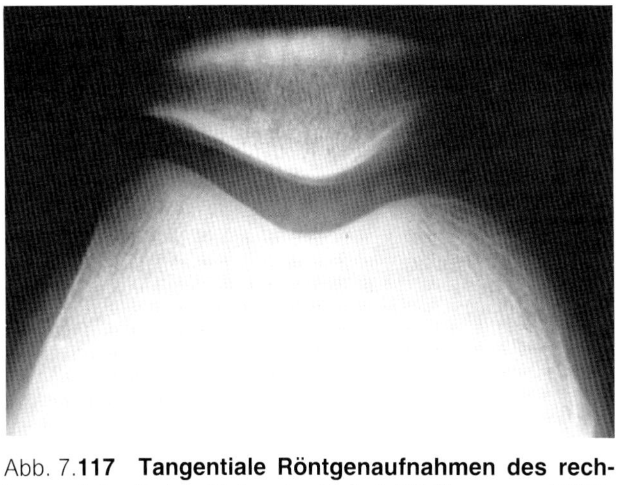

a

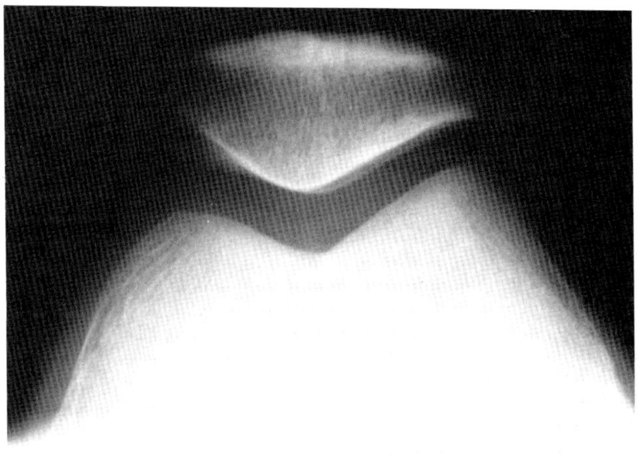

b

Abb. 7.**117** **Tangentiale Röntgenaufnahmen des rechten und des linken Kniegelenks bei 60° Beugung,** Défilé-Aufnahmen (30jährige Frau).

meisten Fällen. An der horizontalen Zugverspannung beteiligen sich außerdem die *meniskopatellaren Bänder* (s. S. 554).

In Abhängigkeit von ihrer Form ist der *Beanspruchungsmodus* der *Patella* unterschiedlich. Kurze Kniescheiben mit großem sagittalen Durchmesser werden auf Druck beansprucht, während bei langen Kniescheiben mit kleinem sagittalen Durchmesser zusätzlich eine Biegebeanspruchung auftritt (s. S. 471 und Abb. 7.**26**). Für die *Kraftaufnahme* steht sowohl an der Kniescheibe als auch am *Patellagleitlager* immer nur ein Teil der Gelenkfläche zur Verfügung (s. Abb. 3.**60**). In *Streckstellung* hat nur ein kleines Areal oberhalb der Patellaspitze Kontakt mit dem distalen Teil des Gleitlagers. Bei einer *Beugung* zwischen 45° und 90° dienen die mittlere und die proximale zentrale Zone als kraftaufnehmende Flächen. Bei Beugung über 120° werden an der Kniescheibe die seitlichen Abschnitte am Femur, die distalen Zonen des Patellagleitlagers sowie die Zonen distal der Linea condylopatellaris in die kraftaufnehmende Fläche einbezogen. Bei einer Beugung von etwa 60° ist die kraftaufnehmende Fläche im Femoropatellargelenk am größten.

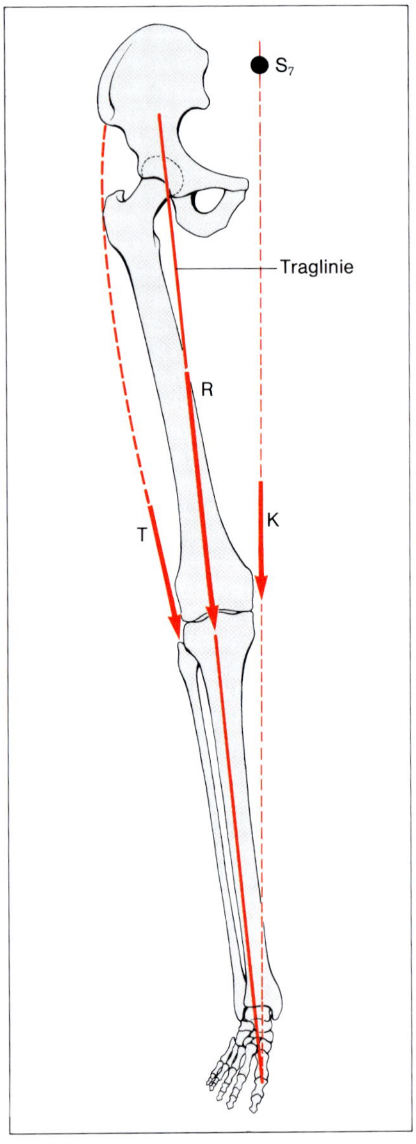

Abb. 7.**118** **Belastung des Femorotibialgelenks auf der Standbeinseite durch die Gelenkresultierende R in der Frontalebene.** R ist die Vektorsumme aus der Kraft des Teilkörpergewichts K (Gesamtkörpergewicht abzüglich des Unterschenkel-Fuß-Gewichtes auf der Standbeinseite) und der seitlichen Traktusspannung T (Kraft des Tractus iliotibialis). Die Gelenkresultierende verläuft durch das Zentrum des Femorotibialgelenks. S_7 gibt die Lage des Teilkörperschwerpunktes beim Stand auf einem Bein an. Das Lot von S_7 verläuft durch das obere Sprunggelenk und fällt in die Unterstützungsfläche des Fußes. Die Traglinie der unteren Extremität verbindet die Zentren von Hüft-, Knie- und oberem Sprunggelenk miteinander (vgl. Abb. 7.**94**). Die Richtung der Traglinie weicht am Oberschenkel deutlich von der Lage der Femurdiaphyse (anatomische Achse des Femur) ab (nach *Maquet* 1976).

Die *Stabilisierung des Kniegelenks* erfolgt vorwiegend durch *Muskeln* und *Bänder* (Abb. 7.**119**). Als Muskelkräfte wirken der *M. quadriceps* und die *ischiokruralen Muskeln* sowie die *Mm. gastrocnemius* und *popliteus*. Wichtigster Bestandteil des Bandapparates sind die *Ligg. cruciata* und die *Ligg. collateralia* (Hauptbänder des Kniegelenks). Am Femorotibialgelenk wird eine knöcherne Führung weitgehend vermißt. Lediglich die Eminentia intercondylaris tibiae trägt zur Stabilisierung in der Frontalebene bei und wirkt einer seitlichen Verschiebung der Femurkondylen entgegen. Aufgrund der Zapfenform der Eminentia intercondylaris sind jedoch Innen- und Außenrotation der Tibia möglich. Das *Femoropatellargelenk* verfügt normalerweise über eine gute *Knochenführung*. Außerdem wird die Lage der Patella in ihrem Gleitlager durch Band- und Muskelkräfte gesichert.

In *maximaler Streckstellung* (*Schlußrotation*, s. unten) befindet sich das Kniegelenk in einer *stabilen Lage*. Die Kollateralbänder, der M. quadriceps sowie die Strukturen des postero-medialen und des postero-lateralen Bereichs sind maximal angespannt. In dieser Position besteht außerdem ein optimaler Kontakt zwischen Menisken und Femurkondylen. Die *Beugung* stellt einen *Zustand relativer Instabilität* dar. Zur Fixierung der Gelenkkörper stehen nur wenige Strukturen zur Verfügung (s. unten). Die Kontaktflächen zwischen Menisken und Condyli ossis femoris sind außerdem relativ klein.

Die der *Stabilisierung* des Kniegelenks dienenden *aktiven* und *passiven Strukturen* wirken in *drei Ebenen*. Eine Verschiebung von Tibia und Femur in der *Sagittalebene* wird vor allem durch die *Kreuzbänder* verhindert (s. S. 563), deren Fasern auch in Beugestellung größtenteils angespannt sind. Hauptstabilisator in Flexionsstellung ist das Lig. cruciatum posterius, das in seiner Funktion vom M. popliteus unterstützt wird. Bei gestrecktem Kniegelenk beteiligen sich auch alle Strukturen im hinteren Abschnitt des Kniegelenks an der Stabilisierung in der Sagittalen und wirken einer Überstreckung entgegen. Im *postero-medialen Bereich* sind dies das Caput mediale m. gastrocnemii, der M. semimembranosus mit seinen Endsehnen, vor allem dem Lig. popliteum obliquum, sowie die übrigen Seh-

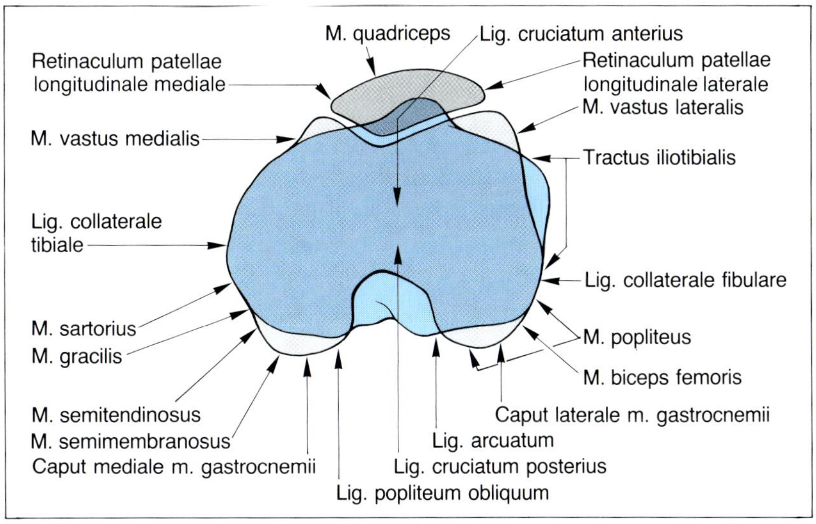

Abb. 7.**119** **Aufsicht der miteinander artikulierenden Skelettelemente des Kniegelenks. Lage der das Kniegelenk stabilisierenden Band- und Muskelkräfte.**

nen des Pes anserinus superficialis. Große Bedeutung für die Stabilität hat auch das Hinterhorn des Meniscus medialis mit dem Lig. collaterale tibiale posterius (s. S. 556). Auf der *postero-lateralen Ecke* tragen der laterale Gastroknemiuskopf, die Ursprungssehne des M. popliteus und der M. biceps femoris zur Festigkeit bei. Die *Vorderseite* des Kniegelenks wird durch den M. quadriceps und seine Endsehnen stabilisiert.

Verletzungen an den in der Sagittalebene wirkenden Verspannungsstrukturen gehen mit einer *Instabilität* im Kniegelenk einher. Bei der klinischen Untersuchung läßt sich die Tibia gegenüber dem Femur, je nach Lokalisation der Verletzung, abnorm weit nach vorn oder nach hinten verschieben (sogenannte *Schubladenphänomene,* s. S. 565). Zu einer Instabilität im Kniegelenk kommt es auch als Folge einer Insuffizienz oder Lähmung des *M. quadriceps femoris.* Zur Sicherung der Stabilität muß in solchen Fällen, bei gleichzeitiger Verlegung des Schwerpunktes nach vorn, das Kniegelenk nach hinten durchgestreckt werden (*Genu recurvatum*), damit die hinteren Kapselanteile angespannt sind. Durch die Überlastung wird der Kapsel-Band-Apparat auf der Rückseite des Kniegelenks überdehnt.

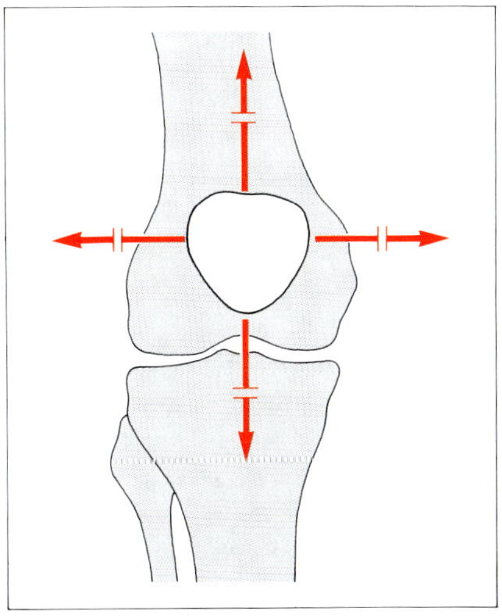

Abb. 7.**120** **Umriß eines rechten Kniegelenks in der Ansicht von vorn. Das Femoropatellargelenk wird durch horizontale und vertikale Zugverspannungen belastet.**

In der *Frontalebene* wird das Kniegelenk primär durch die Kollateralbänder gesichert. *Medial* unterstützen die Sehnen des Pes anserinus superficialis und *lateral* der Tractus iliotibialis die Funktion der Kollateralbänder. Synergistisch wirken außerdem in maximaler Streckstellung die Strukturen der postero-medialen und der postero-lateralen Kapselabschnitte (s. oben). Zu *maximaler Anspannung der Kollateralbänder* kommt es in der *Endphase der Streckung.* Diese wird erst nach einer Außenrotation von 5–10°, sogenannte *Schlußrotation* oder *automatische Rotation,* erreicht. Die Schlußrotation der Tibia bei maximaler Streckung entsteht *zwangsläufig* durch die Anordnung der Bänder, vor allem durch den Zug des vorderen Kreuzbandes, sowie durch die Form der Gelenkkörper.

In *Beugestellung* kommt es aufgrund des unterschiedlichen Kondylenprofils und der damit einhergehenden Distanzminderung zwischen den Anheftungsstellen der Kollateralbänder an Femur und Tibia zu einer *Spannungsabnahme* im *Außen-* und *Innenband.* Das Außenband ist bei Flexion größtenteils entspannt. Am *Lig. collaterale tibiale* verdrehen sich die vorderen oberflächlichen Faserbündel bei Beugung im Kniegelenk nach innen. Der *vordere Teil* des Innenbandes* ist in Beugestellung angespannt und in Streckstellung entspannt. Der *hintere Teil,* das *Lig. collaterale tibiale posterius,* zeigt ein umgekehrtes Verhalten. Bei leichter Kniebeugung und Außenrotation sind das Innenband und der hintere Bereich des medialen Meniskushinterhornes stark belastet.

* Die Angaben über das Spannungsverhalten der Kreuz- und Kollateralbänder sind im Schrifttum zum Teil widersprüchlich. Den oben gemachten Ausführungen liegen klinisch-experimentelle Meßdaten zugrunde, s. Originalarbeiten im Literaturverzeichnis.

Bei Verletzungen der seitlichen Bandstrukturen läßt sich das Kniegelenk bei der klinischen Untersuchung je nach betroffener Seite im Valgus- oder Varussinn „aufklappen".

In der *Horizontalebene* tragen die beiden Hauptbänder des Kniegelenks in synergistischer Weise zur Stabilisierung (*Rotationsstabilität*) bei. Die *Kreuzbänder* sind bei *Innenrotation* umeinander gedreht und angespannt. Wird das Knie nach *außen rotiert,* wickeln sich die Kreuzbänder voneinander ab und verlieren an Spannung. Ein umgekehrtes Verhalten zeigen die *Kollateralbänder,* sie sind in Außenrotationsstellung angespannt und bei Innenrotation relativ locker. Die Ursache für dieses Verhalten liegt in der Anordnung der Bänder und der Form des nach hinten abfallenden Tibiaplateaus begründet. Zur Rotationsstabilität tragen außerdem die Strukturen der *postero-medialen* und der *postero-lateralen Kapselverstärkungen* bei. Die größte mechanische Bedeutung wird auch hier dem *Lig. collaterale tibiale posterius* und dem hinteren Abschnitt des *medialen Meniskus* beigemessen. Schließlich haben die *Mm. vastus medialis* und *lateralis* Einfluß auf die Rotationssicherung im Kniegelenk.

Im Kniegelenk sind *Flexion* und *Extension* sowie, aus der Beugestellung heraus, auch *Innen-* und *Außenrotation* möglich. Aktiv kann das Kniegelenk aus der Neutral-O-Stellung in den meisten Fällen gar nicht oder nur um wenige Grade gestreckt werden. Passiv läßt sich eine *Extension* von 5–10° erreichen. Die Streckung des gebeugten Kniegelenks ist bei extendiertem Hüftgelenk besonders effektiv. Das Ausmaß der maximalen *Beugung* im Kniegelenk beträgt bei gebeugtem Hüftgelenk etwa 140°, bei gestrecktem Hüftgelenk läßt sich das Kniegelenk wegen der aktiven Insuffizienz der ischiokruralen Muskeln nur bis etwa 120° beugen. Die passive Beugung wird in den meisten Fällen bei 160° durch Weichteile gehemmt.

Rotationsbewegungen lassen sich im Kniegelenk nur aus der Beugestellung heraus durchführen. Sie finden vorwiegend zwischen Tibiagelenkflächen und Menisken statt. Bei rechtwinklig gebeugtem Knie ist normalerweise eine Außenrotation von 25°, maximal von 40° möglich. Das Ausmaß der Innenrotation beträgt etwa 10°.

Ab- und *Adduktionsbewegungen* sind normalerweise im Kniegelenk nicht möglich. *Passiv* läßt sich in manchen Fällen bei gebeugtem Kniegelenk eine minimale Ab- und Adduktionsbewegung durchführen.

Am Kniegelenk bilden *Femur, Tibia* und die zwischen beiden Skelettelementen verlaufenden *Bänder* eine *geschlossene kinematische Kette* innerhalb eines Koppelgetriebes (s. S. 112). Tibiaplateau, Femurkondylen und Kreuzbänder entsprechen theoretisch entweder einer *Viergelenkkette* mit gekreuzten Gliedern oder einem Gelenkviereck in Form eines *„überschlagenen Trapezes"* (Abb. 7.**121**).

Der *Bewegungsablauf* im Femorotibialgelenk bei Flexion und Extension wird unterschiedlich und kontrovers beschrieben. Es ist fraglich, ob z. B. die Flexionsbewegung zunächst mit einer reinen *Abrollbewegung,* die am medialen Kondylus 10°–15° und am lateralen Kondylus etwa 20° betragen soll, beginnt und sich anschließend in einer kombinierten *Abroll-Verschiebebewegung* bis zur Endstellung fortsetzt.

Tabelle 7.**9** Beuger im Kniegelenk

Ischiokrurale Muskeln (Mm. semimembranosus, semitendinosus und biceps femoris)
M. gastrocnemius
(M. popliteus)

Geht man von der Vorstellung aus, das Kniegelenk entspräche aufgrund der Anordnung seiner Kreuz- und Kollateralbänder in Form einer Viergelenkkette einem *Koppelgetriebemechanismus,* so ist der gesamte *Bewegungsablauf* bei Beugung und Streckung *zwangsläufig.* Unter diesen Bedingungen setzen sich die Bewegungsabläufe, unabhängig von der Ausgangsstellung des Gelenkes, aus *Verschiebe-Drehbewegungen* und *Abrollbewegungen* zusammen.

Die *Bewegungen im Femoropatellargelenk* sind mechanisch mit denen des Femorotibialgelenks gekoppelt. Die *Patella* gleitet bei Beugung und Streckung des Kniegelenks im *Gleitlager* der Trochlea. Der *Gleitweg* beträgt von maximaler Beuge- bis zu maximaler Streckstellung und vice versa etwa 6–7 cm.

Die *Bewegungsachse* für Flexion und Extension verläuft transversal. Einen feststehenden Drehpunkt gibt es angesichts der Form der Gelenkkörper sowie der Anordnung des Bandapparates und der daraus resultierenden Kinematik (s. oben) nicht. Dem *augenblicklichen Drehpunkt* des Femorotibialgelenks entspricht in der Sagittalebene die gemeinsame Überkreuzungsstelle von Kreuz- und Kollateralbändern (s. Abb. 7.**121**).

Der *augenblickliche Drehpunkt* verlagert sich mit der Stellungsänderung bei Beugung und Streckung. Wird die Tibia gegenüber dem feststehenden Femur gebeugt, so liegen die momentanen Drehpunkte auf der sogenannte *Rastpolkurve.* Wenn sich das Femur aus Beuge- in Streckstellung begibt, verlaufen die momentanen Drehpunkte auf der sogenannten *Gangpolkurve.*

Die *Rotationsachse* verläuft vertikal durch den inneren Bereich der medialen Facette des Tibiaplateaus.

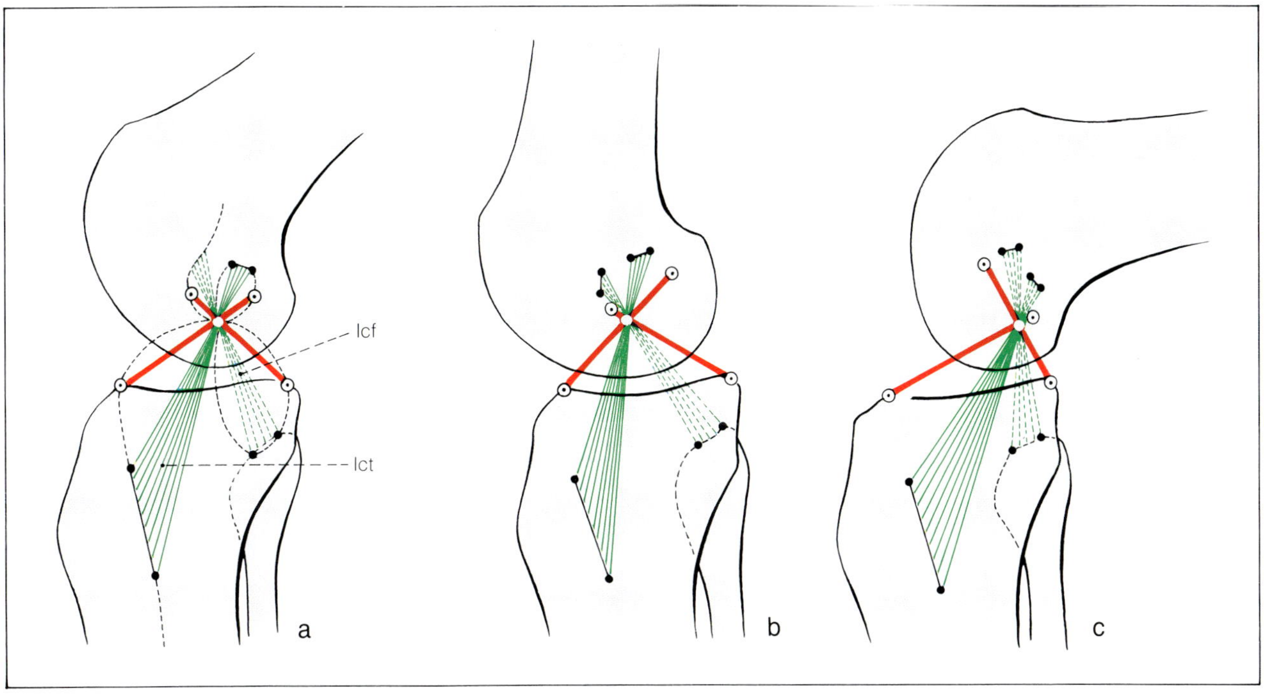

Abb. 7.**121 a–c Die Kreuzbänder (stark ausgezogene Linien) bilden eine Viergelenkkette in Form eines „überschlagenen Trapezes“ und damit eine geschlossene kinematische Kette, in der die Bewegungen zwangsläufig sind.**
lcf Lig. collaterale fibulare
lct Lig. collaterale tibiale

Kreuz- und Kollateralbänder liegen mit ihren Ansätzen auf der sogenannten Burmester-Kurve (punktiert). Kollateral- und Kreuzbänder schneiden sich in jeder Stellung des Gelenks in einem Punkt; der Schnittpunkt entspricht jeweils dem momentanen Drehzentrum (nach *Müller* 1982, dort nach *Menschik* 1974)

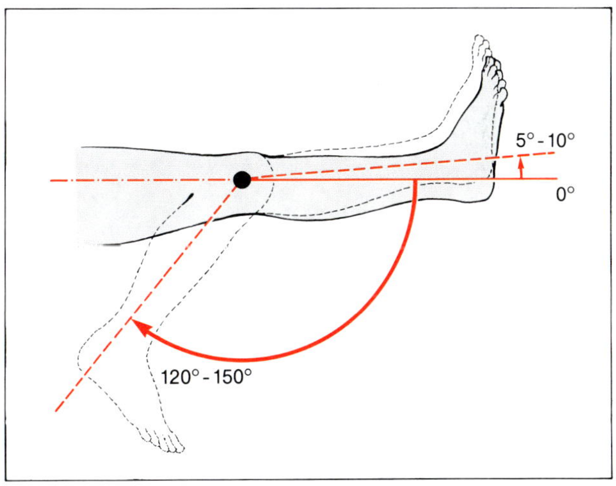

Abb. 7.**122 Ausmaß der Beugung und Streckung im Kniegelenk** (nach *Debrunner* 1978).

Unterschenkel, Crus

Allgemeiner Aufbau und Oberflächenrelief

Der *Unterschenkel, Crus,* beginnt proximal in Höhe der Tuberositas tibiae und reicht distal bis in die Knöchelgegend. Die Malleolengabel als Teil des oberen Sprunggelenks wird aus funktionellen Gründen zum Fuß gerechnet. Man unterscheidet am Unterschenkel topographisch eine Unterschenkelvorderseite, *Regio cruris (cruralis) anterior* und eine Unterschenkelrückseite, *Regio cruris (cruralis) posterior.* Der proximale Teil der Regio cruris posterior wird als *Wade, Regio suralis,* bezeichnet. Die knöchernen Grenzen zwischen Regio cruris anterior und Regio cruris posterior liegen am Margo medialis tibiae und am Margo posterior fibulae.

Die *Skelettelemente* des Unterschenkels, *Tibia* und *Fibula,* sind durch eine Zwischenknochenmembran, *Membrana interossea cruris,* miteinander verbunden. Um die Skelettelemente und die Membrana interossea cruris ordnen sich die *Unterschenkelmuskeln* in *vier Gruppen.* Da die meisten Muskeln schon etwa in Unterschenkelmitte in ihre Ansatzsehnen übergehen, nimmt der Unterschenkelumfang in distaler Richtung konisch ab. Knochen und Sehnen sind im distalen Abschnitt größtenteils tastbar.

Die *Regio cruris anterior* wird durch den *Margo anterior tibiae* in einen medialen und in einen lateralen Abschnitt gegliedert. Die vordere Schienbeinkante kann in gesamter Länge palpiert werden. Medial von ihr ist die plane *Facies medialis tibiae* sicht- und tastbar, da sie nur von einer dünnen Schicht subkutanen Gewebes bedeckt wird. Am *inneren Rand* der Unterschenkelvorderseite wölben sich proximal hinter dem Margo medialis tibiae der *mediale Gastroknemiuskopf* und der *M. soleus* vor. Die starke Rundung lateral der vorderen Schienbeinkante kommt proximal vorwiegend durch den Bauch des *M. tibialis anterior* zustande. Weiter distal treten die *Mm. extensor digitorum longus* und *extensor hallucis longus* hinzu. Die Sehnen der Mm. tibialis anterior und extensor digitorum longus heben sich bei Extension und leichter Pronation des Fußes deutlich ab. Die Sehne des langen Zehenstreckers ist am Unterschenkel noch nicht sichtbar, sondern nur in der Tiefe tastbar. Das *laterale Profil* der Regio cruris anterior wird durch die *Mm. peronaei* hervorgerufen, die den Fibulaschaft im Unterschenkelbereich vollkommen bedecken, so daß dieser weder sicht- noch tastbar ist. Erst im distalen Drittel des Unterschenkels kann die seitliche Fläche des *Corpus fibulae* palpiert werden. Hinter ihm treten die Sehnen der Mm. peronaei in Pronationsstellung strangartig vor.

Die Form der *Regio cruris posterior* (Abb. 7.**123**) wird durch den *M. triceps surae* und seine Endsehne, *Tendo calcaneus* (*Achillessehne*), bestimmt. In Neutral-O-Stellung des Beines ist die Kontur im proximalen Bereich, *Regio suralis,* glatt und abgerundet. Bei Plantarflexion des Fußes zeichnet sich das Profil der beiden *Gastroknemiusköpfe* deutlich ab. Der Bauch des Caput mediale reicht weiter nach distal als der laterale

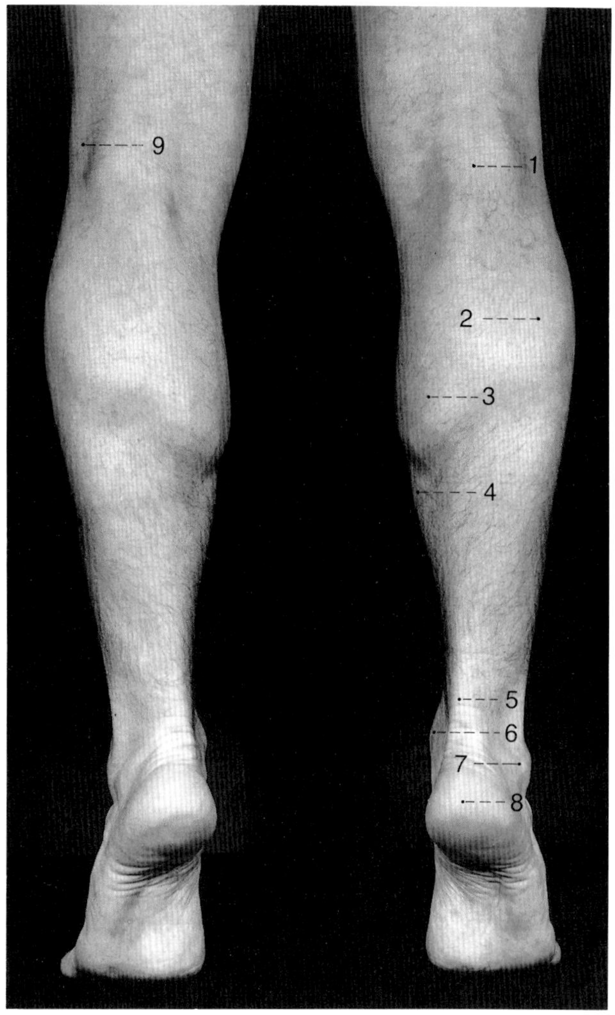

Abb. 7.**123** **Kniekehle, Unterschenkelrückfläche und Fußsohle im Vorfußstand bei einem jungen Mann.** Bei gestrecktem Kniegelenk wölbt sich der Gefäß-Nervenstrang und das Bindegewebe der Fossa poplitea nach hinten vor (1).
2 Caput laterale des M. gastrocnemius
3 Caput mediale des M. gastrocnemius
4 M. soleus
5 Tendo calcaneus
6 Malleolus medialis
7 Malleolus lateralis
8 Ferse
9 M. biceps femoris
Im Vorfußstand befindet sich die Ferse in Supinationsstellung, der Vorfuß macht eine pronatorische Gegenbewegung gegenüber dem supinierten Rückfuß.

Kopf. Distal-lateral von der Kontur des lateralen Gastroknemiuskopfes erscheint eine weitere Vorwölbung, die dem Muskelbauch des *M. soleus* entspricht (Abb. 7.**123**). Bei plantar flektiertem Fuß ist auch der Muskel-Sehnen-Übergang des M. triceps surae in der Unterschenkelmitte zu erkennen. Der Verlauf der Ansatzsehne ist bis zu ihrer Insertion am Calcaneus sicht- und tastbar. Die *Achillessehne* verjüngt sich zunächst und wird dann im Ansatzbereich am Fersenbein wieder breiter. Hier bildet die Haut meistens tiefe Querfalten. Zwischen Achillessehne sowie Tibia- und Fibulaschaft entstehen im unteren Drittel des Unterschenkels flache Einsenkungen, die im Fußbereich hinter den Knöcheln zu tiefen Gruben werden.

Unterschenkelfaszie, Fascia cruris und Muskellogen

Die Unterschenkelmuskulatur wird von der *Fascia cruris* (*superficialis*) (Abb. 7.**124,** 7.**125**) bedeckt, die im proximalen vorderen Bereich direkt aus der *Fascia lata* hervorgeht. Die Fascia cruris ist an den freien Rändern von Tibia und Fibula sowie an der gesamten Facies medialis tibiae mit dem Knochen verbunden. Auf der Rückseite bildet die Unterschenkelfaszie die Fortsetzung der *Fascia poplitea*. Distal geht die Fascia cruris in die *Fascia pedis* über. Über den Mm. tibialis anterior und extensor digitorum longus sowie über den Wadenbeinmuskeln wird die Fascia cruris zur *Aponeurose,* da ein Teil der Muskulatur an ihr entspringt. Am Übergang zum Fußrücken entsteht durch quer und schräg verlaufende Faserverstärkungen das *Retinaculum mm. extensorum superius* (*Lig. transversum cruris*) (s. Abb. 7.**128,** 7.**169**), das im Knochen der Vorderkanten von Tibia und Fibula verankert ist. Es bildet eine osteofibröse *Führungsloge* für die Extensorensehnen (s. S. 578). Die weiter distal liegenden Y-förmigen Faszienverstärkungen auf dem Fußrücken werden als *Retinaculum mm. extensorum inferius* (*Lig. cruciatum cruris)* (s. Abb. 7.**144,** 7.**169**) bezeichnet (s. S. 618). Im Wadenbereich ist die Fascia cruris dünn. An der Grenze zum Knie strahlen Teile der Ansatzsehnen des *Pes anserinus superficialis* und des *M. biceps femoris* in die Unterschenkelfaszie ein. Auf der Rückseite des Unterschenkels entstehen im Übergangsbereich zum Fuß ebenfalls Faszienverstärkungen. Hinter dem medialen Knöchel (*Regio retromalleolaris medialis*) liegt das *Retinaculum mm. flexorum. (s. Abb. 7.***134,** 7.**136**). Zwischen Malleolus lateralis und Calcaneus (*Regio retromalleolaris lateralis*) werden die Ansatzsehnen der Mm. peronaei durch die *Retinacula mm. peronaeorum* (s. Abb. 7.**130**) geführt. (Da die genannten Führungsbänder topographisch zum Fuß gehören, werden sie dort und im Kap. Unterschenkelmuskeln besprochen.)

Über der *Fibula* senkt sich die *Fascia cruris* mit zwei *Septen* in die Tiefe und verankert sich als *Septum intermusculare cruris anterius* am Margo anterior fibulae und als *Septum intermusculare cruris posterius* am Margo posterior fibulae (s. Abb. 4.**20** u. 7.**126**). Auf diese Weise entstehen *drei osteofibröse Muskellogen,* die von der Unterschenkelfaszie, den Septa intermuscularia cruris sowie von Tibia, Fibula und der Membrana interossea cruris begrenzt werden. Die *vordere Muskelloge (Extensorenloge)* schließt die Gruppe der Extensoren mit den *Mm. tibialis anterior, extensor digitorum longus* und *extensor hallucis longus* ein. Grenzen der Extensorenloge sind hinten die Membrana interossea cruris, auf der die *Vasa tibialia anteriora* ziehen, lateral die Facies medialis fibulae sowie das Septum intermusculare anterius, vorn die Fascia cruris und medial die Facies lateralis tibiae. Die *Mm. peronaei* liegen in der *Peronäusloge,* die von der Facies lateralis fibulae, den Septa intermuscularia cruris und von der Unterschenkelfaszie gebildet wird. Auf der Rückseite des Unterschenkels liegt die *Flexorenloge,* die durch das *tiefe Blatt* der *Unterschenkelfaszie (Fascia cruris profunda)* in einen tiefen und in einen oberflächlichen Abschnitt unterteilt wird. In der *oberflächlichen Flexorenloge* verläuft der *M. triceps surae.* Die *tiefe Flexorenloge* wird durch die Hinterflächen von Tibia, Fibula und Membrana interossea cruris sowie durch die tiefe Unterschenkelfaszie begrenzt, auf der die *Vasa tibialia posteriora* verlaufen. In der tiefen Flexorenloge sind die *Mm. tibialis posterior, flexor hallucis longus* und *flexor digitorum longus* eingeschlossen.

Die *osteofibrösen Logen* des Unterschenkels bilden abgeschlossene und nur wenig dehnbare osteofibröse Räume (sogenannte *Kompartimente*). Sie haben große klinische Bedeutung, da sie bei Verletzungen mit Beteiligung der in ihnen verlaufenden Gefäße (s. oben) häufigster Ort eines sogenannten *Kompartmentsyndroms* sind. Das austretende Blut führt innerhalb einer Muskelloge zu *erhöhtem Gewebedruck,* der seinerseits eine Verminderung der Gewebedurchblutung und eine *Nervenkompression* mit neuromuskulären Störungen hervorruft (s. S. 146).

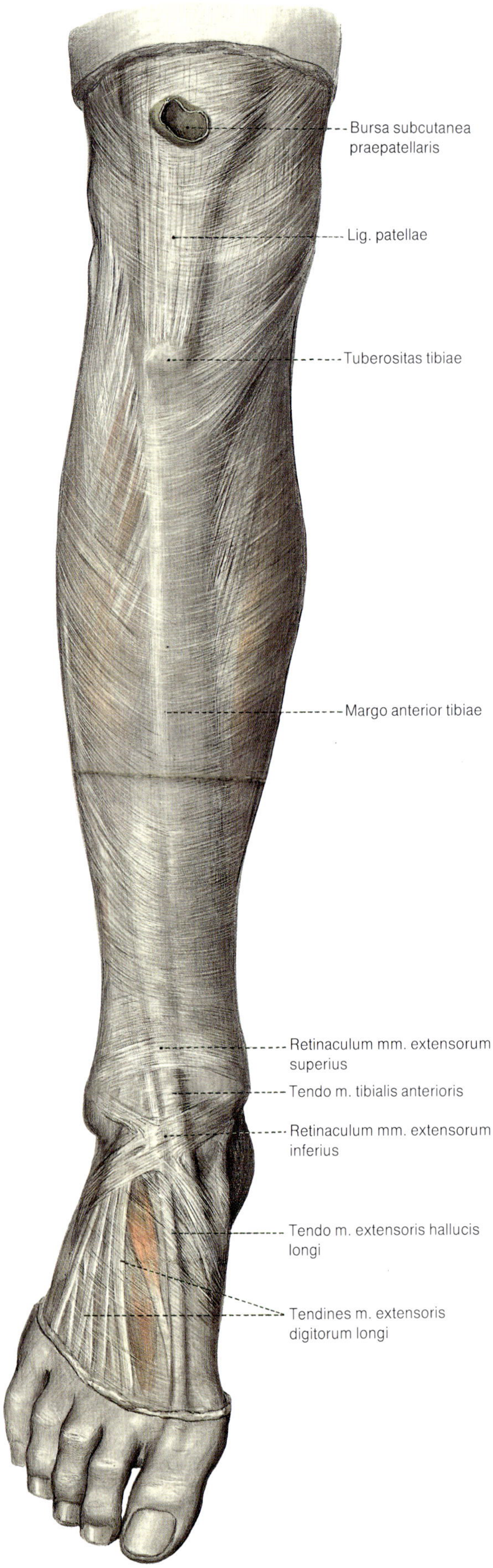

Abb. 7.**124 Faszien des Unterschenkels und des Fußrückens in der Ansicht von vorn.**

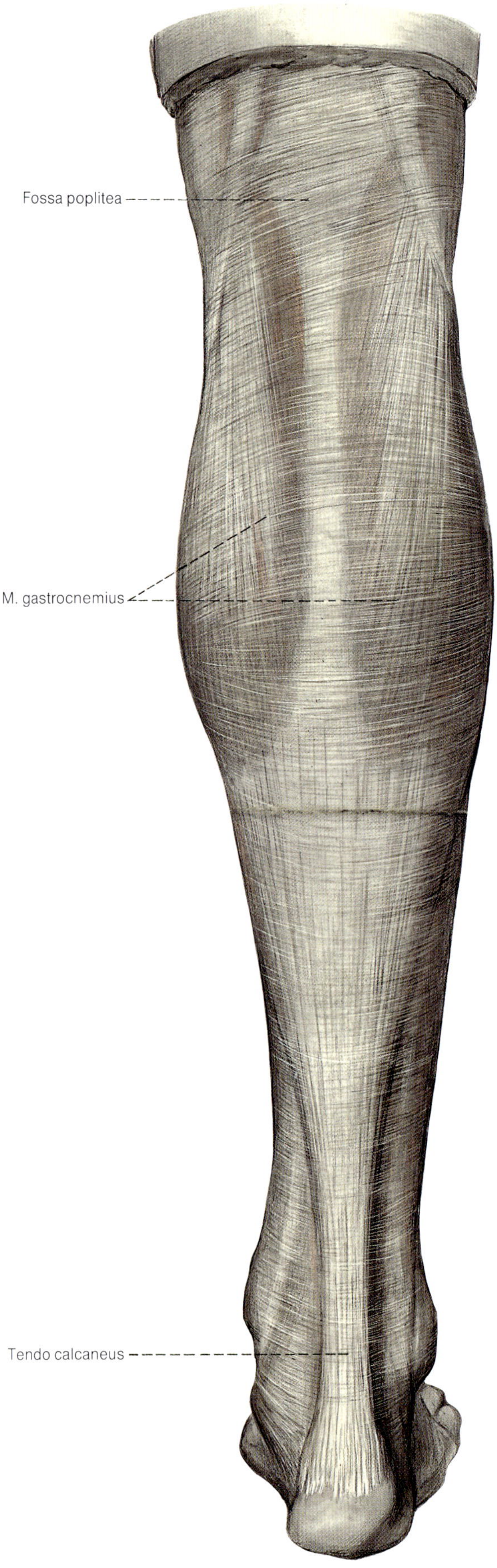

Abb. 7.**125 Faszie des Unterschenkels in der Ansicht von hinten.**

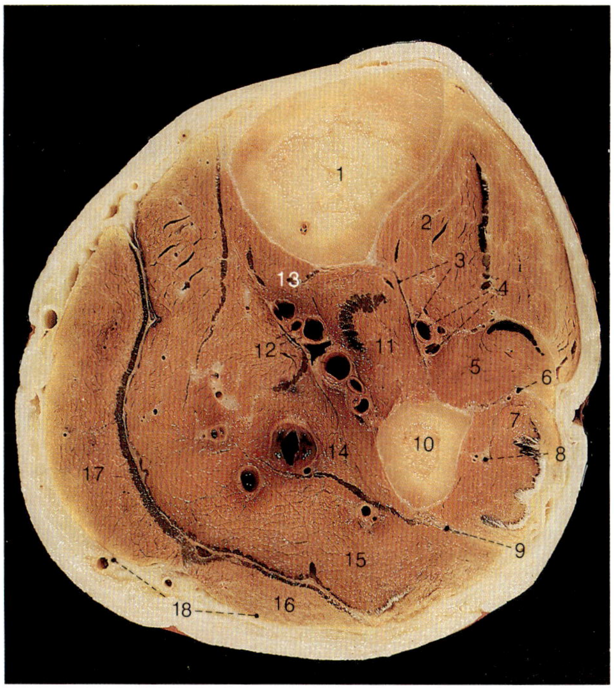

Abb. 7.**126** **Querschnitt durch den rechten Unterschenkel eines Mannes im proximalen Abschnitt.**
1 Tibia
2 M. tibialis anterior
3 Membrana interossea cruris
4 Vasa tibialia anteriora
5 M. extensor digitorum longus
6 Septum intermusculare cruris anterius
7 M. peronaeus longus
8 N. peronaeus superficialis
9 Septum intermusculare cruris posterius
10 Fibula
11 M. tibialis posterior
12 Vasa peronaea
13 M. flexor digitorum longus
14 M. flexor hallucis longus
15 M. soleus
16 Caput laterale m. gastrocnemii
17 Caput mediale m. gastrocnemii
18 Fascia cruris

Verbindungen zwischen Tibia und Fibula

Tibia und *Fibula* sind proximal durch die *Articulatio tibiofibularis*, im diaphysären Abschnitt durch die *Membrana interossea cruris* und distal durch die *Syndesmosis tibiofibularis* miteinander verbunden (s. Abb. 7.**127**).

Schienbein-Wadenbeingelenk, Articulatio tibiofibularis

Aufbau

Artikulierende Anteile

In der *Articulatio tibiofibularis* artikulieren *Facies articularis fibularis tibiae* und *Facies articularis capitis fibulae* miteinander (s. Abb. 7.**29**, 7.**30**). Die rundliche, leicht konvexe Gelenkfläche am Seitenrand des Condylus lateralis tibiae ist nach hinten-unten gerichtet. Die zugehörige konkave Gelenkfläche am Fibulakopf weist nach oben und nach medial-vorn.

Gelenkkapsel, Bänder und Gelenkhöhle

Die *Gelenkkapsel* (s. Abb. 7.**106**, 7.**110**) wird vorn durch das rechteckige kräftige *Lig. capitis fibulae anterius*, das nicht selten zweigeteilt ist, verstärkt. Über die vordere Gelenkkapsel ziehen Anteile des *Retinaculum patellae (longitudinale) laterale*. Auf der Rückseite des Gelenks liegt das relativ schwache *Lig. capitis fibulae posterius*, das vom Fibulakopf schräg nach proximal-medial zum lateralen Tibiacondylus verläuft. Über das Lig. capitis fibulae posterius zieht die Ursprungssehne des *M. popliteus* hinweg, deren Recessus in ca. 20% der Fälle mit der Gelenkhöhle des Tibiofibulargelenks kommuniziert. Auf diese Weise kann eine *Verbindung* zwischen den Gelenkhöhlen des *Kniegelenks* und der *Articulatio tibiofibularis* zustande kommen.

Mechanik

Form und Lage der Gelenkflächen, kapselverstärkende Bänder sowie die festen Bandhaften im mittleren und distalen Bereich zwischen den Unterschenkelknochen machen die *Articulatio tibiofibularis* zu einer *Amphiarthrose*. Das Tibiofibulargelenk jedoch erlaubt geringgradige *Translationsbewegungen* in vertikaler und transversaler Richtung sowie leichte *Rotation*. Die Bewegungen im Tibiofibulargelenk sind mit denen der Syndesmosis tibiofibularis mechanisch gekoppelt (s. unten). Aufgrund der straffen Gelenkverbindung bietet das Caput fibulae dem Lig. collaterale fibulare ein Punctum fixum zur Unterstützung der Stabilität des Kniegelenks in Streckstellung.

Zwischenknochenmembran, Membrana interossea cruris

Die *Membrana interossea cruris* (Abb. 7.**127**) verbindet Tibia und Fibula im Diaphysenbereich. Sie ist an den Margines interossei tibiae und fibulae im Knochen verankert. Die Zwischenknochenmembran ist proximal und im mittleren Bereich breiter als distal. Die Membrana interossea cruris besteht aus einer Platte straffen Bindegewebes, deren Fasern größtenteils von

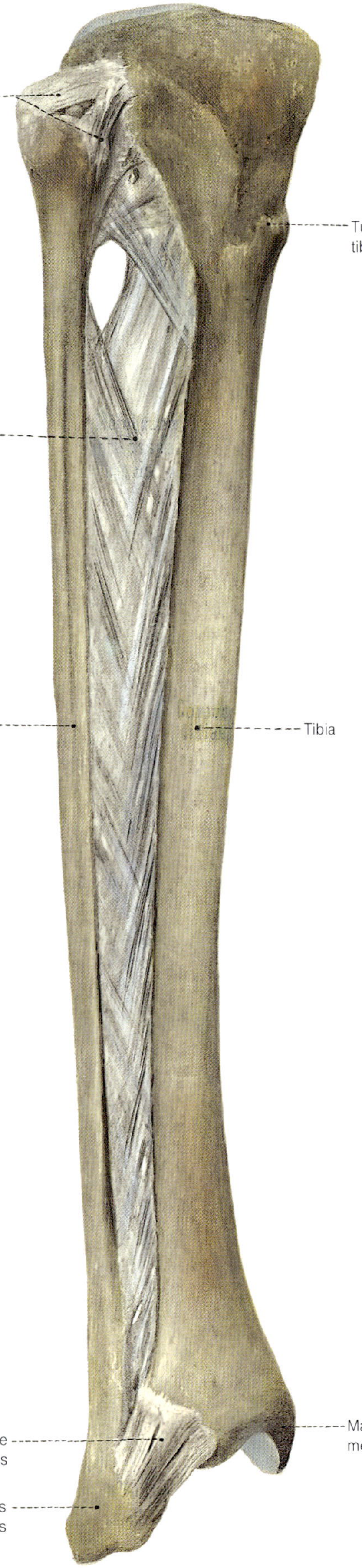

Abb. 7.**127** **Gelenk- und Bandverbindungen zwischen Wadenbein und Schienbein der rechten Seite in der Ansicht von vorn.**

der Tibia schräg nach distal zur Fibula verlaufen. Auf der Vorder- und Rückseite der Membran ziehen auch gegenläufige Faserbündel. Neben dem Fibulahals ist eine große Lücke für den Durchtritt der Vasa tibialia anteriora ausgespart. Im distalen Bereich besteht oberhalb der Syndesmosis tibiofibularis eine schlitzförmige Öffnung für die Rr. perforantes der Vasa peronaea.

Die Membrana interossea cruris trägt zur *Stabilisierung* der *Malleolengabel* bei (s. unten). Sie dient außerdem den Unterschenkelmuskeln als Ursprungsfeld.

Bandhaft zwischen Schienbein und Wadenbein, Syndesmosis tibiofibularis

Distal sind Schienbein und Wadenbein über eine Bandhaft, *Syndesmosis tibiofibularis* (s. Abb. 7.**127,** 7.**147,** 7.**148**), miteinander verbunden. Der konkaven *Incisura fibularis tibiae* (s. Abb. 7.**30**) legt sich der *distale* Abschnitt der *Fibuladiaphyse* (s. Abb. 7.**29**) an. Die Knochen sind im Kontaktbereich von Periost bedeckt. Nur selten findet man im distalen Bereich eine dünne Schicht von Knorpelgewebe. Bänder der Syndesmose sind die *Ligg. tibiofibularia anterius* und *posterius*. Das rechteckige *Lig. tibiofibulare anterius* (s. Abb. 7.**147**) zieht vom vorderen Rand der Incisura fibularis tibiae schräg nach distal-lateral zur Vorderfläche des Malleolus lateralis. An der Kontaktstelle des Bandes mit der Trochlea tali kann sich eine dreieckige Gelenkfacette *(Facies articularis intermedia anterior)* abheben. Das *Lig. tibiofibulare posterius* (s. Abb. 7.**148**) ist kräftiger als das vordere Band. Es besteht aus einem kurzen, breiten *proximalen Teil,* der zwischen dem hinteren Rand der Incisura fibularis tibiae und dem proximalen Abschnitt des äußeren Knöchels verläuft. Der proximale Teil des Lig. tibiofibulare posterius hat an der sogenannten *Fawcettschen Schrägkante (Facies articularis intermedia posterior,* s. Abb. 7.**34**) Kontakt mit dem *Talus.* Der variabel ausgebildete schmale *distale Abschnitt* des hinteren Syndesmosenbandes kommt vom Rand der Facies articularis inferior tibiae, zieht schräg nach distal zur Fibula und inseriert in einer Grube hinter der Facies articularis malleoli lateralis. Der distale Bandabschnitt liegt auf der Gelenkkapsel des oberen Sprunggelenks und steht häufig mit dem Lig. talofibulare posterius in Verbindung. In den *Syndesmosenspalt* stülpt sich von distal her meistens eine kleine Aussackung der Gelenkkapsel des oberen Sprunggelenks (s. Abb. 7.**154**). Der *Recessus* selbst wird von einer *Synovialfalte* ausgefüllt, die sich unterschiedlich weit in die Gelenkhöhle des oberen Sprunggelenks vorwölbt.

In der *Syndesmosis tibiofibularis* werden die distalen Enden beider Unterschenkelknochen zur *Malleolengabel* vereinigt, die im oberen Sprunggelenk mit der Trochlea tali artikuliert (s. S. 598). Die Bandhaft zwischen Tibia und Fibula besitzt keine große Eigenbeweglichkeit, sondern es kommen nur kleine *Mitbewegungen* von seiten des oberen Sprunggelenks zustande. Syndesmosis tibiofibularis und Articulatio tibiofibularis sind über die Malleolengabel mechanisch an das obere Sprunggelenk gekoppelt. Dorsalextension des Fußes führt zu einer geringen *Translation* der Fibula nach proximal sowie zu einer leichten *Innenrotation* des lateralen Knöchels. Außerdem weichen Tibia und Fibula etwas auseinander. Bei Plantarflexion gleitet das Wadenbein leicht nach distal und rotiert ein wenig nach außen. (Weitere Beschreibung s. oberes Sprunggelenk, S. 605.)

Muskeln des Unterschenkels

Die *Muskeln des Unterschenkels* entspringen, mit Ausnahme der Mm. gastrocnemius und plantaris, die ihren Ansatz am Os femoris haben, am Schienbein und am Wadenbein, an der Membrana interossea cruris sowie an der Unterschenkelfaszie. Ihre Ansätze am Fuß liegen im Bereich der Fußwurzelknochen, der Mittelfußknochen oder der Phalangen.

Die *Hauptfunktionen* der Unterschenkelmuskeln bestehen darin, Fuß und Unterschenkel in den verschiedenen Phasen des *Ganges* gegeneinander zu bewegen und den Fuß gegenüber dem Unterschenkel in der *Standphase* zu *stabilisieren*. Darüber hinaus beteiligen sich alle an der Planta pedis verlaufenden Muskeln an der aktiven *Verspannung* der *Fußwölbungen* (s. S. 642).

Nach ihrer ursprünglichen Anlage in der frühen Embryogenese und nach ihrer Innervation lassen sich die Unterschenkelmuskeln in eine *dorsale* und in eine *ventrale Gruppe* gliedern, die durch das Skelett des Unterschenkels und die Zwischenknochenmembran voneinander geschieden werden. Die *dorsale Muskelgruppe* liegt infolge der Drehung der unteren Extremität während der Embryogenese auf der *Vorderseite* des Unterschenkels (s. S. 311). Sie wird von Nerven aus dem dorsalen Teil des Plexus lumbosacralis innerviert. Die *ventrale Muskelgruppe* wird durch die Einwärtsdrehung des Beines nach *hinten* verlagert. Die ursprünglich ventral liegenden Muskeln erhalten ihre Innervation aus ventralen Plexusanteilen (Tab. 7.**10**).

Tabelle 7.**10** Muskeln des Unterschenkels und des Fußes

A. *Vordere Muskeln des Unterschenkels* (*dorsale* Muskeln)
M. tibialis anterior (N. fibularis [peronaeus] profundus, L_4-L_5)
M. extensor digitorum longus (N. fibularis [peronaeus] profundus, L_5-S_1)
M. extensor hallucis longus (N. fibularis [peronaeus] profundus, L_5-S_1)

B. *Laterale Muskeln des Unterschenkels* (*dorsale* Muskeln)
M. peronaeus longus (N. fibularis [peronaeus] superficialis, L_5-S_1)
M. peronaeus brevis (N. fibularis [peronaeus] superficialis, L_5-S_1)

C. *Tiefe Muskeln der Hinterseite des Unterschenkels* (*ventrale* Muskeln)
M. tibialis posterior (N. tibialis, L_4-S_1)
M. flexor hallucis longus (N. tibialis, S_1-S_2)
M. flexor digitorum longus (N. tibialis, S_1-S_2)

D. *Oberflächliche Muskeln der Hinterseite des Unterschenkels* (Wadenmuskeln, *ventrale* Muskeln)
M. soleus (N. tibialis, S_1-S_2)
M. plantaris (N. tibialis, S_1-S_2)
M. gastrocnemius (N. tibialis, S_1-S_2)

(Segmentangaben nach *Scheid,* 1983)

Die (dorsalen) *Muskeln* auf der *Vorderseite* des Unterschenkels bilden *zwei nebeneinanderliegende Muskelgruppen*, die *Extensorengruppe* und die *Peronäusgruppe*. Die *Extensorengruppe* mit den *Mm. tibialis anterior, extensor digitorum longus* und *extensor hallucis longus* füllt den Raum zwischen Tibia, Membrana interossea cruris und Fibula aus (*Extensorenloge* s. oben). Seitlich von der Extensorengruppe liegt, begrenzt von Fibula, Septa intermuscularia cruris sowie Fascia cruris, die *Peronäusgruppe* mit den *Mm. peronaeus longus* und *brevis*, deren Ansatzsehnen hinter den Malleolus lateralis verlagert wurden.

Die *Gruppe* der *Flexoren* (ventrale Muskeln) auf der Unterschenkelrückseite ist in *zwei Schichten* angeordnet. Sie werden durch das tiefe Blatt der Unterschenkelfaszie, *Fascia cruris profunda,* voneinander getrennt. Zur *oberflächlichen Flexorengruppe* gehören die *Mm. triceps surae* und *plantaris*. Die *tiefe Gruppe* besteht aus den *Mm. tibialis posterior, flexor digitorum longus* und *flexor hallucis longus*, die um den medialen Knöchel zur Planta pedis ziehen.

Die Muskeln auf der Unterschenkelrückseite sind Beuger in den Fußgelenken und Supinatoren. Die Muskeln auf der Vorderseite des Unterschenkels bilden funktionell keine Einheit. Die Gruppe der Extensoren streckt die Fußgelenke, die Mm. peronaei sind Beuger im oberen Sprunggelenk. Die Mm. peronaei und der M. extensor digitorum longus wirken als Pronatoren, der M. tibialis anterior unterstützt die Supination des Fußes.

Extensorengruppe

M. tibialis anterior

Gestalt und Lage

Der *M. tibialis anterior* (Abb. 7.**128**) liegt neben der vorderen Schienbeinkante. Er entspringt von den oberen zwei Dritteln der Facies lateralis tibiae, der Membrana interossea cruris und der aponeurotisch verstärkten Fascia cruris (s. Abb. 7.**131**). Sein dreiseitiger Muskelbauch geht im mittleren Drittel des Unterschenkels in eine kräftige, flache Ansatzsehne über, die durch das tibiale Fach unter dem *Retinaculum mm. extensorum superius* und unter dem *Retinaculum mm. extensorum inferius* zum Fußrücken zieht. Im Ansatzbereich verläuft die Sehne über das Tarsometatarsalgelenk I und verstärkt dessen Gelenkkapsel. Der M. tibialis anterior inseriert mit geteilter Sehne an der Seiten- und Plantarfläche des Os cuneiforme mediale und an der Basis des Os metatarsale I (s. Abb. 7.**176**). Zwischen Os cuneiforme mediale und Sehne liegt meistens ein Schleimbeutel, *Bursa subtendinea m. tibialis anterioris.*

Varianten

Die Ansatzsehne des M. tibialis anterior bleibt oft ungeteilt. Bei einer Aufspaltung in zwei ungleich große Zipfel inseriert der Hauptanteil am Os metatarsale I. Zuweilen dehnt sich die Aufspaltung der Ansatzsehne nach proximal bis in den Muskelbauch aus. In seltenen Fällen ziehen aberrierende Ansatzfaserbündel zum Retinaculum mm. extensorum inferius, zum Caput ossis metatarsalis I oder bis zur Basis der Großzehengrundphalanx.

Funktion

Der *M. tibialis anterior* ist, wie die übrigen Extensoren, sowohl in der Schwungphase als auch in der Standphase des Ganges (s. S. 645) aktiv. Liegt das Punctum fixum des Muskels während der Schwungphase am Unterschenkel, so *streckt* er den *Fuß* im oberen Sprunggelenk nach dorsal. In der *Standphase* hat er sein Punctum fixum am Fuß. Der Muskel zieht dann den *Unterschenkel nach vorn* und nähert ihn dem Fußrücken. In Neutral-0-Stellung des Fußes liegt der Ansatz des M. tibialis anterior medial der Pro- und Supinationsachse des Fußes. Der Muskel wirkt daher aus dieser Stellung als *Supinator.* Nur in extremer Pronationsstellung verlagert sich seine Ansatzsehne soweit nach lateral, daß er nunmehr die Pronation unterstützen kann.
Durch die Extensionswirkung des M. tibialis anterior kommt es zu einer Abflachung der Längswölbung des Fußes. Eine „Haltefunktion" für die Fußwölbung hat der Muskel, entgegen häufiger Darstellung, jedoch nicht (s. S. 644).
(Innervation s. S. 581.)

M. extensor digitorum longus

Gestalt und Lage

Der *M. extensor digitorum longus* (Abb. 7.**129**) entspringt am Condylus lateralis tibiae, von der Membrana interossea cruris, vom Caput und Margo anterior fibulae sowie von der Fascia cruris (s. Abb. 7.**131**). Sein Muskelbauch wird proximal zum Teil vom M. tibialis anterior bedeckt. Im mittleren Abschnitt des Unterschenkels liegt der Muskel frei neben dem vorderen Schienbeinmuskel. Die Ansatzsehne des langen Zehenstreckers beginnt in der Mitte des Unterschenkels. Die Einstrahlung der Muskelfasern erfolgt jedoch bis in den Bereich des Retinaculum mm. extensorum superius. Die Ansatzsehne verläuft im *fibularen Fach* unter den *Retinacula mm. extensorum superius* und *inferius* (s. Abb. 7.**169**). Sie wird von einer *Sehnenscheide* umhüllt, die distal des Retinaculum mm. extensorum superius beginnt, über das Retinaculum mm. extensorum inferius hinausragt und in Höhe der Mittelfußbasen endet (s. Abb. 7.**164**). Während ihres Verlaufes unter dem Retinaculum mm. extensorum inferius spaltet sich die Ansatzsehne in *vier Anteile,* die zur Dorsalseite der *Zehen II bis V* ziehen und sich am Aufbau der *Dorsalaponeurose* beteiligen (s. Abb. 7.**169**). Im Bereich der Zehengrundgelenke zweigen von den Extensorensehnen Faserbündel ab, die ringförmig nach plantar ziehen und am *Lig. metatarseum transversum profundum* inserieren (s. Abb. 7.**177**).
Eine Abspaltung des M. extensor digitorum longus inseriert mit einem fünften Sehnenzipfel an der Basis des Os metatarsale V. Der Muskel und seine Sehne werden als *M. peronaeus tertius* bezeichnet.

Varianten

Einzelne Sehnen des M. extensor digitorum longus können verdoppelt sein. Eine Unterteilung des Muskels in mehrere selbständige Muskelbäuche kommt selten vor. Eine überzählige Sehne am 2. Strahl kann zur Dorsalaponeurose der Großzehe ziehen. Gelegentlich sind die Extensorensehnen, ähnlich wie die Sehnen am Handrücken, miteinander verwachsen.
Der *M. peronaeus tertius* ist bei ca. 8% der Fälle nicht angelegt. Sein Muskelbauch fehlt häufig. Die Ansatzsehne des M. peronaeus tertius ist oft gespalten; ein Teil inseriert dann an der Basis ossis metatarsalis V, der zweite Sehnenzipfel zieht variabel zur Dorsalaponeurose der Kleinzehe oder zur Basis des Os metatarsale IV.

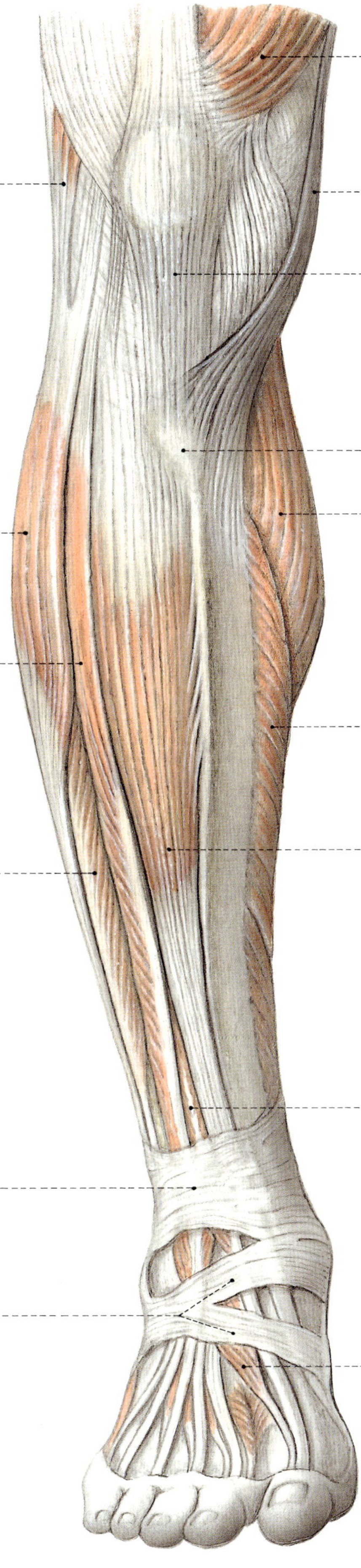

Abb. 7.**128** **Muskeln des rechten Unterschenkels und des Fußes in der Ansicht von vorn** (nach einem Präparat der Sammlung des Anatomischen Institutes, Kiel und in Anlehnung an *Spalteholz* und *Spanner* 1953).

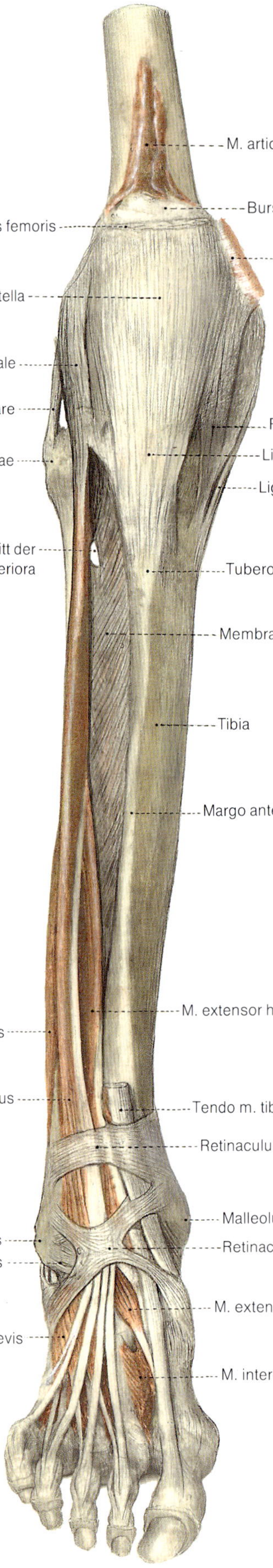

Abb. 7.**129** **Muskeln des rechten Unterschenkels und des Fußes in der Ansicht von vorn.** M. tibialis anterior entfernt.

Funktion

Der *M. extensor digitorum longus* zieht über das obere und untere Sprunggelenk sowie über die Zehengelenke des 2. bis 5. Strahls hinweg. Der Muskel ist ein kräftiger *Strecker* am *oberen Sprunggelenk,* wenn die Zehen durch die Mm. interossei in Neutral-O-Stellung oder in Beugestellung stabilisiert werden. Gemeinsam mit den Mm. tibialis anterior und extensor hallucis longus bewirkt er die *Dorsalextension des Fußes* auf der Schwungbeinseite. Auf der *Standbeinseite* nähert er den Unterschenkel dem Fußrücken. Der M. extensor digitorum longus beteiligt sich an der *Streckung der Zehen* II–V; allerdings kann der Muskel diese Funktionen allein nur wahrnehmen, wenn das obere Sprunggelenk durch die Flexoren des Fußes stabilisiert ist. Der lange Zehenstrecker unterstützt die *Pronationsbewegung* des Fußes.
(Innervation s. unten.)

M. extensor hallucis longus

Gestalt und Lage

Der *M. extensor hallucis longus* (s. Abb. 7.**129**) wird am Unterschenkel von den Mm. tibialis anterior und extensor digitorum longus bedeckt. Seine Ansatzsehne tritt in Höhe der Malleolengabel an die Oberfläche und ist erst auf dem Fußrücken bei Dorsalextension des Fußes sicht- und tastbar. Der lange Großzehenstrecker entspringt in den unteren zwei Dritteln des Unterschenkels von der Membrana interossea cruris und von der Facies medialis fibulae (s. Abb. 7.**131**) Seine Muskelfasern inserieren bis in den Bereich des Retinaculum mm. extensorum inferius an der kräftigen Ansatzsehne, die gemeinsam mit dem M. extensor digitorum longus durch das *mittlere Fach* unter dem *Retinaculum mm. extensorum superius* zieht. Auf dem Fußrücken verläuft die Sehne, umhüllt von einer Sehnenscheide, durch das mittlere Fach unter dem Retinaculum mm. extensorum inferius (s. Abb. 7.**164,** 7.**169**). Sie verbreitert sich zur Dorsalaponeurose und inseriert an der Basis der Großzehenendphalanx (s. Abb. 7.**171**).

Varianten

Von der Ansatzsehne des M. extensor hallucis longus kann auf der medialen oder lateralen Seite ein Teil zum Os metatarsale I oder zur Gelenkkapsel des Großzehengrundgelenks ziehen. Manchmal ist anstelle der aberrierenden Sehne auch medial oder lateral ein kleiner selbständiger Muskel ausgebildet. Die Ansatzsehne eines lateralen akzessorischen Muskels vereinigt sich meistens mit der des M. extensor hallucis brevis.

Funktion

Der *M. extensor hallucis longus* unterstützt die Funktion des M. tibialis anterior. Er ist ein kräftiger *Dorsalextensor* im oberen Sprunggelenk. Als *Strecker* der *Großzehe* wirkt er bei stabilisiertem oberen Sprunggelenk von seiten der Flexoren. Da seine Ansatzsehne nur wenig von der Lage der Pro- und Supinationsachse des Fußes abweicht, hängt seine Wirkung als Pronator oder Supinator von der Ausgangsstellung des Fußes ab. Befindet sich der Fuß bereits in leichter Supinationsstellung, so unterstützt der lange Großzehenstrecker die *Supination.* Bei pronierter Fußstellung kann er als *Pronator* wirken.
(Innervation s. unten.)

Innervation der Extensorengruppe

Die Extensoren des Unterschenkels werden vom *N. fibularis (peronaeus) profundus* innerviert, der die Extensorenloge durch das *Septum intermusculare cruris anterius* betritt (s. unten). Die segmentale Innervation für den M. tibialis anterior stammt aus den Rückenmarkssegmenten L_4 und L_5. Die Mm. extensores digitorum longus und hallucis longus werden aus den Rükkenmarkssegmenten L_5 und S_1 versorgt. Die Extensoren gelten als Kennmuskeln für das Rückenmarkssegment L_5.
Bei einer Schädigung des N. fibularis (peronaeus) profundus mit *Lähmung* der Fußstrecker hängt der Fuß in sogenannter Equinusstellung schlaff herab *(Hängefuß).* Da der Fuß im oberen Sprunggelenk nicht extendiert werden kann, ist der Gang erheblich beeinträchtigt. Der betroffene Fuß wird zuerst mit der Fußspitze und erst anschließend mit der Ferse aufgesetzt (sogenannter Steppergang). Damit die Fußspitze in der Schwungphase nicht am Boden schleift, ist eine verstärkte Beugung im Hüft- und Kniegelenk notwendig. Als Folge einer über lange Zeit bestehenden Extensorenlähmung kommt es aufgrund mangelhafter Dehnung der Antagonisten zu einer Verkürzung der Flexoren, so daß der Fuß in eine fixierte Plantarflexionsstellung (sogenannte *Spitzfußstellung* oder *Pes-equinus-Stellung*) gerät.

Peronäusgruppe

M. peronaeus longus

Gestalt und Lage

Der *M. peronaeus longus* (Abb. 7.**130**) hat seinen Ursprung am Caput und Corpus fibulae, an der Gelenkkapsel der Articulatio tibiofibularis sowie an den Septa intermuscularia cruris und an der Fascia cruris innerhalb der *Peronäusloge* (Abb. 7.**131**).

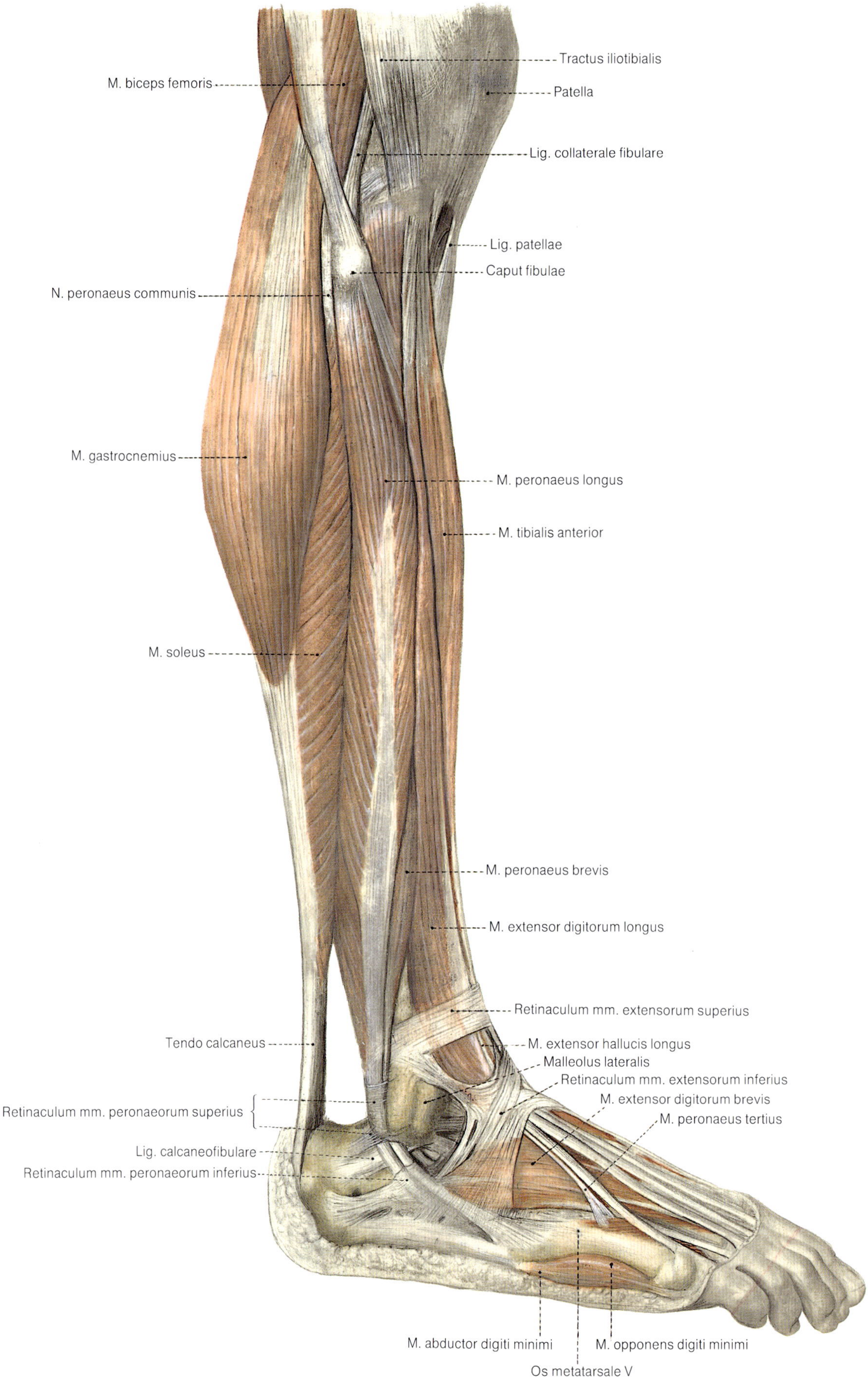

Abb. 7.**130 Muskeln des Unterschenkels und des Fußes der rechten Seite in der Ansicht von lateral.**

Im Bereich der Ansatzzone bleibt am Collum fibulae eine Lücke ausgespart. Hier verläuft der *N. fibularis (peronaeus) communis* zwischen Muskel und Knochen in der Peronäusloge, die er durch das Septum intermusculare cruris posterior *(Hiatus communis)* betritt. Der N. peronaeus communis teilt sich innerhalb der Peronäusloge in seinen oberflächlichen und tiefen Hauptast. Der *N. fibularis (peronaeus) profundus* verläßt die Peronäusloge durch das Septum intermusculare cruris anterius und tritt in die Extensorenloge ein, deren Muskeln er innerviert (s. oben). Der *N. fibularis (peronaeus) superficialis* zieht mit dem M. peronaeus longus nach distal und versorgt die beiden Wadenbeinmuskeln (s. unten).

Der Bauch des M. peronaeus longus wölbt sich bei Plantarflexion des Fußes als länglicher Wulst am lateralen Rand des Unterschenkels vor. Die Ansatzsehne des Muskels beginnt bereits in der Mitte des Unterschenkels, von wo sie, eingebettet in einer vom Muskelbauch des M. peronaeus brevis gebildeten Rinne, bis zum lateralen Knöchel zieht. Bei ihrem Verlauf um den Malleolus lateralis liegt sie hinter der Sehne des M. peronaeus brevis. Die Ansatzsehnen der beiden Mm. peronaei werden im Knöchelbereich von einer gemeinsamen *Sehnenscheide* (s. Abb. 7.**165**) umschlossen und durch das *Retinaculum mm. peronaeorum superius* geführt, das von der Außenfläche des Knöchels schräg nach hinten-unten zum Calcaneus zieht. Hinter dem lateralen Knöchel ändert die Sehne des M. peronaeus longus ihre Verlaufsrichtung und zieht schräg nach distal-vorn, wo sie unterhalb der Trochlea peronaealis an der lateralen Fläche des Calcaneus im Sulcus tendinis m. peronaei longi liegt. Die Sehne wird hier vom *Retinaculum mm. peronaeorum inferius* geführt. In Höhe der Trochlea peronaealis spaltet sich die gemeinsame Sehnenscheide der beiden Wadenbeinmuskeln in zwei Anteile. Das distale Ende beider Sehnenscheiden liegt im Bereich des Würfelbeins.

Während ihres Verlaufes zum lateralen Fußrand überkreuzt die Ansatzsehne des M. peronaeus longus die Sehne des kurzen Wadenbeinmuskels. Am lateralen Fußrand schlingt sich die Ansatzsehne des langen Wadenbeinmuskels um die *Tuberositas cuboidea,* die ihr als *Hypomochlion* dient, und wendet sich unter erneuter Änderung ihrer Verlaufsrichtung auf die *Plantarseite* des Fußes. Dort, wo die Sehne dem Widerlager am Os cuboideum anliegt, sind Knorpelzellen in das Gewebe eingelagert (Gleitsehne, s. S. 150). An der Planta pedis verläuft die Sehne schräg nach medial-vorn in einem engen osteofibrösen Kanal (s. Abb. 7.**175**), der vom *Sulcus tendinis m. peronaei longi ossis cuboidei* und von einer durch das Lig. plantare longum verstärkten Sehnenscheide *(Vagina plantaris)* gebildet wird. Auch hier sind Knorpelzellen, seltener ein Sesambein, in die Sehne eingelagert. Am medialen Fußrand spaltet sich die Ansatzsehne des langen Wadenbeinmuskels in mehrere Zipfel auf und inseriert am Os cuneiforme mediale, an der Basis des Os metatarsale I und gelegentlich am Os metatarsale II (s. Abb. 7.**176**).

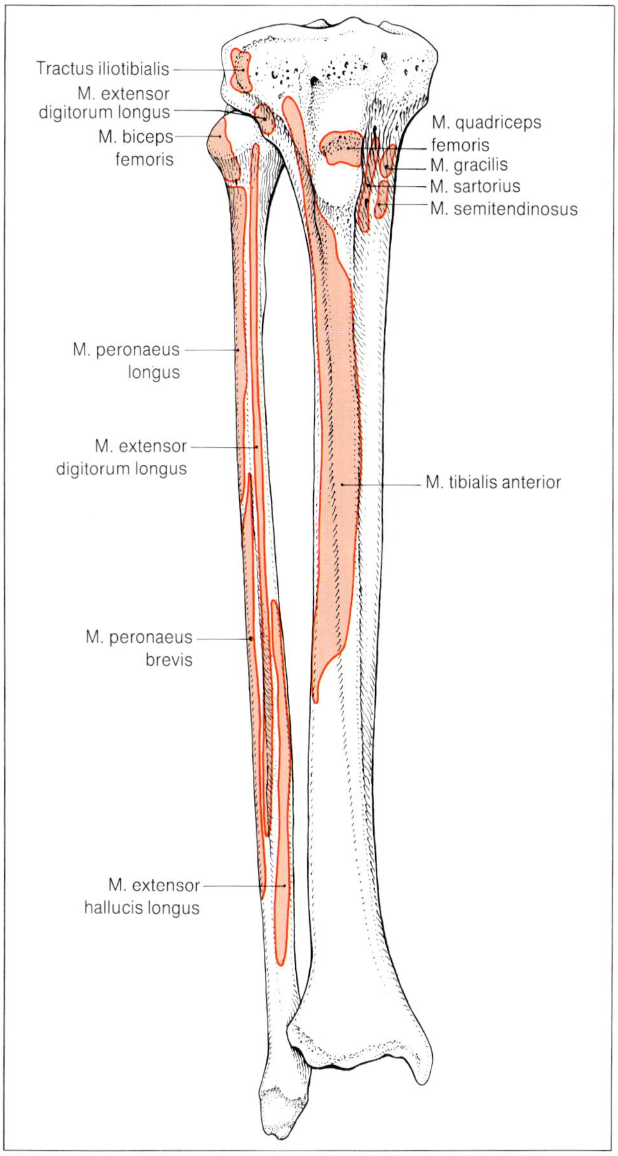

Abb. 7.**131** **Muskelursprünge und -ansätze am Schienbein und am Wadenbein in der Ansicht von vorn.**

Varianten

Ein Teil der Ansatzsehne des M. peronaeus longus kann in Höhe des Os cuboideum zur Basis des Os metatarsale V ziehen und dem M. flexor digiti minimi brevis als Ursprung dienen. Hinter dem Malleolus lateralis und im Bereich der Trochlea peronaealis sind manchmal *Sesambeine* in die Sehne eingelagert. An der Planta pedis kann sich der Ansatz des M. peronaeus longus auf die Ossa metatarsalia IV und III ausdehnen. Ein überzähliger Kopf des Muskels wird als *M. peronaeus accessorius* bezeichnet. Er entspringt an der Fibula zwischen den Mm. peronaeus longus und brevis und geht in die Sehne des M. peronaeus longus über.

Funktion

Der *M. peronaeus longus* zieht über das obere und untere Sprunggelenk. Seine Ansatzsehne verläuft hinter der Achse des oberen Sprunggelenks und lateral von der Achse des unteren Sprunggelenks. Gemeinsam mit dem M. peronaeus brevis beteiligt er sich an der *Plantarflexion* des *Fußes,* er ist außerdem ein kräftiger *Pronator.* Da die Ansatzsehne des M. peronaeus longus unter der Planta pedis verläuft, beteiligt sich der Muskel an der aktiven *Verspannung der Fußwölbungen.* Wie die Zerlegung der Kraftrichtung seiner wirksamen Endstrecke zeigt, wirkt der Muskel vorwiegend auf die Erhaltung der *Querwölbung* (s. Abb. 7.**187**).
(Innervation s. unten.)

M. peronaeus brevis

Gestalt und Lage

Der *M. peronaeus brevis* (s. Abb. 7.**129**) entspringt in den distalen zwei Dritteln des Unterschenkels, an der Außenfläche der Fibula und an den Septa intermuscularia cruris der Peronäusloge. (s. Abb. 7.**131**). Der Ursprung des doppelt gefiederten Muskels reicht bis in den Knöchelbereich. Am Unterschenkel bildet der Muskel eine Rinne für den langen Wadenbeinmuskel, der ihn hier größtenteils überlagert (s. Abb. 7.**130**). Die Ansatzsehne des M. peronaeus brevis tritt oberhalb des lateralen Knöchels an die Oberfläche, wo sie bei proniertem Fuß sicht- und tastbar ist. Sie zieht dann im *Sulcus tendinorum mm. peronaeorum* vor der Sehne des M. peronaeus longus um den *Malleolus lateralis,* der ihr als *Hypomochlion* dient. Von hier gelangt die Sehne oberhalb der Trochlea peronaealis entlang des Calcaneus zu ihrem Ansatz an der Tuberositas ossis metatarsalis V (s. Abb. 7.**170,** 7.**171**).
Die Ansatzsehne wird hinter dem lateralen Knöchel durch das *Retinaculum mm. peronaeorum superius* und über der Seitenfläche des Calcaneus durch das *Retinaculum mm. peronaeorum inferius* geführt (s. oben). Die *Sehnenscheide* (s. Abb. 7.**165**) des M. peronaeus brevis beginnt bereits im distalen Abschnitt des Unterschenkels. In Knöchelhöhe vereinigt sie sich mit der Sehnenscheide des M. peronaeus longus, von der sie sich am lateralen Fußrand wieder trennt. Die Sehnenscheide des kurzen Wadenbeinmuskels endet etwa 2 cm proximal der Tuberositas metatarsalis V.

Varianten

Von der Sehne des *M. peronaeus brevis* zieht bei etwa 60% der Fälle ein Zipfel zur Basis der Grundphalanx und zur Dorsalaponeurose der 5. Zehe. Diese Abspaltung wird auch als *Peronaeus digiti minimi* bezeichnet. Es bestehen weiterhin Verbindungen der Endsehne zum Caput ossis metatarsalis V, zum M. abductor digiti minimi oder zum Os cuboideum. In seltenen Fällen wird ein *M. peronaeus quartus* beobachtet, der seinen Ursprung an der hinteren Fläche der Fibula zwischen den Mm. peronaeus brevis und flexor hallucis longus hat und an den fibularen Flächen des Os cuboideum oder der Sehne des M. extensor digitorum longus für die Kleinzehe inseriert.

Funktion

Der *M. peronaeus brevis* ist wie der M. peronaeus longus ein kräftiger *Plantarflektor* im oberen Sprunggelenk sowie ein *Pronator* des Fußes. Eine Wirkung auf die Verspannung der Fußwölbung hat der Muskel aufgrund seines Ansatzes am lateralen Fußrand nicht. (Innervation s. unten.)

Innervation der Mm. peronaei

Die *Mm. peronaei* werden vom *N. fibularis (peronaeus) superficialis* (L_5 und S_1) innerviert. Eine *Lähmung* der Wadenbeinmuskeln führt zu einer starken Kraftminderung der Pronatoren des Fußes. Aufgrund des Ungleichgewichtes zwischen pronatorischen und supinatorischen Muskelkräften gerät der Fuß durch den Zug der Flexoren in Supinationsstellung *(Varusstellung,* sogenannte Klumpfußstellung). Sind auch die Extensoren gelähmt, so resultiert eine *Spitz-Klumpfußstellung* (sogenannter *Pes equino-varus*).

Flexorengruppe

Oberflächliche Flexoren

M. triceps surae

Der *M. triceps surae* (Abb. 7.**130,** 7.**132,** 7.**133**) bildet mit seinen beiden Anteilen, den *Mm. gastrocnemius* und *soleus,* und dem *M. plantaris* die Gruppe der *oberflächlichen Flexoren* des Unterschenkels. Da die Muskeln die Kontur der Wade prägen, werden sie Wadenmuskeln genannt. Die Wadenmuskeln liegen in einer Loge, die vom oberflächlichen und tiefen Blatt der Fascia cruris, der Facies posterior tibiae, der Facies posterior fibulae und dem Septum intermusculare cruris posterior begrenzt wird.
Die drei Köpfe des M. triceps surae inserieren mit einer gemeinsamen *Endsehne, Tendo calcaneus* (Achillessehne) am Tuber calcanei.

M. gastrocnemius

Gestalt und Lage

Der zweiköpfige *M. gastrocnemius* (Abb. 7.**132**) (Wadenzwillingsmuskel) zieht über das Kniegelenk und über die Sprunggelenke. Der Muskel entspringt

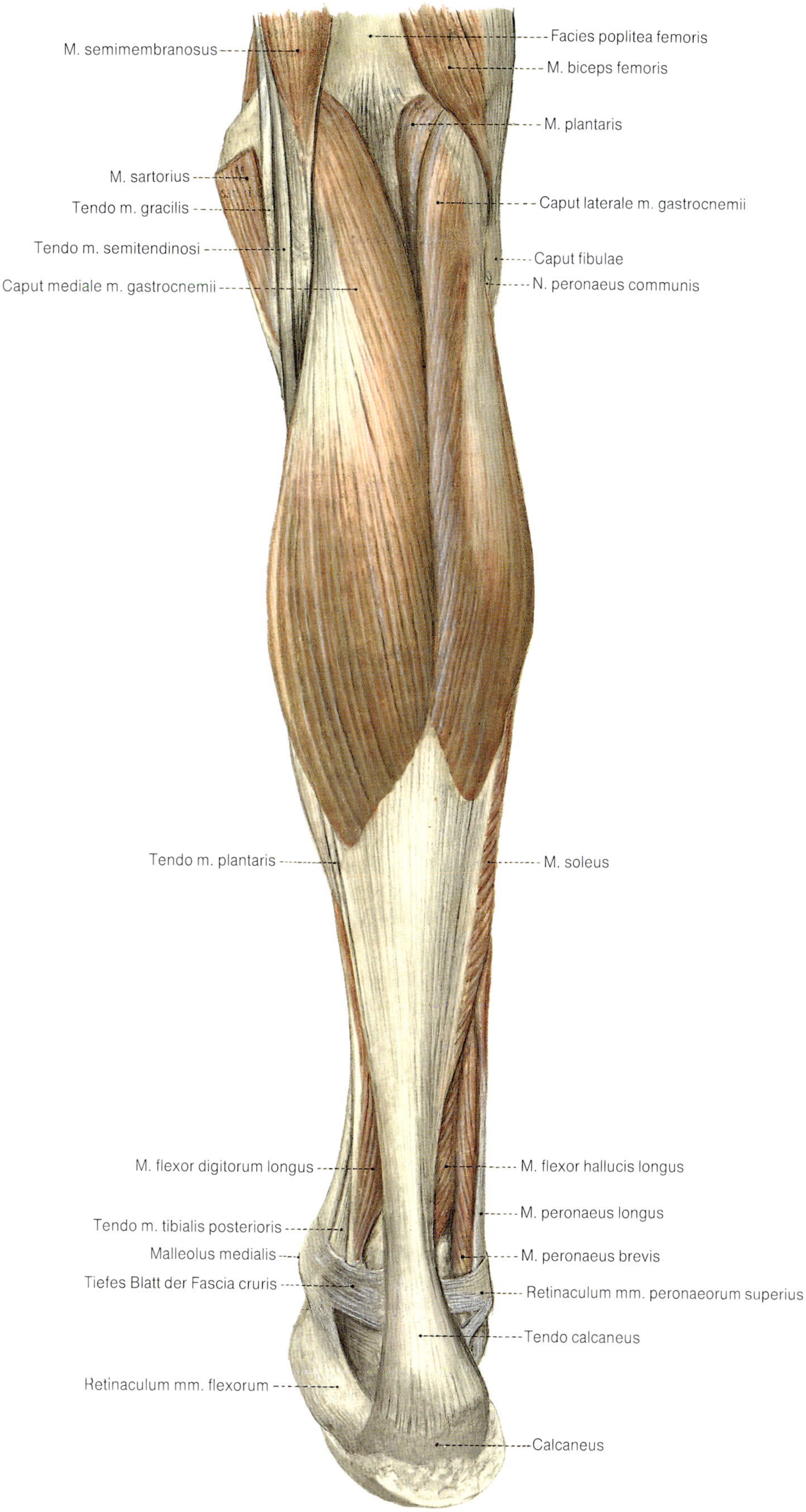

Abb. 7.**132** **Muskeln des Unterschenkels der rechten Seite in der Ansicht von hinten.**

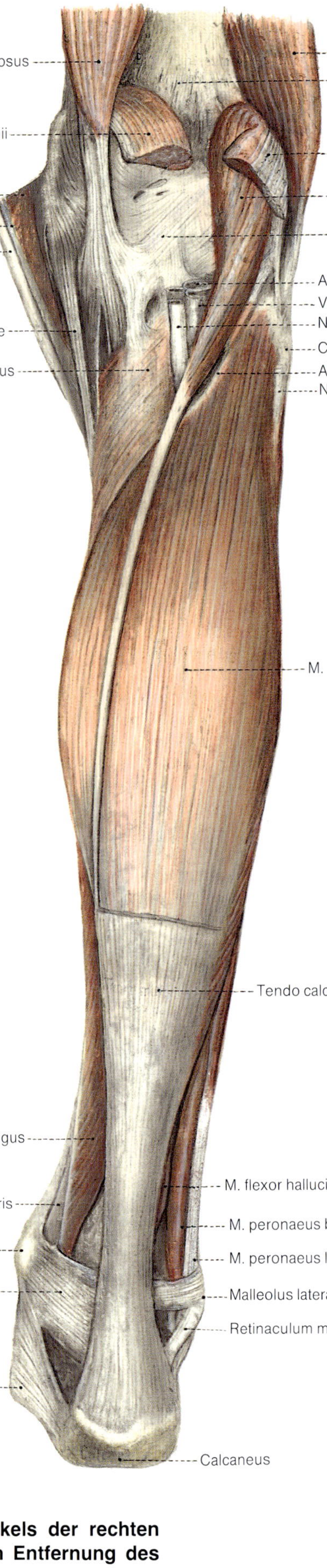

Abb. 7.**133** **Muskeln des Unterschenkels der rechten Seite in der Ansicht von hinten nach Entfernung des M. gastrocnemius.**

mit einem medialen und mit einem lateralen Kopf jeweils oberhalb der Condyli ossis femoris (s. Abb. 7.**92**). Der obere Rand der beiden Gastroknemiusköpfe begrenzt distal die Kniekehle. Das kräftigere Caput mediale dehnt sich mit seiner Ursprungszone weiter auf der Facies poplitea nach proximal aus als der laterale Gastroknemiuskopf. Die Ursprungssehnen des M. gastrocnemius sind fest mit der *Kniegelenkkapsel* verwachsen und bilden mit dieser über den Condyli ossis femoris die sogenannten *Polkappen* (s. S. 558). Die Muskelfasern beider Köpfe ziehen unter spitzem Winkel schräg nach distal-zentral und inserieren in der gemeinsamen Endsehne des M. triceps surae, *Tendo calcaneus*. Auf der Rückseite des Muskels liegt der Muskel-Sehnen-Übergang etwa in der Mitte des Unterschenkels. Der mediale Kopf geht etwas weiter distal in die Achillessehne über als das Caput laterale (s. Abb. 7.**123**). Zwischen der Ursprungssehne des Caput mediale und der über den Condylus medialis ossis femoris ziehenden Kniegelenkkapsel liegt regelmäßig ein Schleimbeutel, *Bursa subtendinea m. gastrocnemii medialis* (s. Abb. 7.**112**), der meistens mit der Gelenkhöhle kommuniziert. Der Schleimbeutel unter dem medialen Gastroknemiuskopf steht außerdem häufig mit der *Bursa m. semimembranosi* in Verbindung. Beide Schleimbeutel können als *Bursa gastrocnemiosemimembranosa* zu einem weiten Recessus der Kniegelenkhöhle werden (*Popliteazyste*, s. S. 543). Selten ist ein kleines *Sesambein, mediale Fabella,* in die mediale Ursprungssehne des M. gastrocnemius eingelagert. Zwischen lateralem Gastroknemiuskopf und Kniegelenkkapsel liegt bei ca. 15% der Fälle ein Schleimbeutel, *Bursa subtendinea m. gastrocnemii lateralis,* der nur selten mit dem Cavum articulare des Kniegelenks kommuniziert. Dort, wo der M. biceps femoris am lateralen Kopf des M. gastrocnemius vorbeizieht, kann sich ein Schleimbeutel *(Bursa bicipitogastrocnemialis)* ausbilden. In der Ursprungssehne des Caput laterale m. gastrocnemii liegt bei 10 bis 20% der Erwachsenen ein *Sesambein, laterale Fabella* (s. Abb. 7.**27**), das bei drei Viertel der Fälle doppelseitig auftritt. Die etwa bohnengroße Fabella kann mit dem Condylus lateralis ossis femoris artikulieren. Selten ist die Fabella zweigeteilt.

M. soleus

Gestalt und Lage

Der *M. soleus* (Schollenmuskel) (s. Abb. 7.**133**) verdankt seinen Namen dem schollenförmigen Aussehen. Der Muskel entspringt an der Linea m. solei tibiae, am medialen Rand der Tibia, am Caput fibulae und am proximalen Drittel der Facies posterior fibulae sowie an einem Sehnenbogen, Arcus tendineus m. solei, der zwischen Tibia und Fibula ausgespannt ist (s. Abb. 7.**137**). Der *Arcus tendineus* überkreuzt die Gefäße und Nerven, die aus der Fossa poplitea in die tiefe Beugerloge ziehen. Der kräftige, breite Muskelbauch des M. soleus wird bis auf seinen medialen und lateralen Rand nahezu vollständig vom M. gastrocnemius bedeckt, mit dem er im proximalen Bereich durch lockeres Bindegewebe verbunden ist. Der Übergang seiner Muskelfasern in die aponeurotisch verbreiterte Ansatzsehne beginnt auf der Rückseite des Muskels bereits im oberen Drittel des Unterschenkels und reicht distal bis in die Knöchelgegend. Auf der Innenseite des Muskels sind die Muskelfaserbündel in zwei vertikal verlaufenden Reihen angeordnet. Die querverlaufenden Muskelfasern kommen jeweils von einer seitlichen Sehne (*Raphe intramuscularis medialis* und *lateralis*) und ziehen schräg nach medial-distal in eine Zwischensehne (*Raphe mediana*). Auf der Innenseite reicht der Muskel-Sehnen-Übergang des M. soleus weiter nach distal als auf der Außenfläche.

M. gastrocnemius und M. soleus vereinigen sich im unteren Drittel des Unterschenkels zur gemeinsamen Endsehne des M. triceps surae, *Tendo calcaneus* (*Achillessehne*). Die Achillessehne ist hantelförmig, auf den breiten proximalen Muskel-Sehnen-Übergang folgt eine konische Verjüngung der Sehne in Knöchelhöhe. Im Ansatzbereich am Tuber calcanei verbreitert sich die Ansatzsehne dann erneut. Die Achillessehne ist im mittleren und unteren Bereich über der gesamten Rückfläche des Tuber calcanei im Knochen verankert. Zwischen dem proximalen Abschnitt des Fersenbeinhöckers und der Innenfläche der Sehne liegt ein Schleimbeutel, *Bursa tendinis calcanei* (s. Abb. 7.**155**, 7.**166**), der die Verlagerung der Sehne in Beuge- und Streckstellung des Fußes gewährleistet. Der Ansatzzone der Achillessehne ist außen ein subkutaner Schleimbeutel, *Bursa subcutanea calcanea,* aufgelagert. Eine gesunde Achillessehne hält einer Belastung von 250–300 kg stand.

Varianten

Das Caput laterale m. gastrocnemii kann vollständig fehlen oder als rudimentäre Sehnenstruktur ausgebildet sein. Die beiden Gastroknemiusköpfe sind gelegentlich bis in den distalen Ansatzbereich vollständig voneinander getrennt. Als *M. gastrocnemius tertius* bezeichnet man überzählige Muskelfaserbündel, die an der Facies poplitea, am Labrum mediale lineae asperae oder im Bereich des Adduktorenschlitzes entspringen.

Der M. soleus kann vollständig fehlen oder verdoppelt sein. Bei Verdoppelung des Muskels zieht der akzessorische Muskelbauch mit einer eigenen Sehne zum Calcaneus. Als *M. tensor fasciae plantaris* bezeichnet man einen Muskel, der unterhalb des M. soleus an der Linea m. solei entspringt und am Retinaculum mm. flexorum, am M. quadratus plantae oder an der Plantaraponeurose inseriert.

Funktion und Innervation

Der *M. triceps surae* gehört zu den kräftigsten Muskeln des Menschen. Seine Hauptfunktion ist die *Plantarflexion* im oberen Sprunggelenk. Liegt das *Punctum fixum am Vorfuß,* so ist der M. triceps surae bei einseitiger Wirkung in der Lage, die Kraft des Körpergewichts zu überwinden und die *Ferse anzuheben.* Der Muskel erlangt damit eine wichtige Funktion beim *Gehen,* indem er während des Abrollvorgangs den Rückfuß auf der Standbeinseite vom Boden abhebt. Im Stand übt der M. triceps surae eine *stabilisierende Wirkung* zwischen Unterschenkel und Fuß aus. Er verhindert, daß der Körper im oberen Sprunggelenk nach ventral kippt.

Sieht man den Fuß als zweiarmigen Hebel an, so arbeitet der M. triceps surae aufgrund seines, durch die Länge des Calcaneus bedingten, großen virtuellen Hebelarmes mit enormem Kraftgewinn. Die Kraft des M. soleus ist nur geringgradig kleiner als die des M. gastrocnemius. Die Leistung des M. gastrocnemius als Plantarflektor wird bei Streckung des Kniegelenks durch die damit einhergehende Vordehnung der Muskelfasern gesteigert. Der M. triceps surae übertrifft die Kraft der übrigen Plantarflektoren (s. unten) um ein Vielfaches.

Der M. triceps surae ist ein kräftiger *Supinator* am Fuß.

Der M. gastrocnemius zieht auch über das *Kniegelenk.* Er unterstützt hier die Funktion der ischiokruralen Muskeln als *Beuger* (s. S. 570).

Der M. triceps surae wird aus Ästen des *N. tibialis* (S_1–S_2) innerviert. Der M. triceps surae ist Kennmuskel für das Rückenmarkssegment S_1. Eine Schädigung des Nervs mit *Lähmung* der Wadenmuskeln geht mit schweren Behinderungen beim Gehen einher. Der Kranke kann den Fuß nicht normal abrollen. Eine Lähmung der Wadenmuskeln im Entwicklungsalter (z. B. nach Kinderlähmung) führt zu einer Fußdeformation in Form eines *Hackenfußes* (*Pes calcaneus*), bei dem der Calcaneus des maximal dorsal extendierten Fußes steil unter dem Unterschenkelskelett steht.

M. plantaris

Gestalt und Lage

Der *M. plantaris* (s. Abb. 7.**133**) kann als vierter Kopf der Wadenmuskulatur angesehen werden. Er entspringt proximal oder distal des Caput laterale m. gastrocnemii am Condylus lateralis femoris und an der Kniegelenkkapsel. Sein kurzer, schlanker Muskelbauch geht im unteren Bereich der Kniekehle in eine lange Sehne über, die schräg nach medial herüberkreuzt und zwischen M. gastrocnemius und M. soleus nach distal zieht, wo sie sich im unteren Drittel des Unterschenkels dem medialen Rand der Achillessehne anlegt und mit ihr in den Knochen des Tuber calcanei einstrahlt (s. Abb. 7.**136**).

Varianten

Der *M. plantaris* fehlt bei etwa 6–7% der Fälle. Der Muskel entspringt manchmal an der Fibula oder mit akzessorischen Bündeln am Femur, am Lig. collateralle fibulare oder von der Kapsel des Kniegelenks. Seine Ansatzsehne kann im Bereich der Unterschenkelmitte im Bindegewebe zwischen M. gastrocnemius und M. soleus enden. Gelegentlich zieht die Ansatzsehne zur Bursa tendinis calcanei, zur Aponeurosis plantaris, zum Retinaculum mm. flexorum oder zur Gelenkkapsel des oberen Sprunggelenks. Selten wird im distalen Bereich des Unterschenkels ein zweiter Muskelbauch beobachtet (*M. digastricus surae*). Diese Variante steht im Zusammenhang mit der phylogenetischen Herkunft des Muskels, der ursprünglich bis zur Plantaraponeurose reichte.

Funktion und Innervation

Der *M. plantaris* ist aufgrund seines kleinen physiologischen Querschnittes für die Funktionen des Kniegelenks und der Sprunggelenke praktisch zu vernachlässigen. Seine Bedeutung liegt vielmehr in seiner *Wirkung auf die Vasa tibialia posteriora,* mit deren Adventitia die Faszie des Muskels über das Bindegewebe der Kniekehle verbunden ist. Bei Beugung im Kniegelenk verhindert der M. plantaris durch seine Kontraktion eine *Abknickung* und *Kompression* der Gefäße. Bei Verletzung der Achillessehne kann die Sehne des M. plantaris longus als Sehnentransplantat dienen.

Der M. plantaris wird vom *N. tibialis* (S_1–S_2) innerviert.

Tiefe Flexoren

M. tibialis posterior

Gestalt und Lage

Der *M. tibialis posterior* (Abb. 7.**134,** 7.**135**) entspringt von allen Wandanteilen der *tiefen Flexorenloge.* Sein Hauptursprungsgebiet liegt an der Membrana interossea cruris. Er hat außerdem Ursprungsfasern am tiefen Blatt der Fascia cruris sowie am proximalen medialen Teil der Facies posterior tibiae und an der medialen Facette der Facies posterior fibulae (Abb. 7.**137**). In der Ursprungszone an der Fibula ist unterhalb des Caput fibulae eine Lücke in der Ursprungssehne für den Durchtritt der Vasa tibialia anteriora ausgespart. Die Muskelfasern strahlen in doppelter Fiederung in die Ansatzsehne ein. Im unteren Drittel des Unterschenkels unterkreuzt der hintere Schienbeinmuskel den *M. flexor digitorum longus (Chiasma crurale),* so daß seine Ansatzsehne beim Verlauf im *Sulcus malleolaris tibiae* vor der Sehne des langen Zehenbeugers liegt. Hinter dem Malleolus medialis werden die tiefen Beugersehnen durch das *Retinaculum mm. flexorum (Lig. laciniatum)* geführt. Die Ansatzsehne des M. tibialis posterior zieht, umhüllt von einer eigenen *Sehnenscheide* (s. Abb. 7.**166**), durch das vordere Sehnenfach, dessen Boden proximal durch den Sulcus malleolaris tibiae und distal durch das Lig. deltoideum gebildet wird. Die Sehnenscheide des M. tibialis posterior

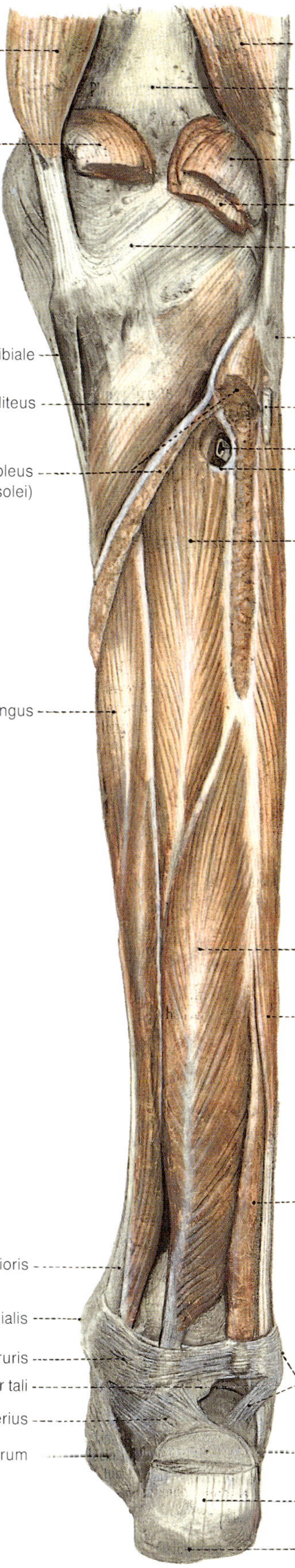

Abb. 7.**134 Muskeln des Unterschenkels der rechten Seite nach Entfernung des M. triceps surae. Darstellung der tiefen Beuger. Ansicht von hinten.**

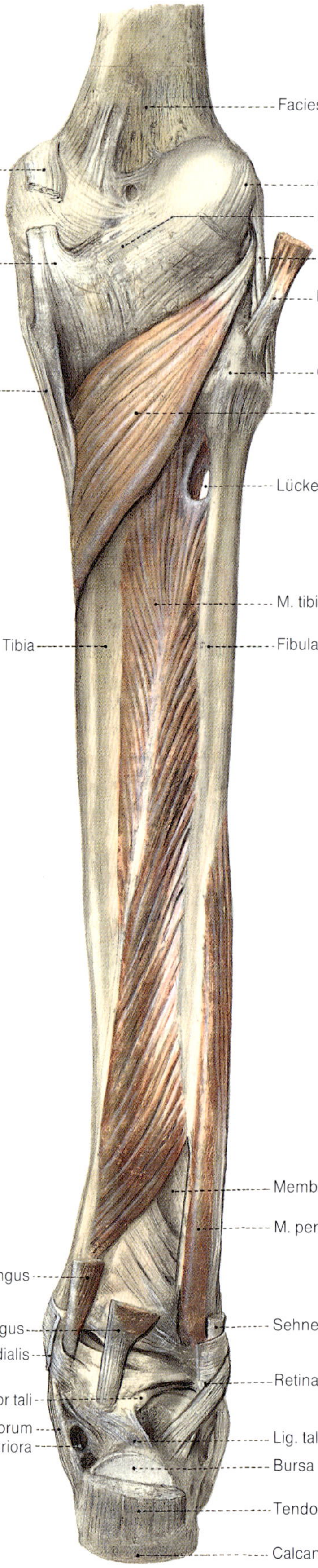

Abb. 7.**135** **Muskeln des rechten Unterschenkels in der Ansicht von hinten.** Entfernung des M. triceps surae sowie des M. flexor digitorum longus und des M. flexor hallucis longus. Darstellung des M. tibialis posterior und des M. peronaeus brevis.

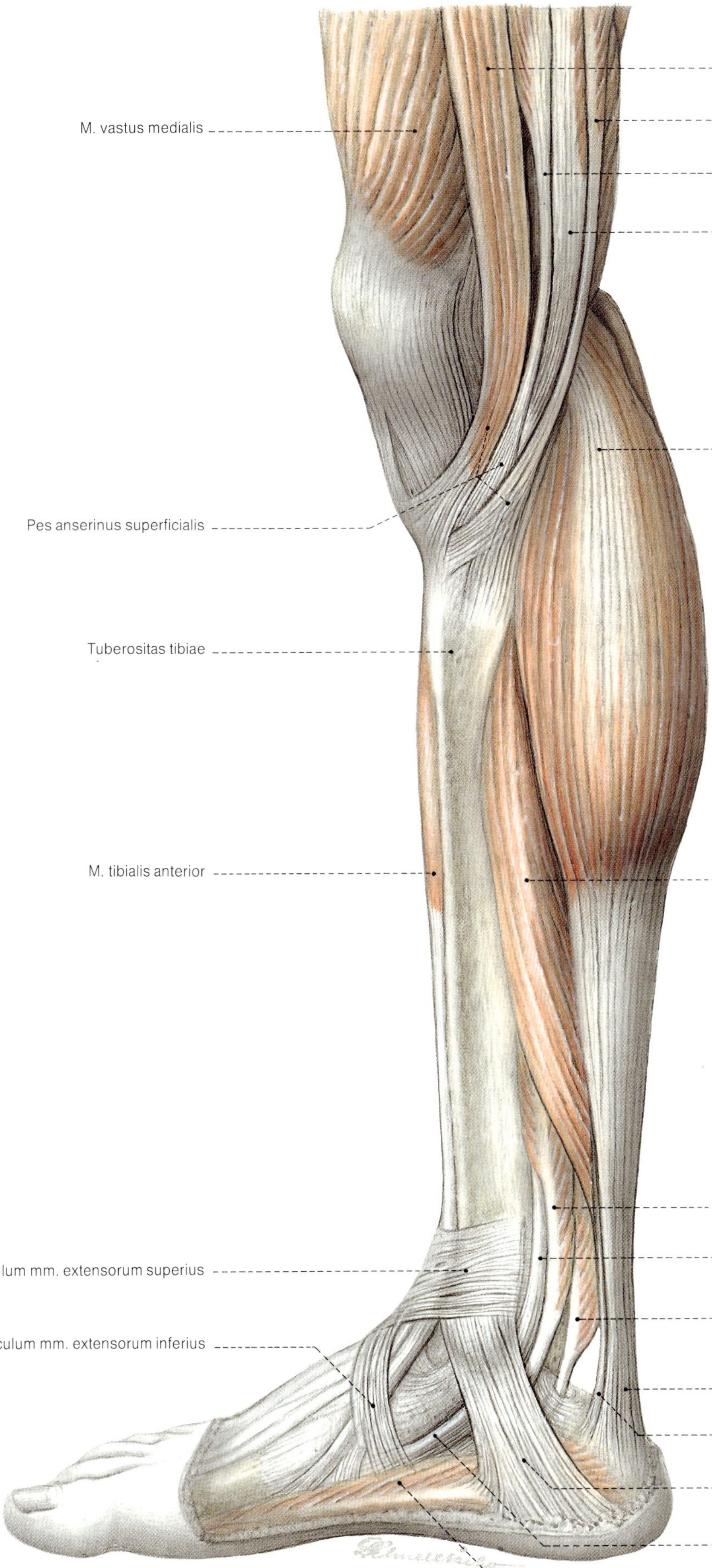

Abb. 7.**136** **Muskeln des Unterschenkels und des Fußes der rechten Seite in der Ansicht von medial.**

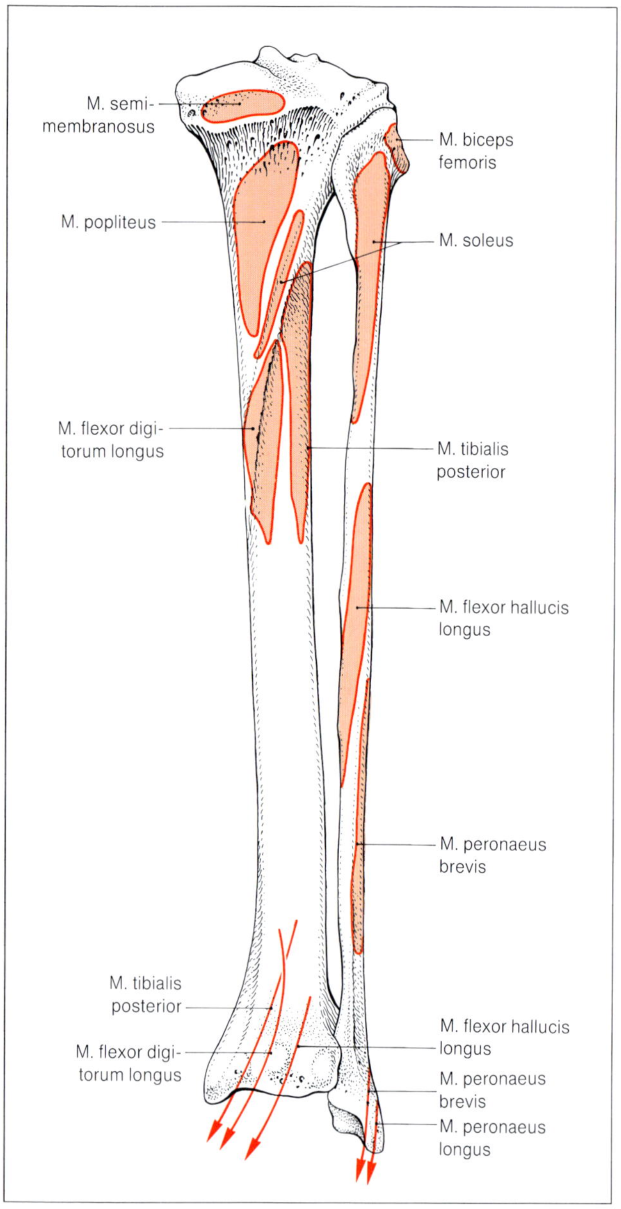

Abb. 7.**137** **Muskelursprünge und -ansätze am Schienbein und am Wadenbein in der Ansicht von hinten.**

beginnt etwa 5 cm oberhalb des medialen Knöchels und endet in seinem Ansatzbereich in Höhe des Os naviculare. Die Sehnenscheiden des M. tibialis posterior und des M. flexor digitorum longus können miteinander verschmelzen.
Nach der Passage des Sulcus malleolaris tibiae, der den Sehnen des hinteren Schienbeinmuskels und des langen Zehenbeugers als Widerlager dient, biegt die Sehne des M. tibialis posterior nach vorn um und verläuft zwischen *Sustentaculum tali* des Calcaneus und *Tuberositas ossis navicularis* am medialen Fußrand. Hier spaltet sich die Ansatzsehne normalerweise in zwei Stränge. Der kräftige tibiale Teil inseriert an der Tuberositas ossis navicularis, der schwächere fibulare Zipfel zieht fächerförmig zu den Ossa cuneiformia intermedium und laterale, zum Os cuboideum und zu den Basen der Ossa metatarsalia II–IV. Der tibiale Schenkel der Ansatzsehne hat enge Beziehung zum Lig. calcaneonaviculare plantare (Pfannenband) und zum Taluskopf (s. Abb. 7.**175,** 7.**176**). Die Sehne hat an dieser Stelle die Struktur einer Gleitsehne. Zwischen der Ansatzsehne und den Ossa naviculare und cuneiforme mediale befindet sich ein Schleimbeutel, *Bursa subtendinea m. tibialis posterioris.*

Varianten

Der *M. tibialis posterior* kann fehlen oder verdoppelt sein. Im Ansatzbereich am Os naviculare liegt nicht selten ein *Sesambein.* Die zu den Ossa metatarsalia und cuboideum ziehenden Ansatzfasern variieren. Im Ansatzbereich kommen Verbindungen zur Sehne des M. flexor hallucis longus vor.

Funktion

Der *M. tibialis posterior* beteiligt sich an der *Plantarflexion* des Fußes im oberen Sprunggelenk. Er ist ein kräftiger *Supinator* des Fußes. Aufgrund der fächerförmigen Ausdehnung seiner Ansatzsehne übt der Muskel eine mechanisch bedeutende aktive *Verspannung* auf die *Längs-* und Querwölbung des Fußes aus (s. Abb. 7.**186**).
(Innervation, s. unten.)

M. flexor digitorum longus

Gestalt und Lage

Der *M. flexor digitorum longus* (s. Abb. 7.**134**) liegt innerhalb der *tiefen Beugerloge* am weitesten medial. Der Muskel entspringt im mittleren Bereich der Facies posterior tibiae, vom tiefen Blatt der Fascia cruris sowie von einem aponeurotisch verstärkten Faszienstreifen am M. tibialis posterior (Abb. 7.**137**). Sein Ursprungsgebiet reicht proximal bis zum unteren Rand des M. popliteus. Distal strahlen seine Muskelfasern bis in Höhe der Malleolen in die Ansatzsehne ein. Im unteren Drittel des Unterschenkels überkreuzt der Muskel den *M. tibialis posterior* (*Chiasma crurale, s. oben*). Die Ansatzsehne des langen Zehenbeugers zieht, bedeckt vom *Retinaculum mm. flexorum* und eingehüllt in die *Vagina tendinis m. flexoris digitorum longi,* (s. Abb. 7.**166**) hinter der Sehne des M. tibialis posterior durch das *2. Sehnenfach* im *Sulcus malleolaris tibiae.* Von hier wendet sich die Ansatzsehne entlang des *Sustentaculum tali calcanei* schräg nach lateral-distal zur *Planta pedis,* wo sie in Höhe des Os naviculare von der Ansatzsehne des *M. flexor hallucis longus* unterkreuzt wird (*Chiasma plantare*) (s. Abb. 7.**173**). Kurz vor der Überkreuzungsstelle endet die Sehnenscheide des langen Zehenbeugers, die in Höhe des Innenknöchels beginnt. An der Überkreuzungsstelle sind die Sehnen beider Flexoren miteinander verbunden (s. unten). Distal des Chiasma plantare strahlt der *M. quadratus plantae* (s. S. 636) in die Sehne des M. flexor digitorum longus ein. Die Ansatzsehne des M. flexor digitorum longus teilt sich im mittleren Bereich der Planta pedis in vier Sehnenzipfel, die zur Plantarseite der Zehen II–V ziehen. Von den Sehnenzipfeln des langen Zehenbeugers entspringen die Mm. lumbricales (s. S. 636). Bevor die einzelnen Sehnen an den Basen der Zehenendphalangen inserieren, durchbohren sie (*M. perforans*) die jeweilige Sehne des *M. flexor digitorum brevis* (*M. perforatus*, s. Abb. 7.**173,** 7.**176**). Die Flexorensehnen werden im Bereich der Zehen von einer gemeinsamen *Sehnenscheide* umschlossen.

Varianten

Zuweilen entspringt ein akzessorischer Muskel an der Tibia und strahlt mit seiner Sehne in den langen Zehenbeuger oder in den M. quadratus plantae ein.

(Funktion und Innervation, s. unten.)

M. flexor hallucis longus

Gestalt und Lage

Der *M. flexor hallucis longus* (s. Abb. 7.**134**) ist der kräftigste Muskel unter den tiefen Beugern. Er entspringt an den distalen zwei Dritteln der tibialen Facette der Facies posterior corporis fibulae sowie an der Membrana interossea cruris (s. Abb. 7.**137**). Sein starker Muskelbauch reicht distal bis in die Knöchelgegend. Die Ansatzsehne liegt vor ihrem Übertritt an die Planta pedis zunächst im *Sulcus tendinis m. flexoris hallucis longi* des Talus und weiter distal im gleichnamigen Sulcus unter dem *Sustentaculum tali* des Calcaneus. Die von ihrer *Sehnenscheide* umhüllte Sehne wird hier vom *Retinaculum mm. flexorum* geführt (s. Abb. 7.**166**). Zwischen den Ansatzsehnen des M. flexor hallucis longus und des M. flexor digitorum longus ziehen die Vasa tibialia posteriora und der N. tibialis in einer osteofibrösen Loge bedeckt vom Retinaculum mm. flexorum zum Fuß. An der Planta pedis unterkreuzt die Großzehenbeugersehne die Sehne des *M. flexor digitorum longus* (*Chiasma plantare,* s. Abb. 7.**173**). An der Kreuzungsstelle gehen die beiden Sehnen funktionell wichtige *Verbindungen* miteinander ein. In den meisten Fällen ziehen von der Halluxsehne Faserbündel zu den Sehnen der 2. und 3. Zehe, seltener auch noch zur 4. Zehe. Gelegentlich verstärkt die Sehne des M. flexor hallucis longus nur die Beugersehne am 2. Strahl. In umgekehrter Weise können im Bereich des *Chiasma plantare* auch Sehnenanteile von der langen Zehenbeugersehne in die Sehne des M. flexor hallucis longus einstrahlen. Durch die *Sehnenverbindung* (*Junctura tendinum*) sind die Bewegungen der beiden Flexoren mechanisch miteinander gekoppelt (s. unten). Die Ansatzsehne des M. flexor hallucis longus zieht zunächst, eingebettet in einer von den Bäuchen des *M. flexor hallucis brevis* gebildeten *Rinne* (s. Abb. 7.**177**), nach distal und tritt zwischen medialem und lateralem Sesambein auf die Plantarseite der Großzehe, wo der Muskel an der Basis der Endphalanx inseriert (s. Abb. 7.**176**).

Varianten

Die Sehnenverbindungen zwischen den Mm. flexores digitorum longus und hallucis longus variieren (s. oben). Selten fehlt die Verbindung vollständig. Zuweilen gibt der M. flexor hallucis longus eine kräftige Sehne zum 2. Strahl. In diesen Fällen ist die Sehne des langen Zehenbeugers an der 2. Zehe nur schwach entwickelt, oder sie fehlt vollständig.

(Funktion und Innervation, s. unten.)

Funktion der Mm. flexores digitorum longus und hallucis longus

Die *Mm. flexores digitorum longus* und *hallucis longus* ziehen mit ihren Ansatzsehnen hinter dem medialen Malleolus und unterstützen die *Plantarflexion* im *oberen Sprunggelenk*. Ihre Wirkung ist jedoch im Vergleich zum M. triceps surae nur schwach. Beide Muskeln sind kräftige *Supinatoren* des Fußes. Aufgrund ihrer Insertion an der Basis der Zehenendphalangen wirken sie als *kräftige Beuger* in den *Zehenendgelenken*. Die Wirkungsrichtung des M. flexor digitorum longus wird dabei durch den *M. quadratus plantae* beeinflußt. In ihrer Funktion als Zehenbeuger wirken beide Muskeln beim Abrollen des Fußes mit. Vor allem der M. flexor hallucis longus unterstützt am Ende der Standphase das *Abstoßen des Vorfußes* vom Boden. Er überträgt seine Kraft über die Sehnenverbindung am Chiasma plantare auch auf den M. flexor digitorum longus. M. flexor hallucis longus und M. flexor digitorum longus beteiligen sich an der aktiven *Verspannung der Längswölbung* des Fußes. Der lange Großzehenbeuger verhindert ein Abweichen des Calcaneus nach lateral und wirkt damit der Entstehung eines Platt-Knick-Fußes entgegen.

Innervation der tiefen Flexoren

Die *Mm. tibialis posterior, flexor digitorum longus* und *flexor hallucis longus* werden vom *N. tibialis* innerviert. Die segmentale Innervation für den M. tibialis posterior stammt aus den Segmenten L_4–S_1 und für die Mm. flexor digitorum longus und flexor hallucis longus aus den Segmenten S_1–S_2. Eine *Lähmung* der Muskeln geht mit einer Einschränkung der Supination des Fußes einher. Die fehlende Funktion der Beuger kann zur Kontraktur der Extensoren und damit zur *Hackenfußstellung* führen. Bei einer Lähmung des langen Großzehenbeugers und des langen Zehenbeugers ist auch der *Abrollmechanismus* beim *Gehen* gestört.

Fuß, Pes

Allgemeiner Aufbau und Oberflächenrelief

Der *Fuß* leitet sich wie die Hand vom *Autopodium* der fünfstrahligen Tetrapodenextremität ab (s. Abb. 6.**1**) (s. S. 310). Das Autopodium läßt in seiner Entwicklung bei den verschiedenen Wirbeltieren an Vorder- und Hinterextremitäten charakteristische *Umbauvorgänge* erkennen, die als *Anpassung* an die *Bewegungsweisen* in den jeweiligen Lebensräumen (Bodenleben, Baumleben, Wasserleben) angesehen werden können. Beim *Menschen* hat der Fuß die *Funktion,* das *Teilkörpergewicht* im Stand und während der Fortbewegung aufzunehmen. Der Fuß ist im Gefüge der unteren Extremität das eigentliche *Fortbewegungsorgan.* Der Mensch ist *Sohlengänger* und stellt über die *Tastsinnesorgane* in der Fußsohle den Kontakt zur Unterstützungsfläche her. Der Fuß nimmt die Beschaffenheit des Bodens und den Bodendruck wahr.
Der Mensch verfügt im Gegensatz zu zahlreichen Säugetieren, die eine fakultative Bipedie zeigen (z. B. Huftiere, Bären, einige Primaten), über eine *„echte" Bipedie.* Am menschlichen Fuß lassen sich typische *Strukturmerkmale* und *Konstruktionsprinzipien* aufzeigen, die als *Anpassung an die Bipedie* zu werten sind: Der Fuß ist gegenüber dem Unterschenkel rechtwinklig abgeknickt, und die Großzehe, *Hallux,* liegt adduziert in einer Flucht mit den übrigen Zehen. Der Hallux ist relativ unbeweglich.

Bei den meisten *Primaten* dient der *Fuß* auch als *Greiforgan.* Die Großzehe steht in Abduktionsstellung*, und das erste Tarsometatarsalgelenk erlaubt eine Oppositionsbewegung des Hallux (Abb. 7.**140**, 7.**141**). Menschliche Neugeborene und Kleinkinder verfügen trotz der Umbildung am Großzehenstrahl noch über geringe Möglichkeiten zu Greifbewegungen, die allerdings im Laufe der Zeit mit der durch das

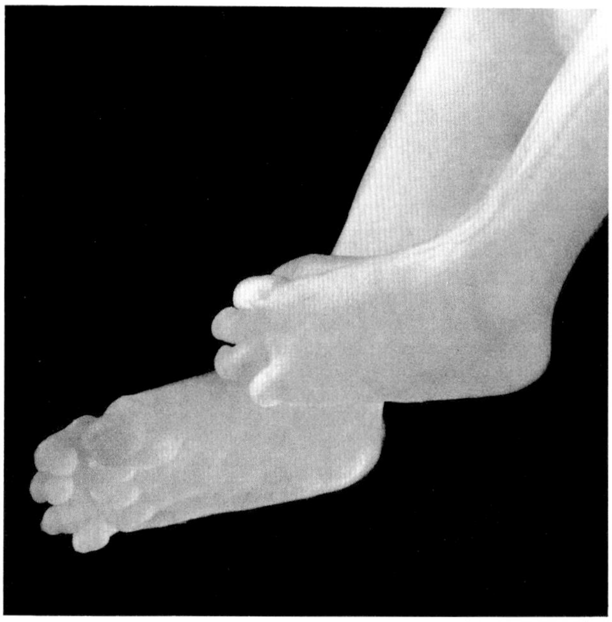

Abb. 7.**138** **Füße und distaler Teil der Unterschenkel eines 15 Wochen alten menschlichen Feten.** Man beachte die gespreizten Zehen am linken Fuß und die Ausbildung von vier Zehenballen (Tastballen) unter der rechten Fußsohle.
(Präparat Dr. *F. Schneider-Affeld,* Neumünster)

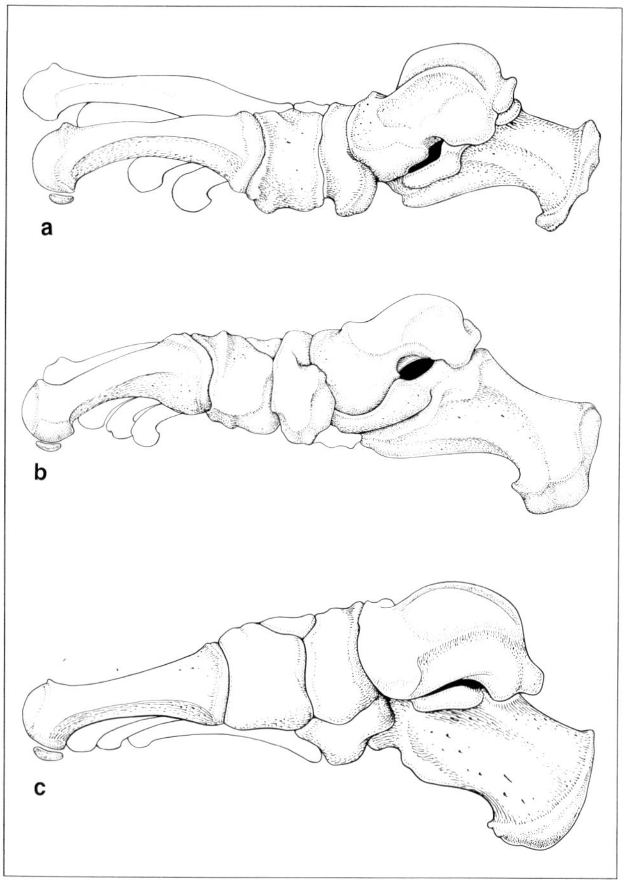

Abb. 7.**139a–c** **Fußwurzelknochen und Mittelfußknochen rechter Füße in der Ansicht von medial. a** Schimpanse, **b** Gorilla, **c** Mensch.
Beim Schimpansenfußskelett fehlt eine Längswölbung. Calcaneus, Os naviculare und Os cuneiforme liegen dem Boden auf. Der Talus ragt weit nach medial-plantar. Das Fußskelett des erwachsenen Gorilla zeigt Anpassungen an eine fakultative Bipedie und an das Leben auf dem Erdboden. Der Talus verlagert sich auf den Calcaneus, so daß eine Längswölbung des Fußes angedeutet wird. Die Skelettelemente sind beim Gorilla im Rahmen der Anpassung an die Stützfunktion des Fußes auf der Erde sehr massiv gebaut. Die Ossa metatarsalia zeigen eine plantare Ausrichtung. Die Abduktionsstellung des Hallux ist im Vergleich zum Schimpansenfuß deutlich verringert.

---

* Abduktion und Adduktion der Großzehe beziehen sich auf den als Bewegungszentrum geltenden 2. Strahl des Fußes (s. S. 639).

Tragen von Schuhen bedingten Bewegungseinschränkung verlorengehen. Erwachsene können nur noch in Ausnahmefällen und bei intensiver Übung Greifbewegungen mit dem Fuß ausführen (z. B. Patienten mit Verlust der Hände).

Entsprechend seiner Funktion als *Stützorgan* sind am Fuß die Skelettelemente, die den Hauptanteil der *Druckkräfte* aufnehmen, besonders massiv gebaut; dies trifft vor allem für Talus und Calcaneus sowie für die Knochen des 1. Strahles zu. Im Vergleich zur Hand sind die Phalangen am Fuß kurz und teilweise rückgebildet.

Das Fußskelett ist bei Landwirbeltieren in Form einer Querwölbung konstruiert. Beim menschlichen Fuß tritt als besonderes Merkmal zur *Querwölbung* eine *Längswölbung* (Abb. 7.**139**) hinzu, die durch Anheben der Fußwurzelknochen zustandekommt. Die hohe mediale Längswölbung am menschlichen Fuß entsteht durch die Überlagerung des Calcaneus durch den Talus (Abb. 7.**36**). Mit der Entwicklung der beiden Fußwölbungen verlagern sich die *Abstützzonen* auf das *Fersenbein* und die Köpfe der *Mittelfußknochen* (s. S. 640). Die Fußwölbungen werden durch *Bänder* und *Muskeln* verspannt (s. S. 642). Skelett, Bandapparat und Muskulatur bilden eine *Funktionsgemeinschaft.* Störungen in einem Bereich des Systems rufen ein Ungleichgewicht der Kräfte hervor und führen zu *Stellungsanomalien.*

Die *typische Lage* der Skelettelemente des Fußes ist bereits bei menschlichen *Feten* zu beobachten (Abb. 7.**143**). Die Entwicklung der für den Erwachsenen typischen *Fußform* geht mit *Stellungsänderungen* im gesamten Fußbereich und mit *Formwandlungen* an einigen Kochen (sogenannte *Torsion* des *Talus* und des *Calcaneus,* während des Kindesalters einher. Der *Fuß* des *Säuglings* ist supiniert (Definition s. S. 610). Diese Haltung erinnert unter phylogenetischen Gesichtspunkten an die Kletterstellung des Primatenfußes. Mit zunehmender bipeder Haltung und Fortbewegung am Beginn des 2. Lebensjahres wird der *Calcaneus* vermehrt in *Pronationsstellung* gebracht (Definition s. S. 610) und nach außen gedreht. Der *Talus* vollzieht eine gegenläufige Bewegung in Form einer *Supination* und kann auf diese Weise seine Lage über dem Fersenbein beibehalten. Überschreitet die Pronation des Calcaneus das physiologische Maß, so kommt es zu Störungen im Gefüge des Fußskeletts, in deren Folge der Talus nach plantar-medial abrutscht. Die Quer- und Längswölbungen flachen ab, und es entsteht ein Plattfuß. *Kinderfüße* zeigen physiologischerweise eine geringe *Abflachung der Längswölbung* und eine leichte *Abknickung* der Achse des Unterschenkels gegenüber der Kalkaneusachse (s. S. 535, Abb. 7.**96**). Die mediale Längswölbung des Fußes wird bei Kindern im Laufe des 1. Dezennium zunehmend höher, entsprechend verkleinert sich die Zone des Sohlenkontaktes (s. Abb. 7.**182**).

Voraussetzung für das *Abrollen des Fußes* bei bipeder Fortbewegung ist die Möglichkeit zu *Gegenbewegungen zwischen Vor- und Rückfuß* (s. S. 608). Beim Abheben der Ferse vom Boden und der nachfolgenden

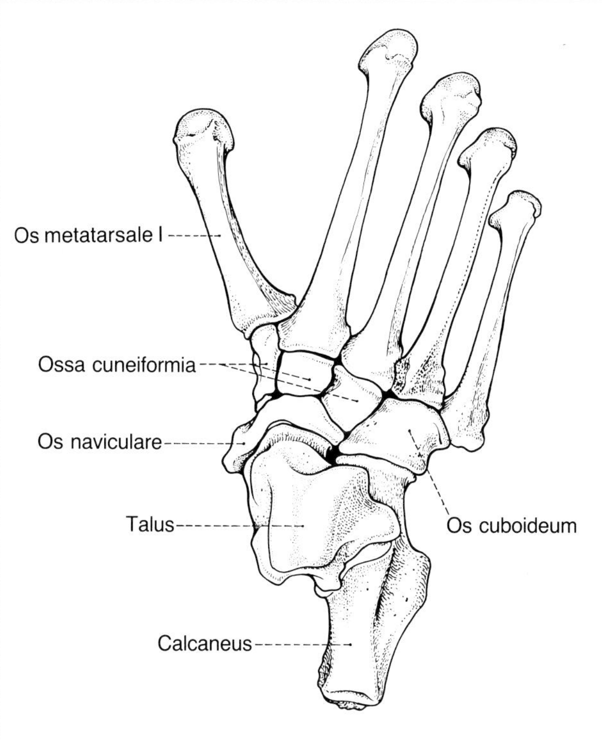

Abb. 7.140 **Fußwurzelknochen und Mittelfußknochen vom rechten Fuß eines Schimpansen in der Ansicht von dorsal.** Der erste Mittelfußknochen ist stark abduziert und nach innen rotiert. Die langen Ossa metatarsalia II–V stehen in Außenrotationsstellung. Der breite und flache Talus ragt weit nach medial. Das Fußskelett des Schimpansen hat sich in seiner Struktur an die Greiffunktionen bei kletternder Fortbewegung angepaßt.

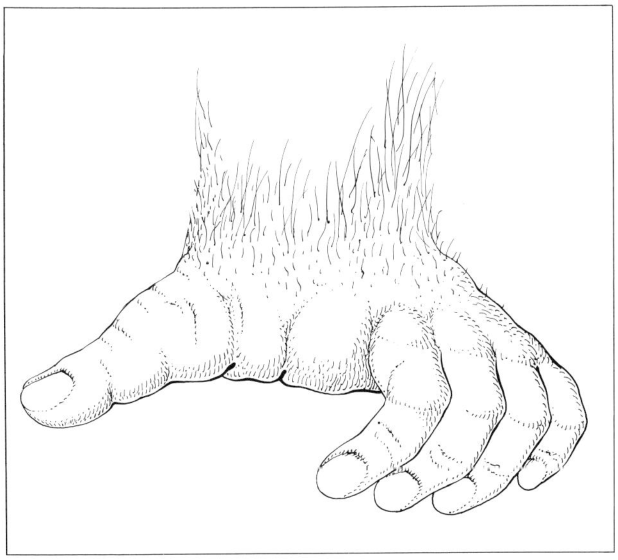

Abb. 7.141 **Rechter Hinterfuß eines Schimpansen.** Bei Belastung des Fußes auf ebener Erde steht der gestreckte Hallux in maximaler Abduktionsstellung und Innenrotation. Die übrigen Zehen sind gebeugt und nach außen gedreht.

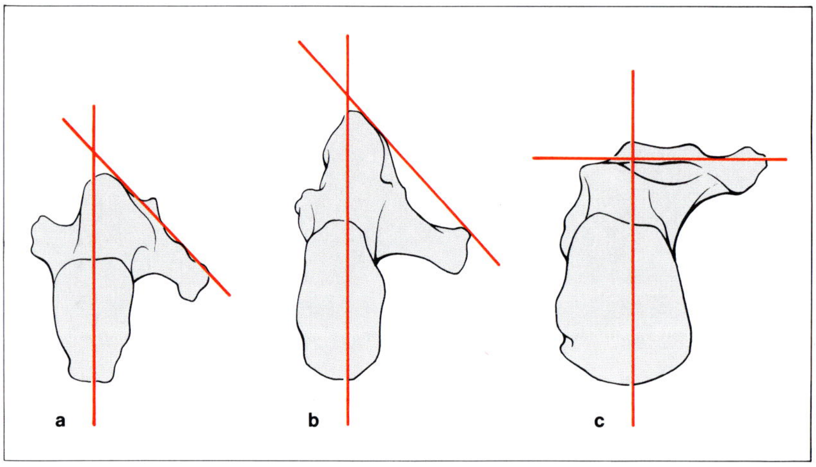

Abb. 7.**142** **Lage des Sustentaculum tali beim Gorilla (a), beim Neandertaler (b), und beim rezenten Menschen (c).** Das Sustentaculum tali ist beim Gorilla stark nach medial unten geneigt. Beim Neandertaler wird die Neigung schwächer, beim rezenten Menschen steht das Sustentaculum tali horizontal. Durch den Formwandel des Calcaneus entsteht die Längswölbung des Fußes (nach *Morton* 1964).

Belastung des Vorfußes ist die Ferse nach innen und der Vorfuß nach außen gedreht (s. Abb. 7.**123**).
In der *systematischen Anatomie* wird der Fuß nach der Lage seiner Skelettelemente in *Fußwurzel* (*Tarsus*), *Mittelfuß* (*Metatarsus*) und *Zehen* (*Digiti*) gegliedert (s. Fußskelett, S. 478). Unter funktionellen Gesichtspunkten unterscheidet man nur *zwei Abschnitte, Rückfuß* und *Vorfuß*. Der Rückfuß umfaßt die Region vom oberen Sprunggelenk bis zur *Lisfrancschen Gelenklinie* (s. Abb. 7.**159**). Der Vorfuß beginnt an den Basen der Mittelfußknochen und endet an den Spitzen der Phalanges distales der Zehen. Die zweigliedrige *Großzehe* wird als *Hallux*, die *Kleinzehe* als *Digitus minimus* oder *quintus* (*V*) bezeichnet. Die plantar des Talus liegenden Anteile bilden gemeinsam die *subtalare Fußplatte*.

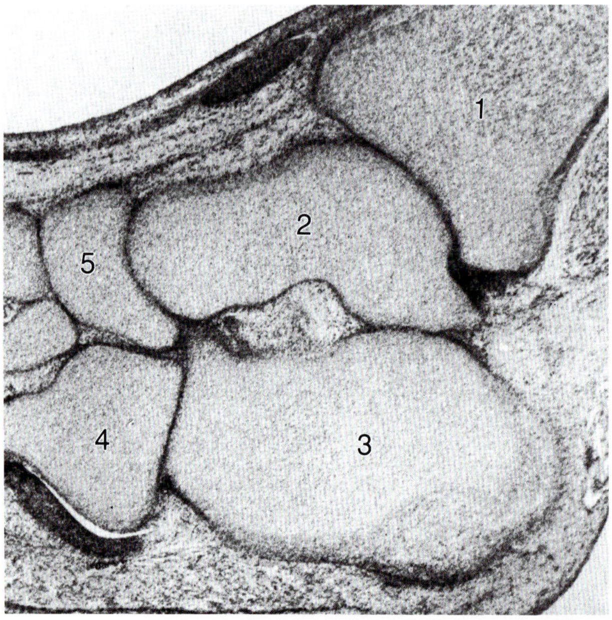

Abb. 7.**143** **Sagittalschnitt durch den Fuß eines drei Monate alten menschlichen Feten.** Die Lage der knorpelig angelegten Skelettelemente gleicht der des Erwachsenen (vgl. Abb. 7.**155**).
1 Tibia
2 Talus
3 Calcaneus
4 Anlage des Os cuboideum
5 Anlage des Os naviculare
HE-Färbung; 5 μm; Vergr. 25fach.

Topographisch unterscheidet man am Fuß *zwei Hauptregionen: Regio dorsalis* (*Dorsum pedis, Fußrücken*) und *Regio plantaris (Planta pedis, Fußsohle*). Innerhalb der beiden Regionen werden nochmals die *Fersengegend, Regio calcanea,* sowie die beiden *Fußränder, Margo lateralis (fibularis) pedis* und *Margo medialis* (*tibialis*) *pedis,* abgegrenzt.

Das *Oberflächenrelief* des Fußes wird durch die Anordnung des Skeletts (*Fußwölbungen*), durch den Verlauf der *Muskeln* und durch die Verteilung des *subkutanen Bindegewebes* geprägt. Den Übergang zwischen Unterschenkel und Fuß bilden die mediale und laterale *Knöchelgegend* (*Regiones malleolares medialis* und *lateralis*).

In der *Regio malleolaris lateralis* ist die Kontur des *lateralen Knöchels* durch die dünne Haut deutlich sicht- und tastbar. Hinter dem Malleolus lateralis sinkt die Haut zu einer tiefen *Grube* ein, deren hintere Grenze die *Achillessehne* bildet (s. Abb. 7.**123**). Von der Knöchelspitze läßt sich das *Lig. calcaneofibulare* als runder Strang nach plantar bis zur Seitenfläche des Calcaneus verfolgen. Um die Rückfläche des lateralen Knöchels verlaufen die *Sehnen* der *Wadenbeinmuskeln* zum lateralen Fußrand; sie sind bei proniertem Fuß als Stränge hinter der Knöchelspitze tastbar. Unter der Haut des lateralen Knöchels liegt ein Schleimbeutel, *Bursa subcutanea malleoli lateralis*.

Der *mediale Knöchel* ist abgerundet und ragt nicht so weit vor wie der Malleolus lateralis. Hinter dem Malleolus medialis ziehen die *Sehnen* der *Mm. tibialis posterior, flexor digitorum longus* und *flexor hallucis longus* in osteofibrösen Kanälen zur Fußsohle. Bei Plantarflexion des Fußes können die Sehnen hier getastet werden. Die *Regio malleolaris medialis* enthält außerdem die *Gefäß-Nerven-Straße* (*Vasa tibialia posteriora* und *N. tibialis*) vom Unterschenkel zur Planta pedis.

Am *Fußrücken, Dorsum pedis* (Abb. 7.**144**), ist die Haut dünn, so daß die in der Subcutis liegenden Venen zu sehen sind. Im lockeren subkutanen Bindegewebe kann sich unter pathologischen Bedingungen vermehrt Gewebsflüssigkeit ansammeln (*Ödembildung*). Entsprechend dem knöchernen Aufbau des Fußes wird der Fußrücken von proximal nach distal zunehmend breiter. Die höchste Stelle der Fußrückenwölbung bezeichnet man als *Fußrist,* sie liegt im Bereich des 2. Strahls. Distal vom Malleolus lateralis liegt eine Grube, die dem *Sinus tarsi* entspricht. Die Wölbung vor dem Sinus tarsi kommt durch den Muskelbauch des *M. extensor digitorum brevis* zustande. Über den Fußrücken ziehen die *Sehnen* der *langen Zehenstrekker,* die bei Dorsalextension besonders deutlich hervortreten. Wird der Fuß supiniert, so kann man vor dem medialen Knöchel die Sehne des *M. tibialis anterior* bis zum medialen Fußrand verfolgen. Eine genaue Abgrenzung der Fußwurzelknochen ist vom Fußrükken aus nicht möglich. Die Mittelfußknochen und die proximalen Phalangen der Zehen können palpiert werden. Lateral von der Sehne des M. extensor hallucis longus ist der Puls der *A. dorsalis pedis* über dem Os naviculare tastbar.

Am *lateralen Fußrand, Margo lateralis pedis* (Abb. 7.**144**), dient die vorspringende *Tuberositas ossis metatarsalis V* als wichtige Orientierung. Medial von ihr beginnt die *Lisfrancsche Gelenklinie.* Bei der Pronation des Fußes kann man die Ansatzsehne des *M. peronaeus brevis* vom Malleolus lateralis bis zur Tuberositas ossis metatarsalis V verfolgen.

Die Form des *medialen Fußrandes, Margo medialis pedis,* wird durch die *mediale Längswölbung* geprägt. Die Abrundung kommt durch die randständige Lage des *M. abductor hallucis* zustande. Am Margo medialis pedis ist unterhalb der Knöchelspitze das *Sustentaculum tali* des Calcaneus tastbar. Ein weiterer markanter Knochenpunkt ist die *Tuberositas ossis navicularis.* Proximal von ihr liegt der Eingang zum *Chopartschen Gelenk* (s. Abb. 7.**159**). Im Vorfußbereich lassen sich der Schaft des Os metatarsale I und die Grundphalanx der Großzehe palpieren.

Das Oberflächenrelief der *Fersenregion, Regio calcanea,* (s. Abb. 7.**123**), entsteht durch die *Achillessehne* und das *Tuber calcanei.* Die Achillessehne ist in Höhe der Malleolen schmal und verbreitert sich vor ihrem Ansatz am Tuber calcanei. Seitlich von ihr liegen zwei *Gruben,* von denen die laterale wegen des prominenten fibularen Knöchels tiefer ist als die mediale. Die Haut über der Ferse ist meistens stark verhornt. Normalerweise liegen *Unterschenkelachse* und *Kalkaneusachse* auf einer vertikalen Linie. Die Unterschenkelachse schneidet die Verbindungslinie zwischen beiden Knöcheln in der Mitte (Abb. 7.**145**). Weicht die Kalkaneusachse gegenüber der Unterschenkelachse um

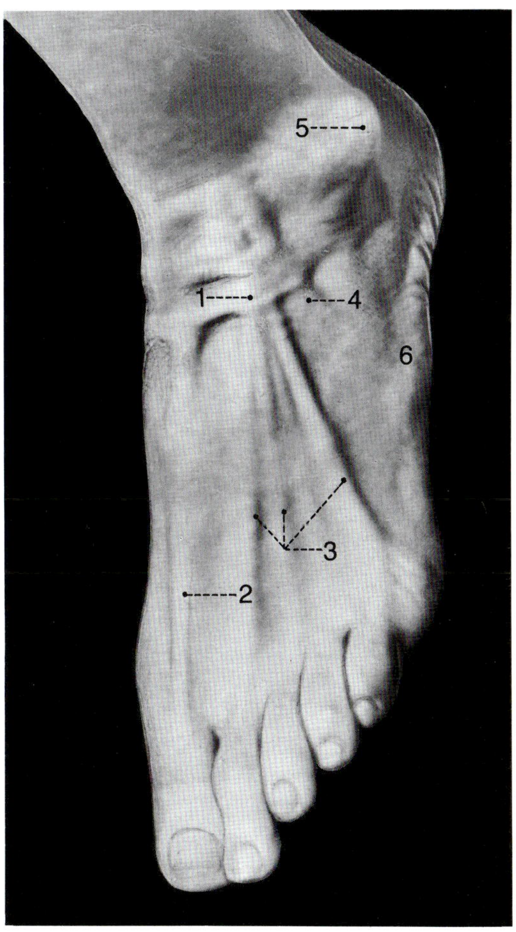

Abb. 7.**144** **Linker Fuß eines Erwachsenen in der Ansicht von vorn-seitlich.** Das Retinaculum mm. extensorum inferius (1) sowie die Sehnen des M. extensor hallucis longus (2) und des M. extensor digitorum longus (3) treten am Fußrücken deutlich hervor.

4 Sehne des M. peronaeus tertius

5 Malleolus lateralis

6 Tuberositas ossis metatarsalis V

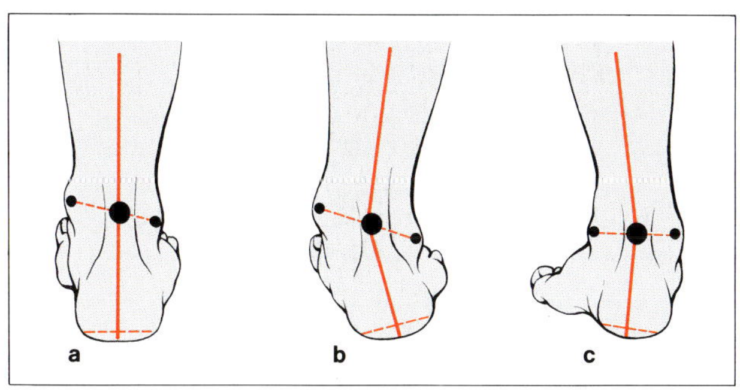

Abb. 7.**145a–c** **Distaler Teil des Unterschenkels und des Rückfußes der rechten Seite in der Ansicht von hinten.** Achsen des Unterschenkels und des Rückfußes: durchgezogene Linie. Verbindungslinie der Knöchel: unterbrochene Linie.

a Normalerweise liegen die Achsen von Unterschenkel und Rückfuß auf einer vertikalen Linie.

b Pes valgus. Weicht die Achse des Rückfußes um mehr als 6° von der vertikalen Unterschenkelachse nach lateral ab, so bezeichnet man diese Stellungsanomalie als Pes valgus (Knickfuß).

c Pes varus. Ist der Rückfuß gegenüber dem Unterschenkel nach medial abgewinkelt, spricht man von einem Pes varus. Die Verbindungslinie der beiden Knöchel liegt beim Pes varus horizontal

(nach *von Lanz-Wachsmuth* 1972)

mehr als 6° nach außen ab, so bezeichnet man diese Stellung als *Knickfuß, Pes valgus*. Eine leichte Valgusstellung des Rückfußes ist, vor allem bei Kindern, physiologisch. Ist die Kalkaneusachse gegenüber der Unterschenkelachse nach innen abgewinkelt, so liegt ein *Pes varus* vor, der eine Teilkomponente des Klumpfußes bildet (Abb. 7.**145**).
Die *Fußsohle, Planta pedis,* ist Ort der Aufnahme des Bodendruckes. Über den *Hauptbelastungszonen* an Ferse und Mittelfußköpfen bildet das subkutane Bindegewebe kräftige Polster, die man als *Fersen-* und *Zehenballen* bezeichnet (s. Abb. 7.**138,** 7.**155,** 7.**177,** 3.**10**). Fersen- und Zehenballen stehen über den lateralen Fußrand miteinander in Verbindung. Der Innenballen *(Großzehenballen)* setzt sich vom Außenballen durch eine sagittale Furche ab (s. S. 640). Dort, wo die Fußsohle Kontakt mit dem Boden hat, zeigt die Epidermis eine starke *Verhornung*. Im Bereich der medialen Längswölbung ist die Haut normalerweise dünn. Haut und Unterhaut sind fest miteinander verwachsen. Bei Aufrichtung in den hohen *Vorfußstand* wird die *Verdrehung des Vorfußes gegenüber dem Rückfluß* deutlich sichtbar (s. Abb. 7.**123**), die *Plantaraponeurose* tritt als derber Strang hervor. Das Fußskelett kann mit Ausnahme von Teilen der Zehen, von der Fußsohle aus nicht palpiert werden.

Gelenke des Fußes

Oberes Sprunggelenk, Articulatio talocruralis

Aufbau

Artikulierende Anteile

Das *obere Sprunggelenk, Articulatio talocruralis,* stellt die Verbindung zwischen Unterschenkel und Fuß her. In ihm kann der Fuß gegen den feststehenden Unterschenkel und der Unterschenkel gegen den feststehenden Fuß bewegt werden. Die Articulatio talocruralis ist außerdem Ort der Kraftübertragung vom Unterschenkel auf den Vor- und Rückfuß. Das obere Sprunggelenk trägt damit zur Sicherung der aufrechten Körperhaltung bei.
Im oberen Sprunggelenk artikulieren Tibia, Fibula und Talus miteinander. (Die Morphologie der Gelenkflächen wird im Kap. Knochen beschrieben, s. S. 475, 478, 481.) Die distalen Enden von *Tibia* und *Fibula* (s. Abb. 7.**28,** 7.**29**) werden durch die *Syndesmosis tibiofibularis* (s. Abb. 7.**127**) zur *Malleolengabel* (s. Abb. 7.**32**) vereinigt, die den Talus von drei Seiten umfaßt (s. S. 600f). Das *Rollendach* der Tibia, *Facies articularis inferior tibiae,* (s. Abb. 7.**32**) steht mit dem *Rollenmantel* des Talus, *Facies superior trochleae tali* (s. Abb. 7.**37**), in Verbindung. Der First in der unteren Tibiagelenkfläche gleitet in der Führungsrinne der Trochlea tali. Die *Facies superior* der *Trochlea tali* ist im vorderen Abschnitt 4–5 mm breiter als hinten (s. unten). Die Gelenkfläche der Talusrolle ist etwa um ein Drittel größer als die der Facies articularis inferior tibiae. Medial und lateral stehen die *Knöchelwangen* mit den *Rollenwangen* des Talus in Kontakt. Die Gelenkfläche des Malleolus medialis, *Facies articularis malleoli medialis,* ist leicht konkav gewölbt und artikuliert mit der *Facies articularis malleolaris medialis* des Talus. Die laterale Gelenkfläche der Malleolengabel bildet die *Facies articularis malleoli lateralis,* die mit der *Facies articularis malleolaris lateralis* der Trochlea tali in Kontakt steht. Der proximale mittlere Anteil der beiden lateralen Gelenkflächen ist in der Sagittalebene ausgerichtet.

Gelenkkapsel und Bänder

Die *Gelenkkapsel* (Abb. 7. **146**) des oberen Sprunggelenks entspringt im medialen, lateralen und hinteren Bereich der Malleolengabel sowie an der Trochlea tali nahe der Knorpel-Knochen-Grenze. Die Knöchel liegen außerhalb der Gelenkhöhle. Im vorderen Abschnitt des Gelenkes verläuft die *Membrana synovialis* am Talus vom Rand der Gelenkfläche zunächst über eine Strecke von 5–10 mm auf dem Collum tali nach distal (s. Abb. 7.**155**). Von hier wendet sich die Kapsel zur Vorderfläche der Tibia, wo sie etwa 1 cm proximal des vorderen Randes der Facies articularis inferior tibiae am Knochen ansetzt, um nach distal zur Knorpel-Knochen-Grenze zu gelangen. Die Gelenkkapsel ist auf der *Vorderseite weit* und relativ *dünn*. Sie besitzt keine Bandverstärkungen, sondern wird teilweise von den *Sehnen* und *Sehnenscheiden* der *Extensoren* sowie vom *Retinaculum mm. extensorum inferius* bedeckt (s. Abb. 7.**164**). Bei einem Gelenkerguß wölbt sich die Kapsel im vorderen Bereich des oberen Sprunggelenks neben den Sehnen der Extensoren besonders stark vor. Die Extensorensehnen verhindern eine Einklemmung der Kapsel bei Dorsalextension des Fußes. Die *seitlichen Anteile* der Gelenkkapsel werden durch kräftige *Bänder verstärkt*. Im *hinteren Abschnitt* des oberen Sprunggelenks ist die Membrana fibrosa relativ dick. Als Kapselverstärkungen dienen hier der distale Teil des *Lig. tibiofibulare posterius* sowie das *Lig. talofibulare posterius* (s. unten). Zwischen dem dorsalen Teil der Gelenkkapsel und dem tiefen Blatt der Fascia cruris sowie der Achillessehne liegt lockeres, fettreiches Bindegewebe. Von der vorderen und hinteren Wand der Kapsel ragen *Synovialfalten* (s. Abb. 7.**155**) in die Gelenkhöhle hinein.

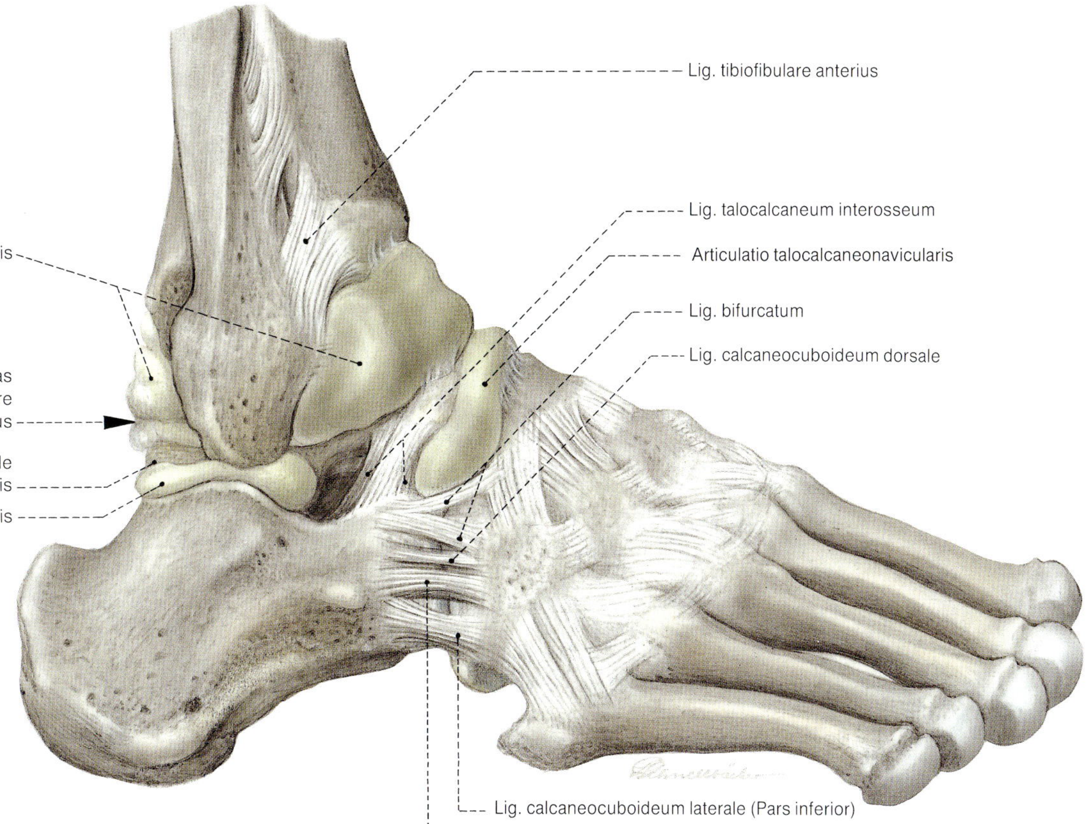

Abb. 7.**146** **Darstellung der Gelenkkapseln (Membrana synovialis) am oberen und unteren Sprunggelenk sowie Teilen des Bandapparates eines rechten Fußes in der Ansicht von lateral.**

Die *Seitenbänder* (s. Abb. 7.**150,** 7.**151**) ziehen fächerförmig von den Malleolen nach distal zu den Fußwurzelknochen. Durch diese Anordnung ist in jeder Stellung des Gelenks ein Teil des Bandapparates angespannt. Die Seitenbänder tragen damit entscheidend zur *Stabilisierung* und *Führung* des oberen Sprunggelenks bei.

Das *mediale Seitenband, Lig. mediale* (s. Abb. 7.**150**), wird aufgrund seiner Form auch als *Lig. deltoideum* bezeichnet. Es besteht normalerweise aus *vier Bandzügen,* die sich teilweise überlagern. Die *oberflächennahen Fasern* ziehen über das obere und untere Sprunggelenk, die *tiefen Bänder* stabilisieren ausschließlich die Articulatio talocruralis und verstärken deren Gelenkkapsel. Den am weitesten oberflächlich liegenden Bandzug bildet die *Pars tibiocalcanea.* Sie hat keinen direkten Kontakt zur Gelenkkapsel. Das kräftige, etwa 1 cm breite Band kommt von der Außenfläche der medialen Malleolenspitze und inseriert am Sustentaculum tali des Fersenbeins. Die Pars tibiocalcanea überdeckt den Ursprung der Pars tibionavicularis sowie einen Teil der tiefen tibiotalaren Bänder. Im vorderen Abschnitt gehen Fasern in das Lig. calcaneonaviculare plantare über. Die längsten Bandzüge innerhalb des Deltabandes gehören zur *Pars tibionavicularis.* Das etwa 5 mm breite Band entspringt am vorderen Rand der medialen Knöchelspitze und zieht zur dorsalen und medialen Fläche des Os naviculare sowie zum oberen Teil des Lig. calcaneonaviculare plantare. Die tibionavicularen Bandzüge bedeken zum Teil die *Pars tibiotalaris anterior* (Abb. 7.**147**) des Lig. deltoideum, die von der Spitze des Malleolus medialis divergierend zum Corpus und Collum tali zieht. Die *Pars tibiotalaris posterior* (Abb. 7.**148**) besteht aus einem oberflächlichen und aus einem tiefen Anteil. Die *Pars superficialis* entspringt an der Unter- und Hinterseite der Knöchelspitze und inseriert distal vom Tuberculum mediale des Processus posterior tali. Die *tiefe Teil* des Bandes kommt von der Unterseite der Knöchelspitze und verläuft mit kurzen Faserzügen im Bereich zwischen hinterer Knorpel-Knochen-Grenze der Facies malleolaris und Tuberculum mediale des Processus posterior tali. Das hintere tibiotalare Band bildet gemeinsam mit der Pars tibiocalcanea eine *Führungsrinne* für die von ihrer *Sehnenscheide* umhüllte Ansatzsehne des *M. tibialis posterior.*

Der *laterale Bandapparat* (Abb. 7.**151**) besteht aus *drei Bändern,* von denen die zwischen Talus und Fibula verlaufenden Bandzüge die Kapsel verstärken. Das *Lig. talofibulare anterius* (Abb. 7. **147**) entspringt an der Vorderkante und Spitze des Malleolus lateralis und zieht nahezu horizontal nach medial zur Seitenfläche des Collum tali und zum dorsalen Bereich des

Sinus tarsi. Das Band ist häufig zweigeteilt, selten dreigeteilt. Das *vordere talofibulare Band* gilt als *Hauptstabilisator* des oberen Sprunggelenks. Es leistet einer Translation des Fußes nach vorn sowie einer Deviation im Varussinn in jeder Stellung des Gelenks Widerstand. Das kräftige *Lig. talofibulare posterius* (Abb. 7.**148**) hat seinen Ursprung an der Innenseite des lateralen Malleolus in einer Grube, Fossa malleoli lateralis, dorsal von der Facies articularis malleoli lateralis. Das Band zieht horizontal in transversaler Richtung zum Tuberculum laterale des Processus posterior tali. Das hintere talofibulare Band ist etwa in einem Drittel der Fälle zweigeteilt und wird vom perikapsulären Bindegewebe bedeckt. Es hat von allen Bändern des Sprunggelenkes die tiefste Lage. Das Band ist so fest in die Membrana fibrosa eingebettet, daß sich die Gelenkkapsel hier strangartig gegen die Gelenkhöhle vorwölbt. Oberhalb und unterhalb des Lig. talofibulare posterius buchtet sich die relativ dünne Gelenkkapsel entsprechend nach außen vor (s. Abb. 7.**146**). Das Lig. talofibulare posterius kann über die Gelenkkapsel mit dem kaudalen Teil des Lig. tibiofibulare posterius in Verbindung stehen. Den dritten Teil des Außenbandapparates bildet das *Lig. calcaneofibulare*

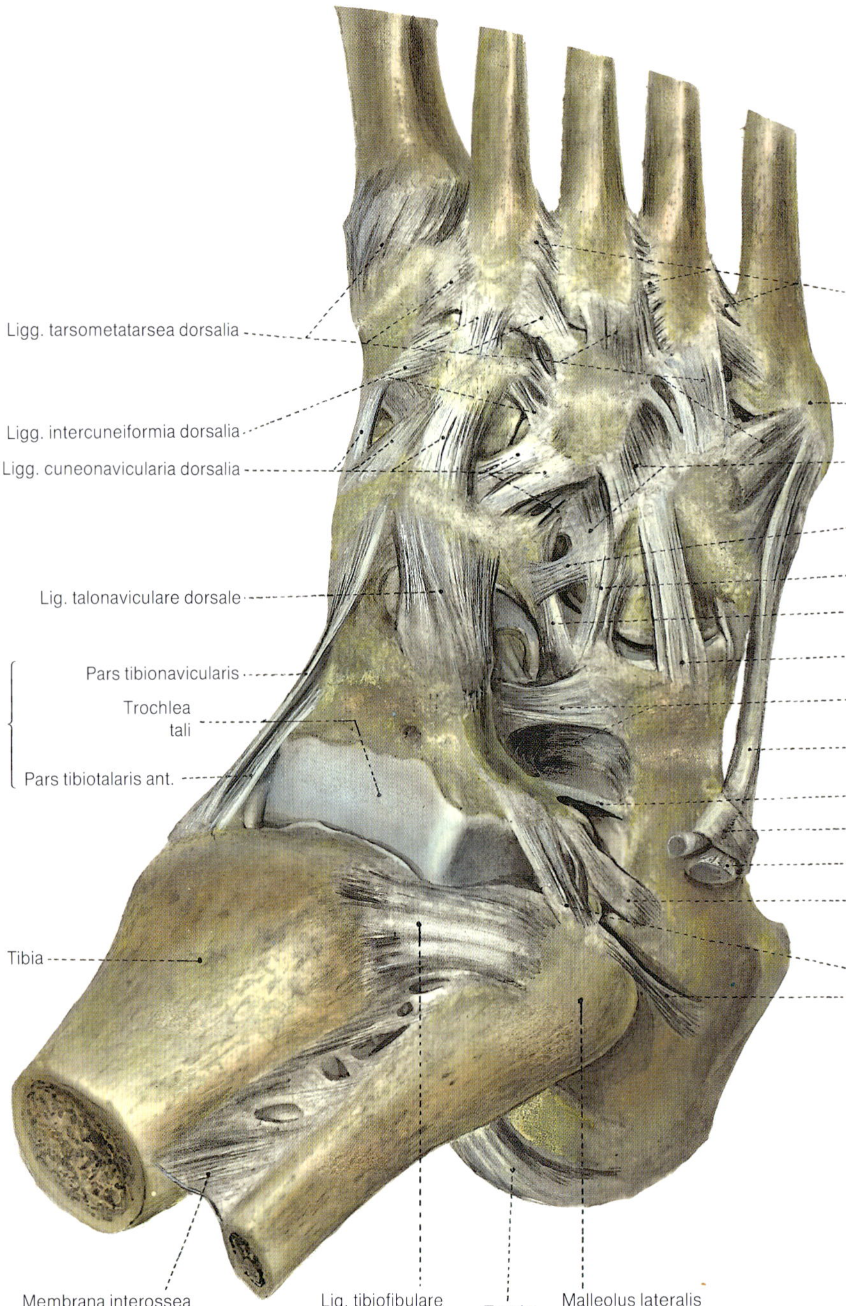

Abb. 7.**147** **Kapsel-Band-Apparat eines rechten Fußes in der Ansicht von dorsal-lateral.**

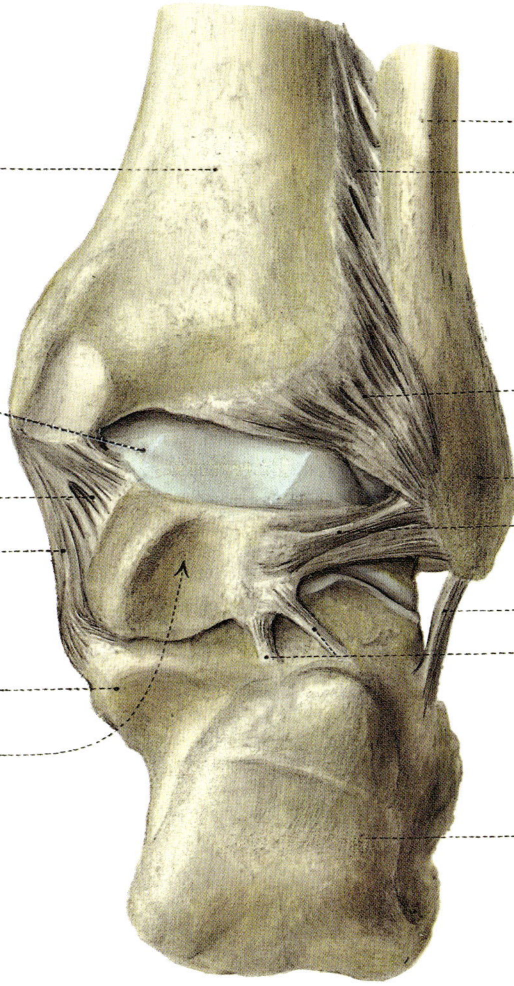

Abb. 7.**148** **Bandapparat eines rechten Fußes in der Ansicht von hinten.**

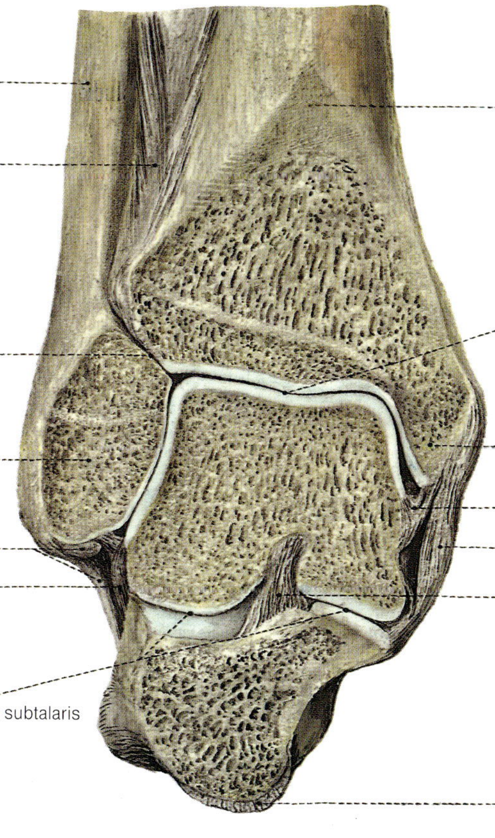

Abb. 7.**149** **Frontalschnitt durch den distalen Teil des Unterschenkels und des Rückfußes der rechten Seite.** Distale Schnittfläche in der Ansicht von vorn.

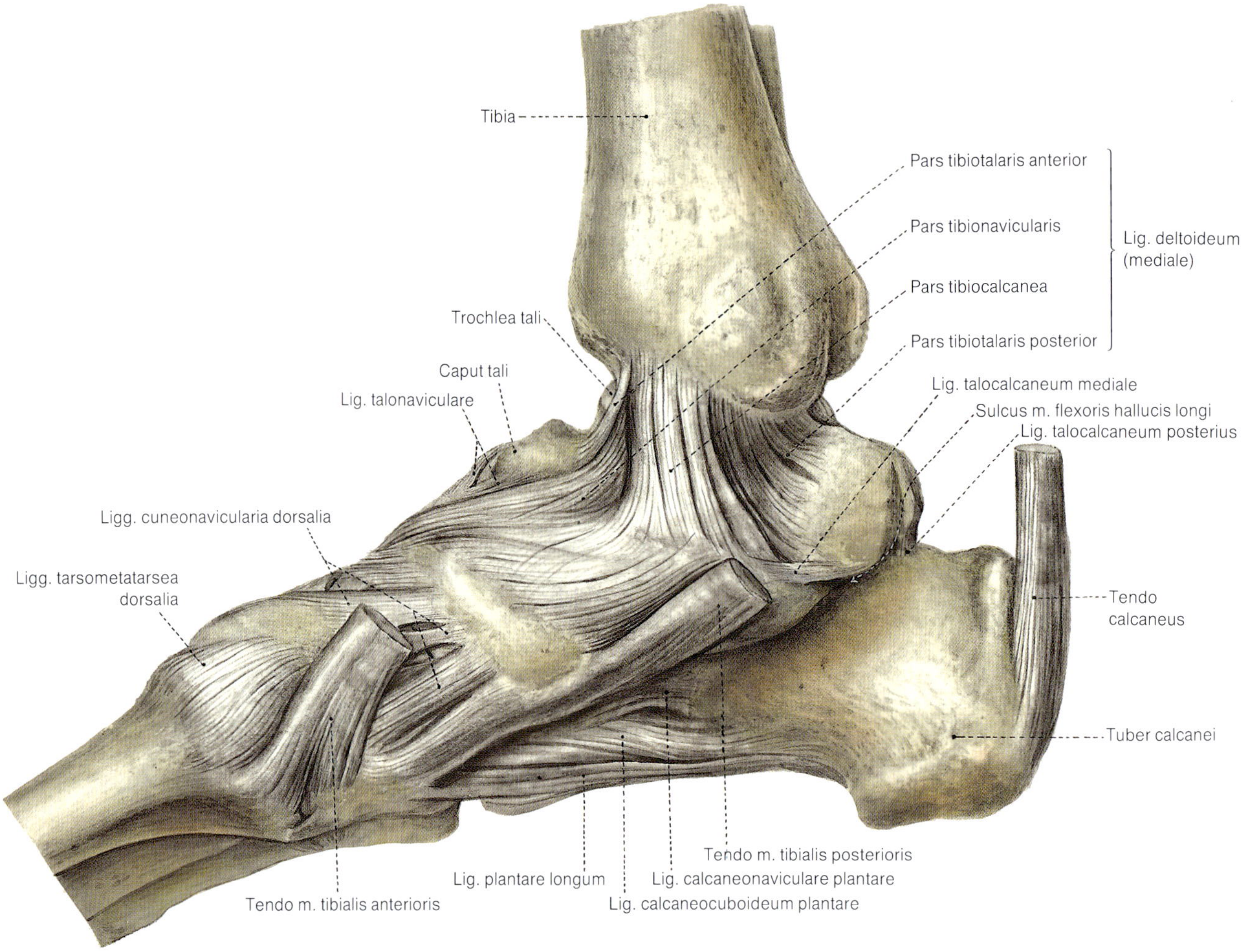

Abb. 7.**150** **Kapsel-Band-Apparat an einem rechten Fuß in der Ansicht von medial.**

(Abb. 7.**148,** 7.**151**), das über das obere und untere Sprunggelenk hinwegzieht. Das Band wird von den *Sehnenscheiden* und vom *Retinaculum mm. peronaeorum superius* überlagert. Sein Ursprung liegt am Vorderrand sowie an der Spitze des lateralen Knöchels. Das im Durchschnitt 3 mm breite Band zieht nach hinten plantar zur lateralen Fläche des Calcaneus. Das Lig. calcaneofibulare kann zweigeteilt sein, wobei akzessorische Fasern selten auf den Talus übergreifen. Das Band hat keine Verbindung zur Gelenkkapsel und ist aufgrund seiner oberflächlichen Lage als rundlicher Strang am supinierten Fuß in der Regio retromalleolaris lateralis tastbar.

Der *seitliche Bandapparat* ist für die *Stabilität* des oberen Sprunggelenks verantwortlich. Die *vorderen Bandzüge* (Pars tibiotalaris anterioris und Pars tibionavicularis des Lig. deltoideum sowie das Lig. talofibulare anterius) sichern das Gelenk in *Plantarflexionsstellung.* Die *mittleren Anteile* (Lig. calcaneofibulare und Pars tibiocalcanea des Lig. deltoideum) stabilisieren vor allem in der *Frontalebene* und wirken einer Deviation des Fußes nach medial (Varusstellung) oder lateral (Valgusstellung) entgegen. Das *Lig. talofibulare posterius* und die *Pars tibiotalaris posterior* des Lig. deltoideum sind bei *Dorsalextension* maximal angespannt.

Durch die Zugverspannung der Seitenbänder kommt die *Druckbelastung* der *seitlichen Facetten* des oberen Sprungglenks zustande, dies trifft vor allem für den lateralen Knöchel zu.

Bandapparat und Skelettelemente des oberen Sprunggelenks werden bei „Distorsionen" leicht verletzt. Die Verletzungen entstehen meistens durch *Abkippen des Fußes,* z. B. an einer Kante, und selten durch *Abknicken des Unterschenkels* gegen den feststehenden Fuß. Bei der häufiger auftretenten Verstauchung mit Abknickung des Fußes *nach innen* kann es zur Überdehnung oder *Ruptur der Außenbänder,* in den meisten Fällen des Lig. talofibulare anterius und/oder des Lig. calcaneofibulare, kommen. Ist das Lig. talofibulare anterius verletzt, so ist eine Translationsbewegung des Fußes nach vorn (*Subluxation*) möglich. Die Innenrotation des Talus ist verstärkt. Außerdem kommt es, vor allem bei Plantarflexion des Fußes, zu einer *Instabilität,* wodurch der Fuß in eine vermehrte Varusstellung gebracht werden kann. Eine *verstärkte Varusstellung* kann man auch nach Verletzungen des Lig. calcaneofibulare beobachten. Bei der selteneren Verstauchung mit einer *Abknickung* des Fußes *nach außen* ist das *Lig. deltoideum* betroffen. *Verletzungen* des *Knochens* und der Bänder im oberen Sprunggelenk sind

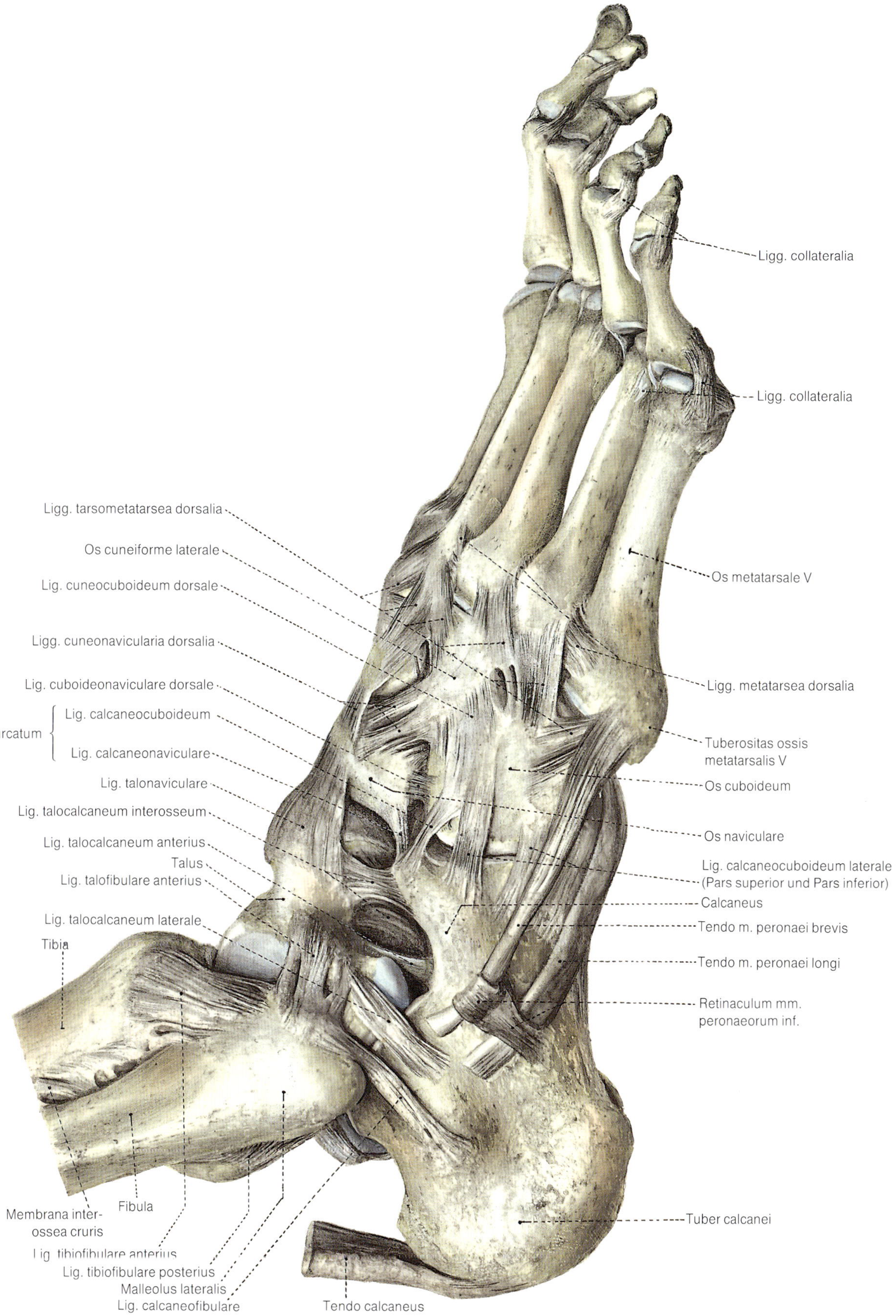

Abb. 7.**151** **Kapsel-Band-Apparat an einem rechten Fuß in der Ansicht von lateral.**

nicht selten mit Läsionen im Bereich der *Syndesmosis tibiofibularis* verbunden. Es kommt zur Instabilität des Gelenks und als Folge davon zur Fehlbelastung der Gelenkflächen.

Gelenkhöhle

Die Ausdehnung der *Gelenkhöhle* (s. Abb. 7.**146**) des oberen Sprungglenks ist auf der Vorder- und Rückseite von der Gelenkstellung abhängig. Über dem Taluskopf und über dem vorderen Rand der Facies articularis inferior tibiae liegen kleine *Recessus*. Ausbuchtungen der Gelenkhöhle treten auch im hinteren Bereich oberhalb und unterhalb des Lig. talofibulare posterius auf (s. oben). Der Recessus unter dem Lig. talofibulare posterius kann mit der Gelenkhöhle der Articulatio subtalaris kommunizieren. Proximal dehnt sich das Cavum articulare des oberen Sprunggelenks als *Recessus tibiofibularis* in die *Syndesmosis tibiofibularis* (s. Abb. 7.**154**) aus (s. S. 576). Aus dem Syndesmosenspalt ragt meistens eine Synovialfalte, *Plica synovialis tibiofibularis,* in die Gelenkhöhle. Zu *Faltenbildungen* kommt es außerdem auf der Vorder- und Rückseite der Gelenkkapsel (s. Abb. 7.**155**).

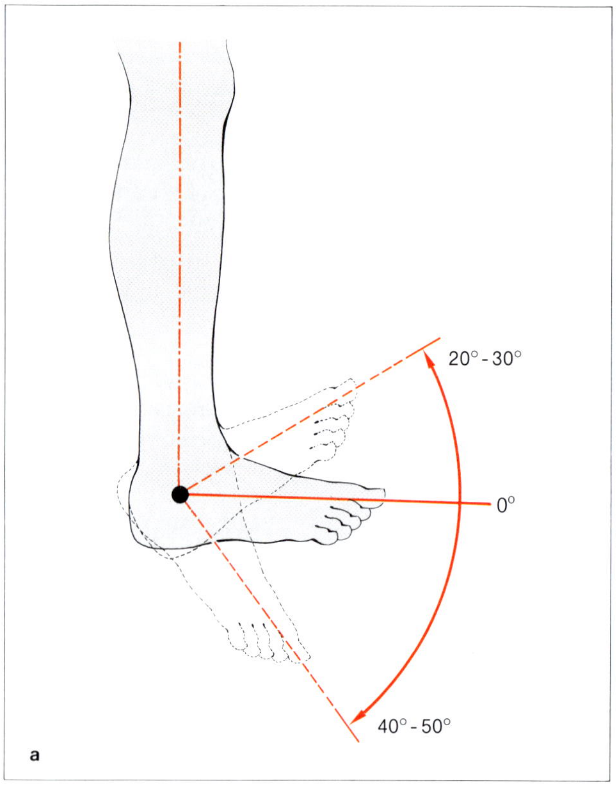

Mechanik

Die *Articulatio talocruralis* ist ihrer Form nach ein *Scharniergelenk,* das über eine gute *Knochen-* und *Bandführung* verfügt. Im oberen Sprunggelenk sind Bewegungen des Fußes gegen den Unterschenkel und vice versa des Unterschenkels gegen den Fuß in einer Amplitude von insgesamt 70°–80° möglich (Abb. 7.**152**). Beide Bewegungsabläufe sind Bestandteile verschiedener Phasen des Ganges (s. S. 645). Aus Neutral-0-Stellung kann der herabhängende, *nicht belastete Fuß* um 40°–50° nach *plantar flektiert* werden. Die *Dorsalextension** beträgt normalerweise 20°–30°. Bei *aufgesetztem Fuß* läßt sich der Unterschenkel im Sinne einer Dorsalextension um 30° nach vorn bringen (sogenannte *Ausfallstellung*). Einer Plantarflexion entsprechend kann der Unterschenkel um 50° nach hinten geneigt werden. Das Ausmaß der Plantarflexion unterliegt starken individuellen Schwankungen (z. B. beim Ballettanz oder beim Turnen).

---

* Vielfach wird auch der Ausdruck Dorsalflexion verwendet.

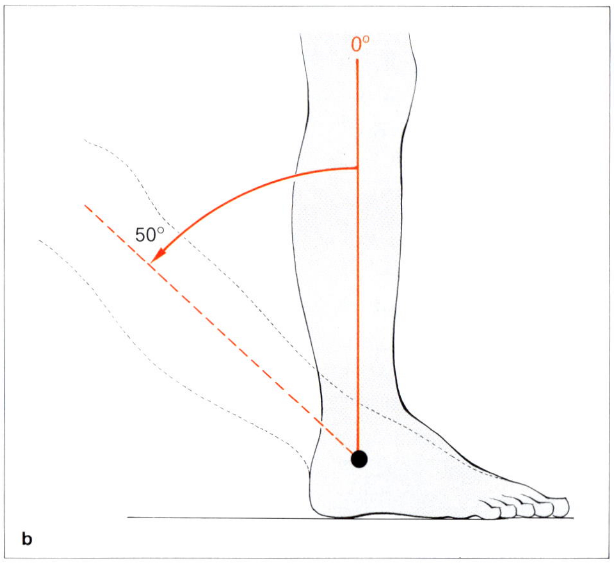

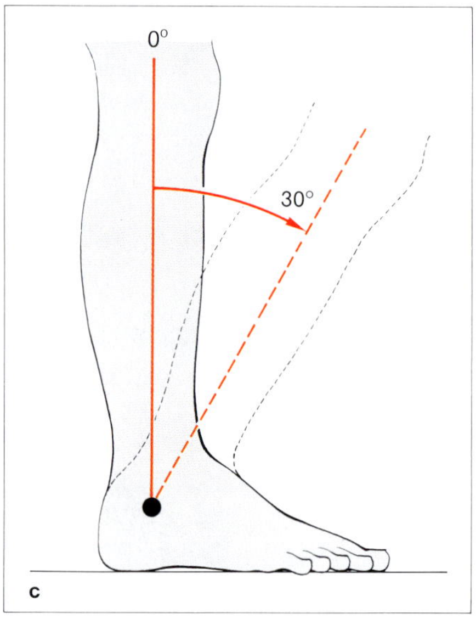

Abb. 7.**152a–c** **Ausmaß der Plantarflexion und Dorsalextension im oberen Sprunggelenk.**
a Bei frei hängendem Fuß,
b u. **c** bei aufgestelltem Fuß.
b Nachhintenneigen des Unterschenkels = Plantarflexion,
c Nachvorneigen des Unterschenkels = Dorsalextension (Ausfallstellung)
(nach *Debrunner* 1978)

Bei *Dorsalextension* wird die Malleolengabel um 1–2 mm erweitert. Die Streckung im oberen Sprunggelenk wird gehemmt, wenn die Trochlea tali in *Kontakt* mit der *Malleolengabel* kommt. Außerdem werden die Bewegungen nach dorsal durch Bänder und Muskeln begrenzt. Bedingt durch die *feste Umklammerung* des Talus von seiten der Malleolengabel sind in Dorsalextensionsstellung seitliche Bewegungen des Fußes gegenüber dem Unterschenkel nicht möglich. Bei maximaler *Plantarflexion* fehlt die feste knöcherne Führung des Talus in der Malleolengabel, da die Facies superior der Trochlea tali hinten schmaler ist als vorn. Beim nach plantar flektierten Fuß sind daher geringe seitliche *Translationsbewegungen* sowie *Rotationen* des Talus möglich. Die *Sicherung* des oberen Sprunggelenks erfolgt in dieser Stellung auf der medialen Seite vorwiegend durch die Partes tibiotalaris anterior und tibionavicularis des Lig. deltoideum sowie lateral durch das Lig. talofibulare anterius.

Kinematisch gesehen sind die Bewegungen im oberen Sprunggelenk keine reinen *Scharnierbewegungen.* Plantarflexion und Dorsalextension sind mit geringen *Rotationsbewegungen* des Talus *kombiniert.* Bei Plantarflexion des Fußes dreht sich der Talus nach medialinnen, dadurch kommt das Caput tali in festen Kontakt mit der Navikularepfanne. Die *Einwärtsdrehung des Talus* im oberen Sprunggelenk bei der Plantarflexion setzt sich kontinuierlich in den Bewegungsablauf der Inversion und Adduktion des Fußes in den subtalaren Gelenken fort. Bei Dorsalextension ist der Bewegungsablauf umgekehrt.

Die *Bewegungsachse* für die Plantarflexion und die Dorsalextension verläuft *transversal* und ist gegen die Tibiaachse um etwa 82° nach lateral geneigt. Wegen der schrägen Lage der Achse und aufgrund der Anordnung der Bänder ist der Weg der Talusrolle bei den Bewegungen im oberen Sprunggelenk lateral größer als medial. Die Dorsalextension ist daher bei feststehendem Fuß (Gangphase vor Abheben der Ferse) mit einer *Innenrotation der Malleolengabel* von 5°–12° gekoppelt. Außerdem rotiert der Malleolus lateralis in der Syndesmosis tibiofibularis bei Dorsalextension nach innen und bei Plantarflexion nach außen. Die Bewegungsachse des oberen Sprunggelenks schneidet den Talus im *Sulcus tali* und überkreuzt hier die Bewegungsachse des unteren Sprungelenks. Da am Talus keine Muskeln inserieren, kann das *Gleichgewicht* am oberen Sprunggelenk nur unter Einschluß des *unteren Sprunggelenks* hergestellt werden (s. unten).

Das obere Sprunggelenk ist *Ort der Lastübertragung* des Teilkörpergewichts auf den Fuß. Das Gelenk wird durch eine Kraft (*Gelenkresultierende*) belastet, die sich aus der Vektorsumme des Teilkörpergewichts und der Gleichgewicht herstellenden Muskelkraft der Flexoren ergibt (s. Abb. 7.**179**). Die Gelenkflächen der Facies articularis inferior tibiae und der Facies articularis superior tali werden durch die Sprunggelenkresultierende gleichmäßig auf Druck beansprucht, obwohl in den einzelnen Positionen jeweils nur ein Teil der Gelenkflächen für die Kraftaufnahme zur Verfügung steht.

An den *medialen* und *lateralen Gelenkabschnitten,* vor allem an den vertikal ausgerichteten Gelenkflächen zwischen Malleolus lateralis und Facies malleolaris lateralis des Talus, wird der *Gelenkdruck* vorwiegend durch die *Zugverspannung* der Bänder erzeugt. Der Bandapparat bildet ein vertikal und horizontal ausgerichtetes Verspannungssystem, durch das die Malleolen gegen die seitlichen Facetten der Trochlea tali gepreßt werden.

Unteres Sprunggelenk, Articulatio talotarsalis

Aufbau

Artikulierende Anteile

Die Zusammenfassung der gelenkigen Verbindungen des Talus mit dem Calcaneus und dem Os naviculare zum *unteren Sprunggelenk, Articulatio talotarsalis,* geschieht unter funktionellen Gesichtspunkten. *Anatomisch* besteht das untere Sprunggelenk aus *zwei* vollständig durch Gelenkkapseln voneinander getrennten *Gelenken.* (Die Gelenkflächen der artikulierenden Anteile des unteren Sprunggelenks werden S. 478ff. beschrieben.)

Die *hintere Kammer* des unteren Sprunggelenks bildet die *Articulatio subtalaris.* In ihr artikuliert die elliptische, konkave Unterfläche des Taluskörpers, *Facies articularis calcanea posterior,* (s. Abb. 7.**38**), mit der ovalen, konvexen *Facies articularis talaris posterior* des *Calcaneus* (s. Abb. 7.**39**).

In der *vorderen Kammer* des unteren Sprunggelenks artikulieren *Talus, Calcaneus* und *Os naviculare* sowie das *Pfannenband* als *Articulatio talocalcaneonavicularis* miteinander. Die kugelförmige Gelenkfläche des Taluskopfes, *Facies articularis navicularis* (s. Abb. 7.**38**), hat Kontakt mit der ovalen Gelenkpfanne des *Os naviculare* (s. Abb. 7.**43**) und mit dem *Pfannenband* (Abb. 7.**153**). Auf der Plantarseite des Talus liegen die schwach konvex gekrümmte vordere und mittlere Gelenkfacette, *Facies articulares calcanea anterior* und *media* (s. Abb. 7.**38**), die mit den konkaven Gelenkflächen auf dem Sustentaculum tali, *Facies articulares talares anterior* und *media* (s. Abb. 7.**39**), artikulieren.

Gelenkkapsel, Bänder und Gelenkhöhle

Die *Gelenkhöhlen* der vorderen und hinteren Kammer des unteren Sprunggelenkes sind durch ihre *Gelenkkapseln* vollkommen voneinander getrennt (s. Abb. 7.**146**). Die *Gelenkkapsel* der *Articulatio subtalaris* ist relativ dünn und weit (s. Abb. 7.**155**). Die Membrana synovialis entspringt am Talus nahe der Knorpel-Knochen-Grenze, am Calcaneus liegt der Ansatz etwas vom Rand der Gelenkfläche entfernt. Die Gelenkhöhle der Articulatio subtalaris kann über eine laterale Ausbuchtung mit dem oberen Sprunggelenk kommunizieren (s. oben). Die Gelenkkapsel der Articulatio subtalaris wird *medial* und *lateral* sowie vorn und hinten teilweise durch *Bänder* verstärkt. Auf der Vorderseite hat die Gelenkkapsel über lockeres Bindegewebe Verbindung zum *Lig. talocalcaneum interosseum* (s. unten). *Lateral* verläuft proximal des Lig. calcaneofibulare zwischen dem Processus lateralis tali und der Seitenfläche des Calcaneus das *Lig. talocalcaneum laterale* (s. Abb. 7.**147**), dessen Fasern auch in das Lig. talofibulare anterius einstrahlen können. Das Lig. talocalcaneum laterale fehlt gelegentlich. Distal von ihm läßt sich am Eingang zum *Sinus tarsi* ein weiterer, inkonstanter Bandzug, *Lig. talocalcaneum anterius,* abgrenzen. Hinter dem Lig. talocalcaneum laterale zieht das *Lig. calcaneofibulare* (s. Abb. 7.**148**) über die Articulatio subtalaris hinweg. Das Band hat, wie am oberen Sprunggelenk, keine Verbindung zur Gelenk-

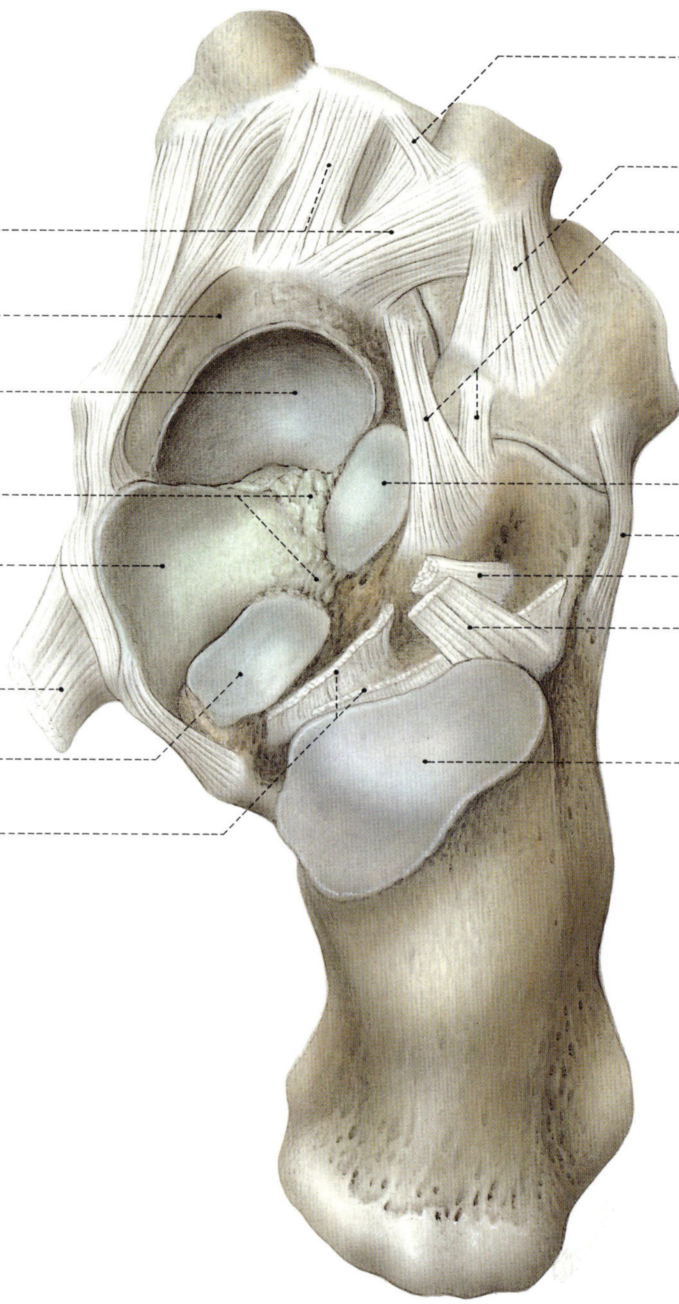

Abb. 7.**153 Gelenkflächen eines rechten unteren Sprunggelenks nach Wegnahme des Sprungbeins in der Ansicht von oben.**

kapsel. Auf der *Rückseite* wird die Gelenkkapsel durch das *Lig. talocalcaneum posterius* (s. Abb. 7.**148**) verstärkt, das von der Seite des Tuberculum laterale des Processus posterior tali zur Oberseite des Tuber calcanei zieht. Das Band kann fehlen. Das *Lig. talocalcaneum mediale* ist inkonstant. Es zieht vom Hinterrand des Sustentaculum tali in horizontaler Richtung zum Tuberculum mediale des Processus posterior tali. Es wird vom Lig. deltoideum bedeckt, dessen *Pars tibiocalcanea* (s. Abb. 7.**150**) auch die Articulatio subtalaris überbrückt.

Die *Gelenkkapsel* der *vorderen Kammer* des unteren Sprunggelenks wird größtenteils durch Bänder verstärkt. Die Membrana synovialis verläuft, vor allem am Collum tali und in den seitlichen Bereichen, zunächst von der Knorpel-Knochen-Grenze einige Millimeter auf dem Knochen, bevor sie sich der fibrösen Kapsel anlegt. Normalerweise liegen die Skelettelemente der Articulatio talocalcaneonavicularis in einer gemeinsamen Gelenkhöhle. Gelegentlich können jedoch *Facies articularis calcanea media tali* und *Facies articularis talaris media* des *Calcaneus* von einer eigenen Kapsel eingeschlossen werden. Auf der Dorsalseite wird die Kapsel der vorderen Kammer durch das breite *Lig. talonaviculare* (s. Abb. 7.**147**) verstärkt, das vom Taluskopf und -hals zur Dorsalfläche des Os naviculare zieht. Seine Fasern setzen sich distal kontinuierlich in die *Ligg. cuneonavicularia dorsalia* fort. Medial-dorsal liegt die *Pars tibionavicularis* des Lig. deltoideum (s. Abb. 7.**150**) der Kapsel an. Lateral-vorn verläuft das *Lig. calcaneonaviculare* (s. Abb. 7.**147**) vom Rand der Facies articularis talaris anterior zur lateralen Fläche des Os naviculare. Das Band bildet gemeinsam mit dem *Lig. calcaneocuboideum* das V-förmige *Lig. bifurcatum.* Das Lig. calcaneonaviculare ist ein kräftiges Band, das sich in Form einer sagittalen Platte in die Tiefe zwischen die Fußwurzelknochen schiebt (s. Abb. 7.**153**). Das Lig. bifurcatum vereinigt die Articulatio talonavicularis und die Articulatio calcaneocuboidea zur funktionellen Einheit des *Chopartschen Gelenks* (s. unten). Das Lig. bifurcatum wird daher als *"Schlüsselband"* des Chopartschen Gelenks bezeichnet. Am Eingang zum Sinus tarsi entspringt neben dem Lig. talocalcaneum interosseum (s. unten) das *Lig. calcaneonaviculare laterale.* Das inkonstante Band zieht schräg zum Fußrücken und inseriert auf der Dorsalseite des Os naviculare. Als *Lig. calcaneonaviculare mediale* („Lig. neglectum") bezeichnet man Bandzüge, die vom Oberrand des Sustentaculum tali schraubenförmig nach distal zur medialen dorsalen Fläche des Os naviculare ziehen. Das Band liegt zwischen Pars tibiocalcanea des Lig. deltoideum und dem Lig. calcaneonaviculare plantare (s. unten).

Auf der Plantarseite der Articulatio talocalcaneonavicularis fehlt eine Gelenkkapsel im herkömmlichen Sinne. Die Lücke zwischen Calcaneus und Os naviculare wird von einem kräftigen Band, *Lig. calcaneonaviculare plantare* (s. Abb. 7.**153**, 7.**155**) überbrückt. Da das Band mit der Facies articularis posterior navicularis die Pfanne für den Taluskopf bildet, wird es als *„Pfannenband"* bezeichnet. Das Band zieht vom vorderen und medialen Rand des Sustentaculum tali des Calcaneus zur plantaren und medialen Fläche des Os naviculare (s. Abb. 7.**150**). Das Lig. calcaneonaviculare plantare schlingt sich wie eine Gleitsehne um den plantaren Teil des Caput tali, der ihm als Widerlager dient. An der Kontaktstelle mit dem Caput tali sind *Knorpelzellen* in das Band eingelagert (*Fibrocartilago navicularis*). Das Pfannenband verspannt die *Längswölbung* des Fußes in ihrem Krümmungsscheitel. Eine „Tragefunktion" für den Taluskopf hat das Band nicht. Das Pfannenband wird bei einer Abflachung der Längswölbung überdehnt, da es aufgrund seiner Lage an der Planta pedis die Entstehung eines Plattfußes nicht verhindern kann (s. S. 645, Abb. 7.**183**).

Vordere und hintere Kammer des unteren Sprunggelenks sind durch den *Sinus* und den *Canalis tarsi* (s. Abb. 7.**38,** 7.**39**) voneinander getrennt. Innerhalb des knöchernen Kanales verbindet das *Lig. talocalcaneum interosseum* (Abb. 7.**147,** 7.**153,** 7.**154,** 7.**155**) Sprungbein und Fersenbein miteinander. Das Zwischenknochenband ist durch lockeres Bindegewebe mit den Kapseln der vorderen und hinteren Kammer des unteren Sprunggelenks verbunden. Als Kapselverstärkung dient das Band nicht. Das Lig. talocalcaneum interosseum besteht normalerweise aus *zwei Bandzügen.* Der *laterale Teil* entspringt am Calcaneus im mittleren seitlichen Abschnitt des *Sinus tarsi* und zieht fächerförmig schräg nach kranial, wo er proximal der Facies articularis calcanea anterior am Talushals ansetzt. Das Band wird deshalb im anglo-amerikanischen Schrifttum als *„cervical ligament"* bezeichnet. An den knöchernen Wänden des Sinus tarsi ist außerdem das *Retinaculum mm. extensorum inferius* mit drei Bandzügen verankert (s. S. 618). Das Lig. talocalcaneum interosseum wird lateral vom Ursprung des M. extensor digitorum brevis und vom Retinaculum mm. extensorum inferius bedeckt. Im *Canalis tarsi* liegt der *mediale Teil* des Lig. talocalcaneum interosseum, der auch als *Lig. canalis tarsi* bezeichnet wird. Das Band zieht vom Sulcus calcanei in zwei Zügen nach kranial zum Sulcus tali. Medial reicht das Lig. canalis tarsi bis an den Sulcus tendinis m. flexoris hallucis longi und an das Lig. deltoideum heran. Zwischen medialem und lateralem Teil des Lig. talocalcaneum interosseum überkreuzen sich die Bandzüge teilweise mit den Ausläufern des Retinaculum mm. extensorum inferius; hier liegt außerdem *lockeres Bindegewebe,* über das Gefäße in den Talus gelangen. Dieser Bereich entspricht dem *Schnittpunkt der Bewegungsachsen* des oberen und unteren Sprunggelenks (s. unten).

Mechanik

Vordere und *hintere Kammer* des unteren Sprunggelenks bilden eine *funktionelle Einheit.* Die Geometrie der Oberflächenkrümmungen beider Abschnitte erlaubt eine *Drehung* des Talus gegenüber dem Calcaneus sowie dem Os naviculare und vice versa. Die Bewegungen im unteren Sprunggelenk sind für die *Anpassung des Fußes* bei der bipeden Fortbewegung auf unebenem *Boden* erforderlich.

Das untere Sprunggelenk kann als kombiniertes *Zapfen-Kugel-Gelenk* aufgefaßt werden, dessen gemeinsame *Bewegungsachse* vom lateralen plantaren Bereich des Tuber calcanei schräg nach medial-dorsal durch den Talushals verläuft (Abb. 7.**157**). Die Achse weicht um etwa 40° von der Horizontalebene und um etwa 23° von der Sagittalebene ab. Sie schneidet im *Sinus tarsi* die Achse des oberen Sprunggelenks. Um die schräge Achse des unteren Sprunggelenks werden Calcaneus und Os naviculare gegenüber dem Talus und vice versa gedreht. Die *Drehbewegung* nach

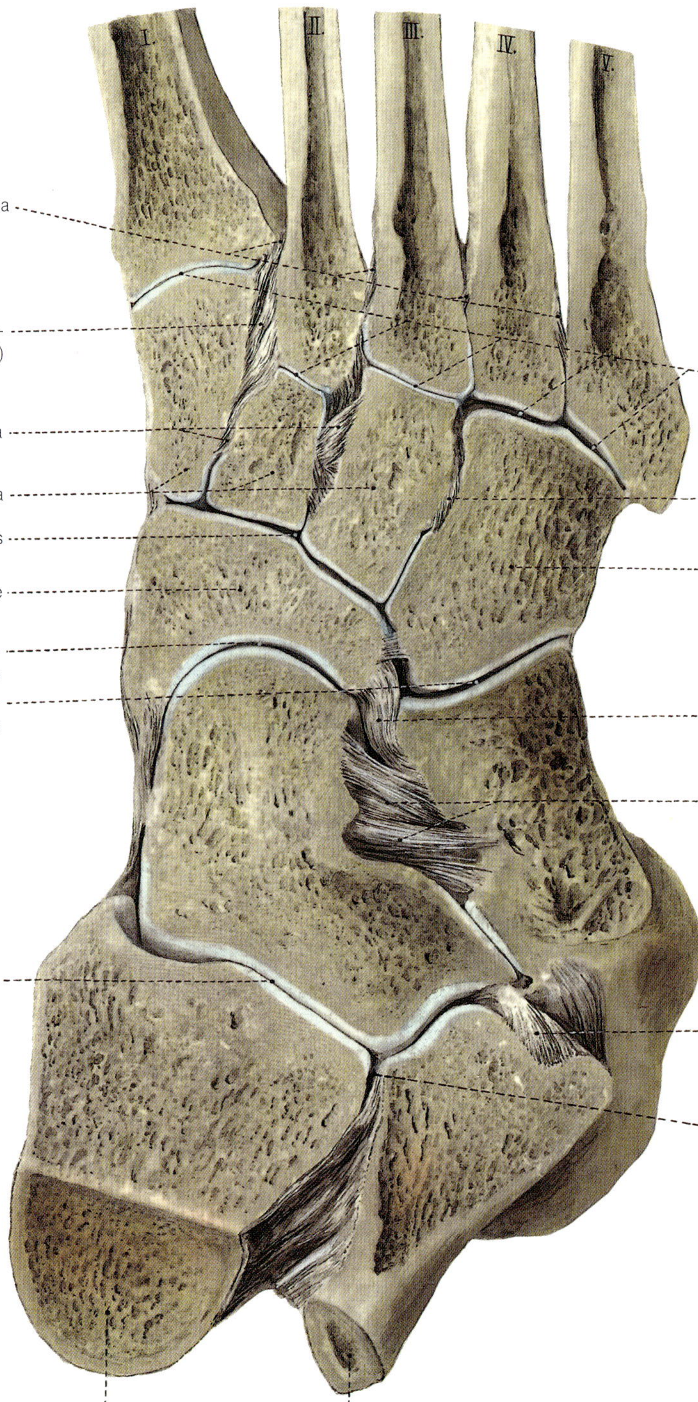

Abb. 7.**154** **Darstellung der Fußwurzelgelenke sowie der Fußwurzel-Mittelfußgelenke der rechten Seite durch Abschleifen der dorsalen Anteile des Skeletts in der Ansicht von dorsal-lateral.**

medial (innen) bezeichnet man als *Inversion,* die *Drehbewegung* nach *lateral* (außen) als *Eversion* (s. S. 610). Die Eversion des Rückfußes im unteren Sprunggelenk beträgt etwa 10°, die Inversion etwa 20°. Bei *Inversion* der *„subtalaren Fußplatte“* findet gleichzeitig gegenüber dem Talus eine *Adduktionsbewegung* statt. Die *Eversion* ist mit einer *Abduktion* kombiniert. Im Gefolge der Inversion entfaltet sich der Sinus tarsi, während der Canalis tarsi enger wird. Die Inversionsbewegung wird von den lateral der Achse liegenden Strukturen (Retinaculum mm. extensorum inferius, lateraler Teil des Lig. talocalcaneum interosseum, Lig. calcaneofibulare) begrenzt. Eine Hemmung der Eversionsbewegung erfolgt durch die medial der Achse liegenden Bandstrukturen (Lig. canalis tarsi, Pars tibionavicularis und Pars tibiocalcanea des Lig. deltoideum).

Das *untere Sprunggelenk* bildet aufgrund seiner Bandverbindungen zum *oberen Sprunggelenk* und zum *Kalkaneokuboidgelenk* (s. unten) eine *kinematische Kette* (s. S. 112). Alle *Bewegungen* dieser Gelenke sind damit *zwangsläufig* miteinander gekoppelt. Die *Kom-*

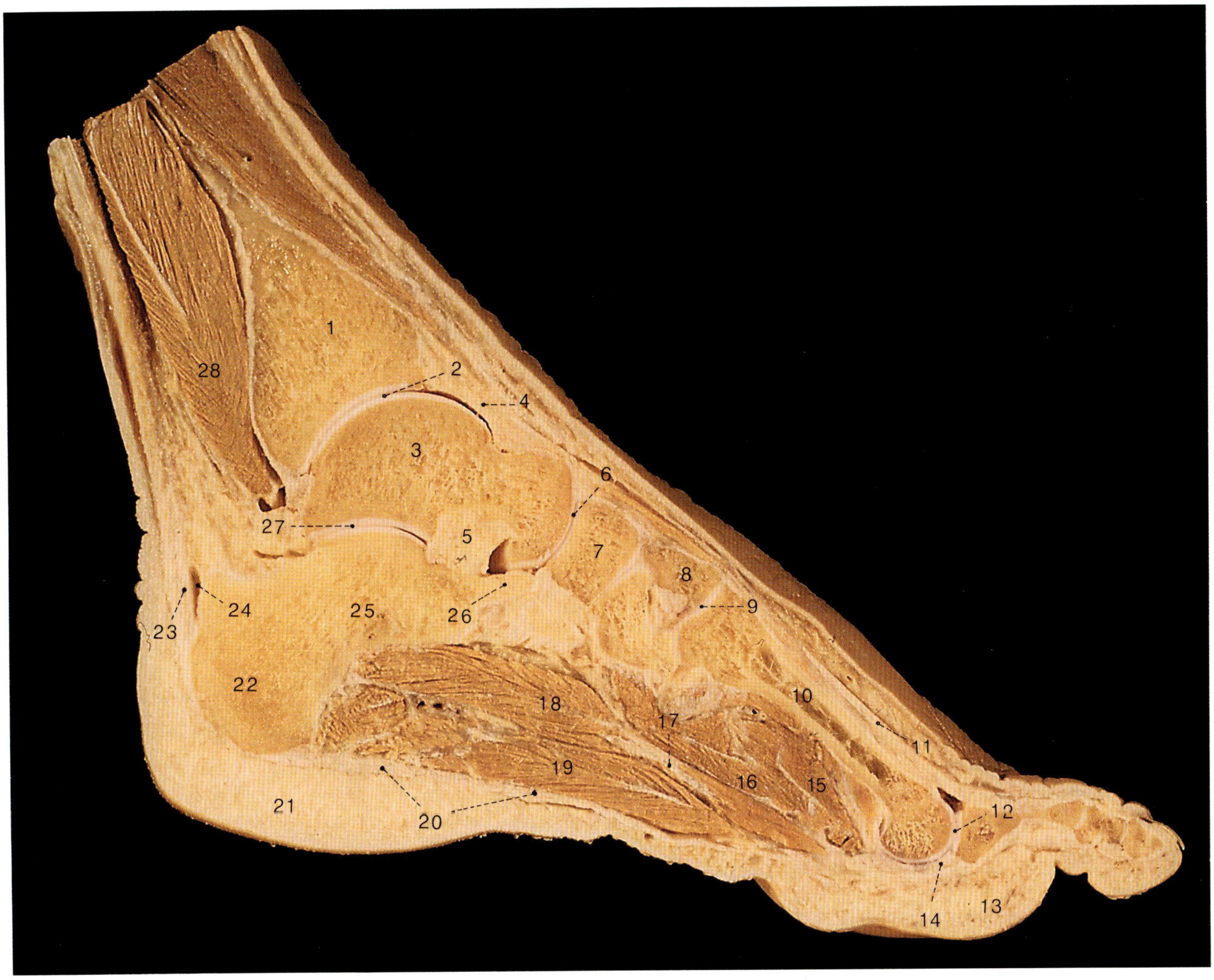

Abb. 7.**155** **Sagittalschnitt durch den 2. Strahl des linken Fußes von einem Erwachsenen. Mediale Schnittfläche, Ansicht von lateral.**
1 Tibia
2 Articulatio talocruralis
3 Talus
4 Capsula articularis
5 Lig. talocalcaneum interosseum
6 Articulatio talonavicularis des unteren Sprunggelenks
7 Os naviculare
8 Os cuneiforme intermedium
9 Articulatio tarsometatarsea
10 Os metatarsale II
11 Tendo m. extensoris digitorum longi
12 Articulatio metatarsophalangea II
13 Außenballen
14 Fibrocartilago articulationis metatarsophalangeae II
15 M. interosseus
16 Caput obliquum m. adductoris hallucis
17 Tendo m. flexoris digitorum longi
18 M. quadratus plantae
19 M. flexor digitorum brevis
20 Aponeurosis plantaris
21 Fersenpolster
22 Tuber calcanei
23 Tendo calcaneus (Achillessehne)
24 Bursa tendinis calcanei
25 Calcaneus
26 Lig. calcaneonaviculare plantare
27 Articulatio subtalaris des unteren Sprunggelenks
28 M. flexor hallucis longus
(Präparat der Sammlung des Anatomischen Institutes, Kiel)

binationsbewegungen sind Bestandteil der *Pro-* und *Supinationsbewegungen** des gesamten Fußes.
Über das untere Sprunggelenk werden die Skelettelemente des Vor- und Rückfußes belastet (s. Abb. 7.**179**). Die *Kraftübertragung* für den *Rückfuß* erfolgt vom Talus über die *Articulatio subtalaris*. Der Calcaneus erfährt durch die am Rückfuß auftretenden Kräfte eine Biegebeanspruchung (s. Abb. 3.**19**, 7.**179**). Die *Kraftübertragung* auf den *Vorfuß* findet vorzugsweise zwischen *Talus* und *Os naviculare* statt. Die *Beanspruchung der Mittelfußknochen* hängt von der Fußstellung in den einzelnen Gangphasen und von der plantaren Verspannung ab (s. S. 642 und S. 645; s. Abb. 7.**179**).

---

* Die *Beschreibung der Bewegungsabläufe in den Fußgelenken* ist uneinheitlich und verwirrend. Eine gemeinsame Nomenklatur fehlt bisher. Die Benennung der Bewegungen im unteren Sprunggelenk weicht im *anatomischen Schrifttum* zum Teil vom *klinischen* und *anglo-amerikanischen Sprachgebrauch* ab. In anatomischen Lehrbüchern werden die Bewegungen im unteren Sprunggelenk meistens als Pro- und Supination umschrieben. Wir schließen uns dieser Benennung nicht an, sondern verwenden den in der Klinik und im anglo-amerikanischen Bereich gebräuchlichen Ausdruck *Eversion* („Pronation") und *Inversion* („Supination").
Als Pro- und Supination bezeichnet man in der Klinik die Bewegung (Verdrehung) des Vorfußes gegenüber dem Rückfuß. Diese Drehbewegungen finden in den Tarsal- und Metatarsalgelenken statt und gehen mit einer Hebung des inneren Fußrandes („Supination") oder Senkung des inneren Fußrandes („Pronation") einher. Uns erscheint die Beschreibung dieser Bewegungen mit den Begriffen Pro- und Supination nicht umfassend genug.
In diesem Lehrbuch werden die *Begriffe für Pro- und Supination* – wie im alten anatomischen Schrifttum – für die zwangsläufigen *Kombinationsbewegungen des gesamten Fußes*, einschließlich der Zehen, verwendet. Die *Supinationsbewegung* wird mit einer Plantarflexion im oberen Sprunggelenk eingeleitet. Die damit einhergehende Einwärtsdrehung des Talus (s. S. 605) setzt sich in die Inversionsbewegung im unteren Sprunggelenk fort. Durch die Rotationsbewegungen im Chopartschen Gelenk sowie in den Articulationes tarsometatarseae und intermetatarseae wird der mediale Fußrand angehoben. An der Adduktionsbewegung beteiligen sich das untere Sprunggelenk, das Chopartsche Gelenk sowie die Tarsometatarsalgelenke. In den Tarsal- und Metatarsalgelenken kommt es außerdem zu einer geringen Plantarflexion. Die Zehen werden bei der Supinationsbewegung gebeugt.
Bei der *Pronation* kann man die rückläufigen Bewegungen beobachten. Es kommt zur Eversion und Abduktion im unteren Sprunggelenk. Bei der Pronation wird der laterale Fußrand angehoben. Der Fuß ist am Ende der Bewegung im oberen Sprunggelenk gestreckt.
Die an der Supinationsbewegung beteiligten Muskeln liegen medial von der „Inversions-Eversionsachse", lateral davon verlaufen die Pronatoren. Beim bipeden Gang und Stand besteht normalerweise Gleichgewicht zwischen supinatorisch und pronatorisch wirkenden Kräften. Beim Säugling überwiegen die Supinatoren, so daß sich der Fuß physiologischerweise in Supinationsstellung befindet.
Bei *Ausnutzung des gesamten Bewegungsumfanges* führt der Fuß eine *Kreiselung* aus.

Fersenbein-Würfelbeingelenk, Articulatio calcaneocuboidea

Aufbau

Artikulierende Anteile

Das *Kalkaneokuboidgelenk, Articulatio calcaneocuboidea* (s. Abb. 7.**34**, 7.**154**, 7.**160**), liegt lateral von der *Articulatio talonavicularis* des unteren Sprunggelenks. Beide Gelenke bilden gemeinsam die *Articulatio tarsi transversa, Chopartsches Gelenk* (s. unten). Es artikuliert die Vorderfläche des Calcaneus, *Facies articularis cuboidea*, (s. Abb. 7.**40**), mit der proximalen Gelenkfläche des Würfelbeins, *Facies articularis calcanea ossis cuboidea* (s. Abb. 7.**47**). Das Oberflächenrelief beider Gelenkflächen ist sattelförmig.

Gelenkkapsel und Bänder

Die *Gelenkkapsel* des Kalkaneokuboidgelenks wird durch *Bänder* verstärkt. Auf der Dorsalfläche des Os cuboideum verläuft das *Lig. calcaneocuboideum* (s. Abb. 7.**151**), das den lateralen Schenkel des *Lig bifurcatum* bildet (s. S. 607). Sehr selten verknöchert das Lig. calcaneocuboideum. Lateral vom Lig. calcaneocuboideum überbrückt auf der Dorsalseite häufig ein weiterer breiter Bandzug das Kalkaneokuboidgelenk. Das Band wird als *Lig. calcaneocuboideum dorsale* bezeichnet. Auch am lateralen Fußrand läßt sich ein kapselverstärkender Bandzug darstellen, *Lig. calcaneocuboideum laterale*. Plantar liegt das kräftige *Lig. calcaneocuboideum plantare* (Abb. 7.**156**), das fächerförmig über die Kapsel hinwegzieht. Das Band ist der kurze dorsale Teil des *Lig. plantare longum (Lig. plantare breve*, s. S. 615).

Mechanik

Das *Kalkaneokuboidgelenk* wird aufgrund seiner straffen Kapsel oft als „federnde" Amphiarthrose beschrieben. Dies ist funktionell gesehen unzutreffend. Die sattelförmigen Gelenkflächen erlauben *Drehbewegungen* sowie eine geringe *Plantarflexion* und *Dorsalextension*.

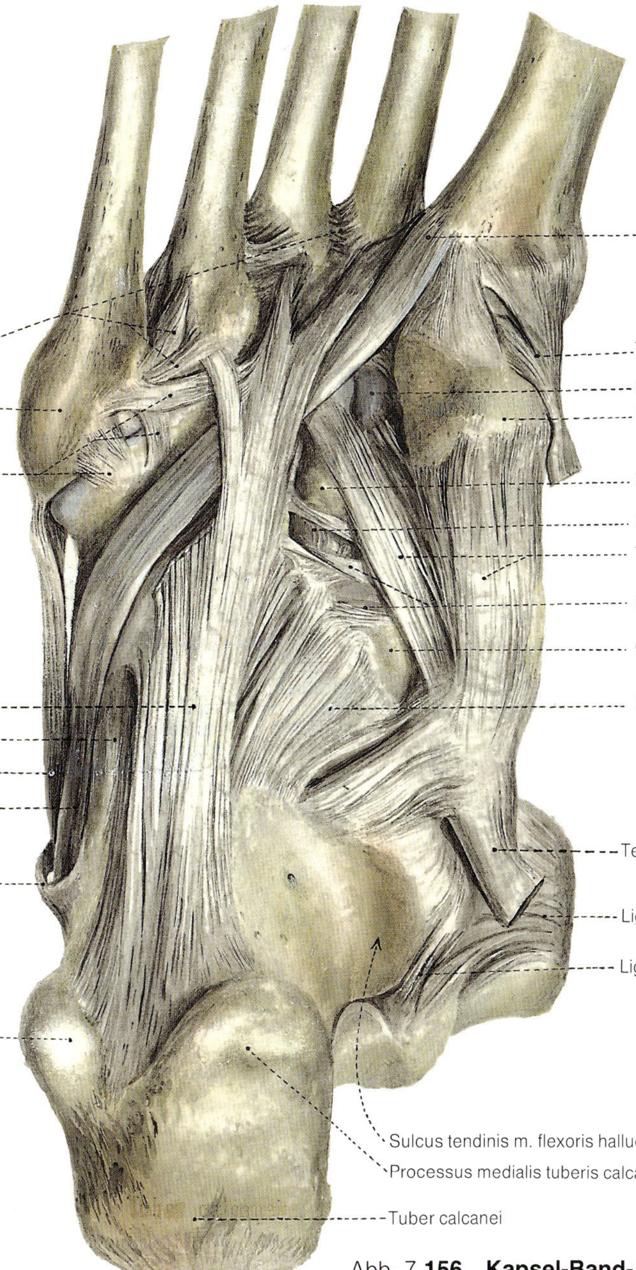

Abb. 7.**156** **Kapsel-Band-Apparat des rechten Fußes in der Ansicht von plantar.**

Queres Fußwurzelgelenk, Articulatio tarsi transversa, Chopartsches Gelenk

Aufbau

Artikulierende Anteile

In der *Articulatio tarsi transversa,* dem *Chopartschen Gelenk* (Abb. 7.**159**), werden *Articulatio talonavicularis* und *Articulatio calcaneocuboidea* funktionell zu einem Gelenk zusammengeschlossen. Die *Gelenkhöhlen* der beiden Anteile des Chopartschen Gelenkes sind vollkommen voneinander *getrennt. Os naviculare* und *Os cuboideum* sind durch kräftige *Bänder* miteinander verbunden. Dorsal liegt das *Lig. cuboideonaviculare dorsale* (s. Abb. 7.**147**), das breitflächig vom lateralen Rand des Os naviculare zur Dorsalfläche des Würfelbeins zieht. Plantar spannt sich zwischen beiden Knochen das quer verlaufende *Lig. cuboideonaviculare plantare* aus. Os naviculare und Os cuboideum können im seitlichen Bereich auch über kleine Gelenkfacetten miteinander in Kontakt treten. Die variable *Articulatio cuboideonavicularis* wird durch die kräftigen Bandverbindungen zur Amphiarthrose.

Gelenkkapsel, Bänder und Gelenkhöhle

Als *Chopartsche Gelenklinie* bezeichnet man die Gelenkspalten der Articulatio talonavicularis und der

Articulatio calcaneocuboidea. Sie verläuft transversal und ist S-förmig gekrümmt.
Das Chopartsche Gelenk wird dorsal und plantar von kräftigen *Bändern* (s. Abb. 7.**147**, 7.**151**) überbrückt: *Lig. calcaneocuboideum plantare, Lig. calcaneonaviculare plantare, Lig. talonaviculare, Lig. calcaneocuboideum dorsale* und *Lig. bifurcatum* (s. unteres Sprunggelenk, S. 607, und Articulatio calcaneocuboidea, S. 610). Das mechanisch wichtigste Band der Articulatio tarsi transversa ist das *Lig. bifurcatum,* das auch als „Schlüsselband" des Chopartschen Gelenks bezeichnet wird. Der Bandapparat ist in Supinationsstellung relativ entspannt. In *Pronationsstellung* sind die Bänder angespannt und die Gelenkflächen so *stabilisiert,* daß die Kraft auf die Mittelfußknochen übertragen werden kann.

Mechanik

Das *Chopartsche Gelenk* ist trotz der kräftigen Bandverbindungen keine Amphiarthrose. In der Articulatio tarsi transversa kann der Vorfuß leicht nach plantar flektiert und nach dorsal extendiert werden. Außerdem sind im Chopartschen Gelenk in Kombination mit den Articulationes tarsometatarseae *Drehbewegungen* des Vorfußes gegenüber dem Rückfuß möglich. Die *„Verwringung" des Vorfußes* im Sinne einer Pronation beträgt etwa 15°, die gegenläufige Bewegung im Sinne einer Supination etwa 35°.
Von der Lage der Skelettelemente des Chopartschen Gelenks wird die Höhe der Längswölbung am inneren Fußrand bestimmt. Die Articulatio tarsi transversa gilt daher als „Schlüsselgelenk des Plattfußes".

Eine Exartikulation wird heute im Chopartschen Gelenk nur noch selten durchgeführt.

Keilbein- Kahnbeingelenk, Articulatio cuneonavicularis

Aufbau

Artikulierende Anteile

In der *Articulatio cuneonavicularis* (s. Abb. 7.**34**, 7.**154**) stehen die Gelenkfacetten der distalen Fläche des *Os naviculare* (s. Abb. 7.**43**) mit den drei *Ossa cuneiformia* (s. Abb. 7.**44**–7.**46**) in gelenkiger Verbindung. Die konkaven Gelenkflächen der Keilbeine bilden eine Gelenkpfanne für die konvex gekrümmte *Facies anterior* des *Os naviculare.*

Gelenkkapsel, Bänder und Gelenkhöhle

Das *Keilbein-, Kahnbeingelenk* wird von einer durch *Bänder* verstärkten Kapsel umschlossen, die nahe der Knorpel-Knochen-Grenze ansetzt. Dorsale Kapselverstärkungen sind die *Ligg. cuneonavicularia dorsalia* (s. Abb. 7.**147**). Plantar liegen in der Tiefe der Fußwölbung die *Ligg. cuneonavicularia plantaria* (s. Abb. 7.**156**), die sich mit der Ansatzsehne des *M. tibialis posterior* durchflechten. Die Gelenkhöhle der Articulatio cuneonavicularis dehnt sich nach distal in die Zwischenknochenräume der Ossa cuneiformia aus. Über das *Spatium interosseum* zwischen Os cuneiforme mediale und Os cuneiforme intermedium können die Gelenkhöhlen der Articulatio cuneonavicularis und der *Articulationes tarsometatarseae* miteinander kommunizieren.
(Mechanik s. unten)

Verbindungen zwischen Keilbeinen und Würfelbein

Aufbau

Die *Ossa cuneiformia* sind seitlich über variabel ausgebildete Gelenkfacetten miteinander verbunden (s. Abb. 7.**44**–7.**46**). Die Zwischenknochenräume werden distal von Bändern, *Ligg. intercuneiformia interossea* (s. Abb. 7.**154**, 7.**160**) überbrückt. Dorsal verbinden die *Ligg. intercuneiformia dorsalia* (s. Abb. 7.**147**) die Keilbeine miteinander, plantar spannen sich zwischen den Knochen die *Ligg. intercuneiformia plantaria* (s. Abb. 7.**156**) aus. Das *Os cuneiforme laterale* artikuliert normalerweise über eine seitliche Gelenkfacette mit dem *Os cuboideum* (s. Abb. 7.**47**). Die *Articulatio cuneocuboidea* ist allerdings *inkonstant.* Der Zwischenknochenraum wird von einem kräftigen Band, *Lig. cuneocuboideum interosseum,* überbrückt. Das laterale Keilbein steht außerdem dorsal durch das *Lig. cuneocuboideum dorsale* (s. Abb. 7.**153**) und plantar über das *Lig. cuneocuboideum plantare* mit dem Würfelbein in Verbindung.

Mechanik

Durch die kräftigen Bänder auf der Dorsalseite (*Ligg. tarsi dorsalia*) und auf der Plantarseite (*Ligg. tarsi plantaria*) sowie in den Zwischenknochenräumen (*Ligg. tarsi interossea*) werden Kahnbein, Keilbeine und Würfelbein in Form von *Amphiarthrosen* miteinander verbunden. Trotz geringer Beweglichkeit des Einzelgelenks trägt die *Summe* der *Bewegungsexkursionen* zur Verformung des Fußes und damit zur *Anpassung an den Boden* beim Gehen bei. Die kräftigen Bänder verklammern außerdem die *Querwölbung* des Fußes (s. S. 642).

Fußwurzel-Mittelfußgelenke, Articulationes tarsometatarseae

Aufbau

Artikulierende Anteile

In den *Articulationes tarsometatarseae* artikulieren die distalen Flächen der *Ossa cuneiformia* und des *Os cuboideum* mit den *Basen* der *Ossa metatarsalia* (s. Abb. 7.**34**, 7.**35**). Die Spalten der drei nebeneinander liegenden Gelenke (s. unten) bilden die *Lisfrancsche Gelenklinie* (Abb. 7.**154**, 7.**159**). Die schräg von medial-distal nach lateral-proximal verlaufende Lisfrancsche Gelenklinie liegt nicht auf einer Geraden, sondern ist vor allem wegen der Versetzung der Basis des 2. Mittelfußknochens nach proximal mehrfach abgeknickt. Die *Lage* der Lisfrancschen Gelenklinie läßt sich am lateralen Fußrand anhand der deutlich tastbaren *Tuberositas* des *Os metatarsale V* bestimmen.

Gelenkkapseln, Bänder und Gelenkhöhlen

Die *Articulationes tarsometatarseae* bilden normalerweise *drei*, von einer eigenen Kapsel umschlossene *Gelenke* (s. Abb. 7.**154**, 7.**160**). Im *ersten Tarsometatarsalgelenk* artikulieren *Os cuneiforme mediale* (s. Abb. 7.**44**) und *Os metatarsale I* (s. Abb. 7.**48**) miteinander. Seine Gelenkkapsel wird lateral durch das *Lig. cuneometatarseum interosseum* (s. Abb. 7.**154**) vom *zweiten Tarsometatarsalgelenk* geschieden, in dem die *Ossa cuneiformia intermedium* und *laterale* mit dem *2.* und *3. Mittelfußknochen* in Kontakt stehen. Die Gelenkhöhle des 2. Tarsometarsalgelenkes kommuni-

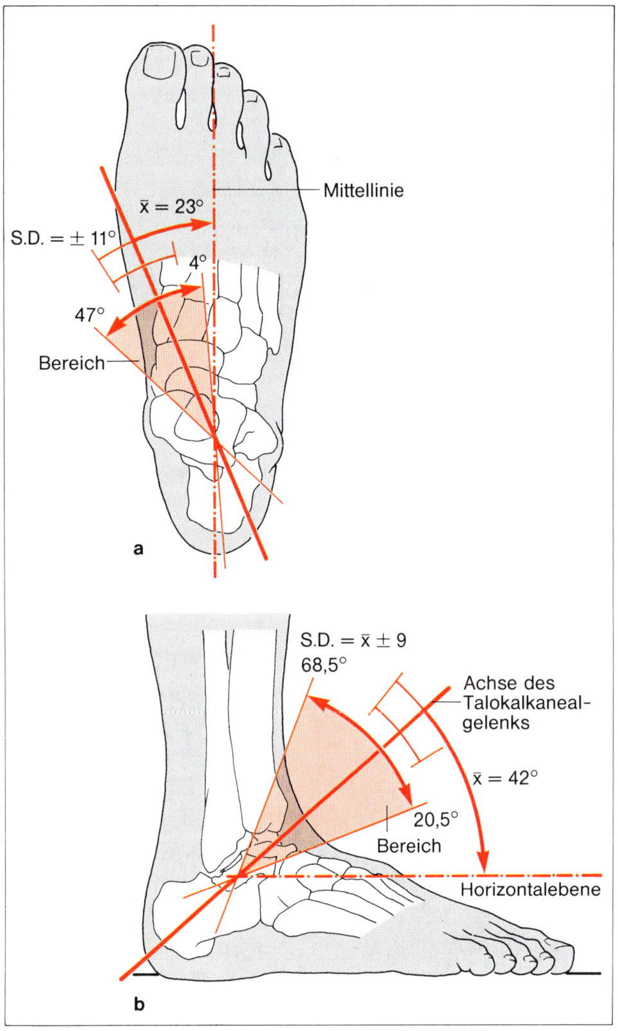

Abb. 7.**157 a** u. **b** **Achse für Eversion und Inversion im unteren Sprunggelenk.**
a in der Ansicht von dorsal,
b in der Ansicht von lateral
(aus *Debrunner* 1985, dort nach *Inman* 1976)

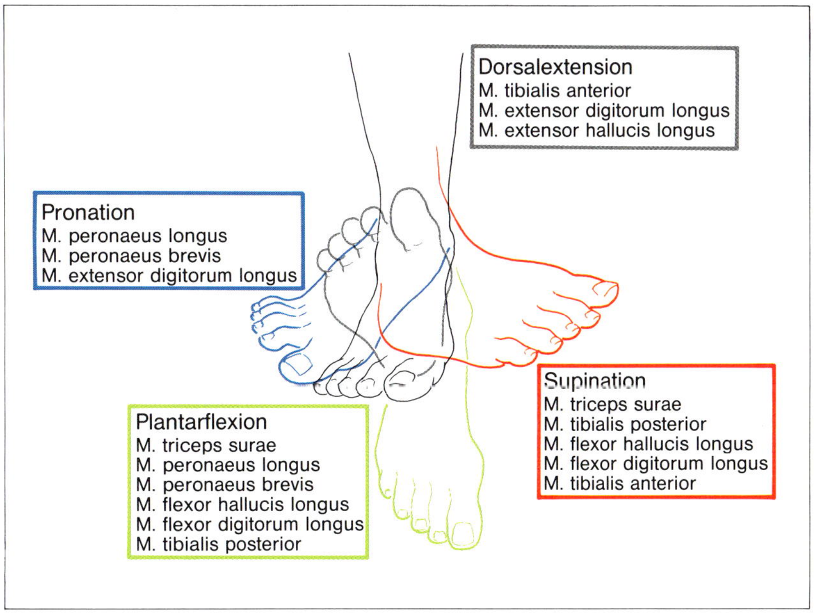

Abb. 7.**158** **Bewegungen in den Fußgelenken und ausführende Muskeln.**

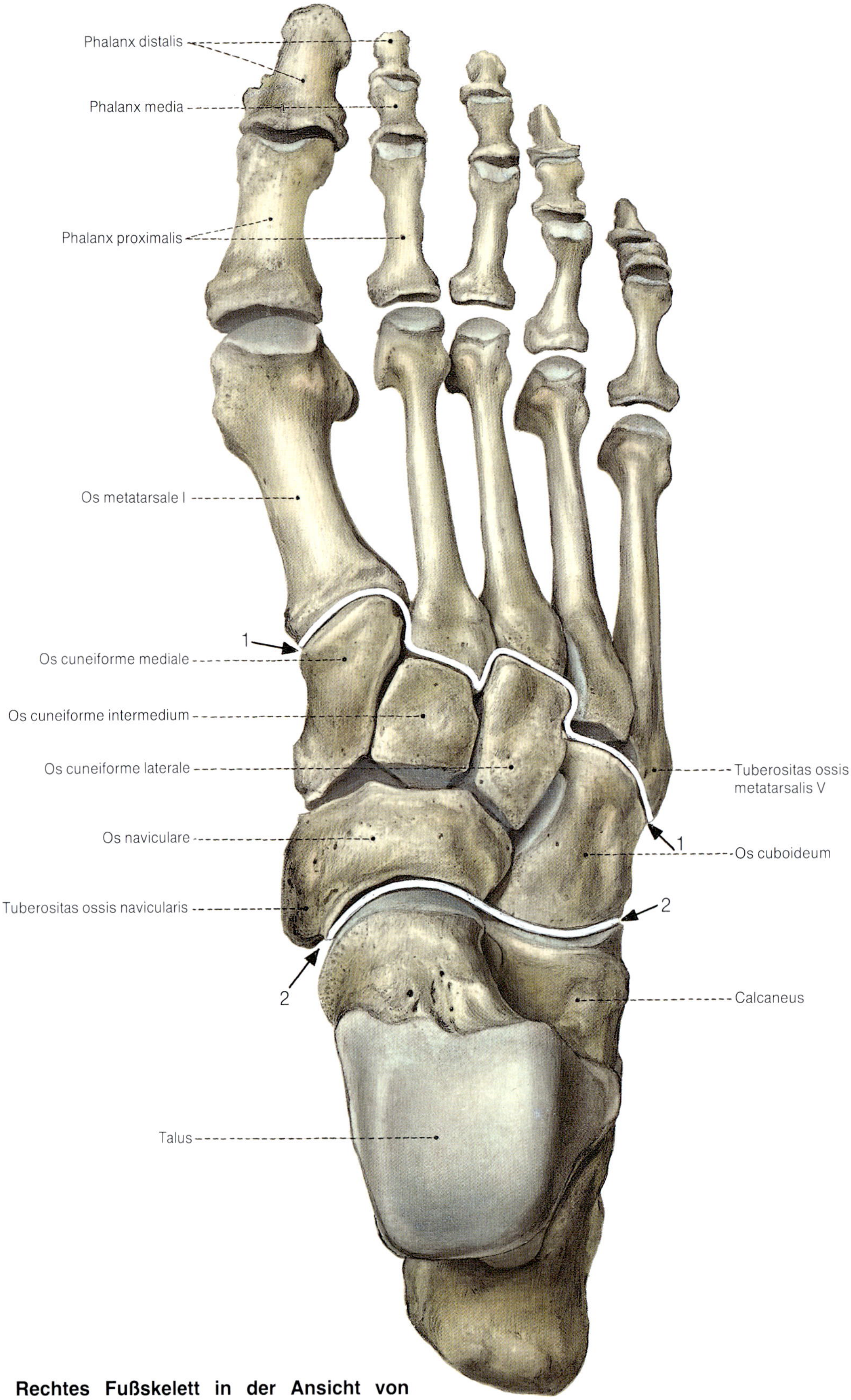

Abb. 7.**159 Rechtes Fußskelett in der Ansicht von dorsal.**
1 Lisfrancsche Gelenklinie
2 Chopartsche Gelenklinie

ziert mit den Articulationes intermetatarseae II und III sowie über den Gelenkspalt zwischen medialem und mittlerem Keilbein mit der Articulatio cuneonavicularis. Im *3. Tarsometatarsalgelenk* artikulieren *Os cuboideum* und die *Ossa metatarsalia IV* und *V* miteinander. Die Gelenkkapseln werden plantar und dorsal durch Bänder, *Ligg. tarsometatarsea plantaria* (s. Abb. 7.**156**) und *dorsalia* (s. Abb. 7.**151**) verstärkt. Auf der Plantarseite strahlen außerdem Faserbündel der Ansatzsehne des *M. tibialis posterior* und des *Lig. plantare longum* (s. Abb. 7.**156**) in die Gelenkkapseln ein. Das *Os cuneiforme mediale* ist mit dem *Os metatarsale II* über ein dorsales Band, *Lig. cuneometatarsale dorsale* (*Lisfrancsches Band*), und das *Lig. cuneometatarsale interosseum* (s. Abb. 7.**154**) verbunden. Ein weiteres Zwischenknochenband spannt sich zwischen Os cuneiforme laterale und der medialen Fläche der Basis ossis metatarsalis IV aus.

Mechanik

Die *Articulationes tarsometatarseae* werden aufgrund ihrer straffen Bandverstärkungen als *Amphiarthrosen* bezeichnet. Die Gelenke lassen jedoch, vor allem am 1. und 5. Strahl, Bewegungen in geringem Ausmaß zu. Der *Vorfuß* kann hier leicht nach *plantar flektiert* und nach *dorsal extendiert* werden. Außerdem sind die Articulationes tarsometatarseae an der *Verdrehung des Vorfußes* bei Supination und Pronation beteiligt (s. S. 610).

Relativ frei beweglich sind das Os metatarsale I und das Os metatarsale V, da ihnen auf einer Seite die feste knöcherne Umklammerung fehlt. Der 1. Mittelfußknochen ist außerdem nicht durch Bänder am Os metatarsale II verankert (s. oben). Die *Beweglichkeit der Articulatio tarsometatarsea I* ist zwar nicht mit der des Daumensattelgelenks zu vergleichen, doch erlauben Form und Stellung der artikulierenden Flächen (s. Abb. 7.**44,** 7.**48**) eine leichte *Flexion* und *Extension* sowie eine *Abduktion.*

Bei einer der häufigsten Stellungsanomalien im Bereich des Bewegungsapparates, dem *Hallux valgus,* kommt es im Tarsometatarsalgelenk I zu einer Varusstellung und zur Supination des ersten Mittelfußknochens.

Das Os metatarsale V kann in der Articulatio tarsometatarsea III ebenfalls gebeugt, gestreckt und ein wenig abduziert werden.

Articulationes intermetatarseae

Aufbau und Mechanik

Als *Articulationes intermetatarseae* (s. Abb. 7.**49,** 7.**160**) bezeichnet man die Gelenkkontakte an den einander zugekehrten Seiten der *Metatarsalbasen II–V.* Die beiden Gelenkspalten zwischen 2., 3. und 4. Mittelfußknochenbasis stehen mit der Gelenkhöhle der Articulatio tarsometatarsea II und über diese mit der Articulatio cuneonavicularis in Verbindung. Das Intermetatarsalgelenk zwischen 4. und 5. Mittelfußknochen kann als Recessus der Articulatio tarsometatarsea III angesehen werden. Die Basen der Ossa metatarsalia II–V sind dorsal durch die *Ligg. metatarsea dorsalia* (s. Abb. 7.**147,** 7.**151**) und plantar durch die *Ligg. metatarsea plantaria* (s. Abb. 7.**156**) miteinander verbunden. Distal der Articulationes intermetatarseae werden die Basen der Mittelfußknochen II–V am Übergang zum Schaft von den *Ligg. metatarsea interossea* (s. Abb. 7.**154**) überbrückt. Die Basis des Os metatarsale I hat keine feste Bandverbindung mit dem Os metatarsale II.

Die Articulationes intermetatarseae unterstützen die *Funktion* der Articulationes tarsometatarseae vor allem bei der „Verwringung“ des Fußes im Zusammenhang mit der Pronations- und Supinationsbewegung.

Lig. plantare longum

Auf der Plantarseite des Fußes werden die tarsalen Gelenke und die Fußwurzel-, Mittelfußgelenke vom *Lig. plantare longum* überbrückt (s. Abb. 7.**156**). Das kräftige Band entspringt an den inneren Rändern der Processus medialis und lateralis des Tuber calcanei, in der Grube zwischen den beiden Höckern sowie an der sich distal anschließenden plantaren Fläche des Calcaneus. Die Bandplatte zieht nach distal und inseriert mit *tiefen Faserzügen* an der Tuberositas ossis cuboidea. Dieser Bandanteil wird als *Lig. calcaneocuboideum plantare* oder als *Lig. plantare breve* bezeichnet. Die *oberflächlichen Fasern* überbrücken die im Sulcus tendinis m. peronaei longi des Os cuboideum liegende Sehne und Sehnenscheide des langen Wadenbeinmuskels und fächern sich in meistens vier Stränge auf, um an den Basen der Ossa metatarsalia II–V zu inserieren (s. Abb. 7.**174**). Das Lig. plantare longum ist kein kapselverstärkendes Band, es wirkt jedoch *stabilisierend* auf die Fußwurzelgelenke und auf die Fußwurzel-, Mittelfußgelenke. Die mechanisch bedeutendste Funktion des Lig. plantare longum ist die *Verspannung der Längswölbung* des Fußes (s. S. 645).

Zehengelenke

Die *Zehen II–V* haben normalerweise wie die Finger ein *Grundgelenk, Articulatio metatarsophalangea,* ein *Mittelgelenk, Articulatio interphalangea proximalis,* und ein *Endgelenk, Articulatio interphalangea* distalis (s. Abb. 7.**34,** 7.**35**). Die *Großzehe, Hallux,* verfügt wie der Daumen nur über zwei Gelenke, *Articulatio metatarsophalangea I* und *Articulatio interphalangea I.*

Articulationes metatarsophalangeae

Aufbau

In den *Articulationes metatarsophalangeae II–V* artikulieren die walzenförmigen *Köpfe* der *Ossa metatarsalia* (s. Abb. 7.**49**) mit den *Gelenkpfannen* an den Basen der *Phalanges proximales* (s. Abb. 7.**159**). Die ovalen Gelenkpfannen der Grundphalanxbasen werden plantar durch *faserknorpelige Platten* (s. Abb. 7.**155**) erweitert, die mit den zipfligen Ausziehungen an der Plantarseite der Metatarsalköpfe in Kontakt treten.
Die *Gelenkkapseln* der Zehengrundgelenke sind weit. Sie werden dorsal durch die *Dorsalaponeurose* (s. Abb. 7.**169**) und seitlich durch kräftige Kollateralbänder (s. Abb. 7.**151**) verstärkt. *Plantar* liegen den Gelenkkapseln und den Faserknorpelplatten die *Ligg. plantaria* (s. Abb. 7.**177**) an. Die *Ligg. plantaria* bilden Gleitrinnen für die Beugersehnen. Sie dienen außerdem den *Mm. interossei* als Ansatz, die auf diese Weise eine Verbindung zu den Faserknorpelplatten erhalten und deren Lage beeinflussen können (s. S. 637). Zwischen den Metatarsalköpfen liegt das *Lig. metatarseum transversum profundum* (s. Abb. 7.**177**). Das Band ist nicht, wie vielfach beschrieben, an den Köpfen der Mittelfußknochen verankert, sondern es spannt sich zwischen den „Polstern" auf der Plantarseite der Zehengrundgelenke aus, die aus den Faserknorpelplatten und den Ligg. plantaria sowie angrenzendem Bindegewebe bestehen. Am Lig. metatarseum transversum profundum entspringt das *Caput transversum* des *M. adductor hallucis* (s. Abb. 7.**174**).
Lig. metatarseum transversum profundum, plantares Polster (s. Abb. 7.**174**) und *Caput transversum m. adductoris hallucis* bilden hinsichtlich der Verspannung der *Querwölbung* eine *funktionelle Einheit.*
Die *Articulatio metatarsophalangea I* unterscheidet sich von den übrigen Zehengrundgelenken durch die Form ihrer Gelenkflächen. Der ovoide Gelenkkopf des Os metatarsale I geht plantar in zwei *Rinnen* (s. Abb. 7.**48**) über, in denen das *mediale* und das *laterale Sesambein* (s. Abb. 7.**35**) gleiten. Die beiden Sesambeine sind durch die an der Grundphalanxbasis entspringende *Faserknorpelplatte* (s. Abb. 7.**177**) verbunden. Zwischen den beiden Sesambeinen verläuft die Sehne des *M. flexor hallucis longus* in einer tiefen *Rinne* (s. Abb. 7.**175**), die medial und lateral von den Ossa sesamoidea und dorsal vom Lig. plantare I gebildet wird (s. Abb. 7.**177**). Seitlich sind die Sesambeine an der Gelenkkapsel und an den Ligg. collateralia verankert. Das *Os sesamoideum mediale* ist in die Sehnen des *M. abductor hallucis* und des *Caput mediale m. flexoris hallucis brevis* eingelagert. Zum *lateralen Sesambein* ziehen das *Caput laterale* des *M. flexor hallucis brevis* und der *M. adductor hallucis* (s. Abb. 7.**176**). Das Os sesamoideum laterale ist außerdem über das Lig. metatarseum transversum profundum an das Lig. plantare der 2. Zehe gekoppelt. Die Sesambeine gleiten bei Extension der Großzehe nach vorn und bei Flexion nach hinten.

Beim *Hallux valgus* (s. S. 615) kommt es auch am *Großzehengrundgelenk* zu schwerwiegenden *Stellungsänderungen* in Form einer Subluxation des Mittelfußkopfes nach dorsal und einer Valgusstellung der Großzehe, die mit einer Änderung der am 1. Strahl angreifenden Muskelkräfte einhergeht. So wird z. B. der M. abductor hallucis nach plantar verlagert und damit zum kräftigen Flexor. Die Fehlbelastung der Gelenke führt zu degenerativen Veränderungen an den Gelenkflächen des Metatarsalkopfes, der Sesambeine und der Grundphalanxbasis.

Zwischen den Zehengrundgelenken liegen kleine Schleimbeutel, *Bursae intermetatarsophalangeae,* (s. Abb. 7.**177**), die seitlich an den Kapsel-Band-Apparat und plantar an das Lig. metatarseum transversum profundum grenzen. Am medialen Fußrand kommt gelegentlich ein Schleimbeutel über dem Kopf des Os metatarsale I vor, *Bursa subcutanea capitis ossis metatarsalis I,* der beim Hallux valgus pathologische Veränderungen aufweist und Beschwerden verursacht.

Mechanik

Die *Articulationes metatarsophalangeae* sind funktionell *Scharniergelenke,* in denen die Zehen nach *plantar flektiert* und nach *dorsal extendiert* werden können. Seitwärtsbewegungen sind in den Zehengrundgelenken, vor allem beim Erwachsenen, kaum möglich. Im Gegensatz zu den Fingergrundgelenken läßt sich an den Zehengrundgelenken die Dorsalextension weiter ausführen als die Plantarflexion. Die Bewegungsexkursionen sind am *Hallux* (s. Abb. 7.**161**) am größten und an der Kleinzehe am geringsten. Die aktive Streckung beträgt durchschnittlich 50°–60°, passiv ist eine Streckung über 90° möglich. Die Zehen können in den Grundgelenken etwa 30°–40° aktiv und bis zu 50° passiv gebeugt werden.

Articulationes interphalangeae

Aufbau

In den *Articulationes interphalangeae pedis II–V* (Abb. 7.**159,** 7.**160**) artikulieren die rollenförmigen Gelenkflächen der *proximalen* und *mittleren Phalanxköpfe* mit den keilförmigen *Basen* der *Mittel-* und *Endphalangen*. Die Großzehe hat nur ein Interphalangealgelenk. An der Kleinzehe fehlt das distale Interphalangealgelenk nicht selten. Die *Gelenkkapseln* werden durch die *Dorsalaponeurose* (s. Abb. 7.**169**) und durch die *Kollateralbänder* (s. Abb. 7.**151**) verstärkt. Auf der Plantarseite liegen kleine *Faser-Knorpel-Platten,* die an den Basen der Mittel- und Endphalangen verankert sind.

Mechanik

Die *Articulationes interphalangeae* der Zehen sind *Scharniergelenke*. In den *proximalen Interphalangealgelenken* ist oft nur eine *Plantarflexion* von etwa 35° möglich, die *Zehenendgelenke* können bis zu 60° *gebeugt* und bis zu 30° *gestreckt* werden.

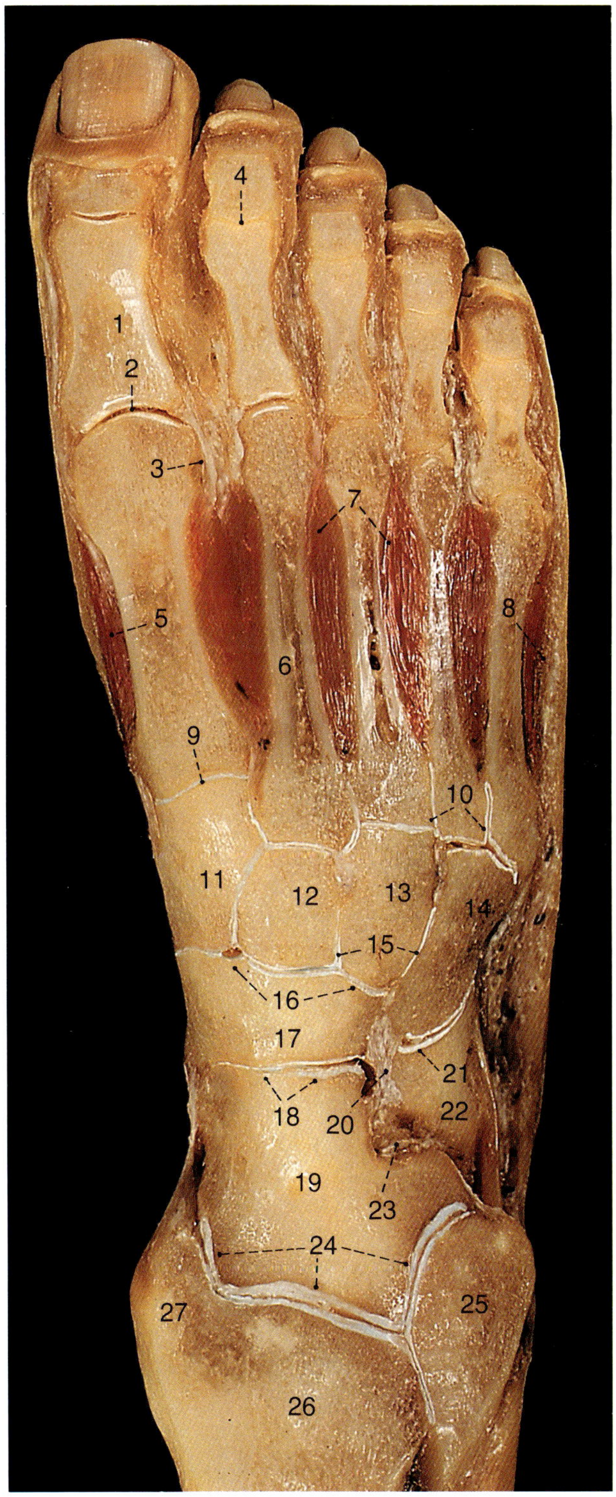

Abb. 7.**160 Paraffiniertes Schliffpräparat vom rechten Fuß eines Erwachsenen in der Ansicht von dorsal.**

1 Phalanx proximalis I
2 Articulatio metatarsophalangea I
3 Lig. collaterale
4 Articulatio interphalangea proximalis II
5 M. abductor hallucis
6 Os metatarsale II
7 Mm. interossei
8 M. abductor digiti minimi
9 Articulatio tarsometatarsea I
10 Articulationes intermetatarseae
11 Os cuneiforme mediale
12 Os cuneiforme intermedium
13 Os cuneiforme laterale
14 Os cuboideum
15 Articulationes intertarseae
16 Articulatio cuneonavicularis
17 Os naviculare
18 Articulatio talonavicularis
19 Talus
20 Lig. bifurcatum
21 Articulatio calcaneocuboidea
22 Calcaneus
23 Lig. talocalcaneum interosseum
24 Articulatio talocruralis
25 Malleolus lateralis
26 Tibia
27 Malleolus medialis

(Präparat der Sammlung des Anatomischen Institutes, Kiel, *Klaws* fecit)

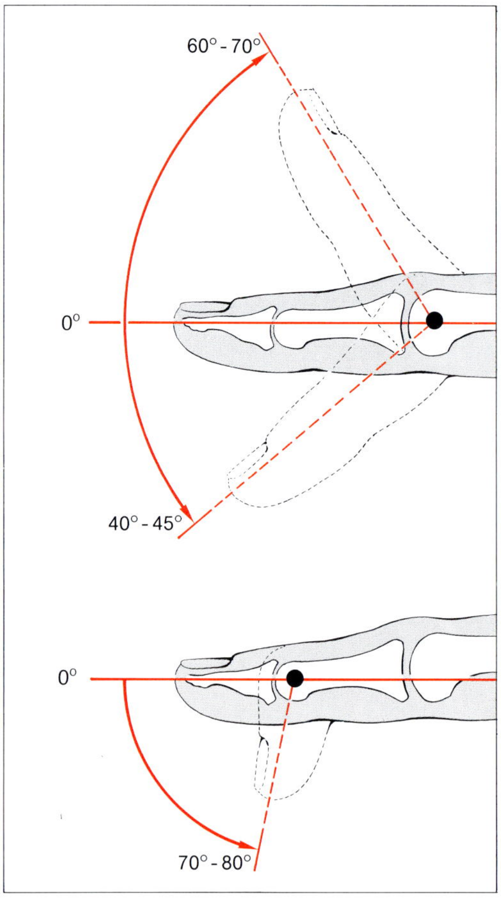

Abb. 7.161 **Bewegungsausmaß in den Gelenken der Großzehe.** Im Metatarsophalangealgelenk ist eine Extension bis 70° und eine Flexion bis 45° möglich. Das Interphalangealgelenk kann bis zu 80° gebeugt werden (nach *Debrunner* 1978)

Röntgenanatomie des Fußes

Röntgenbilder (Abb. 7.**162,** 7.**163**) des Fußes geben Auskunft über Form und Struktur von *Gelenken* und *Knochen.* Besondere Aufmerksamkeit verdienen *Varianten* des *Fußskeletts* in Form von *inkonstanten Knochen* (s. Abb. 7.**51,** 7.**52**) und *Verschmelzungen* (s. Abb. 7.**53**) zweier oder mehrerer Skelettelemente (*Fusion, Koalitio,* s. S. 94). Die *Sprunggelenke* werden im antero-posterioren und seitlichen Strahlengang untersucht. Auf Röntgenbildern im antero-posterioren Strahlengang lassen sich bei leichter Innenrotation Malleolengabel und Trochlea tali sowie der „Gelenkspalt" des oberen Sprunggelenks überblicken. Die subtalaren Knochen überlagern sich in dieser Aufnahmetechnik so stark, daß sie nicht beurteilt werden können. In Seitaufnahmen sind Rollendach und Rollenmantel des oberen Sprunggelenks sowie die Kammern des *unteren Sprunggelenks* mit *Articulatio subtalaris* und *Articulatio talocalcaneonavicularis* zu sehen. Ferner kommen *Articulatio calcaneocuboidea, Articulatio cuneonavicularis* und der *Sinus tarsi* zur Darstellung.

Articulatio tarsi transversa (*Chopartsches Gelenk*), *Articulationes tarsometatarseae* und *Zehengelenke* lassen sich in dorso-plantaren und seitlichen Aufnahmen des Fußes beurteilen (s. Abb. 7.**163**). Die Keilbeine und die Basen der Mittelfußknochen überlagern sich größtenteils.

Faszien und Sehnenscheiden des Fußes

Die Unterschenkelfaszie geht im Knöchelbereich in die Faszien des Fußes über. Dorsal wird die distale Fortsetzung der Fascia cruris als *Fascia dorsalis pedis* (s. Abb. 7.**124**) bezeichnet. Sie besteht aus einem *oberflächlichen* und aus einem *tiefen Blatt.* Das oberflächliche Blatt ist mit den Malleolen sowie mit den Knochen des medialen und lateralen Fußrandes verwachsen.

Im proximalen Abschnitt des Fußrückens läßt sich innerhalb der Faszie ein kreuz- oder Y-förmiger *Verstärkungszug* abgrenzen, *Retinaculum mm. extensorum inferius* (*Lig. cruciforme)* (Abb. 7.**164,** 7.**169**), das mit einem kräftigen Schenkel am Malleolus medialis entspringt und schräg nach distal-lateral zum Sinus tarsi zieht. Der zweite Teil des Bandes beginnt unterhalb des lateralen Knöchels und kreuzt zum medialen Fußrand, wo er an der Tuberositas ossis navicularis befestigt ist. An der Kreuzungsstelle beider Anteile zieht ein Teil des Verstärkungsbandes bogenförmig in die Tiefe des *Sinus tarsi* und bildet eine besondere Führungsschlinge für den *M. extensor digitorum longus* (*Lig. fundiforme*). Das Retinaculum mm. extensorum inferius bedeckt den Eingang zum Sinus tarsi. Es ist mit drei Bandzügen an dessen knöchernen Wänden verankert. Am lateralen Fußrand gehen Retinaculum mm. extensorum inferius und Retinaculum mm. peronaeorum inferius ineinander über.

Das Retinaculum mm. extensorum inferius ist *Führungsband* für die zum Fußrücken ziehenden *Extensorensehnen.* Die Faszie und ihre Verstärkungszüge bilden gleichzeitig den bindegewebigen Teil der *Sehnenscheiden* des *Fußrückens* (s. Abb. 7.**164**). Die Sehnenscheide des *M. extensor digitorum longus* beginnt distal des *Retinaculum mm. extensorum superius,* zieht durch das *fibulare Fach* unter dem *Retinaculum mm. extensorum inferius* und endet in Höhe der Basen der Ossa metatarsalia. Die Sehnenscheide des *M. extensor hallucis longus* unterkreuzt beide Schenkel des unteren Haltebandes im mittleren Fach und endet im proximalen Bereich des Os metatarsale I. Die Sehne und ihre Sehnenscheide werden hier häufig noch von einem zusätzlichen Verstärkungszug der Dorsalaponeurose überkreuzt, der vom Os cuneiforme mediale schräg nach lateral-distal zum Os metatarsale II zieht *(Retinaculum mm. extensorum imum).* Die Sehne des *M. tibialis anterior* verläuft im tibialen Sehnenfach unter dem proximalen Verstärkungszug des Retinaculum mm. extensorum inferius. Die Sehnenscheide des vor-

Abb. 7.**162a** u. **b** **Röntgenbilder der Sprunggelenke vom Erwachsenen der rechten Seite.**
a Im antero-posterioren Strahlengang, **b** im seitlichen Strahlengang.

1 Tibia
2 Fibula
3 Malleolus lateralis
4 Malleolus medialis
5 „Gelenkspalt" der Articulatio talocruralis
6 Trochlea tali
7 Calcaneus
8 „Gelenkspalt" zwischen Caput tali und Os naviculare
9 Os naviculare
10 Ossa cuneiformia
11 Os cuboideum
12 Tuberositas ossis metatarsalis V

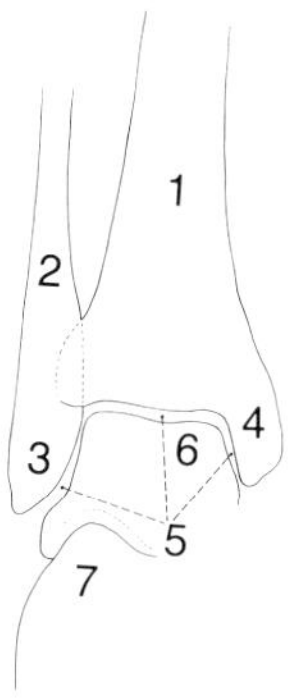

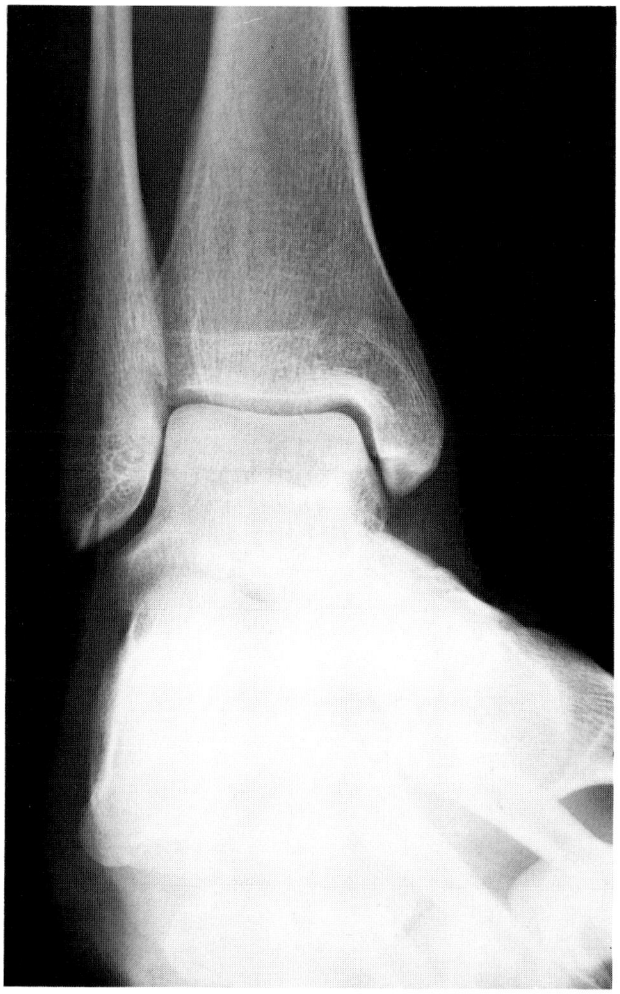

a

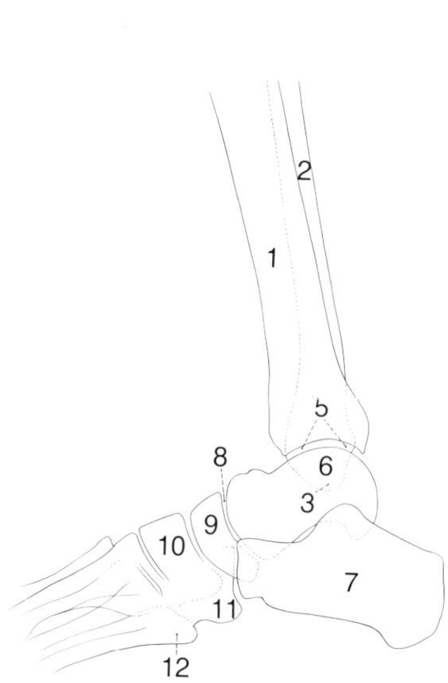

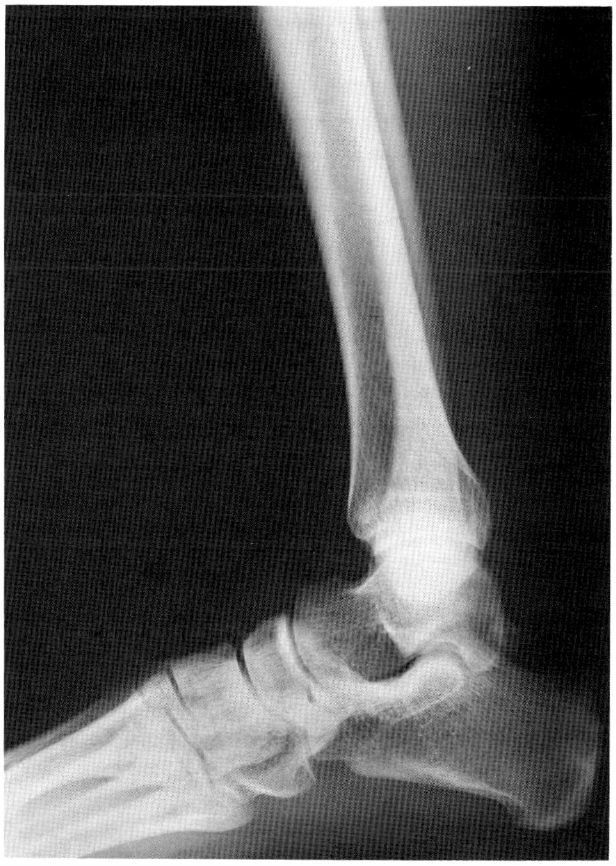

b

deren Schienbeinmuskels beginnt am oberen Rand des Retinaculum mm. extensorum superius und endet in Höhe des Os naviculare. Im distalen Bereich des Fußes wird die Fascia dorsalis pedis dünn. Sie geht auf dem Rücken der Zehen in die *Dorsalaponeurose* über. Während seines Verlaufes auf dem Fußrücken kann der *N. peronaeus profundus* zwischen Retinaculum mm. extensorum inferius und Ossa tarsalia komprimiert werden, sogenanntes *vorderes Tarsaltunnelsyndrom.*

Das *tiefe Blatt* der Fußrückenfaszie (*Fascia dorsalis pedis profunda*) bedeckt proximal die Fußwurzelkno-

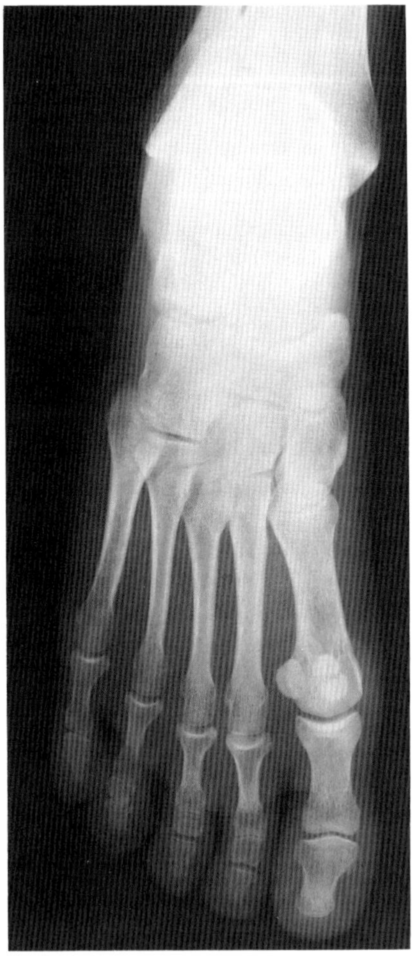

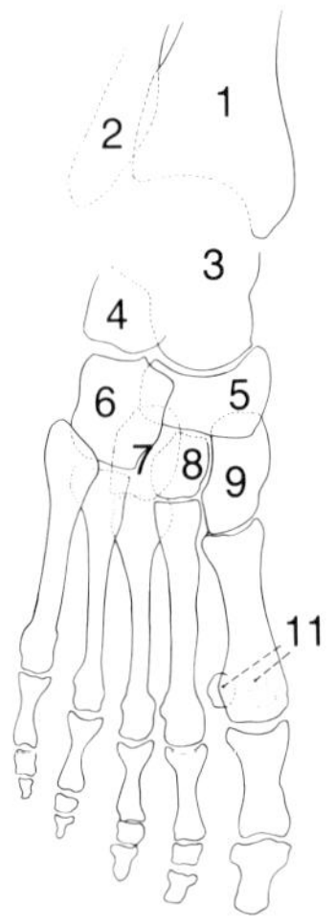

Abb. 7.**163a** u. **b** **Röntgenbilder der Fußgelenke der rechten Seite vom Erwachsenen.**
a Im dorso-plantaren Strahlengang, **b** im seitlichen Strahlengang.
1 Tibia
2 Fibula
3 Talus
4 Calcaneus
5 Os naviculare
6 Os cuboideum
7 Os cuneiforme laterale
8 Os cuneiforme intermedium
9 Os cuneiforme mediale
10 Os metatarsale I
11 Ossa sesamoidea
12 Phalanx proximalis hallucis
13 Phalanx distalis hallucis
14 Tuberositas ossis metatarsalis V

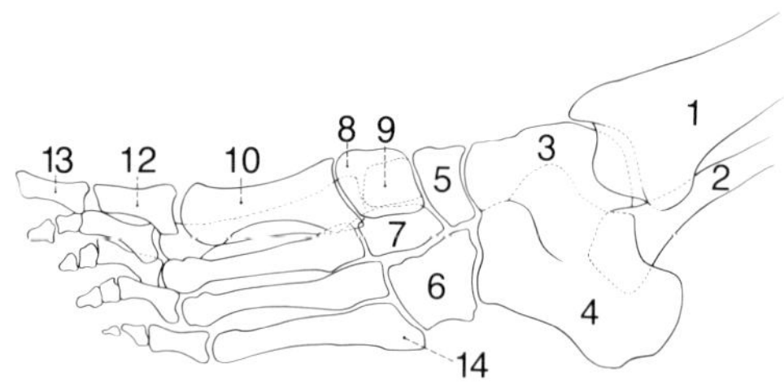

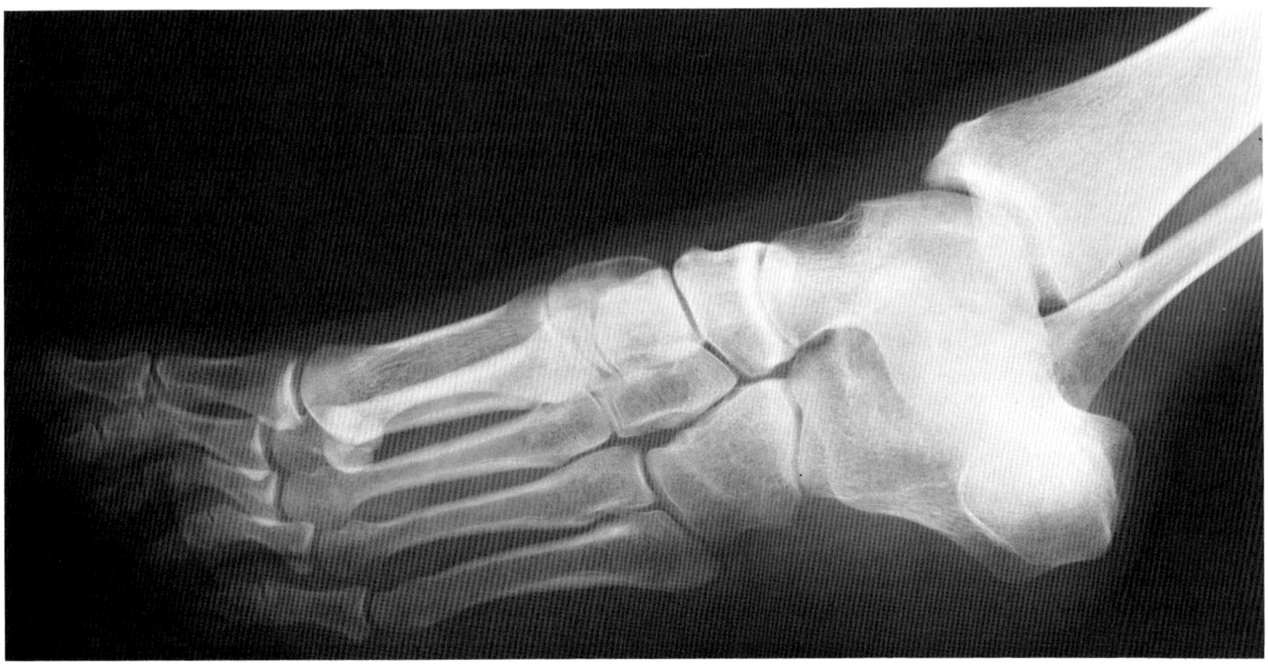

chen sowie die Gelenkkapseln und Bänder. Im Bereich der Mittelfußknochen überzieht das tiefe Faszienblatt die Ossa metatarsalia und die Mm. interossei. Im Bereich der Zwischenknochenräume, *Spatia interossea,* wird die Fascia dorsalis pedis profunda von den Gefäßverbindungen zwischen Dorsum und Planta pedis durchbrochen.

In dem schmalen *Bindegewebsraum* zwischen oberflächlichem und tiefem Blatt der Fascia dorsalis pedis verlaufen die tiefen *Leitungsbahnen* des Fußrückens (*Vasa dorsalia pedis, N. peronaeus profundus*).
In der *Regio retromalleolaris lateralis* (Abb. 7.**165**) lassen sich innerhalb der Faszie zwei Verstärkungszüge abgrenzen. Das obere Halteband, *Retinaculum mm.*

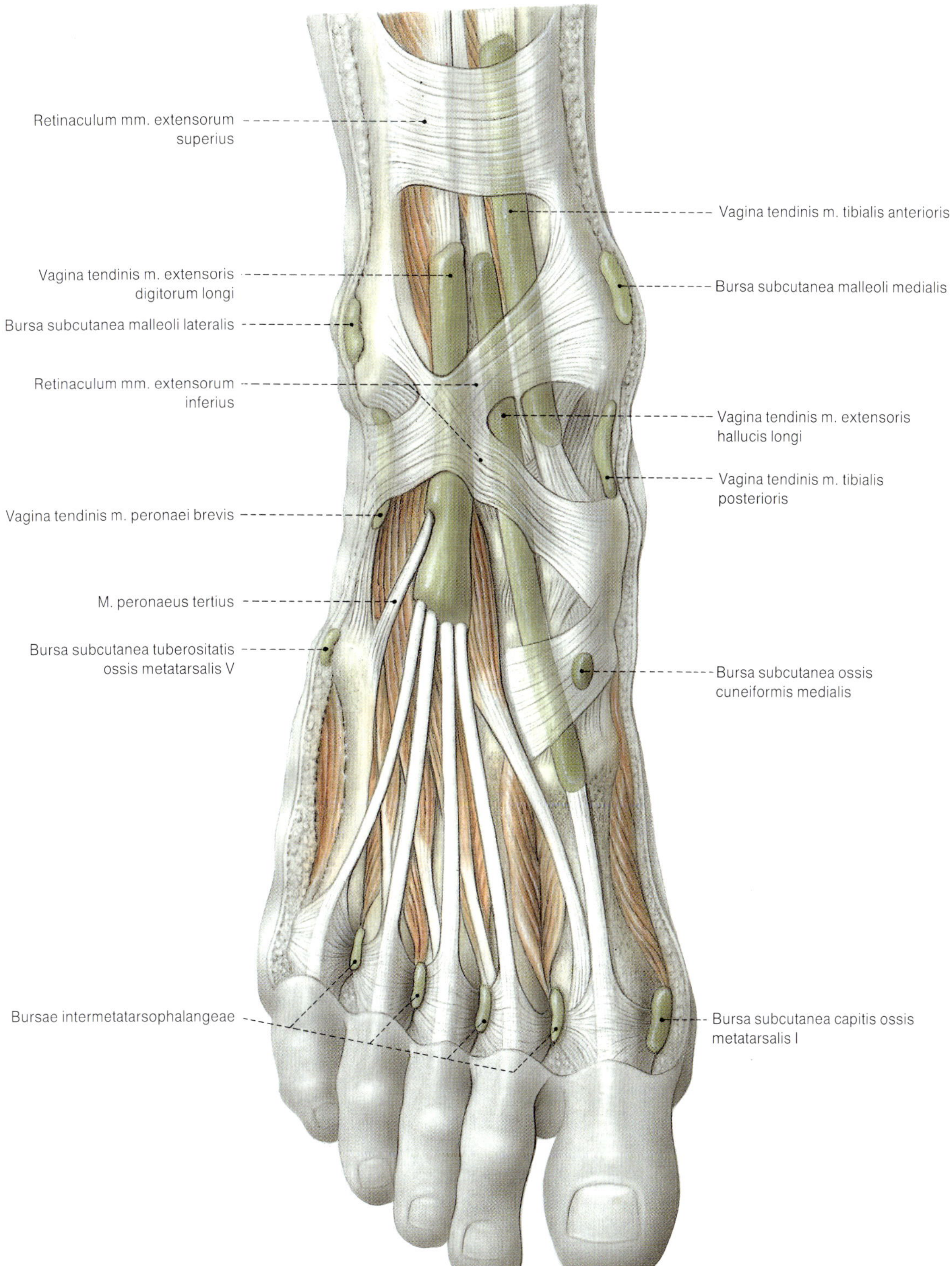

Abb. 7.**164** **Sehnenscheiden auf dem Fußrücken eines rechten Fußes in der Ansicht von vorn** (nach *Corning* und *v. Lanz-Wachsmuth*).

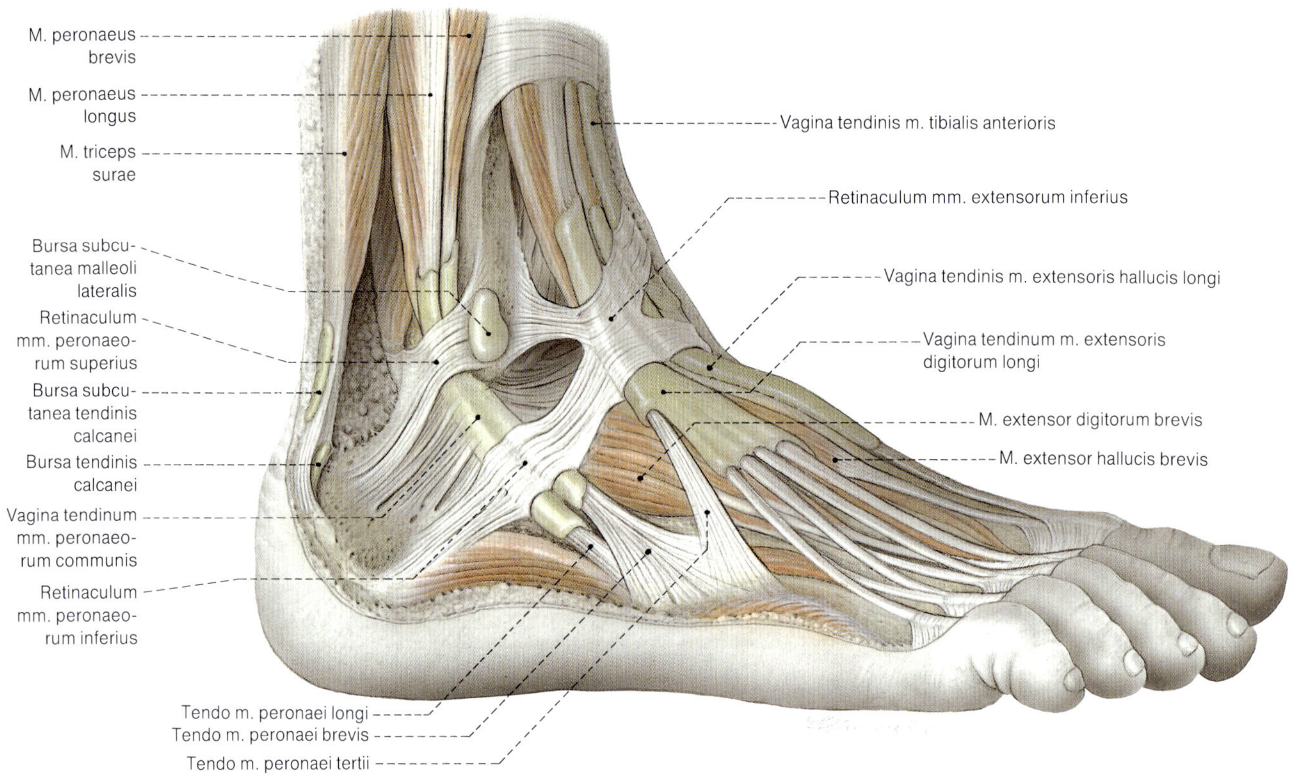

Abb. 7.**165 Sehnenscheiden eines rechten Fußes in der Ansicht von lateral.**

peronaeorum superius, zieht vom lateralen Malleolus zum Tuber calcanei. Das untere Halteband, *Retinaculum mm. peronaeorum inferius,* entspringt oberhalb, unterhalb und an der Trochlea peronaealis. Auf diese Weise entstehen zwei osteofibröse Kanäle für die *Sehnen* der *Mm. peronaeus longus* und *brevis* (s. Abb. 7.**130**). Das Retinaculum mm. peronaeorum inferius inseriert am hinteren unteren Rand des Calcaneus. Die beiden Retinacula dienen den Mm. peronaei als *Führungsbänder.* Die Ansatzsehnen beider Wadenbeinmuskeln verlaufen hinter dem Außenknöchel zunächst in einer gemeinsamen Sehnenscheide, *Vagina tendinum mm. peronaeorum communis,* die etwas proximal des oberen Haltebandes beginnt. Kurz vor der Trochlea peronaealis spaltet sich die Sehnenscheide. Die Sehnenscheide für den M. peronaeus brevis läuft oberhalb der Trochlea peronaealis und endet im Bereich des Würfelbeins. Die von der Vagina tendinis m. peronaei longi umschlossene Ansatzsehne des langen Wadenbeinmuskels liegt unterhalb der Trochlea peronaealis. Die Sehnenscheide des M. peronaeus longus endet zunächst am lateralen Fußrand im Bereich des Os cuboideum (s. S. 583, 638).

In der *Regio retromalleolaris medialis* (Abb. 7.**166**) entsteht ein kräftiges Führungsband für die tiefen Beugersehnen in Form des *Retinaculum mm. flexorum.* Das Band besteht, als Fortsetzung der Fascia cruris, aus einem *tiefen* und aus einem *oberflächlichen Blatt.* Die Pars superficialis des Retinaculum mm. flexorum kommt von der Außenfläche des Malleolus medialis und zieht nach hinten-unten zum Tuber calcanei. Das tiefe Blatt setzt die Fascia cruris profunda fort und bildet das eigentliche *Führungsband* für die Flexorensehnen. Es zieht vom Innenknöchel bogenförmig in den Bereich unterhalb des Sulcus tendinis m. flexoris hallucis longi des Calcaneus sowie zum Talus. Den Raum zwischen beiden Verstärkungsblättern (*Canalis malleolaris medialis*) füllt der M. abductor hallucis aus, der hier von der Lamina superficialis des Retinaculum entspringt. Im 1. Sehnenscheidenfach unter dem Retinaculum mm. flexorum zieht der *M. tibialis posterior,* darauf folgt die Sehne des *M. flexor digitorum longus.* Das 4. Fach wird von der Sehne des *M. flexor hallucis longus* eingenommen (s. Abb. 7.**174**, 7.**175**). Zwischen den Sehnen der Mm. flexor digitorum longus und flexor hallucis longus verlaufen im 3. Fach die *Vasa tibialia posteriora* und der *N. tibialis* im sogenannten *Malleolenkanal.* Hier kann es zur Kompression des N. tibialis oder seiner Endäste kommen *(mediales Tarsaltunnelsyndrom).* Jede der drei um den Malleolus medialis verlaufenden Sehnen hat ihre eigene *Sehnenscheide.* Sie reichen unterschiedlich weit nach proximal und nach distal. Die Sehnenscheide für den M. tibialis posterior beginnt am weitesten proximal und endet am Os naviculare. Der Anfang der Sehnenscheide des M. flexor digitorum longus liegt in Höhe des Malleolus

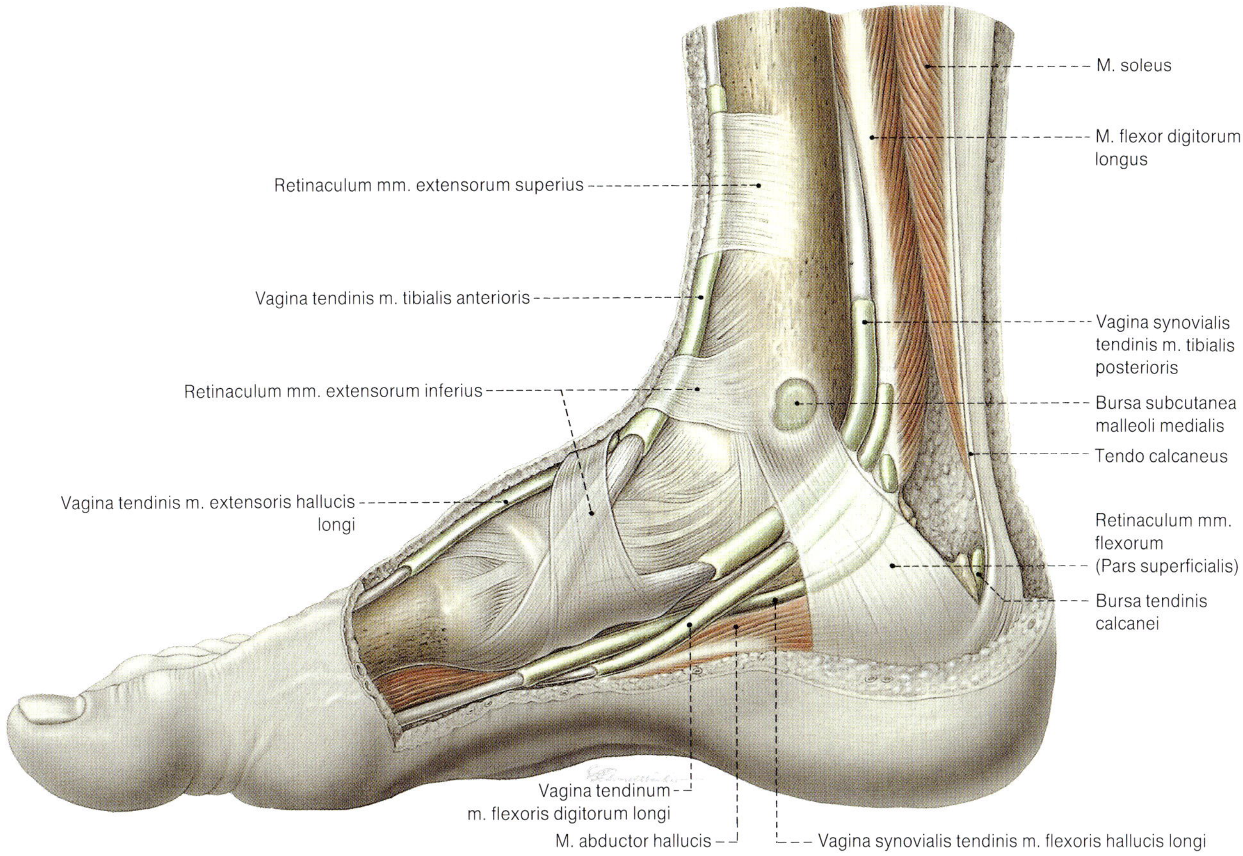

Abb. 7.**166** **Sehnenscheiden eines rechten Fußes in der Ansicht von medial.**

medialis und reicht bis zur Überkreuzungsstelle mit der Sehne des M. flexor hallucis longus (*Chiasma plantare*). Die Sehnenscheide des M. flexor hallucis longus erstreckt sich von der medialen Knöchelspitze bis zur Basis des Os metatarsale I. Die Sehnenscheiden der tiefen Beuger können variabel im proximalen oder im distalen Bereich miteinander kommunizieren. (Verlauf und Lage der Sehnen s. einzelne Muskeln.)

Die oberflächliche *Faszie* der *Fußsohle* wird größtenteils durch die Sehnen der an ihr entspringenden kurzen Fußmuskeln zur Aponeurose, *Aponeurosis plantaris* (Abb. 7.**167**). Sie besteht aus einer kräftigen mittleren Sehnenplatte sowie medial und lateral aus zwei schwächeren Anteilen.

Der *mittlere* Teil der Aponeurosis plantaris entspringt an den Processus medialis und lateralis tuberis calcanei. Im Ursprungsbereich am Calcaneus kann es zur Knochenbildung innerhalb der Plantaraponeurose kommen (sogenannter *Fersensporn;* s. Abb. 3.**19**, s. S. 155). Die Plantaraponeurose zieht vom Fersenbein nach distal und liegt zunächst dem M. flexor digitorum brevis auf, der an ihrer Dorsalseite entspringt. Über den Mittelfußknochen verbreitert sich die Plantaraponeurose zu einer V-förmigen Sehnenplatte, die sich in fünf längsverlaufende Bindegewebszüge, *Fasciculi longitudinales,* auffächert und zu den einzelnen Zehen zieht. Die Fasciculi longitudinales stehen proximal über quer verlaufende Faserzüge, *Fasciculi transversi,* miteinander in Verbindung. Jeder dieser fünf longitudinalen Faszikel teilt sich in Höhe der Zehenballen in zwei Faserzüge, die die Beugersehnen begleiten. Ein Teil der Fasern zieht in die Tiefe und verankert sich dort am Kapsel-Band-Apparat der Metatarsophalangealgelenke und an den plantaren Sehnenscheiden der Zehen (s. unten). Teilweise strahlen die Faszienzüge in das *Lig. metatarseum transversum profundum* ein. Oberflächliche Fasern inserieren in der Haut im Bereich der Zehenbasis. Unter den Metatarsalköpfen verlaufen innerhalb der Subcutis quere Faserzüge als *Lig. metatarseum transversum superficiale* (*Lig. plantare transversum subcutaneum*).

Von den seitlichen Rändern der Fasciculi longitudinales senken sich acht *sagittale Septen* (s. Abb. 7.**177**) in die Tiefe nach dorsal und verbinden sich mit dem fibrösen Teil der Flexorensehnenscheiden und den plantaren Bändern. Zwischen zwei Septen eines Zehenstrahls verlaufen die Sehnen der Flexoren und der Mm. lumbricales. Im Spatium interosseum begrenzen jeweils zwei sagittale Septen die *Fettpolster* (s. Abb. 7.**177**) zwischen den Metatarsalköpfen.

Lateral vom mittleren kräftigen Anteil der Plantaraponeurose liegt eine *Faszienverstärkung* über dem *M. abductor digiti minimi,* die mit einzelnen Zipfeln am lateralen Fußrand und an der mittleren Sehnenplatte endet. Im *medialen* Bereich der Planta pedis kommen einzelne Faszienstränge über dem *M. abductor hallucis*

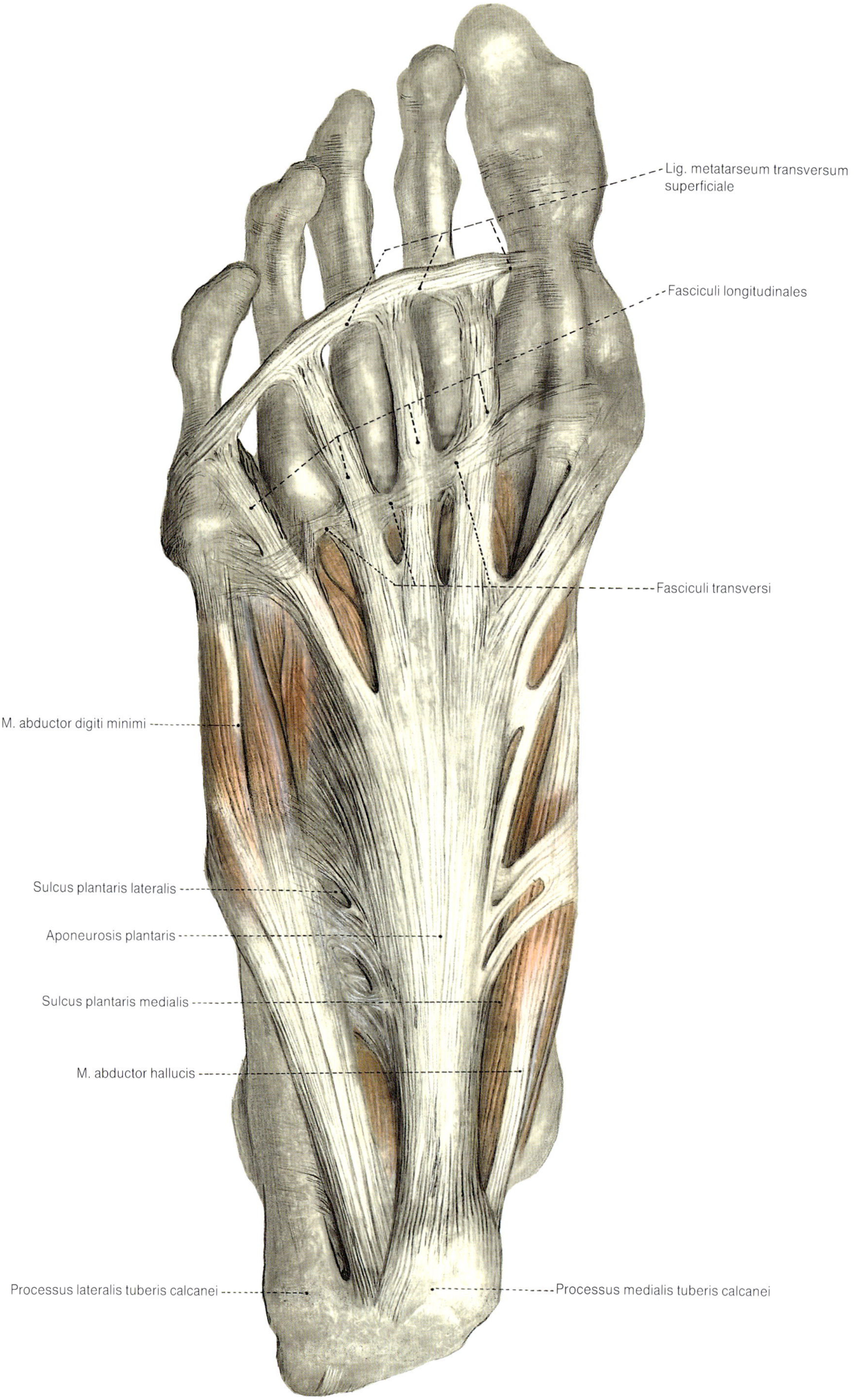

Abb. 7.**167 Plantarseite eines rechten Fußes. Plantaraponeurose und plantare kurze Fußmuskeln.**

vor. Im übrigen Bereich ist die Fußsohlenfaszie dünn. Sie geht an den Fußrändern kontinuierlich in die Fascia dorsalis pedis über.

Im proximalen und mittleren Bereich der Planta pedis senken sich im *Sulcus plantaris medialis* und im *Sulcus plantaris lateralis* (s. Abb. 7.**167**) von der Aponeurosis plantaris zwei sagittale Septen, *Septa plantaria* (Abb. 7.**168**), in die Tiefe nach dorsal. Das *Septum plantare mediale* zieht von der Plantaraponeurose fußrückenwärts und inseriert am Os metatarsale I, am Os cuneiforme mediale und am Os naviculare sowie am Calcaneus. *Lateral* ist das *plantare Bindegewebsseptum* am Os metatarsale V und am Lig. plantare longum verankert.

Plantaraponeurose, Septa plantaria mediale und laterale sowie tiefes Blatt der Fußsohlenfaszie (s. unten) bilden *drei Logen* für die Muskeln der Planta pedis. Die *mediale Muskelloge* (*Großzehenloge*) enthält die *Mm. abductor hallucis* und *flexor hallucis brevis.* Im hinteren Abschnitt tritt die *Sehne* des *M. flexor hallucis longus* in die Großzehenloge ein. Die mittlere plantare Muskelloge steht mit der tiefen Beugerloge des Unterschenkels in Verbindung. In der *mittleren Loge* liegen die *Mm. flexor digitorum brevis* und *quadratus plantae* sowie die Sehne des *M. flexor digitorum longus* mit den *Mm. lumbricales.* Zur mittleren Muskelloge gehört außerdem der *M. adductor hallucis* mit seinen beiden Köpfen. In der *lateralen Muskelloge, Kleinzehenloge,* werden die *Mm. abductor digiti minimi, flexor digiti minimi* und *opponens digiti minimi* eingeschlossen.

Die *Plantaraponeurose* erfüllt wichtige *mechanische Aufgaben.* Sie dient den Mm. abductor hallucis, flexor digitorum brevis und abductor digiti minimi als Ursprung. Ihre wichtigste Funktion ist die *Verspannung der Längswölbung* des Fußes. Die Plantaraponeurose ist über die Fasciculi longitudinales fest an den Zehenballen verankert. Auf diese Weise entsteht eine kontinuierliche Verbindung zwischen den proximalen Phalangen und dem Calcaneus. Die Plantaraponeurose bildet die Sehne innerhalb der *Bogensehnenkonstruktion* des Fußes (s. S. 640).

Da die Plantaraponeurose von allen Verspannungsstrukturen des Fußes am weitesten plantar verläuft, ist die Distanz zum Krümmungsscheitel der Fußwölbung relativ groß. Sie erreicht damit im Hinblick auf die Konstruktion der Fußwölbungen ein günstiges Kraftmoment und kann sehr effektiv auf die passive Verspannung wirken (s. Abb. 7.**183**). Da die Befestigung der Plantaraponeurose am Knochen außerdem unmittelbar an der Auflagestelle des Fußes liegt, trägt sie am wirksamsten von allen Verspannungsstrukturen als Zuggurtung zur Herabsetzung der Biegebeanspruchung der Mittelfußknochen (s. Abb. 3.**34**) bei.

Bei Plantarflexion des Fußes in der Abrollphase wickeln sich die *Fasciculi longitudinales* wie Winden um die Metatarsalköpfe. Die Aponeurose wird dabei gespannt und die Tiefe der Fußwölbung verstärkt sich. Die Dorsalextension der Großzehe wird durch die Plantaraponeurose begrenzt.

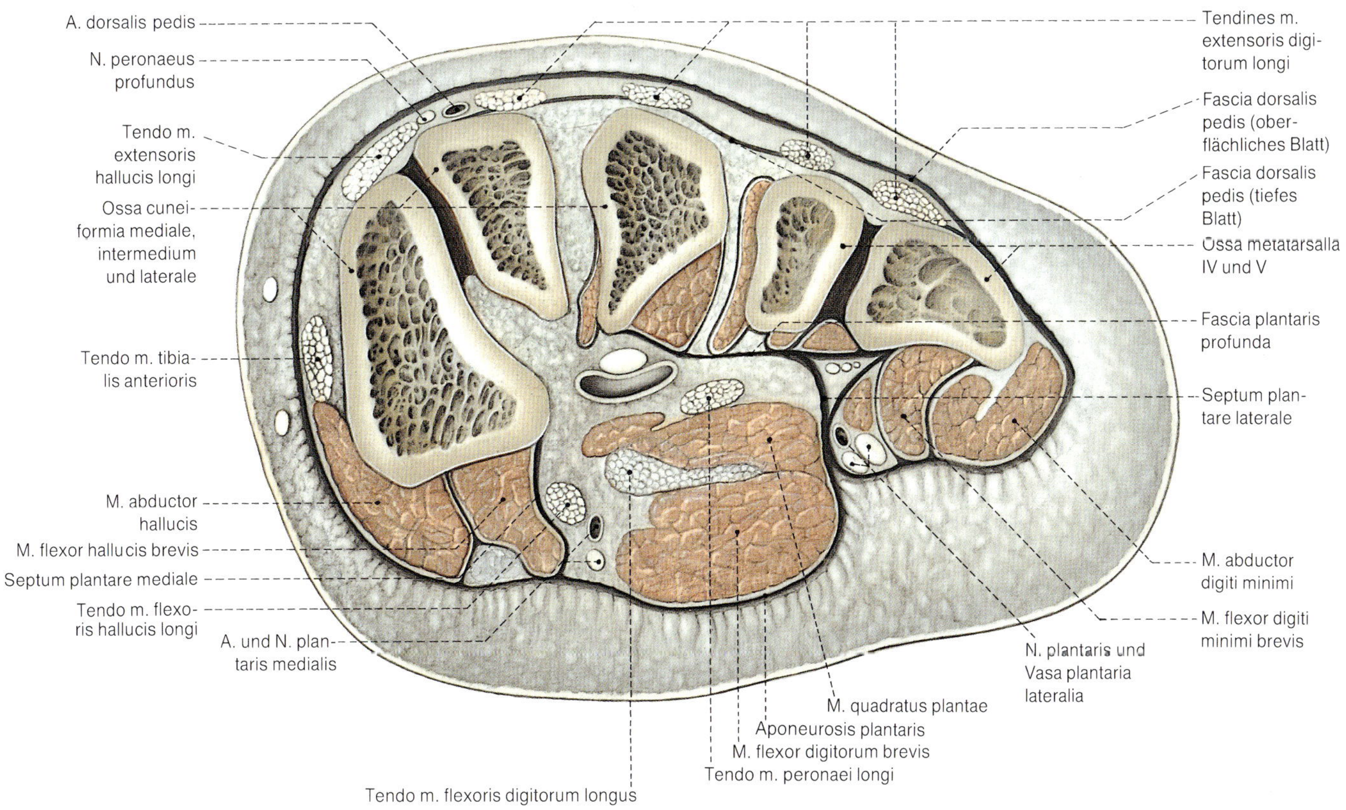

Abb. 7.**168** **Querschnitt durch einen rechten Fuß vom Erwachsenen im Bereich der Keilbeine.** Faszien und Muskellogen. Großzehenloge, mittlere Muskelloge, Kleinzehenloge.

Über die transversalen Faserzüge wirkt die Plantaraponeurose auch auf die Verspannung der Querwölbung.

Plantaraponeurose sowie *subkutanes Bindegewebe* und *Lederhaut* der Fußsohle sind durch kräftige Kollagenfaserbündel fest miteinander verankert. Auf diese Weise entsteht eine enge funktionelle Verbindung zwischen dem *Druckkammersystem* der Fußsohle (s. Abb. 7.**155**) und dem Verspannungssystem der Fußwölbungen. Die Plantaraponeurose übernimmt in diesem Zusammenhang eine wichtige *Schutzfunktion* für die dorsal von ihr liegenden Muskeln, Gefäße und Nerven gegenüber Druckeinwirkungen.

Muskeln und Leitungsbahnen der mittleren Loge werden von lockerem Bindegewebe umgeben, das sich in der Tiefe der Fußwölbung zu einer faszienartigen Schicht, *Fascia plantaris profunda,* verdichtet. Die tiefe Fußsohlenfaszie ist an den Mittelfußknochen verankert und bedeckt in den Spatia interossea die Mm. interossei. In der Fascia plantaris profunda verlaufen die tiefen *Leitungsbahnen* der Fußsohle (*Arcus plantaris* und *R. profundus n. plantaris lateralis*). Proximal bedeckt die Faszie den Bandapparat des Rückfußes, distal steht sie mit dem Lig. metatarseum transversum profundum in Verbindung. Die Fascia plantaris profunda umhüllt außerdem den *M. adductor hallucis* (s. S. 634). (Sehnenscheiden der Planta pedis s. S. 638.)

Kurze Muskeln des Fußes

Die *kurzen Muskeln* des Fußes haben ihren Ursprung und Ansatz am Fußskelett. Sie dienen größtenteils der *Bewegung* der *Zehen.* Die Muskeln auf der *Plantarseite* beteiligen sich außerdem an der aktiven *Verspannung der Fußwölbungen.* Entsprechend ihrer embryologischen Herkunft liegen die *dorsalen Muskeln* auf dem Fußrücken. Sie bestehen normalerweise aus zwei miteinander verbundenen Muskelindividuen, *Mm. extensor digitorum brevis* und *extensor hallucis brevis.* Die *ventralen Muskeln* laufen an der Planta pedis. Sie sind, ihrer Funktion entsprechend, kräftiger entwickelt als die Muskeln auf dem Fußrücken. Die kurzen Fußmuskeln und die Sehnen der Unterschenkelmuskeln liegen an der *Planta pedis* in *vier Schichten.* In der *oberflächlichen Schicht* verlaufen die *Mm. abductor hallucis, flexor digitorum brevis* und *abductor digiti minimi* (*Abb.* 7.**172**), darauf folgen in einer *2. Schicht* die Sehnen des *M. flexor hallucis longus* und die *Sehne* des *M. flexor digitorum longus* mit den *Mm. lumbricales* und *quadratus plantae* (Abb. 7.**173**) sowie in einer *3. Schicht* die *Mm. flexor hallucis brevis, adductor hallucis, flexor digiti minimi brevis* und *opponens digiti minimi* (Abb. 7.**174**). Die *4.* und tiefste *Schicht* bilden die *Mm. interossei plantares* und *dorsales* sowie die *Sehnen* der *Mm. tibialis posterior* und *peronaeus longus* (Abb. 7.**175**; Tab. 7.**11**).

Im Hinblick auf die Anordnung der *Faszienlogen* bilden die Muskeln an der Planta pedis *drei Muskelgruppen* (s. oben). Eine 4. Muskelgruppe, Mm. interossei, liegt, plantar und dorsal von den tiefen Blättern der Faszien des Fußes bedeckt, in den Spatia interossea.

Tabelle 7.**11** Kurze Fußmuskeln

A. *Muskeln des Dorsum pedis (dorsale* Muskeln)	
M. extensor digitorum brevis (N. peronaeus profundus)	L_5–S_1
M. extensor hallucis brevis (N. peronaeus profundus)	
B. *Muskeln der Planta pedis (ventrale* Muskeln)	
M. flexor digitorum brevis (N. plantaris medialis)	S_1–S_2
M. quadratus plantae (N. plantaris lateralis)	S_2–S_2
Mm. lumbricales (N. plantaris medialis zum 1. [2.], N. plantaris lateralis zum [2.], 3., 4. M. lumbricalis)	S_1–S_2
Mm. interossei plantares (N. plantaris lateralis)	
Mm. interossei dorsales (N. plantaris lateralis)	
Muskeln der Großzehe	
M. adductor hallucis (N. plantaris lateralis, R. profundus)	S_1–S_2
M. flexor hallucis brevis (N. plantaris medialis [Caput mediale], N. plantaris lateralis [Caput laterale])	
M. abductor hallucis (N. plantaris medialis)	
Muskeln der Kleinzehe	
M. opponens digiti V. (N. plantaris lateralis)	S_1–S_2
M. flexor digiti V. brevis (N. plantaris lateralis)	
M. abductor digiti V. (N. plantaris lateralis)	
(Segmentangaben nach *Scheid* 1983)	

Muskeln des Dorsum pedis

M. extensor digitorum brevis und M. extensor hallucis brevis

Gestalt und Lage

Der *M. extensor digitorum brevis* (Abb. 7.**169, **7.**170**) entspringt an der lateralen und dorsalen Fläche des Calcaneus proximal der Facies articularis cuboidea sowie am lateralen tiefen Schenkel des Retinaculum extensorum inferius (Abb. 7.**171**). Die kurzen

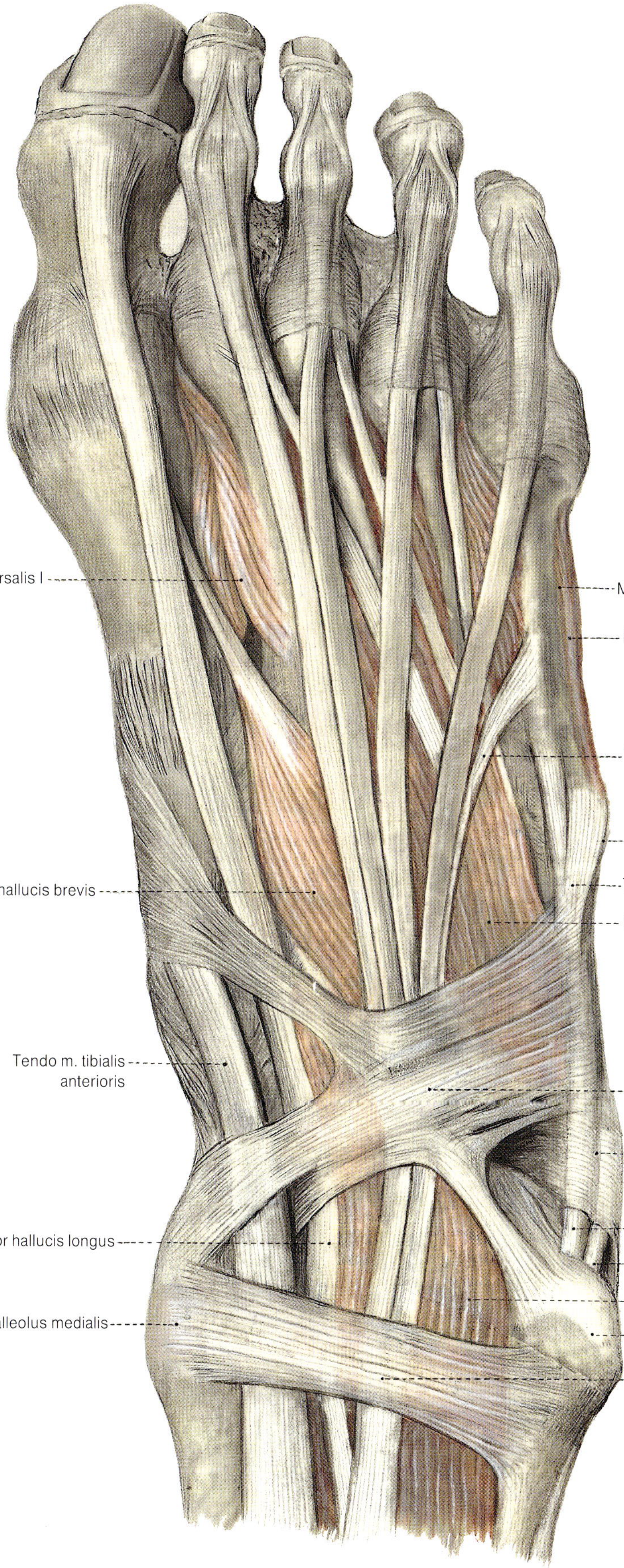

Abb. 7.**169** **Muskeln und Sehnen am Fußrücken der rechten Seite in der Ansicht von dorsal.**

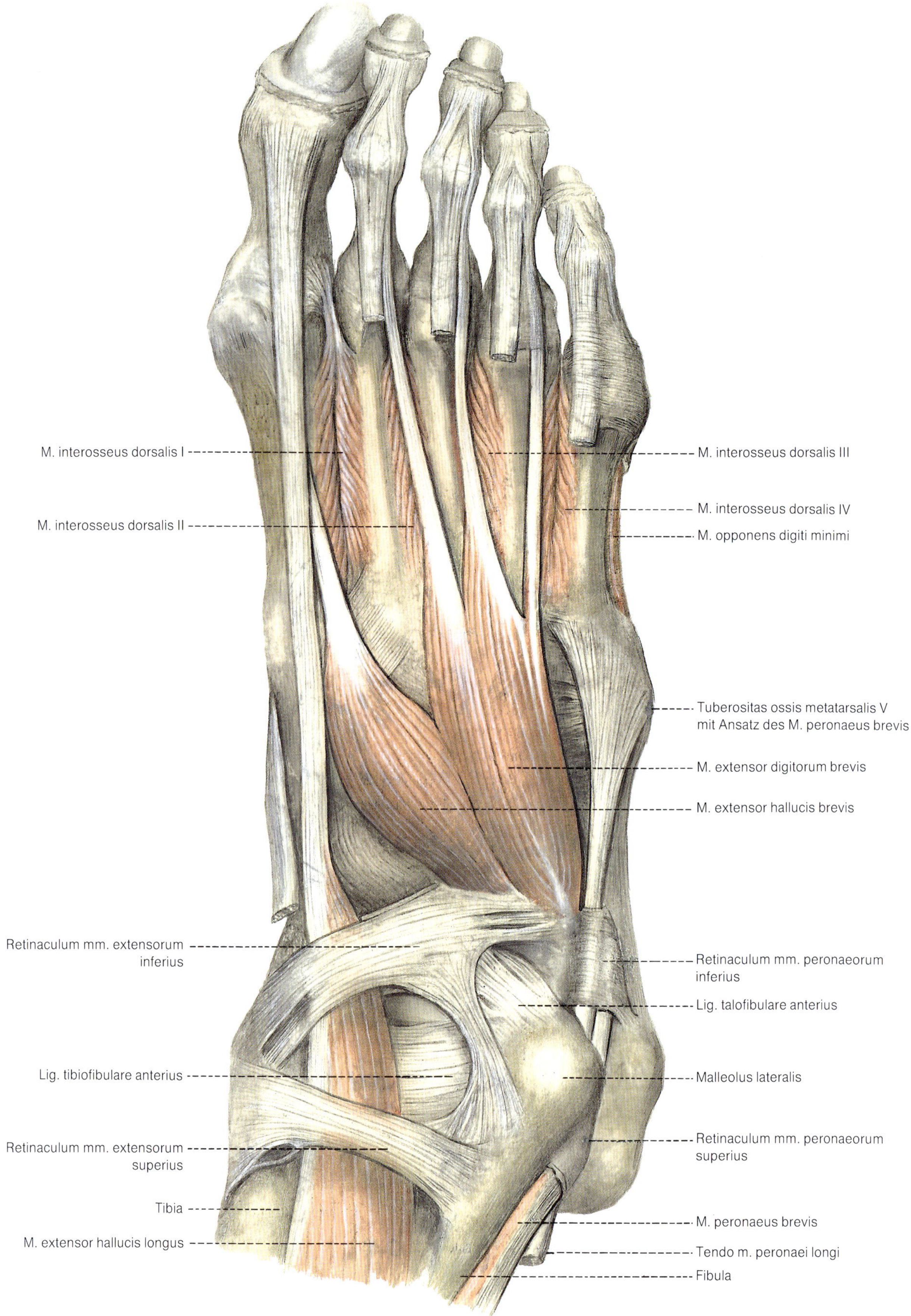

Abb. 7.**170** **Muskeln und Sehnen am Fußrücken der rechten Seite in der Ansicht von dorsal nach Entfernung der Sehnen des M. tibialis anterior und des M. extensor digitorum longus sowie eines Teiles des Retinaculum mm. extensorum inferius.**

Ursprungssehnen gehen in einen kräftigen Muskelbauch über, der die Weichteilwölbung im seitlichen Bereich des Mittelfußes bildet. Im mittleren Abschnitt der Ossa metatarsalia spaltet sich der Muskel in *drei Endsehnen* auf, die von lateral in die Ansatzsehnen des M. extensor digitorum longus der 2. bis 4. Zehe einstrahlen und in der Dorsalaponeurose ihren Ansatz finden. Eine Sehne für die Kleinzehe fehlt normalerweise.
Der *M. extensor hallucis brevis* (Abb. 7.**169,** 7.**170**) ist Teil des M. extensor digitorum brevis. Sein Ursprung am Calcaneus liegt am Eingang zum Sinus tarsi sowie am Lig. talocalcaneum interosseum. Die kräftige Ansatzsehne strahlt von lateral in die Sehne des M. extensor hallucis longus ein und inseriert über die Dorsalaponeurose an der Grundphalanxbasis der Großzehe.

Varianten

Am M. extensor digitorum brevis können einzelne oder mehrere Sehnen fehlen. Eine Sehne zur Kleinzehe kommt gelegentlich vor. Die 5. Zehe kann auch einen Sehnenanteil des M. peronaeus tertius erhalten. Vollständiges Fehlen der kurzen Strecker ist äußerst selten.

Funktion und Innervation

Der *M. extensor digitorum brevis* beteiligt sich an der *Streckung* der *2.* bis *4. Zehe.* Der *M. extensor hallucis brevis* wirkt als *Stecker* auf das *Grundgelenk* der *Großzehe.*
Die beiden Muskeln werden vom *N. peronaeus profundus* (L_5–S_1) innerviert.

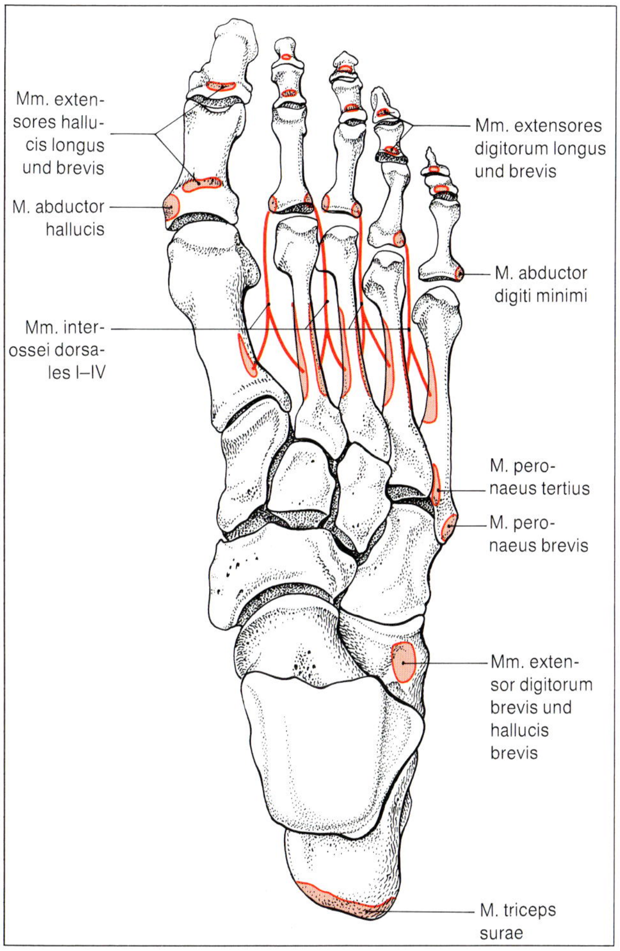

Abb. 7.**171** **Muskelursprünge und -ansätze am rechten Fuß in der Ansicht von dorsal.**

Muskeln der Planta pedis

M. abductor hallucis

Gestalt und Lage

Der *M. abductor hallucis* (s. Abb. 7.**172,** 7.**173**) liegt in der oberflächlichen Schicht der kurzen Fußmuskeln innerhalb der medialen Muskelloge. Er bildet mit dem M. abductor digiti minimi das sogenannte *Randmuskelsystem* der Fußsohle. Sein Ursprung liegt am Processus medialis des Tuber calcanei sowie an der Innenfläche des äußeren Blattes des Retinaculum mm. flexorum, an der Plantaraponeurose, an den plantaren Sehnenscheiden der Mm. flexor digitorum longus und flexor hallucis longus und am Sehnenansatzbereich des M. tibialis anterior (Abb. 7.**176**). Der Bauch des M. abductor hallucis ist im Rückfußbereich am medialen Fußrand tastbar. In seine Ansatzsehne ist im Bereich des ersten Mittelfußkopfes das *mediale Sesambein* der Großzehe eingelagert (Abb. 7.**176**). Der Muskel setzt neben dem M. flexor hallucis brevis am medialen Höker der Basis der Großzehengrundphalanx sowie am Kapselbandapparat des Großzehengrundgelenks an. Zwischen Ansatzsehne und Gelenkkapsel liegt oft ein Schleimbeutel. Gelegentlich zieht ein Teil der Ansatzsehne zur 2. Zehe.

Funktion und Innervation

Der *M. abductor hallucis* zieht die *Großzehe nach medial.* Er ist außerdem *Beuger* im Großzehengrundgelenk. Der kräftige Muskel verspannt die *Längswölbung* des Fußes. Er erhält seine Innervation aus dem *N. plantaris medialis* (S_1 – S_2).

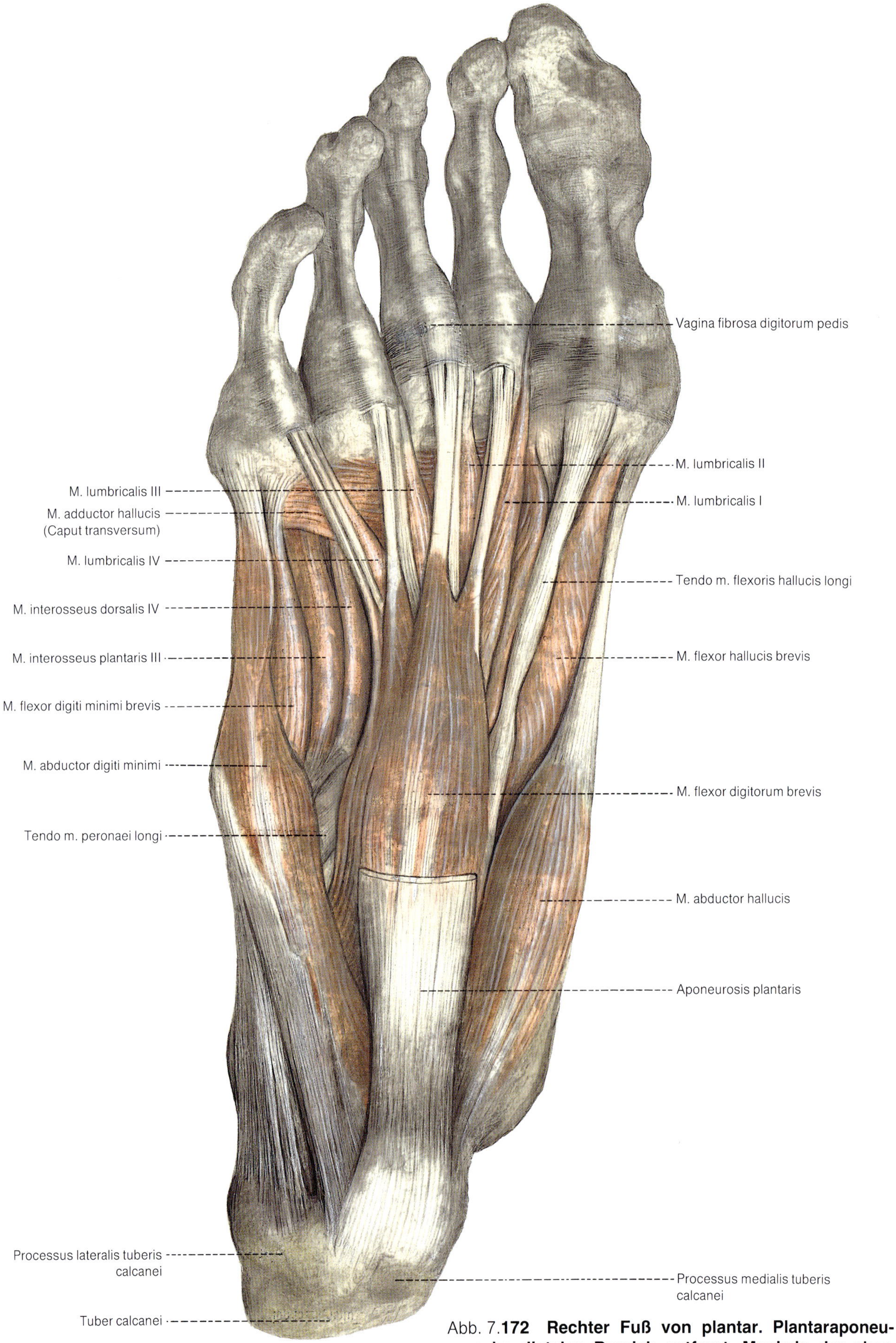

Abb. 7.**172 Rechter Fuß von plantar. Plantaraponeurose im distalen Bereich entfernt. Muskeln der oberflächlichen Schicht.**

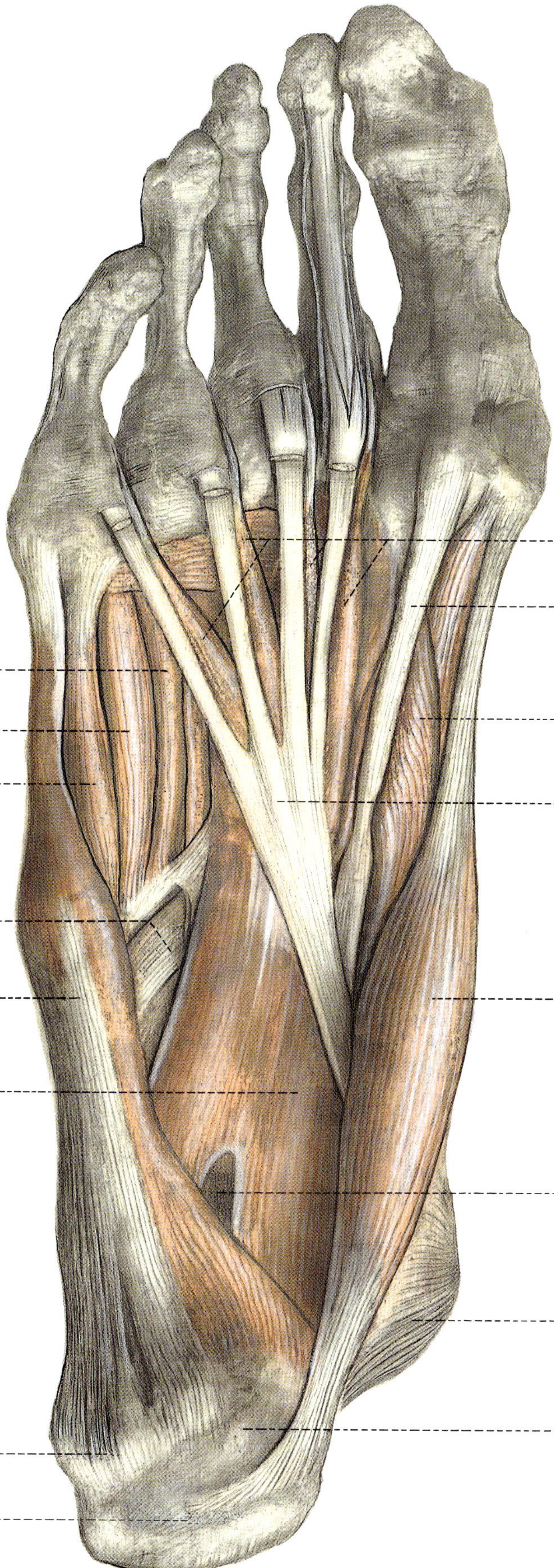

Abb. 7.**173 Rechter Fuß in der Ansicht von plantar.** Darstellung der Muskeln der zweiten Schicht. M. flexor digitorum brevis entfernt.

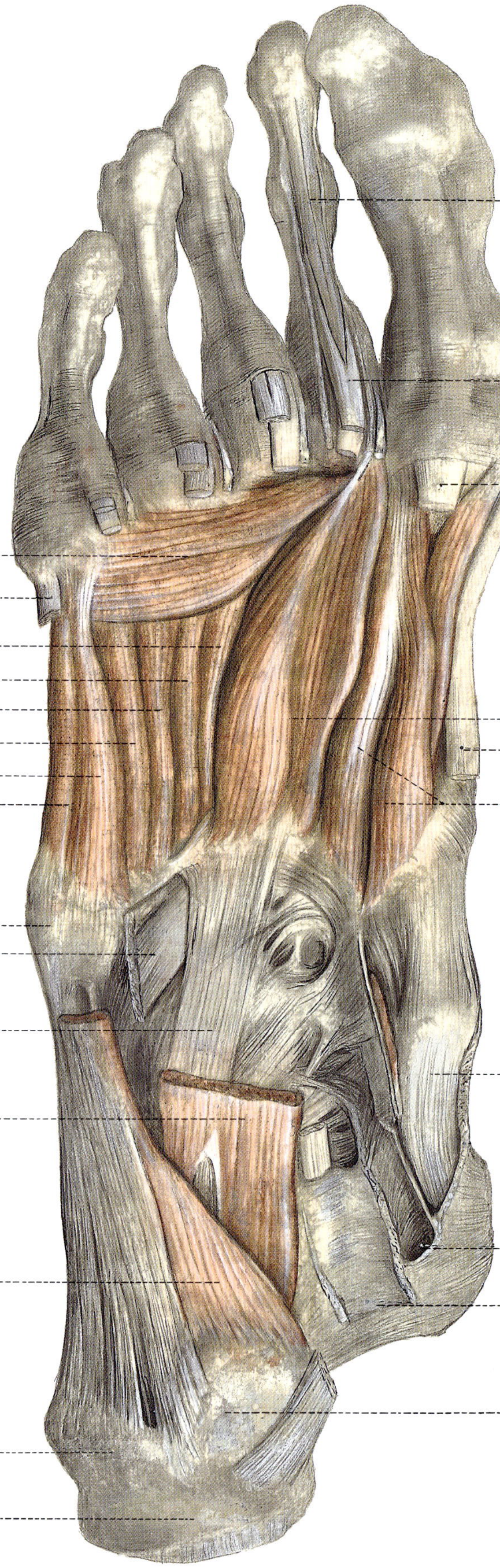

Abb. 7.**174 Rechter Fuß in der Ansicht von plantar.** Darstellung der dritten Muskelschicht. Entfernung des M. flexor digitorum brevis, der Sehnen des M. flexor digitorum longus, des M. abductor hallucis und des M. abductor digiti minimi.

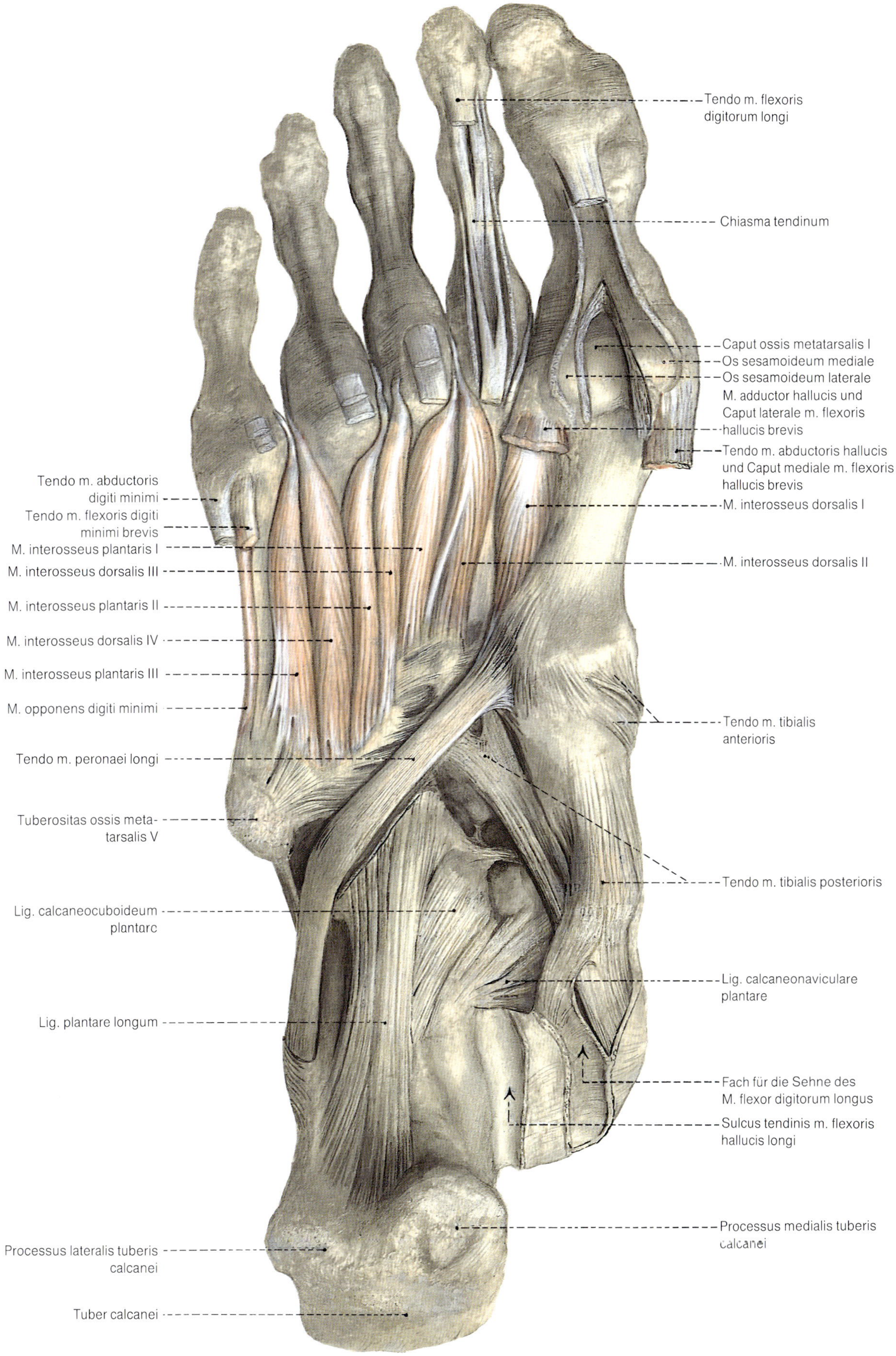

Abb. 7.**175 Rechter Fuß in der Ansicht von plantar.** Vierte Muskelschicht, Mm. interossei.

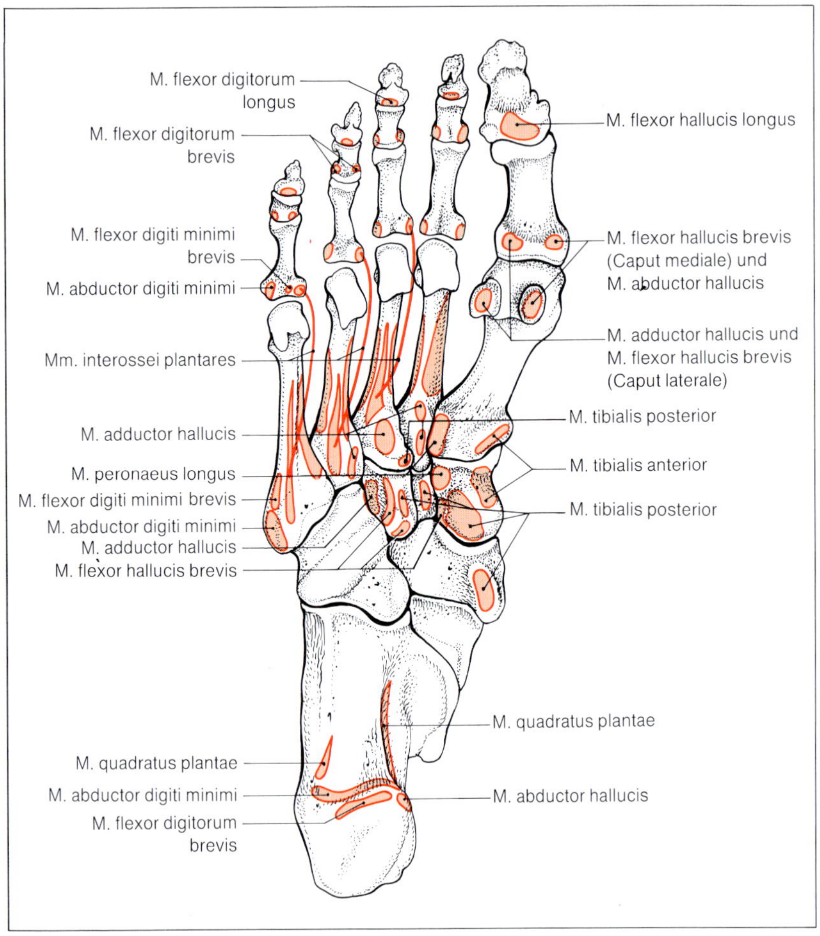

Abb. 7.**176** **Muskelursprünge und -ansätze am rechten Fuß in der Ansicht von plantar.**

M. flexor hallucis brevis

Gestalt und Lage

Der *M. flexor hallucis brevis* (s. Abb. 7.**174**) liegt innerhalb der 3. Schicht der Fußmuskeln. Proximal teilweise vom M. abductor hallucis bedeckt, entspringt er am Os cuneiforme mediale, am Lig. calcaneocuboideum plantare sowie an der Sehnenscheide des M. tibialis posterior (s. Abb. 7.**176**). Der Muskelbauch teilt sich in zwei Köpfe. Die Sehne des Caput mediale verbindet sich mit der Ansatzsehne des M. abductor hallucis und inseriert über das *mediale Sesambein* auf der medialen Seite der Basis der Großzehengrundphalanx. In die Ansatzsehne des Caput laterale ist das *laterale Sesambein* eingelagert (Abb. 7.**176**). Gemeinsam mit dem M. adductor hallucis setzt der laterale Kopf an der Gelenkkapsel des Großzehengrundgelenks und an der Basis phalangis proximalis I an. Zwischen medialem und lateralem Kopf des Muskels sowie zwischen seinen beiden Sehnen und den darin eingelagerten Sesambeinen verläuft die Ansatzsehne des *M. flexor hallucis longus* (Abb. 7.**177**).

Varianten

Der Ursprung des M. flexor hallucis brevis kann sich auf sämtliche Keilbeine und auf das Os naviculare ausdehnen. Ein Teil seiner Ansatzsehne zieht gelegentlich zur 2. Zehe.

Funktion und Innervation

Der *M. flexor hallucis brevis beugt* die *Großzehe* im Grundgelenk. Er beteiligt sich an der plantaren *Verspannung* der Längswölbung. Der mediale Kopf wird vom *N. plantaris medialis* (S_1–S_2) und der laterale Kopf vom *N. plantaris lateralis* (S_1–S_2) innerviert.

M. adductor hallucis

Gestalt und Lage

Der *M. adductor hallucis* (s. Abb. 7.**174**) ist ein zweiköpfiger Muskel. Er liegt, umhüllt vom tiefen Blatt der Fußsohlenfaszie, in der mittleren Muskelloge des Fußes, wo er von den Mm. flexores digitorum brevis und longus überlagert wird. Sein *Caput obliquum* entspringt an den Basen der Ossa metatarsalia II–IV, am Os cuneiforme laterale, am Os cuboideum sowie am Lig. plantare longum und an der Sehnenscheide des M. peronaeus longus (s. Abb. 7.**176**). Das *Caput transversum* verläuft quer über die Metatarsalköpfe der 2. bis 5. Zehe und entspringt am Lig. metatarseum transversum profundum sowie von den medialen Rändern

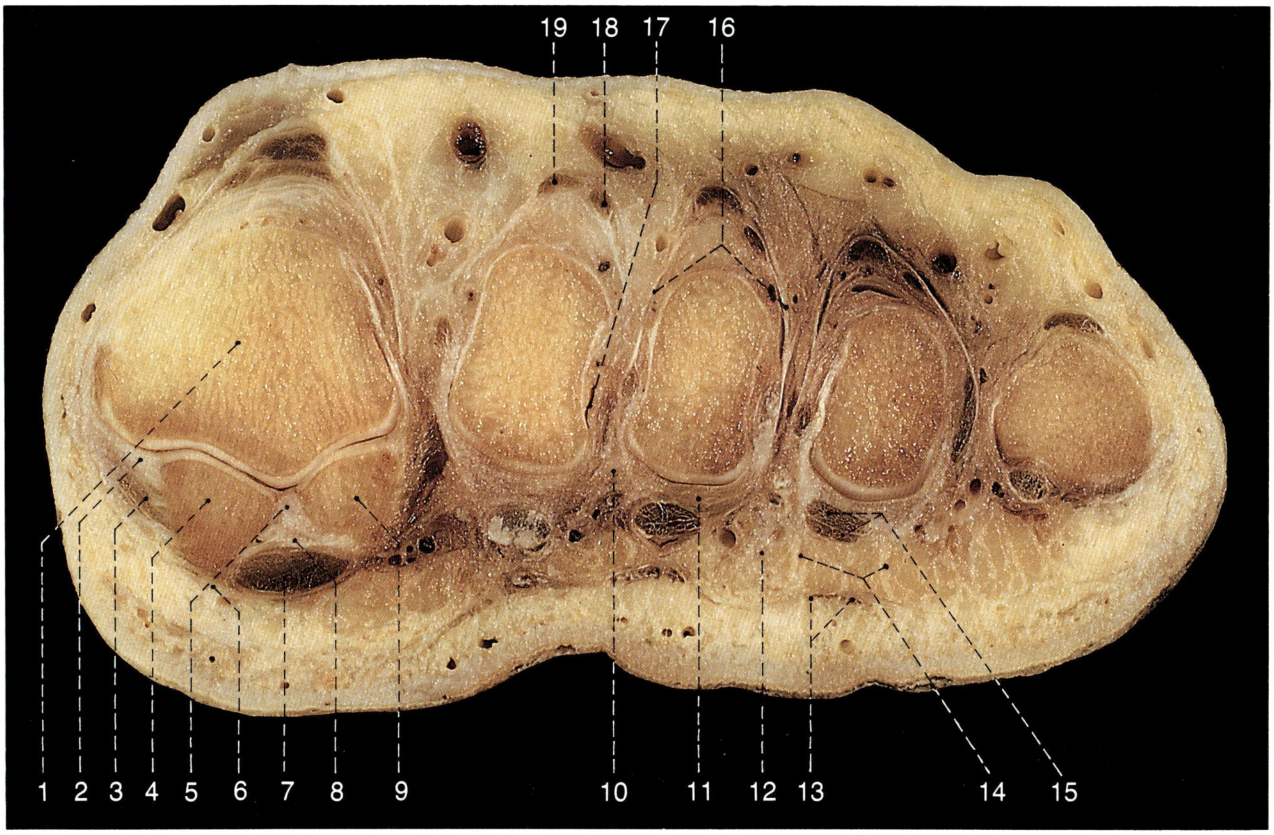

Abb. 7.**177** **Querschnitt durch den rechten Fuß eines erwachsenen Mannes im Bereich der Mittelfußköpfe, Ansicht von proximal.**

1 Kopf des Os metatarsale I
2 Kapsel und Lig. collaterale der Articulatio metatarsophalangea I
3 M. abductor hallucis
4 mediales Sesambein
5 Faser-Knorpel-Platte
6 Sehne des Caput mediale m. flexoris hallucis brevis
7 Sehne des M. flexor hallucis longus
8 Lig. plantare
9 laterales Sesambein
10 Lig. metatarseum transversum profundum
11 Lig. plantare
12 Fettpolster
13 Fasciculus longitudinalis der Plantaraponeurose
14 sagittale Septen der Plantaraponeurose
15 Sehnen der Mm. flexores digitorum longus und brevis IV
16 transversale Fasern der Dorsalaponeurose
17 Bursa intermetatarsophalangea
18 Sehne des M. extensor digitorum brevis II
19 Sehne des M. extensor digitorum longus II

(Präparat der Sammlung des Anatomischen Institutes, Kiel)

der Ligg. plantaria der 5. bis 3. Zehe. Der quere Muskelbauch hat keinen direkten Ursprung am Knochen. Die beiden Muskelköpfe inserieren mit einer gemeinsamen Ansatzsehne über das *laterale Sesambein* und den Kapselbandapparat des Großzehengrundgelenks im lateralen Abschnitt der Basis phalangis proximalis.

Varianten

Vom Caput obliquum des M. adductor hallucis kann ein Teil der Ansatzsehne zur 2. Zehe ziehen. Sein Caput transversum fehlt gelegentlich vollständig oder teilweise. Selten setzt ein Teil des Caput transversum am Os metatarsale I an.

Funktion und Innervation

Der *M. adductor hallucis adduziert* die *Großzehe.* Mit seinem *Caput obliquum* unterstützt er die *Beugung* im Grundgelenk. Das *Caput transversum* wirkt als einziger Fußmuskel ausschließlich auf die Verspannung der *Querwölbung.* Der schräge Kopf verspannt sowohl die Längs- als auch die Querwölbung.

Der M. adductor hallucis wird vom *R. profundus* des *N. plantaris lateralis* (S_1–S_2) innerviert.

M. flexor digitorum brevis

Gestalt und Lage

Der *M. flexor digitorum brevis* (s. Abb. 7.**172**) liegt dorsal von der Plantaraponeurose zwischen den Mm. abductores hallucis und digiti minimi in der oberflächlichen Schicht der mittleren Muskelloge. Er entspringt am medialen Höcker des Tuber calcanei sowie an der Plantaraponeurose und an den beiden Septa plantaria (s. Abb. 7.**176**). Im Ursprungsbereich der Sehnen des kurzen Zehenbeugers und des M. abductor hallucis kann es zur Knochenbildung kommen (unterer Fersensporn, s. S. 155, Abb. 3.**19**). Aus seinem kräftigen Muskelbauch gehen im mittleren Bereich der Phalangen *vier* schlanke *Ansatzsehnen* hervor, die sich über den Grundphalangen in zwei Zipfel aufspalten (*M. perforatus*) und an den Mittelphalangen der 2. bis 5. Zehe ansetzen. Durch die Sehnenschlitze gelangen die Ansatzsehnen des langen Zehenbeugers (*M. perforans*) zu ihrem Ansatz an den Endphalangen. Beide Sehnen werden von einer gemeinsamen Sehnenscheide umschlossen (s. unten).

Varianten

In seltenen Fällen fehlt der kurze Zehenbeuger. Gelegentlich ist die Ansatzsehne für die Kleinzehe nicht angelegt.

Funktion und Innervation

Der *M. flexor digitorum brevis* unterstützt die *Beugung* der Zehen II–V im Mittel- und Grundgelenk. Aufgrund seiner plantaren Lage ist der Muskel ein kräftiger *Verspanner* der *Längswölbung*. Er erhält seine Innervation aus dem *N. plantaris medialis* (S_1–S_2).

M. quadratus plantae

Gestalt und Lage

Der *M. quadratus plantae* (s. Abb. 7.**173**) kommt, bedeckt vom M. flexor digitorum brevis, mit zwei Ursprüngen vom medialen und lateralen Rand der Plantarseite des Calcaneus und inseriert auf einer von proximal-medial nach distal-lateral verlaufenden Linie an der lateralen dorsalen Seite der Ansatzsehne des *M. flexor digitorum longus* (s. Abb. 7.**176**).

Varianten

Die Ansatzsehne zieht gelegentlich direkt bis zu den Sehnenzipfeln der 3. und 4. Zehe. Der Ursprung des Muskels kann bis zum Unterschenkel hinaufreichen.

Funktion und Innervation

Der *M. quadratus plantae* wirkt über seinen Ansatz am M. flexor digitorum longus als *akzessorischer Zehenbeuger* (*M. flexor accessorius*). Er lenkt die plantar schräg verlaufende Sehne des langen Zehenbeugers in eine longitudinale Zugrichtung um und *verstärkt* damit die *Wirkung* des *M. flexor digitorum longus* an den Zehengelenken.
Der M. quadratus plantae wird vom *N. plantaris lateralis* (S_1–S_2) innerviert.

Mm. lumbricales

Gestalt und Lage

Die vier *Mm. lumbricales* (s. Abb. 7.**173**) des Fußes entspringen an der Ansatzsehne des *M. flexor digitorum longus*. Der M. lumbricalis I kommt einköpfig vom medialen Rand der Sehne für die 2. Zehe. Die Mm. lumbricales II–IV sind zweiköpfig und haben ihren Ursprung an den einander zugekehrten Seiten der langen Zehenbeugersehnen II–V. Die Mm. lumbricales ziehen plantar des Lig. metatarseum transversum profundum, von dem sie durch einen Schleimbeutel (*Bursa mm. lumbricalium pedis*) getrennt sind, und inserieren an der Gelenkkapsel des Grundgelenks sowie an der medialen Seite der Grundphalanxbasis. Ein Teil der Ansatzsehne kann weiter nach distal ziehen und in die Dorsalaponeurose einstrahlen.

Varianten

Die Mm. lumbricales können vollständig oder teilweise fehlen. Nicht selten kommen auch überzählige Muskeln vor.

Funktion und Innervation

Die *Mm. lumbricales* unterstützen die *Beugung* in den *Grundgelenken* der 2. bis 5. Zehe. Ihre Wirkung auf die Streckung der Zehenmittel- und Endgelenke ist schwach oder fehlt.
Die Mm. lumbricales I und II werden vom *N. plantaris medialis,* die Mm. lumbricales III und IV vom *N. plantaris lateralis* versorgt (S_1–S_2).

M. abductor digiti minimi

Gestalt und Lage

Der *M. abductor digiti minimi* (s. Abb. 7.**172,** 7.**173**) liegt oberflächlich innerhalb der Loge der Kleinzehenmuskeln. Er begrenzt, bedeckt von Ausläufern der Plantaraponeurose, den lateralen Fußrand. Der Muskel entspringt an den Höckern und an der Unterseite des Fersenbeins sowie an der Plantaraponeurose. Sein Ansatz liegt an der Tuberositas ossis metatarsalis V* und am lateralen Rand der Grundphalanxbasis (Abb. 7.**176**).

Varianten

Der zwischen Calcaneus und Os metatarsale V ziehende Teil des M. abductor digiti minimi kann vom übrigen Muskel getrennt sein.

Funktion und Innervation

Der *M. abductor digiti minimi* beteiligt sich an der *Plantarflexion* der *Kleinzehe* am Grundgelenk. Er bewirkt außerdem eine leichte *Abduktion* der Kleinzehe. Der kräftige Muskel verspannt aufgrund seiner oberflächlichen Lage die Längswölbung des Fußes. Seine Nervenversorgung erhält der M. abductor digiti minimi aus dem *N. plantaris lateralis* (S_1–S_2).

M. flexor digiti minimi brevis

Gestalt und Lage

Der *M. flexor digiti minimi brevis* (s. Abb. 7.**174**) entspringt am Lig. plantare longum und an der Basis des Os metatarsale V. Der Muskel inseriert an der Basis der Kleinzehengrundphalanx (s. Abb. 7.**176**).

Funktion und Innervation

Der *M. flexor digiti minimi brevis beugt* und *abduziert* die *Kleinzehe* im Grundgelenk. Er wird vom *N. plantaris lateralis* (S_1–S_2) innerviert.

M. opponens digiti minimi

Gestalt und Lage

Der *M. opponens digiti minimi* (s. Abb. 7.**174,** 7.**175**) entspringt wie der M. flexor digiti minimi brevis am Lig. plantare longum und an der Basis des 5. Mittelfußknochens. Er inseriert gemeinsam mit dem M. flexor digiti minimi an der Basis der Kleinzehengrundphalanx (s. Abb. 7.**176**). Der M. opponens digiti minimi läßt sich oft nicht als eigenständiges Muskelindividuum abgrenzen, da er fest mit dem M. flexor digiti minimi brevis verwachsen ist.

---

* Die Tuberositas des Os metatarsale V wird auch als Ursprung angegeben.

Funktion und Innervation

Der *M. opponens digiti minimi* kann das *Os metatarsale V* in der *Articulatio tarsometatarsea III* leicht nach *plantar* und *medial* bewegen. Er wird aus dem *N. plantaris lateralis* (S_1–S_2) innerviert.

Mm. interossei

Gestalt und Lage

Die *tiefste Schicht* der plantaren Fußmuskeln bilden die *Mm. interossei* (s. Abb. 7.**175**). Sie liegen in den Spatia interossea, wo sie dorsal vom tiefen Blatt der Fascia dorsalis pedis und plantar von der tiefen Fußsohlenfaszie bedeckt werden. Nach ihrer Lage unterscheidet man, wie an der Hand, *drei plantare* und *vier dorsale Zwischenknochenmuskeln,* die sich um den 2. Zehenstrahl ordnen.

Die drei *Mm. interossei plantares* haben ihren Ursprung an der Plantarseite und an der Basis der Ossa metatarsalia III–V und am Lig. plantare longum (s. Abb. 7.**176**). Sie inserieren am gleichen Zehenstrahl (s. unten). Die vier *Mm. interossei dorsales* (s. Abb. 7.**171**) entspringen zweiköpfig an den einander zugekehrten seitlichen Flächen der Ossa metatarsalia I–V und vom Lig. plantare longum. Der M. interosseus I zieht zur medialen Seite der 2. Zehe, die Ansatzsehnen der Mm. interossei II–IV treten an den lateralen Rand der 2. bis 4. Zehe. Die Mm. interossei inserieren an den *Ligg. plantaria* (s. unten) sowie über den Kapsel-Band-Apparat der Zehengrundgelenke an der Basis der Grundphalangen der 2. bis 4. Zehe. Teile der Ansatzsehnen können in die Dorsalaponeurose einstrahlen und über deren mediale und laterale Zügel zum Mittel- und Endgelenk der Zehen gelangen.

Varianten

Ein vierter M. interosseus plantaris kann vom Os cuneiforme mediale entspringen und an der lateralen Seite der Großzehe ansetzen.

Funktion und Innervation

Die Ansatzsehnen der *Mm. interossei plantares* und *dorsales* liegen plantar von den queren Achsen der Articulationes metatarsophalangeae II–V. Die Muskeln *beugen* gemeinsam die *Zehen II–V* im *Grundgelenk.* Außerdem unterstützen sie die *Stabilisierung* der Zehen und bieten den Zehenstreckern ein Punctum fixum am Vorfuß, so daß diese im oberen Sprunggelenk als Dorsalextensoren wirken können (s. S. 581). Die *Mm. interossei plantares* wirken *adduktorisch* und führen die Zehen III–V zur 2. Zehe. Die *Mm. interossei dorsales spreizen* die Zehen. Die zentrale Achse für

die Ab- und Adduktionsbewegungen verläuft dorsoplantar durch den 2. Zehenstrahl.
Über ihre Insertion an den *Ligg. plantaria* nehmen die Mm. interossei Einfluß auf die *Stellung der Faser-Knorpel-Platten* an den Zehengrundgelenken (s. S. 616). Bei der mit dem Abrollen des Fußes verbundenen Dorsalextension der Zehen bewirkt die Kontraktion der Mm. interossei, daß die Faser-Knorpel-Platten fest an die Basis der Metatarsalköpfe gepreßt werden. Auf diese Weise wird der *Bodendruck* zunächst von den Faser-Knorpel-Platten aufgenommen und die Belastung der Metatarsalköpfe verringert.
Wenn Teile der Ansatzsehnen in die Dorsalaponeurose einstrahlen, können die Mm. interossei die Extension im Zehenmittelgelenk und im Zehenendgelenk unterstützen.
Die Mm. interossei werden vom *N. plantaris lateralis* (S_1-S_2) innerviert. Der M. interosseus dorsalis I hat eine Doppelinnervation aus dem N. plantaris lateralis und aus einem Ast des N. peroneus profundus.

Sehnenscheiden an der Planta pedis

Die *Sehnenscheide* des *M. tibialis posterior* (s. Abb. 7.**166**) begleitet die Sehne am medialen Rand der Fußsohle bis in den Bereich des Os naviculare. Auch die Sehnenscheiden der *langen Zehenbeugersehnen* gehen kontinuierlich von der Regio retromalleolaris medialis in die Planta pedis über. Die Sehnenscheide des M. flexor digitorum longus endet im Bereich des chiasma plantare. Die *Vagina tendinis m. flexoris hallucis longi* reicht meistens über die Kreuzungsstelle der beiden Sehnen hinaus. Die Sehnenscheide des M. flexor digitorum longus kann proximal des Chiasma plantare mit der Vagina tendinis m. tibialis posterioris und distal mit der Vagina tendinis m. flexoris hallucis longi kommunizieren. Die plantare Sehnenscheide des *M. peronaeus longus* beginnt am Sulcus tendinis m. peronaei longi ossis cuboidei und zieht in einem osteofibrösen Kanal (s. Abb. 7.**156**), der plantar durch den Bandapparat *(Lig. plantare longum)* verstärkt wird (s. S. 615), bis zum medialen Fußrand, wo sie im Bereich des Os cuneiforme intermedium endet.
Die Sehnen der kurzen und langen Zehenbeuger werden im distalen Abschnitt von gemeinsamen Sehnenscheiden, *Vaginae tendinum digitorum pedis*, umschlossen. Am Großzehenstrahl beginnt die plantare Sehnenscheide an der Basis des Os metatarsale I. An den Zehen II bis V liegt der Beginn etwas weiter distal im Bereich der Mittelfußköpfe. Die Sehnenscheiden enden über den Endphalangen. Ihr *Stratum synoviale* wird vom *Stratum fibrosum* umschlossen, dessen Fasern in Form von ringförmigen *(Partes anulares)* und sich überkreuzenden Zügen *(Partes cruciformes)*, vergleichbar den Sehnenscheiden der Finger (s. S. 424), angeordnet sind. Die Vaginae synoviales tendinum digitorum pedis haben keine Verbindung mit den Sehnenscheiden im Rückfußbereich.

Innerhalb der Vaginae synoviales digitorum pedis sind die Flexorensehnen über gefäßführende *Vincula tendinum* mit dem Knochen verbunden. Man unterscheidet jeweils ein *proximales* und ein *distales Vinculum* sowie variabel ausgebildete akzessorische Bandzüge. Das *proximale Vinculum* liegt im Bereich des proximalen Interphalangealgelenks und hat Verbindung zu den Sehnen des kurzen und langen Zehenbeugers. Das *distale Vinculum* spannt sich zwischen der Sehne des M. flexor digitorum longus und dem Knochen der distalen Hälfte der Mittelphalanx sowie der Basis der Zehenendphalanx aus.

Zusammenfassende Darstellung der Zehenmuskelfunktionen

Die *Zehen* können nur beim *unbelasteten Fuß* frei bewegt werden. Einige Bewegungen, wie z. B. *Spreizen* oder *Schließen* der Zehen, sind bei Kindern noch wesentlich ausgeprägter möglich als beim Erwachsenen. Im allgemeinen verkümmert mit zunehmendem Alter, bedingt durch das Tragen von Schuhen, ein Teil der ursprünglichen Bewegungsmöglichkeiten, und die Bewegungsexkursionen der Zehen beschränken sich auf die mit dem *Abrollen* des *Fußes* bei der Fortbewegung verbundene *Flexion* und *Extension.*
An der *aktiven Streckung* der Zehen beteiligen sich vornehmlich die *Mm. extensor hallicus longus* und *extensor digitorum longus.* Die beiden langen Extensorensehnen gelangen über die Zügel der Dorsalaponeurose bis zu den Zehenendgliedern und wirken folglich auf alle Zehengelenke. An den Zehen II bis IV wird die Extension vom *M. extensor digitorum brevis* unterstützt, dessen Sehnen ebenfalls in die Dorsalaponeurose einstrahlen. Die Streckung der Kleinzehe erfolgt ausschließlich durch den M. extensor digitorum longus, da normalerweise für den 5. Strahl der Muskelbauch des kurzen Zehenstreckers fehlt (s. unten). Der *M. extensor hallucis brevis* wirkt über seinen Ansatz an der Grundphalanx als *Strecker* im *Großzehengrundgelenk.* Da die Einstrahlung der Ansatzsehnen der Mm. interossei und der Mm. lumbricales in die Dorsalaponeurose meistens nur sehr schwach ausgebildet ist oder gänzlich fehlt, haben die beiden Muskelgruppen, im Unterschied zur Hand, auf die Streckung der Mittel- und Endgelenke an den Zehen II bis V nur eine sehr geringe oder keinerlei Wirkung.
Die langen Zehenstrecker können eine Extension der Zehen allein nur dann ausführen, wenn ihre Wirkung auf das obere Sprunggelenk durch Kontraktion der Antagonisten, M. triceps surae und übrige Flexoren, ausgeschaltet wird. Eine *aktive Streckung* der Zehen kann man vor allem beim Barfußgang in der Phase des Fersenauftritts beobachten. Das größte Bewegungsausmaß erreicht normalerweise die Großzehe, die Kleinzehe verfügt über die geringste aktive Streckmöglichkeit. Durch die Extension der Zehen werden die Flexoren vorgedehnt. Auch in der Schwungphase des Ganges sind die Zehen nach dorsal extendiert. An

der *Großzehe* beträgt das Ausmaß der aktiven Dorsalextension etwa 70° (s. Abb. 7.**161**). *Passiv* können die Zehen über 90° extendiert werden. Das große Ausmaß der passiven Streckbarkeit der Zehen in der *Abstemmphase* des Vorfußes (s. S. 645) bildet die notwendige Voraussetzung für den normalen Ablauf des Ganges (s. Abb. 7.**189**).

An der *aktiven Beugung* in den *Grundgelenken* der 2. bis 4. Zehe, die normalerweise 30°–40° beträgt (s. Abb. 7.**161**), beteiligen sich die *Mm. flexores digitorum longus* und *brevis* sowie die *Mm. interossei* und *lumbricales*. An der Kleinzehe unterstützen die *Mm. flexor digiti minimi brevis* und *abductor digiti minimi* die Plantarflexion im Grundgelenk. Die *proximalen Interphalangealgelenke* werden vor allem vom M. flexor digitorum brevis und außerdem vom M. flexor digitorum longus gebeugt. Die Flexion in den Zehenendgelenken bewirkt ausschließlich der lange Zehenbeuger.

Die *Mm. interossei* nehmen an den Zehengrundgelenken eine wichtige *stabilisierende Funktion* wahr. Indem die Muskeln die Grundgelenke feststellen, geben sie den Zehenstreckern ein *Punctum fixum* am Vorfuß, so daß diese dann als Dorsalextensoren am oberen Sprunggelenk wirken können. Sind die *Mm. interossei insuffizient* oder *gelähmt*, so resultiert aus dem Ungleichgewicht der antagonistisch wirkenden Kräfte von Beugern und Streckern eine *Fehlstellung* der *Zehen*. Aufgrund mangelhafter Stabilisierung der Grundgelenke geraten die Zehen in den *Articulationes metatarsophalangeae* durch den Zug der Zehenstrekker in eine Hyperextensionsstellung. Man bezeichnet diese Fehlstellung als *Krallenzehe*. Bei der Krallenzehe haben die gebeugten Mittel- und Endglieder keinen Kontakt zum Boden. Bedingt durch die Fehlstellung und durch den mangelnden Zug der Mm. interossei an den Ligg. plantaria sind die Faser-Knorpel-Platten an den Basen der Grundphalangen nach dorsal-distal verlagert, so daß ihre Polsterfunktion für die Köpfe der Ossa metatarsalia entfällt (s. oben). Die nach distal-plantar luxierten *Metatarsalköpfe* sind damit einer unphysiologischen *hohen Druckbeanspruchung* ausgesetzt. Eine Kontraktur im proximalen oder seltener distalen Zehengelenk bei nach dorsal extendierter Grundphalanx bezeichnet man als *Hammerzehe*.

Die Großzehe wird im *Grundgelenk* durch die *Mm. flexores hallucis brevis* und *longus* sowie durch die *Mm. abductor hallucis* und *adductor hallucis* gebeugt. Die Flexionswirkung der kurzen Großzehenmuskeln ist aufgrund der Einlagerung von Sesambeinen in ihre Ansatzsehnen (großer virtueller Hebelarm) besonders groß. Auf die Flexion im *Großzehenendgelenk* wirkt allein der *M. flexor hallucis longus*.

Die Hauptfunktion der Zehenbeuger besteht darin, die Zehen des auf die Zehenballen erhobenen *Fußes* vom *Boden abzustoßen*. Durch die Plantarflexion werden die Zehen mit großer Kraft gegen den Boden gepreßt.

Spreizen (Abduktion) und *Schließen* (Adduktion) der Zehen wird in den Zehengrundgelenken ausgeführt. Das Bewegungsausmaß unterliegt starken individuellen Schwankungen. Die Bewegungen erfolgen um den 2. Zehenstrahl, der durch die von medial und lateral an ihm inserierenden Mm. interossei dorsales I und II als Bewegungszentrum fixiert wird. Beim Spreizen der Zehen führen die Mm. interossei dorsales III und IV sowie der M. abductor digiti minimi die 3. bis 5. Zehe nach lateral. Die Großzehe wird durch den M. abductor hallucis nach medial gebracht. Schließen der Zehen bewirken die Mm. interossei plantares, indem sie die 3. bis 5. Zehe dem 2. Zehenstrahl nähern. Die Großzehe wird durch den M. adductor hallucis nach lateral geführt. Spreizen der Zehen ist mit einer Dorsalextension kombiniert.

Die an der *Planta pedis* zu den Zehen laufenden *Muskeln* beteiligen sich an der aktiven *Verspannung der Fußwölbungen*. Ihr Wirkungsgrad hängt dabei von der Lage der Muskeln an der Fußsohle ab. Ihre Verlaufsrichtung ist maßgebend für die Verspannung der Längs- und/oder Querwölbung (s. S. 642).

Die plantaren Muskeln wirken im Hinblick auf die Beanspruchung der Mittelfußknochen als *Zuggurtung* und verringern durch ihre Verspannung deren Biegemoment (s. S. 86, Abb. 3.**34**).

Mechanik des Fußes

Belastung und Beanspruchung

Im Stehen wird das *Teilkörpergewicht* im oberen Sprunggelenk über den Talus auf den *Vorfuß* und auf den *Rückfuß* übertragen (Abb. 7.**179**) Der Körper befindet sich im aufrechten Stand nur dann im (labilen) *Gleichgewicht,* wenn das Schwerpunktslot des Teilkörpergewichts in die *Unterstützungsfläche* fällt (Abb. 7.**178**). Beim *einbeinigen* Stand entspricht die Unterstützungsfläche dem Fußsohlenumriß des Standbeines. Im *bipeden Stand* wird die Unterstützungsfläche durch die lateralen Fußränder, die Zehenspitzen sowie die Verbindungslinien beider Großzehen und Fersen begrenzt (Abb. 7.**178**). Bei *entspannter* (sogenannter lässiger) *Haltung* trifft das *Schwerpunktslot* im beidbeinigen Stand etwa 1–2 cm vor der Verbindungslinie zwischen beiden Ossa navicularia innerhalb der Mediane in die Unterstützungsfläche. Bei Einnahme sogenannter *straffer Haltung* (s. Abb. 5.**119**) verlagert sich das Körperschwerpunktslot weiter nach vorn in die Mitte der Unterstützungsfläche. Die günstigste Fußstellung für die Projektion des Schwerpunktslotes bei der Stabilisierung des Körpers wird im beidbeinigen Stand dann erreicht, wenn die medialen Fußränder einen nach vorn offenen Winkel von 30° miteinander bilden. Der *Schwerpunkt* kann im bipeden Stand innerhalb der Unterstützungsfläche willkürlich in der Sagittalebene nach vorn und nach hinten oder in der Frontalebene auf die rechte und auf die linke Körperseite *verlagert* werden. Zur Erhaltung des *Gleichge-*

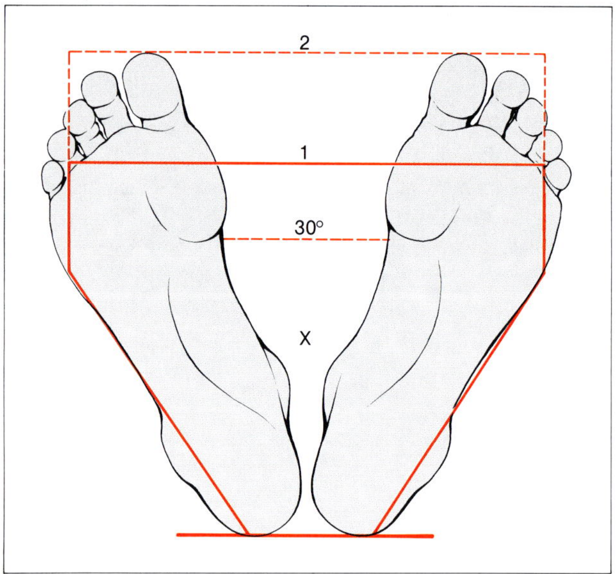

Abb. 7.**178** **Fußstellung in funktionell günstiger Position mit einem Öffnungswinkel von 30°.** Das Lot des Körperschwerpunkts trifft vor dem oberen Sprunggelenk in die Unterstützungsfläche (×). Bis zur Grenzlinie 1 erfolgt bei einer Schwerpunktverlagerung nach vorn die Stützung noch durch das Fußskelett. Der Körperschwerpunkt kann unter Erhaltung des Gleichgewichts bis zur Linie 2 vorverlagert werden, wenn zusätzlich Muskeln (Flexoren) zur Stabilisierung eingesetzt werden. Diese Situation tritt z. B. beim Vorwärtsbeugen des Körpers und beim Gehen auf (nach *Morton* 1964).

wichts werden die veränderten Drehmomente der Last dann durch entsprechende Muskelkräfte kompensiert.

Im ruhigen Stand ist die Projektion des Körperschwerpunktes innerhalb der Unterstützungsfläche nicht fixiert, sondern das *Schwerpunktslot* wandert geringgradig um einen Mittelpunkt. Die minimalen *Schwankungen* des Schwerpunktslotes werden reflektorisch durch die Muskeln kompensiert. Die Stabilisierung der *Schwerpunktslage* erfolgt über Reflexbögen von seiten der Sinnesorgane der Tiefensensibilität (*Propriozeptoren*) sowie mit Hilfe des visuellen und vestibulären Systems. Bei Patienten mit Störungen des Gleichgewichtssinnes (z. B. bei zerebellaren Syndromen) kommt es zu starken Schwankungen der Projektion des Körperschwerpunktes innerhalb der Unterstützungsfläche (positiver Rombergscher Versuch).

Das Teilkörpergewicht wird am Rückfuß über das Tuber calcanei auf das Fersenpolster und am Vorfuß über die Mittelfußköpfe auf die Zehenballen übertragen. Die *Haut der Fußsohle* stellt als *Sinnesorgan* den Kontakt zum Boden her. Über die Rezeptoren in der Fußsohle wird die Beschaffenheit des Bodens im Stehen und bei der Fortbewegung wahrgenommen. Das *subkutane Bindegewebe* an Ferse und Zehenballen ist an die Funktion der Kraftübertragung durch seinen Aufbau nach Art eines *„Druckkammersystems"* angepaßt (s. Abb. 7.**155**). Beim Erwachsenen kommen normalerweise ein Innenballen unter dem Kopf des Os metatarsale I (Großzehenballen) und ein Außenballen im Bereich der Metatarsalköpfe (II) III–V vor. Die „Druckkammern" enthalten im Innern fettreiches Bindegewebe, das außen von derbem kollagenfaserigem Bindegewebe umhüllt wird. Die Bindegewebsfasern der Subcutis sind an den Faszien der Fußsohle und am Skelett verankert. Unter dem *Tuber calcanei* haben die *Bindegewebssepten* eine spiralige Anordnung, so daß sich der Belastungswiderstand bei Belastung erhöht. Unter Einwirkung des Teilkörpergewichts wird das Fußsohlenpolster an der Ferse etwa um die Hälfte zusammengepreßt, der Calcaneus tritt tiefer und das Bindegewebe verlagert sich seitwärts. Die elastische Verformbarkeit des Fußsohlengewebes bewirkt eine *Stoßdämpfung* für die an der Planta pedis liegenden Strukturen (Muskeln und Leitungsbahnen sowie Skelettsystem).

Der *Flächendruck* wird im Barfußstand am Vorfuß mit 5–15 N/cm^2 und an der Ferse mit 11–40 N/cm^2 angegeben. Beim Tragen von Schuhen nimmt die Belastung der Ferse zu. An Orten hoher Druckeinwirkung ist das *Stratum corneum* der *Fußsohlenhaut* verdickt. Dies trifft normalerweise für den Bereich der Ferse und des Großzehenballens zu. Schwielenbildungen an normalerweise nicht belasteten Stellen lassen auf eine Fehlbelastung als Folge einer Fußdeformation schließen. So kommt es, z. B. beim Spreizfuß, zu einer starken Verhornung im Bereich der Metatarsalköpfe II und III. Beim Klumpfuß zeigt die Haut des lateralen Fußrandes eine starke Schwielenbildung.

Die *Belastung der Fußsohle* ist von der Fußstellung und von der Körperhaltung abhängig. Über die *Abstützung* des Fußes im Bereich der Ossa metatarsalia bestehen unterschiedliche Ansichten, es wird sowohl eine *Dreipunktabstützung* als auch eine *Zweipunktabstützung* diskutiert. Bei der *Dreipunktabstützung* liegen die Areale zur Übertragung des Bodendruckes am *Fersenbein* und an den *Köpfen* der *Ossa metatarsalia I* und *V*. Geht man von einer *Zweipunktabstützung* aus, so dienen die *Ferse* und der *Kopf* des *Os metatarsale I* als Stützzonen, während der laterale Fußrand und der 5. Mittelfußknochen nach dieser Vorstellung für hohe Dauerdruckbelastungen ungeeignet erscheinen. Beim Aufsetzen der Ferse liegt die Zone höchster Druckbelastung häufig im lateralen Bereich, entsprechend zeigt der Schuhabsatz hier seine größte Abnutzung. Bei Ermüdung infolge langer und starker Belastung kann man oft eine Verlagerung des Sohlendrucks von medial nach lateral beobachten. Übereinstimmung herrscht darin, daß sich die *Hauptbelastung in der Abstoßphase* des Ganges auf den *1. Strahl* verlagert, während die übrigen Ossa metatarsalia entlastet sind.

Das auf dem Vorfuß und auf dem Rückfuß lastende *Teilkörpergewicht* hat die Tendenz, die Auflageflächen der Fußwölbungen auseinanderzudrücken. *Die Abflachung* der Fußwölbungen wird durch die als *Gegenkraft* wirkende *Zugverspannung* der plantaren Bänder und Muskeln verhindert. Die *Belastung* der *Skelettelemente* des *Vorfußes* erfolgt damit über eine resultie-

Abb. 7.**179a** **Statische Belastung des Fußes im Stand bei aufliegender Fußsohle.** Der Fuß wird im oberen Sprunggelenk durch eine resultierende Kraft Rt belastet, die sich aus den Vektoren des zu tragenden Teilkörpergewichts G und der Gleichgewicht herstellenden Muskelkraft der Flexoren Mt zusammensetzt. Die Skelettelemente des Vorfußes werden durch die Teilresultierende Ra belastet. Ra ist die Vektorsumme aus der Auflagekraft –Ga im Bereich der Metatarsalköpfe und der plantaren Zugverspannung –P. Das Skelett des Rückfußes wird durch die Resultierende Rp belastet, die sich aus der plantaren Zugverspannung P und der Kraft –Xp zusammensetzt. Die rückdrehende Kraft der Ferse –Xp setzt sich ihrerseits aus den Teilkräften –Gp und dem Muskelzug –Mt zusammen. Die Resultierende Ra verläuft im Stand nahezu zentrisch durch die Längsachse der Mittelfußknochen (vgl. Abb. 3.**34**).

Abb. 7.**179b** **Dynamische Belastung des Fußes** (Gd) beim Gang in der Abstoßphase des Vorfußes. Die Größe der am Vorfuß wirkenden Teilkraft Ra verläuft zentrisch durch die Mittelfußknochen. Übrige Bezeichnungen wie in **a** und **c** (nach *Kummer* 1967)

Abb. 7.**179c** **Dynamische Belastung des Fußes** (Gd) beim Gang in der Abstützphase der Ferse. Die Kraft Gd setzt sich aus dem Teilkörperteilgewicht und der Trägheitskraft zusammen. Ma entspricht der Kraft der Dorsalextensoren des Fußes. Übrige Bezeichnungen wie in **a**.
Die am Vorfuß wirkende resultierende Kraft Ra verläuft in dieser Phase des Ganges außerhalb der Längsachse der Mittelfußknochen.

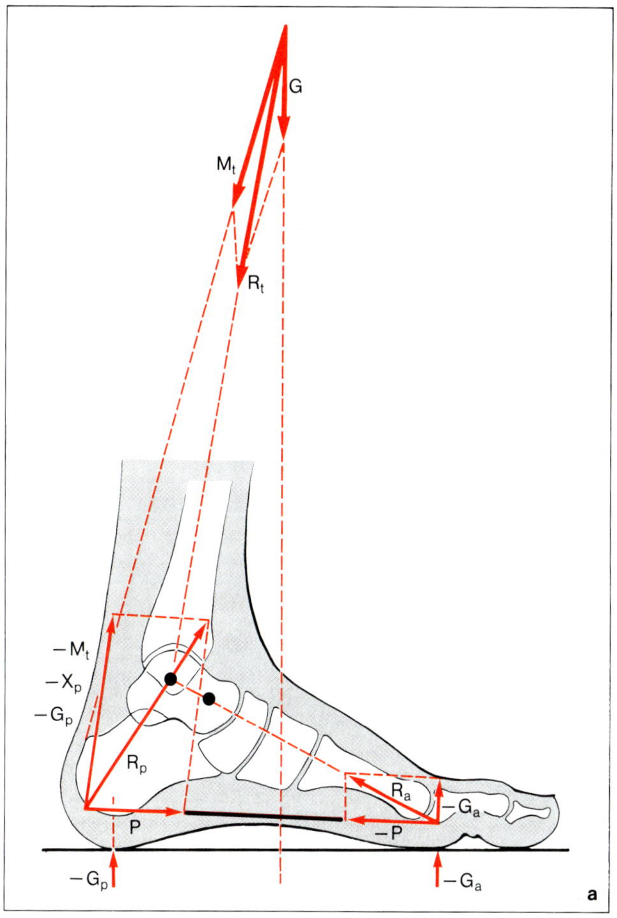

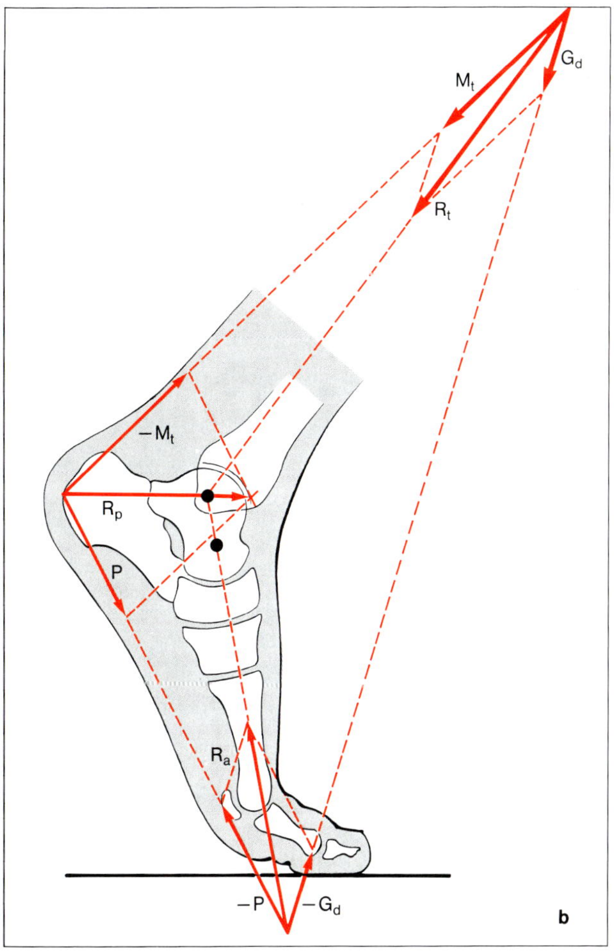

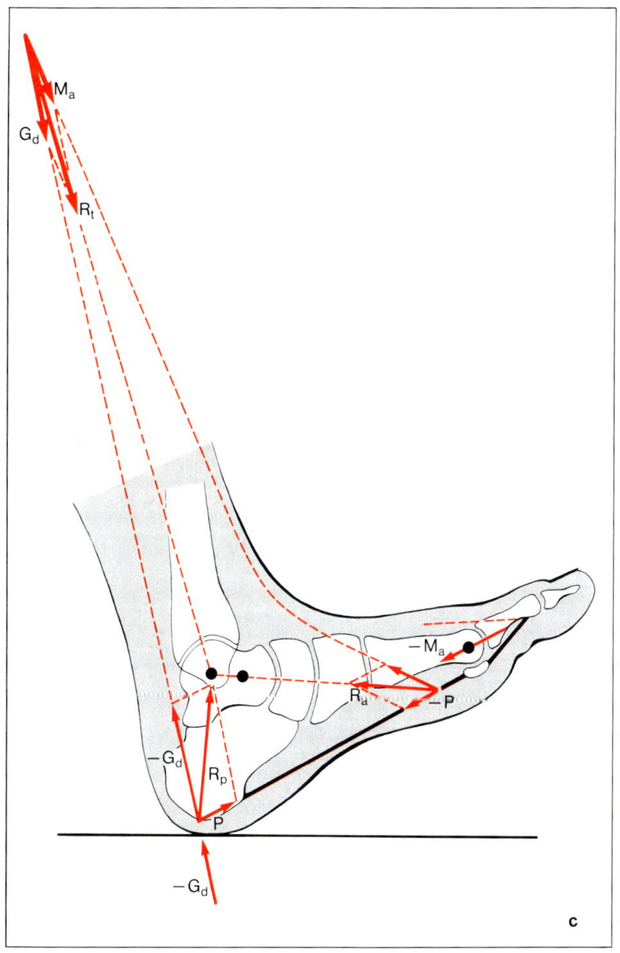

rende Kraft, die sich aus der Vektorsumme der am Vorfuß wirkenden Last des Teilkörpergewichts (Bodendruck) und der dieser Kraft entgegenwirkenden Zugverspannung durch die plantaren Muskeln und Bänder zusammensetzt (s. Abb. 7.**179**). Im *Stehen* verläuft die Resultierende am Vorfuß nahezu zentrisch durch die Mittelfußknochen. Die Ossa metatarsalia werden daher in der Standphase vorwiegend auf Druck und nur geringgradig auf Biegung beansprucht. In der *Abstoßphase* des Ganges nimmt die Belastung am Vorfuß zwar zu (Abb. 7.**179b**), die Resultierende verbleibt jedoch zentrisch innerhalb der Längsachse der Mittelfußknochen, so daß diese eine reine Druckbeanspruchung erfahren. Beim *Aufsetzen der Ferse* ändert sich der Beanspruchungsmodus des Vorfußes. Die Resultierende verläuft in dieser Phase außerhalb der Knochenachse, so daß die Mittelfußknochen auf Biegung beansprucht werden (s. Abb. 7.**179c**). Da der Vorfuß in dieser Stellung jedoch keine Last zu tragen hat, bleibt die Beanspruchung relativ niedrig.

Bei der Belastung des Vorfußes wirken die *plantaren Bänder* und *Muskeln* als *Zuggurtung*. Den mechanisch günstigsten Effekt für die Herabsetzung der *Biegebeanspruchung* der Mittelfußknochen haben die nahe den Auflagepunkten angreifenden Verspannungsstrukturen (Plantaraponeurose und kurze Fußmuskeln). Entfällt die Zuggurtungswirkung, z. B. bei *Insuffizienz* der plantaren muskulären Verspannungs-

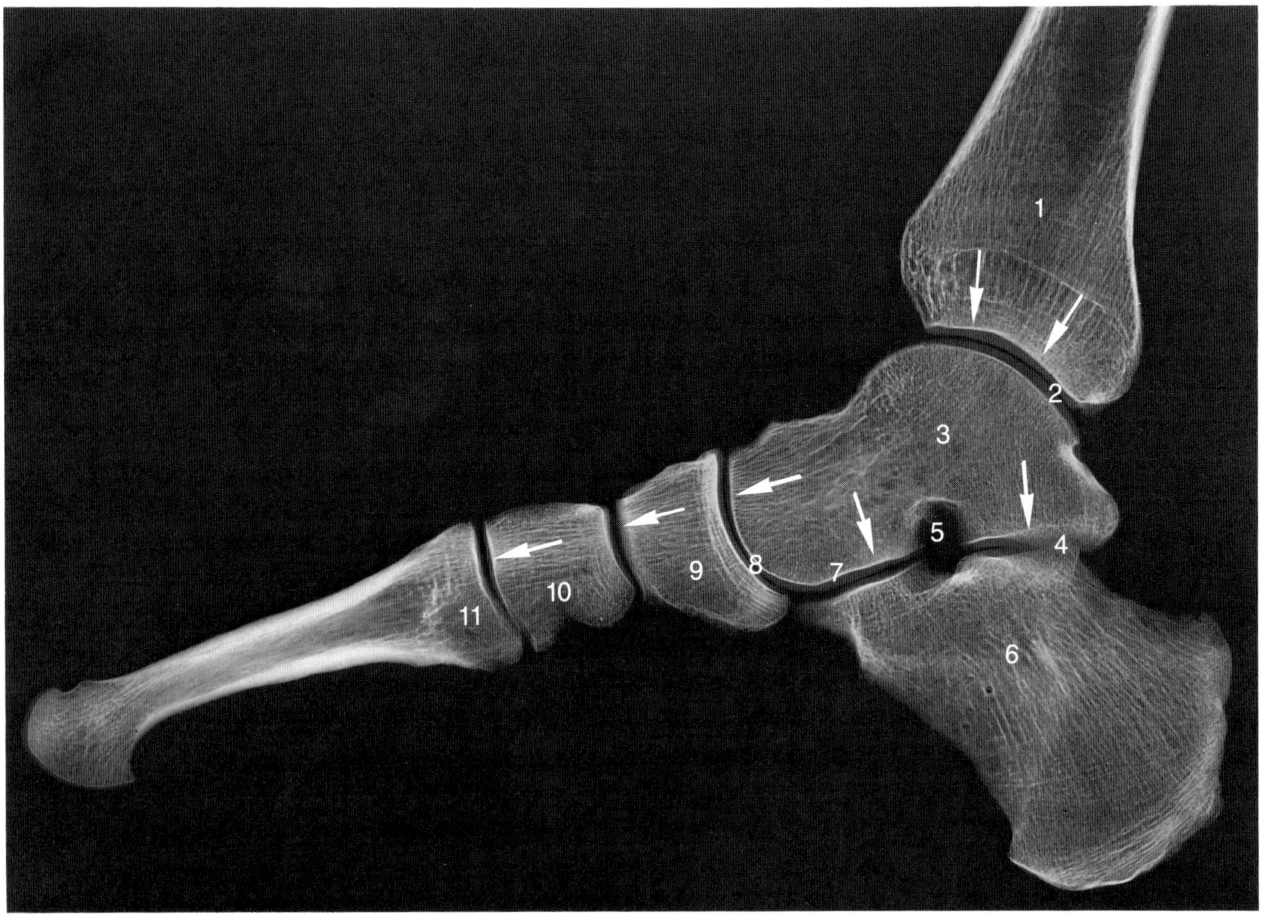

Abb. 7.**180** **Röntgenbild eines 3 mm dicken, planparallelen Sagittalschnittes durch den rechten Fuß eines Mannes im Bereich des 2. Strahles.**

1 Tibia
2 Articulatio talocruralis
3 Talus
4 Articulatio subtalaris
5 Canalis tarsi
6 Calcaneus
7 Articulatio talocalcanea der vorderen Kammer des unteren Sprunggelenks
8 Articulatio talonavicularis der vorderen Kammer des unteren Sprunggelenks
9 Os naviculare
10 Os cuneiforme intermedium
11 Os metatarsale II

Im oberen Sprunggelenk (2) wird die Last von der Tibia (1) auf den Talus (3) und von diesem in den Kammern des *unteren Sprunggelenks* (4, 7 und 8) auf Calcaneus (6) und Os naviculare (9) übertragen. Die Spongiosatrabekel der Knochen verlaufen in Richtung der aus der Belastung des Fußes resultierenden Druckspannungen (s. Abb. 7.**179**), deren Richtung durch Pfeile markiert ist. Die Spongiosatrabekel treffen im Gelenkbereich senkrecht in die subchondrale Corticalis.

strukturen infolge einer Überbeanspruchung (lange Märsche bei untrainierten Personen), so nimmt die Biegebeanspruchung in den Mittelfußknochen erheblich zu, da dann die Verspannung durch tiefer liegende Strukturen (Lig. plantare longum, Sehnen der langen Fußmuskeln) erfolgen muß, was zu einer exzentrischen Lage der Resultierenden an den Ossa metatarsalia führt (s. Abb. 3.**34**). Die hohe Biegebeanspruchung führt zum Knochenabbau und Knochenumbau. In diesem Zusammenhang treten nicht selten *Frakturen* an den Mittelfußknochen („Streßfrakturen“, „Marschfrakturen“) auf.

Der *Rückfuß* wird im Stehen durch eine Resultierende belastet, die sich aus der Vektorsumme der Teilkörperlast über der Ferse (Bodendruck) und der Kraft der plantaren Zugverspannung sowie des M. triceps surae zusammensetzt (s. Abb. 7.**179**). Der *Calcaneus* wird durch die am Rückfuß wirkende Resultierende physiologischerweise auf *Biegung* beansprucht (s. Abb. 3.**19**). Bei insuffizienter Zugverspannung können am Calcaneus ebenfalls *„Marschfrakturen“* auftreten.

Fußwölbungen

Der aufrechte Gang hat beim Menschen im Vergleich mit den übrigen Primaten zu einer Stellungsänderung der Skelettelemente des Rückfußes geführt (s. S. 594). Indem sich der Talus über den Calcaneus lagert, entstehen die für den menschlichen Fuß typischen *Wölbungen*, in denen der *Talus* den *„Schlußstein“* bildet. Man unterscheidet am Fuß eine *Längs-* und eine *Querwölbung*. Die *Querwölbung* resultiert aus der Lage von Calcaneus, Talus und Os naviculare sowie der keilförmigen Anordnung der Ossa cuneiformia und des Os cuboideum. Die Querwölbung setzt sich in den Bereich der Mittelfußknochen fort. Den höchsten Bogen der *Längswölbung* bildet der zweite Strahl (2. Zehe, Os metatarsale II, Os cuneiforme intermedium, Os naviculare und Calcaneus) (s. Abb. 7.**155**).

Die *Verklammerung* der Knochen im Gefüge der Fußwölbungen erfolgt durch *Bänder* und *Sehnen*. Das auf dem Fuß lastende Teilkörpergewicht hat die Tendenz, die Auflageflächen der Fußwölbungen auseinanderzudrücken. Eine *Abflachung* wird durch die Verspannung der plantaren Bänder und Muskeln verhindert, die den *Spreizkräften* an den Auflagestellen der Wölbungen entgegenwirken. Der *Erhaltung* der *Längs-* und *Querwölbung* können nur Strukturen dienen, die *unter* der Planta pedis ziehen. An der Zugverspannung beteiligen sich alle an der Planta pedis ziehenden Muskeln, Sehnen und Bänder. Die Wirkung der einzelnen Verspannungsstrukturen auf die Erhaltung der Fußwölbungen hängt von ihrer *Lage* und von ihrem *Verlauf* an der Fußsohle ab.

Der *Verlauf* der Muskeln, Sehnen und Bänder an der Planta pedis bestimmt im wesentlichen, welche Wölbung verspannt wird. Die *kurzen Fußmuskeln* (M. abductor hallucis, M. flexor hallucis brevis, M. flexor

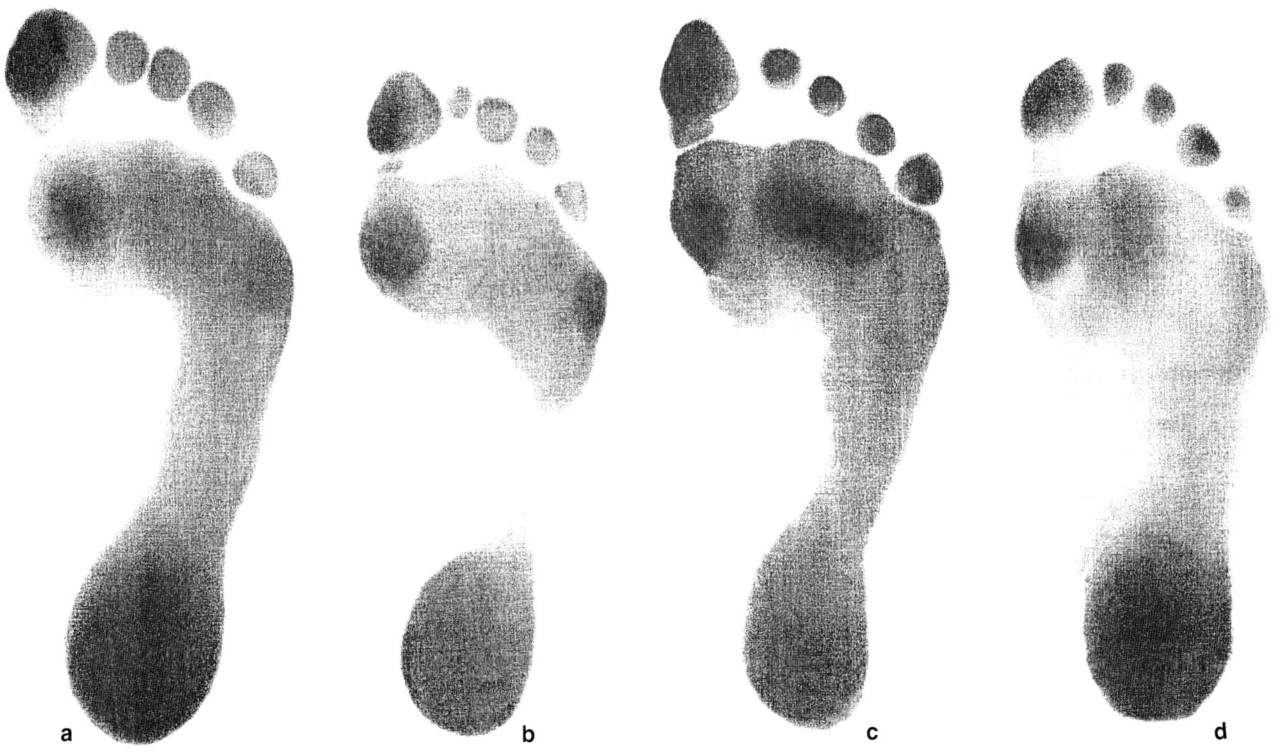

Abb. 7.**181 a–d** **Fußabdrücke (Podogramme) rechter Füße von Erwachsenen.**
a Normale Fußwölbungen,
b verstärkte Fußwölbungen („Fuß mit hohem Spann“),
c Spreizfuß,
d abgeflachte Fußwölbungen (Knick-Platt-Fuß).
(vgl. Abb. 7.**185**)
(Zusammengestellt von Priv.-Doz. Dr. *J. Hassenpflug*, Orthopädische Klinik der Universität zu Kiel, Direktor: Professor Dr. *W. Blauth*)

digitorum brevis, M. abductor digiti minimi), die *Plantaraponeurose* und das *Lig. plantare longum* verlaufen in Längsrichtung des Fußes. Sie wirken damit auf die Erhaltung der *Längswölbung*. Die Sehnen der langen Fußmuskeln verlaufen schräg an der Planta pedis, ihre wirksame Endstrecke kann in eine Längs- und in eine Querkomponente zerlegt werden. Die wirksame Endstrecke des *M. peronaeus longus* reicht vom Sulcus tendinis m. peronaei longi des Os cuboideum bis zur Insertion am Os cuneiforme mediale und Os metatarsale I. Die Zerlegung der Kräfte ergibt eine große Querkomponente und eine kleine Längskomponente. Der M. peronaeus longus trägt damit vor allem zur Verspannung der *Querwölbung* des Fußes bei (Abb. 7.**187**). Er bildet mit dem *M. tibialis posterior,* der sowohl die Längs- als auch die Querwölbung verspannt (Abb. 7.**186**), eine tendinöse Verklammerung an der Planta pedis (s. Abb. 7.**175**). Das *Caput transversum* des *M. adductor hallucis* (s. Abb. 7.**174**) wirkt gemeinsam mit dem *Lig. metatarseum transversum profundum* ausschließlich auf die Verspannung der Querwölbung im Bereich der Ossa metatarsalia.

Die *Extensoren* des Fußes haben keinen positiven Einfluß auf die Erhaltung der Fußwölbungen. Die vielfach vertretene Meinung, der M. tibialis anterior könne die Fußwölbung aufrichten, würde mechanisch dem „Prinzip" des Baron von Münchhausen folgen, der berichtet, sich selbst und sein Pferd am eigenen Haarschopf aus dem Morast gezogen zu haben.
Zur Veranschaulichung, welche Strukturen an der Planta pedis am günstigsten auf die Verspannung wirken, kann die Längswölbung mit einem *parabolischen Bogen* verglichen werden (Abb. 7.**184**). Die *Spreizkraft* (H) des Bogens hängt von seiner *Belastung* (q) und seiner Höhe (f) sowie von der *Länge der Bogensehne* (l) ab: $H = \frac{q \times l^2}{8 \times f}$. In Übertragung auf den Fuß bedeutet dies, daß *die* Strukturen am besten zur Verspannung beitragen, die am weitesten plantar liegen. Die kurzen Fußmuskeln und die Plantaraponeurose haben danach die beste Wirkung auf die Erhaltung der Längswölbung. Die *Verspannung* durch die weit plantar liegenden Strukturen ist mechanisch gesehen insofern günstig, da aufgrund des längeren Hebelarms das Moment mit geringerem Kraftaufwand erzielt werden kann (s. Abb. 7.**183**).
Aus der Formel über die Belastung des parabolischen Bogens geht weiter hervor, daß die *Spreizkraft* zunimmt, wenn das Gewölbe flacher wird. Dies wiederum hat eine höhere Beanspruchung der zur Verspannung eingesetzten Strukturen zur Folge. Bei einer Abflachung der Fußwölbungen führt diese Gesetzmäßigkeit zur Überbeanspruchung des Bandapparates und der Muskulatur.

Die wichtigsten Bestandteile des *ligamentären plantaren Verspannungssystems,* Plantaraponeurose, Lig. plantare longum und Pfannenband, liegen in drei Ebenen (s. Abb. 7.**183**). Die drei Bänder sind bezüglich ihrer Wirkung für die Verspannung der Fußwölbung voneinander abhängig. Durch die *mehrfache Verspannung* wird die Beanspruchung der Mittelfußknochen im Sinne einer Zuggurtung verringert (s. S. 86).
Die *Höhe* der *Fußwölbungen* wechselt mit der Fußstellung und -haltung. Die Höhe des medialen Randes der Längswölbung hängt z. B. von der Stellung des Calca-

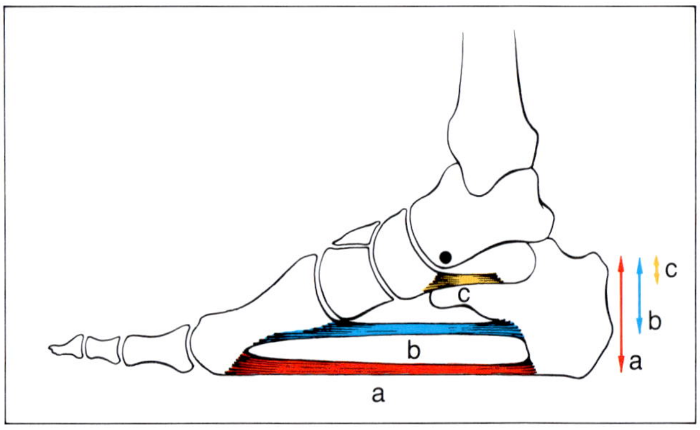

Abb. 7.**183** **Schematische Darstellung der plantaren Verspannungssysteme für die Längswölbung des Fußes durch die Plantaraponeurose (a), das Lig. plantare longum (b) und das Pfannenband (c).**
Man beachte die unterschiedliche Größe des Abstandes zwischen der Lage der Bänder und dem Krümmungsscheitel der Fußwölbung (•) (nach *Tillmann* 1977)

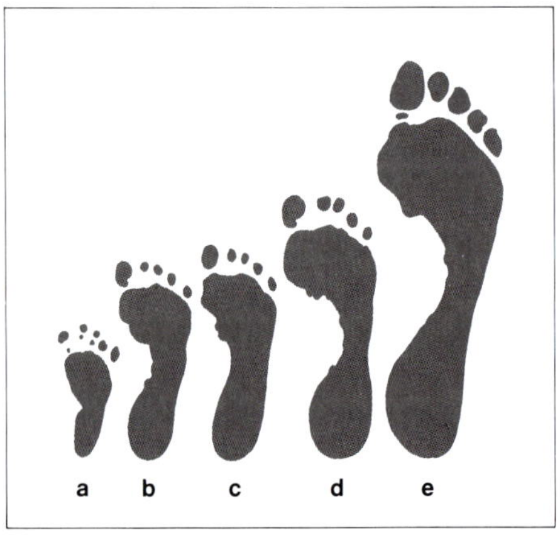

Abb. 7.**182a–e** **Fußabdrücke.**
a Beim 3 Monate alten Säugling, **b** beim 2jährigen Kind, **c** beim 3jährigen Kind, **d** beim 7jährigen Kind, **e** beim Erwachsenen (aus *Lockhardt, Hamilton* u. *Fyfe* 1959)

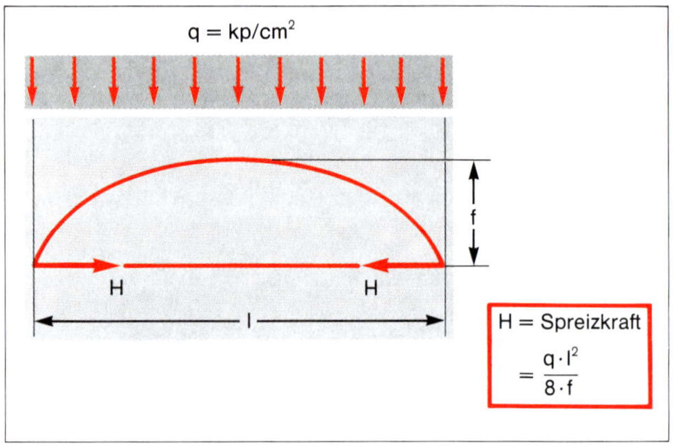

Abb. 7.**184** **An einem parabolischen Bogen hängt die Größe der Spreizkraft (H) von der Belastung (q), der Distanz zwischen den Auflagepunkten (l) und von der Höhe (f) des Bogens ab** (nach *Hirschfeld* 1965).

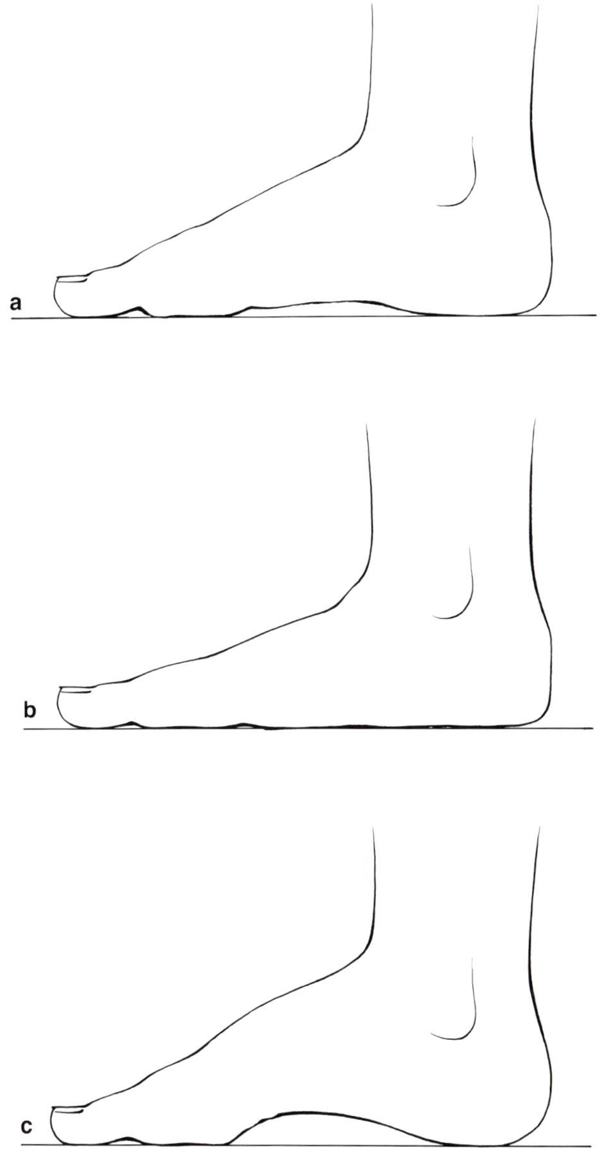

Abb. 7.185 a–c **Rechte Füße in der Ansicht von medial mit unterschiedlicher Ausbildung der Fußwölbungen.**
a Normale Wölbungen,
b Wölbungen vollständig aufgehoben (Plattfuß),
c Wölbungen verstärkt (Hohlfuß).
(vgl. Abb. 7.**181**)
(nach *Debrunner* 1978)

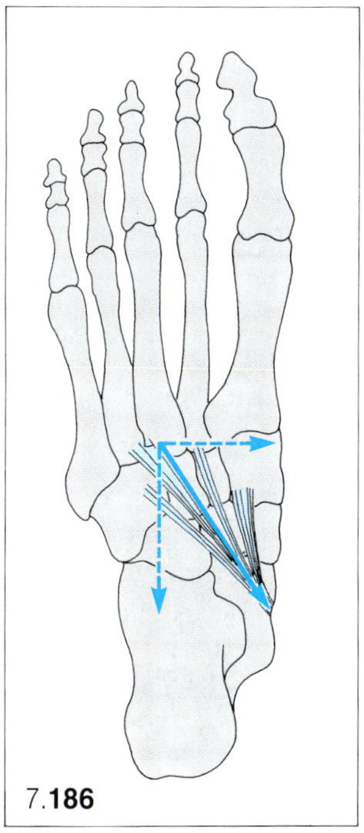

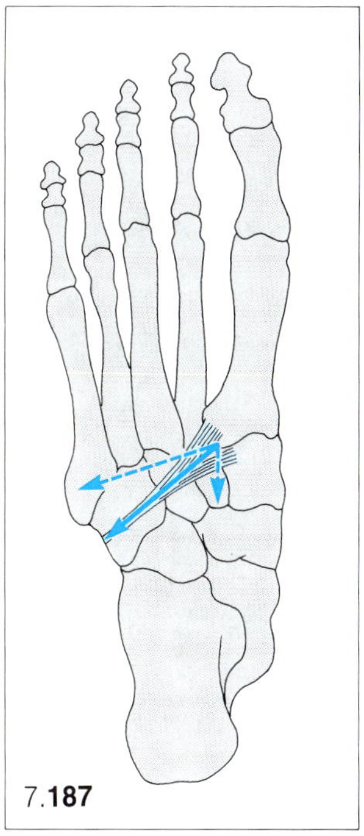

Abb. 7.**186** **Wirksame Endstrecke des M. tibialis posterior.** Die schräg unter dem Fuß verlaufende Ansatzsehne kann in eine Quer- und in eine Längskomponente zerlegt werden. Der Muskel verspannt damit sowohl die Quer- als auch die Längswölbung des Fußes (nach *Tillmann* 1977).

Abb. 7.**187** **Wirksame Endstrecke des M. peronaeus longus.** Die Kraft der Ansatzsehne kann in eine große Quer- und in eine kleine Längskomponente zerlegt werden. Der Muskel wirkt damit überwiegend auf die Erhaltung der Querwölbung des Fußes.

neus zum Vorfuß ab. In Varusstellung des Calcaneus wird die Längswölbung höher, in Valgusstellung flacher. Bei Dorsalextension der Zehen im Stehen oder beim Abrollen des Fußes nimmt die Längswölbung des Fußinnenrandes zu (s. Abb. 7.**123**). Die Fußwölbung ist bei Divergenz- und Konvergenzstellung der Füße höher als in Parallelstellung.

Am gesunden Fuß werden die Fußwölbungen im Stehen allein durch die plantaren Bänder verspannt. Nur der Bandapparat ist befähigt, Dauerbelastungen standzuhalten. Bei kurzzeitigen, starken Belastungen, z. B. Laufen auf unebenem Boden, werden zusätzlich Muskelkräfte eingesetzt. Am gesunden Fuß lassen sich nach starker Belastung, z. B. nach langen Märschen, keine Ermüdungserscheinungen an den plantaren Zugverspannungen beobachten, die zu einer Abflachung der Fußwölbungen führen.

Bei abgeflachten Fußwölbungen, z. B. Senkfuß, Spreizfuß, werden zur Kompensation der erhöhten Spreizkraft (s. oben) zusätzlich Muskelkräfte benötigt. Nach längerer Belastung zeigen solche Füße daher Ermüdungserscheinungen, die eine weitere Abflachung der Fußwölbung zur Folge haben.

Gang, Gehakt

Die *Grundelemente des Gehaktes* sind bei allen (gesunden) Menschen gleich (Abb. 7.**188,** 7.**189,** 7.**190**). Die im Kleinkindalter erlernten Bewegungsabläufe werden zentralnervös reguliert. Bei der reflektorischen Steuerung spielen die Rezeptoren der Tiefensensibilität in Muskeln, Sehnen, Bändern und Gelenkkapseln eine große Rolle. Aus dem *Gangbild* lassen sich bei der neurologischen Untersuchung Aussagen über Störungen der *Koordination* (Ataxie) machen (s. Bd. III).

Der *Bewegungsmodus* während des Gehens zeigt alters- und geschlechtsspezifische sowie körperbauabhängige Unterschiede. Jeder Mensch entwickelt ein

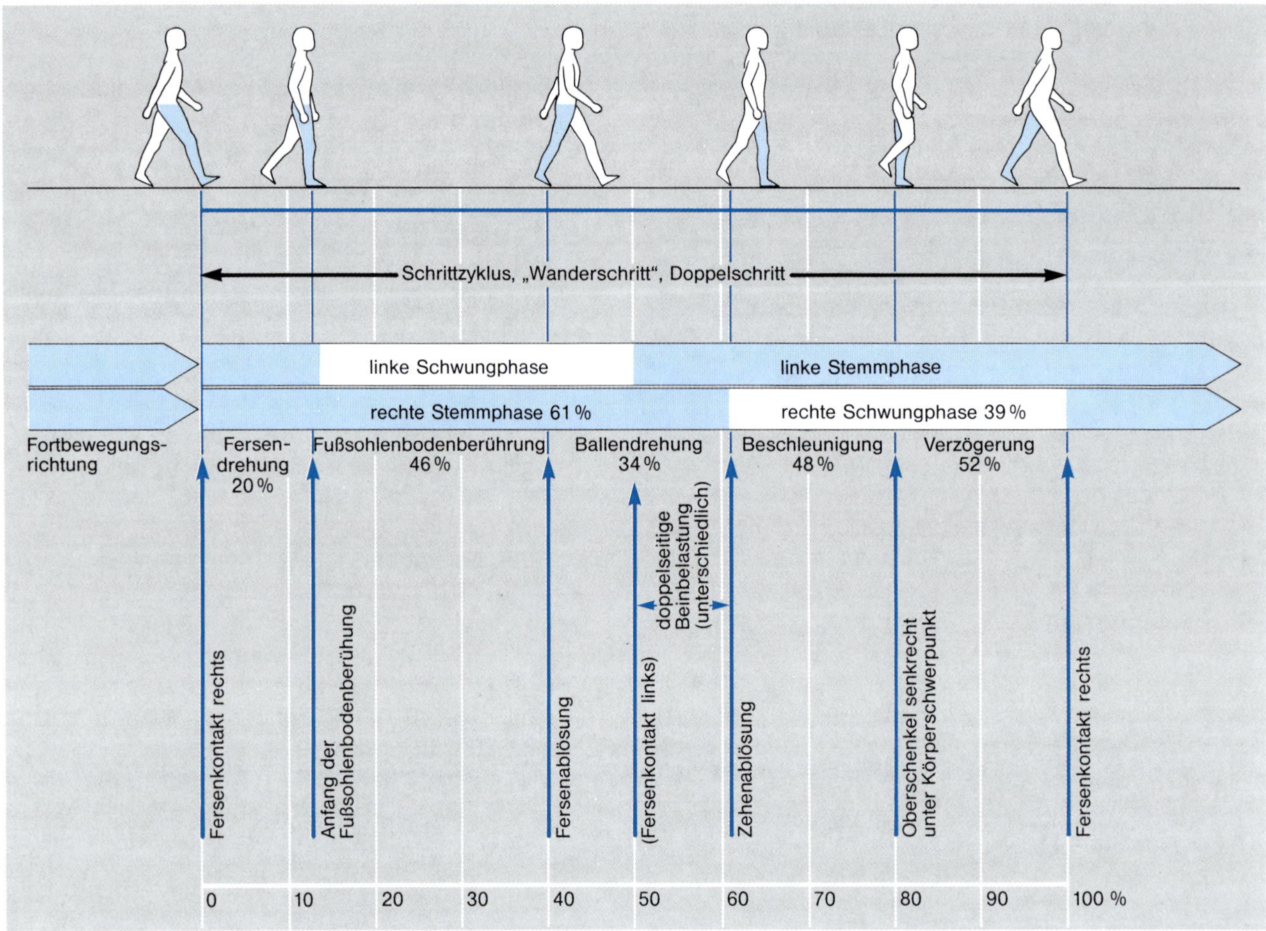

Abb. 7.**188** **Analyse der Gangphasen** (aus *Weil, S., H. U. Weil*, 1966).

charakteristisches Gangbild, zahlreiche Menschen sind oft schon allein daran zu erkennen.

Beim Gehen dient jedes Bein abwechselnd als *Standbein* (Stemmbein) oder als *Schwungbein* („Spielbein"). Das Standbein trägt die Teilkörperlast. Das Schwungbein löst sich vom Boden und schwingt ohne Bodenkontakt in die gewünschte Fortbewegungsrichtung, um dann Kontakt mit einer neuen Standfläche aufzunehmen. Jeder *Gangzyklus* (Abb. 7.**190**) zerfällt in eine *monopodale Standphase* und in eine *Schwungphase* sowie beim normalen „Wanderschritt" in eine Phase der *doppelseitigen Beinbelastung (bipodale Abstützphase)*. Die *Standphase* eines Beines beginnt mit dem Aufsetzen der Ferse am Boden und endet mit der Ablösung der Zehen vom Boden. Entsprechend setzt die *Schwungphase* mit dem Abheben der Zehen ein und reicht bis zum Fersenauftritt. Die *bipodale Abstützphase* beginnt mit dem Aufsetzen der Ferse des Schwungbeines und endet mit dem Abheben der Zehen des Standbeins der Gegenseite. Die *Zeitspanne* der doppelseitigen Beinbelastung hängt von der *Gehgeschwindigkeit* ab. Je langsamer die Gehgeschwindigkeit ist, um so länger werden die Phasen der bipodalen Abstützung. Die Zeitspanne der doppelseitigen Beinbelastung verkürzt sich mit zunehmender Gehgeschwindigkeit. Beim *Laufen* fehlt die doppelseitige

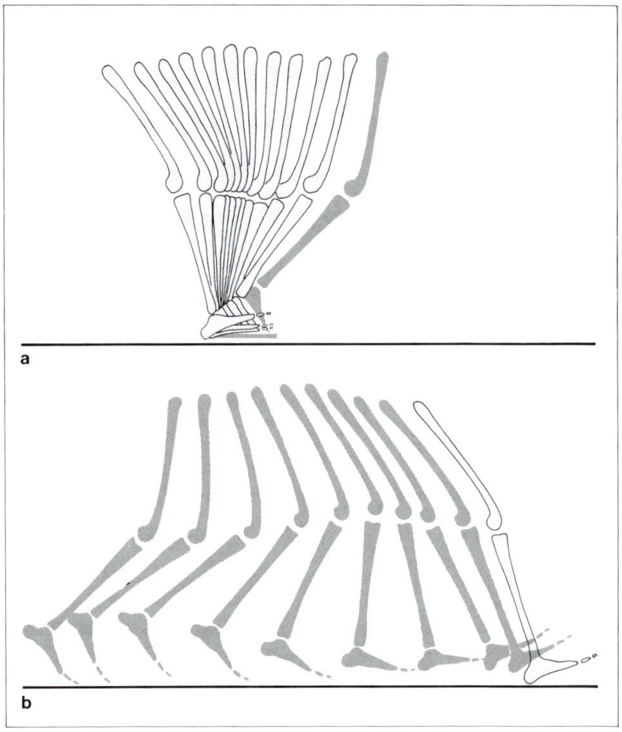

Abb. 7.**189a** u. **b** **Bewegungen der freien unteren Extremität bei einem Schritt.**
a Phasen des Standbeins (hell),
b Phasen des Schwungbeins (dunkel), erste Phase des Standbeins (hell)
(nach Momentaufnahmen von *O. Fischer*, 1901)

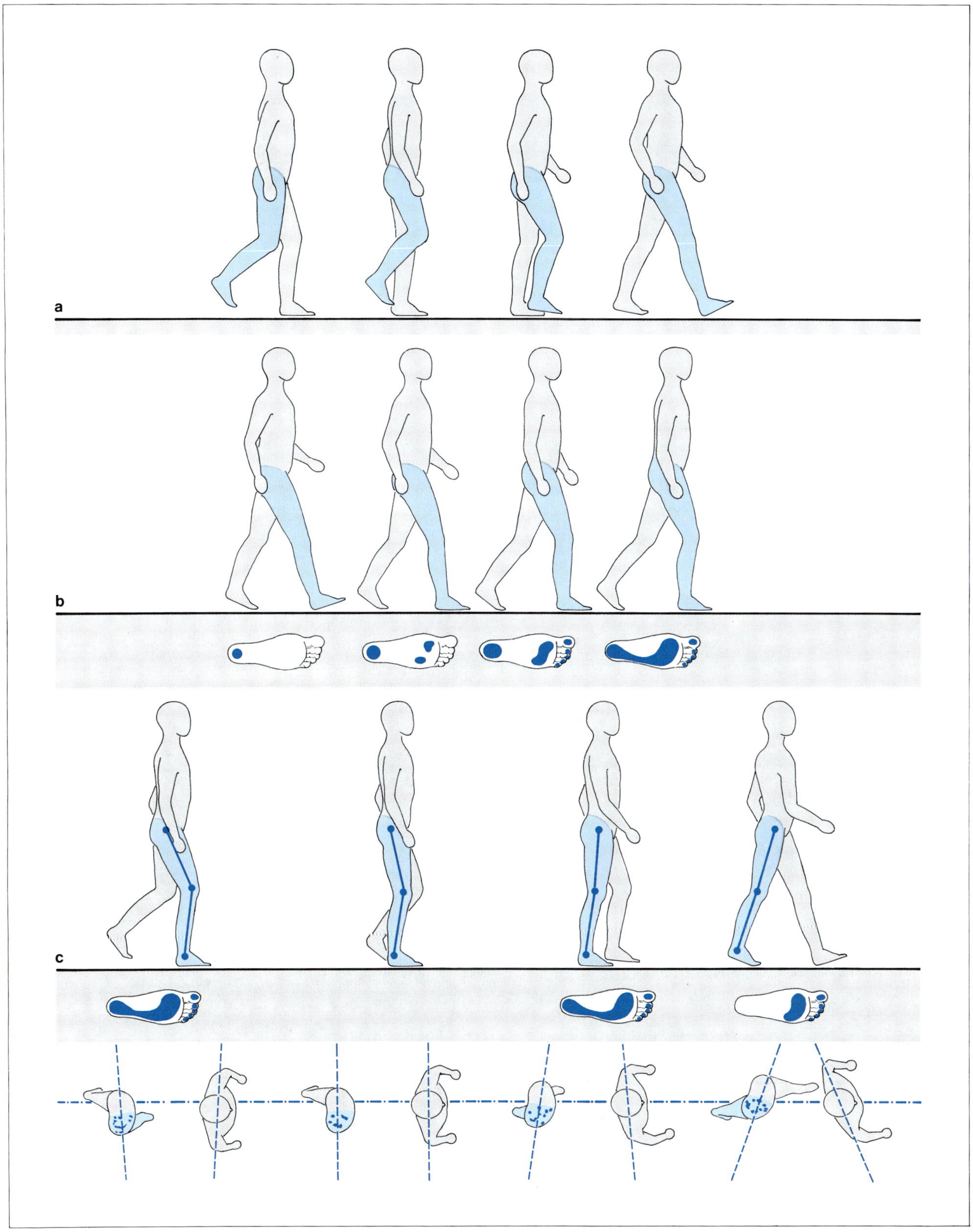

Abb. 7.190a–c **Phasen aus einem normalen Gangbild.**
a Schwungphase des rechten Beines (Schwungbein dunkel), monopodale Abstützphase auf der Gegenseite durch das linke Bein.
b Bipodale Abstützphase. Links Aufsetzen der Ferse des Schwungbeins, rechts voller Sohlenkontakt.
c Monopodale Standphase des rechten Beines. Am Ende der Phase: Abstoßen des Vorfußes auf der Standbeinseite und Aufsetzen der Ferse der Gegenseite. Gegenläufige Bewegungen von Becken und Schulter
(nach *Endler* 1980, dort nach *Ducroquet* 1965)

Beinbelastung vollständig, so daß der Gangzyklus dann nur aus zwei Phasen, Schwung- und Standphase, besteht. Bei hoher Laufgeschwindigkeit (Sprinten) tritt zwischen den Standphasen eine kurze *Schwebephase* auf, in der jeglicher Bodenkontakt der Füße fehlt.

Die *Grundeinheit des Gehaktes* ist der *Gangzyklus*. Er umfaßt einen *Doppelschritt*. Der Gangzyklus entspricht damit dem Zeitraum zwischen zwei Fersenauftritten desselben Fußes (s. Abb. 7.**188**). Die *Zeitdauer* der einzelnen Phasen ist von der Ganggeschwindigkeit abhängig. Bei normaler „Wandergeschwindigkeit" nimmt die Standphase etwa 60–64% und die Schwungphase etwa 36–40% der Zeit des Gangzyklus ein. Die Dauer von Stand- und Schwungphase ist umgekehrt proportional zur Gehgeschwindigkeit zu.

Die *Standphase* wird hinsichtlich des Bewegungsablaufs in weitere *drei Abschnitte* unterteilt (Abb. 7.**190**). Der erste Abschnitt beginnt mit dem Aufsetzen der Ferse und endet mit dem Bodenkontakt der Zehenballen. Er nimmt zeitlich etwa 12% der Standphase ein. Im 2. Abschnitt der Standphase hat der Fuß in einem Zeitraum von etwa 40% der gesamten Standphase vollen Sohlenkontakt. Der 3. Abschnitt der Standphase setzt mit dem Abheben der Ferse ein und endet mit dem Lösen der Zehen vom Boden. Dieser Teil beträgt etwa 48% der Zeit der Standphase und ist damit der längste Abschnitt.

Der Fuß wird beim Gehen in leichter *Auswärtsstellung* (3°–6°) aufgesetzt, wobei die Werte zwischen rechtem und linkem Fuß sowie individuell variieren. Der Fuß ist im *oberen Sprunggelenk* vor dem *Aufsetzen der Ferse* um wenige Grade nach dorsal gestreckt. Nach Aufsetzen der Ferse kommt es zu einer leichten Plantarflexion des Fußes, bis der *volle Sohlenkontakt* erreicht ist. Während des Sohlenkontaktes liegt das *Punctum fixum* für die Bewegungen im oberen Sprunggelenk am Fuß. In dieser Phase bewegt sich der Unterschenkel im oberen Sprunggelenk im Sinne einer Dorsalextension des Fußes nach vorn. Durch die Neigung des Unterschenkels nach vorn wandert der gesamte Körper unter Verlagerung des Schwerpunktes mit der Bewegungsrichtung. In dieser Phase wird auch das Schwungbein am Standbein vorbeigeführt und in Schrittrichtung nach vorn gebracht. Das *Abheben der Ferse* vom Boden erfolgt in Form einer Plantarflexion im oberen Sprunggelenk von etwa 10°. Die Ferse wird bei leichter Außenrotation der Tibia und leichter Inversion im unteren Sprunggelenk aufgesetzt. Während der Rückfußbelastung kommt es im unteren Sprunggelenk zu einer Eversion von etwa 7°, und die Tibia dreht sich nach innen. Beim Abheben der Ferse erfolgt dann eine gegenläufige Bewegung, der Fuß wird in Inversionsstellung vom Boden abgehoben. Im Vorfußstand befindet sich der Rückfuß damit in Supinationsstellung, der Vorfuß ist proniert. Die Tibia dreht sich wieder nach außen. Die Zehen sind in den Grundgelenken während der Phase des Fersenkontaktes nach dorsal extendiert. Hat der Fuß vollen Sohlenkontakt, so befinden sich die Zehen in Neutral-0-Stellung. Beim Abheben der Ferse werden die Zehen, vor allem der Hallux, zunehmend passiv gestreckt. Das *Abstoßen der Zehen* vom Boden erfolgt über eine Plantarflexion in den Zehengelenken. Die Zehenbeuger pressen die Zehen in der Abstoßphase an den Boden.

Die *Standphase* geht mit *charakteristischen Bewegungen* (s. Abb. 7.**190**) im übrigen Teil des Körpers einher. Beim Aufsetzen der Ferse ist das *Hüftgelenk* gebeugt. Das *Kniegelenk* befindet sich in Streckstellung oder leichter Beugestellung. Während das Schwungbein in der Phase des vollen Sohlenkontaktes am Standbein vorbeigeführt wird, werden Knie- und Hüftgelenk des Standbeins zunehmend gestreckt. Am Ende der Abstoßphase befinden sich Knie- und Hüftgelenk in maximaler Extensionsstellung. Das *Becken* wird auf der Standbeinseite in der Frontalebene im Hüftgelenk durch die kleinen Glutaealmuskeln stabilisiert. Der *Teilkörperschwerpunkt* verlagert sich in der monopodalen Standphase ein wenig zur Schwungbeinseite. Bei der Vorwärtsbewegung des Körpers kommt es zu typischen Bewegungsabläufen im Rumpfbereich. Das *Becken* macht auf der Schwungbeinseite eine *Drehbewegung in der Transversalebene nach vorn,* während sich der *Schulterbereich* in *entgegengesetzter Richtung* dreht (Abb. 7.**190**).

Die Vorwärtsbewegung des *Schwungbeins* wird vorwiegend durch *Muskelkräfte* und nur zum Teil durch *Gravitationskräfte* betrieben. Der Muskulatur fällt außerdem die Aufgabe zu, die Einhaltung der Gangrichtung zu kontrollieren. Der vom Boden abgehobene Fuß auf der Schwungbeinseite wird im *oberen Sprunggelenk* nach dorsal extendiert und unter zunehmender Beugung im *Knie-* und *Hüftgelenk* am Standbein vorbeigeführt (s. Abb. 7.**190**). Vor dem Aufsetzen der Ferse kommt es zu einer Streckung im Kniegelenk. Wenn das Schwungbein mit der Ferse am Boden aufgesetzt wird, kompensieren die Muskelkräfte die Beschleunigungskräfte des nach vorn schwingenden Körpers. Beim Aufsetzen der Ferse bewegt sich das Becken zur Schwungbeinseite, außerdem kommt es zu einer leichten *Kippung des Beckens* nach ventral.

Literatur

Amtmann, E.: Bruchfestigkeitsverteilung im menschlichen Femurschaft. Naturwissenschaften 55 (1968) 392

Amtmann, E., B. Kummer: Die Beanspruchung des menschlichen Hüftgelenkes. Z. Anat. Entwickl.-Gesch. 127 (1968) 286–314

Anseroff, N. I.: Die Synovialfalten (Binnenbänder) des menschlichen Hüftgelenks. Z. Anat. Entwickl.-Gesch. 89 (1929) 580–605

Arms, St., J. Boyle, R. Johnson, M. Pope: Strain measurement in the collateral ligament of the human knee: an autopsy study. J. Biomech. 16 (1983) 491–496

Aumüller, G.: Über Bau und Funktion des Musculus adductor minimus. Anat. Anz. 126 (1970) 337–342

Bareither, D. J., J. M. Schuberth, P. J. Evoy, G. J. Thomas: Peroneus digiti minimi. Anat. Anz. 155 (1984) 11–15

Basmajian, J. V., J. F. Lovejoy: Functions of the popliteus muscle in man. J. Bone Jt. Surg. 53 A (1971) 557–562

Basmajian, J. V., T. P. Harden, E. M. Regenos: Integrated actions of four heads of quadriceps femoris: An electromyographic study. Anat. Rec. 172 (1972) 15–20
Bateman, J. E., A. W, Trott: The Foot and Ankle. A Selection of Papers from the American Orthopedic Foot Society Meetings. Thieme. Med. Publ., New York 1980
Baumgarten, K., K. Cretius: Die Geburt und ihre Überwachung. In Wulf, K.-H., H. Schmidt-Matthiesen: Klinik der Frauenheilkunde und Geburtshilfe. Urban & Schwarzenberg, München 1984
Benedetto, K. P., W. Glötzer, K. H. Künzel, O. Gaber: Die Gefäßversorgung der Menisken. Morphologische Grundlagen für die Refixation. Acta anat. (Basel) 124 (1985) 88–92
Bennemann, R.: Das Iliosakralgelenk des Menschen – Ein Beitrag zur kausalen Morphologie und Biomechanik. Diss., Kiel 1982
Blauth, M.: Untersuchungen zur Beanspruchung der Patella. Diss., Kiel 1983
Blauth, M., B. Tillmann: Stressing on the human femoro-patellar joint. Anat. Embryol. 168 (1983) 117–123
Blechschmidt, E.: Die Architektur des Fersenpolsters. Gegenbaurs morph. Jb. 73 (1934) 20–68
Bojsen-Møller, F.: Normale und pathologische Anatomie des Vorfußes. Orthopäde 11 (1982) 148–153
Bojsen-Møller, F., K. E. Flagstad: Plantar aponeurosis and internal architecture of the ball of the foot. J. Anat. (Lond.) 121 (1976) 599–611
Brade, H., B. Tillmann: Untersuchungen zur Form der Patella. Verh. anat. Ges. (Jena) 74 (1980) 829–831
Brinkmann, P.: Die Richtung der Fußlängsachse beim Gehen. Z. Orthop. 119 (1981) 445–448
Claes, L., W. Mutschler: Elektrische Messung von Dehnungen und Kräften an den Kollateralbändern des menschlichen Knies. In Jäger, M., M. H. Hackenbroch, H. J. Refior: Kapselbandläsionen des Kniegelenkes. Experimentelle Grundlagen d. Diagnostik u. Therapie. Ergebnisse praxisbezogener Grundlagenforschung. 3. Münchner Symp. f. Exp. Orthop. Thieme, Stuttgart 1981 (S. 34–39)
Corning, H. K.: Lehrbuch der Topographischen Anatomie. Bergmann, München 1907
Debrunner, A. M.: Orthopädie. Die Störungen des Bewegungsapparates in Klinik und Praxis. Huber, Bern 1983
Debrunner, H. U.: Zur Biomechanik des Fußes. Orthopäde 3 (1974) 127–134
Debrunner, H. U.: Orthopädisches Diagnostikum, 4. Aufl. Thieme, Stuttgart 1982
Debrunner, H. U.: Biomechanik des Fußes. Bücherei des Orthopäden, Bd. 49. Enke, Stuttgart 1985a
Debrunner, H. U.: Normale und pathologische Mechanik des Fußes. In Witt, A. N., H. Rettig, K. F. Schlegel: Orthopädie in Praxis und Klinik, 2. Aufl., Bd. VII/2. Thieme, Stuttgart 1985b (S. 1.–1.43)
Delattre, J. F., A. Ducasse, J. B. Flament, C. Kénési: The mechanical role of the digital fibrous sheath: Application to reconstructive surgery of the flexor tendons. Anat. Clin. 5 (1983) 187–197
Dihlmann, W.: Gelenke, Wirbelverbindungen. Klin. Radiologie, 2. Aufl. Thieme, Stuttgart 1982
Echtermeyer, V., H.-J. Oestern: Kompartment-Syndrom. Ätiologie – Pathophysiologie – Lokalisation – Diagnostik – Therapie. In Tscherne, H., L. Gotzen: Fraktur und Weichteilschaden. Hefte zur Unfallheilkunde, H. 162. Springer, Berlin 1983 (S. 75–96)
Endler, F.: Einführung in die Biomechanik und Biotechnik des Bewegungsapparates. In Witt, A. N., H. Rettig, K. F. Schlegel, M. Hackenbroch, W. Hupfauer: Orthopädie in Praxis und Klinik, 2. Aufl., Bd. I. Thieme, Stuttgart (S. 2.–2.301)
Faure, C.: The skeleton of the anterior foot. Anat. Clin. 3 (1981) 49–65
Fawcett, E.: Two undescribed facets on the astragalus. Edinb. med. J. 479 (1895) 987–990
Fick, R.: Handbuch der Anatomie und Mechanik unter Berücksichtigung der bewegenden Muskeln. In von Bardeleben, K.: Handbuch der Anatomie des Menschen, Bd. II., 1. Abt., 2. Teil. Fischer, Jena 1910
Fischer, L. P., J. Guyot, J. P. Gonon, P. Courceles, P. Dahhan: The role of the muscles and ligaments in stabilization of the knee joint. Anat. Clin. 1 (1978) 43–54
Frohse, F., M. Fränkel: Die Muskeln des menschlichen Beines. Fischer, Jena 1913
Gierse, H.: The cancellous structure in the calcaneus and its relation to mechanical stressing. Anat. Embryol. 150 (1976) 63–83
Glasgow, M., A. Jackson, A. M. Jamieson: Instability of the ankle after injury to the lateral ligament. J. Bone Jt Surg. 62 B (1980) 196–200
Gluhbegović, N., H. H. Hadžiselimović: Über die Poplitealsehne beim Menschen. Anat. Anz. 125 (1969) 355–361
Gray, E. G., J. V. Basmajian: Electromyography and cinematography of leg and foot („normal" and flat) during walking. Anat. Rec. 161 (1968) 1–16
Greenwald, A. S., D. W. Haynes: Weight-bearing areas in the human hip joint. J. Bone Jt. Surg. 54 B (1972) 157–163
Greenwald, A. S., J. J. O'Connor: The transmission of load through the human hip joint. J. Biomech. 4 (1971) 507–528
Grönblad, M., O. Korkala, P. Liese, E. Karahaju: Innervation of synovial membrane and meniscus. Acta orthop. scand. 56 (1985) 484–486
Hehne, H.-J.: Das Patellofemoralgelenk. Funktionelle Anatomie – Biomechanik – Chondromalazie und operative Therapie. Enke, Stuttgart 1983
Hellige, R., K. Gretenkord, B. Tillmann: Funktionelle Anatomie des oberen und unteren Sprunggelenkes. Orthop. Prax. 17 (1981) 299–304
Henkel, A.: Die Aponeurosis plantaris. Arch. Anat. Physiol. (wiss. Med.), Suppl. (1913) 113
Hepp, W. R.: Zur Bestimmung der Dysplasie des Femoro-Patellargelenkes. Z. Orthop. 120 (1982) 259–267
Hertel, P.: Relative Spannungsverläufe der Hauptbänder des Kniegelenkes mit und ohne Streßanwendung. In Jäger, M., M. H. Hackenbroch, H. J. Refior: Kapselbandläsionen des Kniegelenkes. Experimentelle Grundlagen d. Diagnostik u. Therapie. Ergebn. praxisbezogener Grundlagenforschung. 3. Münchner Symp. f. Exp. Orthop. Thieme, Stuttgart 1981 (S. 25–33)
Hicks, J. H.: The three weight-bearing mechanisms of the foot. Biomech. Stud. 3 (1961) 161–191
Hipp, E.: Die Gefäße des Hüftkopfes. Anatomie, Angiographie und Klinik. Z. Orthop. 96, Suppl. (1962) 1–91
Hirsch, B. E., L. E. Vekkos: Anomalous contrahentes muscles in human feet. Anat. Anz. 155 (1984) 123–129
Hiss, E., B. Schwerbock: Untersuchungen zur räumlichen Form der Femurkondylen. Z. Orthop. 118 (1980) 396–404
Holz, U.: Hüftgelenk, Oberschenkel, Kniegelenk. In Vossschulte, K., F. Kümmerle, H.-J. Peiper, S. Weller: Lehrbuch der Chirurgie, 7. Aufl. Thieme, Stuttgart 1982 (S. 26.173–26.218)
Huson, A.: Biomechanische Probleme des Kniegelenks. Orthopäde 3 (1974) 119–126
Huson, A., E. J. van Langelaan: Zur Funktion der tarsalen Gelenke. Verh. anat. Ges. (Jena) 79 (1985) 191–192
Johnson, C. E., J. V. Basmajian, W. Dasher: Electromyography of sartorius muscle. Anat. Rec. 173 (1972) 127–130
Johnson, E. E., K. L. Markolf: The contribution of the anterior talofibular ligament to ankle laxity. J. Bone Jt. Surg. 65 A (1983) 81–88
Jouanin, T., J. Y. Dupont, P. Halimi, J. P. Lassau: The synovial folds of the knee joint: Anatomical study. Anat. Clin. 4 (1982) 47–53
Jouck, Th.: Die Festigkeit von Tibiae nach Spanentnahme an verschiedenen Orten. Z. Anat. Entwickl.-Gesch. 130 (1970) 345–364
Kaneff, A., A. Stephanoff: Vergleichend-anatomische Untersuchung des M. extensor halucis longus beim Menschen. Gegenbaurs morph. Jb. 128 (1982) 690–701
Kapandji, I. A.: Funktionelle Anatomie der Gelenke. Schematisierte u. komment. Zeichn. zur menschl. Biomechanik, Bd. II. Bücherei des Orthopäden, Bd. 47. Enke, Stuttgart 1985
Kelikian, H.: Hallux valgus allied Deformaties of the Forefoot and Metatarsalia. Saunders, Philadelphia 1965
Koff, E., J. C. Borod, B. White, M. Nicolas: Asymmetries in body part size, mobility and usage. Relationship between structure and function. Acta anat. (Basel) 117 (1983) 382–388

Kolditz, D., K.-P. Schulitz: Die Biomechanik des vorderen Kreuzbandes unter verschiedenen Bedingungen. In Jäger, M., M. H. Hackenbroch, H. J. Refior: Kapselbandläsionen des Kniegelenkes. Experimentelle Grundlagen d. Diagnostik und Therapie. Ergebn. praxisbezogener Grundlagenforschung. 3. Münchner Symp. f. Exp. Orthop. Thieme, Stuttgart 1981 (S. 18–24)

Kohn, D. (Hrsg.): Das Knie, Thieme, Stuttgart New York 2000

Kubik, St.: Anatomie der Lumbalregion und des Beckens. Fortbild. Kurse Rheumatol. 6 (1981) 1–29

Kummer, B.: Statik und Dynamik des menschlichen Körpers. In Baader, E. W.: Handbuch der gesamten Arbeitsmedizin, Bd. I. Urban & Schwarzenberg, Berlin 1961a (S. 9–65)

Kummer, B.: Die Torsion der unteren Extremität, ihre Entstehung und funktionelle Bedeutung. Verh. dtsch. orthop. Ges. 49 (1961b) 115–135

Kummer, B.: Funktionelle Anatomie des Vorfußes. Verh. dtsch. orthop. Ges., 53. Kongreß, Hamburg 1966. Z. Orthop. 103, Suppl. (1967) 482–493

Kummer, B.: Die Beanspruchung des menschlichen Hüftgelenkes. I. Allgemeine Problematik. Z. Anat. Entwickl.-Gesch. 127 (1968) 277–285

Kummer, B.: Die Biomechanik des Rückfußes. Z. Orthop. 117 (1979a) 551–556

Kummer, B.: Die Tragfläche des Hüftgelenkes. Z. Orthop. 117 (1979b) 693–696

Kummer, B.: Articular cartilage as a biomechanical system. In Gastpar, H.: Biology of the Articular Cartilage in Health and Disease. Schattauer, Stuttgart 1980

Kummer, B.: Biomechanik der normalen und kranken Hüfte. In Draenert, K., A. Rütt: Histo-Morphologie des Bewegungsapparates, Bd. I. Art and Science, München 1981 (pp. 99–111)

Kummer, B.: Pathophysiologie der Frakturheilung im Kindesalter. In Eichler, J., U. Weber: Frakturen im Kindesalter. Thieme, Stuttgart 1982a

Kummer, B.: Die funktionelle Gestalt der Röhrenknochen und die Frage der Prädilektionsstellen für Frakturen, dargestellt am Beispiel der Tibia. In Hackenbroch, M. H., H. J. Refior, M. Jäger: Osteogenese und Knochenwachstum. Thieme, Stuttgart 1982b

Kummer, B.: Auf welchen Prinzipien der Biomechanik basieren die hüftgelenknahen Osteotomien? In Rütt, A., W. Küsswetter: Gelenknahe Osteotomien bei der Dysplasiehüfte des Adoleszenten und jungen Erwachsenen. Thieme, Stuttgart 1983

Kurrat, H.-J.: Die Beanspruchung des menschlichen Hüftgelenks. VI. Eine funktionale Analyse der Knorpeldickenverteilung am menschlichen Femurkopf. Anat. Embryol. 150 (1977) 129–140

von Lanz, T., W. Wachsmuth: Praktische Anatomie, 2. Aufl., Bd. I/4. Springer, Berlin 1972

Last, R. J.: The popliteus muscle and the lateral meniscus. J. Bone Jt. Surg. 32 B (1950) 93–99

Lavignolle, B., J. M. Vital, J. Senegas, J. Destandau, B. Toson, P. Bouyx, P. Morlier: An approach to the functional anatomy of the sacro-iliac joints in vivo. Anat. Clin. 5 (1983) 169–176

Lombardo, St. J., A. C. Retting, R. K. Kerlan: Radiographic abnormalities of the iliacal apophysis in adolescent athletes. J. Bone Jt. Surg. 65 A (1983) 444–446

Maier, E.: Längsschnittuntersuchungen über die Reifung des Kinderfußes. Mschr. Kinderheilk. 109 (1961a) 222–226

Maier, E.: Die Grenzen des Normalen und die Beurteilung der Fehlhaltungen beim Fuß des Kindes. Öff. Gesundh. Dienst 23, 4 (1961b) 139–151

Maier, E.: Der Fuß. Anatomie in Form und Funktion, Reifung und Entwicklung. Gustav Hoffmann GmbH, Kleve 1977

Maquet, P. G. J.: Biomechanics of the Knee. With Application to the Pathogenesis and the Surgical Treatment of Osteoarthritis. Springer, Berlin 1976

Menschik, A.: Mechanik des Kniegelenkes. 1. Teil. Z. Orthop. 112 (1974) 481–495

Menschik, A.: Mechanik des Kniegelenkes. 2. Teil: Schlußrotation. Z. Orthop. 113 (1975) 388–400

Molzberger, H.: Die Beanspruchung des menschlichen Hüftgelenkes. IV. Analyse der funktionellen Struktur der Tangentialfaserschicht des Hüftpfannenknorpels. Z. Anat. Entwickl.-Gesch. 139 (1973) 283–306

Mörike, K. D.: Werden die Menisken im Kniegelenk geschoben oder gezogen? Zugleich ein Beitrag zur Funktion des M. popliteus. Anat. Anz. 133 (1973) 265–275

Morton, D. J.: The Human Foot, its Evolution, Physiology and Functional Disorders. Hafner, New York 1964

Müller, W.: Das Knie. Form, Funktion und ligamentäre Wiederherstellungschirurgie. Springer, Berlin 1982

Neiss, A.: Sekundäre Ossifikationszentren. Anat. Anz. 137 (1975) 342–344

Niederecker, K.: Der Plattfuß. Enke, Stuttgart 1959

Nissen, K. I.: The etiology of Mortons's metatarsalgia. J. Bone Jt. Surg. 33 B (1951) 293–294

Novozamsky, V.: Die Form der Fußwölbung unter Belastung in verschiedenen Fußstellungen. Z. Orthop. 112 (1974) 1137–1142

Novozamsky, V., J. Buchberger: Die Fußwölbung nach Belastung durch einen 100 km Marsch. Z. Anat. Entwickl.-Gesch. 131 (1970) 243–248

Oberländer, W.: Die Beanspruchung des menschlichen Hüftgelenkes. VII. Die Verteilung der Knorpeldicke im Acetabulum und ihre funktionelle Deutung. Anat. Embryol. 150 (1977) 141–153

Ogden, J.: Changing patterns of proximal femoral vascularity. J. Bone Jt. Surg. A 63 (1974) 941–950

Pauwels, F.: Beitrag zur Klärung der Beanspruchung des Beckens, insbesondere der Beckenfugen. Z. Anat. Entwickl.-Gesch. 114 (1948) 167–180

Pauwels, F.: Die Bedeutung der Bauprinzipien des Stütz- und Bewegungsapparates für die Beanspruchung der Röhrenknochen. 1. Beitrag zur funktionellen und kausalen Morphologie des Stützapparates. Z. Anat. Entwickl.-Gesch. 114 (1949/50) 129–166

Pauwels, F.: Die Bedeutung der Muskelkräfte für die Regelung der Beanspruchung des Röhrenknochens während der Bewegung der Glieder. 3. Beitrag zur funktionellen Anatomie und kausalen Morphologie des Stützgewebes. Z. Anat. Entwickl.-Gesch. 115 (1950) 327–351

Pauwels, F.: Gesammelte Abhandlungen zur funktionellen Anatomie des Bewegungsapparates. Springer, Berlin 1965

Pauwels, F.: Atlas zur Biomechanik der gesunden und kranken Hüfte. Prinzipien, Technik und Resultate einer kausalen Therapie. Springer, Berlin 1973

Petersen, W., B. Tillmann: Age related blood and lymph supply of the knee menisci. A cadaver study. Acta Orthop. Scand. 66 (1995) 308–312

Petersen, W., B. Tillmann: Collagenous fibril texture of the human knee joint menisci. Anat. Embryol. 197 (1998) 317–324

Petersen, W., B. Tillmann: Structure and vascularization of the cruciate ligaments of the human knee joint. Anat. Embryol. 200 (1999) 325–334

Pliquett, F., W. Helm: Die Druckverteilung unter der Fußsohle während des Abrollvorganges. H. Orthop. 102 (1967) 285–294

Pointner, H.: Zur funktionellen Anatomie des Tibiaplateaus. Diss., Kiel 1983

Preuschoft, H.: Statistische Untersuchungen am Fuß der Primaten. II. Statik des ganzen Fußes. Z. Anat. Entwickl.-Gesch. 131 (1970) 156–192

Pschyrembel, W.: Praktische Geburtshilfe. de Gruyter, Berlin 1968

Puff, A., B. Rosemeyer: Das Verhalten des Fußlängsgewölbes beim normalen Gehakt (Röntgenkinomatographische Untersuchung zur Gelenkmechanik). Morph. Jb. 105 (1963) 274–291

Rasmussen, O., C. Kronmann-Andersen, S. Boe: Deltoid ligament. Functional analysis of the medial collateral ligementous apparatus of the ankle joint. Acta orthop. scand. 54 (1984) 36–44

Rauschning, W.: Popliteal cysts and their relation to the gastrocnemio-semimembranosus bursa. Acta orthop. scand. 179 (1979) 9–43

Reimann, R., F. Anderhuber, I. Ebner: Kompensations- und Stabilisationsbewegungen der Fibula. Acta anat. (Basel) 112 (1982) 233–241

Rideau, Y., A. Duval: Function of the anterior thigh muscles. Electromyographic assessment and analysis of various locomotory movements. Anat. Clin. 1 (1978) 29–42

Roesler, H.: Die biomechanische Berechnung der Belastungen am oberen Sprunggelenk für freie stabile Gliedmassenstellungen. Z. Orthop. 114 (1976) 398–407

Rohlmann, A., G. Bergmann, R. Kölbel: Die Beanspruchung des Femur. II. Einfluß des Tractus iliotibialis. Z. Orthop. 119 (1981) 163–166

Rother, P., E. Luschnitz, S. Beau, P. Lohmann: Der Ursprung der ischiokruralen Muskelgruppe des Menschen. Anat. Anz. 135 (1974) 64–71

Rüttimann, A.: Die Doppelkontrastarthrographie des Kniegelenkes. In Ricklin, P., A. Rüttimann, M. S. Del Buono: Meniscusluxation. Thieme, Stuttgart 1964; 2. Aufl. 1983

Schmelzeisen, H.: Becken. In Vossschulte, K., F. Kümmerle, H.-J. Peiper, S. Weller: Lehrbuch der Chirurgie, 7. Aufl. Thieme, Stuttgart 1982 (S. 26.163–26.173)

Schmidt, H.-M.: Gestalt und Befestigung der Bandsysteme im Sinus und Canalis tarsi des Menschen. Acta anat. (Basel) 102 (1978) 184–194

Schmidt, H.-M.: Die Artikulationsflächen der menschlichen Sprunggelenke. Advanc. Anat. Embryol. 66 (1981) 1–81

Schmidt, H.-M., E. Gründwald: Untersuchungen an den Bandsystemen der talocruralen und intertarsalen Gelenke des Menschen. Gegenbaurs morph. Jb. 127 (1981) 792–831

Schmidt, W., K. Jahn: Über die Dokumentation der Gelenkbeweglichkeit. Anat. Anz. 140 (1976) 451–457

Schmitt, O., G. Biehl: Biomechanische Überlegungen und elektromyographische Untersuchungsergebnisse zum Problem der Muskelbandführung des Kniegelenkes. In Jäger, M., M. H. Hackenbroch, H. J. Refior: Kapselbandläsionen des Kniegelenkes. Experimentelle Grundlagen d. Diagnostik u. Therapie. Ergebn. praxisbezogener Grundlagenforschung. 3. Münchner Symp. f. Exp. Orthop. Thieme, Stuttgart 1981 (S. 40–50)

Schmitt, O., H. Mittelmeier: Die Bedeutung der Mm. vastus medialis et lateralis für die Biomechanik des Kniegelenkes. Arch. orthop. traumat. Surg. 91 (1978) 291–295

Shoemaker, St. C., K. L. Markolf: The role of the meniscus in the anterior-posterior stability of the loaded anterior cruciate-deficient knee. J. Bone Jt. Surg. 68 A (1986) 71–79

Spalteholz, W.: Handatlas und Lehrbuch der Anatomie des Menschen, 16. Aufl., Bd. I/1. Scheltema & Holkema, Amsterdam 1959

Starck, D.: Vergleichende Anatomie der Wirbeltiere auf evolutionsbiologischer Grundlage, Bd. II. Springer, Berlin 1979

Steinhäuser, J.: Differenzierungsstörungen und Variationen des Fußskelettes. In Witt, A. N., H. Rettig, K. F. Schlegel: Orthopädie in Praxis und Klinik, 2. Aufl. Bd. VII/2. Thieme, Stuttgart 1985 (S. 2.1–2.27)

Stern jr., J. T.: Anatomical and functional specializations of the human gluteus maximus. Amer. J. phys. Anthrop. 36 (1972) 315–340

Strasser, H.: Lehrbuch der Muskel- und Gelenkmechanik. Springer, Berlin 1917

Thümler, P., H. Konermann, P. Schütt: Die Funktion des M. tibialis anterior. Biomechanische, klinische und elektrophysiologische Befunde. Verh. anat. Ges. 73 (1979) 209–212

Tillmann, B.: Die Beanspruchung des menschlichen Hüftgelenkes. III. Die Form der Facies lunata. Z. Anat. Entwickl.-Gesch. 128 (1969) 329–349

Tillmann, B.: Zur funktionellen Morphologie der Gelenkentwicklung. Orthop. Prax. 10 (1974) 691–697

Tillmann, B.: Beitrag zur funktionellen Anatomie des Fußes. Orthop. Prax. 13 (1977) 504–509

Tillmann, B.: Verlaufsvarianten des N. gluteus inferior. Anat. Anz. 145 (1979) 293–302

Tillmann, B.: Funktionelle Morphologie des menschlichen Hüftgelenkes. In Draenert, K., A. Rütt: Histo-Morphologie des Bewegungsapparates, Bd. I. Art and Science, München 1981 (pp. 141–151)

Tillmann, B.: Funktionelle Anatomie des Bewegungsapparates. In Cotta, H., W. Heipertz, A. Hüter-Becker, G. Rompe: Krankengymnastik, Bd. IV. Thieme, Stuttgart 1981 (S. 1–70)

Tillmann, B.: Funktionelle Anatomie der Gelenke. In Doerr, W., G. Seifert: Spezielle pathologische Anatomie, Bd. XVIII/1. Springer, Berlin 1984

Tillmann, B., H. Brade: Morphologische und biomechanische Untersuchungen an der Facies articularis patellae. Orthop. Prax. 16 (1980) 462–467

Tillmann, B., A. Schleicher: Funktionelle Anatomie des menschlichen Hüftgelenkes. Unfallheilkunde 174 (1985) 423–433

Tillmann, B., W. Thomas: Anatomie typischer Sehnenansätze, -ursprünge und Engpässe. Orthop. Prax. 12 (1982) 910–917

Tillmann, B., B. Bartz, A. Schleicher: Stress in the human ankle joint: A brief review. Arch. orthop. traumat. Surg. 103 (1985) 385–391

Tillmann, B., M. Blauth, A. Schleicher: Zugverspannungen der Patella. In Jäger, M., M. H. Hackenbroch, H. J. Refior: Kapselbandläsionen des Kniegelenkes. Experimentelle Grundlagen d. Diagnostik u. Therapie. Ergebn. praxisbezogener Grundlagenforschung. 3. Münchner Symp. f. Exp. Orthop. Thieme, Stuttgart 1981 (S. 68–73)

Tillmann, B., P. Tichy, A. Schleicher: Biomechanik des Vorfußes unter besonderer Berücksichtigung des Hallux valgus. In Blauth, W.: Der Hallux valgus. Springer, Berlin 1986, (S. 27–36)

Trueta, J., M. H. R. Harrison: The normal vascular anatomy of the femoral head in adult man. J. Bone Jt. Surg. 35 B (1953) 442–461

Wiberg, G.: Roentgenographic and anatomic studies on the femoropatellar joint. Acta orthop. scand. 12 (1941) 319–410

Wilson, A. S., P. G. Legg, J. C. McNeur: Studies on the innervation of the medial meniscus in the human knee joint. Anat. Rec. 165 (1969) 485–492

Wirth, C. J.: Biomechanik des Kapselbandapparates des Kniegelenkes. In Jäger, M., M. H. Hackenbroch, H. J. Refior: Kapselbandläsionen des Kniegelenkes. Experimentelle Grundlagen d. Diagnostik u. Therapie. Ergebn. praxisbezogener Grundlagenforschung. 3. Münchner Symp. f. Exp. Orthop. Thieme, Stuttgart 1981 (S. 2–12)

Zidorn, T., B. Tillmann: Morphological variants of the suprapatellar bursa. Ann. Anat. 174 (1992) 287–291

Ziegler, E. M.: Zur Morphologie der Vincula tendinum an menschlichen Zehen Erwachsener. Anat. Anz. 130 (1972) 404–418

Zimny, M. L., M. Schutte, E. Dabezies: Mechanoreceptors in the human anterior cruciate ligament. Anat. Rec. 214 (1986) 204–209

8

Hals

B. Tillmann

Halsfaszie
Muskeln des Halses

Allgemeiner Aufbau und Oberflächenrelief

Die Ausbildung eines *Halses, Collum,* gehört zu den charakteristischen Körperbaumerkmalen höherer landlebender Wirbeltiere (s. S. 5). Im Halsbereich kann der Kopf frei gegenüber dem Rumpf bewegt werden. Der Hals verbindet die Luft- und Speisewege sowie die Leitungsbahnen zwischen Kopf und Rumpf (s. Abb. 8.**2**, 8.**3**). Durch den Hals gelangen außerdem Gefäße (Vasa subclavia, Lymphbahnen) und Nerven (Plexus brachialis) zu den oberen Extremitäten (s. Abb. 8.**4**). Neben dem Eingeweidestrang liegen die Halsorgane, Schilddrüse und Epithelkörperchen. Unterhalb des Kieferwinkels dehnen sich Ohrspeicheldrüse und Unterkieferspeicheldrüse unterschiedlich weit in der medialen Halsregion aus (s. Abb. 8.**4**, 8.**7**). Bei Kindern kann der kraniale Abschnitt des Thymus noch in die Drosselgrube hineinragen.

Die *Grenze* zwischen Rumpf und Hals verläuft ventral oberhalb des Manubrium sterni und der Schlüsselbeine, lateral in Höhe des Acromion und dorsal entlang der Spinae scapulae sowie durch den Dornfortsatz des 7. Halswirbels. Kranial reicht der Hals bis zu einer Linie, die den Unterrand der Mandibula, die Spitzen der Processus mastoidei, die Lineae nuchae superiores und die Protuberantia occipitalis externa miteinander verbindet.

Die hintere Region des Halses wird als *Nacken, Nucha (Regio cervialis posterior* oder *Regio nuchae),* bezeichnet. Sie entspricht in ihrer Ausdehnung dem kranialen Abschnitt des M. trapezius (s. Abb. 6.**52**). Der Nacken gleicht in seinem Aufbau dem Rücken und wird dort beschrieben (s. S. 178).

Der *vordere Abschnitt* des Halses ist der „Hals im engeren Sinn", *Cervix* (s. Abb. 6.**30**). Er wird in die unpaare *vordere Halsregion, Regio cervicalis anterior,* und in die beiden *seitlichen Halsregionen, Regio cervicalis lateralis dexter* und *sinister,* gegliedert. Die vordere Halsregion hat Dreiecksform *(Trigonum cervicale anterius).* Sie wird von den Vorderrändern der Mm. sternocleidomastoidei und vom Unterrand der Mandibula begrenzt (s. Abb. 8.**4**). Einige Autoren unterteilen die vordere Halsregion in zwei paarige Regionen, *Regio cervicalis anterior dexter* und *sinister,* deren Grenze die Mittellinie des Halses bildet. Die vordere Halsregion läßt sich in mehrere dreieckige Felder gliedern. Das *Trigonum submandibulare* wird vom Unterkieferrand und den beiden Bäuchen des M. digastricus gebildet. Als *Trigonum caroticum* bezeichnet man das Feld zwischen Vorderrand des M. sternocleidomastoideus, hinterem Digastrikusbauch und Venter superior des M. omohyoideus (s. Abb. 8.**4**). Das unpaare *Trigonum submentale* dehnt sich zwischen Kinn, Zungenbein und den beiden vorderen Digastrikusbäuchen aus. Kaudal schließt sich das *Trigonum omotracheale (musculare)* an.

Die paarige seitliche Halsregion ist ebenfalls dreieckig und wird als laterales Halsdreieck *(Trigonum cervicale posterius),* bezeichnet. Die Grenzen des seitlichen Halsdreiecks sind der Hinterrand des M. sternocleidomastoideus, der Vorderrand des M. trapezius und die Clavicula (s. Abb. 8.**4**). Den unteren Bereich der seitlichen Halsregion nimmt das *Trigonum omoclaviculare* ein, das vom Hinterrand des M. sternocleidomastoideus, vom Venter inferius des M. omohyoideus und von der Clavicula begrenzt wird. Das Dreieck entspricht in seiner Ausdehnung der *Fossa supraclavicularis major* (s. S. 335, Abb. 6.**30**).

Das seitliche Halsdreieck fehlt, wenn die Fasern der Pars descendens des M. trapezius unmittelbar in die Pars clavicularis des M. sternocleidomastoideus übergehen (s. S. 353).

Der Bereich über dem M. sternocleidomastoideus ist die *Regio sternocleidomastoidea.*

Die *Form des Halses* wird durch die *Muskulatur,* das *Skelett* von Zungenbein und Kehlkopf sowie durch Menge und Verteilung des *Unterhautfettgewebes* und durch die *Halsorgane* geprägt (s. Abb. 6.**30**). Die Ausbildung dieser Strukturen hängt u. a. von Alter und Geschlecht sowie vom allgemeinen Körperbautypus ab (s. S. 11). In der *vorderen Halsregion* zeichnet sich in Neutral-0-Stellung die Lage des Zungenbeins in Form einer queren Hautfurche, der sogenannten Zungenbeinfurche, ab. Vom *Os hyoideum* sind der Körper und die beiden großen Hörner tastbar. Unterhalb des Zungenbeins hebt sich die Kontur des *Schildknorpels* ab, dessen *Prominentia laryngea* (sogenannter Adamsapfel) vor allem beim Mann deutlich sichtbar ist. Am Schildknorpel können der Oberrand, die Incisura thyreoidea superior und die Laminae palpiert werden. Von den übrigen Skelettelementen des Atemtraktes sind der Arcus des *Ringknorpels* und die oberen *Trachealspangen* tastbar. In der Mediane läßt sich zwischen dem Unterrand des Schildknorpels und dem Oberrand des Ringknorpels das *Lig. cricothyreoideum (Lig. conicum)* abgrenzen. Die Verlagerungen des Zungenbeins und des Kehlkopfs nach kranial und kaudal sind während des Schluckaktes deutlich zu sehen. Die Kontur der *Schilddrüse* zeichnet sich normalerweise nicht ab, nur bei Personen mit schwach entwikkeltem Unterhautfettgewebe wird ihr Umriß beim Schluckakt neben dem Kehlkopf sichtbar. Oberhalb des Manubrium sterni sinkt die Haut in Form der *Drosselgrube* ein (s. Abb. 6.**30**). Hier kann bei fehlendem oder schwach entwickeltem Isthmus der Schilddrüse die Trachea palpiert werden.

Von den *Halsmuskeln* ist der *M. sternocleidomastoideus* in seinem gesamten Verlauf sicht- und tastbar. Sein Muskelbauch tritt besonders deutlich hervor, wenn der Kopf zur Gegenseite gedreht wird. Bei mageren Individuen sind dann auch die beiden Ansatzsehnen, *Caput sternale* und *Caput claviculare,* und die zwischen ihnen liegende *Fossa supraclavicularis minor* zu sehen (s. Abb. 6.**30**). Die Lage des M. sternocleidomastoideus hat große praktisch-klinische Bedeutung. Im mittleren Bereich kann an seinem Vorderrand der Puls der *A. carotis communis* palpiert werden. Der Muskel ist Leitstruktur beim Zugang zu den Gefäßen und Nerven des Halses (Jugulariskatheter, Angiogra-

phie). Er dient ferner als Orientierung für den zu legenden Hautschnitt bei zahlreichen operativen Eingriffen am Hals.
Die Grenze des *seitlichen Halsdreiecks,* Hinterrand des *M. sternocleidomastoideus, Clavicula* und Vorderrand des *M. trapezius,* heben sich bei mageren Individuen deutlich ab (s. Abb. 6.**30**). Oberhalb der Clavicula sinkt die Haut zur *Fossa supraclavicularis major* ein. Die Tiefe der Gruben nimmt zu, wenn der Schultergürtel nach ventral bewegt wird. Im medialen Bereich des lateren Halsdreiecks ist der untere Bauch des *M. omohyoideus* bei Kontraktion sichtbar. Die Muskelfaserbündel des *Platysma* treten im kontrahierten Zustand ebenfalls deutlich vor.
Das *Skelett* des Halses, die *Halswirbelsäule,* ist Bestandteil des Achsenskeletts (s. S. 216, Abb. 5.**4**). Die lordotisch gekrümmte Halswirbelsäule liegt im Zentrum des Halses (s. Abb. 8.**2**). Sie ist der beweglichste Abschnitt der Wirbelsäule und erlaubt Bewegungen in den drei Hauptebenen des Raumes. Die Organe und die Leitungsbahnen des Halses können sich aufgrund ihres speziellen Einbaues in die Bindegewebsräume den ausgiebigen Bewegungsexkursionen der Halswirbelsäule und den damit verbundenen Lageveränderungen anpassen. Die Halswirbelsäule stellt über die Atlantookzipitalgelenke die Verbindung zwischen Achsenskelett und Schädel her. Sie ist der eigentliche Träger des Kopfes. Die Balance des Kopfes auf der Wirbelsäule erfolgt vor allem durch die am Hinterhaupt ansetzenden Nackenmuskeln (s. S. 257).
Die *Muskeln* des Halses sind unterschiedlicher Herkunft (s. S. 658, Tab. 8.**1**). Wie im übrigen Bereich des Stammes kommen *autochthone dorsale* und *ventrolaterale Muskeln* vor. Auf den Hals greifen außerdem Muskeln des *Schultergürtels* sowie Muskeln, die sich aus Material des ersten und zweiten Kiemenbogens ableiten, über.

Die *Halseingeweide* liegen ventral der Wirbelsäule im sogenannten *Eingeweideraum* (s. Abb. 8.**2**, 8.**3**). Vor den Wirbelkörpern verlaufen *Rachen* und Halsteil der *Speiseröhre,* davor *Kehlkopf* und Halsteil der *Luftröhre.* Den seitlichen Bereich des Eingeweideraumes nimmt die *Schilddrüse* ein. Der Eingeweideraum wird von Muskeln und Faszien allseitig umschlossen. Den Muskelmantel bilden hinten die prävertebralen und lateralen Halsmuskeln, seitlich die Mm. sternocleidomastoidei und vorn die infrahyalen Muskeln. Die bindegewebige Hülle besteht aus den zugehörigen Faszienschichten (s. unten). Die Halseingeweide sind innerhalb des Eingeweideraumes gegenüber dem Muskel-Faszien-Mantel durch die Einlagerung von lockerem Bindegewebe frei verschieblich (Schluckakt, Verlagerung bei Bewegungen der Halswirbelsäule). Die *Leitungsbahnen* (A. carotis communis und ihre Aufzweigungen, V. jugularis interna, Lymphbahnen des Halses, N. vagus, Truncus sympathicus) liegen im seitlichen Halsbereich, dorso-lateral von den Eingeweiden. Die Leitungsbahnen werden vom Bindegewebe der Halsfaszie *(Vagina carotica, Lamina praevertebralis)* fest und unverschieblich umscheidet.

Halsfaszie, Fascia cervicalis (colli)

Muskeln, Eingeweide und Leitungsbahnen des Halses werden von Bindegewebe umhüllt, das in seiner Gesamtheit als *Fascia cervicalis (colli)* bezeichnet wird (Abb. 8.**1**, 8.**2**, 8.**3**). Das Bindegewebe der Halsfaszie verdichtet sich zu drei regional unterschiedlich kräftigen Blättern, die entsprechend ihrer Lage als *Lamina superficialis, Lamina praetrachealis* und *Lamina praevertebralis* bezeichnet werden. Das Bindegewebe in der Umgebung des Gefäß-Nerven-Stranges bildet die *Vagina carotica.* Die einzelnen Faszienblätter und die Halsorgane sind über lockeres Bindegewebe miteinander verbunden.

Im älteren anatomischen Schrifttum und im klinischen Sprachgebrauch bezeichnet man die drei Blätter der Halsfaszie als *Fascia colli superficialis* (Lamina superficialis), *Fascia colli media* (Lamina praetrachealis) und als *Fascia colli profunda* (Lamina praevertebralis).

Die *Lamina superficialis fasciae cervicalis* (s. Abb. 8.**1**) liegt unter der Subcutis und unter dem Platysma. Sie bedeckt die vordere Halsregion und die beiden seitlichen Halsdreiecke. Das oberflächliche Blatt der Halsfaszie ist am Unterrand der Mandibula, am Os hyoideum sowie am Vorderrand des Manubrium sterni und im ventralen Bereich der Schlüsselbeine befestigt. Im vorderen Halsdreieck ist die Lamina superficialis relativ kräftig entwickelt, am Vorderrand des *M. sternocleidomastoideus* spaltet sie sich in zwei Blätter, die den Muskel umscheiden. Am Muskelhinterrand verschmelzen beide Blätter wieder miteinander, und das oberflächliche Faszienblatt spannt sich dann zwischen M. sternocleidomastoideus und Vorderrand des M. trapezius aus. Das oberflächliche Faszienblatt besteht zwischen den beiden Muskeln aus lockerem Bindegewebe, das von epifaszialen Leitungsbahnen durchzogen wird. Dorsal geht die Lamina superficialis kontinuierlich in die *Fascia nuchae* über, die den kranialen Abschnitt des M. trapezius einscheidet und die Nackenmuskeln bedeckt (s. S. 247). Oberhalb des Zungenbeins bildet die Lamina superficialis eine Loge für die *Glandula submandibularis.* Ein in die Tiefe ziehender bogenförmiger Verstärkungszug, der die Glandula submandibularis von der Glandula parotis trennt, wird als *Tractus angularis* bezeichnet. Kranial geht das oberflächliche Blatt der Halsfaszie in die *Fascia parotidea* und in die *Fascia masseterica* über. Über dem mittleren Abschnitt des M. sternocleidomastoideus ist die Lamina superficialis dünn, im Ursprungs- und Ansatzbereich wird sie dagegen kräftiger. Im Winkel zwischen Schlüsselbein und distalem Hinterrand des M. sternocleidomastoideus tritt die *V. jugularis externa* durch das oberflächliche Blatt der Faszie. Ihre Durchtrittsstelle wird von einem sichelförmigen Verstärkungszug *(Processus falciformis)* umgeben. Kaudal geht die Lamina superficialis in die *Fascia pectoralis* über. Das oberflächliche Blatt der Halsfaszie steht durch den Tonus des M. sternocleidomastoideus stets unter Spannung.

Das *mittlere Blatt* der Halsfaszie, *Lamina praetrachealis fasciae cervicalis* (Abb. 8.**1**), ist eine trapezförmige Bindegewebsplatte, die sich zwischen dem Zungenbeinkörper, den Mm. omohyoidei sowie den Hinterrändern der sternalen Teile der Claviculae und des Manubrium sterni ausspannt. Die Lamina praetrachealis umhüllt alle *infrahyalen Muskeln*. Das Faszienblatt ist fest mit der Zwischensehne des *M. omohyoideus* verwachsen, die ihrerseits mit der Gefäßnervenscheide *(Vagina carotica)* über der V. jugularis interna verbunden ist (s. Abb. 8.**2**). Über die Lamina praetrachealis überträgt sich der Tonus des M. omohyoideus auf die Venenwand, so daß durch die Spannung des mittleren Faszienblattes das Lumen der Vene offen gehalten wird. Die Spannung der Lamina praetrachealis durch die infrahyalen Muskeln fördert auch bei den übrigen durch das Bindegewebsblatt tretenden Venen den *Blutrückstrom* zum Herzen. Im kranialen Abschnitt sind oberflächliches und mittleres Blatt der Fascia cervicalis miteinander verwachsen. Weiter kaudal entfernen sich Lamina superficialis und Lamina praetrachealis entsprechend ihrer Anheftung am vor-

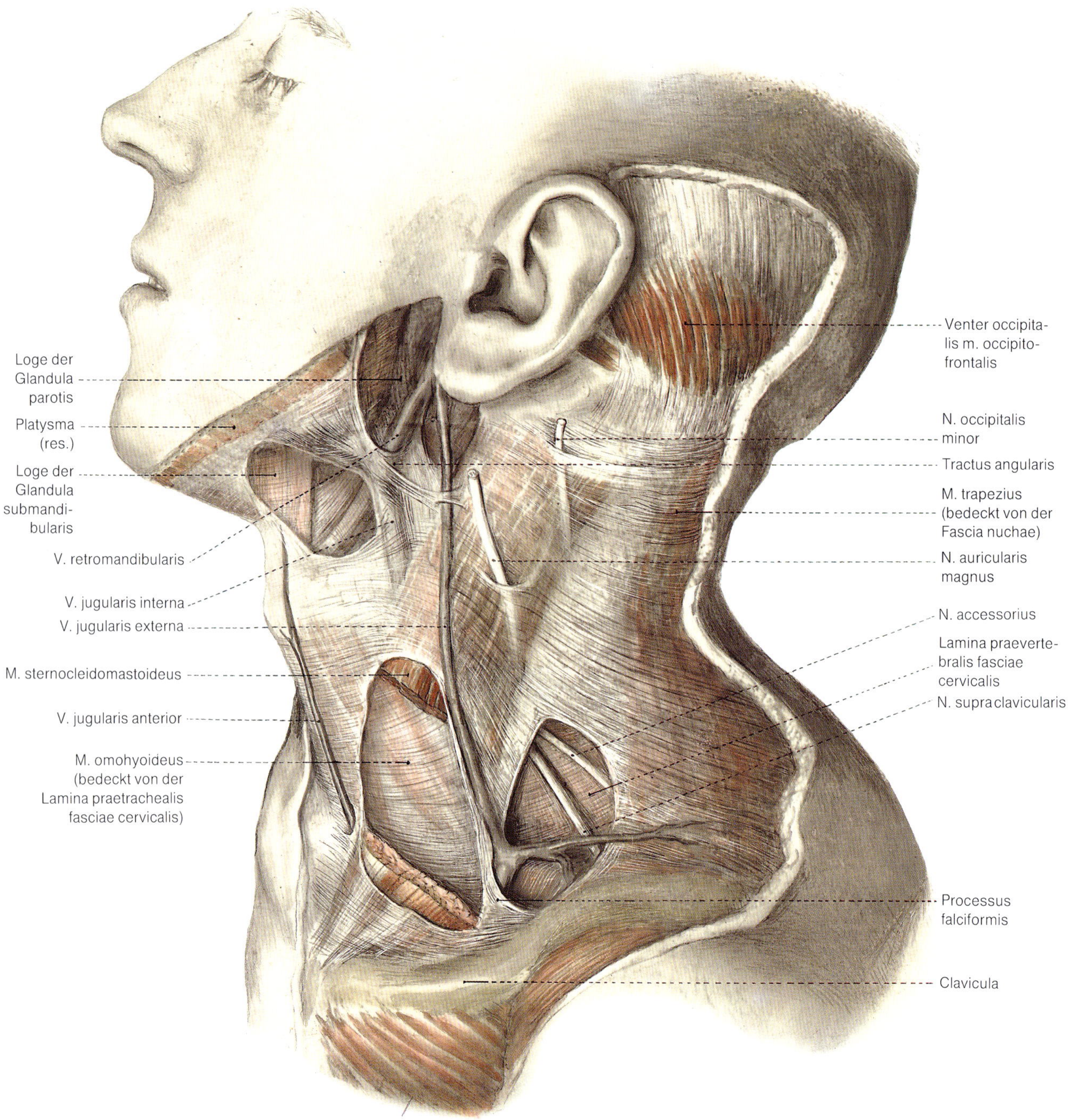

Abb. 8.**1** **Halsfaszie.**
Der von der Lamina superficialis eingeschlossene M. sternocleidomastoideus wurde im kaudalen Abschnitt entfernt, dadurch wird die Lamina praetrachealis sichtbar. Im seitlichen Halsdreieck wurde das oberflächliche Blatt der Halsfaszie gefenstert, so daß die Lamina praevertebralis freiliegt.

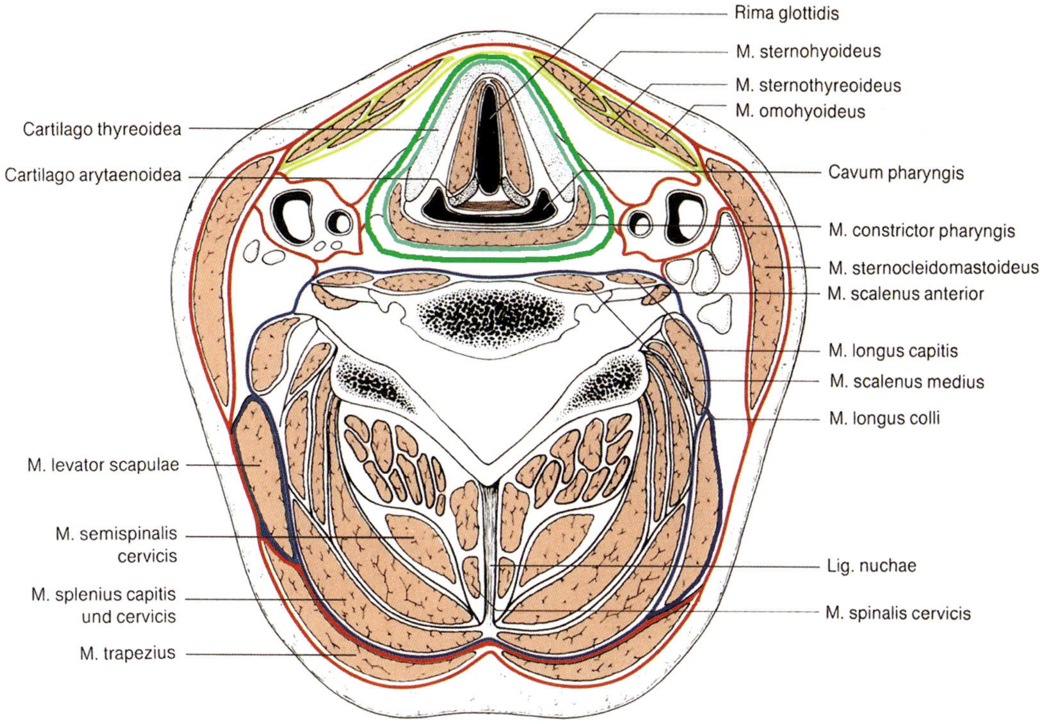

Abb. 8.**2** **Querschnitt durch den Hals in Höhe des fünften Halswirbels.** Halsfaszie, oberflächliches Blatt (jeweils Farbskala), mittleres Blatt (jeweils Farbskala), tiefes Blatt (jeweils Farbskala), Vagina carotica (Farbskala), Eingeweideraum mit Organfaszien (Farbskala).

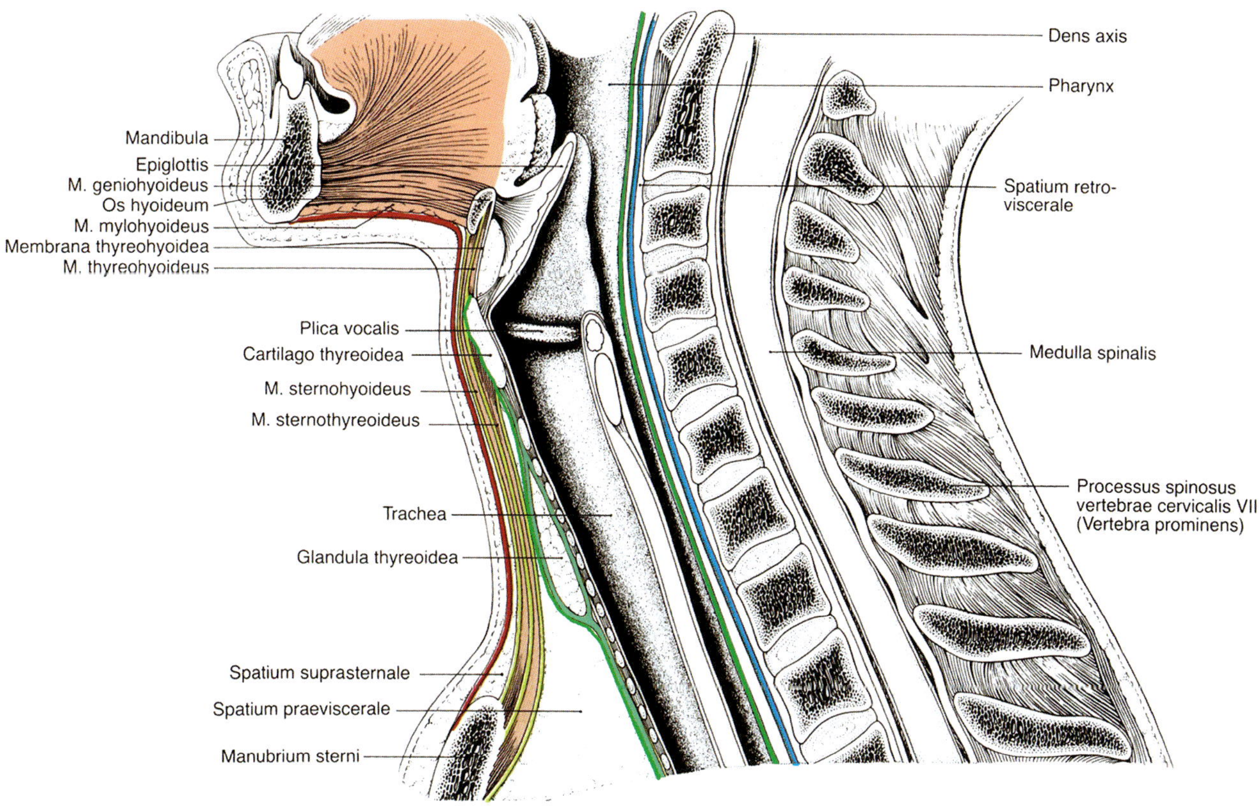

Abb. 8.**3** **Mediale Ansicht der rechten Hälfte eines Mediansagittalschnittes durch den Kopf-Hals-Bereich eines Erwachsenen.** Darstellung der Fascia cervicalis und der Bindegewebsräume (Zuordnung der Faszien vgl. Abb. 8.**2**).

deren und hinteren Rand des Manubrium sterni zunehmend voneinander (s. Abb. 8.**3**). Den mit lockerem Bindegewebe angefüllten Raum zwischen beiden Faszienblättern bezeichnet man als *Spatium suprasternale*. Es reicht kaudal bis zur Incisura jugularis des Manubrium sterni, seitlich bis zu den Mm. sternocleidomastoidei und kranial bis zum Isthmus der Schilddrüse. Im Spatium suprasternale verläuft der Arcus venosus juguli. Lateral-kranial geht das mittlere Halsfaszienblatt in die Vagina carotica über; im lateralen-kaudalen Abschnitt setzt sich das Faszienblatt in die Lamina praevertebralis fort.

Das *tiefe Blatt* der Halsfaszie, *Lamina praevertebralis*, bedeckt die *praevertebralen Muskeln*, die *Mm. scaleni* und die autochthonen Nackenmuskeln (s. Abb. 8.**2**, 8.**3**). Das Faszienblatt entspringt an der Pars basilaris des Os occipitale und reicht distal bis zum Ursprung des M. longus colli am dritten Thorakalwirbelkörper. Innerhalb des Brustraumes geht die Lamina praevertebralis in die *Fascia endothoracica* über. Das tiefe Blatt der Halsfaszie ist in der Mediane mit dem *Lig. longitudinale anterius* verwachsen. Im unteren Bereich der Halswirbelsäule bedeckt die Lamina praevertebralis den Truncus sympathicus; im kranialen Abschnitt liegt der Truncus sympathicus innerhalb der Vagina carotica. Mit den Mm. scaleni erreicht die Lamina praevertebralis die Außenfläche des Thorax. Zwischen M. scalenus anterior und M. scalenus medius (Scalenuslücke, s. Abb. 8.**9**) umscheidet die Lamina praevertebralis den *Plexus brachialis* und die *A. subclavia*. Auf diese Weise entsteht eine Bindegewebsscheide, die von der Halswirbelsäule bis in die Ellenbeuge reicht. Innerhalb dieser *Gefäß-Nerven-Scheide* können sich entzündliche Prozesse zwischen oberer Extremität und Halsbereich ausbreiten. Über den M. scalenus anterior gewinnt die Lamina praevertebralis eine Anheftung an der Rückfläche der Clavicula. Hinter dem M. scalenus anterior spalten sich häufig Bindegewebsstränge vom tiefen Faszienblatt ab und strahlen in die *Membrana suprapleuralis* der Pleurakuppel (Sibson-Faszie) ein (s. Band II). Lateral setzt sich das tiefe Blatt der Halsfaszie hinter dem M. levator scapulae nach dorsal fort und geht in das tiefe Blatt der *Fascia nuchae* über. Im kranialen Teil der Regio colli lateralis sind oberflächliches und tiefes Blatt der Halsfaszie durch eine dünne Schicht lockeren Bindegewebes miteinander verbunden.

Zwischen den Blättern der Fascia cerviclis liegt, regional in unterschiedlicher Menge, *lockeres Bindegewebe*, in das die Organe und die Leitungsbahnen des Halses eingebaut sind. Zwischen Lamina superficialis und Lamina praetrachealis entsteht oberhalb des Manubrium sterni das von lockerem Bindegewebe angefüllte *Spatium suprasternale* (s. oben, Abb. 8.**3**).

Der funktionell wichtigste Bindegewebsraum ist der sogenannte *Eingeweideraum* zwischen mittlerem und tiefem Blatt der Fascia cervicalis (s. Abb. 8.**2**). Das Bindegewebe dieses Raumes ermöglicht die freie *Verschieblichkeit* der *Halseingeweide* beim Schluckakt und bei der Atmung sowie eine Verlagerung der Organe bei Bewegungen der Halswirbelsäule. Jedes Organ im Halsbereich wird von Bindegewebe eingehüllt (spezielle Organfaszie, Organkapsel oder Tunica adventitia). Insgesamt werden die Halsorgane von einer gemeinsamen Organfaszie umschlossen. Den Abschnitt zwischen Lamina praetrachealis und den Halseingeweiden innerhalb des Eingeweideraumes bezeichnet man als *Spatium praeviscerale*. Es erstreckt sich vom Zungenbeinkörper bis in das vordere Mediastinum, wo es in Höhe der Herzbasis endet. Der Raum zwischen der Hinterwand des Pharynx und der Lamina praevertebralis ist das *Spatium retroviscerale (Spatium retropharyngeum)*. Es beginnt an der Schädelbasis und dehnt sich hinter Pharynx und Oesophagus bis hinunter in den Brustraum aus. Seitlich steht das Bindegewebe des Spatium retroviscerale mit der *Vagina carotica* (s. unten) in Verbindung.

Lateral des Pharynx liegt der parapharyngeale Raum, *Spatium lateropharyngeum*, der vom Kopf bis in das Trigonum caroticum innerhalb der Regio cervicalis anterior reicht (s. Band II). Die Spatia prae- und retrovisceralia gewährleisten nicht nur eine freie Verschieblichkeit der Eingeweide, sondern sind darüber hinaus auch von praktisch-klinischer Bedeutung, da sich innerhalb der *Bindegewebsräume* entzündliche Prozesse und Blutungen ausbreiten können.

In der Umgebung des *Gefäß-Nerven-Stranges* (A. carotis communis und ihre Aufzweigungen, V. jugularis interna und N. vagus) verdichtet sich das Bindegewebe zwischen den Laminae praetrachealis und praevertebralis zur *Gefäß-Nerven-Scheide, Vagina carotica* (s. Abb. 8.**2**). Die Vagina carotica ist dort, wo sie die V. jugularis einscheidet fest mit der den M. omohyoideus und seine Zwischensehne umhüllenden Lamina praetrachealis der Halsfaszie verbunden (s. oben). Seitlich hat die Vagina carotica Verbindung zum oberflächlichen Blatt der Halsfaszie, hinten liegt sie der Lamina praevertebralis über lockeres Bindegewebe an.

Muskeln des Halses

Im Halsbereich kommen *Muskeln* unterschiedlicher Herkunft vor. Dorsal auf der Halswirbelsäule liegen die zu den *autochthonen Rückenmuskeln* zählenden *Nackenmuskeln* (s. Abb. 5.**118**). Sie setzen teilweise an der Hinterhauptschuppe an. Die Nackenmuskeln werden größtenteils vom *M. trapezius* bedeckt, der genetisch zu den Kopfmuskeln und funktionell zu den Schultergürtelmuskeln gehört (s. Abb. 6.**52**). Der *M. sternocleidomastoideus* (s. Abb. 8.**4**, 8.**6**) entstammt wie der M. trapezius dem Kiemenbogenmesenchym und zählt wie dieser zur Schultergürtelmuskulatur. Von der Gruppe der *Schultergürtelmuskeln* entspringen die *Mm. rhomboidei* und der *M. levator scapulae* ebenfalls im Halsbereich (s. Abb. 5.**114**). Vor und seitlich der Halswirbelsäule liegen als Abkömmlinge der *ventro-lateralen Rumpfmuskulatur* die *Mm. scaleni* (Abb. 8.**9**; Tab. 8.**1**). Die tiefste Schicht bilden die *prävertebralen Muskeln, Mm. rectus capitis anterior, longus colli* und *longus capitis*

(Abb. 8.**9**). Sie haben sich während der Entwicklung auf die Ventralseite der Wirbelsäule verlagert. Ventralen Myotomanteilen entstammen auch die *infrahyalen Muskeln* (s. Abb. 8.**6**, 8.**7**), die vor den Halseingeweiden verlaufen. Zur Gruppe der infrahyalen Muskeln gehören die *Mm. omohyoideus, sternothyreoideus* und *thyreohyoideus.* Vor dem vorderen Halsbereich liegt zwischen Subcutis und oberflächlichem Blatt der Halsfaszie ein zur mimischen Muskulatur zählender Hautmuskel, *Platysma* (Abb. 8.**4**). Das Platysma dehnt sich von der Unterkiefergegend bis in den oberen Brustbereich aus. Topographisch gehören auch die *oberen Zungenbeinmuskeln (suprahyale Muskeln)* mit den *Mm. geniohyoideus* und *mylohyoideus* sowie dem vorderen Bauch des *M. digastricus* zum Hals (s. Abb. 8.**6**, 8.**7**). Die suprahyalen Muskeln werden unter funktionellen Gesichtspunkten mit der Kaumuskulatur besprochen (s. S. 745, s. außerdem Mundboden, Band II).

Die Muskeln des Halses haben unterschiedliche *Funktionen.* Die dorsalen und ventro-lateralen Muskeln stehen im Dienste der Bewegung und der Haltungssicherung von Halswirbelsäule und Kopf. Sie werden in dieser Funktion von den Mm. trapezius und sternocleidomastoideus unterstützt, die außerdem auf den Schultergürtel wirken (s. S. 353). Die Gruppe der infrahyalen Muskeln ist an komplexen Funktionen, Kaubewegungen, Schluckakt und Phonation, beteiligt. Halsmuskeln und Halsfaszien schließen die Halsorgane innerhalb des Eingeweideraumes mantelartig ein (s. oben).

Tabelle 8.**1** **Halsmuskeln,** Abkömmlinge der ventro-lateralen Rumpfmuskulatur

Seitliche (tiefe) Muskeln (Rr. ventrales der zervikalen Spinalnerven)
M. scalenus anterior (C_5-C_7)
M. scalenus medius ((C_2) C_3-C_8)
M. scalenus posterior ((C_5) C_6-C_8)
(M. scalenus minimus) (C_8)

Vordere (oberflächliche) Muskeln, infrahyale Muskeln (Rr. ventrales der zervikalen Spinalnerven, Ansa cervicalis)
M. sternohyoideus (C_1-C_3)
M. omohyoideus (C_1-C_4)
M. sternothyreoideus (C_2-C_4)
M. thyreohyoideus (C_1-C_2)

Prävertebrale Muskeln (Rr. ventrales der zervikalen Spinalnerven)
M. rectus capitis anterior (C_1)
M. longus capitis (C_1-C_4)
M. longus colli (C_2-C_8)

Platysma

Gestalt und Lage

Das *Platysma* (Abb. 8.**4**) ist beim Menschen ein paariger Hautmuskel, der dem Mesenchym des zweiten Kiemenbogens entstammt. Der Muskel entspricht einer bei zahlreichen Säugetieren vorkommenden Muskelplatte, *Panniculus carnosus,* die sich unterschiedlich weit auf dem Rumpf ausdehnt und der Bewegung der Haut dient. Beim Menschen unterscheidet man entsprechend der Ausbreitung des Anlagematerials einen Kopf-, Hals- und Brustteil des Muskels. Aus dem Kopfanteil gehen auch andere mimische Muskeln hervor (s. S. 750, Abb. 9.**97**). Die unter der Subcutis liegenden dünnen, rechteckigen Muskelplatten reichen normalerweise von der unteren Gesichtsregion bis in die Brustregion. Der *Gesichtsanteil* des Muskels entspringt im Bereich der *Wangen* und in der Umgebung der *Mundspalte.* Seine Faserbündel haben Verbindung mit den Muskeln des Mundes. Der größte Teil des Muskels ist an der *Mandibula* angeheftet. Vom Unterkieferrand ziehen die paarigen Muskelplatten auf der *Lamina superficialis* der Halsfaszie divergierend nach kaudal, treten über die Schlüsselbeine in die *Brustregion,* wo sie in Höhe des zweiten Interkostalraumes in Form mehrerer kleiner Muskelplatten auslaufen. Seitlich dehnt sich das Platysma meistens bis zu einer Linie aus, die Kieferwinkel und Acromion miteinander verbindet. Unterhalb des Kinns überkreuzen sich normalerweise die Muskelfasern beider Seiten. Im Halsbereich ist das Platysma fest mit der Subcutis verbunden.

Varianten

Das Platysma zeigt häufig Varianten. Es kann vollständig oder teilweise fehlen. Bei partiellen Defekten ist der kaudale Anteil reduziert. Die Ausdehnung des Muskels unterliegt großen individuellen Schwankungen. Im Gesicht kann der Ursprung bis zum Jochbogen nach kranial reichen. Der thorakale Anteil des Muskels dehnt sich nicht selten bis zur 4. Rippe aus; seine laterale Grenze variiert ebenfalls. Häufig zieht das Platysma über das Acromion hinaus bis in die Nackengegend. Selbständige Muskelfaserbündel unterhalb des Ohres bezeichnet man dann als *M. transversus nuchae.* Die Überkreuzung der Fasern in der Mediane kann sich von der Kinnregion weiter nach kaudal fortsetzen. Gelegentlich fehlt die Überkreuzung der Muskelfasern vollständig.

Selten besteht das Platysma am Hals stellenweise aus zwei Muskelschichten. Die Muskelfaserbündel der variablen tiefen Schicht verlaufen in Längsrichtung und inserieren am Ohr oder strahlen in die Fascia parotidea ein. Diese tiefen Muskelanteile entsprechen dem bei einigen Säugern regelmäßig vorkommenden *M. sphincter colli.*

Im höheren Lebensalter ist das Platysma oft stark atrophiert. Die verbleibenden Muskelfaserbündel sind durch straffes Bindegewebe miteinander verbunden, sie rufen bei älteren Menschen die charakteristischen Längsfalten der Haut seitlich der Mittellinie hervor.

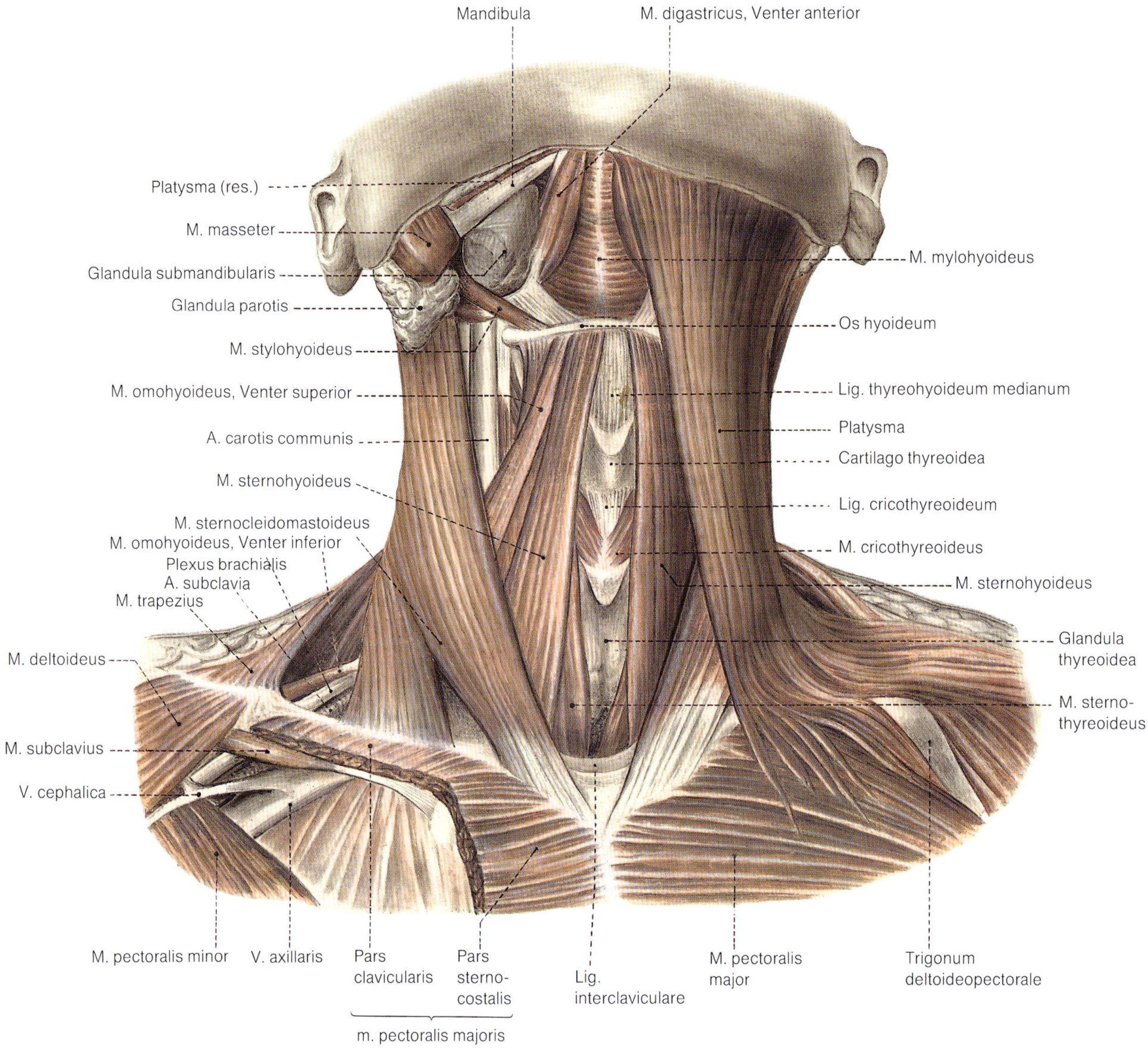

Abb. 8.**4** **Halsmuskeln und obere Zungenbeinmuskeln in der Ansicht von vorn.** Linke Seite: Oberflächliche Schicht bei erhaltenem Platysma; rechte Seite: Platysma entfernt.

Funktion und Innervation

Das Platysma kann, wie die übrigen mimischen Muskeln, die *Haut verschieben.* Liegt das Punctum fixum an der Mandibula, so ist der Muskel in der Lage, die Haut des oberen Brustbereichs und des Halses nach kranial zu bewegen. Der Gesichtsteil des Muskels wirkt auf die Mundspalte, er zieht die Mundwinkel abwärts und nach lateral. Derartige Bewegungen kann man bei verschiedenen Gesichtsausdrücken, z. B. bei Ekel oder bei Schmerz, beobachten. Wird der gesamte Muskel willkürlich oder reflektorisch, z. B. beim Erschrecken, kontrahiert, wölbt sich die gesamte Haut des Halses vor. Bei kräftiger, willkürlicher Anspannung der beiden Muskelplatten zeichnen sich die lateralen Ränder und vielfach auch einzelne Muskelfaserbündel deutlich unter der Haut ab.

Das Platysma eignet sich aufgrund seiner oberflächlichen Lage und Verschiebbarkeit als „Deckungsmaterial" bei Verschiebeplastiken nach ausgedehnten operativen Eingriffen im Kopf-Hals-Bereich (Tumoroperationen, Verbrennungen).

Das Platysma wird durch den *R. colli* des *N. facialis* innerviert.

M. sternocleidomastoideus

Gestalt und Lage

Der *M. sternocleidomastoideus* (s. Abb. 8.**4,** 8.**6**) entstammt wie der M. trapezius größtenteils dem Mesenchym des 6. Kiemenbogens. Er durchzieht in schräger Richtung von kranial-dorsal nach kaudal-ventral den Hals und bildet die Grenze zwischen der vorderen Halsregion, *Regio colli anterior,* sowie den beiden seitlichen Halsregionen, *Regio colli lateralis dexter* und sinister (s. S. 654). Der M. sternocleidomastoideus prägt das Oberflächenrelief des Halses und ist in gesamter Länge sicht- und tastbar (s. oben, Abb. 6.**30**, 8.**1**). Er wird vom *oberflächlichen Blatt* der *Halsfaszie* vollständig eingescheidet. Im Bereich des Unterkieferwinkels hat er über die Lamina superficialis fasciae cervicalis Verbindung zur Fascia parotidea. Der Muskel wird größtenteils vom *Platysma* bedeckt, sein kaudaler Abschnitt überlagert den *Gefäß-Nerven-Strang.*

Der M. sternocleidomastoideus hat einen *zweiköpfigen Ursprung.* Sein *Caput sternale* entspringt mit schlanker Sehne am Oberrand des Manubrium sterni, das *Caput claviculare* kommt breitflächig von der kranialen Fläche des medialen Drittels der Clavicula (s. Abb. 6.**53**). Die beiden sternalen Köpfe begrenzen seitlich die *Fossa jugularis* (s. Abb. 6.**30**). Zwischen Caput sternale und Caput claviculare bleibt die *Fossa supraclavicularis minor* ausgespart, in deren Tiefe der Puls der *A. carotis communis* palpiert werden kann. Der Muskel zieht dann schräg nach kranial-dorsal, wobei das Caput sternale das Caput claviculare vom mittleren Abschnitt des Muskels an vollständig überlagert. Das Caput sternale setzt mit kurzer, breiter Sehne an der Außenfläche der Basis des Processus mastoideus und an der Linea nuchae superior an (Abb. 9.**105**). Am Planum occipitale ist die Ansatzsehne meistens über einen queren Sehnenbogen mit der Sehne des M. trapezius verbunden. Der Ansatz der Pars clavicularis liegt, bedeckt von der Pars sternalis, an der Außenfläche und an der Spitze des Processus mastoideus. Pars sternalis und Pars clavicularis des M. sternocleidomastoideus sind im Ursprungsbereich durch lockeres Bindegewebe miteinander verbunden, kranial lassen sich beide Anteile nicht mehr voneinander trennen. Der M. sternocleidomastoideus macht bei seinem Verlauf vom Schultergürtel zum Warzenfortsatz eine Drehung nach außen um etwa 90°. Die Vorderfläche des Muskels ist im Ursprungsbereich nach ventral, im mittleren Abschnitt nach lateral gerichtet (Abb. 8.**4**).

Varianten

Die Pars sternalis des M. sternocleidomastoideus greift manchmal auf die Pars clavicularis über. In solchen Fällen fehlt die Fossa supraclavicularis minor. Der klavikuläre Anteil des Muskels kann so weit nach lateral reichen, daß er mit dem M. trapezius in Verbindung steht. Es fehlt dann das laterale Halsdreieck (s. S. 353). Gelegentlich entspringt der M. sternocleidomastoideus mit vier Köpfen *(Caput sternomastoideum, Caput sternooccipitale, Caput cleidomastoideum, Caput cleidooccipitale)*, die als eigenständige Muskeln verlaufen können. Relativ häufig trifft dies für das Caput cleidooccipitale zu.

Funktion und Innervation

Der M. sternocleidomastoideus wirkt primär auf die *Kopf-* und *Halswirbelgelenke.* Bei *einseitiger* Kontraktion *neigt* der Muskel den Kopf und die Halswirbel-

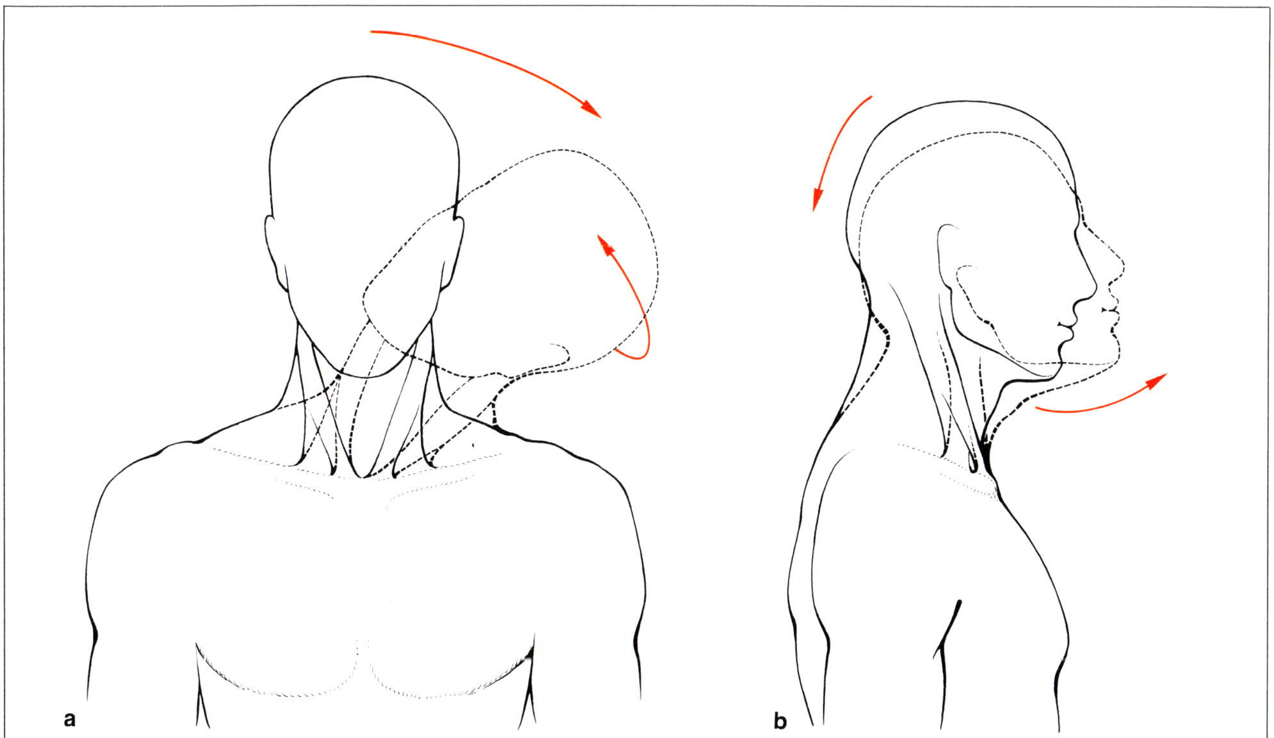

Abb. 8.**5** **Funktion des M. sternocleidomastoideus.**
a Bei einseitiger Kontraktion werden Kopf und Halswirbelsäule zur ipsilateralen Seite geneigt und zur kontralateralen Seite gedreht.
b Bei doppelseitiger Wirkung wird der Kopf nach dorsal gekippt, gleichzeitig kommt es zu einer Anhebung des Kinns und zu einer Ventralbewegung der Halswirbelsäule.

säule zur ipsilateralen Seite und *dreht* den Kopf zur Gegenseite (Abb. 8.**5a**). Sind die Muskeln *beider Seiten* aktiv, wird der Kopf in den Atlantookzipitalgelenken nach dorsal gekippt. Aus der Extension des Kopfes resultiert ein Anheben des Kinns, gleichzeitig kommt es zu einer Ventralbewegung der gestreckten Halswirbelsäule (Abb. 8.**5b**).
Der M. sternocleidomastoideus gehört aufgrund seines Ursprungs zu den Muskeln des *Schultergürtels*. Liegt das Punctum fixum am Kopf, heben die Muskeln die obere Thoraxapertur an und unterstützen die *Inspiration*.
Der M. sternocleidomastoideus wird vom *N. accessorius* innerviert. Er erhält außerdem Nervenfasern aus dem *Plexus cervicalis* (C_1–C_2).

Beim angeborenen *muskulären Schiefhals (Tortikollis)* führt die einseitige Verkürzung des M. sternocleidomastoideus zu einer Neigung des Kopfes zur betroffenen Seite bei gleichzeitiger Drehung zur Gegenseite. Als Folge der Fehlhaltung kommt es zu Skelettveränderungen an Halswirbelsäule und Schädel. Da die Schädelknochen auf der betroffenen Seite unterentwickelt sind, erscheint das Gesicht asymmetrisch (sog. Gesichtsskoliose).

Untere Zungenbeinmuskeln, Mm. infrahyoidei

Die Gruppe der *unteren Zungenbeinmuskeln, infrahyale Muskeln* (s. Abb. 8.**6**, 8.**7**), zählt zum sog. Rektussystem der ventralen Rumpfmuskulatur, das sich ursprünglich vom Becken bis zum Unterkiefer erstreckt. Die Anlagen der unteren Zungenbeinmuskeln entstammen den ventralen Myotomanteilen der oberen Halssegmente. Die Muskelanlagen wandern während der Ontogenese vor den Kiemenbögen als *hypobranchiale Muskeln* nach kranial und setzen am Kiemenbogenskelett (Zungenbein, Kehlkopf) an. *Zwischensehnen,* die an den Mm. omohyoideus und sternohyoideus regelmäßig, am M. sternothyreoideus gelegentlich vorkommen, weisen auf verlorengegangene ursprüngliche Anheftungen am Kiemenbogenskelett hin, die Zwischensehnen entsprechen jedoch nicht den Grenzen zwischen zwei Myomeren (s. S. 132).
Die infrahyalen Muskeln sind in *zwei Schichten* angeordnet. Die in der *Tiefe* liegenden *Mm. sternothyreoideus* und *thyreohyoideus* haben Verbindungen zum Kehlkopfskelett, die zur *oberflächlichen* Gruppe zählenden *Mm. sternohyoideus* und *omohyoideus* setzen am Zungenbein an. Die unteren Zungenbeinmuskeln werden vom *mittleren Blatt der Halsfaszie* umschlossen und bedecken gemeinsam mit diesem die Halseingeweide (s. S. 656, Abb. 8.**2**, 8.**3**).

M. sternohyoideus

Gestalt und Lage

Der *M. sternohyoideus* (Abb. 8.**6**) ist ein platter, bandförmiger Muskel, der von der Hinterfläche des Manubrium sterni, vom Sternoklavikulargelenk und vom sternalen Abschnitt des Schlüsselbeins entspringt (s. Abb. 6.**53**). Der im Ursprungsbereich etwa 3 cm breite Muskel wird in seinem Verlauf nach kranial schmaler und nimmt an Dicke zu. Beim Verlauf über die Schildknorpelplatten nähern sich die Muskeln beider Seiten. Der M. sternohyoideus inseriert auf einer etwa 1,5 cm breiten transversalen Linie am unteren Rand des Zungenbeinkörpers (s. Abb. 8.**8**). Zwischen Ansatzsehne und *Membrana thyreohyoidea* liegt meistens ein kleiner *Schleimbeutel.*

Varianten

Der Ursprung des M. sternohyoideus kann auf das Lig. costoclaviculare und auf den Oberrand der ersten Rippe übergreifen. Der klavikuläre Ursprungsteil des Muskels ist gelegentlich selbständig und zieht als eigenständiger Muskel nach kranial. Nicht selten sind die Muskeln beider Seiten in der Mediane streckenweise miteinander verwachsen, wobei der Bereich der Prominentia laryngea stets ausgespart bleibt. Zwischensehnen kommen vor allem im kaudalen Abschnitt und in Höhe des Schildknorpels vor.

Funktion und Innervation

Das Punctum fixum des M. sternohyoideus liegt stets am Brust- und Schlüsselbein. Der Muskel zieht das *Zungenbein* aktiv nach kaudal. Bei *isometrischer Kontraktion* stellt er das Zungenbein fest und verschafft dadurch den *oberen Zungenbeinmuskeln* einen Halt, so daß diese bei der Kieferöffnung und bei der Mahlbewegung aktiv werden können (s. S. 749).
Der M. sternohyoideus wird aus zwei Ästen der *Ansa cervicalis* innerviert. Der kraniale Teil des Muskels erhält Fasern aus den Segmenten C_1 und C_2, der kaudale Abschnitt wird aus den Segmenten C_2 und C_3 versorgt.

M. omohyoideus

Gestalt und Lage

Der *M. omohyoideus* (s. Abb. 8.**6**) ist aus dem seitlichen Anlagematerial des M. sternohyoideus hervorgegangen. Beide Muskeln entsprechen einer bei Reptilien vorkommenden breiten Muskelplatte, die sich bis zum Schulterblatt ausdehnt. Aufgrund seines Ursprungs am Schulterblatt kann man den Muskel zu den Schultergürtelmuskeln zählen.

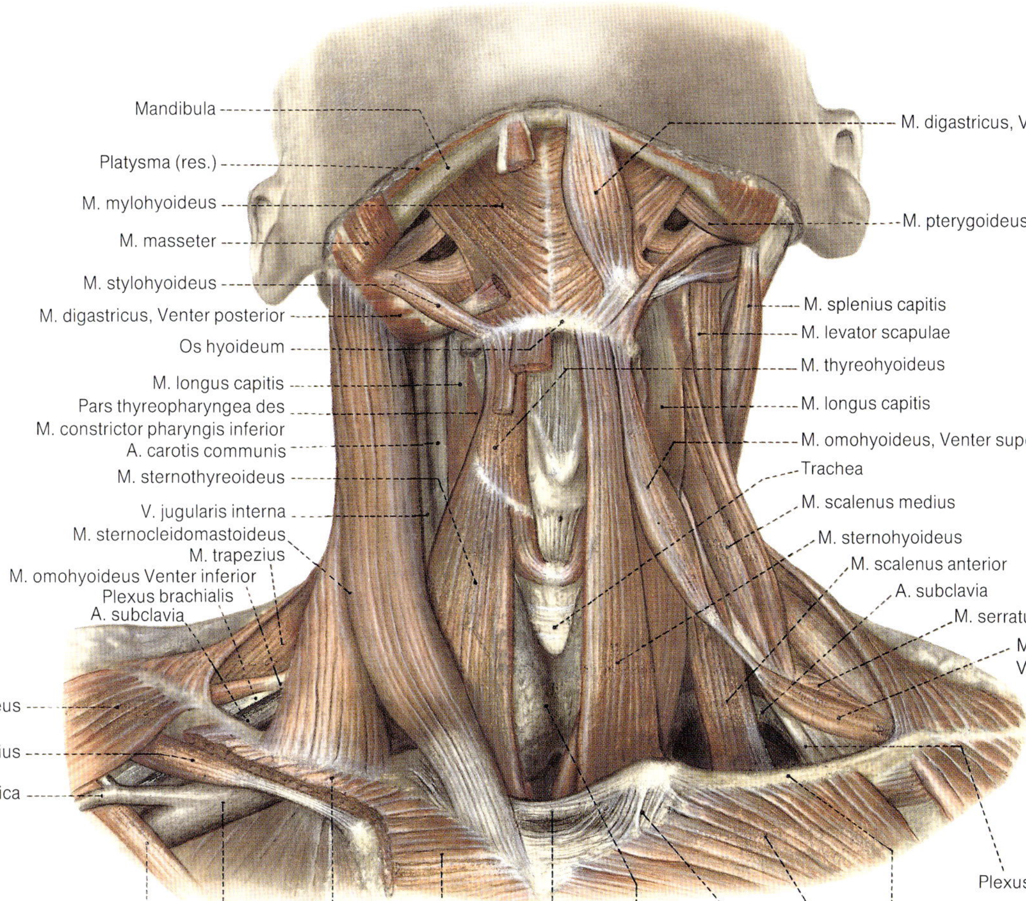

Abb. 8.**6** **Halsmuskeln und obere Zungenbeinmuskeln in der Ansicht von vorn.**
Rechts: Platysma entfernt, M. sternohyoideus und oberer Bauch des M. omohyoideus durchtrennt.
Links: Platysma und M. sternocleidomastoideus entfernt. Infrahyale Muskeln und Mm. scaleni freigelegt.

Der M. omohyoideus besteht aus *zwei* schlanken, flachen *Muskelbäuchen,* die über eine dünne *Zwischensehne* miteinander verbunden sind. Der *untere Bauch, Venter inferior,* entspringt breitflächig medial der Incisura scapulae vom oberen Rand des Schulterblattes, vom Lig. transversum scapulae superius und von der Wurzel des Processus coracoideus (s. Abb. 6.**54,** 6.**55**). Der untere Muskelbauch zieht, sich leicht verjüngend, in schräger Richtung durch das seitliche Halsdreieck nach medial-kranial. (Bei der Leiche liegt der untere Muskelbauch in unnatürlicher Position tief in der Fossa supraclavicularis hinter dem Schlüsselbein.) An der Überkreuzungsstelle durch den M. sternocleidomastoideus in Höhe des 6. Halswirbels geht der Venter inferior in die Zwischensehne über. Von hier verläuft der *obere Muskelbauch* schräg aufsteigend durch das vordere Halsdreieck und setzt seitlich vom M. sternohyoideus am lateralen Unterrand des Zungenbeinkörpers an (s. Abb. 8.**8**).

Die Bäuche der Mm. omohyoidei und ihre Zwischensehnen werden von der *Lamina praetrachealis der Halsfaszie* umschlossen (s. Abb. 8.**2**). Die beiden Muskeln bilden die seitliche Anheftungsstelle des mittleren Blattes der Halsfaszie. Dort, wo die Zwischensehne den Gefäß-Nerven-Strang überkreuzt, sind mittleres Blatt der Halsfaszie und *Vagina carotica* fest miteinander verwachsen (s. S. 656 und unten).

Varianten

Der M. omohyoideus kann in seltenen Fällen vollständig fehlen, gelegentlich ist nur ein Muskelbauch ausgebildet. Der obere Muskelbauch oder der gesamte Muskel sind manchmal verdoppelt. Nicht selten entspringt ein Teil des Venter inferior am Schlüsselbein. Liegt der Ursprung des unteren Kopfes ausschließlich an der Clavicula, so bezeichnet man diesen Muskel als *M. cleidohyoideus.* Häufig sind Venter superior m. omohyoidei und M. sternohyoideus miteinander verwachsen.

Funktion und Innervation

Das Punctum fixum des M. omohyoideus liegt, wie beim M. sternohyoideus, am Schultergürtel. Die Wirkung des Muskels auf die Bewegung des Scapula ist so gering, daß sie unter praktischen Gesichtspunkten zu vernachlässigen ist. Der M. omohyoideus kann gemeinsam mit dem M. sternohyoideus das *Zungenbein* nach kaudal ziehen oder es fixieren. Die Hauptfunktion des Muskels ergibt sich aus seiner engen Beziehung zur *Lamina praetrachealis* der *Halsfaszie* und seiner Überkreuzung des *Gefäß-Nerven-Stranges.* Der M. omohyoideus *spannt,* unterstützt von den übrigen unteren Zungenbeinmuskeln, das mittlere Blatt der *Halsfaszie.* Da seine von der Lamina praetrachealis umschlossene Zwischensehne mit der Vagina carotica verwachsen ist, überträgt sich die Muskelspannung vor allem auf die Wand der *V. jugularis interna.* Der M. omohyoideus wirkt damit fördernd auf den *venösen Blutabfluß* aus dem Kopf- und Halsbereich, so daß selbst bei tiefer Inspiration die V. jugularis nicht kollabiert. Auch bei Seitneigung des Halses verhindert der M. omohyoideus durch seine reflektorische Kontraktion, daß die Vene komprimiert wird.
Der obere Bauch des M. omohyoideus wird aus der *Radix superior* (C_1 und C_2), der untere Bauch des Muskels aus der *Radix inferior* (C_2–C_4) der *Ansa cervicalis* innerviert.

M. sternothyreoideus

Gestalt und Lage

Der *M. sternothyreoideus* (s. Abb. 8.**6**) ist ein flacher, breiter Muskel, der bis auf seinen ventro-kaudalen Anteil vom M. sternohyoideus bedeckt wird. Er entspringt an der Hinterfläche des Manubrium sterni und des 1. Rippenknorpels. Seine Muskelfasern ziehen über die *Glandula thyreoidea,* mit der ihn lockeres Bindegewebe verbindet, nach kranial. Bei Vergrößerungen der Schilddrüse ist der Muskel sehr dünn und stark verbreitert. Der M. sternothyreoideus inseriert flächenförmig am Schildknorpel. Sein dorso-kranialer Teil zieht zum Tuberculum superius, die kaudo-ventralen Fasern inserieren am Tuberculum inferius und am angrenzenden Abschnitt des unteren Schildknorpelrandes. Die mittlere Portion des Muskels setzt an einem *Sehnenbogen* an, der sich zwischen Tuberculum superius und Tuberculum inferius ausspannt. Eine Insertion an der Linea obliqua hat der Muskel nicht. Regelmäßig strahlen beträchtliche Teile des M. sternothyreoideus in den *M. thyreohyoideus* und in den *M. constrictor pharyngis inferior* ein.

Varianten

Gestalt und Größe des M. sternothyreoideus können auf der rechten und linken Seite erheblich voneinander abweichen. Die Muskeln beider Seiten sind häufig streckenweise in der Mediane miteinander verwachsen. Der Ursprung des M. sternothyreoideus dehnt sich nicht selten bis zur 2. Rippe aus. Im Ursprungsbereich kommen eine, seltener zwei Zwischensehnen vor. Die regelmäßige Verbindung des M. sternothyreoideus zu Nachbarmuskeln variiert anteilmäßig, meistens ist die Faserverbindung zur Pars thyreopharyngea des unteren Schlundschnürers größer als die zum *M. thyreohyoideus.* Der Muskel kann im Ansatzbereich aus zwei sich überlagernden Schichten bestehen. Gelegentlich inseriert der M. sternothyreoideus mit zwei Köpfen, von denen der kraniale zum Tuberculum superius und der kaudale zum Tuberculum inferius zieht. Selten setzt der M. sternothyreoideus ausschließlich am Tuberculum superius an. Von den dorsalen Muskelfasern inserieren gelegentlich einige Bündel am Cornu majus des Zungenbeins.

Funktion und Innervation

Der M. sternothyreoideus kann durch seinen Ansatz am Schildknorpel den gesamten *Larynx* nach kaudal ziehen und in dieser Position halten. Der Muskel gewinnt damit großen Einfluß auf die *Phonation.* *M. sternothyreoideus* und *M. thyreohyoideus* (s. unten) bilden gemeinsam eine *Muskelschlinge,* die für die *Stabilisierung* des *Kehlkopfs* bei der Phonation Bedeutung hat. Die beiden Muskeln schaffen, unterstützt von den übrigen supra- und infrahyalen Muskeln, die Voraussetzung für den *Registerausgleich* und für eine gedeckte Tongebung. Der Einfluß des M. sternothyreoideus auf die *Spannung* der *Stimmfalten* wird kontrovers diskutiert. Seine Wirkung als Spanner oder Entspanner der Stimmfalten hängt von der augenblicklichen Lage des Kehlkopfs ab.
Der M. sternothyreoideus wird durch die *Ansa cervicalis* (C_2–C_4) innerviert.

Durch *Überdehnung* des M. sternothyreoideus infolge eines Kropfes oder nach *Durchtrennung* des Muskels bei einer Strumaoperation kann es zu *Störungen der Phonation* kommen. Als Folge des mangelhaften Registerausgleichs und der fehlenden Koordination bei der Stimmfaltenspannung werden u. a. mangelhaftes Einhalten und Einstellen der Register, Schwierigkeiten beim Nachsingen von Tonfolgen, Tieferwerden der Sprechstimme, Einschränkung der Kopfstimme und fehlerhaftes Ansetzen hoher Töne beobachtet.

M. thyreohyoideus

Gestalt und Lage

Der *M. thyreohyoideus* (s. Abb. 8.**6**) bildet eine flache, breite, nahezu rechteckige Muskelplatte, die den hinteren Teil der Schildknorpelplatte, die Membrana thyreohyoidea sowie das kraniale Gefäß-Nerven-Bündel für den Kehlkopf bedeckt. Der Muskel entspringt am Tuberculum superius, am ventralen Abhang der Linea obliqua, am Tuberculum inferius sowie am ventrokaudalen Schildknorpelrand. Oberflächliche Fasern kommen außerdem von dem zwischen beiden Tubercula ausgespannten Sehnenbogen (s. M. sternothyreoideus). Da der Muskel mit seinem Ursprung nach ventral auf den unteren Schildknorpelrand übergreift, ist er breiter als der M. sternothyreoideus. Die Muskelfasern des M. thyreohyoideus ziehen in gleicher Verlaufsrichtung wie die Fasern des M. sternothyreoideus und inserieren, bedeckt von den Mm. sternohyoideus und omohyoideus, lateral am Zungenbeinkörper sowie an der ventralen Hälfte des großen Zungenbeinhornes (s. Abb. 8.**8**). Zwischen Muskelansatz und großem Zungenbeinhorn liegt ein kleiner Schleimbeutel, *Bursa thyreohyoidea.*

Varianten

Der M. thyreohyoideus geht häufig eine Verbindung mit dem M. sternohyoideus ein (s. oben). Der Muskel kann in einen medialen und in einen lateralen Anteil zerfallen. Oberflächliche Bündel, die vom Zungenbein oder vom Schildknorpel kommen und in die Kapsel der Schilddrüse einstrahlen, bezeichnet man als *M. levator glandulae thyreoideae lateralis.*
Der *M. levator glandulae thyreoideae anterior* spaltet sich vom M. cricothyreoideus ab. Der *M. levator glandulae thyreoideae posterior* entstammt dem M. constrictor pharyngis inferior. Als *M. depressor glandulae thyreoideae* wird ein vom Schildknorpel entspringendes Muskelbündel bezeichnet, das an der Hinterfläche des weit nach kranial reichenden Isthmus der Schilddrüse ansetzt.

Funktion und Innervation

Der M. thyreohyoideus kann bei fixiertem *Kehlkopf* das *Zungenbein* nach kaudal ziehen oder den Schildknorpel dem festgestellten Zungenbein nähern. Gemeinsam mit den Pharynxmuskeln beteiligt er sich an der Anhebung des Kehlkopfes nach kranial-ventral beim *Schluckakt* (s. Bd. II). Über die *Muskelschlinge* mit dem M. sternothyreoideus beeinflußt der M. thyreohyoideus die *Phonation* (s. oben). Morphologisch bildet der M. thyreohyoideus jedoch nicht, wie häufig beschrieben, die kraniale Fortsetzung des M. sternothyreoideus, da der M. sternothyreoideus nicht an der Linea obliqua ansetzt.
Der M. thyreohyoideus wird von einem Ast der *Radix superior* der *Ansa cervicalis* (C_1 und C_2) innerviert.

Zusammenfassende Darstellung der Funktion der infrahyalen Muskeln

Die *infrahyalen Muskeln* bilden mit den *suprahyalen Muskeln* eine *Funktionsgemeinschaft.* Der Synergismus innerhalb der *Muskelschlingen,* in die das *Zungenbein* und das *Kehlkopfskelett* eingeschaltet sind, kommt bei den *Kau-* und *Schluckfunktionen* sowie bei der *Phonation* zum Tragen. Die am Zungenbein ansetzenden Muskeln unterstützen den *Kauakt,* stellen das Zungenbein fest und schaffen den oberen Zungenbeinmuskeln ein Punctum fixum, so daß diese bei der Kieferöffnung und bei der Mahlbewegung aktiv werden können. Die infrahyalen Muskeln beteiligen sich außerdem am *Schluckakt.* Der M. thyreohyoideus ist an der Anhebung des Kehlkopfes in der ersten Phase des Schluckaktes nach kranial-ventral beteiligt. Da das Punctum fixum der übrigen Unterzungenbeinmuskeln praktisch immer mit dem Ursprung am Schultergürtel oder an der oberen Thoraxapertur zusammenfällt, kann die Muskelgruppe Zungenbein und Kehlkopf nach kaudal ziehen. Diese Bewegung läuft in der Endphase des Schluckaktes ab, nachdem die Nahrung den Meso- und Hypopharynx passiert hat.
Die infrahyalen Muskeln beeinflussen außerdem den *Phonationsmechanismus.* Durch ihren Ansatz am Kehlkopfskelett wirken sie auf den Registerausgleich und auf die Spannung der Stimmfalten.
Über die Anspannung des mittleren Blattes der Halsfaszie fördern die infrahyalen Muskeln den *venösen Rückstrom des Blutes* aus dem Kopf-Hals-Bereich.
Aufgrund ihrer Lage vor dem Achsenskelett können die infrahyalen Muskeln theoretisch die *Halswirbelsäule* nach ventral neigen. Normalerweise erfolgt diese Bewegung jedoch durch die Schwerkraft.

Mm. scaleni

Die *Mm. scaleni* (s. Abb. 8.**7**, 8.**9**) gehören zur seitlichen Gruppe der *tiefen Halsmuskeln.* Sie setzen die Zwischenrippenmuskeln im Halsbereich fort. Ihr Ursprung liegt teilweise an den *Rippenrudimenten* der Halswirbel. *Genetisch* haben die Mm. scaleni enge Beziehungen zu den thorakofugalen dorsalen Schultergürtelmuskeln.
Normalerweise lassen sich drei Muskelindividuen, *M. scalenus anterior, M. scalenus medius* und *M. scalenus posterior,* abgrenzen; relativ häufig kommt jedoch ein vierter Muskel, *M. scalenus minimus,* vor. Die Mm. scaleni ziehen von den Querfortsätzen der Halswirbelsäule fächerförmig nach lateral-kaudal und inserieren an den kranialen Rippen. Gemeinsam mit dem tiefen Blatt der Fascia cervicalis bilden sie an der oberen Thoraxapertur eine kegelförmige Hülle über der *Pleurakuppel* (s. Bd. II).
Die Mm. scaleni stehen im Dienste der *Atmung* und wirken auf die Bewegung der *Halswirbelsäule.* Gemeinsam mit anderen Halsmuskeln begrenzen die Mm. scaleni topographisch wichtige *Durchtrittspforten* für Gefäße und Nerven (*Skalenuslücken, Trigonum scalenovertebrale,* s. unten).

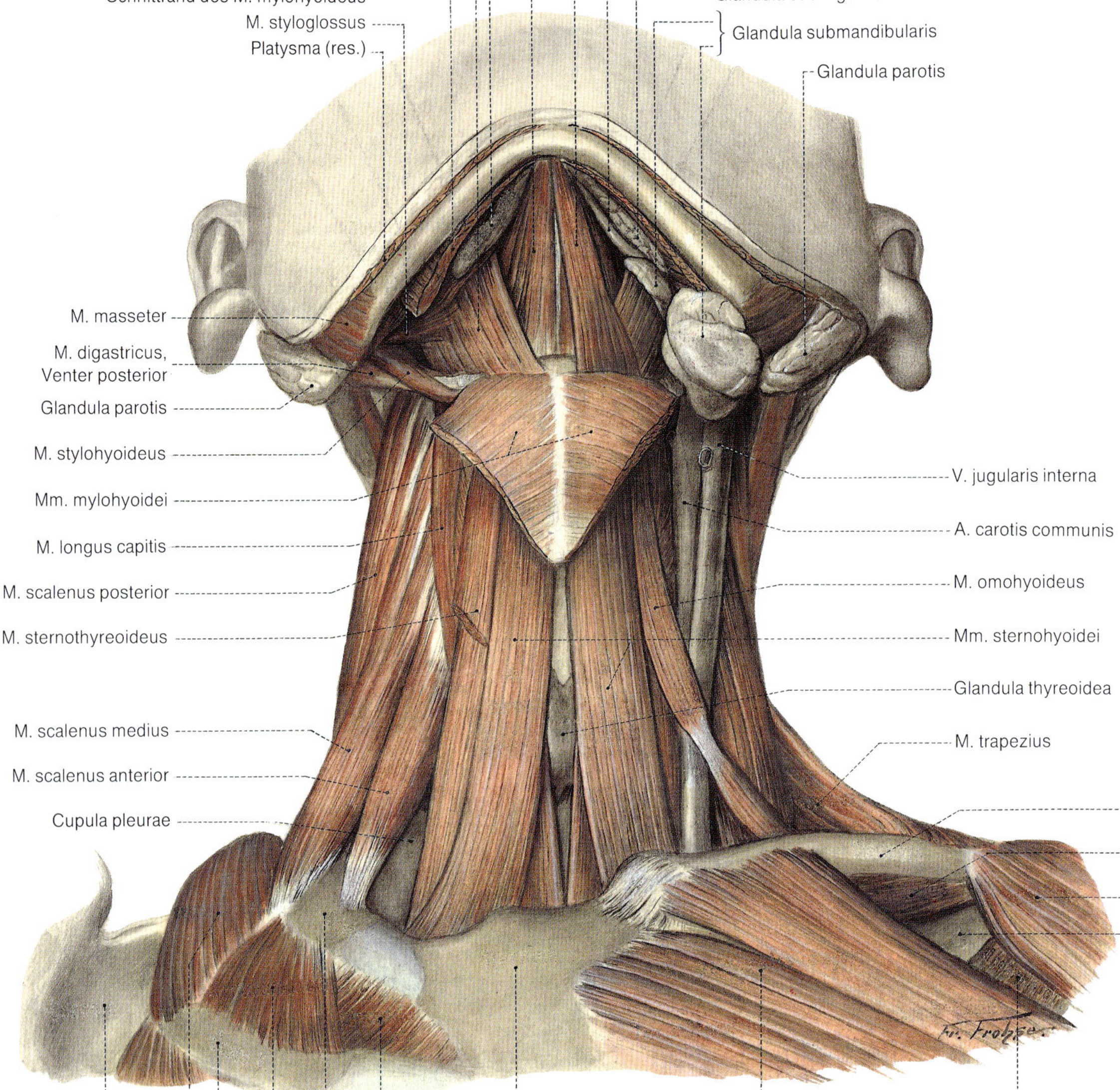

Abb. 8.**7** **Halsmuskeln und obere Zungenbeinmuskeln in der Ansicht von vorn.**
Rechts: Schlüsselbein, Platysma sowie Mm. sternocleidomastoideus, trapezius, pectoralis major, subclavius und omohyoideus entfernt. Mm. scaleni und infrahyale Muskeln freigelegt. Links: Platysma und M. sternocleidomastoideus entfernt. Vorderer Digastrikusbauch auf beiden Seiten entfernt, Mm. mylohyoidei an der Mandibula abgetrennt und nach kaudal geklappt, M. geniohyoideus auf der rechten Seite entfernt, Freilegung des M. genioglossus.

M. scalenus anterior

Gestalt und Lage

Der *M. scalenus anterior* (Abb. 8.**7**, 8.**9**) entspringt mit drei bis vier Zacken an den Tubercula anteriora der Querfortsätze des 3.–6. Halswirbels. Der Muskel zieht nach lateral-ventral und erreicht die Außenfläche der 1. Rippe, wo seine Insertion das Tuberculum m. scaleni hervorruft. Der M. scalenus anterior bildet mit dem *M. longus colli* das *Trigonum scalenovertebrale.* Auf dem M. scalenus anterior verläuft der *N. phrenicus (Skalenuslücken,* s. unten).

Varianten

Der M. scalenus anterior fehlt in seltenen Fällen. Sein Ursprung reicht manchmal bis zum 2. Halswirbel, häufig entspringt er erst am 4. Halswirbel. Die Ursprungssehnen des M. scalenus anterior können in die Sehnen des M. longus capitis übergehen. Manchmal liegen die Ansätze von M. scalenus anterior und M. scalenus medius so eng beieinander, daß die Skalenuslücke sehr eng ist (*Skalenussyndrom,* s. unten). Gelegentlich teilt sich der M. scalenus anterior im Ursprungsbereich; die A. subclavia tritt in solchen Fällen durch den Muskel in das seitliche Halsdreieck. Zuweilen spalten sich Teile vom M. scalenus anterior ab und strahlen in den M. scalenus medius ein. Diese aberrierenden Muskelfaserbündel können Ursache für eine *Kompression* der *A. subclavia* und/oder des *Plexus brachialis* sein (*Skalenussyndrom).* Liegt als Variante eine weit nach ventral reichende *Halsrippe* (s. S. 267, Abb. 5.**133**) vor, so inseriert ein Teil des M. scalenus anterior an ihr.
(*Funktion,* s. unten)

Innervation

Der M. scalenus anterior wird aus *ventralen Ästen* der Segmente C_5–C_7 innerviert.

M. scalenus medius

Gestalt und Lage

Der *M. scalenus medius* (Abb. 8.**7**, 8.**9**) ist der kräftigste Muskel in der Gruppe der seitlichen tiefen Halsmuskeln. Er entspringt am lateralen Rand des Sulcus n. spinalis sowie an den Tubercula posteriora der Querfortsätze des 3.–7. Halswirbels. Der Muskel inseriert größtenteils an der 1. Rippe dorsal vom Sulcus der A. subclavia. Sein Ansatz dehnt sich außerdem nach kaudal auf die Membrana intercostalis externa des 1. Interkostalraumes sowie auf den kranialen Rand der 2. Rippe aus.

Varianten

Vollkommenes Fehlen des M. scalenus medius ist äußerst selten. Relativ häufig entspringt der Muskel auch vom Atlas. Gelegentlich sind seine Ursprungszacken bis auf zwei vermindert. Der Ansatz des M. scalenus medius reicht in einigen Fällen bis zur 3. Rippe nach kaudal. Vom M. scalenus medius treten zuweilen Muskelfaserbündel in den M. scalenus anterior über. Diese aberrierenden Muskelfaserbündel können zur *Kompression* des *Plexus brachialis* und der *A. subclavia* führen (s. M. scalenus anterior, *Skalenussyndrom*).
(*Funktion,* s. unten)

Innervation

Der M. scalenus medius erhält seine *Innervation* aus den Segmenten (C_2) C_3–C_8.

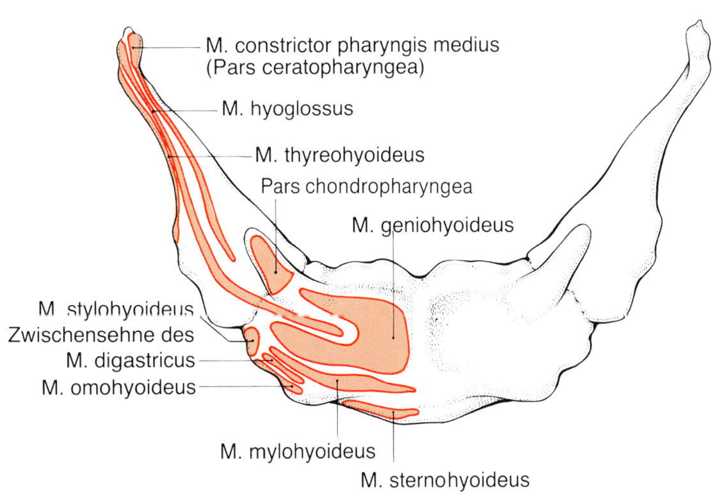

Abb. 8.**8** **Muskelursprünge und -ansätze am Zungenbein in der Ansicht von vorn.**

M. scalenus posterior

Gestalt und Lage

Der *M. scalenus posterior* (Abb. 8.**7**, 8.**9**) entspringt an den Tubercula posteriora des 5. und 6. oder 7. Halswirbels und inseriert an der Außenfläche der 2. Rippe. Der Muskel liegt dem dorsalen Rand des M. scalenus medius an. Seine Ansatzsehne überlagert den kaudalen Teil des M. scalenus medius.

Varianten

Der M. scalenus posterior fehlt nicht selten. Sein Ursprung kann bis zum 4. Halswirbel nach kranial reichen. Der Muskel inseriert in manchen Fällen bereits an der 1. Rippe, zuweilen dehnt er sich bis zur 3. oder 4. Rippe nach kaudal aus. Der M. scalenus posterior kann in mehrere selbständige Bündel zerfallen.
(*Funktion*, s. unten)

Innervation

Der M. scalenus posterior wird aus den Segmenten (C_5) C_6–C_8 innerviert.

M. scalenus minimus

Ein *M. scalenus minimus* kommt beim Erwachsenen in mehr als einem Drittel der Fälle vor. Der zuweilen recht kräftige Muskel entspringt von der Unterseite des Tuberculum anterius processus transversi des 7. Halswirbels. Gelegentlich entspringen weitere Zacken am 5. und 6. Halswirbel. Der Muskel inseriert zum Teil am Innenrand der 1. Rippe dorsal vom M. scalenus anterior, ein Teil seiner Ansatzsehne strahlt außerdem in die Fascia suprapleuralis der *Pleurakuppel* (Sibson-Faszie) ein. Der Ansatz an der 1. Rippe kann fehlen, während die Insertion an der Pleurakuppel („*M. scalenus pleuralis*" – Sibson-Muskel) konstant ist. Manchmal ist die Muskulatur atrophiert, in solchen Fällen verläuft dann ein bindegewebiger Strang zwischen Halswirbelsäule und Pleurakuppel (*Lig. costo-pleuro-vertebrale* oder *Lig. transverso-cupulare*). Der M. scalenus minimus trägt zur *Stabilisierung* der Pleurakuppel bei. Er wird aus einem Ast des Segmentes C_8 innerviert.

Funktion der Mm. scaleni

Die *Mm. scaleni* wirken je nach Lage ihres Punctum fixum auf die Gelenke der *Rippen* oder der *Halswirbelsäule*. Liegt der Fixpunkt an der Halswirbelsäule, so *heben* die Mm. scaleni die oberen *Rippen* und unterstützen die *Einatmung*. Die Mm. scaleni zeigen bei der Atmung eine rhythmische Aktivität. Sie kontrahieren in der Phase der Inspiration sowohl bei forcierter als auch bei ruhiger Atmung. Die Muskeln sind auch im Schlaf aktiv. Sie sind wichtiger Bestandteil der „Atemstütze" bei Sängern und Blasinstrumentalisten. Bei isometrischer Kontraktion üben die Mm. scaleni eine *Haltefunktion* für den Brustkorb aus.
Wird das Punctum fixum der Mm. scaleni auf die Rippen verlagert, so unterstützen die Muskeln die *Seitneigung* und *Drehung* der *Halswirbelsäule* zur ipsilateralen Seite. Die Mm. scaleni anteriores beteiligen sich aufgrund ihres ventral liegenden Ansatzes außerdem an der *Ventralflexion* des Halses.

Skalenuslücken

In der Klinik sowie in älteren Lehrbüchern der topographischen Anatomie unterscheidet man eine *vordere* und eine *hintere Skalenuslücke*. Die *vordere Skalenuslücke* wird ventral vom M. sternocleidomastoideus, dorsal vom M. scalenus anterior und kaudal von der ersten Rippe sowie vom Lig. costoclaviculare begrenzt. Durch die vordere Skalenuslücke tritt die *V. subclavia.*

Die *hintere Skalenuslücke** ist ein dreieckiger Spaltraum, dessen Seiten die Mm. scaleni anterior und medius und dessen Basis die erste Rippe bilden. Durch den kaudalen Abschnitt der hinteren Skalenuslücke verläuft die *A. subclavia* zur oberen Extremität, oberhalb der A. subclavia tritt der *Plexus brachialis* aus (s. Bd. III und Bd. IV).

Von *praktisch-klinischer Bedeutung* sind die anatomischen Verhältnisse im Bereich der hinteren Skalenuslücke. Eine Einengung der Durchtrittspforte führt zur *Kompression* des *Plexus brachialis* und/oder der *A. subclavia.* Die klinisch feststellbaren Symptome (neurologische Ausfälle, Durchblutungsstörungen) werden als *Skalenussyndrom* zusammengefaßt. *Ursache* für ein Skalenussyndrom sind häufig *anatomische Veränderungen* im Bereich der hinteren Skalenuslücke. Zu einer Kompression der Leitungsbahnen können folgende *Varianten* und *Anomalien* führen: abnorm breite Mm. scaleni anterior und/oder medius, weit nach lateral verlagerte Ansätze der Mm. scalenus anterior und minimus, aberrierende Muskelfaserbündel der Mm. scalenus anterior oder medius, weit nach ventral reichende Halsrippe (s. S. 267, Abb. 5.**133**).

---

* Die meisten Lehrbücher unterscheiden heute nur eine Skalenuslücke, gemeint ist dann die hintere Skalenuslücke zwischen M. scalenus anterior und M. scalenus medius.

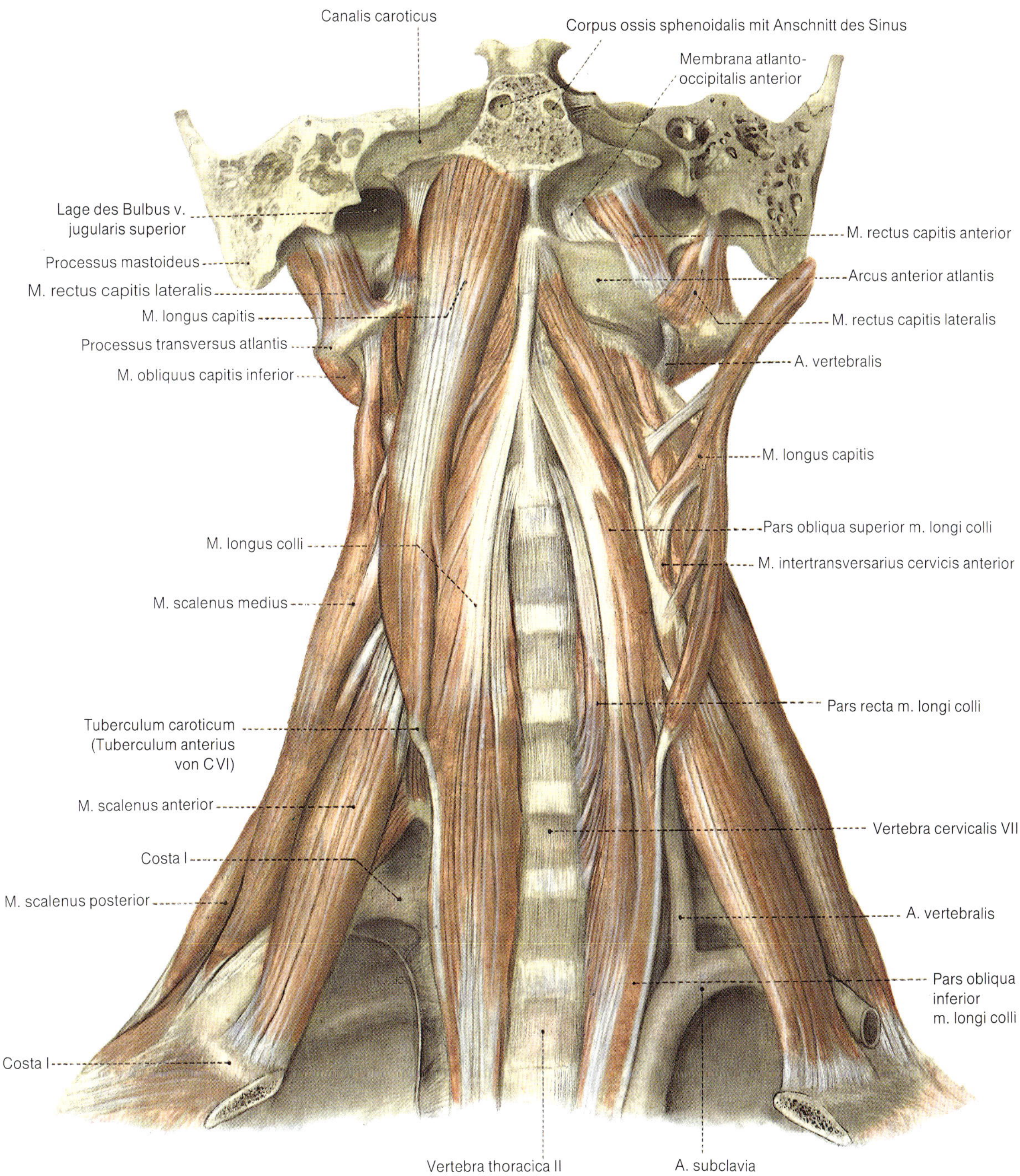

Abb. 8.**9** **Seitliche und tiefe Halsmuskeln in der Ansicht von vorn.** Mm. scaleni, prävertebrale Halsmuskeln. Links: M. longus capitis vom Ansatz gelöst und nach lateral geklappt, Darstellung seiner Ursprungsbündel.

Prävertebrale Muskeln

Die *prävertebralen Muskeln* (s. Abb. 8.**9**) gehören zur medialen Gruppe der tiefen Halsmuskeln. Die drei Muskelindividuen, *M. rectus capitis anterior, M. longus capitis* und *M. longus colli,* liegen in einer Rinne zwischen dem ventro-lateralen Abschnitt der Wirbelkörper und den Querfortsätzen. Die Muskeln ziehen, bedeckt von der *Lamina praevertebralis* der *Halsfaszie* (s. S. 658), in zwei paarigen Längswülsten vom Hinterhaupt bis zum 3. Brustwirbel. Man bezeichnet die Muskelgruppe auch als „Longusgruppe". Die Ursprünge der prävertebralen Muskeln grenzen im Bereich der Querfortsätze unmittelbar an die der Mm. scaleni.

M. rectus capitis anterior

Gestalt und Lage

Der *M. rectus capitis anterior* (s. Abb. 8.**9**) ist ein unisegmentaler, viereckiger Muskel, der von der Ventralseite der Massa lateralis atlantis entspringt und dorsal vom M. longus capitis an der Pars basilaris des Os occipitale inseriert (s. Abb. 9.**102**).

Funktion und Innervation

Der Muskel unterstützt die *Beugung* und *Stabilisierung* im *Atlantookzipitalgelenk.* Er wird vom ventralen Ast des *N. suboccipitalis* (C_1) innerviert.

M. longus capitis

Gestalt und Lage

Der *M. longus capitis* (s. Abb. 8.**9**) entspringt mit vier Zacken an den Tubercula anteriora der Querfortsätze des 3.–6. Halswirbels. Der Muskel verläuft schräg nach kranial-medial und setzt an der Pars basilaris ossis occipitalis an (s. Abb. 9.**102**).

Varianten

Die Anzahl der Ursprungszacken variiert. Der Ursprung am 6. Halswirbel kann fehlen. Gelegentlich dehnt sich der Ursprung bis zum Axis oder seltener bis zum Atlas aus. Relativ häufig kommen Verbindungen mit dem M. longus colli vor.

Funktion und Innervation

Bei *doppelseitiger Kontraktion* unterstützen die Mm. longi capitis die *Ventralflexion* des *Kopfes. Einseitig* beteiligt sich der Muskel an der *Seitneigung* des *Kopfes.*
Die *Innervation* erfolgt durch Äste des *Plexus cervicalis* (C_1–C_4).

M. longus colli

Gestalt und Lage

Der *M. longus colli* (s. Abb. 8.**9**) liegt medial vom M. longus capitis und erstreckt sich vom Atlas bis zum 3. Brustwirbel. Der Muskel besteht aus *drei Abschnitten,* die ihm die Form eines stumpfwinkligen Dreiecks verleihen. Am weitesten medial liegt die *Pars recta,* deren vertikal verlaufende Muskelbündel die Ursprünge der beiden schräg verlaufenden Anteile miteinander verbinden. Die Muskelfasern der Pars recta sind kranial an den Körpern des 2.–4. Halswirbels und kaudal an den drei unteren Halswirbeln sowie den drei oberen Brustwirbelkörpern befestigt. Der *laterale obere Teil* des M. longus colli *(Pars obliqua superior)* entspringt an den Tubercula anteriora der Querfortsätze des 3.–5. Halswirbels und setzt am Tuberculum anterius des Atlas an. Der *untere seitliche Anteil (Pars obliqua inferior)* kommt von den Körpern des 1.–3. Brustwirbels und setzt an den Querfortsätzen des 5. und 6. Halswirbels an.

Varianten

Die Anzahl der Ursprungs- und Ansatzzacken des M. longus colli variiert. Selten dehnt sich der Ursprung bis zum 4. Brustwirbelkörper nach kaudal aus. Häufig besteht eine Verbindung zwischen dem latero-kaudalen Anteil des Muskels und dem M. longus capitis.

Funktion und Innervation

Bei *doppelseitiger Innervation* wirken die Mm. longi colli als *Beuger* der *Halswirbelsäule.* Bei *einseitiger Kontraktion* unterstützen sie die *Seitneigung* der Halswirbelsäule und die *Drehung* zur ipsilateralen Seite. Die Muskeln tragen außerdem zur Stabilisierung der Halswirbelsäule bei (s. S. 230).
Der M. longus colli wird von Ästen der *Zervikalnerven* (C_2–C_8) innerviert.

Literatur

Batemann, J. E.: The Shoulder and the Neck. Saunders, Philadelphia 1978
Braus, H., C. Elze: Anatomie des Menschen. Ein Lehrbuch für Studierende und Ärzte, 3. Aufl., Bd. I. Springer, Berlin 1954
Eisler, P.: Die Muskeln des Stammes. Fischer, Jena 1912
Fischer, M.: Sehnenansätze an der Facies antero-lateralis des Schildknorpels, makroskopische und histologische Untersuchungen. Diss., Kiel 1987
Hafferl, A.: Lehrbuch der topographischen Anatomie, 3. Aufl. Springer, Berlin 1969
Koebke, J., B. Tillmann: Zur funktionellen Beanspruchung des Processus styloideus. Verh. anat. Ges. (Jena) 71 (1977) 1289–1296
von Lanz, T., W. Wachsmuth: Praktische Anatomie. Bd. I/2. Springer, Berlin 1955
Tillmann, B.: Morphologie und funktionelle Anatomie der Nervenbahnen im Schultergürtel- und Armbereich. Z. Orthop. 117 (1979) 536–541
Tillmann, B., F. Wustrow: Kehlkopf. In Berendes, J., R. Link, F. Zöllner: Hals-Nasen-Ohren-Heilkunde in Praxis und Klinik, Bd. IV/1. Thieme, Stuttgart 1982 (S. 1–101)

9

Kopf

B. Tillmann und G. Töndury

Knöcherner Schädel
Schädel als Ganzes
Morphologie der einzelnen Schädelknochen
Kauapparat
Kiefergelenk
Kaumuskeln im Gesichtsbereich
Obere Zungenbeinmuskeln
Gesicht und mimische Muskeln

Allgemeine Einleitung

Der *Kopf, Caput,* ist ein Körperabschnitt, in dem sehr unterschiedliche *Organe* mit speziellen Funktionen zusammengefaßt sind: *Gehirn* und große *Fernsinnesorgane* (Riechorgan, Sehorgan, Gehör- und Gleichgewichtsorgan) sowie *Atem-* und *Speisewege* mit Nase, Nasennebenhöhlen, Mund, Rachen und Kauapparat sind formbildende Bestandteile des Kopfes. Der Mundraum dient außerdem dem Artikulieren beim Sprechen und Singen. Einfluß auf die Gestalt der Gesichtsregion haben auch die mimischen Muskeln, die u. a. dem Schutz der Sinnesorgane und der Nahrungsaufnahme dienen. Beim Menschen haben sich die mimischen Muskeln zu einem differenzierten Ausdrucksorgan entwickelt (Mimik, Physiognomie, s. mimische Muskeln, S. 750). Der Kopf wird beim Menschen durch Muskelkräfte im labilen Gleichgewicht auf der Wirbelsäule gehalten. In diesem Zusammenhang nehmen die am Hinterhaupt angreifenden Nakkenmuskeln sowie die zum Kopf ziehenden Muskeln des Schultergürtels Einfluß auf die Form des Kopfes (s. S. 257).

Die *Gestalt* des Kopfes wird vor allem vom *Schädel, Cranium,* geprägt. Das Kopfskelett bildet schützende „Kapseln" für Gehirn und Sinnesorgane. Die Form des im Wachstum begriffenen Schädels bei Kindern und Jugendlichen unterscheidet sich in vielerlei Hinsicht von der des Erwachsenen (Abb. 9.**10,** 9.**11,** s. unten). Die Wachstumsintensität ist in den einzelnen Regionen des Schädels zeitlich unterschiedlich.

Die *Form* des *Gesichtes* hängt größtenteils von der Dicke des dem Skelett aufliegenden „Weichteilmantels" ab. Zu den „Weichteilen" zählen Haut und Unterhaut sowie mimische Muskeln und Kaumuskeln. Mimische Muskeln, Haut- und Unterhautgewebe bilden funktionell eine Einheit. Die Verteilung des „Weichteilmantels" ist regional, individuell und in Abhängigkeit vom Lebensalter unterschiedlich.

Der Kopf wird topographisch in mehrere *Regionen* gegliedert. Über den Knochen des Hirnschädels unterscheidet man die Stirngegend, *Regio frontalis,* das Feld über den Scheitelbeinen, *Regio parietalis,* den Bereich des Hinterhauptes, *Regio occipitalis,* und die Schläfengegend, *Regio temporalis.* Der Gesichtsbereich wird ebenfalls in mehrere Felder, *Regiones faciales,* unterteilt. Die Umgebung der Augenhöhle bezeichnet man als *Regio orbitalis,* ihr folgt kaudal unmittelbar die *Regio infraorbitalis.* Der Bereich über der Nase ist die *Regio nasalis,* die Umgebung der Mundspalte die *Regio oralis.* Unterhalb der Mundregion liegt die Kinngegend, *Regio mentalis.* Der Wangenbereich, *Regio buccalis,* erstreckt sich von der Mundregion bis zum Ohr. Oberhalb der Wangenregion schließt sich die Jochbeingegend, *Regio zygomatica,* an.

Knöcherner Schädel

Am *knöchernen Schädel, Cranium,* (s. Abb. 9.**14**, 9.**16**) unterscheidet man unter topographischen und klinischen Gesichtspunkten den *Hirnschädel,* Neuralkranium, der eine geschlossene Schutzkapsel für das Gehirn bildet und zugleich das Innenohr und das Mittelohr einschließt, und den *Gesichtsschädel,* Viszeralkranium, der aus dem Nasenskelett und dem Kieferskelett besteht. Die Knochen des Neuralkranium und des Nasenskeletts werden als *Ossa cranii,* die Knochen des Kieferskeletts als *Ossa faciei* bezeichnet. Im klinischen Sprachgebrauch wird der Begriff „Gesichtsschädel" über die Ossa faciei hinaus auf das Os frontale des Neuralkranium ausgedehnt.

Am Gesichtsschädel unterscheidet man zwei Muskelgruppen:

1. *Kaumuskeln* und
2. *mimische Muskeln* (Abb. 9.**87**, 9.**88**, 9.**89**, 9.**95**, 9.**96**).

Die *Kaumuskeln* entspringen an der Schädelbasis sowie an der Seitenwand des Schädels und inserieren am Unterkiefer. Ihr Baumaterial stammt aus dem ersten Kiemenbogen (Mandibularbogen). Sie werden vom N. mandibularis, dem 3. Ast des N. trigeminus (V,3) innerviert. Die *mimischen Muskeln* sind Hautmuskeln. Sie werden als Derivate des zweiten Kiemenbogens (Hyoidbogen) vom N. facialis (VII) versorgt. Die mimischen Muskeln ordnen sich um die Lidspalten und die Mundöffnung an. Im Bereich der Nasenöffnungen und der Ohrmuscheln sind sie beim Menschen nur rudimentär ausgebildet. Kaumuskeln und mimische Muskeln belasten die Schädelknochen und beeinflussen deren Form und Struktur.

Onto- und Phylogenese des Schädels

Die Einteilung des Schädels in Hirn- und Gesichtsschädel erfolgt aus praktischen Gründen. Sie entspricht nicht den ontogenetischen und phylogenetischen Kriterien. Ontogenetisch unterscheidet man am Schädel das *Neurocranium* und das *Splanchnocranium* oder *Viscerocranium.* Nach der geweblichen Differenzierung kann man ein *Chondrocranium* (Endocranium) und ein *Dermatocranium* (Exocranium) unterscheiden. Die Knochen des Endocranium entstehen aus knorpeligen Anlagen, sind also Ersatzknochen, die Knochen des Exocranium sind Deckknochen.

Die Morphologie des Schädels kann am besten aus seiner phylogenetischen und ontogenetischen Entwicklung verstanden werden. Komponenten verschiedener morphologischer Wertigkeit vereinigen sich zu einem geschlossenen Ganzen. Es zeigt sich dabei, daß enge Wechselbeziehungen zwischen Schädel und Gehirn sowie zwischen Schädel und Kauapparat bestehen, die das Cranium zu einem Organ machen, das unter dem formenden Einfluß seiner Umgebung entsteht. Auch eigene, regional begrenzte Wachstumsprozesse spielen für die Formbildung und den Gestaltwechsel während der Ontogenese eine Rolle. In der Embryonalperiode wird die Form des Kopfes durch das starke Wachstum und die Wachstumskrümmungen des Gehirnes geprägt.

Die ventralen Abschnitte des embryonalen Kopfes treten gegenüber den dorsalen Anteilen stark zurück und gehen noch ohne Zwischenschaltung eines Halses in den Rumpf über. Die Metamerie, eine grundlegende Eigenschaft des embryonalen Rumpfes (s. S. 189), erreicht nicht das vordere Ende des Kopfes, sondern endet in Höhe des späteren Okziput. An der Ventralseite des Kopfes erscheint eine Gliederung, die dem Rumpf fehlt, die *Kiemen-(Branchial-)bögen* (Abb. 9.**1**, 9.**5**, 9.**6**). Beim Menschen entwickeln sich fünf Kiemenbogenpaare: der erste Kiemenbogen (Mandibularbogen) an dem sich früh ein Ober- und ein Unterkieferwulst unterscheiden lassen, der zweite Kiemenbogen (Zungenbeinbogen, Hyoidbogen) sowie die

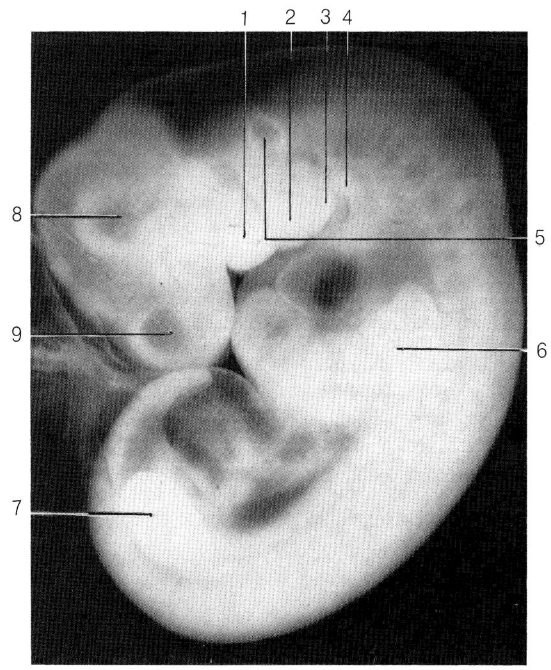

Abb. 9.**1** **Menschlicher Embryo von 8 mm SSL.**
1–4 Kiemenbögen
5 Hörbläschen
6 obere Extremitätenknospe
7 untere Extremitätenknospe
8 Plica encephali ventralis
9 Hemisphärenbläschen

Kiemenbogen im engeren Sinne drei bis fünf. Ober- und Unterkieferwülste begrenzen den Zugang zur Mundhöhle und beteiligen sich an der Bildung des embryonalen Gesichtes. Die Kiemenbögen drei bis fünf bleiben frühzeitig im Wachstum zurück und bilden später den Boden der Halsbucht.

Im Sagittalschnitt (Abb. 9.**2**) wird das Mißverhältnis zwischen dorsaler und ventraler Kopfhälfte deutlich. Die dorsale Kopfhälfte entspricht dem Neurocranium des fertig entwickelten Schädels. Von der Anlage der Schädelkapsel sind in diesem Alter nur die knorpelig präformierten Teile des *Chondrocranium* (Abb. 9.**3**) vorhanden. Dazu gehören die zentralen Abschnitte der Schädelbasis, an der ein parachordaler und prächordaler Teil unterschieden werden. Die Chorda dorsalis reicht bis in Höhe des späteren Türkensattels. Sie wird später von den Parachordalia, die sich zur Basalplatte vereinigen, umwachsen. Die Grenze zum prächordalen Teil wird von der Hypophysenanlage markiert. Sie steht in kontinuierlicher Verbindung mit dem Rachendach.

Die ventrale Kopfhälfte umschließt die Anlage der primitiven Mundhöhle und ihrer Derivate. Sie besitzt in ihrer Wand einen eigenen, aus Spangen aufgebauten Stützapparat, das *Splanchno-* oder *Viscerocranium.*

Das *Chondrocranium* (Abb. 9.**3**) bildet ursprünglich eine geschlossene Knorpelkapsel für die Aufnahme des Gehirns und der großen Sinnesorgane, Auge, Ohr

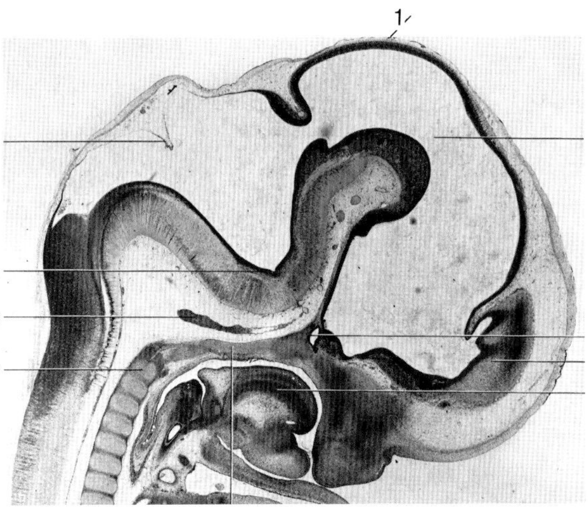

Abb. 9.**2** **Sagittalschnitt durch den Kopf eines menschlichen Embryo von 12 mm SSL.**
1 Scheitelbeuge
2 Mesencephalon
3 Anlage der Adenohypophyse
4 tangential angeschnittene Anlage der rechten Hemisphäre
5 Zunge
6 Schädelbasis
7 Dens axis
8 A. basilaris
9 Brückenbeuge
10 Plexus choroideus ventriculi IV

und Nase. Beim Menschen besteht keine in sich geschlossene Kapsel mehr, sondern eine offene Schale, die ungefähr der späteren Schädelbasis entspricht. An ihr werden zwei verschieden geformte Teile unterschieden: Ein *hinterer* Teil für die Aufnahme des Gehirns und ein *vorderer* Teil, der der Nasenregion und der vorderen Hälfte der Orbitotemporalregion entspricht. Hinten basal liegt das Foramen magnum, die Verbindung der Schädelhöhle mit dem Wirbelkanal (Abb. 9.**2**).

Das Chondrocranium entsteht aus verschiedenen Knorpelbildungszentren: Die *Parachordalia,* die bei Embryonen von etwa 14 mm SSL bereits zur Basalplatte verschmolzen sind, liefern die gesamte knorpelige Okzipitalregion. Der vor und seitlich der *Rathkeschen Tasche* liegende rostrale Teil der Basis wird von den *Trabeculae* gebildet, die sich mit zwei kleinen, seitlich des Hypophysenganges liegenden Polknorpeln vereinigen. Bei Embryonen von 17 mm SSL sind Trabeculae, Polknorpel und Basalplatte zu einer einheitlichen Basis verschmolzen. Die Ohrkapseln entstehen unabhängig aus zwei selbständigen Knorpelbildungszentren. Sie stehen bei Embryonen von 20 mm SSL in kontinuierlichem Zusammenhang mit der Schädelbasis. Von den Trabekeln aus entwickeln sich die Nasenscheidewand und die Crista galli. Die laterale Wand der Nasenkapsel ist beim Menschen eine selbständige Bildung, das Dach wächst vom Septum nasi aus. Bei Embryonen von 30 mm SSL sind Septum, Paries und Tectum nasi zu einem einheitlichen Ganzen verschmolzen.

Das Chondrocranium besteht bei Feten von ca. 40 mm SSL aus zwei verschieden geformten Teilen: Der hintere Teil hat die Form einer flachen Schale, in die das Gehirn eingebettet ist. Sie entspricht der Ohr- und Okzipitalregion und trägt in der Mitte das Foramen magnum. Die seitlichen und dorsalen Teile des Gehirns werden vom Dermatocranium bedeckt. Der vordere Teil wird von der Nasenregion und der vorderen Hälfte der Temporoorbitalregion gebildet. Die Mitte des Chondrocranium ist stark eingeengt. Sie entspricht der Hypophysenregion. Die vordere Region der Schädelbasis ist gegenüber der hinteren Region in einem Winkel von etwa 115° abgeknickt, dessen Scheitel vor der Hypophysengrube liegt. Diese Knickung der fetalen Schädelbasis kann nicht mit der definitiven Knickung verglichen werden.

Die Knochen der Schädelkalotte und die meisten Knochen des Gesichtsschädels entstehen nicht durch chondrale, sondern durch desmale Osteogenese (s. S. 57). Sie bilden das *Dermatocranium* und verbinden sich mit den Knochen des Chondrocranium zu einer Einheit *(Syncranium).* An einigen Stellen vereinigen sich Ersatz- und Deckknochen zu einem Großknochen, z. B. Os temporale (s. Abb. 9.**37**) und Os occipitale (s. Abb. 9.**31**).

Die Spangen des *Splanchnocranium* sind knorpelig vorgebildete Anlagen. Sie vereinigen sich ventral in der Mediane und werden im weiteren Verlauf der

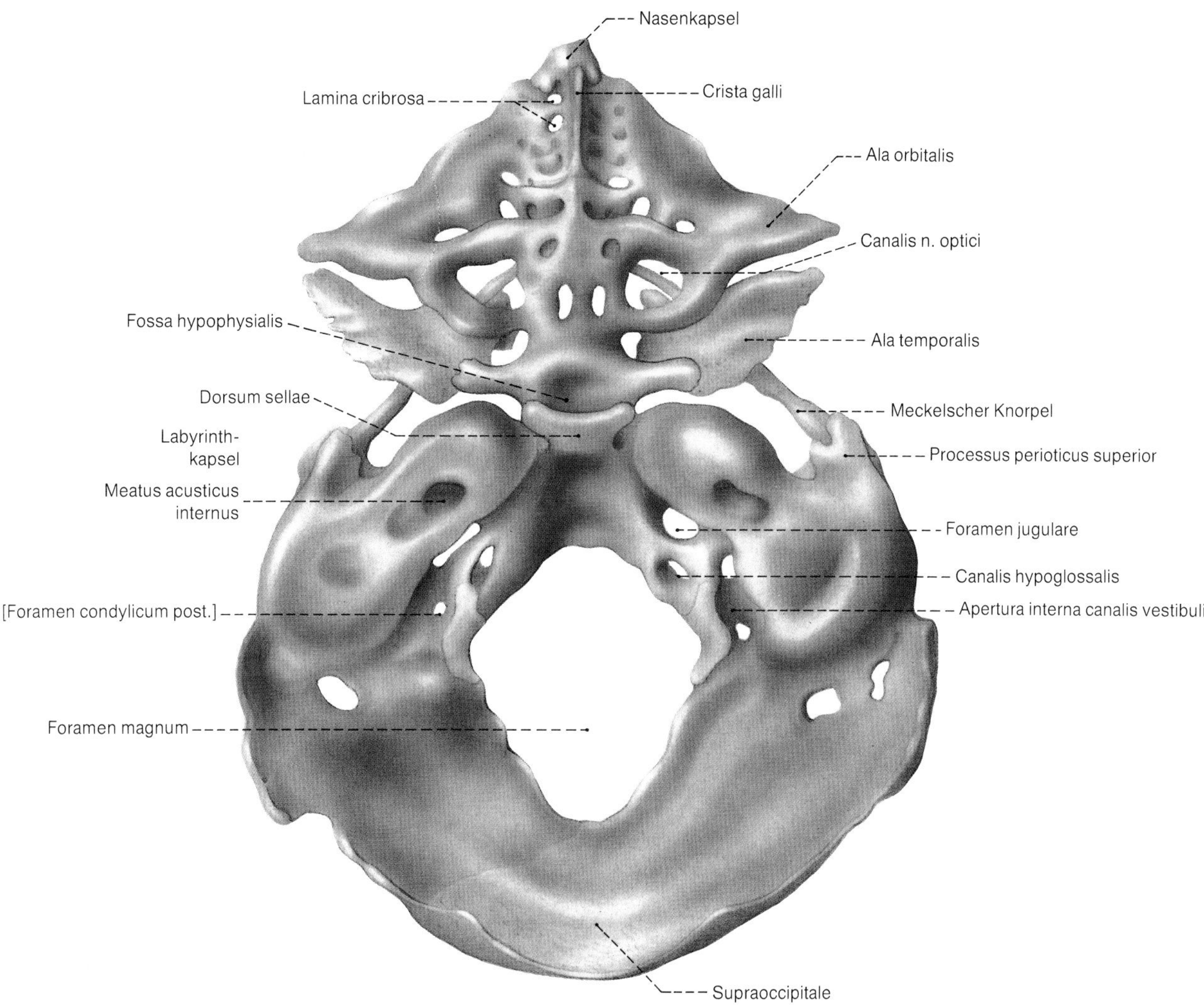

Abb. 9.**3** **Chondrocranium eines drei Monate alten Feten.** Knorpel blau, Knochen grau. (nach *Rauber/Kopsch* 1940, dort nach Hertwig)

Schädelentwicklung zum Teil in die Schädelanlage aufgenommen.

Der *Mandibularbogen* (s. Abb. 9.**6**) liefert den *Meckelschen Knorpel* und das Bildungsmaterial für zwei Gehörknöchelchen, *Malleus* und *Incus*. Der Meckelsche Knorpel ist Platzhalter für die Mandibula, die als Deckknochen in seiner Umgebung entsteht.

Aus dem Blastem des *Zungenbeinbogens* entstehen die Anlagen des *Stapes* und des *Processus styloideus*, das *kurze Zungenbeinhorn* und das die beiden verbindende *Lig. stylohyoideum*.

Aus dem *dritten Kiemenbogen* entwickelt sich das *lange Zungenbeinhorn* und der *Zungenbeinkörper*. Das Blastem des vierten und fünften Kiemenbogens liefert den Schildknorpel.

Die den Kiefer bewegenden *Kaumuskeln* entstammen dem Blastem des Mandibularbogens und werden von Ästen des N. mandibularis innerviert.

Die Gesichtsmuskeln erhalten ihre Innervation vom N. facialis. Die Zungenmuskulatur entstammt dem Mesenchym der kranialen Somiten (s. S. 131). Die Augenmuskeln sind Derivate des Kopfmesenchyms.

Knochenbildung und Wachstum

Das *Osteocranium* entsteht aus Deckknochen und Ersatzknochen, die sich zu einer Einheit zusammenfügen (Syncranium). Die Knochenbildung beginnt im bindegewebig präformierten Dermatocranium. Sie geht von einzelnen Verknöcherungszentren aus, von denen sich die Knochenbälkchen zentrifugal ausbreiten. So entstehen die paarigen Schuppen des Stirnbeins, der Schläfen- und Scheitelbeine sowie die unpaare Schuppe des Hinterhauptbeins (Abb. 9.**7**, 9.**8**, 9.**9**). Bis zur Geburt haben sich die Knochen bis auf geringe Abstände einander genähert. Sie sind über bindegewebige Nähte (Suturen, s. S. 94) miteinander verbunden. Dort, wo mehrere Knochen zusammentreffen, entstehen breite bindegewebige Nähte, die man als *Fontanellen* bezeichnet (s. Abb. 9.**7**, 9.**8**). Zur Zeit der Geburt sind sechs Fontanellen vorhanden, von denen zwei median in Höhe des Schädels, *Fonticulus anterior* und *Fonticulus posterior*, und je zwei auf der Seite in der Nähe der Schädelbasis liegen, *Fonticulus sphenoidalis* und *Fonticulus mastoideus*. Von den sechs Fontanellen ist der Fonticulus anterior weitaus der größte (Abb. 9.**8**). Er mißt bei der Geburt in der Längsrichtung 2–3 cm. Von den Seitenfontanellen ist ebenfalls der vordere Fonticulus sphenoidalis der größere. Bei ca. 5% aller Neugeborenen wird ca. 2 cm oberhalb des Fonticulus posterior in den Ossa parietalia ein Knochendefekt im Bereich der Sagittalnaht beobachtet (sog. dritte Fontanelle). Dank der Fontanellen und der Schädelnähte sind bei der Geburt Verschiebungen der Schädelknochen, vor allem in sagittaler Richtung, möglich.

Die Fontanellen schließen sich in folgender Reihenfolge: Fonticulus posterior (3. Lebensmonat), Fonticulus sphenoidalis (6. Lebensmonat), Fonticulus mastoideus (18. Lebensmonat) und Fonticulus anterior (im 2. Lebensjahr).

Die Knochenbildung der knorpelig präformierten einheitlichen Schädelbasis geht von Knochenkernen aus, die aufeinander zuwachsen und zur Zeit der Geburt in Form von Synchondrosen miteinander verbunden sind. Praktisch wichtige Knorpelfugen sind die *Synchondrosis sphenooccipitalis,* die *Synchondrosis intersphenoidalis* und die *Synchondroses intraoccipitales* anterior und posterior (s. Abb. 9.**4**, 9.**9**). Die Synchondrosis intersphenoidalis schließt sich bereits kurz nach der Geburt. Die Synchondrosis sphenooccipitalis hat großen Einfluß auf das Längenwachstum des Schädels nach der Geburt, sie verknöchert erst im 20. Lebensjahr. Die Synchondroses intraoccipitales verschwinden zwischen dem 5. und 6. Lebensjahr.

Hirn- und Gesichtsschädel wachsen nicht mit gleicher Geschwindigkeit (Abb. 9.**10,** 9.**11**). Das Wachstum der Schädelkalotte ist weitgehend vom Wachstum des Gehirns abhängig, während dies für die Schädelbasis und die Knochen des Gesichtsschädels nur in geringerem Maße oder überhaupt nicht zutrifft. Das Wachstum des Neurocranium folgt dem des Gehirns, während das Wachstum des Gesichtsschädels mehr dem allgemeinen Körperwachstum folgt. Die desmal entstandenen Knochen des Gesichtsschädels wachsen durch Apposition.

Der Hirnschädel hat beim Neugeborenen bereits ein großes Ausmaß erreicht, während der Gesichtsschädel noch unverhältnismäßig wenig entwickelt ist. Der Anteil des Gesichtsschädels am Aufbau des Kopfes verhält sich zu dem des Hirnschädels

beim Neugeborenen	wie 1 : 8,
beim 2jährigen	wie 1 : 6,
beim 5jährigen	wie 1 : 4,
beim 10jährigen	wie 1 : 3,
bei der adulten Frau	wie 1 : 2½,
beim adulten Mann	wie 1 : 2.

Das Volumen des Hirnschädels nimmt während des fetalen Lebens sehr schnell zu und beträgt

beim Neugeborenen	360– 367 ccm,
Ende des 2. Monats	510– 540 ccm,
Ende des 1. Jahres	850– 900 ccm,
Ende des 3. Jahres	1010–1080 ccm,
Ende des 10. Jahres	1250–1360 ccm,
im 20. Lebensjahr	1300–1450 ccm.

Das Wachstum des Gehirns verlangsamt sich nach der Geburt und erreicht mit Beendigung des 1. Lebensjahrzehnts fast die endgültige Größe. Gerade umgekehrt verhält sich der Gesichtsschädel, seine Ausbildung steht in Zusammenhang mit der Funktion des Kauapparates. Während des Säuglingsalters schreitet das Wachstum des Gesichtsschädels nur gering voran. Am Beginn des 2. Lebensjahres ist ein Viertel, im 8. Lebensjahr die Hälfte seiner definitiven Größe erreicht. Ein zweiter Wachstumsschub setzt mit dem Durchbruch des permanenten Gebisses und der damit

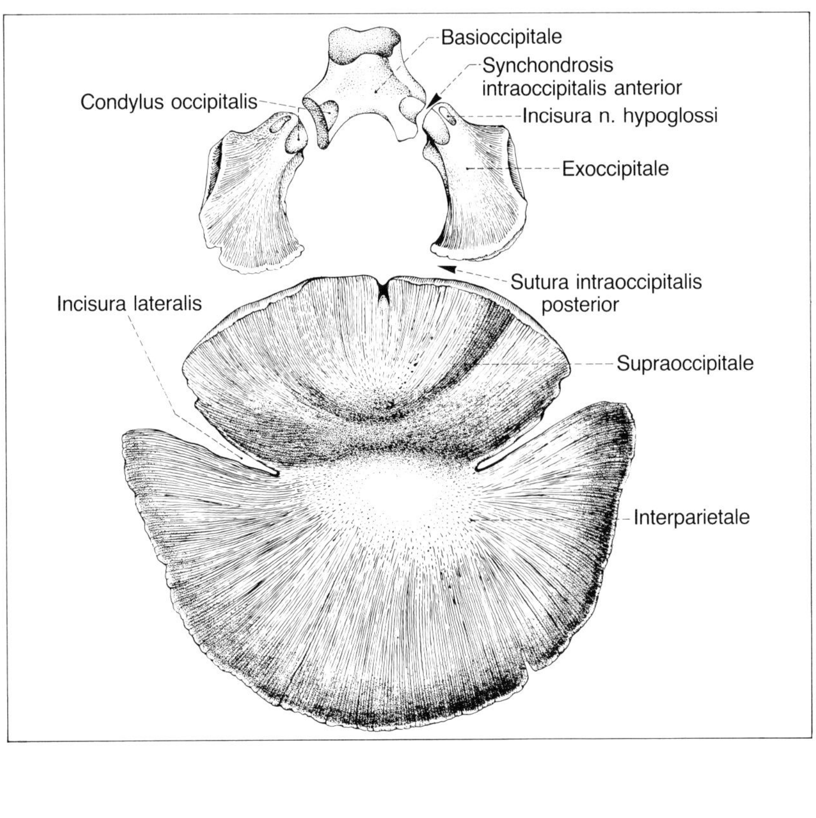

Abb. 9.**4** **Knöcherne Anteile des Os occipitale beim Neugeborenen.**

verbundenen Ausbildung der Alveolarfortsätze an Unter- und Oberkiefer ein. Die stärkere funktionelle Inanspruchnahme durch die Kaumuskeln und die mit der Ausbildung der Sinus paranasales verbundene Pneumatisation des Gesichtsschädels führen zur Umgestaltung des stark wachsenden Skeletts. Seine definitive Form erhält der Gesichtsschädel erst nach vollständigem Durchbruch der Zähne.

Die *Maxilla* (s. Abb. 9.**14**) ist direkt oder indirekt durch Nähte mit dem Neurocranium verbunden (Suturae frontomaxillaris, zygomaticomaxillaris, zygomaticotemporalis und pterygopalatina). Das Wachstum in diesen Nähten führt zusammen mit dem Wachstum der Schädelbasis und des Nasenseptums zu einer Verlagerung der Maxilla nach unten-vorn. Für das Höhenwachstum der Maxilla spielt auch die Apposition von Knochen am freien Rand und die Bildung des Processus alveolaris bei gleichzeitiger Knochenapposition im Boden der Orbita und Knochenresorption im Bereich des Nasenhöhlenbodens eine Rolle. Das Breitenwachstum der Maxilla vollzieht sich in der Sutura palatina mediana.

Die Entwicklung des Sinus maxillaris (s. Abb. 9.**57**) beeinflußt Wachstum und Form der Maxilla, sie beginnt einige Monate vor der Geburt. Beim Neugeborenen findet man einen Schleimhautsack, der sich vor allem in sagittaler Richtung ausdehnt. Von den Zahnanlagen bleibt er durch einen Zwischenraum von mehreren Millimetern getrennt. Im Laufe der postnatalen Entwicklung senkt sich der Boden des Sinus maxillaris und gewinnt damit Beziehungen zu den Zahnwurzeln. Seine endgültige Form erreicht er zwischen dem 12. und 14. Lebensjahr.

Die *Mandibula* (s. Abb. 9.**68**) entsteht in der Umgebung des Meckelschen Knorpels (Abb. 9.**6**). Nach ihrer Verknöcherungsweise gehört sie zu den desmalen Schädelknochen. Sie wächst durch Apposition von ihren freien Rändern, vor allem vom Alveolarrand und vom hinteren Rand des Ramus mandibulae, aus. Der Gelenkkopf des Condylus entsteht durch chondrale Osteogenese des Sekundärknorpels (s. S. 730).

Während des postnatalen Wachstums kommt es zu einer starken Umgestaltung des Kopfes. In den ersten 6 Lebensmonaten wächst der Hirnschädel vor allem in die Breite (Abb. 9.**11**). Nach dem 1. Lebensjahr nimmt dann die Kopflänge stärker zu als die Breite. Dies äußert sich im Längen-Breiten-Index (= größte Schädelbreite × 100, dividiert durch die größte Länge), der im Laufe des Wachstums eine Verschiebung nach unten erfährt.

Der größte Formwandel findet im Bereich des Gesichtsschädels statt (s. Abb. 9.**10,** 9.**11**). Der Schä-

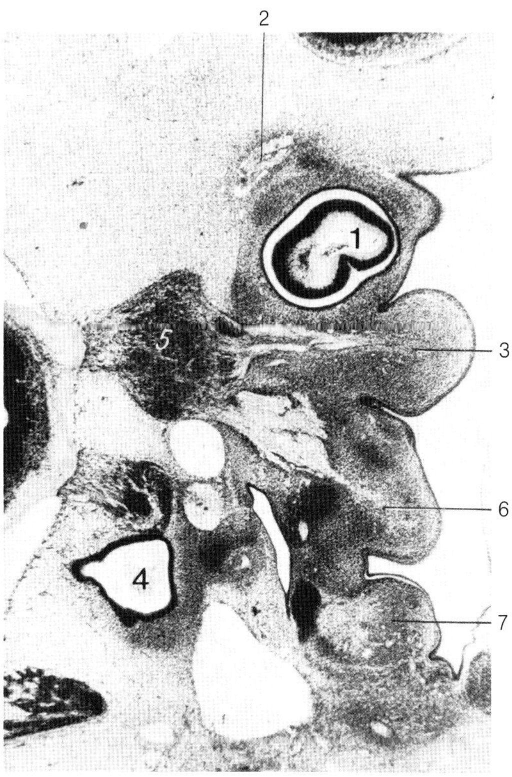

Abb. 9.**5** **Parasagittalschnitt durch den Kopf eines Embryos im Bereich des Mandibular- und Hyoidbogens.**
1 Augenbecher
2 N. ophthalmicus
3 N. maxillaris
4 Hörbläschen
5 Ganglion trigeminale
6 N. mandibularis
7 Hyoidbogen

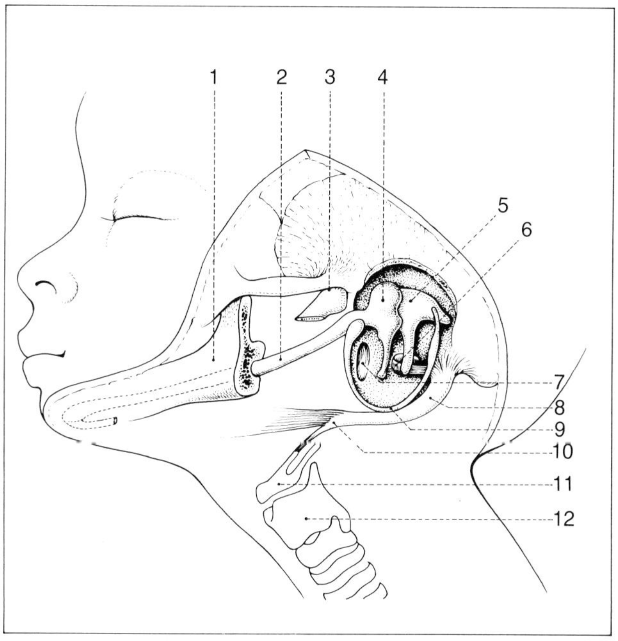

Abb. 9.**6** **Skelettelemente der Kiemenbögen und ihrer Derivate bei einem Feten.**
1 Mandibula
2 Meckelscher Knorpel
3 Art. temporomandibularis
4 Malleus
5 Incus
6 Stapesanlage
7 Ostium tympanicum tubae auditivae
8 Anlage des Processus styloideus
9 Anulus tympanicus
10 Anlage des Lig. stylohyoideum
11 Os hyoideum
12 Cartilago thyreoidea
(nach *Rauber/Kopsch* sowie *Tillmann* und *Wustrow* 1982)

del des Erwachsenen ist keine einfache Vergrößerung des kindlichen Schädels, sondern seine Proportionen ändern sich während des Wachstums. Im oberen Abschnitt des Gesichtsschädels sind die Umgestaltungen weniger ausgeprägt als im unteren Abschnitt, da die Sinnesorgane, Augen und Nase, bereits zur Zeit der Geburt weit entwickelt sind, außerdem beeinflußt die Breite des Frontalhirns auch die Größe des Gesichtsschädels. Die gesamte Kieferregion, die erst mit dem Durchbruch des bleibenden Gebisses ihre definitive Form erhält, erfährt im Laufe des Wachstums eine starke Umgestaltung.

Beim Neugeborenen beträgt die

Orbitalbreite	58%,
Jochbogenbreite	47%,
Gesichtshöhe	42%,
Nasenhöhe	38%,
Alveolarhöhe	25%

der definitiven Größe beim Erwachsenen. Demnach verdoppelt sich die Breite des Gesichtes im Bereich der Jochbögen. Die Alveolarfortsatzhöhe nimmt um das Dreifache zu. Während des Wachstums gewinnt das Gesicht am meisten an Höhe, weniger an Breite und am wenigsten an Länge. Beim kleinen Kind dominiert die Stirnregion, beim Erwachsenen der Bereich des Ober- und Unterkiefers.

Der Schädel als Ganzes

Hirnschädel und *Gesichtsschädel* bestehen aus einzelnen Knochen, die mit Ausnahme des Unterkiefers, der Gehörknöchelchen und des Zungenbeins durch Knochennähte (Suturen) und Knorpelhaften (Synchondrosen) oder durch Knochen (Synostosen) miteinander verbunden sind (s. Allgemeiner Teil, S. 94).

Das die Schädelknochen bedeckende *Periost* wird an der Außenfläche als *Pericranium,* im Schädelinneren als *Endocranium* (s. unten) bezeichnet.

Die Knochen des Schädeldaches bestehen aus zwei Schichten kompakten Knochens, *Lamina externa* und *Lamina interna* (s. Abb. 9.**19**). Die Lamina interna wird auch als „Lamina vitrea" bezeichnet, da sie bei Kompressionstraumen aufgrund der auftretenden Zugbeanspruchung leicht einreißen kann. Eine Fraktur der Lamina interna geht meistens mit einer Verletzung der Vasa meningea einher. Der spongiöse Knochen zwischen Lamina interna und Lamina externa wird als *Diploe* bezeichnet (s. Abb. 3.**2**). In der Diploe liegen weite Venenkanäle, in der die klappenlosen *Vv. diploicae* verlaufen. Über die Diploevenen kommunizieren die Venen des Schädelinneren und die äußeren Venen des Kopfes miteinander. Die Anastomosen sind als Ausbreitungswege von Infektionen aus den Kopfweichteilen in das Schädelinnere von Bedeutung.

Einen der Schädelkalotte vergleichbaren Aufbau zeigen auch die Knochen der Schädelbasis. Hier ist der spongiöse Teil des Knochens stellenweise kräftig entwickelt. Die Struktur der Gesichtsknochen variiert. An einigen Stellen bestehen die Knochen nur aus einer kompakten Schicht, die im Alter sehr dünn werden kann.

Die *Schädelnähte, Suturae cranii* (s. Abb. 3.**7**, 9.**8**, 9.**12**), bestehen aus einer dünnen Bindegewebslage, die mit dem Periost zusammenhängt. Es handelt sich um Bandhaften. Sie sind im Bereich des Gesichtsschädels äußerst schmal, an anderen Stellen, wie an der Schädelkalotte, breiter. Der Unterschied erklärt sich aus dem unterschiedlichen Wachstum der entsprechenden *Verknöcherungszentren* (s. Abb. 3.**5**). Die Schädelkalotte besteht als Teil des Dermatocranium ursprünglich aus Bindegewebe. Sie verknöchert von 5 Knochenzentren aus, je einem für eine Hälfte des Os frontale und die Ossa parietalia und einem für die Squama ossis occipitalis. Die Ossifikationszentren liegen ursprünglich weit auseinander. Die Knochen wachsen an ihrer Peripherie und stoßen schließlich unter Bildung von Fontanellen und Nähten zusammen (Abb. 9.**7**, 9.**8**). Die beiden Periostblätter bilden die sogenannte Zwischenmembran, aus der das *Nahtgewebe* entsteht. Dieses ist zwischen den beiden Ossa parietalia bereits am Schädel des Neugeborenen bis auf einen schmalen Rest reduziert, während es sich vorn zwischen den Ossa frontalia und parietalia sowie der Spitze der Squama occipitalis zu Fontanellen verbreitert (Abb. 9.**8**). Ähnlich sind die Verhältnisse zwischen der Ala major ossis sphenoidalis, den Ossa parietalia und frontalia sowie zwischen Os occipitale, Os parietale und Pars mastoidea ossis temporalis (Abb. 9.**7**). Mit dem Wachstum des Schädels verschmälern sich die Fontanellen und verschwinden schließlich (s. oben).

Die *Suturen* sind weniger Wachstumszentren als Einrichtungen zur Erhöhung der Elastizität des Schädels. Im höheren Alter verschwindet das Nahtbindegewebe meistens vollständig. Es kommt zur Ausbildung einer *Synostose.* Der *Nahtverschluß* beginnt an der Innenseite des Schädels und schreitet nach außen fort. Vorzeitiger oder asymmetrischer Schwund von Nähten kann während des Wachstums zu typischen pathologischen Schädelformen führen. Die Entstehung eines *Scaphocephalus* (Kahnschädel) z. B. wird auf eine vorzeitige Verknöcherung der Sutura sagittalis, eines *Oxycephalus* (Turmschädel) auf eine solche der Sutura coronalis zurückgeführt.

Neben den normalen Ossifikationszentren in der Schädelkalotte kommen in der Nähe der Ränder dieser Knochen isolierte Knochenbildungszentren vor, die allseitig von Bindegewebe umgeben sind. Da die Knochen innerhalb der Naht liegen, bezeichnet man sie als *Nahtknochen, Ossa suturarum* (s. Abb. 3.**7**, 3.**8**). Außer den eigentlichen Nahtknochen unterscheidet man noch *Schaltknochen, Ossa intercalaria.* Bei den Schaltknochen handelt es sich um kleine Knochen, die inselartig innerhalb eines größeren Schädelknochens liegen und von einer eigenen Naht umgeben sind (s. Abb. 9.**13**).

Im Bereich des Chondrocranium sind die Knochen durch Knorpelhaften, *Synchondrosen,* miteinander verbunden (s. oben).

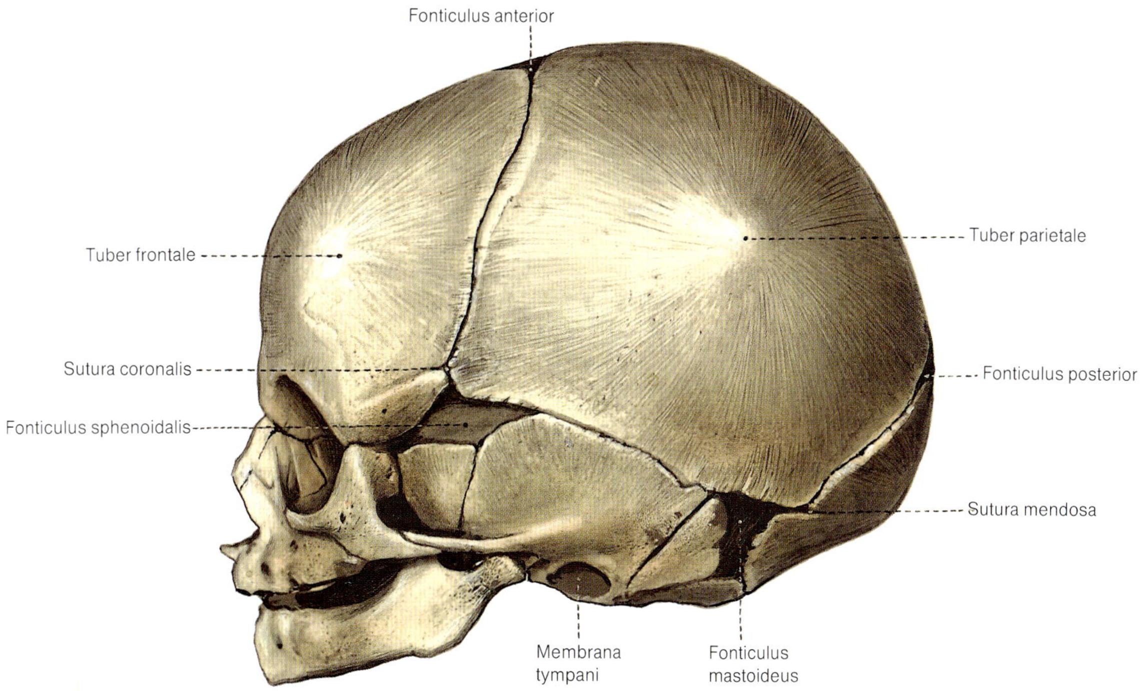

Abb. 9.**7** **Schädel eines Neugeborenen in der Ansicht von lateral.**

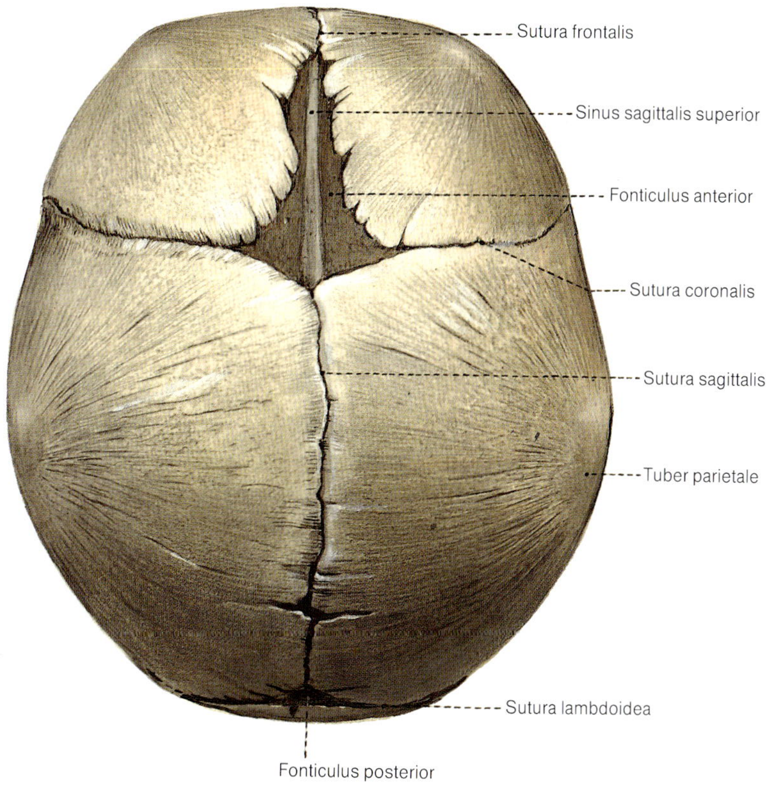

Abb. 9.**8** **Schädel eines Neugeborenen in der Ansicht von oben.**

Der Schädel von außen

Ansicht von oben

Das längsovale *Schädeldach* (Abb. 9.**12**), *Calvaria,* ist in der Scheitelgegend breiter als in der Stirngegend und vorn flacher als hinten. Das Schädeldach erstreckt sich von den oberen Rändern der Augenhöhlen bis zur Linea nuchae superior. Die Schädelkalotte setzt sich aus den *Ossa frontale, parietalia* und *occipitale* zusammen. Über eine quere Naht, *Sutura coronalis,* sind die Ossa parietalia vorn mit dem Os frontale verbunden. Hinten liegt zwischen den Scheitelbeinen und der Squama occipitalis die *Sutura lambdoidea.* Die Sagittalnaht, *Sutura sagittalis,* verläuft zwischen beiden Scheitelbeinen von der Mitte der Koronarnaht *(Bregma)* bis zur Spitze der Lambdanaht. Bei Feten und Kindern setzt sich die Sagittalnaht als Stirnnaht, *Sutura frontalis.* zwischen die paarige Anlage des Os frontale fort (Abb. 9.**8**). Die Stirnnaht fehlt normalerweise beim Erwachsenen. Bleibt sie erhalten, bezeichnet man diese Variante als *Metopismus* (s. Abb. 9.**13a**). Die Sutura frontalis kann in seltenen Fällen asymmetrisch verlaufen (s. Abb. 9.**13b**). Rostral der Vereinigungsstelle von Lambda- und Sagittalnaht findet man regelmäßig die beiden *Foramina parietalia,* durch die die *Vv. emissariae parietaliae* hindurchtreten.

Ansicht von hinten

In der Ansicht von hinten (s. Abb. 9.**16**, 9.**17**) wird die *Squama occipitalis* sichtbar, die durch die *Lambdanaht* mit den Scheitelbeinen und durch die *Sutura occipitomastoidea* mit der Pars mastoidea ossis temporalis verbunden ist. An der Außenfläche der Squama occipitalis hebt sich in der Mediane ein Knochenvorsprung, *Protuberantia occipitalis externa (Inion*),* ab. In Höhe der Protuberantia occipitalis externa treten zwei Querleisten, *Linea nuchae superior sinister* und *dexter,* hervor, die durch die Insertion der Mm. semispinalis capitis und trapezius hervorgerufen werden. Von der Protuberantia occipitalis externa zieht eine Knochenleiste, *Crista occipitalis externa,* nach kaudal zur Mitte des Hinterrandes des *Foramen magnum (Opisthion).* Der oberhalb der Linea nuchae liegende Abschnitt der Okzipitalschuppe gehört zum Schädeldach. Er ist, abgesehen von der *Linea nuchae suprema,* glatt und wird als *Planum occipitale* bezeichnet. Der Anteil unterhalb der Linea nuchae superior gehört zur Außenfläche der Schädelbasis. Der Bereich dient den Nackenmuskeln als Ansatz. Innerhalb der rauhen Oberfläche hebt sich die *Linea nuchae inferior* als Querleiste ab. In der Nähe der *Fissura occipitomastoidea* liegt das *Foramen mastoideum,* in dem eine Vene verläuft, die den Sinus sigmoideus mit den oberflächlichen Venen verbindet.

* Inion = der am weitesten vorspringende Punkt, anthropologischer Meßpunkt.

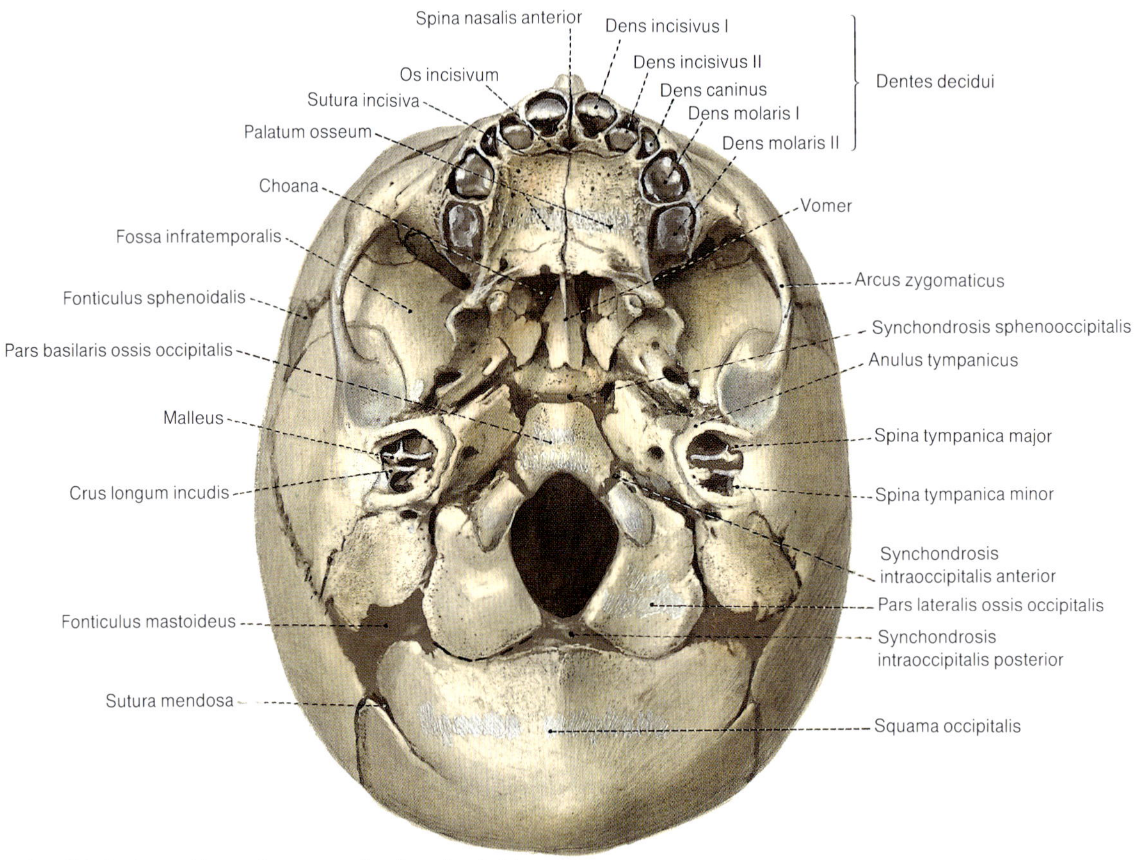

Abb. 9.**9** **Schädel eines Neugeborenen in der Ansicht von unten.**

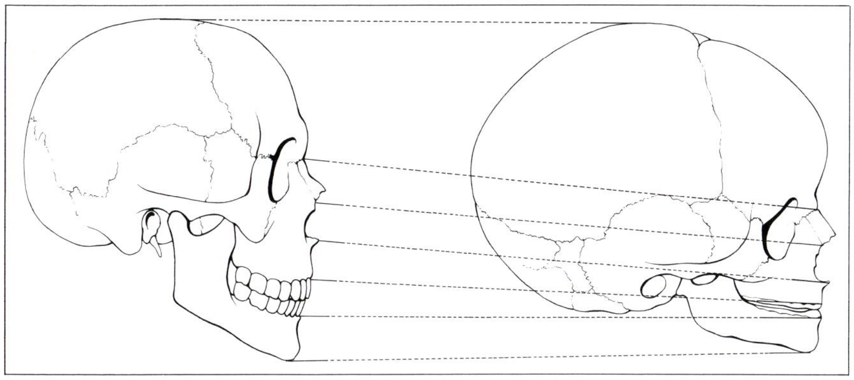

Abb. 9.**10** **Änderungen der Proportionen des Schädels während des Wachstums.**
Profilansicht. Links: Erwachsener, rechts: Neugeborenes.

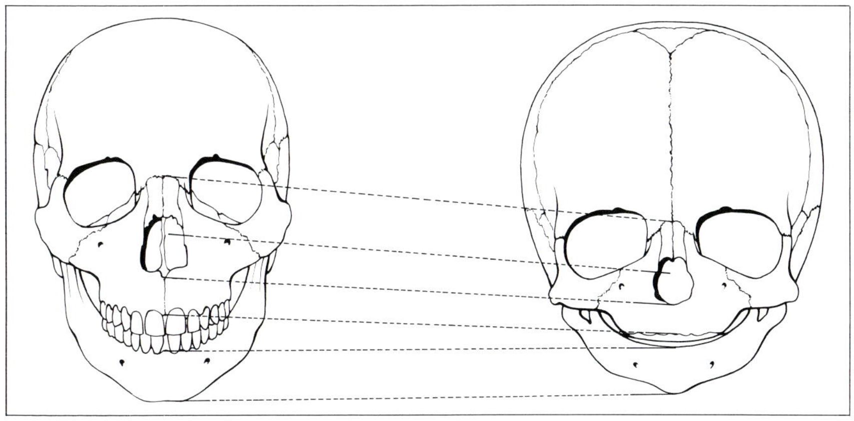

Abb. 9.**11** **Änderungen der Proportionen des Schädels während des Wachstums.**
Frontalansicht. Links: Erwachsener, rechts: Neugeborenes.

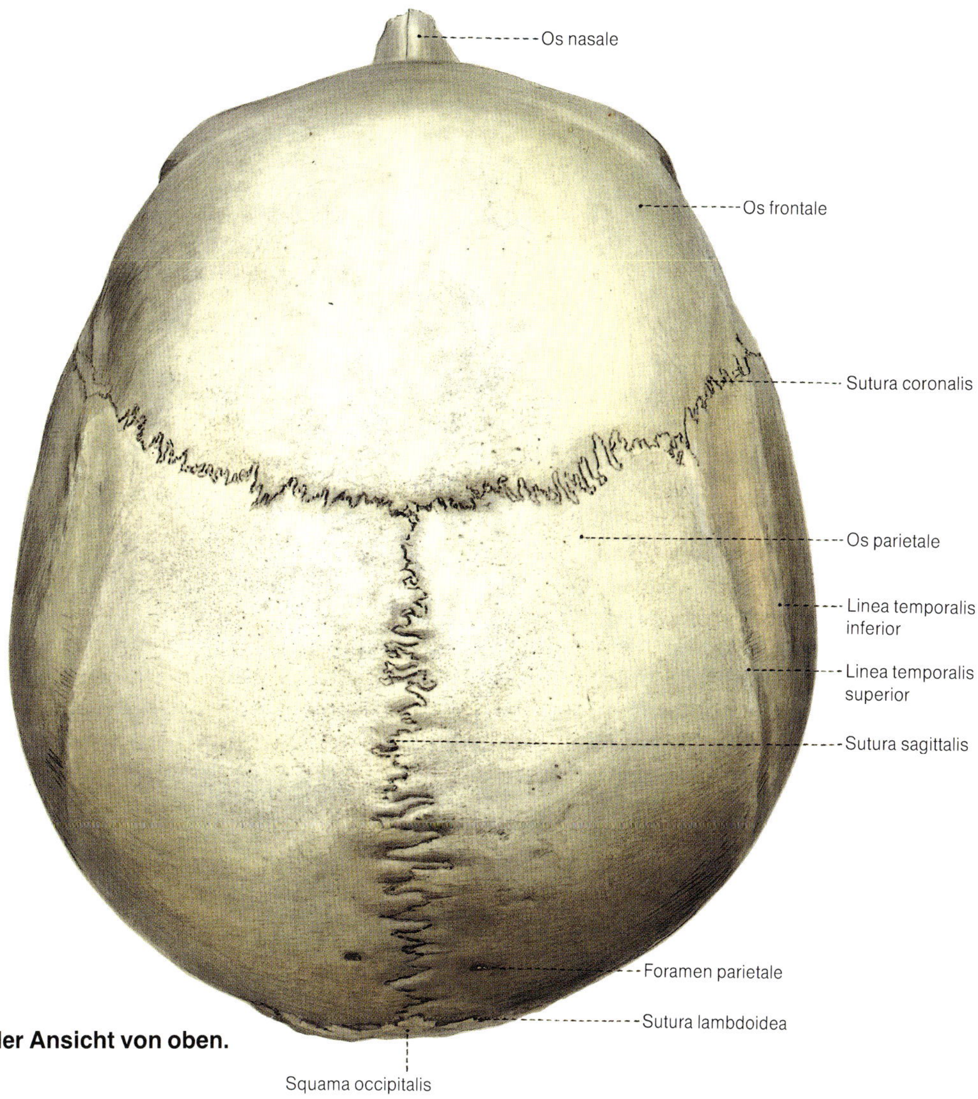

Abb. 9.**12** **Schädel in der Ansicht von oben.**

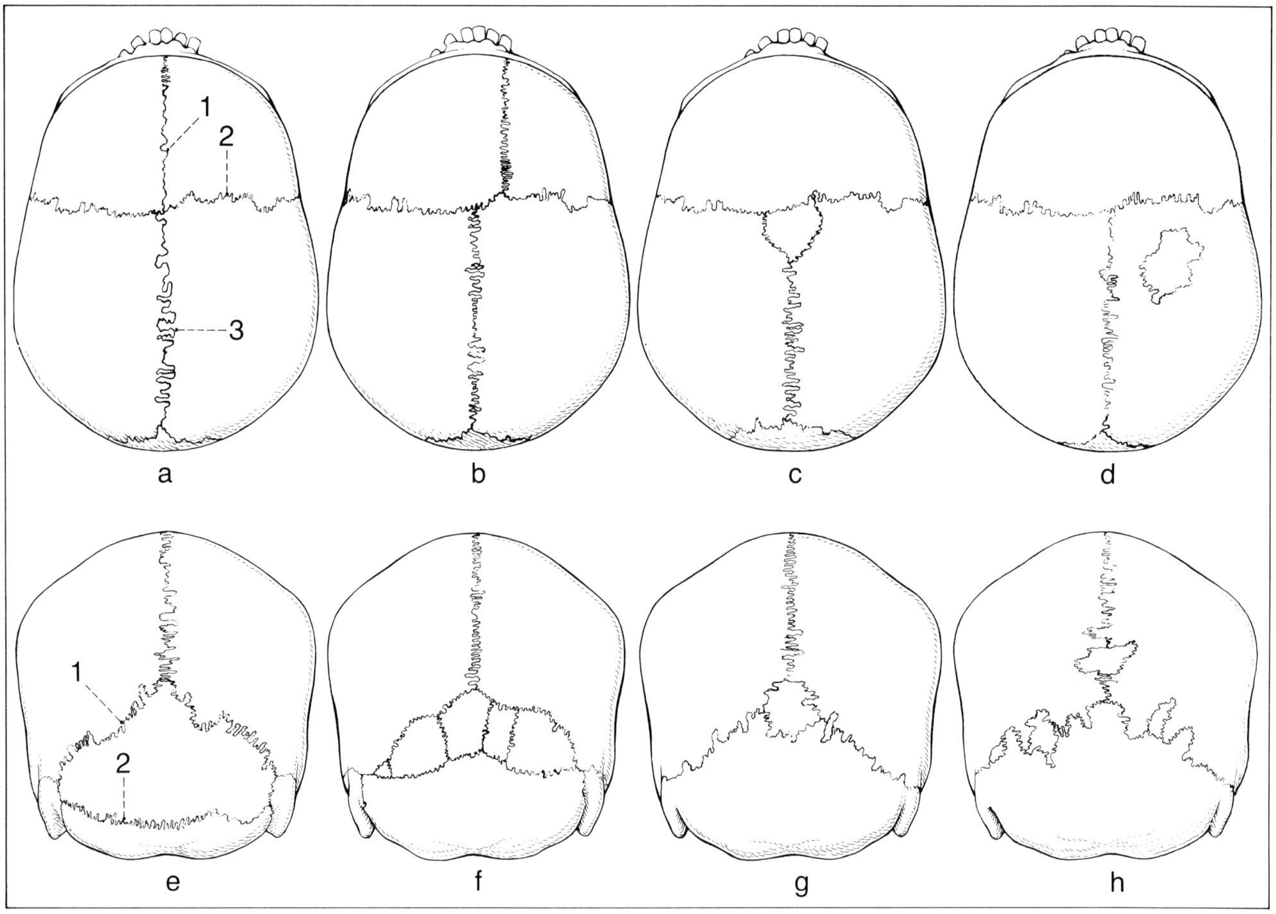

Abb. 9.**13a–h** **Varianten der Schädelnähte und akzessorische Knochen des Schädels beim Erwachsenen.**
a–d Ansicht von oben,
e–h Ansicht von hinten.
a Persistierende Sutura frontalis.
1 Sutura frontalis
2 Sutura coronalis
3 Sutura sagittalis
b Asymmetrische Lage einer persistierenden Sutura frontalis.
c Fontanellenknochen (Os bregmaticum) in der Sutura sagittalis.
d Os intercalare.
e Os interparietale.
1 Sutura lambdoidea
2 Sutura occipitalis transversa
f Dreigeteiltes Os incae mit zweigeteiltem Mittelstück.
g Os apicis.
h Ossa suturarum in der Lambdanaht und in der Sagittalnaht.

Ansicht von vorn

In der Frontalansicht (Abb. 9.**14**) läßt sich das Skelett von Stirn, Orbitae, äußerer Nase, Backenknochen sowie von Ober- und Unterkiefer überblicken. Das Skelett der Stirn wird vom *Os frontale* gebildet, das unten mit den *Ossa nasalia* und den *Processus frontales maxillarum* zusammenstößt. Es bildet einen Großteil des Orbitadaches und umrahmt mit dem *Margo supraorbitalis* den oberen Teil des Aditus orbitae. Die *Sutura frontalis* (s. oben) verschwindet normalerweise um das 6. Lebensjahr.
Die *Orbitae* (Abb. 9.**14,** 9.**15**) haben die Form unregelmäßiger Pyramiden mit hinten medial liegender Spitze und nach vorn lateral gerichteter Basis. Die Achsen schneiden sich bei Verlängerung nach hinten an der Protuberantia occipitalis interna.
Der *Aditus orbitae* wird vom Margo supraorbitalis und vom Margo infraorbitalis begrenzt. Den *Margo infraorbitalis* bilden Os zygomaticum und Processus frontalis maxillae. Die mediale Wand, *Paries medialis* (Abb. 9.**15**), steht annähernd sagittal und besteht aus der *Lamina orbitalis ossis ethmoidalis,* an die sich vorn das *Os lacrimale* sowie der *Processus frontalis maxillae* und hinten die mediale Umrandung des *Canalis opticus* anschließen. Die laterale Wand, *Paries lateralis,* weicht vorn stark von der Sagittalebene ab. An ihrem Aufbau beteiligen sich hinten die *Facies orbitalis alae majoris ossis sphenoidalis* und vorn die *Facies orbitalis ossis zygomatici.* Das Dach, *Paries superior,* wird von der Pars orbitalis des *Stirnbeins* gebildet, an die sich hinten der *kleine Keilbeinflügel* anschließt. Der Boden, *Paries inferior,* besteht zum weitaus größten Teil aus der *Facies orbitalis maxillae.* Im hinteren Bereich folgt der *Processus orbitalis ossis palatini.* Vorn beteiligt sich ein unterschiedlich großes Segment des Os zygomaticum am Aufbau des Orbitabodens. Der Orbitaboden geht kontinuierlich in die mediale

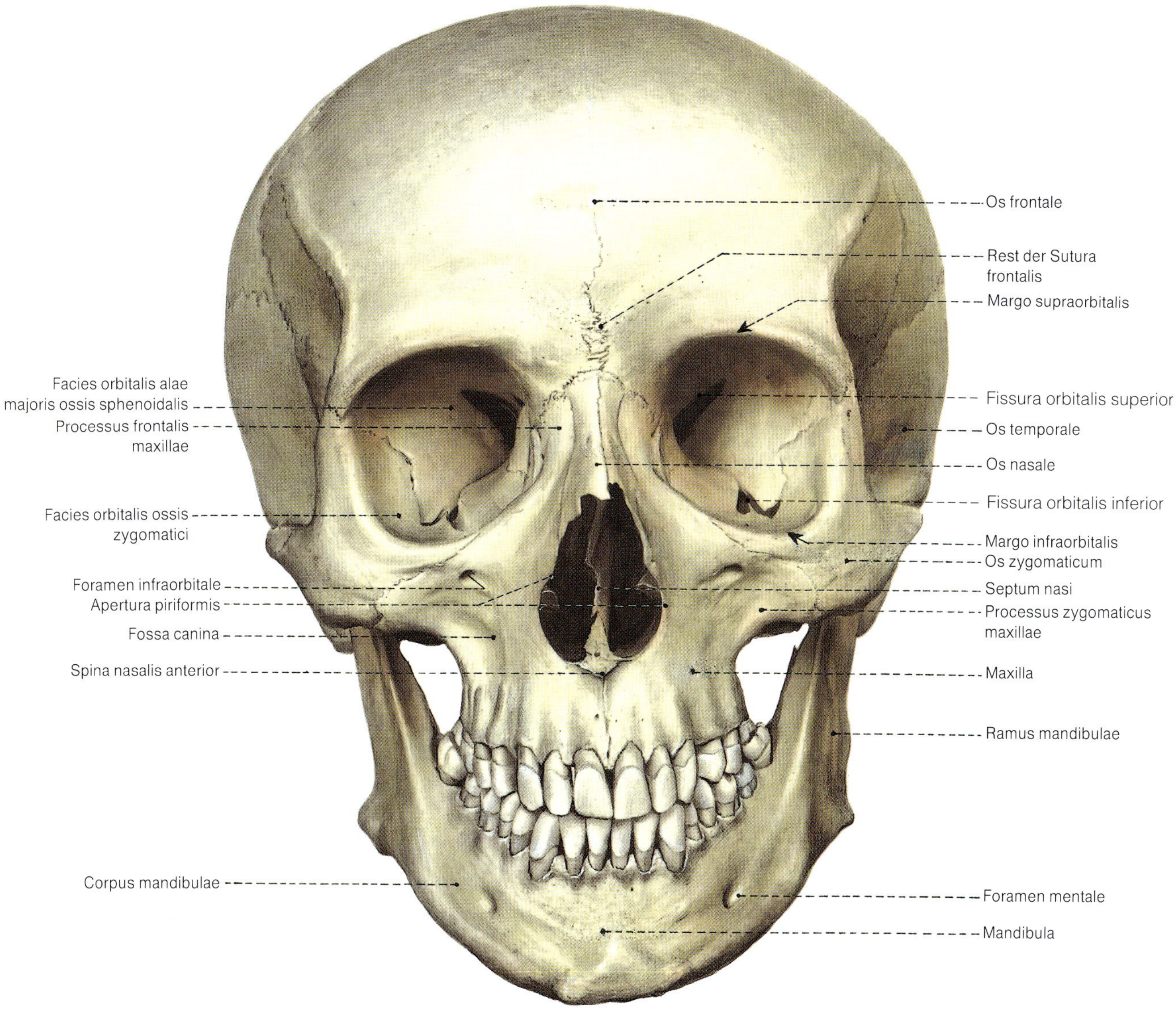

Abb. 9.**14** **Schädel in der Ansicht von vorn.**

Wand, *Paries medialis,* über. Von der lateralen Wand der Augenhöhle, *Paries lateralis,* ist der Orbitaboden durch die *Fissura orbitalis inferior* getrennt. Die Fissura orbitalis inferior ist ein Spalt zwischen großem Keilbeinflügel und Facies orbitalis des Oberkiefers, durch den die Nn. zygomaticus und infraorbitalis mit gleichnamigen Arterien und Venen ziehen. Über die Fissura orbitalis inferior steht die Orbita mit der *Fossa infratemporalis* und mit der *Fossa pterygopalatina* in Verbindung (Abb. 9.**15**). An der medialen Seite der Pyramidenspitze liegt der *Canalis opticus.* In ihm verlaufen Sehnerv und A. ophthalmica. Unterhalb des Canalis opticus beginnt die *Fissura orbitalis superior.* Der keulenförmige Spalt liegt zwischen großem und kleinem Keilbeinflügel. Die Fissura orbitalis superior hängt am hinteren Ende der Paries inferior und der Paries lateralis mit der Fissura orbitalis inferior zusammen. Durch die obere Augenhöhlenspalte treten die Nn. ophthalmicus, oculomotorius, trochlearis und abducens in die Orbita ein. Die V. ophthalmica zieht durch die Fissura orbitalis superior in die Schädelhöhle. Durch die *Incisura supraorbitalis* und durch den *Canalis infraorbitalis* gelangen Hautäste der Nn. ophthalmicus und maxillaris aus der Orbita in die Gesichtsregion. Im medialen, vorderen Bereich der Orbita liegt die *Fossa sacci lacrimalis,* die am Beginn des Tränennasenkanals, *Ductus nasolacrimalis,* den Tränensack enthält (s. Bd. III).

Das *Skelett der äußeren Nase* (s. Abb. 9.**14**) wird oben von den beiden *Ossa nasalia,* lateral und unten von den *Maxillae* gebildet, die mit ihren freien Rändern die *Apertura piriformis* umgrenzen. In der Tiefe der Apertur ist das meistens nach rechts abgewinkelte *Septum nasi* zu sehen (Skelett des Cavum nasi und der Sinus paranasales, S. 710).

Die prominenten Backenknochen werden vom *Os zygomaticum* gebildet, das medial mit dem Processus zygomaticus maxillae und lateral mit dem Processus

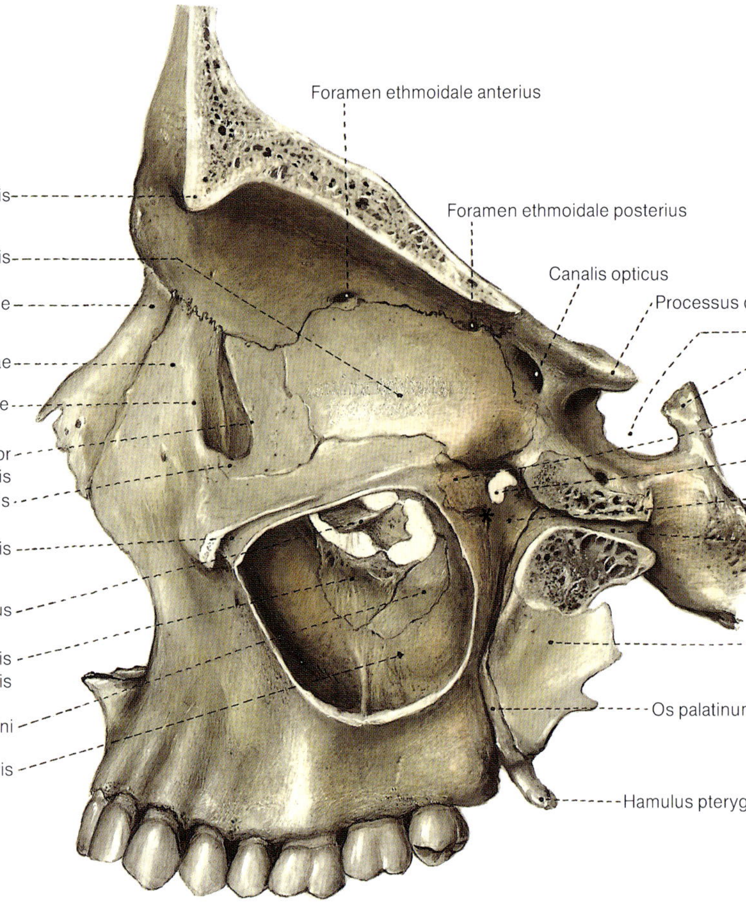

Abb. 9.**15** **Mediale Wand der linken Augenhöhle in der Ansicht von lateral,** Oberkieferhöhle von lateral eröffnet, Einblick in die Flügel-Gaumen-Grube* (Fossa pterygopalatina)

zygomaticus ossis temporalis verbunden ist. Es ist in die laterale Wand der Orbita eingefügt und besitzt eine *Facies lateralis* (malaris), eine *Facies orbitalis* und eine *Facies temporalis,* die zur Fossa temporalis gehört. Durch das kleinere *Foramen zygomanticofaciale* gelangt der gleichnamige Nervenast zur Gesichtshaut.

Von den beiden *Maxillae,* die den Oberkiefer bilden und in der Sutura mediana zusammenhängen, beteiligen sich nur das Corpus sowie die Processus frontalis, zygomaticus und alveolaris an der Bildung der frontalen Teile des Schädels. Durch den Processus zygomaticus und durch die Crista zygomaticoalveolaris wird das *Corpus maxillae* in eine vordere und eine hintere Fläche unterteilt. Die vordere Fläche hat dort, wo sie an der Begrenzung der Apertura piriformis beteiligt ist, eine nach medial konkave Einziehung, *Incisura nasalis,* die medial mit der *Spina nasalis anterior* endet. Die Maxilla ist kranial in den Margo infraorbitalis einbezogen und trägt das *Foramen infraorbitale,* durch das N. und A. infraorbitalis den Canalis infraorbitalis verlassen. Oberhalb des *Processus alveolaris* liegt die unterschiedlich tiefe *Fossa canina.* Die hintere Fläche des Corpus maxillae wölbt sich als *Tuber maxillae* vor. Der Bereich hinter dem Processus zygomaticus wird als *Facies infratemporalis* bezeichnet.

Der dickste und stärkste Gesichtsknochen ist der Unterkiefer, *Mandibula.* Der Unterkiefer ist mit dem übrigen Schädel durch zwei Gelenke beweglich verbunden. Er hat die Form einer parabolisch gekrümmten Platte, *Corpus mandibulae,* deren hintere Endstücke als *Rami mandibulae* in stumpfem Winkel aufwärts gebogen sind und in zwei Fortsätze auslaufen. In der Frontalansicht (s. Abb. 9.**65,** 9.**68**) überblickt man die äußere Fläche des Unterkieferkörpers, der vorn ein dreieckiges Feld *(Trigonum mentale)* mit Basis am Unterkieferrand aufweist. Von der Spitze läuft die *Protuberantia mentalis* aufwärts. Sie entspricht der Verwachsungsstelle der ursprünglich getrennten paarigen Kieferhälften. Die *Pars alveolaris* enthält die *Juga alveolaria.* Unterhalb des ersten bis zweiten Backenzahnes liegt das *Foramen mentale,* die Mündung des Canalis mandibularis und Austrittsstelle des N. mentalis sowie der Vasa mentalia. Eine glatte Knochenleiste, *Linea obliqua,* steigt von der Mitte des unteren Kieferrandes schräg nach oben und hinten und setzt sich in den Processus coronoideus fort.

Der *Ramus mandibulae* ist dünner als der Körper. Er steht in einem mehr oder weniger stumpfen Winkel, *Angulus mandibulae,* zum Körper und läuft in zwei Fortsätze aus.

Ansicht von lateral

Bei Betrachtung des Schädels von der Seite überblickt man das gesamte Neurocranium sowie einen Teil des Gesichtsskeletts und seiner Nähte (Abb. 9.**16**). An der Seitenwand des Schädels liegen mehrere Gruben:
Die *Fossa temporalis* wird oben und hinten durch die Lineae temporales, vorn durch das Os zygomaticum und lateral durch die innere Fläche des Arcus zygomaticus begrenzt. Ihre untere Grenze liegt im Bereich der Crista infratemporalis und am unteren Rand des Jochbogens. Hier geht sie in die *Fossa infratemporalis* über. Die mediale Wand wird als *Planum temporale* bezeichnet. Sie setzt sich aus dem Os parietale, der Squama temporalis, der Ala major ossis sphenoidalis und der Facies temporalis ossis frontalis zusammen. Das Planum temporale wird zum größten Teil vom M. temporalis bedeckt.
Die *Fossa infratemporalis* (Abb. 9.**17**) bildet die untere Fortsetzung der Fossa temporalis. Sie ist wesentlich tiefer als die Fossa temporalis. Die Fossa infratemporalis liegt hinter der Maxilla und hat im medialen hinteren Teil ein von der Facies infratemporalis des großen Keilbeinflügels und der Schläfenbeinschuppe gebildetes Dach. Medial wird sie vom Processus pterygoideus und vorn von der Facies infratemporalis maxillae mit dem angrenzenden Teil des Processus alveolaris begrenzt. Die Fossa infratemporalis enthält den Processus coronoideus mandibulae mit dem unteren Abschnitt des M. temporalis, den M. pterygoideus lateralis sowie Äste des N. mandibularis, die A. maxillaris und den Plexus venosus pterygoideus. Über die *Fissura orbitalis inferior* hat sie Verbindung mit der Orbita. Zwischen der Wurzel des Processus pterygoideus und dem Tuber maxillae verengt sie sich zur *Fossa pterygopalatina*.

Die *Fossa pterygopalatina* (s. Abb. 9.**15**) wird oben vom Keilbein, vorn vom Os palatinum und der Maxilla, hinten vom Processus pterygoideus und der Facies sphenomaxillaris alae majoris ossis sphenoidalis und medial von der vertikalen Lamelle des Gaumenbeins begrenzt. Die trichterförmige Flügelgaumengrube ist im oberen Bereich relativ weit. Ihr enger

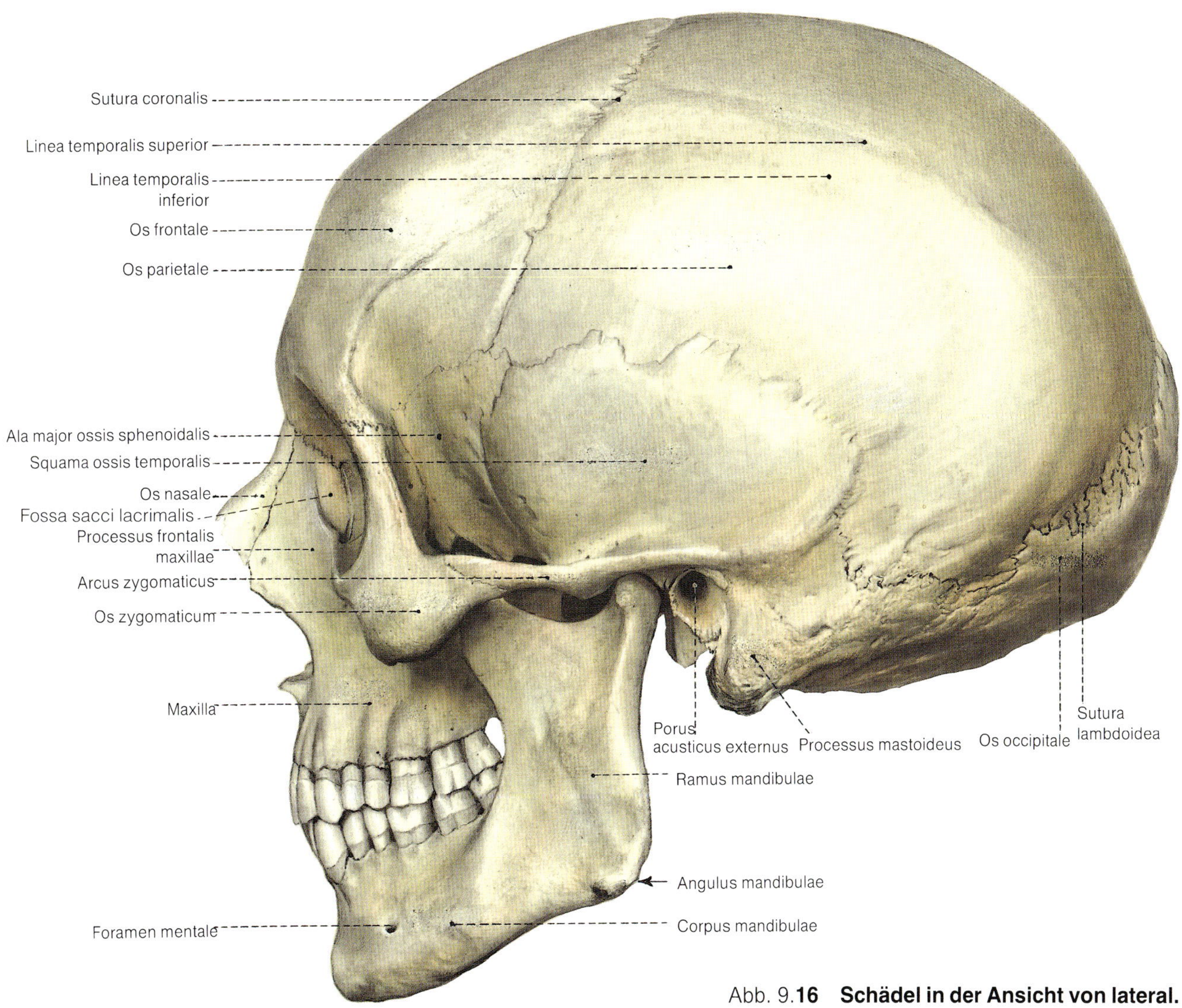

Abb. 9.**16** **Schädel in der Ansicht von lateral.**

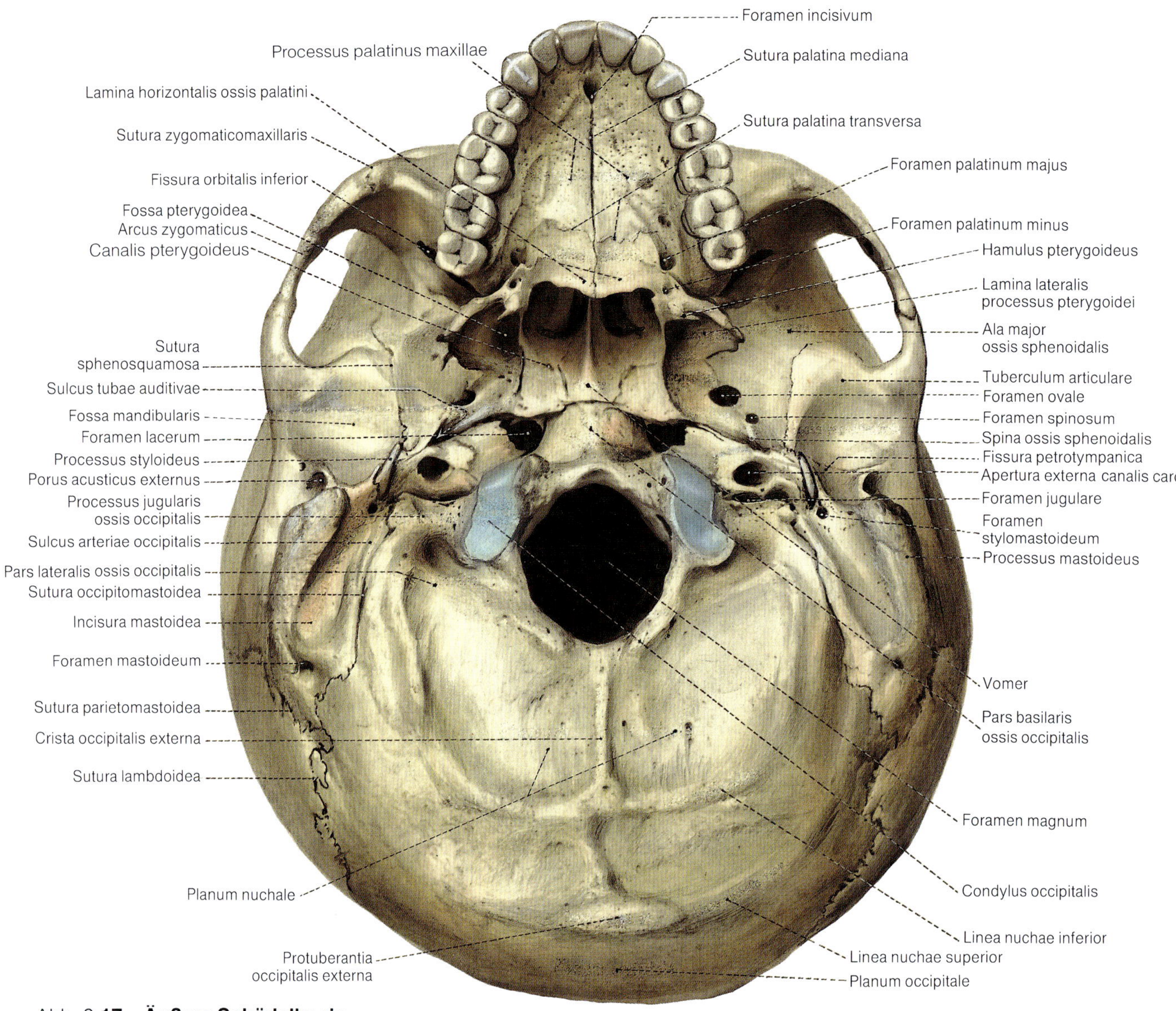

Abb. 9.**17** **Äußere Schädelbasis.**

unterer Abschnitt geht in den *Canalis pterygoideus* über.

Durch das *Foramen rotundum* steht die Fossa pterygopalatina mit der mittleren Schädelgrube in Verbindung. Der *Canalis pterygoideus* (Canalis Vidii) durchbohrt die Wurzel des Processus pterygopalatinus und endet an der *Fissura sphenopetrosa.* Das *Foramen sphenopalatinum* führt in die Nasenhöhle, die *Fissura orbitalis inferior* zum Boden und zur Seitenwand der Orbita und der *Canalis palatinus* nach unten und medial zum harten und weichen Gaumen. Alle beschriebenen Öffnungen dienen Gefäßen und Nerven als Durchtrittspforten. Auf diese Weise wird die Fossa pterygopalatina zu einem wichtigen „Verkehrsknotenpunkt" im seitlichen Gesichtsbereich.

Der groben Orientierung über die Lage des Gehirns innerhalb der Schädelgruben sowie über den Verlauf der Gefäße im Schädelinnern dienen Projektionslinien (-ebenen) auf der seitlichen Schädelwand. Als *„deutsche* (Frankfurter) *Horizontale"* bezeichnet man die Verbindungslinie (Horizontalebene) zwischen Unterrand der Augenhöhle und Oberrand des Porus acusticus externus. Parallel zur „deutschen Horizontalen" schneidet die „obere Horizontale" den oberen Rand der Orbita.

Ansicht von unten, äußere Schädelbasis

Nach Entfernung des Unterkiefers wird die gesamte *äußere Schädelbasis,* Basis cranii externa, sichtbar (Abb. 9.**17**). Sie dehnt sich in sagittaler Richtung von der Linea nuchae superior der Hinterhauptschuppe bis zu den Schneidezähnen des Oberkiefers aus. Die lateralen Grenzen bilden die Verbindungslinien zwischen den Zahnbögen und den Warzenfortsätzen. An der äußeren Schädelbasis wird ein *vorderer,* ein *mittlerer* und ein *hinterer Abschnitt* unterschieden.

Der *vordere Teil* bildet das Dach der Mundhöhle sowie den Boden der Nasenhöhle. Er besteht aus dem knöchernen Gaumen mit dem Arcus dentalis. Nach Entfernung sämtlicher Knochen des Gesichtsschädels wird der vordere Abschnitt des Neurocranium sichtbar. Man blickt auf das glatte Dach der Orbita, an das sich medial die Decke des Siebbeinlabyrinths anschließt. Außerdem liegen die Laminae cribrosae und rostral von diesen der Boden der Stirnhöhle frei.

Der *mittlere Teil* der Schädelbasis beginnt am hinteren Rand des Gaumens und erstreckt sich bis zum vorderen Rand des Foramen magnum. Lateral reicht die mittlere Schädelbasis bis zur Crista infratemporalis, zum Processus zygomaticus und zum Warzenfortsatz.

Im mittleren Abschnitt liegt das *Schlundfeld* der Schädelbasis, an dem die Pharynxmuskeln befestigt sind (Abb. 9.**18**). Das Schlundfeld führt vom Tuberculum pharyngeum zur Fissura petrooccipitalis und medial an der Apertura externa canalis carotici vorbei zur Spina sphenoidalis, von der es durch das Ursprungsfeld des M. levator veli palatini getrennt bleibt. Das Schlundfeld endet an der Wurzel der Lamina medialis processus pterygoidei und geht vorn medial in das Dach der Nasenhöhle über.

An das *Palatum durum* schließen sich die *Laminae medialis* und *lateralis processus pterygoidei* an und umschließen die *Fossa pterygoidea*, an deren Bildung auch das Gaumenbein beteiligt ist. Oberhalb der *Lamina horizontalis ossis palatini* liegen die Choanen, die durch den scharfen hinteren Rand des *Vomer* voneinander getrennt sind. Sie gestatten einen Einblick in die Nasenhöhle. An den Vomer schließt sich die *Pars basilaris ossis occipitalis* an. Lateral folgt das am nicht mazerierten Schädel durch die Fibrocartilago basalis abgeschlossene *Foramen lacerum*. Lateral-rostral des Foramen lacerum liegt das *Foramen ovale* für den Durchtritt des N. mandibularis. Seitlich hinter dem Foramen ovale befindet sich das *Foramen spinosum*, durch das die A. meningea media und der R. meningeus des N. mandibularis in die Schädelhöhle gelangen. Hinter dem Foramen spinosum findet man die individuell verschieden stark ausgeprägte *Spina sphenoidalis*. Foramen ovale, Foramen spinosum und Spina sphenoidalis liegen in einer Linie parallel zur Fissura sphenopetrosa. An der Außenfläche des Schläfenbeins liegen die *Apertura externa canalis carotici*, weiter lateral das *Tuberculum articulare*, die *Fossa mandibularis* sowie die *Fissura petrotympanica* (*Glaser*sche Spalte) und die Fissura petrosquamosa.

Im *hinteren* Teil der Basis cranii externa (s. Abb. 9.**17**) befindet sich das *Foramen (occipitale) magnum*. Lateral schließen sich die *Condyli occipitales* an. Neben den Kondylen liegt die Pars lateralis ossis occipitalis mit dem Processus paramastoideus. Der *Canalis hypoglossi* hat seine Öffnung oberhalb und seitlich der Kondylen der *Canalis condylaris* hinter den Kondylen. Zwischen der Pars lateralis ossis occipitalis und dem Os temporale befindet sich das *Foramen jugulare*, das in die Pars venosa für die V. jugularis interna und in die Pars nervina für den Durchtritt der Nn. glossopharyngeus, vagus und accessorius unterteilt ist. In ca. 12 % der Fälle sind Canalis hypoglossi oder das Foramen jugulare durch eine Knochenbrücke unterteilt. Der *Processus styloideus* mit dem *Foramen stylomastoideum* und der *Processus mastoideus* folgen lateral vom Foramen jugulare. An der *Incisura mastoidea* entspringt der Venter posterior m. digastrici. Das *Foramen mastoideum* mündet innerhalb oder in der Nähe der *Sutura occipitomastoidea* mit einer oder mehreren Öffnungen.

Das *Planum nuchale* gehört zur Squama occipitalis und erstreckt sich vom Foramen magnum bis zur Linea nuchae superior (s. Abb. 9.**31**).

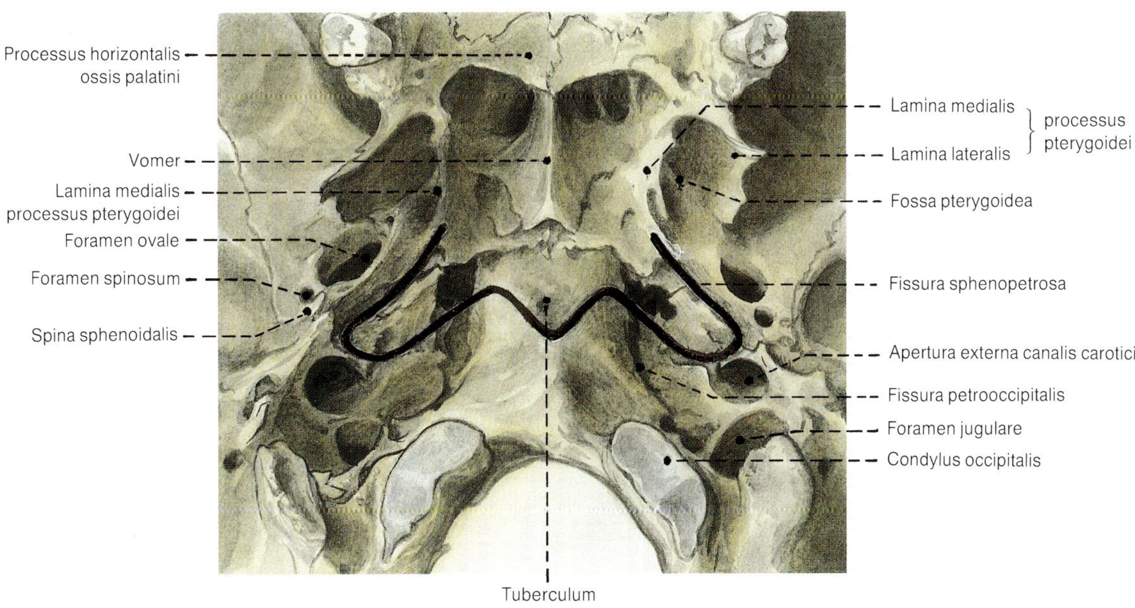

Abb. 9.**18** **Mittlerer Teil der Schädelbasis in der Ansicht von unten, Schlundfeld,** Ansatz der Pharynxmuskeln an der Schädelbasis (schwarze Linie).

Der Schädel von innen

Schädeldach

An der *Innenseite des Schädeldaches (Calvaria)* (Abb. 9.**19**) sind die Suturen glatter („Harmoniae") als außen. Die *Lamina interna* der Schädelknochen zeigt im Gegensatz zur glatten Lamina externa Furchen und Gruben. Arterienfurchen, *Sulci a. meningeae mediae,* die im Bereich der Scheitelbeine besonders kräftig entwickelt sind, rühren von Ästen der im Spatium epidurale verlaufenden *A. meningea media* her. Der Sinus sagittalis superior verursacht den *Sulcus sinus sagittalis superioris,* der occipital tiefer ist als rostral. Lateral vom Sulcus liegen die nach Zahl und Größe variablen *Foveolae granulares,* die durch die *Granulationes arachnoideales* (s. Bd. III) zustande kommen. Die paramedian liegenden Foveolae granulares sind im Bereich der *Sutura coronalis* sowie unmittelbar rostral und okzipital von ihr besonders zahlreich. Eine altersbedingte Zunahme der Grübchen wird nicht beobachtet. Mit fortschreitendem Alter wird die Schädelkalotte im Bereich der Foveolae granulares dicker, gleichzeitig werden die Grübchen tiefer.

Innere Schädelbasis

Am Bau der *inneren Schädelbasis,* Basis cranii interna (Abb. 9.**20**), sind teils die schalenförmigen Knochen des Schädelgewölbes, teils basale, dem Chondrocranium entstammende Knochen beteiligt. Die Untersuchung der knöchernen Strukturen an der Schädelbasis zeigt, daß einzelne Partien nach Art von widerstandsfähigen Strebepfeilern gebaut sind, während der Kno-

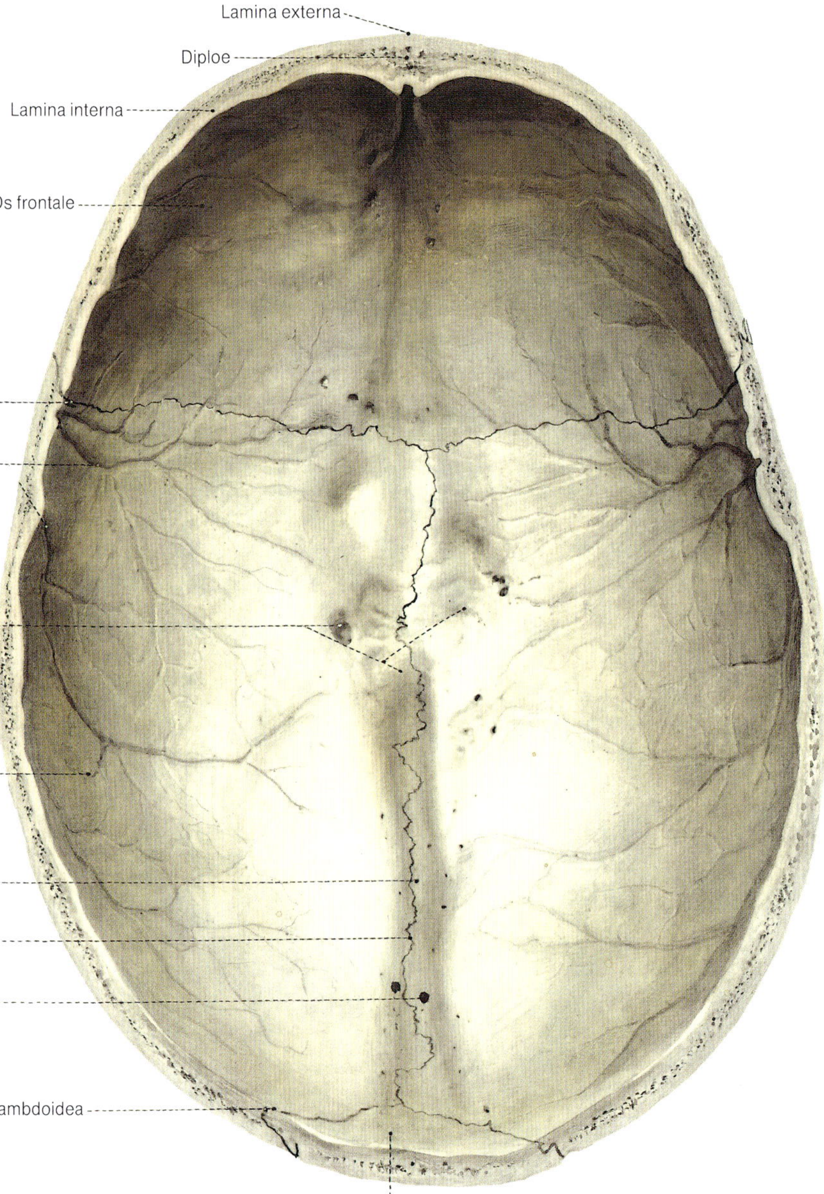

Abb. 9.**19** **Schädeldach, Calvaria, Ansicht von innen.**

chen an anderen Stellen auffallend dünn ist. Zu den *Schwachstellen* gehören die *Siebbeinplatte,* das *Dach* der *Orbita,* die *Basis* des *großen Keilbeinflügels,* die *Fossa mandibularis,* das *Tegmen tympani,* die *Squama temporalis,* der Boden der *Sella turcica* und die *Seitenteile* des *Keilbeinkörpers* sowie die oft sehr dünne Wand zwischen Sulcus sinus transversi und Antrum mastoideum und die *tiefste Stelle* der *Fossa cranialis posterior.*

Schädelbasisfrakturen werden in ihrem Verlauf durch die Richtung des Stoßes und seine Angriffsstelle, aber auch durch die Beschaffenheit der Knochen und die Lage der Gefäß- und Nervendurchtritte in der Schädelbasis beeinflußt. Quere Frakturen verlaufen meistens entlang dem äußeren Rand der Felsenbeinpyramide, über das Foramen lacerum und die Sella turcica zur gegenüberliegenden Seite. Bei Längsbrüchen sind in der vorderen Schädelgrube medial die Siebbeinplatte und der Canalis opticus, seitlich das Dach der Orbita betroffen. In der mittleren Schädelgrube begünstigen die in einer Linie liegenden Foramina rotundum, ovale und spinosum das Auftreten von Frakturen. Wenig widerstandsfähig ist auch die Spitze der Felsenbeinpyramide, die bei Schädelbasisbrüchen bis in das Foramen jugulare hinein abgesprengt sein kann. Bei Schädelbasisfrakturen sind die hindurchtretenden Hirnnerven und Gefäße dann besonders stark gefährdet, wenn die Gefäß- und Nervenöffnungen in den Frakturspalt einbezogen sind.

Die innere *Schädelbasis* kann in eine *Regio cranii mediana* und in die beiden paarigen *Regiones cranii laterales* unterteilt werden. Die Grenze zwischen den seitlichen Regionen und der mittleren Region liegt an der Verbindungslinie zwischen Processus clinoidei anteriores und posteriores.

Die *Regio cranii mediana* (Abb. 9.**20**) wird vom Cli-

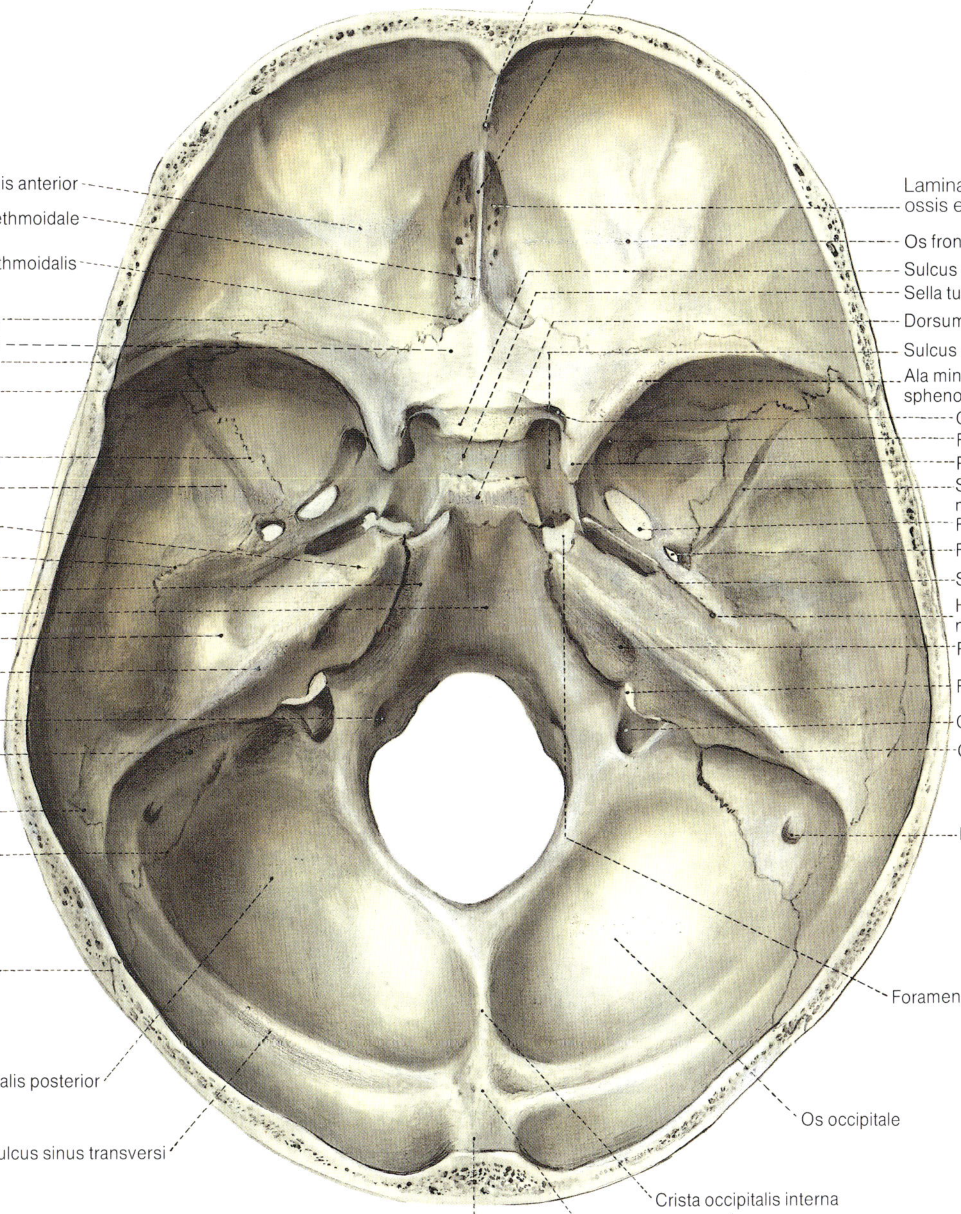

Abb. 9.**20** **Innere Schädelbasis.**

vus, von der Sella turcica, vom vorderen Teil des Keilbeinkörpers und vom Siebbein mit der Crista galli gebildet. Sie ist, wie Sagittalschnitte zeigen (s. Abb. 9.**22**) winklig geknickt. Die Knickung ist auf die bereits frühembryonal bestehende Plica encephali ventralis zurückzuführen (s. Abb. 9.**2**). Im vorderen Drittel des steil gestellten *Clivus* stoßen Pars basilaris ossis occipitalis und hinterer Teil des Keilbeinkörpers zusammen und bilden die *Synchondrosis sphenooccipitalis,* die im 16.–20. Lebensjahr verknöchert. Der hintere Rand des Clivus ist konkav und glatt. Er begrenzt den rostralen Rand des Foramen magnum. Lateral an der Grenze zur Felsenbeinpyramide ist der Sulcus sinus petrosi inferioris, der den Sinus petrosus inferior enthält, zu sehen. Auf der dorsalen Seite des Clivus liegen Medulla oblongata, Pons cerebri und A. basilaris.

Der *mittlere Teil* der *Regio cranii mediana* umfaßt das Gebiet der *Sella turcica,* die hinten vom Dorsum sellae begrenzt wird und lateral in die Fossae craniales mediae übergeht. Die tiefe querovale *Fossa hypophysialis* enthält die Hypophyse und bildet einen Teil des Daches des Sinus sphenoidalis. Rostral vom Tuberculum sellae liegt der wenig ausgeprägte Sulcus praechiasmatis. Der vordere Abschnitt der *Regio mediana* steht nahezu horizontal, er setzt sich aus dem *Keilbeinkörper* und der *Lamina cribrosa ossis ethmoidalis* zusammen. Der rostrale Teil der Regio cranii mediana bildet das Dach des vorderen Teils des Sinus sphenoidalis und der Nasenhöhle. Auf der Siebbeinplatte liegen Bulbus und Tractus olfactorius.

In den *Regiones cranii laterales* (s. Abb. 9.**20,** 9.**22**) liegen die terrassenförmig abgestuften *Schädelgruben.* Sie entstehen während der Ontogenese infolge einer zweimaligen Senkung der Schädelbasis. Die drei paarigen Schädelgruben sind deutlich voneinander getrennt und stimmen in ihrer Form mit der basalen Fläche des Gehirns überein.

Die *vordere Schädelgrube, Fossa cranialis anterior,* liegt von allen Schädelgruben am höchsten. Sie wird durch die scharfe, sichelförmige hintere Kante des kleinen Keilbeinflügels von der mittleren Schädelgrube getrennt. Den Boden der Fossa cranialis anterior bilden die *Pars orbitalis ossis frontalis* sowie die *Ala minor ossis sphenoidalis.* In der vorderen Schädelgrube liegt der Lobus frontalis cerebri. Charakteristisch für die Fossa cranii anterior sind stark ausgeprägte *Impressiones digitatae* sowie *Juga cerebralia.*

Die *mittlere Schädelgrube, Fossa cranialis media,* liegt zwischen dem freien Rand des kleinen Keilbeinflügels und der Pyramidenkante. Sie setzt sich aus der *Ala major ossis sphenoidalis,* der *Pars petrosa* und der *Pars squamosa ossis temporalis* zusammen. Abgesehen von Impressiones digitatae und Juga cerebralia wird die Gestalt der mittleren Schädelgrube vor allem durch die *Durchtrittskanäle* für die Hirnnerven und für die Gefäße geprägt.

Im vorderen Abschnitt der mittleren Schädelgrube liegt versteckt unter dem vorstehenden kleinen Keilbeinflügel die *Fissura orbitalis superior,* die die Verbindung zur Orbita herstellt. Hinten folgen auf einer leicht geschwungenen Linie das *Foramen rotundum* für den Durchtritt des N. maxillaris, das *Foramen ovale* für den N. mandibularis und das *Foramen spinosum* für die A. meningea media. Die Furche für den Arterienstamm wendet sich nach vorn und lateral. Die *Sulci arteriosi* variieren in Verlauf und Ausprägung. Seitlich am Keilbeinkörper verläuft der aus dem *Foramen lacerum* aufsteigende Sulcus caroticus für die A. carotis interna. Das Foramen lacerum liegt vor der Spitze der Schläfenbeinpyramide. In der Vorderwand der Felsenbeinpyramide entsteht eine flache Mulde, *Impressio trigemini,* für das Ganglion trigeminale (semilunare). Auf der *Facies anterior partis petrosae* (Facies cerebralis pyramidis) (s. Abb. 9.**40,** 9.**41,** 9.**42**) findet man die *Eminentia arcuata* mit dem darunter liegenden Canalis semicircularis anterior, den *Hiatus canalis n. petrosi majoris* (Hiatus canalis facialis) und den *Hiatus canalis n. petrosi minoris.* Entlang der Pyramidenkante verläuft der *Sulcus sinus petrosi superioris.* Die Knochen der mittleren Schädelgrube sind durch die *Sutura sphenosquamosa* und durch die *Sutura sphenoparietalis* miteinander verbunden.

Die mittlere Schädelgrube beherbergt den Lobus temporalis cerebri und zeigt wie die vordere Schädelgrube stark entwickelte Impressiones digitatae und Juga cerebralia. Der Gyrus temporalis inferior liegt auf dem Tegmen tympani, während der Gyrus temporalis superior und der Gyrus temporalis medius der Squama temporalis anliegen.

Die *hintere Schädelgrube, Fossa cranialis posterior* (Abb. 9.**20,** 9.**21,** 9.**22**), ist die tiefste und größte der drei Schädelgruben. Ihre obere Grenze bilden die Pyramidenkante und der Sulcus sinus transversi. Vorn wird die hintere Schädelgrube von der *Facies posterior partis petrosae* (Facies cerebellaris pyramidis), hinten, lateral und unten vom *Os occipitale* begrenzt. Sie enthält das Cerebellum und wird durch das Tentorium cerebelli vom Lobus occipitalis cerebri getrennt. An der hinteren Fläche der Felsenbeinpyramide (s. Abb. 9.**38**) befinden sich der *Porus acusticus internus,* der *Sulcus sinus petrosi inferioris,* das *Foramen jugulare* mit dem *Processus intrajugularis* und der *Sulcus sinus sigmoidei* mit seinem Emissarium, dem *Foramen mastoideum* (s. Abb. 9.**21**). Der Sulcus sinus sigmoidei ist normalerweise auf der rechten Seite tiefer und weiter als auf der linken Seite. Seiner Größe entspricht auch die Weite der Pars venosa foraminis jugularis. Der Anfang des Sulcus sinus sigmoidei liegt noch im Bereich des Os occipitale. Der größte Teil des Bodens der hinteren Schädelgrube wird vom konkaven unteren Abschnitt der *Squama occipitalis* des Hinterhauptbeines gebildet.

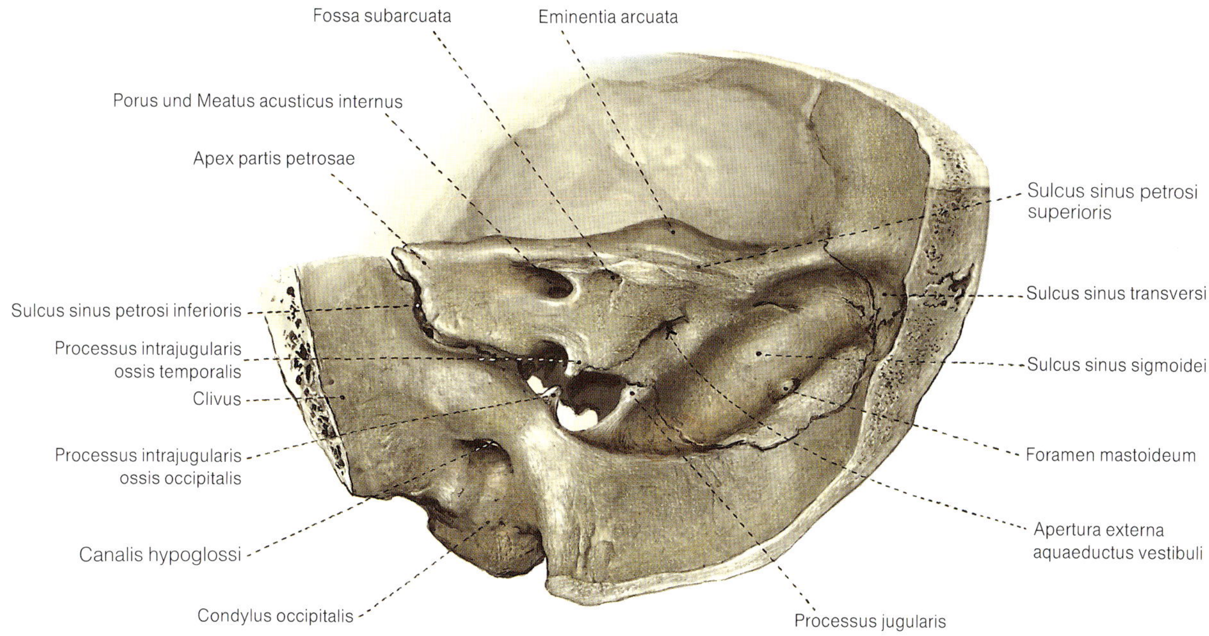

Abb. 9.**21 Hintere Fläche des Schläfenbeins und angrenzender Teil des Hinterhauptbeins der rechten Seiten in der Ansicht von medial.**

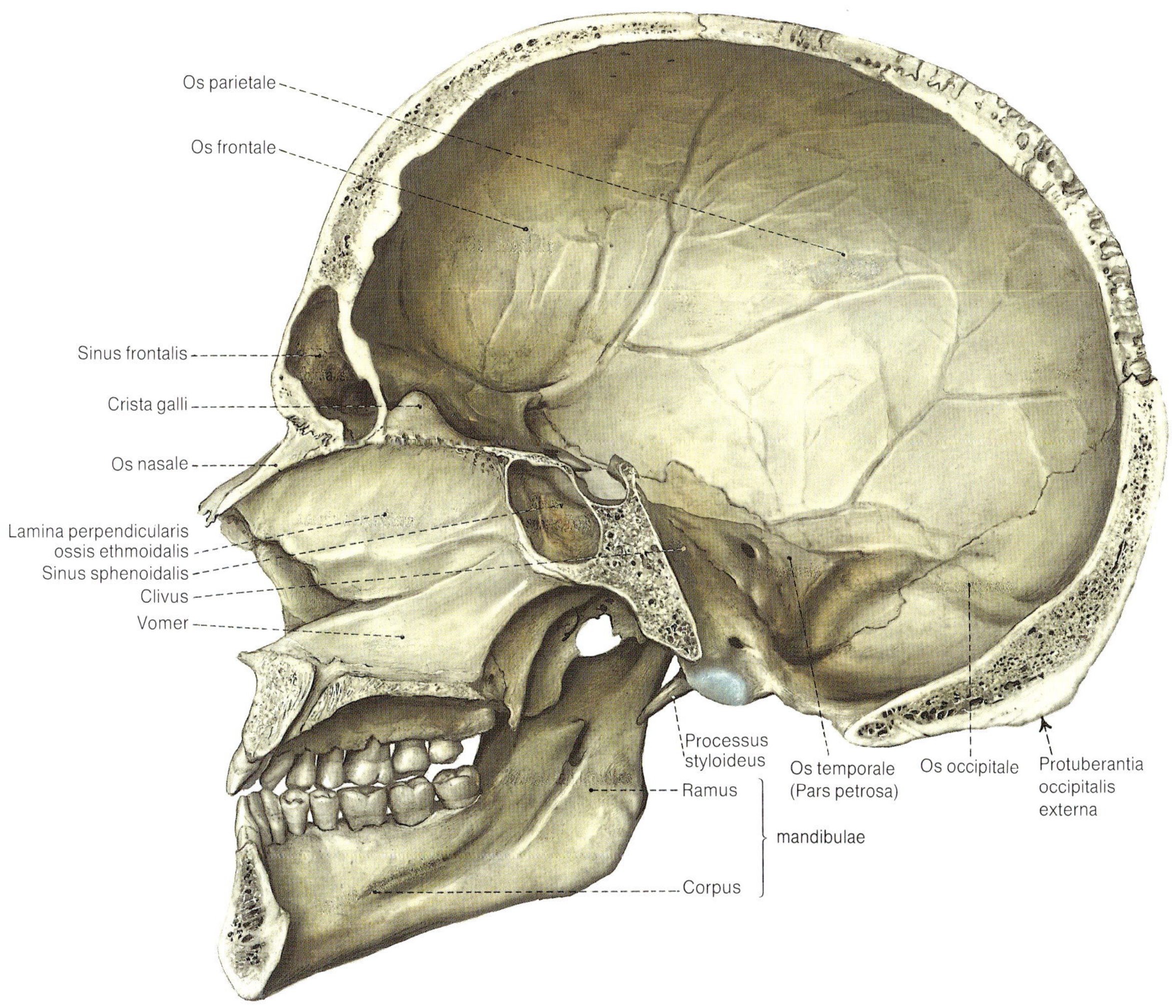

Abb. 9.**22 Median-Sagittalschnitt durch den Schädel, Ansicht der rechten Hälfte von medial.**

Harte Hirnhaut, Dura mater encephali

Die Innenfläche der knöchernen Schädelhöhle wird vom *Periost* und von der *Dura mater encephali* (Pachymeninx) (Abb. 9.**23,** 9.**24**) ausgekleidet, die am Foramen magnum in die *Dura mater spinalis* übergeht, wobei sie ihre Verbindung mit dem Periost löst (s. Bd. III).

Die *Dura mater encephali* besteht nach Ansicht einiger Autoren deshalb aus zwei Blättern, dem *äußeren Blatt* (Periost der Schädelinnenfläche, *Endocranium*) und dem *inneren Blatt,* der eigentlichen Dura mater. Das äußere Blatt ist als Periost mit der Lamina interna der Schädelknochen verwachsen, während das innere Blatt mehr der Oberfläche des Gehirnes angepaßt ist. Dadurch kommt es an einigen Stellen zu Inkongruenzen der beiden Lamellen, die auseinanderweichen und Spalträume zwischen sich fassen. In dieser Weise entstehen die *Sinus durae matris* und Aussackungen für die Aufnahme der Hypophyse mit dem *Diaphragma sellae* sowie die Aussackung für das *Ganglion trigeminale.* Die Sinus durae matris sind venöse Blutleiter, sie nehmen die *Hirnvenen* auf und leiten das Blut hauptsächlich in die Vv. jugulares internae. Dort, wo sich beide Lamellen eng aneinanderlagern, lassen sie sich nur aufgrund ihres Faserverlaufs unterscheiden. Die Dura mater bildet septenartige Fortsätze (Abb. 9.**23**), von denen sich die Hirnsichel, *Falx cerebri,* in die Fissura longitudinalis cerebri hinabsenkt und eine Längsverspannung bildet. Das transversal verlaufende Kleinhirnzelt, *Tentorium cerebelli,* trennt die beiden Okzipitallappen vom Kleinhirn. Es dient funktionell der Querverspannung des Schädels. Die wenig prominente *Falx cerebelli* ragt in die Vallecula cerebelli hinein. Die drei Septen werden, gemeinsam mit dem Diaphragma sellae, als *septale Dura* der *parietalen Dura* gegenübergestellt; beide bilden eine funktionelle Einheit.

Die Innenfläche der Dura ist normalerweise weiß, glänzend und glatt. Sie wird durch einen kapillären Spalt von der *Arachnoidea* getrennt, in den es unter pathologischen Bedingungen hineinbluten kann *(subdurales Hämatom).* Die Außenfläche der Dura ist rauh und faserig sowie reich an großen Arterienästen, die sich an der Schädelinnenfläche ausbreiten und den Knochen versorgen (s. *Aa. meningeae,* Bd. III). Die Dura selbst ist gefäßarm, sie wird von kleinen Ästen der Aa. meningeae versorgt.

Die *Befestigung* der *Dura mater* am Knochen ist regional unterschiedlich. Beim Erwachsenen läßt sie sich von der Schädelkalotte leicht ablösen, während sie mit

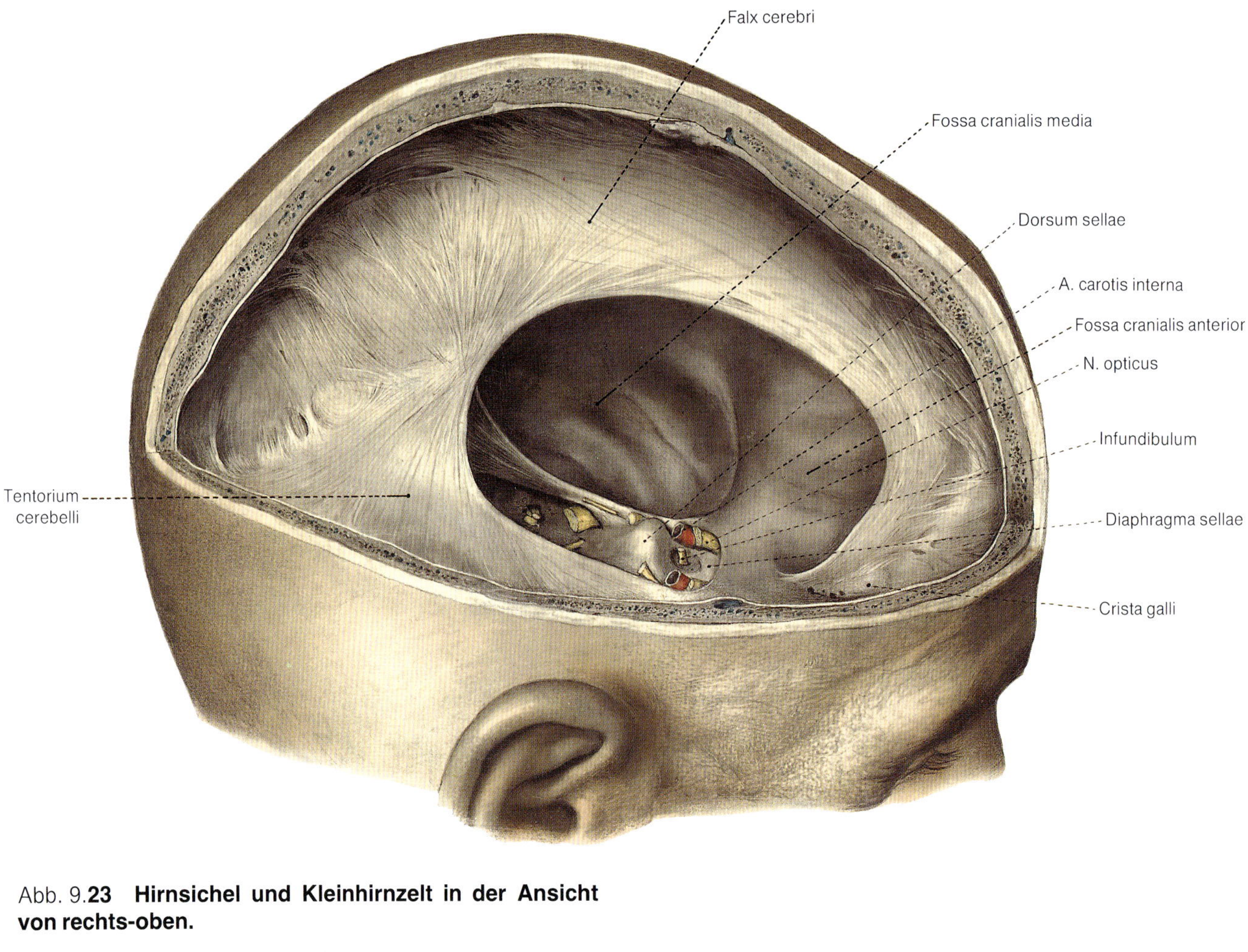

Abb. 9.**23** **Hirnsichel und Kleinhirnzelt in der Ansicht von rechts-oben.**

den Schädelnähten und den Knochen der Schädelbasis fest verbunden ist. Besonders innig ist die Verankerung an der Crista galli, den Processus clinoidei, den Alae minores ossis sphenoidalis und den Pyramidenkanten. Bei *Feten* und *Neugeborenen* läßt sich die Dura nur schwer von der Innenfläche der Schädelkalotte lösen. An den breiten Nähten und Fontanellen bildet sie einen integrierenden Bestandteil der die Knochen vereinigenden Zwischenmembranen. Mit dem Schwund der Fontanellen und der Verschmälerung der Nähte verbreitern sich die gut ablösbaren Partien der Dura. Bereits beim zweijährigen Kind kann die Dura leichter vom Schädelknochen getrennt werden als beim Neugeborenen. Wenn mit zunehmendem Lebensalter die Nähte verschwinden, läßt sich die Dura mater entsprechend leicht ablösen.

Periostale Dura und *Periost* können aufgrund des verschiedenen *Faserverlaufs* unterschieden werden. Das (innere) Periost des Schädels *(Endocranium)* besteht aus dicken Fasern, die schräg nach hinten-oben verlaufen. Die Fasern der Dura dagegen bilden ein Netz um die Großhirnhemisphären und ziehen insgesamt nach vorn und oben. In der *vorderen Schädelgrube* lassen sich drei kräftige Faserbündel erkennen. Zwei laterale Faserbündel gehen von den Processus clinoidei anteriores aus und verlaufen entlang den Alae minores; ein mediales Faserbündel entspringt am Keilbeinkörper. Die bogenförmigen Fasern treffen sich in der Falx cerebri. Lange Fasern bilden Schlingen, die wie Meridiane über die Calvaria hinwegziehen und die Stirnlappen umfassen. Kurze Fasern verstärken die Dura entlang der Kante der kleinen Keilbeinflügel, in der Wand des Sinus sagittalis inferior sowie in der Falx cerebri. Die Faserzüge der *mittleren Schädelgrube* sind Fortsetzungen der dorsalen Tentoriumfasern. Ihre medialen Anteile verlaufen parallel zum freien Tentoriumrand und erreichen den Processus clinoideus anterior und die Fissura orbitalis superior, wo sie die laterale Wand des Sinus cavernosus verstärken. Mittlere Faserzüge ziehen von der Pyramidenkante zur Ala minor, während sich hintere Faserzüge schräg aufsteigend zur Wand des Sinus sagittalis superior ausbreiten. Der Faserverlauf in der *hinteren Schädelgrube* wird durch das Foramen magnum geprägt. Von der Falx cerebri kommen Fasern, die sich in zwei Züge aufspalten, zu beiden Seiten um das Foramen magnum ziehen und am Clivus auslaufen. Andere Fasern überkreuzen senkrecht die Wand des Sinus transversus und ziehen konvergierend in Richtung auf das Hinterhauptloch, um sich von dort als Längsfasern in die Dura mater spinalis fortzusetzen.

Die *Falx cerebri* ragt als septale Dura in die Fissura longitudinalis cerebri (s. Abb. 9.**23**). Die Falx cerebri ist vorn schmal, wird hinten breiter und gabelt sich in zwei Flügel, die gemeinsam das *Tentorium cerebelli* bilden, das an der oberen Begrenzung der hinteren Schädelgrube (s. oben) verankert ist. Die Falx cerebri ist vorn an der Crista galli sowie der Crista frontalis

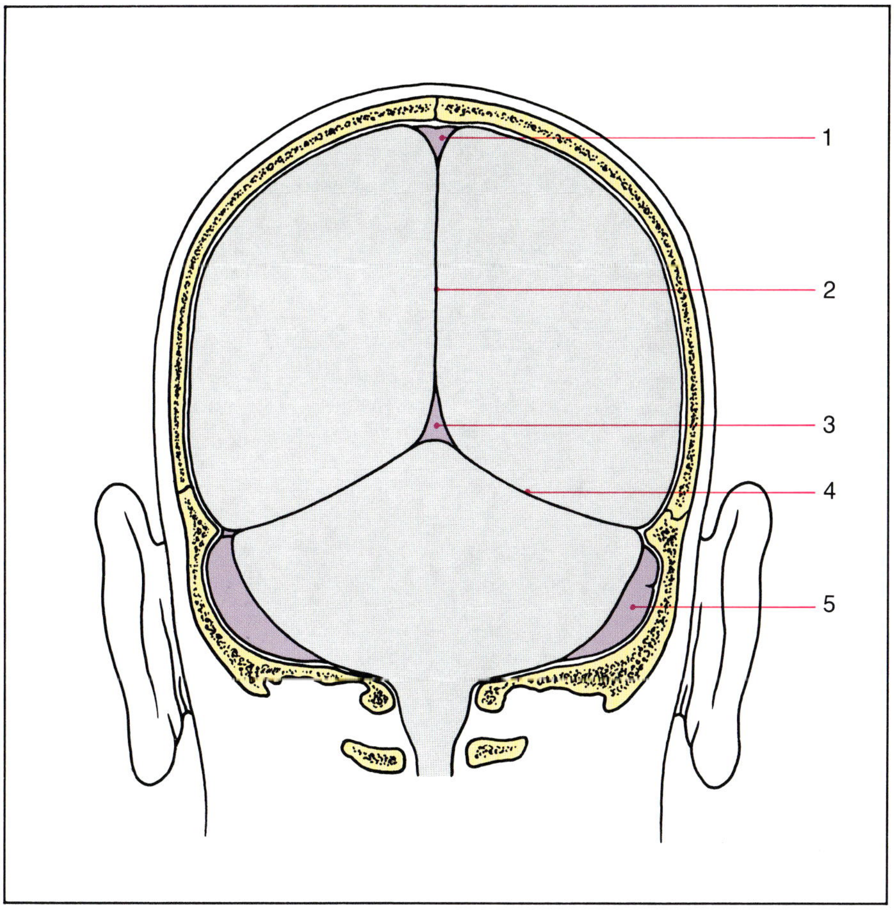

Abb. 9.**24** **Frontalschnitt durch den Kopf im Bereich der hinteren Schädelgruben mit Darstellung der Dura septalis.**
1 Sinus sagittalis superior
2 Falx cerebri
3 Sinus rectus
4 Tentorium cerebelli
5 Sinus sigmoideus

befestigt und inseriert entlang der Sutura sagittalis bis zur Protuberantia occipitalis interna. Sie bildet funktionell eine *Längsverspannung* der Schädelkalotte. Unmittelbar unter dem Schädeldach weicht die Falx cerebri zur Bildung des *Sinus sagittalis superior* in zwei Blätter auseinander, die in die parietale Dura übergehen. Im freien unteren Rand verläuft der *Sinus sagittalis inferior,* am Übergang in das Tentorium cerebelli der *Sinus rectus.*

Das *Tentorium cerebelli* (s. Abb. 9.**23**, 9.**24**) hat die Form eines Dachfirstes. Die aus zwei Blättern zusammengewachsene, transversal ausgespannte Membran trennt die beiden Okzipitallappen vom Kleinhirn. Vorn hat sie einen breiten Einschnitt, *Incisura tentorii,* für den Durchtritt des Hirnstammes, hinten ist sie an der Protuberantia occipitalis interna und an den Sulci der Sinus transversi befestigt. Das Tentorium cerebelli ist außerdem an der Pyramidenkante des Felsenbeins verankert und erreicht von hier aus mit einem dünnen Fortsatz beiderseits den Processus clinoideus anterior. Am Tentorium lassen sich zwei Blätter unterscheiden, ein *dorsales Blatt,* die Fortsetzung des hinteren Teiles der Falx cerebri, und ein *basales Blatt,* das zusammen mit der parietalen Dura der hinteren Schädelgrube das Kleinhirnbett bildet. Am Übergang in das Tentorium weicht die Falx cerebri zur Bildung des *Sinus rectus* auseinander.

Die *Falx cerebelli* ist ein schmaler, sichelförmiger Duraforsatz, der in die Vallecula cerebelli hineinragt. Sie ist an der Crista occipitalis interna befestigt und erstreckt sich von der Protuberantia occipitalis interna bis zum Foramen magnum. Die Falx cerebelli geht in die Seitenränder des Hinterhauptloches über, sie enthält den *Sinus occipitalis.*

Die *mechanische Bedeutung* der Dura mater für die Schädelkonstruktion wird beim Vergleich der *Faserstruktur* der *parietalen* und der *septalen Dura* verständlich. In der *Falx cerebri* sind Faserzüge zu erkennen, die teils sichelförmig, teils nahezu geradlinig verlaufen. Sie setzen sich aus zwei Hauptgruppen zusammen: Eine Fasergruppe geht von der Crista galli aus, verläuft bogenförmig nach okzipital und breitet sich fächerartig zum Außenrand der Sichel aus. Ein Teil der Fasern endet nach kurzem Verlauf, während andere Fasern entlang der Wand des Sinus sagittalis superior das vordere Ende der Scheitelbeine oder den Oberrand der Squama occipitalis erreichen. Diese Fasern bilden den vor dem Balkenknie liegenden freien Sichelrand. Am Neugeborenenschädel enden die Fasern nicht im Bindegewebe der Fontanelle, sondern an den die Fontanelle begrenzenden Knochen. Auf diese Weise werden die Schädelknochen über die Falx cerebri gewissermaßen an die Crista galli „angeseilt“. Ein Teil der Fasern der Crista galli weicht von der sagittalen Verlaufsrichtung ab und strahlt lateral in die Sinuswände ein, die sie verstärken. Über einen Teil der Fasern wird die Falx an der Schädeldecke befestigt, andere Fasern gehen in die parietale Dura über. Die Fasern der Falx cerebri sind im hinteren Bereich kräftiger und faserreicher als im vorderen Abschnitt. Ihre Züge bilden die Hauptmasse der Falxplatte. Sie gehen fast ausschließlich aus dem dorsalen Blatt des Tentorium cerebelli hervor und kommen teils vom oberen Rand der Felsenbeinpyramiden und teils vom okzipitalen Transversalbogen. Die Ausstrahlung der Fasern, die sich teilweise durchkreuzen, reicht von der Eminentia cruciformis bis zur Squama frontalis. Der freie untere Sichelrand ist dort, wo er über das Balkenknie hinwegzieht, nur schwach entwickelt. Der Bereich wird nur durch wenige Faserbündel verstärkt, hier kann man im höheren Lebensalter häufig Defekte innerhalb der Falx cerebri beobachten.

Stärke und *Richtung* der *Kollagenfaserbündel* innerhalb der *Falx cerebri* stehen in funktionellem Zusammenhang zur Schädelwölbung und spielen besonders unter der Geburt und beim Säugling eine große mechanische Rolle, indem sie übermäßigen Kompressionen des Schädels entgegenwirken.

Das basale Blatt des *Tentorium cerebelli* besteht aus längs verlaufenden Faserzügen, die den vorderen Teil des Tentoriumrandes erreichen. Vom vorderen Rand des Tentorium cerebelli gelangen die Fasern zu den Processus clinoidei anteriores und zu den kleinen Keilbeinflügeln, mehr lateral verlaufende Fasern ziehen zur Spitze der Felsenbeinpyramide. Vom Foramen magnum kommende Fasern erreichen durch Vermittlung der Kleinhirnsichel den Rand des *Tentorium cerebelli.*

Nach dem Verhalten ihrer *Faserarchitektur* bilden parietale und septale Dura ein einheitliches System, das nicht nur als Hirnhülle, sondern auch als integrierender und stabilisierender Bestandteil des Schädels zu betrachten ist. Dies wird am Schädel von Feten und Neugeborenen besonders deutlich. Dura und Schädel bilden eine widerstandsfähige Wölbung, in dem die *Falx cerebri* eine *Längsverspannung* bildet. Das *Tentorium cerebelli* ist unter mechanischen Gesichtspunkten als *Querverspannung* anzusehen. Die Querverspannung des Schädels wird noch durch zwei Verstärkungszüge der parietalen Dura unterstützt, einen vorderen, von den kleinen Keilbeinflügeln ausgehenden, und einen hinteren, der auf den Felsenbeinpyramiden verankert ist. Alle *mechanischen Einwirkungen* auf den Schädel teilen sich der Dura mit, die ihrerseits die Schädelknochen verspannt. Von außen einwirkende Kräfte sind z. B. Muskelzug, Schwerkraft und Außendruck. Als innere Kräfte kommen das Hirngewicht sowie die Hirndruckschwankungen, die durch die Atmung, die Pulsationen der Gefäße und die Körperhaltung verursacht werden, und bei Feten und Kindern das Hirnwachstum in Betracht.

Morphologie der einzelnen Schädelknochen

Die im Chondro- und Dermatocranium entstehenden Ersatz- und Deckknochen vereinigen sich während des fetalen Lebens zu größeren Skelettelementen, die durch Suturen und Synchondrosen miteinander verbunden sind. Die *Ossa cranii* bilden den geschlossenen Hirnschädel. Zu den Knochen des Hirnschädels kommen die Deckknochen des Gesichtsschädels, *Ossa faciei,* hinzu. Nach Abschluß des Wachstums setzt sich der Schädel normalerweise aus 22 Knochen zusammen. Zu den Schädelknochen zählen auch die Gehörknöchelchen, Ossicula auditus, und das Zungenbein, Os hyoideum (Tab. 9.**1**).

Tabelle 9.**1** Schädelknochen und ihre Osteogenese

Knochen des Hirnschädels (Neurocranium)	
Stirnbein (Os frontale)	d
Scheitelbein (Os parietale)	d
Hinterhauptsbein (Os occipitale)	d und ch
Keilbein (Os sphenoidale)	d und ch
Schläfenbein (Os temporale)	d und ch
Knochen des Gesichtsschädels (Viscerocranium)	
– Knochen des Nasenskeletts	
Siebbein (Os ethmoidale)	ch
Nasenbein (Os nasale)	d
Tränenbein (Os lacrimale)	d
untere Nasenmuschel (Concha nasalis inferior)	ch
Pflugscharbein (Vomer)	d
– Knochen des Kieferskeletts	
Oberkieferknochen (Maxilla)	d
Gaumenbein (Os palatinum)	d
Jochbein (Os zygomaticum)	d
Unterkiefer (Mandibula)	d und ch**
Zungenbein (Os hyoideum)	ch
Gehörknöchelchen (Ossicula auditus [auditoria])	
Hammer (Malleus)	ch
Amboss (Incus)	ch
Steigbügel (Stapes)	ch

d: desmale Osteogenese; ch: chondrale Osteogenese
** Die Sekundärknorpelzonen der Mandibula verknöchern chondral

Knochen des Hirnschädels

Stirnbein, Os frontale

Gestalt

Das Stirnbein (Abb. 9.**25,** 9.**26,** 9.**27**) bildet den vorderen Abschnitt des Schädelgewölbes. Es besteht aus der aufsteigenden gewölbten *Squama frontalis* und den beiden durch die *Incisura ethmoidalis* getrennten horizontalen *Partes orbitales,* die einen Teil des Orbitadaches bilden. Zwischen den beiden Partes orbitales liegt die *Pars nasalis.*

An der *Squama frontalis* unterscheidet man die glattwandige, konvexe Außenfläche, *Facies externa,* die auf jeder Seite einen Höcker, *Tuber frontale,* hat und oberhalb des Margo orbitalis einen individuell verschieden stark ausgeprägten Wulst, *Arcus superciliaris,* aufweist. Der Arcus superciliaris fehlt noch am kindlichen Schädel, am weiblichen Schädel ist er nur schwach ausgeprägt. Die Einsenkung zwischen den Augenbrauenbögen oberhalb der Nasenwurzel bezeichnet man als *Glabella.* An dieser Stelle findet man beim Erwachsenen Überreste der beim Kleinkind vorhandenen *Sutura frontalis.* Die Sutur kann auch beim Erwachsenen vollständig offen bleiben *(Metopismus).* In seltenen Fällen liegt sie asymmetrisch rechts oder links von der Mediane (s. Abb. 9.**13a** u. **b**). Lateral ist die Squama zur *Facies temporalis* abgeflacht, die sich an der Bildung des Planum temporale beteiligt. Die *Facies interna* ist konkav und hat in ihrer Mitte unten einen Kamm für den Ansatz der Falx cerebri, *Crista frontalis.* Sie umschließt zusammen mit den Processus alares des Siebbeins das *Foramen caecum* (Abb. 9.**26**). In das Foramen caecum dringt ein an der Spitze der *Spina nasalis* blind endender Durafortsatz ein. Der *Sulcus sinus sagittalis superioris* verläuft in der Mitte des oberen Teiles der Facies interna.

Die *Partes orbitales* sind nahezu dreieckig (Abb. 9.**27**), medialer und hinterer Rand verlaufen gerade, während der laterale Rand bogenförmig ist und unter Bildung des *Margo supraorbitalis* in die Squama übergeht. Dicht am Jochbeinansatz besitzt die *Facies orbitalis* eine Vertiefung zur Aufnahme der Tränendrüse, *Fossa glandulae lacrimalis.* Die *Fovea trochlearis* ist ein kleines Grübchen am vorderen medialen Teil, an dem die Trochlea für den M. obliquus superior befestigt ist. Die inneren Flächen der Partes orbitales sind gewölbt. Sie haben starke Juga cerebralia und Impressiones digitatae und gehen ohne scharfe Grenze in die zerebrale Fläche der Stirnbeinschuppe über. Die medialen Ränder begrenzen zusammen mit der vorn liegenden Pars nasalis die *Incisura ethmoidalis,* die der Aufnahme der Siebbeinplatte dient. Die *Pars nasalis* trägt vorn die stachelartige *Spina nasalis* und darüber den zackenförmigen *Margo nasalis* zur Aufnahme der beiden Nasenbeine und der Processus frontales maxillae (Stirnhöhlen s. S. 715 und Bd. II).

In der Ansicht von unten (s. Abb. 9.**27**) werden am Stirnbein zwischen dem inneren Rand des Orbitadaches und der lateralen Wand der Incisura ethmoidalis flache, durch quere Knochenbrücken getrennte Gruben *(Foveolae ethmoidales)* sichtbar. Diese lagern sich über die entsprechenden Gruben des Os ethmoidale und bilden den Abschluß der Zellen des Siebbeinlabyrinths. Zwischen den Foveolae sind zwei feine Löcher ausgespart, *Foramina ethmoidalia anterius und posterius,* durch welche die Nn. ethmoidales anterior und

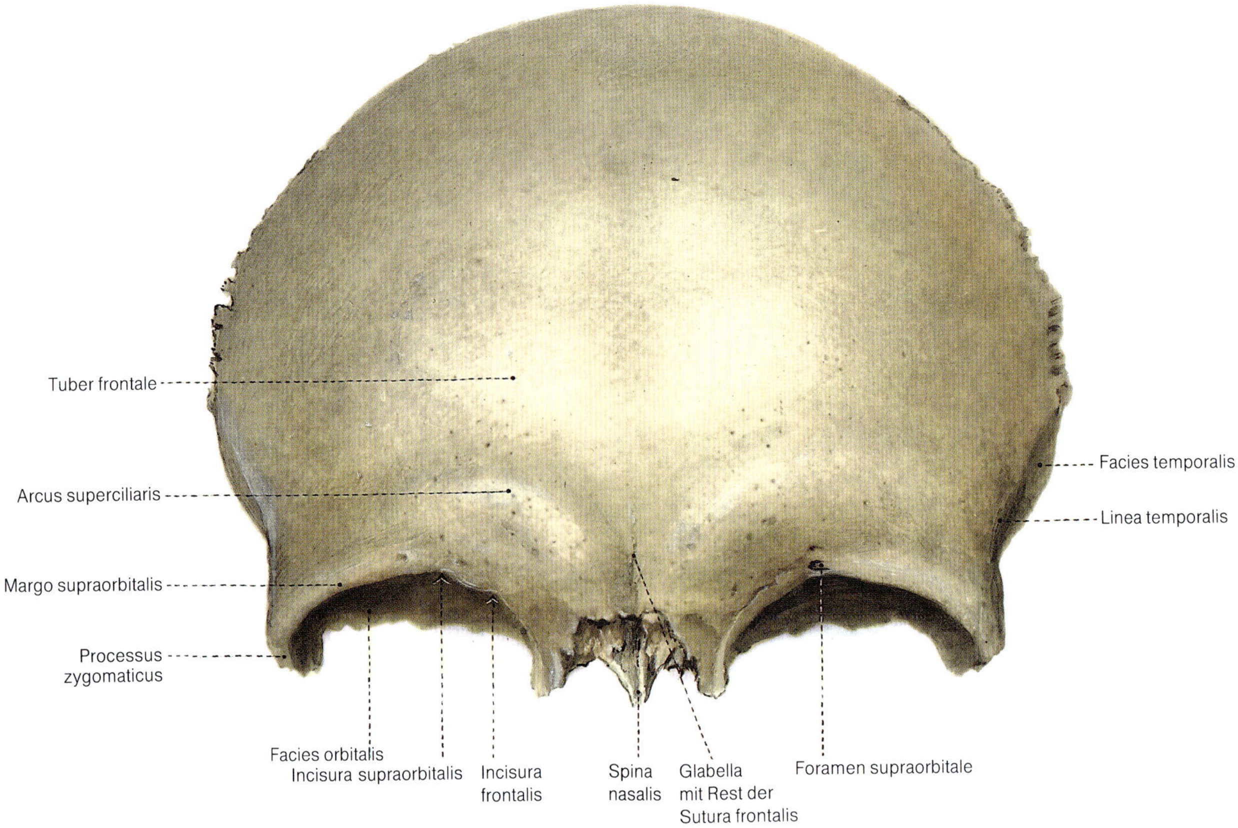

Abb. 9.**25** **Stirnbein in der Ansicht von vorn.**

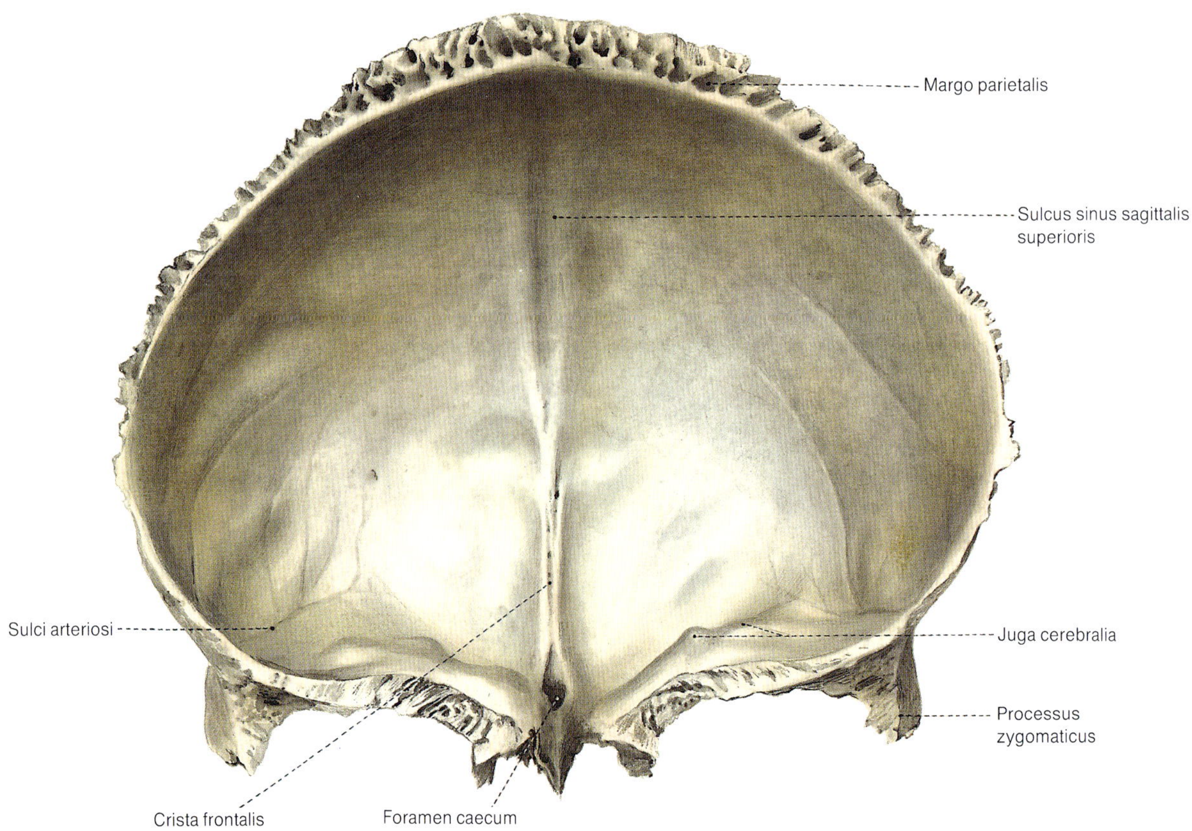

Abb. 9.**26** **Stirnbein in der Ansicht von hinten.**

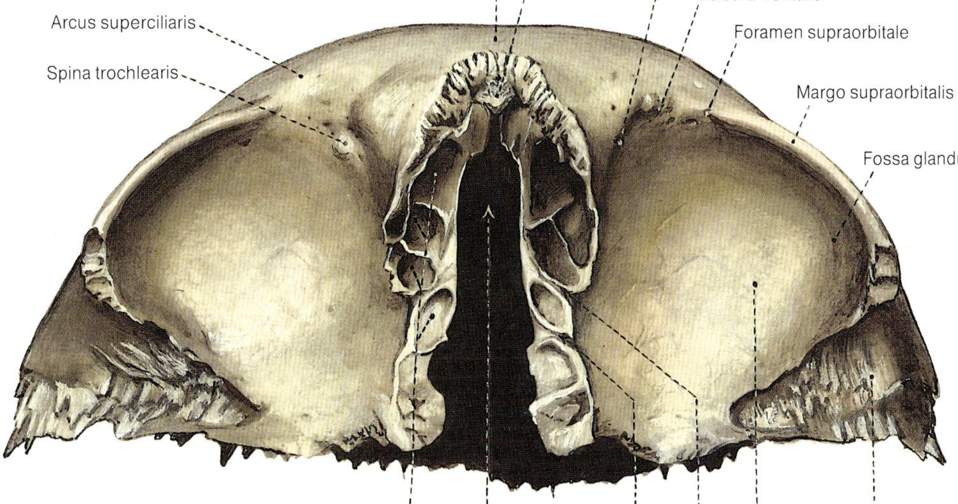

Abb. 9.**27** **Stirnbein in der Ansicht von unten.**

posterior sowie Äste des N. nasociliaris in Begleitung der beiden gleichnamigen Arterien zur Schleimhaut der Siebbeinzellen ziehen.

Scheitelbein, Os parietale

Gestalt

Die paarigen Scheitelbeine (Abb. 9.**28,** 9.**29**) haben die Form von vierseitigen, außen konvexen, innen konkaven Platten. Rechtes und linkes Scheitelbein stoßen in der *Sutura sagittalis* mit ihrer Oberkante, *Margo sagittalis,* zusammen. Der *Margo frontalis* bildet mit dem Margo parietalis des Stirnbeins die *Sutura coronalis,* der *Margo occipitalis* mit dem Margo lambdoideus des Os occipitale die *Sutura lambdoidea.* Der schräg von außen oben nach innen unten abgeschrägte *Margo squamosus* lagert sich der Pars squamosa des Schläfenbeins an.

An der Innenfläche verlaufen Gefäßfurchen für die Äste der A. meningea media. Der *Angulus mastoideus* beteiligt sich an der Bildung des *Sulcus sinus transversi.* Entlang des Margo sagittalis zieht eine Furche, die sich mit der Gegenseite zum *Sulcus sinus sagittalis superioris* vereinigt. Beim Erwachsenen sind in der Nähe des oberen Randes zahlreiche *Foveolae granulares* zu finden, die tief in den Knochen eindringen können. Im hinteren Abschnitt des Os parietale liegt neben dem Margo sagittalis das *Foramen parietale.*

Hinterhauptbein, Os occipitale

Gestalt

Am Os occipitale (Abb. 9.**30,** 9.**31**) unterscheidet man die *Squama,* die beiden *Partes laterales* und die *Pars basilaris,* die das längsovale *Foramen magnum* umsäumen und vor Abschluß des Wachstums durch Synchondrosen miteinander verbunden sind (s. Abb. 9.**3,** 9.**4**). Die Squama occipitalis gehört zum Dermatocranium, die Partes laterales und die Pars basilaris sind Teile des Chondrocranium. Die Anteile des Chondrocranium nehmen am Os occipitale insofern eine Sonderstellung ein, als ihr Baumaterial den Somiten entstammt, was der Region die Bezeichnung „Wirbelschädel" eingetragen hat (s. S. 234).

In der konkaven Innenfläche des Hinterhauptbeines (Abb. 9.**30**) liegen zwei rechtwinklig sich kreuzende Furchen, *Sulcus sinus sagittalis superioris* und *Sulci der Sinus transversi,* die die gleichnamigen Blutleiter der Dura aufnehmen und zusammen mit der *Crista occipitalis interna* vier Gruben begrenzen, zwei obere *(Fossae occipitales cerebrales)* für die Lobi occipitales cerebri und zwei untere *(Fossae occipitales cerebellares)* für die beiden Kleinhirnhemisphären. Die vorspringende Kreuzungsstelle der Furchen ist die *Protuberantia occipitalis interna.*

Von den Rändern der Squama occipitalis stehen der tief gezahnte *Margo lambdoideus* mit den Ossa parietalia und der wenig gezahnte, rauhe *Margo mastoideus* mit dem Processus mastoideus des Schläfenbeins in Verbindung.

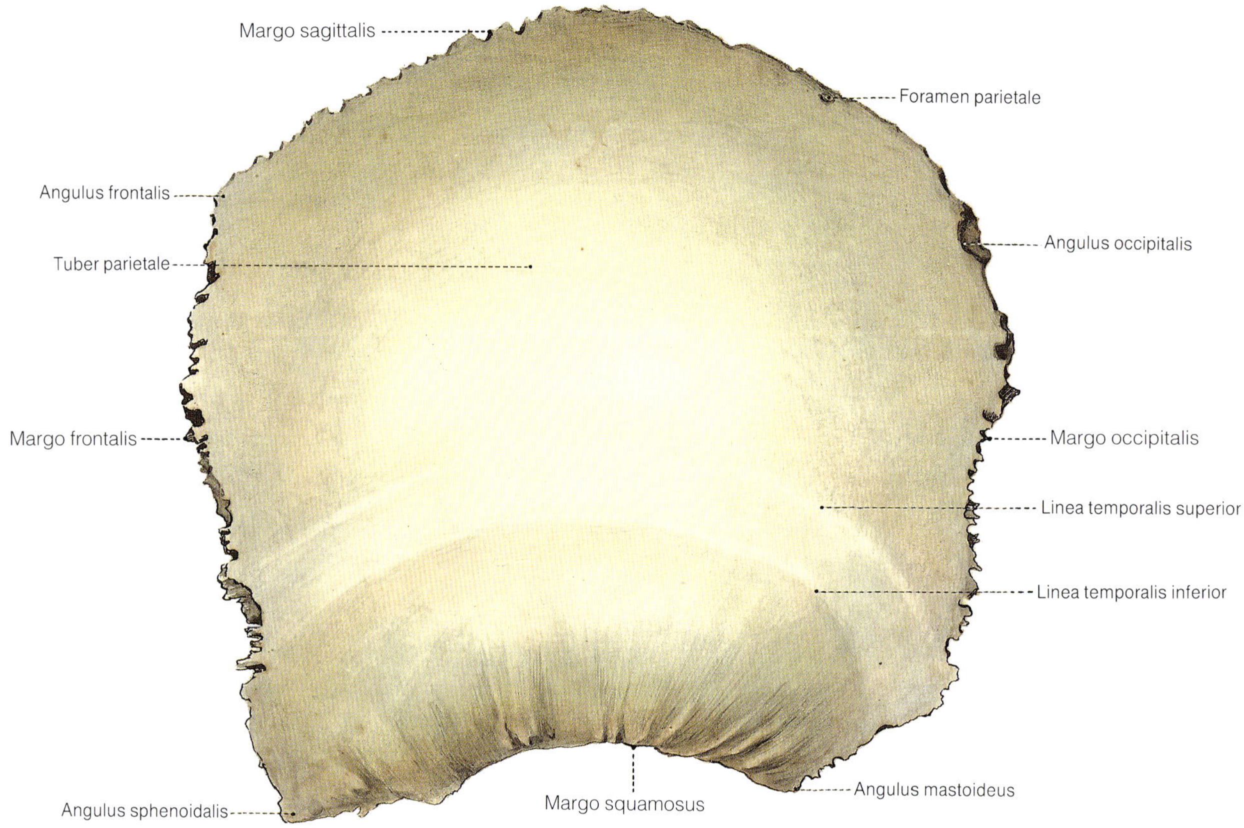

Abb. 9.**28** **Linkes Scheitelbein in der Ansicht von lateral.**

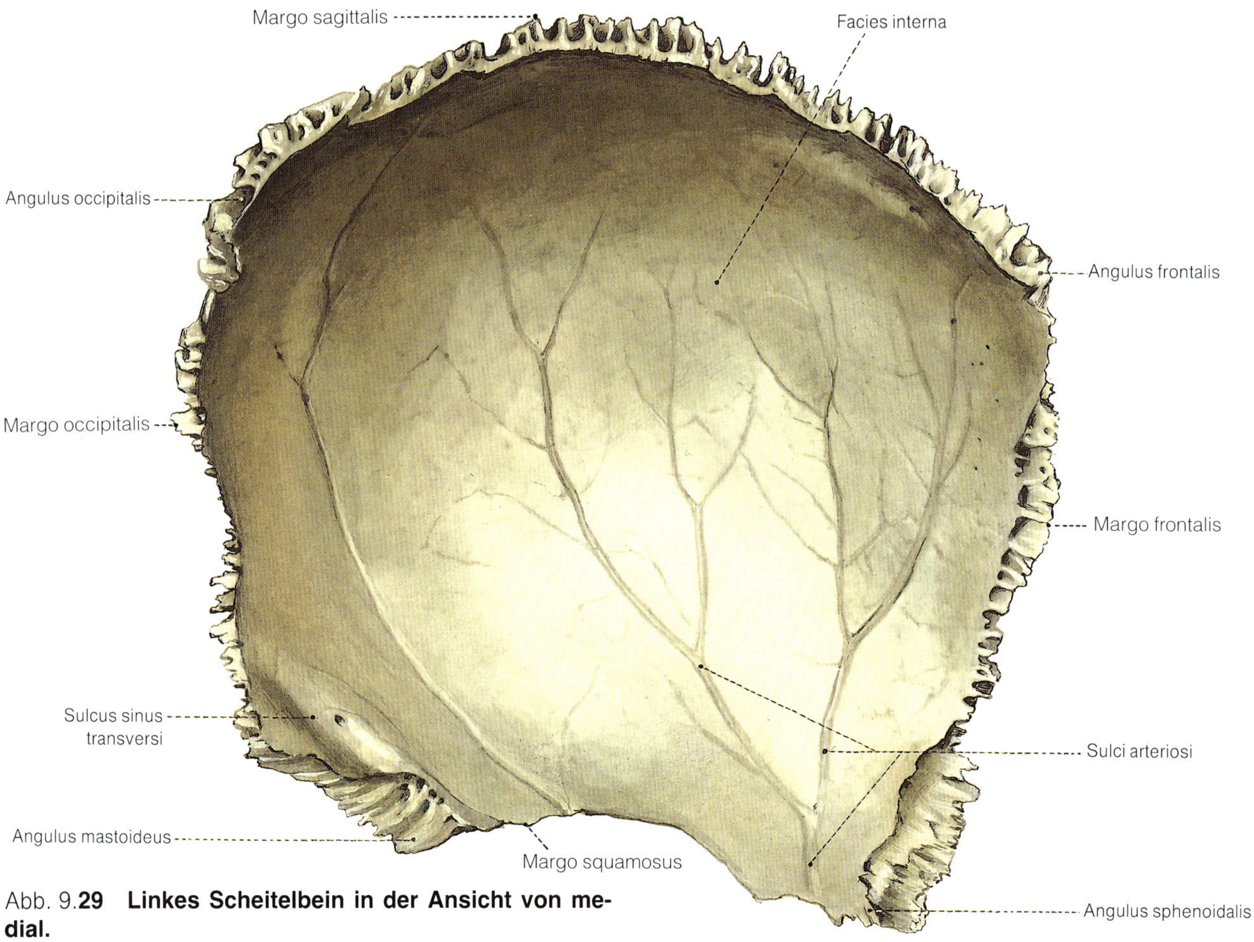

Abb. 9.**29** **Linkes Scheitelbein in der Ansicht von medial.**

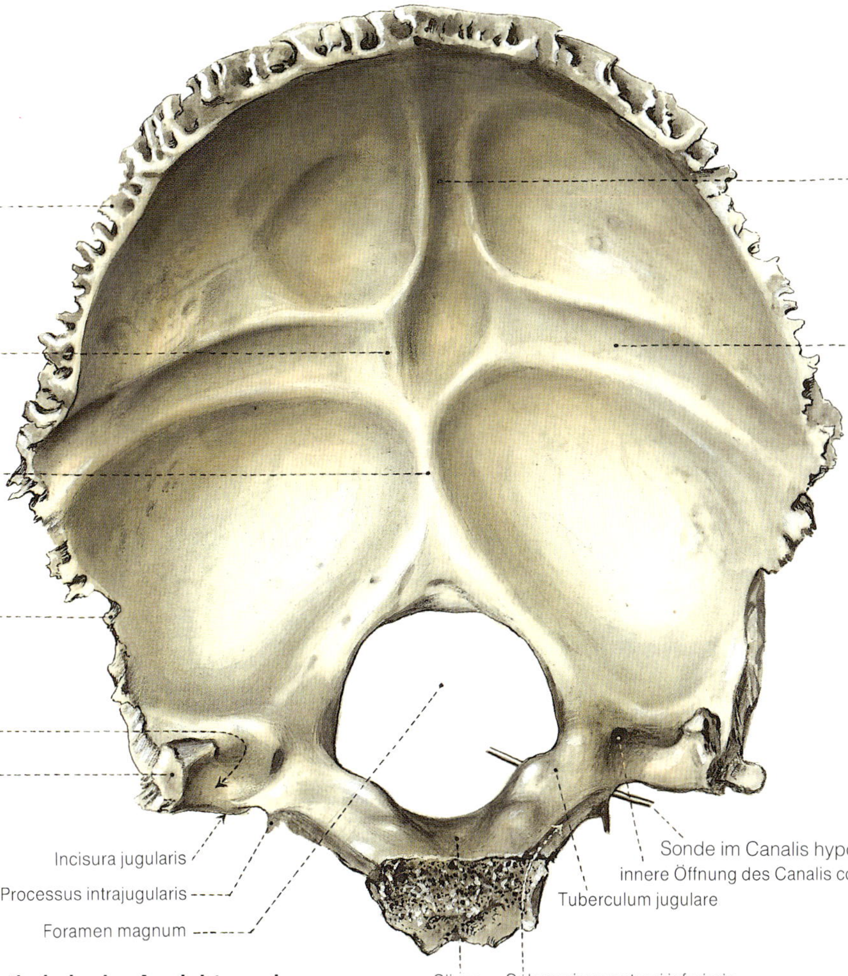

Abb. 9.**30** **Hinterhauptbein in der Ansicht von innen.**

An der *Außenfläche* der Squama occipitalis (Abb. 9.**31**) treten mehrere Querleisten hervor, *Linea nuchae suprema, Linea nuchae superior* und *Linea nuchae inferior.* Der Protuberantia occipitalis interna entspricht außen die *Protuberantia occipitalis externa,* die sich in die *Crista occipitalis externa* fortsetzt.

Die *Partes laterales* sind hinten breit und dünn, vorn schmal und hoch. An ihrer Außenfläche tragen sie je eine Gelenkfläche für die Artikulation mit dem Atlas, *Condylus occipitalis.* Die Kondylen sind normalerweise doppelt so lang wie breit, von hinten nach vorn stark und in querer Richtung schwach gekrümmt. Die Kontur ihrer Gelenkflächen kann mit der einer Schuhsohle verglichen werden. Nicht selten kommen relativ kleine und flache Condyli occipitales vor, deren Gelenkflächen einen quadratischen oder rundlichen Umriß haben. Die Gelenkfläche der Kondylen ist in etwa 5% der Fälle zweigeteilt. Hinter den Kondylen liegt die *Fossa condylaris* mit der unbeständigen, hinteren Öffnung eines Venenkanals, *Canalis condylaris,* dessen vordere Mündung im *Sulcus sinus sigmoidei* zu suchen ist (Abb. 9.**30**). Über dem Condylus zieht der Kanal für den N. hypoglossus, *Canalis hypoglossi.* Seitlich liegt die Ausbuchtung für das Foramen jugulare, *Incisura jugularis.* In der Incisura jugularis wölbt sich der *Processus intrajugularis* vor, der das Foramen jugulare vollständig in einen medialen und in einen lateralen Abschnitt unterteilen kann (s. Abb. 9.**21**).

Die *Pars basilaris* des Os occipitale (Abb. 9.**31**) ragt nach kranial-rostral. An ihrer Unterseite liegt im mittleren Bereich ein Höcker, *Tuberculum pharyngeum,* an dem die Raphe pharyngis angeheftet ist (s. Bd. II). Gemeinsam mit dem Keilbeinkörper bildet die Pars basilaris des Os occipitale den *Clivus,* an dessen rauhen Seitenrändern der *Sulcus sinus petrosi inferioris* verläuft.

In der Umgebung des Foramen magnum kommen nicht selten Varianten vor. Lateral vom Condylus tritt gelegentlich ein *Processus paracondylaris* auf, der in seltenen Fällen so weit nach kaudal reicht, daß er mit dem Atlas artikuliert. Am vorderen Rand des Hinterhauptloches findet man manchmal eine zusätzliche Gelenkfläche, *Condylus tertius,* an die sich das kraniale Ende des Dens axis anlegt und mit diesem gelenkig verbunden ist. Die *Processus jugulares* können abnorm vergrößert, die Ränder des Foramen magnum dick und aufgewulstet sein. Der *Canalis hypoglossi* ist oft durch eine Knochenbrücke *zweigeteilt.* Bei deutlicher Ausprägung dieser Besonderheiten nimmt die Pars basilaris den Charakter des Atlas an. Man spricht von der „Manifestation des Okzipitalwirbels" (s. Abb. 5.**104**). Sie darf nicht mit der Assimilation des Atlas verwechselt werden. Als Atlasassimilation bezeichnet man eine symmetrische oder asymmetrische Verschmelzung des Atlas mit dem Os occipitale (s. S. 239, Abb. 5.**106**).

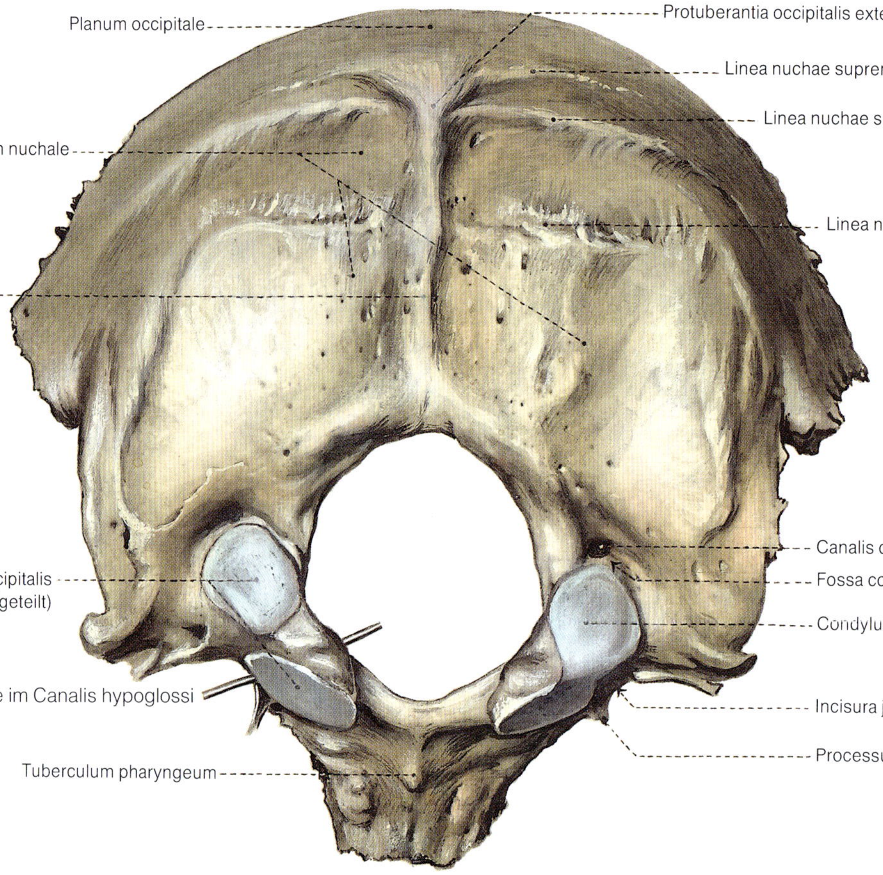

Abb. 9.**31** **Hinterhauptbein in der Ansicht von hinten-unten.** Unterteilte Gelenkfläche am Condylus occipitalis der linken Seite.

Keilbein, Os sphenoidale

Gestalt

Das *Os sphenoidale* (Abb. 9.**32,** 9.**33,** 9.**34**) kann mit der Form einer Wespe („Wespenbein") verglichen werden. Es besteht aus einem mittelständigen Körper, *Corpus,* zwei Flügeln, *Ala major* und *Ala minor,* auf jeder Seite und zwei Strebepfeilern, *Processus pterygoidei.* Im Zentrum des Keilbeinkörpers liegt die *Sella turcica,* die den Keilbeinkörper in einen vorderen und in einen hinteren Abschnitt unterteilt. Das Keilbein beteiligt sich an der Bildung der vorderen und der mittleren Schädelgrube. Es grenzt vorn an Stirn- und Siebbein, hinten an das Schläfenbein und an die Pars basilaris des Hinterhauptbeins. Corpus ossis sphenoidalis und Pars basilaris ossis occipitalis stoßen im Clivus (Synchondrosis sphenooccipitalis, s. S. 678) zusammen.

Das *Corpus ossis sphenoidalis* besitzt an seiner *oberen* Fläche eine tiefe, querovale Grube, *Fossa hypophysialis,* zur Aufnahme der Hypophyse (Abb. 9.**32**). Am vorderen Rand der Hypophysengrube findet man das *Tuberculum sellae,* am hinteren Rand das schräg aufsteigende *Dorsum sellae,* dessen hintere Fläche den oberen Teil des Clivus bildet (s. Abb. 9.**20**). Die oberen Ecken des Dorsum sellae tragen die *Processus clinoidei posteriores.* Eine vor dem Sattelkopf liegende seichte Querfurche, *Sulcus praechiasmaticus,* führt zum Canalis opticus, durch den der N. opticus die Orbita verläßt. An der Seitenfläche liegt der tiefe S-förmige *Sulcus caroticus,* in dem die A. carotis interna verläuft. An seinem Beginn wird er von der *Lingula sphenoidalis* begrenzt. Die hintere Fläche geht kontinuierlich in die Pars basilaris des Os occipitale über. Der Keilbeinkörper enthält die beiden *Sinus sphenoidales* (s. Abb. 9.**22**), die durch eine meistens asymmetrische Scheidewand voneinander getrennt sind. Jeder der beiden Sinus wird von vorn unten durch ein dünnes, aufwärts gekrümmtes dreieckiges Knochenblatt, *Concha sphenoidalis,* unter Aussparung einer kleinen, runden Öffnung, *Apertura sinus sphenoidalis,* bedeckt. Durch die Apertur steht der Sinus sphenoidalis mit dem Recessus sphenoethmoidalis der Nasenhöhle in Verbindung (s. Abb. 9.**53** und Bd. II). Das Septum wird vorn von der *Crista sphenoidalis* überragt, die unten in das *Rostrum sphenoidale* übergeht.

Der kleine Keilbeinflügel, *Ala minor,* (Abb. 9.**32,** 9.**34**) beginnt mit zwei Wurzeln, die den Canalis opticus zwischen sich fassen, und breitet sich nahezu horizontal aus. Er erreicht die Stirnbeininsertion des großen Keilbeinflügels und beteiligt sich am Aufbau der vorderen Schädelgrube. Mit seiner Unterfläche begrenzt er die *Fissura orbitalis superior*. Der gerade ausgerichtete, gezähnte vordere Rand legt sich an die Pars orbitalis des Stirnbeins, während der konkave hintere Rand frei gegen die Schädelhöhle vorspringt. Er bildet die Grenze zwischen vorderer und mittlerer Schädelgrube und beginnt medial mit dem *Processus clinoideus anterior*.

Der große Keilbeinflügel, *Ala major* (Abb. 9.**32**–9.**34**) beteiligt sich mit seiner *Facies cerebralis* an der Bildung der mittleren Schädelgrube. Er hat drei Öffnungen für den Durchtritt von Nerven und Gefäßen, die auf einer bogenförmigen Linie liegen. Vorn medial tritt der N. maxillaris durch das *Foramen rotundum* in die Fossa pterygopalatina. In der Nähe des hinteren Randes liegt das *Foramen ovale* für den N. mandibula-

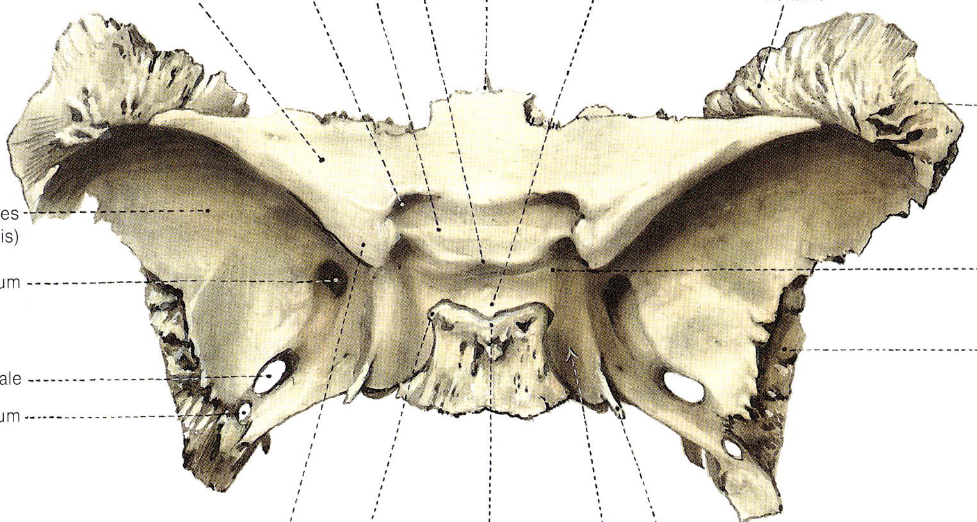

Abb. 9.**32** **Keilbein in der Ansicht von oben.**

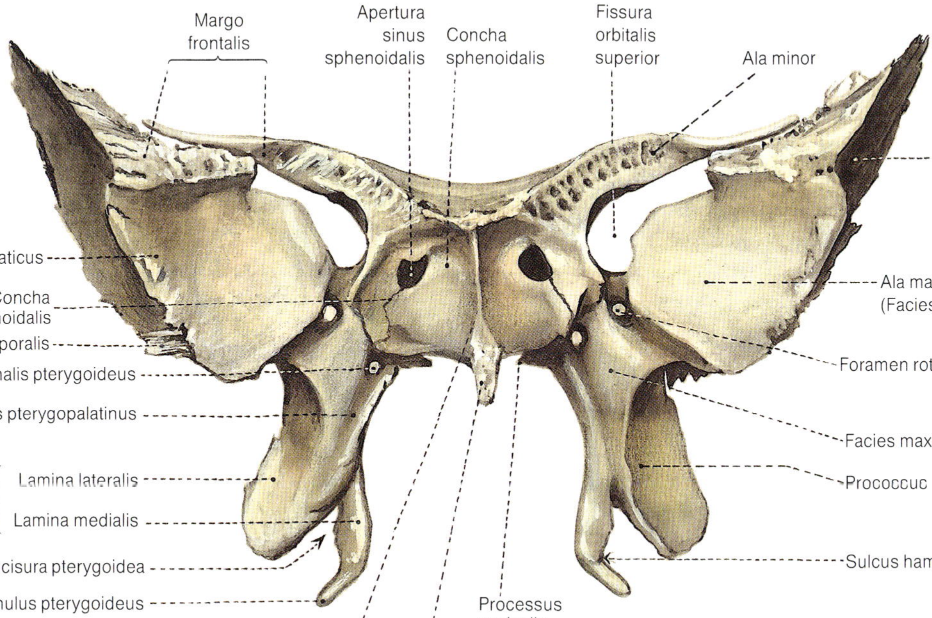

Abb. 9.**33** **Keilbein in der Ansicht von vorn.**

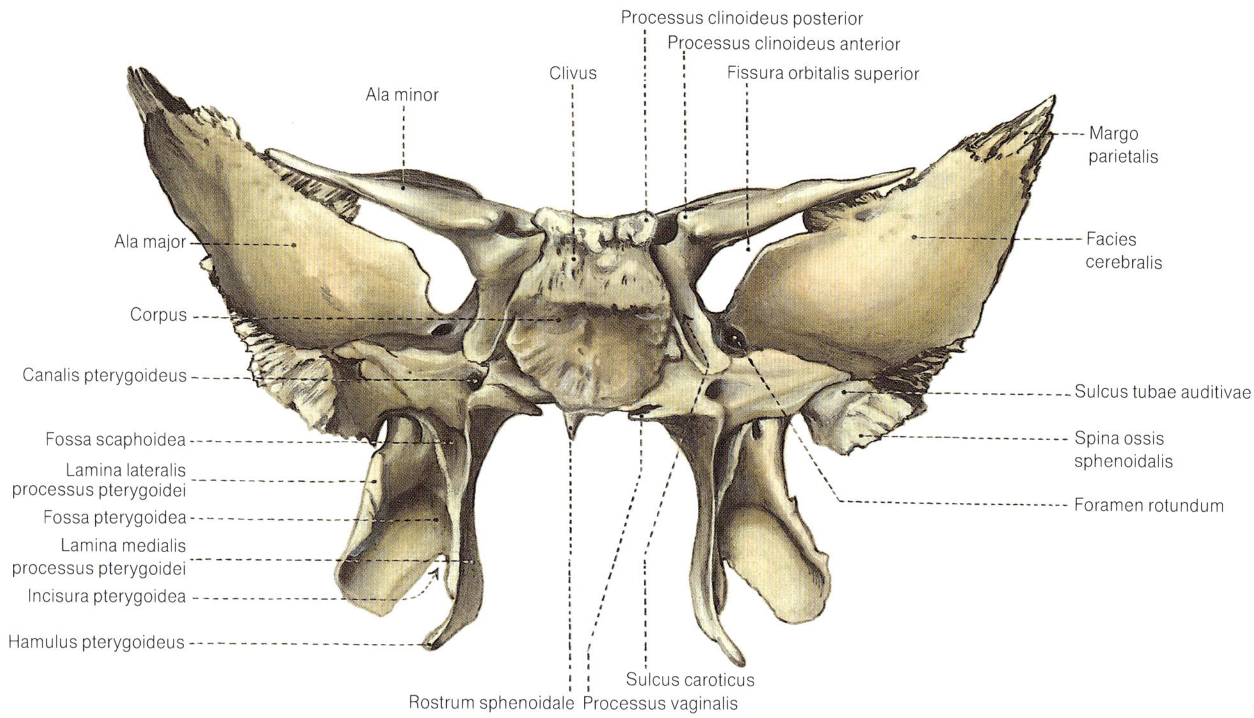

Abb. 9.**34** **Keilbein in der Ansicht von hinten.**

ris, gefolgt vom *Foramen spinosum* für die A. meningea media und den R. meningeus n. mandibularis.

Am großen Keilbeinflügel werden fünf Flächen und vier Ränder unterschieden. Der *obere* Rand begrenzt von unten die Fissura orbitalis superior und lagert sich lateral-hinten an das Scheitelbein, *Margo parietalis,* und lateral-vorn an das Stirnbein, *Margo frontalis.* Der *vordere* Rand, *Margo zygomaticus,* verbindet sich mit dem Os zygomaticum. Der *hintere* Rand, *Margo squamosus,* bildet lateral mit der Squama temporalis die *Sutura sphenosquamosa.* Medial begrenzt er zusammen mit dem Felsenbein das *Foramen lacerum* (s. Abb. 9.**20**). Als *Spina ossis sphenoidalis* wird ein scharfer Fortsatz zwischen den beiden Teilen des hinteren Randes bezeichnet.

Von den fünf Flächen der Ala major ist die *Facies cerebralis* konkav gewölbt. Sie bildet einen Teil der mittleren Schädelgrube (s. oben). Die *Facies orbitalis* beteiligt sich an der Bildung der lateralen Wand der Orbita. Die *Facies temporalis* wird in eine größere obere, *Facies maxillaris,* und eine kleine untere Fläche *(Facies infratemporalis)* unterteilt.

Die *Processus pterygoidei* (Abb. 9.**33,** 9.**34**) ragen in Form senkrechter Pfeiler nach unten. Sie bestehen aus zwei unterschiedlich geformten Platten, *Lamina medialis* und *Lamina lateralis.* Die Lamina medialis entsteht als Bindegewebsknochen. Die beiden Laminae umschließen die *Fossa pterygoidea,* die in die *Incisura pterygoidea* mündet. Die Lamina medialis endet mit einem hakenförmigen Fortsatz, *Hamulus pterygoideus,* der in einer glatten Furche, *Sulcus hamuli pterygoidei,* die Sehne des M. tensor veli palatini aufnimmt und als Hypomochlion wirkt. Von ihrer Basis geht ein dünnes Knochenblatt zur Unterfläche des Keilbeinkörpers (s. Abb. 9.**33**), *Processus vaginalis.* An der hinteren Fläche der Basis liegt die flache *Fossa scaphoidea.* Hinter und lateral von ihr dehnt sich der langgestreckte *Sulcus tubae auditivae* aus, an den sich der Knorpel der Ohrtrompete anlagert. Der *Canalis pterygoideus* durchsetzt die Wurzel des Processus pterygoideus in sagittaler Richtung und öffnet sich in die Fossa pterygopalatina (s. Abb. 9.**15**, 9.**34**). Der *Sulcus pterygopalatinus* wird durch das Gaumenbein und die Maxilla zum *Canalis pterygopalatinus* geschlossen.

Schläfenbein, Os temporale

Gestalt

Das Schläfenbein (Abb. 9.**35**–9.**43**) liegt zwischen Hinterhauptbein, Keilbein und Scheitelbein. Es ist an der Bildung der Basis und der Seitenwand des Schädels beteiligt. Das Schläfenbein besteht aus *Pars petrosa, Pars tympanica* und *Pars squamosa.* Die drei Abschnitte sind in ihrer Entwicklung unterschiedlicher Herkunft. Die Pars petrosa entstammt dem Chondrocranium. Die Pars squamosa entsteht als Deckknochen, und die Pars tympanica gehört zum Kiemenbogenskelett.

Die *Pars petrosa ossis temporalis* (Abb. 9.**38,** 9.**41**–9.**43**) kann mit einer liegenden Pyramide mit nach vorn und medial gerichteter Längsachse verglichen werden. Ihr Name bezeichnet die Härte des Knochens, der das Labyrinth, die Organe des Gehör-

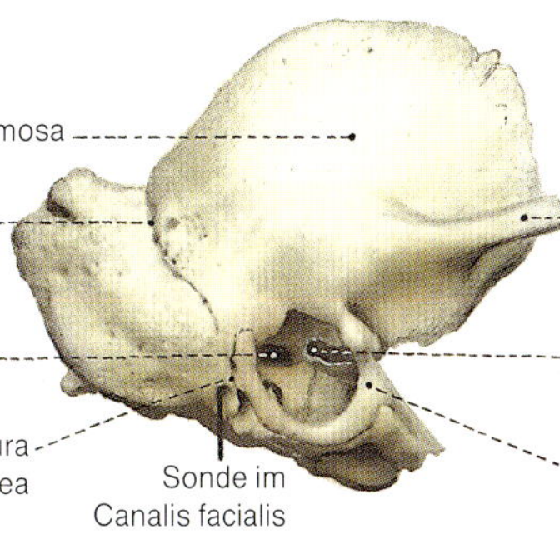

Abb. 9.**35** **Rechtes Schläfenbein eines Neugeborenen in der Ansicht von lateral.**

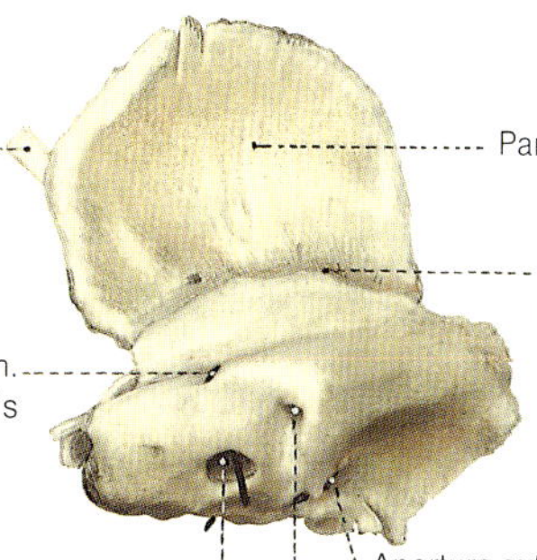

Abb. 9.**36** **Rechtes Schläfenbein eines Neugeborenen in der Ansicht von medial.**

und Gleichgewichtssinnes, umschließt. Das Felsenbein beteiligt sich mit der Pars tympanica und der Pars squamosa an der Begrenzung der Paukenhöhle, *Cavum typani,* das die Gehörknöchelchen beherbergt. An der Pars petrosa ossis temporalis werden mehrere Flächen und Kanten unterschieden. Als *Facies anterior (cerebralis) partis petrosae* bezeichnet man die in die mittlere Schädelgrube eingebaute, nach vorn leicht abschüssige Fläche, an die sich unter Bildung der Fissura petrosquamosa die Pars squamosa anschließt (s. Abb. 9.**20**, 9.**21**). In der Nähe der Felsenbeinspitze ist eine flache Vertiefung für die Aufnahme der Wurzeln und des Ganglion semilunare n. trigemini, *Impressio trigemini,* zu sehen. Etwas weiter hinten-lateral liegt eine rundliche, individuell verschieden stark ausgeprägte Vorwölbung, *Eminentia arcuata.* Diese gibt die Lage des zum Gleichgewichtsorgan gehörenden Canalis semicircularis anterior an. Das zwischen ihr und der Fissura petrosquamosa liegende Feld wird von einer dünnen Knochenlamelle eingenommen, *Tegmen tympani.* Eine schmale Furche, *Sulcus n. petrosi majoris,* in der der N. petrosus major, aus dem Hiatus canalis n. petrosi majoris kommend, nach vorn verläuft, zieht lateral an der Impressio trigemini vorbei. Oft ist parallel zu ihr eine sehr feine zweite Furche mit dem eingelagerten N. petrosus minor zu finden.

Die *Facies posterior (cerebellaris) partis petrosae* (s. Abb. 9.**21**, 9.**38**) beteiligt sich am Aufbau der hinteren Schädelgrube. In ihrer Mitte liegt die Öffnung, *Porus acusticus internus,* des kurzen inneren Gehörganges, *Meatus acusticus internus.* Ein Durafortsatz begleitet die hier eintretenden Nn. vestibulocochlearis und facialis. Lateral vom Porus acusticus internus liegt die *Fossa subarcuata* und etwas weiter unten die spaltförmige *Apertura externa aquaeductus vestibuli* (s. Bd. III). Facies anterior und Facies posterior stoßen unter Bildung der Pyramidenkante, *Margo superior partis petrosae,* zusammen. Auf ihr befindet sich der *Sulcus sinus petrosi superioris* zur Aufnahme des Blutleiters (s. Abb. 9.**20**, 9.**21**), der den Sinus cavernosus mit dem Sinus sigmoideus verbindet. An der unteren Kante, *Margo posterior partis petrosae,* verläuft der *Sulcus sinus petrosi inferioris* für den Sinus petrosus inferior.

Die Hinterfläche des Felsenbeins enthält die *Incisura jugularis* mit dem Processus intrajugularis. An der Spitze der Pyramide (Abb. 9.**21,** 9.**39,** 9.**41,** 9.**42**), *Apex partis petrosae,* liegen die innere Öffnung des Canalis caroticus und die Mündung des Canalis musculotubarius, der durch eine zarte Knochenlamelle in zwei Gänge unterteilt ist. Im oberen Gang, *Semicanalis m. tensoris tympani,* verläuft der M. tensor tympani. Der untere Gang, *Semicanalis tubae auditivae,* bildet den knöchernen Teil der Ohrtrompete. Von der Facies inferior (basalis) partis petrosae (Abb. 9.**39**) entspringt der Griffelfortsatz, *Processus styloideus.* Der Processus styloideus entstammt dem Skelett des zweiten Kiemenbogens (*Reichertscher Knorpel,* Abb. 9.**6**). Der proximale Abschnitt des Reichertschen Knorpels, *Tympanohyale,* verschmilzt mit der Pars petrosa des Os temporale und bildet die *Pars occulta* des Griffelfortsatzes. Aus dem *Stylohyale* des Reichertschen Knorpels entsteht der freie sichtbare Teil des Processus styloideus, *Pars libera.* Die Verbindung zwischen Pars occulta und Pars libera ist auch bei älteren Individuen häufig nicht knöchern, sondern bleibt als Synchondrose bestehen. Der Processus styloideus verläuft nach ventral-medial. Sein Neigungswinkel in der Sagittalebene, bezogen auf die „deutsche Horizontale", beträgt in der Regel etwa 60°. Der Griffelfortsatz ist in den meisten Fällen nach dorsal gebogen. Die Länge des Processus styloideus variiert außerordentlich stark. Häufig reicht seine Spitze bis an die Basis der Gaumenmandelnische (s. Bd. II) nach kaudal. Der Processus styloideus ist über das *Ligamentum stylohyoideum,* das dem *Keratohyale* des Reichertschen Knorpels entstammt, mit dem kleinen Zungenbeinhorn, *Hypohyale* des Reichertschen Knorpels, verbunden. Innerhalb des Bandes treten gelegentlich kleine Knorpel- und/oder Knochenstückchen auf (s. Abb. 9.**75**). Im Extremfall kann die Knochenbildung so weit fortschreiten, daß eine nahezu vollständige knöcherne Verbindung zwischen Schädelbasis und Zungenbein entsteht (s. Abb. 9.**75**).

Hinter dem Processus styloideus liegt das *Foramen stylomastoideum* für den Austritt des N. facialis. Medial folgt die *Fossa jugularis* mit dem *Canaliculus mastoideus* für den R. auricularis n. vagi und weiter

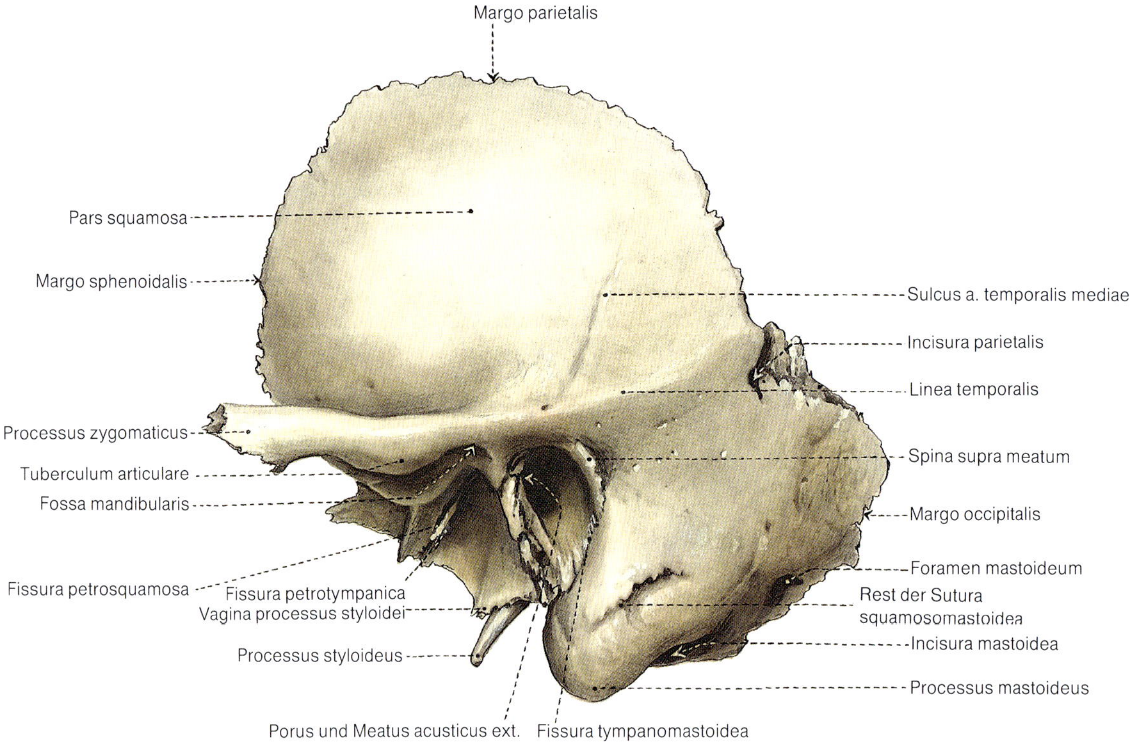

Abb. 9.**37** **Linkes Schläfenbein in der Ansicht von lateral.**

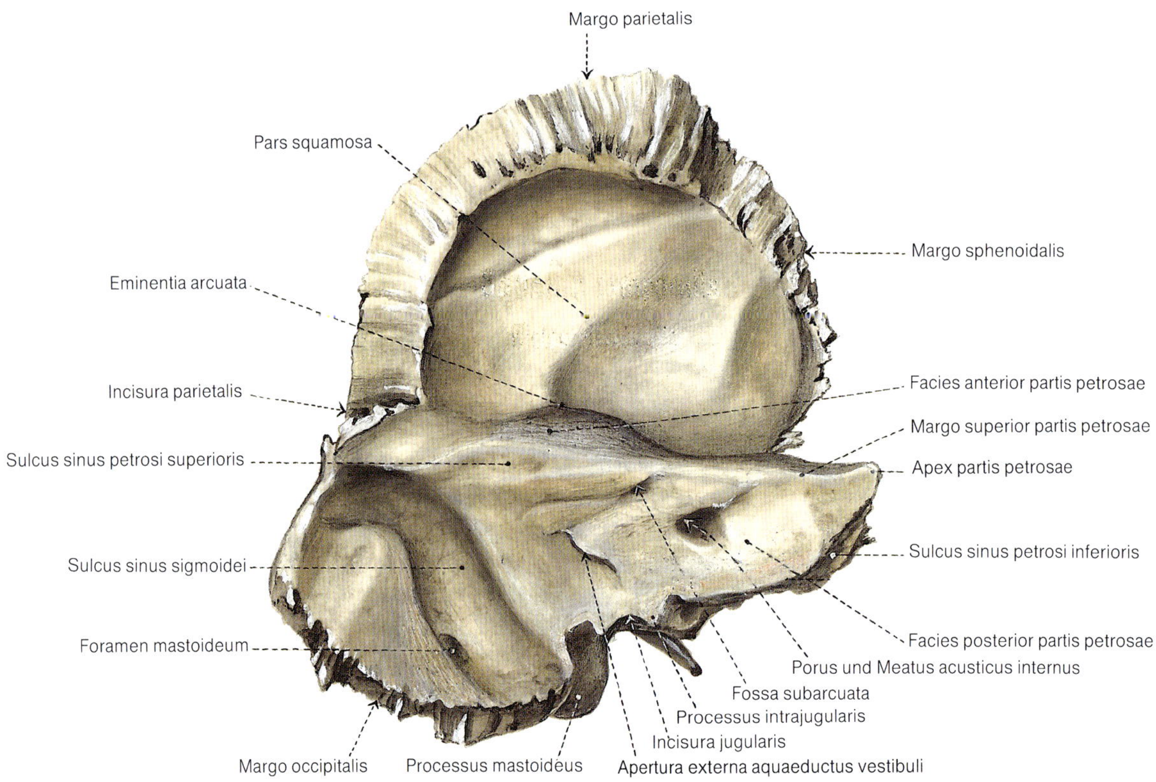

Abb. 9.**38** **Linkes Schläfenbein in der Ansicht von medial.**

vorn die *Apertura externa canalis carotici,* durch die die A. carotis interna in den gleichnamigen Kanal eindringt. Die innere Öffnung liegt an der vorderen Kante der Pars petrosa (Abb. 9.**40**). Zwischen der äußeren Öffnung des Karotiskanals und der Fossa jugularis befindet sich die *Fossula pertrosa,* aus der der *Canaliculus tympanicus* in die Paukenhöhle dringt (N. tympanicus n. glossopharyngei). Medial neben der Fossula petrosa liegt vor der Fossa jugularis die *Apertura externa canaliculi cochleae.*

Die *Facies tympanica* bildet die mediale Wand des Cavum tympani und wird beim Gehörgang beschrieben (s. Bd. III).

Der hinter der Ohrmuschel tastbare Warzenfortsatz, *Processus mastoideus,* steht hinten mit dem Os occipitale in Verbindung. Er hat an seiner medialen Seite einen tiefen Einschnitt, *Incisura mastoidea* (Abb. 9.**39**). An seiner Innenfläche liegt der *Sulcus sinus sigmoidei* (Abb. 9.**38**). Das *Foramen mastoideum* durchbohrt den Fortsatz normalerweise in der Nähe

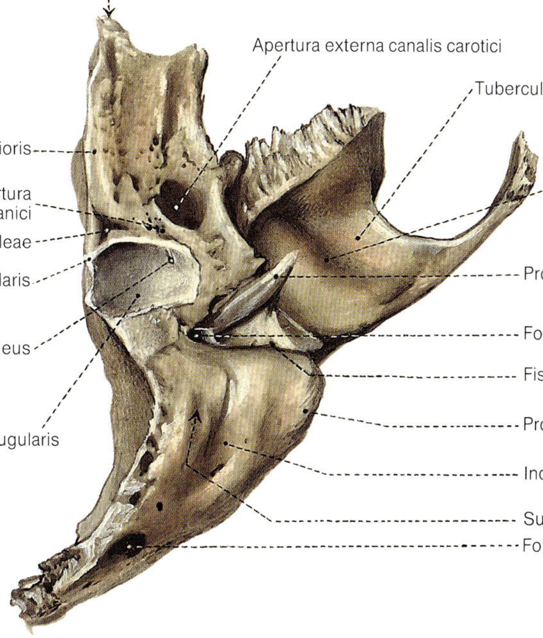

Abb. 9.**39** **Linkes Schläfenbein in der Ansicht von unten.**

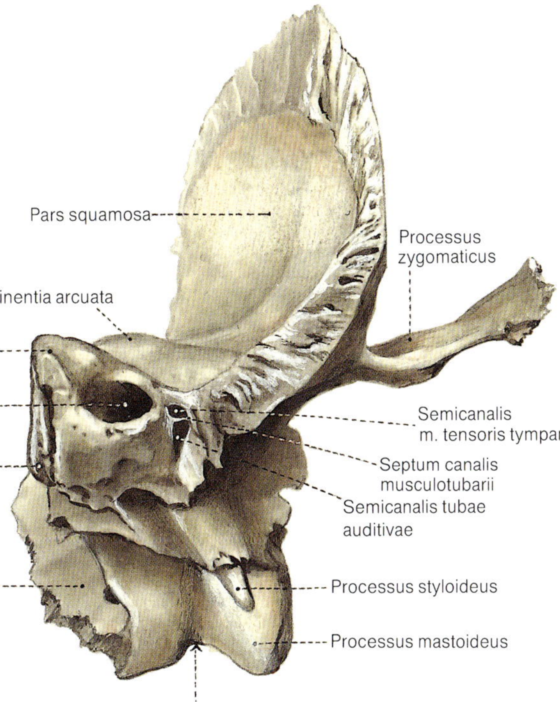

Abb. 9.**40** **Linkes Schläfenbein in der Ansicht von vorn.**

seines hinteren Randes. Es enthält die V. emissaria mastoidea, die den Sinus sigmoideus mit der V. stylomastoidea verbindet. Die Incisura parietalis trennt den oberen Rand des Warzenfortsatzanteiles von dem der Pars squamosa.

Die Pars mastoidea enthält das an das Cavum tympani anschließende *Antrum mastoideum* (Abb. 9.**41**, 9.**42**), das sich in die *Cellulae mastoideae* fortsetzt. Die Cellulae mastoideae entstehen erst nach der Geburt.

Die *Pars petrosa ossis temporalis* wird von einer Reihe wichtiger Kanäle durchsetzt. Der *Canalis caroticus* (Abb. 9.**40**, 9.**41**, 9.**42**) ist der weiteste Kanal. Er enthält die A. carotis interna in Begleitung von Venen und dem sympathischen Plexus caroticus internus. Anfangs vertikal aufsteigend, bildet er einen großen Teil der vorderen Wand des Cavum tympani, *Paries caroticus*. Unterhalb der Cochlea biegt er beinahe im rechten Winkel um und endet an der Pyramidenspitze. Die beiden feinen *Canaliculi caroticotympanici* führen aus dem Canalis caroticus in die Paukenhöhle.

Der *Canalis facialis* (Abb. 9.**42**, 9.**43**) für den N. facialis beginnt in der Tiefe des Meatus acusticus internus. Er verläuft zuerst eine kurze Strecke gerade nach vorn, um dann in spitzem Winkel nach lateral und hinten umzubiegen. Diese Stelle wird als *Geniculum canalis facialis* bezeichnet. Hier liegt das Ganglion geniculi n. facialis und der *Hiatus canalis n. petrosi majoris*.

Zwischen Fenestra vestibuli (ovalis) und Canalis semicircularis lateralis ändert der Canalis facialis abermals seine Richtung und endet, im Bogen absteigend, am Foramen stylomastoideum. Kurz vor seiner Mündung entläßt er den *Canaliculus chordae tympani*, der nach vorn oben zieht und am hinteren Rand des Sulcus tympanicus in die Paukenhöhle mündet.

Der *Canaliculus tympanicus* für den N. tympanicus n. glosspharyngei beginnt in der Fossula petrosa, durchsetzt die untere Wand der Paukenhöhle, öffnet sich in ihr und setzt sich auf ihrer medialen Wand als aufsteigende Furche, *Sulcus promontorii,* fort. An der oberen Wand der Paukenhöhle befindet sich der *Hiatus canalis n. petrosi minoris*. Der Kanal durchbohrt das Tegmen tympani und setzt sich als *Sulcus n. petrosi minoris* auf der Facies anterior partis petrosae ossis temporalis fort.

Parallel mit dem oberen Teil des Canalis caroticus und an dessen lateraler Wand verläuft der *Canalis musculotubarius,* an dem eine obere Abteilung für den M. tensor tympani, *Semicanalis m. tensoris tympani,* und eine untere Abteilung, *Semicanalis tubae auditivae,* unterschieden werden. Beide Abteilungen münden in der vorderen Wand der Paukenhöhle (Abb. 9.**40**, 9.**41**, 9.**42**).

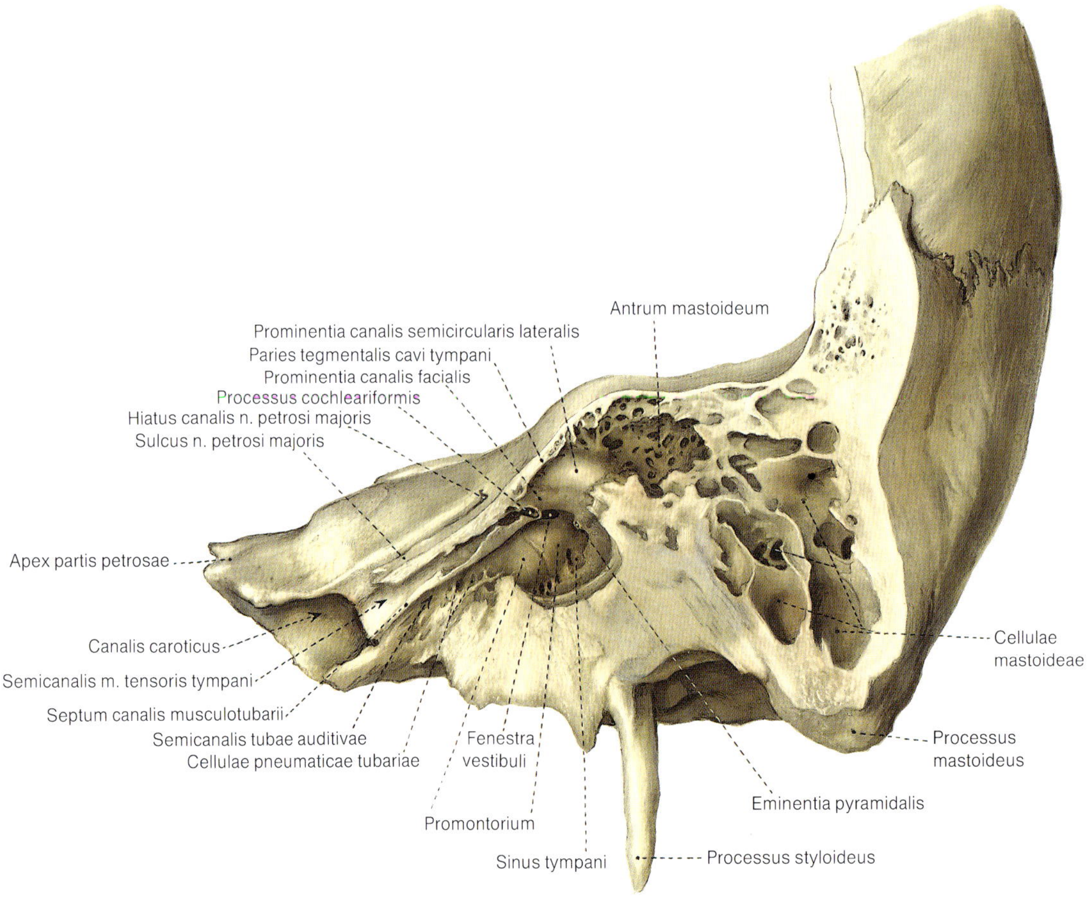

Abb. 9.**41** **Linkes Schläfenbein in der Ansicht von lateral.** Mediale, obere und untere Wand des Mittelohres.

Der *Aquaeductus vestibuli* beginnt im Vestibulum und endet an der Facies posterior pyramidis. Der *Canaliculus cochleae,* der ebenfalls vom Vestibulum ausgeht, mündet am Margo posterior partis petrosae.

Die *Pars tympanica ossis temporalis* bildet den Boden und die Seitenwände des *Meatus acusticus externus* (Abb. 9.**37**). Ihr freier lateraler Rand umgrenzt zusammen mit der Schläfenbeinschuppe den *Porus acusticus externus,* während ihr oberer eingerollter Rand lateral von einem Teil der Schuppe überragt wird. Zwischen Pars squamosa und Pars tympanica ossis temporalis schiebt sich eine Knochenleiste *(Crista tegmentalis)* und begrenzt zwei Spalten, die *Fissura petrotympanica* und die *Fissura petrosquamosa* (s. Abb. 9.**39**, 9.**79**). Durch die Fissura petrotympanica (*Glasersche* Spalte) gelangt die Chorda tympani in das Cavum tympani (s. Bd. III). Der untere Rand der Pars tympanica bildet einen scharfen Grat *(Crista tympanica)* an dessen medialer Fläche sich die Wurzel des Processus styloideus anschmiegt. An der Grenze zum Processus mastoideus findet man die *Fissura tympanomastoidea* mit der äußeren Öffnung des *Canaliculus mastoideus.* Die konkave Innenfläche der Pars tympanica hat eine flache Rinne, Sulcus tympanicus, in der das Trommelfell angeheftet ist. Beim Neugeborenen fehlt der Meatus acusticus externus. Die Pars tympanica erscheint

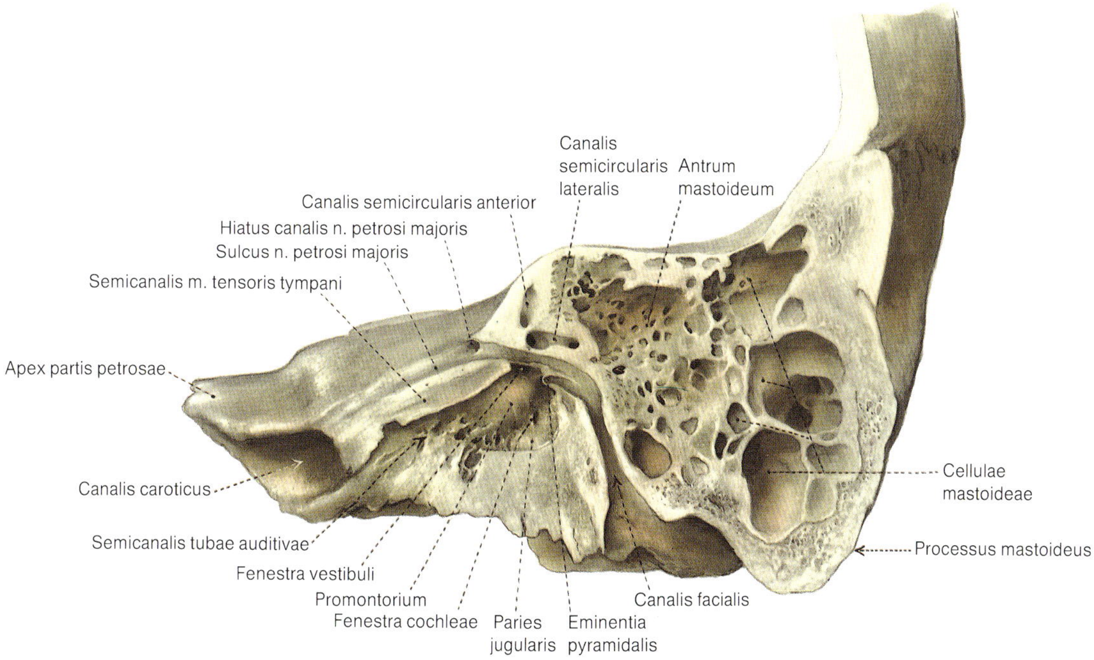

Abb. 9.**42** **Linkes Schläfenbein in der Ansicht von lateral.** Mediale Wand des Mittelohres, Verlauf des Canalis facialis, Antrum mastoideum, Cellulae mastoideae.

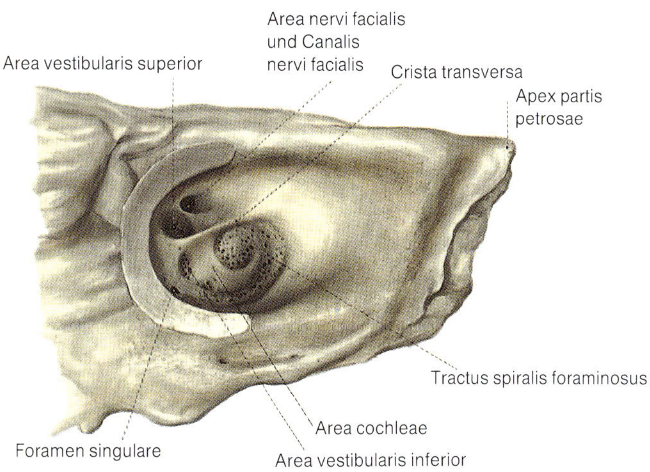

Abb. 9.**43** **Innerer Gehörgang eines linken Schläfenbeines in der Ansicht von medial.**

als Ring, *Anulus tympanicus,* dessen freie Enden, *Spina tympanica major und Spina tympanica minor,* sich an den unteren Rand der Squama temporalis anlegen und zwischen sich die *Incisura tympanica* der Pars squamosa frei lassen (s. Abb. 9.**35**).

An der *Pars squamosa ossis temporalis* (s. Abb. 9.**37,** 9.**38**) unterscheidet man eine nach außen gerichtete *Facies temporalis* und eine nach innen gerichtete *Facies cerebralis.* Der *Margo parietalis* steht mit dem Os parietale, der *Margo sphenoidalis* mit der Ala major ossis sphenoidalis in Verbindung.

Die *Facies temporalis* ist in ihrem oberen Abschnitt geringgradig konvex nach außen gewölbt. Sie bildet einen Teil der Wand der Fossa temporalis (s. Abb. 9.**16**). Von der temporalen Fläche der Schläfenbeinschuppe entspringt der *Processus zygomaticus,* der an seinem Ursprung breit ist und eine obere und eine untere Fläche besitzt. Der freie Teil des Processus zygomaticus ist derart verdreht, daß eine mediale und eine laterale Fläche sowie eine obere und eine untere Kante entstehen. An seinem schrägen, gezackten vorderen Ende verbindet er sich mit dem Os zygomaticum.

An der Unterseite der Wurzel des Processus zygomaticus liegt das *Tuberculum articulare* (s. Abb. 9.**37,** 9.**39**, 9.**79**). Das Tuberculum articulare geht hinten in die *Fossa mandibularis* über. Der vordere Abschnitt der Fossa mandibularis und das Tuberculum articulare sind Teile der Gelenkfläche des Kiefergelenks (s. S. 731).

Nasenskelett

Siebbein, Os ethmoidale

Gestalt

Das *Siebbein, Os ethmoidale* (Abb. 9.**44**–9.**46**), beteiligt sich am Aufbau der Schädelbasis, der Nasenhöhlen und der Orbitae. Es ist von kubischer Gestalt und besteht aus dünnen Knochenlamellen, die zahlreiche Hohlräume umschließen. Man unterscheidet die senkrecht gestellte *Lamina perpendicularis* und die seitlichen *Laminae orbitales,* die durch die horizontal gestellte *Lamina cribrosa* miteinander verbunden sind. Die beiden Laminae orbitales bilden die laterale Wand des *Labyrinthus ethmoidalis* und beteiligen sich auch am Bau der medialen Augenhöhlenwand (s. Abb. 9.**15**).

Die *Lamina perpendicularis* bildet den oberen Teil der knöchernen Nasenscheidewand und ragt mit ihrem oberen Rand in Form eines Kammes, *Crista galli,* frei in die Schädelhöhle hinein (Abb. 9.**20,** 9.**52**). Der vordere Rand der Crista galli steht senkrecht und spaltet sich vorn flügelartig in die *Alae cristae galli* auf, die sich der Crista frontalis des Stirnbeins anlagern. An dieser Stelle liegt das Foramen caecum. Die *Lamina cribrosa* ist von zahlreichen kleinen Löchern für den Durchtritt der Fila olfactoria sowie der Vasa ethmoidalia und des N. ethmoidalis anterior durchsetzt.

Die *Lamina orbitalis (papyracea)* bedeckt das Siebbeinlabyrinth und beteiligt sich gleichzeitig am Bau der medialen Wand der Orbita (Abb. 9.**15,** 9.**46**). Die *mediale* Wand des Labyrinths besteht aus einer dünnen, rauhen, von Furchen durchzogenen Knochenlamelle, die mit der Siebbeinplatte zusammenhängt. Sie wird von zahlreichen Kanälchen und Furchen für den Durchtritt der Fila olfactoria durchzogen. In ihrer hinteren Hälfte liegt eine tiefe Rinne, der *Meatus nasi superior.* Die darüber hinwegragende Knochenkante bildet das Skelett der *Concha nasalis superior,* die unter der Rinne liegende Knochenlamelle das Skelett der *Concha nasalis media* (Abb. 9.**44**), die den *Meatus nasi medius* von der Nasenhöhle trennt. Vom vorderen Teil des mittleren Nasenganges führt ein trichterförmiger Gang, *Infundibulum ethmoidale,* zwischen Processus uncinatus und Bulla ethmoidalis zum Sinus maxillaris und zum Sinus frontalis. Die nasale Öffnung des Infundibulum ist der *Hiatus semilunaris* (Abb. 9.**55**). Häufig findet man hinten über der oberen Muschel eine *Concha nasalis suprema.*

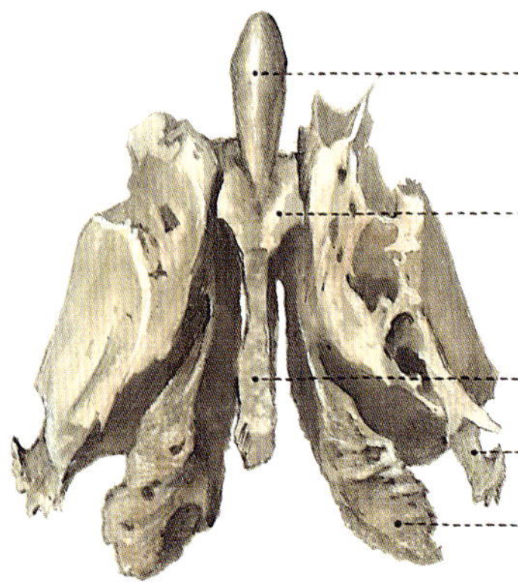

Abb. 9.**44** **Siebbein in der Ansicht von vorn.**

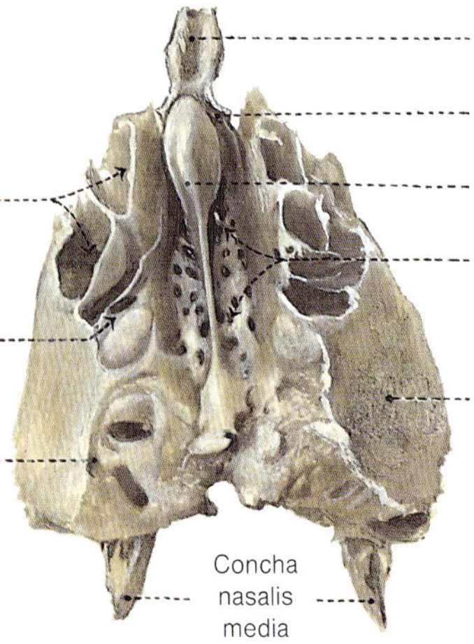

Abb. 9.**45** **Siebbein in der Ansicht von oben-hinten.**

Am isolierten Siebbein ist ein ganzer Ring von *Cellulae ethmoidales,* die von anderen Knochen überdeckt werden, offen (Abb. 9.**45**). Es werden vordere und hintere Siebbeinzellen unterschieden. Die vorderen Siebbeinzellen münden in den mittleren, die hinteren Siebbeinzellen in den oberen Nasengang. Als *Bulla ethmoidalis* bezeichnet man eine besonders große vordere Siebbeinzelle, die der hinteren Kante des Processus uncinatus gegenüberliegt (Abb. 9.**54**). Als *Processus uncinatus* wird ein langer, dünner, säbelförmiger Fortsatz bezeichnet, der vom unteren Anteil des Labyrinths entspringt und den Eingang zur Kieferhöhle schließen hilft (Abb. 9.**44,** 9.**53**).

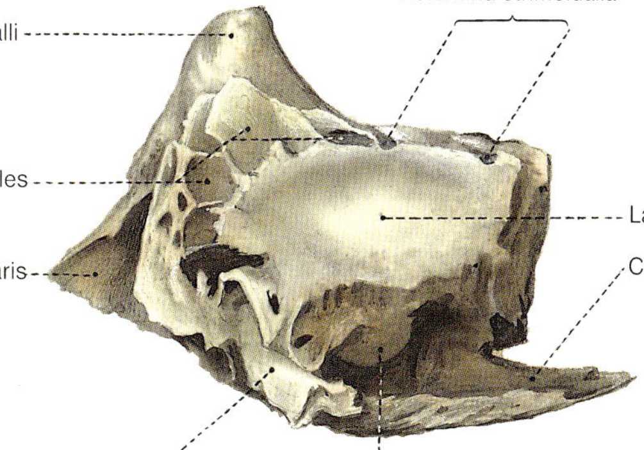

Abb. 9.**46** **Siebbein, linke Seite, in der Ansicht von lateral.**

Untere Nasenmuschel, Concha nasalis inferior

Gestalt

Die *untere Nasenmuschel, Concha nasalis inferior* (Abb. 9.**47**, 9.**48**), besitzt einen selbständigen schalenförmigen Knochen, der mit dem oberen Rand an der lateralen Nasenhöhlenwand befestigt ist und in diese so hineinragt, daß er den mittleren vom unteren Nasengang trennt. Ihre gewölbte Fläche ist nach innen gerichtet, ihr freier Rand etwas eingerollt (Abb. 9.**53,** 9.**55**).

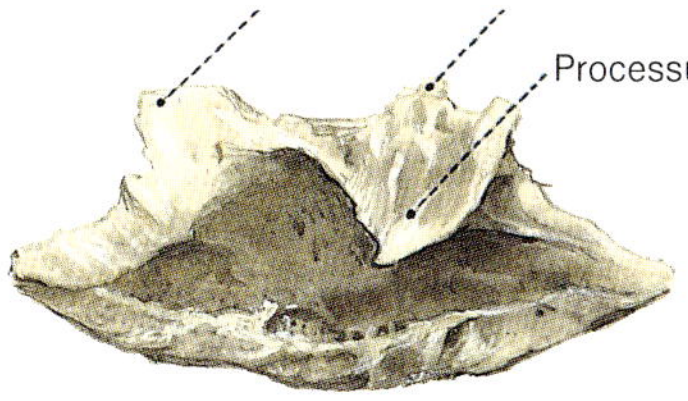

Abb. 9.**47** **Linke untere Nasenmuschel, laterale Fläche.**

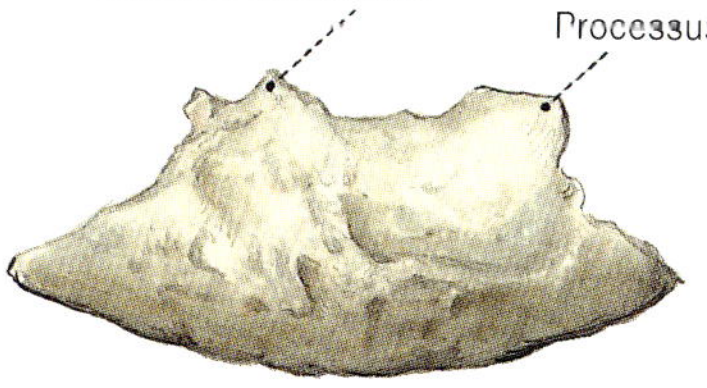

Abb. 9.**48** **Linke untere Nasenmuschel, mediale Fläche.**

Nasenbein, Os nasale

Gestalt

Das Nasenbein, *Os nasale* (Abb. 9.**49**), beteiligt sich an der Bildung des äußeren Nasenskeletts. Es ist oben dick und schmal und wird nach unten breiter und dünner. Sein oberer Rand steht in Verbindung mit der Pars nasalis des Stirnbeins (Abb. 9.**14,** 9.**53**). Der untere, scharfe Rand beteiligt sich an der Begrenzung der Apertura piriformis. An der hinteren Fläche liegt der *Sulcus ethmoidalis* für einen Ast des N. ethmoidalis anterior, der durch das Foramen nasale auf die Vorfläche tritt.

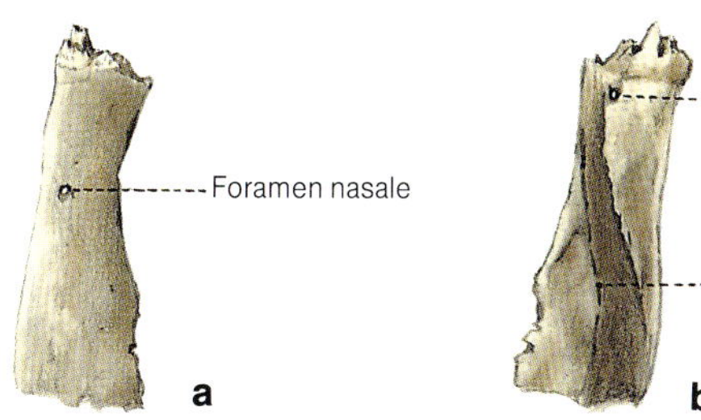

Abb. 9.**49 a** u. **b** **Linkes Nasenbein.**
a Ansicht von außen,
b Ansicht von innen.

Tränenbein, Os lacrimale

Gestalt

Das Tränenbein, *Os lacrimale,* (Abb. 9.**50**), ist eine dünne Knochenplatte, die in der medialen Augenhöhlenwand zwischen Lamina orbitalis des Siebbeins und Processus frontalis maxillae liegt (s. Abb. 9.**15**). Das Tränenbein grenzt oben an das Stirnbein und unten an die Facies orbitalis maxillae. Seine äußere Fläche besitzt eine senkrechte Längsfurche, *Sulcus lacrimalis,* die zusammen mit der gleichnamigen Furche im Processus frontalis maxillae die *Fossa sacci lacrimalis* bildet, in der der Tränensack liegt. Der *Sulcus lacrimalis* wird hinten durch die *Crista lacrimalis posterior* begrenzt, die in den *Hamulus lacrimalis* ausläuft. Die Innenfläche des Os lacrimale überlagert die vorderen Siebbeinzellen von außen.

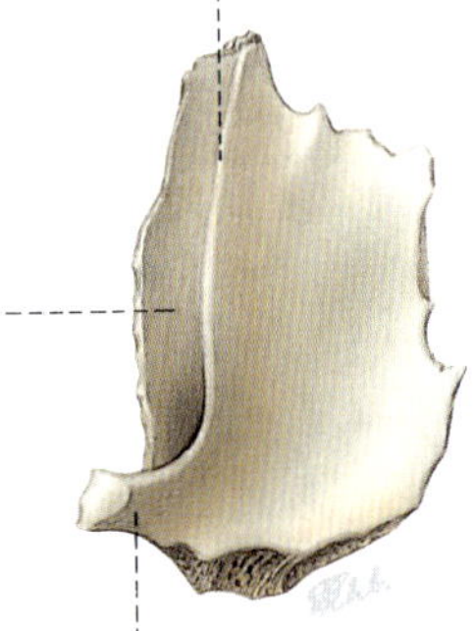

Abb. 9.**50** **Linkes Tränenbein in der Ansicht von außen.**

Pflugscharbein, Vomer

Gestalt

Der *Vomer* (Abb. 9.**51**) ist eine dünne unpaare Knochenplatte, die senkrecht zwischen den beiden Nasenhöhlen liegt und gemeinsam mit der Lamina perpendicularis ossis ethmoidalis den knöchernen Teil des Nasenseptums bildet (Abb. 9.**52**). Kranial weicht die Platte in zwei Flügel, *Alae vomeris,* auseinander, die durch eine mittlere Furche voneinander getrennt sind.

Abb. 9.**51 a** **Pflugscharbein, linke Seitenfläche, in der Ansicht von lateral.**

Die knöcherne Nasenhöhle

Die beiden *knöchernen Nasenhöhlen* (Abb. 9.**52**–9.**55**) werden durch das in der Mediane liegende, in den meisten Fällen allerdings nach rechts abgewinkelte Nasenseptum voneinander getrennt. Die Nasenhöhlen münden vorn gemeinsam an der *Apertura piriformis* (s. Abb. 9.**14**). Ihre hinteren paarigen Öffnungen zum Rachen bezeichnet man als *Choanen* (s. Abb. 9.**17**). Die Nasenhöhlen stehen mit den *Sinus paranasales* (Cellulae ethmoidales, Sinus sphenoidales, frontales und maxillares) in Verbindung (s. unten und Bd. II).

Von den fünf *Wänden* der Nasenhöhle (obere, untere, laterale, mediale und hintere Wand) bildet die *untere* Wand den Boden der Nasenhöhle (Abb. 9.**55**). Sie besteht aus der Facies nasalis des Processus palatinus maxillae und der Lamina horizontalis ossis palatini. Ihre glatte Oberfläche ist von vorn nach hinten sowie von medial nach lateral konkav gewölbt. Im vorderen Teil liegt das *Foramen incisivum* (Abb. 9.**53**). Die knöcherne Grundlage der *medialen* Wand, *Septum nasi,* besteht aus der Lamina perpendicularis ossis ethmoidalis und aus dem Vomer. Am Aufbau des Septum nasi beteiligen sich hinten die Crista sphenoidalis des Keilbeinkörpers, oben-vorn die Spina nasalis ossis frontalis sowie die Crista nasalis der Nasenbeine. Vomer und Lamina perpendicularis sind nur im hinteren Bereich miteinander verbunden, die breite knöcherne Lücke im vorderen Abschnitt wird von der *Pars cartilaginea septi* ausgefüllt (Abb. 9.**52**). In die dachfirstartige *obere* Wand sind vorn das Os nasale und die Pars nasalis ossis frontalis, hinten die Lamina cribrosa ossis ethmoidalis und das Corpus ossis sphenoidalis einbezogen. Die *hintere* Wand wird von der vorderen Fläche des Keilbeinkörpers gebildet, sie enthält die Öffnungen der Keilbeinhöhlen. Am Aufbau der *lateralen* Wand (Abb. 9.**53,** 9.**55**) beteiligen sich Maxilla, Os palatinum, Concha nasalis inferior, Os ethmoidale und Os nasale.

Abb. 9.**51 b** **Pflugscharbein in der Ansicht von vorn-oben.**

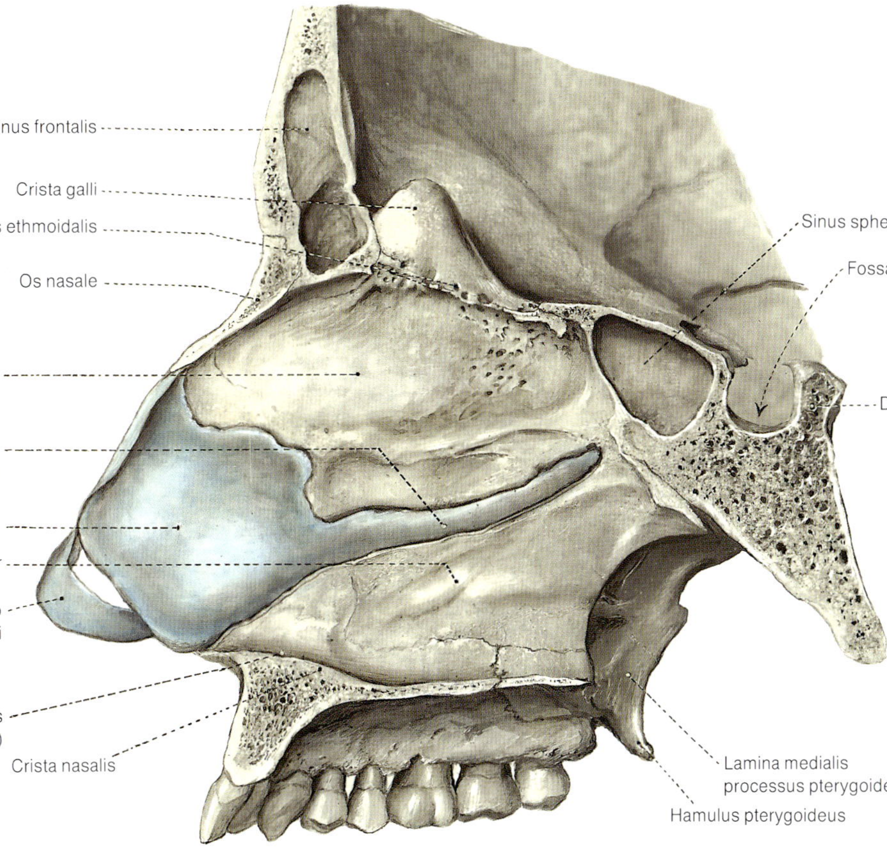

Abb. 9.**52** **Nasenscheidewand in der Ansicht von links.**

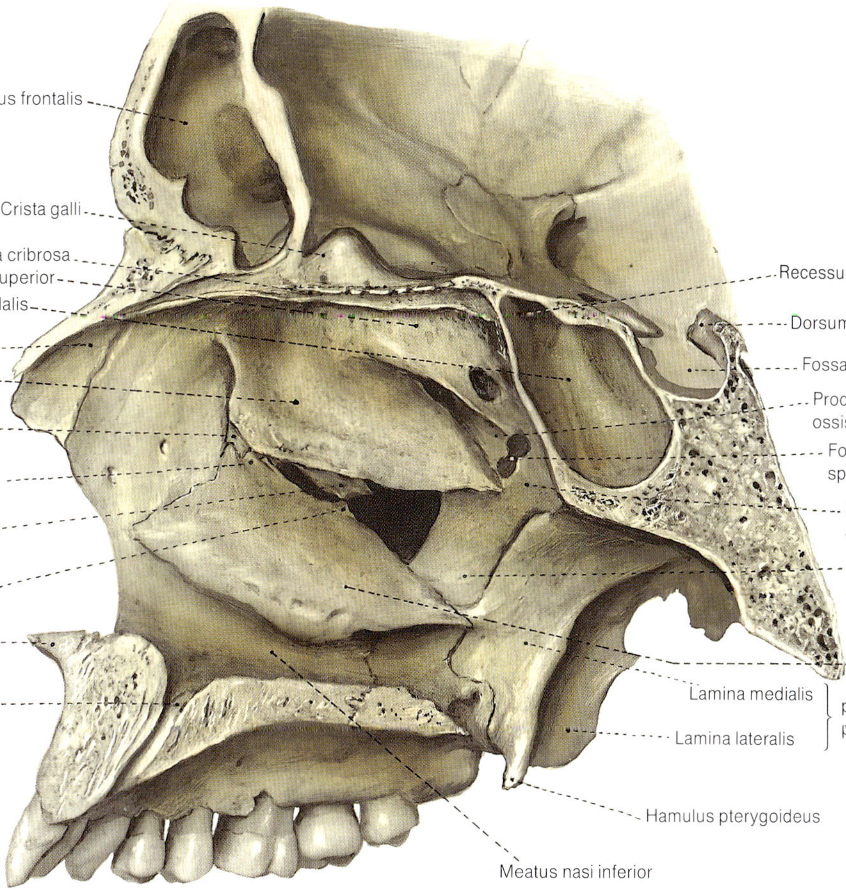

Abb. 9.**53** **Rechte laterale Wand der Nasenhöhle in der Ansicht von medial.**

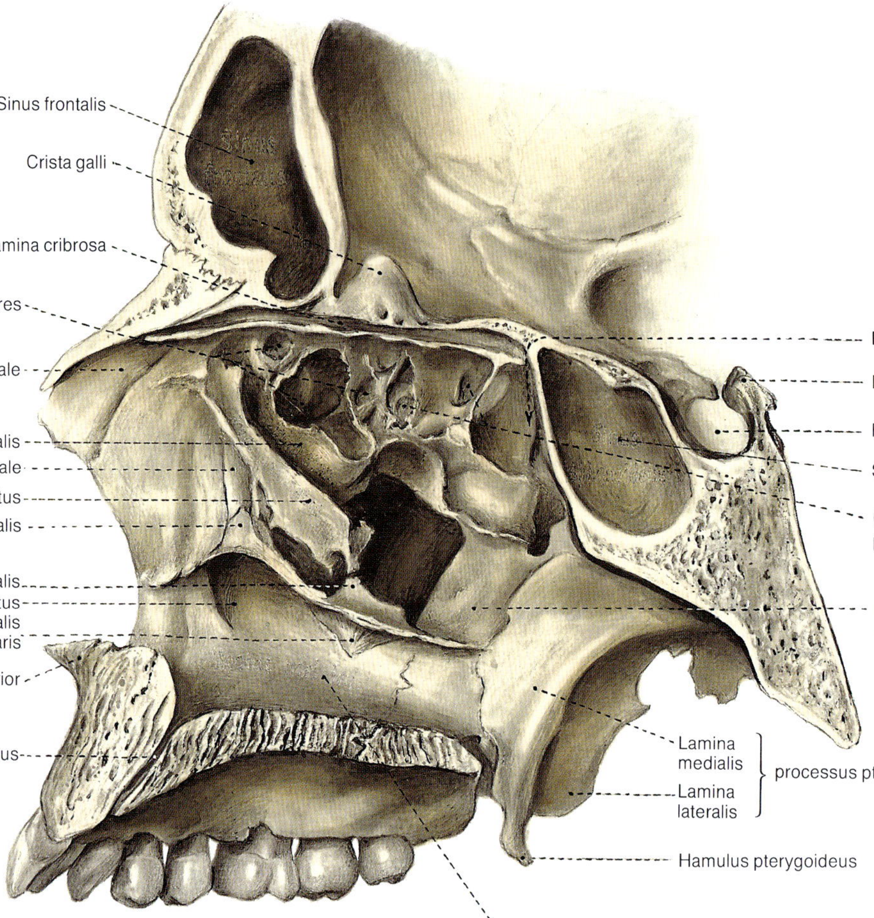

Abb. 9.**54** **Rechte laterale Wand der Nasenhöhle, Teile der mittleren und unteren Muschel entfernt, in der Ansicht von medial.**

Im Bereich der am Aufbau der lateralen Nasenwand beteiligten Knochen entstehen eine Anzahl tiefer Rinnen, Buchten und Öffnungen. Unterhalb der drei Nasenmuscheln verlaufen die Nasengänge, *Meatus nasi.* Unterhalb und lateral von der unteren Muschel liegt der *Meatus nasi inferior,* unter der mittleren Muschel der *Meatus nasi medius* und unter der oberen Muschel der kurze *Meatus nasi superior.* Die drei Nasengänge gehen vorn, hinten und medial in den gemeinsamen Nasengang, *Meatus nasi communis,* über. Der Meatus nasi communis zieht als schmaler Spalt dem Septum nasi entlang durch die gesamte Nasenhöhle.

Er mündet über den *Meatus nasopharyngeus* in die Pars nasalis pharyngis. Mit dem Meatus nasopharyngeus verbindet sich der von oben herkommende *Recessus sphenoethmoidalis,* eine variable, zwischen der vorderen Wand des Keilbeinkörpers und der hinteren Wand des Siebbeinlabyrinths liegende Rinne. Entfernt man die frei vorragenden Teile der Conchae nasales inferior und media, wird zunächst die laterale Wand des Meatus nasi inferior sichtbar. Sie setzt sich aus der Facies nasalis maxillae, dem Processus maxillaris der unteren Muschel und der Lamina perpendicularis ossis palatini zusammen (Abb. 9.**54**). Vorn liegt die nasale Öffnung des *Ductus nasolacrimalis.*

Die laterale Wand im Bereich des Meatus nasi medius wird vorn vom Os lacrimale gebildet, dem von unten her der Processus lacrimalis der unteren Nasenmuschel entgegenkommt. Darauf folgt der zum Siebbein gehörende Hakenfortsatz, *Processus uncinatus.* Er entspringt im vorderen Teil des Siebbeinlabyrinths und zieht zum Processus ethmoidalis der unteren Muschel. Dadurch wird der Zugang zum Sinus maxillaris, der am isolierten Knochen als große runde Öffnung, *Hiatus maxillaris,* erscheint (Abb. 9.**57**), in zwei Spalten zerlegt. Der Processus uncinatus zeigt zahlreiche, praktisch-klinisch wichtige Varianten in Form, Größe und Verlauf sowie in seinem Verhalten zu benachbarten Knochen. Oberhalb des Hakenfortsatzes wölbt sich die individuell verschieden stark ausgeprägte *Bulla ethmoidalis* in die Nasenhöhle vor (Abb. 9.**54**). Unterhalb des Recessus sphenoethmoidalis liegt das *Foramen sphenopalatinum,* das von den Processus sphenoidalis und orbitalis ossis palatini und vom Corpus ossis sphenoidalis begrenzt wird. Es führt von der Nasenhöhle in die Fossa pterygopalatina (s. Abb. 9.**15**, S. 687) und dient dem Durchtritt von Nerven und

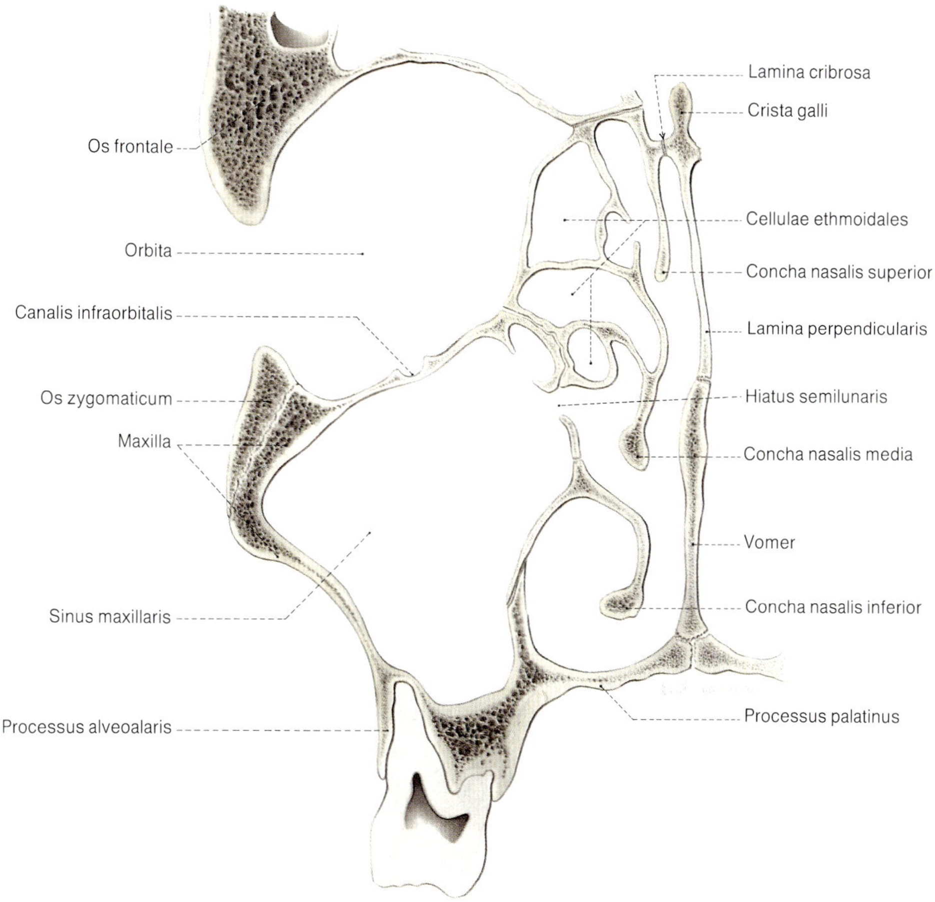

Abb. 9.**55** **Frontalschnitt durch den hinteren Abschnitt der knöchernen Nasenhöhle.**

Gefäßen. Das Foramen sphenopalatinum ist am Weichteilpräparat völlig verschlossen. (Über die Conchae nasales, ihre Entwicklung und Variabilität s. Bd. II).

Entwicklung der Nasennebenhöhlen

Die Nebenhöhlen der Nase, *Sinus paranasales* (Abb. 9.**15,** 9.**22,** 9.**45,** 9.**53,** 9.**54,** 9.**55,** 9.**57**), entwickeln sich durch Ausdehnung der Nasengänge in den benachbarten Knochen. Die Schleimhaut des mittleren Nasenganges sproßt vom Hiatus semilunaris aus in das Corpus maxillae, in das Os frontale und in das Siebbein. Auf diese Weise entstehen der Sinus maxillaris, der Sinus frontalis und die Cellulae ethmoidales anteriores. Vom oberen Nasengang aus werden die hinteren Siebbeinzellen und oberhalb der Concha nasalis superior die Sinus sphenoidales gebildet. Die Nebenhöhlen der Nase sind zur Zeit der Geburt noch klein, sie haben die Knochen, nach denen sie benannt werden, noch nicht erreicht. Das Eindringen der Schleimhaut in die Knochen findet bei den einzelnen Sinus zu verschiedenen Zeiten statt. Bis zum 6. Lebensjahr wachsen die Nebenhöhlen nur geringgradig, dann dehnen sie sich ungleichmäßig in verschiedenen Richtungen aus. Während ihre Konturen bis zum 6. Lebensjahr glatt sind, werden sie nun unregelmäßig, so daß Buchten und Leisten entstehen. Die endgültige Größe der Sinus paranasales ist normalerweise mit dem 12.–14. Lebensjahr erreicht. Sie können jedoch auch noch im Erwachsenenalter an Größe zunehmen. (Über das Verhalten der Sinus paranasales nach Abschluß des Wachstums s. Bd. II.)

Nasenknorpel, Cartilagines nasales

Gestalt

Die Nasenknorpel bleiben als unverknöcherte Reste des Chondrocranium beim Erwachsenen erhalten. Sie bilden das Skelett der vorderen Teile der äußeren Nase und des vorderen Abschnittes der Nasenscheidewand.

Die *Cartilago septi nasi* (Abb. 9.**52**) hat die Form eines T. Der vertikale Balken fügt sich in den tiefen Einschnitt zwischen der Lamina perpendicularis ossis ethmoidalis und dem Vomer ein und ergänzt als *Cartilago septi nasi* die knöcherne Nasenscheidewand. Ein schmaler Fortsatz, *Processus posterior,* schiebt sich in der Rinne des Vomer bis zum Keilbeinkörper vor. Nach vorn haftet die Knorpelplatte an einer Leiste, die sich von der Crista nasalis zur Spina nasalis des Kiefers erstreckt. Der quere Balken des T formt den Nasenrücken und biegt beiderseits in eine dreieckige Knorpelplatte, *Cartilago nasi lateralis,* um. Die Cartilagines nasi laterales beteiligen sich am Aufbau der Seitenfläche der Nase bis zu den Nasenflügeln. Sie fügen sich an den unteren Rand der Nasenbeine sowie an den vorderen Rand der Stirnfortsätze der Oberkiefer und versteifen die weiche laterale Nasenwand. Die Nasenspitze und die vordere Hälfte der Nasenflügel enthalten die *Cartilagines alares majores,* von denen jede aus zwei, an der Nasenspitze ineinander übergehenden Schenkeln besteht. Das Crus laterale umgreift die Nasenöffnung, das Crus mediale lagert sich dem unteren Rand der Cartilago septi an (s. Bd. II).

Gesichtsknochen, Ossa faciei

Als *Ossa faciei* werden in der anatomischen Nomenklatur die knöchernen Bauelemente des *Kieferskeletts* bezeichnet. Zu den paarigen Gesichtsknochen gehören das Oberkieferbein, *Maxilla,* das Gaumenbein, *Os palatinum,* und das Jochbein, *Os zygomaticum.* Der Unterkiefer, *Mandibula,* entsteht als paariger Deckknochen. Seine beiden Hälften sind beim Neugeborenen noch durch eine Symphyse miteinander verbunden, die im Laufe des ersten Lebensjahres verknöchert. Im klinischen Sprachgebrauch werden auch die Knochen der Nase und der vordere Anteil des Os frontale zu den Gesichtsknochen gerechnet.

Oberkieferbein, Maxilla

Gestalt

Die *Maxilla* (Abb. 9.**56**–9.**59**) gehört zu den bindegewebig vorgebildeten Gesichtsknochen. Sie beteiligt sich am Aufbau des Bodens der Orbita, des Bodens und der Seitenwand der Nasenhöhle, des Daches der Mundhöhle und trägt die obere Zahnreihe.

An der Maxilla unterscheidet man einen Körper und vier Fortsätze, Gaumen-, Jochbein-, Stirn- und Alveolarfortsatz. Das *Corpus maxillae* hat vier Flächen, von denen die *Facies anterior* der direkten Palpation beim Lebenden zugänglich ist. Sie reicht bis zur Mittellinie und ist durch die Crista infrazygomatica von der *Facies infratemporalis* getrennt. Unterhalb des *Margo infraorbitalis* liegt das *Foramen infraorbitale* für den Austritt des N. und der A. infraorbitalis. Die Grube unterhalb des Foramen infraorbitale wird als *Fossa canina* bezeichnet. Den medialen Rand der Facies anterior bildet die *Incisura nasalis,* die sich an der Begrenzung der Apertura piriformis beteiligt (s. Abb. 9.**14**).

Die *Facies infratemporalis* folgt hinter dem Processus zygomaticus und der Crista infrazygomatica. Sie hat einen nach hinten gerichteten konvexen Vorsprung, *Tuber maxillae.* Die Facies infratemporalis bildet die vordere Wand der Fossae infratemporalis und pterygopalatina (s. Abb. 9.**15,** 9.**17**). Sie wird von Gefäßen und Nerven für die Molaren und Prämolaren durchbohrt.

Die dreieckige *Facies orbitalis* bildet den Großteil des Augenhöhlenbodens (s. Abb. 9.**15**). Sie stößt im *Margo infraorbitalis* mit der Facies anterior zusammen. Mit ihrem hinteren Rand begrenzt sie die *Fissura orbitalis inferior* von unten, ihr innerer Rand legt sich an das Os palatinum, an die Lamina orbitalis ossis ethmoidalis und an das Os lacrimale. An der der Orbita zugekehrten Fläche findet man den *Sulcus infraorbitalis,* der von hinten nach vorn zieht und sich in den *Canalis infraorbitalis* fortsetzt (s. Abb. 9.**14**). Der Kanal enthält die Vasa infraorbitalia und den N. infraorbitalis, einen Ast des N. maxillaris.

Mit der *Facies nasalis* (s. Abb. 9.**54**) beteiligt sich das Corpus maxillae am Aufbau der lateralen Nasenwand. Sie wird durch eine weite Öffnung, *Hiatus maxillaris,* unterbrochen (Abb. 9.**57**), der am intakten Schädel durch die Ossa lacrimale, ethmoidale und palatinum sowie durch die Concha nasalis inferior weitgehend abgeschlossen wird. Der Hiatus maxillaris führt in den *Sinus maxillaris* (s. oben). Der unterhalb des Hiatus maxillaris liegende Teil der Facies nasalis bildet die knöcherne Wand des Meatus nasi inferior, der nach hinten folgende Teil trägt den Sulcus palatinus major. Durch Anlagerung einer entsprechenden Rinne im Os palatinum entsteht ein geschlossener Kanal für die Vasa palatina majora und den N. palatinus major. Zwischen Hiatus maxillaris und Processus frontalis maxillae entsteht eine knöcherne Rinne, *Sulcus lacrimalis,* die mit dem Sulcus lacrimalis des Tränenbeins den Tränennasengang, *Canalis nasolacrimalis,* bildet. Die *Crista conchalis* verbindet sich mit der Concha nasalis inferior.

Von den vier *Fortsätzen* der Maxilla (Abb. 9.**56**, 9.**57**) zieht der *Processus frontalis* zwischen Os nasale und Os lacrimale nach oben-hinten (s. Abb. 9.**14,** 9.**15**). Sein vorderer Rand verbindet sich mit dem Os nasale. Der hintere Rand weicht in Form zweier Kanten auseinander. Die hintere Kante, *Margo lacrimalis,* lagert sich dem Os lacrimale an, die vordere Kante, *Crista lacrimalis anterior,* liegt frei und bildet mit dem Margo lacrimalis die Tränenfurche. Hinter dem unteren Ende der Crista lacrimalis anterior bildet der mediale Rand der Facies orbitalis des Oberkieferkörpers die halbmondförmigen *Incisura lacrimalis.*

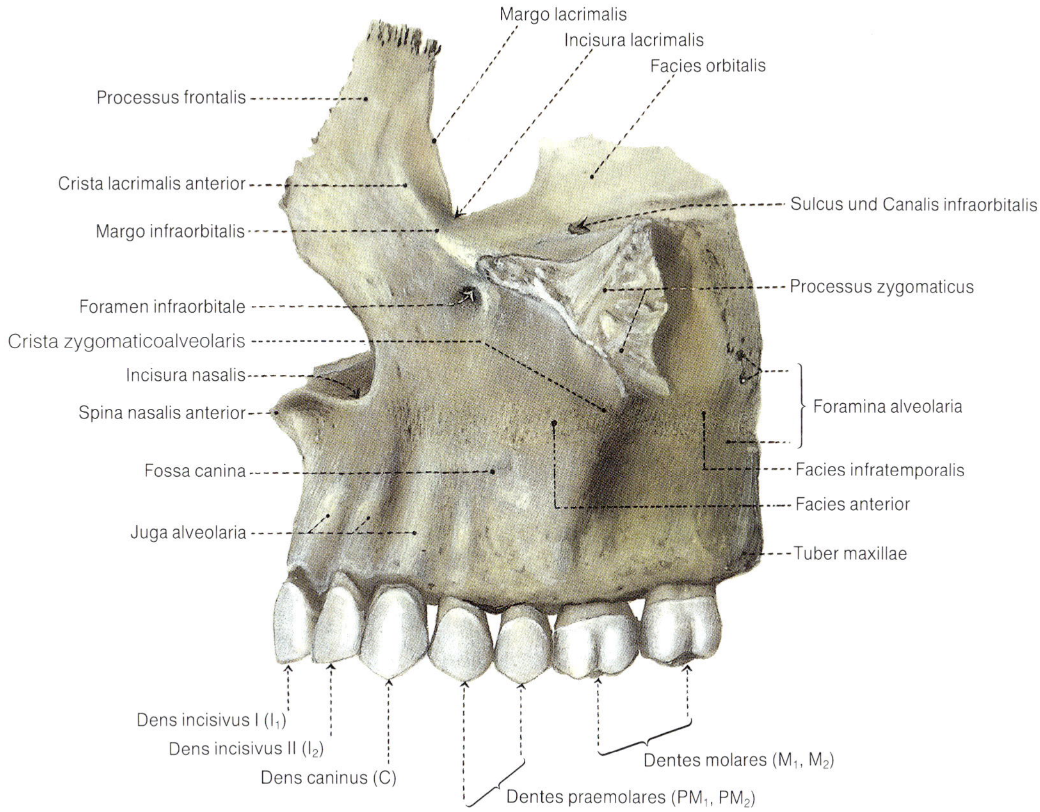

Abb. 9.**56 Linker Oberkieferknochen in der Ansicht von lateral.**

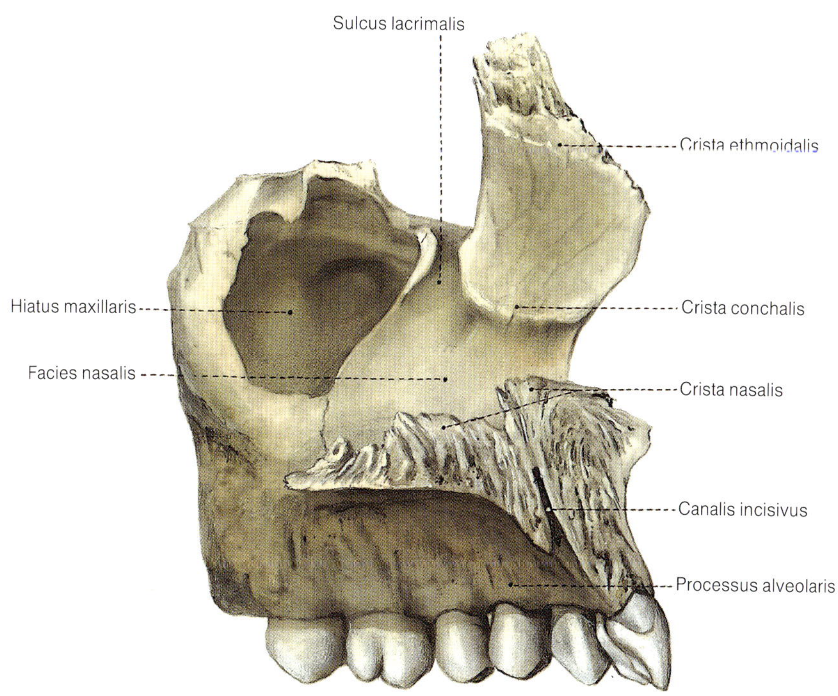

Abb. 9.**57 Linker Oberkieferknochen in der Ansicht von medial.**

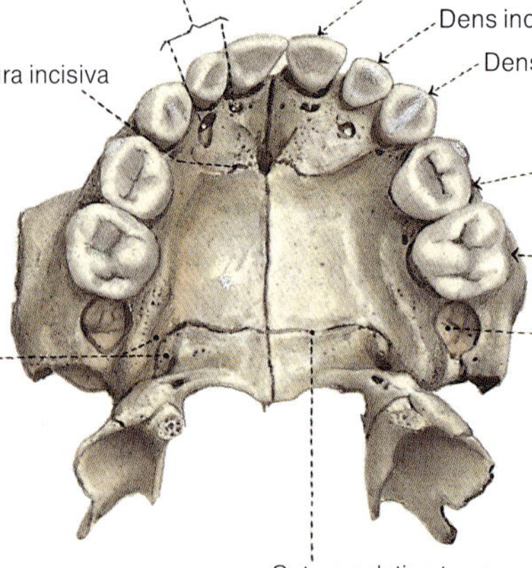

Abb. 9.**58** **Knochen des harten Gaumens bei einem zweijährigen Kind in der Ansicht von unten,** Zwischenkieferknochen.

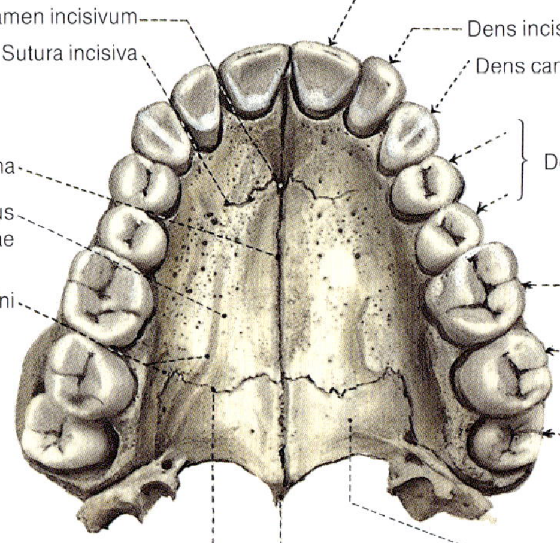

Abb. 9.**59** **Knochen des harten Gaumens in der Ansicht von unten.**

Der kurze und breite *Processus zygomaticus maxillae* ist mit dem Os zygomaticum verbunden. Der *Processus alveolaris* (s. Abb. 9.**56,** 9.**57,** 9.**59**) trägt die Wurzelfächer der Zähne, *Alveoli dentales.* Er ist am freien Rand parabolisch gekrümmt. Der Alveolarfortsatz entwickelt sich erst nach der Geburt mit dem Durchbruch der Zähne. Aufbau und Erhaltung des Processus alveolaris hängen von der Funktionsfähigkeit des Gebisses ab. In zahnlosen Bereichen bildet sich der Alveolarfortsatz wieder zurück (s. unten). Am zahnlosen Kiefer fehlt er. An der Außenfläche sind den Alveolen entsprechende Erhabenheiten, *Juga alveolaria,* zu sehen. Die zwischen den Alveolen befindlichen Knochenbrücken werden als *Septa interalveolaria* bezeichnet.

Die *Processus palatini maxillarum* bilden das knöcherne Gerüst des harten Gaumens, *Palatum durum,* das im hinteren Viertel von den Laminae horizontales der Gaumenbeine ergänzt wird (s. Abb. 9.**58,** 9.**59**). Die medialen Ränder der Gaumenfortsätze stoßen in der *Sutura palatina mediana,* Laminae horizontales und Gaumenfortsätze der Oberkiefer in der *Sutura palatina transversa* zusammen. Die medialen Ränder der Gaumenfortsätze erheben sich zu einer Leiste, *Crista nasalis,* die vorn als *Spina nasalis anterior* vorspringt. An der Crista nasalis setzen Vomer und Nasenscheidewandknorpel an (s. Abb. 9.**52**). Die nasale Fläche der beiden Gaumenfortsätze ist glatt und in transversaler Richtung konkav. Auf ihr liegt vorn, an der Grenze der Processus alveolaris und palatini, dicht neben der Crista nasalis die Mündung des *Canalis incisivus.* Die Kanäle beider Seiten konvergieren nach unten, vereinigen sich und münden mit einer Öffnung zur Mundhöhle, *Foramen incisivum* (s. Abb. 9.**53,** 9.**59**). Die orale Fläche der Gaumenfortsätze ist rauh und zeigt eine oder zwei in der Nähe des lateralen Randes verlaufende Furchen, *Sulci palatini.* Vom Foramen incisivum erstreckt sich häufig eine auch noch beim Erwachsenen vorhandene Naht, *Sutura incisiva,* zum Septum interalveolare zwischen Eckzahn und lateralem Schneidezahn. Die Sutura incisiva (s. Abb. 9.**58,** 9.**59**) kann auch an der Facies nasalis sichtbar sein und von der nasalen Öffnung des Canalis incisivus, parallel der Incisura nasalis, bis in die Nähe der Crista conchalis verfolgt werden. Sie bildet die Grenze des Zwischenkieferknochens, *Os incisivum.*

Gaumenbein, Os palatinum

Gestalt

Das Gaumenbein (Abb. 9.**60**–9.**62**), *Os palatinum,* bildet gemeinsam mit der Maxilla den hinteren Teil des harten Gaumens und beteiligt sich am Aufbau der lateralen Nasenwand. Nach seiner Form kann es mit dem Buchstaben L verglichen werden. Es besteht aus *Lamina perpendicularis* und *Lamina horizontalis.*
Die *Lamina horizontalis* bildet auf beiden Seiten den hinteren Teil des knöchernen Gaumens. Sie hat einen hinteren freien Rand, an dem der weiche Gaumen, Palatum molle, ansetzt. Sein vorderer Rand ist in der *Sutura palatina transversa* mit dem Processus palatinus maxillae verwachsen (s. Abb. 9.**59**). Die medialen Ränder der beiden Laminae horizontales stoßen in der *Sutura palatina mediana* zusammen und verlängern die von den beiden Processus palatini gebildete Crista nasalis nach hinten. Die *Facies nasalis* ist im Boden der Nasenhöhle eingefügt und endet hinten mit der *Spina nasalis posterior.* Die *Facies palatina* ist rauh und leicht ausgehöhlt.

Die *Lamina perpendicularis ossis palatini* ist sehr dünn und legt sich an die mediale Fläche des Processus pterygoideus ossis sphenoidalis und an den angrenzenden Bereich des Corpus maxillae. Die *Facies nasalis* (Abb. 9.**61**) beteiligt sich am Aufbau der lateralen Nasenwand, durch Vermittlung der *Crista ethmoidalis* und der *Crista conchalis* verbindet sie sich mit der mittleren und unteren Nasenmuschel (s. Abb. 9.**53**). Die beiden Cristae gliedern die Facies nasalis in einen schmalen oberen, in einen breiten mittleren und in einen unteren Abschnitt. Die Facies nasalis ist in die Wand der drei Nasengänge einbezogen. Die *Facies maxillaris* wird von oben nach unten vom *Sulcus palatinus major* (pterygopalatinus) durchzogen (Abb. 9.**62**), der mit dem Sulcus palatinus major maxillae den *Canalis palatinus major* (pterygopalatinus) bildet. Vor dem Canalis palatinus major legt sich die Facies maxillaris an die Facies nasalis maxillae und bedeckt den hinteren Abschnitt des Hiatus maxillaris. Hinter dem Kanal verbindet sie sich unten mit dem hinteren Rand der Maxilla, oben mit der medialen Fläche des Processus pterygoideus. Als *Processus pyramidalis* wird ein kräftiger, nach unten, hinten und lateral gerichteter Fortsatz bezeichnet, der Fasern des M. pterygoideus medialis als Ursprung dient. Der *Processus orbitalis* überragt die Lamina perpendicularis in Form eines tütenförmigen Fortsatzes, an dem fünf Flächen unterschieden werden: Eine orbitale, die den medialen Winkel des Augenhöhlenbodens bildet, eine laterale, gegen die Fossa pterygopalatina gerichtete, eine untere, über dem Meatus nasi superior liegende, eine vordere, mit der Maxilla verbundene und eine sphenoidale Fläche. An der Basis des Fortsatzes springt die *Crista ethmoidalis* vor. Sie dient der mittleren Nasenmuschel als Ansatz (Abb. 9.**61**). Der *Processus sphenoidalis* kommt vom hinteren Teil der Lamina perpendicularis und legt sich dem Keilbeinkörper und der Basis der Lamina medialis processus pterygoidei an. Processus orbitalis und Processus sphenoidalis werden durch die *Incisura sphenopalatina* voneinander getrennt. Dieser Einschnitt wird durch den Keilbeinkörper zum *Foramen sphenopalatinum* geschlossen.

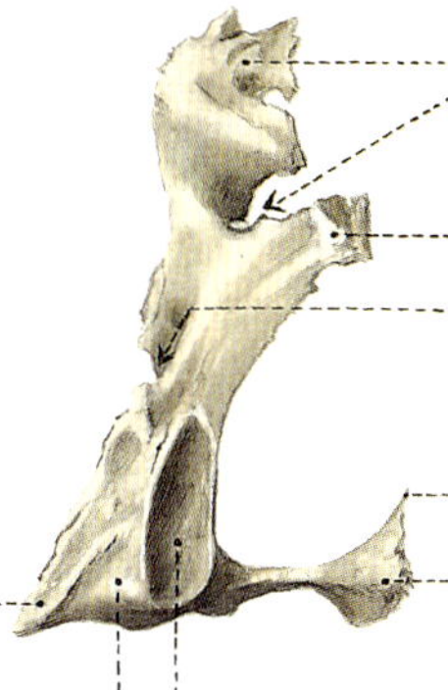

Abb. 9.**60** **Linkes Gaumenbein in der Ansicht von hinten.**

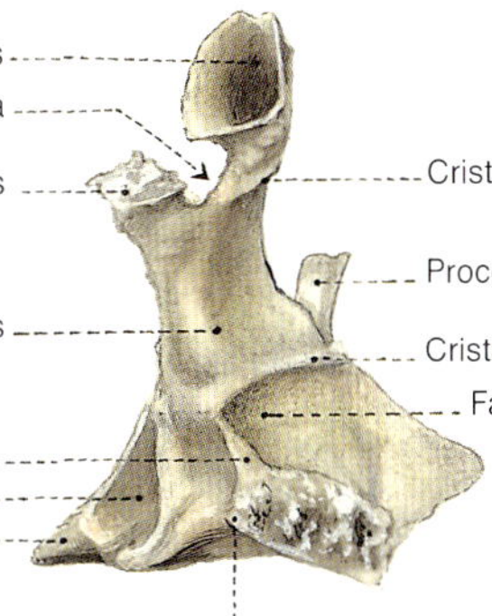

Abb. 9.**61** **Linkes Gaumenbein in der Ansicht von medial.**

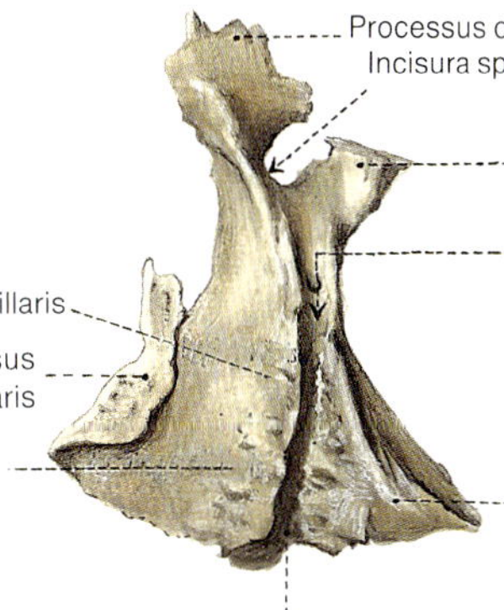

Abb. 9.**62** **Linkes Gaumenbein in der Ansicht von lateral.**

Jochbein, Os zygomaticum

Gestalt

Das Joch- oder Wangenbein, *Os zygomaticum* (Abb. 9.**63,** 9.**64**), beteiligt sich am Aufbau der lateralen und unteren Wand der Orbita. Als knöcherne Grundlage des individuell unterschiedlich stark ausgebildeten Wangenwulstes kann es beim Lebenden gut abgetastet werden. Das Jochbein hat die Form einer unregelmäßigen, viereckigen Platte. Seine *Facies lateralis (malaris)* ist nach lateral und nach vorn gerichtet. Unterhalb des Margo orbitalis wird sie vom *Foramen zygomaticofaciale* mit dem darin verlaufenden R. zygomaticofacialis durchbohrt. Die *Facies temporalis* begrenzt die hintere konkave Fläche der Fossa temporalis. Auf ihr liegt das *Foramen zygomaticotemporale* für den R. zygomaticotemporalis. Die *Facies orbitalis* ist in den Boden und die laterale Wand der Orbita einbezogen (s. Abb. 9.**14**). Durch Vermittlung des Processus maxillaris verbindet sich das Jochbein mit der Maxilla. Der kräftige *Processus frontalis* steht mit dem Processus zygomaticus ossis frontalis und der Ala major ossis sphenoidalis in Verbindung.

Das Os zygomaticum wird vom *Canalis zygomaticus* durchzogen, der in der Orbita, nahe oder in der Oberkiefernaht, mit dem Foramen zygomaticofaciale und mit dem Foramen zygomaticotemporale nach außen mündet. Innerhalb des Kanals verläuft der N. zygomaticus.

Unterkiefer, Mandibula

Gestalt

Der Unterkiefer, *Mandibula* (Abb. 9.**65**–9.**73**), entsteht größtenteils durch desmale Osteogenese aus einer paarigen Anlage, die lateral vom *Meckelschen* Knorpel liegt (s. Abb. 9.**6**). Beim Neugeborenen sind die beiden Unterkieferhälften noch durch eine Fuge aus Bindegewebe, *Symphysis mentalis,* miteinander verbunden. Die Kinnsymphyse verknöchert am Ende des ersten Lebensjahres. Die Verschmelzungsstelle bleibt am kindlichen Schädel noch eine Zeitlang sichtbar. Im Bereich der Symphysis mentalis treten mehrere kleine Knochen, sogenannte *Schaltknochen,* auf, die durch chondrale Osteogenese aus Resten des Mekkelschen Knorpels entstehen sollen. Die Schaltknochen beteiligen sich an der Bildung des Kinnvorsprunges, *Protuberantia mentalis.* Der Knochen des *Gelenkkopfes* entsteht nicht desmal, sondern durch chondrale Osteogenese des aus *Sekundärknorpel* angelegten Gelenkfortsatzes (s. S. 59).

Die *Mandibula* ist mit dem Os temporale des Schädels über die beiden *Kiefergelenke* beweglich verbunden (s. S. 731). Sie besteht aus dem parabolisch gekrümmten Kieferkörper, *Corpus mandibulae,* den paarigen Unterkieferästen, *Rami mandibulae,* sowie den von den Unterkieferästen abzweigenden Muskelfortsätzen, *Processus coronoidei,* und Gelenkfortsätzen, *Processus condylares* (Abb. 9.**68**).

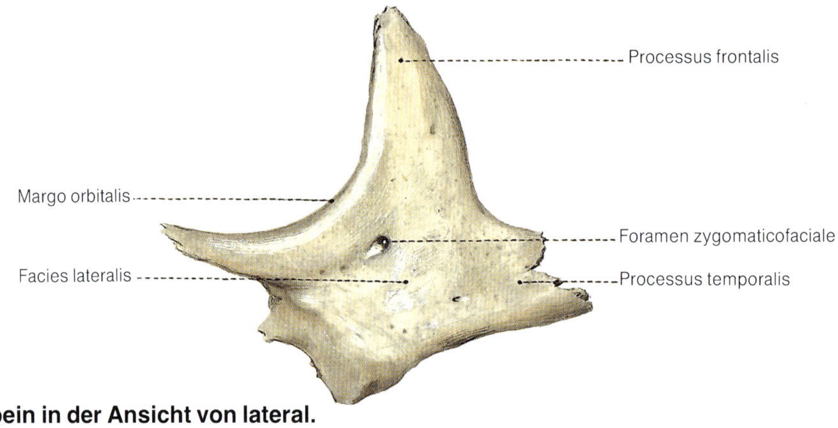

Abb. 9.**63** **Linkes Jochbein in der Ansicht von lateral.**

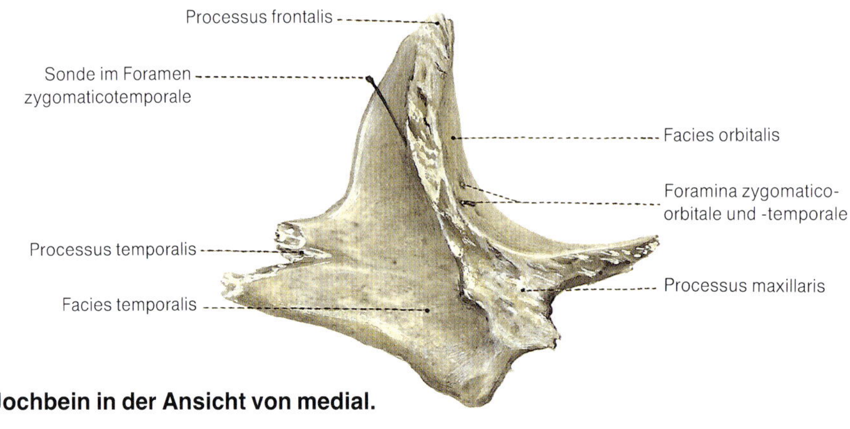

Abb. 9.**64** **Linkes Jochbein in der Ansicht von medial.**

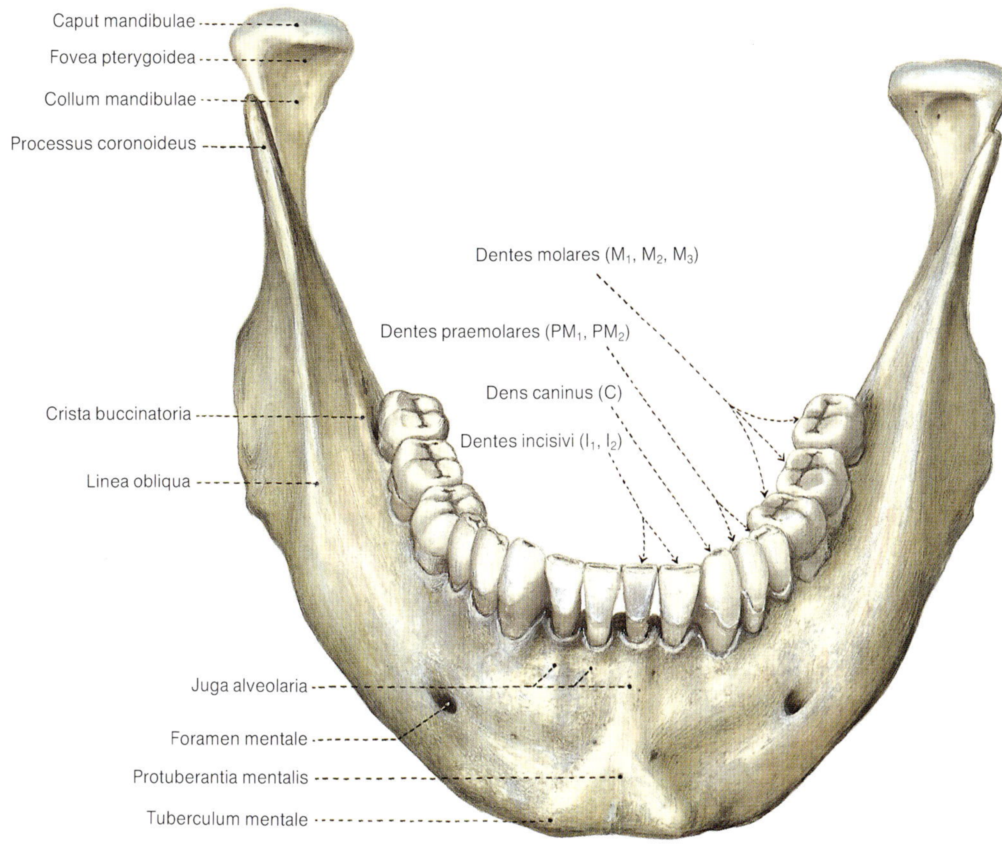

Abb. 9.**65** **Unterkiefer in der Ansicht von vorn-oben.**

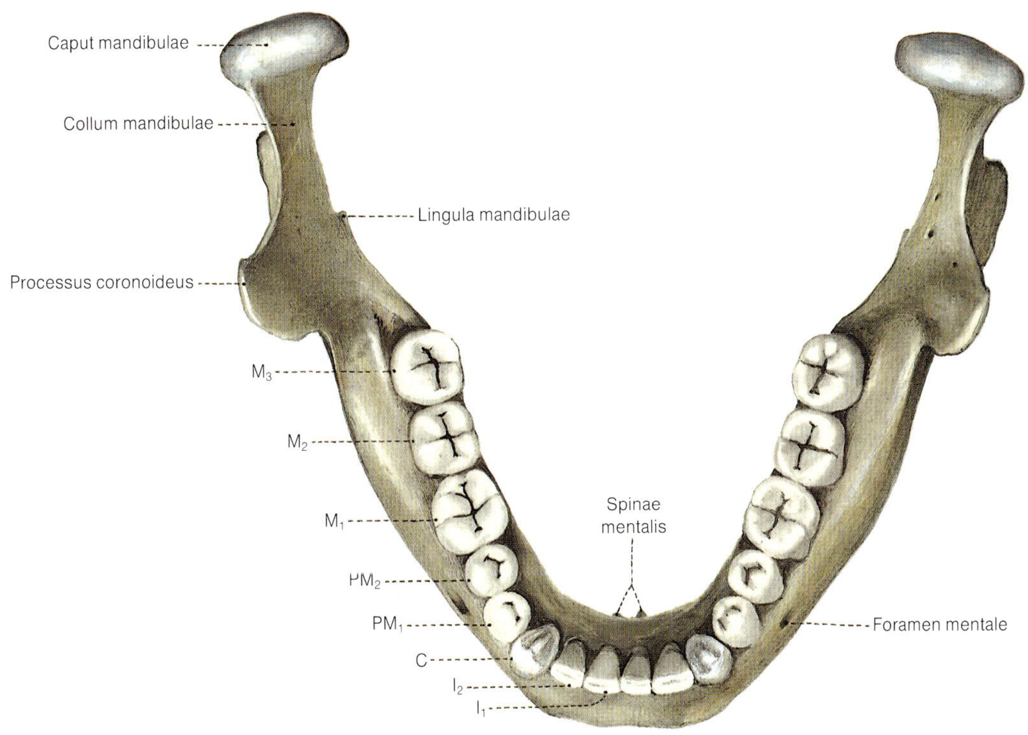

Abb. 9.**66** **Unterkiefer in der Ansicht von oben.**

Am Kieferkörper, *Corpus mandibulae,* unterscheidet man einen unteren Abschnitt, *Basis mandibulae,* und einen oberen Teil, *Pars alveolaris.* Die Pars alveolaris sitzt der Basis kammartig auf und dient der Aufnahme der Zahnwurzeln (Abb. 9.**67**). Die Pars alveolaris entwickelt sich erst, wie der Alveolarfortsatz des Oberkiefers, nach dem Durchbruch der Zähne. Am Säuglingskiefer (Abb. 9.**70**) fehlt die Pars alveolaris. Beim Erwachsenen bildet sich der alveoläre Teil des Kieferkörpers in den Bereichen zurück, wo Zähne fehlen. Am zahnlosen Kiefer kann die Pars alveolaris als Folge der verminderten funktionellen Beanspruchung des Unterkiefers vollständig zurückgebildet sein (Abb. 9.**71**). Das Foramen mentale (s. unten) liegt dann nicht mehr in der Mitte des Corpus mandibulae, sondern frei am oberen Kieferrand. Am bezahnten Kiefer enthält die Pars alveolaris die *Alveoli dentales,* in deren Wand die Zahnwurzeln verankert sind. Die Zahnalveolen sind durch *Septa interalveolaria* voneinander getrennt. Der Knochen der Zahnalveole ist Bestandteil des Zahnhalteapparates (s. Bd. II). An der Außenseite der Pars alveolaris wölbt sich der Knochen vor allem im Bereich der Alveolen der Schneide- und Eckzähne in Form der *Juga alveolaria* vor.

Die Zahnreihe des Unterkiefers liegt auf einem Bogen, den man als *Alveolarbogen* bezeichnet. Der Alveolarbogen weicht vor allem im hinteren Bereich deutlich vom Bogen der Basis mandibulae, *Kieferbogen,* ab (s. Abb. 9.**66,** 9.**80**). Da der Alveolarbogen im hinteren Abschnitt enger ist als der Kieferbogen, entfernen sich die Zahnwurzeln von hinten nach vorn zunehmend vom äußeren Rand des Kieferkörpers und verlagern sich nach innen. Die Wurzeln der Backenzähne werden an der Innenseite häufig nur noch von einer dünnen Knochenplatte bedeckt.

Den unteren kräftigen Teil des Kieferkörpers bezeichnet man als *Basis mandibulae.* Im mittleren Bereich der Basis mandibulae wölbt sich der Kinnvorsprung, *Protuberantia mentalis* (s. Abb. 9.**65**, 9.**68**), vor. Zu beiden Seiten der Protuberantia mentalis erscheint ein weiterer kleiner Knochenvorsprung, *Tuberculum mentale.* Die muldenförmige Vertiefung seitlich und oberhalb des Kinnvorsprunges ist die *Fossa mentalis.* In Höhe des zweiten Prämolaren liegt beim bezahnten Kiefer in der Mitte des Kieferkörpers das *Foramen mentale,* das dem N. mentalis und den Vasa mentalia als Durchtrittspforte dient. Von der Vorderkante des Processus coronoideus zieht eine feine Leiste schräg über den hinteren Abschnitt des Corpus mandibulae nach unten zum Rand des Unterkiefers, *Linea obliqua.*

An der *Innenseite* des Corpus mandibulae (Abb. 9.**69**) liegt eine paarige Grube für den Ansatz des vorderen Bauches des M. digastricus, *Fossa digastrica.* Die beiden Gruben werden durch die *Spina mentalis* getrennt, die normalerweise aus vier kleinen Knochenvorsprüngen besteht. An den oberen Höckerchen entspringen die Mm. genioglossi, an den unteren die Mm. geniohyoidei. Über die Innenseite des Unterkieferkörpers zieht von hinten-oben nach vorn-unten eine Knochenleiste, *Linea mylohyoidea,* in derem Bereich der M. mylohyoideus entspringt. Der hintere Teil der Linea mylohyoidea ist gegenüber dem vorderen Teil stufenförmig abgesetzt. Oberhalb der Linea mylohyoidea

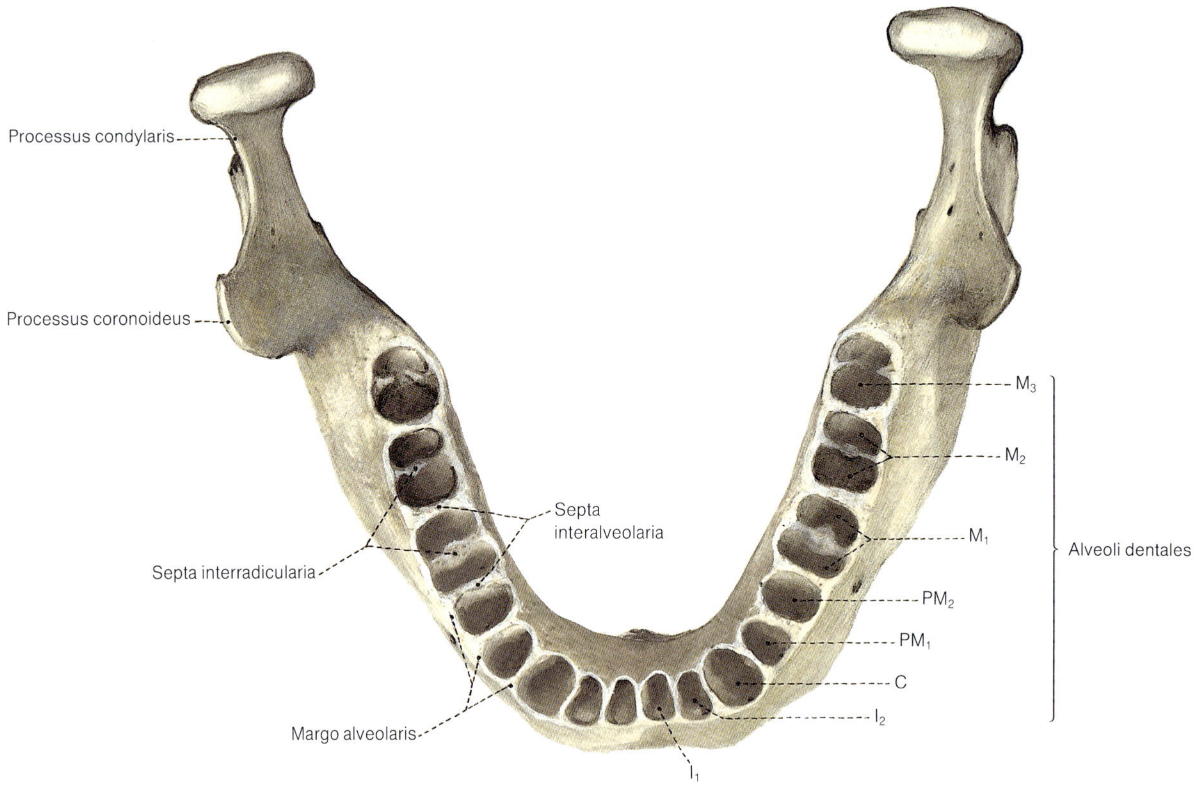

Abb. 9.**67** **Unterkiefer mit Wurzelfächern in der Ansicht von oben.**

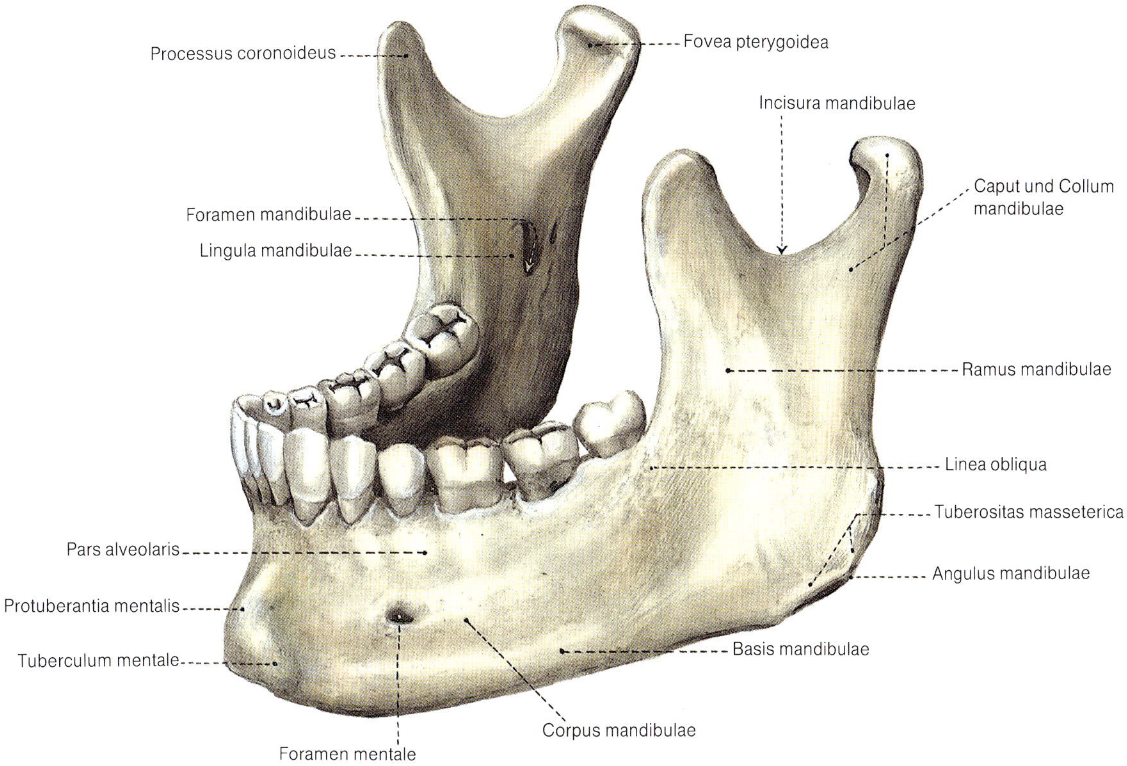

Abb. 9.**68** **Unterkiefer in der Ansicht von links-vorn.**

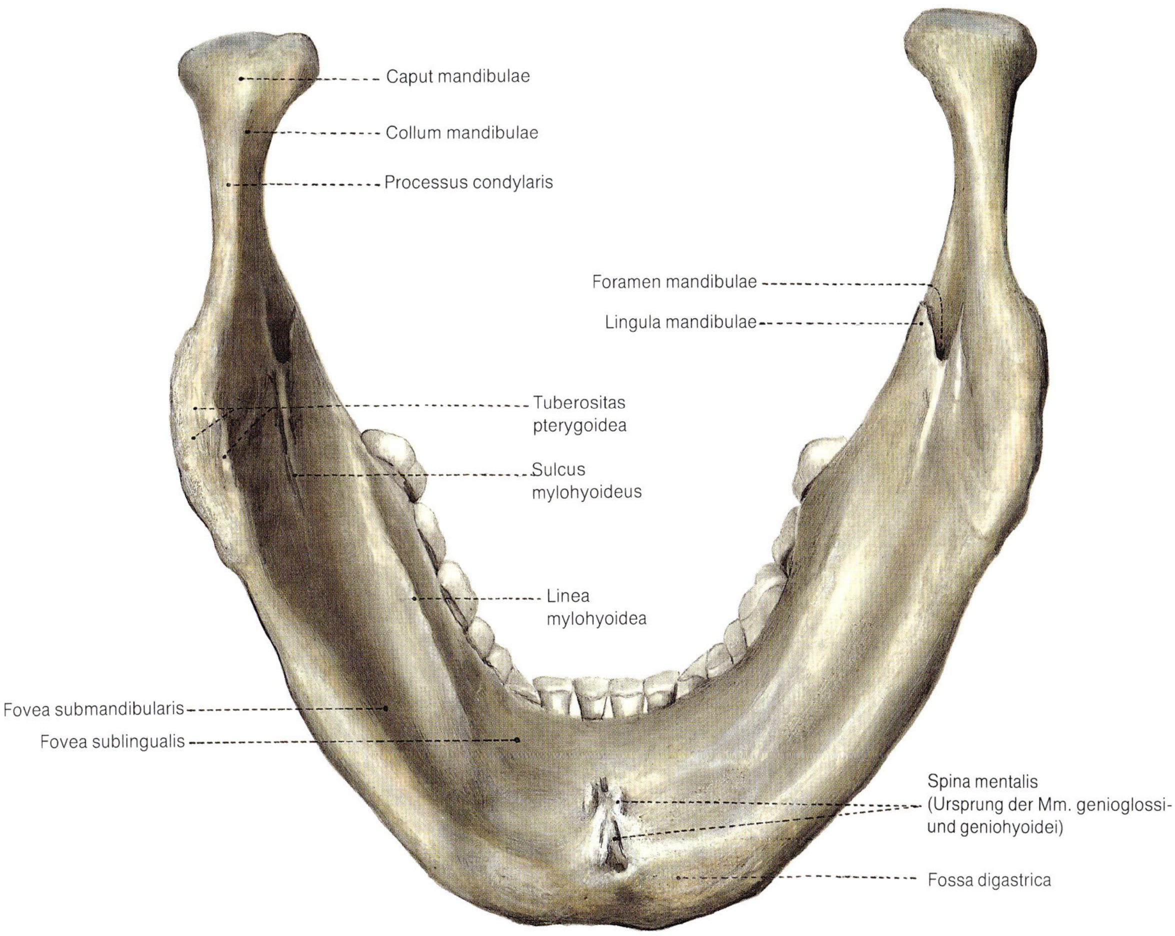

Abb. 9.**69** **Unterkiefer in der Ansicht von hinten-unten.**

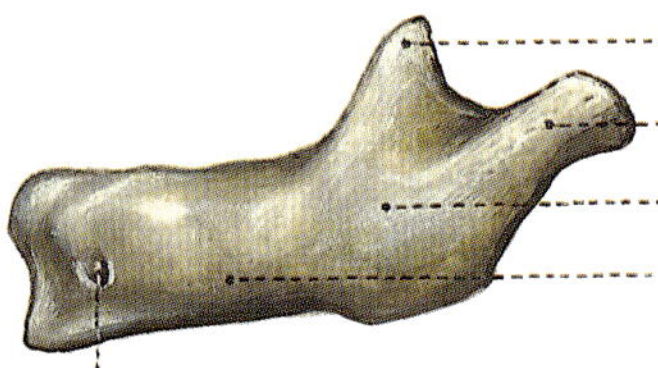

Abb. 9.**70** **Unterkiefer eines Neugeborenen in der Ansicht von links-seitlich.**

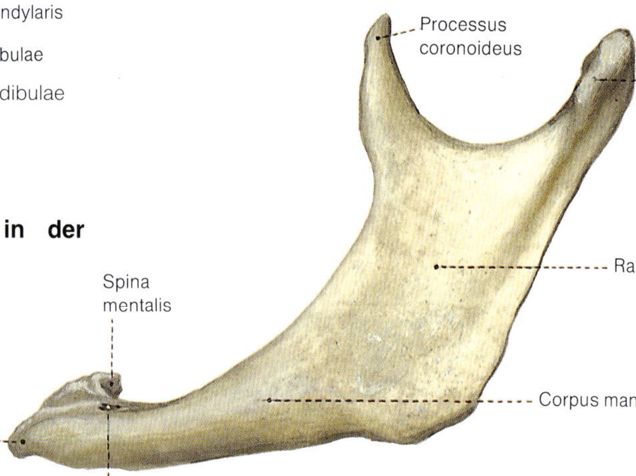

Abb. 9.**71** **Zahnloser Unterkiefer einer 80jährigen Frau in der Ansicht von links-seitlich.** Atrophie der Pars alveolaris des Unterkieferkörpers.

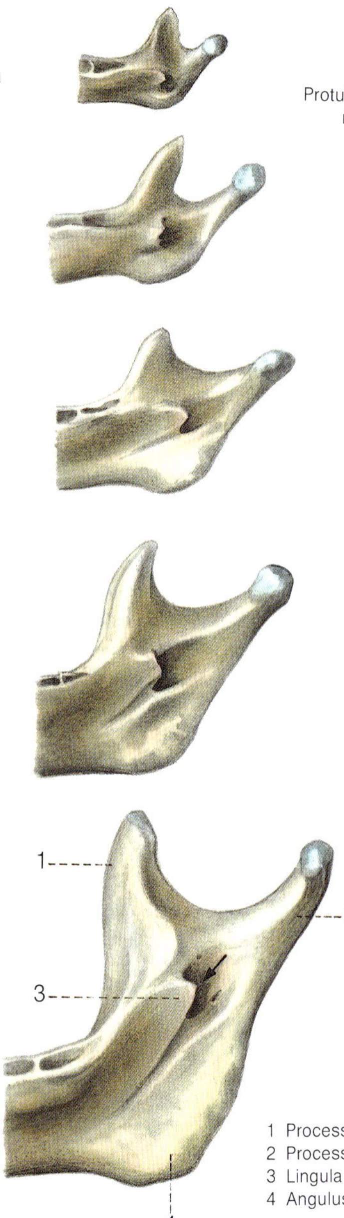

Abb. 9.**72a–e** **Ramus und Angulus mandibulae.**
a Säugling,
b 4.–5. Lebensjahr,
c 11.–12. Lebensjahr,
d 15.–16. Lebensjahr,
e Erwachsener.
Änderung der Stellung der Lingula und der Lage des Foramen mandibulae in bezug auf die Kauebene. Änderung des Kieferwinkels.

kann im Bereich der Prämolaren ein Knochenwulst, *Torus mandibularis,* auftreten. Als *Fovea sublingualis* bezeichnet man eine Grube im vorderen Abschnitt des Unterkiefers oberhalb der Linea mylohyoidea, hier liegt die Glandula sublingualis dem Knochen an. Eine Grube für die Glandula submandibularis, *Fovea submandibularis,* befindet sich im hinteren Drittel des Corpus mandibulae unterhalb der Linea mylohyoidea. Das Corpus mandibulae geht unter Bildung des Unterkieferwinkels, *Angulus mandibulae,* in den rechten und linken Unterkieferast, *Ramus mandibulae* (Abb. 9.**72**), über. Form und Stärke des Unterkieferastes hängen vom Funktionszustand des Gebisses und der Kaumuskulatur ab. Oberhalb des am weitesten vorspringenden Punktes des Unterkieferwinkels, *Gonion,* kann man bei kräftig entwickelter Kaumuskulatur auf der Außenseite eine Rauhigkeit beobachten, *Tuberositas masseterica,* die durch den Ansatz des M. masseter hervorgerufen wird. Auf der Innenseite findet man entsprechende Knochenleisten, *Tuberositas pterygoidea,* im Ansatzbereich des M. pterygoideus medialis. Im Zentrum des Ramus mandibulae liegt auf der Innenseite die Öffnung, *Foramen mandibulae,* zum *Canalis mandibulae* (Abb. 9.**68,** 9.**69**). Der Eingang zum Mandibularkanal wird von einer unterschiedlich großen Knochenplatte, *Lingula mandibulae,* überlagert. An der Lingula mandibulae setzt das *Lig. sphenomandibulare* (s. Abb. 9.**92**) an. Gegenüber der Lingula erhebt sich gelegentlich am hinteren Rand des Foramen mandibulae eine weitere knöcherne Leiste, die als *„Antilingula"* bezeichnet wird. Die Leiste begrenzt dorsal die vom Collum mandibulae zum Foramen mandibulae absteigende Rinne (Sulcus colli mandibulae). Der *Canalis mandibulae* ist eine von einer dünnen Kompaktaschicht gebildete Röhre, in der die Vasa alveolaria inferiora und der N. alveolaris

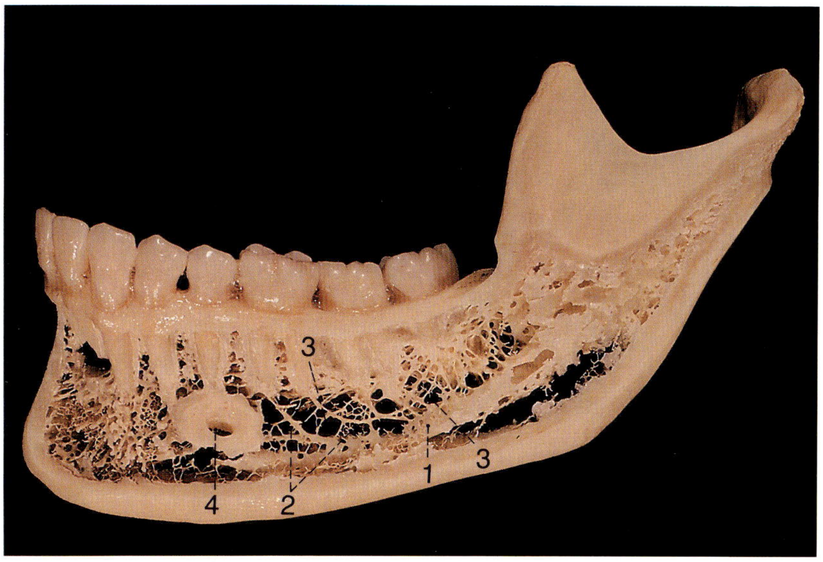

a

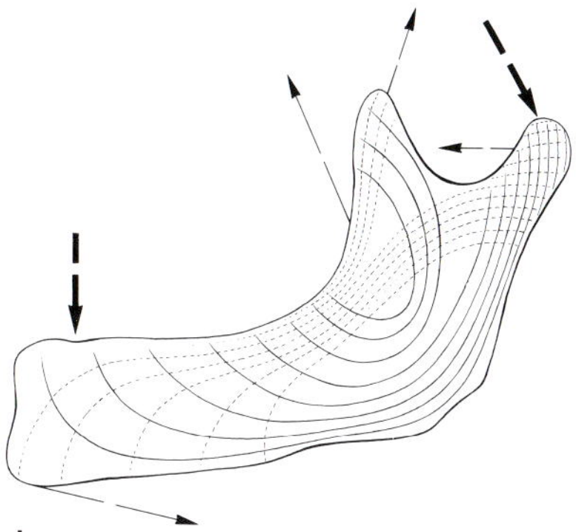
b

Abb. 9.**73a** **Linke Hälfte eines vollbezahnten Unterkiefers vom Erwachsenen in der Ansicht von lateral.** Die linguale und vestibuläre Kortikalis ist so weit entfernt worden, daß der spongiöse Knochen sichtbar wird. Die Spongiosa besteht aus Platten und Stäben. Vom Canalis mandibulae (1) ziehen die den Plexus dentalis umhüllenden Knochenkanälchen (2) bogenförmig von kaudal-hinten nach kranial-oben. Ihr Verlauf entspricht der Richtung der Drucktrajektorien im Modell (s. Abb. 9.**73b**). Die auf Druck beanspruchten Spongiosaelemente (2) werden im rechten Winkel von Spongiosazugbündeln (3) gekreuzt.
4 Foramen mentale
(Präparat der Sammlung des Anatomischen Institutes, Kiel)

Abb. 9.**73b** **Trajektorienverlauf im Unterkiefermodell.** Die Drucktrajektorien des Hauptspannungssystems (durchgezogene Linien) verlaufen von der Druckeinleitungsstelle am Caput mandibulae durch den dorsalen Abschnitt des Ramus mandibulae zum kaudalen Bereich des Unterkieferkörpers. Im Corpus mandibulae ziehen die Drucktrajektorien bogenförmig von hinten-unten nach vorn-oben. Die Zugtrajektorien (unterbrochene Linien) kommen vom dorsalen Anteil des Unterkieferkopfes und -halses. Sie laufen entlang der Basis des Processus coronoideus und dann weiter in der Pars alveolaris des Unterkieferkörpers. Ein Teil der Zugtrajektorien schert hier bogenförmig nach kaudal aus und kreuzt die Drucktrajektorien rechtwinklig.
Das lokale Spannungssystem des Processus coronoideus besteht primär aus Zugtrajektorien, die parallel zum Muskelfortsatz verlaufen und sich im Bereich des Kieferwinkels den Zugtrajektorien des Hauptspannungssystems anschließen. Die Drucktrajektorien entspringen am vorderen Rand des Processus coronoideus und ziehen bogenförmig zum Kieferkörper.
Die Pfeile geben die Richtung der Muskelkräfte (→) sowie des Kau- und Gelenkdruckes (➞) an.
(nach *Tillmann* u. Mitarb., dort nach spannungsoptischen Modellversuchen von *Küppers* 1971)

inferior verlaufen (Abb. 9.**73a**). Der Mandibularkanal liegt am vollbezahnten Kiefer im unteren Bereich der Basis mandibulae und mündet in Höhe des zweiten Prämolaren mit dem *Foramen mentale* nach außen. Seine Fortsetzung im vorderen Abschnitt der Mandibula wird als *Canalis incisivus* bezeichnet. Vom Foramen mandibulae zieht eine kleine Knochenrinne, *Sulcus mylohyoideus,* für den N. mylohyoideus schräg nach unten-vorn.
Der Ramus mandibulae endet mit zwei Fortsätzen. Der vordere Muskelfortsatz, *Processus coronoideus,* ist eine dreieckige, flache Muskelplatte, die dem oberflächlichen Anteil des M. temporalis als Ansatz dient (Abb. 9.**68,** 9.**94**). Den hinteren Fortsatz bildet der Gelenkfortsatz, *Processus condylaris,* der mit seinem schlanken Halsabschnitt, *Collum mandibulae,* aus dem Unterkieferast hervorgeht (9.**68,** 9.**69**). Der Processus condylaris endet mit dem transversal ausgerichteten, walzenförmigen Gelenkkopf, *Caput mandibulae.* Die Gelenkfläche, *Facies articularis,* des Caput mandibulae ist bikonvex gekrümmt (s. S. 731). Zwischen Processus condylaris und Processus coronoideus liegt die dreieckige *Incisura mandibulae.* Der Einschnitt ist bei kräftig entwickeltem M. temporalis mit breitem und starkem Processus coronoideus flach. Bei schwacher Entwicklung des M. temporalis ist der Processus coronoideus schlank und spitz, die Inzisur nimmt entsprechend an Tiefe zu.
Die *Lage* der *Lingula mandibulae* und des *Foramen mandibulae* sowie die *Größe* des *Unterkieferwinkels* sind von der wachstumsbedingten unterschiedlichen Form des Unterkiefers abhängig (Abb. 9.**72**). Nimmt man als Bezugsebene für die Lagebestimmung von Lingula mandibulae und Foramen mandibulae die Kauebene der unteren Molaren an, so liegt die Kauebene beim Säuglingskiefer mit seinem stumpfen Kieferwinkel und seinem stark unterentwickelten Ramus mandibulae (s. unten) oberhalb des Foramen mandibulae. Bei Kindern zwischen dem 4. und 5. Lebensjahr steht das Foramen mandibulae etwa in Höhe der Kauebene, bei 11- bis 12jährigen Kindern liegt die Kauebene etwas tiefer als die Lingula mandibulae.

Beim Erwachsenen beträgt der Abstand zwischen Lingula mandibulae und Kauebene etwa 1 cm. Beim zahnlosen Kiefer mit abgebauter Pars alveolaris liegt die Ebene des oberen Unterkieferrandes tiefer als das Foramen mandibulae (Abb. 9.**71**).
Die Größe des *Angulus mandibulae* steht im Zusammenhang mit der Funktion des Kauapparates (Abb. 9.**72**). Beim Neugeborenen beträgt der Kieferwinkel 140°–150° (Abb. 9.**70**). Nach dem Durchbruch der permanenten Zähne und der Größenzunahme des Unterkieferastes verkleinert sich der Kieferwinkel auf etwa 120°–130°. Beim zahnlosen Kiefer mit Atrophie der Pars alveolaris und des Ramus mandibulae wird der Angulus mandibulae wieder größer (Abb. 9.**71**); er erreicht Werte bis zu 140°.
Der Unterkiefer wird durch die Kräfte der Kaumuskeln sowie durch den Kau- und Gelenkdruck *belastet* und dabei auf *Biegung* beansprucht. Entsprechend der aus der Biegebeanspruchung resultierenden hohen Druckbeanspruchung im unteren Bereich des Corpus mandibulae liegt die größere Materialmenge in der Basis mandibulae. Am bezahnten Kiefer verlaufen die den Plexus dentalis umhüllenden Spongiosaanteile in Richtung der Druckspannungen (Abb. 9.**73**). Der Canalis mandibulae liegt im Bereich der „neutralen Faser“ (s. S. 18). Im zahnlosen Kiefer wandelt sich der spongiöse Knochen des Corpus mandibulae in kompakten Knochen um.

Zungenbein, Os hyoideum

Gestalt

Das *Zungenbein, Os hyoideum* (Abb. 9.**71**), wird zum Skelett des Schädels gezählt, mit dem es über Muskeln und Bänder verbunden ist. Das Zungenbein leitet sich von den Skelettanlagen des zweiten und dritten Kiemenbogens ab. Man unterscheidet den *Zungenbeinkörper, Corpus ossis hyoidei,* sowie die paarigen *großen, Cornua majora,* und *kleinen Zungenbeinhörner, Cornua minora.* Der Zungenbeinkörper und die großen Zungenbeinhörner bilden einen nach vorn konvexen parabel- oder hyperbelförmigen Bogen, dessen Kontur deutlich zu tasten ist. Die Verlagerung des Zungenbeins in der ersten Phase des Schluckaktes nach vorn-oben und vice versa läßt sich mit dem palpierenden Finger verfolgen. Das Zungenbein ist in die Muskelschlinge der *supra-* und *infrahyalen Muskeln* eingelagert (s. S. 665, 749).
Der *Zungenbeinkörper* besteht aus einer rechteckigen Knochenplatte, dessen konvexe Vorderseite zahlreiche Buchten und Leisten für die Insertion der oberen und unteren Zungenbeinmuskeln aufweist. Die glatte Hinterseite des Corpus ossis hyoidei ist stark konkav gewölbt. Die *großen Zungenbeinhörner* sind konische Knochenstäbe, die an ihrem dorsalen freien Ende kolbig aufgetrieben sind. Corpus und Cornu majus ossis hyoidei sind in den drei ersten Dezennien über eine Knorpelhaft aus Hyalin- oder Faserknorpel miteinander verbunden. Innerhalb des Knorpelgewebes treten häufig schon früh Spaltbildungen auf, so daß eine echte Gelenkverbindung entsteht. Im hohen Lebensalter kommt es in etwa 40% der Fälle zu einer teilweisen oder vollständigen knöchernen Verbindung zwischen Zungenbeinkörper und großen Zungenbeinhörnern. Das kegelförmige *kleine Zungenbeinhorn* ist mit seiner Basis entweder am großen Zungenbeinhorn oder and der Verbindungsstelle zwischen Corpus und Cornu majus befestigt. In den meisten Fällen besteht

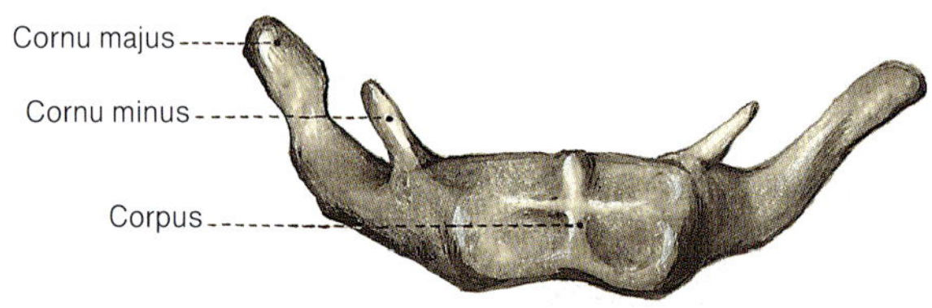

Abb. 9.**74** **Zungenbein in der Ansicht von vorn.**

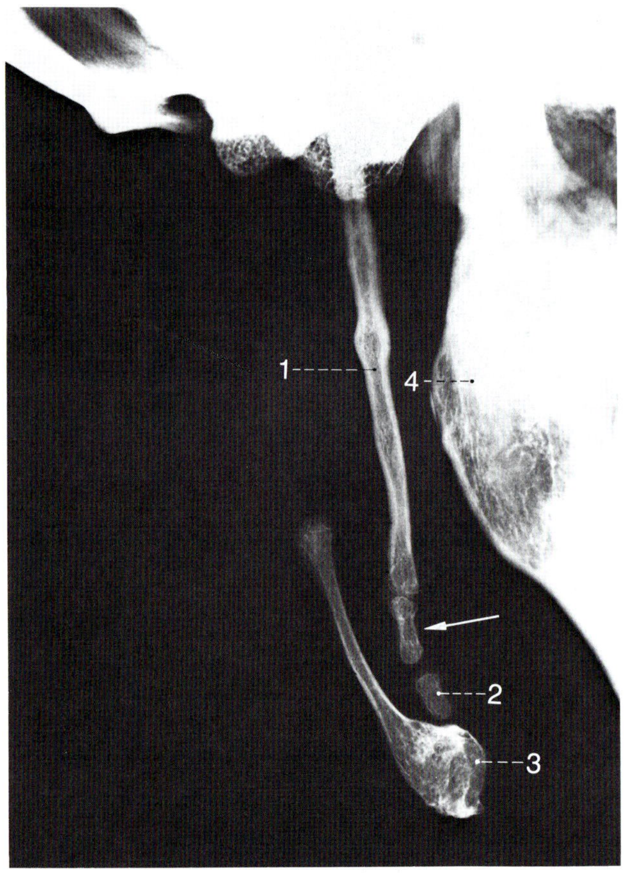

Abb. 9.**75** **Seitliches Röntgenbild einer rechten Schädelhälfte mit sehr langem Griffelfortsatz** (1). Zwischen der Spitze des Processus styloideus und dem kleinen Zungenbeinhorn (2) liegt ein isoliertes Knochenstück (Pfeil). Das kleine Zungenbeinhorn hat keine knöcherne Verbindung mit dem Corpus ossis hyoidei (3).
4 Angulus mandibulae

eine gelenkige Verbindung, daneben kommt eine knöcherne Verschmelzung vor. Am kleinen Zungenbeinhorn setzt das vom Processus stylohyoideus des Schläfenbeines kommende *Lig. stylohyoideum* an.

Innerhalb des Lig. stylohyoideum kann es zur Entwicklung kleiner Knochenstäbchen kommen, sehr selten ist eine vollständige knöcherne Brücke zwischen Schädelbasis und Zungenbein (Abb. 9.**75**).

Die *Osteogenese* im Corpus und Cornu majus ossis hyoidei beginnt kurz vor der Geburt. Im kleinen Zungenbeinhorn kann am Ende des zweiten Dezennium ein Knochenkern auftreten, oft besteht das Cornu minus jedoch zeitlebens aus Knorpel.

Röntgenanatomie des Schädels

Die Beurteilung des Schädels im *Röntgenbild* (Abb. 9.**76**–9.**78**) setzt eine genaue Kenntnis seiner Morphologie sowie ein gutes dreidimensionales Vorstellungsvermögen voraus. Da häufig die Strukturen des Gesichtsschädels im Vordergrund der diagnostischen Untersuchung stehen, wählt man bei sagittalen Aufnahmen meistens den postero-anterioren Strahlengang, bei dem die Gesichtsknochen filmnahe liegen und entsprechend scharf auf dem Röntgenbild zur Darstellung kommen. Im postero-anterioren und im seitlichen Strahlengang überlagern sich Teile des Hirnschädels, der Schädelbasis, des Gesichtsschädels und der oberen Halswirbelsäule. Zur Darstellung bestimm-

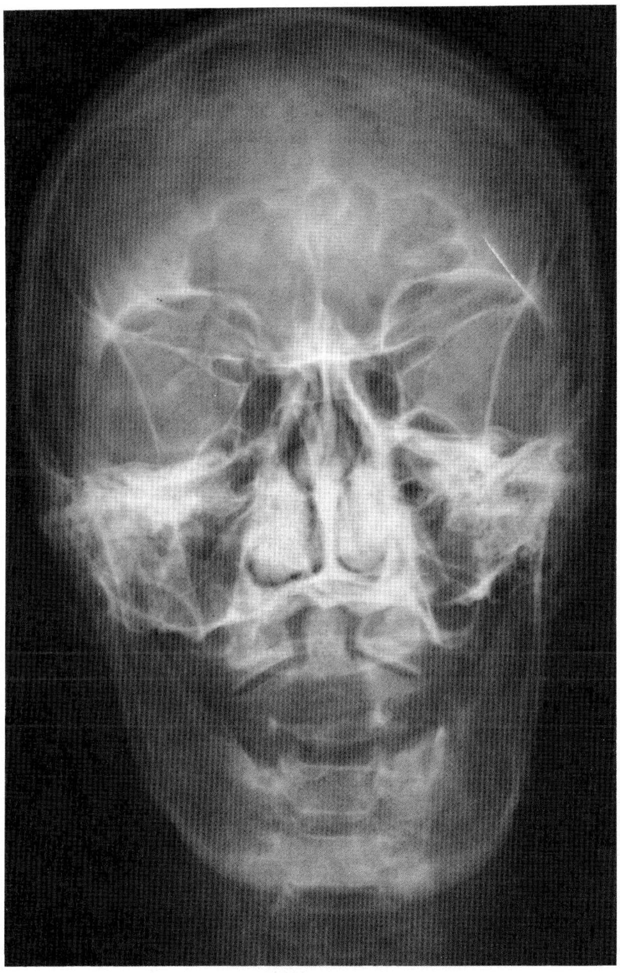

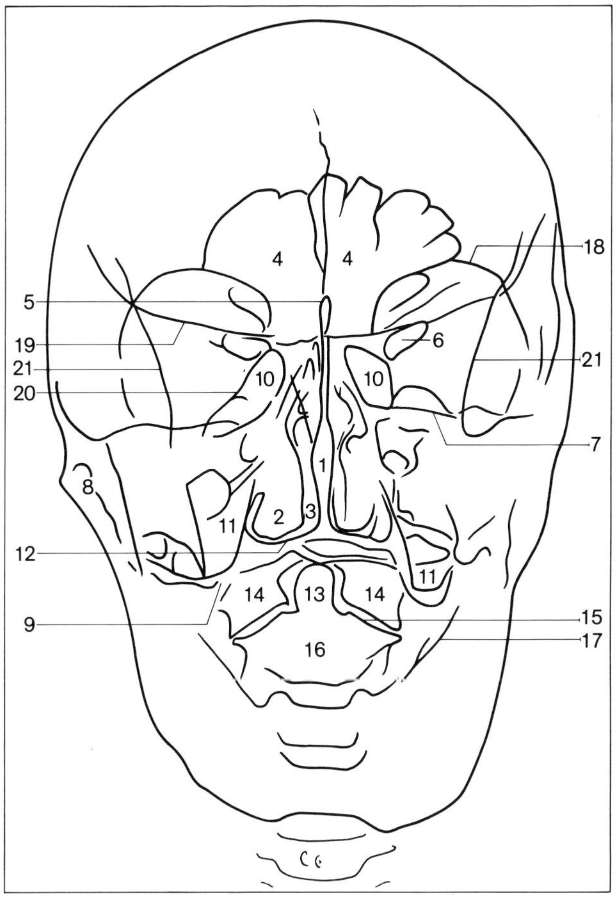

Abb. 9.**76** **Röntgenbild des Schädels eines erwachsenen Mannes im postero-anterioren Strahlengang.**

1 Septum nasi
2 Concha nasalis inferior
3 Meatus nasi communis
4 Sinus frontalis
5 Crista galli
6 Fissura orbitalis superior
7 Os petrosum (Margo superior partis petrosae ossis temporalis)
8 Processus mastoideus
9 Boden der hinteren Schädelgrube
10 Cellulae ethmoidales
11 Sinus maxillaris
12 Boden der Nasenhöhle
13 Dens axis
14 Massa lateralis atlantis
15 „Gelenkspalt" der Articulatio atlantoaxialis
16 Corpus axis
17 Ramus mandibulae
18 oberer Rand der Orbita
19 Ala minor ossis spenoidalis
20 mediale Wand der Orbita
21 Ala major ossis sphenoidalis

ter Strukturen, z. B. der Nasennebenhöhlen, der Orbita oder des Felsenbeines sind daher Spezialaufnahmen erforderlich (s. unten).
Bei Übersichtsaufnahmen im *postero-anterioren Strahlengang* (Abb. 9.**76,** 9.**77**) zeichnen sich im Hirnschädel Sutura coronalis, Sutura lambdoidea und Sutura sagittalis ab. Die knöchernen Umrandungen der Augenhöhlen und der Nase (Apertura piriformis) lassen sich deutlich abgrenzen. Innerhalb der Orbita sind die Fissura orbitalis superior und darunter das Foramen rotundum zu erkennen. Die untere Wand der Augenhöhle wird von der Kante der Felsenbeinpyramide überlagert. Aufgrund ihres Luftgehaltes lassen sich Form und Größe der Sinus paranasales im Röntgenbild beurteilen (s. seitliche Röntgenaufnahmen). Im postero-anterioren Strahlengang wird vor allem die Ausdehnung der Stirnhöhle in der Frontalebene sichtbar. Zwischen den Orbitae liegen die Cellulae ethmoidales. Die Kieferhöhlen heben sich seitlich von der Apertura piriformis aufgrund ihrer größeren Strahlendurchlässigkeit ab; auch die Pneumatisation des Felsenbeines und die Cellulae mastoideae im Warzenfortsatz zeichnen sich ab. In die Sinus maxillares projizieren sich die Atlantookzipitalgelenke. Die Spitze des Dens axis ragt je nach Kopfhaltung unterschiedlich weit in den unteren Teil der Nasenhöhle. Die „Gelenkspalten" der Artt. atlantoaxiales laterales erscheinen über den Wurzelspitzen der Eckzähne.
In *seitlichen Röntgenaufnahmen* (Abb. 9.**78**) kommen die Sella turcica mit Fossa hypophysialis, Processus clinoidei anteriores und posteriores sowie das Dorsum sellae gut zur Darstellung. In die Pars petrosa der Felsenbeine projizieren sich die äußeren Gehörgänge. Von den Nasennebenhöhlen können der Sinus sphenoidalis, die Cellulae ethmoidales anteriores und posteriores sowie die Sinus maxillares abgegrenzt werden. Bei der Stirnhöhle läßt sich die Ausdehnung nach kranial und nach hinten (Recessus supraorbitalis) beurteilen. Hinter dem Sinus sphenoidalis projiziert sich das Kiefergelenk in den Clivus. Im Unterkiefer zeichnet sich gelegentlich der Canalis mandibulae ab.
Zur Beurteilung des inneren Gehörganges und der Strukturen des Felsenbeins, vor allem der knöchernen Teile des Innenohres, eignet sich die halb sagittale Schläfenbeinaufnahme nach *Stenvers*. Die halb seitliche Aufnahme des Schläfenbeins nach *Schüller* (s. Abb. 9.**85**) dient der Darstellung der pneumatischen Räume sowie des Sulcus sinus sigmoidei.

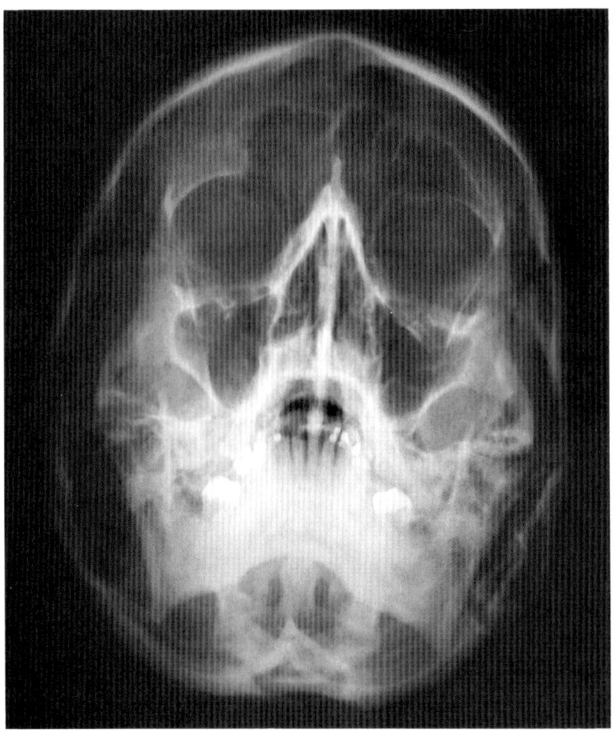

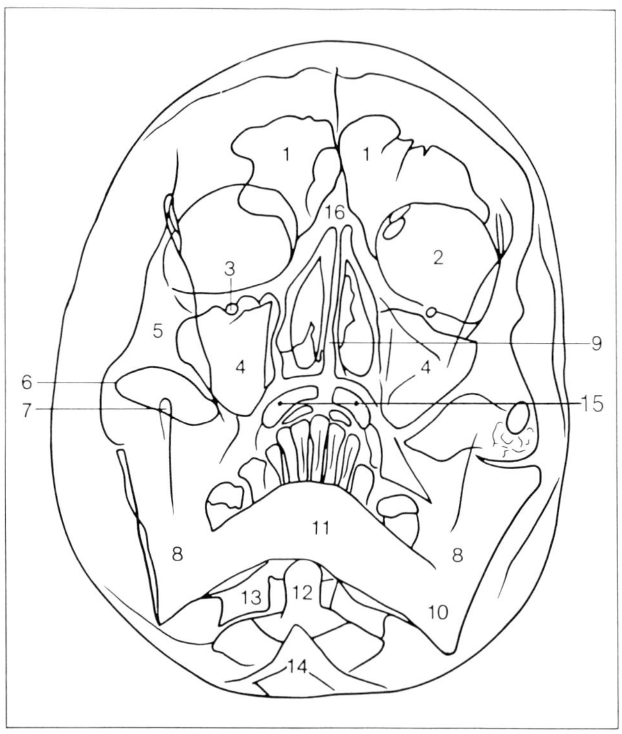

Abb. 9.77 **Röntgenbild des Schädels eines Erwachsenen im halb-axialen Strahlengang.**
1 Sinus frontalis
2 Orbita
3 Foramen infraorbitale
4 Sinus maxillaris
5 Os zygomaticum
6 Arcus zygomaticus
7 Processus coronoideus mandibulae
8 Ramus mandibulae
9 Septum nasi
10 Angulus mandibulae
11 Corpus mandibulae
12 Dens axis
13 Massa lateralis atlantis
14 Planum nuchale
15 Cavitas nasi
16 Crista galli

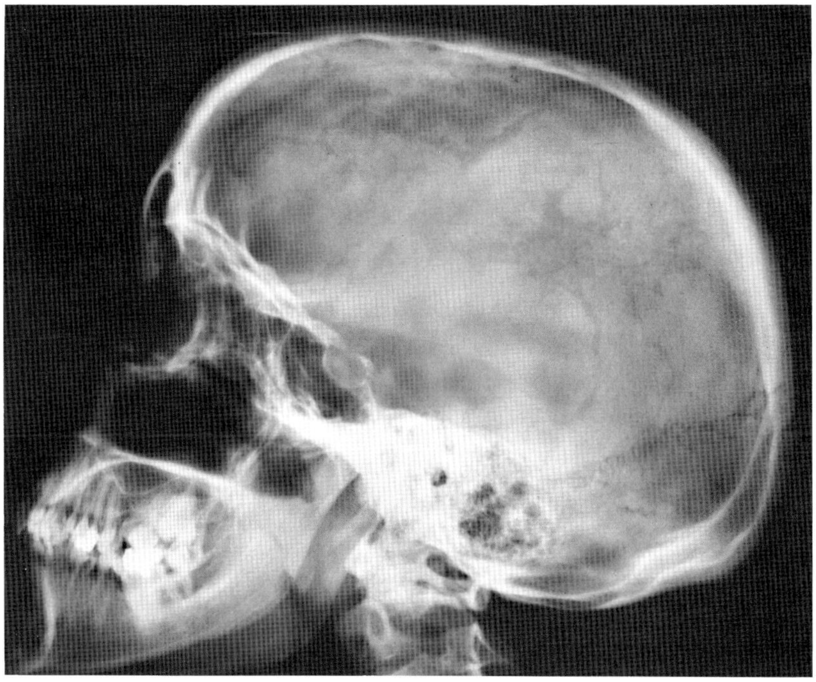

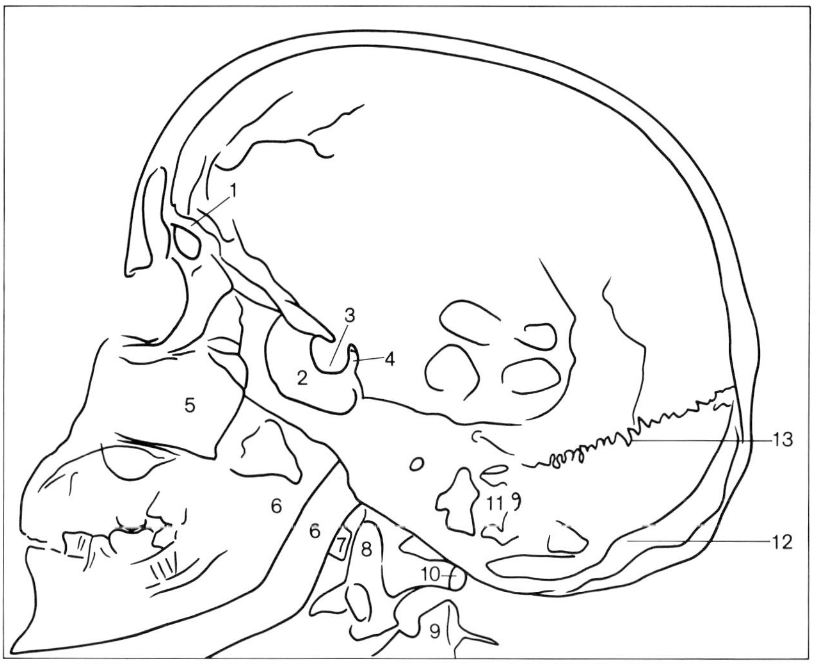

Abb. 9.**78** **Röntgenbild des Schädels eines erwachsenen Mannes im seitlichen Strahlengang.**
1 Crista galli
2 Sinus sphenoidalis
3 Sella turcica
4 Dorsum sellae
5 Sinus maxillaris
6 Ramus mandibulae
7 Arcus anterior atlantis
8 Dens axis
9 Arcus axls
10 Tuberculum posterius atlantis
11 Cellulae mastoideae
12 Protuberantia occipitalis interna
13 Sutura lambdoidea

Kauapparat*

Kiefergelenk, Articulatio temporomandibularis

Die *Schädelknochen* sind beim Erwachsenen größtenteils durch Bandhaften miteinander verbunden. Echte *Gelenke* kommen am Schädel nur zwischen Mandibula und Ossa temporalia in Form der *Kiefergelenke* sowie zwischen den *Gehörknöchelchen* (s. Bd. III) vor. Die beiden Kiefergelenke sind Teile des *Kauapparates,* zu dem die Kieferknochen und die Kaumuskeln einschließlich ihrer Nerven und Gefäße sowie die Zähne und der Zahnhalteapparat gehören. Der Kauapparat bildet eine funktionelle Einheit, in der sich die einzelnen Bestandteile gegenseitig beeinflussen, so daß Störungen eines Gliedes stets auf das gesamte System zurückwirken. Die Bewegungen in den Kiefergelenken dienen beim Menschen nicht nur der *Nahrungsaufnahme* (Kauen und Schlucken), sondern auch dem *Artikulieren* beim Sprechen, bei der Gestik und beim Singen. Sogenannte leere Kieferbewegungen haben an der Formung des Resonanzraumes bei der Phonation großen Anteil.

Entwicklung

Das *Kiefergelenk* der *Säuger* ist, phylogenetisch betrachtet, eine Neubildung, bei der zwei Deckknochen, *Squamosum* (ihm entspricht die Pars squamosa des Os temporale) und *Dentale* (ihm entspricht die Mandibula), in Form eines *Anlagerungsgelenkes* miteinander in Kontakt treten. Man bezeichnet das *Squamosodentalgelenk* daher als *sekundäres Kiefergelenk* und stellt es dem *primären Kiefergelenk* der Nichtsäuger gegenüber. Das primäre Kiefergelenk niederer Vertebraten leitet sich von zwei knorpeligen Skelettelementen des Mandibularbogens, *Palatoquadratum* und *Mandibulare,* ab, die im Chondrocranium der Knorpelfische den zahntragenden Kieferapparat bilden. Bei Knochenfischen, Amphibien, Reptilien und Vögeln entwickeln sich in den proximalen Abschnitten des Mandibularbogens durch enchondrale Osteogenese zwei Knochenstücke: Im Palatoquadratum entsteht das *Quadratum,* im Mandibulare das *Articulare.* Quadratum und Articulare bilden das funktionstüchtige *primäre Kiefergelenk, Quadratoartikulargelenk,* dieser Wirbeltierklassen. Beim *Säuger* erfahren die Skelettelemente des primären Kiefergelenks im Verlaufe komplizierter Umbildungsvorgänge einen *Funktionswandel:* Aus ihnen entstehen Gehörknöchelchen, *Hammer* und *Amboß,* die nach der von *Gaupp* und *Reichert* aufgestellten Theorie dem Articulare und dem Quadratum homolog sein sollen (s. Abb. 9.**6**).

Das *sekundäre Kiefergelenk* entsteht beim Menschen wie bei den übrigen Mammalia als *Anlagerungsgelenk* zwischen den Anlagen von *Mandibula* und *Os temporale* (s. S. 93). Das Blastem des *Processus condylaris* erscheint am Ende der Embryonalperiode; kurze Zeit später wird das Blastem des *Os temporale* sichtbar. Die Entwicklung von *Sekundärknorpel* setzt am Caput mandibulae in der 10. Fetalwoche ein. An der Anlage des Os temporale erscheint der Sekundärknorpel später. Der Bereich der späteren Fossa mandibularis ist in der 22. Fetalwoche zu erkennen. Die Sekundärknorpel am Os temporale und an der Mandibula sind als *Wachstumszentren* für die Entwicklung des Kiefergelenks von großer Bedeutung.

Die Anlage des *Discus articularis* ist zwischen den am Aufbau des Kiefergelenks beteiligten Skelettelementen zunächst als Zellverdichtung zu erkennen. Die Ausformung der Gelenkscheibe erfolgt in der 12.–14. Fetalwoche und geht unmittelbar mit der Bildung der Gelenkhöhle einher. Die Herkunft des Discus articularis ist umstritten. Einige Autoren sehen die Zwischenscheibe als Fortsetzung des M. pterygoideus lateralis an. Dem steht die Ansicht gegenüber, daß sich der Discus articularis aus dem gleichen Blastem entwickelt wie der Condylus mandibulae und die Fossa mandibularis.

Die Ausbildung der *Gelenkformen* des sekundären Kiefergelenks ist eng mit der *Entwicklung* des *Gebisses* verbunden. Im zahnlosen Kiefer des Säuglings ist die Gelenkgrube sehr flach, das Tuberculum articulare fehlt weitgehend. Mit Durchbruch des Milchgebisses vertieft sich die Fossa mandibularis und die Wölbung des Tuberculum articulare nimmt zu. Seine endgültige Form erhält das Kiefergelenk erst nach vollständigem Durchbruch der permanenten Zähne. Die Erhaltung der typischen Gelenkform des Erwachsenen ist vom *Funktionszustand* des *Gebisses* abhängig. Im zahnlosen Greisenkiefer kommt es sekundär zu Umbauvorgängen, die vor allem zu einer Abflachung des Gelenkhöckers und der Gelenkgrube am Os temporale führen.

Die Gelenkform ist auch von der *Bißart* abhängig. Bei Individuen mit *Kopfbiß* sind die Gelenkoberflächen relativ flach. Je stärker ein *Überbiß* besteht, desto mehr fällt das Tuberculum articulare dorsal steil ab, die Fossa mandibularis ist tief, und das Caput mandibulae zeigt eine starke Krümmung. Am deutlichsten ausgeprägt ist dieses Phänomen beim pathologischen *tiefen Biß.*

* Vom Kauapparat werden in diesem Band nur die zum Bewegungsapparat zählenden Teile, Kiefergelenk und Kaumuskeln, besprochen. Zähne und Zahnhalteapparat s. Bd. II, Leitungsbahnen s. Bd. IV.

Aufbau

Artikulierende Anteile

Im *Kiefergelenk, Articulatio temporomandibularis,* artikulieren *Mandibula* und *Os temporale* miteinander. Die Gelenkflächen am Os temporale sind der vordere Teil der *Fossa mandibularis* sowie das *Tuberculum articulare* (Abb. 9.**79**). Die artikulierende Fläche der Mandibula bildet das *Caput mandibulae* (s. Abb. 9.**65**–9.**69**). Zwischen dem Gelenkkopf der Mandibula und den Gelenkflächen am Os temporale liegt eine *Gelenkscheibe, Discus articularis,* durch die das Kiefergelenk normalerweise in zwei vollständig voneinander getrennte Gelenkhöhlen unterteilt wird (dithalamisches Gelenk) (Abb. 9.**81**, 9.**82**).

Der *Gelenkkopf, Caput mandibulae,* ist das walzenförmige Ende des Processus condylaris des Unterkiefers, dessen medialer Teil von der Verlaufsrichtung des Collum mandibulae abweicht und nach innen vorragt. Eine quer durch das Caput mandibulae gelegte Achse verläuft von außen-vorn nach innen-hinten und außerdem schräg von oben nach unten (Abb. 9.**80**). Die queren Achsen beider Seiten schneiden sich im Bereich der Mediane am Vorderrand des Foramen magnum und bilden normalerweise miteinander einen nach vorn offenen Winkel von 150–165°. Der Winkel variiert stark, es werden häufig höhere Werte beobachtet; eine Abnahme des Winkels kommt seltener vor. Die Kieferköpfe beider Seiten befinden sich manchmal in ungleicher Stellung, so daß sich ihre Achsen seitlich der Mediane schneiden. Die *Gelenkfläche* des Caput mandibulae liegt auf der Vorderseite des Gelenkkopfes, sie hat einen elliptoiden Umriß und ist in der Sagittalebene und in der Frontalebene konvex gekrümmt (Abb. 9.**66**, 9.**68**, 9.**81**). Der *Krümmungsradius* in der Sagittalebene ist kleiner als der in der Frontalebene. Die Oberflächenkontur in der Frontalebene variiert. Am häufigsten findet man konvex oder leicht abgewinkelte Gelenkköpfe, selten ist die Gelenkoberfläche sehr flach oder stark abgerundet. Am knöchernen Skelett kann man auf der Höhe des Gelenkkopfes meistens eine firstartige Erhebung sehen, die bei erhaltenem Gelenkknorpel nicht so deutlich hervortritt. Die Gelenkfläche greift etwa 1–2 mm weit über den Kamm des Gelenkkopfes nach hinten. Die Gelenkfläche des Caput mandibulae wird von Faserknorpel und straffem Bindegewebe bedeckt, deren Ausdehnung und Struktur altersabhängig sind. Innerhalb der Gelenkflächenbedeckung können vier Zonen abgegrenzt werden: oberflächliche Zone, Intermediärzone, tiefe Zone und Zone des mineralisierten Knorpels. Die Rückfläche des Caput mandibulae fällt flach ab, sie ist von straffem Bindegewebe überzogen und liegt noch innerhalb der Gelenkhöhle (Abb. 9.**69**, 9.**82**). Die Knorpelbedekkung ist im mittleren Bereich dicker als in den kapselnahen Randzonen. Die Substantia spongiosa im Mandibulakopf besteht aus Knochenlamellen, die senkrecht in die subchondrale Corticalis einstrahlen. Der subchondrale Knochen ist im lateralen Abschnitt des Gelenkkopfes vergleichsweise dichter als in den übrigen Anteilen.

Die Gelenkflächen am *Os temporale* bilden die *Gelenkgrube, Fossa mandibularis,* und der *Gelenkhöcker, Tuberculum articulare* (Abb. 9.**17**, 9.**79**). Die Gelenkgrube beteiligt sich nur mit ihrem vorderen, zur Pars squamosa des Os temporale zählenden Abschnitt an der Bildung der Gelenkfläche. Der hintere, im Bereich der Pars tympanica liegende Anteil der Fossa mandibularis liegt extrakapsulär (s. unten). Die Gelenkgrube

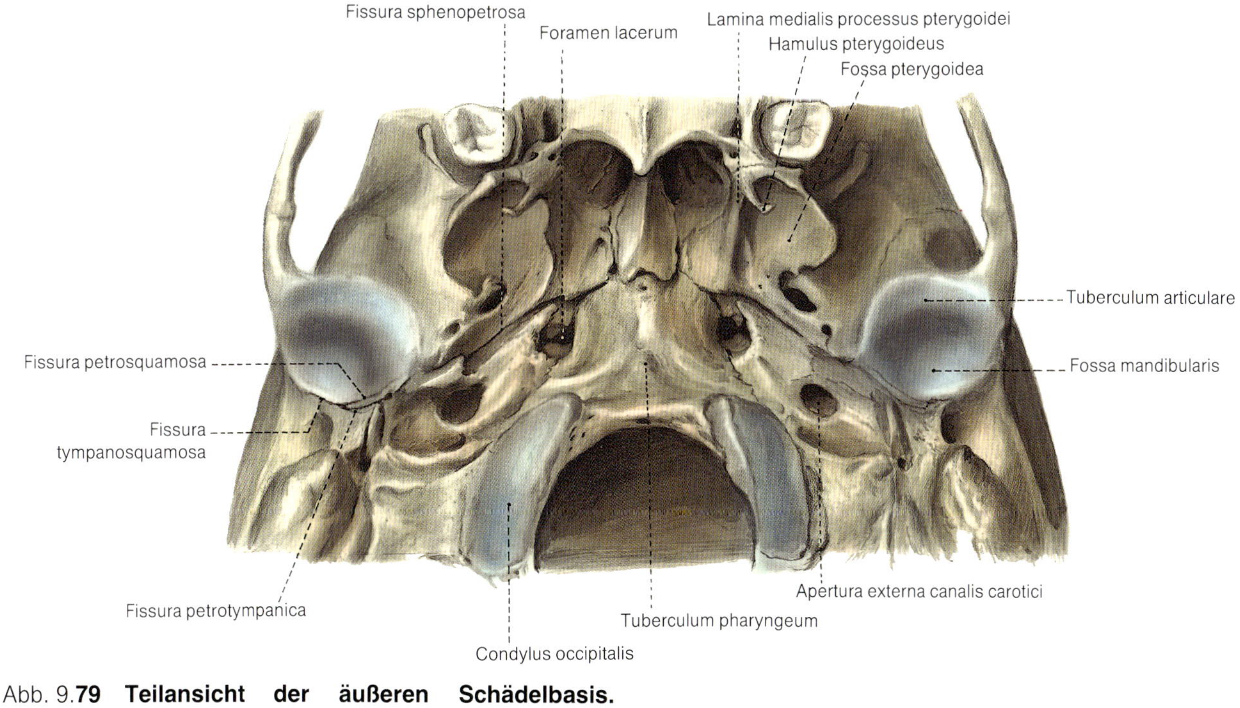

Abb. 9.**79** **Teilansicht der äußeren Schädelbasis. Gelenkgruben und Gelenkhöcker der Kiefergelenke.**

ist etwa 2- bis 3mal größer als die Gelenkfläche des Mandibulakopfes. Die Achse der ovalen Gelenkgrube ist wie am Caput mandibulae nach innen und hinten gerichtet. Die Gelenkgrube neigt sich in der Horizontalebene leicht nach innen.
Die *Gelenkflächenkontur* der Fossa mandibularis ist in der Sagittal- und in der Frontalebene konkav. An der tiefsten Stelle der Gelenkgrube wölbt sich der *subchondrale* Knochen gegen die Fossa cranialis media vor (Eminentia mandibularis). Der Knochen ist im Zentrum dünner als in der Peripherie.

Im höheren Lebensalter nimmt die Dicke des Knochens am Boden der Gelenkgrube nicht selten bis auf wenige Zehntel Millimeter ab. Beim Sturz mit geöffnetem Mund auf das Kinn kann die dünne Kompaktaschicht der Gelenkgrube zerbrechen und das Caput mandibulae in die mittlere Schädelgrube vordringen (sogenannte *zentrale Luxation* des Caput mandibulae).

Die Gelenkfläche der Fossa mandibularis geht vorn kontinuierlich in die Facies articularis des *Tuberculum articulare* über. Der Gelenkhöcker hat eine *sattelförmige Gestalt,* seine Oberfläche ist in der Sagittalebene konvex und in der Frontalebene konkav.
Der vordere Abschnitt der Fossa mandibularis und das Tuberculum articulare werden von *Faserknorpel* bedeckt (Abb. 9.**82**). Der Gelenkknorpel ist am Abhang des Gelenkhöckers am dicksten. Hier zeigt auch der *subchondrale Knochen* seine höchste Dichte. Insgesamt liegt auf der lateralen Seite mehr Knochenmaterial als im übrigen Bereich des Gelenkhöckers.

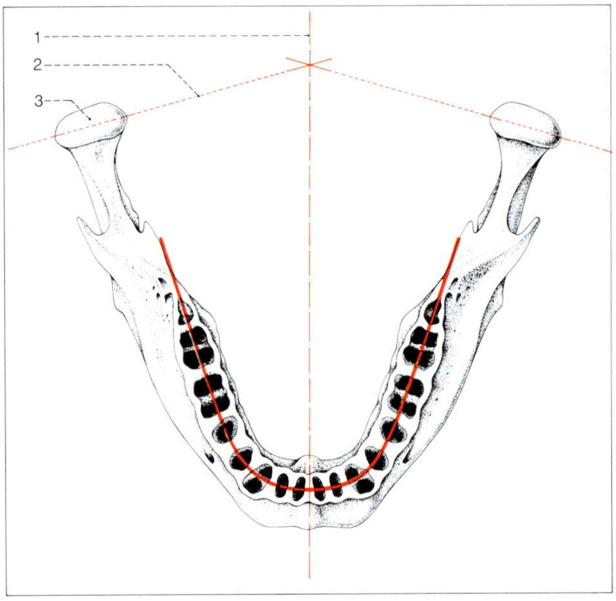

Abb. 9.**80** **Unterkiefer in der Ansicht von oben.** Eine quer durch das Caput mandibulae gelegte Achse verläuft von außen-vorn nach hinten-innen. Die Achsen beider Seiten bilden miteinander einen nach vorn offenen Winkel von etwa 150°. Der Schnittpunkt der Achsen liegt in der Mediane am Vorderrand des Foramen magnum. Der Zahnbogen (durchgezogene rote Linie) weicht im hinteren Bereich deutlich von der Krümmung des Unterkieferkörpers ab.
1 Medianebene
2 quere Achse des Caput mandibulae
3 Caput mandibulae

Der *Discus articularis* des Kiefergelenks (Abb. 9.**81**, 9.**82**) ist eine quer-ovale Platte, die aus straffem kollagenfaserigem Bindegewebe und aus Faserknorpel besteht. Die Gelenkscheibe ist peripher allseits mit der Gelenkkapsel verwachsen. Auf diese Weise wird die *Gelenkhöhle* in zwei *Kammern* unterteilt (s. unten). Über seine Insertion am vorderen Abschnitt der Gelenkkapsel kann der obere Teil des M. pterygoideus lateralis mit dem Discus articularis in Verbindung treten (s. S. 743).
Der *Discus articularis* zeigt regionale Unterschiede in seinem Aufbau. Der dünne *zentrale Abschnitt* (sogenannte *intermediäre Zone*) besteht aus straffem Bindegewebe. Die angrenzenden vorderen und hinteren Abschnitte bezeichnet man als sogenanntes *vorderes* und als sogenanntes *hinteres Band.* Das hintere Band kann bis zu 3 mm dick werden (Abb. 9.**82**). Die dicken Zonen bestehen aus straffem Bindegewebe, in das Knorpelzellen eingelagert sind. Eine faserknorpelige Struktur zeigt der Discus articularis in dem Teil des hinteren Bandes, der in Ruhelage der Gelenkfläche des Caput mandibulae aufliegt. Die Kollagenfibrillen des Discus articularis liegen in drei Schichten. Die Oberflächen bestehen aus einem Netzwerk dünner Fibrillen, unter denen jeweils eine Schicht lamellenartiger Kollagenfibrillenbündel ohne bevorzugte Ausrichtung liegt. Die innere dritte Schicht bildet den Hauptanteil des Discus articularis; die Kollagenfibrillenbündel verlaufen im hinteren Band transversal, in der intermediären Zone sagittal und im vorderen Band schräg nach lateral. Der die Rückfläche des Gelenkkopfes bedeckende dorsale Abschnitt des Discus articularis besteht aus zwei Anteilen (sogenannte *bilaminäre Zone* des *Diskus*). Das lockere Bindegewebe des oberen Anteils ist am Rand der Fissura petrosquamosa befestigt, es besteht größtenteils aus elastischen Fasern, die an der Rückführung des Discus articularis bei der Adduktion des Unterkiefers beteiligt sind. Der untere Anteil der bilaminären Zone besteht aus straffem Bindegewebe, das an der Rückfläche des Collum mandibulae verankert ist. In den bilaminären Abschnitt des Discus articularis ziehen Gefäße und Nerven aus dem extrakapsulären Abschnitt der Fossa mandibularis, die auch den dorsalen Abschnitt des hinteren Bandes versorgen. In das vordere Band gelangen Gefäße über die Insertion des M. pterygoideus lateralis. Die Intermediärzone ist avaskulär.
Bei geschlossenem Mund sitzt die Unterseite des Discus articularis dem Gelenknopf kappenartig auf (Abb. 9.**81**). Die obere Seite der Gelenkscheibe ist hinten, wo sie der Fossa mandibularis anliegt, konkav gekrümmt, vorn im Bereich des Tuberculum articulare ist ihre Kontur sattelförmig.
Der Discus articularis gleicht die *Inkongruenz* zwischen den artikulierenden Skelettelementen in den verschiedenen Stellungen des Gelenkes aus. Er übernimmt aufgrund seiner Verformbarkeit und seiner Verschieblichkeit während der Kieferbewegungen die

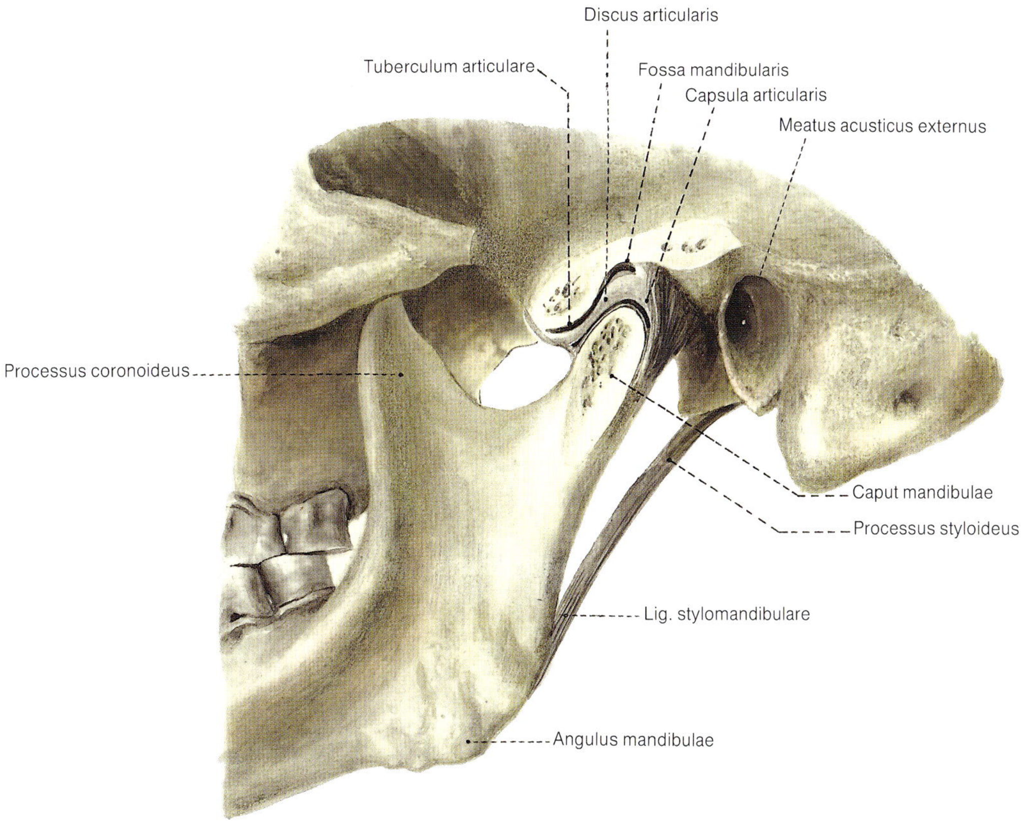

Abb. 9.**81** **Sagittalschnitt durch ein linkes Kiefergelenk.**

Funktion einer *„transportablen Gelenkfläche"* und ermöglicht die *Rotation* des Caput mandibulae bei der Mahlbewegung. Ferner beeinflußt er die *Führung* der Mandibula bei allen Unterkieferbewegungen (s. Mechanik, S. 736).

Im höheren Lebensalter ist bei *Zahnverlust* und *Zahnfehlstellungen* der Discus articularis im lateralen Abschnitt der hinteren Zone häufig sehr *dünn;* nicht selten kann man einen *Defekt* in diesem Bereich beobachten, so daß obere und untere Kammer der Gelenkhöhle miteinander in Verbindung stehen. Die Perforation des Discus articularis ist Folge einer lokalen Beanspruchungserhöhung, die aus Okklusionsstörungen resultieren kann. Gleichzeitig kommt es in den angrenzenden Gelenkflächenarealen zu *degenerativen Veränderungen* am Gelenkknorpel.

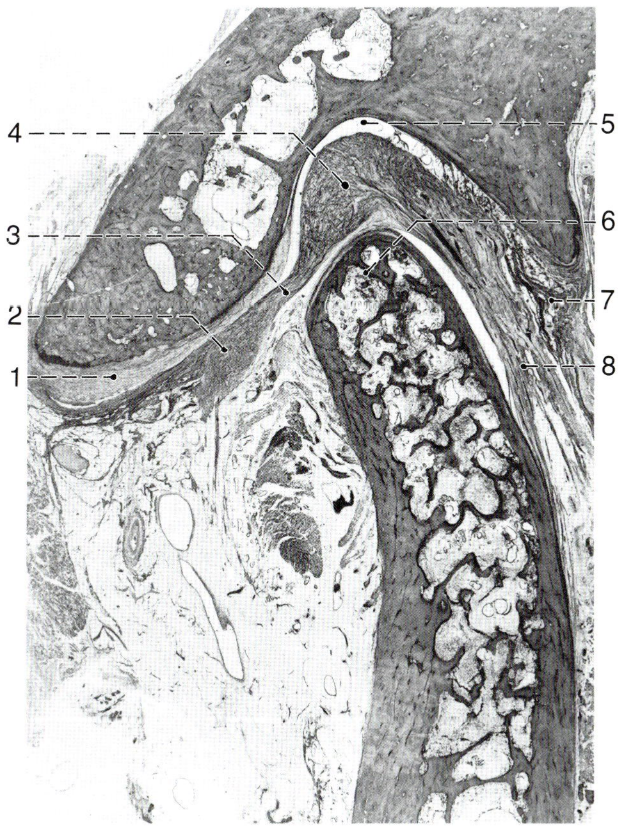

Abb. 9.**82** **Sagittalschnitt durch das linke Kiefergelenk eines Erwachsenen** (Methylmethacrylat 10 µm; Toluidinblaufärbung).

1 Faserknorpel über dem Tuberculum articulare
2 vorderes Band des Discus articularis
3 intermediäre Zone des Discus articularis
4 hinteres Band des Discus articularis
5 Fossa mandibularis
6 Caput mandibulae
7 oberer Teil der bilaminären Zone
8 unterer Teil der bilaminären Zone

(Präparat von Professor Dr. Dr. *R. Ewers,* Abt. Kieferchirurgie der Universität zu Kiel, Direktor: Professor Dr. Dr. *F. Härle*)

Gelenkkapsel, Bänder und Gelenkhöhle

Das Kiefergelenk wird von einer weiten *Gelenkkapsel* umschlossen (Abb. 9.**83**). Die Anheftung der Membrana synovialis greift am Schläfenbein vorn etwas über das Tuberculum articulare hinaus. Medial und lateral entspringt die Kapsel in der Nähe der Knorpel-Knochen-Grenze. Hinten ist die Kapsel vor der *Fissura petrotympanica (Glasersche Spalte)* im Knochen der Fossa mandibularis verankert. Vom Schläfenbein zieht die Gelenkkapsel trichterförmig nach unten und inseriert medial, lateral und vorn nahe der Knorpel-Knochen-Grenze das Caput mandibulae. Auf der Hinterseite des Gelenkes liegt die Befestigung am Übergang zwischen Caput und Collum mandibulae, so daß der von Bindegewebe bedeckte hintere Teil des Gelenkkopfes intraartikulär liegt (Abb. 9.**82**).

Die Gelenkkapsel wird lateral und medial durch Bänder verstärkt. Das *Lig. laterale* (Lig. temporomandibulare) (Abb. 9.**83**) ist im hinteren Abschnitt fest mit der Membrana fibrosa der Gelenkkapsel verwachsen, vorn liegt zwischen Band und Kapsel eine Nische, die lockeres Bindegewebe enthält. Das Lig. laterale entspringt seitlich neben dem Gelenkhöcker und zieht schräg nach hinten-unten zur lateralen Seite des Collum mandibulae, wo es auf einer von hinten-oben nach vorn-unten abfallenden Linie inseriert. Zwischen Lig. laterale und M. masseter kann ein kleiner Schleimbeutel liegen.

Auch auf der medialen Seite kann ein kapselverstärkendes Band, *Lig. mediale,* vorkommen. Es zieht in gleicher Richtung wie das laterale Seitenband. Das mediale Kollateralband ist schwächer als das Lig. laterale.

Die *Seitenbänder* beteiligen sich an der *Führung* des Kiefergelenks, außerdem hemmen sie die Randbewegungen. Die vorderen Anteile begrenzen Bewegungen nach hinten in Richtung auf den äußeren Gehörgang. Die hinteren Bandabschnitte sind bei Bewegungen nach vorn angespannt. Das Lig. laterale unterstützt bei der Mahlbewegung die *Stabilisierung* des Kondylus der Arbeitsseite (s. S. 737). Aufgrund ihrer räumlichen Anordnung erzwingen die Seitenbänder gemeinsam mit dem Lig. sphenomandibulare die kombinierte Dreh-Verschiebebewegung bei der Kieferöffnung (s. unten und vgl. Kniegelenk, S. 570). Gelenkkapsel und Bänder sind in Okklusionsstellung relativ entspannt.

Hinten grenzt die dünne Gelenkkapsel an den *extrakapsulären Teil* der *Fossa mandibularis,* der von lockerem Bindegewebe und Venenplexus ausgefüllt ist (s. Abb. 9.**17,** 9.**79,** 9.**82**). Das Gewebe im hinteren Abschnitt der Fossa mandibularis schützt die aus der *Fissura petrotympanica* tretende *Chorda tympani* vor Druckschäden, außerdem beeinflußt das extraartikuläre Gewebe den Bewegungsablauf im Kiefergelenk.

Auf der Vorderseite des Gelenkes inserieren Muskelfasern der oberen Portion des *M. pterygoideus lateralis* in der Gelenkkapsel (s. S. 743).

Die Gelenkkapsel des Kiefergelenkes wird von den *Nn. auriculotemporalis, massetericus* und *temporales profundi* innerviert. Der Discus articularis hat im Bereich seiner Anheftung an der Gelenkkapsel ebenfalls eine sensible Nervenversorgung. An der arteriellen Versorgung beteiligen sich die Aa. temporalis superficialis, transversa faciei, auricularis profunda sowie Rr. articulares der A. maxillaris.

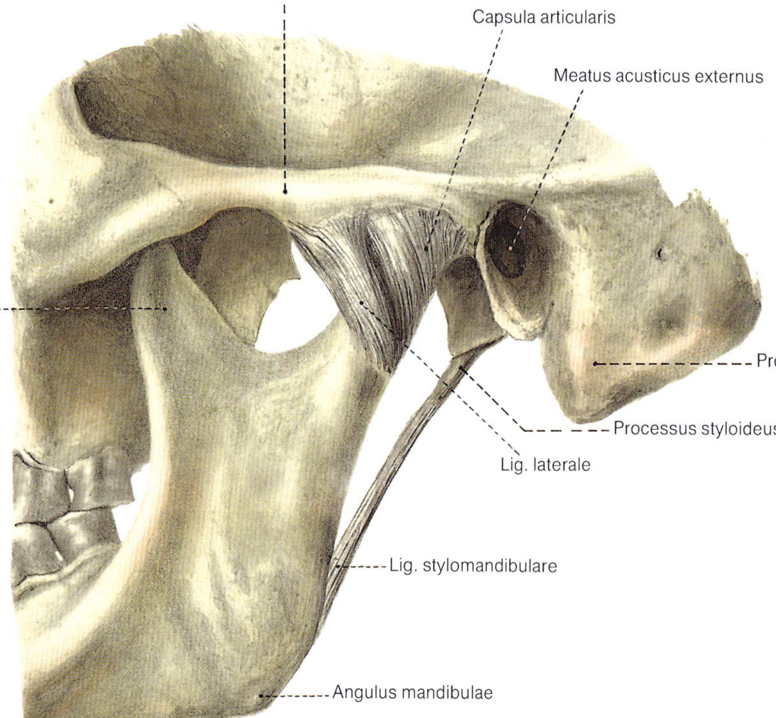

Abb. 9.**83** **Kiefergelenk der linken Seite in der Ansicht von lateral, Kapselbandapparat.**

Die Kinematik des Kiefergelenks wird auch von zwei *extrakapsulären Bändern* beeinflußt. Das *Lig. sphenomandibulare* (Abb. 9.**92**) entspringt an der Spina sphenoidalis, es verläuft zwischen M. pterygoideus medialis und M. pterygoideus lateralis nach unten und setzt an der Lingula mandibulae an, wo es sich fächerförmig über dem Foramen mandibulae ausbreitet. Das Band ist bei weiter Öffnung des Mundes angespannt. Das *Lig. stylomandibulare* (Abb. 9.**81,** 9.**83**) entspringt am Processus styloideus und zieht zum hinteren Rand des R. mandibulae. Das dünne Band kann als Verstärkungszug der Fascia parotideamasseterica angesehen werden. Es variiert stark in seiner Größe und dient gelegentlich Muskelfasern des M. styloglossus als

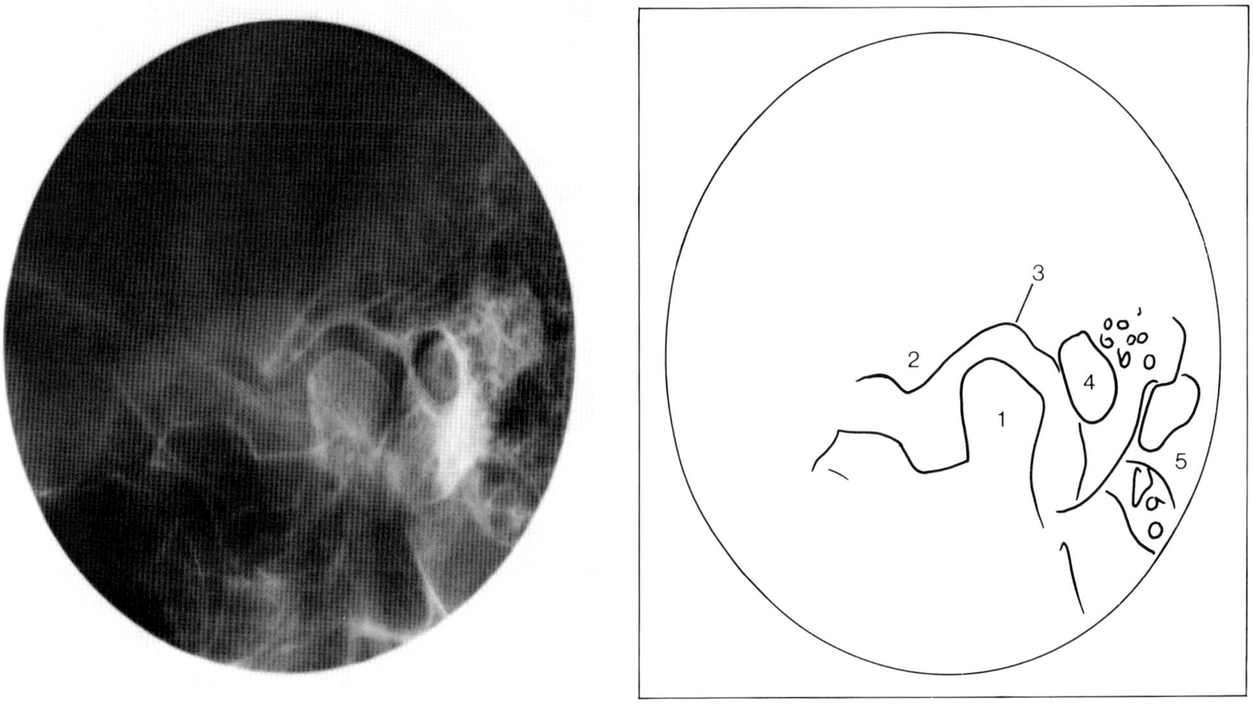

a

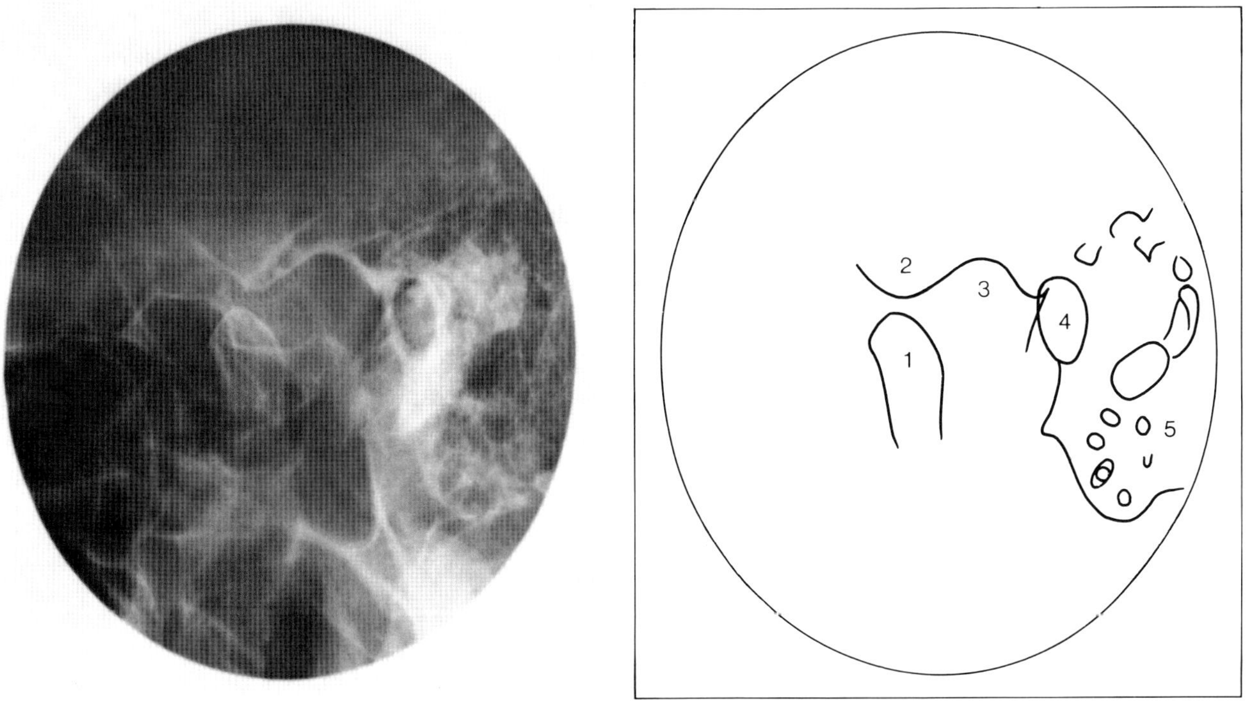

b

Abb. 9.**84a** u. **b** **Röntgenbilder eines linken Kiefergelenks** (Aufnahmetechnik nach *Schüller*).

a Bei geschlossenem Mund liegt das Caput mandibulae (1) in der Fossa mandibularis (3).

b Bei geöffnetem Mund liegt das Caput mandibulae (1) am Abhang des Tuberculum articulare (2).

4 Meatus acusticus externus

Ursprung. Das Lig. stylomandibulare wirkt wie ein Zügel auf die Mandibula und begrenzt normalerweise deren Bewegung nach vorn.
Die *Gelenkhöhle* des Kiefergelenks wird durch den in seiner Peripherie fest mit der Gelenkkapsel verwachsenen Discus articularis in *zwei Kammern* unterteilt. Die obere Kammer ist größer als die untere. Die Form der Gelenkhöhle verändert sich mit der Stellung der Mandibula. Hinter dem Caput mandibulae liegt ein schmaler Recessus, der dadurch entsteht, daß die Gelenkkapsel hier erst am Collum mandibulae inseriert (s. vorn) (s. Abb. 9.**82**). Im vorderen Abschnitt ist die Gelenkhöhle in der oberen und in der unteren Kammer relativ weit. Zu einer Kommunikation zwischen beiden Kammern der Gelenkhöhle kommt es, wenn der Discus articularis in Folge einer Überbeanspruchung perforiert (s. oben) oder wenn der Discus an seiner Verankerung abreißt.

Mechanik

Die beiden anatomisch getrennten *Kiefergelenke* bilden funktionell eine Einheit in Form einer geschlossenen Gelenkkette (s. S. 112). Durch die *mechanische Kopplung* beider Gelenke sind eigenständige Bewegungen auf der rechten oder linken Seite nicht möglich, sondern treten normalerweise immer in beiden Gelenken gleichzeitig auf. Isolierte Bewegungen eines Gelenkes kommen nur unter pathologischen Bedingungen, z. B. nach einer Unterkieferfraktur, vor. Die *Bewegungen* des Unterkiefers können, wie bei der Öffnung und Schließung des Mundes, bilateral *symmetrisch* ablaufen. Bei der Mahlbewegung erfolgt die Bewegung *asymmetrisch*.
Aufgrund der *Form* ihrer Gelenkkörper und der damit verbundenen Mechanik entsprechen die beiden Kiefergelenke einer *Articulatio bicondylaris* (s. Abb. 3.**50d**, S. 110). Das Kiefergelenk ist beim Menschen, wie das Gebiß, in Form und Mechanik der omnivoren Lebensweise angepaßt.
Beim Menschen führen die Kiefergelenke im Zusammenhang mit der Kaufunktion zwei *Hauptbewegungen* aus: 1. *Heben und Senken* des Unterkiefers, 2. *Mahlbewegung*. Die Hauptbewegungen setzen sich kinematisch aus kombinierten Rotations- und Translationsbewegungen zusammen (s. S. 111). Die Bewegungen im Kiefergelenk können mit und ohne Zahnkontakt erfolgen.
Senken (Abduktion) und *Heben* (Adduktion) des Unterkiefers geht mit Öffnung und Schließung des Mundes einher. Bei der Öffnung des Mundes vollführt das Caput mandibulae eine *Kombinationsbewegung* aus *Translation* und *Rotation*. Diese Bewegung findet in der unteren Kammer des Gelenks zwischen Caput mandibulae und Discus articularis statt. In der oberen Kammer gleitet die Gelenkscheibe an den Gelenkflächen des Os temporale entlang. Der *Discus* verlagert sich damit nach vorn. Durch die Translationsbewegung gleitet der Gelenkkopf aus der Fossa mandibularis nach vorn an den Abhang des Tuberculum articulare (Abb. 9.**84,** 9.**85**). Die Rotationsbewegung führt zur Senkung der Mandibula und damit zur Mundöffnung. Normalerweise setzt die kombinierte Dreh-Verschiebebewegung gleich zu Beginn der Öffnungsphase ein. Sie wird dem Gelenk durch die zentralnervös gesteuerte Aktivität des M. pterygoideus lateralis und durch die Anspannung des Bandapparates „aufgezwungen“. Eine reine *Rotationsbewegung* um eine Achse, wie man sie bei der Kieferöffnungsbewegung von Raubtieren beobachten kann (s. Abb. 3.**53**), läßt sich beim Menschen nur ausnahmsweise, z. B. bei passiver Führung des Gelenks, bis zu einem Winkel von etwa 15° ausführen.
Bei der Senkung des Unterkiefers wandert der *momentane Drehpunkt* des Caput mandibulae auf einer individuell unterschiedlichen Kurve (Abb. 9.**85**). Die geringste Lageveränderung erfährt bei Senkung und Hebung des Unterkiefers der Bereich um das *Foramen mandibulae*. Auf diese Weise werden die in den Canalis mandibulae eintretenden Leitungsbahnen vor übermäßiger Dehnung geschützt.
Die Verlagerung des Gelenkkopfes bei der Mundöffnung kann vor dem Tragus der Ohrmuschel oder vom äußeren Gehörgang aus getastet werden. Die Bewegungen im Kiefergelenk sind bei Individuen mit wenig Unterhautfettgewebe außerdem durch die Haut sichtbar.

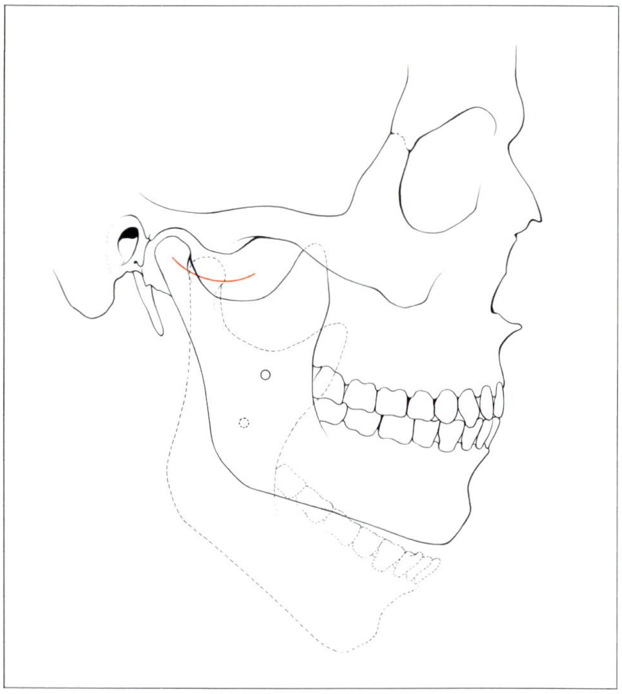

Abb. 9.**85** **Bewegung des Unterkiefers bei der Mundöffnung.** Das Caput mandibulae verlagert sich aus der Fossa mandibularis an den Abhang des Tuberculum articulare. Die momentanen Drehachsen bei dieser kombinierten Verschiebe- und Drehbewegung liegen auf einer nach kranial konkaven Kurve (nach *Fick* 1904).

Die *Mahl- oder Lateralbewegung* des Unterkiefers (Abb. 9.**86**) ist keine bilateral symmetrische Bewegung, sondern beide Kiefergelenke zeigen im Seitenwechsel einen unterschiedlichen Bewegungsablauf. Bei der Mahlbewegung vollführt der Gelenkkopf auf einer Seite eine *Rotation* um eine vertikale Achse, während das Caput mandibulae der Gegenseite eine *Translationsbewegung* nach vorn und unten macht. Die Seite, auf der die Rotation des Caput mandibulae stattfindet, bezeichnet man als *Arbeitsseite (Aktivseite, Laterotrusionsseite)*. Der Condylus der Aktivseite ist der *„Rotationskondylus"* oder *„ruhende Condylus"*. Der Unterkiefer dreht sich bei der Mahlbewegung zur Arbeitsseite. Die Gegenseite, auf der die Translationsbewegung stattfindet, ist die *Balanceseite (Mediotrusionsseite)* mit dem entsprechenden *„Translationskondylus"* oder *„schwingenden Condylus"*.

Das Caput mandibulae der Arbeitsseite macht während der Mahlbewegung außer der Rotation normalerweise auch eine geringe Lateralbewegung (Laterotrusion), die man als *Bennet-Bewegung* bezeichnet (Abb. 9.**87**). Der Winkel, der zwischen den Verbindungslinien beider Gelenkköpfe von der Ruhelage bis zur Endstellung des Caput mandibulae auf der Balanceseite entsteht, entspricht dem *Bennet-Winkel*. Er setzt sich aus Rotationsbewegung und Lateralverschiebung zusammen.

Der *Condylus* der *Arbeitsseite* wird bei der Mahlbewegung durch Kaumuskeln und Bandapparat *stabilisiert*. Der Gelenkkopf tritt bei der Bewegung geringgradig aus der Gelenkgrube und liegt gegenüber dem unteren Abschnitt des Tuberculum articulare. Die Mahlbewegung wird anatomisch dadurch ermöglicht, daß die Gelenkgrube größer ist als der Gelenkkopf; günstig wirkt sich außerdem die Einlagerung des Discus articularis aus.

Bei *Wiederkäuern*, die beim Kauakt vorwiegend Mahlbewegungen ausführen, sind Gelenkkopf und Gelenkgrube im Gegensatz zum Kiefergelenk des Menschen so flach, daß ausgiebige Translations- und Rotationsbewegungen möglich sind.

Auf der *Balanceseite* schwingt der Unterkiefer nicht nur nach vorn, sondern macht auch eine leichte *Kippbewegung* nach lateral. Das wechselseitige Tiefertreten der Mandibula auf der jeweiligen Balanceseite ist bei den Mahlbewegungen während des Kauaktes deutlich zu sehen.

Die *Verlagerung* und die Verformung des *Discus articularis* bei den Kaubewegungen erfolgt vorwiegend passiv. Aktiv kann der Discus durch die aus der oberen Portion des M. pterygoideus lateralis an ihm inserierenden Muskelfaserbündel bewegt werden (s. S. 743).

Neben den beiden Hauptbewegungen lassen sich am Kiefergelenk weitere Bewegungsabläufe beschreiben. Eine reine Translationsbewegung des Unterkiefers nach vorn bei bestehendem Zahnkontakt bezeichnet man als *Protrusion*. Sie ist in großem Ausmaß nur dann möglich, wenn die Gelenkköpfe gleichzeitig aus der Fossa mandibularis heraustreten. Die Protrusionsbewegung wird durch das Tuberculum articulare und durch die palatinale Fläche der Frontzähne am Oberkiefer sowie durch die labialen Flächen der Frontzähne am Unterkiefer geführt. Die Translation des Unterkiefers nach hinten nennt man *Retrusion*. Bei Kaubewegungen der *Nager* wird der Unterkiefer in typischer Weise in Form einer abwechselnden Protrusion und

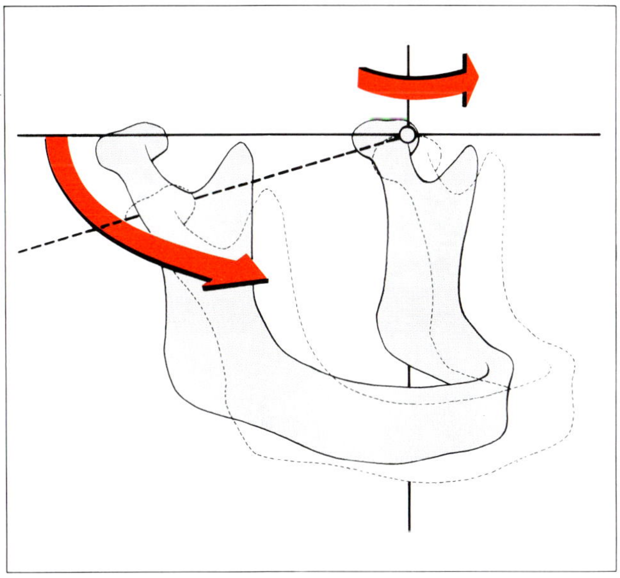

Abb. 9.**86** **Mahlbewegung (Lateralbewegung) des Unterkiefers.** Der (linke) Condylus der Arbeitsseite rotiert um eine vertikale Achse. Der (rechte) Condylus der Balanceseite macht eine Translationsbewegung nach vorn-unten (nach *Körber*).

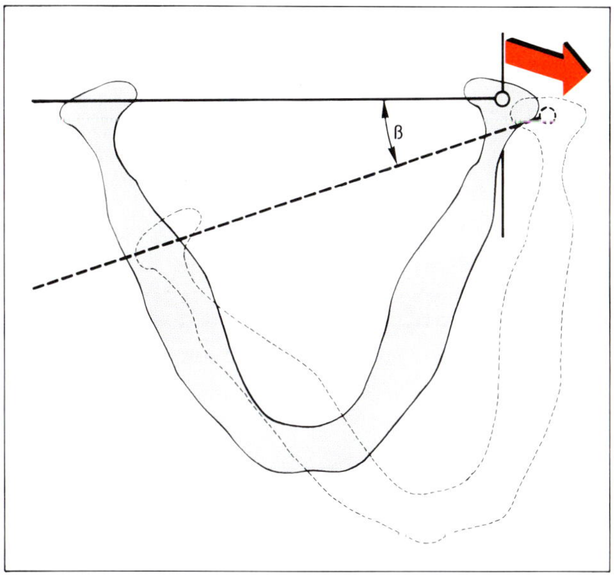

Abb. 9.**87** **Mahlbewegung (Lateralbewegung) des Unterkiefers, in der Ansicht von oben.** Das Caput mandibulae der (linken) Arbeitsseite macht während der Mahlbewegung eine Rotation und eine geringgradige Lateralbewegung (Bennet-Bewegung). Der Winkel β entspricht dem Bennet-Winkel (nach *Körber*).

Retrusion in der Sagittalebene verschoben. Reine Verschiebebewegungen in transversaler Richtung sind nur in begrenztem Umfang möglich. Die Translation nach lateral bezeichnet man als *Laterotrusion,* die Bewegung nach medial als *Mediotrusion.*
Die Unterkieferbewegungen werden von der Form der Gelenkkörper, dem Kapsel-Band-Apparat und von den Kaumuskeln sowie bei geschlossenem Mund durch die Okklusion der Zähne begrenzt. Die *Grenzbewegungen* des Unterkiefers liegen in den drei Ebenen des Kopfes auf charakteristischen und reproduzierbaren Bahnen (Einzelheiten s. Spezialliteratur der Zahnheilkunde).

Alle Bewegungen in den Kiefergelenken werden von Bewegungen der Halswirbelsäule begleitet; so kommt es, z. B. bei Senkung der Mandibula, zu einer leichten Rückneigung des Kopfes und zu einer geringgradigen Streckung der Halswirbelsäule.

Belastung und *Beanspruchung* des Kiefergelenks unterliegen großen individuellen Schwankungen. Die Belastung erfolgt durch eine Gelenkresultierende, die sich aus den Kräften der *Kieferadduktoren* und des *Kaudrucks* zusammensetzt (s. Abb. 9.**73b**). Der Kraftvektor der Kaumuskeln ändert seine Größe und Richtung in den verschiedenen Stellungen des Caput mandibulae, ebenso variiert der Kraftvektor des Kaudrucks in Größe und Richtung. Das Gewicht des Unterkiefers (ca. 500 g) ist für die Belastung des Kiefergelenks von untergeordneter Bedeutung. Durch die *Gelenkresultierende* aus Muskelkraft und Kaudruck wird das Kiefergelenk auf Druck beansprucht. Die Druckbelastung der Gelenkflächen mit einer Kraft von 10–15 N ist im Vergleich mit anderen Gelenken relativ klein (Belastung der Zähne, s. Bd. II). Orte der *Kraftübertragung* sind der vordere Anteil des Caput mandibulae und der Abhang des Tuberculum articulare. Bei geöffnetem Mund liegt zwischen den artikulierenden Skelettelementen der hintere Abschnitt (hinteres Band) des Discus articularis. Nach Befunden am Gelenkknorpel und am gelenknahen Knochen wird der laterale Abschnitt der Gelenkflächen über dem Gelenkkopf und über dem Gelenkhöcker höher beansprucht als der übrige Teil des Gelenks.
Zwischen Ober- und Unterkiefer kann jedoch auch *Kaudruck* ohne Belastung des Kiefergelenks übertragen werden; so ist das *Kiefergelenk,* z. B. bei Okklusion, theoretisch belastungsfrei, wenn sich der Vektor der Muskelkraft aus M. masseter, hinterer Portion des M. temporalis und unterer Portion des M. pterygoideus lateralis zusammensetzt. Auch bei gesenktem Unterkiefer besteht die Möglichkeit, ohne Belastung der Kiefergelenke zu kauen, wenn der zur Erzeugung des Kaudrucks notwendige Vektor der Muskelkräfte auf der gleichen Wirkungslinie, jedoch in entgegengesetzter Wirkungsrichtung wie der Kaudruck verläuft.

Kaumuskeln

Am *Kauakt* beteiligen sich *Muskeln* unterschiedlicher Funktion und Herkunft. Als *„Kaumuskeln im engeren Sinn"* bezeichnet man die im Gesichtsbereich liegenden *Mm. masseter, temporalis, pterygoideus medialis* und *pterygoideus lateralis.* Sie sind Abkömmlinge des ersten Kiemenbogens und werden vom N. trigeminus innerviert. Die Kaumuskeln höherer Wirbeltiere im Bereich des Mandibularbogens leiten sich, vergleichend anatomisch betrachtet, vom *M. adductor mandibulae* niederer Wirbeltiere ab. Bei der Aufspaltung des M. adductor mandibulae in mehrere Muskelindividuen bleibt die ursprüngliche Funktion, Adduktion des Unterkiefers, beibehalten.
Zu den Kaumuskeln zählen auch die *suprahyalen Muskeln,* die sich an der Öffnung des Mundes und an der Mahlbewegung beteiligen.
Alle Kaumuskeln greifen an der Mandibula an und sind als *bilaterale Muskelpaare* angelegt. Sie können beiderseits synchron wirken oder einseitig aktiv sein.

Kaumuskeln im Gesichtsbereich

M. masseter

Gestalt und Lage

Der *M. masseter* liegt im hinteren Abschnitt der Mandibula (Abb. 9.**88**, 9.**89**). Der rechteckige Muskel wird von der Fascia masseterica bedeckt und prägt die Form des hinteren Abschnitts der Wangen. Sein Muskelbauch wölbt sich bei Kontraktion oberhalb des Kieferwinkels sichtbar und tastbar vor.
Der *M. masseter* besteht aus einem oberflächlichen *(Pars superficialis)* und aus einem tiefen Anteil *(Pars profunda).* Der kräftige *oberflächliche Anteil* entspringt mit breiter Sehne im unteren Bereich der Facies lateralis sowie am Processus temporalis des Os zygomaticum (s. Abb. 9.**104**). Die aponeurotische Ursprungssehne zieht schräg nach hinten-unten und geht im unteren Drittel des Ramus mandibulae in ihren Muskelbauch über. Der Muskel-Sehnen-Übergang kann auf einer nach oben konkaven Linie liegen, häufig erfolgt er in Form von unregelmäßigen Zackenbildungen. Ein großer Teil der Muskelfasern der Pars superficialis entspringt von der Innenfläche der Ursprungssehne.
Die *Pars profunda* des M. masseter wird bis auf ihren hinteren, oberen Teil von der Pars superficialis überlagert. Die tiefe Portion entspringt von der Innenfläche des Processus zygomaticus ossis temporalis (s. Abb. 9.**105**) sowie vom tiefen Blatt der Fascia temporalis. Die Muskelfasern verlaufen vertikal zum Unterkiefer, wo sie gemeinsam mit der Pars superficialis inserieren.

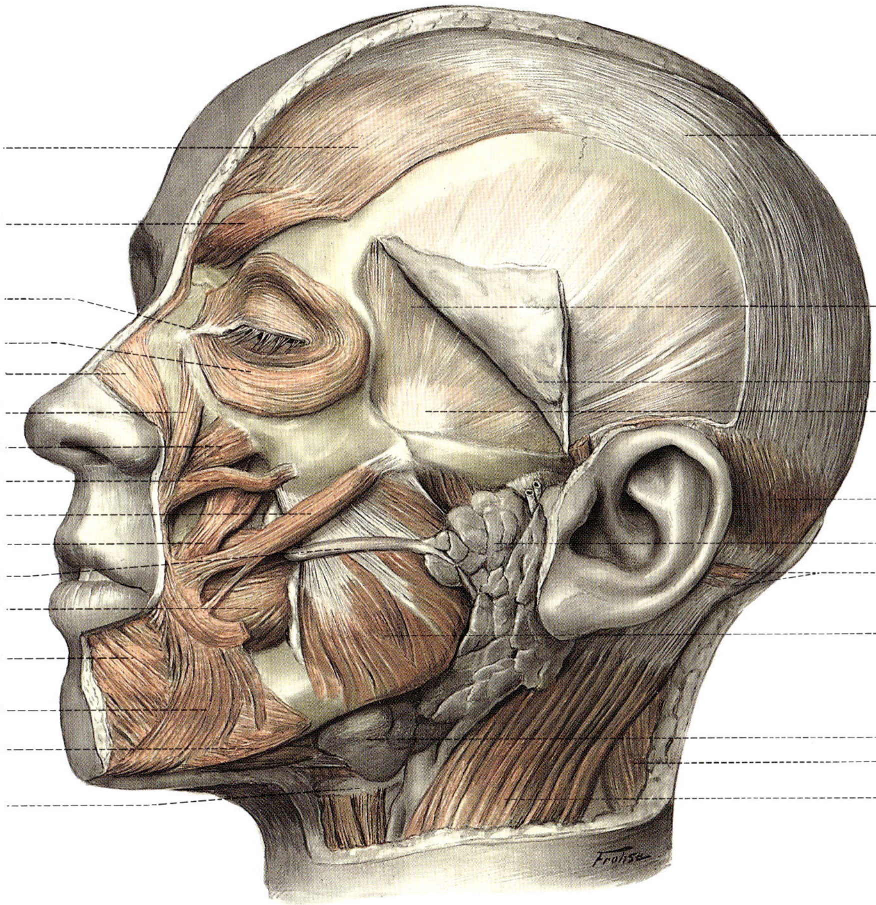

Abb. 9.**88** **Kaumuskeln und mimische Muskeln der linken Seite in der Ansicht von lateral, oberflächliche Schicht.** Oberflächliches Blatt der Fascia temporalis am Jochbogen abgetrennt und nach oben umgeschlagen.

Der *Ansatz* der Pars superficialis liegt am Kieferwinkel, er dehnt sich vorn bis in den Bereich des zweiten Molaren aus (s. Abb. 9.**104**). Bei kräftiger Entwicklung des Muskels treten im Ansatzfeld Knochenleisten, Tuberositas masseterica, auf (s. Abb. 9.**68**). Am Rand des Angulus mandibulae bildet die Pars superficialis des M. masseter gemeinsam mit der Ansatzsehne des M. pterygoideus medialis meistens eine sehnige Raphe (s. Abb. 9.**92**).

Der Ansatz der Pars profunda erstreckt sich bis ins obere Drittel des Ramus mandibulae. Die Ansatzzone der von der Fascia temporalis entspringenden Muskelfasern dehnt sich bis zur Basis des Processus coronoideus aus (s. unten).

Oberflächlicher und tiefer Teil des M. masseter werden nur im hinteren Bereich durch einen von lockerem Bindegewebe ausgefüllten nischenförmigen Spalt voneinander getrennt. Im vorderen Abschnitt sind beide Portionen fest miteinander verwachsen. Der M. masseter ist ein komplex gefiederter Muskel mit großem physiologischen Querschnitt.

Der M. masseter wird in seinem hinteren Teil von der *Glandula parotis* überlagert (s. Abb. 9.**88**). Im oberen Drittel überkreuzt der *Ductus parotideus* den Muskel. Der vordere Muskelrand überlagert das Corpus adiposum buccae.

Varianten

Vollständiges Fehlen des *M. masseter* wird im Zusammenhang mit anderen angeborenen Fehlbildungen im Kopfbereich beschrieben. Die Größe des M. masseter variiert erheblich. Die beiden Portionen des Muskels können vollständig voneinander getrennt sein. Häufig besteht eine enge Verbindung zwischen den von der Fascia temporalis entspringenden Fasern und dem M. temporalis. Der Ansatz des M. masseter kann sich dann bis zur Spitze des Processus coronoideus ausdehnen. Diese Muskelfaserbündel entsprechen bei zahlreichen Säugern einem besonderen Muskel *(M. zygomaticomandibularis).* Im Ansatzbereich können Muskelfasern den Rand des Kieferwinkels umgreifen und sich an der Innenfläche mit dem M. pterygoideus medialis vereinigen. Überzählige Muskelanteile entspringen gelegentlich am Lig. laterale der Kiefergelenkkapsel.

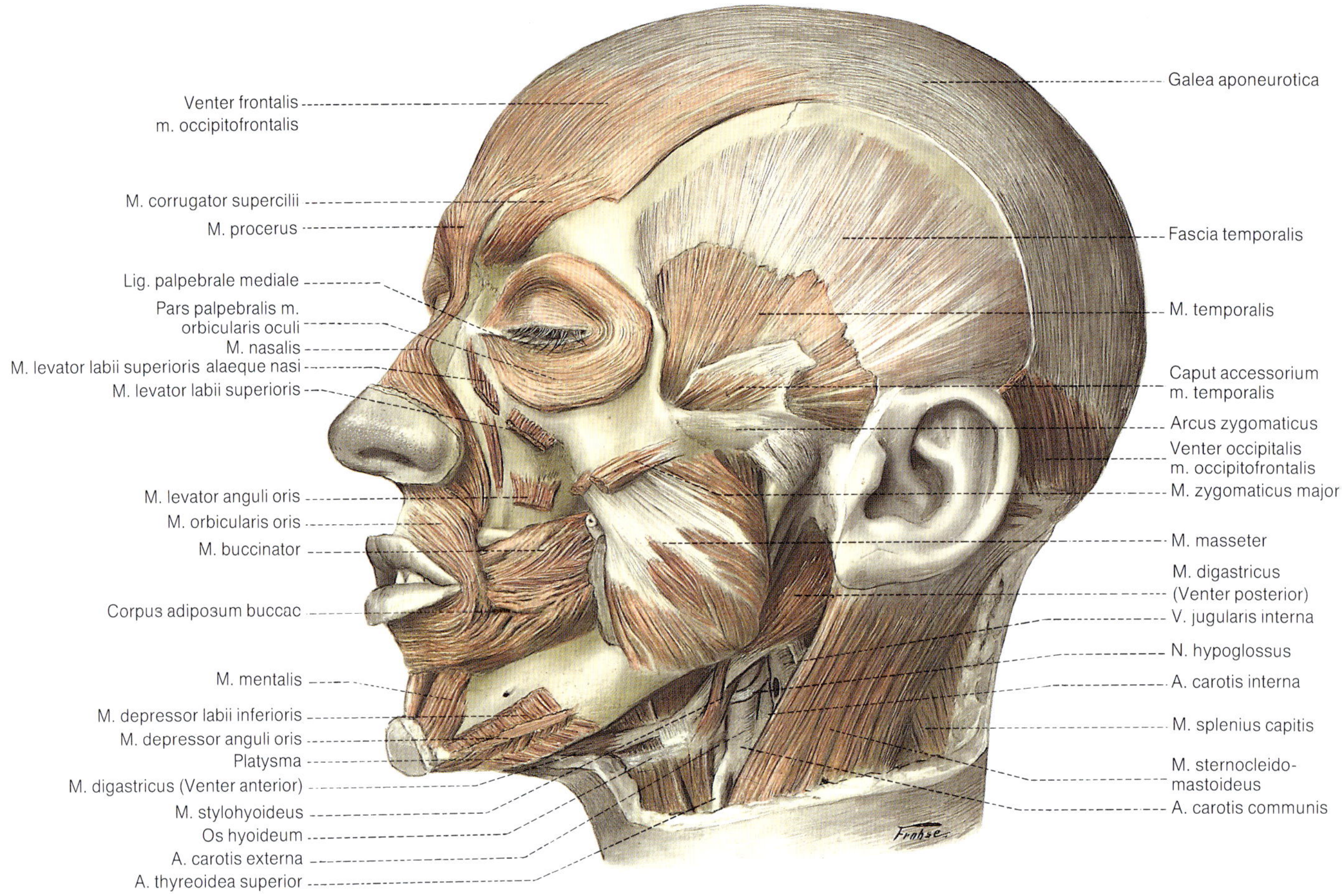

Abb. 9.**89** **Mimische Muskeln (teilweise entfernt), Kaumuskeln und obere Zungenbeinmuskeln der linken Seite in der Ansicht von lateral.**

Funktion und Innervation

Der *M. masseter* ist ein kräftiger *Heber (Adduktor)* des Unterkiefers. Der Muskel verfügt über eine große Kraftreserve, er vermag den Kaudruck durch *isometrische Kontraktion* auch noch nach zentrischer Okklusion der Zähne erheblich zu steigern. Die oberflächliche Portion des M. masseter läßt sich aufgrund ihres schrägen Verlaufes in eine vertikale und in eine sagittale Kraftkomponente zerlegen. Durch die nach vorn gerichtete Kraft kann der Muskel die *Protrusion* des Unterkiefers unterstützen. Nach elektromyographischen Befunden zeigt der M. masseter keine Aktivität während der Mahlbewegung.
Der M. masseter bildet mit dem *M. pterygoideus medialis* eine *Muskelschlinge,* in die der Angulus mandibulae eingelagert ist. Die beiden Muskeln wirken bei der Adduktion des Unterkiefers stets synchron. M. masseter und M. pterygoideus medialis bringen etwa 55% der für eine kräftige Adduktion des Unterkiefers notwendigen Muskelkraft auf.
Der M. masseter wird vom *N. massetericus* des *N. mandibularis* innerviert. Die Pars profunda des Muskels verfügt über zahlreiche Muskelspindeln.

M. temporalis

Gestalt und Lage

Der *M. temporalis* ist der größte und kräftigste Kaumuskel (Abb. 9.**88**–9.**91**). Er liegt, bedeckt von der *Fascia temporalis,* in der *Fossa temporalis.* Die Vorwölbung seines Muskelbauches während des Kauaktes zeichnet sich in der Schläfenregion deutlich ab.
Der *M. temporalis* entspringt breitflächig mit kurzen Sehnen an der Linea temporalis inferior des Planum temporale. Distal dehnt sich der Ursprung auf die Schläfenbeinschuppe aus (s. Abb. 9.**104**). Vorn entspringen Muskelfasern im Bereich der Facies temporalis ossis sphenoidalis und von der Rückfläche des Os zygomaticum (s. Abb. 9.**105**). Die Verankerung der Ursprungssehnen an der Facies externa des Os parietale ruft radiäre Furchen im Knochen hervor. Der oberflächlich liegende Teil des M. temporalis entspringt am tiefen Blatt der Fascia temporalis (s. Abb. 9.**88**). Diese Muskelfasern ziehen konvergierend nach unten und inserieren größtenteils am Processus coronoideus der Mandibula (s. Abb. 9.**94**). Der Ansatz der in der Tiefe liegenden Muskelfasern des vorderen und

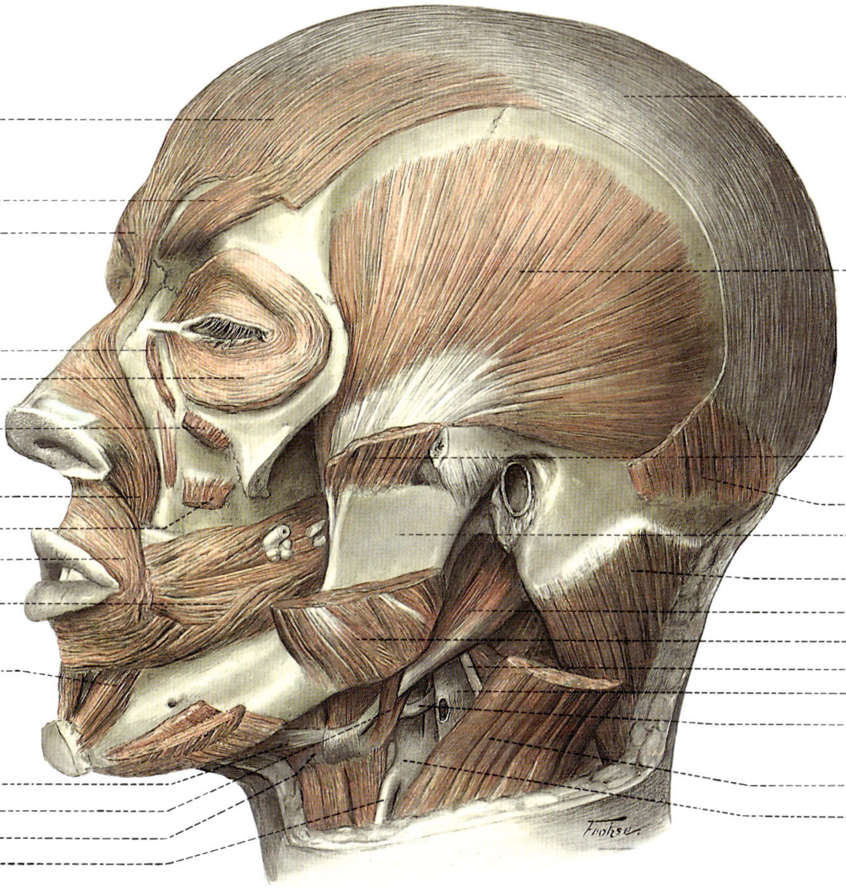

Abb. 9.**90** **Mimische Muskeln (teilweise entfernt), Kaumuskeln und obere Zungenbeinmuskeln. Jochbogen durchtrennt, oberer Teil des M. masseter entfernt. Ansicht der linken Seite von lateral.**

mittleren Abschnittes dehnt sich an der Innenseite des Processus coronoideus (Crista temporalis) bis in den Bereich hinter dem dritten Molaren (Trigonum retromolare) aus. Die Ansatzsehne reicht im Muskelinnern weiter nach kranial als im sichtbaren äußeren Teil des Muskels. Der M. temporalis entspricht in seiner inneren Struktur einem doppelt gefiederten Muskel mit großem physiologischen Querschnitt.
Der Ansatzbereich des Muskels wird vom *Jochbogen* und vom M. masseter bedeckt (Abb. 9.**89**). Zwischen dem Vorderrand des M. temporalis und der knöchernen Rinne, die von der Rückfläche des Jochbeins und vom Processus zygomaticus der Maxilla gebildet wird, liegt ein Fettkörper, der als *Gleitlager* dient.
Am M. temporalis lassen sich vom *Faserverlauf* her *drei Abschnitte* abgrenzen, die sich teilweise auch funktionell unterscheiden. Die Muskelfasern verlaufen im vorderen Abschnitt vertikal, im mittleren Abschnitt schräg von hinten-oben nach unten-vorn und im hinteren Abschnitt nahezu sagittal.

Varianten

Der *M. temporalis* ist häufig mit dem M. masseter verwachsen (s. oben). Im Bereich der Crista infratemporalis geht er nicht selten eine Verbindung mit dem M. pterygoideus lateralis ein. Die Höhe des Ursprungs am Os parietale variiert. Bei großen Raubtieren und einigen Primaten dehnt sich der Muskelursprung über die gesamte Seitenfläche des Schädels aus, und der Muskel entspringt von kräftigen Knochenkämmen.

Funktion und Innervation

Der *M. temporalis* ist bei beidseitiger Aktivität der kräftigste *Adduktor* des Kiefergelenks. Der Muskel bringt etwa 45% der Kaukraft auf. An der Hebung des Unterkiefers ist der gesamte Muskel beteiligt, die stärkste Wirkung haben aufgrund ihres Muskelfaserverlaufs der vordere und der mittlere Teil. Der M. temporalis kann seine Kraft dann besonders wirkungsvoll entfalten, wenn der Mund zuvor weit geöffnet wird. In dieser Stellung ist der Muskel *vorgedehnt* und der größte Teil seiner Fasern verläuft vertikal zur Kauebene des Oberkiefers. Die Kraft des Muskels erreicht ihren Höhepunkt erst nach vollständiger

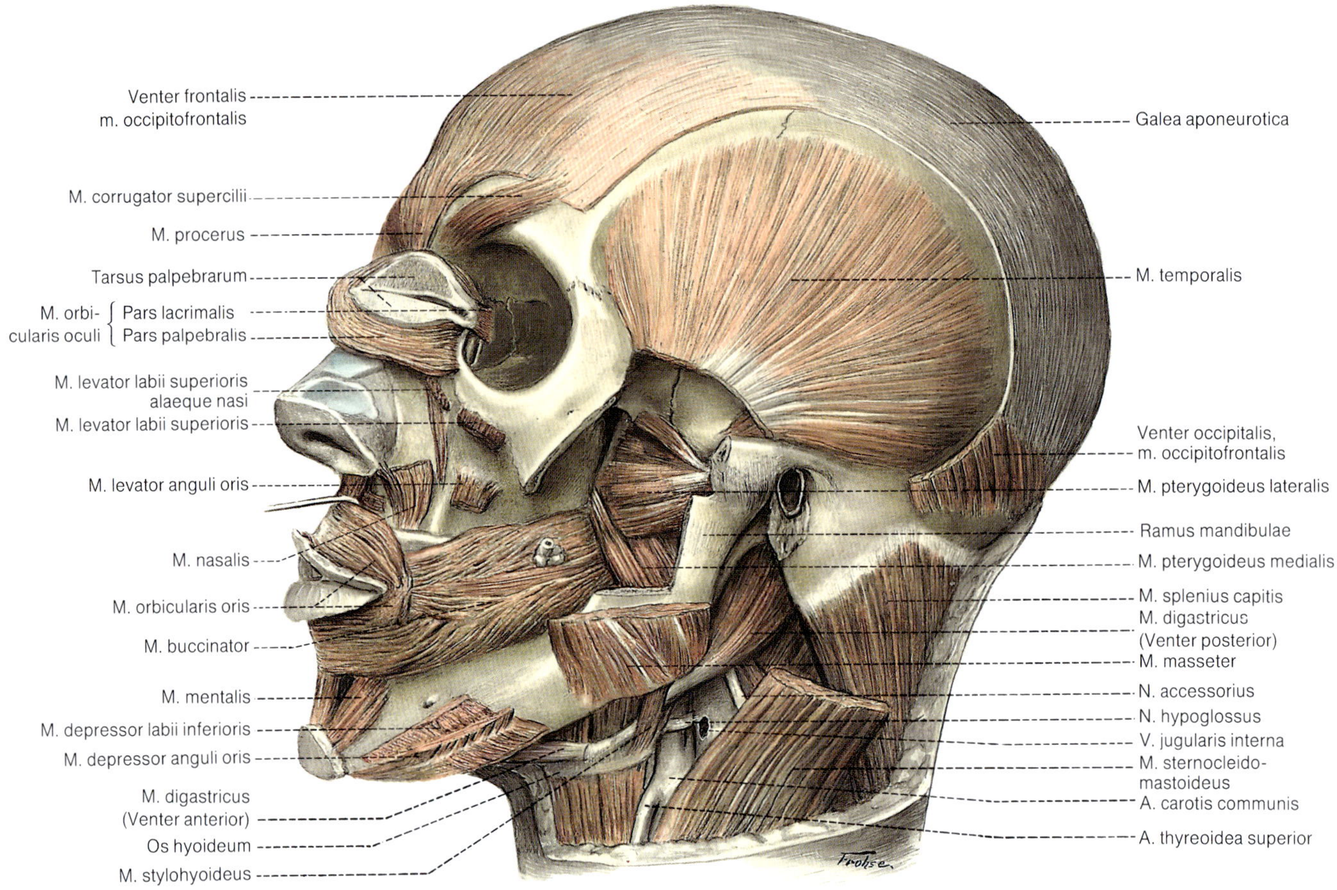

Abb. 9.**91** **Mimische Muskeln, Kaumuskeln und obere Zungenbeinmuskeln der linken Seite in der Ansicht von lateral.**
Mimische Muskeln (teilweise entfernt), Pars palpebralis des M. orbicularis oculi nach medial geklappt, Pars lacrimalis, Jochbogen und Teil des Jochbeins sowie Processus coronoideus und Teil des Ramus mandibulae durchtrennt, Ansatz des M. temporalis und oberer Teil des M. masseter entfernt. Freilegung des M. pterygoideus medialis und des M. pterygoideus lateralis.

Okklusion des Gebisses. Der Muskel verliert bei Protrusion des Unterkiefers an „Beißkraft". Der *hintere Teil* des Muskels bewirkt die *Retrusion* des Unterkiefers, er hält das Caput mandibulae in *Ruhelage* in der Fossa mandibularis. Der *vordere Abschnitt* des Muskels kann die *Protrusion* geringgradig unterstützen.
Der M. temporalis beteiligt sich an der *Mahlbewegung*. Auf der *Arbeitsseite* unterstützen seine hinteren Fasern die *Stabilisierung* des „ruhenden Condylus". Auf der *Balanceseite* beteiligt sich der Muskel an der *Verlagerung* des *Gelenkkopfes* nach vorn.
Der M. temporalis wird von den *Nn. temporales profundi* des *N. mandibularis* innerviert.

M. pterygoideus medialis

Gestalt und Lage

Der *M. pterygoideus medialis* (s. Abb. 9.**91,** 9.**92**) liegt an der Innenseite des Unterkiefers und wird vom tiefen Blatt der Fascia masseterica bedeckt. Der Muskel hat *zwei Ursprungsköpfe,* von denen der größere *mediale Kopf* in der Fossa pterygoidea an der Facies medialis der Lamina lateralis processus pterygoidei entspringt (s. Abb. 9.**105**). Der kleinere *laterale Ursprung* liegt an der Außenseite der Lamina lateralis des Flügelfortsatzes, am Processus pyramidalis ossis palatini sowie am Tuber maxillae. Zwischen medialen und lateralen Ursprungskopf des M. pterygoideus medialis schiebt sich der kaudale Ursprungsteil des M. pterygoideus lateralis. Die Ansatzsehne des medialen Teiles ist auf der Innenseite, wo sie dem M. tensor veli palatini anliegt, aponeurotisch verbreitert.
Der M. pterygoideus medialis verläuft schräg nach unten-hinten und inseriert an der Innenfläche des Angulus mandibulae, wo die Verankerung seiner Seh-

nen im Knochen die Tuberositas pterygoidea hervorruft (s. Abb. 9.**94**, 9.**69**). Der Muskel verbreitert sich im Ansatzbereich. Seine äußeren Sehnenfasern können mit der Ansatzsehne des M. masseter eine Raphe über dem Rand des Unterkieferwinkels bilden.
Der M. pterygoideus medialis liegt in enger Nachbarschaft zur *Glandula parotis* und zur *Glandula submandibularis*.

Varianten

Der *M. pterygoideus medialis* kann über einzelne Faserbündel mit dem M. masseter und mit dem M. tensor veli palatini in Verbindung treten.

Funktion und Innervation

Bei *doppelseitiger Innervation* bildet der *M. pterygoideus medialis* mit dem *M. masseter* eine *Funktionsgemeinschaft*. Durch die Muskelschlinge aus M. pterygoideus medialis und M. masseter wird der *Unterkiefer* kräftig *angehoben* (s. Funktion des M. masseter, S. 740). Die Kraft des M. pterygoideus medialis ist wegen des kleineren physiologischen Querschnitts etwa um die Hälfte niedriger als die des M. masseter. Die Mm. pterygoidei mediales unterstützen die *Protrusion* des Unterkiefers bei Okklusionsstellung der Zahnreihen.
Der M. pterygoideus medialis beteiligt sich bei einseitiger Aktivität an der *Mahlbewegung*. Er unterstützt auf der *Balanceseite* die Verlagerung des Gelenkkopfes und die Drehung des Unterkiefers zur kontralateralen Seite.
Der M. pterygoideus medialis wird vom *N. pterygoideus medialis* des *N. mandibularis* innerviert.

M. pterygoideus lateralis

Gestalt und Lage

Der *M. pterygoideus lateralis* liegt medial vom Ramus mandibulae in der Fossa infratemporalis (s. Abb. 9.**91**). Er wird von den Mm. temporalis und masseter sowie vom Jochbogen überlagert. Der M. pterygoideus lateralis besteht aus einem kleinen *oberen Anteil (Caput superius)* und aus einem großen *unteren Anteil (Caput inferius)*. Das Caput superius des Muskels bildet eine in der Horizontalebene ausgerichtete dünne Muskelplatte, die an der Facies infratemporalis und an der Crista infratemporalis der Ala major ossis sphenoidalis entspringt. Im Bereich der Crista infratemporalis tritt der Muskel in Beziehung zum Ursprung des M. temporalis. Das Caput superius m. pterygoidei lateralis inseriert am Oberrand der Fovea pterygoidea sowie mit wenigen Muskelfasern im antero-medialen Abschnitt der Gelenkkapsel und am Discus articularis des Kiefergelenks.

Das Caput inferius des M. pterygoideus lateralis hat seinen Ursprung normalerweise an der Außenfläche der Lamina lateralis des Processus pterygoideus (s. Abb. 9.**105**). Die Muskelfasern ziehen leicht konvergierend nach hinten und inserieren in der Fovea pterygoidea des Processus condylaris (s. Abb. 9.**94**). Der kaudale Teil des Muskelursprungs wird von den beiden Köpfen des M. pterygoideus medialis eingeschlossen.
Der M. pterygoideus lateralis ist von einer dünnen Faszie bedeckt. Zwischen den beiden Mm. pterygoidei liegt lockeres Bindegewebe, in dem die Leitungsbahnen mit dem Plexus pterygoideus eingebettet sind. Zwischen den beiden Anteilen des M. pterygoideus lateralis treten die Nn. buccales und temporales anteriores profundi sowie die gleichnamigen Gefäße aus. Die *A. maxillaris* liegt meistens lateral vom M. pterygoideus lateralis, häufig verläuft sie jedoch auch medial oder innerhalb des Muskels. Die dreieckige Lücke zwischen Unterrand des M. pterygoideus lateralis, Oberrand des M. pterygoideus medialis und Processus condylaris mandibulare dient den Nn. alveolaris inferior und lingualis als Durchtrittspforte.

Varianten

Das *Caput superius* des *M. pterygoideus lateralis* kann vollständig fehlen, gelegentlich besteht sie nur aus einer bindegewebigen Sehnenplatte. Ihre Ansätze an der Gelenkkapsel und am Discus articularis sind inkonstant. Das Caput inferius des M. pterygoideus lateralis dehnt sich mit seinem Ursprung häufig auf den Processus pyramidalis ossis palatini und auf die Facies infratemporalis maxillae aus.
Als *M. pterygoideus proprius* bezeichnet man ein Bündel von Muskelfasern, das an der Crista infratemporalis entspringt, bogenförmig über den M. pterygoideus lateralis nach unten zieht und variabel an der Lamina lateralis des Processus pterygoideus, dem Tuber maxillae oder dem Processus pyramidalis des Gaumenbeins ansetzt.

Funktion und Innervation

Der *M. pterygoideus lateralis* nimmt unter den Kaumuskeln eine Schlüsselstellung ein, da er die *Kinematik* des Gelenks bei der Kieferöffnungsbewegung steuert. Elektromyographischen Untersuchungen zufolge sind die beiden Anteile des M. pterygoideus lateralis in unterschiedlichen Phasen der Kaubewegungen aktiv. Das *Caput inferius* des Muskels beteiligt sich bei beidseitiger Innervation an der *Öffnungsbewegung* des Mundes. Er leitet diese Bewegung ein, wobei die weitere aktive Senkung des Unterkiefers durch die suprahyalen Muskeln erfolgt (s. S. 749). Der Bewegungsablauf bei der Mundöffnung in Form einer kombinierten Dreh-Verschiebebewegung wird von den Mm. pterygoidei laterales zwangsweise herbeigeführt, die Muskelkoordination erfolgt dabei durch *zentralnervöse Steuerung*. Eine reine Scharnierbewegung in den Kiefergelenken läßt sich beim Menschen nur ausführen, wenn die Mm. pterygoidei laterales inaktiv sind. Bei Lähmung der suprahyalen Muskeln können die Mm. pterygoidei laterales, unterstützt durch das Unterkiefergewicht, den Mund öffnen. Die Mm. pterygoidei laterales haben aufgrund des horizontalen Verlaufs ihrer Fasern den größten Anteil an der *Vorschubbewegung* des Unterkiefers. Bei *einseitiger Kontraktion* beteiligt sich die Pars inferior auf der *Balanceseite* an der *Mahlbewegung*.

Das *Caput superius* des M. pterygoideus lateralis ist bei der *Adduktion* des Unterkiefers aktiv. Der obere Muskelanteil hat die Funktion, das *Caput mandibulae* während der Kauphase am Abhang des Tuberculum articulare zu *stabilisieren*, so daß die Übertragung des Gelenkdrucks vom Caput mandibulae über den Discus articularis nicht in der Fossa mandibularis, sondern am Gelenkhöcker erfolgt. Bei der *Mahlbewegung* unterstützt der obere Teil des M. pterygoideus lateralis auf der *Arbeitsseite* die *Stabilisierung* des „ruhenden Condylus".

Wenn Anteile des Caput superius des M. pterygoideus lateralis am Discus articularis inserieren, können sie die Gelenkscheibe aktiv bei der Öffnungsbewegung nach vorn ziehen.

Der M. pterygoideus lateralis wird vom *N. pterygoideus lateralis* des *N. mandibularis* innerviert (Tab. 9.**2** u. 9.**3**).

Tab. 9.**2**

Senken des Unterkiefers (Abduktion):	Heben des Unterkiefers (Adduktion):
M. digastricus M. mylohyoideus M. geniohyoideus	M. temporalis M. masseter M. pterygoideus medialis
M. pterygoideus lateralis (Caput inferius): Einleitung der Bewegung	M. pterygoideus lateralis (Caput superius): Fixierung des Caput mandibulae am Tuberkulumabhang

Tab. 9.**3**

Mahlbewegung: Arbeitsseite	Balanceseite
M. digastricus M. mylohyoideus M. geniohyoideus	M. temporalis M. pterygoideus medialis M. pterygoideus lateralis (Caput inferius)
M. temporalis (Pars posterior) und M. pterygoideus lateralis (Caput superius): Stabilisierung des Caput mandibulae	

Faszien

Die *Faszien* des Gesichtes bedecken mit Ausnahme der *Fascia buccopharyngea* die Kaumuskeln. Man unterscheidet folgende Faszien: *Fascia masseterica, Fascia parotidea* und *Fascia temporalis*. Fascia masseterica und Fascia parotidea sind Teile der allgemeinen oberflächlichen Körperfaszie und eine Fortsetzung der Lamina superficialis fasciae colli, die an der Mandibula endet (s. S. 655). Die *Fascia masseterica* entspringt am Angulus mandibulae und am lateralen Drittel des Corpus mandibulae, spaltet sich in *zwei Blätter* und bildet eine Loge für Kaumuskeln und Glandula parotis. Das *oberflächliche Blatt* liegt dem M. masseter auf und heftet sich am Arcus zygomaticus an. Das *tiefe Blatt* bedeckt die Mm. pterygoidei. Es ist am Processus pterygoideus verankert. Die Fascia masseterica endet medial am vorderen Rand des M. masseter. Der die Glandula parotis umhüllende Faszienanteil wird auch als *Fascia parotidea* bezeichnet. Fascia masseterica und Fascia parotidea bilden gemeinsam die *Fascia parotideomasseterica*.

Die *Fascia temporalis* (s. Abb. 9.**88**) bedeckt den größten Teil des M. temporalis. Sie entspringt an der Linea temporalis superior des Os partietale, wo sie fest mit dem Pericranium verwachsen ist. Die Fascia temporalis spaltet sich in *zwei Blätter, Lamina superficialis* und *Lamina profunda*. Die Lamina superficialis zieht zum Außenrand, die Lamina profunda zum Innenrand des Arcus zygomaticus. Die beiden Faszienblätter bilden mit dem Jochbogen in der Frontalebene einen dreieckigen Raum, der von Fettgewebe ausgefüllt ist. Bei starker Abmagerung schwindet der Fettkörper, und die Haut über den Schläfen sinkt muldenförmig ein *(Facies hippocratica)*. Das tiefe Blatt der Fascia temporalis dient dem M. temporalis als Ursprung.

Die mimischen Muskeln haben keine Faszienbedekkung, nur der M. buccinator wird von der *Fascia buccopharyngea* bedeckt. Die Fascia buccopharyngea erstreckt sich vom Mundwinkel über den M. buccinator hinweg auf den M. constrictor pharyngis (s. Bd. II).

Obere Zungenbeinmuskeln, Mm. suprahyoidei

Die *Mm. digastricus, stylohyoideus, mylohyoideus* und *geniohyoideus* werden aufgrund ihrer Lage als *obere Zungenbeinmuskeln, Mm. suprahyoidei,* bezeichnet. Von den oberen Zungenbeinmuskeln beteiligen sich die Mm. geniohyoideus und mylohyoideus sowie der vordere Bauch des M. digastricus am muskulären Aufbau des *Mundbodens.* Die Mundbodenmuskeln verlaufen zwischen Zungenbein und Unterkiefer. Die *Herkunft* der oberen Zungenbeinmuskeln ist unterschiedlich, entsprechend verschieden ist ihre *Innervation* (s. unten). Der M. mylohyoideus und der vordere Bauch des M. digastricus entstammen dem Mesenchym des ersten Kiemenbogens. Aus der Anlage des zweiten Kiemenbogens gehen der hintere Bauch des M. digastricus und der M. stylohyoideus hervor. Der M. geniohyoideus ist Abkömmling der kranialen Somiten, er gehört zum sogenannten Rektussystem des Halses (s. S. 658, 662).
Die oberen Zungenbeinmuskeln beteiligen sich am *Kau-* und *Schluckakt* sowie an der *Artikulation* beim Sprechen und Singen.
Im folgenden werden die oberen Zungenbeinmuskeln vor allem im Hinblick auf ihre *Funktion beim Kauakt* beschrieben. Ihre Beteiligung am Schluckakt sowie ihre topographischen Beziehungen zur Mundhöhle werden im Bd. II erläutert.

M. geniohyoideus

Gestalt und Lage

Der *M. geniohyoideus* (s. Abb. 8.**7,** 9.**92,** 9.**93**) bildet, bedeckt vom M. mylohyoideus, die tiefe Schicht der *Mundbodenmuskeln.* Der Muskel entspringt mit kurzer, schmaler Sehne an den unteren Höckern der Spina mentalis (s. Abb. 9.**69,** 9.**94**), zieht dann auf dem M. mylohyoideus nach hinten-unten und inseriert am oberen äußeren Rand des Zungenbeinkörpers in einem Feld zwischen Mediane und kleinem Zungenbeinhorn. Ein Teil seiner Ansatzsehne greift auf das Cornu majus über (s. Abb. 8.**8**). Der M. geniohyoideus hat die Form eines rechtwinkligen Dreiecks. Die Muskeln beider Seiten sind normalerweise durch ein dünnes Bindegewebsblatt voneinander getrennt.

Varianten

Die *Mm. geniohyoidei* sind an ihrem medialen Rand nicht selten durch Bindegewebe fest miteinander verbunden. Gelegentlich können Muskelfaserbündel über die Mediane hinweg zur Gegenseite ziehen. Häufig verläuft der am großen Zungenbeinhorn ansetzende Teil des Muskels selbständig.
Im Bereich des Ursprungs an der Spina mentalis kann es zur *Knochenbildung* innerhalb der Sehne kommen. Der Befund ist differentialdiagnostisch von Speichelsteinen im *Ductus submandibularis* abzugrenzen.

Funktion und Innervation

Der *M. geniohyoideus* ist an der *Bewegung* des *Zungenbeins* nach ventral-oben und an der *Öffnungs-* sowie *Seitwärtsbewegung* des *Unterkiefers* beteiligt (s. unten). Beide Muskeln sollen auch bei der Retraktion der Mandibula aktiv sein.
Der M. geniohyoideus wird durch Fasern aus den *Rr. ventrales* des ersten und zweiten *Zervikalnerven* innerviert, die sich dem *N. hypoglossus* anlagern.

M. mylohyoideus

Gestalt und Lage

Die *Mm. mylohyoidei* (s. Abb. 8.**6,** 8.**7**) bilden eine fünfeckige Muskelplatte, die zwischen Unterkiefer und Zungenbein ausgespannt ist. Die beiden Muskeln werden damit zum eigentlichen *Mundboden,* dem *„Diaphragma oris"* (Abb. 9.**92,** 9.**93**) (s. Bd. II).
Der *Ursprung* des M. mylohyoideus erstreckt sich an der Basis der Unterkieferinnenseite vom dritten Molaren bis zur Spina mentalis. Der Ursprung liegt nicht auf einer Ebene, sondern zeigt normalerweise am Übergang vom mittleren zum vorderen Drittel eine deutliche *Stufenbildung* (Abb. 9.**94**). Ein zusammenhängender Muskelursprung kommt in weniger als der Hälfte der Fälle vor. In etwas mehr als 50% der Fälle ist der Muskelursprung zweigeteilt. Der größte Teil der Muskelfasern entspringt dorsal oberhalb der Linea mylohyoidea. Die Muskelfasern im vorderen Bereich verlaufen transversal und horizontal. Ihre Ansatzsehnen bilden in der Mediane eine bindegewebige *Raphe,* die sich von der Spina mentalis bis zum Zungenbeinkörper ausspannt. Die Raphe verbreitert sich zungenbeinwärts. Die dorsalen Muskelfaserbündel ziehen in schräger Richtung nach unten und setzen direkt an einer transversalen Leiste an, die sich zwischen den beiden großen Zungenbeinhörnern über die gesamte Breite des Zungenbeinkörpers erstreckt (s. Abb. 8.**8**). Die hinteren Fasern der beiden Mm. mylohyoidei bilden den freien dorsalen Rand des „Diaphragma oris", über den Gefäße und Nerven in die *Regio sublingualis* der Mundhöhle gelangen. Im Frontalschnitt hat das „Diaphragma oris" die Form eines Dreiecks (s. Abb. 9.**93**), dessen Basis an der Mandibula und dessen Spitze am Zungenbein oder an der medianen Raphe liegen. Die beiden Mm. mylohyoidei bilden einen „Traggurt" für die ihm aufliegenden Organe der Mundhöhle. Die Mm. mylohyoidei werden mundhöhlenwärts im mittleren Bereich von den Mm. geniohyoidei bedeckt. Die vorderen Bäuche der Mm. digastrici lagern sich der Unterseite des „Diaphragma oris" an.

Varianten

Der *M. mylohyoideus* kann in seltenen Fällen vollständig fehlen, das „Diaphragma oris" wird dann vom verbreiterten vorderen Digastrikusbauch gebildet. Manchmal weist der Muskel Lücken auf, durch die dann Teile der *Glandula sublingualis* in die Regio submandibularis hineinragen können. Im vorderen Bereich des Muskels werden nicht selten longitudinal der Unterkieferinnenseite verlaufende Muskelfaserbündel beobachtet. Der Ursprung des Muskels variiert individuell und zwischen beiden Körperseiten (s. oben). In seltenen Fällen ist der Ursprung dreigeteilt. Die Insertion am Zungenbein ist manchmal auf einen schmalen Bereich reduziert. Der M. mylohyoideus geht relativ häufig Verbindungen mit den benachbarten Mm. digastricus, sternohyoideus, stylohyoideus, omohyoideus und geniohyoideus ein.

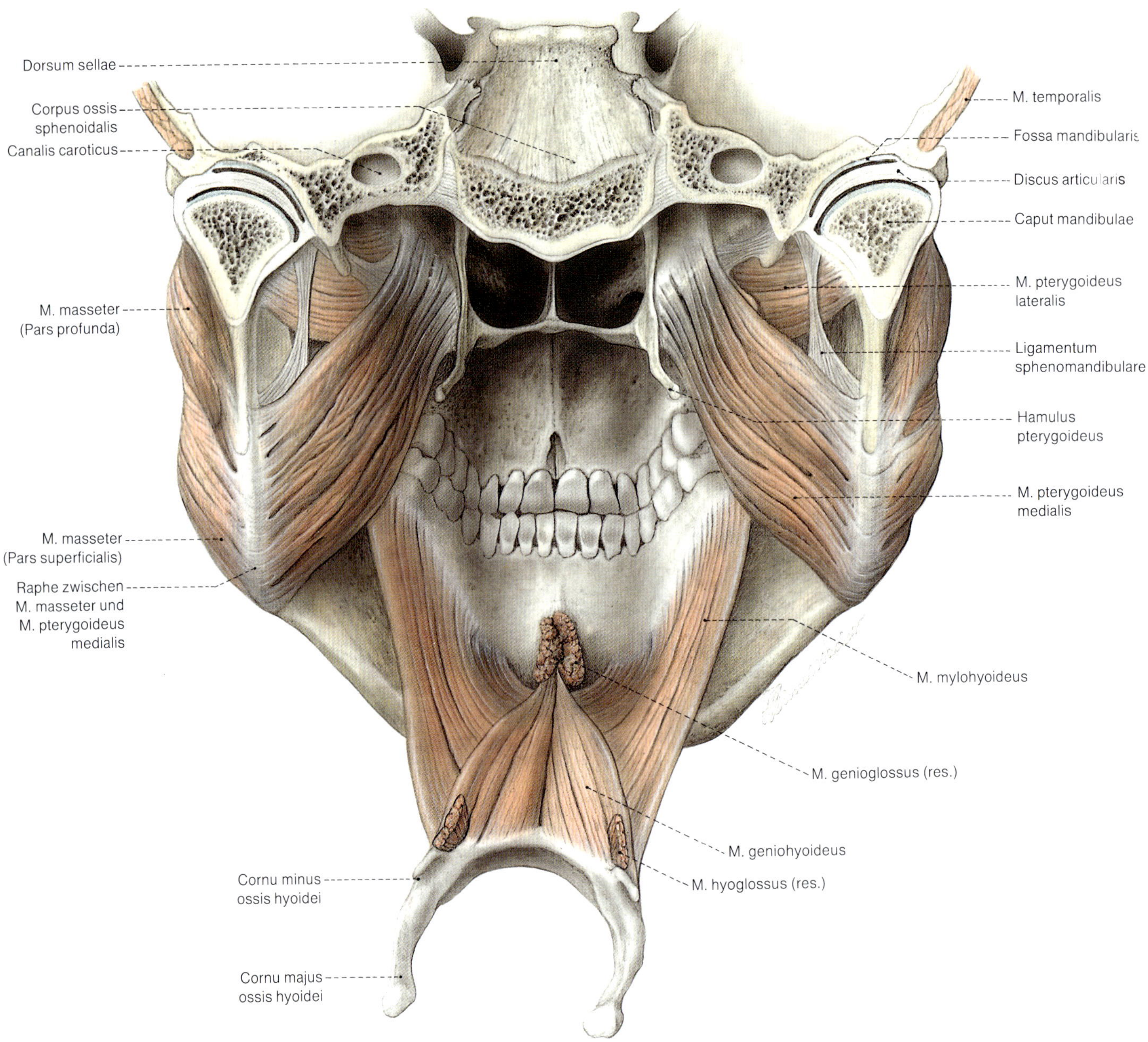

Abb. 9.**92** **Kaumuskeln und obere Zungenbeinmuskeln in der Ansicht von hinten.** Einsicht in die Mundhöhle nach Entfernung des hinteren Teiles des Kopfes. Frontalschnitt durch die Kiefergelenke.
(nach *Eisler* und nach einem Präparat der Sammlung des Anatomischen Institutes, Kiel)

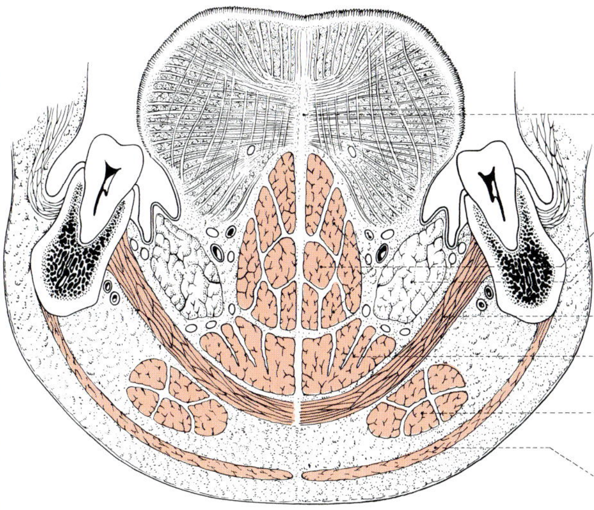

Abb. 9.**93** **Frontalschnitt durch den Mund im Bereich des ersten Prämolaren.** Obere Zungenbeinmuskeln, Diaphragma oris (nach *Tillmann* u. *Wustrow* 1982).

Funktion und Innervation

Der *M. mylohyoideus* steht im Dienste der *Nahrungsaufnahme.* Bei festgestellter Mandibula können beide Muskeln den Mundboden anheben und damit die Zunge gegen den Gaumen drücken. Dabei wird gleichzeitig das Zungenbein mit dem Kehlkopf nach vorn-oben gezogen. Ist das Zungenbein durch die infrahyalen Muskeln fixiert (s. S. 665), so beteiligen sich die Mm. mylohyoidei an der *Öffnungs-* und *Seitwärtsbewegung* des *Unterkiefers.*

Der *stufenförmige Ursprung* des M. mylohyoideus hat praktisch-klinische Bedeutung bei der *prothetischen Versorgung* des Unterkiefers. Wenn die Pars alveolaris des Corpus mandibulae nach dem Verlust der Zähne atrophiert, so liegt der dorsale Ursprungsbereich des Muskels unmittelbar an der Oberkante der Unterkieferinnenseite und kann dann Schwierigkeiten bei der Anpassung der Prothese bereiten.

Der M. mylohyoideus wird aus dem *N. mylohyoideus* des N. mandibularis innerviert.

M. digastricus

Gestalt und Lage

Der *M. digastricus* (s. Abb. 8.**4,** 8.**6**) ist ein zweibäuchiger Muskel; sein vorderer Bauch, *Venter anterior,* und sein hinterer Bauch, *Venter posterior,* sind über eine kräftige *Zwischensehne* miteinander verbunden. Der hintere Bauch des M. digastricus entspringt an der Innenseite der Incisura mastoidea (s. Abb. 9.**17,** 9.**105**), medial vom Processus mastoideus und verläuft, bedeckt vom M. sternocleidomastoideus, nach ventral-kaudal, wo er in die Zwischensehne übergeht. Der vordere Muskelbauch kommt aus der Fossa digastrica des Unterkiefers (s. Abb. 9.**69,** 9.**94**). Er besteht normalerweise aus einem stärkeren lateralen und aus einem schwächeren medialen Anteil. Der vordere Bauch des M. digastricus ist kürzer aber kräftiger als der hintere. Die Zwischensehne ist nicht direkt am Zungenbein befestigt, sondern über eine Bindegewebsschlaufe, die am Zungenbeinkörper und an der Basis des Cornu majus verankert ist (s. Abb. 9.**90**). Ein Teil dieser schlaufenförmigen Aponeurose strahlt in die infrahyale Faszie ein. Mechanisch gesehen, bildet das Bindegewebe an der Anheftungsstelle für die Zwischensehne ein Hypomochlion. Durch die Einlagerung lockeren Bindegewebes oder eines kleinen Schleimbeutels kann die Zwischensehne unter ihrer bindegewebigen Befestigung geringgradig nach vorn und nach hinten gleiten. Im hinteren Abschnitt wird die Zwischensehne außen vom M. stylohyoideus umhüllt.

Venter anterior und Venter posterior des M. diagstricus begrenzen gemeinsam mit dem Unterkiefer das *Trigonum submandibulare.*

Varianten

Der *M. digastricus* zeigt häufig Varianten. Der vordere Bauch des Muskels kann fehlen, der hintere Bauch ist in solchen Fällen meistens normal ausgebildet. Vorderer und/oder hinterer Muskelbauch sind gelegentlich verdoppelt. Ein akzessorisches Muskelbündel, das von der Linea nuchae oder vom Processus mastoideus entspringt und in den Venter posterior übergeht, wird als *M. occipitohyoideus* bezeichnet. Ein akzessorisches Muskelbündel, das vom Angulus mandibulae entspringt, inseriert am Übergang zwischen vorderem Muskelbauch und Zwischensehne. Häufig sind die medialen Anteile der vorderen Muskelbäuche so stark verbreitert, daß sie in der Mitte zusammenstoßen; durch Überkreuzung ihrer Muskelfasern entsteht dann im mittleren Abschnitt eine geschlossene Muskelplatte. Die medialen Muskelfasern können auch unter Bildung einer Raphe inserieren. Die vorderen Muskelbäuche des M. digastricus bilden dann ein zweites „Diaphragma oris". Ein gelegentlich in der Tiefe verlaufender, selbständiger vorderer Anteil hat meistens die gleiche Verlaufsrichtung wie der M. mylohyoideus.

a
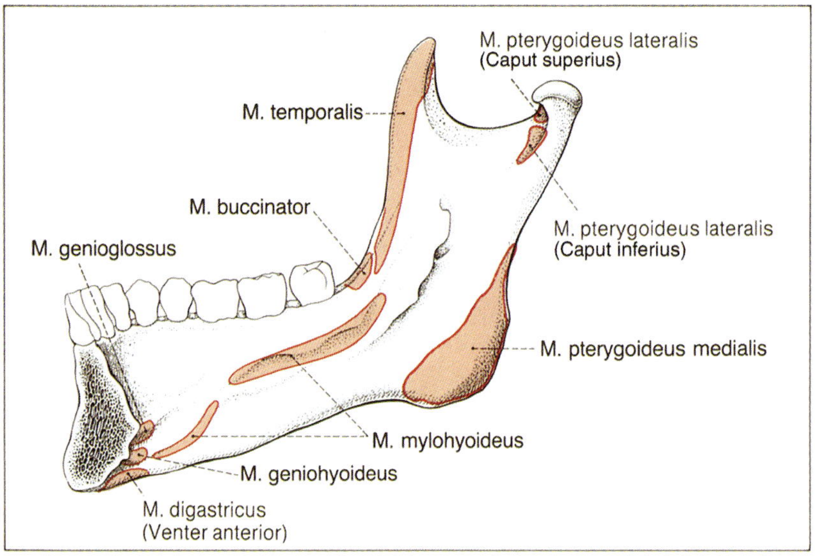

b
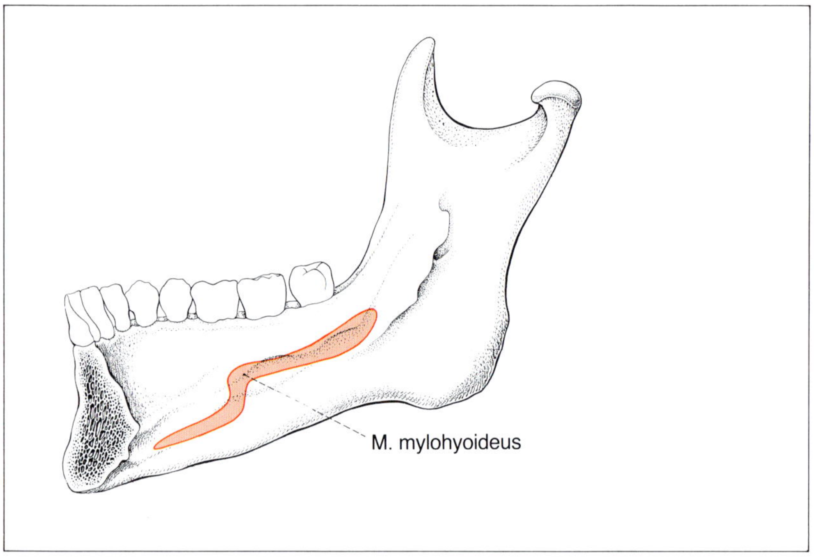

Abb. 9.**94 a** **Muskelursprünge und -ansätze am Unterkiefer in der Ansicht von medial.** Zweigeteilte, stufenförmige Ursprungszone des M. mylohyoideus.

Abb. 9.**94 b** Zusammenhängende, stufenförmige Ursprungszone des M. mylohyoideus.

Funktion und Innervation

Der *M. digastricus* hebt gemeinsam mit den übrigen oberen Zungenbeinmuskeln das Os hyoideum kopfwärts. Der *Venter anterior* senkt den Unterkiefer bei feststehendem Zungenbein, seine Aktivität steigt mit zunehmender *Öffnung des Mundes*. Der Muskelbauch wird dabei von den Mm. mylohyoideus und geniohyoideus unterstützt. Der vordere Digastrikusbauch ist außerdem an der ipsilateralen *Seitwärtsbewegung* des Unterkiefers beteiligt.

Der vordere Bauch des M. digastricus entstammt dem gleichen Blastem wie der M. mylohyoideus, er wird wie dieser aus dem *N. mylohyoideus* des N. mandibularis innerviert. Der *Venter posterior* gehört zum zweiten Kiemenbogen und erhält seine Innervation aus dem *N. facialis*.

M. stylohyoideus

Gestalt und Lage

Der *M. stylohyoideus* (s. Abb. 8.**7**) und der Venter posterior m. digastrici entstammen dem Blastem des zweiten Kiemenbogens. Der M. stylohyoideus entspringt meistens dorsal an der Basis des Griffelfortsatzes (s. Abb. 9.**104**, 9.**105**); sein Ursprungsfeld kann sich bis in den mittleren Bereich des Processus styloideus nach kaudal ausdehnen. Der Muskel zieht schräg nach unten zum Zungenbein. Bevor er an dessen Corpus und Cornu majus inseriert, spaltet sich seine Sehne in zwei Zipfel auf und umgreift die Zwischensehne des M. digastricus (s. Abb. 9.**90**).

Varianten

Der *M. stylohyoideus* kann fehlen. Nicht selten ist er aber auch fest mit dem Venter posterior des M. digastricus zu einem einheitlichen Muskelindividuum verwachsen. Der

Muskel wird manchmal von der Zwischensehne des M. digastricus durchbohrt und inseriert dann an dessen Zwischensehne. Der M. stylohyoideus kann in zwei oder drei Muskelbündel aufgespalten sein.

Funktion und Innervation

Der M. stylohyoideus zieht das Zungenbein nach kranial-dorsal. Er wird vom *N. facialis* innerviert.

Zusammenfassende Darstellung der Funktionen der oberen Zungenbeinmuskeln

Die *oberen* und *unteren Zungenbeinmuskeln* bilden gemeinsam eine *Muskelschlinge*, in die das Zungenbein mit dem Larynxskelett eingelagert ist (s. S. 665). Die beiden Muskelgruppen arbeiten beim *Kauakt* synergistisch. Von den *suprahyalen Muskeln* wirken die Muskeln des Mundbodens auf das *Kiefergelenk*. Die Mundbodenmuskeln üben ihre Funktion am Kiefergelenk dann aus, wenn das Zungenbein durch die infrahyalen Muskeln festgestellt ist. Die aktive *Mundöffnung* wird von den vorderen Bäuchen der *Mm. digastrici* sowie von den *Mm. mylohyoidei* und *geniohyoidei* bewirkt. Den größten Effekt haben dabei die Mm. digastrici, deren Aktivität mit fortschreitender Öffnung des Mundes zunimmt. Die Mundbodenmuskeln beteiligen sich außerdem an der ipsilateralen *Drehbewegung* des Unterkiefers *(Mahlbewegung)* auf der Arbeitsseite.

Die suprahyalen Muskeln haben eine wichtige Funktion beim *Schlucken*. Ihr Punctum fixum liegt dann am Unterkiefer und an der Schädelbasis. Die Muskeln heben in der ersten Phase des Schluckaktes gemeinsam mit den Pharynxmuskeln das Zungenbein und das Kehlkopfskelett nach kranial-ventral. Außerdem verschaffen die Mundbodenmuskeln der Zunge ein Widerlager, so daß diese weiche Speisen am harten Gaumen zerdrücken kann (s. Bd. II).

Gesicht und mimische Muskeln

Allgemeiner Aufbau

Die *Grenzen* der *Gesichtsregionen* (s. S. 674) bilden kranial die Nasenwurzel und der Margo supraorbitalis des Os frontale sowie in seitlicher Fortsetzung der Oberrand des Jochbeins und der Jochbogen. In der Klinik wird auch die Stirngegend zum Gesicht gerechnet. Die seitliche Grenze des Gesichtes verläuft vertikal vor dem Tragus der Ohrmuschel. Die Gesichtsregionen enden kaudal am Angulus und Corpus mandibulae. Unter klinischen Gesichtspunkten unterscheidet man eine mediale Gesichtsregion (Regio facialis medialis) sowie eine rechte und linke seitliche Gesichtsregion (Regio facialis lateralis).

Die *Form* des Gesichtes wird durch das „Gerüst" der *Skelettelemente* und durch die *„Weichteile"* geprägt. Großen Einfluß auf die Gesichtsform haben vom knöchernen Gesichtsschädel vor allem der Arcus supraorbitalis des Os frontale, der Jochbogen und die Mandibula sowie das knorpelige und knöcherne Nasenskelett. Von den Knochen des Gesichtes können die Ränder der Augenhöhle, das Jochbein, die Apertura piriformis sowie Angulus und Corpus mandibulae palpiert werden.

Zu den *Weichteilen* des Gesichtes gehören *Haut, Subkutangewebe* und *Muskulatur.*

Die *Gesichtshaut* ist regional unterschiedlich dick. Extrem dünn und weich ist die Haut an den Augenlidern. Über das Unterhautbindegewebe ist die Haut mit der mimischen Muskulatur verbunden, deren elastische Sehnen teilweise im Corium inserieren.

Das Bindegewebe der *Unterhaut* zeigt wie die Cutis regionale und individuelle Unterschiede. Das Fettgewebe ist mit Ausnahme des *Corpus adiposum buccae* (s. unten) in der Subcutis diffus verteilt. Im Wangenbereich und am Kinn ist das Fettpolster normalerweise kräftig entwickelt, an den Augenlidern und über den Jochbeinen fehlt die Fettablagerung nahezu vollständig. In das Bindegewebe der Subcutis sind die Gefäße und Nerven des Gesichtes eingebettet.

Da das subkutane Bindegewebe an den Augenlidern und im Bereich der Wangen sehr locker ist, kann sich hier bei krankhaften Veränderungen vermehrt Flüssigkeit ansammeln *(Ödembildung).*

Den von einer dünnen Bindegewebsschicht umhüllten Fettkörper zwischen M. masseter und M. buccinator bezeichnet man als *Bichatschen Wangenfettpfropf, Corpus adiposum buccae.* Der am Aufbau der Wangen beteiligte Fettkörper hat funktionelle Bedeutung für die Bewegung der Wangen beim Kauen sowie für den Saugakt (s. Bd. II). Schwindet bei starker Abmagerung das Corpus adiposum buccae, so fallen die Wangen unterhalb der Jochbeine ein.

Mimische Muskeln

Die *mimischen Muskeln* entstammen dem Blastem des zweiten Kiemenbogens *(Hyoidbogen),* der bei menschlichen Embryonen vorübergehend in der 5. Woche erscheint (s. S. 675). Der zugehörige Kiemenbogennerv ist der *N. facialis.* Die mimischen Muskeln werden zweischichtig angelegt. Bei menschlichen Embryonen kann man am Beginn der 7. Woche eine *oberflächliche* und eine *tiefe Schicht* beobachten (Abb. 9.**95**). Die oberflächliche Schicht, in der sich der Stamm des N. facialis fächerförmig ausbreitet, dehnt sich in kranialer und kaudaler Richtung aus. Das Blastem der oberflächlichen Schicht liefert am Hals das Platysma, dessen Muskelfasern auch beim Erwachsenen bis ins Gesicht reichen. In der Gesichtsanlage breitet sich die oberflächliche Schicht bis zur Stirn und bis in die Ohrregion aus. Aus ihr entstehen der M. epicranius und die Muskeln in der Umgebung des Ohres. Die tiefe Schicht bleibt am Hals nur ausnahmsweise erhalten, im Gesicht entwickeln sich aus ihr die Muskeln in der Umgebung der Mundspalte und der Nase. Die unmittelbar vor dem Ohr liegenden Anteile bilden sich normalerweise wieder zurück, hier entstehen die *Fascia parotidea* und die *Fascia masseterica.*

Die mimischen Muskeln bestehen größtenteils aus flachen, dünnen Muskelfaserplatten, die unmittelbar unter der Subcutis liegen. Sie haben mit Ausnahme des M. buccinator keine Faszienbedeckung, sondern werden nur durch das Perimysium vom subkutanen Bindegewebe abgegrenzt. Die Gesichtsmuskeln ordnen sich ursprünglich um die *Augenhöhlen,* um *Nasen-* und *Mundöffnung* sowie um die *Ohrmuschel.* Die Muskeln in der Umgebung der Nase und des Ohres sind beim Menschen nur noch rudimentär ausgebildet. Entsprechend ihrer definitiven Lage unterscheidet man Muskeln des Schädeldaches, Muskeln im Bereich der Lidspalte, Muskeln im Bereich der Nase, Muskeln im Bereich des Mundes und Muskeln im Bereich des äußeren Ohres.

Die meisten mimischen Muskeln haben ihren Ursprung am Schädel oder an Aponeurosen und Bindegewebssepten. Sie inserieren mit kurzen, zumeist elastischen Sehnen in der Subcutis und im Corium der Haut. Auf diese Weise entsteht eine *funktionelle Einheit* zwischen mimischen *Gesichtsmuskeln* sowie *Haut* und *Unterhaut.* Die Kontraktion mimischer Muskeln geht stets mit einer Dehnung und einer Stauchung der Gesichtshaut und der Unterhaut einher. Durch Verkürzung flächenhafter Muskeln, z. B. des Venter frontalis m. occipitofrontalis, werden Cutis und Subcutis in Form von Furchen und Falten zusammengeschoben. Muskeln, die in einem eng begrenzten Bereich des Corium inserieren, rufen bei Kontraktion eine grübchenförmige Einziehung hervor. In der Umgebung

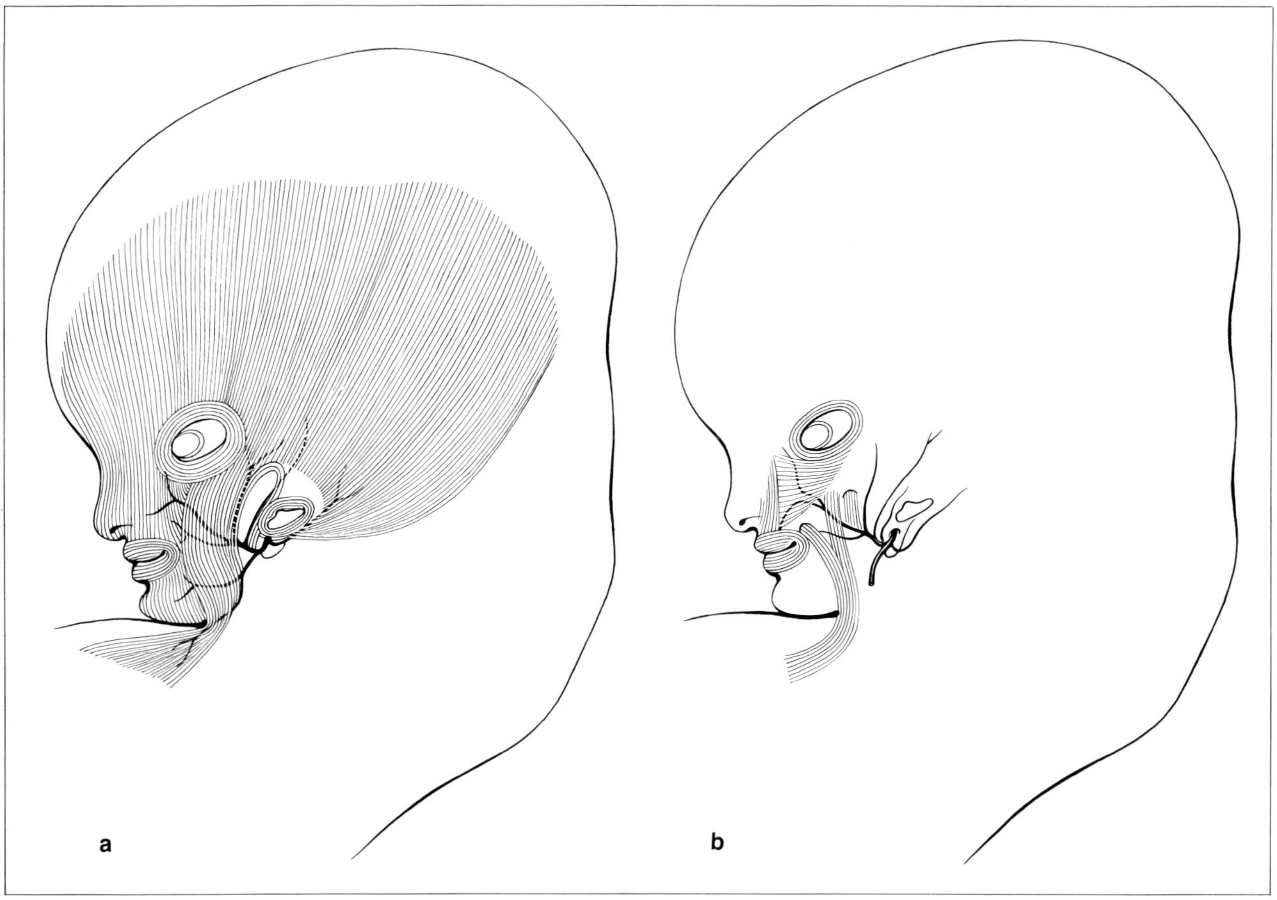

Abb. 9.**95a** u. **b** **Entwicklung der mimischen Muskeln bei einem 7 Wochen alten menschlichen Embryo.** **a** Oberflächliche Schicht, **b** tiefe Schicht.

der Augen und des Mundes üben ringförmig verlaufende Muskelfaserbündel eine Sphinkterfunktion aus. Antagonistisch zu diesem System wirken Muskeln und Schwerkraft, die eine Öffnung der Lider und der Mundspalte bewirken.

Die mimischen Muskeln haben *Schutzfunktionen* und stehen ferner im Dienste der *Nahrungsaufnahme* sowie der *Artikulation*. Beim Menschen erlangen die Gesichtsmuskeln große Bedeutung für die *Mimik*. Am Mienenspiel sind stets mehrere Muskeln gemeinsam beteiligt. Die Gesichtsmuskeln rufen nicht nur die augenblickliche Bewegung des Gesichtes hervor, sondern sind auch für den individuellen *Gesichtsausdruck* jedes Menschen *(Physiognomie)* verantwortlich. Bei jungen Menschen verstreichen die durch die Muskelkontraktion hervorgerufenen Falten, Furchen und Gruben aufgrund der Elastizität des Bindegewebes normalerweise vollständig, wenn die Muskeln wieder erschlaffen. Mit zunehmendem Alter glätten sich – bedingt durch den Elastizitätsverlust des Bindegewebes – die Hautfalten nicht mehr, sondern bleiben bestehen.

Sind die vom *N. facialis* innervierten mimischen Gesichtsmuskeln auf einer Seite vollständig *gelähmt (Prosopoplegie)*, so fällt vor allem die Asymmetrie des Gesichtes auf. Die gelähmte Gesichtshälfte erscheint in Ruhe maskenhaft starr und ausdruckslos, charakteristische Falten sind verstrichen. Die Lidspalte ist erweitert und über das ektropionierte Unterlid fließt Tränenflüssigkeit ab, der Lidschlag fehlt. Ferner hängt der Mundwinkel nach unten. (Weitere Beschreibung s. einzelne mimische Muskeln.)

Muskeln des Schädeldaches, M. epicranius

Die *Muskeln des Schädeldaches* werden als *M. epicranius* (Abb. 9.**96**) bezeichnet. Der M. epicranius besteht aus zwei paarigen Anteilen, dem *M. occipitofrontalis* und dem *M. temporoparietalis*. Die Muskeln beider Seiten inserieren gemeinsam an einer flächenhaften Sehne, *Galea aponeurotica (Aponeurosis epicranialis)*, die dem zentralen Bereich der Schädelkalotte haubenartig aufliegt. M. epicranius und Galea aponeurotica sind fest mit der Kopfhaut verwachsen. Mit dem Periost des Schädeldaches (Pericranium) sind die Zentralsehne und ihre Muskeln durch lockeres Bindegewebe verbunden. In diesem *subaponeurotischen Gleitlager* aus lockerem Bindegewebe kann die Galea aponeurotica und mit ihr die Kopfhaut passiv und aktiv bewegt werden. Der subaponeurotische Ver-

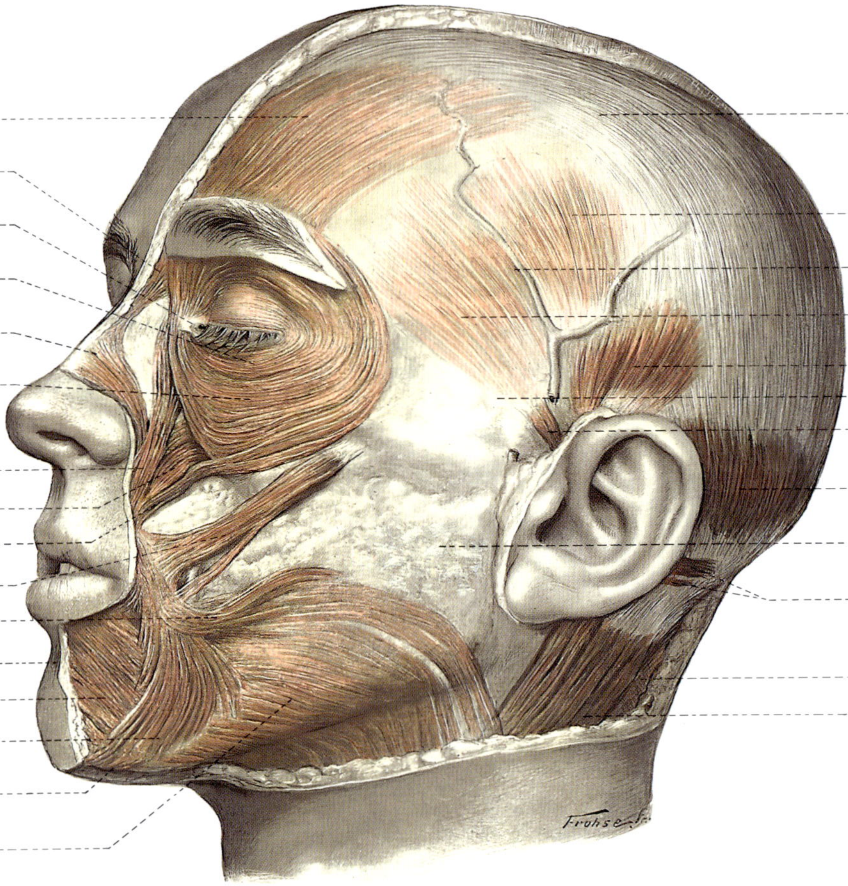

Abb. 9.**96** **Mimische Muskeln der linken Seite in der Ansicht von lateral, oberflächliche Schicht.** Fascia temporalis, Fascia masseterica, Fascia parotidea.

schiebespalt erstreckt sich vom Oberrand der Orbitae bis zur Protuberantia occipitalis externa, seitlich endet er an den Jochbögen.

Innerhalb des Gleitlagers können sich Blutungen und Entzündungen breitflächig ausdehnen. Bei *Verletzungen* der Kopfweichteile, die sich bis in die Galea aponeurotica ausdehnen, klaffen die Wundränder meistens weit auseinander. Durch Unfälle an Transmissionsvorrichtungen von Maschinen kann die Kopfschwarte im Bereich der lockeren Bindegewebsschicht vollständig vom Periost abgelöst werden („Skalpierungsverletzung"). Oberflächliche Schnittwunden in der Kopfschwarte, bei denen die Galea aponeurotica nicht durchtrennt wurde, klaffen nur wenig. Entzündungen und Blutungen innerhalb des Unterhautgewebes bleiben lokal begrenzt („Beule").

M. occipitofrontalis

Gestalt und Lage

Der paarige *M. occipitofrontalis* besteht aus zwei Muskelbäuchen. Der *vordere Muskelbauch, Venter frontalis (M. frontalis)* (Abb. 9.**96,** 9.**97**), bildet eine rechteckige Muskelplatte. Er hat normalerweise keine direkte Anheftung am Knochen, sondern entspringt in der Haut und im subkutanen Bindegewebe der Augenbrauen sowie der Glabella. Seine Muskelfasern durchflechten sich hier mit den Mm. orbicularis oculi, corrugator supercilii, depressor supercilii und procerus. Über diese Verbindungen gewinnt der Venter frontalis indirekt Anschluß an den Knochen des medialen Orbitarandes. Oberhalb der Nasenwurzel sind die Muskelbäuche beider Seiten normalerweise miteinander verwachsen. Die beiden Muskeln laufen V-förmig nach okzipital und gehen in Höhe des Tuber frontale bogenförmig in die Galea aponeurotica über. Bei fehlendem Kopfhaar („hohe Stirn") ist der Muskel-Sehnen-Übergang häufig sichtbar.

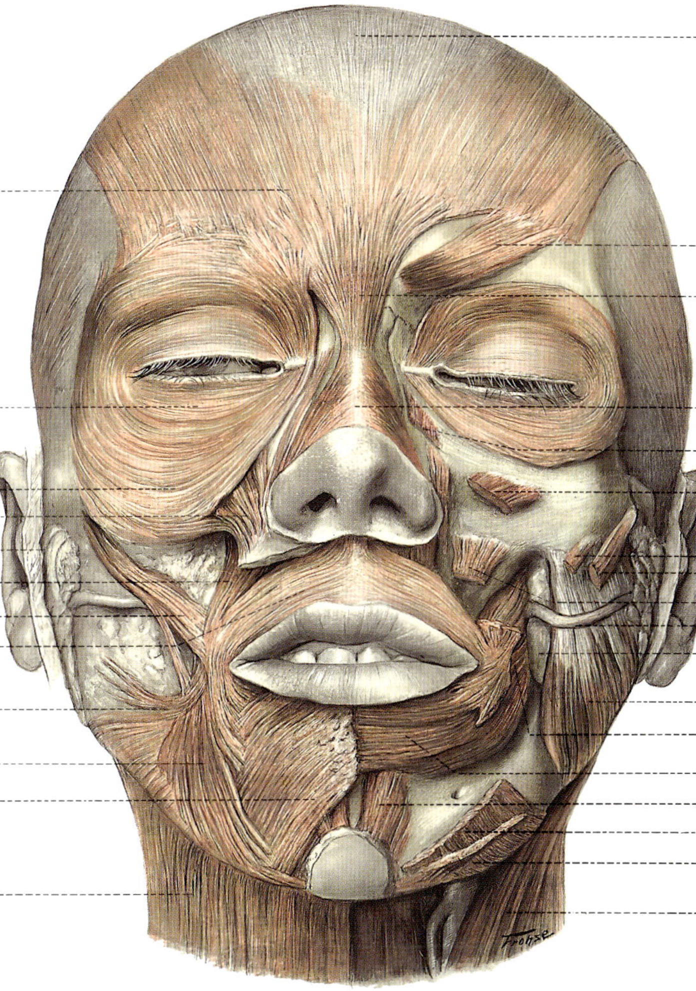

Abb. 9.**97** **Mimische Muskeln in der Ansicht von vorn.** Rechte Seite oberflächliche Schicht, linke Seite tiefe Schicht.

Der *Venter occipitalis (M. occipitalis)* (Abb. 9.**96**) des M. occipitofrontalis zieht in Form einer breiten, dünnen Muskelplatte von den lateralen zwei Dritteln der Linea nuchae suprema schräg nach frontal und strahlt in Höhe des Oberrandes der Ohrmuschel in die Galea aponeurotica ein. Der okzipitale Muskelbauch hat eine sehnige Verbindung mit der Ohrmuschel.

Varianten

Der *Venter frontalis* des M. occipitofrontalis fehlt in seltenen Fällen. Die Muskelbäuche beider Seiten sind oberhalb der Nase gelegentlich vollständig voneinander getrennt, es kommen jedoch auch Überkreuzungen im oberen Abschnitt vor. Sehr selten gehen Venter frontalis und Venter occipitalis ohne Zwischensehne ineinander über. Vom vorderen, lateralen Teil des Venter frontalis können Fasern in horizontalem Verlauf zum M. temporoparietalis herüberziehen und sich mit dem M. auricularis superior verbinden *(M. epicranius auriculofrontalis)*.

Der *Venter occipitalis* kann fehlen. Gelegentlich durchkreuzen sich Fasern beider Muskelbäuche in der Mittellinie. Eine Verbindung zwischen Venter occipitalis und M. auricularis superior ist relativ häufig zu beobachten.

Funktion und Innervation

Die beiden Bäuche des M. occipitofrontalis bilden eine Funktionsgemeinschaft. Bei alternierender Aktivität können sie die Galea aponeurotica und die mit ihr verbundene Kopfhaut im subaponeurotischen Bindegewebslager in geringem Ausmaß nach vorn und nach hinten verschieben. Bei *alleiniger Aktivität* der *frontalen Muskelbäuche* liegt das Punctum fixum normalerweise an der Galea aponeurotica, die Sehnenplatte wird dabei durch die *isometrische Kontraktion* des *Venter occipitalis* stabilisiert. Bei Kontraktion der beiden frontalen Muskelbäuche werden die Augenbrauen und mit ihnen die Augenlider angehoben, bei starker Kontraktion legt sich gleichzeitig die Haut der Stirn in quere Falten (Abb. 9.**99**). Die „gerunzelte" Stirn kann durch den Zug des *isotonisch kontrahierenden Venter occipitalis* wieder geglättet werden.

Durch das *Anheben der Augenbrauen* kommt der Gesichtsausdruck der Aufmerksamkeit und des Erstaunens oder das „freudestrahlende Gesicht" zustande.

Der Venter frontalis wirkt antagonistisch zu den Muskeln, die die Augenbrauen nach unten ziehen. Er kann die Funktion des M. levator palpebrae teilweise ersetzen (Hochziehen der Stirn, beim Versuch die Augen offen zu halten, wenn man einzuschlafen droht).
Nur ausnahmsweise liegt das Punctum fixum für den Venter frontalis in der Haut der Augenbrauen, so daß er die Stirnhaut gesichtswärts verlagern kann; dabei entstehen keine Falten über der Stirn.
Der *Venter frontalis* wird von den *Rr. temporales* des *N. facialis* innerviert. Der *okzipitale Muskelbauch* erhält seine Innervation aus dem *R. occipitalis n. facialis.*

M. temporoparietalis

Gestalt und Lage

Der *M. temporoparietalis* ist sehr *variabel* ausgebildet (Abb. 9.**96**). Normalerweise wird er durch die Äste der A. temporalis superficialis in drei Teile zerlegt. Der vordere Teil entspringt und inseriert in der Galea aponeurotica. Der mittlere Teil des Muskels liegt zwischen R. frontalis und R. parietalis der Arterie. Der hintere Teil entspricht dem M. auricularis superior, er entspringt an der Galea aponeurotica und setzt an der Wurzel der Ohrmuschel an (s. Abb. 9.**102**).

Innervation

Die vorderen Anteile des M. temporoparietalis werden aus den *Rr. temporales* innerviert; der M. auricularis superior wird im vorderen Bereich aus den Rr. temporales und im hinteren Bereich aus einem Ast des N. auricularis posterior versorgt. (Die Funktion des M. temporoparietalis ist praktisch unbedeutend.)

Muskeln im Bereich der Lidspalte

M. orbicularis oculi

Gestalt und Lage

Der *M. orbicularis oculi* besteht aus drei Anteilen. Seine *Partes orbitalis* und *palpebralis* (s. Abb. 9.**96**, 9.**97**) bilden eine ringförmige Muskelplatte um die Lidspalte, die *Pars lacrimalis* (s. Abb. 9.**91**) hat enge Beziehung zu den Tränenabflußwegen innerhalb der Orbita.

Die *Pars palpebralis* ist Bestandteil des *Augenlides,* sie liegt unmittelbar unter dem dünnen Unterhautgewebe auf dem Tarsus und auf dem Septum orbitale des Ober- und Unterlides. Die Muskelfasern entspringen am Lig. palpebrale mediale und ziehen bogenförmig nach lateral, wo sie in die Raphe palpebralis lateralis einstrahlen. Die Pars palpebralis dehnt sich lateral etwas über den oberen Lidrand aus.
Die *Pars orbitalis* verläuft außerhalb des Augenlides um den knöchernen Rand der Augenhöhle, ihre Fasern sind vor allem peripher kräftiger als die der Pars palpebralis. Die Pars orbitalis entspringt am Lig. palpebrale mediale, an der Crista lacrimalis und am Processus frontalis maxillae (Abb. 9.**103,** 9.**104**). Die Muskelfasern ziehen vom inneren Augenwinkel bogenförmig um das Ober- und Unterlid. Sie sind mit dem angrenzenden Bindegewebe und der benachbarten mimischen Muskulatur verbunden. Seitlich dehnt sich der Muskelanteil über die Raphe palpebralis lateralis auf das Jochbein aus. Die untere Portion der Pars orbitalis grenzt mit ihrem freien Rand an den M. zygomaticus minor und überlagert die Ursprünge des M. levator labii superioris und des M. levator anguli oris. Zwischen dem Unterrand der Pars orbitalis und dem M. levator labii superioris entsteht die Wangenlidfurche. Medial verläuft der M. levator labii superioris alaeque nasi parallel zur unteren Portion der Pars orbitalis zum inneren Rand der Orbita. Der obere Teil der Pars orbitalis ragt über den Margo supraorbitalis hinaus und überlagert hier den Venter frontalis des M. occipitofrontalis und den M. corrugator supercilii. Die drei Muskeln durchflechten sich im Bereich der Augenbrauen.
Am inneren Orbitarand weichen einige Muskelfasern der Pars orbitalis von der ringförmigen Verlaufsrichtung ab und ziehen vom Os frontale senkrecht nach kranial in die Haut des Augenbrauenkopfes. Diese Muskelfasern werden als *M. depressor supercilii* bezeichnet.
Die *Pars lacrimalis m. orbicularis oculi (Hornerscher Muskel)* (s. Abb. 9.**91**) liegt, bedeckt vom übrigen Teil des Muskels, hinter dem Tränensack. Die kleine, dünne Muskelplatte entspringt am Os lacrimale und am Saccus lacrimalis, sie umgreift die Tränenröhrchen und strahlt hinter dem Lig. palpebrale mediale in die Pars palpebralis ein. Die sich in die Augenlider zu den Haarbälgen und Meibomschen Drüsen fortsetzenden Fasern werden auch als *Riolanscher Muskel* bezeichnet.

Varianten

Die *Pars palpebralis* des M. orbicularis oculi ist vor allem bei älteren Menschen oft nur schwach ausgebildet. An der Pars orbitalis können periphere Muskelfaserbündel vom ringförmigen Verlauf abweichen und tangential in benachbarte Strukturen einstrahlen. Lateral-oben geht ein solches Bündel in die Fascia temporalis über. Im lateralen unteren Bereich ziehen Fasern in Richtung des M. zygomaticus minor und inserieren in der Wangenhaut. Medial-unten bestehen Verbindungen des M. orbicularis oculi zum M. levator labii superioris.

Die beiden Mm. depressores supercilii vereinigen sich gelegentlich in der Mittellinie und bilden auf dem Nasenrücken eine über den M. procerus hinwegziehende Muskelplatte, die man als *M. transversus glabellae* bezeichnet.

Funktion und Innervation

Der *M. orbicularis oculi* hat eine *Schutzfunktion* für das Auge gegen mechanische Schädigungen und gegen zu intensive Lichteinwirkung. Die Fixpunkte für die Muskelfasern der Pars palpebralis des Ober- und Unterlides liegen am Lig. palpebrale mediale und an der Raphe palpebralis lateralis. Bei Kontraktion der Pars palpebralis nehmen die Muskelfasern einen horizontalen Verlauf an, dabei nähern sich die Lidränder einander. Der Tonus der unteren Portion der Pars palpebralis überträgt sich auf das *Unterlid,* hinter dem sich im medialen Augenwinkel der *Tränensee* ansammelt (s. unten und Bd. III). Durch den von der Pars palpebralis gemeinsam mit ihrem Antagonisten, dem M. levator palpebrae, ausgeführten reflektorischen *Lidschlag* werden Hornhaut und Augenbindehaut mit *Tränenflüssigkeit* angefeuchtet, außerdem können kleine Fremdkörper durch die Wischbewegung beim Lidschlag spontan entfernt werden.

Ein *fester* aktiver *Verschluß der Lidspalte* ist nur mit Unterstützung der *Pars orbitalis* möglich. Bei deren Kontraktion schieben sich Haut und Unterhautfettgewebe über die Lider. Am seitlichen Augenwinkel treten dabei radiäre Falten auf, die im höheren Lebensalter häufig nicht mehr verstreichen (sogenannte Krähenfüße). Das Zukneifen der Augenlider dient dem Schutz vor mechanischen Einwirkungen und starken Lichtstrahlen. Bei starker körperlicher Anstrengung (Heben schwerer Lasten), beim Husten oder bei starker Aktivität der Bauchpresse (Stuhlgang, Pressen unter der Geburt) übt der M. orbicularis oculi durch seine Kontraktion eine *Schutzfunktion* für die *Gefäße* der *Augenbindehaut* aus. Entfällt dieser Mechanismus, so kann es infolge mangelhafter Kompression von außen zu Blutungen in die Bindehaut kommen.

Antagonistisch zu dem am Oberlid angreifenden Teil des M. orbicularis oculi wirken der M. levator palpebrae superioris, der M. tarsalis (s. Bd. III) sowie der Venter frontalis des M. occipitofrontalis.

Bei Öffnung der Lidspalte schiebt sich, vor allem am Oberlid, die Pars palpebralis hinter die Pars orbitalis. Beim weit geöffneten Auge überlagert daher die Pars orbitalis den größten Teil der Pars palpebralis. Dort, wo die Pars palpebralis unter der Pars orbitalis hervortritt, entstehen am Ober- und Unterlid Hautfalten, die man als *obere* und *untere Tarsalfalten* bezeichnet.

Die *Weite der Lidspalte* wird durch den Tonus der zu den Lidern ziehenden Muskeln reguliert, sie bestimmt die scheinbare Größe des Augapfels. Die Form der Lider wird durch das Verhältnis zwischen *Tarsalanteil* und *Brauenwulst* beeinflußt, sie spielt eine wichtige Rolle im *Gesichtsausdruck* des Menschen (Abb. 9.**98**). Bei Kindern überwiegt der fettreiche Brauenwulst, der Tarsalteil besteht dagegen nur aus einem schmalen Streifen. Eine weite Lidspalte ist charakteristisch für das kindliche Gesicht, beim Erwachsenen tritt sie bei starker Erregung, z. B. Freude, Erstaunen oder Angst und Zorn, auf. Durch Verminderung des Fettgehaltes im Unterhautgewebe des Brauenwulstes wird der Tarsalteil im Alter breiter. Zu einer engen Lidspalte kommt es bei Schwellung der Augenlider infolge entzündlicher Veränderungen, Ödembildung oder übermäßiger Fettablagerung sowie bei Kurzsichtigkeit oder starker Ermüdung.

Die *Pars lacrimalis* des M. orbicularis oculi fördert aktiv den Abfluß der *Tränenflüssigkeit* aus dem Tränensee durch die Tränenkanälchen in den Tränensack.

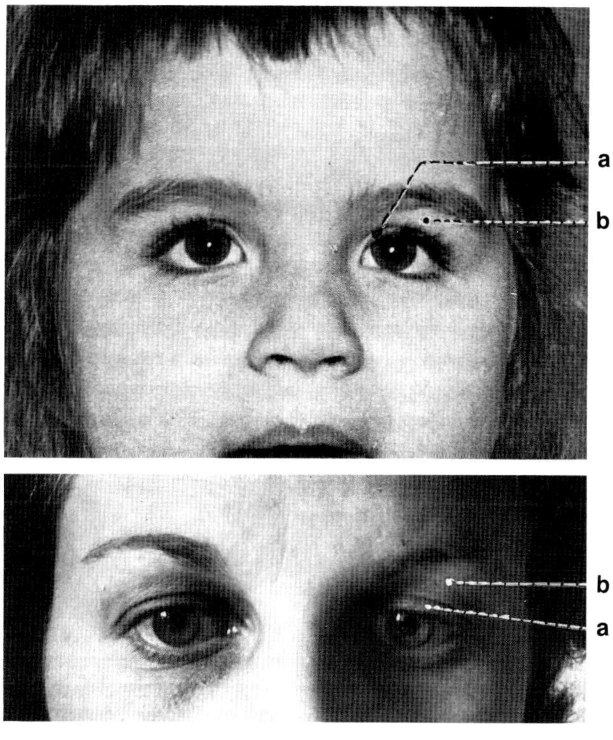

Abb. 9.**98** **Verhältnis zwischen Tarsalteil (a) und Brauenwulst (b) des Augenlides beim Kind (oben) und beim Erwachsenen (unten)** (aus *Kubik* 1965).

Der *M. orbicularis oculi* wird vom *N. facialis* innerviert. An der nervösen Versorgung der Muskulatur oberhalb der Lidspalte beteiligen sich die *Rr. temporales.* Der laterale und untere Abschnitt wird von den *Rr. zygomatici* versorgt.

Eine *Lähmung* des *M. orbicularis oculi* ist mit weitreichenden Folgen für die Funktion des Auges verbunden. Die Augenlider können aktiv nicht mehr geschlossen werden *(Lagophthalmus)*, und das Unterlid hängt schlaff herab *(Ektropion paralyticum)*. Beim Versuch, die Augenlider zu schließen, entsteht das sogenannte *Bellsche Phänomen*, dabei kann man beobachten, wie sich in der weiten Lidspalte der Bulbus oculi nach oben dreht. Eine Lähmung des M. orbicularis oculi hat auch den Verlust des *reflektorischen Lidschlusses* (Blinzelreflex) und des *rhythmischen Lidschlages* zur Folge. Der Ausfall des Lidschlages und das ständige Herabträufeln von Tränenflüssigkeit *(Epiphora)* über den ektropionierten Rand des Unterlides führen infolge der Austrockung zu krankhaften Hornhautveränderungen *(Keratopathia e lagophthalmo)*. Da die Tränenpunkte nicht, wie normalerweise, in den Tränensee eintauchen, gelangt keine Tränenflüssigkeit mehr durch den Tränennasengang in die Nasenhöhle. Die damit verbundene mangelhafte Anfeuchtung der Nasenhöhle kann zur Beeinträchtigung des Geruchsvermögens führen.
Bei einer *zentralen Faszialisparese* bleibt die Funktion des M. orbicularis oculi weitgehend erhalten (s. Bd. III).

M. corrugator supercilii

Gestalt und Lage

Der *M. corrugator supercilii* (s. Abb. 9.**88,** 9.**97**) liegt, bedeckt vom M. orbicularis oculi, am inneren, oberen Rand der Augenhöhle. Er entspringt am Os frontale, oberhalb der Sutura frontomaxillaris, an der Glabella und am Margo supraorbitalis (s. Abb. 9.**103**). Seine Fasern verlaufen nach kranial-lateral und strahlen in die Haut oberhalb des mittleren Drittels der Augenbraue sowie in die Galea aponeurotica ein. Die Muskelfasern des M. corrugator supercilii durchflechten sich mit denen des M. orbicularis oculi und des Venter frontalis m. occipitofrontalis.

Varianten

Der *M. corrugator supercilii* kann fehlen, manchmal besteht er nur aus wenigen Muskelfaserbündeln. Die Muskeln beider Seiten sind gelegentlich durch eine Sehne miteinander verbunden.

Funktion und Innervation

Der *M. corrugator supercilii* zieht die Haut der Augenbraue nach unten-medial und erzeugt dadurch eine tiefe Furche, die an der Seite der Nasenwurzel nach kranial zur Stirn verläuft. Zwischen der Furche der linken und rechten Seite wölbt sich die Haut meistens in Verlängerung des Nasenrückens in Form einer medianen Hautfalte vor. Zu einer reflektorischen Kontraktion der Mm. corrugatores supercilii kommt es dann, wenn das Auge gegen starken *Lichteinfall* geschützt werden soll. Durch gleichzeitige Kontraktion des Venter frontalis m. occipitofrontalis entsteht dann im mittleren Bereich der Stirn eine T- oder hufeisenförmige Hautfalte. Eine Kontraktion des M. corrugator supercilii kann man bei Menschen mit starken Schmerzen beobachten („Muskel des pathetischen Schmerzes“) (Abb. 9.**99**). Der M. corrugator supercilii wird außerdem bei konzentriertem Nachdenken aktiviert. *Physiognomisch* gesehen verleiht er dem Gesicht den Ausdruck einer „Denkerstirn“.
Der *M. corrugator supercilii* wird vom *R. temporalis* des *N. facialis* innerviert.

Muskeln im Bereich der Nase

M. procerus

Gestalt und Lage

Der paarige *M. procerus* entspringt auf dem Nasenrükken und zieht fächerförmig stirnwärts, wo er im Bereich der Glabella in die Haut einstrahlt (Abb. 9.**99**). Im Ansatzbereich durchflechten sich seine Muskelfasern mit denen des Venter frontalis m. occipitofrontalis. Der M. procerus hat außerdem Verbindungen zum M. depressor supercilii und zum M. orbicularis oculi.

Varianten

Die Muskelfasern beider Seiten können sich in der Mediane überkreuzen. Selten fehlt der Muskel ein- oder beidseitig. Gelegentlich sind die antimeren Muskeln ungleich groß. Bei kräftiger Ausbildung besteht der Muskel meistens aus zwei Portionen: Der *tiefe Teil* entspringt vom Nasenbein, der *oberflächliche Teil* dehnt sich dann mit seinem Ursprung bis zum knorpeligen Skelett der Nase aus und ist mit der Aponeurose der Partes transversae des M. nasalis verbunden (s. unten).

Funktion und Innervation

Der *M. procerus* zieht die Haut in der Gegend der Glabella nach unten und ruft damit eine Querfalte auf der Nasenwurzel zwischen den Köpfen der Augenbrauen hervor (Abb. 9.**99**). Bei gleichzeitiger Kontraktion des M. corrugator supercilii erhält das Gesicht dann einen drohenden Ausdruck. Die Querfalte bleibt im Alter häufig bestehen.
Der Muskel wird durch *Rr. zygomatici* des *N. facialis* innerviert.

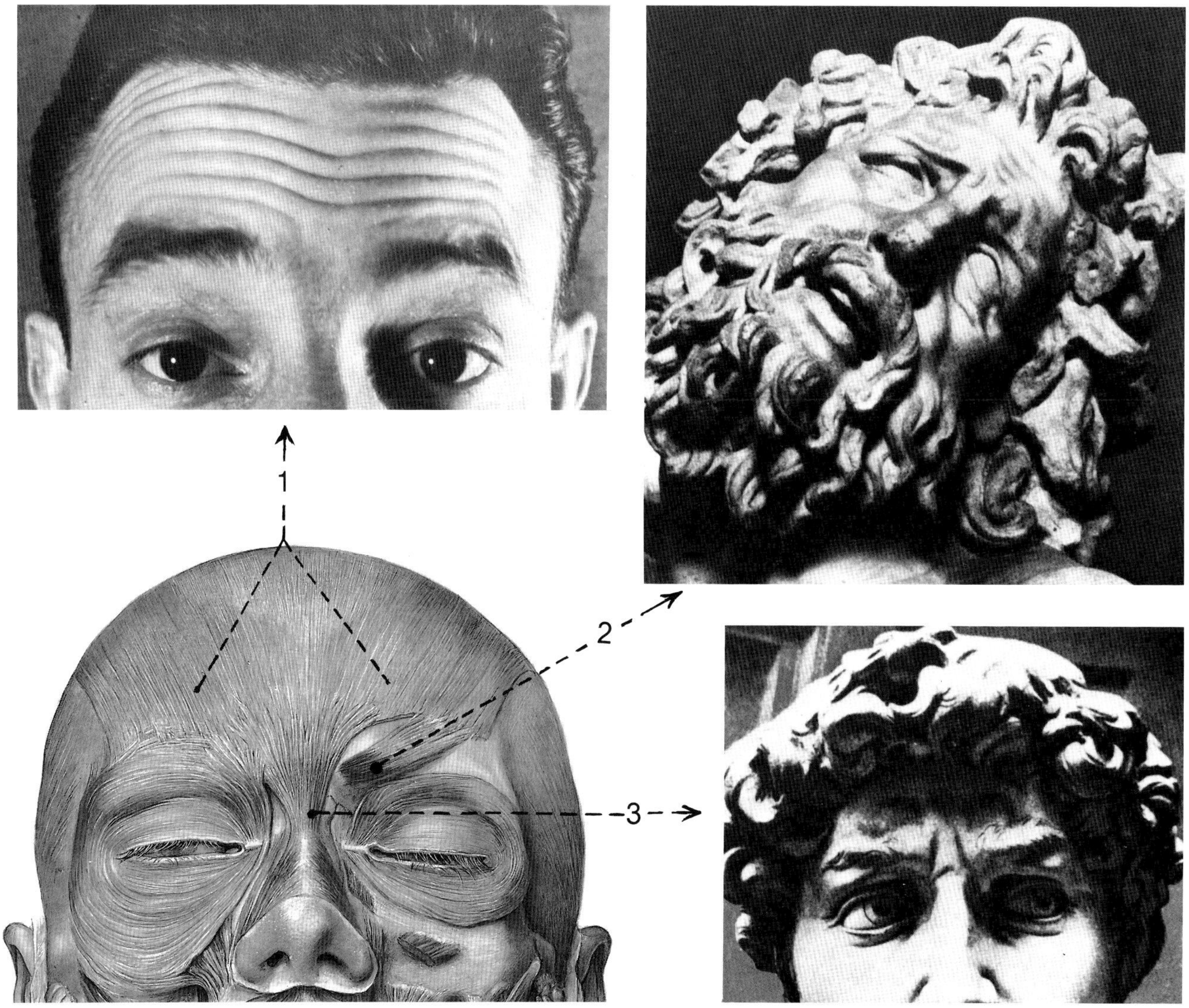

Abb. 9.**99** **Wirkung der mimischen Muskeln im Stirnbereich auf den Gesichtsausdruck** (nach *Kubik* 1965).
1 Venter frontalis m. occipitofrontalis
2 M. corrugator supercilii (Kopf des Laokoon)
3 M. procerus (Kopf des David von Michelangelo)

M. nasalis

Gestalt und Lage

Der *M. nasalis* (s. Abb. 9.**96,** 9.**97**) besteht aus der *Pars transversa* und der *Pars alaris*. Die *Pars transversa* entspringt vom Jugum alveolare des Eckzahns und zieht in Form einer dreieckigen Muskelplatte zum Nasenrücken, wo sich die flächenhaften Sehnen beider Seiten in Form einer Aponeurose durchflechten. Seitlich wird die Pars transversa vom M. levator labii superioris alaeque nasi überlagert.
Die *Pars alaris* hat ihren Ursprung oberhalb des seitlichen Schneidezahns, von wo die Muskelfasern in die Haut der Nasenöffnung einstrahlen. Teile der Muskelfasern ziehen zur Nasenscheidewand und nach unten in die Oberlippe (s. unten). Das Ursprungsfeld an der Maxilla wird vom M. orbicularis oris überlagert.

Funktion und Innervation

Durch die von beiden *Partes transversae* des M. nasalis gebildete Muskelschlinge werden die Nasenflügel nach unten und hinten gezogen. Dabei vertieft sich der seitliche Anteil der Nasenflügelfurche und die Nasenspitze tritt etwas tiefer. Die *Partes alares* sind in der Lage, die Nasenlöcher zu verengen. Der M. nasalis unterstützt in der *Mimik* den Ausdruck von Fröhlichkeit und Erstauntsein.
Der M. nasalis wird von *Rr. zygomatici* des *N. facialis* innerviert.

M. depressor septi

Gestalt und Lage

Als *M. depressor septi* wird ein kleiner Muskel bezeichnet, der oberhalb des mittleren Schneidezahnes entspringt und in den knorpeligen Teil des Nasenseptums einstrahlt. Der Muskel kann als Teil des M. orbicularis oris angesehen werden. Liegt das Punctum fixum an der Oberlippe, so zieht der Muskel die Nasenspitze nach unten. Er wird dabei von den aus der Pars alaris des M. nasalis in das Nasenseptum einstrahlenden Muskelfasern unterstützt.
Als *M. apicis nasi* bezeichnet man Muskelfaserbündel, die von der Cartilago nasi lateralis kommen und zur Spitze der Cartilago alaris major ziehen. Der kleine Muskel kann den vorderen Teil des Nasenlochs erweitern.

M. levator labii superioris alaeque nasi

Gestalt und Lage

Der *M. levator labii superioris alaeque nasi (M. quadratus labii superioris, M. levator nasi und labii maxillaris medialis)* (s. Abb. 9.**88**) entspringt am Processus frontalis maxillae sowie am medialen Teil des Margo infraorbitalis (s. Abb. 9.**103**). Der Muskel zieht schräg nach unten und inseriert in der Haut der Oberlippe und des Nasenflügels.

Funktion und Innervation

Der *M. levator labii superioris alaeque nasi* zieht bei einseitiger Innervation Nasenflügel und Oberlippe und bei beidseitiger Kontraktion auch die Nasenspitze nach oben. Der Muskel hebt die Nasenflügel an und erweitert die Nasenlöcher. Er tritt bei Atemnot verstärkt in Aktion *(„Nasenflügelatmen“)*. Bei starker Kontraktion des Muskels entsteht unmittelbar hinter dem Nasenflügel eine charakteristische Hautfalte. Durch seine Insertion in der Haut der Oberlippe wird diese ebenfalls leicht angehoben. In der *Mimik* ruft die Kontraktion des Muskels den Ausdruck der Unzufriedenheit („Nasenrümpfen“) hervor.
Der Muskel wird von *Rr. zygomatici* des *N. facialis* innerviert.

Muskeln im Bereich des Mundes

M. orbicularis oris

Gestalt und Lage

Der *M. orbicularis oris* (s. Abb. 9.**89**–9.**91**, 9.**97**, 9.**100**) bildet die muskuläre Grundlage der Lippen. In den M. orbicularis oris strahlen Muskeln aus der Umgebung des Mundes von kranial, lateral und kaudal ein und bilden mit ihm eine Funktionsgemeinschaft.
Der M. orbicularis oris besteht aus einem System von Muskelfasern, das größtenteils bogenförmig um die Mundöffnung angeordnet ist. Die meisten Muskelfasern entspringen an senkrecht zur Mundspalte verlaufenden *Zwischensehnen,* von denen sie bogenförmig in die Oberlippe und in die Unterlippe hineinziehen. Der M. orbicularis oris bildet aufgrund der Einschaltung der Zwischensehnen morphologisch kein geschlossenes Ringsystem (s. Funktion). An den Zwischensehnen sind Muskelfasern des M. buccinator sowie der übrigen zum Mundwinkel ziehenden Muskeln verankert. Ein Teil des M. orbicularis oris entspringt vom Alveolarfortsatz des Ober- und Unterkiefers (s. Abb. 9.**102**, 9.**103**). Diese von den Juga alveolaria der Schneidezahnalveolen des Ober- und Unterkiefers entspringenden Muskelfaserbündel des M. orbicularis oris werden auch als *M. incisivus labii superioris* und *M. incisivus labii inferioris* bezeichnet.
Der M. orbicularis oris besteht aus *drei* in verschiedenen *Richtungen* angeordneten *Muskelfaserbündeln.* Der um die Mundspalte liegende Teil wird als *Pars marginalis* bezeichnet. Die Pars marginalis setzt sich aus wenigen dünnen Muskelfaserbündeln zusammen, die im Bereich des Lippenrots hakenförmig nach außen umbiegen (s. Lippen, Bd. II). Der anschließende periphere Teil des M. orbicularis oris ist die *Pars labialis.* Sie dehnt sich kranial bis zum Nasenseptum und kaudal bis zur Kinnfurche aus. Sie bildet das Grundgerüst von Ober- und Unterlippe. In der Oberlippe inseriert ein Teil der oberflächlichen Muskelfasern in der Haut entlang der Kanten des Philtrum. Außer den ringförmig angeordneten Muskelfaserbündeln kommen in der Oberlippe *radiär* ausgerichtete *Muskelfasern* vor (sogenanntes *Rektussystem*). Die Fasern entspringen im Bereich der Ansatzzone des M. nasalis an den Juga alveolaria der Frontzähne, verlaufen lateral von den Philtrumkanten zur Mundspalte und strahlen im Bereich des Tuberculum labii superioris in die Haut und angrenzende Schleimhaut ein. Diesem radiären Fasersystem schließen sich Muskelbündel an, die aus dem infraorbitalen Bereich in die Oberlippe einstrahlen. Das Rektussystem ruft die charakteristische Form des freien Oberlippenrandes hervor.

Vom kranialen äußeren Rand des M. orbicularis oris zweigen Muskelfasern ab und ziehen zur Haut der Nasenscheide-

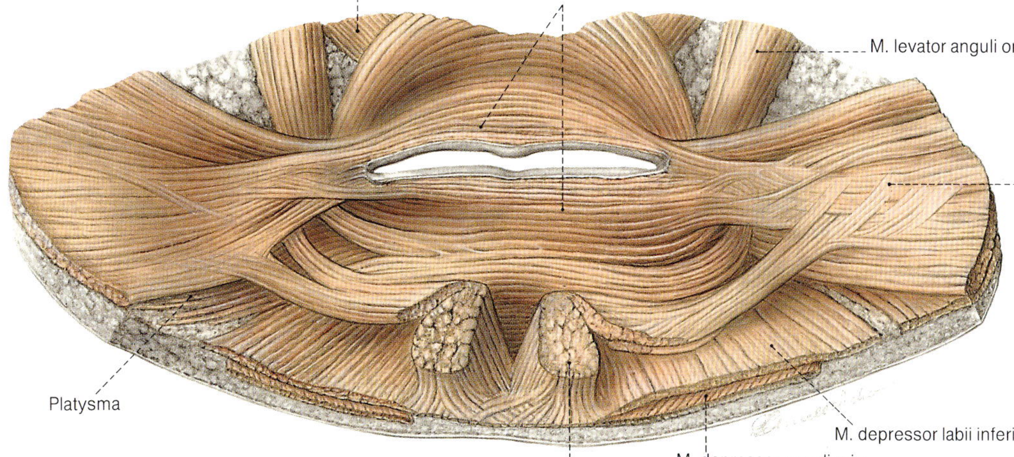

Abb. 9.**100** **Muskeln in der Umgebung des Mundes in der Ansicht von hinten** (nach *Rauber/Kopsch,* dort nach *Spalteholz*).

wand. Dieser, als *M. depressor septi* (s. oben) bezeichnete Muskel kann sich bis zur Nasenspitze und zum Crus mediale der Cartilago alaris major ausdehnen.

Funktion und Innervation

Der *M. orbicularis oris* bestimmt gemeinsam mit dem angrenzenden Bindegewebe, den Knochen des Ober- und Unterkiefers, den Zähnen sowie den zum Mund ziehenden Muskeln die äußere *Form* des *Mundes* und der *Lippen.* Der M. orbicularis oris steht vornehmlich im Dienste der *Nahrungsaufnahme* und der *Artikulation.* Aufgrund der im Bereich der Mundwinkel eingeschalteten Zwischensehnen (s. oben) können die Muskelfasern der Ober- und Unterlippe eigenständig wirken. Bei gleichzeitiger Kontraktion beider Anteile übt der M. orbicularis oris die *Funktion* eines *Ringmuskels* aus. Durch *schwache Kontraktion* des *gesamten Muskels* werden die Lippen in der Weise aneinander gepreßt, daß die Mundspalte eine schmale, querverlaufende Linie bildet. Eine *Kontraktion* der *Pars marginalis* bewirkt, daß das Lippenrot nach innen gezogen wird und die Lippen schmal erscheinen. Bei starker *Kontraktion* der *Pars labialis* wölben sich die Lippen rüsselförmig vor (Abb. 9.**101**). Die Mundspalte wird schmaler und nimmt einen bogenförmigen Verlauf an. Dabei kommt es zu einer scheinbaren Verbreiterung des Lippenrotes.
Die *Mimik* beeinflußt der M. orbicularis oris meistens gemeinsam mit den übrigen Muskeln in der Umgebung der Mundspalte. Wirkt er allein, so entsteht der Gesichtsausdruck der Verschlossenheit, des Argwohns oder der Wut.
Der *M. orbicularis oris* wird durch die *Rr. buccales* und den *R. marginalis mandibulae n. facialis* innerviert. Ist der Muskel *gelähmt,* so hängt der Mundwinkel der betroffenen Seite herab und es fließt oft unwillkürlich Speichel ab. Das Artikulieren beim Sprechen kann behindert sein.

M. buccinator

Gestalt und Lage

Der *M. buccinator* (s. Abb. 9.**89**–9.**91**) hat die Form einer rechteckigen Platte, die im Bereich zwischen den Molaren des Ober- und Unterkiefers und den Mundwinkeln die muskuläre Grundlage der Wangen bildet. Der Muskel entspringt auf einer bogenförmigen Linie, die am Processus alveolaris maxillae in Höhe des zweiten Molaren beginnt (s. Abb. 9.**102**), sich in die Raphe pterygomandibularis nach unten fortsetzt und am Unterkiefer im Bereich der Crista buccinatoria neben dem zweiten Molaren endet (s. Abb. 9.**94**). Die *Raphe pterygomandibularis* ist eine Zwischensehne, die dem M. buccinator und dem M. constrictor pharyngis superior als gemeinsame Anheftung dient. Sie spannt sich zwischen dem Hamulus pterygoideus und dem Bereich um die Crista buccinatoria der Mandibula aus. Häufig fehlt eine durchgehende Zwischensehne, da M. constrictor pharyngis superior und M. buccinator direkt ineinander übergehen.
Der M. buccinator verläuft von seinem Ursprung nach medial und inseriert mit einem großen Teil seiner Fasern an der Zwischensehne im Bereich des Angulus oris (s. M. orbicularis oris). Zahlreiche Fasern setzen sich in die Muskulatur der Lippen fort; dabei kommt es im Bereich der Mundwinkel zu einer *Durchkreuzung:* Die kranialen Fasern ziehen größtenteils in die Unterlippe, die kaudalen Fasern in die Oberlippe (s. Abb. 9.**100**). Die Fasern am Ober- und Unterrand des

Muskels nehmen nicht an der Überkreuzung teil. Die Durchflechtung der Muskelfasern des M. buccinator mit denen des M. orbicularis oris *(M. buccolabialis)* weist auf die gemeinsame Herkunft beider Muskeln hin. Von den Muskelfasern des M. buccinator setzt ein Teil am Processus alveolaris des Unterkiefers im Bereich des ersten Prämolaren neben dem Ursprungsfeld des M. mentalis an. Die Muskelfasern gehen teilweise in den M. mentalis über und strahlen gelegentlich in die Haut des Kinns ein.
Der M. buccinator wird in Höhe des zweiten Molaren vom *Ductus parotideus* durchbohrt. An der Durchtrittsstelle ziehen die Muskelfasern bogenförmig um den Ausführungsgang der Ohrspeicheldrüse. Der M. buccinator wird außen von einer dünnen Faszie, *Fascia buccopharyngea,* bedeckt. Die Innenfläche des Muskels ist mit der Schleimhaut des Vestibulum oris fest verbunden.

Funktion und Innervation

Der *M. buccinator* ist am *Kauakt* beteiligt. Seine Hauptfunktion besteht darin, die Speise aus dem Vestibulum oris zwischen die Zahnreihen zu drücken und die Formung des Bissens zu unterstützen. Durch die feste Verbindung mit der *Schleimhaut* des *Mundvorhofs* verhindert der Muskel gleichzeitig, daß Schleimhautfalten beim Kauen zwischen die Zahnreihen gelangen und verletzt werden.
Kontrahieren sich die Muskeln beider Seiten, so werden die Mundwinkel nach lateral gezogen (s. Abb. 9.**101**). Der M. buccinator ist auch an *Ausdrucksbewegungen* des Gesichtes (z. B. Lachen, Weinen) beteiligt. Beim Spielen eines Blasinstrumentes verhindert der Tonus des M. buccinator ein Aufblähen der Wangen von seiten der Kraft des Luftstromes. Dadurch schafft der Muskel eine wichtige Voraussetzung für die Kontrolle des Luftstromes gegenüber den exspiratorisch wirkenden Kräften.
Der M. buccinator wird aus *Rr. buccales* des *N. facialis* innerviert. Fordert man bei Lähmung des Muskels den Patienten auf zu pfeifen, so wird der Luftstrom zur gelähmten Seite abgelenkt. Zur *Funktionsprüfung* läßt man die Wangen aufblasen und die Luft durch Schließen der Mundöffnung fest anhalten. Bei leichtem Druck mit dem Finger auf die Wangen entweicht die Luft auf der gelähmten Seite.

M. zygomaticus major

Gestalt und Lage

Der *M. zygomaticus major* (s. Abb. 9.**88,** 9.**96,** 9.**97**) entspringt im Bereich der Sutura zygomaticotemporalis des Os zygomaticum und verläuft in schräger Richtung über die Wange nach medial-kaudal zum Mundwinkel (s. Abb. 9.**102**). Er überkreuzt den medialen oberen Rand des M. masseter, das Corpus adiposum buccae, den Ductus parotideus sowie im Ansatzbereich einen Teil des M. depressor anguli oris. Der Muskel inseriert mit oberflächlichen Fasern in der Haut des Mundwinkels, in der Tiefe liegende Fasern strahlen größtenteils in die Oberlippe und mit einem kleinen Anteil auch in die Unterlippe ein.

Varianten

Der *M. zygomaticus major* ist im Ursprungsbereich häufig mit dem M. zygomaticus minor verbunden. In seltenen Fällen fehlt der Muskel.

(Funktion und Innervation, s. unten)

M. zygomaticus minor

Gestalt und Lage

Als *M. zygomaticus minor* bezeichnet man einen dünnen Muskel, der medial vom M. zygomaticus major an der Außenfläche des Os zygomaticum entspringt und in die Haut des Sulcus nasolabialis einstrahlt. Der Muskel wurde früher als *Caput zygomaticum* des *M. quadratus labii superioris* bezeichnet.

Varianten

Der *M. zygomaticus minor* entspringt häufig mit zwei Anteilen. Seiner ursprünglichen Lage im Bereich der Augenöffnung entsprechend steht der Muskel oft mit dem medialen Rand des M. orbicularis oculi in Verbindung.

Funktion und Innervation

Die *Mm. zygomatici major* und *minor* heben den Mundwinkel in der Weise nach oben und außen, daß der obere Eckzahn sichtbar wird (s. Abb. 9.**101**). Durch Kontraktion beider Muskeln tritt das Relief der *Nasolabialfurche* deutlich hervor. Die damit einhergehende Stauchung der Haut im Bereich des Unterlides führt zu einer Vertiefung der Lidfurche, außerdem entstehen am seitlichen Lidrand radiäre Falten, die im Alter häufig nicht mehr verstreichen („Krähenfüße", s. M. orbicularis oculi, S. 755). Eine Aktivität der Mm. zygomatici ruft den *Gesichtsausdruck* der Freude hervor. Gemeinsam mit dem M. risorius bilden sie die „Lachmuskeln". In der *Physiognomie* des Gesichtes vermitteln die Muskeln den Eindruck einer fröhlichen Gemütslage. Der M. zygomaticus minor ist allerdings auch an Ausdrucksbewegungen beim Weinen beteiligt.
Die *Mm. zygomatici major* und *minor* werden von *Rr. zygomatici* des *N. facialis* innerviert.

M. risorius

Gestalt und Lage

Der *M. risorius* (s. Abb. 9.**96,** 9.**97**) besteht aus dünnen, oberflächlich liegenden Muskelfaserbündeln, die fächerförmig von der Fascia masseterica sowie von der Fascia parotidea entspringen und bogenförmig zum Mundwinkel ziehen. Hier legen sich die Muskelfasern dem M. depressor anguli oris an und strahlen in die Haut der Oberlippe sowie in die Schleimhaut des Vestibulum oris ein. Der Muskel überkreuzt A. und V. facialis.

Varianten

Der *M. risorius* ist oft nur schwach ausgebildet, gelegentlich fehlt er vollständig. Bei kräftiger Entwicklung hat er meistens enge Beziehungen zu benachbarten Muskeln, dem Platysma *(Platysma-Risorius),* dem M. zygomaticus major *(Zygomatico-Risorius)* oder dem M. depressor anguli oris *(Depressor-Risorius).*

Funktion und Innervation

Der *M. risorius* zieht den Mundwinkel nach lateral. Bei den *Ausdrucksbewegungen* des Gesichtes arbeitet er mit den Mm. zygomatici zusammen (s. Abb. 9.**101**). Die Muskeln bewirken eine Vertiefung der *Nasolabialfurche.* Beim Lachen verbreitert der M. risorius die Mundspalte und erzeugt häufig gleichzeitig ein sogenanntes Lachgrübchen in der Wange.
Der *M. risorius* wird von *Rr. buccales* des *N. facialis* innerviert.

M. levator labii superioris

Gestalt und Lage

Der *M. levator labii superioris (Caput infraorbitale m. quadrati labii superioris)* (s. Abb. 9.**88,** 9.**97**) entspringt am Margo infraorbitalis der Maxilla oberhalb des Foramen infraorbitale (s. Abb. 9.**103**). Er zieht um den Nasenflügel zur Oberlippe, wo der größte Teil seiner Fasern in der Haut inseriert. Der Muskel hat enge Beziehung zum M. zygomaticus minor und zum M. levator labii superioris alaeque nasi. Er bedeckt die aus dem Foramen infraorbitale tretenden Leitungsbahnen (N. infraorbitalis, Vasa infraorbitalia).

Varianten

Der *M. levator labii superioris* fehlt in seltenen Fällen. Dem Muskel schließen sich häufig Fasern benachbarter Muskeln, vor allem des M. orbicularis oculi, an.

Funktion und Innervation

Der *M. levator labii superioris* hebt die *Oberlippe* an. Er wird in dieser Funktion vom M. levator labii superioris alaeque nasi und vom M. zygomaticus minor unterstützt (s. Abb. 9.**101**). Gemeinsam mit dem M. levator labii superioris alaeque nasi ruft der Muskel bei Kontraktion eine Falte hervor, die dicht oberhalb und lateral des Nasenflügels beginnt, um den Nasenflügel herumzieht und dann etwas seitwärts von der Mitte des Nasenflügelrandes endet. Die Falte verlängert sich, wenn beide Muskeln zusammenwirken. Durch das Auftreten dieser Falte wird der *Ausdruck* der Unzufriedenheit hervorgerufen.
Der *M. levator labii superioris* wird von *Rr. zygomatici* des *N. facialis* innerviert.

M. levator anguli oris

Gestalt und Lage

Der *M. levator anguli oris* (s. Abb. 9.**88,** 9.**97**) wurde früher *M. caninus* genannt. Er entspringt unterhalb des Foramen infraorbitale in der Fossa canina der Maxilla (s. Abb. 9.**103**), von wo er nach lateral unten zum Angulus oris zieht. Seine Muskelfasern durchkreuzen sich hier mit dem M. orbicularis oris und mit dem M. depressor anguli oris (s. Abb. 9.**100**). Ein Teil des Muskels inseriert in der Haut und in der Schleimhaut des Mundwinkels. Der M. levator anguli oris wird größtenteils vom M. levator labii superioris bedeckt.

Funktion und Innervation

Der *M. levator anguli oris* hebt den *Mundwinkel* nach kranial und ein wenig nach medial. Er wird von *Rr. zygomatici* des *N. facialis* innerviert.

M. depressor anguli oris

Gestalt und Lage

Der dreieckige *M. depressor anguli oris (M. triangularis)* (s. Abb. 9.**88,** 9.**97**) entspringt am unteren Rand der Mandibula. Der Ursprung des Muskels erstreckt sich normalerweise von der Kinnspitze bis zum ersten Molaren (s. Abb. 9.**103**). Ein Teil der Muskelfasern hat seinen Ursprung in der Haut des Kinns, außerdem steht der Muskel mit dem M. depressor labii inferioris und dem Platysma in Verbindung. Der M. depressor anguli oris zieht konvergierend zum Mundwinkel, wo er sich mit den übrigen, am Angulus oris inserierenden Muskeln durchkreuzt (s. Abb. 9.**100**). Ein Teil seiner Muskelfasern strahlt in die Oberlippe ein.
Bei starker Ausbildung des M. depressor anguli oris sind die medialen Anteile beider Seiten meistens miteinander verbunden. Diese quer über das Kinn verlaufenden Muskelfaserbündel bezeichnet man als *M. transversus menti.* Der M. transversus menti ruft am Kinn eine Furche hervor. Oberhalb und unterhalb der Kinnfurche wölbt sich das Unterhautfettgewebe meistens stark vor, so daß ein „Doppelkinn" entsteht. Am Aufbau des M. transversus menti kann auch das Platysma beteiligt sein.

Funktion und Innervation

Der *M. depressor anguli oris* zieht die *Mundwinkel* nach unten sowie ein wenig nach lateral (s. Abb. 9.**101**). Infolge dieser Bewegung nimmt die *Nasolabialfalte* einen steilen Verlauf an. Der Muskel erzeugt die *Mundwinkelfalte.* Sie verleiht dem Gesicht den Ausdruck der Unzufriedenheit oder der Trauer. Die in der Haut des Kinns entspringenden Muskelfasern rufen bei Kontraktion beider Muskeln eine quere Falte am Kinn hervor (s. M. transversus menti).
Der *M. depressor anguli oris* wird von *Rr. buccales* des *N. facialis* innerviert.

M. depressor labii inferioris

Gestalt und Lage

Der *M. depressor labii inferioris (M. quadratus labii inferioris)* (s. Abb. 9.**96,** 9.**97**) wird teilweise vom M. depressor anguli oris bedeckt. Der Muskel entspringt an der Mandibula unterhalb des Foramen mentale (s. Abb. 9.**102**). Seine Muskelfasern stehen im Ursprungsbereich mit dem Platysma in Verbindung. Der M. depressor labii inferioris zieht schräg nach obenmedial und inseriert mit oberflächlichen Muskelfasern in der Haut der Unterlippe. Seine tiefen Muskelfasern strahlen in den M. orbicularis oris ein (s. Abb. 9.**100**). Bei starker Ausprägung kann man den Muskelbauch als schrägen Wulst vom Kinn bis zur Unterlippe verfolgen.

Funktion und Innervation

Der *M. depressor labii inferioris* zieht die *Unterlippe* nach unten-lateral. Durch die in der Haut inserierenden Muskelfasern wird das Lippenrot nach außen vorgewölbt und die Lippe erscheint breiter (Abb. 9.**101**).
Der Muskel wird aus dem *R. marginalis mandibulae* des *N. facialis* versorgt.

M. mentalis

Gestalt und Lage

Der *M. mentalis* (s. Abb. 9.**97,** 9.**91**) entspringt, bedeckt vom M. depressor labii inferioris, am Jugum alveolare des seitlichen Schneidezahns der Mandibula (s. Abb. 9.**103**). Der Muskel zieht schräg nach medialunten und inseriert in der Haut des Kinns. Im Ansatzbereich sind die Muskeln beider Seiten miteinander verbunden. Die umschriebene Insertion in der Haut ruft das Grübchen über dem Kinn hervor.

Varianten

Die Größe des *M. mentalis* variiert. In seltenen Fällen kann der Muskel in zwei Bäuche unterteilt sein.

Funktion und Innervation

Der *M. mentalis* verschiebt die Haut am Kinn in der Weise nach oben, daß in der Mitte zwischen Mundspalte und unterem Mandibularand die nach oben konvexe *Kinn-Lippen-Furche,* entsteht. In der *Mimik* vermittelt der M. mentalis den Ausdruck der Unentschlossenheit oder des Zweifelns. Bei gleichzeitiger Kontraktion der Mm. mentalis, depressor labii inferioris und orbicularis oris entsteht durch die charakteristische Vorstülpung der Unterlippe der Gesichtsausdruck der „Schnute" oder „Flunsch", wie man ihn bei Kindern am Beginn des Weinens beobachten kann (Abb. 9.**101**).
Der *M. mentalis* wird vom *R. marginalis mandibulae n. facialis* innerviert.
(Platysma, s. Kapitel Hals)

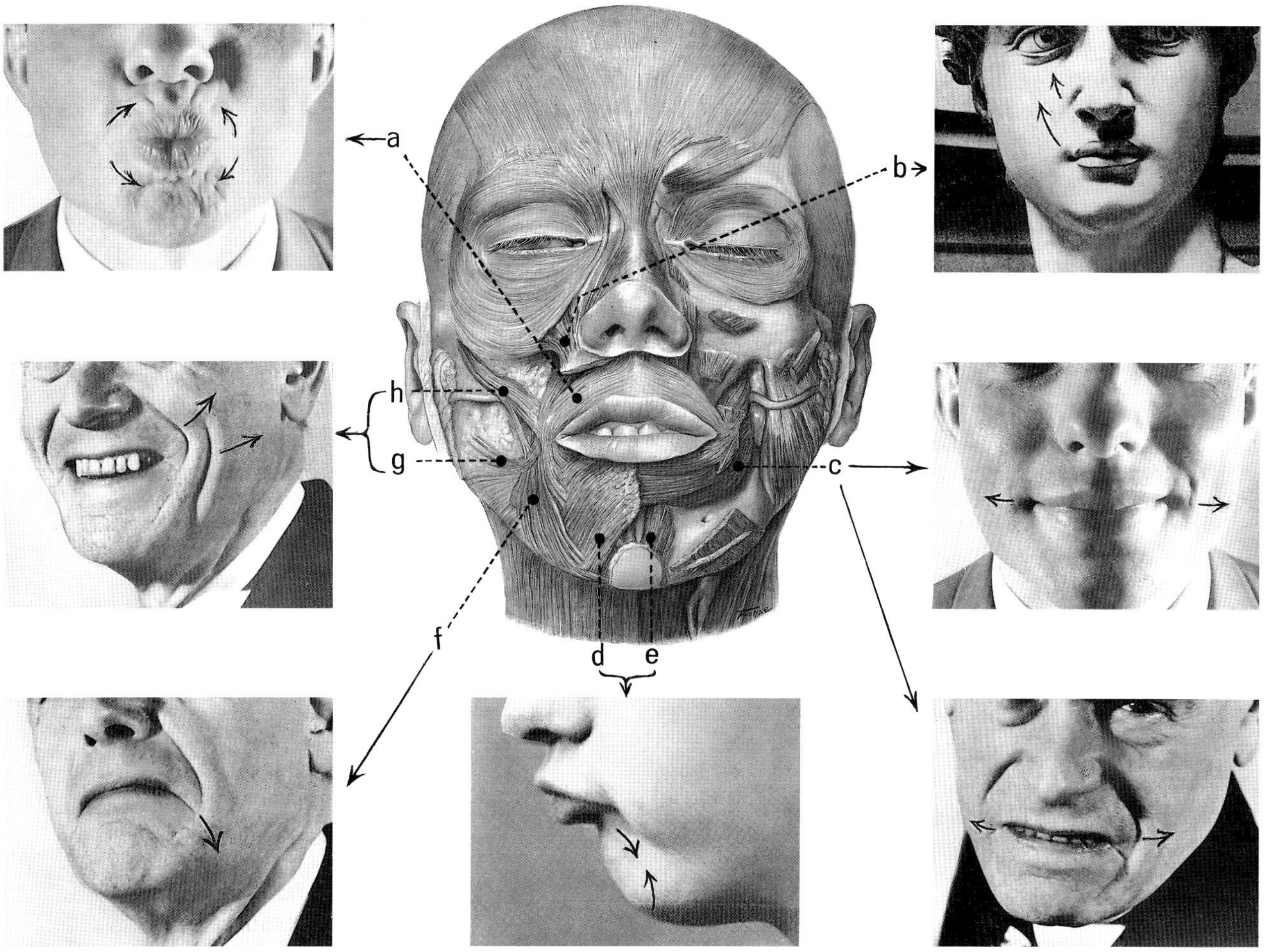

Abb. 9.**101** **Wirkung der mimischen Muskeln im Mundbereich auf den Gesichtsausdruck** (nach *Kubik* 1965).
a M. orbicularis oris
b M. levator labii superioris
c M. buccinator
d M. depressor labii inferioris
e M. mentalis
f M. depressor anguli oris
g M. risorius
h M. zygomaticus

Muskeln im Bereich des äußeren Ohres

M. auricularis anterior

Gestalt und Lage

Der *M. auricularis anterior* (s. Abb. 9.**102**) ist ein kleiner, dreieckiger Muskel, der an der Fascia temporalis entspringt und an der Spina helicis der Ohrmuschel inseriert.

Varianten

Der Muskel fehlt häufiger als die anderen Ohrmuskeln. Nicht selten besteht der M. auricularis anterior nur aus wenigen Muskelfaserbündeln. In zahlreichen Fällen inseriert er nicht direkt, sondern über eine dünne Bindegewebsplatte an der Ohrmuschel.

M. auricularis superior

Gestalt und Lage

Der *M. auricularis superior* (s. Abb. 9.**96**, 9.**102**) (s. M. temporoparietalis, S. 754) ist der größte der drei Ohrmuskeln. Er entspringt fächerförmig an der Galea aponeurotica und verläuft konvergierend zur Ohrmuschel, wo er vorn mit sehr kurzen und hinten mit etwas längeren Sehnenfasern inseriert.

Varianten

Der Muskel kann fehlen und in mehrere Bündel unterteilt sein. Manchmal dehnt sich der M. auricularis superior bis zum lateralen Rand des Venter frontalis m. occipitofrontalis aus (s. S. 753). Er kann auch mit den anderen Mm. auriculares in Verbindung stehen.

M. auricularis posterior

Gestalt und Lage

Der *M. auricularis posterior* (s. Abb. 9.**102**) besteht meistens aus kurzen, kräftigen Muskelfaserbündeln, die an der Linea nuchae superior sowie an der Basis des Warzenfortsatzes entspringen und in sagittaler Richtung zur Ohrmuschel ziehen, wo sie im Bereich der Eminentia conchae inserieren.

Varianten

Der *M. auricularis posterior* fehlt in seltenen Fällen. Manchmal steht er mit dem Venter occipitalis des M. occipitofrontalis, dem Platysma und dem M. transversus nuchae, einer zwischen M. sternocleidomastoideus und M. trapezius liegenden Muskelfaserabsprengung des Platysma, in Verbindung.
Als seltene Variante kommt ein zusätzlicher Muskel, *M. auricularis inferior,* vor, der auf der Fascia masseterica liegt und an der Ohrmuschel inseriert.

Funktion und Innervation

Die Funktion der rudimentär angelegten Muskeln in der Umgebung des äußeren Ohres ist unbedeutend. Beim Menschen können die Ohrmuscheln nur ausnahmsweise durch die *Mm. auriculares* bewegt werden.
Der *M. auricularis anterior* und der *vordere Anteil* des *M. auricularis superior* werden aus *Rr. temporales* des *N. facialis* innerviert. Den *M. auricularis posterior* und den *hinteren Teil* des *M. auricularis superior* versorgt der *R. auricularis posterior n. facialis.*
(Außer den Mm. auriculares kommen im Bereich des äußeren Ohres Muskeln vor, die auf der Ohrmuschel selbst entspringen und inserieren, *Mm. auricularii,* s. Bd. III).

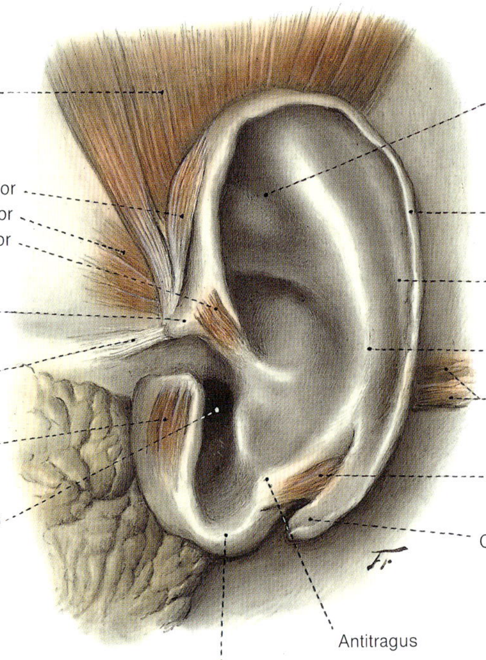

Abb. 9.**102** **Muskeln im Bereich des Ohres der linken Seite in der Ansicht von lateral.**

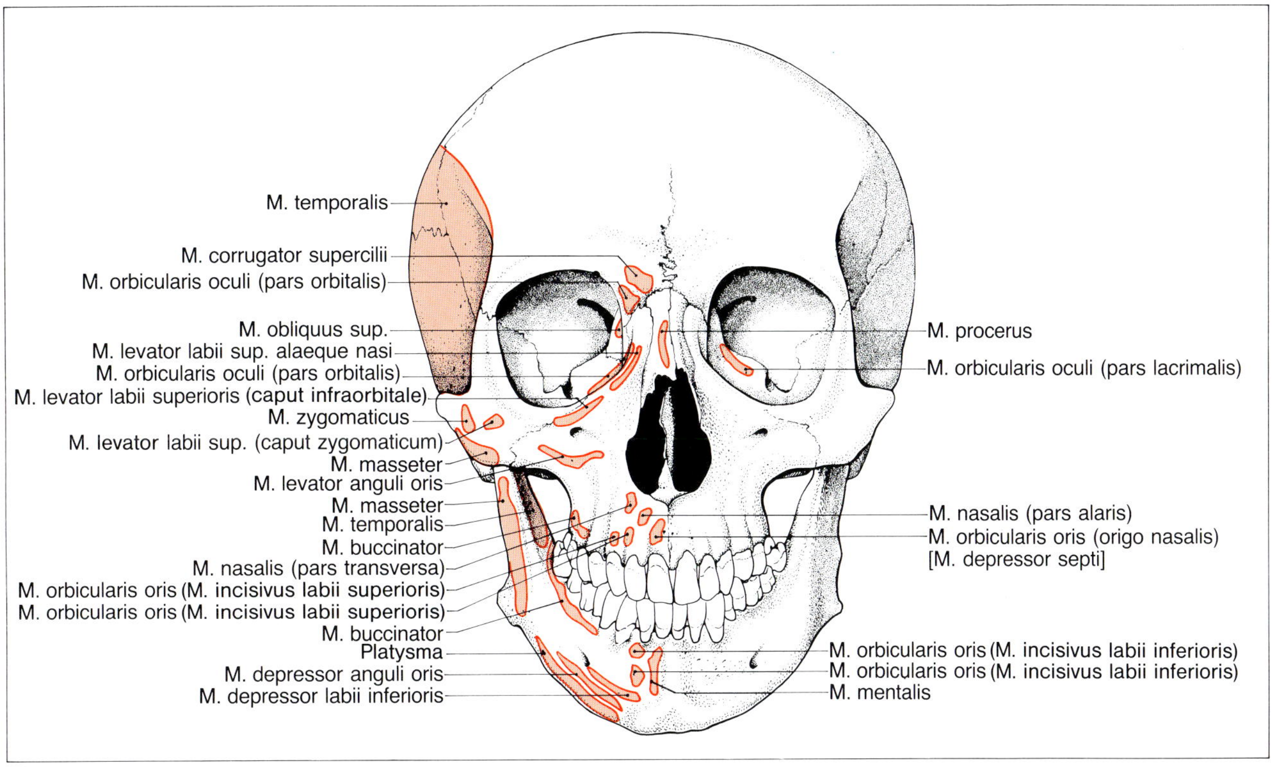

Abb. 9.**103** **Muskelursprünge und -ansätze am Schädel in der Ansicht von vorn.**

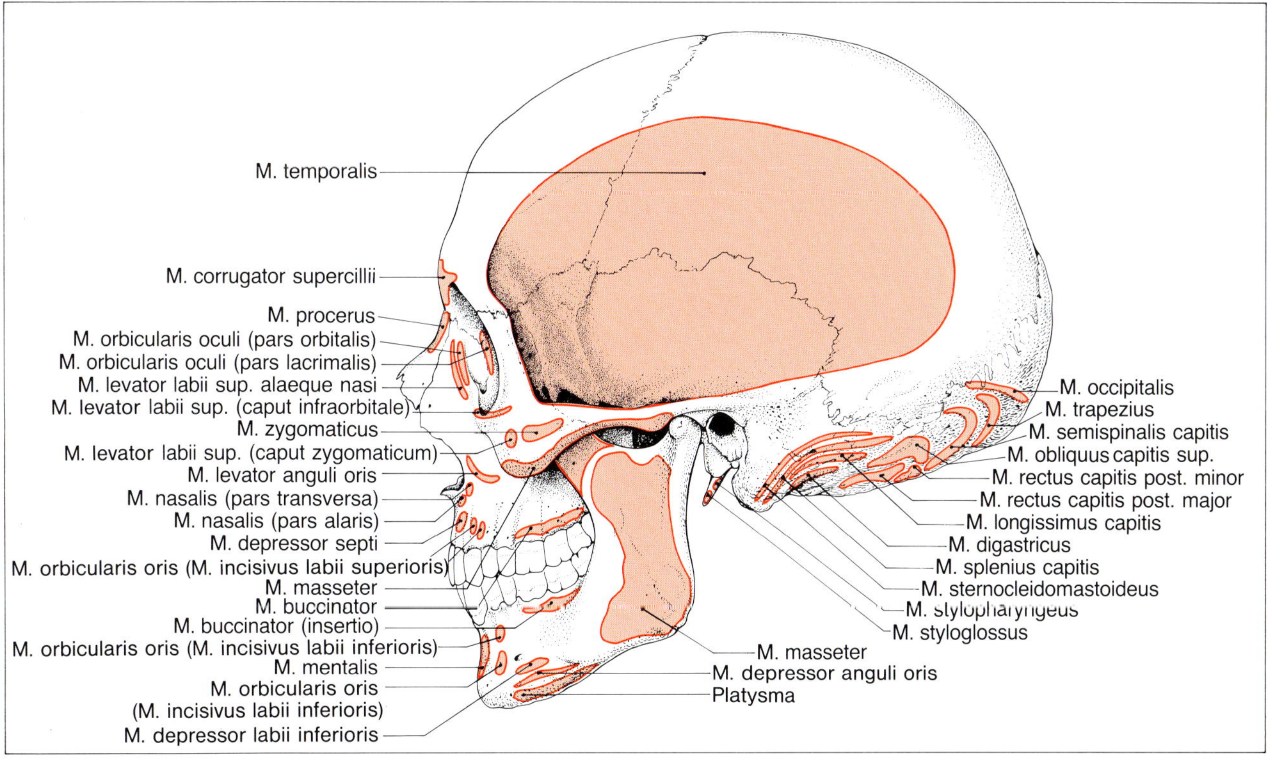

Abb. 9.**104** **Muskelursprünge und -ansätze am Schädel in der Ansicht von lateral.**

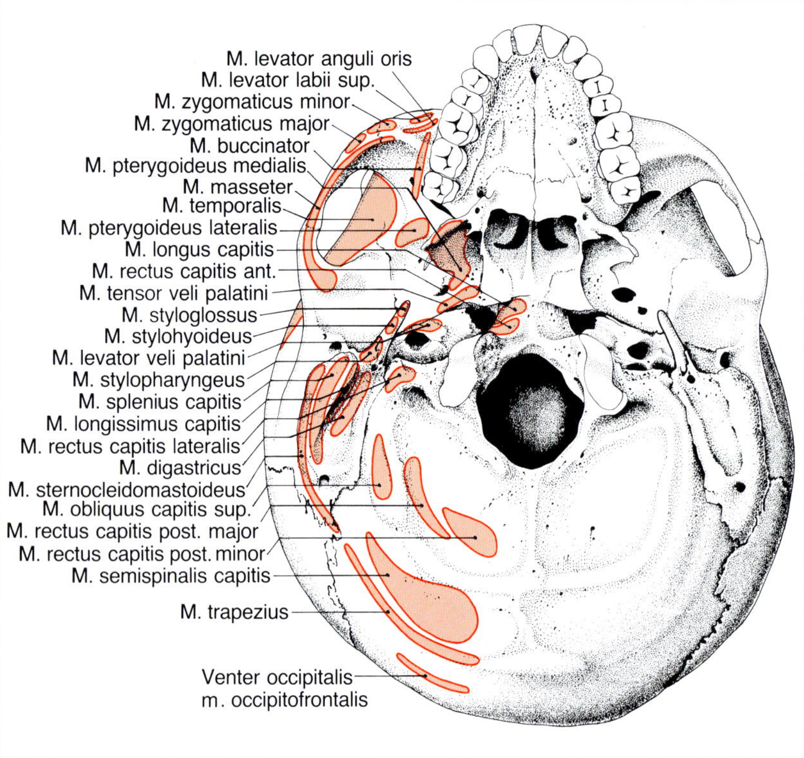

Abb. 9.**105** **Muskelursprünge und -ansätze am Schädel in der Ansicht von unten.**

Literatur

Agerberg, G.: Maximal mandibular movements in Teen-agers. Acta morph. neerl. scand. 12 (1974) 79–102

Anagnostopoulou, S., D. Venierators: Quantitative method for the classification of human mandibular condyles. Acta anat. (Basel) 127 (1986) 201–204

Basmajian, J. V.: Electromyography – dynamic gross anatomy: A review. Amer. J. Anat. 159 (1980) 245–260

Beer, G. R. de: The development of the vertebral skull. Clarendon Press, Oxford 1937

Bluntschi, H.: Zur Frage nach der funktionellen Struktur und Bedeutung der harten Hirnhaut. Wilhelm Roux' Arch. Entwickl.-Mech. Org. 106 (1925) 303–319

Braus, H., C. Elze: Anatomie des Menschen. Ein Lehrbuch für Ärzte und Studierende, 3. Aufl., Bd. I. Springer, Berlin 1954

Chiari, G. C., F. Wachtler: Über einen Fall von medianer Hinterhauptsnaht und zur Entwicklung der Squama occipitalis beim Menschen. Anat. Anz. 154 (1983) 179–186

Deggeler, C.: Beitrag zur Kenntnis der Architektur des fetalen Schädels. Z. Anat. Entwickl.-Gesch. 111 (1942) 470–489

Durst-Zivković, B., S. Davila: Strukturelle Veränderungen des Meckelschen Knorpels im Laufe der Bildung des Corpus mandibulae. Anat. Anz. 135 (1974) 12–23

Ehler, E., G. H. Schumacher, C. Christmann, H. Pfau: Zur Frage der Hebelwirkung am Unterkiefer. 4. Mitteilung. Anat. Anz. 134 (1973) 425–428

Eisler, P.: Die Muskeln des Stammes. Fischer, Jena 1912

Ende, B.: Mechanical analysis of the form of the human facial skeleton. VIIe Congrès International des Sciences Anthropologiques et ethnologiques. 2 (1967) 346–353

Fick, R.: Anatomie der Gelenke. In von Bardeleben, K.: Handbuch der Anatomie des Menschen, Bd. II, Abt. 1, 1. Tl. Fischer, Jena 1904

Fick, R.: Spezielle Gelenke und Muskelmechanik. In von Bardeleben, K.: Handbuch der Anatomie des Menschen, Bd. II, Abt. 1, 3. Tl. Fischer, Jena 1911

Frick, H., H. Leonhardt, D. Starck: Spezielle Anatomie II, 2. Aufl. Thieme, Stuttgart 1980

Frommhold, W., W. Hielscher: Röntgenkinematographische Studien zur Form der Kondylenbahn des Kiefergelenkes. Fortschr. Röntgenstr. 96 (1962) 103–106

Furstman, L.: Embryology. In Sarnat, B. G.ü, D. M. Laskin: The Temporomandibular Joint. A Biological Basis for Clinical Practice. Thomas, Springfield/Ill. 1972

Futamara, R.: Über die Entwicklung der Facialismuskulatur beim Menschen. Anat. Hefte 30 (1906) 433–516

Gilbe, G. V.: The function of the disc of the temporomandibular joint. J. prosthet. Dent. 33 (1975) 196–204

Gozdziewski, S., C. Nizankowski, R. Kindlik: Die morphologische Analyse des Canalis infraorbitalis und des Foramen. Anat. Anz. 145 (1979) 517–527

Grant, P. G.: Lateral pterygoid: two muscles? Amer. J. Anat. 138 (1973) 1–10

Härle, F.: Die Lage des Mandibularkanals im zahnlosen Kiefer. Dtsch. zahnärztl. Z. 32 (1977) 275–276

Härle, F.: Indikation, Methoden und Ergebnisse zur absoluten Alveolarkammererhöhung des Unterkiefers. Dtsch. zahnärztl. Z. 37 (1982) 121–126

Harn, St. D., L. S. Shackelford: Further evaluation of the superficial and deep tendons of the human temporalis muscle. Anat. Rec. 202 (1982) 537–548

Häupl, K.: Lehrbuch der Zahnheilkunde, Bd. I. Urban & Schwarzenberg, Wien 1949

Heine, H.: Zur Evolution der Beziehungen zwischen Gehirnentfaltung, sekundärem Kiefergelenk und Gesichtsentwicklung bei Säugetieren. Gegenbaurs morph. Jb. 125 (1979) 49–53

Hildebrand, R., S. Schneider: Beitrag zur Analyse der Kiefergelenkmechanik. Verh. anat. Ges. (Jena) 75 (1981) 663–664

Hillowala, R. A.: The temporomandibular joint. A diginglymus joint. J. prosthet. Dent. 33 (1975) 328–332

Hromada, J., H. Královė: Die Innervation des Kiefergelenks und einige anatomisch-klinische Bemerkungen. Dtsch. Zahn-, Mund- u. Kieferheilk. 34 (1960) 19–28

Johansson, A.-S., G. Isacsson, A. Isberg, A.-C. Granholm: Distribution of substance P-like immunoreactive nerve fibers in temporomandibular joint soft tissues of monkey. Scand. J. Dent. Res. 94 (1986) 225–232

Jones, D. L., P. L. Blanton, St. B. Milam: Electromyographic analysis of the separate heads of the lateral pterygoid muscle in man. Anat. Rec. 205 (3) 1983

Kahle, W., H. Leonhardt, W. Platzer: Taschenatlas der Anatomie für Studium und Praxis, 5. Aufl., Bd. I. Thieme, Stuttgart 1986

Kawamura, Y., T. Majima: Temporomandibular joint sensory mechanisms controlling activities of the jaw muscles. J. dent. Res. 43 (1964) 150

Kindler, W.: Jahrtausendealter Kult- und Modebrauch der künstlichen Schädeldeformierung und ihre gesundheitlichen Folgen. Aesthet. Med. 12 (1963) 247–254

Koebke, J.: Untersuchungen zur Morphologie und Embryologie des menschlichen Zungenbeins. Verh. anat. Ges. (Jena) 72 (1978a) 339–343

Koebke, J.: Some observations on the development of the human hyoid bone. Anat. Embryol. 153 (1978b) 279–286

Körber, K.: Zahnärztliche Prothetik, 3. Aufl. Thieme, Stuttgart 1985

Kubik, St.: Das menschliche Gesicht, seine Anatomie, physiognomische Deutung und moderne Darstellungsweise. Med. Welt (1965) 71–78

Küppers, K.: Analyse der funktionellen Struktur des menschlichen Unterkiefers. Ergebn. Anat. Entwickl.-Gesch. 44, 6 (1971) 1–99

Lang, J., R. Baumeister: Über das postnatale Wachstum der Nasenhöhle. Gegenbaurs morph. Jb. 128 (1982) 354–393

Lang, J., B. Brückner: Über dicke und dünne Zonen des Neurocranium, Impressiones gyrorum und Foramina parietalia bei Kindern und Erwachsenen. Anat. Anz. 149 (1981) 11–50

Lang, J., H.-D. Jüde: Über den Ursprung des Musculus mylohyoideus. Gegenbaurs morph. Jb. 119 (1973) 389–400

Lang, J., W. Kräussel: Über das Wachstum der Basis cranii. Anat. Anz. 150 (1981) 455–470

Lang, J., M. Oeder: Über die Biomorphose der Mandibula. Gegenbaurs morph. Jb. 130 (1984) 185–234

Lang, J., G. Oehmann: Formentwicklung des Canalis opticus, seine Masse und Einstellung zu den Schädelebenen. Verh. anat. Ges. (Jena) 70 (1976) 567–574

Lang, J., A. Schiller: Caput mandibulae: Anteversion, Flächenwert und Scheitelkrümmungsradius. Verh. anat. Ges. (Jena) 70 (1976) 605–612

Lang, J., F. Schlehahn: Foramina ethmoidalia und Canales ethmoidales. Verh. anat. Ges. (Jena) 72 (1978) 433–435

Lang, J., F. A. Schlehahn: Über die postnatale Entwicklung der Fissurae orbitales. Gegenbaurs morph. Jb. 127 (1981) 849–859

Lang, J., K. F. Tisch-Rottensteiner: Über Form und Formvarianten der Sella turcica. Verh. anat. Ges. (Jena) 72 (1977) 1279–1282

Lang, J., S. Hofmann, R. Maier, O. Schafhauser: Über postnatale Wachstumsveränderungen im Bereich der Fossa cranialis posterior. Gegenbaurs morph. Jb. 127 (1981) 305–342

Lange, F.: Die Sprache des menschlichen Antlitzes. Lehmann, München 1939

Lindemann, P., M. Haglund: Size of the mastoid air cell system obtained with two types of X-ray equipment. Acta oto-laryng. (Stockh.) 95 (1983) 101–104

McNamara jr., J. A.: The independent functions of the two heads of the lateral pterygoid muscle. Amer. J. Anat. 138 (1973) 197–206

Mayet, A., S. Heil: Über Zahl und Verteilung der Foveolae granulares am Schädeldach des Menschen. Anat. Anz. 128 (1971) 454–463

Molitor, J.: Untersuchungen über die Beanspruchung des Kiefergelenkes. Z. Anat. Entwickl.-Gesch. 128 (1969) 109–140

Pinkert, R.: Die Beziehungen zwischen dem M. pterygoideus lateralis und dem Discus articularis und deren Bedeutung für die Bewegungen im Kiefergelenk. Dtsch. Zahn-, Mund- u. Kieferheilkd. 72 (1984) 553–558

Plenk, H., K. Hollmann, H. Strassl: Mikroskopische Beobachtungen über den Muskelverlauf und den Aufbau der Oberlippe des Menschen. Verh. anat. Ges. 65 (1971) 341–354

Pritchard, J. J., J. H. Scott, F. G. Girgis: The structure and development of cranial and facial sutures. J. Anat. (Lond.) 90 (1956) 73–86

Puff, A.: Zur funktionellen Anatomie des Kiefergelenkes. Dtsch. zahnärztl. Z. 18 (1963) 35–42

Rahn, B., J. Cordey, J. Prein, M. Russenberger: Zur Biomechanik der Osteosynthese an der Mandibula. Fortschr. Kiefer- u. Gesichtschir. 19 (1975) 37–42

Rees, L. A.: The structure and function of the mandibular joint. Brit. dent. J. 96 (1954) 125–133

Remane, A., V. Storch, U. Welsch: Systematische Zoologie. Stämme des Tierreiches. Fischer, Stuttgart 1976

Sarnat, B. G., D. M. Laskin: The Temporomandibular Joint. A Biological Basis for Clinical Practice, 3rd ed. Thomas, Springfield/ Ill. 1972

Schäfer, W.: Messungen zur Stufung der menschlichen Schädelbasis und Winkelbestimmungen. Gegenbaurs morph. Jb. 121 (1975) 1–25

Schelling, F.: Die Emissarien des menschlichen Schädels. Anat. Anz. 143 (1978) 340–382

Schumacher, G. H.: Statik und Aufbau des Gesichtsschädels unter Berücksichtigung des Frakturmechanismus. Fortschr. Kiefer- u. Gesichtschir. 19 (1975) 3–8

Sicher, H.: Oral Anatomy, 3rd ed. Mosby, St. Louis 1960

Straßer, H.: Lehrbuch der Muskel- und Gelenkmechanik, Bd. II. Springer, Berlin (1913)

Theiler, K.: Embryonale und postembryonale Entwicklung des Schädels. Diethelm, L., O. Olsson, F. Strnad, H. Vieten, A. Zuppinger: Handbuch der Medizinischen Radiologie. Springer, Berlin 1963

Tillmann, B.: Entwicklung und Fehlbildungen der Gelenke. In Doerr, W., G. Seifert: Spezielle pathologische Anatomie, Bd. 18/I. Springer, Berlin 1984 (S. 83–106)

Tillmann, B.: Farbatlas der Anatomie: Zahnmedizin – Humanmedizin, Thieme, Stuttgart New York 1997

Tillmann, B., F. Härle, A. Schleicher: Biomechanik des Unterkiefers. Dtsch. zahnärztl. Z. 38 (1983) 285–293

Töndury, G.: Über den Bauplan des fetalen Schädels. Rev. Suisse Zool. 49 (1942) 194–200

Töndury, G.: Angewandte und topographische Anatomie, 5. Aufl. Thieme, Stuttgart 1981

Wember-Matthes, D.: Morphologische Grundlagen einer Funktionsanalyse des M. masseter. Diss., Köln 1973

Werner, J. A., B. Tillmann, A. Schleicher: Zur Beanspruchung des menschlichen Kiefergelenkes. Anat. Anz. 161 (1986) 175

Westmoreland, E. E., P. L. Blanton: An analysis of the variations in position of the greater palatine foramen in the adult human skull. Anat. Rec. 204 (1982) 383–388

Witzig, K.: Beitrag zur Frage nach der funktionellen Struktur der Dura mater cerebri des Menschen. Vjschr. naturforsch. Ges. 85 (1940) 71–97

Zenker, W., A. Zenker: Die Tätigkeit der Kiefermuskeln und ihre elektromyographische Analyse. Z. Anat. Entwickl.-Gesch. 119 (1955) 174–200

Eigennamen in der Anatomie des Bewegungsapparates

Eigennamen finden im Zusammenhang mit anatomischen Bezeichnungen vor allem im klinischen Sprachgebrauch Anwendung. Im nachfolgenden Verzeichnis werden Lebensdaten, Tätigkeitsbereich und Wirkungsort von Persönlichkeiten aufgeführt, deren Namen Eingang in die Nomenklatur gefunden haben oder die herausragende Forscher auf dem Gebiet des Bewegungsapparates waren.

Als Quellenangaben dienten u. a.:
Wörterbuch der Medizin von Zetkin und Schaldach. Herausgegeben von H. Schaldach, 6. unveränderte Aufl. Thieme, Stuttgart

Die Fachwörter der Anatomie, Histologie und Embryologie. Begründet von H. Triepel, H. Stieve und R. Herrlinger, 29. Aufl., bearbeitet von A. Faller. Bergmann Verlag, München 1978

Amantinus auch genannt:
 Amatus, Lusitanus oder Jacques Mantinus (1511–1561) (?)
 Portugiese, Arzt in Ferrara
Bell, Charles (1774–1842)
 Anatom und Chirurg in Edingburgh
Bennet, Sir Norman G. (1870–1947)
 Kieferchirurg in London
Benninghoff, Alfred (1890–1953)
 Anatom in Kiel und Marburg
Bertin, Exupère Joseph (1712–1781)
 Anatom in Paris
Bichat, Marie Francoir Xavier (1771–1802)
 Physiologe, Anatom und pathologischer Anatom in Paris
Bochdalek, Victor (junior) (1835–1868)
 Anatom in Prag
Bryant, Thomas (1828–1914)
 Chirurg in London
Chopart, François (1743–1795)
 Chirurg in Paris
Colles, Abraham (1773–1843)
 Anatom und Chirurg in Dublin
Douglas, James (1675–1742)
 Anatom und Gynäkologe in London
Duchenne de Boulogne, Guillaume, B. A. (1806–1875)
 Arzt in Boulogne und Paris, Begründer der Elektrodiagnostik
Dupuytren, Baron de, Guillaume (1778–1836)
 Chirurg in Paris
Gerdy, Pierre Nicolas (1797–1856)
 Anatom und Physiologe, später Chirurg in Paris
Gimbernat, Don de, Antonio (1734–1816)
 Anatom und Chirurg in Barcelona und Madrid
Glaser, Johann Heinrich (1629–1675)
 Anatom und Botaniker in Basel
Guyon, Jean-Casimier-Felix (1831–1920)
Haglund, Patrik (1870–1937)
 Orthopäde in Stockholm
Hensen, Viktor (1835–1924)
 Physiologe in Kiel
Hippokrates, 460 bis um 356 v. Chr.,
 Arzt in Ägypten, Griechenland, Sizilien
Hoffa, Albert (1859–1907)
 Orthopäde in Berlin
Hooke, Robert (1635–1703)
 Naturforscher in London
Horner, William Edmonds (1793–1853)
 Anatom in Philadelphia
Howship, John (1781–1841)
 Chirurg in London
Hueter, Karl (1838–1882)
 Chirurg in Rostock und Greifswald
Hunter, John (1728–1793)
 Chirurg in London
Junghanns, Herbert (1902–1986)
 Chirurg in Dresden, Oldenburg und Frankfurt, herausragender Forscher auf dem Gebiet der Wirbelsäule
Koelliker von, Rudolf Albert (1817–1905)
 Anatom in Würzburg, bedeutender Histologe und Embryologe
Laimer, Eduard,
 Anatom in Graz
Larrey, Baron de, Dominique Jean (1766–1842)
 Feldarzt Napoleons
Leeuwenhoek van, Anatonius (1632–1723)
 holländischer wissenschaftlicher „Autodidakt“, Begründer der wissenschaftlichen Mikroskopie
Lisfranc, Jacques (1790–1847)
 Chirurg in Paris
Louis, Pierre Charles Alexandre (Ludovicus) (1787–1872)
 Pathologe und Arzt in Paris
Luschka von, Hubert (1820–1874)
 Apotheker und praktischer Arzt in Merseburg und Konstanz, dann Anatom in Tübingen
Maissiat, Jacques Henri (1805–1878)
 Anatom in Paris
Meckel, Johann Friedrich (d. Jüngere) (1781–1833)
 Anatom und Chirurg in Halle
Merkel, Friedrich Sigismund (1845–1919)
 Anatom in Rostock, Königsberg und Göttingen
Michaelis, Gustav Adolf (1798–1848)
 Gynäkologe und Geburtshelfer in Kiel
Mikulicz, Johann v. Radecki (1850–1905)
 Chirurg in Krakau, Königsberg und Breslau

Mohrenheim, Freiherr von, Joseph Jakob, Chirurg, Geburtshelfer und Augenarzt in Wien und Petersburg
Nélaton, Auguste (1807–1873)
Chirurg in Paris
Pauwels, Friedrich (1885–1980)
Orthopäde in Aachen, Begründer der modernen Biomechanik des Bewegungsapparates
Petit, Jean-Louis (1664–1750)
Chirurg und Anatom in Paris
Poupart, François (1616–1708)
Chirurg in Reims und Paris
Ranvier, Louis Antoine (1835–1922)
Histologe in Paris
Rathke, Martin Heinrich (1793–1860)
Physiologe und Pathologe in Dorpat, Anatom und Zoologe in Königsberg
Reichert, Karl (1811–1883)
Anatom in Dorpat, Breslau und Berlin
Riolan, Jean (junior) (1577–1657)
Botaniker, Anatom, Pharmakologe und Arzt in Paris
Robert, César Alphonse (1801–1885)
Chirurg in Paris
Roser, Wilhelm (1817–1888)
Chirurg in Tübingen und Marburg
Roux, Wilhelm (1850–1924)
Anatom in Breslau, Innsbruck und Halle, Begründer der Entwicklungsmechanik
Scarpa, Antonio (1747–1832)
Anatom und Chirurg in Modena und Pavia
Shoemaker, J. (1871–1940)
Chirurg in Den Haag
Sibson, Francis (1814–1876)
Internist in London
Spigelius (van den Spieghel), Adriaan (1578–1625)
Anatom in Venedig und Padua
Trendelenburg, Friedrich (1844–1924)
Chirurg in Leipzig und Berlin
Vesal, Andreas (1514–1564)
Anatom in Padua, Bologna und Pisa. Sein Anatomiebuch „De Humani corporis fabrica" erschien 1543 in Basel
Volkmann von, Richard (1830–1888)
Chirurg in Halle
Ward, Frederick Oldfield (1818–1877) London
Weitbrecht, Josias (1702–1747)
Anatom in St. Petersburg
Wolff, Julius W. (1836–1902)
Orthopäde in Berlin
Wolff, Kaspar Friedrich (1733–1794)
Anatom und Physiologe in Petersburg

Bildquellennachweis

Die Freie Universität Berlin besitzt als Rechtsnachfolgerin von Prof. Kopsch die Rechte an dessen in früheren Auflagen erschienenen Bildern.

Mit freundlicher Genehmigung der Freien Universität konnten die nachstehend aufgeführten Abbildungen auch für die neue Auflage verwendet werden.

Kapitel 4
4.16, 4.21

Kapitel 5
5.4, 5.9, 5.10, 5.13, 5.14, 5.16, 5.32, 5.33, 5.34, 5.35, 5.42a+b, 5.43, 5.52, 5.53, 5.55, 5.60, 5.61, 5.62, 5.63, 5.64, 5.67, 5.73, 5.74; 5.94, 5.97, 5.98, 5.107, 5.108, 5.109, 5.110, 5.113, 5.114, 5.115, 5.116, 5.121, 5.122, 5.127, 5.128, 5.129, 5.130, 5.134, 5.135, 5.140, 5.141, 5.142, 5.143, 5.144, 5.147, 5.150, 5.152, 5.153, 5.154, 5.155, 5.156, 5.157, 5.158, 5.159a–c, 5.165, 5.166, 5.171

Kapitel 6
6.6a+b, 6.7, 6.8, 6.9, 6.12, 6.13, 6.14, 6.16, 6.18a+b, 6.19, 6.20, 6.21, 6.22, 6.23, 6.24, 6.33, 6.34, 6.35, 6.41, 6.42, 6.43, 6.52, 6.57, 6.58, 6.59, 6.60, 6.61, 6.63, 6.72, 6.73, 6.74, 6.75, 6.76, 6.77, 6.78, 6.79, 6.88, 6.89, 6.90, 6.91, 6.92, 6.93, 6.105, 6.106, 6.107, 6.109, 6.110, 6.118, 6.123, 6.125, 6.127a+b

Kapitel 7
7.1, 7.2, 7.3, 7.4, 7.6, 7.7, 7.8, 7.9, 7.12, 7.14, 7.16a–d, 7.17, 7.18, 7.19, 7.21, 7.24, 7.28, 7.29, 7.30, 7.31, 7.32, 7.34, 7.35, 7.37, 7.38, 7.39, 7.40, 7.41, 7.43a+b, 7.44a–d, 7.45, 7.46, 7.47a–d, 7.48, 7.49a+b, 7.56, 7.61, 7.63, 7.64, 7.73, 7.74, 7.75, 7.76, 7.77, 7.78, 7.81, 7.86, 7.87, 7.88, 7.89, 7.90, 7.98, 7.100, 7.106, 7.108, 7.109, 7.110, 7.111, 7.113, 7.114, 7.124, 7.125, 7.127, 7.129, 7.130, 7.132, 7.133, 7.134, 7.135, 7.147, 7.148, 7.149, 7.150, 7.151, 7.154, 7.156, 7.159, 7.167, 7.169, 7.170, 7.172, 7.173, 7.174, 7.175

Kapitel 8
8.1, 8.4, 8.6, 8.7, 8.9

Kapitel 9
9.7, 9.8, 9.9, 9.12, 9.14, 9.15, 9.16, 9.17, 9.18, 9.19, 9.20, 9.21, 9.22, 9.23, 9.25, 9.26, 9.27, 9.28, 9.29, 9.30, 9.31, 9.32, 9.33, 9.34, 9.35, 9.36, 9.37, 9.38, 9.39, 9.40, 9.41, 9.42, 9.43, 9.44, 9.45, 9.46, 9.47, 9.48, 9.49a+b, 9.51a+b, 9.52, 9.53, 9.54, 9.56, 9.57, 9.58, 9.59, 9.60, 9.61, 9.62, 9.63, 9.64, 9.65, 9.66, 9.67, 9.68, 9.69, 9.70, 9.71, 9.72, 9.74, 9.79, 9.81, 9.83, 9.88, 9.89, 9.90, 9.91, 9.96, 9.97, 9.99

Sachverzeichnis

Halbfett gedruckte Ziffern verweisen auf Seiten mit Abbildungen.

A

Abduktion 2, 110
Abduktionsosteotomie 118
Abgliederungsgelenk 91
Acetabulum, Beckenquerschnitt **504**
– Hüftgelenk 446
Acetabulumwinkel 504
Achillessehne s. Tendo calcaneus
Achondroplasie 70
Achse, Hauptbewegungsachse 110f.
– Kompromißachse 110
– Körper 2
– Rotationsachse 110
– sagittale 110
– transversale 108
Achselbogen, hinterer **369**
– muskulärer 373
– vorderer **369**, 373
Achselfalte, hintere **370**
– vordere **370**
Achselhöhle s. Fossa axillaris
Achsellücke, laterale **360**, **363**, **365**, 371
– mediale **360**, **363**, **365**, 371
Acromion **314**, 317, **318f.**, **340**, **344**, **346**, **359**, **367**
– Oberflächenrelief **335**
Acropodium 310
AC-Winkel nach Hilgenreiner 504
Adam-Bogen 467
Adduktion 2, 110
Adduktionsosteotomie 118
Adduktoren 524ff.
– Adduktormuskeln 524ff.
– Blutzufuhr 524
– untere Gliedmaße, Herkunft 132
Adduktorenkanal **528f.**, 533f.
Adduktorenschlitz **516**, **530**
Adipozyten 33
Adminiculum lineae albae **300**
Aggrekan 36
Agonisten 166
Akromioklavikulargelenk s. Articulatio acromioclavicularis
Aktin, Lokalisation **137**
Aktinfilamente 135ff., **137ff.**
– A-Bande **140**
– I-Bande **137**, **140**
– Z-Scheibe **137f.**
– Z-Streifen **140**
α-Aktinin 135
Aktivitätshypertrophie 18
Aktomyosinsystem 135
Ala cristae galli, Os ethmoidale **710**
– major, Os sphenoidale **687f.**, 702, **703f.**
– – – – Röntgenbild **727**
– minor, Os sphenoidale **691**, 702, **703f.**
– – – – Röntgenbild **727**
– ossis ilii 447f.
– vomeris 712, **712**
Alcock-Kanal 523
Altersatrophie, Knochengewebe 71
Alveoli dentales, Mandibula 722, **722**
Amelie 74
Amphiarthrose 111
Anabolika 162
Anatomie, Anomalien 4
– Begriff 4
– Deformation 4
– deskriptive 4
– funktionelle 4
– Häufigkeitsverteilung 4
– Normalverteilung 4
– Normbegriff 4
– Varianten 4
Anchorin CII: 28, 36
Angulus(-i) costae **265**
– frontalis, Os parietale **700**
– inferior, Scapula **317f.**
– infrasternalis 260
– inguinales auperficiales **526**
– lateralis, Scapula **317f.**
– Ludovici s. Angulus sterni
– mandibulae 686, **687**, **723f.**, 724, 726, **733**
– – Röntgenbild **728**
– mastoideus, Os parietale 699, **700**
– occipitalis, Os parietale **700**
– Rippen, Röntgenbild **227**
– sphenoidalis, Os parietale **700**
– sternalis s. Angulus sterni
– sterni **270**
– subpubicus 462
– superior, Scapula **317f.**
Ankylose 95, **95**
Anlagerungsgelenke 93
Anomalien, Gelenke 93f.
– Skelett 74f.
Antagonisten 167
Antebrachium 390ff.
– Muskellogen 391
– Muskeln **394ff.**, **398**, **400**
– – Übersicht 393
– Oberflächenrelief 390
– Pronationsstellung **386**, **388**
– Querschnitt **401**
– Supinationsstellung **386**, **388**
Anteversion 110, **470**
– Femurhals **470**
Anteversionswinkel, Femurhals 469
Anthelix **764**
Antitragus **764**
Antrum mastoideum, Os temporale **708f.**
Anulus femoralis **300**, 301
– fibrosus 203f., **204f.**, **214**, **219**
– – Anlage **206**
– – Belastung **207**
– – Entwicklung 206
– – Extrazellulärmatrix 206
– – Fasersystem 206
– inguinalis profundus 298, **300**
– – superficialis **286**, 287, **292**, 299
– – – Crus laterale **299**
– – – – mediale **299**
– tympanicus, Os temporale **705**, 710
Apertura externa aquaeductus vestibuli **693**
– – – – Os temporale 705, **705f.**
– – canaliculi cochleae, Os temporale 707, **707**
– – – tympanici, Os temporale **707**
– – canalis carotici **688f.**, 689, **731**
– – – – Os temporale 707, **707**
– pelvis inferior 458
– – superior 458
– piriformis 685, **685**
– sinus sphenoidalis 702, **703**
– thoracis inferior 260
– – superior 260
Apex axis 236
– capitis fibulae **473**, 477
– partis petrosae **693**
– – – Os temporale 705, **706ff.**, 708
– patellae 470, **471**
– sacri 197
Aponeurose 146, 148
Aponeurosis epicranialis 751
– musculi bicipitis brachii **364**, **394**
– palmaris **394**, 412f., **413**
– plantaris **609**, 625, **625**, **630**
– – Fasciculi longitudinales 623, **624**
– – – transversi 623, **624**
Apophyse 53
– Knochenbildung 68
Arachnoidea 694
Arcus anterior atlantis **217**, **241**
– – – Röntgenbild **729**
– – Atlas 234, **234**
– axis **242**, **370**, 373
– – Röntgenbild **729**
– brachialis **370**, 373
– costalis **261**, 267
– iliopectineus **299**
– posterior atlantis **242**
– – Atlas 234, **234**
– pubis 450, 462
– superciliaris, Os frontale **698f.**
– tendineus musculi solei **589**
– vertebrae 183, **213**
– – Halswirbel **184**
– zygomaticus **682**, **687f.**, **734**, **740**
– – Röntgenbild **728**
Area cochleae, Meatus acusticus internus **709**
– intercondylaris 474, 547ff.
– – anterior **475**
– nervi facialis, Meatus acusticus internus **709**
– vestibularis inferior, Meatus acusticus internus **709**
– – superior, Meatus acusticus internus **709**
Arm, Elevation 337
– oberflächliche Faszie **358f.**
Armknospen 313
Armmuskeln, autochthone s. Musculi brachiales
Armskelett, Beanspruchung **87**
– Entwicklung 332
– Knochenkerne, zeitliches Auftreten **333**
Aromatase 33
Arteria brachialis **147**, **363**
– femoralis, Querschnitt **525**

Arteria intercostalis **280**
- poplitea **516**
- ulnaris **394**
- vertebralis **243**
- - Röntgenbild **224**
Arterien, Knochen **54**
Arthrodese 95
Arthrographie 119
Arthron 91
Arthrose 96
Arthroskopie 119
Arthrozele 544
Articulatio(-nes) acromioclavicularis **314**, 336, 339ff.
- - Aufbau 339
- - Bänder 339
- - Gelenkhöhle 339
- - Gelenkkapsel 339
- - Mechanik 339
- atlantoaxialis 111, 242ff.
- - lateralis **215**, **217f.**, 244
- - - Entwicklung **238**
- - - Röntgenbild **245**
- - mediana 110, 242, **243**
- - Röntgenbild **727**
- atlantooccipitalis 240ff., 244ff.
- - Entwicklung **238**
- - Röntgenbild **245**
- bicondylaris **108**, 110
- calcaneocuboidea **608**, 610f., **617**
- - artikulierende Anteile 610
- - Aufbau 610
- - Bänder 610
- - Gelenkkapsel 610
- - Mechanik 610
- capitis costae 273, **274**, **280**
- - - artikulierende Anteile 273
- carpometacarpea 111, **415**, 420, **429**
- - artikulierende Anteile 420
- - Gelenkhöhle 420
- - Gelenkkapsel 420
- - pollicis 439f.
- - - Achsen **440**
- - - artikulierende Anteile 439
- - - Bänder 439
- - - Bewegungen **440**
- - - Gelenkkapsel 439
- - - Mechanik 440
- cartilaginea 91, 95
- composita 108
- costotransversaria 273, **274**
- - artikulierende Anteile 273
- costovertebrales 273ff.
- - Bandapparat **275**
- coxae 110f., **113**, 465, 495ff., **498f.**
- - Abduktion **507**
- - - Abduktoren 533
- - Achsen **507**
- - Adduktion, Muskeln 533
- - Außenrotation **508**
- - - Muskeln 534
- - Belastung **116**
- - Bewegungsmöglichkeiten 507
- - Blutversorgung 502f.
- - Computertomogramm **119**
- - Extension **507**
- - Flexion **507**
- - - Muskeln 533
- - Gelenkkapsel 498
- - Innenrotation **508**
- - - Muskeln 534
- - Kapsel-Band-Apparat **455**, **501f.**
- - klinische Untersuchung 503
- - Mechanik **506**
- - normales **117**
- - Röntgenanatomie 503f.
- - Röntgenbild **505**
- - Schleimbeutel **521**
- - Schwachstellen **502**
- - sonographische Darstellung **120**
- - Spannungsdiagramm 117
- - Streckung, Muskeln 533
- - tastbare Knochenpunkte 503
- - Zirkumduktion 508
- cubiti **113**, 378ff., **378f.**, **382f.**
- - Aufbau 378
- - Bänder 380
- - Bewegungen **386**
- - Frontalschnitt **384**
- - Gelenkhöhle 383
- - Gelenkkapsel 380
- - Kapsel-Band-Apparat **381**
- - Röntgenaufnahme **385**
- - Sagittalschnitt **384**
- - Skelettelemente **377**
- cuboideonavicularis 611
- cuneonavicularis **608**, 612, **617**
- - artikulierende Anteile 612
- - Aufbau 612
- - Bänder 612
- - Gelenkkapsel 612
- - Mechanik 612
- cylindroidea s. Walzengelenk
- digitorum 427ff.
- ellipsoidea s. Ellipsoidgelenk
- femoropatellaris 547
- femorotibialis 547
- fibrosae 91, 94
- genus 547ff., **548**
- - Arthroskopie **121**
- - artikulierende Anteile 547
- - - Skelettelemente **569**
- - Außenrotation 570
- - Bandapparat 555
- - Bandkräfte **569**
- - Belastung **568**
- - Beuger 570
- - Beugung **563**
- - Bewegungsachse 570
- - Capsula articularis **554**
- - Extension 570
- - Flexion 570
- - Kapsel-Band-Apparat **557ff.**
- - Mechanik 565
- - Muskelkräfte **569**
- - Querschnitt **549**
- - Röntgenbilder **567**
- - Rotationsstabilität 570
- - Sagittalschnitt **561**, **565**
- - Schlußrotation 569
- - Stabilisierung 568
- - Streckstellung **564**
- - Verspannungsstrukturen 568
- - Xeroradiogramm **120**
- - Zugverspannung **569**
- humeri 336, **341**, 343ff., **343**, **345**, **366**
- - Achsen 347
- - Aufbau 343
- - Bänder **344**
- - Bewegungen 347f., **348**
- - Frontalschnitt **346**
- - - Säugling **346**
- - Gelenkhöhle 345
- - Gelenkkapsel **344**
- - Horizontalschnitt **347**
- - Luxationen 347
- - Mechanik 347ff.
- - Muskeln **352**, 357
- - - dorsale Gruppe 357
- - - ventrale Gruppe 372ff.
- humeroradialis 380, **384**
- humero-ulnaris 110f., 378ff., **384**
- - Mechanik 383
- interchondralis **276**, 277
- intermetacarpea **415**, 420
- intermetatarsea 111, 488, 615, **617**
- - Aufbau 615
- - Mechanik 615
- interphalangea 430f.
- - artikulierende Anteile 430
- - Bänder 430
- - distalis **429**
- - Gelenkkapsel 430
- - Mechanik 431
- - pedis, Aufbau 617
- - - Mechanik 617
- - pollicis 441
- - - Aufbau 441
- - - Mechanik 441
- - proximalis **429**, **617**
- intertarseae **617**
- manus **415f.**
- - Bandapparat 419
- - Kapsel-Band-Apparat **418**
- - Mechanik 420
- - - Dorsalextension **421**
- - - Kreiselung (Zirkumduktion) 422
- - - Palmarflexion **421**
- - - Radialabduktion **421**, 422
- - - Ulnarabduktion **421**, 422
- mediocarpea 327, **415**, 418
- - artikulierende Anteile 418
- - Gelenkhöhle 419
- - Gelenkkapsel 419
- metacarpophalangea 427, **429**
- - artikulierende Anteile 427
- - Bänder 427
- - Gelenkkapsel 427
- - Mechanik 430
- - pollicis 111, 441
- - - Aufbau 441
- - - kraftaufnehmende Fläche **118**
- - - Mechanik 441
- metatarsophalangea 489, **609**, 616ff., **617**, **635**
- - Aufbau 616
- - Mechanik 616
- ossis pisiformis 420
- plana s. Gelenk, ebenes
- pollicis 439f.
- radiocarpea 414ff., **415**, **429**
- - artikulierende Anteile 414ff.
- - Gelenkhöhle 416
- - Gelenkkapsel 416
- radio-ulnaris **108**, 110f.
- - distalis 392, **415**
- - proximales 380ff., **384**
- sacrococcygea 203
- sacroiliaca **227**, 453ff., **453**, **463f.**
- - artikulierende Anteile 453
- - Aufbau 453
- - Bänder 454
- - Geburtsakt 456
- - Gelenkkapsel 454
- - Kinematik 456
- - Mechanik 456
- - Röntgenbild **505**
- simplex 108
- sphaeroidea s. Kugelgelenk

- sternoclavicularis **314**, 336, 338f.
- - Aufbau 338
- - Bänder 338
- - Discus articularis 338
- - Gelenkkapsel 338
- sternocostales 276f., **276**
- - artikulierende Anteile 276
- subtalaris 484, **599**, **601**, 605, **609**, **642**
- synovialis 91
- talocalcaneonavicularis **599**, 605, 607, **642**
- talocruralis 598ff., **599**, **601**, 602, **609**, **617**, **619**, **642**
- - Aufbau 598
- - Bänder 598ff.
- - Bewegungsachse 605
- - Distorsionen 602
- - Dorsalextension 604
- - Gelenkhöhle 604
- - Gelenkkapsel 598ff.
- - Gelenkresultierende 605
- - Lastübertragung 605
- - oberes Sprunggelenk 602
- - Plantarflexion 605
- talonavicularis 485, **608f.**, 611, **617**, **642**
- talotarsalis 605ff.
- - Achsen **608**, **613**
- - artikulierende Anteile 605
- - Aufbau 605
- - Eversion 609
- - Gelenkflächen **606**
- - Gelenkkapsel 605
- - Inversion 609
- - Kraftübertragung 610
- - Pronationsbewegungen 610
- - Supinationsbewegungen 610
- tarsi transversa 484, 607, **608**, 611f.
- - - artikulierende Anteile 611
- - - Aufbau 611
- - - Bänder 611f.
- - - Gelenkhöhle 611f.
- - - Gelenkkapsel 611f.
- - - Gelenklinie **614**
- - - Mechanik 612
- tarsometatarsea 111, 486, **608f.**, 613
- - artikulierende Anteile 613
- - Aufbau 613
- - Bänder 613
- - Gelenkkapseln 613
- - Mechanik 615
- temporomandibularis 111, 114, 730ff., **731ff.**
- - Arbeitsseite 737
- - artikulierende Anteile 731
- - Balanceseite 737
- - Bänder 734
- - Beanspruchung 738
- - Belastung 738
- - Bewegungen 738
- - Entwicklung 730
- - Gelenkhöhle 732, 734, 736
- - Gelenkkapsel 734
- - Kapselbandapparat **734**
- - Kaudruck 738
- - Mahlbewegung **737**
- - Mechanik 736ff.
- - Röntgenbild **735**
- - Sagittalschnitt **733**
- - sekundäre 730
- tibiofibularis 477, 575
- - artikulierende Anteile 575
- - Bänder 575
- - Gelenkhöhle 575
- - Gelenkkapsel 575
- - Mechanik 575
- trochoidea s. Zapfengelenk
- zygapophysiales **210**, 211ff., **218**, **274**
- - Anlage **211**
- - Brustwirbelsäule **213**
- - Gelenkflächen 213
- - Gelenkkapsel 213
- - Halswirbelsäule **212f.**
- - Lendenwirbel **228**
- - Lendenwirbelsäule 213, 221
- - Stellung der Gelenkflächen **212**
Asbestfaserung 37
Asthenischer Typus 11
Atemmechanik, Diaphragma 306f.
Atemmuskeln 306
Atlantoaxialgelenk s. Articulatio atlantoaxialis
Atlas **215**, **218f.**, 234, **234**
- einjähriges Kind **238**
- Entwicklung 236f.
- Fehlbildungen 237
- fetaler **238**
- Pontikulusbildung **235**
- Varianten **235**, 237
Atlasassimilation 239, **240**
Atlasbogen, Röntgenbild **224f.**
ATP, Weichmacherfunktion 138
Augenhöhle, mediale Wand **686**
Augenlid, Brauenwulst 755, **755**
- Tarsalanteil 755
- Tarsalteil **755**
Australopithecus 5
Autoimmunität, Kollagen 24
Autopodium 310
Axis **215**, **218f.**, 234, 236, **241**
- Entwicklung 236f.
- fetaler **238**
- Neugeborenes **238**

B

Baker-Zyste s. Arthrozele
Bänder, Kollagen-Typen 22
Bandhaften s. Articulationes fibrosae
Bandhemmung 112
Bandscheibe s. Zwischenwirbelscheibe
Bandscheibenvorfall **208**
Basallamina, Kollagen-Typ 22
Basioccipitale **237**
Basipodium 310
Basis cranii interna s. Schädelbasis, innere
- mandibulae 722, **723**
- ossis metatarsalis 488, **488**
- - sacri 197, **199**
- patellae **471**
- phalangis 489
- - Fuß **479**
Bauchatmung 306
Bauchpresse 296
Bauchwand 283ff.
- Aponeurosen **295**, 296
- Faszien 284
- Hernie 297
- hintere 303ff., **304**
- inneres Relief 284, **287**
- Oberflächenrelief 283
- Querschnitte **293**
- Schwachstellen 297
- Verspannung 296, **296**
- Verspannungssysteme **295**
- vordere 283ff.
- Zuggurtung **183**
Bauchwandbruch **298**
Bauchwandmuskeln s. Musculi abdominis
Bauchfett 33
Beanspruchung, Armskelett **87**
- Wachstumsplatte, Kniegelenk **88**
Beanspruchungserniedrigung 84
Becken, Belastung **458**
- Geschlechtsmerkmale 462
- Geschlechtsunterschiede 462
- großes 458
- Kind **506**
- kleines 458
- männliches **463f.**
- Muskeln **518f.**
- Neugeborenes **506**
- Querschnitt **504**
- Wachstum 462
- weibliches **463f.**
Beckenausgangsraum, Maße 461
Beckendurchmesser s. Conjugata; s. Diameter
Beckeneingangsraum 460
- Maße **461**
Beckenführungslinie **459**
Beckengürtel, Phylogenese 310
- Skelett **177**
Beckenmaße **459**
- äußere 459, **460**
- innere 460
Beckenneigungswinkel 458, **459**
Beckenring, Bandapparat **454**, **502**
- Spongiosatrabekel 457
- Stabilisierung 457
Beckenringfraktur 457
Beckenringverbindung 451ff.
Beckentypen 462
Beckenweite 461
Bein 535ff.
- Achsen 535ff., **536**
- Form 535ff.
- Kindesalter, Formwandel 535, **537**
- Traglinie 535, **568**
Beinknospen 313
Beinskelett, Knochenkerne **493**
Belastung, Hüftgelenk **80**
- - Kräfteparallelogramm **80**
Bennet-Bewegung, Articulatio temporomandibularis 737
Bennet-Winkel, Articulatio temporomandibularis **737**
Bertini-Band 499
Beugezügel, Hand 439
Beugung s. Flexion
Bewegungsmöglichkeiten 108ff.
Bewegungsrichtungen 2
Bewegungssegmente 203
- Belastung 229
- Bewegungsausmaß 230ff.
- Brustwirbelsäule 221
- Halswirbelsäule 216
- Lendenwirbelsäule 221
Bewegungsumfang, Messung 231
Bichat-Wangenfettpfropf 750
Biegebeanspruchung **16**, 18, 79ff., **82**, 84, **85**, 86
- Schenkelhals 88
Biegefestigkeit 81, **82**
Biglycan 46
Bindegewebe 18
- elastisches 32
- embryonales 28

Bindegewebe, freie Zellen 30
- geflechtartiges 32
- interstitielles 30
- kollagenfaseriges 29ff.
- lockeres 29ff., **30**
- straffes 29, 32
- - Vorkommen 32
- Wundheilung 30
Biomechanik 14ff.
Blasenknorpel **60**, 64
- Knorpelzelle **65**
Blount-Klammerung 70
Bochdalek-Dreieck s. Trigonum lumbocostale
Brachium s. Oberarm
Branchiomerie 6
Breccienbau, Knochen 41
Bregma 682
Bruchpforte **297**
Bruchsack **297**
Brustbein s. Sternum
Brustbein-Rippen-Gelenke s. Articulationes sternocostales
Brustbein-Rippen-Präparat, Xeroradiographie **268**
Brustkorb s. Thorax
Brustkorbmuskulatur s. Musculi thoracis
Brustkyphose **181**
Brustmuskeln **369**
Brustwand, Muskeln **281**
Brustwirbel **185**, 188
- Apophysen **195**
- Baumerkmale 188
- Entwicklung **195**
Brustwirbelkörper, Äquidensiten vom Röntgenbild **231**
Brustwirbelsäule 212, **221**
- Bänder 212
- Belastung **230**
- Bewegungssegmente 221
- Gelenkkapsel 212
- Röntgenbild **227f.**
Bryant-Dreieck 503
Bulla ethmoidalis **711**, 714, **714**
Burmester-Kurve **571**
Bursa(-ae) atlantodentalis 242
- bicipitogastrocnemalis 587
- deltoidea 340
- gastrocnemio-semimembranosa 544
- iliopectinea 501, 510, **521**, **528f.**
- infrapatellaris profunda 543, **549**, **552**, **561**, **563**, **565**
- intercarpophalangeae **409**
- interligamentosa 159
- intermetatarsophalangeae 616, **621**
- intermusculares musculi glutaeorum **514**
- intratendinea olecrani 376
- ischiadica musculi obturatorii interni 521
- ligamenti coracoclavicularis **368**
- musculi coracobrachialis **368**
- - pectoralis majoris **368**
- - poplitei **561**
- subacromialis 340, 346, **346**, 362, **366**, **368**
- subcoracoidea 345, **365f.**, **368**
- subcutanea 159
- - acromialis **368**
- - calcanea 587
- - Fußrücken **621f.**
- - infrapatellaris 543
- - malleolaris lateralis 596
- - metacarpophalangea dorsalis **409**
- - olecrani **359**, 377, **384**
- - praepatellaris **526**, **565**, **574**
- - tuberositatis tibiae **552**
- subdeltoidea 346, **346**, **368**
- subfascialis 159
- - praepatellaris **552**
- subtendinea 159
- - iliaca 510, **521**
- - musculi bicipitis femoris inferior 544
- - - gastrocnemii lateralis 587
- - - - medialis 561
- - - latissimi dorsi **368**
- - - sartorii 540
- - - subscapularis 343, 345, **366**, **368**
- - - teretis majoris **368**
- - - tricipitis brachii 376
- - praepatellaris 543
- suprapatellaris 543, **548**, **552**, 554, **558**, 561, **561**, **565**
- synovialis s. Schleimbeutel
- tendinis calcanei 587f., **589**, **609**
- trochanterica musculus glutaei maximi 511, **514**
- - - - medii **521**
- - subcutanea 511
- - subfascialis 511

C

Cadherin 133
Calcaneus **479**, **483f.**, **614**
- Entwicklung 485
- Gestalt
- Knochenkern, Auftreten 69
- Pronationsstellung 485
- secundarius **490**, 492
- Trajektorienverlauf **74**
Calciumpumpe, Muskelgewebe 140
Callus 75ff.
Calvaria s. Schädeldach
Calve-Linie 504
Canaliculus(-i) caroticotympanici, Os temporale 708
- chordae tympani, Os temporale 708
- cochleae, Os temporale 709
- mastoideus, Os temporale 705, **707**
- tympanicus, Os temporale 707
Canalis(-es) arteriae vertebralis, Atlas 236
- caroticus **241**
- - Os temporale 705, **708f.**
- carpi 391, 411, 414, **425f.**
- - Querschnitt **412**
- - Sehnenscheiden 414
- condylaris 689, **691**
- - Os occipitale 701, **701f.**
- facialis, Os temporale **705**, 708, **709**
- hypoglossalis 689, **691**, **693**
- - Os occipitale 701, **701f.**
- incisivus **713f.**
- - Mandibula 725
- - Maxilla **717**, 718
- infraorbitalis 685, **686**, **715**
- - Maxilla 716, **717**
- inguinalis 287, 298ff., **299**, **301**
- mandibulae 724
- musculotubarius, Os temporale 705, **707**, 708
- nasolacrimalis, Maxilla 716
- nervi facialis, Meatus acusticus internus **709**
- - hypoglossi **243**
- nutricii 54
- obturatorius 450ff., **501**, **519**, 539
- opticus 685, **686**, **691**
- - Os sphenoidale 703
- palatinus major, Os palatinum 719
- pelvis 458
- pharyngeus **688**
- pterygoideus **686**, 688
- - Os sphenoidale **703f.**, 704
- pudendalis 523
- sacralis 196, **197ff.**, **209**, **453**, **519**
- semicircularis anterior, Os temporale **709**
- - lateralis, Os temporale 709
- tarsi 482, 607
- vertebralis, MRT **229**
- zygomaticus 720
Capitulum humeri 320, **321f.**, **378**, 380, **384**
- - Knochenkern, Auftreten 69
Capsula articularis 91, 103, **557**
- - Anlage **92**
- - Articulatio coxae **500**
- - - genusarticularis **561**
- - - temporomandibularis **733f.**
- - - intervertebralis **454**
- - Membrana fibrosa **103**
- - - - Funktion 104
- - - synovialis 104, **105**
- - synoviale Intima **103**, 104
Caput (s. auch Kopf) breve musculi bicipitis brachii, Ursprung **354**
- - - - femoris **517**
- costae 265, **265**
- - Röntgenbild **226**
- femoris, Blutversorgung 503
- - Lagebeziehung 504
- fibulae **473**, 477, **552**
- - Knochenkern, Auftreten 69
- humeri 320, **321f.**, **345ff.**, **367**
- - Knochenkern **346**
- longum musculi tricipitis brachii, Ursprung **354**, **356**
- - - - femoris **517**
- mandibulae **721**, **723**, 725
- - Articulatio temporomandibularis **733**
- - artikulierende Anteile 731
- - Mandibula **732**
- - Röntgenbild **735**
- ossis capitati 327
- - femoris 465, **465f.**
- - - Gelenkknorpel 497
- - - Röntgenbild **505f.**
- - metatarsalis **479**, 488, **488**
- Phalanx 489
- radii 323, **325**, **384**
- - Knochenkern, Auftreten 69
- Rippen, Röntgenbild **227**
- s. Kopf
- tali **480f.**, 481
- ulnae **324**, 326, **326**, **328**
Carpalia 310
Cartilago(-ines) alaris major nasi **713**
- apicis nasi 716
- costalis 266, **268**
- intercostalis **280**
- nasales 715f.
- nasi lateralis 716
- septi nasi **713**, 715
Cauda helicis **764**
Cavitas articularis s. Gelenkhöhle
- glenoidalis, Articulatio humeri 343, **344**
- - Scapula **317**, **319**
- medullaris 40, 53, **72**
- - primäre 63, **66**, 67
- nasi s. Nasenhöhle

Cavum articulare **561**
- thoracis 260
Cellula(-ae) ethmoidales **710f.**, **715**
- - anteriores **714**, 715
- - posteriores **714**
- - Röntgenbild **727**
- mastoideae, Os temporale **708f.**
- - Röntgenbild **224**, **729**
Centralia 310
Centrum tendineum **304**, 305, 307
Centrum-Ecken-Winkel, Röntgenbild **506**
- nach Wiberg 506
Cervix s. Hals
Chiasma crurale 588, 592
- plantare 592
- tendinum **411**, 424, **432**, **436**, **633**
Choana **682**, 689, 712
Chondroblasten 35ff.
Chondrocranium 676
- Fetus **677**
Chondrodysplasie 70
Chondrogene Schichten, Gelenkentwicklung 91
Chondroklast 62, **63**, 67, **71**
Chondron 36
Chondronektin 28, 36
Chondrozystrophie 70
Chondrozyten 35ff., **66**
Chopart-Gelenk s. Articulatio tarsi transversa
Chorda dorsalis **189**, 191
- obliqua **378**, **381f.**, **392**, 393
Chordagewebe 34
Chordascheidenstrang **192**, 204
- embryonaler **193**
Chordasegment 192, 204, **206**
- Anlage **192**
Circumductio 2
Circumferentia articularis capitis ulnae **329**, **392**
- - Radius 323, **324**, **326**, 380
- - Ulna **324**, 392
Clavicula **314**, 316, **316**, **344**
- Muskelansätze **354**
- Muskelursprünge **354**
- Oberflächenrelief 316, **335**
- Röntgenbild **224**, **226**
Clivus **242f.**, **691**, 692, **693**
- Os occipitale 701, **701**
- - sphenoidale 702, **704**
Cohnheim-Felderung **136**
Collum (s. auch Hals) anatomicum, Humerus 320, **321**
- chirurgicum, Humerus 320, **321**
- costae **265**, 266
- fibulae 477
- mandibulae **721**, **723**, 724f.
- ossis femoris 465, **465f.**
- - - Blutversorgung 503
- - - Röntgenbild **505f.**
- radii 323, **325**
- scapulae **317f.**
- tali 481, **481**
Columna vertebralis s. Wirbelsäule
Concha nasalis inferior 711f., **711**, **713**, **715**
- - - Röntgenbild **727**
- - media **713**, **715**
- - - Os ethmoidale 710, **710f.**
- - superior **713**, **715**
- - - Os ethmoidale 710
- sphenoidalis 702, **703**
- suprema, Os ethmoidale 710
Condylus humeri 320
- lateralis, Femur 465, **466**, **469**
- - - Schnitt **561**
- - Tibia **473f.**, 474
- - - Schnitt **561**
- medialis, Femur 465, **466**, **469**
- - Tibia **473**, 474
- occipitalis 240, **688f.**, 689, **693**, **731**
- - Entwicklung **238**
- - Os occipitale 701, **702**
- tertius 239, **239**
Conjugata (s. auch Diameter) anatomica **459**
- diagonalis **459**, 460
- externa 459, **460**
- recta **459**
- vera **459**, **461**
- - obstetrica 459f.
Connexus intertendineus **409**, **428**
Cooper-Streifen 381, **382**
Cornea, Kollagen-Typen 22
Cornu(-a) coccygea **198f.**, 203, **203**
- majora, Os hyoideum 726, **726**
- minora, Os hyoideum 726, **726**
- sacrale 196, **197ff.**
Corpus adiposum buccae **740**, 750, **753**
- - infrapatellare **120f.**, 554, 559f., **565**
- - obturatorium 452
- axis **217**
- - Röntgenbild **245**, **727**
- claviculae **316**
- costae **265**, 266
- fibulae **473**, 477
- humeri 320, **321**
- mandibulae 686, **687**, 720, 722, **723f.**
- - Röntgenbild **728**
- maxillae 686
- ossis femoris 465, **465**, 468
- - hyoidei 726, **726**
- - ilii 447f., **449**
- - ischii **449**, 450
- - metatarsalis **479**, 488, **488**
- - pubis **449**, 450
- - sphenoidalis 702
- Phalanx 489
- - Fuß **479**
- Rippen, Röntgenbild **227**
- sterni **270**, **314**
- tali 481f.
- tibiae 474f.
- vertebrae 183
- - Halswirbel **185**
- - Lendenwirbel **186**
Costa(-ae) 265ff., **265f.**
- Entwicklung 267
- fluctuantes 265
- Krümmungen 267
- spuriae 265
- Varianten 267
- verae 265
Coxa 493ff.
- Oberflächenrelief 493ff.
- valga **84f.**, **116**, 467, **467**
- vara **84f.**, **116**, 467, **467**
Cranium s. Schädel
Crista buccinatoria, Mandibula **721**
- conchalis, Maxilla 716, **717**
- - Os palatinum 719, **719**
- costae **265**
- ethmoidalis, Maxilla **717**
- - Os palatinum 719, **719**
- frontalis, Os frontale 697, **698**
- galli **691**, **693f.**, **713ff.**
- - Chondrocranium **677**
- - Os ethmoidale **710f.**
- - Röntgenbild **727ff.**
- iliaca **290f.**, 448f., **449**, 451, **463f.**
- infratemporalis, Os sphenoidale **703**
- infrazygomatica, Maxilla 716
- intertrochanterica 465, **466**
- lacrimalis anterior, Maxilla **686**, **717**
- - posterior **686**, 712, **712**
- medialis fibulae **473**
- musculi supinatoris **324**
- nasalis **713**
- - Maxilla **717**, 718
- - Os palatinum **719**
- obturatoria **447f.**, 450
- occipitalis externa **688**, **702**
- - interna **691**, 699, **701**
- pyramidis **691**
- sacralis intermedia 196, **197f.**
- - lateralis 196, **197**, **453**
- - mediana 196, **197ff.**, **453**
- sphenoidalis **703**, 712
- supracondylaris lateralis, Humerus **321**
- - medialis, Humerus **321**
- transversa, Meatus acusticus internus **709**
- tuberculi majoris, Humerus **321**
- - minoris, Humerus **321**
- zygomaticoalveolaris 717
Cromagnon-Mensch 5
Crus s. Unterschenkel
Cubitus (s. auch Ellenbogen) rectus 390

D

Darmbein s. Os ilium
Daumen s. Pollex
Daumenballen s. Thenar
Daumenepiphyse, Knochenkern, Auftreten 69
Daumengelenk s. Articulatio pollicis
Daumengrundgelenk s. Articulatio metacarpophalangea pollicis
Daumenmuskeln, kurze 441f.
- lange 404
Daumensattelgelenk s. Articulatio carpometacarpea pollicis
Deckknochen, Entwicklung 59
Deckplatten, Einbrüche **207**
Decorin 46
Dehnung 15, **16**
Dens(-tes) axis **217ff.**, 236, 242, **243**
- - Entwicklung **238**
- - Röntgenbild **245**, **727ff.**
- caninus **717f.**
- decidui **682**, **718**
- incisivus II: **717f.**
- molares **717f.**
- permanentes **718**
- - Mandibula **721**
- praemolares **717f.**
Dentin, Kollagen-Typ 22
Dermatocranium 676
Dermatom **189f.**
Dermatosparaxie 24
Desmin 135
„Deutsche (Frankfurter) Horizontale" 688
Diameter (s.a. Conjugata) obliqua 460, **461**
- transversa 460, **461**
Diaphragma 303ff., **304**
- Atemmechanik 306f.
- Atmung 305, **305**
- Crus dextrum **304**
- - intermedium 304
- - - dextrum **304**

Diaphragma, Crus laterale dextrum **304**
- - mediale 303
- - - dextrum **304**, 305
- - - sinistrum 305
- - sinistrum **304**
- Funktion 306f.
- Herkunft 132
- Hiatus aorticus 303
- Innervation 306
- Lage 305
- Pars costalis 303, **304**, 305
- - sternalis 303, 305
- sellae 694, **694**
Diaphyse 52
Diarthrose 91, 96ff., 113
Digitus 423ff.
- Bewegungsausmaß **431**
- Dorsalaponeurose 427
- Kapsel-Band-Apparat **429**
- Längsschnitt durch Grundgelenk **430**
- Muskeln **401**
- - Funktion 439
- - Wirkung **436**
- Sehnenscheiden 424ff.
Diplocheirie 74
Diploe 55, **55**, 680, **690**
Diploevene 55, **55**
Diplopodie 74
Discus articularis 102
- - Anlage 730
- - Articulatio sternoclavicularis 338
- - - temporomandibularis 732, **733**
- interpubicus 452
- intervertebralis s. Zwischenwirbelscheibe
- ulnocarpalis 392, **416**
Distantia cristarum 459, **460**
- spinarum 459, **460**
- trochanterica 459, **460**
Dornfortsätze, Brustwirbel 188
Dorsum manus 405f.
- - Dorsalaponeurose **428**
- - Faszien 407
- - Führungsbänder **428**
- - Muskeln **428**
- - Oberflächenrelief **406f.**
- - Schleimbeutel **409**
- - Sehnenscheiden 408f., **409**
- sellae **691**, **694**, **713f.**
- - Chondrocranium **677**
- - Os sphenoidale 702, **703**
- - Röntgenbild **729**
Drehbewegung s. Rotation
Drehkraft s. Drehmoment
Drehmoment 112, 165
Drosselgrube s. Fossa jugularis
Druckbeanspruchung **16**, 79
Druckkräfte **16**
Druckspannungen, Trajektorien 81
Drucktrabekel 81, **85**
Drucktrajektorien **83**
- Verlauf **68**
Druckuntersuchungen **20**
Ductus nasolacrimalis **714**
- parotideus **739**
Dupuytren-Faszie s. Aponeurosis palmaris
Dupuytren-Kontraktur 414
Dura mater encephali 694, **694**
- - - Faserverlauf 695f.
- - spinalis **243**
- septalis **695**
Dysmelie 74
Dysplasia coxae 94

E

Ebenen des Körpers 2
Ehlers-Danlos-Syndrom 24
Eigelenk **108**
Einstrahlungsknochen 155, **155**
Ektromelie 75
Ektropion paralyticum 756
Elastin 25f., **25**
Elastische Fasern s. Fasern, elastische
Elastogenese 26
Elauninfasern 26
Elektrische Reizdiagnostik 168
Elektromechanische Kopplung 140
Elektromyographie 167f.
Elevatio 2
Elle s. Ulna
Ellenbeuge, Muskeln 389ff.
Ellenbogen 377ff.
- Aufbau 377
- Oberflächenrelief 377
Ellenbogengelenk s. Articulatio cubiti
Ellenbogenregion, Röntgenanatomie 383
Ellipsoidgelenk 110
Embryo, menschlicher **675**
Eminentia arcuata **691**, 692, **693**
- - Os temporale 705, **706f.**
- iliopubica **448f.**, **501**
- intercondylaris **473f.**, 474
- pyramidalis, Os temporale **708f.**
Emissarium mastoideum 693
Enarthrosis s. Nußgelenk
Endocranium 694f.
Endomysium 145, 159
- Kollagen-Typ 22
Endoneurium, Kollagen-Typ 22
Endoskelett 52
Endost 40f., **63**, 71
Endostatin 23
Endplatte, motorische 161
Entwicklung 6ff.
Epicondylus lateralis **377f.**, **382**, 468
- - Femur **465f.**, **469**
- - Humerus **321f.**
- - Knochenkern, Auftreten 69
- medialis **377f.**, **382**, 468
- - Femur **465f.**, **469**
- - Humerus **321f.**
- - Knochenkern, Auftreten 69
Epigastrischer Winkel 260
Epimer **130**, 132
Epimysium 145
Epiphora 756
Epiphyse 52
Epiphysenfugenschluß 10, 470
Epiphysenkerne, Femur 470
Epiphysenknorpel 52
- Beanspruchung **88**
Epiphysenlösung, Femur 470
Epiphysenplatte **61**
- proximale **346**
Epiphysiolysis capitis femoris 70
Epitenon s. Peritendineum externum
Ermüdungsbruch 75, 86
Eröffnungszone **61**, 63f., **63**, **66**
Ersatzknochenbildung 52
Evolute, Femurkondylus 469, **469**
Evolvente 111
- Femurkondylus 469
Exoskelett 52
Exspiratoren 306
Extension 2, 110f.
Extensoren, untere Gliedmaße, Herkunft 132
Extrazellulärmatrix 14, 20ff., 29, 34, 64, **65**
- Gelenkknorpel 97
- hyaliner Knorpel 36
- Knorpel **35**
- Mineralisierung 66
- Zusammensetzung 46
Extremitas acromialis, Clavicula **316**
- sternalis, Clavicula **316**
Extremität, Entwicklung 310ff.
- obere 309ff.
- - Funktion 315
- - Skelett 316ff.
- Ontogenese 311ff., **312**
- Phylogenese 310
- untere 445ff.
- - Becken 446
- - Bein 535ff.
- - Funktion 446
- - Skelett 446
Extremitätenknospen 312
Extremitätenmuskeln, Entwicklung 133
- Herkunft 133
- Ontogenese 313f.
Extremitätenskelett, Ontogenese 313
Exzentrische Belastung **16**
- Krafteinwirkung 18

F

Fabella **472**, 587
Facetten, laterale, Patella 470, **471**
Facies anterior, Maxilla 716, **717**
- - Os temporale 705
- - partis petrosae, Os temporale 705, **706**
- - Patella 470, **471**
- articularis (s. auch Gelenkfläche) acromialis **316f.**
- - anterior, Axis 236
- - calcanea anterior, Talus **481**
- - - media, Talus **481**
- - - posterior, Talus **481**
- - carpea, Radius **329**
- - clavicularis 339, **317**
- - cuboidea, Calcaneus **483**, 484
- - inferior, Axis 236
- - - Tibia 475
- - intermedia anterior, Talus 482
- - malleolaris medialis, Talus 482
- - malleoli **473**
- - Mandibula 725
- - navicularis, Talus **481**
- - patellae 470, **548**
- - posterior, Axis 236
- - sternalis **316**
- - superior, Axis 236
- - - Tibia 474f.
- - talaris anterior **606**
- - - - Calcaneus **483f.**
- - - media, Calcaneus **483f.**, 484, **606**
- - - posterior, Talus 482, **483**, 484, **606**
- auricularis **197f.**, 448, **449**
- - ossis ilii 453
- - - sacri 453
- cerebralis, Os sphenoidale **704**
- costalis, Scapula **317**
- externa, Os frontale 697
- inferior, Os temporale 709
- - partis petrosae, Os temporale 705
- infratemporalis, Maxilla 716, **717**

- - Os sphenoidale 704
- interna, Os frontale 697
- - - parietale **700**
- lateralis, Os zygomaticum 720
- lunata **447f.**, **495**
- - Articulatio coxae 495f.
- - Hüftgelenk 446
- - Varianten **496**
- malleolaris lateralis, Talus **481**
- - medialis **481**
- - - Talus **481**
- maxillaris, Os palatinum 719, **719**
- - - sphenoidale **703**, 704
- nasalis, Maxilla 716, **717**
- - Os palatinum 719, **719**
- orbitalis alae majoris ossis sphenoidalis 684, **685**
- - Maxilla 716, **717**
- - Os frontale **698**
- - - sphenoidale 704
- - - zygomaticum **685**, **720**
- palatina, Os palatinum 719
- patellaris **465**, 468f., **548**
- pelvina ossis sacri 196
- poplitea **466**, 468
- posterior **473**
- - partis petrosae, Os temporale 705, **706**
- sacropelvina 448
- symphysialis **449**, 450, **519**
- temporalis, Os frontale 697, **698**
- - - sphenoidale **703**, 704
- - - zygomaticum **720**
Falx cerebelli 694, 696
- cerebri 694f., **694f.**
- - Faserzüge 696
- inguinalis 289, 300, **300**
Fascia abdominis interna s. Fascia transversalis
- - superficialis 284, 373
- antebrachii **358f.**, 391
- - Oberflächenrelief **391**
- axillaris **358**, **370**, 373
- brachii **147**, **358f.**, **370**, 374
- cervicalis s. Halsfaszie
- clavipectoralis 355, 373
- cruris **148**, 573ff., **589**
- cubiti 377
- deltoidea **358f.**
- dorsalis manus 407
- - pedis **625**
- endothoracica **280**
- glutaea **512**, 520
- iliaca 510, **518**
- infraspinata **248**, **359**
- lata **512**, **526**, 538f.
- lumbodorsalis **513**
- masseterica 655, 744, **752**
- musculi latissimi dorsi **370**
- nuchae 247, 655, 658
- obturatoria 521
- parotidea 655, 744, **752**
- pectoralis **358**, **370**, 373
- plantaris profunda **625**, 626
- poplitea **512**
- spermatica externa 300
- - interna 300
- subdeltoidea 349
- suprapleuralis 668
- supraspinata **248**, 349
- temporalis **739f.**, 744, **752**
- thoracolumbalis **246**, 247, **248**, **253**
- transversalis **246**, 284, **293**
Fasciculus(-i) longitudinales, Aponeurosis palmaris 413, **413**
- - Ligamentum cruciforme atlantis 244
- transversi, Aponeurosis palmaris 413, **413**
Faserknorpel 37f.
- Extrazellulärmatrix 38
- histologischer Aufbau 38
- Vorkommen 37
- Zelldichte 38
Fasern, elastische 25f.
- neutrale 80
- retikuläre 24, **25**
Fast twitch fibres 143
Faszien 145
- Achselhöhle **370**
- Einzelfaszie 145
- Gruppenfaszie 145
- Kollagenfibrillenbündel **145**
- Kollagen-Typen 22
- des Musculus biceps brachii **147**
- - brachialis **147**
Fasziengefäße **162**
Fawcett-Schrägkante 482, 576
Fehlbildungen, Gelenke 93f.
- Skelett 74f.
Felsenbeingelenk s. Articulatio calcaneocuboidea
Femoralhernie 301f.
Femoropatellargelenk, Belastung **114**
Femorotibialgelenk 111
Femorotibialwinkel 535
Femur s. Oberschenkel; s. Oberschenkelknochen
Femurepiphyse, distale, Knochenkern, Auftreten 69
Femurhalsachse, Anteversion **470**
Femurkondylus **469**
Femurkopf, Spongiosa **39**
- Spongiosatrabekel 467
Fenestra cochleae, Os temporale **709**
- vestibuli, Os temporale **705**, **708f.**
Fensterrippe 267
Fersenbein s. Calcaneus
Fersenregion, Oberflächenrelief 597
Festigkeitseigenschaften **82**
Fettgewebe 32ff.
- Aufgaben 33
- braunes 32, 34
- gelbes 32
- Gewebsersatz 34
- plurivakuoläres **32**
- weißes 33
Fettorgane 32
Fettzellen, univakuoläre **33**
Fibrae intercrurales **286**, 287, **288**, **299**, **526**
Fibroblast 29, **30f.**
Fibrocartilago basalis 689
Fibronectin 28
Fibrozyten 29
Fibula **473**, 477f.
- Anlage **313**
- Entwicklung 478
- Gestalt 477
- Knochenkerne **493**
- Muskelursprünge **592**
- Oberflächenrelief 478
Fibulaepiphyse, distale, Knochenkern, Auftreten 69
Fiederungswinkel 152, 163, **164**
Finger s. Digitus
Fingergelenke s. Articulationes digitorum
Fingerknochen s. Phalanges manus
Fingermuskeln s. Digitus, Muskeln
Fissura occipitomastoidea 682
- orbitalis inferior **685**, **688**
- - - Maxilla 716
- - superior **685**, 692
- - - Os sphenoidale 703, **703f.**
- - - Röntgenbild **727**
- petrooccipitalis **689**
- petrosquamosa 689, **691**, **731**
- - Os temporale **705f.**, 709
- petrotympanica **688**, 689, **731**, 734
- - Os temporale **706**, 709
- sphenopetrosa 688f., **731**
- sterni congenita 271, **272**
- tympanomastoidea, Os temporale **705ff.**, 709
- tympanosquamosa **731**
Flexion 2, 110
Flexoren, untere Gliedmaße, Herkunft 132
Fontanellen 94, 677
- Verschluß 678
Fontanellenknochen **684**
Fonticulus anterior **681**
- mastoideus **681f.**
- posterior **681**
- sphenoidalis **681f.**
Foramen(-ina) alveolaria, Maxilla **717**
- caecum **691**
- - Os frontale 697, **698**
- ethmoidale anterius **686**
- - posterius **686**
- ethmoidalia **710f.**
- incisivum **688**
- - Maxilla 718
- infraorbitale **685**, 686
- - Maxilla 716, **717**
- - Röntgenbild **728**
- infrapiriforme 456, **516**, 519, **519**
- intervertebrale 183, **214**
- - Brustwirbel **221**
- - Halswirbel **218**
- - Lendenwirbel **228**
- ischiadicum majus 456
- - minus **514**, **516f.**, **519**
- jugulare **241**, **688f.**, 689, **691**, 692
- lacerum **688**, 689, **691**, 692, **731**
- magnum 682, **688**, 689
- - Chondrocranium **677**
- - Os occipitale 699, **701**
- mandibulae **723**, 724
- mastoideum **688**, 689, **691**, 692
- - Os temporale **706f.**, 707
- mentale **685**, 686, **687**
- - Mandibula **721**, 722, **723f.**, 725
- nasale, Os nasale **711**
- nutricium 54
- - Femur 470
- - Tibia **474**
- obturatum 447, **447f.**, 450, **498**
- ovale **688f.**, 689, **691**, 692
- - Os sphenoidale 703, **703**
- palatinum majus **688**
- - - Os palatinum **719**
- - minus **688**
- parietale 682, **690**
- - Os parietale **700**
- processus transversi **217ff.**
- - - Atlas **234**, 236
- - - Halswirbel **184f.**, 187
- pterygopalatinum **686**
- - Os palatinum 719
- rotundum 688, **691**, 692
- - Os sphenoidale 703, **703f.**
- sacralia posteriora 197, **197**, **199**, **216**
- - anteriora (pelvica) **196**, 197

Foramen(-ina) singulare, Meatus acusticus internus **709**
- sphenopalatinum 688, 714
- spinosum **688f.**, 689, **691**, 692
- - Os sphenoidale **703**, 704
- stylomastoideum **688**, 689
- - Os temporale 705, **707**
- supraorbitale, Os frontale **698f.**
- suprapiriforme 456, **516**, 519, **519**
- venae cavae **304**, 305
- vertebrale 183
- - Brustwirbel 188
- Weitbrecht 345, **366**, 370
- zygomaticofaciale 686
- - Os zygomaticum 720, **720**
- zygomaticotemporale, Os zygomaticum 720, **720**
Fornix humeri 318
Fossa(-ae) acetabuli **447f.**, 496
- - Hüftgelenk 446
- axillaris 336, **370**
- canina **685**
- - Maxilla **717**
- condylaris, Os occipitale 701, **702**
- coronoidea **378f.**
- - Humerus 320, **321**
- cranialis anterior **691**, 692, **694**
- - media **691**, 692, **694**
- - posterior **691**, 692
- digastrica, Mandibula 722, **723**
- glandulae lacrimalis, Os frontale 697, **699**
- hypophysialis **686**, 692, **713f.**
- - Os sphenoidale 702, **703**
- iliaca 448, **449**
- iliopectinea 525
- infraclavicularis 335, **335**, 373, **666**
- infraspinata **343**
- - Scapula **318**
- infratemporalis 685, 687
- inguinalis lateralis **287, 301**
- - medialis **287, 301**
- intercondylaris **466**, 468
- ischioanalis 521
- jugularis **335**
- - Os temporale 705, **707**
- mandibularis **688**, 689, **731**
- - Articulatio temporomandibularis 732, **733**
- - artikulierende Anteile 731
- - Os temporale **706f.**
- - Röntgenbild **735**
- mentalis, Mandibula 722
- occipitales cerebellares 699
- - cerebrales 699
- olecrani 320, **321f., 379, 382**
- poplitea **574**
- pterygoidea **688f.**, 689, **731**
- - Os palatinum **719**
- - - sphenoidale 704, **704**
- pterygopalatina 685, 687
- - Os palatinum 719
- radialis **378**
- Humerus 320, **321**
- sacci lacrimalis 685, 687, 712
- scaphoidea, Os sphenoidale 704, **704**
- subarcuata **693**
- - Os temporale 705, **705f.**
- subscapularis 317
- supraclavicularis 655, 661
- - major 335, **335**
- - minor 335, **335**
- supraspinata **314**, 317, **343**
- - Scapula **318**
- supravesicalis 284, **287**
- temporalis 687
- triangularis, Ohr **764**
- trochanterica 465, **466**
- - Beckenquerschnitt **504**
Fossula petrosa, Os temporale 707, **707**
Fovea(-ae) articularis, Atlas 234
- - inferior, Atlas **234**
- - Radius **326**
- - superior, Atlas **234**, 241
- capitis ossis femoris 465, **466**, 470, **499**
- - radii 380
- - - Beanspruchung **115**
- costalis inferior, Brustwirbel **185**, 188, **210, 221**
- - processus transversi, Brustwirbel **185**, 188, **210, 221**
- - superior, Brustwirbel **185**, 188, **210, 221**
- dentis, Atlas **234**, 242
- pterygoidea, Mandibula **721, 723**
- sublingualis **723**, 724
- submandibularis **723**, 724
- trochlearis, Os frontale 697, **699**
Foveola granularis 690, **690**
- - Os parietale 699
Fraktur 75
Frakturheilung 75ff.
- primäre 77
- - angiogene, Osteosynthese **77**
- - Kortikalisumbau **78**
- sekundäre **76**
- - spontane **76**
- Spaltheilung 77
- Voraussetzungen 77
Frenulum Amantini 499
- capsulae 499
Frohse-Sehnenarkade **388**, 390, **395**
Frontalebene 2
Funiculus spermaticus 300, **300**, **526**
Funktion, ischiokrurale 545
Funktionelle Anpassung 14ff., 24
- - Gelenkknorpel 101
- - Knochen 80ff.
- - Röhrenknochen 86
Fuß 594ff.
- Außenballen 640
- Beanspruchung 639f., 642
- Belastung 639f., 642
- dorsal, Muskelansätze **629**
- - Muskelursprünge **629**
- Druckkammern 640
- dynamische Belastung **641**
- Erwachsener **597**
- Faszien 618ff.
- fetaler **594**
- Frontalschnitt **601**
- Funktion 594
- Gelenkhöhle 604
- Gliederung 596
- Innenballen 640
- Kapsel-Band-Apparat **600, 603, 611**
- kurze Fußmuskeln **624**, 626
- Längswölbung 607, 643, **644**
- Mechanik 639f.
- Muskellogen 625, **625**
- Muskeln **579f., 582**
- Oberflächenrelief 596ff.
- plantar, Muskeln **631ff.**
- - Planataraponeurose, Muskeln **630**
- plantare Verspannungssysteme **644**
- Plantarflexion 604
- Pronationsstellung 595
- Querschnitt **625, 635**
- Querwölbung 485, 643
- Regionen 596
- Röntgenanatomie 618
- Röntgenbild **642**
- Sagittalschnitt **609**
- - Fetus **596**
- Säugling 595
- Schliffpräparat **617**
- Sehnenscheiden 618ff.
- - lateral **622**
- - medial **623**
- Spongiosatrabekel **642**
- statische Belastung **641**
- Supination 595
- Supinatoren 593
- Verspannung der Längswölbung 593
- Verspannungssysteme 644
- Zugverspannung **641**
Fußabdrücke, bei Kindern **643**
- Knickplattfuß **643**
- normale Fußwölbungen **643**
- Spreizfuß **643**
Fußform, ägyptische 489, **490**
- Entwicklung 595
- griechische 489, **490**
Fußgelenke, Bewegungen **613**
- Dorsalextension, Muskeln **613**
- Plantarflexion, Muskeln **613**
- Pronation, Muskeln **613**
- Röntgenbilder **619**
- Supination, Muskeln **613**
Fußknochen, akzessorische **490ff.**
Fußmuskeln, kurze, Einteilung 626
Fußplatte **312**, 313
- subtalare 596
- subturale 609
Fußrücken, Muskeln **627f.**
- Sehnen **627f.**
- Sehnenscheiden **621**
Fußskelett 478, **479ff.**, **614**
- fibularer (lateraler) Strahl **481**
- tibialer (medialer) Strahl **481**
Fußsohle **597**
- Faszien 623
- Sehnenscheiden 638
Fußwölbung 595, 643ff.
- Verspannung 166
Fußwurzelgelenk, Anschliff **608**
- queres s. Articulatio tarsi transversa
Fußwurzelknochen, Vergleich Primaten **594**

G

Gabelrippe 267, **269**
Galea aponeurotica **739ff.**, 751, **752f.**, 753
Gang 645ff.
- aufrechter 176
Gangbild, bipodale Abstützphase **647**
- monopodale Standbeinphase **647**
- Phasen **647**
- Schwungbeinphase **647**
Ganglien, Gelenk 104
Gangphasen, Analyse **646**
Gangzyklus 648
Gaumen, harter s. Palatum durum
Gaumenbein s. Os palatinum
Gauss-Verteilung, Normalverteilung 4
Geburtskanal 460
Geflechtknochen 57
- Wachstum 71
Gegenkraft 18

Gehakt 645ff.
Gehen 645ff.
- Standbeinphase 648
Gehörgang, innerer s. Meatus acusticus internus
Gelenk (s. auch Articulatio) 91ff.
- Anomalien 93f.
- ebenes 111
- einfaches 108
- Einteilung 91
- Fehlbildungen 93f.
- Kinetik 112
- marginale Übergangszone 101, **101**
- Paarschlüssigkeit 113
- planes **108**
- straffes s. Amphiarthrose
- überzähliges 94
- Untersuchungsmethoden 119
- - röntgenologische 119
- Varianten 93f.
- zusammengesetztes 108
Gelenkbeanspruchung 114ff.
Gelenkbeanspruchungsgröße, Abhängigkeit **117**
- Isochromate **115**
Gelenkbelastung 113ff.
Gelenkbeweglichkeit, Messung 119
- Neutral-0-Stellung 119
Gelenkdruck bei Inkongruenzen **117**
- Reduzierung 118
- Substantia spongiosa 102
Gelenkentwicklung 91ff., **92**
- chondrogene Schichten 91
Gelenkfläche 91, 96ff.
- transportable 102
Gelenkflächenschmierung 107
Gelenkflüssigkeit 107
Gelenkformen 108ff.
- Bewegungsmöglichkeiten 108ff., **108**
- Entstehung 93
Gelenkfortsätze, Brustwirbel 188
- Röntgenbild **224**
Gelenkführung 112
Gelenkhemmung 112
Gelenkhöhle 91, 108
Gelenkkapsel s. Capsula articularis
Gelenkknorpel 96ff., **98**
- Dicke 96
- Erhaltungsreiz 101
- Ernährung 101
- faserknorpeliger 101
- Funktion 96
- funktionelle Anpassung 101
- hyaliner 96ff.
- Kollagenfibrillen 97, **97**
- mechanische Eigenschaften 97
- - Stoffkonvektion 101
- Nachschubzone 99
- Radiärzone **97**, 98, **99**
- Regenerationsfähigkeit 101
- Spaltlinienverlauf **100**
- subchondrales Knochengewebe **99**
- Tangentialfaserschicht **97**, 98f., **100**
- Übergangszone **97**, 98f.
- Viskosität 98
- Zonen **97**
- - des mineralisierten Knorpels 98
Gelenklehre 91ff.
Gelenkmechanik 111
Gelenkoberfläche, Fibrillation 99
Gelenkresultierende 114f.
- Größe 116
- kraftaufnehmende Fläche 116
- Lage 116
- Richtungsänderung 116
- Vektorsumme 112ff.
Gelenkschmiere s. Synovia
Generallamelle **39ff.**, 42
Geniculum canalis, Os temporale 708
Genu (s. auch Knie) valgum 535, **536**
- varum 535, **536**
Gerdy-Linie 286, **336**, 353, **369**
Gesamtkörperschwerpunkt **259**
Gesäßregion s. Regio glutaea
Gesicht, Faszien 744
Gesichtsknochen s. Ossa faciei
Gesichtsmaße, Neugeborenes 680
Gesichtsregionen 750
Gesichtsschädel, Knochen 680
- Wachstum 678
Gestaltänderung, reine 15
Gestaltungsvorgänge 14
Gigantismus 8
Gigantomelie 75
Ginglymus s. Scharniergelenk
Glabella, Os frontale 697, **698f.**
Glandula parotidea **753**
- parotis **739**
- sublingualis **747**
- submandibularis **739**
Glaser-Spalte s. Fissura petrotympanica
Glaskörper, Kollagen-Typen 22
Gleichgewicht **114**
Gleitsehnen 151
Gliedmaßenmuskulatur s. Extremitätenmuskulatur
Glutäalmuskeln 511ff., **516**, **520**
- Beckenstabilisierung 515
- Faszien **512**
- Muskeln **513f.**
Glutäalregion, Faszien 520f.
Glycin, Kollagen **21**
Glykanketten 26f.
Glykoproteine 28, **34**, 36, 43
Glykosaminoglykane 26f., **27**, **34**, 36, 46, 151
- Gelenkknorpel 98
- Speicherkrankheiten 28
- Zwischenwirbelscheibe 206f.
Golgi-Mazzoni-Körperchen 161
Gomphosis 94
Gonion, Mandibula 724
Granulationsgewebe **31**
Grobgriff 424
Großzehe, Bewegungsausmaß **618**
Guyonloge 412
- akzessorischer Muskel **433**

H

Haase-Regel 6
Hackenfuß s. Pes calcaneus
Haglund-Delle, Patella **472**
Haglund-Extose 485
Hallux valgus 615f.
Hals 654ff.
- Bindegewebsräume **657**
- Eingeweideraum **657**
- Gliederung 654
- Mediansagittalschnitt **657**
- Nucha 654
- Oberflächenrelief 654
- Querschnitt **657ff.**
Halsfaszien 655ff., **655**, **657**
Halslordose **181**
Halsmuskeln 658ff., **660**, **663**, **666**, **669**
- Einteilung 659
Halsregionen 654
Halsrippe 267, **269**
Halswirbel **185**
- Baumerkmale 187
- Computertomogramm **226**
Halswirbelkörper, embryonaler **193**
Halswirbelsäule **217ff.**
- Bandapparat **215**
- Bewegungssegmente 216
- Dorsalextension **231**
- Frontalschnitt **219f.**
- Kopfgelenke **231**
- - Seitneigung **232**
- Röntgenbild **224**
- Rotation 232
- Ventralflexion **231**
- Zwischenwirbelscheibe 221
Hämatom, subdurales 694
Hamulus lacrimalis **686**, 712, **712**
- ossis hamati **329f.**, **411**, **418**
- pterygoideus **686**, **688**, **713f.**, **731**
- - Os sphenoidale **703f.**, 704
Hand (s. auch Manus), Kind 334
Handgelenk s. Articulatio manus
- distales s. Articulatio mediocarpea
- proximales s. Articulatio radiocarpea
Handgelenkmuskelfunktionen, Extensoren 423
- Flexoren 423
- Radialabduktoren 423
- Ulnarabduktoren 423
Handknochen 327ff.
Handmuskeln **425**, **432f.**
- Ansätze **437**
- Finger **436**
- kurze 431ff.
- - Einteilung 431
- - Muskeln des Handtellers 431
- - - - Hypothenar 431
- - - - Thenar 431
- Mittelhand **436**
- tiefe Schicht **434**
- Ursprünge **437**
Handplatte **312**, 313
Handrücken s. Dorsum manus
Handteller 407
- Muskeln 431
Handwurzelknochen s. Ossa carpi
Hauptachsen 2, **2**
Hauptbewegungsachsen 110f.
Hauptbewegungsmuskeln 166
Hauptebenen 2, **2**
Haut, Kollagen-Typen 22
Hautmuskeln 156
Havers-Gefäß **39f.**, 40, 54
Havers-Kanal **47**
Havers-System **39f.**
Havers-Umbau 71
Hebel, einarmige **113**
Hebelarm 112
- Kraftarm **113**
- Lastarm **113**
- virtueller **113**, 165, **165**
Helix **764**
Hemiarthrose 95f.
Hensen-Zone 135
Heranführen s. Adduktion
Hernia diaphragmatica 307
- - paraösophageale Hernie 307

Hernia epigastrica 297, **297**
- inguinalis 300f.
- - congenita 300, **302**
- - directa 301, **302**
- - indirecta 301, **302**
- umbilicalis 298
Hiatus aorticus, Diaphragma **304**
- canalis nervi petrosi majoris **691**, 692, **705**, **708f.**
- - - - minoris 692, 708
- maxillaris 714, 716, **717**
- oesophageus, Diaphragma **304**, 305
- sacralis 196f., **197**, **199**
- saphenus **526**, 539
- semilunaris 715, **715**
- tendineus **530**, 532
- - Os ethmoidale 710
- superior canalis supinatorii **388**
Hinterhauptsbein s. Os occipitale
Hirnhaut, harte s. Dura mater encephali
Hirnschädel, Knochen 680
- Volumen 678
- Wachstum 678
Histogenese, hydrostatischer Druck 68
- kausale **15**
Hoffa-Fettkörper s. Corpus adiposum infrapatellare
Hohlfuß **645**
Hohlhand s. Palma manus
Hominiden 4f.
Homo erectus 5
Hooke-Gesetz 15
Horizontale, Deutsche (Frankfurter) 688
- obere 688
Horner-Muskel, Pars lacrimalis musculi orbicularis oculi 754
Howship-Lakunen 44
Hubhöhe 163, **164**
Hubkraft 163
Hueter-Volkmann-Gesetz 70
Hüftbein s. Os coxae
Hüfte s. Coxa
Hüftgelenk s. Articulatio coxae
Hüftgelenkkapsel, Innervation 503
Hüftgelenkluxation 502
Hüftgelenkmuskelfunktionen, Abduktoren 533
- Adduktoren 533
- Außenrotation 534
- Extensoren 533
- Flexoren 533
- Innenrotation 534
Hüftknochen, Muskelursprünge **522**
Hüftmuskeln 508ff., **527f.**
- dorsale 509
- - vordere Gruppe 509
- Funktion 509
- innere, Herkunft 132
- Innervation 509
- ventrale 509, **509**, 521ff.
Hüftpfanne s. Acetabulum
Humeroradialgelenk s. Articulatio humeroradialis
Humeroulnargelenk s. Articulatio humeroulnaris
Humerus **147**, 320ff., **321ff.**, **378**
- Muskelansätze **371**
- Muskelursprünge **371**
- Oberflächenrelief 320
Hyalinknorpel s. Knorpel, hyaliner
Hyaluronidase 28
Hyaluronsäure, Synovia 107
Hyaluronsäuremolekül 26f.
Hydrostatischer Druck 16
- Punkt, attraktiver, singulärer **68**
Hydroxyapatitkristalle 46
Hyoidbogen **679**
Hypermobilität 112
Hypertrophie, Knochen 72
Hypohyale 705
Hypomer **130**, 132
Hypomochlion 151, **151**, 165
Hypothenar 407, **408**
- Innervation 439
- Muskeln 437
Hystereseerscheinungen 19

I

Iliosakralgelenk s. Articulatio sacroiliaca
Impressio digitatae 692
- ligamenti costoclavicularis **316**
- trigemini **691**, 692
- - Os temporale 705
Inaktivitätsatrophie 18
- Knochen 72
Incisura(-ae) acetabuli **447f.**, 496
- - Hüftgelenk 446
- clavicularis, Sternum **270**
- costales, Sternum **270**
- ethmoidalis 697
- fibularis **474**
- frontalis, Os frontale **698f.**
- intertragica **764**
- ischiadica major **447**, 449f., **449**, 456
- - minor **447**, **449**, 450
- - - Beckenquerschnitt **504**
- jugularis, Os occipitale **701f.**
- - - temporale 705, **706**
- - Sternum **270**
- lacrimalis, Maxilla **717**
- mandibulae **723**, 725
- mastoidea **688**, 689
- - Os temporale **706f.**, 707
- nasalis, Maxilla **717**
- parietalis, Os temporale **706**
- pterygoidea, Os sphenoidale **703f.**, 704
- radialis ulnae **324**, 326, **379**, 380
- scapulae **317ff.**
- sphenopalatina, Os palatinum 719, **719**
- supraorbitalis 685
- - Os frontale **698**
- tentorii 696
- trochlearis **324ff.**
- - ulnae 378f., **379**, **392**
- tympanica, Os temporale 710
- ulnaris radii **324**, 392
- vertebralis inferior 183
- - - Brustwirbel **185**
- - - Lendenwirbel **222**
- - superior 183
- - - Brustwirbel **185**
- - - Lendenwirbel **222**
Inclinatio pelvis s. Beckenneigung
Infundibulum ethmoidale, Os ethmoidale 710
Inion 682
Innervation, ischiokrurale 545
Insertio, Muskel 156
Inspiratoren 306
Insuffizienz, aktive, Skelettmuskeln 112
- passive, Skelettmuskeln 112
Interartikularsegment, Röntgenbild **228**
Interdigitalmembranen **312**, 313
Interosseus-Lumbrikalis-Zügel 439
Interphalangealgelenk s. Articulatio interphalangea pollicis
Intersectio tendinea musculi recti abdominis **291**
Intersegmentalgefäße, Embryo **191**
Intersegmentalspalte, Embryo **190**
Intraartikuläre Strukturen 102f.
Ischiokrurale Funktion 545
- Innervation 545
Isochromat **115**
- Gelenkbeanspruchungsgröße **115**

J

Jochbein s. Os zygomaticum
Juga alveolaria, Mandibula **721**, 722
- - Maxilla **717**, 718
- cerebralia 692
- - Os frontale **698**
Junctura tendinum, Flexoren, Fuß 593

K

Kahnbein s. Os naviculare
Kahnbeingelenk s. Articulatio cuneonavicularis
Kahnschädel s. Scaphocephalus
Kalkaneusachse 597
Kallus **73**
Kapillaren, Knochen **54**
Kapsel-Band-Apparat 103
- Schleimbeutel **521**
Karpalkanal s. Canalis carpi
Karpaltunnelsyndrom 402
Kauapparat 730ff.
Kaumuskelfunktion 744
- Heben des Unterkiefers 744
- Mahlbewegung 744
- Senken des Unterkiefers 744
Kaumuskeln 738ff., **746**
- Faszien 744
- Gestalt und Lage 738f.
- mimische Muskeln **739ff.**
Keilbein s. Os sphenoidale; s. Os cuneiforme
Keilbeingelenk s. Articulatio cuneonavicularis
Keratansulfat 36
Ketten, kinematische 112
Kiefergelenk s. Articulatio temporomandibularis
Kiemenbögen, menschlicher Embryo **675**
- Skelettelemente **679**
Kind, Röntgenbild **506**
Kindesalter, Bein, Formwandel 535, **537**
Kinetik 112ff.
Kleinfingerballen s. Hypothenar
Knickfuß **597**
Knie (s. auch Genu) 546ff.
- Oberflächenrelief 546f.
Kniebasislinie 535
Kniegelenk s. Articulatio genus
Kniegelenkhöhle 559ff.
Kniegelenkkapsel **552**
- Membrana fibrosa 554
- - synovialis 553

Kniekehle **547**
Knieregion **547**
Kniescheibe s. Patella
Kniewinkel, frontaler 535
Knochen, akzessorischer 53
- Blutgefäße **54**
- Blutversorgung 53, **54**
- flacher 53
- funktionelle Anatomie 79 ff.
- - Anpassung 80 ff.
- Gestalt 52 ff.
- Hypertrophie 72
- Inaktivitätsatrophie 72
- Kollagen-Typ 22
- kurzer 53
- Längenwachstum **71**
- langer 53
- lufthaltiger 53
- Mikroradiogramm **47**
- Mineralgehalt 47
- ökonomische Bauweise 84
- spongiöser 42, 53
- unregelmäßiger 53
- Untersuchungsmethoden 89
- im zirkularpolarisierten Licht **47**
Knochenbelegzelle **44**
Knochenbildung s. Osteogenese
Knochenbildungsfront 42
Knochenbruch s. Fraktur
Knochendeckzellen 40
Knochenentwicklung 57 ff.
Knochengewebe 38 ff.
- Altersatrophie 71
- Druckfestigkeit 79
- Elastizitätsmodul 79
- Festigkeit 79
- subchondrales **97**, 101 f.
- - Gelenkknorpel **99**
- Umbauquote 71
- Umbauvorgänge 70, **71**
- Wachstum 70
- Zugfestigkeit 79
- Zusammensetzung 38
Knochenhemmung 112
Knochenkern 192 f.
- Armskelett, zeitliches Auftreten **333**
- Auftreten 69
- Beinskelett **493**
- Epiphyse **60**
- primärer 63
Knochenlehre 52 ff.
Knochenmanschette, perichondrale 57, **60 f.**, **63**
Knochenmark s. Medulla
Knochenmarkshöhle s. Cavitas medullaris
Knochenmatrix, Abbau 45
Knochenpunkte, tastbare 503
Knochenszintigraphie 89
Knochentransplantate 79
Knochenumbau 40
Knochenumsatz 89
Knorpel, elastischer 25, 38
- - histologischer Aufbau **38**
- - Vorkommen 38
- Eröffnungszone 63 f., **63**
- Extrazellulärmatrix **35**
- hyaliner 34 ff.
- - Extrazellulärmatrix 36
- - Materialeigenschaften 37
- - regressive Veränderungen 37
- - Transplantation 37
- - Vorkommen 34
- Kollagen-Typen 22
- Mineralisation 37
Knorpelbildung, embryonale 192
- Hand und Fuß, zeitlicher Ablauf 62
Knorpelgewebe 34 ff.
- hyalines, Regeneration 37
- Wachstum 37
- Wiederherstellung 37
Knorpelhaften s. Articulationes cartilagineae
Knorpelkanal 35, 61
Knorpelmetabolismus, Hormone 37
- Vitamine 37
Knorpelproliferation, Störungen 68
Knorpelwachstum 35
Knorpelzellen, isogene Gruppen **38**
Köhler-Tränenfigur 503
- Röntgenbild **505 f.**
Kollagen 20 ff.
- Autoimmunität 24
- Produktion 20
- Zugfestigkeit 24
Kollagenaufbau **21**
Kollagenbildner 22
Kollagenbiosynthese, Erkrankungen 24
Kollagenfasern 20 ff., **47**
- Scherengitteranordnung **145 f.**
Kollagenfibrillen 20 ff., 36, 43, 46, **100**
- Anordnung 24
- Geflechte 24
- Gelenkknorpel 97, **97**
- Querstreifung 21, 23
- Scherengitter 24
- Spiraltouren 24
- Wickelsysteme 24
Kollagenfibrillenbildung 21
Kollagenfibrillenbündel **22**
Kollagenmoleküle 21, **21**
Kollagen-Typen 21 ff.
- Prokollagen 21
- Tropokollagen 21
- Typ-I-Kollagen 21, 28, 38, 46, 64, 97, 101, 103, 106, 148
- - Zwischenwirbelscheibe 206
- Typ-II-Kollagen 22, 36, 38, 64, 97, 101
- - Zwischenwirbelscheibe 206
- Typ-III-Kollagen 23, 106
- Typ-IV-Kollagen 23
- Typ-IX-Kollagen 99
- Typ-X-Kollagen 64
- Vorkommen 22
Kollateralbänder 104, 556
Kompakta s. Substantia compacta
Kompromißachse 110
Kondylengelenk s. Articulatio bicondylaris
Konstitution 11
Kopf 674 ff.
- Embryo, Sagittalschnitt **676**
- Regionen 674
Kopfgelenk 234 ff., **243**
- Bandapparat 244, 246
- Mechanik 244
- Nickbewegungen 244 f.
- oberes s. Articulatio atlantooccipitalis
- Röntgenbild **245**
- unteres s. Articulatio atlantoaxialis
Kopfgelenkmuskeln 257 f.
Kopfhöhe 9
Kopfmuskeln s. Musculi craniales
Kopf-Rumpf-Muskeln s. Musculi craniothoracales
Körper gleicher Festigkeit 80
Körperfaszie, allgemeine 146
Körperlänge 7
Körperproportionen **9**
Körperschwerpunkt **259**
- Lot 639, **640**
Kortikalis s. Substantia corticalis
Kraftarm 165
Kraftbeanspruchung, Größe 18
Krafteinwirkung, exzentrische 18
Kräfteparallelogramm, Hüftgelenk, Belastung **80**
Kraftmoment 165
- Muskelkontraktion 165
Kraftschluß s. Diarthrose
Kreuzbänder **410**, **425**, **548**, 562 ff., **571**
- Anlage **92**
- Hauptfunktion 565
- hintere **475**, **549**, 563, **563 f.**
- Röntgenanatomie 565
- Varianten 564
- Verankerung **553**
- Verlauf 565
- vordere **549**, **563 ff.**
- - Insertion **475**
Kreuzbein 196 ff., **196 ff.**, **209**, **518**
- Anlage **92**, **200**
- Bandapparat **216**
- Entwicklung 197
- Knochenbildung **201**
- Neugeborenes **200**
- Varianten 199, **202**
Kreuzbein-Darmbein-Gelenk s. Articulatio sacroiliaca
Kreuzbeinkyphose **181**
Kristallisationskeime 46
Kubitaltunnel 397
Kugelgelenk **108**, 110

L

Labium externum cristae iliacae **447 f.**
- internum cristae iliacae **447 f.**
- laterale lineae asperae **466**
- mediale lineae asperae **466**
Labrum acetabulare **455**, **495**, **499**, **502**
- articulare 102
- glenoidale, Articulatio humeri 343, **344 f.**
Lacertus fibrosus **394**
Lachmann-Test 565
Lacuna musculorum **299**
- vasorum **299**, 301
Lageveränderung, Bewegung, Meniskus **551**
Lagophthalmus 756
Lakune **66**
- Eröffnung 67
Lamellenknochen 40
- Wachstum 71
Lamellenknochenaufbau **39**
Lamina arcus vertebrae, Halswirbel **185**, 187
- cartilaginosa corporis vertebrae 183
- cribrosa 373, **714 f.**
- - Chondrocranium **677**
- - fasciae axillaris **358**, **370**
- - ossis ethmoidalis **691**, 710, **710**, **713**
- horizontalis ossis palatini **688**, 689, 712, 719
- lateralis processus pterygoidei **686**, **688**, **713 f.**
- - - - Os sphenoidale **703 f.**
- medialis processus pterygoidei **713 f.**
- - - - Os sphenoidale **703 f.**

Lamina orbitalis ossis ethmoidalis 684, **686**, 710, **711**
- papyracea s. Lamina orbitalis, Os ethmoidale
- perpendicularis **715**
- - ossis ethmoidalis **693**, 710, **710f.**, 712, **713**
- - - palatini **714**, 719
- praetrachealis fasciae cervicalis **655**, 656, **657**
- praevertebralis fasciae cervicalis **655**, **657**, 658
- superficialis fasciae cervicalis 655, **655**, **657**
Laminin 28
Längswölbung, Fuß 595
Larrey-Spalte 305
Lastarm 165
Lastmoment 165
Lathyrismus 24
Leibeswand s. Bauchwand
Leistenbruch s. Hernia inguinalis
Leistenhernie s. Hernia inguinalis
Leistenkanal s. Canalis inguinalis
Leistenregion **299**
Lenden-Kreuzbein-Region, MRT **229**
Lenden-Kreuzbein-Übergang 222
- Varianten 223
Lendenlordose **181**
Lendenwirbel **186**, 188
- Baumerkmale 188
- Epiphysen **195**
Lendenwirbelkörper, embryonaler **193**
Lendenwirbelsäule **222**
- Bandapparat **214**, 223
- Bewegungssegmente 221
- Röntgenbild **228**
Leptosomer Typus 11
Leptin 33
Levator-Trapezius-Schlinge 355
Lidspalte, Muskeln s. Musculus orbicularis oculi
Ligamentum(-a) accessorium **411**, **435**
- Finger **429**
- acromioclaviculare **340f.**
- alare **243**, 244
- anulare radii **378f.**, 380, **382f.**, **392**
- apicis dentis **243**, 244
- - - Ausbildung 237
- arcuatum laterale 304, **304**
- - mediale 304, **304**
- - medianum **304**, 305
- - pubis 452
- articulare **410**, **425**
- - distale **436**
- - proximale **436**
- atlantoaxiale accessorium **243**, 244
- auriculare anterius **764**
- bifurcatum **599f.**, **603**, **606**, 607, 612
- calcaneocuboideum **603**
- - dorsale **599**, 612
- - laterale **599**, **606**
- - plantare **602**, **611**, 612
- calcaneofibulare **582**, 600, **600f.**, **603**
- calcaneonaviculare 607, **608**
- - plantare 481, **602**, **606**, **609**, **611**, 612
- capitis costae intraarticulare **280**
- - - radiatum **274f.**, **280**
- - femoris **465**, **495**, 498, **498ff.**
- - - Anlage **92**
- - - Beckenquerschnitt **504**
- - fibulae anterius **554**, **558**, **563**
- - - posterius **560**, **564**, 575f.
- capsularia 103
- carpi arcuatum **417**, 419
- - palmare **358**, **396**, **412f.**
- - radiatum 419
- - transversum 411
- carpometacarpea dorsalia **417**, 420, **435**
- - interossea 420
- - palmaria **418**, 420
- carpometacarpeum interosseum **415**
- collaterale **411**
- - atlantoaxiale mediale 344
- - carpi radiale **417**, 419
- - - ulnare **417**, 419
- - fibulare **548**, **552**, **554**, 555, **556**, **558**, **560**, **563f.**
- - Finger **429**
- - radiale **378**, 381, **381**, **383**, 419
- - tibiale **548**, 550, **554**, 555, **557f.**, **560**, **563**, 564
- - - posterius 555, **558**
- - ulnare **378**, 380, **381f.**
- collateralia accessoria 429
- - Articulatio genus 555
- - - interphalangea **417**
- - - metacarpophalangea **417**
- conoideum **341**, **368**
- coracoacromiale 318, **340f.**, **344**, 349, **365ff.**
- coracoclaviculare **364**
- coracoglenoidale 345
- coracohumerale **340**, **343f.**, 345, **367**
- costoclaviculare **276**, 338, **338**
- costotransversarium 273, **274f.**
- costoxiphoidea **276**, **279**
- cruciata s. Kreuzbänder
- cruciforme **243**, 618
- - atlantis **243**, 244
- cuboideonaviculare 611
- - dorsale **600**, **603**
- - plantare 611
- cuneocuboideum dorsale **600**, **603**, **606**
- cuneonaviculare obliquum **611**
- cuneonavicularia dorsalia **600**, **602f.**, **606**, 607
- - plantaria 612
- cutanea **410**
- deltoideum 599, **600ff.**, 602, 607, **611**
- denticulatum **243**
- extracapsularia 104
- flava 213, **213f.**, **274**
- fundiforme 618
- - penis **286**
- glenohumerale 345
- - Articulatio humeri 344
- iliaca ventralia **453**
- iliofemorale **495**, 499, **499**, 501, **501f.**, **521**, **528**, **530**
- - Funktion 500
- iliolumbale 223, **454f.**, 455f., **530**
- inguinale 287, **299f.**, **526f.**
- intercarpea dorsalia **417**, 419, **435**
- - interossea **415**, 419
- - palmaria **418**, 419
- interclaviculare **338**, **663**
- intercuneiforme dorsale **600**, **606**
- interfoveolare **287**, 298f., **300**
- interspinale **214f.**, 215, **454**
- intertransversarium **214**, 215, **275**
- intracapsularia 102
- ischiofemorale **495**, 499, 501f., **501f.**
- laciniatum 588
- lacunare 287, **299f.**
- laterale, Articulatio temporomandibularis 734, **734**
- longitudinale anterius 208, **209f.**, **214f.**, **241**, **243**, **275**
- - posterius 208, **209f.**, **214**, **243**
- mediale, Articulatio temporomandibularis 734
- meniscofemorale anterius 550, 562
- - posterius **549**, 550, 563, **564**
- metacarpeum dorsale **417**, 420, **435**
- - interosseum 419f.
- - palmare **418**, 420
- - transversum profundum **411**, **425**, 429
- - - superficiale 413, **413**
- metatarseum dorsale **603**, 615
- - interossea 615
- - plantaria 615
- - transversum profundum 616
- - - superficiale **624**
- nuchae 215, **215**, **248**, **250**, **657**
- palmare **411**, 429
- - Finger **429**
- palpebrale mediale **739f.**
- patellae **529**, 541, **549**, **552**, **554**, **556ff.**, 563
- pectineale **299**
- pisohamatum **411**, **418**, 420
- pisometacarpeum **411**, **418**, 420
- plantare longum **601f.**, **611**, 615f., **631ff.**
- popliteum arcuatum **560**
- - obliquum **560**, **590**
- posterius **590**
- pubicum superius 452f.
- pubofemorale **455**, 499, 501f.
- radiocarpeum dorsale 416, **417**, 419
- - palmare **418**, 419
- radiotriquetrum dorsale 419
- - palmare 419
- reflexum **286**, 287, **299**, 300
- sacrococcygeum dorsale **454**
- - - profundum **216**, **502**
- - - superficiale **216**, **502**
- - laterale **216**, **502**
- - ventrale **455**
- sacroiliaca 456
- - brevia **454**
- - dorsalia 454, 456, **502**
- - interossea **453f.**, 454, 456
- - longa **454**
- - ventralia 454f., **455**
- sacrospinale **454f.**, 456, **495**, **502**, **514**, **516**, **519f.**
- sacrotuberale 454, **454f.**, 456, **495**, **514**, **516f.**, **519f.**
- scapholunatum 419
- sphenomandibulare 735
- spinoglenoidale 318, **340**
- sternoclaviculare **276**
- - anterius 338, **338**, **663**
- - posterius 338
- sternocostale intraarticulare **276**, 277, **280**, **338**
- - radiatum **338**
- stylohyoideum 727
- stylomandibulare **733f.**, 735
- supraspinale **214f.**, 215, **246**, **454**, **502**
- talocalcaneum anterius **600**, **603**, **606**
- - interosseum 482, **599ff.**, **603**, **606**, 607, **608**
- - laterale **600f.**, **603**
- - mediale **602**, 607, **611**
- - posterius **601**, 607
- talofibulare anterius **580**, 599, **600**, **602f.**
- - posterius 598, 600, **601**, 602, **608**
- talonaviculare **602**, 607, 612
- - dorsale **600**

- tarsi plantaria **611**
- tarsometatarsea **600**
- - dorsalia **602f.**
- - plantaria **611**
- thyreohyoideum medianum **660**
- tibiofibulare anterius 576, **576**, **599f.**, **603**, **628**
- - - Talus 482
- - posterius 576, 598, **601**, **603**
- - - Talus 482
- transversum acetabuli **495**, 496, **498**, **501**
- - atlantis 242, **243**
- - genus 548, **549**, 560, **563**
- - humeri 375
- - scapulae inferius 318, **340**
- - - superius 318, **340f.**, **343**, **345**, **365**, **368**
- trapezio-metacarpalia dorsale 439
- - palmare 439
- trapezoideum **340f.**, **368**
- ulnocarpeum palmare **418**, 419
- unulare radii **381**
- vaginale **410**
- - accessorium **436**
- - intermedium **436**
- - proprium **425**
- - - distale **436**
- - - proximale **436**
- ypsiloforme **410**, **425**

Limbus acetabuli 447
- - Articulatio coxae 495
- - Hüftgelenk 446

Linea(-ae) alba 284, **286**, **292f.**, 294ff., **297**
- - Oberflächenrelief **336**
- arcuata **287**, 289, **292**, 295, 299, **300**, 448, **449**
- - ossis ilii 450
- aspera **466**, 468
- - Querschnitt **525**
- cephalica 407, **408**
- condylopatellaris 468f.
- - lateralis **469**
- - medialis **469**
- glutaea anterior **447**, 448, **502**
- - inferior **447**, 448, **502**
- - posterior **447**, 448, **502**
- intercondylaris **466**
- intermedia cristae iliacae **447f.**
- intertrochanterica 465, **465**, 468
- mensalis 407, **408**
- musculares, Scapula **317**
- musculi solei **475**
- mylohyoidea, Mandibula 722, **723**
- nuchae inferior **688**
- - - Os occipitale 701, **702**
- - superior **255**, **688**
- - - Os occipitale 701, **702**
- - suprema **255**
- - - Os occipitale 701, **702**
- obliqua 686
- - Mandibula **721**, 722, **723**
- pectinea **466**
- semilunaris (Spigeli) 289
- stomachica 407
- temporalis inferior **683**
- - - Os parietale **700**
- - Os frontale **698**
- - - temporale **706**
- - superior **683**, **687**
- - - Os parietale **700**
- terminalis 448, 458, **463**, 468
- transversae ossis sacri **196**
- trapezoidea, Clavicula **316**
- vitalis 407, **408**

Lingula mandibulae **721**, **723f.**, 724f.
- sphenoidalis **703**

Lisfranc-Band 487, **608**
Lisfranc-Gelenk **608**
Lisfranc-Gelenklinie 486, 596, **614**
Loge de Guyon s. Guyonloge
- Musculi peronei **148**
- Musculus extensor digitorum longus **148**
- - flexor digitorum longus **148**
- - - hallucis longus **148**
- - tibialis anterior **148**
- - triceps surae **148**
- osteofibröse **148**

L-System, Skelettmuskelfasern 139
Lubrikation s. Gelenkflächenschmierung
Lumbalisation 179, 223
Lumbosakrale Übergangsregion 188
Lumbosakralgelenk, Variabilität 221
Lumbosakralwinkel 181, 222f.
Lunula obliqua, Radius 323
Lysin, Kollagen 21

M

Maissiat-Streifen 539
Makrosomie 8
Malleolengabel 474, **476**, 576f., 598
Malleolenkanal 622
Malleolus lateralis **473**, 474
- medialis **473**, 475
- - Tibia **476**

Mandibula **685**, 720ff., **721ff.**, 724ff., **732**
- Bewegung **736**, 737
- Corpus 686, **693**
- Entwicklung 724
- Foramen mentale 686
- Linea 686
- Muskelansätze **748**
- Muskelursprünge **748**
- Neugeborenes **724**
- Ontogenese 679
- Pars alveolaris 722, **723**
- Protuberantia mentalis 686
- Ramus 686, **693**
- Spongiosa **725**
- Trajektorienverlauf **725**
- Trigonum mentale 686
- zahnloser **724**

Mandibularbogen 677, **679**
Manubrium sterni **261**, 270, **270f.**, **314**, **338**
Manus 405ff.
- Aufbau 405
- Faszienräume 410
- Grifformen 423
- medianer Längsschnitt **429**
- Röntgenanatomie 422f.
- Sehnenscheiden, palmare **426**
- Umwendbewegungen 386

Marfan-Syndrom 112
Margo alveolaris, Mandibula **722**
- anterior, tibiae **473f.**
- falciformis **286**, **526**
- frontalis, Os parietale 699f.
- - - sphenoidale **703**, 704
- infra orbitalis, Maxilla 716, **717**
- interosseus **474**, 475
- - Tibia **473**
- lacrimalis, Maxilla 716, **717**
- lambdoideus, Os occipitale 699, **701**
- - - parietale 699
- lateralis, Scapula **317ff.**
- mastoideus, Os occipitale **701**
- medialis, Scapula **317f.**
- occipitalis, Os parietale 699f.
- - - temporale **706**
- orbitalis, Os zygomaticum **720**
- parietalis, Os frontale **698**
- - - sphenoidale **703f.**, 704
- - - temporale **706**, 710
- posterior, Os temporale 709
- - partis petrosae, Os temporale 705
- sagittalis, Os parietale 699f.
- sphenoidalis, Os temporale **706**
- squamosus, Os parietale 699f.
- - - sphenoidale **703**, 704
- superior partis petrosae, Os temporale 705, **706**
- - Scapula **317f.**
- supraorbitalis **685**
- - Os frontale **686**, 697, **698f.**
- zygomaticus, Os sphenoidale **703**, 704

Markhöhle s. Cavitas medullaris
Marschfraktur 86
Massa lateralis, Atlas 234, **234**
- - - Entwicklung **238**
- - - Röntgenbild **727f.**

Massenhemmung 112
Matrix, interterritoriale 36
- territoriale 36

Matrix-Metalloproteasen 24
Maxilla 686, **687**, 712, **715**, 716ff., **717**
- Foramen infraorbitale 686
- Ontogenese 679
- Processus alveolaris 686
- - frontalis 684, 686
- - orbitalis 684
- - zygomaticus 686

Maximum-Minimum-Gesetz 80
Mazeration 47
McBurney-Punkt **336**
Meatus acusticus externus **733f.**
- - - Os temporale **706**, 709
- - - Röntgenbild **735**
- - internus **693**, **709**
- - - Os temporale 705
- nasi communis 714
- - - Röntgenbild **727**
- - inferior **713f.**, 714
- - medius 714
- - - Os ethmoidale 710
- - superior 714
- - - Os ethmoidale 710
- nasopharyngeus 714

Mechanische Arbeit, Muskeln 164
Meckel-Knorpel 720
- Chondrocranium **677**

Medianebene 2
Medulla 53
- „primäres Knochenmark" 57
- „sekundäres Knochenmark" 57

Membrana atlantoaxialis anterior **241**
- - posterior **242**
- atlantooccipitalis anterior **241**, **243**, 244
- - posterior **242f.**, 244
- fibrosa 103
- - Funktion 104
- intercostalis externa **276**, 279, **279**
- - interna **275**, 279
- interossea **148**
- - antebrachii **381ff.**, **388**, 392f., **392**, **418**
- - cruris 472, **559**, 575f., **576**, **580**, **590**, **600**
- obturatoria 447, 451, **454**, **495**, **501**, **521**
- sterni 277

Membrana sterni interna **281**
- synovialis 103f., **103**, **105**, **552**
- - Blut- und Nervenversorgung 106
- - Erscheinungsformen 106
- - Funktionen 107
- - Gelenkkapsel 101
- - Regenerationsfähigkeit 106
- - Typ 105
- - - A-Zellen 105ff., **105**
- - - B-Zellen 105f., **105**
- - - F-Zellen 105, **105**
- - - M-Zellen 105, **105**
- tectoria **209**, **243**, 244
- vastoadductoria 533
Menard-Shenton-Linie 504
Meniscus 547f., **553**
- Anlage **92**
- Außenrotation 550, **551**
- Beugestellung **551**
- diskoider 94
- Innenrotation 550, **551**
- Kniegelenk 102
- Kollagenfaserverlauf **550**
- Lageveränderung **551**
- lateralis 547, **549**, 550, **552**, **556**, **559**, **561**, **563f.**
- - Insertion **475**
- medialis 548ff., **549**, **563f.**
- - Insertion **475**
- Recessusbildungen **553**
- Streckstellung **551**
- Varianten 553
- Verletzungen 553
Merkelscher Schenkelsporn 468
Mesenchym, axiales **190f.**
Mesenchymbildung, embryonale 191
Mesenchymzellen 28
Mesophragma 135
Mesotendineum **158**, 160
Metacarpalia 310
Metamerie 6
Metaphyse 53
Metapodium 310
Metatarsalia 310
- Anlage **313**
Michaelis-Raute 178, **178**, 460
Mikrofibrillen 22
- elastische 25f.
Mikrosomie 8
Mikulicz-Linie 535, **536**
Milchzähne s. Dentes decidui
Mittelfußgelenk s. Articulatio tarsometatarseae
Mittelfußknochen s. Os metatarsi
Mittelhandmuskeln 397ff.
Mittelhandknochen s. Ossa metacarpi
Mohrenheim-Grube s. Fossa infraclavicularis
Momentanachse 110
Monticulus **408**
Motorische Einheit 161
MRT 119
- Lenden-Kreuzbein-Region **229**
Mund, Muskeln 758, **759**
Mundbodenmuskeln 745ff.
Musculus(-i) abdominis 283ff., **285**, **288**, **290ff.**
- - Einteilung 283f.
- - Entwicklung 132f.
- - Funktion 295f.
- - Gliederung 132
- - Herkunft 132
- - Leistenregion **286**
- - Rumpfbewegungen 297
- - ventrolaterale 132f.
- abductor digiti minimi **413**, **425**, 437, **582**, **624**, **627**, **630ff.**, 636f.
- - - - Ansatz **437f.**, **629**, **634**
- - - - Funktion 437, 637
- - - - Gestalt 437, 636f.
- - - - Innervation 637
- - - - Lage 437, 636f.
- - - - Ursprung **438**, **634**
- - - - Varianten 437, 637
- - hallucis 629, **630ff.**
- - - Ansatz **629**, **634**
- - - Innervation 626
- - - Ursprung **634**
- - pollicis brevis **410**, **413**, **425**, **432**, **434**, 441
- - - - Ansatz **438**
- - - - Funktion 442
- - - - Gestalt 441
- - - - Innervation 442
- - - - Lage 441
- - - - Ursprung **438**
- - - longus **394**, **398**, **400**, 404
- - - - Ansatz **437f.**
- - - - Funktion 404
- - - - Gestalt 404
- - - - Innervation 404
- - - - Lage 404
- - - - Ursprung **403**
- adductor brevis **528f.**
- - - Ansatz **531**
- - - Gestalt 531
- - - Innervation 509
- - - Lage 531
- - - Ursprung **522**
- - hallucis **630**, **632f.**
- - - Ansatz **634**
- - - Funktion 635
- - - Gestalt 634f.
- - - Innervation 626, 635
- - - Lage 634f.
- - - Ursprung **634**
- - - Varianten 635
- - longus 525, **527f.**
- - - Funktion 525
- - - Gestalt 525
- - - Innervation 509, 525
- - - Lage 525
- - - Querschnitt **525**
- - - Ursprung **522**
- - - Varianten 525
- - magnus **513f.**, **516**, **527ff.**, **557**
- - - Ansatz **531**
- - - Funktion 532
- - - Innervation 509, 532
- - - Querschnitt **525**
- - - Ursprung **522**
- - - Varianten 532
- - minimus **516**, **530**
- - - Funktion 532
- - - Gestalt 532
- - - Innervation 509, 532
- - - Lage 532
- - pollicis **410**, **425**, 442
- - - Ansatz **437f.**
- - - Funktion 442
- - - Gestalt 442
- - - Innervation 442
- - - Lage 442
- - - Ursprung **438**
- anconaeus **360**, **363**, 390, **398**, **400**
- - Ansatz **403**
- - Funktion 390
- - Gestalt 390
- - Innervation 390
- - Lage 390
- - Ursprung **371**
- antitragicus **764**
- articularis genus, Ursprung 531
- auricularis anterior **752**, **764**
- - - Gestalt und Lage 763
- - - Varianten 763
- - posterior **739**, **752**, 764
- - - Funktion und Innervation 764
- - - Gestalt und Lage 764
- - - Varianten 764
- - superior **752**, **764**
- - - Gestalt und Lage 764
- - - Varianten 764
- biceps brachii **147**, **360f.**, **363ff.**, 375, **394**
- - - Ansatz **401**
- - - Funktion 376
- - - Gestalt 375
- - - Innervation 376
- - - Lage 375
- - - Oberflächenrelief **335ff.**
- - - Varianten 376
- - femoris **513f.**, **516f.**
- - - Ansatz **531**, **592**
- - - Gestalt 544
- - - Innervation 540
- - - Lage 544
- - - lange Sehne **344f.**
- - - Querschnitt **525**
- - - Ursprung **522**
- - - Varianten 544
- bipennatus 156, **157**
- brachialis **147**, 350, **360f.**, **363**, **365**, 375, **394**, **396**
- - Ansatz **401**
- - Funktion 375
- - Gestalt 375
- - Innervation 375
- - Lage 375
- - Ursprung **371**
- - Varianten 375
- brachioradialis **147**, **360f.**, **363**, **365**, 389, **394**, **398**
- - Ansatz **401**
- - Funktion 389
- - Gestalt 389
- - Innervation 389
- - Lage 389
- - Ursprung **371**
- - Varianten 389
- buccinator **739ff.**, **753**, 759, **759**, **763**
- - Funktion und Innervation 760
- - Gestalt und Lage 759
- - Ursprung **748**, **765f.**
- coccygeus **516**, **518ff.**
- - Beckenquerschnitt **504**
- - Ursprung **522**
- constrictor pharyngis **657**
- - - medius **667**
- - - - Pars ceratopharyngea **667**
- - - - - chondropharyngea **667**
- coracobrachialis **364ff.**, 372
- - Ansatz **371**
- - Funktion 372
- - Gestalt 372
- - Innervation 372
- - Lage 372
- - Ursprung **354**
- - Varianten 372
- corrugator supercilii **739ff.**, **753**
- - - Funktion und Innervation 756

- - - Gestalt und Lage 756
- - - Ursprung **765**
- - - Varianten 756
- craniales 350
- craniothoracales 350
- cremaster **288**
- cricothyreoideus **660**
- deltoideus **288, 346, 352**, 357, **360 f., 364 f., 368 f., 660, 663**
- - Ansatz **371**
- - Funktion 362
- - Gestalt 357
- - Innervation 362
- - Lage 357
- - Oberflächenrelief **335 ff.**
- - Ursprung **354, 356**
- - Varianten 357
- depressor anguli oris **739 f., 742, 752 f.**, 759, **763**
- - - - Funktion und Innervation 762
- - - - Gestalt und Lage 762
- - - - Ursprung 765
- - labii inferioris **739 f., 742, 752 f., 759, 763**
- - - - Funktion und Innervation 762
- - - - Gestalt und Lage 762
- - - - Ursprung **765**
- - septi, Gestalt und Lage 758
- - - Ursprung **765**
- digastricus **157, 660, 663, 666, 740 ff.**, 741, 747 f., **747**
- - Ansatz **748**
- - Gestalt und Lage 747
- - Ursprung 765, **766**
- - Varianten 747
- epicranius 751
- - auriculofrontalis **753**
- epitrochleoanconaeus 390
- erector spinae 132, 246 ff., **246, 248, 250 f., 253**
- - - Genese **130**
- - - Herkunft 132
- - - intertransversales System 252 ff.
- - - lateraler Trakt 246 f., 249 ff.
- - - medialer Trakt 246 f., 254 ff.
- - - Nackenmuskeln **255**
- - - sakrospinales System 249 ff.
- - - spinales System 254 ff.
- - - spinotransversales System 252
- - - transversospinales System 256 f.
- - - Ursprung **522**
- - - Zuggurtung **183**
- extensor carpi radialis brevis **395, 398, 400**
- - - - - Ansatz **437**
- - - - - Funktion 399
- - - - - Gestalt 399
- - - - - Innervation 399
- - - - - Lage 399
- - - - - Ursprung **371**
- - - - - Varianten 399
- - - - longus **360 f., 363, 394 f., 398**, 399, **400**
- - - - - Ansatz **437**
- - - - - Funktion 399
- - - - - Gestalt 399
- - - - - Innervation 399
- - - - - Lage 399
- - - - - Ursprung **371**
- - - - - Varianten 399
- - - ulnaris 397, **398, 400**
- - - - Ansatz **437**
- - - - Funktion 399
- - - - Gestalt 397
- - - - Innervation 399
- - - - Lage 397
- - - - Ursprung **403**
- - digiti minimi 398, **400**, 403
- - - - Funktion 403
- - - - Gestalt 403
- - - - Innervation 403
- - - - Lage 403
- - - - Varianten 403
- - digitorum **360 f., 363, 398**, 402, 439
- - - Ansatz **437**
- - - brevis **580, 582, 627 f.**
- - - - Funktion 629
- - - - Gestalt 626 f.
- - - - Innervation 626, 629
- - - - Lage 626 f.
- - - - Ursprung **629**
- - - - Varianten 629
- - - Funktion 403
- - - Gestalt 402
- - - Innervation 403
- - - Lage 402
- - - longus **579 f.**, 581, **582**
- - - - Ansatz **629**
- - - - Funktion 581
- - - - Gestalt 578
- - - - Innervation 577
- - - - Lage 578
- - - - Varianten 578
- - - Ursprung **371**
- - - Varianten 403
- - hallucis brevis **579 f., 627 f.**, 629
- - - - Funktion 629
- - - - Gestalt 629
- - - - Innervation 626, 629
- - - - Lage 629
- - - - Varianten 629
- - - longus **579 f., 582, 627**
- - - - Ansatz **629**
- - - - Funktion 581
- - - - Gestalt 581
- - - - Innervation 577
- - - - Lage 581
- - - - Varianten 581
- - indicis 403
- - - Funktion 404
- - - Gestalt 403
- - - Innervation 404
- - - Lage 403
- - - Ursprung **403**
- - - Varianten 404
- - pollicis brevis **394, 398, 400**, 404
- - - - Ansatz **437**
- - - - Funktion 405
- - - - Gestalt 404
- - - - Innervation 405
- - - - Lage 404
- - - - Ursprung **403**
- - - - Varianten 405
- - - longus **398, 400**, 405
- - - - Ansatz **437**
- - - - Funktion 405
- - - - Gestalt 405
- - - - Innervation 405
- - - - Lage 405
- - - - Ursprung **403**
- flexor carpi radialis **394**, 397, **410**
- - - - Ansatz **438**
- - - - Gestalt 397
- - - - Innervation 397
- - - - Lage 397
- - - - Oberflächenrelief **336**
- - - - Ursprung **371**
- - - - Varianten 397
- - - ulnaris **394 f., 398, 410**
- - - - Ansatz **438**
- - - - Gestalt 397
- - - - Innervation 397
- - - - Lage 397
- - - - Ursprung **371, 403**
- - - - Varianten 397
- - digiti minimi **413**
- - - - brevis **425**, 438, **630 ff.**
- - - - - Ansatz **438, 634**
- - - - - Funktion 438, 637
- - - - - Gestalt 438, 637
- - - - - Innervation 637
- - - - - Lage 438
- - - - - Ursprung **438, 634**
- - digitorum brevis **591, 630, 632**
- - - - Ansatz **634**
- - - - Funktion 636
- - - - Gestalt 636
- - - - Innervation 626, 636
- - - - Lage 636
- - - - Ursprung **634**
- - - - Varianten 636
- - - longus **585 f., 631 ff.**
- - - - Ansatz **634**
- - - - Gestalt 592 f.
- - - - Innervation 577
- - - - Lage 592 f.
- - - - Ursprung **592**
- - - - Varianten 593
- - - profundus **395 f.**, 402, 439
- - - - Ansatz **438**
- - - - Funktion 402
- - - - Gestalt 402
- - - - Innervation 402
- - - - Lage 402
- - - - Ursprung **401, 403**
- - - - Varianten 402
- - - superficialis **394 f., 401, 413**, 439
- - - - Ansatz **438**
- - - - Funktion 402
- - - - Gestalt 401
- - - - Innervation 402
- - - - Lage 401
- - - - Ursprung **371, 401**
- - - - Varianten 402
- - hallucis brevis **630, 632 f.**, 634
- - - - Ansatz **634**
- - - - Funktion 634
- - - - Gestalt 634
- - - - Innervation 626, 634
- - - - Lage 634
- - - - Varianten 634
- - - longus **585 f., 589, 591, 630 f.**
- - - - Ansatz **634**
- - - - Funktion 593
- - - - Gestalt 593
- - - - Innervation 577
- - - - Lage 593
- - - - Ursprung **592**
- - - - Varianten 593
- - pollicis brevis **410, 413, 425, 432**, 442
- - - - Ansatz **438**
- - - - Funktion 442
- - - - Gestalt 442
- - - - Innervation 442
- - - - Lage 442
- - - - Ursprung **438**
- - - longus **395 f.**, 404
- - - - Ansatz **438**
- - - - Funktion 404

Musculus(-i) flexor pollicis longus Gestalt 404
- - - - Innervation 404
- - - - Lage 404
- - - - Ursprung **401**
- - - - Varianten 404
- frontalis s. Venter frontalis
- fusiformis 156, **157**
- gastrocnemius **513f.**, **516**, **579**, **582**, 584f., **585**, **591**
- - Gestalt 584f.
- - Innervation 577
- - Lage 584f.
- - Ursprung **531f.**, **560**
- gemelli, Ansatz **523**
- - Funktion 523
- - Gestalt 521
- - Innervation 509, 523
- - Lage 521
- - Varianten 523
- gemellus inferior **514**, **516f.**, **520**
- - - Ursprung **522**
- - superior **514**, 516, **517**, **520**
- - - Ursprung **522**
- genioglossus **747**
- - Ursprung **748**
- geniohyoideus **657**, **666**, **747**
- - Ansatz **667**
- - Funktion und Innervation 745
- - Gestalt und Lage 745
- - Ursprung **748**
- - Varianten 745
- glutaeus maximus **248**, **513f.**, **516f.**, **520**
- - - Beckenquerschnitt **504**
- - - Funktion 511
- - - Gestalt 511
- - - Innervation 509, 511
- - - Lage 511
- - - Ursprung **522**
- - - Varianten 511
- - medius **494**, **513f.**, **516f.**, 518, **520f.**
- - - Ansatz **523**, **531**
- - - Beckenquerschnitt **504**
- - - Gestalt 515
- - - Innervation 509
- - - Lage 515
- - - Ursprung **522**
- - - Varianten 515
- - minimus **516**, 518, **520f.**
- - - Ansatz **531**
- - - Gestalt 515
- - - Innervation 509
- - - Lage 515
- - - Ursprung **522**
- - - Varianten 515
- - quartus 515
- gracilis **513**, **526ff.**, **591**
- - Funktion 525
- - Gestalt 524f.
- - Innervation 509, 525
- - Lage 524f.
- - Querschnitt **525**
- helicis major **764**
- - minor **764**
- hyoglossus **666**
- iliacus **304**, 509, **518**, **527f.**
- - Innervation 509
- - minor 510
- - Ursprung **522**
- iliocostalis 249, **250**, **255**
- - cervicis **251**
- - Funktion 249
- - Gestalt 249
- - Innervation 249
- - Lage 249
- - lumborum **250f.**
- - thoracis **250f.**
- iliopsoas 509, **518**
- - Ansatz **523**, **531**
- - Beckenquerschnitt **504**
- - Faszien 510
- - Funktion 510f.
- - Innervation 510f.
- - Varianten 510
- indicis **400**
- infrahyoidei, Herkunft 132
- infraspinatus **343**, **360f.**, **363**, **366f.**, 369
- - Ansatz **371**
- - Funktion 369
- - Gestalt 369
- - Innervation 369
- - Lage 369
- - Oberflächenrelief **337**
- - Ursprung **356**
- intercartilagineus 279, **280f.**
- intercostalis 278f.
- - externus **248**, **250**, **255**, **279ff.**, **290ff.**
- - Gestalt 278f.
- - Herkunft 132
- - Innervation 279
- - Lage 278f.
- - internus **279ff.**, **291**
- - intimus **280**
- interosseus **416**, **630**, **633**
- - dorsalis **432**, 434, **434**, **580**, **627f.**
- - - Ansatz **437**
- - - Funktion 434
- - - Gestalt 433
- - - Innervation 434
- - - Lage 433
- - - Ursprung **437**, **629**
- - dorsalis I: **409f.**, **413**, **425**, **428**
- - dorsalis II: **413**
- - dorsalis III: **413**
- - dorsalis IV: **413**
- - palmaris **432**, 433, **434**
- - - Ansatz **438**
- - - Funktion 434
- - - Gestalt 433
- - - Innervation 434
- - - Lage 433
- - - Ursprung **438**
- - pedis **631f.**
- - - Funktion 637f.
- - - Gestalt 637
- - - Innervation 637f.
- - - Lage 637
- - - Varianten 637
- - plantaris, Ursprung **634**
- interspinalis cervicis **253**, 254, **255**
- - - Funktion 254
- - - Gestalt 254
- - - Innervation 254
- - - Lage 254
- - - lumborum **253**
- intertransversarii 252f., **253**
- - Funktion 252
- - Gestalt 252
- - Innervation 252
- - Lage 252
- intertransversarius cervicis anterior **669**
- ischiocavernosus **522**
- latissimus dorsi **246**, **248**, **285**, **290**, **352**, **360**, **364f.**, **368f.**, 371
- - - Ansatz **371**
- - - Funktion 372
- - - Gestalt 371
- - - Innervation 372
- - - Lage 371
- - - Oberflächenrelief **336f.**
- - - Ursprung **522**
- - - Varianten 372
- levator anguli oris **739ff.**, **753**, **759**
- - - - Funktion 761
- - - - Gestalt 761
- - - - Innervation 761
- - - - Lage 761
- - - - Ursprung **765f.**
- - ani, Beckenquerschnitt **504**
- - - Ursprung **522**
- - labii superioris **739ff.**, **752f.**, **759**, **763**
- - - - alaeque nasi **739ff.**, **752f.**
- - - - - - Funktion 758
- - - - - - Gestalt 758
- - - - - - Innervation 758
- - - - - - Lage 758
- - - - - - Ursprung **765**
- - - - Caput infraorbitale, Ursprung **765**
- - - - - zygomaticum, Ursprung **765**
- - - - Funktion 761
- - - - Gestalt 761
- - - - Innervation 761
- - - - Lage 761
- - - - Ursprung **766**
- - - - Varianten 761
- - scapulae **248**, **250**, 353, **364f.**, **657**, **663**
- - - Ansatz **356**
- - - Funktion 353
- - - Gestalt 353
- - - Innervation 353
- - - Lage 353
- - - Varianten 353
- - veli palatini, Ursprung **766**
- levatores costarum **253**, 254
- - - Funktion 254
- - - Gestalt 254
- - - Herkunft 132
- - - Innervation 254
- - - Lage 254
- longissimus capitis **250f.**, **255**
- - - Ansatz 765, **766**
- - cervicis **250f.**, **255**
- - Funktion 249
- - Gestalt 249
- - Innervation 249
- - Lage 249
- - thoracis **250f.**
- - Varianten 249
- longus capitis **657**, **663**, **666**, **669**
- - - Ansatz **766**
- - - Innervation 659
- - - Varianten 670
- - colli 132, **657**, **669**
- - - Innervation 659
- - - Varianten 670
- lumbricalis **410**, **413**, **425**, 431, **432**, **630f.**
- lumbricalis I: **425**
- - Funktion 433, 636
- - Gestalt 431, 636
- - Innervation 433, 636
- - Lage 431, 636
- - Varianten 433, 636
- masseter **739ff.**, **753**
- - Ansatz **765**
- - Funktion und Innervation 740
- - Gestalt und Lage 738f.
- - Ursprung **765f.**
- - Varianten 739

- mentalis **740ff.**, **753**, **759**, **763**
- - Funktion und Innervation 762
- - Gestalt und Lage 762
- - Ursprung **765**
- - Varianten 762
- multifidus **246**, **251**, **253**, **255**, 256
- - Funktion 256
- - Gestalt 256
- - Innervation 256
- - Lage 256
- mylohyoideus **657**, **660**, **666**, 745ff., **747**
- - Ansatz **667**
- - Funktion und Innervation 747
- - Gestalt und Lage 745
- - Ursprung **748**
- - Varianten 746
- nasalis **740ff.**, **752f.**
- - Funktion und Innervation 757
- - Gestalt und Lage 757
- - Pars alaris, Ursprung **765**
- - - transversa, Ursprung **765**
- obliquus capitis inferior **251**, **253**, **255**, 257, **669**
- - - superior **251**, **253**, **255**, 257
- - - - Ansatz **765f.**
- - externus abdominis **246**, **248**, **250**, **285f.**, 286ff., **288**, **293**, **295**, **299**
- - - - Gestalt 286
- - - - Herkunft 132
- - - - Innervation 289
- - - - Lage 286
- - - - Oberflächenrelief **336**
- - - - Ursprung **522**
- - - - Varianten 289
- - internus abdominis **246**, **248**, **250**, **288**, 289, **290**, **293**, **295**, **352**
- - - - Gestalt 289
- - - - Herkunft 132
- - - - Innervation 289
- - - - Lage 289
- - - - Ursprung **522**
- - - - Varianten 289
- - superior, Ursprung **765**
- obturatorius externus **520**, **530**
- - - Ansatz **523**, 531
- - - Funktion 524
- - - Gestalt 523
- - - Innervation 509, 524
- - - Lage 523
- - - Ursprung **522**
- - internus **514**, **516ff.**
- - - Ansatz **523**
- - - Beckenquerschnitt **504**
- - - Funktion 523
- - - Gestalt 521
- - - Innervation 509, 523
- - - Lage 521
- - - Ursprung **522**
- - - Varianten 523
- occipitalis **352**
- - Ursprung **765**
- occipitofrontalis **739ff.**, 751ff., **752**
- - Funktion und Innervation 753f.
- - Gestalt und Lage 752
- - Varianten 753
- - Venter occipitalis 753
- omohyoideus **364f.**, **657**, **660**, **663**, **666**
- - Ansatz 667, **667**
- - Funktion und Innervation 664
- - Gestalt und Lage 662
- - Innervation 659
- - Ursprung **354**, **356**
- - Varianten 663
- opponens digiti minimi **413**, **425**, **432**, 438, **582**, **627f.**, **632f.**, 637
- - - - Ansatz **438**
- - - - Funktion 438, 637
- - - - Gestalt 438, 637
- - - - Innervation 637
- - - - Lage 438, 637
- - - - Ursprung **438**
- - pollicis **432**, **434**, 442
- - - Ansatz **438**
- - - Funktion 442
- - - Gestalt 442
- - - Innervation 442
- - - Lage 442
- - - Ursprung **438**
- orbicularis oculi **739ff.**, **752f.**, 754
- - - Funktion 755ff.
- - - Gestalt und Lage 754
- - - Innervation 755
- - - Pars lacrimalis, Ursprung **765**
- - - - orbitalis **765**
- - - - - Ursprung **765**
- - - Varianten 754
- - oris **740ff.**, **753**, 758, **759**, **763**
- - - Funktion und Innervation 759
- - - Gestalt und Lage 758
- - - Musculus incisivus labii inferioris, Ursprung **765**
- - - - - - superioris, Ursprung **765**
- - - Origo nasalis, Ursprung **765**
- palmaris brevis **394**, **413**
- - - Gestalt 439
- - - Lage 439
- - longus **394f.**, 399, **410**
- - - Gestalt 399
- - - Innervation 399
- - - Lage 399
- - - Oberflächenrelief **336**
- - - Varianten 399
- pectineus **527f.**
- - Ansatz **531**
- - Beckenquerschnitt **504**
- - Funktion 524
- - Gestalt 524
- - Innervation 509, 524
- - Lage 524
- - Ursprung **522**
- - Varianten 524
- pectoralis major **288**, **290**, **364f.**, **369**, 372, **660**, **663**, **666**
- - - Ansatz **371**
- - - Funktion 373
- - - Gestalt 372
- - - Innervation 373
- - - Lage 372
- - - Oberflächenrelief **335f.**
- - - Pars sternocostalis **285**
- - - Ursprung **354**
- - - Varianten 373
- - minor **288**, **290**, 354, **364**, **660**, **666**
- - - Ansatz **354**
- - - Funktion 354
- - - Gestalt 354
- - - Innervation 354
- - - Lage 354
- - - Varianten 354
- peronaei 584
- - Innervation 584
- peronaeus brevis **579f.**, **582**, 584, **585f.**, **589**, **627f.**
- - - Ansatz **629**
- - - Funktion 584
- - - Gestalt 584
- - - Innervation 577
- - - Lage 584
- - - Ursprung **592**
- - - Varianten 584
- - longus **579**, **582**, 583, **585f.**, **627**
- - - Ansatz **634**
- - - Funktion 584
- - - Gestalt 581f.
- - - Innervation 577
- - - Lage 581f.
- - - Varianten 583
- - - wirksame Endstrecke **645**
- - tertius 578, **582**, **627**
- - - Ansatz **629**
- piriformis **514**, **516ff.**, 519, **527**, **529**
- - Ansatz **531**
- - Funktion 520
- - Gestalt 518f.
- - Innervation 509, 520
- - Lage 518f.
- - Varianten 520
- plantaris **513f.**, **516**, **585f.**, **589**
- - Ansatz **531**
- - Funktion 588
- - Gestalt 588
- - Innervation 577, 588
- - Lage 588
- - Ursprung **532**
- - Varianten 588
- planus **157**
- popliteus 545, **558**, **586**, **589f.**
- - Ansatz **531**, **560**, **592**
- - Funktion 545
- - Gestalt 545
- - Innervation 540, 545
- - Lage 545
- - Ursprung **532**, **560**
- - Varianten 545
- procerus **740ff.**, **752f.**
- - Funktion und Innervation 756
- - Gestalt und Lage 756
- - Ursprung **765**
- - Varianten 756
- pronator quadratus **388**, 393, **395f.**, **413**, **432**
- - - Ansatz **401**
- - - Funktion 393
- - - Gestalt 393
- - - Innervation 393
- - - Lage 393
- - - Ursprung **401**, **403**
- - - Varianten 393
- - teres **388**, **394f.**
- - - Ansatz **401**, **403**
- - - Funktion 389
- - - Gestalt 389
- - - Innervation 389
- - - Lage 389
- - - Ursprung **371**
- - - Varianten 389
- psoas **246**
- - accessorius 510
- - major **304**, 510, **518**, **527f.**
- - - Faszien 510
- - - Gestalt 510
- - - Innervation 509
- - - Lage 510
- - - Varianten 510
- - minor, Gestalt 510
- - - Innervation 509
- - - Lage 510
- - - Varianten 510

Musculus(-i) pterygoideus lateralis 734, **742**
- - - Ansatz **748**
- - - Funktion und Innervation 743f.
- - - Gestalt und Lage 743
- - - Ursprung **766**
- - - Varianten 743
- - medialis **663**, **742**
- - - Ansatz **748**
- - - Funktion und Innervation 743
- - - Gestalt und Lage 742f.
- - - Ursprung **766**
- - - Varianten 743
- pyramidalis **292**, 294
- - Gestalt 294
- - Herkunft 132
- - Innervation 294
- - Lage 294
- - Ursprung **522**
- - Varianten 294
- quadratus femoris **514**, **516f.**
- - - Ansatz **523**, **531**
- - - Funktion 523
- - - Gestalt 523
- - - Innervation 509, 523
- - - Lage 523
- - - Ursprung **522**
- - lumborum **246**, 303, **304**
- - - Funktion 303
- - - Gestalt 303
- - - Herkunft 132
- - - Innervation 303
- - - Lage 303
- - - Ursprung **522**
- - - Varianten 303
- - plantae **631f.**
- - - Funktion 636
- - - Gestalt 636
- - - Innervation 626, 636
- - - Lage 636
- - - Ursprung **634**
- - - Varianten 636
- quadriceps femoris **526**
- - - Funktion 542
- - - Gestalt 541
- - - Innervation 540, 542
- - - Lage 541
- - - Lähmung 542
- - - Schleimbeutel 543
- - - Varianten 542
- rectus abdominis **292f.**, 294
- - - Ansatz **522**
- - - Beckenquerschnitt **504**
- - - Gestalt 294
- - - Herkunft 132
- - - Innervation 294
- - - Intersectiones tendineae 294f.
- - - Lage 294
- - - Oberflächenrelief **336**
- - - Varianten 294
- - capitis anterior **669**
- - - - Ansatz **766**
- - - - Funktion und Innervation 670
- - - - Innervation 659
- - - lateralis 258, **669**
- - - - Ansatz **766**
- - - posterior major **251**, **253**, **255**, 257
- - - - - Ansatz **765f.**
- - - - minor **251**, **253**, **255**, 257
- - - - - Ansatz **765f.**
- - femoris **517**, **527ff.**, **555f.**
- - - Beckenquerschnitt **504**
- - - Gestalt 541
- - - Lage 541
- - - Querschnitt **525**
- - - Ursprung **522**
- rhomboideus 351, **352**, **364f.**
- - Funktion 351
- - Gestalt 351
- - Innervation 351
- - Lage 351
- - major **248**, 351
- - - Ansatz **356**
- - minor **248**, 351
- - - Ansatz **356**
- - Oberflächenrelief **337**
- risorius 752, **753**, **763**
- - Funktion und Innervation 761
- - Gestalt und Lage 761
- - Varianten 761
- rotatores **253**, 256
- - Funktion 256
- - Gestalt 256
- - Innervation 256
- - Lage 256
- sacrococcygeus ventralis **518**
- sacrospinalis **246**, 249, **250**
- sartorius **513**, **526**, 540, **591**
- - Beckenquerschnitt **504**
- - Funktion 541
- - Gestalt 540
- - Innervation 540f.
- - Lage 540
- - Querschnitt **525**
- - Ursprung **522**
- - Varianten 540
- scaleni 665ff.
- - Funktion 668
- - Herkunft 132
- scalenus **669**
- - anterior **279**, **657**, **663**, **666**, **669**
- - - Gestalt und Lage 667
- - - Innervation 659, 667
- - - Varianten 667
- - medius **279**, **291**, **657**, **663**, **666**, **669**
- - - Gestalt und Lage 667
- - - Innervation 659, 667
- - - Varianten 667
- - minimus 668, **668**
- - posterior **279**, **291**, **666**, **669**
- - - Gestalt und Lage 668
- - - Innervation 659, 668
- - - Varianten 668
- semimembranosus **513f.**, **516f.**, **529**, 543, **591**
- - Ansatz **560**, **592**
- - Gestalt 543
- - Innervation 540
- - Lage 543
- - Querschnitt **525**
- - Ursprung **522**
- semispinalis 256
- - capitis **248**, **250f.**, **352**
- - - Ansatz **765f.**
- - cervicis **251**, **255**, **657**
- - Funktion 256
- - Gestalt 256
- - Innervation 256
- - Lage 256
- - thoracis **250f.**
- semitendinosus **513f.**, **516**, **591**
- - Gestalt 544
- - Innervation 540
- - Lage 544
- - Querschnitt **525**
- - Ursprung **522**
- - Varianten 544
- serratus anterior **250**, **285**, **288**, **290f.**, 353, **364f.**, **369**
- - - Ansatz **354**, **356**
- - - Funktion 353
- - - Gestalt 353
- - - Innervation 353
- - - Lage 353
- - - Oberflächenrelief **336**
- - - Varianten 353
- - posterior inferior **248**, 282
- - - - Funktion 282
- - - - Gestalt 282
- - - - Innervation 282
- - - - Lage 282
- - - - Varianten 282
- - - superior **248**, 282, **291**
- - - - Funktion 282
- - - - Gestalt 282
- - - - Innervation 282
- - - - Lage 282
- - - - Varianten 282
- soleus **579**, **582**, **586**, **591f.**
- - Arcus tendineus 587
- - Gestalt 587
- - Innervation 577
- - Lage 587
- - Ursprung **592**
- - Varianten 587
- spinalis **250f.**, 254f., **255**
- - cervicis **657**
- - Funktion 256
- - Gestalt 254
- - Innervation 256
- - Lage 254
- splenius 252
- - capitis **248**, **250**, **352**, **657**, **739ff.**, **752**
- - - Ansatz **765f.**
- - cervicis **248**, **250**, **657**
- - Funktion 252
- - Gestalt 252
- - Innervation 252
- - Lage 252
- - Varianten 252
- sternalis **369**, 373
- sternocleidomastoideus **288**, **352**, **369**, **657**, **660**, **663**, **739ff.**, **752**
- - Ansatz **765f.**
- - Funktion 661, **661**
- - Gestalt und Lage 660f.
- - Innervation 662
- - Oberflächenrelief **335**
- - Ursprung **354**
- - Varianten 661
- sternohyoideus **657**, **660**, **663**, **666**
- - Ansatz **667**
- - Funktion und Innervation 662
- - Gestalt und Lage 662
- - Innervation 659
- - Varianten 662
- sternothyreoideus **657**, **663**, **666**
- - Funktion und Innervation 664
- - Gestalt und Lage 664
- - Innervation 659
- - Varianten 664
- styloglossus, Ursprung **765f.**
- stylohyoideus **660**, **663**, **666**, **740ff.**, 748f.
- - Ansatz 667
- - Funktion und Innervation 749
- - Gestalt und Lage 748
- - Ursprung **766**
- - Varianten 748
- stylopharyngeus, Ursprung **765f.**

- subclavius **288**, 354, **364f.**, **368**, **660**, **663**, **666**
- - Ansatz **354**
- - Funktion 354
- - Gestalt 354
- - Innervation 354
- - Lage 354
- - Varianten 354
- subcostalis 280, **281**
- - Herkunft 132
- suboccipitales s. Kopfgelenkmuskeln
- subpopliteus **552**
- subscapularis **360**, **364ff.**, 370
- - Ansatz **371**
- - Funktion **370**
- - Gestalt **370**
- - Innervation **370**
- - Lage **370**
- - Ursprung **354**
- supinator **388**, 389, **395f.**, **400**
- - Ansatz **401**, **403**
- - Funktion 390
- - Gestalt 389
- - Innervation 390
- - Lage 389
- - Ursprung **371**
- - Varianten 390
- suprahyoidei 745ff.
- supraspinatus **343**, **360f.**, 362, **363f.**, **366ff.**
- - Ansatz **371**
- - Funktion 362
- - Gestalt 362
- - Innervation 362
- - Lage 362
- - Sehne **346**
- - Ursprung **356**
- temporalis **739ff.**, 740f.
- - Ansatz **748**
- - Funktion und Innervation 741f.
- - Gestalt und Lage 740
- - Ursprung **765f.**
- - Varianten 741
- temporoparietalis 751, **752**, 754ff.
- - Gestalt und Lage 754
- - Innervation 754
- tensor fasciae latae **494**, 515, **517**, **526f.**
- - - - Beckenquerschnitt **504**
- - - - Funktion 515
- - - - Gestalt 515
- - - - Innervation 509, 515
- - - - Lage 515
- - - - Ursprung **522**
- - - - Varianten 515
- - veli palatini, Ursprung **766**
- teres major **352**, **360f.**, **363ff.**, **368**, 370
- - - Ansatz **371**
- - - Funktion 371
- - - Gestalt 370
- - - Innervation 371
- - - Lage 370
- - - Oberflächenrelief **337**
- - - Ursprung **354**, **356**
- - minor **360f.**, **363**, **365ff.**, 369
- - - Ansatz **371**
- - - Gestalt 369
- - - Innervation 369
- - - Lage 369
- - - Ursprung **356**
- thoracales 278ff., 350
- - Funktion 282
- thyreohyoideus **657**, **663**
- - Ansatz **667**
- - Funktion und Innervation 665
- - Gestalt und Lage 664
- - Innervation 659
- - Varianten 665
- thyreoideus **660**
- tibialis anterior **579**, **582**, **627**, **633**
- - - Ansatz **634**
- - - Funktion 578
- - - Gestalt 578
- - - Innervation 577
- - - Lage 578
- - - Varianten 578
- - posterior **589ff.**
- - - Ansatz **634**
- - - Gestalt 588f.
- - - Innervation 577, 593f.
- - - Lage 588f.
- - - Varianten 592
- - - wirksame Endstrecke **645**
- tragicus **764**
- transversus abdominis **246**, **287**, 289ff., **291ff.**, **295**, **300**, **304**
- - - Gestalt 289
- - - Herkunft 132
- - - Innervation 293
- - - Lage 289
- - - Ursprung **522**
- - - Varianten 293
- - menti **752**
- - perinei profundus **522**
- - - superficialis, Ursprung **522**
- - thoracis 281, **281**
- - - Herkunft 132
- trapezius 351, **352**, **368f.**, **657**, **660**, **663**, **666**
- - Ansatz **354**, **356**
- - Funktion 351
- - Gestalt 351
- - Innervation 351
- - Lage 351
- - Oberflächenrelief **335ff.**
- - Pars ascendens 351
- - - descendens 351
- - - transversa 351
- - Sehnenspiegel **352**
- - - Oberflächenrelief **337**
- - Ursprung **765f.**
- - Varianten 351
- triceps brachii **147**, **360f.**, **363ff.**, **368**, 376, **398**
- - - Ansatz **403**
- - - Funktion 376
- - - Gestalt 376
- - - Innervation 376
- - - Lage 376
- - - Oberflächenrelief **335f.**
- - - Ursprung **371**
- - - Varianten 376
- - surae 584ff.
- - - Ansatz **629**
- - - Funktion 587f.
- - - Innervation 587f.
- - - Zuggurtung **183**
- unipennatus 156, **157**
- vastus intermedius **529f.**
- - - Funktion 542
- - - Gestalt 542
- - - Innervation 542
- - - Lage 542
- - - Querschnitt **525**
- - - Ursprung **531**
- - - Varianten 542
- - lateralis **516f.**, **527ff.**, **556f.**
- - - Gestalt 541f.
- - - Lage 541f.
- - - Querschnitt **525**
- - - Ursprung **531**
- - medialis **516**, **527ff.**, **556f.**
- - - Gestalt 541
- - - Lage 541
- - - Querschnitt **525**
- - - Ursprung **531**
- zygomaticomandibularis 739
- zygomaticus **763**
- - major **739f.**, 752, **753**
- - - Funktion und Innervation 760
- - - Gestalt und Lage 760
- - - Ursprung **766**
- - - Varianten 760
- - minor **739**, **752f.**
- - - Funktion und Innervation 760
- - - Gestalt und Lage 760
- - - Ursprung **766**
- - - Varianten 760
- - Ursprung **765**

Muskelansatz 156
Muskelbindegewebe 144ff.
Muskelfaserende **154**
Muskelfasern 142ff., **142**
- Aufbau 135ff.
- Bildung 134
- intrafusale 161
- langsame 142f.
- phasische 142
- rote **143**, 143f.
- schnelle 142f.
- tonische 142
- Typ-I-Fasern 143, 162
- Typ-II-Fasern 143, 162
- weiße 143f.

Muskelfunktionsprüfung 167f.
Muskelgewebe, Differenzierung, Einfluß der Innervation 134
- Genese 130ff.
- quergestreiftes, Genese 131

Muskelhemmung 112
Muskelindividuen, Entstehung 133
- polymere 133

Muskelketten 167
Muskelkontraktion, Energiequelle 138
- Gleitmechanismus 137, **140**
- Kraftmoment 165

Muskelkraft, absolute **164**
- virtueller Hebelarm **165**

Muskellogen 573ff.
Muskelmechanik 163ff.
Muskeln, aktive Insuffizienz 166
- branchiogene 132
- doppelt gefiederte 156
- dorsale 132
- einfach gefiederte 156
- epaxonische 133
- Extremitäten, obere 132
- - untere 132
- Funktionsgemeinschaft 167
- Hauptbewegungsmuskeln 166
- Hauptfunktionen 577
- Hubhöhe 163, **164**
- hypaxonische 133
- ichiokrurale 543
- Inaktivitätsatrophie 162
- infrahyale 662ff.
- ischiokrurale 543
- - Zuggurtung **183**
- komplex gefiederte 156
- Kraftübertragung 152

Muskeln, mechanische Arbeit 164
- mehrgelenkige 166
- mehrköpfige 156
- mimische 750ff., **753**
- - Entwicklung 751
- - Mundbereich, Wirkung **763**
- - Wirkung **757**
- parallelfaserige 156, **157**
- passive Insuffizienz 166
- physiologischer Querschnitt 163
- prävertebrale 670
- - Funktion und Innervation 670
- spinohumerale, Herkunft 132
- spinokostale, Herkunft 132
- thorakohumerale, Herkunft 132
- Unterstützungsmuskeln 166
- Ursprung 156
- ventrale 132
- Verkürzungsstrecke, absolute **164**
Muskelschlinge 167
Muskel-Sehnen-Übergang 152ff., **154**
Muskelspindeln 161
Muskeltypen 156, **157**
Muskelvarianten 135
Muskulatur, Gefäßdichte 159
- ischiokrurale 545
- Leibeswand, Genese **130**
- - ventrale, Genese **130**
- somatische 131, **131**
- viszerale 131, **131**
Myoblast 133
Myofibrillen **136**, **139ff.**
- A-Bande **141**
- A-Streifen 135
- H-Zone **141**
- I-Bande **141**
- I-Streifen 135
- M-Zone **141**
- Querstreifung 135ff.
- Z-Scheibe **141**
Myofibroblast 30, **31**, 32
Myofilamente 135ff.
Myoseptum horizontale 132
Myosin, Lokalisation **137**
Myosinfilamente 135ff., **137ff.**
- A-Bande **137f.**
- H-Bande 135, **137**
- H-Zone **140**
- M-Zone **137f.**, **140**
- - Mesophragma 135
Myotendinale Verbindung 152
Myotom **130**, 133, 189, **189ff.**
Myotube 133
- Acetylcholin-Rezeptor 134

N

Nabel s. Umbilicus
Nabelbruch s. Hernia umbilicalis
Nahtknochen 59, **59**, 680, **684**
Nanosomie 8
Nase, Muskeln 756
- Skelett 685
Nasenbein s. Os nasale
Nasenhöhle, Dach 712
- Frontalschnitt **715**
- knöcherne 712ff.
- laterale Wand **713f.**, 714
- Röntgenbild **727f.**
- Wände 712
Nasenkapsel **677**
Nasenknorpel s. Cartilagines nasales
Nasenmuschel, untere s. Concha nasalis inferior
Nasennebenhöhlen s. Sinus paranasales
Nasenscheidewand **713**
Nasenskelett 697, 710ff.
Neanderthaler 5
Nearthrose 93, 96
Negativwachstum 6
Nearthrose 93, 96
Nebulin 135
Negativwachstum 6
Nervus intercostalis **280**
- fibularis (peronaeus) communis **513f.**, 583, **589**
- - - Verlauf 519
- - profundus **148**
- - superficialis **148**
- ischiadicus **514**, **517**, 520
- medianus **147**, **363**, **394**, **410**, **413**
- musculocutaneus **147**
- radialis **147**, **363**
- saphenus **148**
- sartorius **527**
- suralis **148**
- tibialis **148**, **513f.**
- ulnaris **147**, **363**
Neugeborenes, Röntgenbild **506**
Neuralrohr **189**
Neurocranium 675
Neuromuskuläre Einheit 161
Neuromuskulärer Kontakt, Bildung 134
Nickbewegung, Kopfgelenk 244f.
Normalspannungen 18
Nucha 654
Nucleus pulposus 203f., **204**, **214**, **219f.**
- - Belastung **207**
- - Entwicklung **206**
- - Extrazellulärmatrix 207
- - Kollagen-Typen 22
- - Protrusion **208**
Nußgelenk 110

O

O-Bein s. Genu varum
Oberarm 374ff.
- Begrenzung 374
- Faszien 374
- Muskellogen 374
- Oberflächenrelief 374
Oberarmknochen s. Humerus
Oberarmmuskeln **360f.**, **363ff.**, 374ff.
- Einteilung 374
- Zusammenwirken 376
Obere Horizontale 688
Oberkieferbein s. Maxilla
Oberschenkel (s. auch Femur) **500**, 538ff.
- Adduktoren 521ff.
- Anlage **92**, **313**
- Blutversorgung 470
- Entwicklung 470
- Gestalt 470
- Glutäalmuskeln **512**
- Muskellogen 538f.
- Muskeln **513f.**, **516**, **527ff.**, 540ff.
- - Einteilung 540
- Querschnitt **525**
Oberschenkelfaszie **526**, 538f.
Oberschenkelknochen (s. auch Femur) 465ff.
- Knochenkerne **493**
- - Querschnitt **525**
- Muskelansatz **523**, **531**
- Muskelursprünge **531**
Oberschenkelkondylus, Muskelursprünge **532**
Occiput, fetales **238**
Odd-Facette 471, **472**, **549**
Ohr, Muskeln 763f., **764**
Olecranon **325f.**, 326, 377, **377**, **379**, **382**
- Knochenkern, Auftreten 69
Oligodaktylie 75
Ombrédanne-Senkrechte, Röntgenbild **506**
Opisthion 682
Orbita **715**
- Gestalt 684
- Röntgenbild **727f.**
- Skelettelemente 684
Origo, Muskel 156
Os acetabuli 451
- capitatum 327, **328ff.**, **411**, **415f.**, **418**
- - Knochenbildung **334**
- - Knochenkern, Auftreten 69
- carpi 327, **328ff.**
- - Oberflächenrelief 327
- - Varianten 327
- coccygis **180**, **198f.**, 203, **203**
- - Anlage **201**
- - Bandapparat **216**
- - Beckenquerschnitt **504**
- costale 265
- coxae 446, **447ff.**, 450
- - Entwicklung 450
- - Foramina nutricia 450
- - Kind **450f.**
- - Knochenkerne **493**
- - Spongiosa **457**
- cranii 697
- cuboideum **479**, 487, **487**, **614**
- - Knochenkern, Auftreten 69
- - secundarium **490**, 492
- cuneiforme 485f., **614**
- - Entwicklung 487
- - Gelenkfacetten 612
- - intermedium **479f.**, 487
- - Knochenkern, Auftreten 69
- - laterale **479f.**, 487
- - mediale **479f.**
- digitorum manus s. Phalanges manus
- - pedis 489f.
- - - Entwicklung 490
- - - Knochenkerne **493**
- - - Phalanges 489f.
- ethmoidale **691**, 710, **710f.**, 712
- - Lamina cribrosa 692
- - - orbitalis 684
- faciei 697, 716ff.
- femoris s. Oberschenkelknochen
- frontale 684, **685**, **687**, **691**, **693**, 697f., **698f.**
- - Pars orbitalis 692
- hamatum 327, **328ff.**, **415f.**
- - Knochenbildung **334**
- - Knochenkern, Auftreten 69
- hyoideum **225**, **657**, **660**, 726f., **726**, **739**
- - Kaumuskeln **746**
- - Muskeln **746**
- - - Funktionen 749
- - Osteogenese 727
- ilium 446ff., **454f.**, **495**, **502**
- - Anlage **313**
- incisivum **682**, 718
- intercalare **684**
- - Schädel 680
- intercuneiforme **490**, 492

- intermetatarsale **490**
- ischii 446, 450
- lacrimale 684, 712, **712ff.**
- lunatum 327, **328ff.**, 414f., **415f.**
- - Knochenbildung **334**
- - Knochenkern, Auftreten 69
- metacarpi (metacarpale) 327, **328f.**, **416**
- - Oberflächenrelief 331
- - Varianten 331
- metatarsi (metatarsale) **479**, 488f., **488**, **614**
- - Entwicklung 489
- - Knochenkerne **493**
- - Vergleich Primaten **594**
- nasale 684, **685ff.**, **693**, **711**, 712, **713f.**
- naviculare **479**, 485, **485f.**
- - Entwicklung 485
- - Gestalt 485
- - Knochenkern, Auftreten 69
- - manus, Knochenkern, Auftreten 69
- - pedis, Knochenkern, Auftreten 69
- occipitale **687**, **691**, **693**, 699, **701f.**
- - knöcherne Anteile **678**
- - Pars basilaris 689, 699, 701f.
- - - lateralis 689, 699, 701
- palatinum **686**, 712, **713**, **718f.**, 719
- - Processus orbitalis 684
- parietale **683**, **687**, **693**, 699, **700**
- peronaeum **490**, 492
- petrosum, Röntgenbild **727**
- pisiforme 327, **329f.**, **394**, **411**, **413**, **415**, **418**
- - Knochenbildung **334**
- - Knochenkern, Auftreten 69
- pubis 446, 450f., **495**
- - Beckenquerschnitt **504**
- sacrum s. Kreuzbein
- scaphoideum 327, **328ff.**, 414f., **415f.**
- - Knochenbildung **334**
- sesamoidea 489, 492
- - Fuß **480**, 616
- sphenoidale 702, **703f.**
- - Ala major **692**
- - - minor 692
- - Facies orbitalis alae majoris 684
- subtibiale **491**
- suprasternalia **271**
- sustentaculi **490**, 492
- suturarum s. Nahtknochen
- tarsi 478ff.
- - Knochenkerne **493**
- temporale **685**, **693**, 704, **705ff.**, 709f.
- - Pars mastoidea 708
- - - petrosa 704f., 707ff.
- - - squamosa 704, **705ff.**, 710
- - - tympanica 704, 709f.
- tibiale externum **490f.**, 492
- trapezium 327, **328ff.**, **415f.**, **418**
- - Knochenbildung **334**
- - Knochenkern, Auftreten 69
- - kraftaufnehmende Fläche **118**
- trapezoideum 327, **328ff.**, **415f.**
- - Knochenbildung **334**
- - Knochenkern, Auftreten 69
- trigonum 482, **490f.**, 492
- triquetrum 327, **328ff.**, 414f., **415f.**
- - Knochenbildung **334**
- - Knochenkern, Auftreten 69
- vesalianum **490**
- zygomaticum 685, **685**, **687**, **715**, 720, **720**
- - Facies orbitalis 684
- - Röntgenbild **728**

Ossiculum(-a) auditus 697
- terminale 239

Ossifikationszentren 59, **59**
Osteoblasten 40, 42f., **44**, 57, **58**, 59, 62, **63**, **66**, 67, 70f., 79
Osteoblastenschicht, Kambiumschicht 56
Osteocranium, Knochenbildung 677
Osteofibröse Kanäle 145
- Logen **148**

Osteogenese, Calcitonin 70
- chondrale **60**, 62
- Corticosteroide 70
- desmale 52, 57ff., **58**, 62
- direkte 57
- - desmale 57
- embryonale 192
- enchondrale (endochondrale) **36**, 52, 57, **60**, 62, 67f., 98
- Glucocorticoide 70
- Hand **334**
- heterotope 52
- Hormone 70
- indirekte 57
- kartilaginäre s. Osteogenese, chondrale
- Parathormon 70
- perichondrale **60**, 62
- Spannungsverlauf **68**
- Vitamin 70
- Thyroxin 70
- Vitamin A 70
- Vitamin C 70
- Vitamin D_3 70
- Vorbereitung 64

Osteogenesis cartilaginea s. Osteogenese, chondrale
- imperfecta 24
- membranacea s. Osteogenese, desmale

Osteoid 43, 57
Osteoklasten 42, **44**, **58**, 59, 62, 71, 77
- Calcitonin 46f.
- Parathormon 46f.

Osteomalazie 70
Osteon **39**, 40, **41**, **47**
- primäres 41, **72**
- sekundäres 41, 71, **72**

Osteopenie, Spongiosatrabekel **74**
Osteoporose, senile 71
Osteoprogenitorzellen 67, 76f., 79
Osteosynthese 76f., **77f.**
- Patella **88**

Osteotomie **78**
Osteotomiebereich, Umbauzone **73**
Osteozyt 40, 43ff., **43f.**, 57, **58**, **66**, 70
Oxycephalus 680
Oxytalanfasern 26

P

Paarschlüssigkeit, Gelenke 113
Pachymeninx 694
Palatum durum 689, **718**
- osseum **688**

Palma manus 406f., 409, **413**
- - Kapsel-Band-Apparat **411**
- - Oberflächenrelief **408**
- - Sehnenscheiden **410**

Palmaraponeurose s. Aponeurosis palmaris
Panniculus adiposus 33
Paratendineum 150, 159
Paries jugularis, Os temporale **709**
- tegmentalis cavi tympani, Os temporale **708**

Pars anserinus superficialis 544
- basilaris ossis occipitalis **688**
- cartilaginea septi 712
- ceratopharyngea, Ursprung **667**
- chondropharyngea, Ursprung **667**
- lacrimalis, Musculus orbicularis oculi 754f.
- lateralis ossis metatarsalis **490**
- - - occipitalis **688**
- - - sacri 196f., **198**
- - - - Röntgenbild **227**
- nasalis, Os frontale 697
- orbitalis, Musculus orbicularis oculi 754
- - Os frontale 697, **699**
- palpebralis, Musculus orbicularis oculi 754

Patella 470ff., **471**, **548**, **554**
- Anlage **92**
- Beanspruchung 471
- Beanspruchungsmodus 568
- Belastung 471
- bipartita 472
- Entwicklung **472**
- Fehlbildungen 471
- Femur 470
- Gestalt 470ff.
- Jägerhutform 471
- Knochenkerne **493**
- - Auftreten 69
- kraftaufnehmende Flächen **118**
- magna 472
- multiplicata 472
- parva 472
- Schnitt **561**
- Spongiosatrabekel **472**
- Varianten 471
- Zugverspannung **556**

Patellaaplasie 472
Patellaform, Klassifikation **471**
Patellaöffnungswinkel 470f.
Pauwels-Dreieck 72, **117**
Pecten ossis pubis **447ff.**, 450
Pediculus arcus vertebrae 183, **210**
Pelvis major s. Becken, großes
- minor s. Becken, kleines

Perichondrium 35, **36**, 37, **63**
Perichordalseptum 191
Perimysium 159
- externum 145
- internum 145

Periost **39**, 42, 55ff., **55**, **61**, **72**, 76
- Dreischichtigkeit 56
- Gefäßnetz **56**
- Innervation 57

Periostgefäß 54
Peritendineum 159
- externum **149**, 150
- internum **149**

Pes (s. auch Fuß)
- anserinus profundus 543, **560**, **586**
- - superficialis 540, **590**
- calcaneus 588
- - Stellung 593
- valgus **597**
- varus **597**

Pfannenband 481, 607
Pfannendachwinkel, Röntgenbild **506**
Pfanneneingangsebene, Articulatio coxae 496
- Neigung **497**

Pfannenwinkel s. Acetabulumwinkel

Pflugscharbein s. Vomer
Phalanx, Anlage **313**
- distalis **328f.**, 332, **416**, 489
- - Fuß **479f.**, **614**
- manus 332
- - Oberflächenrelief 332
- media **328f.**, 332, **416**, 489
- - Fuß **479f.**, **614**
- Os digitorum pedis 489f.
- proximalis **328f.**, 332, **416**, 489
- - Fuß **479f.**, **614**
Phokomelie 74
Photonenabsorptionsverfahren, Mineralgehaltsbestimmung 89
Plantaraponeurose **86**, 598, **624**, 625f., **630**, **635**
- Muskeln **630**
Planum nuchale 689
- - Os occipitale **702**
- - Röntgenbild **728**
- occipitale **688**
- - Os occipitale **702**
- temporale 687
Platt-Knick-Fuß 593
Plattfuß 612, **645**
Platysma **288**, **660**, **739f.**, 747, **752f.**, **759**
- Funktion 660
- Gestalt und Lage 659
- Innervation 660
- Ursprung **765**
- Varianten 659
Plexus sacralis **518**, **527**
Plica(-ae) alares 106, **548**, **561**
- interdigitales **406**
- mediopatellaris **548**
- pectineofovealis 499
- - Articulatio coxae **500**
- synovialis 104, 106
- - infrapatellaris **548f.**, 560, **565**
- - suprapatellaris 561, **565**
- umbilicalis lateralis 284, **287**
- - medialis 284, **287**
- - mediana 284, **287**
- vesicalis transversa **287**
Pneumatisation 53
Pollex 439ff.
- Oppositionsbewegung 440
- Querschnitt durch Metakarpalköpfchen **441**
Polydaktylie 74
Polymerisation, Myotom 133
Pontikulusbildung 239
Porus acusticus externus **687f.**, **764**
- - - Os temporale **706**, 709
- - internus **691**, 692, **693**
- - - Os temporale 705, **705**
Positivwachstum 6
Präosteoblasten 42, 56
Primärbündel, Muskelfasern 145
Primordialskelett 52, **60**, 62
- Anlage **313**
Processus accessorius, Brustwirbel **221f.**
- - Lendenwirbel **186**, 188
- - Lendenwirbelsäule **214**
- alveolaris 686, **715**
- - Maxilla **717**, 718
- articularis inferior, Brustwirbel **185**
- - - Entwicklung **194**
- - - Halswirbel 187, **219**
- - - Lendenwirbel **186**, **222**
- - - - Röntgenbild **227**
- - - Wirbel 183
- - superior, Brustwirbel **185**, **274**
- - - Entwicklung **194**
- - - Halswirbel **184f.**, 187, **219**
- - - Lendenwirbel **186**, 188, **222**, **228**
- - - - Röntgenbild **227**
- - - Lendenwirbelsäule **214**
- - - ossis sacri **197ff.**
- - - Wirbel 183
- clinoideus anterior **686**, **691**
- - - Os sphenoidale 703, **703f.**
- - medius, Os sphenoidale **703**
- - posterior **686**
- - - Os sphenoidale **703f.**
- cochleariformis, Os temporale **705**, **708**
- condylaris, Mandibula 720, **722**, **724**, 725
- coracoideus **314**, **317ff.**, **340**, **343f.**, **367**
- coronoideus **325**, **379**, **734**
- - Mandibula 720, **721ff.**, 722, 725, **733**
- - - Röntgenbild **728**
- - Ulna 326, **326**
- costalis **186**
- - Lendenwirbel 188, **213**, **228**
- - Kreuzbein 199
- - Lendenwirbel, Röntgenbild **227**
- ethmoidalis **714**
- - Concha nasalis inferior **711**
- falciformis **655**
- - Ligamentum sacrotuberale 456
- frontalis 686
- - Maxilla **685ff.**, **717**
- - Os zygomaticum 720, **720**
- horizontalis ossis palatini **689**
- intrajugularis 692
- - Os occipitale **693**, **701f.**
- - - temporale **693**, 705, **706f.**
- jugularis **693**
- - Os occipitale **688**, **701**
- lacrimalis **714**
- - Concha nasalis inferior **711**
- lateralis tali **481**
- - tuberis calcanei **483**
- mamillaris **186**
- - Brustwirbel **221f.**
- - Lendenwirbel 188
- - Lendenwirbelsäule **214**
- mastoideus **687f.**, 689, **734**
- - Os temporale **706ff.**, 707
- - Röntgenbild **727**
- maxillaris, Concha nasalis inferior **711**
- - Os palatinum **686**, **719**
- - - zygomaticum 720, **720**
- medialis tali **481**
- - Talus **481**
- - Tuber calcanei 484
- orbitalis 684
- - Os palatinum **686**, **713**, 719, **719**
- palatinus **715**, 718
- paracondylaris, Os occipitale 701
- paracondylicus 239, **240**
- posterior cartilaginis septi **713**, 716
- - tali **480f.**
- pterygoideus 687
- - Lamina lateralis 689, **689**
- - - medialis 689, **689**
- - Os sphenoidale 702, **703**, 704
- pyramidalis, Os palatinum 719, **719**
- sphenoidalis, Os palatinum **686**, **713**, 719, **719**
- spinosus 183, **186**, **214**
- - Axis 236
- - Brustwirbel **185**, **221**
- - Halswirbel **184f.**
- - Lendenwirbel, Röntgenbild **227**
- - Röntgenbild **225**, **227**
- styloideus **688**, 689, **693**, **734**
- - Mandibula **733**
- - Os hyoideum, Röntgenbild **726**
- - - temporale 705, **706ff.**
- - radii 323, **325f.**, **328**
- - ulnae **325f.**, 326, **328f.**
- subcoracoideus **366**
- supracondylaris, Humerus 320, **323**
- temporalis, Os zygomaticum **720**
- transversus atlantis **217**, **234**, 236
- - Brustwirbel **185**, **221**
- - Halswirbel 184, 187
- - Lendenwirbel 222
- - ossis coccygis **203**
- uncinatus **686**, **713f.**, 714
- - Os ethmoidale **710f.**
- uncovertebralis s. Uncus corporis
- vaginalis, Os sphenoidale **703f.**, 704
- xiphoideus **261**, 270f., **270**, **281**
- zygomaticus 686
- - Maxilla **685**, 716, **717**, 718
- - Os frontale **698f.**
- - - temporale **705ff.**, 710
Proliferationszone **61**, 64
- Knorpelzelle **65**
Prolin, Kollagen 21
Prominentia canalis facialis, Os temporale **708**
- - semicircularis lateralis, Os temporale **708**
Promontorium **180**, 181, **198f.**, **209**, 222, **455**, **459**, **463f.**, **518**
- Os temporale **708f.**
- Winkel 223
Proportionen s. Körperproportionen
Proteoglykanaggregat, Molekularstruktur **27**
Proteoglykane 26ff., 30, 36, 43, 46
- Gelenkknorpel 97
- Umsatz 28
Proteoglykanmoleküle, Siebfunktion 28
Protofibrille 22
Protuberantia mentalis 686
- - Mandibula 720, **721**, 722, **723f.**
- occipitalis externa **215**, **255**, 682, **693**, 701, **702**
- - interna **691**, 699, **701**
- - - Röntgenbild **729**
Pseudarthrose 77, 96
Psoasarkade s. Ligamentum arcuatum mediale
Pulvinar acetabulare **499**
Punctum fixum 156, **164**
- mobile 156, **164**
- nervosum 160
Pyknischer Typus 11

Q

Quadratusarkade s. Ligamentum arcuatum laterale
Querfortsatz, Brustwirbel 188
- Lendenwirbel 188
Querwölbung 616
- Fuß 595

R

Rachitis 70
Radgelenk **108**
Radialistunnel 375
Radioulnargelenk s. Articulatio radio-ulnaris
Radius 323, **324 ff.**
- Knochenbildung **334**
- Muskelansätze **401**, **403**
- Muskelursprünge **401**, **403**
- Oberflächenrelief 323
Radiusepiphyse, Knochenkern, Auftreten 69
Radix spinalis **243**
Ramus frontalis arteriae temporalis superficialis **752**
- inferior ossis pubis **448**, 450, **498**
- mandibulae 686, 720, **723 f.**, 724, **728**, **741**
- - Röntgenbild **727 ff.**
- ossis ischii **448**, 450, **495**, **498**
- superior ossis pubis **449**, 450, **498**
Randleisten, Röntgenbild **227**
- Wirbelentwicklung 193 f.
Ranvier-Furche **63**
Ranvier-Ring 64
Rascetta 406, **408**
Recessus axillaris **345 f.**
- - Articulatio humeri 344
- sacciformis **381**, **383**
- Schleimbeutel 159
- spheno-ethmoidalis **713 f.**, 714
- subpopliteus 545, **552**, 561, **561**
- tibiofibularis 604, **608**
Regio(-nes) brachii 374
- cervicales s. Halsregionen
- cranii laterales 691 f.
- - mediana 691 f.
- cruris 572 ff.
- femoris 538 ff.
- - posterior **494**
- glutaea 493 f., **494**
- sternocleidomastoidea 654
Reichert-Knorpel 705
Reifezeichen, Epiphysen 67
Rektusdiastase 295
Rektusscheide s. Vagina musculi recti abdominis
Resultierende 79 f.
- Gelenke 112 ff.
Rete venosum dorsale manus **406**
Reticulum, sarkoplasmatisches **137 ff.**, 139, **142**
Retikuläre Fasern s. Fasern, retikuläre
Retinaculum 146
- extensorum **359**, 391, **400**, 408, **409**, **428**
- flexorum **410 ff.**, 411, **425**
- musculi extensorum inferius 574, **579 f.**, **591**, 598, 607, 618, **621 ff.**, **627**
- - - superius **574**, **579 f.**, **591**, 618, **621**, **623**, **627**
- - flexorum 588, **589 ff.**, 593, 622
- - peronaeorum 583
- - - inferius **582**, 584, **603**, **622**, **627**
- - - superius **582**, **622**
- patellae 470, **549**, **556 f.**, 568
- - laterale **554**, **559**
- - mediale **554**, **558**
Retroversion 110
Riolan-Muskel 754
Rippen s. Costae
Rippen-Wirbel-Gelenke s. Articulationes costovertebrales
Rippenatmung 306
Rippengelenke 273 ff.
- Bewegungsachsen **278**
Rippenhöckergelenk s. Articulatio costotransversaria
Rippenknorpel s. Cartilago costalis
Rippenkopfgelenk s. Articulatio capitis costae
Rippenrudimente 187, **187**
Röhrenknochen, Beanspruchung **81**
- Biegebeanspruchung **81**
- funktionelle Anpassung 86
Romberg-Versuch 640
Röntgenanatomie, Articulatio genus 565
- Processus articulares 223
- Schädel 727
- Wirbelbogen 223
- Wirbelkörper 223
Röntgenbild, Äquidensiten **115**
Röntgendensitometrie 89
Roser-Nelaton-Linie 503
Rostrum sphenoidale **703 f.**
Rotation 2, 110 f.
Rotationsachse 110
Rotatorintervall 345
Rotatorenmanschette **343**, 357, 362, **366 f.**
- Sehnen **340**
Rücken, Oberflächenrelief 178
Rückenfurche 178, **178**
Rückenmark, Anlage **191**
Rückenmuskeln, autochthone s. Musculus erector spinae
Rumpf 175 ff.
- Rotation **233**
- Skelett **177**
Rumpfmuskeln s. Musculi abdominis
- eingewanderte s. Musculi thoracales

S

Sagittalebene 2
Sakraldreieck 178, 460, **494**
Sakralisation 179, **202**, 223
Samenstrang s. Funiculus spermaticus
Sarkolemm 135
Sarkomer **137 f.**
- Bildung 134
Sarkosom 141
Satellitenzellen 134, **134**, 162 f.
Sattelgelenk s. Articulatio radio-ulnaris
Säulenknorpel **60 f.**, **63**, 64
- Knorpelzelle **65**
Scapha **764**
Scaphocephalus 680
Scapula 317 ff., **317 ff.**
- alata 351, 353
- Muskelansätze **354**, **356**
- Muskelursprünge **354**, **356**
- Oberflächenrelief 318
Schädel **685**, **687**, **693**
- Knochen, akzessorische **684**
- knöcherner 675 ff.
- Längen-Breiten-Index 679
- Muskelansätze **765 f.**
- Muskelursprünge **765 f.**
- Neugeborenes **681**
- Ontogenese 675 ff.
- Phylogenese 675
- Röntgenanatomie 727
- Röntgenbild **727 ff.**
- Suturae, persistierende 684
Schädelbasis 690
- äußere 688 f., **688 f.**, **731**
- - Neugeborenes **682**
- Einteilung 691
- innere 690 ff., **691**
- Schwachstellen 691
Schädelbasisfraktur 691
Schädeldach 682 f., 690, **690**
- Entwicklung 59
Schädeldachmuskel s. Musculus epicranius
Schädelgruben, hintere **695**
Schädelkalotte, Knochen 682
- Verknöcherungszentren 680
- Wachstum 678
Schädelnähte 680
- Varianten **684**
Schädelproportionen, Änderungen während des Wachstums **683**
Schädel-Wirbelsäulen-Übergang 234 ff.
Schaltknochen s. Os intercalare
Schaltlamellen **40 f.**, 41
Schambein s. Os pubis
Schambeinfuge s. Symphysis pubica
Scharniergelenk **108**, 110
Scheitelbein s. Os parietale
Schenkelbruch s. Femoralhernie
Schenkelhals, Spongiosatrabekel 467
Schenkelhalswinkel 467, **467**, 503
- Einfluß auf die Beanspruchung **84**
Schenkelhernie s. Femoralhernie
Schiefhals 662
Schienbein s. Tibia
Schizarthrose 96
Schläfenbein s. Os temporale
Schleimbeutel 158 f.
- Recessus 159
- Stratum fibrosum 158
- - - Gefäßnetz 159
- - synoviale 158
Schlundfeld 689, **689**
Schlüsselbein s. Clavicula
Schlüsselbeingelenk, laterales s. Articulatio acromioclavicularis
- mediales s. Articulatio sternoclavicularis
Schmorl-Knötchen 208
Schober-Zeichen 231
Schrittzyklus **646**
Schubbelastung 16
Schubladenphänomen 565
Schulter 335 ff.
- Bewegungsmöglichkeiten 336 f.
- Oberflächenrelief 335 f.
- Röntgenanatomie 347
- Röntgenbilder **349**
- Schleimbeutel **368**
Schulterblatt s. Scapula
Schulterblatt-Thorax-Gelenk 337, 339, 355
Schulterdach 344, **367**
Schultereckgelenk s. Articulatio acromioclavicularis
Schultergelenk 110 f.
Schultergelenk s. Articulatio humeri
Schultergelenksmuskeln s. Articulatio humeri, Muskeln
Schultergürtel, Bewegungen **341 f.**
- Knochen 316 ff.
- Muskelschlingen 355
- Phylogenese 310
- Skelett **177**
- Skelettelemente **314**

Schultergürtelgelenk s. Articulatio acromioclavicularis; s. Articulatio sternoclavicularis
Schultergürtelmuskeln 350ff., **352**
- Zusammenwirken 355, **356**
Schultermuskeln **360f.**, **363ff.**, **368f.**
- Einteilung 350
Schulterpfanne **344**
Schwerpunkt, gesamter, suprapelviner **176**
Schwerpunktslot 640
Schwungbein, Gehen 646
- Phasen **646**
Sehnen 148ff., **149f.**, **158**
- Ansatzstruktur 153
- Dehnbarkeit 148
- Kollagen-Typen 22
- mechanisches Verhalten 151
- Regeneration 163
- Reißkraft **153**
- Relaxation 151f.
- Viskoelastizität 151
- wirksame Endstrecke 164
- Zerreißdiagramm **153**
Sehnenansatz, chondral-apophysärer 153, **154f.**
- periostal-diaphysärer 153
Sehnenansatzzone 152ff.
Sehnenbündel **149**
Sehnenfächer 153
Sehnenfaserbündel, Dehnung **152**
- zugmechanisches Verhalten 19, **19**
Sehnengewebe, altersabhängige Veränderungen 151
Sehnenkollagen, Reißfestigkeit 24
Sehnenkraft 163, **164**
Sehnenscheide 146, 158, **158**
- Cavitas synovialis 158
- Partes anulares 158
- - cruciformes 158
- Retinacula 158
- Stratum fibrosum 158
- - - Gefäßnetz 159
- - synoviale 158
- - - Kapillarnetz 160
- Synovitis **159**
- Vincula tendinum 158
Sekundärknorpel 35
Sella turcica **691**, 692
- - Röntgenbild **729**
Semicanalis musculi tensoris tympani, Os temporale 705, **707ff.**
- tubae auditivae, Os temporale 705, **707ff.**
Septum(-a) canalis musculotubarii, Os temporale **708**
- femorale 301
- interalveolaria, Mandibula 722, **722**
- intermusculare 145
- - brachii laterale **398**
- - - mediale **364f.**, **395**
- - cruris anterius **148**, 573, **575**, 581, 583
- - - posterius **148**, 573, **575**
- - femoris laterale, Querschnitt **525**
- - - mediale, Querschnitt **525**
- - - posterius, Querschnitt **525**
- - laterale **147**, **359ff.**, 375
- - mediale **147**, **358**, 375
- interradicularia, Mandibula **722**
- linguae **747**
- nasi 685, **685**, 712
- - Röntgenbild **727f.**
- plantare laterale **625**
- - mediale **625**
Serratus-Rhomboideus-Schlinge 355
Sesambeine 489
- akzessorische **491**
- funtionelle Bedeutung 165
- Knochenbildung **334**
Sexualdimorphismus 10
Sharpey-Faser 56, 153
Shenton-Ménard-Linie, Röntgenbild **506**
Shoemaker-Linie 503
Sibson-Faszie 668
Sibson-Muskel 668
Siebbein s. Os ethmoidale
Sinus durae matris 694ff.
- frontalis **693**, **713f.**, 715
- - Röntgenbild **727f.**
- maxillaris **686**, 715, **715**, **728**
- - Ontogenese 679
- - Röntgenbild **727**, **729**
- occipitalis 696
- paranasales 715
- rectus **695**, 696
- sagittalis inferior 696
- - superior **695**, 696
- sigmoideus **695**
- sphenoidalis **241**, **693**, 702, **713f.**, 715
- - Röntgenbild **729**
- tarsi **481**, **483**, 607
- tympani, Os temporale **708**
Sitzbein s. Os ischii
Sitzhöhe 9
Skalenuslücken 668
Skelett, Eidechse **311**
- Ratte **311**
- Rumpf **177**
- Schultergürtel **177**
Skelettelemente, Kiemenbögen, Derivate **679**
- Längenwachstum 64
Skelettentwicklung, fetale **58**
Skelettmuskel, aktive Insuffizienz 112
- Differenzierung 133f.
- Entwicklung der Innervation 134
- funktionelle Anpassung 162
- - - Atrophie 162
- - - Hypertrophie 162
- - Gruppen 166
- Gefäßversorgung 159
- Haltefunktion 166
- Hubkraft 163
- Kapillaren **161**
- Längsschnitt 25
- Nervenversorgung 160
- passive Insuffizienz 112
- quergestreifte 129ff.
- Regeneration 163
- Untersuchungsmethoden 167
- Verspannungsfunktion 166
Skelettmuskelfasern **134**, **136**, **139**
- Kapillaren **160**
- L-System 139
- T-System 139
Skelettsystem 51ff.
- Belastung 79
Skelettszintigramm **90**
Sklerotom 189, **189f.**
Skorbut 24
Slow fibres 142
- twitch fibres 143
Somatogramm 7, **8**
Somatopleura **189**
Somatotropin 162
Somiten 189
Sonographie 119
Spatium(-a) epidurale **243**
- intercostalia 260
- praeviscerale **657**
- retroviscerale **657**, 658
- subacromiale **367**
- suprasternale **657**, 658
- symphyseos 452
Speiche s. Radius
Speicherfett 33
Spieghel-Hernie 297
Spielbein, Gehen 646
Spina bifida **202**
- - occulta 223
- ethmoidalis, Os sphenoidale **703**
- helicis 764
- iliaca anterior inferior **447ff.**, 449, **455**, **463f.**, **495**, **501**, **521**, **528**
- - - superior **291**, 447, **448f.**, 449, **455**, **463f.**, **495**, **501**, **527**
- - - - Oberflächenrelief **336**
- - posterior inferior **447**, 449, **449**
- - - superior **178**, **447**, 449, **449**
- ischiadica **447**, 449f., **449**, **502**
- mandibulae **721**
- mentalis, Mandibula **721**, **723f.**
- nasalis anterior **682**, **685**, **713f.**
- - - Maxilla **717**, 718
- - Os frontale 697, **699**, 712
- - posterior, Os palatinum **719**
- ossis sphenoidalis **688**, 704, **704**
- scapulae 317, **318**, **343**, **352**
- sphenoidalis 689, **689**
- supra meatum, Os temporale **706**
- trochlearis, Os frontale **699**
- tympanica major, Os temporale 710
- - minor, Os temporale 710
Spitzgriff **424**
Splanchnocranium 675f.
Splanchnopleura **189**
Spondylolisthesis 223
Spondylolyse 223
Spongiosa s. Substantia spongiosa
Spongiosabälkchen 66
Spongiosatrabekel **39**, **63**, 83, 467
- sekundäre 67
Spreizfuß 645
Sprungbein s. Talus
Sprunggelenk, Gelenkhöhle 604
- Gelenkkapseln **599**
- oberes s. Articulatio talocruralis
- Röntgenbilder **619**
- unteres s. Articulatio talotarsalis
Sprunggelenkregion 538
Squama frontalis, Os frontale 697
- occipitalis 682, **682f.**, 692, 699
- ossis temporalis **687**
Stamm, Muskeln s. Musculus abdominis
Standbein, Gehen 646
- Phasen **646**
Steißbein s. Os coccygis
Steißbeinkyphose **181**
Stemmbein, Gehen 646
Sternalleiste **271**
Sternoklavikulargelenk s. Articulatio sternoclavicularis
Sternokostalgelenk **338**
Sternum 270ff., **270**
- Entwicklung 271, **271**
- Gestalt 270
- Knochenkerne **271**
- Varianten 271, **272**
Stirnbein s. Os frontale
Stirnskelett 684
Stratum fibrosum s. Membrana fibrosa
- subglutaeale 520

Streckung s. Extension
Streckzügel, Hand 439
Streßfasern **31**
Strukturproteine 26ff.
Stützgewebe 18, 34ff.
- Formen 14
- Histogenese **15**
Stylohyale 705
Stylopodium 310
Subakromiales Nebengelenk 336, 340
Subarachnoidealraum, MRT **229**
Subfibrille 22
Substantia compacta 38, **42**, 53
- - funktionelle Anpassung 80
- corticalis **55**
- spongiosa 38, 40, 53, **55**, **83**, 84
- - funktionelle Anpassung 80
- - Gelenkdruck 102
- - primäre 57, **61**
- - sekundäre 57
- - trajektorielle Bauweise 81
Sulcus(-i) arteriae meningeae mediae 690f.
- - occipitalis **688**
- - - Os temporale **707**
- - subclaviae **266**, 267
- - vertebralis, Atlas **234**, 236
- - - Halswirbel **219**
- - Os parietale **700**
- bicipitalis lateralis **361**, 374
- - medialis **147**, 372, 374
- - - Oberflächenrelief **336**
- calcanei **483**, 484
- capitulotrochlearis 320
- caroticus **691**
- - Os sphenoidale 702, **703f.**
- carpi 391
- costae **265**, 266
- deltoideopectoralis 335, **335**, **358**
- ethmoidalis, Os nasale **711**
- glutaeus **512**
- hamuli pterygoidei, Os sphenoidale **703**, 704
- infraorbitalis, Maxilla 716, **717**
- intertubercularis **321f.**
- lacrimalis 712, **712**
- - Maxilla 716, **717**
- malleolaris **473**
- - Tibia 476
- mentolabialis 752
- mylohyoideus, Mandibula **723**, 725
- nervi petrosi majoris **691**
- - - - Os temporale 705, **708f.**
- - - minoris, Os temporale 708
- - spinalis, Halswirbel **184**, 187, **217ff.**
- - ulnaris, Humerus **321f.**
- obturatorius **448f.**, 450
- palatinus major, Maxilla 716, 718, **718**
- - - Os palatinum 719, **719**
- petrosus inferior 692
- plantaris lateralis **624**
- popliteus **469**
- praechiasmatis **691**
- - Os sphenoidale 702
- praechismatis, Os sphenoidale **703**
- pterygoideus medialis, Os palatinum **719**
- pterygopalatinus, Os sphenoidale **703**, 704
- sagittalis 690
- sigmoideus 692, **243**
- sinus petrosi inferioris **691**, 692, **693**
- - - - Os occipitale 701, **701**
- - - - - temporale 705, **706f.**
- - - superioris **691**, 693
- - - - Os temporale 705, **706**
- - sagittalis superioris **690f.**
- - - - Os frontale **698**
- - - - - occipitale 699, **701**
- - sigmoidei **691**, 692, **693**
- - - Os occipitale **701**
- - - - temporale **706f.**
- - transversi **691**, **693**
- - - Os occipitale 699, **701**
- - - - parietale **700**
- supraacetabularis 447
- tarsi **481**
- tendinis musculi flexoris hallucis longi **480**, **483**
- - - peronaei longi, Calcaneus **483**, 484
- tubae auditivae **688**
- - - Os sphenoidale 704, **704**
- vomeris **712**
Suprapatellarwulst **547**
Supraspinatussehnensyndrom 362
Sustentaculum tali **483**, 484, **601**
- - Vergleich Primaten **596**
Sutura coronalis **681**, 682, **683**, **687**, **690f.**
- - Os parietale 699
- cranii s. Schädelnähte
- incisiva **682**, **718**
- - Maxilla 718
- lambdoidea **681**, 682, **687f.**, **690f.**
- - Röntgenbild **729**
- mendosa **681f.**
- occipitomastoidea 682, **688**, **691**
- palatina mediana **688**, 718, **718**
- - - Os palatinum 719
- - transversa **688**, 718, **718**
- - - Os palatinum 719
- parietomastoidea **688**, **691**
- plana 94
- sagittalis **681**, 682, **683**, **690**
- serrata 94
- sphenoethmoidalis **691**
- sphenofrontalis **691**
- sphenoparietalis **691**, 692
- sphenosquamosa **688**, **691**, 692, 704
- squamosomastoidea, Os temporale **705**
- zygomaticomaxillaris **688**
Suturen 94
Symmetrie 6
- bilaterale 6
- metamere 6
Symmetrieebene 2
Symphysis manubriosternalis **276**
- mentalis, Mandibula 720
- pubica 95, **463f.**
- - Mechanik 452f.
- - Röntgenbild **505f.**
Synarthrose 91, 94ff.
- Funktion 95
Synchondrose 95
Synchondrosis interoccipitalis **682**
- intraoccipitalis 95
- - anterior 241
- manubriosternalis 95
- petrooccipitalis 95
- sacrococcygea 203
- sphenooccipitalis 95, **682**, 692
- sphenopetrosa 95
- xiphosternalis 95
Syndesmose 94
Syndesmosis tibiofibularis 472, 476, 478, 576, 598, **601**
Synergisten 166
Synostose 95
- angeborene 93f.
Synovia 107
- Hyaluronsäure 107
Synovialflüssigkeit 107f.
- Untersuchung 119
Synovialmembran s. Membrana synovialis
Synovialozyt 107

T

Tabatière 406, **407**
Talus **479**, 481f., **614**
- accessorius **490**
- Entwicklung 482
- Gestalt 481
- Knochenkern, Auftreten 69
Tarsalia 310
- Anlage **313**
Tarsaltunnelsyndrom 620, 622
Tastbare Knochenpunkte 503
Tegmen tympani, Os temporale 705
Tendo calcaneus 482, **582**, **585f.**, 587
- musculi interossei dorsalis IV: **409**
- - peronaei longi **611**
- - quadricipitis femoris **553**
- - tibialis anterioris **574**
- - - posterioris **611**
Tendo-Chondro-Osteopathie 155
Tenoblast 148
Tenozyt 148, **149f.**
Tentorium cerebelli **694f.**, 695f.
- - Faserzüge 696
Tetrapodenextremität, Bauplan **310**
- pentadaktyle 310
Thalidomidembryopathie 74, **75**
Thenar 407, **408**, 439ff.
- Muskeln 441
Thorax 259ff., **261f.**
- Atmung **305**
- Aufbau 260ff.
- Bewegungsexkursionen **277**
- Exspiration **277**
- Gestalt 260ff.
- Inspiration **277**
- Mechanik 277
- Muskeln **279**
- Röntgenanatomie 278
- Röntgenbild, Kind **264**
- - Säugling **263**
- Zwischenrippenraum **280**
Thoraxhöhle s. Cavum thoracis
Tibia **473ff.**, 474ff.
- Anlage **92**, **313**
- Entwicklung **476**, 477
- Epiphysenschluß 477
- Gestalt 474
- Knochenkerne **493**
- Malleolus lateralis **476**
- Muskelursprünge **592**
- Oberflächenrelief 477
- Torsion 476
Tibiaepiphyse, distale, Knochenkern, Auftreten 69
- proximale, Knochenkern, Auftreten 69
Tibiakopfplateau 475
- Retroversionswinkel 476
Tibiaschaft, Beanspruchung 477
Titin 135
Torsionsbeanspruchung 18
Tortikollis s. Schiefhals
Torus mandibularis 724
Totenstarre 138

Tractus iliotibialis 86, **512f.**, 515, **517**, **526f.**, 539
- spiralis foraminosus, Meatus acusticus internus **709**
Trajektorien 81
Trajektorienverlauf, Calcaneus **74**
Tränenbein s. Os lacrimale
Transformationsgesetz 84
Translation 111
Transversalebene 2
Trapezius-Pektoralis-Schlinge 355
Trapezius-Serratus-Schlinge 355
Trendelenburg-Zeichen 518
Triade **137f.**, 140
Trigonum caroticum 654
- cervicale anterius 654
- - laterale 654
- clavipectorale 373
- femorale **286**, 538f.
- inguinale **287**
- lumbale **246**, 303, **352**
- lumbocostale **304**, 305
- mentale 686
- musculare 654
- omoclaviculare 654
- omotracheale 654
- Petiti s. Trigonum lumbale
- spinae, Scapula **318**
- submandibulare 654
- submentale 654
Tripelhelix, Kollagen 21
Triphalangie 74
Trochanter major **455**, 465, **465f.**, **494**, **499**, **501f.**, **513**, **517**, **530**
- - Beckenquerschnitt **504**
- minor **465f.**, **501f.**, **521**, **529f.**
- - Knochenbildung 470
- tertius 468
Trochlea humeri **321f.**, 378f., **378f.**, **384**
- - Knochenkern, Auftreten 69
- peronaealis **483**
- - Calcaneus 484
- tali 482, **600f.**
Tropoelastin 26
Tropomyosin 135
Troponine 135
Truncus lumbosacralis **518**
T-System, Skelettmuskelfasern 139
T-Tubuli 139
Tuber calcanei **480**, 482, **483**
- - Knochenkern, Auftreten 69
- - Processus medialis 484
- frontale **681**
- - Os frontale 697, **698**
- ischiadicum **447ff.**, 450, **454**, **495**, **498**, **501**, **519f.**
- maxillae 686, 716, **717**
- parietale **681**
- - Os parietale **700**
Tuberculum adductorium **465**, 468
- anterius, Atlas **234**
- - Halswirbel **184f.**, 187, **217ff.**
- articulare 689, 731, **731**
- - Articulatio temporomandibularis 732, **733**
- - Os temporale **706f.**, 710
- - Röntgenbild **735**
- caroticum **180**, **669**
- - Halswirbel 187
- conoideum, Clavicula **316**
- costae **265**
- dorsale **326**
- - Radius 323, **325**
- Gerdy 546, **554**, **556**
- - Tibia 475, **477**
- infraglenoidale, Scapula **317ff.**
- intercondylare 474
- - laterale **475**
- - mediale **475**
- jugulare, Os occipitale **701**
- Listeri s. Tuberculum dorsale, Radius
- majus, Articulatio humeri **346**
- - Humerus **321f.**
- mentale, Mandibula **721**, 722, **723**
- minus, Humerus **321f.**
- musculi scaleni anterioris (1. Rippe) **266**, 267
- obturatorium anterius 450
- - posterius 450
- ossis scaphoidei **330**, 441
- - trapezii **330**, 442
- pharyngeum 689, **689**, **731**
- - Os occipitale 701, **702**
- posterius atlantis **234**, 236
- - - Röntgenbild **729**
- - Halswirbel **184f.**, 187, **217ff.**
- pubicum **447f.**, **521**
- Rippen, Röntgenbild **227**
- sellae, Os sphenoidale 702, **703**
- supraglenoidale, Scapula 317, **319**
- tractus iliotibialis **554**, **556**
Tuberositas deltoidea, Humerus **321**
- glutaea **466**, 468
- iliaca 448, **449**
- masseterica **723**, 724
- ossis metatarsalis **479f.**
- - navicularis **480**, 485, **485**
- phalangis distalis, Fuß **480**
- pterygoidea 724
- - Mandibula **723**
- radii 323, **324ff.**, **378**, **383**
- sacralis **197f.**
- tibiae **473ff.**, 475
- tractus iliotibialis **517**
- ulnae **325**, 326, **378**
Tubulus, transversaler **137f.**
Turmschädel s. Oxycephalus
Twitch fibres 142
Tympanohyale 705

U

Überbein 104
Überbeweglichkeit s. Hypermobilität
Ulna **324ff.**, 326
- Knochenbildung **334**
- Muskelansätze **401**, **403**
- Muskelursprünge **401**, **403**
- Oberflächenrelief 326
Ulnaepiphyse, Knochenkern, Auftreten 69
Umbauvorgänge, Knochengewebe 70
Umbauzone, Osteotomiebereich **73**
Umbilicus 298
Umführbewegung s. Zirkumduktion
Uncus corporis 187, **217**, **219**, **224**
- - Halswirbel **184**, **218**
- - Röntgenbild **224**
Unkovertebralgelenke 216, **220**
- Auswirkungen auf die Kinematik 218
- Entstehung 217f.
Unterarm s. Antebrachium
Unterkiefer s. Mandibula
Unterschenkel 472f., 572ff.
- Faszie **574**
- Innervation 584
- - Extensorengruppe 581
- - Musculus peronaei 584
- Membrana interossea cruris **575**
- Muskellogen 573ff.
- Muskeln 573ff., 577, **579f.**, **582**, **585f.**, **589ff.**
- - Einteilung 577
- - Hauptfunktionen 577
- Oberflächenrelief **572**
- Querschnitt **575**
- Septum intermusculare cruris anterius **575**
- - - - posterius **575**
Unterschenkelachse 597
Unterschenkelfaszie 573ff.
Unterschenkelknochen 472ff.
Unterstützungsmuskeln 166
Ursprung, Muskel 156

V

Vagina carotica 655f., 658
- fibrosa **413**
- musculi recti abdominis 284, **288**, **290**, **292f.**, 294ff.
- processus styloidei, Os temporale **706**
- synovialis communis, Canalis carpi 414
- - - musculorum flexorum **410**
- - intertubercularis **368**, 375
- - - Articulatio humeri **345**
- - musculi flexoris pollicis longi **410**
- tendinis musculi abductoris pollicis longi **409**
- - - extensoris carpi radialis brevis **409**
- - - - - - longi **409**
- - - - - ulnaris **409**
- - - - digiti minimi **409**
- - - - pollicis brevis **409**
- - - - - longi **409**
- tendinum musculorum extensoris digitorum et extensoris indicis **409**
- - - peronaeorum communis 622
Varianten, Gelenke 93f.
- Skelett 74f.
Vasa nutricia 54, 56
- peronea **148**
- tibialia anteriora **148**
- - posteriora **148**
Vascular Endothelial Growth Factor (VEGF) 32, 66
Vektor der Bandkräfte 79f.
- des Körpergewichts 79f.
- der Muskelkräfte 79f.
Vektorsumme s. Gelenkresultierende
Vena basilica **147**
- cephalica **370**
- intercostalis **280**
- poplitea **513f.**, **516**
- saphena magna **148**, **526**
- - parva **148**
Venen, Knochen **54**
Venter frontalis 752
- - musculi occipitofrontalis 752, **753**
- occipitalis musculi occipitofrontalis **752**, 753
- - - - Ursprung **766**
Verformung durch äußere Kräfte **16**
Verkürzungsstrecke, absolute **164**
Verschiebebewegung s. Translation
Vertebra(-ae) cervicales s. Halswirbel
- coccygeae **203**

- lumbales s. Lendenwirbel
- prominens **180**, **184**, **215**, 216, **219**
- thoracicae s. Brustwirbel
Villus synovialis 104
Vinculum breve **426**, 427
- longum 427
Viscerocranium 675 f.
Viskoelastizität 19 f.
Viskosität 19 f.
Volkmann-Gefäß **39 f.**, 54
Volkmann-Kanal **47**
Volumenänderung, reine 15
Vomer **682**, **688 f.**, 689, **693**, 712, **712 f.**, **715**
Vorderarmmuskeln, Einteilung 374
Vorknorpel 34

W

Wachstum 6 ff.
- Akzeleration 10
- appositionelles 59, 70
- endochondrales, mechanische Einflüsse 70
- Erbanlage 10
- exogene Faktoren 10
- Geflechtknochen 71
- interstitielles 70
- Knochengewebe 70
- Lamellenknochen 71
Wachstumsfugen 64, **67**
- zonale Gliederung 60
Wachstumsgeschwindigkeit 7, **8**
Wachstumsplatte 64, **67**
- Beanspruchung, Kniegelenk **88**
- distale **60**
- proximale **60**
Wachstumszone 64
Wadenbein s. Fibula
Walzengelenk **108**, 110
Wangenbein s. Os zygomaticum
Ward-Dreieck 468
Weber-Ring 501
Wegführen s. Abduktion
Weichteilhemmung 112
Wirbel, Anzahl 179
- Baumerkmale 187
- Grundform 183
- präsakrale 179
Wirbelbogen, Anlage **191**, 211
- Entwicklung **194**
- Kreuzbein 199
- Zwischenbogenbänder **213**
Wirbelbogengelenk s. Articulationes zygapophysiales
Wirbelbogenränder 213 ff.
Wirbelgelenk 111
Wirbelkörper, Entwicklung 194
- Epiphyse 194, **195**
Wirbelkörperanlage **191**
Wirbelkörperbänder 208 ff.
Wirbelsäule 179 ff., **180**
- Anlage **191**
- Bänder 203 ff.
- Beweglichkeit 230
- Bewegungssegmente, Bewegungsausmaß 230 ff.
- Bogen-Sehnen-Konstruktion 181
- Bogenwurzelabstand **228**
- Dorsalextension 231, **232**
- Entwicklung 189
- - Stadium 189
- Gelenke 203 ff.
- Hauptbewegungen 230
- Kaudalvariationen **179**
- Konstruktion 181
- Kraftübertragung, Bewegungssegment 229
- Kranialvariationen **179**
- Krümmungen 181 f., **181**
- - Kindheit **182**
- Kyphose 181
- Länge 179
- Längsbänder 208 ff.
- Lordosen 181
- Mechanik 229
- Röntgenanatomie 223 ff.
- Rotation 231
- Schwerpunktslot **181**
- Seitneigung **233**
- Seitwärtsneigung 231
- Statik 229
- Ventralflexion 230, **232**
- Verkürzung 179
Wirbeltierbauplan 5 f.
Würfelbein s. Os cuboideum
Würfelbeingelenk s. Articulatio calcaneocuboidea 610

X

X-Bein s. Genu valgum
Xeroradiographie 119

Z

Zähne s. Dens(-tes)
Zahnradphänomen 167
Zapfengelenk **108**, 110
Zehen, Entwicklung 490
Zehengelenke s. Articulatio interphalangeae pedis
Zehengrundgelenke s. Articulatio metatarsophalangeae
Zehenknochen s. Os digitorum pedis
Zehenmuskelfunktionen 638 f.
Zehenstrahlen **312**
Zellen, isogene 98
Zeugopodium 310
Zirkumduktion 110
Zölom **189**
Zona orbicularis **499 f.**, 501, **502**
Zuckungsfasern 142
- Haupttypen 143
Zuggurtung 86, **87**, 166
- muskuläre **183**
Zuggurtungsprinzip **16**, 18, 84, **166**
Zugkräfte **16**
Zugsehnen 150
Zugspannungen, Trajektorien 81
Zugtrabekel 81, **85**
Zugtrajektorien **83**
- Verlauf **68**
Zugverspannung 84, 86
Zungenbein s. Os hyoideum
Zungenbeinbogen 677
Zungenbeinmuskeln **660**, **663**, **666**
- Funktion 665, 749
- obere **746**
- - Frontalschnitt **747**
- untere 662 ff.
- Ursprung und Ansatz **667**
Zwerchfell s. Diaphragma
Zwerchfellbruch s. Hernia diaphragmatica
Zwerchfellkuppel 305 f.
Zwischenknochenmembran s. Membrana interossea antebrachii
Zwischensehnen 156
Zwischenwirbelscheibe 203 ff., **204**, **209 f.**, **214**, 216 ff., **220**, **274**
- Anlage **191 f.**
- Belastung **207**
- Blutgefäße 208
- durchschnittliche Höhe 228
- Entwicklung 193, 204 ff.
- fetale **206**
- Kreuzbein 198 f., **200**
- Lendenwirbelsäule 221
- regressive Veränderungen 208
- Vorfall **208**